陕西省地下水位年鉴
(1986—2000年)

陕西省地质环境监测总站　编著

图书在版编目（CIP）数据

陕西省地下水位年鉴（1986—2000年）/陕西省地质环境监测总站编著．—武汉：中国地质大学出版社，2015.11
ISBN 978-7-5625-3709-0

Ⅰ.①陕
Ⅱ.①陕…
Ⅲ.①地下水位-水环境-环境监测-陕西省-1986—2000-年鉴
Ⅳ.①X832-54

中国版本图书馆CIP数据核字（2015）第293694号

陕西省地下水位年鉴（1986—2000年）	陕西省地质环境监测总站 编著
责任编辑：李晶　张旻玥	责任校对：张咏梅
出版发行：中国地质大学出版社（武汉市洪山区鲁磨路388号）	邮政编码：430074
电　　话：(027) 67883511　　传　　真：67883580	E-mail：cbb@cug.edu.cn
经　　销：全国新华书店	http：//www.cugp.cug.edu.cn
开本：880mm×1230mm 1/16	字数：1481千字　印张：46.75
版次：2015年11月第1版	印次：2015年11月第1次印刷
印刷：武汉市籍缘印刷厂	印数：1—1000册
ISBN 978-7-5625-3709-0	定价：488.00元

如有印装质量问题请与印刷厂联系调换

《陕西省地下水位年鉴（1986—2000年）》

编委会

编纂委员会

顾　　问：	王卫华　王双明
主　　任：	苟润祥
副 主 任：	郭三民　白　宏　杨建军　黄建军
编　　委：	宁奎斌　范立民　宁杜教　张晓团　左文乾　刘　江
	贺卫中　张卫敏　康金栓　马怀生　王雁林　李仁虎
	钞中东　师小龙　孙晓东

编辑委员会

主　　编：	陶　虹
副 主 编：	张卫敏　贺卫中　李　辉　陶福平　丁　佳　贺旭波
编辑人员：	索传郿　金海峰　许超美　李　勇　张新宇　向茂西
	闫文中　李文莉　肖志杰　李　宪　茹建国　张建军
	杨　驰　辛晓梅　马红军　白　宁　牛振伟　笪　思
	辛小良　史科平　张　晋　范本杰　王兴安　王培林
	焦喜丽　闫小灵　张金宝　翟乖乾　熊润明　师菊琴
	何登攀　邱玉龙　阴军盈　闵小鹏　刘　文　高　尧

前 言

陕西又称秦川，是中华文明的发祥地之一，位于中国西北内陆腹地，横跨黄河和长江两大流域。北山、秦岭山脉横断陕西，将全省分为黄土高原、关中盆地、秦巴山区三部分。陕西地下水开发利用追溯求源，已有数千年的历史，最早的水井位于咸阳沣西张家坡的西周遗址。新中国成立以来，地下水开发利用强度不断加大，地下水的开发利用，不仅满足了经济社会快速发展的需求，也产生了一系列环境地质问题。由于持续过量开采地下水，导致区域地下水位下降，形成水位降落漏斗，造成局部地下水资源衰减，形成含水层疏干、地面沉降、地裂缝、水质污染等一系列环境地质问题，给城市建设、生态安全带来隐患和灾难。

为了合理开发利用地下水资源，我省1955年成立了陕西省地矿局地下水观测站，1991年更名为陕西省地质环境监测总站（以下简称"总站"），主要承担全省地下水动态监测任务。目前已形成1个省级监测站、10个市级站的地质环境监测网。总站成立60年来，虽然机构历经多次变革，但承担全省地下水监测的职责，一直没有改变。20世纪，总站是单一的地下水监测机构，负责全省地下水的动态监测，20世纪80年代后期，关中盆地地下水超采严重，地下水开采引起的地质环境问题日益突出，地面沉降、地裂缝活跃，严重影响了西安市城市发展，地铁修建多次被否决，原因就是地下水超采引起的地面沉降、地裂缝发育。为此，总站根据监测数据，多次通过主管部门提出了控制地下水开采规模，缓解地面沉降速率、减缓地裂缝发育的防灾减灾建议，得到了政府采纳，从90年代后期开始，西安市关闭了大量自备水井，引入黑河水，解决了城市供水难题，也保护了城市地下水，使地面沉降与地裂缝发育趋缓。21世纪以来，城区基本不再开采地下水，从而使地铁、高层建筑群得以实施，不仅为美丽西安建设提供了科学技术支撑，也为防灾减灾、保护城市安全提供了科学依据，地下水监测60年，功不可没。

60年来，通过地下水监测，我们研发了地下水监测新技术，开发出单井多层地下水监测装置、地下水监测井保护装置、地下水自动监测与数据传输系统等专利产品，不仅实现了地下水的自动化监测，也促进了科技进步，多次获得省部级科学技术奖。

60年来，通过地下水监测，我们培养了一批地下水研究技术骨干，先后在《水文地质工程地质》《地质论评》《煤炭学报》《第四纪地质》等核心期刊发表了三十余篇学术论文，繁荣了科学文化，促进了人才成长，先后有3人获得国务院政府特殊津贴，1人被授予陕西省有突出贡献专家，多人被国土资源部、陕西省地质矿产勘查开发局、陕西省国土资源厅、陕西省应急管理办公室等授予先进个人。

60年来，通过地下水监测，我们掌握了全省地下水动态，对地下水水位、水质演变规律进行了系统研究，初步掌握了地下水演化规律，为科学、合理利用地下水，提供了大量基础资料。

60年来，通过地下水监测，我们先后出版了《西安地区地下水位年鉴（1956—1977年）》《西安地区地下水位年鉴（1978—1983年）》《西安地区地下水位年鉴（1984—1988年）》《宝鸡地区地下水位年鉴（1975—1985年）》，涵盖了1956—1985年全部监测数据，免费向地勘单位、政府机构和图书馆提供，履行了公益性地质调查队伍的职责，实现了资料共享。但由于各种原因，1986年以来的监测成果未出版，使成果利用范围受到了一定影响，作为全省唯一的地质环境监测公益性队伍，我们有义务、有责任将监测成果向社会提供，发挥公益性队伍作用，促进经济社会发展。为此，2013年8月，陕西省地质调查院决定启动"陕西省地下水动态研究"项目，并将出版1986年以来的监测年鉴作为项目的重要组成部分。项目启动后，我站全面整理了1986—2015年的监测成果，分三卷出版，前两卷分别收录15年、10年的监测数据，后一卷收录2011—2015年的监测成果，同步出版《陕西省地下水质年鉴》（涵盖2000—2010年全部水质检测数据），将全部监测数据原汁原味地展示在年鉴中，并公布了监测点分布图、监测点基本信息等资料，以期更好地发挥监测数据的社会作用。

今后，我们将每5年出版一卷《陕西省地下水监测年鉴》，当年的水位、水质监测数据，也将通过一定的方式向社会提供。2016年我省将启动国家地下水监测工程，工程实施后，监测点将会覆盖全省行政区域，监测范围包括潜水、承压水等具有供水意义和生态意义的含水层，重点监测城市建设区、矿产资源集中开采区的地下水，为合理开发利用地下水、保护含水层提供科学依据。

在年鉴编辑过程中，得到了陕西省国土资源厅、陕西省地质调查院、各市县国土资源管理部门及地质环境监测站的大力支持，陕西省地质调查院苟润祥院长、白宏副院长、黄建军副院长多次对年鉴出版给予支持和关心，在此，我们一并表示衷心感谢。

陕西省地质环境监测总站
2015年10月19日

目 录

第一章 西安市 …………………………………………………………………………… (1)
　一、监测基本情况 ………………………………………………………………………… (1)
　二、监测点分布图 ………………………………………………………………………… (1)
　三、监测点基本信息表 …………………………………………………………………… (2)
　四、地下水位资料 ………………………………………………………………………… (14)

第二章 咸阳市 …………………………………………………………………………… (415)
　一、监测基本情况 ………………………………………………………………………… (415)
　二、监测点分布图 ………………………………………………………………………… (415)
　三、监测点基本信息表 …………………………………………………………………… (416)
　四、地下水位资料 ………………………………………………………………………… (421)

第三章 宝鸡市 …………………………………………………………………………… (539)
　一、监测基本情况 ………………………………………………………………………… (539)
　二、监测点分布图 ………………………………………………………………………… (539)
　三、监测点基本信息表 …………………………………………………………………… (540)
　四、地下水位资料 ………………………………………………………………………… (543)

第四章 汉中市 …………………………………………………………………………… (692)
　一、监测基本情况 ………………………………………………………………………… (692)
　二、监测点分布图 ………………………………………………………………………… (692)
　三、监测点基本信息表 …………………………………………………………………… (693)
　四、地下水位资料 ………………………………………………………………………… (695)

编制情况说明 ……………………………………………………………………………… (740)

第一章 西安市

一、监测基本情况

西安是闻名于世的历史名城和文化古都,也是我国以地下水作为主要供水水源的城市之一。由于长期超量开采地下水,引发了诸多的环境地质问题,特别是西安城郊自备井承压水开采区,因长期持续大量开采,引发了大面积水位下降,加剧了西安地裂缝地面沉降活动,经济损失巨大。

西安市地下水动态监测工作始于1956年,至今监测有50多年历史。监测区北至渭河,南界秦岭山前,西起沣河,东至灞河,控制面积达 $1400 km^2$。本年鉴收录1990—2000年共11年地下水位监测数据,监测点478个,其中潜水监测点277个,承压水监测点197个,地表水监测点4个。

二、监测点分布图

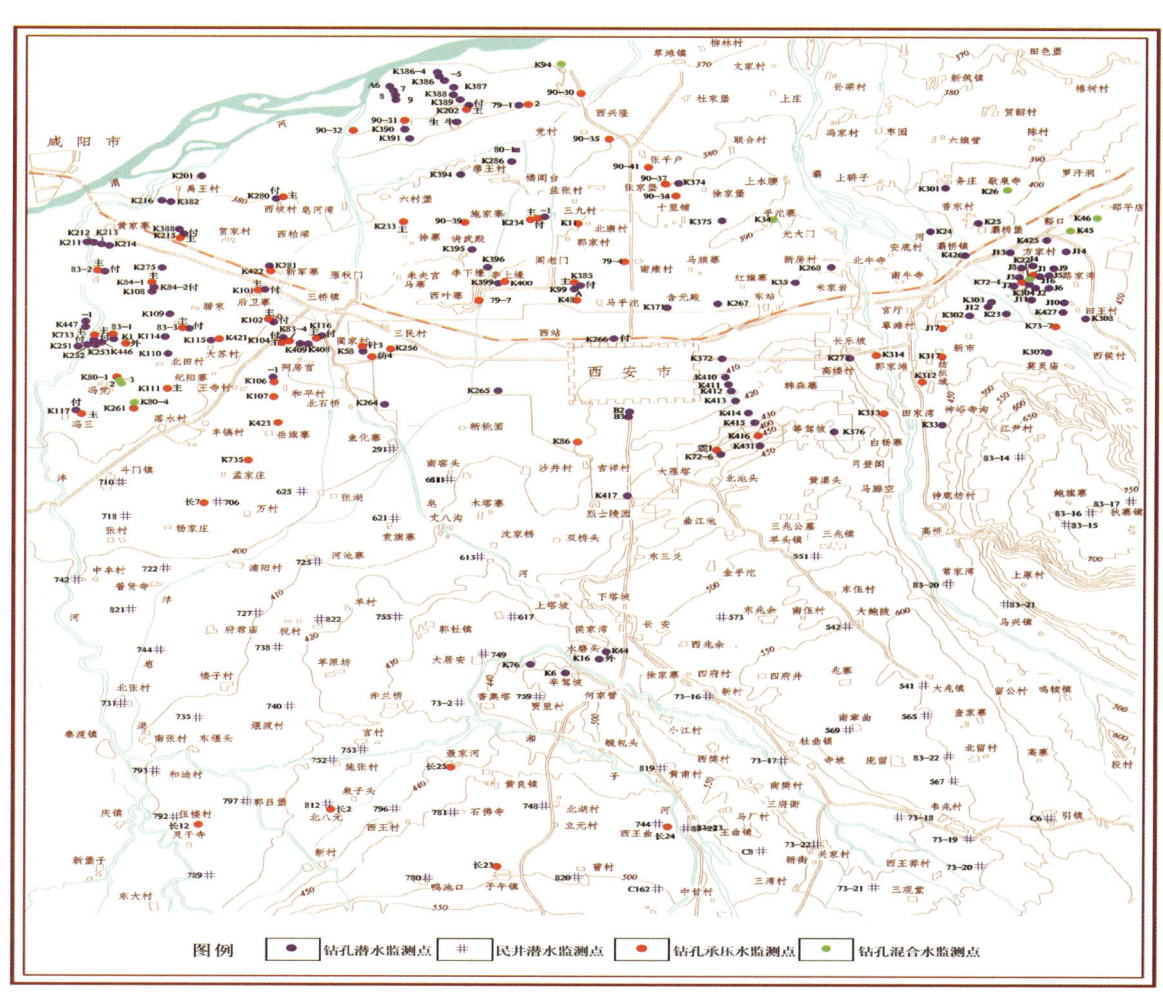

西安市地下水监测点分布示意图

三、监测点基本信息表

西安市地下水监测点基本信息表

序号	点号	位置	测点高程(m)	孔深(m)	地下水类型	地貌单元	页码
1	J1	灞东(东郊)均衡场院内	402.207	29.32	潜水	一级阶地	14
2	J3	灞东西渠村南100m	402.11	30.18	潜水	一级阶地	15
3	J4	灞东东渠村北偏西(铝材厂南)	402.95	28.80	潜水	一级阶地	16
4	J6	灞东,Ⅱ1-22号生产井西	403.69	26.49	潜水	一级阶地	17
5	J7	灞东西渠村南河边	402.72	27.50	潜水	漫滩	18
6	J8	灞东西渠村北砖瓦厂西北角	401.01	30.00	潜水	一级阶地	19
7	J10	灞东田王二队菜地	407.89	34.00	潜水	一级阶地	20
8	J11	灞东田王村果园,Ⅱ1-31井旁	404.28	10.02	潜水	漫滩	21
9	J12	灞西柴家村东南约30m	400.23	27.70	潜水	漫滩	22
10	J16	灞东均衡场院内	401.97	66.63	潜水	一级阶地	23
11	J17	灞西陆军二院南公路边	407.87	69.18	潜水	二级阶地	25
12	K22	灞东Ⅱ1-17号城市供水井西约20m	402.369	69.00	潜水	一级阶地	25
13	K23	灞西上庄村东	403.639	24.78	潜水	河漫滩	28
14	K24	灞西建材机械厂西约10m	392.644	13.24	潜水	漫滩	29
15	K25	灞东读书村东100m	394.271	62.46	潜水	一级阶地	29
16	K26	灞东歇家寺村南打麦场内	397.308	35.30	潜水	二级阶地	31
17	K33	浐河东岸西安市奶牛场院内	430.21	58.90	潜水	三级阶地	32
18	K45	灞东赵庄村北高速公路桥北10m	430.3	65.00	潜水	洪积扇	33
19	K301	灞东香胡湾村北公路西边	391.12	38.00	潜水	二级阶地	34
20	K302	灞西蓆王村社员家院内	401.46	20.89	潜水	一级阶地	36
21	K303	灞西Ⅱ2-1号生产井南边	400.54	29.00	潜水	高漫滩	37
22	K314	浐河东岸跑马场院内	401.027	45.71	潜水	一级阶地	38
23	K426	灞东灞桥镇西北铁路北菜地	395.54	39.80	潜水	漫滩	39
24	K72-1	灞西西渠村南河边J7孔东10m	402.84	71.36	潜水	漫滩	40
25	C1	灞东田王大队试验站菜地	407.42	80.00	承压水	漫滩	42
26	C14	灞东东渠村北农用机井	406.19	79.00	承压水	一级阶地	43
27	C15	灞东田王大队葡萄园大口井	407.34	15.82	潜水	漫滩	44
28	C24	灞西柳巷南生产队农用井	394.72	22.51	潜水	漫滩	45
29	C28	灞西蓆王村北菜地(炮连西)	399.49	26.30	潜水	漫滩	46
30	C30	灞西上庄村东约30m	405.22		潜水	漫滩	47

第一章 西安市

续表

序号	点号	位置	测点高程(m)	孔深(m)	地下水类型	地貌单元	页码
31	C32	灞西安家庄村南	409.62	22.76	潜水	漫滩	48
32	C33	上庄村西南约100m	403.6	60.00	潜水	漫滩	49
33	C34	灞东豁口铜材场院内(自备井)	410.5	70.00	潜水	洪积扇	50
34	C64	灞东惠家庄南菜地大口井	410.25	9.99	潜水	高漫滩	51
35	#30	灞西安家村北20m	405.99	37.29	潜水	漫滩	52
36	#450	灞西市砖厂西门路东农用井	413	120.00	承压水	二级阶地	53
37	#454	灞西陆军二院南偏东公路边	408.054	20.00	潜水	二级阶地	53
38	#75-2	灞东白庙村菜地	391.821	60.00	潜水	二级阶地	54
39	#89-1	灞东田王村西K427孔南30m		12.80	潜水	一级阶地	55
40	河点1	灞河输水管道(河东面)3号桩基准点	402.75		地表水		56
41	河点2	灞河输水管道(河西面)31号桩基准点	402.73		地表水		57
42	Ⅱ1-1旧	灞东城市供水1号生产井	401.07	72.13	潜水	一级阶地	59
43	Ⅱ1-1新	灞东城市供水1号生产井	399.5	97.12	承压水	一级阶地	59
44	Ⅱ1-3	灞东城市供水3号生产井	401.07	102.87	承压水	一级阶地	60
45	Ⅱ1-5	灞东城市供水5号生产井	400.76	85.00	承压水	一级阶地	61
46	Ⅱ1-6	灞东城市供水6号生产井	401.48	76.76	承压水	一级阶地	62
47	Ⅱ1-7	灞东城市供水7号生产井	400.83	78.34	承压水	一级阶地	63
48	Ⅱ1-8	灞东城市供水8号生产井	401.78	85.09	承压水	一级阶地	64
49	Ⅱ1-9	灞东城市供水9号生产井(东渠村东)	402.38	77.89	承压水	一级阶地	65
50	Ⅱ1-10(2)	灞东城市供水10号深井		203.72	承压水	一级阶地	65
51	Ⅱ1-10(3)	灞东城市供水井10号(2)西10m		120.00	承压水	一级阶地	65
52	Ⅱ1-12	灞东城市供水井12号生产井(西渠南)	401.99	102.21	承压水	一级阶地	66
53	Ⅱ1-13	灞东城市供水13号生产井	402.67	81.42	承压水	一级阶地	67
54	Ⅱ1-14	灞东城市供水14号生产井	403.64	85.93	承压水	一级阶地	68
55	Ⅱ1-15	灞东城市供水15号生产井	403.93	86.58	承压水	一级阶地	68
56	Ⅱ1-16	灞东城市供水16号生产井	404.41	77.69	承压水	一级阶地	69
57	Ⅱ1-17(2)	灞东城市供水17号生产井	402.6	136.20	承压水	一级阶地	70
58	Ⅱ1-18	灞东城市供水18号生产井	402.53	83.36	承压水	一级阶地	70
59	Ⅱ1-19	灞东城市供水19号生产井	402.22	88.42	承压水	一级阶地	71
60	Ⅱ1-20浅	灞东城市供水20号生产井	402.26	78.64	承压水	一级阶地	71
61	Ⅱ1-21	灞东城市供水21号生产井	403.66	78.20	承压水	一级阶地	71
62	Ⅱ1-22浅	灞东城市供水22号生产井	403.09	89.00	承压水	一级阶地	72
63	Ⅱ1-22深	灞东城市供水22号生产井		250.00	承压水	一级阶地	72
64	Ⅱ1-23旧	灞东Ⅱ1-23号供水井	406.15	82.47	承压水	一级阶地	73
65	Ⅱ1-23新	灞东Ⅱ1-23号新井城市供水井			承压水	一级阶地	74
66	Ⅱ1-24	灞东城市供水24号生产井	406.96	78.97	承压水	一级阶地	74
67	Ⅱ1-25	灞东城市供水25号生产井	407.9	134.10	承压水	一级阶地	75
68	Ⅱ1-25新	灞东城市供水25号新打生产井		150.00	承压水	一级阶地	75
69	Ⅱ1-26新	灞东城市供水Ⅱ1-26号新打生产井		150.00	承压水	洪积扇	76
70	Ⅱ1-27新	灞东城市供水27号新打生产井		150.00	承压水	一级阶地	76
71	Ⅱ1-28	灞东城市供水28号生产井(新打)		151.40	承压水	洪积扇	77

续表

续表

序号	点号	位置	测点高程(m)	孔深(m)	地下水类型	地貌单元	页码
72	Ⅱ1-30浅	灞东城市供水30号生产井		95.00	承压水	漫滩	78
73	Ⅱ1-30深	灞东城市供水30号深井		201.50	承压水	漫滩	78
74	Ⅱ1-31	灞东城市供水31号生产井	404.44	123.50	承压水	高漫滩	78
75	Ⅱ2-1	灞西城市供水1号生产井	400.81	64.42	潜水	高漫滩	79
76	Ⅱ2-2	灞西城市供水2号生产井	401.7	58.32	潜水	高漫滩	80
77	Ⅱ2-3新	灞西旧3号生产井旁边		139.40	承压水	漫滩	80
78	Ⅱ2-4新	灞西城市供水4号井旁边	404.2	149.00	承压水	漫滩	81
79	Ⅱ2-5	灞西城市供水5号生产井	405.56	132.10	承压水	高漫滩	82
80	Ⅱ2-6	灞西城市供水6号生产井	407.02	55.55	潜水	高漫滩	82
81	Ⅱ2-7	灞西城市供水7号生产井	399.58	74.60	潜水	高漫滩	83
82	Ⅱ2-8新	灞西城市供水8号生产井			潜水	漫滩	83
83	Ⅱ2-9	灞西西安市第四中学东南	398.8	65.26	潜水	高漫滩	84
84	Ⅱ2-10	灞西城市供水10号生产井	400.23	64.41	潜水	高漫滩	85
85	Ⅱ2-11	灞西城市供水11号生产井	408.25	54.75	潜水	高漫滩	85
86	Ⅱ2-12	灞西城市供水12号生产井	409.06	44.28	潜水	高漫滩	86
87	Ⅱ2-13	灞西城市供水13号生产井	410.13	41.82	潜水	高漫滩	87
88	Ⅱ2-14	灞西城市供水14号生产井	411.06	15.52	潜水	高漫滩	87
89	浅7	灞西城市供水7号浅井	403.3		潜水	高漫滩	87
90	大2新	灞西城市供水大口井2号新井		92.00	承压水	漫滩	88
91	大3	灞西战备桥西头生产队井	409.98	20.50	潜水	高漫滩	89
92	Ⅱ3-1	浐河城市供水1号生产井	412.66	48.42	潜水	一级阶地	89
93	Ⅱ3-9	浐河东岸城市供水9号井	409.18	72.57	潜水	一级阶地	90
94	K80-1	冯党村村北	389.09	201.64	承压水	一级阶地	90
95	K80-3	冯党村村北	389.61	73.50	潜水	一级阶地	92
96	K83-1主	沣河管理站西南	388.95	211.56	承压水	一级阶地	93
97	K83-1付	沣河管理站西南	388.69	121.90	承压水	一级阶地	94
98	K83-2主	金家村西北	387.03	212.12	承压水	一级阶地	96
99	K83-2付	金家村西北	386.76	125.36	承压水	一级阶地	97
100	K83-3主	关家村村北	388.96	204.06	承压水	一级阶地	98
101	K83-3付	关家村村北	388.83	119.77	承压水	一级阶地	100
102	K83-4	三水厂东公路东菜地中	389.20	246.39	承压水	一级阶地	101
103	K84-1主	赵家堡村东	386.18	204.27	承压水	一级阶地	103
104	K84-1付	赵家堡村东	385.58	126.86	承压水	一级阶地	104
105	K102主	闫庄村北	389.15	85.85	承压水	一级阶地	105
106	K104-1	闫庄村村南	389.11	28.26	潜水	一级阶地	106
107	K104	闫庄村村南	389.03	58.10	潜水	一级阶地	107
108	K106-1	聚驾庄村西	396.12	31.23	潜水	二级阶地	107
109	K110	纪杨医院北	388.78	36.32	潜水	一级阶地	108
110	K111	花园村村南	389.75	40.00	潜水	一级阶地	109
111	K116主	武警学院医院内	391.68	58.77	潜水	一级阶地	110
112	K201	西北郊岭村东北角	380.54	50.97	潜水	一级阶地	112

续表

序号	点号	位置	测点高程(m)	孔深(m)	地下水类型	地貌单元	页码
113	K214	北槐村北公路南	384.40	58.60	潜水	一级阶地	112
114	K215	火烧寨西北	383.46	243.71	承压水	一级阶地	114
115	K215-1	火烧寨西北	383.49	99.35	承压水	一级阶地	114
116	K216	西北郊八家村西	383.27	58.44	潜水	一级阶地	114
117	K256	陕棉十厂东福利区	396.78	108.62	承压水	一级阶地	115
118	K421	大苏村北拐弯路处	388.44	79.94	承压水	漫滩	116
119	K422	孙家围墙水塔南	385.67	99.75	承压水	一级阶地	117
120	K423	岳旗寨小学校院内	399.64	63.48	潜水	二级阶地	119
121	K733主	党家桥西南	388.68	105.62	承压水	一级阶地	120
122	K733付	党家桥西南	388.68	50.04	潜水	一级阶地	121
123	K735	东曹村北	398.79	148.40	承压水	二级阶地	122
124	井84-2	北槐村东北	384.00	35.73	潜水	一级阶地	123
125	井85-1	小章村东民井	385.39	49.80	潜水	一级阶地	123
126	井92	樊家村村东	387.04	20.20	潜水	一级阶地	124
127	井100	北陶村村北	388.67	16.20	潜水	一级阶地	126
128	井111	花园村西南	389.90	34.50	潜水	一级阶地	127
129	K115	大苏村村北	387.63	50.72	潜水	一级阶地	128
130	井135-1a	新农村南西	387.69	20.90	潜水	一级阶地	129
131	井275	康家寨村南	383.78	24.01	潜水	一级阶地	130
132	井276	花园村西北	389.69	17.00	潜水	一级阶地	131
133	井281	孙围墙南民井	385.20		潜水	一级阶地	131
134	井401	火烧寨村南	383.66	53.53	潜水	一级阶地	132
135	井682	纪杨翻砂厂	392.82	18.30	潜水	一级阶地	132
136	S1	东柏梁东南	385.10		潜水	一级阶地	133
137	S2	贺家村东北	382.00	45.20	潜水	一级阶地	134
138	S3-1	南关村东北	382.10	48.30	潜水	一级阶地	134
139	S5	黄家寨西南	383.75	17.10	潜水	一级阶地	134
140	S7	沙岭村村北	380.90	20.80	潜水	一级阶地	134
141	S9	沙河村村南	379.40	19.00	潜水	一级阶地	134
142	S11	八兴滩西南	378.00	18.80	潜水	一级阶地	135
143	S12	八家滩东南	380.00	26.00	潜水	一级阶地	135
144	污2	三水厂Ⅲ12井院内	391.56	31.92	潜水	一级阶地	135
145	Ⅲ30-2	小章村口	386.05	97.50	承压水	一级阶地	136
146	Ⅲ24-1	北陶村村北	387.21	130.00	承压水	一级阶地	137
147	K84-2主	北槐村北	384.80	222.65	承压水	一级阶地	137
148	Ⅲ26-2	窝头寨西北	387.23	96.21	承压水	一级阶地	138
149	Ⅲ30-1	小章村口	386.02	202.50	承压水	一级阶地	139
150	K84-2付	北槐村村北	385.47	131.24	承压水	一级阶地	140
151	Ⅲ7-2	三水厂东南	389.38	0.00	潜水	一级阶地	140
152	Ⅲ5-1	狮寨村南	389.40	140.00	承压水	一级阶地	141
153	183-1	三水厂养护组门前	389.35	36.56	潜水	一级阶地	141

续表

序号	点号	位置	测点高程(m)	孔深(m)	地下水类型	地貌单元	页码
154	132	黄堆村南西	387.44	21.00	潜水	一级阶地	143
155	沣2	八一渠东	385.74		地表水		144
156	K108	赵家堡村东	385.75	40.57	潜水	一级阶地	145
157	206	南桃村村南	388.15	38.40	潜水	一级阶地	147
158	Ⅲ13	生产井12号西	392.02	133.04	承压水	一级阶地	147
159	K215a	西北郊火烧寨炸药库门前	382.25	236.40	承压水	一级阶地	147
160	针3	陕西第一针织厂3号井	394.60	249.00	承压水	二级阶地	148
161	纺4	陕西第十棉纺厂4号井	397.95	180.00	承压水	二级阶地	149
162	K280-1	西坡村北	379.22	24.13	潜水	一级阶地	150
163	K1	南桃庄村北	388.69	90.72	承压水	一级阶地	150
164	K280	西坡村村北	380.99	59.00	潜水	一级阶地	152
165	S13-1	航校农场北	377.50	22.20	潜水	漫滩	152
166	井113-1	南桃村村南	389.00	24.20	潜水	一级阶地	152
167	119-1	李家庄村南	388.04	33.10	潜水	一级阶地	154
168	Ⅲ3	三水厂北闫庄村南	389.73	135.78	承压水	一级阶地	155
169	135-1	许村北	387.69	27.10	潜水	一级阶地	155
170	211-1	王家庄村东	387.60	37.00	潜水	一级阶地	156
171	276-1	桃园村西南	389.41	23.00	潜水	一级阶地	157
172	281-1	孙围墙村南	395.00	28.20	潜水	一级阶地	157
173	682	阿头寨村西	387.35	30.50	潜水	一级阶地	158
174	Ⅲ1-1	高窑村村西	391.21	145.45	承压水	二级阶地	158
175	Ⅲ6-1	闫庄村东南	394.28	117.95	承压水	二级阶地	159
176	Ⅲ18-1	黄堆村村南	387.70	142.36	承压水	一级阶地	159
177	Ⅲ20-1	西许村西北	387.53	168.04	承压水	一级阶地	159
178	K104-1	三水厂东公路东边	387.53	59.60	潜水	一级阶地	159
179	K104a	三水厂东公路东边	388.38	31.13	潜水	一级阶地	160
180	K215-1a	火烧寨炸药库门前	382.38	111.80	承压水	一级阶地	161
181	K408	蔺家村南	392.79	30.97	潜水	二级阶地	162
182	206a	党家桥村南东	388.15	20.00	潜水	一级阶地	163
183	K117	冯三村	391.02	58.60	潜水	一级阶地	163
184	K102主	十里铺村北	389.95	31.82	潜水	一级阶地	164
185	污3	Ⅲ12院内	391.32	32.00	潜水	一级阶地	165
186	K107	西围墙村南	396.78	89.87	承压水	二级阶地	166
187	K409	牛奶厂东地中	396.01	34.54	潜水	二级阶地	167
188	Ⅲ8	三水厂南公路旁	390.51	142.85	承压水	一级阶地	168
189	Ⅲ12	三水厂养护组南1km	392.08	121.95	承压水	一级阶地	168
190	Ⅲ17-1	大苏村西北	386.74	117.86	承压水	一级阶地	169
191	Ⅲ19-1	新许村北	387.33	188.15	承压水	一级阶地	170
192	Ⅲ35-1	北陶六队	388.16	186.52	承压水	一级阶地	170
193	Ⅲ35-2	北陶六队	388.16	129.08	承压水	一级阶地	171
194	Ⅲ39-1	南槐村西北	386.19	228.41	承压水	一级阶地	172

续表

续表

序号	点号	位置	测点高程(m)	孔深(m)	地下水类型	地貌单元	页码
195	Ⅲ39-2	南槐村西北	386.17	179.11	承压水	一级阶地	172
196	Ⅲ39-3	南槐村西北	386.54	123.50	承压水	一级阶地	173
197	Ⅲ6-1a	牛奶厂西土堆上	396.99		承压水	一级阶地	174
198	Ⅲ7-1	三水厂养护组工房门前	389.13		承压水	一级阶地	174
199	K117-1	冯三村东	391.10	24.38	潜水	一级阶地	175
200	K213	三里桥南路东	384.87	10.31	潜水	一级阶地	175
201	220	北田村南	388.32		潜水	一级阶地	176
202	Ⅲ26-1	樊家村口	387.01		承压水	一级阶地	176
203	W1	渭滨水源地生产井	373.200	190.00	承压水	高漫滩	177
204	W2	渭滨水源地生产井	373.200	127.00	承压水	高漫滩	178
205	W3	渭滨水源地生产井	373.517	271.00	承压水	高漫滩	179
206	W4	渭滨水源地生产井	373.517	151.00	承压水	高漫滩	180
207	W4-1	渭滨水源地生产井	373.517	38.75	潜水	高漫滩	181
208	W5	渭滨水源地生产井	373.300	204.20	承压水	高漫滩	182
209	W5-1	渭滨水源地生产井	373.305	39.60	潜水	高漫滩	183
210	W6	渭滨水源地生产井	373.300	152.30	承压水	高漫滩	184
211	W7	渭滨水源地生产井	374.462	271.10	承压水	高漫滩	185
212	W9	渭滨水源地生产井	374.462	195.30	承压水	高漫滩	186
213	W10	渭滨水源地生产井	374.637	270.08	承压水	高漫滩	187
214	W11	渭滨水源地生产井	374.632	145.00	承压水	高漫滩	188
215	W12	渭滨水源地生产井	374.637	197.20	承压水	高漫滩	189
216	W13	渭滨水源地生产井	375.120	196.00	承压水	高漫滩	190
217	W13-1	渭滨水源地生产井	375.120	52.00	潜水	高漫滩	191
218	♯90-26	渭滨水源地W13-1E供电局农场	373.906	17.63	潜水	高漫滩	192
219	W14	渭滨水源地生产井	375.120	142.00	承压水	高漫滩	192
220	W15	渭滨水源地生产井	375.530	202.00	承压水	高漫滩	194
221	W16	渭滨水源地生产井	375.530	153.00	承压水	高漫滩	195
222	W16-1	渭滨水源地生产井	375.530	300.00	承压水	高漫滩	196
223	W18	渭滨水源地生产井	374.285	206.33	承压水	高漫滩	196
224	W18-1	渭滨水源地生产井	374.285	39.00	潜水	高漫滩	198
225	W20-1	渭滨水源地生产井	373.865	45.60	潜水	高漫滩	199
226	W21-1	渭滨水源地生产井	373.474	42.00	潜水	高漫滩	200
227	W2-1	渭滨水源地生产井	373.200	42.00	潜水	高漫滩	201
228	W9-1	W9生产井西侧	374.462	42.00	潜水	高漫滩	201
229	W12-1	W12生产井西侧	374.637	42.00	潜水	高漫滩	202
230	W15-1	W15生产井东侧	375.530	83.45	承压水	高漫滩	203
231	W25-1	W25生产井东侧	373.100	81.00	承压水	高漫滩	204
232	W22	渭滨水源地生产井	373.474	200.00	承压水	高漫滩	205
233	♯23	渭滨水源地W22与W23中间民井	373.100	16.40	潜水	高漫滩	206
234	W23	渭滨水源地生产井	373.100	305.00	承压水	高漫滩	207
235	W24	渭滨水源地生产井	373.100	150.00	承压水	高漫滩	208

续表

续表

序号	点号	位置	测点高程(m)	孔深(m)	地下水类型	地貌单元	页码
236	W25	渭滨水源地生产井	373.100	229.30	承压水	高漫滩	210
237	K375	百花村东南	393.790	24.50	潜水	高漫滩	211
238	K34	呼沱寨东边	392.679	31.39	潜水	三级阶地	212
239	K371	大明宫含元殿	408.931	30.26	潜水	二级阶地	213
240	K267	八府庄村北	404.372	48.60	潜水	黄土梁洼	214
241	♯90-40	四三O厂9♯生产井	377.070	90.00	承压水	一级阶地	215
242	♯90-41	四三O厂17♯生产井	378.300	150.00	承压水	一级阶地	215
243	♯90-36	四三O厂29♯生产井	388.660	84.00	承压水	二级阶地	216
244	♯90-37	四三O厂22♯生产井	388.600	300.00	承压水	二级阶地	216
245	渭河	新建渭河大桥13号灯架	371.800		地表水	高漫滩	217
246	W新9	渭滨水源地生产井	374.460	277.00	承压水	高漫滩	217
247	N16	秦川北库	376.500	150.00	承压水	一级阶地	217
248	N17	华山分厂	368.500	300.00	承压水	一级阶地	218
249	♯90-9	麻家什子W250m公路S边机♯	375.000	14.68	潜水	一级阶地	218
250	♯90-35	日杂仓库院内	377.500	120.00	承压水	二级阶地	219
251	N18	西长吊公路W院内	374.000	99.55	承压水	二级阶地	219
252	♯90-7	农场东站S500m路E机井	371.065	26.00	潜水	一级阶地	220
253	♯90-30	草滩东站农场—奶厂深井	370.700	150.00	承压水	一级阶地	221
254	农3	草滩农场车站	371.740	76.47	承压水	一级阶地	222
255	K79-2主	草滩农技楼	373.300	98.97	承压水	一级阶地	223
256	K79-1付	草滩农技楼	373.280	66.00	潜水	一级阶地	224
257	K80-1	北郊青东村	377.435	23.00	潜水	一级阶地	225
258	K80-2付	北郊青东村北	377.440	22.37	潜水	一级阶地	227
259	农8	草滩农场中站路边	374.500	61.86	潜水	一级阶地	228
260	K202主	草滩农场中站路南	372.756	14.00	潜水	一级阶地	229
261	K202付	草滩农场中站路南	374.220	25.10	潜水	一级阶地	229
262	K389	草滩农场中站路南	373.780	10.70	潜水	一级阶地	231
263	牛生	草滩农场中站奶厂内	375.450	12.50	潜水	一级阶地	232
264	K387	草滩农场中站路北	374.399	21.10	潜水	一级阶地	233
265	K386	草滩农场中站路北	374.841	12.10	潜水	一级阶地	234
266	K386-5	草滩农场中站路北	373.440	9.90	潜水	一级阶地	235
267	K386-4	草滩农场中站路北	373.400	17.40	潜水	一级阶地	236
268	农9	农场中站公路转弯外离路50m	374.500	71.35	潜水	一级阶地	237
269	♯90-31	农场厂部深井	375.700	146.00	承压水	一级阶地	238
270	生11	草滩农场场部	376.350	48.00	潜水	一级阶地	238
271	K390	草滩农场医院门前	375.777	3.20	潜水	一级阶地	239
272	K391	草滩农场场部南奶厂内	375.928	13.80	潜水	一级阶地	240
273	A6	草滩农场场部北	375.330	21.80	潜水	一级阶地	241
274	A7	草滩农场场部北	376.014	19.50	潜水	一级阶地	243
275	A8	草滩农场场部北	375.808	3.23	潜水	一级阶地	244
276	A9	草滩农场场部北	376.398	7.80	潜水	一级阶地	245

续表

序号	点号	位置	测点高程(m)	孔深(m)	地下水类型	地貌单元	页码
277	农12	草滩农场场部北	376.460	26.00	潜水	一级阶地	246
278	♯90-5	农场厂部与西站中间路边果园	376.800	12.10	潜水	一级阶地	247
279	♯90-32	农场西站三奶厂深井	376.800	250.00	承压水	一级阶地	247
280	观9	渭河河滩中农3EW	367.200	60.00	潜水	高漫滩	247
281	观17	渭河河滩中华山分厂N	367.500	60.00	潜水	高漫滩	248
282	观18	渭河河滩中华山分厂N	367.500	29.00	潜水	高漫滩	249
283	K234主	北玉峰村西公路北地内	383.151	28.20	潜水	二级阶地	250
284	K234付	北玉峰村西公路北地内	383.151	32.00	潜水	二级阶地	252
285	K234-1	北玉峰村西公路地北	383.151	6.50	潜水	二级阶地	254
286	K394	曹家堡村南公路南	381.591	27.20	潜水	二级阶地	256
287	K233	黄家农村E	384.606	100.00	承压水	二级阶地	257
288	♯90-39	施家寨村S公路N	384.600	201.84	承压水	二级阶地	258
289	♯93-1	秦川北库潜水井	377.070	60.00	潜水	高漫滩	259
290	♯94-1	东兴二队	372.500	210.00	承压水	一级阶地	259
291	♯94-2	酒厂	377.500	200.00	承压水	二级阶地	260
292	♯94-4	联合村生产井	379.860	150.00	承压水	二级阶地	260
293	♯94-6	四三〇厂21♯井	374.200	250.00	承压水	二级阶地	260
294	♯95-1	翁家庄路北	386.600	30.00	潜水	二级阶地	260
295	♯95-2	百花村内	392.780	300.00	承压水	二级阶地	260
296	♯95-4	张千户村内	379.140	150.00	承压水	二级阶地	261
297	♯95-5	西杨善	383.150	150.00	承压水	二级阶地	261
298	K395	罗家寨村西	387.393	31.60	潜水	二级阶地	261
299	K396	张家巷村西污水渠S	387.504	24.10	潜水	二级阶地	263
300	K399	李家下豪村西南路S	390.950	63.50	潜水	二级阶地	264
301	K400	李家下豪村西南路S	390.806	42.80	潜水	二级阶地	265
302	K266	小北门外连湖弹簧厂内	397.956	53.80	潜水	黄土梁洼	267
303	K411	东关孚菜厂院内	416.677	14.60	潜水	黄土梁洼	268
304	K413	兴庆宫园游乐场边	414.471	7.38	潜水	黄土梁洼	269
305	K414	西安皇甫庄	426.806	31.43	潜水	黄土梁洼	270
306	♯90-34	谭家庄武警汽车修理厂内	390.000	140.00	承压水	二级阶地	271
307	♯90-12	赵村E边预制厂民井	383.900	17.55	潜水	二级阶地	271
308	N14	330V变电站院内自备井	393.000	300.00	承压水	二级阶地	271
309	♯90-14	赵村第一预制厂内民井	391.690	28.20	潜水	二级阶地	272
310	N25	北郊龙家庄预制厂院内	394.000	300.00	承压水	二级阶地	272
311	♯90-18	王前村与北康村中间公路S民井	386.600	13.75	潜水	二级阶地	274
312	N20	楼阁台	380.000	300.00	承压水	二级阶地	275
313	C1	长安县水文队油库	467.58	271.02	承压水	一级黄土台塬	275
314	C3-1	长安水司	428.50	205.40	承压水	一级阶地	276
315	C4-1	局连村	448.00	149.01	承压水	一级阶地	276
316	C6	长安大兆省军区民用仓库	610.18	250.00	承压水	一级黄土台塬	277
317	C7-1	引镇新井	580.50	306.23	承压水	三级阶地	277

续表

续表

序号	点号	位置	测点高程(m)	孔深(m)	地下水类型	地貌单元	页码
318	C13	太乙宫省结核病院	555.00	150.00	承压水	近代洪积扇	278
319	C15	西安陆军学院	534.00	300.00	承压水	一级黄土台塬	278
320	C19	长安县南张村	411.00	121.92	承压水	一级洪积扇	279
321	C20-1	长安县关坊观测孔	419.30	302.78	承压水	二级冲洪积阶地	279
322	C22	祝村棉绒加工厂	423.00	106.00	承压水	二级冲洪积阶地	279
323	C27	长安纺织厂	398.50	242.00	承压水	二级冲洪积阶地	280
324	C28	沣裕口203所	458.00	120.00	承压水	近代洪积扇	280
325	C29	西安轴承厂	451.50	130.00	承压水	一级洪积扇	281
326	N1	西安人民大厦	405.43	280.00	承压水	黄土梁洼	281
327	N3	铁一村	412.35	299.56	承压水	黄土梁洼	282
328	N4	陕棉十一厂	407.21	250.00	承压水	黄土梁洼	283
329	N5	油漆二分厂	407.60	250.00	承压水	黄土梁洼	284
330	N7	西安电线厂	389.40	271.49	承压水	三级冲洪积阶地	285
331	N10	石家街仓库	407.84	228.00	承压水	四级阶地	286
332	N11	重型机械研究所	404.00	106.21	承压水	四级阶地	287
333	N12	西安酒厂	406.00	286.33	承压水	黄土梁洼	288
334	E1	西安第一染织厂	416.48	260.23	承压水	黄土梁洼	288
335	E4	交大二村福利区	426.59	252.00	承压水	黄土梁洼	289
336	E7	昆仑机械厂厂区	420.32	272.75	承压水	四级阶地	291
337	E10	西光厂福利区	430.87	276.00	承压水	黄土梁洼	292
338	E12-1	筑路机械厂福利区		270.00	承压水	黄土梁洼	293
339	E14	秦川机械厂院内	448.00	214.00	承压水	二级阶地	294
340	E14-1	秦川一分福利区	470.00	350.00	承压水	二级阶地	294
341	S3	省国测局	411.16	240.00	承压水	黄土梁洼	295
342	S4	大雁塔苗圃	431.32	262.14	承压水	黄土梁洼	295
343	S7	三五一三工厂西井	412.93	227.70	承压水	二级冲洪积阶地	296
344	S9	省委东院	421.84	203.00	承压水	黄土梁洼	297
345	S12	西安植物园	433.61	340.00	承压水	黄土梁洼	299
346	S14	兵工部213所	416.09	250.00	承压水	二级冲洪积阶地	299
347	S16	曲江池王家庄	437.50	300.55	承压水	黄土梁洼	300
348	S18	西安市精神病医院	444.41	300.37	承压水	黄土梁洼	302
349	S19	边家村十字南90号信箱	408.34	278.40	承压水	二级冲洪积阶地	302
350	S20	陕西省财贸干校黄雁村	408.06	232.60	承压水	黄土梁洼	303
351	S22	西铁供水所	425.00	315.35	承压水	黄土梁洼	304
352	S23	西安电影制片厂	441.68	250.59	承压水	黄土梁洼	305
353	S24	工人地质技校	431.30	301.90	承压水	黄土梁洼	305
354	S26	西北工业大学	407.21	259.54	承压水	一级冲洪积阶地	306
355	S28	双水磨	409.00	300.33	承压水	一级冲洪积阶地	306
356	S29	山门口公路二局仓库	407.18		承压水	二级冲洪积阶地	307
357	S30	三兆公墓	494.00	243.20	承压水	一级黄土台塬	308

续表

序号	点号	位置	测点高程(m)	孔深(m)	地下水类型	地貌单元	页码
358	S31	裴家孔706仓库	523.50		承压水	一级黄土台塬	309
359	S35	三爻劳改农场	457.00	291.35	承压水	黄土梁洼	310
360	S38	二一三所东	418.10	257.47	承压水	二级冲洪积阶地	310
361	W1	西安儿童医院	404.90	233.40	承压水	二级冲洪积阶地	312
362	W2	西稍门航校	400.66	260.00	承压水	二级冲洪积阶地	313
363	W5	包装厂	402.67	281.86	承压水	一级冲洪积阶地	314
364	W7-1	毛巾厂	402.44	246.84	承压水	一级冲洪积阶地	315
365	W9	国营西安五四四厂	400.43	213.00	承压水	二级冲洪积阶地	316
366	W11	橡胶厂	402.53	254.70	承压水	一级冲洪积阶地	317
367	W13	造纸机械厂	394.58	363.00	承压水	二级冲洪积阶地	317
368	W16	塑料制品厂	391.51	240.00	承压水	二级冲洪积阶地	318
369	W19	西安市农业学校	401.50	241.00	承压水	一级冲洪积阶地	319
370	B2	城南门外	405.79	12.17	潜水	二级阶地	320
371	B3	西安市城南门外	406.61	11.57	潜水	二级阶地	320
372	334	南门外护城河水	406.58	8.76	潜水	二级阶地	322
373	331	南郊何家村东王家院	410.88	10.70	潜水	二级阶地	322
374	335	西安城内书院门小学	410.62	13.12	潜水	二级阶地	323
375	297	大庆路陈家门29号	399.61	10.22	潜水	二级阶地	324
376	315	南郊糜家桥西	406.91	33.68	潜水	二级阶地	325
377	366	许士庙街3号	402.19	11.18	潜水	二级阶地	326
378	545	三兆镇西北	505.97	35.53	潜水	黄土塬	327
379	552-1	曲江乡政府院(新开门)	463.67	38.78	潜水	塬间洼地	327
380	557	北池头经济旅社	429.74	15.53	潜水	黄土塬	328
381	558	曲江池王家庄	437.79	5.98	潜水	塬间洼地	330
382	559	春临45中学	502.24	35.98	潜水	黄土塬	331
383	585	东郊三府湾果品批发市场	406.12	16.52	潜水	二级阶地	332
384	588	南郊草场坡村南	414.44	14.75	潜水	三级阶地	333
385	589	南郊黄金公司仓库	418.32	23.17	潜水	二级阶地	334
386	4#	南郊陕师大南	424.21	37.17	潜水	三级阶地	335
387	590	南郊电视塔东	434.77	35.75	潜水	三级阶地	337
388	591	南郊三爻村	442.42	19.27	潜水	黄土塬	338
389	592	南郊水文队油库	465.60	43.17	潜水	黄土塬	339
390	609	南郊沙井村	412.75	28.40	潜水	古河道	340
391	612	南郊西万路叉口	416.84	43.43	潜水	古河道	341
392	605	南郊山门口	421.75	31.91	潜水	古河道	342
393	震1	地质技工学校	432.21		潜水	塬间洼地	343
394	塔北	西影路菜市东	423.62	29.63	潜水	三级阶地	344
395	K431	南郊铁炉庙	436.48	27.68	潜水	塬间洼地	345
396	K376	东方厂西门	436.60	31.73	潜水	二级阶地	347
397	K273	长东坡西南	426.06	33.78	潜水	三级阶地	348
398	376-2	南郊冶院东南	420.94	33.60	潜水	二级阶地	349

续表

序号	点号	位置	测点高程(m)	孔深(m)	地下水类型	地貌单元	页码
399	608-5	南郊二府庄村西	414.93	32.00	潜水	二级阶地	350
400	东门	西安市东门里	410.00	14.58	潜水	二级阶地	351
401	328-1	西郊土门市场东南	408.00	30.30	潜水	古河道	352
402	336-2	西安市许士庙街	402.19		潜水	二级阶地	353
403	315-1	城南郊糜家桥西	406.91	32.40	潜水	二级阶地	353
404	K6	长安县申店乡鲁家湾	433.73	40.14	潜水	冲沟洼地	354
405	K16	长安县申店乡鲁家湾	433.26	12.38	潜水	二级阶地	354
406	K44	长安县申店乡候家湾	428.79	11.91	潜水	一级阶地	355
407	C2	长安县内苑乡北八元	430.91	>50	潜水	洪积扇	356
408	C7	长安县镐京乡太平庄	398.98	89.60	承压水	一级阶地	357
409	C12	长安县五星乡五楼村			潜水	洪积扇	358
410	C23	长安县子午镇子午乡	495.32	26.65	潜水	洪积扇	358
411	C24	长安县王曲镇西王曲			潜水	洪积扇	359
412	C25-1	长安县黄良乡西仁村	434.68	14.78	潜水	洪积扇	360
413	291	鱼化寨乡政府院	402.89	9.59	潜水	二级阶地	360
414	541	长安县大兆镇四队	602.85	>50	潜水	黄土塬	361
415	542	长安县大兆乡大鲍陂	555.84	31.22	潜水	黄土塬	362
416	551-2	西安市雁塔区黄渠头	499.44	45.55	潜水	黄土塬	363
417	565	长安县大兆乡东司马	599.12	31.75	潜水	黄土塬	364
418	567	长安县留村乡胡家宝	601.84	39.00	潜水	黄土塬	364
419	569	长安县大兆乡章曲村	583.52	38.85	潜水	黄土塬	365
420	573	长安县杜陵乡高望堆	518.09	24.45	潜水	黄土塬	366
421	611	长安县南窑头小学	409.11	20.77	潜水	二级阶地	367
422	613	长安县高家堡西	417.90	20.48	潜水	二级阶地	368
423	617	长安县郭杜乡茅坡村	434.60	21.50	潜水	二级阶地	369
424	621	丈八沟铺上村	410.19	7.45	潜水	一级阶地	370
425	625	鱼化寨乡周家寨	402.53	13.56	潜水	一级阶地	370
426	706	长安县镐京乡太平村	399.71	12.16	潜水	二级阶地	371
427	710	长安县斗门中学	399.30	23.24	潜水	二级阶地	372
428	718	长安县斗门曹村	399.31	26.83	潜水	二级阶地	373
429	722	长安县义井乡石匣村	408.33	16.52	潜水	二级阶地	374
430	725	长安县祝村乡河池寨	409.37	12.88	潜水	二级阶地	375
431	727	长安县祝村乡西高庙	415.69	38.80	潜水	二级阶地	376
432	731	长安县沣惠乡北张村	408.39	5.88	潜水	古河道	376
433	735	长安县甘河乡童家寨	413.41	33.95	潜水	一级阶地	377
434	738	长安县细柳系杨家湾	417.60	18.72	潜水	一级阶地	377
435	740	长安县甘河乡东甘河	420.74	21.65	潜水	一级阶地	378
436	742	长安县中丰店	403.55	22.60	潜水	一级阶地	379
437	744	长安县岳家堡	409.06	18.50	潜水	二级阶地	380
438	748	长安县黄良乡湖村小学	464.49	13.21	潜水	二级阶地	381
439	749	长安县大居安小学	447.25	19.20	潜水	二级阶地	382

续表

序号	点号	位置	测点高程(m)	孔深(m)	地下水类型	地貌单元	页码
440	752	长安县高桥道班	424.24	22.65	潜水	一级阶地	383
441	753	长安县兴隆乡宫村	427.41	18.15	潜水	一级阶地	384
442	755	长安县郭杜农机厂	426.38	36.85	潜水	二级阶地	385
443	759	长安县郭杜乡杜永村	450.41	26.10	潜水	黄土塬	385
444	774	长安县王曲乡西王曲	466.32	4.73	潜水	洪积扇	386
445	780	长安县内苑乡鸭池口	429.93	25.65	潜水	洪积扇	387
446	781	长安县黄良乡石佛寺	455.38	9.32	潜水	洪积扇	387
447	788	长安县内苑乡乔村	449.82	7.92	潜水	洪积扇	388
448	789	长安县滦村乡西留堡	420.47	1.95	潜水	洪积扇	379
449	792	长安县五星乡五楼村	418.14	5.10	潜水	洪积扇	390
450	793	长安县五星乡和迪	412.00	17.65	潜水	一级阶地	390
451	796	长安县内苑乡白杨宝	440.57	7.25	潜水	洪积扇	391
452	797	长安县五星乡晋家堡	421.19	3.85	潜水	洪积扇	392
453	812	长安县内苑乡北八元	429.82	3.98	潜水	洪积扇	392
454	819	长安县皇甫乡兴盛村	498.95	34.30	潜水	黄土塬	393
455	820	长安县曹村	500.17	21.40	潜水	洪积扇	394
456	822	长安县东祝村	419.36	37.95	潜水	二级阶地	395
457	821	长安县义井中学	408.26	16.28	潜水	二级阶地	395
458	73-2	长安县周家庄	435.57		潜水	二级阶地	396
459	73-16付	长安县杜曲新村			潜水	一级阶地	397
460	73-17	长安县杜曲镇	459.79	5.05	潜水	一级阶地	397
461	73-18	长安县韦兆乡东韦	502.78	3.51	潜水	一级阶地	398
462	73-19	长安县韦兆乡韦兆镇	533.39	4.00	潜水	一级阶地	399
463	73-20	长安县韦兆乡常旗宝	551.80	4.98	潜水	一级阶地	400
464	73-21	长安县太平乡关林小学	492.33	7.50	潜水	二级阶地	400
465	73-22	长安县王莽乡东新庄	514.48	4.50	潜水	洪积扇	401
466	83-14	西安壮至二塬子供销社	628.61	35.35	潜水	黄土塬	402
467	83-15	填桥区宝乡南大康	701.29	40.15	潜水	黄土塬	403
468	83-16	西安状寨镇	718.91	34.02	潜水	黄土塬	404
469	83-17	西安状宝乡伍坊村	736.23	53.00	潜水	黄土塬	405
470	83-20	西安市红旗乡常旗宝	447.79	4.98	潜水	一级阶地	406
471	83-21	长安县鸣犊镇师村	465.82	13.47	潜水	二级阶地	406
472	83-22	长安县留台村	500.64	26.46	潜水	黄土塬	407
473	83-23	长安县赵家湾	504.19	31.30	潜水	黄土塬	408
474	83-33	长安县王曲乡王曲小学	472.03	7.29	潜水	一级阶地	409
475	长6	长安县引镇南堡	579.35	35.20	潜水	黄土塬	410
476	长8	长安县西新庄	574.29	34.36	潜水	洪积扇	411
477	A162	长安县五台乡留村	578.32	25.93	潜水	洪积扇	412
478	GX2	三十九研究所福利区	409.00	337.80	承压水	二级阶地	413

四、地下水位资料

西安市地下水位资料表

水位单位：m

点号	年份	1月 日	1月 水位	2月 日	2月 水位	3月 日	3月 水位	4月 日	4月 水位	5月 日	5月 水位	6月 日	6月 水位	7月 日	7月 水位	8月 日	8月 水位	9月 日	9月 水位	10月 日	10月 水位	11月 日	11月 水位	12月 日	12月 水位	年平均
J1	1990	5	27.26	5	27.32	5	27.36	5	27.47	5	27.52	5	27.57	5	27.63	5	27.66	5	27.73	5	27.78	5	27.82	5	27.85	27.61
		15	27.28	16	27.35	15	27.44	15	27.52	15	27.52	15	27.59	15	27.64	15	27.73	15	27.76	15	27.76	15	27.82	15	27.89	
		25	27.30	25	27.35	25	27.47	25	27.57	25	27.55	25	27.62	25	27.66	25	27.71	25	27.75	25	27.81	25	27.84	25	27.89	
	1991	5	27.89	5	27.94	5	27.96	5	28.00	5	27.98	5	28.02	5	28.00	5	27.63	5	27.68	5	27.72	5	27.03	5	27.11	27.74
		15	27.91	15	27.96	15	27.98	15	28.00	15	28.00	15	28.01	15	28.01	15	27.64	15	27.69	15	27.72	15	27.06	15	27.15	
		25	27.92	25	27.96	25	27.97	25	27.99	25	28.00	25	28.00	25	28.03	25	27.65	25	27.72	25	27.01	25	27.09	25	27.18	
	1992	5	27.21	2	27.29	5	27.34	5	27.39	5	27.50	5	27.55	5	27.60	5	27.69	5	27.70	5	27.77	5	27.79	5	27.88	27.58
		15	27.24	15	27.30	15	27.38	15	27.44	15	27.52	15	27.61	15	27.67	15	27.71	15	27.72	15	27.77	15	27.78	15	27.88	
		25	27.25	25	27.32	25	27.37	25	27.46	25	27.54	25	27.58	25	27.63	25	27.71	25	27.75	25	27.79	25	27.82	25	27.88	
	1993	5	27.80	5	27.89	5	27.89	5	27.91	5	27.92	5	27.94	5	27.97	5	27.97	5	27.98	5	27.98	5	28.02	5	28.02	27.95
		15	27.87	15	27.89	15	27.91	15	27.93	15	27.94	15	27.94	15	27.98	15	28.00	15	27.98	15	28.01	15	28.02	15	28.03	
		26	27.85	25	27.88	25	27.91	25	27.91	25	27.94	25	27.95	25	27.98	25	27.98	25	27.99	25	28.00	25	28.02	25	28.03	
	1994	5	28.07	5	28.10	5	28.11	5	干	5	干	5	干	5	干	5	干	5	干	5	干	5	干	5	25.85	27.30
		15	28.06	15	28.10	15	28.16	15	干	15	干	15	干	15	干	15	干	15	干	15	干	15	25.70	15	25.93	
		25	28.01	25	28.11	25	28.18	25	干	25	干	25	干	25	干	25	干	25	干	25	干	25	25.77	25	25.99	
	1995	5	26.02	5	26.19	5	26.25	5	26.41	5	26.47	5	26.37	5	24.73	5	25.11	5	25.36	5	25.32	5	25.54	5	25.72	25.82
		15	26.07	15	26.19	15	26.32	15	26.42	15	26.49	15	26.16	15	24.89	15	25.15	15	25.16	15	25.39	15	25.61	15	25.79	
		25	26.12	25	26.27	25	26.34	25	26.46	25	26.53	25	26.20	25	25.01	25	25.27	25	25.25	25	25.48	25	25.67	25	25.84	
	1996	5	25.89	5	26.06	5	26.23	5	26.36	5	26.46	5	24.66	5	25.01	5	25.33	5	24.71	5	25.03	5	25.31	5	25.53	25.53
		15	25.07	15	26.14	15	26.28	15	26.41	15	24.96	15	24.79	15	25.12	15	25.42	15	24.84	15	25.13	15	25.39	15	25.60	
		25	25.95	25	26.18	25	26.33	25	26.44	25		25	24.90	25	25.22	25	25.51	25	24.94	25	25.22	25	25.47	25	25.66	

续表

点号	年份	1月 日	1月 水位	2月 日	2月 水位	3月 日	3月 水位	4月 日	4月 水位	5月 日	5月 水位	6月 日	6月 水位	7月 日	7月 水位	8月 日	8月 水位	9月 日	9月 水位	10月 日	10月 水位	11月 日	11月 水位	12月 日	12月 水位	年平均
J1	1997	5	25.74	5	25.91	5	26.05	5	26.18	5	22.58	5	21.48	5	20.86	5	20.12	5	20.46	5	19.81	5	21.04	5	20.02	22.37
		15	25.80	15	25.96	15	26.10	15	26.21	15	22.82	15	20.06	15	20.32	15	20.43	15	18.77	15	20.25	15	19.01	15	20.43	
		25	25.89	25	26.02	25	26.14	25	26.25	25	23.03	25	20.42	25	20.71	25	20.04	25	19.31	25	20.66	25	19.59	25	20.76	
	1998	5	21.13	5	22.01	5	22.68	5	23.29	5	23.77	5	19.01	5	19.20	5	18.70	5	19.76	5	20.30	5	21.28	5	22.08	21.30
		15	21.43	15	22.26	15	22.89	15	23.47	15	23.92	15	19.32	15	19.57	15	19.04	15	20.07	15	20.65	15	21.48	15	22.23	
		25	21.70	25	22.49	25	23.08	25	23.62	25	24.04	25	18.85	25	18.93	25	19.36	25	19.99	25	20.95	25	21.82	25	22.56	
	1999	5	22.82	5	23.45	5	23.92	5	24.39	5	24.74	5	25.03	5	25.30	5	25.58	5	25.79	5	19.81	5	19.70	5	20.92	23.15
		15	23.05	15	23.66	15	24.06	15	24.52	15	24.83	15	25.13	15	25.40	15	25.67	15	19.94	15	18.93	15	20.12	15	21.10	
		25	23.25	25	23.78	25	24.23	25	24.69	25	24.92	25	25.21	25	25.48	25	25.73	25	19.37	25	19.29	25	20.51	25	19.00	
	2000	5	19.38	5	20.44	5	21.35	5	22.07	5	22.76	5	23.34	5	23.85	5	23.87	5	24.30	5	24.65	5	24.97	5	25.24	23.20
		15	19.77	15	20.82	15	21.60	15	22.33	15	22.98	15	23.53	15	24.00	15	24.15	15	24.43	15	24.76	15	25.07	15	25.34	
		25	20.13	25	21.11	25	21.83	25	22.33	25	23.14	25	23.68	25	23.74	25	24.15	25	24.55	25	24.87	25	25.13	25	25.43	
J3	1990	7	25.41	7	26.41	7	27.15	7	28.17	7	28.08	7	27.74	7	27.47	7	26.98	7	27.34	7	27.83	7	28.52	7	干	27.45
		17	25.74	17	26.73	17	27.66	17	28.10	17	28.05	17	27.61	17	27.27	17	27.08	17	27.50	17	28.12	17	28.56	17	干	
		27	26.12	27	27.14	27	27.94	27	28.10	27	27.93	27	27.54	27	27.11	27	27.15	27	27.64	27	28.33	27	干	27	干	
	1991	7	干	7	干	7	干	7	干	7	干	7	干	7	干	7	27.84	7	28.32	7	干	7	干	7	干	28.10
		17	干	17	干	17	干	17	干	17	干	17	干	17	28.45	17	28.01	17	28.41	17	干	17	干	17	干	
		27	干	27	干	27	干	27	干	27	干	27	干	27	27.56	27	28.14	27	干	27	干	27	干	27	干	
	1992	7	27.30	2	27.89	7	28.44	7	干	7	干	7	干	7	干	7	干	7	27.93	7	干	7	干	7	干	27.79
		17	27.59	17	28.09	17	28.49	17	干	17	干	17	干	17	干	17	26.13	17	28.42	17	干	17	27.46	17	27.86	
		27	27.60	27	27.68	27	28.49	27	干	27	干	27	干	27	干	27	27.16	27	干	27	26.84	27	27.60	27	27.90	
	1993	7	干	2	干	7	28.17	7	干	7	干	7	干	7	干	7	干	7	26.07	7	27.07	7	27.72	7	27.95	27.31
		17	干	17	干	17	28.31	17	干	17	干	17	干	17	干	17	干	17	26.36	17	27.26	17		17		
		27	干	27	28.06	27	28.40	27	干	27	干	27	干	27	干	27	24.68	27	26.63	27		27		27		

续表

点号	年份	1月		2月		3月		4月		5月		6月		7月		8月		9月		10月		11月		12月		年平均
		日	水位	日	水位	日	水位	日	水位	日	水位	日	水位	日	水位	日	水位	日	水位	日	水位	日	水位	日	水位	
J3	1994	7	28.01	7	26.27	7	26.88	7		7	26.50	7	27.05	7	27.47	7		7	26.32	7	26.91	7	27.39	7	27.83	26.87
		17	24.49	17	26.52	17	27.06	17	26.04	17	26.70	17	27.20	17	27.59	17	24.69	17	26.55	17	27.55	17	27.95			
		27	25.97	27	26.74	27	27.23	27	26.24	27	26.92	27	27.35	27	27.70	27	26.09	27	26.27	27	27.70	27	28.06			
	1996	7	27.97	7	25.65	7	26.55	7	26.79	7	27.18	7	26.03	7	26.52	7	26.98	7	27.35	7	27.96	7	28.20		27.00
		17		17	26.19	17	26.73	17	26.89	17		17	26.37	17	26.70	17	27.12	17	27.47	17	28.06	17	28.24			
		27	24.01	27	26.43	27	26.95	27	27.04	27	24.61	17	26.60	27	26.84	27	27.21	27	27.58	27	28.15	27	28.34			
	1997	7	28.38	5	25.18	7	26.38	7	26.84	7	27.20	6	21.69	7	25.91	7	22.32	7	26.17	7	27.04	7	27.37		25.99
		17	22.13	17	26.10	17	26.54	17	26.96	17	27.32	17	22.43	17	26.21	17	24.74	17	26.32	17	27.16	17	27.47			
		27	23.23	27	26.26	27	26.70	27	27.09	27	27.42	17	24.78	27	26.36	27	25.95	27	26.48	27	27.27	17	27.25			
	1998	17	26.02	17	26.48	17	23.89	17	26.22	17	26.63	17	27.00	17	27.30	17	24.01	17	26.26	17	26.99	17	23.57		26.22
	1999	17	24.10	17	26.16	17	24.12	17	26.21	17	26.57	17	26.91	17	27.23	17	22.89	17	26.12	17	26.80	17			25.60
	2000	17	22.12	17	23.30	17	26.76	17	27.05	17	27.30	17	27.51	17	27.71	17	26.62	17	26.81	17	27.30	17	27.48		26.42
J4	1990	5	27.86	5	28.81	5	28.69	5	28.81	5	28.71	5	27.02	5	25.53	5	24.26	5	26.94			5	29.02	5	27.41	27.37
		15	28.16	16	29.01	15	28.83	15	28.95	15	28.69	15	23.66	15	24.72	15	26.34	15	28.17	15	28.95	15	29.02	15	23.29	
		25	28.32	25	28.70	25	28.73	25	28.92	25	28.73	25	23.78	25	23.80	25	27.56	25	28.79	25	28.98	25	28.51	25	22.38	
	1991	5	22.30	5	23.30	5	26.98	5	27.88	5	28.41	5	28.67	5	27.89	5	22.20	5	21.96	5	22.36	5	26.30	5	22.34	25.01
		15	22.26	12	25.70	15	26.75	15	28.11	15	28.58	15	28.74	15	27.96	15	22.21	15	22.00	15	23.76	15	22.22	15	23.52	
		25	22.34	25	27.92	25	27.61	25	28.25	25	28.62	25	28.31	25	24.22	25	21.99	25	22.12	25	25.92	25	22.22	25	23.89	
	1992	5	26.59	2	27.92	5	28.27	5	28.40	5	28.30	5	27.96	5	28.33	5	24.51	5	23.32	5	21.96	5	23.79	5	23.24	26.00
		15	27.60	15	28.08	15	28.29	15	28.45	15	28.14	15	28.25	15	24.28	15	24.23	15	22.74	15	22.31	15	25.72	15	25.29	
		25	27.86	25	28.92	25	28.36	25	28.38	25	27.88	25	28.31	25	22.51	25	23.46	25	22.23	25	22.53	25	22.45	25	27.09	
	1993	5	27.75	5	28.00	5	27.85	5	25.30	5	27.89	5	27.74	5	23.62	5	26.09	5	27.44	5	22.29	5	22.16	5	22.12	25.54
		15	27.59	15	27.99	15	26.70	15	27.18	15	27.92	15	26.36	15	22.25	15	27.10	15	24.68	15	22.30	15	22.22	15	堵	
		26	27.59	25	28.08	25	25.78	25	27.80	25	27.73	25	23.91	25	22.79	25	27.64	25	22.28	25	22.10	25	22.16	25	堵	

续表

第一章 西安市

点号	年份	1月		2月		3月		4月		5月		6月		7月		8月		9月		10月		11月		12月		年平均
		日	水位	日	水位	日	水位	日	水位	日	水位	日	水位	日	水位	日	水位	日	水位	日	水位	日	水位	日	水位	
J6	1990	6	干	6	21.82	6	21.87	6	22.46	6	21.68	6	22.36	6	22.67	6	23.08	6	23.36	6	23.65	6	23.94	6	24.22	22.67
		16	22.25	16	干	16	22.20	16	22.62	16	22.23	16	22.52	16	22.88	16	23.18	16	23.46	16	23.74	16	24.04	16		
		26	15.72	26	22.25	26	22.33	26	22.76	26	22.32	26	22.67	26	23.01	26	23.24	26	23.57	26	23.82	26	24.14	26	22.03	
	1991	6	21.87	6	22.22	6	21.85	6	22.33	6	22.27	6	22.60	6	22.26	6	22.56	6	22.95	6	22.97	6	22.94	6	22.76	22.47
		16	22.19	13	22.19	16	22.14	16	21.99	16	22.36	16	22.72	16	22.34	16	22.71	16	22.11	16	22.25	16	22.43	16	22.84	
		26	22.33	26	22.24	26	22.23	26	22.18	26	22.48	26	23.18	26	22.43	27	24.48	26	22.11	26	22.41	26	23.20	26	22.83	
	1992	6	22.82	2	22.34	6	22.55	6	23.40	6	22.79	6	23.29	6	23.49	6	23.81	6	24.12	6	24.36	6	24.61	6	24.81	23.58
		16	23.25	16	22.31	16	22.43	16	22.51	16	22.93	16	23.39	16	23.62	16	23.88	16	24.21	16	24.44	16	24.69	16	24.87	
		26	23.23	26	22.32	26	23.29	26	22.65	26	23.03	26	22.83	26	23.71	26	24.01	26	24.30	26	24.52	26	24.75	26	24.93	
	1993	6	24.98	6	22.23	6	22.18	6	22.15	6	22.41	6	22.24	6	22.25	6	22.61	6	22.31	6	22.31	6	22.69	6	22.79	22.49
		16	22.27	16	21.15	16	22.25	16	22.25	16	22.55	16	22.33	16	22.35	16	22.74	16	22.44	16	22.55	16	22.83	16	22.92	
		27	22.37	26	22.18	26	22.23	26	22.27	26	22.68	26	19.73	26	22.49	26	22.21	26	22.29	26	21.93	26	22.83	26	23.04	
	1994	6	23.16	6	20.97	6	22.39	6	22.82	6	23.16	6	21.01	6	22.21	6	22.03	6	21.74	6	20.68	6	22.25	6	23.04	22.06
		16	22.24	16	22.01	16	22.54	16	22.93	16	23.26	16	21.83	16	22.34	16	21.46	16	20.55	16	22.02	16	22.40	16	22.41	
		26	22.24	26	22.28	26	22.67	26	23.04	26	23.04	26	21.57	26	22.51	26	21.35	26	21.50	26	22.00	26	22.23	26	21.17	
	1995	5	22.01	5	22.50	5	22.07	5	22.55	5	22.09	5	21.89	5	22.17	5	21.34	5	22.36	5	21.77	5	21.97	5	22.65	22.05
		15	21.79	15	22.61	15	22.19	15	22.70	15	22.19	15	20.93	15	20.45	15	21.82	15	20.50	15	21.42	15	22.22	15	22.86	
		25	22.28	25	22.80	25	22.34	25	22.88	25	21.71	25		25	21.17	25	22.11	25	21.90	25	20.72	25	22.45	25	23.06	
	1996	5	23.29	5	22.17	5	22.81	5	23.37	5	23.54	5	21.79	5	22.40	5	20.02	5	20.51	5	21.87	5	20.44	5	22.44	22.03
		15	21.93	15	22.41	15	23.02	15	23.55	15	23.61	15	22.11	15	17.78	15	21.50	15	19.68	15	20.72	15	22.19	15	22.61	
		25	22.94	4	22.63	25	23.21	25	23.71	25	23.29	25	22.36	25	21.49	25	21.97	25	20.48	25	21.87	25	22.27	25	22.79	
	1997	15	23.09	15	23.41	15	22.37	15	22.94	15	22.47	15	22.14	15	22.44	15	20.68	15	22.45	15	22.78	15	23.14	15	22.25	22.45
		25	23.26	25	22.23	25	22.55	25	22.73	25	23.10	25	22.63	25	22.08	25	22.50	25	22.31	25	22.63	25	22.96	25	20.81	
																						25	23.00	25	21.99	25	21.40	

续表

点号	年份	1月 日	1月 水位	2月 日	2月 水位	3月 日	3月 水位	4月 日	4月 水位	5月 日	5月 水位	6月 日	6月 水位	7月 日	7月 水位	8月 日	8月 水位	9月 日	9月 水位	10月 日	10月 水位	11月 日	11月 水位	12月 日	12月 水位	年平均
J6	1998	5	21.98	5	22.13	5	22.63	5	23.01	5	22.64	5	22.99	5	21.71	5	22.53	5	23.11	5	23.49	5	21.75	5	22.51	22.64
		15	22.24	15	22.31	15	22.77	15	23.17	15	22.61	15	23.16	15	22.09	15	22.74	15	23.30	15	23.75	15	22.13	15	22.64	
		24	22.42	25	22.49	25	22.92	25	23.27	25	22.79	25	23.31	25	22.32	25	22.92	25	23.44	25	20.69	25	22.32	25	22.82	
	1999	5	22.85	5	23.27	5	23.66	5	24.03	5	24.17	5	24.50	5	24.75	5	25.01	5	干	5	干	5	22.22	5	22.70	23.74
		15	23.02	15	23.41	15	23.80	15	23.96	15	24.31	15	24.60	15	24.85	15	25.10	15	干	15	干	15	22.41	15	22.63	
		25	23.11	25	23.55	25	23.89	25	24.06	25	24.39	25	24.66	25	24.92	25	25.17	25	干	25	21.98	25	22.57	25	22.52	
	2000	5	22.68	5	22.43	5	22.42	5	22.73	5	23.06	5	22.24	5	21.97	5	21.97	5	22.43	5	21.24	5	22.03	5	21.90	22.21
		15	23.10	15	23.87	15	22.37	15	22.83	15	21.78	15	22.30	15	21.09	15	22.14	15	22.49	15	21.61	15	21.53	15	21.87	
		25	22.37	25	22.31	25	22.66	25	22.94	25	22.07	25	21.55	25	21.71	25	22.28	25	22.57	25		25	21.28	25	21.69	
J7	1990	7	10.74	7	12.44	7	12.02	7	10.12	7	9.77	7	9.93	7	9.06	7	11.58	7	12.71	7	13.71	7	13.65	7	13.85	11.73
		17	11.47	17	12.68	17	10.68	17	10.38	17	9.64	17	9.70	17	9.39	17	12.56	17	13.26	17	13.92	17	13.64	17	13.93	
		26	12.02	27	12.04	27	10.28	27	10.49	27	9.70	27	9.59	27	10.05	27	12.34	27	13.50	27	13.49	27	13.82	27	14.23	
	1991	7	14.52	13	15.04	7	15.05	7	13.81	7	10.69	7	10.13	7	10.00	7	10.42	7	13.07	7	13.77	7	13.61	7	14.50	12.88
		17	14.67	2	15.18	17	14.74	17	13.44	17	10.44	17	9.89	17	9.96	17	10.63	17	13.60	17	13.93	17	13.54	17	14.72	
		27	14.84	17	14.78	27	14.17	27	11.06	27	10.68	27	9.78	27	10.46	27	12.18	27	13.62	27	14.14	27	14.02	27	14.61	
	1992	7	13.32	7	13.37	7	14.81	7	11.81	7	13.81	7	13.03	7	12.42	7	12.81	7	11.24	7	9.72	7	12.36	7	14.55	12.65
		17	13.10	17	13.69	17	13.94	17	11.53	17	11.92	17	13.32	17	13.22	17	12.37	17	10.68	17	9.87	17	13.49	17	14.44	
		27	14.16	27	13.40	27	13.96	27	12.93	27	12.03	27	11.62	27	12.31	27	11.22	27	9.67	27	10.63	27	14.03	27	14.69	
	1993	7	15.20	7	16.86	7	17.34	7	17.77	7	11.96	7	10.52	7	10.41	7	10.52	7	10.63	7	11.53	7	12.09	7	11.29	12.71
		17	16.63	17	16.96	17	17.54	17	11.23	17	11.06	17	10.53	17	10.45	17	10.36	17	10.98	17	11.50	17	11.10	17	11.76	
		26	16.89	27	17.19	27	17.70	27	11.36	27	10.51	27	10.47	27	10.43	27	10.28	27	11.14	27	11.99	27	10.99	27	12.29	
	1994	7	12.45	7	12.60	7	12.99	7	12.11	7	11.26	7	12.70	7	10.74	7	10.93	7	12.75	7	13.93	7	12.06	7	11.86	12.12
		17	12.88	17	12.72	17	12.16	17	11.63	17	11.61	17	11.42	17	10.46	17	12.41	17	13.23	17	11.73	17	12.19	17	12.31	
		27	12.96	27	13.01	27	11.61	27	11.06	27	12.09	27	11.42	27	10.55	27	13.36	27	13.36	27	11.19	27	11.83	27	12.79	

续表

点号	年份	1月 日	1月 水位	2月 日	2月 水位	3月 日	3月 水位	4月 日	4月 水位	5月 日	5月 水位	6月 日	6月 水位	7月 日	7月 水位	8月 日	8月 水位	9月 日	9月 水位	10月 日	10月 水位	11月 日	11月 水位	12月 日	12月 水位	年平均
J7	1995	6	13.18	6	13.61	6	13.64	6	11.75	6	11.75	6	12.03	6	14.00	6	12.02	6	12.79	6	13.48	6	13.17	6	14.08	13.12
		16	13.35	16	13.69	16	13.53	16	12.23	16	12.14	16	12.76	16	14.30	16	12.48	16	12.86	16	13.59	16	13.56	16	13.70	
		26	13.51	26	13.49	26	13.33	26	12.44	26	12.00	26	13.51	26	14.61	26	12.59	26	13.24	26	13.08	26	13.80	26	13.01	
	1996	6	13.65	6	13.79	6	14.02	6	13.97	6	13.35	6	13.06	6	11.92	6	12.72	6	13.38	6	13.64	6	13.19	6	13.80	13.38
		16	13.94	16	13.90	16	14.20	16	13.53	16	13.33	16	11.81	16	11.73	16	13.10	16	13.20	16	13.70	16	13.26	16	14.10	
		26	13.99	26	14.01	26	13.71	26	13.47	26	13.52	26	11.96	26	12.69	26	12.81	26	13.31	26	13.89	26	13.52	26	14.37	
	1997	6	13.50	6	13.66	6	14.45	6	13.95	6	13.30	5	13.33	6	14.41	6	13.16	6	14.31	6	13.00	6	13.15	6	13.35	13.62
		16	14.00	16	13.98	16	14.03	16	13.59	16	13.22	16	13.58	16	13.45	16	13.36	16	14.61	16	13.03	16	13.49	16	13.60	
		26	13.84	26	14.34	26	13.77	26	13.40	26	13.40	26	13.95	26	13.06	26	13.85	26	13.51	26	12.89	26	13.07	26	13.69	
	1998	6	13.98	6	14.13	6	14.32	6	13.07	6	12.08	6	11.59	6	12.49	6	12.71	6	12.70	6	13.64	6	14.12	6	14.70	13.26
		16	14.16	16	14.22	16	14.28	16	12.21	16	11.65	16	11.70	16	11.76	16	12.80	16	13.31	16	13.89	16	14.33	16	14.77	
		25	14.22	26	14.24	26	13.64	26	11.70	26	11.41	26	11.98	26	12.51	26	12.29	26	13.47	26	13.90	26	14.52	26	14.82	
	1999	6	14.85	6	15.38	6	15.97	6	14.42	6	12.76	6	12.61	6	12.55	6	13.20	6	13.97	6	13.99	6	14.41	6	14.99	14.07
		16	14.95	16	15.07	16	15.88	16	13.79	16	12.74	16	12.90	16	12.25	16	13.44	16	14.33	16	13.83	16	14.74	16	14.95	
		26	15.08	26	15.78	26	15.37	26	13.49	26	12.37	26	12.54	26	12.78	26	13.62	26	14.01	26	14.09	26	14.99	26	14.31	
	2000	6	15.95	6	14.70	6	12.57	6	12.29	6	12.81	6	14.57	6	11.81	6	12.34	6	12.24	6	12.74	6	12.02	6	12.83	12.95
		16	14.69	16	15.34	16	12.55	16	12.37	16	13.57	16	12.43	16	11.69	16	12.21	16	12.31	16	12.14	16	12.56	16	13.39	
		26	14.68	26	12.74	26	12.34	26	12.57	26	13.98	26	12.85	26	12.12	26	11.92	26	12.62	26	12.12	26	12.45	26	13.84	
J8	1990	7	24.73	7	24.70	7	24.69	7	24.71	7	24.72	7	24.71	7	干	7	干	7	干	7	干	7	干	7	干	24.90
		17	24.69	17	27.71	17	24.71	17	24.72	17	24.75	17	干	17	干	17	干	17	干	17	干	17	干	17	干	
		26	24.70	27	24.71	27	24.72	27	干	27	24.75	27	干	27	干	27	干	27	干	27	干	27	干	27	干	
	1991	7	干	7	干	7	干	7	干	7	干	7	干	7	干	7	干	7	干	7	26.84	7	22.84	7	22.92	23.25
		17	干	17	干	17	干	17	干	17	干	17	干	17	干	17	干	17	22.76	17	22.83	17	22.93	17	22.97	
		27	干	27	干	27	干	27	干	27	干	27	干	27	干	27	干	27	22.85	27	22.91	27	22.94	27	22.99	

续表

点号	年份	1月		2月		3月		4月		5月		6月		7月		8月		9月		10月		11月		12月		年平均
		日	水位	日	水位	日	水位	日	水位	日	水位	日	水位	日	水位	日	水位	日	水位	日	水位	日	水位	日	水位	
J8	1992	7	23.00	2	23.23	7	23.13	7	23.21	7	23.12	7	23.18	7	23.23	7	23.29	7	23.36	7	23.41	7	23.47	7	23.52	23.27
		17	23.02	17	23.07	17	23.15	17	23.09	17	23.14	17	23.20	17	23.25	17	23.29	17	23.36	17	23.43	17	23.50	17	23.55	
		27	23.12	27	23.11	27	23.17	27	23.11	27	23.14	27	23.22	27	23.26	27	23.33	27	23.39	27	23.44	27	23.51	27	23.57	
	1993	7	23.58	7	23.65	7	23.69	7	23.76	7	23.79	7	23.83	7	23.88	7	23.92	7	23.98	7	24.02	7	24.07	7	24.11	23.87
		17	23.61	17	23.67	17	23.72	17	23.76	17	23.81	17		17	23.89	17	23.93	17	23.99	17	24.04	17	24.08	17	24.12	
		26	23.64	27	23.68	27	23.73	27	23.77	27	23.83	27	23.87	27	23.91	27	23.95	27	24.01	27	24.05	27	24.10	27	24.13	
	1994	7	24.13	7	24.18	7	24.18	7	24.22	7	24.27	7	24.30	7	24.33	7	24.37	7	24.40	7	24.43	7	24.48	7	24.55	24.34
		17	24.14	17	24.21	17	24.21	17	24.24	17	24.28	17	24.32	17	24.33	17	24.37	17	24.44	17	24.45	17	24.52	17	24.58	
		27	24.16	27	24.21	27	24.22	27	24.25	27	24.29	27		27	24.35	27	24.40	27	24.46	27	24.47	27	24.53	27	24.59	
J10	1990	5	14.48	5	14.27	5	15.85	5	15.49	5	14.58	5	13.48	5	12.81	5	11.87	5	11.56	5	12.15	5	12.84	5	13.01	13.49
		15	13.64	15	15.01	15	15.91	15	14.96	15	14.18	15	12.70	15	12.70	15	11.51	15	11.90	15	12.37	15	13.41	15	13.03	
		25	14.13	25	15.55	25	15.76	25	14.74	25	13.94	25	12.68	25	12.69	25	11.46	25	11.85	25	12.51	25	12.93	25	13.68	
	1991	5	13.40	11	14.72	5	14.67	5	14.86	5	14.18	5	12.88	5	12.12	5	11.05	5	11.68	5	11.20	5	11.42	5	11.96	12.84
		15	14.29	15	14.99	15	14.80	15	14.76	15	13.59	15	12.31	15	11.76	15	11.46	15	11.13	15	11.34	15	11.58	15	11.82	
		25	14.66	25	14.84	25	15.04	25	14.46	25	13.27	25	12.33	25	11.58	25	11.65	25	11.24	25	11.36	25	11.77	25	11.94	
	1992	5	14.07	1	15.30	5	16.43	5	16.60	5	15.41	5	14.25	5	14.04	5	12.78	5	12.80	5	12.96	5	12.46	5	13.40	14.25
		15	14.63	15	15.98	15	16.34	15	16.29	15	15.09	15	13.95	15	13.83	15	13.07	15	13.17	15	12.89	15	12.62	15	13.70	
		25	14.97	25	16.29	25	16.61	25	16.08	25	15.03	25	14.16	25	13.08	25	12.64	25	13.04	25	12.69	25	12.95	25	13.39	
	1993	5	13.71	5	14.24	5	14.38	5	14.14	5	13.72	5	13.89	5	13.02	5	12.98	5	12.79	5	13.11	5	13.44	5	14.27	13.65
		15	13.99	15	14.28	15	14.24	15	13.65	15	14.15	15	13.41	15	13.06	15	12.72	15	12.92	15	13.22	15	13.75	15	14.37	
		27	14.06	25	14.41	25	14.14	25	13.42	25	14.19	25	13.08	25	13.13	25	12.51	25	13.04	25	13.41	25	14.08	25	14.58	
	1994	5	14.66	5	15.78	5	16.52	5	16.20	5	15.33	5	14.57	5	14.43	5	13.60	5	13.99	5	14.55	5	14.20	5	14.63	14.87
		15	14.93	15	16.22	15	16.62	15	15.85	15	15.13	15	14.62	15	14.04	15	13.66	15	14.41	15	14.35	15	14.10	15	14.25	
		25	15.33	25	16.42	25	16.57	25	15.33	25	14.53	25	15.11	25	13.39	25	13.74	25	14.62	25	14.41	25	13.99	25	15.09	

续表

点号	年份	1月 日	1月 水位	2月 日	2月 水位	3月 日	3月 水位	4月 日	4月 水位	5月 日	5月 水位	6月 日	6月 水位	7月 日	7月 水位	8月 日	8月 水位	9月 日	9月 水位	10月 日	10月 水位	11月 日	11月 水位	12月 日	12月 水位	年平均
J10	1995	5	15.44	5	16.57	5	16.85	5	17.28	5	16.35	5	15.47	5	15.02	5	15.90	5	16.40	5	16.53	5	17.18	5	17.18	
		15	15.74	15	16.68	15	17.28	15	16.85	15	16.21	15	15.34	15	15.76	15	16.15	15	16.67	15	17.11	15	17.00	15	17.46	16.48
		25	16.14	25	16.91	25	17.47	25	16.64	25	15.98	25	15.08	25	15.48	25	16.21	25	16.66	25	17.30	25	17.17	25	17.72	
	1996	5	17.86	5	18.27	5	18.83	5	19.28	5	18.83	5	17.77	5	16.28	5	15.40	5	15.34	5	15.60	5	15.94	5	16.36	
		15	17.62	15	18.50	15	18.99	15	19.31	15	18.42	15	17.67	15	16.21	15	15.97	15	15.83	15	15.84	15	16.10	15	16.38	17.20
		25	17.97	25	18.66	25	19.17	25	19.09	25	18.08	25	17.09	25	16.20	25	15.70	25	15.96	25	15.92	25	16.18	25	16.58	
	1997	5	16.51	4	16.76	5	17.01	5	16.92	5	16.36	5	15.94	5		5	15.61	5	15.89	5	16.18	5	16.36	5	16.54	
		15	16.61	15	17.02	15	17.09	15	16.66	15	16.46	15	15.85	15	16.30	15	15.77	15	15.84	15	16.28	15	16.47	15	16.56	16.38
		25	16.51	25	17.08	25	16.94	25	16.57	25	16.27	25	15.67	25	16.22	25	15.80	25	16.18	25	16.24	25	16.39	25	16.61	
	1998	5	16.39	5	16.81	5	17.21	5	17.28	5	16.98	5	17.03	5	16.27	5	15.52	5	15.71	5	15.82	5	15.35	5	16.19	
		15	16.54	15	17.04	15	17.37	15	17.29	15	16.83	15	16.63	15	16.81	15	15.60	15	15.74	15	15.40	15	15.88	15	16.03	16.38
		24	16.81	25	17.16	25	17.34	25	16.90	25	16.85	25	16.88	25	15.82	25	15.74	25	15.65	25	15.48	25	16.00	25	16.15	
	1999	5	17.21	5	16.53	5	17.00	5	17.39	5	17.17	5	16.48	5	15.87	5	15.42	5	15.24	5	15.52	5	15.66	5	16.11	
		15	16.52	15	16.68	15	17.27	15	17.45	15	16.82	15	16.39	15	15.44	15	15.23	15	15.25	15	15.70	15	15.93	15	15.96	16.22
		25	16.47	25	16.83	25	17.39	25	17.30	25	16.61	25	16.24	25	15.49	25	15.16	25	15.44	25	15.71	25	16.05	25	14.81	
	2000	5	16.13	5	16.59	5	16.59	5	16.58	5	16.56	5	16.12	5	15.79	5	15.30	5	15.33	5	15.59	5	15.38	5	16.11	
		15	16.53	15	16.45	15	16.61	15	16.61	15	16.40	15	16.27	15	15.75	15	15.36	15	15.44	15	15.16	15	15.57	15	16.23	16.00
		25	16.29	25		25	16.64	25	16.57	25	15.78	25	15.93	25	15.63	25	15.05	25	15.53	25	15.48	25	15.68	25	16.54	
J11	1990	5	8.14	5	干	5	9.57	5	8.28	5	5.73	5	7.89	5	5.54	5	9.29	5	9.42	5	9.59	5	干	5	干	
		15	8.78	15	干	15	7.93	15	8.47	15	7.12	15	7.99	15	5.53	15	干	15	干	15	干	15	9.83	15	干	8.05
		25	9.81	25	8.15	25	8.26	25	8.05	25	7.39	25	6.59	25	6.18	25	8.31	25	干	25	干	25	9.52	25	干	
	1991	5	干	5	干	5	干	5	8.62	5	干	5	6.37	5	6.66	5	7.03	5	干	5	9.78	5	干	5	干	
		15	干	15	干	15	9.32	15	8.42	15	7.59	15	5.45	15	8.12	15	7.49	15	干	15	9.58	15	干	15	干	7.76
		25	干	25	干	25	干	25	7.82	25	8.67	25	5.45	25	干	25	干	25	干	25	干	25	干	25	干	

续表

点号	年份	日	1月水位	日	2月水位	日	3月水位	日	4月水位	日	5月水位	日	6月水位	日	7月水位	日	8月水位	日	9月水位	日	10月水位	日	11月水位	日	12月水位	年平均
J11	1992	5	干	5	干	5	干	5	干	5	干	5	干	5	干	5	干	5	干	5	5.13	5	干	5	干	7.27
		15	干	15	干	15	干	15	干	15	干	15	干	15	干	15	干	15	8.08	15	5.50	15	干	15	干	
		25	干	25	干	25	干	25	干	25	干	25	干	25	9.34	25	8.99	25	5.64	25	干	25	干	25	干	
	1993	5	干	5	干	5	干	5	干	5	8.27	5	8.22	5	7.17	5	8.46	5	7.79	5	干	5	干	5	干	8.13
		15	干	15	干	15	干	15	6.29	15	7.46	15	9.34	15	7.64	15	9.35	15	8.65	15	干	15	干	15	干	
		25	干	25	干	25	干	25	干	25	7.79	25	干	25	8.64	25	7.09	25	9.51	25	干	25	干	25	干	
	1994	5	干	5	干	5	干	5	干	5	8.09	5	9.63	5	7.31	5	干	5	干	5	干	5	干	5	干	8.33
		15	干	15	干	15	干	15	8.45	15	9.11	15	8.84	15	6.72	15	干	15	干	15	干	15	干	15	干	
		25	干	25	干	25	干	25	7.19	25	干	25	8.82	25	9.72	25	干	25	干	25	干	25	干	25	干	
J12	1990	4	7.69	4	10.88	4	12.39	4	10.73	4	10.77	4	10.02	4	9.70	4	10.98	4	12.83	4	14.18	4	15.81	4	16.47	12.19
		14	8.73	14	11.52	14	12.54	14	10.24	14	10.33	14	11.50	14	9.85	14	12.69	14	13.31	14	14.67	14	16.09	14	16.67	
		24	9.99	24	12.07	24	11.94	24	10.34	24	9.69	24	10.35	24	10.31	24	12.14	24	13.59	24	14.79	24	16.36	24	16.63	
	1991	4	16.82	4	16.93	4	17.14	4	17.37	4	17.33	4	16.58	4	13.91	4	13.03	4	13.33	4	14.43	4	14.97	4	15.58	15.61
		14	16.81	11	16.67	14	17.23	14	17.40	14	17.25	14	17.04	14	13.55	14	12.86	14	13.80	14	14.61	14	15.04	14	15.97	
		24	16.43	24	17.07	24	17.26	24	17.42	24	17.02	24	14.48	24	13.15	24	12.90	24	14.16	24	14.75	24	15.55	24	16.04	
	1992	4	16.31	1	17.03	4	17.16	4	17.39	4	17.21	4	16.99	4	16.79	4	16.32	4	16.39	4	16.38	4	16.31	4	16.07	16.69
		14	16.57	14	17.17	14	17.21	14	17.38	14	17.11	14	16.82	14	16.67	14	16.27	14	16.43	14	16.34	14	16.21	14	16.06	
		24	16.80	24	17.18	24	17.29	24	17.35	24	17.11	24	16.76	24	16.64	24	16.37	24	16.45	24	16.31	24	16.12	24	15.80	
	1993	4	15.55	4	15.06	4	16.46	4	16.51	4	16.29	4	16.08	4	15.87	4	15.52	4	14.75	4	14.15	4	14.09	4	14.14	15.33
		14	15.01	14	15.68	14	16.31	14	16.55	14	16.14	14	15.87	14	15.46	14	14.99	14	14.77	14	14.15	14	14.06	14	14.14	
		24	15.21	24	16.21	24	16.60	24	16.50	24	16.29	24	15.79	24	15.52	24	14.55	24	14.69	24	14.27	24	14.04	24	14.59	
	1994	4	15.34	4	16.18	4	16.64	4	16.82	4	16.80	4	16.13	4	16.08	4	15.18	4	15.07	4	15.67	4	14.64	4	14.10	15.65
		14	15.53	14	16.46	14	16.68	14	16.75	14	16.58	14	16.30	14	15.92	14	15.06	14	15.29	14	15.44	14	14.71	14	14.06	
		24	15.80	24	14.45	24	16.81	24	16.81	24	16.35	24	16.19	24	15.63	24	14.91	24	15.54	24	14.96	24	14.08	24	14.50	

续表

点号	年份	1月 日	1月 水位			2月 日	2月 水位			3月 日	3月 水位			4月 日	4月 水位			5月 日	5月 水位			6月 日	6月 水位			7月 日	7月 水位			8月 日	8月 水位			9月 日	9月 水位			10月 日	10月 水位			11月 日	11月 水位			12月 日	12月 水位			年平均
J12	1995	4	15.27			4	16.24			4	16.83			4	16.75			4	16.74			4	16.32			4	15.22			4	15.77			4	15.70			4	15.87			4	16.32			4	15.62			16.10
J12	1995	14	15.69			14	16.68			14	16.69			14	16.80			14	16.54			14	15.97			14	15.29			14	15.73			14	15.80			14	16.30			14	16.41			14	15.52			
J12	1995	24	16.17			24	16.88			24	16.73			24	16.74			24	16.68			24	15.87			24	15.27			24	15.58			24	15.97			24	16.32			24	15.88			24	15.43			
J12	1996	4	15.70			4	16.34			4	16.91			4	17.01			4	16.67			4	16.46			4	15.36			4	15.32			4	15.10			4	15.68			4	14.85			4	14.89			15.87
J12	1996	14	15.79			14	16.62			14	17.03			14	17.01			14	16.63			14	16.38			14	15.62			14	15.18			14	15.33			14				14	14.78			14	14.94			
J12	1996	24	16.15			24	16.68			24	17.01			24	16.95			24	16.49			24	16.26			24	15.31			24	14.90			24	15.60			24	14.87			24	14.73			24	14.95			
J12	1997	4	15.04			4	15.03			4	14.73			4	15.27			4	14.78			4	14.44			4	14.13			4	14.75			4	15.20			4	16.08			4	16.07			4	15.52			15.13
J12	1997	14	15.04			14	14.73			14	14.79			14	15.31			14	14.67			14	14.31			14	14.25			14	14.80			14	15.25			14	16.07			14	16.08			14	15.65			
J12	1997	24	14.99			24	15.19			24	15.34			24	15.07			24	14.38			24	13.96			24	14.53			24	14.86			24	15.86			24	16.25			24	16.17			24	16.11			
J12	1998	4	16.61			4	15.65			4	16.40			4	16.67			4	16.44			4	16.19			4	15.04			4	14.66			4	15.41			4	15.26			4	16.12			4	16.38			15.92
J12	1998	14	16.42			14	15.79			14	16.46			14	16.67			14	16.48			14	15.67			15	15.16			14	14.82			14	15.20			14	15.62			14	16.18			14	16.57			
J12	1998	24	16.52			24	16.28			24	16.54			24	16.07			24	16.34			24	15.17			25	15.18			24	15.14			24	15.19			24	16.04			24	16.30			24	16.58			
J12	1999	4	16.32			4	16.13			4	16.36			4	16.34			4	16.43			4	16.21			4	15.74			4	15.26			4	15.02			4	15.40			4	15.77			4	16.29			15.92
J12	1999	14	16.07			14	16.35			14	16.28			14	16.42			14	16.43			14	16.01			14	15.62			14	14.73			14	15.11			14	15.40			14	15.82			14	16.38			
J12	1999	24	15.96			24	16.28			24	16.37			24	16.24			24	16.29			24	15.83			24	15.64			24	14.91			24	15.34			24	15.78			24	16.11			24	16.49			
J12	2000	4	16.01			4	15.78			4	15.63			4	15.71			4	15.60			4	14.55			4	13.51			4	12.60			4	12.20			4	12.45			4	11.97			4	12.70			14.02
J12	2000	14	15.76			14	15.64			14	15.80			14	15.88			14	15.24			14	14.17			14	13.32			14	12.69			14	12.14			14	12.25			14	12.15			14	13.01			
J12	2000	24	15.76			24	15.41			24	15.87			24	15.69			24	14.86			24	13.89			25	13.32			24	12.53			24	12.14			24	12.25			24	12.43			24	13.35			
J16	1990	5	28.48			5	29.99			5	31.22			5	31.20			5	30.68			5	29.88			5	29.80			5	29.61			5	29.47			5	30.71			5	31.41			5	31.80			30.47
J16	1990	15	28.79			15	30.53			15	31.53			15	31.06			15	30.37			15	30.00			15	29.50			15	29.95			15	29.42			15	31.25			15	31.48			15	31.75			
J16	1990	24	29.43			25	30.97			25	31.48			25	30.89			25	30.07			25	30.01			25	29.28			25	29.82			25	29.59			25	31.94			25	31.78			25	31.80			
J16	1991	5	31.75			5	32.58			5	33.26			5	33.08			5	33.29			5	31.84			5	30.25			5	32.44			5	32.70			5	32.51			5	33.84			5	34.42			32.76
J16	1991	15	31.92			12	32.72			15	33.73			15	33.52			15	32.73			15	31.18			15	31.43			15	32.50			15	33.02			15	31.94			15	34.14			15	34.75			
J16	1991	25	32.21			25	33.18			25	33.12			25	33.37			25	32.18			25	30.98			25	32.09			25	32.25			25	32.44			25	32.91			25	34.46			25	34.65			

续表

点号	年份	1月		2月		3月		4月		5月		6月		7月		8月		9月		10月		11月		12月		年平均
		日	水位	日	水位	日	水位	日	水位	日	水位	日	水位	日	水位	日	水位	日	水位	日	水位	日	水位	日	水位	
J16	1992	5	34.68	2	34.94	5	34.81	5	35.58	5	36.83	5	37.22	5	38.12	5	39.83	5	39.86	5	39.12	5	37.45	5	38.23	37.30
		15	34.59	15	35.08	15	34.95	15	35.73	15	37.02	15	37.43	15	38.86	15	39.26	15	39.78	15	38.39	15	37.11	15	38.45	
		25	34.76	25	35.25	25	35.29	25	36.62	25	37.08	25	37.56	25	39.39	25	39.62	25	39.65	25	37.72	25	37.63	25	38.86	
	1993	5	38.35	5	38.92	5	39.88	5	41.24	5	40.95	5	40.23	5	39.89	5	38.44	5	36.80	5	36.45	5	36.84	5	36.44	38.69
		15	39.04	15	39.41	15	40.21	15	41.74	15	40.83	15	40.35	15	39.51	15	38.37	15	36.15	15	36.73	15	36.19	15	36.31	
		26	39.02	25	39.66	25	39.81	25	41.81	25	41.00	25	40.19	25	39.12	25	37.74	25	36.39	25	36.39	25	35.88	25	36.47	
	1994	5	37.06	5	39.14	5	40.54	5	41.53	5	41.57	5	39.64	5	39.77	5	38.23	5	39.08	5	39.58	5	41.32	5	41.18	40.04
		15	37.56	15	39.16	15	41.12	15	41.40	15	40.60	15	39.13	15	39.49	15	38.59	15	40.03	15	41.11	15	40.86	15	41.36	
		25	38.34	25	39.98	25	41.14	25	41.68	25	40.00	25	39.13	25	39.07	25	38.86	25	40.13	25	41.25	25	41.35	25	41.36	
	1995	5	40.70	5	41.75	5	43.22	5	43.14	5	42.62	5	41.65	5	42.97	5	44.48	5	44.52	5	43.87	5	44.49	5	44.71	43.22
		15	40.40	15	42.32	15	43.19	15	43.19	15	41.95	15	41.97	15	43.23	15	44.81	15	43.69	15	43.97	15	44.06	15	44.78	
		25	40.99	25	42.59	25	43.07	25	43.00	25	42.16	25	42.67	25	43.93	25	44.78	25	43.14	25	44.45	25	44.44	25	44.87	
	1996	5	44.66	5	44.66	5	45.16	5	45.85	5	46.18	5	46.08	5	44.92	5	43.99	5	44.17	5	44.72	5	46.51	5	46.15	45.32
		15	44.68	15	45.06	15	45.09	15	46.00	15	46.56	15	45.91	15	44.47	15	44.08	15	44.51	15	45.62	15	45.90	15	46.15	
		25	44.25	25	45.25	25	45.63	25	46.19	25	46.12	25	45.75	25	44.14	25	44.16	25	44.65	25	45.80	25	46.24	25	46.19	
	1997	5	46.44	5	45.37	5	45.11	5	46.30	5	46.03	5	47.13	5	47.18	5	47.17	5	48.15	5	48.96	5	48.42	5	46.51	46.92
		15	45.98	15	45.38	15	45.78	15	45.86	15	46.76	15	47.18	15	47.35	15	46.98	15	48.78	15	48.98	15	47.62	15	46.65	
		25	45.30	25	45.29	25	46.25	25	45.87	25	46.97	25	47.15	25	47.41	25	47.18	25	48.94	25	48.75	25	47.51	25	46.53	
	1998	5	46.91	5	47.68	5	49.55	5	49.92	5	48.98	5	46.35	5	45.79	5	45.32	5	43.99	5	44.08	5	43.73	5	44.99	45.49
		15	47.50	15	48.94	15	16.46	15	49.68	15	47.76	15	46.46	15	45.95	15	44.45	15	44.38	15	43.11	15	44.54	15	44.47	
		25	48.05	25	49.44	25	49.87	25	49.59	25	46.36	25	46.35	25	45.54	25	44.06	25	44.06	25	43.25	25	44.76	25	45.46	
	1999	5	46.13	5	46.33	5	47.75	5	48.34	5	47.70	5	46.41	5	45.62	5	44.19	5	43.88	5	45.06	5	45.21	5	45.86	45.93
		15	46.09	15	46.97	15	47.89	15	47.12	15	47.18	15	46.05	15	45.54	15	43.66	15	44.23	15	45.30	15	45.73	15	45.51	
		25	45.66	25	47.12	25	47.41	25	48.02	25	47.09	25	45.63	25	44.94	25	43.43	25	44.62	25	44.94	25	45.55	25	45.16	

续表

点号	年份	1月 日	1月 水位	2月 日	2月 水位	3月 日	3月 水位	4月 日	4月 水位	5月 日	5月 水位	6月 日	6月 水位	7月 日	7月 水位	8月 日	8月 水位	9月 日	9月 水位	10月 日	10月 水位	11月 日	11月 水位	12月 日	12月 水位	年平均
J16	2000	5	44.80	5	45.19	5	44.47	5	43.03	5	41.74	5	40.75	5	39.46	5	38.18	5	36.01	5	35.80	5	35.00	5	34.52	39.68
		15	45.09	15	45.02	15	44.55	15	42.56	15	41.41	15	40.34	15	39.11	15	37.46	15	36.08	15	35.47	15	34.99	15	34.29	
		25	45.53	25	44.80	25	44.02	25	41.86	25	41.32	25	40.23	25	38.81	25	36.60	25	35.69	25	35.56	25	34.80	25	34.10	
J17	1990	6	52.42	6	52.22	6	52.19	6	52.07	6	52.20	6	52.79	6	53.16	6	53.28	6	53.51	6	53.48	6	53.41	6	53.31	52.88
		16	52.29	16	52.27	16	52.04	16	52.17	16	52.69	16	53.19	16	53.34	16	53.23	16	53.36	16	53.43	16	53.39	16	53.30	
		25	52.26	26	52.14	26	52.05	26	52.20	26	52.65	26	53.07	26	53.47	26	53.30	26	53.45	26	53.48	26	53.41	26	53.34	
	1991	6	53.33	6	53.44	6	53.44	6	53.56	6	53.98	6	53.96	6	54.24	6	54.39	6	54.25	6	54.32	6	54.33	6	54.28	53.97
		16	53.38	11	53.37	16	53.48	16	53.59	16	54.10	16	53.93	16	54.35	16	54.22	16	53.96	16	54.20	16	54.24	16	54.31	
		26	53.39	26	53.50	26	53.53	26	53.84	26	54.08	26	54.10	26	54.40	26	54.25	26	54.22	26	54.36	26	54.25	26	54.32	
	1992	6	54.43	1	54.41	6	54.39	6	54.49	6	54.60	6	54.89	6	55.00	6	55.10	6	55.20	6	55.24	6	55.36	6	55.38	54.91
		16	54.36	16	54.22	16	54.52	16	54.53	16	54.67	16	55.02	16	55.02	16	55.15	16	55.34	16	55.34	16	55.37	16	55.41	
		26	54.41	26	54.33	26	54.49	26	54.54	26	54.68	26	54.94	26	55.07	26	55.18	26	55.36	26	55.32	26	55.42	26	55.43	
	1993	6	55.54	6	55.47	6	55.50	6	55.71	6	55.47	6	55.93	6	55.80	6	55.84	6	55.89	6	55.95	6	堵	6	堵	55.72
		16	55.49	16	55.48	16	55.65	16	55.71	16	55.60	16	55.95	16	55.73	16	55.83	16	55.89	16	55.95	16	堵	16	堵	
		26	55.47	26	55.50	26	55.50	26	55.61	26	55.89	26	55.79	26	55.92	26	55.83	26	55.91	26	堵	26	堵	26	堵	
K22	1990	5	27.61	5	29.32	5	30.72	5	30.95	5	30.38	5	29.49	5	29.34	5	29.09	5	29.06	5	30.50	5	31.07	5	31.46	30.08
		10	27.73	10	29.55	10	30.76	10	30.76	10	30.28	10	29.55	10	29.17	10	29.38	10	29.09	10	30.95	10	31.11	10	31.41	
		15	28.01	15	29.92	15	31.35	15	30.77	15	30.05	15	29.61	15	29.03	15	29.50	15	29.01	15	31.24	15	31.07	15	31.38	
		20	28.11	20	30.09	20	31.31	20	30.65	20	30.01	20	29.67	20	28.95	20	29.56	20	29.13	20	31.43	20	31.27	20	31.75	
		24	28.61	25	30.42	25	31.29	25	30.65	25	29.73	25	29.57	25	28.48	25	29.61	25	29.30	25	31.78	25	31.37	25	31.42	
		30	28.88	30	30.52	30	31.05	30	30.55	30	29.60	30	29.49	30	28.93	30	29.23	30	29.50	30	31.40	30	31.50	30	31.52	
	1991	5	31.39	5	32.28	5	33.02	5	33.21	5	33.33	5	31.81	5	29.75	5	32.42	5	32.63	5	32.64	5	33.90	5	34.50	32.76
		10	31.33	10	32.51	10	33.59	10	33.54	10	33.09	10	31.50	10	31.38	10	32.45	10	33.11	10	31.53	10	33.89	10	34.68	
		15	31.60	12	32.51	15	33.88	15	33.69	15	32.75	15	30.98	15	31.33	15	32.41	15	33.11	15	32.00	15	34.24	15	34.76	
		20	31.76	20	32.82	20	33.89	20	33.46	20	32.44	20	30.94	20	31.80	20	32.31	20	32.61	20	32.65	20	34.43	20	34.70	
		25	31.88	25	32.96	25	33.25	25	33.54	25	32.22	25	30.88	25	31.92	25	32.22	25	32.50	25	33.00	25	34.55	25	34.68	
		30	32.20	30	33.04	30	32.90	30	33.42	30	31.88	30	30.95	30	32.32	30	32.13	30	32.57	30	33.53	30	34.69	30	34.71	

续表

点号	年份	1月 日	1月 水位	2月 日	2月 水位	3月 日	3月 水位	4月 日	4月 水位	5月 日	5月 水位	6月 日	6月 水位	7月 日	7月 水位	8月 日	8月 水位	9月 日	9月 水位	10月 日	10月 水位	11月 日	11月 水位	12月 日	12月 水位	年平均
K22	1992	5	34.64	2	35.03	5	34.81	5	36.02	5	37.73	5	37.47	5	38.80	5	40.61	5	40.50	5	39.56	5	37.82	5	38.76	37.66
		10	34.57	10	35.34	10	34.83	10	36.39	10	36.05	10	37.63	10	39.11	10	39.47	10	40.55	10	38.54	10	37.61	10	38.66	
		15	34.50	15	35.27	15	35.06	15	36.53	15	37.61	15	37.85	15	39.58	15	39.39	15	40.51	15	38.73	15	37.48	15	39.00	
		20	34.58	20	35.41	20	35.72	20	36.06	20	36.05	20	37.77	20	39.83	20	39.04	20	40.52	20	38.42	20	37.77	20	39.33	
		25	34.77	25	35.48	25	35.57	25	37.14	25	37.50	25	38.03	25	40.14	25	40.24	25	40.21	25	38.05	25	38.11	25	39.45	
		30	34.98	30	35.03	30	35.85	30	37.44	30	36.10	30	38.57	30	39.47	30	40.62	30	40.50	30	37.91	30	38.49	30	39.32	
	1993	5	38.38	5	39.46	5	40.51	5	41.85	5	40.87	5	40.15	5	40.17	5	38.64	5	36.74	5	36.57	5	36.88	5	36.59	38.88
		15	39.52	15	39.98	15	40.82	15	42.42	15	41.15	15	40.68	15	39.75	15	38.52	15	35.92	15	36.84	15	35.89	15	36.34	
		26	39.60	25	40.24	25	39.55	25	42.48	25	41.54	25	40.49	25	39.36	25	37.77	25	35.76	25	36.15	25	35.57	25	36.57	
	1994	5	37.26	5	39.44	5	40.80	5	41.81	5	41.75	5	39.78	5	39.73	5	37.66	5	38.61	5	39.09	5	41.20	5	41.18	40.06
		10	37.65	10	39.73	10	41.12	10	41.90	10	41.47	10	39.48	10	39.61	10	38.26	10	39.48	10	40.51	10	41.31	10	40.47	
		15	37.77	15	39.16	15	41.36	15	41.54	15	40.71	15	39.18	15	39.61	15	38.52	15	39.90	15	41.09	15	40.64	15	41.30	
		20	38.31	20	40.07	20	40.67	20	41.86	20	40.57	20	39.29	20	39.06	20	38.10	20	39.89	20	41.26	20	41.36	20	39.34	
		25	38.68	25	39.98	25	41.36	25	41.88	25	40.12	25	38.81	25	39.87	25	38.53	25	40.00	25	41.13	25	41.33	25	41.32	
		30	38.93	30	40.03	30	41.03	30	41.81	30	39.98	30	39.68	30	38.20	30	38.76	30	39.17	30	41.14	30	41.13	30	41.08	
	1995	5	40.67	5	41.79	5	43.34	5	43.25	5	42.68	5	41.50	5	42.81	5	44.36	5	44.21	5	43.59	5	44.23	5	44.43	43.03
		10	40.32	10	42.02	10	43.42	10	43.16	10	42.41	10	41.18	10	43.01	10	43.32	10	43.62	10		10	43.49	10	44.69	
		15	40.31	15	42.39	15	43.31	15	43.22	15	42.03	15	41.55	15	43.22	15	44.66	15	43.31	15	43.70	15	43.97	15	44.50	
		20	41.14	20	41.66	20	42.21	20	42.98	20	42.01	20	42.19	20	43.38	20	44.53	20	43.37	20	44.17	20	43.17	20	44.48	
		25	41.00	25	42.78	25	43.15	25	42.93	25	42.01	25	42.47	25	43.75	25	44.61	25	42.57	25	44.01	25	44.23	25	44.52	
		30	41.21	30	42.99	30	43.14	30	42.33	30	41.88	30	42.67	30	43.91	30	44.54	30	43.45	30	44.31	30	44.59	30	44.27	
	1996	5	44.23	5	44.26	5	44.97	5	45.58	5	45.89	5	45.61	5	44.33	5	43.58	5	43.80	5	44.31	5	46.04	5	45.83	44.97
		10	44.26	10	44.59	10	44.53	10	45.64	10	46.04	10	45.56	10	44.09	10	43.60	10	43.98	10	44.48	10	46.10	10	45.82	
		15	44.15	15	44.94	15	44.95	15	45.68	15	46.13	15	45.44	15	43.95	15	43.69	15	44.18	15	45.14	15	45.72	15	45.77	
		20	43.92	20	44.93	20	45.22	20	45.76	20	45.94	20	45.37	20	43.86	20	43.79	20	44.42	20	45.50	20	45.90	20	45.98	
		25	43.93	25	45.00	25	45.42	25	45.85	25	45.73	25	45.24	25	43.72	25	43.77	25	44.29	25	45.46	25	45.91	25	45.93	
		30	43.94	30	45.06	30	45.51	30	45.93	30	45.73	30	44.88	30	43.69	30	43.59	30	44.25	30	45.78	30	45.85	30	46.01	

第一章 西安市

续表

点号	年份	1月 日	1月 水位	2月 日	2月 水位	3月 日	3月 水位	4月 日	4月 水位	5月 日	5月 水位	6月 日	6月 水位	7月 日	7月 水位	8月 日	8月 水位	9月 日	9月 水位	10月 日	10月 水位	11月 日	11月 水位	12月 日	12月 水位	年平均
K22	1997	5	46.12	5	44.90	5	44.78	5	45.91	5	45.76	5	46.67	5	46.78	5	46.83	5	47.77	5	48.73	5	48.04	5	46.11	46.57
		10	46.00	10	44.90	10	45.24	10	45.74	10	45.97	10	46.70	10	46.93	10	46.77	10	48.04	10	48.69	10	47.85	10	46.01	
		15		15	44.97	15	45.49	15	45.46	15	46.37	15	46.64	15	46.99	15	46.71	15	48.30	15	48.71	15	47.41	15	46.09	
		20	45.22	20	45.00	20	45.69	20	45.24	20	46.56	20	46.52	20	47.00	20	46.71	20	48.47	20	48.64	20	47.25	20	45.89	
		25		25	44.93	25	45.88	25	45.39	25	46.62	25	46.64	25	47.07	25	46.80	25	48.59	25	48.44	25	46.88	25	45.88	
		30	44.73	30	44.77	30	46.02	30	45.64	30	46.59	30	46.80	30	47.11	30	47.37	30	48.72	30	48.23	30	46.48	30	45.49	
	1998	5	46.52	5	47.14	5	49.14	5	49.48	5	48.73	5	45.91	5	45.10	5	44.56	5	43.29	5	43.50	5	43.31	5	44.59	45.92
		10	46.89	10	48.09	10	49.32	10	49.46	10	48.02	10	46.04	10	45.09	10	43.20	10	43.50	10	43.00	10	43.40	10	44.49	
		15	47.09	15	48.46	15	49.30	15	49.40	15	47.53	15	45.98	15	45.22	15	43.74	15	43.51	15	42.69	15	43.99	15	44.21	
		20	47.27	20	48.72	20	49.39	20	49.41	20	46.44	20	45.93	20	45.75	20	43.84	20	43.50	20	42.37	20	43.83	20	44.74	
		25	47.56	25	48.93	25	49.39	25	49.29	25	46.05	25	45.72	25	45.04	25	43.28	25	43.71	25	42.81	25	44.35	25	45.46	
		30	47.40	28	49.03	30	49.32	30	49.20	30	45.36	30	45.41	30	44.66	30	43.51	30		30	43.25	30	44.52	30	45.57	
	1999	5	45.67	5	45.87	5	47.28	5	47.69	5	47.04	5	45.79	5	44.89	5	43.68	5	43.10	5	44.40	5	44.67	5	45.21	45.35
		10	45.80	10	46.25	10	47.31	10	47.56	10	46.83	10	45.49	10	44.89	10	43.45	10	43.13	10	44.56	10	44.87	10	45.18	
		15	45.52	15	46.46	15	47.31	15	46.47	15	46.71	15	45.34	15	44.79	15	43.27	15	43.58	15	44.78	15	45.09	15	45.01	
		20	45.62	20	46.69	20	46.97	20	46.88	20	46.72	20	45.31	20	44.65	20	42.95	20	43.74	20	44.68	20	44.76	20	44.79	
		25	45.31	25	46.77	25	46.99	25	47.28	25	46.54	25	45.21	25	44.28	25	42.86	25	43.94	25	44.35	25	44.90	25	44.71	
		30	45.35	30	47.07	30	47.50	30	47.44	30	46.26	30	45.03	30	44.02	30	42.87	30	44.20	30	44.42	30	44.94	30	44.50	
	2000	5	44.39	5	44.85	5	44.26	5	42.80	5	41.20	5	40.34	5	38.96	5	37.28	5	35.18	5	34.85	5	34.16	5	33.91	39.01
		10	44.61	10	44.88	10	44.39	10	42.69	10	41.03	10	40.23	10	38.73	10	36.86	10	35.17	10	34.66	10	34.33	10	33.88	
		15	44.56	15	44.74	15	44.24	15	42.44	15	40.84	15	40.01	15	38.40	15	36.48	15	34.97	15	34.53	15	34.19	15	33.69	
		20	44.73	20	44.60	20	43.92	20	42.14	20	40.81	20	39.72	20	38.22	20	36.00	20	34.76	20	34.49	20	34.11	20	33.56	
		25	45.02	25	44.47	25	43.73	25	41.15	25	40.77	25	39.67	25	38.05	25	35.71	25	34.74	25	34.60	25	34.05	25	33.48	
		30	44.91	30	44.51	30	43.41	30	40.90	30	40.77	30	39.58	30	37.69	30	35.53	30	34.81	30	34.45	30	33.62	30	33.40	

续表

点号	年份	日	1月 水位	日	2月 水位	日	3月 水位	日	4月 水位	日	5月 水位	日	6月 水位	日	7月 水位	日	8月 水位	日	9月 水位	日	10月 水位	日	11月 水位	日	12月 水位	年平均
K23	1990	4	8.57	4	11.91	4	13.02	4	8.97	4	7.65	4	7.43	4	7.26	4	8.83	4	10.13	4	11.75	4	12.77	4	13.54	10.38
		14	9.80	14	12.49	14	11.91	14	8.48	14	7.56	14	7.74	14	7.18	14	10.66	14	10.76	14	12.18	14	12.81	14	14.08	
		24	11.11	24	12.88	24	10.04	24	8.37	24	7.13	24	7.58	24	7.44	24	10.21	24	11.57	24	12.30	24	12.94	24	14.76	
	1991	4	15.55	4	15.79	4	18.59	4	16.96	4	13.91	4	12.02	4	9.10	4	10.09	4	11.86	4	12.06	4	12.71	4	14.13	13.54
		14	16.22	11	18.24	14	18.35	14	16.87	14	12.98	14	10.22	14	9.48	14	9.86	14	12.37	14	11.64	14	13.20	14	13.84	
		24	17.07	24	18.34	24	17.51	24	15.28	24	12.45	24	9.12	24	10.42	24	10.88	24	12.31	24	11.88	24	12.62	24	13.51	
	1992	4	16.05	1	16.04	4	16.87	4	16.80	4	16.83	4	18.27	4	17.67	4	17.37	4	17.08	4	12.82	4	11.90	4	14.50	16.08
		14	15.89	14	16.40	14	16.39	14	16.53	14	17.19	14	18.78	14	17.38	14	17.86	14	16.23	14	11.35	14	13.80	14	15.06	
		24	16.04	24	16.69	24	17.90	24	16.49	24	17.73	24	18.50	24	17.38	24	17.77	24	14.62	24	11.03	24	14.06	24	15.57	
	1993	4	16.27	4	16.52	4	17.61	4	16.61	4	15.89	4	14.20	4	13.14	4	12.57	4	12.03	4	12.94	4	13.00	4	14.16	14.62
		14	16.67	14	16.91	14	17.56	14	15.94	14	15.60	14	13.84	14	12.87	14	13.03	14	12.36	14	13.23	14	13.47	14	14.65	
		27	16.68	24	17.30	24	17.31	24	15.76	24	15.07	24	13.46	24	12.87	24	12.25	24	12.58	24	12.78	24	13.82	24	15.31	
	1994	4	15.89	4	17.80	4	干	4	19.83	4	15.81	4	15.87	4	12.91	4	12.69	4	15.12	4	15.60	4	15.97	4	16.69	16.01
		14	16.55	14	18.37	14	19.94	14	19.31	14	15.50	14	14.67	14	12.01	14	13.12	14	15.58	14	16.60	14	16.18	14	17.16	
		24	17.25	24	干	24	20.01	24	16.70	24	15.49	24	14.09	24	12.08	24	13.89	24	15.50	24	16.08	24	16.33	24	17.72	
	1995	4	18.51	4	20.62	4	21.97	4	19.70	4	17.08	4	16.81	4	17.81	4	19.04	4	19.98	4	21.27	4	21.74	4	21.57	19.91
		14	19.15	14	21.15	14	21.97	14	18.95	14	17.07	14	17.02	14	18.93	14	19.18	14	20.62	14	21.70	14	21.49	14	21.72	
		24	19.86	24	21.60	24	21.21	24	18.01	24	16.98	24	17.62	24	20.27	24	19.33	24	20.95	24	22.01	24	21.35	24	22.40	
	1996	4	22.95	4	24.03	4	24.35	4	24.69	4	21.22	4	20.43	4	17.31	4	17.81	4	19.00	4	18.48	4	19.26	4	17.98	20.31
		14	23.37	14	24.26	14	24.34	14	23.26	14	20.60	14	17.98	14	16.60	14	17.42	14	18.89	14	18.51	14	18.17	14	18.75	
		24	23.73	24	24.41	24	24.56	24	21.78	24	20.49	24	16.96	24	16.91	24	18.12	24	18.39	24	19.02	24	17.56	24	19.42	
	1997	4	20.11	4	21.57	4	22.73	4	22.28	4	19.41	4	18.17	4	20.10	4	18.19	4	19.84	4	19.13	4	17.61	4	17.83	19.71
		14	20.72	14	21.99	14	23.10	14	21.43	14	18.74	14	18.25	14	20.00	14	18.08	14	21.01	14	18.18	14	17.60	14	18.06	
		24	21.18	24	22.39	24	22.58	24	20.13	24	18.40	24	18.98	24	18.81	24	18.53	24	20.55	24	17.78	24	17.66	24	18.27	

续表

点号	年份	1月 日	1月 水位	2月 日	2月 水位	3月 日	3月 水位	4月 日	4月 水位	5月 日	5月 水位	6月 日	6月 水位	7月 日	7月 水位	8月 日	8月 水位	9月 日	9月 水位	10月 日	10月 水位	11月 日	11月 水位	12月 日	12月 水位	年平均
K23	1998	4	18.55	4	19.47	4	20.07	4	19.53	4	18.58	4	15.08	4	14.72	4	14.13	4	14.83	4	16.48	4	18.43	4	19.71	17.48
		14	18.90	14	19.65	14	20.22	14	19.00	14	18.03	14	14.46	14	13.72	14	14.26	14	15.44	14	17.21	14	18.93	14	20.05	
		24	19.21	24	19.82	24	19.91	24	18.52	24	16.31	24	14.54	24	13.77	24	14.20	24	15.88	24	17.87	24	19.35	24	20.32	
	1999	4	20.63	4	21.26	4	21.85	4	20.73	4	18.97	4	17.58	4	17.11	4	17.04	4	17.55	4	18.29	4	17.78	4	18.22	18.83
		14	21.01	14	21.37	14	21.77	14	20.22	14	18.27	14	17.32	14	16.82	14	17.20	14	17.81	14	17.83	14	17.90	14	18.48	
		24	21.16	24	21.63	24	21.33	24	19.73	24	17.77	24	17.17	24	16.75	24	17.22	24	18.07	24	17.70	24	18.05	24	18.28	
	2000	4	19.06	4	19.54	4	14.03	4	12.13	4	11.01	4	10.63	4	9.49	4	10.52	4	10.89	4	11.70	4	12.24	4	13.85	12.73
		14	19.34	14	16.14	14	13.25	14	11.71	14	11.55	14	9.95	14	9.56	14	10.54	14	11.06	14	11.72	14	12.67	14	14.36	
		24	19.50	24	14.91	24	12.74	24	11.34	24	11.00	24	9.98	24	9.98	24	9.99	24	11.43	24	12.15	24	13.28	24	14.99	
K24	1990	7	11.70	7	11.93	7	12.13	7	12.07	7	12.04	7	12.06	7	12.02	7	12.06	7	12.06	7	12.06	7	12.07	7	12.06	12.04
		17	11.85	17	12.08	17	12.09	17	12.09	17	11.94	17	12.05	17	11.98	17	12.04	17	12.07	17	12.04	17	12.08	17	12.08	
		25	12.08	27	12.06	27	12.01	27	12.10	27	12.05	27	12.06	27	12.06	27	12.06	27	12.05	27	12.07	27	12.06	27	12.08	
	1991	7	12.08	7	12.08	7	12.09	7	12.09	7	12.06	7	12.07	7	12.07	7	12.06	7	12.07	7	12.06	7	12.08	7	12.08	12.06
		17	12.08	17	12.08	17	12.08	17	12.08	17	12.07	17	12.06	17	12.07	17	12.06	17	12.06	17	12.06	17	12.06	17	12.08	
		27	12.07	27	12.08	27	12.08	27	12.08	27	12.07	27	12.06	27	12.07	27	12.06	27	12.06	27	12.06	27	12.06	27	12.07	
	1992	7	11.96	7	11.95	7	11.96	7	11.96	7	11.98	7	11.97	7	12.00	7	11.99	7	干	7	干	7	干	7	干	11.98
		17	11.97	17	11.95	17	11.95	17	11.98	17	11.97	17	12.08	17	11.98	17	干	17	干	17	干	17	干	17	干	
		27	11.96	27	11.95	27	11.95	27	12.00	27	12.01	27	11.99	27	11.98	27	干	27	干	27	干	27	干	27	干	
	1993	7	11.17	7	11.26	7	干	7	干	7	干	7	干	7	干	7	干	7	干	7	干	7	干	7	干	11.22
		17	11.16	17	11.29	17	干	17	干	17	干	17	干	17	干	17	干	17	干	17	干	17	干	17	干	
		25	11.16	27	11.27	27	干	27	干	27	干	27	干	27	干	27	干	27	干	27	干	27	干	27	干	
K25	1990	7	19.04	7	19.22	7	19.22	7	19.72	7	19.75	7	19.97	7	20.03	7	22.13	7	21.09	7	20.93	7	21.02	7	20.88	20.33
		17	19.28	17	19.26	17	19.50	17	19.95	17	19.63	17	21.41	17	20.15	17	21.35	17	21.14	17	21.06	17	20.94	17	20.93	
		25	19.64	27	19.21	27	19.40	27	19.81	27	19.90	27	20.19	27	21.09	27	21.23	27	20.86	27	20.88	27	20.91	27	21.17	

续表

点号	年份	1月		2月		3月		4月		5月		6月		7月		8月		9月		10月		11月		12月		年平均
		日	水位	日	水位	日	水位	日	水位	日	水位	日	水位	日	水位	日	水位	日	水位	日	水位	日	水位	日	水位	
K25	1991	7	22.55	7	21.72	7	22.11	7	22.02	7	21.91	7	22.01	7	22.78	7	23.46	7	23.22	7	22.81	7	22.90	7	22.96	22.53
		17	21.53	11	21.91	17	21.89	17	21.91	17	22.23	17	21.86	17	22.58	17	23.49	17	23.01	17	22.79	17	22.82	17	23.38	
		27	21.55	27	22.13	27	21.89	27	22.00	27	22.24	27	22.41	27	23.40	27	23.48	27	22.97	27	23.02	27	22.89	27	23.18	
	1992	7	23.03	1	23.21	7	23.58	7	23.65	7	23.82	7	24.26	7	24.79	7	25.49	7	25.34	7	24.81	7	24.61	7	24.60	24.31
		17	23.35	17	23.32	17	23.46	17	23.68	17	23.75	17	24.37	17	24.85	17	25.59	17	25.17	17	24.65	17	24.42	17	24.84	
		27	23.19	27	23.72	27	23.42	27	23.78	27	24.21	27	24.34	27	25.13	27	25.53	27	25.01	27	24.59	27	24.55	27	25.11	
	1993	7	25.33	7	25.09	7	25.01	7	25.04	7	25.31	7	25.49	7	25.76	7	26.25	7	26.45	7	26.50	7	26.14	7	25.83	25.63
		17	25.20	17	25.08	17	25.09	17	25.12	17	25.23	17	25.54	17	25.73	17	26.21	17	26.33	17	26.48	17	25.03	17	25.61	
		25	25.35	27	25.05	27	25.06	27	25.38	27	25.23	27	25.59	27	25.67	27	26.48	27	26.28	27	26.33	27	25.90	27	25.61	
	1994	7	25.70	7	25.99	7	26.19	7	26.36	7	26.43	7	26.84	7	27.27	7	27.97	7	28.38	7	28.87	7	28.81	7	28.49	27.35
		17	26.00	17	26.05	17	26.10	17	26.30	17	26.64	17	26.90	17	27.29	17	27.89	17	29.04	17	28.98	17	28.69	17	28.42	
		27	25.90	27	26.13	27	26.20	27	26.30	27	26.75	27	26.88	27	27.81	27	28.06	27	28.92	27	28.94	27	28.60	27	28.33	
	1995	6	28.20	4	27.99	6	28.84	6	28.81	6	28.90	6	29.06	6	30.41	6	31.16	6	31.67	6	31.25	6	30.83	6	30.60	29.88
		16	28.09	16	28.27	16	28.60	16	28.99	16	28.99	16	29.41	16	30.70	16	31.13	16	31.51	16	31.21	16	30.77	16	30.60	
		26	28.07	26	28.56	26	28.91	26	28.98	26	29.00	26	29.96	26	30.74	26	31.61	26	31.34	26	30.98	26	30.65	26	30.72	
	1996	6	30.81	6	31.27	6	31.15	6	31.16	6	31.21	6	31.27	6	32.13	6	32.49	6	32.66	6	32.30	6	32.00	6	31.56	31.67
		16	31.09	16	31.27	16	31.16	16	31.04	16	31.29	16	31.19	16	31.99	16	32.53	16	32.50	16	32.25	16	31.84	16	31.42	
		26	31.18	26	31.33	26	31.21	26	31.22	26	31.27	26	31.79	26	32.16	26	32.65	26	32.36	26	32.16	26	31.78	26	31.32	
	1997	6	31.28	6	31.30	6	31.58	6	31.28	6	31.20	6	31.43	6	32.72	6	33.26	6	34.50	6	34.24	6	34.04	6	33.74	32.62
		16	31.21	16	31.35	16	31.46	16	31.22	16	31.19	16	32.04	16	32.86	16	33.31	16	34.50	16	34.24	16	33.99	16	33.66	
		26	31.27	26	31.69	26	31.34	26	31.16	26	31.37	26	32.69	26	33.14	26	34.09	26	34.32	26	34.04	26	33.86	26	33.65	
	1998	6	33.76	6	34.02	6	34.48	6	34.13	6	33.97	6	33.77	6	34.88	6	35.38	6	34.77	6	34.52	6	34.17	6	33.85	34.29
		16	34.01	16	34.25	16	34.34	16	34.05	16	33.89	16	33.94	16	34.78	16	35.15	16	34.76	16	34.39	16	34.08	16	33.76	
		25	34.01	26	34.38	26	34.26	26	34.00	26	33.80	26	34.60	26	34.78	26	34.99	26	34.65	26	34.23	26	33.89	26	33.63	

续表

点号	年份	1月 日	1月 水位	2月 日	2月 水位	3月 日	3月 水位	4月 日	4月 水位	5月 日	5月 水位	6月 日	6月 水位	7月 日	7月 水位	8月 日	8月 水位	9月 日	9月 水位	10月 日	10月 水位	11月 日	11月 水位	12月 日	12月 水位	年平均
K25	1999	6	33.66	6	34.42	6	34.57	6	34.36	6	34.24	6	34.09	6	34.02	6	34.88	6	35.18	6	34.88	6	34.62	6	34.24	34.45
		16	33.73	16	34.61	16	35.52	16	34.34	16	34.14	16	34.08	16	33.96	16	35.10	16	35.15	16	34.75	16	34.45	16	34.13	
		26	33.98	26	34.50	26	34.42	26	34.36	26	34.09	26	33.98	26	34.02	26	35.37	26	35.05	26	34.68	26	34.61	26	34.09	
	2000	6	34.48	6	34.86	6	35.06	6	34.98	6	35.34	6	35.40	6	35.44	6	37.16	6	36.13	6	35.73	6	35.02	6	34.70	35.27
		16	34.62	16	34.92	16	35.06	16	35.02	16	35.41	16	35.63	16	35.35	16	36.21	16	35.96	16	35.57	16	34.20	16	34.57	
		26	34.73	26	34.92	26	34.99	26	35.12	26	35.52	26	35.54	26	35.58	26	36.16	26	35.96	26	35.39	26	34.45	26	34.39	
K26	1990	8	24.53	8	24.60	8	24.58	8	24.60	8	24.69	8	24.71	8	24.96	8	25.27	8	25.64	8	25.72	8	25.75	8	25.85	25.09
		18	24.59	18	24.63	18	24.57	18	24.66	18	24.74	18	24.80	18	25.02	18	25.47	18	25.71	18	25.72	18	25.77	18	24.83	
		25	24.55	28	24.62	28	24.60	28	24.69	28	24.75	28	24.92	27	25.09	28	25.53	27	25.70	28	25.71	28	25.82	28	25.86	
	1991	8	25.90	8	26.08	8	26.19	8	26.31	8	26.34	8	26.43	8	26.52	8	26.64	8	26.80	8	26.91	8	26.97	8	26.97	26.54
		18	25.95	12	26.10	18	26.24	18	26.30	18	26.35	18	26.44	18	26.55	18	26.78	18	26.84	18	26.89	18	26.99	18	27.00	
		28	26.01	27	26.16	28	26.28	28	26.33	28	26.40	28	26.45	28	26.58	28	26.55	28	26.97	28	26.93	28	27.01	28	27.01	
	1992	8	27.03	3	27.09	8	27.17	8	27.06	8	27.09	8	27.13	8	27.12	8	27.14	8	27.16	8	27.18	8	27.20	8	27.21	27.11
		18	27.04	18	27.08	18	27.12	18	27.10	18	27.10	18	27.11	18	27.12	18	27.14	18	27.17	18	27.20	18	27.21	18	27.21	
		28	27.09	28	27.11	28	27.02	28	27.23	28	27.09	28	27.23	28	27.13	28	27.16	28	27.19	28	27.20	28	27.20	28	27.21	
	1993	8	27.21	8	27.21	8	27.21	8	27.23	8	27.24	8	27.23	8	27.20	8	27.17	8	27.14	8	27.10	8	27.10	8	27.13	27.18
		18	27.21	18	27.21	18	27.22	18	27.23	18	27.23	18	27.23	18	27.20	18	27.16	18	27.11	18	27.10	18	27.11	18	27.14	
		28	27.21	28	27.21	28	27.10	28	27.15	28	27.16	28	27.11	28	27.07	28	27.02	28	27.10	28	27.10	28	27.11	28	27.13	
	1994	7	27.13	7	27.14	7	27.14	7	27.16	7	27.21	7	27.11	7	27.08	7	26.96	7	26.83	7	26.84	7	26.86	7	26.91	27.03
		17	27.13	17	27.15	17	27.15	17	27.16	17	27.23	17	27.10	17	27.06	17	26.89	17	26.84	17	26.85	17	26.88	17	26.92	
		28	27.13	28	27.15	28	27.15	28	27.16	28	27.24	28	27.10	28	27.06	28	26.89	28	26.87	28	26.87	28	26.89	28	26.93	
	1995	7	26.89	7	26.91	7	26.89	7	26.89	7	26.85	7	26.88	7	26.85	7	26.74	7	26.64	7	26.72	7	26.79	7	26.83	26.83
		17	26.90	17	26.91	17	26.90	17	26.89	17	26.85	17	26.88	17	26.84	17	26.69	17	26.68	17	26.74	17	26.81	17	26.84	
		27	26.91	27	26.95	27	26.90	27	26.88	27	26.85	27	26.89	27	26.79	27	26.66	27	26.70	27	26.77	27	26.81	27	26.86	

续表

点号	年份	1月 日	1月 水位	2月 日	2月 水位	3月 日	3月 水位	4月 日	4月 水位	5月 日	5月 水位	6月 日	6月 水位	7月 日	7月 水位	8月 日	8月 水位	9月 日	9月 水位	10月 日	10月 水位	11月 日	11月 水位	12月 日	12月 水位	年平均
K26	1996	17	26.89	17	26.95	17	26.98	17	26.98	17	26.95	17	26.84	17	26.86	17	26.83	17	26.77	17	26.71	17	26.71	17	26.69	26.85
	1997	17	26.71	17	26.79	17	26.85	17	26.87	17	26.89	17	26.85	17	26.81	17	26.60	17	26.69	17	26.72	17	26.78	17	26.83	26.78
	1998	17	26.79	17	26.81	17	26.87	17	26.94	17	27.00	17	27.05	17	27.04	17	26.95	17	26.91	17	26.80	17	26.69	17		26.90
	1999	17	26.52	17	26.48	17	26.50	17	26.55	17	26.63	17	26.66	17	26.68	17	26.65	17	26.56	17	26.53	17	26.52	17	26.50	26.57
	2000	17	27.19	17	27.31	17	26.64	17	26.64	17	26.62	17	26.69	17	26.73	17	26.64	17	26.75	17	26.79	17	26.81	17	26.83	26.80
K33	1990	8	20.30	8	20.31	8	20.33	8	20.47	8	20.28	8	20.30	8	20.31	8	20.41	8	20.44	8	20.49	8	20.60	8	20.60	20.45
		18	20.33	18	20.33	18	20.45	18	20.51	18	20.26	18	20.37	18	20.37	18	20.45	18	20.48	18	20.50	18	20.62	18	20.65	
		25	20.35	28	20.30	28	20.46	28	20.50	28	20.27	28	20.32	28	20.41	28	20.45	28	20.49	28	20.57	28	21.41	28	20.68	
	1991	8	20.70	11	20.70	8	20.67	8	20.60	8	20.44	8	20.39	8	20.33	8	20.64	8	20.64	8	20.61	8	20.73	8	20.61	20.54
		18	20.71			18	20.55	18	20.55	18	20.52	18	20.24	18	20.29	18	20.70	18	20.73	18	20.51	18	19.69	18	20.61	
		28	20.72	28	20.75	28	20.64	28	20.55	28	20.51	28	20.32	28	20.12	28	20.70	28	20.62	28	20.63	28	20.64	28	20.52	
	1992	8	20.46	1	20.39	8	20.73	8	20.80	8	21.19	8	20.94	8	21.17	8	21.31	8	21.10	8	20.83	8	21.04	8	21.07	20.95
		18	20.40	18	20.39	18	20.88	18	20.99	18	21.16	18	21.01	18	21.23	18	21.19	18	21.13	18	20.77	18	20.98	18	21.12	
		28	20.39	28	20.55	28	20.79	28	21.08	28	21.33	28	21.29	28	21.27	28	21.01	28	21.05	28	20.90	28	21.04	28	21.07	
	1993	8	21.18	8	21.14	8	21.29	8	21.41	8	21.60	8	21.67	8	21.57	8	21.47	8	21.25	8	21.10	8	20.96	8	20.65	21.28
		18	21.27	18	21.21	18	21.37	18	21.48	18	21.64	18	21.68	18	21.59	18	21.47	18	21.22	18	21.03	18	20.97	18	20.57	
		24	21.18	28	21.26	28	21.38	28	21.57	28	21.67	28	21.65	28	21.55	28	21.37	28	21.17	28	21.00	28	20.93	28	20.48	
	1994	8	20.55	8	20.57	8	20.72	8	21.01	8	20.76	8	21.07	8	21.22	8	21.54	8	21.65	8	21.46	8	21.19	8	21.20	21.10
		18	20.50	18	20.52	18	20.88	18	20.82	18	20.91	18	21.03	18	21.24	18	21.54	18	21.65	18	21.54	18	21.26	18	21.28	
		28	20.53	28	20.66	28	21.02	28	20.75	28	20.96	28	21.15	28	21.32	28	21.60	28	21.41	28	21.54	28	21.26	28	21.30	
	1995	7	21.30	7	21.59	7	21.68	7	21.85	7	22.00	7	22.07	7	22.14	7	22.18	7	22.27	7	22.16	7	22.02	7	22.09	21.96
		17	21.40	17	21.57	17	21.73	17	21.92	17	22.04	17	22.14	17	22.20	17	22.25	17	22.25	17	22.12	17	22.12	17	21.89	
		27	21.50	27	21.64	27	21.77	27	21.98	27	22.03	27	22.15	27	22.18	27	22.25	27	22.25	27	21.93	27	22.12	27	21.83	

续表

点号	年份	1月 日	1月 水位	2月 日	2月 水位	3月 日	3月 水位	4月 日	4月 水位	5月 日	5月 水位	6月 日	6月 水位	7月 日	7月 水位	8月 日	8月 水位	9月 日	9月 水位	10月 日	10月 水位	11月 日	11月 水位	12月 日	12月 水位	年平均
K33	1996	7	21.82	7	22.24	7	22.42	7	22.52	7	22.60	7	22.71	7	22.80	7	22.71	7	22.58	7	22.36	7	22.36	7	22.08	22.43
		17	22.02	17	22.31	17	22.48	17	22.54	17	22.63	17	22.47	17	22.71	17	22.60	17	22.52	17	22.36	17	22.33	17	22.05	
		27	22.11	27	22.39	27	22.47	27	22.59	27	22.67	27	22.81	27	22.63	27	22.71	27	22.37	27	22.38	27	22.16	27	22.07	
	1997	7	22.17	4	22.25	7	22.33	7	22.49	7	22.53	7	22.60	7	22.70	7	22.81	7	22.91	7	22.61	7	22.92	7	23.08	22.66
		17	22.20	17	22.25	17	22.33	17	22.52	17	22.57	17	22.64	17	22.75	17	22.85	17	22.89	17	22.72	17	23.00	17	23.12	
		27	22.22	27	22.31	27	22.42	27	22.49	27	22.62	27	22.70	27	22.81	27	22.88	27	22.82	27	22.81	27	23.05	27	23.21	
	1998	7	23.27	7	23.40	7	23.55	7	23.68	7	23.69	7	23.56	7	23.59	7	23.40	7	23.35	7	23.33	7	23.23	7	23.39	23.46
		17	23.31	17	23.46	17	23.52	17	23.61	17	23.73	17	23.54	17	23.50	17	23.39	17	23.39	17	23.31	17	23.35	17	23.40	
		24	23.35	27	23.53	27	23.62	27	23.59	27	23.66	27	23.60	27	23.46	27	23.25	27	23.34	27	23.37	27	23.40	27	23.47	
	1999	7	23.53	7	23.57	7	23.72	7	23.77	7	23.59	7	23.20	7	22.96	7	22.88	7	22.62	7	22.59	7	22.70	7	22.81	23.13
		17	23.53	17	23.59	17	23.69	17	23.87	17	23.52	17	22.98	17	22.90	17	22.78	17	22.60	17	22.56	17	22.72	17	22.82	
		27	23.53	27	23.62	27	23.75	27	23.79	27	23.26	27	23.00	27	22.86	27	22.68	27	22.58	27	22.61	27	22.74	27	22.87	
	2000	7	22.95	7	23.01	7	23.21	7	23.33	7	23.46	7	23.48	7	23.40	7	23.28	7	23.13	7	23.10	7	23.11	7	23.16	23.22
		17	22.97	17	23.14	17	23.25	17	23.38	17	23.43	17	23.43	17	23.37	17	23.28	17	23.12	17	23.09	17	23.10	17	23.17	
		27	23.00	27	23.20	27	23.28	27	23.40	27	23.42	27	23.44	27	23.37	27	23.17	27	23.12	27	23.12	27	23.12	27	23.09	
K45	1990	8	48.89	8	49.31	8	49.37	8	49.26	8	49.34	8	49.32	8	50.06	8	49.95	8	50.35	8	50.18	8	50.29	8	50.32	49.76
		18	49.22	18	49.30	18	49.47	18	49.33	18	49.37	18	50.04	18	50.06	18	49.90	18	50.21	18	50.23	18	50.62	18	50.20	
		25	49.07	28	49.17	28	49.15	28	49.22	28	49.30	28	50.06	28	49.96	28	50.33	28	50.25	28	49.82	28	50.14	28	50.12	
	1991	8	50.47	8	50.62	8	50.89	8	51.22	8	51.37	8	51.46	8	51.36	8	52.25	8	52.47	8	52.09	8	52.12	8	51.61	51.50
		18	50.34	12	50.67	18	50.93	18	51.37	18	51.31	18	51.43	18	51.58	18	52.31	18	52.34	18	51.18	18	52.07	18	51.82	
		28	50.35	27	50.81	28	51.19	28	51.31	28	51.36	28	51.39	28	51.67	28	52.30	28	51.50	28	52.08	28	51.94	28	52.79	
	1992	8	51.83	3	53.16	8	53.26	8	52.39	8	53.36	8	53.31	8	53.38	8	53.36	8	53.53	8	53.63	8	52.81	8	51.98	53.03
		18	53.01	18	53.21	18	52.93	18	53.35	18	53.31	18	53.33	18	53.13	18	53.31	18	53.51	18	53.35	18	52.45	18	51.94	
		28	52.48	28	53.26	28	53.18	28	53.32	28	53.36	28	53.37	28	53.36	28	53.45	28	53.46	28	52.99	28	52.00	28	51.85	

续表

点号	年份	1月 日	1月 水位	2月 日	2月 水位	3月 日	3月 水位	4月 日	4月 水位	5月 日	5月 水位	6月 日	6月 水位	7月 日	7月 水位	8月 日	8月 水位	9月 日	9月 水位	10月 日	10月 水位	11月 日	11月 水位	12月 日	12月 水位	年平均
K45	1993	8	51.99	8	51.57	8	52.46	8	52.31	8	52.48	8	52.67	8	51.41	8	51.49	8	52.93	8	53.53	8	52.95	8	52.87	52.38
		18	52.06	18	51.78	18	52.51	18	52.47	18	51.13	18	52.54	18	51.38	18	52.25	18	52.85	18	52.95	18	53.08	18	53.02	
		28	51.82	28	51.76	28	52.56	28	52.55	28	52.81	28	51.63	28	51.46	28	52.87	28	52.81	28	52.99	28	52.96	28	52.83	
	1994	8	52.88	8	52.96	8	53.20	8	53.38	8	53.48	8	53.42	8	53.50	8	53.76	8	53.85	8	53.49	8	53.68	8	53.62	53.45
		18	52.95	18	53.06	18	53.31	18	53.42	18	53.13	18	53.47	18	53.56	18	53.73	18	53.84	18	53.80	18	53.64	18	53.63	
		28	52.87	28	53.12	28	53.39	28	53.46	28	53.26	28	53.49	28	53.53	28	53.76	28	53.84	28	53.64	28	53.63	28	53.60	
	1995	7	53.90	7	53.94	7	54.08	7	54.44	7	54.46	7	54.62	7	54.71	7	54.85	7	55.00	7	55.01	7	55.03	7	54.93	54.62
		17	53.92	17	54.01	17	54.35	17	54.55	17	54.57	17	54.62	17	54.83	17	54.81	17	55.03	17	55.03	17	54.94	17	54.83	
		27	53.96	27	54.08	27	54.30	27	54.47	27	54.60	27	54.75	27	54.85	27	54.96	27	55.06	27	55.00	27	54.91	27	54.96	
	1996	7	54.99	7	55.38	7	55.48	7	55.33	7	55.45	7	55.32	7	55.11	7	55.14	7	55.07	7	54.87	7	54.65	7	54.33	55.09
	1997	17	54.68	17	54.88	17	54.95	17	54.89	17	54.82	17	55.08	17	55.16	17	54.11	17	54.73	17	54.79	17	53.63	17	52.93	54.55
		27	53.55	27	52.87	27	52.83	27	51.37	27	51.35	27	51.65	27	52.07	27	51.49	27	51.58	27	52.83	27	51.28	27	50.96	
	1998	7	53.47	7	53.34	7	51.43	7	50.98	7	51.68	7	51.49	7	51.55	7	50.94	7	51.03	7	52.03	7	51.54	7	50.76	51.75
		17	52.69	17		17	51.55	17	51.42	17	51.91	17	51.92	17	51.39	17	50.95	17	51.80	17	51.20	17	51.37	17	51.00	
		25		27	50.96	27	51.09	27	51.53	27	51.76	27	51.84	27	52.02	27	52.24	27	51.65	27	50.99	27	50.18	27	50.08	
	1999	7	50.68	7	50.93	7	51.06	7	51.86	7	52.15	7	51.88	7	52.03	7	52.29	7	51.65	7	50.88	7	50.37	7	50.05	51.29
		17	50.90	17	50.98	17	51.19	17	52.14	17	51.81	17	51.98	17	52.13	17	51.90	17	51.14	17	50.45	17	50.59	17	50.11	
		27	50.97	27	50.98	27	50.03	27	49.48	27	49.10	27	49.04	27	49.02	27	48.97	27	49.03	27	48.96	27	48.98	27	48.95	
	2000	7	50.50	7	49.50	7	49.88	7	49.28	7	49.05	7	49.05	7	49.02	7	48.99	7	49.00	7	48.93	7	48.98	7	48.77	49.31
		17	50.70	17	51.23	17	49.71	17	49.11	17	49.05	17	49.03	17	49.02	17	49.01	17	48.99	17	48.95	17	48.97	17	48.88	
		27	49.96	27	50.01	27		27		27		27		27		27	17.69	27	15.92	27	15.93	27	15.85	27	15.66	
K301	1990	7	14.88	7	14.90	7	14.96	7	15.20	7	15.26	7	15.48	7	15.39	7		7		7		7		7		15.59
		17	14.95	17	14.93	17	15.04	17	15.50	17	15.16	17	17.19	17	15.58	17	15.97	17	15.93	17	16.04	17	15.77	17	15.65	
		25	14.99	27	14.89	27	15.06	27	15.30	27	15.48	27	15.45	27	16.36	27	16.00	27	15.68	27	15.95	27	15.75	27	15.66	

续表

第一章 西安市

点号	年份	1月		2月		3月		4月		5月		6月		7月		8月		9月		10月		11月		12月		年平均
		日	水位	日	水位	日	水位	日	水位	日	水位	日	水位	日	水位	日	水位	日	水位	日	水位	日	水位	日	水位	
K301	1991	7	16.06	7	16.49	7	17.31	7	16.93	7	16.81	7	17.19	7	17.41	7	18.00	7	17.86	7	16.77	7	16.96	7	16.90	17.18
		17	16.10	11	16.98	17	16.62	17	16.61	17	17.73	17	16.62	17	18.08	17	18.17	17	16.94	17	16.88	17	16.90	17	17.32	
		27	16.06	27	17.43	27	16.57	27	17.19	27	17.74	27	18.28	27	18.78	+	18.06	27	17.36	27	16.93	27	17.18			
	1992	7	16.78	1	16.45	7	17.21	7	17.41	7	17.61	7	20.01	7	18.64	7	19.74	7	18.48	7	16.94	7	17.45	7	18.12	17.94
		17	16.60	17	17.05	17	17.25	17	18.32	17	17.55	17	18.33	17	18.58	17	19.83	17	18.22	17	17.63	17	17.18	17	18.15	
		27	16.69	27	17.55	27	17.43	27	18.29	27	19.08	27	18.22	27	18.89	27	19.67	27	17.46	27	17.40	27	17.26	27	18.21	
	1993	7	18.41	7	18.06	7	17.84	7	17.64	7	18.46	7	19.10	7	19.40	7	20.74	7	20.89	7	23.83	7	19.84	7	20.62	19.52
		17	18.52	17	17.89	17	17.87	17	18.28	17	18.28	17	18.86	17	18.24	17	20.02	17	20.93	17	24.36	17	19.92	17	20.75	
		25	18.58	27	17.91	27	17.67	27	19.10	27	18.48	27	19.73	27	18.43	27	24.06	27	20.91	27	17.91	27	20.41	27	20.84	
	1994	7	17.75	7	18.40	7	18.23	7	18.43	7	19.11	7	19.08	7	20.54	7	20.91	7	20.54	7	19.37	7	18.89	7	17.48	19.13
		17	18.64	17	18.15	17	18.11	17	18.33	17	19.66	17	19.21	17	19.62	17	20.79	17	20.51	17	19.23	17	19.51	17	17.62	
		27	17.93	27	18.25	27	18.33	27	19.32	27	19.69	27	19.43	27	20.33	27	20.03	27	20.45	27	19.31	27	19.75	27	17.74	
	1995	6	18.12	6	18.32	6	19.75	6	19.63	6	19.70	6	20.97	6	20.86	6	20.65	6	18.22	6	17.26	6	16.86	6	16.03	18.84
		16		16	18.17	16	20.39	16	19.78	16	19.76	16	21.03	16	21.50	16	19.12	16	18.18	16	16.99	16	16.48	16	16.92	
		26	17.92	26	18.87	26	20.32	26	19.23	26	19.30	26	21.19	26	20.82	26	18.51	26	18.14	26	16.88	26	16.40	26	16.99	
	1996	6	16.84	6	17.30	6	17.36	6	17.45	6	17.25	6	17.02	6	17.02	6	16.61	6	16.11	6	15.88	6	15.72	6	15.82	16.63
		16	16.85	16	17.34	16	17.38	16	17.42	16	17.23	16	17.08	16	16.97	16	16.52	16	15.86	16	15.68	16	15.58	16	15.61	
		26	16.78	26	17.33	26	17.35	26	17.43	26	17.00	26	16.95	26	16.83	26	16.46	26	15.78	26	15.64	26	15.53	26	15.62	
	1997	6	15.58	6	15.56	6	15.48	6	15.61	6	15.53	6	15.55	6	15.68	6	15.59	6	17.40	6	15.58	6	15.58	6	15.60	15.72
		16	15.43	16	15.47	16	15.56	16	15.51	16	15.63	16	15.58	16	15.68	16	15.62	16	17.35	16	15.58	16	15.58	16	15.62	
		26	15.46	26	15.63	26	15.57	26	15.58	26	15.53	26	15.63	26	15.63	26	15.70	26	17.29	26	15.59	26	15.62	26	15.57	
	1998	6	15.62	6	15.78	6	15.68	6	15.76	6	15.81	6	15.88	6	15.84	6	15.80	6	15.58	6	15.58	6	15.48	6	15.53	15.70
		16	15.63	16	15.73	16	15.73	16	15.83	16	15.93	16	15.83	16	15.83	16	15.74	16	15.58	16	15.56	16	15.45	16	15.53	
		26	15.63	26	15.73	26	15.78	26	15.83	26	15.85	26	15.86	26	15.79	26	15.74	26	15.61	26	15.56	26	15.61	26	15.60	

续表

点号	年份	1月 日	1月 水位	2月 日	2月 水位	3月 日	3月 水位	4月 日	4月 水位	5月 日	5月 水位	6月 日	6月 水位	7月 日	7月 水位	8月 日	8月 水位	9月 日	9月 水位	10月 日	10月 水位	11月 日	11月 水位	12月 日	12月 水位	年平均
K301	1999	6	15.53	6	15.53	6	15.63	6	15.63	6	15.83	6	15.83	6	16.78	6	15.89	6	15.86	6	15.83	6	15.83	6	15.68	15.80
		16	15.53	16	15.58	16	15.58	16	15.64	16	15.78	16	15.88	16	16.78	16	15.89	16	15.83	16	15.78	16	15.83	16	15.68	
		26	15.53	26	15.68	26	15.68	26	15.76	26	15.76	26	15.89	26	15.83	26	15.80	26	15.82	26	15.83	26	15.76	26	15.73	
	2000	6	15.83	6	15.78	6	15.88	6	15.97	6	16.03	6	16.14	6	16.63	6	16.96	6	16.88	6	16.84	6	16.33	6	16.51	16.36
		16	15.83	16	15.78	16	15.98	16	15.96	16	16.01	16	16.42	16	16.69	16	16.91	16	16.85	16	16.70	16	16.35	16	16.47	
		26	15.88	26	15.87	26	15.99	26	16.08	26	16.17	26	16.66	26	16.87	26	16.86	26	16.73	26	16.37	26	17.21	26	16.57	
K302	1990	6	6.07	6	6.15	6	6.27	6	6.67	6	6.73	6	6.70	6	6.25	6	6.45	6	6.23	6	6.43	6	6.65	6	6.48	6.45
		16	6.09	16	6.27	16	6.50	16	6.79	16	6.66	16	6.69	16	6.42	16	6.34	16	6.36	16	6.45	16	6.78	16	6.56	
		26	6.09	26	6.14	26	6.56	26	6.78	26	6.63	26	6.25	26	6.36	26	6.31	26	6.36	26	6.58	26	6.62	26	6.66	
	1991	6	6.76	6	6.86	6	6.97	6	7.21	6	7.15	6	6.96	6	6.86	6	6.61	6	6.58	6	6.63	6	6.91	6	7.04	6.89
		16	6.78	16	6.83	16	7.03	16	7.24	16	7.24	16	6.73	16	6.83	16	6.51	16	6.67	16	6.76	16	6.94	16	7.17	
		25	6.83	26	6.89	26	7.11	26	7.26	26	7.12	26	6.79	26	6.76	26	6.93	26	6.66	26	6.83	26	7.02	26	7.22	
	1992	6	7.30	1	7.43	6	7.61	6	7.55	6	7.51	6	7.31	6	7.32	6	6.93	6	6.93	6	6.92	6	7.12	6	7.02	7.25
		16	7.38	16	7.49	16	7.63	16	7.52	16	7.54	16	7.28	16	7.12	16	6.94	16	7.04	16	7.00	16	7.04	16	7.02	
		26	7.41	26	7.57	26	7.53	26	7.54	26	7.43	26	7.28	26	7.01	26	7.18	26	7.00	26	7.08	26	7.11	26	7.05	
	1993	6	6.98	6	7.04	6	7.24	6	7.38	6	7.29	6	7.19	6	7.18	6	7.15	6	7.10	6	7.19	6	7.26	6	7.28	7.19
		16	6.99	16	7.14	16	7.27	16	7.33	16	7.23	16	7.20	16	7.12	16	7.10	16	7.14	16	7.15	16	7.22	16	7.27	
		26	6.99	26	7.20	26	7.36	26	7.37	26	7.25	26	7.13	26	7.08	26	7.43	26	7.22	26	7.19	26	7.23	26	7.34	
	1994	6	7.33	6	7.43	6	7.40	6	7.63	6	7.47	6	7.41	6	7.31	6	7.38	6	7.29	6	7.25	6	7.03	6	7.04	7.32
		16	7.47	16	7.38	16	7.59	16	7.52	16	7.48	16	7.35	16	7.23	16	7.36	16	7.21	16	7.25	16	7.07	16	7.10	
		26	7.39	26	7.41	26	7.61	26	7.41	26	7.41	26	7.40	26	7.38	26	7.13	26	7.13	26	7.00	26	6.99	26	7.15	
	1995	7	7.15	7	7.52	7	7.64	7	7.61	7	7.57	7	7.12	7	7.22	7	6.32	7	7.46	7	7.51	7	7.63	7	7.68	7.43
		17	7.27	17	7.54	17	7.59	17	7.67	17	7.47	17	7.27	17	7.33	17	7.41	17	7.42	17	7.57	17	7.64	17	7.68	
		27	7.40	27	7.54	27	7.58	27	7.62	27	7.19	27	7.21	27	7.18	27	7.41	27	7.49	27	7.60	27	7.63	27	7.61	

续表

点号	年份	1月日	1月水位	2月日	2月水位	3月日	3月水位	4月日	4月水位	5月日	5月水位	6月日	6月水位	7月日	7月水位	8月日	8月水位	9月日	9月水位	10月日	10月水位	11月日	11月水位	12月日	12月水位	年平均
K302	1996	7	7.57	7	7.78	7	7.90	7	7.97	7	7.97	7	7.82	7	7.80	7	7.57	7	7.61	7	7.61	7	7.49	7	7.12	7.68
		17	7.60	17	7.84	17	7.94	17	7.96	17	7.93	17	7.74	17	7.57	17	7.73	17	7.36	17	7.98	17	7.34	17	7.17	
		27	7.73	27	7.83	27	7.98	27	8.03	27	7.94	27	7.72	27	7.46	27	7.74	27	7.43	27	7.80	27	7.15	27	7.27	
	1997	7	7.34	4	7.52	7	7.90	7	8.09	7	7.90	7	7.76	7	7.47	7	7.88	7	8.13	7	8.14	7	8.19	7	8.14	7.92
		17	7.41	17	7.67	17	7.92	17	7.95	17	7.76	17	7.85	17	7.85	17	8.04	17	8.12	17	8.17	17	8.19	17	8.25	
		27	7.45	27	7.87	27	8.04	27	7.93	27	7.75	27	7.77	27	7.95	27	8.02	27	8.12	27	8.17	27	8.21	27	8.28	
	1998	7	8.31	7	8.24	7	8.30	7	8.23	7	8.31	7	8.17	7	7.95	7	7.89	7	8.06	7	8.05	7	8.13	7	8.23	8.14
		17	8.26	17	8.23	17	8.26	17	8.21	17	8.20	17	8.16	17	7.79	17	7.97	17	7.96	17	7.99	17	8.12	17	8.27	
		24	8.24	27	8.29	27	8.22	27	8.33	27	8.16	27	8.06	27	7.87	27	8.00	27	8.05	27	8.10	27	8.14	27	8.15	
	1999	7	8.17	7	8.26	7	8.35	7	8.42	7	8.27	7	8.11	7	8.14	7	7.97	7	8.03	7	8.07	7	8.28	7	8.47	8.20
		17	8.15	17	8.28	17	8.43	17	8.41	17	8.32	17	7.99	17	7.82	17	7.92	17	8.10	17	8.08	17	8.32	17	8.46	
		27	8.24	27	8.31	27	8.44	27	8.39	27	8.15	27	7.98	27	7.83	27	7.99	27	8.08	27	8.21	27	8.38	27	8.43	
K303	1990	4	9.58	4	13.79	4	15.49	4	11.11	4	11.97	4	11.32	4	11.08	4	13.24	4	15.81	4	17.74	4	19.09	4	19.76	14.56
		14	10.86	14	14.68	14	15.21	14	11.10	14	10.98	14	12.86	14	11.35	14	14.87	14	16.57	14	18.26	14	19.34	14	19.97	
		24	12.68	24	15.24	24	12.88	24	11.87	24	10.62	24	12.17	24	12.08	24	15.14	24	17.15	24	18.70	24	19.52	24	20.20	
	1991	4	20.49	1	21.45	4	22.57	4	23.27	4	21.35	4	18.85	4	14.84	4	15.51	4	16.70	4	18.59	4	19.34	4	19.35	19.31
		14	20.22	14	21.76	14	22.85	14	23.09	14	20.31	14	17.04	14	14.94	14	15.44	14	17.47	14	18.81	14	19.69	14	19.69	
		24	21.00	24	22.30	24	23.08	24	22.19	24	19.34	24	15.57	24	15.24	24	15.82	24	18.09	24	18.89	24	19.60	24	20.02	
	1992	4	20.33	4	20.94	4	22.54	4	22.80	4	22.98	4	23.44	4	23.78	4	23.79	4	23.59	4	21.94	4	19.73	4	21.17	22.30
		14	20.22	14	21.66	14	22.76	14	22.69	14	23.16	14	23.72	14	23.62	14	23.88	14	23.39	14	20.90	14	20.01	14	21.60	
		24	20.28	24	22.29	24	22.86	24	22.70	24	23.16	24	23.77	24	23.63	24	23.88	24	22.79	24	19.97	24	20.59	24	22.28	
	1993	4	22.82	4	23.40	4	23.90	4	24.49	4	23.31	4	21.99	4	20.47	4	19.11	4	17.87	4	17.56	4	16.57	4	16.90	20.62
		14	23.20	14	23.50	14	24.04	14	24.34	14	23.02	14	21.32	14	20.00	14	18.97	14	17.89	14	17.49	14	16.46	14	17.73	
		24	23.35	24	23.68	24	24.33	24	23.80	24	22.60	24	20.86	24	19.50	24	18.25	24	18.05	24	17.42	24	16.39	24	17.79	

续表

点号	年份	1月		2月		3月		4月		5月		6月		7月		8月		9月		10月		11月		12月		年平均
		日	水位	日	水位	日	水位	日	水位	日	水位	日	水位	日	水位	日	水位	日	水位	日	水位	日	水位	日	水位	
K303	1994	4	19.56	4	21.44	4	22.76	4	23.70	4	23.70	4	22.24	4	21.24	4	19.11	4	19.78	4	21.04	4	20.85	4	20.37	21.32
		14	20.16	14	21.62	14	23.21	14	23.98	14	22.74	14	22.10	14	20.39	14	19.05	14	20.32	14	20.93	14	20.58	14	20.46	
		24	20.73	24	22.42	24	23.54	24	23.70	24	22.37	24	21.70	24	19.53	24	19.02	24	20.73	24	21.05	24	20.40	24	20.85	
	1995	4	21.52	4	23.02	4	23.94	4	23.07	4	23.67	4	23.17	4	22.08	4	23.68	4	22.47	4	23.64	4	23.58	4	23.71	22.81
		14	22.02	14	23.47	14	20.03	14	23.21	14	23.47	14	20.27	14		14	21.09	14		14	23.36	14	23.54	14	23.83	
		24	22.50	24	23.92	24	21.28	24	23.79	24	23.05	24	21.49	24	22.34	24	21.70	24	22.69	24	23.58	24	23.62	24	23.87	
	1996	4	23.97	4	24.07	4	24.94	4	25.41	4	25.51	4	25.20	4	23.56	4	22.54	4	22.00	4	24.21	4	22.76	4	23.32	24.02
		14	21.40	14	24.52	14	24.90	14	25.69	14	25.56	14	23.92	14	23.12	14		14	23.04	14	24.18	14	23.49	14	23.59	
		24	23.24	24	24.82	24	25.15	24	25.43	24	24.91	24	23.99	24	22.77	24		24	23.44	24		24	23.46	24	24.56	
	1997	4	25.13	4	24.24	4	25.73	4	26.21	4	26.26	4	25.45	4	24.69	4	24.56	4	25.35	4	25.74	4	24.08	4	25.09	25.20
		14	22.18	14	25.16	14	26.08	14	26.22	14	25.74	14	24.80	14	25.15	14	24.93	14	25.50	14	25.42	14	23.84	14	25.48	
		24	26.02	24	25.57	24	26.25	24	26.12	24	25.88	24	24.37	24	24.41	24	24.79	24	25.88	24	24.73	24	24.32	24	25.74	
	1998	4	26.18	4	26.58	4	26.73	4	干	4	25.94	4	23.70	4	22.85	4	21.70	4	21.02	4	21.69	4	22.78	4	23.77	23.80
		14	26.18	14	26.72	14	干	14	干	14	25.72	14	23.23	14	22.51	14	21.31	14	21.14	14	22.17	14	23.06	14	23.44	
		24	26.38	24	26.73	24	干	24	26.45	24	25.14	24	23.33	24	22.14	24	21.07	24	21.43	24	22.53	24	23.40	24	23.56	
	1999	4	24.58	4	25.94	4	26.63	4	25.61	4	25.08	4	22.95	4	22.32	4	21.64	4	21.87	4	22.47	4	22.91	4	23.80	23.58
		14	24.92	14	26.18	14	干	14	22.34	14	24.62	14	22.68	14	21.94	14	21.63	14	22.10	14	22.56	14	22.99	14	23.97	
		24	25.43	24	26.50	24	干	24	21.50	24	23.97	24	18.61	24	21.70	24	21.68	24	22.25	24	22.65	24	23.50	24	24.19	
	2000	4	24.43	4	24.08	4	24.17	4	20.32	4	19.57	4	17.76	4	16.68	4	15.20	4	14.49	4	15.30	4	13.56	4	16.12	18.53
		14	24.53	14	24.27	14	23.73	14	干	14	19.09	14	17.31	14	15.87	14	15.00	14	14.55	14	15.49	14	14.54	14	16.72	
		24	24.14	24	24.19	24	23.20	24	干	24	18.80	24		24	15.48	24	14.59	24	14.84	24	13.87	24	15.37	24	17.44	
K314	1990	8	33.85	8	33.80	8	33.78	8	33.90	8	33.79	8	33.94	8	33.93	8	34.07	8	34.18	8	34.19	8	34.29	8	34.18	34.00
		18	33.85	15	33.78	18	33.83	18	33.77	18	33.82	18	33.96	18	33.94	18	34.13	18	34.13	18	34.19	18	34.16	18	34.22	
		26	33.92	28	33.81	28	33.91	28	33.96	28	33.90	28	33.94	28	34.02	28	34.16	28	34.17	28	34.20	28	34.11	28	34.18	

第一章　西安市

续表

点号	年份	1月 日	1月 水位	2月 日	2月 水位	3月 日	3月 水位	4月 日	4月 水位	5月 日	5月 水位	6月 日	6月 水位	7月 日	7月 水位	8月 日	8月 水位	9月 日	9月 水位	10月 日	10月 水位	11月 日	11月 水位	12月 日	12月 水位	年平均
	1991	8	34.25	8	34.17	8	34.28	8	34.25	8	34.37	8	34.35	8	34.44	8	34.59	8	34.65	8	34.69	8	34.74	8	34.79	34.49
		18	34.22	11	34.24	18	34.22	18	34.39	18	34.27	18	34.43	18	34.52	18	34.63	18	34.67	18	34.78	18	34.70	18	34.71	
		28	34.26	28	34.30	28	34.34	28	34.33	28	34.42	28	34.41	28	34.56	28	34.70	28	34.67	28	34.80	28	34.66	28	34.87	
	1992	8	34.75	1	34.70	8	34.79	8	34.91	8	35.00	8	35.07	8	35.24	8	35.33	8	35.30	8	35.18	8	35.12	8	34.96	35.03
		18	34.77	18	34.78	18	34.85	18	34.90	18	35.04	18	35.19	18	35.28	18	35.32	18	35.23	18	35.10	18	34.94	18	35.04	
		28	34.68	28	34.65	28	34.84	28	34.87	28	35.13	28	35.18	28	35.26	28	35.31	28	35.20	28	35.10	28	35.02	28	34.95	
K314	1993	8	34.94	8	35.02	8	34.82	8	34.83	8	34.94	8	34.89	8	35.01	8	35.09	8	35.11	8	35.12	8	35.14	8	35.07	35.01
		18	34.97	18	34.81	18	34.93	18	34.86	18	34.89	18	34.94	18	35.01	18	35.12	18	35.10	18	35.20	18	35.24	18	35.15	
		28	34.97	28	34.84	28	34.79	28	34.78	28	34.94	28	35.03	28	35.05	28	35.14	28	35.17	28	35.28	28	35.13	28	35.06	
	1994	8	35.01	8	35.12	8	35.20	8	35.16	8	35.27	8	35.32	8	35.33	8	35.52	8	35.57	8	35.52	8	35.47	8	35.52	35.38
		18	35.25	18	35.12	18	35.16	18	35.14	18	35.31	18	35.32	18	35.37	18	35.59	18	35.65	18	35.60	18	35.63	18	35.67	
		28	35.15	28	35.31	28	35.25	28	35.21	28	35.20	28	35.30	28	35.35	28	35.59	28	35.64	28	35.64	28	35.53	28	35.56	
	1995	7	35.54	7	35.58	7	35.44	7	35.46	7	35.47	7	35.49	7	35.68	7	35.64	7	35.68	7	35.78	7	35.97	7	35.92	35.63
		17	35.54	17	35.42	17	35.38	17	35.37	17	35.51	17	35.65	17	35.70	17	35.65	17	35.75	17	35.74	17	35.92	17	35.86	
		27	35.56	27	35.38	27	35.45	27	35.43	27	35.54	27	35.68	27	35.66	27	35.69	27	35.75	27	35.91	27	36.00	27	堵	
	1990	7	9.91	7	10.40	7	10.40	7	10.00	7	8.33	7	8.03	7	7.11	7	8.21	7	8.77	7	9.63	7	10.32	7	13.02	9.65
		17	9.84	17	11.37	17	10.14	17	10.23	17	7.77	17	8.34	17	7.09	17	8.16	17	9.06	17	9.88	17	10.48	17	13.71	
		27	10.00	27	10.44	27	9.98	27	9.63	27	7.75	27	7.75	27	7.47	27	8.52	27	9.31	27	10.15	27	12.33	27	13.82	
K426	1991	7	干	7	15.60	7	18.19	7	17.34	7	12.44	7	10.13	7	9.05	7	9.97	7	10.44	7	13.11	7	14.39	7	15.30	13.52
		17	14.99	11	16.33	17	17.95	17	15.10	17	12.66	17	9.22	17	9.39	17	9.77	17	10.34	17	13.92	17	14.55	17	15.83	
		27	15.37	27	17.88	27	17.77	27	13.27	27	13.10	27	9.00	27	10.07	27	9.90	27	12.80	27	15.94	27	14.85	27	17.17	
	1992	7	18.37	1	16.38	7	干	7	19.02	7	19.15	7	20.22	7	19.82	7	17.46	7	14.48	7	10.21	7	13.90	7	15.50	16.58
		17	17.41	17	干	17	干	17	18.91	17	19.07	17	19.98	17	19.57	17	16.07	17	13.67	17	10.62	17	14.38	17	15.78	
		27	16.35	27	干	27	干	27	18.90	27	19.68	27	19.57	27	19.50	27	15.11	27	10.37	27	13.10	27	15.16	27	16.17	

续表

点号	年份	1月 日	1月 水位	2月 日	2月 水位	3月 日	3月 水位	4月 日	4月 水位	5月 日	5月 水位	6月 日	6月 水位	7月 日	7月 水位	8月 日	8月 水位	9月 日	9月 水位	10月 日	10月 水位	11月 日	11月 水位	12月 日	12月 水位	年平均
K426	1993	7	16.52	7	17.62	7	17.78	7	17.21	7	15.79	7	14.65	7	13.78	7	14.77	7	12.92	7	13.83	7	14.32	7	14.92	15.41
		17	17.08	17	17.33	17	20.22	17	15.66	17	16.70	17	14.64	17	13.45	17	13.66	17	13.01	17	13.92	17	14.78	17	15.48	
		25	17.14	27	17.14	27	21.03	27	15.80	27	14.74	27	14.43	27	13.27	27	13.06	27	13.42	27	14.04	27	14.77	27	15.92	
	1994	7	16.37	7	20.19	7	干	7	22.18	7	20.44	7	21.92	7	21.16	7	14.94	7	16.28	7	21.05	7	22.18	7	22.01	20.02
		17	18.42	17	干	17	22.03	17	22.12	17	21.31	17	21.83	17	16.78	17	15.15	17	16.29	17	22.24	17	22.13	17	21.63	
		27	20.83	27	21.68	27	22.13	27	21.63	27	21.52	27	21.70	27	14.96	27	16.02	27	16.22	27	22.23	27	22.03	27	21.00	
	1995	6	20.83	6	21.11	6	21.71	6	21.31	6	20.90	6	20.74	6	22.61	6	23.65	6	22.73	6	22.56	6	22.17	6	22.58	22.00
		16	20.80	16	21.28	16	21.81	16	21.18	16	20.87	16	21.38	16	23.05	16	23.46	16	22.68	16	22.56	16	22.24	16	22.80	
		26	20.92	26	21.57	26	21.69	26	21.27	26	20.88	26	21.83	26	23.23	26	23.17	26	22.61	26	22.39	26	22.40	26	23.06	
	1996	6	23.11	4	23.92	6	24.23	6	24.65	6	24.50	6	24.38	6	23.99	6	23.65	6	23.44	6	22.80	6	22.88	6	22.54	23.63
		16	23.61	16	24.02	16	24.34	16	24.56	16	24.47	16	24.01	16	23.60	16	23.18	16	23.26	16	22.82	16	22.57	16	22.75	
		26	23.79	26	24.15	26	24.33	26	24.63	26	24.39	26	23.87	26	23.49	26	23.33	26	22.92	26	22.96	26	22.44	26	23.00	
	1997	6	23.03	6	24.17	6	24.83	6	25.11	6	25.20	6	25.31	6	26.09	6	26.60	6	干	6	干	6	26.89	6	26.95	25.66
		16	23.61	16	24.38	16	24.99	16	25.11	16	25.13	16	25.62	16	26.27	16	26.60	16	干	16	27.07	16	26.91	16	27.01	
		26	23.91	26	24.67	26	25.05	26	25.19	26	25.18	26	25.84	26	26.46	26	26.88	26	干	26	27.02	26	26.92	26	27.10	
	1998	16	干	16	干	16	干	16	干	16	干	16	25.99	16	干	16	干	16	26.72	16	26.84	16	26.88	16	干	25.99
	1999	16	26.17	16	26.86	16	干	16	干	16	干	16	干	16	18.07	16	20.14	16	21.93	16	23.39	16	24.22	16	24.63	26.69
K72-1	1990	7	18.86	7	21.42	7	22.64	7	19.68	7	19.17	7	19.00	7	18.06	7	21.48	7	22.54	7	23.86	7	24.39	7	24.77	21.32
		17	19.83	13	22.17	17	21.40	17	20.11	17	18.80	17	18.86	17	18.06	17	21.51	17	22.96	17	24.18	17	24.53	17	25.21	
		26	20.70	27	22.54	27	20.26	27	19.94	27	18.58	27	18.83	27	18.69	27	20.85	27	23.09	27	23.94	27	24.45	27	26.28	
	1991	7	25.65	7	27.14	7	28.43	7	27.91	7	23.84	7	21.21	7	19.76	7	21.12	7	23.97	7	23.74	7	25.80	7	26.71	24.48
		17	26.08	17	27.56	17	28.56	17	27.60	17	22.82	17	20.07	17	19.92	17	21.12	17	23.97	17	23.74	17	25.80	17	26.71	
		27	26.56	27	28.16	27	28.19	27	25.18	27	22.64	27	19.32	27	20.80	27	22.45	27	23.90	27	24.75	27	26.01	27	26.72	

续表

点号	年份	1月 日	1月 水位	2月 日	2月 水位	3月 日	3月 水位	4月 日	4月 水位	5月 日	5月 水位	6月 日	6月 水位	7月 日	7月 水位	8月 日	8月 水位	9月 日	9月 水位	10月 日	10月 水位	11月 日	11月 水位	12月 日	12月 水位	年平均
K72-1	1992	7	26.20	2	26.97	7	28.12	7	27.46	7	28.86	7	29.18	7	28.96	7	29.56	7	28.22	7	24.12	7	25.60	7	28.70	27.76
		17	26.05	17	27.63	17	27.89	17	27.49	17	28.98	17	29.63	17	30.30	17	29.35	17	27.84	17	23.20	17	26.67	17	29.22	
		27	26.08	27	28.19	27	27.95	27	28.16	27	28.41	27	29.33	27	30.12	27	28.68	27	25.26	27	24.12	27	27.66	27	29.26	
	1993	7	29.30	7	30.06	7	31.31	7	32.13	7	29.33	7	26.74	7	25.19	7	24.02	7	22.47	7	23.57	7	24.45	7	24.02	26.68
		17	29.34	17	30.47	17	31.79	17	30.58	17	29.22	17	26.31	17	24.61	17	23.90	17	23.03	17	24.03	17	24.13	17	24.44	
		26	29.68	27	30.80	27	31.97	27	26.26	27	27.75	27	25.87	27	24.36	27	22.52	27	23.24	27	24.21	27	23.94	27	25.31	
	1994	7	26.21	7	29.01	7	30.48	7	31.14	7	28.64	7	27.75	7	25.69	7	24.83	7	27.49	7	28.56	7	28.20	7	28.31	28.16
		17	27.26	17	29.52	17	30.86	17	32.06	17	27.71	17	27.06	17	24.46	17	25.45	17	27.98	17	29.00	17	28.31	17	28.62	
		27	28.34	27	30.07	27	31.12	27	30.17	27	27.54	27	26.78	27	24.37	27	26.47	27	28.35	27	28.35	27	28.33	27	29.23	
	1995	6	29.44	6	31.38	6	32.67	6	31.99	6	30.59	6	29.76	6	30.96	6	32.90	6	31.35	6	31.93	6	32.42	6	33.10	31.66
		16	29.77	16	32.07	16	32.57	16	31.54	16	30.59	16	29.88	16	31.37	16	32.14	16	31.52	16	32.34	16	32.44	16	33.29	
		26	30.64	26	32.43	26	32.59	26	31.08	26	30.05	26	30.46	26	32.70	26	31.73	26	31.36	26	32.55	26	32.70	26	33.39	
	1996	6	33.25	6	33.76	6	34.04	6	34.47	6	33.93	6	33.12	6	29.87	6	30.32	6	32.15	6	32.97	6	34.60	6	33.66	32.99
		16	33.16	16	34.02	16	34.05	16	34.28	16	33.86	16	31.83	16	29.38	16	30.64	16	32.65	16	33.42	16	34.16	16	34.14	
		26	33.38	26	33.94	26	34.63	26	33.94	26	33.33	26	30.87	26	29.62	26	30.94	26	32.46	26	33.93	26	33.77	26	34.92	
	1997	6	34.64	5	34.86	6	36.23	6	35.96	6	35.58	5	34.52	6	35.95	6	34.33	6	35.31	6	34.36	6	32.46	6	33.16	34.76
		16	34.41	16	35.09	16	36.11	16	35.84	16	35.33	16	34.90	16	35.18	16	34.00	16	36.13	16	33.76	16	32.66	16	33.50	
		26	34.80	26	35.49	26	36.13	26	35.89	26	35.31	26	35.09	26	34.75	26	34.43	26	35.78	26	32.78	26	32.91	26	33.68	
	1998	6	34.14	6	35.48	6	37.07	6	36.95	6	33.05	6	28.77	6	28.65	6	27.76	6	27.60	6	29.44	6	31.06	6	32.64	31.89
		25	34.75	16	36.08	16	37.16	16	35.56	16	32.23	16	28.57	16	28.13	16	27.70	16	28.36	16	29.83	16	31.55	16	32.83	
			34.84	26	36.93	26	37.50	26	34.03	26	30.80	26	28.12	26	27.91	26	27.25	26	29.16	26	30.35	26	32.22	26	33.59	
	1999	6	34.08	6	36.02	6	37.06	6	36.73	6	33.44	6	30.60	6	29.78	6	29.23	6	30.28	6	31.71	6	32.43	6	33.01	32.85
		16	34.64	16	36.68	16	37.81	16	36.00	16	32.12	16	30.42	16	29.02	16	29.28	16	30.86	16	31.63	16	32.66	16	32.95	
		26	35.27	26	36.83	26	37.59	26	34.75	26	31.18	26	30.02	26	29.13	26	29.74	26	31.32	26	31.78	26	33.03	26	33.69	

续表

点号	年份	1月 日	1月 水位	2月 日	2月 水位	3月 日	3月 水位	4月 日	4月 水位	5月 日	5月 水位	6月 日	6月 水位	7月 日	7月 水位	8月 日	8月 水位	9月 日	9月 水位	10月 日	10月 水位	11月 日	11月 水位	12月 日	12月 水位	年平均
K72-1	2000	6	34.01	6	34.49	6	32.18	6	28.30	6	26.78	6	26.62	6	23.83	6	23.11	6	22.22	6	22.60	6	21.36	6	23.13	26.21
		16	33.22	16	33.36	16	31.19	16	27.20	16	27.27	16	25.11	16	23.18	16	22.70	16	22.10	16	22.04	16	22.01	16	23.71	
		26	34.43	26	32.88	26	29.56	26	26.72	26	26.84	26	25.32	26	23.24	26	21.94	26	22.37	26	21.43	26	22.71	26	24.34	
	1990	5	27.40	5	28.32	5	28.19	5	24.06	5	22.80	5	24.67	5	21.67	5	23.48	5	23.66	5	24.25	5	24.00	5	23.60	24.43
		15	27.27	15	27.16	15	26.99	15	23.30	15	24.87	15	24.21	15	23.56	15	21.50	15	23.61	15	23.61	15	21.70	15	24.03	
		25	27.28	25	27.83	25	26.41	25	24.75	25	24.56	25	23.69	25	22.46	25	23.21	25	24.23	25	19.04	25	22.92	25	25.09	
	1991	5	25.22	5	24.79	5	22.86	5	23.77	5	21.57	5	19.42	5	19.40	5	19.76	5	15.80	5	21.12	5	18.98	5	17.60	21.43
		15	25.56	15	23.87	15	22.70	15	21.35	15	22.86	15	19.69	15	20.51	15	20.35	15	18.43	15	24.49	15	18.98	15	25.50	
		25	26.16	25	22.07	25	23.59	25	21.72	25	19.76	25	20.38	25	21.98	25	19.42	25	16.12	25	24.70	25	15.69	25	25.20	
C1	1992	5	25.08	1	26.52	5	26.86	5	24.89	5	26.54	5	25.11	5	25.35	5	24.42	5	23.68	5	20.86	5	21.83	5	23.70	24.34
		15	23.91	15	26.17	15	26.85	15	25.73	15	25.80	15	25.12	15	24.73	15	24.55	15	22.48	15	20.70	15	23.42	15	23.03	
		25	26.23	25	26.18	25	24.90	25	26.42	25	24.57	25	25.04	25	23.61	25	24.13	25	20.65	25	20.82	25	23.96	25	22.25	
	1993	5	24.19	5	22.75	5	20.49	5	24.31	5	24.17	5	21.71	5	20.73	5	20.48	5	21.01	5	22.36	5	22.40	5	23.49	22.38
		15	24.73	15	22.25	15	23.29	15	21.68	15	24.42	15	19.80	15	21.57	15	21.86	15	19.97	15	22.53	15	22.65	15	24.16	
		27	22.39	25	22.64	25	21.40	25	24.38	25	23.66	25	20.35	25	19.41	25	21.33	25	22.45	25	22.92	25	22.97	25	24.72	
	1994	5	24.63	5	26.18	5	24.11	5	25.27	5	22.19	5	23.80	5	22.12	5	23.32	5	24.43	5	24.62	5	21.10	5	24.13	23.55
		15	24.89	15	26.37	15	23.10	15	21.90	15	19.95	15	23.45	15	21.97	15	23.63	15	23.28	15	24.86	15	21.55	15	25.05	
		25	24.65	25	26.22	25	24.56	25	23.20	25	19.90	25	23.37	25	22.27	25	24.62	25	23.60	25	23.53	25	21.64	25	24.42	
	1995	5	24.92	5	29.24	5	30.60	5	25.29	5	26.89	5	26.29	5	28.05	5	27.78	5	28.99	5	28.91	5	23.42	5	28.33	27.69
		15	23.89	15	29.42	15	30.53	15	25.36	15	26.97	15	27.49	15	28.18	15	28.11	15	27.22	15	28.92	15	27.78	15	28.68	
		25	28.22	25	30.04	25	27.26	25	26.28	25	24.51	25	27.24	25	28.78	25	28.57	25	27.97	25	27.97	25	27.97	25	30.24	
	1996	5	29.04	5	29.38	5	32.09	5	30.02	5	27.11	5	27.24	5	26.35	5	26.34	5	27.26	5	23.60	5	24.95	5	24.32	27.15
		15	29.20	15	29.09	15	31.62	15	28.97	15	27.84	15	25.96	15	23.65	15	25.37	15	25.76	15	25.73	15	24.37	15	24.61	
		25	29.56	25	31.74	25	31.75	25	28.35	25	28.20	25	25.79	25	26.47	25	26.72	25	24.87	25	25.67	25	23.87	25	24.50	

续表

点号	年份	1月 日	1月 水位	2月 日	2月 水位	3月 日	3月 水位	4月 日	4月 水位	5月 日	5月 水位	6月 日	6月 水位	7月 日	7月 水位	8月 日	8月 水位	9月 日	9月 水位	10月 日	10月 水位	11月 日	11月 水位	12月 日	12月 水位	年平均
C1	1997	5	23.73	4	26.15	5	24.74	5	24.81	5	23.52	5	23.96	5	25.20	5	22.29	5	24.66	5	21.58	5	22.37	5	22.44	
		15	24.35	15	26.20	15	24.41	15	24.19	15	23.43	15	24.45	15	24.28	15	22.52	15	24.78	15	22.88	15	21.50	15	22.45	23.70
		25	25.27	25	25.87	25	22.26	25	24.25	25	24.11	25	25.13	25	23.40	25	23.16	25	22.09	25	23.05	25	22.24	25	21.47	
	1998	15	21.35	15	24.28	15	24.09	15	21.60	15	22.53	15	23.42	15	20.73	15	21.06	15	23.18	15	22.83	15	19.28	15	21.83	22.18
	1999	15	22.29	15	23.55	15	26.25	15	24.23	15	22.55	15	21.55	15	18.60	15	20.58	15	21.27	15	20.11	15	20.91	15	21.37	21.94
	2000	15	22.54	15	24.11	15	19.18	15	22.29	15	22.64	15	21.86	15	19.94	15	18.93	15	19.12	15	18.62	15	18.42	15	18.91	20.55
C14	1990	5	33.97	5	34.38	5	34.52	5	33.60	5	34.94	5	34.86	5	35.06	5	35.43	5	35.67	5	35.62	5	36.11	5	36.04	
		15	34.28	15	34.65	15	34.52	15	33.81	15	34.88	15	35.11	15	34.97	15	35.71	15	35.64	15	35.80	15	36.15	15	36.13	35.11
		24	33.98	25	34.40	25	34.40	25	34.60	25	34.86	25	35.14	25	35.03	25	35.77	25	35.64	25	35.91	25	36.09	25	36.26	
	1991	5	36.40	5	〈50.36〉	5	〈49.70〉	5	37.04	5	36.87	5	37.19	5	37.19	5	38.16	5	37.61	5	36.93	5	37.16	5	37.68	
		15	36.45	12	37.10	15	37.55	15	37.06	15	37.10	15	36.92	15	37.61	15	37.78	15	37.42	15	36.81	15	37.35	15	37.85	37.28
		25	36.80	25	37.82	25	37.10	25	36.93	25	37.22	25	36.75	25	38.37	25	37.73	25	37.07	25	36.92	25	37.42	25	38.30	
	1992	5	38.40	2	38.86	5	40.26	5	39.29	5	39.56	5	39.47	5	40.27	5	41.30	5	41.31	5	41.88	5	41.60	5	41.61	
		15	38.54	15	39.12	15	40.26	15	39.27	15	39.56	15	39.74	15	40.41	15	41.35	15	41.28	15	42.16	15	41.68	15	41.82	40.39
		25	38.78	25	39.37	25	39.27	25	39.40	25	39.39	25	40.06	25	41.17	25	41.33	25	40.81	25	42.26	25	41.44	25	41.90	
	1993	5	41.89	5	41.36	5	41.69	5	41.67	5	42.91	5	43.26	5	42.36	5	41.11	5	41.03	5	42.76	5		5		42.00
		15	41.66	15	41.36	15	41.80	15	42.77	15	42.83	15	42.14	15	41.28	15	41.00	15	42.06	15	42.70	15		15		
		25	41.66	25	41.51	25	41.76	25	42.91	25	43.21	25	42.35	25	41.11	25	41.03	25	42.72	25		25		25		
	1995	17	〈69.58〉	17		17		17		17		17		17		17	48.53	17	49.18	17	48.89	17	48.29	17	48.03	48.58
	1996	17	38.54	17	49.39	17	49.67	17	49.47	17	49.61	17	49.15	17	49.21	17	49.59	17	49.63	17	49.26	17	48.87	17	47.73	49.23
	1997	17	48.47	17	48.90	17	49.64	17	48.74	17	49.13	17	49.92	17	51.12	17	51.85	17	52.42	17	52.39	17	52.45	17	51.79	50.57
	1998	17	51.71	17	52.06	17	52.79	17	52.62	17	51.73	17	51.73	17	52.61	17	52.66	17	51.82	17		17		17		52.19

续表

点号	年份	1月 日	1月 水位	2月 日	2月 水位	3月 日	3月 水位	4月 日	4月 水位	5月 日	5月 水位	6月 日	6月 水位	7月 日	7月 水位	8月 日	8月 水位	9月 日	9月 水位	10月 日	10月 水位	11月 日	11月 水位	12月 日	12月 水位	年平均
C15	1990	5	10.37	5	12.71	5	12.54	5	10.25	5	9.21	5	9.64	5	8.72	5	9.18	5	9.40	5	10.15	5	10.46	5	10.93	10.41
		15	11.74	15	13.39	15	11.50	15	10.14	15	9.78	15	9.62	15	8.87	15	9.27	15	9.56	15	10.03	15	10.02	15	11.27	
		25	12.46	25	13.39	25	10.89	25	10.17	25	9.75	25	8.89	25	8.64	25	8.90	25	10.62	25	10.18	25	10.28	25	11.86	
	1991	5	12.28	5	13.88	5	12.74	5	11.50	5	10.51	5	9.15	5	(9.97)	5	8.79	5	9.56	5	9.22	5	9.41	5	11.64	10.67
		15	12.75	11	14.21	15	12.59	15	11.14	15	10.07	15	8.99	15	(12.58)	15	9.36	15	9.96	15	8.87	15	9.39	15	10.77	
		25	13.38	25	11.71	25	12.53	25	10.62	25	9.26	25	8.93	25	9.78	25	9.42	25	9.22	25	9.90	25	10.50	25	10.78	
	1992	5	13.16	1	14.37	5	干	5	13.29	5	13.66	5	12.97	5	12.16	5	11.42	5	11.39	5	9.52	5	10.11	5	11.36	12.22
		15	12.99	15	15.23	15	15.16	15	13.51	15	13.13	15	12.61	15	11.98	15	12.15	15	10.77	15	9.42	15	10.72	15	11.71	
		25	13.78	25	干	25	14.06	25	13.67	25	13.60	25	11.97	25	11.49	25	11.60	25	9.89	25	9.59	25	11.18	25	11.95	
	1993	5	11.33	5	12.42	5	11.90	5	11.62	5	11.47	5	10.67	5	9.37	5	9.25	5	9.34	5	9.79	5	10.08	5	10.83	10.66
		15	12.00	15	12.23	15	11.77	15	11.30	15	11.51	15	10.79	15	9.22	15	9.43	15	9.49	15	9.85	15	10.25	15	10.98	
		27	12.31	25	11.88	25	11.60	25	11.50	25	11.05	25	8.83	25	9.17	25	9.25	25	9.72	25	9.98	25	10.57	25	12.17	
	1994	5	12.48	5	14.21	5	15.15	5	12.91	5	11.57	5	11.31	5	10.32	5	10.23	5	12.58	5	13.03	5	12.26	5	13.19	12.46
		15	13.57	15	14.61	15	14.15	15	11.67	15	11.56	15	10.79	15	9.86	15	10.95	15	12.24	15	13.57	15	12.62	15	13.90	
		25	13.96	25	15.06	25	13.46	25	11.39	25	11.27	25	10.71	25	10.06	25	11.97	25	12.24	25	12.50	25	12.81	25	14.51	
	1995	4	14.86	4	干	4	干	4	15.02	4	13.46	4	13.18	4	干	4	15.37	4	干	4	干	4	干	4	干	14.33
		14	15.50	14	干	14	干	14	14.37	14	13.70	14	13.68	14	干	14	15.35	14	干	14	干	14	干	14	干	
		24	干	24	干	24	干	24	13.61	24	13.61	24	14.54	24	干	24	干	24	干	24	干	24	干	24	干	
	1996	5	干	5	干	5	干	5	干	5	干	5	15.36	5	14.40	5	14.70	5	14.98	5	13.81	5	13.70	5	13.70	14.22
		15	干	15	干	15	干	15	干	15	15.79	15	13.96	15	13.72	15	13.61	15	14.27	15	13.64	15	13.25	15	14.19	
		25	14.94	25	干	25	15.16	25	14.81	25	15.73	25	13.75	25	14.38	25	14.27	25	13.68	25	14.07	25	13.27	25	14.80	
	1997	5	15.13	5	干	5	15.01	5	14.29	5	13.89	5	13.26	5	15.55	5	12.42	5	14.66	5	13.52	5	13.08	5	12.91	13.85
		15	15.42	15	干	15	14.53	15	14.09	15	13.54	15	13.44	15	14.23	15	12.36	15	干	15	13.20	15	12.91	15	13.09	
		25		25	干	25		25		25	13.50	25	14.39	25	13.02	25	13.34	25	14.42	25	13.23	25	12.81	25	13.14	

续表

点号	年份	1月 日	1月 水位	2月 日	2月 水位	3月 日	3月 水位	4月 日	4月 水位	5月 日	5月 水位	6月 日	6月 水位	7月 日	7月 水位	8月 日	8月 水位	9月 日	9月 水位	10月 日	10月 水位	11月 日	11月 水位	12月 日	12月 水位	年平均
C15	1998	15	13.77	15	14.17	15	14.53	15	13.39	15	13.55	15	13.86	15	12.34	15	12.41	15	13.44	15	13.87	15	13.08	15	13.71	13.51
	1999	15	14.10	15	14.98	15	干	15	14.52	15	13.49	15	12.84	15	11.88	15	12.18	15	12.46	15	12.78	15	13.58	15	13.85	13.33
	2000	15	14.12	15	13.93	15	13.63	15	13.45	15	13.27	15	13.17	15	11.81	15	11.59	15	11.72	15	11.49	15	12.51	15	14.38	12.92
	1990	6	6.52	6	6.91	6	7.30	6	7.46	6	7.44	6	〈11.80〉	6	6.70	6	〈9.80〉	6	7.04	6	7.57	6	〈16.30〉	6	7.91	7.34
		16	6.62	18	7.08	16	10.80	16	〈10.63〉	16	7.50	16	7.13	16	〈10.22〉	16	6.61	16	7.15	16	7.57	16	7.81	16	7.94	
		25	6.74	26	7.20	26	7.42	26	7.51	26	7.33	26	6.89	26	6.54	26	6.60	26	7.31	26	7.71	26	7.86	26	〈10.57〉	
	1991	6	8.21	6	〈14.16〉	6	〈13.32〉	6	8.21	6	8.13	6	7.91	6	7.66	6	7.30	6	7.49	6	7.61	6	7.85	6	8.05	7.78
		16	8.11	11	8.29	16	6.93	16	8.22	16	7.50	16	7.70	16	〈10.22〉	16	7.41	16	7.50	16	6.67	16	7.79	16	8.10	
		26	8.08	26	8.24	26	6.90	26	〈13.52〉	26	8.04	26	7.78	26	〈14.61〉	26	〈11.30〉	26	7.56	26	7.84	26	7.90	26	8.14	
	1992	6	8.11	1	8.20	6	8.31	6	〈13.44〉	6	8.13	6	8.29	6	8.29	6	〈12.74〉	6	7.98	6	7.66	6	7.75	6	7.90	8.05
		16	8.18	16	〈13.49〉	16	8.33	16	〈14.28〉	16	8.06	16	8.23	16	8.03	16	7.99	16	7.96	16	7.59	16	8.07	16	7.98	
		26	8.13	26	〈14.16〉	26	8.31	26	〈11.81〉	26	8.50	26	8.10	26	〈21.00〉	26	7.97	26	7.87	26	7.66	26	〈12.43〉	26	7.95	
C24	1993	6	8.02	6	8.13	6	8.28	6	8.31	6	〈11.46〉	6	8.36	6	〈9.39〉	6	8.20	6	8.08	6	8.20	6	8.20	6	8.31	8.19
		16	〈13.91〉	16	8.17	16	〈12.87〉	16	8.32	16	8.11	16	8.23	16	8.07	16	8.13	16	8.04	16	8.16	16	8.23	16	8.40	
		26	8.01	26	8.28	26	8.41	26	〈12.93〉	26	8.18	26	8.17	26	8.03	26	8.10	26	8.06	26	8.20	26	8.25	26	8.37	
	1994	6	8.76	6	8.36	6	8.47	6	〈13.20〉	6	8.34	6	8.57	6	〈21.41〉	6	8.46	6	8.47	6	8.52	6	8.22	6	8.23	8.37
		16	8.35	16	8.38	16	8.47	16	8.48	16	8.41	16	8.34	16	8.28	16	8.83	16	8.48	16	8.55	16	8.10	16	8.21	
		26	8.36	26	8.43	26	〈13.07〉	26	8.40	26	〈13.60〉	26	8.22	26	8.50	26	8.46	26	8.55	26	8.33	26	7.25	26	8.15	
	1995	4	8.09	4	8.12	4	8.22	4	8.17	4	8.10	4	8.04	4	8.32	4	8.46	4	8.41	4	8.41	4	8.44	4	8.47	8.31
		14	8.11	14	8.15	14	8.19	14	8.14	14	9.03	14	8.11	14	8.41	14	8.47	14	8.40	14	8.40	14	8.44	14	8.49	
		24	8.09	24	8.24	24	8.20	24	8.11	24	8.06	24	8.21	24	8.14	24	8.42	24	8.46	24	8.40	24	8.49	24	8.51	
	1996	4	8.55	4	8.58	4	8.50	4	8.56	4	8.52	4	8.46	4	8.14	4	8.02	4	8.10	4	8.05	4	8.13	4	8.01	8.30
		14	8.58	14	8.59	14	8.54	14	8.55	14	8.53	14	8.41	14	8.12	14	8.05	14	8.06	14	8.08	14	8.15	14	8.04	
		24	8.55	24	8.54	24	8.56	24	8.60	24	8.50	24	8.38	24	7.95	24	8.10	24	8.00	24	8.05	24	8.02	24	8.11	

续表

点号	年份	1月 日	1月 水位	2月 日	2月 水位	3月 日	3月 水位	4月 日	4月 水位	5月 日	5月 水位	6月 日	6月 水位	7月 日	7月 水位	8月 日	8月 水位	9月 日	9月 水位	10月 日	10月 水位	11月 日	11月 水位	12月 日	12月 水位	年平均
C24	1997	4	8.11	4	7.17	4	8.33	4	8.35	4	8.20	4	8.25	4	8.46	4	8.04	4	8.59	4	8.59	4	8.59	4	8.70	8.34
		14	7.10	14	8.23	14	8.35	14	8.27	14	8.16	14	8.36	14	8.47	14	8.51	14	8.60	14	8.55	14	8.62	14	8.66	
		24	8.15	24	8.29	24	8.27	24	8.12	24	8.24	24	8.41	24	8.39	24	8.52	24	8.59	24	8.57	24	8.64	24	8.66	
	1998	4	8.66	4	8.67	4	8.64	4	8.71	4	8.70	4	8.71	4	8.77	4	8.40	4	8.30	4	8.40	4	8.52	4	8.69	8.59
		14	8.67	14	8.64	14	8.66	14	8.68	14	8.70	14	8.63	14	8.54	14	8.39	14	8.33	14	8.43	14	8.52	14	8.72	
		24	8.63	24	8.66	24	8.66	24	8.66	24	8.70	24	8.66	24	8.46	24	8.34	24	8.45	24	8.47	24	8.64	24	8.73	
	1999	4	8.73	4	8.75	4	8.78	4	8.90	4	8.96	4	8.83	4	8.63	4	8.47	4	8.03	4	8.75	4	8.68	4	8.77	8.74
		14	8.74	14	8.75	14	8.85	14	8.90	14	8.99	14	8.99	14	8.61	14	8.55	14	8.58	14	8.76	14	8.80	14	8.83	
		24	8.72	24	8.79	24	8.88	24	8.92	24	8.94	24	8.85	24	8.50	24	8.52	24	8.65	24	8.68	24	8.77	24	8.81	
	2000	4	8.80	4	8.80	4	8.83	4	8.75	4	8.77	4	8.79	4	8.74	4	8.77	4	8.75	4	8.55	4	8.64	4	8.66	8.76
		14	8.82	14	8.70	14	8.75															14				
		24	8.79	24	8.88									24		24	8.54			24		24		24		
C28	1990	6	6.28	6	6.46	6	6.71	6	6.95	6	6.91	6	7.71	6	7.28	6	8.54	6	7.98	6	8.97	6	9.68	6	8.96	7.64
		16	6.29	16	6.62	16	6.80	16	7.03	16	7.14	16	7.80	16	⟨10.43⟩	16	7.30	16	⟨7.99⟩	16	8.45	16	9.26	16	8.51	
		25	6.33	26	6.66	26	6.84	26	⟨11.66⟩	26	7.61	26	7.57	26	8.05	26	7.02	26	8.31	26	8.53	26	8.92	26	8.65	
	1991	6	8.37	6	9.00	6	9.36	6	10.18	6	9.73	6	13.18	6	11.96	6	9.86	6	9.76	6	11.20	6	11.31	6	13.67	10.92
		16	8.82	11	8.96	16	12.80	16	12.03	16	10.40	16	12.36	16	⟨17.69⟩	16	⟨12.72⟩	16	9.53	16	10.73	16	12.00	16	15.00	
		26	8.70	26	8.20	26	10.08	26	⟨15.13⟩	26	12.30	26	⟨18.02⟩	26	⟨17.92⟩	26	9.67	26	⟨13.16⟩	26	11.17	26	13.10	26	14.20	
	1992	6	14.12	1	13.89	6	13.76	6	13.13	6	14.00	6	16.57	6	⟨17.10⟩	6	15.04	6	14.91	6	14.23	6	13.57	6	13.54	14.29
		16	14.17	16	13.86	16	13.71	16	11.27	16	13.96	16	15.93	16	15.10	16	15.05	16	14.71	16	14.34	16	14.38	16	14.11	
		26	13.95	26	⟨17.90⟩	26	12.94	26	⟨18.66⟩	26	16.63	26	15.37	26	⟨18.71⟩	26	⟨17.20⟩	26	⟨17.02⟩	26	13.86	26	14.06	26	14.16	
	1993	6	14.02	6	13.44	6	⟨16.02⟩	6	14.07	6	14.34	6	14.27	6	⟨16.54⟩	6	14.70	6	13.92	6	13.70	6	13.20	6	13.31	13.98
		16	14.22	16	13.54	16	14.00	16	14.41	16	14.51	16	14.28	16	14.18	16	14.22	16	13.92	16	13.44	16	13.12	16	13.20	
		25	14.19	26	13.66	26	14.01	26	15.67	26	14.54	26	14.80	26	14.51	26	14.02	26	14.26	26	13.24	26	13.16	26	13.33	

第一章　西安市

续表

点号	年份	1月 日	1月 水位	2月 日	2月 水位	3月 日	3月 水位	4月 日	4月 水位	5月 日	5月 水位	6月 日	6月 水位	7月 日	7月 水位	8月 日	8月 水位	9月 日	9月 水位	10月 日	10月 水位	11月 日	11月 水位	12月 日	12月 水位	年平均
C28	1994	6	13.82	6	13.25	6	⟨17.66⟩	6	14.04	6	⟨17.38⟩	6	15.65	6	⟨18.00⟩	6	15.71	6	15.81	6	14.80	6	13.51	6	12.32	14.08
		16	13.64	16	13.26	16	13.59	16	14.27	16	15.00	16	14.44	16	⟨17.21⟩	16	15.68	16	14.10	16	14.60	16	12.97	16	12.36	
		26	13.70	26	13.62	26	14.18	26	13.66	26	⟨16.87⟩	26	15.21	26	15.00	26	15.18	26	14.05	26	14.33	26	12.49	26	12.36	
	1996	7		7	12.31	7	12.27	7	12.92	7	12.93	7	13.04	7	13.75	7	11.83	7	11.20	7	12.03	7	10.83	7	10.19	12.12
		17	12.65	17	12.81	17	11.97	17	12.90	17	13.26	17	11.88	17	13.34	17	12.49	17	10.65	17	11.31	17	10.69	17	10.76	
		27	10.16	27	12.79	27	12.88	27	12.93	27	12.88	27	14.57	27	12.81	27	12.83	27	10.60	27	11.26	27	10.32	27	10.15	
	1997	7	10.43	7	10.89	7	10.89	7	9.90	7	10.79	7	10.50	7	10.15	7	10.44	7	11.57	7	11.52	7	11.63	7	12.48	10.99
		17	10.82	17	11.04	17	10.80	17	9.82	17	10.14	17	11.00	17	10.64	17	11.48	17	10.97	17	11.75	17	11.93	17	12.36	
		27	11.89	27	11.24	27	10.00	27	9.70	27	10.00	27	10.75	27	11.43	27	11.62	27	11.27	27	11.04	27	11.76	27	12.57	
	1998	17	12.58	17	12.04	17	12.42	17	12.49	17	12.19	17	11.92	17	11.69	17	10.59	17	11.56	17	10.60	17	11.09	17	11.12	11.55
	1999	14	10.63	14	10.99	14	11.47	14	12.04	14	11.67	14	11.75	14	10.00	14	10.21	14	10.00	14	10.21	14	10.57	14	10.40	10.83
	2000	14	10.16	14	10.19	14	10.43	14	10.81	14	11.55	14	12.12	14	11.92	14	11.30	14	11.46	14	9.44	14	9.44	14	9.52	10.70
C30	1990	4	7.84	4	10.50	4	干	4	9.39	4	8.28	4	8.19	4		4		4		4		4	10.07	4	10.60	9.49
		14	8.68	14	干	14	干	14	9.29	14	8.52	14		14		14		14		14		14	9.95	14	11.04	
		24	9.84	24	干	24	10.17	24	8.86	24	8.00	24		24		24	10.26	24	10.53	24	14.51	24	10.07	24	11.55	
	1991	4	11.89	4	14.35	4	⟨23.58⟩	4	14.21	4	13.34	4	11.77	4	11.19	4	10.04	4	11.13	4	10.85	4	10.42	4	11.73	12.32
		14	12.58	11	14.03	14	14.83	14	13.87	14	13.05	14	11.02	14	10.99	14	10.21	14	10.51	14	10.95	14	14.65	14	13.79	
		24	⟨22.66⟩	24	14.46	24	13.03	24	13.83	24	12.66	24	10.70	24	⟨23.62⟩	24	14.87	24	13.95	24	12.09	24	11.98	24	13.18	
	1992	4	12.72	1	13.62	4	15.64	4	15.01	4	14.92	4	16.12	4	16.18	4	14.61	4	13.54	4	11.37	4	10.91	4	11.85	13.95
		14	13.21	14	13.50	14	16.13	14	14.52	14	14.60	14	15.59	14	16.03	14	14.31	14	12.85	14	10.85	14	11.43	14	12.69	
		24	13.65	24	16.44	24	14.57	24	15.15	24	15.68	24	15.12	24	⟨22.23⟩	24	⟨20.16⟩	24	⟨20.54⟩	24	12.18	24	11.75	24	12.63	
	1993	4	12.81	4	13.27	4	13.34	4	13.14	4	13.63	4	12.98	4	12.88	4	13.86	14	11.77	14	12.06	4	11.95	4	12.08	12.72
		14	13.02	14	13.30	14	13.51	14	13.57	14	12.95	14	12.62	14	11.97	14	11.86	24	11.96	24	11.83	14	11.83	14	12.41	
		27	13.31	24	13.03	24	13.39	24	14.04	24	12.87	24	12.50	24	11.58	24						24	11.95	24	13.04	

续表

点号	年份	1月 日	1月 水位	2月 日	2月 水位	3月 日	3月 水位	4月 日	4月 水位	5月 日	5月 水位	6月 日	6月 水位	7月 日	7月 水位	8月 日	8月 水位	9月 日	9月 水位	10月 日	10月 水位	11月 日	11月 水位	12月 日	12月 水位	年平均
C30	1994	4	〈19.79〉	4	14.98	4	16.36	4	16.76	4	15.76	4	〈20.44〉	4	〈21.59〉	4	〈22.17〉	4	15.91	4	〈24.42〉	4	14.83	4	15.10	15.34
		14	14.17	14	15.62	14	16.31	14	15.73	14	〈20.18〉	14	14.97	14	〈18.67〉	14	14.74	14	14.51	14	16.12	14	15.03	14	15.16	
		24	14.55	24	16.26	24	16.37	24	14.93	24	13.96	24	14.59	24	〈22.39〉	24	16.76	24	14.57	24	15.04	24	14.97	24	15.58	
	1996	4	〈27.25〉	4	20.50	4	20.41	4	21.31	4	19.18	4	18.38	4	17.63	4	16.38	4	16.47	4	15.39	4	15.10	4	14.43	17.66
		14	20.52	14	〈26.89〉	14	21.38	14	20.19	14	19.42	14	18.29	14	16.32	14	15.83	14	15.65	14	〈23.33〉	14	14.58	14	14.46	
		24	20.50	24	20.47	24	21.61	24	〈28.59〉	24	19.26	24	〈25.14〉	24	16.79	24	15.97	24	15.06	24	15.51	24	14.22	24	14.83	
	1997	4	15.29	4	16.17	4	16.69	4	16.49	4	15.33	4	〈21.05〉	4	16.58	4	15.97	4	17.78	4	16.08	4	15.51	4	14.70	15.93
		14	15.55	14	16.36	14	16.50	14	16.21	14	14.60	14	15.97	14	16.97	14	16.04	14	17.71	14	15.89	14	14.22	14	14.86	
		24	15.98	24	16.68	24	16.41	24	15.16	24	〈18.32〉	24	〈23.14〉	24	16.37	24	〈23.51〉	24	16.95	24	15.68	24	14.72	24	14.34	
	1998	14	14.54	14	15.36	14	15.81	14	14.82	14	14.48	14	〈20.05〉	14	13.82	14	13.31	14	13.96	14	14.18	14	14.83	14	15.41	14.59
	1999	14	〈20.03〉	14	15.97	14	16.51	14	15.71	14	15.11	14	14.37	14	13.78	14	14.35	14	14.46	14	13.87	14	13.96	14	13.85	14.72
	2000	14	15.41	14	14.72	14	18.61	14	18.12	14	17.61	14	17.13	14	14.96	14	15.91	14	15.04	14	15.32	14	15.09	14	15.14	16.09
C32	1990	6	9.70	6	10.91	6	11.48	6	11.43	6	11.11	6	〈12.69〉	6	10.33	6	10.48	6	10.44	6	10.51	6	10.49	6	10.84	10.81
		16	10.03	16	11.18	16	11.57	16	11.57	16	11.33	16	〈14.39〉	16	10.47	16	10.54	16	10.43	16	10.43	16	10.54	16	10.95	
		25	10.40	25	11.40	26	11.53	26	11.38	26	11.29	26	10.64	26	〈13.73〉	26	10.51	26	10.39	26	10.42	26	〈14.92〉	26	11.16	
	1991	6	11.31	6	12.24	6	12.75	6	13.06	6	13.40	6	13.03	6	〈19.94〉	6	11.77	6	11.14	6	11.03	6	11.30	6	11.36	12.14
		16	11.65	11	12.31	16	12.87	16	13.13	16	13.37	16	12.78	16	12.59	16	11.85	16	11.28	16	10.82	16	11.23	16	11.56	
		26	11.94	26	12.57	26	12.96	26	13.22	26	13.90	26	12.80	26	12.70	26	11.34	26	11.09	26	11.13	26	〈15.70〉	26	11.82	
	1992	6	12.06	1	12.49	6	13.03	6	13.71	6	14.13	6	14.32	6	14.07	6	13.37	6	12.77	6	11.75	6	11.36	6	11.76	12.85
		16	12.15	16	12.82	16	13.37	16	〈17.82〉	16	13.90	16	14.29	16	14.11	16	13.09	16	12.32	16	11.42	16	11.50	16	〈15.55〉	
		26	12.38	26	13.00	26	13.50	26	14.10	26	〈19.40〉	26	13.90	26	13.57	26	12.82	26	12.12	26	11.28	26	11.62	26	11.83	
	1993	6	12.13	6	12.73	6	12.83	6	13.29	6	13.40	6	13.78	6	13.53	6	〈14.02〉	6	12.98	6	12.88	6	12.73	6	12.65	12.99
		16	12.26	16	12.80	16	12.92	16	13.32	16	13.31	16	13.75	16	13.28	16	13.32	16	12.88	16	12.89	16	12.68	16	12.69	
		25	12.46	26	12.80	26	13.01	26	〈18.89〉	26	13.63	26	13.76	26	13.01	26	13.08	26	12.87	26	12.79	26	12.65	26	12.71	

续表

点号	年份	1月 日	1月 水位	2月 日	2月 水位	3月 日	3月 水位	4月 日	4月 水位	5月 日	5月 水位	6月 日	6月 水位	7月 日	7月 水位	8月 日	8月 水位	9月 日	9月 水位	10月 日	10月 水位	11月 日	11月 水位	12月 日	12月 水位	年平均
C32	1994	6	12.91	6	13.67	6	14.06	6	14.43	6	〈15.99〉	6	14.99	6	14.74	6	15.42	6	15.06	6	〈18.32〉	6	14.18	6	13.87	14.30
		16	13.34	16	13.66	16	14.22	16	14.41	16	14.66	16	14.80	16	14.36	16	〈17.66〉	16	15.02	16	14.69	16	14.03	16	13.83	
		26	13.49	26	13.99	26	14.32	26	14.28	26	14.75	26	14.88	26	〈17.55〉	26	15.02	26	14.31	26	14.35	26	14.00	26	13.85	
	1995	4	13.94	4	14.32	4	〈18.78〉	4	15.91	4	15.69	4	〈18.60〉	4	〈19.34〉	4	16.04	4	15.85	4	15.36	4	14.84	4	14.79	15.28
		14	14.08	14	14.75	14	15.64	14	15.97	14	15.99	14	〈18.95〉	14	〈20.13〉	14	〈20.61〉	14	15.57	14	15.12	14	15.02	14	14.70	
		24	14.24	24	15.06	24	15.82	24	15.83	24	15.75	24	〈20.24〉	24	16.61	24	16.91	24	15.55	24	15.00	24	14.89	24	13.95	
	1996	4	9.93	4		4		4	18.33	4	18.95	4	18.84	4	19.40	4	16.86	4	17.71	4	15.49	4	14.74	4	14.18	16.40
		14	11.24	14		14		14	18.72	14	19.45	14	18.84	14	17.96	14	17.62	14	15.50	14	15.49	14	14.66	14	14.20	
		24	11.60	24		24		24	19.78	24	20.03	24	19.73	24	17.26	24	〈22.06〉	24	15.46	24	15.25	24	14.25	24	14.07	
	1997	4	13.87	4	13.63	4	13.68	4	13.93	4	15.04	4	15.85	4	15.52	4	15.22	4	〈19.94〉	4	14.67	4	14.42	4	13.69	14.37
		14	13.62	14	13.62	14	13.70	14	14.07	14	14.85	14	〈21.18〉	14	16.14	14	〈20.08〉	14	15.20	14	14.78	14	14.03	14	13.72	
		24	13.62	24	13.71	24	13.92	24	13.84	24	15.46	24	〈21.44〉	24	〈20.14〉	24	14.97	24	14.67	24	14.67	24	13.79	24	13.45	
	1998	4	13.36	4	13.00	4	〈16.73〉	4	13.30	4	13.45	4	13.13	4	〈17.22〉	4	12.96	4	12.89	4	13.23	4	13.40	4	13.36	13.19
		14	13.19	14	13.28	14	13.14	14	13.09	14	12.87	14	13.67	14	12.82	14	12.27	14	13.58	14	13.35	14	13.36	14	13.53	
		24	13.09	24	13.52	24	12.99	24	13.11	24	12.78	24	14.68	24	12.82	24	12.09	24	12.86	24	13.28	24	13.30	24	13.55	
	1999	4	13.80	4	14.23	4	14.64	4	15.60	4	14.58	4	13.48	4	13.03	4	〈15.42〉	4	12.51	4	12.61	4	12.58	4	12.91	13.57
		14	14.09	14	14.27	14	14.94	14	15.64	14	14.40	14	〈17.62〉	14	12.47	14	12.63	14	12.65	14	12.65	14	12.58	14	13.03	
		24	14.11	24	14.43	24	15.20	24	15.15	24	14.24	24	12.90	24	12.34	24	12.69	24	12.55	24	12.60	24	12.74	24	13.15	
	2000	6	〈16.50〉	6	13.63	6	14.55	6	14.75	6	15.87	6	15.43	6	14.05	6	14.69	6	14.23	6	13.25	6	13.38	6	13.74	14.27
		16	13.04	16	14.23	16	14.64	16	15.15	16		16		16		16	〈20.65〉	16	〈23.45〉	16	〈21.62〉	16		16		
		26	13.93	26	14.43	26	14.74	26	11.02	26	10.32	26	〈17.64〉	26	9.14	26		26		26		26		26		
C33	1990	6	8.59	6	10.24	6	11.60	6	〈17.20〉	6	10.22	6	10.27	6	9.36	6	10.25	6	〈20.36〉	6	10.35	6	10.62	6	11.59	10.48
		16	9.06	16	10.76	16	11.44	16	10.23	16	〈17.93〉	16	10.64	16	9.42	16	〈19.50〉	16	10.25	16	10.58	16	11.02	16	12.15	
		25	9.61	26	11.25	26	11.33	26		26		26		26		26		26		26		26		26		

续表

点号	年份	1月 日	1月 水位	2月 日	2月 水位	3月 日	3月 水位	4月 日	4月 水位	5月 日	5月 水位	6月 日	6月 水位	7月 日	7月 水位	8月 日	8月 水位	9月 日	9月 水位	10月 日	10月 水位	11月 日	11月 水位	12月 日	12月 水位	年平均
C33	1991	6	12.65	6	14.66	6	⟨25.00⟩	6	15.75	6	15.45	6	13.47	6	11.71	6	10.85	6	10.85	6	11.13	6	11.11	6	12.17	13.03
		16	13.45	11	14.79	16	15.73	16	15.86	16	⟨24.25⟩	16	12.27	16	⟨17.68⟩	16	10.88	16	11.30	16	⟨19.80⟩	16	11.38	16	14.80	
		26	14.04	26	14.84	26	15.74	26	⟨23.54⟩	26	14.56	26	⟨19.49⟩	26	⟨19.06⟩	26	10.77	26	11.06	26	11.22	26	11.58	26	13.75	
	1992	6	13.83	1	14.27	6	15.42	6	16.22	6	16.44	6	16.85	6	16.34	6	16.43	6	15.57	6	14.27	6	11.36	6	12.24	14.86
		16	13.87	16	14.83	16	16.16	16	⟨24.18⟩	16	⟨23.73⟩	16	16.60	16	⟨30.72⟩	16	16.25	16	15.18	16	12.25	16	12.10	16	13.06	
		26	21.86	26	15.37	26	16.20	26	⟨24.35⟩	26	⟨31.31⟩	26	14.61	26	⟨30.06⟩	26	15.89	26	14.60	26	11.83	26	12.36	26	13.26	
	1993	6	13.64	6	14.35	6	14.71	6	15.01	6	15.16	6	14.66	6	⟨17.10⟩	6	⟨24.08⟩	6	⟨25.46⟩	6	13.35	6	12.73	6	12.65	14.03
		16	13.99	16	14.35	16	14.88	16	15.04	16	14.90	16	14.28	16	13.59	16	13.53	16	12.82	16	13.00	16	13.38	16	13.87	
		25	14.16	26	14.51	26	14.90	26	⟨30.63⟩	26	14.83	26	18.41	26	⟨17.83⟩	26	13.29	26	⟨24.98⟩	26	13.25	26	13.42	26	13.96	
	1994	6	14.91	6	16.12	6	17.36	6	⟨25.51⟩	6	⟨25.76⟩	6	17.63	6	⟨29.90⟩	6	16.40	6	⟨34.32⟩	6	⟨34.91⟩	6	16.50	6	16.36	16.95
		16	15.45	16	16.26	16	18.64	16	17.96	16	17.78	16	17.76	16	15.77	16	⟨34.34⟩	16	16.90	16	18.76	16	16.50	16	16.57	
		26	15.84	26	16.91	26	18.24	26	17.85	26	⟨27.10⟩	26	20.57	26	⟨31.67⟩	26	15.99	26	15.88	26	18.80	26	16.50	26	16.41	
	1995	4	16.78	4	18.12	4	19.57	4	21.50	4	⟨34.69⟩	4	⟨34.51⟩	4	⟨34.96⟩	4	20.23	4	⟨33.41⟩	4	20.04	4	20.40	4	21.58	20.39
		14	17.02	14	18.49	14	20.11	14	⟨34.02⟩	14	⟨34.41⟩	14	⟨34.79⟩	14	⟨34.60⟩	14	23.98	14	20.56	14	20.41	14	21.48	14	21.66	
		24	17.71	24	19.04	24	20.29	24	21.08	24	⟨34.70⟩	24	⟨35.37⟩	24	25.48	24	⟨31.96⟩	24	⟨34.01⟩	24	20.41	24	21.55	24	21.69	
	1996	14	22.09	14	22.17	14	24.20	14	24.61	14	31.11	14	⟨31.17⟩	14	25.74	14	⟨37.46⟩	14	25.38	14	25.57	14	25.06	14	29.50	25.54
	1997	14	28.11	14	27.33	14	27.46	14	25.30	14	24.70	14	25.17	14	⟨30.22⟩	14	⟨30.11⟩	14	25.67	14	25.61	14	25.26	14	26.01	26.16
	1998	14	24.76	14	25.30	14	26.06	14	25.61	14	24.50	14	⟨31.21⟩	14	24.60	14	24.61	14	25.17	14	25.61	14	⟨29.69⟩	14	26.61	25.27
	1999	14	24.79	14	25.40	14	26.26	14	26.60	14	26.31	14	⟨29.11⟩	14	23.61	14	24.31	14	24.77	14	25.50	14	25.86	14	25.36	25.34
	2000	16	25.27	16	25.49	16	26.11	16	20.51	16	20.46	16	17.90	16	19.87	16	⟨28.61⟩	7	17.90	16	17.63	16	13.99	16	14.19	20.14
C34	1991	8	41.12	8	41.52	8	42.10	8	41.94	8	41.86	8	41.86	8	42.40	8	43.04	8	42.96	8	41.99	8	42.37	8	42.13	42.34
		18	41.22	12	41.77	18	42.06	18	42.01	18	41.94	18	41.89	18	42.55	18	42.91	18	42.85	18	42.07	18	42.56	18	44.77	
		28	41.59	27	42.98	28	41.95	28	41.84	28	42.27	28	42.08	28	42.62	28	42.80	28	42.67	28	42.42	28	42.50	28	44.77	

续表

点号	年份	1月 日	1月 水位	2月 日	2月 水位	3月 日	3月 水位	4月 日	4月 水位	5月 日	5月 水位	6月 日	6月 水位	7月 日	7月 水位	8月 日	8月 水位	9月 日	9月 水位	10月 日	10月 水位	11月 日	11月 水位	12月 日	12月 水位	年平均
C34	1992	8	42.61	3	42.43	8	42.69	8	42.36	8	〈49.23〉	8	44.41	8	44.85	8	〈52.73〉	8	〈53.50〉	8	46.92	8	46.44	8	〈50.45〉	44.56
		18	42.43	18	43.40	18	42.68	18	44.16	18	44.30	18	〈49.06〉	18	〈49.81〉	18	47.02	18	46.99	18	46.65	18	〈50.69〉	18	46.10	
		28	〈44.50〉	28	42.47	28	42.69	28	〈49.17〉	28	44.41	28	44.60	28	45.56	28	〈53.77〉	28	46.87	28	46.47	28	〈50.16〉	28	〈50.77〉	
	1993	8	〈51.34〉	8	46.87	8	47.26	8	47.04	8	46.79	8	46.66	8	46.52	8	46.93	8	47.64	8	〈53.46〉	8	47.01	8	46.69	46.95
		18	47.54	18	〈51.10〉	18	47.51	18	〈51.45〉	18	45.27	18	46.60	18	46.65	18	47.88	18	47.43	18	47.36	18	〈51.44〉	18	46.58	
		28	〈51.35〉	28	46.73	28	47.16	28	46.68	28	〈51.24〉	28	〈51.46〉	28	46.61	28	47.73	28	〈51.80〉	28	47.25	28	46.74	28	46.56	
	1994	8	46.83	8	〈52.08〉	8	47.71	8	〈52.71〉	8	〈52.64〉	8	47.80	8	46.61	8	〈54.31〉	8	〈54.68〉	8	〈54.12〉	8	50.08	8	49.80	48.61
		18	47.18	18	〈52.16〉	18	47.91	18	〈52.72〉	18	〈51.92〉	18	〈52.69〉	18	48.49	18	〈54.41〉	18	50.08	18	50.16	18	〈54.38〉	18	49.48	
		28	〈51.79〉	28	47.53	28	〈52.62〉	28	48.28	28	47.79	28	〈52.99〉	28	〈53.52〉	28	〈54.69〉	28	〈54.36〉	28	〈54.43〉	28	49.97	28	〈53.54〉	
C64	1990	5	8.10	5	干	5	9.22	5	6.94	5	5.82	5	6.88	5	6.27	5	6.35	5	6.99	5	7.33	5	8.13	5	9.01	7.34
		15	9.94	15	干	15	7.61	15	6.32	15	5.70	15	6.88	15	6.60	15	6.39	15	7.04	15	7.53	15	8.33	15	9.32	
		25	干	25	干	25	7.19	25	6.32	25	6.49	25	5.94	25	6.36	25	6.71	25	7.18	25	7.79	25	8.68	25	9.62	
	1991	5	干	1	8.71	5	9.01	5	7.55	5	8.57	5	6.73	5	6.45	5	5.96	5	6.56	5	6.16	5	6.54	5	8.22	7.12
		15	干	15	8.92	15	8.46	15	7.98	15	7.51	15	6.79	15	6.00	15	6.45	15	5.75	15	6.57	15	6.69	15	8.13	
		25	8.23	25	8.93	25	7.68	25	8.37	25	7.25	25	6.57	25	6.31	25	6.45	25	6.23	25	7.27	25	7.33	25	8.13	
	1992	5	8.24	5	7.25	5	9.34	5	9.16	5	9.10	5	6.52	5	7.22	5	7.09	5	6.56	5	6.58	5	7.66	5	8.32	7.68
		15	8.23	15	6.68	15	9.00	15	干	15	7.08	15	6.80	15	6.93	15	6.57	15	6.11	15	7.16	15	7.83	15	8.24	
		25	7.94	25	6.65	25	9.43	25	干	25	7.14	25	6.90	25	6.85	25	6.63	25	5.89	25	7.41	25	8.23	25	8.13	
	1993	5	7.79	5	干	5	7.06	5	8.00	5	8.09	5	7.12	5	7.21	5	7.48	5	6.35	5	7.98	5	7.56	5	8.49	7.55
		15	7.46	15	6.68	15	7.55	15	7.96	15	7.38	15	7.06	15	7.14	15	7.74	15	6.91	15	8.10	15	7.71	15	9.09	
		25	干	25	6.65	25	7.42	25	7.98	25	7.21	25	7.29	25	7.37	25	7.50	25	7.53	25	7.94	25	8.36	25	干	
	1994	5	干	5	干	5	7.70	5	7.68	5	8.39	5	7.99	5	7.26	5	7.89	5	7.65	5	8.06	5	7.67	5	7.85	7.77
		15	干	15	7.84	15	6.88	15	7.87	15	8.80	15	7.26	15	7.16	15	7.81	15	7.34	15	8.18	15	7.49	15	8.31	
		25	干	25	7.84	25	7.41	25	7.74	25	8.60	25	7.14	25	7.34	25	7.89	25	7.56	25	7.60	25	7.78	25	8.68	

续表

点号	年份	1月 日	1月 水位	2月 日	2月 水位	3月 日	3月 水位	4月 日	4月 水位	5月 日	5月 水位	6月 日	6月 水位	7月 日	7月 水位	8月 日	8月 水位	9月 日	9月 水位	10月 日	10月 水位	11月 日	11月 水位	12月 日	12月 水位	年平均
C64	1995	5	9.12	5	干	5	干	5	7.90	5	8.11	5	7.91	5	8.74	5	8.61	5	干	5	8.92	5	7.82	5	干	8.59
	1996	15	9.15	15	干	15	9.22	15	8.14	15	8.37	15	8.31	15	9.03	15	9.02	15	8.90	15	8.13	15	8.38	15	干	7.54
	1998	25	干	25	干	25	9.30	25	8.20	25	8.22	25	8.63	25	8.94	25	9.57	25	8.76	25	7.74	25	9.08	25	干	8.52
#30	1990	15	干	15	干	15	干	15	6.54	15	6.58	15	7.05	15	7.80	15	8.50	15	干	15	干	15	干	15	干	
		15	干	15	干	15	干	15	7.80	15	8.21	15	9.55	15	干	15	干	15	干	15	干	15	干	15	干	
		6	10.60	6	13.09	6	13.82	6	12.39	6	11.41	6	13.00	6	14.42	6	13.71	6	16.62	6	16.12	6	15.54	6	16.10	14.00
		16	11.31	11	13.50	16	13.38	16	12.80	16	11.43	16	12.87	16	13.93	16	14.75	16	15.83	16	15.40	16	〈19.21〉	16	17.00	
		25	12.39	26	13.83	26	12.89	26	11.85	26	12.29	26	14.05	26	〈18.39〉	26	15.73	26	15.40	26	15.71	26	15.64	26	17.20	
	1991	6	15.42	1	〈20.43〉	6	21.00	6	20.28	6	20.95	6	19.86	6	〈21.86〉	6	19.08	6	19.03	6	19.02	6	16.39	6	17.60	19.30
		16	17.51	16	16.96	16	21.70	16	21.25	16	20.97	16	19.20	16	〈22.42〉	16	19.01	16	19.34	16	16.94	16	〈20.75〉	16	20.98	
		26	〈21.47〉	26	〈22.10〉	26	19.95	26	21.82	26	20.64	26	〈21.34〉	26	〈21.71〉	26	23.75	26	18.99	26	16.28	26	〈21.16〉	26	21.50	
	1992	6	21.86	6	21.63	6	22.71	6	22.59	6	22.55	6	〈28.30〉	6	23.26	6	23.75	6	23.51	6	22.10	6	18.07	6	22.16	22.41
		16	21.19	16	22.83	16	22.92	16	〈27.08〉	16	22.61	16	23.88	16	23.40	16	〈26.96〉	16	22.70	16	21.04	16	21.68	16	〈28.61〉	
		26	21.86	26	22.71	26	22.60	26	23.07	26	24.54	26	22.90	26	23.70	26	23.65	26	22.50	26	18.89	26	21.96	26	22.31	
	1993	6	22.98	6	22.75	6	20.91	6	23.61	6	23.61	6	22.55	6	23.48	6	22.47	6	22.81	6	21.93	6	21.76	6	20.90	22.21
		16	23.01	16	21.93	16	22.86	16	24.50	16	23.21	16	22.56	16	22.17	16	21.62	16	21.28	16	21.81	16	21.50	16	21.00	
		25	23.20	26	20.80	26	23.20	26	23.05	26	23.31	26	22.30	26	20.00	26	21.06	26	21.61	26	21.96	26	20.90	26	21.10	
	1994	6	21.96	6	23.86	6	24.96	6	〈30.00〉	6	22.85	6	23.93	6	24.56	6	22.77	6	24.21	6	〈28.66〉	6	23.00	6	21.96	23.15
		16	22.98	16	23.86	16	24.80	16	21.70	16	22.97	16	23.00	16	18.49	16	21.85	16	24.21	16	22.41	16	23.64	16	23.88	
		26	23.41	26	25.00	26	24.45	26	21.69	26	24.23	26	25.00	26	20.56	26	23.91	26	21.45	26	23.32	26	23.43	26	22.77	
	1996	14	30.45	14	30.43	14	28.73	14	29.12	14	28.92	14	28.73	14	26.94	14	27.02	14	26.11	14	26.18	14	26.11	14	23.97	27.73
	1997	14	16.06	14	17.16	14	17.30	14		14	24.19	14	25.08	14	25.67	14	25.71	14	25.66	14	25.30	14	25.39	14	25.11	22.97
	1998	14	21.38	14	21.51	14	21.36	14	21.13	14	19.54	14	19.75	14	18.66	14	18.21	14	19.29	14	19.53	14	19.82	14	20.31	20.04
	1999	14	22.41	14	22.81	14	23.61	14	24.21	14	24.26	14	21.76	14	18.90	14	20.44	14	20.61	14	20.33	14	20.43	14	18.76	21.54
	2000	14	18.63	14	18.86	14	19.23	14	20.80	14	21.85	14	20.70	14	17.63	14	20.97	14	20.86	14	21.99	14	17.74	14	18.10	19.78

续表

点号	年份	1月 日	1月 水位	2月 日	2月 水位	3月 日	3月 水位	4月 日	4月 水位	5月 日	5月 水位	6月 日	6月 水位	7月 日	7月 水位	8月 日	8月 水位	9月 日	9月 水位	10月 日	10月 水位	11月 日	11月 水位	12月 日	12月 水位	年平均
#450	1990	6	27.13	6	27.02	6	27.00	6	27.23	6	28.21	6	〈37.64〉	6	30.54	6	〈38.57〉	6	〈38.27〉	6	〈38.52〉	6	29.87	6	28.90	29.09
		16	26.87	16	26.80	16	27.83	16	28.92	16	30.01	16	〈38.01〉	16	31.06	16	32.96	16	〈38.34〉	16	32.95	16	〈37.04〉	16	28.56	
		25	27.36	26	26.81	26	27.42	26	〈31.43〉	26	〈33.88〉	26	30.70	26	30.74	26	〈38.80〉	26	32.52	26	30.60	26	29.73	26	28.59	
	1991	6	28.43	6	28.58	6	29.01	6	29.57	6	30.41	6	32.46	6	31.02	6	32.81	6	〈38.96〉	6	32.63	6	32.70	6	32.06	30.82
		16	28.49	11	28.72	16	29.20	16	30.85	16	〈38.16〉	16	32.16	16	31.56	16	〈39.16〉	16	33.35	16	〈38.36〉	16	31.42	16	30.70	
		26	28.56	26	28.87	26	29.50	26	〈38.30〉	26	〈37.81〉	25	〈38.19〉	26	〈39.37〉	26	32.18	26	33.37	26	32.72	26	〈37.96〉	26	30.87	
	1992	6	31.11	1	29.99	6	30.91	6	〈40.47〉	6	31.87	6	〈39.82〉	6	〈40.30〉	6	37.11	6	37.96	6	35.78	6	34.98	6	34.07	34.14
		16	29.74	16	30.30	16	31.30	16	36.04	16	〈39.93〉	16	37.76	16	37.81	16	37.94	16	36.11	16	34.46	16	35.01	16	34.09	
		26	29.96	26	30.86	26	33.66	26	〈41.03〉	26	〈39.82〉	26	37.61	26	〈40.25〉	26	〈40.01〉	26	35.97	26	34.26	26	34.95	26	34.30	
	1993	6	34.51	6	33.79	6	33.76	6	33.89	6	34.09	6	37.58	6	〈40.17〉	6	38.81	6	〈40.87〉	6	38.37	6	38.11	6	37.35	36.35
		16	33.69	16	33.60	16	33.70	16	33.96	16	33.97	16	37.61	16	38.60	16	38.64	16	38.31	16	38.37	16	38.06	16	37.41	
		25	33.71	26	33.64	26	33.78	26	〈40.01〉	26	〈39.58〉	26	37.36	26	38.62	26	38.45	26	38.31	26	38.30	26	37.35	26	37.46	
	1994	6	38.01	6	36.39	6	36.26	6	39.08	6	38.11	6	38.09	6	38.30	6	38.16	6	44.20	6	43.91	6	43.85	6	40.86	39.76
		16	38.11	16	36.30	16	37.13	16	38.04	16	38.17	16	38.16	16	〈41.06〉	16	〈41.31〉	16	44.18	16	44.80	16	43.76	16	40.35	
		26	37.36	26	36.26	26	38.07	26	38.10	26	〈40.46〉	26	38.11	26	38.30	26	〈41.50〉	26	43.84	26	44.00	26	42.06	26	40.46	
	1995	4	40.79	4	39.08	4	39.20	4	39.37	4	〈48.87〉	4	44.96	4	47.75	4	47.96	4	〈53.19〉	4	48.50	4	48.48	4	46.36	44.39
		14	39.56	14	39.09	14	39.30	14	〈44.89〉	14	43.06	14	〈50.36〉	14	〈53.86〉	14	48.08	14	48.10	14	48.61	14	47.86	14	46.41	
		24	39.08	24	39.11	24	39.31	24	41.13	24	44.53	24	〈52.31〉	24	48.00	24	48.11	24	48.11	24	48.56	24	46.90	24	46.46	
	1996	14	46.71	14	46.89	14	46.63	14	46.76	14	47.60	14	〈49.83〉	14	48.11	14	〈54.67〉	14	46.07	14	46.31	14	46.46	14	〈50.81〉	46.84
	1997	14	47.13	14	47.87	14	47.96	14	48.06	14	53	14	〈59.77〉	14	56.21	14	56.61	14	56.83	14	56.61	14	56.11	14	56.26	52.97
#454	1990	6	11.64	6	11.60	6	11.65	6	11.67	6	11.60	6	11.29	6	11.02	6	10.86	6	11.53	6	11.54	6	11.59	6	11.65	11.47
		16	11.67	16	11.65	16	11.67	16	11.66	16	11.46	16	11.04	16	10.84	16	11.30	16	11.51	16	11.50	16	11.62	16	11.67	
		25	11.66	26	11.62	26	11.64	26	11.64	26	11.49	26	11.10	26	10.74	26	〈15.16〉	26	11.53	26	11.55	26	11.65	26	11.66	

续表

点号	年份	1月 日	1月 水位	2月 日	2月 水位	3月 日	3月 水位	4月 日	4月 水位	5月 日	5月 水位	6月 日	6月 水位	7月 日	7月 水位	8月 日	8月 水位	9月 日	9月 水位	10月 日	10月 水位	11月 日	11月 水位	12月 日	12月 水位	年平均
#454	1991	6	11.71	6	11.86	6	11.78	6	11.66	6	11.48	6	11.48	6	11.15	6	10.72	6	11.14	6	11.09	6	11.35	6	11.42	11.44
		16	11.72	11	11.92	16	11.78	16	11.74	16	11.39	16	11.50	16	11.05	16	11.07	16	11.23	16	11.47	16	11.37	16	11.50	
		26	11.76	26	11.91	26	11.78	26	11.55	26	11.43	26	11.42	26	10.83	26	11.10	26	11.16	26	11.30	26	11.39	26	11.49	
	1992	6	11.49	1	11.64	6	11.91	6	12.49	6	12.54	6	15.56	6	⟨15.46⟩	6	12.28	6	12.10	6	11.86	6	11.98	6	11.89	12.24
		16	11.54	16	11.80	16	12.16	16	12.55	16	12.51	16	12.66	16	12.51	16	12.18	16	12.21	16	11.91	16	11.90	16	⟨15.26⟩	
		26	11.59	26	11.93	26	12.19	26	⟨15.20⟩	26	⟨15.56⟩	26	12.58	26	13.75	26	12.08	26	12.05	26	11.86	26	11.95	26	11.92	
	1993	6	12.09	6	12.09	6	12.72	6	12.56	6	12.46	6	⟨15.32⟩	6	12.85	6	12.81	6	12.58	6	12.79	6	12.68	6	12.68	12.57
		16	12.07	16	12.26	16	12.64	16	12.73	16	12.38	16	12.56	16	12.79	16	12.71	16	12.73	16	12.78	16	12.72	16	12.71	
		25	12.07	26	12.28	26	12.55	26	⟨15.17⟩	26	12.60	26	12.74	26	12.68	26	12.53	26	12.74	26	12.73	26	12.66	26	12.71	
	1994	6	12.78	6	12.79	6	12.64	6	⟨15.30⟩	6	12.84	6	12.99	6	15.12	6	13.14	6	13.16	6	12.95	6	12.70	6	12.56	12.91
		16	12.84	16	12.72	16	12.73	16	13.91	16	12.78	16	12.71	16	12.78	16	⟨15.28⟩	16	13.11	16	12.95	16	12.75	16	12.62	
		26	12.89	26	12.73	26	13.10	26	12.55	26	13.04	26	12.71	26	⟨15.17⟩	26	13.03	26	12.81	26	12.80	26	12.65	26	12.64	
	1996	17	12.89	17	12.84	17	12.75	17	13.08	17	13.33	17	13.33	17	13.15	17	⟨15.13⟩	17	12.85	17	12.79	17	12.74	17	12.65	12.98
	1997	17	12.72	17	12.82	17	12.75	17	⟨15.12⟩	17	13.08	17	⟨15.03⟩	17	13.16	17	⟨15.04⟩	17	13.58	17	13.27	17	13.65	17	13.52	13.17
	1998	17	13.36	17	13.45	17	13.56	17	13.66	17	13.71	17	13.62	17	13.20	17	13.15	17	13.24	17	13.10	17	13.28	17	13.44	13.40
	1999	14	13.43	14	13.45	14	13.41	14	13.54	14	13.89	14	13.23	14	13.02	14	13.53	14	12.90	14	12.80	14	12.86	14	13.13	13.27
	2000	14	13.24	14	13.28	14	13.44	14	13.67	14	13.89	14	13.92	14	13.95	14	13.34	14	13.41	14	13.58	14	13.49	14	13.46	13.56
#75-2	1990	7	⟨20.13⟩	7	18.57	7	18.45	7	⟨20.57⟩	7	18.88	7	19.98	7	19.52	7	⟨22.96⟩	7	⟨23.74⟩	7	⟨22.30⟩	7	20.38	7	20.09	19.65
		17	⟨20.40⟩	17	18.58	17	18.63	17	⟨20.77⟩	17	18.92	17	⟨21.05⟩	17	19.66	17	20.88	17	20.61	17	20.54	17	20.30	17	20.09	
		25	18.88	27	18.46	27	18.69	27	19.07	27	⟨20.75⟩	27	19.66	27	⟨22.90⟩	27	20.85	27	20.38	27	20.40	27	20.19	27	20.13	
	1991	7	20.23	7	⟨24.66⟩	7	21.01	7	20.89	7	20.83	7	21.03	7	21.68	7	22.47	7	22.56	7	22.03	7	22.27	7	22.26	21.60
		17	20.44	11	21.03	17	20.83	17	20.79	17	⟨24.74⟩	17	20.91	17	⟨24.92⟩	17	⟨25.42⟩	17	22.33	17	⟨24.70⟩	17	22.11	17	22.24	
		27	20.54	27	21.03	27	⟨22.56⟩	27	20.90	27	21.17	27	⟨24.88⟩	27	23.21	27	22.61	27	22.28	27	22.40	27	22.25	27	22.14	

续表

点号	年份	1月 日	1月 水位	2月 日	2月 水位	3月 日	3月 水位	4月 日	4月 水位	5月 日	5月 水位	6月 日	6月 水位	7月 日	7月 水位	8月 日	8月 水位	9月 日	9月 水位	10月 日	10月 水位	11月 日	11月 水位	12月 日	12月 水位	年平均
#75-2	1992	7	22.02	1	22.06	7	22.29	7	⟨24.32⟩	7	22.50	7	22.88	7	⟨25.62⟩	7	24.50	7	24.20	7	⟨25.63⟩	7	23.51	7	⟨25.91⟩	23.10
		17	21.97	17	⟨23.92⟩	17	22.25	17	22.47	17	22.53	17	23.01	17	23.54	17	24.50	17	24.18	17	23.63	17	23.46	17	23.80	
		27	22.06	27	22.63	27	22.24	27	22.50	27	⟨24.43⟩	27	22.97	27	⟨25.93⟩	27	⟨26.29⟩	27	23.92	27	23.54	27	23.41	27	24.19	
	1993	7	24.23	7	23.97	7	23.82	7	23.70	7	23.91	7	⟨25.71⟩	7	24.33	7	25.63	7	25.30	7	25.74	7	25.13	7	24.85	24.57
		17	24.00	17	23.89	17	23.79	17	⟨25.26⟩	17	23.79	17	24.06	17	24.31	17	27.15	17	25.28	17	25.61	17	24.92	17	24.55	
		27	23.96	27	23.80	27	23.72	27	24.03	27	23.83	27	24.26	27	24.34	27	25.27	27	25.18	27	25.69	27	24.83	27	24.48	
	1994	7	24.89	7	24.90	7	25.02	7	25.14	7	25.35	7	25.51	7	26.21	7	26.34	7	26.57	7	⟨30.10⟩	7	28.51	7	27.33	26.10
		17	24.99	17	24.89	17	24.92	17	25.03	17	25.42	17	25.53	17	26.31	17	⟨28.25⟩	17	27.84	17	28.90	17	27.00	17	27.23	
		27	24.79	27	24.92	27	25.03	27	25.00	27	⟨27.30⟩	27	⟨27.32⟩	27	⟨29.30⟩	27	⟨29.44⟩	27	⟨29.92⟩	27	28.76	27	27.43	27	27.20	
	1995	6	27.05	6	26.85	6	28.47	6	27.91	6	28.11	6	28.56	6	30.87	6	31.67	6	30.43	6	30.09	6	29.86	6	29.59	29.09
		16	26.93	16	27.58	16	28.21	16	28.37	16	28.04	16	29.51	16	31.45	16	⟨34.53⟩	16	30.42	16	30.05	16	29.84	16	29.36	
		26	26.85	26	27.68	26	27.95	26	27.96	26	30.11	26	⟨32.78⟩	26	30.79	26	31.69	26	31.32	26	29.94	26	29.80	26	⟨33.87⟩	
	1996	16	⟨34.16⟩	16	30.52	16	30.60	16	⟨34.61⟩	16	⟨31.66⟩	16	⟨32.99⟩	16	30.96	16	⟨34.34⟩	16	⟨36.31⟩	16	31.69	16	31.46	16	30.31	30.87
	1998	16	32.70	16	32.90	16	32.78	16	32.39	16	32.16	16	⟨35.94⟩	16	33.35	16	33.72			16	32.86	16	⟨36.27⟩	16	32.29	32.79
	1999	16	32.31	16	34.38	16	33.27	16	32.89																	33.21
#89-1	1990	5	10.08	5	干	5	干	5	9.23	5	9.38	5	6.57	5	6.01	5	6.93	5	8.63	5	4.67	5	5.87	5	8.52	8.10
		15	9.08	15	10.62	15	11.81	15	6.01	15	8.97	15	6.10	15		15		15	6.00	15	6.11	15	4.10	15	8.83	
		25	12.09	25	干	25	10.07	25	9.46	25	9.00	25	9.15	25		25		25	4.36	25	8.47	25	5.13	25	7.87	
	1991	5	8.50	5	8.41	5	7.42	5	3.78	5	2.70	5	6.38	5	2.81	5	2.96	5	4.93	5	4.74	5	3.29	5	3.50	4.71
		15	8.20	15	6.39	15	9.70	15	5.29	15	2.26	15	3.56	15	2.37	15	3.87	15	7.07	15	5.97	15	3.30	15	3.19	
		25	8.17	25		25	6.22	25	2.75	25	4.48	25		25	3.17	25	4.57	25		25	3.17	25	2.74	25	4.40	
	1992	5	8.17	5	8.92	5	6.22	5	2.66	5	4.83	5	4.10	5	6.70	5	6.26	5	7.09	5	6.60	5	5.63	5	7.81	6.42
		15		15	8.90	15	5.62	15	3.29	15	5.89	15	5.37	15	6.37	15	6.72	15		15	6.09	15	7.19	15	8.63	
		25	10.22	25	5.34	25	8.89	25	3.47	25	3.16	25	6.70	25	6.49	25	7.01	25	6.32	25	5.63	25	6.66	25	7.02	

续表

点号	年份	1月 日	1月 水位	2月 日	2月 水位	3月 日	3月 水位	4月 日	4月 水位	5月 日	5月 水位	6月 日	6月 水位	7月 日	7月 水位	8月 日	8月 水位	9月 日	9月 水位	10月 日	10月 水位	11月 日	11月 水位	12月 日	12月 水位	年平均
#89-1	1993	5	5.46	5	7.61	5	8.10	5	5.05	5	5.12	5	5.76	5	6.97	5	3.64	5	5.05	5	4.54	5	6.14	5	7.03	5.91
		15	5.91	15	6.87	15	6.22	15	5.50	15	7.30	15	4.17	15	5.09	15	4.53	15	4.68	15	4.91	15	6.22	15	6.83	
		27	7.12	25	7.70	25	6.77	25	4.09	25	8.23	25	4.63	25	6.58	25	4.77	25	4.84	25	5.90	25	6.60	25	6.86	
	1994	5	6.32	5	6.54	5	6.49	5	6.79	5	6.47	5	5.75	5	5.12	5	4.14	5	4.67	5	5.36	5	5.33	5	7.38	5.90
		15	5.04	15	7.22	15	7.25	15	6.52	15	5.57	15	6.45	15	5.69	15	4.51	15	5.40	15	4.69	15	5.54	15	7.42	
		25	5.90	25	6.68	25	7.12	25	6.55	25	5.56	25	5.12	25	4.20	25	4.36	25	5.32	25	5.51	25	6.62	25	7.88	
河点1	1990	7	4.85	7	4.85	7	4.60	7	4.68	7	4.73	7	5.63	7	4.35	7	5.50	7	5.40	7	5.50	7	5.38	7	5.35	5.09
		17	4.85	17	5.30	17	4.60	17	4.75	17	4.40	17	5.40	17	4.80	17	5.20	17	5.45	17	5.40	17	5.36	17	5.35	
		27	4.90	27	4.65	27	4.55	27	4.70	27	5.45	27	4.73	27	5.30	27	5.45	27	5.56	27	5.40	27	5.35	27	5.48	
	1991	7	5.50	7	5.55	7	5.56	7	5.35	7	干	7	5.32	7	5.22	7	5.25	7	5.37	7	5.68	7	6.94	7	干	5.65
		17	5.50	13	5.52	17	5.35	17	5.30	17	5.48	17	5.08	17	5.42	17	5.36	17	5.76	17	干	17	6.91	17	6.37	
		27	5.50	27	5.56	27	5.28	27	干	27	5.46	27	干	27	干	27	5.41	27	5.56	27	6.92	27	干	27	6.31	
	1992	4	5.43	4	5.31	4	5.01	4	5.01	4	5.65	4	5.62	4	5.66	4	5.65	4	5.56	4	4.75	4	5.56	4	5.60	5.40
		14	5.30	14	5.20	14	5.07	14	5.40	14	5.43	14	5.45	14	5.50	14	5.50	14	5.51	14	5.50	14	5.56	14	5.60	
		24	5.21	24	5.21	24	5.00	24	5.58	24	5.60	24	5.48	24	5.56	24	5.56	24	4.58	24	5.46	24	5.56	24	5.60	
	1993	4	5.60	4	5.52	4	5.51	4	4.95	4	5.46	4	5.48	4	5.58	4	干	4	干	4	5.60	4	干	4	干	5.48
		14	5.58	14	5.56	14	5.50	14	5.41	14	5.35	14	5.56	14	5.66	14	干	14	干	14	5.74	14	5.76	14	干	
		27	5.58	24	5.51	24	5.32	24	5.41	24	5.56	24	5.46	24	5.64	24	5.85	24	5.74	24	干	24	5.52	24	5.70	
	1994	4	干	4	干	4	干	4	干	4	干	4	干	4	5.56	4	干	4	干	4	5.64	4	5.66	4	5.68	5.67
		14	5.68	14	5.83	14	5.64	14	5.66	14	干	14	干	14	5.76	14	干	14	5.74	14	干	14	5.70	14	5.67	
		24	5.74	24	5.83	24	5.50	24	5.64	24	干	24	5.46	24	干	24	干	24	干	24	5.64	24	干	24	干	
	1995	24	5.82	24	5.81	24	5.56	24	5.64	24	干	24	5.74	24	干	24	干	24	干	24	干	24	干	24	干	5.70

第一章　西安市

续表

点号	年份	日	1月 水位	日	2月 水位	日	3月 水位	日	4月 水位	日	5月 水位	日	6月 水位	日	7月 水位	日	8月 水位	日	9月 水位	日	10月 水位	日	11月 水位	日	12月 水位	年平均
河点1	1996	4	干	4	干	4	干	4	5.67	4	5.60	4	5.40	4	5.70	4	5.30	4	5.72	4	5.80	4	5.54	4	5.68	5.62
		24	干	24	干	24	干	24	5.80	24	干	24	干	24	干	24	干	24	5.60	24	5.68	24	5.55	24	5.64	
	1997	4	5.62	4	干	4	5.55	4	5.60	4	5.70	4	5.90	4	干	4	5.90	4	干	4	5.68	4	干	4	5.70	5.69
		14	5.65	14	5.63	14	5.52	14	5.64	14	5.66	14	干	14	干	14	干	14	5.70	14	5.70	14	5.80	14	干	
		24	5.63	24	5.63	24	5.58	24	5.63	24	5.78	24	干	24	5.90	24	干	24	5.73	24	干	24	5.82	24	干	
	1998	4	干	4	5.66	4	干	4	5.68	4	5.72	4	5.54	4	5.60	4	5.45	4	干	4	5.72	4	5.75	4	5.75	5.64
		14	干	14	干	14	干	14	5.62	14	5.64	14	5.80	14	5.70	14	5.10	14	干	14	5.68	14	5.70	14	5.75	
		24	干	24	干	24	干	24	5.60	24	5.42	24	5.62	24	5.62	24	5.60	24	5.78	24	5.75	24	5.73	24	5.76	
	1999	4	干	4	干	4		4	5.82	4	5.38	4	5.73	4	5.50	4	5.70	4	5.43	4	5.30	4	5.62	4	5.78	5.62
		14	干	14	5.85	14	5.82	14	5.55	14	5.70	14	5.52	14	5.62	14	5.75	14	5.60	14	5.55	14	5.64	14	5.74	
		24	干	24	5.82	24	5.82	24	5.62	24	5.58	24	干	24	5.10	24	5.70	24	干	24	5.62	24	5.54	24	5.81	
	2000	4	5.82	4	5.78	4	5.86	4	5.74	4	干	4	干	4	干	4	5.70	4	5.80	4	5.30	4	⟨5.60⟩	4	5.80	5.73
		14	5.91	14	干	14	干	14	5.78	14	4.50	14	干	14	干	14	干	14	干	14	干	14	干	14	干	
		24	5.85	24	干	24	干	24	干	24	干	24	干	24	干	24	干	24	干	24	干	24	干	24		
河点2	1990	4	干	4	干	4	5.06	4	4.50	4	4.95	4	5.30	4	干	4	干	4	5.02	4	4.98	4	干	4	干	4.79
		14	干	14	干	14	5.10	14	4.60	14	5.36	14	4.70	14	干	14	干	14	5.10	14	6.14	14	干	14	干	
		24	干	24	干	24	干	24	干	24	干	24	5.50	24	干	24	干	24	5.04	24	干	24	干	24	干	
	1991	4	干	4	干	4	干	4	5.05	4	干	4	5.40	4	5.38	4	5.76	4	5.60	4	4.80	4	5.30	4	5.63	5.34
		14	干	14	干	14	5.13	14	5.30	14	5.58	14	5.45	14	5.90	14	5.93	14	4.45	14	5.20	14	干	14	5.64	
		24	干	24	干	24	5.62	24	干	24	干	24	干	24	干	24	5.70	24	4.90	24	干	24	干	24	5.67	
	1992	7	6.41	7	6.02	7	干	7	干	7	干	7	干	7	干	7	5.60	7	干	7	干	7	干	7	干	5.60
		17	6.33	17	6.03	17	干	17	干	17	干	17	干	17	干	17	干	17	干	17	干	17	干	17	干	
		27	6.13	27	6.01	27	干	27	干	27	干	27	干	27	干	27	干	27	干	27	干	27	干	27	干	

点号	年份	\#	1月 水位	日	2月 水位	日	3月 水位	日	4月 水位	日	5月 水位	日	6月 水位	日	7月 水位	日	8月 水位	日	9月 水位	日	10月 水位	日	11月 水位	日	12月 水位	年平均
	1993	7	干	7	干	7	干	7	干	7	干	7	5.25	7	5.38	7	5.20	7	5.35	7	5.42	7	5.42	7	5.35	5.28
		17	干	17	干	17	干	17	干	17	5.02	17	5.30	17	5.22	17	4.72	17	5.35	17	5.30	17	5.40	17	5.38	
		27	干	27	干	27	干	27	干	27	5.25	27	5.25	27	5.18	27	5.12	27	5.40	27	5.44	27	5.27	27	5.40	
	1994	7	5.45	7	5.45	7	5.50	7	5.35	7	5.40	7	5.20	7	5.30	7	干	7	5.50	7	5.62	7	5.34	7	5.35	5.37
		17	5.50	17	5.50	17	5.42	17	5.19	17	5.40	17	5.20	17	5.20	17	5.62	17	5.50	17	4.70	17	5.15	17	5.40	
		27	5.50	27	5.53	27	5.28	27	5.15	27	5.45	27	5.08	27	5.42	27	5.65	27	5.38	27	5.30	27	5.35	27	5.44	
	1995	6	5.45	6	5.52	6	5.60	6	5.35	6	5.40	6	5.45	6	干	6	4.70	6	5.54	6	5.40	6	5.32	6	5.40	5.39
		16	5.50	16	5.52	16	5.60	16	5.60	16	5.52	16	干	16	干	16	5.30	16	5.31	16	5.30	16	5.35	16	5.60	
		26	5.52	26	5.54	26	5.10	26	5.05	26	5.43	26	干	26	5.50	26	5.30	26	5.40	26	5.03	26	5.39	26	5.60	
河点2	1996	6	5.62	6	5.55	6	5.52	6	5.36	6	5.20	6	4.55	6	5.30	6	5.00	6	4.85	6	4.85	6	5.02	6	5.22	5.26
		16	5.54	16	5.38	16	5.50	16	5.42	16	5.45	16	5.20	16	5.43	16	5.40	16	5.20	16	5.10	16	5.10	16	5.35	
		26	5.40	26	5.40	26	5.20	26	5.25	26	5.16	26	5.40	26	5.60	26	5.90	26	干	26	5.73	26	5.83	26	5.78	
	1997	6	5.40	6	5.40	6	4.98	6	5.23	6	5.28	6	干	6	干	6	干	6	5.62	6	5.82	6	5.74	6	5.78	5.51
		16	5.35	16	5.42	16	5.25	16	5.22	16	5.40	16	5.61	16	4.90	16	5.50	16	5.75	16	5.83	16	5.78	16	5.80	
		26	5.83	26	5.81	26	5.90	26	5.60	26	5.74	26	5.63	26	5.65	26	4.50	26	5.70	26	干	26	干	26	干	
	1998	6	5.83	6	5.81	6	5.70	6	5.60	6	5.52	6	5.85	6	4.50	6	5.40	6	5.70	6	干	6	干	6	干	5.61
		16	5.80	16	5.83	16	5.70	16	5.60	16	5.40	16	5.76	16	5.62	16	5.72	16	5.70	16	干	16	干	16	干	
		25	5.80	26	5.82	26	5.84	26	5.85	26	5.58	26	5.76	26	5.72	26	5.75	26	5.80	26	干	26	干	26	干	
	1999	6	5.80	6	5.80	6	断流	6	5.80	6	5.65	6	5.65	6	5.60	6	5.77	6	5.65	6	5.55	6	5.72	6	5.58	5.69
		16	5.80	16	5.82	16	5.80	16	5.35	16	5.72	16	干	16	干	16		16	5.80	16	5.66	16	5.72	16	5.73	
		26	5.67	26	5.84	26	5.70	26	5.68	26	干	26	干	26	5.60	26		26	5.80	26	5.70	26	5.75	26	5.71	
	2000	6	5.85	6	5.83	6	5.73	6	5.83	6	干	6	干	6		6		6	⟨6.25⟩	6	5.80	6	⟨6.11⟩	6	6.20	5.79
		16	5.82	16	5.81	16	5.73	16	干	16	干	16	干	16		16		16		16		16		16		
		26		26		26		26		26		26		26		26		26		26		26		26		

第一章　西安市

续表

点号	年份	1月 日	1月 水位	2月 日	2月 水位	3月 日	3月 水位	4月 日	4月 水位	5月 日	5月 水位	6月 日	6月 水位	7月 日	7月 水位	8月 日	8月 水位	9月 日	9月 水位	10月 日	10月 水位	11月 日	11月 水位	12月 日	12月 水位	年平均
Ⅲ-1旧	1990	7	〈25.70〉	7	〈27.80〉	7	〈28.03〉	7	24.61	7	〈27.59〉	7	〈27.44〉	7	19.76	7	21.27	7	24.03	7	27.68	7	28.64	7	〈32.40〉	24.70
		17	〈27.66〉	17	〈28.18〉	17	〈27.92〉	17	〈27.23〉	17	〈25.65〉	17	〈26.34〉	17	〈27.12〉	17	22.60	17	24.08	17	26.57	17	〈32.22〉	17	〈32.79〉	
		26	23.97	27	〈27.84〉	27	〈28.03〉	27	〈27.38〉	27	〈27.79〉	27	〈28.18〉	27	〈28.14〉	27	22.74	27	27.40	27	27.75	27	〈31.41〉	27	〈33.73〉	
	1991	7	〈33.82〉	7	〈34.21〉	7	〈34.45〉	7	〈34.34〉	7	23.41	7	〈32.32〉	7	〈32.58〉	7	〈34.22〉	7	22.61	7	〈29.12〉	7	〈28.06〉	7	〈33.19〉	25.02
		17	〈34.19〉	13	〈34.23〉	17	〈34.43〉	17	30.46	17	24.85	17	〈31.63〉	17	27.14	17	27.11	17	23.33	17	23.82	17	〈28.14〉	17	〈33.35〉	
		27	〈34.25〉	26	〈34.33〉	27	〈34.35〉	27	〈34.17〉	27	28.98	27	〈31.10〉	27	〈31.39〉	27	21.87	27	22.46	27	24.15	27	〈27.81〉	27	〈33.16〉	
	1992	7	31.00	2	〈34.58〉	7	〈34.68〉	7	〈36.44〉	7	32.74	7	〈39.02〉	7	〈42.19〉	7	〈41.38〉	7	〈41.98〉	7	〈40.21〉	7	〈38.23〉	7	〈38.51〉	31.84
		17	〈34.71〉	17	〈38.19〉	17	〈34.52〉	17	32.67	17	32.62	17	〈39.40〉	17	〈41.84〉	17	〈41.48〉	17	〈42.04〉	17	〈38.66〉	17	〈38.14〉	17	〈38.43〉	
		27	〈34.54〉	27	29.77	27	〈35.67〉	27	32.63	27	31.44	27	〈41.21〉	27	〈41.56〉	27	〈42.10〉	27	〈41.22〉	27	〈38.90〉	27	〈37.67〉	27	〈38.79〉	
	1993	7	〈39.78〉	7	〈40.23〉	7	〈41.80〉	7	〈42.26〉	7	33.37	7	〈39.46〉	7	〈38.29〉	7	〈36.39〉	7	32.05	7	31.24	7	30.95	7	30.94	30.75
		17	〈40.47〉	17	〈41.03〉	17	〈41.69〉	17	31.92	17	32.85	17	〈39.53〉	17	〈37.58〉	17	〈36.62〉	17	31.71	17	30.83	17	30.91	17	30.93	
		27	〈41.08〉	27	〈40.94〉	27	〈40.89〉	27	21.31	27	〈39.65〉	27	〈38.92〉	27	〈36.86〉	27	29.88	27	31.48	27	30.71	27	30.57	27	31.17	
	1994	7	31.56	7	32.71	7	33.50	7	34.23	7	33.64	7		7		7		7		7		7		7		33.22
		17	31.88	17	33.02	17	33.85	17	33.76	17		17		17	15.07	17	〈32.98〉	17	〈37.25〉	17		17		17		
		27	32.46	27	33.27	27	34.15	27	33.79	27		27		27		27		27		27		27		27		
Ⅲ-1新	1990	7	〈27.80〉	7	〈36.51〉	7	〈38.82〉	7	〈35.96〉	7	〈38.00〉	7	〈36.09〉	7	15.07	7	〈32.98〉	7	〈37.25〉	7	〈39.98〉	7	〈40.47〉	7	〈44.47〉	15.07
		17	〈34.82〉	17	〈36.43〉	17	〈38.88〉	17	〈37.31〉	17	〈36.33〉	17	〈36.14〉	17	〈32.98〉	17	〈33.85〉	17	〈38.34〉	17	〈36.96〉	17	〈42.96〉	17	〈37.59〉	
		27	〈33.95〉	27	〈38.13〉	27	〈37.61〉	27	〈38.16〉	27	〈37.41〉	27	〈37.11〉	27	〈34.24〉	27	〈35.27〉	27	〈38.13〉	27	〈41.44〉	27	〈39.27〉	27	〈40.97〉	
	1991	7	〈42.87〉	7	〈48.82〉	7	〈48.16〉	7	〈53.91〉	7	〈51.02〉	7	〈54.58〉	7	〈48.17〉	7	〈52.20〉	7	33.60	7	〈39.45〉	7	〈36.14〉	7	〈35.98〉	33.55
		17	〈41.86〉	17	〈47.74〉	17	〈52.77〉	17	30.41	17	〈52.56〉	17	〈50.49〉	17	〈48.95〉	17	〈48.90〉	17	34.17	17	〈36.32〉	17	〈36.71〉	17	〈35.37〉	
		27	〈42.40〉	27	〈44.15〉	27	〈52.72〉	27	〈56.16〉	27	〈51.75〉	27	〈47.70〉	27	〈52.13〉	27	〈40.67〉	27	34.62	27	34.97	27	〈38.19〉	27	〈35.38〉	
	1992	7	〈35.20〉	7	〈36.10〉	7	〈36.88〉	7	〈35.13〉	7	〈50.63〉	7	〈53.83〉	7	〈54.64〉	7	〈60.05〉	7	〈59.71〉	7	〈57.98〉	7	〈59.95〉	7	〈58.33〉	32.24
		17	〈36.37〉	17	〈36.28〉	17	〈36.67〉	17	〈49.28〉	17	〈49.88〉	17	〈53.21〉	17	〈57.98〉	17	〈59.62〉	17	〈59.75〉	17	〈53.31〉	17	〈58.50〉	17	〈58.35〉	
		27	〈36.66〉	27	〈36.55〉	27	〈36.92〉	27	〈48.69〉	27	32.24	27	〈54.07〉	27	〈59.52〉	27	〈58.50〉	27	〈58.47〉	27	〈58.53〉	27	〈57.85〉	27	〈58.29〉	

续表

点号	年份	1月 日	1月 水位	2月 日	2月 水位	3月 日	3月 水位	4月 日	4月 水位	5月 日	5月 水位	6月 日	6月 水位	7月 日	7月 水位	8月 日	8月 水位	9月 日	9月 水位	10月 日	10月 水位	11月 日	11月 水位	12月 日	12月 水位	年平均
Ⅲ-1新	1993	7	⟨58.41⟩	7	⟨58.67⟩	7	⟨59.50⟩	7	⟨59.51⟩	7	⟨57.92⟩	7	⟨59.48⟩	7	⟨59.47⟩	7	⟨59.09⟩	7	⟨59.73⟩	7	⟨60.11⟩	7	⟨60.27⟩	7	⟨58.40⟩	31.01
		17	⟨58.78⟩	17	⟨59.62⟩	17	⟨58.68⟩	17	⟨57.89⟩	17	⟨58.49⟩	17	⟨59.70⟩	17	⟨59.17⟩	17	⟨59.26⟩	17	⟨57.92⟩	17	⟨57.78⟩	17	⟨58.07⟩	17	⟨58.03⟩	
		26	⟨59.31⟩	27	⟨59.18⟩	27	⟨59.82⟩	27	⟨58.15⟩	27	⟨58.61⟩	27	⟨58.59⟩	27	⟨58.55⟩	27	⟨59.21⟩	27	⟨57.97⟩	27	31.01	27	⟨58.23⟩	27	⟨59.41⟩	
	1994	7	⟨59.37⟩	7	⟨60.37⟩	7	⟨60.72⟩	7	⟨60.44⟩	7	34.24	7	39.40	7	⟨59.26⟩	7	⟨59.36⟩	7	⟨58.92⟩	7	⟨59.20⟩	7	⟨60.03⟩	7	⟨59.35⟩	34.54
		17	⟨60.65⟩	17	⟨59.97⟩	17	⟨60.37⟩	17	34.40	17	32.56	17	⟨59.92⟩	17	⟨57.95⟩	17	⟨58.83⟩	17	⟨59.02⟩	17	33.96	17	⟨58.58⟩	17	⟨57.67⟩	
		27	⟨59.87⟩	27	⟨60.41⟩	27	⟨60.33⟩	27	34.51	27	⟨38.60⟩	27	⟨57.87⟩	27	32.74	27	⟨58.08⟩	27	⟨58.99⟩	27	⟨58.21⟩	27	⟨59.77⟩	27	⟨58.29⟩	
	1995	16	⟨58.41⟩	16	⟨58.07⟩	16	35.05	16	⟨58.58⟩	16	⟨58.02⟩	16	⟨57.94⟩	16	⟨58.58⟩	16	⟨58.98⟩	16	⟨60.32⟩	16	⟨60.50⟩	16	⟨59.63⟩	16	⟨58.03⟩	35.05
	1996	7	36.45	7	⟨60.84⟩	7	⟨61.23⟩	7	⟨61.03⟩	7	⟨60.80⟩	7	⟨60.49⟩	7	⟨59.62⟩	7	⟨60.24⟩	7	36.25	7	⟨60.28⟩	7	37.67	7	⟨58.51⟩	37.22
		17	⟨60.32⟩	17	⟨61.38⟩	17	38.26	17	⟨61.07⟩	17	⟨59.78⟩	17	⟨60.48⟩	17	⟨58.39⟩	17	⟨60.21⟩	17	⟨58.56⟩	17	⟨59.74⟩	17	37.71	17	⟨59.68⟩	
		27	⟨60.79⟩	27	⟨61.15⟩	27	⟨61.24⟩	27	⟨61.14⟩	27	⟨61.13⟩	27	⟨59.33⟩	27	⟨58.64⟩	27	⟨60.32⟩	27	⟨60.26⟩	27	⟨60.59⟩	27	36.97	27	⟨59.35⟩	
	1997	7	⟨59.46⟩	5	⟨60.65⟩	7	⟨60.09⟩	7	⟨61.17⟩	7	⟨61.47⟩	6	⟨60.68⟩	7	⟨61.03⟩	7	⟨60.32⟩	7	41.83	7	⟨61.37⟩	7	⟨60.96⟩	7	⟨60.87⟩	41.83
		17	⟨60.41⟩	17	⟨61.07⟩	17	⟨61.28⟩	17	⟨60.42⟩	17	⟨58.45⟩	17	⟨60.63⟩	17	⟨60.53⟩	17	⟨60.27⟩	17	⟨61.41⟩	17	⟨60.63⟩	17	⟨60.74⟩	17	⟨60.67⟩	
		27	⟨60.40⟩	27	⟨61.13⟩	27	⟨61.26⟩	27	⟨60.65⟩	27	⟨60.76⟩	27	⟨60.20⟩	27	⟨60.85⟩	27	⟨60.13⟩	27	⟨61.11⟩	27	⟨60.92⟩	27	⟨61.00⟩	26	⟨59.82⟩	
	1998	7	⟨60.70⟩	7	⟨61.39⟩	7	⟨61.40⟩	7	⟨62.63⟩	7	⟨62.71⟩	7	⟨62.49⟩	7	63.29	7	36.85	7	51.82	7	⟨63.15⟩	7	⟨64.28⟩	17		44.34
	1999	17	⟨56.19⟩	17	⟨57.02⟩	17	42.20	17	⟨62.64⟩	17	41.22	17	⟨55.30⟩	17	⟨52.34⟩	17	⟨57.90⟩	17	⟨52.21⟩	17	⟨55.71⟩	17	⟨51.22⟩	17	⟨53.24⟩	41.71
	2000	17	⟨55.62⟩	17	⟨52.47⟩	17	⟨54.67⟩	17	⟨53.92⟩	17	⟨54.27⟩	17	⟨54.40⟩	17	⟨53.66⟩	17	⟨52.68⟩	17	⟨52.71⟩	17	⟨51.61⟩	17	⟨49.30⟩	17	⟨49.91⟩	
Ⅲ-3	1990	7		7	⟨26.51⟩	7	⟨27.37⟩	7	⟨27.11⟩	7	⟨27.33⟩	7	⟨26.86⟩	7	⟨22.80⟩	7	⟨26.21⟩	7	⟨24.13⟩	7	⟨27.68⟩	7	⟨24.17⟩	7	⟨29.54⟩	
		17	⟨25.19⟩	17	⟨25.35⟩	17	⟨27.29⟩	17	⟨27.54⟩	17	⟨25.02⟩	17	⟨27.57⟩	17	⟨21.95⟩	17	⟨26.70⟩	17	⟨26.38⟩	17	⟨20.84⟩	17	⟨29.34⟩	17	⟨29.82⟩	
		26		27	⟨23.56⟩	27	⟨27.19⟩	27	⟨27.51⟩	27	⟨24.33⟩	27	⟨25.57⟩	27	⟨23.22⟩	27		27	⟨26.85⟩	27		27	⟨21.38⟩	27	⟨28.16⟩	
	1991	7	⟨29.21⟩	7		7	⟨29.45⟩	7	⟨25.56⟩	7	⟨27.13⟩	7	⟨27.48⟩	7		17		17		17		17		17		
		17	⟨29.94⟩	17	⟨27.84⟩	17	⟨29.49⟩	17	⟨25.68⟩	17	⟨26.43⟩	17	⟨26.75⟩	17		27		27		27		27		27		
		27		26		27	⟨27.27⟩	27	⟨26.91⟩	27	⟨27.47⟩	27	⟨37.17⟩	27	⟨38.93⟩	7	⟨39.10⟩	7	⟨39.74⟩	7	⟨39.32⟩	7	⟨36.75⟩	7	⟨37.66⟩	
	1992	7		7		7		17		17	33.71	17	⟨38.09⟩	17	⟨39.07⟩	17	⟨39.44⟩	17	⟨39.82⟩	17	⟨37.39⟩	17	⟨36.98⟩	17	⟨37.79⟩	33.88
		17		17		17		27	34.01	27	33.93	27		27		27		27		27		27		27		
		27		27		27				27	⟨36.94⟩	27	⟨38.64⟩	27	⟨39.15⟩	27	⟨39.76⟩	27	⟨39.25⟩	27	⟨36.80⟩	27	⟨37.03⟩	27	⟨38.24⟩	

续表

点号	年份	1月 日	1月 水位	2月 日	2月 水位	3月 日	3月 水位	4月 日	4月 水位	5月 日	5月 水位	6月 日	6月 水位	7月 日	7月 水位	8月 日	8月 水位	9月 日	9月 水位	10月 日	10月 水位	11月 日	11月 水位	12月 日	12月 水位	年平均
Ⅱ-3	1993	7	⟨39.10⟩	7	⟨39.20⟩	7	⟨39.82⟩	7	⟨39.42⟩	7	⟨39.48⟩	7	⟨38.26⟩	7	⟨36.78⟩	7	⟨36.76⟩	7	⟨34.81⟩	7	⟨34.96⟩	7	⟨34.52⟩	7	31.56	32.44
		17	⟨39.56⟩	17	⟨39.00⟩	17	⟨39.94⟩	17	⟨39.50⟩	17	⟨37.61⟩	17	⟨37.90⟩	17	⟨35.95⟩	17	⟨35.89⟩	17	⟨34.63⟩	17	⟨34.09⟩	17	31.50	17	31.72	
		26	⟨39.40⟩	27	⟨39.30⟩	27	⟨39.25⟩	27	36.20	27	⟨38.56⟩	27	⟨37.38⟩	27	⟨35.47⟩	27	⟨34.07⟩	27	⟨34.41⟩	27	⟨34.14⟩	27	31.44	27	32.23	
	1994	7	⟨35.12⟩	7	⟨36.63⟩	7	⟨37.84⟩	7	⟨38.52⟩	7	⟨38.62⟩	7	⟨37.42⟩	7	⟨37.19⟩	7	⟨36.54⟩	7	⟨36.97⟩	7	⟨38.31⟩	7	⟨38.04⟩	7	⟨37.51⟩	
		17	⟨35.43⟩	17	⟨37.07⟩	17	⟨38.26⟩	17	⟨38.44⟩	17	⟨36.10⟩	17	⟨37.48⟩	17	⟨36.75⟩	17	⟨36.28⟩	17	⟨37.42⟩	17	⟨38.30⟩	17	⟨37.71⟩	17	⟨37.29⟩	
		27	⟨36.28⟩	27	⟨37.46⟩	27	⟨38.69⟩	27	⟨38.91⟩	27	⟨38.66⟩	27	⟨37.39⟩	27	⟨36.45⟩	27	⟨36.48⟩	27	⟨38.11⟩	27	⟨38.32⟩	27	⟨37.79⟩	27	⟨37.26⟩	
Ⅱ-5	1990	7	⟨29.90⟩	7	⟨30.29⟩	7	⟨30.63⟩	7	⟨30.26⟩	7	⟨30.62⟩	7	⟨32.95⟩	7	⟨32.61⟩	7	⟨33.38⟩	7	⟨31.40⟩	7	⟨33.15⟩	7	⟨31.14⟩	7	⟨32.82⟩	30.21
		17	⟨30.36⟩	17	⟨30.12⟩	17	⟨30.66⟩	17	⟨30.41⟩	17	⟨32.02⟩	17	⟨33.50⟩	17	⟨32.88⟩	17	⟨32.67⟩	17	⟨33.33⟩	17	⟨33.46⟩	17	⟨30.66⟩	17	⟨33.35⟩	
		27	⟨30.10⟩	27	⟨30.54⟩	27	⟨32.94⟩	27	⟨31.99⟩	27	⟨32.83⟩	27	⟨31.32⟩	27	⟨32.95⟩	27	⟨32.79⟩	27	⟨33.54⟩	27	⟨33.36⟩	27	30.21	27	⟨33.06⟩	
	1991	7	⟨32.58⟩	13	⟨31.90⟩	7	30.27	7	32.82	7	⟨35.50⟩	7	⟨34.12⟩	7	⟨32.71⟩	7	⟨31.46⟩	7	⟨32.66⟩	7	⟨33.50⟩	7	⟨34.19⟩	7	⟨34.96⟩	31.69
		17	⟨32.60⟩			17	32.56	17	32.98	17	32.27	17	30.56	17	⟨32.67⟩	17	⟨31.76⟩	17	⟨32.01⟩	17	⟨34.75⟩	17	⟨34.89⟩	17	⟨36.12⟩	
		27	⟨32.56⟩	26	⟨32.01⟩	27	32.44	27	36.09	27	31.65	27	29.67	27	⟨32.66⟩	27	⟨30.09⟩	27	⟨32.79⟩	27	⟨34.98⟩	27	⟨34.30⟩	27	⟨37.12⟩	
	1992	7	⟨36.74⟩	2	⟨32.65⟩	7	⟨36.66⟩	7	⟨36.12⟩	7	⟨38.30⟩	7	⟨38.57⟩	7	⟨41.40⟩	7	⟨40.76⟩	7	⟨40.80⟩	7	⟨39.03⟩	7	36.95	7	⟨40.59⟩	36.54
		17	⟨36.69⟩	17	⟨37.21⟩	17	⟨36.74⟩	17	⟨38.22⟩	17	⟨38.91⟩	17	⟨39.53⟩	17	⟨40.80⟩	17	⟨40.83⟩	17	⟨41.03⟩	17	36.84	17	36.06	17	⟨40.60⟩	
		27	⟨36.19⟩	27	⟨37.81⟩	27	⟨36.92⟩	27	⟨39.27⟩	27	⟨38.77⟩	27	⟨40.12⟩	27	⟨40.85⟩	27	⟨40.87⟩	27	⟨40.86⟩	27	36.29	27	⟨40.89⟩	27	⟨41.42⟩	
	1993	7	⟨42.23⟩	7	⟨42.03⟩	7	⟨42.48⟩	7	⟨42.84⟩	7	⟨41.68⟩	7	⟨41.10⟩	7	⟨40.69⟩	7	⟨39.76⟩	7	⟨39.10⟩	7	⟨39.04⟩	7	⟨38.78⟩	7	⟨35.09⟩	37.83
		17	⟨42.24⟩	17	⟨41.50⟩	17	⟨42.62⟩	17	⟨42.59⟩	17	⟨39.83⟩	17	⟨41.02⟩	17	⟨39.58⟩	17	⟨39.67⟩	17	⟨39.12⟩	17	⟨38.44⟩	17	⟨38.34⟩	17	⟨39.15⟩	
		27	⟨42.46⟩	27	⟨42.01⟩	27	⟨42.55⟩	27	⟨41.56⟩	27	⟨41.54⟩	27	⟨40.55⟩	27	⟨39.41⟩	27	⟨38.65⟩	27	⟨38.72⟩	27	⟨38.45⟩	27	⟨38.55⟩	27	⟨39.31⟩	
	1994	7	⟨40.48⟩	7	⟨40.42⟩	7	⟨42.38⟩	7	38.10	7	⟨41.80⟩	7	⟨40.75⟩	7	⟨40.31⟩	7	⟨40.65⟩	7	⟨40.55⟩	7	⟨42.03⟩	7	⟨42.59⟩	7	⟨42.25⟩	
		17	⟨40.59⟩	17	⟨40.95⟩	17	⟨42.02⟩	17	⟨41.74⟩	17	⟨39.66⟩	17	⟨40.56⟩	17	37.03	17	⟨39.69⟩	17	38.35	17	⟨42.32⟩	17	⟨40.33⟩	17	⟨41.19⟩	
		27	⟨40.44⟩	27	⟨41.73⟩	27	⟨39.09⟩	27	⟨42.69⟩	27	⟨38.46⟩	27	⟨40.25⟩	27	⟨40.08⟩	27	⟨39.14⟩	27	⟨42.34⟩	27	⟨42.77⟩	27	⟨42.78⟩	27	⟨41.83⟩	
	1996	7	⟨45.68⟩	7	⟨46.12⟩	7	⟨47.38⟩	7	⟨48.36⟩	7	⟨49.36⟩	7	42.86	7	41.55	7	⟨45.76⟩	7	44.12	7	⟨48.42⟩	7	⟨48.84⟩	7	⟨48.92⟩	42.75
		17	41.89	17	42.47	17	⟨47.93⟩	17	⟨47.54⟩	17	⟨48.06⟩	17	42.93	17	⟨44.37⟩	17	⟨46.01⟩	17	44.48	17	⟨49.52⟩	17	⟨49.14⟩	17	⟨48.42⟩	
		27	⟨46.72⟩	27	⟨47.26⟩	27	⟨47.58⟩	27	⟨48.73⟩	27	⟨48.92⟩	27	41.70	27	⟨45.38⟩	27	⟨46.85⟩	27	⟨49.18⟩	27	⟨49.54⟩	27	⟨48.89⟩	27	⟨48.14⟩	

续表

点号	年份	1月 日	1月 水位	2月 日	2月 水位	3月 日	3月 水位	4月 日	4月 水位	5月 日	5月 水位	6月 日	6月 水位	7月 日	7月 水位	8月 日	8月 水位	9月 日	9月 水位	10月 日	10月 水位	11月 日	11月 水位	12月 日	12月 水位	年平均
Ⅲ-5	1997	7	⟨48.98⟩	5	⟨49.48⟩	7	⟨49.71⟩	7	⟨49.87⟩	7	⟨49.05⟩	6	⟨49.50⟩	7	⟨49.17⟩	7	⟨47.56⟩	7	⟨49.26⟩	7	⟨49.33⟩	7	⟨48.63⟩	7	47.79	47.50
		17	⟨48.81⟩	17	⟨49.39⟩	17	⟨49.80⟩	17	⟨52.26⟩	17	⟨49.61⟩	17	⟨49.37⟩	17	⟨49.15⟩	17	⟨47.54⟩	17	⟨49.42⟩	17	⟨49.14⟩	17	⟨48.45⟩	17	47.14	
		27	⟨49.07⟩	27	⟨49.27⟩	27	⟨49.55⟩	27	⟨49.63⟩	27	⟨49.47⟩	27	⟨49.06⟩	27	⟨49.43⟩	27	⟨47.29⟩	27	⟨49.45⟩	27	⟨49.44⟩	27	47.85	26	47.21	
	1998	17	47.32	17	49.49	17	50.23	17	49.47	17	48.97	17	49.55	17	49.94	17	49.20	17	48.27	17	47.95	17	48.10	17	48.24	48.89
	1999	17	48.90	17	49.69	17	49.86	17	50.92	17	51.40	17	51.20	17	48.12	17	49.77	17	50.70	17	50.69	17	49.75	17	49.54	50.05
Ⅲ-6	1990	7	⟨29.15⟩	7	⟨29.95⟩	7	⟨32.57⟩	7	⟨31.87⟩	7	⟨31.47⟩	7	⟨30.68⟩	7	⟨30.84⟩	7	⟨30.49⟩	7	⟨31.68⟩	7	⟨32.42⟩	7	⟨33.65⟩	7	⟨33.80⟩	25.92
		17	⟨29.50⟩	17	⟨31.43⟩	17	⟨32.69⟩	17	⟨32.94⟩	17	⟨31.35⟩	17	⟨31.13⟩	17	⟨30.40⟩	17	25.92	17	⟨31.35⟩	17	⟨33.12⟩	17	⟨33.25⟩	17	⟨33.79⟩	
		26	⟨30.24⟩	26	⟨32.24⟩	27	⟨32.28⟩	27	⟨31.60⟩	27	⟨31.15⟩	27	⟨30.87⟩	27	⟨30.25⟩	27	⟨31.54⟩	27	⟨31.89⟩	27	⟨33.34⟩	27	⟨33.75⟩	27	⟨33.78⟩	
	1991	7	⟨34.24⟩	7	⟨34.17⟩	7	32.83	7	⟨34.23⟩	7	⟨34.12⟩	7	⟨33.54⟩	7	⟨35.12⟩	7	⟨33.58⟩	7	⟨34.07⟩	7	31.19	7	⟨34.51⟩	7	⟨33.23⟩	30.96
		17	⟨34.30⟩	17	⟨34.01⟩	17	⟨34.06⟩	17	⟨34.25⟩	17	31.41	17	⟨32.98⟩	17	⟨32.82⟩	17	30.84	17	⟨35.07⟩	17	⟨33.37⟩	17	⟨33.21⟩	17	30.05	
		27	⟨34.12⟩	27	⟨34.26⟩	27	⟨34.08⟩	27	⟨34.11⟩	27	⟨34.27⟩	27	29.71	27	⟨33.08⟩	27	30.68	27	⟨33.45⟩	27	⟨34.95⟩	27	⟨33.28⟩	27	⟨34.12⟩	
	1992	7	30.26	7	31.50	7	32.87	7	⟨33.34⟩	7	⟨39.44⟩	7	35.86	7	⟨40.56⟩	7	⟨42.40⟩	7	⟨42.45⟩	7	⟨41.68⟩	7	⟨40.11⟩	7	⟨41.18⟩	33.48
		17	30.30	17	32.66	17	33.96	17	⟨39.48⟩	17	35.89	17	36.09	17	⟨41.73⟩	17	⟨42.02⟩	17	⟨42.58⟩	17	⟨40.87⟩	17	⟨39.67⟩	17	⟨41.29⟩	
		27	30.30	27	32.89	27	33.96	27	⟨39.48⟩	27	35.85	27	36.32	27	⟨42.18⟩	27	⟨42.23⟩	27	⟨42.30⟩	27	⟨40.09⟩	27	⟨40.39⟩	27	⟨41.67⟩	
	1993	7	⟨41.30⟩	7	37.19	7	⟨43.20⟩	7	36.22	7	⟨44.05⟩	7	⟨42.90⟩	7	⟨41.86⟩	7	⟨40.47⟩	7	⟨37.94⟩	7	⟨38.51⟩	7	⟨38.64⟩	7	⟨37.67⟩	36.25
		17	⟨41.63⟩	17	⟨41.87⟩	17	⟨43.25⟩	17	⟨44.64⟩	17	⟨41.95⟩	17	⟨42.73⟩	17	⟨41.28⟩	17	⟨40.24⟩	17	⟨37.78⟩	17	⟨38.16⟩	17	⟨38.55⟩	17	⟨37.63⟩	
		26	35.34	27	⟨42.28⟩	27	⟨43.41⟩	27	⟨44.47⟩	27	⟨43.34⟩	27	⟨42.08⟩	27	⟨40.83⟩	27	⟨38.76⟩	27	⟨38.25⟩	27	⟨38.68⟩	27	⟨37.61⟩	27	⟨37.74⟩	
	1994	7	⟨38.75⟩	7	⟨41.48⟩	7	⟨43.39⟩	7	⟨44.41⟩	7	⟨44.97⟩	7	⟨42.55⟩	7	⟨41.85⟩	7	⟨41.51⟩	7	⟨41.38⟩	7	⟨42.35⟩	7	⟨43.63⟩	7	⟨43.62⟩	35.32
		17	⟨39.21⟩	17	⟨41.70⟩	17	⟨44.29⟩	17	⟨44.57⟩	17	⟨42.60⟩	17	⟨42.38⟩	17	⟨41.43⟩	17	35.32	17	⟨41.71⟩	17	⟨43.38⟩	17	⟨43.87⟩	17	⟨43.82⟩	
		27	⟨40.64⟩	27	⟨43.01⟩	27	⟨39.76⟩	27	⟨44.51⟩	27	⟨42.76⟩	27	⟨41.84⟩	27	⟨41.04⟩	27	⟨40.10⟩	27	⟨41.92⟩	27	⟨42.79⟩	27	⟨43.85⟩	27	⟨43.90⟩	
	1995	16	⟨42.89⟩	16	⟨45.09⟩	16	⟨45.50⟩	16	⟨45.35⟩	16	⟨44.45⟩	16	⟨44.39⟩	16	⟨45.45⟩	16	⟨48.27⟩	16	⟨45.46⟩	16	⟨45.47⟩	16	⟨45.58⟩	16	42.13	42.13
		6	⟨45.18⟩	6	⟨45.98⟩	6	⟨47.42⟩	6	44.00	6	44.17	6	⟨47.68⟩	6	⟨45.53⟩	6	⟨44.84⟩	6	⟨45.38⟩	6	⟨46.70⟩	6	⟨47.91⟩	6	⟨48.62⟩	
	1996	16	⟨45.63⟩	16	⟨47.27⟩	16	⟨48.24⟩	16	⟨48.43⟩	16	44.77	16	⟨46.98⟩	16	⟨45.67⟩	16	⟨45.46⟩	16	⟨46.02⟩	16	⟨47.48⟩	16	⟨48.64⟩	16	⟨48.22⟩	43.59
		26	⟨45.17⟩	26	⟨47.57⟩	26	⟨48.39⟩	26	⟨48.79⟩	26	⟨48.31⟩	26	⟨47.26⟩	26	⟨45.51⟩	26	41.43	26	⟨46.48⟩	26	⟨48.08⟩	26	⟨48.37⟩	26	⟨48.34⟩	

第一章 西安市

续表

点号	年份	1月 日	1月 水位	2月 日	2月 水位	3月 日	3月 水位	4月 日	4月 水位	5月 日	5月 水位	6月 日	6月 水位	7月 日	7月 水位	8月 日	8月 水位	9月 日	9月 水位	10月 日	10月 水位	11月 日	11月 水位	12月 日	12月 水位	年平均
Ⅱ1-6	1997	6	⟨49.40⟩	5	⟨47.10⟩	6	⟨47.62⟩	6	44.33	6	⟨50.70⟩	5	⟨50.75⟩	6	⟨49.89⟩	6	⟨50.41⟩	6	⟨50.78⟩	6	⟨51.59⟩	6	⟨51.50⟩	6	⟨49.37⟩	43.95
		16	⟨48.23⟩	16	⟨48.01⟩	16	⟨47.78⟩	16	43.84	16	⟨50.90⟩	16	44.60	16	⟨50.13⟩	16	⟨50.93⟩	16	⟨51.06⟩	16	⟨51.98⟩	16	⟨51.04⟩	16	⟨47.63⟩	
		26	⟨46.99⟩	26	43.29	26	⟨47.78⟩	26	43.69	26	⟨51.17⟩	26	⟨49.77⟩	26	⟨50.78⟩	26	⟨50.87⟩	26	⟨51.07⟩	26	⟨51.84⟩	26	⟨50.77⟩	26	⟨47.90⟩	
	1998	16	⟨50.10⟩	16	⟨52.16⟩	16	⟨48.67⟩	16	47.88	16	45.39	16	⟨48.37⟩	16	⟨47.48⟩	16	⟨45.14⟩	16	41.26	16	⟨49.32⟩	16	42.12	16	⟨47.13⟩	44.16
	1999	16	⟨49.06⟩	16	⟨49.67⟩	16	⟨52.38⟩	16	42.40	16	⟨49.25⟩	16	43.48	16	⟨46.25⟩	16	⟨44.85⟩	16	⟨45.29⟩	16	⟨46.64⟩	16	⟨47.40⟩	16	⟨48.20⟩	43.84
	1990	5	28.11	5	⟨35.69⟩	5	⟨34.69⟩	5	⟨34.89⟩	5	⟨34.66⟩	5	⟨34.34⟩	5	⟨33.82⟩	5	⟨33.67⟩	5	⟨34.08⟩	5	⟨33.80⟩	5	31.04	5	⟨34.20⟩	29.58
		15	⟨35.58⟩	15	⟨35.00⟩	15	⟨35.30⟩	15	⟨35.06⟩	15	⟨34.70⟩	15	⟨33.89⟩	15	⟨33.90⟩	15	⟨33.36⟩	15	⟨34.05⟩	15	⟨33.85⟩	15	⟨34.03⟩	15	⟨34.05⟩	
		25	⟨35.08⟩	25	⟨35.10⟩	25	⟨35.05⟩	25	⟨30.00⟩	25	⟨34.45⟩	25	⟨33.81⟩	25	⟨33.95⟩	25	⟨34.20⟩	25	⟨34.07⟩	25	⟨33.85⟩	25	⟨34.26⟩	25	⟨33.78⟩	
	1991	5	⟨33.26⟩	5	⟨33.28⟩	5	⟨33.49⟩	5	⟨33.51⟩	5	32.88	5	⟨34.27⟩	5	⟨34.46⟩	5	⟨34.90⟩	5	⟨34.36⟩	5	⟨34.51⟩	5	⟨34.71⟩	5	32.84	31.88
		15	31.91	12	⟨33.28⟩	15	⟨33.40⟩	15	30.46	15	⟨34.00⟩	15	⟨34.29⟩	15	⟨34.46⟩	15	⟨34.31⟩	15	⟨34.16⟩	15	31.34	15	⟨34.90⟩	15	32.91	
		25	32.76	25	30.30	25	⟨33.40⟩	25	30.21	25	32.63	25	⟨34.27⟩	25	32.42	25	⟨34.31⟩	25	⟨34.45⟩	25	⟨34.70⟩	25	⟨35.17⟩	25	⟨38.50⟩	
	1992	5	⟨38.76⟩	2	⟨38.30⟩	5	⟨38.86⟩	5	⟨39.56⟩	5	⟨39.41⟩	5	⟨41.42⟩	5	⟨44.04⟩	5	⟨46.10⟩	5	⟨45.16⟩	5	⟨44.66⟩	5	⟨44.42⟩	5	⟨45.31⟩	35.60
		15	⟨38.35⟩	15	⟨38.51⟩	15	35.60	15	⟨39.38⟩	15	⟨39.39⟩	15	⟨41.81⟩	15	⟨44.56⟩	15	⟨46.33⟩	15	⟨45.16⟩	15	⟨44.89⟩	15	⟨44.43⟩	15	⟨45.46⟩	
		25	⟨38.27⟩	25	⟨38.82⟩	25	⟨39.40⟩	25	⟨39.20⟩	25	⟨40.19⟩	25	⟨43.64⟩	25	⟨45.39⟩	25	⟨45.45⟩	25	⟨44.88⟩	25	⟨44.73⟩	25	⟨44.70⟩	25	⟨45.90⟩	
Ⅱ1-7	1993	5	⟨46.23⟩	5	⟨46.22⟩	5	⟨46.69⟩	5	⟨47.55⟩	5	⟨48.44⟩	5	⟨48.81⟩	5	⟨48.69⟩	5	⟨46.27⟩	5	⟨45.66⟩	5	⟨45.31⟩	5	⟨44.87⟩	5	⟨44.31⟩	
		15	⟨46.06⟩	15	⟨46.31⟩	15	⟨46.81⟩	15	⟨47.86⟩	15	⟨48.30⟩	15	⟨48.96⟩	15	⟨48.37⟩	15	⟨46.37⟩	15	⟨45.76⟩	15	⟨45.26⟩	15	⟨44.87⟩	15	⟨44.06⟩	
		26	⟨46.22⟩	25	⟨46.63⟩	25	⟨46.87⟩	25	⟨48.11⟩	25	⟨48.76⟩	25	⟨48.78⟩	25	⟨46.60⟩	25	⟨46.11⟩	25	⟨45.00⟩	25	⟨45.00⟩	25	⟨44.52⟩	25	⟨44.16⟩	
	1994	5	⟨43.87⟩	5	⟨43.66⟩	5	⟨44.37⟩	5	⟨45.27⟩	5	⟨44.86⟩	5	⟨45.26⟩	5	⟨45.10⟩	5	⟨44.36⟩	5	⟨45.16⟩	5	⟨45.56⟩	5	⟨48.67⟩	5	⟨47.86⟩	34.64
		15	⟨43.16⟩	15	⟨43.66⟩	15	⟨44.90⟩	15	⟨45.36⟩	15	⟨44.86⟩	15	⟨45.19⟩	15	⟨44.15⟩	15	⟨44.61⟩	15	⟨45.26⟩	15	⟨46.10⟩	15	⟨48.76⟩	15	⟨47.86⟩	
		25	⟨43.36⟩	25	⟨43.81⟩	25	⟨45.06⟩	25	⟨45.00⟩	25	⟨45.00⟩	25	⟨45.28⟩	25	⟨44.20⟩	25	⟨44.87⟩	25	⟨45.41⟩	25	⟨48.36⟩	25	⟨48.76⟩	25	⟨47.71⟩	
1995		5	⟨48.98⟩	5	⟨49.61⟩	5	⟨49.52⟩	5	⟨49.66⟩	5	⟨48.91⟩	5	⟨49.26⟩	5	⟨49.88⟩	5	⟨49.98⟩	5	⟨45.41⟩	5	⟨46.39⟩	5	⟨48.67⟩	5	⟨47.86⟩	
		15	⟨50.48⟩	15	⟨50.38⟩	15	⟨51.96⟩	15	⟨52.08⟩	15	⟨51.19⟩	15	⟨51.53⟩	15	⟨52.59⟩	15	⟨52.41⟩	15	⟨51.17⟩	15	⟨52.21⟩	15	⟨52.68⟩	15	⟨53.13⟩	
1996		5	⟨50.26⟩	5	⟨50.41⟩	5	⟨51.36⟩	5	⟨52.26⟩	5	⟨51.19⟩	5	⟨51.71⟩	5	⟨52.46⟩	5	⟨51.34⟩	5	⟨52.37⟩	5	⟨52.93⟩	5	⟨53.03⟩	5	⟨53.26⟩	43.56
		15	⟨50.21⟩	15	⟨50.41⟩	15	⟨52.60⟩	15	⟨51.63⟩	15	⟨51.47⟩	15	⟨51.87⟩	15	⟨52.38⟩	15	⟨52.21⟩	15	⟨51.79⟩	15	⟨53.03⟩	15	⟨53.08⟩	15	43.77	
		25		25		25		25		25		25		25		25		25	⟨51.69⟩	25		25	⟨53.13⟩	25	43.34	

续表

点号	年份	日	1月水位	日	2月水位	日	3月水位	日	4月水位	日	5月水位	日	6月水位	日	7月水位	日	8月水位	日	9月水位	日	10月水位	日	11月水位	日	12月水位	年平均
Ⅱ-7	1997	5	⟨52.34⟩	5	⟨53.57⟩	5	⟨54.21⟩	5	45.30	5	⟨50.93⟩	5	⟨53.21⟩	5	⟨53.24⟩	5	⟨53.36⟩	5	⟨52.94⟩	5	⟨51.67⟩	5	⟨51.46⟩	5	⟨51.66⟩	45.19
		15	⟨52.61⟩	15	⟨53.61⟩	15	⟨54.21⟩	15	45.14	15	⟨53.12⟩	15	⟨53.32⟩	15	⟨53.29⟩	15	⟨53.28⟩	15	⟨52.17⟩	15	⟨51.67⟩	15	⟨51.46⟩	15	⟨51.73⟩	
		25	⟨52.67⟩	25	⟨53.96⟩	25	⟨54.00⟩	25	45.14	25	⟨53.16⟩	25	⟨53.37⟩	25	⟨53.36⟩	25	⟨53.00⟩	25	⟨52.13⟩	25	⟨51.80⟩	25	⟨51.51⟩	25	⟨51.79⟩	
	1998	5	⟨52.55⟩	5	⟨52.83⟩	5	⟨52.42⟩	5	⟨52.68⟩	5	⟨52.47⟩	5	⟨52.96⟩	5	⟨52.92⟩	5	⟨52.49⟩	5	⟨52.00⟩	5	46.90	5	⟨50.71⟩	5	⟨50.11⟩	47.93
		15	⟨52.67⟩	15	⟨52.71⟩	15	⟨52.10⟩	15	⟨52.77⟩	15	⟨52.47⟩	15	⟨52.94⟩	15	⟨52.92⟩	15	⟨52.44⟩	15	⟨52.00⟩	15	⟨51.88⟩	15	⟨50.36⟩	15	⟨50.39⟩	
		25	⟨52.89⟩	25	⟨52.42⟩	25	⟨51.76⟩	25	⟨52.55⟩	25	⟨53.21⟩	25	⟨52.30⟩	25	⟨52.61⟩	25	⟨52.44⟩	25	⟨51.96⟩	25	⟨51.16⟩	25	48.96	25	⟨50.81⟩	
	1999	5	⟨51.81⟩	5	⟨52.21⟩	5	⟨53.91⟩	5	⟨56.33⟩	5	48.40	5	⟨51.90⟩	5	⟨52.38⟩	5	⟨51.98⟩	5	⟨52.49⟩	5	45.36	5	47.96	5	⟨51.73⟩	47.54
		15	⟨51.96⟩	15	⟨52.36⟩	15	⟨54.66⟩	15	⟨55.98⟩	15	⟨52.46⟩	15	⟨52.20⟩	15	⟨52.11⟩	15	⟨52.37⟩	15	47.30	15	48.19	15	47.95	15	⟨51.76⟩	
		25	⟨51.96⟩	25	⟨52.36⟩	25	⟨55.59⟩	25	⟨55.76⟩	25	⟨51.48⟩	25	48.49	25	⟨51.96⟩	25	⟨52.37⟩	25	46.21	25	48.01	25	⟨51.66⟩	25	⟨51.88⟩	
	2000	5	⟨51.83⟩	5	⟨52.31⟩	5	⟨52.73⟩	5	⟨52.67⟩	5		5		5		5		5		5		5		5		
		15	⟨51.97⟩	12	⟨52.51⟩	15	⟨52.66⟩	15	⟨52.69⟩	15		15		15		15		15		15						
		25	⟨52.31⟩	25	⟨52.51⟩	25	⟨52.59⟩	25	⟨52.62⟩	25		25		25		25										
Ⅱ-8	1990	5	⟨33.71⟩	5	⟨34.15⟩	5	⟨35.10⟩	5	⟨35.38⟩	5	⟨35.19⟩	5	⟨34.83⟩	5	⟨34.36⟩	5	⟨34.14⟩	5	30.53	5	⟨33.87⟩	5	⟨35.52⟩	5	⟨35.38⟩	30.58
		15	⟨33.98⟩	15	⟨34.30⟩	15	⟨35.09⟩	15	⟨35.42⟩	15	⟨35.07⟩	15	⟨34.56⟩	15	⟨34.42⟩	15	30.78	15	30.57	15	⟨34.66⟩	15	⟨35.36⟩	15	⟨35.47⟩	
		24	⟨34.08⟩	25	⟨34.90⟩	25	⟨35.04⟩	25	⟨35.37⟩	25	⟨35.14⟩	25	⟨34.54⟩	25	⟨34.16⟩	25	30.59	25	30.45	25	⟨35.30⟩	25	⟨35.41⟩	25	⟨35.60⟩	
	1991	5	32.54	5	⟨36.80⟩	5	⟨36.37⟩	5	⟨38.16⟩	5	⟨38.44⟩	5	32.57	5	32.69	5	37.21	5	⟨38.61⟩	5	32.72	5	⟨39.41⟩	5	⟨49.82⟩	32.87
		15	⟨36.61⟩	15	⟨32.70⟩	15	33.98	15	⟨38.37⟩	15	⟨38.37⟩	15	⟨35.50⟩	15	⟨36.10⟩	15	32.10	15	33.16	15	32.45	15	⟨39.41⟩	15	⟨49.82⟩	
		25	⟨36.47⟩	25	⟨36.10⟩	25	33.63	25	⟨38.41⟩	25	32.75	25	⟨35.65⟩	25	⟨36.55⟩	25	32.93	25	⟨38.72⟩	25	⟨39.15⟩	25	⟨39.44⟩	25	⟨50.36⟩	
	1992	5		5		5		5		5		5	⟨50.90⟩	5	47.81	5	47.61	5	48.61	5	49.30	5	48.74	5	48.11	
	1997	15		15		15		15		15	⟨49.31⟩	15	⟨51.06⟩	15	47.98	15	⟨51.30⟩	15	⟨50.91⟩	15	48.93	15	48.32	15	⟨51.61⟩	48.31
		25	⟨50.46⟩	25		25		25		25	⟨49.38⟩	25	⟨51.08⟩	25	47.88	25	⟨50.63⟩	25	⟨51.33⟩	25	49.00	25	48.02	25	⟨51.59⟩	
	1998	15	⟨51.79⟩	15	⟨51.86⟩	15	⟨50.47⟩	15	⟨51.90⟩	15	47.66	15	⟨51.08⟩	15	⟨50.86⟩	15	⟨50.91⟩	15	⟨50.21⟩	15	44.10	15	⟨50.16⟩	15	⟨50.21⟩	44.10
	1999	15	⟨48.82⟩	15	⟨50.63⟩	15	⟨51.10⟩	15		15	⟨51.41⟩	15		15		15		15		15				15		

续表

点号	年份	1月 日	1月 水位	2月 日	2月 水位	3月 日	3月 水位	4月 日	4月 水位	5月 日	5月 水位	6月 日	6月 水位	7月 日	7月 水位	8月 日	8月 水位	9月 日	9月 水位	10月 日	10月 水位	11月 日	11月 水位	12月 日	12月 水位	年平均
Ⅱ1-9	1990	15	⟨31.94⟩	16	⟨32.43⟩	15	⟨32.93⟩	15	⟨32.84⟩	15	⟨32.16⟩	15	⟨31.84⟩	15	⟨31.55⟩	15	⟨31.76⟩	15	⟨31.40⟩	15	⟨32.36⟩	15	⟨34.39⟩	15	⟨34.48⟩	
	1991	15	⟨34.61⟩	12	⟨35.17⟩	15	⟨35.50⟩	15	⟨32.42⟩	15	⟨32.51⟩	15	⟨32.75⟩	15	⟨36.48⟩	15	⟨40.00⟩	15	⟨40.30⟩	15	⟨39.26⟩	15	⟨39.77⟩	15	⟨39.63⟩	
	1992	15	⟨38.92⟩	15	⟨38.65⟩	15	⟨39.26⟩	15	⟨39.48⟩	15	⟨39.89⟩	15	⟨39.91⟩	15	⟨40.30⟩	15	⟨41.11⟩	15	⟨41.31⟩	15	⟨41.11⟩	15	⟨41.97⟩	15	⟨42.26⟩	
	1993	15	⟨42.89⟩	15	⟨43.06⟩	15	⟨43.81⟩	15	⟨44.11⟩	15	⟨44.60⟩	15	⟨42.14⟩	15	⟨41.40⟩	15	⟨40.97⟩	15	⟨41.07⟩	15	⟨41.36⟩	15	⟨41.69⟩	15	⟨41.65⟩	
	1994	15	⟨41.65⟩	15	⟨41.81⟩	15	⟨42.10⟩	15	⟨42.66⟩	15	⟨42.69⟩	15	⟨42.56⟩	15	⟨41.95⟩	15	⟨42.21⟩	15	⟨42.81⟩	15	⟨42.87⟩	15	⟨43.11⟩	15	⟨43.27⟩	
Ⅱ1-10 (2)	1990	5	⟨54.83⟩	5	⟨55.76⟩	5	⟨58.78⟩	5	⟨57.56⟩	5	⟨58.79⟩	5	⟨57.34⟩	5	⟨56.37⟩	5	⟨56.63⟩	5	⟨55.66⟩	5	⟨55.37⟩	5	⟨55.79⟩	5	⟨55.88⟩	50.91
		15	⟨59.19⟩	15	⟨58.90⟩	15	⟨58.55⟩	15	⟨58.46⟩	15	⟨58.10⟩	15		15		15	50.91	15		15		15		15		
		25		25	⟨59.10⟩	25		25		25		25		25		25		25		25		25		25	⟨51.11⟩	
	1991	15	⟨55.78⟩	15	⟨55.66⟩	15	⟨55.71⟩	15	⟨55.56⟩	15	⟨54.67⟩	15	⟨53.72⟩	15	⟨51.37⟩	15	⟨52.66⟩	15	⟨51.96⟩	15	⟨52.38⟩	15	⟨52.93⟩	15	⟨51.11⟩	45.11
	1992	15		12	⟨52.36⟩	15	⟨52.49⟩	15	⟨53.38⟩	15	45.11	15	⟨54.55⟩	15	⟨54.91⟩	15	⟨55.61⟩	15	⟨55.71⟩	15	⟨54.33⟩	15	⟨55.16⟩	15	⟨55.81⟩	
	1993	15	⟨55.77⟩	15	⟨55.69⟩	15	⟨56.11⟩	15	⟨57.33⟩	15	⟨57.67⟩	15	⟨57.16⟩	15	⟨57.50⟩	15	⟨57.44⟩	15	⟨56.89⟩	15	⟨56.71⟩	15		15		
Ⅱ1-10 (3)	1990	5	⟨54.83⟩	5	⟨55.76⟩	5	⟨55.46⟩	5	⟨57.56⟩	5	⟨58.79⟩	5	34.36	5	⟨55.68⟩	5	⟨56.63⟩	5	⟨56.13⟩	5	⟨55.26⟩	5	⟨55.45⟩	5	35.35	35.14
		15	⟨55.06⟩	15	⟨55.37⟩	15	⟨55.53⟩	15	⟨58.38⟩	15	⟨58.38⟩	15	⟨55.30⟩	15	⟨56.27⟩	15	⟨56.80⟩	15	⟨55.14⟩	15	35.20	15	35.43	15	⟨55.70⟩	
		24	⟨55.31⟩	25	34.87	25	⟨55.16⟩	25	⟨58.10⟩	25	⟨51.36⟩	25	⟨55.65⟩	25	⟨56.43⟩	25	⟨56.19⟩	25	⟨55.15⟩	25	⟨55.76⟩	25	⟨55.61⟩	25	⟨56.14⟩	
	1991	5	⟨56.08⟩	5	⟨55.30⟩	5	⟨55.53⟩	5	⟨54.80⟩	5	35.51	5	⟨49.48⟩	5	⟨49.10⟩	5	⟨50.11⟩	5	⟨50.26⟩	5	⟨49.75⟩	5	⟨50.39⟩	5	⟨50.86⟩	35.51
		15	⟨55.71⟩	15	⟨55.37⟩	15	⟨55.55⟩	15	35.50	15	⟨49.49⟩	15	⟨49.36⟩	15	⟨49.61⟩	15	⟨50.10⟩	15	⟨50.39⟩	15	⟨49.72⟩	15	⟨50.21⟩	15	⟨50.00⟩	
		25	⟨55.69⟩	25	⟨55.51⟩	25	⟨55.16⟩	25	⟨51.61⟩	25	⟨50.67⟩	25	⟨49.39⟩	25	⟨49.61⟩	25	⟨50.18⟩	25	⟨49.80⟩	25	⟨50.07⟩	25	⟨50.21⟩	25	⟨49.65⟩	
	1992	5	⟨50.00⟩	2	⟨50.29⟩	5	⟨50.72⟩	5	⟨50.62⟩	5	39.03	5	39.72	5	⟨57.21⟩	5	⟨57.10⟩	5	⟨58.50⟩	5	⟨57.86⟩	5	40.50	5	⟨55.91⟩	39.86
		15	⟨50.15⟩	15	⟨50.60⟩	15	⟨50.72⟩	15	38.77	15	⟨51.05⟩	15	40.08	15	⟨57.67⟩	15	⟨58.70⟩	15	⟨58.31⟩	15	⟨57.08⟩	15	⟨55.23⟩	15	⟨56.21⟩	
		25	⟨50.27⟩	25	⟨50.89⟩	25	⟨50.48⟩	25	⟨50.51⟩	25	⟨51.39⟩	25	⟨56.83⟩	25	41.03	25	⟨58.71⟩	25	⟨58.10⟩	25	⟨57.26⟩	25	⟨55.47⟩	25	⟨56.37⟩	
	1993	5	⟨56.70⟩	5	⟨56.76⟩	5	⟨57.96⟩	5	⟨58.33⟩	5	⟨57.39⟩	5	⟨57.66⟩	5	⟨57.26⟩	5	⟨57.25⟩	5	⟨56.69⟩	5	⟨59.36⟩	5	40.53	5	39.88	40.93
		15	41.20	15	⟨56.79⟩	15	⟨58.11⟩	15	43.41	15	⟨57.39⟩	15	⟨57.60⟩	15	⟨57.31⟩	15	⟨57.27⟩	15	⟨57.58⟩	15	⟨59.36⟩	15	40.53	15	⟨58.61⟩	
		26	⟨56.80⟩	25	⟨58.11⟩	25	⟨58.11⟩	25	⟨57.15⟩	25	⟨57.51⟩	25	⟨57.44⟩	25	⟨57.30⟩	25	⟨56.99⟩	25	⟨59.30⟩	25	40.33	25	40.60	25	⟨58.61⟩	

续表

点号	年份	1月 日	1月 水位	2月 日	2月 水位	3月 日	3月 水位	4月 日	4月 水位	5月 日	5月 水位	6月 日	6月 水位	7月 日	7月 水位	8月 日	8月 水位	9月 日	9月 水位	10月 日	10月 水位	11月 日	11月 水位	12月 日	12月 水位	年平均
Ⅲ-10(3)	1994	5	〈56.84〉	5	〈56.66〉	5	〈56.99〉	5	〈56.54〉	5	43.20	5	〈56.73〉	5	〈57.26〉	5	〈57.56〉	5	43.51	5	〈59.33〉	5	〈62.91〉	5	〈62.91〉	43.30
		15	〈56.84〉	15	〈56.81〉	15	〈57.17〉	15	43.05	15	〈54.86〉	15	〈56.77〉	15	〈57.21〉	15	〈57.87〉	15	〈58.91〉	15	〈59.68〉	15	〈63.09〉	15	〈63.01〉	
		25	〈56.66〉	25	〈56.76〉	25	〈57.17〉	25	〈55.00〉	25	42.98	25	〈56.79〉	25	〈57.19〉	25	〈58.16〉	25	〈59.27〉	25	〈62.10〉	25	43.78	25	〈63.09〉	
	1996	5	〈59.78〉	5	〈60.05〉	5	〈60.94〉	5	〈61.43〉	5	〈61.16〉	5	〈60.15〉	5	〈60.49〉	5	〈60.56〉	5	〈60.31〉	5	47.86	5	49.07	5	48.83	48.40
		15	〈59.89〉	15	〈60.27〉	15	〈61.12〉	15	〈61.57〉	15	〈61.11〉	15	〈60.47〉	15	〈60.53〉	15	47.22	15	〈60.28〉	15	48.22	15	49.11	15	48.49	
		25	〈59.91〉	25	〈60.31〉	25	〈61.43〉	25	〈61.21〉	25	〈61.09〉	25	〈60.47〉	25	〈60.61〉	25	〈60.31〉	25	47.62	25	48.57	25	49.11	25	48.33	
	1997	5	48.20	5	47.72	5	〈69.79〉	5	〈69.81〉	5	〈40.56〉															47.92
		15	47.94	15	47.72	15	〈69.89〉	15	〈70.31〉	15		15		15		15										
		25	47.94	25	47.97	25	〈69.96〉	25	〈70.28〉	25		25		25		25										
Ⅲ-12	1990	7	〈29.60〉	7	〈30.44〉	7	〈32.61〉	7	〈31.32〉	7	〈30.46〉	7	〈29.98〉	7	〈29.53〉	7	〈30.23〉	7	〈31.91〉	7	〈33.05〉	7	〈35.34〉	7	〈33.04〉	30.03
		17	〈28.75〉	17	〈31.44〉	17	〈32.58〉	17	〈30.87〉	17	〈30.42〉	17	〈30.39〉	17	〈29.38〉	17	〈31.11〉	17	〈31.94〉	17	〈33.19〉	17	〈33.36〉	17	〈33.78〉	
		26	〈29.78〉	27	〈32.43〉	27	〈31.88〉	27	〈30.78〉	27	〈29.94〉	27	〈29.95〉	27	〈29.44〉	27	〈31.69〉	27	〈32.36〉	27	〈39.15〉	27	〈33.67〉	27	〈33.43〉	
	1991	7	〈33.22〉	13	〈33.40〉	17	〈35.67〉			7	〈34.22〉	7	〈34.12〉	7	〈34.96〉	7	〈32.17〉	7	〈33.38〉	7	25.96	7	〈34.53〉	7	32.52	
		17	〈34.06〉	17	〈33.39〉	17	29.40	17	〈35.97〉	17	〈33.59〉	17	〈31.24〉	17	〈31.23〉	17	〈32.39〉	17	〈33.83〉	17	〈33.82〉	17	〈33.91〉	17	32.52	
		27	〈35.53〉	26	〈33.72〉	27	27.58	27		27	〈33.05〉	27	〈30.78〉	27	〈31.65〉	27	〈32.90〉	27	〈33.25〉	27	〈34.51〉	27	〈33.82〉	27	32.19	
	1992	7	〈37.82〉	2	〈37.99〉	7	〈38.66〉	7	〈37.02〉	7	〈40.56〉	7	〈39.08〉	7	〈40.39〉	7	〈41.08〉	7	〈41.25〉	7	〈39.49〉	7	〈38.20〉	7	〈40.37〉	34.75
		17	〈37.28〉	17	〈37.89〉	17	〈38.94〉	17	〈37.91〉	17	〈40.34〉	17	〈38.97〉	17	〈40.82〉	17	〈40.89〉	17	〈41.45〉	17	〈38.48〉	17	34.16	17	〈40.19〉	
		27	〈37.96〉	27	〈38.67〉	27	〈38.64〉	27	〈38.75〉	27	42.60	27	〈39.24〉	27	〈41.24〉	27	〈41.36〉	27	〈40.72〉	27	〈37.45〉	27	〈39.39〉	27	〈40.30〉	
	1993	7	35.79	7	〈40.65〉	7	42.19	7	43.78	7	〈40.50〉	7	〈41.22〉	7	〈39.89〉	7	〈38.44〉	7	〈35.96〉	7	〈37.48〉	7	32.92	7	〈35.46〉	33.37
		17	〈40.51〉	17	〈40.89〉	17	〈42.82〉	17	〈44.55〉	17	〈41.97〉	17	〈40.81〉	17	〈39.19〉	17	〈38.71〉	17	〈36.03〉	17	〈37.20〉	17	32.59	17	〈34.77〉	
		26	〈40.98〉	27	〈41.51〉	27	〈42.86〉	27	〈44.33〉	27	〈42.44〉	27	〈40.21〉	27	〈38.33〉	27	〈37.65〉	27	〈36.58〉	27	〈36.72〉	27	32.17	27	〈35.04〉	
	1994	7	〈36.90〉	7	〈40.45〉	7	〈42.23〉	7	〈43.60〉	7	〈39.90〉	7	〈40.15〉	7	〈39.78〉	7	〈37.82〉	7	〈35.96〉	7	〈36.27〉	7	〈38.20〉	7	〈40.75〉	
		17	〈38.94〉	17	〈41.40〉	17	〈42.99〉	17	〈42.96〉	17	〈39.90〉	17	〈39.93〉	17	〈38.04〉	17	〈37.06〉	17	〈39.20〉	17	〈41.34〉	17	〈40.96〉	17	〈41.08〉	
		27	〈39.59〉	27	〈41.67〉	27	〈43.45〉	27	〈43.19〉	27	43.60	27	〈39.81〉	27	〈37.94〉	27	〈37.95〉	27	〈39.97〉	27	〈41.15〉	27	〈41.07〉	27	〈41.54〉	

续表

点号	年份	1月 日	1月 水位	2月 日	2月 水位	3月 日	3月 水位	4月 日	4月 水位	5月 日	5月 水位	6月 日	6月 水位	7月 日	7月 水位	8月 日	8月 水位	9月 日	9月 水位	10月 日	10月 水位	11月 日	11月 水位	12月 日	12月 水位	年平均
Ⅱ-12	1997	6		5		6		6		6		5		6		6		6		6	⟨56.85⟩	6	⟨53.05⟩	6	⟨52.32⟩	45.12
		16	⟨52.42⟩	16	⟨54.80⟩	16	⟨58.34⟩	16	⟨57.38⟩	16	⟨48.31⟩	16	⟨47.88⟩	16	⟨47.07⟩	16		16	⟨56.55⟩	16	⟨57.89⟩	16	45.12	16	⟨52.09⟩	
		26	⟨53.65⟩	26	⟨57.61⟩	26	⟨57.88⟩	26	⟨57.92⟩	26	⟨47.49⟩	26	⟨48.07⟩	26	⟨48.38⟩	26	39.56	26	⟨56.41⟩	26	⟨56.43⟩	26	⟨53.25⟩	26	⟨50.83⟩	
	1998	6	⟨53.37⟩	6	⟨56.84⟩	6	⟨57.86⟩	6	⟨56.71⟩	6	43.62	6	⟨46.44⟩	6	⟨47.67⟩	6	⟨45.73⟩	6	⟨45.09⟩	6	40.57	6	⟨46.97⟩	6	41.26	41.25
		25	⟨49.11⟩	16	44.44	16	46.14	16	⟨56.62⟩	16	⟨56.20⟩	16	⟨51.51⟩	16	⟨46.43⟩	16	⟨45.99⟩	16	40.86	16	⟨46.15⟩	16	⟨49.26⟩	16	41.95	
																26	40.82	26	40.96	26	⟨47.38⟩	26	⟨46.85⟩	26	⟨52.33⟩	
	1999	6	⟨51.35⟩	6	⟨55.27⟩	6	⟨55.63⟩	6	45.80	6	⟨54.44⟩	6	⟨47.57⟩	6	⟨46.84⟩	6	39.40	6	⟨44.36⟩	6	⟨47.39⟩	6	⟨47.60⟩	6	⟨46.72⟩	43.59
		16	⟨44.49⟩	16	⟨55.03⟩	16	⟨55.93⟩	16	⟨52.85⟩	16	⟨53.68⟩	16	⟨46.80⟩	16	40.14	16	⟨43.58⟩	16	⟨45.64⟩	16	⟨47.35⟩	16	⟨46.73⟩	16	⟨43.26⟩	
		26		26	44.94	26		26	29.71	26	⟨33.05⟩	26	⟨31.40⟩	26	⟨32.37⟩	26	⟨32.17⟩	26	⟨47.06⟩	26	⟨46.92⟩	26	⟨47.85⟩	26	⟨40.24⟩	
Ⅱ-13	1990	6	27.30	13	⟨33.05⟩	6	⟨34.80⟩	6	⟨32.75⟩	6	⟨32.99⟩	6	⟨32.78⟩	6	⟨32.02⟩	6	⟨33.32⟩	6	⟨33.05⟩	6	⟨34.81⟩	6	30.84	6	⟨33.73⟩	28.88
		16	27.66	16	⟨33.57⟩	16	⟨34.67⟩	16	⟨33.39⟩	16	⟨32.70⟩	16	⟨32.70⟩	16	⟨32.21⟩	16	⟨33.13⟩	16	⟨33.46⟩	16	⟨33.86⟩	16	⟨32.05⟩	16	⟨35.78⟩	
		26	⟨32.18⟩	26	⟨34.19⟩	26	⟨33.97⟩	26	23.84	26	22.90	26	21.30	26	⟨35.41⟩	26	⟨37.20⟩	26	⟨39.15⟩	26	⟨31.52⟩	26	⟨35.75⟩	26	⟨35.82⟩	
	1991	6	⟨35.84⟩	2	⟨35.77⟩	6	27.47	6	22.90	6	22.44	6	20.56	6	⟨35.95⟩	6	⟨37.22⟩	6	⟨38.61⟩	6	⟨38.29⟩	6	⟨38.52⟩	6	⟨39.66⟩	24.54
		16	⟨36.98⟩	16	⟨35.03⟩	16	28.22	16	23.07	16	21.90	16	23.43	16	⟨36.71⟩	16	⟨32.96⟩	16	⟨38.52⟩	16	⟨39.42⟩	16	⟨39.60⟩	16	34.46	
		26	⟨35.74⟩	26	⟨35.85⟩	26	26.53	26	⟨40.09⟩	26	⟨39.05⟩	26	⟨39.53⟩	26	⟨43.97⟩	26	⟨45.29⟩	26	⟨45.68⟩	26	⟨38.54⟩	26	⟨38.82⟩	26	⟨39.12⟩	
Ⅱ-13	1992	6	⟨39.80⟩	6	⟨39.88⟩	6	⟨41.08⟩	6	⟨39.32⟩	6	⟨39.37⟩	6	⟨39.33⟩	6	⟨44.54⟩	6	⟨44.55⟩	6	⟨45.89⟩	6	⟨39.42⟩	6	⟨42.86⟩	6	⟨44.24⟩	
		16	⟨39.59⟩	16	⟨39.88⟩	16	⟨41.24⟩	16	⟨39.44⟩	16	⟨39.35⟩	16	⟨39.02⟩	16	⟨45.12⟩	16	⟨45.41⟩	16	⟨45.29⟩	16	⟨38.54⟩	16	⟨42.58⟩	16	⟨44.23⟩	
		26	⟨39.74⟩	26	⟨41.88⟩	26	⟨41.67⟩	26	⟨47.71⟩	26	40.48	26	⟨44.47⟩	26	⟨43.66⟩	26	⟨42.49⟩	26	⟨41.88⟩	26	⟨44.20⟩	26	⟨43.79⟩	26	⟨44.24⟩	
	1993	6	⟨43.95⟩	6	⟨45.16⟩	6	⟨46.18⟩	6	⟨48.50⟩	6	40.11	6	⟨44.51⟩	6	⟨43.06⟩	6	⟨42.68⟩	6	⟨40.59⟩	6	⟨41.81⟩	6	⟨41.62⟩	6	⟨41.18⟩	40.30
		16	⟨44.59⟩	16	⟨45.04⟩	16	⟨46.59⟩	16	⟨45.67⟩	16	⟨45.91⟩	16	⟨44.42⟩	16	⟨42.95⟩	16	⟨41.75⟩	16	⟨41.07⟩	16	⟨41.37⟩	16	⟨41.04⟩	16	40.90	
		27	⟨44.94⟩	26	⟨45.59⟩	26	⟨46.04⟩	26	⟨48.29⟩	26	⟨47.42⟩	26	⟨44.52⟩	26	⟨43.94⟩	26	⟨42.57⟩	26	⟨43.72⟩	26	⟨41.40⟩	26	⟨40.41⟩	26	⟨41.26⟩	
	1994	6	⟨42.03⟩	6	⟨44.39⟩	6	⟨46.17⟩	6	41.51	6	⟨43.90⟩	6	⟨43.21⟩	6	⟨42.89⟩	6	⟨41.84⟩	6	⟨44.34⟩	6	⟨44.34⟩	6	⟨45.98⟩	6	⟨46.22⟩	41.51
		16	⟨42.88⟩	16	⟨44.87⟩	16	⟨46.40⟩	16	⟨47.33⟩	16	⟨44.60⟩	16	⟨43.49⟩	16	40.35	16	42.23	16	⟨44.34⟩	16	⟨46.51⟩	16	⟨46.37⟩	16	⟨46.48⟩	
		26	⟨42.81⟩	26	⟨46.08⟩	26	⟨47.66⟩	26		26		26		26		26		26	⟨39.09⟩	26	⟨46.33⟩	26	⟨46.05⟩	26	⟨46.67⟩	

续表

点号	年份	1月 日	1月 水位	2月 日	2月 水位	3月 日	3月 水位	4月 日	4月 水位	5月 日	5月 水位	6月 日	6月 水位	7月 日	7月 水位	8月 日	8月 水位	9月 日	9月 水位	10月 日	10月 水位	11月 日	11月 水位	12月 日	12月 水位	年平均
Ⅱ1-13	1995	16	⟨46.69⟩	16	⟨48.33⟩	16	⟨50.34⟩	16	⟨50.13⟩	16	⟨47.76⟩	16	⟨47.83⟩	16	⟨49.24⟩	16	⟨51.06⟩	16	⟨49.33⟩	16	⟨51.07⟩	16	⟨50.56⟩	16	⟨51.03⟩	
	1995	6	44.09	6	⟨51.30⟩	6	⟨51.16⟩	6	⟨51.79⟩	6	⟨50.77⟩	6	⟨51.43⟩	6	⟨49.48⟩	6	⟨48.70⟩	6	⟨49.71⟩	6	44.45	6	⟨51.47⟩	6	⟨49.99⟩	
	1996	16	⟨50.60⟩	16	⟨51.32⟩	16	⟨51.70⟩	16	45.88	16	⟨51.77⟩	16	⟨50.96⟩	16	⟨49.06⟩	16	⟨49.83⟩	16	⟨50.92⟩	16	⟨51.13⟩	16	⟨51.40⟩	16	⟨51.30⟩	44.68
	1996	26	⟨50.41⟩	26	⟨51.38⟩	26	⟨51.47⟩	26	⟨50.89⟩	26	⟨51.83⟩	26	⟨50.60⟩	26	⟨48.84⟩	26	⟨49.30⟩	26	44.29	26	⟨50.68⟩	26	⟨51.04⟩	26	⟨51.16⟩	
	1997	6	⟨51.83⟩	5	⟨51.36⟩	6	⟨51.92⟩	6	⟨53.04⟩	6	⟨52.62⟩	5	⟨52.91⟩	6	⟨53.37⟩	6	⟨52.52⟩	6		6		6		6		46.45
	1997	16	⟨51.79⟩	16	45.84	16	⟨52.10⟩	16	⟨52.43⟩	16	⟨52.85⟩	16	⟨52.97⟩	16	⟨53.46⟩	16	46.82									
	1997	26	⟨51.24⟩	26	45.85	26	⟨52.45⟩	26	⟨52.50⟩	26	⟨52.89⟩	26	⟨53.09⟩	26	⟨54.08⟩	26	47.30									
Ⅱ1-14	1990	16	⟨25.32⟩	16	⟨27.44⟩	16	⟨28.60⟩	16	⟨26.95⟩	16	⟨25.70⟩	16	⟨25.88⟩	16	⟨24.28⟩	16	⟨26.17⟩	16	⟨27.13⟩	16	25.83	16	⟨28.82⟩	16	⟨30.16⟩	25.83
	1991	16	27.55	16		16	32.85	16	28.92	16	⟨30.78⟩	16	⟨27.42⟩	16	⟨26.08⟩	16	⟨27.07⟩	16	⟨29.24⟩	16	⟨27.41⟩	16	⟨31.64⟩	16	29.84	28.77
	1992	16	29.60	16	⟨36.94⟩	16	⟨36.91⟩	16	⟨34.32⟩	16	⟨38.98⟩	16	⟨38.12⟩	16	⟨36.74⟩	16	⟨35.82⟩	16	32.52	16	⟨31.24⟩	16	31.23	16	27.09	29.60
	1993	16	⟨38.20⟩	16	⟨40.74⟩																					30.92
	1994	6	⟨28.35⟩	6	⟨30.88⟩	6	⟨31.45⟩	6	⟨30.97⟩	6	⟨29.63⟩	6	⟨27.82⟩	6	⟨27.11⟩	6	24.97	6	26.53	6	⟨29.23⟩	6	⟨30.15⟩	6	⟨29.76⟩	
	1994	16	⟨28.21⟩	16	⟨30.43⟩	16	⟨31.73⟩	16	⟨30.77⟩	16	⟨29.22⟩	16	⟨27.86⟩	16	⟨26.80⟩	16	⟨27.72⟩	16	⟨28.66⟩	16	⟨29.60⟩	16	⟨30.42⟩	16	⟨30.94⟩	25.75
	1994	26	⟨28.13⟩	26	⟨31.06⟩	26	⟨31.14⟩	26	⟨30.72⟩	26	⟨27.30⟩	26	⟨27.85⟩	26	⟨27.25⟩	26	⟨28.41⟩	26	⟨29.14⟩	26	⟨29.95⟩	26	⟨30.68⟩	26	⟨31.11⟩	
Ⅱ1-15	1990	6	⟨30.90⟩	6	⟨33.24⟩	6	⟨34.28⟩	6	⟨33.57⟩	6	32.12	6	27.24	6	⟨33.75⟩	6	⟨34.31⟩	6	⟨32.45⟩	6	⟨31.82⟩	6	⟨34.38⟩	6	⟨34.32⟩	
	1990	16	⟨31.38⟩	16	⟨33.75⟩	16	⟨34.21⟩	16	⟨33.04⟩	16	⟨31.55⟩	16	26.82	16	⟨34.13⟩	16	⟨34.28⟩	16	⟨33.14⟩	16	28.49	16	⟨34.53⟩	16	⟨34.22⟩	29.14
	1990	26	⟨32.37⟩	26	⟨34.20⟩	26	31.02	26	⟨32.69⟩	26	⟨30.27⟩	26	⟨33.44⟩	26	⟨34.29⟩	26	⟨34.29⟩	26	⟨33.83⟩	26	⟨34.29⟩	26	⟨33.85⟩	26	⟨33.68⟩	
	1991	6	⟨34.40⟩	6	⟨35.66⟩	6	⟨34.19⟩	6	⟨34.89⟩	6	⟨33.80⟩	6	⟨34.30⟩	6	⟨34.29⟩	6	⟨50.96⟩	6	⟨49.77⟩	6	⟨46.57⟩	6	⟨44.07⟩	6	⟨43.52⟩	
	1991	16	⟨34.38⟩	16	⟨35.89⟩	16	⟨35.66⟩	16	⟨34.57⟩	16	⟨33.54⟩	16	⟨34.30⟩	16	⟨49.36⟩	16	⟨49.34⟩	16	⟨49.32⟩	16	⟨44.34⟩	16	⟨45.87⟩	16	⟨42.88⟩	
	1991	26	⟨34.88⟩	26	⟨36.17⟩	26	⟨34.62⟩	26	⟨34.16⟩	26	⟨33.92⟩	26	⟨41.73⟩	26	⟨49.29⟩	26	⟨49.86⟩	26	⟨47.81⟩	26	⟨42.65⟩	26	⟨42.64⟩	26	⟨47.65⟩	
	1992	6	⟨44.25⟩	6	⟨47.41⟩	6	⟨46.58⟩	6	⟨47.12⟩	6	33.71	6	⟨41.33⟩	6	⟨41.36⟩	6	⟨39.58⟩	6	⟨39.42⟩	6	⟨40.29⟩	6	⟨41.38⟩	6	⟨40.07⟩	
	1992	16	⟨48.75⟩	16	⟨47.41⟩	16	⟨46.39⟩	16	⟨47.57⟩	16	33.60	16	⟨41.54⟩	16	⟨41.28⟩	16	⟨40.45⟩	16	⟨39.25⟩	16	⟨40.46⟩	16	⟨40.12⟩	16	⟨41.13⟩	
	1993	26	34.06	26	⟨47.28⟩	26	⟨46.79⟩	26	⟨43.44⟩	26	⟨42.67⟩	26	⟨41.78⟩	26	⟨40.39⟩	26	⟨39.68⟩	26	⟨40.32⟩	26	⟨40.96⟩	26	⟨39.76⟩	26	⟨42.06⟩	33.76

续表

点号	年份	1月 日	1月 水位	2月 日	2月 水位	3月 日	3月 水位	4月 日	4月 水位	5月 日	5月 水位	6月 日	6月 水位	7月 日	7月 水位	8月 日	8月 水位	9月 日	9月 水位	10月 日	10月 水位	11月 日	11月 水位	12月 日	12月 水位	年平均
II1-15	1994	6	〈42.58〉	6	〈49.95〉	6	〈50.75〉	6	〈51.45〉	6	〈50.24〉	6	〈41.66〉	6	〈41.48〉	6	31.34	6	〈44.52〉	6	〈47.06〉	6	〈45.82〉	6	〈49.22〉	
		16	〈42.94〉	16	〈50.37〉	16	〈51.07〉	16	〈51.55〉	16	〈44.10〉	16	〈47.44〉	16	〈41.40〉	16	〈40.94〉	16	〈45.79〉	16	〈48.24〉	16	〈47.90〉	16	〈47.17〉	33.04
		26	〈49.80〉	26	34.74	26	〈51.58〉	26	〈50.45〉	26	〈44.60〉	26	〈43.89〉	26	〈40.66〉	26	〈42.44〉	26	〈47.35〉	26	〈47.56〉	26	〈48.58〉	26	〈47.89〉	
	1996	16	〈49.80〉	16	〈50.60〉	16	〈52.75〉	16	〈52.21〉	16	〈51.30〉	16	〈50.61〉	16	〈45.25〉	16	〈44.74〉	16	〈45.98〉	16	〈48.18〉	16	〈48.36〉	16	〈48.64〉	
	1997	16	38.69	16	〈49.58〉	16	〈52.27〉	16	〈53.75〉	16	〈51.83〉	16	〈51.68〉	16	〈50.91〉	16	〈47.78〉	16	〈49.96〉	16	〈49.82〉	16	〈47.85〉	16	〈48.23〉	38.69
	1998	16	〈49.81〉	16	〈50.27〉	16	〈54.56〉	16	〈50.72〉	16	37.94	16	〈41.52〉	16	〈41.24〉	16	〈38.49〉	16	〈38.64〉	16	〈39.04〉	16	〈42.64〉	16	〈42.46〉	37.94
	1999	16	〈49.80〉	16	〈51.27〉	16	〈54.65〉	16	41.15	16	〈49.02〉	16	〈48.50〉	16	〈46.23〉	16	〈43.84〉	16	〈42.57〉	16	37.29	16	〈41.93〉	16	〈42.74〉	39.22
	2000	16	〈41.67〉	16	〈42.74〉	16	〈44.16〉	16	〈41.39〉	16	〈42.57〉	16	〈41.69〉	16	〈34.33〉	16	〈43.26〉	16	〈35.11〉	16	〈32.68〉	16	〈32.52〉	16	〈32.77〉	
II1-16	1990	6	〈31.10〉	6	〈33.32〉	6	〈33.22〉	6	〈33.12〉	6	〈31.22〉	6	22.96	6	〈29.67〉	6	〈30.47〉	6	〈30.28〉	6	〈32.70〉	6	〈36.35〉	6	25.23	
		16	〈30.15〉	16	〈32.95〉	16	〈33.76〉	16	〈32.63〉	16	〈31.45〉	16	〈32.02〉	16	〈30.27〉	16	〈30.69〉	16	〈32.48〉	16	〈32.76〉	16	〈31.73〉	16	24.98	24.96
		26	〈33.59〉	26	26.43	26	25.43	26	〈33.16〉	26	〈31.12〉	26	〈31.01〉	26	〈30.60〉	26	〈30.11〉	26	24.31	26	〈30.44〉	26	〈33.84〉	26	25.40	
	1991	6	〈34.03〉	6	〈33.93〉	6	〈34.16〉	6	〈34.15〉	6	27.42	6	〈30.79〉	6	〈29.94〉	6	〈32.06〉	6	〈32.21〉	6	〈33.99〉	6	〈34.37〉	6	〈34.27〉	
		16	27.33	16	〈33.63〉	16	〈34.07〉	16	27.85	16	25.46	16	〈30.71〉	16	〈30.55〉	16	〈32.61〉	16	〈34.84〉	16	〈31.84〉	16	25.60	16	〈34.70〉	26.59
		26	28.10	26	〈34.05〉	26	〈34.08〉	26	〈34.13〉	26	24.34	26	〈29.47〉	26	〈31.62〉	26	〈33.18〉	26	〈35.14〉	26	〈31.24〉	26	〈34.40〉	26	〈35.61〉	
	1992	6	〈34.40〉	6	〈34.15〉	6	〈34.55〉	6	〈38.89〉	6	〈33.93〉	6	30.80	6	〈34.11〉	6	〈33.58〉	6	〈34.27〉	6	〈34.16〉	6	〈34.28〉	6	29.21	
		16	〈34.38〉	16	〈35.66〉	16	〈34.66〉	16	〈33.95〉	16	〈34.10〉	16	〈32.45〉	16	〈30.77〉	16	〈34.15〉	16	〈37.43〉	16	〈34.19〉	16	〈34.09〉	16	〈34.55〉	28.55
		26	〈34.91〉	26	〈35.31〉	26	〈34.17〉	26	〈34.24〉	26	〈31.02〉	26	〈31.34〉	26	〈34.10〉	26	〈34.11〉	26	〈34.12〉	26	〈34.15〉	26	25.64	26	〈34.38〉	
	1993	16	〈36.25〉	16	〈36.15〉	16	31.71	16	〈42.47〉	16	32.30	16	〈40.12〉	16	〈37.87〉	16	25.85	16	〈34.89〉	16	25.29	16	25.51	16	25.78	
		27	〈36.19〉																							
		6				6	30.72	6	〈43.20〉	6	30.81	6	〈38.95〉	6	〈38.01〉	6	26.08	6	〈35.29〉	6	〈35.92〉	6	25.51	6	26.79	27.86
		16	〈36.26〉	16	〈43.58〉	16	30.50	16	34.59	16	25.49	16	29.10	16	〈38.47〉	16	〈37.78〉	16	28.55	16	〈36.58〉	16	〈30.87〉	16	〈37.13〉	
		26		26		26	〈45.27〉	26	〈43.35〉	26	〈39.15〉	26	〈39.41〉	26	〈39.43〉	26	〈39.37〉	26	29.31	26	〈31.40〉	26	〈31.11〉	26	28.96	
	1994	6	〈39.06〉	6	〈43.54〉	6	32.26	6		6		6		6		6		6		6		6		6		
		16	〈40.64〉	16		16		16		16		16	〈39.84〉	16	〈38.58〉	16	〈40.38〉	16	〈31.18〉	16	〈31.06〉	16	〈31.18〉	16	〈31.82〉	29.81
		26	〈41.46〉	26	〈45.30〉	26	〈44.33〉	26	〈42.55〉	26	〈40.56〉	26		26		26		26		26		26		26	30.19	

续表

点号	年份	1月 日	1月 水位	2月 日	2月 水位	3月 日	3月 水位	4月 日	4月 水位	5月 日	5月 水位	6月 日	6月 水位	7月 日	7月 水位	8月 日	8月 水位	9月 日	9月 水位	10月 日	10月 水位	11月 日	11月 水位	12月 日	12月 水位	年平均
Ⅲ-17(2)	1991	7	33.07	5	33.39	5	33.98	5	⟨38.22⟩	5	⟨38.38⟩	5	⟨36.94⟩	5	28.73	5	⟨38.92⟩	5	⟨39.85⟩	5	⟨40.08⟩	5	⟨40.86⟩	5	⟨41.22⟩	
		15	33.14	12	33.53	15	⟨39.19⟩	15	⟨38.57⟩	15	⟨37.50⟩	15	⟨36.55⟩	15	⟨37.11⟩	15	⟨39.07⟩	15	⟨40.58⟩	15	⟨39.55⟩	15	⟨40.90⟩	15	⟨41.56⟩	32.93
		25	33.43	25	34.17	25	⟨38.21⟩	25	⟨38.42⟩	25	⟨37.16⟩	25	⟨36.51⟩	25	⟨37.75⟩	25	⟨39.27⟩	25	⟨40.00⟩	25	⟨39.79⟩	25	⟨40.93⟩	25	⟨41.20⟩	
	1992	5	⟨41.26⟩	2	⟨41.36⟩	5	⟨41.48⟩	5	⟨42.39⟩	5	⟨42.33⟩	5	⟨43.64⟩	5	⟨45.00⟩	5	⟨47.26⟩	5	⟨45.90⟩	5	⟨44.93⟩	5	⟨43.32⟩	5	⟨44.26⟩	
		15	⟨41.27⟩	15	⟨41.51⟩	15	⟨41.38⟩	15	⟨42.19⟩	15	⟨44.40⟩	15	⟨44.76⟩	15	⟨45.95⟩	15	⟨45.39⟩	15	⟨45.62⟩	15	⟨44.22⟩	15	⟨42.61⟩	15	⟨45.00⟩	40.18
		25	⟨41.29⟩	25	⟨42.62⟩	25	⟨42.26⟩	25	⟨42.26⟩	25	⟨44.23⟩	25	⟨44.05⟩	25	⟨46.92⟩	25	⟨43.72⟩	25	⟨45.40⟩	25	⟨43.72⟩	25	⟨43.58⟩	25	⟨45.13⟩	
	1993	5	39.26	5	⟨45.33⟩	5	⟨46.15⟩	5	⟨47.35⟩	5	41.88	5	41.09	5	⟨45.00⟩	5	⟨43.95⟩	5	⟨41.97⟩	5	⟨42.10⟩	5	⟨41.65⟩	5	⟨42.19⟩	
		15	⟨45.00⟩	15	⟨45.67⟩	15	⟨46.68⟩	15	⟨47.86⟩	15	⟨46.06⟩	15	⟨45.27⟩	15	⟨45.00⟩	15	⟨43.67⟩	15	⟨41.65⟩	15	⟨42.52⟩	15	37.01	15	⟨41.39⟩	38.44
		25	⟨45.20⟩	25	⟨45.82⟩	25	37.71	25	⟨48.57⟩	25	⟨46.67⟩	25	⟨45.80⟩	25	⟨44.66⟩	25	38.77	25	36.84	25	37.18	25	36.54	25	⟨41.60⟩	
	1994	26	⟨42.48⟩	5	37.62	5	⟨47.31⟩	5	⟨48.19⟩	5	⟨48.36⟩	5	⟨46.57⟩	5	⟨46.47⟩	5	⟨44.79⟩	5	39.67	5	40.14	5	⟨49.79⟩	5	⟨50.52⟩	
		5	⟨43.21⟩	15	⟨46.71⟩	15	⟨47.91⟩	15	⟨47.68⟩	15	⟨47.74⟩	15	⟨45.57⟩	15	⟨45.68⟩	15	⟨44.33⟩	15	⟨46.04⟩	15	⟨49.15⟩	15	41.67	15	⟨50.77⟩	39.62
		25	⟨44.36⟩	25	⟨45.69⟩	25	⟨47.62⟩	25	⟨48.36⟩	25	⟨46.75⟩	25	⟨45.80⟩	25	⟨45.96⟩	25	⟨53.77⟩	25	⟨46.04⟩	25	⟨49.56⟩	25	⟨50.20⟩	25	⟨50.47⟩	
	1995	15	⟨50.00⟩	15	⟨53.40⟩	15	⟨52.81⟩	15	⟨52.79⟩	15	⟨51.75⟩	15	⟨56.48⟩	15	⟨53.50⟩	15	⟨56.06⟩	15	⟨54.02⟩	15	⟨54.93⟩	15	⟨55.50⟩	15	⟨56.40⟩	42.92
	1996	15	⟨56.88⟩	15	⟨57.19⟩	15	⟨57.11⟩	15	⟨57.36⟩	15	⟨57.56⟩	15	⟨57.01⟩	15	⟨55.66⟩	15	⟨56.10⟩	15	⟨56.17⟩	15	⟨57.60⟩	15	⟨57.71⟩	15	⟨57.13⟩	48.33
	1997	15	⟨57.10⟩	15	⟨57.16⟩	15	⟨57.31⟩	15	⟨57.00⟩	15	⟨57.80⟩	15	⟨58.19⟩	15	⟨57.45⟩	15	⟨57.55⟩	15	⟨59.86⟩	15	⟨60.01⟩	15	⟨60.49⟩	15	48.33	
	1998	15	⟨60.31⟩	15	⟨60.46⟩	15	⟨61.96⟩	15	⟨60.21⟩	15	⟨59.62⟩	15	⟨59.31⟩	15	⟨57.81⟩	15	⟨56.38⟩	15	⟨55.24⟩	15	⟨55.56⟩	15	⟨55.83⟩	15	⟨56.16⟩	
	1999	15	⟨56.56⟩	15	⟨56.97⟩	15	⟨57.31⟩	15	⟨60.00⟩	15	⟨59.68⟩	15	⟨58.19⟩	15	⟨58.77⟩	15	⟨56.38⟩	15	⟨56.79⟩	15	⟨57.17⟩	15	⟨56.91⟩	15	⟨57.17⟩	44.47
	2000	15		15		15		15		15	⟨59.78⟩	15	44.47	15	⟨59.42⟩	15	⟨59.08⟩	15	⟨59.29⟩	15	⟨59.60⟩	15	⟨59.59⟩	15	⟨59.68⟩	
Ⅲ-18	1990	15	⟨31.08⟩	15	⟨38.50⟩	15	⟨34.10⟩	15	⟨33.34⟩	15	⟨33.39⟩	15	⟨33.23⟩	15	⟨33.86⟩	15	⟨34.12⟩	15	⟨32.99⟩	15	⟨33.79⟩	15	⟨35.06⟩	15	30.21	30.21
	1991	15	⟨34.39⟩	15	⟨35.07⟩	15	⟨36.30⟩	15	⟨36.40⟩	15	⟨36.51⟩	15	⟨35.00⟩	15	⟨35.60⟩	15	⟨35.21⟩	15	⟨35.76⟩	15	30.72	15	⟨36.36⟩	15	⟨37.11⟩	30.72
	1992	15	⟨38.62⟩	12	33.75	15	34.02	15	34.37	15	⟨39.67⟩	15	⟨39.16⟩	15	⟨39.68⟩	15	⟨43.00⟩	15	⟨43.44⟩	15	⟨42.16⟩	15	⟨43.63⟩	15	⟨44.26⟩	34.05
	1993	15	⟨45.11⟩	15	⟨46.16⟩	15	⟨46.91⟩	15	⟨48.80⟩	15	⟨48.99⟩	15	⟨48.86⟩	15	⟨48.61⟩	15	⟨47.89⟩	15	⟨47.26⟩	15	⟨47.91⟩	15	⟨48.11⟩	15	⟨47.96⟩	
	1994	15	⟨45.60⟩	15	⟨45.36⟩	15	⟨46.39⟩	15	⟨48.66⟩	15	39.96	15	⟨47.91⟩	15	⟨46.87⟩	15	⟨47.36⟩	15	⟨48.29⟩	15	⟨48.86⟩	15	⟨48.99⟩	15	⟨49.37⟩	39.96
	1995	15	⟨45.69⟩	15	⟨46.10⟩	15	⟨46.03⟩	15	⟨46.81⟩	15	⟨45.00⟩	15	⟨45.71⟩	15	⟨46.27⟩	15	⟨46.06⟩	15	⟨45.84⟩	15	⟨45.67⟩	15	⟨47.87⟩	15	⟨48.16⟩	

续表

点号	年份	1月 日	1月 水位	2月 日	2月 水位	3月 日	3月 水位	4月 日	4月 水位	5月 日	5月 水位	6月 日	6月 水位	7月 日	7月 水位	8月 日	8月 水位	9月 日	9月 水位	10月 日	10月 水位	11月 日	11月 水位	12月 日	12月 水位	年平均
Ⅲ1-18	1996	15	〈48.59〉	15	〈48.79〉	15	〈48.91〉	15	〈49.22〉	15	〈49.00〉	15	〈48.17〉	15	〈48.62〉	15	〈46.60〉	15	〈46.76〉	15	〈47.31〉	15	〈47.56〉	15	〈48.25〉	
	1997	15	42.90	15	〈48.11〉	15	〈48.26〉	15	〈48.20〉	15	〈48.81〉	15	〈48.77〉	15	〈48.91〉	15	〈48.68〉	15	〈49.81〉	15	〈49.48〉	15	〈49.27〉	15	〈49.27〉	42.90
	1998	15	〈49.49〉	15	〈49.67〉	15	〈51.81〉	15	〈49.67〉	15	〈49.18〉	15	〈48.86〉	15	〈48.34〉	15	〈48.16〉	15	〈47.83〉	15	〈47.91〉	15	〈48.27〉	15	〈48.68〉	
	1999	15	〈48.82〉	15	〈48.96〉	15	〈49.27〉	15	〈49.68〉	15	〈49.71〉	15	〈49.57〉	15	〈48.91〉	15	〈49.26〉	15	〈49.60〉	15	〈49.88〉	15	30.78	15	〈42.36〉	30.78
	2000	15	〈49.33〉	15	〈49.63〉	15	〈42.17〉	15	〈48.52〉	15	〈44.66〉	15	〈44.22〉	15	〈42.76〉	15	〈42.63〉	15	37.85	15	〈40.66〉	15	〈34.47〉	15	〈40.76〉	37.85
Ⅲ1-19	1990	5	〈32.78〉	5	〈33.68〉	5	〈34.00〉	5	〈33.57〉	5	〈33.69〉	5	〈33.46〉	5	29.39	5	28.89	5	29.48	5	30.12	5	〈34.50〉	5	〈34.18〉	29.47
	1991	15	〈32.79〉	16	〈33.10〉	15	〈33.81〉	15	〈33.26〉	15	〈33.18〉	15	33.24	15	〈33.96〉	15	〈34.07〉	15	〈34.91〉	15	〈36.16〉	15	〈36.91〉	15	32.71	32.59
	1992	24	〈33.02〉	25	〈33.30〉	25	〈33.63〉	25	〈33.86〉	25	〈32.90〉	25	〈41.82〉	25	〈42.31〉	25	〈43.71〉	25	〈43.31〉	25	〈41.61〉	25	〈42.11〉	25	39.11	39.11
	1993	15	〈34.07〉	12	〈34.81〉	15	32.33	15	32.09	15	〈34.62〉	15	〈45.81〉	15	〈45.83〉	15	〈44.96〉	15	〈44.11〉	15	〈44.83〉	15	〈42.11〉	15		39.61
Ⅲ1-20 浅	1990	5	〈32.51〉	5	〈32.70〉	5	〈33.35〉	5	〈33.66〉	5	25.87	5	〈32.44〉	5	〈32.90〉	5	〈33.36〉	15	〈30.34〉	15	〈33.87〉	5	〈33.57〉	15	〈32.14〉	25.87
	1991	15	25.13	16	〈33.60〉	15	〈34.46〉	15	〈34.80〉	15	32.16	15	〈34.60〉	15	〈31.80〉	15	32.04	15	31.91	15	31.42	15	〈34.66〉	15	〈35.86〉	30.53
	1992	15	〈36.59〉	12	〈36.37〉	15	〈37.10〉	15	〈37.31〉	15	〈38.21〉	15	〈38.18〉	15	〈38.91〉	15	38.14	15	〈39.80〉	15	37.84	15	〈40.10〉	15	38.16	38.05
	1993	15	38.71	15	〈40.60〉	15	〈41.21〉	15	〈41.89〉	15	〈42.66〉	15	〈42.97〉	15	〈42.71〉	15	〈42.71〉	15	〈41.97〉	15	35.28	15	35.21	15	〈39.69〉	36.40
	1994	15	〈39.11〉	15	〈39.00〉	15	〈39.86〉	15	〈42.67〉	15	〈42.11〉	15	〈42.27〉	15	〈41.45〉	15	〈41.49〉	15	〈42.10〉	15	〈42.31〉	15	〈42.46〉	15	〈42.61〉	
Ⅲ1-21	1990	5	〈34.59〉	5	〈35.49〉	5	〈34.93〉	5	〈33.95〉			5	〈35.77〉	5	〈35.76〉	5	〈35.70〉	5	〈40.15〉	5	31.90	5	32.63	5	32.61	32.40
		15	〈35.70〉	15	〈35.20〉	15	〈34.74〉	15	〈34.69〉	15	〈35.26〉	15	〈35.77〉	15	〈36.21〉	15	〈35.75〉	15	〈34.90〉	15	31.72	15	32.66	15	〈40.00〉	
		25	〈35.81〉	25	〈31.95〉	25	〈34.55〉	25	〈34.64〉	25	〈34.86〉	25	〈35.56〉	25	〈36.00〉	25	〈35.90〉	25	〈34.66〉	25	〈34.83〉	25	32.86	25	〈40.50〉	
	1991	15	〈40.86〉	15	31.94	15	34.16	15	34.50	15	33.34	15	〈39.10〉	15	32.67	15	〈39.26〉	15	31.96	15	32.59	15	32.81	15	33.77	33.07
		25	32.97	25	32.18	25	34.29	25	33.56		32.64			25	〈38.16〉	25	〈39.38〉	25	31.98	25	32.41	25	33.04	25	〈39.97〉	
	1992	5	34.30	2	33.78	5	34.77	5	33.39	15	32.37	15	〈38.46〉	15	〈38.57〉	15	〈39.46〉	15	32.65	15	32.39	15	33.40	15	〈40.00〉	34.64
		15	〈40.36〉	15	34.82	15	〈40.41〉	15	35.00			15	〈38.44〉	15	〈44.14〉	15	〈46.37〉	15	〈47.30〉	15	〈46.51〉	15	〈45.71〉	15	〈46.56〉	
		25	〈40.36〉	25	〈40.37〉	25	34.49	25		25		25	〈43.21〉	25	〈44.67〉	25	〈47.10〉	25	〈47.36〉	25	〈45.96〉	25	〈45.71〉	25	〈46.91〉	
												25	〈43.76〉	25	〈45.58〉	25	〈47.31〉	25	〈47.17〉	25	〈45.96〉	25	〈45.83〉	25	〈47.10〉	

续表

点号	年份	1月 日	1月 水位	2月 日	2月 水位	3月 日	3月 水位	4月 日	4月 水位	5月 日	5月 水位	6月 日	6月 水位	7月 日	7月 水位	8月 日	8月 水位	9月 日	9月 水位	10月 日	10月 水位	11月 日	11月 水位	12月 日	12月 水位	年平均
Ⅲ-21	1993	15	⟨47.90⟩	15	⟨48.11⟩	15	⟨48.63⟩	15	40.01	15	⟨49.59⟩	15	⟨49.51⟩	15	⟨49.10⟩	15	⟨47.88⟩	15	⟨47.63⟩	15	⟨48.60⟩	15	⟨47.46⟩	15	⟨47.38⟩	40.01
	1994	5	⟨48.11⟩	5	⟨47.60⟩	5	⟨48.26⟩	5	⟨47.88⟩	5		5		5		5		5		5		5		5		
		15	⟨47.86⟩	15	⟨47.63⟩	15	⟨48.63⟩	15		15		15		15		15		15		15		15		15		
		25	⟨47.20⟩	25	⟨47.73⟩	25	⟨48.46⟩	25		25		25		25		25		25		25		25		25		
Ⅲ-22浅	1990	6	⟨33.55⟩	6	⟨33.28⟩	6	⟨33.51⟩	6	⟨33.10⟩	6	⟨33.25⟩	6	⟨33.29⟩	6	⟨33.24⟩	6	⟨33.41⟩	6	⟨33.75⟩	6	⟨34.42⟩	6	⟨33.54⟩	6	⟨33.62⟩	28.31
		16	⟨33.41⟩	16	⟨33.27⟩	16	⟨33.46⟩	16	⟨32.86⟩	16	⟨33.24⟩	16	⟨33.52⟩	16	⟨33.47⟩	16	⟨33.31⟩	16	⟨33.63⟩	16	⟨33.75⟩	16	⟨33.65⟩	16	⟨33.60⟩	
		26	⟨33.38⟩	26	⟨33.31⟩	26	⟨33.08⟩	26	⟨33.03⟩	26	⟨33.12⟩	26	⟨33.55⟩	26	⟨33.38⟩	26	⟨33.79⟩	26	28.31	26	⟨33.55⟩	26	⟨33.62⟩	26	⟨33.64⟩	
	1991	6	⟨33.59⟩	13	⟨32.67⟩	6	⟨33.46⟩	6	⟨33.72⟩	6	⟨33.73⟩	6	⟨33.57⟩	6	⟨33.38⟩	6	⟨33.64⟩	6	⟨33.78⟩	6	⟨33.79⟩	6	⟨33.57⟩	6	⟨33.86⟩	28.49
		16		26					16	⟨34.41⟩	16	29.56	16	⟨33.84⟩	16	⟨34.36⟩	16	⟨33.65⟩	16	⟨33.42⟩	16	⟨33.83⟩	16	⟨33.39⟩	16	⟨33.66⟩	
		26				26	⟨34.69⟩	26	⟨33.77⟩	26	29.16	26	27.86	26	⟨33.66⟩	26	⟨33.63⟩	26	⟨33.88⟩	26	⟨33.53⟩	26	27.37	26	⟨34.12⟩	
	1992	6	⟨35.07⟩	2	⟨35.99⟩	6		6	24.51	6	32.64	6	33.26	6	⟨41.03⟩	6	⟨41.24⟩	6	⟨42.37⟩	6	⟨41.85⟩	6	⟨40.16⟩	6	⟨41.41⟩	29.69
		16	⟨35.69⟩	16	⟨34.61⟩	16	22.34	16	32.20	16	32.59	16	⟨39.82⟩	16	⟨41.24⟩	16	⟨41.81⟩	16	⟨42.10⟩	16	⟨40.90⟩	16	⟨40.36⟩	16	⟨40.98⟩	
		26	⟨35.99⟩	26	⟨35.69⟩	26	24.30	26	32.51	26	32.89	26	⟨40.22⟩	26	⟨40.79⟩	26	⟨42.28⟩	26	⟨41.89⟩	26	⟨40.72⟩	26	⟨41.15⟩	26	⟨41.90⟩	
	1993	6	⟨42.68⟩	6	⟨42.41⟩	6	⟨43.28⟩	6	⟨42.48⟩	6	⟨42.59⟩	6	⟨41.28⟩	6	34.57	6	⟨39.06⟩	6	⟨38.45⟩	6	⟨38.91⟩	6	32.57	6	⟨38.43⟩	32.94
		16	⟨42.95⟩	16	⟨42.50⟩	16	⟨41.87⟩	16	⟨41.39⟩	16	⟨40.25⟩	16	⟨40.88⟩	16	33.50	16	⟨39.43⟩	16	⟨38.53⟩	16	⟨39.35⟩	16	32.01	16	⟨39.45⟩	
		27	⟨42.98⟩	26	⟨42.57⟩	26	⟨42.09⟩	26	⟨42.73⟩	26	⟨41.46⟩	26	⟨40.56⟩	26	33.03	26	⟨39.38⟩	26	⟨39.06⟩	26	31.94	26	⟨38.95⟩	26	⟨40.37⟩	
	1994	6	⟨41.90⟩	6	⟨44.75⟩	6	⟨43.62⟩	6	36.75	6	⟨44.32⟩	6	36.26	6	⟨42.47⟩	6	⟨42.34⟩	6	⟨43.32⟩	6	⟨43.75⟩	6	⟨42.59⟩	6	⟨42.84⟩	36.14
		16	34.98	16	35.86	16	36.41	16	⟨44.33⟩	16	⟨42.96⟩	16	⟨42.48⟩	16	⟨41.81⟩	16	⟨41.84⟩	16	⟨43.25⟩	16	⟨43.12⟩	16	⟨43.40⟩	16	⟨43.45⟩	
		26	⟨43.37⟩	26	36.12	26	36.60	26	⟨44.06⟩	26	⟨43.10⟩	26	⟨43.16⟩	26	⟨42.07⟩	26	⟨42.89⟩	26	⟨43.35⟩	26	⟨42.53⟩	26	⟨42.73⟩	26	⟨43.82⟩	
	1995	15	⟨44.28⟩	15	⟨46.49⟩	15	⟨46.98⟩	15	37.95	15	⟨45.59⟩	15	⟨44.30⟩	15		15		15		15		15		15		37.95
	1999	16	⟨43.05⟩	16	⟨42.14⟩	16	⟨43.76⟩	16	⟨44.13⟩	16	⟨43.71⟩	16	⟨42.70⟩	16	⟨39.66⟩	16	⟨39.40⟩	16	⟨44.14⟩	16	⟨42.87⟩	16	⟨42.82⟩	16	⟨42.52⟩	
	2000	16	⟨44.28⟩	16		16		16		16		16		16		16		16	⟨39.59⟩	16	⟨38.54⟩	16	⟨38.48⟩	16	⟨38.69⟩	
Ⅲ-22深	1990	16	⟨54.59⟩	16	⟨54.51⟩	16	⟨54.78⟩	16	⟨54.32⟩	16	⟨51.32⟩	16	⟨54.93⟩	16	⟨54.86⟩	16	⟨54.70⟩	16	⟨55.04⟩	16	44.23	16	⟨55.31⟩	16	⟨56.53⟩	44.23

续表

点号	年份	1月 日	1月 水位	2月 日	2月 水位	3月 日	3月 水位	4月 日	4月 水位	5月 日	5月 水位	6月 日	6月 水位	7月 日	7月 水位	8月 日	8月 水位	9月 日	9月 水位	10月 日	10月 水位	11月 日	11月 水位	12月 日	12月 水位	年平均
Ⅲ1-22深	1991	6		6		6		6		6		6		6		6		6	〈63.82〉	6	〈59.82〉	6	〈58.74〉	6	〈59.72〉	43.79
		16	42.96	13	〈59.36〉	16	〈57.51〉	16	〈57.62〉	16	〈57.23〉	16	44.61	16	〈56.80〉	16	〈57.92〉	16	〈68.78〉	16	〈61.26〉	16	〈58.53〉	16	〈59.12〉	
		26		26		26		26		26		26		26		26		26	〈66.14〉	26	〈58.74〉	26	〈60.47〉	26	〈60.47〉	
	1992	6	〈61.20〉	6	〈60.64〉	6	〈60.23〉	6	〈60.94〉	6		6		6		6		6	〈61.61〉	6	〈60.82〉	6	〈60.99〉	6	〈61.55〉	42.00
		16	〈60.47〉	16	〈61.23〉	16	40.70	16	〈54.00〉	16	〈59.79〉	16	〈59.02〉	16	〈61.41〉	16	43.66	16		16		16		16		
		26	〈60.47〉	26	〈61.88〉	26	〈60.41〉	26	41.65	26		26		26		26		26		26		26	〈60.47〉	26		
	1993	6		6		6		6		6		6		6		6		6	〈61.63〉	6	〈62.24〉	6	〈62.74〉	6	45.07	48.77
		16	〈62.56〉	16	〈61.88〉	16	〈61.23〉	16	〈62.25〉	16	〈60.98〉	16	〈62.88〉	16	49.88	16	51.37	16		16		16		16		
		26		26		26		26		26		26		26		26		26		26		26		26		
	1994	6		6		6		6		6		6		6		6		6	〈63.97〉	6	52.00	6	〈64.20〉	6	51.06	51.83
		16	〈64.18〉	16	〈63.02〉	16	〈64.86〉	16	〈63.23〉	16	〈62.85〉	16	〈64.22〉	16	〈63.99〉	16	〈64.02〉	16		16		16		16		
		26		26		26		26		26		26		26		26		26		26		26		26		
	1995	15	〈64.31〉	15	〈64.07〉	15	〈64.16〉	15	〈64.14〉	15	〈64.02〉	15	〈64.08〉	15	55.15	15	〈64.21〉	15	〈64.41〉	15	〈63.83〉	15	53.42	15	54.08	54.22
	1996	6	〈64.27〉	6	〈64.24〉	6	55.62	6	〈64.35〉	6	〈64.49〉	6	〈64.30〉	6	〈64.24〉	6	〈64.09〉	6	〈64.07〉	6	〈64.17〉	6	56.57	6	〈64.14〉	55.95
		16	55.68	16	〈64.42〉	16	55.71	16	〈64.43〉	16	56.15	16	〈64.37〉	16	〈63.85〉	16	〈64.20〉	16	〈63.74〉	16	〈64.09〉	16	〈63.78〉	16	〈64.04〉	
		26	〈64.02〉	26	〈64.48〉	26	〈64.38〉	26	〈64.45〉	26	〈64.39〉	26	〈63.92〉	26	〈64.25〉	26	〈64.18〉	26	〈63.93〉	26	〈64.04〉	26	〈64.20〉	26	〈64.03〉	
	1997	6	〈64.34〉	6	〈64.40〉	6	〈64.41〉	6	〈64.40〉	6	〈64.30〉	5	〈64.21〉	6	〈64.45〉	6	〈64.22〉	6	〈64.18〉	6	〈64.28〉	6	〈64.08〉	6	〈64.32〉	
		16	〈64.36〉	16	〈64.25〉	16	〈64.42〉	16	〈64.41〉	16	〈64.27〉	16	〈64.40〉	16	〈64.28〉	16	〈64.40〉	16	〈64.27〉	16	〈64.23〉	16	〈64.30〉	16	〈64.24〉	
		26	〈64.52〉	26	〈64.37〉	26	〈64.48〉	26	〈64.25〉	26	〈64.49〉	26	〈64.51〉	26	〈64.57〉	26	〈64.16〉	26	〈64.39〉	26	〈64.56〉	26	〈64.41〉	26	〈63.64〉	
	1998	16	〈64.64〉	16	〈64.38〉	16	56.43	16	〈65.79〉	16	〈68.55〉	16	〈66.80〉	16	〈65.14〉	16	〈66.31〉	16	〈67.03〉	16	〈67.17〉	16	〈68.30〉	16	〈69.43〉	56.43
	1999	16	〈71.06〉	16	〈71.83〉	16	〈71.76〉	16	〈71.72〉	16	〈71.10〉	16	〈71.91〉	16	〈71.90〉	16	〈71.48〉	16		16		16		16		
Ⅲ1-23旧	1990	6	〈26.30〉	6	〈28.05〉	6	〈28.74〉	6	18.94	6	〈25.75〉	6	〈24.89〉	6	〈23.65〉	6	16.22	6	16.12	6	17.68	6	18.60	6	18.61	17.67
		16	〈28.19〉	16	〈28.10〉	16	〈28.12〉	16	18.24	16	〈25.52〉	16	17.45	16	16.68	16	16.42	16	17.21	16	17.42	16	18.46	16	18.69	
		26	〈30.56〉	26	〈28.45〉	26	19.08	26	〈26.22〉	26	〈24.11〉	26	16.66	26	16.42	26	16.28	26	17.43	26	18.51	26	18.23	26	19.34	
	1991	6	〈27.24〉	6	22.77	6	21.18	6	20.79	6	20.62	6	17.25	6	16.57	6	16.25	6	13.66	6	18.66	6	20.24	6	21.07	18.90
		16	〈27.52〉	16	21.73	16	21.50	16	21.57	16	18.49	16	16.43	16	16.99	16	18.23	16	17.94	16	13.75	16	20.80	16	21.07	
		26	21.89	26	20.93	26	21.63	26	20.93	26	17.74	26	16.24	26	18.70	26	19.32	26	12.64	26	15.36	26	18.62	26	21.07	

续表

点号	年份	1月 日	1月 水位	2月 日	2月 水位	3月 日	3月 水位	4月 日	4月 水位	5月 日	5月 水位	6月 日	6月 水位	7月 日	7月 水位	8月 日	8月 水位	9月 日	9月 水位	10月 日	10月 水位	11月 日	11月 水位	12月 日	12月 水位	年平均
Ⅲ1-23 旧	1992	6	22.17	2	22.66	6	23.33	6	22.67	6	23.87	6	24.82	6	23.07	6	23.20	6	22.65	6	19.91	6	20.45	6	21.87	22.63
		16	23.87	16	22.85	16	23.33	16	22.76	16	24.27	16	24.61	16	23.58	16	23.48	16	21.50	16	19.70	16	21.00	16	22.39	
		26	23.17	26	23.16	26	22.32	26	旧	26	24.54	26	24.09	26	23.56	26	23.04	26	20.35	26	19.78	26	21.37	26	22.63	
	1993	6	22.69	6	23.02	6	23.02	6	21.44	6	22.35	6	20.45	6	19.50	6	19.23	6	18.93	6	19.67	6	19.63	6	20.42	20.82
		16	23.31	16	22.91	16	22.47	16	21.51	16	22.82	16	19.68	16	19.68	16	19.29	16	19.11	16	19.53	16	19.97	16	21.09	
		26	23.11	26	22.88	26	22.35	26	21.58	26	21.17	26	18.26	26	19.19	26	18.75	26	19.40	26	19.68	26	20.03	26	21.51	
	1994	6	22.24	6	24.21	6	25.59	6	24.26	6	22.05	6	21.55	6	20.41	6	20.74	6	22.58	6	23.05	6	21.06	6	21.70	22.30
		16	22.24	16	24.79	16	25.11	16	23.29	16	20.09	16	21.36	16	19.66	16	20.77	16	22.25	16	22.22	16	21.48	16	22.73	
		26	23.64	26	25.41	26	24.51	26	22.10	26	21.02	26	20.84	26	20.04	26	21.51	26	22.14	26	21.59	26	21.28	26	23.39	
Ⅲ1-23 新	1991	6		6		6		6	21.07	6		6		6		6		6	⟨58.81⟩	6	⟨58.32⟩	6	26.60	6	⟨56.79⟩	22.06
		16	⟨58.74⟩	16	⟨61.40⟩	16		16	⟨60.69⟩	16		16	⟨58.22⟩	16		16	⟨63.09⟩	16	19.97	16	⟨58.23⟩	16	20.86	16	⟨56.43⟩	
		26		26	⟨61.72⟩	26		26	⟨54.80⟩	26		26		26	28.33	26		26	19.63	26	23.04	26	⟨58.28⟩	26	⟨57.41⟩	
	1992	6	⟨61.04⟩	6	⟨61.40⟩	6	28.64	6	⟨58.72⟩	6	24.33	6	⟨59.08⟩	6	⟨61.33⟩	6	⟨63.71⟩	6	⟨65.59⟩	6	⟨65.22⟩	6	⟨65.57⟩	6	⟨65.76⟩	27.23
		16	⟨61.02⟩	16	28.28	16	28.28	16	24.49	16	⟨50.10⟩	16	⟨59.64⟩	16	⟨67.01⟩	16	⟨65.07⟩	16	⟨65.30⟩	16	⟨65.16⟩	16	⟨65.45⟩	16	⟨65.42⟩	
		26		26	28.24	26	28.27	26		26	⟨50.40⟩	26	27.12	26	⟨64.70⟩	26	⟨60.45⟩	26	⟨65.28⟩	26	⟨65.46⟩	26	⟨65.56⟩	26	⟨65.64⟩	
	1993	6	⟨65.70⟩	6	⟨65.74⟩	6	35.96	6	33.11	6	⟨63.82⟩	6	26.55	6	⟨60.61⟩	6	⟨63.06⟩	6	⟨63.06⟩	6	⟨64.34⟩	6	33.78	6	⟨64.87⟩	32.07
		16	⟨65.75⟩	16	⟨65.07⟩	16	34.44	16	35.01	16	⟨69.55⟩	16	26.55	16	⟨60.04⟩	16	⟨62.70⟩	16	⟨64.06⟩	16	⟨64.82⟩	16	⟨64.41⟩	16	⟨65.90⟩	
		27	⟨65.82⟩	26	⟨65.24⟩	26	34.24	26	33.17	26	33.82	26	25.61	26		26		26	⟨64.04⟩	26	⟨64.88⟩	26	⟨65.05⟩	26	⟨67.34⟩	
	1994	6	⟨69.32⟩	6	⟨69.43⟩	6	⟨69.16⟩	6		6		6		6		6		6		6		6		6		
		16	⟨70.68⟩	16	⟨70.58⟩	16		16		16		16		16		16		16		16		16		16		
		26	⟨68.02⟩	26	⟨71.70⟩	26		26		26		26		26		26		26		26		26		26		
Ⅲ1-24	1990	5	⟨32.70⟩	5	⟨69.18⟩	5	⟨38.24⟩	5	19.07	5	⟨38.50⟩	5	⟨38.35⟩	5	⟨38.93⟩	5	⟨38.98⟩	5	⟨39.42⟩	5	⟨38.95⟩	5	⟨39.54⟩	5	⟨38.93⟩	16.62
		15	⟨34.59⟩	15	⟨38.93⟩	15	⟨38.42⟩	15	16.58	15	⟨38.12⟩	15	⟨39.07⟩	15	⟨39.10⟩	15	16.28	15	⟨38.96⟩	15	⟨39.33⟩	15	⟨34.94⟩	15	⟨39.54⟩	
		25	⟨38.15⟩	25	⟨38.55⟩	25	⟨38.76⟩	25	⟨38.30⟩	25	⟨37.56⟩	25	⟨39.18⟩	25	⟨37.42⟩	25	⟨39.29⟩	25	14.53	25	⟨39.50⟩	25	⟨39.16⟩	25	⟨39.04⟩	

续表

点号	年份	1月 日	1月 水位	2月 日	2月 水位	3月 日	3月 水位	4月 日	4月 水位	5月 日	5月 水位	6月 日	6月 水位	7月 日	7月 水位	8月 日	8月 水位	9月 日	9月 水位	10月 日	10月 水位	11月 日	11月 水位	12月 日	12月 水位	年平均
Ⅱ-24	1991	5	〈38.44〉	5	〈39.50〉	5	18.72	5	〈39.62〉	5	17.31	5	16.25	5	15.72	5	15.56	5	〈38.82〉	5	〈29.36〉	5	16.58	5	〈24.40〉	16.69
		15	〈39.40〉	11	〈39.28〉	15	19.22	15	17.84	15	〈38.26〉	15	15.90	15	〈39.13〉	15	16.01	15	〈39.88〉	15	〈22.00〉	15	〈26.56〉	15	〈24.20〉	
		25	〈39.37〉	25	16.22	25	〈39.47〉	25	17.89	25	16.47	25	〈38.94〉	25	〈39.02〉	25	15.78	25	14.92	25	〈24.40〉	25	〈24.31〉	25	〈25.60〉	
	1992	5	〈26.10〉	1	〈26.10〉	5	〈24.17〉	5	〈25.61〉	5	〈39.52〉	5	〈39.45〉	5	〈39.44〉	5	〈39.26〉	5	〈39.52〉	5	〈39.58〉	5	〈39.47〉	5	〈39.45〉	18.79
		15	〈26.73〉	15	〈25.69〉	15	〈26.41〉	15	19.96	15	〈39.41〉	15	〈39.12〉	15	〈39.37〉	15	〈39.40〉	15	〈39.58〉	15	〈39.49〉	15	〈39.44〉	15	17.62	
		25	〈26.30〉	25	〈25.11〉	25	〈25.74〉	25	〈39.36〉	25	〈39.47〉	25	〈39.24〉	25	〈39.32〉	25	〈39.38〉	25	〈39.66〉	25	〈39.37〉	25	〈39.24〉	25	〈39.05〉	
	1993	5	〈39.20〉	5	17.84	5	〈38.72〉	5	〈39.20〉	5	〈39.15〉	5	16.39	5	〈39.16〉	5	〈39.04〉	5	〈39.16〉	5	〈39.17〉	5	〈39.26〉	5	〈39.35〉	17.43
		15	18.25	15	17.68	15	18.44	15	16.84	15	〈37.68〉	15	15.90	15	〈38.86〉	15	〈39.46〉	15	15.95	15	〈39.30〉	15	〈39.19〉	15	〈39.34〉	
		27	18.18	25	〈38.76〉	25	18.82	25	〈39.22〉	25	〈39.27〉	25	〈38.99〉	25	〈39.24〉	25	〈39.43〉	25	〈39.26〉	25	〈39.49〉	25	〈39.51〉	25	〈38.84〉	
	1994	5	〈39.36〉	5	〈39.58〉	5	19.99	5	〈39.60〉	5	17.99	5	18.50	5	〈38.81〉	5	〈39.17〉	5	〈39.31〉	5	〈39.41〉	5	16.66	5	〈34.15〉	17.49
		15	〈39.30〉	15	〈39.63〉	15	〈39.48〉	15	〈39.34〉	15	15.80	15	〈39.06〉	15	〈38.78〉	15	〈39.33〉	15	〈39.48〉	15	〈39.76〉	15	17.03	15	〈36.08〉	
		25	〈39.42〉	25	〈39.27〉	25	〈39.52〉	25	〈39.61〉	25	16.90	25	〈32.66〉	25	〈39.20〉	25	〈39.25〉	25	〈39.12〉	25	〈39.49〉	25	17.02	25	〈37.20〉	
	1996	15	〈62.44〉	15	〈59.85〉	15	47.13	15	〈60.62〉	15	〈63.08〉	15	〈62.63〉	15	47.38	15	〈62.79〉	15	〈63.30〉	15	〈63.49〉	15	47.84	15	〈61.63〉	47.45
	1997	15	〈63.25〉	15	48.83	15	〈62.94〉	15	〈63.39〉	15	〈63.17〉	15	〈63.19〉	15	〈63.20〉	15	〈62.98〉	15	48.36	15	〈63.34〉	15	〈63.26〉	15	〈63.50〉	48.60
	1998	15	〈62.94〉	15	〈63.24〉	15	〈63.50〉	15	〈63.37〉	15	〈63.28〉	15	〈63.37〉	15	〈63.18〉	15	48.36	15	48.42	15	48.11	15	49.20	15	〈60.35〉	48.52
	1999	15	〈60.93〉	15	〈66.53〉	15	〈67.23〉	15	〈66.17〉	15	〈65.09〉	15	〈67.20〉	15	〈66.54〉	15	〈64.27〉	15	〈66.88〉	15	51.37	15	〈65.38〉	15	〈65.72〉	51.37
Ⅱ-25	1990	5	〈48.40〉	5	〈48.19〉	5	〈48.29〉	5	〈45.27〉	5	〈44.82〉	5	〈47.18〉	5	〈48.12〉	5	〈48.51〉	5	〈48.71〉	5	〈48.48〉	5	〈49.58〉	5	〈48.51〉	
		15	〈47.85〉	15	〈47.30〉	15	〈47.31〉	15	44.78	15	〈46.11〉	15	〈48.43〉	15	〈48.78〉	15	〈48.23〉	15	〈48.80〉	15	〈48.65〉	15	〈47.25〉	15	〈48.87〉	
		25	〈48.06〉	25	〈46.46〉	25	〈47.18〉	25	〈45.62〉	25	〈46.57〉	25	〈48.04〉	25	〈47.86〉	25	〈48.65〉	25	〈48.13〉	25	〈46.15〉	25	〈48.76〉	25	〈49.14〉	
	1991	5	〈49.20〉	5	〈49.30〉	5	〈48.67〉	5	38.35	5	37.81	5	37.29	5	〈48.29〉	5	〈49.17〉	5	〈52.02〉	5	〈51.52〉	5	〈51.20〉	5	〈50.95〉	38.18
		15	〈49.31〉	15	〈48.68〉	15	38.43	15	36.85	15	38.43	15	〈45.32〉	15	39.33	15	〈49.28〉	15	〈54.76〉	15	〈48.04〉	15	〈50.27〉	15	〈50.17〉	
		25	〈50.64〉	25	〈48.44〉	25	38.40	25	37.89	25	37.78	25	〈47.43〉	25	〈47.68〉	25	39.40	25	〈56.20〉	25	〈48.70〉	25	〈51.94〉	25	〈49.52〉	
Ⅱ-25新	1992	5	〈49.91〉	5	〈50.94〉	5	〈51.66〉	5	〈52.11〉	5	〈52.53〉	5	42.47	5	〈53.58〉	5	〈53.72〉	5	〈54.65〉	5	〈55.42〉	5	〈55.95〉	5	〈54.24〉	42.67
		15	〈51.90〉	15	〈51.11〉	15	〈52.34〉	15	〈47.05〉	15	〈52.44〉	15	42.48	15	〈53.57〉	15	〈54.10〉	15	〈55.63〉	15	〈55.22〉	15	〈55.67〉	15	43.07	
		25	〈51.28〉	25	〈52.67〉	25	〈52.33〉	25	〈51.79〉	25	〈53.13〉	25	〈52.18〉	25	〈52.86〉	25	〈54.03〉	25	〈55.65〉	25	〈55.85〉	25	〈55.97〉	25	〈55.97〉	

续表

点号	年份	1月 日	1月 水位	2月 日	2月 水位	3月 日	3月 水位	4月 日	4月 水位	5月 日	5月 水位	6月 日	6月 水位	7月 日	7月 水位	8月 日	8月 水位	9月 日	9月 水位	10月 日	10月 水位	11月 日	11月 水位	12月 日	12月 水位	年平均
Ⅱ1-25新	1993	5	43.15	5	⟨54.28⟩	5	41.88	5	⟨53.16⟩	5	⟨52.65⟩	5	40.71	5	41.07	5	41.61	5	⟨55.44⟩	5	⟨54.35⟩	5	42.08	5	⟨51.58⟩	41.92
		15	⟨55.30⟩	15	⟨53.21⟩	15	⟨52.93⟩	15	⟨52.16⟩	15	⟨51.70⟩	15	⟨51.72⟩	15	⟨49.93⟩	15	41.92	15	⟨54.98⟩	15	⟨54.49⟩	15	41.83	15	⟨51.84⟩	
		27	42.29	25	⟨53.05⟩	25	⟨52.71⟩	25	⟨51.34⟩	25	⟨53.62⟩	25	⟨52.14⟩	25	⟨51.46⟩	25	⟨55.78⟩	25	42.79	25	⟨54.58⟩	25	41.81	25	⟨50.85⟩	
	1994	5	⟨50.99⟩	5	⟨53.07⟩	5	40.16	5	⟨52.73⟩	5	⟨51.99⟩	5	⟨49.98⟩	5	⟨54.22⟩	5	⟨57.10⟩	5	⟨57.93⟩	5	⟨55.35⟩	5	⟨54.94⟩	5	⟨55.90⟩	40.37
		15	⟨51.62⟩	15	⟨53.24⟩	15	40.78	15	⟨51.46⟩	15	⟨50.80⟩	15	⟨52.44⟩	15	⟨56.19⟩	15	⟨56.32⟩	15	⟨56.87⟩	15	⟨55.24⟩	15	⟨55.32⟩	15	⟨56.19⟩	
		25	⟨52.19⟩	25	40.31	25	40.62	25	39.98	25	⟨49.95⟩	25	⟨52.83⟩	25	⟨56.51⟩	25	⟨57.90⟩	25	⟨54.27⟩	25	⟨55.43⟩	25	⟨54.86⟩	25	⟨56.11⟩	
Ⅱ1-26新	1990	5	⟨58.20⟩	5	⟨51.39⟩	5	⟨52.28⟩	5	⟨40.49⟩	5	39.28	5	⟨50.24⟩	5	⟨50.42⟩	5	⟨52.28⟩	5	⟨52.96⟩	5	⟨53.45⟩	5	⟨52.80⟩	5	⟨53.02⟩	40.30
		15	⟨51.61⟩	15	⟨51.18⟩	15	⟨44.44⟩	15	39.96	15	40.46	15	⟨51.17⟩	15	⟨51.04⟩	15	⟨53.07⟩	15	⟨53.35⟩	15	⟨53.49⟩	15	41.22	15	⟨53.62⟩	
		25	⟨54.10⟩	25	⟨50.68⟩	25	⟨43.79⟩	25	⟨40.32⟩	25	40.58	25	⟨50.91⟩	25	⟨51.11⟩	25	⟨53.14⟩	25	⟨53.45⟩	25	⟨52.85⟩	25	⟨52.62⟩	25	⟨54.17⟩	
	1991	5	⟨54.34⟩	5	⟨54.37⟩	5	42.14	5	⟨52.52⟩	5	⟨51.70⟩	5	⟨53.47⟩	5	⟨55.62⟩	5	⟨55.93⟩	5	36.18	5	⟨54.81⟩	5	⟨55.42⟩	5	⟨55.04⟩	39.03
		15	⟨54.31⟩	11	⟨54.37⟩	15	⟨52.12⟩	15	38.78	15	⟨52.60⟩	15	⟨54.59⟩	15	⟨55.03⟩	15	⟨55.91⟩	15	⟨54.88⟩	15	⟨55.34⟩	15	⟨56.25⟩	15	⟨55.04⟩	
		25	⟨55.19⟩	1	⟨54.81⟩	25	⟨52.75⟩	25	52.01	25	⟨53.45⟩	25	⟨47.43⟩	25	⟨55.78⟩	25	⟨55.18⟩	25	⟨54.31⟩	25	⟨56.62⟩	25	⟨55.64⟩	25	⟨55.06⟩	
	1992	5	⟨56.74⟩	5	⟨55.70⟩	5	⟨56.11⟩	5	⟨55.67⟩	5	⟨58.78⟩	5	⟨58.20⟩	5	⟨58.82⟩	5	⟨56.58⟩	5	⟨57.28⟩	5	⟨61.82⟩	5	⟨59.78⟩	5	⟨59.52⟩	44.85
		15	⟨55.90⟩	15	⟨56.85⟩	15	⟨56.71⟩	15	⟨58.42⟩	15	⟨59.33⟩	15	⟨57.89⟩	15	44.78	15	⟨56.98⟩	15	⟨59.45⟩	15	⟨60.97⟩	15	⟨58.64⟩	15	⟨60.17⟩	
		25	⟨55.60⟩	25	⟨57.66⟩	25	⟨55.66⟩	25	⟨58.25⟩	25	45.06	25	⟨58.22⟩	25	44.70	25	⟨57.07⟩	25	⟨55.65⟩	25	⟨61.06⟩	25	⟨59.19⟩	25	⟨60.66⟩	
	1993	5	⟨60.80⟩	5	⟨54.28⟩	5	⟨57.05⟩	5	⟨57.98⟩	5	⟨57.52⟩	5	⟨56.12⟩	5	36.17	5	⟨55.48⟩	5	⟨59.28⟩	5	⟨59.48⟩	5	⟨58.01⟩	5	⟨58.59⟩	36.94
		15	⟨60.85⟩	15	⟨58.44⟩	15	⟨58.37⟩	15	⟨58.82⟩	15	⟨56.65⟩	15	⟨57.49⟩	15	⟨56.06⟩	15	⟨56.96⟩	15	⟨59.08⟩	15	⟨59.56⟩	15	⟨57.31⟩	15	⟨59.06⟩	
		25	⟨59.59⟩	25	⟨58.54⟩	25	⟨58.54⟩	25	37.89	25	⟨57.55⟩	25	⟨58.17⟩	25	⟨56.72⟩	25	⟨58.78⟩	25	⟨58.56⟩	25	⟨59.40⟩	25	⟨57.91⟩	25	36.21	
	1994	5	36.05	5	37.48	5	41.61	5	36.74	5	⟨46.33⟩	5		5	⟨48.10⟩	5	⟨48.07⟩	5	⟨48.42⟩	5	⟨48.34⟩	5	⟨47.11⟩	5	⟨47.38⟩	38.28
		15	35.87	15	35.74	15	41.97	15	42.15	15	⟨44.95⟩	15	⟨46.49⟩	15	⟨46.84⟩	15	⟨47.84⟩	15	⟨47.69⟩	15	⟨47.88⟩	15	⟨47.32⟩	15	⟨47.60⟩	
		25	35.51	25	34.80	25	42.34	25	40.77	25		25	⟨46.63⟩	25	⟨47.54⟩	25	⟨48.43⟩	25	⟨47.47⟩	25	⟨47.07⟩	25	⟨47.04⟩	25	⟨47.15⟩	
Ⅱ1-27新	1990	6	⟨48.20⟩	6	⟨48.64⟩	6	⟨48.59⟩	6	⟨46.15⟩	6	38.21	6	⟨46.31⟩	6	⟨48.14⟩	6	⟨48.44⟩	6	⟨48.71⟩	6	⟨48.83⟩	6	⟨43.86⟩	6	⟨49.84⟩	39.13
		16	⟨48.37⟩	16	⟨48.60⟩	16	⟨48.40⟩	16	⟨45.71⟩	16	⟨46.17⟩	16	⟨48.40⟩	16	⟨48.43⟩	16	⟨48.13⟩	16	⟨49.53⟩	16	⟨48.70⟩	16	⟨44.05⟩	16	⟨49.78⟩	
		26	39.87	26	39.37	26	⟨47.08⟩	26	⟨46.82⟩	26	⟨46.15⟩	26	⟨48.13⟩	26	⟨47.98⟩	26	⟨48.44⟩	26	⟨48.64⟩	26	39.05	26	⟨49.81⟩	26	⟨52.08⟩	

第一章 西安市

续表

点号	年份	1月 日	1月 水位	2月 日	2月 水位	3月 日	3月 水位	4月 日	4月 水位	5月 日	5月 水位	6月 日	6月 水位	7月 日	7月 水位	8月 日	8月 水位	9月 日	9月 水位	10月 日	10月 水位	11月 日	11月 水位	12月 日	12月 水位	年平均
Ⅲ-27新	1991	6	39.53	6	39.27	6	38.56	6	37.85	6	37.25	6	36.75	6	⟨45.92⟩	6	37.28	6	38.74	6	38.59	6	⟨45.34⟩	6	⟨45.98⟩	38.55
		16	39.54	16	39.23	16	38.10	16	36.76	16	38.63	16	37.59	16	⟨45.47⟩	16	⟨44.14⟩	16	43.85	16	⟨40.10⟩	16	⟨45.05⟩	16	⟨45.96⟩	
		26	⟨51.34⟩	26	39.08	26	38.06	26	37.33	26	37.74	26	38.40	26	⟨45.82⟩	26	⟨52.52⟩	26	39.83	26	38.67	26	⟨45.00⟩	26	⟨46.61⟩	
	1992	6	⟨46.89⟩	2	⟨46.99⟩	6	⟨47.99⟩	6	⟨47.63⟩	6	41.94	6	⟨48.10⟩	6	⟨49.26⟩	6	⟨48.66⟩	6	42.76	6	⟨49.41⟩	6	⟨49.30⟩	6	⟨49.81⟩	41.37
		16	39.41	16	⟨46.98⟩	16	⟨47.91⟩	16	⟨40.96⟩	16	⟨47.43⟩	16	⟨47.61⟩	16	⟨48.94⟩	16	⟨49.06⟩	16	⟨54.70⟩	16	⟨49.46⟩	16	⟨49.38⟩	16	⟨48.92⟩	
		26	⟨46.19⟩	26	⟨47.12⟩	26	⟨46.91⟩	26	⟨41.65⟩	26	⟨47.77⟩	26	⟨48.57⟩	26	⟨48.70⟩	26	⟨49.18⟩	26	⟨49.17⟩	26	⟨49.50⟩	26	⟨49.77⟩	26	⟨49.08⟩	
	1993	6	⟨48.68⟩	6	⟨49.51⟩	6	⟨48.32⟩	6	⟨49.54⟩	6	⟨49.06⟩	6	⟨48.16⟩	6	⟨48.95⟩	6	⟨47.52⟩	6	⟨49.95⟩	6	⟨49.76⟩	6	⟨49.62⟩	6	⟨48.75⟩	
		16	⟨48.86⟩	16	⟨49.29⟩	16	⟨48.68⟩	16	⟨49.46⟩	16	⟨48.23⟩	16	⟨49.05⟩	16	⟨47.76⟩	16	⟨48.89⟩	16	⟨49.77⟩	16	⟨49.80⟩	16	⟨48.86⟩	16	⟨49.34⟩	
		27	⟨49.26⟩	26	⟨49.22⟩	26	⟨48.64⟩	26	⟨48.98⟩	26	⟨48.75⟩	26	⟨48.87⟩	26	⟨49.02⟩	26	⟨49.95⟩	26	⟨49.04⟩	26	⟨49.84⟩	26	⟨48.98⟩	26	⟨49.61⟩	
	1994	6	⟨49.47⟩	6	⟨49.28⟩	6	⟨48.12⟩	6		6		6		6		6		6		6		6		6		
		16	⟨50.03⟩	16	⟨49.46⟩	16		16		16		16		16		16		16		16		16		16		
		26	⟨48.87⟩	26	⟨49.89⟩	26		26		26		26		26		26		26		26		26		26		
Ⅲ-28	1990	5	⟨71.60⟩	5	⟨76.45⟩	5	⟨76.99⟩	5	⟨75.58⟩	5	⟨73.85⟩	5	⟨76.22⟩	5	⟨77.38⟩	5	⟨76.21⟩	5	⟨79.10⟩	5	⟨78.90⟩	5	⟨79.20⟩	5	⟨78.35⟩	
		15	⟨68.52⟩	15	⟨77.80⟩	15	⟨76.46⟩	15	⟨74.60⟩	15	⟨74.51⟩	15	⟨79.28⟩	15	⟨77.08⟩	15	⟨77.50⟩	15	⟨78.51⟩	15	⟨78.03⟩	15	⟨74.30⟩	15	⟨78.54⟩	
		25	⟨70.91⟩	25	⟨75.37⟩	25	⟨77.50⟩	25	⟨71.53⟩	25	⟨75.18⟩	25	⟨79.92⟩	25	⟨75.38⟩	25	⟨77.62⟩	25	⟨77.92⟩	25	⟨74.86⟩	25	⟨77.81⟩	25	⟨79.95⟩	
	1991	5	56.67	5	⟨79.82⟩	5	⟨79.96⟩	5	⟨74.08⟩	5	⟨77.18⟩	5	⟨79.78⟩	5	⟨79.40⟩	5	⟨79.71⟩	5	59.13	5	⟨75.35⟩	5	⟨76.51⟩	5	⟨71.04⟩	57.03
		15	⟨78.65⟩	15	⟨79.86⟩	15	56.42	15	⟨75.22⟩	15	⟨78.41⟩	15	⟨79.86⟩	15	⟨79.75⟩	15	⟨79.71⟩	15	53.95	15	⟨75.37⟩	15	⟨76.57⟩	15	⟨71.12⟩	
		25	⟨79.94⟩	25	⟨80.08⟩	25	⟨76.66⟩	25	⟨76.50⟩	25	⟨79.63⟩	25	⟨76.82⟩	25	58.98	25	⟨67.92⟩	25	⟨79.40⟩	25	⟨79.45⟩	25	⟨72.40⟩	25	⟨73.11⟩	
	1992	5	⟨75.12⟩	1	59.47	5	⟨75.66⟩	5	59.42	5	⟨75.63⟩	5	⟨76.73⟩	5	⟨77.18⟩	5	61.31	5	⟨78.12⟩	5	⟨79.46⟩	5	⟨77.81⟩	5	⟨79.85⟩	60.57
		15	59.41	15	⟨77.81⟩	15	59.16	15	⟨74.82⟩	15	⟨76.19⟩	15	⟨77.36⟩	15	⟨77.62⟩	15	⟨77.08⟩	15	⟨78.10⟩	15	62.25	15	⟨78.05⟩	15	62.24	
		25	⟨78.10⟩	25	59.89	25	⟨71.53⟩	25	⟨74.45⟩	25	⟨77.02⟩	25	⟨76.12⟩	25	⟨78.05⟩	25	⟨78.03⟩	25	⟨79.06⟩	25	⟨78.20⟩	25	⟨79.70⟩	25	61.99	
	1993	5	⟨80.24⟩	5	⟨79.35⟩	5	⟨79.80⟩	5	⟨79.76⟩	5	⟨79.56⟩	5	⟨80.66⟩	5	⟨79.89⟩	5	⟨79.17⟩	5	⟨80.16⟩	5	⟨79.94⟩	5	⟨80.16⟩	5	⟨80.13⟩	61.11
		15	⟨80.19⟩	15	⟨79.24⟩	15	⟨80.42⟩	15	⟨79.88⟩	15	⟨78.24⟩	15	⟨80.06⟩	15	⟨78.13⟩	15	⟨80.13⟩	15	⟨79.89⟩	15	⟨80.16⟩	15	⟨80.05⟩	15	⟨80.08⟩	
		25	⟨79.68⟩	25	⟨79.11⟩	25	⟨79.67⟩	25	⟨79.74⟩	25	⟨80.25⟩	25	⟨79.87⟩	25	⟨78.25⟩	25	⟨80.16⟩	25	⟨79.92⟩	25	⟨80.15⟩	25	⟨80.05⟩	25	⟨80.20⟩	
	1994	5	⟨80.34⟩	5	⟨80.20⟩	5	⟨80.08⟩	5	⟨80.21⟩	5	60.98	5	⟨78.62⟩	5	⟨79.77⟩	5	⟨79.88⟩	5	⟨79.93⟩	5	62.72	5	61.18	5	60.64	
		15	⟨80.29⟩	15	⟨80.28⟩	15	⟨80.36⟩	15	⟨80.12⟩	15	⟨79.66⟩	15	⟨79.86⟩	15	⟨79.76⟩	15	⟨79.78⟩	15	⟨79.71⟩	15	61.97	15	61.15	15	61.84	
		25	⟨80.24⟩	25	⟨80.04⟩	25	⟨80.33⟩	25	⟨79.91⟩	25	⟨78.40⟩	25	⟨79.72⟩	25	⟨79.95⟩	25	⟨79.80⟩	25	⟨79.76⟩	25	61.97	25	60.70	25	58.79	

续表

点号	年份	1月 日	1月 水位	2月 日	2月 水位	3月 日	3月 水位	4月 日	4月 水位	5月 日	5月 水位	6月 日	6月 水位	7月 日	7月 水位	8月 日	8月 水位	9月 日	9月 水位	10月 日	10月 水位	11月 日	11月 水位	12月 日	12月 水位	年平均
Ⅱ1-30 浅	1990	15	〈50.36〉	15	〈59.39〉	15	20.39	15	19.98	15	〈58.97〉	15	〈59.77〉	15	〈59.86〉	15	18.23	15	〈59.85〉	15	〈59.87〉	15	〈59.70〉	15	〈60.15〉	19.53
	1991	15	〈59.67〉	15	〈56.42〉	15	〈59.66〉	15	22.21	15	19.67	15	〈59.86〉	15	〈60.22〉	15	〈60.06〉	15	〈60.28〉	15	〈59.47〉	15	〈59.38〉	15		20.94
	1992	15	〈60.74〉	15	〈59.40〉	15	〈58.14〉	15	〈59.74〉	15	27.48	15	〈60.12〉	15	〈64.60〉	15	〈64.32〉	15	22.78	15	〈62.91〉	15	〈64.80〉	15	〈63.95〉	25.13
	1993	15	〈64.88〉	15	〈63.87〉	15	〈64.69〉	15	〈64.61〉	15	〈64.22〉	15	〈60.71〉	15	〈64.30〉	15	〈64.60〉	15	〈64.72〉	15	〈64.96〉	15	〈64.86〉	15	〈64.73〉	
	1994	15	〈64.94〉	15	〈65.09〉	15	26.30	15	22.85	15	〈46.90〉	15	〈53.08〉	15	〈57.23〉	15	〈64.70〉	15	〈59.82〉	15	〈64.58〉	15	〈60.80〉	15	〈64.59〉	24.58
	1996	15	〈64.90〉	15	〈65.47〉	15	〈65.20〉	15	〈65.04〉	15	〈64.86〉	15	〈64.31〉	15	〈64.54〉	15	〈64.53〉	15	〈64.54〉	15	〈64.68〉	15	〈64.46〉	15	〈64.53〉	
	1997	15	〈65.06〉	15	〈64.97〉	15	〈65.07〉	15	〈64.90〉	15	〈64.82〉	15	〈64.72〉	15	〈64.70〉	15	〈64.71〉	15	〈65.15〉	15	〈64.67〉	15	〈63.48〉	15	〈64.92〉	22.60
	1998	15	〈64.29〉	15	〈64.95〉	15	〈65.08〉	15	〈64.85〉	15	〈65.27〉	15	〈64.89〉	15	〈65.03〉	15	〈64.89〉	15	〈64.75〉	15	〈64.68〉	15	22.60	15	〈65.81〉	28.07
	1999	15	〈65.64〉	15	〈66.07〉	15	28.07	15	〈65.94〉	15	〈66.17〉	15	〈65.28〉	15	〈64.72〉	15	〈65.71〉	15	〈65.28〉	15	〈64.52〉	15	〈65.81〉	15	〈64.31〉	32.08
	2000	14	〈65.24〉	14	〈63.76〉	14	〈63.53〉	14	〈62.47〉	14	〈62.73〉	14	〈61.46〉	14	〈61.64〉	14	〈36.77〉	14	〈42.66〉	14	〈41.56〉	14	〈33.18〉	14	32.08	
Ⅱ1-30 深	1990	15	〈49.80〉	15	〈49.21〉	15	43.06	15	41.81	15	〈62.35〉	15	〈65.69〉	15	〈66.85〉	15	36.74	15	46.74	15	45.22	15	〈64.35〉	15	〈66.12〉	42.71
	1991	15	49.61	15	〈63.78〉	15	〈65.48〉	15	〈66.97〉	15	40.85	15	〈65.78〉	15	〈65.69〉	15	〈68.65〉	15	〈65.20〉	15	〈64.91〉	15	〈65.41〉	15	〈62.74〉	45.23
	1992			15		15		15	〈64.35〉	15	〈61.64〉	15	43.36	15	〈52.03〉	15	〈52.59〉	15	46.45	15	〈52.17〉	15	〈54.29〉	15	〈53.40〉	44.91
	1993	15	〈53.65〉	15	〈54.41〉	15	〈51.18〉	15	〈51.68〉	15	〈53.37〉	15	〈51.02〉	15	〈50.99〉	15	〈51.84〉	15	〈52.45〉	15	〈52.46〉	15	〈53.42〉	15	〈53.79〉	
	1994	15	〈54.97〉	15	〈56.68〉	15	45.01	15	〈53.20〉	15	〈52.95〉	15	43.43	15	〈53.11〉	15	〈54.47〉	15	39.21	15	〈52.82〉	15	〈53.83〉	15	〈55.44〉	42.55
	1996	5	60.78	5	〈76.21〉	5				5		5		5		5		5		5		5		5		60.78
	1996	15	〈76.26〉	15		15		15		15		15		15		15		15		15		15		15		
		25	〈76.22〉	25	〈66.88〉	25		25		25		25		25		25		25		25		25		25		
Ⅱ1-31	1990	15	〈55.48〉	15	〈51.28〉	15	29.60	15	〈57.19〉	15	〈56.13〉	15	〈63.22〉	15	〈61.89〉	15	〈56.45〉	15	〈68.91〉	15	〈71.60〉	15	〈52.94〉	15	〈71.70〉	29.60
	1991	15	〈71.72〉	15	〈68.40〉	15	〈71.88〉	15	〈72.07〉	15	〈56.91〉	15	〈56.72〉	15	〈67.12〉	15	〈68.34〉	15	〈67.82〉	15	〈72.48〉	15	〈68.98〉	15	〈72.68〉	
	1992	15	〈71.74〉	15	〈72.06〉	15	〈72.66〉	15	〈71.91〉	15	〈71.67〉	15	〈71.94〉	15	〈71.83〉	15	〈71.69〉	15	〈71.55〉	15	〈71.30〉	15	〈67.18〉	15	〈71.71〉	
	1993	15	〈71.76〉	15	〈70.88〉	15	28.86	15	〈51.22〉	15	〈52.36〉	15	〈51.98〉	15	〈54.80〉	15	〈57.78〉	15	22.82	15	22.72	15	22.69	15	30.89	25.60
	1994	15	〈38.06〉	15	〈40.30〉	15	〈40.69〉	15	〈41.01〉	15	〈39.19〉	15	32.97	15	〈31.07〉	15	〈30.13〉	15	〈30.61〉	15	〈31.45〉	15	〈30.87〉	15	〈31.01〉	32.97

第一章 西安市

续表

点号	年份	1月 日	1月 水位	2月 日	2月 水位	3月 日	3月 水位	4月 日	4月 水位	5月 日	5月 水位	6月 日	6月 水位	7月 日	7月 水位	8月 日	8月 水位	9月 日	9月 水位	10月 日	10月 水位	11月 日	11月 水位	12月 日	12月 水位	年平均
Ⅱ1-31	1996	5	60.78	5	⟨76.21⟩	5	⟨67.44⟩	5	43.65	5	⟨58.78⟩	5	⟨60.12⟩	5	⟨59.20⟩	5	⟨55.96⟩	5	⟨58.60⟩	5	⟨59.57⟩	5	40.80	5	39.16	
		15	⟨76.26⟩	15	⟨66.78⟩	15	⟨65.93⟩	15	⟨62.02⟩	15	⟨58.46⟩	15	⟨59.13⟩	15	⟨57.79⟩	15	⟨55.76⟩	15	⟨58.51⟩	15	⟨59.48⟩	15	39.92	15	⟨43.15⟩	44.03
		25	⟨76.22⟩	25	⟨66.88⟩	25	43.97	25	⟨57.94⟩	25	⟨59.07⟩	25	⟨59.13⟩	25	⟨53.88⟩	25	⟨55.82⟩	25	⟨59.51⟩	25	⟨59.48⟩	25	39.95	25	⟨43.43⟩	
	1997	5	41.36	4	⟨45.03⟩	5	⟨45.49⟩	5	⟨45.32⟩	5	⟨44.65⟩	5	⟨44.29⟩	5	⟨45.91⟩	5	⟨44.12⟩	5	⟨44.98⟩	5	⟨44.26⟩	5	⟨43.13⟩	5	⟨43.38⟩	
		15	⟨44.67⟩	15	⟨45.32⟩	15	⟨45.51⟩	15	⟨45.17⟩	15	⟨44.50⟩	15	⟨44.41⟩	15	⟨45.46⟩	15	⟨44.08⟩	15	⟨46.15⟩	15	⟨43.60⟩	15	⟨42.76⟩	15	⟨43.50⟩	41.36
		25	⟨44.69⟩	25	⟨45.50⟩	25	⟨45.16⟩	25	⟨44.66⟩	25	⟨44.55⟩	25	⟨44.94⟩	25	⟨44.43⟩	25	⟨44.30⟩	25	⟨45.38⟩	25	⟨42.91⟩	25	⟨43.29⟩	25	⟨43.18⟩	
	1998	15	⟨43.30⟩	15	⟨45.31⟩	15	⟨46.41⟩	15	⟨45.41⟩	15	⟨43.59⟩	15	⟨41.05⟩	15	⟨40.02⟩	15	⟨38.75⟩	15	⟨39.64⟩	15	⟨40.47⟩	15	⟨42.27⟩	15	⟨43.18⟩	
	1999	15	⟨45.69⟩	15	⟨46.72⟩	15	44.00	15	⟨61.07⟩	15	⟨57.09⟩	15	⟨55.67⟩	15	⟨57.50⟩	15	⟨60.75⟩	15	⟨58.96⟩	15	⟨62.35⟩	15	⟨60.08⟩	15	⟨65.81⟩	44.00
	2000	14	⟨63.40⟩	14	⟨61.94⟩	14	⟨60.74⟩	14	⟨61.05⟩	14	⟨60.94⟩	14	⟨61.03⟩	14	⟨59.03⟩	14	⟨43.26⟩	14	⟨39.60⟩	14	38.71	14	38.80	14	38.69	38.73
Ⅱ2-1	1990	4	⟨16.86⟩	4	⟨20.74⟩	4	⟨22.35⟩	4	⟨17.41⟩	4	⟨18.15⟩	4	⟨17.87⟩	4	⟨17.20⟩	4	⟨19.68⟩	4	⟨22.94⟩	4	⟨24.20⟩	4	⟨25.67⟩	4	⟨26.35⟩	
		14	⟨18.26⟩	14	⟨21.95⟩	14	⟨21.77⟩	14	⟨17.84⟩	14	⟨17.47⟩	14	⟨19.23⟩	14	⟨17.60⟩	14	⟨22.05⟩	14	⟨24.10⟩	14	⟨25.00⟩	14	⟨25.90⟩	14	⟨26.40⟩	
		24	⟨19.56⟩	24	⟨24.00⟩	24	⟨18.89⟩	24	⟨18.42⟩	24	⟨17.08⟩	24	⟨18.33⟩	24	⟨18.25⟩	24	⟨21.80⟩	24	⟨24.08⟩	24	⟨25.40⟩	24	⟨26.44⟩	24	⟨26.36⟩	
	1991	4	⟨26.84⟩	4	⟨27.10⟩	4	⟨27.30⟩	4	⟨27.03⟩	4	⟨26.70⟩	4	⟨24.84⟩	4	⟨20.84⟩	4	⟨21.33⟩	4	⟨22.91⟩	4	⟨24.38⟩	4	⟨26.41⟩	4	21.10	
		14	⟨26.89⟩	14	⟨27.23⟩	14	⟨27.30⟩	14	24.10	14	⟨26.20⟩	14	⟨21.78⟩	14	⟨20.84⟩	14	⟨21.27⟩	14	⟨24.06⟩	14	⟨24.40⟩	14	⟨26.17⟩	14	21.45	22.10
		24	⟨27.44⟩	24	⟨27.30⟩	24	⟨27.05⟩	24	22.68	24	⟨25.60⟩	24	⟨21.33⟩	24	⟨21.35⟩	24	⟨21.90⟩	24	⟨24.37⟩	24	⟨24.73⟩	24	21.18	24	⟨26.90⟩	
	1992	4	⟨27.16⟩	1	⟨27.10⟩	4	⟨27.23⟩	4	⟨27.24⟩	4	⟨27.39⟩	4	⟨27.26⟩	4	⟨27.23⟩	4	⟨30.10⟩	4	⟨29.87⟩	4	⟨30.00⟩	4	⟨27.94⟩	4	⟨30.00⟩	
		14	⟨27.12⟩	14	⟨27.16⟩	14	⟨27.15⟩	14	⟨27.27⟩	14	⟨26.99⟩	14	⟨27.46⟩	14	⟨27.31⟩	14	⟨30.00⟩	14	⟨29.44⟩	14	⟨30.10⟩	14	⟨29.96⟩	14	⟨30.19⟩	
		24	⟨27.21⟩	24	⟨27.22⟩	24	⟨27.28⟩	24	⟨27.36⟩	24	⟨27.30⟩	24	⟨27.24⟩	24	⟨29.23⟩	24	⟨29.93⟩	24	⟨29.46⟩	24	⟨29.98⟩	24	⟨30.06⟩	24	⟨30.31⟩	
	1993	4	⟨30.47⟩	4	⟨31.50⟩	4	⟨32.61⟩	4	⟨32.84⟩	4	⟨32.10⟩	4	⟨29.45⟩	4	⟨28.37⟩	4	⟨26.36⟩	4	⟨24.30⟩	4	⟨24.12⟩	4	17.86	4	⟨23.90⟩	
		14	⟨30.70⟩	14	⟨31.66⟩	14	⟨32.87⟩	14	⟨32.90⟩	14	⟨30.00⟩	14	⟨29.00⟩	14	⟨28.17⟩	14	⟨26.36⟩	14	⟨24.39⟩	14	⟨23.55⟩	14	17.95	14	⟨24.16⟩	17.89
		24	⟨30.56⟩	24	⟨31.82⟩	24	⟨32.96⟩	24	⟨32.51⟩	24	⟨29.86⟩	24	⟨28.60⟩	24	⟨28.17⟩	24	⟨24.87⟩	24	⟨24.83⟩	24	⟨23.47⟩	24	17.85	24	⟨26.82⟩	
	1994	4	⟨26.56⟩	4	⟨29.86⟩	4	⟨30.65⟩	4	⟨31.10⟩	4	⟨30.94⟩	4	⟨30.37⟩	4	⟨30.04⟩	4	⟨27.30⟩	4	⟨29.07⟩	4	⟨29.56⟩	4	⟨29.01⟩	4	⟨28.20⟩	
		14	⟨28.07⟩	14	⟨29.91⟩	14	⟨30.89⟩	14	⟨31.10⟩	14	⟨30.33⟩	14	⟨30.29⟩	14	⟨27.61⟩	14	⟨27.29⟩	14	⟨29.40⟩	14	⟨29.56⟩	14	⟨28.56⟩	14	⟨28.20⟩	
		24	⟨29.15⟩	24	⟨30.19⟩	24	⟨30.89⟩	24	⟨30.68⟩	24	⟨30.41⟩	24	⟨30.43⟩	24	⟨27.46⟩	24	⟨27.29⟩	24	⟨29.51⟩	24	⟨29.56⟩	24	⟨27.52⟩	24	⟨29.08⟩	

续表

点号	年份	1月		2月		3月		4月		5月		6月		7月		8月		9月		10月		11月		12月		年平均
		日	水位	日	水位	日	水位	日	水位	日	水位	日	水位	日	水位	日	水位	日	水位	日	水位	日	水位	日	水位	
Ⅱ2-1	1995	14	〈29.70〉	14	〈30.26〉	14	〈30.00〉	14	24.40	14	〈29.75〉	14	〈29.86〉	14	〈30.51〉	14	〈30.86〉	14	〈30.44〉	14	24.22	14		14	25.83	24.82
	1996	4	25.91	4	〈30.12〉	4	〈30.46〉	4	〈31.30〉	4	〈31.20〉	4	〈31.36〉	4	〈30.91〉	4	〈29.66〉	4	〈29.91〉	4	〈30.10〉	4	〈30.36〉	4	25.25	
		14	25.34	14	〈30.31〉	14	〈30.42〉	14	〈31.28〉	14	〈31.27〉	14	25.33	14	〈29.49〉	14	〈30.00〉	14	〈30.09〉	14	〈30.15〉	14	26.11	14	26.01	25.64
		24	25.34	24	〈30.59〉	24	〈31.29〉	24	〈31.29〉	24	〈31.10〉	24	〈30.87〉	24	〈29.58〉	24	〈29.60〉	24	〈30.11〉	24	〈30.21〉	24	25.86	24	〈31.68〉	
	1997	4	〈32.11〉	4	〈31.51〉	4	〈31.26〉	4	〈31.50〉	4	〈31.65〉	4	〈30.77〉	4	〈31.22〉	4	〈30.70〉	4	〈30.81〉	4	〈30.67〉	4	25.20	4	〈31.16〉	
		14	〈31.64〉	14	〈30.97〉	14	〈31.30〉	14	〈31.53〉	14	〈31.65〉	14	〈30.77〉	14	〈31.00〉	14	〈30.81〉	14	〈30.88〉	14	〈30.41〉	14	25.67	14	〈31.36〉	25.58
	1998	14	〈31.41〉	14	〈31.26〉	14	〈31.39〉	14	〈31.58〉	14	〈31.01〉	14	〈31.20〉	14	〈30.96〉	14	〈30.72〉	14	〈31.01〉	14	25.88	14	〈30.50〉	14	〈31.30〉	
	1999	14	〈31.72〉	14	〈31.69〉	14	〈32.23〉	14	〈32.36〉	14	〈31.80〉	14	〈31.66〉	14	〈30.91〉	14	〈31.01〉	14	〈31.10〉	14	〈30.80〉	14	〈31.26〉	14	25.02	25.02
	2000	14	〈31.21〉	14	〈31.91〉	14	〈32.27〉	14	〈31.91〉	14	〈31.82〉	14	〈31.20〉	14	〈29.81〉	14	〈29.90〉	14	〈30.11〉	14	〈30.31〉	14	〈30.44〉	14	〈30.81〉	
Ⅱ2-2	1990	4	〈18.21〉	4	26.33	4	〈31.31〉	4	〈30.70〉	4	〈30.51〉	4	〈30.21〉	4	〈23.63〉	4	〈25.60〉	4	〈24.90〉	4	23.16	4	〈21.09〉	4	〈23.60〉	26.33
	1991	14	〈25.80〉	14	〈24.46〉	14	〈22.59〉	14	〈18.47〉	14	〈16.60〉	14	〈17.65〉	14	〈16.74〉	14	〈20.94〉	14	〈22.74〉	14	〈24.33〉	14	〈24.74〉	14	〈25.31〉	16.41
	1992	14	〈24.90〉	14	〈26.30〉	14	〈27.18〉	14	〈28.81〉	14	〈27.30〉	14	〈21.76〉	14	〈20.93〉	14	〈20.65〉	14	〈21.16〉	14	〈23.16〉	14	〈24.86〉	14	〈24.66〉	
	1993	14	〈27.91〉	14	〈25.11〉	14	〈25.37〉	14	〈26.90〉	14	〈26.93〉	14	〈24.56〉	14	〈24.96〉	14	〈24.41〉	14	〈24.45〉	14	〈24.61〉	14	〈23.81〉	14	〈25.11〉	
	1994	14	〈25.63〉	14	〈28.11〉	14	〈28.66〉	14	〈29.21〉	14	〈28.52〉	14	〈28.00〉	14	〈27.76〉	14	〈26.30〉	14	〈24.61〉	14	〈24.10〉	14	〈23.96〉	14	〈23.96〉	
		24		24	〈26.36〉	24	〈29.40〉	24	〈29.71〉	24	〈29.16〉	24	〈28.87〉	24	〈28.00〉	24	〈28.21〉	24	〈29.11〉	24	〈29.36〉	24	〈21.11〉	24	〈29.16〉	
	1990	4	〈27.80〉	4	〈38.23〉	4	〈38.27〉	4	〈32.82〉	4	〈33.03〉	4	〈32.61〉	4	〈32.09〉	4	〈34.04〉	4	〈38.69〉	4	〈41.77〉	4	〈27.18〉	4	〈40.43〉	
		14	〈24.74〉	14	〈38.19〉	14	〈42.34〉	14	〈32.62〉	14	〈31.56〉	14	〈32.85〉	14	〈31.77〉	14	〈37.87〉	14	〈39.47〉	14	〈41.73〉	14	〈26.95〉	14	〈38.85〉	
Ⅱ2-3新	1991	24	〈25.24〉	24	〈38.08〉	24	〈41.79〉	24	〈36.19〉	24	〈31.33〉	24	〈32.34〉	24	〈32.74〉	24	〈37.12〉	24	〈39.72〉	24	〈25.86〉	24	〈36.65〉	24	〈40.65〉	
		4	〈40.97〉	4	〈41.94〉	4	〈41.10〉	4	〈41.43〉	4	17.77	4	〈40.72〉	4	〈42.11〉	4	〈42.33〉	4	〈38.42〉	4	〈39.94〉	4	〈43.50〉	4	〈42.50〉	
		14	〈40.66〉	14	〈40.43〉	14	〈40.85〉	14	〈40.81〉	14	〈42.13〉	14	〈40.26〉	14	〈42.80〉	14	〈42.03〉	14	〈45.30〉	14	〈43.81〉	14	〈42.79〉	14	〈42.00〉	17.77
		24	〈41.50〉	24	〈41.50〉	24	〈41.69〉	24	〈42.38〉	24	〈42.12〉	24	〈42.99〉	24	〈42.21〉	24	〈43.90〉	24	〈40.12〉	24	〈43.81〉	24	〈42.42〉	24	〈43.77〉	
	1992	4	〈46.60〉	1	〈42.84〉	4	〈42.19〉	4	〈43.69〉	4	〈41.69〉	4	〈41.74〉	4	〈42.78〉	4	〈41.44〉	4	〈41.88〉	4	14.26	4	14.24	4	17.19	
		14	〈46.70〉	14	〈43.20〉	14	〈43.22〉	14	〈41.18〉	14	〈41.63〉	14	〈42.56〉	14	19.92	14	〈41.81〉	14	18.68	14	12.60	14	〈40.72〉	14	16.82	16.22
		24	〈42.70〉	24	〈43.21〉	24	〈43.23〉	24	〈41.76〉	24	〈41.89〉	24	〈41.66〉	24	〈41.92〉	24	〈41.76〉	24	16.51	24	12.98	24	16.87	24	18.40	

第一章 西安市

续表

点号	年份	1月 日	1月 水位	2月 日	2月 水位	3月 日	3月 水位	4月 日	4月 水位	5月 日	5月 水位	6月 日	6月 水位	7月 日	7月 水位	8月 日	8月 水位	9月 日	9月 水位	10月 日	10月 水位	11月 日	11月 水位	12月 日	12月 水位	年平均
Ⅱ2-3 新	1993	4	18.90	4	19.27	4	22.04	4	20.70	4	⟨43.02⟩	4	⟨44.32⟩	4	⟨47.14⟩	4	⟨45.40⟩	4	⟨46.60⟩	4	⟨48.53⟩	4	⟨48.44⟩	4	⟨50.85⟩	19.17
		14	19.24	14	⟨50.47⟩	14	⟨48.85⟩	14	⟨44.31⟩	14	⟨44.35⟩	14	⟨43.23⟩	14	⟨48.23⟩	14	⟨47.63⟩	14	⟨48.44⟩	14	⟨49.22⟩	14	⟨48.04⟩	14	⟨52.37⟩	
		27	19.50	24	⟨49.29⟩	24	⟨41.82⟩	24	⟨41.58⟩	24	19.67	24	16.46	24	⟨45.43⟩	24	⟨45.91⟩	24	⟨47.79⟩	24	16.77	24	⟨50.79⟩	24	⟨52.87⟩	
	1994	4	⟨53.32⟩	4	⟨54.24⟩	4	⟨55.32⟩	4	29.31	4	⟨48.12⟩	4	⟨39.45⟩	4	15.92	4	⟨50.54⟩	4	⟨51.14⟩	4	20.26	4	⟨48.33⟩	4	⟨51.32⟩	20.62
		14	⟨52.93⟩	14	⟨54.86⟩	14	⟨55.38⟩	14	⟨55.14⟩	14	⟨38.25⟩	14	⟨48.68⟩	14	⟨41.94⟩	14	⟨46.94⟩	14	21.85	14	⟨50.86⟩	14	⟨51.03⟩	14	⟨51.18⟩	
		24	⟨55.07⟩	24	⟨54.93⟩	24	⟨55.60⟩	24	⟨48.34⟩	24	18.20	24	⟨49.52⟩	24	⟨47.56⟩	24	18.17	24	⟨51.27⟩	24	⟨48.07⟩	24	⟨50.86⟩	24	⟨50.58⟩	
Ⅱ2-4 新	1990	4	⟨32.45⟩	4	⟨36.87⟩	4	⟨36.45⟩	4	⟨33.27⟩	4	15.37	4	⟨33.40⟩	4	⟨34.14⟩	4	⟨34.32⟩	4	⟨35.22⟩	4	⟨37.18⟩	4	⟨35.40⟩	4	⟨38.12⟩	18.20
		14	⟨27.14⟩	14	22.05	14	⟨35.21⟩	14	⟨33.69⟩	14	⟨33.13⟩	14	⟨34.19⟩	14	⟨33.02⟩	14	⟨36.20⟩	14	⟨38.68⟩	14	17.37	14	17.10	14	⟨38.63⟩	
		24	⟨32.67⟩	24	⟨35.83⟩	24	⟨36.00⟩	24	20.01	24	⟨32.28⟩	24	⟨33.68⟩	24	⟨33.90⟩	24	⟨36.57⟩	24	⟨35.53⟩	24	⟨24.69⟩	24	17.27	24	⟨39.84⟩	
	1991	4	⟨41.44⟩	4	⟨43.33⟩	4	⟨42.81⟩	4	⟨40.34⟩	4	⟨40.73⟩	4	⟨39.62⟩	4	⟨40.32⟩	4	⟨40.73⟩	4	⟨42.20⟩	4	⟨42.17⟩	4	⟨43.63⟩	4	⟨44.50⟩	26.65
		14	⟨38.86⟩	14	⟨41.21⟩	14	⟨41.89⟩	14	⟨40.80⟩	14	⟨40.63⟩	14	⟨39.54⟩	14	⟨40.95⟩	14	⟨41.14⟩	14	⟨36.05⟩	14	⟨42.42⟩	14	33.14	14	⟨44.76⟩	
		24	⟨38.87⟩	24	20.16	24	⟨41.05⟩	24	⟨40.62⟩	24	⟨40.27⟩	24	⟨40.34⟩	24	⟨42.60⟩	24	⟨33.78⟩	24	⟨32.99⟩	24	⟨42.63⟩	24	⟨43.90⟩	24	⟨44.14⟩	
	1992	4	⟨43.30⟩	1	25.69	4	⟨43.91⟩	4	⟨43.58⟩	4	⟨43.53⟩	4	⟨43.58⟩	4	⟨43.61⟩	4	⟨44.18⟩	4	⟨43.94⟩	4	⟨42.64⟩	4	⟨41.66⟩	4	⟨42.95⟩	25.26
		14	⟨43.21⟩	14	⟨43.45⟩	14	⟨43.67⟩	14	⟨43.54⟩	14	⟨43.48⟩	14	⟨43.52⟩	14	⟨43.44⟩	14	27.86	14	⟨43.86⟩	14	⟨41.11⟩	14	⟨42.24⟩	14	⟨43.53⟩	
		24	⟨44.21⟩	24	⟨43.14⟩	24	⟨43.45⟩	24	⟨43.46⟩	24	⟨43.61⟩	24	⟨43.62⟩	24	22.43	24	⟨43.87⟩	24	⟨43.17⟩	24	⟨39.75⟩	24	⟨42.35⟩	24	⟨43.58⟩	
	1993	4	⟨43.89⟩	4	⟨45.06⟩	4	⟨44.12⟩	4	⟨44.78⟩	4	⟨42.56⟩	4	⟨42.30⟩	4	⟨42.46⟩	4	⟨38.92⟩	4	⟨39.05⟩	4	22.95	4	⟨38.64⟩	4	⟨41.57⟩	21.39
		14	⟨43.96⟩	14	⟨44.43⟩	14	⟨45.06⟩	14	⟨45.08⟩	14	⟨42.95⟩	14	⟨41.75⟩	14	⟨40.71⟩	14	⟨39.23⟩	14	⟨39.22⟩	14	⟨40.73⟩	14	⟨39.77⟩	14	⟨41.14⟩	
		24	⟨44.79⟩	24	⟨42.78⟩	24	⟨44.49⟩	24	⟨44.44⟩	24	⟨43.22⟩	24	⟨41.36⟩	24	19.83	24	⟨38.71⟩	24	⟨39.78⟩	24	⟨39.86⟩	24	⟨39.82⟩	24	⟨41.85⟩	
	1994	4	⟨42.34⟩	4	⟨44.08⟩	4	⟨45.28⟩	4	⟨45.72⟩	4	⟨42.18⟩	4	⟨35.69⟩	4	23.98	4	⟨43.58⟩	4	⟨43.77⟩	4	⟨44.42⟩	4	⟨41.95⟩	4	29.72	25.00
		14	⟨42.69⟩	14	⟨44.97⟩	14	⟨45.36⟩	14	21.01	14	26.50	14	⟨41.63⟩	14	⟨40.09⟩	14	⟨42.50⟩	14	⟨42.04⟩	14	⟨43.45⟩	14	⟨42.03⟩	14	⟨42.72⟩	
	1995	14	24.05	14	⟨46.29⟩	14	⟨45.51⟩	14	⟨40.60⟩	14	⟨41.96⟩	14	⟨41.65⟩	14	⟨42.34⟩	14	⟨43.28⟩	14	⟨42.24⟩	14	⟨42.50⟩	14	⟨42.20⟩	14	24.76	24.44
	1996	14	24.44	14	⟨44.78⟩	14	⟨46.56⟩	14	⟨44.56⟩	14	⟨43.88⟩	14	⟨47.21⟩	14	⟨48.84⟩	14	⟨47.80⟩	14	⟨47.09⟩	14	⟨47.64⟩	14	⟨46.99⟩	14	⟨48.14⟩	30.69
	1997	14	⟨48.57⟩	14	⟨47.55⟩	14	⟨48.67⟩	14	⟨48.53⟩	14	⟨46.39⟩	14	⟨45.80⟩	14	30.69	14	⟨46.45⟩	14	⟨45.93⟩	14	⟨46.84⟩	14	⟨45.30⟩	14	⟨45.31⟩	
		14	⟨47.38⟩	14	⟨48.18⟩	14	⟨47.81⟩	14	⟨46.79⟩	14	⟨46.48⟩	14	⟨48.08⟩	14	⟨48.67⟩	14	⟨47.73⟩	14	⟨48.69⟩	14	⟨47.88⟩	14	⟨45.34⟩	14	⟨46.86⟩	

续表

点号	年份	1月 日	1月 水位	2月 日	2月 水位	3月 日	3月 水位	4月 日	4月 水位	5月 日	5月 水位	6月 日	6月 水位	7月 日	7月 水位	8月 日	8月 水位	9月 日	9月 水位	10月 日	10月 水位	11月 日	11月 水位	12月 日	12月 水位	年平均
II2-4新	1998	4	〈46.51〉	4	〈48.28〉	4	〈48.63〉	4	〈47.19〉	4	〈48.02〉	4	〈46.97〉	4	〈48.31〉	4	〈45.88〉	4	〈45.12〉	4	〈46.10〉	4	〈46.53〉	4	〈48.05〉	33.44
		14	〈46.69〉	14	〈48.59〉	14	〈48.22〉	14	〈46.85〉	14	〈48.35〉	14	〈48.28〉	14	〈45.08〉	14	〈44.46〉	14	〈47.43〉	14	〈46.88〉	14	〈46.95〉	14	〈47.92〉	
		24	〈47.76〉	24	〈48.60〉	24	〈33.44〉	24	〈46.42〉	24	〈46.37〉	24	〈48.42〉	24	〈45.75〉	24	〈44.88〉	24	〈47.46〉	24	〈46.36〉	24	〈48.07〉	24	〈48.43〉	
	1999	4	〈48.57〉	4	24.35	4	〈46.56〉	4	〈45.94〉	4	〈45.33〉	4	〈43.02〉	4	〈43.98〉	4	〈45.74〉	4	〈44.10〉	4	〈41.39〉	4	〈42.71〉	4	〈42.04〉	25.11
		14	25.55	14	〈43.64〉	14	〈46.01〉	14	〈45.82〉	14	〈45.46〉	14	〈45.11〉	14	〈41.89〉	14	〈43.56〉	14	〈42.06〉	14	〈41.11〉	14	〈41.96〉	14	〈42.74〉	
		24	25.44	24	〈45.12〉	24	〈44.90〉	24	〈45.39〉	24	〈43.71〉	24	〈42.89〉	24	〈42.12〉	24	〈44.05〉	24	〈42.85〉	24	〈41.65〉	24	〈41.63〉	24	〈43.97〉	
	2000	4	〈43.14〉	4	〈43.28〉	4	〈43.84〉	4	〈42.49〉			4														26.28
		14	〈42.31〉	14	〈43.89〉	14	〈40.96〉	14	〈41.90〉	14	〈40.85〉	14	〈40.21〉	14	20.89	14	〈40.26〉	14	〈40.49〉	14	〈40.51〉	14	31.66	14	〈40.86〉	
		24	〈43.09〉	24	〈41.97〉	24	〈40.72〉					24														
II2-5	1990	14	〈21.23〉	14	〈34.75〉	14	〈30.15〉	14	〈33.05〉	14	〈30.85〉	14	〈33.28〉	14	〈34.41〉	14	〈35.18〉	14	〈36.62〉	14	〈34.08〉	14	〈37.88〉	14	〈35.22〉	27.29
	1991	14	〈37.57〉	14	〈33.70〉	14	〈37.49〉	14	〈37.08〉	14	〈37.67〉	14	〈37.87〉	14	〈37.85〉	14	〈37.52〉	14	〈31.38〉	14	〈32.56〉	14	〈34.78〉	14	〈31.18〉	22.30
	1992	14	32.19	14	〈42.22〉	14	〈42.22〉	14	〈35.97〉	14	〈36.03〉	14	〈35.82〉	14	〈35.62〉	14	22.39	14	〈37.86〉	14	〈36.32〉	14	〈37.93〉	14	〈37.60〉	
	1993	14	〈37.73〉	14	22.30	14	〈38.46〉	14	〈38.32〉	14	〈38.29〉	14	〈38.12〉	14	〈38.09〉	14	〈38.48〉	14	〈38.43〉	14	〈38.46〉	14	〈38.29〉	14	〈38.15〉	14.89
	1994	14	〈38.35〉	14	〈39.98〉																					
II2-6	1990	4	〈21.80〉	4	〈26.49〉	4	〈26.36〉	4	〈26.37〉	4	〈26.16〉	4	14.53	4	〈26.86〉	4	〈26.65〉	4	〈27.57〉	4	〈26.63〉	4	〈21.15〉	4	〈24.15〉	16.45
		14	〈21.17〉	14	〈25.55〉	14	〈26.38〉	14	〈27.12〉	14	〈25.70〉	14	〈25.84〉	14	〈26.10〉	14	14.52	14	〈26.32〉	14	〈26.80〉	14	〈22.20〉	14	〈24.67〉	
		24	〈22.03〉	24	〈25.47〉	24	〈25.92〉	24	〈23.12〉	24	15.85	24	〈26.39〉	24	〈26.45〉	24	14.66	24	〈26.18〉	24	〈25.09〉	24	〈24.56〉	24	〈24.73〉	
	1991	4	14.23	1	〈27.01〉	4	〈27.60〉	4	17.25	4	〈27.01〉	4	〈26.96〉	4	〈27.24〉	4	〈26.76〉	4	〈21.15〉	4	〈21.10〉	4	〈27.28〉	4	〈23.16〉	
		14	〈26.26〉	14	〈25.69〉	14	16.72	14	16.29	14	〈26.90〉	14	18.34	14	〈27.46〉	14	〈26.88〉	14	〈21.85〉	14	15.87	14	〈27.58〉	14	〈23.76〉	
		24	〈26.39〉	24	〈27.15〉	24	〈27.04〉	24	〈27.29〉	24	〈26.81〉	24	〈27.04〉	24	〈27.33〉	24	20.07	24	〈21.37〉	24	〈26.24〉	24	〈21.89〉	24	〈23.10〉	
	1992	4	〈23.50〉	4	〈26.74〉	4	〈26.66〉	4	〈27.49〉	4	〈27.87〉	4	〈28.06〉	4	〈27.71〉	4	〈27.67〉	4	〈27.30〉	4	〈26.69〉			4	16.86	18.60
		14	〈26.80〉	14	〈26.33〉	14	〈26.74〉	14	〈24.95〉	14	〈27.84〉	14	〈27.85〉	14	〈27.80〉	14	20.33	14	〈27.13〉	14	〈26.99〉	14	〈26.80〉	14	〈26.81〉	
		24	〈27.90〉	24	〈27.14〉	24	〈26.72〉	24	〈28.06〉	24	〈28.25〉	24	〈27.54〉	24	〈27.64〉	24	〈27.31〉	24	〈27.13〉	24	〈27.03〉	24	〈26.97〉	24	〈26.94〉	

第一章　西安市

续表

点号	年份	1月 日	1月 水位	2月 日	2月 水位	3月 日	3月 水位	4月 日	4月 水位	5月 日	5月 水位	6月 日	6月 水位	7月 日	7月 水位	8月 日	8月 水位	9月 日	9月 水位	10月 日	10月 水位	11月 日	11月 水位	12月 日	12月 水位	年平均
Ⅱ2-6	1993	4	⟨26.83⟩	4	⟨26.94⟩	4	16.58	4	⟨35.04⟩	4	⟨35.28⟩	4	⟨35.49⟩	4	⟨35.41⟩	4	⟨35.28⟩	4	⟨35.48⟩	4	⟨35.48⟩	4	⟨35.17⟩	4	⟨35.25⟩	16.58
		14	⟨26.95⟩	14	⟨26.82⟩	14	⟨35.14⟩	14	⟨35.03⟩	14	⟨33.64⟩	14	⟨35.30⟩	14	⟨35.04⟩	14	⟨35.91⟩	14	⟨35.47⟩	14	⟨35.45⟩	14	⟨35.27⟩	14	⟨35.04⟩	
		27	⟨26.97⟩	24	⟨26.81⟩	24	⟨35.83⟩	24	⟨34.96⟩	24	⟨33.64⟩	24	⟨35.62⟩	24	⟨35.03⟩	24	⟨35.51⟩	24	⟨35.44⟩	24	⟨34.81⟩	24	⟨38.18⟩	24	⟨35.10⟩	
	1994	4	⟨35.38⟩	4	⟨35.89⟩	4	⟨36.21⟩	4	⟨36.11⟩	4	⟨36.21⟩	4	⟨33.94⟩	4	⟨35.70⟩	4	⟨35.88⟩	4	⟨36.28⟩	4	⟨36.73⟩	4	⟨35.67⟩	4	⟨35.60⟩	21.27
		14	24.76	14	⟨35.84⟩	14	⟨36.01⟩	14	⟨35.64⟩	14	⟨26.56⟩	14	⟨35.49⟩	14	⟨35.48⟩	14	⟨35.69⟩	14	17.78	14	⟨36.59⟩	14	⟨35.48⟩	14	⟨35.56⟩	
		24	⟨35.74⟩	24	⟨36.23⟩	24	⟨35.97⟩	24	⟨36.05⟩	24	⟨29.62⟩	24	⟨35.72⟩	24	⟨35.91⟩	24	⟨36.05⟩	24	⟨35.84⟩	24	⟨35.90⟩	24	⟨35.58⟩	24	⟨35.64⟩	
	1996	14	⟨35.84⟩	14	⟨35.39⟩	14	⟨29.84⟩	14	⟨34.48⟩	14	⟨36.04⟩	14	⟨36.28⟩	14	20.86	14	⟨35.65⟩	14	⟨35.24⟩	14	⟨35.48⟩	14	⟨34.90⟩	14	⟨34.85⟩	20.86
	1997	14	16.51	14	⟨37.46⟩	14	⟨36.02⟩	14	⟨37.12⟩	14	⟨37.18⟩	14	⟨37.78⟩	14	⟨37.51⟩	14	⟨38.11⟩	14	⟨38.68⟩	14	⟨37.21⟩	14	⟨34.26⟩	14	15.20	15.86
	1998	14	⟨35.45⟩	14	⟨38.26⟩	14	⟨38.37⟩	14	⟨36.59⟩	14	⟨37.13⟩	14	⟨38.46⟩	14	⟨34.49⟩	14	⟨30.22⟩	14	⟨38.47⟩	14	⟨37.73⟩	14	⟨37.81⟩	14	⟨38.19⟩	
	1999	14	⟨38.67⟩	14	⟨38.70⟩	14	⟨39.07⟩	14	⟨38.88⟩	14	⟨38.59⟩	14	⟨35.23⟩	14	⟨29.15⟩	14	⟨32.95⟩	14	⟨33.20⟩	14	⟨30.12⟩	14	⟨27.24⟩	14	16.21	16.21
Ⅱ2-7	1990	14	⟨24.08⟩	14	⟨27.78⟩	14	⟨23.25⟩	14	⟨24.29⟩	14	⟨24.70⟩	14	⟨25.93⟩	14	⟨26.36⟩	14	⟨27.70⟩	14	⟨27.60⟩	14	⟨29.63⟩	14	21.05	14	21.47	21.26
	1991	14	⟨27.86⟩	14	⟨28.41⟩	14	⟨29.50⟩	14	⟨27.80⟩	14	⟨29.11⟩	14	⟨29.07⟩	14	⟨28.70⟩	14	⟨28.19⟩	14	⟨28.91⟩	14	⟨29.21⟩	14	⟨31.42⟩	14	⟨31.92⟩	
	1992	14	⟨32.24⟩	14	⟨31.17⟩	14	⟨32.48⟩	14	⟨32.96⟩	14	⟨32.92⟩	14	⟨46.95⟩	14	⟨47.59⟩	14	⟨47.63⟩	14	⟨47.76⟩	14	⟨47.11⟩	14	⟨47.62⟩	14	⟨47.71⟩	
	1993	14	⟨50.88⟩	14	⟨51.17⟩	14	⟨51.28⟩	14	⟨52.11⟩	14	⟨49.03⟩	14	⟨48.80⟩	14	⟨49.28⟩	14	⟨48.71⟩	14	⟨45.76⟩	14	⟨40.00⟩	14	⟨40.21⟩	14	⟨40.51⟩	
	1994	14	⟨41.16⟩	14	⟨41.59⟩	14	⟨40.75⟩	14	⟨41.10⟩	14	⟨41.56⟩	14	⟨42.16⟩	14	⟨46.06⟩	14	⟨47.10⟩	14	⟨50.27⟩	14	⟨50.67⟩	14	⟨50.26⟩	14	⟨49.76⟩	
Ⅱ2-8新	1990	4	⟨50.81⟩	4	⟨44.34⟩	4	⟨45.34⟩	4	⟨44.97⟩	4	⟨46.81⟩	4	⟨44.38⟩	4	⟨44.55⟩	4	⟨44.66⟩	4	⟨46.07⟩	4	⟨49.20⟩	4	⟨50.79⟩	4	⟨50.45⟩	33.63
		14	⟨50.80⟩	14	⟨45.50⟩	14	⟨44.34⟩	14	⟨44.98⟩	14	⟨46.59⟩	14	⟨44.49⟩	14	⟨44.26⟩	14	⟨45.18⟩	14	⟨46.18⟩	14	⟨50.30⟩	14	⟨50.50⟩	14	⟨50.56⟩	
		24	⟨44.08⟩	24	⟨45.44⟩	24	⟨44.16⟩	24	⟨44.80⟩	24	⟨44.46⟩	24	⟨44.49⟩	24	⟨44.40⟩	24	⟨45.50⟩	24	⟨46.47⟩	24	⟨50.67⟩	24	⟨50.62⟩	24	⟨50.76⟩	
	1991	4	⟨50.81⟩	4	⟨50.50⟩	4	⟨50.83⟩	4	36.76	4	⟨50.04⟩	4	⟨49.68⟩	4	⟨49.07⟩	4	⟨49.16⟩	4	34.31	4	34.46	4	35.00	4	35.51	35.10
		14	⟨50.71⟩	14	⟨50.50⟩	14	⟨50.90⟩	14	⟨50.36⟩	14	⟨50.19⟩	14	⟨49.41⟩	14	⟨48.91⟩	14	35.00	14	34.52	14	34.75	14	35.00	14	⟨49.99⟩	
		24	⟨50.21⟩	24	⟨50.61⟩	24	37.20	24	⟨50.06⟩	24	⟨49.90⟩	24	⟨49.46⟩	24	⟨49.16⟩	24	34.68	24	34.52	24	⟨58.00⟩	24	35.38	24	⟨50.21⟩	
	1992	4	⟨50.40⟩	1	⟨50.29⟩	4	⟨52.96⟩	4	⟨53.57⟩	4	⟨53.19⟩	4	⟨56.69⟩	4	⟨57.51⟩	4	⟨58.15⟩	4	⟨58.63⟩	4	⟨58.00⟩	4	⟨58.37⟩	4	⟨56.64⟩	
		14	⟨50.40⟩	14	⟨50.33⟩	14	⟨52.96⟩	14	⟨53.00⟩	14	⟨52.30⟩	14	⟨56.97⟩	14	⟨57.59⟩	14	⟨58.26⟩	14	⟨58.63⟩	14	⟨57.77⟩	14	⟨58.37⟩	14	⟨56.61⟩	
		24	⟨50.40⟩	24	⟨51.92⟩	24	⟨53.36⟩	24	⟨53.04⟩	24	⟨56.03⟩	24	⟨57.26⟩	24	⟨58.13⟩	24	⟨58.37⟩	24	⟨58.26⟩	24	⟨57.80⟩	24	⟨58.26⟩	24	⟨56.89⟩	

续表

点号	年份	1月 日	1月 水位	2月 日	2月 水位	3月 日	3月 水位	4月 日	4月 水位	5月 日	5月 水位	6月 日	6月 水位	7月 日	7月 水位	8月 日	8月 水位	9月 日	9月 水位	10月 日	10月 水位	11月 日	11月 水位	12月 日	12月 水位	年平均
Ⅱ2-8新	1993	4	⟨57.19⟩	4	⟨59.11⟩	4	⟨59.43⟩	4	⟨60.00⟩	4	⟨60.11⟩	4	⟨59.77⟩	4	⟨59.63⟩	4	⟨59.60⟩	4	⟨59.17⟩	4	⟨58.43⟩	4	⟨58.27⟩	4	⟨57.99⟩	
		14	⟨58.90⟩	14	⟨59.23⟩	14	⟨59.59⟩	14	⟨60.33⟩	14	⟨59.55⟩	14	⟨59.57⟩	14	⟨59.57⟩	14	⟨59.65⟩	14	⟨58.93⟩	14	⟨58.06⟩	14	⟨58.32⟩	14	⟨57.93⟩	
		24	⟨58.88⟩	24	⟨59.57⟩	24	⟨59.69⟩	24	⟨60.53⟩	24	⟨59.36⟩	24	⟨59.57⟩	24	⟨59.60⟩	24	⟨59.46⟩	24	⟨58.93⟩	24	⟨58.27⟩	24	⟨58.07⟩	24	⟨57.93⟩	
	1994	4	⟨56.86⟩	4	⟨56.37⟩	4	⟨57.36⟩	4	⟨56.59⟩	4	42.28	4	⟨56.87⟩	4	⟨58.47⟩	4	⟨57.96⟩	4	⟨59.02⟩	4	⟨60.94⟩	4	⟨60.75⟩	4	⟨59.62⟩	42.72
		14	⟨56.10⟩	14	⟨56.61⟩	14	⟨56.97⟩	14	44.12	14	42.19	14	⟨57.51⟩	14	⟨59.60⟩	14	⟨58.21⟩	14	⟨60.66⟩	14	⟨60.94⟩	14	⟨60.70⟩	14	⟨59.63⟩	
		24	⟨56.21⟩	24	⟨56.76⟩	24	⟨56.59⟩	24	42.27	24	⟨56.36⟩	24	⟨57.60⟩	24	⟨57.38⟩	24	⟨58.21⟩	24	⟨60.89⟩	24	⟨60.86⟩	24	⟨60.16⟩	24	⟨59.56⟩	
Ⅱ2-9	1990	4	⟨25.96⟩	4	⟨26.18⟩	4	⟨31.45⟩	4	⟨25.90⟩	4	⟨28.84⟩	4	⟨27.98⟩	4	⟨27.20⟩	4	⟨28.57⟩	4	⟨28.77⟩	4	⟨29.25⟩	4	⟨29.86⟩	4	⟨31.02⟩	
		14	⟨26.91⟩	14	⟨27.90⟩	14	⟨29.68⟩	14	⟨27.25⟩	14	⟨28.62⟩	14	⟨28.88⟩	14	⟨26.50⟩	14	⟨28.78⟩	14	⟨29.67⟩	14	⟨29.73⟩	14	⟨30.00⟩	14	⟨30.80⟩	
		24	⟨25.76⟩	24	⟨30.10⟩	24	⟨28.25⟩	24	⟨28.65⟩	24	⟨27.36⟩	24	⟨28.40⟩	24	⟨27.20⟩	24	⟨28.63⟩	24	⟨29.48⟩	24	⟨29.70⟩	24	⟨30.46⟩	24	⟨31.37⟩	
	1991	4	⟨31.73⟩	1	⟨31.87⟩	4	⟨31.30⟩	4	⟨31.77⟩	4	⟨31.11⟩	4	⟨30.78⟩	4	⟨28.16⟩	4	⟨29.82⟩	4	⟨28.96⟩	4	⟨28.86⟩	4	⟨29.35⟩	4	⟨30.31⟩	25.67
		14	⟨32.03⟩	14	⟨31.80⟩	14	⟨31.29⟩	14	⟨31.79⟩	14	⟨31.11⟩	14	⟨30.00⟩	14	⟨28.77⟩	14	⟨29.09⟩	14	⟨28.96⟩	14	⟨28.93⟩	14	⟨29.80⟩	14	26.22	
		24	24.84	24	24.90	24	25.94	24	⟨30.93⟩	24	⟨31.43⟩	24	⟨29.86⟩	24	⟨29.61⟩	24	⟨29.20⟩	24	⟨28.80⟩	24	⟨29.30⟩	24	⟨30.21⟩	24	27.57	
	1992	4	⟨31.66⟩	4	⟨31.87⟩	4	⟨32.23⟩	4	⟨33.45⟩	4	⟨32.97⟩	4	⟨36.06⟩	4	⟨35.90⟩	4	⟨38.90⟩	4	⟨39.00⟩	4	⟨37.66⟩	4	⟨37.30⟩	4	29.96	26.50
		14	⟨31.75⟩	14	⟨31.81⟩	14	⟨33.12⟩	14	⟨32.94⟩	14	⟨33.16⟩	14	⟨35.46⟩	14	⟨36.07⟩	14	⟨38.34⟩	14	⟨38.69⟩	14	⟨37.21⟩	14	⟨37.41⟩	14	⟨36.05⟩	
		24	⟨31.91⟩	24	⟨32.77⟩	24	⟨33.12⟩	24	⟨32.90⟩	24	⟨37.10⟩	24	⟨35.84⟩	24	23.03	24	⟨38.36⟩	24	⟨37.88⟩	24	⟨37.21⟩	24	⟨37.57⟩	24	⟨36.21⟩	
	1993	4	⟨36.21⟩	4	⟨38.91⟩	4	32.40	4	⟨40.00⟩	4	⟨39.78⟩	4	⟨39.00⟩	4	⟨38.69⟩	4	⟨39.18⟩	4	30.28	4	⟨37.65⟩	4	⟨36.58⟩	4	⟨36.89⟩	30.86
		14	⟨38.00⟩	14	⟨39.10⟩	14	⟨39.36⟩	14	⟨40.21⟩	14	⟨39.45⟩	14	⟨38.66⟩	14	⟨38.33⟩	14	⟨39.31⟩	14	⟨36.84⟩	14	⟨36.63⟩	14	⟨36.71⟩	14	29.90	
		24	⟨38.36⟩	24	⟨39.69⟩	24	⟨39.46⟩	24	⟨40.73⟩	24	⟨39.11⟩	24	⟨38.56⟩	24	⟨38.40⟩	24	⟨39.10⟩	24	⟨36.91⟩	24	⟨36.63⟩	24	⟨36.83⟩	24	⟨36.86⟩	
	1994	4	⟨37.34⟩	4	⟨37.80⟩	4	⟨38.66⟩	4	⟨38.26⟩	4	⟨38.38⟩	4	⟨38.56⟩	4	⟨39.40⟩	4	⟨39.33⟩	4	⟨39.54⟩	4	⟨40.36⟩	4	⟨41.05⟩	4	⟨39.78⟩	35.00
		14	⟨37.46⟩	14	⟨37.80⟩	14	⟨39.20⟩	14	⟨38.67⟩	14	⟨38.29⟩	14	⟨38.61⟩	14	⟨39.00⟩	14	⟨39.19⟩	14	⟨39.93⟩	14	⟨40.51⟩	14	⟨40.61⟩	14	⟨39.69⟩	
		24	⟨37.58⟩	24	⟨37.81⟩	24	35.00	24	⟨38.30⟩	24	⟨38.41⟩	24	⟨38.66⟩	24	⟨38.80⟩	24	⟨39.20⟩	24	⟨40.22⟩	24	⟨40.52⟩	24	⟨40.16⟩	24	⟨39.44⟩	
	1996	4	⟨39.29⟩	4	⟨40.36⟩	4	⟨40.73⟩	4	⟨40.73⟩	4	⟨41.23⟩	4	⟨41.86⟩	4	⟨39.86⟩	4	⟨39.81⟩	4	⟨39.86⟩	4	⟨40.03⟩	4	⟨40.36⟩	4	⟨39.96⟩	31.89
		14	⟨39.61⟩	14	⟨40.41⟩	14	33.61	14	⟨40.81⟩	14	⟨41.51⟩	14	⟨41.97⟩	14	⟨39.86⟩	14	⟨39.58⟩	14	⟨39.91⟩	14	⟨40.11⟩	14	⟨40.06⟩	14	⟨39.96⟩	
		24	⟨39.86⟩	24	⟨40.64⟩	24	⟨40.51⟩	24	⟨40.93⟩	24	⟨41.86⟩	24	30.17	24	⟨39.91⟩	24	⟨39.63⟩	24	⟨40.03⟩	24	⟨40.36⟩	24	⟨40.00⟩	24	⟨40.11⟩	

续表

点号	年份	1月 日	1月 水位	2月 日	2月 水位	3月 日	3月 水位	4月 日	4月 水位	5月 日	5月 水位	6月 日	6月 水位	7月 日	7月 水位	8月 日	8月 水位	9月 日	9月 水位	10月 日	10月 水位	11月 日	11月 水位	12月 日	12月 水位	年平均
II2-9	1997	4	〈40.00〉	4	36.11	4	35.26	4	34.17	4	34.61	4	〈38.60〉	4	〈39.01〉	4	〈39.10〉	4	〈38.86〉	4	〈38.90〉	4	〈39.01〉	4	〈39.11〉	
		14	〈40.16〉	14	35.75	14	35.26	14	34.53	14	33.91	14	〈38.71〉	14	〈39.08〉	14	〈39.13〉	14	〈38.90〉	14	〈38.90〉	14	〈39.01〉	14	〈39.16〉	
		24	〈40.11〉	24	35.34	24	33.82	24	34.60	24	33.86	24	〈38.93〉	24	〈39.16〉	24	〈38.91〉	24	〈38.96〉	24	〈38.96〉	24	〈39.07〉	24	〈39.21〉	34.77
	1998	14	〈39.31〉	14	〈39.46〉	14	〈39.87〉	14	〈40.09〉	14	〈39.11〉	14	〈39.26〉	14	〈38.96〉	14	31.96	14	31.90	14	30.66	14	〈38.61〉	14	〈39.18〉	31.51
	1999	14	〈39.72〉	14	〈39.38〉	14	〈39.63〉	14	〈39.16〉	14	〈40.21〉	14	〈40.11〉	14	〈38.11〉	14	〈38.39〉	14	〈38.76〉	14	〈38.87〉	14	〈39.01〉	14	〈39.56〉	
II2-10	1990	4	〈26.99〉	4	〈29.04〉	4	〈34.05〉	4	〈27.76〉	4	〈29.60〉	4	〈29.61〉	4	〈29.79〉	4	〈29.85〉	4	〈29.94〉	4	〈30.36〉	4	〈31.55〉	4	25.00	
		14	〈27.98〉	14	〈31.05〉	14	〈29.29〉	14	〈29.58〉	14	〈29.72〉	14	〈29.66〉	14	〈29.85〉	14	〈29.91〉	14	〈30.13〉	14	〈30.81〉	14	〈31.30〉	14	〈30.70〉	25.00
		24	〈28.86〉	24	〈33.98〉	24	〈29.29〉	24	〈29.59〉	24	〈29.60〉	24	〈29.55〉	24	〈29.80〉	24	〈29.82〉	24	〈30.30〉	24	〈31.12〉	24	〈31.60〉	24	〈31.28〉	
	1991	4	〈31.34〉	4	〈32.36〉	4	〈33.46〉	4	〈33.56〉	4	〈31.23〉	4	〈31.05〉	4	〈30.41〉	4	〈31.65〉	4	〈30.26〉	4	〈30.00〉	4	22.83	4	〈30.00〉	
		14	〈31.57〉	14	〈32.45〉	14	〈33.93〉	14	〈33.18〉	14	〈31.36〉	14	〈31.03〉	14	〈30.96〉	14	〈31.09〉	14	〈30.19〉	14	22.15	14	22.67	14	〈30.46〉	22.32
		24	〈31.83〉	24	〈32.67〉	24	〈33.70〉	24	〈31.16〉	24	〈31.56〉	24	〈30.98〉	24	〈31.44〉	24	〈30.87〉	24	〈30.31〉	24	22.51	24	22.77	24	20.96	
	1992	4	〈34.04〉	1	〈34.61〉	4	〈35.00〉	4	〈35.51〉	4	〈35.44〉	4	〈39.31〉	4	〈37.36〉	4	〈39.12〉	4	〈36.94〉	4	〈35.92〉	4	〈35.47〉	4	〈35.06〉	
		14	19.52	14	〈34.73〉	14	〈35.11〉	14	〈35.59〉	14	〈34.73〉	14	〈37.67〉	14	〈37.41〉	14	〈37.88〉	14	〈36.56〉	14	〈35.66〉	14	〈35.36〉	14	〈34.89〉	19.52
		24	〈34.61〉	24	〈35.27〉	24	〈35.24〉	24	〈35.50〉	24	〈38.90〉	24	〈37.05〉	24	〈37.73〉	24	〈37.81〉	24	〈36.11〉	24	〈35.41〉	24	〈35.36〉	24	〈34.66〉	
	1993	4	〈35.01〉	4	〈36.89〉	4	〈37.66〉	4	〈37.77〉	4	〈37.26〉	4	〈36.30〉	4	〈35.92〉	4	〈35.96〉	4	〈35.33〉	4	〈36.16〉	4	25.73	4	〈36.48〉	
		14	〈35.98〉	14	〈37.06〉	14	〈37.91〉	14	〈38.00〉	14	〈36.89〉	14	〈36.06〉	14	〈36.11〉	14	〈36.09〉	14	〈34.67〉	14	27.74	14	〈36.17〉	14	〈35.78〉	26.39
		24	〈36.11〉	24	〈37.28〉	24	〈37.75〉	24	〈38.40〉	24	〈36.37〉	24	〈35.93〉	24	〈35.57〉	24	〈35.87〉	24	〈34.67〉	24	25.71	24	〈36.61〉	24	〈35.76〉	
	1994	4	〈37.45〉	4	〈38.10〉	4	〈38.37〉	4	〈37.93〉	4	〈36.57〉	4	〈37.61〉	4	〈36.64〉	4	〈36.16〉	4	28.45	4	〈39.88〉	4	30.27	4	25.81	
		14	〈37.99〉	14	〈38.22〉	14	〈38.66〉	14	〈37.66〉	14	〈36.50〉	14	〈37.61〉	14	〈36.11〉	14	〈36.71〉	14	〈39.67〉	14	〈40.06〉	14	29.82	14	〈36.61〉	28.77
		24	〈37.96〉	24	〈38.62〉	24	〈38.63〉	24	〈36.42〉	24	〈36.38〉	24	〈37.72〉	24	〈35.96〉	24	〈36.71〉	24	〈39.76〉	24	〈40.21〉	24	29.52	24	〈36.00〉	
	2000	14	〈39.81〉	14	〈39.96〉	14	〈40.28〉	14	〈40.26〉	14	〈39.66〉	14	〈38.97〉	14	〈30.66〉	14	〈29.71〉	14	25.90	14	〈23.57〉	14	〈25.77〉	14	〈27.39〉	25.90
II2-11	1990	4	〈23.70〉	4	〈38.21〉	4	〈38.02〉	4	〈36.89〉	4	〈35.44〉	4	〈37.59〉	4	〈38.11〉	4	〈37.20〉	4	〈36.92〉	4	〈38.26〉	4	〈36.97〉	4	〈37.04〉	
		14	〈37.41〉	14	〈38.26〉	14	〈37.56〉	14	〈38.49〉	14	〈36.89〉	14	〈37.38〉	14	〈37.52〉	14	〈38.22〉	14	〈36.85〉	14	〈38.41〉	14	〈37.18〉	14	〈37.07〉	
		24	〈38.01〉	24	〈37.96〉	24	〈37.83〉	24	〈36.74〉	24	〈36.88〉	24	〈37.81〉	24	〈37.54〉	24	〈38.16〉	24	〈37.52〉	24	〈37.90〉	24	〈38.60〉	24	〈37.54〉	

续表

点号	年份	1月 日	1月 水位	2月 日	2月 水位	3月 日	3月 水位	4月 日	4月 水位	5月 日	5月 水位	6月 日	6月 水位	7月 日	7月 水位	8月 日	8月 水位	9月 日	9月 水位	10月 日	10月 水位	11月 日	11月 水位	12月 日	12月 水位	年平均
Ⅱ2-11	1991	4	〈38.02〉	4	〈38.26〉	4	〈38.56〉	4	〈37.95〉	4	〈37.23〉	4	〈36.41〉	4	〈37.31〉	4	〈36.76〉	4	〈36.32〉	4	〈36.97〉	4	〈36.90〉	4	〈32.85〉	20.64
		14	〈38.40〉	11	〈38.21〉	14	〈38.52〉	14	〈37.48〉	14	〈37.73〉	14	〈36.67〉	14	〈37.60〉	14	〈36.32〉	14	〈31.85〉	14	〈34.17〉	14	〈36.91〉	14	〈32.66〉	
		24	〈38.62〉	24	〈38.53〉	24	12.34	24	〈37.66〉	24	〈37.99〉	24	〈37.55〉	24	〈37.53〉	24	28.94	24	〈31.65〉	24	〈36.74〉	24	〈33.54〉	24	〈33.34〉	
	1992	4	〈32.13〉	1	〈32.64〉	4	〈33.61〉	4	〈33.72〉	4	〈35.75〉	4	〈38.43〉	4	〈38.35〉	4	〈37.08〉	4	〈35.96〉	4	〈33.04〉	4	〈30.19〉	4	〈31.95〉	11.64
		14	11.60	14	〈33.64〉	14	〈33.11〉	14	〈38.02〉	14	〈33.66〉	14	〈38.51〉	14	〈38.07〉	14	14.96	14	〈35.90〉	14	9.31	14	〈30.36〉	14	〈31.02〉	
		24	〈32.76〉	24	13.00	24	〈33.66〉	24	〈37.27〉	24	〈38.41〉	24	〈37.76〉	24	〈37.88〉	24	〈36.50〉	24	〈35.90〉	24	9.33	24	〈30.43〉	24	〈33.26〉	
	1993	4	〈35.29〉	4	〈37.18〉	4	11.01	4	〈37.13〉	4	〈37.30〉	4	〈37.57〉	4	〈37.10〉	4	〈34.74〉	4	〈33.84〉	4	〈36.94〉	4	〈32.46〉	4	〈30.83〉	12.82
		14	〈36.34〉	14	13.46	14	〈35.02〉	14	〈35.92〉	14	〈37.28〉	14	〈37.32〉	14	〈34.71〉	14	〈35.86〉	14	〈33.29〉	14	〈34.86〉	14	〈33.87〉	14	〈32.23〉	
		27	〈38.09〉	24	11.06	24	12.29	24	〈37.38〉	24	〈33.95〉	24	〈36.61〉	24	〈33.93〉	24	12.06	24	〈35.49〉	24	〈35.45〉	24	〈31.27〉	24	17.06	
	1994	4	12.26	4	〈38.41〉	4	〈38.52〉	4	〈36.85〉	4	〈35.96〉	4	15.86	4	〈33.95〉	4	〈36.93〉	4	15.25	4	15.23	4	〈34.30〉	4	〈36.90〉	16.67
		14	〈35.74〉	14	〈38.89〉	14	〈38.80〉	14	〈33.90〉	14	24.65	14	〈33.04〉	14	〈29.63〉	14	〈36.11〉	14	〈37.26〉	14	15.67	14	〈34.66〉	14	〈36.88〉	
		24	〈36.94〉	24	〈38.54〉	24	14.81	24	〈32.71〉	24	22.40	24	〈33.56〉	24	〈34.10〉	24	〈37.03〉	24	13.91	24	〈33.59〉	24	〈34.13〉	24	〈37.64〉	
	1995	14	〈38.75〉	14	〈38.80〉	14	〈38.84〉	14	15.67	14	16.21	14	〈38.84〉	14	〈38.78〉	14	〈38.55〉	14	〈37.47〉	14	〈38.42〉	14	〈38.17〉	14	〈38.57〉	15.94
	1996	4	〈38.70〉	4	〈38.40〉	4	〈38.61〉	4	〈38.89〉	4	〈38.79〉	4	〈38.71〉	4	〈38.43〉	4	〈35.63〉	4	〈37.10〉	4	〈36.23〉	4	〈35.44〉	4	〈34.11〉	13.69
		14	〈38.76〉	14	〈38.84〉	14	〈38.92〉	14	〈38.76〉	14	〈38.72〉	14	〈38.32〉	14	16.85	14	〈34.71〉	14	〈35.60〉	14	〈37.31〉	14	〈32.38〉	14	〈35.95〉	
		24	〈38.82〉	24	〈38.59〉	24	〈38.93〉	24	〈38.69〉	24	〈38.61〉	24	〈38.21〉	24	〈38.43〉	24	〈35.45〉	24	〈35.02〉	24	〈37.73〉	24	〈32.40〉	24	10.53	
	1997	4	9.78	4	〈23.68〉	4	〈23.31〉	4	〈22.40〉	4	〈25.05〉	4	〈34.86〉	4	〈38.02〉	4	〈33.02〉	4	〈38.24〉	4	〈34.14〉	4	〈35.19〉	4	〈35.32〉	9.27
		14	8.75	14	〈24.83〉	14	〈21.18〉	14	〈22.65〉	14	〈27.24〉	14	〈35.89〉	14	〈35.06〉	14	〈35.16〉	14	〈38.52〉	14	〈36.18〉	14	〈34.66〉	14	〈32.06〉	
		24	〈22.15〉	24	〈25.49〉	24	〈21.33〉	24	〈21.34〉	24	〈32.10〉	24	〈38.40〉	24	〈35.17〉	24	〈35.36〉	24	〈34.42〉	24	〈35.01〉	24	〈34.58〉	24	〈30.88〉	
	1998	14	〈30.40〉	14	〈33.74〉	14	〈32.63〉	14	〈29.28〉	14	〈33.54〉	14	〈35.58〉	14	10.64	14	〈38.77〉	14	〈39.19〉	14	〈39.29〉	14	15.13	14	〈39.27〉	12.89
	1999	14	〈39.36〉	14	〈39.27〉	14	〈39.23〉	14	〈39.00〉	14	〈38.96〉	14	〈38.43〉	14	〈37.45〉	14	〈38.60〉	14	〈38.86〉	14	13.73	14	〈39.07〉	14	〈38.76〉	13.73
	2000	14	15.20	14	〈34.87〉	14	〈34.83〉	14		14		14		14		14		14		14		14		14		15.20
Ⅱ2-12	1990	14	10.29	14	10.68	14	8.70	14	〈28.96〉	14	〈26.03〉	14	〈35.22〉	14	〈35.08〉	14	〈36.85〉	14	〈35.54〉	14	〈36.29〉	14	〈35.52〉	14	〈35.45〉	9.89
	1991	14	〈35.61〉	11	〈34.80〉	14	〈35.87〉	14	〈35.91〉	14	〈35.97〉	14	〈35.63〉	14	〈35.86〉	14	〈35.60〉	14	〈33.25〉	14	〈36.13〉	14	〈36.41〉	14	〈26.72〉	

续表

点号	年份	1月 日	1月 水位	2月 日	2月 水位	3月 日	3月 水位	4月 日	4月 水位	5月 日	5月 水位	6月 日	6月 水位	7月 日	7月 水位	8月 日	8月 水位	9月 日	9月 水位	10月 日	10月 水位	11月 日	11月 水位	12月 日	12月 水位	年平均
Ⅱ2-12	1992	14	⟨23.68⟩	14	⟨25.66⟩	14	⟨26.77⟩	14	⟨36.07⟩	14	⟨35.92⟩	14	⟨37.04⟩	14	⟨35.68⟩	14	12.28	14	⟨35.73⟩	14	⟨35.63⟩	14	⟨35.42⟩	14	9.63	10.96
	1993	14	⟨35.18⟩	14	7.18	14	⟨35.86⟩	14	⟨35.26⟩	14	⟨35.08⟩	14	⟨35.63⟩	14	⟨35.13⟩	14	⟨35.68⟩	14	⟨35.97⟩	14	⟨35.48⟩	14	⟨35.64⟩	14	⟨35.43⟩	7.18
	1994	14	⟨35.69⟩	14	⟨36.47⟩	14	⟨37.87⟩	14	⟨36.39⟩	14	⟨33.26⟩	14	⟨36.60⟩	14	⟨36.49⟩	14	⟨36.92⟩	14	⟨36.48⟩	14	12.58	14		14	11.86	12.22
	1990	14	⟨24.15⟩	14	⟨34.17⟩	14	⟨34.67⟩	14	7.02	14	⟨31.89⟩	14	⟨34.61⟩	14	⟨34.66⟩	14	⟨35.58⟩	14	⟨8.71⟩	14	⟨8.65⟩	14	⟨13.18⟩	14	⟨7.76⟩	7.02
	1991	14	⟨9.02⟩	11	⟨8.97⟩	14	⟨8.64⟩	14	⟨8.26⟩	14	⟨8.63⟩	14	⟨7.58⟩	14	⟨8.19⟩	14	⟨8.08⟩	14	⟨8.02⟩	14	⟨8.71⟩	14	⟨8.62⟩	14	⟨9.16⟩	
	1992	14	12.18	14	10.17	14	⟨10.14⟩	14	⟨35.79⟩	14	⟨35.92⟩	14	⟨35.85⟩	14	⟨35.73⟩	14	9.12	14	7.73	14	7.41	14	7.95	14	8.07	8.95
	1993	14	6.32	14	8.14	14	⟨35.85⟩	14	⟨35.79⟩	14	⟨35.86⟩	14	⟨35.78⟩	14	⟨35.75⟩	14	8.78	14	8.47	14	⟨35.61⟩	14	⟨35.82⟩	14	⟨35.89⟩	7.93
	1994	14	⟨36.12⟩	14	⟨36.16⟩	14	⟨36.17⟩	14	⟨36.26⟩	14	⟨34.96⟩	14	⟨36.27⟩	14	⟨36.05⟩	14	⟨36.47⟩	14	⟨36.41⟩	14	9.77	14	⟨9.46⟩	14	⟨9.72⟩	9.77
	1996	14		14		14		14		14		14		14	⟨35.14⟩	14	⟨36.21⟩	14	⟨36.22⟩	14	⟨35.97⟩	14	9.66	14	9.68	9.67
Ⅱ2-13	1997	14	⟨35.90⟩	14	⟨36.55⟩	14	⟨36.42⟩	14	⟨36.75⟩	14	⟨36.57⟩	14	⟨36.51⟩	14	⟨36.35⟩	14	⟨36.49⟩	14	⟨36.32⟩	14	⟨36.05⟩	14	⟨35.26⟩	14	⟨36.45⟩	
	1998	14	9.82	14	⟨37.31⟩	14	⟨36.80⟩	14	⟨36.52⟩	14	⟨36.68⟩	14	⟨36.49⟩	14	⟨36.35⟩	14	⟨36.05⟩	14	⟨36.03⟩	14	⟨36.22⟩	14	9.11	14	⟨35.75⟩	9.47
	1999	14	⟨36.28⟩	14	⟨36.06⟩	14	⟨36.73⟩	14	⟨36.21⟩	14	⟨35.65⟩	14	⟨36.30⟩	14	⟨36.06⟩	14	⟨36.45⟩	14	⟨36.02⟩	14	⟨36.22⟩	14	⟨36.06⟩	14	⟨36.12⟩	
	2000	14	⟨38.74⟩	14	⟨37.12⟩	14	⟨35.72⟩	14	⟨35.36⟩	14	⟨35.32⟩	14	⟨35.13⟩	14	11.76	14	⟨35.26⟩	14	⟨35.41⟩	14	⟨34.67⟩	14	⟨34.76⟩	14	⟨34.91⟩	11.76
	1990	14	5.67	14	5.57	14	5.29	14	5.39	14	5.41	14	5.66	14	5.30	14	5.88	14	5.72	14	5.69	14	5.71	14	5.85	5.60
	1991	14	6.07	14	5.90	14	5.69	14	5.37	14	5.72	14	5.15	14	5.32	14	5.91	14	5.98	14	6.02	14	5.97	14	6.47	5.80
	1992	14	6.41	14	6.33	14	6.37	14	5.94	14	6.04	14	5.97	14	6.43	14	5.95	14	5.83	14	6.32	14	6.81	14	6.99	6.28
Ⅱ2-14	1993	14	7.12	14	7.02	14	6.83	14	6.75	14	6.35	14	6.75	14	6.86	14	6.89	14	6.89	14	6.81	14	7.03	14	7.11	6.87
	1994	14	7.30	14	7.28	14	7.11	14	6.59	14	7.07	14	7.02	14	6.67	14	7.14	14	7.39	14	7.62	14	7.01	14	7.38	7.13
	1995	14	7.49	14	7.54	14	7.36	14	7.39	14	7.45	14	7.60	14	8.00	14	7.58	14	7.75	14	8.01	14	7.85	14	9.02	7.75
	1996	14	9.56	14	7.90	14	7.13	14	7.13	14	7.22	14	6.84	14	6.89	14		14		14		14		14		7.52
浅7	1990	4	10.03	4	14.88	4	干	4	8.29	4	7.09	4	6.76	4	7.75	4	10.29	4	干	4	干	4	10.38	4	10.75	
		14	11.25	14		14	11.55	14	8.61	14	6.69	14	7.24	14	8.00	14	10.94	14	干	14	干	14	10.76	14	10.54	9.60
		24	13.86	24	干	24	8.91	24	8.81	24	6.51	24	8.18	24	8.89	24	干	24	干	24	10.85	24	10.70	24	10.71	

续表

点号	年份	1月			2月			3月			4月			5月			6月			7月			8月			9月			10月			11月			12月			年平均
		日	水位		日	水位		日	水位		日	水位		日	水位		日	水位		日	水位		日	水位		日	水位		日	水位		日	水位		日	水位	
浅7	1991	4	10.26		4	干		4	10.65		4	10.66		4	10.23		4	10.78		4	8.67		4	干		4	干		4	干		4	干		4	干		10.23
		14	10.52		11	10.63		14	10.86		14	10.76		14	10.49		14	9.15		14	8.75		14	干		14	干		14	干		14	干		14	干		
		24	10.78		24	10.86		24	10.55		24	10.50		24	10.76		24	8.42		24	干		24	干		24	干		24	干		24	干		24	干		
	1992	4	干		4	干		4	干		4	干		4	干		4	干		4	干		4	8.82		4	8.39		4	9.22		4	8.92		4	9.25		8.82
		14	8.53		14	干		14	干		14	干		14	干		14	7.21		14	干		14	9.12		14	9.25		14	9.23		14	8.71		14	9.14		
		24	干		24	干		24	干		24	干		24	干		24	8.56		24	干		24	8.71		24	9.19		24	9.23		24	8.07		24	8.78		
	1993	4	干		4	干		4	干		4	干		4	6.24		4	5.94		4	5.87		4	8.25		4	5.68		4	7.04		4	6.02		4	5.81		6.45
		14	干		14	6.35		14	6.12		14	5.96		14	6.18		14	5.79		14	6.71		14	5.36		14	5.31		14	5.89		14	6.17		14	5.64		
		24	6.01		24	6.34		24	6.04		24	6.02		24	5.56		24	5.80		24	8.92		24	5.68		24	7.62		24	5.66		24	6.19		24	5.56		
	1994	4	6.16		4	6.27		4	6.17		4	5.59		4	5.57		4	5.46		4	5.32		4	6.49		4	7.25		4	7.56		4	7.06		4	6.37		6.27
		14	6.20		14			14			14			14	5.46		14	5.46		14	5.12		14	7.19		14	7.46		14	7.62		14	6.61		14	6.56		
		24			24			24			24			24			24	5.52		24	5.08		24			24	7.51		24	7.61		24	6.48		24	6.60		
大2新	1992	4	〈30.81〉		4	〈31.27〉		4	〈31.00〉		4	〈30.81〉		4	〈30.59〉		4	〈31.68〉		4	〈33.95〉		4	〈35.00〉		4	〈34.49〉		4	〈33.59〉		4	〈34.11〉		4	〈33.91〉		26.89
		14	25.39		14	〈31.23〉		14	〈30.89〉		14	〈30.65〉		14	〈30.39〉		14	〈31.96〉		14	〈33.86〉		14	〈34.65〉		14	〈34.41〉		14	〈33.59〉		14	〈34.51〉		14	〈33.83〉		
		24	〈31.27〉		24	25.39		24	〈31.32〉		24	〈30.59〉		24	〈42.60〉		24	29.88		24	〈34.63〉		24	〈34.43〉		24	〈33.76〉		24	〈33.61〉		24	〈34.44〉		24	〈34.07〉		
	1993	4	〈34.51〉		4	〈35.67〉		4	〈36.34〉		4	〈37.51〉		4	〈37.67〉		4	〈36.52〉		4	〈36.21〉		4	〈36.16〉		4	26.02		4	〈38.20〉		4	〈37.69〉		4	26.17		26.10
		14	〈35.12〉		14	〈35.67〉		14	〈36.59〉		14	〈37.56〉		14	〈36.70〉		14	〈36.37〉		14	〈36.31〉		14	〈36.07〉		14	〈38.88〉		14	〈37.57〉		14	〈37.51〉		14	〈36.61〉		
		24	〈35.35〉		24	〈35.81〉		24	〈36.67〉		24	〈37.68〉		24	〈36.41〉		24	〈36.21〉		24	〈36.38〉		24	〈36.07〉		24	〈38.92〉		24	〈37.69〉		24	〈36.73〉		24	〈36.61〉		
	1994	4	〈35.75〉		4	〈35.86〉		4	〈36.59〉		4	〈36.55〉		4	〈38.91〉		4	〈39.36〉		4	〈39.37〉		4	〈41.26〉		4	〈43.61〉		4	〈46.31〉		4	〈47.22〉		4	〈46.27〉		28.78
		14	〈35.86〉		14	〈35.93〉		14	〈36.63〉		14	〈37.36〉		14	〈38.97〉		14	〈39.30〉		14	〈38.63〉		14	〈41.82〉		14	〈45.53〉		14	〈46.47〉		14	〈47.11〉		14	〈46.27〉		
		24	〈46.59〉		24	〈47.11〉		24	〈48.93〉		24	〈37.89〉		24	〈39.21〉		24	〈39.30〉		24	〈38.49〉		24	〈41.91〉		24	〈46.14〉		24	〈46.59〉		24	〈46.82〉		24	〈46.00〉		
	1995	4	31.24		4	31.47		4	〈34.20〉		4	〈34.71〉		4	〈49.23〉		4	〈49.61〉		4	〈50.16〉		4	〈50.61〉		4	〈51.16〉		4	〈51.37〉		4	〈46.50〉		4	31.22		31.22
		14	31.86		14	31.56		14	31.10		14	〈34.87〉		14	〈44.28〉		14	〈44.69〉		14	〈43.82〉		14	〈43.00〉		14	〈42.86〉		14	〈43.16〉		14	〈44.88〉		14	〈45.00〉		
		24			24	〈34.51〉		24	〈34.60〉		24	〈34.63〉		24	〈44.69〉		24	〈44.83〉		24	〈43.03〉		24	〈42.62〉		24	〈43.07〉		24	〈43.27〉		24	〈44.76〉		24	〈45.11〉		
	1996	4	31.95		4			4			4			4	〈44.75〉		4	〈44.41〉		4	〈43.17〉		4	〈42.62〉		4	〈43.07〉		4	〈44.50〉		4	〈44.76〉		4	〈45.72〉		31.53

第一章　西安市

续表

点号	年份	1月 日	1月 水位	2月 日	2月 水位	3月 日	3月 水位	4月 日	4月 水位	5月 日	5月 水位	6月 日	6月 水位	7月 日	7月 水位	8月 日	8月 水位	9月 日	9月 水位	10月 日	10月 水位	11月 日	11月 水位	12月 日	12月 水位	年平均
大2新	1997	4	⟨45.12⟩	4	⟨45.13⟩	4	⟨46.46⟩	4	⟨46.20⟩	4	⟨46.30⟩	4	⟨45.79⟩	4	40.11	4	⟨44.51⟩	4	⟨43.96⟩	4	⟨43.96⟩	4	⟨44.10⟩	4	⟨43.61⟩	36.79
		14	⟨45.00⟩	14	⟨45.73⟩	14	⟨46.51⟩	14	⟨46.16⟩	14	⟨46.00⟩	14	⟨45.76⟩	14	33.47	14	⟨44.51⟩	14	⟨44.16⟩	14	⟨43.93⟩	14	⟨43.86⟩	14	⟨43.61⟩	
		24	⟨45.00⟩	24	⟨46.29⟩	24	⟨46.57⟩	24	⟨46.30⟩	24	⟨45.86⟩	24	⟨45.53⟩	24	⟨44.42⟩	24	⟨43.96⟩	24	⟨44.16⟩	24	⟨44.06⟩	24	⟨43.76⟩	24	⟨43.51⟩	
	1998	14	⟨43.57⟩	14	⟨43.61⟩	14	⟨44.17⟩	14	⟨44.26⟩	14	⟨43.89⟩	14	⟨43.81⟩	14	⟨43.10⟩	14	⟨43.26⟩	14	⟨43.69⟩	14	⟨43.91⟩	14	⟨44.27⟩	14	⟨44.51⟩	
	1999	14	36.00	14	⟨44.36⟩	14	⟨44.88⟩	14	⟨45.69⟩	14	⟨45.73⟩	14	⟨45.16⟩	14	⟨40.00⟩	14	36.63	14	⟨41.16⟩	14	⟨41.22⟩	14	⟨41.46⟩	14	⟨41.31⟩	36.32
大3	1990	4	7.40	4	9.97	4	9.16	4	7.99	4	7.72	4	7.68	4	7.22	4	7.29	4	7.36	4	7.59	4	7.66	4	8.08	8.03
		14	8.98	14	10.18	14	8.50	14	7.94	14	7.71	14	7.75	14	7.19	14	7.61	14	7.44	14	7.65	14	7.66	14	8.29	
		24	9.65	24	10.28	24	8.25	24	7.78	24	7.56	24	7.43	24	7.24	24	7.35	24	7.56	24	7.61	24	7.79	24	8.70	
	1991	4	9.25	4	11.01	4	10.96	4	9.19	4	8.68	4	8.36	4	7.89	4	7.85	4	8.15	4	7.99	4	8.54	4	9.66	8.98
		14	9.76	11	11.47	14	11.02	14	8.93	14	8.61	14	8.06	14	7.95	14	7.79	14	8.32	14	7.85	14	8.15	14	9.63	
		24	10.45	24	10.90	24	10.07	24	8.71	24	8.96	24	7.87	24	7.96	24	8.18	24	7.96	24	8.83	24	9.08	24	9.15	
	1992	4	10.15	1	10.14	4	13.00	4	10.96	4	10.51	4	10.81	4	9.82	4	9.39	4	9.13	4	8.14	4	8.42	4	8.84	9.94
		14	10.24	14	11.75	14	12.14	14	10.34	14	10.31	14	10.94	14	9.83	14	10.20	14	8.73	14	7.98	14	8.63	14	9.12	
		24	10.61	24	12.22	24	11.29	24	10.23	24	10.57	24	10.28	24	9.40	24	9.47	24	7.95	24	8.12	24	8.73	24	9.46	
	1993	4	9.78	4	10.05	4	9.85	4	9.59	4	9.33	4	8.83	4	8.45	4	8.53	4	8.58	4	8.90	4	8.92	4	8.70	9.13
		14	9.99	14	9.97	14	9.93	14	9.39	14	9.13	14	8.70	14	8.31	14	8.79	14	8.85	14	8.93	14	8.92	14	8.93	
		27	10.04	24	9.78	24	9.86	24	9.44	24	8.86	24	8.64	24	8.51	24	8.52	24	8.75	24	8.75	24	8.64	24	9.56	
	1994	4	10.00	4	11.70	4	12.68	4	10.24	4	9.79	4	11.68	4	9.44	4	9.43	4	11.90	4	11.48	4	11.64	4	12.05	11.00
		14	10.98	14	12.02	14	11.90	14	9.82	14	9.99	14	10.24	14	8.97	14	10.02	14	11.47	14	12.31	14	11.51	14	12.38	
		24	11.59	24	12.52	24	11.27	24	9.44	24	10.39	24	10.11	24	9.21	24	10.87	24	11.20	24	11.29	24	11.41	24	13.16	
II3-1	1990	18	34.69	18	34.47	18	34.44	18	34.47	18	34.49	18	34.42	18	34.05	18	33.98	18	33.96	18	34.01	18	34.08	18	34.28	34.28
	1991	18	34.60	11	34.61	18	34.48	18	34.87	18	35.00	18	35.03	18	35.00	18	34.91	18	34.84	18	34.83	18	35.00	18	35.05	34.85
	1992	18	35.09	18	35.47	18	35.44	18	35.61	18	35.72	18	35.86	18	35.42	18	35.40	18	35.31	18	35.34	18	35.43	18	35.57	35.47
	1993	18	35.57	18	35.85	18	36.22	18	36.18	18	36.20	18	36.36	18	36.00	18	⟨38.20⟩	18	⟨38.72⟩	18	⟨38.40⟩	18	⟨38.61⟩	18	⟨39.00⟩	36.05

续表

点号	年份	1月 日	1月 水位	2月 日	2月 水位	3月 日	3月 水位	4月 日	4月 水位	5月 日	5月 水位	6月 日	6月 水位	7月 日	7月 水位	8月 日	8月 水位	9月 日	9月 水位	10月 日	10月 水位	11月 日	11月 水位	12月 日	12月 水位	年平均
II3-1	1994	18	⟨40.38⟩	18	⟨40.41⟩	18	⟨41.28⟩	18	⟨40.70⟩	18	⟨40.96⟩	18	⟨41.87⟩	18	⟨41.60⟩	18	⟨41.62⟩	18	⟨41.81⟩	18	⟨41.87⟩	18	⟨41.92⟩	18	⟨40.26⟩	
	1996	7	⟨44.42⟩	7	⟨41.55⟩	7	⟨42.23⟩	7	⟨39.82⟩	7	⟨39.37⟩	7	⟨41.86⟩	7	⟨38.98⟩	7	⟨38.49⟩	7	⟨38.11⟩	7	⟨38.29⟩	7	⟨37.98⟩	7	36.09	36.03
		17	⟨40.63⟩	17	⟨42.19⟩	17	⟨41.72⟩	17	⟨40.10⟩	17	⟨41.08⟩	17	⟨40.00⟩	17	⟨38.81⟩	17	⟨38.14⟩	17	⟨38.14⟩	17	⟨38.02⟩	17	⟨37.98⟩	17	35.99	
		27	⟨40.96⟩	27	⟨41.76⟩	27	⟨42.18⟩	27	⟨40.00⟩	27	⟨41.79⟩	27	⟨39.43⟩	27	⟨38.76⟩	27	⟨38.08⟩	27	⟨38.20⟩	27	⟨37.98⟩	27	⟨36.19⟩	27	36.00	
	1997	7	⟨37.84⟩	7	⟨37.76⟩	7	⟨38.05⟩	7	⟨37.83⟩	7	⟨38.11⟩	7	⟨38.72⟩	7	⟨38.89⟩	7	⟨38.35⟩	7	⟨38.83⟩	7	⟨38.04⟩	7	36.47	7	⟨38.25⟩	36.47
		17	⟨37.57⟩	17	⟨37.80⟩	17	⟨38.11⟩	17	⟨37.97⟩	17	⟨37.88⟩	17	⟨39.67⟩	17	⟨38.50⟩	17	⟨38.63⟩	17	⟨38.26⟩	17	⟨38.04⟩	17	⟨38.28⟩	17	⟨38.31⟩	
		27	⟨37.66⟩	27	⟨37.99⟩	27	⟨38.06⟩	27	⟨38.00⟩	27	⟨38.40⟩	27	⟨39.34⟩	27	⟨38.34⟩	27	⟨38.63⟩	27	⟨38.42⟩	27	⟨38.06⟩	27	⟨38.00⟩	27	⟨38.72⟩	
	1998	17	⟨38.66⟩	17	⟨38.71⟩	17	⟨38.46⟩	17	⟨38.09⟩	17	⟨37.76⟩	17	⟨37.91⟩	17	⟨36.96⟩	17	35.04	17	⟨36.00⟩	17	34.05	17	34.01	17	⟨36.96⟩	34.37
	1999	17	⟨36.30⟩	17	⟨36.51⟩	17	⟨36.66⟩	17	⟨36.30⟩	17	⟨36.46⟩	17	⟨34.40⟩	17	⟨33.72⟩	17	33.63	17	33.92	17	34.10	17	34.10	17	31.63	33.49
	2000	17	31.81	15	31.63	18	31.46	17	31.66	17	31.56	17	31.86	18	32.51	18	32.68	18	32.54	18	32.35	18	32.16	18	31.69	31.99
II3-9	1990	18	⟨36.14⟩	11	32.77	18	31.92	18	⟨35.95⟩	18	⟨37.02⟩	18	⟨36.11⟩	18	⟨37.15⟩	18	⟨37.66⟩	18	⟨38.13⟩	18	⟨38.65⟩	18	⟨38.77⟩	18	⟨37.96⟩	32.35
	1991	18	⟨37.61⟩	18	⟨37.80⟩	18	33.60	18	⟨37.55⟩	18	⟨36.74⟩	18	⟨36.89⟩	18	⟨37.36⟩	18	⟨37.31⟩	18	⟨36.69⟩	18	⟨37.00⟩	18	⟨37.30⟩	18	⟨35.45⟩	33.60
	1992	18	⟨35.92⟩	18	⟨36.31⟩	18	⟨36.92⟩	18	⟨37.81⟩	18	⟨38.26⟩	18	35.43	18	⟨39.10⟩	18	⟨38.86⟩	18	⟨38.63⟩	18	⟨38.91⟩	18	⟨39.05⟩	18	⟨38.96⟩	35.43
	1993	18	⟨39.01⟩	18	⟨39.26⟩	18	⟨40.66⟩	18	⟨40.51⟩	18	⟨40.71⟩	18	⟨40.90⟩	18	⟨40.37⟩	18	⟨40.37⟩	18	⟨43.00⟩	18	⟨43.00⟩	18	⟨43.85⟩	18	⟨44.11⟩	
	1994	18	⟨44.61⟩	18	⟨44.96⟩	18	⟨38.61⟩																			
K80-1	1990	5	13.55	5	13.51	5	13.66	5	13.42	5	13.35	5	13.92	5	14.02	5	14.06	5	13.99	5	13.94	5	13.97	5	13.99	13.85
		15	13.60	15	13.52	15	13.71	15	13.76	15	13.65	15	14.14	15	14.00	15	14.24	15	13.98	15	13.98	15	14.01	15	13.98	
		25	13.67	25	13.56	25	13.59	25	13.71	25	13.81	25	14.05	25	14.05	25	14.13	25	14.00	25	13.92	25	14.11	25	13.91	
	1991	7	14.57	7	14.63	7	14.49	7	14.41	7	14.40	7	14.37	7	15.01	7	15.47	7	15.49	7	15.03	7	15.21	7	15.26	14.90
		17	14.20	17	14.73	17	14.34	17	14.40	17	14.61	17	14.65	17	15.43	17	15.40	17	15.28	17	15.20	17	15.17	17	15.30	
		27	14.41	27	14.42	27	14.25	27	14.31	27	14.62	27	14.63	27	16.04	27	15.48	27	15.30	27	15.20	27	15.23	27	15.41	
	1992	6	15.26	6	15.72	6	15.79	6	15.52	6	15.66	6	15.80	6	16.40	6	16.98	6	16.40	6	15.67	6	16.14	6	16.16	15.98
		16	15.57	16	15.73	16	15.67	16	15.55	16	15.81	16	15.93	16	16.33	16	17.02	16	16.26	16	16.01	16	16.12	16	16.24	
		26	15.68	26	15.81	26	15.64	26	15.55	26	15.22	26	15.98	26	16.34	26	16.98	26	16.12	26	15.92	26	16.11	26	16.34	

续表

点号	年份	1月		2月		3月		4月		5月		6月		7月		8月		9月		10月		11月		12月		年平均
		日	水位	日	水位	日	水位	日	水位	日	水位	日	水位	日	水位	日	水位	日	水位	日	水位	日	水位	日	水位	
K80-1	1993	4	16.63	4	16.46	4	16.43	4	16.30	4	16.25	4	16.74	4	17.16	4	17.31	4	17.56	4	17.34	4	17.17	4	17.25	16.91
		14	16.56	14	16.44	14	16.34	14	16.30	14	16.52	14	16.83	14	17.20	14	17.65	14	17.50	14	17.40	14	17.15	14	17.17	
		24	16.49	24	16.46	24	16.23	24	16.20	24	16.70	24	17.00	24	17.20	24	17.60	24	17.40	24	17.38	24	17.30	24	17.20	
	1994	6	17.65	6	17.80	6	17.52	6	17.76	6	17.73	6	18.29	6	18.52	6	19.25	6	19.37	6	18.89	6	18.94	6	18.81	18.39
		16	17.57	16	17.75	16	17.49	16	17.80	16	17.76	16	18.27	16	18.54	16	19.27	16	19.15	16	19.03	16	18.92	16	18.61	
		26	17.90	26	17.70	26	17.45	26	17.75	26	18.09	26	18.52	26	19.07	26	19.36	26	18.93	26	19.01	26	18.88	26	18.79	
	1995	6	18.54	6	18.67	6	19.33	6	19.48	6	19.20	6	19.46	6	20.48	6	21.06	6	21.33	6	20.85	6	20.67	6	20.70	20.07
		16	18.66	16	19.11	16	19.44	16	19.27	16	19.36	16	20.01	16	20.74	16	21.30	16	21.05	16	20.70	16	20.65	16	20.85	
		26	18.63	26	19.27	26	19.42	26	19.25	26	19.24	26	20.29	26	20.97	26	21.21	26	21.00	26	20.71	26	20.60	26	20.90	
	1996	5	21.00	5	21.18	5	21.14	5	21.21	5	20.74	5	20.87	5	21.30	5	21.23	5	21.47	5	21.02	5	20.94	5	20.77	21.09
		15	21.17	15	21.24	15	21.12	15	21.14	15	20.77	15	21.13	15	20.93	15	21.33	15	21.34	15	21.00	15	20.78	15	20.67	
		25	21.16	25	21.26	25	21.18	25	21.20	25	21.74	25	20.49	25	21.05	25	21.83	25	21.27	25	20.97	25	20.80	25	20.62	
	1997	5	20.68	5	20.70	5	20.56	5	20.30	5	20.10	5	20.87	5	21.27	5	22.11	5	22.49	5	22.32	5	22.07	5	22.03	21.33
		15	20.69	15	20.84	15	20.30	15	20.20	15	20.41	15	21.31	15	21.33	15	22.68	15	22.40	15	22.20	15	22.05	15	22.03	
		25	20.74	25	20.76	25	20.34	25	20.15	25	20.37	25	21.36	25	21.70	25	22.53	25	22.37	25	22.10	25	22.04	25	22.20	
	1998	5	22.30	5	22.17	5	21.97	5	21.77	5	21.97	5	21.45	5	21.89	5	21.96	5	21.47	5	19.78	5	21.00	5	21.02	21.60
		15	22.24	15	21.87	15	21.94	15	21.68	15	21.63	15	21.64	15	21.83	15	21.78	15	21.61	15	21.04	15	21.08	15	21.16	
		25	22.36	25	21.79	25	21.87	25	21.65	25	21.47	25	21.41	25	21.80	25	21.81	25	21.57	25	21.33	25	20.80	25	21.36	
	1999	5	21.36	5	21.44	5	21.19	5	21.51	5	21.31	5	21.46	5	21.47	5	22.14	5	22.76	5	22.28	5	22.03	5	22.15	21.76
		15	21.44	15	21.38	15	20.56	15	21.45	15	21.08	15	21.37	15	21.46	15	22.41	15	22.64	15	22.41	15	22.18	15	22.12	
		25	21.29	25	21.39	25	21.35	25	21.47	25	21.29	25	23.29	25	21.61	25	22.77	25	22.60	25	22.12	25	22.25	25	22.23	
	2000	4	21.21	4	22.58	4	22.63	4	23.20	4	23.07	4	23.61	4	23.20	4	23.48	4	23.33	4	23.18	4	22.83	4	22.89	23.02
		14	22.68	14	22.49	14	22.97	14	23.26	14	23.27	14	23.61	14	23.06	14	23.46	14	23.36	14	23.13	14	23.32	14	22.91	
		24	22.57	24	22.36	24	23.05	24	23.30	24	23.45	24	23.48	24	23.06	24	23.38	24	23.20	24	22.78	24	22.85	24	22.81	

续表

点号	年份	1月 日	1月 水位	2月 日	2月 水位	3月 日	3月 水位	4月 日	4月 水位	5月 日	5月 水位	6月 日	6月 水位	7月 日	7月 水位	8月 日	8月 水位	9月 日	9月 水位	10月 日	10月 水位	11月 日	11月 水位	12月 日	12月 水位	年平均
K80-3	1990	5	10.38	5	10.36	5	10.35	5	9.29	5	10.25	5	10.29	5	10.44	5	10.29	5	10.35	5	10.38	5	10.38	5	10.45	10.32
		15	10.42	15	10.36	15	10.36	15	9.33	15	10.27	15	10.53	15	10.42	15	10.37	15	10.36	15	10.37	15	10.40	15	10.45	
		25	10.44	25	10.33	25	10.33	25	10.29	25	10.27	25	10.51	25	10.42	25	10.28	25	10.36	25	10.36	25	10.49	25	10.52	
	1991	7	11.24	7	10.94	7	11.00	7	11.00	7	11.01	7	11.01	7	11.11	7	11.25	7	11.34	7	11.29	7	11.44	7	11.54	11.20
		17	10.61	17	11.04	17	11.00	17	11.01	17	11.05	17	11.04	17	11.30	17	11.19	17	11.29	17	11.35	17	11.49	17	11.73	
		27	10.76	27	10.93	27	10.99	27	11.00	27	11.06	27	11.00	27	11.58	27	11.36	27	11.35	27	11.35	27	11.57	27	11.80	
	1992	6	11.76	6	11.87	6	11.99	6	11.91	6	11.96	6	11.98	6	12.31	6	12.69	6	12.62	6	12.35	6	12.39	6	12.41	12.20
		16	11.80	16	11.87	16	11.95	16	11.91	16	11.99	16	12.06	16	12.33	16	12.69	16	12.57	16	12.43	16	12.38	16	12.47	
		26	11.85	26	11.99	26	11.95	26	11.90	26	11.91	26	12.03	26	12.39	26	12.63	26	12.54	26	12.39	26	12.34	26	12.59	
	1993	4	12.77	4	12.82	4	12.83	4	12.93	4	12.96	4	12.98	4	13.06	4	13.23	4	13.53	4	13.35	4	13.28	4	13.28	13.11
		14	12.74	14	12.79	14	12.88	14	12.92	14	12.97	14	12.98	14	13.19	14	13.51	14	13.58	14	13.33	14	13.28	14	13.34	
		24	12.77	24	12.86	24	12.91	24	12.96	24	12.98	24	13.08	24	13.16	24	13.51	24	13.43	24	13.29	24	13.28	24	13.38	
	1994	6	13.64	6	13.73	6	13.90	6	13.97	6	14.00	6	14.18	6	14.29	6	14.81	6	15.02	6	14.99	6	15.10	6	15.09	14.44
		16	13.78	16	13.87	16	13.89	16	14.00	16	14.04	16	14.17	16	14.38	16	14.85	16	15.04	16	15.12	16	15.10	16	15.07	
		26	13.84	26	13.85	26	13.88	26	14.02	26	14.12	26	14.27	26	14.61	26	14.97	26	15.01	26	15.10	26	15.09	26	15.08	
	1995	6	15.07	6	15.16	6	15.73	6	15.78	6	15.74	6	15.81	6	16.47	6	17.34	6	17.84	6	17.43	6	17.27	6	17.27	16.48
		16	15.10	16	15.63	16	15.68	16	15.73	16	15.79	16	16.30	16	16.83	16	17.31	16	17.47	16	17.37	16	17.25	16	17.41	
		26	15.11	26	15.73	26	15.83	26	15.72	26	15.77	26	16.24	26	17.25	26	17.47	26	17.43	26	17.31	26	17.25	26	17.49	
	1996	5	17.60	5	17.61	5	18.08	5	18.06	5	17.87	5	17.80	5	17.92	5	17.85	5	18.19	5	17.75	5	17.69	5	17.69	17.86
		15	17.76	15	18.00	15	18.08	15	18.02	15	17.85	15	17.75	15	17.81	15	17.96	15	17.85	15	17.74	15	17.69	15	17.73	
		25	17.59	25	18.06	25	18.10	25	17.97	25	17.82	25	17.89	25	17.77	25	18.32	25	17.80	25	17.71	25	17.69	25	17.76	
	1997	5	17.77	5	17.80	5	18.04	5	17.92	5	17.86	5	17.87	5	18.35	5	19.06	5	19.58	5	19.38	5	19.24	5	19.22	18.54
		15	17.79	15	17.89	15	17.99	15	17.91	15	17.88	15	18.05	15	18.24	15	19.26	15	19.48	15	19.32	15	19.23	15	19.20	
		25	17.81	25	17.81	25	17.97	25	17.88	25	17.86	25	18.41	25	18.63	25	19.34	25	19.44	25	19.24	25	19.21	25	19.36	

续表

点号	年份	1月 日	1月 水位	2月 日	2月 水位	3月 日	3月 水位	4月 日	4月 水位	5月 日	5月 水位	6月 日	6月 水位	7月 日	7月 水位	8月 日	8月 水位	9月 日	9月 水位	10月 日	10月 水位	11月 日	11月 水位	12月 日	12月 水位	年平均
K80-3	1998	5	19.47	5	19.61	5	19.68	5	19.54	5	19.50	5	19.36	5	19.94	5	20.68	5	19.43	5	20.29	5	19.18	5	19.24	19.52
		15	19.63	15	19.81	15	19.63	15	19.55	15	19.41	15	19.31	15	19.60	15	19.56	15	19.37	15	19.40	15	19.11	15	19.08	
		25	19.70	25	19.83	25	19.55	25	19.54	25	19.37	25	19.42	25	19.56	25	19.51	25	19.34	25	19.18	25	19.09	25	19.14	
	1999	5	19.22	5	19.58	5	19.59	5	19.61	5	19.59	5	19.52	5	19.50	5	20.03	5	20.19	5	20.12	5	20.08	5	20.10	19.81
		15	19.25	15	19.55	15	19.51	15	19.59	15	19.48	15	19.64	15	19.48	15	20.22	15	21.17	15	20.10	15	20.08	15	20.18	
		25	19.59	25	19.60	25	19.60	25	19.60	25	19.48	25	19.51	25	19.48	25	20.35	25	20.21	25	20.10	25	20.08	25	20.29	
	2000	4	22.06	4	20.55	4	20.58	4	20.68	4	20.45	4	20.83	4	20.90	4	21.30	4	21.06	4	21.03	4	20.94	4	20.90	20.85
		14	20.56	14	20.50	14	20.63	14	20.72	14	20.78	14	20.88	14	20.90	14	21.16	14	21.01	14	20.50	14	20.94	14	20.90	
		24	20.43	24	20.61	24	20.65	24	20.70	24	20.81	24	20.89	24	20.91	24	21.09	24	21.05	24	20.96	24	20.90	24	20.88	
K83-1主	1990	5	12.60	5	12.60	5	12.86	5	12.58	5	12.65	5	13.03	5	13.10	5	13.17	5	13.16	5	13.11	5	13.23	5	13.20	13.01
		15	12.52	15	12.70	15	12.80	15	12.90	15	12.88	15	13.23	15	13.08	15	13.34	15	13.17	15	13.20	15	13.23	15	13.24	
		25	12.79	25	12.75	25	12.70	25	12.88	25	12.91	25	13.19	25	13.22	25	13.29	25	13.16	25	13.21	25	13.28	25	13.34	
	1991	6	13.78	6	13.96	6	13.80	6	13.56	6	13.81	6	13.67	6	14.39	6	14.92	6	14.91	6	14.44	6	14.64	6	14.78	14.29
		16	13.49	16	14.15	16	13.62	16	13.87	16	14.09	16	14.09	16	14.68	16	14.80	16	14.73	16	14.45	16	14.62	16	14.85	
		26	13.64	26	13.77	26	13.48	26	13.79	26	14.06	26	14.09	26	15.35	26	14.91	26	14.73	26	14.60	26	14.79	26	15.01	
	1992	7	14.69	7	15.18	7	15.28	7	14.82	7	15.11	7	15.39	7	16.03	7	16.45	7	15.99	7	15.34	7	15.82	7	15.79	15.42
		17	15.09	17	15.23	17	15.04	17	14.88	17	15.43	17	15.48	17	15.87	17	16.36	17	15.78	17	15.78	17	15.86	17	15.94	
		27	15.16	27	15.28	27	14.99	27	14.89	27	14.30	27	15.46	27	15.92	27	16.30	27	15.71	27	12.69	27	15.80	27	15.98	
	1993	5	16.14	5	16.06	5	16.04	5	15.80	5	16.10	5	16.42	5	16.90	5	17.03	5	17.25	5	17.06	5	16.97	5	16.87	16.58
		15	16.10	15	16.11	15	15.92	15	15.81	15	16.45	15	16.45	15	16.88	15	17.27	15	17.03	15	17.09	15	17.07	15	16.78	
		25	15.96	25	16.06	25	15.73	25	16.18	25	16.27	25	16.95	25	16.94	25	17.22	25	17.11	25	17.06	25	16.89	25	17.02	
	1994	6	17.35	6	17.67	6	16.91	6	17.32	6	17.38	6	17.87	6	18.13	6	18.80	6	18.99	6	18.72	6	18.69	6	18.43	18.03
		16	17.57	16	17.37	16	16.92	16	17.31	16	17.32	16	18.00	16	18.27	16	18.93	16	18.72	16	18.66	16	18.64	16	18.19	
		26	17.63	26	17.36	26	17.16	26	17.27	26	17.62	26	18.15	26	18.52	26	18.95	26	18.70	26	18.52	26	18.62	26	18.40	

续表

点号	年份	1月 日	1月 水位	2月 日	2月 水位	3月 日	3月 水位	4月 日	4月 水位	5月 日	5月 水位	6月 日	6月 水位	7月 日	7月 水位	8月 日	8月 水位	9月 日	9月 水位	10月 日	10月 水位	11月 日	11月 水位	12月 日	12月 水位	年平均
K83-1 主	1995	6	18.09	6	18.21	6	18.89	6	19.16	6	18.87	6	19.17	6	20.07	6	20.36	6	20.97	6	20.40	6	20.38	6	20.36	19.66
		16	18.18	16	18.75	16	19.10	16	18.96	16	19.01	16	19.26	16	20.29	16	20.89	16	20.72	16	20.42	16	20.38	16	20.44	
		26	18.15	26	18.99	26	19.07	26	18.91	26	18.58	26	19.89	26	20.32	26	20.83	26	20.67	26	20.37	26	20.22	26	20.49	
	1996	5	20.68	5	20.86	5	20.80	5	20.92	5	20.11	5	20.22	5	20.83	5	21.00	5	21.01	5	20.57	5	20.47	5	20.20	20.66
		15	20.85	15	20.84	15	20.92	15	20.82	15	20.47	15	20.38	15	20.44	15	21.12	15	20.83	15	20.59	15	20.24	15	20.07	
		25	20.71	25	20.79	25	20.76	25	20.91	25	20.76	25	20.75	25	20.57	25	21.38	25	20.63	25	20.41	25	20.39	25	20.30	
	1997	5	20.25	5	20.00	5	19.58	5	19.77	5	19.89	5	20.19	5	20.80	5	21.38	5	21.97	5	21.39	5	21.64	5	21.61	20.79
		15	20.29	15	19.78	15	19.40	15	19.59	15	19.91	15	20.81	15	20.98	15	21.75	15	21.96	15	21.55	15	21.65	15	21.54	
		25	20.38	25	19.77	25	19.79	25	19.88	25	20.06	25	20.97	25	21.12	25	21.86	25	21.87	25	21.61	25	21.64	25	21.75	
	1998	5	21.63	5	21.21	5	21.46	5	21.30	5	21.42	5	20.58	5	21.05	5	21.07	5	20.53	5	20.44	5	20.23	5	20.20	20.89
		15	21.58	15	21.63	15	21.43	15	21.17	15	21.04	15	20.64	15	20.83	15	20.78	15	20.53	15	20.16	15	20.42	15	20.27	
		25	21.66	25	21.32	25	21.44	25	21.27	25	20.67	25	20.95	25	20.88	25	20.90	25	20.53	25	20.45	25	19.95	25	20.35	
	1999	5	20.22	5	20.66	5	20.51	5	20.47	5	20.30	5	20.50	5	20.57	5	21.35	5	21.83	5	21.45	5	21.05	5	21.28	20.93
		15	20.39	15	20.85	15	20.82	15	20.23	15	20.19	15	20.68	15	20.71	15	21.54	15	21.67	15	21.94	15	21.22	15	21.25	
		25	20.39	25	20.60	25	20.55	25	20.37	25	20.26	25	20.34	25	20.77	25	21.97	25	22.12	25	21.30	25	21.51	25	21.56	
	2000	4	21.76	4	22.00	4	21.77	4	22.67	4	22.57	4	22.67	4	22.48	4	22.73	4	22.49	4	22.40	4	22.06	4	22.03	22.36
		14	21.93	14	21.43	14	22.39	14	22.74	14	22.76	14	23.00	14	22.42	14	22.69	14	22.31	14	22.45	14	22.77	14	22.20	
		24	21.60	24	21.70	24	22.50	24	22.75	24	22.94	24	23.02	24	22.54	24	22.73	24	22.32	24	21.90	24	22.07	24	22.06	
K83-1 付	1990	5	12.19	5	12.31	5	12.46	5	12.15	5	12.26	5	12.50	5	12.54	5	12.59	5	12.69	5	12.60	5	12.73	5	12.74	12.53
		15	12.04	15	12.33	15	12.42	15	12.48	15	12.41	15	12.69	15	12.49	15	12.77	15	12.63	15	12.58	15	12.75	15	12.81	
		25	12.38	25	12.39	25	12.33	25	12.45	25	12.42	25	12.65	25	12.62	25	12.71	25	12.64	25	12.70	25	12.81	25	12.93	
	1991	6	13.40	6	13.59	6	13.43	6	13.16	6	13.48	6	13.22	6	13.96	6	14.57	6	14.57	6	14.03	6	14.42	6	14.54	13.94
		16	13.05	16	13.83	16	13.28	16	13.54	16	13.74	16	13.68	16	14.11	16	14.46	16	14.39	16	13.95	16	14.42	16	14.65	
		26	13.24	26	13.46	26	13.16	26	13.49	26	13.73	26	13.73	26	14.99	26	14.58	26	14.40	26	14.31	26	14.56	26	14.83	

续表

点号	年份	1月 日	1月 水位	2月 日	2月 水位	3月 日	3月 水位	4月 日	4月 水位	5月 日	5月 水位	6月 日	6月 水位	7月 日	7月 水位	8月 日	8月 水位	9月 日	9月 水位	10月 日	10月 水位	11月 日	11月 水位	12月 日	12月 水位	年平均
K83-1付	1992	7	14.50	7	14.93	7	15.11	7	14.60	7	14.87	7	15.12	7	15.72	7	16.16	7	15.70	7	15.25	7	15.67	7	15.53	15.26
		17	14.86	17	14.95	17	14.84	17	14.70	17	15.17	17	15.26	17	15.59	17	16.00	17	15.36	17	15.62	17	15.70	17	15.77	
		27	14.90	27	15.10	27	14.73	27	14.71	27	13.91	27	15.01	27	15.62	27	16.06	27	15.31	27	15.56	27	15.69	27	15.82	
	1993	5	16.05	5	15.76	5	15.74	5	15.49	5	15.98	5	16.26	5	16.68	5	16.79	5	17.04	5	16.83	5	16.78	5	16.55	16.34
		15	15.84	15	15.75	15	15.61	15	15.48	15	16.28	15	16.34	15	16.45	15	17.04	15	16.63	15	16.87	15	16.88	15	16.58	
		25	15.67	25	15.71	25	15.60	25	16.02	25	16.08	25	16.74	25	16.70	25	17.00	25	16.86	25	16.84	25	16.57	25	16.79	
	1994	6	17.15	6	17.49	6	16.58	6	17.06	6	17.13	6	17.60	6	17.85	6	18.50	6	18.71	6	18.49	6	18.45	6	18.20	17.78
		16	17.38	16	17.18	16	16.58	16	17.08	16	17.00	16	17.76	16	18.02	16	18.62	16	18.45	16	18.45	16	18.43	16	18.02	
		26	17.44	26	17.19	26	16.79	26	16.93	26	17.34	26	17.85	26	18.22	26	18.65	26	18.45	26	18.26	26	18.45	26	18.19	
	1995	6	17.76	6	17.93	6	18.71	6	18.98	6	18.72	6	19.00	6	19.91	6	20.26	6	20.82	6	20.15	6	20.21	6	20.20	19.50
		16	17.89	16	18.56	16	18.88	16	18.81	16	18.87	16	19.50	16	20.14	16	20.74	16	20.49	16	20.25	16	20.26	16	20.27	
		26	17.85	26	18.81	26	18.88	26	18.76	26	18.91	26	19.67	26	20.21	26	20.63	26	20.45	26	20.18	26	19.94	26	20.36	
	1996	5	20.57	5	20.80	5	20.80	5	20.86	5	20.04	5	20.06	5	20.60	5	20.73	5	20.81	5	20.47	5	20.41	5	20.03	20.50
		15	19.79	15	20.71	15	20.89	15	20.72	15	20.45	15	20.21	15	20.23	15	20.87	15	20.67	15	20.52	15	20.11	15	19.91	
		25	20.58	25	20.80	25	20.60	25	20.83	25	20.70	25	20.55	25	20.32	25	21.15	25	20.49	25	20.34	25	20.20	25	20.10	
	1997	5	20.08	5	19.99	5	19.57	5	19.69	5	19.78	5	20.08	5	20.62	5	21.20	5	21.80	5	21.31	5	21.53	5	21.54	20.68
		15	20.14	15	19.85	15	19.42	15	19.54	15	19.80	15	20.68	15	20.87	15	21.54	15	21.88	15	21.41	15	21.51	15	21.46	
		25	20.28	25	19.88	25	19.71	25	19.78	25	19.89	25	20.74	25	20.92	25	21.60	25	21.77	25	21.50	25	21.57	25	21.68	
	1998	5	21.47	5	21.14	5	21.58	5	21.35	5	21.30	5	20.66	5	21.45	5	21.48	5	21.00	5	20.91	5	20.63	5	20.54	21.06
		15	21.05	15	21.35	15	21.53	15	21.22	15	21.13	15	20.96	15	21.21	15	21.23	15	21.06	15	20.54	15	20.41	15	20.71	
		25	21.58	25	21.44	25	21.52	25	21.35	25	20.66	25	21.26	25	21.32	25	21.31	25	21.04	25	20.76	25	19.35	25	20.73	
	1999	5	20.61	5	20.76	5	20.67	5	20.89	5	20.74	5	20.88	5	20.93	5	21.72	5	22.36	5	21.75	5	21.53	5	21.56	21.25
		15	20.83	15	20.82	15	21.15	15	20.72	15	20.62	15	20.94	15	21.05	15	22.00	15	22.14	15	21.98	15	21.61	15	21.60	
		25	20.69	25	20.73	25	20.43	25	20.89	25	20.62	25	20.79	25	21.16	25	22.34	25	22.14	25	21.57	25	21.82	25	21.81	

续表

点号	年份	1月 日	1月 水位	2月 日	2月 水位	3月 日	3月 水位	4月 日	4月 水位	5月 日	5月 水位	6月 日	6月 水位	7月 日	7月 水位	8月 日	8月 水位	9月 日	9月 水位	10月 日	10月 水位	11月 日	11月 水位	12月 日	12月 水位	年平均
K83-1 付	2000	4	22.13	4	22.18	4	21.65	4	22.71	4	22.60	4	22.63	4	22.48	4	22.52	4	22.35	4	22.32	4	22.12	4	22.04	22.39
		14	22.24	14	21.68	14	22.40	14	22.77	14	22.84	14	23.05	14	22.42	14	22.55	14	22.73	14	22.40	14	22.86	14	22.26	
		24	22.06	24	21.71	24	22.57	24	22.73	24	22.97	24	23.11	24	22.39	24	22.73	24	22.16	24	21.73	24	22.01	24	21.99	
	1990	4	12.29	4	12.30	4	12.63	4	12.66	4	12.79	4	12.87	4	13.17	4	12.93	4	13.20	4	13.38	4	13.40	4	13.29	13.01
		14	12.24	14	12.70	14	12.90	14	12.70	14	13.08	14	13.30	14	13.37	14	13.44	14	13.42	14	13.31	14	13.32	14	12.99	
		24	12.57	24	12.42	24	12.71	24	12.60	24	12.75	24	13.33	24	13.56	24	13.57	24	13.32	24	13.40	24	13.43	24	13.11	
	1991	4	13.45	4	13.99	4	14.01	4	14.09	4	13.86	4	14.40	4	14.47	4	15.09	4	15.05	4	14.84	4	14.76	4	14.94	14.44
		14	13.48	14	14.08	14	13.81	14	13.94	14	13.92	14	14.41	14	15.04	14	15.01	14	14.80	14	14.90	14	14.99	14	15.12	
		24	13.83	24	13.62	24	13.79	24	14.01	24	14.20	24	14.24	24	15.33	24	14.83	24	14.75	24	14.91	24	14.90	24	15.11	
	1992	4	14.75	4	15.36	4	14.69	4	15.22	4	15.55	4	15.90	4	16.14	4	16.36	4	16.66	4	16.34	4	16.35	4	16.12	15.87
		14	15.08	14	15.35	14	14.92	14	14.97	14	15.64	14	15.80	14	16.29	14	16.87	14	16.28	14	16.26	14	16.38	14	16.64	
		24	15.21	24	15.45	24	15.16	24	15.38	24	15.75	24	16.11	24	16.20	24	16.72	24	16.32	24	16.26	24	16.41	24	16.34	
K83-2 主	1993	4	15.97	4	16.35	4	16.68	4	16.19	4	16.57	4	16.87	4	17.45	4	17.65	4	17.75	4	17.67	4	17.65	4	17.25	17.04
		14	16.62	14	16.48	14	16.61	14	16.23	14	16.49	14	16.95	14	17.53	14	17.74	14	17.69	14	17.68	14	17.66	14	17.03	
		24	16.14	24	16.66	24	16.08	24	16.54	24	16.37	24	17.33	24	17.47	24	17.84	24	17.80	24	17.66	24	17.29	24	17.55	
	1994	4	17.87	4	18.14	4	17.26	4	17.96	4	18.00	4	18.40	4	18.70	4	19.27	4	19.39	4	19.35	4	19.22	4	19.05	18.49
		14	17.79	14	17.93	14	17.20	14	17.81	14	18.13	14	18.23	14	18.79	14	19.36	14	19.08	14	18.74	14	18.97	14	18.92	
		24	18.04	24	17.93	24	17.60	24	17.99	24	17.47	24	18.71	24	19.00	24	19.49	24	19.39	24	19.16	24	18.90	24	18.51	
	1995	4	18.70	4	18.97	4	18.82	4	18.85	4	18.73	4	19.08	4	20.25	4	20.97	4	21.32	4	23.51	4	20.80	4	20.53	20.12
		14	18.73	14	19.05	14	18.89	14	18.86	14	18.91	14	20.07	14	20.55	14	20.99	14	21.20	14	23.53	14	20.32	14	20.46	
		24	18.69	24	19.20	24	19.12	24	20.72	24	18.97	24	20.14	24	20.33	24	21.20	24	20.86	24	23.53	24	20.45	24	20.45	
	1996	5	20.70	5	20.95	5	20.65	5	20.45	5	20.12	5	19.88	5	20.85	5	20.94	5	21.20	5	20.73	5	20.46	5	20.08	20.67
		15	20.88	15	21.01	15	21.03	15	21.00	15	20.53	15	20.42	15	20.90	15	21.45	15	20.43	15	20.66	15	19.92	15	20.03	
		25	20.87	25	20.76	25	20.58	25	21.00	25	20.89	25	20.80	25	20.94	25	21.63	25	20.45	25	20.23	25	20.44	25	20.40	

续表

点号	年份	1月 日	1月 水位	2月 日	2月 水位	3月 日	3月 水位	4月 日	4月 水位	5月 日	5月 水位	6月 日	6月 水位	7月 日	7月 水位	8月 日	8月 水位	9月 日	9月 水位	10月 日	10月 水位	11月 日	11月 水位	12月 日	12月 水位	年平均
K83-2 主	1997	5	20.20	5	19.58	5	19.30	5	19.20	5	19.89	5	20.26	5	20.62	5	21.01	5	21.95	5	20.97	5	21.23	5	21.53	
		15	20.40	15	19.20	15	18.61	15	19.18	15	19.97	15	20.93	15	21.06	15	21.27	15	21.81	15	21.28	15	21.65	15	21.22	20.58
		25	20.44	25	19.37	25	19.48	25	19.13	25	20.18	25	21.00	25	21.29	25	21.72	25	21.73	25	21.44	25	21.38	25	21.35	
	1998	5	21.52	5	21.20	5	21.00	5	21.12	5	21.19	5	19.33	5	20.55	5	20.96	5	20.47	5	20.49	5	20.08	5	19.95	
		15	21.63	15	21.09	15	20.92	15	20.90	15	20.30	15	20.04	15	20.40	15	20.54	15	20.67	15	20.25	15	19.80	15	20.18	20.60
		25	21.73	25	20.84	25	20.84	25	20.80	25	19.85	25	20.49	25	20.80	25	20.91	25	20.37	25	20.23	25	20.27	25	19.98	
	1999	5	19.58	5	20.19	5	19.95	5	20.12	5	19.58	5	20.40	5	20.17	5	21.31	5	21.68	5	20.46	5	21.01	5	20.71	
		15	20.42	15	20.37	15	20.80	15	19.60	15	19.80	15	20.23	15	20.40	15	21.62	15	21.68	15	21.45	15	20.87	15	20.60	20.57
		25	20.39	25	20.20	25	20.41	25	20.59	25	19.60	25	20.11	25	20.62	25	21.43	25	21.75	25	20.50	25	20.96	25	21.08	
	2000	4	21.53	4	21.23	4	21.27	4	22.27	4	22.30	4	21.80	4	22.14	4	22.94	4	21.63	4	22.52	4	21.52	4	21.42	
		14	21.45	14	21.06	14	22.13	14	22.42	14	22.37	14	22.62	14	21.96	14	22.61	14	22.05	14	22.07	14	22.07	14	21.33	21.95
		24	21.10	24	21.27	24	22.24	24	22.34	24	22.72	24	22.48	24	22.59	24	22.43	24	21.74	24	21.65	24	21.27	24	21.55	
K83-2 付	1990	4	11.35	4	11.54	4	11.83	4	11.81	4	12.01	4	12.13	4	12.38	4	12.16	4	12.48	4	12.61	4	12.60	4	12.56	
		14	11.28	14	11.78	14	12.19	14	11.84	14	12.33	14	12.48	14	12.55	14	12.63	14	12.61	14	12.54	14	12.58	14	12.15	12.21
		24	11.77	24	11.66	24	12.03	24	11.72	24	12.03	24	12.49	24	12.67	24	12.71	24	12.47	24	12.62	24	12.68	24	12.21	
	1991	4	12.82	4	13.37	4	13.41	4	13.42	4	13.41	4	13.75	4	13.91	4	14.34	4	14.34	4	14.17	4	14.15	4	14.36	
		14	12.73	14	13.44	14	13.12	14	13.35	14	13.32	14	13.75	14	14.30	14	14.27	14	14.02	14	14.25	14	14.37	14	14.46	13.78
		24	13.20	24	13.08	24	13.05	24	13.27	24	13.38	24	13.52	24	14.62	24	14.25	24	14.02	24	14.28	24	14.21	24	14.44	
	1992	4	14.19	4	14.73	4	14.00	4	14.56	4	14.92	4	15.16	4	15.30	4	15.64	4	15.77	4	15.65	4	15.69	4	15.51	
		14	14.55	14	14.73	14	14.32	14	14.45	14	14.98	14	15.12	14	15.55	14	16.01	14	15.41	14	15.58	14	15.72	14	15.98	15.19
		24	14.61	24	14.81	24	14.55	24	14.76	24	15.08	24	15.36	24	15.47	24	15.93	24	15.65	24	15.57	24	15.77	24	15.77	
	1993	4	15.34	4	15.92	4	16.01	4	15.51	4	16.06	4	16.23	4	16.75	4	16.94	4	17.06	4	17.01	4	17.01	4	16.72	
		14	15.88	14	16.02	14	15.92	14	15.54	14	16.01	14	16.31	14	16.83	14	16.98	14	17.01	14	16.96	14	17.02	14	16.53	16.41
		24	15.80	24	15.99	24	15.44	24	15.94	24	15.96	24	16.60	24	16.80	24	17.12	24	17.10	24	16.96	24	16.74	24	16.87	

续表

点号	年份	1月 日	1月 水位	2月 日	2月 水位	3月 日	3月 水位	4月 日	4月 水位	5月 日	5月 水位	6月 日	6月 水位	7月 日	7月 水位	8月 日	8月 水位	9月 日	9月 水位	10月 日	10月 水位	11月 日	11月 水位	12月 日	12月 水位	年平均
K83-2 付	1994	4	17.23	4	17.50	4	16.63	4	17.28	4	17.36	4	17.68	4	17.98	4	18.51	4	18.66	4	18.66	4	18.56	4	18.41	17.79
		14	17.21	14	17.31	14	16.59	14	17.16	14	17.46	14	17.47	14	18.03	14	18.58	14	18.49	14	18.07	14	18.25	14	18.33	
		24	17.41	24	17.27	24	17.03	24	17.33	24	17.01	24	17.98	24	18.23	24	17.73	24	18.66	24	18.42	24	18.25	24	17.76	
	1995	4	18.06	4	18.41	4	18.16	4	18.63	4	18.10	4	18.49	4	19.57	4	20.29	4	20.65	4	21.32	4	20.12	4	19.81	19.30
		14	18.10	14	18.41	14	18.71	14	18.31	14	18.34	14	19.35	14	19.89	14	20.35	14	20.52	14	20.20	14	19.75	14	19.84	
		24	18.07	24	18.68	24	18.50	24	18.20	24	18.39	24	19.43	24	19.75	24	20.42	24	20.18	24	20.02	24	19.92	24	19.92	
	1996	5	20.15	5	20.34	5	20.13	5	20.29	5	19.55	5	19.34	5	20.37	5	20.30	5	20.65	5	20.21	5	19.87	5	19.34	20.15
		15	20.30	15	20.40	15	20.42	15	21.05	15	19.84	15	19.91	15	20.39	15	20.89	15	20.15	15	20.08	15	19.48	15	19.57	
		25	20.40	25	20.19	25	19.96	25	20.41	25	20.34	25	20.36	25	20.38	25	21.25	25	19.89	25	19.62	25	19.83	25	19.78	
	1997	5	19.71	5	19.26	5	18.88	5	18.98	5	19.37	5	19.67	5	20.01	5	20.67	5	21.48	5	20.57	5	20.87	5	21.17	20.16
		15	19.87	15	19.06	15	18.45	15	18.89	15	19.41	15	20.39	15	20.33	15	20.91	15	21.33	15	20.99	15	21.18	15	20.99	
		25	19.92	25	19.03	25	19.18	25	18.85	25	19.60	25	20.49	25	20.59	25	21.23	25	21.26	25	20.92	25	21.03	25	21.12	
	1998	5	21.18	5	20.95	5	20.56	5	20.68	5	20.89	5	19.09	5	20.88	5	20.78	5	20.10	5	20.16	5	19.64	5	19.53	20.29
		15	21.31	15	20.79	15	20.62	15	20.47	15	20.13	15	19.87	15	20.28	15	20.18	15	20.31	15	19.95	15	19.56	15	19.70	
		25	21.44	25	20.45	25	20.53	25	20.33	25	19.57	25	20.26	25	20.38	25	20.60	25	20.02	25	19.74	25	19.89	25	19.51	
	1999	5	19.08	5	19.88	5	19.62	5	19.78	5	19.36	5	19.63	5	19.82	5	20.75	5	21.32	5	20.32	5	20.52	5	20.23	20.18
		15	19.91	15	19.98	15	20.49	15	19.23	15	19.34	15	19.66	15	20.07	15	21.21	15	21.24	15	21.01	15	20.39	15	20.09	
		25	20.00	25	19.84	25	20.07	25	20.27	25	19.32	25	20.00	25	20.14	25	21.28	25	21.54	25	20.13	25	20.54	25	20.49	
	2000	4	21.01	4	20.95	4	21.10	4	21.75	4	21.83	4	21.96	4	21.61	4	22.53	4	21.51	4	21.36	4	21.36	4	21.38	21.57
		14	21.01	14	20.61	14	21.68	14	21.93	14	21.90	14	22.08	14	21.34	14	22.28	14	21.75	14	21.61	14	21.81	14	20.82	
		24	20.54	24	20.79	24	21.77	24	21.76	24	22.72	24	21.94	24	22.12	24	22.06	24	21.71	24	21.54	24	21.18	24	21.29	
K83-3 主	1990	5	15.57	5	15.33	5	15.71	5	15.65	5	15.47	5	16.16	5	16.26	5	16.31	5	16.24	5	15.97	5	16.20	5	16.22	15.99
		15	15.64	15	15.43	15	15.64	15	15.87	15	15.96	15	16.41	15	16.29	15	16.48	15	16.24	15	16.17	15	16.11	15	16.22	
		25	15.55	25	15.42	25	15.51	25	15.77	25	16.00	25	16.33	25	16.48	25	16.45	25	16.13	25	16.08	25	16.21	25	16.11	

第一章 西安市

续表

点号	年份	1月		2月		3月		4月		5月		6月		7月		8月		9月		10月		11月		12月		年平均
		日	水位	日	水位	日	水位	日	水位	日	水位	日	水位	日	水位	日	水位	日	水位	日	水位	日	水位	日	水位	
K83-3主	1991	5	16.22	5	16.52	5	16.56	5	16.52	5	16.73	5	16.97	5	17.38	5	17.88	5	17.94	5	17.63	5	17.45	5	17.82	17.21
		15	16.48	15	16.78	15	16.42	15	16.64	15	16.89	15	17.00	15	17.68	15	17.91	15	17.81	15	17.57	15	17.69	15	17.80	
		25	16.49	25	16.32	25	16.41	25	16.58	25	17.09	25	17.15	25	18.25	25	18.00	25	17.80	25	17.41	25	17.80	25	17.90	
	1992	5	17.88	5	18.01	5	18.07	5	18.05	5	18.19	5	18.29	5	18.82	5	19.24	5	19.16	5	18.70	5	18.63	5	18.71	18.49
		15	17.89	15	17.92	15	18.03	15	18.09	15	18.31	15	18.30	15	19.01	15	19.44	15	18.87	15	18.60	15	18.69	15	18.85	
		25	17.96	25	18.15	25	18.05	25	17.94	25	18.34	25	18.59	25	18.72	25	19.17	25	18.78	25	18.46	25	18.70	25	18.95	
	1993	5	19.03	5	18.74	5	19.06	5	18.98	5	19.10	5	19.44	5	19.85	5	20.01	5	20.23	5	20.01	5	20.01	5	20.06	19.59
		15	19.02	15	18.87	15	19.06	15	18.97	15	19.31	15	19.52	15	19.94	15	20.31	15	20.08	15	20.00	15	20.06	15	20.02	
		25	19.00	25	19.08	25	18.72	25	19.17	25	19.28	25	19.84	25	19.95	25	20.31	25	20.04	25	20.02	25	20.03	25	20.17	
	1994	5	19.35	5	20.66	5	20.32	5	20.50	5	20.42	5	21.09	5	21.33	5	22.11	5	21.98	5	21.92	5	21.84	5	21.57	21.16
		15	20.52	15	20.36	15	20.36	15	20.50	15	20.61	15	21.10	15	21.47	15	22.20	15	22.04	15	21.84	15	21.86	15	21.43	
		25	20.57	25	20.37	25	20.32	25	20.44	25	20.93	25	21.29	25	21.56	25	22.31	25	21.98	25	21.73	25	21.45	25	21.41	
	1995	5	21.58	5	21.31	5	22.11	5	22.20	5	22.00	5	22.15	5	23.13	5	23.78	5	23.88	5	23.51	5	23.49	5	23.49	22.82
		15	21.61	15	21.71	15	22.16	15	22.20	15	22.09	15	22.71	15	23.48	15	23.90	15	23.73	15	23.53	15	23.49	15	23.60	
		25	21.61	25	22.09	25	22.16	25	22.05	25	22.15	25	23.03	25	23.46	25	23.84	25	23.63	25	23.53	25	23.51	25	23.63	
	1996	5	23.55	5	23.66	5	23.61	5	23.77	5	23.09	5	23.60	5	24.11	5	24.21	5	24.14	5	23.35	5	23.55	5	23.45	23.72
		15	23.78	15	23.83	15	23.64	15	23.71	15	23.58	15	23.55	15	23.69	15	24.39	15	23.92	15	23.47	15	23.48	15	23.43	
		25	23.79	25	23.46	25	23.67	25	23.75	25	23.80	25	23.89	25	23.97	25	24.64	25	23.73	25	23.37	25	23.58	25	23.53	
	1997	5	23.39	5	23.03	5	22.59	5	22.84	5	22.92	5	23.31	5	23.96	5	24.59	5	25.19	5	24.50	5	24.72	5	24.63	23.84
		15	23.45	15	22.50	15	22.49	15	22.63	15	23.09	15	23.93	15	23.95	15	24.80	15	25.03	15	24.52	15	24.65	15	24.59	
		25	23.34	25	22.64	25	22.78	25	22.84	25	23.25	25	24.06	25	24.24	25	24.96	25	25.00	25	24.64	25	24.65	25	24.71	
	1998	5	24.79	5	24.18	5	24.36	5	24.18	5	24.22	5	23.52	5	24.37	5	24.47	5	24.00	5	23.95	5	23.77	5	23.71	24.06
		15	24.53	15	24.11	15	24.37	15	24.13	15	23.87	15	23.56	15	24.19	15	24.16	15	24.10	15	23.55	15	23.68	15	23.89	
		25	24.44	25	24.18	25	24.28	25	24.29	25	23.78	25	23.97	25	24.20	25	24.20	25	23.98	25	23.69	25	23.59	25	23.89	

续表

点号	年份	1月 日	1月 水位	2月 日	2月 水位	3月 日	3月 水位	4月 日	4月 水位	5月 日	5月 水位	6月 日	6月 水位	7月 日	7月 水位	8月 日	8月 水位	9月 日	9月 水位	10月 日	10月 水位	11月 日	11月 水位	12月 日	12月 水位	年平均
K83-3 主	1999	5	23.79	5	24.02	5	23.58	5	24.03	5	23.93	5	24.10	5	24.09	5	25.11	5	25.48	5	25.08	5	24.93	5	24.87	24.47
		15	23.92	15	23.93	15	24.14	15	23.85	15	23.95	15	23.95	15	24.15	15	25.27	15	25.49	15	25.17	15	24.91	15	24.87	
		25	23.96	25	23.55	25	23.93	25	24.14	25	24.02	25	24.03	25	24.34	25	25.57	25	25.62	25	24.93	25	25.16	25	25.02	
	2000	4	25.48	4	25.29	4	25.37	4	26.24	4	26.36	4	26.37	4	26.26	4	26.89	4	26.40	4	26.51	4	25.85	4	26.00	26.08
		14	25.49	14	24.62	14	25.92	14	26.34	14	26.03	14	26.39	14	26.31	14	26.75	14	26.51	14	26.22	14	26.32	14	26.02	
		24	25.11	24	24.97	24	26.07	24	26.42	24	26.56	24	26.55	24	26.56	24	26.37	24	26.42	24	25.93	24	26.12	24	25.88	
K83-3 付	1990	5	13.31	5	13.22	5	13.29	5	13.19	5	13.14	5	13.42	5	13.58	5	13.56	5	13.50	5	13.41	5	13.57	5	13.61	13.44
		15	13.41	15	13.29	15	13.24	15	13.21	15	13.31	15	13.80	15	13.56	15	13.64	15	13.48	15	13.51	15	13.55	15	13.60	
		25	13.31	25	13.20	25	13.14	25	13.24	25	13.31	25	13.65	25	13.66	25	13.63	25	13.45	25	13.47	25	13.60	25	13.66	
	1991	5	13.77	5	14.01	5	14.06	5	13.93	5	14.06	5	14.13	5	14.41	5	14.70	5	14.83	5	14.68	5	14.79	5	14.97	14.43
		15	13.96	15	14.20	15	13.90	15	13.99	15	14.13	15	14.06	15	14.66	15	14.75	15	14.77	15	14.71	15	14.88	15	14.97	
		25	13.99	25	13.99	25	13.91	25	14.01	25	14.20	25	14.22	25	15.31	25	15.01	25	14.75	25	14.59	25	14.94	25	15.08	
	1992	5	15.08	5	15.13	5	15.27	5	15.21	5	15.32	5	15.30	5	15.78	5	16.47	5	16.05	5	15.97	5	15.93	5	16.05	15.62
		15	15.05	15	15.24	15	15.25	15	15.23	15	15.34	15	15.44	15	15.88	15	16.26	15	15.95	15	15.83	15	16.01	15	16.09	
		25	15.15	25	15.38	25	15.23	25	15.17	25	15.37	25	15.54	25	15.63	25	16.01	25	15.91	25	15.76	25	15.95	25	16.16	
	1993	5	16.23	5	16.31	5	16.35	5	16.29	5	16.35	5	16.48	5	16.73	5	17.22	5	17.37	5	17.21	5	17.26	5	17.31	16.80
		15	16.40	15	16.28	15	16.20	15	16.27	15	16.44	15	16.51	15	16.83	15	17.62	15	17.40	15	17.25	15	17.30	15	17.30	
		25	16.31	25	16.36	25	16.04	25	16.49	25	16.40	25	16.67	25	16.83	25	17.61	25	17.26	25	17.25	25	17.28	25	17.35	
	1994	5	17.82	5	17.85	5	17.71	5	17.83	5	17.73	5	18.04	5	18.17	5	19.51	5	19.06	5	18.97	5	19.03	5	18.90	18.41
		15	18.02	15	17.74	15	17.68	15	17.75	15	17.85	15	17.95	15	18.34	15	19.48	15	19.21	15	18.94	15	19.07	15	18.73	
		25	17.81	25	17.72	25	17.64	25	17.68	25	18.05	25	18.14	25	18.92	25	19.77	25	19.06	25	19.00	25	18.86	25	18.85	
	1995	5	18.99	5	19.46	5	20.09	5	19.70	5	19.64	5	19.61	5	20.99	5	21.55	5	21.72	5	21.32	5	21.23	5	21.19	20.55
		15	19.00	15	19.79	15	19.97	15	19.73	15	19.73	15	20.49	15	21.22	15	21.78	15	21.54	15	21.26	15	21.21	15	21.36	
		25	18.96	25	19.75	25	19.94	25	19.61	25	19.67	25	20.90	25	21.24	25	21.73	25	21.45	25	21.29	25	21.19	25	21.45	

续表

第一章　西安市

点号	年份	1月 日	1月 水位	2月 日	2月 水位	3月 日	3月 水位	4月 日	4月 水位	5月 日	5月 水位	6月 日	6月 水位	7月 日	7月 水位	8月 日	8月 水位	9月 日	9月 水位	10月 日	10月 水位	11月 日	11月 水位	12月 日	12月 水位	年平均
K83-3付	1996	5	21.66	5	21.75	5	21.71	5	21.55	5	21.34	5	21.46	5	21.72	5	21.83	5	22.18	5	21.73	5	21.80	5	21.63	21.74
		15	21.75	15	21.82	15	21.59	15	21.51	15	21.45	15	22.36	15	21.59	15	22.19	15	22.11	15	21.70	15	21.73	15	21.65	
		25	21.77	25	21.62	25	21.58	25	21.53	25	21.50	25	21.53	25	21.65	25	22.45	25	22.03	25	21.75	25	21.72	25	21.66	
	1997	5	21.64	5	21.53	5	21.63	5	21.47	5	21.37	5	21.46	5	22.11	5	22.84	5	23.39	5	23.07	5	23.04	5	23.07	22.29
		15	21.66	15	21.59	15	21.48	15	21.39	15	21.42	15	22.17	15	22.06	15	23.06	15	23.25	15	22.98	15	22.99	15	23.11	
		25	21.61	25	21.79	25	21.54	25	21.38	25	21.49	25	22.50	25	22.44	25	23.23	25	23.24	25	23.07	25	23.00	25	23.21	
	1998	5	23.35	5	22.81	5	23.20	5	23.12	5	23.14	5	22.81	5	23.47	5	23.29	5	23.17	5	22.99	5	23.05	5	23.01	23.10
		15	23.24	15	23.07	15	23.19	15	23.12	15	23.02	15	22.81	15	23.22	15	23.27	15	23.16	15	22.96	15	23.01	15	22.94	
		25	23.22	25	23.15	25	23.14	25	23.20	25	22.97	25	23.01	25	23.22	25	23.28	25	23.14	25	22.96	25	22.88	25	23.09	
	1999	5	23.02	5	23.25	5	23.09	5	23.37	5	23.38	5	23.38	5	23.49	5	23.96	5	24.43	5	24.49	5	24.39	5	24.42	23.74
		15	23.11	15	23.33	15	22.34	15	23.29	15	23.28	15	23.32	15	23.43	15	24.36	15	24.51	15	24.50	15	24.42	15	24.32	
		25	23.11	25	23.00	25	23.21	25	23.33	25	23.35	25	23.35	25	23.45	25	24.55	25	24.63	25	24.46	25	25.07	25	24.35	
	2000	4	24.68	4	24.76	4	24.90	4	25.18	4	25.03	4	25.33	4	25.36	4	25.75	4	25.55	4	25.54	4	25.50	4	25.64	25.29
		14	24.73	14	24.35	14	25.04	14	25.22	14	25.30	14	25.30	14	25.40	14	25.76	14	25.59	14	25.49	14	25.64	14	25.59	
		24	24.74	24	24.62	24	25.15	24	25.31	24	25.35	24	25.37	24	25.46	24	25.54	24	25.72	24	25.53	24	25.63	24	25.52	
K83-4	1990	6	22.27	6	19.70	6	22.21	6	22.42	6	21.61	6	22.87	6	23.41	6	23.60	6	23.11	6	22.65	6	22.97	6	23.04	22.34
		16	21.98	16	19.85	16	22.07	16	21.90	16	22.60	16	23.53	16	23.54	16	21.38	16	21.43	16	22.99	16	23.05	16	23.17	
		26	19.99	26	21.61	26	21.62	26	21.86	26	22.79	26	23.52	26	23.36	26	23.68	26	20.61	26	21.49	26	23.12	26	23.09	
	1991	5	23.21	5	22.53	5	22.62	5	23.22	5	23.90	5	24.11	5	24.72	5	25.05	5	24.91	5	24.45	5	24.37	5	24.08	23.97
		15	22.85	15	23.35	15	22.65	15	23.23	15	23.87	15	24.33	15	25.05	15	25.00	15	24.65	15	24.45	15	24.42	15	23.86	
		25	22.56	25	21.90	25	22.20	25	23.83	25	24.35	25	24.64	25	25.22	25	24.89	25	24.63	25	24.69	25	24.48	25	24.53	
	1992	5	24.57	5	24.73	5	24.68	5	24.88	5	24.98	5	25.29	5	25.56	5	26.19	5	24.56	5	25.49	5	24.80	5	25.04	25.15
		15	24.66	15	24.56	15	24.92	15	24.84	15	24.85	15	25.49	15	25.71	15	26.04	15	25.66	15	25.19	15	24.62	15	25.10	
		25	24.83	25	24.49	25	24.92	25	24.73	25	25.18	25	25.38	25	25.84	25	26.04	25	26.00	25	25.23	25	24.98	25	25.47	

续表

点号	年份	1月 日	1月 水位	2月 日	2月 水位	3月 日	3月 水位	4月 日	4月 水位	5月 日	5月 水位	6月 日	6月 水位	7月 日	7月 水位	8月 日	8月 水位	9月 日	9月 水位	10月 日	10月 水位	11月 日	11月 水位	12月 日	12月 水位	年平均
K83-4	1993	5	25.78	5	25.32	5	25.59	5	25.63	5	25.68	5	26.30	5	26.56	5	26.81	5	26.28	5	26.42	5	25.37	5	26.78	26.13
		15	25.84	15	25.52	15	25.69	15	25.53	15	25.96	15	26.29	15	26.71	15	26.91	15	26.19	15	26.34	15	26.54	15	26.71	
		25	25.89	25	25.62	25	25.46	25	25.65	25	26.16	25	26.62	25	26.61	25	26.96	25	26.12	25	26.40	25	26.55	25	25.97	
	1994	5	24.86	5	27.60	5	27.19	5	27.45	5	27.45	5	28.13	5	28.35	5	29.10	5	29.07	5	28.48	5	28.74	5	28.77	28.11
		15	27.41	15	26.87	15	27.45	15	27.27	15	27.77	15	28.16	15	28.64	15	29.14	15	28.90	15	28.91	15	28.69	15	28.62	
		25	27.55	25	27.14	25	27.50	25	27.45	25	28.08	25	28.34	25	28.90	25	28.90	25	28.95	25	28.72	25	28.71	25	28.61	
	1995	5	28.64	5	27.83	5	28.79	5	29.19	5	29.10	5	29.24	5	29.85	5	28.90	5	30.06	5	30.34	5	30.11	5	30.26	29.56
		15	28.67	15	28.31	15	28.97	15	29.16	15	29.24	15	29.44	15	29.91	15	30.74	15	30.35	15	30.21	15	30.15	15	30.35	
		25	28.27	25	28.72	25	29.10	25	29.16	25	29.24	25	29.81	25	29.77	25	30.47	25	29.93	25	30.17	25	30.26	25	30.26	
	1996	5	30.25	5	30.26	5	29.79	5	30.03	5	28.47	5	30.41	5	30.96	5	30.18	5	30.63	5	30.21	5	30.17	5	30.31	30.15
		15	30.27	15	30.21	15	29.48	15	29.79	15	30.18	15	30.36	15	30.39	15	30.98	15	30.32	15	30.31	15	30.30	15	30.33	
		25	30.21	25	29.86	25	31.08	25	29.79	25	29.90	25	29.66	25	28.23	25	30.35	25	30.39	25	30.14	25	30.23	25	30.23	
	1997	5	30.00	5	27.77	5	27.17	5	27.99	5	29.61	5	30.29	5	30.67	5	30.75	5	31.95	5	31.32	5	31.60	5	30.40	30.18
		15	30.11	15	28.20	15	28.03	15	28.71	15	29.74	15	30.10	15	30.65	15	31.41	15	31.91	15	31.29	15	31.51	15	31.32	
		25	27.40	25	28.08	25	28.01	25	29.68	25	30.25	25	30.90	25	31.02	25	31.70	25	31.93	25	31.38	25	31.24	25	31.53	
	1998	5	31.50	5	30.33	5	30.78	5	30.50	5	28.35	5	29.62	5	30.60	5	31.67	5	30.26	5	30.31	5	30.24	5	30.71	29.95
		15	21.25	15	30.40	15	30.82	15	29.50	15	29.17	15	29.66	15	30.20	15	30.42	15	30.00	15	30.26	15	29.36	15	30.66	
		25	31.08	25	30.61	25	30.85	25	29.06	25	30.14	25	30.40	25	30.26	25	29.96	25	30.53	25	30.05	25	30.30	25	30.31	
	1999	5	30.76	5	30.26	5	30.01	5	29.68	5	30.31	5	30.31	5	31.25	5	32.50	5	32.88	5	32.51	5	31.88	5	32.26	31.19
		15	30.95	15	29.60	15	29.91	15	29.67	15	30.59	15	29.59	15	31.47	15	32.63	15	32.90	15	31.69	15	32.13	15	32.20	
		25	31.04	25	29.69	25	29.79	25	29.76	25	30.13	25	30.74	25	31.83	25	32.78	25	32.78	25	32.11	25	32.20	25	32.04	
	2000	4	32.72	4	31.75	4	32.42	4	33.60	4	33.12	4	33.43	4	33.59	4	34.16	4	33.26	4	33.11	4	32.53	4	33.28	33.22
		14	32.71	14	30.94	14	32.99	14	33.76	14	33.50	14	33.50	14	33.45	14	33.95	14	34.04	14	33.52	14	33.38	14	33.81	
		24	32.67	24	31.40	24	33.38	24	33.86	24	33.92	24	33.77	24	33.10	24	33.85	24	33.26	24	33.43	24	33.24	24	33.54	

续表

点号	年份	1月		2月		3月		4月		5月		6月		7月		8月		9月		10月		11月		12月		年平均
		日	水位	日	水位	日	水位	日	水位	日	水位	日	水位	日	水位	日	水位	日	水位	日	水位	日	水位	日	水位	
K84-1 主	1990	4	12.65	4	12.51	4	12.79	4	12.76	4	12.77	4	13.19	4	13.33	4	13.32	4	13.36	4	13.31	4	13.34	4	13.35	13.12
		14	12.62	14	12.61	14	12.88	14	12.86	14	13.11	14	13.47	14	13.38	14	13.53	14	13.42	14	13.29	14	13.24	14	13.26	
		24	12.80	24	12.63	24	12.76	24	12.76	24	13.07	24	13.45	24	13.54	24	13.57	24	13.31	24	13.33	24	13.37	24	13.21	
	1991	4	13.51	4	13.83	4	13.80	4	13.87	4	13.92	4	14.23	4	14.50	4	14.98	4	14.98	4	14.77	4	14.75	4	14.97	14.39
		14	13.64	14	13.91	14	13.80	14	13.91	14	14.03	14	14.25	14	14.83	14	14.95	14	14.89	14	14.79	14	14.87	14	14.99	
		24	13.74	24	13.58	24	13.76	24	13.88	24	14.19	24	14.29	24	15.13	24	14.98	24	14.86	24	14.76	24	14.95	24	15.05	
	1992	4	14.95	4	15.17	4	15.11	4	15.20	4	15.37	4	15.56	4	15.99	4	16.41	4	16.35	4	15.87	4	15.99	4	16.02	15.71
		14	15.04	14	15.13	14	15.07	14	15.16	14	15.46	14	15.73	14	16.13	14	16.58	14	16.11	14	15.94	14	16.02	14	16.22	
		24	15.15	24	15.30	24	15.18	24	15.21	24	15.53	24	15.77	24	15.99	24	16.38	24	16.07	24	15.91	24	16.06	24	16.30	
	1993	4	16.18	4	16.14	4	16.36	4	16.24	4	16.38	4	16.67	4	17.11	4	17.33	4	17.48	4	17.35	4	17.36	4	17.30	16.85
		14	16.12	14	16.12	14	16.37	14	16.23	14	16.16	14	16.74	14	17.22	14	17.46	14	17.48	14	17.38	14	17.39	14	17.26	
		24	16.21	24	16.34	24	16.13	24	16.12	24	16.51	24	17.13	24	17.22	24	17.53	24	17.44	24	17.38	24	17.36	24	17.41	
	1994	4	17.66	4	17.93	4	17.55	4	17.81	4	17.81	4	18.28	4	18.56	4	19.18	4	19.35	4	19.24	4	19.17	4	19.00	18.46
		14	17.76	14	17.69	14	17.54	14	17.83	14	17.95	14	18.31	14	18.63	14	19.30	14	19.23	14	19.32	14	19.11	14	18.90	
		24	17.57	24	17.67	24	17.63	24	17.79	24	18.01	24	18.50	24	18.88	24	19.45	24	19.26	24	19.10	24	18.88	24	18.86	
	1995	4	18.88	4	18.84	4	19.24	4	19.36	4	19.22	4	19.48	4	20.37	4	20.99	4	21.25	4	20.91	4	20.79	4	20.75	20.07
		14	18.89	14	19.11	14	19.33	14	19.33	14	19.33	14	19.92	14	20.63	14	21.09	14	21.13	14	20.86	14	20.71	14	20.74	
		24	18.88	24	19.31	24	19.36	24	19.29	24	19.39	24	20.19	24	20.57	24	21.13	24	21.00	24	20.80	24	20.72	24	20.82	
	1996	5	20.90	5	21.08	5	20.84	5	21.08	5	20.75	5	20.82	5	20.75	5	21.54	5	21.54	5	20.98	5	20.90	5	20.73	21.06
		15	20.95	15	21.11	15	20.86	15	21.04	15	20.98	15	20.98	15	21.28	15	21.83	15	21.37	15	21.02	15	20.78	15	20.64	
		25	21.05	25	20.86	25	20.93	25	21.15	25	21.20	25	21.36	25	21.42	25	22.06	25	20.98	25	20.83	25	20.89	25	20.83	
	1997	5	20.78	5	20.29	5	19.86	5	20.10	5	20.26	5	20.61	5	21.21	5	21.83	5	22.42	5	21.94	5	21.91	5	22.06	21.15
		15	20.81	15	19.89	15	19.74	15	19.92	15	20.38	15	21.26	15	21.36	15	21.86	15	22.31	15	21.76	15	22.07	15	21.97	
		25	20.79	25	19.99	25	20.14	25	19.86	25	20.57	25	21.31	25	21.64	25	22.29	25	22.27	25	22.06	25	22.01	25	22.01	

续表

点号	年份	1月 日	1月 水位	2月 日	2月 水位	3月 日	3月 水位	4月 日	4月 水位	5月 日	5月 水位	6月 日	6月 水位	7月 日	7月 水位	8月 日	8月 水位	9月 日	9月 水位	10月 日	10月 水位	11月 日	11月 水位	12月 日	12月 水位	年平均
K84-1 主	1999	5	22.27	5	22.09	5	21.77	5	21.68	5	21.64	5	20.46	5	21.44	5	20.40	5	20.96	5	20.86	5	19.71	5	20.57	21.23
		15	22.32	15	21.93	15	21.73	15	21.53	15	21.62	15	20.70	15	21.23	15	21.17	15	21.12	15	20.59	15	20.59	15	20.69	
		25	22.41	25	21.60	25	21.64	25	21.51	25	21.61	25	21.12	25	21.32	25	21.40	25	20.87	25	20.69	25	20.58	25	20.60	
K84-1 主	1999	5	20.57	5	21.08	5	20.40	5	20.81	5	20.68	5	20.91	5	20.92	5	21.93	5	22.30	5	21.71	5	21.69	5	21.62	21.28
		15	20.84	15	21.26	15	21.01	15	20.58	15	20.72	15	20.76	15	21.03	15	22.00	15	22.35	15	22.04	15	21.73	15	21.54	
		25	20.47	25	21.06	25	20.77	25	21.04	25	20.67	25	20.86	25	21.17	25	22.33	25	22.32	25	21.48	25	21.80	25	21.76	
	2000	4	22.19	4	22.06	4	22.07	4	22.88	4	22.88	4	22.89	4	22.94	4	23.61	4	23.00	4	22.83	4	22.57	4	22.68	22.77
		14	22.25	14	21.56	14	22.62	14	22.98	14	23.00	14	23.19	14	22.89	14	23.53	14	23.12	14	22.95	14	23.01	14	22.53	
		24	22.06	24	21.87	24	22.76	24	23.06	24	23.27	24	23.14	24	23.27	24	23.23	24	22.99	24	22.73	24	22.66	24	22.58	
K84-1 付	1990	4	10.94	4	10.92	4	10.88	4	10.89	4	10.89	4	11.04	4	11.26	4	11.27	4	11.40	4	11.42	4	11.30	4	11.35	11.14
		14	11.02	14	10.91	14	10.90	14	10.90	14	10.95	14	11.01	14	11.26	14	11.44	14	11.38	14	11.30	14	11.30	14	11.33	
		24	11.05	24	10.88	24	10.90	24	10.89	24	10.97	24	11.14	24	11.29	24	11.41	24	11.35	24	11.30	24	11.32	24	11.36	
	1991	4	11.54	4	11.77	4	11.82	4	11.84	4	11.90	4	12.04	4	12.18	4	12.71	4	12.82	4	12.74	4	12.89	4	13.03	12.33
		14	11.64	14	11.82	14	11.85	14	11.87	14	11.93	14	12.05	14	12.37	14	12.75	14	12.83	14	12.79	14	12.88	14	13.08	
		24	11.76	24	11.79	24	11.85	24	11.90	24	12.01	24	12.08	24	12.70	24	12.89	24	12.81	24	12.80	24	13.01	24	13.16	
K84-1 付	1992	4	13.16	4	13.18	4	13.31	4	13.28	4	13.36	4	13.46	4	13.84	4	14.19	4	14.29	4	14.24	4	14.17	4	14.24	13.77
		14	13.17	14	13.23	14	13.31	14	13.30	14	13.41	14	13.60	14	13.92	14	14.33	14	14.28	14	14.20	14	14.21	14	14.39	
		24	13.18	24	13.31	24	13.30	24	13.32	24	13.42	24	13.68	24	13.93	24	14.32	24	14.24	24	14.14	24	14.23	24	14.42	
	1993	4	14.51	4	14.54	4	14.52	4	14.52	4	14.61	4	14.69	4	15.01	4	15.25	4	15.61	4	15.60	4	15.58	4	15.57	15.04
		14	14.53	14	14.53	14	14.56	14	14.50	14	14.58	14	14.72	14	15.12	14	15.50	14	15.64	14	15.58	14	15.58	14	15.56	
		24	14.55	24	14.51	24	14.53	24	14.58	24	14.65	24	14.99	24	15.16	24	15.59	24	15.64	24	15.58	24	15.56	24	15.63	
	1994	4	15.87	4	16.08	4	16.02	4	16.01	4	16.07	4	16.29	4	16.56	4	17.09	4	18.58	4	17.49	4	17.47	4	17.47	16.72
		14	16.05	14	16.06	14	15.98	14	16.05	14	16.14	14	16.36	14	16.59	14	17.24	14	17.53	14	17.52	14	17.46	14	17.38	
		24	16.02	24	16.03	24	15.97	24	16.05	24	16.23	24	16.49	24	16.76	24	17.45	24	17.48	24	17.49	24	17.31	24	17.35	

续表

点号	年份	1月 日	1月 水位	2月 日	2月 水位	3月 日	3月 水位	4月 日	4月 水位	5月 日	5月 水位	6月 日	6月 水位	7月 日	7月 水位	8月 日	8月 水位	9月 日	9月 水位	10月 日	10月 水位	11月 日	11月 水位	12月 日	12月 水位	年平均
K84-1 付	1995	4	18.88	4	17.66	4	17.79	4	17.76	4	17.76	4	17.86	4	18.54	4	19.16	4	19.62	4	19.53	4	19.37	4	19.30	18.61
		14	17.73	14	17.73	14	17.80	14	17.80	14	17.81	14	18.18	14	18.82	14	19.41	14	19.62	14	19.46	14	19.35	14	19.38	
		24	17.73	24	17.76	24	17.78	24	17.79	24	17.84	24	18.38	24	18.94	24	19.56	24	19.56	24	19.41	24	19.31	24	19.44	
	1996	5	19.62	5	19.74	5	19.73	5	19.74	5	19.75	5	19.81	5	21.64	5	20.38	5	20.65	5	20.29	5	20.02	5	19.80	20.03
		15	19.73	15	19.76	15	19.74	15	19.72	15	19.79	15	19.84	15	20.18	15	20.69	15	20.57	15	20.20	15	19.90	15	19.72	
		25	19.73	25	19.72	25	19.72	25	19.79	25	19.85	25	20.11	25	20.25	25	20.81	25	20.42	25	21.00	25	19.85	25	19.73	
	1997	5	19.85	5	19.82	5	19.55	5	19.29	5	19.20	5	19.28	5	19.91	5	20.57	5	21.17	5	20.97	5	20.95	5	20.90	20.24
		15	19.86	15	19.77	15	19.42	15	19.25	15	19.22	15	19.78	15	19.99	15	20.72	15	21.07	15	22.97	15	21.91	15	20.86	
		25	19.86	25	19.68	25	19.36	25	19.21	25	19.26	25	19.86	25	20.15	25	20.98	25	21.02	25	20.57	25	20.88	25	20.93	
	1998	5	21.27	5	21.19	5	20.92	5	20.82	5	20.71	5	20.52	5	21.09	5	21.13	5	21.65	5	20.49	5	21.25	5	20.18	20.81
		15	21.36	15	21.14	15	20.90	15	20.78	15	20.69	15	20.63	15	20.99	15	20.91	15	20.81	15	20.40	15	20.26	15	20.14	
		25	21.44	25	20.94	25	20.84	25	20.75	25	20.67	25	20.74	25	20.90	25	21.36	25	20.70	25	21.30	25	20.22	25	20.13	
	1999	5	20.27	5	20.49	5	20.34	5	20.40	5	20.38	5	20.31	5	20.37	5	21.43	5	21.48	5	21.27	5	21.19	5	21.09	20.72
		15	20.49	15	20.60	15	20.38	15	20.36	15	20.36	15	20.30	15	20.34	15	21.44	15	21.46	15	21.27	15	21.14	15	19.90	
		25	20.46	25	20.45	25	20.39	25	20.40	25	20.34	25	20.35	25	20.38	25	22.56	25	21.50	25	21.19	25	20.84	25	21.16	
	2000	4	21.44	4	21.65	4	21.48	4	21.70	4	21.69	4	22.06	4	22.12	4	22.56	4	22.56	4	22.47	4	22.31	4	22.23	22.04
		14	21.62	14	21.57	14	21.56	14	21.75	14	22.03	14	22.09	14	22.11	14	22.65	14	21.90	14	22.41	14	22.27	14	22.20	
		24	21.62	24	21.48	24	21.62	24	21.78	24	22.06	24	22.12	24	22.26	24	22.60	24	22.52	24	22.36	24	22.26	24	22.15	
K102 主	1990	6	15.31	6	14.79	6	15.12	6	15.16	6	15.56	6	16.34	6	16.56	6	16.34	6	15.87	6	15.83	6	16.06	6	16.24	15.84
		16	15.23	16	14.92	16	15.07	16	15.37	16	15.91	16	16.71	16	16.52	16	16.12	16	15.90	16	15.97	16	16.26	16	16.32	
		26	15.14	26	15.08	26	15.28	26	15.46	26	16.17	26	16.64	26	16.57	26	16.02	26	15.83	26	16.11	26	16.14	26	16.34	
	1991	5	16.92	5	15.88	5	14.00	5	15.94	5	16.25	5	16.60	5	16.64	5	16.91	5	16.82	5	16.61	5	16.92	5	17.00	16.53
		15	16.55	15	16.00	15	15.97	15	16.21	15	16.57	15	16.59	15	16.87	15	16.95	15	16.83	15	16.77	15	17.05	15	17.01	
		25	16.17	25	15.83	25	15.83	25	16.11	25	16.67	25	16.54	25	17.11	25	16.89	25	16.85	25	16.91	25	17.06	25	17.08	

续表

点号	年份	1月		2月		3月		4月		5月		6月		7月		8月		9月		10月		11月		12月		年平均
		日	水位	日	水位	日	水位	日	水位	日	水位	日	水位	日	水位	日	水位	日	水位	日	水位	日	水位	日	水位	
K102主	1992	5	16.64	5		5	17.00	5	17.14	5	17.69	5	17.84	5	18.10	5	18.60	5	18.37	5	18.24	5	18.31	5	18.32	17.83
		15	16.78	15	16.90	15	17.10	15	17.33	15	17.60	15	17.90	15	18.41	15	水淹	15	18.32	15	18.12	15	18.32	15	18.43	
		25	16.84	25		25	17.19	25	17.47	25	17.65	25	18.00	25	18.23	25	18.33	25	18.39	25	18.17	25	18.14	25	18.54	
	1993	5	18.53	5	18.16	5	18.32	5	18.05	5	18.55	5	18.90	5	19.30	5	19.68	5	19.58	5	19.35	5	20.01	5	20.13	19.09
		15	18.27	15	18.10	15	18.35	15	18.34	15	18.64	15	18.99	15	19.44	15	19.81	15	19.47	15	19.43	15	20.16	15	20.14	
		25	18.14	25	18.30	25	18.16	25	18.28	25	18.82	25	19.34	25	19.37	25	19.74	25	19.43	25	19.61	25	20.09	25	20.20	
	1994	5	20.15	5	20.53	5	20.64	5	20.97	5	21.14	5	21.42	5	21.68	5	22.31	5	21.73	5	21.94	5	21.95	5	22.18	21.37
		15	20.78	15	20.48	15	20.91	15	20.95	15	21.34	15	21.54	15	21.75	15	20.40	15	21.77	15	21.77	15	21.98	15	22.81	
		25	20.46	25	20.56	25	20.95	25	21.03	25	21.42	25	21.62	25	22.11	25	20.31	25	21.84	25	21.83	25	22.05	25	22.13	
	1995	5	22.21	5	22.27	5	22.92	5	23.02	5	23.29	5	23.52	5	24.08	5	24.24	5	23.91	5	23.78	5	22.36	5	24.38	23.49
		15	22.15	15	22.58	15	22.83	15	23.18	15	23.29	15	23.64	15	23.99	15	24.25	15	23.78	15	23.84	15	24.38	15	24.61	
		25	22.37	25	22.79	25	22.81	25	23.25	25	23.36	25	23.71	25	23.69	25	24.17	25	23.83	25	24.03	25	24.66	25	24.46	
	2000	4	29.48	4	29.20	4	29.33	4	29.78	4	30.04	4	29.78	4	30.23	4	30.87	4	30.78	4	30.58	4	30.67	4	30.83	30.14
		14	29.40	14	28.71	14	29.47	14	29.86	14	30.05	14	30.08	14	30.37	14	30.95	14	30.69	14	30.58	14	30.74	14	30.62	
		24	29.59	24	28.66	24	29.61	24	29.90	24	30.02	24	30.17	24	30.44	24	30.77	24	30.96	24	30.58	24	30.75	24	30.56	
K104-1	1996	5	21.83	5	21.72	5	21.79	5	21.95	5	22.72	5	22.24	5	22.94	5	22.57	5	22.47	5	23.17	5	22.26	5	22.47	22.33
		15	21.81	15	21.78	15	21.32	15	21.92	15	22.14	15	22.21	15	22.56	15	23.37	15	22.42	15	22.25	15	22.19	15	22.43	
		25	21.80	25	21.73	25	21.88	25	22.03	25	22.24	25	21.95	25	24.59	25	23.68	25	22.36	25	22.25	25	22.31	25	22.50	
	1997	5	25.70	5	22.41	5	22.19	5	22.23	5	22.56	5	22.88	5	23.25	5	23.44	5	23.72	5	23.47	5	23.56	5	23.53	23.16
		15	22.56	15	22.31	15	22.23	15	22.12	15	22.65	15	23.08	15	23.25	15	23.54	15	23.62	15	23.50	15	23.50	15	23.47	
		25	24.57	25	22.15	25	22.18	25	22.29	25	22.75	25	23.24	25	23.32	25	23.67	25	23.60	25	23.64	25	23.59	25	24.11	
	1998	5	23.66	5	23.65	5	23.85	5	23.93	5	23.97	5	24.14	5	24.11	5	24.02	5	23.86	5	23.83	5	23.84	5	23.96	23.91
		15	23.62	15	23.73	15	23.84	15	23.86	15	24.30	15	24.02	15	24.06	15	23.89	15	23.88	15	23.82	15	23.86	15	23.99	
		25	23.73	25	23.79	25	23.88	25	23.92	25	24.24	25	24.10	25	24.00	25	23.81	25	23.85	25	23.81	25	23.88	25	24.05	

续表

点号	年份	1月 日	1月 水位	2月 日	2月 水位	3月 日	3月 水位	4月 日	4月 水位	5月 日	5月 水位	6月 日	6月 水位	7月 日	7月 水位	8月 日	8月 水位	9月 日	9月 水位	10月 日	10月 水位	11月 日	11月 水位	12月 日	12月 水位	年平均
K104-1	1999	5	24.08	5	24.15	5	24.22	5	24.42	5	24.61	5	24.57	5	24.90	5	25.60	5	25.31	5	25.28	5	25.58	5	25.73	24.90
		15	24.15	15	23.93	15	24.25	15	24.44	15	24.58	15	24.64	15	25.07	15	25.57	15	25.27	15	25.32	15	25.67	15	25.68	
		25	24.18	25	24.05	25	24.35	25	24.40	25	24.43	25	24.83	25	25.23	25	25.47	25	25.32	25	25.51	25	25.71	25	25.80	
	1996	5	25.29	5	24.87	5	25.21	5	25.31	5	25.36	5	24.99	5	25.98	5	25.49	5	24.78	5	24.91	5	25.39	5	25.53	25.12
		15	25.02	15	24.82	15	24.82	15	24.79	15	25.48	15	24.83	15	25.18	15	25.56	15	24.85	15	25.03	15	25.10	15	25.26	
		25	24.82	25	24.81	25	25.14	25	25.52	25	25.39	25	24.17	25	25.06	25	25.63	25	24.83	25	25.21	25	24.44	25	25.36	
K104	1997	5	22.69	5	24.94	5	25.28	5	24.71	5	25.57	5	26.11	5	25.94	5	27.40	5	27.60	5	26.16	5	26.64	5	26.82	26.06
		15	25.95	15	24.68	15	25.19	15	24.48	15	25.91	15	27.17	15	26.63	15	27.82	15	26.47	15	26.34	15	26.72	15	26.95	
		25	25.60	25	24.54	25	24.68	25	25.27	25	25.82	25	26.97	25	26.61	25	27.78	25	26.13	25	26.58	25	26.78	25	27.34	
	1998	5	27.40	5	26.02	5	26.49	5	26.39	5	25.87	5	26.40	5	27.90	5	27.20	5	26.25	5	26.77	5	26.63	5	26.83	26.67
		15	26.79	15	26.14	15	26.38	15	26.33	15	26.26	15	26.32	15	27.69	15	26.33	15	27.10	15	26.73	15	26.70	15	26.96	
		25	26.21	25	27.28	25	26.40	25	26.42	25	26.26	25	27.22	25	26.96	25	26.19	25	26.83	25	26.55	25	26.73	25	27.05	
	1999	5	27.25	5	27.18	5	26.98	5	28.09	5	28.21	5	28.21	5	28.45	5	29.87	5	29.07	5	29.57	5	29.89	5	29.96	28.66
		15	27.47	15	26.33	15	27.29	15	28.26	15	28.07	15	27.96	15	28.98	15	29.92	15	29.65	15	29.67	15	29.78	15	29.84	
		25	27.54	25	26.49	25	27.75	25	28.16	25	27.78	25	28.12	25	29.35	25	30.50	25	29.70	25	30.15	25	29.94	25	30.39	
K106-1	1990	6	14.20	6	14.48	6	14.50	6	14.49	6	14.51	6	14.50	6	14.79	6	14.71	6	14.72	6	14.62	6	14.59	6	14.60	14.62
		16	14.28	16	14.51	16	14.58	16	14.50	16	14.51	16	14.99	16	14.73	16	14.78	16	14.69	16	14.60	16	14.60	16	14.60	
		26	14.45	26	14.51	26	14.52	26	14.51	26	14.52	26	14.81	26	14.71	26	14.75	26	14.66	26	14.60	26	15.59	26	14.61	
	1991	7	14.93	7	15.01	7	14.42	7	13.96	7	13.82	7	13.71	7	13.81	7	14.04	7	13.89	7	13.60	7	13.75	7	14.16	14.15
		18	15.05	18	14.89	18	14.27	18	13.93	18	13.85	18	13.70	18	14.40	18	13.96	18	13.83	18	13.60	18	13.79	18	14.03	
		27	15.12	27	14.55	27	14.27	27	13.85	27	13.89	27	13.68	27	14.52	27	16.34	27	13.64	27	13.70	27	13.96	27	13.58	
	1992	7	13.37	7	13.19	7	13.31	7	13.30	7	13.45	7	13.64	7	13.91	7	14.51	7	14.85	7	14.49	7	14.70	7	14.80	14.01
		17	13.30	17	13.20	17	13.33	17	13.35	17	13.49	17	13.77	17	14.07	17	14.72	17	14.85	17	14.68	17	14.76	17	14.88	
		27	13.20	27	13.39	27	13.34	27	13.38	27	13.55	27	13.83	27	14.15	27	14.76	27	14.57	27	14.68	27	14.78	27	14.97	

续表

点号	年份	1月 日	1月 水位	2月 日	2月 水位	3月 日	3月 水位	4月 日	4月 水位	5月 日	5月 水位	6月 日	6月 水位	7月 日	7月 水位	8月 日	8月 水位	9月 日	9月 水位	10月 日	10月 水位	11月 日	11月 水位	12月 日	12月 水位	年平均
K106-1	1993	6	15.17	6	14.86	6	14.59	6		6		6		6		6		6		6		6		6		
		16	15.10	16	14.81	16		16	14.33	16	14.28	16	14.50	16	14.63	16	15.05	16	15.09	16	15.05	16	15.20	16	15.09	14.84
		26	15.08	26	14.68	26		26		26		26		26		26		26		26		26		26		
	1994	16	15.20	16	15.22	16	15.16	16	15.11	16	15.18	16	15.27	16	15.38	16	15.70	16	16.06	16	16.13	16	16.01	16	16.07	15.54
	1995	15	16.14	15	16.06	15	15.91	15	15.88	15	16.22	15	16.46	15	17.10	15	17.85	15	17.85	15	17.71	15	17.89	15	18.21	16.94
	1996	15	17.10	15	18.06	15	18.05	15	18.06	15	18.06	15	18.01	15	18.05	15	18.02	15	17.98	15	18.17	15	17.97	15	18.03	17.96
	1997	15	18.10	15	17.48	15	16.74	15	17.13	15	17.67	15	17.89	15	18.06	15	18.19	15	18.30	15	18.37	15	18.53	15	18.65	17.93
	1998	15	19.60	15	18.78	15	18.86	15	18.84	15	18.93	15	18.95	15	18.91	15	18.92	15	18.68	15	18.57	15	18.66	15	18.79	18.87
	1999	15	18.82	15	18.22	15	18.90	15	18.88	15	18.84	15	19.00	15	18.61	15	18.48	15	18.52	15	18.21	15	18.16	15	18.01	18.55
	2000	15	18.17	15	17.87	15	17.87	15	17.87	15	17.90	15	17.97	15	17.74	15	17.83	15	17.63	15	17.54	15	17.45	15	17.46	17.78
K110	1990	5	12.38	5	12.46	5	12.44	5	12.39	5	12.38	5	12.38	5	12.62	5	12.55	5	12.52	5	12.51	5	12.46	5	12.51	12.47
		15	12.41	15	12.50	15	12.45	15	12.36	15	12.36	15	12.50	15	12.60	15	12.58	15	12.50	15	12.47	15	12.47	15	12.47	
		25	12.44	25	12.46	25	12.41	25	12.34	25	12.36	25	12.60	25	12.60	25	12.55	25	12.49	25	12.51	25	12.51	25	12.53	
	1991	4	12.59	4	12.84	4	13.04	4	13.00	4	13.06	4	12.98	4	13.01	4	13.35	4	13.37	4	13.32	4	13.32	4	13.52	13.13
		14	12.65	14	12.93	14	13.00	14	13.06	14	12.95	14	12.97	14	13.07	14	13.40	14	13.32	14	13.32	14	13.27	14	13.44	
		24	12.78	24	12.99	24	12.97	24	13.05	24	12.97	24	12.99	24	13.27	24	13.32	24	13.37	24	13.29	24	13.44	24	13.54	
	1992	4	13.56	4	13.67	4	13.82	4	13.97	4	13.80	4	13.89	4	14.07	4	14.37	4	14.57	4	14.33	4	14.56	4	14.56	14.12
		14	13.60	14	13.77	14	13.82	14	13.87	14	13.86	14	13.95	14	14.10	14	14.52	14	14.57	14	14.36	14	14.49	14	14.61	
		24	13.64	24	13.77	24	13.82	24	13.82	24	13.89	24	13.98	24	14.22	24	14.57	24	14.37	24	14.30	24	14.58	24	14.66	
	1993	4	14.66	4	14.76	4	14.91	4	14.88	4	14.84	4	14.92	4	15.09	4	15.19	4	15.54	4	15.63	4	15.69	4	15.69	15.19
		14	14.76	14	14.96	14	14.94	14	14.86	14	14.89	14	14.91	14	15.15	14	15.37	14	15.61	14	15.60	14	15.69	14	15.69	
		24	14.76	24	14.93	24	14.77	24	14.87	24	14.89	24	15.09	24	15.17	24	15.51	24	15.64	24	15.67	24	15.70	24	15.69	
	1994	5	15.77	5	15.99	5	16.09	5	16.11	5	16.14	5	16.25	5	16.31	5	16.39	5	17.17	5	17.25	5	17.28	5	17.30	16.56
		15	15.89	15	16.06	15	16.09	15	16.13	15	16.15	15	16.27	15	16.34	15	16.83	15	17.21	15	17.28	15	17.28	15	17.32	
		25	15.94	25	16.08	25	16.10	25	16.13	25	16.22	25	16.31	25	16.44	25	17.02	25	17.23	25	17.28	25	17.28	25	17.32	

第一章　西安市

续表

点号	年份	1月 日	1月 水位	2月 日	2月 水位	3月 日	3月 水位	4月 日	4月 水位	5月 日	5月 水位	6月 日	6月 水位	7月 日	7月 水位	8月 日	8月 水位	9月 日	9月 水位	10月 日	10月 水位	11月 日	11月 水位	12月 日	12月 水位	年平均
K110	1995	5	17.34	5	17.40	5	17.72	5	17.84	5	17.89	5	17.96	5	18.31	5	19.49	5	20.34	5	20.20	5	20.19	5	20.36	18.85
		15	17.34	15	17.46	15	17.76	15	17.89	15	17.91	15	18.06	15	18.81	15	20.76	15	20.26	15	20.08	15	20.27	15	20.25	
		25	17.35	25	17.63	25	17.83	25	17.86	25	17.95	25	18.21	25	18.87	25	20.18	25	20.25	25	20.19	25	20.27	25	20.29	
	1996	5	20.71	5	20.92	5	21.18	5	21.09	5	20.98	5	20.88	5	21.03	5	21.05	5	21.52	5	21.18	5	21.10	5	20.95	21.05
		15	20.55	15	21.12	15	21.14	15	21.06	15	20.96	15	20.78	15	20.89	15	21.36	15	21.47	15	21.16	15	21.06	15	20.95	
		25	20.61	25	21.13	25	21.12	25	21.05	25	20.97	25	20.81	25	21.01	25	21.67	25	21.36	25	21.12	25	21.00	25	20.85	
	1997	5	20.93	5	20.86	5	21.07	5	20.97	5	20.73	5	20.69	5	21.02	5	21.99	5	22.57	5	22.39	5	22.37	5	22.34	21.54
		15	20.89	15	20.97	15	20.99	15	20.87	15	20.71	15	21.39	15	21.40	15	22.15	15	22.49	15	22.38	15	22.36	15	22.34	
		25	20.99	25	21.27	25	20.99	25	20.84	25	20.68	25	21.43	25	21.81	25	22.30	25	22.45	25	22.39	25	22.34	25	21.93	
	1998	5	22.51	5	22.58	5	22.62	5	22.59	5	22.61	5	22.49	5	23.74	5	22.84	5	22.92	5	22.62	5	22.54	5	22.49	22.64
		15	22.62	15	22.66	15	22.61	15	22.57	15	22.53	15	22.46	15	22.74	15	22.78	15	22.85	15	22.57	15	22.48	15	22.46	
		25	22.69	25	22.58	25	22.56	25	22.56	25	22.53	25	22.49	25	22.74	25	22.77	25	22.72	25	22.56	25	22.45	25	22.44	
	1999	5	22.54	5	22.77	5	22.86	5	22.78	5	22.76	5	22.73	5	22.76	5	22.92	5	23.31	5	23.35	5	23.37	5	23.40	22.96
		15	22.48	15	22.84	15	22.81	15	22.76	15	22.79	15	22.80	15	22.70	15	23.10	15	23.33	15	23.37	15	23.39	15	23.44	
		25	22.71	25	22.76	25	22.78	25	22.75	25	22.70	25	22.73	25	21.73	25	23.25	25	23.42	25	23.37	25	23.39	25	23.45	
	2000	4	23.52	4	23.74	4	23.82	4	23.87	4	23.66	4	24.01	4	24.06	4	24.28	4	24.40	4	24.44	4	24.45	4	24.48	24.09
		14	23.77	14	23.69	14	23.82	14	23.93	14	23.96	14	24.05	14	24.69	14	24.36	14	23.26	14	24.44	14	24.46	14	24.49	
		24	23.64	24	23.81	24	23.86	24	23.90	24	23.99	24	24.02	24	24.11	24	24.37	24	24.43	24	24.44	24	24.47	24	24.47	
K111	1993	5	15.20	5	15.15	5	15.25	5	15.21	5	15.23	5	15.30	5	15.30	5	15.26	5	15.43	5	15.36	5	15.38	5	15.42	15.31
		15	15.25	15	15.25	15	15.27	15	15.21	15	15.29	15	15.28	15	15.23	15	15.30	15	15.48	15	15.38	15	15.39	15	15.40	
		25	15.25	25	15.25	25	15.29	25	15.18	25	15.28	25	15.38	25	15.21	25	15.38	25	15.39	25	15.39	25	15.41	25	15.43	
	1994	5	15.48	5	15.58	5	15.53	5	15.61	5	15.61	5	15.69	5	15.83	5	16.12	5	16.39	5	16.01	5	16.09	5	16.09	15.83
		15	15.57	15	15.56	15	15.48	15	15.62	15	15.64	15	15.68	15	15.78	15	16.21	15	16.04	15	16.11	15	16.07	15	16.07	
		25	15.58	25	15.55	25	15.48	25	15.62	25	15.68	25	15.80	25	15.91	25	16.31	25	15.95	25	16.11	25	16.05	25	16.12	

续表

点号	年份	1月 日	1月 水位	2月 日	2月 水位	3月 日	3月 水位	4月 日	4月 水位	5月 日	5月 水位	6月 日	6月 水位	7月 日	7月 水位	8月 日	8月 水位	9月 日	9月 水位	10月 日	10月 水位	11月 日	11月 水位	12月 日	12月 水位	年平均
K111	1995	5	16.14	5	16.15	5	16.25	5	16.28	5	16.31	5	16.35	5	19.49	5	20.57	5	20.65	5	20.68	5	20.58	5	20.52	18.44
K111		15	16.13	15	16.17	15	16.31	15	16.25	15	16.36	15	16.46	15	19.61	15	20.69	15	20.89	15	20.50	15	20.63	15	20.54	
K111		25	16.15	25	16.20	25	16.32	25	16.37	25	16.39	25	18.36	25	20.30	25	20.61	25	20.85	25	20.60	25	20.53	25	20.59	
K111	1996	5	20.70	5	20.52	5	20.50	5	20.50	5	20.49	5	20.49	5	20.84	5	20.51	5	20.50	5	20.51	5	20.50	5	20.50	20.53
K111		15	20.87	15	20.59	15	20.52	15	20.50	15	20.49	15	20.49	15	20.48	15	20.52	15	20.50	15	20.50	15	20.50	15	20.49	
K111		25	20.57	25	20.51	25	20.50	25	20.50	25	20.48	25	20.49	25	20.50	25	20.51	25	20.49	25	20.50	25	20.50	25	20.49	
K111	1997	5	20.50	5	20.50	5	20.51	5	20.48	5	20.45	5	20.45	5	21.15	5	22.02	5	22.34	5	22.07	5	21.88	5	21.81	21.24
K111		15	20.50	15	20.51	15	20.51	15	20.47	15	20.45	15	20.67	15	21.30	15	22.23	15	22.18	15	21.97	15	21.86	15	21.78	
K111		25	20.50	25	20.51	25	20.50	25	20.47	25	20.45	25	21.17	25	21.52	25	22.65	25	22.10	25	21.89	25	21.85	25	22.44	
K111	1998	5	22.01	5	22.16	5	21.98	5	21.75	5	21.91	5	21.63	5	22.83	5	21.99	5	21.96	5	21.84	5	21.78	5	21.74	21.93
K111		15	22.25	15	21.99	15	21.86	15	21.78	15	21.82	15	21.58	15	22.00	15	22.31	15	21.99	15	21.74	15	21.83	15	21.89	
K111		25	22.28	25	21.95	25	21.78	25	21.79	25	21.87	25	21.80	25	21.91	25	22.04	25	21.89	25	21.80	25	21.82	25	21.94	
K111	1999	5	22.07	5	22.44	5	22.29	5	23.22	5	22.13	5	22.17	5	21.28	5	23.27	5	23.17	5	22.90	5	22.99	5	22.98	22.49
K111		15	20.01	15	22.56	15	22.26	15	22.17	15	22.09	15	22.34	15	21.55	15	23.42	15	23.14	15	22.98	15	22.93	15	22.95	
K111		25	22.24	25	23.12	25	22.18	25	22.20	25	22.12	25	22.20	25	21.45	25	23.58	25	23.14	25	22.97	25	23.04	25	23.02	
K111	2000	4	23.53	4	23.11	4	23.29	4	23.62	4	23.39	4	23.59	4	23.85	4	24.44	4	24.23	4	24.15	4	23.88	4	24.25	23.81
K111		14	22.51	14	23.06	14	23.46	14	23.67	14	23.73	14	23.89	14	23.93	14	24.32	14	24.28	14	24.18	14	24.31	14	24.30	
K111		24	23.30	24	23.22	24	23.53	24	23.71	24	23.76	24	23.78	24	23.97	24	24.12	24	24.29	24	24.09	24	24.23	24	24.14	
K116主	1990	6	15.78	6	15.76	6	16.02	6	16.07	6	16.15	6	16.97	6	17.75	6	17.40	6	17.07	6	17.18	6	17.23	6	17.06	16.77
K116主		16	15.85	16	15.87	16	16.28	16	16.20	16	16.33	16	17.80	16	17.54	16	16.95	16	17.49	16	17.22	16	17.29	16	16.95	
K116主		26	15.80	26	15.77	26	16.03	26	16.13	26	16.55	26	17.63	26	17.52	26	17.26	26	17.15	26	17.41	26	17.03	26	17.30	
K116主	1991	6	17.20	6	17.08	6	16.77	6	17.01	6	16.96	6	17.15	6	17.72	6	17.61	6	17.39	6	17.12	6	17.32	6	17.08	17.29
K116主		16	17.30	16	17.06	16	16.80	16	16.94	16	17.37	16	17.19	16	18.17	16	17.66	16	17.45	16	17.18	16	17.35	16	17.16	
K116主		26	17.38	26	16.84	26	16.69	26	17.07	26	17.53	26	17.43	26	18.61	26	17.64	26	17.48	26	17.38	26	17.50	26	16.91	

续表

点号	年份	1月 日	1月 水位	2月 日	2月 水位	3月 日	3月 水位	4月 日	4月 水位	5月 日	5月 水位	6月 日	6月 水位	7月 日	7月 水位	8月 日	8月 水位	9月 日	9月 水位	10月 日	10月 水位	11月 日	11月 水位	12月 日	12月 水位	年平均
K116主	1992	6	16.89	6	17.06	6	17.33	6	17.48	6	17.93	6	18.38	6	19.12	6	19.69	6	19.06	6	18.08	6	18.32	6	18.62	18.22
		16	17.14	16	17.03	16	17.25	16	17.68	16	18.13	16	18.53	16	19.08	16	19.56	16	18.74	16	18.32	16	18.67	16	18.67	
		26	17.20	26	17.57	26	17.40	26	18.01	26	18.40	26	18.75	26	19.10	26	18.91	26	18.26	26	18.41	26	18.51	26	18.77	
	1993	6	18.50	6	18.43	6	18.71	6	18.63	6	18.84	6	19.54	6	20.23	6	20.56	6	20.21	6	20.05	6	20.82	6	21.18	19.70
		16	18.51	16	18.61	16	18.57	16	18.82	16	19.35	16	20.20	16	20.14	16	20.50	16	19.92	16	20.31	16	20.74	16	21.01	
		26	18.41	26	18.56	26	18.59	26	18.94	26	19.60	26	20.11	26	20.01	26	20.05	26	20.00	26	20.61	26	20.97	26	21.12	
	1994	6	20.89	6	21.60	6	21.58	6	22.07	6	22.40	6	22.74	6	23.18	6	23.86	6	23.24	6	23.36	6	23.33	6	23.47	22.71
		16	21.74	16	21.70	16	21.80	16	22.04	16	22.75	16	22.83	16	23.12	16	23.74	16	23.19	16	23.21	16	23.38	16	23.16	
		26	21.50	26	21.47	26	22.05	26	22.10	26	22.80	26	22.98	26	23.66	26	23.80	26	23.08	26	23.36	26	22.98	26	23.26	
	1995	5	23.92	5	23.14	5	23.56	5	24.04	5	24.22	5	24.50	5	25.48	5	25.46	5	25.88	5	25.70	5	26.16	5	26.46	24.87
		15	23.34	15	23.70	15	23.38	15	24.25	15	23.99	15	24.79	15	24.71	15	26.21	15	25.63	15	25.80	15	26.03	15	25.93	
		25	23.14	25	23.84	25	24.20	25	24.33	25	23.74	25	24.79	25	25.26	25	26.03	25	25.34	25	26.01	25	25.71	25	26.62	
	1996	5	25.56	5	26.96	5	25.67	5	26.33	5	27.14	5	26.77	5	26.23	5	27.07	5	26.74	5	26.79	5	27.56	5	27.64	26.81
		15	26.25	15	26.84	15	26.32	15	25.89	15	27.30	15	26.51	15	27.22	15	27.34	15	26.66	15	27.22	15	27.20	15	27.46	
		25	25.37	25	27.05	25	25.51	25	26.89	25	27.21	25	26.08	25	27.22	25	27.43	25	26.82	25	27.56	25	27.95	25	27.44	
	1997	5	27.61	5	26.41	5	26.47	5	27.14	5	27.64	5	27.57	5	27.95	5	28.89	5	29.24	5	28.26	5	29.18	5	28.63	27.92
		15	27.57	15	25.80	15	27.00	15	27.26	15	27.73	15	28.36	15	28.21	15	28.88	15	28.21	15	28.58	15	28.67	15	28.47	
		25	27.53	25	26.12	25	26.94	25	27.60	25	27.74	25	28.00	25	28.17	25	29.18	25	28.28	25	28.70	25	28.61	25	28.52	
	1998	5	28.04	5	26.60	5	28.39	5	28.72	5	28.95	5	28.56	5	30.28	5	30.06	5	29.48	5	29.86	5	29.97	5	30.26	29.11
		15	27.48	15	27.15	15	28.56	15	28.84	15	28.81	15	28.43	15	29.98	15	29.93	15	29.60	15	29.76	15	29.80	15	31.00	
		25	27.48	25	27.68	25	28.51	25	28.91	25	28.56	25	29.40	25	29.36	25	29.22	25	29.77	25	29.82	25	29.76	25	31.04	
	1999	5	30.62	5	30.24	5	29.79	5	31.07	5	30.93	5	31.16	5	31.68	5	32.86	5	32.70	5	32.63	5	33.06	5	33.12	31.68
		15	30.80	15	29.36	15	30.61	15	31.45	15	30.74	15	30.95	15	31.88	15	32.45	15	32.59	15	32.68	15	33.00	15	33.31	
		25	30.86	25	28.54	25	31.16	25	29.56	25	31.00	25	31.36	25	32.24	25	33.22	25	32.71	25	33.09	25	33.24	25	33.73	

续表

点号	年份	1月 日	1月 水位	2月 日	2月 水位	3月 日	3月 水位	4月 日	4月 水位	5月 日	5月 水位	6月 日	6月 水位	7月 日	7月 水位	8月 日	8月 水位	9月 日	9月 水位	10月 日	10月 水位	11月 日	11月 水位	12月 日	12月 水位	年平均
K116 主	2000	4	33.60	4	32.28	4	33.37	4	33.98	4	33.77	4	33.81	4	34.33	4	34.68	4	34.75	4	34.18	4	34.27	4	34.29	34.04
		14	33.53	14	31.91	14	33.47	14	33.81	14	34.04	14	33.88	14	34.41	14	34.86	14	35.56	14	34.28	14	34.22	14	34.10	
		24	33.25	24	32.93	24	33.64	24	34.20	24	34.10	24	34.22	24	34.71	24	34.50	24	35.92	24	34.36	24	34.23	24	34.15	
K201	1990	7	7.29	7	7.63	7	7.55	7	7.85	7	7.60	7	7.97	7	7.64	7	7.95	7	8.18	7	7.78	7	7.65	7	7.89	7.71
		17	7.34	17	7.43	17	7.57	17	7.94	17	7.79	17	8.09	17	7.70	17	7.98	17	7.89	17	7.61	17	7.56	17	7.85	
		27	7.29	27	7.47	27	7.66	27	7.79	27	7.84	27	7.91	27	7.68	27	8.06	27	7.72	27	7.22	27	7.59	27	7.65	
	1991	8	8.91	8	8.50	8	8.65	8	8.99	8	8.90	8	9.17	8	9.50	8	9.21	8	9.06	8	8.92	8	8.94	8	9.06	8.98
		18	8.27	18	8.52	18	8.72	18	9.03	18	9.34	18	9.15	18	9.54	18	9.24	18	8.83	18	8.78	18	8.99	18	9.06	
		28	8.36	28	8.69	28	8.89	28	9.03	28	9.20	28	9.35	28	9.71	28	9.26	28	8.85	28	8.80	28	8.97	28	9.04	
	1992	8	8.96	8	8.95	8	8.90	8	9.52	8	9.51	8	9.73	8	9.76	8	10.04	8	9.21	8	8.90	8	8.77	8	8.70	9.24
		18	8.96	18	8.82	18	9.21	18	9.43	18	9.49	18	9.55	18	9.55	18	9.84	18	9.41	18	9.17	18	8.61	18	8.96	
		28	8.96	28	8.85	28	9.25	28	9.49	28	9.60	28	9.59	28	9.72	28	9.50	28	9.05	28	8.94	28	8.92	28	8.90	
	1993	8	8.83	8	9.48	8	9.36	8		8	9.51	8	9.97	8	9.98	8	9.80	8	9.13	5	9.23	8	9.67	8	9.68	9.50
		18	9.34	18	9.63	18		18	9.41	18	10.69	18	10.85	18	10.95	18	11.41	18	11.78	15	11.58	18	11.45	18	10.94	
		28	9.36	28	9.66	28	10.63	28	10.64	28	11.62	28	11.98	28	12.28	28	12.69	28	12.56	28	12.59	28	12.80	28	12.70	
	1994	16	10.15	16	10.52	16	10.63	16	10.64	16	10.69	16	10.85	16	10.95	16	11.41	16	11.78	16	11.58	16	11.45	16	10.94	10.97
	1995	15	11.25	15	11.29	15	11.36	15	11.39	15	11.62	15	11.98	15	12.28	15	12.69	15	12.56	15	12.59	15	12.80	15	12.70	12.04
	1996	15	13.12	15	13.32	15	13.82	15	13.65	15	14.00	15	14.14	15	13.74	15	13.87	15	13.93	15	12.27	15	11.89	15	12.38	13.34
	1997	15	12.48	15	12.79	15	11.90	15	11.70	15	12.17	15	12.59	15	13.33	15	13.94	15	14.32	15	13.96	15	14.57	15	14.57	13.19
	1998	15	14.48	15	14.47	15	15.31	15	13.79	15	13.64	15	12.65	15	12.08	15	12.12	15	10.71	15	10.35	15	10.14	15	9.73	12.46
	1999	15	9.76	15	9.64	15	11.17	15	10.32	15	10.67	15	9.78	15	10.59	15	11.37	15	11.40	15	9.34	15	10.66	15	10.05	10.40
	2000	15	10.28	15	10.20	15	11.85	15	12.52	15	12.68	15	13.01	15	11.52	15	11.91	15	12.38	15	11.32	15	12.11	15	10.89	11.72
K214	1990	4	6.76	4	6.64	4	6.71	4	6.72	4	6.86	4	7.14	4	6.94	4	6.97	4	7.02	4	6.92	4	6.95	4	6.94	6.91
		14	6.85	14	6.70	14	6.78	14	6.78	14	6.86	14	7.29	14	6.91	14	7.07	14	7.08	14	6.91	14	6.89	14	6.90	
		24	6.76	24	6.72	24	6.78	24	6.80	24	6.97	24	7.10	24	6.89	24	7.11	24	7.03	24	6.91	24	6.92	24	7.04	

续表

点号	年份	1月 日	1月 水位	2月 日	2月 水位	3月 日	3月 水位	4月 日	4月 水位	5月 日	5月 水位	6月 日	6月 水位	7月 日	7月 水位	8月 日	8月 水位	9月 日	9月 水位	10月 日	10月 水位	11月 日	11月 水位	12月 日	12月 水位	年平均
K214	1991	4	7.82	4	7.31	4	7.45	4	7.56	4	7.70	4	7.81	4	8.12	4	8.18	4	8.17	4	7.97	4	8.45	4	8.39	7.93
		14	7.24	14	7.27	14	7.45	14	7.61	14	7.87	14	7.60	14	8.18	14	8.24	14	8.33	14	8.25	14	8.32	14	8.42	
		24	7.24	24	7.35	24	7.50	24	7.67	24	7.86	24	7.87	24	8.35	24	8.36	24	8.14	24	8.37	24	8.44	24	8.49	
	1992	4	8.61	4	8.51	4	8.64	4	8.88	4	9.03	4	9.24	4	9.50	4	9.78	4	9.65	4	9.29	4	9.41	4	9.46	9.18
		14	8.54	14	8.60	14	8.79	14	8.88	14	8.97	14	9.31	14	9.46	14	9.62	14	9.50	14	9.29	14	9.45	14	9.51	
		24	8.58	24	8.73	24	8.78	24	9.04	24	9.21	24	9.24	24	9.53	24	9.61	24	9.32	24	9.29	24	9.45	24	9.61	
	1993	4	9.72	4	9.63	4	9.81	4	9.85	4	10.05	4	10.07	4	10.16	4	10.42	4	10.33	4	10.33	4	10.40	4	10.38	10.10
		14	9.66	14	9.76	14	9.88	14	9.92	14	9.95	14	10.19	14	10.24	14	10.33	14	10.36	14	10.24	14	10.25	14	10.28	
		24	9.67	24	9.71	24	9.91	24	10.10	24	10.13	24	10.28	24	10.10	24	10.34	24	10.39	24	10.29	24	10.22	24	10.33	
	1994	4	10.44	4	10.63	4	10.51	4	13.12	4		4	11.24	4	11.26	4	11.71	4	11.48	4	11.57	4	11.12	4	11.08	11.13
		14	10.61	14	10.58	14	10.50	14	10.68	14		14	11.08	14	11.26	14	11.40	14	11.39	14	11.51	14	11.22	14	11.02	
		24	10.56	24	10.51	24	10.63	24		24		24	11.25	24	11.33	24	11.51	24	11.35	24	11.44	24	11.12	24	11.00	
	1995	5	10.95	5	11.22	5	10.94	5	11.46	5	11.62	5	11.92	5	12.53	5	13.01	5	13.22	5	13.15	5	12.91	5	12.89	12.22
		15	10.98	15	11.25	15	11.41	15	11.63	15	11.83	15	12.19	15	12.65	15	13.02	15	13.02	15	13.06	15	13.01	15	12.99	
		25	11.00	25	11.35	25	11.40	25	11.59	25	11.83	25	12.34	25	12.73	25	13.04	25	13.07	25	12.94	25	12.96	25	12.92	
	1996	5	13.25	5	13.37	5	13.58	5	13.76	5	14.06	5	14.09	5	14.39	5	14.20	5	14.15	5	13.92	5	13.75	5	13.51	13.86
		15	13.14	15	13.36	15	13.94	15	13.89	15	14.07	15	14.27	15	14.21	15	14.20	15	14.06	15	14.06	15	13.58	15	13.49	
		25	13.23	25	13.61	25	13.64	25	13.98	25	14.18	25	14.17	25	14.36	25	14.45	25	14.02	25	13.88	25	13.49	25	13.48	
	1997	5	13.54	5	13.33	5	13.48	5	13.68	5	13.95	5	14.98	5	14.68	5	15.47	5	15.95	5	15.33	5	15.56	5	15.20	14.60
		15	13.43	15	13.39	15	13.52	15	13.70	15	13.89	15	14.83	15	14.95	15	15.65	15	15.56	15	15.50	15	15.42	15	15.40	
		25	13.42	25	13.44	25	13.57	25	13.68	25	14.16	25	15.60	25	15.40	25	15.86	25	15.24	25	15.48	25	15.35	25	15.41	
	1998	15	15.58	15	16.12	15	15.99	15	15.68	15	15.73	15	15.60	15	15.13	15	14.56	15	14.58	15	13.86	15	13.63	15	13.33	14.98
	1999	15	13.43	15	13.44	15	13.58	15	14.25	15	14.20	15	14.33	15	14.12	15	14.70	15	14.67	15	14.44	15	14.40	15	14.41	14.16
	2000	15	14.90	15	14.82	15	15.37	15	15.60	15	15.41	15	15.84	15	16.35	15	16.08	15	15.75	15	15.46	15	15.39	15	15.34	15.53

续表

点号	年份	1月 日	1月 水位	2月 日	2月 水位	3月 日	3月 水位	4月 日	4月 水位	5月 日	5月 水位	6月 日	6月 水位	7月 日	7月 水位	8月 日	8月 水位	9月 日	9月 水位	10月 日	10月 水位	11月 日	11月 水位	12月 日	12月 水位	年平均
K215	1996	15	20.61	15	20.77	15	20.85	15	20.94	15	21.05	15	20.90	15	21.50	15	21.49	15	20.16	15	20.34	15	20.97	15	20.07	20.80
K215	1997	15	20.20	15	18.75	15	19.19	15	19.11	15	19.82	15	20.86	15	21.09	15	22.11	15	22.44	15	21.67	15	21.78	15	21.87	20.74
K215	1998	15	21.69	15	21.00	15	21.53	15	20.57	15	20.31	15	19.91	15	20.91	15	20.55	15	20.64	15	19.97	15	19.52	15	19.59	20.52
K215	1999	15	19.97	15	19.79	15	20.03	15	19.70	15	19.63	15	19.85	15	20.21	15	21.15	15	20.49	15	20.90	15	20.72	15	20.47	20.24
K215-1	1996	15	17.79	15	17.86	15	18.03	15	18.03	15	18.20	15	18.17	15	18.49	15	18.90	15	17.74	15	17.80	15	17.64	15	17.46	18.01
K215-1	1997	15	17.61	15	16.71	15	16.97	15	16.81	15	17.23	15	18.43	15	18.39	15	19.33	15	19.39	15	18.99	15	19.02	15	19.04	18.16
K215-1	1998	15	19.06	15	18.64	15	19.00	15	18.45	15	18.18	15	18.13	15	18.32	15	18.00	15	18.17	15	17.52	15	17.07	15	17.05	18.13
K215-1	1999	15	17.28	15	17.11	15	17.35	15	17.31	15	17.28	15	17.39	15	17.54	15	18.25	15	17.95	15	18.24	15	18.18	15	17.98	17.66
K216	1990	7	6.66	7	6.95	7	7.04	7	7.10	7	6.94	7	7.15	7	6.84	7	7.13	7	7.09	7	7.04	7	7.05	7	7.15	7.03
K216	1990	17	6.82	17	6.82	17	7.19	17	7.27	17	6.87	17	7.40	17	6.96	17	7.01	17	7.09	17	6.97	17	7.04	17	7.22	
K216	1990	27	6.82	27	6.85	27	7.03	27	7.09	27	6.96	27	7.12	27	6.99	27	7.06	27	6.97	27	6.85	27	7.11	27	7.33	
K216	1991	6	8.28	6	7.87	6	8.04	6	7.99	6	8.01	6	7.94	6	8.09	6	8.23	6	8.20	6	8.18	6	8.51	6	8.65	8.18
K216	1991	12	7.63	12	7.92	12	7.92	12	7.89	12	8.18	12	7.87	12	8.34	12	8.39	12	8.15	12	8.35	12	8.54	12	8.72	
K216	1991	28	7.83	28	7.90	28	7.89	28	7.95	28	8.00	28	8.01	28	8.62	28	8.51	28	8.24	28	8.33	28	8.62	28	8.76	
K216	1992	8	8.81	8	8.75	8	9.02	8	8.68	8	8.61	8	8.77	8	8.95	8	9.27	8	9.39	8	9.01	8	9.40	8	9.50	9.03
K216	1992	18	8.68	18	8.76	18	8.87	18	8.62	18	8.58	18	8.78	18	8.79	18	9.28	18	9.32	18	9.22	18	9.50	18	9.60	
K216	1992	28	8.72	28	8.91	28	8.79	28	8.80	28	8.71	28	8.70	28	9.06	28	9.37	28	9.12	28	9.39	28	9.53	28	9.66	
K216	1993	8	9.72	8	9.75	18	9.99	18	10.05	18	9.97	15	10.30	15	10.31	15	10.06	15	9.82	15	10.03	15	10.26	15	10.24	9.98
K216	1993	18	9.73	18	9.83	28		28		28		28		28		28		28		28		28		28		
K216	1993	28	9.76	28	9.85																					
K216	1994	16	10.68	15	10.91	15	10.93	15	10.85	15	10.78	15	10.85	15	10.74	15	10.98	15	11.21	15	10.63	15	10.51	15	10.46	10.79
K216	1995	15	11.01	15	11.57	15	11.77	15	11.97	15	11.87	15	12.43	15	12.87	15	13.61	15	13.47	15	13.32	15	13.16	15	13.68	12.56
K216	1996	15	13.82	15	14.09	15	14.21	15	14.36	15	13.92	15	13.83	15	13.38	15	13.44	15	12.82	15	13.12	15	12.49	15	12.80	13.52
K216	1997	15	12.99	15	13.18	15	13.26	15	12.99	15	13.18	15	14.09	15	14.60	15	15.29	15	15.34	15	15.18	15	15.24	15	15.11	14.20

续表

点号	年份	1月 日	1月 水位	2月 日	2月 水位	3月 日	3月 水位	4月 日	4月 水位	5月 日	5月 水位	6月 日	6月 水位	7月 日	7月 水位	8月 日	8月 水位	9月 日	9月 水位	10月 日	10月 水位	11月 日	11月 水位	12月 日	12月 水位	年平均
K216	1998	15	15.23	15	15.80	15	16.05	15	14.89	15	14.13	15	14.03	15	13.68	15	12.90	15	13.08	15	12.24	15	11.62	15	11.72	13.78
	1999	15	11.85	15	11.82	15	12.19	15	12.33	15	12.28	15	12.48	15	12.10	15	12.82	15	12.71	15	12.28	15	12.50	15	12.22	12.30
	2000	15	12.54	14	12.04	14	13.25	14	13.73	14	13.77	14	14.32	14	13.75	14	14.06	14	13.77	14	13.68	14	13.32	14	13.31	13.46
	1990	6	19.77	6	19.58	6	20.52	6	20.28	6	20.57	6	21.12	6	22.01	6	22.49	6	21.43	6	21.45	6	21.02	6	20.66	21.03
		16	19.62	16	19.64	16	20.91	16	20.47	16	20.90	16	21.79	16	22.16	16	22.11	16	21.76	16	21.53	16	21.22	16	20.80	
		26	19.69	26	20.04	26	20.31	26	20.54	26	20.84	26	21.72	26	22.22	26	21.82	26	21.72	26	22.23	26	20.94	26	21.09	
	1991	6	20.92	6	20.49	6	20.66	6	20.65	6	20.63	6	21.63	6	22.30	6	22.25	6	21.47	6	20.80	6	21.13	6	20.47	21.24
		17	20.46	16	20.64	16	20.43	16	20.75	16	21.58	16	21.54	16	23.20	16	22.10	16	21.35	16	21.22	16	20.64	16	20.81	
		26	20.87	26	20.52	26	20.49	26	20.89	26	21.97	26	22.19	26	22.41	26	21.92	26	21.67	26	21.66	26	21.31	26	20.58	
	1992	6	20.50	6	20.04	6	21.33	6	21.39	6	22.04	6	23.18	6	23.81	6	24.10	6	23.30	6	21.69	6	22.00	6	21.96	22.06
		16	20.39	16	19.91	16	21.32	16	21.39	16	22.16	16	22.75	16	23.34	16	23.50	16	22.50	16	21.73	16	21.87	16	21.75	
		26	20.44	26	21.18	26	21.38	26	21.98	26	23.25	26	23.28	26	23.84	26	23.28	26	22.05	26	21.76	26	22.01	26	21.84	
K256	1993	6	21.68	6	21.68	6	22.23	6	22.30	6	22.60	6	23.82	6	24.01	6	24.35	6	23.63	6	23.56	6	24.20	6	24.85	23.20
		16	21.73	16	22.06	16	21.92	16	22.59	16	23.04	16	23.72	16	23.78	16	24.21	16	22.60	16	23.46	16	24.33	16	24.32	
		26	21.87	26	22.16	26	22.30	26	22.66	26	23.51	26	23.77	26	23.72	26	23.28	26	22.57	26	23.92	26	24.14	26	24.73	
	1994	6	24.52	6	24.94	6	24.72	6	24.82	6	25.75	6	26.46	6	26.71	6	27.38	6	26.66	6	27.00	6	26.48	6	26.45	26.01
		16	25.21	16	24.03	16	24.90	16	25.06	16	26.14	16	26.67	16	26.61	16	27.20	16	26.58	16	26.78	16	26.41	16	26.25	
		26	24.93	26	24.07	26	25.07	26	25.17	26	26.25	26	26.56	26	27.44	26	27.55	26	26.32	26	26.56	26	26.21	26	26.37	
	1995	5	26.55	5	26.12	5	26.39	5	26.67	5	26.84	5	27.60	5	28.41	5	29.67	5	29.36	5	28.82	5	28.59	5	28.09	27.78
		15	26.40	15	26.29	15	26.29	15	26.81	15	26.98	15	28.12	15	28.24	15	29.43	15	27.42	15	28.78	15	28.41	15	29.42	
		25	25.41	25	26.52	25	26.73	25	26.82	25	27.34	25	28.29	25	29.39	25	29.12	25	28.57	25	28.73	25	28.27	25	29.02	
	1996	5	29.09	5	28.61	5	29.08	5	29.26	5	29.89	5	29.76	5	29.38	5	30.30	5	29.62	5	29.47	5	29.99	5	30.34	29.58
		15	28.31	15	28.94	15	28.91	15	28.31	15	30.02	15	29.26	15	30.26	15	30.03	15	29.33	15	29.74	15	29.70	15	30.34	
		25	28.74	25	29.20	25	28.63	25	29.82	25	29.80	25	29.29	25	30.49	25	30.34	25	29.52	25	30.29	25	30.33	25	30.35	

续表

点号	年份	1月 日	1月 水位	2月 日	2月 水位	3月 日	3月 水位	4月 日	4月 水位	5月 日	5月 水位	6月 日	6月 水位	7月 日	7月 水位	8月 日	8月 水位	9月 日	9月 水位	10月 日	10月 水位	11月 日	11月 水位	12月 日	12月 水位	年平均
K256	1997	5	29.66	5	28.98	5	29.03	5	29.84	5	30.17	5	30.10	5	30.47	5	31.39	5	31.72	5	30.77	5	31.88	5	31.08	30.35
		15	29.34	15	28.74	15	29.57	15	29.77	15	30.09	15	30.16	15	30.96	15	31.52	15	30.74	15	28.68	15	31.21	15	30.43	
		25	29.83	25	28.45	25	29.54	25	30.34	25	30.39	25	30.86	25	31.12	25	31.95	25	30.46	25	31.52	25	30.93	25	30.94	
	1998	5	30.34	5	28.77	5	30.95	5	31.24	5	31.27	5	31.41	5	32.70	5	32.67	5	32.26	5	32.56	5	32.51	5	32.58	31.69
		15	30.56	15	29.59	15	30.96	15	31.26	15	31.04	15	31.49	15	32.46	15	32.25	15	32.35	15	32.60	15	32.37	15	32.95	
		25	30.04	25	30.30	25	31.22	25	31.62	25	31.23	25	32.42	25	32.52	25	31.95	25	32.49	25	32.65	25	32.32	25	33.05	
	1999	5	32.93	5	32.54	5	32.13	5	33.43	5	33.95	5	33.19	5	34.39	5	34.82	5	35.05	5	34.94	5	35.00	5	35.19	34.03
		15	33.03	15	32.33	15	32.97	15	34.05	15	33.54	15	33.37	15	34.85	15	35.09	15	34.87	15	34.51	15	34.91	15	34.90	
		25	33.13	25	31.61	25	33.55	25	34.27	25	33.37	25	33.82	25	34.69	25	35.44	25	35.10	25	34.37	25	34.80	25	35.04	
	2000	4	35.26	4	34.80	4	35.17	4	35.85	4	35.01	4	35.32	4	36.04	4	35.76	4	35.94	4	35.34	4	35.34	4	35.36	35.54
		14	35.08	14	34.67	14	35.41	14	35.79	14	35.74	14	35.84	14	36.17	14	35.85	14	35.56	14	35.31	14	35.36	14	35.29	
		24	35.16	24	34.50	24	35.87	24	35.70	24	36.08	24	35.98	24	36.18	24	35.95	24	35.92	24	35.43	24	35.52	24	35.74	
K421	1990	6	14.78	6	14.41	6	14.53	6	14.52	6	14.59	6	15.00	6	15.17	6	15.19	6	14.82	6	14.91	6	15.21	6	15.29	14.91
		16	14.77	16	14.56	16	14.12	16	14.57	16	14.87	16	15.82	16	15.16	16	14.93	16	14.85	16	15.03	16	15.10	16	15.32	
		26	14.39	26	14.51	26	14.64	26	14.55	26	14.75	26	15.31	26	15.35	26	15.19	26	14.82	26	15.12	26	15.23	26	15.37	
	1991	5	15.95	5	15.40	5	15.47	5	15.36	5	15.38	5	15.63	5	15.89	5	15.97	5	15.98	5	16.02	5	16.05	5	16.34	15.83
		15	15.70	15	15.65	15	15.32	15	15.40	15	15.64	15	15.64	15	16.04	15	16.21	15	16.07	15	16.04	15	16.28	15	16.38	
		25	15.47	25	15.36	25	15.16	25	15.40	25	15.69	25	15.72	25	16.76	25	16.21	25	16.08	25	15.95	25	16.24	25	16.31	
	1992	5	16.16	5	16.16	5	16.33	5	16.27	5	16.60	5	16.67	5	16.92	5	17.63	5	17.44	5	17.18	5	17.64	5	17.32	16.88
		15	16.22	15	16.35	15	16.30	15	16.30	15	16.64	15	16.84	15	17.06	15	17.62	15	17.32	15	17.05	15	17.39	15	17.45	
		25	16.21	25	16.44	25	16.40	25	16.50	25	16.70	25	16.87	25	16.66	25	17.32	25	17.41	25	17.19	25	17.26	25	17.84	
	1993	5	17.76	5	17.44	5	17.65	5	17.63	5	17.73	5	17.96	5	18.20	5	18.94	5	18.88	5	18.45	5	18.68	5	18.95	18.21
		15	17.59	15	17.61	15	17.65	15	17.67	15	17.77	15	17.89	15	18.30	15	18.90	15	18.70	15	18.59	15	18.91	15	18.84	
		25	17.56	25	17.62	25	17.49	25	17.67	25	17.84	25	18.28	25	18.31	25	18.73	25	18.55	25	18.67	25	19.06	25	19.05	

续表

点号	年份	1月 日	1月 水位	2月 日	2月 水位	3月 日	3月 水位	4月 日	4月 水位	5月 日	5月 水位	6月 日	6月 水位	7月 日	7月 水位	8月 日	8月 水位	9月 日	9月 水位	10月 日	10月 水位	11月 日	11月 水位	12月 日	12月 水位	年平均
K421	1994	5	19.28	5	19.44	5	19.26	5	19.36	5	19.35	5	19.76	5	19.96	5	21.29	5	20.83	5	20.87	5	20.76	5	20.75	20.11
		15	19.44	15	19.22	15	19.33	15	19.38	15	19.75	15	20.00	15	20.48	15	21.37	15	20.64	15	20.64	15	20.71	15	20.50	
		25	19.25	25	19.24	25	19.35	25	19.46	25	19.81	25	19.92	25	20.48	25	21.20	25	20.68	25	20.68	25	20.71	25	20.78	
	1995	5	20.66	5	21.39	5	21.82	5	21.63	5	21.79	5	22.12	5	23.23	5	23.63	5	22.31	5	22.85	5	22.91	5	22.99	22.35
		15	20.73	15	21.65	15	21.69	15	21.68	15	21.62	15	22.53	15	23.05	15	23.59	15	23.01	15	22.86	15	22.99	15	23.30	
		25	20.83	25	21.61	25	21.46	25	21.63	25	21.84	25	22.80	25	22.77	25	23.56	25	22.85	25	22.87	25	22.94	25	23.33	
	1996	5	23.41	5	23.34	5	23.18	5	23.17	5	22.93	5	23.06	5	23.74	5	23.75	5	23.69	5	23.75	5	23.57	5	23.61	23.41
		15	23.30	15	23.37	15	22.58	15	23.10	15	23.03	15	22.94	15	23.57	15	24.19	15	23.57	15	23.27	15	23.62	15	23.63	
		25	23.29	25	23.38	25	23.12	25	23.20	25	23.32	25	22.76	25	23.69	25	24.34	25	23.49	25	23.54	25	23.60	25	23.58	
	1997	5	23.62	5	23.26	5	23.24	5	22.91	5	23.08	5	23.35	5	23.59	5	24.60	5	24.73	5	24.21	5	24.34	5	24.33	23.85
		15	23.54	15	23.47	15	23.02	15	22.96	15	23.23	15	24.11	15	23.61	15	24.79	15	24.45	15	24.18	15	24.35	15	24.51	
		25	23.67	25	23.38	25	23.02	25	22.97	25	23.15	25	24.33	25	24.22	25	24.97	25	24.32	25	24.26	25	24.33	25	24.53	
	1998	5	24.65	5	24.22	5	24.58	5	24.61	5	24.64	5	24.57	5	24.89	5	26.65	5	24.68	5	24.60	5	24.73	5	24.75	24.65
		15	24.33	15	24.42	15	24.55	15	24.60	15	24.43	15	24.36	15	24.83	15	24.80	15	24.67	15	24.63	15	24.74	15	24.72	
		25	24.13	25	24.41	25	24.49	25	24.68	25	24.47	25	24.54	25	24.74	25	24.75	25	24.64	25	24.59	25	24.67	25	24.67	
	1999	5	24.75	5	25.11	5	24.96	5	25.46	5	25.13	5	25.17	5	25.61	5	25.93	5	26.39	5	26.33	5	26.48	5	26.58	25.70
		15	24.88	15	25.06	15	25.10	15	25.15	15	25.07	15	25.37	15	25.77	15	26.39	15	26.27	15	26.35	15	26.53	15	26.46	
		25	24.93	25	25.03	25	25.36	25	25.09	25	24.99	25	25.49	25	25.69	25	26.57	25	26.38	25	26.32	25	26.56	25	26.51	
	2000	4	27.02	4	26.68	4	26.87	4	27.10	4	26.85	4	27.23	4	27.21	4	27.94	4	27.62	4	27.51	4	27.60	4	27.94	27.33
		14	26.88	14	26.55	14	26.94	14	27.13	14	27.15	14	27.20	14	27.43	14	27.85	14	27.63	14	27.75	14	27.94	14	27.85	
		24	26.85	24	26.73	24	27.00	24	27.15	24	27.14	24	27.26	24	27.48	24	27.54	24	27.79	24	27.60	24	27.86	24	27.67	
K422	1990	6	13.53	6	水涸	6	13.59	6	13.76	6	13.90	6	14.30	6	14.43	6	14.46	6	14.27	6	14.19	6	14.35	6	14.46	14.12
		16	13.55	16	13.42	16	13.61	16	13.84	16	14.05	16	14.89	16	14.51	16	14.38	16	14.28	16	14.29	16	14.35	16	14.44	
		26	13.49	26	13.44	26	13.67	26	13.83	26	14.19	26	14.50	26	14.57	26	14.40	26	14.23	26	14.29	26	14.45	26	14.39	

续表

点号	年份	1月 日	1月 水位	2月 日	2月 水位	3月 日	3月 水位	4月 日	4月 水位	5月 日	5月 水位	6月 日	6月 水位	7月 日	7月 水位	8月 日	8月 水位	9月 日	9月 水位	10月 日	10月 水位	11月 日	11月 水位	12月 日	12月 水位	年平均
K422	1991	5	15.12	5	14.33	5	14.33	5	14.51	5	14.75	5	15.02	5	15.34	5	15.43	5	15.35	5	15.32	5	15.54	5	15.61	15.06
		15	14.45	15	14.36	15	14.37	15	14.61	15	14.87	15	15.04	15	15.44	15	15.49	15	15.36	15	15.34	15	15.68	15	15.55	
		25	14.40	25	14.21	25	14.43	25	14.68	25	14.97	25	15.17	25	15.67	25	15.50	25	15.39	25	15.47	25	15.67	25	15.48	
	1992	5	15.49	5	15.62	5	15.84	5	15.96	5	16.13	5	16.42	5	16.74	5	17.29	5	17.30	5	17.10	5	17.01	5	16.85	16.50
		15	15.56	15	15.64	15	15.89	15	16.00	15	16.23	15	16.57	15	16.82	15	17.24	15	17.24	15	16.99	15	16.79	15	16.95	
		25	15.61	25	15.80	25	15.93	25	16.06	25	16.32	25	16.61	25	16.91	25	17.17	25	17.24	25	17.00	25	16.82	25	16.99	
	1993	5	17.04	5	16.79	5	17.04	5	17.15	5	17.30	5	17.60	5	17.79	5	18.17	5	18.27	5	18.24	5	18.57	5	18.66	17.76
		15	16.94	15	16.88	15	17.10	15	17.18	15	17.36	15	17.67	15	18.00	15	18.38	15	18.24	15	18.29	15	18.60	15	18.54	
		25	16.75	25	16.94	25	17.10	25	17.26	25	17.46	25	17.84	25	18.04	25	18.35	25	18.21	25	18.35	25	18.64	25	18.65	
	1994	5	18.75	5	19.12	5	18.85	5	19.19	5	19.24	5	19.71	5	19.96	5	20.58	5	20.59	5	20.62	5	20.59	5	20.75	19.87
		15	18.98	15	18.81	15	19.06	15	19.14	15	19.40	15	19.72	15	20.30	15	20.69	15	20.54	15	20.58	15	20.63	15	20.69	
		25	19.05	25	18.83	25	19.10	25	19.17	25	19.65	25	19.85	25	20.37	25	20.62	25	20.56	25	20.55	25	20.71	25	20.37	
	1995	5	20.79	5	20.66	5	21.10	5	21.13	5	22.26	5	21.31	5	22.20	5	22.56	5	22.72	5	22.52	5	22.58	5	22.64	21.87
		15	20.80	15	20.90	15	21.13	15	21.22	15	21.33	15	21.76	15	22.25	15	22.69	15	22.53	15	22.49	15	22.66	15	22.70	
		25	20.81	25	21.08	25	21.12	25	21.24	25	21.37	25	21.92	25	21.88	25	22.64	25	22.58	25	22.56	25	22.33	25	22.84	
	1996	5	22.79	5	22.71	5	22.66	5	22.94	5	23.13	5	23.42	5	23.93	5	23.98	5	23.78	5	23.38	5	23.43	5	23.50	23.37
		15	22.82	15	22.72	15	22.83	15	22.91	15	23.31	15	23.43	15	23.78	15	24.23	15	23.63	15	23.51	15	23.45	15	23.49	
		25	22.72	25		25	22.85	25	23.07	25	23.43	25	23.82	25	23.98	25	24.29	25	23.52	25	23.40	25	23.46	25	23.61	
	1997	5	23.61	5	22.84	5	22.46	5	26.36	5	23.03	5	23.43	5	23.86	5	24.38	5	24.64	5	24.32	5	24.59	5	24.57	24.05
		15	23.46	15	22.32	15	22.59	15	26.44	15	23.10	15	23.78	15	23.90	15	24.60	15	24.62	15	24.37	15	24.59	15	24.68	
		25	23.51	25	22.32	25	22.64	25	26.34	25	23.42	25	23.99	25	24.15	25	24.65	25	24.55	25	24.51	25	24.58	25	24.66	
	1998	5	24.66	5	23.86	5	24.41	5	24.38	5	24.44	5	24.30	5	24.82	5	24.94	5	24.69	5	24.71	5	24.61	5	24.76	24.55
		15	24.70	15	24.04	15	24.53	15	24.42	15	24.36	15	24.12	15	24.73	15	24.76	15	24.77	15	24.60	15	24.61	15	24.86	
		25	24.51	25	24.17	25	24.41	25	24.52	25	24.30	25	24.36	25	24.67	25	24.71	25	24.75	25	24.57	25	24.74	25	24.99	

续表

点号	年份	1月 日	1月 水位	2月 日	2月 水位	3月 日	3月 水位	4月 日	4月 水位	5月 日	5月 水位	6月 日	6月 水位	7月 日	7月 水位	8月 日	8月 水位	9月 日	9月 水位	10月 日	10月 水位	11月 日	11月 水位	12月 日	12月 水位	年平均
K422	1999	5	24.87	5	24.86	5	24.53	5	24.86	5	24.77	5	25.03	5	25.23	5	25.73	5	25.91	5	25.93	5	25.97	5	26.03	25.35
		15	24.81	15	24.71	15	24.65	15	24.83	15	24.73	15	25.19	15	25.41	15	26.33	15	25.99	15	25.93	15	25.95	15	26.03	
		25	24.89	25	24.58	25	24.78	25	24.24	25	24.87	25	25.05	25	25.39	25	26.10	25	26.03	25	26.00	25	26.01	25	26.34	
	2000	4	26.53	4	26.08	4	25.89	4	26.66	4	26.65	4	27.01	4	27.16	4	27.60	4	27.61	4	27.64	4	27.55	4	27.70	27.04
		14	26.24	14	25.95	14	26.25	14	26.79	14	27.10	14	27.20	14	27.19	14	27.61	14	27.59	14	27.42	14	27.61	14	27.51	
		24	26.19	24	25.80	24	26.33	24	26.93	24	27.32	24	27.24	24	27.24	24	27.60	24	27.69	24	27.39	24	27.71	24	27.63	
K423	1990	6	17.01	6	17.17	6	16.95	6	16.95	6	16.91	6	17.34	6	17.53	6	17.43	6	17.30	6	17.25	6	17.43	6	17.45	17.29
		16	17.03	16	17.06	16	16.91	16	16.94	16	17.15	16	18.91	16	17.47	16	17.45	16	17.36	16	17.31	16	17.47	16	17.48	
		26	17.13	26	16.96	26	16.93	26	16.96	26	17.21	26	17.60	26	17.47	26	17.38	26	17.25	26	17.42	26	17.44	26	17.55	
	1991	7	17.70	7	18.22	7	18.56	7	17.41	7	17.37	7	17.46	7	17.83	7	18.18	7	17.99	7	17.83	7	17.95	7	18.37	18.14
		18	18.18	18	18.72	18	17.54	18	17.46	18	17.54	18	17.51	18	19.65	18	18.33	18	17.93	18	17.81	18	18.08	18	18.88	
		27	18.74	27	18.36	27	17.53	27	17.36	27	17.65	27	17.56	27	21.63	27	18.97	27	17.95	27	17.97	27	18.58	27	18.09	
	1992	7	18.00	7	18.47	7	18.21	7	18.15	7	18.48	7	18.60	7	18.95	7	22.88	7	19.99	7	19.08	7	19.38	7	19.68	19.10
		17	18.34	18	18.46	18	18.18	18	18.25	18	18.39	18	18.83	18	19.11	18	21.40	18	19.49	18	19.24	18	19.40	18	20.16	
		27	18.18	27	18.54	27	18.19	27	18.28	27	18.54	27	18.60	27	19.94	27	19.84	27	19.19	27	19.27	27	19.33	27	20.68	
	1993	6	20.70	6	20.09	6	19.71			6	19.60	6	20.24	6	20.28	6	22.17	6	20.81	6	20.59	6	20.99	6	20.96	20.30
		16	19.86	16	19.93			16	19.49	16	22.06	16	21.76	16	24.84	16	25.66	16	23.17	16	23.20	16	22.92	16	22.86	
		26	19.75	26	19.65	26	21.55	26	21.53	26	23.72	26	27.27	26	26.59	26	26.51	26	26.51	26	26.02	26	25.89	26	26.50	
	1994	16	22.73	15	21.53	15	24.41	15	23.85	15	22.06	15	21.76	15	26.70	15	29.10	15	26.87	15	26.98	15	26.83	15	26.86	22.82
	1995	15	22.94	15	26.16	15	26.42	15	26.07	15	26.36	15	25.89	15	27.95	15	31.73	15	29.26	15	28.87	15	29.89	15	29.28	25.53
	1996	15	26.49	15	27.04	15	26.49	15	26.38	15	26.33	15	31.01	15	29.44	15	29.19	15	29.47	15	29.26	15	29.89	15	29.56	26.80
	1997	15	26.60	15	26.83	15	28.96	15	28.84	15	28.84	15	28.70	15	30.40	15	32.61	15	32.45	15	31.56	15	29.46	15	31.33	28.39
	1998	14	29.88	15	29.46	15	28.96	15	28.84	15	28.84	15	28.70	15	30.40	15	29.19	15	29.47	15	29.26	15	29.46	15	29.56	29.26
	1999	15	30.16	15	30.31	15	30.81	15	30.75	15	30.63	15	30.95	15	30.40	15	32.61	15	32.45	15	31.56	15	31.74	15	31.33	31.14
	2000	15	31.93	15	31.88	15	31.86	15	32.13	15	32.03	15	32.09	15	32.08	15	32.65	15	32.43	15	32.47	15	32.57	15	32.54	32.22

续表

点号	年份	1月		2月		3月		4月		5月		6月		7月		8月		9月		10月		11月		12月		年平均
		日	水位	日	水位	日	水位	日	水位	日	水位	日	水位	日	水位	日	水位	日	水位	日	水位	日	水位	日	水位	
K733主	1990	5	12.78	5	12.99	5	13.05	5	12.81	5	12.79	5	13.21	5	13.06	5	13.34	5	13.33	5	13.32	5	13.41	5	13.31	13.18
		15	12.69	15	12.95	15	13.17	15	13.17	15	12.86	15	13.54	15	13.24	15	13.49	15	13.34	15	13.39	15	13.33	15	13.23	
		25	13.03	25	12.97	25	12.91	25	水淹	25	13.09	25	13.31	25	13.27	25	13.43	25	13.35	25	13.35	25	13.53	25	13.38	
	1991	6	13.11	6	14.18	6	13.90	6	13.38	6	13.44	6	13.39	6	14.21	6	14.92	6	14.88	6	14.36	6	14.70	6	14.16	14.22
		16	13.41	16	14.36	16	13.61	16	14.01	16	14.21	16	13.94	16	14.91	16	14.64	16	14.54	16	14.58	16	14.38	16	14.65	
		26	13.72	26	13.94	26	13.85	26	13.73	26	13.95	26	13.86	26	15.42	26	14.72	26	14.55	26	14.57	26	14.60	26	15.08	
	1992	7	13.87	7	15.22	7	15.33	7	14.48	7	15.01	7	15.13	7	15.96	7	16.44	7	15.79	7	14.40	7	15.78	7	15.82	15.32
		17	15.01	17	15.16	17	15.04	17	14.86	17	15.38	17	15.48	17	15.31	17	16.79	17	15.04	17	15.56	17	15.72	17	15.88	
		27	15.06	27	15.32	27	14.93	27	14.97	27	13.50	27	15.57	27	15.21	27	16.23	27	15.06	27	15.39	27	15.72	27	15.96	
	1993	5	16.26	5	16.19	5	16.04	5	15.31	5	16.00	5	16.30	5	16.80	5	16.85	5	16.86	5	16.97	5	16.71	5	16.69	16.43
		15	16.27	15	16.12	15	15.67	15	15.43	15	16.40	15	16.44	15	16.30	15	17.15	15	17.03	15	17.00	15	16.90	15	16.54	
		25	16.07	25	15.57	25	15.53	25	16.05	25	16.25	25	16.74	25	16.83	25	16.68	25	16.98	25	16.90	25	16.82	25	16.77	
	1994	6	17.22	6	17.50	6	16.45	6	17.20	6	17.30	6	17.38	6	17.97	6	18.65	6	18.75	6	18.33	6	18.41	6	18.11	17.84
		16	17.38	16	17.20	16	16.62	16	17.28	16	17.21	16	17.93	16	18.17	16	18.76	16	18.49	16	18.53	16	18.36	16	17.89	
		26	17.52	26	17.22	26	17.05	26	17.22	26	17.63	26	18.06	26	18.37	26	18.86	26	18.30	26	18.30	26	18.44	26	18.23	
	1995	6	18.27	6	17.63	6	18.79	6	19.10	6	18.69	6	19.12	6	19.99	6	20.30	6	20.83	6	20.29	6	20.14	6	20.13	19.55
		16	18.01	16	18.48	16	18.94	16	18.70	16	18.96	16	19.57	16	20.24	16	20.76	16	20.63	16	20.19	16	20.26	16	20.34	
		26	18.11	26	18.81	26	18.85	26	18.74	26	19.02	26	19.80	26	20.25	26	20.63	26	20.39	26	20.21	26	20.04	26	20.41	
	1996	5	20.63	5	20.48	5	20.76	5	20.91	5	20.26	5	20.10	5	20.40	5	20.87	5	20.93	5	20.52	5	20.42	5	19.96	20.53
		15	20.78	15	20.42	15	20.92	15	20.55	15	20.40	15	20.37	15	20.37	15	20.95	15	20.73	15	20.53	15	20.17	15	19.85	
		25	20.75	25	20.77	25	20.82	25	20.62	25	20.68	25	20.78	25	20.05	25	21.07	25	20.63	25	20.37	25	20.27	25	20.09	
	1997	5	20.03	5	19.90	5	19.53	5	19.78	5	19.96	5	19.98	5	20.92	5	21.44	5	21.82	5	21.50	5	21.58	5	21.58	20.73
		15	20.07	15	19.82	15	19.18	15	19.62	15	19.97	15	20.77	15	21.04	15	21.96	15	21.86	15	21.55	15	21.60	15	21.52	
		25	20.17	25	19.71	25	19.37	25	19.90	25	19.84	25	21.05	25	21.16	25	21.42	25	21.70	25	21.60	25	21.60	25	21.80	

续表

点号	年份	1月		2月		3月		4月		5月		6月		7月		8月		9月		10月		11月		12月		年平均
		日	水位	日	水位	日	水位	日	水位	日	水位	日	水位	日	水位	日	水位	日	水位	日	水位	日	水位	日	水位	
K733 主	1998	5	21.76	5	21.33	5	21.47	5	21.25	5	21.53	5	20.70	5	21.80	5	21.20	5	20.73	5	20.71	5	19.90	5	19.75	21.23
		15	21.67	15	21.27	15	21.43	15	21.17	15	21.02	15	20.91	15	21.13	15	21.03	15	20.93	15	20.27	15	30.32	15	20.30	
		25	21.68	25	21.31	25	21.42	25	21.17	25	20.43	25	21.17	25	21.07	25	21.12	25	20.88	25	20.51	25	19.34	25	20.62	
	1999	5	20.42	5	19.96	5	20.49	5	20.75	5	20.35	5	20.40	5	20.17	5	21.37	5	21.96	5	21.49	5	19.02	5	21.33	20.70
		15	20.52	15	19.87	15	20.88	15	20.64	15	19.90	15	20.57	15	20.82	15	21.70	15	21.90	15	21.73	15	19.07	15	21.27	
		25	19.80	25	20.38	25	20.37	25	20.45	25	20.39	25	20.38	25	20.91	25	21.98	25	21.96	25	21.32	25	19.08	25	21.50	
	2000	4	21.78	4	21.58	4	21.74	4	22.34	4	22.21	4	22.34	4	21.87	4	21.82	4	22.16	4	21.77	4	21.76	4	21.30	21.92
		14	21.86	14	21.13	14	21.70	14	22.39	14	22.36	14	22.83	14	21.65	14	21.91	14	21.85	14	22.06	14	22.46	14	21.76	
		23	21.70	23	21.26	23	22.21	23	22.41	23	22.62	23	22.74	23	21.56	23	22.47	23	21.64	23	21.11	23	21.36	23	21.23	
K733 付	1990	5	7.45	5	7.88	5	7.93	5	7.08	5	6.57	5	7.11	5	6.53	5	7.18	5	7.27	5	7.51	5	8.16	5	8.56	7.52
		15	7.68	15	7.89	15	7.77	15	7.16	15	6.55	15	7.35	15	6.85	15	7.35	15	7.29	15	7.83	15	8.23	15	8.71	
		25	7.71	25	7.91	25	7.13	25	水淹	25	6.89	25	6.85	25	6.98	25	7.15	25	7.33	25	7.88	25	8.45	25	8.90	
	1991	6	9.57	6	9.12	6	9.45	6	9.02	6	9.48	6	9.03	6	8.09	6	8.97	6	9.08	6	9.59	6	10.01	6	10.45	9.34
		16	9.24	16	9.27	16	9.65	16	9.22	16	9.55	16	7.82	16	8.47	16	8.93	16	8.98	16	9.70	16	10.12	16	10.64	
		26	9.38	26	9.08	26	8.83	26	9.34	26	9.27	26	7.88	26	9.68	26	9.05	26	9.47	26	9.82	26	10.32	26	10.64	
	1992	7	10.33	7	9.96	7	10.67	7	10.48	7	10.41	7	10.56	7	10.84	7	11.33	7	11.30	7	10.77	7	10.89	7	11.31	10.74
		17	9.82	17	10.30	17	10.42	17	10.38	17	10.41	17	10.55	17	10.65	17	11.73	17	11.18	17	10.68	17	10.96	17	11.43	
		27	9.91	27	10.53	27	10.56	27	10.52	27	10.46	27	10.59	27	10.61	27	11.53	27	11.10	27	10.64	27	11.19	27	11.56	
	1993	5	11.85	5	11.99	5	12.17	5	12.05	5	12.12	5	12.00	5	12.05	5	11.76	5	12.10	5	12.14	5	12.21	5	12.42	12.11
		15	12.00	15	12.10	15	12.20	15	12.07	15	11.89	15	12.06	15	11.82	15	12.02	15	12.06	15	12.10	15	12.26	15	12.46	
		25	12.03	25	12.10	25	12.25	25	12.12	25	11.98	25	12.25	25	12.00	25	12.01	25	12.09	25	12.15	25	12.36	25	12.56	
	1994	6	12.80	6	13.32	6	13.32	6	13.40	6	13.27	6	13.57	6	13.64	6	13.87	6	14.37	6	14.24	6	14.14	6	14.29	13.69
		16	13.10	16	13.36	16	13.34	16	13.32	16	13.32	16	13.67	16	13.32	16	13.87	16	14.17	16	14.15	16	14.12	16	14.37	
		26	13.26	26	13.33	26	13.34	26	13.10	26	13.44	26	13.75	26	13.56	26	13.89	26	14.09	26	14.02	26	14.15	26	14.45	

续表

点号	年份	1月 日	1月 水位	2月 日	2月 水位	3月 日	3月 水位	4月 日	4月 水位	5月 日	5月 水位	6月 日	6月 水位	7月 日	7月 水位	8月 日	8月 水位	9月 日	9月 水位	10月 日	10月 水位	11月 日	11月 水位	12月 日	12月 水位	年平均
K733付	1995	6	14.55	6	14.86	6	15.25	6	15.28	6	15.08	6	15.29	6	16.13	6	16.56	6	17.01	6	16.69	6	16.07	6	16.73	15.87
		16	14.63	16	14.96	16	15.41	16	15.31	16	15.17	16	15.60	16	16.47	16	16.74	16	16.42	16	16.48	16	16.47	16	16.97	
		26	14.67	26	15.10	26	15.34	26	15.10	26	15.19	26	15.87	26	16.51	26	16.81	26	16.79	26	16.15	26	16.60	26	17.11	
	1996	5	17.19	5	17.51	5	17.68	5	17.81	5	17.08	5	16.81	5	17.08	5	16.02	5	16.22	5	16.27	5	16.33	5	16.27	16.85
		15	17.34	15	17.61	15	17.71	15	17.69	15	17.07	15	16.44	15	16.99	15	15.84	15	16.17	15	16.52	15	16.15	15	16.32	
		25	17.32	25	17.65	25	17.75	25	17.72	25	16.99	25	16.75	25	16.40	25	15.89	25	16.25	25	16.52	25	16.17	25	16.93	
	1997	5	17.07	5	17.38	5	17.50	5	17.45	5	17.14	5	17.27	5	17.67	5	18.29	5	18.80	5	18.06	5	18.20	5	18.35	17.83
		15	17.19	15	17.40	15	17.52	15	17.40	15	17.17	15	17.79	15	17.95	15	18.47	15	18.70	15	18.07	15	18.28	15	18.40	
		25	17.28	25	17.56	25	17.55	25	17.16	25	17.15	25	17.74	25	18.10	25	18.73	25	18.26	25	18.00	25	18.26	25	18.74	
	1998	5	18.80	5	18.89	5	19.09	5	18.41	5	18.37	5	17.84	5	18.40	5	17.82	5	17.42	5	17.98	5	18.08	5	18.07	18.18
		15	19.04	15	19.13	15	18.80	15	18.10	15	17.82	15	18.03	15	17.14	15	17.57	15	17.70	15	17.99	15	18.05	15	18.03	
		25	19.13	25	19.17	25	18.69	25	17.97	25	17.87	25	18.17	25	17.39	25	17.45	25	17.86	25	18.02	25	18.08	25	18.10	
	1999	5	18.22	5	18.51	5	18.65	5	18.71	5	18.42	5	18.33	5	18.09	5	18.24	5	21.96	5	18.94	5	19.02	5	19.14	18.91
		15	18.31	15	18.28	15	18.68	15	18.73	15	19.35	15	18.43	15	17.77	15	18.61	15	21.90	15	18.94	15	19.07	15	19.20	
		25	18.39	25	18.60	25	18.70	25	18.73	25	18.23	25	18.37	25	18.00	25	18.88	25	21.96	25	18.94	25	19.08	25	19.23	
	2000	4	19.30	4	19.58	4	19.71	4	19.84	4	19.61	4	20.06	4	19.74	4	19.73	4	19.59	4	19.59	4	19.21	4	19.54	19.63
		14	19.42	14	19.61	14	19.75	14	19.86	14	19.97	14	20.11	14	19.63	14	19.66	14	19.46	14	18.99	14	19.42	14	19.60	
		23	19.45	23	19.77	23	19.79	23	19.84	23	20.01	23	20.17	23	19.56	23	19.44	23	19.58	23	19.11	23	19.48	23	19.65	
K735	1990	6	14.58	6	14.67	6	14.44	6	14.50	6	14.50	6	14.51	6	14.68	6	14.85	6	14.84	6	14.70	6	14.77	6	14.80	14.67
		16	14.61	16	14.62	16	14.70	16	14.52	16	14.47	16	14.67	16	14.76	16	14.90	16	14.78	16	14.71	16	14.80	16	14.80	
		26	14.65	26	14.54	26	14.45	26	14.54	26	14.47	26	14.63	26	14.82	26	14.89	26	14.71	26	14.78	26	14.81	26	14.82	
	1991	7	14.85	7	15.21	7	15.58	7	14.96	7	14.82	7	14.77	7	14.89	7	15.67	7	15.36	7	15.13	7	15.08	7	15.18	15.15
		18	14.96	18	15.35	18	15.29	18	14.96	18	14.82	18	14.75	18	15.15	18	15.44	18	15.22	18	15.06	18	15.08	18	15.32	
		27	15.08	27	15.42	27	15.29	27	14.87	27	14.87	27	14.74	27	16.00	27	15.52	27	15.21	27	14.85	27	15.16	27	15.38	

第一章 西安市

续表

点号	年份	1月 日	1月 水位	2月 日	2月 水位	3月 日	3月 水位	4月 日	4月 水位	5月 日	5月 水位	6月 日	6月 水位	7月 日	7月 水位	8月 日	8月 水位	9月 日	9月 水位	10月 日	10月 水位	11月 日	11月 水位	12月 日	12月 水位	年平均
K735	1992	7	15.19	7	15.21	7	15.62	7	15.39	7	15.39	7	15.57	7	15.79	7	16.94	7	16.63	7	16.37	7	15.84	7	15.71	15.84
		17	15.20	17	15.60	17	15.53	17	15.38	17	15.43	17	15.68	17	16.11	17	17.27	17	16.73	17	15.99	17	15.79	17	15.73	
		27	15.17	27	15.65	27	15.48	27	15.35	27	15.49	27	15.70	27	16.09	27	16.93	27	16.58	27	15.91	27	15.75	27	15.88	
	1993	6	16.14	6	16.06	6	16.01																			
		16	16.22	16	16.17	16		16	15.80	16	15.87	16	16.10	16	16.33	16	17.33	16	17.19	16	16.89	16	17.05	16	16.95	16.39
		26	16.15	26	16.04	26		26		26		26		26		26		26		26		26		26		
	1994	16	17.41	16	17.30	15	17.14	15	17.11	15	17.31	15	17.35	15	17.93	15	19.17	15	18.75	15	18.78	15	18.53	15	18.39	17.93
	1995	15	18.32	15	19.09	15	19.16	15	18.88	15	18.69	15	19.49	15	21.19	15	21.40	15	21.40	15	20.84	15	20.58	15	20.82	19.99
	1996	15	21.14	15	21.32	15	21.09	15	20.83	15	20.94	15	21.59	15	21.31	15	22.07	15	21.76	15	21.38	15	21.08	15	20.86	21.28
	1997	15	20.72	15	20.27	15	20.57	15	20.09	15	20.36	15	20.43	15	21.82	15	26.25	15	22.48	15	23.22	15	23.08	15	22.79	22.00
	1998	15	23.69	15	23.33	15	22.96	15	22.72	15	22.77	15	22.69	15	23.07	15	22.62	15	25.80	15	22.30	15	22.48	15	22.57	22.81
	1999	15	22.47	15	22.39	15	22.74	15	23.01	15	22.97	15	22.80	15	23.20	15	26.00	15	25.37	15	24.67	15	23.90	15	23.63	23.63
	2000	15	23.87	14	25.18	14	24.80	14	25.06	14	25.04	14	24.86	14	24.88	14	26.99	14	25.37	14	25.38	14	25.48	14	25.39	25.19
井84-2	1996	15	16.34	15	16.33	15	16.05	15	16.51	15	16.79	15	16.64	15	16.93	15	17.20	15	17.08	15	16.98	15	16.73	15	16.58	16.68
	1997	15	16.45	15	16.35	15	16.27	15	16.25	15	16.29	15	16.93	15	17.01	15	17.65	15	17.80	15	17.70	15	17.70	15	17.65	17.00
	1998	15	17.75	15	16.71	15	17.93	15	17.97	15	17.95	15	17.84	15	⟨20.79⟩	15	17.98	15	14.93	15	17.18	15	17.47	15	16.98	17.34
	1999	15	17.15	15	16.61	15	16.98	15	16.78	15	16.67	15	16.90	15	16.67	15	17.35	15	17.22	15	17.60	15	16.88	15	16.75	16.96
	2000	15	17.10	14	17.02	14	17.16	14	17.33	14	17.62	14	17.80	14	17.84	14	17.96	14	18.02	14	17.87	14		14	17.63	17.58
	1990	4	⟨9.16⟩	4	7.47	4	7.49	4	7.47	4	7.52	4	7.52	4	7.68	4	7.57	4	7.67	4		4				
		14	7.66	14	7.51	14	7.52	14	7.51	14	7.52	14	⟨9.55⟩	14	7.63	14	7.79	14	7.67	14		14		14		7.58
		23	7.50	23	7.51	23	7.52	23	7.48	23	7.46	23	7.78	23	7.56	23	7.69	23	7.70	23		23		23	⟨9.88⟩	
井85-1	1991	4	8.78	4	8.35	4	8.49	4	8.57	4	8.71	4	8.76	4	9.06	4	9.39	4	9.48	4	9.51	4	⟨11.49⟩	4	9.86	9.00
		14	8.15	14	8.19	14	8.60	14	8.60	14	8.75	14	8.93	14	⟨11.32⟩	14	9.38	14	9.52	14	9.66	14	⟨11.49⟩	14	9.90	
		24	8.27	24	8.47	24	8.62	24	8.63	24	8.79	24	8.97	24	9.93	24	⟨10.47⟩	24	9.50	24	⟨11.40⟩	24	⟨10.99⟩	24	10.08	

续表

点号	年份	1月 日	1月 水位	2月 日	2月 水位	3月 日	3月 水位	4月 日	4月 水位	5月 日	5月 水位	6月 日	6月 水位	7月 日	7月 水位	8月 日	8月 水位	9月 日	9月 水位	10月 日	10月 水位	11月 日	11月 水位	12月 日	12月 水位	年平均
井85-1	1992	4	10.26	4	10.20	4	⟨11.79⟩	4	10.43	4	10.65	4	10.78	4	11.13	4	⟨12.66⟩	4	11.86	4	11.55	4	⟨12.41⟩	4	11.37	11.02
		14	⟨12.35⟩	14	10.32	14	10.59	14	10.47	14	10.51	14	⟨12.85⟩	14	11.10	14	11.36	14	11.65	14	11.25	14	11.30	14	11.69	
		24	10.19	24	10.75	24	10.60	24	10.49	24	10.69	24	11.18	24	11.00	24	12.26	24	11.65	24	11.20	24	11.32	24	11.73	
	1993	4	11.81	4	11.91	4	11.81	4	11.96	4	12.09	4	12.28	4	12.57	4	12.72	4	12.73	4	12.72	4	12.96	4	13.11	12.43
		14	11.75	14	12.00	14	11.85	14	11.90	14	12.06	14	12.25	14	12.80	14	12.79	14	12.61	14	12.69	14	13.05	14	13.09	
		24	11.76	24	12.03	24	12.01	24	12.19	24	12.07	24	12.56	24	12.67	24	12.79	24	12.67	24	12.93	24	13.09	24	13.12	
	1994	4	⟨14.89⟩	4	13.47	4	13.30	4	13.12	4	13.27	4	13.74	4	14.25	4	⟨16.23⟩	4	⟨14.91⟩	4	⟨15.70⟩	4	14.87	4	14.57	14.06
		14	⟨15.19⟩	14	13.57	14	13.51	14	13.15	14	⟨14.15⟩	14	14.02	14	14.22	14	⟨16.32⟩	14	14.78	14	15.04	14	14.76	14	14.56	
		24	13.67	24	13.67	24	13.26	24	13.14	24	⟨14.64⟩	24	14.14	24	⟨16.33⟩	24	14.96	24	14.61	24	14.90	24	14.54	24	14.66	
	1995	5	14.66	5	15.08	5	15.24	5	15.05	5	15.15	5	15.11	5	⟨18.31⟩	5	⟨18.00⟩	5	17.10	5	16.80	5	16.67	5	16.64	16.20
		15	14.70	15	⟨17.77⟩	15	15.29	15	16.15	15	15.26	15	⟨16.74⟩	15	16.53	15	18.05	15	16.50	15	16.96	15	16.71	15	18.36	
		25	⟨16.99⟩	25	⟨16.70⟩	25	15.05	25	15.58	25	15.24	25	⟨16.86⟩	25	17.54	25	16.55	25	16.73	25	16.64	25	16.62	25	17.87	
	1996	5	⟨18.75⟩	5	17.32	5	17.50	5	⟨19.12⟩	5	17.95	5	18.05	5	18.47	5	18.57	5	18.88	5	18.49	5	18.07	5	17.88	18.15
		15	17.08	15	17.26	15	⟨19.02⟩	15	18.12	15	18.06	15	18.44	15	18.49	15	19.17	15	18.93	15	18.23	15	17.93	15	17.67	
		25	17.00	25	⟨18.72⟩	25	17.69	25	18.02	25	18.04	25	19.57	25	18.47	25	19.02	25	18.87	25	18.14	25	17.91	25	17.57	
	1997	5	17.54	5	17.72	5	17.48	5	17.31	5	17.39	5	17.56	5	18.39	5	18.90	5	21.00	5	19.35	5	19.10	5	19.03	18.42
		15	17.87	15	17.52	15	17.39	15	17.32	15	17.49	15	18.07	15	18.37	15	⟨21.47⟩	15	19.42	15	19.20	15	19.06	15	19.06	
		25	17.94	25	17.56	25	17.34	25	17.30	25	17.53	25	18.54	25	⟨20.75⟩	25	21.88	25	19.38	25	19.11	25	19.07	25	19.07	
	1998	15	19.16	15	19.27	15	19.41	15	18.72	15	18.54	15	18.87	15	18.52	15	18.20	15	17.98	15	17.96	15	17.71	15	17.67	18.50
	1999	15	⟨19.54⟩	15	18.13	15	18.48	15	18.15	15	18.33	15	18.35	15	18.29	15	19.27	15	19.22	15	19.05	15	18.79	15	18.68	18.61
	2000	14	19.42	14	19.51	14	20.20	14	20.34	14	20.58	14	21.14	14	22.47	14	21.06	14	20.86	14	20.43	14	20.20	14	20.17	20.53
井92	1990	4	7.81	4	8.09	4	7.93	4	7.89	4	7.81	4	7.73	4	7.85	4	7.80	4	7.83	4	8.04	4	8.09	4	8.33	7.94
		14	7.83	14	8.13	14	7.98	14	7.83	14	7.71	14	⟨9.33⟩	14	7.80	14	7.95	14	7.85	14	8.06	14	8.01	14	8.43	
		24	7.95	24	8.03	24	7.93	24	7.72	24	7.63	24	7.83	24	7.81	24	7.85	24	7.98	24	8.08	24	8.15	24	8.28	

续表

点号	年份	1月 日	1月 水位	2月 日	2月 水位	3月 日	3月 水位	4月 日	4月 水位	5月 日	5月 水位	6月 日	6月 水位	7月 日	7月 水位	8月 日	8月 水位	9月 日	9月 水位	10月 日	10月 水位	11月 日	11月 水位	12月 日	12月 水位	年平均
井92	1991	4	8.34	4	8.99	4	9.05	4	9.06	4	9.38	4	9.48	4	10.98	4	10.31	4	10.14	4	10.14	4	10.35	4	⟨12.31⟩	9.81
		14	⟨10.75⟩	14	8.94	14	9.18	14	9.15	14	9.45	14	9.67	14	⟨12.07⟩	14	10.24	14	10.14	14	10.18	14	10.42	14	10.90	
		24	⟨12.64⟩	24	9.01	24	9.04	24	9.23	24	9.49	24	9.73	24	11.13	24	10.24	24	10.13	24	⟨12.63⟩	24	10.61	24	10.95	
	1992	4	11.02	4	11.06	4	11.20	4	10.98	4	10.92	4	11.10	4	11.71	4	⟨14.19⟩	4	12.02	4	11.92	4	12.01	4	12.32	11.53
		14	11.12	14	11.04	14	11.06	14	10.88	14	11.02	14	⟨13.42⟩	14	12.11	14	⟨14.34⟩	14	11.72	14	11.78	14	12.12	14	12.42	
		24	11.11	24	11.07	24	11.00	24	10.86	24	11.12	24	11.42	24	11.68	24	12.41	24	11.77	24	11.80	24	12.20	24	12.42	
	1993	4	12.44	4	12.25	4	12.88	4	12.93	4	12.99	4	13.02	4	13.07	4	13.26	4	13.51	4	13.52	4	13.66	4	13.69	13.16
		14	12.49	14	⟨13.57⟩	14	12.94	14	12.90	14	12.96	14	12.97	14	13.26	14	⟨14.86⟩	14	13.42	14	13.60	14	13.71	14	13.71	
		24	12.49	24	12.74	24	12.95	24	12.97	24	12.96	24	13.06	24	13.26	24	13.44	24	13.51	24	13.61	24	13.68	24	13.71	
	1994	4	13.71	4	14.26	4	13.86	4	13.66	4	13.86	4	14.31	4	14.59	4	⟨16.59⟩	4	15.03	4	15.10	4	15.21	4	15.29	14.48
		14	⟨15.66⟩	14	13.82	14	13.61	14	13.83	14	13.89	14	14.43	14	14.57	14	14.91	14	15.20	14	15.13	14	15.22	14	15.25	
		24	14.16	24	13.91	24	13.56	24	13.83	24	13.98	24	14.53	24	⟨16.33⟩	24	⟨16.13⟩	24	15.11	24	15.03	24	15.20	24	15.25	
	1995	4	15.28	4	⟨16.53⟩	4	15.73	4	15.85	4	15.76	4	15.89	4	⟨18.03⟩	4	⟨18.32⟩	4	17.42	4	17.15	4	16.75	4	16.99	16.31
		14	15.29	14	⟨16.63⟩	14	14.73	14	15.93	14	15.79	14	16.32	14	⟨18.63⟩	14	⟨18.09⟩	14	17.33	14	16.96	14	16.83	14	17.02	
		24	15.32	24	15.70	24	15.93	24	15.91	24	15.84	24	⟨17.83⟩	24	⟨19.13⟩	24	17.05	24	17.08	24	16.88	24	16.91	24	17.16	
	1996	5	⟨19.12⟩	5	18.50	5	18.02	5	18.02	5	18.17	5	18.20	5	18.39	5	18.46	5	18.55	5	18.13	5	17.97	5	17.75	18.15
		15	17.92	15		15	18.05	15	18.12	15	18.25	15	18.10	15	18.42	15	⟨19.77⟩	15	18.47	15	18.13	15	17.79	15	17.97	
		25	17.88	25	18.04	25	18.07	25	18.20	25	18.22	25	18.42	25	18.37	25	18.49	25	18.37	25	18.03	25	17.77	25	17.66	
	1997	5	17.74	5	⟨19.67⟩	5	18.00	5	17.77	5	17.68	5	17.69	5	18.97	5	⟨21.5⟩	5	⟨22.26⟩	5	19.32	5	19.00	5	19.20	18.53
		15	17.79	15	17.97	15	17.92	15	17.74	15	17.72	15	⟨19.73⟩	15	18.87	15	20.50	15	19.56	15	19.12	15	19.10	15	19.16	
		25	17.83	25	18.06	25	17.82	25	17.70	25	17.67	25	19.23	25	⟨21.23⟩	25	⟨22.2⟩	25	19.50	25	19.05	25	19.14	25	19.20	
	1998	15	⟨20.60⟩	15	18.06	15	18.00	15	18.82	15	18.93	15	18.44	15	19.00	15	19.56	15	18.13	15	18.10	15	18.00	15	18.04	18.71
	1999	15	18.34	15	19.35	15	19.40	15	19.54	15	18.96	15	18.90	15	18.89	15	19.57	15	19.85	15	19.68	15	19.70	15	19.48	19.34
	2000	14	20.32	14	20.03	14	20.05	14	20.26	14	20.53	14	20.71	14	20.65	14	21.11	14	20.58	14	20.50	14	20.22	14	20.17	20.43

续表

点号	年份	1月 日	1月 水位	2月 日	2月 水位	3月 日	3月 水位	4月 日	4月 水位	5月 日	5月 水位	6月 日	6月 水位	7月 日	7月 水位	8月 日	8月 水位	9月 日	9月 水位	10月 日	10月 水位	11月 日	11月 水位	12月 日	12月 水位	年平均
井100	1990	4	9.17	4	9.47	4	9.77	4	9.45	4	9.27	4	8.99	4	8.88	4	8.85	4	9.02	4	8.62	4	9.19	4	9.57	9.25
		14	9.22	14	9.59	14	9.87	14	9.33	14	9.12	14	〈10.77〉	14	8.77	14	9.19	14	9.02	14	9.07	14	9.26	14	9.75	
		24	9.27	24	9.22	24	9.55	24	9.37	24	8.99	24	9.27	24	8.88	24	8.95	24	9.01	24	9.14	24	9.42	24	10.17	
	1991	4	10.77	4	11.36	4	11.37	4	10.88	4	11.47	4	11.64	4	11.71	4	11.87	4	11.55	4	11.59	4	13.64	4	12.43	11.64
		14	〈12.69〉	14	11.38	14	11.15	14	11.03	14	11.55	14	11.60	14	〈13.32〉	14	11.66	14	11.48	14	11.67	14	12.22	14	12.53	
		24	11.13	24	11.23	24	10.88	24	11.28	24	11.67	24	11.67	24	〈14.22〉	24	〈13.03〉	24	11.54	24	〈13.97〉	24	12.32	24	12.63	
	1992	4	12.70	4	12.15	4	12.71	4	12.32	4	12.42	4	12.52	4	〈14.04〉	4	〈14.68〉	4	13.38	4	13.36	4	13.56	4	13.92	13.01
		14	12.35	14	〈14.09〉	14	12.53	14	12.22	14	12.47	14		14	13.39	14	13.88	14	13.24	14	13.38	14	13.70	14	14.16	
		24	12.20	24	12.61	24	12.34	24	12.31	24	12.50	24	12.70	24	12.80	24	13.73	24	13.32	24	13.41	24	13.81	24	14.14	
	1993	4	14.34	4	13.96	4	14.30	4	14.28	4	14.34	4	14.39	4	14.50	4	14.64	4	14.94	4	14.69	4	15.50	4	15.64	14.67
		14	14.36	14	14.06	14	14.27	14	14.23	14	14.35	14	14.35	14	14.44	14	14.80	14	14.83	14	15.00	14	15.55	14	15.66	
		24	14.34	24	14.12	24	14.30	24	14.32	24	14.34	24	14.54	24	14.46	24	14.80	24	14.91	24	15.45	24	15.60	24	15.69	
	1994	4	〈17.45〉	4	15.77	4	15.63	4	15.76	4	16.00	4	16.20	4	16.22	4	〈17.97〉	4	17.12	4	17.02	4	16.95	4	17.00	16.47
		14	〈17.70〉	14	〈18.87〉	14	15.60	14	〈17.80〉	14	16.04	14	16.80	14	16.15	14	〈18.02〉	14	17.07	14	17.10	14	17.02	14	17.10	
		24	16.07	24	17.45	24	15.62	24	15.90	24	〈17.15〉	24	16.87	24	〈17.87〉	24	〈18.11〉	24	17.00	24	17.07	24	16.98	24	17.07	
	1995	4	17.08	4	〈19.07〉	4	17.55	4	17.80	4	17.74	4	17.90	4	〈20.27〉	4	〈21.16〉	4	19.47	4	19.37	4	18.89	4	19.17	18.51
		14	17.03	14	〈18.87〉	14	17.67	14	〈19.07〉	14	17.83	14	16.73	14	〈20.84〉	14	19.47	14	19.48	14	19.16	14	18.98	14	19.35	
		24	〈18.57〉	24	17.45	24	17.85	24	〈19.37〉	24	17.77	24	18.44	24	19.30	24	19.27	24	19.27	24	19.02	24	19.09	24	19.51	
	1996	5	〈21.42〉	5	20.54	5	19.95	5	20.09	5	19.93	5	19.77	5	19.89	5	19.60	5	19.71	5	19.47	5	19.32	5	19.25	19.71
		15	19.78	15	20.63	15	20.00	15	20.02	15	19.81	15	19.48	15	19.62	15	〈21.47〉	15	19.60	15	19.44	15	19.19	15	19.27	
		25	19.89	25	19.95	25	20.01	25	19.82	25	19.20	25	〈20.27〉	25	19.50	25	〈21.67〉	25	19.46	25	19.42	25	19.19	25	19.32	
	1997	5	19.39	5	19.60	5	19.80	5	19.39	5	19.15	5	19.27	5	19.90	5	〈21.70〉	5	20.94	5	20.58	5	20.45	5	20.72	20.06
		10	19.45	15	〈21.54〉	15	19.66	15	19.28	15	19.17	15	〈21.47〉	15	19.94	15	〈22.30〉	15	21.10	15	20.50	15	20.60	15	20.77	
		25	19.53	25	21.76	25	19.50	25	19.20	25	19.17	25	19.94	25	〈21.56〉	25	〈22.90〉	25	21.02	25	20.51	25	20.68	25	20.87	

第一章 西安市

续表

点号	年份	1月 日	1月 水位	2月 日	2月 水位	3月 日	3月 水位	4月 日	4月 水位	5月 日	5月 水位	6月 日	6月 水位	7月 日	7月 水位	8月 日	8月 水位	9月 日	9月 水位	10月 日	10月 水位	11月 日	11月 水位	12月 日	12月 水位	年平均
井100	1998	15	〈22.35〉	15	21.02	15	21.05	15	20.37	15	20.24	15	20.05	15	20.15	15	20.18	15	20.55	15	19.89	15	19.88	15	19.93	20.30
	1999	15	20.32	15	20.38	15	〈21.75〉	15	20.35	15	19.98	15	20.07	15	19.96	15	21.70	15	21.09	15	21.68	15	20.98	15	21.06	20.69
	2000	14	21.38	14	21.48	14	21.53	14	21.70	14	21.95	14	22.06	14	21.90	14	22.08	14	21.73	14	21.74	14	21.62	14	21.64	21.73
	1990	5	10.85	5	10.95	5	11.00	5	11.17	5	11.03	5	10.97	5	11.22	5	11.13	5	11.14	5	11.05	5	10.97	5	11.02	11.06
		15	10.87	15	10.92	15	11.27	15	11.12	15	10.99	15	11.32	15	11.23	15	11.17	15	11.08	15	10.97	15	10.98	15	11.00	
		25	10.92	25	10.89	25	11.21	25	11.09	25	10.97	25	11.24	25	11.17	25	11.17	25	11.06	25	11.00	25	11.00	25	10.97	
	1991	4	10.99	4	11.63	4	12.16	4	11.66	4	11.64	4	11.51	4	11.98	4	12.34	4	11.89	4	12.19	4	11.69	4	11.78	11.88
		14	11.98	14	11.68	14	〈13.63〉	14	11.68	14	11.66	14	11.46	14	12.04	14	12.37	14	12.77	14	11.77	14	11.67	14	11.99	
		24	12.06	24	11.75	24	12.21	24	11.70	24	11.70	24	11.51	24	12.29	24	12.37	24	12.84	24	12.24	24	11.71	24	12.12	
	1992	4	12.77	4	12.13	4	12.23	4	12.18	4	12.13	4	12.37	4	12.08	4	12.56	4	13.28	4	12.77	4	12.75	4	12.82	12.46
		14	〈12.94〉	14	12.18	14	12.18	14	12.23	14	12.25	14	12.47	14	12.33	14	12.73	14	13.30	14	12.62	14	12.90	14	12.81	
		24	12.85	24	12.18	24	12.21	24	12.18	24	12.31	24	12.48	24	12.38	24	12.38	24	13.08	24	12.57	24	12.77	24	12.87	
井111	1993	4	12.82	4	13.39	4	13.27	4	13.20	4	13.20	4	13.30	4	13.30	4	13.50	4	14.00	4	13.71	4	13.87	4	13.85	13.50
		14	12.82	14	13.47	14	13.32	14	13.18	14	13.30	14	13.30	14	13.47	14	13.84	14	14.11	14	13.89	14	13.87	14	13.84	
		24	12.85	24	13.37	24	13.28	24	13.15	24	13.33	24	13.42	24	13.45	24	13.78	24	13.90	24	13.88	24	13.85	24	13.88	
	1994	5	13.96	5	14.08	5	14.20	5	14.26	5	14.24	5	14.38	5	14.54	5	〈16.27〉	5	15.54	5	15.27	5	15.42	5	15.34	14.73
		15	〈15.85〉	15	14.25	15	14.15	15	14.28	15	14.27	15	14.36	15	14.47	15	15.27	15	15.27	15	15.44	15	15.39	15	15.34	
		25	14.12	25	14.23	25	14.13	25	14.26	25	14.36	25	14.52	25	〈15.62〉	25	15.39	25	15.17	25	15.42	25	15.36	25	15.36	
	1995	5	15.37	5	15.41	5	〈17.43〉	5	15.87	5	15.83	5	15.87	5	〈18.67〉	5	17.66	5	17.69	5	17.77	5	17.67	5	17.65	16.77
		15	15.37	15	〈17.07〉	15	16.27	15	15.81	15	15.87	15	16.10	15	〈19.17〉	15	18.24	15	18.06	15	17.57	15	17.72	15	17.67	
		25	15.39	25	〈17.27〉	25	16.13	25	15.85	25	15.90	25	〈18.27〉	25	〈19.37〉	25	〈19.75〉	25	17.79	25	17.70	25	17.65	25	17.74	
	1996	5	〈19.02〉	5	18.03	5	〈19.27〉	5	18.62	5	18.49	5	18.53	5	18.82	5	18.72	5	19.37	5	19.23	5	19.14	5	19.08	18.73
		15	18.02	15	〈19.66〉	15	18.19	15	18.56	15	18.50	15	18.51	15	〈18.97〉	15	〈19.67〉	15	19.29	15	19.21	15	19.12	15	19.10	
		25	18.02	25	18.70	25	18.14	25	18.54	25	18.48	25	18.51	25	18.55	25	〈21.07〉	25	19.17	25	19.17	25	19.11	25	19.08	

续表

点号	年份	1月 日	1月 水位	2月 日	2月 水位	3月 日	3月 水位	4月 日	4月 水位	5月 日	5月 水位	6月 日	6月 水位	7月 日	7月 水位	8月 日	8月 水位	9月 日	9月 水位	10月 日	10月 水位	11月 日	11月 水位	12月 日	12月 水位	年平均
井111	1997	5	19.09	5	19.10	5	19.33	5	19.20	5	19.11	5	19.11	5	19.95	5	20.07	5	⟨23.88⟩	5	21.35	5	21.15	5	21.10	20.06
	1998	15	19.10	15	19.10	15	19.28	15	19.16	15	19.14	15	19.11	15	19.79	15	20.84	15	21.52	15	21.30	15	21.13	15	21.08	
	1999	25	19.08	25	⟨20.89⟩	25	19.25	25	19.14	25	19.13	25	⟨21.02⟩	25	⟨21.75⟩	25	⟨23.55⟩	25	21.40	25	21.20	25	21.10	25	21.22	
	2000	15	⟨23.26⟩	15	19.28	15	21.50	15	21.26	15	21.34	15	⟨21.47⟩	15	21.72	15	21.78	15	21.74	15	21.61	15	20.53	15	21.52	21.44
		15	21.58	15	21.57	15	22.25	15	22.05	15	21.99	15	22.06	15	22.93	15	⟨23.82⟩	15	22.62	15	22.60	15	22.62	15	22.60	22.33
		14	22.88	14	21.82	14	⟨24.40⟩	14	23.10	14	23.09	14	23.17	14	23.22	14	23.40	14	23.35	14	23.47	14	23.50	14	23.53	23.14
K115	1990	6	13.34	6	13.13	6	13.12	6	13.08	6	13.06	6	13.31	6	13.52	6	13.52	6	13.43	6	13.38	6	13.52	6	13.61	13.37
		16	13.38	16	13.15	16	13.00	16	13.08	16	13.17	16	13.92	16	13.47	16	13.66	16	13.41	16	13.43	16	13.53	16	13.64	
		26	13.23	26	13.12	26	13.11	26	13.05	26	13.19	26	13.58	26	13.57	26	13.56	26	13.41	26	13.51	26	13.58	26	13.67	
	1991	5	14.36	5	13.87	5	13.80	5	13.71	5	13.91	5	13.96	5	14.26	5	14.41	5	14.49	5	14.54	5	14.54	5	14.72	14.25
		15	13.89	15	13.95	15	13.67	15	13.76	15	14.00	15	14.00	15	14.43	15	14.49	15	14.56	15	14.51	15	14.66	15	14.79	
		25	13.88	25	13.79	25	13.55	25	13.87	25	14.03	25	14.12	25	14.87	25	14.69	25	14.57	25	14.54	25	14.76	25	15.01	
	1992	5	14.79	5	14.69	5	14.70	5	14.86	5	15.18	5	15.21	5	15.37	5	15.85	5	15.73	5	15.64	5	15.89	5	15.42	15.27
		15	14.71	15	14.78	15	14.93	15	14.99	15	15.16	15	15.35	15	15.37	15	15.80	15	15.71	15	15.49	15	15.37	15	15.51	
		25	14.70	25	14.78	25	14.90	25	15.09	25	15.22	25	15.31	25	15.28	25	15.63	25	15.70	25	15.48	25	15.37	25	15.88	
	1993	5	15.68	5	15.78	5	15.56	5	15.55	5	15.62	5	15.72	5	15.89	5	16.46	5	16.61	5	16.70	5	16.94	5	17.06	16.17
		15	15.70	15	15.80	15	15.54	15	15.55	15	15.64	15	15.74	15	16.05	15	16.66	15	16.69	15	16.74	15	17.03	15	16.96	
		25	15.70	25	15.74	25	15.51	25	15.57	25	15.66	25	15.94	25	16.07	25	16.67	25	16.68	25	16.78	25	17.04	25	17.06	
	1994	5	17.33	5	17.46	5	17.45	5	17.57	5	17.19	5	17.66	5	17.84	5	18.97	5	19.14	5	19.03	5	19.03	5	19.02	18.20
		15	17.46	15	17.43	15	17.49	15	17.44	15	17.45	15	17.78	15	18.13	15	19.23	15	19.00	15	19.00	15	19.21	15	18.95	
		25	17.37	25	17.45	25	17.51	25	17.27	25	17.60	25	17.84	25	18.42	25	19.30	25	18.98	25	18.97	25	18.97	25	19.03	
	1995	5	19.02	5	19.42	5	20.04	5	19.47	5	19.77	5	19.71	5	21.12	5	21.91	5	21.96	5	21.58	5	21.33	5	21.30	20.66
		15	18.99	15	19.69	15	19.94	15	19.59	15	19.77	15	21.67	15	21.48	15	22.17	15	21.74	15	21.43	15	21.31	15	21.48	
		25	19.08	25	19.99	25	19.86	25	19.67	25	19.70	25	20.87	25	20.83	25	22.06	25	21.70	25	21.37	25	21.30	25	21.55	

第一章 西安市

续表

点号	年份	1月 日	1月 水位	2月 日	2月 水位	3月 日	3月 水位	4月 日	4月 水位	5月 日	5月 水位	6月 日	6月 水位	7月 日	7月 水位	8月 日	8月 水位	9月 日	9月 水位	10月 日	10月 水位	11月 日	11月 水位	12月 日	12月 水位	年平均
K115	1996	5	21.66	5	21.82	5	22.10	5	21.71	5	21.58	5	21.63	5	21.94	5	21.50	5	22.33	5	22.20	5	21.98	5	22.02	21.86
		15	21.76	15	21.88	15	21.30	15	21.66	15	21.57	15	21.54	15	21.90	15	22.28	15	22.22	15	22.02	15	21.98	15	21.96	
		25	21.78	25	22.07	25	21.77	25	21.60	25	21.57	25	21.18	25	21.89	25	22.50	25	22.16	25	21.98	25	21.96	25	21.96	
	1997	5	21.99	5	21.87	5	21.86	5	21.60	5	21.46	5	21.51	5	22.13	5	22.64	5	23.13	5	22.91	5	22.89	5	22.83	22.29
		15	22.01	15	22.05	15	21.73	15	21.55	15	21.48	15	21.72	15	22.10	15	22.86	15	23.07	15	22.88	15	22.93	15	22.98	
		25	22.04	25	22.03	25	21.67	25	21.46	25	21.51	25	22.72	25	22.21	25	22.99	25	23.00	25	22.88	25	22.85	25	23.04	
	1998	15	23.08	15	23.12	15	23.21	15	23.19	15	23.15	15	23.10	15	23.62	15	23.62	15	23.46	15	23.33	15	23.39	15	23.39	23.31
	1999	15	23.56	15	23.70	15	23.76	15	23.79	15	23.78	15	24.00	15	23.28	15	24.63	15	24.57	15	24.82	15	24.94	15	24.93	24.15
井135-1a	1990	5	11.71	5	11.78	5	11.77	5	11.59	5	11.57	5	11.65	5	11.73	5	11.74	5	11.81	5	11.79	5	11.80	5	11.88	11.73
		15	⟨12.25⟩	15	⟨15.53⟩	15	11.62	15	11.57	15	11.51	15	⟨14.37⟩	15	11.65	15	11.67	15	11.82	15	11.77	15	11.83	15	⟨13.17⟩	
		25	⟨12.27⟩	25	11.92	25	11.72	25	11.52	25	11.47	25	11.71	25	11.85	25	11.77	25	11.79	25	11.83	25	11.92	25	⟨13.77⟩	
	1991	5	⟨13.63⟩	5	11.77	5	12.33	5	12.38	5	12.47	5	12.63	5	12.98	5	12.83	5	13.08	5	13.18	5	13.28	5	⟨15.37⟩	12.72
		15	12.27	15	12.38	15	12.38	15	12.38	15	12.51	15	12.65	15	12.82	15	12.88	15	13.03	15	13.11	15	13.34	15	⟨15.32⟩	
		25	12.30	25	12.38	25	12.38	25	12.42	25	12.52	25	12.61	25	⟨14.77⟩	25	⟨14.28⟩	25	13.05	25	13.14	25	⟨15.17⟩	25	13.58	
	1992	5	13.65	5	13.55	5	13.69	5	13.61	5	13.62	5	13.80	5	13.98	5	⟨15.72⟩	5	14.60	5	14.56	5	14.58	5	14.54	14.07
		15	13.50	15	13.64	15	13.69	15	13.61	15	13.72	15	⟨16.82⟩	15	14.24	15	14.92	15	14.56	15	14.39	15	14.56	15	14.59	
		25	13.50	25	⟨14.36⟩	25	13.65	25	13.59	25	13.78	25	13.86	25	14.20	25	14.71	25	14.41	25	14.44	25	14.58	25	⟨16.42⟩	
	1993	5	14.96	5	14.74	5	14.56	5	14.80	5	14.77	5	14.90	5	15.10	5	⟨14.05⟩	5	15.80	5	15.59	5	15.70	5	15.72	15.21
		15	14.91	15	14.62	15	14.87	15	14.70	15	14.84	15	14.93	15	15.14	15	⟨15.92⟩	15	15.90	15	15.64	15	15.70	15	15.66	
		25	14.91	25	14.62	25	14.80	25	14.94	25	14.84	25	⟨16.27⟩	25	15.16	25	15.66	25	15.63	25	15.64	25	15.70	25	15.75	
	1994	5	16.14	5	16.16	5	16.06	5	16.13	5	16.11	5	16.32	5	16.47	5	⟨18.19⟩	5	17.62	5	17.37	5	17.47	5	17.43	16.69
		15	⟨17.46⟩	15	16.10	15	16.00	15	16.10	15	16.13	15	16.30	15	16.40	15	⟨18.32⟩	15	17.47	15	17.74	15	17.47	15	17.42	
		25	16.20	25	16.10	25	16.02	25	16.10	25	16.18	25	16.43	25	⟨17.82⟩	25	⟨18.47⟩	25	17.47	25	17.53	25	17.43	25	17.37	

续表

点号	年份	1月 日	1月 水位	2月 日	2月 水位	3月 日	3月 水位	4月 日	4月 水位	5月 日	5月 水位	6月 日	6月 水位	7月 日	7月 水位	8月 日	8月 水位	9月 日	9月 水位	10月 日	10月 水位	11月 日	11月 水位	12月 日	12月 水位	年平均
井135-1a	1995	5	17.35	5	⟨19.37⟩	5	⟨19.77⟩	5	17.87	5	17.32	5	17.87	5	⟨20.27⟩	5	⟨21.68⟩	5	20.24	5	19.88	5	19.90	5	19.74	
		15	17.33	15	17.97	15	17.79	15	17.39	15	17.74	15	19.07	15	19.63	15	⟨21.72⟩	15	20.08	15	19.95	15	19.73	15	19.86	18.89
		25	17.33	25	⟨19.53⟩	25	⟨18.47⟩	25	17.34	25	17.84	25	⟨19.97⟩	25	19.57	25	20.23	25	20.02	25	19.91	25	19.78	25	20.08	
	2000	14	22.68	14	22.73	14	22.91	14	22.82	14	23.00	14	23.07	14	23.17	14	23.56	14	23.25	14	23.39	14	23.41	14	23.24	23.10
井275	1990	7	10.24	7	10.22	7	10.19	7	10.22	7	10.27	7	⟨13.75⟩	7	10.66	7	⟨12.06⟩	7	⟨11.84⟩	7	10.79	7	10.66	7	10.69	
		17	⟨12.56⟩	17	10.22	17	10.26	17	10.27	17	10.37	17	⟨12.06⟩	17	10.66	17	10.91	17	⟨11.86⟩	17	10.71	17	10.66	17	10.66	10.50
		27	10.37	27	10.17	27	10.24	27	10.27	27	10.39	27	10.59	27	⟨11.86⟩	27	10.86	27	10.81	27	10.68	27	10.98	27	10.70	
	1991	6	⟨13.04⟩	6	11.06	6	11.06	6	11.09	6	11.17	6	11.31	6	11.58	6	11.94	6	12.08	6	12.05	6	10.93	6	12.24	
		12	⟨12.24⟩	12	11.11	12	11.07	12	11.01	12	⟨13.06⟩	12	11.28	12	⟨12.99⟩	12	⟨12.87⟩	12	12.07	12	12.07	12	12.32	12	12.28	11.56
		28	11.08	28	11.02	28	10.96	28	⟨12.17⟩	28	11.33	28	11.41	28	11.99	28	⟨13.07⟩	28	10.81	28	12.11	28	13.39	28	13.00	
	1992	8	11.22	8	12.34	8	12.48	8	12.14	8	12.62	8	12.23	8	13.12	8	⟨14.21⟩	8	13.53	8	13.41	8	13.39	8	13.49	
		18	12.25	18	12.20	18	12.49	18	12.54	18	12.65	18	12.85	18	⟨14.88⟩	18	13.65	18	12.97	18	13.38	18	13.45	18	13.55	12.85
		28	12.35	28	⟨13.69⟩	28	12.49	28	12.71	28	12.67	28	⟨14.09⟩	28	13.27	28	13.56	28	12.67	28	13.36	28		28	⟨14.55⟩	
	1993	4	13.66	4	13.37	4	13.69	4	13.67	4	13.33	4	13.82	4	14.37	4	⟨15.82⟩	4	14.78	4	14.74	4	13.54	4	13.79	
		14	13.51	14	13.59	14		14		14		14		14		14		14		14		14		14		13.78
		23	13.27	23	13.64	23		23		23		23		23		23		23		23		23		23		
	1994	16	⟨15.44⟩	16	15.20	16	15.17	16	15.30	16	15.39	16	⟨16.84⟩	16	⟨15.93⟩	16	16.63	16	16.72	16	16.79	16	14.35	16	16.61	15.80
	1995	15	16.67	15	17.02	15	17.04	15	16.96	15	17.09	15	17.60	15	18.09	15	⟨20.96⟩	15	18.81	15	18.67	15	18.57	15	18.82	17.76
	1996	15	18.93	15	18.82	15	18.91	15	19.07	15	⟨20.29⟩	15	⟨20.26⟩	15	19.62	15	21.40	15	19.91	15	⟨20.82⟩	15	19.25	15	19.11	19.45
	1997	15	19.35	15	22.11	15	18.68	15	⟨19.59⟩	15	18.14	15	19.55	15	19.65	15	20.57	15	20.75	15	⟨21.84⟩	15	20.30	15	20.21	19.93
	1998	15	20.79	15	20.08	15	⟨21.37⟩	15	20.11	15	20.06	15	20.07	15	20.33	15	21.00	15	21.10	15	20.72	15	20.58	15	20.53	20.49
	1999	15	20.72	15	20.63	15	21.06	15	20.82	15	20.71	15	21.00	15	20.85	15	⟨23.44⟩	15	21.70	15	21.62	15	21.50	15	21.35	21.09
	2000	15	21.56	15	21.66	15	22.20	15	22.25	15	22.63	15	22.75	15	22.64	15	23.23	15	22.96	15	22.83	15	22.76	15	22.88	22.53

续表

点号	年份		1月		2月		3月		4月		5月		6月		7月		8月		9月		10月		11月		12月	年平均
		日	水位	日	水位	日	水位	日	水位	日	水位	日	水位	日	水位	日	水位	日	水位	日	水位	日	水位	日	水位	
井276	1990	5	12.67	5	12.67	5	12.77	5	12.75	5	12.64	5	12.67	5	12.82	5	12.67	5	12.72	5	12.69	5	12.60	5		12.70
		15	12.70	15	〈13.40〉	15	12.87	15	12.71	15	12.59	15	〈14.47〉	15	12.78	15	12.65	15	12.68	15	12.63	15	12.62	15		
		25	12.77	25	12.79	25	12.73	25	12.67	25	12.62	25	12.86	25	12.74	25	12.74	25	12.66	25	12.67	25	12.68	25		
	1991	4		4	〈14.66〉	4	14.41	4	13.21	4	13.16	4	13.08	4	13.14	4	13.39	4	13.29	4	13.19	4	13.29	4	13.34	13.29
		14	12.67	14	〈15.20〉	14	14.45	14	13.23	14	13.05	14	13.10	14	〈15.2〉	14	13.29	14	13.29	14	13.24	14	13.24	14	13.39	
		24	〈14.36〉	24	〈15.25〉	24	12.76	24	13.31	24	13.10	24	13.05	24	〈13.69〉	24	〈15.77〉	24	13.37	24	13.19	24	13.29	24	13.50	
	1992	4	13.43	4	13.66	4	13.63	4	13.63	4	13.68	4	13.72	4	〈15.88〉	4	〈14.76〉	4	14.28	4	14.07	4	14.33	4	14.37	13.91
		14	13.43	14	13.59	14	13.68	14	13.68	14	13.67	14	13.75	14	13.96	14	14.33	14	14.28	14	14.07	14	14.27	14	14.37	
		24	13.60	24	13.63	24	13.63	24	13.68	24	13.67	24	13.78	24	13.93	24	14.28	24	14.11	24	14.10	24	14.40	24	14.37	
	1993	4	14.72	4	14.71	4	14.62	4	14.63	4	14.63	4	14.71	4	14.80	4	14.90	4	15.24	4	15.21	4	15.19	4	15.27	14.92
		14	14.67	14	14.87	14	14.77	14	14.60	14	14.70	14	14.69	14	14.85	14	15.20	14	15.36	14	15.20	14	15.20	14	15.25	
		24	14.72	24	14.77	24	14.73	24	14.63	24	14.67	24	〈16.0〉	24	14.86	24	〈16.25〉	24	15.22	24	15.20	24	15.25	24	15.30	
	1994	5	〈17.20〉	5	15.71	5	15.62	5	15.70	5	15.70	5	15.81	5	15.90	5	〈17.75〉	5	17.00	5	16.75	5	16.75	5	16.79	16.18
		15	〈17.40〉	15	15.66	15	15.60	15	15.73	15	15.77	15	15.81	15	15.87	15	〈17.87〉	15	16.65	15	16.83	15	16.73	15	16.80	
		25	15.77	25	15.66	25	15.58	25	15.71	25	15.87	25	15.96	25	〈17.4〉	25	16.89	25	16.65	25	16.77	25	16.73	25	16.82	
	1995	5	16.84	5	16.87	5	〈18.82〉	5	17.38	5	15.42	5	17.47	5	18.97	5	〈20.41〉	5	〈21.72〉	5	19.22	5	19.15	5	19.23	18.26
		15	16.84	15	〈18.52〉	15	〈19.27〉	15	17.37	15	17.47	15	17.75	15	〈19.47〉	15	〈21.95〉	15	19.27	15	19.07	15	19.19	15	19.26	
		25	16.85	25	〈18.67〉	25	〈17.43〉	25	17.41	25	17.52	25	〈19.27〉	25	19.07	25	〈21.13〉	25	19.19	25	19.17	25	19.21	25	19.36	
	2000	14	24.43	14	24.40	14	24.65	14	24.65	14	24.70	14	24.80	14	24.82	14	25.05	14	25.02	14	〈20.52〉	14	25.15	14	25.14	24.80
井281	1990	6	11.48	6	〈11.40〉	6	10.75	6	11.98	6	12.12	6	12.42	6	12.61	6	〈14.27〉	6	12.37	6	12.38	6	12.55	6	12.70	12.14
		16	10.16	16	11.61	16	11.75	16	〈14.98〉	16	12.19	16	〈14.60〉	16	12.61	16	12.60	16	〈13.92〉	16	12.45	16	12.60	16	12.75	
		26	10.79	26	11.64	26	11.94	26	12.02	26	12.32	26	12.70	26	〈14.46〉	26	12.48	26	12.35	26	12.49	26	12.62	26	12.65	
	1991	5	13.33	5	12.51	5	12.50	5	12.66	5	12.89	5	13.14	5	〈16.57〉	5	13.53	5	13.36	5	13.37	5	13.84	5	13.69	13.25
		15	〈16.08〉	15	12.49	15	12.54	15	12.78	15	13.05	15	13.12	15	〈14.82〉	15	14.82	15	13.34	15	13.46	15	14.11	15	13.59	
		25	12.68	25	12.47	25	12.65	25	12.86	25	14.75	25	13.25	25	〈15.82〉	25	13.53	25	13.43	25	〈15.59〉	25	〈16.51〉	25	13.70	

续表

点号	年份	1月 日	1月 水位	2月 日	2月 水位	3月 日	3月 水位	4月 日	4月 水位	5月 日	5月 水位	6月 日	6月 水位	7月 日	7月 水位	8月 日	8月 水位	9月 日	9月 水位	10月 日	10月 水位	11月 日	11月 水位	12月 日	12月 水位	年平均
井281	1992	5	13.53	5	13.69	5	13.86	5	13.94	5	14.10	5	14.35	5	14.62	5	⟨17.23⟩	5	15.47	5	15.26	5	15.05	5	15.16	14.54
		15	13.59	15	13.78	15	13.91	15	14.00	15	14.15	15	14.47	15	14.81	15	15.09	15	15.32	15	14.96	15	14.97	15	15.30	
		25	13.61	25	⟨16.01⟩	25	13.85	25	14.10	25	14.29	25	14.61	25	⟨16.82⟩	25	16.27	25	15.17	25	15.03	25	14.90	25	⟨17.15⟩	
	1993	5	15.28	5	14.50	5	15.24	5	15.21	5	⟨16.99⟩	5	15.45	5	15.66	5	⟨19.66⟩	5	16.21	5	16.22	5	16.46	5	16.66	15.73
		15	15.11	15	14.69	15	15.12	15	15.20	15	15.50	15	15.55	15	15.84	15	16.33	15	16.30	15	16.45	15	16.65	15	干枯	
		25	15.03	25	15.20	25	15.23	25	15.26	25	15.43	25	15.70	25	16.01	25	16.26	25	16.50	25	16.31	25	16.68	25	干枯	
	1994	5		5	⟨18.65⟩	5	16.78	5	17.10	5	17.15	5	17.54	5	⟨19,0⟩	5	⟨21.13⟩	5	⟨20,6⟩	5	⟨20.15⟩	5	20.19	5	20.49	18.30
		15	⟨20.43⟩	15	⟨18.75⟩	15	16.97	15	17.12	15	17.23	15	17.54	15	⟨19.35⟩	15	20.04	15	18.03	15	⟨20.51⟩	15	20.29	15	20.27	
		25	⟨20.77⟩	25	⟨18.45⟩	25	17.04	25	17.05	25	17.32	25	17.47	25	⟨19.76⟩	25	20.44	25	⟨20,5⟩	25	⟨19.92⟩	25	18.04	25	20.23	
	1995	5	⟨20.20⟩	5	18.11	5	18.54	5	⟨20.44⟩	5	⟨20.43⟩	5	23.79	5	⟨21.5⟩	5	⟨22.34⟩	5	⟨21.7⟩	5	⟨22.29⟩	5	⟨22.51⟩	5	20.03	19.55
		10		15	18.25	15	⟨20.37⟩	15	⟨20.40⟩	15	⟨20.42⟩	15	18.90	15	⟨21.88⟩	15	⟨22.24⟩	15	19.78	15	⟨22.44⟩	15	⟨22.56⟩	15	⟨21.65⟩	
		25		25	⟨20.41⟩	25	18.53	25	⟨20.48⟩	25	⟨20.41⟩	25	⟨21.61⟩	25	⟨21.57⟩	25	⟨22.04⟩	25	⟨22.34⟩	25	⟨22.49⟩	25	⟨22.58⟩	25	20.03	
	2000	4	28.22	4	27.80	4	27.80	4	28.23	4	28.37	4	28.58	4	28.63	4	28.85	4	29.02	4	29.06	4	28.97	4	28.95	28.53
		14	28.06	14	28.00	14	27.95	14	28.27	14	28.48	14	28.61	14	29.00	14	28.87	14	28.00	14	28.95	14	28.98	14	28.89	
		24	27.98	24	27.70	24	28.07	24	28.28	24	28.52	24	28.62	24	28.82	24	28.92	24	29.02	24	28.93	24	28.92	24	28.88	
井401	1996	15	20.76	15	20.46	15	20.78	15	21.15	15	21.40	15	21.51	15	20.19	15	20.43	15	21.93	15	21.78	15	21.70	15	21.72	21.15
	1997	15	21.52	15	20.22	15	20.83	15	20.93	15	21.11	15	⟨23.34⟩	15	21.80	15	⟨23.83⟩	15	23.05	15	22.66	15	22.08	15	23.57	21.78
	1998	15	22.48	15	⟨22.47⟩	15	22.76	15	22.57	15	22.47	15	23.37	15	22.87	15	22.49	15	22.66	15	22.40	15	22.28	15	22.39	22.61
	1999	15	22.58	15	21.73	15	22.00	15	22.78	15	22.67	15	22.88	15	22.53	15	⟨26.00⟩	15	22.95	15	23.36	15	23.15	15	23.15	22.71
	2000	15	23.77	15	23.56	15	23.44	15	23.76	15	24.46	15	24.56	15	24.49	15	25.00	15	24.84	15	24.65	15	24.22	15	24.61	24.28
井682	1990	4	8.01	4	8.36	4	8.57	4	8.48	4	8.39	4	8.21	4	8.31	4	8.16	4	8.17	4	7.98	4	8.20	4	8.57	8.31
		14	8.01	14	8.46	14	8.81	14	8.41	14	8.25	14	⟨11.31⟩	14	8.24	14	8.26	14	8.11	14	8.12	14	8.22	14	8.67	
		24	8.19	24	8.61	24	8.51	24	8.43	24	8.21	24	8.35	24	8.31	24	8.09	24	8.11	24	8.16	24	8.41	24	8.61	

第一章 西安市

续表

点号	年份	1月 日	1月 水位	2月 日	2月 水位	3月 日	3月 水位	4月 日	4月 水位	5月 日	5月 水位	6月 日	6月 水位	7月 日	7月 水位	8月 日	8月 水位	9月 日	9月 水位	10月 日	10月 水位	11月 日	11月 水位	12月 日	12月 水位	年平均
井682	1991	4	8.86	4	10.72	4	10.73	4	9.99	4	10.61	4	10.81	4	10.19	4	10.99	4	10.82	4	10.43	4	11.25	4	11.75	10.84
		14	〈10.81〉	14	10.72	14	10.38	14	10.25	14	10.71	14	11.25	14	〈12.41〉	14	10.82	14	10.79	14	11.11	14	11.33	14	12.03	
		24	10.52	24	10.72	24	10.02	24	10.43	24	10.85	24	11.18	24	11.61	24	〈12.62〉	24	10.88	24	11.16	24	11.68	24	12.25	
	1992	4	12.39	4	11.89	4	12.35	4	11.98	4	12.04	4	12.13	4	〈14.00〉	4	〈14.56〉	4	12.90	4	13.05	4		4	13.67	12.56
		14	12.09	14	11.95	14	12.09	14	11.88	14	12.09	14	12.31	14	13.15	14	13.25	14	12.66	14		14	13.50	14	13.78	
		24	11.99	24	12.19	24	12.01	24	11.88	24	12.14	24	12.49	24	12.59	24	13.43	24	12.85	24		24	〈15.20〉	24	13.95	
	1993	4	13.98	4	〈15.60〉	4	14.04	4	14.01	4	14.11	4	14.19	4	14.16	4	14.17	4	14.64	4	14.71	4	14.98	4	14.96	14.36
		14	14.05	14	〈15.30〉	14	13.97	14	13.97	14	13.98	14	14.04	14	14.23	14	〈15.84〉	14	14.44	14	14.82	14	15.04	14	14.94	
		24	14.10	24	13.83	24	14.10	24	14.08	24	14.12	24	14.16	24	14.24	24	14.44	24	14.59	24	14.84	24	14.92	24	14.99	
	1994	4	15.34	4	15.58	4	14.72	4	15.13	4	15.30	4	15.65	4	15.44	4	〈16.56〉	4	16.21	4	16.13	4	16.01	4	16.13	15.61
		14	15.39	14	15.09	14	14.79	14	15.19	14	15.42	14	15.56	14	〈16.31〉	14	〈16.71〉	14	16.16	14	16.21	14	16.18	14	16.29	
		24	15.46	24	14.74	24	14.90	24	15.20	24	15.54	24	15.61	24	〈16.63〉	24	〈16.87〉	24	16.11	24	15.99	24	16.09	24	16.30	
	1995	4	16.31	4	〈17.71〉	4	17.31	4	17.53	4	17.23	4	17.67	4	〈19.92〉	4	〈20.96〉	4	19.04	4	18.95	4	18.32	4	18.79	17.97
		14	16.34	14	16.79	14	干枯	14	17.47	14	17.47	14	〈19.10〉	14	〈20.63〉	14	18.79	14	18.87	14	18.47	14	18.52	14	18.91	
		24	16.36	24	16.98	24	17.70	24	17.43	24	17.60	24	〈19.67〉	24	18.75	24	18.71	24	18.60	24	18.40	24	18.72	24	19.10	
	2000	4	20.70	4	20.96	4	20.91	4	21.12	4	20.95	4	21.48	4	21.31	4	21.62	4	21.33	4	21.23	4	20.95	4	21.07	21.16
		14	20.81	14	21.00	14	21.01	14	21.12	14	21.38	14	21.53	14	21.31	14	22.05	14	21.06	14	21.01	14	21.02	14	21.07	
		24	20.95	24	20.87	24	21.02	24	21.15	24	21.42	24	21.52	24	21.25	24	21.36	24	21.24	24	20.89	24	21.04	24	21.10	
S1	1996	15	19.81	15	19.80	15	19.87	15	20.07	15	20.24	15	20.47	15	〈20.97〉	15	〈23.72〉	15	〈22.87〉	15	20.64	15	20.35	15	20.87	20.24
	1997	15	20.74	15	20.91	15	20.29	15	20.38	15	20.50	15	20.81	15	〈23.37〉	15	21.80	15	21.72	15	21.00	15	21.10	15	21.20	20.95
	1998	15	21.27	15	21.39	15	21.42	15	21.62	15	21.74	15	21.85	15	21.95	15	21.36	15	21.83	15	21.80	15	21.18	15	22.07	21.62
	1999	15	22.17	15	22.08	15	21.96	15	22.03	15	22.24	15	22.30	15	22.40	15	〈25.00〉	15	22.77	15	22.73	15	22.85	15	23.02	22.41
	2000	14	22.93	14	22.88	14	22.52	14	23.40	14	23.65	14	23.50	14	23.42	14	24.17	14	24.15	14	24.41	14	24.60	14	24.70	23.69

续表

点号	年份	1月 日	1月 水位	2月 日	2月 水位	3月 日	3月 水位	4月 日	4月 水位	5月 日	5月 水位	6月 日	6月 水位	7月 日	7月 水位	8月 日	8月 水位	9月 日	9月 水位	10月 日	10月 水位	11月 日	11月 水位	12月 日	12月 水位	年平均
S2	1996	15	⟨20.51⟩	15	18.42	15	⟨19.92⟩	15	18.59	15	18.90	15	19.01	15	⟨19.64⟩	15	⟨23.07⟩	15	19.72	15	19.13	15	18.83	15	18.98	18.95
S2	1997	15	19.07	15	⟨20.94⟩	15	18.38	15	18.17	15	18.53	15	⟨20.57⟩	15	⟨21.92⟩	15	⟨22.95⟩	15	⟨19.95⟩	15	19.62	15	19.81	15	⟨22.15⟩	18.93
S2	1998	15	19.80	15	19.97	15	19.82	15	19.72	15	19.57	15	20.68	15	20.10	15	20.35	15	17.88	15	19.58	15	19.65	15	19.74	19.74
S2	1999	15	19.86	15	19.72	15	19.46	15	19.74	15	19.59	15	⟨21.95⟩	15	⟨21.98⟩	15	⟨22.81⟩	15	20.47	15	20.25	15	20.15	15	20.13	19.93
S2	2000	15	20.48	14	20.22	14	22.40	14	19.92	14	21.42	14	21.90	14	21.36	14	21.99	14	21.62	14	21.55	14	21.62	14	21.47	21.33
S3-1	1996	15	⟨17.06⟩	15	16.02	15	16.42	15	16.40	15	16.64	15	16.79	15	17.11	15	⟨23.37⟩	15	19.47	15	16.79	15	16.47	15	16.32	16.84
S3-1	1997	15	16.47	15	⟨18.37⟩	15	16.00	15	15.76	15	16.20	15	⟨18.07⟩	15	⟨17.03⟩	15	17.64	15	17.72	15	17.40	15	17.66	15	17.81	16.96
S3-1	1998	15	17.60	15	17.75	15	17.87			15	18.03	15	18.47	15	17.98	15	17.62	15	17.50	15	16.81	15	16.72	15	16.46	17.53
S3-1	1999	15	16.35	15	16.18	15	16.09	15	16.14	14	16.13	14	16.15	14	16.09	14	16.75	14	16.77	14	16.80	14	16.37	14	16.38	16.35
S3-1	2000	15	16.58	15	16.44	15	16.96	15	17.07	15	17.66	15	18.07	15	17.71	15	18.23	15	18.25	15	17.96	15	17.90	15	16.83	17.47
S5	1996	15	⟨11.72⟩	15	12.03	15	12.33	15	13.40	15	13.58	15	13.79	15	13.86	15	13.95	15	13.62	15	13.43	15	12.99	15	13.05	13.28
S5	1997	15	12.78	15	12.74	15	12.97	15	13.14	15	13.34	15	13.76	15	14.01	15	14.66	15	14.67	15	14.70	15	14.69	15	14.60	13.84
S5	1998	15	14.60	15	15.29	15	15.16	15	15.19	15	15.43	15	15.35	15	15.25	15	14.82	15	14.95	15	14.04	15	13.83	15	13.23	14.76
S5	1999	15	13.38	15	13.08	15	13.40	15	13.40	15	13.38	15	13.52	15	⟨15.00⟩	15	⟨16.20⟩	15	14.20	15	14.20	15	13.56	15	13.45	13.56
S5	2000	15	13.70	14	13.60	14	14.00	14	14.24	14	14.55	14	⟨17.05⟩	14	14.94	14	15.17	14	15.15	14	15.14	14	14.98	14	14.85	14.57
S7	1996	15	12.17	15	12.76	15	12.99	15	13.26	15	13.42	15	12.07	15	13.55	15	13.53	15	13.68	15	12.70	15	12.13	15	12.05	13.05
S7	1997	15	12.78	15	12.35	15	11.72	15	11.56	15	⟨13.13⟩	15	⟨16.64⟩	15	12.92	15	13.42	15	13.85	15	13.50	15	14.20	15	14.35	12.92
S7	1998	15	14.48	15	14.64	15	14.79	15	14.57	15	14.27	15	10.22	15	13.30	15	12.43	15	11.66	15	⟨13.51⟩	15	10.55	15	10.19	13.09
S7	1999	15	10.07	15	9.98	15	10.41	15	10.41	15	10.49	15	⟨14.31⟩	15	10.19	15	10.66	15	11.10	15	10.64	15	10.50	15	10.33	10.42
S7	2000	15	10.38	14	10.28	14	10.71	14	10.33	14	10.73	14	12.77	14	11.92	14	12.07	14	11.83	14	11.70	14	11.39	14	11.12	11.13
S9	1996	15	12.39	15	12.35	15	⟨14.02⟩	15	12.42	15	12.68	15	⟨13.27⟩	15	13.15	15	⟨18.07⟩	15	14.19	15	12.86	15	12.65	15	12.50	12.80
S9	1997	15	12.60	15	⟨14.67⟩	15	12.14	15	11.98	15	12.21	15	⟨15.97⟩	15	⟨14.13⟩	15	14.90	15	13.56	15	13.20	15	13.16	15	13.32	13.01
S9	1998	15	13.12	15	13.28	15	13.32	15	13.23	15	13.21	15	⟨15.97⟩	15	13.27	15	12.97	15	12.78	15	12.44	15	⟨12.98⟩	15	12.01	12.96
S9	1999	15	11.89	15	11.70	15	11.93	15	11.88	15	11.84	15	11.92	15	11.91	15	⟨14.27⟩	15	12.34	15	11.88	15	11.77	15	11.93	11.91

续表

点号	年份	1月 日	1月 水位	2月 日	2月 水位	3月 日	3月 水位	4月 日	4月 水位	5月 日	5月 水位	6月 日	6月 水位	7月 日	7月 水位	8月 日	8月 水位	9月 日	9月 水位	10月 日	10月 水位	11月 日	11月 水位	12月 日	12月 水位	年平均
S9	2000	15	11.68	15	11.64	15	11.90	15	12.17	15	12.54	15	12.92	15	⟨15.50⟩	15	12.75	15	12.61	15	12.51	15	12.39	15	12.33	12.31
S11	1996	15	7.98	15	10.39	15	10.82	15	⟨12.17⟩	15	⟨13.77⟩	15	11.27	15	10.93	15	11.17	15	11.31	15	10.43	15	10.29	15	10.61	10.52
	1997	15	⟨11.75⟩	15	⟨12.07⟩	15	10.40	15	10.16	15	⟨14.97⟩	15	⟨16.07⟩	15	⟨17.27⟩	15	⟨17.40⟩	15	11.50	15	11.16	15	11.25	15	⟨14.00⟩	10.89
	1998	15	11.28	15	⟨14.07⟩	15	11.57	15	11.57	15	11.95	15	12.15	15	11.98	15	11.63	15	11.81	15	11.43	15	⟨13.48⟩	15	10.92	11.63
	1999	15	10.88	15	10.61	15	11.68	15	11.61	15	11.97	15	11.29	15	11.20	15	11.57	15	11.54	15	11.45	15	11.40	15	11.49	11.39
	2000	15	11.63	15	11.70	15	13.16	15	12.17	15	12.37	15	12.57	15	12.45	15	12.58	15	12.51	15	12.47	15	12.58	15	12.40	12.38
S12	1996	15	⟨13.02⟩	15	12.80	15	12.87	15	13.04	15	13.27	15	13.42	15	13.27	15	13.77	15	13.82	15	13.25	15	13.51	15	13.57	13.33
	1997	15	13.61	15	13.73	15	13.07	15	⟨14.10⟩	15	13.79	15	13.59	15	13.79	15	14.00	15	14.50	15	14.20	15	14.25	15	14.48	13.92
	1998	15	14.50	15	13.94	15	14.19	15	14.41	15	14.34	15	⟨18.45⟩	15	14.55	15	14.48	15	14.32	15	14.35	15	14.22	15	14.07	14.37
	1999	15	14.02	15	14.64	15	14.19	15	11.15	15	14.36	15	14.43	15	14.36	15	14.53	15	14.49	15	14.70	15	14.85	15	14.76	14.15
	2000	15	15.23	15	15.21	15	⟨17.60⟩	15	14.88	15	15.02	15	16.88	15	15.50	15	15.43	15	12.34	15	15.39	15	15.35	15	15.40	15.15
污2	1993	5	17.63	5	17.75	5	17.55	5	17.47	5	17.52	5	17.61	5	17.80	5	18.18	5	18.41	5	18.43	5	18.69	5	18.78	17.99
		15	17.39	15	17.60	15	17.60	15	17.42	15	17.52	15	17.67	15	17.85	15	18.30	15	18.42	15	18.46	15	18.79	15	18.71	
		25	17.51	25	17.61	25	17.55	25	17.50	25	17.55	25	17.87	25	17.87	25	18.37	25	18.39	25	18.57	25	18.73	25	18.70	
	1994	5	18.85	5	19.10	5	19.22	5	19.43	5	19.53	5	19.75	5	19.94	5	21.18	5	21.37	5	21.49	5	21.36	5	21.29	20.27
		15	19.03	15	19.15	15	19.34	15	19.43	15	19.73	15	19.81	15	20.12	15	21.74	15	21.33	15	21.41	15	21.31	15	21.20	
		25	19.03	25	19.17	25	19.37	25	19.38	25	19.68	25	19.86	25	20.61	25	21.23	25	21.33	25	21.45	25	21.27	25	21.27	
	1995	5	21.14	5	21.84	5	22.16	5	22.37	5	22.33	5	22.45	5	23.46	5	24.42	5	24.32	5	24.03	5	23.89	5	23.95	23.11
		15	21.22	15	22.25	15	22.20	15	22.38	15	22.32	15	23.14	15	23.72	15	24.47	15	24.19	15	23.97	15	23.86	15	24.08	
		25	21.31	25	22.38	25	22.32	25	22.41	25	22.35	25	23.14	25	23.11	25	24.43	25	24.13	25	24.05	25	23.84	25	24.15	
	1996	5	24.30	5	24.41	5	24.26	5	24.30	5	24.37	5	24.43	5	24.59	5	24.57	5	24.61	5	24.43	5	24.47	5	24.47	24.39
		15	24.34	15	24.65	15	23.31	15	24.30	15	24.01	15	24.31	15	24.57	15	24.76	15	24.64	15	24.47	15	24.46	15	24.56	
		25	24.33	25	24.24	25	24.25	25	24.32	25	24.45	25	23.40	25	24.59	25	24.72	25	24.50	25	24.47	25	24.54	25	24.64	

续表

点号	年份	1月 日	1月 水位	2月 日	2月 水位	3月 日	3月 水位	4月 日	4月 水位	5月 日	5月 水位	6月 日	6月 水位	7月 日	7月 水位	8月 日	8月 水位	9月 日	9月 水位	10月 日	10月 水位	11月 日	11月 水位	12月 日	12月 水位	年平均
污2	1997	5	24.69	5	24.70	5	24.60	5	24.66	5	24.82	5	24.95	5	25.28	5	25.39	5	25.88	5	25.80	5	25.83	5	25.68	25.19
	1998	15	24.70	15	24.45	15	24.69	15	24.66	15	24.87	15	25.16	15	25.28	15	25.67	15	25.54	15	25.84	15	25.80	15	25.69	
	1999	25	24.83	25	24.49	25	24.66	25	24.65	25	24.87	25	25.28	25	25.36	25	25.81	25	24.87	25	25.90	25	25.85	25	25.84	
	2000	15	25.81	15	25.83	15	25.92	15	25.93	15	26.00	15	26.06	15	26.31	15	26.81	15	26.18	15	26.27	15	26.33	15	26.12	26.13
		15	26.24	15	26.08	15	26.28	15	26.54	15	26.72	15	26.59	15	26.87	15	27.05	15	27.20	15	27.30	15	27.44	15	27.53	26.82
		15	27.72	15	27.93	15	28.08	15	28.26	15	28.44	15	28.53	15	28.66	15	28.37	15	干	15	29.16	15	29.16	15	29.19	28.50
Ⅲ30-2	1990	4	10.06	4	10.74	4	〈25.57〉	4	〈25.93〉	4	〈26.65〉	4	〈26.41〉	4	〈26.60〉	4	〈25.07〉	4	〈26.41〉	4	〈25.87〉	4	〈25.13〉	4	〈25.09〉	10.64
	1991	14	〈26.47〉	14	〈25.73〉	14	〈26.10〉	14	〈28.31〉	14	〈26.47〉	14	〈26.87〉	14	〈26.40〉	14	〈27.12〉	14	〈26.45〉	14	〈25.11〉	14	〈25.24〉	14	〈25.10〉	
		24	〈25.55〉	24	〈25.57〉	24	〈25.58〉	24	〈26.26〉	24	〈26.38〉	24	〈26.77〉	24	〈26.61〉	24	〈26.44〉	24	〈26.05〉	24	〈24.82〉	24	〈24.72〉	24	11.12	
	1992	4	〈36.61〉	4	〈37.14〉	4	〈37.89〉	4	〈37.51〉	4	〈38.62〉	4	〈37.82〉	4	〈36.72〉	4	〈35.68〉	4	〈38.72〉	4	〈38.87〉	4	〈39.30〉	4	〈39.10〉	13.58
		14	〈28.78〉	14	〈34.55〉	14	〈37.59〉	14	〈37.36〉	14	〈38.65〉	14	〈38.68〉	14	〈38.67〉	14	〈38.76〉	14	〈38.88〉	14	〈38.85〉	14	〈39.50〉	14	〈39.12〉	
		24	〈37.56〉	24	〈37.62〉	24	〈37.17〉	24	13.58	24	〈38.78〉	24	〈38.68〉	24	〈38.79〉	24	〈38.47〉	24	〈39.00〉	24	〈39.20〉	24	〈39.50〉	24	〈38.96〉	
	1993	4	〈37.90〉	4	〈38.67〉	4	〈38.76〉	4	〈38.75〉	4	〈39.55〉	4	〈38.75〉	4	〈39.04〉	4	〈38.75〉	4	〈40.00〉	4	〈39.00〉	4	〈37.4〉	4	〈37.37〉	
		14	〈39.50〉	14	〈38.68〉	14	〈38.73〉	14	〈38.87〉	14	〈38.72〉	14	〈38.97〉	14	〈39.33〉	14	〈38.24〉	14	〈39.78〉	14	〈39.23〉	14	〈37.71〉	14	〈37.12〉	
		24	〈38.71〉	24	〈38.79〉	24	〈38.76〉	24	〈38.69〉	24	〈39.82〉	24	〈39.57〉	24	〈38.54〉	24	〈39.40〉	24	〈39.52〉	24	〈37.73〉	24	〈36.94〉	24	〈36.6〉	
	1994	4	〈37.56〉	4	〈37.20〉	4	〈37.17〉	4	〈37.67〉	4	〈37.69〉	4	〈37.72〉	4	〈37.03〉	4	〈37.79〉	4	〈37.81〉	4	〈37.74〉	4	〈37.80〉	4	〈37.22〉	
	1995	14	〈37.49〉	14	〈37.22〉	14	〈37.19〉	14	〈38.82〉	14	〈35.95〉	14	〈38.70〉	14	〈38.59〉	14	〈38.08〉	14	〈38.17〉	14	〈38.12〉	14	〈38.77〉	14	〈38.85〉	
	1996	24	〈37.36〉	24	〈37.16〉	16	〈35.38〉	16	〈35.08〉	16	〈37.45〉	16	〈37.78〉	16	〈37.17〉	16	〈21.65〉	16	〈36.85〉	16	〈37.78〉	16	20.29	16	〈37.50〉	20.29
	1997	16	〈37.97〉	16	〈39.30〉	14	〈35.38〉	14	〈36.04〉	14	18.97	14	〈35.92〉	14	〈32.77〉	14	〈34.00〉	14	〈35.80〉	14	〈36.90〉	14	20.27	14	〈36.72〉	20.34
	1998	14	〈37.82〉	14	〈37.72〉	14	〈31.43〉	14	17.32	14	21.45	14	〈36.42〉	14	〈36.25〉	14	〈36.77〉	14	〈37.00〉	14	〈35.70〉	14	〈36.55〉	14	〈36.82〉	18.45
	1999	14	〈36.00〉	14	21.77	14	17.50	14	34.10	14	〈39.41〉	14	〈35.07〉	14	〈37.65〉	14	〈33.50〉	14	〈32.14〉	14	〈35.12〉	14	20.32	14	〈36.82〉	20.32
		15	〈37.00〉	15	17.53	15	〈35.55〉	15	17.32	15	18.87	15	〈36.42〉	15	〈37.65〉	15	〈36.77〉	15	〈37.00〉	15	〈35.70〉	15	20.32	15	〈38.82〉	
	2000	15	〈36.50〉	15	〈37.10〉	15	〈33.84〉	15	〈34.10〉	15	18.87	15	〈35.07〉	15	〈39.17〉	15	〈33.50〉	15	〈39.27〉	15	〈39.12〉	15	〈39.24〉	15	〈39.14〉	20.69
		14	〈39.10〉	14	〈38.90〉	14	〈36.80〉	14	22.50																	

第一章　西安市

续表

点号	年份	1月 日	1月 水位	2月 日	2月 水位	3月 日	3月 水位	4月 日	4月 水位	5月 日	5月 水位	6月 日	6月 水位	7月 日	7月 水位	8月 日	8月 水位	9月 日	9月 水位	10月 日	10月 水位	11月 日	11月 水位	12月 日	12月 水位	年平均
Ⅲ24-1	1990	5	⟨32.00⟩	5	⟨32.74⟩	5		5	13.18	5		5	⟨32.47⟩	5	⟨32.42⟩	5	⟨32.72⟩	5	⟨33.10⟩	5	⟨33.20⟩	5	⟨32.78⟩	5	⟨33.22⟩	
		15	⟨32.48⟩	15	⟨32.68⟩	15	12.80	15	⟨32.5⟩	15	⟨32.08⟩	15	⟨32.60⟩	15	⟨31.82⟩	15	⟨33.00⟩	15	⟨32.67⟩	15	⟨32.60⟩	15	⟨33.06⟩	15	⟨33.22⟩	12.95
		25	⟨32.70⟩	25	⟨32.46⟩	25	⟨32.43⟩	25	⟨32.17⟩	25	⟨32.08⟩	25	⟨32.06⟩	25	⟨32.56⟩	25	⟨32.78⟩	25	⟨32.56⟩	25	⟨32.37⟩	25	⟨32.86⟩	25	⟨33.42⟩	
	1991	6	⟨33.38⟩	6	⟨32.75⟩	6	⟨32.22⟩	6	⟨32.53⟩	6	12.86	6	⟨32.80⟩	6		6	⟨33.72⟩	6	⟨33.26⟩	6	⟨32.55⟩	6	⟨32.40⟩	6	⟨32.87⟩	
		16	13.00	16	⟨32.75⟩	16	⟨32.52⟩	16	⟨32.32⟩	16	⟨32.48⟩	16	⟨32.80⟩	16	⟨33.30⟩	16	⟨33.58⟩	16	⟨33.00⟩	16	⟨32.48⟩	16	⟨32.78⟩	16	⟨32.90⟩	13.00
		26	⟨32.92⟩	26	⟨32.82⟩	26	⟨32.70⟩	26	⟨32.22⟩	26	⟨32.70⟩	26	⟨32.86⟩	26	⟨33.44⟩	26	⟨33.76⟩	26	⟨33.00⟩	26	⟨32.40⟩	26	⟨32.77⟩	26	⟨32.74⟩	
	1992	6	⟨32.72⟩	6	⟨32.40⟩	6	⟨32.46⟩	6	14.95	6	⟨32.92⟩	6	⟨33.20⟩	6	⟨33.00⟩	6	⟨33.00⟩	6	⟨33.26⟩	6	⟨31.70⟩	6	⟨33.26⟩	6	⟨33.76⟩	
		16	⟨32.83⟩	16	⟨32.80⟩	16	⟨32.82⟩	16	⟨32.23⟩	16	⟨32.95⟩	16	⟨32.50⟩	16	⟨33.12⟩	16	⟨33.40⟩	16	⟨33.26⟩	16	⟨33.45⟩	16	⟨33.26⟩	16	⟨33.20⟩	14.95
		26	⟨32.88⟩	26	⟨32.84⟩	26	⟨32.70⟩	26	⟨32.82⟩	26	⟨32.00⟩	26	⟨32.47⟩	26	⟨33.10⟩	26	⟨33.76⟩	26	⟨33.10⟩	26	⟨33.20⟩	26	⟨33.76⟩	26	⟨33.05⟩	
	1993	15	⟨33.26⟩	15	15.29	15		15		15		15		15	⟨33.52⟩	15		15	⟨33.47⟩	15	17.00	15	⟨33.10⟩	15		15.84
		25	15.22	25	⟨32.36⟩	25		25		25		25		25	⟨33.90⟩	25	⟨34.42⟩	25	⟨34.70⟩	25	⟨34.47⟩	25	⟨34.28⟩	25		
	1994	15	⟨32.77⟩	15	⟨33.63⟩	15	⟨33.26⟩	15	⟨31.77⟩	15	⟨32.00⟩	15	⟨33.04⟩	15	⟨33.56⟩	15	⟨33.86⟩	15	⟨33.48⟩	15	⟨33.25⟩	15	⟨33.24⟩	15	⟨33.20⟩	
	1995	14		14		14		14	⟨33.43⟩	14	⟨33.40⟩	14	⟨30.95⟩	14	⟨32.13⟩	14	⟨32.70⟩	14	⟨33.42⟩	14	⟨32.90⟩	14	⟨32.18⟩	14	⟨32.18⟩	20.26
	1996	15	⟨33.54⟩	15	⟨31.28⟩	15	⟨33.23⟩	15	⟨32.20⟩	15	⟨32.60⟩	15	⟨31.00⟩	15	⟨32.13⟩	15	⟨32.70⟩	15	⟨33.42⟩	15	⟨33.25⟩	15	⟨33.24⟩	15	20.26	20.02
	1997	15	⟨31.77⟩	15	18.54	15	20.20	15	⟨32.70⟩	15	⟨32.75⟩	15	⟨31.06⟩	15	⟨31.72⟩	15	⟨32.77⟩	15	⟨32.20⟩	15	⟨32.30⟩	15	⟨31.75⟩	15	⟨31.52⟩	19.37
	1998	15	⟨32.46⟩	15	⟨32.17⟩	15	⟨33.42⟩	15	⟨30.87⟩	15	⟨30.48⟩	15	18.81	15	23.52	15	23.48	15	⟨38.64⟩	15	⟨38.62⟩	15	30.33	15	⟨38.72⟩	22.89
	1999	15	⟨33.78⟩	15	⟨31.77⟩	15	24.12	15	20.17	15	21.02	15	22.43	15	⟨45.46⟩	15	⟨45.47⟩	15	⟨45.61⟩	15	⟨45.36⟩	15	21.65	15	21.65	22.14
	2000	14	⟨45.71⟩	14	24.36	14	⟨33.60⟩	14	20.58	14	22.40	14		14		14		14		14		14		14		24.36
K84-2主	1990	4	15.08	4	14.41	4	15.29	4	15.42	4	15.22	4	15.96	4	15.67	4	15.72	4	15.90	4	15.29	4	15.39	4	15.79	
		14	15.16	14	14.85	14	15.47	14	15.09	14	15.27	14	16.41	14	15.84	14	16.18	14	15.75	14	15.39	14	14.91	14	15.47	15.48
		24	15.31	24	14.72	24	15.43	24	14.82	24	15.69	24	16.30	24	16.12	24	16.15	24	15.67	24	15.65	24	15.15	24	15.45	
	1991	4	16.45	4	16.20	4	15.94	4	16.39	4	16.30	4	16.73	4	17.49	4	17.69	4	17.59	4	17.17	4	16.93	4	16.91	
		14	16.10	14	16.11	14	16.30	14	16.43	14	16.65	14	16.81	14	17.71	14	17.29	14	17.58	14	16.90	14	16.89	14	17.08	16.81
		24	16.04	24	15.63	24	16.27	24	16.27	24	16.88	24	17.04	24	17.51	24	17.77	24	17.36	24	16.66	24	17.04	24	17.06	

续表

点号	年份	日	1月水位	日	2月水位	日	3月水位	日	4月水位	日	5月水位	日	6月水位	日	7月水位	日	8月水位	日	9月水位	日	10月水位	日	11月水位	日	12月水位	年平均
K84-2主	1992	4	17.09	4	17.02	4	17.25	4	17.39	4	17.06	4	17.49	4	18.38	4	19.20	4	18.77	4	17.84	4	17.87	4	18.22	17.84
		14	16.96	14	16.72	14	17.49	14	16.92	14	17.50	14	17.72	14	18.64	14	19.03	14	18.59	14	17.88	14	18.03	14	18.34	
		24	17.00	24	17.49	24	17.45	24	17.61	24	17.72	24	17.68	24	18.31	24	18.72	24	18.24	24	17.72	24	18.11	24	18.70	
	1993	4	18.69	4	18.31	4	18.66	4	18.52	4	18.41	4	19.32	4	19.59	4	20.02	4	19.65	4	19.15	4	19.47	4	19.47	19.16
		14	18.67	14	18.59	14	18.62	14	18.46	14	18.27	14	19.40	14	19.92	14	19.76	14	19.69	14	19.52	14	19.46	14	19.27	
		24	18.82	24	18.64	24	18.46	24	18.63	24	18.66	24	19.35	24	19.95	24	19.78	24	19.86	24	19.46	24	19.62	24	19.47	
	1994	4	19.50	4	20.04	4	19.57	4	19.88			4	19.70	4	20.80	4	21.47	4	21.54	4	21.18	4	20.81	4	20.79	20.66
		14	19.53	14	19.44	14		14		14				14	21.04	14	21.67	14	21.54	14	21.13	14	21.56	14	20.47	
		24	19..85	24	19.63	24	19.86	24	19.90	24		24	20.73	24	21.39	24	21.75	24	21.49	24	21.20	24	20.81	24	20.93	
	1995	5	21.00	5	20.48	5	20.88	5	21.12	5	21.09	5	21.47	5	22.30	5	22.82	5	23.14	5	22.64	5	22.37	5		21.88
		15	20.82	15	20.97	15	21.17	15	21.28	15	21.31	15	21.90	15	22.94	15	23.11	15	23.10	15	22.58	15	22.40	15		
		25	20.80	25	20.87	25	21.18	25	21.29	25	21.53	25	22.05	25	22.70	25	23.10	25	22.96	25	22.24	25	22.34	25		
	2000	14	21.45	14	21.06	14	22.13	14		14		14		14		14		14		14		14		14		21.55
III26-2	1990	4	〈37.60〉	4	〈37.92〉	4	〈37.88〉	4	〈37.58〉	4	〈37.72〉	4	〈37.72〉	4	〈37.66〉	4	〈38.00〉	4	〈38.52〉	4	〈38.56〉	4	〈38.60〉	4	〈37.98〉	
		14	〈38.00〉	14	〈37.70〉	14	〈37.70〉	14	〈37.47〉	14	〈37.44〉	14	〈38.30〉	14	〈37.24〉	14	〈38.66〉	14	〈39.00〉	14	〈38.17〉	14	〈38.00〉	14	〈38.34〉	
		24	〈37.62〉	24	〈37.92〉	24	〈37.80〉	24	〈37.40〉	24	〈37.16〉	24	〈37.90〉	24	〈37.88〉	24	〈38.43〉	24	〈38.67〉	24	〈38.23〉	24	〈37.92〉	24	〈38.48〉	
	1991	4	〈37.94〉	4	〈38.71〉	4	〈38.37〉	4	〈37.92〉	4	〈37.00〉	4	〈37.77〉	4	〈36.93〉	4	〈38.92〉	4	〈38.67〉	4	〈38.18〉	4	〈38.18〉	4	〈38.23〉	9.99
		14	〈38.00〉	14	〈37.70〉	14	〈38.38〉	14	〈37.77〉	14	9.88	14	〈37.65〉	14	〈38.00〉	14	〈38.60〉	14	〈38.40〉	14	〈38.30〉	14	〈38.66〉	14	〈38.47〉	
		24	〈37.62〉	24	〈38.60〉	24	〈38.00〉	24	〈37.70〉	24	10.10	24	〈37.92〉	24	〈38.58〉	24	〈38.70〉	24	〈38.46〉	24	〈38.27〉	24	〈38.40〉	24	〈38.42〉	
	1992	4	〈37.94〉	4	15.70	4		4	15.20	4	15.65	4	13.77	4	〈37.70〉	4	〈37.50〉	4	〈37.70〉	4	〈39.30〉	4	〈37.96〉	4	〈37.52〉	15.08
		14	〈38.00〉	14	〈37.10〉	14	〈37.90〉	14	〈36.87〉	14	〈37.18〉	14	〈37.05〉	14	〈37.92〉	14	〈37.70〉	14	〈37.10〉	14	〈37.84〉	14	〈37.95〉	14	〈37.20〉	
		24		24		24	〈37.90〉	24		24		24		24	〈37.40〉	24		24	〈37.46〉	24	〈37.80〉	24		24	〈37.45〉	
	1993	4	〈36.80〉	4	〈36.92〉	4		4		4	〈36.90〉	4	〈36.80〉	4	〈38.90〉	4	〈40.10〉	4	〈41.52〉	14		14	〈41.40〉	14	〈41.22〉	

续表

点号	年份	1月 日	1月 水位	2月 日	2月 水位	3月 日	3月 水位	4月 日	4月 水位	5月 日	5月 水位	6月 日	6月 水位	7月 日	7月 水位	8月 日	8月 水位	9月 日	9月 水位	10月 日	10月 水位	11月 日	11月 水位	12月 日	12月 水位	年平均
Ⅲ26-2	1994	14	〈40.27〉	14	〈33.20〉	14	〈30.08〉	14	16.10	14	〈32.13〉	14	〈32.90〉	14	〈32.76〉	14	〈28.00〉	14	〈26.35〉	14	〈25.50〉	14	〈26.00〉	14	17.40	16.75
	1995	14	17.72	14	〈31.86〉	14	〈32.20〉	14	18.00	14	〈32.00〉	14	〈31.81〉	14	〈33.00〉	14	20.22	14	20.22	14	19.52	14	〈32.66〉	14	19.96	19.27
	1996	15		15	〈31.74〉	15	〈32.28〉	15	19.93	15	20.17	15		15	19.07	15	〈29.56〉	15	19.17	15	18.92	15	〈28.0〉	15	〈28.77〉	19.45
	1997	15	19.99	15	20.38	15	18.76	15	19.87	15	19.05	15	19.74	15	〈30.75〉	15	〈31.75〉	15	21.52	15	〈27.90〉	15	〈28.57〉	15	〈28.90〉	19.90
	1998	15	〈31.28〉	15	22.00	15	21.20	15	21.94	15	21.82	15	〈35.20〉	15	〈34.90〉	15	20.32	15	〈40.43〉	15	〈34.90〉	15	18.80	15	〈36.97〉	21.01
	1999	15	〈33.58〉	15	19.62	15	〈35.82〉	15	〈35.22〉	15	〈41.92〉	15	〈42.05〉	15	〈34.90〉	15	〈35.40〉	15	〈37.09〉	15	〈34.54〉	15	〈34.02〉	15	22.82	21.22
	2000	14	〈35.00〉	14	24.46	14	24.00	14		14		14		14													24.23
Ⅲ30-1	1990	4	〈28.16〉	4	〈27.94〉	4	〈27.52〉	4	〈27.72〉	4	〈28.55〉	4	〈28.64〉	4	〈28.85〉	4	〈27.62〉	4	〈28.80〉	4	〈27.08〉	4	〈27.09〉	4	〈27.78〉	
		14	〈27.72〉	14	〈28.62〉	14	〈28.07〉	14	〈27.60〉	14	〈28.48〉	14	〈29.14〉	14	〈28.80〉	14	〈29.20〉	14	〈27.61〉	14	〈26.43〉	14	〈27.45〉	14	〈27.77〉	
		24	〈27.79〉	24	〈27.52〉	24	〈27.33〉	24	〈28.41〉	24	〈28.61〉	24	〈29.11〉	24	〈29.14〉	24	〈28.58〉	24	〈27.56〉	24	〈26.72〉	24	〈27.14〉	24	〈27.88〉	15.42
	1991	4	〈28.10〉	4	〈29.33〉	4	〈28.85〉	4	〈29.60〉	4	〈27.83〉	4	〈27.00〉	4	15.60	4	〈30.04〉	4	〈29.82〉	4	〈31.06〉	4	〈31.91〉	4	〈30.05〉	
		14	〈28.99〉	14	〈28.94〉	14	〈27.56〉	14	〈28.13〉	14	15.11	14	〈28.87〉	14	〈29.37〉	14	〈30.05〉	14	〈30.15〉	14	〈31.31〉	14	〈32.00〉	14	〈30.66〉	
		24	〈29.23〉	24	〈28.84〉	24	〈27.30〉	24	15.55	24	〈28.76〉	24	〈29.64〉	24	〈29.99〉	24	〈29.88〉	24	〈30.91〉	24	〈31.10〉	24	〈29.50〉	24	〈31.05〉	
	1992	4	〈31.00〉	4	〈31.03〉	4	〈30.47〉	4	〈31.83〉	4	〈33.76〉	4	〈33.45〉	4	〈33.40〉	4	〈34.01〉	4	〈33.50〉	4	〈31.10〉	4	〈30.24〉	4	〈31.17〉	
		14	〈31.45〉	14	〈31.15〉	14	〈30.64〉	14	〈31.45〉	14	〈32.81〉	14	〈32.26〉	14	〈34.03〉	14	〈33.51〉	14	〈35.32〉	14	〈32.50〉	14	〈30.87〉	14	〈30.73〉	16.41
		24	〈30.89〉	24	〈31.46〉	24	〈31.47〉	24	〈32.41〉	24	〈32.83〉	24	〈33.68〉	24	〈33.77〉	24	〈35.00〉	24	〈35.00〉	24	〈34.40〉	24	〈30.70〉	24	〈29.94〉	
	1993	4	〈32.28〉	4	16.28	4	〈35.27〉	4	〈33.69〉	4	〈34.02〉	4	〈34.28〉	4	〈34.75〉	4	〈33.75〉	4	〈33.98〉	4	〈34.39〉	4	〈34.98〉	4	〈34.10〉	
		14	〈32.39〉	14	16.53	14	〈35.36〉	14		14	〈34.88〉	14		14		14		14		14		14		14		
		24	〈32.27〉	24	〈34.98〉	24		24		24		24		24		24		24		24		24		24		
	1994	16	〈34.40〉	16	〈35.00〉	16	〈34.18〉	16	〈35.82〉	16	〈34.88〉	16	〈35.00〉	16	〈35.44〉	16	〈33.96〉	16	〈33.79〉	16	〈35.09〉	16	〈32.60〉	16	〈35.42〉	
	1995	15	〈37.59〉	15	〈37.41〉	15	〈34.46〉	15	〈35.50〉	15	〈35.46〉	15	〈36.08〉	15	〈36.98〉	15	〈36.23〉	15	〈37.24〉	15	〈36.81〉	15	〈36.89〉	15	〈36.50〉	
	1996	15	〈38.99〉	15	〈38.02〉	15	〈38.68〉	15	〈38.52〉	15	〈36.86〉	15	〈38.00〉	15	〈38.25〉	15	〈38.22〉	15	〈38.85〉	15	〈38.76〉	15	〈38.00〉	15	〈38.45〉	
	1997	15	〈38.45〉	15	18.56	15	18.56	15	18.05	15	〈37.02〉	15	〈38.24〉	15	〈38.40〉	15	26.56	15	〈41.80〉	15	24.70	15	〈39.10〉	15	〈39.45〉	21.29
	1998	15	〈39.42〉	15	〈40.05〉	15	〈40.60〉	15	〈38.46〉	15	17.60	15	21.33	15	21.60	15	〈39.08〉	15	19.83	15	〈39.18〉	15	21.00	15	〈39.19〉	20.27

续表

点号	年份	1月 日	1月 水位	2月 日	2月 水位	3月 日	3月 水位	4月 日	4月 水位	5月 日	5月 水位	6月 日	6月 水位	7月 日	7月 水位	8月 日	8月 水位	9月 日	9月 水位	10月 日	10月 水位	11月 日	11月 水位	12月 日	12月 水位	年平均
Ⅲ30-1	1999	15	⟨39.20⟩	15	⟨39.70⟩	15	⟨39.29⟩	15	24.00	15	⟨35.62⟩	15	⟨38.59⟩	15	⟨35.97⟩	15	⟨37.54⟩	15	⟨37.62⟩	15	⟨36.40⟩	15	⟨34.32⟩	15	⟨37.44⟩	24.00
	2000	14	⟨36.59⟩	14	23.74	14	⟨39.87⟩	14		14		14		14		14		14		14		14				23.74
	1990	4	11.75	4	11.49	4	12.05	4	11.58	4	12.23	4	12.64	4	12.41	4	12.29	4	12.52	4	12.13	4	12.22	4	12.37	12.14
		14	11.76	14	11.48	14	12.21	14	11.54	14	12.04	14	12.96	14	12.46	14	12.71	14	12.41	14	12.09	14	11.59	14	11.74	
		24	11.76	24	11.76	24	12.19	24	11.47	24	12.37	24	12.84	24	12.26	24	12.64	24	12.25	24	12.27	24	12.17	24	12.23	
	1991	4	13.23	4	12.85	4	12.77	4	12.97	4	12.94	4	13.14	4	13.63	4	13.95	4	13.84	4	13.73	4		4	13.76	13.34
		14	12.73	14	12.88	14	12.89	14	13.01	14	13.14	14	13.13	14	13.87	14	13.80	14	13.91	14	13.64	14	13.77	14	13.80	
		24	12.81	24	12.60	24	12.88	24	12.89	24	13.17	24	13.35	24	14.09	24	13.34	24	13.75	24	14.66	24	14.16	24	13.89	
K84-2付	1992	4		4		4		4	13.80	4	坏	4	14.09	4	14.15	4	14.34	4	14.60	4	14.46	4	14.16	4	14.68	14.30
		14	13.87	14	14.63	14	13.79	14	13.85	14	13.98	14	14.13	14	14.22	14	14.47	14	14.61	14	14.21	14	14.69	14	14.69	
		24	14.73	24	14.62	24	13.82	24	坏	24	14.15	24	14.16	24	14.27	24	14.57	24	14.51	24	14.66	24	14.69	24	14.71	
	1993	4	14.61	4	14.63	4	14.64	4	14.68	4	14.54	4	14.81	4	14.83	4	15.67	4	15.67	4	15.66	4	15.83	4	15.82	15.18
		14	14.60	14	14.62	14	14.66	14	14.69	14	14.77	14	14.83	14	15.75	14	15.66	14	15.66	14	15.67	14	15.81	14	15.76	
		24		24	14.63	24	14.62	24	14.71	24	14.79	24	14.85	24	15.78	24	15.67	24		24	15.66	24	15.81	24	15.80	
	1994	4	15.86	4	15.73	4	15.77	4	15.76	4	15.79	4	15.08	4	15.79	4		4		4		4		4		15.73
		14	15.77	14	15.71	14	15.76	14	15.78	14	15.69	14	15.77	14		14	14.86	14		14		14		14		
		24	15.71	24	15.75	24	15.77	24	15.77	24	15.80	24	15.78	24		24		24		24		24		24		
	2000	14	21.62	14	20.61	14	21.68	14		14		14		14		14		14		14		14		14		21.30
Ⅲ7-2	1990	16	⟨33.80⟩	15	17.08			15	⟨29.60⟩	15	⟨29.00⟩	15	⟨29.10⟩	15	⟨33.04⟩	15	14.86	15	17.08	15	⟨32.20⟩	15	⟨34.40⟩	15	⟨34.78⟩	15.97
	1991	16		15	⟨35.00⟩	15	⟨34.76⟩	15	⟨34.97⟩	15	⟨32.77⟩	15		15	17.33	15	16.69	15		15	⟨28.80⟩	15	16.44	15	15.37	17.03
	1992	15		15		15		15		15		15		15		15	⟨27.00⟩	15	⟨28.00⟩	15		15		15		15.91
	1996	15	⟨36.18⟩	15	⟨36.65⟩	15	⟨36.78⟩	15	29.38	15	⟨36.68⟩	15	⟨37.68⟩	15	⟨38.19⟩	15	37.77	15	⟨38.07⟩	15	⟨38.12⟩	15	⟨37.98⟩	15	15.37	33.58
	1997	15	27.03	15	⟨37.77⟩	15	⟨38.79⟩	15	⟨40.16⟩	15	⟨39.07⟩	15	⟨39.61⟩	15	39.18	15	⟨40.46⟩	15	⟨39.10⟩	15	⟨39.64⟩	15	⟨39.71⟩	15	⟨40.70⟩	33.11
	1998	15	⟨39.19⟩	15	⟨39.80⟩	15	9.63	15	⟨38.88⟩	15	28.10	15	28.16	15	28.00	15	28.20	15	⟨37.26⟩	15	28.32	15	28.40	15	28.33	25.89

续表

点号	年份	1月 日	1月 水位	2月 日	2月 水位	3月 日	3月 水位	4月 日	4月 水位	5月 日	5月 水位	6月 日	6月 水位	7月 日	7月 水位	8月 日	8月 水位	9月 日	9月 水位	10月 日	10月 水位	11月 日	11月 水位	12月 日	12月 水位	年平均
Ⅲ7-2	1999	15	28.30	15	28.05	15	⟨38.87⟩	15	⟨38.96⟩	15	28.00	15	28.42	15	⟨38.44⟩	15	⟨38.86⟩	15	⟨39.00⟩	15	28.45	15	⟨40.00⟩	15	⟨40.86⟩	28.24
	2000	15	⟨41.00⟩	15	⟨40.82⟩	15	⟨39.56⟩	15		15		15		15		15		15		15						
Ⅲ5-1	1990	6	17.78	6	⟨29.65⟩	6	14.99	6	⟨29.57⟩	6	16.74	6	⟨31.74⟩	6	⟨32.22⟩	6	⟨31.31⟩	6	17.16	6	⟨29.47⟩	6	⟨29.49⟩	6	⟨28.39⟩	16.29
		16		16	15.94	16	15.75	16	⟨29.40⟩	16	⟨27.40⟩	16	⟨32.26⟩	16	⟨29.91⟩	16	⟨32.62⟩	16	16.32	16	⟨28.10⟩	16	⟨29.35⟩	16	⟨28.51⟩	
		26	15.79	26	15.39	26	17.04	26	⟨29.81⟩	26	⟨29.74⟩	26	⟨31.87⟩	26	⟨31.94⟩	26	⟨30.62⟩	26	⟨29.35⟩	26	⟨29.82⟩	26	⟨29.20⟩	26	⟨29.11⟩	
	1991	5	⟨30.28⟩	5	⟨28.62⟩	5	⟨28.61⟩	5	⟨28.66⟩	5	⟨29.10⟩	5	⟨28.95⟩	5	⟨28.85⟩	5	⟨30.96⟩	5	⟨29.35⟩	5	⟨29.69⟩	5	⟨30.40⟩	5	⟨30.93⟩	
		15	⟨29.57⟩	15	⟨28.88⟩	15	⟨28.06⟩	15	⟨28.22⟩	15	⟨28.80⟩	15	⟨29.03⟩	15	⟨30.23⟩	15	⟨30.01⟩	15	⟨29.61⟩	15	⟨29.87⟩	15	⟨30.62⟩	15	⟨29.88⟩	
		25	⟨29.28⟩	25	⟨28.55⟩	25	⟨28.35⟩	25	⟨28.31⟩	25	⟨28.72⟩	25	⟨30.24⟩	25	⟨29.77⟩	25	⟨29.78⟩	25	⟨32.30⟩	25	⟨32.00⟩	25	⟨27.57⟩	25	⟨30.83⟩	
	1992	5	⟨29.65⟩	5	⟨30.43⟩	5	⟨31.52⟩	5	⟨30.86⟩	5	⟨30.51⟩	5	⟨31.73⟩	5	⟨32.57⟩	5	⟨31.25⟩	5	⟨32.30⟩	5	⟨31.04⟩	5	⟨29.10⟩	5	19.38	17.49
		15	⟨29.63⟩	15		15	⟨30.30⟩	15		15	⟨31.19⟩	15	⟨32.46⟩	15	⟨31.08⟩	15	⟨31.00⟩	15	⟨32.00⟩	15	⟨29.07⟩	15	⟨30.29⟩	15	17.81	
		25	⟨30.49⟩	25	⟨30.67⟩	25	⟨30.60⟩	25	15.29	25	⟨30.77⟩	25	⟨30.67⟩	25	⟨31.25⟩	25	⟨31.00⟩	25	⟨32.30⟩	25		25		25	⟨28.14⟩	
	1993	5	20.06	5	⟨30.70⟩	5	⟨30.27⟩	5		5		5	⟨30.98⟩	5	⟨31.49⟩	5	⟨30.61⟩	5	⟨30.75⟩	5	⟨30.75⟩	5	⟨30.44⟩	5	20.17	20.12
		15	⟨31.36⟩	15	⟨30.43⟩	15	⟨30.17⟩	15	⟨28.70⟩	15	⟨29.11⟩	15	⟨29.74⟩	15	⟨29.92⟩	15	⟨29.75⟩	15	⟨30.38⟩	15	⟨30.65⟩	15	⟨30.54⟩	15	⟨30.28⟩	
		25	⟨30.98⟩	25	⟨29.09⟩	25		25	⟨29.81⟩	25	⟨29.71⟩	25	⟨29.96⟩	25	⟨30.12⟩	25	⟨30.20⟩	25	⟨29.82⟩	25	⟨29.93⟩	25	⟨29.41⟩	25	⟨29.83⟩	
	1994	15	⟨30.28⟩	15	⟨30.60⟩	15	⟨31.58⟩	15	⟨29.25⟩	15	⟨29.08⟩	15	⟨31.22⟩	15	⟨34.50⟩	15	⟨41.27⟩	15	⟨41.88⟩	15	25.57	15	⟨37.45⟩	15	26.93	24.03
	1995	15	⟨29.13⟩	15	⟨29.35⟩	15	24.03	15	⟨27.78⟩	15	⟨25.58⟩	15	27.90	15	27.26	15	⟨41.35⟩	15	⟨37.36⟩	15	⟨39.32⟩	15	⟨39.43⟩	15	26.95	26.13
	1996	15	25.89	15	⟨29.62⟩	15	⟨27.52⟩	15	⟨41.56⟩	15	⟨41.64⟩	15	⟨35.77⟩	15	⟨36.46⟩	15	26.50	15	⟨38.00⟩	15	⟨37.66⟩	15	⟨37.90⟩	15	27.74	29.29
	1997	15	35.05	15	⟨34.85⟩	15	⟨39.58⟩	15	⟨40.51⟩	15	⟨35.10⟩	15	35.75	15	26.52	15	27.00	15	⟨38.20⟩	15	⟨38.00⟩	15	⟨38.87⟩	15	⟨38.64⟩	27.31
	1998	15	27.19	15	27.80	15	⟨38.10⟩	15	⟨38.32⟩	15	26.00															28.41
	1999	15	27.60	15	27.60	15	⟨38.60⟩																			27.70
	2000	15	⟨38.92⟩	15	27.70																					
183-1	1990	6	14.15	6	13.77	6	⟨15.28⟩	6	⟨17.10⟩	6	⟨14.34⟩	6	⟨17.07⟩	6	14.68	6	⟨17.76⟩	6	14.75	6	15.07	6	⟨17.65⟩	6	14.64	14.43
		16	⟨15.00⟩	16	13.78	16	13.90	16	13.97	16	14.07	16	⟨17.57⟩	16	⟨17.49⟩	16	14.78	16	14.99	16	14.74	16	14.87	16	14.68	
		26	14.09	26	13.73	26	13.73	26	13.92	26	14.51	26	14.70	26	⟨17.31⟩	26	14.87	26	14.71	26	⟨17.42⟩	26	14.89	26	14.71	

续表

点号	年份	1月 日	1月 水位	2月 日	2月 水位	3月 日	3月 水位	4月 日	4月 水位	5月 日	5月 水位	6月 日	6月 水位	7月 日	7月 水位	8月 日	8月 水位	9月 日	9月 水位	10月 日	10月 水位	11月 日	11月 水位	12月 日	12月 水位	年平均
183-1	1991	5	15.45	5	〈17.35〉	5	〈17.11〉	5	〈16.83〉	5	14.33	5	14.40	5	〈17.45〉	5	14.79	5	15.16	5	14.86	5	〈17.29〉	5	〈17.05〉	14.80
		15	〈17.30〉	15	14.99	15	14.71	15	14.52	15	14.74	15	14.59	15	〈17.40〉	15	〈17.53〉	15	14.95	15	〈16.49〉	15	〈17.24〉	15	14.91	
		25	〈17.79〉	25	〈17.55〉	25	14.53	25	〈17.18〉	25	〈17.36〉	25	〈17.94〉	25	〈17.67〉	25	〈17.40〉	25	〈16.88〉	25	〈17.21〉	25	〈17.74〉	25	15.09	
	1992	5	14.68	5	14.64	5	14.77	5	14.80	5	〈18.06〉	5	〈19.24〉	5	15.67	5	〈19.11〉	5	〈19.07〉	5	15.86	5	〈18.66〉	5	16.02	15.46
		15	14.70	15	14.78	15	〈16.00〉	15	14.86	15	15.15	15	15.56	15	15.16	15	〈19.98〉	15	15.97	15	15.98	15	〈17.99〉	15	16.22	
		25	14.64	25	14.99	25	14.97	25	14.96	25	〈19.02〉	25	15.39	25	〈18.86〉	25	18.64	25	16.22	25	16.33	25	〈18.96〉	25	〈16.46〉	
	1993	5	16.01	5	16.00	5	15.94	5	〈18.10〉	5	16.14	5	16.09	5	〈18.59〉	5	〈19.58〉	5	〈19.42〉	5	16.96	5	17.10	5	17.16	16.42
		15	16.08	15	15.07	15	15.98	15	16.09	15	〈18.29〉	15	16.30	15	〈19.50〉	15	〈19.45〉	15	〈19.47〉	15	16.90	15	17.33	15	17.11	
		25	16.12	25	〈17.68〉	25	15.98	25	16.07	25	〈18.93〉	25	16.58	25	16.33	25	〈19.16〉	25	〈19.48〉	25	〈19.61〉	25	17.19	25	17.07	
	1994	5	17.21	5	〈20.14〉	5	〈21.64〉	5	18.07	5	〈21.13〉	5	18.57	5	〈21.71〉	5	19.62	5	20.40	5	20.72	5	20.37	5	20.31	19.51
		15	17.36	15	〈21.13〉	15	〈19.38〉	15	〈19.77〉	15	〈20.80〉	15	18.50	15	〈21.83〉	15	20.39	15	20.28	15	20.65	15	20.25	15	20.20	
		25	17.45	25	〈20.24〉	25	〈18.82〉	25	18.09	25	〈20.45〉	25	18.53	25	〈22.13〉	25	20.31	25	20.54	25	20.52	25	20.28	25	20.18	
	1995	5	20.18	5	20.59	5	20.73	5	21.39	5	20.38	5	21.51	5	〈24.63〉	5	22.94	5	22.81	5	22.72	5	〈25.60〉	5	22.85	21.60
		15	20.14	15	20.88	15	20.80	15	21.25	15	21.31	15	21.73	15	22.31	15	〈25.73〉	15	〈25.93〉	15	22.68	15	〈25.55〉	15	22.64	
		25	20.32	25	20.99	25	21.22	25	21.39	25	21.40	25	〈21.91〉	25	〈22.82〉	25	〈25.04〉	25	22.81	25	〈25.74〉	25	22.57	25	22.68	
	1996	5	22.42	5	22.86	5	23.01	5	23.08	5	23.17	5	23.14	5	23.13	5	23.15	5	23.13	5	22.98	5	23.12	5	23.24	22.96
		15	22.75	15	22.85	15	22.55	15	23.11	15	23.23	15	23.16	15	〈23.16〉	15	23.27	15	23.25	15	23.15	15	23.05	15	23.33	
		25	22.89	25	22.85	25	23.01	25	23.16	25	23.55	25	22.38	25	23.07	25	23.26	25	23.06	25	23.06	25	23.13	25	22.91	
	1997	5	22.92	5	23.00	5	23.15	5	23.15	5	23.65	5	23.61	5	24.05	5	24.05	5	24.39	5	24.45	5	23.72	5	23.77	23.69
		15	22.97	15	22.87	15	23.15	15	23.20	15	23.56	15	23.76	15	23.90	15	24.35	15	24.38	15	24.44	15	24.13	15	23.24	
		25	22.97	25	22.93	25	23.20	25	23.15	25	24.52	25	23.81	25	23.77	25	24.55	25	24.45	25	24.46	25	24.38	25	23.45	
	1998	15	24.30	15	〈26.19〉	15	24.45	15	24.57	15	24.82	15	24.49	15	23.77	15	23.82	15	23.73	15	24.40	15	23.48	15	23.24	24.14
	1999	15	24.40	15	24.63	15	24.63	15	24.94	15		15	25.17	15	25.72	15	25.75	15	25.90	15	25.90	15	26.35	15	26.08	25.36
	2000	15	26.60	15	26.25	15	26.55	15		15		15		15		15		15		15		15		15		26.47

续表

点号	年份	1月 日	1月 水位	2月 日	2月 水位	3月 日	3月 水位	4月 日	4月 水位	5月 日	5月 水位	6月 日	6月 水位	7月 日	7月 水位	8月 日	8月 水位	9月 日	9月 水位	10月 日	10月 水位	11月 日	11月 水位	12月 日	12月 水位	年平均
132	1990	5		5		5		5		5		5		5		5	12.60	5	12.62	5	12.56	5	12.62	5	12.69	12.59
		15	12.84	15		15		15		15	12.25	15	12.35	15	12.58	15	12.79	15	12.59	15	12.49	15	12.62	15	12.70	
		25	〈14.34〉	25		25		25	12.97	25	12.34	25	12.95	25	12.62	25	12.62	25	12.52	25	12.62	25	12.68	25	12.76	
	1991	5	13.01	5	13.02	5	13.03	5	12.98	5	12.25	5	13.10	5	13.20	5	13.34	5	13.32	5	13.35	5	13.36	5	13.49	13.20
		15	13.72	15	13.05	15	13.02	15	13.02	15	13.05	15	13.06	15	13.32	15	13.35	15	13.31	15	13.28	15	13.39	15	13.53	
		25	13.73	25	12.98	25	12.97	25	13.02	25	13.09	25	13.11	25	13.67	25	13.40	25	13.29	25	13.31	25	13.60	25	〈15.44〉	
	1992	5	〈15.30〉	5	13.72	5	13.86	5	13.88	5	13.91	5	13.96	5	〈15.40〉	5	14.87	5	14.73	5	14.83	5	14.72	5	14.82	14.29
		15	13.72	15	13.80	15	13.86	15	13.86	15	13.93	15	13.99	15	14.41	15	14.78	15	14.73	15	14.73	15	14.81	15	14.88	
		25	13.73	25	13.81	25	13.91	25	13.90	25	13.94	25	14.04	25	14.36	25	15.77	25	14.63	25	14.71	25	14.80	25	14.88	
	1993	5	〈16.33〉	5	15.25	5	15.17	5	15.07	5	15.17	5	15.21	5	15.37	5	15.77	5	16.02	5	16.02	5	16.07	5	16.10	15.58
		15	15.05	15	15.23	15	15.14	15	15.15	15	15.23	15	15.23	15	15.47	15	16.32	15	16.16	15	16.03	15	16.05	15	16.12	
		25	15.04	25	15.15	25	15.09	25	15.21	25	15.19	25	15.39	25	15.47	25	16.00	25	16.05	25	16.06	25	16.02	25	16.27	
	1994	5	16.25	5	16.67	5	16.61	5	16.74	5	16.67	5	16.83	5	16.84	5	〈18.54〉	5	18.71	5	17.90	5	17.97	5	17.92	17.20
		15	17.01	15	16.67	15	16.55	15	16.67	15	16.74	15	16.71	15	16.84	15	〈18.64〉	15	18.16	15	18.00	15	17.97	15	17.89	
		25	16.97	25	16.65	25	16.52	25	16.65	25	16.74	25	16.82	25	〈18.39〉	25	〈19.06〉	25	17.96	25	17.97	25	17.92	25	17.92	
	1995	5	17.90	5	18.96	5	19.49	5	18.81	5	18.83	5	18.90	5	20.37	5	20.99	5	20.99	5	20.68	5	20.56	5	20.46	19.81
		15	18.24	15	19.09	15	19.19	15	18.86	15	18.94	15	19.83	15	20.54	15	21.08	15	20.89	15	20.58	15	20.49	15	20.65	
		25	18.09	25	18.90	25	18.81	25	18.72	25	18.88	25	20.04	25	20.61	25	21.06	25	20.82	25	20.58	25	20.48	25	20.73	
	1996	5	20.99	5	21.54	5	21.28	5	21.19	5	21.18	5	20.97	5	21.22	5	21.15	5	21.56	5	21.07	5	20.88	5	20.70	21.15
		15	21.54	15	21.49	15	21.17	15	21.02	15	21.11	15	20.83	15	21.02	15	21.59	15	21.49	15	21.02	15	20.74	15	20.72	
		25	21.60	25	21.18	25	21.24	25	21.14	25	20.99	25	20.94	25	21.05	25	21.77	25	21.34	25	21.01	25	20.69	25	20.82	
	1997	5	20.88	5	20.61	5	20.79	5	20.72	5	20.97	5	20.81	5	21.45	5	21.98	5	〈24.52〉	5	22.37	5	22.52	5	22.42	21.58
		15	20.67	15	20.84	15	21.03	15	20.58	15	20.95	15	〈23.15〉	15	21.62	15	〈24.07〉	15	22.80	15	22.41	15	22.46	15	22.44	
		25	20.64	25	〈22.38〉	25	20.77	25	20.90	25	21.04	25	21.24	25	21.88	25	22.49	25	22.66	25	22.61	25	22.27	25	22.78	

续表

点号	年份	1月 日	1月 水位	2月 日	2月 水位	3月 日	3月 水位	4月 日	4月 水位	5月 日	5月 水位	6月 日	6月 水位	7月 日	7月 水位	8月 日	8月 水位	9月 日	9月 水位	10月 日	10月 水位	11月 日	11月 水位	12月 日	12月 水位	年平均
132	1998	5	22.67			5	22.69	5	22.51	5	22.52	5	22.45	5	⟨24.52⟩	5	⟨24.12⟩	5	22.66	5	22.57	5	22.55	5	22.79	
		15	22.52	15	22.41	15	22.71	15	22.47	15	22.63	15	22.37	15	22.67	15	22.70	15	22.63	15	22.50	15	22.60	15	22.85	
		25	22.61	25	22.44	25	22.61	25	22.55	25	22.55	25	22.39	25	22.60	25	22.70	25	22.62	25	22.53	25	22.69	25	22.78	22.59
	1999	5	22.64	5	22.73	5	22.91	5	23.14	5	23.20	5	23.22	5	23.35	5	⟨24.60⟩	5	23.79	5	23.82	5	22.35	5	23.87	
		15	⟨23.66⟩	15	22.88	15	23.02	15	23.14	15	23.22	15	23.27	15	23.31	15	23.65	15	23.77	15	23.82	15	22.65	15	23.83	
		25	22.81	25	22.75	25	23.05	25	23.12	25	23.21	25	23.35	25	23.32	25	23.75	25	23.81	25	23.80	25	22.39	25	23.84	23.26
	2000	4	23.97	4	24.12	4	24.14																			
		14	24.07	14	24.00	14	24.18																			
		24	24.08	24	24.10	24	24.22																			24.10
井2	1990	5	381.70	5	381.77	5	381.77	5	381.71	5	381.61	5	381.57	5	382.27	5	381.67	5	381.32	5	381.27	5	380.87	5	380.81	
		15	381.72	15	381.75	15	381.27	15	381.68	15	381.67	15	380.97	15	381.80	15	381.42	15	381.13	15	380.99	15	380.77	15	380.67	
		25	381.77	25	381.72	25	381.80	25	381.57	25	381.70	25	382.12	25	381.75	25	381.24	25	381.40	25	380.90	25	380.61	25	380.80	381.43
	1991	6	380.73	6	380.92	6	干	6	381.20	6	380.87	6	380.27	6	382.24	6	382.71	6	381.81	6	381.61	6	381.67	6	381.67	
		16	380.59	16	381.10	16	380.51	16	381.12	16	380.87	16	382.97	16	382.97	16	381.87	16	382.35	16	381.74	16	381.63	16	381.72	
		26	380.83	26	断流	26	380.57	26	380.85	26	380.75	26	382.59	26	断流	26	381.99	26	381.91	26	381.60	26	381.72	26	381.67	381.46
	1992	6	381.82	6	381.92	6	381.91	6	382.12	6	382.18	6	382.13	6	断流	6	干	6	381.37	6	382.07	6	381.49	6	381.31	
		16	381.72	16	381.82	16	382.16	16	382.07	16	382.08	16	381.29	16	381.64	16	干	16	381.68	16	381.37	16	381.33	16	381.23	
		26	381.85	26	381.56	26	382.23	26	382.07	26	382.02	26	381.62	26	干	26	381.52	26	381.73	26	381.48	26	381.51	26	381.23	381.74
	1993	5	381.23	5	381.23	5	381.07	5	381.47	5	381.35	5	381.57	5	381.41	5	381.51	5	381.55	5	381.54	5	381.49	5	381.34	
		15	381.23	15	381.18	15	381.27	15	381.42	15	381.67	15	381.51	15	381.63	15	381.67	15	381.32	15	381.97	15	381.37	15	381.04	
		25	断流	25	381.13	25	381.37	25	381.39	25	381.42	25	381.37	25	381.69	25	381.67	25	381.37	25	381.67	25	381.45	25	381.27	381.42
	1994	6	381.21	6	干	6	381.07	6	381.07	6	381.17	6	380.97	6	381.07	6	干	6	380.80	6	380.85	6	380.95	6	381.15	
		16	381.27	16	381.17	16	381.07	16	381.37	16	381.07	16	380.89	16	380.90	16	380.74	16	381.00	16	380.12	16	381.10	16	381.20	
		26	干	26	381.07	26	381.11	26	381.45	26	381.02	26	381.40	26	380.84	26	干	26	381.00	26	381.00	26	381.15	26	381.20	381.05

续表

第一章 西安市

点号	年份	1月 日	1月 水位	2月 日	2月 水位	3月 日	3月 水位	4月 日	4月 水位	5月 日	5月 水位	6月 日	6月 水位	7月 日	7月 水位	8月 日	8月 水位	9月 日	9月 水位	10月 日	10月 水位	11月 日	11月 水位	12月 日	12月 水位	年平均
注2	1995	6	381.13	6	381.11	6	断流	6	381.20	6	381.17	6	断流	6	断流	6	断流	6	断流	6	380.78	6	380.90	6	380.85	
		16	381.08	16	381.10	16	381.10	16	381.20	16	381.10	16	断流	16	断流	16	断流	16	380.87	16	380.90	16	380.87	16	断流	381.03
		26	381.15	26	381.00	26	381.22	26	381.40	26	380.95	26	断流	26	断流	26	断流	26	断流	26	380.90	26	380.90	26	380.85	
	1996	5	380.85	5	380.79	5	381.15	5	断流	5	380.96	5	381.92	5	381.60	5	381.80	5	381.80	5	381.50	5	381.47	5	381.48	
		15	380.81	15	380.79	15	断流	15	380.79	15	380.95	15	381.30	15	381.90	15	381.47	15	381.58	15	381.35	15	381.80	15	381.40	381.29
		25	380.85	25	380.79	25	381.15	25	380.81	25	381.15	25	381.20	25	380.90	25	381.47	25	381.40	25	381.56	25	381.70	25	381.20	
	1997	5	381.10	5	381.34	5	381.11	5	381.84	5	381.45	5	381.10	5	381.34	5	断流	5	断流	5	381.32	5	381.11	5	381.37	
		15	381.04	15	381.23	15	381.87	15	381.57	15	381.47	15	380.94	15	断流	15	断流	15	381.97	15	381.17	15	381.67	15	381.32	381.37
		25	381.30	25	381.31	25	381.47	25	381.97	25	381.22	25	380.94	25	断流	25	断流	25	381.62	25	381.12	25	381.49	25	381.31	
	1998	5	381.37	5	断流	5	断流	5	381.20	5	381.42	5	381.52	5	381.97	5	381.67	5	381.59	5	381.37	5	382.42	5	381.30	
		15	381.37	15	断流	15	381.22	15	381.75	15	381.53	15	381.47	15	380.57	15	382.14	15	381.53	15	381.44	15	381.37	15	381.20	381.49
		25	381.20	25	381.05	25	381.22	25	381.60	25	381.90	25	381.42	25	382.60	25	381.79	25	381.44	25	381.41	25	381.32	25	381.20	
	1999	5	381.19	5	381.05	5	381.19	5	381.20	5	381.70	5	381.37	5	381.68	5	381.25	5	381.23	5	381.77	5	381.22	5	381.22	
		15	381.19	15	380.95	15	381.20	15	381.19	15	382.25	15	381.34	15	382.60	15	381.25	15	381.22	15	381.57	15	381.37	15	381.22	381.36
		25	381.19	25	381.07	25	381.07	25	381.19	25	381.57	25	381.49	25	381.38	25	381.24	25	381.17	25	381.74	25	381.25	25	381.22	
	2000	4	381.21	4	381.07	4	381.07	4		4		4		4		4		4		4		4		4		
		14	381.21	14	381.07	14	381.07	14		14		14		14		14		14		14		14		14		381.12
		24	381.20	24	381.07	24	381.07	24		24		24		24		24		24		24		24		24		
K108	1990	4	10.96	4	10.92	4	10.88	4	10.88	4	10.88	4	11.01	4	11.24	4	11.22	4	11.40	4	11.38	4	11.26	4	11.31	
		14	11.02	14	10.92	14	10.87	14	10.88	14	10.95	14	11.16	14	11.23	14	11.42	14	11.41	14	11.27	14	11.26	14	11.30	11.13
		24	11.06	24	10.89	24	10.89	24	10.89	24	10.98	24	11.13	24	11.24	24	11.40	24	11.33	24	11.27	24	11.28	24	11.33	
	1991	4	11.49	4	11.73	4	11.81	4	11.81	4	11.90	4	11.97	4	12.08	4	12.61	4	12.76	4	12.71	4	12.84	4	12.98	
		14	11.59	14	11.77	14	11.83	14	11.84	14	11.91	14	12.01	14	12.30	14	12.66	14	12.76	14	12.76	14	12.84	14	13.03	12.28
		24	11.72	24	11.77	24	11.81	24	11.86	24	11.98	24	12.01	24	12.61	24	12.83	24	12.78	24	12.76	24	12.96	24	13.11	

续表

点号	年份	1月 日	1月 水位	2月 日	2月 水位	3月 日	3月 水位	4月 日	4月 水位	5月 日	5月 水位	6月 日	6月 水位	7月 日	7月 水位	8月 日	8月 水位	9月 日	9月 水位	10月 日	10月 水位	11月 日	11月 水位	12月 日	12月 水位	年平均
K108	1992	4	13.13	4	13.14	4	13.28	4	13.25	4	13.32	4	13.43	4	13.81	4	14.16	4	14.25	4	14.25	4	14.13	4	14.20	13.73
		14	13.13	14	13.18	14	13.28	14	13.26	14	13.38	14	13.54	14	13.88	14	14.31	14	14.25	14	14.18	14	14.18	14	14.37	
		24	13.14	24	13.28	24	13.28	24	13.29	24	13.38	24	13.64	24	13.90	24	14.30	24	14.21	24	14.10	24	14.21	24	14.40	
	1993	4	14.48	4	14.51	4	14.49	4	14.49	4	14.59	4	14.66	4	14.99	4	15.21	4	15.59	4	15.59	4	15.59	4	15.56	15.02
		14	14.53	14	14.50	14	14.52	14	14.49	14	14.57	14	14.68	14	15.08	14	15.47	14	15.60	14	15.57	14	15.57	14	15.54	
		24	14.52	24	14.49	24	14.52	24	14.57	24	14.63	24	14.97	24	15.12	24	15.57	24	15.62	24	15.56	24	15.56	24	15.61	
	1994	4	15.84	4	16.04	4	16.00	4	15.98	4	16.03	4	16.25	4	16.52	4	17.03	4	17.46	4	17.45	4	17.41	4	17.34	16.65
		14	16.03	14	16.04	14	15.96	14	16.03	14	16.10	14	16.30	14	16.56	14	17.18	14	17.46	14	17.48	14	17.41	14	17.35	
		24	16.00	24	16.01	24	15.95	24	16.02	24	16.20	24	16.45	24	16.71	24	17.37	24	17.42	24	17.45	24	17.27	24	17.31	
	1995	4	17.30	4	17.61	4	17.75	4	17.73	4	17.73	4	17.83	4	18.54	4	19.11	4	19.56	4	19.51	4	19.33	4	19.26	18.50
		14	17.31	14	17.71	14	17.77	14	17.77	14	17.78	14	18.17	14	18.76	14	19.33	14	19.61	14	19.41	14	19.31	14	19.35	
		24	17.31	24	17.71	24	17.74	24	17.77	24	17.80	24	18.31	24	18.90	24	19.51	24	19.52	24	19.37	24	19.28	24	19.40	
	1996	5	19.59	5	19.50	5	19.73	5	19.75	5	19.75	5	19.80	5	20.20	5	20.38	5	20.66	5	20.27	5	20.04	5	19.82	19.98
		15	19.69	15	19.76	15	19.76	15	19.71	15	19.78	15	19.83	15	20.17	15	20.68	15	20.58	15	20.23	15	19.91	15	19.74	
		25	19.68	25	19.73	25	19.70	25	19.80	25	19.85	25	20.10	25	20.25	25	20.83	25	20.41	25	20.14	25	19.86	25	19.77	
	1997	5	19.88	5	19.83	5	19.56	5	19.31	5	19.23	5	19.31	5	19.93	5	20.62	5	21.24	5	21.02	5	20.94	5	20.91	20.17
		15	19.89	15	19.79	15	19.44	15	19.26	15	19.26	15	19.76	15	20.01	15	20.84	15	21.08	15	20.97	15	20.91	15	20.89	
		25	19.90	25	19.70	25	19.36	25	19.23	25	19.26	25	19.88	25	20.14	25	21.02	25	21.04	25	20.97	25	20.88	25	20.94	
	1998	5	21.27	5	21.20	5	20.96	5	20.84	5	20.75	5	20.60	5	21.12	5	21.06	5	20.97	5	20.62	5	20.37	5	19.25	20.78
		15	21.37	15	21.16	15	20.94	15	20.82	15	20.73	15	20.69	15	21.04	15	21.16	15	20.89	15	20.56	15	20.31	15	20.18	
		25	21.44	25	20.95	25	20.86	25	20.78	25	20.71	25	20.80	25	20.94	25	21.12	25	20.77	25	20.46	25	20.26	25	20.16	
	1999	5	20.28	5	20.55	5	20.40	5	20.43	5	20.41	5	20.34	5	20.40	5	20.75	5	21.50	5	21.39	5	21.26	5	21.14	20.75
		15	20.44	15	20.64	15	20.39	15	20.40	15	20.40	15	20.34	15	20.37	15	20.81	15	21.48	15	21.32	15	21.21	15	21.16	
		25	20.51	25	20.57	25	20.42	25	20.43	25	20.05	25	20.39	25	20.41	25	21.42	25	21.54	25	21.28	25	21.17	25	21.04	

第一章　西安市

续表

点号	年份	1月 日	1月 水位	2月 日	2月 水位	3月 日	3月 水位	4月 日	4月 水位	5月 日	5月 水位	6月 日	6月 水位	7月 日	7月 水位	8月 日	8月 水位	9月 日	9月 水位	10月 日	10月 水位	11月 日	11月 水位	12月 日	12月 水位	年平均
K108	2000	4	24.46	4	21.71	4	21.54	4		4		4		4		4		4		4		4		4		21.83
		14	21.65	14	21.62	14	21.64	14		14		14		14		14		14		14		14		14		
		24	20.66	24	21.56	24	21.64	24		24		24		24		24		24		24		24		24		
	1996	5	〈19.38〉	5	19.18	5	19.30	5	19.32	5	19.17	5	19.09	5	19.12	5	18.74	5	19.19	5	18.92	5		5	18.68	19.20
		15	19.13	15	19.22	15	19.30	15	19.35	15	19.10	15	19.02	15	18.99	15	20.67	15	19.12	15		15		15	18.53	
		25	19.14	25	19.30	25	19.30	25	19.31	25	19.15	25	〈19.52〉	25	18.88	25	20.91	25	19.00	25		25		25	18.66	
206	1997	5	18.71	5	18.89	5	〈21.60〉	5	18.80	5	18.68	5	18.67	5	19.29	5	19.77	5	〈22.76〉	5	19.32	5	20.10	5	20.19	19.39
		15	18.79	15	〈21.02〉	15	19.18	15	18.75	15	18.67	15	〈20.73〉	15	19.37	15	20.05	15	20.48	15	19.42	15	19.56	15	20.20	
		25	18.87	25	〈21.40〉	25	18.85	25	18.70	25	18.67	25	19.25	25	〈21.40〉	25	〈22.50〉	25	20.46	25	20.15	25	20.15	25	20.23	
	1998	5	20.32	5	20.52	5	20.52	5	20.37	5	20.13	5	19.90	5	20.05	5	〈22.10〉	5	19.78	5	19.63	5	19.70	5	19.54	20.01
		15	〈22.30〉	15	20.54	15	20.57	15	20.29	15	20.07	15	19.79	15	19.92	15	19.93	15	19.68	15	19.58	15	19.53	15	干枯	
		25	20.37	25	20.52	25	20.47	25	20.18	25	20.05	25	19.82	25	19.70	25	19.93	25	19.58	25	19.68	25	19.47	25	干枯	
	1999	5	干枯	5	19.97	5	19.99	5	20.02	5	19.94	5	19.80	5	19.79	5	20.37	5	20.77	5	19.75	5	20.64	5	20.68	20.20
		15	19.90	15	19.99	15	20.05	15	19.99	15	19.89	15	19.85	15	19.86	15	〈21.17〉	15	20.70	15	20.75	15	20.70	15	20.75	
		25	19.90	25	19.98	25	20.02	25	19.98	25	19.77	25	19.88	25	18.33	25	〈29.65〉	25	20.84	25	20.74	25	20.70	25	20.78	
Ⅲ13	1990	16	〈28.40〉	16	〈28.00〉	16	〈26.25〉	16	〈27.77〉	16	〈28.05〉	16	〈28.25〉	16		16	〈29.70〉	16	〈28.62〉	16	〈28.47〉	16	〈28.04〉	16	〈27.57〉	18.33
	1991	16	〈28.22〉	16	〈28.02〉	16	〈27.73〉	16	〈28.42〉	16	〈27.82〉	16	20.10	16		16	〈29.70〉	16	〈28.60〉	16	〈28.79〉	16		16	〈29.95〉	20.10
	1992	17	〈30.04〉	17	〈26.13〉	17	18.74	17	18.68	17	〈31.89〉	17	〈33.24〉	17		17	〈32.95〉	17	22.00	17	〈31.02〉	17	〈31.03〉	17	〈30.74〉	19.81
	1993	15	〈44.60〉	15	〈44.62〉	15	〈42.65〉	15		15		15		15		15		15		15		15		15		
	1990	7	12.92	7	12.52	7	13.00	7	13.16	7	12.98	7	13.92	7	13.61	7	14.05	7	13.89	7	13.54	7	13.55	7	13.69	13.43
K215a	1991	17	12.88	17	12.55	17	13.08	17	13.14	17	13.18	17	14.04	17	14.01	17	14.15	17	13.79	17	13.52	17	13.25	17	13.33	
		27	13.03	27	12.81	27	13.01	27	13.05	27	13.50	27	14.00	27	14.10	27	14.10	27	13.62	27	13.56	27	13.56	27	13.24	
		6	14.46	6	14.08	6	13.93	6	14.13	6	14.32	6	14.54	6	15.26	6	15.39	6	15.40	6	14.97	6	15.16	6	15.15	14.76
		12	13.94	12	14.10	12	14.05	12	14.32	12	14.59	12	14.83	12	15.38	12	15.48	12	15.38	12	15.03	12	15.11	12	15.14	
		28	13.85	28	13.57	28	13.94	28	14.37	28	14.68	28	14.98	28	15.75	28	15.58	28	15.28	28	15.02	28	15.22	28	15.11	

续表

点号	年份	1月 日	1月 水位	2月 日	2月 水位	3月 日	3月 水位	4月 日	4月 水位	5月 日	5月 水位	6月 日	6月 水位	7月 日	7月 水位	8月 日	8月 水位	9月 日	9月 水位	10月 日	10月 水位	11月 日	11月 水位	12月 日	12月 水位	年平均
K215a	1992	8	15.22	8	15.23	8	15.28	8	15.42	8	15.43	8	15.86	8	16.30	8	16.78	8	16.57	8	15.86	8	15.79	8	15.98	15.78
		18	15.13	18	15.16	18	15.29	18	15.28	18	15.62	18	15.95	18	16.25	18	16.66	18	16.42	18	15.86	18	15.86	18	16.21	
		28	15.22	28	15.29	28	15.33	28	14.43	28	15.47	28	15.93	28	16.40	28	16.52	28	16.02	28	15.85	28	15.86	28	16.34	
	1993	8	16.32	8	16.12	8	16.45																			
		18	16.32	18	16.34			18	16.26	18	16.64	18	17.29	18	17.56	18	17.26	18	17.34	18	17.45	18	17.56	18	17.42	16.82
		28	16.43	28	16.40	28	17.71	28	17.93	28	18.06	28	18.56	28	19.19	28	19.61	28	19.50	28	19.28	28	19.14	28	18.84	
	1994	16	17.69	15	17.61	15	17.71	15	17.93	15	18.06	15	18.56	15	19.19	15	19.61	15	19.50	15	19.28	15	19.14	15	18.84	18.59
	1995	15	18.98	15	19.12	15	19.31	15	19.41	15	19.58	15	20.05	15	20.62	15	20.96	15	20.57	15	20.59	15	20.54	15	20.48	20.02
	2000	15	21.12	15	20.96	15	21.84																			21.31
针3	1990	6	〈40.12〉	6	〈39.62〉	6	35.60	6	〈39.78〉	6	〈40.47〉	6	〈40.58〉	6	〈40.84〉	6	〈41.53〉	6	37.37	6	36.89	6	34.74	6	〈38.49〉	36.03
		16	〈39.82〉	16	〈39.87〉	16	〈39.52〉	16	35.34	16	35.80	16	〈40.12〉	16	36.83	16	37.52	16	35.07	16	34.51	16	35.17	16	〈38.35〉	
		26	36.02	26	〈40.24〉	26	〈40.32〉	26	35.62	26	〈40.52〉	26	〈40.62〉	26	36.99	26	〈41.92〉	26	36.93	26	〈40.04〉	26	33.72	26	〈38.38〉	
	1991	6	〈39.95〉	6	〈39.70〉	6	35.10	6	〈38.73〉	6	〈39.44〉	6	〈40.34〉	6	〈40.93〉	6	〈41.29〉	6	37.61	6	〈40.54〉	6	34.49	6	〈40.62〉	36.15
		17	35.74	16	〈39.06〉	16	〈38.88〉	16	〈39.04〉	16	〈39.92〉	16	〈40.43〉	16	〈41.47〉	16	38.00	16	〈40.49〉	16	〈40.40〉	16	〈40.89〉	16	36.78	
		26	〈40.22〉	26	34.94	26	〈38.75〉	26	〈39.10〉	26	〈40.10〉	26	〈40.42〉	26	38.28	26	〈41.26〉	26	〈40.60〉	26	〈40.40〉	26	〈38.89〉	26	36.83	
	1992	6	36.00	6	36.78	6	〈40.20〉	6	〈41.29〉	6	37.69	6	37.79	6	〈42.06〉	6	〈42.53〉	6	〈43.62〉	6	〈41.42〉	6	〈38.63〉	6	〈39.04〉	37.10
		16	36.46	16	36.60	16	〈40.62〉	16	〈40.84〉	16	〈40.51〉	16	〈42.45〉	16	〈42.37〉	16	〈41.55〉	16	〈42.62〉	16	〈39.09〉	16	〈38.63〉	16	〈39.11〉	
		26	36.61	26	〈40.40〉	26	〈40.99〉	26	〈40.49〉	26	〈40.32〉	26	〈41.89〉	26	〈42.35〉	26	37.75	26	〈42.72〉	26	〈38.92〉	26	〈39.38〉	26	〈39.81〉	
	1993	6	36.00	6	〈39.73〉	6	〈39.89〉	6	〈38.73〉	6	〈39.97〉	6	37.82	6	〈39.41〉	6	〈40.41〉	6	〈39.33〉	6	〈40.40〉	6	〈40.79〉	6	39.68	37.83
		26	〈39.55〉	26	〈39.67〉	26	〈39.79〉	26	〈39.72〉	26	〈39.97〉	26	〈42.79〉	26	〈42.11〉	26	42.04	26	〈42.35〉	26	〈40.40〉	26	〈45.26〉	26	41.99	
	1994	16	〈38.03〉	16	39.62	16	〈42.86〉	16	〈41.92〉	16	〈43.11〉	16	〈42.79〉	16	〈42.11〉	16	42.04	16	〈42.35〉	16	42.41	16	〈45.26〉	16	41.99	41.52
	1995	15	〈43.21〉	15	〈43.74〉	15	〈43.61〉	15	〈43.07〉	15	40.60	15	40.94	15	〈42.01〉	15	〈43.06〉	15	〈44.85〉	15	〈44.74〉	15	41.11	15	〈44.69〉	40.88
	1996	15	〈44.72〉	15	33.38	15	33.40	15	42.49	15	42.29	15	43.00	15	42.96	15	43.36	15	〈43.65〉	15	41.90	15	〈45.24〉	15	42.30	40.56

续表

点号	年份	1月 日	1月 水位	2月 日	2月 水位	3月 日	3月 水位	4月 日	4月 水位	5月 日	5月 水位	6月 日	6月 水位	7月 日	7月 水位	8月 日	8月 水位	9月 日	9月 水位	10月 日	10月 水位	11月 日	11月 水位	12月 日	12月 水位	年平均
纺3	1997	15	41.89	15	40.66	15	40.88	15	〈44.36〉	15	41.46	15	42.85	15	43.08	15	〈43.15〉	15	44.29	15	〈46.88〉	15	〈42.84〉	15	〈45.68〉	42.16
	1998	15	〈46.50〉	15	42.70	15	42.08	15	42.13	15	42.12	15	42.33	15	40.80	15	40.70	15	41.00	15	40.70	15	41.25	15	41.48	41.57
	1999	15	41.87	15	41.60	15	41.60	15	42.40	15	42.40	15	42.28	15	42.40	15	44.54	15	44.40	15	44.15	15	〈46.68〉	15	〈46.86〉	42.76
	2000	15	42.70	15	42.20	15	42.70	15		15																	42.53
纺4	1990	6	22.38	6	22.12	6	22.10	6	〈34.02〉	6	〈33.02〉	6	〈34.22〉	6	25.40	6	30.67	6	30.29	6	29.27	6	27.48	6	26.98	25.68
		16	22.32	16	22.12	16	21.97	16	22.09	16	22.82	16	23.22	16	31.12	16	31.05	16	29.37	16	25.94	16	27.39	16	27.07	
		26	22.29	26	22.24	26	21.82	26	22.24	26	23.34	26	24.52	26	30.70	26		26	29.23	26	27.75	26	27.16	26	27.40	
	1991	6	28.64	6	27.52	6	27.39	6	27.28	6	28.07	6		6		6	〈32.52〉	6	〈32.94〉	6	〈32.38〉	6	〈35.09〉	6	30.69	28.24
		17	28.82	16	27.49	16	27.12	16	27.29	16	28.28	16		16	〈31.42〉	16	〈30.10〉	16	〈32.39〉	16	〈32.02〉	16	〈36.10〉	16	30.84	
		26	29.05	26	26.95	26	27.09	26	27.50	26	28.28	26		26	〈32.58〉	26	〈31.95〉	26	〈32.57〉	26	〈32.14〉	26	〈36.62〉	26	31.06	
	1992	6	〈32.07〉	6	〈32.43〉	6	31.27	6	〈32.81〉	6	〈33.02〉	6	〈32.31〉	6	〈33.29〉	6	〈33.99〉	6	25.82	6	26.82	6	25.42	6	25.52	27.33
		16	〈33.01〉	16	30.99	16	〈31.84〉	16	〈32.27〉	16	〈32.31〉	16	〈32.68〉	16	〈33.29〉	16	〈32.15〉	16	〈32.82〉	16	25.81	16	25.29	16	29.71	
		26	〈32.37〉	26	〈33.75〉	26	〈32.31〉	26	31.17	26	〈32.58〉	26	〈32.38〉	26	〈33.79〉	26	24.97	26	〈32.12〉	26	24.99	26	25.44	26	29.39	
	1993	6	25.59	6	〈31.25〉	6	〈31.24〉	6		6		6		6		6		6		6		6		6		25.56
		16	25.63	16	〈31.07〉	16	〈31.27〉	16	〈31.29〉	16	〈31.31〉	16	〈31.02〉	16	〈30.96〉	16	〈31.23〉	16	〈31.24〉	16	〈31.24〉	16	〈31.31〉	16	〈34.97〉	
		26	25.47	26	〈30.99〉	26		26		26		26		26		26		26		26		26		26		
	1994			16		16	〈32.75〉					16	〈32.17〉	16	〈33.73〉	16	〈33.79〉	16	33.61	16	〈34.97〉	16	〈32.23〉	16	32.50	33.06
	1995	15	〈31.30〉	15	〈31.23〉	15	31.62	15	〈32.09〉	15	31.27	15	31.68	15	〈32.47〉	15	〈32.74〉	15	〈32.70〉	15	〈32.59〉	15	31.64	15	〈32.39〉	31.53
	1996	15	31.83	15	39.62	15	39.15	15	〈39.24〉	15	〈37.74〉	15	〈39.83〉	15	35.50	15	35.57	15	35.85	15	36.20	15	34.11	15	〈37.85〉	35.98
	1997	15	33.52	15	26.82	15	〈40.25〉	15	〈39.22〉	15	〈41.29〉	15	26.49	15	35.94	15	36.36	15	41.22	15	41.79	15	〈41.84〉	15	〈45.79〉	34.59
	1998	15	〈43.27〉	15	34.58	15	〈43.62〉	15	43.69	15	〈44.70〉	15	〈45.62〉	15	〈45.10〉	15	〈45.87〉	15	〈46.20〉	15	〈45.48〉	15	40.00	15	〈46.00〉	39.42
	1999	15	〈46.76〉	15	41.00	15	41.75	15	42.00	15	41.75	15	42.00	15	42.22	15	〈54.70〉	15	〈58.22〉	15	44.00	15	〈47.00〉	15	43.10	42.23
	2000	15	42.48	15	〈47.90〉	15	43.00	15		15		15		15		15		15		15						42.74

续表

点号	年份	1月 日	1月 水位	2月 日	2月 水位	3月 日	3月 水位	4月 日	4月 水位	5月 日	5月 水位	6月 日	6月 水位	7月 日	7月 水位	8月 日	8月 水位	9月 日	9月 水位	10月 日	10月 水位	11月 日	11月 水位	12月 日	12月 水位	年平均
K280-1	1990	7	6.51	7	6.53	7	6.41	7	6.36	7	6.39	7	6.53	7	6.63	7	6.72	7	6.74	7	6.80	7	6.67	7	6.68	6.59
		17	6.61	17	6.47	17	6.40	17	6.37	17	6.38	17	6.70	17	6.63	17	6.74	17	6.76	17	6.72	17	6.67	17	6.67	
		27	6.66	27	6.43	27	6.40	27	6.38	27	6.39	27	6.68	27	6.68	27	6.74	27	6.79	27	6.69	27	6.72	27	6.67	
	1991	7	7.36	7	6.89	7	6.82	7	6.82	7	6.91	7	7.05	7	7.19	7	7.44	7	7.66	7	7.58	7	7.86	7	7.62	7.25
		18	6.88	17	6.89	17	6.82	17	6.84	17	7.00	17	7.03	17	7.30	17	7.59	17	7.65	17	7.52	17	7.70	17	7.64	
		27	6.93	27	6.83	27	6.82	27	6.87	27	7.01	27	7.09	27	7.47	27	7.68	27	7.58	27	7.61	27	7.47	27	7.60	
	1992	8	7.58	8	7.55	8	7.66	8	7.62	8	7.78	8	7.90	8	8.14	8	8.40	8	8.51	8	7.90	8	8.43	8	8.37	8.02
		18	7.54	18	7.51	18	7.65	18	7.66	18	7.79	18	8.03	18	8.20	18	8.49	18	8.25	18	8.38	18	8.39	18	8.48	
		28	7.52	28	7.64	28	7.64	28	7.72	28	7.81	28	8.05	28	8.28	28	8.53	28	8.08	28	8.39	28	8.37	28	8.47	
	1993	8	8.51	8	8.39	8	8.45	8	8.49	8	8.62	8	8.84	8	8.89	8	9.15	8	9.24	8	9.27	8	9.28	8	9.20	8.75
		18	8.43	18	8.40	18		18		18		18	9.93	18		18		18		18		18		18		
		28	8.43	28	8.42	28		28		28		28		28		28		28		28		28		28		
	1994	16	9.35	16	9.40	16	〈18.65〉	16	9.56	16	9.65	16	11.35	16	11.01	16	12.02	16	12.15	16	13.04	16	11.94	16	11.98	9.82
	1995	15	9.53	15	10.75	15	10.89	15	10.96	15	11.14	15	12.35	15	11.74	15	12.80	15	12.86	15	12.67	15	12.47	15	12.37	11.46
	1996	15	12.07	15	12.12	15	12.12	15	12.13	15	12.27	15	12.35	15	12.62	15	13.25	15	13.37	15	13.10	15	13.25	15	13.36	12.40
	1997	15	12.47	15	12.73	15	12.13	15	12.00	15	12.10	15	12.35	15	12.83	15	13.25	15	13.00	15	12.80	15	13.25	15	13.36	12.75
	1998	15	13.19	15	13.20	15	13.27	15	13.21	15	13.22	15	13.31	15	13.42	15	13.25	15		15		15	11.68	15	干	13.05
K1	1990	5	10.56	5	10.84	5	10.74	5	10.73	5	10.69	5	10.61	5	10.74	5	10.63	5	10.69	5	10.71	5	10.80	5	10.88	10.76
		15	10.77	15	10.97	15	10.79	15	10.71	15	10.71	15	10.84	15	10.72	15	10.74	15	10.69	15	10.73	15	10.85	15	11.00	
		25	10.79	25	10.77	25	10.75	25	10.68	25	10.62	25	10.83	25	10.70	25	10.69	25	10.69	25	10.75	25	10.91	25	11.03	
	1991	6	11.78	6	11.77	6	11.73	6	11.66	6	11.79	6	11.90	6	11.94	6	12.29	6	12.30	6	12.22	6	12.44	6	12.76	12.07
		16	11.29	16	11.89	16	11.73	16	11.71	16	11.82	16	11.90	16	12.18	16	12.26	16	12.28	16	12.26	16	12.37	16	12.85	
		26	11.62	26	11.78	26	11.69	26	11.72	26	11.88	26	11.89	26	12.52	26	12.40	26	12.26	26	12.32	26	12.55	26	12.82	

续表

点号	年份	1月		2月		3月		4月		5月		6月		7月		8月		9月		10月		11月		12月		年平均
		日	水位	日	水位	日	水位	日	水位	日	水位	日	水位	日	水位	日	水位	日	水位	日	水位	日	水位	日	水位	
K1	1992	6	12.84	6	12.90	6	13.00	6	12.92	6	12.99	6	13.06	6	13.39	6	13.92	6	13.80	6	13.48	6	13.64	6	13.74	13.34
		16	12.87	16	12.95	16	12.98	16	12.93	16	13.00	16	13.19	16	13.43	16	13.93	16	13.77	16	13.65	16	13.67	16	13.81	
		26	12.95	26	12.99	26	12.97	26	12.95	26	12.99	26	13.20	26	13.48	26	13.90	26	13.72	26	13.64	26	13.75	26	13.87	
	1993	6	14.15	6	14.13	6	14.17	6	14.16	6	14.20	6	14.29	6	14.50	6	14.87	6	14.97	6	14.81	6	14.81	6	14.81	14.50
		16	14.11	16	14.15	16	14.15	16	14.11	16	14.24	16	14.31	16	14.54	16	14.89	16	14.95	16	14.81	16	14.81	16	14.81	
		26	14.09	26	14.15	26	14.21	26	14.22	26	14.26	26	14.54	26	14.55	26	14.92	26	14.87	26	14.80	26	14.81	26	14.86	
	1994	6	15.28	6	15.36	6	15.36	6	15.38	6	15.44	6	15.59	6	15.75	6	16.51	6	16.83	6	16.65	6	16.61	6	16.59	15.99
		16	15.45	16	15.44	16	15.33	16	15.41	16	15.47	16	15.63	16	15.90	16	16.64	16	16.69	16	16.70	16	16.63	16	16.58	
		26	15.40	26	15.38	26	15.32	26	15.42	26	15.52	26	15.71	26	16.34	26	16.82	26	16.63	26	16.65	26	16.59	26	16.57	
	1995	5	16.54	5	16.91	5	17.41	5	17.27	5	17.28	5	17.40	5	18.28	5	19.05	5	19.41	5	19.10	5	18.90	5	18.82	18.11
		15	16.54	15	17.15	15	17.41	15	17.35	15	17.33	15	18.06	15	18.59	15	19.24	15	19.24	15	19.03	15	18.85	15	19.00	
		25	16.53	25	17.20	25	17.30	25	17.30	25	17.35	25	18.05	25	18.79	25	19.30	25	19.16	25	18.97	25	18.83	25	19.11	
	1996	5	19.40	5	19.63	5	19.62	5	19.59	5	19.45	5	19.36	5	19.40	5	19.57	5	19.64	5	19.35	5	19.21	5	19.07	19.46
		15	19.49	15	19.83	15	19.58	15	19.60	15	19.40	15	19.28	15	19.32	15	19.74	15	20.57	15	19.30	15	19.12	15	19.03	
		25	19.54	25	19.60	25	19.58	25	19.58	25	19.39	25	19.26	25	19.28	25	19.90	25	19.46	25	19.25	25	19.13	25	19.02	
	1997	5	19.08	5	19.21	5	19.44	5	19.20	5	19.06	5	19.03	5	19.64	5	20.30	5	20.96	5	20.71	5	20.52	5	20.53	19.85
		15	19.11	15	19.28	15	19.39	15	19.15	15	19.02	15	19.63	15	19.66	15	20.41	15	20.91	15	20.63	15	20.51	15	20.56	
		25	19.18	25	19.43	25	19.27	25	19.10	25	19.02	25	19.66	25	19.95	25	20.64	25	20.81	25	20.58	25	20.51	25	20.66	
	1998	5	20.81	5	20.88	5	20.86	5	20.74	5	20.55	5	20.24	5	23.49	5	20.70	5	20.24	5	20.01	5	19.90	5	19.92	20.50
		15	21.01	15	20.92	15	20.86	15	20.68	15	20.51	15	20.17	15	20.61	15	20.36	15	20.16	15	19.97	15	19.89	15	19.89	
		25	21.09	25	20.85	25	20.77	25	20.61	25	20.47	25	20.19	25	20.32	25	20.32	25	20.06	25	19.95	25	19.88	25	19.94	
	1999	5	20.01	5	20.56	5	20.30	5	20.32	5	20.25	5	20.13	5	20.23	5	20.57	5	20.96	5	21.82	5	21.96	5	21.48	20.71
		15	20.13	15	20.49	15	20.41	15	20.29	15	20.20	15	20.17	15	20.20	15	20.63	15	20.96	15	21.59	15	21.96	15	21.51	
		25	20.32	25	20.41	25	20.34	25	20.28	25	20.12	25	20.20	25	20.23	25	21.01	25	21.10	25	21.50	25	21.48	25	21.56	

续表

点号	年份	1月 日	1月 水位	2月 日	2月 水位	3月 日	3月 水位	4月 日	4月 水位	5月 日	5月 水位	6月 日	6月 水位	7月 日	7月 水位	8月 日	8月 水位	9月 日	9月 水位	10月 日	10月 水位	11月 日	11月 水位	12月 日	12月 水位	年平均
K280	1990	7	7.02	7	6.85	7	6.82	7	6.69	7	6.70	7	7.20	7	7.06	7	7.40	7	7.25	7	7.20	7	7.05	7	7.06	7.00
		17	7.02	17	6.79	17	6.77	17	6.78	17	6.85	17	7.33	17	7.07	17	7.19	17	7.25	17	7.11	17	7.03	17	6.97	
		27	6.96	27	6.79	27	6.73	27	6.69	27	6.89	27	7.09	27	7.09	27	7.26	27	7.13	27	7.05	27	7.04	27	6.98	
	1991	7	7.86	7	7.25	7	7.27	7	7.36	7	7.54	7	7.62	7	7.82	7	7.98	7	8.17	7	7.98	7	8.03	7	8.05	7.75
		18	7.39	17	7.22	17	7.25	17	7.40	17	7.67	17	7.62	17	8.09	17	8.18	17	8.00	17	7.89	17	8.09	17	7.95	
		27	7.39	27	7.25	27	7.31	27	7.41	27	7.59	27	7.84	27	8.20	27	8.22	27	7.97	27	8.18	27	8.01	27	7.93	
	1992	8	7.93	8	7.88	8	8.10	8	8.08	8	8.30	8	8.74	8	8.92	8	9.22	8	8.91	8	8.57	8	8.89	8	8.86	8.57
		18	7.95	18	8.01	18	8.11	18	8.18	18	8.32	18	8.67	18	8.74	18	9.13	18	8.93	18	8.84	18	8.84	18	8.90	
		28	7.91	28	8.24	28	8.11	28	8.33	28	8.67	28	8.61	28	9.03	28	8.99	28	8.72	28	8.92	28	8.85	28	8.95	
	1993	8	8.86	8	8.80	8	9.04	8	9.03	8	9.15	8	9.39	8	9.49	8	9.77	8	9.65	8	9.60	8	9.73	8	9.69	9.23
		18	8.84	18	8.92			18		18		18		18		18		18		18		18		18		
		28	8.84	28	8.92			28		28		28		28		28		28		28		28		28		
	1994	16	9.94	16	9.97	16	10.03	16	10.09	16	10.47	16	10.48	16	11.01	16	11.33	16	11.59	16	11.23	16	11.14	16	11.04	10.69
	1995	15	11.03	15	11.39	15	11.36	15	11.63	15	11.62	15	12.13	15	12.11	15	12.97	15	12.59	15	11.56	15	12.23	15	12.70	11.94
	1996	15	12.55	15	12.45	15	12.89	15	12.54	15	12.83	15	12.94	15	13.11	15	13.82	15	13.88	15	12.92	15	12.71	15	12.73	12.95
	1997	15	12.88	15	13.07	15	12.27	15	12.18	15	12.70	15	13.00	15	13.22	15	13.63	15	13.59	15	13.25	15	13.53	15	13.70	13.09
	1998	15	13.51	15	13.50	15	13.75	15	13.33	15	13.38	15	13.86	15	13.91	15	13.33	15	13.34	15	12.92	15	12.99	15	12.56	13.37
	1999	15	12.60	15	12.31	15	12.75	15	12.50	15	12.42	15	12.73	15	14.10	15	14.02	15	14.64	15	14.06	15	13.95	15	14.03	13.34
S13-1	1996	15	10.74	15	10.57	15	10.72	15	10.48	15	11.31	15	11.40	15	11.52	15	11.22	15	13.07	15	11.35	15	10.87	15	10.23	11.23
	1997	15	9.87	15	9.78	15	8.90	15	8.42	15	9.62	15	11.10	15	8.87	15	9.16	15	11.43	15	10.88	15	11.36	15	11.48	10.47
	1998	15	11.53	15	11.67	15	12.13	15	9.87	15	10.27	15	⟨14.98⟩	15	8.37	15	⟨12.72⟩	15	⟨13.93⟩	15	7.74	15	8.23	15	7.72	9.72
	1999	15	7.63	15	7.48	15	9.66	15	⟨14.17⟩	15	8.99	15	7.97	15	9.52	15	9.32	15	9.32	15	8.22	15	8.42	15	7.68	8.37
井113-1	1990	5	9.45	5	9.50	5	9.54	5	9.50	5	9.45	5	9.37	5	9.50	5	9.37	5	9.37	5		5				
		15	10.42	15	9.52	15	9.53	15	9.47	15	9.41	15	⟨10.39⟩	15	9.50	15	9.48	15	9.42	15		15		15		9.51
		25	9.59	25	9.53	25	9.47	25	9.45	25	9.37	25	9.60	25	9.46	25	9.42	25	9.41	25		25		25	9.64	

第一章 西安市

续表

点号	年份	1月 日	1月 水位	2月 日	2月 水位	3月 日	3月 水位	4月 日	4月 水位	5月 日	5月 水位	6月 日	6月 水位	7月 日	7月 水位	8月 日	8月 水位	9月 日	9月 水位	10月 日	10月 水位	11月 日	11月 水位	12月 日	12月 水位	年平均
井113-1	1991	7	10.37	7	〈13.33〉	7	10.29	7	10.27	7	10.32	7	10.34	7	10.32	7	10.59	7	10.53	7		7	10.69	7	10.78	10.42
		17	9.81	17	10.30	17	10.31	17	10.31	17	10.32	17	10.36	17	10.69	17	10.53	17	10.43	17		17	10.73	17	〈13.23〉	
		27	9.95	27	10.33	27	10.28	27	10.29	27	10.34	27	10.27	27	〈14.34〉	27	10.68	27	10.52	27		27	10.78	27	10.86	
	1992	6	11.11	6	11.21	6	11.31	6	11.20	6	11.23	6	11.33	6	〈13.30〉	6	〈13.67〉	6	12.04	6	10.82	6		6	〈13.79〉	11.40
		16	11.11	16	11.19	16	11.31	16	11.20	16	11.26	16	11.73	16	11.70	16	〈14.18〉	16	11.91	16		16		16		
		26	11.17	26	11.28	26	11.21	26	11.20	26	11.26	26	11.46	26	11.65	26	12.28	26	11.91	26		26		26	〈13.91〉	
	1993	4	12.06	4	12.21	4	12.35	4	12.40	4	12.47	4	12.45	4	12.64	4	〈13.85〉	4	〈14.32〉	4	12.75	4	12.75	4	12.68	12.54
		14	12.07	14	12.19	14	12.39	14	12.40	14	12.47	14	12.50	14	12.63	14	〈14.20〉	14	13.23	14		14	12.78	14	12.74	
		24	12.16	24	12.28	24	12.37	24	12.45	24	12.47	24	12.60	24	12.62	24	13.04	24	13.02	24		24	12.70	24	12.77	
	1994	6	12.85	6	13.11	6	13.49	6	13.53	6	13.56	6	13.75	6	13.84	6	〈15.42〉	6	14.82	6	14.63	6	14.68	6	14.69	13.99
		16	〈14.75〉	16	13.43	16	13.47	16	13.00	16	13.62	16	13.69	16	13.92	16	〈15.77〉	16	14.69	16	14.73	16	14.67	16	14.69	
		26	13.25	26	13.40	26	13.45	26	13.59	26	13.65	26	13.82	26	〈15.30〉	26	14.95	26	14.65	26	14.70	26	14.68	26	14.72	
	1995	5	14.73	5	〈16.22〉	5	15.57	5	〈16.52〉	5	15.45	5	15.51	5	〈18.85〉	5	〈18.51〉	5	17.74	5	17.24	5	17.01	5	16.94	16.21
		15	14.74	15	〈16.58〉	15	〈16.62〉	15	〈17.57〉	15	15.45	15	〈17.92〉	15	〈18.52〉	15	〈18.40〉	15	17.42	15	〈18.32〉	15	16.99	15	17.15	
		25	14.75	25	〈16.62〉	25	15.46	25	15.47	25	15.49	25	16.02	25	〈18.19〉	25	〈18.58〉	25	17.37	25	17.03	25	16.95	25	〈18.28〉	
	1996	5	〈18.47〉	5	17.98	5	17.97	5	17.93	5	17.80	5	17.74	5	17.77	5	〈18.82〉	5	18.02	5	17.68	5	17.61	5	17.51	17.75
		15	17.44	15	〈19.66〉	15	17.94	15	17.87	15	17.82	15	17.72	15	17.72	15	〈19.32〉	15	17.87	15	17.63	15	17.53	15	17.50	
		25	18.00	25	18.17	25	17.02	25	17.93	25	17.77	25	17.79	25	17.66	25	18.17	25	17.79	25	17.62	25	17.52	25	17.50	
	1997	5	17.54	5	17.54	5	17.97	5	17.81	5	17.74	5	17.72	5	18.17	5	18.65	5	〈22.25〉	5	19.43	5	19.25	5	19.20	18.36
		15	17.56	15	〈19.62〉	15	17.91	15	17.81	15	17.74	15	〈19.65〉	15	18.12	15	〈21.02〉	15	19.60	15	19.31	15	19.25	15	19.18	
		25	17.56	25	17.70	25	17.89	25	17.77	25	17.72	25	18.30	25	〈20.72〉	25	〈21.45〉	25	19.48	25	19.20	25	19.23	25	〈20.75〉	
	1998	15	19.63	15	19.64	15	19.59	15	19.50	15	19.37	15	19.56	15	19.45	15	19.38	15	19.20	15	19.04	15	18.98	15	18.99	19.36
	1999	15	19.10	15	19.38	15	19.47	15	19.47	15	19.40	15	19.49	15	19.31	15	19.82	15	20.14	15	20.13	15	20.00	15	20.05	19.65

续表

点号	年份	1月 日	1月 水位	2月 日	2月 水位	3月 日	3月 水位	4月 日	4月 水位	5月 日	5月 水位	6月 日	6月 水位	7月 日	7月 水位	8月 日	8月 水位	9月 日	9月 水位	10月 日	10月 水位	11月 日	11月 水位	12月 日	12月 水位	年平均
119-1	1990	5	〈12.97〉	5	12.55	5	12.59	5	12.57	5	12.55	5	12.59	5	12.72	5	12.57	5	12.62	5	12.59	5	12.62	5	12.72	12.62
		15	12.44	15	12.65	15	12.57	15	12.67	15	12.52	15	〈15.32〉	15	12.67	15	12.62	15	12.62	15	12.56	15	12.67	15	12.72	
		25	〈12.92〉	25	12.55	25	12.59	25	12.61	25	12.49	25	12.77	25	12.67	25	12.65	25	12.57	25	12.62	25	12.75	25	12.78	
	1991	5	12.87	5	13.33	5	13.47	5	13.50	5	13.57	5	13.75	5	13.79	5	14.24	5	14.32	5	14.23	5	14.39	5	14.73	13.85
		15	〈14.62〉	15	13.53	15	13.45	15	13.51	15	13.63	15	13.74	15	〈14.52〉	15	14.30	15	14.28	15	14.23	15	〈15.92〉	15	〈16.27〉	
		25	13.22	25	13.42	25	13.40	25	13.53	25	13.70	25	13.73	25	〈15.92〉	25	14.38	25	14.25	25	14.25	25	〈16.45〉	25	14.69	
	1992	5	14.74	5	14.88	5	14.90	5	14.81	5	14.77	5	14.91	5	15.14	5	〈16.87〉	5	15.76	5	15.76	5	15.68	5	15.63	15.23
		15	14.84	15	14.79	15	14.89	15	14.77	15	14.83	15	14.92	15	15.39	15	16.02	15	15.70	15	15.56	15	15.67	15	15.72	
		25	14.84	25	14.84	25	14.84	25	14.74	25	14.88	25	15.09	25	15.31	25	15.82	25	15.66	25	15.60	25	15.69	25	15.81	
	1993	5	16.11	5	〈17.61〉	5	15.75	5	16.02	5	16.05	5	16.16	5	16.45	5	16.84	5	17.03	5	16.71	5	16.92	5	16.99	16.48
		15	16.16	15	15.96	15	16.17	15	15.95	15	16.10	15	16.18	15	16.50	15	17.00	15	17.16	15	16.95	15	16.95	15	16.90	
		25	16.17	25	15.81	25	16.07	25	16.10	25	16.11	25	16.55	25	16.53	25	16.98	25	17.00	25	16.94	25	16.96	25	〈18.80〉	
	1994	5	17.35	5	17.70	5	17.40	5	17.45	5	17.41	5	17.60	5	17.82	5	〈19.62〉	5	18.94	5	18.82	5	18.72	5	18.67	17.98
		15	17.50	15	17.56	15	17.35	15	17.38	15	17.42	15	17.51	15	17.77	15	18.47	15	18.77	15	18.80	15	18.70	15	18.67	
		25	17.40	25	17.45	25	17.34	25	17.38	25	17.50	25	17.63	25	〈19.54〉	25	〈19.52〉	25	18.79	25	18.77	25	18.68	25	18.58	
	1995	5	18.57	5	18.77	5	19.39	5	19.33	5	19.28	5	19.37	5	20.57	5	〈22.46〉	5	21.24	5	21.07	5	20.91	5	20.82	19.91
		15	18.47	15	19.02	15	〈20.01〉	15	19.36	15	19.38	15	19.47	15	〈21.57〉	15	21.34	15	21.11	15		15	20.83	15	〈21.96〉	
		25	18.54	25	19.21	25	19.36	25	19.32	25	19.37	25	20.27	25	〈22.27〉	25	21.15	25	21.62	25	21.21	25	20.87	25	21.03	
	1996	5	21.35	5	21.46	5	21.50	5	21.42	5	21.01	5	21.23	5	21.34	5	21.42	5	21.52	5		5		5	20.97	21.32
		15	21.44	15	21.22	15	21.46	15	21.43	15	21.32	15	21.17	15	21.14	15	〈23.33〉	15	21.41	15	21.21	15		15	21.04	
		25	21.46	25	21.38	25	21.40	25	21.45	25	21.31	25	21.27	25	21.18	25	22.07	25	〈26.00〉	25		25	21.02	25	20.85	
	1997	5	20.89	5	〈23.07〉	5	21.00	5	20.85	5	20.72	5	20.75	5	21.35	5	〈23.22〉	5	22.47	5	22.16	5	22.16	5	22.20	21.43
		15	20.97	15	21.15	15	20.80	15	20.80	15	20.73	15	〈22.77〉	15	21.40	15	〈25.40〉	15	22.47	15	22.21	15	22.10	15	22.15	
		25	21.03	25		25	20.61	25	20.75	25	20.67	25	21.39	25	21.64	25	〈25.80〉	25	22.42	25	22.14	25	22.18	25	22.23	

续表

点号	年份	1月		2月		3月		4月		5月		6月		7月		8月		9月		10月		11月		12月		年平均
		日	水位	日	水位	日	水位	日	水位	日	水位	日	水位	日	水位	日	水位	日	水位	日	水位	日	水位	日	水位	
119-1	1998	5	22.16	5	22.34	5	22.47	5	22.30	5	22.12	5	21.75	5	22.15	5	20.15	5	21.79	5	21.58	5	21.65	5	20.75	21.88
		15	22.38	15	22.38	15	22.65	15	22.19	15	21.97	15	21.77	15	22.05	15	21.99	15	21.68	15	21.23	15	21.32	15	21.62	
		25	22.42	25	22.41	25	22.34	25	22.17	25	21.87	25	21.93	25	21.97	25	22.02	25	21.51	25	21.54	25	21.43	25	21.51	
	1999	5	21.41	5	〈23.56〉	5	21.92	5	21.63	5	21.77	5	21.67	5	22.12	5	22.24	5	22.69	5	22.72	5	22.35	5	22.55	22.08
		15	21.56	15	21.68	15	22.05	15	21.49	15	21.43	15	21.95	15	21.59	15	〈23.27〉	15	〈22.57〉	15	22.85	15	22.65	15	22.76	
		25	23.49	25	21.76	25	21.61	25	21.57	25	21.41	25	21.52	25	21.52	25	〈23.63〉	25	22.90	25	22.65	25	22.39	25	22.79	
Ⅲ3	1990	6	〈25.72〉	6	〈24.49〉	6	〈24.53〉	6	〈24.89〉	6	〈24.85〉	6	〈25.48〉	6	〈25.63〉	6	〈24.83〉	6	〈24.89〉	6	〈23.39〉	6	〈23.90〉	6	〈23.47〉	
		16	〈24.99〉	16	〈24.31〉	16	〈24.96〉	16	〈24.58〉	16	〈28.08〉	16	〈25.32〉	16	〈25.77〉	16	〈24.92〉	16	〈24.45〉	16	〈24.00〉	16	〈23.83〉	16	〈23.33〉	
		26	〈25.10〉	26	〈24.43〉	26	〈24.61〉	26	〈24.94〉	26	〈25.47〉	26	〈25.78〉	26	〈25.83〉	26	〈24.78〉	26	〈23.97〉	26	〈24.06〉	26	〈23.90〉	26	〈23.58〉	
	1991	5	10.13	5	10.05	5	15.73	5	〈24.03〉	5	〈24.80〉	5	〈25.20〉	5	〈25.07〉	5	〈25.81〉	5	〈25.72〉	5	〈25.57〉	5	17.10	5	〈28.70〉	12.09
		15	〈24.17〉	15	〈25.15〉	15	〈23.93〉	15	10.00	15	〈25.05〉	15	〈25.25〉	15	〈25.80〉	15	〈25.79〉	15	〈25.62〉	15	〈25.60〉	15	〈26.77〉	15	〈28.48〉	
		25	11.42	25	〈24.52〉	25	〈24.96〉	25	10.19	25	〈25.49〉	25	〈25.60〉	25	〈26.48〉	25	〈25.92〉	25	〈25.73〉	25	〈25.64〉	25	〈27.66〉	25	〈28.68〉	
	1992	5	〈27.70〉	5	〈29.23〉	5	〈29.09〉	5	〈28.79〉	5	〈27.91〉	5	〈28.47〉	5	〈28.26〉	5	18.37	5	10.20	5	〈16.80〉	5	〈15.70〉	5	〈25.56〉	15.09
		15	〈28.05〉	15	〈28.96〉	15	〈28.83〉	15	〈28.36〉	15	〈27.73〉	15	〈27.58〉	15	〈27.15〉	15	〈26.71〉	15	〈25.00〉	15	〈16.16〉	15	〈15.67〉	15	16.70	
		25		25	17.52	25	〈28.87〉	25	〈27.99〉	25	〈28.72〉	25	〈28.24〉	25	〈27.48〉	25	〈25.62〉	25	〈25.30〉	25	〈15.78〉	25	〈15.75〉	25	〈25.92〉	
	1993	5	〈26.33〉	5	〈25.98〉	5	〈26.16〉	5	〈25.54〉	5	〈24.48〉	5	〈26.82〉	5	〈26.83〉	5	〈27.13〉	5	〈26.24〉	5	〈26.46〉	5	〈26.59〉	5	〈30.59〉	17.52
		15	〈26.17〉	15	〈25.92〉	15		15	〈31.35〉	15	〈31.93〉	15	〈32.33〉	15	〈32.78〉	15	〈31.86〉	15	〈32.74〉	15	〈32.21〉	15		15		
		25	〈26.42〉	25	〈26.06〉	25	〈32.16〉	25	〈31.05〉	25	21.54	25		25		25		25		25		25	〈33.13〉	25	〈29.44〉	
	1994	15	〈31.39〉	15	〈31.50〉	15	〈32.38〉	15		15		15		15		15		15		15		15	〈33.45〉	15	〈23.79〉	21.54
	1995	15	〈31.26〉	15	〈31.42〉	15		15		15		15		15		15		15		15		15		15		
135-1	1996	5	20.24	5	〈21.52〉	5	20.24	5	20.48	5	20.45	5	20.41	5	20.52	5	20.57	5	21.17	5	20.91	5	20.74	5	20.60	20.60
		15	20.33	15	〈21.72〉	15	20.62	15	20.39	15	20.43	15	20.37	15	20.45	15	〈22.02〉	15	21.17	15	20.85	15	20.62	15	20.62	
		25	20.34	25	20.58	25	20.47	25	20.51	25	20.46	25	20.45	25	20.45	25	21.24	25	21.13	25	20.78	25	20.67	25	20.46	

续表

点号	年份	1月 日	1月 水位	2月 日	2月 水位	3月 日	3月 水位	4月 日	4月 水位	5月 日	5月 水位	6月 日	6月 水位	7月 日	7月 水位	8月 日	8月 水位	9月 日	9月 水位	10月 日	10月 水位	11月 日	11月 水位	12月 日	12月 水位	年平均
135-1	1997	5	20.51	5	20.58	5	20.60	5	20.30	5	20.17	5	20.05	5	20.75	5	21.40	5	22.02	5	21.73	5	21.60	5	21.61	21.00
		15	20.52	15	⟨22.67⟩	15	20.52	15	20.25	15	20.19	15	20.99	15	⟨22.12⟩	15	21.59	15	21.90	15	21.73	15	21.58	15	21.58	
		25	20.53	25	⟨22.66⟩	25	20.40	25	20.18	25	20.00	25	20.80	25	⟨22.30⟩	25	21.76	25	21.90	25	21.68	25	21.60	25	⟨22.95⟩	
	1998	15	21.95	15	21.94	15	21.91	15	21.77	15	21.62	15	21.54	15	21.85	15	21.93	15	21.76	15	21.46	15	21.58	15	21.34	21.72
	1999	15	21.54	15	21.70	15	21.85	15	21.65	15	21.52	15	21.53	15	21.53	15	⟨25.62⟩	15	22.37	15	22.41	15	23.36	15	22.38	21.99
211-1	1990	5	12.47	5	12.27	5	12.07	5	11.97	5	⟨12.42⟩	5	12.13	5	12.22	5	⟨12.53⟩	5	⟨12.67⟩	5	12.20	5	⟨12.63⟩	5	12.27	12.20
		15	12.42	15	⟨12.95⟩	15	⟨12.67⟩	15	⟨12.37⟩	15	12.06	15	⟨14.12⟩	15	12.22	15	12.22	15	⟨13.02⟩	15	12.15	15	⟨12.59⟩	15	12.22	
		25	12.32	25	12.15	25	12.03	25	12.09	25	⟨12.62⟩	25	12.35	25	12.20	25	⟨12.77⟩	25	12.20	25	12.17	25	12.27	25	12.23	
	1991	4	12.27	4	12.68	4	11.86	4	13.61	4	12.86	4	12.85	4	12.97	4	13.19	4	13.56	4	13.29	4	13.29	4	13.40	13.03
		14	⟨13.19⟩	14	12.86	14	12.68	14	13.66	14	12.85	14	12.80	14	13.16	14	12.86	14	13.34	14	13.24	14	13.34	14	13.39	
		24	12.58	24	12.80	24	11.81	24	13.67	24	12.90	24	12.05	24	13.19	24	13.48	24	13.39	24	13.24	24	13.34	24	13.50	
	1992	4	13.58	4	13.80	4	13.68	4	13.61	4	13.78	4	13.94	4	14.13	4	14.73	4	14.66	4	14.50	4	⟨17.97⟩	4	⟨17.97⟩	14.06
		14	13.66	14	13.84	14	13.73	14	13.70	14	13.85	14	⟨16.68⟩	14	14.18	14	14.68	14	14.63	14	14.33	14	⟨18.07⟩	14	⟨18.02⟩	
		24	13.71	24	13.33	24	13.76	24	13.73	24	13.92	24	14.08	24	14.22	24	14.58	24	14.38	24	14.35	24	14.67	24	⟨18.07⟩	
	1993	4	⟨17.07⟩	4	⟨18.07⟩	4	14.87	4	14.90	4	14.95	4	⟨16.10⟩	4	15.10	4	⟨16.47⟩	4	⟨16.60⟩	4	15.85	4	15.87	4	15.87	15.39
		14	⟨17.47⟩	14	14.87	14	14.90	14	14.87	14	⟨14.40⟩	14	15.05	14	15.50	14	15.76	14	⟨17.00⟩	14	15.80	14	15.89	14	15.85	
		24	⟨17.17⟩	24	14.87	24	14.73	24	⟨16.00⟩	24	15.00	24	⟨16.20⟩	24	15.53	24	15.70	24	⟨18.25⟩	24	15.85	24	15.86	24	15.90	
	1994	5	16.09	5	16.48	5	16.00	5	15.35	5	16.40	5	16.60	5	16.67	5	18.04	5	18.29	5	18.07	5	17.84	5	17.71	17.03
		15	⟨17.20⟩	15	16.02	15	16.25	15	16.38	15	16.47	15	16.60	15	16.74	15	18.17	15	18.13	15	17.98	15	17.85	15	17.68	
		25	16.50	25	16.00	25	16.28	25	16.40	25	⟨17.50⟩	25	16.67	25	⟨18.34⟩	25	⟨19.04⟩	25	18.07	25	17.87	25	17.71	25	17.67	
	1995	5	17.66	5	⟨19.27⟩	5	⟨19.53⟩	5	18.27	5	18.37	5	18.51	5	⟨22.00⟩	5	⟨22.26⟩	5	20.24	5	20.42	5	20.23	5	20.15	19.43
		15	17.70	15	⟨19.02⟩	15	⟨21.27⟩	15	18.57	15	18.45	15	19.25	15	⟨22.27⟩	15	20.68	15	20.54	15	20.27	15	20.20	15	20.12	
		25	17.72	25	⟨19.27⟩	25	18.37	25	18.34	25	18.48	25	21.47	25	20.17	25	⟨22.44⟩	25	20.49	25	20.35	25	20.22	25	⟨21.76⟩	

第一章　西安市

续表

点号	年份	1月 日	1月 水位	2月 日	2月 水位	3月 日	3月 水位	4月 日	4月 水位	5月 日	5月 水位	6月 日	6月 水位	7月 日	7月 水位	8月 日	8月 水位	9月 日	9月 水位	10月 日	10月 水位	11月 日	11月 水位	12月 日	12月 水位	年平均
211-1	1996	5	〈22.03〉	5	20.81	5	21.18	5	20.85	5		5	20.41	5	20.60	5	20.52	5	21.05	5	20.79	5	20.60	5	20.47	20.69
		15	20.60	15	〈22.00〉	15	20.92	15	20.71	15	20.42	15	20.37	15	20.42	15	〈22.32〉	15	20.99	15	20.77	15	20.55	15	20.46	
		25	20.64	25	〈22.09〉	25	20.89	25	20.69	25	20.44	25	20.37	25	20.43	25	21.97	25	20.90	25	20.64	25	20.51	25	20.33	
	1997	5	20.38	5	20.31	5	20.56	5	20.29	5	20.10	5	20.07	5	20.75	5	21.41	5	21.95	5	21.66	5	21.64	5	21.65	20.95
		15	〈21.32〉	15	〈22.43〉	15	20.45	15	20.22	15	20.08	15	〈21.57〉	15	20.72	15	21.50	15	21.89	15	21.66	15	21.60	15	21.60	
		25	20.85	25	20.70	25	20.40	25	20.17	25	20.07	25	20.77	25	〈23.10〉	25	〈23.70〉	25	21.75	25	21.66	25	21.63	25	〈23.00〉	
	1998	5	21.78	5	21.84	5	21.82	5	21.82	5	21.77	5	21.70	5	23.25	5	19.95	5	21.93	5	21.88	5	21.70	5	21.64	21.67
		15	21.92	15	21.92	15	21.85	15	21.77	15	21.77	15	21.65	15	21.95	15	21.98	15	20.01	15	21.74	15	21.61	15	21.63	
		25	21.90	25	21.85	25	21.74	25	21.75	25	21.71	25	21.75	25	21.90	25	19.94	25	21.88	25	21.73	25	21.59	25	21.61	
	1999	5	21.72	5	〈22.98〉	5	21.94	5	21.87	5	21.86	5	21.85	5	21.90	5	〈22.88〉	5	23.37	5	22.55	5	22.60	5	22.60	22.19
		15	21.82	15	21.98	15	21.89	15	21.87	15	21.85	15	21.93	15	21.89	15	22.37	15	22.52	15	22.55	15	22.62	15	22.63	
		25	〈22.75〉	25	21.88	25	21.89	25	21.89	25	21.82	25	21.85	25	21.96	25	22.47	25	22.62	25	22.60	25	22.60	25	22.65	
276-1	1996	5	〈20.87〉	5	19.55	5	20.59	5	20.29	5	20.08	5	20.17	5	20.46	5	20.39	5	21.07	5	20.62	5	20.60	5	20.60	20.34
		15	19.82	15	19.76	15	20.50	15	20.22	15	20.12	15	20.24	15	20.29	15	〈22.07〉	15	20.71	15	20.60	15	20.50	15	20.57	
		25	19.58	25	20.29	25	20.46	25	20.14	25	20.10	25	20.17	25	20.27	25	〈22.73〉	25	20.57	25	20.57	25	20.61	25	20.56	
	1997	5	20.47	5	20.49	5	20.70	5	20.65	5	20.54	5	20.51	5	21.27	5	〈23.33〉	5	〈23.76〉	5	22.78	5	22.60	5	22.58	21.47
		15	20.49	15	〈22.57〉	15	20.64	15	20.60	15	20.52	15	〈22.13〉	15	21.15	15	21.86	15	23.00	15	22.70	15	22.60	15	22.60	
		25	20.47	25	20.57	25	20.75	25	20.56	25	20.49	25	21.54	25	〈23.16〉	25	〈23.26〉	25	22.82	25	22.62	25	22.57	25	22.87	
	1998	5	23.00	5	〈24.67〉	5	22.87	5	22.78	5	22.77	5	22.65	5	22.10	5	23.18	5	23.03	5	22.92	5	22.86	5	22.87	22.82
		15	23.02	15	23.50	15	23.57	15	23.45	15	23.52	15	23.62	15	23.39	15	〈24.24〉	15	24.37	15	24.15	15	24.30	15	24.19	
	1999	5	20.22	5	〈23.39〉	5	20.63	5	20.47	5	20.97	5	21.24	5	21.58	5	〈23.40〉	5	21.85	5	21.56	5	21.56	5	21.76	23.73
281-1	1996	15	〈22.41〉	15	20.51	15	20.65	15	21.51	15	21.40	15	21.25	15	21.64	15	21.90	15	22.25	15	21.57	15	21.51	15	21.75	21.37
		25	20.60	25		25	20.70	25	20.92	25	21.18	25	20.95	25	22.53	25	21.98	25	22.33	25	21.62	25	21.58	25	21.70	

续表

点号	年份	1月 日	1月 水位	2月 日	2月 水位	3月 日	3月 水位	4月 日	4月 水位	5月 日	5月 水位	6月 日	6月 水位	7月 日	7月 水位	8月 日	8月 水位	9月 日	9月 水位	10月 日	10月 水位	11月 日	11月 水位	12月 日	12月 水位	年平均
281-1	1997	5	22.78	5	21.38	5	20.83	5	20.90	5	21.12	5	21.43	5	21.87	5	21.86	5	22.07	5	21.88	5	22.18	5	22.24	21.61
		15	21.70	15	21.01	15	20.86	15	20.96	15	21.13	15	21.66	15	21.85	15	21.95	15	21.95	15	20.10	15	22.29	15	22.07	
		25	22.67	25	20.96	25	20.93	25	20.96	25	21.10	25	21.75	25	21.85	25	22.05	25	21.87	25	21.13	25	22.38	25	22.32	
	1998	5	22.92	5	22.17	5	22.27	5	22.51	5	22.67	5	22.45	5	23.62	5	24.32	5	23.94	5	23.96	5	24.04	5	24.26	23.36
		15	22.98	15	22.17	15	22.38	15	22.57	15	22.67	15		15	23.74	15	24.18	15	24.08	15	23.96	15	24.08	15	24.38	
		25	21.54	25	干	25	22.44	25	23.79	25	22.57	25		25	23.63	25	24.02	25	24.01	25	23.98	25	24.14	25	24.43	
	1999	5	24.43	5	24.44	5	24.38	5	24.28	5	24.18	5		5		5		5		5		5		5		24.33
		15	24.41	15	24.38	15	24.48	15	24.20	15	24.04	15		15		15		15		15		15		15		
		25	24.48	25	24.34	25	24.36	25	24.24	25	干	25		25		25		25		25		25		25		
682	1996	5	19.22	5	20.02	5	19.63	5	19.78	5	19.26	5	19.30	5	19.46	5	19.08	5	19.11	5	18.89	5	18.83	5	18.92	19.25
		15	19.37	15	20.13	15	19.67	15	19.52	15	19.37	15	19.05	15	19.09	15	19.01	15	19.07	15	18.90	15	18.87	15	19.05	
		25	〈20.47〉	25	19.64	25	19.72	25	19.27	25	19.45	25	19.29	25	18.99	25	〈21.49〉	25	18.83	25	18.97	25	18.82	25	18.92	
	1997	5	18.99	5	19.17	5	19.22	5	18.96	5	18.70	5	18.82	5	19.53	5	20.03	5	20.59	5	20.32	5	20.04	5	20.36	19.63
		15	19.11	15	19.31	15	19.18	15	18.86	15	18.69	15	〈21.45〉	15	19.66	15	20.30	15	20.71	15	20.07	15	20.24	15	20.44	
		25	19.17	25	19.38	25	19.03	25	18.75	25	18.70	25	19.87	25	〈21.50〉	25	〈22.50〉	25	20.68	25	20.08	25	20.30	25	20.57	
	1998	5	20.70	5	20.84	5	20.87	5	19.91	5	19.77	5	18.53	5	19.90	5	〈21.25〉	5	19.16	5	19.40	5	19.35	5	19.41	19.70
		15	〈22.50〉	15	20.89	15	20.47	15	19.54	15	19.52	15	19.52	15	19.35	15	19.40	15	19.26	15	18.32	15	19.35	15	19.43	
		25	20.74	25	20.82	25	20.34	25	19.37	25	20.10	25	19.65	25	19.20	25	〈20.44〉	25	19.35	25	19.28	25	19.37	25	19.45	
	1999	5	〈22.32〉	5	19.86	5	19.83	5	19.90	5	19.55	5	19.47	5	19.25	5	20.02	5	20.67	5	20.38	5	20.40	5	20.43	19.95
		15	19.76	15	19.92	15	19.92	15	19.82	15	19.44	15	19.53	15	19.29	15	〈21.02〉	15	20.78	15	20.40	15	20.35	15	20.46	
		25	〈20.72〉	25	19.87	25	19.96	25	19.74	25	19.35	25	19.54	25	19.36	25	20.58	25	20.67	25	20.35	25	20.40	25	20.49	
Ⅲ1-1	1990	16	18.40	16	〈37.79〉	16	〈37.82〉	16	〈37.94〉	16	〈35.36〉	16	〈37.38〉	16		16	〈35.67〉	16	〈38.08〉	16	〈37.27〉	16	〈37.38〉	16	〈37.37〉	19.49
	1991	15	〈37.92〉	15	〈37.81〉	15	〈37.03〉	15	〈35.97〉	15	〈36.34〉	15	〈35.04〉	15	〈36.55〉	15	〈35.67〉	15	〈36.89〉	15	〈35.67〉	15	17.82	15	〈38.15〉	17.82
	1992	15	〈37.33〉	15	〈37.82〉	15	20.22	15	〈35.65〉	15	〈37.95〉	15	〈36.86〉	15	〈35.75〉	15	〈32.42〉	15		15				15	26.41	23.32

续表

点号	年份	1月 日	1月 水位	2月 日	2月 水位	3月 日	3月 水位	4月 日	4月 水位	5月 日	5月 水位	6月 日	6月 水位	7月 日	7月 水位	8月 日	8月 水位	9月 日	9月 水位	10月 日	10月 水位	11月 日	11月 水位	12月 日	12月 水位	年平均
Ⅲ1-1	1996	15	⟨32.32⟩	15	⟨34.81⟩	15	⟨35.98⟩	15	⟨36.54⟩	15	⟨37.24⟩	15	27.68	15	⟨37.05⟩	15	27.76	15	28.97	15	⟨38.11⟩	15	⟨37.76⟩	15	⟨35.88⟩	28.14
	1997	15	⟨39.02⟩	15	⟨38.90⟩	15	38.54	15	⟨36.72⟩	15	⟨36.79⟩	15	⟨37.50⟩	15	⟨37.11⟩	15	37.46	15	⟨41.17⟩	15	⟨41.04⟩	15	⟨40.71⟩	15	⟨40.32⟩	38.00
	1998	15	⟨39.39⟩	15	⟨39.95⟩	15	⟨39.52⟩	15	⟨39.29⟩	15	⟨39.70⟩	15	⟨39.26⟩	15	⟨39.80⟩	15	⟨38.15⟩	15	⟨31.82	15	⟨39.00⟩	15	⟨39.22⟩	15	⟨39.40⟩	31.82
	1999	15	⟨39.78⟩	15	⟨39.12⟩	15	⟨31.20⟩	15	⟨34.40⟩	15	⟨39.72⟩	15	⟨40.20⟩	15	32.10	15	⟨41.03⟩	15	⟨41.86⟩	15	32.35	15	⟨42.55⟩	15	⟨42.96⟩	32.23
Ⅲ6-1	1996	15	⟨38.43⟩	15	⟨38.95⟩	15	⟨39.58⟩	15	⟨39.90⟩	15	⟨38.68⟩	15	⟨40.00⟩	15	33.28	15	31.33	15	32.62	15	33.13	15	⟨39.99⟩	15	⟨40.04⟩	32.59
	1997	15	⟨40.90⟩	15	⟨38.70⟩	15	⟨40.73⟩	15	⟨41.16⟩	15	⟨41.38⟩	15	⟨42.08⟩	15	⟨42.09⟩	15	⟨42.07⟩	15	⟨42.07⟩	15	⟨42.03⟩	15	⟨41.34⟩	15	⟨41.87⟩	
	1998	15	34.17	15	⟨36.78⟩	15	⟨41.57⟩	15	32.16	15	⟨42.20⟩	15	⟨42.80⟩	15	⟨42.15⟩	15	35.15	15	34.82	15	⟨44.90⟩	15	35.85	15	⟨45.30⟩	34.43
	1999	15	35.45	15	34.90	15	⟨45.10⟩	15	⟨44.70⟩	15	⟨34.60⟩	15	⟨43.00⟩	15	⟨39.10⟩	15	⟨40.00⟩	15	⟨40.77⟩	15	⟨40.46⟩	15	⟨41.62⟩	15	⟨41.70⟩	35.18
Ⅲ18-1	1991									15						15	⟨25.12⟩	15	⟨25.25⟩	15	⟨25.30⟩	15	⟨29.00⟩	15	⟨31.42⟩	
	1992	15	⟨32.00⟩	15	⟨32.90⟩	15	⟨33.44⟩	15	⟨33.82⟩	15	⟨33.62⟩	15	⟨32.20⟩	15	⟨33.83⟩	15	⟨33.95⟩	15	⟨34.40⟩	15	⟨34.82⟩	15	⟨35.00⟩	15	⟨34.56⟩	24.65
	1998	15	⟨36.85⟩	15	⟨37.06⟩	15	⟨7.45⟩	15	⟨37.65⟩	15	⟨38.07⟩	15	24.33	15	⟨41.72⟩	15	24.85	15	24.76	15	⟨38.08⟩	15	⟨37.86⟩	15	⟨37.78⟩	25.56
	1999	15	24.60	15	⟨36.00⟩	15	⟨39.54⟩	15	⟨38.66⟩	15	⟨41.27⟩	15	⟨38.54⟩	15	25.10	15	⟨38.50⟩	15	26.45	15	⟨38.10⟩	15	25.70	15	25.93	
Ⅲ20-1	1990	15	⟨37.88⟩	15	⟨37.70⟩	15	⟨38.90⟩	15	⟨39.00⟩	15	⟨37.97⟩	15	⟨38.00⟩	15	⟨37.62⟩	15	⟨37.84⟩	15	⟨37.42⟩	15	⟨40.78⟩	15	⟨42.17⟩	15	⟨40.43⟩	14.66
	1991	15	⟨40.77⟩	15	⟨40.30⟩	15	⟨40.40⟩	15	⟨41.05⟩	15		15	⟨41.00⟩	15	15.05	15	⟨37.92⟩	15	⟨37.26⟩	15	⟨40.80⟩	15	⟨41.26⟩	15	14.26	16.11
	1992	15	⟨41.00⟩	15	⟨41.87⟩	15	⟨41.82⟩	15	15.25	15	⟨41.86⟩	15	⟨41.80⟩	15	⟨42.00⟩	15	⟨42.10⟩	15	16.96	15	⟨41.97⟩	15	⟨42.26⟩	15	⟨41.80⟩	19.80
	1998	15	⟨40.70⟩	15	⟨41.23⟩	15	⟨40.58⟩	15	⟨42.20⟩	15	20.17	15	18.13	15	19.04	15	⟨41.25⟩	15	⟨38.94⟩	15	⟨42.20⟩	15	⟨42.67⟩	15	⟨41.70⟩	21.73
	1999	15	⟨41.86⟩	15	24.00	15	⟨41.80⟩	15	19.69	15	21.07	15	21.12	15	21.24	15	⟨40.39⟩	15	22.55	15	21.86	15	22.45	15	⟨41.32⟩	
K104-1	1990	6	13.06	6	12.81	6	12.80	6	12.88	6	13.00	6	13.30	6	13.65	6	13.65	6	13.58	6	13.45	6	13.52	6	13.54	13.32
		16	13.05	16	12.81	16	12.93	16	12.97	16	13.00	16	14.45	16	13.50	16	13.66	16	13.54	16	13.48	16	13.57	16	13.62	
		26	13.03	26	12.75	26	12.77	26	12.89	26	13.26	26	13.47	26	13.56	26	13.67	26	13.52	26	13.48	26	13.54	26	13.71	
	1991	5	14.44	5	13.88	5	13.75	5	13.49	5	13.50	5	13.56	5	13.68	5	13.75	5	13.79	5	13.64	5	13.70	5	13.90	13.77
		15	13.92	15	13.85	15	13.61	15	13.57	15	13.65	15	13.61	15	13.84	15	13.94	15	13.70	15	13.66	15	13.86	15	13.95	
		25	14.00	25	13.66	25	13.59	25	13.68	25	13.64	25	13.75	25	13.88	25	14.01	25	13.69	25	13.72	25	13.85	25	13.88	

续表

点号	年份	1月 日	1月 水位	2月 日	2月 水位	3月 日	3月 水位	4月 日	4月 水位	5月 日	5月 水位	6月 日	6月 水位	7月 日	7月 水位	8月 日	8月 水位	9月 日	9月 水位	10月 日	10月 水位	11月 日	11月 水位	12月 日	12月 水位	年平均
K104-1	1992	5	13.83	5	13.81	5	13.93	5	14.00	5	14.13	5	14.30	5	14.44	5	14.75	5	14.99	5	15.04	5	14.95	5	14.93	14.45
		15	13.86	15	13.87	15	14.00	15	13.99	15	14.17	15	14.37	15	14.47	15	14.82	15	15.00	15	14.88	15	14.96	15	14.92	
		25	13.80	25	13.95	25	13.96	25	14.05	25	14.18	25	14.42	25	14.62	25	14.84	25	14.98	25	14.93	25	14.95	25	15.07	
	1993	5	15.06	5	15.09	5	15.11	5	15.16	5	15.24	5	15.33	5	15.45	5	15.67	5	15.95	5	15.96	5	16.21	5	16.28	15.58
		15	15.08	15	15.12	15	15.18	15	15.17	15	15.26	15	15.40	15	15.51	15	15.78	15	15.96	15	15.96	15	16.32	15	16.25	
		25	15.06	25	15.14	25	15.15	25	15.18	25	15.31	25	15.50	25	15.52	25	15.85	25	15.95	25	16.05	25	16.28	25	16.25	
	1994	5	16.37	5	16.60	5	16.70	5	16.93	5	17.11	5	17.41	5	17.65	5	18.00	5	18.51	5	18.65	5	18.76	5	18.88	17.69
		15	16.41	15	16.60	15	16.81	15	16.95	15	17.33	15	17.50	15	17.74	15	18.27	15	18.54	15	18.58	15	18.72	15	18.80	
		25	16.55	25	16.69	25	16.85	25	16.92	25	17.29	25	17.57	25	17.88	25	18.31	25	18.57	25	18.69	25	18.79	25	18.83	
	1995	5	18.87	5	19.14	5	19.39	5	19.67	5	20.03	5	20.35	5	21.16	5	21.58	5	21.55	5	21.35	5	21.41	5	21.55	20.57
		15	18.01	15	19.32	15	19.47	15	19.89	15	20.08	15	20.76	15	21.23	15	21.71	15	21.57	15	21.31	15	21.45	15	21.80	
		25	19.02	25	19.47	25	19.62	25	19.95	25	20.18	25	20.82	25	20.79	25	21.70	25	21.48	25	21.40	25	21.51	25	21.89	
	2000	4	25.92	4	25.90	4	26.21	4				4	26.62	4	26.76	4	26.94	4	27.10	4	27.15	4		4		26.61
		14	25.98	14	25.87	14	26.17	14		14	26.57	14	26.66	14	26.81	14	27.01	14	26.99	14	27.15	14		14	21.55	
		24	26.06	24	26.18	24	26.22	24		24		24	26.72	24	26.86	24	27.04	24	27.14	24	27.15	24		24		
K104a	1990	6	15.02	6	14.52	6	14.60	6	15.29	6	16.50	6	15.63	6	16.69	6	16.44	6	16.04	6	16.24	6	16.33	6	16.41	15.90
		16	14.94	16	15.22	16	15.06	16	15.13	16	16.32	16	16.91	16	16.52	16	16.27	16	16.32	16	16.11	16	16.34	16	16.38	
		26	14.83	26	14.93	26	14.90	26	15.32	26	16.52	26	16.28	26	16.72	26	16.23	26	15.78	26	15.94	26	16.03	26	16.58	
	1991	5	16.48	5	15.80	5	16.05	5	15.86	5	15.56	5	16.27	5	16.63	5	16.89	5	16.88	5	16.74	5	16.45	5	16.91	16.49
		15	16.82	15	16.49	15	15.77	15	15.47	15	16.72	15	15.85	15	16.85	15	17.02	15	16.91	15	16.68	15	16.45	15	16.84	
		25	16.07	25	16.25	25	15.61	25	15.65	25	16.48	25	17.60	25	17.91	25	17.10	25	16.94	25	16.73	25	17.21	25	16.90	
	1992	5	16.59	5	16.39	5	17.02	5	17.04	5	17.41	5	17.86	5	18.13	5	18.58	5	18.42	5	18.06	5	17.94	5	18.21	17.67
		15	16.84	15	16.90	15	16.81	15	17.31	15	17.13	15	17.91	15	18.64	15	18.38	15	18.10	15	18.07	15	18.15	15	18.30	
		25	16.63	25	17.26	25	17.03	25	17.26	25	17.73	25	17.91	25	17.89	25	18.04	25	18.37	25	18.11	25	17.72	25	18.34	

第一章 西安市

续表

点号	年份	1月		2月		3月		4月		5月		6月		7月		8月		9月		10月		11月		12月		年平均
		日	水位	日	水位	日	水位	日	水位	日	水位	日	水位	日	水位	日	水位	日	水位	日	水位	日	水位	日	水位	
K104a	1993	5	18.69	5	18.06	5	18.02	5	18.01	5	17.94	5	18.78	5	18.97	5	19.99	5	19.87	5	19.39	5	20.20	5	20.23	18.99
		15	18.12	15	17.98	15	17.81	15	18.17	15	18.23	15	18.62	15	19.31	15	20.16	15	19.51	15	19.50	15	20.45	15	20.39	
		25	17.90	25	18.09	25	17.48	25	17.56	25	18.21	25	19.46	25	18.95	25	19.54	25	19.47	25	19.99	25	20.12	25	20.54	
	1994	5	20.42	5	20.78	5	21.71	5	21.88	5	21.95	5	22.17	5	22.47	5	23.37	5	22.76	5	23.07	5	22.55	5	22.62	22.27
		15	22.70	15	21.30	15	21.76	15	21.76	15	22.30	15	22.29	15	22.56	15	23.56	15	22.61	15	22.27	15	22.35	15	22.29	
		25	20.70	25	21.59	25	21.88	25	21.83	25	22.33	25	23.35	25	23.24	25	23.37	25	22.60	25	22.42	25	22.28	25	22.50	
	1995	5	22.54	5	23.26	5	23.62	5	23.66	5	24.01	5	21.18	5	25.33	5	25.30	5	24.28	5	24.69	5	25.24	5	24.89	24.19
		15	22.60	15	23.94	15	22.69	15	23.92	15	23.39	15	24.36	15	24.64	15	25.88	15	24.98	15	24.70	15	25.09	15	25.04	
		25	22.96	25	23.60	25	23.76	25	24.10	25	23.11	25	24.61	25	24.59	25	25.49	25	23.97	25	24.88	25	24.90	25	25.69	
	2000	4	31.35	4	29.65	4	30.28	4	30.83	4	30.61	4	30.71	4	31.03	4	31.60	4	30.97	4	30.55	4	30.22	4	30.70	30.65
		14	30.74	14	29.65	14	30.58	14	30.62	14	29.99	14	30.70	14	30.99	14	31.48	14	31.25	14	31.14	14	30.57	14	30.58	
		24	30.53	24	30.12	24	30.68	24	30.70	24	30.01	24	30.79	24	30.91	24	30.92	24	30.97	24	30.27	24	30.62	24	30.16	
K215-1a	1990	7	10.13	7	9.94	7	10.24	7	10.26	7	10.24	7	10.74	7	10.57	7	10.86	7	10.73	7	10.55	7	10.51	7	10.65	10.46
		17	10.18	17	9.88	17	10.25	17	10.29	17	10.25	17	10.96	17	10.73	17	10.84	17	10.65	17	10.48	17	10.40	17	10.45	
		27	10.26	27	10.02	27	10.15	27	10.29	27	10.50	27	10.86	27	10.76	27	10.83	27	10.59	27	10.52	27	10.61	27	10.53	
	1991	6	11.64	6	11.07	6	11.03	6	11.11	6	11.21	6	11.43	6	11.86	6	12.02	6	12.14	6	11.90	6	12.13	6	12.11	11.67
		12	11.02	12	11.12	12	11.08	12	11.22	12	11.48	12	11.50	12	12.08	12	12.19	12	12.10	12	11.95	12	12.15	12	12.17	
		28	11.00	28	10.87	28	10.99	28	11.24	28	11.51	28	11.67	28	12.31	28	12.29	28	12.09	28	12.02	28	12.16	28	12.13	
	1992	8	12.22	8	12.18	8	12.30	8	12.34	8	12.42	8	12.72	8	13.17	8	13.55	8	13.31	8	12.74	8	12.88	8	13.06	12.75
		18	12.10	18	12.16	18	12.26	18	12.27	18	12.51	18	12.82	18	12.98	18	13.41	18	13.22	18	12.87	18	12.93	18	13.24	
		28	12.16	28	12.32	28	12.30	28	12.45	28	12.47	28	12.76	28	13.15	28	13.51	28	12.87	28	12.89	28	13.00	28	13.29	
	1993	8	13.29	8	13.17	8	13.32	8	13.23	8	13.58	8	14.02	8	14.21	8	14.02	8	14.02	8	14.23	8	14.32	8	14.19	13.67
		18	13.27	18	13.23																					
		28	13.35	28	13.29	28		28		28		28		28		28		28		28		28		28		

续表

点号	年份	| 1月 日	水位	2月 日	水位	3月 日	水位	4月 日	水位	5月 日	水位	6月 日	水位	7月 日	水位	8月 日	水位	9月 日	水位	10月 日	水位	11月 日	水位	12月 日	水位	年平均
K215-1a	1994	15	14.68	15	14.58	15	14.64	15	14.82	15	14.98	15	15.20	15	15.81	15	16.17	15	16.16	15	15.99	15	15.90	15	15.65	15.38
	1995	15	15.80	15	16.09	15	16.18	15	16.27	15	16.39	15	16.94	15	17.38	15	18.10	15	17.65	15	17.60	15	17.57	15	17.66	16.97
	2000	15	18.48	15	18.48	15	19.20	15	19.34	15	19.47	15	19.79	15	19.40	15	20.09	15	19.81	15	19.51	15	19.60	15	21.13	19.53
K408	1990	6	12.26	6	12.16	6	12.35	6	12.46	6	12.64	6	12.91	6	13.21	6	14.02	6	15.11	6	14.98	6	15.51	6	15.60	13.72
		16	12.21	16	12.19	16	12.38	16	12.50	16	12.81	16	13.04	16	13.27	16	14.51	16	15.36	16	15.25	16	15.57	16	15.58	
		26	12.21	26	12.30	26	12.45	26	12.63	26	12.85	26	13.13	26	13.43	26	14.91	26	15.02	26	15.48	26	15.59	26	16.16	
	1991	6	16.26	6	15.74	6	14.96	6	15.40	6	15.44	6	15.55	6	15.71	6	15.83	6	14.95	6	13.29	6	13.21	6	13.30	14.93
		17	16.53	17	15.51	17	15.19	17	15.43	17	15.59	17	15.41	17	16.19	17	15.89	17	14.09	17	13.19	17	13.33	17	13.26	
		26	16.17	26	14.85	26	15.25	26	15.49	26	15.71	26	15.54	26	16.39	26	15.54	26	13.59	26	13.18	26	13.35	26	13.20	
	1992	6	13.12	6	13.12	6	13.07	6	13.16	6	13.33	6	14.98	6	16.19	6	16.83	6	16.97	6	16.61	6	16.72	6	16.85	15.16
		16	13.13	16	13.05	16	13.12	16	13.21	16	13.09	16	15.43	16	16.31	16	16.80	16	16.87	16	16.66	16	16.78	16	17.13	
		26	13.06	26	13.05	26	13.23	26	13.27	26	14.12	26	15.92	26	16.70	26	16.80	26	16.57	26	16.68	26	16.76	26	17.23	
	1993	6	17.30	6	17.25	6	17.35	6	17.38	6	17.51	6	17.67	6	17.89	6	18.33	6	18.44	6	18.48	6	18.77	6	18.94	18.00
		16	17.30	16	17.29	16	17.38	16	17.47	16	17.59	16	17.85	16	17.98	16	18.42	16	18.45	16	18.52	16	18.91	16	18.92	
		26	17.24	26	17.25	26	17.40	26	17.53	26	17.65	26	17.91	26	18.06	26	18.36	26	18.44	26	19.00	26	18.87	26	18.95	
	1994	6	19.06	6	19.16	6	21.34	6	19.56	6	19.80	6	20.04	6	20.60	6	22.62	6	22.21	6	22.38	6	22.38	6	22.61	20.91
		16	19.07	16	19.33	16	19.48	16	19.61	16	19.94	16	20.18	16	21.00	16	22.32	16	22.06	16	22.35	16	22.44	16	22.43	
		26	19.14	26	19.27	26	19.57	26	19.61	26	19.94	26	20.21	26	21.35	26	22.45	26	22.04	26	22.39	26	22.43	26	22.48	
	1995	5	22.69	5	22.55	5	23.68	5	23.81	5	23.80	5	24.33	5	24.74	5	24.99	5	25.16	5	25.27	5	25.29	5	25.66	24.39
		15	22.63	15	22.64	15	23.55	15	23.89	15	23.82	15	24.38	15	24.54	15	25.17	15	25.18	15	25.24	15	25.37	15	25.80	
		25	22.65	25	23.71	25	23.92	25	23.82	25	23.72	25	24.23	25	24.62	25	25.18	25	25.33	25	25.36	25	25.39	25	25.78	
	1996	5	25.68	5	25.67	5	25.58	5	25.79	5	26.58	5	26.26	5	25.77	5	26.16	5	26.47	5	26.86	5	27.01	5	26.99	26.23
		15	25.54	15	25.92	15	25.80	15	25.37	15	25.48	15	25.66	15	26.57	15	26.76	15	26.85	15	27.02	15	27.08	15	25.98	
		25	25.51	25	26.07	25	25.96	25	25.79	25	26.18	25	25.68	25	26.63	25	26.35	25	26.82	25	26.89	25	27.11	25	27.09	

续表

第一章 西安市

点号	年份	1月 日	1月 水位	2月 日	2月 水位	3月 日	3月 水位	4月 日	4月 水位	5月 日	5月 水位	6月 日	6月 水位	7月 日	7月 水位	8月 日	8月 水位	9月 日	9月 水位	10月 日	10月 水位	11月 日	11月 水位	12月 日	12月 水位	年平均
K408	1997	5	27.19	5	27.16	5	26.21	5	26.36	5	26.57	5	26.68	5	27.20	5	27.57	5	27.98	5	28.28	5	28.46	5	28.16	27.35
		15	27.21	15	26.49	15	26.33	15	26.44	15	26.71	15	27.00	15	27.30	15	27.77	15	28.21	15	28.32	15	28.51	15	28.26	
		25	27.27	25	26.34	25	26.39	25	26.34	25	26.63	25	26.98	25	27.46	25	27.86	25	28.23	25	28.13	25	28.25	25	28.19	
	1998	15	28.46	15	28.22	15	28.12	15	28.28	15	28.61	15	28.73	15	28.86	15	28.35	15	28.18	15	28.97	15	29.09	15	29.24	28.59
206a	1992	7	12.20	7	12.17	7	12.35	7	12.23	7	12.21	7	12.39	7	〈14.14〉	7	〈14.92〉	7	13.16	7	12.77					12.48
		17	12.20	17	12.25	17	12.32	17	12.24	17	12.30	17	〈13.98〉	17	12.80	17	〈15.12〉	17	13.06	17		17		17	〈14.41〉	
		27	12.21	27	12.29	27	12.27	27	12.24	27	12.25	27	12.63	27	12.75	27	13.24	27	13.00	27		27		27		
	1993	6	〈14.46〉	6	13.56	6	13.14	6	13.64	6	13.60	6	13.77	6	13.79	6	14.04	6	〈15.40〉	6	14.14	6	14.20	6	14.26	13.88
		16	13.53	16	13.56	16	14.01	16	13.60	16	13.65	16	13.75	16	13.95	16	〈15.30〉	16	14.20	16	14.25	16	14.20	16	14.29	
		26	13.46	26	13.55	26	13.70	26	13.65	26	13.70	26	13.86	26	13.95	26	14.25	26	14.10	26	14.20	26	14.27	26	14.30	
	1994	6	〈16.35〉	6	14.80	6	14.80	6	14.95	6	15.00	6	15.17	6	15.35	6	〈17.47〉	6	〈17.06〉	6	16.06	6	16.12	6	16.10	15.44
		16	〈16.10〉	16	14.87	16	15.33	16	15.01	16	〈16.15〉	16	15.14	16	〈17.17〉	16	〈16.87〉	16	16.17	16	16.12	16	16.12	16	16.09	
		26	14.40	26	14.85	26	14.87	26	15.00	26	15.04	26	15.17	26	〈17.31〉	26	〈16.97〉	26	16.07	26	16.15	26	16.07	26	16.12	
	1995	6	16.10	6	〈17.57〉	6	〈18.17〉	6	15.82	6	16.83	6	16.97	6	〈19.27〉	6	〈19.46〉	6	〈19.99〉	6	18.77	6		6		17.38
		16	16.34	16	〈17.92〉	16	〈18.23〉	16	16.88	16	16.81	16	〈17.07〉	16	〈19.93〉	16	19.04	16	18.93	16	18.72	16		16		
		26	16.09	26	〈18.02〉	26	16.82	26	16.87	26	16.90	26	17.40	26	〈20.17〉	26	〈19.77〉	26	18.82	26	18.65	26		26	〈19.96〉	
	2000	4	20.87	4	21.17	4	21.13	4		4		4		4		4		4		4		4		4		21.08
		14	20.93	14	21.10	14	21.18	14		14		14		14		14		14		14		14		14		
		24	21.00	24	21.08	24	21.25	24		24		24		24		24		24		24		24		24		
K117	1990	5	9.32	5	9.21	5	9.13	5	8.95	5	8.83	5	8.89	5	9.10	5	9.03	5	9.09	5	9.08	5	9.06	5	9.07	9.08
		15	9.28	15	9.26	15	9.11	15	8.95	15	8.83	15	9.09	15	9.01	15	9.19	15	9.10	15	9.05	15	9.04	15	9.09	
		25	9.27	25	9.18	25	9.00	25	8.93	25	8.80	25	9.31	25	9.04	25	9.10	25	9.10	25	9.03	25	9.15	25	9.11	
	1991	7	9.88	7	9.70	7	9.88	7	9.62	7	9.48	7	9.41	7	9.41	7	9.89	7	9.70	7	9.49	7	9.54	7	9.70	9.64
		17	9.44	17	9.83	17	9.75	17	9.58	17	9.48	17	9.29	17	9.63	17	9.78	17	9.63	17	9.51	17	9.58	17	9.86	
		27	9.59	27	9.81	27	9.68	27	9.50	27	9.51	27	9.27	27	10.11	27	9.76	27	9.57	27	9.52	27	9.62	27	10.01	

续表

点号	年份	1月 日	1月 水位	2月 日	2月 水位	3月 日	3月 水位	4月 日	4月 水位	5月 日	5月 水位	6月 日	6月 水位	7月 日	7月 水位	8月 日	8月 水位	9月 日	9月 水位	10月 日	10月 水位	11月 日	11月 水位	12月 日	12月 水位	年平均
K117	1992	6	10.08	6	10.04	6	10.19	6	10.00	6	9.93	6	9.91	6	10.29	6	10.76	6	10.73	6	10.06	6	10.02	6	10.08	10.18
		16	10.03	16	10.03	16	10.13	16	9.96	16	9.88	16	9.90	16	10.50	16	10.87	16	10.54	16	10.33	16	10.02	16	10.20	
		26	10.05	26	10.16	26	10.07	26	9.94	26	9.87	26	10.11	26	10.39	26	10.87	26	10.39	26	10.04	26	10.05	26	10.18	
	1993	6	10.28	6	10.38	6	10.29	6	10.38	6	10.40	6	10.12	6	10.32											10.32
		16	10.41	16	10.28	16	10.37	16	10.32	16	10.22	16	10.17	16	坏							16		16		
		26	10.40	26	10.38	26	10.36	26	10.36	26	10.15	26	10.40	26								26		26		
K102 主	1990	5	15.31	5	14.79	5	15.12	5	15.16	5	15.56	5	16.34	5	16.56	5	16.34	5	15.87	5	15.83	5	16.06	5	16.24	15.84
		15	15.23	15	14.92	15	15.07	15	15.37	15	15.91	15	16.71	15	16.52	15	16.12	15	15.90	15	15.97	15	16.26	15	16.32	
		25	15.14	25	15.08	25	15.28	25	15.46	25	16.17	25	16.64	25	16.57	25	16.02	25	15.83	25	16.11	25	16.14	25	16.34	
	1991	5	16.92	5	15.88	5	14.00	5	15.94	5	16.25	5	16.60	5	16.64	5	16.91	5	16.82	5	16.61	5	16.92	5	17.00	16.53
		15	16.55	15	16.00	15	15.97	15	16.21	15	16.57	15	16.59	15	16.87	15	16.95	15	16.83	15	16.77	15	17.05	15	17.01	
		25	16.17	25	15.83	25	15.83	25	16.11	25	16.67	25	16.54	25	17.11	25	16.89	25	16.85	25	16.91	25	17.06	25	17.08	
	1992	5	16.64	5		5	17.00	5	17.14	5	17.69	5	17.84	5	18.10	5	18.60	5	18.37	5	18.24	5	18.31	5	18.32	17.83
		15	16.78	15	16.90	15	17.10	15	17.33	15	17.60	15	17.90	15	18.41	15		15	18.32	15	18.12	15	18.32	15	18.43	
		25	16.84	25		25	17.19	25	17.47	25	17.65	25	18.00	25	18.23	25	18.33	25	18.39	25	18.17	25	18.14	25	18.54	
	1993	5	18.53	5	18.16	5	18.32	5	18.05	5	18.55	5	18.90	5	19.30	5	19.68	5	19.58	5	19.35	5	20.01	5	20.13	19.09
		15	18.27	15	18.10	15	18.35	15	18.34	15	18.64	15	18.99	15	19.44	15	19.81	15	19.47	15	19.43	15	20.16	15	20.14	
		25	18.14	25	18.30	25	18.16	25	18.28	25	18.82	25	19.34	25	19.37	25	19.74	25	19.43	25	19.61	25	20.09	25	20.20	
	1994	5	20.15	5	20.53	5	20.64	5	20.97	5	21.14	5	21.42	5	21.68	5	22.31	5	21.73	5	21.94	5	21.95	5	22.18	21.37
		15	20.78	15	20.48	15	20.91	15	20.95	15	21.34	15	21.54	15	21.75	15	20.40	15	21.77	15	21.77	15	21.98	15	22.81	
		25	20.46	25	20.56	25	20.95	25	21.03	25	21.42	25	21.62	25	22.11	25	20.31	25	21.84	25	21.83	25	22.05	25	22.13	
	1995	5	22.21	5	22.27	5	22.92	5	23.02	5	23.29	5	23.52	5	24.08	5	24.24	5	23.91	5	23.78	5	22.36	5	24.38	23.49
		15	22.15	15	22.58	15	22.83	15	23.18	15	23.29	15	23.64	15	23.99	15	24.25	15	23.78	15	23.84	15	24.38	15	24.61	
		25	22.37	25	22.79	25	22.81	25	23.25	25	23.36	25	23.71	25	23.69	25	24.17	25	23.83	25	24.03	25	24.66	25	24.46	

续表

点号	年份	1月 日	1月 水位	2月 日	2月 水位	3月 日	3月 水位	4月 日	4月 水位	5月 日	5月 水位	6月 日	6月 水位	7月 日	7月 水位	8月 日	8月 水位	9月 日	9月 水位	10月 日	10月 水位	11月 日	11月 水位	12月 日	12月 水位	年平均
K102 主	1996	5	24.67	5	24.33	5	24.49	5	24.76	5	24.96	5	25.40	5	26.60	5	25.40	5	25.08	5	24.92	5	25.24	5	25.48	25.01
		15	24.54	15	24.33	15	24.04	15	24.78	15	25.19	15	25.05	15	25.47	15	25.49	15	24.89	15	24.92	15	25.26	15	25.47	
		25	24.41	25	24.36	25	24.52	25	24.68	25	25.33	25	24.61	25	25.38	25	25.57	25	24.84	25	25.13	25	25.33	25	25.55	
	1997	5	25.62	5	24.83	5	24.63	5	24.97	5	25.33	5	25.63	5	25.85	5	26.55	5	26.56	5	25.76	5	26.18	5	26.32	25.74
		15	25.65	15	24.65	15	24.93	15	25.18	15	25.46	15	26.17	15	25.92	15	26.64	15	26.12	15	25.90	15	26.16	15	26.34	
		25	25.65	25	24.34	25	24.83	25	25.21	25	25.57	25	26.38	25	26.01	25	26.67	25	25.80	25	25.98	25	26.17	25	26.63	
	1998	5	26.53	5	25.39	5	26.32	5	26.41	5	26.47	5	26.59	5	27.15	5	26.68	5	26.48	5	26.53	5	26.61	5	26.80	26.49
		15	26.14	15	25.50	15	26.31	15	26.36	15	26.30	15	26.52	15	27.09	15	26.73	15	26.43	15	26.59	15	26.63	15	26.95	
		25	26.07	25	25.98	25	26.33	25	26.56	25	26.35	25	26.81	25	26.66	25	26.73	25	26.53	25	26.52	25	26.66	25	27.08	
	1999	5	27.19	5	27.06	5	26.93	5	27.30	5	27.65	5	27.86	5	27.99	5	29.06	5	28.75	5	29.03	5	29.06	5	29.21	28.16
		15	27.24	15	27.18	15	26.81	15	27.68	15	27.60	15	27.80	15	28.20	15	29.04	15	29.02	15	28.91	15	29.08	15	29.10	
		25	27.18	25	27.23	25	27.12	25	27.60	25	27.52	25	27.87	25	28.62	25	29.22	25	29.13	25	28.97	25	29.31	25	29.32	
	2000	5	29.48	5	29.20	5	29.33	5	29.78	5	30.04	5	29.78	5	30.23	5	30.87	5	30.78	5	30.58	5	30.67	5	30.83	30.14
		15	29.40	15	28.71	15	29.47	15	29.86	15	30.05	15	30.08	15	30.37	15	30.95	15	30.69	15	30.58	15	30.74	15	30.62	
		25	29.59	25	28.66	25	29.61	25	29.90	25	30.02	25	30.17	25	30.44	25	30.77	25	30.96	25	30.58	25	30.75	25	30.56	
污3	1990	6	15.99	6	15.70	6	15.57	6	15.51	6	15.63	6	15.93	6	16.29	6	16.35	6	16.40	6	16.29	6	16.28	6	16.29	16.05
		16	15.94	16	15.69	16	15.66	16	15.54	16	15.73	16	16.36	16	16.26	16	16.46	16	16.36	16	16.29	16	16.30	16	16.33	
		26	16.04	26	15.58	26	15.52	26	15.51	26	15.88	26	16.30	26	16.31	26	16.43	26	16.32	26	16.26	26	16.27	26	16.37	
	1991	5	17.12	5	16.76	5	16.46	5	16.09	5	15.97	5	15.95	5	16.10	5	16.63	5	16.59	5	16.45	5	16.34	5	16.51	16.42
		15	17.61	15	16.74	15	16.30	15	16.11	15	16.04	15	15.97	15	16.37	15	16.63	15	16.50	15	16.34	15	16.39	15	16.58	
		25	16.75	25	16.48	25	16.23	25	15.97	25	16.04	25	16.01	25	16.66	25	16.72	25	16.44	25	16.31	25	16.43	25	16.57	
	1992	5	16.32	5	16.25	5	16.42	5	16.25	5	16.42	5	16.55	5	16.67	5	17.25	5	17.46	5	17.39	5	17.27	5	17.28	16.81
		15	16.31	15	16.29	15	16.35	15	16.20	15	16.44	15	16.65	15	16.84	15	17.34	15	17.40	15	17.19	15	17.32	15	17.30	
		25	16.25	25	16.40	25	16.32	25	16.30	25	16.49	25	16.66	25	16.92	25	17.35	25	17.48	25	17.21	25	17.24	25	17.43	

续表

点号	年份	1月 日	1月 水位	2月 日	2月 水位	3月 日	3月 水位	4月 日	4月 水位	5月 日	5月 水位	6月 日	6月 水位	7月 日	7月 水位	8月 日	8月 水位	9月 日	9月 水位	10月 日	10月 水位	11月 日	11月 水位	12月 日	12月 水位	年平均
污3	1993	5	17.48	5	17.52	5	17.43	5	17.38	5	17.40	5	17.45	5	17.58	5	17.81	5	18.14	5	18.23	5	18.48	5	18.54	17.82
		15	17.45	15	17.59	15	17.50	15	17.39	15	17.38	15	17.53	15	17.75	15	17.96	15	18.21	15	18.29	15	18.58	15	18.47	
		25	17.46	25	17.50	25	17.47	25	17.37	25	17.42	25	17.65	25	17.66	25	18.04	25	18.19	25	18.37	25	18.52	25	18.45	
	1994	5	18.53	5	18.81	5	18.90	5	19.09	5	19.21	5	19.39	5	19.53	5	20.28	5	20.85	5	20.92	5	20.91	5	20.78	19.81
		15	18.61	15	18.87	15	19.02	15	19.10	15	19.36	15	19.45	15	19.61	15	20.50	15	20.86	15	20.92	15	20.86	15	20.67	
		25	18.74	25	18.89	25	19.05	25	19.04	25	19.30	25	19.49	25	19.80	25	20.62	25	20.84	25	20.89	25	20.80	25	20.72	
	1995	5	20.66	5	20.80	5	22.12	5	22.29	5	22.32	5	22.28	5	23.28	5	24.17	5	24.28	5	24.00	5	23.78	5	23.88	22.95
		15	20.66	15	21.70	15	22.12	15	22.29	15	22.29	15	23.15	15	23.74	15	24.51	15	24.14	15	23.97	15	23.78	15	24.00	
		25	20.67	25	22.10	25	22.19	25	22.25	25	22.29	25	23.07	25	23.04	25	24.42	25	24.10	25	24.00	25	23.78	25	24.08	
	1996	5	24.18	5	24.37	5	24.25	5	24.30	5	24.34	5	24.47	5	24.71	5	24.66	5	24.63	5	24.46	5	24.38	5	24.54	24.43
		15	24.37	15	24.55	15	24.09	15	24.31	15	24.45	15	24.34	15	24.56	15	24.71	15	24.70	15	24.47	15	24.34	15	24.52	
		25	24.34	25	24.25	25	24.23	25	24.27	25	24.44	25	24.12	25	24.55	25	24.65	25	24.56	25	24.42	25	24.41	25	24.61	
	1997	5	24.61	5	24.43	5	24.59	5	24.69	5	24.80	5	24.82	5	干	5	24.71	5		5		5		5		24.66
		15	24.67	15	24.43	15	24.71	15	24.61	15	24.86	15	24.84	15		15		15		15		15		15		
		25	24.48	25	24.48	25	24.67	25	24.69	25	24.83	25	干	25		25		25		25		25		25		
KI07	1990	6	16.46	6	16.64	6	16.20	6	16.33	6	16.24	6	16.74	6	16.94	6	16.91	6	16.21	6	16.24	6	16.56	6	16.61	16.62
		16	16.42	16	16.59	16	16.37	16	16.26	16	16.54	16	19.97	16	16.87	16	16.45	16	16.35	16	16.43	16	16.73	16	16.53	
		26	16.60	26	16.44	26	16.30	26	16.29	26	16.61	26	16.91	26	16.93	26	16.40	26	16.27	26	16.55	26	16.60	26	16.65	
	1991	7	16.73	7	16.27	7	16.47	7	16.02	7	15.99	7	16.03	7	16.22	7	16.34	7	16.23	7	16.28	7	16.62	7	17.03	16.63
		18	16.85	18	16.49	18	15.31	18	16.06	18	16.35	18	16.12	18	19.23	18	16.94	18	16.22	18	16.29	18	16.99	18	16.54	
		27	17.35	27	16.38	27	15.91	27	16.02	27	16.39	27	16.54	27	21.11	27	17.32	27	16.32	27	16.69	27	17.20	27	16.00	
	1992	7	16.05	7	16.20	7	16.18	7	16.29	7	16.75	7	17.31	7	17.60	7	21.35	7	17.35	7	17.29	7	17.76	7	17.94	17.38
		17	16.11	17	16.26	17	16.19	17	16.51	17	16.73	17	17.10	17	17.56	17	20.43	17	17.40	17	17.54	17	17.82	17	19.19	
		27	16.16	27	16.67	27	16.29	27	16.65	27	16.92	27	17.07	27	18.70	27	17.87	27	17.05	27	17.58	27	17.80	27	20.03	

续表

点号	年份	1月 日	1月 水位	2月 日	2月 水位	3月 日	3月 水位	4月 日	4月 水位	5月 日	5月 水位	6月 日	6月 水位	7月 日	7月 水位	8月 日	8月 水位	9月 日	9月 水位	10月 日	10月 水位	11月 日	11月 水位	12月 日	12月 水位	年平均
K107	1993	6	19.79	6	17.86	6	17.52	6		6		6		6		6		6		6		6		6		18.50
		16	17.69	16	17.70	16		16	17.40	16	17.64	16	18.72	16	18.62	16	20.42	16	18.64	16	19.07	16	19.99	16	20.16	
		26	17.39	26	17.45	26		26		26		26		26		26		26		26		26		26		
	1994	16	21.84	16	19.90	16	19.07	16	19.59	16	20.23	16	20.45	16	24.15	16	24.72	16	21.78	16	21.63	16	21.23	16	21.22	21.32
	1995	15	21.32	15	25.30	15	23.60	15	22.71	15	22.44	15	26.59	15	25.93	15	25.61	15	25.61	15	25.04	15	24.96	15	26.16	24.61
	1996	15	25.79	15	25.72	15	24.99	15	24.75	15	24.99	15	24.32	15	27.06	15	28.75	15	27.21	15	27.11	15	27.37	15	27.27	26.28
	1997	15	26.51	15	25.71	15	26.09	15	25.78	15	27.81	15	28.74	15	28.79	15	干	15	干	15	干	15	干	15	干	27.06
	1990	6	19.77	6	19.37	6	18.73	6	18.83	6	19.15	6	19.87	6	20.29	6	20.21	6	20.14	6	19.91	6	19.98	6	19.99	19.74
		16	19.67	16	19.31	16	18.85	16	19.02	16	19.32	16	20.37	16	20.23	16	20.46	16	20.29	16	19.86	16	20.05	16	20.02	
		26	19.52	26	18.99	26	18.89	26	19.07	26	19.47	26	20.37	26	20.27	26	20.30	26	20.01	26	19.99	26	20.01	26	20.19	
	1991	6	20.59	6	20.56	6	19.94	6	19.66	6	19.74	6	19.88	6	19.94	6	20.69	6	20.37	6	19.90	6	19.94	6	20.54	20.17
		17	20.67	17	20.50	17	19.81	17	19.75	17	19.80	17	19.83	17	20.44	17	20.54	17	20.18	17	19.77	17	20.06	17	20.38	
		26	20.76	26	20.03	26	19.69	26	19.75	26	19.93	26	19.81	26	21.15	26	20.60	26	20.08	26	19.87	26	20.27	26	20.59	
	1992	6	19.75	6	19.61	6	19.82	6	19.86	6	20.24	6	20.50	6	20.82	6	21.62	6	干	6	21.17	6	21.29	6	21.31	20.59
		16	19.70	16	19.57	16	19.81	16	19.97	16	20.32	16	20.67	16	21.06	16	21.62	16	19.78	16	21.31	16	21.29	16	21.55	
		26	19.65	26	19.77	26	19.90	26	20.12	26	20.40	26	20.75	26	21.10	26	21.51	26	干	26	21.24	26	21.28	26	21.67	
K409	1993	6	21.83	6	21.46	6	21.53	6	21.49	6	21.65	6	21.82	6	22.08	6	22.48	6	22.78	6	22.75	6	23.12	6	23.28	22.23
		16	21.68	16	21.49	16	21.51	16	21.55	16	21.69	16	21.93	16	22.16	16	22.78	16	22.77	16	22.80	16	23.22	16	23.25	
		26	21.64	26	21.48	26	21.47	26	21.58	26	21.74	26	22.07	26	22.19	26	22.82	26	22.71	26	22.92	26	23.19	26	23.26	
	1994	6	23.34	6	23.81	6	23.84	6	24.39	6	24.72	6	25.14	6	25.46	6	27.10	6	26.71	6	26.45	6	26.42	6	26.54	25.39
		16	23.38	16	23.84	16	24.10	16	24.48	16	25.00	16	25.11	16	25.79	16	27.04	16	26.52	16	26.53	16	26.33	16	26.35	
		26	23.67	26	23.74	26	24.23	26	24.43	26	25.07	26	25.24	26	26.75	26	26.92	26	26.45	26	26.34	26	26.49	26	26.37	
	1995	5	26.42	5	26.33	5	27.47	5	27.75	5	27.76	5	28.04	5	28.64	5	28.91	5	29.58	5	29.60	5	29.54	5	29.95	28.46
		15	26.43	15	26.96	15	27.62	15	27.92	15	27.82	15	28.18	15	28.67	15	29.43	15	29.44	15	29.58	15	29.69	15	30.14	
		25	26.54	25	27.26	25	27.74	25	27.89	25	27.62	25	28.25	25	28.86	25	29.50	25	29.58	25	29.58	25	29.77	25	30.15	

续表

点号	年份	1月 日	1月 水位	2月 日	2月 水位	3月 日	3月 水位	4月 日	4月 水位	5月 日	5月 水位	6月 日	6月 水位	7月 日	7月 水位	8月 日	8月 水位	9月 日	9月 水位	10月 日	10月 水位	11月 日	11月 水位	12月 日	12月 水位	年平均
K409	1996	5	30.20	5	30.23	5	30.14	5	26.04	5	26.72	5	26.73	5	30.72	5	30.95	5	31.31	5	30.82	5	30.95	5	31.04	29.50
		15	30.20	15	30.43	15	30.04	15	26.70	15	26.28	15	25.66	15	30.73	15	30.80	15	30.77	15	30.83	15	30.99	15	29.47	
		25	30.12	25	30.45	25	28.83	25	26.31	25	26.67	25	25.68	25	30.71	25	30.90	25	30.73	25	30.84	25	31.02	25	31.01	
	1997	5	31.11	5	30.90	5	30.61	5	30.81	5	30.10	5	31.29	5	31.57	5	31.58	5	干	5	干	5	干	5	干	31.07
		15	31.13	15	30.53	15	30.75	15	30.89	15	31.20	15	31.60	15	31.56	15	干	15	干	15	干	15	干	15	干	
		25	31.22	25	30.50	25	30.76	25	30.97	25	31.23	25	31.54	25	31.67	25	干	25	干	25	干	25	干	25	干	
Ⅲ8	1990	6	⟨28.10⟩	6	13.88	6	14.17	6	14.62	6	14.83	6	⟨26.93⟩	6	⟨27.14⟩	6	⟨27.74⟩	6	⟨27.05⟩	6	⟨25.60⟩	6	⟨25.53⟩	6	⟨25.64⟩	14.86
		16	14.32	16	⟨28.38⟩	16	⟨27.70⟩	16	⟨27.85⟩	16	16.54	16	16.70	16	⟨27.55⟩	16	⟨27.37⟩	16	⟨26.07⟩	16	⟨26.02⟩	16	⟨25.68⟩	16	⟨25.69⟩	
		26	15.29	26	⟨27.33⟩	26	14.41	26	14.59	26	⟨27.23⟩	26	⟨27.15⟩	26	⟨27.24⟩	26	⟨26.90⟩	26	14.97	26	⟨25.70⟩	26	⟨25.39⟩	26	⟨25.56⟩	
	1991	5	⟨27.00⟩	5	⟨25.33⟩	5	⟨25.07⟩	5	15.20	5	15.28	5	⟨28.69⟩	5	⟨28.35⟩	5	⟨27.36⟩	5	⟨27.13⟩	5	⟨27.66⟩	5	⟨29.12⟩	5	⟨28.48⟩	15.24
		15	⟨26.02⟩	15	⟨25.73⟩	15	⟨25.19⟩	15	15.26	15	⟨27.76⟩	15	⟨28.50⟩	15	16.64	15	⟨27.26⟩	15	⟨27.11⟩	15	⟨27.30⟩	15	⟨29.90⟩	15	⟨28.09⟩	
		25	⟨25.68⟩	25	15.61	25	⟨26.30⟩	25	⟨24.48⟩	25	⟨29.24⟩	25	11.37	25	⟨28.47⟩	25	17.00	25	⟨27.17⟩	25	⟨27.41⟩	25	17.24	25	⟨28.41⟩	
	1992	5	⟨25.47⟩	5	⟨26.47⟩	5	⟨26.08⟩	5	⟨26.27⟩	5	⟨24.72⟩	5	⟨27.73⟩	5	⟨29.01⟩	5	⟨27.95⟩	5	26.00	5	⟨30.00⟩	5	⟨28.35⟩	5	⟨28.24⟩	16.65
		15	⟨26.35⟩	15	⟨26.58⟩	15	⟨26.45⟩	15	⟨26.56⟩	15	16.30	15	⟨27.94⟩	15	⟨28.72⟩	15	⟨28.95⟩	15	⟨26.30⟩	15	⟨28.37⟩	15	⟨28.13⟩	15	⟨26.14⟩	
		25	⟨28.88⟩	25	⟨26.79⟩	25	⟨28.45⟩	25	⟨28.98⟩	25	⟨28.20⟩	25	⟨28.71⟩	25	⟨28.11⟩	25	⟨28.95⟩	25	⟨26.50⟩	25	⟨27.25⟩	25	⟨28.67⟩	25	⟨26.44⟩	
	1993	5	⟨27.93⟩	5	⟨28.54⟩	5	⟨28.12⟩	5	⟨30.66⟩	5	17.40	5	⟨29.63⟩	5	⟨29.79⟩	5	⟨29.48⟩	5	⟨29.52⟩	5	⟨29.77⟩	5	⟨29.73⟩			17.40
		25	⟨27.69⟩	25	⟨27.46⟩	15		25		25		25		25		25		25		25		25		25		
	1994	15	⟨30.87⟩	15	⟨28.70⟩	15	⟨31.82⟩	15	⟨30.09⟩	15	⟨30.08⟩	15	⟨30.12⟩	15	⟨30.32⟩	15	⟨30.39⟩	15	21.70	15	⟨31.09⟩	15	⟨30.40⟩	15	⟨31.23⟩	21.70
	1995	15	⟨29.83⟩	15	⟨30.33⟩	15	⟨29.89⟩	15	⟨29.93⟩	15	⟨29.86⟩	15	⟨30.35⟩	15	⟨30.68⟩	15	⟨30.50⟩	15	⟨30.67⟩	15	⟨30.59⟩			15	⟨30.75⟩	24.17
	1996	15	⟨30.27⟩	15	⟨27.44⟩	15	24.44	15	24.44	15	27.10	15	19.62	15	26.25	15	24.49	15	24.60	15	⟨27.80⟩	15	24.63	15	24.85	24.17
	1997	15	⟨25.16⟩	15		15		15	24.93	15	25.34	15	26.50	15	24.68	15	25.40	15	⟨27.17⟩			15	⟨24.32⟩	15	⟨25.58⟩	25.37
Ⅲ12	1990	6	⟨24.72⟩	6	⟨23.91⟩	6	⟨23.55⟩	6		6	⟨25.84⟩	6	⟨25.44⟩	6	⟨25.90⟩	6	⟨25.28⟩	6	⟨24.63⟩	6	⟨23.10⟩	6	⟨22.40⟩	6	⟨21.97⟩	13.90
		16	⟨25.22⟩	16	⟨25.10⟩	16	⟨23.60⟩	16	12.00	16	⟨26.00⟩	16	⟨26.20⟩	16	⟨25.89⟩	16	⟨25.08⟩	16	⟨24.28⟩	16	⟨23.11⟩	16	⟨22.63⟩	16	15.34	
		26	⟨24.44⟩	26	14.37	26	⟨22.67⟩	26	⟨25.38⟩	26	⟨25.87⟩	26		26	⟨25.73⟩	26	⟨24.88⟩	26	⟨23.52⟩	26	⟨23.06⟩	26	⟨21.90⟩	26	⟨22.84⟩	

续表

点号	年份	1月 日	1月 水位	2月 日	2月 水位	3月 日	3月 水位	4月 日	4月 水位	5月 日	5月 水位	6月 日	6月 水位	7月 日	7月 水位	8月 日	8月 水位	9月 日	9月 水位	10月 日	10月 水位	11月 日	11月 水位	12月 日	12月 水位	年平均
Ⅲ12	1991	5	〈22.36〉	5		5	〈20.99〉	5	〈20.78〉	5	〈19.72〉	5		5		5	〈20.61〉	5		5		5		5	〈18.29〉	
		15	〈22.40〉	15	〈21.91〉	15	〈20.64〉	15	15.92	15	〈20.37〉	15		15		15	〈20.54〉	15		15	〈18.24〉	15	〈19.00〉	15	〈18.22〉	15.92
		25	〈22.34〉	25	〈21.02〉	25	〈20.36〉	25	〈19.65〉	25	〈20.12〉	25		25	〈20.53〉	25	〈18.92〉	25	〈18.79〉	25	〈18.05〉	25	〈19.27〉	25	〈18.31〉	
	1992	5		5		5	〈19.16〉	5	12.13	5	〈19.72〉	5	〈27.09〉	5	8.70	5	〈27.19〉	5	〈25.00〉	5	18.56	5	20.02	5	〈24.47〉	16.77
		15		15	〈19.75〉	15	〈19.29〉	15	〈19.67〉	15	〈19.47〉	15	〈28.30〉	15		15	〈23.00〉	15	18.10	15	18.52	15	20.10	15		
		25		25	〈19.13〉	25	〈19.57〉	25	〈19.98〉	25		25	〈26.45〉	25		25	〈23.05〉	25	18.00	25		25	〈25.17〉	25	〈25.25〉	
	1993	5	〈24.90〉	5	〈24.78〉	5	〈24.59〉	5		5		5	〈25.53〉	5	〈26.58〉	5	〈28.20〉	5	〈26.19〉	5	〈26.16〉	5	〈26.68〉	5	〈27.11〉	
		15	〈25.16〉	15	〈28.50〉	15	〈24.58〉	15	〈24.36〉	15	〈24.98〉	15	〈27.48〉	15	〈27.83〉	15		15	〈28.12〉	15	〈28.72〉	15	24.24	15	24.21	24.23
		25	〈25.23〉	25	〈28.95〉	25	〈27.88〉	25	〈27.18〉	25	〈27.57〉	25	〈32.94〉	25	〈32.19〉	25	〈31.35〉	25	〈32.81〉	25	〈32.79〉	25	〈31.75〉	25	〈31.56〉	
	1994	5	〈27.86〉	5	〈33.28〉	5	〈32.29〉	5	26.78	5	〈31.99〉	5	25.78	5	〈34.90〉	5	〈33.99〉	5	〈35.14〉	5	〈35.05〉	5	〈35.02〉	5	30.80	26.00
	1995	15	26.00	15		15	〈34.48〉	15		15	26.36	15	〈35.27〉	15	27.76	15	〈34.91〉	15	29.23	15	29.31	15	29.40	15	〈34.76〉	27.43
	1996	15	〈32.95〉	15	〈34.06〉	15	26.20	15	26.35	15	〈35.03〉	15	〈33.90〉	15	〈34.90〉	15	29.12	15	〈35.38〉	15	〈36.20〉	15	〈36.02〉	15	〈37.12〉	28.20
	1997	5	〈35.07〉	5	〈32.32〉	5	12.82	5	〈33.00〉	5	〈33.56〉	5	〈33.50〉	5	〈35.17〉	5	〈35.57〉	5	〈35.67〉	5	〈35.12〉	5	〈36.60〉	5	〈37.45〉	12.90
Ⅲ17-1	1990	15	〈31.60〉	15	〈32.23〉	15	〈34.80〉	15	〈33.16〉	15	〈33.31〉	15	〈34.18〉	15	〈35.40〉	15	〈35.72〉	15	〈35.72〉	15	〈35.62〉	15	〈36.90〉	15	〈37.70〉	
		25	〈31.90〉	25	〈31.90〉	25	〈32.70〉	25	12.90	25	13.00	25	〈36.50〉	25	〈37.16〉	25	〈35.90〉	25	12.86	25		25	〈36.90〉	25	〈38.65〉	
	1991	5	〈32.10〉	5		5	〈35.72〉	5	〈35.17〉	5	〈35.62〉	5	〈35.90〉	5	〈37.67〉	5	〈37.68〉	5	〈37.90〉	5	〈37.35〉	5	〈37.70〉	5	〈38.90〉	15.90
		15	〈37.48〉	15	〈35.17〉	15	〈35.14〉	15	〈35.30〉	15	〈35.06〉	15	〈37.13〉	15	〈37.70〉	15	〈38.00〉	15	〈36.82〉	15	〈37.17〉	15	15.90	15	〈38.36〉	
		25	〈37.12〉	25	〈37.56〉	25	〈35.00〉	25	〈35.12〉	25	〈35.92〉	25	〈36.53〉	25	〈37.67〉	25	15.92	25	〈35.90〉	25	34.00	25	〈35.80〉	25	〈36.10〉	
	1992	5	〈38.00〉	5	〈37.58〉	5	〈37.14〉	5	〈36.60〉	5	〈36.85〉	5	〈37.08〉	5	〈37.92〉	5	16.24	5	〈34.95〉	5	〈35.16〉	5	16.16	5	〈36.48〉	16.02
		15	〈38.34〉	15	〈37.40〉	15	〈36.90〉	15	〈36.64〉	15	〈37.08〉	15	〈34.25〉	15	15.78	15	16.00	15	〈35.16〉	15	〈35.70〉	15	〈36.10〉	15	〈36.36〉	
		25	〈37.80〉	25	〈36.16〉	25	〈36.78〉	25	〈36.72〉	25	〈36.03〉	25	〈37.06〉	25	〈36.78〉	25		25	〈35.50〉	25		25	18.10	25		
	1993	5	〈36.62〉	5	〈36.06〉	5		5	〈36.40〉	5	〈36.02〉	5	〈36.30〉	5		5	〈36.90〉	5	〈36.80〉	5	〈36.76〉	5		5	〈37.32〉	18.10
		15		15	〈35.72〉	15	〈35.75〉	15		15		15		15	〈36.78〉	15		15		15		15		15		

续表

点号	年份	1月 日	1月 水位	2月 日	2月 水位	3月 日	3月 水位	4月 日	4月 水位	5月 日	5月 水位	6月 日	6月 水位	7月 日	7月 水位	8月 日	8月 水位	9月 日	9月 水位	10月 日	10月 水位	11月 日	11月 水位	12月 日	12月 水位	年平均
Ⅲ17-1	1994	15	⟨36.50⟩	15	⟨36.32⟩	15	18.66	15	16.60	15	⟨37.05⟩	15	⟨37.60⟩	15	⟨37.65⟩	15	⟨37.68⟩	15	⟨38.32⟩	15	⟨38.67⟩	15	20.00	15		18.42
	1995	15	21.78	15	⟨37.60⟩	15	⟨37.82⟩	15	20.80	15	⟨38.70⟩	15	⟨37.11⟩	15	⟨38.58⟩	15	⟨39.08⟩	15	24.32	15	⟨38.96⟩	15	⟨38.83⟩	15	⟨38.84⟩	22.30
	1996	15	22.07	15	⟨39.18⟩	15	22.40	15	22.34	15	22.18	15	22.57	15	⟨38.68⟩	15	23.32	15	⟨36.06⟩	15	22.37	15	⟨37.97⟩	15	⟨37.70⟩	22.46
	1997	15	⟨39.07⟩	15	⟨38.02⟩	15	16.64	15	⟨37.35⟩	5	⟨35.76⟩	5	⟨35.90⟩	5	⟨36.44⟩	5	⟨38.12⟩	5	⟨38.80⟩	5	⟨38.70⟩	5	⟨38.20⟩	5	⟨39.20⟩	16.64
	1990	5	12.90	5	⟨37.88⟩	5	⟨37.88⟩	5	⟨38.00⟩	5	⟨38.77⟩	5	⟨39.38⟩	5	⟨38.40⟩	5	⟨39.00⟩	5	⟨38.89⟩	5	⟨38.30⟩	5	⟨37.96⟩	5	⟨40.76⟩	13.38
		15	⟨37.00⟩	15	⟨37.80⟩	15	⟨37.50⟩	15	⟨38.20⟩	15	⟨38.60⟩	15	⟨37.00⟩	15	⟨38.10⟩	15	⟨39.55⟩	15	⟨39.00⟩	15	⟨39.90⟩	15	⟨39.92⟩	15	⟨41.80⟩	
		25	13.40	25	⟨37.54⟩	25	13.45	25	⟨39.00⟩	25	⟨39.00⟩	25	⟨38.78⟩	25	⟨38.42⟩	25	⟨39.83⟩	25	⟨39.67⟩	25	13.78	25	⟨40.42⟩	25	⟨42.08⟩	
	1991	5	⟨42.42⟩	5	⟨37.10⟩	5		5	14.36	5	⟨39.96⟩	5	⟨38.00⟩	5	⟨39.98⟩	5	⟨39.58⟩	5	⟨39.82⟩	5	14.34	5	⟨38.87⟩	5	⟨39.82⟩	14.63
Ⅲ19-1		15	⟨42.67⟩	15		15		15		15	⟨41.33⟩	15	⟨38.50⟩	15	⟨41.31⟩	15	⟨39.58⟩	15	⟨39.50⟩	15	14.30	15	15.52	15	⟨41.12⟩	
		25		25		25		25	⟨39.18⟩	25	⟨42.00⟩	25	⟨41.78⟩	25	⟨42.44⟩	25	⟨39.74⟩	25	⟨40.20⟩	25	17.54	25	16.26	25	⟨40.72⟩	
	1992	5	⟨39.90⟩	5	⟨39.90⟩	5	⟨39.62⟩	5	⟨39.20⟩	5	⟨38.68⟩	5	15.00	5	⟨38.56⟩	5	⟨39.90⟩	5	⟨39.90⟩	5	16.20	5	⟨40.46⟩	5	⟨41.90⟩	16.28
		15	⟨39.92⟩	15	⟨39.78⟩	15	⟨40.00⟩	15	⟨40.10⟩	15	⟨37.00⟩	15	17.87	15	⟨38.90⟩	15	⟨39.96⟩	15		15		15	⟨40.54⟩	15	⟨41.67⟩	
		25		25		25	⟨39.14⟩	25	14.80	25		25	⟨38.20⟩	25	⟨39.20⟩	25		25		25		25		25		
	1993	5	⟨41.56⟩	5	⟨41.47⟩	5	⟨41.00⟩	5	⟨39.93⟩	5		5		5	⟨41.00⟩	5	⟨41.54⟩	5	⟨39.97⟩	5	22.00	5	⟨40.10⟩	5	⟨40.85⟩	
		15		15	⟨41.30⟩	15		15		15	19.57	15	⟨38.74⟩	15	⟨38.20⟩	15	⟨39.95⟩	15		15	⟨38.25⟩	15	⟨39.53⟩	15	⟨39.96⟩	
		25		25		25		25	17.82	25		25	⟨39.64⟩	25		25		25		25		25		25		
	1994	15	⟨40.25⟩	15	⟨39.30⟩	15	⟨40.10⟩	15	⟨39.90⟩	15	⟨39.18⟩	15	⟨39.40⟩	15	⟨39.12⟩	15	⟨39.82⟩	15	⟨37.77⟩	15	⟨38.25⟩	15	⟨38.78⟩	15	⟨38.75⟩	19.91
	1995	15	⟨39.80⟩	15	⟨40.00⟩	15	⟨40.00⟩	15	⟨39.61⟩	15	⟨39.18⟩	15	⟨39.40⟩	15	22.26	15	⟨38.78⟩	15		15		15	⟨35.92⟩	15	⟨37.87⟩	19.57
	1996	15	⟨38.90⟩	15	⟨39.42⟩	15	18.60	15	20.42	15	⟨37.00⟩	15	⟨37.68⟩	15	⟨37.90⟩	15	⟨39.44⟩	15	⟨39.50⟩	15	⟨39.25⟩	15	⟨38.89⟩	15	⟨38.95⟩	22.26
	1997	15	⟨38.84⟩	15	⟨38.07⟩	15		15		15		15		15	13.54	15	⟨41.72⟩	15	⟨41.42⟩	15	⟨43.00⟩	15	⟨41.97⟩	15	14.72	19.51
Ⅲ35-1	1990	5	⟨43.14⟩	5	⟨42.39⟩	5	⟨42.31⟩	5	⟨42.36⟩	5	⟨42.69⟩	5	⟨42.43⟩	5	⟨41.87⟩	5	⟨43.14⟩	5	⟨41.42⟩	5	⟨41.00⟩	5	⟨41.00⟩	5	⟨41.20⟩	13.87
		15	13.79	15	⟨42.56⟩	15	⟨42.31⟩	15	⟨42.34⟩	15	⟨42.72⟩	15	⟨42.35⟩	15	⟨41.87⟩	15	⟨43.14⟩	15	⟨41.42⟩	15	⟨41.00⟩	15	⟨41.00⟩	15	⟨41.20⟩	
		25	⟨42.42⟩	25	⟨42.49⟩	25	⟨42.34⟩	25	⟨42.69⟩	25	⟨42.46⟩	25	⟨42.44⟩	25	⟨42.00⟩	25	⟨41.00⟩	25	⟨41.52⟩	25	⟨41.22⟩	25	⟨41.42⟩	25	13.44	

续表

点号	年份	日	1月水位	日	2月水位	日	3月水位	日	4月水位	日	5月水位	日	6月水位	日	7月水位	日	8月水位	日	9月水位	日	10月水位	日	11月水位	日	12月水位	年平均
Ⅲ35-1	1991	6	10.10	6	<42.35>	6	<42.28>	6	<40.33>	6	16.78	6	16.00	6	12.27	6	<42.88>	6	<42.88>	6	12.91	6	14.00	6	<41.20>	13.06
		16	14.24	16	<41.50>	16	<39.97>	16	<40.70>	16	<41.02>	16	<43.30>	16		16	11.00	16	<41.82>	16	11.40	16	12.90	16	12.70	
		26	14.51	26	<42.23>	26	<40.40>	26	14.86	26	16.32	26	10.46	26	<42.12>	26	11.25	26	11.15	26	12.57	26	12.70	26		
	1992	7	<42.22>	7		7		7	13.46	7	15.20	7		7	14.00	7		7	15.25	7	15.27	7	14.85	7	<42.80>	14.73
		17	15.60	17	14.60	17		17		17	14.60	17	<39.50>	17		17		17		17	15.20	17		17		
		27	16.40	27	14.70	27		27	<42.22>	27	12.25	27	<42.77>	27		27		27		27	13.80	27	<42.46>	27		
	1993	5		5	<42.17>	5	<41.73>	5		5	<42.80>	5	<42.07>	5		5	<42.44>	5	<42.75>	5	<42.80>	5		5	<41.70>	15.60
		15		15		15	15.20	15		15		15		15		15		15		15		15	15.90	15		
		25		25		25		25		25		25		25	<42.80>	25		25		25		25		25		
	1994	15		15	<42.20>	15	<40.65>	15		15	19.27	15	16.70	15		15	<40.60>	15	<40.48>	15	<42.90>	15	<40.58>	15	18.73	17.11
	1995	16		16	18.07	16	<40.70>	16	<40.25>	16	<39.93>	16	<40.10>	16	<40.00>	16	<39.17>	16		16	<40.30>	16	20.12	16	<41.15>	18.67
	1996	15	21.14	15	21.44	15	<40.70>	15	20.56	15	21.20	15	21.07	15	<41.28>	15	<42.58>	15	<43.86>	15		15		15	21.16	20.92
	1997	15	20.52	15	20.59	15	<42.26>	15	<42.45>	15		15	<40.40>	15	12.49	15		15		15	<42.45>	15	<42.60>	15	<42.28>	20.77
Ⅲ35-2	1990	5	<35.17>	5	<35.04>	5	<34.82>	5	<34.97>	5	<34.75>	5	<34.81>	5	<34.82>	5	<34.80>	5	<35.87>	5	<35.00>	5	<36.12>	5	<36.07>	13.20
		15	<34.81>	15	<35.43>	15	<34.12>	15	<35.21>	15	<34.79>	15	<35.56>	15	<34.82>	15	<35.61>	15	<36.10>	15	<36.20>	15	<35.82>	15	<37.18>	
		25	<34.87>	25	<35.47>	25	13.91	25	<34.71>	25	<34.53>	25	<36.85>	25	<35.10>	25	<35.62>	25	<36.00>	25	<36.34>	25	<36.10>	25	<37.00>	
	1991	6	12.92	6	<35.05>	6	<36.67>	6	<35.37>	6	<35.00>	6	12.78	6	<34.72>	6	<37.30>	6	<36.42>	6	<35.90>	6	<35.90>	6	14.10	13.53
		16	<33.95>	16	<34.20>	16	<36.68>	16	<35.48>	16	<35.18>	16	<35.40>	16	<36.00>	16	<35.73>	16	<36.00>	16	<35.92>	16	<36.12>	16	<34.77>	
		26	<34.75>	26	<37.27>	26	<36.58>	26	<35.00>	26	<35.23>	26	14.30	26	<37.63>	26	<36.00>	26	<35.80>	26	<35.90>	26	<35.90>	26		
	1992	7	14.20	7	<32.10>	7	<32.76>	7	14.80	7	<31.72>	7	<32.72>	7	<32.77>	7	<32.80>	7	<34.00>	7	14.97	7	<34.40>	7	<34.40>	14.82
		17	<31.60>	17	<32.27>	17	<32.58>	17	<32.87>	17	<32.15>	17	<35.00>	17	<32.90>	17	<33.72>	17	<34.40>	17	<33.84>	17	<34.66>	17	<35.28>	
		27	<32.00>	27	<32.40>	27	<32.42>	27	<32.85>	27	14.46	27	<32.84>	27	<32.70>	27	<34.40>	27	<34.72>	27	15.65	27	<35.72>	27	<35.45>	
	1993	5	<35.70>	5	<36.00>	5	<35.48>	5	<35.70>	5	<36.66>	5	<36.25>	5		5	<37.22>	5	<37.90>	5	<37.23>	5	<37.82>	5	<37.62>	15.53
		15		15	<35.20>	15		15		15		15		15		15		15		15		15		15		
		25		25	<35.00>	25	15.53	25		25		25		25		25		25		25		25		25		

续表

点号	年份	1月 日	1月 水位	2月 日	2月 水位	3月 日	3月 水位	4月 日	4月 水位	5月 日	5月 水位	6月 日	6月 水位	7月 日	7月 水位	8月 日	8月 水位	9月 日	9月 水位	10月 日	10月 水位	11月 日	11月 水位	12月 日	12月 水位	年平均
Ⅲ35-2	1994	15	⟨36.88⟩	15	⟨37.24⟩	15	17.00	15	⟨37.00⟩	15	⟨36.76⟩	15	⟨37.56⟩	15	⟨37.74⟩	15	⟨34.06⟩	15	⟨38.22⟩	15	⟨37.84⟩	15	⟨36.07⟩	15	⟨37.70⟩	17.00
	1995	15	18.60	15	16.95	15	⟨36.00⟩	15	18.10	15	⟨35.12⟩	15	⟨37.65⟩	15	⟨37.76⟩	15	⟨37.97⟩	15	⟨37.60⟩	15	⟨37.04⟩	15	⟨37.03⟩	15	⟨38.27⟩	17.88
	1996	15	⟨36.62⟩	15	⟨36.60⟩	15	⟨38.44⟩	15	20.34	15	⟨36.48⟩	15	⟨36.25⟩	15	⟨37.16⟩	15	⟨34.26⟩	15	21.07	15	⟨36.72⟩	15	⟨36.06⟩	36.62	21.00	20.80
	1997	15	20.51	15	20.56	15	⟨31.60⟩	15	⟨31.67⟩	15	21.08	15	⟨32.28⟩	15	⟨32.10⟩	15	⟨33.10⟩	15	⟨33.46⟩	15	⟨33.00⟩	15	⟨32.92⟩	15	⟨32.70⟩	20.72
	1990	4	⟨34.52⟩	4	⟨33.96⟩	4	⟨33.82⟩	4	⟨33.80⟩	4	⟨34.19⟩	4	⟨33.87⟩	4	⟨34.07⟩	4	12.71	4	⟨34.49⟩	4	⟨33.88⟩	4	14.45	4	⟨33.20⟩	14.75
		14	⟨33.79⟩	14	⟨33.85⟩	14	⟨33.87⟩	14	⟨33.58⟩	14	⟨34.22⟩	14	⟨33.91⟩	14	16.09	14	⟨35.69⟩	14	⟨34.06⟩	14	⟨33.19⟩	14	15.81	14	⟨34.39⟩	
		24	⟨33.85⟩	24	⟨33.73⟩	24	⟨33.79⟩	24	⟨34.08⟩	24	⟨33.86⟩	24	⟨34.19⟩	24	⟨34.30⟩	24	⟨34.47⟩	24	⟨33.99⟩	24	14.68	24	⟨36.41⟩	24	⟨34.75⟩	
	1991	4	⟨36.68⟩	4	⟨36.99⟩	4	⟨36.74⟩	4	⟨36.78⟩	4	⟨36.95⟩	4	17.15	4	⟨36.43⟩	4	⟨36.89⟩	4	⟨37.00⟩	4	⟨37.20⟩	4	⟨37.83⟩	4	⟨37.18⟩	17.05
		14	⟨34.64⟩	14	⟨36.73⟩	14	⟨36.77⟩	14	⟨36.80⟩	14	⟨36.91⟩	14	⟨36.87⟩	14	⟨36.80⟩	14	⟨36.82⟩	14	⟨37.02⟩	14	⟨37.12⟩	14	⟨37.63⟩	14	⟨37.18⟩	
		24	⟨37.02⟩	24	⟨35.20⟩	24	⟨36.82⟩	24	16.95	24	⟨36.97⟩	24	⟨36.98⟩	24		24	⟨37.10⟩	24	⟨37.06⟩	24	⟨37.60⟩	24	⟨37.88⟩	24	⟨37.22⟩	
Ⅲ39-1	1992	4	⟨37.20⟩	4	13.48	4	18.62	4	18.72	4	18.19	4	18.57	4	18.55	4	⟨29.75⟩	4	19.33	4	19.49	4	⟨28.90⟩	4	⟨28.81⟩	18.51
		14	17.59	14	17.64	14	18.67	14	18.25	14	18.91	14	18.78	14	⟨30.53⟩	14	19.37	14	19.73	14	18.14	14	⟨28.41⟩	14	⟨26.52⟩	
		24	12.75	24	⟨36.92⟩	24	18.89	24	18.90	24	19.00	24	18.76	24	⟨29.72⟩	24	19.83	24	19.51	24	23.20	24	⟨28.71⟩	24	⟨28.27⟩	
	1993	4	⟨28.70⟩	4	⟨29.05⟩	4	⟨29.04⟩	4	⟨27.15⟩	4	⟨27.30⟩	4	⟨29.00⟩	4	⟨29.28⟩	4	⟨29.41⟩	4	⟨29.41⟩	4	⟨29.31⟩	4	⟨29.82⟩	4	⟨29.45⟩	
		14	⟨28.30⟩	14	⟨28.94⟩	14	⟨28.50⟩	14		14		14		14		14		14		14		14		14		
		24	⟨28.06⟩	24	⟨28.70⟩	24		24		24		24		24		24		24		24		24		24		
	1994	14	20.83		⟨31.03⟩	15	⟨31.15⟩	15	⟨30.37⟩	15	⟨30.43⟩	15	⟨30.83⟩	15	⟨31.54⟩	15	⟨31.60⟩	15	⟨31.58⟩	15	⟨31.78⟩	15	13.78	15	⟨31.21⟩	20.83
	1995	15	⟨30.42⟩	15	⟨30.50⟩	15	⟨30.74⟩	15	⟨30.81⟩	15	⟨30.63⟩	15	⟨31.98⟩	15	⟨32.44⟩	15	⟨32.77⟩	15	⟨32.96⟩	15	⟨32.17⟩	15	17.87	15	13.50	13.64
	1996	15	18.19	15	17.81	15	18.82	15	18.12	15	17.57	15	18.37	15	18.09	15	18.58	15	18.47	15	17.97	15	18.90	15	17.24	18.09
	1997	15	17.30	15	17.47	15	17.20	15	17.40	15	17.24	15	17.57	15	17.63	15	19.20	15	19.02	15	18.70	15	18.90	15	18.77	18.03
Ⅲ39-2	1990	4	⟨26.88⟩	4	11.57	4	⟨33.55⟩	4	⟨34.44⟩	4	⟨34.24⟩	4	⟨34.63⟩	4	9.04	4	8.97	4	10.22	4	9.09	4	9.48	4	9.62	9.99
		14	14.94	14		14	⟨33.62⟩	14	⟨33.82⟩	14	⟨33.65⟩	14	⟨34.61⟩	14	8.81	14	9.17	14	9.29	14	9.19	14	9.50	14	9.70	
		24	15.19	24	⟨33.54⟩	24	⟨33.22⟩	24	⟨34.27⟩	24	⟨34.61⟩	24	⟨34.74⟩	24	8.90	24	9.16	24	9.35	24	9.23	24	9.57	24	9.88	

续表

点号	年份		1月			2月			3月			4月			5月			6月			7月			8月			9月			10月			11月			12月		年平均
		日	水位		日	水位		日	水位		日	水位		日	水位		日	水位		日	水位		日	水位		日	水位		日	水位		日	水位		日	水位	
Ⅲ39-2	1991	4	10.85		4	10.42		4	10.32		4	10.60		4	10.61		4	10.89		4	10.65		4	10.98		4	11.17		4	11.39		4	11.70		4	11.79	10.92
		14	10.13		14	9.78		14	10.63		14	10.66		14	10.83		14	10.03		14	10.75		14	11.13		14	11.30		14	11.33		14	11.90		14	11.83	
		24	10.33		24	9.92		24	10.60		24	10.73		24	10.99		24	10.20		24	10.95		24	11.18		24	11.34		24	11.60		24	11.80		24	11.92	
	1992	4	12.15		4	12.12		4	12.01		4	12.30		4	12.54		4	12.60		4	12.59		4	12.75		4	13.27		4	12.56		4	12.85		4	13.37	12.71
		14	12.06		14	12.51		14	12.18		14	12.52		14	12.71		14	12.39		14	12.65		14	13.15		14	13.26		14	12.62		14	13.04		14	13.56	
		24	12.22		24	12.71		24	12.27		24	12.52		24	12.57		24	12.64		24	12.64		24	13.20		24	12.96		24	12.77		24	13.31		24	13.91	
	1993	4	13.88		4	13.98		4	13.54		4	13.72		4	13.12		4	13.56		4	12.78		4	13.92		4	13.66		4	13.84		4	13.98		4	14.20	13.71
		14	13.90		14	13.90		14	13.81		14	13.72		14			14			14			14			14			14			14			14		
		24	13.91		24	13.32		24	13.33		24			24			24			24			24			24			24			24			24		
	1994	14	14.20		14	13.63		14	13.33		14	13.72		14	14.08		14	14.39		14	14.71		14	14.99		14	14.91		14	15.44		14	15.32		14	15.44	14.51
	1995	15	15.45		15	15.68		15	15.59		15	15.60		15	15.68		15	16.04		15	16.30		15	16.77		15	16.97		15	16.89		15	16.27		15	16.40	16.14
	1996	15	16.90		15	17.08		15	17.78		15	17.93		15	17.84		15	17.94		15	18.27		15	18.07		15	18.00		15	17.62		15	17.53		15	16.95	17.66
	1997	15	16.90		15	17.03		15	16.89		15	17.17		15	17.01		15	17.45		15	17.47		15	18.82		15	18.45		15	18.16		15	18.35		15	18.30	17.67
Ⅲ39-3	1990	4	⟨27.60⟩		4	8.51		4	⟨34.53⟩		4	⟨31.03⟩		4	⟨33.76⟩		4	⟨35.06⟩		4	⟨35.16⟩		4	⟨30.65⟩		4	⟨31.89⟩		4	⟨26.55⟩		4	⟨33.26⟩		4	9.60	9.34
		14	⟨29.20⟩		14	9.09		14	⟨34.18⟩		14	⟨34.93⟩		14	⟨31.70⟩		14	⟨35.05⟩		14	⟨33.95⟩		14	⟨30.86⟩		14	⟨31.27⟩		14	8.95		14	9.34		14	9.50	
		24	⟨29.97⟩		24	⟨34.97⟩		24	⟨30.35⟩		24	⟨34.91⟩		24	⟨35.07⟩		24	⟨34.44⟩		24	⟨32.04⟩		24	⟨31.31⟩		24	⟨31.30⟩		24	9.26		24	9.55		24	9.82	
	1991	4	10.58		4	10.39		4	10.44		4	10.48		4	10.52		4	10.63		4	11.23		4	⟨29.40⟩		4	⟨27.97⟩		4	9.95		4	10.37		4	⟨29.70⟩	10.50
		14	10.17		14	10.07		14	10.41		14	10.52		14	10.78		14	10.16		14	11.20		14	⟨29.30⟩		14	⟨28.25⟩		14	⟨33.26⟩		14	⟨30.26⟩		14	⟨29.78⟩	
		24	10.35		24	10.24		24	10.29		24	10.52		24	10.54		24	10.44		24	11.31		24	⟨29.46⟩		24	⟨28.04⟩		24	⟨31.36⟩		24	⟨30.75⟩		24	⟨29.98⟩	
	1992	4	⟨29.66⟩		4	⟨32.60⟩		4	⟨33.20⟩		4	⟨31.75⟩		4	⟨32.35⟩		4	⟨31.41⟩		4	⟨30.93⟩		4	⟨30.21⟩		4	⟨31.16⟩		4	⟨31.36⟩		4	⟨30.07⟩		4	⟨30.07⟩	6.91
		14	⟨33.46⟩		14	⟨32.97⟩		14	⟨32.36⟩		14	⟨31.96⟩		14	⟨29.90⟩		14	⟨31.04⟩		14	⟨30.38⟩		14	⟨29.12⟩		14	⟨30.53⟩		14	⟨30.44⟩		14	⟨30.75⟩		14	⟨30.42⟩	
		24	⟨31.29⟩		24	⟨30.94⟩		24	⟨32.21⟩		24	6.91		24	⟨31.96⟩		24	⟨31.63⟩		24	⟨30.34⟩		24	⟨31.66⟩		24	⟨30.56⟩		24	⟨29.13⟩		24	⟨30.07⟩		24	⟨30.77⟩	
	1993	4	⟨31.11⟩		4	⟨30.87⟩		4	⟨31.20⟩		4	⟨29.78⟩		4	⟨30.71⟩		4	⟨30.97⟩		4	⟨29.13⟩		4	⟨28.63⟩		4	⟨27.90⟩		4	⟨27.96⟩		4	14.04		4	⟨27.66⟩	14.04
		14	⟨31.01⟩		14	⟨30.73⟩		14	⟨30.42⟩		14			14			14			14			14			14			14			14			14		
		24			24	⟨31.08⟩		24			24			24			24			24			24			24			24			24			24		

续表

点号	年份	1月 日	1月 水位	2月 日	2月 水位	3月 日	3月 水位	4月 日	4月 水位	5月 日	5月 水位	6月 日	6月 水位	7月 日	7月 水位	8月 日	8月 水位	9月 日	9月 水位	10月 日	10月 水位	11月 日	11月 水位	12月 日	12月 水位	年平均
Ⅲ39-3	1994	14	26.73	14	〈32.36〉	14	〈31.05〉	14	〈30.30〉	14	〈31.58〉	14	〈30.96〉	14	〈31.75〉	14	〈31.68〉	14	〈31.63〉	14	〈32.01〉	14	〈28.26〉	14	〈32.17〉	26.73
	1995	15	〈31.57〉	15	〈31.41〉	15	15.58	15	15.66	15	15.98	15	16.46	15	17.00	15	17.66	15	17.17	15	16.86	15	16.57	15	16.40	16.53
	1996	15	17.08	15	17.19	15	17.76	15	18.07	15	18.03	15	18.22	15	17.99	15	18.29	15	18.41	15	17.53	15	17.37	15	16.67	17.72
	1997	15	16.89	15	16.98	15	16.85	15	17.05	15	16.95	15	17.43	15	17.43	15	18.15	15	18.03	15	17.96	15	17.90	15	17.82	17.45
Ⅲ6-1a	1992	5	〈27.82〉	5	〈27.73〉	5	〈27.46〉	5	〈27.62〉	5	〈27.47〉	5	〈27.99〉	5	〈28.27〉	5	〈28.44〉	5	〈30.80〉	5	〈29.47〉	5	〈29.97〉	5	〈27.53〉	
		15	〈27.87〉	15	〈27.74〉	15	〈27.49〉	15		15		15										15	〈28.62〉	15	〈27.36〉	
	1993	25	〈27.73〉	25	〈27.74〉	25		25		25		25		25		25		25		25	〈28.45〉	25	〈29.78〉	25	〈27.37〉	
	1994	15	〈34.11〉	15	〈33.80〉	15	〈34.26〉	15	〈33.68〉	15	〈34.49〉	15	〈34.62〉	15	〈35.80〉	15	〈36.17〉	15	〈35.35〉	15	〈35.74〉	15	〈36.43〉	15	〈33.12〉	
	1995	15	28.66	15	〈28.94〉	15	〈36.43〉	15	〈36.63〉	15	〈36.02〉	15	〈38.17〉	15	〈37.59〉	15	〈36.87〉	15	〈38.83〉	15	〈38.79〉	15	〈38.16〉	15	〈35.98〉	28.66
Ⅲ7-1	1990	6	〈30.25〉	6	13.47	6	〈30.58〉	6	〈30.29〉	6	〈32.04〉	6	〈30.20〉	6	〈30.52〉	6	〈31.08〉	6	〈31.47〉	6	〈31.34〉	6	〈30.23〉	6	〈38.77〉	
		16	〈31.78〉	16	14.00	16	〈30.65〉	16	〈30.28〉	16	〈30.65〉	16	〈30.70〉	16	〈30.79〉	16	〈35.65〉	16	17.18	16	〈30.74〉	16	〈29.78〉	16	〈29.32〉	
		26	13.53	26	〈30.84〉	26	〈30.78〉	26	〈29.98〉	26	〈30.35〉	26	〈28.68〉	26	〈30.62〉	26	〈33.55〉	26	〈31.46〉	26	〈29.66〉	26	〈29.38〉	26	〈29.57〉	14.55
	1991	5	〈30.35〉	5	〈29.86〉	5	〈29.15〉	5	〈29.77〉	5	〈30.39〉	5	〈30.92〉	5	〈30.81〉	5	〈31.47〉	5	〈31.05〉	5	〈30.41〉	5	〈31.55〉	5	〈30.57〉	
		15	〈31.14〉	15	〈29.89〉	15	〈31.02〉	15	〈29.85〉	15	〈30.75〉	15	〈30.78〉	15	〈31.33〉	15	〈30.98〉	15	〈30.86〉	15	〈30.75〉	15	〈31.82〉	15	〈31.05〉	
		25	〈30.13〉	25	〈28.96〉	25		25	〈30.00〉	25	〈30.74〉	25	〈31.27〉	25	〈31.47〉	25	〈31.34〉	25	〈30.74〉	25	〈32.10〉	25	〈31.79〉	25	〈30.65〉	
Ⅲ7-1	1992	5	〈30.58〉	5	〈31.00〉	5	〈31.02〉	5	〈30.87〉	5	〈30.44〉	5	〈31.45〉	5	〈32.37〉	5	〈31.49〉	5	〈32.15〉	5	〈32.13〉	5	〈31.82〉	5	〈29.83〉	
		15	〈31.16〉	15	〈31.15〉	15	〈31.08〉	15		15	〈30.12〉	15	〈32.44〉	15	〈31.29〉	15	〈31.45〉	15	〈32.15〉	15	〈32.01〉	15		15		
		25	〈31.07〉	25	〈30.98〉	25	〈30.99〉	25	〈31.01〉	25		25	〈32.01〉	25	〈31.14〉	25	〈30.46〉	25		25		25	〈30.46〉	25	〈30.57〉	
	1993	5	〈30.86〉	5	〈30.32〉	5	〈30.57〉	5	〈30.32〉	5	〈31.36〉	5	〈31.90〉	5	〈31.74〉	5	〈32.47〉	5	〈31.35〉	5	〈31.29〉	5	〈31.42〉	5	〈31.47〉	
		15	〈31.25〉	15	〈30.32〉	15	〈30.49〉	15	〈30.32〉	15		15		15		15		15		15		15		15		
		25	〈31.49〉	25	〈30.57〉	25		25		25		25		25		25		25		25		25		25		

第一章　西安市

续表

点号	年份	1月		2月		3月		4月		5月		6月		7月		8月		9月		10月		11月		12月		年平均
		日	水位	日	水位	日	水位	日	水位	日	水位	日	水位	日	水位	日	水位	日	水位	日	水位	日	水位	日	水位	
Ⅲ7-1	1994	15	〈38.41〉	15	〈35.00〉	15	〈34.54〉	15	〈34.49〉	15	〈34.10〉	15	〈34.09〉	15	〈34.86〉	15	〈34.97〉	15	〈35.70〉	15	〈31.49〉	15	〈35.62〉	15	〈35.29〉	
	1995	15	〈34.10〉	15	〈34.67〉	15	〈35.44〉	15	〈35.16〉	15	〈35.33〉	15	〈35.39〉	15	〈35.75〉	15	〈36.13〉	15	〈36.32〉	15	〈36.12〉	15	〈36.67〉	15	〈36.40〉	
K117-1	1990	5	8.73	5	8.67	5	8.54	5	8.33	5	8.31	5	8.20	5	8.44	5	8.33	5	8.36	5	8.41	5	8.38	5	8.39	8.43
		15	8.70	15	8.69	15	8.49	15	8.30	15	8.18	15	8.41	15	8.30	15	8.49	15	8.42	15	8.38	15	8.35	15	8.40	
		25	8.70	25	8.61	25	8.41	25	8.27	25	8.12	25	8.62	25	8.35	25	8.36	25	8.40	25	8.36	25	8.47	25	8.44	
	1991	7	9.25	7	9.04	7	9.18	7	9.00	7	8.82	7	8.72	7	8.65	7	9.02	7	8.87	7	8.70	7	8.77	7	8.95	8.91
		17	8.80	17	9.15	17	9.11	17	8.96	17	8.79	17	8.58	17	8.84	17	8.95	17	8.80	17	8.72	17	8.81	17	9.10	
		27	8.96	27	9.17	27	9.06	27	8.85	27	8.79	27	8.52	27	9.24	27	8.98	27	8.76	27	8.74	27	8.86	27	9.25	
	1992	6	9.39	6	9.33	6	9.42	6	9.25	6	9.15	6	9.13	6	9.49	6	9.91	6	9.86	6	9.22	6	9.08	6	9.29	9.38
		16	9.29	16	9.32	16	9.34	16	9.19	16	9.09	16	9.13	16	9.67	16	10.01	16	9.71	16	9.51	16	9.05	16	9.47	
		26	9.31	26	9.39	26	9.29	26	9.16	26	9.07	26	9.30	26	9.52	26	9.96	26	9.60	26	9.21	26	9.17	26	9.31	
	1993	6	9.43	6	9.51	6	9.35	6	9.54	6	9.55	6	9.15	6	9.35	6	9.53	6	9.77	6	9.38					9.48
		16	9.51	16	9.38	16	9.50	16	9.46	16	9.27	16	9.21	16	9.44	16	9.75	16	9.85	16	9.51					
		26	9.51	26	9.50	26	9.48	26	9.51	26	9.20	26	9.45	26	9.42	26	9.70	26	9.69	26	9.48					
K213	1990	4	5.85	4	6.02	4	5.98	4	6.06	4	6.11	4	6.20	4	6.20	4	6.11	4	6.18	4	6.21	4	6.19	4	6.21	6.14
		14	5.91	14	5.97	14	6.03	14	6.10	14	6.15	14	6.49	14	6.13	14	6.26	14	6.18	14	6.19	14	6.20	14	6.22	
		24	6.01	24	5.97	24	6.06	24	6.11	24	6.12	24	6.36	24	6.10	24	6.19	24	6.25	24	6.18	24	6.21	24	6.27	
	1991	4	7.04	4	6.54	4	6.62	4	6.76	4	6.89	4	7.00	4	7.04	4	7.19	4	7.20	4	7.16	4	7.36	4	7.29	7.00
		14	6.46	14	6.55	14	6.67	14	6.82	14	6.93	14	6.95	14	7.17	14	7.17	14	7.23	14	7.18	14	7.31	14	7.30	
		24	6.52	24	6.59	24	6.72	24	6.83	24	7.01	24	6.94	24	7.28	24	7.32	24	7.15	24	7.23	24	7.33	24	7.36	
	1992	4	7.48	4	7.47	4	7.70	4	7.83	4	8.11	4	8.29	4	8.54	4	8.82	4	8.86	4	8.45	4	8.17	4	8.14	8.17
		14	7.42	14	7.53	14	7.77	14	7.87	14	8.09	14	8.53	14	8.64	14	8.97	14	8.71	14	8.22	14	8.16	14	8.20	
		24	7.44	24	7.63	24	7.80	24	8.01	24	8.21	24	8.46	24	8.60	24	8.88	24	8.55	24	8.22	24	8.14	24	8.25	

续表

点号	年份	日	1月 水位	2月 水位	3月 水位	4月 水位	5月 水位	6月 水位	7月 水位	8月 水位	9月 水位	10月 水位	11月 水位	12月 水位	年平均
K213	1993	4	8.34	8.42	8.64	8.87	9.20	干	干						8.75
		14	8.37	8.51	8.77	8.94	9.25	干	干						
		24	8.38	8.57	8.80	9.04	9.20	干	干						
220	1990	5	11.37	11.37	11.37	11.35	11.27	11.32	11.47	11.29	11.33	11.40	11.33	11.37	11.35
		15	11.39	11.37	11.37	11.31	11.22	⟨12.77⟩	11.43	11.37	11.27	11.39	11.32	11.34	
		25	⟨11.97⟩	11.42	11.37	11.27	11.24	11.52	11.37	11.37	11.24	11.37	11.36	11.36	
	1991	4	11.37	11.66	13.16	11.41	11.86	11.81	11.45	12.09	12.19	12.15	12.19	12.30	11.98
		14	11.43	11.78	⟨15.45⟩	11.45	11.91	11.81	11.45	12.14	12.19	12.19	12.16	12.34	
		24	11.60	11.87	13.16	11.44	11.91	11.91	11.64	12.12	12.26	12.19	12.25	12.44	
	1992	4	12.40	12.62	12.63	12.58	12.68	12.73	12.88	13.18	13.23	13.07	13.29	13.37	12.89
		14	12.46	12.53	12.58	12.63	12.67	12.71	12.91	13.18	13.28	13.07	13.27	13.43	
		24	12.50	12.58	12.68	12.65	12.67	12.83	12.91	13.28	13.11	13.07	13.32	⟨15.27⟩	
	1993	4	13.47	13.67	13.67	13.68	13.80	13.85	13.81	13.89	14.38	14.42	14.34	干	13.87
		14	13.50	13.67	13.70	13.66	13.72	13.70	13.90	⟨14.35⟩	14.40	14.34	干	干	
		24	13.47	13.67	13.51	13.85	13.77	13.85	13.86	⟨14.56⟩	14.25	14.36	干	干	
III26-1	1990	4	⟨14.40⟩	⟨26.00⟩	⟨26.74⟩	⟨26.40⟩	⟨26.46⟩	⟨26.57⟩	⟨26.42⟩	⟨26.87⟩	⟨27.00⟩	⟨25.63⟩	⟨26.10⟩	⟨26.43⟩	12.44
		14	12.28	⟨26.48⟩	⟨26.55⟩	⟨26.08⟩	⟨26.20⟩	⟨26.48⟩	⟨26.08⟩	⟨27.00⟩	⟨26.72⟩	⟨26.08⟩	⟨26.37⟩	⟨26.96⟩	
		24	12.70	⟨26.80⟩	⟨26.62⟩	12.35	⟨26.00⟩	⟨26.82⟩	⟨26.64⟩	⟨27.12⟩	⟨26.20⟩	⟨26.34⟩	⟨26.00⟩	⟨27.16⟩	
	1991	4	⟨27.65⟩	⟨26.94⟩	⟨27.30⟩	⟨26.73⟩	⟨27.86⟩	⟨26.80⟩	⟨25.15⟩	⟨27.82⟩	⟨28.48⟩	⟨27.67⟩	⟨28.35⟩	⟨28.90⟩	13.33
		14	⟨27.66⟩	⟨26.90⟩	⟨27.00⟩	⟨26.82⟩	⟨26.12⟩	⟨25.60⟩	⟨27.22⟩	⟨27.72⟩	⟨28.12⟩	⟨28.72⟩	⟨28.92⟩	⟨28.96⟩	
		24		⟨27.10⟩	⟨26.90⟩	⟨27.12⟩	12.10	⟨27.07⟩	⟨27.86⟩	⟨28.85⟩	⟨28.70⟩	⟨28.00⟩	⟨28.56⟩	⟨28.96⟩	
	1992	4	⟨28.42⟩	⟨28.15⟩	⟨28.12⟩	⟨28.70⟩	⟨27.86⟩	⟨28.14⟩	⟨28.75⟩	⟨30.32⟩	⟨31.82⟩	⟨29.80⟩	⟨33.64⟩	⟨33.68⟩	15.26
		14	⟨28.77⟩	⟨28.90⟩	15.25	⟨27.90⟩	⟨28.58⟩	15.67	⟨28.80⟩	⟨30.85⟩	⟨31.82⟩	⟨33.70⟩	⟨32.92⟩	⟨33.86⟩	
		24	⟨28.80⟩	14.85	⟨28.13⟩	⟨28.10⟩	⟨28.75⟩	⟨28.70⟩	⟨29.46⟩	⟨31.40⟩	⟨33.00⟩	⟨33.42⟩	⟨33.85⟩	⟨33.66⟩	

续表

点号	年份	1月			2月			3月			4月			5月			6月			7月			8月			9月			10月			11月			12月			年平均
		日	水位		日	水位		日	水位		日	水位		日	水位		日	水位		日	水位		日	水位		日	水位		日	水位		日	水位		日	水位		
Ⅲ26-1	1993	4			4	〈34.75〉		4			4			4	〈31.28〉		4	〈31.27〉		4	〈30.36〉		4	〈30.92〉		4	〈30.97〉		4	〈30.20〉		4	〈30.12〉		4	〈30.45〉		15.46
		14	15.46		14	〈34.00〉		14	〈33.18〉		14	〈32.07〉		14			14			14			14			14			14			14			14			
		24			24	〈33.62〉		24			24			24			24			24			24			24			24			24			24			
	1991	4	〈42.08〉		4	〈42.12〉		4	〈42.30〉		4	〈41.43〉		4	〈42.44〉		4	〈42.20〉		4	〈42.02〉		4	〈42.38〉		4	〈42.78〉		4	〈42.18〉		4	〈42.28〉		4	〈42.18〉		9.37
		14	〈42.06〉		14	9.37		14	〈42.52〉		14	〈42.12〉		14	〈42.18〉		14	〈41.99〉		14	〈42.18〉		14	〈42.26〉		14	〈42.40〉		14	〈42.05〉		14	〈42.00〉		14	〈42.08〉		
		24	〈42.09〉		24	〈42.16〉		24	〈41.76〉		24	〈42.02〉		24	〈42.16〉		24	〈42.26〉		24	〈43.52〉		24	〈42.55〉		24	〈43.09〉		24	〈42.20〉		24	〈42.06〉		24	〈42.18〉		
	1992	4	11.35		4	〈33.81〉		4	〈35.00〉		4	〈39.78〉		4	〈32.44〉		4	〈32.88〉		4	〈31.42〉		4	〈38.18〉		4	〈31.82〉		4	〈31.77〉		4	〈32.04〉		4	〈33.52〉		11.90
		14			14	〈32.95〉		14	〈33.82〉		14	〈34.24〉		14	〈32.76〉		14	〈31.91〉		14	〈32.00〉		14	〈32.16〉		14	〈31.58〉		14	〈32.48〉		14	〈33.42〉		14	〈33.68〉		
		24	12.44		24	〈34.04〉		24	〈34.46〉		24	〈40.36〉		24	〈33.02〉		24	〈32.28〉		24	〈32.48〉		24	〈31.74〉		24	〈31.82〉		24	〈32.48〉		24	〈33.72〉		24	〈34.00〉		
	1993	4	〈34.22〉		4	〈34.48〉		4	〈35.06〉		4	〈39.91〉		4	〈34.08〉		4	〈34.68〉		4	〈33.75〉		4	〈34.54〉		4	〈34.72〉		4	〈35.12〉		4	〈36.52〉		4	〈35.52〉		13.38
		14	〈34.54〉		14	〈34.50〉		14	〈34.52〉		14	〈36.62〉		14	〈34.16〉		14	〈33.84〉		14	13.38		14	〈34.55〉		14	〈34.54〉		14	〈34.84〉		14	〈35.56〉		14	〈35.72〉		
		24	〈34.98〉		24	〈34.42〉		24	〈34.94〉		24			24			24			24			24			24	〈35.32〉		24			24			24	〈36.22〉		
W1	1994	4	〈36.22〉		4	〈35.34〉		4	〈35.32〉		4	〈37.46〉		4	〈37.12〉		4	〈35.38〉		4			4	〈38.29〉		4	〈38.12〉		4	〈38.30〉		4	11.90		4			11.90
		14	〈36.34〉		14	〈35.30〉		14	〈35.40〉		14	〈36.41〉		14	〈36.12〉		14	〈36.00〉		14	〈39.19〉		14	〈37.95〉		14	〈37.14〉		14	〈38.52〉		14	〈38.92〉		14	〈39.12〉		
		24	〈36.52〉		24	〈36.52〉		24	〈39.46〉		24	〈37.02〉		24	〈36.21〉		24	〈37.32〉		24	〈37.97〉		24	〈37.48〉		24	〈37.74〉		24	〈39.40〉		24			24			
	1995	4	〈40.48〉		4	〈40.48〉		4	〈40.60〉		4	〈40.50〉		4	〈40.42〉		4	〈40.24〉		4	〈39.99〉		4	〈40.16〉		4	15.03		4	〈40.20〉		4	14.59		4	〈40.30〉		14.94
		14	〈40.50〉		14	〈40.56〉		14	〈40.53〉		14	〈40.20〉		14	〈40.33〉		14	〈44.00〉		14	15.78		14	〈40.10〉		14	〈40.26〉		14	〈12.78〉		14	14.87		14	〈40.38〉		
		24	〈40.52〉		24	〈40.52〉		24	〈40.53〉		24	〈40.47〉		24	〈40.33〉		24	〈40.04〉		24	〈39.85〉		24	〈39.84〉		24	〈40.19〉		24	14.41		24	11.44		24	12.70		
	1996	4	〈40.26〉		4	〈40.14〉		4	〈40.10〉		4	〈40.56〉		4	〈40.14〉		4	〈40.21〉		4	〈40.37〉		4	〈40.35〉		4	12.90		4	11.30		4	12.22		4	〈39.34〉		12.88
		14	〈40.20〉		14	〈40.20〉		14	〈40.20〉		14	〈40.52〉		14	〈40.54〉		14	〈40.38〉		14	〈40.35〉		14	14.66		14	〈39.44〉		14	11.50		14	12.54		14	12.49		
		24	〈40.24〉		24	〈40.15〉		24	〈40.55〉		24	〈40.12〉		24	〈40.52〉		24	14.26		24	15.62		24	14.62		24	〈39.50〉		24	〈39.34〉		24			24	〈40.32〉		
	1997	4	12.56		4	〈39.32〉		4	11.70		4	11.80		4	14.04		4	〈40.50〉		4	〈41.96〉		4	〈40.55〉		4	〈40.38〉		4	〈40.36〉								12.78
		14	13.56		14	11.69		14	12.21		14	〈39.40〉		14	13.99		14	〈40.16〉		14	〈41.41〉		14	〈39.50〉		14	〈40.40〉		14									
		24	11.62		24	12.07		24	12.05		24	11.72		24	〈40.51〉		24			24			24	〈40.47〉		24	〈40.35〉		24									

续表

点号	年份	日	1月水位	2月水位	3月水位	4月水位	5月水位	6月水位	7月水位	8月水位	9月水位	10月水位	11月水位	12月水位	年平均
W1	1998	14	⟨40.58⟩	⟨40.38⟩	⟨41.70⟩	13.07	⟨40.67⟩	⟨40.21⟩	⟨40.49⟩	12.82	13.72	⟨40.60⟩	14.16	13.92	13.54
W1	1999	14	⟨40.66⟩	⟨41.29⟩	⟨41.30⟩	⟨41.28⟩	⟨40.80⟩	16.68	⟨40.58⟩	⟨40.50⟩	⟨40.47⟩	⟨40.70⟩	10.82	10.87	12.79
W2	1991	4	⟨30.83⟩	⟨30.57⟩	9.21	⟨30.67⟩	9.64	⟨34.05⟩	⟨32.43⟩	⟨33.51⟩	⟨33.21⟩	⟨32.81⟩	⟨33.08⟩	⟨31.81⟩	9.60
W2	1991	14	⟨30.71⟩	8.81	⟨31.63⟩	9.06	11.20	⟨34.00⟩	⟨33.86⟩	⟨33.44⟩	⟨34.41⟩	⟨29.73⟩	⟨31.09⟩	⟨31.71⟩	
W2	1991	24	⟨29.88⟩	9.13	⟨31.91⟩	10.17	⟨35.05⟩	⟨34.71⟩	⟨35.17⟩	⟨37.54⟩	⟨42.71⟩	⟨33.84⟩	⟨31.23⟩	⟨31.77⟩	
W2	1992	4	⟨32.37⟩	⟨31.53⟩	⟨33.33⟩	⟨35.17⟩	⟨30.51⟩	⟨30.57⟩	⟨31.57⟩	⟨32.91⟩	⟨31.11⟩	⟨31.71⟩	⟨31.11⟩	⟨31.51⟩	11.91
W2	1992	14		⟨32.25⟩	⟨32.91⟩	⟨31.87⟩	⟨30.45⟩	⟨31.25⟩	⟨31.93⟩	⟨31.65⟩	⟨31.37⟩	11.91	⟨32.45⟩	⟨31.55⟩	
W2	1992	24	⟨32.81⟩	⟨32.41⟩	⟨32.65⟩	⟨35.23⟩	⟨30.35⟩	⟨31.59⟩	⟨32.49⟩	⟨31.53⟩	⟨31.74⟩	⟨31.23⟩	⟨31.99⟩	⟨32.07⟩	
W2	1993	4	⟨31.83⟩	⟨32.23⟩	⟨32.39⟩	⟨34.39⟩	⟨31.81⟩	⟨34.68⟩	⟨32.07⟩	⟨33.01⟩	⟨32.71⟩	⟨32.99⟩	⟨33.41⟩	⟨33.15⟩	13.15
W2	1993	14	⟨32.10⟩	⟨31.97⟩	⟨32.23⟩	⟨31.91⟩	⟨34.16⟩	⟨33.84⟩	13.15	⟨33.21⟩	⟨32.61⟩	⟨32.95⟩	⟨33.09⟩	⟨33.51⟩	
W2	1993	24	⟨32.67⟩	⟨32.01⟩	⟨31.55⟩							⟨33.05⟩	⟨33.27⟩	⟨34.51⟩	
W2	1994	4	⟨36.61⟩	⟨34.99⟩	⟨35.05⟩	⟨37.21⟩	⟨36.46⟩	⟨35.59⟩	⟨37.79⟩	⟨36.79⟩	⟨37.66⟩	14.34	11.57		12.96
W2	1994	14	⟨36.59⟩	⟨35.33⟩	⟨35.25⟩	⟨37.27⟩	⟨35.77⟩	⟨35.71⟩	⟨36.71⟩	⟨36.73⟩	⟨36.45⟩	⟨37.43⟩	⟨36.71⟩	⟨36.27⟩	
W2	1994	24	⟨36.01⟩	⟨35.31⟩	⟨38.41⟩	⟨36.41⟩	⟨36.86⟩	⟨36.85⟩	⟨36.76⟩	⟨39.29⟩	⟨37.59⟩	⟨37.41⟩	⟨37.15⟩	⟨39.03⟩	
W2	1995	4	⟨36.11⟩	13.56	⟨38.85⟩	⟨39.19⟩	⟨39.57⟩	⟨39.06⟩	⟨39.86⟩	⟨39.20⟩	14.57	⟨39.03⟩	14.13	⟨40.19⟩	14.09
W2	1995	14	⟨36.77⟩	⟨38.71⟩	⟨38.49⟩	⟨39.58⟩	⟨39.47⟩	⟨38.96⟩	⟨40.28⟩	⟨38.83⟩	14.57	⟨37.44⟩	14.29	⟨40.17⟩	
W2	1995	24	13.53	⟨38.79⟩	⟨39.39⟩	⟨39.93⟩	⟨39.55⟩	⟨38.91⟩	⟨39.21⟩	⟨40.68⟩	⟨39.09⟩	13.98	⟨39.19⟩	12.37	
W2	1996	4	⟨39.05⟩	⟨38.35⟩	⟨39.91⟩	⟨39.86⟩	15.42	14.65	⟨41.26⟩	14.23	12.61	11.15	11.86	⟨40.01⟩	13.20
W2	1996	14	⟨38.66⟩	⟨38.61⟩	⟨39.96⟩	⟨40.43⟩	⟨40.40⟩	⟨40.33⟩	⟨41.21⟩	14.43	14.38	10.33	12.08	12.19	
W2	1996	24	⟨38.65⟩	⟨39.29⟩	⟨40.67⟩	15.49	⟨40.32⟩	15.51	⟨41.29⟩	⟨40.04⟩	⟨40.27⟩	12.20	12.29	⟨40.11⟩	
W2	1997	4	⟨40.02⟩	13.15	11.39	11.00	13.51	13.90	⟨41.35⟩	⟨39.45⟩	⟨39.35⟩	14.80	⟨40.53⟩	⟨39.61⟩	12.51
W2	1997	14	13.15	11.35	10.99	⟨39.76⟩	13.43	⟨39.13⟩	⟨41.43⟩	⟨40.31⟩	⟨39.71⟩	⟨38.14⟩	⟨40.17⟩	⟨40.11⟩	
W2	1997	24	11.17	11.77	11.75	11.35	⟨38.26⟩	⟨39.93⟩	⟨41.37⟩		⟨39.01⟩	14.87	⟨40.11⟩	⟨40.46⟩	

续表

点号	年份	1月 日	1月 水位	2月 日	2月 水位	3月 日	3月 水位	4月 日	4月 水位	5月 日	5月 水位	6月 日	6月 水位	7月 日	7月 水位	8月 日	8月 水位	9月 日	9月 水位	10月 日	10月 水位	11月 日	11月 水位	12月 日	12月 水位	年平均
W2	1998	4	15.33	4	⟨39.89⟩	4	⟨40.61⟩	4	14.56	4	⟨40.49⟩	4	⟨40.28⟩	4	13.81	4	⟨41.89⟩	4	⟨38.36⟩	4	⟨39.43⟩	4	13.41	4	13.23	13.55
		14	⟨40.44⟩	14	⟨40.39⟩	14	⟨40.61⟩	14	12.78	14	⟨40.55⟩	14	⟨40.15⟩	14	⟨39.64⟩	14	⟨39.61⟩	14	13.31	14	⟨39.47⟩	14	13.55	14	13.37	
		24	⟨40.69⟩	24	⟨40.51⟩	24	⟨41.66⟩	24	⟨40.66⟩	24	⟨40.71⟩	24	⟨40.01⟩	24	⟨40.51⟩	24	⟨40.43⟩	24	⟨40.35⟩	24	⟨39.55⟩	24	12.17	24	⟨39.06⟩	
	1999	4	12.91	4	⟨42.07⟩	4	⟨38.33⟩	4	⟨40.94⟩	4	11.97	4	9.83	4	11.65	4	⟨40.97⟩	4	⟨40.06⟩	4	⟨40.26⟩	4	⟨40.21⟩	4	11.20	11.23
		14	⟨39.46⟩	14	⟨42.54⟩	14	⟨40.11⟩	14	⟨40.15⟩	14	⟨40.13⟩	14	10.69	14	⟨40.13⟩	14	⟨41.76⟩	14	⟨41.44⟩	14	⟨40.86⟩	14	10.42	14	10.39	
		24	11.51	24	⟨41.43⟩	24	⟨40.45⟩	24	11.88	24	⟨39.31⟩	24	⟨41.67⟩	24	⟨41.45⟩	24	⟨41.80⟩	24	⟨40.25⟩	24	12.28	24	⟨41.03⟩	24	10.06	
	2000	4	10.41	4	13.08	4	⟨42.03⟩	4	⟨39.36⟩	4	⟨40.83⟩	4	⟨41.23⟩	4	12.56	4	13.46	4		4	12.12	4	⟨40.41⟩	4	11.98	12.36
		14	12.21	14	⟨41.99⟩	14	⟨42.19⟩	14	⟨39.56⟩	14	⟨41.35⟩	14	⟨41.05⟩	14	11.46	14	⟨42.21⟩	14	12.55	14	12.19	14	⟨40.29⟩	14	⟨41.15⟩	
		24	⟨41.79⟩	24	13.05	24	⟨42.11⟩	24	⟨40.59⟩	24	⟨41.29⟩	24	14.59	24	⟨41.29⟩	24	13.58	24	⟨41.10⟩	24	10.89	24	⟨40.10⟩	24	11.26	
W3	1991	4	⟨23.12⟩	4	⟨23.28⟩	4	⟨25.28⟩	4	⟨23.38⟩	4	⟨24.88⟩	4	⟨24.66⟩	4	⟨23.79⟩	4	⟨24.58⟩	4	⟨23.88⟩	4	⟨24.56⟩	4	⟨22.96⟩	4	⟨22.86⟩	
		14	⟨23.27⟩	14		14	⟨25.08⟩	14	⟨23.88⟩	14	⟨24.86⟩	14	⟨24.26⟩	14	⟨23.60⟩	14	⟨25.24⟩	14	⟨24.68⟩	14	⟨28.05⟩	14	⟨22.82⟩	14	⟨22.58⟩	
		24	⟨23.49⟩	24	⟨24.41⟩	24	⟨24.94⟩	24	⟨24.44⟩	24	⟨24.58⟩	24	⟨24.35⟩	24	⟨25.02⟩	24	⟨24.57⟩	24	⟨27.23⟩	24	⟨23.59⟩	24	⟨22.98⟩	24	⟨22.61⟩	
	1992	4	12.26	4	⟨24.44⟩	4	⟨25.60⟩	4	⟨26.98⟩	4	⟨24.22⟩	4	⟨25.60⟩	4	⟨31.44⟩	4	⟨26.74⟩	4	⟨25.28⟩	4	⟨27.41⟩	4	⟨27.34⟩	4	⟨27.68⟩	
		14	⟨25.02⟩	14	⟨24.60⟩	14	⟨25.44⟩	14	⟨25.90⟩	14	⟨25.02⟩	14	⟨26.02⟩	14	⟨26.62⟩	14	⟨27.26⟩	14	⟨27.00⟩	14	⟨27.70⟩	14	⟨27.78⟩	14	⟨28.08⟩	13.84
		24	⟨25.36⟩	24	⟨25.14⟩	24	⟨25.48⟩	24	⟨27.60⟩	24	15.42	24	⟨25.60⟩	24	⟨27.32⟩	24	⟨27.22⟩	24	⟨27.98⟩	24	⟨27.70⟩	24	⟨27.68⟩	24	⟨28.22⟩	
	1993	4	⟨28.02⟩	4	⟨28.68⟩	4	⟨28.80⟩	4	13.84	4	11.83	4	⟨29.14⟩	4	⟨28.42⟩	4	⟨29.28⟩	4	⟨29.38⟩	4	⟨29.33⟩	4	⟨30.40⟩	4	⟨29.68⟩	
		14	⟨28.16⟩	14	⟨28.30⟩	14	⟨28.68⟩	14	⟨28.38⟩	14	⟨28.48⟩	14	⟨28.88⟩	14	⟨29.50⟩	14	⟨29.30⟩	14	⟨29.20⟩	14	⟨29.28⟩	14	⟨29.38⟩	14	⟨29.98⟩	12.84
		24	⟨28.88⟩	24	⟨28.60⟩	24	⟨28.88⟩	24		24		24		24		24		24		24	⟨29.38⟩	24	⟨29.70⟩	24	⟨30.16⟩	
	1994	4	⟨30.48⟩	4	⟨30.78⟩	4	⟨29.83⟩	4	⟨31.43⟩	4	⟨31.20⟩	4	⟨30.40⟩	4	⟨32.80⟩	4	⟨32.52⟩	4	⟨32.51⟩	4	⟨33.34⟩	4	12.24	4	⟨32.82⟩	
		14	⟨30.28⟩	14	⟨30.88⟩	14		14	⟨31.38⟩	14	⟨30.46⟩	14	⟨30.83⟩	14	⟨32.14⟩	14	⟨32.73⟩	14	⟨32.30⟩	14	⟨33.26⟩	14	⟨31.93⟩	14	⟨32.68⟩	12.24
		24	⟨30.28⟩	24	⟨30.08⟩	24	⟨33.28⟩	24	⟨31.36⟩	24	⟨30.92⟩	24	⟨31.54⟩	24	⟨32.18⟩	24	⟨32.02⟩	24	⟨32.56⟩	24	⟨33.26⟩	24	⟨32.28⟩	24	⟨33.14⟩	
	1995	4	⟨33.12⟩	4	⟨32.05⟩	4	⟨34.82⟩	4	⟨33.18⟩	4	⟨33.62⟩	4	⟨32.68⟩	4	⟨31.37⟩	4	⟨32.02⟩	4	⟨31.96⟩	4	⟨31.80⟩	4		4	⟨33.62⟩	
		14	⟨33.16⟩	14	⟨32.28⟩	14	⟨34.78⟩	14	⟨34.38⟩	14	⟨33.74⟩	14	⟨31.34⟩	14	⟨32.06⟩	14	⟨32.52⟩	14	⟨31.90⟩	14		14	⟨33.84⟩	14	⟨29.35⟩	
		24	⟨32.04⟩	24	⟨34.76⟩	24	⟨33.71⟩	24	⟨33.60⟩	24	⟨33.14⟩	24	⟨31.26⟩	24	⟨31.90⟩	24	⟨32.42⟩	24	⟨31.82⟩	24	⟨33.22⟩	24	⟨33.60⟩	24	⟨29.37⟩	

续表

点号	年份	1月 日	1月 水位	2月 日	2月 水位	3月 日	3月 水位	4月 日	4月 水位	5月 日	5月 水位	6月 日	6月 水位	7月 日	7月 水位	8月 日	8月 水位	9月 日	9月 水位	10月 日	10月 水位	11月 日	11月 水位	12月 日	12月 水位	年平均
W3	1996	4	〈29.32〉	4	〈29.53〉	4	〈29.81〉	4	〈29.50〉	4	〈31.12〉	4	〈30.07〉	4	〈29.89〉	4	〈29.90〉	4	14.02	4	11.78	4	12.74	4	12.10	12.87
		14	〈30.26〉	14	〈29.77〉	14	〈30.11〉	14	〈29.56〉	14	〈30.94〉	14	〈30.10〉	14	〈29.91〉	14	15.25	14	14.42	14	11.42	14	12.68	14	12.77	
		24	〈30.59〉	24	〈29.72〉	24	〈30.54〉	24	〈31.09〉	24	〈29.84〉	24	〈30.02〉	24	〈29.98〉	24	15.23	24	14.78	24	12.06	24	7.78	24	13.19	
	1997	4	13.29	4	14.46	4	11.83	4	〈26.36〉	4	〈27.90〉	4	〈28.62〉	4	〈28.88〉	4	〈28.50〉	4	〈29.14〉	4	〈28.87〉	4	〈28.78〉	4	〈28.82〉	12.97
		14	14.46	14	12.43	14	11.12	14	〈26.76〉	14	〈27.70〉	14	〈28.63〉	14	16.30	14	〈28.62〉	14	〈29.28〉							
		24	11.94	24	12.23	24	12.41	24	12.20	24	〈27.78〉	24	〈28.90〉	24	〈28.80〉	24	〈29.26〉	24	〈29.36〉	24		24		24		
	1998	4	〈28.87〉	4	〈27.12〉	14	〈27.28〉	14	13.48	14	〈27.50〉	14	〈27.20〉	14	〈23.68〉	14	〈25.88〉	14	14.62	14	18.83	14	9.93	14	11.30	15.64
	1999	14	〈29.48〉	14	〈30.58〉	14	〈29.63〉	14	〈29.48〉	14	〈29.50〉	14	〈28.38〉	14	〈28.60〉	14	〈28.46〉	14	15.48	14	12.60					12.33
W4	1991	4	〈37.03〉	4	〈37.37〉	4	〈37.75〉	4	〈34.45〉	4	〈37.51〉	4	〈37.51〉	4	〈37.27〉	4	〈39.61〉	4	〈36.13〉	4	〈36.75〉	4	〈37.35〉	4	〈36.89〉	9.81
		14	〈37.55〉	14	9.81	14	〈37.61〉	14	〈36.09〉	14	〈37.75〉	14	〈37.35〉	14	〈35.83〉	14	〈36.03〉	14	〈38.67〉	14	〈37.51〉	14	〈36.87〉	14	〈37.57〉	
		24	〈37.62〉	24	〈36.73〉	24	〈36.53〉	24	〈37.07〉	24	〈37.53〉	24	〈37.57〉	24	〈37.77〉	24	〈36.54〉	24	〈38.21〉	24	〈37.67〉	24	〈37.94〉	24	〈37.60〉	
	1992	4	〈33.85〉	4	〈38.61〉	4	〈38.73〉	4	〈38.87〉	4	〈37.57〉	4	〈37.61〉	4	〈38.67〉	4	〈38.63〉	4	〈33.43〉	4	〈38.33〉	4	〈38.87〉	4	〈38.87〉	
		14	〈38.82〉	14	〈38.87〉	14	〈38.83〉	14	〈38.87〉	14	〈37.21〉	14	〈38.11〉	14	〈38.87〉	14	〈38.87〉	14	〈38.87〉	14	〈39.17〉	14	〈38.87〉	14	〈38.79〉	
		24	〈38.87〉	24	〈37.97〉	24	〈38.83〉	24	〈38.70〉	24	〈37.61〉	24	〈37.61〉	24	〈38.91〉	24	〈37.47〉	24	〈38.71〉	24	〈39.10〉	24	〈38.87〉	24	〈38.87〉	
	1993	4	〈38.12〉	4	〈38.87〉	4	〈38.87〉	4	13.80	4	〈38.80〉	4	〈38.71〉	4	〈38.57〉	4	〈38.37〉	4	〈38.61〉	4	〈38.47〉	4	〈38.39〉	4	〈38.39〉	13.80
		14	〈38.87〉	14	〈38.87〉	14	〈38.87〉	14	〈38.67〉	14	〈38.47〉	14	〈38.71〉	14	〈37.97〉	14		14	〈38.62〉	14	〈38.47〉	14	〈38.37〉	14	〈38.37〉	
		24	〈38.87〉	24	〈38.87〉	24	〈37.80〉	24		24		24		24		24	〈38.37〉	24		24	〈38.75〉	24	〈38.37〉	24	〈38.80〉	
	1994	4	〈38.32〉	4	〈38.85〉	4		4	〈38.72〉	4	〈38.15〉	4	〈37.77〉	4	〈38.87〉	4	〈38.89〉	4	〈38.89〉	4	〈38.69〉	4	11.77	4	〈38.45〉	13.16
		14	〈38.32〉	14	〈38.93〉	14	〈38.82〉	14	〈38.57〉	14	〈37.97〉	14	〈37.71〉	14	〈38.67〉	14	〈39.05〉	14	〈39.01〉	14	〈38.77〉	14	〈38.47〉	14	〈38.89〉	
		24	〈38.67〉	24	〈37.89〉	24	〈38.99〉	24	〈38.52〉	24	〈37.82〉	24	〈38.03〉	24	〈38.77〉	24	〈38.77〉	24	14.55	24	〈38.72〉	24	〈39.11〉	24	〈38.47〉	
	1995	4	〈38.67〉	4		4		4	〈38.35〉	4	〈38.45〉	4	〈38.29〉	4	〈38.29〉	4	〈38.15〉	4	〈38.74〉	4	〈38.53〉	4	〈38.51〉	4	〈38.75〉	
		14	〈38.67〉	14		14		14	〈38.66〉	14	〈38.66〉	14	〈38.21〉	14	〈38.67〉	14	〈38.15〉	14	〈38.43〉	14	〈38.35〉	14	〈38.76〉	14	〈38.39〉	
		24		24	〈38.85〉	24	〈38.71〉	24	〈38.49〉	24	〈38.54〉	24	〈38.25〉	24	〈38.02〉	24	〈37.99〉	24	〈38.59〉	24	〈38.57〉	24	〈38.72〉	24	〈38.31〉	

续表

点号	年份	1月 日	1月 水位	2月 日	2月 水位	3月 日	3月 水位	4月 日	4月 水位	5月 日	5月 水位	6月 日	6月 水位	7月 日	7月 水位	8月 日	8月 水位	9月 日	9月 水位	10月 日	10月 水位	11月 日	11月 水位	12月 日	12月 水位	年平均
W4	1996	4	⟨38.33⟩	4	⟨38.75⟩	4	⟨38.25⟩	4	⟨33.82⟩	4	⟨36.79⟩	4	⟨36.13⟩	4	⟨35.11⟩	4	⟨35.07⟩	4	13.14	4	11.25	4	⟨34.61⟩	4	11.71	13.15
W4		14	⟨38.31⟩	14	⟨38.29⟩	14		14	⟨33.89⟩	14	⟨35.99⟩	14	⟨36.21⟩	14	⟨35.12⟩	14	14.91	14	13.93	14	10.98	14	⟨34.79⟩	14	⟨34.74⟩	
W4		24	⟨38.21⟩	24	⟨38.27⟩	24		24	⟨36.77⟩	24	⟨35.47⟩	24	⟨37.82⟩	24	⟨35.13⟩	24	14.99	24	14.49	24	⟨33.91⟩	24	⟨34.95⟩	24	12.97	
W4	1997	4	⟨34.95⟩	4	⟨35.96⟩	4	11.57	4	11.76	4	⟨37.56⟩	4	⟨35.51⟩	4	⟨36.07⟩	4	⟨36.02⟩	4	⟨35.83⟩	4	⟨34.89⟩	4		4		11.85
W4		14	⟨35.91⟩	14	12.36	14	⟨32.67⟩	14	⟨35.66⟩	14	⟨33.85⟩	14	⟨35.86⟩	14	⟨35.59⟩	14	⟨35.91⟩	14	⟨36.69⟩	14		14		14	⟨34.87⟩	
W4		24	11.36	24	11.95	24	12.18	24	11.77	24	⟨33.95⟩	24	⟨35.97⟩	24	⟨35.12⟩	24	⟨36.77⟩	24	⟨35.15⟩	24		24		24		
W4	1998	14	⟨34.91⟩	14	⟨34.67⟩	14	⟨34.65⟩	14	13.28	14	⟨35.67⟩	14	⟨35.57⟩	14	⟨34.81⟩	14	⟨34.91⟩	14	14.54	14	⟨35.42⟩	14	14.27	14	⟨35.45⟩	14.03
W4	1999	14	⟨35.46⟩	14	15.42	14	⟨36.27⟩	14	⟨36.09⟩	14	⟨35.45⟩	14	⟨34.05⟩	14	⟨35.77⟩	14	⟨35.27⟩	14	⟨35.31⟩	14	⟨35.23⟩	14	10.67	14	10.75	12.28
W4	2000	4		4		4		4		4	15.14															
W4		14	⟨36.05⟩	14	12.69	14	⟨36.67⟩	14	⟨36.11⟩	14	⟨36.55⟩	14	⟨35.64⟩	14	11.55	14	13.12	14	12.25	14	⟨35.57⟩	14	12.45	14	12.27	12.61
W4		24		24		24		24		24	⟨41.29⟩	24	13.97	24	⟨35.66⟩	24	⟨36.79⟩	24	12.87	24	10.61	24	⟨35.79⟩	24	⟨35.87⟩	
W4-1	1991	4	⟨6.25⟩	4	⟨5.85⟩	4	⟨5.61⟩	4	⟨5.29⟩	4	⟨5.37⟩	4	⟨5.39⟩	4	⟨5.49⟩	4	⟨5.48⟩	4	⟨5.22⟩	4	⟨4.82⟩	4	⟨4.34⟩	4	11.67	2.15
W4-1		14	⟨6.15⟩	14	2.15	14	⟨5.57⟩	14	⟨5.51⟩	14	⟨5.41⟩	14	⟨5.30⟩	14	⟨5.31⟩	14	⟨5.43⟩	14	⟨5.18⟩	14	⟨4.65⟩	14		14	⟨26.75⟩	
W4-1		24	⟨6.01⟩	24	⟨5.43⟩	24	⟨5.05⟩	24	⟨5.25⟩	24	⟨5.39⟩	24	⟨5.33⟩	24	⟨5.49⟩	24	⟨5.12⟩	24	⟨5.31⟩	24	⟨4.44⟩	24	⟨26.55⟩	24	⟨26.85⟩	
W4-1	1992	4	⟨26.50⟩	4	⟨26.73⟩	4	⟨26.73⟩	4	⟨26.75⟩	4	⟨26.91⟩	4	⟨26.71⟩	4	⟨27.01⟩	4	⟨26.92⟩	4	⟨26.75⟩	4	⟨26.35⟩	4	⟨26.77⟩	4	⟨26.83⟩	
W4-1		14	⟨26.73⟩	14	⟨26.15⟩	14	⟨26.75⟩	14	⟨26.81⟩	14	⟨26.71⟩	14	⟨26.71⟩	14	⟨26.73⟩	14	⟨26.69⟩	14	⟨26.45⟩	14	⟨26.95⟩	14	⟨26.81⟩	14	⟨26.87⟩	
W4-1		24	⟨26.89⟩	24	⟨26.05⟩	24	⟨26.75⟩	24	⟨26.99⟩	24	⟨26.83⟩	24	⟨26.69⟩	24	⟨27.29⟩	24	⟨26.75⟩	24	⟨26.52⟩	24	⟨27.11⟩	24	⟨26.85⟩	24	⟨26.77⟩	
W4-1	1993	4	⟨27.33⟩	4	⟨27.33⟩	4	⟨27.40⟩	4	4.97	4	⟨26.81⟩	4	⟨26.69⟩	4	⟨26.57⟩	4	⟨26.65⟩	4	⟨26.57⟩	4	⟨26.57⟩	4	⟨26.55⟩	4	⟨26.41⟩	4.97
W4-1		14	⟨26.85⟩	14	⟨27.31⟩	14	⟨27.30⟩	14	⟨26.71⟩	14	⟨26.72⟩	14	⟨26.69⟩	14	⟨26.57⟩	14	⟨26.55⟩	14	⟨26.55⟩	14	⟨26.67⟩	14	⟨26.43⟩	14	⟨26.49⟩	
W4-1		24	⟨26.91⟩	24	⟨27.31⟩	24	⟨27.00⟩	24	⟨27.71⟩	24	⟨25.45⟩	24	⟨24.99⟩	24	⟨26.59⟩	24	⟨26.15⟩	24		24	⟨26.39⟩	24	⟨26.49⟩	24	⟨26.69⟩	
W4-1	1994	4	⟨24.57⟩	4	⟨23.65⟩	4	⟨23.11⟩	4		4	⟨25.05⟩	4	⟨25.76⟩	4	⟨26.09⟩	4	⟨27.19⟩	4		4	⟨26.09⟩	4	3.05	4	⟨25.35⟩	2.38
W4-1		14	⟨24.31⟩	14	⟨24.19⟩	14		14		14	⟨25.05⟩	14		14	⟨26.09⟩	14		14		14	⟨26.11⟩	14	⟨25.35⟩	14	⟨25.08⟩	
W4-1		24	⟨25.08⟩	24	⟨22.45⟩	24	⟨26.67⟩	24		24	⟨25.75⟩	24		24	1.70	24	⟨26.85⟩	24	⟨25.54⟩	24	⟨26.09⟩	24	⟨25.39⟩	24	⟨26.53⟩	

续表

点号	年份	1月 日	1月 水位	2月 日	2月 水位	3月 日	3月 水位	4月 日	4月 水位	5月 日	5月 水位	6月 日	6月 水位	7月 日	7月 水位	8月 日	8月 水位	9月 日	9月 水位	10月 日	10月 水位	11月 日	11月 水位	12月 日	12月 水位	年平均
	1995	4	⟨25.17⟩	4	⟨26.75⟩	4	⟨26.61⟩	4	⟨26.83⟩	4	3.71	4		4	⟨26.77⟩	4	⟨26.62⟩	4	⟨26.93⟩	4	⟨27.04⟩	4	⟨25.83⟩	4	25.91	6.75
		14	⟨25.20⟩	14	⟨26.45⟩	14	⟨26.45⟩	14	3.70	14	3.77	14	⟨26.25⟩	14	⟨26.83⟩	14	⟨26.59⟩	14	⟨26.89⟩	14	⟨26.84⟩	14	⟨25.92⟩	14	⟨25.99⟩	
		24	⟨25.81⟩	24	⟨26.57⟩	24	⟨26.53⟩	24	3.67	24	2.59	24	⟨26.63⟩	24	⟨26.49⟩	24	⟨26.57⟩	24	⟨26.93⟩	24	⟨25.89⟩	24	⟨25.94⟩	24	3.93	
W4-1	1996	4	⟨25.53⟩	4	⟨25.71⟩	4	⟨25.81⟩	4	⟨24.65⟩	4	⟨24.62⟩	4	⟨25.79⟩	4	⟨25.77⟩	4	⟨25.62⟩	4	⟨23.54⟩	4	2.25	4	⟨23.57⟩	4	2.29	2.91
		14	⟨25.55⟩	14	⟨25.73⟩	14	⟨25.77⟩	14	⟨24.57⟩	14	⟨24.73⟩	14	⟨25.75⟩	14	⟨25.63⟩	14	1.94	14	4.57	14	2.12	14	⟨23.41⟩	14	2.31	
		24	⟨25.63⟩	24	⟨25.77⟩	24	⟨24.69⟩	24	⟨24.65⟩	24	⟨24.64⟩	24	⟨25.67⟩	24	⟨25.60⟩	24	1.89	24	4.85	24	⟨22.77⟩	24	4.67	24	2.23	
	1997	4	2.32	4	⟨23.93⟩	4	3.41	4	2.43	4	⟨25.89⟩	4	⟨25.27⟩	4	2.73	4	⟨25.14⟩	4	⟨24.97⟩	4	⟨24.79⟩	4	⟨23.54⟩	4	⟨24.17⟩	2.75
		14	⟨23.85⟩	14	⟨24.49⟩	14	⟨23.85⟩	14	⟨24.09⟩	14	⟨25.85⟩	14	⟨25.63⟩	14		14	⟨25.20⟩	14	⟨25.45⟩	14	⟨23.27⟩	14	2.25	14	⟨22.75⟩	
		24	2.46	24	3.55	24	2.40	24	2.71	24	⟨25.13⟩	24	⟨25.57⟩	24	⟨25.43⟩	24	⟨25.85⟩	24	⟨24.67⟩	24	⟨24.65⟩	24		24	0.53	
	1998	4	⟨24.23⟩	4	⟨24.25⟩	4	⟨24.34⟩	4	3.63	14	3.75	14	2.15	14	⟨22.91⟩	14	⟨23.07⟩	4	1.65							2.69
	1999	4	⟨23.49⟩	4	⟨23.85⟩	4	⟨23.97⟩	14	12.20	14	⟨23.93⟩	14	⟨25.78⟩	14	⟨25.67⟩	14	⟨25.85⟩	14	⟨24.75⟩							0.53
W5	1991	4	⟨44.30⟩	4	⟨44.30⟩	4	⟨44.56⟩	4		4	⟨44.26⟩	4	⟨44.34⟩	4	⟨39.29⟩	4	⟨43.46⟩	4	⟨43.92⟩	4	⟨45.22⟩	4	⟨43.32⟩	4	⟨44.22⟩	11.56
		14	⟨44.04⟩	14	10.91	14	⟨44.26⟩	14		14	⟨44.16⟩	14	⟨44.19⟩	14	⟨43.85⟩	14	⟨43.68⟩	14	⟨44.46⟩	14	⟨44.16⟩	14	⟨43.58⟩	14	⟨44.32⟩	
		24	⟨44.03⟩	24	⟨44.28⟩	24	⟨44.42⟩	24		24	⟨44.08⟩	24	⟨42.06⟩	24	⟨44.56⟩	24	⟨44.21⟩	24	⟨44.16⟩	24	⟨44.34⟩	24	⟨44.24⟩	24	⟨44.20⟩	
	1992	4	⟨44.11⟩	4	⟨43.70⟩	4	⟨44.28⟩	4	⟨36.30⟩	4	⟨36.46⟩	4	⟨36.48⟩	4	⟨37.36⟩	4	⟨36.32⟩	4	⟨35.61⟩	4	⟨37.06⟩	4	⟨39.16⟩	4	⟨41.10⟩	10.06
		14	⟨44.28⟩	14	⟨44.34⟩	14	⟨44.18⟩	14	⟨41.44⟩	14	⟨36.38⟩	14	⟨37.00⟩	14	⟨36.86⟩	14	⟨37.66⟩	14	⟨36.76⟩	14	⟨37.30⟩	14	⟨38.89⟩	14	⟨41.46⟩	
		24	⟨43.93⟩	24	⟨43.46⟩	24	10.06	24	⟨37.12⟩	24	⟨35.90⟩	24	⟨36.68⟩	24	⟨37.56⟩	24	⟨37.30⟩	24	⟨37.30⟩	24	⟨39.76⟩	24	⟨40.86⟩	24	⟨41.32⟩	
	1993	4	⟨40.86⟩	4	⟨39.50⟩	4	⟨40.34⟩	4	⟨40.26⟩	4	⟨40.14⟩	4	⟨42.98⟩	4	⟨38.64⟩	4	⟨39.66⟩	4	⟨38.13⟩	4	⟨39.76⟩	4	⟨40.56⟩	4	⟨43.42⟩	
		14	⟨42.36⟩	14	⟨38.46⟩	14	⟨41.00⟩	14		14	⟨41.10⟩	14	⟨40.82⟩	14	⟨38.66⟩	14	⟨42.61⟩	14	⟨40.80⟩	14	⟨40.98⟩	14	⟨42.86⟩	14	⟨44.56⟩	
		24	⟨42.92⟩	24	⟨39.66⟩	24	⟨41.72⟩	24		24		24		24		24		24		24	⟨40.70⟩	24	⟨43.64⟩	24	⟨44.40⟩	
	1994	4	⟨43.36⟩	4	⟨43.06⟩	4	⟨44.32⟩	4	⟨44.96⟩	4	⟨45.26⟩	4	⟨44.68⟩	4		4	⟨45.14⟩	4	⟨46.64⟩	4	15.26	4		4	⟨45.69⟩	14.33
		14	⟨45.04⟩	14	⟨42.74⟩	14	⟨42.54⟩	14	⟨45.46⟩	14	⟨43.06⟩	14	⟨45.26⟩	14		14	14.06	14	⟨46.66⟩	14	15.06	14	13.84	14	⟨47.26⟩	
		24	⟨43.00⟩	24	⟨44.26⟩	24	⟨45.54⟩	24	⟨43.24⟩	24	⟨44.36⟩	24	⟨43.56⟩	24	12.86	24	⟨45.66⟩	24	⟨43.40⟩	24	14.88	24		24		

续表

点号	年份	1月			2月			3月			4月			5月			6月			7月			8月			9月			10月			11月			12月		年平均
		日	水位		日	水位		日	水位		日	水位		日	水位		日	水位		日	水位		日	水位		日	水位		日	水位		日	水位		日	水位	
W5	1995	4	⟨46.38⟩		4	⟨46.50⟩		4	⟨46.76⟩		4	⟨46.46⟩		4	⟨46.64⟩		4	⟨46.36⟩		4	⟨45.74⟩		4	⟨41.48⟩		4	⟨46.02⟩		4	⟨43.54⟩		4	⟨43.58⟩		4	⟨43.74⟩	14.74
		14	⟨46.34⟩		14	⟨46.72⟩		14	⟨46.73⟩		14	⟨46.38⟩		14			14	⟨46.42⟩		14	⟨41.20⟩		14	⟨46.00⟩		14	⟨45.90⟩		14	⟨41.70⟩		14	⟨44.84⟩		14	⟨43.19⟩	
		24	⟨46.40⟩		24	⟨16.82⟩		24	⟨46.80⟩		24	⟨46.61⟩		24	⟨46.44⟩		24	⟨45.44⟩		24	⟨41.32⟩		24	⟨45.94⟩		24	⟨43.32⟩		24	⟨43.56⟩		24	⟨44.72⟩		24	14.74	
	1996	4	14.78		4	⟨43.70⟩		4			4	⟨45.52⟩		4	⟨45.62⟩		4	⟨45.62⟩		4	⟨46.34⟩		4	⟨46.44⟩		4	11.73		4	9.75		4	12.54		4	8.18	11.82
		14	⟨46.13⟩		14	⟨43.90⟩		14			14	14.47		14	⟨45.68⟩		14	⟨45.66⟩		14	⟨46.38⟩		14	⟨46.42⟩		14	14.36		14	8.57		14	10.24		14	⟨46.20⟩	
		24	⟨46.08⟩		24	⟨45.76⟩		24	⟨45.50⟩		24	⟨45.55⟩		24	⟨45.44⟩		24	⟨46.48⟩		24	⟨46.48⟩		24	14.30		24	14.38		24	10.60		24	10.52		24	11.00	
	1997	4	10.34		4	⟨46.36⟩		4	9.76		4	10.59		4	⟨46.44⟩		4	⟨46.38⟩		4	⟨45.88⟩		4	⟨46.25⟩		4	⟨46.26⟩		4	⟨45.78⟩		4	⟨45.44⟩		4		10.49
		14	⟨46.38⟩		14	⟨46.38⟩		14	9.86		14	11.84		14	⟨46.23⟩		14	⟨46.42⟩		14	⟨46.15⟩		14	⟨46.15⟩		14	⟨46.10⟩		14			14			14		
		24	⟨46.32⟩		24	⟨45.43⟩		24	10.55		24	10.70		24	⟨46.35⟩		24	⟨46.38⟩		24	⟨46.38⟩		24	⟨46.35⟩		24	⟨46.18⟩		24			24			24	⟨45.44⟩	
	1998	4	⟨45.79⟩		4	14.27		4	⟨45.84⟩		4	11.94		4	⟨46.08⟩		4	⟨46.15⟩		4	⟨15.34⟩		4	⟨45.44⟩		4	13.90		4	⟨45.74⟩		4	14.36		4	⟨45.79⟩	13.40
		14	⟨45.79⟩		14	⟨17.59⟩		14	⟨45.92⟩		14	⟨45.63⟩		14	⟨45.46⟩		14	⟨45.55⟩		14	16.46		14	⟨46.76⟩		14	⟨45.48⟩		14	⟨46.44⟩		14	8.83		14		
	1999	4	⟨17.49⟩		4	0.57		4	⟨17.93⟩		4	⟨17.53⟩		4	⟨17.77⟩		4	⟨17.89⟩		4	⟨17.65⟩		4	⟨17.54⟩		4	⟨17.53⟩		4	⟨17.35⟩		4	⟨17.33⟩		4	⟨17.45⟩	13.19
		14	⟨17.49⟩		14	⟨17.37⟩		14	⟨17.93⟩		14	⟨17.61⟩		14	⟨18.33⟩		14	⟨17.62⟩		14	⟨17.55⟩		14	⟨17.67⟩		14	⟨17.61⟩		14	⟨17.45⟩		14	⟨17.28⟩		14	⟨17.37⟩	
W5-1		24	⟨17.32⟩		24	⟨17.38⟩		24	⟨17.57⟩		24	⟨17.37⟩		24	⟨17.61⟩		24	⟨17.75⟩		24	⟨17.93⟩		24	⟨17.52⟩		24	⟨19.65⟩		24			24	⟨17.41⟩		24	⟨17.35⟩	
	1991	4	⟨17.38⟩		4	⟨17.09⟩		4	⟨17.63⟩		4	⟨17.41⟩		4	⟨14.65⟩		4	⟨12.37⟩		4	⟨11.99⟩		4	⟨10.27⟩		4	⟨11.93⟩		4	⟨10.32⟩		4			4	⟨9.55⟩	0.57
		14	⟨17.25⟩		14	⟨17.37⟩		14	⟨17.41⟩		14	⟨15.75⟩		14	⟨12.55⟩		14	⟨12.25⟩		14			14	⟨10.87⟩		14	⟨10.31⟩		14			14			14	⟨8.46⟩	
		24	⟨11.53⟩		24	⟨16.79⟩		24	⟨17.65⟩		24	⟨17.41⟩		24	⟨11.59⟩		24	⟨12.37⟩		24	⟨12.59⟩		24	⟨10.65⟩		24	⟨10.44⟩		24			24	⟨9.65⟩		24	⟨9.63⟩	
	1992	4	⟨9.85⟩		4	⟨9.97⟩		4	⟨9.77⟩		4	⟨17.31⟩		4	⟨17.15⟩		4	⟨17.31⟩		4	⟨15.95⟩		4			4	1.45		4	⟨18.33⟩		4	⟨18.33⟩		4	⟨18.18⟩	
		14	⟨9.71⟩		14	⟨9.65⟩		14	3.19		14	⟨17.19⟩		14	⟨16.91⟩		14	⟨17.05⟩		14	⟨16.55⟩		14			14	⟨18.43⟩		14	⟨18.45⟩		14	⟨18.39⟩		14	⟨18.25⟩	
	1993	24	⟨9.91⟩		24	⟨10.11⟩		24	⟨17.25⟩		24			24			24			24	⟨19.05⟩		24			24			24			24	2.47		24	⟨18.60⟩	2.32
		4	⟨18.53⟩		4	⟨18.63⟩		4	⟨18.25⟩		4	⟨18.01⟩		4	⟨18.25⟩		4	⟨17.80⟩		4	⟨18.39⟩		4	⟨18.57⟩		4	⟨18.45⟩		4	⟨18.45⟩		4	⟨17.77⟩		4	⟨18.28⟩	
	1994	14	⟨18.39⟩		14	⟨18.73⟩		14	⟨18.63⟩		14	⟨18.31⟩		14	⟨17.75⟩		14	⟨18.20⟩		14	⟨18.39⟩		14	⟨18.55⟩		14	⟨18.55⟩		14	⟨18.39⟩		14	⟨17.77⟩		14	⟨18.33⟩	2.47
		24	⟨18.10⟩		24	⟨17.49⟩		24	⟨17.22⟩		24	⟨18.30⟩		24	⟨17.75⟩		24	⟨16.36⟩		24	⟨18.53⟩		24	⟨18.43⟩		24	⟨18.38⟩		24	⟨18.55⟩		24	⟨17.69⟩		24	⟨17.83⟩	

续表

点号	年份	1月 日	1月 水位	2月 日	2月 水位	3月 日	3月 水位	4月 日	4月 水位	5月 日	5月 水位	6月 日	6月 水位	7月 日	7月 水位	8月 日	8月 水位	9月 日	9月 水位	10月 日	10月 水位	11月 日	11月 水位	12月 日	12月 水位	年平均
W5-1	1995	4	⟨18.25⟩	4	⟨18.25⟩	4	⟨18.25⟩	4	⟨18.55⟩	4	⟨18.13⟩	4	⟨18.27⟩	4	⟨18.33⟩	4	⟨18.11⟩	4	⟨18.37⟩	4	⟨18.13⟩	4	1.66	4	⟨17.51⟩	
		14	⟨18.17⟩	14	⟨18.50⟩	14	⟨18.05⟩	14	⟨18.23⟩	14		14	⟨18.44⟩	14	⟨18.52⟩	14	⟨18.09⟩	14	⟨18.45⟩	14	⟨17.86⟩	14	1.89	14	⟨16.95⟩	1.83
		24	⟨17.93⟩	24	⟨18.29⟩	24	⟨17.59⟩	24	⟨18.19⟩	24	⟨18.32⟩	24	⟨18.25⟩	24	⟨18.13⟩	24	⟨18.17⟩	24	⟨18.27⟩	24	1.93	24	⟨17.87⟩	24	⟨17.53⟩	
	1996	4	2.49	4	⟨17.67⟩	4	⟨17.65⟩	4	⟨17.53⟩	4	3.10	4	⟨17.77⟩	4	⟨17.14⟩	4	⟨17.81⟩	4	0.87	4	1.07	4	1.63	4	1.66	
		14	⟨17.39⟩	14	⟨17.73⟩	14	⟨17.40⟩	14	⟨17.55⟩	14	⟨17.75⟩	14	1.70	14	⟨17.61⟩	14	⟨17.65⟩	14	0.93	14	1.09	14	0.52	14	⟨17.03⟩	1.54
		24	⟨17.41⟩	24	⟨17.77⟩	24	⟨17.40⟩	24	3.59	24	⟨17.66⟩	24	⟨16.85⟩	24	⟨17.67⟩	24	0.63	24	0.86	24	1.17	24	⟨16.95⟩	24	1.73	
	1997	4	1.79	4	⟨17.57⟩	4	3.10	4	3.15	4	⟨17.67⟩	4	⟨17.74⟩	4	3.34	4	⟨17.74⟩	4	⟨17.65⟩	4		4	⟨17.59⟩	4	⟨17.65⟩	
		14	⟨17.62⟩	14	⟨17.69⟩	14	⟨17.13⟩	14	⟨17.43⟩	14	⟨17.71⟩	14	⟨18.09⟩	14	⟨17.77⟩	14	⟨17.65⟩	14	⟨17.99⟩	14	⟨17.69⟩	14		14		2.93
		24	⟨17.43⟩	24	3.07	24	3.13	24	⟨17.27⟩	24	⟨17.83⟩	24	⟨18.16⟩	24	⟨17.63⟩	24	⟨17.75⟩	24	⟨17.61⟩	24		24		24	⟨16.93⟩	
	1998	4	⟨17.75⟩	4	⟨17.69⟩	4	⟨17.78⟩	4	3.44	4	⟨17.77⟩	4	⟨17.89⟩	4	⟨16.80⟩	4	⟨17.67⟩	4	⟨17.64⟩	4	⟨17.63⟩	4	1.08	4		
		14	⟨17.63⟩	14	1.54	14	⟨17.75⟩	14	⟨17.57⟩	14	⟨17.63⟩	14	⟨17.69⟩	14	⟨17.63⟩	14	⟨17.67⟩	14		14	⟨17.63⟩	14	1.77	14		2.26
	1999	4	⟨30.30⟩	4	⟨32.54⟩	4	10.26	4	⟨31.84⟩	4	⟨31.90⟩	4	⟨32.27⟩	4	⟨34.68⟩	4	⟨32.78⟩	4	⟨32.44⟩	4	⟨32.22⟩	4	⟨30.34⟩	4	⟨30.52⟩	1.66
W6	1991	14	⟨30.46⟩	14	10.86	14	⟨32.75⟩	14	⟨32.58⟩	14	⟨32.33⟩	14	⟨31.62⟩	14	⟨33.46⟩	14	⟨33.06⟩	14	⟨33.19⟩	14	⟨32.34⟩	14	⟨30.70⟩	14	⟨30.60⟩	10.40
		24	⟨30.30⟩	24	10.09	24	⟨32.47⟩	24	⟨31.96⟩	24	⟨32.62⟩	24	⟨32.36⟩	24	⟨34.90⟩	24	⟨32.89⟩	24	⟨35.50⟩	24	⟨32.79⟩	24	⟨30.94⟩	24	⟨30.88⟩	
	1992	4	⟨30.64⟩	4	⟨30.00⟩	4	⟨32.14⟩	4	⟨33.74⟩	4	⟨31.78⟩	4	⟨31.58⟩	4	⟨31.90⟩	4	⟨31.02⟩	4	⟨30.66⟩	4	⟨31.30⟩	4	⟨31.64⟩	4	⟨33.26⟩	
		14	⟨31.02⟩	14	⟨31.34⟩	14	⟨31.82⟩	14	⟨32.38⟩	14	⟨31.44⟩	14	⟨32.25⟩	14	⟨31.14⟩	14	⟨31.62⟩	14	⟨31.22⟩	14	⟨31.16⟩	14	⟨30.56⟩	14	⟨33.66⟩	
		24	⟨32.00⟩	24	⟨31.08⟩	24	⟨31.82⟩	24	⟨31.96⟩	24	⟨31.62⟩	24	⟨31.58⟩	24	⟨31.80⟩	24	⟨31.80⟩	24	⟨32.10⟩	24		24	⟨33.00⟩	24	⟨33.20⟩	
	1993	4	⟨33.00⟩	4	⟨32.58⟩	4	⟨32.54⟩	4	⟨31.06⟩	4	⟨33.08⟩	4	⟨34.46⟩	4	⟨31.98⟩	4	⟨34.58⟩	4	⟨32.98⟩	4	⟨33.28⟩	4	⟨32.74⟩	4	⟨31.56⟩	
		14	⟨32.62⟩	14	⟨32.56⟩	14	⟨33.10⟩	14	⟨32.80⟩	14	⟨33.10⟩	14	⟨34.06⟩	14	⟨34.26⟩	14	⟨35.06⟩	14	⟨33.56⟩	14	⟨33.56⟩	14	⟨34.48⟩	14	⟨32.10⟩	
		24	⟨34.52⟩	24	⟨33.80⟩	24	⟨32.92⟩	24		24		24		24		24		24		24	⟨34.06⟩	24	⟨32.06⟩	24	⟨32.48⟩	
	1994	4	⟨32.62⟩	4	⟨31.86⟩	4	⟨32.44⟩	4	⟨32.92⟩	4	⟨32.86⟩	4	⟨32.48⟩	4	⟨34.29⟩	4	⟨34.60⟩	4	⟨34.18⟩	4	⟨34.92⟩	4	11.34	4	⟨34.34⟩	
		14	⟨33.10⟩	14	⟨32.42⟩	14	⟨31.56⟩	14	⟨33.20⟩	14	⟨31.26⟩	14	⟨32.81⟩	14	⟨33.58⟩	14	⟨34.74⟩	14	⟨33.96⟩	14	⟨35.00⟩	14	11.30	14	⟨34.36⟩	11.92
		24	⟨31.49⟩	24	⟨32.86⟩	24	⟨32.72⟩	24	⟨33.54⟩	24	⟨32.30⟩	24	⟨33.20⟩	24	⟨34.36⟩	24	⟨33.16⟩	24	⟨34.28⟩	24	⟨34.60⟩	24	13.12	24	⟨35.16⟩	

续表

第一章 西安市

| 点号 | 年份 | 1月 | | 2月 | | 3月 | | 4月 | | 5月 | | 6月 | | 7月 | | 8月 | | 9月 | | 10月 | | 11月 | | 12月 | | 年平均 |
		日	水位	日	水位	日	水位	日	水位	日	水位	日	水位	日	水位	日	水位	日	水位	日	水位	日	水位	日	水位	
W6	1995	4	〈34.50〉	4	〈34.60〉	4		4	〈34.18〉	4	〈34.80〉	4	〈34.06〉	4	〈34.24〉	4	〈34.22〉	4	〈35.35〉	4	〈35.20〉	4	〈36.64〉	4	〈36.74〉	
		14	〈35.54〉	14	〈34.50〉	14	〈35.14〉	14	〈34.32〉	14		14	〈34.28〉	14	〈34.20〉	14	〈34.55〉	14	〈35.28〉	14	〈33.74〉	14	〈37.30〉	14	〈36.54〉	
		24	〈34.48〉	24	〈35.02〉	24	〈34.99〉	24	〈34.78〉	24	〈35.36〉	24	〈33.62〉	24	〈34.12〉	24	〈35.44〉	24		24	〈36.70〉	24	〈37.28〉	24	〈36.44〉	
	1996	4	〈36.38〉	4	〈35.82〉	4		4	〈36.78〉	4	〈36.68〉	4	〈36.72〉	4	14.76	4	〈40.80〉	4	12.54	4	9.94	4	12.80	4	9.84	12.27
		14	〈36.34〉	14	〈35.84〉	14	〈36.52〉	14	15.08	14	〈36.78〉	14	〈38.70〉	14	〈38.98〉	14	〈40.68〉	14	14.90	14	9.38	14	10.65	14	〈40.22〉	
		24	〈36.32〉	24	〈36.16〉	24	〈36.72〉	24	〈36.74〉	24	〈36.58〉	24	〈38.94〉	24	〈38.94〉	24	14.39	24	14.44	24	10.88	24	10.74	24	11.42	
	1997	4	11.26	4	10.58	4	10.36	4	10.76	4	〈40.08〉	4	〈39.35〉	4	〈39.28〉	4	〈39.34〉	4	〈38.86〉	4	〈38.15〉	4	〈38.16〉	4	〈38.07〉	10.89
		14	〈40.24〉	14	〈40.16〉	14	10.44	14	11.86	14	〈39.30〉	14	〈39.34〉	14	〈39.33〉	14	〈39.36〉	14	〈39.33〉	14	〈38.86〉	14	〈39.44〉	14	〈39.46〉	
		24	10.49	24	10.44	24	10.84	24	11.89	24	〈39.35〉	24	〈39.36〉	24	〈39.28〉	24	〈39.42〉	24	〈38.92〉	24		24	12.59	24		
	1998	4	〈40.26〉	4	〈38.52〉	4	〈39.00〉	4	15.18	4	〈39.15〉	4	〈39.15〉	4	〈39.18〉	4	15.30	4	〈39.16〉	4	〈38.86〉	4	12.36	4	9.26	13.58
		14	〈38.00〉	14	〈37.96〉	14	〈38.08〉	14	11.68	14	〈38.60〉	14	〈38.95〉	14	〈38.74〉	14	〈38.85〉	14	12.52	14	12.87	14	11.46	14		
		24	〈39.54〉	24	〈39.04〉	24	13.76	24	〈39.06〉	24	〈39.09〉	24	〈39.06〉	24	15.26	24	〈39.24〉	24	14.24	24	〈39.50〉	24	8.96	24		
	1999	4	13.01	4	〈38.06〉	4	〈35.51〉	4	〈38.07〉	4	〈38.40〉	4	〈38.20〉	4	11.40	4	〈39.44〉	4	〈38.26〉	4	〈38.26〉	4	〈37.76〉	4	9.06	11.59
		14	〈38.82〉	14	13.91	14	〈38.76〉	14	〈38.70〉	14	〈38.54〉	14	〈38.16〉	14	〈37.48〉	14	〈38.28〉	14	〈38.65〉	14	〈39.31〉	14	12.24	14	11.30	
		24	〈37.10〉	24	〈39.44〉	24	14.08	24	11.34	24	〈36.94〉	24	13.50	24	〈39.38〉	24	〈39.36〉	24	〈38.18〉	24	11.54	24	〈40.26〉	24	13.66	
	2000	4	10.60	4	12.18	4	〈38.66〉	4	〈39.68〉	4	〈39.67〉	4	〈40.10〉	4	11.94	4	12.47	4	〈39.90〉	4	〈39.58〉	4	〈39.46〉	4	10.64	11.85
		14	11.38	14	12.15	14	〈39.31〉	14	〈39.56〉	14	〈39.76〉	14	〈40.18〉	14	〈39.94〉	14	〈40.34〉	14	11.86	14	〈39.20〉	14	12.24	14		
		24		24		24	〈38.46〉	24	〈39.70〉	24	〈39.66〉	24	13.44	24	〈40.28〉	24	〈39.97〉	24	12.44	24	〈38.72〉	24	〈40.26〉	24		
W7	1991	4	13.16	4	〈29.89〉	4	〈30.63〉	4	〈29.66〉	4	〈16.85〉	4	〈29.44〉	4	〈27.06〉	4	〈28.36〉	4	〈30.21〉	4	〈28.12〉	4	〈26.14〉	4	〈14.10〉	13.16
		14	〈29.71〉	14	〈30.63〉	14	〈29.72〉	14	〈29.77〉	14	〈29.07〉	14	〈27.88〉	14	〈28.02〉	14	〈29.28〉	14	〈29.54〉	14	〈29.28〉	14	〈27.70〉	14	〈14.04〉	
		24	〈30.21〉	24	〈29.74〉	24	〈29.97〉	24	〈16.27〉	24	〈28.92〉	24	〈27.88〉	24	〈28.48〉	24	〈28.76〉	24	〈28.73〉	24	〈28.63〉	24	〈27.10〉	24	〈13.79〉	
	1992	4	〈28.58〉	4	13.68	4	〈29.98〉	4	14.48	4	〈29.34〉	4	〈29.28〉	4	〈29.30〉	4	〈31.54〉	4	〈31.16〉	4	〈31.28〉	4	〈31.28〉	4	14.08	14.02
		14	〈26.88〉	14	13.82	14	〈29.78〉	14	〈30.08〉	14	〈28.98〉	14	〈28.88〉	14	〈29.94〉	14	〈30.86〉	14	〈30.28〉	14	〈30.84〉	14	〈31.38〉	14	〈31.16〉	
		24	〈27.22〉	24	〈28.98〉	24	〈30.24〉	24	〈30.64〉	24	〈28.98〉	24	〈28.16〉	24	〈31.68〉	24	〈30.72〉	24	〈31.74〉	24	〈30.52〉	24	〈30.76〉	24	〈31.00〉	

续表

点号	年份	1月 日	1月 水位		2月 日	2月 水位		3月 日	3月 水位		4月 日	4月 水位		5月 日	5月 水位		6月 日	6月 水位		7月 日	7月 水位		8月 日	8月 水位		9月 日	9月 水位		10月 日	10月 水位		11月 日	11月 水位		12月 日	12月 水位		年平均
W7	1993	4	〈30.78〉		4	〈31.88〉		4	〈32.64〉		4	〈31.54〉		4	〈31.58〉		4	〈32.04〉		4	〈31.62〉		4	〈32.32〉		4	〈32.60〉		4	〈32.24〉		4	〈32.08〉		4	〈31.46〉		
		14	〈31.34〉		14	〈31.70〉		14	〈32.48〉		14	〈31.98〉		14	〈31.52〉		14	〈31.48〉		14	〈31.74〉		14	〈32.48〉		14	〈31.90〉		14	〈32.64〉		14	〈31.18〉		14	〈32.43〉		
		24	〈31.84〉		24	〈31.96〉		24	〈31.58〉		24			24			24			24			24			24			24	〈32.58〉		24	〈31.53〉		24	〈32.56〉		
	1994	4	〈32.44〉		4	〈32.42〉		4	〈32.08〉		4	〈35.10〉		4	〈34.18〉		4	〈33.26〉		4	15.85		4	〈30.80〉		4	〈32.08〉		4	〈32.30〉		4			4	15.82		15.97
		14	〈32.68〉		14	〈32.88〉		14	〈32.88〉		14	〈33.99〉		14	〈32.98〉		14	〈33.18〉		14	15.83		14	〈30.83〉		14	〈31.48〉		14	16.49		14			14			
		24	〈34.38〉		24	〈33.34〉		24	〈33.60〉		24	〈33.64〉		24	〈33.34〉		24	15.85		24	〈31.96〉		24	〈31.14〉		24	〈31.56〉		24	15.96		24	〈34.62〉		24	〈32.36〉		
	1995	4	〈32.13〉		4	〈32.82〉		4	14.74		4	〈34.44〉		4	〈35.02〉		4	〈34.92〉		4	〈33.38〉		4	〈34.43〉		4	〈34.72〉		4	14.84		4	〈35.64〉		4	〈33.16〉		14.75
		14	〈32.12〉		14	〈33.34〉		14	〈34.13〉		14	〈34.50〉		14	〈35.20〉		14	〈34.96〉		14	〈34.12〉		14	〈34.72〉		14	〈34.56〉		14	13.67		14	15.36		14	〈33.20〉		
		24	〈32.77〉		24	〈34.72〉		24	〈34.18〉		24	〈35.20〉		24	〈35.36〉		24	〈33.30〉		24	〈34.02〉		24	〈34.56〉		24	15.13		24	〈34.64〉		24	12.04		24	〈33.14〉		
	1996	4	〈33.34〉		4	〈33.44〉		4	〈34.66〉		4	〈34.00〉		4	16.06		4	〈37.33〉		4	16.22		4	15.23		4	〈35.56〉		4	11.86		4	12.23		4	11.05		13.55
		14	〈32.60〉		14	〈32.68〉		14	〈34.30〉		14	15.29		14	15.55		14	〈35.38〉		14	〈33.88〉		14	15.46		14	15.13		14	11.31		14	12.42		14	11.00		
		24	〈33.26〉		24	〈34.72〉		24	〈34.87〉		24	〈34.10〉		24	〈34.16〉		24	〈36.24〉		24	〈34.08〉		24	〈38.00〉		24	〈33.92〉		24	12.37		24			24	〈32.37〉		
	1997	4	13.26		4	12.66		4	10.68		4	〈34.27〉		4	〈37.68〉		4	〈38.82〉		4	〈38.43〉		4	〈37.82〉		4	〈37.25〉		4	〈35.81〉		4	〈34.66〉		4	〈34.78〉		11.64
		14	〈36.52〉		14	〈34.23〉		14	11.06		14	11.18		14	〈37.30〉		14	〈38.28〉		14	〈38.36〉		14	〈37.94〉		14	〈37.45〉		14			14			14			
		24	11.86		24	11.38		24	11.03		24	〈37.35〉		24	〈38.01〉		24	〈38.34〉		24	〈37.78〉		24	〈36.02〉		24	〈37.98〉		24	〈38.08〉		24	15.18		24	〈36.78〉		
	1998				14	〈35.98〉		14	〈37.66〉		14	13.60		14	〈37.20〉		14	〈38.16〉		14	〈37.78〉		14	〈38.28〉		14	〈37.86〉		14	〈37.77〉		14			14			15.18
	1999	14	〈36.88〉		14	15.08		14	〈37.96〉		14	27.86		14	〈28.17〉		14	13.60		14	〈34.83〉		14	〈36.17〉		14	〈37.98〉		14	〈39.33〉		14	〈38.72〉		14	12.46		13.69
W9	1991	4	〈22.37〉		4	〈29.07〉		4	〈28.97〉		4	〈28.23〉		4	〈28.17〉		4	〈27.78〉		4	〈29.03〉		4	11.28		4	〈39.59〉		4	〈39.11〉		4	〈39.10〉		4	12.90		16.24
		14	〈28.10〉		14	〈27.73〉		14	〈28.01〉		14	〈28.49〉		14	〈26.51〉		14	〈27.68〉		14	〈27.71〉		14	〈29.55〉		14	〈39.18〉		14	〈39.11〉		14	〈38.99〉		14	12.92		
		24	〈28.90〉		24	〈28.48〉		24	〈27.87〉		24	13.09		24	〈26.33〉		24	〈26.13〉		24	〈27.55〉		24	〈34.70〉		24	〈39.33〉		24	〈39.28〉		24			24			
	1992	4	〈35.49〉		4	〈28.53〉		4	13.41		4	14.01		4	〈31.87〉		4	〈28.83〉		4	〈35.45〉		4	〈29.43〉		4	〈27.55〉		4	〈29.33〉		4	〈29.96〉		4	3.89		9.22
		14	〈27.05〉		14	〈38.83〉		14	13.49		14			14	〈27.19〉		14	〈29.33〉		14	〈35.43〉		14	〈29.43〉		14	〈27.83〉		14	〈30.91〉		14	4.77		14	5.69		
		24	〈32.13〉		24	〈29.56〉		24	13.19		24			24	〈29.33〉		24	〈29.37〉		24	〈32.83〉		24	〈25.89〉		24	〈29.33〉		24	〈32.37〉		24	5.31		24	5.37		

续表

点号	年份	日	1月水位	2月水位	3月水位	4月水位	5月水位	6月水位	7月水位	8月水位	9月水位	10月水位	11月水位	12月水位	年平均
W9	1993	4	5.29	3.69	3.73	5.25	4.49	3.79	3.33	3.45	3.19	3.73	4.20	4.75	4.27
		14	5.61	3.75	3.73	5.47	4.71	3.73	3.69	3.37	4.00	3.99	4.39	4.85	
		24	5.69	3.70	5.53							4.01	4.17	4.91	
	1994	4	5.05	5.05	5.23	5.41	5.63	4.93	4.21	2.93	4.07	4.35	4.46	4.66	4.71
		14	5.13	5.15	4.97	5.45	5.63	4.51	4.13	4.17	4.04	4.55	4.41	4.71	
		24	5.13	5.19	5.33	5.57	5.14	4.31	4.19	4.03	4.08	4.61	4.64	4.53	
	1995	4	5.08	5.21	5.18	4.52	5.39	4.49	4.49	4.17	3.83	5.29	4.31	4.67	4.71
		14	5.13	5.14	5.24	4.50	4.97	4.65	4.43	4.19	4.07	3.82	4.53	4.73	
		24	5.15	4.75	5.23	5.70	4.79	4.54	4.29	4.17	4.11	4.37	4.44	4.55	
	1996	4	3.39	4.73	4.94		4.63	3.33	4.21	3.35	2.98	2.19	2.41	2.51	3.52
		14	3.35	4.78	5.02		4.99	3.89	3.49	2.20	2.68	2.10	2.31	2.55	
		24	4.63	2.51	5.05	3.03	4.90	3.97	3.44	3.13	2.91	2.33	2.38	2.62	
	1997	4	2.67	2.98	2.93	2.95	3.13	3.03	3.00	2.83	2.91				2.92
		14	2.87	2.89	2.96	3.03	2.98	3.00	2.77	2.73	2.53	3.07	2.63	3.93	
		24	2.85		2.99		3.00	3.23	2.73	2.78	2.78				
	1998	4		4.47	4.63			3.78		3.33	3.40	3.73	4.13	4.22	3.96
		14	4.65	5.03	5.13	5.03	5.13	4.79	4.78	4.43	4.83	4.73	4.63	4.91	4.84
	1999	24													
W10	1991	4	〈26.78〉	〈27.06〉	〈27.58〉	〈26.22〉	〈27.22〉	〈26.88〉	〈27.14〉	〈27.84〉	〈26.58〉	〈29.66〉	〈24.20〉	〈23.26〉	14.67
		14	〈26.84〉	〈28.14〉	〈26.68〉	〈26.88〉	〈26.76〉	〈26.75〉	〈27.62〉	〈27.95〉	14.85	〈24.12〉	〈24.12〉	〈23.48〉	
		24	〈27.30〉	〈27.08〉	〈26.36〉	〈26.88〉	〈27.24〉	〈26.68〉	〈27.82〉	〈27.67〉	14.49	〈24.08〉	〈23.52〉	〈24.48〉	
	1992	4	〈24.92〉	〈23.02〉	〈22.92〉	14.43	〈23.06〉		〈23.30〉	〈24.17〉		〈23.22〉	〈23.26〉	13.64	14.04
		14	〈26.25〉	〈22.44〉	〈23.04〉	〈23.52〉	〈22.80〉	〈22.96〉	〈23.36〉	〈23.70〉	〈23.16〉	〈22.82〉	〈23.60〉	〈24.00〉	
		24	〈23.52〉	〈22.68〉	〈23.72〉	〈23.95〉	〈22.62〉	〈23.44〉	〈23.25〉	〈23.49〉	〈24.02〉	〈22.42〉		〈23.62〉	

续表

点号	年份	1月			2月			3月			4月			5月			6月			7月			8月			9月			10月			11月			12月			年平均
		日	水位		日	水位		日	水位		日	水位		日	水位		日	水位		日	水位		日	水位		日	水位		日	水位		日	水位		日	水位	
W10	1993	4	〈23.94〉		4	〈24.18〉		4	15.02		4	〈26.32〉		4	〈26.52〉		4	〈26.72〉		4	〈24.74〉		4	〈27.22〉		4	〈27.36〉		4	〈27.06〉		4	〈28.82〉		4	〈27.62〉		15.02
		14	〈24.36〉		14	〈31.34〉		14	〈27.08〉		14	〈26.48〉		14	〈26.32〉		14	〈26.52〉		14	〈26.72〉		14	〈27.18〉		14	〈26.82〉		14	〈27.54〉		14	〈26.47〉		14	〈27.32〉		
		24	〈24.74〉		24	〈24.02〉		24	〈26.52〉		24			24			24			24			24			24			24	〈27.42〉		24	〈27.04〉		24	〈27.47〉		
	1994	4	〈27.58〉		4	〈27.27〉		4	〈26.86〉		4			4	〈25.92〉		4	〈25.42〉		4	〈26.52〉		4	〈26.32〉		4	〈26.62〉		4	〈26.96〉		4	12.88		4	〈26.12〉		15.27
		14	〈27.67〉		14	〈27.12〉		14	〈26.52〉		14	17.36		14	〈25.02〉		14	〈25.22〉		14	〈26.40〉		14	〈26.94〉		14	〈26.28〉		14	〈26.44〉		14	〈25.92〉		14	〈26.04〉		
		24	〈27.12〉		24	〈27.02〉		24	14.72		24	16.12		24	〈25.32〉		24	〈25.18〉		24	〈26.72〉		24	〈27.16〉		24	〈26.34〉		24	〈26.32〉		24	〈26.08〉		24	〈25.69〉		
	1995	4	〈25.48〉		4	〈25.52〉		4	〈26.68〉		4	16.71		4			4	〈35.40〉		4	〈32.95〉		4	〈32.80〉		4	16.40		4	16.56		4	17.08		4	16.98		16.61
		14	〈25.78〉		14	〈26.66〉		14	〈25.55〉		14	16.33		14	〈19.07〉		14	〈34.46〉		14	〈33.64〉		14	15.34		14	17.24		14	14.93		14	17.27		14	16.83		
		24	〈26.50〉		24	〈26.64〉		24	16.78		24			24			24	〈33.00〉		24	〈32.18〉		24			24	16.65		24	16.82		24	16.66		24	17.24		
	1996	4	17.16		4	17.05		4	17.80		4	17.60		4	16.35		4	17.68		4	17.38		4	17.98		4	17.91		4	15.57		4	13.37		4	13.90		16.53
		14	17.02		14	17.64		14	17.80		14	17.36		14	16.24		14	17.60		14	17.97		14	17.44		14	15.90		14	11.78		14	13.89		14	14.10		
		24	17.10		24	17.38		24	17.89		24	19.92		24	17.46		24	18.21		24	18.00		24	17.51		24	14.59		24	13.28		24	14.02		24	15.09		
	1997	4	14.84		4	13.08		4	12.26		4	13.10		4	17.07		4	17.54		4	18.27		4	18.15		4	20.26		4			4	18.33		4	18.79		16.60
		14	17.02		14	14.72		14	12.65		14	13.12		14	15.82		14	18.98		14	19.08		14	18.70		14	19.92		14	19.07		14			14			
		24	12.56		24	12.72		24	12.95		24	13.19		24	17.37		24	19.50		24	19.72		24	19.83		24	19.52		24			24			24			
	1998	4	19.22		4	18.80		4	19.02		4	14.96		4	14.92		4	14.60		4	17.24		4	16.71		4	16.72		4	16.09		4	16.82		4	16.75		16.82
	1999	14	16.05		14	15.83		14	17.83		14	15.15		14	15.00		14	15.12		14	17.55		14	19.24		14	18.55		14	18.19		14	12.19		14	14.09		16.23
		4			4			4			4			4	17.17		4	16.22		4	14.69		4	15.28		4	15.58		4	13.90		4	13.46		4	13.72		
		14	14.11		14	15.67		14	18.80		14			14	17.50		14	19.02		14			14	17.54		14	15.37		14	13.42		14	18.26		14	15.68		
	2000	14			14			14			14	19.63		14	17.84		14	17.22		14	18.24		14	16.52		14	14.42		14	12.70		14	17.29		14	13.80		16.04
W11	1991	4	〈26.89〉		4	〈26.81〉		4	〈27.07〉		4	〈26.93〉		4	〈26.85〉		4	〈26.06〉		4	〈26.69〉		4	〈27.45〉		4	〈27.11〉		4	〈29.30〉		4	〈29.69〉		4	〈29.03〉		14.27
		14	〈26.83〉		14	〈26.91〉		14	〈26.85〉		14	〈27.25〉		14	〈26.73〉		14	〈25.98〉		14	〈26.79〉		14	〈27.19〉		14	〈27.03〉		14	14.11		14	〈29.59〉		14	〈29.13〉		
		24	〈26.83〉		24	〈26.79〉		24	〈26.91〉		24	〈26.83〉		24	〈26.71〉		24	〈26.81〉		24	〈27.69〉		24	〈27.42〉		24	〈27.33〉		24			24	〈29.02〉		24	14.43		

续表

点号	年份	1月 日	1月 水位	2月 日	2月 水位	3月 日	3月 水位	4月 日	4月 水位	5月 日	5月 水位	6月 日	6月 水位	7月 日	7月 水位	8月 日	8月 水位	9月 日	9月 水位	10月 日	10月 水位	11月 日	11月 水位	12月 日	12月 水位	年平均
	1992	4	〈29.63〉	4	13.83	4	〈30.45〉	4	14.81	4	〈29.89〉	4		4	〈30.77〉	4	〈31.43〉	4		4	〈31.93〉	4	〈30.57〉	4	14.33	14.32
		14	〈29.89〉	14	〈29.13〉	14	〈30.53〉	14	〈30.55〉	14	〈29.93〉	14	〈30.55〉	14	〈30.79〉	14	〈31.55〉	14	〈30.65〉	14	〈31.25〉	14	〈31.53〉	14	〈31.69〉	
		24	〈30.33〉	24	〈29.33〉	24	〈31.13〉	24	〈30.83〉	24	〈29.66〉	24	〈30.67〉	24	〈30.55〉	24	〈30.97〉	24	〈31.73〉	24	〈30.53〉	24		24	〈31.41〉	
	1993	4	〈31.83〉	4	〈32.13〉	4	〈33.29〉	4	〈32.15〉	4	〈32.21〉	4	〈32.83〉	4	〈32.79〉	4	〈32.63〉	4	〈32.95〉	4	〈32.73〉	4	〈32.67〉	4	〈33.01〉	
		14	〈32.13〉	14	〈30.03〉	14	〈32.85〉	14	〈32.91〉	14	〈32.23〉	14	〈32.73〉	14	〈32.53〉	14	〈32.63〉	14	〈32.95〉	14	〈32.73〉	14	〈32.53〉	14	〈32.67〉	
		24	〈32.25〉	24	〈34.57〉	24	〈32.39〉	24		24		24		24		24		24		24	〈32.64〉	24	〈32.47〉	24	〈32.69〉	
	1994	4	〈32.59〉	4	〈32.35〉	4	〈32.43〉	4	〈32.93〉	4	〈32.89〉	4	〈31.93〉	4	〈32.85〉	4	〈32.83〉	4	〈32.87〉	4	〈32.79〉	4	12.27	4	〈32.61〉	12.27
		14	〈32.73〉	14	〈32.63〉	14	〈32.53〉	14	〈32.83〉	14	〈32.13〉	14	〈31.85〉	14	〈32.77〉	14	〈33.19〉	14	〈32.87〉	14	〈32.81〉	14	〈32.93〉	14	〈32.71〉	
		24	〈32.77〉	24	〈32.41〉	24	〈32.89〉	24	〈32.92〉	24	〈31.97〉	24	〈31.93〉	24	〈32.87〉	24	〈33.11〉	24	〈32.83〉	24	〈32.80〉	24	〈32.73〉	24	〈32.57〉	
	1995	4	〈32.88〉	4	〈32.73〉	4	〈32.87〉	4	〈32.75〉	4		4	〈32.67〉	4	〈32.49〉	4	〈32.57〉	4	〈32.47〉	4	〈32.69〉	4	〈38.30〉	4	〈38.34〉	
		14	〈32.81〉	14	〈32.85〉	14	〈32.76〉	14	〈33.59〉	14	〈32.87〉	14	〈32.45〉	14	〈32.63〉	14	〈32.37〉	14	〈32.61〉	14	〈37.69〉	14	〈38.37〉	14	〈38.27〉	15.31
		24	〈32.45〉	24	〈32.83〉	24	〈32.94〉	24	〈32.92〉	24	〈32.69〉	24	〈32.51〉	24	〈32.14〉	24	〈32.35〉	24	〈32.83〉	24	〈35.97〉	24	〈38.28〉	24	〈39.17〉	
W11	1996	4		4		4	〈38.11〉	4	17.50	4	〈39.37〉	4	〈40.37〉	4	〈40.03〉	4	〈40.01〉	4	〈40.33〉	4	〈38.27〉	4	〈37.68〉	4	〈37.63〉	
		14	〈38.25〉	14	17.22	14	〈37.59〉	14	〈38.98〉	14	〈39.27〉	14	〈40.41〉	14	〈39.95〉	14		14	16.10	14	11.94	14	14.30	14	14.27	14.95
		24	17.27	24	17.54	24	〈37.68〉	24	〈39.76〉	24	〈39.56〉	24	16.15	24	〈37.25〉	24	16.77	24	14.38	24	10.95	24	14.32	24	14.17	
	1997	4	14.64	4	17.33	4	11.63	4	12.94	4	〈39.15〉	4	〈36.61〉	4	〈37.29〉	4	〈35.89〉	4	19.30	4	13.15	4		4	18.23	
		14	〈37.88〉	14	12.43	14	12.80	14	12.53	14	15.88	14	〈36.88〉	14	〈37.49〉	14	〈36.01〉	14	19.11	14		14	18.33	14		16.13
		24	11.93	24	13.66	24	13.25	24	13.13	24	〈36.46〉	24	〈37.01〉	24	〈39.21〉	24	19.12	24	18.13	24	〈30.99〉	24	〈31.10〉	24	14.01	
	1998	4	18.63	4	12.09	4	〈31.13〉	4	14.92	4	14.94	4	〈28.43〉	4	〈30.21〉	4	〈29.66〉	4	〈31.03〉	4	〈35.03〉	4	10.69	4	〈10.95〉	12.86
		14	〈31.03〉	14	18.13	14	〈31.03〉	14	〈30.81〉	14	〈30.67〉	14	〈30.62〉	14	〈30.82〉	14	〈36.41〉	14	〈36.07〉	14	〈32.94〉	14	13.94	14	28.04	
	1999	4		4	15.03	4	〈30.56〉	4	〈27.66〉	4	〈29.65〉	4	〈29.47〉	4	〈27.34〉	4	〈30.16〉	4	〈29.94〉	4	〈30.09〉	4	〈28.76〉	4	〈28.33〉	20.99
W12	1991	14	〈31.04〉	14	〈29.86〉	14	〈27.40〉	14	〈28.54〉	14	〈27.52〉	14	〈29.10〉	14	〈26.46〉	14	〈29.56〉	14	〈31.08〉	14	〈30.30〉	14		14		
		24	〈31.60〉	24	〈29.70〉	24	〈27.42〉	24	〈29.71〉	24	〈27.84〉	24	〈26.54〉	24	〈26.08〉	24	〈30.41〉	24	〈30.00〉	24	〈29.66〉	24	〈28.31〉	24	〈28.63〉	

续表

点号	年份	日	1月 水位	2月 水位	3月 水位	4月 水位	5月 水位	6月 水位	7月 水位	8月 水位	9月 水位	10月 水位	11月 水位	12月 水位	年平均
W12	1992	4	〈28.34〉	〈28.36〉	〈28.57〉	13.10						〈26.58〉	〈26.14〉	12.74	12.92
		14	〈28.58〉	〈27.99〉	〈28.27〉	〈27.94〉	〈26.70〉	〈26.16〉	〈26.46〉	〈26.50〉	〈26.14〉	〈26.10〉	〈26.32〉	〈28.79〉	
		24	〈28.64〉	〈28.54〉	〈29.10〉	〈28.73〉	〈26.48〉	〈26.28〉	〈25.84〉	〈26.18〉	〈26.80〉	〈25.70〉		〈28.17〉	
	1993	4	〈28.27〉	〈28.26〉		〈28.09〉	〈27.90〉	〈28.74〉	〈28.00〉	〈27.94〉	〈28.34〉	〈28.09〉	〈30.04〉	〈29.04〉	13.85
		14	〈28.24〉	〈28.40〉	〈28.24〉	〈28.29〉	〈27.94〉	〈27.24〉	〈27.39〉	〈28.19〉	〈27.84〉	〈28.64〉	〈29.16〉	〈29.42〉	
		24	〈28.45〉		〈28.28〉							〈28.32〉	〈29.48〉	〈30.16〉	
	1994	4	〈30.24〉	〈29.30〉	〈28.69〉		14.56	〈29.21〉	〈32.08〉	〈31.32〉	〈31.14〉	〈31.74〉	13.14	〈31.31〉	
		14	〈30.26〉	〈29.82〉	〈28.88〉	〈29.54〉	〈28.74〉	〈29.56〉	〈31.98〉	〈31.38〉	〈31.16〉	〈32.81〉	〈33.77〉	〈31.12〉	
		24	〈29.14〉	〈28.69〉	〈30.38〉	〈29.69〉	〈29.36〉	〈30.20〉	〈31.61〉	〈32.00〉	〈31.56〉	〈32.80〉	〈31.06〉	〈30.90〉	
	1995	14	〈21.64〉	15.39		14.39	14.59	14.48	13.54	〈21.40〉	〈21.28〉	〈21.44〉	〈21.53〉	〈21.63〉	14.25
	1996	14					〈22.98〉	〈21.48〉	〈21.68〉	〈21.93〉	〈21.22〉	〈21.84〉	11.69	11.28	12.79
W13	1991	4	〈30.02〉	〈29.94〉	〈23.34〉	〈23.36〉	〈30.70〉	〈30.18〉	〈30.84〉	〈31.46〉	〈31.48〉	〈30.96〉	〈31.02〉	〈31.42〉	14.83
		14	〈29.70〉	〈31.38〉	〈30.44〉	〈30.06〉	〈30.18〉	〈30.11〉	〈31.08〉	〈31.50〉	〈31.88〉	〈30.83〉	14.83	〈31.04〉	
		24	〈30.12〉	〈29.96〉	〈30.06〉	〈30.54〉	〈31.02〉	〈30.76〉	〈31.56〉	〈31.53〉	〈31.56〉	〈31.04〉	〈31.44〉	〈31.74〉	
	1992	4	〈31.30〉	〈30.02〉	〈30.06〉	〈30.60〉	〈30.38〉		〈30.82〉	〈31.10〉	〈35.94〉	〈30.50〉	〈30.64〉	〈32.36〉	14.48
		14	〈31.44〉	〈30.54〉	〈31.48〉	14.48	〈30.44〉		〈30.94〉	〈31.00〉	〈31.04〉	〈30.92〉	〈30.68〉	〈30.76〉	
		24	〈31.80〉	〈30.30〉	〈31.32〉	〈31.58〉	〈30.34〉		〈30.84〉	〈30.74〉	〈31.04〉	〈30.58〉		〈31.32〉	
	1993	4	〈31.44〉	〈31.54〉	〈31.70〉	〈31.64〉	〈31.60〉	〈31.94〉	〈32.12〉	〈32.04〉	〈32.38〉	〈31.96〉	15.49	〈32.90〉	15.49
		14	〈31.70〉	〈31.82〉	〈32.00〉	〈31.80〉	〈31.72〉	〈31.48〉	〈31.74〉	〈32.29〉	〈31.82〉	〈32.52〉	〈32.24〉	〈32.54〉	
		24	〈31.86〉	〈31.92〉	〈31.94〉	〈32.02〉						〈32.19〉	〈32.44〉	〈32.70〉	
	1994	4	〈32.76〉	〈32.48〉	〈32.04〉	〈34.16〉	〈33.26〉	〈32.24〉	〈33.56〉	〈33.32〉	〈33.46〉	〈33.80〉	13.28	〈33.16〉	14.47
		14	〈32.79〉	〈33.22〉	〈32.28〉	〈33.04〉	〈32.04〉	〈32.40〉	〈33.78〉	〈33.74〉	〈33.48〉	〈33.50〉	〈33.04〉	〈32.66〉	
		24	〈32.46〉	〈32.24〉	〈32.44〉	〈32.72〉	〈32.32〉	〈32.58〉	〈34.04〉	〈33.77〉	〈33.78〉	〈33.57〉	〈32.84〉	15.66	

续表

点号	年份	日	1月水位	2月水位	3月水位	4月水位	5月水位	6月水位	7月水位	8月水位	9月水位	10月水位	11月水位	12月水位	年平均
W13	1995	4	14.51	〈31.82〉	〈32.12〉	〈32.80〉	〈32.14〉	〈31.76〉	〈32.22〉	〈32.22〉	12.96	〈32.40〉	〈32.84〉	〈33.62〉	14.03
W13	1995	14	14.61	〈32.09〉	〈31.92〉	〈32.28〉	〈32.67〉	〈31.78〉	〈32.70〉	〈32.22〉	〈32.68〉	〈30.51〉	〈33.30〉	〈34.06〉	
W13	1995	24		〈31.87〉	〈16.36〉	〈32.48〉	〈32.20〉	〈32.14〉	〈32.82〉	〈32.33〉	〈32.44〉	〈33.02〉	〈33.21〉	〈34.12〉	
W13	1996	4	9.64	〈32.66〉	〈33.42〉	〈32.80〉	16.71	〈33.52〉	〈34.30〉	〈34.42〉	〈34.29〉	12.63	12.92	12.46	14.00
W13	1996	14	〈33.24〉	〈32.72〉	〈33.39〉	〈33.65〉	16.68	〈33.64〉	〈34.36〉	16.42	〈34.22〉	11.80	〈31.48〉	〈31.63〉	
W13	1996	24	〈33.30〉	〈33.38〉	〈33.90〉	〈33.72〉	〈33.71〉	〈34.30〉	〈34.34〉	17.35	14.15	13.22	〈31.68〉	〈31.52〉	
W13	1997	4	〈32.36〉	〈32.31〉	12.36	12.22	〈32.67〉	〈32.84〉	〈32.72〉	〈34.42〉	〈33.32〉				12.55
W13	1997	14	〈32.50〉	〈31.10〉	12.32	12.59	〈31.88〉	〈32.98〉	〈33.26〉	〈34.28〉	〈33.34〉	〈32.22〉	〈32.48〉	〈32.49〉	
W13	1997	24	12.54	12.54	13.26	〈31.53〉	〈32.25〉	〈32.95〉	〈34.37〉	〈33.24〉	〈33.22〉				
W13	1998	14	〈32.54〉	〈31.99〉	〈32.08〉	14.54	14.51	〈32.04〉	15.08	〈31.16〉	14.18	14.39	15.58	〈31.09〉	14.71
W13	1999	14	〈31.12〉	〈32.96〉	〈33.03〉	14.11	〈30.87〉	〈32.73〉	〈30.64〉	〈32.14〉	14.36	〈31.36〉	12.00	〈34.30〉	13.49
W13-1	1991	4	〈17.36〉	〈15.58〉	1.50	〈17.84〉	〈17.46〉	〈17.52〉	〈16.88〉	〈18.02〉	〈17.98〉	〈17.26〉	〈17.06〉	2.71	2.10
W13-1	1991	14	〈17.21〉	1.54	〈16.10〉	〈17.36〉	〈18.02〉	1.77	〈16.80〉	〈16.86〉	〈17.66〉	〈16.34〉	4.50	2.65	
W13-1	1991	24	1.14	1.24	〈16.58〉	1.83	〈16.50〉	1.75	〈19.00〉	〈17.29〉	〈16.48〉	〈17.46〉	〈17.98〉	2.51	
W13-1	1992	4	2.42	1.28	〈19.61〉	0.80	〈19.98〉		〈19.94〉	〈20.52〉	〈20.20〉	〈20.10〉	〈19.97〉	〈20.26〉	1.76
W13-1	1992	14	2.63	〈19.62〉	〈19.94〉	2.22	〈20.12〉	〈19.90〉	〈19.91〉	〈19.90〉	〈20.32〉	〈19.70〉		〈20.14〉	
W13-1	1992	24	〈20.76〉	1.36	〈19.90〉	1.64	〈20.00〉	〈19.86〉	〈19.95〉	〈19.95〉	〈20.10〉	〈20.10〉		〈20.10〉	
W13-1	1993	4	〈19.94〉	〈20.46〉	〈20.00〉	〈20.23〉	〈20.00〉	〈19.90〉	〈19.20〉	〈19.80〉	〈19.84〉	〈19.85〉	〈19.90〉	2.12	2.22
W13-1	1993	14	〈19.90〉	〈20.04〉	〈20.00〉	〈20.12〉	〈20.08〉	〈19.86〉	〈19.80〉	〈19.78〉	〈19.98〉	〈19.82〉	〈19.78〉	〈20.00〉	
W13-1	1993	24	2.63	〈19.94〉	〈20.08〉		〈20.02〉	〈19.41〉	〈20.02〉	〈20.04〉	〈20.04〉	〈19.80〉	1.90	〈20.25〉	
W13-1	1994	4	〈19.92〉	〈19.90〉	〈19.72〉	〈20.16〉	〈19.53〉	〈19.15〉	〈19.91〉	〈19.77〉	〈20.15〉	〈19.93〉	1.90	〈19.94〉	1.90
W13-1	1994	14	〈19.90〉	〈19.68〉	〈19.57〉	〈20.00〉		〈19.40〉				〈20.04〉	〈19.90〉	〈19.74〉	
W13-1	1994	24	〈19.92〉	〈19.83〉	〈19.92〉	〈19.94〉	〈19.23〉		〈19.96〉	〈19.48〉	〈19.57〉	〈20.10〉	〈19.92〉	〈19.68〉	

续表

点号	年份	1月 日	1月 水位	2月 日	2月 水位	3月 日	3月 水位	4月 日	4月 水位	5月 日	5月 水位	6月 日	6月 水位	7月 日	7月 水位	8月 日	8月 水位	9月 日	9月 水位	10月 日	10月 水位	11月 日	11月 水位	12月 日	12月 水位	年平均
W13-1	1995	4	⟨19.84⟩	4	⟨19.78⟩	4	2.42	4	2.44	4	2.04	4	⟨20.09⟩	4	⟨20.29⟩	4	⟨19.88⟩	4	⟨20.08⟩	4	⟨19.74⟩	4	⟨20.20⟩	4	⟨20.38⟩	
		14	⟨19.80⟩	14	⟨20.00⟩	14	2.40	14	⟨19.76⟩	14	2.86	14	⟨20.18⟩	14	⟨19.98⟩	14	⟨19.94⟩	14	⟨20.13⟩	14	⟨19.96⟩	14	⟨20.48⟩	14	⟨20.29⟩	2.42
		24	⟨20.38⟩	24	2.37	24		24	2.42	24		24		24	⟨19.92⟩	24	⟨19.82⟩	24	⟨19.98⟩	24	⟨20.24⟩	24	⟨20.42⟩	24	⟨20.34⟩	
	1996	4	⟨20.34⟩	4	⟨20.32⟩	4	⟨20.42⟩	4	2.72	4	2.92	4	2.52	4	1.88	4	1.92	4		4		4	8.62	4	8.74	
		14	⟨20.29⟩	14	⟨20.29⟩	14	⟨20.24⟩	14	3.18	14	2.52	14	2.64	14	1.90	14		14		14		14		14	9.36	4.43
		24		24	⟨20.34⟩	24	2.92	24	1.58	24	2.64	24		24	1.96	24		24		24		24	9.54	24	9.39	
	1997	4	⟨9.48⟩	4	⟨10.62⟩	4	1.58	4	1.67	4	⟨7.40⟩	4	⟨6.70⟩	4	⟨7.60⟩	4	⟨8.99⟩	4	⟨9.20⟩	4	⟨8.70⟩	4	⟨8.88⟩	4	⟨9.20⟩	
		14	1.65	14	⟨11.30⟩	14	1.61	14	⟨11.31⟩	14	⟨10.70⟩	14	⟨6.78⟩	14	⟨9.50⟩	14	⟨9.30⟩	14	⟨9.32⟩	14	1.74	14	⟨9.39⟩	14	⟨9.30⟩	1.60
		24	1.53	24	1.55	24	⟨11.38⟩	24	3.36	24	⟨11.54⟩	24	⟨7.64⟩	24	⟨8.89⟩	24	⟨9.29⟩	24	⟨9.09⟩	24		24		24		
	1998	4	⟨8.78⟩	4	⟨9.20⟩	4	⟨9.38⟩	4	⟨9.39⟩	4	3.24	4	⟨9.42⟩	4	⟨7.60⟩	4	⟨9.36⟩	4	⟨9.26⟩	4	1.74	4	2.17	4	2.32	2.78
	1999	14	⟨9.49⟩	14	⟨9.71⟩	14	⟨9.51⟩	14	2.18	14	⟨9.32⟩	14	⟨9.50⟩	14	⟨9.54⟩	14	10.20	14	⟨9.50⟩	14	⟨9.44⟩	14	2.30	14	2.66	2.31
♯90-26	1991	4	2.30	4	2.36	4	2.04	4	2.18	4	2.14	4	2.22	4	2.50	4	2.65	4	2.76	4	2.46	4	2.17	4	2.18	
		14	2.30	14	2.06	14	2.01	14	2.34	14	2.24	14	2.23	14	2.66	14	2.52	14	2.37	14	2.22	14	⟨5.50⟩	14	⟨6.75⟩	2.32
		24	2.22	24	2.06	24	2.19	24	2.27	24	2.34	24	2.11	24	2.66	24	2.40	24	2.22	24	2.27	24	2.64	24	2.47	
	1992	4	2.57	4	2.95	4	1.83	4	2.23	4	2.09	4	⟨7.55⟩	4	2.41	4	2.59	4	2.71	4	2.33	4	2.41	4	2.47	
		14	⟨6.80⟩	14	2.99	14	2.33	14	2.63	14	2.09	14	2.89	14	2.67	14	2.55	14	2.29	14	2.27	14	2.55	14	2.57	2.47
		24	2.14	24	2.27	24	2.47	24	2.07	24	2.45	24	3.45	24	2.53	24	2.69	24	2.19	24	2.33	24		24		
	1993	4	2.68	4	2.47	4	2.71	4	2.44	4	2.67	4	2.68	4	2.47	4	2.23	4	2.20	4	1.73	4	1.96	4	2.20	
		14	2.31	14	2.53	14	2.73	14	2.73	14	2.93	14	2.58	14	2.19	14	1.88	14	2.43	14	1.88	14	2.00	14	2.14	2.38
		24	2.38	24	2.49	24	2.63	24		24		24	2.63	24		24	1.86	24	2.15	24		24		24		
	1994	17	2.40	17	2.17	17	2.46	17	2.51	17	2.57	17		17	2.02	17		17		17	2.05	17	2.18	17	2.04	2.25
W14	1991	4	⟨31.09⟩	4	⟨31.95⟩	4	⟨32.57⟩	4	⟨31.49⟩	4	⟨31.97⟩	4	⟨31.80⟩	4	⟨32.15⟩	4	⟨31.49⟩	4	⟨32.93⟩	4	⟨30.81⟩	4	⟨32.43⟩	4	⟨32.65⟩	
		14	⟨34.58⟩	14	⟨33.35⟩	14	⟨31.59⟩	14	⟨31.28⟩	14	⟨31.57⟩	14	⟨31.69⟩	14	⟨32.21⟩	14	⟨32.81⟩	14	⟨32.51⟩	14	⟨31.33⟩	14	14.39	14	⟨32.81⟩	12.72
		24	11.04	24	⟨32.48⟩	24	⟨31.39⟩	24	⟨31.65⟩	24	⟨31.95⟩	24	⟨31.99⟩	24	⟨32.79⟩	24	⟨32.32⟩	24	⟨31.95⟩	24	⟨31.41⟩	24	⟨31.67⟩	24	⟨33.07⟩	

第一章 西安市

续表

点号	年份	1月 日	1月 水位	2月 日	2月 水位	3月 日	3月 水位	4月 日	4月 水位	5月 日	5月 水位	6月 日	6月 水位	7月 日	7月 水位	8月 日	8月 水位	9月 日	9月 水位	10月 日	10月 水位	11月 日	11月 水位	12月 日	12月 水位	年平均
W14	1992	4	〈31.91〉	4	〈31.33〉	4	〈32.29〉	4	14.25	4	〈31.37〉	4		4	〈31.49〉	4	〈32.11〉	4		4	〈31.93〉	4	〈33.09〉	4	〈35.49〉	
		14	〈31.85〉	14	〈31.05〉	14	〈32.39〉	14	〈32.59〉	14	〈31.91〉	14		14	〈32.35〉	14	〈33.01〉	14	〈32.39〉	14	〈32.49〉	14	〈32.95〉	14	〈33.61〉	14.25
		24	〈32.73〉	24	〈31.53〉	24	〈33.21〉	24	〈33.45〉	24	〈30.89〉	24		24	〈31.61〉	24	〈31.91〉	24	〈32.85〉	24	〈32.71〉	24		24	〈33.45〉	
	1993	4	〈33.77〉	4	〈34.29〉	4	〈35.31〉	4	〈34.85〉	4	〈34.97〉	4	〈34.41〉	4	〈35.21〉	4	〈35.15〉	4	〈35.37〉	4	〈35.25〉	4	16.15	4	〈35.55〉	
		14	〈33.81〉	14	〈34.69〉	14	〈34.81〉	14	〈35.43〉	14	〈35.29〉	14	〈34.45〉	14	〈34.87〉	14	〈35.07〉	14	〈35.20〉	14	〈35.33〉	14	〈35.13〉	14	〈35.21〉	16.15
		24	〈34.51〉	24	〈35.25〉	24	〈35.01〉	24		24		24		24		24		24		24	〈35.17〉	24	〈35.01〉	24	〈35.23〉	
	1994	4	〈35.15〉	4	〈34.85〉	4	〈35.18〉	4	〈36.49〉	4	〈35.35〉	4	〈34.45〉	4	〈35.57〉	4	〈35.39〉	4	〈35.43〉	4	〈35.35〉	4	12.05	4	〈35.21〉	
		14	〈35.25〉	14	〈34.55〉	14	〈35.25〉	14	〈35.33〉	14	〈34.65〉	14	〈34.41〉	14	〈35.33〉	14	〈36.03〉	14	〈35.39〉	14	〈35.35〉	14	〈34.73〉	14	〈34.54〉	12.05
		24	〈35.15〉	24	〈34.91〉	24	〈35.41〉	24	〈35.49〉	24	〈34.45〉	24	〈34.35〉	24	〈35.45〉	24	〈35.45〉	24	〈35.33〉	24	〈35.33〉	24	〈35.27〉	24	〈35.15〉	
	1995	4	〈35.41〉	4	〈35.37〉	4	〈35.43〉	4	〈35.23〉	4	〈35.31〉	4	〈35.17〉	4	〈35.11〉	4	〈34.95〉	4	〈35.33〉	4	〈35.13〉	4	〈41.17〉	4	〈41.09〉	
		14	〈35.39〉	14	〈35.90〉	14	〈35.45〉	14	〈35.17〉	14	〈35.51〉	14	〈35.03〉	14	〈35.13〉	14	〈35.03〉	14	〈35.47〉	14		14	〈41.13〉	14	〈41.11〉	13.31
		24	〈35.36〉	24	〈35.35〉	24	〈35.41〉	24	〈35.33〉	24	〈35.25〉	24	〈35.09〉	24	〈35.05〉	24	〈35.37〉	24	〈35.09〉	24		24	〈40.23〉	24		
	1996	4	〈41.07〉	4	〈40.95〉	4	〈40.91〉	4	〈40.87〉	4	15.72	4	〈41.07〉	4	〈41.15〉	4	〈41.15〉	4	〈40.11〉	4	11.50	4	12.84	4	11.56	
		14	〈40.99〉	14	〈40.93〉	14	〈40.90〉	14	〈41.37〉	14	〈41.50〉	14	〈41.11〉	14	〈41.19〉	14	15.57	14	〈40.85〉	14	10.49	14	〈41.07〉	14	〈40.87〉	11.23
		24	〈41.03〉	24	〈40.93〉	24	〈41.33〉	24	〈41.48〉	24	〈41.27〉	24	〈41.21〉	24	〈41.17〉	24	16.61	24	13.41	24	12.10	24	〈40.85〉	24	〈40.93〉	
	1997	4	〈41.06〉	4	〈41.03〉	4	10.73	4	10.74	4	〈41.14〉	4	〈41.29〉	4	〈41.37〉	4	〈40.99〉	4	〈41.15〉	4	〈40.15〉	4	〈41.21〉	4	〈41.11〉	
		14	12.93	14	10.70	14	10.61	14	11.32	14	〈41.07〉	14	〈41.35〉	14	〈41.53〉	14	〈41.05〉	14	〈41.05〉	14	〈40.15〉	14	〈41.09〉	14	11.56	14.09
		24	10.83	24	10.79	24	12.46	24	〈40.85〉	24	〈41.33〉	24	14.99	24	〈41.23〉	24	〈41.21〉	24	〈41.00〉	24	〈41.12〉	24		24	〈41.15〉	
	1998	4	〈41.45〉	4	〈41.15〉	4	〈41.25〉	4	〈40.53〉	4	14.31	4	〈41.15〉	4	〈39.95〉	4	14.05	4	〈41.26〉	4	〈40.85〉	4		4	13.80	
		14	〈41.45〉	14	〈41.18〉	14	〈41.19〉	14	13.70	14	13.50	14	〈40.14〉	14	〈41.55〉	14	〈41.09〉	14	〈41.40〉	14	13.10	14		14	12.65	14.09
		24	〈41.63〉	24	〈41.23〉	24	14.09	24	〈40.99〉	24	〈40.91〉	24	〈41.17〉	24	〈40.77〉	24	15.92	24	14.93	24	〈41.27〉	24	〈40.09〉	24	〈37.85〉	
	1999	4	13.45	4	13.95	4	〈37.10〉	4	13.02	4	12.15	4	〈40.14〉	4	〈41.25〉	4	〈42.03〉	4	〈41.31〉	4	14.05	4	10.55	4	11.02	
		14	〈41.89〉	14	〈41.88〉	14	〈42.17〉	14	13.94	14	〈41.37〉	14	〈41.95〉	14	〈41.33〉	14	〈42.14〉	14	〈41.23〉	14	〈41.37〉	14		14	10.85	12.36
		24	12.89	24	10.65	24	13.92	24	13.15	24	13.27	24	〈41.21〉	24	〈41.71〉	24	〈42.05〉	24	〈41.28〉	24	〈41.13〉	24	10.85	24	9.97	

续表

点号	年份	1月 日	1月 水位	2月 日	2月 水位	3月 日	3月 水位	4月 日	4月 水位	5月 日	5月 水位	6月 日	6月 水位	7月 日	7月 水位	8月 日	8月 水位	9月 日	9月 水位	10月 日	10月 水位	11月 日	11月 水位	12月 日	12月 水位	年平均
W14	2000	4	10.43	4	〈41.13〉	4	〈41.39〉	4	〈41.13〉	4	16.12	4	13.82	4	〈41.03〉	4	14.10	4	〈41.05〉	4	13.00	4	12.79	4	13.01	13.28
		14	〈41.14〉	14	12.67	14	〈41.43〉	14	14.95	14	〈41.07〉	14	〈40.95〉	14	12.98	14	〈41.26〉	14	12.53	14	12.20	14	〈41.43〉	14	14.13	
		24	12.15	24	12.95	24	〈41.05〉	24	〈41.05〉	24	〈41.13〉	24	〈38.40〉	24	〈41.08〉	24	13.97	24	〈40.84〉	24	11.10	24	16.05	24	〈40.99〉	
	1991	4	〈30.73〉	4	〈30.65〉	4	〈31.45〉	4	〈30.63〉	4	〈31.83〉	4	〈31.86〉	4	〈30.07〉	4	〈35.33〉	4	〈35.89〉	4	〈35.11〉	4	〈34.67〉	4	〈33.48〉	8.28
		14	〈30.47〉	14	〈32.21〉	14	〈30.47〉	14	〈31.25〉	14	〈30.99〉	14	〈31.02〉	14	〈30.99〉	14		14	8.28	14	〈35.28〉	14	〈34.51〉	14	〈32.79〉	
		24	〈31.33〉	24	〈30.89〉	24	〈30.27〉	24	〈31.23〉	24	〈31.07〉	24	〈30.53〉	24	〈31.47〉	24	〈35.36〉	24	〈34.70〉	24	〈33.55〉	24	〈33.86〉	24	〈33.06〉	
	1992	4	〈32.31〉	4	8.05	4	〈39.08〉	4	13.33	4	〈34.31〉	4		4	〈35.43〉	4	〈34.55〉	4	〈34.13〉	4	〈34.35〉	4	〈33.89〉	4	〈36.93〉	9.03
		14	〈32.43〉	14	〈36.09〉	14	〈39.09〉	14	〈35.57〉	14	〈33.31〉	14	〈35.53〉	14	〈35.60〉	14	〈34.77〉	14	〈34.13〉	14	〈34.13〉	14	〈34.33〉	14	〈34.35〉	
		24	〈32.85〉	24	1.37	24	〈34.57〉	24	13.38	24	〈33.27〉	24	〈35.49〉	24	〈35.03〉	24	〈34.93〉	24	〈34.33〉	24	〈34.53〉	24		24	〈33.67〉	
	1993	4	〈33.09〉	4	〈32.85〉	4	〈34.09〉	4	〈34.31〉	4	〈31.85〉	4	〈33.45〉	4	〈34.93〉	4	〈35.93〉	4	〈32.63〉	4	〈29.65〉	4	〈31.53〉	4	〈29.88〉	13.39
		14	〈33.35〉	14	〈32.75〉	14	〈34.11〉	14	〈34.03〉	14	〈31.73〉	14	〈33.93〉	14	〈34.97〉	14	〈35.67〉	14	〈30.77〉	14	〈30.23〉	14	〈29.58〉	14	〈29.37〉	
		24	〈33.47〉	24	〈33.63〉	24	〈34.15〉	24		24		24		24		24		24		24	〈29.53〉	24	〈29.73〉	24	13.39	
W15	1994	4	14.35	4	〈28.43〉	4	〈27.33〉	4	〈29.36〉	4	〈27.73〉	4	〈28.75〉	4	〈28.73〉	4	〈32.19〉	4	〈32.91〉	4	〈35.93〉	4	13.13	4	〈34.75〉	14.06
		14	14.71	14	〈29.15〉	14	〈27.56〉	14	〈27.93〉	14	〈26.63〉	14	〈27.45〉	14	〈28.78〉	14	〈31.81〉	14	〈33.93〉	14	〈35.95〉	14	〈35.01〉	14	〈34.71〉	
		24	〈28.09〉	24	〈27.60〉	24	〈31.33〉	24	〈27.03〉	24	〈26.57〉	24	〈27.37〉	24	〈31.87〉	24	〈32.73〉	24	〈33.81〉	24	〈35.15〉	24	〈34.81〉	24	〈32.99〉	
	1995	4	〈33.58〉	4	〈33.71〉	4	〈33.25〉	4	15.56	4	15.54	4	〈30.45〉	4	〈28.34〉	4	〈28.97〉	4	〈29.21〉	4	〈29.07〉	4	〈29.97〉	4	〈29.88〉	15.50
		14	〈33.13〉	14	13.13	14	〈28.28〉	14	15.41	14	15.51	14	〈30.34〉	14	〈29.15〉	14	〈29.01〉	14	〈29.19〉	14	〈29.36〉	14	〈30.09〉	14	〈29.37〉	
		24	〈33.66〉	24		24	〈30.15〉	24	〈29.99〉	24	15.49	24	〈28.83〉	24	〈28.33〉	24	〈29.01〉	24	〈28.96〉	24	〈29.35〉	24	〈30.03〉	24	〈30.31〉	
	1996	4	〈30.03〉	4	〈29.06〉	4	〈30.14〉	4	〈31.22〉	4	〈31.59〉	4	〈31.41〉	4	〈34.37〉	4	〈34.43〉	4	〈34.07〉	4	12.28	4	13.15	4	〈30.37〉	13.46
		14	〈29.01〉	14	〈29.67〉	14	〈30.14〉	14	〈32.17〉	14	〈31.55〉	14	〈32.51〉	14	〈34.41〉	14	〈34.05〉	14	〈32.31〉	14	12.05	14	13.65	14	12.53	
		24	〈29.03〉	24	〈30.17〉	24	〈30.17〉	24	12.85	24	〈31.47〉	24	〈33.30〉	24	〈34.41〉	24	17.06	24	13.52	24	〈31.37〉	24	〈31.91〉	24	〈31.48〉	
	1997	4	〈31.91〉	4	〈34.57〉	4	〈30.17〉	4	12.80	4	〈34.53〉	4	〈34.02〉	4	〈34.61〉	4	〈34.45〉	4	〈34.52〉	4	〈34.21〉	4	〈34.13〉	4	〈31.42〉	13.62
		14	〈35.03〉	14	〈34.22〉	14	〈34.61〉	14	13.03	14	〈33.61〉	14	〈34.13〉	14	〈34.63〉	14	〈34.63〉	14	〈33.63〉	14	〈34.21〉	14		14	〈34.19〉	
		24	〈34.70〉	24	12.93	24		24		24	〈33.47〉	24	〈34.21〉	24	〈34.61〉	24	〈37.07〉	24	18.53	24		24		24		

续表

点号	年份	1月		2月		3月		4月		5月		6月		7月		8月		9月		10月		11月		12月		年平均
		日	水位	日	水位	日	水位	日	水位	日	水位	日	水位	日	水位	日	水位	日	水位	日	水位	日	水位	日	水位	
W15	1998	14	〈34.24〉	14	〈34.17〉	14	〈34.99〉	14	14.47	14	14.49	14	〈34.25〉	14	〈34.89〉	14	〈33.85〉	14	〈33.73〉	14	13.93	14	〈33.81〉			14.30
	1999	14	〈33.73〉	14	15.65	14	〈34.16〉	14	13.93	14	13.95	14	14.01	14	〈35.38〉	14	〈36.43〉	14	〈36.02〉	14	〈36.07〉	14	12.60	14	13.43	13.93
	2000	4		4		4		4		4	15.53	4	15.83	4	〈39.61〉	4	15.65	4	14.23	4	14.23	4	13.88	4	14.55	14.61
		14	13.47	14	14.63	14		14		14	〈37.53〉	14	〈37.51〉	14	14.48	14	〈38.23〉	14	13.93	14	13.68	14	16.03	14	15.13	
				24		24		24		24	〈37.73〉	24	〈39.67〉	24	〈39.93〉	24	15.43	24	〈38.27〉	24	13.12	24		24	14.63	
	1991	4	〈25.73〉	4	〈30.25〉	4	〈31.01〉	4	〈28.90〉	4	〈29.64〉	4	〈29.61〉	4	〈33.67〉	4	29.41	4	〈30.49〉	4	〈37.02〉	4	〈28.76〉	4	〈28.98〉	23.22
		14	10.62	14	〈32.33〉	14	〈30.39〉	14	〈29.54〉	14	〈30.11〉	14	〈29.46〉	14	〈29.15〉	14		14	〈31.43〉	14		14	〈29.01〉	14	〈28.26〉	
		24	〈30.43〉	24	〈31.13〉	24	〈28.04〉	24	〈29.65〉	24	〈29.99〉	24	〈28.86〉	24	〈29.79〉	24	29.64	24	〈30.03〉	24	〈30.13〉	24	〈29.13〉	24	〈28.48〉	
	1992	4	〈27.19〉	4	〈27.91〉	4	〈27.63〉	4	5.59	4	〈25.47〉	4	〈23.63〉	4	〈23.56〉	4	〈23.06〉	4	〈23.28〉	4	〈24.23〉	4	〈23.13〉	4	〈26.59〉	9.67
		14	〈26.93〉	14	〈26.05〉	14	〈27.49〉	14	〈27.59〉	14	〈24.13〉	14	〈23.56〉	14	〈23.89〉	14	〈23.39〉	14		14	〈22.85〉	14	〈23.53〉	14	〈23.55〉	
		24	〈27.98〉	24	10.34	24	〈25.21〉	24	〈26.37〉	24	〈23.86〉	24	〈23.56〉	24	〈23.50〉	24	〈23.13〉	24	〈24.23〉	24	〈23.57〉	24		24	13.07	
	1993	4	〈30.79〉	4	〈31.83〉	4	〈32.99〉	4	〈32.53〉	4	〈32.83〉	4	13.39	4	〈33.45〉	4	〈34.63〉	4	〈34.99〉	4	〈35.19〉	4	〈33.73〉	4	〈36.59〉	13.39
		14	〈31.02〉	14	〈31.03〉	14	〈32.23〉	14	〈32.87〉	14	〈32.61〉	14	〈32.81〉	14	〈33.63〉	14	〈34.48〉	14	〈34.08〉	14	〈35.89〉	14	〈36.33〉	14	〈36.81〉	
		24	〈31.79〉	24	〈32.57〉	24	〈32.15〉	24		24		24		24		24		24		24	〈35.55〉	24	〈36.53〉	24	〈37.53〉	
W16	1994	4	〈37.99〉	4	〈36.33〉	4	〈36.83〉	4	15.85	4	〈38.23〉	4	〈36.75〉	4	〈22.83〉	4	〈38.35〉	4	〈39.17〉	4	〈38.25〉	4	12.15	4	〈37.53〉	13.56
		14	〈37.43〉	14	〈36.35〉	14	〈37.93〉	14		14	〈36.53〉	14	12.63	14	〈22.63〉	14	〈38.29〉	14	〈38.48〉	14	〈38.11〉	14	〈38.07〉	14	〈37.55〉	
		24	〈36.77〉	24	〈35.53〉	24	13.59	24	〈37.83〉	24	〈36.93〉	24	〈20.99〉	24	〈38.31〉	24	〈38.99〉	24	〈38.91〉	24	〈38.23〉	24	〈37.47〉	24	〈36.33〉	
	1995	4	〈37.28〉	4	〈36.69〉	4	〈38.05〉	4	〈38.15〉	4	14.82	4	〈38.03〉	4	〈36.75〉	4	〈36.87〉	4	〈36.91〉	4	〈37.21〉	4	〈37.38〉	4	14.48	14.50
		14	〈36.63〉	14	〈36.68〉	14	〈37.13〉	14	14.89	14	14.56	14	〈37.15〉	14	〈37.07〉	14	〈36.81〉	14	〈37.25〉	14	〈37.63〉	14		14	14.93	
		24	13.08	24	〈38.03〉	24	〈38.11〉	24	14.59	24	14.60	24	〈36.99〉	24	〈36.91〉	24	〈36.83〉	24	〈37.28〉	24	〈37.71〉	24	14.51	24	〈37.38〉	
	1996	4	〈37.23〉	4	〈37.13〉	4	〈37.12〉	4	〈37.31〉	4	〈37.15〉	4	〈37.03〉	4	〈37.41〉	4	〈37.41〉	4	〈37.13〉	4	12.07	4	13.03	4	12.23	13.06
		14	〈37.15〉	14	〈37.09〉	14	〈37.38〉	14	〈37.41〉	14	〈37.23〉	14	〈37.07〉	14	〈37.27〉	14	〈37.11〉	14	〈35.25〉	14	11.17	14	13.44	14	〈34.93〉	
		24	〈37.10〉	24	〈37.10〉	24	〈37.48〉	24	〈37.48〉	24	〈37.31〉	24	〈37.33〉	24	〈37.33〉	24	16.16	24	13.30	24	〈34.87〉	24	〈35.11〉	24	〈34.83〉	

续表

点号	年份	1月 日	1月 水位	2月 日	2月 水位	3月 日	3月 水位	4月 日	4月 水位	5月 日	5月 水位	6月 日	6月 水位	7月 日	7月 水位	8月 日	8月 水位	9月 日	9月 水位	10月 日	10月 水位	11月 日	11月 水位	12月 日	12月 水位	年平均
W16	1997	4	〈35.12〉	4	〈37.02〉	4	12.77	4	12.22	4	13.21	4	〈36.41〉	4	〈36.36〉	4	〈37.23〉	4	〈37.37〉	4		4		4		
		14	〈37.18〉	14	11.57	14	12.23	14	11.97	14	〈35.42〉	14	〈36.39〉	14	〈36.53〉	14	〈37.33〉	14	〈37.38〉	14	〈36.42〉	14	〈36.43〉	14	〈36.33〉	12.36
		24	11.48	24	12.30	24	〈37.03〉	24	12.54	24	〈35.43〉	24	〈36.42〉	24	〈37.27〉	24	13.31	24	〈37.32〉	24		24		24		
	1998	14	〈36.45〉	14	〈36.35〉	14	〈36.77〉	14	13.83	14	13.83	14	〈35.57〉	14	〈36.73〉	14	13.26	14	13.29	14	13.63	14	11.85	14	12.64	13.37
	1999	14	〈36.01〉	14	14.93	14	〈36.25〉	14	〈35.81〉	14	13.31	14	〈35.85〉	14	〈36.01〉	14	〈36.11〉	14	〈36.07〉	14		14	16.04	14	12.23	13.08
W16-1	1995	4		4		4		4		4		4		4		4	〈27.41〉	4	〈26.44〉	4	〈25.77〉	4	16.04	4	16.16	15.85
		14		14		14		14		14		14		14		14	〈27.30〉	14	〈25.90〉	14	〈24.42〉	14	16.23	14	14.80	
		24		24		24		24		24		24		24		24	〈26.76〉	24	〈25.86〉	24	15.84	24	16.04	24	〈24.20〉	
	1996	4	16.08	4	13.82	4	16.60	4	16.66	4	16.07	4	16.76	4	17.17	4	17.08	4	17.02	4	13.63	4	14.24	4		15.92
		14	14.60	14	13.46	14	16.76	14	16.55	14	16.08	14	16.72	14	17.19	14	16.70	14	16.66	14	12.99	14	14.04	14		
		24	13.48	24	16.62	24	16.90	24	16.73	24	16.90	24	17.29	24	17.10	24	16.68	24	14.54	24	14.70	24		24		
	1997	4	15.00	4	13.80	4	13.77	4	13.13	4	15.15	4	16.29	4	17.27	4	17.40	4	17.79	4		4		4	17.12	15.71
		14	13.61	14	13.46	14	13.60	14	13.78	14	13.82	14	16.81	14	17.30	14	17.83	14	18.09	14	14.48	14	17.08	14	15.68	
		24	17.34	24	13.72	24	13.80	24	13.85	24	16.27	24	17.14	24	17.36	24	17.76	24	17.97	24	15.98	24	15.24	24	13.75	
	1998	14	15.12	14	16.75	14	16.88	14	15.16	14	15.18	14	14.38	14	16.13	14	15.36	14	15.62	14	16.28	14	13.95	14	13.55	15.68
	1999	4	14.68	4	14.63	4	14.43	4	14.38	4	14.53	4	14.15	4	14.46	4	17.33	4	16.73	4	14.96	4	13.35	4	12.48	15.02
		14	12.70	14	15.28	14	15.91	14	14.38	14		14	14.98	14	15.57	14	17.34	14	16.90	14		14		14		
		24		24	13.08	24	15.12	24		24		24	14.78	24	16.16	24	17.03	24	16.49	24		24		24		
W18	1991	4	〈37.18〉	4		4	12.40	4	〈34.70〉	4		4	12.37	4	14.62	4	〈39.72〉	4		4		4	〈40.16〉	4	〈40.26〉	12.64
		14		14	〈36.30〉	14	〈36.28〉	14	〈35.14〉	14	10.38	14	11.44	14	13.79	14	〈40.42〉	14	〈38.34〉	14	〈40.07〉	14	〈40.14〉	14	〈40.14〉	
		24	〈40.14〉	24	〈36.18〉	24	〈37.37〉	24	〈37.41〉	24	〈36.78〉	24	11.91	24	14.24	24	〈40.25〉	24	〈41.74〉	24	〈40.02〉	24	〈40.10〉	24	〈40.06〉	
	1992	4		4	12.02	4	〈40.22〉	4	〈40.20〉	4	〈40.12〉	4	〈39.84〉	4	〈39.86〉	4	〈43.34〉	4	〈41.60〉	4	13.03	4	13.80	4	14.10	13.74
		14	〈40.24〉	14		14	〈40.34〉	14	〈39.76〉	14	〈40.20〉	14	〈39.88〉	14	14.00	14	14.38	14	13.61	14	12.82	14	14.14	14	14.20	
		24		24		24	〈40.36〉	24	〈40.06〉	24	〈40.32〉	24	〈39.74〉	24	〈42.50〉	24	〈42.44〉	24		24	14.14	24	14.10	24	14.28	

续表

点号	年份	1月 日	1月 水位	2月 日	2月 水位	3月 日	3月 水位	4月 日	4月 水位	5月 日	5月 水位	6月 日	6月 水位	7月 日	7月 水位	8月 日	8月 水位	9月 日	9月 水位	10月 日	10月 水位	11月 日	11月 水位	12月 日	12月 水位	年平均
W18	1993	4	14.80	4	15.14	4	13.94	4		4		4		4		4		4		4	⟨36.92⟩	4	⟨38.16⟩	4	⟨37.08⟩	14.75
		14	14.82	14	14.78	14	14.82	14	14.84	14	14.98	14	⟨36.94⟩	14	⟨32.44⟩	14	⟨36.94⟩	14	⟨36.96⟩	14	⟨37.04⟩	14	⟨36.76⟩	14	⟨36.84⟩	
		24	14.74	24	14.84	24	14.64	24	14.74	24	14.70	24	⟨36.92⟩	24	⟨37.20⟩	24	⟨37.34⟩	24	⟨37.00⟩	24	⟨37.14⟩	24	⟨36.74⟩	24	⟨35.88⟩	
	1994	4	⟨37.02⟩	4	⟨36.94⟩	4	⟨36.74⟩	4	⟨37.44⟩	4	⟨37.20⟩	4	⟨36.14⟩	4	⟨37.02⟩	4	⟨37.22⟩	4	⟨42.10⟩	4	⟨42.04⟩	4	12.42	4	⟨41.88⟩	13.58
		14	⟨36.64⟩	14	⟨37.06⟩	14	⟨34.39⟩	14	⟨37.04⟩	14	⟨36.24⟩	14	⟨36.08⟩	14	⟨36.99⟩	14	⟨41.92⟩	14	⟨46.04⟩	14	⟨41.98⟩	14	⟨41.85⟩	14	⟨41.74⟩	
		24	⟨36.64⟩	24	⟨36.54⟩	24	14.74	24	⟨37.14⟩	24	⟨36.80⟩	24	⟨35.98⟩	24	⟨37.26⟩	24	⟨40.78⟩	24	⟨42.12⟩	24	⟨41.92⟩	24	⟨42.02⟩	24	⟨41.70⟩	
	1995	4	⟨41.62⟩	4	⟨42.08⟩	4	⟨42.06⟩	4	⟨42.18⟩	4	⟨41.98⟩	4	⟨41.92⟩	4	⟨41.72⟩	4	⟨41.62⟩	4	⟨41.38⟩	4	⟨41.92⟩	4	⟨41.90⟩	4	⟨41.32⟩	15.18
		14	⟨41.66⟩	14	⟨42.04⟩	14	⟨41.94⟩	14	⟨41.83⟩	14	⟨41.88⟩	14	⟨41.96⟩	14	⟨42.21⟩	14	⟨41.53⟩	14	⟨41.32⟩	14	15.18	14	⟨42.00⟩	14	⟨41.48⟩	
		24	⟨41.68⟩	24	⟨41.97⟩	24	⟨42.15⟩	24	⟨42.06⟩	24	⟨42.00⟩	24	⟨41.88⟩	24	⟨41.32⟩	24	⟨41.34⟩	24	⟨41.76⟩	24	⟨41.84⟩	24	⟨41.92⟩	24	⟨41.52⟩	
	1996	4	15.40	4		4	⟨41.58⟩	4		4	14.48	4	⟨41.90⟩	4	14.56	4	⟨41.94⟩	4	⟨40.80⟩	4	12.32	4	⟨41.69⟩	4	12.30	13.30
		14		14	⟨41.52⟩	14	⟨41.62⟩	14	⟨42.04⟩	14	⟨42.16⟩	14	⟨41.84⟩	14	⟨41.97⟩	14	⟨41.84⟩	14	⟨40.86⟩	14	11.83	14	⟨41.64⟩	14	12.18	
		24		24	⟨41.56⟩	24	⟨42.03⟩	24	⟨42.10⟩	24	⟨41.92⟩	24	⟨41.96⟩	24	⟨42.02⟩	24	⟨41.83⟩	24	⟨41.32⟩	24	⟨40.52⟩	24	⟨41.68⟩	24	⟨41.66⟩	
	1997	4		4	12.24	4	11.67	4	12.29	4	12.56	4	⟨42.04⟩	4	⟨41.94⟩	4	12.62	4	⟨42.03⟩	4	16.20	4	14.34	4	⟨41.79⟩	13.73
		14	15.23	14	13.44	14	11.95	14	⟨41.92⟩	14	12.30	14	⟨42.03⟩	14	⟨42.04⟩	14	⟨15.98⟩	14	16.18	14	16.14	14		14		
		24	12.10	24	12.00	24	12.63	24	12.24	24	⟨42.00⟩	24	⟨42.02⟩	24	⟨42.12⟩	24	16.06	24	16.22	24	16.14	24	⟨41.74⟩	24	⟨16.89⟩	
	1998	4	17.59	4	16.91	4		4	17.04	4	⟨41.44⟩	4	17.03	4	17.04	4	12.68	4	⟨35.74⟩	4	15.06	4	⟨32.53⟩	4	⟨33.54⟩	16.28
		14	18.04	14	17.97	14	⟨41.74⟩	14	⟨41.23⟩	14	14.41	14	⟨41.34⟩	14	15.50	14	⟨35.86⟩	14	⟨35.84⟩	14	⟨32.24⟩	14	⟨33.46⟩	14	⟨34.12⟩	
		24		24	14.50	24	17.44	24	⟨41.35⟩	24	14.46	24	⟨35.74⟩	24	16.74	24	⟨35.95⟩	24	⟨35.92⟩	24	⟨34.93⟩	24	⟨33.38⟩	24	⟨33.77⟩	
	1999	4	13.19	4	⟨33.94⟩	4	⟨33.60⟩	4	14.26	4	13.11	4	13.84	4	⟨32.62⟩	4	⟨33.12⟩	4	⟨32.84⟩	4	⟨32.62⟩	4	⟨32.38⟩	4	12.51	13.19
		14	⟨34.03⟩	14	14.23	14	⟨33.62⟩	14	13.33	14	12.83	14	13.86	14	⟨32.66⟩	14	⟨33.86⟩	14	⟨33.08⟩	14	⟨34.93⟩	14	10.98	14	11.48	
		24	⟨33.44⟩	24	11.76	24	⟨33.24⟩	24	13.61	24	13.43	24	14.81	24	⟨33.04⟩	24	⟨33.75⟩	24	⟨32.54⟩	24	⟨32.69⟩	24	⟨33.30⟩	24	11.04	
	2000	4	11.22	4	13.89	4	⟨33.13⟩	4	⟨32.76⟩	4	⟨32.83⟩	4	14.53	4	12.36	4	14.44	4	13.51	4	13.66	4	13.24	4	13.23	13.68
		14	11.46	14	13.89	14	⟨32.76⟩	14	⟨32.82⟩	14	15.74	14	⟨32.66⟩	14	13.50	14	16.24	14	13.44	14	13.62	14	⟨32.82⟩	14	14.24	
		24	⟨32.64⟩	24	13.36	24	⟨32.39⟩	24	⟨32.74⟩	24	⟨32.84⟩	24	13.54	24	⟨33.03⟩	24	16.14	24	⟨32.82⟩	24	13.12	24	15.34	24	13.14	

续表

点号	年份	1月						2月						3月						4月						5月						6月						7月						8月						9月						10月						11月						12月						年平均
		日	水位					日	水位					日	水位					日	水位					日	水位					日	水位					日	水位					日	水位					日	水位					日	水位					日	水位					日	水位					
W18-1	1991	4	⟨16.85⟩					4	⟨11.53⟩					4	⟨16.63⟩					4	⟨15.11⟩					4	⟨14.46⟩					4	⟨16.28⟩					4	⟨15.28⟩					4	⟨21.11⟩					4	⟨16.35⟩					4	⟨14.89⟩					4	⟨17.61⟩					4	⟨15.59⟩					
		14	⟨16.35⟩					14	⟨14.60⟩					14	⟨17.15⟩					14	⟨16.45⟩					14	⟨16.27⟩					14	⟨16.37⟩					14	⟨14.15⟩					14	⟨16.89⟩					14	⟨15.19⟩					14	⟨14.91⟩					14	⟨14.41⟩					14	⟨16.43⟩					
		24	⟨14.15⟩					24	⟨14.15⟩					24	⟨17.33⟩					24	⟨15.07⟩					24	⟨17.33⟩					24	⟨16.31⟩					24	⟨15.01⟩					24	⟨13.90⟩					24	⟨17.09⟩					24	⟨15.93⟩					24	⟨16.75⟩					24	⟨15.85⟩					
	1992	4	⟨14.15⟩					4	⟨14.15⟩					4	⟨15.99⟩					4	⟨15.13⟩					4	⟨16.07⟩					4	⟨14.15⟩					4	⟨15.85⟩					4	⟨14.91⟩					4	⟨13.05⟩					4	⟨14.81⟩					4	2.11					4	2.07					1.79
		14	⟨12.83⟩					14	⟨15.91⟩					14	⟨14.38⟩					14	⟨14.15⟩					14	⟨17.01⟩					14	⟨14.38⟩					14	1.11					14	⟨12.05⟩					14	⟨16.31⟩					14	⟨17.15⟩					14	⟨15.63⟩					14	⟨16.57⟩					
		24	⟨15.71⟩					24	⟨14.75⟩					24	⟨12.17⟩					24	⟨15.05⟩					24	⟨16.95⟩					24	⟨16.41⟩					24	⟨16.85⟩					24	⟨16.39⟩					24	⟨16.69⟩					24	1.85					24	⟨16.09⟩					24	⟨15.15⟩					
	1993	4	⟨15.85⟩					4	⟨16.29⟩					4	⟨17.15⟩					4	⟨15.11⟩					4	⟨14.19⟩					4	⟨13.87⟩					4	⟨15.15⟩					4	⟨18.95⟩					4	⟨15.41⟩					4	1.91					4	2.03					4	⟨15.80⟩					1.91
		14	⟨15.93⟩					14	⟨14.75⟩					14	⟨16.03⟩					14	⟨17.29⟩					14	⟨16.85⟩					14	⟨16.29⟩					14	⟨15.81⟩					14	⟨16.11⟩					14	⟨15.11⟩					14	⟨13.75⟩					14	⟨16.25⟩					14	⟨16.47⟩					
		24	⟨16.07⟩					24	⟨16.65⟩					24	⟨16.65⟩					24	⟨18.95⟩					24	⟨16.91⟩					24	⟨16.21⟩					24	⟨17.17⟩					24	⟨15.84⟩					24	⟨16.70⟩					24	⟨15.55⟩					24	⟨16.03⟩					24	⟨16.47⟩					
	1994	4	⟨16.83⟩					4	⟨16.89⟩					4	⟨16.59⟩					4	2.24					4	⟨16.19⟩					4	⟨15.99⟩					4	⟨15.87⟩					4	⟨15.97⟩					4	⟨16.58⟩					4	⟨16.95⟩					4	⟨16.25⟩					4	16.27					6.48
		14	⟨14.33⟩					14	1.29					14	1.95					14	0.44					14	⟨15.89⟩					14	⟨16.51⟩					14	⟨16.03⟩					14	⟨16.19⟩					14	⟨16.19⟩					14	⟨16.55⟩					14	⟨16.03⟩					14	15.97					
		24	⟨16.73⟩					24	⟨16.19⟩					24	2.20					24	⟨15.89⟩					24	⟨15.89⟩					24	⟨16.47⟩					24	⟨16.12⟩					24	⟨16.17⟩					24	⟨15.30⟩					24	⟨16.07⟩					24	2.10					24	15.95					
	1995	4	⟨15.61⟩					4	⟨15.57⟩					4	⟨15.70⟩					4						4	⟨16.43⟩					4	⟨15.37⟩					4	⟨16.43⟩					4	⟨16.04⟩					4	⟨15.42⟩					4	⟨16.07⟩					4	2.13					4	⟨16.55⟩					2.25
		14	2.31					14	⟨15.55⟩					14	⟨15.69⟩					14	⟨17.17⟩					14	⟨18.02⟩					14	⟨15.43⟩					14	⟨16.11⟩					14	⟨17.27⟩					14	⟨15.32⟩					14	2.71					14	2.12					14	⟨16.61⟩					
		24	⟨15.83⟩					24	⟨15.65⟩					24	⟨15.98⟩					24						24	⟨17.29⟩					24	⟨17.07⟩					24	⟨17.50⟩					24	⟨17.31⟩					24	⟨17.13⟩					24	2.10					24	⟨16.55⟩					24	⟨16.57⟩					
	1996	4	⟨16.43⟩					4	⟨16.31⟩					4	⟨17.43⟩					4	⟨17.17⟩					4	⟨17.25⟩					4	⟨16.99⟩					4	⟨17.53⟩					4	⟨17.17⟩					4	⟨17.03⟩					4	1.88					4	2.13					4	1.99					1.85
		14	⟨16.47⟩					14	1.84					14	⟨17.36⟩					14	⟨17.47⟩					14	⟨17.12⟩					14	⟨17.47⟩					14	⟨17.41⟩					14	⟨17.17⟩					14	⟨16.61⟩					14	1.80					14	1.70					14	1.95					
		24	⟨16.63⟩					24	1.89					24	⟨17.38⟩					24	⟨17.45⟩					24	⟨16.79⟩					24	⟨17.15⟩					24	⟨15.42⟩					24	⟨16.82⟩					24	⟨17.09⟩					24	⟨16.13⟩					24	⟨16.55⟩					24	⟨16.57⟩					
	1997	4	2.23					4	1.63					4	2.01					4	2.12					4	1.95					4	⟨17.05⟩					4	⟨16.24⟩					4	⟨15.98⟩					4	⟨17.01⟩					4	⟨16.84⟩					4	⟨16.84⟩					4	⟨16.81⟩					2.00
		14	2.02					14						14	1.95					14	2.17					14	⟨17.13⟩					14	⟨17.12⟩					14	⟨16.16⟩					14	⟨16.81⟩					14	⟨16.95⟩					14	⟨16.13⟩					14						14						
		24						24	1.47					24	2.13					24	2.00					24	2.25					24	2.25					24	0.78											24						24						24						24						
	1998	14	⟨16.95⟩					14						14	⟨16.99⟩					14	⟨16.39⟩					14	⟨17.13⟩					14	⟨17.12⟩					14						14	⟨16.17⟩					14	⟨16.19⟩					14	⟨16.13⟩					14	⟨16.04⟩					14	⟨16.16⟩					1.76
	1999	14						14						14	2.19					14	⟨16.15⟩					14	2.15					14	2.19					14	⟨15.93⟩					14	⟨16.05⟩					14	⟨16.09⟩					14	⟨16.13⟩					14	1.85					14	2.01					1.98

续表

点号	年份	1月 日	1月 水位	2月 日	2月 水位	3月 日	3月 水位	4月 日	4月 水位	5月 日	5月 水位	6月 日	6月 水位	7月 日	7月 水位	8月 日	8月 水位	9月 日	9月 水位	10月 日	10月 水位	11月 日	11月 水位	12月 日	12月 水位	年平均
W20-1	1991	4	⟨20.28⟩	4	⟨20.30⟩	4	⟨20.20⟩	4	⟨19.73⟩	4	⟨18.99⟩	4	⟨19.87⟩	4	⟨18.90⟩	4	⟨18.02⟩	4	⟨19.80⟩	4	⟨18.84⟩	4		4		0.28
		14	⟨19.59⟩	14	⟨17.85⟩	14	⟨19.20⟩	14	⟨18.32⟩	14	⟨20.16⟩	14	⟨19.07⟩	14	⟨15.60⟩	14	⟨18.13⟩	14	⟨18.73⟩	14		14		14		
		24	⟨18.66⟩	24	⟨18.88⟩	24	⟨20.04⟩	24	⟨19.77⟩	24	0.28	24	⟨19.55⟩	24	⟨18.10⟩	24	⟨18.31⟩	24	⟨18.06⟩	24		24		24	⟨17.32⟩	
	1992	4	⟨19.17⟩	4	⟨18.28⟩	4	⟨18.65⟩	4	⟨18.75⟩	4	⟨20.06⟩	4	⟨19.20⟩	4	⟨19.63⟩	4	⟨21.22⟩	4	⟨21.00⟩	4	⟨20.56⟩	4		4	⟨19.20⟩	1.66
		14	⟨17.66⟩	14		14	⟨19.46⟩	14	⟨18.88⟩	14	⟨20.26⟩	14	⟨19.49⟩	14	⟨20.12⟩	14	⟨19.64⟩	14	⟨20.22⟩	14	⟨19.52⟩	14	1.66	14	⟨19.65⟩	
		24	⟨17.74⟩	24		24	⟨18.86⟩	24	⟨19.20⟩	24	⟨20.48⟩	24	⟨20.26⟩	24	⟨19.70⟩	24	⟨18.54⟩	24	⟨16.47⟩	24	⟨19.70⟩	24	⟨19.64⟩	24	⟨19.70⟩	
	1993	4	⟨20.50⟩	4	⟨19.20⟩	4	⟨18.60⟩	4		4		4		4		4		4		4	⟨17.30⟩	4	⟨18.40⟩	4	⟨17.00⟩	2.34
		14	⟨20.62⟩	14	⟨19.20⟩	14	⟨18.80⟩	14	⟨19.52⟩	14	⟨17.58⟩	14	⟨19.20⟩	14	⟨17.90⟩	14	⟨20.15⟩	14	⟨18.70⟩	14	⟨17.17⟩	14	2.34	14	⟨18.10⟩	
		24	⟨20.86⟩	24	⟨19.84⟩	24	⟨19.50⟩	24	⟨20.44⟩	24	⟨17.30⟩	24	⟨18.44⟩	24		24	⟨19.35⟩	24	⟨19.20⟩	24	⟨16.89⟩	24	⟨19.35⟩	24	⟨20.24⟩	
	1994	4	⟨22.50⟩	4	⟨22.48⟩	4	⟨22.40⟩	4	⟨22.15⟩	4	⟨22.28⟩	4	⟨21.84⟩	4	⟨22.64⟩	4	⟨20.80⟩	4	⟨22.62⟩	4	⟨20.58⟩	4	2.36	4	⟨20.54⟩	2.27
		14	⟨22.70⟩	14	⟨22.40⟩	14	⟨22.26⟩	14	⟨21.00⟩	14	⟨22.22⟩	14	⟨21.54⟩	14	⟨22.63⟩	14	⟨21.18⟩	14	⟨23.00⟩	14	⟨20.44⟩	14	⟨20.28⟩	14	⟨20.56⟩	
		24	⟨22.75⟩	24	⟨21.00⟩	24	1.98	24	⟨22.86⟩	24	⟨21.62⟩	24	⟨21.76⟩	24	2.46	24	⟨19.90⟩	24	⟨22.12⟩	24	⟨21.66⟩	24	⟨20.48⟩	24	⟨20.60⟩	
	1995	4	⟨21.84⟩	4	⟨21.96⟩	4	⟨21.83⟩	4	⟨21.20⟩	4	⟨22.54⟩	4	⟨21.84⟩	4	⟨21.84⟩	4	⟨21.68⟩	4	⟨21.44⟩	4	⟨21.32⟩	4	⟨21.44⟩	4	⟨28.37⟩	3.40
		14	⟨21.18⟩	14	⟨22.05⟩	14	⟨21.92⟩	14	⟨20.93⟩	14	⟨22.48⟩	14	⟨22.38⟩	14	⟨21.63⟩	14	⟨21.43⟩	14	⟨21.48⟩	14	3.40	14	⟨21.47⟩	14		
		24	⟨21.24⟩	24	⟨21.68⟩	24	⟨22.10⟩	24	⟨20.41⟩	24	⟨22.56⟩	24	⟨21.88⟩	24	⟨26.99⟩	24	⟨21.38⟩	24	⟨21.35⟩	24	⟨21.38⟩	24	⟨21.52⟩	24	⟨28.28⟩	
	1996	4	⟨28.12⟩	4	⟨28.12⟩	4	⟨27.65⟩	4	⟨28.04⟩	4	2.41	4	⟨27.22⟩	4	⟨26.92⟩	4	⟨26.49⟩	4	2.07	4	1.88	4	1.43	4	1.74	1.89
		14	⟨28.08⟩	14	⟨28.08⟩	14	⟨27.60⟩	14	⟨28.06⟩	14	⟨27.44⟩	14	⟨27.20⟩	14	⟨26.90⟩	14	1.96	14	2.00	14	1.97	14	1.48	14	1.88	
		24	⟨27.93⟩	24	⟨28.13⟩	24	⟨28.02⟩	24	⟨27.92⟩	24	⟨27.28⟩	24	⟨26.88⟩	24	⟨26.88⟩	24	⟨26.58⟩	24	2.00	24	1.63	24	1.96	24	1.99	
	1997	4	2.00	4	2.08	4	3.14	4	2.02	4	2.03	4	⟨26.88⟩	4	⟨26.75⟩	4	⟨26.66⟩	4	⟨26.84⟩	4	⟨26.89⟩	4	⟨26.68⟩	4	⟨26.74⟩	2.34
		14	2.06	14	2.20	14	3.11	14	2.08	14	⟨26.84⟩	14	⟨26.79⟩	14	⟨26.78⟩	14	⟨26.42⟩	14	⟨26.80⟩	14	⟨21.38⟩	14	⟨22.08⟩	14	⟨22.02⟩	
		24	2.05	24	3.15	24	2.10	24	⟨26.68⟩	24	⟨26.84⟩	24	⟨26.84⟩	24	1.10	24	⟨26.34⟩	24	⟨26.94⟩	24		24		24		
	1998	14	⟨26.70⟩	14	⟨26.34⟩	14	⟨26.30⟩	14	⟨26.21⟩	14	2.41	14	2.47	14	⟨22.12⟩	14	⟨25.98⟩	14	⟨21.28⟩	14	⟨24.72⟩	14	⟨22.08⟩	14	⟨26.74⟩	1.99
	1999	14	⟨21.99⟩	14	⟨22.12⟩	14	⟨22.10⟩	14	2.82	14	2.70	14	⟨22.18⟩	14		14	⟨22.06⟩	14	2.09	14		14	2.25	14	2.28	2.43

续表

点号: W21-1

年份	日	1月水位	日	2月水位	日	3月水位	日	4月水位	日	5月水位	日	6月水位	日	7月水位	日	8月水位	日	9月水位	日	10月水位	日	11月水位	日	12月水位	年平均
1991	4	〈17.48〉	4	〈17.04〉	4	〈17.64〉	4	〈17.60〉	4		4		4	〈18.17〉	4	〈18.05〉	4	〈17.67〉	4		4	〈17.62〉	4	〈17.76〉	
	14	〈17.48〉	14	〈17.22〉	14	〈17.94〉	14	〈17.56〉	14		14		14	〈17.77〉	14		14	〈17.54〉	14	〈17.34〉	14	〈17.72〉	14	〈17.70〉	
	24	〈16.32〉	24	〈17.38〉	24	〈17.78〉	24	〈17.26〉	24	〈17.38〉	24		24	〈18.05〉	24	〈17.59〉	24	〈17.52〉	24	〈17.55〉	24	〈17.55〉	24	〈17.74〉	
1992	4	〈17.55〉	4	〈17.48〉	4	〈17.62〉	4	〈17.42〉	4	2.44	4		4	〈17.58〉	4	〈18.00〉	4	〈17.56〉	4	〈17.43〉	4	〈16.88〉	4	〈17.86〉	2.44
	14	〈17.50〉	14	〈16.94〉	14	〈17.40〉	14		14	〈17.74〉	14	〈17.80〉	14	〈17.58〉	14	〈17.30〉	14	〈17.48〉	14	〈17.34〉	14	〈17.00〉	14	〈17.80〉	
	24	〈17.38〉	24	〈16.76〉	24	〈17.50〉	24		24	〈17.48〉	24	〈17.58〉	24	〈17.52〉	24	〈17.60〉	24	〈17.50〉	24		24		24	〈17.44〉	
1993	4	〈17.74〉	4	〈17.56〉	4	〈17.80〉	4	〈17.30〉	4		4	〈16.80〉	4	〈17.10〉	4	〈17.10〉	4	〈17.52〉	4	〈17.58〉	4	〈18.40〉	4	〈17.12〉	
	14	〈17.82〉	14	〈17.56〉	14	〈17.74〉	14	〈16.80〉	14	〈16.96〉	14	〈16.86〉	14	〈17.90〉	14	〈17.44〉	14	〈17.52〉	14	〈17.16〉	14	〈17.26〉	14	〈17.70〉	
	24	〈17.98〉	24	〈17.84〉	24	〈17.32〉	24	〈17.60〉	24	〈17.48〉	24	〈16.54〉	24	〈17.55〉	24	〈18.00〉	24	〈17.40〉	24	〈17.50〉	24	〈17.00〉	24	〈17.93〉	
1994	4	〈17.50〉	4	〈17.10〉	4	〈17.20〉	4	〈18.04〉	4	〈17.45〉	4	〈16.76〉	4	〈17.61〉	4	〈17.44〉	4	〈17.34〉	4	〈17.70〉	4	2.50	4	2.52	2.52
	14	〈17.58〉	14	〈17.34〉	14	〈17.20〉	14	〈17.76〉	14	〈16.70〉	14	〈16.66〉	14	2.48	14	〈18.12〉	14	〈17.40〉	14	〈17.70〉	14	〈17.60〉	14	2.48	
	24	〈17.50〉	24	2.52	24	2.63	24	〈17.47〉	24	〈16.84〉	24	〈17.24〉	24	〈17.38〉	24	〈17.58〉	24	〈17.20〉	24	〈17.50〉	24	〈17.55〉	24	〈17.10〉	
1995	4	〈16.77〉	4	〈17.55〉	4	〈17.96〉	4	〈16.80〉	4	〈18.00〉	4	〈17.30〉	4	〈17.28〉	4	〈17.10〉	4	〈17.20〉	4	〈17.28〉	4	〈17.43〉	4		2.48
	14	〈17.10〉	14	〈18.08〉	14	〈17.55〉	14		14	〈17.37〉	14	〈17.50〉	14	〈17.55〉	14	〈17.10〉	14	〈17.40〉	14	〈17.38〉	14	〈17.46〉	14	〈17.70〉	
	24	〈17.30〉	24	〈17.85〉	24	2.48	24	〈17.25〉	24		24	〈17.66〉	24	0.67	24	〈19.52〉	24	〈17.32〉	24	〈17.30〉	24	〈17.15〉	24		
1996	4	〈17.58〉	4	〈18.83〉	4		4	〈19.57〉	4	〈19.56〉	4	〈19.54〉	4	〈19.54〉	4	0.32	4	0.41	4	0.72	4	〈19.12〉	4	0.78	0.61
	14	〈18.99〉	14	〈18.64〉	14	〈19.40〉	14	〈19.49〉	14	〈19.58〉	14	〈19.58〉	14	〈19.48〉	14	〈19.50〉	14	0.44	14	0.70	14	〈18.97〉	14	1.01	
	24		24		24	〈19.24〉	24	〈19.54〉	24	〈19.52〉	24	〈19.22〉	24	〈19.36〉	24	〈19.18〉	24	0.43	24	〈17.38〉	24		24	〈18.90〉	
1997	4	〈18.88〉	4		4		4	0.85	4	1.84	4	〈19.44〉	4		4	〈19.27〉	4	〈19.30〉	4		4	〈18.89〉	4		1.89
	14	〈18.93〉	14		14	1.95	14	〈19.49〉	14	〈19.58〉	14	〈19.40〉	14	〈19.24〉	14	〈19.26〉	14	〈19.21〉	14	〈19.16〉	14		14	2.84	
	24		24		24	1.97	24		24		24		24		24		24		24		24		24		
1998	14	〈18.95〉	14	〈18.98〉	14	〈19.09〉	14	〈18.98〉	14	〈18.98〉	14	〈19.40〉	14	〈18.86〉	14	〈18.90〉	14	〈18.69〉	14	2.32	14	〈18.99〉	14	2.64	2.48
1999	14	〈18.90〉	14	〈19.18〉	14	〈19.17〉	14	3.03	14	2.80	14	〈19.15〉	14	〈19.10〉	14	〈19.22〉	14	3.84	14	〈19.18〉	14	3.65	14	2.40	3.14

续表

点号	年份	1月			2月			3月			4月			5月			6月			7月			8月			9月			10月			11月			12月			年平均
		日	水位		日	水位		日	水位		日	水位		日	水位		日	水位		日	水位		日	水位		日	水位		日	水位		日	水位		日	水位		
W2-1	1992	4	⟨17.67⟩		4			4			4			4			4	⟨13.21⟩		4	⟨12.73⟩		4	⟨13.55⟩		4	⟨14.25⟩		4	⟨14.11⟩		4			4	⟨16.57⟩		2.51
		14	⟨17.91⟩		14	⟨17.75⟩		14	⟨17.49⟩		14			14			14	⟨12.67⟩		14	⟨13.03⟩		14	⟨13.81⟩		14	⟨14.67⟩		14	⟨15.31⟩		14	⟨14.79⟩		14	⟨16.85⟩		
		24	⟨18.19⟩		24	⟨17.79⟩		24	⟨17.87⟩		24	⟨17.33⟩		24	2.51		24	⟨12.81⟩		24	⟨13.52⟩		24	⟨13.69⟩		24	⟨14.13⟩		24	⟨15.55⟩		24	⟨16.11⟩		24	⟨17.55⟩		
	1993	4	⟨16.11⟩		4	⟨15.71⟩		4	⟨17.23⟩		4	⟨16.67⟩		4	⟨17.33⟩		4	⟨16.39⟩		4	⟨15.71⟩		4	⟨16.01⟩		4	⟨15.31⟩		4	⟨15.51⟩		4	⟨16.01⟩		4	⟨15.71⟩		5.87
		14	⟨18.31⟩		14	⟨16.07⟩		14	⟨15.11⟩		14			14	⟨16.81⟩		14	⟨16.35⟩		14	5.87		14	⟨15.77⟩		14	⟨15.44⟩		14	⟨15.31⟩		14	⟨15.59⟩		14	⟨15.77⟩		
		24	⟨15.91⟩		24	⟨15.59⟩		24	⟨17.03⟩		24			24			24			24			24			24			24	⟨15.68⟩		24	⟨15.81⟩		24	⟨16.23⟩		
	1994	4	⟨17.31⟩		4	⟨16.79⟩		4	⟨17.53⟩		4	⟨17.07⟩		4	⟨16.11⟩		4	⟨15.55⟩		4	4.88		4	⟨17.11⟩		4	⟨17.11⟩		4	⟨17.25⟩		4	4.42		4	⟨17.03⟩		4.65
		14	⟨17.19⟩		14	⟨16.91⟩		14	⟨16.79⟩		14	⟨16.51⟩		14	⟨16.01⟩		14	⟨15.53⟩		14			14	⟨16.59⟩		14	⟨16.51⟩		14	⟨17.21⟩		14	⟨17.85⟩		14	⟨17.01⟩		
		24	⟨16.71⟩		24	⟨17.31⟩		24	⟨16.65⟩		24	⟨16.55⟩		24	⟨15.97⟩		24	⟨15.67⟩		24	⟨16.71⟩		24	⟨17.01⟩		24	⟨16.77⟩		24			24	⟨17.55⟩		24			
	1995	4	⟨22.71⟩		4	⟨20.43⟩		4	⟨19.88⟩		4	⟨16.52⟩		4	⟨16.72⟩		4	⟨16.63⟩		4	⟨17.51⟩		4	⟨17.11⟩		4	⟨17.63⟩		4	⟨16.45⟩		4	4.09		4	⟨23.98⟩		4.80
		14	⟨22.15⟩		14	⟨20.09⟩		14	⟨19.33⟩		14	⟨16.76⟩		14	⟨17.27⟩		14	⟨17.10⟩		14	⟨19.01⟩		14	⟨16.79⟩		14	⟨17.26⟩		14	⟨18.33⟩		14	3.37		14	6.46		
		24			24	⟨19.76⟩		24	⟨19.06⟩		24	⟨16.95⟩		24	⟨17.11⟩		24	⟨16.70⟩		24	⟨17.25⟩		24	⟨19.35⟩		24	⟨16.66⟩		24	5.28		24	⟨24.06⟩		24	⟨22.39⟩		
	1996	4	3.45		4	3.51		4	4.23		4	⟨18.63⟩		4	⟨18.51⟩		4			4	⟨19.35⟩		4	⟨17.19⟩		4	⟨17.63⟩		4	2.81		4	3.43		4	3.43		3.43
		14	3.51		14	3.58		14	4.19		14	⟨18.44⟩		14	2.89		14	3.21		14	3.87		14	4.14		14	4.10		14	2.76		14	3.36		14	3.41		
		24	3.33		24	3.31		24	3.51		24	⟨18.49⟩		24	3.43		24	3.27		24	⟨19.41⟩		24	4.21		24	⟨19.35⟩		24	3.61		24	3.40		24	3.38		
	1997	4	⟨18.59⟩		4	⟨18.51⟩		4	⟨18.45⟩		4	3.39		4			4			4			4	⟨18.56⟩		4	⟨18.59⟩		4	⟨18.93⟩		4	⟨18.57⟩		4	⟨18.60⟩		3.60
		14			14			14			14			14	⟨18.93⟩		14	2.37		14			14	⟨18.58⟩		14	⟨18.87⟩		14			14			14			
		24			24			24			24			24			24			24	2.20		24	⟨18.79⟩		24	⟨18.40⟩		24			24			24			
	1998	4			4			4			4	2.27		4	2.21		4			4			4	2.11		4			4			4	1.55		4	1.81		2.09
	1999	14			14			14			14			14			14			14			14			14			14			14			14	1.61		1.99
W9-1	1992	4			4			4			4			4			4			4	⟨9.85⟩		4	⟨10.33⟩		4	⟨9.99⟩		4	⟨10.35⟩		4	⟨11.61⟩		4	2.83		2.83
		14			14			14			14			14	⟨10.15⟩		14	⟨9.95⟩		14	⟨10.03⟩		14	⟨10.19⟩		14	⟨10.33⟩		14	⟨10.99⟩		14	⟨11.99⟩		14	⟨12.51⟩		
		24			24			24			24			24	⟨9.56⟩		24			24	⟨9.97⟩		24	⟨10.17⟩		24	⟨10.59⟩		24	⟨11.49⟩		24	⟨12.45⟩		24	⟨12.11⟩		

续表

点号	年份	1月			2月			3月			4月			5月			6月			7月			8月			9月			10月			11月			12月			年平均
		日	水位		日	水位		日	水位		日	水位		日	水位		日	水位		日	水位		日	水位		日	水位		日	水位		日	水位		日	水位	
W9-1	1993	4	〈12.23〉		4	2.89		4	3.71		4	〈13.35〉		4	〈12.87〉		4	〈11.55〉		4	〈10.99〉		4	〈10.85〉		4	〈10.53〉		4	〈10.77〉		4	2.58		4	〈11.97〉		3.28
		14	〈11.63〉		14	3.27		14	3.71		14	〈13.09〉		14	〈12.03〉		14	〈11.13〉		14	〈10.85〉		14	〈10.65〉		14	〈10.35〉		14	〈10.21〉		14	〈11.30〉		14	〈11.67〉		
		24	〈11.69〉		24	3.49		24	〈11.33〉		24			24			24			24			24			24			24	〈11.09〉		24	〈11.53〉		24	〈11.73〉		
	1994	4	〈12.39〉		4	〈11.63〉		4	〈11.57〉		4	〈14.39〉		4	〈12.17〉		4			4	〈11.68〉		4	〈11.13〉		4	〈11.87〉		4	〈12.05〉		4	2.83		4	〈13.05〉		2.83
		14	〈12.47〉		14	〈12.33〉		14	〈11.65〉		14	〈12.67〉		14	〈11.28〉		14	〈10.51〉		14	〈12.21〉		14	〈11.98〉		14			14	〈12.41〉		14	〈13.15〉		14	〈13.01〉		
		24	〈11.73〉		24	〈11.69〉		24	〈11.99〉		24	〈12.15〉		24			24	〈10.73〉		24	〈12.51〉		24			24	〈11.53〉		24			24	〈12.65〉		24	〈13.28〉		
	1995	4	〈13.48〉		4	〈13.60〉		4	〈13.88〉		4	〈13.66〉		4	〈13.87〉		4	〈12.46〉		4	〈13.30〉		4	〈13.57〉		4	〈13.14〉		4	〈13.69〉		4	〈14.03〉		4	〈14.19〉		3.28
		14	〈13.75〉		14	〈13.83〉		14	〈13.59〉		14	〈13.79〉		14	〈13.28〉		14	〈12.73〉		14	〈13.87〉		14	〈13.53〉		14	〈13.43〉		14	〈13.33〉		14	〈14.13〉		14	〈14.23〉		
		24	〈13.63〉		24	〈13.93〉		24	〈13.50〉		24	〈14.27〉		24	〈13.10〉		24	〈12.93〉		24	〈13.65〉		24	〈13.21〉		24	〈13.43〉		24	〈14.03〉		24			24	〈14.46〉		
	1996	4	1.61		4	2.51		4	〈14.01〉		4	〈13.83〉		4	3.36		4	2.96		4	〈12.99〉		4	1.99		4	〈12.43〉		4	1.57		4	2.62		4	2.27		2.42
		14			14	2.69		14	〈14.05〉		14	3.55		14	〈14.70〉		14	〈13.91〉		14	〈12.81〉		14	1.90		14	1.82		14	1.59		14	2.54		14	2.13		
		24	2.40		24	3.63		24	〈14.15〉		24	3.78		24	〈14.40〉		24	〈13.01〉		24	〈12.83〉		24	2.05		24	〈12.79〉		24			24	2.40		24	1.67		
	1997	4	3.18		4	3.38		4	3.61		4	2.69		4	2.84		4	2.67		4	2.57		4	2.18		4	1.86		4			4	2.68		4	2.83		2.59
		14			14			14	3.68		14	2.82		14	2.83		14	2.77		14	2.38		14	1.93		14	1.48		14	2.08		14			14			
		24			24			24	3.94		24	2.73		24	2.67		24	2.88		24	2.42		24	1.95		24	1.76		24			24			24			
	1998	14			14			14			14			14			14			14			14			14	2.79		14			14	2.59		14	2.53		3.28
	1999	14			14			14			14			14			14			14			14			14			14			14			14	4.66		2.64
W12-1	1992	4	〈18.69〉		4	〈17.70〉		4	4.46		4	〈17.30〉		4	〈14.88〉		4	〈15.40〉		4	〈16.38〉		4	〈15.18〉		4	〈15.46〉		4	〈16.13〉		4	〈17.24〉		4	〈18.88〉		4.66
		14	〈18.39〉		14	〈17.70〉		14	〈19.65〉		14	〈16.87〉		14	3.94		14	〈15.94〉		14	〈14.60〉		14	〈15.20〉		14	〈15.76〉		14	〈16.74〉		14			14	〈18.44〉		
		24	〈17.28〉		24	〈17.70〉		24	〈18.22〉		24			24	〈16.68〉		24	〈14.96〉		24	〈14.62〉		24	〈15.54〉		24	〈15.84〉		24	〈17.22〉		24			24			
	1993	4			4			4			4			4			4			4	3.18		4	〈14.54〉		4	〈13.78〉		4	〈14.04〉		4			4	〈14.43〉		3.86
		14			14			14			14			14			14			14	〈14.54〉		14	〈14.76〉		14	〈13.62〉		14	〈14.26〉		14	〈13.88〉		14	〈14.06〉		
		24			24			24			24			24			24			24			24			24			24	〈15.12〉		24	〈14.02〉		24	〈13.74〉		

第一章 西安市

续表

点号	年份	1月		2月		3月		4月		5月		6月		7月		8月		9月		10月		11月		12月		年平均
		日	水位	日	水位	日	水位	日	水位	日	水位	日	水位	日	水位	日	水位	日	水位	日	水位	日	水位	日	水位	
W12-1	1994	4	〈14.44〉	4	〈13.14〉	4	〈14.87〉	4	〈16.84〉	4	〈14.20〉	4	〈12.95〉	4	〈12.90〉	4	〈13.00〉	4	〈12.64〉	4	〈12.42〉	4	3.80	4		3.47
		14	〈14.04〉	14	3.14	14	〈14.08〉	14	〈14.16〉	14	〈13.28〉	14	〈12.42〉	14	〈12.80〉	14	〈13.03〉	14	〈12.38〉	14	〈12.56〉	14	〈12.32〉	14		
		24	〈13.36〉	24	〈14.54〉	24		24	〈13.96〉	24	〈12.94〉	24	〈12.46〉	24	〈12.78〉	24	〈12.67〉	24	〈12.34〉	24	〈12.50〉	24	〈13.18〉	24	〈16.58〉	
	1995	4		4		4	〈14.02〉	4	〈14.68〉	4	〈14.04〉	4	〈13.96〉	4	〈13.40〉	4	〈13.50〉	4	〈14.10〉	4	〈14.74〉	4	4.85	4		4.79
		14		14	〈12.96〉	14	〈13.14〉	14	〈14.68〉	14	〈13.60〉	14	〈13.30〉	14	〈13.70〉	14	〈13.56〉	14	〈14.16〉	14	〈15.32〉	14	4.38	14		
		24		24	〈13.66〉	24	5.15	24	〈14.83〉	24	〈13.42〉	24	〈13.24〉	24	〈13.23〉	24	〈13.52〉	24	〈14.94〉	24	〈16.18〉	24	〈17.09〉	24	〈16.48〉	
	1996	4	〈16.38〉	4	4.77	4	〈17.18〉	4	〈15.44〉	4	5.84	4	〈14.08〉	4	4.11	4	〈13.58〉	4	〈13.38〉	4	3.64	4	4.07	4	〈13.30〉	4.43
		14	〈15.64〉	14	4.43	14	〈15.64〉	14	〈15.47〉	14	〈15.12〉	14	5.23	14	〈13.77〉	14	〈14.38〉	14	3.89	14	3.34	14		14	3.83	
		24	5.12	24	4.49	24	〈15.69〉	24	6.33	24	〈14.80〉	24	4.57	24	〈13.74〉	24	4.82	24	3.82	24	3.59	24		24	3.89	
	1997	4	3.54	4	3.11	4	4.11	4	3.54	4	4.21	4	3.58	4		4	〈15.18〉	4	〈15.34〉	4		4		4		3.82
		14	3.51	14	〈14.18〉	14	4.28	14	3.60	14	3.64	14		14	〈14.44〉	14	〈15.14〉	14	4.38	14	4.01	14	4.85	14	〈15.27〉	
		24	3.07	24	4.28	24	3.62	24	3.53	24	3.44	24	2.99	24	〈17.20〉	24	〈15.28〉	24	4.36	24	3.94	24	4.59	24	3.65	
	1998	14	〈15.28〉	14	〈15.18〉	14	〈15.42〉	14	〈15.24〉	14	3.61	14	〈15.32〉	14	〈15.23〉	14	3.56	14	〈15.16〉	14		14	3.04	14		3.72
	1999	14	〈15.14〉	14	4.96	14	〈15.24〉	14	4.36	14	3.06	14		14	〈18.96〉	14	〈16.03〉	14		14	〈15.94〉	14		14		3.86
W15-1	1992	4		4		4		4		4		4		4		4	〈19.06〉	4	〈18.66〉	4	〈18.93〉	4	〈18.93〉	4	〈20.62〉	
		14		14		14		14		14	〈18.78〉	14	〈18.86〉	14	〈18.86〉	14	〈18.56〉	14	〈18.56〉	14	〈18.91〉	14	〈19.62〉	14	〈21.87〉	
		24		24		24		24		24	〈20.21〉	24	〈20.17〉	24	〈18.25〉	24	〈18.53〉	24	〈18.97〉	24	〈19.13〉	24	〈20.27〉	24	〈22.97〉	
	1993	4	〈20.25〉	4	〈20.81〉	4	〈24.79〉	4	〈24.47〉	4	〈20.61〉	4	〈20.18〉	4	〈20.31〉	4	〈20.33〉	4	〈18.55〉	4	〈18.33〉	4	3.31	4	3.23	4.98
		14	〈22.03〉	14	〈20.55〉	14	〈22.09〉	14	15.07	14	〈21.99〉	14	〈22.01〉	14	〈18.63〉	14	〈20.83〉	14		14	3.39	14	3.33	14	〈18.78〉	
		24	〈22.53〉	24	〈25.33〉	24	〈24.63〉	24	〈23.39〉	24		24		24		24		24		24	3.28	24	3.27	24	〈18.23〉	
	1994	4	〈19.28〉	4	〈22.53〉	4	〈23.39〉	4	〈23.39〉	4	〈20.53〉	4	〈20.46〉	4	〈20.17〉	4	〈19.27〉	4	〈17.43〉	4	3.08	4	2.59	4	〈26.25〉	2.68
		14	〈20.38〉	14	〈22.41〉	14	〈22.43〉	14	〈24.08〉	14		14		14	〈20.28〉	14	〈18.03〉	14	〈12.33〉	14	2.43	14	2.41	14	〈26.05〉	
		24	〈18.98〉	24	〈23.45〉	24	〈25.15〉	24	〈21.19〉	24	〈20.05〉	24	〈20.54〉	24	〈20.10〉	24	〈17.76〉	24	3.15	24	2.31	24	2.79	24	〈24.46〉	

续表

点号	年份	1月			2月			3月			4月			5月			6月			7月			8月			9月			10月			11月			12月			年平均
		日	水位		日	水位		日	水位		日	水位		日	水位		日	水位		日	水位		日	水位		日	水位		日	水位		日	水位		日	水位		
W15-1	1995	4	⟨25.78⟩		4	⟨26.05⟩		4	⟨25.49⟩		4	⟨26.62⟩		4	⟨25.57⟩		4	3.31		4	⟨25.87⟩		4	⟨25.41⟩		4	⟨25.55⟩		4	⟨25.22⟩		4	⟨24.75⟩		4	⟨24.59⟩		3.77
		14	⟨25.54⟩		14	⟨25.53⟩		14	⟨25.11⟩		14	⟨26.11⟩		14	4.22		14	⟨25.71⟩		14	⟨26.21⟩		14	⟨25.49⟩		14	⟨25.47⟩		14	⟨24.95⟩		14	⟨24.66⟩		14	⟨24.69⟩		
		24	⟨23.69⟩		24			24	⟨24.99⟩		24	⟨24.56⟩		24			24	⟨25.85⟩		24	⟨25.67⟩		24	⟨25.51⟩		24	⟨25.65⟩		24	⟨24.31⟩		24	⟨24.61⟩		24	⟨24.71⟩		
	1996	4	3.87		4	⟨34.67⟩		4			4	⟨25.31⟩		4	4.03		4	3.16		4	3.04		4	⟨24.83⟩		4	⟨24.51⟩		4	2.97		4			4	3.15		3.30
		14	⟨24.71⟩		14	3.74		14	⟨25.62⟩		14	⟨25.33⟩		14			14	3.25		14	2.95		14	⟨23.41⟩		14	⟨24.40⟩		14	2.90		14	3.08		14	3.23		
		24	⟨24.65⟩		24	3.93		24	⟨26.21⟩		24	4.27		24	⟨25.07⟩		24	3.33		24	⟨24.91⟩		24	2.37		24	2.98		24	3.12		24			24	3.28		
	1997	4	3.33		4	3.07		4	4.13		4	3.03		4	⟨24.53⟩		4	2.92		4	⟨24.35⟩		4	⟨24.51⟩		4	⟨24.11⟩		4	⟨23.99⟩		4	⟨23.45⟩		4	⟨23.53⟩		3.31
		14	3.33		14	3.03		14	4.01		14	3.03		14	2.99		14	⟨24.35⟩		14	⟨24.77⟩		14	⟨24.45⟩		14	⟨24.09⟩		14			14			14	4.23		
		24	3.03		24	4.17		24	3.15		24	3.10		24	⟨24.35⟩		24	⟨24.29⟩		24	⟨24.63⟩		24	⟨24.31⟩		24	4.15		24	3.93		24	4.28		24	4.23		
	1998	4	⟨23.71⟩		4	⟨23.35⟩		4	⟨23.91⟩		4	4.83		4	4.38		4	5.05		4	⟨23.31⟩		4	3.59		4	4.90		4	⟨23.02⟩		4			4			4.31
		14	⟨23.23⟩		14	5.02		14	⟨23.61⟩		14	4.58		14	4.51		14	⟨24.01⟩		14	⟨23.92⟩		14	⟨23.99⟩		14			14	⟨23.69⟩		14			14			
	1999	4			4			4			4			4			4	⟨12.72⟩		4	⟨13.76⟩		4	⟨16.47⟩		4	⟨17.91⟩		4	⟨13.69⟩		4	⟨14.00⟩		4	⟨13.28⟩		4.59
		14			14			14			14			14	⟨13.37⟩		14	⟨12.05⟩		14	⟨14.12⟩		14	⟨11.66⟩		14	⟨13.56⟩		14	⟨13.26⟩		14	⟨13.00⟩		14	⟨11.72⟩		
		24			24			24			24			24			24	⟨12.79⟩		24	⟨14.24⟩		24	⟨11.40⟩		24			24	⟨13.78⟩		24	⟨13.14⟩		24	⟨13.60⟩		
W25-1	1992	4	⟨13.16⟩		4	⟨13.62⟩		4	⟨14.56⟩		4			4	⟨10.60⟩		4	⟨14.28⟩		4	⟨12.60⟩		4	⟨12.79⟩		4	⟨13.11⟩		4	⟨13.64⟩		4	⟨12.24⟩		4	⟨12.88⟩		3.01
		14	⟨13.39⟩		14	⟨14.68⟩		14	⟨14.26⟩		14	⟨12.94⟩		14	⟨12.66⟩		14	3.36		14	⟨13.86⟩		14	⟨12.28⟩		14	⟨12.30⟩		14	⟨12.56⟩		14	⟨11.91⟩		14	3.31		
	1993	24	⟨14.22⟩		24	⟨14.19⟩		24	⟨13.56⟩		24	⟨14.22⟩		24	⟨14.38⟩		24	⟨12.62⟩		24	1.76		24	1.67		24	⟨13.88⟩		24	⟨12.74⟩		24	⟨12.38⟩		24	2.36		
	1994	4	0.72		4	⟨13.52⟩		4	⟨12.46⟩		4	⟨13.18⟩		4	⟨12.93⟩		4	⟨12.78⟩		4	⟨13.02⟩		4	⟨13.11⟩		4	⟨13.86⟩		4	⟨13.74⟩		4	2.34		4	⟨13.88⟩		1.95
		14	1.90		14	⟨15.06⟩		14	⟨12.34⟩		14	⟨12.91⟩		14	⟨13.17⟩		14	⟨13.10⟩		14	⟨12.89⟩		14	⟨13.69⟩		14	⟨13.69⟩		14	⟨13.50⟩		14	2.30		14	⟨13.38⟩		
		24	⟨13.30⟩		24	⟨13.12⟩		24	2.98		24	⟨13.56⟩		24			24	⟨13.13⟩		24	⟨12.97⟩		24	⟨14.24⟩		24	⟨13.78⟩		24	⟨12.80⟩		24	⟨14.00⟩		24	⟨13.14⟩		
	1995	4	⟨14.26⟩		4	⟨14.14⟩		4	⟨14.68⟩		4	1.41		4			4	⟨13.14⟩		4	⟨16.12⟩		4	⟨13.68⟩		4	⟨13.30⟩		4	⟨12.92⟩		4	3.45		4	⟨12.88⟩		1.84
		14	⟨14.28⟩		14	⟨14.30⟩		14	⟨13.24⟩		14	⟨13.44⟩		14			14	⟨13.14⟩		14	⟨14.69⟩		14			14			14			14	1.40		14	1.44		
		24	⟨14.15⟩		24	⟨14.44⟩		24	⟨13.38⟩		24	⟨13.48⟩		24			24	⟨13.06⟩		24			24	⟨13.84⟩		24	⟨12.68⟩		24	⟨12.94⟩		24	⟨12.85⟩		24	1.50		

续表

点号	年份	1月 日	1月 水位	2月 日	2月 水位	3月 日	3月 水位	4月 日	4月 水位	5月 日	5月 水位	6月 日	6月 水位	7月 日	7月 水位	8月 日	8月 水位	9月 日	9月 水位	10月 日	10月 水位	11月 日	11月 水位	12月 日	12月 水位	年平均
W25-1	1996	4	〈12.84〉	4	〈12.94〉	4	〈13.28〉	4	〈13.44〉	4	〈13.54〉	4	2.06	4	〈13.38〉	4	0.76	4	0.57	4	0.65	4	0.88	4	0.93	
		14	〈12.92〉	14	〈12.98〉	14	〈13.32〉	14	〈13.40〉	14	3.90	14	1.99	14	〈13.24〉	14	0.84	14	0.54	14	0.59	14	0.74	14	0.94	1.15
		24	〈12.88〉	24	〈13.04〉	24	〈13.38〉	24	〈13.45〉	24	〈13.34〉	24		24	1.58	24	0.84	24	0.96	24	〈13.14〉	24	0.83	24	〈13.04〉	
	1997	4	〈13.06〉	4		4	3.04	4	2.09	4	〈12.28〉	4	〈13.70〉	4	2.79	4	〈13.38〉	4	〈13.26〉	4	〈13.18〉	4	1.48	4		
		14	0.94	14	〈12.60〉	14	2.27	14	〈12.84〉	14	1.08	14	〈13.64〉	14	〈13.70〉	14	〈13.30〉	14	〈13.05〉	14		14	〈12.77〉	14	1.61	2.01
		24		24	2.98	24	2.36	24	1.02	24	〈13.58〉	24	〈13.74〉	24	〈13.78〉	24	〈13.32〉	24	〈13.14〉	24		24		24	1.26	
	1998	14	〈13.30〉	14	〈12.58〉	14	1.61	14	2.98	14	1.94	14	1.36	14	〈12.50〉	14	〈12.58〉	14	〈12.70〉	14	1.07	14	1.13	14		1.76
	1999	14	1.40	14	1.58	14	1.68	14	1.58	14	1.32	14	2.86	14	〈13.10〉	14	〈13.00〉	14	1.24	14	〈12.86〉	14		14		1.56
W22	1991	4	〈33.85〉	4	〈32.62〉	4	〈33.65〉	4	〈28.69〉	4	〈30.01〉	4	〈29.29〉	4	〈31.29〉	4	〈33.12〉	4	〈31.89〉	4	〈39.99〉	4	〈32.43〉	4	〈32.54〉	
		14	〈33.93〉	14	〈32.72〉	14	12.48	14	〈30.13〉	14	〈30.01〉	14	〈29.65〉	14	〈29.05〉	14		14	〈31.89〉	14	〈32.39〉	14	〈31.49〉	14	〈32.35〉	12.48
		24	〈33.63〉	24	〈32.69〉	24	〈28.79〉	24	〈29.89〉	24	〈29.33〉	24	〈29.25〉	24	〈29.37〉	24	〈32.30〉	24	〈31.06〉	24	〈32.39〉	24	〈33.07〉	24	〈32.39〉	
	1992	4	〈32.11〉	4	〈31.59〉	4	〈32.35〉	4	〈35.04〉	4	〈31.39〉	4	〈31.47〉	4	〈30.51〉	4	〈32.25〉	4	〈30.55〉	4	〈30.37〉	4	〈30.51〉	4	〈30.65〉	
		14	〈31.69〉	14		14		14	〈32.30〉	14	〈30.55〉	14		14	〈30.53〉	14	〈31.29〉	14	〈30.51〉	14	〈30.49〉	14	〈30.73〉	14	〈31.65〉	
		24	〈32.62〉	24		24		24	〈35.79〉	24	〈30.37〉	24	〈30.61〉	24	〈31.11〉	24	〈30.47〉	24	〈30.65〉	24	〈30.77〉	24	〈30.75〉	24	〈31.61〉	
	1993	4	〈31.38〉	4	〈31.27〉	4	〈32.95〉	4		4		4		4		4	〈32.67〉	4	〈32.15〉	4	〈32.35〉	4	〈34.67〉	4	〈33.57〉	
		14	〈31.97〉	14	〈31.71〉	14	〈31.75〉	14	〈31.95〉	14	〈31.71〉	14	〈31.63〉	14	〈32.79〉	14	〈32.99〉	14	〈32.37〉	14	〈32.55〉	14	〈33.25〉	14	〈33.45〉	
		24	〈32.45〉	24	〈31.59〉	24	〈31.67〉	24	〈31.65〉	24	〈31.75〉	24	〈31.57〉	24	〈31.85〉	24		24	〈35.75〉	24	〈32.87〉	24	〈33.55〉	24	〈34.49〉	
	1994	4	〈35.25〉	4	〈33.19〉	4	〈33.51〉	4	〈35.37〉	4	〈35.75〉	4	〈33.23〉	4	〈36.39〉	4	〈37.03〉	4	〈34.95〉	4	〈36.15〉	4	10.75	4		
		14	〈34.93〉	14	〈33.35〉	14	〈33.75〉	14	〈35.08〉	14	〈33.79〉	14	〈33.91〉	14	〈36.41〉	14	〈37.27〉	14	〈35.49〉	14	〈36.21〉	14	〈36.09〉	14	〈36.37〉	12.42
		24	〈34.05〉	24	〈33.95〉	24	14.08	24	〈35.65〉	24	〈33.39〉	24	〈33.83〉	24	〈36.59〉	24	〈37.09〉	24	〈36.37〉	24	〈36.16〉	24	〈36.77〉	24	〈36.47〉	
	1995	4	〈34.95〉	4	〈35.05〉	4	〈36.63〉	4	〈35.98〉	4	〈36.90〉	4	〈36.99〉	4	〈36.62〉	4	〈36.55〉	4	〈36.37〉	4	〈36.35〉	4	〈36.80〉	4	〈36.75〉	
		14		14	〈35.35〉	14	〈35.71〉	14	〈36.79〉	14	〈36.81〉	14	〈36.93〉	14	〈36.65〉	14	〈36.49〉	14	〈36.95〉	14	〈36.95〉	14	〈36.77〉	14	15.15	15.15
		24	〈35.84〉	24	〈36.68〉	24	〈35.68〉	24	〈36.93〉	24	〈36.99〉	24	〈34.93〉	24	〈36.59〉	24	〈36.53〉	24	〈36.39〉	24	〈36.77〉	24	〈36.75〉	24	〈36.79〉	

续表

点号	年份	1月			2月			3月			4月			5月			6月			7月			8月			9月			10月			11月			12月			年平均
		日	水位		日	水位		日	水位		日	水位		日	水位		日	水位		日	水位		日	水位		日	水位		日	水位		日	水位		日	水位		
W22	1996	4	〈36.47〉		4	〈36.15〉		4	〈36.50〉		4	〈36.95〉		4	〈36.89〉		4	〈36.82〉		4	〈36.83〉		4	〈36.70〉		4	14.07		4	13.69		4	〈36.57〉		4	12.29		12.69
		14	〈36.33〉		14	〈36.45〉		14	〈36.73〉		14	〈36.91〉		14	15.47		14	〈36.85〉		14	〈36.75〉		14	14.95		14	〈36.67〉		14	8.27		14	〈36.59〉		14	12.25		
		24	〈36.40〉		24	〈36.57〉		24	〈36.88〉		24	〈36.90〉		24	〈36.93〉		24	〈36.79〉		24	〈36.77〉		24	〈36.72〉		24	〈36.57〉		24	10.96		24	12.23					
	1997	4	〈36.77〉		4	〈36.74〉		4	10.66		4	11.07		4	〈37.33〉		4	〈36.85〉		4	15.42		4			4	〈36.88〉		4	〈36.71〉		4	〈36.65〉		4	〈36.68〉		11.55
		14	〈36.65〉		14	10.75		14	〈36.47〉		14	12.28		14	〈36.77〉		14	〈37.17〉		14	〈37.25〉		14			14	〈37.04〉		14			14			14			
		24			24	10.95		24	11.14		24	〈36.57〉		24	〈37.13〉		24	〈37.33〉		24	〈36.92〉		24			24	〈37.09〉		24			24			24			
	1998	14	〈36.95〉		14	〈36.94〉		14	〈36.70〉		14	〈36.51〉		14	13.60		14			14	〈37.10〉		14	〈37.05〉		14	〈36.97〉		14	14.30		14	〈36.37〉		14	〈36.14〉		13.95
	1999	14	〈36.27〉		14	13.97		14	〈36.98〉		14	12.67		14	12.97		14	〈38.85〉		14	〈37.85〉		14	〈39.10〉		14	〈37.31〉		14	10.96		14	11.20		14	11.57		12.48
	2000	4	11.81		4	13.25		4			4			4	〈39.15〉		4	15.70		4	12.80		4	14.25		4	12.85		4			4			4	12.95		13.38
		14			14			14	〈37.27〉		14			14	〈39.16〉		14			14	〈39.74〉		14	〈39.11〉		14			14	〈36.71〉		14	〈36.65〉		14	13.53		
		24			24			24			24	〈39.15〉		24			24	〈39.99〉		24			24	〈38.68〉		24			24			24			24	13.28		
#23	1991	4	2.49		4	2.44		4	2.39		4	2.17		4	2.26		4	2.07		4	〈4.07〉		4	2.55		4	2.54		4	2.54		4	2.64		4	2.69		2.42
		14	2.49		14	2.34		14	2.26		14	2.15		14	2.31		14	1.86		14	2.30		14	2.62		14	2.44		14	2.56		14	2.64		14	2.71		
		24	2.51		24	2.34		24	2.26		24	2.07		24	2.36		24	2.17		24	2.44		24	2.62		24	2.46		24	2.58		24	2.67		24	2.71		
	1992	4	2.67		4	2.78		4	2.70		4	2.72		4	2.68		4	3.00		4	3.00		4	3.20		4	3.00		4	2.88		4	2.80		4	2.94		2.85
		14	2.72		14	2.68		14	2.72		14	2.66		14	2.56		14	2.98		14	3.08		14	3.08		14	2.98		14	2.68		14	2.80		14	3.00		
		24	2.72		24	2.72		24	2.72		24	2.77		24	2.84		24	2.90		24	3.00		24	2.98		24	2.82		24	2.72		24	2.86		24	3.06		
	1993	4	3.12		4	3.00		4	3.06		4	2.95		4	2.92		4	2.75		4	2.26		4	2.60		4	2.65		4	2.13		4	2.30		4	2.48		2.63
		14	3.00		14	3.06		14	3.00		14	2.86		14	2.72		14	2.65		14	2.58		14	2.38		14	2.34		14	2.28		14	2.39		14	2.58		
		24	3.00		24	3.04		24	3.00		24	2.90		24	2.68		24	2.62		24	1.98		24	2.45		24	1.82		24	2.28		24	2.23		24	2.58		
	1994	4	2.63		4	2.75		4	2.78		4	2.85		4	2.65		4	2.84		4	2.88		4	〈5.10〉		4	3.00		4	2.75		4	2.61		4	2.53		2.71
		14	2.64		14	2.75		14	2.81		14	2.75		14			14	2.82		14	〈4.72〉		14	〈4.26〉		14	2.79		14	2.78		14	2.31		14	2.56		
		24	2.70		24	2.78		24	2.73		24	2.59		24	2.94		24			24	2.74		24	〈5.28〉		24	2.68		24	2.48		24	2.49		24	2.63		

续表

点号	年份	日	1月 水位	日	2月 水位	日	3月 水位	日	4月 水位	日	5月 水位	日	6月 水位	日	7月 水位	日	8月 水位	日	9月 水位	日	10月 水位	日	11月 水位	日	12月 水位	年平均
#23	1995	4	2.65	4	2.82	4	2.98	4	2.86	4	3.06	4	3.00	4	3.22	4	2.98	4	3.04	4	⟨3.87⟩	4	2.74	4	2.84	2.93
		14	2.70	14	2.88	14	2.98	14	2.97	14	⟨3.50⟩	14	3.02	14	3.98	14	2.99	14	2.84	14	2.73	14	2.73	14	2.78	
		24	2.75	24	2.96	24	2.94	24	2.88	24	3.07	24	⟨3.85⟩	24	2.94	24	2.98	24	2.90	24	2.80	24	2.72	24	2.90	
	1996	4	2.95	4	3.12	4	⟨4.82⟩	4	3.28	4	3.33	4	2.80	4	2.75	4	2.19	4	2.10	4	2.15	4	1.98	4	2.16	2.61
		14	3.03	14	3.16	14	3.33	14	⟨3.78⟩	14	3.34	14	2.68	14	2.53	14	2.20	14	1.94	14	2.10	14	1.90	14	2.20	
		24	3.07	24	3.14	24	3.31	24	⟨3.82⟩	24	3.28	24	2.73	24	⟨3.42⟩	24	2.29	24	2.03	24	2.14	24	2.06	24	2.39	
	1997	4	2.48	4	2.56	4	2.57	4	2.42	4	2.37	4	2.70	4	2.98	4	⟨3.36⟩	4	3.00	4	2.83	4	2.95	4	3.00	2.73
		14	2.62	14	2.50	14	2.48	14	2.36	14	2.44	14	2.84	14	2.90	14	2.97	14	2.86	14	2.78	14	2.92	14	3.03	
		24	2.67	24	2.48	24	2.43	24	2.30	24	2.60	24	3.00	24	⟨3.28⟩	24	3.11	24	2.67	24	2.74	24	2.97	24	3.07	
	1998	4	3.11	4	3.17	4	⟨5.00⟩	4	3.16	4	3.04	4	⟨5.04⟩	4	2.48	4	2.07	4	2.07	4	2.31	4	2.61	4	2.73	2.69
		14	3.23	14	3.28	14	3.22	14	2.90	14	2.67	14	⟨4.96⟩	14	2.32	14	2.40	14	2.40	14	2.29	14	2.67	14	2.72	
		24	3.27	24	⟨3.98⟩	24	3.20	24	2.94	24	⟨4.92⟩	24	⟨5.03⟩	24	1.88	24	2.27	24	2.27	24	2.50	24	2.69	24	2.78	
	1999	4	2.76	4	2.83	4	2.96	4	⟨5.00⟩	4	2.72	4	2.57	4	1.96	4	2.68	4	2.80	4	2.38	4	2.41	4	2.41	2.65
		14	⟨4.96⟩	14	2.87	14	3.03	14	3.03	14	2.82	14	2.59	14	2.20	14	2.83	14	2.78	14	2.43	14	2.45	14	2.50	
		24	2.77	24	2.87	24	3.03	24	3.00	24	3.02	24	2.36	24	2.25	24	2.87	24	2.68	24	2.44	24	2.38	24	2.57	
	2000	4	2.63	4	2.68	4	⟨5.17⟩	4	⟨3.94⟩	4	⟨4.00⟩	4	3.00	4	2.67	4	2.85	4	2.51	4	2.22	4	2.13	4	2.44	2.60
		14	2.65	14	2.69	14	2.98	14	3.05	14	⟨3.94⟩	14	⟨5.02⟩	14	2.50	14	⟨4.80⟩	14	2.64	14	1.85	14	2.38	14	2.48	
		24	2.67	24	2.74	24	3.05	24	3.34	24	⟨4.48⟩	24	⟨4.98⟩	24	2.64	24	2.52	24	2.44	24	2.02	24	2.44	24	2.48	
W23	1991	4	8.69	4	8.81	4	8.33	4	⟨33.45⟩	4	⟨35.62⟩	4	⟨34.61⟩	4	⟨38.24⟩	4	⟨36.14⟩	4	⟨35.30⟩	4	⟨38.51⟩	4	⟨35.24⟩	4	⟨35.26⟩	8.56
		14	8.81	14	8.31	14	⟨34.74⟩	14	⟨34.58⟩	14	⟨35.55⟩	14	⟨35.19⟩	14	⟨36.02⟩	14	⟨34.54⟩	14	⟨36.82⟩	14	⟨25.34⟩	14	⟨34.38⟩	14	⟨35.84⟩	
		24	8.72	24	8.28	24	⟨33.74⟩	24	⟨35.60⟩	24	⟨35.84⟩	24	⟨36.58⟩	24	⟨36.84⟩	24	⟨35.33⟩	24	⟨35.20⟩	24	⟨34.90⟩	24	⟨35.12⟩	24	⟨35.87⟩	
	1992	4	⟨35.12⟩	4	⟨34.34⟩	4	⟨35.22⟩	4	⟨38.79⟩	4	⟨33.01⟩	4	⟨33.54⟩	4	⟨33.59⟩	4	⟨35.80⟩	4	⟨36.74⟩	4	⟨37.14⟩	4	⟨37.14⟩	4	⟨37.27⟩	9.86
		14	⟨35.48⟩	14	⟨34.68⟩	14	⟨34.10⟩	14	⟨34.58⟩	14	⟨32.87⟩	14	⟨32.86⟩	14	⟨34.96⟩	14	⟨36.54⟩	14	⟨36.88⟩	14	⟨37.42⟩	14	⟨37.77⟩	14	⟨37.73⟩	
		24	9.86	24	⟨35.14⟩	24	⟨35.30⟩	24	⟨38.84⟩	24	⟨32.97⟩	24	⟨33.34⟩	24	⟨34.98⟩	24	⟨36.42⟩	24	⟨37.18⟩	24	⟨37.66⟩	24	⟨37.94⟩	24	⟨37.44⟩	

续表

点号	年份	1月 日	1月 水位	2月 日	2月 水位	3月 日	3月 水位	4月 日	4月 水位	5月 日	5月 水位	6月 日	6月 水位	7月 日	7月 水位	8月 日	8月 水位	9月 日	9月 水位	10月 日	10月 水位	11月 日	11月 水位	12月 日	12月 水位	年平均
W23	1993	4	⟨37.62⟩	4	⟨32.50⟩	4	⟨33.94⟩	4	⟨34.70⟩	4	⟨33.04⟩	4	⟨33.54⟩	4	⟨35.04⟩	4	⟨34.90⟩	4	⟨34.46⟩	4	⟨33.69⟩	4	⟨36.34⟩	4	9.88	10.95
		14	⟨37.60⟩	14	⟨32.80⟩	14	⟨32.88⟩	14	⟨33.64⟩	14	⟨33.50⟩	14	⟨34.08⟩	14	⟨34.34⟩	14	⟨33.07⟩	14	⟨33.82⟩	14	⟨33.98⟩	14	13.84	14		
		24	⟨37.04⟩	24	⟨33.47⟩	24	⟨34.28⟩	24	9.29	24	⟨40.14⟩	24	⟨37.94⟩	24	⟨40.26⟩	24	⟨40.16⟩	24	⟨40.54⟩	24	⟨34.11⟩	24	9.84	24	10.22	
	1994	4	⟨39.44⟩	4	⟨37.28⟩	4	⟨37.34⟩	4	9.59	4	9.14	4	⟨39.17⟩	4	⟨40.30⟩	4	⟨40.32⟩	4	⟨40.12⟩	4	⟨40.12⟩	4	12.18	4	⟨38.54⟩	15.39
		14	⟨39.24⟩	14	⟨37.48⟩	14	⟨37.79⟩	14	⟨40.04⟩	14	⟨37.14⟩	14	⟨39.06⟩	14	⟨40.17⟩	14		14		14	⟨40.10⟩	14	⟨39.82⟩	14	⟨38.32⟩	
		24	⟨37.69⟩	24	⟨37.82⟩	24	12.12	24	⟨39.93⟩	24	⟨40.02⟩	24	⟨39.88⟩	24	15.18	24	⟨39.21⟩	24	⟨46.10⟩	24	⟨40.04⟩	24	⟨39.96⟩	24	⟨39.35⟩	
	1995	4	⟨40.07⟩	4	⟨39.52⟩	4	⟨39.98⟩	4	⟨39.78⟩	4	⟨40.01⟩	4	⟨39.82⟩	4	⟨39.55⟩	4	⟨38.89⟩	4	⟨39.02⟩	4	⟨39.86⟩	4	14.70	4	⟨39.89⟩	14.94
		14	⟨40.11⟩	14	⟨40.14⟩	14	⟨39.78⟩	14	⟨39.86⟩	14	⟨39.97⟩	14	⟨39.72⟩	14	⟨38.82⟩	14	⟨39.07⟩	14	⟨39.78⟩	14	⟨38.96⟩	14	⟨39.87⟩	14	⟨39.76⟩	
		24	⟨39.32⟩	24	⟨40.06⟩	24	⟨38.46⟩	24	⟨40.12⟩	24	⟨39.79⟩	24	⟨39.97⟩	24	⟨39.90⟩	24	⟨39.91⟩	24	14.31	24	⟨38.90⟩	24	⟨39.92⟩	24	⟨39.76⟩	
	1996	4	⟨39.22⟩	4	⟨38.84⟩	4	⟨39.66⟩	4	⟨40.06⟩	4	⟨39.84⟩	4	⟨40.06⟩	4	⟨39.92⟩	4	⟨39.84⟩	4	⟨39.85⟩	4	11.67	4	13.03	4	12.83	13.05
		14	⟨38.96⟩	14	⟨39.16⟩	14	⟨39.65⟩	14	⟨40.03⟩	14	⟨39.81⟩	14	⟨39.92⟩	14	⟨39.84⟩	14	16.03	14	⟨39.52⟩	14	11.25	14	12.63	14	12.89	
		24	⟨39.02⟩	24	⟨39.64⟩	24	⟨40.09⟩	24	⟨40.03⟩	24		24		24	13.98	24	⟨39.22⟩	24	⟨38.93⟩	24	13.36	24	12.74	24	12.86	
	1997	4	12.94	4	⟨38.56⟩	4	10.84	4	10.35	4	⟨39.04⟩	4	⟨38.86⟩	4	⟨39.22⟩	4	⟨39.03⟩	4	⟨38.24⟩	4	⟨39.44⟩	4	⟨40.24⟩	4	⟨40.07⟩	11.48
		14	11.48	14	⟨38.66⟩	14	10.32	14	⟨38.72⟩	14	⟨39.25⟩	14	⟨39.14⟩	14	⟨39.26⟩	14	⟨39.82⟩	14	⟨39.53⟩	14		14		14		
		24	10.42	24	10.78	24	12.22	24	⟨40.12⟩	24	⟨38.34⟩	24	12.19	24	⟨39.91⟩	24	⟨41.24⟩	24	⟨39.64⟩	24	⟨39.23⟩	24	⟨39.74⟩	24	11.84	
	1998	4	⟨40.22⟩	4	⟨39.12⟩	4	⟨39.21⟩	4	13.62	4	⟨39.04⟩	4	⟨40.58⟩	4	⟨41.14⟩	4	⟨34.70⟩	4	⟨40.36⟩	4	⟨39.80⟩	4	10.36	4	10.52	12.55
	1999	14	⟨39.79⟩	14	13.69	14	⟨40.46⟩	14	12.54	14	12.19	14		14	⟨35.80⟩	14	⟨34.43⟩	14	⟨34.76⟩	14	⟨39.43⟩	14		14		11.86
W24	1991	4	⟨32.66⟩	4	⟨32.86⟩	4	⟨33.26⟩	4	⟨32.34⟩	4	⟨33.26⟩	4	⟨33.40⟩	4	⟨34.54⟩	4	⟨34.67⟩	4	⟨34.48⟩	4	⟨33.43⟩	4	⟨34.50⟩	4	⟨34.40⟩	
		14	⟨32.32⟩	14	⟨33.75⟩	14	⟨32.84⟩	14	⟨33.42⟩	14	⟨32.36⟩	14	⟨33.50⟩	14	⟨34.32⟩	14	⟨34.88⟩	14	⟨34.48⟩	14	⟨34.37⟩	14	⟨34.32⟩	14	⟨34.46⟩	
		24	⟨32.49⟩	24	⟨32.49⟩	24	⟨32.38⟩	24	⟨32.95⟩	24	⟨34.36⟩	24	⟨34.70⟩	24	⟨34.56⟩	24	⟨34.36⟩	24	⟨34.76⟩	24	⟨34.42⟩	24	⟨34.38⟩	24	⟨33.44⟩	
	1992	4	⟨34.74⟩	4	⟨33.84⟩	4	⟨34.46⟩	4	⟨34.98⟩	4	⟨34.52⟩	4	⟨34.46⟩	4	⟨34.52⟩	4	⟨34.36⟩	4	⟨34.52⟩	4	⟨34.36⟩	4	⟨34.36⟩	4	⟨34.68⟩	12.09
		14	⟨34.40⟩	14	⟨33.83⟩	14	⟨34.42⟩	14	⟨34.48⟩	14	⟨34.44⟩	14	⟨34.40⟩	14	⟨34.52⟩	14		14		14	⟨34.54⟩	14	⟨34.42⟩	14	⟨34.44⟩	
		24	12.09	24	⟨33.66⟩	24	⟨34.54⟩	24	⟨34.46⟩	24	⟨34.46⟩	24	⟨34.42⟩	24	⟨34.32⟩	24	⟨34.36⟩	24	⟨34.46⟩	24	⟨34.62⟩	24	⟨34.59⟩	24	⟨34.46⟩	

第一章　西安市

续表

| 点号 | 年份 | 1月 | | 2月 | | 3月 | | 4月 | | 5月 | | 6月 | | 7月 | | 8月 | | 9月 | | 10月 | | 11月 | | 12月 | | 年平均 |
		日	水位	日	水位	日	水位	日	水位	日	水位	日	水位	日	水位	日	水位	日	水位	日	水位	日	水位	日	水位	
W24	1993	4	〈34.50〉	4	〈34.34〉	4	〈34.56〉	4		4		4		4		4		4		4	〈32.46〉	4	〈34.36〉	4	〈33.36〉	
		14	〈34.40〉	14	〈34.72〉	14	〈34.30〉	14		14	〈32.18〉	14	〈32.06〉	14	〈33.08〉	14	〈32.59〉	14	〈32.14〉	14	〈32.42〉	14	〈32.66〉	14	〈32.96〉	
		24	〈34.52〉	24	〈34.52〉	24	〈34.62〉	24		24	〈33.06〉	24	〈32.14〉	24	〈32.46〉	24	〈33.07〉	24	〈31.96〉	24	〈32.46〉	24	〈33.08〉	24	〈33.68〉	
	1994	4	〈34.32〉	4	〈32.86〉	4	〈33.35〉	4	〈35.98〉	4	〈35.20〉	4	〈33.62〉	4	〈35.94〉	4	〈36.26〉	4	〈36.12〉	4	〈34.86〉	4	10.86	4	〈34.86〉	12.21
		14	〈34.76〉	14	〈32.88〉	14	〈34.16〉	14	〈35.08〉	14	〈34.26〉	14	〈34.26〉	14	〈36.53〉	14	〈35.90〉	14	〈33.92〉	14	〈34.80〉	14	〈34.70〉	14	〈34.92〉	
		24	〈32.66〉	24	〈34.16〉	24	12.96	24	12.82	24	〈34.26〉	24	〈35.00〉	24	〈36.36〉	24	〈33.86〉	24	〈34.46〉	24	〈34.90〉	24	〈35.06〉	24	〈34.04〉	
	1995	4	〈34.71〉	4	〈34.67〉	4	〈35.56〉	4	〈35.73〉	4	〈36.26〉	4	〈35.71〉	4	15.46	4	〈35.11〉	4	〈35.10〉	4	〈35.06〉	4	13.98	4	〈36.76〉	14.12
		14	〈34.64〉	14	〈34.46〉	14	〈35.44〉	14	〈35.79〉	14	〈36.76〉	14	〈35.34〉	14	〈36.22〉	14	12.92	14	〈34.88〉	14	〈35.04〉	14	〈36.81〉	14	〈36.68〉	
		24	〈34.48〉	24	〈35.59〉	24	〈35.50〉	24	〈35.84〉	24	〈36.08〉	24	〈35.01〉	24	〈35.07〉	24	〈35.08〉	24	〈35.13〉	24	〈34.87〉	24	〈36.74〉	24	〈36.04〉	
	1996	4	〈36.86〉	4	〈35.41〉	4	〈36.08〉	4	〈37.14〉	4	12.78	4	15.38	4	〈34.36〉	4	〈36.56〉	4	12.92	4	9.51	4	〈35.25〉	4	12.39	13.69
		14	〈35.50〉	14	〈35.70〉	14	〈36.18〉	14	〈37.12〉	14	15.37	14	15.72	14	〈34.40〉	14	〈36.56〉	14	〈36.48〉	14	9.35	14	〈34.67〉	14	〈34.78〉	
		24	〈35.59〉	24	〈36.16〉	24	〈36.72〉	24	〈37.03〉	24	15.80	24	〈34.28〉	24	〈34.46〉	24	17.70	24	〈36.38〉	24	〈36.15〉	24	〈34.94〉	24	〈34.98〉	
	1997	4	〈35.02〉	4	〈35.24〉	4	〈39.75〉	4	8.50	4	8.34	4	〈40.06〉	4	15.96	4	〈40.46〉	4	〈40.16〉	4	〈38.38〉	4	〈40.05〉	4	〈40.14〉	9.68
		14	11.29	14	〈40.06〉	14	8.78	14	〈39.93〉	14	8.36	14	〈40.14〉	14	〈40.40〉	14	〈40.24〉	14	〈40.10〉	14	〈39.35〉	14	〈40.01〉	14	〈40.07〉	
		24	7.96	24	〈39.93〉	24	〈34.96〉	24	8.26	24	〈40.16〉	24	〈40.22〉	24	〈40.44〉	24		24	〈40.18〉	24	〈39.56〉	24	〈39.96〉	24	〈40.06〉	
	1998	4	〈40.18〉	4	〈39.94〉	4	〈40.06〉	4		4	〈38.70〉	4	〈38.56〉	4	〈40.04〉	4	〈42.66〉	4	〈42.54〉	4	〈42.72〉	4	〈43.19〉	4	〈43.26〉	15.86
		14	〈40.06〉	14	〈40.01〉	14	〈40.16〉	14	〈39.94〉	14	〈39.60〉	14	〈38.53〉	14	〈40.24〉	14	〈42.76〉	14	〈42.76〉	14	〈42.45〉	14	〈43.26〉	14	〈43.24〉	
		24	〈40.16〉	24	〈40.14〉	24	〈40.10〉	24	〈39.69〉	24	〈38.56〉	24	〈38.59〉	24	15.86	24	〈42.84〉	24	〈42.52〉	24	〈42.54〉	24	〈43.78〉	24	〈43.32〉	
	1999	4	12.92	4	〈43.30〉	4	〈43.98〉	4	14.06	4	13.24	4	10.36	4	12.12	4	〈44.24〉	4	〈44.26〉	4	〈44.33〉	4	10.06	4	10.74	11.84
		14	〈43.26〉	14	14.10	14	〈44.14〉	14	12.69	14	12.31	14	〈44.18〉	14	〈44.06〉	14	〈39.98〉	14	〈44.24〉	14	〈46.32〉	14	10.62	14	9.15	
		24	12.70	24	〈43.27〉	24	〈42.76〉	24	13.26	24		24	11.91	24	〈44.18〉	24	〈44.24〉	24	〈44.34〉	24	11.66	24	〈46.36〉	24	9.44	
	2000	4	8.66	4	11.24	4	〈46.30〉	4	〈46.36〉	4	〈46.39〉	4	14.71	4	〈46.04〉	4	11.76	4	〈46.26〉	4	10.66	4	11.16	4	10.66	15.86
		14	10.98	14	11.54	14	〈46.44〉	14	〈46.46〉	14	〈46.40〉	14		14	12.94	14	〈46.46〉	14	12.65	14	10.75	14	〈46.36〉	14	13.75	11.78
		24	11.48	24	15.16	24	〈46.43〉	24	〈46.36〉	24		24	〈46.28〉	24	〈46.36〉	24	12.26	24	〈46.29〉	24	10.66	24	〈46.28〉	24	11.05	

续表

点号	年份	1月 日	1月 水位	2月 日	2月 水位	3月 日	3月 水位	4月 日	4月 水位	5月 日	5月 水位	6月 日	6月 水位	7月 日	7月 水位	8月 日	8月 水位	9月 日	9月 水位	10月 日	10月 水位	11月 日	11月 水位	12月 日	12月 水位	年平均
W25	1991	4	〈24.02〉	4	〈24.16〉	4	〈24.86〉	4	〈24.22〉	4	〈24.94〉	4	〈23.89〉	4	〈27.26〉	4	〈27.85〉	4	〈28.20〉	4	〈27.48〉	4	〈27.93〉	4	〈27.67〉	
		14	〈24.14〉	14	〈24.20〉	14	〈24.30〉	14	〈25.06〉	14	〈25.16〉	14	〈23.84〉	14	〈25.36〉	14	〈27.14〉	14	〈28.46〉	14	〈27.73〉	14	〈27.17〉	14	〈27.69〉	
		24	〈24.43〉	24	〈24.36〉	24	〈23.69〉	24	〈24.86〉	24	〈25.22〉	24	〈24.88〉	24	〈25.92〉	24	〈28.00〉	24	〈28.45〉	24	〈27.87〉	24	〈28.06〉	24	〈27.76〉	
	1992	4	〈27.39〉	4	〈26.60〉	4	13.48	4	〈30.34〉	4	〈26.72〉	4	〈26.72〉	4	〈26.54〉	4	〈25.06〉	4	〈24.76〉	4	〈24.41〉	4	〈24.62〉	4	〈25.24〉	13.22
		14	〈27.80〉	14	〈27.94〉	14	〈28.02〉	14	〈28.01〉	14	〈26.92〉	14	〈26.50〉	14	13.92	14	〈25.30〉	14	〈24.62〉	14	〈24.54〉	14	〈25.38〉	14	〈25.42〉	
		24	12.26	24	〈27.66〉	24	〈28.11〉	24	〈29.46〉	24	〈26.32〉	24	〈26.42〉	24	〈24.86〉	24	〈24.66〉	24	〈24.66〉	24	〈25.34〉	24	〈25.56〉	24	〈25.50〉	
	1993	4	〈25.46〉	4	〈26.10〉	4	〈26.66〉	4		4		4	〈25.62〉	4	〈26.86〉	4	〈26.36〉	4	〈26.40〉	4	〈26.61〉	4	〈28.28〉	4	〈28.71〉	
		14	〈26.16〉	14	〈25.92〉	14	〈25.98〉	14	〈26.44〉	14	〈26.02〉	14	〈26.06〉	14	〈26.76〉	14	〈26.86〉	14	〈26.40〉	14	〈26.66〉	14	〈28.38〉	14	〈28.76〉	
		24	〈26.52〉	24	〈26.02〉	24	〈25.98〉	24	〈25.98〉	24	〈25.64〉	24	〈26.78〉	24	〈28.90〉	24	〈32.71〉	24	〈29.89〉	24	〈26.81〉	24	〈28.86〉	24	〈29.18〉	
	1994	4		4	〈25.66〉	4	〈26.28〉	4	13.18	4	〈28.10〉	4	〈27.10〉	4	〈28.90〉	4	〈31.32〉	4	〈27.34〉	4	〈28.90〉	4	11.90	4	〈28.41〉	13.06
		14	〈25.90〉	14	〈26.26〉	14	〈26.51〉	14	〈28.06〉	14	〈27.06〉	14	〈28.04〉	14	〈28.90〉	14	〈28.30〉	14	〈28.64〉	14	〈28.92〉	14	〈28.92〉	14	〈28.36〉	
		24	13.40	24	〈26.00〉	24	14.11	24	〈28.56〉	24	〈27.40〉	24	〈29.14〉	24	〈28.66〉	24	〈29.30〉	24	〈29.08〉	24	〈29.38〉	24	〈28.58〉	24	〈27.86〉	
	1995	4	〈28.14〉	4	〈28.94〉	4	〈29.48〉	4	〈29.70〉	4	〈30.15〉	4	〈29.08〉	4	15.14	4	〈28.94〉	4	〈29.14〉	4	〈29.32〉	4	14.40	4	〈30.98〉	14.31
		14	〈28.14〉	14	〈29.51〉	14	〈29.10〉	14	〈30.03〉	14	〈30.32〉	14	〈29.08〉	14	〈29.34〉	14	〈28.96〉	14	〈29.41〉	14	〈29.24〉	14	〈30.98〉	14	〈31.08〉	
		24	〈34.48〉	24	〈29.40〉	24		24	〈30.05〉	24	〈30.30〉	24	〈29.24〉	24	〈31.44〉	24	〈32.18〉	24	14.54	24	13.18	24	〈30.96〉	24	〈30.64〉	
	1996	4	〈30.90〉	4	〈30.66〉	4	〈29.14〉	4	〈29.54〉	4	14.51	4	15.98	4	〈31.34〉	4	〈32.84〉	4	〈31.55〉	4	10.69	4	29.72	4	〈30.15〉	16.14
		14	〈30.53〉	14	〈30.74〉	14	〈28.66〉	14	〈29.58〉	14	15.29	14	16.19	14	〈31.26〉	14	15.34	14	〈31.34〉	14	〈30.08〉	14	〈29.48〉	14	〈31.08〉	
		24	〈30.44〉	24	〈29.11〉	24	〈29.03〉	24	〈29.91〉	24	16.00	24	〈31.41〉	24	〈15.90〉	24	〈30.69〉	24	〈31.94〉	24	〈30.08〉	24	〈30.10〉	24	〈30.64〉	
	1997	4	〈31.16〉	4	12.02	4	10.86	4	9.66	4	〈30.15〉	4	〈30.94〉	4	〈31.24〉	4	〈31.04〉	4	〈31.88〉	4	〈32.18〉	4	〈32.10〉	4	〈30.66〉	10.97
		14	〈30.90〉	14	12.18	14	9.68	14	〈30.16〉	14	〈29.75〉	14	〈31.21〉	14	〈31.14〉	14		14	〈32.34〉	14	〈29.38〉	14		14	〈32.05〉	
		24	11.55	24	10.84	24	〈29.98〉	24	〈29.66〉	24	〈30.50〉	24	〈31.14〉	24	15.78	24	〈29.36〉	24	〈29.28〉	24	〈31.06〉	24	〈30.23〉			
	1998	14	〈32.00〉	14	〈31.31〉	14		14	13.18	14	〈31.04〉	14	13.46	14		14		14		14		14		14	〈31.32〉	14.14
	1999	14	14.13	14	14.66	14	16.26	14	13.34	14	12.51	14	〈31.26〉	14	14.18	14	〈31.36〉	14	〈31.29〉	14	〈31.06〉	14	12.03	14	10.76	13.48

续表

第一章 西安市

点号	年份	1月 日	1月 水位	2月 日	2月 水位	3月 日	3月 水位	4月 日	4月 水位	5月 日	5月 水位	6月 日	6月 水位	7月 日	7月 水位	8月 日	8月 水位	9月 日	9月 水位	10月 日	10月 水位	11月 日	11月 水位	12月 日	12月 水位	年平均
K375	1991	5	17.15	5	17.13	5	17.26	5	16.82	5	16.70	5	16.65	5	17.51	5	18.28	5	18.38	5	18.02	5	17.90	5	17.82	17.46
		15	17.09	15	17.02	15	17.09	15	16.73	15	16.73	15	16.57	15	17.91	15	18.29	15	18.31	15	17.84	15	17.97	15	17.73	
		25	17.17	25	16.95	25	16.95	25	16.81	25	16.76	25	16.87	25	18.18	25	18.49	25	18.13	25	17.76	25	17.93	25	17.66	
	1992	5	17.49	5	16.83	5	17.32	5	16.83	5	16.87	5	16.86	5	17.66	5	18.45	5	18.67	5	18.33	5	18.93	5	18.19	17.67
		15	17.26	15	16.77	15	17.10	15	16.75	15	16.82	15	17.35	15	18.07	15	18.71	15	18.61	15	18.18	15	17.99	15	18.18	
		25	17.09	25	17.11	25	16.95	25	16.76	25	16.87	25	17.37	25	18.14	25	18.74	25	18.51	25	18.04	25	18.12	25	18.14	
	1993	5	18.10	5	17.61	5	17.19	5	17.13	5	16.94	5	16.81	5	17.60	5	18.19	5	19.41	5	18.40	5	18.15	5	17.82	17.73
		15	17.95	15	17.49	15	17.24	15	16.93	15	16.87	15	16.81	15	17.84	15	18.51	15	18.53	15	17.88	15	18.12	15	17.75	
		25	17.87	25	17.30	25	17.17	25	16.92	25	16.85	25	17.31	25	17.97	25	18.77	25	18.47	25	18.25	25	18.11	25	17.86	
	1994	5	17.92	5	17.86	5	17.58	5	17.72	5	17.72	5	17.85	5	18.12	5	18.74	5	17.17	5	18.58	5	19.16	5	19.10	18.27
		15	17.98	15	17.71	15	17.58	15	17.73	15	17.76	15	17.82	15	18.10	15	18.96	15	19.26	15	19.29	15	18.94	15	18.88	
		25	17.90	25	17.66	25	17.54	25	17.69	25	17.79	25	17.96	25	18.37	25	19.08	25	19.23	25	19.23	25	19.03	25	18.81	
	1995	4	18.70	4	18.48	4	18.81	4	18.75	4	18.88	4	18.77	4	19.37	4	19.78	4	20.16	4	20.20	4	20.00	4	20.08	19.38
		14	18.59	14	18.64	14	18.85	14	18.79	14	18.88	14	18.91	14	19.54	14	19.93	14	20.16	14	20.13	14	20.01	14	20.10	
		24	18.53	24	18.72	24	18.85	24	18.84	24	18.82	24	19.15	24	19.70	24	20.05	24	20.17	24	20.09	24	20.02	24	20.06	
	1996	4	20.00	4	19.91	4	19.96	4	19.92	4	19.83	4	19.76	4	19.96	4	20.16	4	20.37	4	20.27	4	20.08	4	19.80	19.99
		14	19.98	14	19.89	14	19.97	14	19.86	14	19.82	14	19.70	14	19.95	14	20.22	14	20.33	14	20.22	14	19.98	14	19.76	
		24	19.94	24	19.88	24	19.95	24	19.86	24	19.80	24	19.82	24	20.01	24	20.37	24	20.30	24	20.16	24	19.89	24	19.81	
	1997	4	19.82	4	19.67	4	19.60	4	19.35	4	19.18	4	18.76	4	19.43	4	19.78	4	20.37	4	20.31	4	20.17	4	20.20	19.72
		14	19.79	14	19.58	14	19.56	14	19.22	14	18.92	14	18.99	14	19.48	14	19.93	14	20.41	14	20.25	14	20.24	14	20.17	
		24	19.73	24	19.62	24	19.46	24	19.11	24	18.84	24	19.25	24	19.60	24	20.18	24	20.36	24	20.21	24	20.24	24	20.19	
	1998	4	20.20	4	20.09	4	20.07	4	19.86	4	19.64	4	19.41	4	19.72	4	19.99	4	19.86	4	19.45	4	19.33	4	19.31	19.73
		14	20.17	14	20.09	14	20.00	14	19.77	14	19.55	14	19.42	14	19.67	14	19.95	14	19.78	14	19.54	14	19.35	14	19.30	
		24	20.14	24	20.08	24	19.95	24	19.71	24	19.49	24	19.60	24	19.77	24	19.90	24	19.73	24	19.66	24	19.38	24	19.26	

续表

点号	年份	1月 日	1月 水位	2月 日	2月 水位	3月 日	3月 水位	4月 日	4月 水位	5月 日	5月 水位	6月 日	6月 水位	7月 日	7月 水位	8月 日	8月 水位	9月 日	9月 水位	10月 日	10月 水位	11月 日	11月 水位	12月 日	12月 水位	年平均
K375	1999	4	19.18	4	19.15	4	19.08	4	19.12	4	18.98	4	18.75	4	18.64	4	19.09	4	19.40	4	19.19	4	18.83	4	18.64	19.00
		14	19.19	14	19.14	14	19.18	14	19.28	14	18.94	14	18.69	14	18.54	14	19.25	14	19.36	14	19.08	14	18.73	14	18.78	
		24	19.14	24	19.07	24	19.14	24	19.07	24	18.84	24	18.65	24	18.75	24	19.40	24	19.28	24	18.99	24	18.68	24	18.90	
	2000	4	18.94	4	18.87	4	19.00	4	19.07	4	19.01	4	18.72	4	18.68	4	19.16	4	19.12	4	18.90	4	18.61	4	18.76	18.88
		14	19.05	14	18.81	14	19.00	14	19.00	14	18.89	14	18.72	14	18.64	14	19.18	14	19.05	14	18.79	14	18.65	14	18.59	
		24	18.92	24	18.86	24	19.00	24	19.07	24	18.84	24	18.75	24	19.01	24	19.12	24	19.00	24	18.74	24	18.46	24	18.63	
K34	1991	5	14.23	5	14.32	5	14.34	5	13.75	5	13.52	5	13.84	5	15.35	5	14.69	5	13.97	5	13.09	5	13.92	5	13.64	14.01
		15	14.27	15	14.01	15	13.97	15	13.73	15	13.40	15	13.77	15	15.64	15	14.70	15	13.72	15	12.95	15	13.66	15	13.55	
		25	14.36	25	14.12	25	13.86	25	13.64	25	13.35	25	14.35	25	16.15	25	14.81	25	13.25	25	13.29	25	13.77	25	13.47	
	1992	5	13.33	5	13.31	5	13.78	5	13.58	5	13.28	5	12.92	5	14.69	5	14.97	5	13.58	5	13.22	5	13.33	5	14.36	13.62
		15	13.24	15	13.90	15	13.65	15	13.57	15	12.71	15	13.00	15	13.85	15	14.05	15	13.36	15	13.24	15	13.83	15	14.69	
		25	13.20	25	14.05	25	13.59	25	13.75	25	12.46	25	12.85	25	14.37	25	13.68	25	13.26	25	13.25	25	14.04	25	14.48	
	1993	5	14.24	5	13.55	5	13.88	5	13.72	5	13.53	5	12.22	5	13.44	5	14.29	5	13.05	5	13.46	5	13.40	5	13.66	13.39
		15	13.93	15	13.94	15	13.92	15	13.56	15	13.11	15	12.22	15	12.91	15	13.62	15	12.02	15	12.42	15	13.96	15	13.29	
		25	13.69	25	13.55	25	13.86	25	13.66	25	12.74	25	13.18	25	12.09	25	13.21	25	12.92	25	13.27	25	13.50	25	14.92	
	1994	5	15.03	5	14.26	5	14.46	5	15.39	5	14.05	5	13.62	5	15.14	5	15.47	5	15.24	5	14.00	5	14.33	5	14.93	14.56
		15	14.96	15	14.16	15	14.19	15	14.59	15	13.64	15	13.26	15	13.90	15	15.53	15	14.29	15	14.60	15	14.49	15	14.54	
		25	14.44	25	14.22	25	14.35	25	14.39	25	13.87	25	14.69	25	15.18	25	16.14	25	14.05	25	14.78	25	14.88	25	14.94	
	1995	4	14.48	5	15.07	5	15.84	5	14.99	5	15.06	5	14.50	5	16.66	5	16.40	5	15.97	5	15.33	5	15.24	5	15.66	15.54
		14	15.13	15	15.65	15	15.37	15	15.80	15	14.96	15	15.70	15	16.89	15	16.66	15	15.06	15	15.09	15	15.24	15	16.34	
		24	15.04	25	15.73	25	15.34	25	15.49	25	14.62	25	17.15	25	15.67	25	16.10	25	15.00	25	15.07	25	15.27	25	15.77	
	1996	4	16.29	5	15.87	5	16.43	5	16.17	5	16.27	5	15.93	5	17.69	5	17.41	5	16.22	5	15.44	5	15.27	5	15.14	16.12
		14	15.93	15	16.44	15	16.09	15	15.95	15	16.16	15	15.88	15	16.87	15	17.16	15	15.68	15	15.41	15	15.20	15	15.23	
		24	15.77	25	15.86	25	16.50	25	16.32	25	16.44	25	15.43	25	17.67	25	17.80	25	15.46	25	15.37	25	15.11	25	16.40	

第一章 西安市

续表

点号	年份	1月			2月			3月			4月			5月			6月			7月			8月			9月			10月			11月			12月			年平均
		日	水位		日	水位		日	水位		日	水位		日	水位		日	水位		日	水位		日	水位		日	水位		日	水位		日	水位		日	水位	
K34	1997	4	16.10		5	14.96		5	15.44		5	15.31		5	15.44		5	15.93		5	17.78		5	17.46		5	18.72		5	16.37		5	16.73		5	16.89		16.57
		14	15.33		15	15.45		15	15.25		15	15.25		15	15.34		15	18.27		15	17.86		15	18.65		15	17.26		15	15.81		15	16.83		15	17.77		
		24	15.31		25	15.66		25	15.01		25	15.23		25	15.57		25	18.59		25	18.63		25	18.40		25	16.51		25	16.48		25	17.27		25	17.82		
	1998	4	17.37		5	16.28		5	16.99		5	16.53		5	16.77		5	16.03		5	18.33		5	17.89		5	16.53		5	15.83		5	15.72		5	16.56		16.61
		14	17.01		15	17.06		15	16.68		15	16.49		15	16.12		15	16.42		15	17.13		15	16.59		15	16.23		15	15.79		15	15.74		15	16.89		
		24	16.48		25	16.58		25	16.43		25	16.39		25	16.05		25	19.01		25	17.46		25	16.19		25	15.88		25	15.79		25	15.65		25	17.18		
	1999	4	17.28		5	17.03		5	17.29		5	17.13		5	16.67		5	15.85		5	17.82		5	18.05		5	17.20		5	16.67		5	16.60		5	16.79		17.02
		14	16.94		15	17.17		15	17.87		15	16.88		15	16.56		15	16.35		15	17.20		15	18.00		15	16.86		15	16.67		15	16.67		15	17.25		
		24	16.97		25	16.45		25	17.08		25	16.90		25	16.44		25	16.15		25	17.90		25	18.96		25	16.72		25	17.48		25	16.66		25	17.14		
	2000	4	17.91		5	18.36		5	18.32		5	17.74		5	18.25		5	17.85		5	17.81		5	19.00		5	19.12		5	17.21		5	17.04		5	19.12		17.91
		14	18.13		15	17.93		15	17.98		15	17.30		15	18.15		15	17.85		15	17.89		15	19.07		15	17.54		15	17.17		15	17.05		15	17.05		
		24	18.36		25	17.92		25	17.99		25	17.34		25	17.95		25	17.86		25	18.68		25	19.07		25	17.52		25	19.02		25	16.93		25	16.97		
K371	1991	5	18.76		5	18.80		5	18.85		5	18.83		5	19.04		5	19.93		5	18.82		5	19.54		5	19.31		5	18.98		5	19.07		5	19.11		19.04
		15	18.85		15			15	18.88		15	18.87		15	19.06		15	18.67		15	19.23		15	19.52		15	19.17		15	19.00		15	19.01		15	19.09		
		25	18.86		25	18.85		25	18.90		25	18.86		25	19.16		25	18.73		25	19.55		25	18.78		25	19.06		25	19.04		25	19.07		25	19.01		
	1992	5	18.92		5	18.72		5	18.68		5	18.63		5	18.77		5	18.94		5	19.09		5	19.63		5	19.66		5	19.04		5	18.98		5	18.97		19.01
		15	18.85		15	18.70		15	18.66		15	18.67		15	18.72		15	19.05		15	19.18		15	19.78		15	19.49		15	18.96		15	18.96		15	18.98		
		25	18.91		25	18.71		25	18.61		25	18.78		25	18.86		25	18.93		25	19.39		25	19.82		25	19.24		25	18.94		25	18.95		25	19.08		
	1993	5	19.24		5	18.98		5	18.93		5	18.91		5	18.83		5	18.67		5	18.91		5	19.33		5	18.77		5	19.58		5	19.43		5	19.30		19.06
		15	19.27		15	19.00		15	18.98		15	18.00		15	18.77		15	18.67		15	18.97		15	19.51		15	19.10		15	19.58		15	19.44		15	19.30		
		25	19.13		25	18.95		25	18.94		25	18.83		25	18.75		25	18.80		25	19.12		25	19.61		25	19.50		25	18.45		25	19.43		25	19.35		
	1994	4	19.40		4	19.41		4	19.23		4	19.19		4	19.00		4	18.99		4	19.19		4	19.68		4	19.71		4	19.58		4	19.48		4	19.34		19.31
		14	18.42		14	19.37		14	19.25		14	19.05		14	18.99		14	18.98		14	19.37		14	19.65		14	19.69		14	19.66		14	19.46		14	19.24		
		24	19.41		24	19.31		24	19.25		24	18.98		24	18.93		24	19.44		24	19.73		24	19.67		24	19.58		24	19.41		24	19.20		24	19.20		

续表

点号	年份	1月 日	1月 水位	2月 日	2月 水位	3月 日	3月 水位	4月 日	4月 水位	5月 日	5月 水位	6月 日	6月 水位	7月 日	7月 水位	8月 日	8月 水位	9月 日	9月 水位	10月 日	10月 水位	11月 日	11月 水位	12月 日	12月 水位	年平均
K371	1995	4	19.16	4	19.32	4	19.74	4	19.48	4	19.40	4	19.37	4	19.93	4	20.23	4	20.37	4	20.32	4	20.06	4	20.12	19.83
		14	19.16	14	19.44	14	19.74	14	19.43	14	19.40	14	19.46	14	20.05	14	20.31	14	20.42	14	20.20	14	20.07	14	20.12	
		24	19.23	24	19.61	24	19.64	24	19.41	24	19.41	24	19.80	24	20.24	24	20.35	24	20.40	24	20.11	24	20.09	24	20.31	
	1996	5	20.33	5	20.36	5	20.43	5	20.50	5	20.36	5	20.18	5	20.47	5	20.56	5	20.71	5	20.20	5	19.90	5	19.56	20.27
		15	20.39	15	20.40	15	20.48	15	20.45	15	20.31	15	20.19	15	20.46	15	20.60	15	20.57	15	20.11	15	19.70	15	19.49	
		25	20.37	25	20.41	25	20.50	25	20.40	25	20.27	25	20.32	25	20.49	25	20.68	25	20.36	25	20.08	25	19.64	25	19.55	
	1997	5	19.61	5	19.66	5	19.69	5	19.51	5	19.37	5	19.29	5	19.75	5	20.20	5	20.66	5	20.27	5	20.08	5	20.07	19.82
		15	19.63	15	19.64	15	19.70	15	19.44	15	19.33	15	19.37	15	19.88	15	20.36	15	20.67	15		15	19.40	15	19.33	
		25	19.68	25	19.65	25	19.60	25	19.41	25	19.30	25	19.55	25	20.04	25	20.53	25	20.54	25	19.57	25	19.15	25	19.09	
	1998	14	20.39	14	20.32	14	20.32	14	20.05	14	19.92	14	19.80	14	20.15	14	20.30	14	19.73	14	19.26	14		14		19.94
	1999	14	19.48	14	19.40	14	19.65	14	19.67	14	19.48	14	19.26	14	19.22	14	19.55	14	19.50	14		14		14	10.76	19.39
K267	1991	6	11.12	6	10.78	6	11.13	6	10.77	6	10.83	6	11.03	6	11.69	6	12.01	6	11.59	6	11.74	6	11.07	6	10.76	11.26
		16	11.00	16	10.66	16	10.68	16	10.79	16	11.22	16	11.29	16	12.17	16	12.43	16	11.42	16	11.11	16	10.80	16	10.95	
		26	10.80	26	10.77	26	10.88	26	11.11	26	11.37	26	11.97	26	12.62	26	11.92	26	11.66	26	11.38	26	11.02	26	10.72	
	1992	6	10.62	6	10.52	6	10.70	6	10.69	6	10.96	6	11.32	6	12.02	6	11.25	6	11.69	6	10.83	6	10.91	6	10.89	10.97
		16	10.79	16	10.57	16	10.64	16	10.74	16	10.88	16	10.93	16	11.12	16	11.72	16	11.36	16	10.93	16	10.92	16	10.75	
		26	10.62	26	10.74	26	10.62	26	10.77	26	10.93	26	10.77	26	11.75	26	11.70	26	11.17	26	10.83	26	10.76	26	10.45	
	1993	6	10.51	6	10.30	6	10.31	6	10.44	6	10.32	6	11.02	6	12.36	6	11.97	6	12.52	6	11.97	6	12.05	6	11.91	11.38
		16	10.34	16	10.35	16	10.34	16	10.55	16	10.37	16	11.02	16	12.10	16	13.41	16	11.94	16	11.95	16	12.15	16	11.88	
		26	10.29	26	10.38	26	10.43	26	10.60	26	10.75	26	12.34	26	11.87	26	13.02	26	12.02	26	12.02	26	11.97	26	11.83	
	1994	4	11.66	4	11.49	4	12.08	4	11.34	4	11.10	4	11.52	4	11.92	4	11.66	4	12.46	4	12.23	4	11.58	4	11.49	11.71
		14	11.98	14	11.29	14	11.14	14	11.21	14	11.08	14	11.21	14	12.07	14	13.17	14	12.32	14	12.26	14	11.69	14	11.50	
		24	11.94	24	10.97	24	11.21	24	11.06	24	11.33	24	11.18	24	12.50	24	12.57	24	12.23	24	11.89	24	11.68	24	11.45	

续表

点号	年份	1月 日	1月 水位	2月 日	2月 水位	3月 日	3月 水位	4月 日	4月 水位	5月 日	5月 水位	6月 日	6月 水位	7月 日	7月 水位	8月 日	8月 水位	9月 日	9月 水位	10月 日	10月 水位	11月 日	11月 水位	12月 日	12月 水位	年平均
K267	1995	4	11.24	4	10.58	4	10.98	4	10.75	4	10.73	4	11.07	4	11.86	4	12.50	4	12.38	4	11.67	4	11.46	4	11.46	
		14	11.12	14	10.68	14	10.72	14	10.65	14	10.76	14	11.41	14	12.12	14	12.59	14	12.07	14	11.66	14	11.54	14	11.36	11.36
		24	10.84	24	10.72	24	10.71	24	10.70	24	10.90	24	11.50	24	12.09	24	11.99	24	11.89	24	11.67	24	11.52	24	11.16	
	1996	4	11.01	4	11.02	4	10.71	4	10.83	4	10.33	4	10.78	4	11.46	4	11.38	4	11.45	4	10.28	4	10.22	4	10.07	
		14	11.04	14	10.91	14	10.77	14	10.68	14	10.64	14	10.95	14	11.07	14	12.41	14	10.66	14	10.32	14	10.32	14	10.03	10.78
		24	11.03	24	10.63	24		24	10.87	24	10.76	24	11.74	24	11.65	24	11.57	24	10.52	24	10.16	24	10.07	24	10.02	
	1997	4	9.97	4	9.57	4	9.85	4	9.26	4	9.11	4	9.28	4	9.28	4	10.04	4	10.18						9.18	9.58
		14	9.64	14	9.17	14	9.27	14	9.24	14	9.18	14	9.51	14	9.75	14	10.15	14	10.11	14	9.71	14	9.48	14		
	1998	24	10.57	24	9.32	24	9.17	24	9.18	24	9.10	24	9.64	24	10.10	24	10.14	24	9.81	24	8.51	24	8.56	24	8.61	8.78
		14	8.91	14	8.86	14	9.24	14	9.18	14	8.76	14	9.09	14	8.70	14	8.76	14	8.82	14	8.33	14	8.25	14	8.16	
	1999	14	8.55	14	8.72	14	8.91	14	8.88	14	8.76	14	8.44	14	8.64	14	8.76	14	8.59							8.49
		14	8.71	14	7.08	14	8.47	14	8.50	14	8.50															
		14	8.95	14	7.72	14	8.10	14	6.70	14	6.76	14	7.34													
#90-40	1991	7	6.80	7	6.90	7	6.60	7	7.30	7	7.24	7	7.04							7	6.70	7	7.40	7	7.32	7.41
		17	6.42	17	4.97	17	6.96	17	6.82	17	7.80	17	8.86	17	16.08	17		17		17	6.85	17	7.64	17	7.74	
		27	6.26	27	6.26	27	7.40	27		27	8.79	27	9.73	27	9.86	27	⟨50.2⟩	27	8.58	27	7.70	27		27	7.66	
	1992	7	7.74	7	7.28	7	8.40	7	9.70	7	8.80	7	9.07	7	9.00	7	10.22	7	8.40	7	7.80	7	8.80	7	9.35	8.63
		17	8.32	17		17	8.40	17	8.85	17	8.96	17	8.95	17	8.56	17	10.48	17	14.73	17	8.38	17	8.32	17	8.48	
	1993	27	7.88	27		27		27	9.20	27								27	14.38	27	9.54	27	9.40	27	9.18	8.66
	1994	17	12.73	17	12.85	17	13.35	17	13.27	17	13.13	17	13.35	17	14.03	17	14.73	17	14.73	17	13.83	17	13.81	17	13.75	8.95
#90-41	1991	7	13.55	7	12.87	7	12.93	7	13.05	7	13.35	7	13.67	7	15.13	7	14.22	7	14.38	7	13.71	7	14.01	7	13.77	13.62
		17	12.94	17	11.73	17	12.99	17	13.31	17	13.23	17	13.83	17	14.17	17	14.73	17	13.73	17	13.67	17	14.03	17	13.73	
	1992	7	13.21	7	13.01	7	13.39	7	14.12	7	14.21	7	14.73	7	15.01	7	16.22	7	14.86	7	14.08	7	14.19	7	14.55	14.27
		17	14.12																							
		27	14.05	27		27		27		27		27		27		27		27		27		27		27		

续表

点号	年份	1月 日	1月 水位	2月 日	2月 水位	3月 日	3月 水位	4月 日	4月 水位	5月 日	5月 水位	6月 日	6月 水位	7月 日	7月 水位	8月 日	8月 水位	9月 日	9月 水位	10月 日	10月 水位	11月 日	11月 水位	12月 日	12月 水位	年平均
#90-41	1993	17	14.38	17	14.73	17	14.99	17	14.81	17	15.13	17	15.23	17	13.41	17	(23.67)	17	15.25	17	15.29	17	15.01	17	15.53	14.89
	1994	17	17.63	17	15.19	17	15.95	17	16.77	17	15.71	17	15.79	17	16.76	17	15.15	17	17.23	17	16.41	17	16.45	17	16.37	16.28
	1995	17	16.09	17	16.50	17	16.59	17	16.57	17	16.77	17	17.20	17	18.09	17	17.78	17	17.56	17	16.33	17	16.78	17	16.71	16.91
	1996	17	16.89	17	17.23	17	17.41	17	16.68	17	17.45	17	17.51	17	17.55	17	17.67	17	16.97	17	16.22	17	17.06			17.18
	1997											17	17.75													17.29
#90-36	1991	7	9.35	7	13.61	7	15.18	7	15.87	7	11.35	7	8.61	7	8.80	7	14.73	7	6.62	7	15.86	7	17.06	7	15.78	12.77
	1992	17	12.83	17	15.63	17	15.65	17	15.91	17	9.99	17	8.63	17	11.80	17	8.17	17	10.06	17	10.47	17	16.64	17	15.76	
	1993	27	13.78	27	15.65	27	15.81	27	15.81	27	8.96	27	8.08	27	11.08	27	10.28	27	7.12	27	17.00	27	15.92	27	15.76	
	1994	7	15.48																							
#90-37	1991	7	15.34	7	15.48	7	15.56	7	15.98	7	26.13	7	16.96	7	16.70	7	17.16	7	15.38	7	15.40	7	15.76	7	9.94	15.39
	1992	17	14.96	17	1.70	17	2.46	17	1.96	17	2.42	17	2.84	17	3.24	17	3.36	17	2.12	17	3.23	17	2.84	17	2.39	2.57
	1993	27	2.24	27	3.30	27	4.34	27	3.78	27	5.06	27	17.54	27		27	15.06	27	14.86	27	11.23	27	11.92	27	11.84	9.24
	1994	7	2.67																							
	1991	7	24.42	7	24.67	7	24.39	7	25.05	7	25.09	7	25.63	7	26.71	7	26.49	7	26.57	7	25.91	7	25.11	7	25.81	25.53
	1992	17	24.67	17	24.69	17	24.50	17	24.98	17	25.06	17	25.67	17	26.69	17	26.50	17	25.35	17	26.20	17	25.89	17	25.55	
	1993	27	23.99	27	24.49	27	24.71	27	25.32	27	25.58	27	25.61	27	27.05	27	25.68	27	26.41	27	26.19	27	26.59	27	25.87	
	1994	7	25.91																							
	1991	7	26.15	7	26.20	7	26.55	7	26.58	7	26.13	7	27.89	7	28.25	7	29.68	7	28.57	7	27.71	7	27.45	7	28.47	27.28
	1992	17	26.41	17		17		17		17		17		17		17	(44.83)	17		17		17		17		
	1993	17	28.85	17	28.49	17	29.55	17	29.55	17	29.35	17	29.30	17	29.35	17	31.15	17	29.76	17	28.90	17	28.55	17	28.80	29.13
	1994	17	28.77	17	28.99	17	28.20	17	29.55	17	30.40	17	28.96	17	29.73	17	31.43	17	30.95	17	29.33	17	29.45	17	29.20	29.43
	1995	17	28.89	17	31.10	17	29.55	17	30.01	17	31.57	17	30.59	17	31.67	17	32.73	17	31.31	17	31.03	17	31.15	17	31.12	30.51
	1996	17	30.70	17	31.10	17	31.29	17	31.44	17	31.11	17	32.27	17	32.65	17	33.63	17	32.19	17	29.35	17	29.43	17	29.37	31.17
	1997	17	29.59	17	29.73	17	29.79	17	29.65	17		17	31.69	17	31.57	17		17	32.09	17	31.61			17	31.31	31.07

续表

点号	年份	1月 日	1月 水位	2月 日	2月 水位	3月 日	3月 水位	4月 日	4月 水位	5月 日	5月 水位	6月 日	6月 水位	7月 日	7月 水位	8月 日	8月 水位	9月 日	9月 水位	10月 日	10月 水位	11月 日	11月 水位	12月 日	12月 水位	年平均
渭河	1991	8	11.91	7	11.83	7	11.83	7	11.93	7	11.83	7	11.83	7	12.02	7	11.46	7	11.96	7	112.82	7	11.97	7	12.02	
	1991	18	12.08	17	11.93	17	11.73	17	11.63	17	11.88	17	11.57	17	12.02	17	11.89	17	11.28	17	11.57	17	12.02	17	11.97	14.66
		28	11.78	27	11.87	27	11.83	27	11.84	27	11.93	27	11.89	27	12.07	27	11.92	27	11.62	27	11.87	27	12.02	27	11.97	
	1992	18	11.92	17	12.02	17	11.60	17	11.74	17	12.02	17	11.73	17	11.63	17	11.80	17	11.14	17	11.89	17	11.89	17	11.95	11.78
	1993	18	11.86	17	11.83	17	11.83	17	11.70	17	11.69	17	11.64	17	11.04	17	12.08	17	11.54	17	11.49	17	11.12	17	11.17	11.58
	1994	14	11.20	14		14		14		14		14	11.85	14	11.54	14	11.81	14	11.49	14	11.64	14	10.84	14	11.59	11.50
	1994	4	⟨22.99⟩	4	⟨22.54⟩	4	⟨22.65⟩	4	⟨22.48⟩	4	⟨22.59⟩	4	⟨22.80⟩	4	⟨23.40⟩	4	⟨24.68⟩	4	⟨23.60⟩	4	⟨23.22⟩	4	⟨22.94⟩	4	⟨22.61⟩	14.20
		14	⟨22.28⟩	14	⟨22.66⟩	14	⟨22.80⟩	14		14	⟨22.64⟩	14	⟨22.88⟩	14	⟨24.02⟩	14	⟨25.14⟩	14	⟨23.30⟩	14	⟨23.13⟩	14	⟨22.42⟩	14	15.45	
		24	⟨22.36⟩	24	⟨22.63⟩	24	⟨22.96⟩	24	15.00	24	⟨23.66⟩	24		24	⟨22.28⟩	24	⟨25.50⟩	24	⟨25.76⟩	24	⟨22.68⟩	24	⟨22.62⟩	24	⟨22.54⟩	
	1995	4	⟨26.40⟩	4	⟨26.30⟩	4	⟨26.77⟩	4	⟨26.65⟩	4	15.62	4	⟨27.08⟩	4	⟨27.50⟩	4	⟨26.25⟩	4	⟨26.64⟩	4	⟨26.78⟩	4	⟨26.56⟩	4	⟨26.52⟩	15.00
		14	⟨26.20⟩	14	⟨26.82⟩	14	⟨26.88⟩	14	15.75	14	⟨27.38⟩	14	⟨26.56⟩	14	⟨26.10⟩	14	15.91	14	14.95	14	11.88	14	27.48	14	⟨25.96⟩	
		24	⟨26.32⟩	24	⟨27.20⟩	24	⟨27.18⟩	24	16.59	24	⟨27.13⟩	24	⟨27.08⟩	24	⟨25.36⟩	24	16.42	24	⟨26.02⟩	24	12.98	24	⟨26.69⟩	24	⟨26.50⟩	
W新9	1996	4	14.35	4	⟨25.72⟩	4	12.71	4	13.15	4	⟨24.38⟩	4	⟨24.78⟩	4	⟨25.22⟩	4	⟨25.12⟩	4	⟨25.62⟩	4	⟨24.66⟩	4	⟨23.74⟩	4	12.88	14.32
	1997	14	⟨25.90⟩	14	⟨22.97⟩	14	13.01	14	13.43	14	15.14	14	⟨24.86⟩	14	⟨16.60⟩	14	⟨24.86⟩	14	⟨25.59⟩	14	⟨24.83⟩	14	13.02	14	12.92	
		24	12.98	24	13.09	24	13.24	24	⟨22.51⟩	24	⟨24.68⟩	24	⟨25.06⟩	24	⟨25.04⟩	24	18.22	24	⟨25.49⟩	24		24	13.70	24	⟨24.50⟩	14.23
	1998	14		14	⟨24.15⟩	14	17.17	14	14.40	14	17.42	14	17.47	14	⟨25.35⟩	14	⟨25.15⟩	14	15.04	14	⟨24.58⟩	14	17.20	14	⟨24.70⟩	16.30
	1999	14	⟨24.98⟩	14	15.40	14	⟨26.80⟩	14	14.20	14	⟨24.00⟩	14	⟨24.09⟩	14	⟨23.00⟩	14	⟨24.44⟩	14	⟨24.20⟩	14	⟨22.04⟩	14	⟨24.58⟩	14	⟨24.80⟩	13.68
N16	1991	17		17		17	12.08	17	12.68	17	12.86	17	13.04	17	13.10	17	13.05	17	12.44	17	12.20	17	12.03	17	12.70	12.54
	1992	17	13.24	17	13.38	17	13.02	17	13.18	17	13.42	17	13.70	17	13.53	17	13.74	17	13.10	17	12.66	17	12.70	17	12.44	13.01
	1993	17	13.24	17	13.38	17	13.02	17	13.18	17	13.42	17	13.70	17	14.35	17	14.46	17	14.40	17	14.05	17	14.10	17	13.70	13.79
	1994	17	14.45	17	14.49	17	14.39	17	14.48	17	14.83	17	14.98	17	15.67	17	⟨47.52⟩	17	15.65	17	15.54	17	15.43	17	14.90	14.98

续表

点号	年份	1月 日	1月 水位	2月 日	2月 水位	3月 日	3月 水位	4月 日	4月 水位	5月 日	5月 水位	6月 日	6月 水位	7月 日	7月 水位	8月 日	8月 水位	9月 日	9月 水位	10月 日	10月 水位	11月 日	11月 水位	12月 日	12月 水位	年平均
N16	1995	17	14.91	17	15.21	17	15.46	17	15.47	17	15.54	17	15.82	17	16.99	17	16.92	17	16.81	17	15.74			17	15.89	15.89
	1996	17	15.99			17	16.36	17	16.34	17	16.77	17	16.60	17	16.95	17	17.22	17	16.05	17	15.32	17	14.58	17	14.94	16.10
	1997	17	14.92	17	14.96	17	14.86	17	15.32	17	15.90	17	17.40	17	17.24	17	18.32	17	18.30	17	17.26	17	17.42	17	17.33	16.60
	1998	17	17.36	17	17.20	17	17.34	17	16.73	17	16.37	17	16.50	17	17.33	17	17.22	17	16.24	17	15.86	17	16.10	17	16.08	16.69
	1999	17	16.07	17	15.95	17	16.62	17	16.50	17	15.80	17	15.68	17	15.82	17	17.80	17	16.67	17	16.32	17	15.16	17	15.67	16.17
	2000	17	15.69	17	16.03	17	16.85	17	17.25	17	17.20	17	17.35	17	16.72	17	16.80	17	16.35	17	15.63	17	16.03	17	15.68	16.47
N17	1991													17	7.12	17	7.10	17	6.10	17	6.70					6.76
	1992	18	6.70	18	6.66	18	7.04	18	7.26	18	7.06	18	⟨10.86⟩	18	7.72	18	7.66	18	7.30	18	7.24	18	7.20	18	7.60	7.22
	1993	18	7.68	18	7.46	18	7.92	18	7.46	18	7.80	18	8.08	18	8.15	18	8.35	18	8.00	18	7.96	18	8.13	18	8.11	7.93
	1994	14	8.89	14	8.24	14	7.20	14	8.38	14	8.62	14	9.10	14	8.84	14	9.81	14	9.42	14	9.61	14	8.97	14	8.96	8.83
	1995	14	9.92	14	9.35	14	9.60	14	9.18	14	9.34	14	9.76	14	10.59	14	10.58	14	10.26	14	9.30	14	9.61	14	9.61	9.67
	1996	14	⟨13.2⟩	14	10.08	14	10.27	14	10.40	14	10.66	14	10.40	14	10.97	14	11.09	14	9.94	14	9.16	14	8.99	14	8.84	10.06
	1997	14		14	9.43	14	7.35	14	9.24	14	8.79	14	⟨13.55⟩	14	9.04	14	10.00	14	10.26	14	11.24	14	10.92	14	10.84	9.71
#90-9	1991	4		4	3.99	4	4.48	4	5.04	4	5.24	4	5.07	4	6.50	4	3.18	4	3.66			4		4		4.66
		14		14	4.01	14	4.63	14	5.24	14	5.41	14	5.06	14	5.37	14	3.85	14	3.97	14	4.01	14		14		
		24		24	4.26	24	4.91	24	5.29	24	5.47	24	5.33	24	4.02	24	3.96	24	3.80	24		24		24		
	1992	4		4		4										4	5.72	4	4.00	4		4		4		4.33
		14		14		14		14		14		14		14	4.56	14	4.92	14	4.13	14		14		14		
		24		24		24		24		24		24		24		24	3.57	24	3.97	24		24		24		
	1993	14		14		14		14		14		14	6.12	14		14	5.17	14	5.27	14	5.94	14	5.91	14	6.28	6.10
	1998	14		14		14	8.67	14	8.18	14	6.88	14		14	4.56	14	4.92	14								
	1998	14		14		14	8.67	14	8.18	14	6.88	14		14	4.56	14		14		14		14	6.85	14	7.90	6.32
	1999	14	7.65	14	7.95	14		14	8.08	14	7.74	14	5.91	14	5.18	14	5.63	14	5.68	14	6.28	14	6.81	14	6.75	6.86

第一章　西安市

续表

点号	年份	1月			2月			3月			4月			5月			6月			7月			8月			9月			10月			11月			12月			年平均
		日	水位		日	水位		日	水位		日	水位		日	水位		日	水位		日	水位		日	水位		日	水位		日	水位		日	水位		日	水位	
#90-35	1991	4	13.05		4	13.22		4	13.24		4	13.50		4	13.47		4	13.66		4	14.30		4	14.83		4	14.32		4	13.96		4	14.14		4	14.07	13.85
		14	13.06		14	13.29		14	13.25		14	13.55		14	13.56		14	13.78		14	14.65		14	14.45		14	14.41		14	13.91		14	14.28		14	14.01	
		24	13.09		24	13.10		24	13.39		24	13.52		24	13.84		24	13.93		24	14.96		24	14.67		24	14.04		24	13.97		24	14.22		24	13.95	
	1992	4	13.89		4	14.16		4	14.42		4	14.39		4	14.60		4	14.71		4	15.03		4	15.61		4	15.18		4	14.61		4	14.24		4	14.62	14.69
		14	13.94		14	13.97		14	14.37		14	14.42		14	14.40		14	14.86		14	15.43		14	15.76		14	14.99		14	14.37		14	14.38		14	14.72	
		24	14.11		24	14.37		24	14.35		24	14.60		24	14.46		24	14.90		24	15.24		24	15.44		24	14.68		24	14.22		24	14.47		24	14.79	
	1993	4	14.81		4	14.88		4	14.95		4	15.18		4	15.21		4	15.29		4	15.84		4	15.88		4	15.90		4	15.62		4	15.63		4	15.62	15.44
		14	14.84		14	15.01		14	15.14		14	15.09		14	15.13		14	15.45		14	15.89		14	16.19		14	15.74		14	15.59		14	15.53		14	15.81	
		24	14.97		24	14.96		24	15.19		24	15.21		24	15.14		24	15.74		24	15.71		24	16.11		24	15.70		24	15.58		24	15.60		24	15.83	
	1994	4	15.88		4	16.01		4	15.87		4	16.22		4	13.67		4	16.84		4	16.86		4	17.59		4	17.69		4	17.72		4	16.74		4	16.49	16.57
		14	15.82		14	15.96		14	16.02		14	16.17		14	16.35		14	16.77		14	16.78		14	17.69		14	17.34		14	17.23		14	16.41		14	16.51	
		24	15.85		24	15.90		24	16.16		24	16.21		24	16.60		24	16.97		24	17.04		24	17.72		24	17.26		24	16.81		24	16.55		24	16.65	
	1995	4	16.64		4	16.50		4	16.89		4	17.12		4	17.13		4	17.51		4	18.54		4	18.38		4	18.02		4	16.67		4	17.48		4	17.24	17.14
		14	16.50		14	16.69		14	16.89		14			14			14			14			14			14			14			14			14		
		24	16.48		24	16.48		24			24	18.17		24	18.33		24	18.19		24	18.71		24	18.74		24			24			24			24		14.95
	1996	4	17.50		4	17.71		4	17.87		4			4			4	10.19		4	9.07		4	10.11		4	11.60		4	7.53		4	7.63		4	7.47	
	1997	14	7.34		14	7.26		14	7.21		14	⟨7.87⟩		14	7.91		14			14			14	9.12		14			14	8.57		14			14	8.72	8.55
N18	1991	4	10.98		4	11.16		4	11.11		4	11.42		4	11.32		4	11.56		4	12.15		4	12.57		4	12.30		4	11.98		4	12.18		4	12.03	11.77
		14	11.01		14	11.19		14	11.18		14	11.44		14	11.44		14	11.67		14	12.52		14	12.31		14	12.34		14	11.89		14	12.25		14	11.98	
		24	11.02		24	10.96		24	11.35		24	11.37		24	11.73		24	11.82		24	12.85		24	12.56		24	12.04		24	12.00		24	12.17		24	11.90	
	1992	4	11.84		4	12.06		4	12.38		4	12.34		4	12.53		4	12.60		4	12.97		4	13.43		4	13.07		4	12.52		4	12.17		4	12.50	12.56
		14	11.90		14	11.90		14	12.42		14	12.49		14	12.41		14	12.90		14	13.28		14	13.57		14	12.85		14	12.26		14	12.30		14	12.63	
		24	12.06		24	12.31		24	12.31		24	12.56		24	12.45		24	12.87		24	13.18		24	13.26		24	12.58		24	12.10		24	12.35		24	12.66	

续表

点号	年份	1月			2月			3月			4月			5月			6月			7月			8月			9月			10月			11月			12月			年平均
		日	水位		日	水位		日	水位		日	水位		日	水位		日	水位		日	水位		日	水位		日	水位		日	水位		日	水位		日	水位	
N18	1993	4	12.78		4	12.82		4	12.87		4	13.06		4	13.04		4	13.08		4	13.60		4	13.69		4	13.66		4	13.47		4	13.47		4	13.44		13.28
		14	12.79		14	12.91		14	13.04		14	12.95		14	12.97		14	13.24		14	13.69		14	13.97		14	13.52		14	13.41		14	13.36		14	13.65		
		24	12.91		24	12.90		24	13.10		24	13.02		24	12.94		24	13.55		24	13.50		24	13.86		24	13.52		24	13.38		24	13.42		24	13.66		
	1994	4	13.71		4	13.87		4	13.70		4	14.02		4	14.10		4	14.57		4	14.55		4	15.19		4	15.42		4	15.00		4	14.31		4	14.23		14.38
		14	13.65		14	13.84		14	13.90		14	13.97		14	14.09		14	14.51		14	14.45		14	15.29		14	15.08		14	15.00		14	14.17		14	14.21		
		24	13.68		24	13.77		24	13.99		24	14.01		24	14.36		24	14.63		24	14.72		24	15.42		24	15.01		24	14.57		24	14.26		24	14.45		
	1995	4	14.13		4	14.34		4	14.70		4	14.83		4	14.85		4	15.23		4	16.17		4	16.01		4	15.67		4	14.15		4	15.20		4	15.03		14.85
		14	14.28		14	14.50		14			14			14	16.01		14	15.91		14	16.45		14	16.32		14	14.99		14	13.55		14			14			
		24	14.23		24	14.22		24	15.68		24	15.90		24	14.86		24	16.19		24	16.39		24	17.29		24	17.73		24	16.44		24	16.47		24	13.53		
	1996	14	15.28		14	15.51		14	13.05		14	13.87		14	15.43		14	14.82		14	16.00		14	15.65		14	15.35		14	14.51		14	14.88		14	16.53		15.23
	1997	14	14.08		14	13.68		14	16.35		14	15.25		14	14.91		14	14.60		14	15.14		14	16.87		14	16.64		14	15.81		14	14.18		14	14.64		15.55
	1998	14	16.51		14	16.22		14	15.44		14	15.04		14	17.07		14	17.20		14	15.71		14	15.79		14	15.64		14	14.97		14	14.68		14	14.48		15.47
	1999	14	15.00		14	15.28		14			14			14			14			14			14			14			14			14			14	16.12		15.28
	2000	14	14.79		14	14.99		14	16.49		14	17.05		14			14			14			14			14			14			14			14			15.88
#90-7	1991	4	1.41		4	1.38		4	1.59		4	1.45		4	1.46		4	1.12		4	1.33		4	1.17		4	1.14		4	1.02		4	1.34		4	1.44		1.33
		14	1.39		14	1.41		14	1.39		14	1.46		14	1.39		14	1.10		14	〈2.14〉		14	1.31		14	1.18		14	1.12		14	1.39		14	1.46		
		24	1.36		24	1.43		24	1.45		24	1.46		24	1.38		24	〈4.58〉		24	1.35		24	〈5.19〉		24	1.00		24	1.25		24	1.41		24	1.46		
	1992	4	1.48		4	1.54		4	1.68		4	1.80		4	1.82		4	1.82		4	1.58		4	1.39		4	1.21		4	1.26		4	1.61		4	1.78		1.56
		14	1.50		14	1.60		14	1.75		14	1.83		14	1.60		14	1.40		14	1.31		14	1.29		14	1.20		14	1.42		14	1.71		14	1.81		
		24	1.52		24	1.64		24	1.73		24	〈2.68〉		24	2.09		24	1.29		24	1.40		24	1.21		24	1.07		24	1.53		24	1.74		24	1.83		
	1993	4	1.85		4	1.89		4	1.94		4	1.92		4	1.95		4	1.88		4	1.34		4	1.47		4	1.40		4	1.52		4	1.70		4	1.80		1.70
		14	1.86		14	1.93		14	2.06		14	1.93		14	1.87		14	1.52		14	1.35		14	1.30		14	1.30		14	1.54		14	1.74		14	1.83		
		24	1.88		24	1.89		24	1.95		24	1.98		24	1.70		24	1.38		24	1.27		24	1.31		24	1.49		24	1.71		24	1.75		24	1.85		

续表

点号	年份	日	1月水位	2月水位	3月水位	4月水位	5月水位	6月水位	7月水位	8月水位	9月水位	10月水位	11月水位	12月水位	年平均
#90-7	1994	4	1.88	1.92	1.95	2.05	2.11	1.75	1.37	1.50	1.57	1.75	1.65	1.70	
	1994	14	1.90	1.93	1.97	2.08	2.03	1.50	1.29	1.57	1.55	1.80	1.69	1.74	1.76
	1994	24	1.91	1.94	2.01	2.05	2.06	1.48	1.33	1.55	1.62	1.62	1.64	1.76	
	1995	4	1.79											1.98	
	1995	14	1.81	1.93	1.98	2.11	2.17	1.85	2.22	1.58	1.68	1.82	1.87	1.59	1.91
	1996	14	2.05	2.03	2.16	2.17	2.38	2.40	2.08	2.01	1.78	1.75	1.59	2.05	2.00
	1997	14	1.72	1.71	1.74	1.77	⟨8.33⟩	2.11	2.19	2.55	2.28	2.06	1.99	1.62	2.02
	1998	14	2.05	2.07	2.16	2.11	2.11	⟨7.92⟩	1.63	1.62	⟨8.23⟩	1.53	1.51	1.67	1.84
	1999	14	1.69	1.76	1.88	1.98	1.62	1.89	1.67	1.78	1.86	1.78	1.69	1.84	1.77
	2000	14	1.71	1.70	2.18	2.01	2.41	⟨8.06⟩	2.08	2.12	1.95	1.90	1.79		1.97
#90-30	1991	4	7.70	7.80	7.58	7.72	7.42	7.92	9.00	9.38	9.07	8.90	8.80	8.80	
	1991	14	7.76	7.57	7.58	7.79	8.03	7.87	9.18	8.90	8.70	8.67	8.81	8.74	8.30
	1991	24	7.65	7.40	7.93	7.67	7.99	8.52	9.50	9.30	8.46	8.80	9.00	7.00	
	1992	4	8.24	8.87	9.00	8.85	8.89	9.14	9.57	10.04	9.78	9.27	8.79	8.70	
	1992	14	8.26	8.60	8.92	8.97	8.91	9.50	9.96	10.15	9.21	9.36	8.56	9.10	9.14
	1992	24	8.87		9.00	9.23	8.82	9.42	9.87	9.85	9.24	8.76	9.01	9.10	
	1993	4	8.97	9.70	9.88	9.80	9.35	9.43	10.15	10.13	9.83	9.94	10.05	10.01	
	1993	14	9.60	9.80	10.03	9.07	9.30	9.57	10.00	10.47	9.83	9.82	93.83	10.40	12.12
	1993	24	9.36	9.78	9.83	9.36	9.29	9.85	9.80	10.00	10.12	10.00	9.98	10.04	
	1994	4	10.34	10.55	10.50	10.80	10.92	11.18	11.01	11.65		11.66	10.80	10.76	
	1994	14	10.45	10.60	10.36	10.74	10.66	11.10	11.30	11.65	11.97	11.60			10.91
	1994	24	10.49	10.60	10.78	10.81	10.96	11.10	12.40	12.17		11.15			
	1995	4	10.75	11.06	11.40	11.30	11.41	11.98				11.00	11.57	10.40	
	1995	14												11.82	11.57
	1996	14	12.10	12.54	⟨19.24⟩	12.86				12.72	11.18	11.54	9.62	9.27	11.48

第一章 西安市

续表

点号	年份	1月 日	1月 水位	2月 日	2月 水位	3月 日	3月 水位	4月 日	4月 水位	5月 日	5月 水位	6月 日	6月 水位	7月 日	7月 水位	8月 日	8月 水位	9月 日	9月 水位	10月 日	10月 水位	11月 日	11月 水位	12月 日	12月 水位	年平均
#90-30	1997	14	13.46	14	9.62	14	8.55	14	9.33	14	10.41	14	12.72	14	12.72	14	13.84	14	14.01	14	12.77	14		14	13.01	11.86
	1999	14		14		14	11.71	14	10.61	14	10.58	14	10.30	14	11.19	14	13.66	14		14		14		14		11.34
	1991	4	3.18	4	3.15	4	3.90	4	3.40	4	3.22	4	3.30	4	5.42	4	3.41	4	3.44	4	3.32	4	3.73	4	3.65	3.60
		14	3.23	14	3.25	14	3.28	14	3.25	14	3.31	14	3.16	14	5.41	14	3.45	14	3.49	14	3.43	14	3.78	14	3.73	
		24	3.12	24	3.13	24	3.32	24	3.23	24	3.39	24	3.27	24	5.22	24	4.56	24	3.34	24	3.63	24	3.71	24	3.66	
	1992	4	3.54	4	3.68	4	3.83	4	3.86	4	3.85	4	⟨5.12⟩	4	4.69	4	4.37	4	3.86	4	3.76	4	3.87	4	4.36	3.95
		14	3.65	14	3.60	14	3.93	14	3.96	14	3.54	14	3.87	14	4.00	14	4.02	14	3.91	14	3.79	14	4.51	14	4.43	
		24	3.68	24	3.86	24	3.82	24	4.10	24	3.75	24	3.89	24	4.03	24	3.86	24	3.67	24	3.84	24	4.33	24	4.63	
	1993	4	4.56	4	4.62	4	4.73	4	4.56	4	5.12	4	4.83	4	4.58	4	4.78	4	4.26	4	4.43	4	4.83	4	4.82	4.62
		14	4.53	14	4.60	14	4.87	14	4.47	14	5.06	14	4.49	14	4.63	14	4.40	14	4.27	14	4.29	14	4.49	14	4.77	
		24	4.64	24	4.42	24	4.88	24	5.28	24	4.94	24	4.40	24	4.19	24	4.24	24	4.21	24	4.67	24	4.69	24	4.85	
	1994	4	4.91	4	4.94	4	4.81	4	5.03	4	5.75	4	7.00	4	4.58	4	6.09	4	5.82	4	5.23	4	4.49	4	4.86	5.19
		14	4.85	14	4.85	14	4.78	14	5.31	14	6.68	14	5.11	14	⟨6.91⟩	14	5.35	14	5.01	14	5.15	14	4.83	14	4.95	
		24	4.91	24	4.84	24	5.12	24	5.68	24	6.90	24	5.22	24	4.25	24	5.70	24	4.95	24	4.67	24	4.90	24	4.86	
	1995	4	4.59	4	5.15	4	5.42	4	5.47	4	5.99	4	4.99	4	4.62	4	5.28	4	5.63	4	4.94	4	5.07	4	5.37	5.31
		14	4.78	14	5.32	14	5.54	14	5.35	14	6.22	14	6.18	14	5.93	14	4.91	14	5.35	14	4.79	14	4.98	14	5.27	
		24	5.02	24	4.96	24	5.47	24	5.20	24	5.86	24	5.58	24	5.21	24	5.08	24	5.18	24	4.99	24	5.24	24	5.60	
	1996	4	5.51	4	5.60	4	6.08	4	6.00	4	6.96	4	6.16	4	6.58	4	5.53	4	6.05	4	4.55	4	4.49	4	4.40	5.58
		14	5.46	14	5.74	14	6.16	14	6.23	14	6.66	14	5.89	14	5.60	14	6.30	14	4.86	14	4.37	14	4.29	14	4.38	
		24	5.89	24	5.82	24	5.99	24	⟨8.50⟩	24	6.40	24	6.13	24	6.25	24	6.43	24	4.79	24	4.44	24	4.49	24	4.89	
	1997	4	4.94	4	4.58	4	4.75	4	4.80	4	5.88	4	5.59	4	6.03	4	6.71	4	6.63	4	5.52	4	6.01	4	6.17	5.63
		14	4.79	14	4.11	14	4.75	14	4.73	14	5.80	14	5.68	14	6.13	14	6.62	14	6.37	14	5.69	14	5.92	14	6.14	
		24	4.55	24	4.29	24	4.88	24	5.20	24	6.04	24	6.54	24	5.89	24	6.68	24	6.05	24	6.07	24	5.96	24	6.30	

表3

续表

点号	年份	1月			2月			3月			4月			5月			6月			7月			8月			9月			10月			11月			12月			年平均
		日	水位		日	水位		日	水位		日	水位		日	水位		日	水位		日	水位		日	水位		日	水位		日	水位		日	水位		日	水位	
表3	1998	4	6.23		4	5.80		4	6.40		4	5.83		4	6.40		4	5.08		4	6.08		4	5.34		4	4.65		4	4.57		4	4.64		4	4.96		5.41
		14	5.90		14	5.80		14	6.17		14	5.55		14	6.40		14	4.56		14	5.00		14	4.93		14	5.05		14	4.50		14	4.80		14	5.12		
		24	6.09		24	6.33		24	5.71		24	6.40		24	5.24		24	5.96		24	5.09		24	4.82		24	4.56		24	4.91		24	4.67		24	5.19		
	1999	4	5.15		4	5.18		4	5.26		4	5.68		4	4.80		4	4.49		4	5.16		4	5.66		4	5.33		4	4.73		4	4.50		4	4.89		5.04
		14	5.18		14	5.46		14	5.64		14	5.58		14	4.68		14	4.62		14	4.75		14	5.53		14	5.53		14	5.22		14	4.55		14	4.61		
		24	4.86		24	4.77		24	5.46		24	5.20		24	4.76		24	4.46		24	4.95		24	5.61		24	5.19		24	4.74		24	4.72		24	4.57		
	2000	4	4.24		4	4.83		4	3.33		4	3.52		4	3.52		4	4.94		4	4.95		4	5.43		4	5.10		4	4.66		4	4.72		4	4.87		4.57
		14	4.28		14	4.87		14	3.41		14	3.62		14	3.34		14	5.54		14	5.02		14	5.32		14	5.05		14	4.58		14	4.74		14	4.87		
		24	4.34		24	5.15		24	3.45		24	3.68		24	3.54		24	5.14		24	6.08		24	5.25		24	4.97		24	4.74		24	4.64		24	4.70		
K79-2主	1991	4	10.30		4	10.66		4	10.27		4	10.71		4	10.27		4	10.69		4	11.36		4	11.75		4	11.57		4	11.42		4	11.56		4	11.16		10.99
		14	10.40		14	10.38		14	10.51		14	10.35		14	10.49		14	10.97		14	11.70		14	11.58		14	11.50		14	11.11		14	11.64		14	11.13		
		24	10.30		24	10.11		24	10.78		24	10.35		24	10.67		24	11.08		24	12.00		24	11.80		24	11.42		24	11.25		24	11.43		24	11.08		
	1992	4	11.23		4	11.54		4	11.67		4	11.41		4	11.85		4	11.91		4	12.10		4	12.42		4	12.24		4	11.78		4	11.44		4	11.47		11.81
		14	11.13		14	11.29		14	11.76		14	11.93		14	11.77		14	12.15		14	12.43		14	12.72		14	12.09		14	11.50		14	11.61		14	11.91		
		24	11.48		24	11.57		24	11.73		24	11.96		24	11.70		24	12.09		24	12.34		24	12.38		24	11.82		24	11.35		24	11.63		24	11.93		
	1993	4	12.10		4	12.17		4	12.18		4	11.96		4	11.95		4	12.00		4	12.75		4	12.91		4	12.81		4	12.76		4	12.68		4	12.76		12.47
		14	12.12		14	12.22		14	12.39		14	12.06		14	11.93		14	12.48		14	12.90		14	13.07		14	12.69		14	12.67		14	12.66		14	12.89		
		24	12.16		24	12.27		24	12.03		24	11.90		24	11.90		24	12.74		24	12.75		24	12.98		24	12.70		24	12.66		24	12.72		24	12.87		
	1994	4	12.95		4	12.89		4	12.93		4	13.00		4	13.25		4	13.59		4	12.93		4	13.83		4	14.04		4	13.82		4	11.59		4	13.01		13.22
		14	12.90		14	13.14		14	13.07		14	13.04		14	13.13		14	13.52		14	12.87		14	13.91		14	13.76		14	13.69		14	12.82		14	12.88		
		24	12.90		24	13.04		24	13.04		24	13.17		24	13.36		24	13.01		24	13.37		24	13.98		24	13.77		24	13.40		24	12.95		24	13.22		
	1995	4	12.67		4	13.14		4	13.37		4	13.69		4	13.45		4	13.77		4	14.44		4	14.69		4	14.17		4	13.70		4	13.90		4	13.78		13.73
		14	12.92		14	13.23		14	13.60		14	13.62		14	13.42		14	13.80		14	14.84		14	14.52		14	14.22		14	11.79		14	13.97		14	14.22		
		24	12.96		24	12.97		24	13.57		24	13.54		24	13.32		24	14.19		24	14.70		24	14.43		24	13.88		24	13.53		24	13.89		24	14.53		

续表

点号	年份	1月 日	1月 水位	2月 日	2月 水位	3月 日	3月 水位	4月 日	4月 水位	5月 日	5月 水位	6月 日	6月 水位	7月 日	7月 水位	8月 日	8月 水位	9月 日	9月 水位	10月 日	10月 水位	11月 日	11月 水位	12月 日	12月 水位	年平均
K79-2主	1996	4	14.46	4	14.50	4	14.83	4	14.80	4	14.78	4	14.57	4	13.29	4	15.45	4	14.72	4	11.31	4	11.89	4	11.16	13.78
		14	14.53	14	14.56	14	14.85	14	14.57	14	14.78	14	14.80	14	15.41	14	14.57	14	12.88	14	10.28	14	11.42	14	10.47	
		24	14.57	24	14.14	24	14.94	24	15.03	24	15.02	24	15.16	24	15.57	24	14.54	24	12.56	24	11.16	24	11.98	24	12.45	
	1997	4	12.30	4	11.47	4	9.85	4	11.84	4	11.37	4	14.30	4	14.26	4	15.74	4	16.37	4	14.00	4	15.22	4	15.26	13.84
		14	12.65	14	9.88	14	10.30	14	11.44	14	13.35	14	15.10	14	15.19	14	16.02	14	16.49	14	15.30	14	15.19	14	15.38	
		24	12.23	24	10.24	24	11.82	24	11.64	24	14.45	24	15.63	24	15.54	24	16.24	24	16.01	24	15.60	24	15.22	24	15.37	
	1998	4	15.10	4	14.40	4	15.50	4	14.39	4	13.78	4	12.16	4	14.61	4	14.00	4	13.97	4	12.61	4	13.28	4	12.70	13.73
		14	15.44	14	14.94	14	15.23	14	12.88	14	13.32	14	12.65	14	13.93	14	13.25	14	13.37	14	11.96	14	13.25	14	12.62	
		24	15.43	24	15.40	24	13.48	24	13.62	24	12.87	24	14.40	24	14.27	24	14.28	24	13.12	24	13.14	24	11.67	24	13.27	
	1999	4	13.72	4	12.65	4	12.53	4	12.93	4	12.59	4	11.64	4	12.18	4	15.19	4	15.01	4	14.09	4	11.49	4	11.27	12.93
		14	13.39	14	13.78	14	13.97	14	12.36	14	11.48	14	12.53	14	13.57	14	13.63	14	14.95	14	14.58	14	10.83	14	10.92	
		24	12.52	24	13.09	24	12.97	24	12.21	24	12.64	24	12.51	24	14.15	24	15.24	24	14.24	24	13.01	24	11.06	24	10.60	
	2000	5	10.71	5	13.26	5	14.16	5	15.45	5	15.38	5	14.17	5	13.08	5	13.75	5	13.82	5	12.41	5	12.17	5	12.62	13.69
		15	12.31	15	12.43	15	15.27	15	15.28	15	14.77	15	15.83	15	12.37	15	14.81	15	12.95	15	11.93	15	14.23	15	12.85	
		25	13.37	25	12.86	25	15.22	25	16.11	25	15.27	25	14.95	25	15.29	25	13.90	25	12.69	25	11.27	25	13.77	25	11.95	
K79-1付	1991	4	2.26	4	2.26	4	2.19	4	2.26	4	2.21	4	2.07	4	2.44	4	2.06	4	2.08	4	2.09	4	2.31	4	2.45	2.28
		14	2.22	14	2.20	14	2.17	14	2.19	14	2.22	14	2.04	14	3.30	14	2.10	14	2.21	14	2.14	14	2.33	14	2.48	
		24	2.17	24	2.96	24	2.21	24	2.18	24	2.23	24	2.38	24	2.46	24	2.24	24	2.02	24	2.22	24	2.32	24	2.44	
	1992	4	2.36	4	2.22	4	2.31	4	2.36	4	2.51	4	2.60	4	2.53	4	2.77	4	2.53	4	2.40	4	2.67	4	2.80	2.50
		14	2.34	14	2.24	14	2.32	14	2.43	14	2.47	14	2.59	14	2.47	14	2.64	14	2.49	14	2.52	14	2.69	14	2.82	
		24	2.31	24	2.27	24	2.28	24	2.50	24	2.55	24	2.47	24	2.54	24	2.57	24	2.39	24	2.52	24	2.76	24	2.83	
	1993	4	2.86	4	2.90	4	3.00	4	3.01	4	2.84	4	2.43	4	2.21	4	2.18	4	2.15	4	2.26	4	2.50	4	2.62	2.55
		14	2.84	14	2.95	14	3.02	14	3.00	14	2.64	14	2.30	14	2.20	14	2.11	14	2.01	14	2.24	14	2.50	14	2.72	
		24	2.86	24	2.89	24	3.05	24	3.17	24	2.50	24	2.20	24	2.00	24	2.03	24	2.07	24	2.34	24	2.59	24	2.75	

续表

点号	年份	1月			2月			3月			4月			5月			6月			7月			8月			9月			10月			11月			12月			年平均
		日	水位		日	水位		日	水位		日	水位		日	水位		日	水位		日	水位		日	水位		日	水位		日	水位		日	水位		日	水位	
K79-1付	1994	4	2.94		4	2.77		4	2.96		4	3.11		4	3.20		4	2.85		4	2.40		4	3.47		4	2.49		4	2.57		4	2.38		4	2.61		2.77
		14	3.10		14	2.87		14	2.92		14	3.19		14	3.78		14	2.55		14	2.30		14	2.53		14	2.38		14	2.62		14	2.53		14	2.65		
		24	2.78		24	2.91		24	3.02		24	3.27		24	2.86		24	2.58		24	2.47		24	2.60		24	2.42		24	2.48		24	2.54		24	2.68		
	1995	4	2.71		4	2.87		4	3.09		4	3.14		4	3.39		4	2.59		4	2.74		4	2.56		4	2.55		4	2.65		4	2.71		4	3.00		2.94
		14	2.76		14	2.93		14	3.07		14	3.30		14	3.09		14	3.60		14	2.86		14	3.25		14	2.52		14	2.54		14	2.77		14	3.03		
		24	2.81		24	2.91		24	3.09		24	3.33		24	3.82		24	3.42		24	2.52		24	2.56		24	2.53		24	2.66		24	3.40		24	3.13		
	1996	4	3.13		4	3.19		4	3.90		4	3.50		4	3.62		4	3.01		4	2.73		4	2.40		4	2.35		4	2.26		4	2.31		4	2.31		2.87
		14	3.12		14	3.16		14	3.48		14	3.56		14	4.16		14	2.80		14	2.57		14	2.57		14	2.18		14	2.22		14	2.17		14	2.23		
		24	3.18		24	3.29		24	3.57		24	3.72		24	3.53		24	2.81		24	2.60		24	2.56		24	2.20		24	2.30		24	2.26		24	2.48		
K79-1付	1997	4	2.45		4	2.48		4	2.44		4	2.58		4	2.81		4	2.45		4	2.68		4	2.98		4	2.98		4			4			4			2.67
		14	2.52		14	2.34		14	2.42		14	2.63		14	2.70		14	2.82		14	2.72		14	3.23		14	2.82		14	2.84		14	3.05		14	3.23		
		24	2.42		24	2.40		24	2.55		24	2.65		24	2.71		24	2.95		24	1.65		24	3.02		24	2.68		24			24			24			
	1998	4	3.47		4	3.54		4	3.64		4			4	3.70		4	3.32		4	3.45		4	2.97		4	2.63		4	2.64		4	2.80		4	2.86		3.11
		14	3.02		14	3.10		14	3.31		14	3.59		14	3.52		14	3.25		14	3.04		14	2.83		14	2.83		14	2.55		14	2.83		14	2.92		
		24	3.07		24	3.17		24	3.35		24	3.71		24	3.41		24	3.58		24	2.98		24	2.81		24	2.68		24	2.86		24	2.77		24	2.98		
	1999	4	3.99		4	3.28		4	3.27		4	3.34		4	3.34		4	3.84		4	3.36		4	4.20		4	3.54		4	3.31		4	3.10		4	3.09		3.36
		14	3.11		14	3.17		14	3.49		14	3.36		14	3.35		14	3.33		14	3.34		14	3.56		14	3.54		14	3.40		14	3.09		14	3.14		
		24	3.15		24	3.16		24	3.62		24	3.30		24	3.84		24	3.28		24	3.50		24	3.55		24	3.53		24	3.21		24	3.07		24	3.04		
	2000	5	3.17		5	4.16		5	3.49		5	4.19		5	3.96		5	3.90		5	3.42		5	3.39		5	3.07		5	2.65		5	2.82		5	3.09		3.48
		15			15			15	3.62		15	4.53		15	4.48		15	4.24		15	3.28		15	3.50		15	3.75		15	2.82		15	3.07		15	3.05		
		25			25			25	3.69		25	3.89		25	3.92		25	4.15		25	4.68		25	3.09		25	3.01		25	2.79		25	3.01		25	2.89		
K80-1	1991	4	8.92		4	9.04		4	9.15		4	9.51		4	9.52		4	9.50		4	9.90		4	9.83		4	9.66		4	9.56		4	9.95		4	9.65		9.55
		14	8.91		14	9.12		14	9.24		14	9.55		14	9.52		14	9.52		14	9.91		14	9.79		14	9.76		14	9.56		14	10.07		14	9.75		
		24	8.94		24	9.01		24	9.41		24	9.54		24	9.68		24	9.64		24	10.09		24	9.88		24	9.54		24	9.67		24	9.89		24	9.75		

续表

点号	年份	1月			2月			3月			4月			5月			6月			7月			8月			9月			10月			11月			12月			年平均
		日	水位		日	水位		日	水位		日	水位		日	水位		日	水位		日	水位		日	水位		日	水位		日	水位		日	水位		日	水位		
K80-1	1992	4	9.76		4	9.97		4	10.20		4	10.37		4	10.19		4	10.16		4	10.38		4	10.77		4	10.40		4	10.02		4	9.99		4	10.48		10.26
		14	9.81		14	9.99		14	10.28		14	10.38		14	10.05		14	10.33		14	10.49		14	11.70		14	10.25		14	9.95		14	10.14		14	10.48		
		24	9.98		24	10.25		24	10.22		24	10.36		24	10.17		24	10.27		24	10.44		24	10.50		24	9.99		24	9.91		24	10.24		24	10.36		
	1993	4	10.43		4	10.57		4	10.77		4	11.00		4	10.91		4	10.71		4	11.09		4	11.09		4	11.01		4	11.00		4	11.09		4	11.29		10.95
		14	10.49		14	10.72		14	10.98		14	11.01		14	10.81		14	10.83		14	11.10		14	11.22		14	10.90		14	10.94		14	11.12		14	11.38		
		24	10.62		24	10.73		24	11.03		24	11.13		24	10.69		24	10.92		24	10.89		24	11.09		24	10.95		24	11.00		24	11.20		24	11.45		
	1994	4	11.45		4	11.37		4	11.47		4	11.94		4	11.80		4	11.92		4	11.84		4	12.30		4	12.35		4	12.24		4	11.86		4	11.91		11.85
		14	11.25		14	11.42		14	11.63		14	11.95		14	11.73		14	11.78		14	11.65		14	12.31		14	12.07		14	12.26		14	11.70		14	11.92		
		24	11.24		24	11.38		24	11.80		24	11.94		24	11.84		24	11.88		24	11.99		24	12.46		24	12.14		24	11.90		24	11.82		24	12.12		
	1995	4	12.01		4	11.98		4	12.15		4	12.48		4	12.44		4	12.41		4	13.18		4	13.11		4	12.84		4	12.62		4	12.77		4	13.00		12.61
		14	12.05		14	12.06		14	12.24		14	12.62		14	12.47		14	12.73		14	13.40		14	13.09		14	12.71		14	11.94		14	12.96		14	12.70		
		24	11.99		24	11.94		24	12.36		24	12.60		24	12.35		24	12.96		24	13.07		24	13.96		24	12.63		24	12.46		24	12.94		24	12.87		
	1996	4	12.84		4	12.95		4	13.42		4	13.54		4	13.73		4	13.40		4	13.62		4	13.49		4	12.93		4	11.76		4	11.91		4	12.50		12.91
		14	12.70		14	13.00		14	13.43		14	13.73		14	13.68		14	13.44		14	13.32		14	13.32		14	12.21		14	11.57		14	11.68		14	11.84		
		24	12.91		24	13.34		24	13.49		24	13.63		24	13.70		24	13.63		24	13.48		24	13.06		24	12.01		24	11.68		24	11.92		24	12.06		
	1997	4	12.10		4	11.68		4	11.36		4	12.07		4	12.71		4	13.09		4	13.34		4	13.54		4	13.95		4	13.41		4	13.72		4	13.55		12.91
		14	11.93		14	11.32		14	11.44		14	12.21		14	12.51		14	13.47		14	13.23		14	13.86		14	13.96		14	13.32		14	13.58		14	13.64		
		24	11.94		24	11.47		24	11.90		24	12.18		24	12.88		24	13.69		24	13.39		24	13.93		24	13.54		24	13.62		24	13.61		24	13.66		
	1998	4	13.56		4	13.42		4	13.91		4	13.57		4	13.52		4	12.39		4	13.23		4	12.85		4	12.47		4	12.31		4	12.55		4	12.53		12.98
		14	13.66		14	13.58		14	13.80		14	13.35		14	13.08		14	12.49		14	12.76		14	12.59		14	12.58		14	12.07		14	12.62		14	12.65		
		24	13.72		24	13.81		24	13.50		24	13.51		24	12.83		24	13.07		24	12.76		24	12.60		24	12.35		24	12.29		24	12.41		24	12.72		
	1999	4	12.88		4	12.71		4	12.72		4	13.21		4	13.06		4	12.71		4	12.54		4	13.66		4	13.44		4	12.97		4	12.52		4	12.44		12.88
		14	12.71		14	13.05		14	13.39		14	13.29		14	12.95		14	12.69		14	12.53		14	12.83		14	13.41		14	12.98		14	12.18		14	12.34		
		24	12.53		24	12.38		24	13.22		24	13.10		24	12.84		24	13.12		24	13.06		24	13.76		24	13.27		24	12.76		24	12.22		24	12.20		

续表

点号	年份	日	1月 水位	日	2月 水位	日	3月 水位	日	4月 水位	日	5月 水位	日	6月 水位	日	7月 水位	日	8月 水位	日	9月 水位	日	10月 水位	日	11月 水位	日	12月 水位	年平均
---	---	---	---	---	---	---	---	---	---	---	---	---	---	---	---	---	---	---	---	---	---	---	---	---	---	13.70
K80-1	2000	4	12.40	4	13.07	4	13.51	4	14.90	4	14.87	4	14.41	4	13.70	4	14.07	4	13.36	4	12.97	4	12.74	4	13.60	13.70
		14	12.62	14	12.83	14	14.18	14	14.74	14	14.71	14	14.85	14	13.33	14	13.93	14	13.44	14	12.73	14	13.66	14	13.35	
		24	12.95	24	13.13	24	15.22	24	15.02	24	14.81	24	14.41	24	14.13	24	13.40	24	13.13	24	12.58	24	13.54	24	13.00	
	1992	4		4		4		4		4		4		4	1.55	4	1.78	4	1.26	4	1.07	4	1.71	4	2.50	1.49
		14		14		14		14		14		14	1.35	14	1.14	14	1.15	14	1.06	14	1.37	14	1.90	14	2.24	
		24		24		24		24		24		24	1.80	24	1.28	24	1.09	24	0.82	24	1.39	24	2.04	24	1.70	
	1993	4	1.74	4	2.11	4	2.61	4	2.80	4	2.61	4	1.89	4	2.05	4	1.81	4	1.51	4	1.91	4	2.18	4	2.75	2.18
		14	1.94	14	2.37	14	2.93	14	3.02	14	2.21	14	1.60	14	1.85	14	1.65	14	1.48	14	1.79	14	2.44	14	2.67	
		24	2.02	24	2.33	24	2.85	24	3.13	24	1.98	24	2.25	24	1.46	24	1.40	24	1.70	24	2.19	24	2.63	24	2.96	
	1994	4	2.80	4	2.29	4	2.81	4	3.58	4	2.91	4	1.99	4	2.24	4	2.37	4	2.03	4	2.29	4	2.24	4	2.48	2.48
		14	2.28	14	2.43	14	2.89	14	3.72	14	2.59	14	2.33	14	1.79	14	2.08	14	1.67	14	2.41	14	2.17	14	2.69	
		24	2.24	24	2.48	24	3.27	24	3.56	24	2.42	24	2.45	24	2.46	24	2.48	24	2.05	24	1.89	24	2.31	24	2.93	
	1995	4	3.02	4	2.59	4	2.62	4	3.11	4	2.95	4	3.06	4	2.88	4	2.63	4	2.16	4	2.42	4	3.10	4	3.50	2.81
		14	2.86	14	2.65	14	2.55	14	3.57	14	2.96	14	3.22	14	3.37	14	2.43	14	1.94	14	2.50	14	3.31	14	2.94	
		24	2.75	24	2.83	24	2.92	24	3.54	24	2.59	24	3.00	24	2.41	24	2.31	24	2.01	24	2.62	24	3.42	24	3.14	
	1996	4	2.90	4	3.13	4	3.98	4	4.08	4	4.10	4	3.49	4	2.68	4	2.30	4	2.02	4	2.17	4	2.53	4	2.58	3.03
		14	2.63	14	3.27	14	3.99	14	4.45	14	4.03	14	3.30	14	2.40	14	2.41	14	1.83	14	2.41	14	2.74	14	2.92	
K80-2付		24	3.06	24	3.65	24	3.82	24	4.22	24	3.76	24	2.83	24	2.67	24	1.91	24	1.96	24	2.47	24	3.12	24	2.92	
	1997	4	2.56	4	2.35	4	2.89	4	3.50	4	3.55	4	3.62	4	2.37	4	2.59	4	2.37	4	2.71	4	3.31	4	3.34	2.87
		14	2.24	14	2.49	14	3.27	14	3.77	14	3.15	14	2.77	14	2.56	14	2.74	14	2.18	14		14		14		
		24	2.24	24	2.86	24	3.37	24	3.87	24	3.16	24	2.77	24	2.69	24	2.74	24	2.05	24		24		24		
	1998	4	3.37	4	3.94	4	3.99	4	4.33	4	3.79	4	2.80	4	2.29	4	2.04	4	1.91	4	2.25	4	3.19	4	3.43	2.88
		14		14		14		14	4.39	14	3.15	14	2.73	14	1.58	14	1.86	14	1.99	14	2.31	14	3.21	14	3.69	
		24		24		24		24		24	2.87	24		24	1.91	24	1.78	24	1.98	24	2.62	24	3.47	24	3.87	

续表

点号	年份	1月 日	1月 水位	2月 日	2月 水位	3月 日	3月 水位	4月 日	4月 水位	5月 日	5月 水位	6月 日	6月 水位	7月 日	7月 水位	8月 日	8月 水位	9月 日	9月 水位	10月 日	10月 水位	11月 日	11月 水位	12月 日	12月 水位	年平均
K80-2付	1999	4	3.19	4	3.74	4	4.41	4	4.35	4	4.52	4	3.71	4	2.80	4	3.16	4	2.49	4	2.48	4	3.15	4	3.49	3.46
		14	3.27	14	3.89	14	4.58	14	4.70	14	4.08	14	3.74	14	2.46	14	3.08	14	2.40	14	2.68	14	3.17	14	3.48	
		24	3.68	24	3.98	24	4.14	24	4.51	24	3.90	24	3.21	24	3.06	24	2.95	24	2.59	24	2.84	24	3.29	24	3.49	
	2000	5	3.51	5	3.52	5	4.33	5	4.90	5	5.38	5	4.19	5	3.59	5	3.31	5	2.88	5	3.04	5	3.57	5	4.45	3.92
		15	3.05	15	3.55	15	4.69	15	5.16	15	4.93	15	4.40	15	3.40	15	3.52	15	3.28	15	3.25	15	3.92	15	3.65	
		25	3.28	25	3.82	25	4.95	25	5.37	25	4.69	25	4.19	25	4.14	25	2.80	25	3.01	25	3.43	25	4.21	25	3.82	
农8	1991	5	3.01	5	3.27	5	2.94	5	2.99	5	2.96	5	2.75	5	⟨4.47⟩	5	2.83	5	2.88	5	2.91	5	3.26	5	3.32	3.16
		15	4.27	15	2.97	15	2.93	15	2.98	15	2.99	15	2.72	15	4.35	15	2.88	15	2.85	15	2.95	15	3.17	15	4.34	
		25	3.26	25	2.94	25	2.99	25	2.98	25	2.97	25	2.81	25	3.63	25	4.08	25	2.81	25	3.15	25	3.10	25	3.32	
	1992	5	3.19	5	3.14	5	3.05	5	3.09	5	3.40	5	3.50	5	3.46	5	4.81	5	3.32	5	3.11	5	3.34	5	3.57	3.32
		15	3.12	15	2.96	15	3.06	15	3.17	15	3.40	15	3.50	15	3.33	15	3.36	15	3.24	15	3.22	15	3.43	15	3.56	
		25	3.16	25	3.02	25	3.02	25	3.19	25	3.40	25	3.36	25	3.32	25	3.27	25	3.10	25	3.25	25	3.48	25	3.66	
	1993	5	4.64	5	3.67	5	3.88	5	3.72	5	3.72	5	3.42	5	3.11	5	3.17	5	2.75	5	3.13	5	3.21	5	3.39	3.46
		15	3.67	15	3.73	15	3.86	15	3.87	15	3.79	15	3.31	15	3.15	15	3.22	15	3.02	15	3.08	15	3.31	15	3.55	
		25	3.70	25	3.84	25	3.86	25	3.95	25	3.66	25	3.22	25	2.98	25	2.99	25	3.03	25	3.14	25	3.33	25	3.64	
	1994	5	4.71	5	3.65	5	3.75	5	4.01	5	4.22	5	4.05	5	3.47	5	4.93	5	3.56	5	3.42	5	3.05	5	3.56	3.78
		15	4.70	15	3.61	15	3.80	15	3.99	15	4.15	15	3.80	15	3.45	15	3.82	15	3.37	15	3.42	15	3.22	15	3.56	
		25	3.63	25	3.72	25	3.86	25	4.16	25	3.94	25	3.68	25	4.67	25	3.61	25	3.29	25	3.27	25	3.35	25	3.63	
	1995	5	3.61	5	3.79	5	4.87	5	4.10	5	4.27	5	3.95	5	5.16	5	3.76	5	3.64	5	3.72	5	⟨8.97⟩	5	4.02	4.00
		15	3.68	15	3.82	15	3.98	15	4.29	15	4.14	15	5.26	15	3.99	15	3.78	15	3.60	15	3.63	15	3.73	15	4.13	
		25	3.70	25	3.82	25	3.91	25	4.33	25	4.09	25	4.04	25	3.83	25	3.51	25	3.68	25	3.72	25	3.97	25	4.37	
	1996	5	4.12	5	4.18	5	4.40	5	4.44	5	4.54	5	4.05	5	3.79	5	3.56	5	3.55	5	3.20	5	3.22	5	3.26	3.85
		15	4.15	15	4.05	15	⟨9.62⟩	15	4.56	15	4.75	15	3.89	15	3.74	15	3.83	15	3.38	15	3.14	15	3.17	15	3.09	
		25	4.10	25	4.18	25	4.47	25	4.67	25	4.50	25	3.93	25	3.91	25	3.83	25	3.24	25	3.26	25	3.20	25	3.44	

续表

点号	年份	1月 日	1月 水位	2月 日	2月 水位	3月 日	3月 水位	4月 日	4月 水位	5月 日	5月 水位	6月 日	6月 水位	7月 日	7月 水位	8月 日	8月 水位	9月 日	9月 水位	10月 日	10月 水位	11月 日	11月 水位	12月 日	12月 水位	年平均
农8	1997	5	3.43	5	3.40	5	3.34	5	3.33	5	3.79	5	3.74	5	3.69	5	4.17	5	4.21	5		5		5		3.71
		15	(6.61)	15	3.13	15	3.24	15	3.37	15	3.62	15	4.01	15	3.92	15	4.21	15	3.71	15	3.92	15	4.10	15	4.39	
		25	3.28	25	3.03	25	3.40	25	3.42	25	3.71	25	4.12	25	3.83	25	4.46	25	3.67	25		25		25		
	1991	5	9.97	5	10.48	5	10.18	5	10.52	5	9.99	5	10.44	5	11.04	5	11.30	5	11.17	5	11.01	5	11.19	5	10.93	10.69
		15	10.14	15	10.30	15	10.29	15	10.23	15	10.18	15	10.58	15	11.35	15	11.16	15	11.15	15	10.57	15	11.23	15	10.96	
		25	9.72	25	10.06	25	10.53	25	10.07	25	10.41	25	10.74	25	11.59	25	11.38	25	11.03	25	10.89	25	10.93	25	10.96	
	1992	5	11.00	5	11.14	5	10.99	5	11.02	5	11.45	5	11.45	5	11.57	5	11.81	5	11.72	5	11.22	5	11.02	5	11.31	11.31
		15	10.98	15	10.89	15	11.30	15	11.49	15	11.36	15	11.64	15	11.76	15	11.85	15	11.57	15	11.04	15	11.21	15	11.45	
		25	11.24	25	10.83	25	11.27	25	10.38	25	11.32	25	11.56	25	11.74	25	11.80	25	11.25	25	10.97	25	11.23	25	11.39	
K202 主	1993	5	11.71	5	11.76	5	11.81	5	11.63	5	11.72	5	11.88	5	11.93	5	11.94	5	11.10	5	11.92	5	11.91	5	11.91	11.83
		15	11.72	15	11.82	15	11.89	15	11.75	15	11.68	15	11.91	15	11.95	15	11.97	15	11.91	15	11.91	15	11.91	15	11.91	
		25	11.76	25	11.88	25	11.70	25	11.71	25	11.69	25	11.92	25	11.94	25	11.97	25	11.91	25	11.91	25	11.91	25	11.91	
	1994	5	11.91	5	11.92	5	11.93	5	11.90	5	11.90	5	11.91	5	11.94	5	11.91	5	11.93	5	11.92	5	10.64	5	12.52	12.06
		15	11.91	15	11.92	15	11.93	15	11.90	15	11.91	15	11.92	15	11.92	15	11.92	15	12.20	15	13.15	15	12.36	15	12.30	
		25	11.91	25	11.92	25	11.93	25	11.91	25	11.91	25	11.94	25	11.92	25	11.92	25	13.67	25	13.30	25	12.43	25	12.56	
	1995	5	12.31	5	12.57	5	12.71	5	13.05	5	12.80	5	13.35	5	13.67	5	13.67	5	13.68	5	13.37	5	13.54	5	13.34	13.14
		15	12.36	15	12.61	15	12.91	15	13.05	15	12.80	15	13.42	15	13.66	15	13.68	15	13.67	15	11.87	15	13.57	15	13.38	
		25	12.40	25	12.29	25	12.98	25	12.90	25	12.85	25	13.66	25	13.66	25	13.67	25	13.67	25	12.87	25	13.55	25	13.46	
K202 付	1991	5	2.65	5	3.02	5	2.60	5	2.64	5	2.62	5	2.42	5	3.72	5	2.45	5	2.48	5	2.51	5	2.87	5	2.92	2.81
		15	3.74	15	2.62	15	2.58	15	2.66	15	2.66	15	2.37	15	3.82	15	2.50	15	2.44	15	2.57	15	2.79	15	3.87	
		25	3.03	25	2.61	25	2.63	25	2.66	25	2.63	25	2.44	25	3.21	25	3.61	25	2.41	25	2.75	25	2.73	25	2.95	
	1992	5	2.83	5	2.82	5	2.68	5	2.72	5	2.99	5	3.09	5	3.01	5	4.11	5	2.86	5	2.67	5	2.91	5	3.15	2.90
		15	2.77	15	2.63	15	2.68	15	2.80	15	2.98	15	3.07	15	2.89	15	2.92	15	2.79	15	2.77	15	3.00	15	3.17	
		25	2.79	25	2.64	25	2.63	25	2.84	25	2.98	25	2.92	25	2.87	25	2.82	25	2.64	25	2.82	25	3.05	25	3.25	

续表

点号	年份	1月		2月		3月		4月		5月		6月		7月		8月		9月		10月		11月		12月		年平均
		日	水位	日	水位	日	水位	日	水位	日	水位	日	水位	日	水位	日	水位	日	水位	日	水位	日	水位	日	水位	
K202付	1993	5	3.97	5	3.26	5	3.52	5	3.36	5	3.38	5	3.07	5	2.73	5	2.76	5	2.39	5	2.74	5	2.84	5	3.02	3.07
		15	3.25	15	3.33	15	3.47	15	3.48	15	3.44	15	2.97	15	2.76	15	2.82	15	2.63	15	2.68	15	2.94	15	3.15	
		25	3.29	25	3.46	25	3.48	25	3.57	25	3.31	25	2.84	25	2.58	25	2.60	25	2.64	25	2.76	25	2.95	25	3.25	
	1994	5	4.09	5	3.25	5	3.35	5	3.65	5	3.82	5	3.69	5	3.09	5	4.35	5	3.19	5	3.03	5	2.74	5	3.17	3.38
		15	4.14	15	3.25	15	3.41	15	3.63	15	3.79	15	3.44	15	3.06	15	3.44	15	3.00	15	3.05	15	2.86	15	3.16	
		25	3.22	25	3.33	25	3.45	25	3.77	25	3.55	25	3.29	25	4.20	25	3.24	25	2.93	25	2.90	25	2.98	25	3.22	
	1995	5	3.22	5	3.39	5	4.15	5	3.72	5	3.90	5	3.56	5	4.40	5	3.37	5	3.24	5	3.30	5	4.13	5	3.57	3.59
		15	3.31	15	3.41	15	3.58	15	3.89	15	3.78	15	4.66	15	3.58	15	3.43	15	3.19	15	3.20	15	3.34	15	3.71	
		25	3.30	25	3.43	25	3.55	25	3.95	25	3.73	25	3.64	25	3.43	25	3.13	25	3.26	25	2.90	25	3.53	25	3.91	
	1996	5	3.67	5	3.79	5	3.97	5	4.05	5	4.17	5	3.75	5	3.47	5	3.26	5	3.22	5	2.86	5	2.88	5	2.87	3.54
		15	3.72	15	3.68	15	5.10	15	4.15	15	4.38	15	3.58	15	3.41	15	3.48	15	3.03	15	2.85	15	2.84	15	2.77	
		25	3.70	25	3.78	25	4.05	25	4.27	25	4.14	25	3.62	25	3.56	25	3.50	25	2.90	25	2.93	25	2.85	25	3.08	
	1997	5	3.09	5	3.05	5	2.75	5	3.04	5	3.47	5	3.50	5	3.47	5	3.91	5	3.92	5	3.53	5	3.69	5	3.85	3.49
		15	4.01	15	2.83	15	2.94	15	3.09	15	3.35	15	3.75	15	3.64	15	3.93	15	3.48	15	3.62	15	3.77	15	3.98	
		25	2.96	25	2.91	25	3.05	25	3.04	25	3.46	25	3.86	25	3.56	25	4.17	25	3.43	25	3.70	25	3.79	25	4.02	
	1998	5	4.06	5	4.14	5	4.41	5	4.29	5	4.29	5	3.77	5	4.01	5	3.50	5	3.17	5	3.26	5	3.47	5	3.49	3.81
		15	4.39	15	4.24	15	4.34	15	4.18	15	4.02	15	3.84	15	3.58	15	3.40	15	3.43	15	3.20	15	3.43	15	3.48	
		25	4.12	25	4.28	25	4.09	25	4.32	25	3.93	25	4.24	25	3.62	25	3.37	25	3.32	25	3.44	25	3.41	25	3.71	
	1999	5	3.76	5	3.69	5	3.99	5	3.92	5	4.00	5	3.93	5	3.96	5	4.80	5	4.35	5	4.05	5	3.81	5	3.80	4.00
		15	3.82	15	3.89	15	4.14	15	3.94	15	3.88	15	4.09	15	4.13	15	4.50	15	4.33	15	4.22	15	3.74	15	3.77	
		25	3.58	25	3.60	25	3.98	25	3.93	25	3.95	25	4.02	25	4.24	25	4.34	25	4.26	25	3.97	25	3.76	25	3.78	
	2000	5	3.89	5	3.94	5	4.54	5	4.69	5	4.80	5	4.37	5	4.14	5	4.33	5	3.96	5	3.91	5	3.77	5	4.19	4.21
		15	3.92	15	3.89	15	4.55	15	4.68	15	4.57	15	4.14	15	4.03	15	4.40	15	3.99	15	3.75	15	4.06	15	4.20	
		25	3.95	25	4.07	25	4.59	25	4.73	25	4.67	25	4.57	25	4.41	25	3.97	25	4.01	25	3.72	25	3.95	25	4.06	

续表

点号	年份	1月		2月		3月		4月		5月		6月		7月		8月		9月		10月		11月		12月		年平均
		日	水位	日	水位	日	水位	日	水位	日	水位	日	水位	日	水位	日	水位	日	水位	日	水位	日	水位	日	水位	
K389	1991	5	1.58	5	1.71	5	1.44	5	1.47	5	1.58	5	1.52	5	1.53	5	1.54	5	1.51	5	1.41	5	1.55	5	1.49	1.53
		15	1.58	15	1.68	15	1.40	15	1.52	15	1.62	15	1.49	15	1.49	15	1.52	15	1.32	15	1.45	15	1.59	15	1.57	
		25	1.57	25	1.58	25	1.44	25	1.52	25	1.68	25	1.48	25	1.73	25	1.53	25	1.34	25	1.49	25	1.62	25	1.58	
	1992	5	1.60	5	1.70	5	1.37	5	1.38	5	1.62	5	1.75	5	1.78	5	1.84	5	1.71	5	1.55	5	1.65	5	1.89	1.63
		15	1.63	15	1.43	15	1.33	15	1.47	15	1.67	15	1.76	15	1.75	15	1.68	15	1.70	15	1.59	15	1.69	15	1.84	
		25	1.56	25	1.29	25	1.27	25	1.55	25	1.70	25	1.73	25	1.71	25	1.68	25	1.53	25	1.62	25	1.73	25	1.84	
	1993	5	1.83	5	1.79	5	1.94	5	2.01	5	2.07	5	1.82	5	1.43	5	1.30	5	1.21	5	1.33	5	1.48	5	1.60	1.64
		15	1.76	15	1.87	15	1.98	15	2.02	15	2.01	15	1.68	15	1.34	15	1.30	15	1.22	15	1.29	15	1.53	15	1.64	
		25	1.68	25	1.91	25	2.00	25	2.04	25	1.93	25	1.61	25	1.25	25	1.29	25	1.27	25	1.42	25	1.56	25	1.69	
	1994	5	1.75	5	1.70	5	1.80	5	1.92	5	2.01	5	1.86	5	1.51	5	1.69	5	1.52	5	1.42	5	1.45	5	1.55	1.68
		15	1.84	15	1.74	15	1.85	15	1.97	15	2.00	15	1.74	15	1.45	15	1.55	15	1.47	15	1.48	15	1.44	15	1.58	
		25	1.66	25	1.78	25	1.88	25	2.00	25	1.93	25	1.63	25	1.55	25	1.71	25	1.40	25	1.37	25	1.48	25	1.62	
	1995	5	1.66	5	1.69	5	1.92	5	1.96	5	2.09	5	1.83	5	1.65	5	1.40	5	1.42	5	1.47	5	1.63	5	1.76	1.72
		15	1.69	15	1.73	15	1.87	15	2.01	15	2.04	15	1.74	15	1.61	15	1.54	15	1.39	15	1.51	15	1.66	15	1.89	
		25	1.68	25	1.76	25	1.92	25	2.07	25	1.93	25	1.69	25	1.44	25	1.43	25	1.39	25	1.52	25	1.71	25	2.04	
	1996	5	1.83	5	1.96	5	2.10	5	2.23	5	2.36	5	2.03	5	1.51	5	1.46	5	1.45	5	1.45	5	1.41	5	1.46	1.76
		15	1.86	15	1.99	15	2.22	15	2.29	15	2.54	15	1.72	15	1.41	15	1.53	15	1.29	15	1.46	15	1.39	15	1.52	
		25	1.91	25	2.05	25	2.20	25	2.33	25	2.21	25	1.65	25	1.44	25	1.83	25	1.32	25	1.51	25	1.41	25	1.54	
	1997	5	1.60	5	1.60	5	2.67	5	1.70	5	1.79	5	1.66	5	1.76	5	1.88	5	1.74	5		5		5		1.78
		15	1.66	15	1.62	15	2.67	15	1.72	15	1.77	15	1.65	15	1.68	15	1.74	15	1.61	15	1.63	15	1.90	15	2.18	
		25	1.58	25	1.67	25	1.65	25	1.75	25	1.71	25	1.76	25	1.63	25	1.64	25	1.57	25		25		25		
	1998	15	2.30	15	2.41	15	2.55	15	2.65	15	2.71	15	2.48	15	1.98	15	1.64	15	1.51	15	1.63	15	1.85	15	2.02	2.14
	1999	15	2.10	15	2.28	15	2.55	15	2.45	15	2.21	15	2.72	15	2.57	15	2.77	15	2.75	15	2.68	15	2.65	15	2.60	2.53

续表

点号	年份	日	1月水位	2月水位	3月水位	4月水位	5月水位	6月水位	7月水位	8月水位	9月水位	10月水位	11月水位	12月水位	年平均
牛生	1991	5	2.20	2.31	2.23	2.23	2.07	1.72	2.10	1.52	1.69	1.91	2.36	2.34	2.10
		15	2.55	2.23	2.16	2.32	2.04	1.69	2.21	1.73	1.57	1.99	2.26	2.62	
		25	2.48	2.22	2.26	2.33	1.96	1.71	2.19	1.80	1.68	2.22	2.26	2.50	
	1992	5	2.31	2.30	2.30	2.33	2.37	2.22	2.06	2.09	1.85	1.79	2.11	(4.85)	2.13
		15	2.27	2.37	2.34	2.40	2.15	2.16	1.78	1.91	1.83	1.90	2.20	2.47	
		25	2.32	2.26	2.22	2.42	2.03	1.99	1.80	1.76	1.66	1.97	2.30	2.48	
	1993	5	2.57	2.61	2.90	2.59	2.84	2.63	2.29	2.23	1.98	2.20	2.36	2.53	2.50
		15	2.56	2.71	2.87	2.94	3.00	2.51	2.16	2.31	2.10	1.92	2.42	2.60	
		25	2.62	2.83	2.87	3.02	2.98	2.42	2.09	1.97	2.18	2.20	2.45	2.69	
	1994	5	2.81	2.72	2.86	3.12	3.40	3.46	2.93	3.36	2.96	2.73	2.53	2.66	2.93
		15	2.72	2.79	2.88	3.23	3.45	3.25	2.82	3.24	2.77	2.75	2.54	2.67	
		25	2.65	2.81	2.97	3.34	3.32	3.09	3.00	2.98	2.72	2.56	2.59	2.70	
	1995	5	2.72	2.86	3.09	3.23	3.54	3.40	3.50	3.11	2.96	2.95	2.98	3.13	3.14
		15	2.77	2.92	3.06	3.32	3.52	3.55	3.40	3.13	2.93	2.91	3.05	3.19	
		25	2.85	2.93	3.10	3.51	3.56	3.46	3.30	3.01	2.92	2.91	3.08	3.31	
	1996	5	3.18	3.28	3.51	3.68	3.87	3.67	3.55	3.45	(5.57)	2.77	2.66	2.60	3.31
		15	3.22	3.30	3.58	3.80	3.99	3.59	(5.47)	3.41	3.00	2.75	2.60	(5.08)	
		25	3.26	(5.84)	3.62	3.83	3.83	3.71	3.45	3.49	(5.30)	2.70	2.60	2.69	
	1997	5	2.77	2.74	2.74	2.88	3.25	3.49	3.63	3.81	3.94	3.38	3.55	3.72	3.27
		15	2.80	2.67	2.78	2.97	3.22	3.66	3.53	3.78	3.47				
		25	2.77	2.75	2.85	(5.24)	3.28	3.72	3.49	3.88	3.42				
	1998	15	3.70	3.84	3.95	4.09	3.98	3.93	3.67	3.38	3.27	3.20	3.19	3.33	3.63
	1999	15	3.40	3.55	3.79	3.81	3.69	4.01	3.73	4.34	4.18	3.98	3.81	3.72	3.83

续表

点号	年份	1月			2月			3月			4月			5月			6月			7月			8月			9月			10月			11月			12月			年平均
		日	水位		日	水位		日	水位		日	水位		日	水位		日	水位		日	水位		日	水位		日	水位		日	水位		日	水位		日	水位	
K387	1991	5	2.50		5	1.98		5	1.91		5	2.15		5	2.27		5	2.32		5	2.35		5	2.44		5	2.51		5	2.41		5	2.37		5	2.50		2.32
		15	2.31		15	1.82		15	1.99		15	2.20		15	2.23		15	2.28		15	2.42		15	2.45		15	2.52		15	2.42		15	2.41		15	2.52		
		25	2.37		25	1.98		25	2.07		25	2.22		25	2.39		25	2.26		25	2.45		25	2.50		25	2.43		25	2.45		25	2.45		25	2.51		
	1992	5	2.46		5	2.05		5	1.61		5	1.94		5	2.24		5	2.54		5	2.69		5	2.78		5	2.79		5	2.65		5	2.61		5	2.65		2.39
		15	2.24		15	1.41		15	1.72		15	2.02		15	2.35		15	2.61		15	2.73		15	2.86		15	2.79		15	2.61		15	2.65		15	2.36		
		25	2.29		25	1.51		25	1.81		25	2.12		25	2.45		25	2.61		25	2.74		25	2.80		25	2.73		25	2.61		25	2.68		25	2.39		
	1993	5	2.47		5	2.56		5	2.71		5	2.71		5	2.73		5	2.27		5	2.00		5	1.88		5	1.73		5	1.92		5	2.09		5	2.19		2.27
		15	2.48		15	2.62		15	2.65		15	2.74		15	2.61		15	2.21		15	1.97		15	1.86		15	1.68		15	2.00		15	2.14		15	2.27		
		25	2.49		25	2.67		25	2.70		25	2.76		25	2.42		25	2.05		25	1.92		25	1.77		25	1.81		25	2.04		25	2.17		25	2.35		
	1994	5	2.30		5	2.21		5	2.41		5	2.57		5	2.59		5	2.31		5	2.07		5	1.75		5	1.79		5	1.94		5	2.01		5	2.10		2.14
		15	1.99		15	2.29		15	2.47		15	2.62		15	2.46		15	2.18		15	1.99		15	1.79		15	1.82		15	2.04		15	2.02		15	2.18		
		25	2.10		25	2.36		25	2.53		25	2.63		25	2.37		25	2.14		25	1.50		25	1.67		25	1.81		25	1.91		25	2.00		25	2.25		
	1995	5	2.33		5	2.18		5	2.42		5	2.58		5	2.52		5	1.86		5	1.70		5	1.41		5	1.48		5	1.93		5	2.25		5	2.48		2.10
		15	2.38		15	2.28		15	2.49		15	2.63		15	2.30		15	1.90		15	1.52		15	1.43		15	1.51		15	2.02		15	2.33		15	2.56		
		25	2.06		25	2.34		25	2.54		25	2.68		25	2.07		25	1.79		25	1.49		25	1.26		25	1.66		25	2.11		25	2.41		25	2.63		
	1996	5	2.01		5	2.52		5	2.71		5	2.81		5	2.69		5	1.79		5	1.44		5	1.16		5	1.24		5	1.65		5	1.75		5	1.91		1.99
		15	2.23		15	2.56		15	2.74		15	2.81		15	2.59		15	1.65		15	1.22		15	1.41		15	1.08		15	1.78		15	1.70		15	2.02		
		25	2.38		25	2.64		25	2.79		25	2.83		25	2.03		25	1.60		25	1.41		25	1.41		25	1.22		25	1.87		25	1.79		25	2.10		
	1997	5	2.19		5	2.14		5	2.29		5	2.38		5	2.37		5	0.94		5	0.69		5	0.52		5	0.69		5	1.35		5	2.09		5	2.40		1.72
		15	2.53		15	2.22		15	2.33		15	2.40		15	1.85		15	1.59		15	0.70		15	0.66		15	0.43		15	1.70		15	2.23		15	2.49		
		25	2.09		25	2.29		25	2.34		25	2.41		25	2.28		25	0.76		25	0.66		25	0.76		25	0.74		25	1.90		25	2.11		25	2.55		
	1998	5	2.67		5	2.82		5	2.93		5	3.00		5	2.94		5	1.77		5	1.40		5	0.96		5	0.96		5	1.46		5	1.95		5	2.23		2.03
		15	2.68		15	2.84		15	2.96		15	2.96		15	2.61		15	1.56		15	0.79		15	0.66		15	1.20		15	1.63		15	1.77		15	2.30		
		25	2.74		25	2.89		25	2.98		25	2.97		25	2.19		25	1.46		25	0.96		25	0.59		25	1.12		25	1.79		25	2.16		25	2.34		

续表

点号	年份	1月 日	1月 水位	2月 日	2月 水位	3月 日	3月 水位	4月 日	4月 水位	5月 日	5月 水位	6月 日	6月 水位	7月 日	7月 水位	8月 日	8月 水位	9月 日	9月 水位	10月 日	10月 水位	11月 日	11月 水位	12月 日	12月 水位	年平均
K387	1999	5	2.41	5	2.26	5	2.54	5	2.73	5	2.83	5	2.18	5	2.08	5	1.84	5	2.01	5	2.16	5	2.26	5	2.51	2.34
		15	2.44	15	2.31	15	2.49	15	2.77	15	2.74	15	2.15	15	2.03	15	1.83	15	2.05	15	2.25	15	2.45	15	2.53	
		25	2.42	25	2.45	25	2.69	25	2.81	25	2.32	25	2.11	25	2.06	25	1.92	25	2.09	25	2.32	25	2.48	25	2.58	
	2000	5	2.83	5	2.51	5	2.68	5	2.91	5	2.61	5	2.04	5	1.60	5	1.53	5	1.28	5	1.91	5	1.98	5	2.50	2.17
		15	2.30	15	2.58	15	2.75	15	3.00	15	2.35	15	1.82	15	1.52	15	1.44	15	1.67	15	1.88	15	2.12	15	2.52	
		25	2.43	25	2.59	25	2.83	25	2.84	25	2.22	25	1.70	25	1.49	25	1.43	25	1.85	25	1.97	25	2.18	25	2.39	
K386	1991	5	2.41	5	2.29	5	2.08	5	2.15	5	2.23	5	2.16	5	2.26	5	2.36	5	2.40	5	2.31	5	2.37	5	2.44	2.34
		15	2.23	15	2.08	15	2.08	15	2.18	15	2.28	15	2.11	15	2.50	15	2.37	15	2.41	15	2.34	15	2.38	15	4.46	
		25	2.22	25	2.10	25	2.13	25	2.15	25	2.33	25	2.12	25	2.35	25	2.45	25	2.32	25	2.37	25	2.41	25	2.46	
	1992	5	2.39	5	2.31	5	1.96	5	2.05	5	2.29	5	2.55	5	2.63	5	2.70	5	2.63	5	2.43	5	2.47	5	2.55	2.39
		15	2.36	15	1.86	15	1.91	15	2.09	15	2.37	15	2.58	15	2.68	15	2.74	15	2.62	15	2.41	15	2.50	15	2.49	
		25	2.34	25	1.84	25	1.96	25	2.16	25	2.45	25	2.57	25	2.64	25	2.66	25	2.52	25	2.44	25	2.54	25	2.49	
	1993	5	2.36	5	2.50	5	2.60	5	2.58	5	2.63	5	2.35	5	2.13	5	2.02	5	1.94	5	2.01	5	2.08	5	2.13	2.28
		15	2.30	15	2.55	15	2.62	15	2.60	15	2.57	15	2.30	15	2.11	15	2.03	15	1.91	15	2.04	15	2.10	15	2.24	
		25	2.40	25	2.57	25	2.60	25	2.63	25	2.43	25	2.23	25	2.00	25	1.96	25	1.97	25	2.05	25	2.11	25	2.31	
	1994	5	2.29	5	2.27	5	2.40	5	2.51	5	2.50	5	2.40	5	2.19	5	2.13	5	2.14	5	2.11	5	2.07	5	2.15	2.25
		15	2.20	15	2.31	15	2.44	15	2.53	15	2.46	15	2.31	15	2.14	15	2.16	15	2.10	15	2.17	15	2.06	15	2.22	
		25	2.20	25	2.38	25	2.47	25	2.50	25	2.43	25	2.27	25	2.10	25	2.10	25	2.05	25	2.02	25	2.04	25	2.28	
	1995	5	2.34	5	2.34	5	2.52	5	2.53	5	2.46	5	1.85	5	1.74	5	1.68	5	1.74	5	2.07	5	2.29	5	2.48	2.17
		15	2.39	15	2.38	15	2.53	15	2.57	15	2.30	15	1.88	15	1.67	15	1.69	15	1.79	15	2.12	15	2.36	15	2.55	
		25	2.32	25	2.42	25	2.65	25	2.55	25	2.05	25	1.81	25	1.60	25	1.58	25	1.91	25	2.18	25	2.43	25	2.54	
	1996	5	2.01	5	2.51	5	2.75	5	2.72	5	2.53	5	1.82	5	1.52	5	1.27	5	1.40	5	1.83	5	1.82	5	1.97	2.03
		15	2.28	15	2.53	15	2.76	15	2.73	15	2.50	15	1.71	15	1.32	15	1.55	15	1.32	15	1.90	15	1.78	15	2.07	
		25	2.40	25	2.58	25	—	25	2.68	25	2.08	25	1.69	25	1.50	25	1.60	25	1.49	25	1.95	25	1.86	25	2.13	

续表

点号	年份	1月 日	1月 水位	2月 日	2月 水位	3月 日	3月 水位	4月 日	4月 水位	5月 日	5月 水位	6月 日	6月 水位	7月 日	7月 水位	8月 日	8月 水位	9月 日	9月 水位	10月 日	10月 水位	11月 日	11月 水位	12月 日	12月 水位	年平均
K386	1997	5	2.22	5	2.23	5	2.38	5	2.36	5	2.27	5	1.26	5	1.02	5	0.89	5	1.06	5		5		5		1.75
		15	2.22	15	2.29	15	2.34	15	2.35	15	1.98	15	1.18	15	1.03	15	1.03	15	0.66	15	1.86	15	2.29	15	2.51	
		25	2.21	25	2.39	25	2.29	25	2.35	25	1.55	25	1.12	25	1.05	25	1.16	25	0.92	25		25		25		
	1998	15	2.65	15	2.76	15	2.85	15	2.78	15	2.05	15	1.32	15	0.82	15	0.69	15	1.22	15	1.84	15	1.82	15	2.40	1.93
	1999	15	2.42	15	2.49	15	2.74	15	2.78	15	2.76	15	1.61	15	1.42	15	1.46	15	1.57	15	2.15	15	2.43	15	2.50	2.19
K386-5	1991	5	1.72	5	1.63	5	1.43	5	1.48	5	1.55	5	1.45	5	1.57	5	1.67	5	1.71	5	1.63	5	1.68	5	1.76	1.60
		15	1.49	15	1.44	15	1.42	15	1.50	15	1.60	15	1.40	15	1.73	15	1.65	15	1.72	15	1.65	15	1.70	15	1.77	
		25	1.52	25	1.45	25	1.47	25	1.47	25	1.65	25	1.42	25	1.64	25	1.76	25	1.63	25	1.68	25	1.73	25	1.77	
	1992	5	1.71	5	1.65	5	1.33	5	1.40	5	1.62	5	1.85	5	1.93	5	2.00	5	1.91	5	1.71	5	1.76	5	1.85	1.71
		15	1.69	15	1.25	15	1.28	15	1.43	15	1.69	15	1.89	15	1.99	15	1.99	15	1.89	15	1.70	15	1.80	15	1.81	
		25	1.67	25	1.23	25	1.32	25	1.51	25	1.76	25	1.86	25	1.93	25	1.94	25	1.79	25	1.73	25	1.84	25	1.76	
	1993	5	1.59	5	1.82	5	1.89	5	1.87	5	1.93	5	1.67	5	1.45	5	1.33	5	1.26	5	1.36	5	1.41	5	1.46	1.59
		15	1.55	15	1.86	15	1.91	15	1.89	15	1.87	15	1.62	15	1.44	15	1.33	15	1.27	15	1.37	15	1.44	15	1.56	
		25	1.70	25	1.87	25	1.90	25	1.92	25	1.74	25	1.56	25	1.31	25	1.30	25	1.31	25	1.39	25	1.44	25	1.64	
	1994	5	1.55	5	1.60	5	1.73	5	1.83	5	1.81	5	1.73	5	1.52	5	1.50	5	1.50	5	1.46	5	1.41	5	1.48	1.59
		15	1.54	15	1.65	15	1.76	15	1.85	15	1.79	15	1.65	15	1.47	15	1.48	15	1.46	15	1.50	15	1.39	15	1.54	
		25	1.53	25	1.71	25	1.79	25	1.80	25	1.76	25	1.61	25	1.47	25	1.46	25	1.40	25	1.36	25	1.38	25	1.61	
	1995	5	1.66	5	1.68	5	1.81	5	1.82	5	1.75	5	1.31	5	1.00	5	0.99	5	1.06	5	1.42	5	1.64	5	1.81	1.49
		15	1.68	15	1.72	15	1.84	15	1.89	15	1.59	15	1.16	15	0.95	15	0.97	15	1.12	15	1.46	15	1.68	15	1.87	
		25	1.66	25	1.75	25	1.85	25	1.85	25	1.31	25	1.09	25	0.87	25	0.89	25	1.26	25	1.48	25	1.76	25	1.89	
	1996	5	1.28	5	1.84	5	1.97	5	2.00	5	1.82	5	1.10	5	0.80	5	0.58	5	0.68	5	1.17	5	1.19	5	1.32	1.34
		15	1.62	15	1.86	15	2.03	15	2.02	15	1.76	15	0.98	15	0.61	15	0.82	15	0.67	15	1.24	15	1.13	15	1.42	
		25	1.73	25	1.84	25	2.04	25	1.98	25	1.35	25	0.96	25	0.80	25	0.91	25	0.87	25	1.30	25	1.22	25	1.48	

续表

点号	年份	日	1月水位	2月水位	3月水位	4月水位	5月水位	6月水位	7月水位	8月水位	9月水位	10月水位	11月水位	12月水位	年平均
K386-5	1997	5	1.57	1.58	1.71	1.70	1.65	0.53	0.24	0.22	0.39				1.12
		15	1.53	1.64	1.67	1.67	1.21	0.46	0.33	0.33	0.11	1.26	1.65	1.85	
		25	1.57	2.10	1.67	1.68	0.79	0.44	1.28	0.47	0.28		1.10		
	1998	15	1.95	2.09	2.16	2.06	1.23	0.32			0.03	1.17	1.72	1.73	1.38
	1999	15	1.80	1.82	2.13	2.10	1.91	0.16	0.25	0.26	0.07	1.39	1.75	1.80	1.28
K386-4	1991	5	1.81	1.73	1.62	1.56	1.63	1.26	1.62	1.69	1.68	1.67	1.77	1.78	1.65
		15	1.66	1.65	1.58	1.54	1.66	1.27	1.72	1.64	1.68	1.67	1.62	1.81	
		25	1.69	1.62	1.59	1.52	1.63	1.42	1.74	1.78	1.63	1.69	1.64	1.81	
	1992	5	1.74	1.72	1.61	1.61	1.71	1.80	1.84	1.90	1.70	1.42	1.68	1.73	1.68
		15	1.73	1.61	1.57	1.63	1.70	1.78	1.87	1.67	1.65	1.50	1.48	1.70	
		25	1.74	1.58	1.57	1.68	1.77	1.72	1.81	1.72	1.42	1.57	1.50	1.74	
	1993	5	1.69	1.75	1.77	1.71	1.83	1.61	1.44	1.37	1.41	1.47	1.50	1.52	1.58
		15	1.63	1.74	1.79	1.75	1.66	1.60	1.41	1.41	1.43	1.40	1.59	1.58	
		25	1.67	1.75	1.78	1.80	1.63	1.63	1.16	1.41	1.42	1.46	1.51	1.63	
	1994	5	1.68	1.64	1.73	1.76	1.74	1.76	1.59	1.71	1.71	1.66	1.55	1.59	1.67
		15	1.70	1.72	1.73	1.77	1.74	1.67	1.52	1.69	1.67	1.67	1.70	1.63	
		25	1.59	1.73	1.73	1.68	1.75	1.64	1.67	1.69	1.61	1.53	1.74	1.68	
	1995	5	1.72	1.81	1.91	1.79	1.43	0.76	0.68	0.86	1.23	1.62	1.78	1.84	1.44
		15	1.73	1.85	1.91	1.86	1.15	0.92	0.74	0.88	1.28	1.62	1.43	1.92	
		25	1.80	1.88	1.83	1.61	0.73	0.81	0.68	0.87	1.48	1.58	1.38	2.00	
	1996	5	1.64	1.50	1.96	1.93	1.53	0.71	0.74	0.71	0.96	1.66	1.49	1.56	1.38
		15	1.82	2.02	1.98	1.94	1.29	0.74	0.44	0.77	0.87	1.53		1.63	
		25	1.85	1.96	1.99	1.84	0.82	0.78	0.68	0.89	1.28	1.53		1.68	

续表

点号	年份	1月 日	1月 水位	2月 日	2月 水位	3月 日	3月 水位	4月 日	4月 水位	5月 日	5月 水位	6月 日	6月 水位	7月 日	7月 水位	8月 日	8月 水位	9月 日	9月 水位	10月 日	10月 水位	11月 日	11月 水位	12月 日	12月 水位	年平均
K386-4	1997	5	1.79	5	1.80	5	1.83	5	1.78	5	1.47	5	0.94	5	0.72	5	0.68	5	0.58	5	1.39	5	1.76	5	1.90	1.41
		15	1.81	15	1.89	15	1.80	15	1.76	15	2.05	15	0.85	15	0.86	15	0.72	15	0.73	15	1.59	15	1.88	15	1.94	
		25	1.83	25	1.50	25	1.80	25	1.65	25	0.67	25	0.90	25	0.81	25	0.61	25	0.90	25	1.66	25	1.92	25	1.98	
	1998	5	1.98	5	2.11	5	2.13	5	2.10	5	1.69	5	0.86	5	0.90	5	0.40	5	0.47	5	1.46	5	1.72	5	1.85	1.42
		15	2.04	15	2.11	15	2.10	15	2.02	15	1.11	15	0.71	15	0.39	15	0.52	15	0.74	15	1.55	15	1.55	15	1.88	
		25	2.03	25	2.14	25	2.11	25	1.64	25	0.64	25	0.58	25	0.53	25	0.48	25	1.17	25	1.64	25	1.81	25	2.01	
	1999	5	1.95	5	1.95	5	2.10	5	2.13	5	2.06	5	1.18	5	1.22	5	1.03	5	1.33	5	1.34	5	1.69	5	1.82	1.66
		15	1.97	15	1.99	15	2.18	15	2.10	15	1.83	15	1.26	15	0.95	15	1.21	15	1.26	15	1.62	15	1.85	15	1.91	
		25	1.96	25	2.07	25	2.10	25	2.11	25	1.06	25	1.09	25	1.02	25	1.31	25	1.40	25	1.74	25	1.86	25	1.96	
	2000	5	2.08	5	2.06	5	2.07	5	2.12	5	2.07	5	1.13	5	1.05	5	1.12	5	1.22	5	1.61	5	1.65	5	2.04	1.69
		15	1.97	15	2.11	15	2.01	15	2.16	15	1.48	15	1.17	15	1.04	15	1.08	15	1.43	15	1.56	15	1.71	15	2.04	
		25	3.00	25	2.09	25	2.09	25	2.12	25	1.52	25	1.15	25	1.05	25	1.07	25	1.59	25	1.57	25	1.78	25	1.88	
农9	1991	6	3.10	6	3.37	6	3.03	6	3.12	6	3.04	6	2.79	6	4.80	6	2.87	6	2.99	6	3.04	6	3.24	6	4.64	3.35
		16	4.95	16	3.04	16	3.03	16	3.09	16	3.04	16	2.75	16	4.83	16	3.02	16	2.74	16	3.06	16	3.23	16	4.82	
		26	4.71	26	3.03	26	3.06	26	3.09	26	2.97	26	2.90	26	〈5.15〉	26	3.01	26	2.92	26	〈5.58〉	26	〈4.75〉	26	3.33	
	1992	6	3.31	6	3.25	6	2.90	6	3.20	6	3.34	6	3.31	6	3.26	6	3.70	6	3.15	6	2.94	6	3.20	6	3.49	3.23
		16	3.27	16	3.14	16	3.18	16	3.27	16	3.24	16	3.33	16	3.05	16	3.21	16	3.02	16	3.07	16	3.31	16	3.52	
		26	3.30	26	3.14	26	3.11	26	3.19	26	3.31	26	3.15	26	3.20	26	3.11	26	2.88	26	3.15	26	3.43	26	3.62	
	1993	6	3.75	6	3.71	6	3.81	6	3.76	6	3.86	6	3.55	6	3.46	6	3.45	6	3.30	6	3.37	6	3.45	6	3.58	3.65
		16	3.68	16	3.79	16	3.83	16	3.87	16	3.90	16	3.42	16	3.26	16	4.54	16	3.30	16	3.32	16	3.50	16	3.73	
		26	3.73	26	3.90	26	3.78	26	3.97	26	4.98	26	3.44	26	3.16	26	3.13	26	3.37	26	3.30	26	3.51	26	3.89	
	1994	6	4.23	6	3.78	6	3.90	6	4.06	6	5.20	6	5.18	6	3.96	6	5.85	6	3.95	6	3.79	6	3.41	6	3.75	4.18
		16	3.85	16	3.87	16	5.21	16	5.36	16	5.31	16	4.82	16	3.76	16	5.45	16	3.70	16	3.73	16	3.53	16	3.74	
		26	3.67	26	3.85	26	3.96	26	4.17	26	4.55	26	3.86	26	4.22	26	4.07	26	3.78	26	3.63	26	3.60	26	3.78	

续表

点号	年份	1月 日	1月 水位	2月 日	2月 水位	3月 日	3月 水位	4月 日	4月 水位	5月 日	5月 水位	6月 日	6月 水位	7月 日	7月 水位	8月 日	8月 水位	9月 日	9月 水位	10月 日	10月 水位	11月 日	11月 水位	12月 日	12月 水位	年平均
农9	1995	6	3.79	6	3.89	6	4.28	6	4.28	6	5.68	6	5.40	6	⟨5.88⟩											
		16	3.89	16	3.99	16	4.14	16	4.47	16	4.73	16	⟨5.88⟩	16	5.79	16	4.24	16	3.91	16	3.92	16	4.08	16	4.28	4.47
		26	3.94	26	4.05	26	4.12	26	5.58	26	⟨5.88⟩	26	5.52	26	4.93	26	4.14	26		26	3.52	26	3.59			
	1996	15	4.39	15	4.36	15	4.79	15	5.74	15	5.97	15	4.56	15	4.25	15		15	3.92	15		15		15	3.53	4.40
	1997	15	3.87	15	3.66	15	3.51	15	3.75	15	4.16	15	⟨6.32⟩	15		15										3.79
#90-31	1991	6	9.85	6	10.38	6	10.11	6	10.25	6	9.05	6	10.46	6	11.10	6	11.20	6	10.81	6	10.81	6	10.04	6	10.96	
		16	10.18	16	10.31	16	11.25	16	10.18	16	10.12	16		16	11.40	16	11.10	16	10.94	16	10.53	16	11.18	16	11.23	10.59
		26	10.16	26	10.02	26	9.50	26	10.25	26		26	10.81	26	11.56	26	11.18	26	10.88	26	10.93	26	10.98	26	10.51	
	1992	6	10.62	6	11.15	6	10.81	6	11.02	6	11.46	6	11.46	6	10.98	6	11.99	6	11.59	6	11.00	6	11.04	6	11.41	
		16	11.31	16	10.97	16	9.68	16	11.66	16	10.81	16	11.68	16	11.61	16	11.93	16	11.50	16	11.06	16	11.24	16	11.41	11.24
		26	11.25	26	10.85	26	11.05	26	11.10	26	11.32	26	11.40	26	11.70	26	11.70	26	11.08	26	11.03	26	11.33	26	11.59	
	1993	6	11.65	6	11.66	6	11.83	6	11.94	6	11.86	6	11.97	6	12.15	6	12.17	6	12.07	6	12.07	6	12.01	6	12.35	
		16	11.69	16	11.79	16	11.90	16	11.83	16	11.76	16	11.63	16	12.12	16	12.27	16	12.02	16	11.87	16	12.07	16	12.39	11.98
		26	11.79	26	11.81	26	12.21	26	12.00	26	11.98	26	12.10	26	12.15	26	12.25	26	12.02	26	11.81	26	12.15	26	12.07	
	1994	6	12.40	6	12.35	6	12.27	6	12.96	6	13.11	6	13.24	6	13.08	6	14.03	6	13.74	6	13.70	6	13.96	6	13.16	
		16	12.37	16	12.57	16	12.92	16	12.86	16	13.28	16	13.15	16	13.01	16	14.02	16	13.58	16	13.66	16	14.32	16	14.28	13.14
		26	12.17	26	12.47	26	12.83	26	13.01	26	13.30	26	13.03	26	13.40	26	13.73	26	13.57	26	13.45	26		26	12.24	
	1995	16	13.15	16	13.45	16	13.61	16	13.69	16	13.71	16	14.28	16	14.93	16	14.88	16	14.43	16	13.50	16	11.41	16	⟨30.38⟩	14.02
	1996	15	14.41	15	14.36	15	14.81	15	14.88	15	15.30	15		15	15.07	15	15.18	15	13.58	15	11.48	15				13.88
	1997	15		15		15	⟨29.11⟩	15	⟨30.37⟩	15	⟨29.15⟩	15	⟨26.16⟩	15	14.61	15	⟨32.19⟩	15	⟨33.00⟩	15	⟨30.12⟩	15				14.61
生11	1991	6	3.23	6	3.58	6	3.13	6	3.21	6	3.43	6	2.98	6	3.72	6	3.08	6	3.20	6	3.19	6	3.34	6	3.77	3.35
		16	3.70	16	3.12	16	3.10	16	3.21	16	3.21	16	2.92	16	4.10	16	3.19	16	2.98	16	3.23	16	3.36	16	3.88	
		26	3.69	26	3.14	26	3.22	26	3.22	26	3.10	26	3.08	26	4.05	26	3.21	26	3.13	26	3.65	26	3.73	26	3.48	

续表

点号	年份	日(1月)	水位	日(2月)	水位	日(3月)	水位	日(4月)	水位	日(5月)	水位	日(6月)	水位	日(7月)	水位	日(8月)	水位	日(9月)	水位	日(10月)	水位	日(11月)	水位	日(12月)	水位	年平均
生11	1992	6	3.45	6	3.36	6	3.16	6	3.33	6	3.59	6	3.63	6	3.31	6	3.79	6	3.23	6	3.17	6	3.56	6	3.52	3.42
		16	3.56	16	3.27	16	3.64	16	3.37	16	3.33	16	3.33	16	3.12	16	3.32	16	3.11	16	3.42	16	3.65	16	3.66	
		26	3.37	26	3.23	26	3.25	26	3.31	26	3.56	26	3.42	26	3.50	26	3.49	26	2.97	26	3.51	26	3.70	26	3.97	
	1993	6	4.05	6	3.79	6	3.77	6	3.77	6	4.25	6	4.02	6	3.97	6	3.93	6	3.79	6	3.84	6	3.93	6	3.99	3.88
		16	3.79	16	3.84	16	3.82	16	4.09	16	4.05	16	3.50	16	3.47	16	4.03	16	3.74	16	3.69	16	3.94	16	3.87	
		26	4.09	26	4.07	26	4.18	26	4.25	26	3.92	26	3.88	26	3.31	26	3.65	26	3.82	26	3.64	26	4.09	26		
	1994	6	3.58	6	4.19	6	4.39	6	4.10	6	4.61	6	4.59	6	4.27	6	5.21	6	4.30	6	4.25	6	3.96	6	4.14	4.30
		16	3.99	16	4.41	16	4.34	16	4.65	16	4.78	16	4.29	16	4.06	16	5.02	16	4.18	16	3.85	16	4.05	16	4.12	
		26	4.05	26	4.34	26	4.30	26	4.26	26	4.69	26	4.14	26	4.60	26	4.46	26	4.17	26	4.10	26	4.04	26	4.20	
	1995	6	4.30	6	3.95	6	4.66	6	4.71	6	4.99	6	4.62	6	5.32	6	4.71	6	4.59	6	4.14	6	4.49	6	4.27	4.58
		16	4.34	16	4.38	16	4.51	16	4.74	16	4.89	16	5.10	16	5.10	16	4.68	16	4.32	16	4.32	16	4.19	16	4.39	
		26	4.32	26	4.36	26	4.57	26	4.73	26	5.16	26	5.09	26	4.94	26	4.38	26	4.07	26	4.36	26	4.63	26	4.59	
	1996	5	4.33	5	4.47	5	4.58	5	4.31	5	5.43	5	4.72	5	4.67	5	4.92	5	4.68	5	4.44	5	3.54	5	⟨8.87⟩	4.59
		15	4.82	15	3.46	15	4.74	15	4.06	15	5.28	15	5.09	15	4.92	15	4.99	15	4.51	15	3.65	15	⟨8.09⟩	15	3.87	
		25	4.42	25	4.52	25	4.80	25	5.04	25	5.33	25	4.96	25	4.96	25	5.11	25	4.31	25	⟨20.02⟩	25	⟨8.33⟩	25	3.90	
	1997	5	3.94	5	3.73	5	3.66	5	3.95	5	4.20	5	4.55	5	4.87	5	5.13	5	5.32	5	4.45	5	4.58	5	4.76	4.35
		15	3.94	15	3.59	15	3.69	15	3.93	15	4.56	15	4.83	15	4.96	15	5.28	15	⟨8.21⟩	15	⟨8.40⟩	15		15		
		25	3.83	25	3.68	25	⟨8.77⟩	25	3.90	25	4.69	25	⟨9.24⟩	25	⟨8.61⟩	25	5.01	25	4.42	25	4.66	25		25		
	1998	15	4.82	15	4.93	15	5.06	15	5.28	15	⟨8.73⟩	15	4.36	15	2.96	15	3.87	15	3.99	15		15	4.29	15	4.20	4.38
	1999	15	4.46	15	4.58	15	4.82	15	4.74	15	4.69	15	4.67	15	4.46	15	5.48	15	4.81	15		15	4.35	15	4.39	4.68
K390	1991	6	2.06	6	2.00	6	1.91	6	1.88	6	1.91	6	1.75	6	1.83	6	1.76	6	1.83	6	1.75	6	1.95	6	2.09	1.90
		16	2.06	16	1.92	16	1.86	16	1.91	16	1.93	16	1.70	16	1.88	16	1.80	16	1.72	16	1.82	16	2.03	16	2.19	
		26	2.15	26	1.92	26	1.88	26	1.90	26	1.94	26	1.73	26	1.91	26	1.86	26	1.69	26	1.87	26	2.00	26	2.05	

第一章 西安市

续表

点号	年份	日	1月 水位	2月 水位	3月 水位	4月 水位	5月 水位	6月 水位	7月 水位	8月 水位	9月 水位	10月 水位	11月 水位	12月 水位	年平均
K390	1992	6	2.07	1.96	1.94	1.89	1.92	1.82	1.82	1.93	1.71	1.47	1.72	1.92	1.83
		16	2.03	2.00	1.91	1.92	1.85	1.89	1.74	1.83	1.64	1.61	1.78	1.96	
		26	1.76	1.99	1.83	1.93	1.85	1.76	1.79	1.73	1.42	1.64	1.85	1.93	
	1993	6	2.01	2.14	2.24	2.25	2.26	2.14	2.00	1.91	1.86	2.01	1.90	1.98	2.05
		16	2.05	2.14	2.23	2.26	2.25	2.10	1.96	1.90	1.85	1.87	1.95	2.03	
		26	2.08	2.17	2.24	2.26	2.20	2.11	1.91	1.91	1.88	1.86	1.94	2.09	
	1994	6	2.19	2.17	2.25	2.26	2.28	2.28	2.27	2.26	2.28	2.27	2.05	2.00	2.21
		16	2.15	2.19	2.27	2.28	2.28	2.28	2.28	2.27	2.28	2.27	2.05	2.05	
		26	2.14	2.23	2.28	2.28	2.26	2.26	2.28	2.28	2.06	2.09	1.97	2.09	
	1995	6	2.13	2.23	2.25	2.26	2.28	2.28	2.26	2.21	1.97	2.09	2.17	干	2.20
		16	2.18	2.27	2.27	2.27	2.26	2.26	2.26	2.24	2.04	2.10	2.20	干	
		26	2.13	2.25	2.27	2.27	2.26	2.27	2.26	2.09		2.12	2.24	干	
	1996	5										干	2.23	2.16	2.20
		15										干	2.15	2.21	
		25										干		2.25	
K391	1991	6	2.01	2.08	1.94	1.91	1.75	1.43	1.55	1.37	1.54	1.63	1.85	1.97	1.75
		16	2.08	1.97	1.86	1.92	1.77	1.38	1.60	1.47	1.00	1.71	1.84	2.01	
		26	2.12	1.98	1.90	1.82	1.64	1.48	1.69	1.47	1.53	1.81	1.89	2.02	
	1992	6	2.05	1.95	1.96	2.00	1.65	1.46	1.49	1.39	1.36	1.34	1.68	1.99	1.67
		16	1.99	2.04	1.92	1.96	1.42	1.42	1.19	1.39	1.24	1.53	1.79	2.05	
		26	1.93	1.97	1.89	1.92	1.44	1.42	1.36	1.29	1.24	1.56	1.90	2.05	
	1993	6	2.01	2.21	2.25	2.33	2.24	1.91	1.79	1.77	1.77	1.86	1.95	2.07	2.01
		16	2.14	2.20	2.30	2.35	2.11	1.86	1.70	1.74	1.79	1.80	1.97	2.16	
		26	2.17	2.23	2.31	2.36	1.99	1.83	1.71	1.71	1.82	1.88	2.01	2.23	

第一章 西安市

续表

点号	年份	1月			2月			3月			4月			5月			6月			7月			8月			9月			10月			11月			12月			年平均
		日	水位		日	水位		日	水位		日	水位		日	水位		日	水位		日	水位		日	水位		日	水位		日	水位		日	水位		日	水位		
K391	1994	6	2.23		6	2.25		6	2.39		6	2.51		6	2.56		6	2.40		6	2.20		6	2.27		6	2.27		6	2.19		6	2.06		6	2.13		2.29
		16	2.22		16	2.32		16	2.45		16	2.57		16	2.53		16	2.30		16	2.08		16	2.39		16	2.24		16	2.18		16	2.05		16	2.18		
		26	2.19		26	2.36		26	2.48		26	2.55		26	2.48		26	2.23		26	2.16		26	2.33		26	2.20		26	2.03		26	2.05		26	2.23		
	1995	6	2.28		6	2.45		6	2.55		6	2.64		6	2.76		6	2.53		6	2.45		6	2.26		6	2.09		6	2.22		6	2.35		6	2.50		2.43
		16	2.35		16	2.48		16	2.57		16	2.70		16	2.74		16	2.48		16	2.43		16	2.14		16	2.09		16	2.26		16	2.39		16	2.57		
		26	2.36		26	2.51		26	2.60		26	2.75		26	2.68		26	2.43		26	2.35		26	2.13		26	2.18		26	2.28		26	2.45		26	2.56		
	1996	5	2.58		5	2.73		5	2.86		5	3.03		5	3.16		5	2.93		5	3.02		5	2.84		5	2.71		5	2.66		5	2.51		5	2.41		2.80
		15	2.61		15	2.78		15	2.91		15	3.07		15	3.42		15	3.04		15	2.90		15	2.80		15	2.56		15	2.53		15	2.49		15	2.50		
		25	2.66		25	2.87		25	2.97		25	3.14		25	3.22		25	3.05		25	2.86		25	2.81		25	2.54		25	2.54		25	2.45		25	2.55		
	1997	5	2.58		5	2.46		5	2.54		5	2.65		5	2.75		5	2.73		5	2.71		5	2.76		5	2.74		5	2.69		5	2.82		5	2.96		2.71
		15	2.53		15	2.49		15	2.67		15	2.66		15	2.77		15	2.76		15	2.69		15	2.73		15	2.74		15	2.72		15	2.85		15	3.00		
		25	2.53		25	2.55		25	2.72		25	2.70		25	2.76		25	2.68		25	2.67		25	2.79		25	2.68		25	2.79		25	2.73		25	3.05		
	1998	5	3.10		5	3.17		5	3.25		5	3.40		5	3.43		5	3.07		5	3.01		5	2.37		5	2.15		5	2.34		5	2.50		5	2.67		2.86
		15	3.10		15	3.18		15	3.29		15	3.43		15	3.23		15	3.04		15	2.74		15	2.35		15	2.27		15	2.47		15	2.65		15	2.78		
		25	3.13		25	3.22		25	3.34		25	3.41		25	3.13		25	3.04		25	2.42		25	2.21		25	2.24		25	2.46		25	2.62		25	2.76		
	1999	5	2.79		5	2.96		5	3.07		5	3.27		5	3.33		5	2.98		5	2.87		5	2.89		5	2.88		5	2.99		5	3.02		5	3.08		3.03
		15	2.86		15	3.07		15	3.22		15	3.41		15	3.20		15	2.95		15	2.78		15	2.95		15	2.93		15	3.01		15	3.03		15	3.13		
		25	2.92		25	3.02		25	3.21		25	3.35		25	3.20		25	2.88		25	2.80		25	2.89		25	2.94		25	3.02		25	3.06		25	3.17		
	2000	5	3.23		5	3.38		5	3.50		5	3.73		5	3.91		5	3.82		5	3.64		5	3.61		5	3.50		5	3.53		5	3.49		5	3.77		3.58
		15	3.28		15	3.42		15	3.58		15	3.77		15	3.91		15	3.78		15	3.56		15	3.59		15	3.53		15	3.45		15	3.51		15	3.59		
		25	3.32		25	3.45		25	3.64		25	3.86		25	3.89		25	3.72		25	3.59		25	3.30		25	3.54		25	3.49		25	3.53		25	3.51		
A6	1991	6	1.87		6	1.30		6	1.64		6	1.63		6	1.72		6	1.68		6	1.90		6	1.82		6	1.84		6	1.77		6	1.82		6	1.91		1.75
		16	1.66		16	1.42		16	1.56		16	1.65		16	1.77		16	1.67		16	2.02		16	1.87		16	1.58		16	1.78		16	1.85		16	1.95		
		26	1.64		26	1.61		26	1.56		26	1.68		26	1.77		26	1.75		26	2.12		26	1.91		26	1.74		26	1.81		26	1.89		26	1.83		

续表

点号	年份	1月 日	1月 水位	2月 日	2月 水位	3月 日	3月 水位	4月 日	4月 水位	5月 日	5月 水位	6月 日	6月 水位	7月 日	7月 水位	8月 日	8月 水位	9月 日	9月 水位	10月 日	10月 水位	11月 日	11月 水位	12月 日	12月 水位	年平均
A6	1992	6	1.74	6	1.54	6	1.56	6	1.64	6	1.74	6	1.78	6	1.83	6	1.93	6	1.74	6	1.61	6	1.64	6	1.69	1.68
		16	1.67	16	1.38	16	1.49	16	1.68	16	1.74	16	1.77	16	1.73	16	1.91	16	1.67	16	1.60	16	1.65	16	1.75	
		26	1.31	26	1.53	26	1.57	26	1.74	26	1.78	26	1.75	26	1.80	26	1.79	26	1.60	26	1.61	26	1.68	26	1.78	
	1993	6	1.72	6	1.84	6	1.81	6	1.76	6	1.86	6	1.81	6	1.71	6	1.75	6	1.69	6	1.63	6	1.58	6	1.63	1.73
		16	1.89	16	1.80	16	1.77	16	1.78	16	1.80	16	1.82	16	1.65	16	1.81	16	1.63	16	1.56	16	1.60	16	1.65	
		26	1.85	26	1.79	26	1.76	26	1.83	26	1.82	26	1.80	26	1.59	26	1.76	26	1.62	26	1.55	26	1.59	26	1.73	
	1994	6	1.82	6	1.86	6	1.74	6	1.76	6	1.65	6	1.18	6	1.17	6	1.55	6	1.51	6	1.60	6	1.52	6	1.48	1.55
		16	1.92	16	1.80	16	1.72	16	1.74	16	1.38	16	1.17	16	1.20	16	1.55	16	1.46	16	1.56	16	1.34	16	1.51	
		26	1.87	26	1.77	26	1.74	26	1.69	26	1.48	26	1.10	26	1.39	26	1.52	26	1.47	26	1.49	26	1.46	26	1.56	
	1995	6	1.58	6	1.68	6	1.84	6	1.73	6	1.60	6	0.87	6	1.15	6	1.05	6	1.16	6	1.50	6	1.53	6	1.63	1.46
		16	1.64	16	1.75	16	1.81	16	1.74	16	1.49	16	1.04	16	1.19	16	1.17	16	1.26	16	1.48	16	1.56	16	1.76	
		26	1.65	26	1.80	26	1.74	26	1.69	26	1.10	26	1.06	26	1.03	26	0.95	26	1.43	26	1.41	26	1.58	26	1.73	
	1996	5	1.74	5	1.76	5	1.84	5	1.84	5	1.61	5	0.73	5	0.79	5	0.51	5	1.05	5	1.55	5	1.28	5	1.41	1.35
		15	1.72	15	1.78	15	1.86	15	1.84	15	1.84	15	0.86	15	0.59	15	0.47	15	1.02	15	1.41	15	1.17	15	1.48	
		25	1.73	25	1.85	25	1.86	25	1.74	25	1.20	25	0.91	25	0.58	25	1.01	25	1.20	25	1.33	25	1.34	25	1.52	
	1997	5	1.64	5	1.71	5	1.73	5	1.65	5	1.39	5	0.86	5	0.97	5	0.89	5	0.88	5	1.31	5	1.63	5	1.72	1.36
		15	1.73	15	1.79	15	1.58	15	1.67	15	1.10	15	0.95	15	0.93	15	0.88	15	0.45	15	1.43	15	1.61	15	1.72	
		25	1.72	25	1.72	25	1.69	25	1.61	25	1.12	25	0.94	25	0.86	25	0.90	25	1.11	25	1.52	25	1.73	25	1.76	
	1998	5	1.80	5	1.95	5	1.99	5	1.97	5	1.53	5	0.97	5	1.11	5	0.87	5	0.92	5	1.23	5	1.42	5	1.53	1.39
		15	1.84	15	1.96	15	1.96	15	1.77	15	1.12	15	1.01	15	0.56	15	0.89	15	0.99	15	1.25	15	1.30	15	1.59	
		25	1.86	25	1.99	25	1.96	25	1.63	25	0.93	25	0.98	25	0.81	25	0.79	25	1.03	25	1.34	25	1.51	25	1.50	
	1999	5	1.63	5	1.80	5	1.95	5	1.86	5	0.98	5	0.84	5	0.81	5	0.87	5	0.90	5	0.90	5	1.32	5	1.38	1.25
		15	1.66	15	1.84	15	2.13	15	1.75	15	0.93	15	0.88	15	0.70	15	0.66	15	0.71	15	1.01	15	1.31	15	1.43	
		25	1.75	25	1.92	25	1.89	25	1.40	25	0.90	25	0.77	25	0.61	25	0.85	25	0.95	25	1.20	25	1.30	25	1.29	

续表

点号	年份	日	1月水位	日	2月水位	日	3月水位	日	4月水位	日	5月水位	日	6月水位	日	7月水位	日	8月水位	日	9月水位	日	10月水位	日	11月水位	日	12月水位	年平均
A6	2000	5	1.38	5	1.67	5	1.81	5	1.80	5	1.51	5	0.98	5	0.76	5	0.80	5	0.89	5	0.87	5	1.19	5	1.41	1.33
		15	2.49	15	1.90	15	1.75	15	1.88	15	1.06	15	0.75	15	0.81	15	0.88	15	0.91	15	1.07	15		15	1.51	
		25	2.55	25	1.80	25	1.82	25	1.91	25	1.02	25	0.81	25	0.87	25	0.86	25	0.89	25	1.06	25	1.16	25	1.83	
A7	1991	6	1.98	6	1.20	6	1.75	6	1.80	6	1.92	6	1.91	6	2.17	6	2.07	6	2.11	6	2.03	6	2.08	6	2.15	1.94
		16	1.56	16	1.41	16	1.71	16	1.84	16	1.97	16	1.90	16	2.18	16	2.10	16	2.01	16	2.02	16	2.11	16	2.17	
		26	1.55	26	1.70	26	1.75	26	1.87	26	2.00	26	1.96	26	2.40	26	2.16	26	2.00	26	2.05	26	2.13	26	1.98	
	1992	6	1.88	6	1.67	6	1.63	6	1.79	6	1.90	6	1.90	6	1.94	6	2.04	6	1.95	6	1.82	6	1.86	6	1.93	1.85
		16	1.80	16	1.41	16	1.65	16	1.85	16	1.90	16	1.89	16	1.91	16	1.99	16	1.92	16	1.83	16	1.87	16	1.95	
		26		26	1.62	26	1.70	26	1.89	26	1.91	26	1.87	26	1.95	26	1.86	26	1.83	26	1.82	26	1.91	26	1.96	
	1993	6	2.14	6	2.08	6	2.06	6	2.03	6	2.08	6	2.03	6	1.92	6	2.01	6	1.86	6	1.79	6	1.78	6	1.85	1.96
		16	2.35	16	2.06	16	2.06	16	2.03	16	2.04	16	2.03	16	1.86	16	1.93	16	1.81	16	1.75	16	1.80	16	1.89	
		26	2.13	26	2.05	26	2.04	26	2.05	26	2.04	26	2.00	26	1.80	26	1.67	26	1.79	26	1.74	26	1.81	26	2.09	
	1994	6	2.21	6	2.27	6	1.98	6	2.00	6	1.83	6	1.16	6	1.13	6	1.63	6	1.52	6	1.76	6	1.70	6	1.69	1.71
		16	2.31	16	2.01	16	1.98	16	1.99	16	1.39	16	1.12	16	1.13	16	1.49	16	1.55	16	1.80	16	1.61	16	1.73	
		26	2.29	26	2.00	26	1.99	26	1.94	26	1.53	26	1.07	26	1.37	26	0.78	26	1.62	26	1.68	26	1.64	26	1.77	
	1995	6	1.80	6	1.86	6	2.01	6	1.97	6	1.77	6	0.81	6	1.09	6	0.94	6	0.85	6	1.62	6	1.71	6	1.83	1.53
		16	1.84	16	1.93	16	2.04	16	1.99	16	1.50	16	0.92	16	1.02	16	0.66	16	1.26	16	1.65	16	1.77	16	2.04	
		26	1.83	26	1.97	26	2.01	26	1.95	26	1.09	26	0.88	26	0.95	26	0.60	26	1.50	26	1.56	26	1.78	26	1.87	
	1996	5	1.84	5	1.97	5	2.08	5	2.12	5	1.80	5	0.89	5	0.78	5	0.81	5	0.88	5	1.69	5	1.49	5	1.60	1.50
		15	1.88	15	2.00	15	2.11	15	2.10	15	2.08	15	0.84	15	0.76	15	0.86	15	0.98	15	1.66	15	1.41	15	1.69	
		25	1.92	25	2.05	25	2.13	25	2.04	25	1.32	25	0.86	25	0.73	25	0.68	25	1.28	25	1.58	25	1.52	25	1.74	
	1997	5	1.82	5	1.96	5	1.98	5	1.94	5	1.63	5	1.03	5	0.98	5	0.65	5	0.78	5	1.62	5	1.86	5	1.97	1.44
		15	1.91	15	1.77	15	1.94	15	1.92	15	1.20	15	0.95	15	0.95	15	0.86	15	0.63	15		15		15		
		25	1.91	25	1.98	25	1.96	25	1.89	25	1.28	25	0.92	25	1.00	25	0.86	25	1.16	25		25		25		

续表

点号	年份	1月 日	1月 水位	2月 日	2月 水位	3月 日	3月 水位	4月 日	4月 水位	5月 日	5月 水位	6月 日	6月 水位	7月 日	7月 水位	8月 日	8月 水位	9月 日	9月 水位	10月 日	10月 水位	11月 日	11月 水位	12月 日	12月 水位	年平均
A7	1998	15	2.09	15	2.22	15	2.26	15	2.23	15	0.98	15	0.72	15	0.44	15	0.63	15	0.85	15	1.43	15	1.47	15	1.84	1.43
	1999	15	1.90	15	2.08	15	2.38	15	2.13	15	2.10	15	0.64	15	0.53	15	0.62	15	0.52	15	1.26	15	1.57	15	1.50	1.44
A8	1991	6	1.79	6	0.98	6	1.61	6	1.68	6	1.80	6	1.81	6	2.15	6	1.97	6	2.03	6	1.94	6	1.98	6	2.06	1.82
		16	1.24	16	1.24	16	1.57	16	1.73	16	1.87	16	1.80	16	2.06	16	1.99	16	1.98	16	1.92	16	2.01	16	2.07	
		26	1.21	26	1.55	26	1.65	26	1.75	26	1.89	26	1.86	26	2.45	26	2.06	26	1.92	26	1.96	26	2.03	26	1.82	
	1992	6	1.71	6	1.58	6	1.47	6	1.66	6	1.77	6	1.75	6	1.79	6	1.91	6	1.86	6	1.71	6	1.76	6	1.84	1.73
		16	1.64	16	1.27	16	1.53	16	1.73	16	1.78	16	1.75	16	1.78	16	1.96	16	1.83	16	1.72	16	1.78	16	1.85	
		26		26	1.47	26	1.56	26	1.77	26	1.77	26	1.73	26	1.82	26	1.88	26	1.72	26	1.72	26	1.82	26	1.85	
	1993	6	2.29	6	1.99	6	1.98	6	1.96	6	1.99	6	1.93	6	1.81	6	1.71	6	1.73	6	1.66	6	1.67	6	1.75	1.88
		16	2.55	16	1.98	16	1.99	16	1.96	16	1.96	16	1.92	16	1.75	16	1.94	16	1.68	16	1.64	16	1.70	16	1.78	
		26	2.07	26	1.97	26	1.97	26	1.96	26	1.94	26	1.89	26	1.69	26	1.79	26	1.66	26	1.63	26	1.71	26	2.21	
	1994	6	2.33	6	2.38	6	1.89	6	1.92	6	1.71	6	1.08	6	1.03	6	1.78	6	1.40	6	1.65	6	1.59	6	1.59	1.64
		16	2.46	16	1.91	16	1.91	16	1.91	16	1.25	16	1.00	16	1.01	16	1.67	16	1.47	16	1.71	16	1.53	16	1.63	
		26	2.42	26	1.90	26	1.92	26	1.86	26	1.44	26	0.97	26	1.21	26	1.35	26	1.54	26	1.58	26	1.53	26	1.68	
	1995	6	1.71	6	1.74	6	1.89	6	1.92	6	1.69	6	0.68	6	1.12	6	0.62	6		6	1.51	6	1.60	6	1.74	1.45
		16	1.75	16	1.80	16	1.94	16	1.90	16	1.11	16	0.77	16	0.99	16	0.93	16	1.11	16	1.54	16	1.66	16	2.12	
		26	1.68	26	1.85	26	1.93	26	1.87	26	0.95	26	0.70	26	1.03	26	0.49	26	1.37	26	1.46	26	1.69	26	1.72	
	1996	5	1.69	5	1.87	5	1.99	5	2.04	5	1.85	5	0.93	5	0.75	5	0.63	5	0.79	5	1.56	5	1.39	5	1.50	1.47
		15	1.75	15	1.90	15	2.02	15	2.04	15	2.19	15	0.82	15	0.68	15	0.68	15	0.83	15	1.67	15	1.33	15	1.59	
		25	1.81	25	1.95	25	2.05	25	2.20	25	1.50	25	0.82	25	0.67	25	0.66	25	1.17	25	1.50	25	2.42	25	1.64	
	1997	5	1.72	5	1.87	5	1.89	5	1.88	5	1.63	5	1.21	5	0.97	5	0.79	5	0.86	5	1.53	5	1.78	5	1.90	1.44
		15	1.80	15	2.06	15	1.88	15	1.87	15	1.26	15	0.98	15	0.95	15	0.91	15	0.70	15		15		15		
		25	1.79	25	1.90	25	1.88	25	1.85	25	1.43	25	0.94	25	1.00	25	0.94	25	1.03	25		25	1.33	25		
	1998	15	2.01	15	2.15	15	2.20	15	2.30	15	0.63	15	0.38	15	0.32	15	0.35	15	0.55	15	0.31	15	1.33	15	1.75	1.19
	1999	15	1.81	15	2.00	15	2.29	15	2.10	15	2.07	15	0.37	15	0.26	15	0.24	15	0.32	15	1.17	15	1.49	15	1.74	1.32

续表

点号	年份	1月 日	1月 水位	2月 日	2月 水位	3月 日	3月 水位	4月 日	4月 水位	5月 日	5月 水位	6月 日	6月 水位	7月 日	7月 水位	8月 日	8月 水位	9月 日	9月 水位	10月 日	10月 水位	11月 日	11月 水位	12月 日	12月 水位	年平均
A9	1991	6	1.54	6	0.76	6	1.42	6	1.49	6	1.63	6	1.67	6	1.97	6	1.79	6	1.88	6	1.86	6	1.84	6	1.90	1.59
		16	0.82	16	1.05	16	1.37	16	1.55	16	1.71	16	1.66	16	1.88	16	1.81	16	1.86	16	1.84	16	1.88	16	1.91	
		26	0.74	26	1.36	26	1.45	26	1.58	26	1.73	26	1.69	26	0.82	26	1.91	26	1.78	26	1.83	26	1.90	26	1.46	
	1992	6	1.49	6	1.44	6	1.26	6	1.45	6	1.58	6	1.54	6	1.65	6	1.73	6	1.76	6	1.61	6	1.65	6	1.75	1.58
		16	1.42	16	1.15	16	1.35	16	1.54	16	1.60	16	1.62	16	1.68	16	1.79	16	1.74	16	1.62	16	1.68	16	1.74	
		26	1.37	26	1.27	26	1.37	26	1.58	26	1.58	26	1.60	26	1.69	26	1.76	26	1.62	26	1.62	26	1.72	26	1.73	
	1993	6	2.22	6	1.90	6	1.90	6	1.90	6	1.89	6	1.83	6	1.69	6	1.55	6	1.58	6	1.52	6	1.49	6	1.58	1.76
		16	2.44	16	1.90	16	1.91	16	1.88	16	1.86	16	1.81	16	1.63	16	1.78	16	1.54	16	1.50	16	1.53	16	1.61	
		26	1.98	26	1.89	26	1.90	26	1.87	26	1.85	26	1.77	26	1.57	26	1.63	26	1.52	26	1.43	26	1.55	26	2.04	
	1994	6	2.14	6	2.16	6	1.73	6	1.77	6	1.68	6	1.21	6	1.09	6	1.72	6	1.38	6	1.50	6	1.44	6	1.44	1.52
		16	2.25	16	1.73	16	1.76	16	1.77	16	1.45	16	1.11	16	1.08	16	0.18	16	1.41	16	1.56	16	1.43	16	1.48	
		26	2.18	26	1.74	26	1.77	26	1.72	26	1.37	26	1.06	26	1.19	26	1.34	26	1.42	26	1.43	26	1.37	26	1.52	
	1995	6	1.56	6	1.54	6	1.72	6	1.78	6	1.64	6	0.85	6	1.23	6	0.67	6	0.69	6	1.33	6	1.45	6	1.59	1.35
		16	1.59	16	1.58	16	1.77	16	1.78	16	1.46	16	0.84	16	0.96	16	1.16	16	0.94	16	1.37	16	1.50	16	1.95	
		26	1.41	26	1.67	26	1.78	26	1.76	26	1.15	26	0.79	26	1.16	26	0.53	26	1.20	26	1.33	26	1.55	26	1.48	
	1996	5	1.49	5	1.72	5	1.85	5	1.91	5	1.87	5	1.28	5	1.05	5	0.86	5	0.86	5	1.41	5	1.26	5	1.35	1.44
		15	1.55	15	1.75	15	1.88	15	1.92	15	2.29	15	1.14	15	0.95	15	0.91	15	0.78	15	1.77	15	1.22	15	1.44	
		25	1.63	25	1.81	25	1.91	25	2.22	25	1.87	25	1.12	25	0.88	25	0.97	25	1.02	25	1.23	25	1.27	25	1.50	
	1997	5	1.55	5	1.70	5	1.73	5	1.75	5	1.66	5	1.60	5	1.16	5	0.95	5	0.98	5	1.37	5	1.64	5	1.77	1.44
		15	1.30	15	1.68	15	1.74	15	1.74	15	1.45	15	1.53	15	1.40	15	0.81	15	0.49	15		15		15		
		25	1.58	25	1.73	25	1.74	25	1.76	25	1.83	25	1.45	25	1.19	25	1.04	25	0.89	25		25		25		
	1998	15	1.88	15	2.02	15	2.09	15	2.20	15		15		15		15		15		15	1.12	15	1.15	15	1.61	1.72
	1999	15	2.37	15	2.01	15	2.31	15	2.17	15	2.13	15		15		15		15		15	1.16	15	1.50	15	1.61	1.91

续表

表12

点号	年份	日	1月水位	日	2月水位	日	3月水位	日	4月水位	日	5月水位	日	6月水位	日	7月水位	日	8月水位	日	9月水位	日	10月水位	日	11月水位	日	12月水位	年平均
	1991	6	2.51	6	1.72	6	2.39	6	2.46	6	2.59	6	2.62	6	3.08	6	2.76	6	2.83	6	⟨4.37⟩	6	2.78	6	2.86	2.60
		16	1.88	16	2.01	16	2.34	16	2.52	16	2.67	16	2.61	16	2.86	16	2.79	16	2.79	16	2.80	16	2.83	16	2.87	
		26	1.79	26	2.32	26	2.43	26	2.54	26	2.70	26	2.65	26	3.20	26	2.85	26	2.72	26	2.79	26	2.85	26	2.47	
	1992	6	2.47	6	2.39	6	2.23	6	2.44	6	2.54	6	2.52	6	2.56	6	2.65	6	2.64	6	2.50	6	2.56	6	2.64	2.50
		16	2.40	16	2.07	16	2.31	16	2.51	16	2.56	16	2.53	16	2.57	16	2.70	16	2.62	16	2.52	16	2.57	16	2.63	
		26	2.13	26	2.24	26	2.34	26	2.55	26	2.54	26	2.50	26	2.59	26	2.65	26	2.51	26	2.52	26	2.61	26	2.63	
	1993	6	3.20	6	2.79	6	2.78	6	2.77	6	2.78	6	2.73	6	2.59	6	2.48	6	2.50	6	2.43	6	2.46	6	2.54	2.68
		16	3.45	16	2.78	16	2.80	16	2.76	16	2.75	16	2.71	16	2.53	16	2.69	16	2.45	16	2.41	16	2.50	16	2.57	
		26	2.86	26	2.77	26	2.78	26	2.76	26	2.74	26	2.67	26	2.47	26	2.55	26	2.43	26	2.41	26	2.51	26	3.07	
	1994	6	⟨7.44⟩	6	3.23	6	2.68	6	2.72	6	2.59	6	2.06	6	1.98	6	2.75	6	2.31	6	2.46	6	2.39	6	2.39	2.49
		16	3.30	16	2.68	16	2.71	16	2.71	16	2.28	16	1.97	16	1.98	16	2.64	16	2.32	16	2.51	16	2.36	16	2.43	
		26	3.30	26	2.69	26	2.72	26	2.66	26	2.29	26	1.93	26	2.11	26	2.27	26	2.36	26	2.39	26	2.33	26	2.48	
	1995	6	2.51	6	2.52	6	2.68	6	2.73	6	2.54	6	1.69	6	⟨7.02⟩	6	1.56	6	1.59	6	2.30	6	2.41	6	2.54	2.29
		16	2.57	16	2.58	16	2.73	16	2.71	16	2.31	16	1.72	16	2.16	16	2.20	16	1.91	16	2.33	16	2.50	16	⟨7.24⟩	
		26	2.42	26	2.64	26	2.73	26	2.69	26	1.98	26	1.67	26	2.17	26	1.42	26	2.17	26	2.28	26	2.50	26	2.47	
	1996	6	2.49	6	2.67	6	2.08	6	2.87	6	2.73	6	2.03	6	1.82	6	1.68	6	1.67	6	2.39	6	2.20	6	2.30	2.25
		16	2.53	16	2.70	16	2.83	16	2.87	16	⟨7.14⟩	16	1.91	16	1.74	16	1.73	16	1.69	16	2.28	16	2.16	16	2.39	
		26	2.60	26	2.76	26	2.87	26	⟨7.73⟩	26	⟨7.16⟩	26	1.89	26	1.68	26	1.80	26	1.96	26	2.31	26	2.22	26	2.44	
	1997	5	2.50	5	2.67	5	2.68	5	2.68	5	2.52	5	⟨7.57⟩	5	⟨7.64⟩	5	⟨7.36⟩	5	⟨7.34⟩	5	2.16	5	2.48	5	2.65	2.50
		15	2.61	15	2.65	15	2.68	15	2.67	15	2.27	15	⟨7.72⟩	15	⟨7.48⟩	15	⟨7.79⟩	15	1.38	15	2.33	15	2.57	15	2.70	
		25	2.56	25	2.69	25	2.68	25	3.10	25	⟨7.08⟩	25	⟨7.82⟩	25	⟨7.78⟩	25	⟨7.59⟩	25	1.83	25	2.43	25	2.59	25	2.74	
	1998	5	2.79	5	2.95	5	3.01	5	⟨7.66⟩	5	⟨7.48⟩	5	1.11	5	1.14	5	0.93	5	1.01	5	1.99	5	2.33	5	2.54	1.99
		15	2.83	15	2.96	15	3.02	15	⟨7.48⟩	15	1.24	15	1.10	15	0.94	15	0.98	15	1.21	15	2.09	15	2.21	15	2.56	
		25	2.86	25	3.00	25	3.03	25		25	0.97	25	1.10	25	1.01	25	1.00	25	1.54	25	2.23	25	2.46	25	2.49	

第一章　西安市

续表

点号	年份	1月 日	1月 水位	2月 日	2月 水位	3月 日	3月 水位	4月 日	4月 水位	5月 日	5月 水位	6月 日	6月 水位	7月 日	7月 水位	8月 日	8月 水位	9月 日	9月 水位	10月 日	10月 水位	11月 日	11月 水位	12月 日	12月 水位	年平均
农12	1999	5	2.60	5	2.77	5	2.91	5	2.95	5	1.24	5	0.99	5	1.02	5	0.99	5	1.00	5	1.53	5	2.24	5	2.45	
		15	2.65	15	2.81	15	3.22	15	2.95	15	1.35	15	1.05	15	0.95	15	0.96	15	1.02	15	1.97	15	2.31	15	2.46	1.94
		25	2.71	25	2.87	25	2.93	25	2.38	25	1.04	25	1.00	25	0.92	25	0.97	25	1.61	25	2.14	25	2.31	25	2.51	
	2000	5	2.61	5	2.67	5	2.83	5	2.94	5	1.94	5	1.03	5	0.98	5	1.08	5	1.08	5	1.43	5	2.18	5	2.60	
		15	2.49	15	2.77	15	2.85	15	2.98	15	1.27	15	1.06	15	1.00	15	1.06	15	1.36	15	2.04	15	2.28	15	2.68	1.98
		25	2.55	25	2.81	25	2.89	25	3.04	25	1.29	25	1.00	25	1.05	25	1.10	25	1.39	25	2.01	25	2.28	25	2.76	
#90-5	1991	16	2.41	16	1.97	16	2.11	16	2.20	16	2.30	16	2.24	16	2.44	16	2.39	16	2.40	16	2.31	16	2.39	16	2.47	2.30
	1992	16	2.23	16	2.23	16	2.12	16	2.21	16	2.35	16	2.49	16	2.38	16	2.46	16	2.32	16	2.14	16	2.18	16	2.29	2.28
	1993	16	2.37	16	⟨5.17⟩	16	2.50	16	2.51	16	2.53	16	2.48	16	2.30	16	2.27	16	2.15	16	2.14	16	2.18	16	2.24	2.33
	1994	16	2.48	16	2.47	16	2.56	16	2.59	16	2.60	16	2.53	16	2.53	16	2.99	16	2.73	16	2.50	16	2.38	16	2.30	2.56
	1995	16	2.40	16	2.64	16	2.72	16	2.74	16	2.95	16	2.14	16	1.99	16	2.06	16	1.82	16	2.07	16	2.27	16	2.52	2.36
	1996	16	2.76	15	2.79	15	3.41	15	3.05	15	3.08	15	2.30	15	1.98	15	2.18	15	1.70	15	1.79			15	2.25	2.45
	1997	15	2.61	15	2.62	15	2.71	15	2.76	15	2.58	15	1.87	15	1.73	15	⟨4.62⟩	15	1.69	15	1.66			15	2.48	2.27
#90-32	1991	16	11.07	16	11.22	16	11.31	16	11.66	16	11.81	16	11.99	16	12.69	16	12.72	16	12.56	16	12.17	16	12.31	16	12.28	11.98
	1992	16	11.73	16	11.35	16	11.60	16	11.81	16	12.02	16	⟨15.28⟩	16	12.83	16	12.85	16	⟨15.26⟩	16	11.92	16	12.54	16	12.73	12.14
	1993	16	12.94	16	12.88	16	13.28	16	13.08	16	13.22	16	13.76	16	14.04	16	13.96	16	13.98	16	13.91	16	13.91	16	14.06	13.59
	1994	16	14.10	16	14.30	16	14.42	16	14.38	16	14.47	16	14.93	16	15.12	16	15.84	16	15.35	16	15.38	16	14.59	16	14.85	14.81
	1995	16	14.60	16	14.78	16	15.10	16	15.50	16	15.35	16	15.61	16	16.43	16	16.53	16	15.94	16	15.04	16	15.73	16	16.04	15.55
	1996	16	16.11	16	18.65	16	18.78	16	16.60	16	17.27	16	17.21	16	17.44	16	17.41	16	15.31	16	⟨17.13⟩	15	⟨17.11⟩	15	14.78	16.96
	1997	15	⟨17.41⟩	15	16.48	15	15.90	15	16.59	15	15.58	15	⟨19.04⟩	15	⟨19.04⟩	15	⟨19.67⟩	15	⟨19.50⟩	15	⟨19.35⟩			15	17.22	16.35
观9	1991	4		4		4		4		4		4		4	2.46	4	2.46	4	2.45	4	2.28	4	2.63	4	2.73	
		14		14		14		14		14		14		14	2.92	14	2.42	14	2.46	14	2.36	14	2.70	14	2.75	2.60
		24		24		24		24		24		24		24	3.26	24	2.68	24	2.29	24	2.56	24	2.68	24	2.70	

续表

点号	年份	1月 日	1月 水位	2月 日	2月 水位	3月 日	3月 水位	4月 日	4月 水位	5月 日	5月 水位	6月 日	6月 水位	7月 日	7月 水位	8月 日	8月 水位	9月 日	9月 水位	10月 日	10月 水位	11月 日	11月 水位	12月 日	12月 水位	年平均
观9	1992	4	2.67	4	2.72	4	2.76	4	2.78	4	2.63	4	2.61	4	2.75	4	2.89	4	2.65	4	2.51	4	2.88	4	3.29	2.80
		14	2.61	14	2.63	14	2.86	14	2.90	14	2.42	14	2.55	14	2.87	14	2.79	14	2.53	14	2.69	14	3.42	14	3.51	
		24	2.69	24	2.78	24	2.69	24	2.90	24	2.42	24	2.57	24	2.87	24	2.65	24	2.44	24	2.67	24	3.24	24	3.90	
	1993	4	3.84	4	4.05	4	4.20	4	3.73	4	3.94	4	3.70	4	3.87	4	3.88	4	2.97	4	3.37	4	3.83	4	3.81	3.71
		14	3.94	14	4.01	14	4.35	14	3.76	14	3.76	14	3.37	14	3.62	14	3.47	14	3.06	14	3.10	14	3.42	14	3.87	
		24	3.93	24	3.69	24	4.21	24	4.24	24	3.63	24	3.61	24		24	3.10	24	3.11	24	3.57	24	3.63	24	4.06	
	1994	4	4.07	4		4		4		4		4		4		4		4		4		4		14	3.47	3.75
		14	4.02	14	3.87	14	3.74	14	3.90	14	3.93	14	3.78	14	3.11	14	3.85	14	3.37	14	3.85	14	3.43	24	3.92	
		24		24		24		24		24		24		24		24		24		24		24				
	1995	14	4.12	14	3.92	14	4.05	14	3.62	14	3.93	14	4.14	14	4.40	14	3.38	14	3.96	14	3.70	14	3.76	14	3.76	3.84
	1996	14	3.35	14	4.58	14	4.81	14	5.07	14	5.08	14	4.02	14	4.75	14	4.72	14	3.96	14	3.82	14	3.41	14	4.56	4.36
	1997	14	4.28	14	4.00	14	4.35	14	3.86	14	4.58	14	3.67	14	4.72	14	5.35	14	5.41	14	4.75	14	4.58	14	4.30	4.56
	1998	14	4.88	14	4.95	14	5.64	14	5.11	14	4.25	14	3.71	14	3.54	14	3.29	14	4.57	14	4.31	14	4.48	14	4.56	4.44
	1999	14	5.15	14	5.19	14	5.61	14	5.21	14	4.99	14	3.97	14	3.71	14	4.60	14	4.78	14	5.00	14	4.83	14	4.82	4.76
	2000	14	4.42	14	4.44	14	5.49	14	5.64	14	4.74	14	3.85	14		14		14		14		14				4.79
		24	4.58	24		24		24		24		24		24		24		24		24		24				
观17	1991	4		4		4		4		4		4		4		4		4		4		4	3.63	4	4.07	3.45
		14		14		14		14		14	3.08	14	3.23	14	3.13	14	2.86	14	3.62	14	2.60	14	3.67	14	3.88	
		24		24		24		24		24		24		24		24		24		24		24	3.94	24	3.73	
	1992	4	3.53	4	4.05	4	4.09	4	4.06	4	2.92	4	3.89	4	3.75	4	3.39	4	3.34	4	2.76	4	3.61	4	4.04	3.73
		14	3.70	14	3.96	14	4.26	14	4.06	14	2.95	14	4.46	14	3.88	14	3.52	14	2.68	14	3.74	14	3.23	14	4.06	
		24	3.98	24	3.97	24	3.93	24	3.53	24		24		24	4.09	24	4.43	24	3.48	24	3.14	24	3.34	24	4.06	
	1993	4	4.20	4	4.06	4	4.46	4	3.95	4	4.17	4	4.44	4	4.25	4	3.89	4	3.86	4	4.18	4	4.41	4	4.54	4.25
		14	4.02	14	4.00	14	4.70	14	4.11	14	3.88	14	4.44	14	4.72	14	4.39	14	3.86	14	4.19	14	4.33	14	4.60	
		24	4.16	24	4.10	24	4.01	24	4.09	24	4.13	24	4.66	24	4.38	24	4.32	24	4.07	24	3.83	24	4.22	24	4.80	

续表

点号	年份	1月 日	1月 水位	2月 日	2月 水位	3月 日	3月 水位	4月 日	4月 水位	5月 日	5月 水位	6月 日	6月 水位	7月 日	7月 水位	8月 日	8月 水位	9月 日	9月 水位	10月 日	10月 水位	11月 日	11月 水位	12月 日	12月 水位	年平均
观17	1994	4	4.43	4		4		4		4		4		4		4		4		4		4		4		
		14	4.39	14		14		14		14		14		14	4.59	14	5.00	14	4.51	14	5.09	14	4.91	14	4.69	4.72
		24	4.65	24	4.54	24	4.47	24	4.54	24	5.04	24	5.23	24		24		24		24		24		24		
	1995			14	5.03	14	4.96	14	4.65	14	4.88	14	5.18	14	5.31	14	4.71	14	4.95	14	4.78	14	4.37	14	4.74	4.84
	1996	14	5.23	14	5.02	14	5.18	14	6.19	14	6.42	14	5.82	14	6.20	14	6.24	14	5.18	14	5.34	14	4.96	14	4.56	5.53
	1997	14	4.44	14	4.50	14	5.52	14	5.01	14	5.47	14	6.44	14	6.13	14	6.87	14	6.89	14	6.33	14	6.21	14	6.25	5.84
	1998	14	6.16	14	6.56	14	6.92	14	6.48	14	6.18	14	5.55	14	4.95	14	4.64	14	5.27	14	5.08	14	4.76	14	4.60	5.60
	1999	14	4.68	14	6.11	14	5.71	14	5.34	14	5.23	14	5.28	14	4.84	14	6.21	14	6.05	14	6.21	14	6.16	14	5.68	5.63
	2000	14	5.31	14	5.43	14	6.13	14	6.73	14	6.32	14	5.75	14	5.36	14	5.44	14	5.93	14	5.42	14	6.36	14	5.45	5.80
观18	1991	4		4		4		4		4		4		4	1.24	4	1.18	4	1.27	4	1.47	4	1.74	4	1.87	1.53
		14	1.83	14		14	1.87	14	1.87	14	1.37	14		14	1.28	14	1.24	14	1.37	14	1.58	14	1.78	14	1.86	
		24	1.83	24	1.85	24	1.88	24	1.85	24	1.09	24	1.01	24	1.32	24	0.97	24	1.38	24	1.69	24	1.83	24	1.84	
	1992	4	1.86	4	1.87	4	1.82	4	1.81	4	1.02	4	0.91	4	0.96	4	1.00	4	0.99	4	1.08	4	1.47	4	1.65	1.47
		14	1.83	14	1.89	14	1.86	14	1.74	14	1.56	14	0.80	14	1.00	14	0.91	14		14	1.28	14	1.52	14	1.72	
		24	1.86	24	1.86	24	1.89	24	1.74	24	1.22	24	0.79	24	0.75	24	0.85	24	0.93	24		24	1.57	24	1.79	
	1993	4	1.90	4	1.83	4	1.82	4	1.73	4	0.89	4	0.78	4	0.69	4	0.84	4	1.10	4	1.55	4	1.67	4	1.75	1.44
		14	1.94	14	1.96	14	1.91	14	1.80	14	1.07	14	0.74	14	0.67	14	0.77	14	1.35	14	1.51	14	1.71	14	1.80	
		24	1.96	24	1.94	24	1.89	24	2.00	24	1.68	24	1.11	24	1.61	24	1.09	24	1.38	24	1.62	24	1.70	24	1.85	
	1994	14	1.84	14		14	2.01	14	2.09	14	2.80	14	1.15	14	1.19	14	1.23	14	1.35	14	1.77	14	1.66	14	1.74	1.52
	1995	14	2.01	14	2.08	14	2.11	14	1.99	14	1.78	14	1.55	14	1.37	14	1.50	14	1.36	14	1.71	14	1.84	14	1.99	1.68
	1996	14	1.74	14	1.81	14	2.07	14		14		14		14		14		14	1.85	14	1.78	14	1.67	14	1.80	1.77
	1997	14		14		14		14		14		14		14		14		14		14	1.64	14	1.55	14	1.65	1.71

续表

点号	年份	1月 日	1月 水位	2月 日	2月 水位	3月 日	3月 水位	4月 日	4月 水位	5月 日	5月 水位	6月 日	6月 水位	7月 日	7月 水位	8月 日	8月 水位	9月 日	9月 水位	10月 日	10月 水位	11月 日	11月 水位	12月 日	12月 水位	年平均
观18	1998	14	2.27	14	2.44	14	2.77	14	2.44	14	2.19	14	1.78	14	1.55	14	1.48	14	1.82	14	1.70	14	2.18	14	2.12	2.06
	1999	14	2.24	14	2.57	14	2.63	14	2.30	14	2.06	14	2.16	14	2.08	14	2.17	14	2.17	14	2.36	14	2.31	14	2.32	2.28
	2000	14	2.49	14	2.53	14	2.62	14	2.74	14	2.53	14	2.31	14	2.15	14	2.17	14	2.32	14	2.17	14	2.20	14	2.24	2.37
K234主	1991	4	16.27	4	16.28	4	16.34	4	16.38	4	16.65	4	16.53	4	16.63	4	16.85	4	17.17	4	18.31	4	17.43	4	17.58	16.90
		10	16.28	10	16.30	10	16.34	10	16.39	10	16.47	10	16.54	10	16.66	10	16.93	10	17.20	10	18.33	10	17.47	10	17.60	
		14	16.28	14	16.30	14	16.34	14	16.40	14	16.46	14	16.56	14	16.68	14	16.98	14	17.24	14	18.34	14	17.51	14	17.61	
		20	16.28	20	16.32	20	16.35	20	16.42	20	16.47	20	16.58	20	16.71	20	17.01	20	17.26	20	18.37	20	17.52	20	17.61	
		24	16.29	24	16.32	24	16.36	24	16.43	24	16.50	24	16.60	24	16.74	24	17.07	24	17.30	24	18.39	24	17.53	24	17.62	
		30	16.29	30	16.33	30	16.37	30	16.45	30	16.54	30	16.61	30	16.79	30	17.14	30	17.33	30	18.41	30	17.51	30	17.62	
	1992	4	17.61	4	17.68	4	17.71	4	17.77	4	17.86	4	17.95	4	18.09	4	18.24	4	18.44	4	18.52	4	18.53	4	18.53	18.12
		10	17.63	10	17.68	10	17.72	10	17.78	10	17.87	10	17.97	10	18.11	10	18.09	10	18.47	10	18.53	10	18.53	10	18.54	
		14	17.64	14	17.69	14	17.73	14	17.80	14	17.89	14	17.99	14	18.13	14	18.28	14	18.49	14	18.53	14	18.53	14	18.54	
		20	17.65	20	17.70	20	17.76	20	17.81	20	17.90	20	18.02	20	18.16	20	18.30	20	18.51	20	18.54	20	18.53	20	18.55	
		24	17.66	24	17.70	24	17.73	24	17.82	24	17.92	24	18.04	24	18.18	24	19.39	24	18.53	24	18.55	24	18.53	24	18.56	
		30	17.67	30	17.71	30	17.77	30	17.86	30	17.93	30	18.06	30	18.22	30	18.41	30	18.52	30	18.55	30	18.53	30	18.56	
	1993	4	18.56	4	18.62	4	18.67	4	18.64	4	18.68	4	18.74	4	18.81	4	18.94	4	18.99	4	18.89	4	19.12	4	19.18	18.82
		14	18.59	14	18.63	14	18.69	14	18.70	14	18.70	14	18.73	14	18.84	14	18.91	14	19.02	14	19.04	14	19.15	14	18.20	
		24	18.62	24	18.67	24	18.70	24	18.69	24	18.72	24	18.76	24	18.86	24	18.99	24	18.79	24	19.08	24	19.19	24	19.24	
	1994	5	19.25	5	19.34	5	19.41	5	19.46	5	19.51	5	19.64	5	19.73	5	19.85	5	20.05	5	20.20	5	21.29	5	21.05	19.88
		10	19.26	10	19.35	10	19.41	10	19.49	10	19.52	10	19.67	10	19.76	10	19.87	10	20.08	10	20.23	10	20.31	10	21.05	
		15	19.27	15	19.37	15	19.42	15	19.50	15	19.54	15	19.70	15	19.78	15	19.94	15	20.11	15	20.24	15	20.31	15	21.05	
		20	19.29	20	19.37	20	19.44	20	19.51	20	19.54	20	19.72	20	19.81	20	19.84	20	20.13	20	20.28	20	20.35	20	21.06	
		25	19.30	25	19.39	25	19.46	25	19.52	25	19.56	25	19.74	25	19.82	25	20.01	25	20.15	25	20.30	25	20.36	25	21.04	
		30	19.33	30	19.40	30	19.48	30	19.53	30	19.57	30	19.77	30	19.83	30	20.07	30	20.20	30	20.33	30	21.06	30	21.05	

续表

点号	年份	1月		2月		3月		4月		5月		6月		7月		8月		9月		10月		11月		12月		年平均
		日	水位	日	水位	日	水位	日	水位	日	水位	日	水位	日	水位	日	水位	日	水位	日	水位	日	水位	日	水位	
K234主	1995	5	21.03	5	21.06	5	21.09	5	21.11	5	21.16	5	21.19	5	21.90	5	21.96	5	22.02	5	22.12	5	22.15	5	22.18	21.60
		10	21.04	10	21.05	10	21.10	10	21.11	10	21.17	10	21.21	10	21.92	10	21.96	10	22.04	10	22.12	10	22.14	10	22.20	
		15	21.05	15	21.05	15	21.11	15	21.12	15	21.17	15	21.22	15	21.94	15	21.99	15	22.04	15	22.13	15	22.16	15	22.19	
		20	21.05	20	21.05	20	21.12	20	21.13	20	21.20	20	21.22	20	21.96	20	22.00	20	22.06	20	22.15	20	22.18	20	22.19	
		25	21.06	25	21.06	25	21.13	25	21.14	25	21.20	25	21.25	25	22.00	25	22.01	25	22.06	25	22.15	25	22.18	25	22.18	
		30	21.06	30	21.06	30	21.15	30	21.15	30	21.20	30	21.25	30	22.02	30	22.02	30	22.07	30	22.15	30	22.18	30	22.19	
	1996	5	22.15	5	22.20	5	22.21	5	22.25	5	22.29	5	22.35	5	22.38	5	23.64	5	23.58	5	23.06	5	22.19	5	22.02	22.51
		10	22.18	10	22.20	10	22.21	10	22.26	10	22.29	10	22.35	10	22.39	10	23.63	10	23.56	10	22.87	10	22.15	10	22.01	
		15	22.15	15	22.20	15	22.22	15	22.26	15	22.30	15	22.35	15	22.40	15	23.62	15	23.55	15	22.68	15	22.10	15	22.00	
		20	22.18	20	22.21	20	22.22	20	22.27	20	22.31	20	22.36	20	22.41	20	23.62	20	23.51	20	22.51	20	22.06	20	21.99	
		25	22.20	25	22.21	25	22.22	25	22.26	25	22.31	25	22.38	25	23.62	25	23.60	25	23.39	25	22.36	25	22.05	25	21.98	
		30	22.20	30	22.21	30	22.23	30	22.27	30	22.33	30	22.38	30	23.63	30	23.59	30	23.23	30	22.26	30	22.05	30	21.98	
	1997	5	21.98	5	21.96	5	21.63	5	21.46	5	21.47	5	21.54	5	2.53	5	2.42	5	2.22	5	2.59	5	3.13	5	3.51	
		10	21.99	10	21.95	10	21.56	10	21.46	10	21.48	10	21.56	10	2.65	10	2.52	10	2.25	10	2.70	10	3.23	10	3.56	
		15	21.98	15	21.90	15	21.51	15	21.45	15	21.48	15	换井	15	2.63	15	2.48	15	2.18	15	2.78	15	3.25	15	3.56	
		20	21.98	20	21.78	20	21.50	20	21.47	20	21.50	20	2.97	20	2.39	20	1.95	20	2.21	20	2.95	20	3.28	20	3.24	
		25	21.98	25	21.73	25	21.49	25	21.46	25	21.50	25	2.41	25	2.37	25	2.15	25	2.32	25	3.06	25	3.40	25	2.13	
		30	21.98	30	21.70	30	21.48	30	21.47	30	21.52	30	2.37	30	2.38	30	2.09	30	2.50	30	3.07	30	3.47	30	2.12	
	1998	5	2.27	5	3.44	5	3.68	5	4.10	5	4.26	5	3.75	5	2.51	5	2.03	5	2.30	5	2.66	5	3.16	5	3.31	3.11
		10	2.65	10	3.53	10	3.74	10	4.16	10	4.09	10	3.69	10	1.62	10	1.58	10	2.28	10	2.73	10	3.23	10	3.19	
		15	2.91	15	3.62	15	3.81	15	4.19	15	4.04	15	3.40	15	1.92	15	1.63	15	2.47	15	2.82	15	3.26	15	3.09	
		20	3.04	20	3.65	20	3.89	20	4.28	20	3.99	20	2.58	20	2.15	20	1.95	20	2.41	20	2.94	20	3.26	20	3.11	
		25	3.14	25	3.68	25	3.94	25	4.28	25	3.89	25	2.25	25	2.20	25	1.98	25	2.56	25	2.99	25	3.33	25	3.19	
		30	3.33	30	3.67	30	4.04	30	4.25	30	3.81	30	2.36	30	2.26	30	2.10	30	2.57	30	3.08	30	3.35	30	3.26	

续表

点号	年份	1月 日	1月 水位	2月 日	2月 水位	3月 日	3月 水位	4月 日	4月 水位	5月 日	5月 水位	6月 日	6月 水位	7月 日	7月 水位	8月 日	8月 水位	9月 日	9月 水位	10月 日	10月 水位	11月 日	11月 水位	12月 日	12月 水位	年平均
K234 主	1999	4	3.26	4	3.60	4	4.07	4	4.29	4	4.52	4	4.06	4	3.64	4	2.91	4	2.61	4	2.88	4	3.26	4	3.78	3.57
		10	3.11	10	3.69	10	4.15	10	4.35	10	4.56	10	3.97	10	3.45	10	2.58	10	2.70	10	2.86	10	3.36	10	3.77	
		14	3.12	14	3.73	14	4.18	14	4.43	14	4.40	14	3.96	14	3.37	14	2.45	14	2.75	14	2.91	14	3.49	14	3.76	
		20	3.11	20	3.83	20	4.15	20	4.50	20	4.29	20	3.88	20	3.33	20	2.53	20	2.83	20	3.01	20	3.54	20	3.76	
		24	3.21	24	3.88	24	4.15	24	4.53	24	4.22	24	3.81	24	3.34	24	2.64	24	2.83	24	3.10	24	3.55	24	3.73	
		30	3.46	30	3.94	30	4.23	30	4.51	30	4.18	30	3.68	30	3.38	30	2.59	30	2.90	30	3.18	30	3.69	30	3.71	
	2000	5	3.69	5	2.80	5	4.02	5	4.61	5	5.15	5	4.97	5	4.50	5	3.05	5	3.35	5	3.82	5	4.11	5	4.77	4.12
		10	3.67	10	3.19	10	4.07	10	4.73	10	5.15	10	4.88	10	4.39	10	3.26	10	3.45	10	3.91	10	4.16	10	4.84	
		15	3.55	15	3.39	15	4.16	15	4.84	15	5.21	15	4.90	15	4.33	15	3.43	15	3.59	15	3.88	15	4.23	15	4.68	
		20	2.55	20	3.54	20	4.29	20	4.90	20	5.18	20	4.68	20	4.07	20	3.37	20	3.67	20	3.92	20	4.32	20	4.71	
		25	2.52	25	3.73	25	4.39	25	4.98	25	5.10	25	4.61	25	3.78	25	4.27	25	3.69	25	3.98	25	4.39	25	4.68	
		30	2.51	30	3.88	30	4.54	30	5.09	30	5.03	30	4.57	30	3.07	30	3.23	30	3.77	30	4.04	30	4.52	30	4.66	
K234 付	1991	4	1.77	4	1.91	4	2.34	4	2.73	4	2.64	4	2.39	4	1.02	4	1.28	4	1.46	4	2.49	4	2.09	4	2.13	2.07
		10	1.32	10	1.94	10	2.43	10	2.80	10	2.60	10	2.35	10	1.08	10	1.44	10	1.57	10	2.58	10	2.20	10	2.13	
		14	1.28	14	1.94	14	2.48	14	2.83	14	2.56	14	2.30	14	1.18	14	1.45	14	1.60	14	2.62	14	2.25	14	2.13	
		20	1.36	20	2.18	20	2.56	20	2.82	20	2.55	20	2.19	20	1.29	20	1.46	20	3.52	20	2.63	20	2.24	20	2.01	
		24	1.55	24	2.18	24	2.60	24	2.90	24	2.54	24	2.12	24	1.37	24	1.48	24	1.40	24	2.66	24	2.23	24	1.86	
		30	1.74	30	2.24	30	2.68	30	2.78	30	2.53	30	1.59	30	0.88	30	1.37	30	1.55	30	2.91	30	2.20	30	1.85	
	1992	4	1.94	4	2.10	4	2.28	4	2.92	4	2.20	4	0.88	4	0.76	4	0.84	4	0.91	4	1.12	4	2.71	4	2.18	1.68
		10	2.16	10	2.31	10	2.54	10	3.09	10	1.70	10	0.86	10	0.71	10	0.83	10	0.90	10	1.27	10	1.77	10	2.25	
		14	2.34	14	2.33	14	2.60	14	2.84	14	1.22	14	0.79	14	0.72	14	0.65	14	0.91	14	1.37	14	1.83	14	2.23	
		20	2.23	20	2.45	20	2.63	20	2.78	20	1.16	20	0.77	20	0.73	20	0.63	20	0.86	20	1.50	20	1.85	20	2.19	
		24	2.15	24	2.94	24	2.66	24	2.74	24	1.06	24	0.76	24	0.75	24	0.54	24	0.82	24	1.54	24	2.03	24	2.18	
		30	1.85	30	2.52	30	2.73	30	2.71	30	1.04	30	0.77	30	0.86	30	0.73	30	1.05	30	1.57	30	2.07	30	2.24	

第一章 西安市

续表

点号	年份	1月 日	1月 水位	2月 日	2月 水位	3月 日	3月 水位	4月 日	4月 水位	5月 日	5月 水位	6月 日	6月 水位	7月 日	7月 水位	8月 日	8月 水位	9月 日	9月 水位	10月 日	10月 水位	11月 日	11月 水位	12月 日	12月 水位	年平均
K234付	1993	4	2.03	4	2.40	4	2.80	4	2.72			4	0.93	4	0.78	4	0.72	4	0.92	4	1.62	4	2.01	4	2.43	1.73
		14	1.88	14	2.57	14	2.52	14	2.92	14	1.50	14	0.86	14	0.76	14	0.67	14	1.25	14	1.74	14	2.16	14	2.52	
		24	2.08	24	2.71	24	1.74	24	2.19	24	1.23	24	0.80	24	0.74	24	0.76	24	1.46	24	1.87	24	2.34	24	2.71	
	1994	5	2.33	5	2.00	5	2.67	5	3.04	5	0.95	5	1.06	5	0.68	5	0.77	5	1.01	5	1.63	5	1.80	5	2.13	1.76
		10	2.12	10	2.18	10	2.72	10	3.10	10	2.07	10	0.81	10	0.67	10	0.66	10	1.30	10	1.80	10	1.92	10	2.17	
		15	1.97	15	1.38	15	2.85	15	3.16	15	1.24	15	0.75	15	0.69	15	0.65	15	1.23	15	1.92	15	1.86	15	2.25	
		20	2.05	20	2.49	20	2.86	20	3.17	20	1.26	20	0.66	20	0.66	20	0.70	20	1.36	20	2.00	20	1.76	20	2.34	
		25	2.03	25	2.55	25	2.91	25	3.13	25	1.42	25	0.64	25	0.73	25	0.74	25	1.45	25	1.53	25	1.89	25	2.40	
		30	2.04	30	2.60	30	2.93	30	3.11	30	1.52	30	0.63	30	0.76	30	0.78	30	1.56	30	1.64	30	1.97	30	2.49	
	1995	5	2.55	5	1.76	5	2.11	5	2.60	5	2.36	5	1.51	5	1.09	5	0.51	5	1.26	5	2.09	5	2.77	5	3.26	1.95
		10	2.61	10	1.09	10	2.20	10	2.69	10	2.26	10	1.35	10	0.44	10	0.78	10	1.44	10	2.19	10	2.86	10	3.27	
		15	2.72	15	1.69	15	2.30	15	2.74	15	2.17	15	1.13	15	0.57	15	0.73	15	1.59	15	2.32	15	2.96	15	2.72	
		20	2.72	20	1.49	20	2.42	20	2.80	20	1.94	20	1.02	20	0.79	20	0.73	20	1.74	20	2.46	20	3.11	20	1.55	
		25	2.37	25	1.81	25	2.51	25	2.74	25	1.72	25	1.03	25	0.95	25	0.91	25	1.86	25	2.55	25	3.14	25	2.22	
		30	1.69	30	1.94	30	2.54	30	2.70	30	1.57	30	1.01	30	0.95	30	0.90	30	2.00	30	2.46	30	3.22	30	2.38	
	1996	5	1.60	5	2.66	5	3.26	5	3.24	5	3.50	5	3.16	5	1.22	5	1.26	5	1.13	5	1.83	5	2.29	5	2.51	2.39
		10	1.69	10	2.78	10	3.34	10	3.34	10	3.48	10	3.08	10	1.27	10	1.23	10	1.16	10	1.91	10	2.34	10	2.63	
		15	1.95	15	2.88	15	3.37	15	3.46	15	3.42	15	3.04	15	1.54	15	0.91	15	1.24	15	2.03	15	2.26	15	2.73	
		20	2.19	20	3.00	20	3.46	20	3.53	20	3.39	20	2.98	20	1.50	20	0.78	20	1.37	20	2.16	20	2.15	20	2.84	
		25	2.34	25	3.08	25	3.45	25	3.57	25	3.36	25	2.48	25	1.39	25	1.22	25	1.53	25	2.26	25	2.28	25	2.95	
		30	2.50	30	3.15	30	3.27	30	3.58	30	3.30	30	1.47	30	1.63	30	1.28	30	1.69	30	2.36	30	2.42	30	1.77	
	1997	5	1.77	5	1.89	5	2.69	5	3.30	5	3.54	5	3.38	5	2.09	5	1.98	5	1.74	5	2.17	5	2.73	5	3.13	2.59
		10	1.39	10	2.05	10	2.82	10	3.37	10	3.42	10	3.30	10	2.23	10	2.06	10	1.75	10	2.38	10	2.86	10	3.21	
		15	1.15	15	2.15	15	2.90	15	3.47	15	3.42	15	3.12	15	1.92	15	1.65	15	1.89	15	2.65	15	3.00	15		
		20	1.41	20	2.32	20	3.00	20	3.54	20	3.41	20	2.59	20		20		20		20		20		20	1.49	
		25	1.61	25	2.49	25	3.09	25	3.59	25	3.42	25	1.98	25		25		25		25		25		25		
		30	1.76	30	2.56	30	3.21	30	3.57	30	3.41	30		30		30		30		30		30		30		

续表

点号	年份	1月			2月			3月			4月			5月			6月			7月			8月			9月			10月			11月			12月			年平均
		日	水位		日	水位		日	水位		日	水位		日	水位		日	水位		日	水位		日	水位		日	水位		日	水位		日	水位		日	水位	
K234付	1998	4	1.65		4	2.99		4	3.25		4	3.67		4	3.88		4	3.45		4	2.10		4	1.65		4	1.92		4	2.37		4	2.86		4	2.99		2.73
		14	2.40		14	3.17		14	3.38		14	3.77		14	3.70		14	3.09		14	1.51		14	1.24		14	2.12		14	2.53		14	2.96		14	2.73		
		24	2.68		24	3.25		24	3.51		24	3.84		24	3.57		24	1.76		24	1.85		24	1.66		24	2.26		24	2.69		24	3.00		24	2.86		
	1999	4	2.92		4	3.27		4	3.73		4	3.95		4	4.20		4	3.78		4	3.37		4	2.51		4	2.26		4	2.48		4	2.92		4	3.44		3.23
		14	2.83		14	3.40		14	3.84		14	4.07		14	4.10		14	3.68		14	3.09		14	2.04		14	2.41		14	2.59		14	3.14		14	3.41		
		24	2.76		24	3.56		24	3.82		24	4.18		24	3.94		24	3.54		24	3.04		24	2.24		24	2.51		24	2.74		24	3.24		24	3.39		
	2000	5	3.33		5	2.34		5	3.61		5	4.22		5	4.78		5	4.68		5	4.22		5	2.49		5	2.92		5	3.40		5	3.68		5	4.38		3.71
		15	3.20		15	2.98		15	3.73		15	4.35		15	4.87		15	4.60		15	4.05		15	2.92		15	3.14		15	3.42		15	3.82		15	4.31		
		25	2.03		25	3.31		25	3.98		25	4.59		25	4.81		25	4.33		25	3.31		25	2.82		25	3.28		25	3.56		25	3.99		25	4.24		
K234-1	1991	4	3.82		4	3.94		4	4.20		4	4.50		4	4.46		4	4.23		4	4.17		4	3.45		4	3.37		4	4.28		4	4.22		4	3.79		4.06
		14	3.71		14	3.92		14	4.29		14	4.61		14	4.41		14	4.18		14	4.04		14	3.53		14	3.57		14	4.45		14	4.23		14	3.91		
		24	3.73		24	4.14		24	4.41		24	4.56		24	4.42		24	4.15		24	3.96		24	3.50		24	3.42		24	4.65		24	3.96		24	4.03		
	1992	4	4.14		4	4.39		4	4.72		4	4.95		4	4.11		4	3.63		4	3.59		4	3.75		4	2.70		4	3.45		4	3.94		4	4.58		4.00
		14	4.21		14	4.53		14	4.80		14	4.78		14	3.69		14	3.65		14	3.54		14	3.46		14	3.37		14	3.61		14	4.12		14	4.37		
		24	4.31		24	4.74		24	4.80		24	4.42		24	3.68		24	3.54		24	3.49		24	3.29		24	3.29		24	3.79		24	4.34		24	4.25		
	1993	4	4.42		4	4.55		4	4.91		4	2.10		4	4.34		4	3.97		4	3.89		4	3.84		4	3.59		4	4.06		4	4.56		4	4.90		4.30
		14	4.35		14	4.37		14	5.09		14	5.30		14	4.48		14	3.53		14	3.82		14	3.84		14	3.66		14	4.22		14	4.72		14	4.91		
		24	4.35		24	4.80		24	5.12		24	5.28		24	4.21		24	3.97		24	3.79		24	3.71		24	3.92		24	4.38		24	4.89		24	5.00		
	1994	5	4.84		5	4.86		5	5.26		5	5.77		5	5.33		5	4.53		5	4.73		5	4.49		5	4.28		5	4.74		5	4.90		5	5.15		4.88
		15	4.78		15	4.97		15	5.37		15	5.85		15	4.96		15	4.41		15	4.16		15	4.38		15	4.28		15	4.99		15	4.94		15	5.15		
		25	4.74		25	5.09		25	5.54		25	5.76		25	4.72		25	4.33		25	4.44		25	4.42		25	4.47		25	4.75		25	5.00		25	5.24		
	1995	5	5.34		5	5.06		5	5.28		5	5.64		15	5.71		15	4.88		15	5.35		15	4.97		15	4.74		15	5.08		15	5.70		5	5.97		5.29
		15	5.35		15	5.13		15	5.30		15			25	5.46		25	5.43		25	5.43		25	4.87		25	4.69		25	5.29		25	5.87		15	5.68		
		25	5.06		25	5.18		25	5.49		25				5.13			5.42			4.75			4.67			4.79			5.43			6.00		25	5.61		

续表

第一章 西安市

点号	年份	1月 日	1月 水位	2月 日	2月 水位	3月 日	3月 水位	4月 日	4月 水位	5月 日	5月 水位	6月 日	6月 水位	7月 日	7月 水位	8月 日	8月 水位	9月 日	9月 水位	10月 日	10月 水位	11月 日	11月 水位	12月 日	12月 水位	年平均
K234-1	1996	5	5.42	5	5.81	5	6.30	5	6.68	5	6.83	5	5.82	5	5.38	5	4.92	5	5.54	5	4.82	5	5.21	5	5.42	5.63
		15	5.39	15	5.95	15	6.51	15	6.83	15	6.57	15	5.84	15	5.01	15	4.80	15	4.47	15	5.00	15	5.17	15	5.52	
		25	5.51	25	6.06	25	6.55	25	6.83	25	6.35	25	5.67	25	5.07	25	4.70	25	4.62	25	5.16	25	5.35	25	5.50	
	1997	5	5.03	5	4.90	5	5.56	5	6.06	5	6.16	5	5.34	5	4.91	5	4.93	5	4.86	5	5.00	5	5.64	5	5.90	5.38
		15	4.83	15	5.07	15	5.70	15	6.19	15	5.76	15	5.94	15	4.90	15	5.01	15	4.75	15	5.12	15	5.82	15	5.80	
		25	4.86	25	5.42	25	5.84	25	6.25	25	5.59	25	5.30	25	4.98	25	4.85	25	4.58	25	5.18	25	5.71	25	5.84	
	1998	5	5.56	5	5.93	5	6.13	5	6.70	5	6.47	5	5.33	5	4.85	5	4.40	5	4.16	5	4.49	5	5.18	5	5.61	5.39
		10	5.61	10	6.09	10	6.18	10	6.75	10	6.14	10	5.28	10	4.09	10	4.36	10	4.24	10	4.55	10	5.24	10	5.52	
		15	5.78	15	6.27	15	6.24	15	6.76	15	6.01	15	5.27	15	4.21	15	4.14	15	4.20	15	4.72	15	5.37	15	5.62	
		20	5.65	20	6.15	20	6.43	20	6.92	20	5.83	20	5.28	20	4.28	20	4.02	20	4.24	20	4.85	20	5.43	20	5.57	
		25	5.72	25	6.23	25	6.45	25	6.84	25	5.70	25	5.21	25	4.37	25	4.14	25	4.34	25	4.89	25	5.58	25	5.53	
		30	5.83	30	6.18	30	6.66	30	6.67	30	5.45	30	5.00	30	4.49	30	4.09	30	4.38	30	5.06	30	6.08	30	5.55	
	1999	4	5.65	4	6.07	4	6.54	4	6.71	4	6.88	4	5.97	4	5.35	4	5.56	4	4.85	4	5.07	4	5.69	4	6.14	5.87
		10	5.70	10	6.04	10	6.56	10	6.79	10	6.84	10	5.89	10	5.17	10	5.05	10	4.91	10	5.15	10	5.75	10	6.20	
		14	5.73	14	6.07	14	6.58	14	6.94	14	6.49	14	5.87	14	4.94	14	4.97	14	4.92	14	5.26	14	5.91	14	6.30	
		20	5.80	20	6.07	20	6.41	20	7.05	20	6.41	20	5.69	20	5.36	20	5.06	20	5.05	20	5.43	20	5.82	20	6.26	
		24	5.92	24	6.19	24	6.42	24	7.00	24	6.26	24	5.50	24	5.43	24	5.23	24	5.02	24	5.51	24	5.85	24	6.30	
		30	6.02	30	6.31	30	6.57	30	6.91	30	6.27	30	5.18	30	5.61	30	4.93	30	5.16	30	5.57	30	6.01	30	6.34	
	2000	5	6.29	5	5.84	5	6.80	5	7.23	5	7.71	5	6.68	5	6.25	5	6.19	5	5.72	5	6.16	5	6.63	5	7.27	6.58
		10	6.13	10	5.93	10	6.79	10	7.32	10	7.49	10	6.61	10	6.17	10	6.05	10	5.80	10	6.32	10	6.64	10	7.41	
		15	6.07	15	6.08	15	6.99	15	7.45	15	7.40	15	6.92	15	6.13	15	6.07	15	5.98	15	6.29	15	6.74	15	7.11	
		20	5.95	20	6.20	20	7.08	20	7.52	20	7.22	20	6.62	20	6.27	20	5.84	20	6.10	20	6.38	20	6.80	20	6.97	
		25	5.82	25	6.46	25	7.16	25	7.63	25	6.99	25	6.40	25	6.89	25	5.75	25	6.07	25	6.42	25	6.88	25	6.73	
		30	5.82	30	6.63	30	7.25	30	7.64	30	6.75	30	6.33	30	6.63	30	5.68	30	6.12	30	6.52	30	7.04	30	6.71	

点号	年份	1月 日	1月 水位	2月 日	2月 水位	3月 日	3月 水位	4月 日	4月 水位	5月 日	5月 水位	6月 日	6月 水位	7月 日	7月 水位	8月 日	8月 水位	9月 日	9月 水位	10月 日	10月 水位	11月 日	11月 水位	12月 日	12月 水位	年平均
K394	1991	4	2.11	4	2.62	4	3.05	4	3.62	4	3.45	4	3.19	4	3.28	4	1.88	4	1.75	4	2.30	4	3.39	4	2.13	2.78
		14	2.32	14	2.64	14	2.92	14	3.47	14	3.67	14	3.19	14	2.45	14	2.03	14	2.27	14	2.66	14	3.98	14	2.53	
		24	2.46	24	2.88	24	3.11	24	3.55	24	3.59	24	3.45	24	2.53	24	1.99	24	2.04	24	2.87	24	1.96	24	2.89	
	1992	4	2.96	4	3.33	4	3.76	4	4.07	4	3.57	4	3.68	4	3.42	4	2.34	4	1.95	4	2.20	4	3.24	4	3.44	3.08
		14	3.15	14	3.76	14	3.84	14	4.06	14	3.08	14	3.29	14	2.97	14	2.11	14	2.16	14	2.35	14	3.28	14	2.57	
		24	3.23	24	3.66	24	3.82	24	4.05	24	3.62	24	3.23	24	2.52	24	1.97	24	2.19	24	2.48	24	2.85	24	2.55	
	1993	4	2.95	4	3.74	4	3.92	4	4.21	4	5.05	4	3.44	4	3.55	4	2.65	4	2.36	4	3.32	4	3.17	4	3.18	3.50
		14	3.25	14	3.88	14	4.07	14	4.73	14	4.82	14	3.34	14	2.78	14	2.70	14	2.49	14	3.28	14	3.15	14	3.15	
		24	3.34	24	3.98	24	4.23	24	5.01	24	4.58	24	3.23	24	2.76	24	2.57	24	3.37	24	3.66	24	3.20	24	2.95	
	1994	5	3.42	5	4.02	5	4.67	5	5.49	5	5.67	5	5.37	5	3.98	5	3.74	5	3.82	5	4.76	5	4.72	5	4.46	4.49
		15	3.90	15	4.19	15	4.73	15	5.60	15	5.41	15	5.69	15	3.57	15	4.33	15	3.95	15	4.98	15	4.44	15	3.53	
		25	4.02	25	4.39	25	4.77	25	5.34	25	5.39	25	5.25	25	3.85	25	3.86	25	3.93	25	4.42	25	4.58	25	3.45	
	1995	5	3.77	5	4.50	5	4.92	5	5.41	5	5.90	5	4.75	5	4.90	5	4.39	5	4.27	5	4.84	5	5.36	5	5.69	4.85
		15	4.03	15	5.02	15	5.09	15	5.86	15	5.67	15	5.22	15	4.42	15	4.25	15	4.24	15	4.98	15	5.51	15	4.36	
		25	4.14	25	4.76	25	5.16	25	5.68	25	5.19	25	4.75	25	4.06	25	3.48	25	4.64	25	5.12	25	5.60	25	4.58	
	1996	5	4.62	5	5.50	5	6.04	5	6.46	5	6.78	5	5.95	5	5.20	5	4.76	5	3.97	5	4.85	5	5.28	5	5.44	5.39
		15	4.92	15	5.72	15	6.23	15	6.55	15	6.68	15	5.76	15	4.30	15	4.90	15	4.24	15	5.14	15	5.28	15	4.74	
		25	5.22	25	5.88	25	6.34	25	6.75	25	6.59	25	5.61	25	4.97	25	4.55	25	4.58	25	5.17	25	5.31	25	3.76	
	1997	5	4.08	5	4.78	5	5.43	5	6.07	5	6.39	5	5.54	5	5.17	5	4.97	5	4.58	5	5.29	5	6.15	5	5.70	5.45
		15	4.53	15	5.16	15	5.57	15	6.18	15	6.08	15	6.19	15	5.51	15	4.96	15	4.66	15	5.70	15	6.19	15	5.13	
		25	4.82	25	5.37	25	5.72	25	6.22	25	5.83	25	5.37	25	5.67	25	5.13	25	4.42	25	5.83	25	6.31	25	5.23	
	1998	4	5.15	4	6.08	4	6.52	4	6.78	4	6.95	4	5.92	4	5.66	4	4.63	4	4.87	4	5.07	4	5.64	4	6.09	5.76
		14	5.51	14	6.33	14	6.51	14	6.82	14	6.69	14	5.84	14	4.52	14	4.50	14	4.50	14	5.21	14	5.86	14	6.21	
		24	5.81	24	6.45	24	6.63	24	6.98	24	6.36	24	6.13	24	4.56	24	4.48	24	4.82	24	5.50	24	5.94	24	6.09	

续表

点号	年份	1月 日	1月 水位	2月 日	2月 水位	3月 日	3月 水位	4月 日	4月 水位	5月 日	5月 水位	6月 日	6月 水位	7月 日	7月 水位	8月 日	8月 水位	9月 日	9月 水位	10月 日	10月 水位	11月 日	11月 水位	12月 日	12月 水位	年平均
K394	1999	4	5.63	4	6.10	4	6.60	4	6.89	4	7.18	4	6.71	4	6.13	4	6.06	4	5.53	4	6.07	4	6.48	4	6.76	6.38
		14	5.31	14	6.25	14	6.77	14	7.04	14	7.15	14	6.43	14	5.73	14	5.50	14	5.69	14	6.25	14	6.57	14	6.87	
		24	5.75	24	6.41	24	6.78	24	7.14	24	6.88	24	6.30	24	5.94	24	6.64	24	5.99	24	6.41	24	6.65	24	7.04	
	2000	5	7.32	5	6.39	5	7.07	5	7.52	5	7.88	5	7.43	5	7.01	5	6.95	5	6.66	5	6.88	5	7.09	5	7.55	7.13
		15	6.87	15	6.70	15	7.26	15	7.57	15	7.81	15	7.47	15	6.93	15	6.69	15	6.69	15	6.93	15	7.14	15	7.30	
		25	6.07	25	6.90	25	7.39	25	7.78	25	7.83	25	7.28	25	7.49	25	6.60	25	6.81	25	6.99	25	7.25	25	7.27	
K233	1991	4	17.81	4	18.22	4	18.00	4	18.64	4	18.68	4	18.95	4	19.53	4	19.94	4	19.65	4	19.28	4	19.28	4	18.25	18.85
		14	18.05	14	18.25	14	18.25	14	18.55	14	18.78	14	19.07	14	19.58	14	17.79	14	19.60	14	19.18	14	19.30	14	19.20	
		24	18.14	24	17.92	24	18.38	24	18.58	24	19.05	24	18.31	24	20.06	24	19.79	24	18.65	24	19.23	24	19.31	24	19.18	
	1992	4	19.19	4	19.43	4	19.42	4	19.65	4	19.83	4	20.19	4	20.34	4	20.70	4	20.78	4	20.08	4	19.73	4	19.99	19.97
		14	19.21	14	19.14	14	19.48	14	19.72	14	19.90	14	20.29	14	20.46	14	20.88	14	20.49	14	19.94	14	19.81	14	20.05	
		24	19.33	24	19.36	24	19.85	24	19.78	24	19.86	24	20.32	24	20.59	24	20.80	24	20.37	24	19.82	24	19.87	24	20.12	
	1993	4	20.19	4	20.09	4	20.38	4	20.59	4	20.61	4	20.88	4	21.12	4	21.36	4	21.42	4	21.19	4	21.34	4	21.33	20.92
		14	20.30	14	20.21	14	20.51	14	20.45	14	20.69	14	20.98	14	21.24	14	21.55	14	21.26	14	21.17	14	21.26	14	21.40	
		24	20.29	24	20.35	24	20.65	24	20.56	24	20.80	24	21.08	24	21.32	24	21.49	24	21.29	24	21.13	24	21.28	24	21.45	
	1994	5	21.54	5	21.78	5	21.61	5	21.83	5	21.83	5	22.19	5	22.61	5	23.18	5	23.30	5	23.09	5	22.77	5	22.74	22.42
		15	21.63	15	21.61	15	21.81	15	21.81	15	21.99	15	22.55	15	22.70	15	23.36	15	23.22	15	23.18	15	22.70	15	22.67	
		25	21.65	25	21.57	25	21.65	25	21.75	25	22.15	25	22.64	25	22.88	25	23.41	25	23.22	25	23.01	25	22.75	25	22.73	
	1995	5	22.64	5	22.37	5	22.84	5	23.03	5	23.03	5	23.34	5	24.03	5	24.39	5	24.37	5	24.01	5	23.88	5	23.94	23.53
		15	22.67	15	22.59	15	22.91	15	23.08	15	23.13	15	23.60	15	24.27	15	24.39	15	24.24	15	23.62	15	23.99	15	23.85	
		25	22.66	25	22.68	25	23.09	25	23.05	25	23.28	25	23.77	25	24.30	25	24.29	25	24.09	25	23.80	25	23.95	25	23.85	
	1996	5	23.75	5	23.94	5	23.94	5	24.17	5	24.25	5	24.61	5	24.95	5	25.05	5	24.33	5	23.37	5	23.26	5	23.32	24.07
		15	23.85	15	24.00	15	24.10	15	24.15	15	24.43	15	24.56	15	24.89	15	25.11	15	23.75	15	23.24	15	23.19	15	23.18	
		25	23.92	25	23.93	25	24.17	25	24.18	25	24.64	25	24.77	25	24.99	25	25.05	25	23.44	25	23.12	25	23.33	25	23.43	

续表

点号	年份	1月 日	1月 水位	2月 日	2月 水位	3月 日	3月 水位	4月 日	4月 水位	5月 日	5月 水位	6月 日	6月 水位	7月 日	7月 水位	8月 日	8月 水位	9月 日	9月 水位	10月 日	10月 水位	11月 日	11月 水位	12月 日	12月 水位	年平均
K233	1997	5	23.50	5	22.72	5	22.07	5	22.59	5	23.12	5	24.14	5	24.67	5	25.15	5	25.76	5	25.22	5	25.21	5	25.11	24.16
		15	23.39	15	22.15	15	22.26	15	22.68	15	23.38	15	24.47	15	24.56	15	25.45	15	25.78	15	25.04	15	25.05	15	25.17	
		25	23.24	25	22.26	25	22.56	25	22.70	25	23.91	25	24.80	25	24.88	25	25.57	25	25.55	25	25.25	25	25.05	25	25.17	
	1998	4	25.17	4	24.42	4	24.98	4	24.39	4	24.32	4	23.54	4	24.62	4	24.54	4	24.42	4	23.87	4	23.63	4	23.62	24.23
		14	25.18	14	24.46	14	24.97	14	24.22	14	24.08	14	23.45	14	24.55	14	24.25	14	24.19	14	23.54	14	23.64	14	23.60	
		24	24.95	24	24.77	24	24.60	24	24.27	24	24.02	24	24.06	24	24.52	24	24.32	24	24.03	24	23.68	24	23.53	24	23.73	
	1999	4	23.97	4	23.70	4	23.15	4	24.03	4	23.86	4	23.88	4	23.87	4	25.42	4	25.54	4	25.06	4	24.35	4	24.25	24.28
		14	23.80	14	23.80	14	23.85	14	23.93	14	23.84	14	23.83	14	24.09	14	25.56	14	25.60	14	24.91	14	24.15	14	24.12	
		24	23.73	24	23.21	24	23.96	24	24.09	24	23.75	24	23.93	24	24.58	24	25.66	24	25.42	24	24.78	24	24.17	24	24.08	
	2000	4	24.34	4	24.79	4	24.75	4	26.16	4	26.33	4	26.24	4	26.06	4	26.75	4	25.07	4	25.74	4	25.16	4	25.89	25.70
		14	24.59	14	24.15	14	25.48	14	26.22	14	26.30	14	26.37	14	25.96	14	26.39	14	26.24	14	25.51	14	25.74	14	25.40	
		24	24.80	24	24.49	24	25.88	24	26.39	24	26.50	24	26.35	24	26.23	24	26.22	24	26.04	24	25.26	24	25.96	24	25.41	
#90-39	1991	4	18.08	4	18.52	4	18.47	4	18.81	4	〈23.58〉	4	〈28.21〉	4	19.84	4	〈24.29〉	4	20.04	4	20.71	4	19.67	4	20.60	19.54
		14	18.39	14	18.63	14	18.67	14	18.85	14	18.87	14	19.38	14	20.16	14	〈24.15〉	14	20.76	14	20.55	14	19.69	14	20.53	
		24	18.44	24	18.35	24	18.69	24	18.91	24	18.90	24	19.56	24	〈24.39〉	24	20.73	24	20.94	24	20.60	24	20.77	24	20.49	
	1992	4	20.05	4	19.83	4	〈24.70〉	4	〈24.80〉	4	20.21	4	20.67	4	20.68	4	21.12	4	21.19	4	20.59	4	20.23	4	〈23.00〉	20.44
		14	19.61	14	19.76	14	19.95	14	20.15	14	20.28	14	20.70	14	20.89	14	21.26	14	20.94	14	20.24	14	20.31	14	20.39	
		24	19.79	24	〈25.22〉	24	19.90	24	20.21	24	20.62	24	20.72	24	21.12	24	21.16	24	20.64	24	20.10	24	20.24	24	20.47	
	1993	4	〈25.54〉	4	20.53	4	〈25.43〉	4	20.92	4	20.79	4	〈26.50〉	4	21.62	4	21.86	4	22.80	4	21.57	4	21.54	4	21.86	21.42
		14	20.72	14	20.69	14	21.04	14	20.77	14	20.86	14	21.43	14	21.70	14	21.94	14	21.72	14	21.43	14	21.82	14	21.90	
		24	20.67	24	20.53	24	20.92	24	20.85	24	〈25.62〉	24	21.39	24	21.73	24	21.96	24	21.68	24	21.57	24	21.84	24	21.94	
	1994	5	21.85	5	22.11	5	22.04	5	22.00	5	22.07	5	22.82	5	22.91	5	〈28.35〉	5	23.74	5	23.45	5	23.21	5	23.13	22.69
		15	21.96	15	21.96	15	22.05	15	22.08	15	22.27	15	22.85	15	23.06	15	23.76	15	23.34	15	23.54	15	23.08	15	22.84	
		25	22.03	25	〈26.78〉	25	22.09	25	22.00	25	22.76	25	22.87	25	23.20	25	23.65	25	22.02	25		25	23.11	25	22.88	

第一章 西安市

续表

点号	年份	1月 日	1月 水位	2月 日	2月 水位	3月 日	3月 水位	4月 日	4月 水位	5月 日	5月 水位	6月 日	6月 水位	7月 日	7月 水位	8月 日	8月 水位	9月 日	9月 水位	10月 日	10月 水位	11月 日	11月 水位	12月 日	12月 水位	年平均
	1995	5	22.80	5	22.71	5	23.03	5	23.32	5	〈27.96〉	5	23.63	5	24.31	5	24.65	5	24.64	5	24.83	5	24.22	5	24.09	23.89
		15	〈25.08〉	15	22.92	15	23.07	15	23.39	15	23.46	15	23.93	15	24.61	15	24.67	15	24.55	15	24.79	15	24.20	15	24.00	
		25	22.88	25	23.05	25	23.24	25	23.71	25	23.71	25	24.11	25	24.52	25	24.60	25	24.44	25	24.07	25	24.15	25	23.96	
#90-39	1996	5	23.95	5	24.09	5	23.24	5	24.34	5	24.48	5	24.76	5	24.98	5	25.28	5	24.61	5	23.63	5	23.36	5	23.53	24.24
		15	23.97	15	24.14	15	24.14	15	24.28	15	24.50	15	24.68	15	25.14	15	25.25	15	24.00	15	23.32	15	23.39	15	23.38	
		25	24.12	25	24.14	25	24.24	25	24.35	25	24.64	25	24.98	25	25.28	25	25.27	25	23.73	25	23.21	25	23.61	25	23.60	
	1997	5	23.72	5	23.10	5	22.40	5	22.84	5	23.34	5	24.36	5	24.98	5	25.36	5	25.85	5	25.14	5	25.06	5	25.13	24.17
		15	23.62	15	22.43	15	22.50	15	22.92	15	23.73	15	24.70	15	24.72	15	25.55	15	25.87	15	23.76	15		15			
		25	23.63	25	22.58	25	22.77	25	23.15	25	24.16	25	25.08	25	25.03	25	25.65	25	25.70	25		25		25			
	1998	14	25.15	14	24.50	14	25.00	14	24.24	14	24.10	14	23.47	14	24.55	14	24.54	14	24.27	14	25.14	14	24.55	14	23.82	24.33
	1999	14	24.09	14	24.06	14	24.10	14	24.28	14	24.05	14	24.05	14	24.30	14	24.86	14	25.90	14	25.10	14	24.45	14	24.40	24.47
	2000	14	24.75	14	24.43	14	25.60	14	26.35	14	26.37	14	26.47	14	26.03	14	26.58	14	25.48	14	25.55	14	25.45	14	25.50	25.71
#93-1	1993	17		17		17	8.76	17	8.86	17	9.17	17	9.17	17	9.15	17	〈13.91〉	17		17	9.81	17	8.36	17	9.03	8.70
	1994	17	9.08	17	7.87	17	9.21	17	9.50	17	9.98	17	11.87	17	12.22	17	12.01	17	10.05	17	10.25	17	8.78	17	8.66	9.03
	1995	17	8.78	17	10.48	17	11.26	17	11.06	17	11.09	17	11.48	17	10.87	17	12.62	17	11.19	17	9.94	17	9.93	17	11.77	10.60
	1996	17	10.67	17	10.05	17	10.04	17	9.33	17	12.32	17	12.75	17	12.85	17	12.82	17	9.96	17	10.49	17	9.16	17	9.50	10.64
	1997	17	9.46	17	10.47	17	11.92	17	11.45	17	10.84	17	12.34	17	11.20	17	11.37	17	12.66	17	10.77	17	12.24	17	12.39	11.49
	1998	17	12.30	17	12.00	17	11.99	17	12.17	17	10.87	17	10.78	17	10.80	17	12.65	17	10.84	17	11.67	17	10.91	17	11.64	11.47
	1999	17	11.56	17	11.60	17	12.24	17	12.17	17	7.28	17	12.38	17	12.01	17	13.29	17	12.04	17	12.13	17	11.57	17	11.78	11.62
#94-1	1994	14	11.99	14	12.08	14	11.29	14	11.34	14	6.34	14	11.76	14	13.28	14	13.13	14	12.87	14	7.88	14	10.68	14	11.04	11.65
	1995	14		14	11.76	14	13.52	14	12.90	14	13.61	14	12.23	14	14.17	14	14.08	14		14	11.82	14	8.38	14	8.53	10.52
	1996	14	12.10	14	13.17	14	〈11.92〉	14	12.07	14	11.96	14	14.07	14	14.42	14	15.44	14	12.89	14	11.82	14	11.02	14	11.71	12.83
	1997	14	14.55	14	11.96	14		14		14		14		14		14		14	15.64	14	14.40	14	14.56	14	14.52	13.74
	1998	14		14	14.45	14	13.52	14	12.70	14	12.34	14	13.05	14	13.97	14	13.90	14	13.48	14	12.75	14	12.99	14	12.93	13.39

续表

点号	年份	1月 日	1月 水位	2月 日	2月 水位	3月 日	3月 水位	4月 日	4月 水位	5月 日	5月 水位	6月 日	6月 水位	7月 日	7月 水位	8月 日	8月 水位	9月 日	9月 水位	10月 日	10月 水位	11月 日	11月 水位	12月 日	12月 水位	年平均
#94-2	1994	14	16.60	14	14.96	14	16.07	14	16.10	14	16.56	14	16.84	14	16.88	14	17.76	14	17.40	14	17.50	14	16.76	14	16.57	16.67
	1995	14	17.45	14	16.75	14	16.94	14	17.04	14	17.12	14	17.60	14	18.68	14	18.55	14	18.07	14	16.72	14	17.47	14	17.24	17.40
	1996	14	18.75	14	17.94	14	17.83	14	18.15	14	18.54	14	18.32	14	18.70	14	18.70	14	17.68	14	16.44	14	16.20	14	16.23	17.68
	1997	14	18.70	14	16.43	14	16.74	14	16.40	14	17.12	14	18.35	14	18.79	14	19.78	14	19.97	14	18.72	14	18.33	14	18.73	18.18
	1998	14	18.70	14	18.50	14	18.82	14	17.85	14	17.96	14	18.49	14	〈21.22〉	14	18.73	14	17.91	14	17.04	14	17.24	14	17.18	18.04
	1999	14	17.38	14	17.60	14	17.73	14	17.52	14	17.58	14	〈20.17〉	14	〈20.58〉	14	19.22	14	19.11	14	〈21.09〉	14	17.02	14	〈20.40〉	17.90
#94-4	1994				19.34	14	19.01	14	19.21	14	19.57	14	19.00	14	20.04	14	21.06	14	20.45	14	20.45	14	19.79	14	19.90	19.80
	1995	17	21.13	17	21.19			17	〈23.40〉	17	22.19	17	21.78	17	22.21	17	22.51	17	21.28	17	21.08	17	21.25	17	20.94	21.09
	1996	14	20.00	14	20.15	17	19.94	17	20.55	14	21.00	17	22.84	17	22.79	17	23.76	17	23.79	17	21.02	17	20.53	17	20.59	21.44
	1997	17		17		14		14		17	14.30	14	14.50	14	14.75	14	24.88	14	24.47	14	22.61	14	24.45	14	21.31	21.70
#94-6	1994	17	24.18	17	24.35	17	24.63	17	24.48	17	24.91	17	25.01	17	25.92	17	25.78	17	25.86	17	23.85	17	24.87	17	24.03	18.31
	1995	17	25.03	17	25.29	17	25.45	17	25.71	17	25.81	17	25.81	17	25.97	17	26.50	17	25.07	17	24.26	17	24.07	17	24.87	24.89
	1996	17	23.97	17	23.47	17	23.51	17	24.47	17	25.28	17	27.13	17	27.23	17	27.63	17	27.33	17	26.43	17	25.87	17	23.85	25.24
	1997	15	11.16	15	11.51	15	11.47	15	11.36	15	11.01	15	13.06	15	13.61	15	13.00	15	11.84	15	11.41	15	12.08	15	12.90	25.67
#95-1	1995	15	12.06	15	11.84	15	12.50	15	12.23	15	12.20	15	12.23	15	12.49	15	12.64	15	11.52	15	11.03	15	11.17	15	11.01	12.03
	1996	15	11.41	15	10.92	15	10.93	15	10.92	15	11.03	15	12.17	15	11.97	15	12.54	15	11.89	15	11.33	15	11.56	15	12.17	11.91
	1997	14	11.61	14	11.53	14	11.94	14	11.95	14	11.88	14	12.03	14	11.80	14	11.42	14	10.84	14	10.83	14	11.19	14	11.52	11.57
	1998	14	11.32	14	11.41	14	11.71	14	11.90	14	11.71	14	11.40	14	10.98	14	11.51	14	10.91	14	10.58	14	10.83	14	11.02	11.27
	1999							14	〈38.98〉	14	〈40.01〉	14	36.95	14	38.35	14	38.29	14	37.28	14	37.54	14	36.86	14	36.55	11.55
#95-2	1995	14	35.56	14	34.48	14	34.98	14	37.33	14	37.55	14	37.55	14	38.21	14	38.21	14	37.69	14	36.63	14	36.57	14	35.80	36.68
	1996	14	35.78	14	36.98	14	36.23	14	36.11	14	36.98	14	38.03	14	38.80	14	39.15	14	39.55	14	38.27	14	37.77	14	37.48	37.04
	1997	14	34.90	14	35.82	14	35.34	14	37.17	14	37.47	14	36.94	14	38.15	14	38.45	14	37.42	14	37.36	14	36.92	14	37.06	37.35
	1998	14	37.65	14	37.06	14	37.64	14	37.17	14	37.55	14	37.48	14	37.86	14	39.90	14	40.10	14	39.21	14	38.67	14	37.93	37.44
	1999	14	37.00	14	37.35	14	37.28	14	38.02	14	37.55	14	37.48	14	37.86	14	39.90	14	40.10	14	39.21	14	38.67	14	37.93	38.20
	2000	15	38.35	15	38.55	15	39.60	15	40.00	15	40.75	15	40.60	15	40.84	15	40.00	15	40.09	15	38.00	15	37.40	15	37.65	39.32

续表

点号	年份	1月 日	1月 水位	2月 日	2月 水位	3月 日	3月 水位	4月 日	4月 水位	5月 日	5月 水位	6月 日	6月 水位	7月 日	7月 水位	8月 日	8月 水位	9月 日	9月 水位	10月 日	10月 水位	11月 日	11月 水位	12月 日	12月 水位	年平均
#95-4	1995	15	18.04	15		15		15		15	18.17	15		15		15	19.02	15	18.56	15	17.59	15	19.20	15	17.94	18.46
	1996	15	16.98	15	17.63	15	18.19	15	18.46	15	17.74	15	18.78	15	19.48	15	18.71	15	18.67	15	16.63	15	16.82	15	16.70	18.02
	1997	15	18.96	14	16.40	14	16.19	14	17.15	14	18.22	14	19.52	14	19.30	14	19.93	14	20.13	14	18.79	14	18.99	14	19.07	18.35
	1998	14	17.80	14	18.79	14	18.94	14	18.51	14	17.83	14	17.70	14	18.73	14	18.72	14	18.00	14	17.55	14	17.76	14	18.33	18.35
	1999	14	17.77	14	17.86	14	18.05	14	18.02	14	20.00	14	17.45	14	18.04	14	19.80	14	19.53	14	18.99	14	17.70	14	17.85	18.24
	2000	14		15	17.95	14	19.30	15	19.95	15		15	20.04	15	20.08	15	20.10	15	19.62	15	17.95	15	18.00	15	17.84	19.05
#95-5	1996	15	19.70	15	18.90	15	18.77	15	19.38	15	20.30	15	21.03	15	21.17	15	21.20	15	19.76	15	18.58	15	18.06	15	19.40	19.89
	1997	14	21.78	14	21.25	14	21.69	14	20.79	14	20.79	14	21.58	14	23.50	14	22.64	14	22.85	14	21.80	14	21.75	14	21.75	21.08
	1998	14	20.47	14	20.59	14	20.61	14	20.65	14	20.47	14	20.11	14	21.35	14	21.12	14	20.75	14	20.20	14	20.41	14	20.15	20.87
	1999	14		14		14		14		14		14	20.39	14	20.79	14	22.70	14	22.44	14	21.85	14	20.15	14	20.20	20.94
K395	1991	4	4.98	4	4.54	4	5.28	4	6.02	4	6.64	4	6.65	4	6.15	4	4.35	4	4.35	4	4.96	4	5.96	4	5.01	5.43
		10	4.54	14	4.77	14	5.42	14	6.13	14	6.21	14	6.75	14	4.62	14	4.58	14	4.47	14	5.09	14	6.03	14	5.13	
		14	4.44	24	4.77	24	5.53	24	6.21	24	6.57	24	6.72	24	5.73	24	4.71	24	4.86	24	6.20	24	5.52	24	5.19	
		20	4.18	4	4.96	4	5.71	4	6.26	4	6.70	4	6.79	4	5.49	4	4.46	4	4.89	4	5.76	4	5.41	4	5.35	
		24	4.23	14	5.15	14	5.71	14	6.35	14	6.59	14	6.82	14	5.22	14	4.23	14	4.77	14	5.51	14	5.05	14	5.43	
		30	4.47	24	5.14	24	5.96	24	6.41	24	6.72	24	6.46	24	4.16	24	4.17	24	4.81	24	5.73	24	5.08	24	5.50	
	1992	4	5.67	4	6.25	4	6.74	4	7.05	4	6.13	4	5.14	4	5.18	4	4.06	4	3.90	4	4.81	4	5.67	4	6.54	5.60
		10	5.86	14	6.39	14	6.71	14	6.92	14	5.91	14	5.25	14	5.03	14	4.01	14	3.88	14	5.03	14	5.83	14	6.56	
		14	5.92	24	6.45	24	6.78	24	6.62	24	5.69	24	5.21	24	4.88	24	4.59	24	3.96	24	5.19	24	6.00	24	6.24	
		20	6.03	4	6.54	4	6.63	4	6.48	4	5.53	4	5.13	4	4.72	4	4.61	4	4.12	4	5.30	4	6.19	4	5.95	
		24	6.09	14	6.70	14	6.88	14	6.39	14	5.34	14	4.96	14	4.57	14	3.87	14	4.42	14	5.52	14	6.34	14	5.85	
		30	6.20	24	6.80	24	6.96	24	6.36	24	5.31	24	4.93	24	4.59	24	3.92	24	4.63	24	5.64	24	6.37	24	5.56	
	1993	4	5.61	4	5.02	4	6.73	4	6.86	4	7.11	4	6.49	4	5.21	4	4.60	4	4.38	4	5.37	4	6.58	4	7.12	6.00
		14	5.40	14	6.32	14	6.79	14	7.23	14	6.86	14	5.82	14	5.23	14	4.28	14	4.76	14	5.76	14	6.84	14	7.15	
		24	5.29	14	6.57	14	6.89	14	7.57	14	6.51	14	5.13	14	5.21	14	4.14	14	4.96	14	6.19	14	7.11	14	7.06	

续表

点号	年份	1月		2月		3月		4月		5月		6月		7月		8月		9月		10月		11月		12月		年平均
		日	水位	日	水位	日	水位	日	水位	日	水位	日	水位	日	水位	日	水位	日	水位	日	水位	日	水位	日	水位	
K395	1994	5	7.27	5	6.55	5	7.31	5	8.03	5	8.10	5	7.60	5	6.92	5	6.64	5	5.94	5	7.00	5	7.54	5	7.90	7.22
		10	7.04	10	6.68	10	7.39	10	8.05	10	8.02	10	7.49	10	6.62	10	6.61	10	5.99	10	7.15	10	7.67	10	7.80	
		15	6.71	15	6.85	15	7.42	15	8.08	15	7.93	15	7.46	15	6.59	15	6.24	15	6.08	15	7.21	15	7.62	15	7.84	
		20	6.41	20	7.01	20	7.67	20	8.12	20	7.89	20	7.43	20	6.57	20	6.07	20	6.34	20	7.25	20	7.80	20	7.92	
		25	6.18	25	7.08	25	7.80	25	8.16	25	7.86	25	7.41	25	6.72	25	5.90	25	6.53	25	7.36	25	7.70	25	7.93	
		30	6.34	30	7.18	30	7.82	30	8.19	30	7.84	30	7.18	30	6.83	30	5.85	30	6.75	30	7.41	30	7.86	30	7.97	
	1995	5	7.91	5	7.43	5	7.31	5	8.00	5	8.47	5	8.15	5	8.42	5	7.41	5	6.50	5	7.43	5	8.29	5	8.66	7.80
		10	7.87	10	7.60	10	7.37	10	8.15	10	8.50	10	8.19	10	8.26	10	7.66	10	6.52	10	7.58	10	8.18	10	8.54	
		15	7.56	15	7.33	15	7.58	15	8.28	15	8.49	15	8.62	15	7.61	15	6.96	15	6.73	15	7.73	15	8.60	15	8.27	
		20	7.31	20	7.28	20	7.61	20	8.34	20	8.33	20	8.50	20	8.09	20	6.83	20	6.90	20	7.88	20	8.41	20	8.00	
		25	7.41	25	7.16	25	7.72	25	8.36	25	8.38	25	8.39	25	7.30	25	6.64	25	7.05	25	8.00	25	8.67	25	7.82	
		30	7.33	30	7.26	30	7.82	30	8.43	30	8.06	30	8.16	30	7.43	30	6.59	30	7.27	30	8.12	30	8.71	30	7.86	
	1996	5	7.89	5	8.50	5	9.04	5	9.53	5	9.83	5	9.14	5	8.27	5	7.57	5	6.49	5	7.08	5	7.91	5	8.44	8.33
		10	7.95	10	8.59	10	9.46	10	9.60	10	9.79	10	9.03	10	7.93	10	7.20	10	6.58	10	7.25	10	8.03	10	8.52	
		15	8.09	15	8.72	15	9.24	15	9.70	15	9.68	15	8.96	15	7.82	15	7.10	15	6.70	15	7.39	15	8.15	15	8.53	
		20	8.16	20	8.76	20	9.33	20	9.76	20	9.71	20	8.80	20	7.72	20	6.64	20	6.66	20	7.58	20	8.19	20	8.48	
		25	8.24	25	8.85	25	9.36	25	9.81	25	9.51	25	8.69	25	7.82	25	6.40	25	6.83	25	7.67	25	8.25	25	8.62	
		30	8.36	30	8.93	30	9.22	30	9.90	30	9.25	30	8.96	30	7.84	30	6.39	30	6.98	30	7.68	30	8.37	30	8.23	
	1997	5	7.62	5	7.19	5	8.10	5	8.83	5	9.03	5	8.16	5	7.01	5	6.29	5	6.11	5	7.02	5	8.56	5	8.12	7.64
		10	7.11	10	7.44	10	8.26	10	8.91	10	8.92	10	8.29	10	6.93	10	6.01	10	6.03	10	7.22	10	8.79	10	7.60	
		15	6.55	15	7.62	15	8.35	15	9.03	15	8.80	15	9.06	15	6.84	15	6.09	15	6.13	15	7.48	15	8.83	15	7.34	
		20	6.83	20	7.76	20	8.46	20	9.12	20	8.71	20	8.54	20	6.67	20	6.12	20	6.39	20	7.66	20	8.79	20	6.92	
		25	6.80	25	7.85	25	8.61	25	9.11	25	8.55	25	7.54	25	6.82	25	5.51	25	6.57	25	7.84	25	8.80	25	7.00	
		30	7.00	30	7.92	30	8.78	30	9.14	30	8.35	30	7.21	30	6.75	30	5.38	30	6.81	30	8.24	30	8.73	30	7.26	

第一章 西安市

续表

点号	年份	1月		2月		3月		4月		5月		6月		7月		8月		9月		10月		11月		12月		年平均
		日	水位	日	水位	日	水位	日	水位	日	水位	日	水位	日	水位	日	水位	日	水位	日	水位	日	水位	日	水位	
K395	1998	5	7.31	5	8.45	5	8.69	5	9.48	5	9.11	5	7.26	5	5.57	5	4.66	5	4.86	5	5.99	5	7.27	5	8.14	7.26
		10	7.38	10	8.64	10	8.76	10	9.58	10	8.97	10	6.93	10	4.69	10	4.65	10	4.83	10	6.23	10	7.46	10	8.14	
		15	7.36	15	8.81	15	8.95	15	9.62	15	8.70	15	7.09	15	4.73	15	4.54	15	5.10	15	6.39	15	7.71	15	7.96	
		20	7.79	20	8.93	20	9.13	20	9.75	20	8.28	20	6.50	20	4.76	20	4.64	20	5.45	20	6.65	20	7.77	20	7.83	
		25	8.01	25	8.97	25	9.21	25	9.68	25	8.14	25	6.06	25	4.72	25	4.73	25	5.60	25	6.83	25	7.99	25	7.79	
		30	8.32	30	8.81	30	9.39	30	9.48	30	7.61	30	5.81	30	4.57	30	4.78	30	5.84	30	7.06	30	8.11	30	7.81	
	1999	4	7.97	4	8.80	4	9.36	4	9.62	4	9.99	4	9.41	4	8.85	4	8.06	4	7.64	4	8.45	4	9.22	4	9.81	9.00
		10	8.14	10	8.82	10	9.30	10	9.74	10	9.95	10	9.35	10	8.58	10	7.27	10	7.80	10	8.61	10	9.37	10	9.89	
		14	8.25	14	8.90	14	9.35	14	9.85	14	9.78	14	9.29	14	8.59	14	7.57	14	7.89	14	8.72	14	9.41	14	10.06	
		20	8.44	20	8.82	20	9.30	20	9.92	20	9.76	20	9.23	20	8.55	20	7.42	20	8.06	20	8.85	20	9.50	20	10.18	
		24	8.52	24	9.14	24	9.37	24	9.95	24	9.67	24	9.11	24	8.54	24	7.59	24	8.18	24	8.96	24	9.58	24	10.09	
		30	8.69	30	9.21	30	9.52	30	10.01	30	9.70	30	9.06	30	8.15	30	7.64	30	8.39	30	9.10	30	9.70	30	10.20	
	2000	5	9.92	5	9.70	5	10.40	5	10.86	5	11.21	5	10.72	5	10.30	5	9.84	5	9.80	5	10.16	5	10.75	5	11.39	10.46
		10	9.46	10	9.84	10	10.61	10	10.97	10	11.22	10	10.70	10	10.25	10	9.84	10	9.81	10	10.26	10	10.82	10	11.42	
		15	9.36	15	9.96	15	10.61	15	11.03	15	11.09	15	10.92	15	10.20	15	9.83	15	9.87	15	10.34	15	10.90	15	11.17	
		20	9.41	20	10.10	20	10.68	20	11.12	20	11.05	20	10.60	20	10.45	20	9.76	20	9.94	20	10.40	20	10.95	20	11.07	
		25	9.49	25	10.17	25	10.75	25	11.18	25	10.89	25	10.40	25	10.71	25	9.74	25	10.00	25	10.50	25	11.03	25	11.00	
		30	9.60	30	10.30	30	10.86	30	11.21	30	10.75	30	10.39	30	10.45	30	9.69	30	10.06	30	10.62	30	11.15	30	10.98	
K396	1991	4	3.51	4	3.77	4	4.41	4	4.91	4	4.87	4	4.88	4	3.13	4	2.58	4	2.86	4	3.67	4	4.05	4	3.23	3.95
		14	2.96	14	3.94	14	4.54	14	5.01	14	5.03	14	5.38	14	3.47	14	2.79	14	3.87	14	3.97	14	4.02	14	3.56	
		24	3.34	24	4.35	24	4.74	24	4.94	24	5.16	24	5.38	24	3.08	24	2.12	24	3.43	24	4.05	24	3.21	24	3.88	
	1992	4	4.21	4	4.89	4	5.05	4	5.55	4	5.30	4	4.85	4	4.58	4	4.36	4	3.28	4	4.00	4	4.50	4	5.17	4.69
		14	4.50	14	5.08	14	5.28	14	5.36	14	5.27	14	4.34	14	4.47	14	4.31	14	4.06	14	4.50	14	4.47	14	4.64	
		24	4.69	24	5.09	24	5.43	24	5.32	24	5.02	24	4.86	24	4.42	24	4.08	24	4.02	24	4.66	24	5.03	24	4.10	

续表

点号	年份	1月 日	1月 水位	2月 日	2月 水位	3月 日	3月 水位	4月 日	4月 水位	5月 日	5月 水位	6月 日	6月 水位	7月 日	7月 水位	8月 日	8月 水位	9月 日	9月 水位	10月 日	10月 水位	11月 日	11月 水位	12月 日	12月 水位	年平均
	1993	4	3.58	4	4.33	4	4.43	4	5.69	4	5.90	4	5.36	4	3.81	4	3.71	4	3.16	4	4.24	4	5.04	4	5.67	4.74
		14	4.13	14	5.09	14	5.55	14	5.99	14	5.70	14	4.96	14	3.79	14	3.00	14	3.22	14	4.51	14	5.35	14	5.87	
		24	4.30	24	5.26	24	5.71	24	5.99	24	5.48	24	4.94	24	3.77	24	2.97	24	3.98	24	4.85	24	5.67	24	5.62	
	1994	5	5.29	5	5.14	5	5.87	5	6.33	5	6.15	5	5.74	5	4.51	5	3.87	5	3.23	5	4.94	5	5.85	5	6.35	5.20
		15	4.96	15	5.52	15	6.03	15	6.36	15	6.07	15	5.69	15	4.77	15	3.34	15	3.92	15	5.16	15	5.98	15	6.42	
		25	0.05	25	5.68	25	6.19	25	6.54	25	5.72	25	5.65	25	4.71	25	2.49	25	4.58	25	5.50	25	6.16	25	6.49	
K396	1995	5	6.53	5	6.27	5	5.94	5	6.38	5	6.67	5	6.13	5	5.17	5	1.31	5	3.48	5	5.41	5	6.30	5	5.87	5.48
		15	6.59	15	5.73	15	5.61	15	6.55	15	6.42	15	5.87	15		15	2.77	15	4.28	15	5.79	15	6.45	15	5.82	
		25	6.40	25	5.71	25	6.13	25	6.64	25	6.24	25	3.21	25	2.81	25	3.86	25	4.94	25	6.16	25	6.33	25	5.87	
	1996	5	5.92	5	6.37	5	6.77	5	7.03	5		5	6.93	5	6.21	5	5.73	5	4.59	5	5.08	5	6.14	5	6.47	6.14
		15	6.05	15	6.54	15	6.85	15	7.09	15	6.87	15	6.98	15	6.09	15	5.26	15	4.80	15	5.67	15	6.07	15	6.72	
		25	6.19	25	6.07	25	6.94	25	7.09	25	6.89	25	6.73	25	5.75	25	4.65	25	5.10	25	5.91	25	6.46	25	6.28	
	1997	5	6.82	5	4.48	5	5.80	5	6.47	5	6.86	5	6.46	5	4.71	5	4.34	5	3.35	5		5	5.59	5	5.49	5.43
		15	6.11	15	5.32	15	6.21	15	6.70	15	干	15	6.07	15	4.39	15	3.34	15	3.75	15		15	5.43	15		
		25	5.79	25	5.72	25	6.40	25	6.54	25	6.89	25	5.44	25	4.17	25	3.27	25	4.21	25		25	7.02	25	5.98	
	1998	14	6.05	14	6.55	14	6.86	14	干	14	干	14	1.60	14	1.29	14	1.30	14	3.12	14	4.00	14		14	干	4.22
	1999	14	6.41	14	6.73	14	6.94	14	干	14	6.57	14	6.94	14	干	14	5.72	14	6.51	14	7.07	14		14		6.66
K399	1991	4	8.20	4	7.77	4	8.03	4	9.00	4	8.56	4	8.61	4	8.78	4	7.90	4	7.55	4	7.69	4	8.22	4	7.87	8.19
		14	7.86	14	7.81	14	8.07	14	8.41	14	8.64	14	8.68	14	8.73	14	8.04	14	7.70	14	7.79	14	8.19	14	7.90	
		24	7.70	24	7.97	24	8.16	24	8.49	24	8.69	24	8.83	24	8.53	24	7.90	24	8.64	24	7.97	24	8.01	24	7.96	
	1992	4	9.05	4	8.38	4	8.83	4	8.92	4	8.89	4	8.89	4	8.92	4	9.09	4	8.36	4	8.14	4	8.50	4	9.03	8.71
		14	8.19	14	8.52	14	8.77	14	8.98	14	8.88	14	9.02	14	8.90	14	8.75	14	8.35	14	8.27	14	8.61	14	8.97	
		24	8.29	24	8.73	24	8.79	24	9.04	24	8.90	24	9.26	24	8.87	24	8.38	24	8.16	24	8.38	24	8.80	24	8.68	

续表

点号	年份	1月 日	1月 水位	2月 日	2月 水位	3月 日	3月 水位	4月 日	4月 水位	5月 日	5月 水位	6月 日	6月 水位	7月 日	7月 水位	8月 日	8月 水位	9月 日	9月 水位	10月 日	10月 水位	11月 日	11月 水位	12月 日	12月 水位	年平均
K399	1993	4	8.47	4	8.63	4	9.02	4	9.30	4	9.55	4	9.23	4	9.17	4	9.09	4	8.49	4	8.90	4	9.00	4	9.43	9.06
		14	8.49	14	8.85	14	9.17	14	9.49	14	9.44	14	9.21	14	9.15	14	9.10	14	8.45	14	8.69	14	9.19	14	9.49	
		24	8.51	24	8.87	24	9.34	24	9.62	24	9.30	24	9.19	24	9.12	24	8.98	24	8.42	24	8.78	24	9.38	24	9.65	
	1994	5	9.56	5	9.29	5	9.59	5	10.00	5	10.13	5	9.93	5	8.81	5	10.16	5	9.54	5	9.68	5	9.95	5	10.13	9.79
		15	9.51	15	9.40	15	9.70	15	10.15	15	10.15	15	9.85	15	9.72	15	9.78	15	9.46	15	9.86	15	10.05	15	10.14	
		25	9.19	25	9.46	25	9.82	25	10.08	25	10.03	25	9.80	25	10.11	25	9.81	25	9.39	25	9.87	25	10.06	25	10.17	
	1995	5	10.16	5	10.45	5	10.53	5	10.43	5	10.56	5	10.30	5	11.17	5	10.81	5	10.15	5	10.26	5	10.60	5	10.96	10.55
		15	10.18	15	10.58	15	10.31	15	10.61	15	10.52	15	10.76	15	11.03	15	10.84	15	9.94	15	10.37	15	10.72	15	10.97	
		25	10.40	25	10.58	25	10.44	25	10.56	25	10.35	25	11.01	25	10.63	25	10.49	25	10.08	25	10.46	25	10.76	25	10.87	
	1996	5	10.76	5	10.81	5	11.20	5	11.40	5	11.64	5	11.05	5	11.23	5	10.96	5	10.22	5	10.17	5	10.36	5	10.61	10.85
		15	10.77	15	10.97	15	11.38	15	11.51	15	11.50	15	10.91	15	10.61	15	10.80	15	10.07	15	10.22	15	10.46	15	10.71	
		25	10.71	25	11.03	25	11.39	25	11.64	25	11.35	25	11.10	25	10.59	25	10.73	25	10.07	25	10.33	25	10.53	25	10.82	
	1997	5	11.04	5	10.34	5	10.46	5	10.82	5	10.93	5	10.31	5	10.31	5	10.49	5	10.24	5	10.24	5	10.93	5	10.90	10.54
		15	10.75	15	10.28	15	10.59	15	10.91	15	10.70	15	11.52	15	10.09	15	10.32	15	9.89	15		15		15		
		25	10.55	25	10.41	25	10.61	25	10.94	25	10.49	25	10.85	25	10.27	25	10.25	25	9.87	25		25		25		
	1998	14	10.82	14	11.38	14	11.38	14	11.65	14	10.85	14	9.33	14	8.66	14	8.46	14	8.53	14	9.03	14	9.88	14	10.51	10.04
	1999	14	10.86	14	10.92	14	11.41	14	11.55	14	11.71	14	11.52	14	11.31	14	11.37	14	10.93	14	11.11	14	11.47	14	11.97	11.34
	2000	5	11.04	5	12.13	5	12.73	5	12.76	5	12.80	5	13.23	5	12.89	5	13.45	5	12.67	5	12.87	5	13.09	5	13.45	12.88
		15	12.26	15		15		15		15		15		15		15		15		15		15	13.16	15		
K400	1991	4	8.57	4	8.32	4	8.56	4	8.77	4	9.08	4	9.06	4	9.26	4	8.36	4	8.11	4	8.20	4	8.81	4	8.32	8.62
		14	8.24	14	8.33	14	8.58	14	8.92	14	9.18	14	9.12	14	9.33	14	8.42	14	8.24	14	8.31	14	8.78	14	8.48	
		24	8.18	24	8.63	24	8.67	24	8.99	24	9.21	24	9.43	24	8.98	24	8.32	24	7.07	24	8.50	24	8.54	24	8.48	
	1992	4	8.54	4	8.90	4	9.32	4	9.44	4	9.41	4	9.31	4	9.40	4	9.42	4	8.75	4	9.14	4	9.04	4	9.60	9.12
		14	8.69	14	9.01	14	9.20	14	9.49	14	9.25	14	9.35	14	9.34	14	9.09	14	8.74	14	8.74	14	9.18	14	8.43	
		24	8.75	24	9.26	24	9.31	24	9.55	24	9.34	24	9.26	24	9.27	24	8.75	24	8.64	24	8.86	24	9.34	24	9.11	

点号	年份	1月			2月			3月			4月			5月			6月			7月			8月			9月			10月			11月			12月			年平均
		日	水位		日	水位		日	水位		日	水位		日	水位		日	水位		日	水位		日	水位		日	水位		日	水位		日	水位		日	水位		
K400	1993	4	8.99		4	9.21		4	9.60		4	9.80		4	9.98		4	9.74		4	9.57		4	9.76		4	9.02		4	9.08		4	9.56		4	9.96		9.57
		14	9.01		14	9.30		14	9.71		14	10.20		14	9.90		14	9.57		14	9.55		14	9.60		14	8.99		14	9.19		14	9.74		14	10.00		
		24	8.98		24	9.45		24	9.84		24	10.19		24	9.81		24	9.55		24	9.54		24	9.56		24	9.01		24	9.36		24	9.93		24	10.23		
	1994	5	10.10		5	9.82		5	10.16		5	10.58		5	10.24		5	10.41		5	10.33		5	10.79		5	10.14		5	10.28		5	10.48		5	10.59		10.31
		15	9.80		15	10.00		15	10.25		15	10.65		15	10.22		15	10.36		15	10.15		15	10.48		15	10.06		15	10.46		15	10.53		15	10.58		
		25	9.71		25	9.98		25	10.36		25	10.61		25	10.03		25	10.33		25	10.81		25	10.35		25	10.01		25	10.37		25	10.56		25	10.64		
	1995	5	10.57		5	10.86		5	11.09		5	10.95		5	11.01		5	10.78		5	11.81		5	11.61		5	10.76		5	10.87		5	11.14		5	11.54		11.09
		15	10.62		15	11.08		15	10.79		15	11.17		15	11.02		15	11.69		15	11.51		15	11.27		15	10.51		15	10.86		15	11.22		15	11.55		
		25	10.90		25	11.10		25	11.02		25	11.05		25	10.81		25	11.68		25	11.14		25	10.88		25	10.67		25	10.96		25	11.27		25	11.43		
	1996	5	11.25		5	11.34		5	11.75		5	11.87		5	12.06		5	11.42		5	11.42		5	11.25		5	10.60		5	10.70		5	10.83		5	11.08		11.32
		15	11.27		15	11.56		15	11.93		15	12.05		15	11.85		15	11.32		15	11.03		15	11.36		15	10.60		15	10.72		15	10.94		15	11.13		
		25	11.18		25	11.51		25	11.85		25	12.13		25	11.77		25	11.64		25	11.20		25	11.12		25	10.62		25	10.81		25	11.01		25	11.34		
	1997	5	11.51		5	10.74		5	10.92		5	11.25		5	11.28		5	10.67		5	10.59		5	10.98		5	10.89		5	10.62		5	11.50		5	11.35		11.04
		15	10.99		15	10.84		15	10.95		15	11.46		15	11.08		15	12.57		15	10.59		15	10.71		15	10.28		15	10.76		15	11.29		15	11.48		
		25	10.88		25	10.93		25	11.04		25	11.35		25	10.88		25	11.03		25	11.04		25	10.76		25	10.43		25	10.98		25	11.72		25	11.27		
	1998	4	11.27		4	11.55		4	11.88		4	12.03		4	11.74		4	9.95		4	10.06		4	9.42		4	9.14		4	9.44		4	10.17		4	10.85		10.62
		14	11.26		14	11.96		14	11.81		14	12.05		14	11.17		14	10.01		14	9.17		14	9.02		14	9.27		14	9.67		14	10.58		14	11.23		
		24	11.25		24	11.73		24	11.90		24	12.10		24	10.52		24	10.64		24	9.33		24	8.90		24	9.20		24	9.90		24	10.73		24	11.27		
	1999	4	11.36		4	11.48		4	12.29		4	12.19		4	12.37		4	12.04		4	11.94		4	12.78		4	11.46		4	11.73		4	11.99		4	12.48		11.99
		14	11.49		14	11.50		14	12.19		14	12.34		14	12.37		14	12.11		14	11.69		14	11.54		14	11.76		14	11.75		14	12.16		14	12.74		
		24	11.49		24	11.59		24	11.94		24	12.34		24	12.29		24	12.07		24	11.89		24	11.88		24	11.56		24	11.88		24	12.23		24	12.90		
	2000	4	13.27		4	12.64		4	13.13		4	13.24		4	13.63		4	13.24		4	13.17		4	13.63		4	12.94		4	14.12		4	13.42		4	13.90		13.41
		14	12.73		14	12.70		14	13.36		14	13.30		14	13.57		14	14.00		14	13.14		14	13.68		14	13.04		14	13.20		14	13.46		14	13.70		
		24	12.60		24	12.87		24	13.33		24	13.53		24	13.67		24	13.26		24	15.66		24	13.73		24	13.08		24	13.30		24	13.60		24	13.77		

续表

点号	年份	1月 日	1月 水位	2月 日	2月 水位	3月 日	3月 水位	4月 日	4月 水位	5月 日	5月 水位	6月 日	6月 水位	7月 日	7月 水位	8月 日	8月 水位	9月 日	9月 水位	10月 日	10月 水位	11月 日	11月 水位	12月 日	12月 水位	年平均
K266	1991	5	4.91	5	4.88	5	4.84	5	4.67	5	4.83	5	4.59	5	4.54	5	4.46	5	4.49	5	4.20	5	4.51	5	4.78	4.65
		15	4.90	15	4.86	15	4.79	15	4.79	15	4.85	15	4.31	15	4.74	15	4.63	15	4.03	15	4.30	15	4.73	15	4.83	
		25	4.50	25	4.86	25	4.65	25	4.80	25	4.80	25	4.51	25	4.82	25	4.72	25	4.38	25	4.23	25	4.74	25	4.84	
	1992	5	4.80	5	4.75	5	4.96	5	4.79	5	4.67	5	4.66	5	4.63	5	4.65	5	4.64	5	4.42	5	4.25	5	4.55	4.57
		15	4.78	15	4.50	15	4.50	15	4.77	15	4.63	15	4.58	15	4.43	15	4.58	15	4.16	15	4.42	15	4.51	15	4.53	
		25	4.72	25	4.40	25	4.72	25	4.74	25	4.61	25	4.50	25	4.60	25	4.54	25	4.21	25	4.17	25	4.53	25	4.57	
	1993	5	4.57	5	4.63	5	4.71	5	4.66	5	4.62	5	4.57	5	4.68	5	4.69	5	4.62	5	4.69	5	4.63	5	4.61	4.64
		15	4.61	15	4.63	15	4.51	15	4.67	15	4.64	15	4.62	15	4.65	15	4.69	15	4.58	15	4.67	15	4.60	15	4.65	
		25	4.75	25	4.66	25	4.49	25	4.70	25	4.66	25	4.70	25	4.63	25	4.66	25	4.76	25	4.70	25	4.58	25	4.65	
	1994	4	4.70	4	4.72	4	4.69	4	4.71	4	4.62	4	4.76	4	4.65	4	4.70	4	4.73	4	4.65	4	4.62	4	4.60	4.67
		14	4.71	14	4.75	14	4.58	14	4.66	14	4.71	14	4.73	14	4.63	14	4.73	14	4.69	14	4.70	14	4.40	14	4.67	
		24	4.64	24	4.72	24	4.56	24	4.63	24	4.78	24	4.78	24	4.59	24	4.77	24	4.67	24	4.57	24	4.58	24	4.62	
	1995	4	4.64	4	4.76	4	4.80	4	4.79	4	4.76	4	4.87	4	5.03	4	5.01	4	5.01	4	4.93	4	4.87	4	4.90	4.87
		14	4.64	14	4.73	14	4.83	14	4.81	14	4.84	14	4.97	14	5.07	14	5.03	14	4.88	14	4.95	14	4.90	14	4.91	
		24	4.62	24	4.72	24	4.81	24	4.76	24	4.86	24	5.01	24	5.04	24	4.99	24	4.95	24	4.80	24	4.91	24	4.92	
	1996	5	4.91	5	4.94	5	4.96	5	4.89	5	4.84	5	4.61	5	4.48	5	4.49	5	4.17	5	4.39	5	4.45	5	4.43	4.66
		15	4.92	15	4.95	15	4.95	15	4.86	15	4.84	15	4.68	15	4.38	15	4.58	15	4.23	15	4.46	15	4.38	15	4.51	
		25	4.94	25	4.96	25	4.95	25	4.87	25	4.87	25	4.73	25	4.56	25	4.70	25	4.25	25	4.49	25	4.49	25	4.49	
	1997	5	4.53	5	4.64	5	4.66	5	4.38	5	4.48	5	4.50	5	4.62	5	4.51	5	4.68	5	4.50	5	4.53	5	4.63	4.55
		15	4.57	15	4.67	15	4.53	15	4.40	15	4.46	15	4.61	15	4.59	15	4.57	15	4.30	15		15		15		
		25	4.58	25	4.67	25	4.46	25	4.42	25	4.57	25	4.69	25	4.65	25	4.63	25	4.47	25		25	4.70	25	4.77	
	1998	14	4.53	14	4.22	14	4.12	14	4.55	14	4.51	14	4.57	14	4.24	14	4.26	14	4.48	14	4.55	14	4.50	14		4.46
	1999	14	4.82	14	4.82	14	4.87	14	4.90	14	4.47	14	4.72	14	4.52	14	4.38	14	4.38	14	4.38	14		14	4.60	4.61

续表

点号	年份	1月 日	1月 水位	2月 日	2月 水位	3月 日	3月 水位	4月 日	4月 水位	5月 日	5月 水位	6月 日	6月 水位	7月 日	7月 水位	8月 日	8月 水位	9月 日	9月 水位	10月 日	10月 水位	11月 日	11月 水位	12月 日	12月 水位	年平均
K411	1991	5	8.88	5	8.89	5	8.94	5	8.99	5	9.13	5	9.26	5	9.40	5	9.58	5	9.63	5	9.34	5	9.16	5	9.04	9.18
		15	8.87	15	8.92	15	8.97	15	9.05	15	9.17	15	9.25	15	9.91	15	9.58	15	9.53	15	9.30	15	9.07	15	9.06	
		25	8.87	25	7.88	25	8.97	25	9.09	25	9.39	25	9.27	25	9.64	25	9.57	25	9.58	25	9.28	25	8.99	25	9.05	
	1992	5	9.04	5	9.02	5	9.05	5	8.97	5	9.28	5	9.53	5	9.63	5	9.75	5	9.66	5	9.32	5	8.77	5	8.57	9.21
		15	9.04	15	8.97	15	9.61	15	9.02	15	9.34	15	9.58	15	9.57	15	9.81	15	9.49	15	9.01	15	8.70	15	8.55	
		25	9.03	25	9.01	25	9.18	25	9.09	25	9.38	25	9.61	25	9.65	25	9.81	25	9.30	25	8.89	25	8.63	25	8.52	
	1993	5	8.51	5	8.50	5	8.64	5	8.63	5	8.87	5	9.04	5	9.13	5	9.19	5	9.12	5	8.89	5	8.63	5	8.55	8.81
		15	8.53	15	8.63	15	8.64	15	8.67	15	8.91	15	9.08	15	9.13	15	9.09	15	8.94	15	8.90	15	8.59	15	8.57	
		25	8.53	25	8.65	25	8.64	25	8.69	25	9.02	25	9.12	25	9.14	25	9.23	25	8.91	25	8.63	25	8.58	25	8.56	
	1994	4	8.61	4	8.56	4	8.56	4	8.98	4	8.74	4	9.18	4	9.24	4	9.57	4	9.71	4	9.29	4	8.94	4	8.66	8.98
		14	8.60	14	8.55	14	8.62	14	8.75	14	8.89	14	9.24	14	9.30	14	9.54	14	9.75	14	9.22	14	8.83	14	8.70	
		24	8.59	24	8.55	24	8.70	24	8.78	24	9.00	24	9.27	24	9.32	24	9.18	24	9.42	24	9.08	24	8.73	24	8.56	
	1995	4	8.52	4	8.46	4	8.51	4	8.54	4	9.22	4	9.53	4	9.68	4	10.04	4	9.96	4	9.85	4	9.69	4	9.58	9.33
		14	8.51	14	8.42	14	8.58	14	8.72	14	9.34	14	9.68	14	9.89	14	10.03	14	9.87	14	9.81	14	9.68	14	9.52	
		24	8.51	24	8.43	24	8.60	24	9.13	24	9.43	24	9.27	24	9.98	24	9.97	24	9.87	24		24	9.60	24	9.52	
	1996	4	9.54	4	9.73	4	9.73	4	9.82	4	9.83	4	10.04	4	10.16	4	9.80	4	9.66	4	7.30	4	7.16	4	6.96	9.15
		14	9.61	14	9.75	14	9.78	14	9.74	14	9.90	14	10.15	14	9.86	14	9.73	14	9.43	14	7.25	14	7.08	14	6.90	
		24	9.68			24	9.84	24	9.80	24	10.01	24	7.21	24	9.78	24	9.75	24	9.30	24		24	6.98	24	6.90	
	1997	4	6.90	4	6.90	4	6.89	4	6.85	4	6.98	4	7.34	4	7.57	4	7.83	4	8.14	4	7.87	4	7.69	4	7.56	7.33
		14	6.88	14	6.88	14	6.88	14	6.87	14	7.04	14	7.47	14	7.63	14	7.89	14	8.20	14		14		14		
		24	6.94	24	6.89	24	6.83	24	6.93	24	7.06	24	7.67	24	7.78	24	7.97	24	8.02	24		24		24		
	1998	14	8.14	14	7.56	14	7.49	14	7.46	14	7.48	14	7.67	14	7.74	14	7.61	14	7.60	14	7.46	14	7.19	14	7.16	7.55
	1999	14	7.22	14	7.02	14	7.09	14	7.30	14	7.23	14	6.93	14	6.83	14	6.94	14	6.80	14	6.53	14	6.63	14	6.67	6.93

第一章　西安市

续表

点号	年份	1月 日	1月 水位	2月 日	2月 水位	3月 日	3月 水位	4月 日	4月 水位	5月 日	5月 水位	6月 日	6月 水位	7月 日	7月 水位	8月 日	8月 水位	9月 日	9月 水位	10月 日	10月 水位	11月 日	11月 水位	12月 日	12月 水位	年平均
K413	1991	5	3.58	5	3.58	5	3.57	5	3.52	5	3.47	5	3.46	5	3.41	5	4.43	5	3.43	5	3.44	5	3.61	5	2.83	
		15	3.64	15	3.55	15	3.53	15	3.51	15	3.52	15	3.42	15	3.62	15	5.55	15	3.37	15	3.57	15	3.61	15	3.41	3.65
		25	3.64	25	3.51	25	3.49	25	3.44	25	3.56	25	3.44	25	3.71	25	3.56	25	5.55	25	3.60	25	3.62	25	3.63	
	1992	5	3.64	5	3.62	5	3.64	5	3.62	5	3.44	5	3.53	5	3.52	5	3.52	5	3.50	5	3.13	5	3.44	5	3.40	
		15	3.67	15	3.60	15	3.60	15	3.63	15	3.47	15	3.50	15	3.37	15	3.53	15	3.32	15	3.39	15	3.42	15	3.39	3.49
		25	3.65	25	3.65	25	3.65	25	3.63	25	3.49	25	3.48	25	3.46	25	3.64	25	3.11	25	3.27	25	3.40	25	3.36	
	1993	5	3.37	5	3.43	5	3.47	5	3.39	5	3.42	5	3.41	5	3.32	5	3.46	5	3.40	5	3.49	5	3.59	5	3.77	
		15	3.40	15	3.39	15	3.44	15	3.38	15	3.39	15	3.43	15	3.34	15	3.38	15	3.49	15	3.49	15	3.70	15	3.79	3.46
		25	3.42	25	3.44	25	3.42	25	3.37	25	3.38	25	3.45	25	3.35	25	3.05	25	3.51	25	3.49	25	3.73	25	3.88	
	1994	4	3.84	4	3.84	4	3.79	4	3.15	4	3.73	4	3.88	4	3.80	4	3.85	4	3.67	4	3.56	4	3.61	4	3.85	
		14	3.81	14	3.77	14	3.78	14	3.75	14	3.78	14	3.73	14	3.74	14	3.79	14	3.64	14	3.61	14	3.73	14	3.88	3.76
		24	3.78	24	3.80	24	3.79	24	4.33	24	3.81	24	3.68	24	3.69	24	3.75	24	3.61	24	3.52	24	3.83	24	4.11	
	1995	4	3.84	4	3.93	4	3.92	4	3.84	4	3.93	4	3.88	4	3.99	4	4.02	4	3.98	4	3.78	4	3.59	4	3.55	
		14	3.81	14	3.91	14	3.87	14	3.84	14	3.93	14	3.95	14	4.00	14	4.02	14	3.87	14	3.72	14	3.57	14	3.54	3.84
		24	3.87	24	3.87	24	3.89	24	3.83	24	3.86	24	3.97	24	4.01	24	4.06	24	3.89	24	3.71	24	3.52	24	3.52	
	1996	4	3.53	4	3.53	4	3.54	4	3.47	4	3.53	4	3.45	4	3.88	4	3.55	4	3.11	4	3.49	4	3.40	4	3.32	
		14	3.54	14	3.54	14	3.51	14	3.46	14	3.81	14	3.37	14	3.38	14	3.61	14	3.00	14	3.58	14	3.15	14	3.33	3.48
		24	3.56	24	3.52	24	3.52	24	3.57	24	3.53	24	3.98	24	3.74	24	3.31	24	3.35	24	3.53	24	3.20	24	3.25	
	1997	4	3.75	4	3.56	4	4.02	4	3.67	4	3.46	4	3.79	4	3.78	4	3.97	4	3.82	4	3.48	4	3.66	4		
		14	3.98	14	3.74	14	3.77	14	3.51	14	3.65	14	3.93	14	4.04	14	3.97	14	3.68	14		14		14	3.59	3.74
		24	4.03	24	3.43	24	3.62	24	3.63	24	3.81	24	3.77	24	4.04	24	3.60	24	3.56	24		24		24		
	1998	14	3.48	14	3.46	14	3.45	14	3.32	14	3.28	14	3.52	14	3.56	14	3.52	14	3.54	14	3.90	14	3.74	14	3.92	3.56
	1999	14	3.95	14	3.93	14	3.98	14	3.85	14	3.67	14	3.95	14	3.79	14	3.73	14	3.57	14	3.63	14	3.44	14	3.44	3.74

续表

点号	年份	1月 日	1月 水位	2月 日	2月 水位	3月 日	3月 水位	4月 日	4月 水位	5月 日	5月 水位	6月 日	6月 水位	7月 日	7月 水位	8月 日	8月 水位	9月 日	9月 水位	10月 日	10月 水位	11月 日	11月 水位	12月 日	12月 水位	年平均
K414	1991	5	10.99	5	11.03	5	11.08	5	11.07	5	11.01	5	11.03	5	10.99	5	11.12	5	11.14	5	11.08	5	11.12	5	11.18	11.08
		15	11.00	15	11.03	15	11.08	15	11.07	15	11.01	15	10.95	15	11.03	15	11.14	15	11.14	15	11.08	15	11.14	15	11.18	
		25	11.00	25	11.05	25	11.10	25	11.14	25	11.04	25	10.98	25	11.05	25	11.15	25	11.14	25	11.09	25	11.18	25	11.18	
	1992	5	11.13	5	11.10	5	11.12	5	11.05	5	11.00	5	11.05	5	11.12	5	11.12	5	11.14	5	11.05	5	10.68	5	10.56	11.00
		15	11.10	15	11.10	15	11.12	15	11.03	15	11.01	15	11.10	15	11.13	15	11.17	15	11.03	15	11.09	15	10.66	15	10.57	
		25	11.10	25	11.10	25	11.03	25	11.02	25	11.01	25	11.14	25	11.09	25	11.17	25	10.60	25	10.76	25	10.64	25	10.60	
	1993	5	10.61	5	10.58	5	10.68	5	10.92	5	10.55	5	10.45	5	10.26	5	10.41	5	10.52	5	10.55	5	10.70	5	10.80	10.58
		15	10.58	15	10.64	15	10.68	15	10.60	15	10.55	15	10.41	15	10.29	15	10.26	15	10.52	15	10.61	15	10.73	15	10.75	
		25	10.62	25	10.64	25	10.69	25	10.58	25	10.50	25	10.38	25	10.30	25	10.51	25	10.49	25	10.63	25	10.78	25	10.85	
	1994	4	10.89	4	11.00	4	11.06	4	10.78	4	10.95	4	11.05	4	11.07	4	11.24	4	11.63	4	11.07	4	11.48	4	11.27	11.18
		14	10.94	14	11.02	14	11.05	14	11.08	14	10.90	14	11.07	14	11.08	14	11.17	14	11.79	14	11.15	14	11.43	14	11.37	
		24	10.99	24	11.05	24	11.10	24	11.25	24	10.97	24	11.10	24	11.10	24	11.27	24	11.88	24	11.59	24	11.35	24	11.44	
	1995	4	11.48	4	11.61	4	11.32	4	11.89	4	11.87	4	11.97	4	12.16	4	12.34	4	12.33	4	12.52	4	13.17	4	12.59	12.15
		14	11.55	14	11.62	14	11.79	14	11.84	14	11.90	14	12.04	14	12.24	14	12.28	14	12.27	14	12.60	14	13.12	14	12.57	
		24	11.65	24	11.67	24	11.79	24	11.87	24	11.93	24	12.11	24	12.33	24	12.23	24	12.45	24	12.72	24	12.92	24	12.58	
	1996	4	12.49	4	12.31	4	12.32	4	12.49	4	12.32	4	12.20	4	12.06	4	11.80	4	11.91	4	11.85	4	11.55	4	11.25	12.02
		14	12.54	14	12.27	14	12.47	14	12.35	14	12.23	14	12.18	14	11.94	14	11.95	14	11.84	14	11.82	14	11.43	14	11.20	
		24	12.41	24	12.23	24	12.42	24	12.37	24	12.31	24	12.10	24	11.88	24	11.90	24	11.84	24	11.77	24	11.40	24	11.25	
	1997	4	11.38	4	11.28	4	11.45	4	11.54	4	11.70	4	11.77	4	11.95	4	11.87	4	12.32	4	12.39	4	12.21	4	12.04	11.77
		14	11.36	14	11.22	14	11.56	14	11.57	14	11.68	14	11.83	14	12.16	14	11.86	14	12.40	14		14		14		
		24	11.33	24	11.33	24	11.56	24	11.57	24	11.70	24	11.92	24	11.94	24	12.00	24	12.32	24		24		24		
	1998	14	11.86	14	11.53	14	11.76	14	11.66	14	11.39	14	11.42	14	11.36	14	11.13	14	11.39	14	11.47	14	11.85	14	12.06	11.57
	1999	14	12.16	14	12.20	14	12.53	14	12.83	14	12.84	14	12.80	14	12.46	14	12.08	14	12.58	14	12.40	14	12.52	14	12.57	12.50

续表

点号	年份	1月 日	1月 水位	2月 日	2月 水位	3月 日	3月 水位	4月 日	4月 水位	5月 日	5月 水位	6月 日	6月 水位	7月 日	7月 水位	8月 日	8月 水位	9月 日	9月 水位	10月 日	10月 水位	11月 日	11月 水位	12月 日	12月 水位	年平均
#90-34	1991	6	25.50	6	25.70	6	25.04	6	25.72	6	26.00	6	25.78	6	27.83	6	28.67	6	27.74	6	28.42	6	27.35	6	28.27	26.97
		16	25.67	16	24.98	16	25.43	16	25.72	16	⟨35.29⟩	16	25.04	16	28.85	16	28.55	16	28.79	16	28.40	16	27.94	16	28.24	
		26	25.67	26	24.75	26	25.53	26	25.93	26	26.07	26	26.52	26	28.58	26	28.30	26	28.33	26	28.29	26	28.25	26	28.22	
	1992	6	28.34	6	27.40	6	27.59	6	27.99	6	28.92	6	28.74	6	29.20	6	30.40	6	29.17	6	28.35	6	28.21	6	28.14	28.47
		16	28.50	16	29.12	16	29.14	16	29.23	16	30.41	16	29.43	16	28.05	16	⟨35.12⟩	16	25.51	16	25.12	16	25.83	16	25.54	
		26	27.60	26		26		26		26		26		26		26		26		26		26		26		
	1993	16	29.16	16	29.12	16	29.14	16	29.23	16	30.41	16	29.43	16	28.05	16	32.54	16	32.27	16	31.64	16	31.58	16	30.94	27.87
	1994	16	25.52	16	27.81	16	31.07	16	31.48	16	30.55	16	29.97	16	31.48	16	33.12	16	32.92	16	32.32	16	32.48	16	31.24	30.53
	1995	16	30.58	16	30.87	16	31.07	16	31.22	16	31.46	16	32.02	16	33.63	16	34.87	16		16		16		16		31.91
	1996	17	31.38	17	31.90	17	32.00	17	32.82	17	33.10	17	33.84	17	34.26	17	34.87	17	34.64	17	34.58	17		17	34.90	32.24
	1997	17		17		17	31.47	17		17	32.48	17		17		17		17		17		17		17		33.88
#90-12	1991	6	4.67	6	4.61	6	4.70	6	⟨6.77⟩	6	5.63	6	5.60	6	5.53	6	5.18	6	5.63	6	5.14	6	5.19	6	5.67	5.22
		16	4.06	16	4.76	16	⟨5.86⟩	16	⟨6.33⟩	16	5.63	16	5.60	16	⟨7.83⟩	16	5.54	16	5.12	16	5.12	16	5.66	16	5.63	
		26	4.46	26	3.71	26		26	5.58	26	5.65	26	5.46	26	⟨8.50⟩	26	5.66	26	5.12	26	5.03	26	5.63	26	5.61	
	1992	6	5.04	6	4.96	6	5.06	6	5.28	6	5.31	6	5.61	6	5.51	6	5.96	6	5.30	6	5.24	6	5.33	6	5.77	5.30
		16	4.93	16	5.42	16	5.56	16	5.81	16	5.58	16	5.56	16	⟨6.89⟩	16	6.62	16	5.68	16	5.63	16	5.58	16	6.04	
		26	4.91	26		26		26		26		26		26		26		26		26		26		26		
	1993	16	5.42	16	5.42	16	5.56	16	5.81	16	5.58	16	5.56	16	⟨6.89⟩	16	6.62	16	5.68	16	5.63	16	5.58	16	6.04	5.72
	1994	16	6.12	16	6.02	16	6.02	16	6.31	16	6.43	16	6.13	16	5.94	16	5.88	16	6.05	16	6.35	16	6.06	16	6.16	6.12
	1995	17	6.26	17	7.41	17	7.07	17	7.26	17	7.02	17	7.83	17	8.10	17	7.94	17	7.70	17	7.13	17	6.91	17	7.29	7.33
	1996	17	7.36	17	7.43	17	7.68	17	7.60	17	⟨8.12⟩	17	7.88	17	7.87	17	8.53	17	7.02	17	6.89	17	6.35	17	6.42	7.37
	1997	17	8.15	17	7.08	17	6.61	17	7.67	17	6.93	17	8.79	17	8.96	17	9.47	17	8.95	17	7.83	17		17	8.12	8.05
N14	1991	6	29.72	6	29.65	6	⟨31.37⟩	6	30.14	6	30.14	6	29.62	6	31.29	6	30.25	6	32.40	6	30.99	6	30.95	6	32.09	30.64
		16	29.63	16	29.89	16	29.80	16	30.13	16	30.34	16	29.70	16	⟨33.81⟩	16	30.46	16	32.68	16	30.92	16	30.96	16	31.74	
		26	29.77	26	28.68	26	29.65	26	⟨30.47⟩	26	⟨32.82⟩	26	⟨32.39⟩	26	⟨34.40⟩	26	32.05	26	32.47	26	30.84	26	⟨35.65⟩	26	31.71	

续表

点号	年份	1月 日	1月 水位	2月 日	2月 水位	3月 日	3月 水位	4月 日	4月 水位	5月 日	5月 水位	6月 日	6月 水位	7月 日	7月 水位	8月 日	8月 水位	9月 日	9月 水位	10月 日	10月 水位	11月 日	11月 水位	12月 日	12月 水位	年平均
N14	1992	6	31.76	6	30.71	6	31.18	6	31.50	6	31.86	6	32.27	6	32.20	6	33.62	6	33.12	6	32.36	6	31.86	6	32.35	31.97
	1993	16	31.83	16	33.44	16	32.58	16	32.56	16	32.76	16	⟨36.80⟩	16	32.64	16	35.34	16	32.13	16	31.47	16	31.40	16	31.75	32.59
	1994	26	31.00	26	34.75	26	34.43	26	35.49	26	34.29	26	34.92	26		26	35.44	26		26	33.64	26	34.39	26	34.20	34.32
	1995	17	34.22	17	34.15	17		17	34.63	17	35.07	17	35.68	17	37.73	17	36.72	17	37.38	17	37.22	17	37.24	17	34.86	35.90
	1996	17	35.79	17	35.90	17	36.71	17	36.77	17	37.29	17	36.76	17	37.14	17	38.60	17	37.04	17	36.69	17	35.81	17	36.34	36.74
	1997	17	36.28	17	36.00	17	35.88	17	35.99	17	38.15	17	37.37	17	39.10	17	40.03	17	39.90	17	38.30	17	38.60	17	38.02	37.80
	1998	17	38.60	17	37.55	17	37.76	17	37.90	17	37.58	17	38.10	17	37.84	17	39.20	17	38.02	17	⟨37.88⟩	17	⟨37.50⟩	17	⟨37.94⟩	38.06
	1999	17	38.00	17		17	38.70	17	38.84	17	38.50	17	38.05	17	38.40	17	39.84	17	39.20	17	38.58	17	38.20	17	37.47	38.53
	2000	17	37.50	17	36.60	17	36.77	17	37.28	17	38.46	17	38.51	17	38.48	17	38.52	17	37.84	17	36.80	17	36.50	17	36.68	37.50
#90-14	1991	6	16.65	6	16.04	6	⟨19.60⟩	6	15.67	6	16.47	6	15.95	6	⟨19.49⟩	6	17.40	6	16.86	6	16.16	6	16.21	6	16.51	16.34
	1992	16	16.17	16	16.00	16	15.94	16	15.60	16	17.39	16	15.69	16	⟨18.93⟩	16	17.44	16	16.40	16	16.24	16	16.46	16	15.48	
	1993	26	16.16	26	15.58	26	15.74	26	16.50	26	16.04	26	16.75	26	⟨21.94⟩	26	17.79	26	16.25	26	16.01	26	16.78	26	16.44	
	1994	6	15.89	6		6	16.00	6	16.64	6	17.14	6	17.38	6	18.31	6	19.35	6	17.12	6	16.26	6	16.46	6	17.22	16.83
	1995	16	15.59	16	16.04	16	16.14	16	16.25	16	16.53	16	17.11	16	17.66	16	20.18	16	17.35	16	17.08	16	16.51	16	16.66	16.99
	1996	26	15.45	26	16.80	26	16.63	26	18.38	26	17.74	26	17.29	26	18.06	26	19.40	26	19.25	26	18.19	26	17.42	26	⟨17.81⟩	17.93
	1997	16	16.41	16	18.31	16	18.30	16	18.58	16	18.72	16	19.04	16	20.54	16	20.16	16	20.77	16	19.65	16	18.89	16	18.99	19.09
		17	17.11	17	18.77	17	18.93	17	18.90	17	19.31	17	19.40	17	20.02	17	20.85	17	20.04	17	19.98	17	18.82	17	18.30	19.36
		17	18.94	17	18.26	17	17.75	17	17.80	17	18.13	17	19.98	17	19.92	17	20.35	17	20.61	17	20.32	17		17	19.92	19.27
N25	1991	7	24.30	7	24.51	7	24.77	7	25.66	7	25.09	7	25.79	7	26.07	7	26.49	7	26.12	7	25.94	7	25.86	7	25.77	25.49
		17	24.38	17	24.70	17	24.65	17	25.09	17	25.29	17	25.44	17	26.38	17	26.35	17	26.07	17	25.78	17	25.81	17	25.59	
		27	24.43	27	24.52	27	24.23	27	25.28	27	25.50	27	25.67	27	26.70	27	26.37	27	25.85	27	25.66	27	25.75	27	25.92	

续表

点号	年份	1月 日	1月 水位	2月 日	2月 水位	3月 日	3月 水位	4月 日	4月 水位	5月 日	5月 水位	6月 日	6月 水位	7月 日	7月 水位	8月 日	8月 水位	9月 日	9月 水位	10月 日	10月 水位	11月 日	11月 水位	12月 日	12月 水位	年平均
N25	1992	7	25.72	7	26.28	7	25.91	7	26.31	7	26.28	7	26.75	7	27.04	7	27.59	7	27.82	7	26.62	7	26.14	7	26.41	26.57
		17	25.67	17	25.70	17	26.07	17	26.36	17	26.57	17	27.07	17	27.25	17	27.86	17	27.08	17	26.43	17	26.17	17	26.52	
		27	25.74	27	25.89	27	25.98	27	26.43	27	26.62	27	26.85	27	27.36	27	27.68	27	26.85	27	26.50	27	26.28	27	26.60	
	1993	7	26.58	7	26.65	7	26.99	7	27.00	7	27.24	7	27.44	7	27.92	7	28.32	7	28.27	7	27.27	7	28.01	7	27.97	27.56
		17	26.79	17	26.81	17	27.09	17	27.18	17	27.31	17	27.62	17	28.05	17	28.26	17	28.05	17	27.64	17	28.03	17	28.19	
		27	26.82	27	26.92	27	27.21	27	27.24	27	27.38	27	27.80	27	28.07	27	28.60	27	28.01	27	27.62	27	27.75	27	28.00	
	1994	4	28.23	4	28.28	4	28.15	4	28.62	4	28.58	4	29.22	4	29.62	4	30.26	4	30.20	4	29.35	4	29.14	4	28.57	29.05
		15	28.38	14	28.50	14	28.29	14	28.47	14	29.08	14	29.23	14	29.34	14	30.29	14	29.91	14	29.52	14	29.15	14	28.80	
		25	28.46	24	28.05	24	28.39	24	28.40	24	29.19	24	29.24	24	29.45	24	30.51	24	29.62	24	29.35	24	29.21	24	28.80	
	1995	5	28.77	5	28.74	5	29.47	5	29.32	5	29.73					5	31.12	5	30.92	5	30.34	5	29.98	5	29.95	30.09
		10												10	31.09	10	31.34	10	30.80	10	30.12	10	30.06	10	29.78	
		15	28.80	15	28.75	15	29.02	15	29.82	15	29.84	15	30.18	15	31.15	15	31.12	15	30.87	15	29.73	15	30.07	15	29.59	
		20											20	30.26	20	31.03	20	31.21	20	30.79	20	29.76	20	30.16	20	29.61	
		25	29.06	25	28.77	25	30.36	25	30.12	25	29.78	25	30.53	25	30.92	25	31.25	25	30.55	25	29.86	25	30.07	25	26.62	
		30											30	30.58	30	30.96	30	30.98	30	30.45	30	29.92	30	29.99	30	29.70	
	1996	5	29.69	5	29.69	5	30.12	5	30.42	5	30.69	5	30.93	5	31.50	5	31.61	5	31.00	5	29.54	5	29.21	5	29.15	30.26
		10	29.60	10	29.76	10	30.17	10	30.47	10	30.74	10	30.85	10	31.37	10	31.61	10	30.68	10	30.39	10	29.15	10	29.06	
		15	29.73	15	30.06	15	30.14	15	30.53	15	30.69	15	30.98	15	31.31	15	31.56	15	30.41	15	29.23	15	28.97	15	29.02	
		20	29.70	20	30.18	20	30.28	20	30.57	20	30.84	20	31.00	20	31.31	20	31.56	20	30.14	20	29.15	20	29.06	20	28.97	
		25	29.75	25	30.04	25	30.36	25	30.50	25	31.05	25	31.07	25	31.50	25	31.39	25	29.96	25	29.23	25	29.11	25	29.05	
		30	29.60	30	30.10	30	30.30	30	30.72	30	31.16	30	31.41	30	31.68	30	31.31	30	29.86	30	29.20	30	29.18	30	29.18	
	1997	5	29.24	5	29.10	5	28.43	5	29.00	5	29.67	5	30.68	5	31.55	5	31.89	5	32.66	5	31.81	5	31.45	5	31.26	30.60
		10	29.16	10	28.20	10	28.45	10	28.99	10	29.75	10	30.82	10	31.45	10	32.05	10	32.69	10	31.49	10	31.42	10	31.30	
		15	29.08	15	28.56	15	28.57	15	29.12	15	29.89	15	31.21	15	31.51	15	32.34	15	32.48	15	31.39	15	31.34	15	31.24	
		20	29.13	20	28.66	20	28.69	20	29.28	20	30.05	20	31.51	20	31.45	20	32.39	20	32.31	20	31.51	20	31.18	20	31.28	
		25	29.11	25	28.66	25	28.83	25	29.23	25	30.32	25	31.61	25	31.68	25	32.47	25	32.16	25	31.53	25	31.19	25	31.31	
		30	29.03	30	28.50	30	29.02	30	29.37	30	30.56	30	31.67	30	31.83	30	32.53	30	32.11	30	31.47	30	31.18	30	31.30	

续表

点号	年份	1月 日	1月 水位	2月 日	2月 水位	3月 日	3月 水位	4月 日	4月 水位	5月 日	5月 水位	6月 日	6月 水位	7月 日	7月 水位	8月 日	8月 水位	9月 日	9月 水位	10月 日	10月 水位	11月 日	11月 水位	12月 日	12月 水位	年平均
N25	1998	4	31.28	4	30.90	4	31.29	4	30.86	4	31.03	4	30.22	4	31.42	4	31.38	4	31.07	4	30.42	4	30.12	4	29.99	30.74
		10	31.21	10	30.81	10	31.32	10	30.66	10	30.70	10	30.14	10	31.15	10	31.20	10	31.02	10	30.24	10	30.06	10	30.05	
		14	31.22	14	30.82	14	31.33	14	30.67	14	30.70	14	30.17	14	31.26	14	31.04	14	30.90	14	30.07	14	30.16	14	30.04	
		20	31.23	20	30.99	20	31.26	20	30.63	20	30.68	20	30.34	20	31.30	20	31.02	20	30.86	20	30.04	20	30.17	20	30.06	
		24	31.36	24	31.07	24	31.08	24	30.82	24	30.58	24	30.79	24	31.44	24	31.03	24	30.68	24	30.08	24	29.98	24	30.17	
		30	31.30	30	31.24	30	30.91	30	30.95	30	30.40	30	31.14	30	31.38	30	31.00	30	30.56	30	30.09	30	29.88	30	30.20	
	1999	4	30.32	4	30.04	4	29.90	4	30.60	4	30.43	4	30.46	4	30.65	4	31.94	4	32.32	4	31.56	4	30.91	4	30.49	30.81
		10	30.20	10	30.17	10	30.13	10	30.72	10	30.55	10	30.26	10	30.62	10	32.22	10	32.35	10	31.44	10	30.59	10	30.49	
		14	30.20	14	30.28	14	30.28	14	30.69	14	30.40	14	30.35	14	30.73	14	32.16	14	32.26	14	31.31	14	30.54	14	30.44	
		20	30.17	20	30.15	20	30.52	20	30.64	20	30.44	20	30.51	20	30.96	20	32.46	20	32.15	20	31.38	20	30.51	20	30.36	
		24	30.03	24	29.79	24	30.53	24	30.58	24	30.43	24	30.63	24	31.05	24	32.54	24	32.05	24	31.24	24	30.36	24	30.29	
		30	30.05	30	29.79	30	30.62	30	30.53	30	30.55	30	30.72	30	31.55	30	32.32	30	31.92	30	31.02	30	30.48	30	30.32	
	2000	5	30.30	5	31.17	5	31.22	5	32.55	5	33.11	5	33.09	5	32.65	5	33.21	5	32.32	5	31.78	5	30.86	5	31.76	32.00
		10	30.44	10	31.00	10	31.40	10	32.61	10	33.12	10	32.90	10	32.46	10	32.88	10	32.17	10	31.44	10	30.95	10	31.73	
		15	30.67	15	30.87	15	31.82	15	32.71	15	33.08	15	33.02	15	32.41	15	32.88	15	32.22	15	31.34	15	31.03	15	31.24	
		20	30.82	20	30.88	20	31.95	20	32.81	20	32.97	20	33.12	20	32.26	20	32.69	20	32.18	20	31.42	20	31.50	20	31.28	
		25	30.94	25	30.94	25	32.40	25	33.04	25	33.30	25	32.96	25	32.73	25	32.74	25	32.02	25	31.00	25	31.65	25	31.17	
		30	31.11	30	31.02	30	32.42	30	33.13	30	33.18	30	32.75	30	33.12	30	32.32	30	31.88	30	30.88	30	31.63	30	31.35	
#90-18	1991	7	9.37	7	9.56	7	9.56	7	9.60	7	9.57	7	9.60	7	10.43	7	10.01	7	10.37	7	9.10	7	9.27	7	9.45	9.52
		17	9.57	17	9.51	17	9.50	17	6.56	17	9.63	17	9.63	17	9.90	17	10.34	17	10.22	17	9.10	17	8.94	17	9.36	
		27	9.63	27	9.46	27	9.52	27	9.53	27	9.65	27	9.92	27	⟨17.41⟩	27	10.12	27	9.85	27	9.11	27	9.09	27	9.34	
	1992	7	9.29	7	9.31	7	9.84	7	9.80	7	9.53	7	9.72	7	9.99	7	10.25	7	9.36	7	9.02	7	10.77	7	9.86	9.67
		17	9.25	17		17		17		17		17		17		17		17		17		17		17		
		27	9.37	27		27		27		27		27		27		27		27		27		27		27		

续表

点号	年份	1月 日	1月 水位	2月 日	2月 水位	3月 日	3月 水位	4月 日	4月 水位	5月 日	5月 水位	6月 日	6月 水位	7月 日	7月 水位	8月 日	8月 水位	9月 日	9月 水位	10月 日	10月 水位	11月 日	11月 水位	12月 日	12月 水位	年平均
#90-18	1993	17	9.39	17	9.32	17	9.28	17	9.61	17	9.58	17	10.07	17	10.44	17	10.52	17	9.24	17	9.70	17	9.74	17	8.95	9.65
	1994	15		15		15	10.10	15	10.38	15	10.45	15	10.79	15	10.65	15	11.50	15	10.60	15	10.70	15	10.14			10.59
N20	1991	18	18.03	18	16.89	18	17.36	18		18	17.86	20	18.10	14	18.24	14	18.43	14	18.65	14	18.43	14	18.21	14	18.01	18.24
	1992	14	18.84	14	18.85	14	19.05	14	17.44	14	17.61	14	17.91	14	18.83	14	19.58	14	19.26	14	18.42	14	18.37	14	18.53	18.19
	1993	14	19.97	14	20.07	14	20.10	14	18.17	14	19.08	14	19.27	14	19.05	15	19.78	15	19.67	15	19.87	15	19.76	15	19.83	19.27
	1994	15	20.43	15	20.63	15	18.61	15	20.13	15	20.19	15	20.73	15	20.81	15	21.54	15	21.35	15	21.21	15	20.48	15	20.38	20.58
	1995	15	20.81	15	20.69	15	21.80	15	21.18	15	20.64	15	21.46	15	24.31	15	22.25	15	21.94	15	21.41	15	19.19	15	21.42	21.12
	1996	15	20.52	15	20.69	15	19.28	15	22.03	15	21.62	15	22.20	15	22.65	15	22.61	15	21.15	15	18.74	15	19.93	15	20.08	21.19
	1997	15	21.17	15	18.72	15	19.28	15	20.11	15	21.03	15	22.44	15	22.65	15	23.20	15	23.50	15	22.45	15		15	22.55	21.50
	2000	15		15	21.18	15	22.77	15	23.78	15	23.42	15	23.42	15	22.67	15	23.07	15	23.65	15	21.72	15	21.42	15	21.63	22.49
C1	1990	5	70.33	5	69.60	5	69.67	5	70.61	5	70.64	5	71.75	5	71.54	5	73.99	5	74.36	5	74.36	5	74.32	5	74.74	72.33
		15	69.94	15	69.61	15	70.07	15	70.90	15	71.35	15	72.20	15	72.99	15	74.23	15	74.39	15	74.39	15	74.22	15	74.71	
		25	69.90	25	69.77	25	70.23	25	71.27	25	70.95			25	73.15	25	73.93	25	74.34	25	74.34	25	74.25	25	74.50	
	1991	5	73.43	5	72.81	5	72.14	5	71.86	5	73.28	5	73.45	5	74.44	5	76.39	5	76.43	5	75.91	5	75.55	5	75.44	74.33
		15	73.36	15	72.77	15	71.97	15	72.32	15	73.33	15	73.52	15	75.76	15	77.43	15	76.48	15	75.94	15	75.47	15	75.25	
		25	73.30	25	72.26	25	72.20	25	72.58	25	73.40	25	73.79	25	75.99	25	78.82	25	76.57	25	76.02	25	75.49	25	75.14	
	1992	5	74.67	5	74.99	5	74.90	5	75.94	5	76.63	5	77.01	5	77.41	5	79.37	5	79.63	5	79.38	5	79.28	5	79.74	77.31
		15	74.81	15	74.92	15	⟨80.30⟩	15	⟨80.08⟩	15	76.69	15	⟨80.09⟩	15	78.18	15	⟨81.50⟩	15	79.76	15	79.73	15	79.73	15	⟨82.38⟩	
		25	74.92	25	74.90	25	75.22	25	76.34	25	⟨80.07⟩	25	77.37	25	⟨80.62⟩	25	⟨81.91⟩	25	⟨81.91⟩	25	⟨80.58⟩	25	⟨81.93⟩	25	79.73	
	1993	5	79.53	5	79.51	5	80.13	5	79.20	5	79.29	5		5	78.91	5	81.16	5	81.02	5	81.44	5	81.61	5	83.06	80.17
		15	79.75	15	79.70	15	79.73	15		15		15	80.30	15		15		15		15		15		15		
		25	79.60	25	79.74	25	79.36	25		25		25		25		25		25		25		25		25		
	1994	15	83.23	15	82.94	15	83.21	15	83.56	15	85.08	15	85.21	15	85.94	15	86.26	15	86.04	15	81.35	15	80.91	15	82.14	83.82
	1995	15	82.31	15	80.57	15	80.64	15	81.93	15	83.04	15	86.92	15	85.72	15	86.27	15	87.86	15	87.71	15	86.92	15	87.10	84.75

续表

点号	年份	1月 日	1月 水位	2月 日	2月 水位	3月 日	3月 水位	4月 日	4月 水位	5月 日	5月 水位	6月 日	6月 水位	7月 日	7月 水位	8月 日	8月 水位	9月 日	9月 水位	10月 日	10月 水位	11月 日	11月 水位	12月 日	12月 水位	年平均
C1	1996	5	84.81	5	85.12	5	83.69	5	84.01	5	88.85	5	89.31	5	91.21	5	90.98	5	90.74	5	90.42	5	90.31	5	90.12	88.30
	1997	15	85.68	15	85.81	15	87.26	15	89.06	15	88.46	15	86.50	15	86.73	15	88.24	15	89.79	15	90.04	15	88.14	15	88.24	88.10
		25		25				25	89.09	25	86.28	25	86.36	25	87.22	25	89.75	25	89.61	25	89.32	25	88.32	25	87.87	
	1998	5	90.34	5	94.27	5	94.64	5	90.19	5	86.58	5	86.57	5	87.45	5	90.80	5	89.42	5	87.79	5	88.66	5	87.78	96.75
		15	93.53	15	94.71	15	95.08	15	96.19	15	97.01	15	97.58	15	97.66	15	97.37	15	97.49	15	98.81	15	98.61	15	97.61	
		25	94.11	25	94.93	25	95.82	25	96.86	25	97.26	25	97.65	25	97.49	25	96.82	25	98.20	25	98.86	25	98.82	25	96.68	
	1999	5	95.75	5	95.79	5	95.82	5	96.79	5	97.32	5	97.76	5	97.72	5	97.01	5	98.48	5	98.76	5	98.79	5	95.82	96.71
		15	95.72	15	95.86	15	96.22	15	96.47	15	94.21	15	94.69	15	95.49	15	98.07	15	99.09	15	99.46	15	97.49	15	96.22	
		25	95.64	25	96.09	25	96.49	25	96.81	25	94.46	25	94.81	25	96.36	25	98.81	25	99.13	25	99.11	25	97.74	25	97.08	
	2000	5	95.73	5	95.63	5	96.63	5	94.35	5	94.52	5	94.53	5	97.31	5	99.56	5	99.01	5	99.12	5	96.68	5		95.90
		15	95.32	15	95.79	15	96.16	15	29.61	15	33.89	15	30.86	15	36.45	15	33.29	15	26.24	15	37.24	15	40.69	15	25.01	
		25	95.61	25	95.76	25	96.50	25	33.25	25		25		25		25	36.60	25		25		25	25.46	25		
C3-1	1990	15	29.91	15	29.74	15	29.88	15		15		15		15	29.99	15	32.61	15	30.03	15	30.17	15		15	28.11	31.10
	1991	5	33.11	5	33.09	5	33.20	5	39.14	5	26.63	5	29.95	5	37.78	5	38.55	5	37.04	5	36.81	5		5		33.85
		15	26.02	15	29.99	15	25.49	15	34.19	15	38.01	15	37.78	15	28.66	15	28.09	15	27.27	15	26.07	15		15	26.14	
	1998	15	37.69	15	38.09	15	37.63	15	26.17	15	24.79	15	26.85	15		15		15		15		15		15	30.27	29.83
	1999	15	25.00	15	25.54	15	25.38	15	26.37	15		15		15	33.50	15	35.27	15	35.93	15		15		15	32.35	37.66
C4-1	1990	15	26.24	15	25.90	15	25.83	15		15		15	34.54	15		15		15		15		15		15	34.24	26.29
	1991	25	30.27	25	27.64	25		25	29.58	25		25	33.76	25		25		25	26.24	25		25	33.78	25	32.95	26.92
	1992	15		15		15		15	35.40	15		15		15		15		15		15		15		15		30.67
	1993	15		15	33.26	15		15		15		15		15		15		15		15	33.24	15		15		34.42
	1994	15		15	32.94	15		15	32.90	15		15		15		15		15		15		15		15		33.62

续表

点号	年份	1月 日	1月 水位	2月 日	2月 水位	3月 日	3月 水位	4月 日	4月 水位	5月 日	5月 水位	6月 日	6月 水位	7月 日	7月 水位	8月 日	8月 水位	9月 日	9月 水位	10月 日	10月 水位	11月 日	11月 水位	12月 日	12月 水位	年平均
C4-1	1995	15		15	33.50	15	34.83	15	35.97	15	33.94	15	33.70	15	31.20	15	33.60	15	34.15	15	30.80	15	29.74	15	31.12	32.96
	1996	5	25.50	5	26.02	5	27.83	5	25.99	5	30.17	5	34.82	5	30.50	5	28.20	5	29.44	5	28.07	5	27.60	5	27.57	28.48
	1997	5	27.58	5	27.85	5	24.93	5	25.27	5	25.40	5	28.96	5	27.40	5	26.10	5	24.21	5	23.02	5	22.31	5	21.44	25.37
	1998	15	19.85	15	19.58	15	24.80	15	21.50	15	19.80	15	20.50	15	19.79	15	19.48	15	19.87	15	19.27	15	19.96	15	18.65	20.44
	1999	15		15	19.30	15		15	19.40	15	19.58	15		15		15	20.71	15	20.55	15	19.60	15		15		19.72
C6	1990	5	56.42	5	52.72	5	53.32	5	53.00	5		5	53.18	5		5	51.32	5	53.28	5	53.02	5		5	53.69	53.36
	1991	15	53.67	15	53.63	15	53.70	15		15		15	54.24	15		15	53.29	15		15	53.92	15		15		53.81
	1992	15	54.30	15	54.81	15		15		15		15		15		15	54.01	15		15		15		15	54.30	
		25		25		25		25		25		25		25	55.75	25	55.65	25		25	55.12	25	55.50	25	54.82	55.08
	1993	15		15	54.03	15	54.15	15	55.14	15	56.36	15	54.74	15	55.96	15	55.06	15	56.75	15	54.74	15		15	55.05	54.83
	1994	15		15	54.80	15	57.49	15	54.62	15	59.83	15	56.27	15	57.69	15	56.52	15	58.26	15	57.17	15	57.32	15	54.57	55.61
	1995	15	57.44	15	55.47	15	56.19	15	55.95	15	58.97	15	57.73	15	58.99	15	56.20	15	59.60	15	58.22	15	57.35	15	57.17	56.38
	1996	5	58.29	5	57.70	5	57.49	5	57.70	5	59.92	5	58.41	5	59.37	5	55.94	5	59.60	5	59.84	5	59.77	5	58.32	57.86
	1997	5	59.02	5	58.42	5	59.26	5	59.09	5	61.47	5	59.02	5	61.47	5	58.56	5	60.25	5	59.66	5	60.42	5	59.47	58.85
	1998	15	60.62	15	59.22	15	61.02	15	59.89	15		15	60.06	15		15	51.34	15		15	66.47	15	61.28	15	60.32	59.06
	1999	15		15	61.82	15		15	61.04	15		15	63.45	15		15	62.92	15	63.02	15		15		15	61.02	62.13
C7-1	1990	15	42.90	15	43.20	15	43.35	15	43.35	15	42.65	15	42.00	15	42.60	15	42.70	15	42.60	15	43.70	15	44.15	15	43.95	43.10
	1991	15	43.90	15	43.50	15	42.95	15	43.25	15		15	44.16	15		15	45.80	15		15		15		15		
		25	44.25	25	43.40	25	42.60	25	43.50	25		25		25		25		25		25	44.16	25		25	43.79	43.64
	1992	15	43.79	15		15	43.00	15	42.70	15		15		15		15		15		15		15		15		
		25		25	45.45	25		25	45.81	25		25		25	46.70	25	46.61	25		25	45.26	25		25	45.05	45.52

续表

点号	年份	1月 日	1月 水位	2月 日	2月 水位	3月 日	3月 水位	4月 日	4月 水位	5月 日	5月 水位	6月 日	6月 水位	7月 日	7月 水位	8月 日	8月 水位	9月 日	9月 水位	10月 日	10月 水位	11月 日	11月 水位	12月 日	12月 水位	年平均
C7-1	1993	15		15	44.33	15		15	45.30	15		15	45.46	15		15	45.50	15		15	44.54	15	45.00	15	44.29	44.98
	1994	15		15	45.69	15	43.88	15	45.00	15		15	45.06	15		15	45.50	15		15		15		15	44.21	45.00
	1995	15		15	45.14	15	47.33	15	39.52	15	46.20	15	46.65	15		15	46.04	15		15	46.34	15	46.48	15	45.81	45.40
	1996	5	47.16	5	46.04	5	47.33	5	46.60	5	46.64	5	47.47	5	46.80	5	46.04	5	46.50	5	47.01	5	44.10	5	46.82	46.57
	1997	5	44.80	5	46.35	5	46.60	5	46.41	5	46.63	5	45.92	5	46.85	5	47.30	5	46.75	5	48.55	5	49.26	5	46.35	46.68
	1998	5	45.92	5	46.01	5	46.97	5	47.45	5	47.65	5		5	44.20	5	47.58	5	47.74	5	48.69	5	47.42	5	47.18	47.30
	1999	15	46.76	15	47.50	15	47.79	15	47.66	15	48.34	15	50.80	15	47.68	15	49.45	15	47.78	15	48.30	15	48.73	15	47.50	48.28
C13	1990	15	38.52	15	33.77	15	33.82	15	34.33	15	33.21	15	34.33	15	48.60	15	34.52	15	47.89	15	34.67	15	33.44	15	33.77	34.37
	1991	5	33.86	5	34.32	5	33.87	5	33.27	5		5		5	34.09	5		5	33.97	5		5		5		
		15	34.21	15	34.44	15	33.77	15	33.47	15		15	33.13	15		15	34.42	15		15	32.31	15		15	36.16	33.92
		25	34.41	25		25	33.52	25		25		25		25		25		25		25		25		25		
	1992	15	36.16	15	65.32	15		15	72.76	15		15		15	68.86	15	55.70	15	58.35	15	66.15	15		15	66.20	61.59
	1993	15		15	66.13	15		15	63.96	15	55.91	15	65.10	15		15	65.10	15	59.00	15		15	68.01	15	67.03	65.89
	1994	15		15	59.30	15	56.24	15	59.68	15	55.53	15	59.07	15	55.98	15	61.72	15	59.18	15	58.74	15		15	57.22	59.29
	1995	5	54.08	5	56.54	5	58.87	5	56.25	5	57.55	5	55.93	5	58.65	5	54.46	5	55.54	5	58.70	5	58.48	5	56.88	56.70
	1996	5	57.24	5	57.77	5	55.20	5	52.30	5	55.10	5	58.78	5	55.90	5	58.66	5	59.18	5	58.57	5	58.95	5	57.38	57.38
	1997	5	52.60	5	56.80	5	56.98	5	55.79	5		5	53.42	5	55.90	5	56.90	5		5	57.95	5	59.92	5	58.38	57.02
	1998	5	46.76	5	55.30	5	56.98	5	56.56	5	55.10	5	64.38	5	55.20	5	56.68	5	55.54	5	55.20	5	53.80	5	58.77	56.34
	1999	15		15	47.50	15	47.79	15	57.05	15	48.70	15	55.20	15	57.55	15	58.15	15	58.94	15	58.42	15	57.83	15	59.20	54.42
C15	1990	15		15	49.26	15	34.96	15	34.16	15	31.96	15	44.46	15	24.46	15	20.46	15	23.46	15	21.46	15	44.46	15	50.46	34.51
	1991	5	21.98	5	27.46	5		5		5		5	13.11	5		5	13.86	5		5	18.36	5		5		
		15	26.66	15		15	20.96	15	20.56	15		15		15		15		15		15		15		15		20.79
		25		25		25		25		25		25		25		25		25		25		25		25	24.19	

续表

点号	年份	1月 日	1月 水位	2月 日	2月 水位	3月 日	3月 水位	4月 日	4月 水位	5月 日	5月 水位	6月 日	6月 水位	7月 日	7月 水位	8月 日	8月 水位	9月 日	9月 水位	10月 日	10月 水位	11月 日	11月 水位	12月 日	12月 水位	年平均
C15	1998	15	46.46	15	47.16	15	45.16	15	56.01	15	47.34	15	25.95	15		15	22.51	15	21.22	15		15		15		43.89
	1999	15		15				15	33.26	15	23.76	15		15		15	22.51	15		15	24.06	15	24.25	15	23.30	25.30
	1990	15	0.96	15	0.75	15	0.77	15	0.95	15	1.13	15	1.19	15	1.12	15	1.27	15	1.30	15	1.15	15	0.97	15	1.27	1.07
	1991	5	1.37	5	1.15	5	1.16	5	1.42	5		5	1.48	5		5	1.68	5		5	1.55			5	1.84	1.46
C19	1992	15	1.84	15	1.43	15		25	1.55	15		15		25	1.82	25	1.98	15		25	1.79			25	1.97	1.77
	1993	15		15	1.68	15		15	2.10	15		15	2.20	15		15	1.94	15		15	1.72	15		15	2.21	1.98
	1994	15		15	1.96	15		5		5		5		5		5		5		5		5		5		1.96
	1990	5		5	17.63	5	17.83	5	17.83	5	17.83	5	17.91	5	17.90	5	17.91	5	17.89	5	17.92	5		5	18.02	17.85
	1991	5	18.76	5	18.02	5	18.03	5	18.39	5	17.72	5		5		5	18.40	5		5	18.58	5		5	18.78	18.37
	1992	5		5	18.88	5		15	18.94	15		15	19.54	15	19.12	15	19.24	15		15	19.26	15		15	19.46	19.09
C20-1	1993	15		15	19.54	25		25	19.51	25		25		25		25	19.62	25		25	19.83	25		25	19.85	19.65
	1994	15		15	19.88	15	20.18	15	20.09	15	20.58	15	20.16	15	20.26	15	20.14	15	21.69	15	20.35	15	21.01	15	19.66	20.05
	1995	15	22.32	15	20.72	15	22.49	15	20.39	15	22.77	15	21.00	15	23.10	15	21.42	15	20.69	15	21.04	15	20.22	15	22.34	20.97
	1996	5	23.09	5	22.61	5	23.00	5	22.83	5	22.97	5	22.81	5	23.04	5	23.02	5	20.69	5	20.45	5	19.73	5	20.04	21.95
	1997	15	20.39	15	23.06	15	21.41	15	22.99	15	22.97	15	22.98	15	23.09	15	23.07	15	21.83	15	20.63	15	21.35	15	19.99	22.20
	1998	15	23.69	15	24.36	15	23.71	15	21.34	15	24.17	15	21.21	15	23.85	15	24.11	15	22.21	15	22.29	15	23.74	15	23.79	22.48
	1999	15		15	23.56	15		15	23.74	15	24.35	15	23.54	15		15	23.61	15	24.53	15	23.61	15		15	23.67	23.80
	1990	5	14.00	5	13.87	5	14.00	5	13.95	5	14.05	5	14.30	5	14.24	5	14.43	5	14.87	5	14.71	5	14.65	5	14.66	14.31
C22	1991	15	15.50	15	14.84	15	14.92	15	15.10	15		15	14.98	15		15	15.41	15		15	15.35	15		15	15.50	15.16
	1992	25		25	15.87	25		25	15.79	25		25		25	16.40	25	17.63	25		25	16.52	25		25	17.62	16.48
	1993	15		15	16.49	15		15	16.50	15		15	16.63	15		15	17.00	15		15	17.05	15		15	16.92	16.77

续表

点号	年份	1月 水位	1月 日	2月 水位	2月 日	3月 水位	3月 日	4月 水位	4月 日	5月 水位	5月 日	6月 水位	6月 日	7月 水位	7月 日	8月 水位	8月 日	9月 水位	9月 日	10月 水位	10月 日	11月 水位	11月 日	12月 水位	12月 日	年平均
C22	1994		15	16.91	15		15	17.24	15		15	17.22	15		15	19.12	15		15	18.46	15		15	18.25	15	17.87
C22	1995	22.25	15	18.50	15		15	18.34	15	18.67	15	20.27	15	22.98	15	25.28	15	22.95	15	22.37	15	22.01	15	22.22	15	21.36
C22	1996	22.33	5	23.92	5	24.14	5	23.20	5	23.22	5	23.60	5	24.38	5	23.26	5	25.44	5	25.48	5	25.50	5	25.52	5	24.16
C22	1997	26.25	5	22.10	5	22.08	5	22.08	5	22.12	5	25.84	5	28.34	5	27.62	5	25.76	5	26.00	5	26.10	5	26.21	5	24.72
C22	1998	23.98	15	26.40	15	26.47	15	26.50	15	22.98	15	26.60	15	26.44	15	24.22	15	24.12	15	23.89	15	26.30	15	23.70	15	25.32
C22	1999	21.50	15	26.92	15	26.48	15	25.38	15	24.82	15	24.56	15	24.27	15	21.60	15	25.50	15	27.08	15	23.79	15	21.40	15	25.28
C27	1990	21.52	15	21.45	15	21.46	15	21.45	15	21.46	15	20.26	15	⟨24.70⟩	15	21.60	15	21.40	15	21.43	15	21.50	15	21.40	15	21.36
C27	1991	⟨28.40⟩	5	24.05	25							23.56	25			24.62	5			24.05	25			⟨28.20⟩	15	22.58
C27	1992		25	⟨29.87⟩	15		25	⟨28.54⟩	25		25	⟨30.90⟩	15	⟨29.43⟩	15	25.57	15		25	⟨29.23⟩	25	⟨31.32⟩	25	⟨29.31⟩	25	24.81
C27	1993		15	⟨31.57⟩	15	26.30	15	⟨29.40⟩	15	27.60	15	27.12	15	27.95	15	⟨31.62⟩	15	29.15	15	⟨33.21⟩	15	28.45	15	⟨32.96⟩	15	26.41
C27	1994	29.06	15	27.55	15	28.52	15	25.70	15	28.81	15	27.91	15	29.15	15	⟨30.70⟩	15	29.40	15	⟨33.90⟩	15	⟨33.94⟩	15	⟨31.95⟩	15	27.93
C27	1995	27.63	5	28.67	5	27.13	5	⟨33.16⟩	5	27.68	5	27.60	5	29.35	5	⟨31.45⟩	5	32.41	5	28.90	5	30.29	5	28.55	5	28.84
C27	1996	29.42	15	28.31	15	29.54	15	30.79	15	⟨34.24⟩	15	24.20	15	29.47	15	⟨34.17⟩	15	29.80	15	27.82	5	29.26	5	27.50	5	28.42
C27	1997	29.70	15	29.10	15	29.50	15	27.14	15	30.90	15	29.17	15	29.82	15	29.03	15	30.97	15	29.18	15	30.10	15	30.10	15	29.49
C27	1998		15	29.55	15		15	30.03	15		15	31.65	15		15	30.06	15		15	27.82	15	28.60	15	29.38	15	30.19
C27	1999		5	17.80	5	18.81	5	30.79	5	14.77	5	14.80	5	15.41	5	15.37	5	15.13	5	16.75	5	19.21	5	29.76	5	16.68
C28	1990	20.13	15	20.55	15	20.95	15	15.35	15	14.77	15	14.37	15	15.41	15	15.52	15		15		15		15	20.07	15	
C28	1991	19.97	15	21.17	25	20.67	25	16.62	25		25		25		25		25		25	14.39	25		25	19.66	25	18.61
C28	1992	19.66	25	20.03	25	19.97	15	15.57	15		25		25	16.47	25	16.36	25		25	17.59	25		25	⟨33.94⟩	25	17.69

续表

点号	年份	1月 日	1月 水位	2月 日	2月 水位	3月 日	3月 水位	4月 日	4月 水位	5月 日	5月 水位	6月 日	6月 水位	7月 日	7月 水位	8月 日	8月 水位	9月 日	9月 水位	10月 日	10月 水位	11月 日	11月 水位	12月 日	12月 水位	年平均
C28	1993	15		15	18.05	15		15	16.61	15		15	15.97	15		15	14.36	15		15	14.57	15		15	18.59	16.36
	1994	15		15	19.35	15		15	19.77	15		15	15.89	15		15	12.64	15		15	14.28	15		15	15.67	16.27
	1995	15		15	12.81	15		15	10.31	15	11.21	15	11.76	15	13.07	15	15.16	15	14.80	15	16.05	15	16.87	15	17.95	14.00
	1996	5	18.17	5	17.92	5	18.81	5	19.04	5	18.75	5	17.28	5	16.84	5	15.77	5	15.49	5	16.35	5	16.35	5	16.32	17.26
	1997	5	16.82	5	17.77	5	17.99	5	17.69	5	16.33	5	18.01	5	18.00	5	19.47	5	18.65	5	17.77	5		5	18.27	17.89
	1998	15	19.43	15	21.96	15	19.10	15	19.08	15	18.37	15	17.53	15	17.02	15	14.24	15	19.21	15	17.12	15	17.44	15	17.40	18.33
	1999	15	18.00	15	19.20	15	19.25	15	19.72	15	19.70	15	18.00	15	16.84	15	17.10	15	19.84	15	19.90	15	19.98	15	17.80	18.33
C29	1990	15	14.80	15	14.80	15	15.20	15	18.50	15	18.80	15	18.90	15	18.79	15	19.35	15	19.80	15		15		15	19.95	20.28
	1991	5	20.28	5		5		5		5		5		5		5		5		5		5		5		
	1998	15	39.74	15	40.14	15	40.16	15	41.04	15	40.70	15	42.44	15	41.77	15	41.00	15	40.52	15	41.31	15		15	41.48	40.94
	1999	15	43.30	15	41.98	15	42.28	15	41.56	15	41.41	15	41.54	15	41.34	15	42.23	15	41.40	15	40.04	15	40.10	15	40.72	41.49
N	1989	5	80.24	5		5	79.80	5	81.04	5	80.82	5	80.84	5	81.30	5		5		5		5		5		
		15		15	79.60	15	80.28	15	80.63	15	80.52	15	81.81	15	81.77	15	86.98	15	86.85	15	86.26	15	85.85	15	85.87	80.55
		25	80.10	25	78.94	25	82.86	25	82.98	25	83.47	25	84.32	25	84.60	25	87.09	25	86.64	25	86.34	25	85.14	25	85.68	
	1990	5		5		5		5		5	83.64	5	84.50	5	86.46	5	87.21	5	86.08	5	85.96	5		5	85.68	85.03
		15	85.14	15	83.34	15	83.05	15	83.20	15	83.90	15	84.39	15	86.15	15	87.94	15	88.55	15	87.73	15	87.88	15	86.48	
		25		25	84.14	25	83.44	25	83.43	25	85.48	25	85.26	25	87.66	25	88.24	25	88.55	25	87.62	25	87.70	25	86.42	
	1991	5	84.42	5	84.21	5	83.55	5	85.08	5	85.66	5	85.85	5	87.79	5	88.24	5	88.38	5	87.57	5	87.58	5	86.36	86.37
		15		15	83.37	15	84.51	15	85.22	15	85.79	15	86.39	15	87.89	15	87.85	15		15		15		15		
		25		25		25		25	85.36	25		25		25		25		25		25		25		25		
	1992	5	89.28	5		5	89.25	5	90.62	5	89.56	5	91.58	5	91.25	5	93.25	5	90.88	5	90.85	5	90.35	5	90.70	90.46
		15	89.63	15	88.81	15		15		15		15		15		15		15		15		15		15		
		25		25		25		25		25		25		25		25		25		25		25		25		

续表

点号	年份	1月 日	1月 水位	2月 日	2月 水位	3月 日	3月 水位	4月 日	4月 水位	5月 日	5月 水位	6月 日	6月 水位	7月 日	7月 水位	8月 日	8月 水位	9月 日	9月 水位	10月 日	10月 水位	11月 日	11月 水位	12月 日	12月 水位	年平均
N1	1993	15	90.28	15	89.35	15	89.80	15	92.70	15	93.40	15	93.59	15	95.10	15	93.94	15	93.85	15	96.45	15	95.00	15	95.72	93.27
	1994	15	95.55	15	95.05	15	97.45	15	97.56	15	95.82	15	96.25	15	96.36	15	96.22	15	100.30	15	99.90	15	99.28	15	98.16	97.33
	1995	15	98.26	15	96.70	15	97.22	15	97.48	15	97.95	15	98.25	15	98.58	15	95.55	15	97.70	15	97.45	15	98.32	15	97.95	97.62
	1996	5	96.15	5	94.43	5	93.45	5	98.89	5	97.83	5	97.94	5	97.99	5	98.35	5	98.10	5	98.25	5	97.78	5	97.37	97.21
	1997	5	98.23	5	97.92	5	95.95	5	96.87	5	96.99	5	97.65	5	98.10	5	98.40	5	98.68	5	99.43	5	98.98	5	98.90	98.01
	1998	15	98.72	15	96.95	15	97.06	15	96.26	15	97.08	15	97.88	15	97.55	15	97.47	15	96.87	15	95.52	15	95.15	15	95.74	96.85
	1999	15	96.10	15	96.01	15	95.95	15	96.63	15	96.92	15	96.21	15	95.85	15	95.77	15	96.13	15	95.85	15	95.42	15	95.22	96.01
	2000	15	95.43	15	93.68	15	94.30	15	96.15	15	95.97	15	96.08	15	95.75	15	95.64	15	94.78	15	94.12	15	93.32	15	92.76	94.83
N3	1989	5		5		5		5		5		5		5		5		5		5		5		5		
		15		15		15		15		15		15		15		15		15		15		15		15		
		25		25		25		25		25		25		25		25		25		25		25		25		
	1990	5	50.30	5	48.80	5	49.88	5	49.84	5	50.48	5	50.64	5	50.45	5	51.89	5	51.98	5	51.26	5	50.92	5	51.28	50.79
		15	50.16	15	49.10	15	49.95	15	49.98	15	50.62	15	51.13	15	51.42	15	51.96	15	51.61	15	50.50	15	51.13	15	51.18	
		25		25	50.02	25	50.18	25	50.18	25	50.98	25	50.65	25	51.39	25	52.07	25	51.90	25	51.03	25	51.46	25	51.37	
	1991	5	51.54	5	50.88	5	50.81	5	51.01	5	51.18	5	51.36	5	53.37	5	53.53	5	53.15	5	52.20	5	51.87	5	50.98	51.94
		15	51.16	15	51.55	15	50.86	15	51.10	15	51.42	15	51.74	15	53.68	15	53.58	15	53.22	15	52.35	15	52.37	15	51.08	
		25	50.70	25	50.78	25	50.94	25	50.72	25	52.01	25	52.34	25	54.35	25	53.37	25	53.10	25	52.95	25	51.50	25	51.00	
	1992	5	50.77	5	52.46	5	52.52	5	53.36	5	54.57	5	55.31	5	55.63	5	55.55	5	56.06	5	53.40	5	52.90	5	52.76	53.85
		15	50.86	15	52.26	15	52.66	15	53.54	15	54.36	15	54.93	15	55.68	15	55.62	15	55.82	15	53.95	15	52.82	15	52.98	
		25	52.13	25	52.38	25	52.98	25	53.86	25	54.92	25	55.13	25	55.46	25	55.57	25	54.71	25	54.55	25	52.62	25	53.38	
	1993	5	53.62	5	53.12	5	53.72	5	54.03	5	54.00	5	54.49	5	54.60	5	55.40	5	56.37	5	55.48	5	55.68	5	54.57	54.38
		15	53.59	15	53.19	15	53.84	15		15		15		15		15		15		15		15		15		
		25	53.38	25	53.48	25	53.96	25	53.93	25	54.52	25	54.57	25	54.00	25	56.28	25	55.79	25	55.55	25	54.10	25	52.90	

续表

点号	年份	1月 日	1月 水位	2月 日	2月 水位	3月 日	3月 水位	4月 日	4月 水位	5月 日	5月 水位	6月 日	6月 水位	7月 日	7月 水位	8月 日	8月 水位	9月 日	9月 水位	10月 日	10月 水位	11月 日	11月 水位	12月 日	12月 水位	年平均
N3	1994	5	53.06	5	54.82	5	55.25	5	55.12	5	55.20	5	54.65	5	55.57	5	58.10	5	57.80	5	57.98	5	57.01	5	56.40	55.91
		25	53.15	25	54.90	25	54.68	25	54.93	25	55.62	25	55.39	25	56.25	25	57.55	25	57.75	25	57.55	25	56.85	25	56.15	
	1995	5	56.23	5	56.15	5	56.60	5	54.65	5	56.28	5	57.26	5	57.30	5	58.15	5	57.82	5	57.73	5	57.15	5	56.53	56.68
		25	56.48	25	55.25	25		25		25		25		25		25		25		25		25		25		
	1996	5	56.38	5	56.20	5	55.54	5	56.90	5	56.73	5	58.10	5	58.30	5	58.72	5	57.60	5	57.00	5	56.47	5	56.28	57.02
		25	56.18	25	56.44	15	54.78	15	56.48	15	56.55	15	56.05	15	58.00	25	57.38	15	59.75	15	58.82	15	59.10	15	57.81	
	1997	15		15		25		25	56.62	25	56.49	25	56.46	25	58.44			25	59.68	25	59.52	25	59.16			57.65
	1998	5	58.07	5	57.55	5	57.25	5	56.65	5	55.55	5	56.64	5	58.12	5	57.47	5	59.60	5	59.27	5	58.85	5	58.08	57.83
		15	57.95	15	58.00	15	58.47	15	58.64	15	58.02	15	57.92	15	58.42	15	58.00	15	57.19	15	57.03	15	56.96	15	58.58	
	1999	5	56.75	5	57.95	5	57.30	5	58.23	5	58.16	5	58.10	5	58.42	5	58.48	5	57.54	5	57.15	5	57.07	5	56.49	57.80
		25	56.92	25	57.12	25	57.25	25	58.15	25	58.30	25	58.00	25	58.60	25	58.60	25	57.34	25	57.07	25	57.28	25	56.45	
	2000	5	57.04	5	57.15	5	57.62	5	58.33	5	58.14	5	57.94	5	58.92	5	58.42	5	58.78	5	56.28	5	58.18	5	57.78	58.53
		15	57.55	15	57.18	15	57.62	15	57.85	15	57.82	15	58.14	15	57.98	15	58.37	15	58.83	15	56.85	15	58.04	15	57.70	
		25	57.60	25	57.88	25	58.35	25	57.76	25	57.85	25	58.05	25	57.90	25	58.50	25	58.87	25	56.42	25	57.84	25	57.62	
N4	1989	5	57.68	5	58.00	5	58.47	5	58.93	5	59.66	5	59.60	5	59.55	5	59.84	5	58.91	5	58.74	5	58.13	5	58.22	58.47
		25	57.68	25	57.85	25	58.58	25		25		25		25		25		25		25		25		25		
	1990	5	74.68	5	73.15	5	77.53	5	77.20	5	77.68	5	79.28	5	77.93	5	82.53	5	82.66	5	79.06	5	78.51	5	81.86	78.47
		25	66.91	25	79.58	25	77.20	25	77.28	25	78.18	25	77.28	25	81.72	25	81.98	25	82.31	25	78.51	25	79.18	25	82.16	
	1991	5	81.88	5	78.34	5	77.40	5	78.28	5	81.78	5	83.24	5	84.43	5	86.00	5	85.54	5	84.51	5	85.10	5	82.98	82.69
		25		25		25	77.40	25	82.32	25	83.05	25	83.81	25	84.16	25	85.30	25	85.43	25	84.41	25	84.41	25	82.48	
		5	80.91	5	86.51	5	86.06	5	81.68	5	81.00	5	83.70	5	84.50	5	83.88	5	85.08	5	81.05	5	83.33	5	81.65	83.27
		25	81.11	25	86.33	25	81.91	25	81.31	25	83.49	25	84.62	25	85.79	25	84.02	25	83.36	25	83.66	25	81.78	25	81.85	

续表

点号	年份	1月 日	1月 水位	2月 日	2月 水位	3月 日	3月 水位	4月 日	4月 水位	5月 日	5月 水位	6月 日	6月 水位	7月 日	7月 水位	8月 日	8月 水位	9月 日	9月 水位	10月 日	10月 水位	11月 日	11月 水位	12月 日	12月 水位	年平均
N4	1992	5	83.88	5	83.58	5	81.75	5	84.16	5	84.53	5	82.34	5	85.51	5	86.98	5	86.92	5	85.31	5	86.48	5	83.30	84.13
N4		25	82.43	25	81.96	25	82.44	25	84.24	25	82.94	25	85.02	25	85.02	25	87.36	25	84.96	25	83.25	25	82.56	25	82.26	
N4	1993	5	84.62	5	82.72	5	84.00	5	87.20	5	89.18	5	88.98	5	88.72	5	88.35	5	89.51	5	89.21	5	86.42	5	88.08	86.94
N4		25		25	83.83	25	79.63	25	83.78	25	87.82	25	88.73	25	88.35	25	89.50	25	89.28	25	88.28	25	85.18	25	88.22	
N4	1994	5	89.13	5	89.60	5	89.41	5	88.58	5	90.28	5	89.72	5	88.85	5	90.33	5	90.61	5	91.01	5	90.64	5	89.63	90.01
N4		25	89.84	25	89.45	25	90.83	25	89.51	25	89.32	25	90.93	25	88.58	25	90.32	25	92.01	25	90.73	25	91.31	25	89.73	
N4	1995	5	90.85	5	88.24	5	88.56	5	88.65	5	88.46	5	89.74	5	91.23	5	91.38	5	89.71	5	89.23	5	88.93	5	89.51	89.69
N4		25	91.98	25	89.18	25		25		25		25		25		25		25		25		25		25		
N4	1996	5	90.53	5	90.23	5	90.51	5	90.53	5	88.78	5	88.42	5	90.55	5	88.93	5	88.93	5	86.50	5	88.60	5	85.60	89.01
N4	1997	15	86.88	15	88.74	15	88.08	15	85.88	15	87.98	15	88.20	15	88.77	15	88.58	15	89.18	15	88.76	15	88.20	15	88.94	88.18
N4	1998	15	88.69	15	88.14	15	87.96	15	87.81	15	86.16	15	86.05	15	86.40	15	87.12	15	86.72	15	87.09	15	85.52	15	87.21	87.07
N4	1999	15	87.56	15	87.16	15	87.22	15	87.02	15	86.88	15	85.86	15	87.14	15	87.34	15	86.96	15	85.60	15	85.30	15	85.62	86.64
N4	2000	15	85.85	15	85.34	15	85.18	15	85.75	15	85.86	15	86.21	15	86.38	15	86.48	15	85.61	15	85.48	15	85.80	15	85.07	85.75
N5	1989	5	76.27	5		5	72.71	5	72.74	5	73.43	5	73.46	5	74.38	5	74.23	5	73.93	5	71.42	5	71.18	5	73.76	73.39
N5		25	73.26	25	74.18	25	72.74	25	73.37	25	73.20	25	73.05	25	75.20	25	74.08	25	74.76	25	71.18	25	71.66	25	73.86	
N5	1990	5	73.76	5	72.90	5	72.45	5	73.66	5	73.08	5	74.51	5	75.00	5	75.65	5	75.78	5	74.83	5	74.22	5	74.40	74.31
N5		25		25	73.34	25	72.45	25	73.68	25	73.95	25	74.96	25	75.83	25	75.50	25	76.00	25	74.53	25	74.53	25	74.21	
N5	1991	5	75.56	5	76.40	5	74.71	5	74.54	5	75.52	5	75.85	5	79.34	5	79.18	5	79.60	5	78.86	5	78.46	5	76.28	77.08
N5		25	75.65	25	74.10	25	75.83	25	74.08	25	76.43	25	79.50	25	79.27	25	79.70	25	79.65	25	79.04	25	76.32	25	76.14	
N5	1992	5	77.40	5	77.65	5	78.08	5	78.58	5	79.95	5	78.13	5	81.45	5	81.65	5	81.70	5	81.05	5	79.88	5	80.15	79.83
N5		25	77.40	25	78.32	25	78.40	25	79.65	25	77.55	25	81.04	25	81.04	25	82.15	25	81.65	25	81.70	25	79.83	25	81.58	
N5	1993	5	81.13	5	81.84	5	76.45	5	81.44	5	81.95	5	81.40	5	82.85	5	82.34	5	83.62	5	83.06	5	82.12	5	83.50	82.06
N5		25	81.28	25	81.03	25	81.82	25	81.85	25	82.07	25	81.45	25	81.62	25	82.35	25	84.26	25	82.85	25	83.32	25	83.76	
N5	1994	5	83.63	5	84.44	5	83.74	5	84.14	5	83.65	5	86.24	5	86.15	5	86.38	5	87.08	5	86.34	5	85.78	5	84.96	85.10
N5		25	84.07	25	84.47	25	82.94	25	84.52	25	83.73	25	85.18	25	85.35	25	85.85	25	87.30	25	86.17	25	85.50	25	84.75	

第一章 西安市

续表

点号	年份	1月 日	1月 水位	2月 日	2月 水位	3月 日	3月 水位	4月 日	4月 水位	5月 日	5月 水位	6月 日	6月 水位	7月 日	7月 水位	8月 日	8月 水位	9月 日	9月 水位	10月 日	10月 水位	11月 日	11月 水位	12月 日	12月 水位	年平均
N5	1995	5	86.32	5	87.56	5	86.66	5	86.10	5	85.94	5	86.05	5	86.98	5	87.67	5	85.47	5	84.35	5	84.05	5	85.52	85.98
		25	85.34	25	85.75	25		25		25		25		25		25		25		25		25		25		
	1996	5	86.16	5	86.00	5	85.78	5	86.70	5	85.50	5	85.64	5	87.88	5	86.25	5	86.25	5	85.78	5	86.53	5	86.53	86.25
	1997	5	85.56	5	84.86	5	84.10	5	83.76	5	84.05	5	84.22	5	86.40	5	86.61	5	87.77	5	87.92	5	87.98	5	87.27	85.88
	1998	15	87.11	15	85.98	15	86.13	15	86.08	15	85.24	15	85.72	15	86.34	15	86.62	15	85.90	15	83.88	15	83.05	15	83.40	85.45
	1999	15	82.08	15	81.54	15	82.38	15	82.66	15	82.90	15	82.94	15	84.04	15	85.66	15	84.94	15	84.23	15	83.28	15	82.74	83.28
	2000	15	85.85	15	85.34	15	85.18	15	85.75	15	85.86	15	86.21	15	86.38	15	86.48	15	85.61	15	85.48	15	85.80	15	85.07	85.75
N7	1989	5	51.05	5	50.72	5	50.34	5	50.35	5	50.50	5	51.23	5	52.04	5	54.70	5	54.92	5	52.04	5	53.98	5	54.12	52.23
		15	50.64	15	48.98	15	50.08	15	50.68	15	50.78	15	51.55	15	53.68	15	54.56	15	54.63	15	51.12	15	53.86	15	53.63	
		25	51.07	25	50.62	25	50.20	25	50.92	25	51.18	25	51.78	25	54.40	25	54.88	25	54.40	25	52.19	25	53.70	25	52.99	
	1990	5	52.76	5	50.79	5	51.44	5	51.98	5	50.50	5	53.37	5	54.86	5	55.25	5	55.88	5	56.00	5	54.05	5	54.12	53.70
		15	52.30	15	51.22	15	51.84	15	52.63	15	52.70	15	54.04	15	55.22	15	55.78	15	56.53	15	55.36	15	54.18	15	54.00	
		25		25		25	52.06	25	52.31	25	53.02	25	54.76	25	55.17	25	56.13	25	56.42	25	53.90	25	54.47	25	53.75	
	1991	5	52.57	5	53.52	5	53.16	5	52.52	5	52.58	5	53.54	5	55.68	5	56.06	5	56.02	5	54.09	5	52.93	5	54.04	54.03
		15	53.30	15	52.62	15	53.27	15	52.17	15	52.76	15	53.72	15	55.84	15	56.18	15	55.94	15	54.56	15	53.34	15	54.16	
		25	53.78	25	53.22	25	53.32	25	52.24	25	53.17	25	54.22	25	56.02	25	56.24	25	55.79	25	54.64	25	53.76	25	54.09	
	1992	5	54.61	5	55.19	5	〈58.40〉	5	55.04	5	56.22	5	55.91	5	56.09	5	57.79	5	57.61	5	55.74	5	54.96	5	55.56	55.96
		15	54.48	15	55.48	15	54.84	15	55.65	15	56.48	15	56.08	15	56.98	15	57.88	15	57.48	15	55.34	15	55.47	15	55.48	
		25	54.66	25	55.59	25	55.01	25	58.70	25	〈61.50〉	25	〈60.72〉	25	57.68	25	〈62.00〉	25	〈60.05〉	25	55.01	25	55.67	25	〈59.43〉	
	1993	5	55.42	5	54.65	5	57.18	5	58.09	5	59.05	5	58.70	5	59.02	5	58.95	5	59.98	5	59.52	5	57.65	5	59.90	57.41
		25	55.02	25	54.78	25	57.34	25		25		25		25		25		25		25		25		25		
	1994	15	59.82	15	60.00	15	59.73	15	59.85	15	58.50	15	59.60	15	60.05	15	59.88	15	59.67	15	60.35	15	59.48	15	60.38	59.78

续表

点号	年份	1月		2月		3月		4月		5月		6月		7月		8月		9月		10月		11月		12月		年平均
		日	水位	日	水位	日	水位	日	水位	日	水位	日	水位	日	水位	日	水位	日	水位	日	水位	日	水位	日	水位	
N7	1996	5	60.18	5	59.95	5	54.20	5	58.75	5	59.22	5	59.48	5	59.65	5	59.60	5	60.38	5	56.84	5	57.16	5	57.05	58.54
	1997	5	57.71	5	55.85	5	56.40	5	56.65	5	54.00	5	57.90	5	58.48	5	59.00	5	59.40	5	59.68	5	59.25	5	59.44	58.21
		15		15		15		15	56.53	15	55.05	15	58.65	15	59.38	15	59.20	15	60.72	15	59.98	15	59.03	15		
		25		25		25		25	56.69	25	55.55	25	58.78	25	59.58	25	59.07	25	59.54	25	59.10	25	59.39	25		
	1998	5	58.84	5	58.92	5	59.45	5	58.47	5	57.72	5	57.01	5	57.72	5	58.64	5	58.72	5	58.07	5	57.86	5	58.58	58.32
		15	58.74	15	58.91	15	59.67	15	57.94	15	58.09	15	57.85	15	58.20	15	58.50	15	58.99	15	57.96	15	57.99	15	58.66	
		25	58.70	25	59.02	25	56.48	25	58.08	25	58.20	25	57.20	25	56.86	25	58.25	25	58.82	25	57.92	25	58.08	25	58.47	
	1999	5	58.38	5	57.85	5	57.37	5	57.75	5	58.32	5	58.93	5	58.83	5	59.44	5	60.21	5	59.88	5	58.76	5	58.84	58.66
		15	58.32	15	57.67	15	57.45	15	57.48	15	58.97	15	59.19	15	58.92	15	59.50	15	60.32	15	58.86	15	58.95	15	58.87	
		25	58.23	25	57.25	25	57.55	25	57.34	25	58.82	25	59.05	25	59.32	25	59.35	25	60.19	25	59.09	25	58.73	25	58.78	
	2000	5	59.07	5	57.75	5	57.70	5	59.05	5	59.32	5	59.60	5	59.32	5	59.54	5	59.64	5	58.91	5	58.76	5	57.14	58.79
		15	59.02	15	57.05	15	57.94	15	59.10	15	59.60	15	59.72	15	59.43	15	59.42	15	59.58	15	58.98	15	58.35	15	57.05	
		25	58.82	25	57.68	25		25	59.50	25	59.78	25	59.75	25	59.52	25	59.37	25	59.54	25	58.84	25	58.14	25	57.00	
N10	1989	5	66.79	5		5	64.92	5	65.25	5	66.78	5	66.90	5	68.37	5	68.80	5	68.71	5	66.10	5	69.69	5	68.12	67.37
		25	66.31	25	66.71	25	65.25	25	67.62	25	66.68	25	68.21	25	68.17	25	68.73	25	67.21	25	66.57	25	69.69	25	67.92	
	1990	5	68.12	5	67.03	5	66.24	5	67.73	5	68.12	5	69.67	5	68.72	5	68.97	5	69.93	5	68.83	5	70.18	5	68.47	68.19
		25	67.18	25	64.17	25	66.17	25	68.17	25	68.01	25	67.72	25	68.75	25	70.47	25	69.97	25	67.79	25	67.79	25	68.37	
	1991	5	68.94	5	69.67	5	69.13	5	65.83	5	68.97	5	68.83	5	69.12	5	70.22	5	69.97	5	70.12	5	69.91	5	69.36	69.15
		25	69.12	25	69.17	25	66.47	25	67.57	25	68.84	25	67.91	25	71.89	25	70.62	25	68.92	25	69.87	25	69.57	25	69.51	
	1992	5	67.94	5	68.47	5	68.71	5	70.25	5	71.72	5	70.12	5	73.17	5	72.55	5	71.71	5	69.79	5	73.67	5	70.22	70.43
		25	67.85	25	70.44	25	69.72	25	70.88	25	69.92	25	65.87	25	65.87	25	72.22	25	70.80	25	73.18	25	75.57	25	69.62	

第一章　西安市

续表

点号	年份	1月 日	1月 水位	2月 日	2月 水位	3月 日	3月 水位	4月 日	4月 水位	5月 日	5月 水位	6月 日	6月 水位	7月 日	7月 水位	8月 日	8月 水位	9月 日	9月 水位	10月 日	10月 水位	11月 日	11月 水位	12月 日	12月 水位	年平均
N10	1993	5	67.97	5	66.31	5	69.12	5	69.51	5	71.97	5	71.00	5	72.27	5	69.83	5	70.57	5	72.87	5	73.37	5	71.42	70.46
		25	68.33	25	68.85	25	69.80	25	68.85	25	68.94	25	72.12	25	69.79	25	69.79	25	69.93	25	73.27	25	72.27	25	72.87	
	1994	5	72.74	5	73.87	5	69.69	5	72.61	5	68.72	5	64.33	5	66.12	5	63.22	5	63.55	5	60.51	5	61.72	5	61.29	66.50
		25	72.82	25	73.37	25	72.82	25	71.57	25	68.31	25	62.83	25	66.51	25	63.47	25	61.42	25	62.65	25	61.31	25	60.57	
	1995	5	61.01	5	61.43	5	62.69	5	62.02	5	66.97	5	62.02	5	62.30	5	64.05	5	64.17	5	84.87	5	85.93	5	87.42	67.84
		25	61.82	25	63.07	25		25		25		25		25		25		25		25		25		25		
	1996	5	85.35	5	83.17	5	82.81	5	88.17	5	88.02	5	88.40	5	91.61	5	89.32	5	84.45	5	84.37	5	89.97	5	89.97	87.13
	1997	5	89.37	5	88.94	5	88.51	5	88.20	5	88.32	5	88.36	5	91.65	5	90.11	5	92.55	5	92.05	5	91.19	5	89.71	89.91
	1998	15	92.15	15	90.24	15	90.13	15	90.64	15	89.65	15	89.19	15	89.49	15	90.11	15	89.94	15	87.81	15	87.13	15	86.43	89.41
	1999	15	85.69	15	85.85	15	85.69	15	88.96	15	88.73	15	87.49	15	88.20	15	89.46	15	89.43	15	87.67	15	86.70	15	85.89	87.48
	2000	15	85.49	15	87.59	15	88.23	15	87.93	15	88.01	15	88.24	15	88.87	15	89.09	15	86.88	15	87.13	15	87.30	15	85.57	87.53
N11	1989	5	44.30	5	44.24	5	44.11	5	44.23	5	44.48	5	44.69	5	45.20	5	46.03	5	45.89	5	45.31	5	44.62	5	44.95	44.87
		25	44.22	25	44.76	25	44.23	25	44.64	25	44.64	25	45.16	25	46.06	25	46.68	25	46.02	25	44.62	25	42.62	25	44.96	
	1990	5	44.95	5	44.96	5	44.49	5	44.14	5	44.76	5	45.10	5	45.07	5	45.67	5	45.92	5	44.90	5	44.75	5	44.70	45.02
		25	44.88	25	45.42	25	44.49	25	45.04	25	44.90	25	45.13	25	45.56	25	46.07	25	45.60	25	44.81	25	44.81	25	45.00	
	1991	5	44.84	5	44.74	5	44.91	5	44.70	5	46.91	5	45.76	5	46.66	5	47.31	5	46.96	5	46.04	5	46.18	5	45.92	45.95
		25	44.80	25	43.24	25	44.24	25	47.04	25	46.50	25	45.87	25	47.51	25	45.85	25	46.61	25	46.25	25	45.90	25	45.90	
	1992	5	42.94	5	43.42	5	43.54	5	44.18	5	45.34	5	43.54	5	46.99	5	47.16	5	47.24	5	45.99	5	48.27	5	45.99	45.27
		25	42.94	25	44.69	25	43.39	25	44.68	25	44.79	25	45.48	25	45.48	25	47.39	25	46.97	25	44.94	25	46.99	25	45.69	
	1993	5	47.42	5	44.62	5	43.99	5	43.62	5	45.26	5	45.48	5	45.56	5	46.19	5	45.92	5	44.94	5	45.44	5	45.04	45.56
		25	47.02	25	45.76	25	47.07	25	44.99	25	45.30	25	45.70	25	46.00	25	46.99	25	46.48	25	45.47	25	45.24	25	45.12	
	1994	5	45.27	5	45.97	5	45.76	5	46.27	5	45.90	5	47.19	5	47.59	5	47.24	5	50.52	5	48.84	5	49.44	5	48.09	47.25
		25	45.22	25		25	45.54	25	44.39	25	47.01	25	47.49	25	47.32	25	48.69	25	50.29	25	47.19	25	48.54	25	48.49	

续表

点号	年份	1月 日	1月 水位	2月 日	2月 水位	3月 日	3月 水位	4月 日	4月 水位	5月 日	5月 水位	6月 日	6月 水位	7月 日	7月 水位	8月 日	8月 水位	9月 日	9月 水位	10月 日	10月 水位	11月 日	11月 水位	12月 日	12月 水位	年平均
N11	1995	5	47.86	5	47.62	5	48.34	5	48.59	5	49.00	5	50.17	5	50.29	5	51.69	5	50.29	5	50.22	5	48.48	5	48.57	49.10
		25	48.12	25	48.09																					
	1996	5	48.49	5	48.54	5	49.49	5	47.39	5	48.66	5	48.60	5	49.70	5	49.29	5	49.19	5	48.34	5	48.34	5	48.34	48.70
	1997	5	48.54	5	48.56	5	48.72	5	48.48	5	48.36	5	48.41	5	49.59	5	50.54	5	52.39	5	51.34	5	50.86	5	50.48	49.69
	1998	5	49.75	5	48.90	5	49.83	5		5	50.00	5	49.58	5	50.60	5	50.63	5	50.54	5	49.06	5	49.02	5	48.22	49.65
	1999	5	48.79	5	48.77	5	49.44	5	49.92	15	49.80	15	49.77	15	49.73	15	51.48	15	51.07	15	50.56	5	49.42	15	49.03	49.82
	2000	15	49.36	15	50.41	15	50.60	15	51.70	5	52.00	5	52.18	5	52.52	5	52.30	5	52.43	5	51.30	5	51.43	5	50.61	51.40
N12	1990	5	54.77	5	54.81	5	54.17	5	55.03	15	54.55	15	54.57	15	55.23	15	55.55	15	56.33	15	56.33	15	56.37	15	56.26	55.38
		25	54.81	25	54.10	25	54.28	25	55.17	25	55.00	25	54.97	25	55.27	25	56.25	25	56.18	25	56.19	25	56.55	25	56.16	
	1991	5	54.80	5	54.03	5	54.97	5	54.75	5	54.40	5	55.04	5	55.43	5	56.80	5	56.25	5	55.92	5	56.32	5	55.96	56.30
		25	56.08	25	56.06	25	56.54	25	56.26	25	55.62	25	55.11	25	56.54	25	57.73	25	56.85	25	56.99	25	56.61	25	56.07	
	1992	15	56.06	15	56.12	15	56.24	15	56.24	15	57.88	15	58.87	15	59.10	15	60.02	15	59.62	15	59.85	15	80.30	15	79.95	62.06
	1993	25	56.16	25	56.10	25	56.54	25	56.16	15	80.56	15	81.80	15	81.60	15	81.25	15	82.36	15	81.08	15		15	82.96	81.39
	1994	15	56.18	15	57.52	15	57.84	15	57.58	15	83.44	15	84.44	15	83.65	15	84.77	15	84.36	15	84.38	15	84.50	15	83.70	83.91
	1995	15	80.62	15	80.92	15	81.24	15	81.27	15	83.67	15	84.56	15	81.60	15	83.90	15	84.25	15	84.03	15	84.24	15	82.17	83.90
	1996	15		15	82.68	15	83.68	15	83.48	15	80.56	15	82.22	15	82.25	15	84.80	15	84.36	15	82.27	15	82.18	15	82.01	83.54
	1997	15	83.21	15	85.67	15	84.80	15	84.93	15	87.12	15	81.65	15	82.25	15	82.00	15	84.25	15	87.01	15	83.32	15	88.78	82.78
	1998	15	81.61	15	84.38	15	81.52	15	84.96	15	84.44	15	86.09	15	86.58	15	85.74	15	85.58	15	84.96	15	83.64	15	82.83	85.24
	1999	15	86.16	15	81.27	15	86.49	15	80.32	15	84.05	15	84.38	15	84.91	15	87.10	15	84.87	15	83.60	15	83.46	15	83.80	83.84
	2000	15	81.20	15	82.80	15	82.34	15		15	84.05	15	85.61	15	86.00	15	85.08	15	85.00	15	83.44	15	83.46	15	83.80	84.97
E1	1989	5	84.86	5	81.40	5	86.48	5	84.38	15	94.71	15	85.80	15	86.00	15	97.82	15	99.72	15	98.38	15	98.54	15	98.48	97.12
		15	95.23	15	86.20	15	85.50	15	85.71	15	94.58	15	95.48	15	97.30	15	98.65	15	99.42	15	98.60	15	98.46	15	100.01	
		25	95.32	25	95.19	25	94.84	25	96.40	25	94.58	25	96.48	25	97.70	25	99.96	25	98.79	25	98.49	25	98.39	25	100.07	
		25	95.31	25	95.24	25	95.70	25	96.32	25	95.76	25	96.79													

续表

点号	年份	1月日	1月水位	2月日	2月水位	3月日	3月水位	4月日	4月水位	5月日	5月水位	6月日	6月水位	7月日	7月水位	8月日	8月水位	9月日	9月水位	10月日	10月水位	11月日	11月水位	12月日	12月水位	年平均
E1	1990	5	100.12	5	98.10	5	99.23	5		5	100.27	5	101.08	5	101.00	5	100.96	5	101.84	5	102.74	5	101.88	5	102.26	100.93
		15	99.73	15	98.92	15	99.34	15	100.24	15	100.43	15	101.38	15	101.13	15	102.10	15	102.00	15	102.68	15	102.19	15	102.15	
		25	98.26	25	98.18	25		25	100.12	25	100.80	25	101.64	25	100.84	25	102.27	25	102.22	25		25	102.64	25	102.08	
	1991	5	100.40	5	99.42	5	98.33	5	98.82	5	103.08	5	104.29	5	104.05	5	103.28	5	104.85	5	104.94	5	103.00	5	105.48	102.76
		15	100.51	15	99.48	15	98.70	15	101.87	15	103.29	15	104.21	15	104.29	15	104.21	15	104.58	15	104.67	15	102.38	15	105.39	
		25	100.21	25	99.27	25	98.60	25	102.98	25	104.17	25	104.21	25	103.28	25	104.43	25	105.42	25	104.50	25	102.42	25	106.30	
	1992	5	106.17	5	105.87	5	106.84	5	105.85	5	106.44	5	105.55	5	107.98	5	109.70	5	109.22	5	108.05	5	106.70	5	107.57	107.12
		15	106.65	15	105.63	15	105.81	15	106.07	15	106.51	15	106.47	15	107.86	15	109.46	15	108.35	15	108.19	15	106.44	15	107.28	
		25	106.44	25	106.57	25	106.58	25	106.28	25	106.38	25	106.36	25	107.86	25	109.10	25	108.20	25	108.13	25	106.73	25	107.08	
	1993	5	107.83	5	107.14	5	107.16	5		5	106.97	5	105.60	5	104.48	5	109.95	5	110.27	5	107.33	5	103.27	5	103.50	107.04
	1994	15	107.49	15	106.96	15	107.44	15	108.62	15	110.68	15	110.25	15	110.58	15	110.44	15	110.75	15	110.43	15	110.26	15	108.38	108.78
	1995	25	107.83	25	107.28	25	107.68	25	107.18	25	102.45	25	106.45	25	112.43	25	111.75	25	109.88	25	107.42	25	106.75	25	106.36	107.93
	1996	15	104.08	15	105.77	15	106.50	15	109.86	15	98.76	15	105.96	15	109.70	15	113.70	15	114.65	15	109.36	15	109.07	15		108.77
	1999	15	106.35	15	104.84	15	110.64	15	104.70	15	95.90	15	95.81	15	96.30	15	93.34	15	93.32	15		15		15		93.33
	2000	5	110.48	5	110.54	5	109.50	5		5	95.57	5	96.02	5	95.49	5	95.27	5		5		5		5		95.74
E4	1989	5	115.93	5	112.51	5	113.21	5	110.87	5	111.65	5	114.07	5	115.87	5	115.75	5	117.24	5	114.85	5	116.27	5	116.60	114.49
		15	115.97	15	110.39	15	112.22	15	111.07	15	111.65	15	114.47	15	115.74	15	116.48	15	116.13	15	115.91	15	116.12	15	116.65	
		25	115.43	25	115.46	25	111.42	25	110.97	25	112.71	25	114.73	25	115.71	25	117.57	25	115.65	25	116.37	25	116.41	25	116.54	
	1990	5		5		5	115.61	5	115.17	5	115.97	5	118.23	5	118.69	5	120.71	5	120.91	5	120.93	5	122.27	5	120.21	118.54
		15		15	115.54	15	115.32	15	115.64	15	116.09	15		15		15	120.49	15	121.16	15	121.75	15	121.69	15	120.15	
		25		25	115.43	25	115.83	25	116.95	25	118.09	25	118.62	25	119.92	25	120.97	25	121.59	25	122.01	25	121.69	25	119.95	

续表

点号	年份	1月 日	1月 水位	2月 日	2月 水位	3月 日	3月 水位	4月 日	4月 水位	5月 日	5月 水位	6月 日	6月 水位	7月 日	7月 水位	8月 日	8月 水位	9月 日	9月 水位	10月 日	10月 水位	11月 日	11月 水位	12月 日	12月 水位	年平均
E4	1991	5	120.02	5	120.57	5	121.04	5	122.07	5	121.27	5	122.46	5	125.45	5	125.93	5	127.07	5	125.87	5	125.82	5	125.57	123.82
		15	120.57	15	121.21	15	121.97	15	122.26	15	121.44	15	122.07	15	125.76	15	125.94	15	127.33	15	126.24	15	126.35	15	125.65	
		25	119.91	25	119.79	25	121.17	25	121.91	25	122.45	25	122.07	25	125.84	25	127.30	25	128.28	25	125.27	25	125.39	25	126.42	
	1992	5	125.69	5	126.89	5	127.54	5	127.76	5	129.54	5	128.75	5	130.45	5	131.54	5	131.13	5	130.30	5	129.85	5	128.55	129.03
		15	125.76	15	126.64	15	128.40	15	128.89	15	129.58	15	130.33	15	130.25	15	131.65	15	130.60	15	130.05	15	128.45	15	128.66	
		25	126.11	25	126.67	25	127.85	25	129.33	25	128.49	25	129.97	25	130.79	25	130.40	25	130.91	25	129.73	25	128.21	25	129.44	
	1993	5	129.22	5	128.74	5	129.17	5	129.77	5	130.65	5	130.23	5	130.39	5	130.66	5	129.99	5	130.46	5	130.96	5	131.65	130.18
		15	129.42	15	128.70	15	129.84	15	129.72	15	130.87	15	130.34	15	130.35	15	130.85	15	130.47	15	130.17	15	131.35	15	131.16	
		25	129.22	25	128.90	25	129.29	25	130.07	25	129.97	25	130.03	25	130.39	25	130.64	25	130.22	25	130.21	25	130.86	25	131.37	
	1994	5	132.24	5	132.33	5	133.85	5	132.52	5	132.65	5	134.93	5	133.35	5	133.85	5	134.43	5	134.65	5	133.27	5	133.05	133.47
		15	131.65			15	133.61	15	132.56	15	133.77	15	135.00	15	133.57	15	134.04	15	134.35	15	134.31	15	133.06	15	133.12	
		25	131.93	25	132.43	25	133.27	25	132.67	25	133.99	25	134.27	25	133.91	25	134.45	25	134.21	25	133.69	25	133.45	25	132.85	
	1995	5	133.15	5	135.65	5	135.97	5	134.73	5	135.82	5	137.23	5	137.47	5	138.27	5	137.84	5	137.15	5	137.13	5	137.60	136.61
		15	133.45	15	136.16	15	136.16	15	135.81	15	136.15	15	138.42	15	137.05	15	137.80	15	137.95	15	135.93	15	136.34	15	138.05	
		25	133.62	25	135.99	25	135.45	25	135.45	25	135.99	25	138.05	25	138.71	25	138.64	25	137.59	25	136.63	25	136.97	25	137.57	
	1996	5	137.23	5	138.45	5	136.17	5	140.05	5	137.17	5	140.77	5	138.95	5	136.57	5	135.35	5	136.09	5	136.07	5	135.61	137.53
		15	137.34	15	138.60	15	137.79	15	139.31	15	136.91	15	140.95	15	139.47	15	135.75	15	135.72	15	135.80	15	135.82	15	135.11	
		25	137.65	25	138.35	25	138.61	25	140.35	25	136.97	25	140.31	25	137.82	25	140.87	25	135.61	25	136.25	25	135.25	25	136.01	
	1997	5	135.29	5	133.43	5	133.43	5	135.77	5	135.05	5	135.11	5	136.33	5	139.85	5	143.27	5	143.27	5	141.97	5	139.41	138.02
		15	135.21	15	133.54	15	135.21	15	134.39	15	135.47	15	135.27	15	136.44	15	142.97	15	143.40	15	142.64	15	140.89	15	139.19	
		25	135.42			25	135.57	25	134.17	25	135.65	25	134.35	25	136.59	25	143.89	25	143.97	25	144.95	25	141.31			
	1998	5	135.99	5	137.25	5	133.39	5	132.52	5	131.74	5	131.63	5	131.47	5	131.03	5	130.80	5	131.17	5	131.91	5	131.99	132.68
		15	138.00	15	138.49	15	133.15	15	132.22	15	131.24	15	131.84	15	131.29	15	130.59	15	131.07	15	130.99	15	132.49	15	131.96	

续表

点号	年份	1月 日	1月 水位	2月 日	2月 水位	3月 日	3月 水位	4月 日	4月 水位	5月 日	5月 水位	6月 日	6月 水位	7月 日	7月 水位	8月 日	8月 水位	9月 日	9月 水位	10月 日	10月 水位	11月 日	11月 水位	12月 日	12月 水位	年平均
E4	1999	5	131.91	5	130.89	5	130.21	5	130.15	5	130.04	5	128.61	5	128.67	5	128.71	5	127.41	5	129.81	5	128.99	5	128.53	129.11
E4		15	129.32	15	130.41	15	130.25	15	129.11	15	130.07	15	128.45	15	128.53	15	127.04	15	127.69	15	127.81	15	128.65	15	128.19	
E4		25		25		25		25		25		25		25		25		25		25	128.33	25		25		
E4	2000	5	128.91	5	128.84	5	131.03	5	131.03	5	131.99	5	131.52	5	132.52	5	133.18	5	132.32	5	131.23	5	132.18	5	132.13	131.37
E4		15	127.99	15	128.84	15	131.50	15		15		15		15		15	133.18	15	131.90	15	131.50	15	132.47	15	131.86	
E4		25	129.19	25	130.75	25	131.99	25	132.47	25	131.84	25	132.28	25	132.37	25		25		25		25		25		
E7	1989	5	84.98	5	86.07	5	86.69	5	86.50	5	86.75	5	86.39	5	89.45	5	89.95	5	90.08	5	90.03	5	89.79	5	90.95	88.36
E7		15	86.35	15		15	86.74	15	86.83	15	86.85	15	87.50	15	89.77	15	89.70	15	90.00	15	90.05	15	90.03	15	90.92	
E7		25	86.23	25	86.02	25	86.26	25	86.43	25	86.97	25	87.85	25	90.00	25	89.87	25	89.72	25	90.12	25	89.90	25	90.85	
E7	1990	5	91.29	5	90.77	5	88.19	5	92.05	5	91.95	5	92.26	5	92.71	5	93.30	5	93.73	5	94.13	5	93.92	5	94.55	92.62
E7		15	91.25	15	91.27	15	91.28	15	91.63	15	92.35	15	90.37	15	93.09	15	93.35	15	93.95	15	94.27	15	94.19	15	94.51	
E7		25		25	91.35	25	91.39	25	91.43	25	92.29	25	92.91	25	92.52	25	92.93	25	93.99	25	93.78	25	94.35	25	94.25	
E7	1991	5	93.99	5	94.03	5	94.05	5	94.17	5	94.44	5	94.75	5	95.30	5	95.62	5	95.95	5	95.55	5	90.05	5	96.12	94.84
E7		15	94.02	15	94.19	15	94.29	15	94.15	15	94.73	15	95.51	15	95.38	15	96.15	15	96.21	15	95.59	15	90.01	15	98.00	
E7		25	94.05	25	93.81	25	94.13	25	93.91	25	94.65	25	95.47	25	95.78	25	95.30	25	96.49	25	93.68	25		25	99.90	
E7	1992	5	99.72	5	100.00	5	101.55	5	101.35	5	100.50	5	102.19	5	102.70	5	104.09	5	103.89	5	101.53	5	104.68	5	103.83	101.89
E7		15	99.51	15	99.52	15	99.59	15	100.73	15	100.42	15	102.31	15	102.62	15	103.63	15	103.62	15	100.85	15	104.68	15	102.85	
E7		25	99.50	25	101.50	25	101.50	25	99.74	25	100.81	25	102.50	25	103.59	25	103.45	25	103.50	25		25		25		
E7	1993	5	102.91	5	102.32	5	104.59	5	104.81	5	106.71	5	106.80	5	106.85	5	107.10	5	108.00	5	107.13	5	106.19	5	104.15	105.15
E7		15	102.91	15	102.15	15	104.59	15	106.81	15	107.05	15	107.41	15	107.85	15	106.48	15	109.71	15	108.90	15	105.10	15	108.30	107.01
E7	1994	15	103.90	15	106.67	15	105.92	15		15		15		15		15		15		15		15		15		
E7	1995	15	111.28	15	109.70	15	110.18	15	110.13	15	107.10	15	110.25	15	111.85	15	110.45	15	109.70	15	109.20	15	108.85	15	111.12	109.98
E7	1996	15	111.13	15	114.05	15	114.60	15	113.25	15	113.57	15	113.67	15	112.77	15	113.80	15	113.00	15	110.05	15	110.07	15	112.19	112.68

续表

点号	年份	1月 日	1月 水位	2月 日	2月 水位	3月 日	3月 水位	4月 日	4月 水位	5月 日	5月 水位	6月 日	6月 水位	7月 日	7月 水位	8月 日	8月 水位	9月 日	9月 水位	10月 日	10月 水位	11月 日	11月 水位	12月 日	12月 水位	年平均
E7	1997	15	112.25	15	111.37	15	109.65	15	109.65	15	109.39	15	109.39	15	112.67	15	112.25	15	112.31	15	113.90	15	114.45	15	113.33	111.72
	1998	15	113.97	15	113.71	15	114.29	15	111.87	15	109.16	15	109.13	15	112.19	15	108.12	15	109.81	15	109.20	15	107.33	15	108.47	110.60
	1999	15	108.63	15	107.77	15	107.63	15	107.67	15	107.79	15	112.16	15	113.93	15	112.77	15	111.67	15	113.57	15	112.53	15	112.22	110.70
	2000	15	110.83	15	111.90	15	111.69	15	111.97	15	112.91	15	114.03	15	114.33	15	113.38	15	113.22	15	112.01	15	112.01	15	111.33	112.47
E10	1989	5	111.41	5	111.93	5	109.95	5	113.03	5	114.35	5	115.13	5	115.40	5	116.45	5	118.25	5	117.21	5	118.45	5	118.45	115.28
		25	111.58	25	111.71	25	111.95	25	113.70	25	114.65	25	115.35	25	116.45	25	118.45	25	117.05	25	118.25	25	118.72	25	118.93	
	1990	5	118.55	5	118.82	5	118.65	5	119.15	5	119.84	5	119.99	5	120.25	5	121.45	5	122.79	5	123.53	5	123.43	5	122.08	120.31
		25	117.80	25	118.35	25	118.69	25	119.61	25	119.12	25	118.99	25	120.25	25	121.65	25	123.51	25	123.75	25	113.63	25	123.45	
	1991	5	123.55	5	123.25	5	122.97	5	122.45	5	123.35	5	124.75	5	124.77	5	125.90	5	126.70	5	124.99	5	125.85	5	125.61	124.46
		25	122.65	25	120.75	25	122.53	25	122.73	25	123.53	25	124.85	25	126.45	25	126.12	25	126.15	25	125.29	25	125.73	25	126.23	
	1992	5	125.97	5	126.45	5	126.65	5	125.93	5	127.97	5	129.29	5	129.65	5	131.17	5	131.39	5	130.19	5	129.63	5	129.95	128.82
		25	125.73	25	124.95	25	127.37	25	127.65	25	128.13	25	129.31	25	130.47	25	131.65	25	131.09	25	130.57	25	129.85	25	130.75	
	1993	5	130.53	5	129.40	5	129.63	5	131.07	5	132.53	5	132.17	5	131.49	5	133.01	5	132.91	5	132.73	5	131.74	5	131.62	131.71
		25	130.10	25	129.51	25	130.08	25	132.23	25	132.43	25	131.82	25	132.87	25	133.49	25	133.65	25	133.15	25	131.80	25	131.09	
	1994	5	131.25	5	131.87	5	133.27	5	133.61	5	132.43	5	135.05	5	134.85	5	135.48	5	137.51	5	136.61	5	136.75	5	136.29	134.55
		25	133.35	25	133.15	25	132.85	25	132.92	25	133.14	25	134.85	25	134.99	25	136.15	25	134.30	25	136.25	25	136.13	25	136.08	
	1995	5	135.97	5	136.41	5	137.60	5	138.07	5	138.35	5	139.13	5	139.35	5	140.79	5	140.08	5	139.85	5	140.32	5	140.80	138.61
		25	136.79	25	137.07	25	137.93	25	138.45	25	137.78	25	136.79	25	135.65	25	137.77	25	137.25	25	137.25	25		25		137.58
	1996	5	139.15	5	137.75	5	135.21	5	135.09	5	135.55	5	135.69	5	138.61	5	139.49	5	141.32	5	140.95	5	140.13	5	139.73	138.18
	1997	5	139.04	5	139.19	5	139.15	5	138.34	5	138.63	5	138.18	5	138.21	5	137.81	5	138.03	5	137.37	5	137.63	5	138.17	138.31
	1998	15	138.19	15	138.21	15	137.19	15	137.01	15	137.53	15	137.33	15	137.19	15	137.92	15	137.19	15	136.19	15	135.93	15	135.88	137.15
	1999	15	136.28	15	136.03	15	136.15	15	137.17	15	137.71	15	138.21	15	137.91	15	137.49	15	136.93	15	135.10	15	135.77	15	135.87	136.72

续表

点号	年份	1月 日	1月 水位	2月 日	2月 水位	3月 日	3月 水位	4月 日	4月 水位	5月 日	5月 水位	6月 日	6月 水位	7月 日	7月 水位	8月 日	8月 水位	9月 日	9月 水位	10月 日	10月 水位	11月 日	11月 水位	12月 日	12月 水位	年平均
E12-1	1989	5	82.57	5	82.20	5	80.60	5	80.54	5	79.70	5	81.97	5	87.10	5	92.56	5	88.20	5	88.07	5	90.76	5	88.38	85.49
		15	82.70	15		15	81.03	15	79.60	15	80.10	15	82.05	15	88.00	15	91.33	15	88.08	15	91.43	15	90.13	15	88.17	
		25	80.58	25	82.33	25	81.22	25	79.87	25	80.56	25	84.36	25	91.54	25	89.10	25	88.34	25	91.64	25	89.20	25	88.10	
	1990	5	88.58	5	88.20	5	89.12	5	88.73	5	89.03	5	90.34	5	88.50	5	89.92	5	89.75	5	88.54	5	89.04	5	88.50	89.19
		15	88.51	15	88.33	15	88.56	15	89.17	15	88.52	15	92.86	15	89.87	15	93.40	15	88.55	15	88.42	15	88.40	15	88.44	
		25		25	88.22	25	88.65	25	88.90	25	89.27	25	90.90	25	89.95	25	90.42	25	88.64	25	89.16	25	88.34	25	88.00	
	1991	5	88.15	5	88.48	5	88.46	5	88.32	5	88.43	5	88.14	5	88.06	5	88.40	5	88.50	5	86.60	5	86.59	5	88.44	88.01
		15	88.31	15	88.33	15	88.40	15	88.32	15	88.30	15	88.46	15	88.18	15	88.30	15	88.38	15	86.54	15	86.62	15	88.33	
		25	88.44	25	88.22	25	88.43	25	87.87	25	87.95	25	88.34	25	88.00	25	88.18	25	88.26	25	86.70	25	86.60	25	88.30	
	1992	5	88.60	5	87.97	5	87.55	5	87.83	5	87.97	5	85.35	5	88.06	5	84.47	5	87.84	5	87.35	5	87.65	5	87.30	87.27
		15	86.23	15	86.74	15	82.15	15	87.68	15	87.76	15	88.07	15	88.18	15	84.54	15	87.59	15	86.70	15	87.40	15	87.08	
		25	87.85	25	88.74	25	88.71	25	87.70	25	88.24	25	88.14	25	87.95	25	84.60	25	87.70	25	87.63	25	88.63	25	87.94	
	1993	5	87.95	5	88.33	5	86.45	5	87.88	5		5	87.82	5	87.85	5	88.32	5	87.73	5	88.28	5	86.60	5	86.20	87.78
		15	88.19	15	88.25	15	87.48	15		15	88.19	15	88.11	15	88.02	15	88.00	15	87.36	15	85.05	15	87.95	15	85.60	
		25	88.50	25	87.97	25	87.97	25		25		25	90.10	25	88.00	25	89.95	25	87.98	25	87.42	25	88.08	25	86.95	
	1994	5	86.13	5	83.87	5	87.65	5	88.20	5	87.82	5	88.11	5	87.85	5	87.88	5	87.90	5	82.04	5	86.85	5	86.95	86.98
	1995	15	88.14	15	87.82	15	86.88	15	87.35	15	87.30	15	90.10	15	88.00	15	89.95	15	87.98	15	87.42	15	88.08	15	86.95	88.00
	1996	25	88.22	25	87.25	25	86.88	25	88.65	25	87.95	25	87.97	25	87.85	25	87.88	25	87.90	25	82.04	25	86.85	25	86.74	87.20
	1997	5	83.85	5	82.88	5	84.40	5	87.04	5	87.53	5	87.48	5	82.95	5	84.45	5	82.96	5	88.00	5	87.92	5	81.46	85.52
	1998	15	87.88	15	87.54	15	82.07	15	82.22	15	80.83	15	81.28	15	81.63	15	81.54	15	81.70	15	81.48	15	80.91	15	81.48	82.46
		25	85.89	25	87.07	25	82.96	25	81.48	25	81.02	25	81.56	25	81.34	25	81.56	25	81.60	25	81.54	25	81.04	25	81.07	
	1999	5	81.50	5	81.26	5	81.62	5	81.62	5	81.50	5	80.52	5	80.86	5	80.92	5	81.26	5	80.97	5	81.04	5	81.29	81.27
		15	81.44	15	81.87	15	81.47	15	81.54	15		15	80.46	15	80.64	15	81.08	15	81.37	15		15	81.14	15		
		25	81.45	25	82.53	25	82.38	25	81.76	25	81.60	25	80.41	25	80.50	25	81.23	25	81.40	25	80.88	25		25		

续表

点号	年份	1月 日	1月 水位	2月 日	2月 水位	3月 日	3月 水位	4月 日	4月 水位	5月 日	5月 水位	6月 日	6月 水位	7月 日	7月 水位	8月 日	8月 水位	9月 日	9月 水位	10月 日	10月 水位	11月 日	11月 水位	12月 日	12月 水位	年平均
E12-1	2000	10	81.29	5	80.94	5	81.34	5	81.03	5	81.20	5	81.27	5	81.52	5	81.58	5	81.28	5	81.42	5	80.82	5	80.75	81.20
		20	81.33	15	82.43	15	80.00	15	80.86	15	81.18	15	81.33	15	81.54	15	81.46	15	81.43	15	81.24	15	81.28	15	80.28	
E14	1990	5	66.10	5	66.00	5	66.00	5	67.50	5	70.61	5	70.50	5	70.69	5	70.60	5	71.46	5	73.36	5	75.47	5	75.03	70.91
		15		15		15		15	67.70	15	70.00	15	71.26	15	71.56	15		15	76.00	15		15	75.00	15	72.40	
	1991	25	73.03	25	76.34	25	73.60	25	75.91	25		25		25		25		25		25		25		25		74.29
	1997	25	73.12	25		25	76.00	25	72.00	25		25		25		25		25		25		25		25		
	1998	5	90.25	5	89.60	5	91.83	5	91.93	5	91.81	5	91.23	5	91.82	5	91.36	5	92.12	5	92.00	5	87.18	5	92.81	91.36
	1999	5	91.29	5	93.27	5	92.31	5	91.36	5	91.85	5	92.13	5	97.21	5	91.54	5	95.89	5	96.04	5	95.92	5	95.07	93.22
	2000	15	94.00	15		15	91.85	15	92.85	15	93.10	15	97.59	15	93.07	15	99.77	15	97.45	15	98.09	15	98.41	15	97.30	95.36
		5	85.50	5		5	88.84	5	89.16	5	97.96	5	98.32	5	98.40	5	98.20	5	97.60	5	98.10	5	98.35	5	98.13	96.68
	1990	5	85.35	5	85.01	5	85.96	5	83.28	5	83.48	5	83.44	5	83.90	5	83.16	5	83.43	5	84.42	5	99.21	5	99.28	87.84
		15	85.42	15	84.32	15	85.32	15	84.58	15	82.41	15	84.04	15	83.89	15	83.18	15	83.30	15	98.60	15	98.61	15	99.38	
		25		25	91.00	25		25		25	83.53	25	84.89	25	83.23	25	83.13	25	83.40	25	98.60	25	98.63	25	99.38	
	1991	5	99.38	5	92.08	5	90.98	5	91.88	5	98.06	5	98.32	5	99.79	5	99.47	5	99.35	5	98.30	5	98.07	5	98.62	95.62
		15	98.28	15	91.98	15	92.28	15	91.18	15		15		15		15		15		15		15		15		
		25	96.08	25	91.78	25	93.88	25	92.63	25		25		25		25		25		25		25		25		
E14-1	1992	15	98.90	15	99.45	15	100.17	15	100.81	15	101.07	15	101.36	15	101.52	15	101.69	15	101.53	15	101.57	15	101.30	15	101.15	100.88
	1993	15	101.05	15	100.50	15	101.02	15		15		15	109.18	15		15	109.98	15		15		15	109.78	15		104.17
		25		25		25		25	97.68	25		25		25		25		25		25		25		25		
	1994	15	98.90	15	114.32	15	113.38	15	112.26	15	112.06	15	112.48	15	113.37	15	113.94	15	116.79	15	113.92	15	113.98	15	109.28	112.38
	1995	15		15		15		15	124.65	15		15	116.49	15		15	114.46	15		15	115.13	15		15	113.19	115.26
	1996	15	111.92	15	111.28	15	122.38	15	115.25	15	111.09	15	115.65	15	112.51	15	113.09	15	117.75	15	113.04	15	125.07	15	121.88	115.91

续表

点号	年份	1月 日	1月 水位	2月 日	2月 水位	3月 日	3月 水位	4月 日	4月 水位	5月 日	5月 水位	6月 日	6月 水位	7月 日	7月 水位	8月 日	8月 水位	9月 日	9月 水位	10月 日	10月 水位	11月 日	11月 水位	12月 日	12月 水位	年平均
S3	1989	5	81.51	5	82.03	5	82.51	5	81.89	5	82.05	5	81.79	5	82.39	5	83.76	5	84.40	5	84.06	5	83.94	5	83.74	82.95
S3	1989	15	81.53	15	82.10	15	82.55	15	82.05	15	81.76	15	81.96	15	82.45	15	84.22	15	84.36	15	83.85	15	83.90	15	83.60	
S3	1989	25		25		25	82.84	25	81.96	25	81.74	25	82.47	25	83.43	25	84.06	25	84.27	25	83.92	25	83.83	25	83.52	
S3	1990	5	83.66	5	82.79	5	82.72	5	83.35	5	83.13	5	83.65	5	84.76	5	85.37	5	85.15	5	85.48	5	85.46	5	85.05	84.29
S3	1990	15	83.61	15	82.49	15	82.77	15	83.25	15	83.34	15	83.81	15	85.05	15	85.52	15	85.22	15	85.60	15	85.31	15	84.98	
S3	1990	25	83.31	25	82.65	25	82.81	25	83.49	25	83.46	25	85.32	25	85.24	25	85.29	25	85.34	25	85.69	25	85.24	25	84.93	
S3	1991	5	84.81	5	85.01	5	85.04	5	86.12																	85.52
S3	1991	15	84.79	15	84.84	15	85.35	15	86.29	15		15		15		15	87.98	15	87.10	15		15		15		
S3	1991	25	84.73	25	84.82	25	85.62	25	86.34																	
S3	2000	15	88.11	15	88.05	15	88.23	15	88.56	15	87.90	15	88.73	15	88.19	15	87.88	15		15	88.06	15	88.10	15	88.03	88.00
S4	1989	5	88.03	5	88.14	5	88.30	5	88.72	5	89.07	5	89.74	5	89.98	5	90.92	5	90.86	5	90.28	5	91.42	5	90.60	89.84
S4	1989	15		15		15		15	88.94	15	89.15	15	89.89	15	90.02	15	90.96	15	90.93	15	90.11	15	91.17	15	91.15	
S4	1989	25		25		25		25		25	89.38	25	89.93	25	90.40	25	90.65	25	91.02	25	89.66	25	91.36	25	91.12	
S4	1990	5	91.08	5	91.04	5	91.22	5	91.43	5	92.38	5	92.39	5	92.53	5	93.08	5	92.69	5	92.27	5	92.19	5	92.24	92.06
S4	1990	15	90.91	15	91.00	15	91.28	15	91.46	15	92.64	15	92.47	15	92.17	15	93.25	15	92.42	15	92.22	15	92.33	15	92.19	
S4	1990	25	90.93	25	91.37	25	91.37	25	91.68	25	92.72	25	92.58	25	92.69	25	93.12	25	92.43	25	91.88	25	92.29	25	92.16	
S4	1991	5	92.18	5	92.36	5	92.19	5	92.38							5	93.60									
S4	1991	15	92.13	15	92.29	15	92.24	15	92.51																	
S4	1991	25	92.17			25	92.22	25	92.58																	
S4	1995	15		15		15		15		15		15	91.43	15	91.93	15	91.25	15	92.73	15	92.85	15	92.69	15		92.40
S4	1995	25		25		25	92.89					25	92.49	25	92.63	25	92.33	25	92.43	25	92.35	25	91.91	25	93.09	
S4	1996	5	93.11	5	93.01	5	92.81			5	92.93	5	92.53	5	92.57	5	92.08	5	92.48	5	92.30	5	91.88	5	91.79	92.28
S4	1996	15	93.37	15	92.83	15	92.73	15	92.78	15	92.85	15	92.53	15	92.41	15	92.03	15	92.46	15	92.23	15	91.81	15	91.75	92.47

续表

点号	年份	1月			2月			3月			4月			5月			6月			7月			8月			9月			10月			11月			12月			年平均
		日	水位		日	水位		日	水位		日	水位		日	水位		日	水位		日	水位		日	水位		日	水位		日	水位		日	水位		日	水位	
S4	1997	5	91.97		5			5	92.55		5	92.41		5	92.33		5	92.69		5	93.03		5	93.69		5	93.53		5	93.27		5	93.43		5	93.33		92.94
		15	92.11		15	92.57		15	92.52		15	92.39		15	92.37		15	93.00		15	93.07		15	93.13		15	93.47		15	93.35		15	93.41		15	93.30		
		25			25			25	92.47		25	92.35		25	92.43		25	93.03		25	93.13		25	93.35		25	93.43		25	93.39		25	93.37		25	93.28		
	1998	5	93.11		5	92.81		5	92.93		5	92.95		5	92.89		5	92.95		5	92.87		5	92.99		5	93.24		5	93.35		5	93.35		5	92.33		92.98
		15	92.96		15	92.76		15	92.97		15	92.93		15	92.81		15	92.89		15	92.89		15	93.13		15	93.26		15	93.42		15	93.30		15	92.24		
		25	92.90		25	92.76		25	93.01		25	92.91		25	92.98		25	92.83		25	92.92		25	93.21		25	93.31		25	93.51		25	93.23		25	92.29		
	1999	5	92.30		5			5			5	93.11		5	93.23		5	93.31		5	93.17		5	93.23		5	93.43		5	92.93		5	92.55		5	92.77		93.04
		15	92.39		15			15	93.19		15	93.05		15	93.27		15	93.39		15	93.28		15	93.29		15	93.41		15	92.67		15	92.59		15	93.11		
		25	92.61		25			25			25	93.05		25	93.30		25	93.43		25	93.11		25	93.33		25	93.37		25	92.61		25	92.51		25	93.35		
	2000	5	93.22		5	93.17		5	93.19		5	92.44		5	92.49		5	92.53		5	92.53		5	92.70		5	92.83		5	92.80		5	92.93		5	92.83		92.81
		15	93.27		15	93.13		15	93.11		15	92.42		15	92.32		15	92.54		15	92.53		15	92.71		15	92.77		15	92.77		15	92.94		15	92.87		
		25	93.22		25	93.18		25	93.07		25			25	92.42		25	92.60		25	92.62		25	92.83		25	92.73		25	92.89		25	92.89		25	92.80		
S7	1989	5	84.27		5	84.60		5	85.74		5	86.55		5	84.13		5	85.43		5	85.88		5	88.24		5	85.56		5	84.30		5	84.61		5	84.45		85.17
		15	84.41		15	84.98		15	84.88		15	86.72		15	84.29		15	85.28		15			15	85.14		15	85.38		15	84.08		15	84.28		15	84.95		
		25	84.99		25	84.51		25	84.82		25	86.61		25	84.67		25	85.22		25	88.16		25	85.05		25	85.29		25	84.11		25	84.50		25	84.26		
	1990	5	89.11		5	82.47		5	88.66		5	88.51		5	87.96		5	88.41		5	89.66		5	90.33		5	90.81		5	91.40		5	91.83		5	91.55		89.31
		15	89.03		15	82.25		15	89.93		15	88.65		15	88.38		15	88.47		15	89.91		15	90.38		15	91.17		15			15	91.80		15	91.41		
		25			25			25	89.04		25	88.74		25	88.59		25	88.54		25	90.26		25	90.55		25	91.33		25	91.77		25	91.92		25			
	1991	5	91.48		5	91.92		5	89.25		5	88.14		5	87.71		5	87.17		5	88.01		5	91.36		5	91.33		5	93.77		5	93.33		5	92.63		90.92
		15	91.56		15	91.75		15	88.63		15	88.08		15	87.15		15	87.53		15	90.38		15	92.65		15	94.00		15	93.64		15	93.30		15	92.72		
		25	91.44		25	91.74		25	88.42		25	88.10		25	86.81		25	87.88		25	90.74		25	93.72		25	94.15		25	93.70		25	93.18		25	92.66		
	1992	5	92.82		5	93.36		5	92.02		5	91.62		5	92.05		5	92.35		5	92.62		5	92.93		5	94.39		5	93.07		5	92.26		5	90.93		92.40
		15	93.03		15	93.49		15	91.53		15	91.83		15	92.12		15	92.44		15	92.71		15	93.06		15	93.18		15	92.90		15	91.63		15	90.80		
		25	93.10		25	93.53		25	91.38		25	91.97		25	92.30		25	92.49		25	92.84		25	93.14		25	93.22		25	92.73		25	91.10		25	90.74		

续表

点号	年份	1月 日	1月 水位	2月 日	2月 水位	3月 日	3月 水位	4月 日	4月 水位	5月 日	5月 水位	6月 日	6月 水位	7月 日	7月 水位	8月 日	8月 水位	9月 日	9月 水位	10月 日	10月 水位	11月 日	11月 水位	12月 日	12月 水位	年平均
S7	1993	5	91.07	5	91.43	5	91.82	5	91.37	5	90.61															91.56
		15	91.01	15	91.65	15	91.64	15		15		15	90.28	15	89.84	15	92.44	15	92.34	15	92.95	15	92.58	15	92.72	
		25	90.93	25	91.90	25	91.50	25		25		25		25		25		25		25		25		25		
	1994	15	91.63	15	90.64	15	90.79	15	90.24	15	90.20	15	91.26	15	92.13	15	92.34	15	93.01	15	92.67	15	89.97	15	89.74	91.22
	1995	15	93.19	15	93.20	15	93.09	15	92.39	15	93.45	15	93.01	15	93.14	15	94.59	15	94.77	15	92.56	15	92.23	15	93.82	93.29
	1996	5	92.23	5	94.94	5	94.76	5	94.88	5	92.84	5	92.78	5	93.56	5	92.66	5	93.29	5	91.38	5	89.24	5	88.54	92.59
	1997	5	87.99	5	87.35	5	86.70	5	86.09	5	85.09	5	88.28	5	90.72	5	90.64	5	91.19	5	90.74	5	89.89	5	87.29	88.56
		15	87.82	15	87.14	15	86.64	15	85.49	15	86.82	15	88.39	15	91.19	15	90.77	15	91.29	15	90.34	15	89.77	15	87.07	
		25	87.68	25	86.77	25	86.58	25	85.35	25	87.98	25	90.04	25	90.89	25	90.22	25	91.10	25	89.95	25	89.86	25	87.10	
	1998	5	87.06	5	86.19	5	87.74	5	86.55	5	85.49	5	87.54	5	86.38	5	86.76	5	86.69	5	86.75	5	87.54	5	87.37	86.85
		15	85.92	15	86.21	15	88.04	15	86.45	15	85.75	15	87.45	15	86.11	15	87.34	15	87.24	15	87.44	15	87.43	15	87.85	
		25	86.09	25	86.32	25	88.34	25	86.04	25	85.86	25	85.33	25	85.87	25	87.44	25	87.65	25	87.49	25	87.32	25	87.64	
	1999	5	88.21	5	87.34	5	88.08	5	86.69	5	86.54	5	85.49	5	85.29	5	86.15	5	85.79	5	86.37	5	84.54	5	86.07	86.28
		15	88.45	15	87.56	15	87.14	15	86.34	15	86.67	15	85.54	15	85.23	15	85.44	15	85.96	15	86.44	15	84.25	15	86.86	
		25	87.95	25	87.91	25	87.17	25	86.11	25	85.87	25	85.46	25	85.15	25	85.67	25	86.10	25	85.20	25	84.19	25	86.79	
	2000	5	87.23	5	85.74	5	85.65	5	87.04	5	86.84	5	85.01	5	84.46	5	84.06	5	84.98	5	86.01	5	84.57	5	83.81	85.47
		15	88.07	15	85.27	15	86.76	15	86.90	15	85.65	15	84.84	15	84.37	15	84.64	15	85.95	15	85.81	15	84.27	15	83.54	
		25	88.18	25	85.45	25	86.87	25	86.45	25	85.25	25	84.91	25	84.24	25	84.94	25	86.29	25	85.18	25	84.03	25	83.58	
S9	1989	5	102.68	5	103.66	5	103.74	5	103.98	5	104.48	5	104.42	5	104.11	5	103.89	5	103.70	5	103.89	5	104.20	5	104.70	104.13
		15	103.01	15		15	104.54	15	104.21	15	104.43	15	104.44	15	103.97	15	104.21	15	103.61	15	103.84	15	103.84	15	104.73	
		25		25	104.21	25	104.57	25	104.15	25	104.47	25	104.53	25	104.36	25	104.13	25	104.52	25	104.26	25	104.21	25	104.65	
	1990	5	104.59	5	105.03	5	105.40	5	105.88	5	106.61	5	107.14	5	108.60	5	108.80	5	109.18	5	109.98	5	111.22	5	111.16	107.90
		15	104.11	15	104.57	15	105.39	15	106.15	15	107.05	15	107.84	15	108.73	15	109.01	15	109.25	15	110.47	15	111.27	15	111.03	
		25	104.49	25	105.21	25	105.73	25	106.29	25	107.03	25	107.70	25	109.06	25	108.92	25	109.50	25	109.81	25	111.33	25	110.72	

续表

点号	年份	1月		2月		3月		4月		5月		6月		7月		8月		9月		10月		11月		12月		年平均
		日	水位	日	水位	日	水位	日	水位	日	水位	日	水位	日	水位	日	水位	日	水位	日	水位	日	水位	日	水位	
88	1991	5	110.29	5	110.35	5	110.31	5	109.95	5	110.33	5	110.31	5	110.53	5	111.25	5	111.28	5	111.33	5	111.28	5	111.23	110.73
		15	110.33	15	110.27	15	110.37	15	110.09	15	110.34	15	110.33	15	110.67	15	111.33	15	111.11	15	111.30	15	111.28	15	111.17	
		25	110.30	25	110.24	25	110.39	25	110.36	25	110.34	25	110.34	25	111.04	25	111.38	25	111.15	25	111.33	25	111.27	25	111.13	
	1992	5	111.87	5	111.97	5	112.28	5	112.15	5	112.38	5	113.24	5	113.66	5	114.32	5	114.70	5	114.75	5	114.53	5	114.91	113.48
		15	111.93	15	112.02	15	111.94	15	112.28	15	112.92	15	113.38	15	113.89	15	114.66	15	114.77	15	114.68	15	114.28	15	114.85	
		25	111.88	25	112.13	25	112.11	25	112.23	25	113.13	25	113.48	25	114.06	25	114.94	25	114.74	25	114.55	25	114.84	25	114.77	
	1993	5	114.63	5	114.50	5	114.13	5	114.14	5	113.38	5	113.23	5	113.08	5	113.78	5	113.83	5	113.89	5	112.20	5	112.64	113.64
		15	114.87	15	114.27	15	114.14	15	114.03	15	113.66	15	113.16	15	113.39	15	113.85	15	113.79	15	114.00	15	112.42	15	112.06	
		25	114.82	25	113.94	25	114.21	25	113.92	25	113.80	25	113.14	25	113.72	25	113.92	25	113.73	25	114.10	25	112.68	25	112.02	
	1994	5	113.44	5	113.92	5	114.26	5	113.91	5	113.94	5	114.17	5	114.74	5	114.96	5	115.15	5	115.34	5	115.14	5	114.14	114.37
		15	113.59	15	114.08	15	114.12	15	113.72	15	113.96	15	114.54	15	114.86	15	115.10	15	115.40	15	115.16	15	115.10	15	113.26	
		25	113.76	25	114.17	25	113.94	25	110.62	25	115.02	25	114.78	25	114.84	25	115.22	25	115.71	25	114.09	25	114.74	25		
	1995	5	113.56	5	114.68	5	114.57	5	114.68	5	114.70	5	115.13	5	114.81	5	115.40	5	115.82	5	116.09	5	116.62	5	116.06	115.26
		15	113.77	15	114.54	15	114.77	15	115.34	15	114.68	15	114.28	15	115.14	15	115.91	15	115.91	15	116.22	15	116.44	15	115.88	
		25	114.66	25	114.24	25	115.02	25	114.86	25	115.01	25	114.52	25	115.27	25	116.11	25	116.02	25	116.59	25	116.32	25	115.80	
	1996	5	115.84	5	115.94	5	116.26	5	116.20	5	116.44	5	116.56	5	116.84	5	116.94	5	116.38	5	116.17	5	115.64	5	115.05	116.03
		15	115.91	15	115.85	15	116.22	15	116.54	15	116.32	15	116.64	15	116.88	15	116.74	15	116.34	15	115.99	15	115.60	15	115.14	
		25	110.77	25	116.02	25	116.28	25	116.32	25	116.48	25	116.38	25	116.91	25	116.68	25	116.44	25	115.84	25	115.56	25	115.05	
	1997	5	114.99	5	114.68	5	114.59	5	114.36	5	114.24	5	114.05	5	113.64	5	114.10	5	113.70	5	115.14	5	115.68	5	115.61	114.51
		15	114.84	15	114.58	15	114.46	15	114.34	15	114.16	15	113.89	15	113.68	15	113.60	15	113.81	15	115.32	15	115.63	15	115.52	
		25	114.76	25	114.66	25	114.38	25	114.31	25	114.12	25	113.76	25	113.50	25	113.64	25	113.94	25	115.46	25	115.66	25	115.38	
	1998	5	115.34	5	114.96	5	114.88	5	114.76	5	114.38	5	113.71	5	113.01	5	111.56	5	111.42	5	111.41	5	110.94	5	110.19	112.89
		15	115.21	15	114.93	15	114.83	15	114.67	15	114.04	15	113.59	15	112.59	15	111.01	15	111.78	15	111.30	15	110.58	15	110.12	
		25	115.05	25	114.88	25	114.80	25	114.67	25	113.76	25	113.48	25	112.12	25	110.58	25	111.91	25	111.19	25	110.43	25	110.06	

第一章 西安市

续表

点号	年份	1月		2月		3月		4月		5月		6月		7月		8月		9月		10月		11月		12月		年平均
		日	水位	日	水位	日	水位	日	水位	日	水位	日	水位	日	水位	日	水位	日	水位	日	水位	日	水位	日	水位	
S9	1999	5	109.97	5	109.74	5	101.14	5	109.52	5	109.31	5	109.24	5	108.42	5	106.88	5	107.26	5	106.76	5	106.14	5	106.76	107.30
		15	109.85	15	109.44	15	100.89	15	109.40	15	109.27	15	109.06	15	108.10	15	107.00	15	107.42	15	106.27	15	106.43	15	106.88	
		25	109.79	25	109.28	25	92.90	25	109.35	25	109.29	25	108.84	25	107.66	25	107.12	25	107.54	25	106.07	25	106.74	25	107.10	
	2000	5	107.02	5	106.54	5	106.08	5		5	107.49	5	106.93	5	108.95	5	111.37	5	111.68	5	111.11	5	111.32	5	111.34	109.10
		15	106.87	15	106.27	15	106.25	15	107.54	15	107.22	15	107.07	15	110.18	15	112.21	15	111.03	15	111.56	15	111.45	15	111.34	
		25	106.72	25	106.18	25	106.46	25	107.38	25	107.64	25	107.56	25	110.53	25	112.50	25	110.59	25	111.27	25	111.43	25	111.27	
S12	1989	5		5		5		5	117.85	5	118.98	5	122.76	5	123.93	5		5		5		5		5		122.10
		15	112.51	15		15		15		15		15		15		15	125.60	15	124.34	15	123.59	15	126.87	15	124.52	
		25	124.54	25		25	127.86	25	128.89	25	129.22	25	131.03	25	132.04	25	132.72	25	133.78	25	134.85	25	135.61	25	134.58	
	1990	5		5	127.60	5	132.38	5	128.95	5	129.45	5	132.12	5	132.33	5	132.53	5	134.36	5	134.74	5	135.74	5	133.84	131.99
		15	126.98	15		15	132.38	15	129.01	15	129.51	15	131.50	15	132.38	15	132.47	15	134.72	15	134.48	15	135.41	15	133.55	
		25		25		25		25		25		25		25		25		25		25		25		25		
	1991	5	133.26	5	132.73	5	132.38	5	131.89	5	131.60	5	130.96	5	131.39	5	132.34	5	133.32	5	132.42	5	132.26	5	131.98	132.18
		15	133.18	15	132.43	15	132.26	15	131.84	15	131.52	15	130.61	15	132.06	15	132.39	15	133.63	15	132.36	15	132.15	15	131.91	
		25	133.11	25	132.51	25	132.00	25	131.79	25	131.29	25	130.55	25	132.13	25	132.46	25	133.71	25	132.31	25	132.11	25	131.75	
	1992	5	132.11	5		5		5		5		5		5		5		5		5		5		5		135.63
		15		15	137.87	15	138.16	15	138.78	15	138.00	15	138.67	15	138.13	15	137.89	15	138.00	15	132.53	15	129.13	15	128.31	
	1993	15		15	136.22	15	136.40	15		15		15		15		15		15		15		15		15		133.20
S14	1989	5	94.72	5	96.01	5	96.53	5	96.43	5	96.55	5	96.41	5	96.54	5	94.19	5	94.97	5	94.66	5	93.17	5	95.07	95.56
		15	94.64	15		15	96.40	15	96.14	15	96.44	15	96.25	15	96.62	15	96.56	15	94.71	15	94.09	15	93.22	15	94.94	
		25		25	95.64	25	98.36	25	93.85	25	96.05	25	96.42	25	96.42	25	96.35	25	94.84	25	94.36	25	95.28	25	94.30	
	1990	5		5	94.41	5	93.23	5	90.93	5	92.22	5	94.04	5	92.70	5	91.66	5	93.23	5	91.30	5	91.45	5	91.62	92.44
		15		15	94.13	15	92.25	15	90.34	15	92.50	15	96.20	15	92.97	15	91.97	15	92.67	15	90.99	15	91.62	15	91.46	
		25		25	91.89	25	91.71	25	90.99	25	92.65	25	94.09	25	94.26	25	92.01	25	90.61	25	91.17	25	91.65	25	91.19	

续表

点号	年份	日	1月水位	日	2月水位	日	3月水位	日	4月水位	日	5月水位	日	6月水位	日	7月水位	日	8月水位	日	9月水位	日	10月水位	日	11月水位	日	12月水位	年平均
S14	1991	5	91.35	5	91.56	5	91.56	5	92.33	5	96.06	5	95.69	5	96.46	5	97.78	5	98.29	5	97.66	5	96.56	5	95.90	95.27
		15	91.39	15		15	91.63	15	92.77	15	96.01	15	95.72	15	97.94	15	98.06	15	98.48	15	97.98	15	95.44	15	95.82	
		25	91.51	25	91.50	25	91.74	25	93.64	25	95.76	25	93.69	25	98.07	25	98.00	25	98.44	25	97.94	25	96.08	25	95.64	
	1992	5	93.29	5	94.72	5	95.46	5	95.69	5		5		5		5	97.42	5	96.54	5	96.70	5	96.56	5	96.87	95.81
		15	94.46	15	94.77	15	⟨100.10⟩	15	⟨100.16⟩	15	95.12	15		15	95.62	15		15		15		15	96.49	15	97.46	
		25	94.41	25	95.01	25	95.61	25	95.77	25		25		25		25	97.94	25		25	96.62	25	96.85	25	96.45	
	1993	5	96.12	5	96.80	5	96.58	5	94.29	5		5	99.55	5	99.82	5		5	96.79	5	97.05	5		5		96.93
		25	96.03	25	97.11	25	96.44	25		25		25		25		25		25	97.85	25		25		25		
	1994	15	96.33	15		15	99.73	15	99.50	15	99.90	15	97.83	15	95.55	15	96.76	15	97.72	15	96.25	15	94.84	15	94.65	97.19
	1995	15	98.32	15	99.45	15	99.66	15	95.85	15	95.50	15	96.15	15	95.51	15	90.87	15	92.52	15	92.45	15	92.14	15	92.56	95.08
	1996	5	98.10	5	104.45	5	107.14	5	108.18	5	105.25	5	108.65	5	108.45	5	106.98	5	108.45	5	108.04	5	107.76	5	107.50	106.58
	1997	5	103.11	5	104.61	5	106.25	5	108.80	5	101.21	5	108.26	5	107.67	5	104.63	5	104.94	5	104.78	5	104.45	5	104.90	105.30
	1998	5	104.20	5	104.55	5	104.70	5	106.50	5	106.80	5	107.20	5	105.50	5	105.20	5		5	103.32	5	104.05	5	103.71	105.07
	1999	15	104.30	15	104.35	15	104.38	15	104.72	15	104.36	15	105.20	15	104.25	15	106.80	15	107.63	15	107.35	15	106.65	15	105.85	105.49
	2000	15	105.30	15	106.03	15	106.25	15	106.98	15	106.65	15	107.88	15	105.38	15	103.75	15	103.95	15	103.25	15	101.90	15	101.69	104.92
S16	1989	5	50.61	5	50.44	5	50.44	5	50.43	5	50.71	5	51.30	5	52.28	5	52.30	5	52.29	5	51.94	5	51.47	5	51.67	51.40
		15	50.44	15		15	50.48	15	50.68	15	50.80	15	51.92	15	52.41	15	52.33	15	52.31	15	51.84	15	51.50	15	51.49	
		25		25	50.47	25	50.62	25	50.74	25	50.84	25	52.06	25	52.51	25	52.26	25	51.26	25	51.53	25	51.64	25	51.53	
	1990	5	51.54	5	51.63	5	51.73	5	51.86	5	52.24	5	52.82	5	53.55	5	53.99	5	54.16	5	54.09	5	54.46	5	54.48	53.14
		15	51.49	15	50.97	15	51.84	15	51.94	15	52.20	15	53.09	15	53.84	15	54.09	15	54.24	15	54.14	15	54.39	15	54.46	
		25		25	51.76	25	51.79	25	52.01	25	52.27	25	53.38	25	53.96	25	54.14	25	54.19	25	54.37	25	54.44	25	54.42	
	1991	5	54.47	5	54.63	5	54.47	5	54.79	5	54.99	5	55.34	5	55.82	5	56.50	5	56.66	5	56.37	5	56.11	5	56.73	55.61
		15	54.44	15	54.59	15	54.55	15	54.96	15	55.13	15	55.39	15	56.13	15	56.58	15	56.81	15	56.29	15	56.05	15	56.49	
		25	54.40	25	54.50	25	54.62	25	54.92	25	55.21	25	55.41	25	56.39	25	56.64	25	56.79	25	56.26	25	55.93	25	56.51	

续表

点号	年份	1月 日	1月 水位	2月 日	2月 水位	3月 日	3月 水位	4月 日	4月 水位	5月 日	5月 水位	6月 日	6月 水位	7月 日	7月 水位	8月 日	8月 水位	9月 日	9月 水位	10月 日	10月 水位	11月 日	11月 水位	12月 日	12月 水位	年平均
S16	1992	5	56.55	5	56.83	5	57.23	5	57.73	5	58.66	5	58.94	5	59.21	5	59.44	5	59.61	5	59.63	5	59.57	5	59.50	58.66
		15	56.56	15	57.02	15	57.39	15	58.02	15	58.72	15	59.03	15	59.28	15	59.51	15	59.67	15	59.59	15	59.50	15	59.59	
		25	56.64	25	57.19	25	57.44	25	58.44	25	58.86	25	59.09	25	59.33	25	59.65	25	59.67	25	59.64	25	59.46	25	59.66	
	1993	5	59.43	5	59.72	5	60.29	5	60.84	5	61.19	5	61.44	5	62.02	5	62.24	5	62.79	5	62.91	5	63.06	5	63.58	61.69
		15	59.39	15	59.95	15	60.35	15	60.91	15	61.12	15	61.50	15	62.06	15	62.39	15	62.83	15	63.08	15	63.29	15	63.41	
		25	59.33	25	60.20	25	60.44	25	60.96	25	61.17	25	61.58	25	62.00	25	62.56	25	62.87	25	63.02	25	63.47	25	63.48	
	1994	5	64.19	5	64.00	5	64.24	5	64.24	5	63.64	5	64.42	5	64.70	5	65.24	5	66.00	5	66.40	5	65.08	5	65.40	64.86
		15	63.98	15	64.07	15	64.40	15	64.20	15	63.82	15	64.58	15	64.72	15	65.60	15	66.14	15	66.24	15	65.82	15	65.32	
		25	64.14	25	64.17	25	64.46	25	63.47	25	64.14	25	64.63	25		25	65.67	25	66.28	25	66.04	25	65.64	25		
	1995	5	64.52	5	65.49	5	65.43	5	66.38	5	66.76	5	67.15	5	67.74	5	69.28	5	68.75	5	68.80	5	68.72	5	68.60	67.02
		15	65.40	15	65.22	15	66.02	15	66.50	15	66.90	15	67.25	15	68.32	15	68.43	15	68.81	15	68.84	15		15		
		25	65.75	25	65.70	25	64.12	25	66.23	25	66.94	25	67.52	25	69.20	25	66.69	25		25	68.82	25		25	64.45	
	1996	5	68.52	5	67.50	5	67.92	5		5		5		5		5		5		5		5		5		67.76
		15	67.51	15	67.34	15		15		15		15		15		15		15		15		15		15		
		25		25		25		25		25		25		25		25		25		25		25		25		
	1997	5		5		5		5	59.79	5	59.30	5	59.17	5	60.42	5	60.60	5	60.52	5	64.21	5	64.58	5	64.20	61.63
		15		15		15		15	59.76	15	59.80	15	59.10	15	60.58	15	60.54	15	60.57	15	64.37	15	64.52	15	64.17	
		25		25		25		25		25		25	59.37	25	60.51	25	60.59	25	60.47	25	64.41	25	64.53	25	64.66	
	1998	5	65.73	5	65.69	5	65.47	5	65.79	5	65.58	5	65.37	5	65.12	5	65.01	5	65.31	5	65.47	5	65.37	5	65.52	65.46
		15	65.76	15	65.83	15	65.69	15	65.63	15	65.62	15	65.45	15	64.98	15	65.12	15	65.35	15	65.39	15	65.44	15	65.52	
		25		25	65.71	25	65.74	25	65.40	25	65.47	25	65.51	25	65.23	25	65.18	25	65.29	25	65.44	25	65.38	25	65.57	
	1999	5		5		5		5	64.35	5	64.39	5	64.42	5	65.14	5	65.23	5	65.53	5	64.55	5	64.97	5	64.59	64.84
		15		15		15		15	64.37	15	64.41	15	64.84	15	65.20	15	65.19	15	65.44	15	64.52	15	64.85	15	64.72	
		25		25		25		25	64.33	25	64.37	25	64.51	25	65.18	25	65.25	25	65.23	25	65.47	25	64.86	25		

续表

点号	年份	1月 日	1月 水位	2月 日	2月 水位	3月 日	3月 水位	4月 日	4月 水位	5月 日	5月 水位	6月 日	6月 水位	7月 日	7月 水位	8月 日	8月 水位	9月 日	9月 水位	10月 日	10月 水位	11月 日	11月 水位	12月 日	12月 水位	年平均
S16	2000	5	64.37	5	64.91	5	64.82	5	64.33	5	63.94	5	63.49	5	63.61	5	64.24	5	64.21	5	64.31	5	64.27	5	64.14	64.20
		15	64.52	15	65.01	15	64.73	15	64.04	15	63.71	15	63.45	15	63.84	15	64.37	15	64.28	15	64.33	15	64.19	15	64.09	
		25	64.83	25	64.72	25	64.23	25	63.90	25	63.70	25	63.60	25	63.93	25	64.19	25	64.37	25	64.23	25	64.22	25	63.98	
S18	1989	5	80.59	5	80.81	5	80.89	5	80.87	5	81.72	5	82.23	5	82.79	5	83.88	5	81.72	5	82.79	5	83.91	5	84.56	82.47
		15	81.27	15	81.15	15	81.58	15	81.61	15	82.10	15	83.31	15	83.13	15	83.66	15	81.89	15	82.93	15	83.38	15	84.29	
		25		25		25	81.28	25	81.64	25	82.51	25	83.33	25	83.27	25	82.66	25	81.42	25	82.81	25	83.86	25	84.03	
	1990	5	84.11	5	84.23	5	84.82	5	85.38	5	85.41	5	86.09	5	85.89	5	86.63	5	87.74	5	86.85	5	88.84	5	88.24	86.30
		15	84.17	15	84.64	15	84.81	15	85.25	15	85.73	15	86.03	15	86.45	15	86.82	15	87.87	15	86.44	15	88.68	15	88.09	
		25		25	84.21	25	85.08	25	85.30	25	85.89	25	86.21	25	87.16	25	86.65	25	87.67	25	86.77	25	88.41	25	87.90	
	1991	5		5		5		5		5	88.76	5	89.04	5	90.20	5	91.07	5	91.32	5	91.54	5	91.59	5	87.24	90.32
		15		15		15		15		15	88.82	15	89.29	15	90.77	15	91.10	15	91.26	15	91.51	15	91.46	15	89.33	
		25		25		25		25		25		25	89.37	25	90.99	25	91.19	25	90.88	25	91.56	25	91.48	25	89.07	
	1992	5	89.18	5	89.06	5	88.88	5	88.99	5	88.38	5	88.24	5	88.51	5	88.33	5	88.64	5	88.83	5	88.54	5	88.47	88.70
		15	89.25	15	88.98	15	(97.46)	15	88.90	15	88.29	15	88.37	15	88.63	15	88.55	15	88.80	15	88.67	15	88.62	15		
		25	89.21	25	88.82	25		25		25		25	88.55	25		25		25		25		25		25	88.51	
	1993	5	88.54	5	88.72	5	89.06	5		5		5		5		5		5		5		5		5		89.81
		15	88.49	15	88.87	15	95.17	15		15		15		15		15		15		15		15		15		
		25		25		25		25		25		25		25		25		25		25		25		25		
S19	1989	5	65.92	5	66.24	5	65.85	5	66.20	5	64.08	5	67.68	5	67.70	5	67.97	5	67.84	5	66.83	5	66.27	5	64.52	66.25
		15	65.89	15		15	65.56	15	66.33	15	65.02	15	67.85	15	67.81	15	68.20	15	67.52	15	66.92	15	64.65	15	65.44	
		25	66.13	25	66.43	25	65.63	25	64.61	25	65.70	25	59.67	25	61.32	25	62.20	25		25		25	64.58	25		
	1990	5	62.35	5	60.57	5	60.64	5	60.69	5	59.56	5	59.67	5	61.32	5	69.30	5	68.84	5	69.54	5	70.55	5	70.45	64.39
		15	61.70	15	60.09	15	60.61	15	60.19	15	59.61	15	60.32	15	62.12	15	69.38	15	69.46	15	70.12	15	70.49	15	70.41	
		25	61.29	25	60.44	25	61.22	25	59.68	25	59.70	25	60.78	25		25		25	69.21	25	70.26	25	70.63	25	70.32	

续表

点号	年份	1月		2月		3月		4月		5月		6月		7月		8月		9月		10月		11月		12月		年平均
		日	水位	日	水位	日	水位	日	水位	日	水位	日	水位	日	水位	日	水位	日	水位	日	水位	日	水位	日	水位	
S19	1991	5	70.66	5	70.39	5	70.42	5	71.09	5	71.46	5	71.61	5	73.06	5	73.21	5	72.57	5	73.10	5	72.85	5	69.70	71.60
		15	70.58	15	70.27	15	70.56	15	71.13	15	71.33	15	71.85	15		15		15	72.41	15	72.93	15		15	70.16	
		25	70.54	25	70.23	25	70.63	25	71.29	25	71.54	25	72.64	25	73.64	25	72.63	25	72.39	25		25	72.79	25		
	1992	5	73.14	5		5	73.29	5	73.59	5	73.79	5	73.99	5	74.79	5	75.52	5	75.89	5	76.24	5	76.14	5	76.21	74.68
		15		15	73.19	15	〈79.13〉	15	73.72	15	73.82	15	〈78.95〉	15	75.14	15	75.71	15	76.07	15	76.17	15	76.09	15	76.17	
		25	73.20	25	73.10	25	73.33	25	〈79.50〉	25	〈78.83〉	25	74.10	25	〈80.75〉	25	〈81.04〉	25	〈81.25〉	25	〈81.06〉	25	〈81.00〉	25	〈81.27〉	
	1993	5	74.27	5	〈79.01〉	5	73.50	5		5		5		5		5		5		5		5		5		72.93
		15	〈79.84〉	15	〈77.84〉	15	〈77.89〉	15	72.70	15	73.33	15	73.30	15	73.53	15	72.72	15	73.10	15	71.71	15	71.48	15	71.35	
		25	〈79.33〉	25	73.70	25	73.46	25		25		25		25		25		25		25		25		25		
	1994	15	71.54	15	71.66	15	71.28	15	71.56	15	72.32	15	74.77	15	74.90	15	76.38	15	73.42	15	74.81	15	74.64	15	74.54	73.49
	1995	15	72.33	15	72.27	15	73.40	15	73.54	15	72.73	15	73.16	15	73.22	15	75.02	15	74.78	15	73.33	15	73.39	15	73.10	73.36
	1996	15	76.37	15		15	76.48	15	76.88	15		15	77.50	15		15	73.18	15		15	77.54	15		15		76.81
		25	76.20	25	78.33	25	76.94	25		25	76.74	25		25	77.84	25		25	77.56	25		25	77.54	25	76.21	
	1997	5	75.07	5	78.94	5		5	72.60	5	71.18	5	72.10	5	72.67	5	73.18	5	74.50	5	72.14	5	71.17	5	71.54	73.19
	1998	5	70.98	5	72.34	5	70.78	5	69.65	5	69.58	5	69.32	5	63.71	5	62.88	5	63.27	5	65.61	5	64.57	5	67.16	67.49
	1999	15	64.44	15	69.61	15	70.52	15	64.20	15	69.31	15	69.31	15	69.68	15	69.74	15	69.97	15	70.43	15	70.12	15	69.98	68.94
	2000	15	70.50	15	68.83	15	69.67	15	70.86	15	70.86	15	70.38	15	70.39	15	69.50	15	69.60	15	67.78	15	65.68	15	67.42	69.29
S20	1989	5	66.80	5	69.10	5	69.33	5	70.02	5	69.52	5	70.09	5	68.84	5	65.63	5	59.94	5	69.44	5	70.47	5	70.85	68.55
		15	65.40	15		15	69.28	15	69.21	15	69.73	15	69.98	15	66.81	15	65.49	15	66.25	15	68.80	15	70.50	15	70.90	
		25	65.07	25	69.60	25	69.30	25	69.98	25	69.80	25	71.16	25	66.00	25	65.03	25	70.16	25	69.67	25	70.45	25	70.56	
	1990	5	70.51	5	68.81	5	69.37	5	68.32	5	68.20	5	68.93	5	69.93	5	72.37	5	72.65	5	72.79	5	73.49	5	74.29	70.85
		15	70.13	15	68.37	15	68.81	15	68.09	15	68.26	15	69.18	15	70.45	15	72.65	15	72.79	15	72.91	15	73.73	15	74.22	
		25		25	68.83	25	68.57	25	68.13	25	68.65	25	69.15	25	71.21	25	72.57	25	72.74	25	72.87	25	73.77	25	73.98	

续表

点号	年份	1月 日	1月 水位	2月 日	2月 水位	3月 日	3月 水位	4月 日	4月 水位	5月 日	5月 水位	6月 日	6月 水位	7月 日	7月 水位	8月 日	8月 水位	9月 日	9月 水位	10月 日	10月 水位	11月 日	11月 水位	12月 日	12月 水位	年平均
S20	1991	5	73.65	5	73.50	5	73.40	5	73.33	5	73.29	5	73.34	5	73.88	5	76.68	5	75.31	5	76.19	5	75.87	5	75.53	74.58
		15	73.52	15	73.46	15	73.56	15	73.22	15	73.30	15	73.35	15	75.46	15	76.55	15	75.28	15	76.17	15	75.91	15	75.46	
		25	73.56	25	73.33	25	73.65	25	73.28	25	73.28	25	73.41	25	76.53	25	76.31	25	75.24	25	76.03	25	75.84	25	75.24	
	1992	5	75.75	5	76.79	5	76.44	5	76.81	5	77.24	5	77.12	5	76.92	5	79.29	5	78.61	5	78.53	5	77.77	5	76.94	77.34
		15	75.75	15	76.86	15	76.39	15	77.19	15	76.91	15	77.16	15	77.05	15	78.11	15	78.75	15	78.26	15	77.52	15	76.79	
		25	76.43	25	76.94	25	(87.09)	25	77.64	25	77.19	25	77.09	25	77.11	25	78.53	25	78.71	25	78.19	25	77.48	25	76.66	
	1993	5	72.52	5	72.23	5	71.79									15	80.22									72.89
		15	72.48	15	72.05	15	71.71											15				15		15		
		25	72.41	25	71.84	25	71.66											25				25		25		
S22	1989	5	106.00	5	107.47	5	106.26	5	109.88	5	110.43	5	111.62	5	113.93	5	114.09	5	114.62	5	113.48	5	113.02	5	113.24	111.57
		15	105.72	15	106.86	15	107.65	15	110.23	15	110.50	15	112.48	15	113.77	15	114.35	15	113.62	15	112.87	15	113.40	15	113.29	
		25		25		25	110.35	25	110.32	25	110.53	25	112.77	25	113.84	25	114.27	25	113.77	25	112.52	25	113.27	25	113.07	
	1990	5	113.15	5	113.14	5	113.39	5	112.36	5	113.05	5	114.78	5	117.16	5	117.68	5	117.81	5	118.89	5	118.52	5	118.61	115.92
		15	113.10	15	113.29	15	113.04	15	112.78	15	112.97	15	115.88	15	117.33	15	117.61	15	118.33	15	118.82	15	118.74	15	118.47	
		25		25	113.26	25	112.91	25	112.75	25	113.12	25	116.50	25	117.70	25	117.65	25	118.67	25	118.67	25	118.79	25	118.26	
	1991	5	118.22	5	118.10	5	118.33	5	118.59	5	120.28	5	120.81	5	120.64	5	120.87	5	118.91	5	118.24	5	117.65	5	117.71	118.94
		15	118.19	15	118.07	15	118.27	15	118.83	15	120.39	15	120.98	15	120.82	15	120.14	15	118.33	15	117.82	15	117.53	15	117.50	
		25	118.14	25	118.01	25	118.34	25	119.19	25	120.65	25	121.07	25	121.25	25	119.72	25	118.15	25	117.68	25	117.47	25	116.88	
	1992	5	117.26	5	117.81	5	118.17	5	118.45	5	118.95	5	119.17	5	119.27	5	119.56	5	119.73	5	119.71	5	119.58	5	119.71	119.00
		15	117.42	15	118.02	15	118.39	15	118.48	15	119.00	15	119.23	15	119.35	15	119.62	15	119.58	15	119.67	15	119.63	15	119.68	
		25	117.49	25	117.98	25	118.45	25	118.56	25	119.15	25	119.22	25	119.39	25	119.67	25	119.67	25	119.65	25	119.66	25	119.59	
	1993	5	119.55	5	119.45	5	119.18									5	115.10									118.92
		15	119.60	15	119.37	15	119.14	15		15		15		15		15		15		15		15		15		
		25	119.57	25	119.14	25	119.07	25		25		25		25		25		25		25		25		25		

第一章 西安市

续表

点号	年份	1月			2月			3月			4月			5月			6月			7月			8月			9月			10月			11月			12月			年平均
		日	水位		日	水位		日	水位		日	水位		日	水位		日	水位		日	水位		日	水位		日	水位		日	水位		日	水位		日	水位	
S23	1989	5	115.54		5	114.72		5	114.76		5	108.27		5	108.20		5			5			5			5	120.59		5	118.48		5			5			116.30
		15	116.47		15	114.78		15	114.76		15	109.94		15	120.25		15	120.96		15	123.33		15	121.76		15			15	121.14		15	120.59			
		25			25			25	114.60		25	110.51		25	107.92		25	108.60		25	109.51		25	112.93		25	111.91		25	110.00		25	109.07		25	108.80	
	1990	5	120.16		5	120.31		5	120.33		5	120.41		5	108.45		5	108.42		5	110.29		5	112.94		5	111.26		5	109.43		5	108.94		5	108.59	112.78
		15	120.09		15	120.27		15	120.38		15	120.45		15	108.64		15	108.66		15	112.92		15	112.88		15	110.74		15	108.91		15	108.94		15	108.38	
		25			25			25	120.43		25	107.14		25			25			25			25			25			25			25			25		
	1991	5	108.35		5	107.40		5			5	135.68		5	136.01		5	136.62		5	137.74		5	139.14		5	139.69		5	139.91		5	139.94		5	139.27	132.97
		15	107.74		15	107.36		15	135.55		15	135.75		15	136.19		15	136.75		15	138.47		15	139.15		15	139.85		15	139.88		15	139.99		15	139.79	
		25	107.59		25	107.35		25	135.49		25	135.74		25	136.40		25	136.83		25	139.09		25	139.21		25	140.08		25	139.99		25	140.06		25	139.73	
	1992	5	139.89		5	140.79		5	147.19		5	142.37		5	140.04		5	140.39		5	140.62		5	141.17		5	143.21		5	143.09		5	142.91		5	137.72	141.47
		15	139.77		15	141.54		15	142.17		15	141.64		15	143.54		15	142.68		15	138.47		15			15			15			15			15			
		25	139.83		25	142.28		25			25			25			25			25			25			25			25			25			25			
	1993	15	137.59		15	137.76		15	138.48		15	141.64		15	143.54		15	142.68		15	136.54		15	133.08		15	142.07		15	143.66		15	146.00		15	146.48	140.79
	1994	15	148.30		15	147.08		15	148.38		15	150.73		15	149.20		15	149.32		15	151.40		15	149.42		15	153.50		15	152.18		15	151.00		15	150.68	150.10
	1995	15	152.44		15	152.48		15	143.23		15	154.47		15			15			15			15			15			15			15			15		150.66
S24	1989	5	109.27		5	110.99		5	111.15		5	109.30		5	109.43		5	108.58		5	107.97		5	108.38		5			5			5	116.97		5	116.46	110.57
		15	109.21		15			15	111.18		15	109.27		15	108.77		15	108.51		15	107.84		15	108.20		15			15			15	114.41		15	116.42	
		25			25	111.13		25	111.25		25	109.42		25	109.15		25	109.32		25	108.09		25	108.37		25	120.31		25	120.49		25	120.85		25	116.40	
	1990	5	116.35		5	116.83		5	116.98		5	117.23		5	117.96		5	117.52		5	118.16		5	118.94		5	120.53		5	120.54		5	120.89		5	120.88	118.70
		15	116.37		15	116.94		15	117.01		15	117.18		15	118.24		15	117.76		15	118.42		15	118.91		15	120.61		15	120.39		15	120.94		15	120.80	
		25			25	116.89		25	117.12		25	117.26		25	118.28		25	118.04		25	118.48		25	119.56		25			25			25			25	120.74	
	1991	5	120.81		5	121.34		5	122.71		5			5			5			5			5	124.84		5	125.47		5	125.43		5	125.64		5	125.81	124.21
		15	120.99		15	121.59		15	122.89		15			15			15			15			15	125.13		15	125.72		15	125.51		15	125.66		15	125.74	
		25	121.11		25	122.45		25			25			25			25			25			25	125.09		25	125.84		25	125.59		25	125.71		25	125.77	

续表

点号	年份	1月 日	1月 水位	2月 日	2月 水位	3月 日	3月 水位	4月 日	4月 水位	5月 日	5月 水位	6月 日	6月 水位	7月 日	7月 水位	8月 日	8月 水位	9月 日	9月 水位	10月 日	10月 水位	11月 日	11月 水位	12月 日	12月 水位	年平均
S24	1992	5	125.82	5	126.14	5	126.88	5	127.27	5	127.63	5	127.93	5	128.19	5	128.79	5	129.45	5	129.59	5	129.57	5	129.61	128.19
		15	125.78	15	126.63	15	126.95	15	127.49	15	127.79	15	128.05	15	128.27	15	129.07	15	129.54	15	129.60	15	129.55	15	129.69	
		25	125.86	25	127.00	25	127.08	25	127.54	25	127.85	25	128.11	25	128.36	25	129.34	25	129.63	25	129.55	25	129.54	25	129.66	
	1993	5	129.80	5	129.94	5	130.47	5	130.45	5	131.34	5	131.52	5	130.96	5	132.50	5	132.28	5	132.30	5	132.50	5	132.46	131.51
		15	129.78	15	130.21	15	130.71	15	130.72	15	131.40	15	131.64	15	131.67	15	132.41	15	132.28	15	132.16	15	132.53	15	132.43	
		25	129.72	25		25	130.89	25	130.98	25	131.30	25	131.38	25	132.40	25	132.30	25	干	25	132.12	25	132.66	25	132.40	
	1994	5	132.31	5	132.34	5	132.28	5	132.22	5	132.20	5	132.06	5	132.00	5	132.04	5	干	5		5		5		132.22
		15	132.46	15	132.38	15	132.30	15	132.22	15	132.22	15	132.00	15	132.02	15	132.06	15	干	15		15		15		
		25	132.44	25	132.36	25	132.24	25	132.26	25	132.64	25	132.08	25	132.00	25	132.04	25		25		25		25		
S26	1989	5	85.96	5	86.71	5	87.33	5	85.68	5	85.30	5	85.55	5	85.20	5	86.29	5	86.70	5	86.52	5	87.32	5	84.69	86.16
		15	86.28	15		15	87.48	15		15	83.86	15		15	85.93	15	86.67	15	86.87	15		15		15	85.28	
		25	86.65	25	86.65	25	87.30	25	85.11	25		25	85.33	25	88.28	25	86.49	25	86.14	25	86.03	25	87.10	25		
	1990	5	85.52	5	86.99	5	86.97	5	87.49	5	87.30	5	87.69	5		5	86.14	5		5	87.02	5	87.30	5	87.55	87.07
		15	85.58	15	86.76	15	87.48	15	87.19	15	87.45	15	88.03	15	88.63	15	86.20	15	86.60	15	86.77	15	87.47	15	87.02	
		25		25	87.42	25	87.87	25		25		25		25		25		25		25		25		25		
	1991	5	87.07	5	87.47	5	88.02	5	87.98	5		5		5		5	87.68	5	86.34	5	85.52	5	85.40	5	84.32	87.62
		15	87.46	15		15		15		15		15		15		15	87.52	15		15		15		15		
		25		25		25		25		25		25		25		25		25		25		25		25		
	2000	5		5		5		5	91.04	5	90.60	5	92.41	5	89.85	5		5		5		5		5		88.11
		15		15		15		15		15		15		15		15		15		15		15		15		
		25		25		25		25		25		25		25		25		25		25		25		25		
S28	1990	5	39.45	5	39.26	5	40.08	5	41.25	5	41.66	5	43.61	5	42.48	5	44.42	5	44.62	5	44.22	5	42.92	5	44.02	42.44
		15	40.42	15	39.42	15	39.42	15	41.09	15	40.82	15	43.22	15	43.72	15	43.22	15	43.90	15	44.63	15	44.00	15	42.93	
		25	39.48	25	39.96	25	39.88	25	41.38	25	44.20	25	43.91	25	43.66	25	44.65	25	44.48	25	44.68	25	43.23	25	43.44	
	1991	5	40.65	5		5		5		5	46.35	5	46.55	5	48.84	5	48.27	5	48.40	5	48.20	5	48.24	5	47.08	45.77
		15	40.85	15		15		15		15		15		15		15		15		15		15		15		
		25	40.02	25		25		25		25		25		25		25		25		25		25		25		

续表

点号	年份	1月 日	1月 水位	2月 日	2月 水位	3月 日	3月 水位	4月 日	4月 水位	5月 日	5月 水位	6月 日	6月 水位	7月 日	7月 水位	8月 日	8月 水位	9月 日	9月 水位	10月 日	10月 水位	11月 日	11月 水位	12月 日	12月 水位	年平均
S28	1992	15	46.34	15	46.30	15	46.80	15	49.43	15	49.26	15	50.03	15	50.50	15	51.12	15	50.97	15	49.40	15	49.68	15	49.77	49.13
	1993	5	49.80	5	49.53	5	49.38	5	49.58	5		5	53.42	5		5	50.87	5		5	53.44	5		5	53.20	51.15
	1994	15		15	53.29	15		15	53.75	15		15	55.20	15	63.90	15	53.96	15		15	53.88	15		15	56.71	54.47
	1995	5	58.06	5	58.46	5	56.63	5	56.57	5	57.66	5	61.70	5	63.90	5	63.34	5	63.89	5	63.20	5	62.55	5	56.71	60.42
	1996	5	59.10	5	60.67	5	56.77	5	63.13	5	64.07	5	65.98	5	66.14	5	57.85	5	62.45	5	62.64	5	62.20	5	57.81	61.48
	1997	5		5	61.75	5		5	59.37	5	59.08	5	59.44	5	59.51	5	63.49	5	65.48	5	65.50	5	61.90	5	63.66	61.66
	1998	5	61.23	5	61.40	5	61.36	5	68.50	15	61.61	5	59.64	15	66.26	5	71.10	5	70.06	5	64.40	5		5	67.00	64.78
	1999	15	66.40	15		15	67.32	15	69.35	15	69.55	15	62.50	15	67.65	15	72.92	15	71.98	15	59.82	15	69.93	15	69.10	67.11
	2000	15		15		15	68.19	15		15		15		15		15	69.96	15		15	69.05	15		15	67.12	68.53
S29	1990	5	46.52	5	46.85	5	47.51	5	47.80	5	49.25	5	50.41	5	49.61	5	50.62	5	49.21	5	48.70	5	50.17	5	50.14	49.13
		15	46.23	15	47.11	15	47.14	15	49.13	15	49.62	15	50.83	15	50.80	15	51.24	15	49.07	15	49.21	15	49.85	15	49.73	
		25	46.09	25	47.34	25	47.90	25	48.84	25	49.82	25	50.86	25	51.93	25	49.99	25	49.87	25	48.77	25	50.12	25	50.55	
	1991	5	49.22	5	48.80	5	48.10	5	48.92	5	50.16	5	50.53	5	52.96	5	54.36	5	54.53	5	53.66	5	52.87	5	52.84	51.52
		15	49.63	15	48.40	15	48.00	15	48.70	15	50.23	15	50.68	15	54.03	15	54.29	15	54.68	15	54.29	15	53.12	15	52.78	
		25	49.61	25	48.28	25	48.40	25	48.70	25	50.31	25	50.81	25	54.41	25	54.32	25	54.71	25	53.76	25	52.90	25	52.83	
	1992	5	52.90	5	53.56	5	54.96	5	55.32	5	55.59	5	55.75	5	56.19	5	56.93	5	55.62	5	54.78	5	54.53	5	54.19	55.07
		15	52.94	15	54.32	15	55.11	15	55.44	15	55.71	15	55.83	15	56.57	15	57.11	15	55.07	15	54.71	15	54.49	15	53.73	
		25	53.01	25	54.67	25	55.19	25	55.44	25	55.74	25	55.77	25	56.69	25	57.34	25	54.80	25	54.59	25	54.40	25	53.56	
	1993	5	52.88	5	53.17	5	54.03	5	53.57	5	54.99	5	55.06	5	55.16	5	56.16	5	54.76	5	56.76	5	56.96	5	56.58	55.29
		15	52.82	15	53.68	15	54.11	15	54.43	15	55.08	15	55.47	15	55.20	15	56.08	15	56.15	15	57.47	15	56.82	15	56.79	
		25	52.70	25	53.95	25	54.17	25	54.48	25	55.28	25	55.58	25	55.60	25	55.96	25	57.27	25	57.79	25	56.61	25	56.87	
	1994	5	56.95	5	55.35	5	55.68	5	56.33	5	56.28	5	57.25	5	56.66	5	58.52	5	57.94	5	56.95	5	56.36	5	56.85	56.75
		15	56.55	15	55.64	15	56.22	15	56.26	15	56.54	15	57.06	15	57.02	15	57.98	15	57.88	15	57.25	15	56.62	15	56.72	
		25	55.95	25	54.88	25	56.00	25	56.15	25	56.96	25	56.99	25	57.42	25	57.85	25	57.48	25	57.49	25	56.20	25		

点号	年份	1月		2月		3月		4月		5月		6月		7月		8月		9月		10月		11月		12月		年平均
		日	水位	日	水位	日	水位	日	水位	日	水位	日	水位	日	水位	日	水位	日	水位	日	水位	日	水位	日	水位	
S29	1995	5	57.80	5	57.03	5	56.37	5	57.18	5	57.56	5	58.45	5	60.18	5	61.25	5	60.87	5	61.02	5	60.71	5	58.94	58.91
		15	57.92	15	56.25	15	56.09	15	57.30	15	57.65	15	58.58	15	60.29	15	62.21	15	60.98	15	61.08	15	59.75	15	59.25	
		25	58.35	25	56.38	25	56.55	25	57.41	25	57.69	25	58.65	25	60.38	25	61.90	25	61.00	25	59.90	25	59.01	25	58.84	
	1996	5	58.78	5	58.56	5	57.59	5	57.71	5	58.81	5	60.63	5	61.75	5	62.08	5	61.78	5	61.68	5	62.34	5	62.15	60.33
		15	58.57	15	58.38	15	57.30	15	57.63	15	59.15	15	60.35	15	61.65	15	61.99	15	61.34	15	62.04	15	62.09	15	62.06	
		25	58.45	25	57.66	25	57.48	25	57.75	25	61.08	25	61.05	25	61.80	25	62.25	25	61.98	25	62.20	25	61.92	25	61.95	
	1997	5	61.50	5	61.28	5	60.65	5	61.62	5	62.16	5	62.80	5	62.27	5	63.75	5	62.47	5	62.55	5	62.65	5	64.11	62.36
		15	61.54	15	60.88	15	61.08	15	62.55	15	62.28	15	62.20	15	62.43	15	63.87	15	62.56	15	61.77	15	62.08	15	64.10	
		25	61.42	25	59.86	25	62.09	25	62.44	25	62.48	25	62.92	25	63.15	25	63.93	25	63.25	25	62.58	25	61.60	25	64.00	
	1998	5	63.00	5	62.46	5	62.75	5	62.83	5	62.72	5	62.97	5	63.92	5	63.07	5	61.05	5	61.54	5	59.18	5	57.81	61.77
		15	63.17	15	61.60	15	62.62	15	63.51	15	62.78	15	64.44	15	63.55	15	63.12	15	59.74	15	60.50	15	58.48	15	57.45	
		25	62.66	25	61.75	25	62.68	25	62.96	25	62.85	25	63.73	25	62.71	25	63.16	25	60.46	25	60.10	25	58.87	25	57.35	
	1999	5	56.67	5	56.93	5	56.55	5	56.63	5	56.57	5	59.22	5	60.10	5	62.70	5	60.98	5	62.07	5	62.95	5	60.44	59.69
		15	57.21	15	56.55	15	57.52	15	57.12	15	57.65	15	60.00	15	60.65	15	61.78	15	63.68	15	61.97	15	62.83	15	60.25	
		25	57.12	25	56.17	25	57.64	25	57.02	25	60.00	25	59.84	25	61.52	25	63.05	25	64.61	25	61.91	25	61.24	25	59.79	
	2000	5	59.73	5	59.30	5	59.55	5	60.65	5	60.85	5	61.50	5	61.83	5	62.65	5	60.25	5	61.80	5	59.60	5	60.25	60.25
		15	59.70	15	59.08	15	59.25	15	60.48	15	61.45	15	61.84	15	63.15	15	60.24	15	62.25	15	59.84	15	59.25	15	59.79	
		25	59.82	25	59.15	25	60.36	25	60.80	25	61.75	25	61.90	25	63.30	25	59.67	25	60.58	25	59.78	25	58.12	25	57.40	
S30	1990	15	86.22	15	86.99	15	88.32	15	88.64	15	88.96	15	89.29	15	89.26	15	89.38	15	90.11	15		15	91.53	15	91.16	89.21
		25	84.98	25	87.82	25	88.46	25	88.80	25	89.18	25	89.37	25	90.54	25	89.89	25	90.70	25	94.67	25	91.49	25	91.52	
	1991	15	90.84	15	91.67	15	92.54	15	93.21	15	90.07	15	90.74	15	93.96	15	94.84	15	95.53	15	93.69	15	92.23	15	91.58	92.95
	1992	15	93.38	15	93.05	15	92.59	15	91.75	15	93.58	15	94.47	15	94.83	15	94.02	15	94.10	15		15	93.51	15	92.97	93.29
	1993	15		15		15		15		15		15	95.75	15		15	97.15	15		15		15	98.30	15	98.80	95.10

续表

点号	年份	1月 日	1月 水位	2月 日	2月 水位	3月 日	3月 水位	4月 日	4月 水位	5月 日	5月 水位	6月 日	6月 水位	7月 日	7月 水位	8月 日	8月 水位	9月 日	9月 水位	10月 日	10月 水位	11月 日	11月 水位	12月 日	12月 水位	年平均
S30	1994	15		15	98.89			15	99.55	15		15	100.54	15	101.87	15	101.58	15		15	101.06	15		15	99.71	100.22
	1995	15		15	101.68	15		15	101.70	15	101.40	15	103.35	15	103.10	15	105.60	15	104.80	15	104.83	15	104.60	15	104.00	103.38
	1996	5	104.22	5	104.04	5	104.40	5	105.00	5	104.37	5	105.36	5		5	105.80	5	106.40	5	106.38	5	103.87	5	106.06	104.92
	1997	5	104.58	5	105.91	5	105.68	5	106.25	5	107.30	5	109.27	5	109.20	5	109.81	5	109.75	5	108.86	5	108.63	5	107.77	107.75
	1998	5	107.50	5	107.90	5	103.10	5	108.48	5	107.60	5	108.20	5	107.08	5	108.43	5	108.91	5	108.89	5	108.74	5	113.84	108.22
	1999	15	108.70	15	110.28	15	109.59	15	109.63	15	109.36	15	111.00	15	108.14	15	108.62	15	110.39	15	109.59	15	110.09	15		109.58
	2000	15	113.99	15	113.58	15	113.66	15	110.41	15	110.69	15	110.96	15	111.41	15	112.04	15	112.29	15	112.17	15	112.32	15	111.08	112.05
S31	1990	5	113.39	5	113.29	5	113.58				113.61	5	113.97	5	113.99				114.77	5	116.03	5	116.16	5	116.31	114.69
		15	113.39	15	113.32	15	113.33	15		15		15	114.00	15	114.04	15	115.03	15	115.25	15	116.68	15	116.35	15	115.86	
		25	113.55	25	113.52	25	113.84	25		25		25	113.40	25		25	117.29	25	116.43	25	116.43	25	115.76	25	116.11	
	1991	5	115.48	5	116.13	5	116.69	5	116.13	5		5		5		5		5		5		5		5	116.73	116.28
		15	115.60	15	115.98	15	116.34	15	115.23	15		15		15		15	120.50	15		15	118.04	15		15		
		25	116.45	25	116.76	25	115.71	25	115.59	25		25		25		25		25		25		25		25		
	1992	15	116.73	15	116.98	15		15	117.69	15		15	119.93	15	119.98	15	121.00	15		15	119.57	15	122.41	15	120.23	118.81
		25		25		25		25		25		25		25		25		25		25		25		25		
	1993	15		15	120.79	15		15	119.85	15		15	126.65	15		15	128.35	15		15	129.01	15		15	120.67	120.78
	1994	15		15	123.95	15		15	126.53	15		15	134.09	15		15	133.74	15	133.99	15	130.28	15	127.13	15	122.77	126.21
	1995	15	133.32	15	125.77	15	131.53	15	132.63	15	133.32	15	134.39	15	133.94	15	133.60	15	134.73	15		15		15	131.21	131.60
	1996	5		5	133.58	5	134.22	5	137.35	5	136.39	5	137.47	5	134.21	5	135.52	5	139.38	5	132.62	5	134.83	5	134.93	134.69
	1997	5	135.11	5	135.10	5	〈137.13〉	5	136.11	5	137.04	5	136.27	5	137.67	5	135.13	5		5		5	138.73	5	137.21	136.54
	1998	15	138.28	15	138.37	15	136.95	15	137.05	15	138.50	15	136.27	15	135.23	15	135.13	15	135.92	15	135.96	15	135.97	15	136.79	136.70
	1999	15	136.35	15	137.26	15	137.53	15	138.15	15	139.59	15	137.98	15	138.99	15	139.21	15	138.42	15	138.13	15	138.80	15	138.24	138.22
	2000	15	138.97	15	139.17	15	139.00	15		15		15		15		15		15		15		15				139.05

点号	年份	1月 日	1月 水位	2月 日	2月 水位	3月 日	3月 水位	4月 日	4月 水位	5月 日	5月 水位	6月 日	6月 水位	7月 日	7月 水位	8月 日	8月 水位	9月 日	9月 水位	10月 日	10月 水位	11月 日	11月 水位	12月 日	12月 水位	年平均
S35	1990	5	55.90	5	55.54	5	55.68	5	57.25	5	56.86	5	57.30	5	58.70	5	60.30	5	58.40	5	55.80	5	59.97	5	57.60	57.63
		15	55.40	15	55.53	15	55.89	15	59.17	15	58.25	15	58.40	15	58.60	15	58.20	15	58.35	15	56.80	15	59.32	15	57.80	
		25	55.49	25	55.57	25	56.09	25	59.90	25	58.05	25	58.10	25	57.60	25	58.60	25	58.10	25	57.10	25	58.93	25	60.16	
	1991	5	57.90	5	57.80	5	56.80	5	57.30	5	58.35	5	59.72	5	63.77	5	63.21	5	63.39	5	61.54	5	63.09	5	62.86	59.47
		15	58.10	15	57.60	15	57.10	15	57.10	15	58.33	15	61.19	15	62.55	15	67.51									
		25	57.40	25	56.90	25	57.30	25	59.90	25	58.76	25	61.98													
	1992	15	60.48	15	62.14	15	62.86	15	63.04	15	62.10	15	62.37													63.75
	1993	15	65.49	15	66.84	15	70.37							15	72.61						65.58			64.86	68.83
S38	1990	5	99.55	5	100.73	5	102.14	5	102.80	5	103.26	5	103.75	5	103.22	5	104.16	5	103.99	5	103.88	5	103.68	5	103.98	103.13
		15	100.14	15	101.05	15	102.51	15	102.89	15	103.55	15	103.18	15	103.85	15	104.20	15	104.02	15	103.74	15	103.75	15	103.96	
		25		25	101.41	25	102.93	25	103.10	25	103.67	25	102.47	25	104.23	25	104.03	25	104.05	25	103.82	25	104.02	25	103.91	
	1991	5	104.13	5	104.03	5	104.02	5	104.26	5	105.25	5	105.22	5	105.84	5	106.59	5	107.91	5	106.23	5	106.36	5	105.27	105.49
		15	104.09	15	103.95	15	103.99	15	104.61	15	105.22	15	105.26	15	106.22	15	106.66	15	108.06	15	106.18	15	106.14	15	105.64	
		25	104.08	25	104.07	25	104.02	25	104.89	25	105.27	25	105.43	25	106.55	25	106.74	25	108.14	25	105.89	25	105.85	25	105.75	
	1992	5	106.51	5	108.42	5	109.51	5	110.02	5	110.83	5	111.61	5	112.14	5	112.82	5	114.03	5	115.30	5	114.47	5	113.66	111.91
		15	106.77	15	108.79	15	109.79	15	110.09	15	111.24	15	111.68	15	112.28	15	112.91	15	115.29	15	115.04	15	114.13	15	113.52	
		25		25	109.15	25	109.86	25	110.20	25	111.46	25	111.72	25	112.69	25	113.15	25	116.04	25	114.52	25	113.87	25	113.39	
	1993	5	113.27	5	113.09	5	112.67	5	111.57	5		5		5		5		5		5		5		5		112.92
		15	113.24	15	112.91	15	112.54	15	113.47	15		15		15		15		15		15		15		15		
		25	113.12	25	112.76	25	112.45	25	113.95	25		25		25		25		25		25		25		25		
	1994	5		5		5		5	120.68	5	121.48	5	122.89	5	124.10	5	126.14	5	127.38	5	125.05	5	124.64	5	123.94	124.05
		15		15		15		15	120.30	15	122.85	15	123.75	15	124.06	15	125.98	15	125.78	15	125.40	15	124.50	15	123.92	
		25		25		25	120.95	25	120.67	25	122.85	25	124.73	25	124.15	25	127.58	25	125.50	25	125.37	25	124.45	25	124.25	

续表

点号	年份	1月 日	1月 水位	2月 日	2月 水位	3月 日	3月 水位	4月 日	4月 水位	5月 日	5月 水位	6月 日	6月 水位	7月 日	7月 水位	8月 日	8月 水位	9月 日	9月 水位	10月 日	10月 水位	11月 日	11月 水位	12月 日	12月 水位	年平均
S38	1995	5	124.12	5	123.08	5	125.52	5	123.90	5	123.49	5	126.20	5	128.95	5	125.75	5	124.39	5	124.04	5	126.02	5	127.18	125.39
		10	124.05	10	123.45	10	125.45	10	124.06	10	123.57	10	126.24	10	128.58	10	125.21	10	124.26	10	125.07	10	126.01	10	127.35	
		15	123.86	15	123.32	15	124.55	15	123.98	15	123.95	15	127.44	15	127.98	15	124.98	15	123.69	15	125.26	15	126.40	15	126.85	
		20	123.82	20	124.55	20	124.42	20	123.62	20	124.72	20	128.15	20	127.97	20	124.82	20	123.69	20	125.80	20	126.96	20	127.31	
		25	124.28	25	125.02	25	124.12	25	124.05	25	124.92	25	128.25	25	127.20	25	124.68	25	124.00	25	126.05	25	127.33	25	127.33	
		30	123.88	30	125.36	30	124.06	30	123.70	30	125.38	30	128.60	30	126.60	30	124.13	30	124.82	30	125.86	30	126.68	30	127.95	
	1996	5	127.89	5		5		5		5		5		5		5		5		5		5		5		128.32
		10	128.62	10		10		10		10		10		10		10		10		10		10		10		
		15	128.13	15		15		15		15		15		15		15		15		15		15		15		
		20	128.26	20		20		20		20		20		20		20		20		20		20		20		
		25	128.71	25		25		25		25		25		25		25		25		25		25		25		
	1997	5		5		5	120.91	5	124.24	5	123.36	5	124.65	5	125.96	5	125.97	5	125.71	5	124.47	5	123.37	5	123.98	124.69
		10		10		10	120.99	10	124.00	10	123.63	10	124.80	10	126.13	10	126.10	10	126.31	10	124.06	10	123.46	10	124.01	
		15		15		15	120.99	15	124.06	15	123.29	15	125.10	15	126.26	15	125.16	15	126.29	15	123.59	15	123.55	15	124.16	
		20		20		20	121.16	20	123.87	20	123.26	20	125.27	20	126.50	20	125.26	20	126.50	20	123.20	20	123.55	20	124.28	
		25		25		25	121.53	25	123.75	25	124.01	25	125.36	25	126.56	25	125.02	25	126.65	25	123.16	25	123.66	25	124.46	
		30		30		30	121.88	30	123.42	30	124.16	30	125.53	30	126.60	30	125.53	30	126.87	30	122.91	30	123.89	30	124.49	
	1998	5	124.45	5	123.06	5	120.91	5	122.35	5	123.24	5	123.87	5	124.23	5	122.31	5	123.46	5	123.33	5	122.92	5	122.33	122.95
		10	124.19	10	122.80	10	120.99	10	122.53	10	123.36	10	124.53	10	123.65	10	122.31	10	123.40	10	123.25	10	122.92	10	122.14	
		15	123.85	15	122.55	15	120.99	15	122.92	15	123.36	15	124.55	15	123.66	15	122.65	15	123.57	15	123.10	15	122.75	15	121.90	
		20	123.30	20	122.16	20	121.16	20	123.22	20	123.48	20	124.67	20	121.03	20	123.08	20	123.56	20	123.09	20	122.71	20	121.86	
		25	123.23	25	121.73	25	121.53	25	123.86	25	123.46	25	124.63	25	122.16	25	123.27	25	123.49	25	123.13	25	122.53	25	121.65	
		30		30		30	121.88	30	123.52	30	123.53	30	124.69	30	122.36	30	123.42	30	123.81	30	123.00	30	122.37	30	121.70	

续表

点号	年份	日	1月 水位	日	2月 水位	日	3月 水位	日	4月 水位	日	5月 水位	日	6月 水位	日	7月 水位	日	8月 水位	日	9月 水位	日	10月 水位	日	11月 水位	日	12月 水位	年平均
---	---	---	---	---	---	---	---	---	---	---	---	---	---	---	---	---	---	---	---	---	---	---	---	---	---	120.53
S38	1999	5	121.62	5	121.16	5	120.82	5	120.82	5	120.85	5	120.83	5	120.76	5	120.71	5	120.70	5	120.76	5	117.97	5	118.16	
		10	121.62	10	121.12	10	120.80	10	120.82	10	120.86	10	121.01	10	120.76	10	120.67	10	120.87	10	120.95	10	117.94	10	118.21	
		15	121.57	15	120.95	15	120.89	15	120.81	15	120.83	15	120.89	15	120.72	15	120.73	15	120.79	15	120.96	15	118.00	15	118.20	
		20	121.49	20	120.86	20	120.89	20	120.76	20	120.85	20	120.76	20	120.80	20	120.70	20	120.76	20	121.21	20	118.01	20		
		25	121.46	25	120.69	25	120.83	25	120.83	25	120.81	25	120.76	25	120.76	25	120.70	25	120.76	25	121.16	25	118.08	25		
		30	121.32	30		30	120.86	30	120.77	30	120.76	30	120.70	30	120.70	30	120.66	30	120.75	30	121.28	30	118.10			
	2000	5	118.87	5	118.95	5	118.16	5	117.96	5	118.03	5	118.95	5	120.01	5	119.04	5	118.43	5	118.07	5	118.14	5	118.22	118.53
		10	118.87	10	119.10	10	118.10	10	117.78	10	118.19	10	118.93	10	119.95	10	118.67	10	118.25	10	118.22	10	118.08	10	118.30	
		15	118.80	15	119.16	15	118.02	15	117.84	15	118.35	15	119.00	15	119.96	15	118.76	15	118.26	15	118.11	15	118.01	15	118.26	
		20	118.75	20	119.05	20	118.06	20	117.81	20	118.35	20	119.01	20	119.82	20	118.65	20	118.10	20	118.30	20	118.06	20	118.27	
		25	118.82	25	118.97	25	117.93	25	117.80	25	118.40	25	119.05	25	119.55	25	118.56	25	118.06	25	118.26	25	118.19	25	118.34	
		30	118.88	30	119.18	30	117.97	30	117.69	30	118.87	30	119.45	30	119.30	30	118.39	30	117.93	30	118.09	30	118.16	30	118.38	
W1	1989	5	61.68	5		5	60.59	5	62.36	5	63.04	5	63.20	5	65.03	5	66.86	5	67.01	5	66.20	5	64.84	5	65.83	64.16
		15		15	60.38	15	63.78	15	62.79	15	63.27	15	63.24	15	66.50	15	67.06	15	66.90	15	65.91	15	64.52	15	66.08	
		25	62.24	25	60.49	25	64.60	25	64.33	25	64.50	25	66.02	25	66.48	25	66.68	25	66.56	25	65.85	25	65.22	25	65.12	
	1990	5	65.71	5	64.91	5	64.22	5	64.45	5	64.78	5	66.16	5	67.25	5	66.88	5	67.63	5	65.46	5	65.04	5	64.17	65.54
		15	65.22	15	65.71	15	62.98	15	63.98	15	64.67	15	65.04	15	66.63	15	66.45	15	66.59	15	65.19	15	64.81	15	64.67	
	1991	5	63.97	5	63.48	5	63.88	5	63.74	5	63.88	5	63.87	5	66.54	5	66.65	5	66.48	5	65.14	5	64.90	5	64.59	64.93
		15	63.78	15	62.84	15	63.88	15	64.88	15	64.87	15	64.08	15	66.78	15	66.36	15	66.54	15	65.08	15	64.74	15	64.47	
		25	65.17	25	65.32	25	65.42	25	64.88	25	66.59	25	65.88	25	68.48	25	69.70	25	69.24	25	67.75	25	66.36	25	67.05	
	1992	5	65.08	5	64.81	5	65.10	5	63.36	5	66.84	5	65.16	5	68.74	5	69.22	5	68.08	5	66.98	5	66.53	5	67.18	66.67
		25	65.24	25	65.12	25	64.75	25	66.08	25	66.96	25	65.44	25	69.52	25	69.57	25	68.01	25	66.69	25	66.72	25	66.94	

续表

点号	年份	1月 日	1月 水位	2月 日	2月 水位	3月 日	3月 水位	4月 日	4月 水位	5月 日	5月 水位	6月 日	6月 水位	7月 日	7月 水位	8月 日	8月 水位	9月 日	9月 水位	10月 日	10月 水位	11月 日	11月 水位	12月 日	12月 水位	年平均
W1	1993	5	66.39	5	66.62	5	67.12	5	69.96															5		69.01
		15	66.48	15	66.73	15	67.24	15		15	70.12	15	71.23	15	71.90	15	70.95	15	72.05	15	71.94	15	71.58	15	71.15	
		25	66.38	25	66.94	25	67.39	25		25		25		25		25		25		25		25		25		
	1994	15	71.03	15	70.92	15	71.20	15	70.91	15	71.91	15	72.25	15	72.30	15	72.35	15	72.15	15	72.40	15	72.15	15	70.48	71.67
	1995	15	70.95	15	⟨76.20⟩	15	71.28	15	71.21	15	71.39	15	71.55	15	69.97	15	70.65	15	74.00	15	73.05	15	72.90	15	69.82	71.52
	1996	5	72.13	5	72.03	5	72.30	5	72.48	5	71.83	5	71.90	5	72.25	5	93.40	5	71.75	5	71.47	5	70.40	15	70.23	73.51
	1997	5	70.75	5	69.90	5	70.00	5	69.68	5	69.96	5	69.02	5	72.65	5	73.10	5	69.98	5	72.54	5	71.36	5	71.68	70.89
	1998	5	71.22	5	70.27	5	71.36	5	70.23	5	70.66	5	68.65	5	72.30	5	70.32	5	70.12	5	69.22	5	68.84	5	68.98	70.14
	1999	15	69.75	15	70.04	15	69.76	15	69.99	15	70.69	15	70.85	15	70.10	15	71.12	15	71.20	15	71.63	15	70.88	15	70.48	70.54
	2000	15	70.05	15	70.24	15	70.42	15	70.44	15		15	71.36	15	71.10	15	71.54	15	71.35	15	70.53	15	69.46	15	69.24	70.54
W2	1989	5	59.35	5		5	58.86	5	59.49	5	59.83	5	60.92	5	62.46	5	66.58	5	65.78	5	67.87	5	61.73	5	62.56	62.43
		15	59.66	15	59.32	15	59.44	15	60.14	15	60.64	15	61.84	15	68.18	15	66.40	15	65.92	15	66.76	15	63.38	15	62.18	
		25		25	58.95	25		25		25		25		25		25		25		25		25		25		
	1990	5	62.33	5	61.65	5	61.94	5	61.53	5	61.87	5	63.33	5	64.09	5	65.52	5	65.39	5	65.42	5	63.65	5	63.04	63.50
		15	62.03	15		15		15	61.84	15	62.01	15	63.89	15	64.22	15	65.32	15	65.62	15	64.65	15	63.56	15	63.29	
		25		25	61.57	25	62.33	25	61.60	25	62.36	25	63.91	25	65.75	25	65.50	25	65.74	25	63.41	25	63.25	25	63.95	
	1991	5	63.24	5	62.82	5	62.48	5	63.53	5	62.96	5	63.38	5	66.35	5	65.54	5	65.50	5	64.17	5	63.37	5	64.17	63.99
		15	63.42	15	62.02	15	63.05	15	63.26	15	63.03	15	63.56	15	65.81	15	65.21	15	65.42	15	64.25	15	63.56	15	64.10	
		25	63.54	25		25	63.45	25	62.82	25	63.18	25	64.24	25	65.98	25	65.03	25	65.36	25	64.38	25	63.41	25	63.99	
	1992	5	63.13	5	62.92	5	64.18	5	63.38	5	64.83	5	65.62	5	66.48	5	67.42	5	66.83	5	65.81	5	64.98	5	64.62	65.06
		15	63.28	15	63.73	15	63.57	15	63.59	15	65.39	15	65.55	15	66.70	15	67.29	15	66.72	15	65.46	15	64.79	15	64.76	
		25	63.06	25	63.87	25	63.24	25	64.07	25	65.48	25	65.82	25	67.15	25	67.14	25	66.64	25	65.05	25	64.67	25	64.84	
	1993	5	63.84	5	64.53	5	65.17	5	66.78	5		5	66.93	5	67.15	5	68.12	5	67.52	5	67.30	5	67.38	5	67.55	66.13
		15	63.95	15	64.92	15	66.19	15		15	66.92	15		15		15		15		15		15		15		
		25	64.32	25	65.28	25	66.56	25		25		25		25		25		25		25		25		25		

续表

点号	年份	1月 日	1月 水位	2月 日	2月 水位	3月 日	3月 水位	4月 日	4月 水位	5月 日	5月 水位	6月 日	6月 水位	7月 日	7月 水位	8月 日	8月 水位	9月 日	9月 水位	10月 日	10月 水位	11月 日	11月 水位	12月 日	12月 水位	年平均
W2	1994	15	67.65	15	66.60	15	66.42	15	66.27	15	66.99	15	67.03	15	67.18	15	68.67	15	68.55	15	67.18	15	68.55	15	65.32	67.20
	1995	15	67.11	15	66.67	15	66.64	15	67.39	15	67.85	15	67.65	15	71.15	15	70.85	15	71.92	15	72.22	15	72.05	15	69.91	69.28
	1996	5	68.87	5	68.95	5	68.45	5	68.20	5	71.15	5	70.29	5	72.50	5	72.28	5	68.48	5	68.65	5	71.92	5	71.65	70.12
	1997	5	71.54	5	71.80	5	72.48	5	70.65	5	70.04	5	72.30	5	73.55	5	74.50	5	74.93	5	69.63	5	69.54	5	68.24	71.60
	1998	5	72.12	5	72.35	5	72.54	5	72.63	5	71.56	5	73.40	5	73.70	5	75.80	5	76.40	5	75.02	5	76.20	5	76.01	73.98
	1999	15	76.46	15	76.35	15	75.58	15	75.78	15	75.75	15	75.85	15	76.26	15	76.74	15	77.45	15	77.28	15	76.50	15	76.18	76.35
	2000	15	75.84	15	75.95	15	76.55	15	76.84	15	77.00	15	76.96	15	76.70	15	75.90	15	76.42	15	76.10	15	74.90	15	73.40	76.05
W5	1989	5	56.93	5	55.98	5	56.31	5	57.90	5	58.49	5	58.69	5	60.28	5	61.96	5	62.73	5	61.83	5	60.26	5	62.18	59.58
		15	56.29	15	56.12	15	56.65	15	58.29	15	58.27	15	58.76	15	60.59	15	62.36	15	62.92	15	61.48	15	60.30	15	61.91	
		25	56.20	25	59.98	25	56.85	25	58.34	25	58.62	25	59.23	25	60.78	25	62.48	25	62.36	25	60.79	25	60.35	25	61.80	
	1990	5	60.95	5	58.84	5	58.96	5	60.43	5	60.55	5	62.62	5	62.70	5	63.15	5	64.39	5	61.99	5	61.35	5	61.32	61.60
		15	60.52	15	57.69	15	58.96	15	60.59	15	60.96	15	62.85	15	63.63	15	63.82	15	64.50	15	61.88	15	61.52	15	62.77	
		25	60.12	25	62.66	25	59.14	25	60.24	25	61.19	25	61.57	25	63.37	25	64.24	25	64.57	25	61.71	25	61.69	25	62.98	
	1991	5	63.12	5		5	61.49	5	62.22	5	62.26	5	62.99	5	64.09	5	65.44	5	66.03	5	64.38	5	65.35	5	64.81	63.72
		15	63.19	15	59.92	15	61.71	15	62.13	15	62.44	15	62.87	15	65.14	15	64.28	15	66.08	15	64.25	15	65.47	15	64.75	
		25	63.30	25	64.63	25	62.03	25	62.19	25	62.88	25	62.67	25	65.88	25	64.19	25	65.92	25	64.18	25	65.28	25	64.70	
	1992	5	64.82	5	65.10	5	64.59	5	63.66	5	64.13	5	65.34	5	67.12	5	67.66	5	67.58	5	64.31	5	65.56	5	64.72	65.46
		15	64.93	15	65.56	15	⟨68.45⟩	15	63.95	15	64.29	15	65.66	15	67.19	15	67.74	15	67.64	15	63.99	15	65.32	15	65.05	
		25	64.78	25	64.11	25	63.85	25	63.85	25	65.15	25	66.07	25	67.38	25	67.60	25	67.19	25	64.26	25	64.85	25	65.58	
	1993	5	65.67	5	64.48	5	66.79	5	67.85	5	68.10	5	68.28	5	68.91	15	68.76	5	69.02	5	68.05	5	68.20	5	67.84	67.39
		15	65.26	15	65.58	15	66.68	15	68.05	15	68.29	15	68.73	15	68.04	25	68.65	15	69.12	15	68.14	15	68.08	15	67.92	
		25	64.26	25	65.15	25	66.73	25	68.45	25	69.18	25	69.75	25	70.20	5	70.56	25	70.26	25	69.10	25	67.95	25	66.45	
	1994	5	67.75	5	65.15	5	68.76	5	68.96	5	69.40	5	70.12	5	70.32	15	70.65	5	72.08	5	67.86	5	68.10	5	65.98	68.52
		25	65.98	25	63.45	25	67.95	25		25		25		25		25		25		25		25		25		

续表

点号	年份	1月 日	1月 水位	2月 日	2月 水位	3月 日	3月 水位	4月 日	4月 水位	5月 日	5月 水位	6月 日	6月 水位	7月 日	7月 水位	8月 日	8月 水位	9月 日	9月 水位	10月 日	10月 水位	11月 日	11月 水位	12月 日	12月 水位	年平均
W5	1995	5	65.85	5	65.85	5		5		5		5		5		5		5		5		5		5		
		15		15		15	66.87	15	68.44	15	68.90	15	69.35	15	69.65	15	69.33	15	70.96	15	70.88	15	70.54	15	68.18	68.36
		25		25	66.60	25		25		25		25		25		25		25		25		25		25		
	1996	5	65.68	5	67.05	5	67.37	5	67.58	5	67.65	5	69.12	5	68.96	5	69.36	5	68.97	5	69.08	5	66.56	5	66.77	67.95
	1997	5	66.96	5	63.98	5	65.43	5	66.46	5	66.83	5	68.68	5	68.90	5	69.10	5	69.35	5	68.48	5	68.78	5	68.14	67.57
	1998	15	66.65	15	68.25	15	68.38	15	68.88	15	68.25	15	69.25	15	69.45	15	66.22	15	66.46	15	71.05	15	70.93	15	70.90	68.85
	1999	15	68.19	15	65.55	15	64.83	15	64.96	15	67.57	15	67.70	15	65.39	15	67.58	15	67.68	15	67.55	15	66.83	15	66.10	66.43
	2000	15	65.38	15	63.85	15	66.58	15	67.15	15	67.03	15	67.66	15	67.88	15	67.78	15	65.50	15	64.82	15	64.44	15	63.95	65.88
W7-1	1989	5	63.93	5	49.07	5	48.44	5	49.87	5	47.85	5	48.84	5	50.43	5	50.78	5	52.32	5	50.06	5	50.20	5	50.44	49.82
		15	48.12	15	48.20	15	49.03	15	47.57	15	48.19	15	49.13	15	51.03	15	51.17	15	52.43	15	50.22	15	50.36	15	51.03	
		25	47.98	25		25	49.70	25	47.82	25	48.92	25	50.19	25	50.44	25	51.37	25	51.99	25	49.96	25	50.62	25	51.42	
	1990	5	51.15	5	50.78	5	51.71	5	53.33	5	52.92	5	52.99	5	53.27	5	53.85	5	54.37	5	53.14	5	53.85	5	53.99	53.20
		15	52.10	15	50.91	15	51.97	15	53.20	15	52.99	15	53.17	15	53.88	15	54.31	15	54.36	15	53.48	15	54.06	15	54.14	
		25		25	51.22	25	52.16	25	52.90	25	53.16	25	53.87	25	54.00	25	54.50	25	54.17	25	54.17	25	54.22	25	54.28	
	1991	5	55.52	5	54.82	5	54.04	5	54.45	5	53.08	5	53.52	5	53.96	5	55.82	5	55.86	5	55.24	5	55.77	5	55.73	54.85
		15	55.18	15	54.43	15	54.15	15	54.04	15	53.27	15	53.68	15	54.22	15	56.53	15	55.74	15	55.68	15	55.84	15	55.67	
		25	54.98	25		25	54.32	25	52.82	25	53.76	25	53.68	25	54.48	25	56.38	25	55.70	25	55.84	25	55.92	25	55.48	
	1992	5	55.21	5	56.94	5	57.48	5	55.72	5	56.18	5	56.86	5	57.39	5	59.56	5	59.62	5	57.43	5	57.18	5	57.49	57.32
		15	55.28	15	57.86	15	57.08	15	55.86	15	56.24	15	57.12	15	57.84	15	59.48	15	59.35	15	57.36	15	57.34	15	57.65	
		25	55.28	25	57.56	25	56.77	25	55.94	25	56.39	25	57.25	25	59.32	25	59.43	25		25	57.21	25	57.56	25	57.88	
	1993	5	57.96	5	56.76	5	58.75	5	59.20	5		15	58.45	15	58.58	15	58.55	15	58.57	15	57.06	15	56.98	15	58.56	58.04
		15	56.99	15	56.84	15	58.80	15		15	59.42	25	60.25	25	60.45											
		25	56.55	25	58.08	25	58.63	25		25																	
	1994	15	58.38	15	56.84	15	57.05	15	59.85	15	60.37	15	60.25	15		15	59.48	15	59.25	15	58.32	15	58.05	15	57.23	58.79

续表

点号	年份	1月 日	1月 水位	2月 日	2月 水位	3月 日	3月 水位	4月 日	4月 水位	5月 日	5月 水位	6月 日	6月 水位	7月 日	7月 水位	8月 日	8月 水位	9月 日	9月 水位	10月 日	10月 水位	11月 日	11月 水位	12月 日	12月 水位	年平均
W7-1	1995	15	57.35	15	57.74	15	58.18	15	60.48	15	60.85	15	61.30	15	60.79	15	60.98	15	61.17	15	61.24	15	61.33	15	59.38	60.07
	1996	15	59.12	15	59.18	15	58.67	15	58.74	15	58.19	15	60.04	15	60.16	15	61.15	15	59.65	15	59.60	15	57.73	15	57.55	59.15
	1997	15	57.48	15	56.98	15	57.96	15	57.75	15	57.93	15	60.75	15	61.05	15	61.62	15	61.85	15	60.51	15	60.12	15	60.71	59.56
	1998	15	60.13	15	60.32	15	59.21	15	58.20	15	58.50	15	56.93	15	57.65	15	49.30	15	47.40	15	48.70	15	48.67	15	48.64	54.47
	1999	15	48.14	15	48.02	15	47.74	15	47.85	15	47.72	15	47.78	15	46.78	15	48.85	15	48.71	15	48.62	15	47.26	15	46.66	47.84
	2000	15	46.04	15	46.10	15	45.48	15	44.75	15	44.40	15	45.24	15	44.66	15	44.58	15	42.88	15	41.65	15	41.43	15	38.27	43.79
W9	1989	5	42.31	5	42.20	5	43.02	5	43.24	5	42.46	5	43.91	5	45.01	5	45.68	5	46.02	5	45.04	5	45.02	5	45.38	44.25
		15	42.29	15	42.20	15	43.07	15	43.72	15	42.74	15	43.87	15	45.38	15	44.98	15	45.86	15	45.49	15	44.84	15	45.27	
		25	42.46	25	42.75	25	43.18	25	43.90	25	43.77	25	44.02	25	45.52	25	45.24	25	45.63	25	45.24	25	44.66	25	45.48	
	1990	5	45.13	5	44.72	5	43.24	5	44.19	5	43.56	5	44.88	5	45.26	5	45.12	5	48.07	5	48.08	5	46.42	5	45.85	45.33
		15	44.90	15	44.45	15	44.20	15	44.27	15	45.28	15	45.40	15	42.90	15	45.18	15	45.86	15	47.28	15	46.05	15	45.66	
		25	44.64	25	44.52	25	44.51	25	44.50	25	46.08	25	45.52	25	43.21	25	45.26	25	45.63	25	46.51	25	45.21	25	45.45	
	1991	5	46.67	5	46.26	5	46.86	5	46.68	5	46.78	5	47.69	5	49.87	5	49.53	5	48.91	5	47.22	5	46.88	5	48.09	47.78
		15	46.52	15		15	46.89	15	46.63	15	47.07	15	48.18	15	49.92	15	49.28	15	47.86	15	47.54	15	47.34	15	47.88	
		25	46.45	25	46.56	25	46.56	25	46.57	25	47.43	25	48.90	25	49.61	25	49.04	25	48.45	25	49.01	25	47.67	25	47.67	
	1992	5	49.17	5	49.25	5	49.84	5	50.35	5	50.03	5	49.09	5	49.86	5	49.81	5	49.02	5	50.48	5	49.81	5	50.63	49.76
		15	49.02	15	49.62	15	49.62	15	49.54	15	47.74	15	49.16	15	49.97	15	50.04	15	49.12	15	50.08	15	49.88	15	50.56	
		25	48.96	25	49.75	25	〈52.95〉	25	49.95	25	48.84	25	49.38	25	49.95	25	50.09	25	〈53.30〉	25	49.93	25	〈53.25〉	25	50.22	
	1993	5	51.24	5	48.80	5	48.94	5	49.88	5		5		5		5	53.62	5	53.01	5	52.09	5	52.22	5	52.29	51.07
		15	51.28	15	48.91	15	49.18	15		15	50.14	15	54.40	15	53.68	15		15		15		15		15		
		25	50.98	25	49.28	25	49.30	25	52.64	25	50.10	25	54.56	25	54.69	25	59.98	25	58.75	25	54.45	25	54.01	25	54.58	
	1994	15	53.25	15	52.96	15	52.79	15	51.97	15	53.10	15	53.45	15	53.13	15	53.28	15	56.07	15	53.45	15	53.59	15	55.10	54.65
	1995	15	54.65	15	52.54	15	53.31	15		15	52.38	15		15		15		15		15		15		15		53.58
	1996	15	54.40	15	54.48	15	53.66	15	54.17	15	52.74	15	53.32	15	53.21	15	54.45	15	53.27	15	53.12	15	52.50	15	52.45	53.48

第一章　西安市

续表

点号	年份	1月 日	1月 水位	2月 日	2月 水位	3月 日	3月 水位	4月 日	4月 水位	5月 日	5月 水位	6月 日	6月 水位	7月 日	7月 水位	8月 日	8月 水位	9月 日	9月 水位	10月 日	10月 水位	11月 日	11月 水位	12月 日	12月 水位	年平均
W9	1997	5	52.28	5	52.80	5	50.61	5	51.45	5	51.24	5	52.92	5	54.00	5	54.06	5	54.25	5	53.07	5	52.95	5	54.58	52.85
	1998	15	52.59	15	53.42	15	53.85	15	52.41	15	52.97	15	50.87	15	51.08	15	52.97	15	53.15	15	52.60	15	52.22	15	52.15	52.52
	1999	15	53.18	15	53.07	15	51.89	15	50.02	15	52.49	15	57.76	15	52.36	15	54.50	15	54.12	15	54.19	15	53.65	15	53.46	53.39
	2000	15	54.10	15	53.95	15	53.64	15	54.85	15	54.56	15	54.61	15	55.20	15	54.95	15	54.54	15	54.48	15		15		54.49
W11	1989	5	56.02	5		5	54.80	5	53.89	5	55.38	5	55.46	5	57.11	5	58.18	5	55.74	5	56.05	5	56.61	5	56.18	56.27
		15	55.90	15	55.75	15	54.47	15	54.91	15	54.75	15	56.23	15	57.72	15	57.76	15	58.89	15	56.60	15	56.59	15	56.48	
		25	56.23	25	55.25	25	54.88	25	55.10	25	54.39	25	56.92	25	57.92	25	59.43	25	58.58	25	56.75	25	56.40	25	56.10	
	1990	5	55.82	5	53.92	5	55.63	5	58.10	5	59.04	5	59.38	5	60.43	5	60.09	5	61.28	5	60.68	5	59.82	5	61.12	59.10
		15	55.54	15	54.32	15	56.35	15	58.95	15	59.24	15	60.61	15	60.48	15	60.18	15	61.09	15	60.55	15	60.83	15	61.54	
		25		25	53.93	25	56.53	25	58.70	25	59.55	25	59.20	25	60.55	25	60.30	25	61.15	25	60.07	25	61.43	25	62.06	
	1991	5	61.95	5	62.73	5	59.91	5	60.58	5	61.27	5	61.62	5	62.95	5	65.01	5	65.72	5	64.60	5	65.17	5	64.02	63.21
		15	62.40	15	62.62	15	60.12	15	60.68	15	61.33	15	62.49	15	63.92	15	65.17	15	65.80	15	64.46	15	65.25	15	64.05	
		25	62.92	25		25	60.24	25	61.18	25	61.47	25	62.74	25	65.08	25	65.23	25	65.88	25	64.30	25	65.39	25	64.14	
	1992	5	64.38	5	64.54	5	64.07	5	62.28	5	63.01	5	65.60	5	66.04	5	67.04	5	66.81	5	64.16	5	64.87	5	61.99	64.59
		15	64.25	15	64.76	15	63.55	15	62.40	15	65.28	15	65.69	15	66.27	15	67.15	15	66.62	15	64.23	15	63.82	15	62.65	
		25	64.18	25	64.32	25	〈68.85〉	25	62.69	25	64.92	25	66.04	25	66.85	25	66.98	25	〈69.34〉	25	63.99	25	61.93	25	62.54	
	1993	5	62.63	5	62.17	5	65.98	5		5		5		5		5		5		5		5		5		63.78
		15	62.69	15	63.25	15	65.58	15		15		15		15		15		15		15		15		15		
		25	62.22	25	65.48	25	63.98	25		25		25		25		25		25		25		25		25		
W13	1989	5	32.13	5	32.19	5	32.42	5	32.44	5	31.87	5	32.90	5	34.26	5	34.81	5	35.08	5	31.81	5	31.89	5	32.18	33.01
		15	32.65	15	32.08	15	32.48	15	32.78	15	32.39	15	33.17	15	〈39.20〉	15	34.71	15	34.97	15	31.45	15	32.80	15	32.48	
		25	32.70	25	32.66	25	32.13	25	32.68	25	32.81	25	33.52	25	34.87	25	35.13	25	34.84	25	31.67	25	32.71	25	33.46	
	1990	5	34.43	5	32.94	5	33.70	5	34.20	5	33.54	5	34.65	5	35.38	5	35.82	5	35.54	5	34.86	5	34.83	5	34.30	34.55
		15	34.44	15	33.26	15	33.50	15	33.78	15	33.96	15	35.02	15	35.55	15	35.89	15	35.72	15	34.48	15		15	34.61	
		25		25		25	33.48	25	33.62	25	34.58	25	35.28	25	35.72	25	36.07	25	35.84	25	34.32	25	34.05	25	34.65	

续表

点号	年份	1月 日	1月 水位	2月 日	2月 水位	3月 日	3月 水位	4月 日	4月 水位	5月 日	5月 水位	6月 日	6月 水位	7月 日	7月 水位	8月 日	8月 水位	9月 日	9月 水位	10月 日	10月 水位	11月 日	11月 水位	12月 日	12月 水位	年平均
W13	1991	5	34.26	5	33.96	5	34.28	5	34.54	5	34.35	5	35.32	5	36.06	5	34.74	5	35.98	5	36.58	5	34.85	5	35.46	35.12
		15	34.28	15		15	34.36	15	34.33	15	34.50	15	35.54	15	36.43	15	34.87	15	35.79	15	35.72	15	35.23	15	35.41	
		25	34.11	25	34.15	25	34.85	25	34.21	25	34.61	25	35.86	25	36.82	25	35.31	25	35.85	25	35.60	25	35.74	25	35.12	
	1992	5	35.82	5	33.95	5	35.56	5	36.64	5	36.86	5	36.71	5	37.61	5	37.48	5	37.84	5	36.81	5	⟨39.20⟩	5	36.27	36.46
		15	35.70	15	35.26	15	34.78	15	36.48	15	⟨39.95⟩	15	⟨39.95⟩	15	37.30	15	37.55	15	37.18	15	36.68	15	36.54	15	36.70	
		25	35.66	25	35.39	25	34.38	25	36.71	25	36.45	25	36.59	25	37.37	25	37.76	25	37.55	25	36.46	25	36.34	25	36.78	
	1993	5	⟨38.90⟩	5	36.68	5	36.49	5	37.04	5	37.22	5	37.90			15	38.10	15	38.22	15	37.50	15	37.38	15	36.80	37.25
		15	36.71	15	36.42	15	36.82			15	38.05	15	39.75	15	38.61											
		25	36.77	25	37.33	25	37.26	25	38.78	25	39.91	25	40.29	25	39.82	25	40.47	25	40.20	25	40.13	25	40.06	25	40.12	
	1994	15	38.70	15	38.90	15	38.60	15	39.78	15	40.01	15	41.27	15	40.45	15	40.67	15	40.85	15	40.75	15	40.93	15	41.15	39.33
	1995	15	39.10	15	41.76	15	39.70	15	40.77	15	40.01	15	41.35	15	41.52	15	41.68	15	41.85	15	41.61	15	40.14	15	40.09	40.21
	1996	5	41.60	5	38.30	5	41.15	5	38.64	5	38.67	5	41.05	5	41.52	5	41.71	5	40.75	5	40.10	5	41.57	5	41.60	40.88
	1997	15	39.93	15	39.03	15	38.70	15	40.10	15	40.11	15	39.39	15	39.85	15	40.62	15	40.75	15	41.66	15	39.97	15	39.90	40.43
	1998	15	41.67	15	40.77	15	40.85	15	40.05	15	40.04	15	40.16	15	40.34	15	41.70	15	42.54	15	41.66	15	41.05	15	41.03	40.20
	1999	15	40.21	15	41.48	15	39.90	15	40.05	15	40.04	15	40.16	15	40.34	15	41.70	15	42.54	15	41.66	15	41.05	15	41.03	40.79
	2000	15	41.70	15	41.48	15	42.40	15	43.18	15	42.82	15	42.50	15	42.66	15	43.38	15	43.44	15	42.94	15	42.82	15	42.33	42.64
W16	1989	5	27.26	5	27.90	5	27.09	5	27.32	5	27.93	5	28.84	5	29.44	5	29.98	5	30.28	5	29.24	5	28.72	5	28.64	28.78
		15	27.90	15	27.15	15	27.02	15	28.07	15	28.09	15	28.52	15	29.76	15	30.38	15	30.47	15	29.48	15	28.90	15	30.17	
		25	28.28	25	29.03	25	27.22	25	28.14	25	27.93	25	28.69	25	30.24	25	29.92	25	29.65	25	29.70	25	29.03	25	29.97	
	1990	5	29.83	5	28.50	5	28.78	5	29.58	5	29.80	5	30.08	5	30.62	5	30.71	5	30.84	5	30.55	5	29.79	5	30.19	30.04
		15	29.68	15	28.71	15	29.10	15	29.73	15	29.90	15	30.42	15	30.83	15	30.85	15	30.98	15	30.02	15	29.82	15	30.00	
		25		25		25	29.38	25	29.92	25	29.75	25	30.69	25	30.88	25	31.08	25	30.76	25	30.16	25	30.22	25	30.25	
	1991	5	29.68	5	28.92	5	29.46	5	30.13	5	30.43	5	31.08	5	31.93	5	32.38	5	31.89	5	30.78	5	30.38	5	30.66	30.75
		15	29.57	15		15	29.93	15	29.98	15	30.58	15	31.27	15	32.27	15	32.18	15	31.82	15	30.52	15	30.59	15	30.71	
		25	29.38	25	29.04	25	30.20	25	29.92	25	30.92	25	31.68	25	32.48	25	31.87	25	31.77	25	30.81	25	30.73	25	30.31	

续表

点号	年份	1月 日	1月 水位	2月 日	2月 水位	3月 日	3月 水位	4月 日	4月 水位	5月 日	5月 水位	6月 日	6月 水位	7月 日	7月 水位	8月 日	8月 水位	9月 日	9月 水位	10月 日	10月 水位	11月 日	11月 水位	12月 日	12月 水位	年平均
W16	1992	5	31.24	5	31.32	5	31.86	5	32.05	5	32.59	5	32.23	5	33.06	5	32.88	5	31.95	5	31.68	5	31.72	5	32.30	32.15
		15	31.32	15	31.58	15	31.73	15	32.16	15	〈36.30〉	15	32.37	15	33.18	15	32.81	15	32.92	15	31.84	15	31.92	15	32.42	
		25	31.18	25	31.70	25	31.94	25	32.38	25	32.24	25	32.66	25	32.75	25	32.06	25	〈34.75〉	25	32.19	25	32.21	25	32.52	
	1993	5	32.21	5	32.18	5	32.97	5	33.08	5		5		5		5		5		5	33.08	5		5	33.20	32.96
		15	32.45	15	32.29	15	33.28	15		15		15	33.44	15		15	35.16	15		15		15		15		
		25	31.94	25	32.65	25	33.48	25		25		25		25		25		25		25		25		25		
	1994	15		15	33.02	15		15	34.31	15		15	36.15	15		15	36.50	15		15	36.68	15	36.37	15	36.18	35.47
	1995	15	37.20	15	35.09	15	35.48	15	35.83	15	36.38	15	37.48	15	37.15	15	37.70	15	37.78	15	36.62	15	36.37	15	36.72	36.60
	1996	5	36.34	5	37.55	5	36.75	5	36.52	5	37.55	5	36.40	5	37.70	5	37.65	5	37.54	5	37.65	5	36.68	5	36.48	37.11
	1997	5	36.34	5	34.43	5	35.72	5	35.95	5	33.64	5	36.80	5	37.55	5	37.74	5	37.90	5	37.50	5		5	37.92	36.51
	1998	15	37.64	15	37.55	15	37.72	15	36.70	15	36.92	15	36.40	15	36.65	15	36.42	15	37.05	15	36.75	15	36.48	15	36.33	36.88
	1999	15	37.07	15	36.99	15	36.36	15	36.50	15	36.02	15	36.13	15	36.47	15	37.65	15	38.54	15	38.35	15	37.48	15	37.34	37.08
	2000	15	37.74	15	37.55	15	38.58	15	39.18	15	39.33	15	39.36	15	39.07	15	39.32	15	39.35	15	39.16	15	38.85	15	38.45	38.83
W19	1990	5	25.00	5	25.70	5	26.22	5	25.46	5	24.60	5	24.98	5	25.90	5	25.30	5	24.90	5	24.30	5	26.40	5	26.20	25.31
		15	25.15	15	25.00	15	25.90	15	25.34	15	24.45	15	25.00	15	25.50	15	25.12	15	25.05	15	24.70	15	26.32	15	26.15	
		25	25.10	25	24.80	25	25.05	25	25.01	25	24.70	25	25.35	25	25.50	25	25.12	25	24.80	25	24.30	25	26.46	25	26.50	
	1991	5	27.10	5	27.30	5	26.90	5	26.80	5	26.61	5	26.30	5	27.41	5	26.35	5	27.54	5	26.70	5	26.72	5	25.90	26.95
		25	27.22	25	27.35	25	26.90	25	26.95	25	27.82	25	28.29	25	28.14	25	28.48	25	28.57	25	28.70	25	27.70	25	27.76	
	1992	15	27.76	15	27.40	15	27.05	15	26.75	15		15		15		15		15		15		15		15		27.72
	1993	15	26.90	15	26.48	15	26.40	15	27.38	15		15	28.30	15		15	28.42	15	28.57	15	29.97	15		15	29.12	28.61
	1994	15	28.40	15	28.24	15	28.10	15	28.35	15		15	30.46	15		15	31.02	15		15	30.39	15		15	30.65	30.11
	1995	15		15	29.47	15	30.36	15	28.64	15	29.18	15	29.84	15	30.75	15	31.47	15	31.68	15	31.64	15	30.91	15	30.85	30.63
	1996	5	31.60	5	31.30	5	31.12	5	31.13	5	31.19	5	30.77	5	30.64	5	30.84	5	31.40	5	31.22	5	30.20	5	29.54	30.91

续表

点号	年份	1月 日	1月 水位	2月 日	2月 水位	3月 日	3月 水位	4月 日	4月 水位	5月 日	5月 水位	6月 日	6月 水位	7月 日	7月 水位	8月 日	8月 水位	9月 日	9月 水位	10月 日	10月 水位	11月 日	11月 水位	12月 日	12月 水位	年平均
W19	1997	5	28.64			5	28.20	5	28.43	5	29.14	5	29.48	5	30.24	5	31.12	5	33.30	5	32.46	5	31.17	5	30.99	30.10
W19	1998	15	30.16	15	28.05	15	31.42	15	34.00	15	32.62	15	32.17	15	32.90	15	33.71	15	33.76	15	32.88	15	33.40	15	32.66	32.55
W19	1999	15	33.04	15	30.96	15	33.60	15	31.70	15	35.38			15	31.59	15	35.92	15	31.89	15	36.92	15	33.60	15	35.18	33.62
W19	2000			15	30.97	15	33.70	15	37.57	15	37.60	15	38.42	15	38.55	15	37.72	15	38.13	15	37.82	15	39.00	15	39.15	37.77
B2	1991	5	5.63	5	5.67	5	5.58	5	5.55	5	5.60	5	5.39	5	5.43	5	5.37	5	5.31	5	5.24	5	5.39	5	5.49	5.47
B2	1991	15	5.63	15	5.66	15	5.59	15	5.55	15	5.63	15	5.30	15	5.50	15	5.46	15	5.19	15	5.27	15	5.40	15	5.50	
B2	1991	25	5.65	25	5.61	25	5.59	25	5.53	25	5.68	25	5.33	25	5.55	25	5.33	25	5.22	25	5.35	25	5.45	25	5.47	
B2	1992	4	5.47	4	5.59	4	5.39	4	5.50	4	5.56	4	5.45	4	5.52	4	5.49	4	5.47	4	5.10	4	5.29	4	5.26	5.41
B2	1992	14	5.60	14	5.51	14	5.56	14	5.51	14	5.51	14	5.45	14	5.37	14	5.60	14	5.48	14	5.22	14	5.34	14	5.33	
B2	1992	24	5.53	24	5.21	24	5.42	24	5.56	24	5.44	24	5.26	24	5.36	24	5.64	24	5.10	24	5.22	24	5.29	24	5.30	
B2	1993	5	5.25	5	5.41	5	5.47	5	5.40	5	5.32	5	5.46	5	5.40	5	5.29	5	5.96	5	5.98	5	5.98	5	5.72	5.58
B2	1993	15	5.25	15	5.44	15	5.44	15	5.45	15	5.38	15	5.41	15	5.42	15	5.83	15	5.96	15	5.95	15	5.85	15	5.70	
B2	1993	25	5.33	25	5.44	25	5.58	25	5.40	25	5.36	25	5.36	25	5.42	25	5.86	25	5.93	25	5.92	25	5.72	25	5.70	
B2	1994	5	5.65	5	5.59	5	5.55	5	5.56	5	5.54	5	5.59	5	5.60	5	5.72	5	5.71	5	5.64	5	5.55	5	5.51	5.61
B2	1994	15	5.62	15	5.60	15	5.60	15	5.60	15	5.56	15	5.63	15	5.60	15	5.77	15	5.68	15	5.64	15	5.50	15	5.50	
B2	1994	25	5.60	25	5.62	25	5.70	25	5.57	25	5.57	25	5.61	25	5.68	25	5.80	25	5.64	25	5.64	25	5.49	25	5.47	
B2	1995	5	5.54	5	5.59	5	5.76	5	5.74	5	5.89	5	6.00	5	6.18	5		5		5		5		5		5.85
B2	1995	15	5.54	15	5.61	15	5.85	15	5.79	15	5.91	15	6.09	15	6.24	15		15		15		15		15		
B2	1995	25	5.53	25	5.65	25		25	5.83	25	5.94	25	6.17	25	6.32	25		25		25		25		25		
B3	1991	5	4.31	5	4.32	5	4.22	5	4.18	5	4.24	5	3.95	5	4.54	5	4.10	5	4.02	5	3.87	5	4.08	5	4.19	4.14
B3	1991	15	4.33	15	4.28	15	4.15	15	4.20	15	4.21	15	3.87	15	4.20	15	4.15	15	3.91	15	3.91	15	4.09	15	4.14	
B3	1991	25	4.34	25	4.19	25	4.24	25	4.15	25	4.31	25	3.91	25	4.30	25	4.01	25	3.90	25	4.04	25	4.12	25	4.05	
B3	1992	4	4.49	4	4.18	4	4.17	4	4.12	4	4.18	4	4.28	4	4.34	4	4.31	4	4.29	4	3.75	4	3.76	4	3.77	4.10
B3	1992	14	4.04	14	4.10	14	4.19	14	4.14	14	4.17	14	4.27	14	4.29	14	4.43	14	4.10	14	3.75	14	3.80	14	3.78	
B3	1992	24	4.21	24	4.09	24	4.10	24	4.20	24	4.24	24	4.19	24	4.26	24	4.34	24	3.84	24	3.69	24	3.84	24	3.76	

续表

点号	年份	1月 日	1月 水位	2月 日	2月 水位	3月 日	3月 水位	4月 日	4月 水位	5月 日	5月 水位	6月 日	6月 水位	7月 日	7月 水位	8月 日	8月 水位	9月 日	9月 水位	10月 日	10月 水位	11月 日	11月 水位	12月 日	12月 水位	年平均
B3	1993	5	3.79	5	3.83	5	3.96	5	3.91	5	3.84	5	3.90	5	3.99	5	3.99	5	5.99	5	6.05	5	6.30	5	5.01	4.63
		15	3.76	15	3.85	15	4.02	15	3.88	15	3.85	15	3.91	15	4.05	15	6.08	15	5.95	15	6.43	15	5.71	15	4.47	
		25	3.77	25	3.91	25	4.04	25	3.91	25	3.84	25	3.96	25	4.04	25	6.45	25	5.91	25	6.42	25	5.42	25	4.41	
	1994	5	4.33	5	4.27	5	4.32	5	4.31	5	4.22	5	4.46	5	4.49	5	4.64	5	4.68	5	4.46	5	4.24	5	4.12	4.39
		15	4.28	15	4.29	15	4.31	15	4.38	15	4.45	15	4.66	15	4.44	15	4.71	15	4.66	15	4.36	15	4.16	15	4.12	
		25	4.28	25	4.32	25	4.32	25	4.32	25	4.40	25	4.56	25	4.51	25	4.76	25	4.63	25	4.36	25	4.10	25	4.12	
	1995	5	4.10	5	4.16	5	4.37	5	4.36	5	4.45	5	5.05	5	5.40	5	5.76	5	5.76	5	5.72	5	5.83	5	5.83	5.09
		15	4.11	15	4.29	15	4.43	15	4.43	15	4.51	15	5.13	15	5.44	15	5.70	15	5.74	15	5.73	15	5.77	15	5.81	
		25	4.13	25	4.30	25	4.46	25	4.42	25	4.55	25	5.17	25	5.46	25	5.69	25	5.73	25	5.70	25	5.80	25	5.78	
	1996	5	5.83	5	5.89	5	5.97	5	6.06	5	5.98	5	6.11	5	5.05	5	5.16	5	5.14	5	4.97	5	4.68	5	4.44	5.39
		15	5.78	15	5.83	15	5.96	15		15	5.96	15	6.12	15	5.13	15	5.19	15	5.35	15	4.95	15	4.56	15	4.46	
		25	5.75	25	5.96	25	5.99	25		25	5.99	25	6.04	25	5.19	25	5.23	25	5.06	25	4.95	25	4.42	25	4.11	
	1997	5	4.73	5	4.98	5	4.91	5	4.73	5	4.57	5	4.93	5		5	5.05	5	5.12	5	5.97	5	5.93	5	5.98	5.22
		15	4.77	15	4.99	15	4.89	15	4.93	15	4.90	15	4.91	15	4.95	15	5.18	15	5.13	15	6.19	15	5.90	15	6.00	
		25	4.86	25	5.00	25	4.91	25	4.67	25	4.91	25	5.01	25	4.89	25	5.02	25	5.08	25	6.28	25	5.93	25	5.96	
	1998	5	6.84	5	7.29	5	7.07	5	4.99	5	5.17	5	4.83	5	4.95	5	4.89	5	6.98	5	7.69	5	7.78	5	8.09	6.36
		15	6.68	15	7.06	15	7.21	15	5.25	15	5.15	15	4.86	15	4.89	15	4.85	15	6.61	15	7.83	15	7.82	15	8.17	
		25	6.75	25	7.11	25	7.29	25	5.03	25	5.13	25	4.97	25	4.93	25	4.71	25	6.76	25	7.54	25	7.83	25	8.13	
	1999	5	5.11	5	7.41	5	5.50	5	5.19	5	5.25	5	5.90	5	6.07	5	6.14	5	6.09	5	6.31	5	6.17	5	6.46	6.00
		15	7.68	15	6.24	15	5.78	15	5.55	15	4.85	15	5.70	15	6.05	15	6.09	15	6.00	15	6.15	15	6.13	15	6.21	
		25	7.34	25	6.12	25	5.26	25	5.53	25	5.25	25	5.65	25	6.09	25	6.10	25	6.58	25	6.18	25	6.10	25	6.12	
	2000	5	6.32	5	6.33	5	6.30	5	6.21	5	6.49	5	6.72	5	6.68	5	6.65	5	6.49	5	6.20	5	6.39	5	6.45	6.48
		15	6.26	15	6.24	15	6.28	15	6.49	15	7.01	15	6.80	15	6.69	15	6.71	15	6.49	15	6.25	15	6.46	15	6.43	
		25	6.29	25	6.22	25	6.18	25	6.46	25	6.87	25	6.78	25	6.65	25	6.63	25	6.33	25	6.35	25	6.49	25	6.49	

续表

点号	年份	1月 日	1月 水位	2月 日	2月 水位	3月 日	3月 水位	4月 日	4月 水位	5月 日	5月 水位	6月 日	6月 水位	7月 日	7月 水位	8月 日	8月 水位	9月 日	9月 水位	10月 日	10月 水位	11月 日	11月 水位	12月 日	12月 水位	年平均
334	1991	5	8.46	5	8.42	5	8.37	5	8.34	5	8.38	5	8.45	5	8.37	5	8.26	5	8.17	5	8.28	5	8.30	5	8.37	8.34
		15	8.36	15	8.43	15	8.07	15	8.44	15	8.42	15	8.36	15	8.41	15	8.30	15	8.25	15	8.32	15	8.30	15	8.25	
		25	8.35	25	8.47	25	8.41	25	8.38	25	8.42	25	8.34	25	8.35	25	8.32	25	8.27	25	8.25	25	8.31	25	8.27	
	1992	4	8.28	4	8.31	4	8.28	4	8.30	4	8.37	4	8.39	4	8.43	4	8.41	4	8.27	4	8.27	4	8.37	4	7.88	8.31
		14	8.31	14	8.27	14	8.37	14	8.30	14	8.35	14	8.33	14	8.46	14	8.50	14	8.10	14	8.29	14	8.37	14	8.12	
		24	8.27	24	8.27	24	8.27	24	8.30	24	8.36	24	8.36	24	8.43	24	8.48	24	8.32	24	8.34	24	8.35	24	8.11	
	1993	5	8.26	5	8.31	5	8.40	5	8.16	5	8.07	5	8.02	5	8.02	5	8.11	5	8.21	5	8.29	5	8.33	5	8.06	8.22
		15	8.29	15	8.35	15	8.36	15	8.25	15	8.27	15	8.06	15	8.27	15	8.29	15	8.23	15	8.33	15	8.16	15	8.03	
		25	8.26	25	8.36	25	8.27	25	8.29	25	8.23	25	8.06	25	8.17	25	8.39	25	8.21	25	8.33	25	8.08	25	8.04	
	1994	5	8.04	5	8.03	5	8.06	5	8.23	5	8.28	5	8.30	5	8.30	5	8.30	5	8.21	5	8.12	5	8.07	5	8.10	8.17
		15	8.03	15	8.08	15	8.08	15	8.28	15	8.32	15	8.07	15	8.31	15	8.30	15	8.18	15	8.09	15	8.07	15	8.13	
		25	8.04	25	8.06	25	8.11	25	8.26	25	8.35	25	8.06	25	8.31	25	8.30	25	8.17	25	8.07	25	8.03	25	8.23	
	1995	5	8.27	5	8.02	5	7.98	5	8.02	5	7.99	5	8.01	5	8.11	5	7.78	5	7.76	5	7.77	5	8.32	5	8.27	8.02
		15	8.20	15	8.04	15	7.97	15	7.99	15	8.02	15	8.12	15	8.11	15	7.75	15	7.75	15	7.77	15	8.28	15	8.32	
		25	8.02	25	8.00	25	7.98	25	8.02	25	8.02	25	8.14	25	8.13	25	7.76	25	7.75	25	7.75	25	8.27	25	8.32	
	1996	5	8.05	5	8.13	5	7.97	5	7.82	5	7.66	5	7.96	5	7.24	5	8.05	5	7.53	5	7.20	5	7.50	5	7.50	7.70
		15	8.05	15	8.08	15	7.58	15		15	7.75	15	8.00	15	7.06	15	7.11	15	7.56	15	7.50	15	7.55	15	7.65	
		25	8.07	25	8.01	25	7.58	25		25	7.75	25	7.95	25	7.95	25	7.94	25	7.60	25	7.50	25	7.40	25	7.55	
	1997	5	7.50	5	7.94	5	7.59	5	8.54	5	8.30	5	8.17	5		5		5		5		5		5		8.07
		15	7.52	15	7.74	15	8.50	15	7.74	15	8.56	15	8.74	15		15		15		15		15		15		
		25	7.46	25	7.74	25	7.84	25	8.59	25	8.62	25	8.21	25		25		25		25		25		25		
331	1991	5	8.76	5	8.80	5	8.79	5	8.79	5	8.78	5	8.97	5	8.60	5	8.75	5	8.68	5	8.63	5	8.76	5	8.85	8.76
		15	8.72	15	8.76	15		15	8.79	15	8.82	15	8.67	15	8.78	15	8.81	15	8.68	15	8.50	15		15	8.90	
		25	8.75	25	8.78	25	8.83	25	8.75	25	8.92	25	8.53	25	8.87	25	8.83	25	8.56	25	8.49	25	8.83	25	8.96	

第一章　西安市

续表

点号	年份	1月		2月		3月		4月		5月		6月		7月		8月		9月		10月		11月		12月		年平均
		日	水位	日	水位	日	水位	日	水位	日	水位	日	水位	日	水位	日	水位	日	水位	日	水位	日	水位	日	水位	
331	1992	4	8.94	4		4		4	9.20	4	9.26	4	9.47	4	9.78	4	9.76	4	9.68	4	9.38	4	9.22	4	9.43	9.39
		14	8.95	14	8.88	14		14	9.70	14	9.32	14	9.65	14	9.69	14	9.81	14	9.58	14	9.20	14	9.27	14	9.31	
		24		24	8.98	24	9.12	24	9.21	24	9.42	24	9.66	24	9.67	24	9.80	24	9.47	24	9.16	24	9.32	24	9.26	
	1993	5	9.22	5	9.17	5	9.28	5	9.15	5	9.25	5	9.35	5	9.37	5	8.95	5	9.16	5	9.42	5	9.36	5	9.12	9.27
		15	9.27	15	9.21	15	9.40	15	9.13	15	9.24	15	9.33	15	9.38	15	9.04	15	9.20	15	9.38	15	9.38	15	8.98	
		25	9.20	25	9.26	25	9.91	25	9.25	25	9.25	25	9.35	25	9.40	25	9.14	25	9.27	25	9.36	25	9.33	25	9.08	
	1994	5	9.25	5	9.00	5	8.98	5	8.98	5	9.23	5	干	5		5		5		5		5		5		9.11
		15	9.20	15	8.93	15	9.03	15	8.94	15	9.36	15		15		15		15		15		15		15		
		25	9.23	25		25	9.07	25	9.05	25	9.38	25		25		25		25		25		25		25		
335	1991	5	10.74	5	10.75	5	10.74	5	10.63	5	10.81	5	10.69	5	10.64	5	10.60	5	10.53	5	10.33	5	10.48	5	10.57	10.64
		15	10.71	15	10.77	15	10.66	15	10.65	15	10.81	15	10.65	15	10.73	15	10.69	15	10.37	15	10.44	15	10.56	15	10.58	
		25	10.73	25	10.76	25	10.76	25	10.65	25	10.82	25	10.60	25	10.78	25		25	10.42	25	10.46	25	10.54	25	10.65	
	1992	4	10.65	4	10.72	4	10.76	4	10.88	4	10.88	4	10.94	4	11.08	4	10.96	4	10.97	4	10.60	4	10.38	4	10.75	10.78
		14	10.68	14	10.69	14	10.79	14	10.89	14	10.82	14	10.92	14	10.96	14	11.05	14	10.78	14	10.57	14	10.36	14	10.71	
		24	10.71	24	10.72	24	10.77	24	10.89	24	10.98	24	10.86	24	10.99	24	11.09	24	10.76	24	10.36	24	10.47	24	10.69	
	1993	5	11.26	5	11.27	5	11.24	5	11.11	5	11.08	5	11.14	5	11.04	5	10.84	5	11.08	5	11.05	5	11.10	5	11.12	11.11
		15	11.32	15	11.21	15	11.21	15	10.92	15	11.04	15	11.11	15	11.09	15	11.06	15	11.08	15	11.03	15	11.10	15	11.10	
		25	11.33	25	11.21	25	11.22	25	11.07	25	11.13	25	11.04	25	11.04	25	11.11	25	11.07	25	11.05	25	11.10	25	11.15	
	1994	5	11.10	5	11.11	5	11.13	5	11.30	5	11.20	5	11.39	5	11.37	5	11.37	5	11.34	5	11.29	5	11.33	5	11.25	11.24
		15	11.12	15	11.08	15	11.17	15	11.37	15	11.20	15	11.39	15	11.37	15	11.42	15	11.34	15	11.42	15	11.25	15	11.50	
		25	11.10	25	11.10	25	11.16	25	11.30	25	11.19	25	11.39	25	11.39	25	11.42	25	11.26	25	11.49	25	11.20	25	9.94	
	1995	5	11.49	5	11.54	5	11.64	5	11.62	5	11.66	5	11.94	5	12.10	5	11.78	5	11.56	5	11.41	5	11.54	5	11.54	11.66
		15	11.54	15	11.58	15	11.70	15	11.68	15	11.64	15	12.01	15	12.08	15	11.77	15	11.52	15	11.47	15	11.49	15	11.52	
		25	11.51	25	11.64	25	11.74	25	11.64	25	11.62	25	12.04	25	12.13	25	11.72	25	11.37	25	11.44	25	11.52	25	11.59	

续表

点号	年份	1月 日	1月 水位	2月 日	2月 水位	3月 日	3月 水位	4月 日	4月 水位	5月 日	5月 水位	6月 日	6月 水位	7月 日	7月 水位	8月 日	8月 水位	9月 日	9月 水位	10月 日	10月 水位	11月 日	11月 水位	12月 日	12月 水位	年平均
335	1996	5	11.62	5	11.66	5	11.61	5	11.63	5	13.20	5	13.23	5	12.99	5	12.84	5	12.38	5	12.82	5	12.85	5	12.59	12.49
		15	11.63	15	11.64	15	11.60	15		15	13.14	15	13.09	15	12.95	15	13.01	15	12.59	15	12.92	15	12.54	15	12.23	
		25	11.65	25	11.64	25	11.61	25		25	13.14	25	13.08	25	13.04	25	13.02	25	12.70	25	12.97	25	12.61	25		
	1997	5	11.75	5	11.29	5	11.30	5	11.32	5	11.15	5	11.31	5	10.32	5	11.30	5	11.29	5	11.26	5	11.20	5	11.26	11.27
		15	11.70	15	11.33	15	11.26	15	11.30	15	11.13	15	11.19	15	11.21	15	11.15	15	11.17	15	11.22	15	11.17	15	11.20	
		25	11.32	25	11.26	25	11.28	25	11.21	25	11.13	25	11.49	25	11.33	25	11.43	25	11.38	25	11.20	25	11.20	25	11.77	
	1998	5	11.45	5	11.66	5	11.67	5	11.38	5	11.48	5	11.23	5	11.29	5	11.21	5	10.95	5	11.00	5	11.03	5	10.64	11.32
		15	11.44	15	11.68	15	11.72	15	11.77	15	11.56	15	11.28	15	11.23	15	11.21	15	11.03	15	10.94	15	11.05	15	11.36	
		25	11.51	25	11.70	25	11.65	25	11.43	25	11.42	25	11.45	25	11.31	25	11.29	25	10.90	25	10.98	25	11.04	25	11.47	
	1999	5	11.56	5	12.66	5	11.96	5	11.51	5	11.67	5	11.67	5	11.54	5	11.54	5	11.65	5	11.54	5	11.47	5	11.33	11.65
		15	11.70	15	11.70	15	12.28	15	11.59	15	11.45	15	11.60	15	11.54	15	11.60	15	11.70	15	11.56	15	11.50	15	11.49	
		25	11.64	25	11.68	25	12.12	25	11.64	25	11.63	25	11.64	25	11.56	25	11.61	25	11.64	25	11.49	25	11.52	25	11.46	
	2000	5	11.47	5	11.50	5	11.45	5	11.13	5	11.80	5	11.68	5	11.77	5	11.85	5	11.42	5	11.20	5	10.97	5	10.84	11.48
		15	11.45	15	11.51	15	11.50	15	11.77	15	11.82	15	12.25	15	11.78	15	11.82	15	11.36	15	11.08	15	10.90	15	10.83	
		25	11.49	25	11.46	25	11.83	25	11.70	25	11.79	25	12.30	25	11.90	25	11.77	25	11.30	25	11.06	25	10.87	25	10.80	
297	1991	15	6.88	15	6.97	15	6.88	15	6.90	15	7.03	15	6.62	15	6.80	15	6.75	15	6.41	15	6.74	15		15	6.81	6.80
	1992	15	6.73	15	6.69	15	6.68	15	7.00	15	6.68	15	6.71	15	6.66	15	6.77	15	6.35	15	6.43	15	6.43	15	6.68	6.65
	1993	15	6.53	15	6.53	15	6.58	15	6.67	15	6.54	15	6.51	15	6.60	15	6.84	15	6.83	15	6.73	15	6.76	15	5.55	6.65
	1994	5	6.65	5	6.63	5	6.56	5	5.69	5	5.52	5	6.47	5	5.75	5	5.75	5	5.90	5	5.82	5	5.65	5	5.52	5.89
		15		15		15		15		15		15	6.28	15	5.82	15	5.74	15	5.92	15	5.77	15	5.61	15	5.54	
		25	5.47	25	5.52	25	5.54	25	5.73	25	5.85	25	5.91	25	5.86	25	5.95	25	5.88	25	5.75	25	5.58	25	6.13	
	1995	5	5.41	5	5.71	5	5.60	5	5.78	5	5.91	5	5.81	5	6.00	5	6.20	5	6.19	5	6.22	5	6.14	5	6.17	5.92
		15		15		15		15		15		15		15	6.03	15	6.13	15	6.20	15	6.17	15	6.12	15		
		25	5.32	25	5.76	25	5.73	25	5.82	25	5.92	25	5.95	25	6.11	25	6.07	25	6.25	25	6.14	25	6.14	25	6.14	

第一章 西安市

续表

点号	年份	1月 日	1月 水位	2月 日	2月 水位	3月 日	3月 水位	4月 日	4月 水位	5月 日	5月 水位	6月 日	6月 水位	7月 日	7月 水位	8月 日	8月 水位	9月 日	9月 水位	10月 日	10月 水位	11月 日	11月 水位	12月 日	12月 水位	年平均
297	1996	5	6.14	5	6.13	5	6.25	5	6.29	5	6.10	5	6.82	5	6.64	5	6.50	5	6.15	5	5.20	5	5.12	5		6.16
		15	6.14	15	6.09	15	6.21	15	6.35	15	7.03	15	6.90	15	6.33	15	6.51	15	6.15	15	5.28	15	5.10	15		
		25	6.12	25	6.13	25	6.28	25	6.30	25	6.80	25	6.92	25	6.30	25	6.52	25	6.13	25	5.40	25	5.10	25		
	1997	5	5.45	5	5.57	5	5.51	5	5.46	5	5.38	5	5.51	5	5.66	5	5.74	5	6.10	5	5.96	5	5.97	5	6.14	5.71
		15	5.52	15	5.60	15	5.53	15	5.40	15	5.41	15	5.56	15	5.69	15	5.79	15	5.97	15	5.93	15	5.96	15	6.12	
		25	5.19	25	5.53	25	5.51	25	5.39	25	5.48	25	5.59	25	5.73	25	5.91	25	5.81	25	5.94	25	5.95	25	6.12	
	1998	5	6.19	5	6.19	5	6.21	5	6.20	5	6.14	5	6.09	5	5.23	5	5.67	5	5.62	5	5.80	5	5.87	5	5.94	5.95
		15	6.20	15	6.20	15	6.22	15	6.17	15	6.13	15	6.12	15	5.35	15	5.64	15	5.69	15	5.81	15	5.89	15	5.97	
		25	6.18	25	6.20	25	6.23	25	6.15	25	6.11	25	6.18	25	5.44	25	5.65	25	5.73	25	5.84	25	5.90	25	6.03	
	1999	5	6.38	5	6.70	5	7.62	5	6.99	5	7.10	5	6.56	5	6.28	5	6.19	5	6.30	5	6.41	5	6.84	5	6.90	6.67
		15	6.56	15	6.82	15	6.99	15	6.90	15	6.98	15	6.48	15	6.23	15	6.23	15	6.34	15	6.67	15	6.82	15	6.91	
		25	6.77	25	6.94	25	6.96	25	6.74	25	6.84	25	6.43	25	6.18	25	6.27	25	6.38	25	6.76	25	6.88	25	6.94	
	2000	5	6.96	5	6.93	5	7.15	5		5	7.12	5	6.80	5	6.01	5	5.89	5	5.57	5	5.56	5	5.40	5	5.43	6.36
		15	6.98	15	7.01	15	7.16	15	7.19	15	7.16	15	7.02	15	5.97	15	5.87	15	5.62	15	5.49	15	5.40	15	5.41	
		25	7.02	25	7.05	25	7.15	25	7.15	25	7.07	25	7.10	25	5.94	25	5.51	25	5.60	25	7.05	25	5.42	25	5.40	
315	1991	5	10.39	5	10.54	5	⟨11.39⟩	5	10.79	5	10.85	5	9.88	5	10.93	5	10.95	5	⟨11.88⟩	5	10.89	5	10.88	5	10.84	10.72
		15	10.40	15	10.53	15	10.65	15	10.89	15	⟨11.80⟩	15	10.81	15	⟨12.13⟩	15	11.05	15	11.00	15	⟨12.09⟩	15	⟨11.48⟩	15	10.17	
		25	10.50	25	10.59	25	10.61	25	⟨11.83⟩	25	⟨12.44⟩	25	⟨11.88⟩	25	11.13	25	11.10	25	10.85	25	⟨11.49⟩	25	10.73	25	10.77	
	1992	6	10.59	6	10.47	6	10.51	6	⟨11.83⟩	6	⟨12.18⟩	6	⟨11.50⟩	6	⟨11.75⟩	6	⟨13.08⟩	6	10.87	6	10.81	6	10.90	6	10.63	10.73
		16	10.61	16	10.57	16	10.54	16	⟨11.39⟩	16	10.68	16	⟨11.35⟩	16	10.86	16	10.92	16	11.00	16	10.78	16	10.78	16	10.56	
		26	10.50	26	10.53	26	10.51	26	⟨11.99⟩	26	⟨11.38⟩	26	10.80	26	11.18	26	⟨11.74⟩	26	11.02	26	10.85	26	10.90	26	10.54	
	1993	5	10.50	5	10.35	5	10.43	5	10.14	5	10.71	5	10.08	5	⟨11.32⟩	5	10.97	5	10.04	5	10.04	5	9.92	5	9.86	10.23
		15	10.45	15	10.29	15	10.22	15	10.29	15	10.20	15	10.10	15	10.21	15	10.05	15	10.02	15	9.94	15	9.89	15	9.84	
		25	10.42	25	10.24	25	10.38	25	10.31	25	10.83	25	10.18	25	11.29	25	10.07	25	10.05	25	9.97	25	9.89	25	9.80	

续表

点号	年份	1月 日	1月 水位	2月 日	2月 水位	3月 日	3月 水位	4月 日	4月 水位	5月 日	5月 水位	6月 日	6月 水位	7月 日	7月 水位	8月 日	8月 水位	9月 日	9月 水位	10月 日	10月 水位	11月 日	11月 水位	12月 日	12月 水位	年平均
315	1994	5	9.89	5	9.59	5	9.99	5	11.23	5	10.10	5	10.18	5	10.13	5	10.07	5	10.08	5	10.08	5	9.94	5	9.96	10.14
		15	10.01	15	9.99	15	10.01	15	11.46	15	10.14	15	10.14	15	10.15	15	10.23	15	10.05	15	10.13	15	9.88	15	9.99	
		25	9.97	25	9.96	25	10.04	25	11.24	25	10.20	25	10.14	25	10.03	25	10.15	25	10.05	25	10.18	25	9.84	25	9.94	
	1995	5	10.00	5	10.06	5	9.84	5	9.76	5	9.82	5	10.02	5	10.15	5	9.53	5	9.56	5	9.65	5	10.20	5	10.10	9.88
		15	9.98	15	10.08	15	9.78	15	9.78	15	9.83	15	10.05	15	10.12	15	9.50	15	9.53	15	9.60	15	10.18	15	10.08	
		25	9.98	25	9.71	25	9.79	25	9.79	25	9.86	25	10.13	25	10.08	25	9.51	25	9.63	25	9.63	25	10.15	25	10.18	
	1996	5	10.19	5	10.24	5	10.32	5	10.40	5	10.50	5	10.53	5	10.45	5	10.17	5	10.05	5	8.87	5	8.40	5	8.20	9.76
		15	10.23	15	10.23	15	10.39	15	10.46	15	10.46	15		15	10.25	15	8.15	15	9.97	15	8.75	15	8.25	15	8.16	
		25	10.25	25	10.29	25	10.44	25	10.51	25	10.49	25		25	10.34	25	8.06	25	9.95	25	8.30	25	8.32	25	8.04	
	2000	5	8.76	5	8.64	5	8.54	5	8.45	5	8.50	5	8.38	5	8.42	5		5	7.80	5		5	8.05	5		8.32
		15	8.73	15	8.60	15	8.50	15		15	8.52	15	8.40	15	8.20	15	7.94	15	7.84	15		15	7.95	15		
		25	8.72	25	8.58	25	8.50	25	8.48	25	8.56	25	8.43	25	8.14	25		25	7.82	25	8.05	25	7.91	25		
366	1991	5	5.68	5	5.78	5	5.72	5	5.67	5	5.53	5	5.35	5	5.50	5	5.39	5	5.16	5	5.35	5	4.96	5	5.51	5.51
	1992	15	5.62	15	5.68	15	5.81	15	5.90	15	5.73	15	5.69	15	5.64	15	5.66	15	5.47	15	5.11	15	4.95	15	4.99	5.52
	1993	15	5.07	15	5.09	15	5.18	15	5.25	15	5.16	15	5.26	15	5.11	15	5.19	15	5.12	15	4.98	15	4.44	15	4.88	5.10
	1994	15	4.68	15	4.72	15		15	4.55	15	4.55	5	5.66	15	4.47	15	4.66	15	4.67	15	4.56	15	4.44	15	4.39	4.62
		25	4.70	25	4.65	25	4.98	25	4.97	25		25	5.01	25	4.51	25	4.54	25	4.71	25	4.52	25	4.43	25	4.38	
	1995	5	4.68	5	4.73	5	4.84	5	5.01	5	5.05	5	4.58	5	4.59	5	4.75	5	4.67	5	4.53	5	4.43	5	4.39	5.23
		15	4.65	15	4.86	15	4.93	15	5.04	15	5.05	15	5.12	15	5.38	15	5.60	15	5.60	15	5.64	15	5.40	15	5.40	
		25	5.43	25	5.35	25	5.35	25	5.41	25	5.03	25	5.20	25	5.45	25	5.56	25	5.64	25	5.61	25	5.44	25	5.44	
	1996	5	5.40	5	5.34	5	5.30	5	5.50	5		5	5.31	5	5.52	5	5.52	5	5.60	5	5.66	5	5.44	5	5.49	6.51
		15	5.38	15	5.35	15	5.33	15	5.72	15		15	7.75	15	7.90	15	7.60	15	7.26	15	6.38	15	6.54	15	6.32	
		25		25		25		25		25		25	7.88	25	7.65	25	7.75	25	7.23	25	6.74	25	6.45	25	6.45	
												25	8.04	25	7.80	25	7.57	25	7.32	25	6.85	25	6.40	25	6.23	

续表

点号	年份	1月 日	1月 水位	2月 日	2月 水位	3月 日	3月 水位	4月 日	4月 水位	5月 日	5月 水位	6月 日	6月 水位	7月 日	7月 水位	8月 日	8月 水位	9月 日	9月 水位	10月 日	10月 水位	11月 日	11月 水位	12月 日	12月 水位	年平均
545	1991	15	23.83	15	23.75	15	23.85	15	23.83	15	23.83	15	23.97	15	23.89	15	24.10	15	24.04	15	23.70	15	24.09	15	24.05	23.91
	1992	15	24.10	15	23.82	15	24.13	15	24.37	15	23.87	15	23.97	15	23.95	15	24.35	15	24.26	15	24.55	15	24.42	15	24.44	24.19
	1993	15	24.51	15	24.44	15	25.13	15	24.51	15	24.63	15	24.73	15	24.74	15	24.73	15	24.65	15	24.80	15	24.73	15	25.17	24.73
	1994	5	25.15	5	25.76	5	25.00	5	25.06	5	25.12	5	25.13	5	24.96	5	25.06	5	25.25	5	25.46	5	25.35	5	25.45	25.27
		25		25		25		25		25		25		25		25		25		25		25		25		25		
	1995	5	25.39	5	25.27	5	25.99	5	25.45	5	26.66	5	25.63	5	25.15	5	25.56	5	25.28	5	25.86	5	25.75	5	25.98	25.69
		15		15		15		15		15		15		15		15		15		15		15		15		
	1996	5	26.09	5	25.27	5	25.38	5	25.50	5	25.49	5	25.58	5	25.63	5	25.64	5	25.73	5	25.78	5	25.83	5	26.00	26.14
		15		15		15		15		15		15		15		15		15		15		15		15		
		25	26.03	25	26.05	25	25.60	25	25.40	25	25.36	25	25.59	25	25.63	25	25.64	25	25.74	25	25.77	25	25.73	25	25.92	
	1997	5	26.07	5	26.14	5	26.02	5	26.02	5	25.05	5	26.13	5	26.21	5	27.21	5	26.21	5	26.15	5	26.17	5	26.24	26.48
		15	26.18	15	26.14	15	26.07	15	26.02	15	24.98	15	25.98	15	26.21	15	26.31	15	26.21	15	26.27	15	26.16	15	26.23	
		25	26.06	25	26.19	25	26.05	25	26.02	25	24.98	25	26.23	25	27.10	25	26.80	25	26.26	25	26.42	25	26.30	25	26.25	
	1998	5	26.13	5	26.34	5	26.18	5	26.27	5	26.35	5	26.38	5	26.33	5	26.60	5	26.47	5	26.70	5	26.61	5	26.70	26.48
		15	26.16	15	26.33	15	26.22	15	26.49	15	26.36	15	26.48	15	26.43	15	26.55	15	27.56	15	26.68	15	26.62	15	26.49	
		25	26.28	25	26.26	25	26.17	25	26.53	25	26.42	25	26.58	25	26.55	25	26.61	25	26.45	25	26.69	25	26.69	25	26.54	
		5	27.30	5	27.10	5	27.07	5	27.09	5	27.09	5	26.95	5	26.45	5	27.93	5	27.47	5		5		5		27.16
		15	27.12	15	26.88	15	26.85	15	27.04	15	27.17	15	26.98	15	27.14	15	27.92	15	27.39	15		15		15		
		25	27.25	25	26.98	25	26.76	25	27.08	25	27.05	25	26.92	25	27.16	25	27.96	25	27.33	25		25		25		
552-1	1991	5	16.37	5	16.41	5	16.41	5	16.49	5	16.48	5	16.52	5	16.48	5	16.77	5	16.65	5	16.60	5	16.70	5	16.68	16.50
		15	16.39	15	16.40	15	16.47	15	16.50	15	16.47	15		15		15		15		15		15		15		
		25	16.41	25	16.39	25	16.45	25	16.50	25	16.49	25		25		25		25		25		25		25		
	1992	15	16.73	15	16.71	15	16.78	15	16.99	15	16.84	15	16.99	15	17.11	15	17.25	15	17.29	15	17.11	15	16.93	15	16.92	16.97
	1993	15	17.02	15	17.14	15	17.02	15	17.07	15	17.29	15	17.31	15	17.28	15	17.28	15	17.31	15	17.52	15	17.50	15	17.70	17.29

续表

点号	年份	1月 日	1月 水位	2月 日	2月 水位	3月 日	3月 水位	4月 日	4月 水位	5月 日	5月 水位	6月 日	6月 水位	7月 日	7月 水位	8月 日	8月 水位	9月 日	9月 水位	10月 日	10月 水位	11月 日	11月 水位	12月 日	12月 水位	年平均
552-1	1994	5	17.65	5	17.70	5	17.69	5	17.76	5		5	18.30	5	18.32	5	18.29	5	18.71	5	18.28	5	18.26	5	18.26	18.13
		15		15		15		15		15	17.84	15	18.04	15	18.10	15	18.14	15	18.11	15	18.27	15	18.24	15	18.26	
		25		25		25		25		25		25	18.04	25	18.09	25	18.19	25	18.11	25	18.28	25	18.26	25	18.26	
	1995	5	18.23	5	18.55	5	18.54	5	18.37	5	18.65	5	18.81	5	19.01	5	19.10	5	19.07	5	19.35	5	11.43	5	19.66	18.73
		15	18.47	15	18.55	15	18.64	15	18.64	15	18.75	15	18.86	15	19.06	15	19.14	15	19.09	15	19.30	15	19.51	15	19.58	
		25	18.53	25	18.65	25	18.54	25	18.79	25	18.85	25	18.81	25	19.11	25	19.14	25	19.08	25	19.50	25	19.51	25	19.58	
	1996	5	19.62	5	19.95	5	19.67	5	19.71	5	19.82	5	19.78	5	20.46	5	19.80	5	19.90	5	19.62	5	19.68	5	19.69	19.86
		15	19.77	15	20.43	15	19.57	15	19.72	15	19.66	15	19.81	15	19.90	15	19.76	15	20.45	15	20.03	15	19.80	15	19.74	
		25	19.92	25	19.73	25	19.62	25	19.67	25	19.76	25	19.86	25	19.91	25	19.84	25	20.65	25	20.02	25	19.82	25	19.72	
	1997	5	19.40	5	19.24	5	19.20	5	19.25	5	19.59	5		5	22.71	5	20.35	5	20.46	5	21.50	5	20.48	5	20.52	20.25
		15	19.33	15	19.16	15	19.21	15	19.77	15	19.50	15	22.81	15	21.21	15	20.44	15	20.50	15	21.50	15	20.45	15	20.48	
		25	19.34	25	19.13	25	19.18	25	19.67	25	20.26	25	21.18	25	20.62	25	20.51	25	20.44	25	21.51	25	20.39	25	20.54	
	1998	5	20.80	5	20.65	5	21.74	5	21.92	5	21.26	5	20.55	5	20.66	5	20.27	5	20.82	5	21.18	5	20.98	5	20.21	21.15
		15	21.30	15	22.59	15	21.77	15	21.94	15	21.59	15	20.77	15	24.83	15	20.52	15	20.56	15	20.03	15	20.82	15	20.61	
		25	21.09	25	21.75	25	21.95	25	21.91	25	20.99	25	20.56	25	21.42	25	21.60	25	19.96	25	20.01	25	20.50	25	20.62	
	1999	5	20.41	5	20.04	5	20.07	5	20.09	5	20.09	5	20.68	5	19.73	5	19.84	5	19.83	5	19.57	5	19.64	5	19.34	19.90
		15	20.31	15	20.65	15	20.09	15	20.39	15	19.93	15	20.11	15	19.81	15	19.77	15	19.59	15	19.56	15	19.26	15	19.19	
		25	20.46	25	20.02	25	20.15	25	20.16	25	20.11	25	19.67	25	19.77	25	19.80	25	19.54	25	19.52	25	19.28	25	19.01	
	2000	5	19.36	5	19.17	5	19.14	5	19.29	5	19.61	5		5	19.57	5	19.52	5	19.77	5	20.01	5	19.87	5	19.02	19.41
		15	19.24	15	19.32	15	19.36	15	19.67	15		15		15		15		15		15		15		15		
		25	18.90	25	19.35	25	19.04	25		25		25		25		25		25		25		25		25		
557	1991	5	13.98	5	14.08	5	14.03	5	14.09	5	14.09	5	14.12	5	14.14	5	14.31	5	14.40	5	14.38	5	14.56	5	14.58	14.26
		15	14.07	15	14.05	15	14.00	15	14.08	15	14.20	15	14.16	15	14.20	15	14.43	15	14.46	15	14.48	15	14.51	15	14.57	
		25	13.98	25	14.19	25	14.08	25	14.06	25	14.19	25	14.16	25	14.25	25	14.40	25	14.40	25	14.46	25	14.56	25	14.56	

续表

点号	年份	1月 日	1月 水位	2月 日	2月 水位	3月 日	3月 水位	4月 日	4月 水位	5月 日	5月 水位	6月 日	6月 水位	7月 日	7月 水位	8月 日	8月 水位	9月 日	9月 水位	10月 日	10月 水位	11月 日	11月 水位	12月 日	12月 水位	年平均
557	1992	4	干	4	干	4	干	4	干	4	干	4	13.06	4	13.04	4	12.30	4	13.42	4	13.20	4	13.10	4	13.25	13.00
		14	干	14	干	14	干	14	干	14	12.86	14	13.06	14	13.12	14	13.14	14	13.32	14	13.30	14	12.96	14	13.20	
		24	干	24	干	24	干	24	干	24	12.98	24	13.08	24	10.22	24	13.20	24	13.27	24	13.36	24	13.26	24	13.26	
	1993	5	13.30	5	13.35	5	13.43	5	13.55	5	13.51	5	13.62	5	13.38	5	13.75	5	14.06	5	14.11	5	14.03	5	14.99	13.78
		15	13.27	15	13.40	15	13.38	15	13.46	15	13.53	15	14.97	15	13.96	15	13.65	15	14.06	15	14.06	15	14.03	15	14.10	
		25	13.35	25	13.40	25	13.58	25	13.43	25	13.56	25	13.76	25	13.96	25	13.65	25	14.16	25	14.06	25	14.13	25	14.10	
	1994	5	13.88	5	14.73	5	15.03	5	14.63	5	14.84	5	18.51	5	19.32	5	19.52	5	15.54	5	15.49	5	15.59	5	15.59	15.88
		15	13.97	15	14.14	15	14.43	15	14.63	15	14.63	15	18.42	15	19.32	15	18.53	15	15.54	15	15.51	15	15.68	15	15.59	
		25	14.04	25	14.13	25	14.43	25	14.63	25	14.63	25	18.68	25	19.40	25	16.52	25	15.54	25	15.51	25	15.48	25	15.60	
	1995	5	15.61	5	16.29	5	⟨21.16⟩	5	19.07	5	⟨18.68⟩	5	18.94	5	18.69	5	16.22	5	19.00	5	⟨23.62⟩	5	⟨23.27⟩	5	⟨22.69⟩	18.48
		15	⟨18.06⟩	15	16.39	15	⟨21.03⟩	15	19.37	15	16.88	15	18.79	15	18.69	15	⟨21.00⟩	15	21.20	15	19.23	15	⟨23.27⟩	15	⟨20.69⟩	
		25	15.61	25	⟨18.48⟩	25	⟨21.26⟩	25	19.37	25	⟨18.78⟩	25	19.52	25	18.68	25	⟨19.82⟩	25	21.25	25	19.33	25	19.34	25	19.14	
	1996	5	⟨22.64⟩	5	⟨24.05⟩	5	⟨24.03⟩	5	17.05	5	⟨24.04⟩	5	⟨24.29⟩	5	⟨24.12⟩	5	17.89	5	⟨21.18⟩	5	16.68	5	⟨20.11⟩	5	16.24	16.66
		15	⟨21.74⟩	15	⟨23.95⟩	15	⟨24.08⟩	15	⟨23.98⟩	15	17.69	15	16.65	15	⟨24.87⟩	15	17.89	15	20.67	15	16.32	15	⟨20.10⟩	15	10.19	
		25	16.32	25	16.23	25	16.35	25	17.06	25	⟨21.84⟩	25	16.95	25	⟨23.92⟩	25	⟨24.65⟩	25	⟨21.37⟩	25	16.35	25	16.73	25	15.99	
	1997	5	16.12	5	16.59	5	⟨20.67⟩	5	16.35	5	16.31	5	⟨19.58⟩	5	⟨21.62⟩	5	⟨27.42⟩	5	16.91	5	⟨25.06⟩	5	14.28	5	⟨25.07⟩	15.82
		15	16.04	15	⟨18.57⟩	15	15.17	15	16.96	15	⟨21.54⟩	15	16.23	15	16.33	15	16.82	15	⟨24.05⟩	15	14.20	15	14.25	15	14.23	
		25	⟨18.67⟩	25	⟨20.26⟩	25	⟨20.68⟩	25	16.53	25	14.56	25	16.36	25	16.21	25	16.84	25	16.81	25	14.23	25	14.29	25	⟨23.24⟩	
	1998	5	⟨23.62⟩	5	⟨23.57⟩	5	14.78	5	14.89	5	14.70	5	14.43	5	14.43	5	14.79	5	⟨22.14⟩	5	⟨25.28⟩	5	17.91	5	17.89	15.52
		15	14.28	15	14.28	15	14.87	15	⟨23.62⟩	15	⟨24.60⟩	15	14.56	15	14.25	15	17.70	15	14.76	15	⟨27.33⟩	15	17.88	15	17.99	
		25	14.68	25	14.37	25	14.74	25	14.71	25	17.30	25	14.74	25	14.78	25	14.75	25	14.71	25	17.95	25	17.72	25	17.96	
	1999	5	17.84	5	17.67	5	17.44	5	17.37	5	17.33	5	17.81	5	17.13	5	16.21	5	16.96	5	16.54	5	16.51	5	16.80	17.07
		15	17.47	15	17.32	15	17.48	15	17.25	15	17.18	15	17.60	15	16.93	15	16.30	15	16.74	15	16.52	15	16.55	15	16.73	
		25	17.56	25	17.49	25	17.43	25	17.30	25		25	17.69	25	17.04	25	16.40	25	16.53	25	16.55	25	16.58	25	16.80	

续表

点号	年份	1月 日	1月 水位	2月 日	2月 水位	3月 日	3月 水位	4月 日	4月 水位	5月 日	5月 水位	6月 日	6月 水位	7月 日	7月 水位	8月 日	8月 水位	9月 日	9月 水位	10月 日	10月 水位	11月 日	11月 水位	12月 日	12月 水位	年平均
557	2000	5	20.16	5	21.85	5	20.51	5		5		5		5		5		5		5		5		5		20.51
		15	20.22	15	20.22	15	20.47	15		15		15		15		15		15		15		15		15		
		25	20.51	25	20.30	25	20.39	25		25		25		25		25		25		25		25		25		
558	1991	5	1.12	5	1.13	5	1.08	5	1.08	5	1.03	5	0.97	5	1.17	5	1.03	5	〈1.43〉	5	1.14	5	1.40	5	1.30	1.15
		15	1.10	15	1.06	15	1.01	15	1.02	15	1.03	15	0.82	15	1.17	15	1.28	15	1.38	15	1.31	15	1.28	15	〈1.58〉	
		25	1.18	25	1.08	25	1.04	25	1.05	25	〈1.57〉	25	0.91	25	1.52	25	1.15	25	1.16	25	1.28	25	1.33	25	1.28	
	1992	4	1.25	4	1.38	4	1.35	4	1.42	4	1.45	4	〈2.31〉	4	1.51	4	1.58	4	1.60	4	1.37	4	1.25	4	1.23	1.39
		14	〈1.48〉	14	1.28	14	1.37	14	1.32	14	1.42	14	1.43	14	1.34	14	1.66	14	1.46	14	1.24	14	1.26	14	1.27	
		24	1.35	24	1.37	24	1.35	24	1.35	24	1.43	24	1.48	24	1.54	24	1.56	24	1.43	24	1.27	24	1.31	24	1.32	
	1993	5	1.38	5	〈1.77〉	5	1.59	5	1.57	5	1.76	5	1.79	5	1.79	5	1.80	5	1.72	5	2.37	5	2.27	5	2.27	1.83
		15	1.41	15	1.52	15	1.65	15	1.65	15	1.76	15	1.79	15	1.77	15	2.05	15	1.72	15	2.67	15	2.25	15	2.27	
		25	1.40	25	0.99	25	1.65	25	0.78	25	1.77	25	1.79	25	1.77	25	2.07	25	2.17	25	2.34	25	2.27	25	2.26	
	1994	5	2.27	5	2.32	5	2.17	5	2.17	5	25.00	5	2.16	5	2.18	5	3.27	5	2.77	5	2.82	5	2.27	5	2.87	3.11
		15	2.28	15	2.27	15	2.27	15	2.17	15	2.17	15	2.66	15	2.27	15	3.76	15	2.81	15	2.62	15	2.27	15	2.46	
		25	2.27	25	2.32	25	2.17	25	2.17	25	2.66	25	2.16	25	3.30	25	2.94	25	2.77	25	2.62	25	2.27	25	2.46	
	1995	5	2.81	5	2.65	5	2.55	5	2.61	5	2.72	5	2.84	5	2.97	5	3.03	5	3.17	5	3.27	5	3.35	5	3.36	2.96
		15	2.66	15	2.60	15	2.54	15	2.77	15	2.86	15	2.90	15	3.05	15	3.46	15	3.13	15	3.28	15	3.36	15	3.45	
		25	2.68	25	2.57	25	2.61	25	2.66	25	4.06	25	2.07	25	2.99	25	3.41	25	3.12	25	3.41	25	3.36	25	3.45	
	1996	5	3.49	5	3.86	5	4.05	5	3.82	5	4.10	5	3.87	5	3.88	5	3.68	5	4.02	5	3.77	5	3.50	5	3.50	3.83
		15	4.19	15	4.45	15	4.16	15	3.77	15	5.01	15	3.87	15	3.23	15	3.75	15	3.50	15	3.78	15	3.67	15	3.48	
		25	3.32	25	〈5.44〉	25	5.55	25	4.03	25	2.75	25	3.82	25	3.53	25	3.03	25	3.58	25	3.74	25	3.51	25	3.54	
	1997	5	3.48	5	3.35	5	3.36	5	3.33	5	2.74	5	3.01	5	3.33	5	3.33	5	3.33	5	3.55	5	3.49	5	3.53	3.33
		15	3.38	15	3.40	15	3.32	15	2.77	15	2.74	15	3.03	15	3.69	15	3.27	15	3.56	15	3.46	15	3.91	15	3.52	
		25	2.83	25	3.45	25	3.39	25	2.72	25	2.84	25	3.11	25	3.63	25	3.54	25	3.57	25	3.48	25	3.90	25	3.57	

续表

点号	年份	1月 日	1月 水位	2月 日	2月 水位	3月 日	3月 水位	4月 日	4月 水位	5月 日	5月 水位	6月 日	6月 水位	7月 日	7月 水位	8月 日	8月 水位	9月 日	9月 水位	10月 日	10月 水位	11月 日	11月 水位	12月 日	12月 水位	年平均
558	1998	5	3.74	5	3.71	5	3.65	5	3.75	5	3.75	5	3.35	5	3.07	5	3.17	5	3.13	5	3.21	5	3.31	5	3.32	3.46
		15	3.51	15	3.80	15	3.76	15	3.73	15	3.78	15	3.67	15	3.32	15	2.99	15	3.17	15	3.21	15	3.22	15	3.34	
		25	3.75	25	3.81	25	3.73	25	3.74	25	3.72	25	3.47	25	3.12	25	3.18	25	3.21	25	3.65	25	3.21	25	3.29	
	1999	5	3.60	5	3.62	5	3.69	5	3.60	5	3.51	5	3.70	5	4.02	5	3.99	5	4.21	5	4.31	5	4.31	5	4.27	3.91
		15	3.76	15	3.65	15	3.73	15	3.57	15	3.90	15	3.57	15	3.88	15	4.03	15	4.27	15	4.27	15	4.30	15	4.18	
		25	3.75	25	3.72	25	3.54	25	3.53	25	3.83	25	3.52	25	3.99	25	3.96	25	4.36	25	4.29	25	4.28	25	4.12	
	2000	5	4.30	5	4.25	5	4.19	5	4.21	5	4.76	5	4.90	5	4.72	5	4.75	5	4.77	5	4.74	5	4.75			4.47
		15	4.23	15	4.29	15	4.21	15	4.70															15		
		25	4.21	25	4.23	25	4.25																	25	4.45	
559	1991	15	21.61	15	21.70	15	21.66	15	21.64	15	21.95	15	21.81	15	21.76	15	21.74	15	21.96	15	22.99	15	21.94	15	21.95	21.89
	1992	15	21.90	15	22.93	15	21.97	15	22.17	15	22.42	15	22.46	15	22.16	15	22.34	15	22.21	15	22.20	15	24.83	15	22.24	22.49
	1993	25	22.25	25	22.34	15	22.39	15	22.22	15	22.60	15	22.45	15	22.39	15	22.60	15	22.27	15	22.60	15	22.86	15	22.67	22.47
	1994	5	22.76	5	22.87	5	22.81	5	23.01	5	23.04	5	23.04	5	22.95	5	22.96	5	23.18	5	23.14	5	23.35	5	23.15	23.06
		15	23.19	15	23.02	15	23.51	15	23.51	15	23.33	15	22.92	15	22.95	15	23.02	15	23.18	15	23.14	15	23.35	15	23.12	
		25	23.19	25	23.87	25	23.20	25	23.56	25	23.34	25	22.83	25	22.97	25	22.98	25	23.19	25	23.53	25	23.55	25	23.14	
	1995	5	23.16	5	23.47	5	23.50	5	23.31	5	23.34	5	23.98	5	24.03	5	23.49	5	23.04	5	23.59	5	23.53	5	24.82	23.58
		15	24.00	15	24.02	15	23.94	15	24.12	15	24.12	15	23.33	15	23.68	15	23.48	15	23.79	15	23.66	15	24.34	15	24.03	
	1996	25	23.83	25	23.95	25	24.31	25	24.05	25	24.00	25	23.58	25	23.68	25	23.13	25	23.64	25	25.08	25	25.10	25	24.33	24.35
		5	23.95	5	24.26	5	23.93	5	24.10	5	24.13	5	24.09	5	24.52	5	25.13	5	24.21	5	24.22	5	25.00	5	24.00	
		15	24.09	15	24.18	15	24.17	15	24.24	15	24.32	15	24.66	15	24.30	15	25.21	15	23.66	15	24.43	15	25.07	15	23.95	
	1997	25	23.96	25	24.17	25	24.14	25	24.83	25	24.68	25	24.68	25	25.11	25	25.16	25	24.06	25	24.73	25	24.95	25	24.37	24.64
		15	24.17	15	24.18	15	24.19	15	24.54	15	24.52	15	24.54	15	24.89	15	24.85	15	24.90	15	24.88	15	24.99	15	24.74	
		25		25		25		25		25		25	24.62	25	25.07	25	24.88	25	24.86	25	24.85	25	24.98	25	24.97	
															24.69		24.87		25.99						24.99	

续表

点号	年份	1月 日	1月 水位	2月 日	2月 水位	3月 日	3月 水位	4月 日	4月 水位	5月 日	5月 水位	6月 日	6月 水位	7月 日	7月 水位	8月 日	8月 水位	9月 日	9月 水位	10月 日	10月 水位	11月 日	11月 水位	12月 日	12月 水位	年平均
559	1998	5	25.26	5	25.36	5	25.84	5	25.93	5	26.35	5	25.98	5	25.37	5	25.07	5	25.23	5	25.03	5	25.16	5	25.24	25.55
		15	25.63	15	25.43	15	25.85	15	26.16	15	26.19	15	25.27	15	25.84	15	25.11	15	25.13	15	25.36	15	25.24	15	25.40	
		25	25.35	25	25.41	25	27.24	25	26.23	25	26.21	25	25.55	25	25.69	25	25.05	25	25.18	25	25.02	25	25.23	25	25.38	
	1999	5	25.17	5	25.36	5	25.40	5	25.24	5	25.11	5	25.21	5	24.87	5	24.92	5	25.19	5	25.32	5	24.20	5	24.88	25.19
		15	25.41	15	25.25	15	25.34	15	25.25	15	25.29	15	25.16	15	25.02	15	24.95	15	25.61	15	25.29	15	25.24	15	25.20	
		25	25.30	25	25.22	25	25.42	25	25.19	25	25.46	25	25.02	25	25.05	25	24.98	25	25.52	25	25.38	25	25.13	25	25.28	
	2000	5	25.59	5	25.53	5	25.98																			25.74
		15	25.33	15	26.10	15	25.96	15		15		15		15		15		15		15		15		15		
		25	25.42	25	26.08	25	25.64							25								25				
585	1991	15	6.61	15	6.67	15	6.68	15	6.64	15	6.57	15	6.48	15	7.26	15	7.04	15	6.71	15	6.40	15	6.44	15	6.42	6.66
	1992	15	6.39	15	6.26	15	6.43	15	7.94	15	6.49	15	6.62	15	6.68	15	6.75	15	6.72	15	6.53	15	6.48	15	6.42	6.64
	1993	15	6.46	15	6.39	15	6.42	15	6.31	15	6.56	15	7.00	15	6.98	15	7.20	15	7.00	15	7.00	15	6.99	15	6.65	6.75
	1994	5	6.38	5	6.36	5	6.38	5	6.24	5	6.18	5	6.25	5	6.85	5	6.95	5	6.66	5	6.55	5	6.63	5	6.71	6.59
		15	6.71	15	6.53	15	6.75	15	6.63	15	6.61	15	6.34	15	6.85	15	6.60	15	6.71	15	6.36	15	6.63	15	6.65	
		25	6.71	25	6.49	25	6.65	25	6.70	25	6.61	25	6.34	25	7.05	25	7.15	25	6.66	25	6.46	25	6.63	25	6.74	
	1995	5	6.71	5	6.53	5	6.70	5	6.68	5	6.61	5	6.64	5	7.21	5	7.22	5	7.22	5	7.18	5	7.16	5	7.17	6.92
		15	7.05	15	7.64	15	7.25	15	7.26	15	7.11	15	6.68	15	7.16	15	7.22	15	7.22	15	7.15	15	7.16	15	7.17	
		25	7.19	25	7.84	25	7.33	25	7.06	25	7.28	25	6.65	25	7.26	25	7.22	25	7.22	25	7.19	25	7.18	25	7.19	
	1996	5	7.13	5	7.25	5	7.24	5	7.11	5	7.59	5	7.21	5	7.11	5	7.23	5	6.32	5	7.22	5	7.61	5	7.69	7.21
		15	6.47	15	6.76	15	6.43	15	6.43	15	6.52	15	7.22	15	7.18	15	7.22	15	6.21	15	7.14	15	7.63	15	7.04	
		25	6.46	25	6.58	25	6.25	25	6.56	25	6.54	25	7.23	25	7.22	25	7.21	25	6.26	25	7.20	25	7.66	25	7.52	
	1997	5	6.80	5	6.53	5	6.37	5	6.48	5	6.50	5	6.60	5	6.88	5	6.85	5	6.88	5	12.21	5	12.23	5	12.29	7.91
		15		15		15		15		15		15	6.64	15	6.78	15	6.79	15	6.90	15	12.19	15	12.21	15	12.31	
		25		25		25		25		25		25	6.53	25	6.80	25	6.86	25	6.86	25	12.20	25	12.19	25		

续表

点号	年份	1月 日	1月 水位	2月 日	2月 水位	3月 日	3月 水位	4月 日	4月 水位	5月 日	5月 水位	6月 日	6月 水位	7月 日	7月 水位	8月 日	8月 水位	9月 日	9月 水位	10月 日	10月 水位	11月 日	11月 水位	12月 日	12月 水位	年平均
585	1998	5	7.79	5	8.76	5	8.80	5	8.32	5	6.66	5	7.06	5	6.87	5	7.01	5	6.20	5	6.74	5	7.65	5	6.39	7.42
		15	8.74	15	8.56	15	8.79	15	8.43	15	6.73	15	6.56	15	7.47	15	6.99	15	6.05	15	7.54	15	7.44	15	6.04	
		25	8.71	25	8.61	25	8.76	25	8.37	25	6.58	25	6.67	25	7.33	25	7.17	25	6.33	25	7.19	25	7.66	25	6.09	
	1999	5	6.33	5	6.29	5	6.80	5	6.99	5	6.68	5	6.31	5	5.88	5	5.95	5	5.94	5	5.87	5	5.83	5	5.89	6.19
		15	6.32	15	6.27	15	6.61	15	6.75	15	6.29	15	6.45	15	5.96	15	5.94	15	5.86	15	5.85	15	5.86	15	5.87	
		25	6.29	25	6.31	25	6.82	25	6.64	25	6.15	25	6.36	25	5.90	25	5.97	25	5.90	25	5.88	25	5.84	25	5.85	
	2000	5	5.69	5	5.68	5	5.47	5	5.58	5	6.28	5	5.99	5	5.83	5	⟨7.27⟩	5	5.94	5	⟨7.65⟩	5	5.68	5	⟨7.35⟩	5.91
		15	5.73	15	5.66	15	5.61	15	5.85	15	6.06	15	⟨7.88⟩	15	⟨7.57⟩	15	6.01	15	6.44	15	⟨7.55⟩	15	⟨7.40⟩	15	⟨7.39⟩	
		25	5.77	25	5.67	25	5.58	25	5.90	25	6.23	25	⟨7.64⟩	25	6.30	25	6.71	25	6.41	25	5.86	25	5.72	25	5.79	
588	1991	5	7.34	5	7.53	5	7.44	5	7.37	5	7.26	5	7.18	5	7.29	5	7.10	5	7.06	5	7.08	5	7.26	5	7.31	7.28
		15	7.37	15	7.83	15	7.39	15	7.31	15	7.27	15	6.91	15	7.30	15	7.44	15	7.06	15	7.16	15	7.28	15	7.29	
		25	7.53	25	⟨8.01⟩	25	7.38	25	7.38	25	7.18	25	7.14	25	7.26	25	7.17	25	7.17	25	7.26	25	7.31	25	7.22	
	1992	4	7.21	4	7.36	4	7.42	4	7.56	4	7.83	4	9.07	4	8.13	4	8.01	4	7.92	4	7.42	4	7.21	4	7.12	7.62
		14	7.24	14	7.38	14	7.45	14	7.69	14	7.81	14	7.90	14	8.00	14	8.07	14	7.73	14	7.31	14	7.14	14	7.09	
		24	7.34	24	7.49	24	7.58	24	7.68	24	7.97	24	7.88	24	8.01	24	8.47	24	7.59	24	7.19	24	7.12	24	7.10	
	1993	5	7.12	5	7.20	5	7.30	5	7.39	5	7.66	5	7.49	5	7.25	5	7.59	5	8.04	5	7.79	5	7.78	5	7.97	7.58
		15	7.09	15	7.16	15	7.50	15	7.44	15	7.59	15	7.39	15	7.41	15	7.87	15	8.03	15	7.68	15	7.78	15	7.98	
		25	7.20	25	7.35	25	7.42	25	7.88	25	7.59	25	7.28	25	7.39	25	7.79	25	7.99	25	7.69	25	7.87	25	7.98	
	1994	5	8.05	5	8.03	5	8.23	5	8.03	5	8.03	5	8.02	5	8.12	5	8.47	5	8.98	5	8.87	5	8.84	5	8.51	8.32
		15	8.06	15	8.06	15	7.98	15	8.03	15	8.02	15	8.02	15	8.12	15	8.53	15	8.69	15	8.78	15	8.75	15	8.56	
		25	8.04	25	8.07	25	7.94	25	8.05	25	8.33	25	7.68	25	8.17	25	8.86	25	8.98	25	8.78	25	8.47	25	8.53	
	1995	5	8.61	5	8.65	5	8.74	5	8.79	5	9.00	5	8.91	5	10.88	5	9.73	5	9.86	5	9.87	5	9.77	5	10.55	9.51
		15	8.66	15	8.64	15	8.84	15	8.84	15	8.95	15	8.91	15	12.25	15	9.85	15	9.84	15	9.82	15	10.40	15	10.64	
		25	8.66	25	8.85	25	8.84	25	8.79	25	8.95	25	8.91	25	10.05	25	9.80	25	9.84	25	9.82	25	10.37	25	10.45	

续表

点号	年份	日	1月水位	日	2月水位	日	3月水位	日	4月水位	日	5月水位	日	6月水位	日	7月水位	日	8月水位	日	9月水位	日	10月水位	日	11月水位	日	12月水位	年平均
588	1996	5	10.25	5	10.60	5	10.61	5	10.57	5	10.55	5		5		5		5		5	11.61	5	10.89	5	10.83	10.73
		15	10.24	15	10.58	15	10.59	15	10.60	15	10.48	15		15		15		15		15	11.61	15	10.83	15	10.84	
		25	10.25	25	10.62	25	10.60	25	10.58	25	10.36	25		25		25		25		25	11.59	25	10.90	25	10.89	
	1997	5	10.62	5	10.71	5	8.97	5	8.95	5	11.87	5	11.35	5	11.19	5	11.91	5	12.90	5	12.35	5	12.42	5	12.32	11.27
		15	10.74	15	10.73	15	8.90	15	8.77	15	11.57	15	11.18	15	11.89	15	11.97	15	12.90	15	12.43	15	12.39	15	12.33	
		25	10.71	25	8.94	25	8.85	25	8.99	25	11.58	25	11.36	25	11.87	25	12.11	25	12.88	25	12.46	25	12.41	25	12.36	
	1998	5	12.38	5	12.29	5	12.94	5	13.01	5	13.17	5	12.72	5	12.46	5	12.56	5	12.04	5	⟨19.05⟩	5	13.49	5	13.44	12.85
		15	12.35	15	12.95	15	12.48	15	13.04	15	13.12	15	12.74	15	12.35	15	12.27	15	12.09	15	13.66	15	13.62	15	13.47	
		25	13.22	25	12.97	25	13.08	25	13.05	25	13.15	25	12.77	25	12.55	25	12.33	25	12.08	25	13.19	25	13.33	25	13.45	
	1999	5	12.95	5	12.94	5	12.86	5	12.68	5	12.40	5	11.94	5	12.12	5	12.16	5	12.05	5	12.11	5	12.06	5	11.67	12.21
		15	12.93	15	11.76	15	12.97	15	12.29	15	11.61	15	11.98	15	12.21	15	12.11	15	12.07	15	12.07	15	12.10	15	11.72	
		25	13.00	25	11.82	25	12.94	25	12.32	25	11.85	25	12.02	25	12.13	25	12.00	25	12.20	25	12.05	25	12.08	25	11.56	
	2000	5	10.69	5	10.12	5	10.13	5	10.23	5	12.40	5	13.10	5	12.14	5	12.80	5	10.30	5	14.65	5	10.02	5	9.91	11.34
		15	10.47	15	10.07	15	10.17	15	⟨16.50⟩	15	13.05	15	⟨17.20⟩	15	11.98	15	13.52	15	12.95	15	10.26	15	⟨14.75⟩	15	9.33	
		25	10.57	25	10.10	25	10.24	25	12.43	25	11.40	25	13.00	25	12.45	25	13.34	25	12.83	25	10.23	25	10.00	25	9.25	
589	1991	5	12.85	5	12.52	5	10.90	5	10.22	5	9.76	5	9.57	5	9.70	5	10.13	5	10.27	5	9.47	5	9.34	5	9.46	10.28
		15	12.82	15	12.08	15	10.75	15	10.08	15	9.84	15	9.31	15	9.98	15	10.07	15	10.01	15	9.36	15	9.38	15	9.57	
		25	12.88	25	11.14	25	10.45	25	9.85	25	9.97	25	9.25	25	10.36	25	10.15	25	9.62	25	9.38	25	9.37	25	10.07	
	1992	5	12.80	5	12.36	5	12.04	5	12.13	5	13.43	5	12.81	5	12.22	5	13.55	5	13.10	5	12.49	5	12.30	5	12.03	12.36
		15	11.66	15	10.88	15	12.12	15	12.08	15	12.07	15	12.37	15	⟨12.36⟩	15	13.44	15	13.00	15	11.73	15	12.56	15	12.19	
		25	12.15	25	11.34	25	12.23	25	12.44	25	13.98	25	12.39	25	13.04	25	12.69	25	12.65	25	12.13	25	12.56	25	11.50	
	1993	5	11.41	5	11.48	5	12.39	5	12.63	5	12.97	5	13.18	5	13.28	5	12.89	5	12.90	5	13.10	5	13.38	5	13.49	12.85
		15	11.32	15	12.01	15	11.92	15	12.73	15	13.03	15	13.23	15	13.30	15	12.84	15	12.96	15	13.25	15	13.35	15	13.93	
		25	11.26	25	13.01	25	12.48	25	12.98	25	13.10	25	13.26	25	13.28	25	12.89	25	13.01	25	13.40	25	13.38	25	13.48	

第一章 西安市

续表

点号	年份	1月 日	1月 水位	2月 日	2月 水位	3月 日	3月 水位	4月 日	4月 水位	5月 日	5月 水位	6月 日	6月 水位	7月 日	7月 水位	8月 日	8月 水位	9月 日	9月 水位	10月 日	10月 水位	11月 日	11月 水位	12月 日	12月 水位	年平均
589	1994	5	13.42	5	13.22	5	13.28	5	14.06	5	14.08	5	14.26	5	14.07	5	14.15	5	14.51	5	14.64	5	15.46	5	15.53	14.26
589	1994	15	13.38	15	13.16	15	13.47	15	14.39	15	14.09	15	〈15.71〉	15	〈16.17〉	15	〈16.95〉	15	14.52	15	14.68	15	15.57	15	15.57	
589	1994	25	13.30	25	13.13	25	13.78	25	14.05	25	〈14.78〉	25	14.27	25	14.16	25	〈17.61〉	25	14.57	25	15.59	25	15.39	25	〈18.58〉	
589	1995	5	15.59	5	15.73	5	〈20.42〉	5	17.69	5	18.75	5	〈21.27〉	5	20.31	5	21.17	5	21.26	5	20.70	5	19.08	5	19.07	19.06
589	1995	15	15.57	15	15.86	15	〈20.58〉	15	18.06	15	19.26	15	20.00	15	20.64	15	21.21	15	21.43	15	19.87	15	19.07	15	19.08	
589	1995	25	15.64	25	15.90	25	〈20.65〉	25	18.30	25	19.89	25	20.02	25	20.90	25	21.13	25	21.58	25	19.13	25	19.11	25	19.02	
589	1996	5	21.30	5	21.08	5	21.54	5	22.61	5	18.31	5	18.37	5	17.19	5	15.50	5	14.45	5	14.44	5	14.21	5	14.23	17.47
589	1996	15	21.25	15	21.17	15	21.72	15		15	18.29	15	18.52	15	17.63	15	15.21	15	14.31	15	14.49	15	14.30	15	14.31	
589	1996	25	21.16	25	21.28	25	〈25.64〉	25		25	18.54	25	18.52	25	17.29	25		25	14.30	25	14.51	25	14.67	25	14.21	
589	1997	5	14.30	5	14.30	5	14.16	5	14.17	5	14.74	5	15.20	5	15.40	5	16.55	5	17.74	5	17.30	5	16.63	5	17.29	15.77
589	1997	15	14.34	15	14.31	15	14.23	15	14.20	15	15.03	15	15.35	15	15.78	15	16.84	15	18.11	15	17.00	15	16.60	15	17.57	
589	1997	25	14.27	25	14.42	25	14.22	25	14.18	25	15.00	25	15.32	25	16.10	25	17.30	25	18.15	25	17.05	25	16.93	25	17.80	
589	1998	5	17.50	5	16.17	5	16.15	5	16.11	5	16.00	5	16.33	5	15.80	5	15.29	5	15.50	5	15.46	5	15.27	5	15.29	15.88
589	1998	15	17.36	15	15.80	15	16.09	15	16.00	15	16.14	15	16.46	15	15.64	15	15.49	15	15.76	15	15.39	15	15.19	15	15.40	
589	1998	25	17.04	25	15.94	25	16.23	25	15.90	25	16.01	25	16.74	25	15.40	25	15.45	25	15.69	25	15.23	25	15.14	25	15.40	
589	1999	5	15.52	5	15.55	5	15.85	5	16.40	5	16.85	5	16.95	5	17.22	5	17.25	5	17.66	5	17.60	5	17.23	5	17.00	16.77
589	1999	15	15.45	15	15.67	15	15.90	15	16.82	15	17.04	15	16.95	15	17.19	15	17.38	15	17.65	15	17.32	15	17.32	15	17.06	
589	1999	25	15.50	25	15.70	25	15.80	25	16.93	25	17.00	25	16.87	25	17.24	25	17.50	25	17.71	25	16.71	25	17.09	25	16.69	
589	2000	5	16.30	5	16.39	5	16.27	5	16.45	5	16.61	5	16.73	5	16.80	5	16.39	5	15.28	5	14.67	5	14.48	5	14.17	15.78
589	2000	15	16.21	15	16.20	15	16.09	15	16.50	15	16.35	15	16.91	15	16.63	15	16.01	15	14.95	15	14.59	15	14.31	15	13.99	
589	2000	25	16.52	25	16.11	25	16.05	25	16.50	25	16.50	25	17.19	25	16.60	25	15.76	25	14.75	25	14.60	25	14.29	25	13.90	
4#	1991	5	10.72	5	10.58	5	10.68	5	10.64	5	10.69	5	10.92	5	10.89	5	11.03	5	10.95	5	10.98	5	11.08	5	10.87	10.86
4#	1991	15	10.69	15	10.67	15	10.67	15	〈11.05〉	15	10.79	15	10.67	15	10.92	15	11.26	15	11.01	15	10.82	15	10.96	15	10.82	
4#	1991	25	10.73	25	10.73	25	10.71	25	10.77	25	11.14	25		25	10.98	25	11.09	25	10.92	25	10.87	25	11.22	25	10.77	

续表

点号	年份	1月 日	1月 水位	2月 日	2月 水位	3月 日	3月 水位	4月 日	4月 水位	5月 日	5月 水位	6月 日	6月 水位	7月 日	7月 水位	8月 日	8月 水位	9月 日	9月 水位	10月 日	10月 水位	11月 日	11月 水位	12月 日	12月 水位	年平均
4#	1992	4	10.74	4	10.72	4	10.91	4	10.98	4	11.22	4	11.10	4	11.30	4	9.06	4	⟨19.62⟩	4	11.44	4	11.17	4	10.71	11.06
		14	10.75	14	10.63	14	10.86	14	11.05	14	11.30	14	11.14	14	10.91	14	11.61	14	11.60	14	11.20	14	10.78	14	10.61	
		24	10.73	24	10.97	24	10.91	24	11.18	24	13.16	24	10.99	24	11.05	24	⟨14.71⟩	24	11.50	24	11.34	24	11.63	24	10.66	
	1993	5	10.24	5	10.54	5	6.78	5	10.54	5	10.67	5	10.66	5	10.82	5	10.63	5	10.93	5	10.88	5	10.93	5	10.81	10.58
		15	10.27	15	10.40	15	10.39	15	10.60	15	10.63	15	10.71	15	10.82	15	10.99	15	10.91	15	10.87	15	10.88	15	10.85	
		25	10.21	25	10.17	25	10.59	25	10.65	25	10.56	25	10.75	25	10.77	25	10.99	25	10.86	25	10.91	25	10.88	25	10.83	
	1994	5	10.76	5	10.62	5	10.58	5	10.78	5	10.91	5	11.32	5	11.58	5	11.75	5	11.77	5	11.61	5	11.68	5	11.48	11.27
		15	10.74	15	10.58	15	10.61	15	10.86	15	11.08	15	11.44	15	11.65	15	11.85	15	11.71	15	11.74	15	11.63	15	11.53	
		25	10.68	25	10.53	25	10.68	25	10.78	25	11.26	25	11.50	25	11.70	25	11.90	25	11.57	25	11.72	25	11.60	25	11.63	
	1995	5	11.62	5	11.67	5	11.65	5	11.87	5	11.93	5	12.37	5	12.72	5	13.05	5	13.21	5	13.37	5	13.63	5	13.52	12.60
		15	11.58	15	11.72	15	11.90	15	11.91	15	11.92	15	12.44	15	12.85	15	13.05	15	13.08	15	13.58	15	13.58	15	13.52	
		25	11.67	25	11.77	25	11.98	25	11.92	25	11.93	25	12.52	25	13.01	25	13.00	25	13.19	25	13.67	25	13.55	25	13.52	
	1996	5	14.07	5	13.88	5	14.13	5	14.23	5	15.73	15	15.52	5	14.81	5	⟨18.89⟩	5	15.68	5	16.43	5	14.52	5	14.44	14.94
		15	13.89	15	13.88	15	14.19	15		25	15.51	25	15.58	15	14.82	15	15.61	15	15.10	15	16.46	15	14.50	15	14.47	
		25	13.90	25	14.04	25	14.36	25	14.74	5	15.24	5	15.61	25	15.91	25	15.67	25	15.50	25	16.39	25	14.67	25	14.70	
	1997	5	14.60	5	14.53	5	14.57	5	14.70	15	15.80	15	15.90	5	15.99	5	16.50	5	16.70	5	16.50	5	16.67	5	16.93	15.82
		15	14.52	15	14.60	15	14.64	15	14.80	25	15.80	25	15.85	15	16.21	15	16.50	15	16.78	15	16.84	15	16.59	15	16.90	
		25	14.67	25	14.67	25	14.56	25		5	18.20	5	15.90	25	16.40	25	16.53	25	16.80	25	16.80	25	17.00	25	16.95	
	1998	5	18.00	5	17.49	5	17.82	5	18.10	15	18.21	15	18.60	5	19.15	5	18.90	5	18.64	5	18.56	5	18.29	5	18.37	18.38
		15	18.03	15	17.50	15	17.90	15	18.07	25	18.17	25	18.99	15	19.00	15	18.90	15	18.80	15	18.37	15	18.21	15	18.62	
		25	18.00	25	17.43	25	18.00	25	17.98	5	19.89	5	19.49	25	19.00	25	18.76	25	18.80	25	18.37	25	18.10	25	18.76	
	1999	5	18.80	5	19.12	5	19.75	5	19.83	15	19.99	15	19.84	5	19.34	5	19.30	5	19.05	5	18.89	5	18.47	5	18.70	19.21
		15	18.74	15	19.29	15	19.70	15	19.80	25	19.90	25	19.71	15	19.26	15	19.07	15	19.00	15	18.33	15	18.53	15	18.77	
		25	18.80	25	19.43	25	19.75	25	19.84			25	19.70	25	19.30	25	18.90	25	19.00	25	18.41	25	18.49	25	19.00	

续表

点号	年份	1月 日	1月 水位	2月 日	2月 水位	3月 日	3月 水位	4月 日	4月 水位	5月 日	5月 水位	6月 日	6月 水位	7月 日	7月 水位	8月 日	8月 水位	9月 日	9月 水位	10月 日	10月 水位	11月 日	11月 水位	12月 日	12月 水位	年平均
4#	2000	5	19.04																							
		15	19.00	5	18.83	5	18.79	5	18.90	5	18.97	5	19.00	5	18.79	5	18.60	5	18.29	5	17.69	5	17.41			18.58
		25	19.33	15	18.86	15	19.00	15	18.88	15	18.90	15	19.10	15	18.88	15	18.65	15	18.65	15	18.15	15	17.64	15	17.29	
	1991	5	12.10	25	18.50	25	18.80	25	18.90	25	18.86	25	19.03	25	18.90	25	18.70	25	18.57	25	17.88	25	17.49	25	17.30	
		15	12.12	5	12.09	5	12.11	5	12.20	5	12.38	5	12.43	5	12.48	5	12.70	5	12.57	5	12.61	5	12.67	5	12.67	12.42
		25	12.13	15	12.11	15	12.10	15	12.24	15	12.43	15	12.43	15	12.55	15	12.68	15	12.55	15	12.55	15	12.68	15	12.61	
	1992	5	12.62	25	12.12	25	12.15	25	12.29	25	12.48	25	12.25	25	12.66	25	12.70	25	12.58	25	12.58	25	12.66	25	12.60	
		15	12.58	5	12.53	5	12.53	5	12.62	5	12.94	5	12.99	5	10.41	5	13.17	5	13.14	5	12.80	5	12.66	5	12.51	12.64
		25	12.54	15	12.60	15	12.55	15	12.79	15	12.88	15	13.04	15	10.28	15	13.17	15	13.01	15	12.70	15	12.62	15	12.51	
	1993	5	⟨12.66⟩	25	12.52	25	12.57	25	12.91	25	12.93	25	12.89	25	13.12	25	13.09	25	12.93	25	12.66	25	12.68	25	12.51	
		15	12.46	5	12.40	5	12.56	5	12.25	5	12.26	5	12.40	5	12.57	5	12.42	5	12.80	5	12.94	5	13.10	5	12.99	12.65
		25	12.41	15	12.41	15	12.56	15	12.22	15	12.26	15	12.42	15	12.61	15	12.71	15	12.91	15	13.01	15	13.09	15	12.85	
	1994	5	12.78	25	12.88	25	13.02	25	12.25	25	12.29	25	12.49	25	12.62	25	12.76	25	12.83	25	13.12	25	13.07	25	12.81	
		15	12.77	5	12.75	5	12.70	5	12.78	5	12.94	5	12.95	5	13.11	5	13.13	5	13.01	5	13.04	5	13.38	5	12.90	12.95
		25	12.77	15	12.74	15	12.67	15	12.95	15	12.93	15	13.04	15	13.04	15	13.17	15	12.94	15	13.18	15	13.02	15	12.90	
590	1995	5	12.78	25	12.70	25	12.65	25	12.94	25	12.90	25	13.04	25	13.11	25	13.21	25	12.93	25	13.44	25	12.90	25	12.85	
		15	12.79	5	12.99	5	12.98	5	13.03	5	13.16	5	13.64	5	13.97	5	13.77	5	13.66	5	13.93	5	14.08	5	14.19	13.56
		25	12.81	15	13.09	15	13.10	15	13.05	15	13.19	15	13.87	15	13.92	15	13.64	15	13.67	15	13.99	15	14.14	15	14.22	
	1996	5	14.09	25	13.19	25	13.20	25	13.10	25	13.22	25	14.04	25	13.88	25	13.62	25	13.86	25	14.04	25	14.17	25	14.24	
		15	14.11	5	14.15	5	14.45	5	14.62	5	15.18	5	16.25	5	干	5	干	5	干	5		5		5		14.73
		25	14.09	15	14.24	15	14.53	15		15	15.13	15	15.20	15	干	15	干	15	干	15		15		15		
	1997	5		25	14.28	25	15.07	25	14.77	25	15.13	25	15.57	25	16.04	25	16.42	25		25		25		25		
		15		5		5		5	14.86	5	15.27	5	15.97	5	16.07	5	16.37	5		5		5		5		15.66
		25		15		15		15	14.77	15	15.32	15	15.98	15	16.23	15	16.31	15		15		15		15		

续表

点号	年份	1月 日	1月 水位	2月 日	2月 水位	3月 日	3月 水位	4月 日	4月 水位	5月 日	5月 水位	6月 日	6月 水位	7月 日	7月 水位	8月 日	8月 水位	9月 日	9月 水位	10月 日	10月 水位	11月 日	11月 水位	12月 日	12月 水位	年平均
591	1991	5	10.35	5	10.78	5	10.72	5	10.67	5	10.87	5	10.69	5	10.66	5	10.89	5	10.80	5	10.54	5	10.62	5	10.72	10.70
		15	10.73	15	10.73	15	10.76	15	10.67	15	10.72	15	10.59	15	10.86	15	10.91	15	10.59	15	10.52	15	10.66	15	10.76	
		25	10.76	25	10.78	25	10.70	25	10.68	25	10.84	25	10.54	25	10.90	25	10.84	25	10.54	25	10.50	25	10.71	25	10.69	
	1992	5	10.77	5	10.81	5	10.84	5	10.92	5	10.94	5	11.09	5	11.23	5	11.30	5	11.46	5	10.82	5	10.55	5	10.59	10.93
		15	10.85	15	10.85	15	10.91	15	10.89	15	10.87	15	11.11	15	11.29	15	11.17	15	11.32	15	10.65	15	10.47	15	10.49	
		25	10.82	25	10.93	25	10.95	25	10.90	25	10.92	25	11.10	25	11.28	25	11.36	25	11.28	25	10.62	25	10.58	25	10.54	
	1993	5	10.57	5	10.67	5	11.06	5	11.10	5	10.87	5	11.08	5	11.11	5	10.89	5	11.26	5	11.56	5	11.66	5	11.63	11.18
		15	10.58	15	10.86	15	11.26	15	10.84	15	10.95	15	11.11	15	11.13	15	11.19	15	11.66	15	11.58	15	11.68	15	11.63	
		25	10.59	25	11.33	25	10.90	25	10.89	25	11.04	25	11.10	25	11.11	25	11.24	25	11.51	25	11.63	25	11.65	25	11.65	
	1994	5	11.66	5	11.71	5	11.74	5	11.89	5	11.92	5	12.13	5	12.36	5	12.53	5	12.60	5	12.62	5	12.69	5	12.63	12.23
		15	11.68	15	11.71	15	11.73	15	11.93	15	11.96	15	12.27	15	12.42	15	12.60	15	12.60	15	12.68	15	12.65	15	12.55	
		25	11.72	25	11.73	25	11.73	25	11.87	25	12.01	25	12.32	25	12.47	25	12.63	25	12.57	25	12.72	25	12.63	25	12.46	
	1995	5	12.42	5	12.52	5	12.45	5	12.57	5	12.66	5	14.47	5	14.57	5	14.48	5	14.82	5	14.92	5	15.09	5	15.28	13.88
		15	12.42	15	12.57	15	12.60	15	12.61	15	12.72	15	14.50	15	14.60	15	14.50	15	14.76	15	14.90	15	15.12	15	15.27	
		25	12.47	25	12.62	25	12.68	25	12.67	25	12.71	25	14.52	25	14.61	25	14.47	25	14.77	25	14.92	25	15.21	25	15.28	
	1996	5	15.07	5	14.99	5	15.17	5	15.44	5	15.42	5	15.41	5	13.79	5	13.26	5	13.10	5	12.70	5	12.31	5	12.32	14.11
		15	15.03	15	15.08	15	15.19	15		15	15.37	15	15.43	15	13.42	15	14.43	15		15	12.89	15	12.41	15	12.12	
		25	15.00	25	15.12	25	15.22	25		25	15.39	25	15.41	25	13.91	25	13.41	25		25	12.95	25	12.41	25	12.32	
	1997	5	12.01	5	12.00	5	12.12	5	13.83	5	14.00	5	13.90	5	13.99	5	14.10	5		5		5		5		13.36
		15	12.02	15	12.01	15	12.04	15	13.80	15	干	15	13.62	15	14.03	15	14.23	15		15		15		15		
		25	12.01	25	12.16	25	12.07	25	13.85	25	17.35	25	13.70	25	14.05	25	14.32	25		25		25		25		
	2000	15	14.69	15	15.72	15	15.25	15	14.96	15	14.88	15	15.00	15	14.69	15	14.10	15	14.00	15	13.87	15	13.90	15	13.76	14.57

续表

点号	年份	1月 日	1月 水位	2月 日	2月 水位	3月 日	3月 水位	4月 日	4月 水位	5月 日	5月 水位	6月 日	6月 水位	7月 日	7月 水位	8月 日	8月 水位	9月 日	9月 水位	10月 日	10月 水位	11月 日	11月 水位	12月 日	12月 水位	年平均
592	1991	5	35.79	5	35.28	5	35.38	5	35.47	5	35.75	5	36.03	5	36.49	5	36.63	5	36.43	5	36.74	5	36.68	5	36.39	
		15	35.41	15	35.30	15	35.42	15	35.45	15	35.95	15	36.13	15	36.66	15	36.69	15	36.69	15	36.66	15	36.74	15	36.38	36.14
		25	35.43	25	35.27	25	35.38	25	35.69	25	36.41	25	36.30	25	36.72	25	36.63	25	36.79	25	36.68	25	36.68	25	36.36	
	1992	5	36.15	5	35.76	5	36.83	5	36.12	5	36.90	5	36.91	5	36.84	5	37.23	5	36.80	5	36.41	5	36.84	5	37.02	
		15	35.99	15	36.03	15	35.89	15	36.26	15	37.75	15	36.88	15	37.01	15	37.08	15	36.76	15	36.26	15	36.80	15	36.81	36.61
		25	35.79	25	35.79	25	35.85	25	36.65	25	37.00	25	36.87	25	37.22	25	36.88	25	36.49	25	36.44	25	37.04	25	36.77	
	1993	5	36.66	5	36.18	5	36.57	5	36.34	5	36.17	5	36.54	5	36.48	5	36.38	5	37.61	5	37.48	5	37.23	5	37.14	
		15	36.31	15	36.24	15	36.82	15	36.29	15	36.33	15	36.56	15	36.53	15	36.89	15	37.11	15	37.42	15	37.23	15	37.03	36.72
		25	36.26	25	35.67	25	36.67	25	36.39	25	36.44	25	36.54	25	36.56	25	36.94	25	37.55	25	37.18	25	37.26	25	37.00	
	1994	5	36.94	5	36.81	5	36.76	5	36.83	5	36.90	5	36.59	5	36.57	5	36.55	5	36.52	5	36.57	5	36.58	5	36.58	
		15	36.91	15	36.78	15	36.73	15	36.97	15	36.75	15	36.55	15	36.62	15	36.55	15	36.56	15	36.61	15	36.63	15	36.54	36.68
		25	36.84	25	36.78	25	36.70	25	36.94	25	36.68	25	36.57	25	36.60	25	36.55	25	36.58	25	36.56	25	36.63	25	36.53	
	1995	5	36.57	5	36.63	5	36.35	5	36.05	5	36.04	5	36.72	5	36.72	5	36.39	5	36.50	5	36.62	5	37.00	5	36.92	
		15	36.61	15	36.62	15	36.33	15	36.05	15	36.07	15	36.79	15	36.71	15	36.34	15	36.35	15	36.94	15	36.94	15	36.88	36.55
		25	36.62	25	36.65	25	36.33	25	36.02	25	36.12	25	36.77	25	36.71	25	36.30	25	36.37	25	37.02	25	36.89	25	36.88	
	1996	5	37.02	5	36.94	5	37.30	5	37.47	5	37.79	5	37.84	5	37.79	5	37.59	5	37.40	5	37.74	5	37.82	5	37.90	
		15	36.98	15	37.03	15	37.38	15		15	37.76	15	37.89	15	37.72	15	36.17	15	36.92	15	38.02	15	37.74	15	37.86	37.51
		25	36.91	25	37.23	25	37.46	25		25	37.77	25	37.84	25	37.69	25	37.18	25	36.96	25	38.21	25	37.98	25	37.92	
	1997	5	37.93	5	37.89	5	37.81	5	36.85	5	37.05	5	37.25	5	37.47	5	37.37	5		5		5		5	37.15	
		15	37.82	15	37.82	15	37.85	15	36.84	15	37.10	15	37.15	15	37.65	15	37.04	15	36.88	15	36.96	15	36.56	15	37.15	37.35
		25	37.88	25		25	37.88	25	36.90	25	37.20	25	37.40	25	37.79	25	36.83	25	39.56	25	36.64	25	40.00	25	39.80	
	1998	15	37.51	15	37.65	15	38.10	15	38.02	15	37.45	15	37.51	15	37.20	15	44.45	15	39.56	15	36.64	15	40.00	15	39.80	38.66
	1999	15	40.20	15	40.37	15	40.30	15	40.40	15	19.84	15	19.80	15	17.34	15	13.83	15	14.39	15	13.90	15	13.94	15	13.50	23.98

续表

点号	年份	1月 日	1月 水位	2月 日	2月 水位	3月 日	3月 水位	4月 日	4月 水位	5月 日	5月 水位	6月 日	6月 水位	7月 日	7月 水位	8月 日	8月 水位	9月 日	9月 水位	10月 日	10月 水位	11月 日	11月 水位	12月 日	12月 水位	年平均
609	1991	5	9.27	5	⟨17.48⟩	5	⟨17.03⟩	5	⟨12.82⟩	5	10.19	5	10.10	5	⟨17.57⟩	5	10.23	5	10.31	5	⟨19.28⟩	5	⟨14.61⟩	5	10.31	10.13
		15	9.47	15	⟨12.04⟩	15	10.02	15	⟨12.28⟩	15	⟨22.46⟩	15	10.97	15	⟨16.27⟩	15	10.70	15	10.24	15	⟨18.08⟩	15	⟨18.96⟩	15	10.17	
		25	9.65	25	9.68	25	9.97	25	⟨17.08⟩	25	⟨17.55⟩	25	⟨16.57⟩	25	⟨18.57⟩	25	10.54	25	⟨17.30⟩	25	⟨18.58⟩	25	10.24	25	10.34	
	1992	6	10.36	6	10.40	6	10.49	6	⟨15.98⟩	6	⟨21.58⟩	6	⟨15.50⟩	6	13.57	6	13.73	6	⟨14.45⟩	6	10.72	6	11.46	6	10.11	11.20
		16	10.35	16	10.31	16	10.68	16	⟨21.03⟩	16	11.69	16	11.29	16	11.36	16	12.61	16	10.96	16	11.69	16	11.38	16	11.13	
		26	10.43	26	⟨16.52⟩	26	10.83	26	⟨14.87⟩	26	⟨21.15⟩	26	⟨20.88⟩	26	⟨21.37⟩	26	⟨21.08⟩	26	10.98	26	⟨14.22⟩	26	11.20	26	11.11	
	1993	5	11.17	5	11.09	5	12.80	5	11.63	5	⟨23.50⟩	5	12.39	5	⟨22.42⟩	5	12.82	5	12.78	5	12.85	5	12.54	5	11.92	12.14
		15	11.09	15	12.80	15	11.54	15	12.02	15	12.09	15	12.42	15	12.50	15	12.82	15	12.81	15	12.83	15	11.93	15	11.89	
		25	11.07	25	11.33	25	11.80	25	12.10	25	⟨22.31⟩	25	12.47	25	⟨22.48⟩	25	12.84	25	12.86	25	⟨21.28⟩	25	11.98	25	11.88	
	1994	5	11.86	5	11.88	5	11.84	5	12.55	5	⟨20.93⟩	5	⟨22.67⟩	5	12.91	5	13.05	5	14.49	5	14.35	5	13.85	5	12.58	12.95
		15	11.83	15	11.91	15	11.78	15	12.61	15	12.57	15	12.67	15	13.04	15	13.79	15	14.43	15	14.36	15	13.72	15	12.60	
		25	11.83	25	11.88	25	11.79	25	12.52	25	⟨22.73⟩	25	12.68	25	12.72	25	14.60	25	14.36	25	14.27	25	13.43	25	12.56	
	1995	5	12.52	5	12.62	5	12.53	5	16.52	5	16.42	5	17.18	5	17.26	5	16.70	5	16.64	5	15.99	5	16.30	5	16.97	15.73
		15	12.56	15	12.68	15	12.62	15	16.46	15	16.41	15	17.27	15	17.26	15	16.67	15	16.71	15	14.96	15	17.12	15	17.07	
		25	12.57	25	⟨22.41⟩	25	12.63	25	16.47	25	16.47	25	17.30	25	17.30	25	16.60	25	16.85	25	14.67	25	17.05	25	17.05	
	1996	5	17.02	5	16.92	5	16.62	5	16.72	5	18.02	5	15.44	5	16.18	5	15.61	5	15.28	5	15.52	5	14.72	5	14.43	16.33
		15	17.07	15	16.87	15	15.65	15	16.55	15	17.90	15	18.90	15	17.50	15	16.09	15	15.16	15	15.45	15	14.55	15	14.00	
		25	17.02	25	16.71	25	15.31	25	17.50	25	18.65	25	19.20	25	20.35	25	15.87	25	15.40	25	14.90	25	14.48	25	14.15	
	1997	5	14.08	5	13.95	5	13.90	5	13.93	5	14.05	5	14.47	5	15.10	5	15.15	5	15.74	5	15.65	5	15.54	5		14.80
		15	13.91	15	13.94	15	13.94	15	14.01	15	14.10	15	15.15	15	15.19	15	15.68	15	15.65	15	15.72	15	15.50	15	15.90	
		25	13.99	25	13.98	25	13.88	25	13.88	25	14.28	25	15.30	25	15.33	25	15.76	25	15.60	25	15.61	25	15.46	25	15.90	
	1998	5	15.80	5	15.68	5	15.92	5	16.08	5	16.37	5	16.38	5	16.51	5	16.47	5	16.17	5	16.14	5	16.18	5	16.28	16.16
		15	15.75	15	15.77	15	15.97	15	16.16	15	16.31	15	16.42	15	16.56	15	16.30	15	16.20	15	16.10	15	16.23	15	16.31	
		25	15.71	25	15.82	25	16.03	25	16.26	25	16.27	25	16.34	25	16.45	25	16.26	25	16.15	25	16.16	25	15.98	25	16.18	

第一章　西安市

续表

点号	年份	1月 日	1月 水位	2月 日	2月 水位	3月 日	3月 水位	4月 日	4月 水位	5月 日	5月 水位	6月 日	6月 水位	7月 日	7月 水位	8月 日	8月 水位	9月 日	9月 水位	10月 日	10月 水位	11月 日	11月 水位	12月 日	12月 水位	年平均
609	1999	5	16.15	5	16.14	5	16.15	5	16.38	5	16.48	5	16.40	5	16.23	5	15.96	5	15.73	5	15.48	5	15.35	5	15.30	15.95
		15	16.22	15	16.09	15	16.20	15	16.47	15	16.44	15	16.35	15	16.14	15	15.91	15	15.69	15	15.26	15	15.23	15	15.32	
		25	16.18	25	16.12	25	16.32	25	16.47	25	16.38	25	16.27	25	16.02	25	15.83	25	15.64	25	15.33	25	15.28	25	15.27	
	2000	5	15.34	5	15.30	5	15.43	5	15.71	5	15.87	5	16.17	5	16.26	5	16.05	5	15.75	5	15.63	5	15.26	5	14.98	15.64
		15	15.38	15	15.26	15	15.55	15	15.73	15	15.92	15	16.28	15	16.28	15	15.98	15	15.70	15	15.45	15	15.17	15	14.95	
		25	15.35	25	15.36	25	15.60	25	15.85	25	16.20	25	16.19	25	16.14	25	15.82	25	15.62	25	15.38	25	15.08	25	14.90	
612	1991	5	8.12	5	8.31	5	〈10.37〉	5	8.72	5	9.63	5	9.05	5	9.19	5	8.83	5	8.41	5	8.38	5	9.47	5	8.84	8.96
		15	7.99	15	8.35	15	8.39	15	9.25	15	10.92	15	8.97	15	〈12.67〉	15	8.91	15	8.63	15	8.83	15	〈9.57〉	15	8.46	
		25	8.13	25	8.52	25	8.34	25	10.00	25	10.33	25	10.46	25	〈14.22〉	25	10.05	25	9.04	25	9.08	25	8.62	25	8.51	
	1992	6	8.33	6	8.49	6	8.53	6	9.87	6	10.14	6	〈14.26〉	6	〈14.84〉	6	13.34	6	9.69	6	8.31	6	8.87	6	8.37	9.43
		16	8.31	16	8.83	16	9.00	16	9.98	16	9.63	16	10.19	16	9.79	16	10.71	16	8.92	16	8.24	16	〈10.60〉	16	8.41	
		26	8.49	26	〈11.65〉	26	8.88	26	〈12.18〉	26	13.23	26	10.44	26	〈15.11〉	26	〈14.14〉	26	10.62	26	8.47	26	8.88	26	8.43	
	1993	5	8.49	5	8.68	5	9.24	5	9.36	5	9.59	5	10.25	5	12.20	5	9.84	5	11.66	5	10.77	5	10.48	5	10.03	9.99
		15	8.48	15	8.65	15	9.07	15	9.90	15	10.36	15	10.27	15	10.02	15	10.74	15	10.69	15	10.79	15	10.06	15	10.04	
		25	8.48	25	8.77	25	9.09	25	9.39	25	11.54	25	10.27	25	9.97	25	10.69	25	10.71	25	10.85	25	10.08	25	10.03	
	1994	5	10.03	5	10.02	5	10.00	5	12.50	5	12.35	5	14.19	5	14.10	5	12.25	5	13.94	5	13.67	5	9.29	5	9.43	11.88
		15	10.02	15	10.03	15	10.03	15	12.58	15	12.58	15	14.22	15	14.14	15	14.05	15	13.84	15	13.61	15	9.23	15	9.47	
		25	10.05	25	9.98	25	10.03	25	12.50	25	13.68	25	14.07	25	11.52	25	14.25	25	13.68	25	13.53	25	9.23	25	9.55	
	1995	5	9.50	5	9.92	5	10.03	5	11.85	5	12.17	5	14.96	5	16.15	5	16.35	5	16.10	5	14.57	5	13.57	5	13.34	13.26
		15	9.52	15	10.20	15	10.05	15	11.92	15	12.23	15	15.83	15	16.22	15	16.19	15	16.07	15	14.37	15	13.44	15	13.34	
		25	9.52	25	10.30	25	10.08	25	12.01	25	12.32	25	16.08	25	16.41	25	16.09	25	16.09	25	13.94	25	13.27	25	13.37	
	1996	5	13.36	5	13.18	5	13.47	5	13.61	5	15.92	5	17.58	5	17.16	5	16.44	5	15.98	5	14.52	5	11.79	5	10.25	14.53
		15	13.32	15	13.18	15	13.54	15	15.84	15	16.36	15	16.16	15	16.34	15	16.60	15	14.84	15	15.85	15	11.68	15	10.20	
		25	13.30	25	13.32	25	14.77	25	15.75	25	17.13	25	18.48	25	17.60	25	16.65	25	14.35	25	13.07	25	10.78	25	10.68	

续表

点号	年份	1月 日	1月 水位	2月 日	2月 水位	3月 日	3月 水位	4月 日	4月 水位	5月 日	5月 水位	6月 日	6月 水位	7月 日	7月 水位	8月 日	8月 水位	9月 日	9月 水位	10月 日	10月 水位	11月 日	11月 水位	12月 日	12月 水位	年平均
612	1997	5	10.62	5	10.80	5	11.48	5	13.28	5	14.62	5	〈18.90〉	5	16.75	5	〈19.60〉	5	〈19.70〉	5	17.93	5	17.38	5	16.55	14.99
		15	10.60	15	10.89	15	11.53	15	13.02	15	14.58	15	15.78	15	〈20.00〉	15	18.07	15	17.95	15	18.00	15	17.35	15	16.33	
		25	10.72	25	11.52	25	13.80	25	12.64	25	14.70	25	17.80	25	17.30	25	18.20	25	18.15	25	17.45	25	17.82	25	16.10	
	1998	5	15.83	5	15.84	5	16.54	5	16.59	5	17.48	5	17.65	5	18.97	5	17.63	5	16.81	5	15.95	5	14.97	5	14.62	16.58
		15	15.75	15	16.57	15	16.48	15	16.70	15	17.35	15	20.85	15	18.45	15	17.52	15	16.35	15	15.36	15	14.93	15	14.65	
		25	15.79	25	16.68	25	16.34	25	17.15	25	〈19.25〉	25	18.21	25	18.05	25	17.45	25	16.00	25	15.19	25	14.89	25	14.68	
	1999	5	14.86	5	15.48	5	15.82	5	16.47	5	17.17	5	16.98	5	16.91	5	17.64	5	17.62	5	17.10	5	16.73	5	16.37	16.69
		15	15.16	15	15.53	15	16.11	15	16.84	15	17.20	15	17.04	15	16.94	15	17.50	15	18.06	15	16.77	15	16.78	15	16.32	
		25	15.30	25	15.58	25	16.19	25	16.92	25	17.22	25	17.12	25	16.97	25	17.88	25	18.45	25	16.84	25	16.50	25	16.29	
	2000	5	16.25	5	16.08	5	16.60	5	17.72	5	17.96	5	18.27	5	18.41	5	18.02	5	17.58	5	17.10	5	16.28	5	15.34	17.21
		15	16.19	15	16.25	15	16.75	15	17.63	15	18.66	15	20.03	15	18.23	15	17.94	15	17.75	15	16.78	15	15.90	15	15.13	
		25	16.12	25	16.36	25	16.88	25	17.92	25	19.22	25	20.10	25	19.15	25	17.54	25	17.43	25	16.32	25	15.47	25	14.18	
605	1991	5	10.41	5	10.59	5	〈12.15〉	5	10.92	5	11.02	5	11.08	5	11.60	5	11.54	5	11.33	5	11.46	5	〈13.29〉	5	11.38	11.10
		15	10.42	15	10.55	15	10.79	15	11.01	15	〈12.94〉	15	10.99	15	12.25	15	11.55	15	11.44	15	11.51	15	11.37	15	11.22	
		25	10.47	25	10.52	25	10.71	25	〈12.41〉	25	〈13.07〉	25	〈13.20〉	25	〈14.00〉	25	〈13.49〉	25	〈13.19〉	25	〈13.41〉	25	11.40	25	11.16	
	1992	6	11.13	6	11.13	6	11.00	6	10.97	6	11.33	6	〈13.49〉	6	〈13.90〉	6	13.25	6	12.70	6	11.96	6	12.17	6	11.79	11.63
		16	11.11	16	10.93	16	10.75	16	〈12.39〉	16	11.10	16	11.76	16	12.11	16	12.97	16	12.27	16	11.77	16	12.15	16	11.64	
		26	10.93	26	11.56	26	10.64	26	11.36	26	〈13.49〉	26	〈13.45〉	26	〈14.86〉	26	10.96	26	12.23	26	11.94	26	12.02	26	11.68	
	1993	5	11.68	5	11.83	5	11.83	5	12.24	5	12.10	5	12.12	5	12.28	5	12.43	5	13.44	5	13.37	5	13.01	5	12.64	12.46
		15	11.61	15	11.78	15	11.78	15	12.21	15	12.06	15	12.16	15	12.37	15	13.19	15	13.39	15	13.30	15	12.72	15	12.66	
		25	11.63	25	〈12.74〉	25	11.81	25	12.24	25	12.05	25	12.15	25	12.53	25	13.11	25	13.43	25	13.21	25	12.71	25	12.61	
	1994	5	12.68	5	12.81	5	12.81	5	13.08	5	13.24	5	13.25	5	13.42	5	13.97	5	14.77	5	14.52	5	14.00	5	13.69	13.55
		15	12.72	15	12.81	15	12.76	15	13.12	15	13.22	15	13.28	15	13.42	15	14.31	15	14.70	15	14.50	15	13.76	15	13.66	
		25	12.77	25	12.85	25	12.78	25	13.05	25	〈14.36〉	25	13.34	25	13.80	25	14.93	25	14.64	25	14.37	25	13.67	25	13.55	

续表

点号	年份	1月 日	1月 水位	2月 日	2月 水位	3月 日	3月 水位	4月 日	4月 水位	5月 日	5月 水位	6月 日	6月 水位	7月 日	7月 水位	8月 日	8月 水位	9月 日	9月 水位	10月 日	10月 水位	11月 日	11月 水位	12月 日	12月 水位	年平均
605	1995	5	13.45	5	13.35	5	13.11	5	13.55	5	13.68	5	14.18	5	15.01	5	15.18	5	15.08	5	14.60	5	14.89	5	15.33	14.35
		15	13.50	15	13.32	15	13.16	15	13.65	15	13.68	15	14.64	15	15.05	15	15.14	15	15.00	15	14.55	15	15.41	15	15.39	
		25	13.47	25	13.33	25	13.16	25	13.68	25	13.73	25	14.99	25	15.12	25	15.03	25	15.05	25	14.40	25	15.40	25	15.40	
	1996	5	15.40	5	15.31	5	15.57	5	15.82	5	16.37	5	16.60	5	17.68	5	17.37	5	17.61	5	17.51	5	16.98	5	16.41	16.69
		15	15.34	15	15.35	15	15.65	15	17.33	15	16.43	15	18.37	15	16.29	15	17.53	15	17.33	15	⟨20.03⟩	15	16.89	15	16.28	
		25	15.35	25	15.51	25	15.84	25	16.11	25	17.33	25	17.68	25	18.58	25	18.68	25	17.75	25	17.00	25	16.55	25	16.29	
	1997	5	16.18	5	16.03	5	16.08	5	16.37	5	16.78	5	18.36	5	17.60	5	19.33	5	20.33	5	18.72	5	18.86	5	18.23	17.77
		15	16.13	15	16.06	15	16.25	15	16.75	15	16.99	15	18.88	15	18.65	15	18.48	15	18.58	15	⟨20.63⟩	15	18.73	15	18.12	
		25	16.09	25	16.11	25	16.34	25	16.58	25	17.61	25	19.01	25	19.45	25	20.18	25	18.90	25	18.55	25	18.58	25	18.03	
	1998	5	18.00	5	17.93	5	18.23	5	18.28	5	18.51	5	18.63	5	19.88	5	19.78	5	19.88	5	19.23	5	18.98	5	18.61	18.81
		15	17.83	15	18.06	15	18.33	15	18.37	15	18.36	15	18.88	15	19.98	15	19.20	15	19.51	15	18.90	15	18.97	15	18.68	
		25	18.05	25	18.18	25	18.20	25	18.45	25	⟨19.43⟩	25	18.58	25	20.13	25	19.58	25	19.28	25	19.03	25	19.09	25	18.63	
	1999	5	18.48	5	18.61	5	18.74	5	19.21	5	19.33	5	19.82	5	19.72	5	21.57	5	20.28	5	19.63	5	19.68	5	19.58	19.70
		15	18.50	15	18.42	15	18.87	15	⟨21.43⟩	15	19.48	15	20.31	15	20.48	15	21.68	15	20.58	15	19.40	15	19.63	15	⟨21.73⟩	
		25	18.54	25	18.59	25	18.95	25	19.07	25	19.76	25	21.11	25	21.52	25	21.03	25	20.98	25	19.36	25	19.69	25	19.23	
	2000	5	19.20	5	19.01	5	19.54	5	20.13	5		5															19.46
		15	19.38	15	19.18	15	19.48	15		15		15		15		15		15		15		15		15		
		25	19.33	25	19.35	25	20.01	25		25		25		25		25		25		25		25		25		
震1	1991	5	121.24	5	121.20	5	121.08	5	121.08	5	121.28	5	122.31	5	122.67	5	122.98	5	122.86	5	122.68	5	122.58	5	122.43	122.05
		15	121.17	15	121.17	15	121.16	15	121.05	15	121.57	15	122.42	15	122.80	15	123.01	15	122.82	15	122.66	15	122.53	15	122.47	
		25	121.21	25	121.14	25	121.14	25	121.10	25	121.94	25	122.46	25	122.91	25	122.94	25	122.75	25	122.58	25		25	122.49	
	1992	4	122.55	4	122.65	4	122.72	4	122.83	4	123.02	4	123.16	4	123.36	4	123.60	4	123.69	4	123.82	4	123.77	4	123.89	123.30
		14	122.62	14	122.67	14	122.73	14	122.92	14	123.11	14	123.24	14	123.52	14	123.63	14	123.78	14	123.79	14	123.85	14	123.88	
		24	122.60	24	122.72	24	122.77	24	122.94	24	123.13	24	123.34	24	123.50	24	123.75	24	123.78	24	123.73	24	123.81	24	123.86	

续表

点号	年份	1月 日	1月 水位	2月 日	2月 水位	3月 日	3月 水位	4月 日	4月 水位	5月 日	5月 水位	6月 日	6月 水位	7月 日	7月 水位	8月 日	8月 水位	9月 日	9月 水位	10月 日	10月 水位	11月 日	11月 水位	12月 日	12月 水位	年平均
晨1	1993	5	123.90	5	123.97	5	124.22	5	123.86	5	123.61	5	123.91	5	123.91	5	123.88	5	123.91	5	124.16	5	125.06	5	124.56	124.11
		15	123.90	15	124.56	15	124.23	15	124.03	15	123.62	15	123.93	15	123.94	15	123.95	15	123.93	15	125.06	15	125.06	15	124.56	
		25	123.94	25	122.06	25	123.86	25	124.26	25	123.63	25	123.93	25	123.91	25	123.94	25	123.92	25	124.96	25	125.16	25	124.56	
	1994	5	124.45	5	124.45	5	124.46	5	124.60	5	124.60	5	124.70	5	124.73	5	125.22	5	125.56	5	125.56	5	125.96	5	125.66	125.01
		15	124.43	15	124.47	15	124.63	15	124.71	15	124.58	15	124.71	15	124.73	15	124.71	15	125.56	15	125.66	15	125.96	15	125.56	
		25	124.33	25	124.46	25	124.63	25	124.63	25	124.58	25	125.22	25	124.72	25	124.92	25	125.66	25	125.66	25	126.06	25	125.66	
	1995	5	125.66	5	126.44	5	125.66	5	125.66	5	125.66	5	126.16	5	126.66	5	126.71	5	126.74	5	127.06	5	127.42	5	127.43	126.44
		15	125.56	15	125.66	15	125.66	15	125.66	15	125.66	15	126.23	15	126.57	15	126.70	15	126.73	15	127.36	15	127.44	15	127.35	
		25	125.56	25	125.96	25	125.66	25	125.66	25	126.72	25	126.76	25	126.76	25	126.75	25	127.16	25	127.26	25	127.35	25	127.34	
	1996	5	127.53	5	127.23	5	127.25	5	126.56	5		5	92.68	5		5		5		5		5				118.94
		15		15	127.24	15	127.23	15	127.25	15	98.26	15	93.41	15		15		15		15		15				
		25	127.25	25	127.25	25	127.23	25	127.21	25		25	92.81	25		25		25		25		25				
塔北	1991	5	9.01	5	8.84	5	〈12.28〉	5	8.74	5	8.84	5	8.44	5	8.66	5	8.67	5	8.72	5	8.81	5	9.05	5	9.03	8.85
		15	8.92	15	8.80	15	8.74	15	8.68	15	8.97	15	8.40	15	〈11.61〉	15	〈11.96〉	15	〈15.16〉	15	8.74	15	9.04	15	9.07	
		25	〈12.98〉	25	〈12.78〉	25	8.73	25	8.67	25	8.80	25	9.43	25	8.74	25	8.81	25	9.30	25	8.87	25	9.00	25	9.01	
	1992	4	9.07	4	9.11	4	9.30	4	9.93	4	9.97	4	〈12.85〉	4	〈17.29〉	4	〈13.16〉	4	〈17.40〉	4	10.10	4	〈15.26〉	4	9.46	9.67
		14	9.17	14	〈18.92〉	14	9.50	14	〈13.72〉	14	9.76	14	9.87	14	〈10.31〉	14	10.52	14	10.23	14	9.80	14	9.67	14	9.31	
		24	9.14	24	9.37	24	9.54	24	〈12.84〉	24	9.95	24	9.84	24	〈13.79〉	24	〈20.27〉	24	10.20	24	9.89	24	〈14.66〉	24	9.28	
	1993	5	9.18	5	9.30	5	9.92	5	9.97	5	9.71	5	9.78	5	9.81	5	9.15	5	9.36	5	9.60	5	9.52	5	9.64	9.62
		15	9.19	15	9.30	15	9.77	15	9.83	15	9.86	15	9.83	15	9.81	15	9.91	15	9.43	15	9.62	15	9.64	15	9.63	
		25	9.16	25	9.45	25	9.75	25	9.75	25	9.96	25	9.90	25	9.82	25	9.16	25	9.64	25	9.55	25	9.64	25	9.62	
	1994	5	9.69	5	10.01	5	9.99	5	9.95	5	9.94	5	10.34	5	10.68	5	10.68	5	10.59	5	10.58	5	10.29	5	10.27	10.24
		15	9.61	15	9.99	15	9.94	15	9.94	15	10.24	15	10.35	15	10.43	15	10.73	15	10.70	15	10.34	15	10.28	15	10.27	
		25	9.62	25	9.99	25	9.94	25	9.93	25	10.24	25	10.34	25	10.53	25	10.68	25	10.59	25	10.34	25	10.29	25	10.28	

续表

点号	年份	1月 日	1月 水位	2月 日	2月 水位	3月 日	3月 水位	4月 日	4月 水位	5月 日	5月 水位	6月 日	6月 水位	7月 日	7月 水位	8月 日	8月 水位	9月 日	9月 水位	10月 日	10月 水位	11月 日	11月 水位	12月 日	12月 水位	年平均
塔北	1995	5	9.91	5	9.94	5	10.07	5	10.50	5	10.78	5	10.75	5	13.12	5	11.82	5	11.99	5	11.94	5	11.91	5	11.86	11.28
		15	9.80	15	9.86	15	10.40	15	10.56	15	10.78	15	11.22	15	13.91	15	11.84	15	12.03	15	11.99	15	11.86	15	11.81	
		25	9.81	25	10.06	25	10.39	25	10.60	25	10.78	25	11.22	25	13.91	25	11.81	25	12.03	25	(12.79)	25	11.81	25	11.79	
	1996	5	12.19	5	12.18	5	12.33	5	12.48	5	11.49	5	12.47	5	12.47	5	10.85	5	10.58	5	10.20	5	9.75	5	9.12	11.37
		15	12.29	15	12.25	15	12.35	15	12.56	15	12.44	15	12.43	15	12.47	15	10.83	15	11.17	15	10.07	15	9.63	15	9.60	
		25	12.21	25	12.28	25	12.31	25	12.53	25	12.44	25	12.47	25	10.65	25	10.77	25	10.03	25	10.68	25	9.30	25	9.40	
	1997	5	10.33	5	9.59	5	9.50	5	9.55	5	9.57	5	9.59	5	9.57	5	11.17	5	11.22	5	11.36	5	11.34	5	11.35	10.39
		15	10.00	15	9.54	15	9.47	15	9.61	15	9.50	15	10.24	15	10.88	15	11.07	15	11.11	15	11.37	15	11.36	15	11.30	
		25	9.56	25	9.39	25	9.49	25	9.94	25	9.52	25	9.68	25	10.81	25	10.97	25	11.01	25	11.38	25	11.38	25	11.33	
	1998	5	11.49	5	11.57	5	11.58	5	11.37	5	11.43	5	11.70	5	11.37	5	11.09	5	10.32	5	10.03	5	10.94	5	9.92	11.08
		15	11.54	15	11.55	15	11.59	15	11.43	15	11.66	15	11.45	15	11.29	15	11.32	15	10.31	15	9.96	15	10.98	15	9.94	
		25	11.49	25	11.57	25	11.57	25	11.48	25	11.52	25	11.56	25	11.40	25	11.23	25	10.15	25	10.04	25	10.95	25	9.98	
	1999	5	9.76	5	9.84	5	9.90	5	9.84	5	9.85	5	9.95	5	9.50	5	9.42	5	9.54	5	9.47	5	9.43	5	9.52	9.66
		15	9.86	15	9.81	15	9.93	15	9.89	15	9.84	15	9.93	15	9.43	15	9.49	15	9.35	15	9.39	15	9.41	15	9.47	
		25	9.92	25	9.90	25	9.95	25	9.93	25	9.82	25	9.96	25	9.31	25	9.45	25	9.32	25	9.43	25	9.45	25	9.44	
	2000	5	9.34	5	9.15	5	9.15	5	9.34	5	9.41	5	9.60	5	9.59	5	9.55	5	9.47	5	9.24	5	9.14	5	9.10	9.33
		15	9.22	15	9.18	15	9.18	15	9.45	15	9.55	15	9.56	15	9.60	15	9.58	15	9.39	15	9.16	15	9.14	15	9.04	
		25	9.19	25	9.23	25	9.14	25	9.40	25	9.58	25	9.60	25	9.56	25	9.55	25	9.25	25	9.13	25	9.10	25	9.00	
K431	1991	5	6.68	5	6.81	5	6.91	5	6.94	5	6.92	5	6.81	5	6.71	5	6.76	5	6.69	5	6.59	5	6.56	5	6.56	6.75
		15	6.71	15	6.85	15	6.90	15	6.96	15	6.91	15	6.75	15	6.81	15	6.74	15	6.68	15	6.57	15	6.56	15	6.57	
		25	6.77	25	6.91	25	6.93	25	6.95	25	6.93	25	6.70	25	6.76	25	6.72	25	6.62	25	6.58	25		25	6.58	
	1992	4	6.59	4	6.62	4	6.68	4	6.66	4	6.77	4	6.88	4	6.95	4	7.01	4	7.00	4	6.72	4	6.58	4	6.53	6.74
		14	6.61	14	6.65	14	6.66	14	6.70	14	6.75	14	6.88	14	6.89	14	7.07	14	6.96	14	6.65	14	6.57	14	6.51	
		24	6.63	24	6.66	24	6.65	24	6.74	24	6.82	24	6.88	24	6.93	24	7.03	24	6.81	24	6.61	24	6.54	24	6.49	

点号	年份	1月			2月			3月			4月			5月			6月			7月			8月			9月			10月			11月			12月			年平均
		日	水位		日	水位		日	水位		日	水位		日	水位		日	水位		日	水位		日	水位		日	水位		日	水位		日	水位		日	水位		
K431	1993	5	6.48		5	6.49		5	6.44		5	6.56		5	6.38		5	6.31		5	6.26		5	6.28		5	6.27		5	6.21		5	6.18		5	6.20		6.35
		15	6.48		15	6.52		15	6.42		15	6.99		15	6.39		15	6.30		15	6.31		15	6.31		15	6.29		15	6.23		15	6.20		15	6.20		
		25	6.49		25	6.40		25	6.46		25	6.42		25	6.33		25	6.30		25	6.31		25	6.31		25	6.31		25	6.20		25	6.15		25	6.20		
	1994	5	6.19		5	6.21		5	6.22		5	6.15		5	6.10		5	6.20		5	6.20		5	6.20		5	6.36		5	6.51		5	6.31		5	6.39		6.26
		15	6.19		15	6.21		15	6.17		15	6.14		15	6.14		15	6.16		15	6.20		15	6.20		15	6.46		15	6.51		15	6.33		15	6.39		
		25	6.19		25	6.23		25	6.10		25	6.10		25	6.15		25	6.19		25	6.20		25	6.35		25	6.46		25	6.50		25	6.31		25	6.40		
	1995	5	6.40		5	6.39		5	6.45		5	6.45		5	6.53		5	6.66		5	6.78		5	7.06		5	7.14		5	7.22		5	7.18		5	7.15		6.80
		15	6.39		15	6.41		15	6.45		15	6.43		15	6.53		15	6.72		15	6.83		15	7.11		15	7.11		15	7.20		15	7.23		15	7.23		
		25	6.39		25	6.41		25	6.56		25	6.53		25	6.57		25	6.70		25	6.95		25	7.13		25	7.14		25	7.20		25	7.23		25	7.04		
	1996	5	7.24		5	7.44		5	7.50		5	7.66		5	7.77		5	7.69		5	7.70		5	7.64		5	7.49		5	8.12		5	7.14		5	7.15		7.50
		15	7.34		15	7.47		15	7.52		15	7.77		15	7.75		15	7.69		15	7.68		15	7.66		15	7.48		15	7.51		15	6.53		15	7.17		
		25	7.34		25	7.51		25	7.44		25	7.72		25	7.77		25	7.71		25	7.70		25	7.70		25	7.54		25	7.60		25	6.62		25	7.19		
	1997	5	7.15		5	7.17		5	7.14		5	7.15		5	7.15		5	7.14		5	6.99		5	7.06		5	6.97		5	8.25		5	8.09		5	8.26		7.32
		15	7.16		15	7.16		15	7.12		15	7.24		15	7.13		15	7.08		15	6.98		15	7.03		15	6.14		15	8.25		15	8.17		15	8.04		
		25	7.21		25	7.16		25	7.13		25	7.18		25	7.16		25	7.10		25	7.04		25	6.62		25	7.15		25	8.19		25	8.19		25	7.19		
	1998	5	8.02		5	8.05		5	8.23		5	7.55		5	7.67		5	7.37		5	7.85		5	7.94		5	6.83		5	7.76		5	7.57		5	8.67		7.81
		15	8.10		15	8.09		15	8.25		15	7.63		15	7.57		15	8.30		15	7.84		15	7.76		15	6.98		15	7.75		15	7.61		15	7.73		
		25	8.14		25	8.16		25	8.20		25	7.70		25	7.66		25	8.09		25	8.14		25	7.82		25	6.77		25	7.64		25	7.79		25	7.75		
	1999	5	7.71		5	7.74		5	7.80		5	7.84		5	7.76		5	7.68		5	7.99		5	7.99		5	8.02		5	7.97		5	7.86		5	7.64		7.85
		15	7.75		15	7.73		15	8.63		15	7.80		15	7.44		15	7.51		15	7.95		15	7.95		15	8.01		15	7.95		15	7.82		15	7.73		
		25	7.72		25	7.72		25	7.98		25	7.82		25	7.91		25	7.73		25	7.96		25	7.98		25	8.12		25	7.87		25	7.78		25	7.82		
	2000	5	7.73		5	8.10		5	7.93		5	7.45		5	8.49		5	8.99		5	9.00		5	9.00		5	8.76		5	8.70		5	8.66		5	8.57		8.53
		15	7.87		15	8.11		15	8.00		15	8.45		15	8.58		15	9.04		15	9.04		15	8.96		15	8.70		15	8.71		15	8.59		15	9.14		
		25	8.03		25	8.05		25	7.82		25	8.40		25	8.60		25	9.29		25	9.00		25	8.89		25	8.67		25	8.67		25	8.61		25	8.50		

续表

点号	年份	1月 日	1月 水位	2月 日	2月 水位	3月 日	3月 水位	4月 日	4月 水位	5月 日	5月 水位	6月 日	6月 水位	7月 日	7月 水位	8月 日	8月 水位	9月 日	9月 水位	10月 日	10月 水位	11月 日	11月 水位	12月 日	12月 水位	年平均
K376	1991	5	28.68	5	28.81	5	28.85	5	28.88	5	28.89	5	28.92	5	28.88	5	28.81	5	28.82	5	28.75	5	28.78	5	28.74	28.82
		15	28.86	15	28.81	15	28.79	15	28.89	15	28.89	15	28.91	15	28.81	15	28.82	15	28.80	15	28.75	15	28.76	15	28.72	
		25	28.75	25	28.85	25	28.81	25	28.88	25	28.92	25	28.89	25	28.84	25	28.79	25	28.77	25	28.74	25	28.71			
	1992	4	28.70	4	28.59	4	28.44	4	28.33	4	28.47	4	28.65	4	28.74	4	28.78	4	28.85	4	28.60	4	28.56	4	28.61	28.63
		14	28.66	14	28.53	14	28.42	14	28.37	14	28.50	14	28.69	14	29.07	14	28.83	14	28.83	14	28.65	14	28.51	14	28.62	
		24	28.62	24	28.49	24	28.39	24	28.43	24	28.59	24	28.73	24	29.06	24	28.81	24	28.78	24	28.60	24	28.53	24	28.64	
	1993	5	28.67	5	28.67	5	28.80	5	28.73	5	28.69	5	28.74	5	28.74	5	28.77	5	28.80	5	28.69	5	28.61	5	28.58	28.72
		15	28.68	15	28.75	15	28.83	15	28.68	15	28.73	15	28.74	15	28.78	15	28.73	15	28.70	15	28.65	15	28.60	15	28.55	
		25	28.71	25	28.76	25	29.18	25	28.70	25	28.71	25	28.84	25	28.80	25	28.74	25	28.70	25	28.65	25	28.56	25	28.48	
	1994	5	28.24	5	27.66	5	27.60	5	27.63	5	28.13	5	28.39	5	28.63	5	28.61	5	28.56	5	28.51	5	28.55	5	28.65	28.26
		15	28.14	15	27.20	15	27.58	15	27.58	15	28.35	15	28.44	15	28.61	15	28.56	15	28.58	15	28.51	15	28.55	15	28.60	
		25	28.06	25	27.39	25	27.62	25	27.99	25	28.35	25	28.44	25	28.61	25	28.61	25	28.56	25	28.56	25	28.61	25	28.62	
	1995	5	28.74	5	28.71	5	28.73	5	28.79	5	28.82	5	26.49	5	27.67	5	28.53	5	28.33	5	28.41	5	28.50	5	28.49	28.33
		15	28.73	15	28.71	15	28.73	15	28.77	15	28.82	15	26.48	15	28.22	15	28.18	15	28.38	15	28.53	15	28.49	15	28.48	
		25	28.71	25	28.71	25	28.74	25	28.74	25	27.60	25	26.39	25	28.22	25	28.18	25	28.43	25	28.52	25	28.48	25	28.44	
	1996	5	28.76	5	28.85	5	28.56	5	28.87	5	28.94	5	29.18	5	27.39	5	29.43	5	28.43	5	28.90	5	28.93	5	28.43	28.72
		15	28.80	15	28.85	15	28.76	15	28.90	15	28.85	15	28.83	15	29.24	15	28.70	15	28.35	15	28.46	15	28.49	15	28.45	
		25	28.80	25	28.83	25	28.70	25	28.81	25	28.87	25	28.85	25	29.24	25	28.85	25	28.35	25	28.37	25	28.40	25	28.44	
	1997	5	28.42	5	28.25	5	29.33	5	28.46	5	28.24	5	28.21	5	28.35	5	28.42	5	28.47	5	28.71	5	28.57	5	28.68	28.49
		15	28.42	15	28.33	15	28.50	15	28.49	15	28.17	15	28.31	15	28.36	15	28.45	15	28.43	15	28.77	15	28.59	15	28.78	
		25	28.37	25	28.36	25	28.39	25	28.68	25	28.26	25	28.66	25	28.41	25	28.39	25	28.49	25	28.71	25	28.67	25	28.45	
	1998	5	28.43	5	28.41	5	28.43	5	28.33	5	28.32	5	28.26	5	28.24	5	28.25	5	28.70	5	28.66	5	28.69	5	28.84	28.48
		15	28.39	15	28.21	15	28.29	15	28.43	15	28.48	15	28.34	15	28.48	15	28.30	15	28.65	15	28.79	15	28.70	15	28.77	
		25	28.44	25	28.39	25	28.27	25	28.32	25	28.72	25	28.41	25	28.39	25	28.17	25	28.62	25	28.70	25	28.74	25	28.79	

续表

点号	年份	1月 日	1月 水位			2月 日	2月 水位			3月 日	3月 水位			4月 日	4月 水位			5月 日	5月 水位			6月 日	6月 水位			7月 日	7月 水位			8月 日	8月 水位			9月 日	9月 水位			10月 日	10月 水位			11月 日	11月 水位			12月 日	12月 水位			年平均
K376	1999	5	28.81	15	29.10	25	29.03	5	29.05	15	29.08	25	28.97	5	28.71	15	28.80	25	29.29	5	29.29	15	29.24	25	29.16	5	29.16	15	29.72	25	28.68	5	28.64	15	28.69	25	28.67	5	28.68	15	28.71	25	28.56	5	28.65	15	28.75	25	28.71	5	28.69	15	28.71	25	29.43	5	28.75	15	29.05	25	28.77	5	28.71	15	28.73	25	28.78	5	28.74	15	28.77	25	28.83	28.89
K376	2000	5	28.57	15	28.61	25	28.52	5	28.25	15	28.23	25	28.27	5	28.12	15	28.21	25	28.33	5	28.35	15	28.00	25	27.97	5	28.05	15	28.05	25	28.04	5	28.03	15	28.03	25	28.07	5	28.04	15	28.07	25	28.14	5	28.14	15	28.20	25	28.21	5	28.22	15	28.27	25	28.36	5	28.42	15	28.45	25	28.49	5	28.53	15	28.56	25	28.63	5	28.64	15	28.69	25	28.70	28.29
K273	1991	5	28.83	15	28.86	25	28.89	5	28.85	15	28.86	25	28.88	5	28.84	15	28.78	25	28.84	5	28.87	15	28.87	25	28.89	5	28.91	15	28.87	25	28.90	5	28.88	15	28.87	25	28.85	5	28.85	15	28.90	25	28.85	5	28.91	15	28.89	25	28.87	5	28.93	15	28.91	25	28.90	5	28.87	15	28.87	25	28.86	5	28.92	15	28.92	25		5	28.95	15	28.96	25	28.97	28.88
K273	1992	4	28.96	14	28.96	24	28.95	4	28.97	14	28.98	24	28.99	4	29.00	14	28.99	24	29.01	4	29.01	14	29.03	24	29.04	4	29.07	14	29.08	24	29.09	4	29.11	14	29.10	24	29.09	4	29.09	14	29.07	24	29.06	4	29.03	14	29.13	24	29.08	4	29.08	14	29.07	24	29.06	4	29.01	14	29.00	24	28.98	4	28.94	14	28.92	24	28.89	4	28.87	14	28.84	24	28.82	29.01
K273	1993	5	28.79	15	28.79	25	28.79	5	28.80	15	28.80	25	28.81	5	28.82	15	28.81	25	28.80	5	28.94	15	28.90	25	28.90	5	28.92	15	28.99	25	28.92	5	28.94	15	28.99	25	29.00	5	28.97	15	28.92	25	28.98	5	29.00	15	28.94	25	28.92	5	28.93	15	28.94	25	28.93	5	28.98	15	28.93	25	28.93	5	28.88	15	28.93	25	28.98	5	28.90	15	28.95	25	28.95	28.91
K273	1994	5	28.89	15	28.92	25	28.91	5	28.86	15	28.85	25	28.49	5	28.88	15	28.95	25	28.95	5	28.89	15	28.97	25	28.95	5	28.93	15	29.01	25	29.01	5	28.97	15	28.97	25	29.20	5	29.19	15	28.96	25	28.97	5	28.94	15	29.00	25	29.05	5	29.10	15	29.16	25	29.16	5	29.14	15	29.14	25	29.23	5	29.28	15	29.29	25	29.39	5	29.28	15	29.28	25	29.37	29.04
K273	1995	5	29.24	15	29.21	25	29.28	5	29.23	15	29.18	25	29.17	5	29.21	15	29.21	25	29.11	5	29.22	15	29.22	25	29.86	5	29.18	15	29.18	25	29.18	5	29.25	15	29.20	25	29.56	5	29.28	15	29.26	25	29.32	5	29.61	15	29.61	25	29.63	5	29.61	15	29.66	25	29.67	5	29.60	15	30.39	25	30.39	5	29.60	15	30.37	25	30.36	5	29.63	15	29.71	25	30.13	29.49
K273	1996	5	30.49	15	30.01	25	30.31	5	29.83	15	29.88	25	30.07	5	29.95	15	29.93	25	30.00	5	29.86	15	29.94	25	29.96	5	30.03	15	29.99	25	29.99	5	29.65	15	29.65	25		5	30.33	15	30.63	25	30.41	5	30.15	15	31.29	25	30.12	5	28.43	15	30.02	25	32.72	5	29.95	15	29.69	25	30.50	5	29.96	15	29.99	25	29.97	5	30.02	15	29.91	25	29.88	30.09

续表

点号	年份	1月 日	1月 水位	2月 日	2月 水位	3月 日	3月 水位	4月 日	4月 水位	5月 日	5月 水位	6月 日	6月 水位	7月 日	7月 水位	8月 日	8月 水位	9月 日	9月 水位	10月 日	10月 水位	11月 日	11月 水位	12月 日	12月 水位	年平均
K273	1997	5	29.99	5	29.86	5	29.82	5	29.82	5	29.81	5	29.86	5	30.11	5	30.00	5	30.09	5	30.23	5	30.14	5	30.22	30.00
		15	29.96	15	29.91	15	29.74	15	29.86	15	29.86	15	29.89	15	30.02	15	30.07	15	30.05	15	30.19	15	30.15	15	30.18	
		25	30.43	25	29.84	25	29.77	25	29.58	25	29.78	25	30.00	25	30.06	25	30.09	25	30.06	25	30.22	25	30.18	25	30.27	
	1998	5	31.37	5		5		5	35.52	5	35.85	5	35.87	5	35.83	5	35.75	5	35.22	5	35.21	5	35.11	5	35.27	34.85
		15	30.84	15		15		15	35.54	15	35.79	15	35.83	15	35.80	15	35.82	15	35.15	15	34.46	15	35.03	15	35.25	
		25	30.96	25		25	29.55	25	35.55	25	35.73	25	35.88	25	35.84	25	35.69	25	35.13	25	35.12	25	35.05	25	35.27	
	1999	5	35.31	5	35.35	5	35.12	5	35.44	5	35.46	5	34.36	5	33.23	5	33.38	5	33.85	5	33.86	5	33.89	5	33.86	34.39
		15	35.32	15	35.19	15	35.14	15	35.42	15	36.22	15	32.81	15	33.29	15	33.61	15	33.88	15	33.33	15	34.85	15	33.80	
		25	35.26	25	35.11	25	35.05	25	35.54	25	35.50	25	33.12	25	33.32	25	33.61	25	33.87	25	33.81	25	33.84	25	33.88	
	2000	5	33.77	5	33.73	5	33.79	5	33.92	5	31.54	5	31.51	5	31.91	5	31.92	5	31.88	5	31.73	5	31.51	5	31.41	32.26
		15	33.84	15	33.79	15	33.77	15	31.90	15	31.56	15	32.45	15	31.73	15	31.86	15	31.95	15	31.95	15	31.51	15	31.37	
		25	34.00	25	33.70	25	33.82	25	31.95	25	31.58	25	32.34	25	32.51	25	31.87	25	31.92	25	28.45	25	31.51	25	31.28	
376-2	1993	15	8.46	15	8.82	15	8.16	15	8.16	15	11.64	15	11.66	15	10.86	15	10.85	15	10.87	15	11.22	15	11.18	15	10.94	10.24
	1994	5	11.53	5	11.55	5	11.52	5	11.53	5	11.43	5	11.53	5	11.53	5	11.61	5	11.63	5	11.62	5	11.58	5	11.58	11.57
		15	11.47	15	11.46	15	11.99	15	11.50	15		15	11.56	15	11.44	15	11.61	15	11.64	15	11.62	15	11.61	15	11.63	
		25	11.46	25	11.46	25	11.44	25	11.38	25	11.43	25	11.43	25	11.43	25	11.73	25	11.59	25	11.62	25	11.61	25	11.60	
	1995	5	11.47	5	11.50	5	11.44	5	11.37	5	12.00	5	12.51	5	12.57	5	14.02	5	11.92	5	11.92	5	11.89	5	12.62	12.05
		15	11.53	15	12.50	15	12.31	15	12.38	15	12.29	15	12.41	15	12.51	15	12.43	15	11.92	15	11.91	15	11.91	15	12.66	
		25	11.55	25	12.09	25	12.31	25	10.33	25	12.00	25	12.51	25	12.32	25	12.43	25	11.92	25	11.97	25	12.67	25	12.57	
	1996	5	11.56	5	12.45	5	12.64	5	11.71	5	10.73	5	12.04	5	11.30	5	9.04	5	9.64	5	9.47	5	9.67	5	9.69	10.70
		15	9.61	15	9.68	15	8.20	15	8.24	15	10.75	15	12.05	15	9.65	15	9.10	15	9.48	15	10.00	15	9.60	15	9.55	
		25	9.62	25	9.63	25	8.10	25	8.07	25	10.80	25	12.18	25	9.13	25	9.11	25	9.31	25	10.43	25	9.49	25	9.74	
	1997	5	9.66	5	8.90	5	8.19	5	7.99	5	8.16	5	8.29	5	9.46	5	8.99	5	9.20	5	11.36	5	11.34	5	11.37	9.46
		15		15		15		15		15	8.20	15	8.40	15	8.72	15	9.01	15	9.18	15	11.28	15	11.38	15	11.33	
		25		25		25		25		25	8.42	25	9.71	25	8.77	25	8.95	25	9.14	25	11.30	25	11.41	25	11.35	

续表

点号	年份	1月 日	1月 水位	2月 日	2月 水位	3月 日	3月 水位	4月 日	4月 水位	5月 日	5月 水位	6月 日	6月 水位	7月 日	7月 水位	8月 日	8月 水位	9月 日	9月 水位	10月 日	10月 水位	11月 日	11月 水位	12月 日	12月 水位	年平均
376-2	1998	5	10.65	5	10.75	5	10.68	5	10.72	5	10.76	5	10.80	5	10.82	5	10.53	5	10.37	5	10.35	5	10.51	5	10.86	10.67
		15	10.68	15	10.74	15	10.76	15	10.70	15	10.78	15	10.83	15	10.51	15	10.57	15	10.41	15	10.48	15	10.45	15	10.95	
		25	10.70	25	10.72	25	10.74	25	10.75	25	10.81	25	10.86	25	10.93	25	10.64	25	10.30	25	10.42	25	10.48	25	11.01	
	1999	5	11.00	5	10.98	5	10.99	5	12.95	5	10.95	5	10.95	5	10.08	5	10.24	5	10.15	5	10.13	5	10.18	5	10.43	10.63
		15	10.83	15	10.81	15	11.03	15	10.99	15	11.01	15	11.00	15	10.10	15	10.07	15	10.24	15	10.17	15	10.15	15	10.52	
		25	10.87	25	10.85	25	10.92	25	10.94	25	10.97	25	10.92	25	10.04	25	10.11	25	10.22	25	10.16	25	10.14	25	10.48	
	2000	5	10.44	5	10.35	5	10.43	5	10.48	5	8.75	5	9.01	5	9.31	5	9.22									9.70
		15	10.48	15	10.41	15	10.39	15	8.68	15	⟨16.85⟩	15	9.65	15	9.40	15	9.40			15		15		15		
		25	10.36	25	10.36	25	10.40	25	8.74	25	8.80	25	9.26	25	9.28	25		25		25		25		25		
608-5	1994	5	10.08	5	9.91	5	9.94	5	干	5	10.98	5	11.87	5	12.07	5		5	⟨15.57⟩	5	⟨14.30⟩	5	10.93	5	10.70	10.77
		15	10.00	15	9.93	15	9.98	15	干	15	11.33	15	11.93	15		15	⟨15.83⟩	15	⟨15.48⟩	15	11.32	15	10.77	15	10.68	
		25	9.96	25	9.93	25	9.97	25	10.40	25	11.80	25	12.00	25		25	14.70	25	⟨15.27⟩	25	11.35	25	10.73	25	10.68	
	1995	5	10.62	5	10.86	5	10.97	5	12.20	5	12.36	5	13.41	5	13.81	5	14.70	5	14.67	5	14.04	5	13.57	5	13.57	12.95
		15	10.63	15	11.22	15	11.00	15	12.26	15	12.42	15	13.49	15	14.08	15	14.64	15	14.69	15	13.87	15	13.49	15	13.49	
		25	10.70	25	11.60	25	11.04	25	12.33	25	12.57	25	13.55	25	14.30	25	14.60	25	14.70	25	13.73	25	13.56	25	13.52	
	1996	5	13.51	5	13.58	5	13.38	5	13.32	5	13.80	5	13.68	5	14.06	5	12.68	5	12.24	5	12.11	5	11.53	5	10.97	13.02
		15	13.52	15	13.52	15	13.35	15	13.58	15	14.35	15	14.78	15	13.32	15	13.68	15	12.18	15	12.27	15	11.44	15	10.93	
		25	13.56	25	13.45	25	13.02	25	14.05	25	14.79	25	14.87	25	13.82	25	13.12	25	12.14	25	12.04	25	11.10	25	10.97	
	1997	5	10.85	5	10.44	5	10.44	5	11.32	5	11.90	5	12.48	5	13.82	5	13.71	5	15.02	5	14.78	5	15.58	5	15.20	13.05
		15	10.73	15	10.42	15	10.82	15	11.51	15	12.05	15	12.50	15	14.53	15	14.07	15	14.65	15	14.83	15	15.15	15	15.26	
		25	10.68	25	10.40	25	11.09	25	11.37	25	12.18	25	14.00	25	14.17	25	14.74	25	14.70	25	14.88	25	14.52	25	15.18	
	1998	5	14.96	5	14.26	5	⟨17.45⟩	5	15.35	5	16.14	5	15.95	5	16.87	5	13.87	5	13.64	5	13.70	5	⟨16.45⟩	5	14.68	14.89
		15	14.88	15	15.47	15	15.46	15	15.50	15	15.98	15	16.10	15	16.05	15	13.09	15	13.78	15	13.79	15	14.45	15	14.62	
		25	14.40	25	15.55	25	15.30	25	15.93	25	15.75	25	16.51	25	13.95	25	13.14	25	13.86	25	13.90	25	14.71	25	14.60	

续表

点号	年份	1月 日	1月 水位	2月 日	2月 水位	3月 日	3月 水位	4月 日	4月 水位	5月 日	5月 水位	6月 日	6月 水位	7月 日	7月 水位	8月 日	8月 水位	9月 日	9月 水位	10月 日	10月 水位	11月 日	11月 水位	12月 日	12月 水位	年平均
608-5	1999	5	15.03	5	⟨17.50⟩	5	15.56	5		5	16.61	5	16.50	5	16.04	5	16.34	5	16.28	5	15.80	5	15.80	5	15.70	15.97
		15	14.95	15	15.09	15	15.68	15		15	16.42	15	16.55	15	16.01	15	16.06	15	16.38	15	15.78	15	15.86	15	15.80	
		25	15.07	25	15.15	25	16.08	25	16.50	25	16.20	25	16.60	25	16.05	25	16.23	25	16.65	25	15.93	25	16.52	25	15.75	
	2000	5	15.98	5	15.17	5	16.02	5	16.66	5	17.09	5	⟨22.25⟩	5	16.95	5	15.60	5	14.45	5	14.60	5	14.30	5	13.88	15.61
		15	15.68	15	⟨17.60⟩	15	16.23	15	17.05	15	17.47	15	17.73	15	15.70	15	15.35	15	14.86	15	13.95	15	14.18	15	14.02	
		25	15.38	25	15.81	25	16.61	25	17.00	25	17.95	25	17.70	25	16.55	25	13.97	25	14.90	25	13.78	25	14.02	25	14.18	
东门	1994	5		5		5		5		5	10.79	5	10.78	5	11.05	5	11.10	5	11.12	5	11.13	5	11.09	5	10.59	10.95
		15		15		15		15		15	10.62	15	10.79	15	11.08	15	11.10	15	11.14	15	11.13	15	11.00	15	10.60	
		25		25		25		25		25	10.81	25	10.77	25	11.08	25	11.18	25	11.13	25	11.13	25	11.09	25	10.61	
	1995	5	10.60	5	10.59	5	11.51	5	11.60	5	11.70	5	11.92	5	12.13	5	11.35	5	11.24	5	11.05	5	11.07	5	11.04	11.37
		15	10.60	15	11.42	15	11.50	15	11.65	15	11.70	15	11.92	15	12.13	15	11.35	15	11.16	15	11.22	15	11.03	15	11.03	
		25	10.60	25	11.44	25	11.50	25	11.68	25	11.70	25	11.92	25	12.13	25	11.35	25	11.17	25	11.19	25	11.04	25	11.07	
	1996	5	11.58	5	11.83	5	11.84	5	11.81	5	11.83	5	11.52	5	11.53	5	11.19	5	11.78	5	10.98	5	10.24	5	10.29	11.23
		15	11.82	15	11.86	15	11.24	15	11.83	15	11.83	15	11.54	15	11.15	15	11.15	15	10.58	15	10.23	15	10.23	15	10.34	
		25	11.80	25	11.76	25	11.86	25	11.83	25	11.85	25	11.54	25	11.15	25	11.16	25	10.53	25	10.29	25	10.13	25	10.31	
	1997	5	10.15	5	10.22	5	10.14	5	10.46	5	10.15	5	10.15	5	10.16	5	10.33	5	10.40	5	10.35	5	10.30	5	10.34	10.38
		15	10.18	15	10.21	15	10.11	15	10.14	15	13.14	15	11.21	15	10.17	15	10.34	15	10.38	15	10.33	15	10.29	15	10.32	
		25	10.20	25	10.14	25	10.11	25	10.13	25	10.71	25	11.17	25	10.28	25	10.31	25	10.34	25	10.35	25	10.32	25	10.34	
	1998	5	10.45	5	10.66	5	10.61	5	10.68	5	10.68	5	10.20	5	10.22	5	10.26	5	10.42	5	10.02	5	9.85	5	10.05	10.34
		15	10.49	15	10.54	15	10.66	15	10.61	15	10.65	15	10.41	15	10.24	15	10.18	15	10.36	15	9.90	15	9.83	15	10.16	
		25	10.41	25	10.63	25	10.68	25	10.61	25	9.72	25	10.26	25	10.28	25	10.20	25	10.36	25	9.95	25	9.88	25	10.18	
	1999	5	10.24	5	10.14	5	10.03	5	9.87	5	9.86	5	9.92	5	11.53	5	11.51	5	11.46	5	11.53	5	11.58	5	10.15	10.61
		15	9.93	15	10.00	15	10.06	15	9.72	15	9.86	15	9.96	15	11.49	15	11.58	15	11.49	15	11.21	15	11.43	15	10.33	
		25	10.03	25	9.97	25	9.58	25	9.74	25	10.02	25	10.05	25	11.52	25	11.52	25	11.54	25	11.33	25	11.52	25	10.42	

续表

点号	年份	1月 日	1月 水位	2月 日	2月 水位	3月 日	3月 水位	4月 日	4月 水位	5月 日	5月 水位	6月 日	6月 水位	7月 日	7月 水位	8月 日	8月 水位	9月 日	9月 水位	10月 日	10月 水位	11月 日	11月 水位	12月 日	12月 水位	年平均
东门	2000	5	10.68	5	10.52	5	10.49	5	10.24	5	10.55	5	10.53	5	10.35	5	10.40	5	10.35	5	10.28	5	10.22	5	10.10	10.45
		15	10.67	15	10.61	15	11.35	15	10.58	15	10.49	15	10.58	15	10.36	15	10.40	15	10.29	15	10.25	15	10.17	15	10.08	
		25	10.69	25	10.58	25	11.25	25	10.65	25	10.50	25	10.55	25	10.40	25	10.36	25	10.30	25	10.25	25	10.14	25	10.10	
328-1	1992	15	7.04	15	7.17	15	6.97	15	7.78	15	7.85	15	7.55	15	7.71	15	7.84	15	7.77	15	7.51	15	7.20	15	7.11	7.46
	1993	15	6.95	15	6.86	15	6.93	15	7.01	15	6.94	15	7.46	15	7.57	15	7.84	15	7.76	15	7.98	15	7.92	15	7.83	7.42
	1994	5	7.74	5	7.69	5	7.71	5	7.78	5	7.78	5	8.07	5	8.27	5	8.35	5	8.27	5	8.20	5	8.03	5	7.96	8.06
		15		15		15	7.39	15		15		15	8.16	15	8.30	15	8.41	15	8.28	15	8.14	15	8.01	15	7.93	
		25		25	7.62	25		25	7.52	25	7.69	25	8.21	25	8.33	25	8.37	25	8.27	25	8.12	25	7.93	25	7.93	
	1995	5	7.80	5	7.59	5	7.51	5	7.60	5	7.72	5	7.92	5	8.21	5	7.71	5	7.94	5	8.62	5	8.68	5	9.11	8.09
		15	7.72	15	7.50	15	7.57	15	7.62	15	7.77	15	8.02	15	8.27	15	7.67	15	8.11	15	8.61	15	9.10	15	9.07	
		25	7.65	25		25		25		25		25	8.14	25	8.32	25	7.68	25	8.61	25	8.57	25	9.07	25	9.14	
	1996	5	9.12	5	9.08	5	9.13	5	9.12	5	9.02	5	10.05	5	10.30	5	10.15	5	10.10	5	8.91	5	8.68	5	8.35	9.37
		15	9.13	15	9.15	15	9.08	15	8.85	15	10.03	15	9.70	15	10.74	15	10.20	15	10.00	15	8.76	15	8.60	15	8.26	
		25	9.09	25	9.12	25	9.16	25	8.97	25	9.84	25	10.22	25	10.52	25	10.36	25	9.93	25	8.74	25	8.52	25	8.20	
	1997	5	8.06	5	7.96	5	8.65	5	7.68	5	7.48	5	7.71	5	8.00	5	7.04	5	7.25	5	7.24	5	7.30	5	7.51	7.66
		15	8.03	15	7.94	15	7.88	15	7.56	15	7.52	15	7.89	15	8.02	15	7.02	15	8.29	15	7.21	15	7.29	15	7.48	
		25	7.98	25	7.92	25	7.65	25	7.50	25	7.63	25	7.95	25		25	7.15	25	8.32	25	7.20	25	7.24	25	7.62	
	1998	5	7.40	5	7.35	5	7.44	5	7.50	5	7.57	5	7.64	5	7.74	5	7.50	5	7.39	5	7.33	5	7.28	5	7.26	7.44
		15	7.36	15	7.37	15	7.47	15	7.50	15	7.60	15	7.66	15	7.56	15	7.46	15	7.30	15	7.30	15	7.27	15	7.25	
		25	7.37	25	7.36	25	7.51	25	7.52	25	7.61	25	7.69	25	7.50	25	7.44	25	7.31	25	7.29	25	7.28	25	7.29	
	1999	5	7.35	5	7.86	5	7.87	5	7.90	5	7.20	5	7.14	5	7.16	5	7.22	5	7.29	5	7.38	5	7.44	5	7.47	7.44
		15	7.40	15	7.80	15	7.90	15	7.85	15	7.18	15	7.13	15	7.15	15	7.25	15	7.31	15	7.41	15	7.46	15	7.45	
		25	7.47	25	7.88	25	7.92	25	7.72	25	7.17	25	7.14	25	7.12	25	7.27	25	7.34	25	7.43	25	7.50	25	7.44	

第一章　西安市

续表

点号	年份	1月 日	1月 水位	2月 日	2月 水位	3月 日	3月 水位	4月 日	4月 水位	5月 日	5月 水位	6月 日	6月 水位	7月 日	7月 水位	8月 日	8月 水位	9月 日	9月 水位	10月 日	10月 水位	11月 日	11月 水位	12月 日	12月 水位	年平均
328-1	2000	5	7.40	5	7.24	5	7.20	5		5	7.25	5	7.43	5	7.49	5	7.43	5	7.24	5	7.12	5	7.00	5	6.91	7.23
		15	7.37	15	7.20	15	7.17	15	7.22	15	7.28	15	7.50	15	7.44	15	7.40	15	7.21	15	7.07	15	6.98	15	6.87	
		25	7.34	25	7.18	25	7.15	25	7.24	25	7.39	25	7.51	25	7.42	25	7.33	25	7.18	25	7.05	25	6.95	25	6.85	
	1997	5	7.56	5	7.20	5	6.30	5	6.15	5	6.20	5	6.28	5	6.09	5	6.05	5	6.43	5	5.90	5	5.60	5	5.40	6.19
		15	7.60	15	6.85	15	6.35	15	6.00	15	6.03	15	6.54	15	6.10	15	6.07	15	6.04	15	5.32	15	5.71	15	5.38	
		25	7.68	25	6.40	25	6.13	25	5.68	25	6.10	25	6.85	25	6.10	25	6.11	25	5.92	25	5.45	25	5.68	25	5.42	
	1998	5	5.13	5	5.04	5	5.07	5	5.04	5	5.01	5	4.81	5	4.79	5	4.18	5	4.36	5	4.37	5	4.55	5	4.89	4.75
		15	5.10	15	5.08	15	5.06	15	5.01	15	4.98	15	4.75	15	4.30	15	4.15	15	4.38	15	4.37	15	4.62	15	4.94	
		25	5.08	25	5.06	25	5.08	25	5.00	25	4.95	25	4.77	25	4.26	25	4.14	25	4.19	25	4.48	25	4.85	25	4.99	
336-2	1999	5	5.07	5	5.04	5	5.00	5	4.98	5	4.65	5	干	5	干	5	干	5	10.13	5	9.90	5	10.86	5	10.95	7.40
		15	5.08	15	5.14	15	5.02	15	4.96	15	4.66	15	干	15	4.30	15	4.15	15	10.15	15	9.84	15	10.83	15	10.93	
		25	5.04	25	5.06	25	5.06	25	4.93	25	4.70	25	干	25	干	25	4.14	25	10.18	25	9.81	25	10.99	25	10.95	
	2000	5	10.99	5	11.09	5	11.26	5	11.35	5	11.30	5	11.21	5	10.95	5	11.05	5	10.75	5	10.70	5	10.60	5	10.56	10.99
		15	11.03	15	11.13	15	11.33	15	11.35	15	11.34	15	11.37	15	11.02	15	11.09	15	10.72	15	10.68	15	10.59	15	10.55	
		25	11.06	25	11.20	25	11.40	25	11.32	25	11.35	25	11.41	25	10.97	25	10.77	25	10.65	25	10.65	25	10.57	25	10.53	
315-1	1997	5	7.94	5	7.83	5	8.82	5	8.85	5	8.04	5	8.10	5	8.46	5	8.47	5	9.66	5	8.47	5	8.50	5	8.68	8.38
		15	7.90	15	7.81	15	8.84	15	8.86	15	8.89	15	8.18	15	8.48	15	8.50	15	8.62	15	8.58	15	8.52	15	8.72	
		25	7.85	25	7.85	25	8.85	25	8.98	25	8.87	25	8.22	25	8.44	25	8.61	25	8.57	25	8.54	25	8.45	25	8.70	
	1998	5	8.74	5	8.77	5	8.45	5	8.54	5	8.90	5	8.94	5	8.96	5	8.65	5	8.50	5	8.50	5	8.37	5	8.36	8.68
		15	8.75	15	8.80	15	8.45	15	8.57	15	8.56	15	8.97	15	8.80	15	8.59	15	8.47	15	8.46	15	8.38	15	8.34	
		25	8.74	25	8.79	25	8.48	25	8.52	25	8.50	25	9.00	25	8.70	25	8.56	25	8.43	25	8.49	25	8.38	25	8.27	
	1999	5	8.23	5	8.40	5		5		5		5	8.40	5	8.46	5	8.85	5	9.00	5	8.97	5	8.88	5	8.85	8.64
		15	8.26	15	8.36	15		15		15	8.46	15	8.42	15	8.57	15	8.90	15	9.02	15	8.94	15	8.90	15	8.81	
		25	8.28	25	8.43	25		25		25		25	8.38	25	8.64	25	8.98	25	9.01	25	8.91	25	8.86	25	8.78	

续表

点号	年份	1月 日	1月 水位	2月 日	2月 水位	3月 日	3月 水位	4月 日	4月 水位	5月 日	5月 水位	6月 日	6月 水位	7月 日	7月 水位	8月 日	8月 水位	9月 日	9月 水位	10月 日	10月 水位	11月 日	11月 水位	12月 日	12月 水位	年平均
K6	1990	5	4.29	5	4.29	5	4.39	5	4.42	5	4.44	5	4.43	5	4.46	5	4.47	5		5	4.49	5	4.48	5	4.50	4.43
K6		15	4.29	15	4.35	15	4.42	15	4.43	15	4.43	15	4.47	15	4.45	15	4.47	15		15	4.49	15	4.49	15	4.50	
K6		25	4.28	25	4.37	25	4.37	25	4.43	25	4.41	25	4.47	25	4.46	25	4.46	25		25	4.49	25	4.50	25	4.50	
K6	1991	5	4.50	5	4.56	5	4.59	5	4.57	5	4.56	5	4.59	5	4.60	5	4.63	5	4.68	5	4.70	5		5	4.77	4.62
K6		15	4.53	15	4.56	15	4.59	15	4.55	15	4.57	15	4.59	15	4.61	15	4.66	15	4.69	15	4.74	15		15	4.77	
K6		25	4.55	25	4.57	25	4.59	25	4.55	25	4.59	25	4.60	25	4.61	25	4.67	25	4.70	25	4.79	25		25	4.78	
K6	1992	5	4.78	5	4.75	5	4.74	5	4.76	5	4.77	5	4.80	5	4.80	5	4.81	5	4.82	5	4.77	5	4.72	5	4.70	4.77
K6		15	4.78	15	4.74	15	4.75	15	4.76	15	4.78	15	4.80	15	4.81	15	4.81	15	4.81	15	4.72	15	4.71	15	4.71	
K6		25	4.77	25	4.73	25	4.75	25	4.77	25	4.80	25	4.81	25	4.81	25	4.82	25	4.79	25	4.72	25	4.71	25	4.72	
K6	1993	5	4.73	5	4.76	5	4.79	5	4.83	5	4.85	5	4.87	5	4.88	5	4.80	5		5		5		5		4.83
K6		15	4.74	15	4.76	15	4.81	15	4.84	15	4.86	15	4.87	15	4.88	15	4.90	15		15		15		15		
K6		25	4.76	25	4.77	25	4.83	25	4.85	25	4.87	25	4.88	25	4.88	25	4.80	25		25		25		25		
K16	1990	5	6.86	5	7.17	5	7.36	5	7.64	5	7.76	5	7.95	5	8.06	5	7.55	5	7.09	5	7.43	5	7.78	5	7.97	7.62
K16		15	7.00	15	7.21	15	7.39	15	7.67	15	7.82	15	8.01	15	8.11	15	7.57	15	7.13	15	7.57	15	7.84	15	7.99	
K16		25	7.03	25	7.30	25	7.47	25	7.79	25	7.88	25	8.05	25	8.14	25	7.62	25	7.33	25	7.67	25	7.91	25	8.08	
K16	1991	5	8.14	5	8.28	5	8.37	5	8.51	5	8.64	5	8.76	5	8.83	5	8.93	5	8.89	5	8.90	5	8.97	5	9.00	8.70
K16		15	8.19	15	8.24	15	8.45	15	8.55	15	8.67	15	8.82	15	8.86	15	8.92	15	8.90	15	8.89	15	9.00	15	8.94	
K16		25	8.24	25	8.28	25	8.49	25	8.62	25	8.71	25	8.79	25	8.89	25	8.89	25	8.90	25	8.93	25	8.99	25	8.86	
K16	1992	5	8.86	5	8.92	5	8.89	5	8.89	5	8.96	5	9.96	5	9.14	5	9.24	5	9.30	5	9.27	5	9.19	5	9.10	9.12
K16		15	8.88	15	8.94	15	8.88	15	8.91	15	8.91	15	9.91	15	9.15	15	9.26	15	9.32	15	9.25	15	9.13	15	9.05	
K16		25	8.91	25	8.93	25	8.93	25	8.94	25	8.99	25	9.12	25	9.21	25	9.29	25	9.28	25	9.22	25	9.10	25	9.03	
K16	1993	5	9.00	5	8.95	5	8.91	5	8.87	5	8.89	5	8.87	5	8.90	5	8.91	5	8.90	5	8.90	5	8.90	5	8.89	8.91
K16		15	8.98	15	8.91	15	8.91	15	8.86	15	8.88	15	8.88	15	8.89	15	8.89	15	8.91	15	8.91	15	8.90	15	8.89	
K16		25	8.97	25	8.90	25	8.94	25	8.88	25	8.88	25	8.89	25	8.89	25	8.88	25	8.92	25	8.91	25	8.91	25	8.90	

续表

点号	年份	1月 日	1月 水位	2月 日	2月 水位	3月 日	3月 水位	4月 日	4月 水位	5月 日	5月 水位	6月 日	6月 水位	7月 日	7月 水位	8月 日	8月 水位	9月 日	9月 水位	10月 日	10月 水位	11月 日	11月 水位	12月 日	12月 水位	年平均
K16	1994	5	8.91	5	8.93	5	8.97	5	9.01	5	9.08	5	9.23	5	9.28	5	9.34	5	9.38	5	9.37	5	9.35	5	9.30	9.19
		15	8.91	15	8.95	15	8.97	15	9.04	15	9.11	15	9.25	15	9.31	15	9.35	15	9.38	15	9.38	15	9.34	15	9.29	
		25	8.92	25	8.96	25	8.98	25	9.05	25	9.17	25	9.27	25	9.32	25	9.37	25	9.37	25	9.37	25	9.32	25	9.27	
	1995	5	9.23	5	9.14	5	9.10	5	9.06	5	9.03	5	9.05	5	9.13	5	9.28	5	9.37	5	9.47	5	9.51	5	9.57	9.26
		15	9.22	15	9.12	15	9.08	15	9.08	15	9.05	15	9.06	15	9.20	15	9.31	15	9.39	15	9.49	15	9.53	15	9.58	
		25	9.19	25	9.11	25	9.06	25	9.04	25	9.06	25	9.10	25	9.25	25	9.34	25	9.44	25	9.50	25	9.55	25	9.59	
	1996	5	9.59	5	9.64	5	9.68	5	9.76	5	9.83	5	10.00	5	10.14	5	10.30	5	10.34	5		5		5	9.51	9.89
		15	9.61	15	9.65	15	9.69	15	9.78	15	9.88	15	10.04	15	10.18	15	10.33	15	10.33	15		15		15	9.44	
		25	9.62	25	9.66	25	9.73	25	9.81	25	9.93	25	10.11	25	10.24	25	10.34	25	10.32	25		25		25	9.35	
K44	1990	5	2.69	5	2.83	5	2.89	5	3.01	5	3.04	5	3.23	5	3.15	5	3.19	5	3.28	5	3.45	5	3.59	5	3.61	3.20
		15	2.75	15	2.88	15	2.95	15	3.10	15	3.08	15	3.32	15	3.16	15	3.17	15	3.31	15	3.51	15	3.62	15	3.60	
		25	2.80	25	2.81	25	2.97	25	3.13	25	3.13	25	3.18	25	3.27	25	3.21	25	3.41	25	3.55	25	3.61	25	3.65	
	1991	5	3.70	5	3.82	5	3.77	5	3.70	5	3.85	5	3.69	5	3.74	5	3.98	5	3.81	5	3.64	5	3.72	5	3.77	3.77
		15	3.75	15	3.81	15	3.72	15	3.76	15	3.88	15	3.71	15	3.77	15	3.97	15	3.73	15	3.62	15	3.73	15	3.74	
		25	3.79	25	3.74	25	3.71	25	3.77	25	3.97	25	3.60	25	3.98	25	3.89	25	3.70	25	3.64	25	3.74	25	3.71	
	1992	5	3.70	5	3.66	5	3.79	5	3.69	5	3.82	5	4.00	5	4.09	5	4.21	5	4.14	5	3.80	5	3.51	5	3.44	3.79
		15	3.67	15	3.71	15	3.74	15	3.70	15	3.76	15	4.02	15	4.12	15	4.26	15	4.05	15	3.61	15	3.38	15	3.37	
		25	3.66	25	3.75	25	3.67	25	3.69	25	3.79	25	3.98	25	4.13	25	4.17	25	3.99	25	3.47	25	3.39	25	3.37	
	1993	5	3.32	5	3.33	5	3.31	5	3.33	5	3.37	5	3.34	5	3.46	5	3.58	5	3.75	5	3.86	5	3.87	5	3.86	3.55
		15	3.32	15	3.32	15	3.37	15	3.32	15	3.32	15	3.43	15	3.52	15	3.69	15	3.84	15	3.85	15	3.86	15	3.85	
		25	3.28	25	3.30	25	3.41	25	3.36	25	3.31	25	3.44	25	3.49	25	3.75	25	3.85	25	3.85	25	3.83	25	3.87	
	1994	5	4.01	5	4.02	5	4.06	5	4.14	5	4.12	5	4.40	5	4.27	5	3.91	5	4.05	5	3.99	5	3.79	5	3.67	4.03
		15	4.00	15	4.03	15	4.05	15	4.16	15	4.21	15	4.30	15	4.30	15	3.94	15	3.99	15	4.05	15	3.68	15	3.65	
		25	4.00	25	4.05	25	4.02	25	4.06	25	4.30	25	4.36	25	4.09	25	4.05	25	3.98	25	3.95	25		25	3.67	

续表

点号	年份	1月 日	1月 水位	2月 日	2月 水位	3月 日	3月 水位	4月 日	4月 水位	5月 日	5月 水位	6月 日	6月 水位	7月 日	7月 水位	8月 日	8月 水位	9月 日	9月 水位	10月 日	10月 水位	11月 日	11月 水位	12月 日	12月 水位	年平均
K44	1995	5	3.28	5	2.00	5	2.27	5	2.01	5	2.14	5	2.35	5	2.98	5	3.36	5	3.51	5	3.50	5	3.69	5	3.82	2.91
		15	2.14	15	1.99	15	2.20	15	2.23	15	2.53	15	2.63	15	3.22	15	3.43	15	3.49	15	3.62	15	3.81	15	3.90	
		25	2.05	25	2.20	25	2.13	25	2.10	25	1.93	25	2.86	25	3.20	25	3.58	25	3.43	25	3.56	25	3.80	25	3.95	
	1996	5	4.11	5	4.00	5	3.94	5	3.89	5	4.09	5	4.10	5	4.61	5	4.30	5	4.33	5		5	3.08	5	3.03	3.86
		15	3.94	15	4.01	15	4.12	15	3.86	15	4.17	15	3.78	15	3.81	15	4.14	15	3.63	15		15	2.67	15	2.98	
		25	4.05	25	3.93	25	4.11	25	4.13	25	4.26	25	4.46	25	4.14	25	4.40	25	3.53	25		25	2.69	25	3.13	
	1997	5	3.15	5	1.81	5	2.11	5	3.44	5	3.83	5	4.04	5	5.16	5	4.84	5	5.01	5	5.17	5	5.00	5	5.04	3.82
		15	2.58	15	2.03	15	2.85	15	3.56	15	3.81	15	4.17	15	4.58	15	4.96	15		15		15		15		
		25	1.95	25	2.14	25	3.23	25	3.62	25	3.96	25	5.04	25	4.71	25	5.13	25		25		25		25		
C2	1990	5	3.58	5	3.67	5	3.69	5	3.78	5	3.88	5	4.04	5		5		5	4.02	5	4.11	5	4.18	5	4.27	3.94
		15	3.62	15	3.67	15	3.75	15	3.80	15	3.91	15	4.04	15		15		15	4.03	15	4.17	15	4.21	15	4.29	
		25	3.61	25	3.69	25	3.75	25	3.85	25	3.91	25	4.04	25		25		25	4.03	25	4.17	25	4.25	25	4.31	
	1991	5	4.42	5	4.46	5	4.56	5	4.59	5	4.65	5	4.76	5	4.74	5	4.78	5	4.78	5	4.72	5	4.75	5	4.79	4.73
		15	4.42	15	5.50	15	4.58	15	4.61	15	4.72	15	4.74	15	4.76	15	4.78	15	4.75	15	4.72	15	4.77	15	4.79	
		25	4.43	25	5.56	25	4.58	25	4.61	25	4.73	25	4.74	25	4.78	25	4.79	25	4.75	25	4.74	25	4.77	25	4.81	
	1992	5	4.84	5	4.84	5	4.84	5	4.78	5	4.60	5	4.77	5	4.74	5	4.78	5	4.65	5	4.41	5	4.31	5	4.29	4.64
		15	4.84	15	4.84	15	4.82	15	4.78	15	4.59	15	4.76	15	4.76	15	4.75	15	4.62	15	4.37	15	4.29	15	4.30	
		25	4.84	25	4.84	25	4.78	25	4.79	25	4.57	25	4.76	25	4.44	25	4.70	25	4.49	25	4.37	25	4.29	25	4.30	
	1993	5	4.32	5	4.36	5	4.39	5	4.41	5	4.42	5	4.42	5	4.44	5	4.44	5	4.43	5	4.42	5	4.71	5	5.15	4.52
		15	4.34	15	4.38	15	4.39	15	4.41	15	4.41	15	4.42	15	4.44	15	4.43	15	4.43	15	4.41	15	4.95	15	5.21	
		25	4.34	25	4.38	25	4.41	25	4.42	25	4.42	25	4.44	25	4.43	25	4.43	25	4.43	25	4.41	25	5.17	25	5.24	
	1994	5	5.25	5	5.33	5	5.40	5	5.45	5	5.46	5	5.54	5	5.49	5	5.49	5	5.54	5	5.49	5	5.34	5	5.31	5.43
		15	5.29	15	5.35	15	5.44	15	5.45	15	5.51	15	5.50	15	5.49	15	5.53	15	5.54	15	5.48	15	5.31	15	5.31	
		25	5.32	25	5.38	25	5.45	25	5.43	25	5.54	25	5.49	25	5.49	25	5.54	25	5.51	25	5.37	25	5.31	25	5.31	

续表

第一章 西安市

点号	年份	1月 日	1月 水位	2月 日	2月 水位	3月 日	3月 水位	4月 日	4月 水位	5月 日	5月 水位	6月 日	6月 水位	7月 日	7月 水位	8月 日	8月 水位	9月 日	9月 水位	10月 日	10月 水位	11月 日	11月 水位	12月 日	12月 水位	年平均
C2	1995	5	5.31	5	5.34	5	5.40	5	5.42	5	5.44	5	5.51	5	5.59	5	5.74	5	6.04	5	5.98	5	6.00	5	6.05	5.68
		15	5.31	15	5.35	15	5.42	15	5.43	15	5.56	15	5.54	15	5.69	15	5.85	15	6.00	15	5.98	15	6.01	15	6.09	
		25	5.33	25	5.38	25	5.42	25	5.43	25	5.50	25	5.57	25	5.72	25	5.90	25	5.98	25	5.99	25	6.03	25	6.12	
	1996	5	6.15	5	6.29	5	6.44	5	6.54	5	6.64	5	6.76	5	6.78	5	6.76	5	6.77	5	6.72	5	6.59	5	6.41	6.58
		15	6.19	15	6.32	15	6.50	15	6.58	15	6.74	15	6.76	15	6.78	15	6.78	15	6.74	15	6.71	15	6.51	15	6.37	
		25	6.26	25	6.40	25	6.53	25	6.64	25	6.78	25	6.80	25	6.78	25	6.82	25	6.73	25	6.66	25	6.43	25	6.35	
C7	1990	5	3.14	5	3.30	5	3.38	5	3.24	5	3.20			15	3.29	5	3.25	5	3.13	5	3.36	5	3.25	5	3.27	3.25
		15	3.23	15	3.30	15	3.32	15	3.16	15	3.15	15	3.61	25	3.31	15	3.24	15	3.14	15	3.23	15	3.29	15	3.35	
		25	3.32	25	3.29	25	3.33	25	3.19	25	3.17	25	3.34	5	3.29	25	3.13	25	3.23	25	3.27	25	3.25	25	3.31	
	1991	5	3.33	5	3.64	5	4.36	5	3.59	5	4.17	5	3.55	15	3.69	5	3.72	5	3.51	5	3.21	5	2.98	5	2.95	3.55
		15	3.39	15	3.67	15	3.79	15	3.68	15	3.62	15	3.65	25	3.63	15	3.60	15	3.40	15	3.16	15	3.02	15	3.20	
		25	3.59	25	4.07	25	3.82	25	3.65	25	3.60	25	3.59	5	4.69	25	3.84	25	3.29	25	3.15	25	2.97	25	3.21	
	1992	5	3.20	5	3.29	5	3.62	5	3.30	5	3.27	5	3.82	15	3.79	5	4.81	5	4.41	5	3.57	5	3.10	5	2.96	3.58
		15	3.10	15	3.64	15	3.53	15	3.17	15	3.38	15	3.35	25	4.07	15	5.35	15	4.19	15	3.35	15	3.02	15	2.99	
		25	3.22	25	3.44	25	3.31	25	3.11	25	3.51	25	3.48	5	3.98	25	4.82	25	3.89	25	3.24	25	2.99	25	3.13	
	1993	5	3.52	5	3.51	5	3.35	5	3.21	5	3.29	5	3.82	15	3.85	5	4.09	5	5.01	5	4.49	5	4.36	5	4.25	3.89
		15	3.35	15	3.33	15	3.37	15	3.25	15	3.33	15	4.17	25	3.78	15	4.84	15	4.84	15	4.43	15	4.31	15	4.35	
		25	3.20	25	3.33	25	3.33	25	3.31	25	3.39	25	3.82	5	3.76	25	5.01	25	4.59	25	4.38	25	4.27	25	4.22	
	1994	5	4.36	5	4.70	5	4.67	5	4.20	5	3.91	5	4.17	15	4.34	5	6.33	5	7.18	5	5.94	5	5.66	5	5.29	5.05
		15	4.80	15	4.56	15	4.39	15	3.97	15	4.01	15	4.16	25	4.39	15	6.52	15	6.29	15	6.10	15	5.51	15	5.23	
		25	4.49	25	4.64	25	4.36	25	3.83	25	4.16	25	4.25	5	5.25	25	7.68	25	6.02	25	5.79	25	5.41	25	5.16	
	1995	5	5.12	5	5.00	5	6.1	5	5.65	5	5.53	5	5.91	5	9.38	5	11.57	5	12.3	5	9.88	5	9.53	5	9.13	8.10
		15	5.08	15	6.06	15	6.31	15	5.65	15	5.68	15	7	15	10.78	15	12.55	15	11.12	15	9.45	15	9.23	15	9.25	
		25	5.05	25	6.19	25	5.86	25	5.64	25	5.72	25	9.35	25	9.47	25	12.32	25	10.26	25	9.54	25	9.15	25	9.64	

续表

点号	年份	1月 日	1月 水位	2月 日	2月 水位	3月 日	3月 水位	4月 日	4月 水位	5月 日	5月 水位	6月 日	6月 水位	7月 日	7月 水位	8月 日	8月 水位	9月 日	9月 水位	10月 日	10月 水位	11月 日	11月 水位	12月 日	12月 水位	年平均
C7	1996	5	10.07	5	11.02	5	11.01	5	10.43	5	10.17	5	9.95	5	11.71	5	10.61	5	12.22	5	10.61	5	10.11	5	9.5	10.65
		15	10.81	15	11.42	15	11.04	15	10.24	15	10.21	15	9.9	15	10.9	15	11.91	15	11.43	15	10.44	15	9.96	15	9.29	
		25	10.45	25	10.55	25	10.76	25	10.45	25	10.12	25	11.23	25	10.99	25	13.98	25	10.68	25	10.25	25	9.75	25	9.08	
C12	1990 (cm)	5	4.0	5	4.1	5	3.6	5	3.7	5	3.8	5	3.3	5	3.5	5	3.7	5	4.0	5	4.0	5	3.6	5	4.0	3.8
		15	4.5	15	3.7	15	3.3	15	4.0	15	3.5	15	3.5	15	3.7	15	3.8	15	3.8	15	3.8	15	4.0	15	3.8	
		25	4.6	25	4.0	25	3.5	25	3.5	25	3.7	25	3.8	25	3.8	25	3.5	25	4.0	25	4.0	25	3.8	25	4.0	
	1991 (L/s)	5	0.448	5	0.448	5	0.610	5	0.448	5	0.448	5	0.506	5	0.477	5	0.506	5	0.477	5	0.448	5	0.537	5	0.544	0.474
		15	0.394	15	0.506	15	0.544	15	0.537	15	0.394	15	0.448	15	0.421	15	0.448	15	0.448	15	0.537	15	0.506	15	0.610	
		25	0.421	25	0.394	25	0.610	25	0.448	25	0.506	25	0.477	25	0.344	25	0.537	25	0.537	25	0.448	25	0.477	25	0.513	
	1992 (L/s)	5	0.544	5	0.610	5	0.454	5	0.610	5	0.610	5	0.454	5	0.454	5	0.513	5	0.400	5	0.349	5	0.454	5	0.454	0.497
		15	0.610	15	0.483	15	0.513	15	0.717	15	0.483	15	0.610	15	0.544	15	0.400	15	0.349	15	0.325	15	0.454	15	0.400	
		25	0.513	25	0.454	25	0.445	25	0.794	25	0.454	25	0.454	25	0.610	25	0.454	25	0.325	25	0.400	25	0.400	25	0.454	
	1993 (L/s)	5	0.454	5	0.454	5	0.454	5	0.349	5	0.221	5	0.080	5	0.140	5	0.140	5		5		5		5		0.283
		15	0.413	15	0.374	15	0.513	15	0.454	15	0.080	15	0.114	15	0.170	15	0.170	15		15		15		15		
		25	0.400	25	0.400	25	0.445	25	0.454	25	0.114	25	0.140	25	0.114	25	0.140	25		25		25		25		
C23	1990	5		5	17.13	5	17.41	5	17.53	5	17.03	5	17.00	5	15.17	5	15.90	5	16.33	5	16.57	5	16.80	5	17.08	16.75
		15		15	17.19	15	17.45	15	17.39	15	16.81	15	17.14	15	15.25	15	15.61	15	16.45	15	16.73	15	16.88	15	17.24	
		25		25	17.31	25	17.37	25	17.25	25	16.86	25	16.62	25	15.39	25	16.28	25	16.42	25	16.78	25	16.97	25	17.30	
	1991	5	17.43	5	18.01	5	18.20	5	18.03	5	17.80	5	18.19	5	17.02	5	17.22	5	17.21	5	17.63	5	18.18	5	18.53	17.87
		15	17.63	15	18.04	15	18.15	15	17.87	15	17.65	15	17.80	15	17.39	15	17.61	15	17.02	15	17.73	15	18.28	15	18.60	
		25	17.74	25	18.13	25	18.19	25	17.65	25	18.10	25	17.62	25	17.64	25	17.73	25	18.21	25	17.92	25	18.35	25	18.67	
	1992	5	18.85	5	19.22	5	19.53	5	19.69	5	19.95	5	20.22	5	20.45	5	20.71	5	20.37	5	17.93	5	17.61	5	17.66	19.32
		15	18.96	15	19.29	15	19.57	15	19.75	15	20.03	15	20.20	15	20.37	15	20.63	15	19.61	15	17.80	15	17.59	15	17.85	
		25	19.10	25	19.45	25	19.67	25	19.90	25	20.08	25	20.30	25	20.53	25	20.58	25	18.88	25	17.61	25	17.60	25	17.95	

续表

点号	年份	1月 日	1月 水位	2月 日	2月 水位	3月 日	3月 水位	4月 日	4月 水位	5月 日	5月 水位	6月 日	6月 水位	7月 日	7月 水位	8月 日	8月 水位	9月 日	9月 水位	10月 日	10月 水位	11月 日	11月 水位	12月 日	12月 水位	年平均
C23	1993	5	18.15	5	17.55	5	18.70	5	18.20	5	17.31	5	17.08	5	17.01	5	17.02	5	17.61	5	17.60	5	18.02	5	18.41	17.81
		15	18.19	15	18.58	15	18.59	15	18.10	15	17.25	15	16.92	15	16.85	15	17.51	15	17.64	15	17.65	15	18.11	15	18.47	
		25	18.41	25	18.65	25	18.48	25	18.00	25	17.13	25	17.06	25	16.66	25	17.61	25	17.76	25	17.91	25	18.29	25	18.55	
	1994	5	18.70	5	18.98	5	19.24	5	18.71	5	18.39	5	18.95	5	18.47	5	18.58	5	18.95	5	19.26	5	18.47	5	18.46	18.73
		15	18.76	15	19.10	15	19.25	15	18.33	15	18.77	15	18.76	15	18.02	15	18.70	15	19.00	15	18.88	15	18.70	15	18.42	
		25	18.85	25	19.16	25	19.29	25	17.95	25	18.91	25	18.21	25	18.20	25	18.97	25	19.05	25	18.77	25	18.48	25	18.44	
	1995	5	18.53	5	19.11	5	20.44	5	19.05	5	18.55	5		5	19.56	5	20.21	5	20.71	5	21.01	5	21.15	5	21.3	20.04
		15	18.69	15	19.20	15	19.82	15	19.25	15	18.57	15	23.39	15	19.83	15	20.57	15	20.88	15	21.13	15	21.3	15	21.42	
		25	18.91	25	20.40	25	19.32	25	18.55	25	18.77	25	23.04	25	19.59	25	20.67	25	20.93	25	20.98	25	21.27	25	21.52	
	1996	5	21.62	5	22.06	5	22.64	5	23.26	5	23.57	5	23.19	5	23.20	5	23.58	5	22.77	5	22.95	5	22.30	5	21.13	22.70
		15	21.70	15	22.24	15	23.05	15	23.34	15	23.63	15	23.04	15	23.12	15	23.31	15	22.72	15	22.91	15	21.49	15	21.03	
		25	21.96	25	22.45	25	23.21	25	23.39	25	23.99	25	20.84	25	23.70	25	23.26	25	22.74	25	22.84	25	21.39	25	21.08	
	1997	5	21.12	5	21.16	5	21.22	5	21.21	5	20.64	5	21.08	5	21.63	5	22.60	5		5		5		5		21.57
		15	21.15	15	21.23	15	21.24	15	20.83	15	20.69	15	21.08	15	21.96	15	23.04	15	22.69	15	22.39	15	22.59	15	22.54	
		25	21.21	25	21.27	25	21.11	25	20.66	25	20.74	25	21.77	25	22.20	25	23.24	25		25		25		25		
C24	1990 (cm)	5	7.8	5	7.8	5	7.0	5	7.5	5	7.5	5	8.2	5	8.6	5	8.2	5	8.9	5	8.0	5	8.2	5	7.7	7.9
		15	7.6	15	7.4	15	7.4	15	7.2	15	7.9	15	8.4	15	8.8	15	8.0	15	8.8	15	8.2	15	8.0	15	7.6	
		25	7.4	25	7.1	25	7.5	25	7.0	25	8.1	25	8.5	25	8.5	25	7.9	25	8.6	25	8.4	25	7.8	25	6.7	
	1991 (L/s)	5	1.567	5	1.815	5	1.881	5	1.947	5	1.751	5	2.229	5	2.534	5	2.379	5	3.037	5	2.379	5	3.037	5	2.379	2.255
		15	1.751	15	1.947	15	1.881	15	1.815	15	1.815	15	2.303	15	2.614	15	2.534	15	3.216	15	2.456	15	3.037	15	2.303	
		25	1.881	25	1.947	25	1.947	25	1.751	25	1.881	25	2.229	25	2.614	25	2.949	25	2.379	25	2.456	25	2.379	25	2.157	
	1992 (L/s)	5	2.172	5	2.100	5	2.100	5	2.172	5	2.172	5	1.828	5	2.172	5	2.715	5	2.970	5	1.828	5	2.473	5	1.961	2.252
		15	2.245	15	2.172	15	2.245	15	1.961	15	1.961	15	1.828	15	2.396	15	2.884	15	2.798	15	2.473	15	2.320	15	1.961	
		25	2.245	25	2.030	25	2.396	25	1.700	25	1.828	25	1.961	25	2.552	25	3.058	25	2.633	25	2.552	25	2.172	25	2.030	

续表

点号	年份	1月 日	1月 水位	2月 日	2月 水位	3月 日	3月 水位	4月 日	4月 水位	5月 日	5月 水位	6月 日	6月 水位	7月 日	7月 水位	8月 日	8月 水位	9月 日	9月 水位	10月 日	10月 水位	11月 日	11月 水位	12月 日	12月 水位	年平均
C24	1993 (L/s)	5	2.030	5	2.172	5	2.100	5	2.030																	2.120
		15	2.100	15	2.245	15	1.961	15	2.172																	
		25	2.172	25	2.245	25	1.894	25	2.320																	
	1990	5	11.08	5	11.08	5	11.10	5	10.76	5	10.70	5	10.57	5	10.58	5	10.38			5	10.39	5	10.39	5	10.38	10.64
		6		6		6	11.00	6		6		6		6		6				6	10.40	6		6	10.40	
		15	11.06	15	11.06	15	10.90	15	10.77	15	10.68	15	10.54	15	10.46	15	10.35			15	10.39	15	10.36	15		
		16		16		16	10.88	16		16		16		16		16				16	10.38	16		16		
		25	11.04	25	11.04	25	10.87	25	10.73	25	10.65	25	10.52	25	10.45	25	10.35			25	10.37	25	10.39	25	10.42	
		26		26		26	10.88	26		26		26		26		26				26	10.37	26		26		
C25-1	1992	5	11.80	5	11.87	5	12.07	5	12.07	5	12.15	5	12.35	5	12.30	5	12.48	5	12.40	5	12.33	5	12.38	5	12.45	12.25
		15	11.81	15	11.95	15	12.04	15	12.09	15	12.21	15	13.37	15	12.33	15	12.49	15	12.38	15	12.35	15	12.39	15	12.46	
		25	11.80	25	12.05	25	12.05	25	12.08	25	12.32	25	12.39	25	12.32	25	12.40	25	12.36	25	12.35	25	12.40	25	12.44	
	1993	5	12.38	5	12.36	5	12.31	5	12.31	5	12.33	5	12.34	5	12.45	5	12.57	5	12.33	5	12.70	5	12.34	5	12.31	12.33
		15	12.37	15	12.35	15	12.32	15	12.33	15	12.35	15	12.33	15	12.50	15	12.63	15	12.31	15	12.72	15	12.33	15	12.29	
		25	12.36	25	12.33	25	12.30	25	12.36	25	12.36	25	12.35	25	12.55	25	12.66	25	12.35	25	12.55	25	12.36	25	12.35	
	1994	5		5	12.31	5	12.35	5	12.52	5	12.54	5	12.63	5	12.55	5	12.66	5	12.68	5	14.98	5	12.56	5	12.60	12.54
		15		15	12.35	15	12.40	15	12.45	15	12.63	15	12.55	15	13.34	15	13.61	15	12.66	15	14.85	15	12.55	15	12.64	
		25		25	12.38	25	12.77	25	12.43	25	12.69	25	12.41	25	13.58	25	13.72	25	12.69	25	14.80	25	12.57	25	12.66	
	1995	5	12.66	5	12.71	5	12.79	5	12.84	5	12.82	5	12.95	5	13.52	5	13.75	5	13.98	5		5	14.77	5		13.47
		15	12.68	15	12.73	15	12.79	15	12.86	15	12.88	15	13.02	15	13.58	15	13.72	15	14.38	15		15	14.78	15		
		25	12.69	25	12.74	25	12.81	25	12.79	25	12.92	25	13.12	25	13.52	25	13.75	25	15.05	25		25	14.75	25		
291	1990	5	5.92	5	5.98	5	6.00	5	5.88	5	5.38	5	5.63	5	5.81	5	5.84	5	6.04	5	5.69	5	5.15	5	5.10	5.70
		15	5.99	15	5.95	15	6.01	15	5.66	15	5.62	15	5.86	15	5.85	15	5.97	15	6.00	15	5.40	15	5.12	15	5.12	
		25	5.97	25	5.95	25	6.00	25	5.53	25	5.52	25	6.02	25	6.02	25	6.04	25	5.62	25	5.23	25	5.13	25	5.15	

续表

点号	年份	1月 日	1月 水位	2月 日	2月 水位	3月 日	3月 水位	4月 日	4月 水位	5月 日	5月 水位	6月 日	6月 水位	7月 日	7月 水位	8月 日	8月 水位	9月 日	9月 水位	10月 日	10月 水位	11月 日	11月 水位	12月 日	12月 水位	年平均
291	1991	5	5.20	5	6.06	5	5.98	5	5.44	5	5.33	5	4.96	5	5.36	5	5.88	5	5.78	5	5.43	5	5.26	5	5.65	5.55
		15	5.27	15	5.94	15	5.72	15	5.41	15	5.33	15	4.96	15	5.83	15	5.94	15	5.44	15	5.46	15	5.21	15	5.71	
		25	5.70	25	5.93	25	5.62	25	5.45	25	5.32	25	5.24	25	6.39	25	5.91	25	5.51	25	5.03	25	5.48	25	5.70	
	1992	5	5.62	5	5.41	5	5.52	5	5.33	5	5.20	5	5.60	5	5.80	5	6.58	5	6.55	5	5.64	5	4.98	5	5.04	5.59
		15	5.54	15	5.46	15	5.50	15	5.31	15	5.27	15	5.64	15	5.85	15	6.80	15	6.30	15	5.52	15	4.94	15	5.06	
		25	5.48	25	5.49	25	5.44	25	5.26	25	5.39	25	5.68	25	5.82	25	6.64	25	6.00	25	5.20	25	5.00	25	5.41	
	1993	5	5.54	5	5.15	5	4.98	5	4.74	5	4.92	5	5.07	5	5.09	5	5.25	5	5.88	5	5.91	5	5.55	5	5.13	5.26
		15	5.44	15	5.01	15	4.98	15	4.80	15	4.86	15	5.10	15	5.08	15	5.64	15	5.91	15	5.73	15	5.46	15	5.25	
		25	5.20	25	4.99	25	4.89	25	4.86	25	4.98	25	5.13	25	5.04	25	5.82	25	5.91	25	5.55	25	5.13	25	5.28	
	1994	5	5.28	5	5.34	5	5.22	5	4.98	5	4.50	5	4.50	5	4.18	5	4.48	5	5.52	5	5.19	5	4.17	5	4.29	4.79
		15	5.58	15	4.89	15	5.19	15	5.04	15	4.38	15	4.50	15	4.18	15	5.10	15	5.58	15	5.04	15	4.02	15	4.26	
		25	5.55	25	5.04	25	5.22	25	4.89	25	4.44	25	4.41	25	4.00	25	5.44	25	5.25	25	4.44	25	4.20	25	4.32	
	1995	5	4.59	5	4.26	5	5.07	5	5.13	5	5.31	5	5.61	5	6.75	5	7.58	5	8.19	5	8.14	5	7.83	5		6.31
		15	4.38	15	4.56	15	5.19	15	5.25	15	5.36	15	5.91	15	7.15	15	7.83	15	8.25	15	8.01	15	7.71	15		
		25	4.41	25	4.80	25	5.19	25	5.31	25	5.38	25	6.33	25	7.16	25	8.05	25	8.13	25	7.92	25	7.50	25		
	1996	5	7.74	5	7.71	5	7.56	5	7.98	5	8.19	5	8.25	5	8.13	5	8.43	5	8.97	5	8.40	5	8.16	5	7.71	8.08
		15	7.56	15	7.86	15	7.74	15	7.95	15	8.19	15	7.98	15	8.01	15	8.55	15	8.58	15	8.31	15	8.07	15	7.71	
		25	7.56	25	7.71	25	8.01	25	8.07	25	8.46	25	8.13	25	8.10	25	8.12	25	8.44	25	8.70	25	7.89	25	7.77	
	1997	5	7.65	5	7.98	5	8.22	5	8.13	5	7.83	5	7.95	5	9.73	5	12.54	5		5		5		5		9.35
		15	7.77	15	8.01	15	8.25	15	7.98	15	8.37	15	8.73	15	9.90	15	12.12	15	12.55	15		15		15	12.80	
		25	8.01	25	8.25	25	8.28	25	7.92	25	7.98	25	9.51	25	10.31	25		25		25	12.77	25	13.00	25		
541	1990	5	39.34	5	39.27	5	39.34	5	39.53	5	39.89	5	39.98	5	39.64	5	39.64	5	39.69	5	39.87	5	39.93	5	40.02	39.71
		15	39.37	15	39.29	15	39.39	15	39.60	15	39.94	15	40.01	15	39.55	15	39.67	15	39.75	15	39.91	15	40.04	15	40.04	
		25	39.32	25	39.35	25	39.44	25	39.86	25	39.97	25	39.77	25	39.61	25	39.73	25	39.83	25	39.93	25	40.02	25	40.08	

续表

点号	年份	日	1月 水位	日	2月 水位	日	3月 水位	日	4月 水位	日	5月 水位	日	6月 水位	日	7月 水位	日	8月 水位	日	9月 水位	日	10月 水位	日	11月 水位	日	12月 水位	年平均
541	1991	5	40.11	5	40.10	5	40.17	5	40.26	5	40.30	5	40.33	5	40.21	5	40.27	5	40.29	5	40.03	5	40.51	5	40.73	40.30
		15	40.13	15	40.13	15	40.21	15	40.27	15	40.31	15	40.31	15	40.23	15	40.37	15	40.21	15	40.21	15	40.57	15	40.77	
		25	40.11	25	40.16	25	40.24	25	40.29	25	40.32	25	40.27	25	40.24	25	40.32	25	39.98	25	40.46	25	40.65	25	40.85	
	1992	5	40.92	5	41.05	5	41.15	5	41.35	5	41.66	5	41.73	5	42.03	5	42.32	5	42.50	5	41.89	5	41.93	5	42.23	41.79
		15	41.00	15	41.11	15	41.21	15	41.49	15	41.71	15	41.80	15	42.13	15	42.20	15	42.42	15	41.88	15	42.01	15	42.35	
		25	41.03	25	41.13	25	41.29	25	41.56	25	41.79	25	41.91	25	42.25	25	42.49	25	42.19	25	41.89	25	42.16	25	42.50	
	1993	5	42.52	5	42.63	5	42.77	5	42.90	5	43.01	5	43.04	5	43.35	5	42.81	5	42.92	5	43.02	5	43.04	5	43.17	42.96
		15	42.55	15	42.69	15	42.79	15	42.94	15	43.05	15	42.91	15	43.37	15	42.85	15	42.97	15	43.03	15	43.09	15	43.24	
		25	42.59	25	42.75	25	42.83	25	42.99	25	43.02	25	42.71	25	43.38	25	42.88	25	43.00	25	42.99	25	43.15	25	43.33	
	1994	5	43.34	5	43.53	5	43.53	5	43.65	5	43.70	5	43.77	5	43.57	5	43.68	5	43.71	5	43.51	5	41.90	5	42.18	43.37
		15	43.38	15	43.53	15	43.63	15	43.67	15	43.75	15	43.71	15	43.66	15	43.71	15	43.67	15	43.27	15	41.99	15	42.25	
		25	43.43	25	43.55	25	43.67	25	43.71	25	43.82	25	43.57	25	43.68	25	43.73	25	43.60	25	43.75	25	42.13	25	42.31	
	1995	5	42.38	5	42.47	5	42.61	5	42.83	5	43.13	5	43.27	5	43.48	5	43.75	5	43.90	5	43.94	5	44.02	5		43.31
		15	42.39	15	42.51	15	42.71	15	42.98	15	43.19	15	43.36	15	43.53	15	43.78	15	43.92	15	43.99	15	44.03	15		
		25	42.42	25	42.54	25	42.94	25	43.13	25	43.21	25	43.38	25	43.67	25	43.82	25	43.94	25	44.00	25	44.05	25		
	1996	5	44.23	5	44.41	5	44.45	5	44.57	5	44.56	5	44.20	5	45.35	5	45.41	5	45.36	5	45.05	5	44.93	5	44.70	44.81
		15	44.31	15	44.53	15	44.48	15	44.61	15	44.33	15	44.91	15	45.30	15	45.49	15	45.33	15	45.00	15	44.89	15	44.67	
		25	44.32	25	44.57	25	44.52	25	44.63	25	44.11	25	45.17	25	45.23	25	45.53	25	45.03	25	44.97	25	44.87	25	44.99	
	1997	25		25		25		25												25	46.40	25	46.65	25	46.50	25	46.85	46.60
542	1990	5	20.44	5	20.50	5	20.58	5	20.63	5	20.71	5	20.75	5	20.78	5	20.79	5	20.82	5	20.88	5	20.93	5	20.98	20.75
		15	20.46	15	20.54	15	20.60	15	20.67	15	20.73	15	20.77	15	20.77	15	20.80	15	20.84	15	20.89	15	20.95	15	21.00	
		25	20.48	25	20.55	25	20.62	25	20.69	25	20.74	25	20.77	25	20.78	25	20.81	25	20.86	25	20.91	25	20.97	25	21.02	
	1991	5	21.05	5	21.10	5	21.14	5	21.22	5	21.30	5	21.29	5	21.33	5	21.44	5	21.48	5	21.35	5	21.54	5	21.62	21.34
		15	21.06	15	21.12	15	21.19	15	21.24	15	21.31	15	21.29	15	21.37	15	21.46	15	21.48	15	21.43	15	21.57	15	21.66	
		25	21.08	25	21.14	25	21.21	25	21.26	25	21.35	25	21.29	25	21.40	25	21.48	25	21.32	25	21.51	25	21.60	25	21.69	

续表

第一章 西安市

点号	年份	1月		2月		3月		4月		5月		6月		7月		8月		9月		10月		11月		12月		年平均
		日	水位	日	水位	日	水位	日	水位	日	水位	日	水位	日	水位	日	水位	日	水位	日	水位	日	水位	日	水位	
542	1992	5	21.72	5	21.82	5	21.91	5	22.00	5	22.12	5	22.23	5	22.32	5	22.41	5	22.47	5	22.20	5	22.37	5		22.17
		15	21.76	15	21.85	15	21.94	15	22.03	15	22.15	15	22.26	15	22.35	15	22.44	15	22.46	15	22.21	15	22.44	15		
		25	21.78	25	21.87	25	21.97	25	22.07	25	22.19	25	22.28	25	22.36	25	22.47	25	22.32	25	22.27	25	22.50	25		
	1993	5	22.61	5	22.70	5	22.80	5	22.91	5	22.99	5	23.04	5	23.09	5	23.19	5	23.30	5	23.40	5	23.49	5	23.59	23.13
		15	22.64	15	22.75	15	22.83	15	22.93	15	23.01	15	23.06	15	23.15	15	23.21	15	23.33	15	23.43	15	23.56	15	23.62	
		25	22.67	25	22.78	25	22.86	25	22.97	25	23.01	25	23.08	25	23.16	25	23.28	25	23.38	25	23.47	25	23.57	25	23.65	
	1994	5	23.67	5	23.74	5	23.82	5	23.93	5	23.97	5	24.08	5	24.13	5	24.21	5	24.30	5	24.37	5	24.31	5	24.33	24.10
		15	23.69	15	23.77	15	23.85	15	23.95	15	24.01	15	24.10	15	24.15	15	24.25	15	24.34	15	24.39	15	24.33	15	24.35	
		25	23.72	25	23.81	25	23.89	25	23.94	25	24.04	25	24.12	25	24.19	25	24.28	25	24.36	25	24.34	25	24.30	25	24.40	
	1995	5	24.44	5	24.51	5	24.55	5	24.65	5	24.72	5	24.80	5	24.89	5	25.02	5	25.13	5	25.22	5	25.30	5	25.37	24.91
		15	24.46	15	24.54	15	24.59	15	24.67	15	24.74	15	24.83	15	24.93	15	25.05	15	25.17	15	25.25	15	25.32	15	25.40	
		25	24.48	25	24.55	25	24.62	25	24.70	25	24.76	25	24.87	25	24.98	25	25.09	25	25.19	25	25.27	25	25.34	25	25.42	
	1996	5	25.45	5	25.53	5	25.61	5	25.70	5	25.79	5	25.89	5	25.97	5	26.05	5	26.10	5	26.14	5	26.20	5	26.09	25.90
		15	25.48	15	25.56	15	25.63	15	25.72	15	25.83	15	25.93	15	25.99	15	26.06	15	26.09	15	26.17	15	26.16	15	26.14	
		25	25.50	25	25.60	25	25.66	25	25.76	25	25.86	25	25.95	25	26.02	25	26.10	25	26.10	25	26.20	25	26.07	25	26.12	
	1997	5	26.22	5	26.32	5	26.38	5	26.47	5	26.55	5	26.65	5	26.75	5	26.88	5	27.45	5	27.35	5		5	27.50	26.68
		15	26.27	15	26.32	15	26.40	15	26.50	15	26.58	15	26.67	15	26.78	15	26.92	15		15		15	27.40	15		
		25	26.28	25	26.35	25	26.45	25	26.53	25	26.61	25	26.70	25	26.82	25	26.96	25		25		25		25		
551-2	1992	5	35.66	5	35.76	5	36.20	5	35.96	5	36.95	5	36.40	5	36.42	5	36.64	5	36.65	5	36.41	5	36.27	5	36.18	36.23
		15	35.71	15	35.82	15	35.94	15	35.99	15	36.20	15	36.24	15	36.38	15	36.81	15	36.46	15	36.34	15	36.24	15	36.23	
		25	35.67	25	35.92	25	35.70	25	35.94	25	35.92	25	36.19	25	36.44	25	36.55	25	36.48	25	36.27	25	36.23	25	36.21	
	1993	5	36.21	5	36.50	5	36.41	5	36.44	5	36.47	5	36.70	5	37.45	5	37.29	5	38.23	5	38.32	5	38.35	5	38.35	37.27
		15	36.24	15	36.40	15	36.49	15	36.47	15	36.49	15	36.73	15	37.72	15	37.43	15	38.33	15	38.29	15	38.23	15	38.42	
		25	36.20	25	36.34	25	36.47	25	36.52	25	36.52	25	36.84	25	37.88	25	37.84	25	38.37	25	38.25	25	38.13	25	38.37	

续表

点号	年份	日	1月 水位	日	2月 水位	日	3月 水位	日	4月 水位	日	5月 水位	日	6月 水位	日	7月 水位	日	8月 水位	日	9月 水位	日	10月 水位	日	11月 水位	日	12月 水位	年平均
551-2	1994	5	37.99	5	38.50	5	38.50	5	38.90	5	38.36	5	39.10	5	39.63	5	39.81	5	39.89	5	39.68	5	39.43	5	39.17	39.06
		15	37.94	15	38.10	15	38.80	15	38.15	15	38.57	15	39.20	15	39.74	15	39.79	15	39.74	15	39.12	15	39.37	15	38.97	
		25	38.30	25	38.80	25	38.30	25	38.23	25	39.30	25	39.42	25	39.79	25	39.76	25	39.71	25	39.90	25	39.17	25	38.99	
	1995	5	38.87	5	38.74	5	37.60	5	37.59	5	38.79	5	39.19	5	39.98	5	39.71	5	39.94	5	39.34	5	39.12	5		39.00
		15	38.82	15	37.95	15	37.63	15	38.40	15	39.51	15	39.65	15	39.72	15	39.40	15	39.40	15	39.12	15	39.90	15		
		25	38.21	25	37.72	25	37.69	25	38.85	25	39.27	25	39.70	25	39.82	25	39.27	25	39.67	25	39.17	25	38.96	25		
	1996	5	39.30	5	38.91	5	39.90	5	40.64	5	40.42	5	40.57	5	39.82	5	40.00	5	40.32	5	38.79	5	38.91	5	38.62	39.73
		15	39.47	15	38.96	15	39.86	15	40.79	15	40.99	15	40.63	15	40.20	15	39.93	15	40.54	15	38.82	15	38.72	15	38.59	
		25	39.17	25	38.99	25	39.70	25	40.80	25	41.57	25	39.82	25	39.97	25	40.20	25	40.51	25		25	38.59	25	38.48	
565	1990	5		5	24.76	5	24.76	5	24.53	5	24.22	5	24.43	5	24.63	5	24.44	5		5	24.46	5	24.26	5	24.26	24.45
		15	24.23	15	24.75	15	24.50	15	24.46	15	24.23	15	24.23	15	24.56	15	24.42	15		15	24.27	15	24.24	15	24.24	
		25	24.08	25	25.00	25	25.00	25	24.22	25	24.28	25	24.78	25	24.54	25	24.40	25		25	24.28	25	24.26	25	24.23	
	1991	5		5	24.14	5	24.14	5	24.65	5	24.08	5		5	24.37	5	25.38	5	27.28	5	26.38	5	27.98	5	28.08	25.60
		15		15	24.16	15	24.12	15	24.70	15	24.13	15		15	24.40	15	25.98	15	26.38	15	26.98	15	27.78	15	28.10	
		25		25	24.15	25	24.15	25	24.70	25	24.11	25		25	24.42	25	27.46	25	26.53	25	27.58	25	28.08	25	28.09	
	1992	5	28.08	5	28.68	5	25.48	5	29.02	5	28.88	5	29.02	5	29.32	5	28.13	5	28.28	5	28.28	5	29.43	5	29.44	28.78
		15	28.06	15	29.08	15	25.98	15	29.04	15	28.78	15	29.03	15	29.31	15	28.10	15	28.18	15	28.48	15	29.33	15	29.43	
		25	28.05	25	29.48	25	26.18	25	29.00	25	28.58	25	29.01	25	29.34	25	28.13	25	27.78	25	28.38	25	29.55	25	29.22	
	1993	5	27.98	5	25.58	5		5	25.98	5	26.18	5	26.18	5	26.13	5	26.03	5		5		5		5		26.02
		15	27.28	15	24.38	15		15	26.08	15	26.28	15	26.28	15	26.08	15	25.98	15		15		15		15		
		25	26.38	25	23.78	25		25	26.13	25	25.98	25	26.08	25	25.98	25	26.08	25		25		25		25		
567	1990	5	26.31	5	26.79	5	27.27	5	27.76	5	27.82	5	27.73	5	27.48	5	27.14	5	26.16	5	26.28	5	28.48	5	28.48	27.24
		15	26.29	15	27.11	15	27.51	15	27.64	15	27.61	15	28.26	15	27.31	15	26.61	15	26.30	15	26.57	15		15	28.11	
		25	26.44	25	27.06	25	27.61	25	27.88	25	27.81	25	27.96	25	27.53	25	26.41	25	26.41	25	27.01	25		25	28.26	

第一章 西安市

续表

点号	年份	1月 日	1月 水位	2月 日	2月 水位	3月 日	3月 水位	4月 日	4月 水位	5月 日	5月 水位	6月 日	6月 水位	7月 日	7月 水位	8月 日	8月 水位	9月 日	9月 水位	10月 日	10月 水位	11月 日	11月 水位	12月 日	12月 水位	年平均
567	1991	5	28.42	5		5	29.39	5	29.61	5	29.97	5	30.01	5	30.17	5	29.96	5	29.82	5	30.15	5	30.48	5	30.78	30.00
		15	28.58	15	30.72	15	29.30	15	29.76	15	30.03	15	29.93	15	30.09	15	29.94	15	29.71	15	30.97	15	30.61	15	30.86	
		25	28.78	25	30.67	25	29.49	25	29.84	25	30.35	25	30.07	25	29.99	25	30.28	25	29.65	25	31.33	25	30.69	25	31.14	
	1992	5	30.96	5	30.81	5	30.78	5	31.10	5	30.77	5	31.09	5	31.45	5	31.57	5	31.41	5	30.15	5	29.41	5	28.99	30.73
		15	31.07			15	30.83	15	31.46	15	30.95	15	31.39	15	31.52	15	31.71	15	31.15	15	30.01	15	29.01	15	28.85	
		25	31.84			25	30.80	25	31.61	25	31.16	25	31.31	25	31.73	25	31.61	25	30.61	25	29.99	25	28.86	25	29.03	
	1993	5	27.64	5	27.01			5	27.51	5	30.21	5	30.01	5	29.48			5	28.88	5	29.09	5	28.94	5	29.14	28.79
		15	27.54	15	27.06			15	28.21	15	31.01	15	28.51	15	29.25			15	29.21	15	29.08	15	29.16	15	28.89	
		25	27.24	25	27.03	25	30.15	25	29.01	25	29.31	25	30.12	25	29.33			25	29.06	25	29.12	25	28.84	25	28.95	
	1994	5		5	29.84	5	30.29	5	30.48	5	30.89	5	30.95	5	31.11	5	31.36	5	31.04	5	30.53	5	30.75	5	31.23	30.89
		15		15	29.75	15	30.45	15	30.56	15	30.95	15	31.06	15	31.19	15	31.25	15	30.85	15	30.52	15	30.79	15	31.35	
		25		25	30.05	25	30.30	25	30.85	25	31.01	25	31.10	25	31.36	25	31.33	25	30.67	25	30.51	25	30.85	25	34.44	
	1995	5	31.58	5	31.97	5	32.21	5	32.56	5	32.79	5	33.33	5	32.52	5	33.51	5	33.03	5		5	33.76	5	34.09	32.99
		15	31.75	15	32.10	15	32.19	15	32.75	15	33.03	15	33.39	15	33.56	15	33.49	15	33.07	15	33.75	15	33.80	15	34.13	
		25	31.81	25	32.19	25	32.23	25	32.79	25	33.25	25	33.43	25	33.61	25	33.46	25	33.11	25	33.45	25	33.96	25	34.27	
	1996	5	34.32			5	35.25	5	35.39	5	35.44	5	干	5	35.66	5	35.70	5	34.60	5	33.43	5	33.64	5	36.67	34.83
		15	34.45			15	35.33	15	35.37	15	35.46	15	干	15	35.70	15	35.37	15	34.31	15		15	33.70	15		
		25	34.51			25	35.30	25	35.43	25	干	25	干	25	35.68	25	34.85	25	33.84	25		25	33.93	25		
569	1990	5	26.18	5	26.21	5	26.28	5	26.21	5	26.24	5		5	26.45			5	26.57	5	26.46	5	26.68	5	27.05	26.44
		15	26.19	15	26.19	15	26.31	15	26.27	15	26.23	15		15	26.50			15	26.59	15	26.49	15	26.65	15	27.11	
		25	26.15	25	26.23	25	26.27	25	26.28	25	26.25	25		25	26.51			25	26.58	25	26.43	25	26.69	25	27.08	
	1991	5	27.13	5	27.92	5	27.80	5	27.81	5		5		5		5		5		5		5		5		27.69
		15	27.18	15	27.95	15	27.82	15	27.83	15		15		15		15		15		15		15		15		
		25	27.20	25	27.93	25	27.80	25	27.85	25		25		25		25		25		25		25		25		

续表

点号	年份	1月 日	1月 水位	2月 日	2月 水位	3月 日	3月 水位	4月 日	4月 水位	5月 日	5月 水位	6月 日	6月 水位	7月 日	7月 水位	8月 日	8月 水位	9月 日	9月 水位	10月 日	10月 水位	11月 日	11月 水位	12月 日	12月 水位	年平均
569	1992	5		5		5		5		5		5		5	28.61	5	28.67	5	28.53	5	28.55	5	28.48	5	28.95	28.63
		15	29.30	15		15	29.24	15		15		15	28.84	15	28.60	15	28.66	15	28.57	15	28.56	15	28.45	15	28.98	
		25	29.22	25		25		25		25		25	28.42	25	28.60	25	28.68	25	28.55	25	28.58	25	28.42	25	29.00	
	1993	5	29.20	5	29.18	5	29.28	5	29.01	5	29.51	5	29.58	5	29.59	5	29.58	5	29.75	5	29.40	5	30.40	5	29.75	29.52
		15	29.82	15	29.22	15	29.20	15	28.98	15	29.50	15	29.60	15	29.60	15	29.64	15	29.68	15	29.55	15	29.73	15	29.80	
		25	29.79	25	29.75	25		25	29.00	25	29.53	25	29.59	25	29.61	25	29.62	25	29.66	25	29.71	25	29.75	25	30.40	
	1994	5	29.78	5	29.80	5	29.20	5	34.65	5	29.52	5	30.52	5		5		5	30.55	5	30.65	5	30.62	5	30.85	31.14
		15	30.80	15	30.98	15	34.75	15	34.68	15	29.58	15	30.50	15		15	30.57	15	30.57	15	30.75	15	30.73	15	30.83	
		25	30.85	25	31.00	25	34.85	25	34.80	25	29.51	25	30.54	25	31.18	25	30.59	25	30.55	25	30.80	25	30.80	25	30.86	
	1995	5	30.80	5	30.99	5	30.95	5	30.98	5	31.06	5	31.20	5	31.20	5	30.65	5	31.21	5	31.38	5	31.35	5	31.42	31.17
		15	31.54	15	31.56	15	30.97	15	31.30	15	31.02	15	31.26	15	31.31	15	31.21	15	31.35	15	31.40	15	31.39	15	31.38	
		25	31.58	25	31.58	25	30.99	25	30.96	25	31.05	25	31.22	25	31.20	25	31.22	25	31.33	25	31.42	25	31.38	25	31.40	
	1996	5	31.55	5	31.55	5	31.82	5	31.85	5	31.85	5	32.00	5	32.08	5	31.20	5	32.18	5	32.19	5	32.28	5	32.43	31.99
		15	32.88	15	32.66	15	31.83	15	31.84	15	31.80	15	32.02	15	32.09	15	32.11	15	32.20	15	32.20	15	32.30	15	32.40	
		25	32.90	25	32.68	25	31.85	25	31.86	25	31.80	25	32.01	25	32.10	25	32.14	25	32.18	25	32.18	25	32.27	25	32.45	
	1997	5	32.90	5	32.70	5	32.65	5	32.85	5	33.12	5	33.29	5	33.30	5	32.11	5		5		5		5		32.98
		15		15		15	32.67	15	32.91	15	33.17	15	33.28	15	33.32	15		15		15		15		15		
		25		25		25	32.66	25	32.90	25	33.20	25	33.30	25	33.30	25		25		25		25		25		
573	1990	5	21.01	5	20.91	5	20.87	5	20.92	5	20.95	5	20.98	5	20.97	5	21.00	5	21.01	5	21.12	5	21.10	5	21.15	21.00
		15	20.99	15	20.86	15	20.90	15	20.91	15	20.99	15	20.97	15	20.96	15	21.05	15	21.06	15	21.10	15	21.12	15	21.16	
		25	20.96	25	20.86	25	20.91	25	20.93	25	20.97	25	21.00	25	20.96	25	21.01	25	21.07	25	21.09	25	21.11	25	21.16	
	1991	5	21.13	5	21.15	5	21.21	5	21.29	5	21.34	5		5		5		5		5		5		5		21.22
		15	21.11	15	21.13	15	21.22	15	21.31	15	21.33	15		15		15		15		15		15		15		
		25	21.09	25	21.11	25	21.24	25	21.33	25	21.35	25		25		25		25		25		25		25		

续表

点号	年份	日	1月 水位	日	2月 水位	日	3月 水位	日	4月 水位	日	5月 水位	日	6月 水位	日	7月 水位	日	8月 水位	日	9月 水位	日	10月 水位	日	11月 水位	日	12月 水位	年平均
573	1992	5		5		5		5		5		5	22.09	5	21.80	5	21.88	5	21.95	5	21.94	5	21.98	5	21.96	21.97
		15	22.02	15		15		15		15		15	22.11	15	21.85	15	21.91	15	21.95	15	21.91	15	21.96	15	22.01	
		25		25		25		25		25		25	22.12	25	21.84	25	21.91	25	21.91	25	22.21	25	21.97	25	22.01	
	1993	5	22.61	5	22.01	5	22.11	5	22.21	5	22.31	5	22.31	5	22.41	5	22.41	5	22.48	5	22.53	5	22.51	5	22.56	22.35
		15	22.11	15	22.16	15	22.14	15	22.16	15	22.31	15	22.31	15	22.31	15	22.41	15	22.51	15	22.48	15	22.61	15	22.51	
		25	22.51	25	22.11	25	22.11	25	22.21	25	22.23	25	22.31	25	22.41	25	22.41	25	22.51	25	22.51	25	22.61	25	22.56	
	1994	5	22.61	5	22.61	5	22.67	5	22.71	5	22.76	5	22.86	5	22.91	5	22.96	5	23.11	5	23.03	5	23.11	5	23.21	22.91
		15	22.61	15	22.61	15	22.68	15	22.71	15	22.81	15	22.81	15	22.96	15	23.01	15	23.11	15	23.06	15	23.11	15	23.21	
		25	23.16	25	23.21	25	23.21	25	22.81	25	22.86	25	22.91	25	23.01	25	23.01	25	23.12	25	23.06	25	23.11	25	23.11	
	1995	5	23.16	5	23.21	5	23.21	5	23.31	5	23.35	5	23.46	5	23.56	5	23.66	5	24.31	5	23.71	5	23.71	5	23.81	23.56
		15	23.21	15	23.21	15	23.21	15	23.31	15	23.42	15	23.46	15	23.61	15	23.71	15	23.91	15	23.81	15	23.86	15	23.86	
		25	23.91	25	24.06	25	24.11	25	23.36	25	23.41	25	23.51	25	23.66	25	23.71	25	23.81	25	23.86	25	23.91	25	24.06	
	1996	5	24.06	5	24.06	5	24.11	5	24.16	5	24.21	5	24.21	5	24.41	5	24.31	5	24.41	5	24.51	5	24.56	5	24.85	24.35
		15	24.31	15	24.76	15	24.16	15	24.21	15	24.21	15	24.31	15	24.46	15	24.31	15	24.46	15	24.51	15	24.56	15	24.90	
		25	24.31	25	24.76	25	24.76	25	24.88	25	24.91	25	24.31	25	24.46	25	24.46	25	24.51	25	24.56	25	24.56	25	25.00	
	1997	5	24.33	5	24.76	5	24.81	5	24.88	5	24.91	5	25.00	5	25.41	5	25.01									24.84
		15		15		15		15		15	24.96	15		15	25.01	15	25.01									
		25		25		25	24.86	25	24.91	25		25		25	25.01	25	25.01									
611	1990	1	10.80	1	10.75	1	10.72	1	10.80	1	10.90	1	11.07	1	12.00			1	12.50	1	12.20	1	11.80			11.46
		5	10.75	5	10.75	5	10.70	5	10.80	5	10.90	5	11.20	5	12.00	5		5	12.46	5	12.20	5	11.80	1	11.70	
		10	10.75	10	10.75	10	10.65	10	10.80	10	11.05	10	12.20	10	11.80	10		10	12.45	10	12.06	10	11.80	5	11.60	
		15	10.74	15	10.74	15	10.80	15	10.96	15	11.05	15	12.30	15	11.40	15		15	12.40	15	12.20	15	11.80	10	11.60	
		20	10.75	20	10.80	20	10.80	20	10.94	20	11.05	20	12.60	20	12.70	20		20	12.36	20	12.00	20	11.80	15	11.58	
		25	10.74	25	10.72	25	10.75	25	11.05	25	11.00	25	12.30	25	12.85	25		25	12.28	25		25	11.70	20	11.55	
																								25	11.55	

续表

点号	年份	1月 日	1月 水位	2月 日	2月 水位	3月 日	3月 水位	4月 日	4月 水位	5月 日	5月 水位	6月 日	6月 水位	7月 日	7月 水位	8月 日	8月 水位	9月 日	9月 水位	10月 日	10月 水位	11月 日	11月 水位	12月 日	12月 水位	年平均
611	1991	5	11.65	5	13.50	5	13.20	5	12.49	5	12.38	5	12.37	5		5	14.10	5	13.44	5	12.84	5	12.85	5	14.05	12.98
		15	12.60	15	13.65	15	12.95	15	12.70	15	12.54	15	12.20	15		15	13.55	15	13.27	15	12.66	15	13.02	15	14.05	
		25	12.80	25	13.40	25	12.70	25	12.34	25	12.48	25	12.30	25		25	13.85	25	12.90	25	12.50	25	13.60	25	13.40	
	1992	5	13.00	5	12.85	5	13.20	5	12.80	5	12.97	5	13.15	5	13.92	5	15.90	5	15.27	5	14.10	5	13.85	5	14.00	13.77
		15	12.85	15	12.95	15	13.01	15	12.92	15	12.95	15	14.04	15	14.20	15	16.20	15	14.72	15	14.00	15	13.75	15	14.00	
		25	12.75	25	13.00	25	12.88	25	12.97	25	13.00	25	13.60	25	14.95	25	15.40	25	14.54	25	13.90	25	14.00	25	14.00	
	1993	5	14.80	5	13.65	5	13.65	5	13.55	5	13.28	5	13.32	5	14.06	5	16.18	5	15.08	5	14.40	5	15.90	5	14.05	14.22
		15	14.14	15	13.65	15	13.60	15	13.28	15	13.31	15	13.85	15	14.15	15	16.27	15	14.80	15	14.30	15	15.43	15	13.94	
		25	13.90	25	13.60	25	13.82	25	13.28	25	14.20	25	14.42	25	14.18	25	16.60	25	14.49	25	(16.35)	25	13.85	25	13.88	
	1994	5	12.88	5	13.91	5	13.80	5	13.85	5	14.35	5	14.75	5	14.85	5	15.16	5	15.95	5	14.80	5	14.35	5	13.88	14.44
		15	13.92	15	13.85	15	13.82	15	(14.20)	15	14.52	15	14.88	15	14.60	15	16.00	15	15.60	15	14.78	15	14.17	15	13.78	
		25	13.98	25	13.85	25	14.78	25	(14.10)	25	13.98	25	14.95	25	14.82	25	15.75	25	14.85	25	14.49	25	14.00	25	13.70	
	1995	5	13.60	5	13.50	5	14.67	5	14.27	5	13.98	5	14.05	5	17.38	5	17.87	5	19.65	5	17.31	5	16.54	5	16.10	15.54
		15	13.52	15	13.65	15	14.43	15	14.21	15	13.98	15	15.51	15	17.55	15	17.97	15	17.90	15	16.98	15	16.39	15	16.10	
		25	13.45	25	15.02	25	17.34	25	14.11	25	14.00	25	16.86	25	17.75	25	17.92	25	17.25	25	16.67	25	16.22	25	16.45	
	1996	5	17.42	5	17.50	5	17.50	5	17.17	5	17.05	5	17.13	5	干	5	18.22	5	17.29	5	17.29	5	16.45	5	15.51	17.27
		15	18.03	15	17.60	15	17.62	15	16.90	15	17.00	15	17.15	15	19.00	15	干	15	17.16	15	17.16	15	16.00	15	15.10	
		25	17.48	25	17.33	25	15.05	25	17.10	25	17.10	25	17.15	25	18.37	25	19.98	25	16.70	25	16.70	25	15.95	25	15.10	
	1997	5	15.10	5	15.58	5	14.93	5	14.66	5	14.55	5	14.85	5	18.05	5	21.30	5		5		5		5		16.31
		15	15.19	15	15.88	15	14.76	15	14.60	15	14.55	15	17.83	15	18.40	15	22.10	15		15		15		15		
		25	15.45	25	(19.30)	25	5.43	25	14.50	25	14.75	25	17.95	25	18.85	25		25		25		25		25		
613	1990	5	6.05	5	5.85	5	5.60	5	5.40	5	5.70	5	6.05	5	5.80	5	6.45	5	6.55	5	6.65	5	6.45	5	6.68	6.15
		15	5.97	15	5.80	15	5.55	15	5.60	15	5.85	15	6.15	15	6.10	15	6.19	15	6.95	15	6.60	15	6.50	15	6.72	
		25	5.90	25	5.70	25	5.43	25	5.65	25	5.90	25	6.25	25	6.30	25	6.35	25	6.70	25	6.50	25	6.65	25	6.78	

续表

点号	年份	1月 日	1月 水位	2月 日	2月 水位	3月 日	3月 水位	4月 日	4月 水位	5月 日	5月 水位	6月 日	6月 水位	7月 日	7月 水位	8月 日	8月 水位	9月 日	9月 水位	10月 日	10月 水位	11月 日	11月 水位	12月 日	12月 水位	年平均
613	1991	5	6.82	5	6.95	5	7.15	5	6.70	5	6.50	5	6.40	5	6.70	5	6.85	5	6.30	5	6.15	5	6.25	5	6.10	6.58
		15	6.88	15	7.01	15	6.95	15	6.65	15	6.70	15	6.30	15	7.10	15	6.60	15	6.28	15	6.20	15	6.31	15	6.00	
		25	6.90	25	7.10	25	6.80	25	6.60	25	6.75	25	6.70	25	6.80	25	6.40	25	6.20	25	6.40	25	6.40	25	5.80	
	1992	5	5.97	5	6.35	5	6.05	5	5.85	5	5.75	5	6.26	5	6.60	5	7.30	5	7.25	5	6.24	5	5.65	5	6.15	6.30
		15	6.02	15	6.37	15	5.98	15	5.80	15	5.90	15	6.35	15	6.90	15	7.40	15	7.00	15	6.00	15	5.85	15	6.19	
		25	6.20	25	6.42	25	5.90	25	5.70	25	6.10	25	6.40	25	7.10	25	7.10	25	6.50	25	5.70	25	6.10	25	6.25	
	1993	5	5.70	5		5	5.60	5	5.40	5	6.35	5	6.60	5		5	6.98	5		5		5		5		6.13
		15	5.60	15		15	5.50	15	5.45	15	6.42	15	6.75	15		15	7.00	15		15		15		15		
		25	5.50	25		25	5.45	25	5.55	25	6.50	25	6.85	25		25	7.07	25		25		25		25		
617	1990	5	15.75	5	15.71	5	15.70	5	15.71	5	15.77	5	15.80	5	15.90	5	16.50	5	16.41	5	16.64	5	16.70	5	16.67	16.11
		15	15.72	15	15.70	15	15.70	15	15.73	15	15.78	15	15.83	15	15.90	15	16.52	15	16.48	15	16.69	15	16.68	15	16.67	
		25	15.75	25	15.70	25	15.69	25	15.73	25	15.78	25	15.87	25	15.92	25	16.50	25	16.50	25	16.66	25	16.70	25	16.66	
	1991	5	16.68	5	16.72	5	16.72	5	16.68	5	16.80	5	16.85	5	16.90	5	17.50	5	17.20	5	17.54	5	17.60	5	17.60	17.13
		15	16.70	15	16.75	15	16.70	15	16.70	15	17.30	15	16.90	15	17.50	15	17.50	15	17.22	15	17.60	15	17.65	15	17.63	
		25	16.70	25	16.75	25	16.67	25	16.72	25	17.30	25	16.90	25	17.50	25	17.20	25	17.25	25	17.65	25	17.65	25	17.63	
	1992	5	17.60	5	17.42	5	17.29	5	17.38	5	17.51	5	17.50	5	17.55	5	17.64	5	17.65	5	17.65	5	17.78	5	17.78	17.57
		15	17.60	15	17.30	15	17.29	15	17.51	15	17.52	15	17.52	15	17.60	15	17.65	15	17.65	15	17.70	15	17.80	15	17.75	
		25	17.62	25	17.30	25	17.28	25	17.51	25	17.52	25	17.50	25	17.60	25	17.60	25	17.58	25	17.80	25	17.80	25	17.75	
	1993	5	17.77	5	17.75	5	17.80	5	17.80	5	17.80	5	17.90	5	18.05	5	18.00	5	18.02	5	18.05	5	18.03	5	18.00	17.93
		15	17.78	15	17.75	15	17.77	15	18.30	15	17.80	15	17.85	15	18.03	15	18.05	15	18.00	15	18.03	15	18.03	15	18.00	
		25	17.78	25	17.74	25	17.78	25	18.30	25	17.80	25	17.85	25	18.00	25	18.03	25	17.98	25	18.00	25	18.05	25	17.98	
	1994	5	17.98	5	18.25	5	18.30	5	18.25	5	18.35	5	18.40	5	18.38	5	18.80	5	18.90	5	18.85	5	18.80	5	18.75	18.50
		15	18.00	15	18.30	15	18.27	15	18.20	15	18.36	15	18.40	15	18.40	15	18.90	15	18.85	15	18.80	15	18.80	15	18.75	
		25	18.02	25	18.30	25	18.29	25	18.20	25	18.38	25	18.42	25	18.35	25	18.90	25	18.85	25	18.80	25	18.77	25	18.75	

续表

点号	年份	1月 日	1月 水位	2月 日	2月 水位	3月 日	3月 水位	4月 日	4月 水位	5月 日	5月 水位	6月 日	6月 水位	7月 日	7月 水位	8月 日	8月 水位	9月 日	9月 水位	10月 日	10月 水位	11月 日	11月 水位	12月 日	12月 水位	年平均
617	1995	5	18.25	5	18.25	5	18.75	5	18.80	5	19.30	5	19.80	5	23.10	5	22.80	5	20.45	5	20.35	5	20.45	5	20.95	20.18
		15	18.20	15	18.20	15	18.76	15	18.80	15	19.30	15	21.00	15	23.10	15	22.20	15	20.40	15	20.35	15	20.45	15	21.30	
		25	18.20	25	18.20	25	18.76	25	18.85	25	19.37	25	21.97	25	23.15	25	22.30	25	20.40	25	20.40	25	20.40	25	21.30	
	1996	5	21.30	5	21.50	5	20.80	5	20.40	5	20.80	5	20.80	5	20.80	5	19.90	5	19.80	5	19.30	5	18.80	5	19.30	20.27
		15	21.30	15	21.50	15	20.30	15	20.30	15	20.30	15	20.80	15	20.80	15	20.30	15	19.60	15	19.30	15	19.00	15	19.30	
		25	21.30	25	21.30	25	20.30	25	20.10	25	20.30	25	20.60	25	21.30	25	20.30	25	19.50	25	19.40	25	19.00	25	19.40	
621	1990	5	5.49	5	5.51	5	5.61	5	5.72	5	5.83	5	5.85	5	5.74	5	5.66	5	5.62	5	5.65	5	5.67	5	5.68	5.67
		15	5.49	15	5.54	15	5.64	15	5.76	15	5.86	15	5.81	15	5.71	15	5.63	15	5.63	15	5.66	15	5.69	15	5.69	
		25	5.47	25	5.57	25	5.68	25	5.80	25	5.88	25	5.79	25	5.65	25	5.60	25	5.65	25	5.68	25	5.69	25	5.69	
	1991	5	5.75	5		5	5.80	5	5.95	5	5.90	5	5.65	5	5.50	5	5.75	5	5.70	5	5.70	5	5.77	5	5.87	5.78
		15	5.70	15	6.34	15	5.85	15	5.90	15	5.85	15	5.70	15	5.60	15	5.75	15	5.72	15		15	5.75	15	6.10	
		25		25	6.31	25	5.95	25	5.95	25	5.83	25	5.50	25	5.70	25	5.70	25	5.70	25		25	5.80	25	6.05	
	1992	5	6.20	5		5	6.30	5	6.47	5	6.47	5	6.50	5	6.43	5	6.50	5	6.65	5	6.35	5	6.12	5	6.25	6.40
		15	6.25	15	6.35	15	6.31	15	6.48	15	6.50	15	6.50	15	6.60	15	6.55	15	6.67	15	6.25	15	6.10	15	6.25	
		25	6.25	25	6.05	25	6.47	25	6.50	25	6.50	25	6.50	25	6.60	25	6.60	25	6.60	25	6.25	25	6.10	25	6.25	
	1993	5	6.52	5	6.05	5	6.60	5	6.75	5		5	6.50	5	6.70	5	6.70	5		5		5		5		6.60
		15	6.50	15	6.60	15	6.75	15	6.75	15		15	6.50	15	6.70	15	6.80	15		15		15		15		
		25	6.52	25		25	6.80	25	6.70	25		25	6.55	25	6.68	25	6.80	25		25		25		25		
625	1990	5	3.74	5	3.85	5	3.80	5	3.47	5	3.15	5	3.16	5	3.20	5	3.00	5	2.93	5	2.94	5	3.00	5	3.04	3.25
		15	3.80	15	3.88	15	3.72	15	3.23	15	3.04	15	3.20	15	3.15	15	2.95	15	2.93	15	2.94	15	3.02	15	3.08	
		25	3.83	25	3.90	25	3.67	25	3.25	25	3.06	25	3.26	25	3.05	25	2.90	25	2.94	25	2.94	25	3.03	25	3.10	
	1991	5	3.12	5	3.07	5	3.13	5	2.92	5	2.90	5	2.83	5	3.00	5	2.63	5	2.64	5	2.53	5	2.56	5	2.61	2.85
		15	3.20	15	3.04	15	3.02	15	2.90	15	2.98	15	2.83	15	3.25	15	2.63	15	2.63	15	2.55	15	2.55	15	2.65	
		25	3.12	25	3.18	25	2.95	25	2.90	25	3.01	25	2.85	25	3.45	25	2.65	25	2.53	25	2.58	25	2.58	25	2.63	

续表

点号	年份	日	1月 水位	2月 水位	3月 水位	4月 水位	5月 水位	6月 水位	7月 水位	8月 水位	9月 水位	10月 水位	11月 水位	12月 水位	年平均
625	1992	5	2.65	2.75	2.90	2.70	2.75	3.13	3.60	3.68		2.52	2.48	2.43	2.88
		15	2.65	2.90	2.83	2.73	2.73	3.30	3.68	3.68		2.58	2.40	2.47	
		25	2.68	3.00	2.70	2.76	2.88	3.36	3.35	3.50	3.22	2.53	2.40	2.50	
	1993	5	2.53	2.55	2.66	2.60	2.63	2.88	3.23	3.35	3.26	3.30	3.22	3.15	2.96
		15	2.53	2.62	2.63	2.53	2.68	3.08	3.25	3.55	3.22	3.22	3.20	3.13	
		25	2.43	2.57	2.63	2.66	2.73	3.18	3.18	3.30			3.17	3.10	
	1994	5	3.13	3.20	3.26	3.36	3.28	3.50	3.60	4.20	4.38	4.13	3.80	3.60	3.62
		15	3.15	3.20	3.26	3.27	3.38	3.52	3.66	4.26	4.16	4.03	3.70	3.60	
		25	3.20	3.28	3.27	3.18	3.48	3.58	3.77	4.53	4.08	3.90	3.62	3.65	
	1995	5	3.71	3.90	4.13	3.94	3.93	4.42	5.19	5.95	6.13	5.80	5.80	6.00	4.98
		15	3.78	4.23	4.03	3.96	4.06	4.87	5.51	6.03	5.88	5.76	5.85	6.06	
		25	3.85	4.38	4.00	3.93	4.00	4.93	5.37	6.12	5.84	5.76	5.92	6.16	
	1996	5	6.16	6.22	6.30	6.30	6.50		6.73	6.62	6.93	6.25	6.10	5.80	6.38
		15	6.18	6.28	6.38	6.26	6.52		6.68	7.38	6.90	6.18	6.08	5.70	
		25	6.17	6.23	6.38	6.33	6.53		6.65	7.53	6.38	6.16	5.93	5.73	
	1997	5	5.65	5.75	6.00		6.13		8.05						6.39
		15	5.70	5.73	5.94		6.30		8.23						
		25	5.78	5.99	5.98		6.50		8.15						
706	1990	5	2.50	2.69	2.39	2.83	2.75		2.83	3.09	2.66	2.79	2.78	2.80	2.73
		15	2.60	2.72	2.60	2.77	2.71		2.76	2.71	2.67	2.78	2.81	2.81	
		25	2.68	2.75	2.70	2.74	2.78		2.78	2.62	2.71	2.79	2.79	2.85	
	1991	5	1.83	2.97	3.69	3.08	3.04	2.98	2.96	2.72	2.89	2.65	2.41	2.31	2.86
		15	2.86	3.04	3.17	3.06	3.05	2.93	3.04	2.76	2.83	2.61	2.38	2.37	
		25	2.91	3.20	3.15	3.05	3.10	2.95	3.72	3.03	2.68	2.61	2.35	2.45	

第一章　西安市

续表

点号	年份	1月 日	1月 水位	2月 日	2月 水位	3月 日	3月 水位	4月 日	4月 水位	5月 日	5月 水位	6月 日	6月 水位	7月 日	7月 水位	8月 日	8月 水位	9月 日	9月 水位	10月 日	10月 水位	11月 日	11月 水位	12月 日	12月 水位	年平均
706	1992	5	2.46	5	2.61	5	2.92	5	2.55	5	2.56	5	2.90	5	3.12	5	3.84	5	3.89	5	2.95	5	2.07	5	2.20	2.85
		15	2.46	15	2.87	15	2.88	15	2.51	15	2.63	15	3.01	15	3.28	15	4.05	15	3.73	15	2.69	15	2.31	15	2.13	
		25	2.57	25	2.94	25	2.66	25	2.50	25	2.72	25	3.07	25	3.28	25	4.01	25	3.37	25	2.51	25	2.25	25	2.16	
	1993	5	2.58	5	3.78	5	2.50	5	2.45	5	2.47	5	2.65	5	3.00	5	3.53	5	4.22	5	3.87	5	3.73	5	3.58	3.19
		15	2.39	15	3.59	15	2.53	15	2.36	15	2.51	15	2.76	15	3.05	15	3.66	15	4.01	15	3.86	15	3.67	15	3.56	
		25	2.35	25	3.51	25	2.49	25	2.40	25	2.58	25	3.27	25	3.10	25	3.90	25	3.97	25	3.76	25	3.61	25	3.54	
	1994	5	3.58	5	5.83	5	3.70	5	3.43	5	3.03	5	3.34	5	3.45	5	5.32	5	5.31	5	5.11	5	4.86	5	4.42	4.14
		15	3.73	15	3.65	15	3.64	15	3.28	15	3.07	15	3.30	15	3.53	15	4.97	15	5.23	15	5.23	15	4.76	15	4.35	
		25	3.70	25	3.78	25	3.54	25	3.09	25	3.16	25	3.43	25	3.97	25	5.34	25	5.13	25	4.96	25	4.58	25	4.25	
	1995	5	4.19	5	4.05	5	4.58	5	4.51	5	4.52	5	4.79	5	9.37	5	⟨11.62⟩	5	10.86	5	8.91	5	8.27	5	8.06	6.51
		15	4.15	15	4.49	15	4.68	15	4.56	15	4.59	15	5.64	15	7.28	15	⟨11.04⟩	15	9.63	15	8.83	15	8.15	15	8.12	
		25	4.11	25	4.43	25	4.53	25	4.53	25	4.69	25	7.31	25	6.28	25	9.33	25	9.03	25	8.40	25	8.06	25	8.34	
	1996	5	10.14	5	9.89	5	9.84	5	9.48	5	9.48	5	9.07	5	11.12	5	9.95	5	12.00	5	10.40	5	9.15	5	9.31	9.92
		15	9.51	15	10.71	15	9.71	15	9.23	15	9.22	15	9.33	15	10.17	15	12.38	15	11.14	15	9.63	15	8.97	15	8.10	
		25	9.22	25	9.61	25	9.87	25	9.50	25	9.53	25	11.27	25	10.25	25	13.01	25	11.00	25	9.37	25	8.72	25	7.93	
	1997	5		5		5		5		5		5		5		5		5	15.63	5	14.11	5	13.93	5	13.68	14.34
		15		15		15		15		15		15		15		15		15		15		15		15		
		25		25	9.17	25	8.99	25	8.92	25	8.80	25	8.95	25	9.62	25	9.09	25	9.22	25	9.23	25	9.18	25	9.17	
710	1990	5	8.88	5	9.17	5	9.01	5	8.90	5	8.83	5	10.20	5	9.33	5	9.62	5	9.23	5	9.09	5	9.13	5	9.17	9.17
		15	8.99	15	9.19	15	8.96	15	8.91	15	8.86	15	9.93	15	9.35	15	9.30	15	9.13	15	9.13	15	9.17	15	9.16	
		25	9.25	25	9.08	25	11.90	25	10.15	25	9.82	25	9.39	25	9.93	25	10.75	25	9.97	25	9.30	25	9.29	25	9.17	
	1991	5	9.17	5	11.15	5	11.07	5	9.99	5	9.86	5	9.33	5	10.34	5	10.17	5	9.69	5	9.21	5	9.27	5	9.45	10.09
		15	9.34	15	11.27	15	10.40	15	9.88	15	9.81	15	9.43	15	12.95	15	10.40	15	9.37	15	9.33	15	9.27	15	10.05	
		25	10.05	25	11.80	25	11.25	25	10.05	25	9.76	25	9.90	25	10.20	25	13.60	25	12.92	25	11.10	25	10.52	25	10.70	
	1992	5	10.13	5	10.47	5	10.70	5	9.93	5	9.68	5	10.05	5	12.27	5	13.92	5	12.23	5	10.89	5	10.38	5	10.32	10.93
		15	9.82	15	11.30	15	10.70	15	9.93	15	9.68	15		15		15		15		15		15		15	10.46	
		25	10.23	25	11.90	25	10.25	25	9.86	25	9.76	25	10.11	25	11.55	25	13.52	25	11.59	25	10.78	25	10.42	25	11.59	

续表

点号	年份	1月 日	1月 水位	2月 日	2月 水位	3月 日	3月 水位	4月 日	4月 水位	5月 日	5月 水位	6月 日	6月 水位	7月 日	7月 水位	8月 日	8月 水位	9月 日	9月 水位	10月 日	10月 水位	11月 日	11月 水位	12月 日	12月 水位	年平均
710	1993	5	12.13	5	11.30	5	10.90	5	10.43	5	10.22	5	10.20	5	11.25	5	11.35	5	13.07	5	12.29	5	11.79	5	11.61	11.45
		15	11.80	15	11.65	15	10.95	15	10.27	15	10.17	15	10.25	15	11.11	15	13.60	15	12.85	15	12.17	15	11.72	15	11.57	
		25	11.10	25	11.19	25	10.55	25	10.33	25	10.08	25	12.13	25	11.15	25	13.43	25	12.55	25	11.97	25	11.62	25	11.59	
	1994	5	11.85	5	13.00	5	13.14	5	12.22	5	11.71	5	11.93	5	11.81	5	14.33	5	15.11	5	14.67	5	14.09	5	13.61	13.18
		15	13.33	15	12.71	15	12.79	15	12.10	15	11.80	15	11.78	15	11.95	15	14.51	15	14.95	15	14.41	15	13.87	15	13.52	
		25	12.89	25	13.33	25	12.41	25	11.86	25	11.87	25	11.81	25	13.93	25	15.07	25	14.81	25	14.26	25	13.71	25	13.37	
	1995	5	13.25	5	13.00	5	14.45	5	14.31	5	13.62	5	13.40	5	14.81	5	15.78	5	16.47	5	16.40	5	16.26	5	16.09	14.90
		15	13.14	15	13.65	15	14.49	15	13.97	15	13.70	15	13.75	15	15.23	15	16.15	15	16.44	15	16.36	15	16.07	15	16.06	
		25	13.09	25	14.21	25	14.35	25	13.78	25	13.48	25	14.33	25	15.40	25	16.26	25	16.42	25	16.31	25	16.09	25	16.00	
	1996	5	16.01	5	16.30	5	16.37	5	16.53	5	16.54	5	16.30	5	16.37	5	16.38	5	16.51	5	16.40	5	16.29	5	16.07	16.34
		15	16.18	15	16.28	15	16.52	15	16.51	15	16.45	15	16.23	15	16.35	15	16.36	15	16.45	15	16.38	15	16.17	15	15.99	
		25	16.24	25	16.31	25	16.65	25	16.55	25	16.41	25	16.25	25	16.39	25	16.63	25	16.42	25	16.36	25	16.13	25	15.90	
	1997	5	15.83	5	15.57	5	15.60	5	15.43	5	15.21	5	15.20	5	15.93	5	16.65	5		5		5		5		15.66
		15	15.72	15	15.53	15	15.58	15	15.37	15	15.20	15	15.25	15	16.22	15	17.20	15		15		15		15		
		25	15.63	25	15.50	25	15.50	25	15.31	25	15.17	25	15.33	25	16.26	25		25		25		25		25		
718	1990	5	5.02	5	5.52	5	5.52	5	5.48	5	5.63	5	6.24	5	5.74	5	6.19	5	5.58	5	5.56	5	5.91	5	5.88	5.67
		15	5.06	15	5.53	15	5.55	15	5.67	15	5.48	15	7.15	15	5.64	15	6.04	15	5.76	15	5.66	15	5.52	15	5.45	
		25	5.72	25	5.58	25	5.52	25	5.52	25	5.34	25	5.81	25	5.74	25	5.74	25	5.69	25	5.53	25	5.75	25	5.48	
	1991	5	5.69	5	6.66	5	6.69	5	6.34	5	6.16	5	5.88	5	6.33	5	5.90	5	6.29	5	5.61	5	5.70	5	5.90	6.05
		15	5.70	15	5.94	15	6.48	15	6.38	15	5.93	15	5.81	15	6.32	15	5.85	15	5.71	15	5.58	15	5.74	15	6.01	
		25	5.82	25	6.50	25	6.43	25	6.20	25	5.94	25	5.83	25	6.40	25	6.86	25	5.63	25	5.67	25	5.80	25	6.19	
	1992	5	6.08	5	6.15	5	6.68	5	6.30	5	5.98	5	6.12	5	6.50	5	⟨12.43⟩	5	7.93	5	7.23	5	6.59	5	6.37	6.72
		15	6.06	15	7.10	15	6.50	15	6.11	15	5.95	15	6.52	15	5.72	15	9.78	15	7.69	15	6.88	15	6.53	15	6.58	
		25	6.33	25	6.84	25	6.48	25	5.97	25	6.09	25	6.49	25	6.46	25	9.79	25	7.50	25	6.53	25	6.41	25	6.85	

续表

点号	年份	日	1月水位	日	2月水位	日	3月水位	日	4月水位	日	5月水位	日	6月水位	日	7月水位	日	8月水位	日	9月水位	日	10月水位	日	11月水位	日	12月水位	年平均
718	1993	5	7.32	5	6.99	5	6.84	5	6.55	5	6.39	5	6.30	5	7.08	5	6.96	5	8.14	5	7.72	5	7.50	5	7.35	7.20
		15	6.93	15	7.15	15	6.78	15	6.49	15	6.34	15	6.60	15	6.94	15	10.14	15	8.00	15	7.70	15	7.45	15	7.35	
		25	6.74	25	6.86	25	6.68	25	6.45	25	6.35	25	7.30	25	6.95	25	8.62	25	8.04	25	7.60	25	7.42	25	7.31	
	1994	5	8.38	5	7.70	5	8.14	5	7.72	5	7.50	5	7.65	5	7.83	5	12.95	5	12.39	5	9.55	5	9.01	5	8.65	8.94
		15	8.40	15	8.25	15	7.78	15	7.54	15	6.49	15	7.49	15	8.58	15	14.50	15	10.18	15	9.91	15	8.80	15	8.43	
		25	7.70	25	8.04	25	7.60	25	7.49	25	7.39	25	7.91	25	10.51	25	14.70	25	9.75	25	9.90	25	8.65	25	8.33	
	1995	5	8.28	5	8.29	5	11.05	5	8.65	5	8.70	5	8.70	5	13.77	5	15.80	5	17.20	5	13.12	5	12.05	5	11.68	11.70
		15	8.20	15	11.20	15	10.65	15	8.60	15	9.00	15	12.20	15	14.60	15	17.20	15	15.00	15	12.65	15	11.90	15	11.60	
		25	8.18	25	10.21	25	9.12	25	8.50	25	8.60	25	13.80	25	14.57	25	17.00	25	15.00	25	12.28	25	11.88	25	12.00	
	1996	5	13.05	5	13.88	5	14.90	5	12.72	5	12.30	5	11.90	5	14.91	5	12.22	5	13.41	5	12.00	5	11.43	5	10.51	12.70
		15	12.82	15	15.25	15	13.94	15	12.58	15	12.15	15	11.80	15	13.30	15	12.18	15	12.80	15	11.85	15	11.10	15	10.21	
		25	12.94	25	15.02	25	13.50	25	12.30	25	12.45	25	14.65	25	13.05	25	15.00	25	12.42	25	11.70	25	10.74	25	10.07	
722	1990	5	8.37	5	8.58	5	8.68	5	8.54	5	8.40	5	8.15	5	8.25	5	8.60	5	8.40	5	8.10	5	8.23	5	8.28	8.44
		15	8.39	15	8.61	15	8.69	15	8.36	15	8.40	15	8.05	15	8.20	15	8.40	15	8.30	15	8.00	15	8.32	15	8.34	
		25	8.42	25	8.67	25	8.70	25	8.18	25	8.30	25	8.10	25	9.10	25	8.50	25	8.20	25	8.00	25	8.37	25	8.20	
	1991	5	8.40	5	8.50	5	8.85	5	8.50	5	8.25	5	8.35	5	8.80	5	8.90	5	8.20	5	7.45	5	8.40	5	8.30	8.39
		15	8.30	15	8.50	15	8.65	15	8.45	15	8.20	15	8.50	15	8.90	15	8.85	15	7.85	15	7.30	15	8.30	15	8.45	
		25	8.30	25	8.60	25	8.60	25	8.60	25	8.25	25	8.50	25	9.00	25	8.60	25	7.55	25	7.30	25	8.30	25	8.45	
	1992	5	8.30	5	8.40	5	8.65	5	8.60	5	8.20	5	8.50	5	7.85	5	7.40	5		5		5	7.10	5	7.00	8.14
		15	8.30	15	8.60	15	8.65	15	8.60	15	8.25	15	7.35	15	7.60	15	8.20	15		15		15	7.00	15	7.00	
		25	7.30	25	8.60	25	8.60	25	8.45	25	7.30	25	7.45	25	7.45	25	8.10	25		25		25	7.00	25	7.00	
	1993	5	7.10	5	7.20	5	7.40	5	7.30	5	7.30	5		5		5		5		5		5		5		7.45
		15	7.00	15	7.50	15	7.40	15	7.25	15	7.30	15	8.00	15		15		15		15		15		15		
		25		25	7.35	25	7.40	25	7.25	25	7.30	25		25		25		25		25		25		25		

续表

点号	年份	1月		2月		3月		4月		5月		6月		7月		8月		9月		10月		11月		12月		年平均
		日	水位	日	水位	日	水位	日	水位	日	水位	日	水位	日	水位	日	水位	日	水位	日	水位	日	水位	日	水位	
725	1990	5	5.13	5	5.21	5	5.20	5	5.16	5	5.07	5	5.09	5	5.17	5	5.05	5	5.05	5	5.12	5	5.13	5	5.16	5.14
		15	5.14	15	5.21	15	5.20	15	5.16	15	5.07	15	5.15	15	5.14	15	5.02	15	5.09	15	5.17	15	5.14	15	5.16	
		25	5.14	25	5.19	25	5.19	25	5.13	25	5.05	25	5.29	25	5.08	25	5.04	25	5.10	25	5.13	25	5.15	25	5.18	
	1991	5	5.21	5	5.30	5	5.32	5	5.31	5	5.30	5	5.27	5	5.29	5	5.80	5	5.32	5	5.27	5	5.28	5	5.31	5.33
		15	5.23	15	5.30	15	5.37	15	5.30	15	5.33	15	5.23	15	5.32	15	5.41	15	5.30	15	5.27	15	5.29	15	5.32	
		25	5.24	25	5.30	25	5.37	25	5.33	25	5.39	25	5.21	25	5.77	25	5.34	25	5.28	25	5.29	25	5.29	25	5.32	
	1992	5	5.35	5	5.41	5	5.69	5	5.43	5	5.21	5	5.32	5	5.47	5	5.75	5	6.30	5	6.01	5	5.60	5	5.50	5.66
		15	5.36	15	5.65	15	5.69	15	5.22	15	5.21	15	5.43	15	5.50	15	7.85	15	6.25	15	5.82	15	5.57	15	5.50	
		25	5.38	25	5.75	25	5.65	25	5.19	25	5.28	25	5.44	25	5.55	25	6.33	25	6.21	25	5.69	25	5.52	25	5.50	
	1993	5	5.50	5	5.56	5	5.60	5	5.58	5	5.52	5	5.58	5	5.73	5	6.02	5	6.45	5	6.20	5	6.25	5	6.21	5.86
		15	5.50	15	5.59	15	5.58	15	5.55	15	5.53	15	5.64	15	5.80	15	6.23	15	6.36	15	6.15	15	6.22	15	6.21	
		25	5.54	25	5.60	25	5.54	25	5.53	25	5.55	25	5.68	25	5.80	25	6.48	25	6.30	25	5.92	25	6.22	25	6.19	
	1994	5	6.21	5	6.20	5	6.14	5	6.12	5	6.12	5	6.18	5	6.35	5	6.61	5	8.19	5	7.45	5	7.01	5	6.68	6.57
		15	6.21	15	6.20	15	6.12	15	6.11	15	6.12	15	6.20	15	6.42	15	6.71	15	7.87	15	7.31	15	6.85	15	6.61	
		25	6.22	25	6.14	25	6.12	25	6.11	25	6.15	25	6.28	25	6.49	25	6.84	25	7.62	25	7.13	25	6.77	25	6.54	
	1995	5	6.48	5	6.37	5	6.62	5	6.57	5	6.50	5	6.61	5	8.72	5	11.28	5	14.10	5	10.82	5	10.08	5	9.73	8.74
		15	6.42	15	6.50	15	6.71	15	6.58	15	6.55	15	6.80	15	10.90	15	12.45	15	12.33	15	10.47	15	9.91	15	9.66	
		25	6.38	25	6.53	25	6.65	25	6.52	25	6.56	25	7.87	25	10.36	25	13.68	25	11.37	25	10.25	25	9.81	25	9.56	
	1996	5	10.07	5	9.97	5	13.55	5	11.26	5	10.66	5	10.14	5	10.70	5	10.55	5	11.25	5	10.38	5	9.84			10.77
		15	10.02	15	10.65	15	12.50	15	10.93	15	10.54	15	10.20	15	10.84	15	10.53	15	10.83	15	10.25	15	9.72	15		
		25	10.00	25	11.99	25	11.78	25	10.77	25	10.50	25	10.27	25	10.55	25	13.82	25	10.57	25	10.14	25	9.60	25		
	1997	5	9.00	5	8.85	5	8.83	5	8.81	5	8.81	5	8.90	5	12.51	5	15.93	5		5		5		5		10.14
		15	8.97	15	8.81	15	8.82	15	8.78	15	8.84	15	9.32	15	11.56	15	16.72	15		15		15		15		
		25	8.88	25	8.83	25	8.82	25	8.78	25	8.87	25	14.08	25	11.39	25		25		25		25		25		

续表

点号	年份	1月 日	1月 水位	2月 日	2月 水位	3月 日	3月 水位	4月 日	4月 水位	5月 日	5月 水位	6月 日	6月 水位	7月 日	7月 水位	8月 日	8月 水位	9月 日	9月 水位	10月 日	10月 水位	11月 日	11月 水位	12月 日	12月 水位	年平均
727	1990	5	8.11	5	8.11	5	8.24	5	8.34	5	8.36	5	8.46	5	8.55	5	8.67	5	8.82	5	8.96	5	8.45	5	8.40	8.47
		15	8.16	15	8.18	15	8.27	15	8.38	15	8.39	15	8.54	15	8.59	15	8.72	15	8.85	15	8.93	15	8.42	15	8.38	
		25	8.07	25	8.20	25	8.29	25	8.32	25	8.42	25	8.55	25	8.64	25	8.77	25	8.92	25	8.88	25	8.39	25	8.35	
	1991	5	8.33	5	8.37	5	8.40	5	8.35	5	8.45	5	8.60	5		5	8.66	5	8.48	5	8.60	5	8.72	5	8.92	8.55
		15	8.30	15	8.39	15	8.36	15	8.39	15	8.44	15	8.65	15		15	8.55	15	8.45	15	8.82	15	8.90	15	8.94	
		25	8.35	25	8.42	25	8.31	25	8.43	25	8.38	25	8.55	25		25	8.50	25	8.40	25	8.90	25	8.94	25	8.90	
	1992	5	8.93	5	8.94	5	9.00	5		5	8.97	5	8.95	5	9.18	5	10.14	5	10.10	5	10.04	5	9.98	5	8.85	9.39
		15	8.95	15	8.98	15	8.98	15		15	8.95	15	8.99	15	9.26	15	10.16	15	10.07	15	10.05	15	9.75	15	8.82	
		25	8.94	25	9.05	25	8.91	25		25	8.91	25	9.12	25	10.10	25	9.91	25	10.02	25	10.05	25	9.82	25	8.87	
	1993	5	8.86	5	8.92	5	8.91	5	8.98	5		5	8.90	5	8.79	5	8.85	5		5		5		5		8.99
		15	8.89	15	8.88	15	8.98	15	9.01	15		15	8.92	15	8.82	15	9.50	15		15		15		15		
		25	8.91	25	8.85	25	9.01	25	9.13	25		25	8.88	25	8.73	25	10.10	25		25		25		25		
731	1990	5		5		5		5	3.73	5	3.66	5	3.67	5	3.32	5	3.54	5	3.54	5	3.56	5	3.67	5	3.70	3.62
		15		15		15		15	3.66	15	3.61	15	3.69	15	3.35	15	3.56	15	3.58	15	3.58	15	3.63	15	3.75	
		25		25		25		25	3.65	25	3.60	25	3.57	25	3.37	25	3.52	25	3.55	25	3.55	25	3.68	25	3.77	
	1991	5	3.78	5	3.67	5	3.75	5	3.97	5	3.98	5	3.87	5		5	4.00	5	3.97	5	4.00	5	4.09	5	4.17	3.97
		15	3.82	15	3.71	15	3.76	15	3.98	15	4.02	15	3.77	15		15	3.98	15	3.96	15	4.04	15	4.11	15	4.19	
		25	3.84	25	3.73	25	3.74	25	3.94	25	4.01	25	3.80	25		25	3.96	25	4.00	25	4.10	25	4.13	25	4.22	
	1992	5		5	3.83	5	3.89	5	4.83	5	4.70	5	4.77	5	4.80	5	4.86	5	4.98	5	4.66	5	4.65	5	4.70	4.86
		15		15	3.85	15	3.93	15	4.64	15	4.63	15	4.29	15	4.84	15	4.90	15	4.96	15	4.71	15	4.69	15	4.70	
		25		25	3.87	25	3.96	25	4.68	25	4.75	25	4.72	25	4.89	25	7.88	25	4.86	25	4.67	25	4.69	25	4.72	
	1993	5	4.73	5	4.75	5	4.77	5	4.78	5	4.84	5	4.94	5	5.06	5	5.09	5	干	5	干	5	4.83	5	4.80	4.85
		15	4.74	15	4.74	15	4.78	15	4.76	15	4.81	15	4.95	15	5.05	15	干	15	干	15	干	15	4.83	15	4.84	
		25	4.73	25	4.76	25	4.80	25	4.84	25	4.87	25	4.91	25	4.98	25	干	25	干	25	4.85	25	4.82	25	4.87	

第一章　西安市

续表

点号	年份	1月			2月			3月			4月			5月			6月			7月			8月			9月			10月			11月			12月			年平均
		日	水位		日	水位		日	水位		日	水位		日	水位		日	水位		日	水位		日	水位		日	水位		日	水位		日	水位		日	水位	
731	1994	5	4.88		5	4.87		5	5.01		5	5.30		5	干		5	干		5	干		5	干		5	4.24		5	4.31		5	4.90		5	4.90		4.79
		15	4.89		15	4.93		15	5.05		15	5.28		15	干		15	干		15	干		15	4.15		15	4.21		15	4.37		15	4.88		15	4.88		
		25	4.92		25	4.96		25	5.16		25	5.47		25	干		25	干		25	干		25	4.28		25	4.11		25	4.42		25	4.86		25	5.19		
	1995	5	4.86		5	4.54		5	4.84		5	4.84		5			5			5	4.89		5	5.64		5	5.94		5	5.78		5	5.82		5			5.33
		15	4.70		15	4.58		15	4.82		15	4.86		15			15	4.86		15	5.16		15	5.81		15	5.87		15	5.87		15	8.75		15			
		25	4.53		25	4.60		25	4.83		25	4.87		25			25	4.93		25	5.42		25	5.92		25	5.77		25	5.88		25	5.65		25			
	1996	5	5.91		5	5.97		5	6.06		5	6.07		5	6.08		5	5.02		5	6.15		5	6.18		5	5.50		5	6.05		5	5.97		5	2.23		5.89
		15	5.94		15	6.00		15	6.12		15	6.10		15	6.17		15	6.10		15	6.17		15	6.06		15	4.99		15	6.02		15	6.00		15	4.90		
		25	5.96		25	6.02		25	6.11		25	6.18		25	6.05		25	6.13		25	5.99		25	6.03		25	6.08		25	6.00		25	5.89		25	4.90		
735	1990	5	3.50		5	3.44		5	3.57		5	3.52		5	3.57		5	3.63		5	3.65		5	3.77		5	3.55		5	4.34		5	4.30		5	5.10		3.82
		15	3.50		15	3.42		15	3.75		15	3.54		15	3.58		15	3.65		15	3.68		15	3.63		15	3.56		15	4.35		15	4.28		15			
		25	3.48		25	3.45		25	3.90		25	3.59		25	3.58		25	3.48		25	3.78		25	3.69		25	3.35		25	4.33		25	4.23		25			
	1991	5			5	4.40		5	4.41		5	4.00		5	3.79		5			5			5	4.42		5	4.40		5	4.42		5	4.45		5	4.45		4.32
		15	4.51		15	4.45		15	4.39		15	3.95		15	4.20		15	4.80		15	4.80		15	4.40		15	4.41		15	4.41		15	4.45		15	4.45		
		25	4.49		25	4.01		25	4.39		25	3.90		25	4.25		25	4.80		25	4.78		25	4.35		25	4.40		25	4.43		25	4.49		25			
	1992	5	4.51		5	4.51		5	3.87		5	4.60		5	4.70		5	4.80		5	4.80		5	4.80		5			5	4.42		5			5			4.58
		15			15	4.49		15	3.85		15	4.65		15	4.75		15	4.80		15	4.78		15	4.78		15			15	4.41		15			15			
		25			25	4.51		25	3.83		25	4.65		25	4.80		25	4.79		25	4.80		25	4.80		25			25			25			25			
	1993	5			5	4.19		5			5	4.25		5	4.41		5	4.40		5	4.41		5	4.41		5	4.40		5			5			5			4.34
		15			15	4.15		15			15	4.37		15	4.40		15	4.41		15	4.41		15	4.37		15			15			15			15			
		25			25	4.21		25			25	4.37		25	4.41		25	4.41		25	4.40		25	4.20		25						25			25			
738	1990	5	6.09		5	6.21		5	6.09		5	6.29		5	6.29		5	6.27		5	6.29		5	6.79		5	6.89		5	6.89		5	6.79		5	6.79		6.49
		15	6.09		15	6.24		15	6.19		15	6.34		15	6.24		15	6.39		15	6.44		15	6.97		15	6.79		15	6.79		15	6.84		15	6.89		
		25	6.24		25	6.09		25	6.14		25	6.24		25	6.26		25	6.39		25	6.64		25	6.79		25	6.64		25	6.99		25			25	6.94		

续表

点号	年份	1月 日	1月 水位	2月 日	2月 水位	3月 日	3月 水位	4月 日	4月 水位	5月 日	5月 水位	6月 日	6月 水位	7月 日	7月 水位	8月 日	8月 水位	9月 日	9月 水位	10月 日	10月 水位	11月 日	11月 水位	12月 日	12月 水位	年平均
738	1991	5	6.79	5	6.80	5	7.04	5		5		5		5	7.09	5	7.24	5	7.29	5	7.33	5	7.29	5	7.39	7.17
		15	6.84	15	6.89	15	6.99	15		15		15		15	7.09	15	7.19	15	7.29	15	7.31	15	7.39	15	7.34	
		25	6.83	25	6.99	25	6.99	25	7.54	25		25	7.75	25	7.19	25	7.39	25	7.31	25	7.38	25	7.44	25	7.44	
	1992	5	7.47	5	7.49	5	7.59	5	7.59	5	7.64	5	7.72	5	7.85	5	7.69	5	8.04	5	8.18	5	8.16	5	8.17	7.74
		15	4.45	15	7.49	15	7.54	15	7.59	15	7.59	15	7.72	15	7.86	15	8.01	15	8.06	15	8.21	15	8.19	15	8.18	
		25	7.47	25	7.58	25	7.54	25	7.64	25	7.59	25	7.79	25	7.86	25	8.03	25	8.08	25	8.18	25	8.18	25	8.19	
	1993	5	8.09	5	8.29	5	8.29	5	8.14	5	8.03	5	7.99	5	8.16	5		5		5		5		5		8.15
		15	8.16	15	8.29	15	8.29	15	8.18	15	8.19	15	8.12	15	8.14	15		15		15		15		15		
		25	8.19	25	8.04	25	8.09	25	7.99	25	8.09	25	8.14	25	8.16	25		25		25		25		25		
740	1990	5	4.15	5	4.78	5	4.80	5	4.87	5	4.90	5	4.97	5	4.97	5	4.93	5	5.24	5	5.21	5	5.22	5	5.25	4.96
		15	4.18	15	4.73	15	4.75	15	4.90	15	4.92	15	4.97	15	4.93	15	5.10	15	5.20	15	5.22	15	5.21	15	5.28	
		25	4.20	25	4.72	25	4.80	25	4.90	25	4.93	25	5.01	25	4.91	25	5.25	25	5.17	25	5.24	25	5.25	25	5.32	
	1991	5	5.40	5	5.46	5	5.52	5	5.55	5	5.63	5	5.55	5	5.93	5	5.65	5	5.66	5	5.68	5	5.70	5	5.73	5.67
		15	5.45	15	5.47	15	5.55	15	5.58	15	5.69	15	5.55	15	6.30	15	5.75	15	5.63	15	5.71	15	5.73	15	5.69	
		25	5.48	25	5.50	25	5.61	25	5.62	25	5.62	25	5.53	25	6.65	25	5.67	25	5.62	25	5.70	25		25	5.74	
	1992	5	5.71	5	5.74	5	5.85	5	5.81	5	5.89	5	5.91	5	5.97	5	9.95	5	6.40	5	5.70	5	5.65	5	5.69	6.03
		15	5.74	15	5.77	15	5.90	15	5.82	15	5.87	15	5.95	15	5.98	15	7.55	15	6.28	15	5.75	15	5.67	15	5.73	
		25	5.72	25	5.90	25	5.80	25	5.82	25	5.88	25	5.93	25	6.00	25	6.68	25	6.05	25	5.72	25	5.70	25	5.76	
	1993	5	5.83	5	5.75	5	5.80	5	5.78	5	5.80	5	5.80	5	5.84	5	5.90	5	5.94	5	6.00	5	6.08	5	6.12	5.89
		15	5.75	15	5.73	15	5.76	15	5.76	15	5.77	15	5.82	15	5.85	15	5.92	15	5.97	15	6.00	15	6.10	15	6.13	
		25	5.74	25	5.75	25	5.77	25	5.80	25	5.78	25	5.82	25	5.88	25	5.96	25	5.97	25	6.04	25	6.09	25	6.13	
	1994	5	6.17	5	6.20	5	6.27	5	6.29	5	6.30	5	6.37	5	6.40	5	6.79	5	7.20	5	7.11	5	6.87	5	6.83	6.61
		15	6.17	15	6.22	15	6.28	15	6.30	15	6.40	15	6.35	15	6.41	15	7.31	15	7.07	15	7.13	15	6.85	15	6.82	
		25	6.18	25	6.24	25	6.27	25	6.25	25	6.35	25	6.36	25	6.43	25	7.96	25	6.98	25	7.15	25	6.81	25	6.83	

续表

点号	年份	日	1月 水位	2月 水位	3月 水位	4月 水位	5月 水位	6月 水位	7月 水位	8月 水位	9月 水位	10月 水位	11月 水位	12月 水位	年平均
740	1995	5	6.82	6.94	7.02	7.01	6.99	7.16	9.30	10.50	9.71	9.96	9.73	9.58	8.48
		15	6.85	7.02	7.03	7.00	7.24	8.05	9.45	10.21	10.14	9.86	9.68	9.55	
		25	6.87	7.02	7.00	6.98	7.07	9.07	9.55	10.05	10.10	9.80	9.62	9.50	
	1996	5	9.57	9.96	10.37	10.29	10.16	10.10	10.40	10.22	10.15	9.95	9.80	9.60	10.02
		15	9.53	10.11	10.40	10.26	10.16	10.11	10.32	10.18	10.08	9.91	9.74	9.42	
		25	9.52	10.43	10.32	10.20	10.16	10.13	10.25	10.20	10.01	9.88	9.59	9.25	
	1997	5	9.20	8.96	8.79	8.67	8.62	8.60	10.15	10.90					9.27
		15	9.08	8.85	8.77	8.67	8.60	8.90	10.20	12.05					
		25	9.01	8.83	8.72	8.65	8.57	10.00	10.40						
742	1990	5	7.00	7.00	7.00	6.80	6.60	7.00	7.00	7.10	6.55	7.20	6.60	6.90	6.86
		15	7.00	7.00	6.80	6.60	7.00	7.20	7.10	6.55	6.60	7.20	6.60	6.90	
		25	6.80	7.00	6.80	6.60	7.00	6.60	6.80	6.55	6.80	6.60	6.60	6.80	
	1991	5	6.60	7.40	8.60	7.00	6.80	6.80	8.60	6.60	6.60	6.20	6.90	6.80	7.06
		15	6.70	8.10	7.80	6.70	6.90	6.76	9.90	6.80	6.20	6.30	6.90	6.90	
		25	7.10	8.60	7.00	6.70	7.00	7.00	8.80	6.60	6.20	6.60	6.80	6.80	
	1992	5	6.80	7.50	8.50	7.00	6.80	8.00	9.10	10.60	9.00	6.90	6.90	6.90	7.62
		15	6.90	7.40	7.00	6.80	6.90	8.00	9.10	10.60	7.80	6.90	6.90	7.50	
		25	6.80	7.40	7.00	6.90	7.00	6.75		9.00	7.80	6.70	6.80	7.50	
	1993	5	6.90	7.80	7.40	6.90	6.80	6.75		9.40	8.35	8.30	8.30	7.60	7.63
		15	7.10	7.40	7.10	7.60	6.75	8.75	7.70	9.50	8.30	8.30	7.60	7.60	
		25	7.50	7.40	6.90	7.20	7.20	7.60	9.20	9.50	7.60	8.10	7.50	7.60	
	1994	5	7.80	7.80	7.60	7.20	7.60	7.70	9.20	9.00	10.40	9.10	8.10	7.50	8.23
		15	7.80	7.90	7.60	7.20	7.60	7.70	9.20	10.40	10.50	8.30	7.60	7.60	
		25	8.00	7.90	7.70	7.20	7.60	7.70		10.40	10.50	8.10	7.60	7.60	

第一章 西安市

续表

点号	年份	1月 日	1月 水位	2月 日	2月 水位	3月 日	3月 水位	4月 日	4月 水位	5月 日	5月 水位	6月 日	6月 水位	7月 日	7月 水位	8月 日	8月 水位	9月 日	9月 水位	10月 日	10月 水位	11月 日	11月 水位	12月 日	12月 水位	年平均
742	1995	5	7.90	5	8.60	5	8.70	5	7.90	5	7.70	5	7.60	5	10.60	5	13.40	5	13.00	5	10.80	5		5	10.10	9.54
		15	7.90	15	8.60	15	8.20	15	7.90	15	7.70	15	8.88	15	10.60	15	13.00	15	12.20	15	10.10	15		15	9.90	
		25	8.10	25	8.70	25	8.00	25	7.80	25	7.60	25	8.88	25	10.60	25	13.00	25	10.80	25	10.10	25		25	9.90	
	1996	5	10.20	5	10.40	5	12.00	5	11.20	5	11.00	5	10.40	5	11.80	5	10.50	5	10.60	5	9.90	5	9.60	5	8.80	10.46
		15	10.20	15	10.20	15	11.20	15	11.00	15	10.80	15	11.00	15	10.90	15	10.60	15	9.80	15	9.90	15	9.60	15	8.80	
		25	10.00	25	12.00	25	11.20	25	11.00	25	10.60	25	11.80	25	10.90	25	10.60	25	9.80	25	9.90	25	9.60	25	8.80	
	1997	5	8.60	5	8.60	5	8.40	5	8.50	5	8.60	5	8.80	5	11.90	5	11.90	5		5		5		5		9.20
		15	8.60	15	8.60	15	8.40	15	8.60	15	8.80	15	8.70	15	11.90	15		15		15		15		15		
		25	8.60	25	8.50	25	8.40	25	8.60	25	8.80	25	8.70	25	11.90	25		25		25		25		25		
744	1990	5	4.82	5	4.90	5	4.92	5	4.50	5	4.49	5	4.52	5	4.40	5	4.38	5	3.97	5	4.70	5	4.88	5	4.95	4.67
		15	4.85	15	4.92	15	4.85	15	4.46	15	4.50	15	⟨7.30⟩	15	4.47	15	4.58	15	4.56	15	4.66	15	4.95	15	5.02	
		25	4.86	25	4.92	25	4.60	25	4.48	25	4.50	25	4.60	25	4.47	25	4.54	25	4.65	25	4.83	25	4.90	25	5.02	
	1991	5	4.95	5	5.09	5	5.38	5	5.15	5	5.19	5	4.91	5	5.05	5	4.87	5	4.83	5	4.75	5	4.82	5	4.85	5.02
		15	4.96	15	5.10	15	5.33	15	5.19	15	5.00	15	4.90	15	5.61	15	4.89	15	4.81	15	4.75	15	4.85	15	4.72	
		25	5.09	25	5.39	25	5.14	25	5.18	25	4.98	25	5.06	25	5.79	25	4.80	25	4.78	25	4.82	25	4.85	25	4.76	
	1992	5	4.85	5	5.20	5	5.33	5	5.34	5	5.18	5		5	5.33	5	6.68	5	4.35	5	4.46	5	4.18	5	4.43	4.95
		15	4.93	15	5.45	15	5.23	15	5.26	15	5.15	15	5.00	15	5.13	15	5.88	15	4.30	15	4.18	15	4.25	15	4.45	
		25	4.99	25	⟨6.85⟩	25	5.24	25	5.20	25	5.35	25	5.12	25	5.91	25	4.90	25	4.21	25	4.22	25	4.37	25	4.50	
	1993	5	4.48	5	4.51	5	4.58	5	4.63	5	4.75	5	5.13	5	5.14	5	4.59	5	4.04	5	4.11	5	4.18	5	4.24	4.51
		15	4.54	15	4.61	15	4.61	15	4.65	15	4.87	15	5.25	15	4.71	15	4.35	15	3.98	15	4.17	15	4.15	15	4.29	
		25	4.55	25	4.58	25	4.65	25	4.76	25	4.91	25	5.25	25	4.55	25	4.07	25	4.02	25	4.21	25	4.09	25	4.41	
	1994	5	4.47	5	4.64	5	4.85	5	5.29	5	5.47	5	4.67	5	4.50	5	3.92	5	4.29	5	4.39	5	4.43	5		4.74
		15	4.56	15	4.71	15	5.04	15	5.28	15	5.29	15	4.57	15	4.47	15	⟨6.00⟩	15	4.31	15	4.78	15	4.94	15		
		25	4.60	25	4.85	25	5.12	25	5.26	25	5.20	25		25	3.95	25	4.26	25	4.39	25	4.80	25	5.04	25		

续表

点号	年份	1月 日	1月 水位	2月 日	2月 水位	3月 日	3月 水位	4月 日	4月 水位	5月 日	5月 水位	6月 日	6月 水位	7月 日	7月 水位	8月 日	8月 水位	9月 日	9月 水位	10月 日	10月 水位	11月 日	11月 水位	12月 日	12月 水位	年平均
744	1995	5	4.85	5	5.03	5	5.41	5	5.56	5	5.98	5		5	8.71	5	8.80	5	8.57	5	8.02	5	8.20	5	8.15	7.05
		15	4.98	15	5.50	15	5.48	15	5.71	15	6.03	15		15	8.34	15	8.90	15	8.29	15	8.14	15	8.18	15	8.16	
		25	5.03	25	5.36	25	5.48	25	5.95	25	6.11	25		25	8.30	25	8.72	25	8.03	25	8.16	25	8.13	25	8.34	
	1996	5	8.46	5	8.66	5	8.66	5	8.37	5	8.63	5	8.55	5	8.79	5	8.78	5	8.49	5	8.41	5	8.41	5	8.20	8.52
		15	8.50	15	8.75	15	8.48	15	8.53	15	8.74	15	8.40	15	8.82	15	8.74	15	8.48	15	8.41	15	8.34	15	7.93	
		25	8.58	25	8.65	25	8.38	25	8.57	25	8.75	25	8.67	25	8.79	25	8.76	25	8.37	25	8.43	25	8.26	25	7.81	
	1997	5	7.83	5	7.90	5	7.54	5	7.60	5	8.03	5	8.24	5	9.32	5	8.52	5	8.45	5	8.33	5	7.78	5	7.57	8.59
		15	7.89	15	7.35	15	7.51	15	7.72	15	8.11	15	9.40	15	14.08	15	8.57	15	8.38	15	8.13	15	7.63	15	7.58	
		25	7.94	25	7.54	25	7.56	25	7.92	25	8.24	25	9.38	25	13.30	25	8.55	25	8.31	25	8.05	25	7.63	25	7.73	
748	1990	5	6.97	5	7.23	5	7.62	5	7.83	5	8.09	5	8.33	5	8.36	5	8.91	5	8.90	5	8.77	5	8.53	5	8.33	7.95
		15	7.05	15	7.34	15	7.71	15	7.96	15	8.18	15	8.48	15	8.36	15	8.91	15	8.78	15	8.65	15	8.46	15	8.29	
		25	7.15	25	7.46	25	7.78	25	8.05	25	8.23	25	8.36	25	8.30	25	8.93	25	8.70	25	8.58	25	8.43	25	8.27	
	1991	5	7.68	5	8.03	5	8.06	5	8.18	5	8.31	5	8.43	5	8.63	5	9.78	5	10.08	5	9.98	5	9.55	5	9.15	8.40
		15	7.73	15	8.05	15	8.08	15	8.20	15	8.42	15	8.47	15	8.73	15	9.88	15	10.08	15	9.74	15	9.45	15	9.00	
		25	7.81	25	8.08	25	8.07	25	8.25	25	9.03	25	8.53	25	8.81	25	10.00	25	10.03	25	9.73	25	9.40	25	9.08	
	1992	5	8.36	5	8.49	5	8.63	5	8.83	5	9.13	5	9.43	5	9.58	5	9.42	5	9.51	5	9.49	5	8.89	5	8.57	9.26
		15	8.34	15	8.51	15	8.83	15	8.89	15	9.20	15	9.48	15	9.58	15	9.46	15	9.54	15	9.43	15	8.84	15	8.60	
		25	8.49	25	8.53	25	8.93	25	8.93	25	9.05	25	9.48	25	9.63	25	9.51	25	9.60	25	9.20	25	8.80	25	8.57	
	1993	5	8.90	5	8.80	5	8.85	5	8.85	5	9.00	5	9.15	5	9.25	5	9.21	5	9.90	5	10.03	5	8.32	5	7.86	9.06
		15	8.90	15	8.80	15	8.81	15	8.88	15	9.00	15	9.20	15	9.23	15	9.10	15	10.00	15	9.86	15	8.05	15	7.78	
		25	8.83	25	8.79	25	8.83	25	8.94	25	8.83	25	9.29	25	9.40	25	9.08	25	10.04	25	9.80	25	8.03	25	7.63	
	1994	5	8.53	5	8.50	5	8.60	5	8.75	5	8.86	5	9.13	5	9.38	5		5		5		5		5		8.91
		15	8.50	15	8.53	15	8.65	15	8.83	15	9.07	15	9.18	15	9.43	15		15		15		15		15		
		25	8.50	25	8.60	25	8.70	25		25		25	9.21	25	9.48	25		25		25		25		25		

续表

点号	年份	1月 日	1月 水位	2月 日	2月 水位	3月 日	3月 水位	4月 日	4月 水位	5月 日	5月 水位	6月 日	6月 水位	7月 日	7月 水位	8月 日	8月 水位	9月 日	9月 水位	10月 日	10月 水位	11月 日	11月 水位	12月 日	12月 水位	年平均
748	1995	5	7.56	5	7.50	5	7.70	5	8.16	5	8.30	5	8.52	5	9.73	5	9.76	5	9.76	5	9.80	5	9.86	5	10.03	8.88
		15	7.49	15	7.55	15	7.75	15	8.21	15	8.38	15	8.59	15	9.77	15	9.73	15	9.78	15	9.81	15	9.90	15	9.84	
		25	7.46	25	7.58	25	7.78	25	8.15	25	8.46	25	8.63	25	9.79	25	9.78	25	9.80	25	8.78	25	9.94	25	9.93	
	1996	5	10.13	5	10.43	5	10.43	5	10.74	5	10.88	5	11.23	5	11.43	5	11.78	5	11.58	5	11.24	5	10.78	5	9.44	10.84
		15	10.15	15	10.41	15	10.60	15	10.78	15	11.05	15	11.23	15	11.48	15	11.83	15	11.57	15	11.24	15	10.09	15	9.41	
		25	10.33	25	10.38	25	10.68	25	10.81	25	11.23	25	11.28	25	11.58	25	11.68	25	11.58	25	11.23	25	10.03	25	9.43	
	1997	5	9.09	5	9.06	5	9.01	5	9.03	5	9.07	5	9.15	5	9.98	5	10.58									9.78
		15	9.11	15	9.05	15	8.99	15	9.05	15	9.03	15	9.58	15	10.07	15	10.73	15	12.13	15	12.18	15	12.09	15		
		25	9.13	25	9.03	25	8.98	25	9.05	25	8.98	25	9.60	25	10.31	25		25		25		25		25	12.03	
749	1990	5	14.20	5	14.22	5	14.32	5	14.29	5	14.41	5	14.70	5	14.37	5	14.45	5	14.58	5	15.53	5	14.70	5	14.75	14.60
		15	14.14	15	14.24	15	14.29	15	14.35	15	14.51	15	14.72	15	14.78	15	14.44	15	14.74	15	15.51	15	14.73	15	14.77	
		25	14.15	25	14.29	25	14.29	25	14.43	25	14.78	25	14.43	25	14.44	25	15.47	25	15.27	25	14.68	25	14.74	25	14.80	
	1991	5	14.94	5	14.81	5	15.83	5	15.01	5	16.10	5	16.04	5	16.07	5	16.11	5	16.12	5	16.03	5	16.36	5	16.25	15.87
		15	14.93	15	14.82	15	15.94	15	15.01	15	16.07	15	16.17	15	16.41	15	16.14	15	16.10	15	16.02	15	16.43	15	16.27	
		25	14.90	25	14.84	25	16.02	25	16.15	25	16.09	25	16.17	25	16.17	25	16.20	25	15.99	25	16.07	25	16.51	25	16.30	
749	1986	5	16.32	5	16.39	5	16.53	5	16.64	5	16.74	5	16.75	5	16.90	5	16.72	5	16.73	5	16.34	5	16.41	5	16.62	16.60
		15	16.35	15	16.45	15	16.59	15	16.68	15	16.69	15	16.79	15	16.77	15	16.71	15	16.65	15	16.31	15	16.49	15	16.68	
		25	16.37	25	16.50	25	16.61	25	16.72	25	16.70	25	16.88	25	16.66	25	16.70	25	16.45	25	16.34	25	16.54	25	16.74	
	1993	5	16.83	5	16.94	5	17.05	5	17.09	5	17.19	5	17.05	5	17.12	5	16.94	5	16.97	5	17.01	5	17.05	5	17.15	17.04
		15	16.84	15	16.96	15	17.11	15	17.11	15	17.21	15	17.04	15	17.10	15	16.97	15	16.97	15	17.01	15	17.08	15	17.18	
		25	16.89	25	17.02	25	17.08	25	17.08	25	17.05	25	17.03	25	17.01	25	16.95	25	16.98	25	17.04	25	17.12	25	17.20	
	1994	5	17.23	5	17.34	5	17.48	5	17.50	5	17.54	5	17.54	5	17.44	5	17.40	5	17.54	5	17.38	5	17.30	5	17.37	17.38
		15	17.30	15	17.41	15	17.51	15	17.51	15	17.56	15	17.66	15	17.38	15	17.45	15	17.38	15	17.41	15	17.35	15	15.50	
		25	17.32	25	17.43	25	17.54	25	17.50	25	17.51	25	17.51	25	17.37	25	17.52	25	17.34	25	17.29	25	17.34	25	17.55	

续表

点号	年份	1月 日	1月 水位	2月 日	2月 水位	3月 日	3月 水位	4月 日	4月 水位	5月 日	5月 水位	6月 日	6月 水位	7月 日	7月 水位	8月 日	8月 水位	9月 日	9月 水位	10月 日	10月 水位	11月 日	11月 水位	12月 日	12月 水位	年平均
	1995	5	17.48	5	17.62	5	17.78	5	17.97	5	17.97	5	18.03	5	18.32	5	18.45	5	19.06	5	18.92	5	18.71	5	18.85	18.30
		15	17.52	15	17.65	15	17.84	15	18.01	15	17.98	15	18.07	15	18.35	15	18.53	15	19.02	15	18.77	15	18.75	15	18.94	
		25	17.54	25	17.72	25	17.94	25	17.97	25	18.01	25	18.12	25	18.43	25	18.91	25	19.02	25	18.71	25	18.72	25	19.07	
749	1996	5	19.24	5	20.50	5	20.90	5	20.54	5	20.95	5	20.85	5	21.52	5	21.36	5	20.07	5	19.49	5	19.11	5	18.67	20.23
		15	19.67	15	20.50	15	21.15	15	20.49	15	21.44	15	21.02	15	20.95	15	20.23	15	19.73	15	19.48	15	18.85	15	18.64	
		25	20.05	25	20.65	25	21.25	25	20.44	25	21.56	25	21.07	25	21.16	25	20.26	25	19.63	25	19.35	25	18.73	25	18.62	
	1997	5	18.63	5	18.66	5	18.96	5	18.88	5	18.48	5	19.74	5	21.33	5	23.76									19.96
		15	18.63	15	19.07	15	18.87	15	18.87	15	18.46	15	20.60	15	21.62	15	23.76									
		25	18.68	25	19.09	25	18.79	25	18.81	25	19.42	25	22.57	25	23.34											
	1990	5	6.56	5	6.56	5		5	6.78	5		5	6.44	5	6.56	5		5	8.22	5	8.20	5	8.30	5	8.27	7.27
		15	6.56	15	6.44	15	7.69	15	6.78	15	8.45	15	6.58	15	6.54	15	8.58	15	8.20	15	8.23	15	8.32	15	8.20	
		25	6.44	25	6.44	25	7.91	25	6.44	25	8.30	25	6.56	25	6.58	25	8.56	25	8.40	25	8.25	25	8.30	25	8.24	
	1991	5	8.32	5	8.27	5	7.95	5	7.96	5	8.32	5	8.06	5	8.34	5	8.54	5	8.14	5	8.38	5	8.35	5	8.35	8.28
		15	8.35	15	7.83	15	8.90	15	7.98	15	8.51	15	8.04	15	8.41	15		15	8.30	15	8.36	15	8.34	15	8.30	
		25	8.32	25	7.64	25	8.90	25	8.31	25	8.55	25	8.14	25	8.40	25		25	8.52	25	8.33	25	8.36	25	8.36	
752	1992	5	8.35	5	8.28	5	8.70	5	8.07	5	8.51	5	8.52	5	8.49	5		5	8.62	5	8.23	5	8.48	5		8.32
		15	8.37	15	8.07	15	9.83	15	8.10	15		15	8.48	15	8.48	15		15	8.34	15	8.31	15	8.46	15		
		25	8.43	25	7.95	25	9.84	25	8.38	25		25	8.34	25	8.47	25		25		25	8.22	25	8.46	25		
	1993	5		5	9.60	5	9.83	5	8.70	5		5	8.00	5	7.64	5		5		5		5		5		8.49
		15		15	9.52	15	9.84	15	9.78	15	9.44	15	8.00	15	7.70	15		15		15		15		15		
		25		25	9.52	25	9.58	25	9.84	25		25		25	7.60	25		25		25		25		25		
	1996	5	9.18	5	9.36	5		5	9.46	5	9.44	5	9.45	5	9.44	5	9.48	5	9.38	5	9.16	5	9.05	5		9.45
		15	9.23	15	10.28	15		15		15	9.45	15	9.43	15	9.58	15	9.98	15	9.28	15	9.13	15	8.98	15		
		25	9.28	25	9.74	25		25		25	9.50	25	9.46	25	9.49	25	9.42	25	9.18	25	9.10	25	8.92	25		

续表

点号: 753

年份	日	1月 水位	2月 水位	3月 水位	4月 水位	5月 水位	6月 水位	7月 水位	8月 水位	9月 水位	10月 水位	11月 水位	12月 水位	年平均
1990	5	6.70	6.56	6.63	6.68	6.74	6.80	6.84		6.82	6.91	7.01	7.03	6.81
	15	6.67	6.65	6.68	6.72	6.76	6.86	6.78		6.87	6.94	7.00	7.04	
	25	6.54	6.74	6.70	6.74	6.78	6.84	6.79		6.88	6.95	7.01	7.06	
1991	5	7.06	7.07	7.16	7.21	7.22	7.23	7.13	7.20	7.28	7.27	7.29	7.34	7.23
	15	7.09	7.15	7.19	7.23	7.23	7.20	7.22	7.28	7.29	7.26	7.31	7.35	
	25	7.13	7.16	7.21	7.22	7.25	7.22	7.26	7.29	7.26	7.30	7.32	7.34	
1992	5	7.38	7.53	7.50	7.52	7.53	7.58	7.54	7.68	7.72	7.54	7.56	7.56	7.56
	15	7.42	7.51	7.51	7.53	7.54	7.56	7.61	7.69	7.73	7.43	7.49	7.47	
	25	7.41	7.48		7.52	7.65	7.59	7.75	7.72	7.74	7.59	7.47	7.49	
1993	5	7.52	7.49	7.58	7.60	7.60	7.55	7.58	7.14	7.70	7.71	7.75	7.79	7.62
	15	7.54	7.54	7.59	7.61	7.58	7.56	7.59	7.65	7.69	7.72	7.76	7.80	
	25	7.53	7.58	7.57	7.60	7.59	7.57	7.63	7.66	7.70	7.75	7.77	7.81	
1994	5	7.82	7.85	7.88	7.76	7.76	7.91	7.95	7.98	8.02	8.04	8.08	8.11	7.96
	15	7.83	7.87	7.90	7.92	7.92	7.93	7.98	7.99	8.03	8.05	8.03	8.12	
	25	7.84	7.86	7.91	7.91	7.91	7.94	7.97	8.01	8.05	8.07	8.06	8.13	
1995	5	8.13	8.12	8.14	8.18		8.24	8.41	8.79	9.30	9.80	8.82	8.86	8.60
	15	8.14	8.16	8.17	8.19		8.28	8.67	8.87	9.82	8.80	8.84	8.87	
	25	8.15	8.15	8.16	8.18		8.29	8.84	9.21	8.83	8.78	8.86	8.88	
1996	5	9.18	9.36	9.83	9.78	9.44	9.45	9.44	9.48	9.38	9.16	9.05		9.45
	15	9.23	10.28	9.84	9.84	9.45	9.43	9.58	9.98	9.28	9.13	8.98		
	25	9.28	9.74	9.58	9.46	9.50	9.46	9.49	9.42	9.18	9.10	8.92		
1997	5	8.42	8.30	8.27	8.29	8.25	8.44	9.18	10.10					8.65
	15	8.38	8.28	8.26	8.25	8.28	8.55	9.02	10.13					
	25	8.33	8.29	8.28	8.24	8.33	8.64	10.44						

续表

点号	年份	1月 日	1月 水位	2月 日	2月 水位	3月 日	3月 水位	4月 日	4月 水位	5月 日	5月 水位	6月 日	6月 水位	7月 日	7月 水位	8月 日	8月 水位	9月 日	9月 水位	10月 日	10月 水位	11月 日	11月 水位	12月 日	12月 水位	年平均
755	1990	5	14.80	5	14.80	5	14.80	5	15.00	5	15.00	5	15.10	5	15.20	5	15.30	5	15.50	5	15.50	5	15.58	5	15.60	15.22
		15	14.80	15	14.85	15	14.80	15	15.00	15	15.00	15	15.30	15	15.20	15	15.80	15	15.40	15	15.48	15	15.58	15	15.60	
		25	14.80	25	14.90	25	14.90	25	15.00	25	15.00	25	15.20	25	15.30	25	15.50	25	15.53	25	15.52	25	15.60	25	15.64	
	1991	5	15.66	5	15.70	5	15.95	5	15.90	5	16.00	5	16.00	5	16.08	5	16.35	5	16.37	5	16.30	5	16.42	5	16.50	16.14
		15	15.66	15	15.78	15	15.92	15	15.95	15	16.05	15	15.95	15	16.90	15	16.33	15	16.37	15	16.30	15	16.47	15	16.54	
		25	15.70	25	15.42	25	15.90	25	16.00	25	16.10	25	15.95	25	16.50	25	16.33	25	16.30	25	16.36	25	16.47	25	16.54	
	1992	5	16.54	5	16.55	5	16.72	5	16.76	5	16.81	5	17.03	5	16.98	5	17.25	5	17.94	5	17.43	5	17.43	5	17.53	17.07
		15	16.53	15	16.58	15	16.68	15	16.81	15	16.82	15	17.04	15	17.00	15	17.25	15	17.50	15	17.40	15	17.49	15	17.50	
		25	16.53	25	16.68	25	16.74	25	16.81	25	16.88	25	16.92	25	17.07	25	17.60	25	17.40	25	17.40	25	17.52	25	17.50	
	1993	5	17.57	5	17.52	5	17.56	5	17.68	5	17.66	5	17.82	5	17.69	5	17.86	5	17.99	5	18.03	5	18.03	5	18.06	17.77
		15	17.55	15	17.43	15	17.56	15	17.66	15	17.68	15	17.80	15	17.76	15	17.91	15	18.03	15	18.04	15	18.03	15	18.08	
		25	17.48	25	17.56	25	17.59	25	17.66	25	17.79	25	17.79	25	17.79	25	17.94	25	17.00	25	18.07	25	18.08	25	18.10	
	1994	5	18.06	5	18.14	5	18.10	5	18.22	5	18.35	5	18.55	5	18.60	5	18.80	5	20.02	5	19.72	5	19.97	5	19.94	18.90
		15	18.04	15	18.08	15	18.20	15	18.20	15	18.50	15	18.59	15	18.58	15	19.44	15	19.88	15	19.74	15	19.72	15	19.86	
		25	18.08	25	18.06	25	18.22	25	18.22	25	18.52	25	18.45	25	18.52	25	19.92	25	19.80	25	19.88	25	19.92	25	19.68	
	1995	5	19.68	5	19.60	5	19.80	5	19.92	5	19.88	5	20.00	5	21.42	5	25.29	5	25.50	5	23.76	5	23.28	5	23.28	21.93
		15	19.64	15	19.58	15	19.80	15	19.92	15	20.32	15	20.28	15	23.36	15	26.54	15	24.56	15	23.82	15	23.53	15	23.30	
		25	19.64	25	19.63	25	20.17	25	19.88	25	19.98	25	21.04	25	23.10	25	25.54	25	24.02	25	23.84	25	23.24	25	23.40	
	1996	5	24.14	5	24.79	5	24.94	5	24.56	5	24.34	5	24.34	5	24.54	5	24.32	5	24.14	5	24.14	5	24.26	5	23.61	24.28
		15	23.92	15	25.36	15	24.96	15	24.31	15	24.34	15	24.32	15	24.30	15	24.12	15	23.94	15	23.90	15	23.72	15	23.62	
		25	23.99	25	24.90	25	24.89	25	24.28	25	24.76	25	24.50	25	24.68	25	24.21	25	23.96	25	23.92	25	23.56	25	23.60	
759	1990	5	21.79	5	21.80	5	21.77	5	21.88	5	21.91	5	21.92	5	21.92	5	22.01	5	22.00	5	22.10	5	22.14	5	22.23	21.97
		15	21.68	15	21.82	15	21.80	15	21.89	15	21.95	15	21.94	15	21.94	15	22.00	15	22.02	15	22.12	15	22.18	15	22.24	
		25	21.79	25	21.75	25	21.83	25	21.89	25	21.92	25	21.95	25	22.00	25	21.94	25	22.08	25	22.11	25	22.21	25	22.26	

续表

点号	年份	日	1月水位	2月水位	3月水位	4月水位	5月水位	6月水位	7月水位	8月水位	9月水位	10月水位	11月水位	12月水位	年平均
759	1991	5	22.29	22.46	22.47	22.59	22.65	22.55			22.66	22.41	22.67	22.81	22.57
		15	22.34	22.45	22.57	22.64	22.63	22.45		15	22.70	22.51	22.69	22.82	
		25	22.42	22.46	22.60	22.68	22.68	22.40		22.50	22.30	22.58	22.75	22.90	
	1992	5	22.91	23.00	23.02	23.07	23.16	23.25	23.34	23.50	23.52	23.20	23.30	23.49	23.25
		15	22.94	23.02	23.06	23.10	23.20	23.29	23.39	23.49	23.51	23.18	23.34	23.50	
		25	22.99	23.05	23.12	23.13	23.24	23.36	23.49	23.49	23.21	23.18	23.47	23.64	
	1993	5	23.66	23.75	23.76	23.82	23.85	24.00	24.14	24.54	25.79	25.00	24.62	24.63	24.32
		15	23.69	23.76	23.79	23.85	23.81	24.05	24.25	24.96	25.33	24.83	24.78	24.62	
		25	23.75	23.74	23.78	23.90	23.86	24.10	24.29	25.12	25.10	25.01	24.89	24.78	
	1994	5	24.61	24.51	24.75	24.68	24.79	25.21	25.12	25.37	25.47	25.06	24.88	24.49	24.89
		15	24.31	24.56	24.73	24.77	24.94	25.18	25.16	25.28	25.18	25.09	24.81	24.42	
		25	24.43	24.81	24.66	24.80	24.08	25.22	25.13	25.46	25.08	25.93	24.72	24.31	
	1995	5	24.58	25.01	24.93	25.02	25.33	25.26	25.55	25.47	25.50	25.42	25.26	25.56	25.28
		15	24.49	25.04	24.86	25.09	25.35	25.57	25.64	25.72	25.38	25.49	25.44	25.58	
		25	24.66	25.13	24.93	25.16	25.30	25.54	25.48	25.47	25.41	25.49	25.46	25.54	
	1996	5	25.40	25.62	25.71	25.82	25.85	25.89	25.80	25.56	25.78	25.81	25.43	25.34	25.66
		15	25.37	25.95	25.76	25.83	25.86	25.85	25.67	25.71	25.60	25.72	25.93	25.33	
		25	25.41	25.65	25.80	25.85	25.88	25.82	25.32	25.65	25.71	25.59	25.13	25.27	
	1997	5	25.41	25.63	25.64	25.58	25.55	25.63	25.73	25.89					25.67
		15	25.43	25.64	25.50	25.55	25.63	25.70	25.88	25.91					
		25	25.42	25.63	25.67	25.49	25.70	25.85	25.85	26.21					
774	1990	5	1.67	1.67	1.82	1.87	1.67	1.50	1.22	1.12	0.57	1.21	1.67	1.71	1.47
		15	1.62	1.82	1.92	1.77	1.62	1.52	1.12	0.37	0.68	1.57	1.68	1.72	
		25	1.67	1.82	1.92	1.72	1.50	1.27	1.02	0.52	1.15	1.62	1.71	1.77	

续表

点号	年份	1月 日	1月 水位	2月 日	2月 水位	3月 日	3月 水位	4月 日	4月 水位	5月 日	5月 水位	6月 日	6月 水位	7月 日	7月 水位	8月 日	8月 水位	9月 日	9月 水位	10月 日	10月 水位	11月 日	11月 水位	12月 日	12月 水位	年平均
774	1991	5	1.82	5	1.88	5	1.87	5	1.87	5	1.77	5	1.37	5	1.32	5	0.90	5	0.87	5	1.38	5	1.61	5	1.72	1.56
		15	1.86	15	1.90	15	1.86	15	1.87	15	1.80	15	1.08	15	1.12	15	1.07	15	0.96	15	1.52	15	1.62	15	1.77	
		25	1.84	25	1.92	25	1.86	25	1.89	25	1.82	25	1.12	25	1.22	25	1.12	25	1.22	25	1.61	25	1.77	25	1.84	
	1992	5	1.82	5	1.82	5	1.82	5	1.92	5	2.30	5	1.70	5	1.12	5	0.93	5	0.53	5	0.50	5	1.22	5	1.52	1.41
		15	1.82	15	1.85	15	1.82	15	1.87	15	2.32	15	1.68	15	0.87	15	0.63	15	0.47	15	0.52	15	1.37	15	1.57	
		25	1.83	25	1.80	25	1.87	25	1.82	25	2.62	25	1.37	25	0.92	25	0.32	25	0.27	25	0.92	25	1.47	25	1.62	
	1993	5	1.70	5	1.77	5	1.77	5	1.76	5	2.10	5		5		5		5		5		5		5		1.78
		15	1.71	15	1.75	15	1.78	15	1.80	15		15		15		15		15		15		15		15		
		25	1.72	25	1.73	25	1.72	25	1.87	25		25		25		25		25		25		25		25		
780	1990	5	19.82	5	20.34	5	20.80	5	21.41	5	21.68	5	21.88	5	21.05	5	20.84	5	20.07	5	19.58	5	19.49	5	19.77	20.58
		15	19.91	15	20.43	15	20.97	15	21.49	15	21.80	15	21.92	15	20.77	15	20.66	15	19.91	15	19.54	15	19.56	15	19.89	
		25	20.09	25	20.65	25	21.19	25	21.73	25	21.78	25	21.66	25	20.89	25	20.26	25	19.69	25	19.54	25	19.68	25	20.05	
	1991	5	20.16	5	20.49	5	20.94	5	21.47	5	21.86	5	21.55	5	21.20	5	20.69	5	20.23	5	20.11	5	20.52	5	20.82	20.87
		15	20.28	15	20.63	15	21.13	15	21.60	15	21.94	15	21.25	15	21.18	15	20.49	15	20.09	15	20.23	15	20.59	15	20.94	
		25	20.40	25	20.78	25	21.27	25	21.68	25	21.96	25	21.17	25	21.04	25	20.39	25	19.99	25	20.37	25	20.68	25	21.12	
	1992	5	21.26	5	21.79	5	22.17	5	22.52	5	22.98	5	干	5	干	5	干	5	23.61	5	22.89	5	22.89	5	22.01	22.48
		15	21.42	15	21.94	15	22.32	15	22.69	15	22.99	15	干	15	干	15	干	15	23.43	15	22.72	15	22.79	15	21.60	
		25	21.58	25	22.07	25	22.39	25	22.81	25	23.12	25	干	25	21.39	25	23.85	25	23.00	25	22.89	25	22.45	25	21.32	
	1993	5	21.13	5	20.69	5	20.79	5	21.32	5	21.78	5	21.58	5	21.29	5	21.15	5		5		5		5		21.21
		15	20.97	15	20.59	15	20.95	15	21.45	15	21.67	15	21.57	15	21.18	15	21.15	15		15		15		15		
		25	20.79	25	20.73	25	21.10	25	21.72	25	21.58	25	21.49	25		25	21.09	25		25		25		25		
781	1990	5	5.91	5	6.04	5	6.20	5	6.36	5	6.07	5	6.04	5	6.11	5	6.18	5	6.16	5	6.31	5	6.40	5	6.34	6.22
		15	5.95	15	6.10	15	6.26	15	6.40	15	6.08	15	6.06	15	6.16	15	6.33	15	6.30	15	6.34	15	6.42	15	6.38	
		25	5.99	25	6.15	25	6.30	25	6.41	25	6.09	25	6.08	25	6.12	25	6.33	25	6.28	25	6.34	25	6.42	25	6.41	

续表

点号	年份	1月 日	1月 水位	2月 日	2月 水位	3月 日	3月 水位	4月 日	4月 水位	5月 日	5月 水位	6月 日	6月 水位	7月 日	7月 水位	8月 日	8月 水位	9月 日	9月 水位	10月 日	10月 水位	11月 日	11月 水位	12月 日	12月 水位	年平均
781	1991	5	6.58	5	6.53	5	6.83	5	7.02	5	7.21	5	7.20	5	7.26	5	7.35	5	7.43	5	7.42	5	7.55	5	7.66	7.21
		15	6.61	15	6.77	15	6.91	15	7.04	15	7.21	15	7.15	15	7.30	15	7.49	15	7.34	15	7.51	15	7.56	15	7.65	
		25	6.62	25	6.81	25	6.96	25	7.13	25	7.25	25	7.23	25	7.35	25	7.42	25	7.35	25	7.56	25	7.58	25	7.62	
	1992	5	7.59	5	7.55	5	7.85	5	7.95	5	8.05	5	8.18	5	8.34	5	8.46	5	8.46	5	8.18	5	7.72	5	7.32	7.98
		15	7.62	15	7.84	15	7.81	15	8.01	15	8.09	15	8.19	15	8.27	15	8.50	15	8.37	15	8.11	15	7.55	15	7.24	
		25	7.71	25	7.82	25	7.91	25	8.03	25	8.12	25	8.24	25	8.41	25	8.50	25	8.58	25	7.92	25	7.41	25	7.22	
	1993	5	7.20	5	7.30	5	7.31	5	7.41	5	7.41	5	7.27	5	7.21	5	7.27	5		5		5		5		7.29
		15	7.19	15	7.26	15	7.36	15	7.40	15	7.41	15	7.23	15	7.21	15	7.29	15		15		15		15		
		25	7.17	25	7.28	25	7.39	25	7.41	25	7.33	25	7.20	25	7.21	25	7.26	25		25		25		25		
788	1990	5	5.37	5	5.56	5	5.76	5	5.87	5		5	5.71	5	4.67	5	5.06	5	4.35	5	4.41	5	4.70	5	4.74	5.16
		15	5.43	15	5.61	15	5.81	15	5.91	15	5.19	15	5.90	15	5.02	15	4.98	15	4.45	15	4.54	15	4.69	15	4.79	
		25	5.51	25	5.68	25	5.85	25	5.91	25	5.26	25	5.44	25	5.02	25	4.99	25	4.35	25	4.55	25	4.71	25	4.85	
	1991	5	5.01	5	5.13	5	5.16	5	5.47	5	5.07	5	4.66	5	4.71	5	4.89	5	4.71	5	4.87	5	4.43	5	4.97	4.96
		15	5.04	15	5.19	15	5.36	15	5.33	15	5.55	15	4.34	15	4.75	15	4.92	15	4.46	15	4.85	15	4.90	15	4.98	
		25	5.14	25	5.30	25	5.35	25	5.11	25	5.49	25	4.62	25	4.86	25	4.81	25	4.85	25	4.83	25	4.91	25	5.02	
	1992	5	5.00	5	5.19	5	5.37	5	5.46	5	5.55	5	5.50	5	5.72	5	5.87	5	5.52	5	4.23	5	4.31	5	4.23	5.16
		15	5.06	15	5.26	15	5.16	15	5.55	15	5.41	15	5.61	15	5.69	15	5.77	15	5.08	15	4.23	15	4.23	15	4.24	
		25	5.11	25	5.37	25	5.44	25	5.59	25		25	5.66	25	5.71	25	5.79	25	5.56	25	4.28	25	4.19	25	4.28	
	1993	5	4.37	5	4.19	5	4.63	5	4.58	5	4.48	5	4.13	5	4.03	5	4.18	5	4.31	5	4.38	5	4.41	5	4.43	4.35
		15	4.41	15	4.53	15	4.63	15	4.48	15	4.15	15	4.03	15	4.03	15	4.22	15	4.37	15	4.18	15	4.47	15	4.51	
		25	4.45	25	4.58	25	4.63	25	4.55	25	4.20	25	4.03	25	4.13	25	4.28	25	4.38	25	4.38	25	4.40	25	4.57	
	1994	5	4.56	5		5	4.96	5		5	4.46	5	4.53	5	4.60	5	4.94	5	5.04	5	5.05	5	4.82	5	4.92	4.75
		15	4.61	15		15	5.05	15		15	4.70	15	4.49	15	4.47	15	4.82	15	5.01	15	4.42	15	4.57	15	4.90	
		25	4.66	25		25	5.09	25		25	4.66	25	4.12	25	4.76	25	4.89	25	5.03	25	4.66	25	4.91	25	4.83	

第一章 西安市

续表

点号	年份	日	1月 水位	日	2月 水位	日	3月 水位	日	4月 水位	日	5月 水位	日	6月 水位	日	7月 水位	日	8月 水位	日	9月 水位	日	10月 水位	日	11月 水位	日	12月 水位	年平均
788	1995	5	4.87	5	5.00	5	5.11	5	4.96	5	4.69	5	干	5	干	5	干	5	干	5	7.57	5	7.57	5	6.68	5.73
		15	4.94	15	5.05	15	5.07	15	4.67	15	4.69	15	干	15	干	15	干	15	干	15	7.57	15	7.57	15	6.65	
		25	4.96	25	5.09	25	5.02	25	4.36	25	4.67	25	干	25	干	25	干	25	干	25	7.57	25	6.81	25	6.38	
	1996	5	6.74	5	7.04	5	7.30	5	7.33	5	7.35	5	7.04	5	7.05	5	6.26	5	5.37	5	5.33	5	5.06	5	5.37	6.40
		15	7.08	15	7.11	15	7.35	15	7.35	15	7.37	15	7.01	15	6.43	15	6.88	15	5.39	15	5.22	15	4.32	15	5.39	
		25	7.04	25	7.18	25	7.22	25	7.35	25	7.31	25	7.03	25	6.39	25	6.92	25	5.39	25	5.07	25	4.14	25	5.39	
789	1990	5	1.18	5	1.25	5	1.18	5	1.26	5	1.18	5	1.22	5	1.28	5		5	1.27	5		5		5	1.28	1.26
		15	1.26	15	1.14	15	1.24	15	1.38	15	1.26	15	1.23	15	1.34	15	1.32	15	1.30	15		15	1.28	15	1.23	
		25	1.16	25	1.19	25	1.28	25	1.34	25	1.28	25	1.05	25	1.40	25	1.22	25	1.25	25		25	1.33	25	1.50	
	1991	5	1.49	5	1.47	5		5	1.36	5	1.43	5	1.40	5	1.48	5	1.19	5	1.26	5	1.02	5	1.30	5	1.33	1.36
		15	1.49	15	1.49	15	1.49	15		15	1.40	15	1.48	15	1.44	15	1.53	15	1.24	15	1.08	15	1.22	15	1.28	
		25	1.47	25	1.35	25	1.37	25		25	0.96	25	1.60	25	1.34	25	1.48	25	1.30	25	1.14	25	1.25	25	1.30	
	1992	5	1.34	5	1.45	5	1.22	5	1.47	5	1.47	5	1.47	5	1.53	5	1.54	5	1.08	5	1.28	5	1.27	5	1.22	1.37
		15	1.43	15	1.48	15	1.08	15	1.48	15	1.45	15	1.54	15	1.58	15	1.28	15	1.03	15	1.19	15		15	1.28	
		25	1.48	25	1.50	25	1.05	25	1.49	25	1.54	25	1.61	25	1.60	25	1.19	25	0.81	25	1.23	25		25	1.24	
	1993	5	1.33	5	1.22	5	1.04	5	1.23	5	1.42	5	1.18	5	1.22	5	1.08	5	1.18	5	1.08	5	1.38	5	1.16	1.22
		15	1.32	15	1.28	15	1.16	15	1.28	15	1.44	15	1.25	15	1.28	15	1.43	15	1.10	15	1.14	15	1.38	15	1.10	
		25	1.38	25	1.25	25	1.14	25	1.30	25	1.38	25	1.08	25	1.20	25	1.69	25	1.08	25	1.23	25	1.36	25	1.08	
	1994	5	1.28	5	1.18	5	1.18	5	1.15	5	1.39	5	1.94	5	1.41	5	1.41	5	1.48	5		5	1.48	5	1.42	1.37
		15	1.14	15	1.14	15	1.14	15	1.14	15	1.54	15	1.95	15	1.70	15	2.02	15	1.47	15		15	1.52	15	1.41	
		25	1.10	25	1.20	25	1.18	25	1.13	25	1.94	25	1.41	25	1.46	25	2.14	25	1.42	25		25	1.65	25	1.66	
	1995	5		5	1.62	5	1.61	5		5		5	1.81	5		5	2.02	5	2.04	5		5	1.48	5	1.66	1.74
		15		15	1.61	15	1.54	15		15	1.94	15	1.84	15		15	2.14	15	1.91	15		15	1.52	15	1.62	
		25		25	1.61	25	1.56	25		25		25	1.86	25		25	2.08	25		25		25	1.65	25	1.69	

续表

点号	年份	1月 日	1月 水位	2月 日	2月 水位	3月 日	3月 水位	4月 日	4月 水位	5月 日	5月 水位	6月 日	6月 水位	7月 日	7月 水位	8月 日	8月 水位	9月 日	9月 水位	10月 日	10月 水位	11月 日	11月 水位	12月 日	12月 水位	年平均
789	1996	5	1.66	5	1.86	5	1.71	5	1.61	5	1.71	5	1.91	5	1.51	5	1.91	5	1.91	5		5	1.91	5	1.10	1.82
		15	1.72	15	1.81	15	1.91	15	1.71	15	1.91	15	1.96	15	1.41	15	1.96	15	2.01	15	2.02	15	2.01	15	2.01	
		25	1.87	25	1.88	25	2.04	25	1.66	25	1.91	25	1.11	25	1.61	25	2.11	25	2.02	25	2.11	25	2.01	25	2.01	
	1997	5	1.91	5	1.81	5	1.91	5	1.71	5	1.71	5	1.71	5	干	5		5		5		5		5		1.86
		15	2.01	15	1.86	15	1.95	15	2.04	15	1.70	15	1.61	15	干	15		15		15		15		15		
		25	2.03	25	1.91	25	2.11	25	2.11	25	1.61	25	1.71	25	干	25		25		25		25		25		
792	1991	5	3.61	5	3.79	5	3.83	5	3.57	5	3.57	5	2.97	5	3.69	5	3.49	5	3.12	5	2.94	5	3.42	5	3.10	3.48
		15	3.63	15	3.84	15	3.63	15	3.63	15	3.59	15	2.69	15	3.82	15	3.38	15	2.93	15	3.02	15	3.53	15	3.76	
		25	3.69	25	3.84	25	3.71	25	3.33	25	3.77	25	3.31	25	4.02	25	3.49	25	2.84	25	3.16	25	3.68	25	3.82	
	1992	5	3.93	5	4.00	5	4.05	5	3.70	5	3.75	5	3.90	5	4.20	5	4.19	5	3.61	5	2.32	5	2.67	5	3.14	3.55
		15	3.92	15	4.05	15	3.82	15	3.64	15	3.46	15	3.87	15	3.97	15	4.15	15	3.13	15	2.43	15	2.80	15	3.15	
		25	3.95	25	4.09	25	3.55	25	3.63	25	3.71	25	3.87	25	3.87	25	4.02	25	2.52	25	2.55	25	2.98	25	3.31	
	1993	5	3.41	5	3.46	5	3.71	5	3.20	5	3.43	5	3.47	5	3.67	5	3.99	5		5		5		5		3.62
		15	3.40	15	3.64	15	3.85	15	3.27	15	3.45	15	3.68	15	3.85	15	4.07	15		15		15		15		
		25	3.52	25	3.69	25	3.56	25	3.50	25	3.25	25	3.83	25	3.85	25	4.09	25		25		25		25		
793	1990	5	3.10	5	3.05	5	3.18	5	2.78	5	2.50	5	2.66	5	2.15	5	2.40	5	2.68	5	2.76	5	2.61	5	2.85	2.74
		15	3.15	15	3.11	15	3.21	15	2.81	15	2.52	15	2.60	15	2.23	15	2.62	15	2.74	15	2.65	15	2.65	15	2.87	
		25	3.16	25	3.07	25	2.90	25	2.70	25	2.60	25	2.54	25	2.35	25	2.60	25	2.64	25	2.60	25	2.75	25	2.80	
	1991	5	2.76	5	2.75	5	2.86	5	2.78	5	2.65	5	2.35	5	2.53	5	2.82	5	2.75	5	2.68	5	2.78	5	2.78	2.72
		15	2.73	15	2.78	15	2.80	15	2.66	15	2.71	15	2.30	15	2.64	15	2.78	15	2.62	15	2.65	15	2.80	15	2.80	
		25	2.71	25	2.81	25	2.78	25	2.55	25	2.80	25	2.28	25	3.15	25	2.90	25	2.60	25	2.74	25	2.82	25	2.85	
	1992	5	2.87	5	2.92	5	3.04	5	2.70	5	2.74	5	3.19	5	3.04	5	3.24	5	2.75	5	1.56	5	2.35	5	2.55	2.73
		15	2.90	15	2.95	15	2.86	15	2.67	15	2.80	15	3.12	15	3.11	15	3.28	15	2.20	15	1.90	15	2.38	15	2.58	
		25	2.91	25	3.00	25	2.75	25	2.73	25	3.02	25	3.00	25	3.21	25	3.22	25	1.67	25	2.10	25	2.45	25	2.60	

续表

点号	年份	1月 日	1月 水位	2月 日	2月 水位	3月 日	3月 水位	4月 日	4月 水位	5月 日	5月 水位	6月 日	6月 水位	7月 日	7月 水位	8月 日	8月 水位	9月 日	9月 水位	10月 日	10月 水位	11月 日	11月 水位	12月 日	12月 水位	年平均
793	1993	5	2.70	5	2.64	5	2.80	5	2.70	5	2.61	5	2.65	5	2.89	5	2.84	5	2.94	5	2.93	5	2.92	5	3.03	2.81
		15	2.80	15	2.70	15	2.78	15	2.50	15	2.58	15	2.72	15	2.87	15	2.83	15	2.90	15	2.85	15	2.90	15	3.07	
		25	2.81	25	2.78	25	2.67	25	2.60	25	2.69	25	2.83	25	2.74	25	2.80	25	2.97	25	2.93	25	2.94	25	3.10	
	1994	5	3.10	5	3.08	5	2.95	5	3.02	5	2.70	5	2.98	5		5	3.15	5	3.22	5	3.24	5		5	2.67	3.01
		15	3.12	15	3.00	15	3.00	15	2.90	15	2.85	15	3.05	15		15	3.18	15	3.20	15	3.19	15		15	2.75	
		25	3.14	25	3.04	25	2.98	25	2.57	25	3.05	25	2.96	25		25	3.10	25	3.23	25	2.95	25		25	2.81	
	1995	5	2.84	5	2.96	5	3.08	5		5	3.02	5	3.18	5	⟨9.00⟩	5	4.12	5	4.15	5	3.70	5	3.55	5	3.55	3.43
		15	2.80	15	3.00	15	3.05	15	3.68	15	3.08	15	3.35	15	3.86	15	4.30	15	3.85	15	3.60	15	3.50	15	3.52	
		25	2.87	25	3.03	25	2.98	25	3.55	25	3.12	25	3.72	25	3.74	25	3.90	25	3.80	25	3.58	25	3.50	25	3.54	
	1996	5	3.70	5	3.70	5	3.85	5	3.58	5	3.55	5	3.28	5	3.50	5	3.20	5	2.85	5	2.95	5	3.45	5	2.55	3.27
		15	3.76	15	3.68	15	3.85	15	2.85	15	3.50	15	3.40	15	2.85	15	3.20	15	2.80	15	3.00	15	2.25	15	2.65	
		25	3.70	25	3.67	25	3.82	25	2.75	25	3.55	25	3.55	25	3.15	25	3.25	25	2.85	25	2.95	25	2.30	25	2.70	
	1997	5	2.75	5	2.90	5	2.90	5		5	2.80	5	3.15	5	3.75	5		5		5		5		5		3.10
		15	2.85	15	2.90	15	2.88	15		15	2.95	15	3.30	15	3.80	15		15		15		15		15		
		25	2.85	25	2.90	25	2.85	25		25	3.15	25	3.95	25	4.20	25		25		25		25		25		
796	1990	5	5.57	5	6.37	5		5		5		5		5		5		5		5		5		5		6.02
		15	5.63	15	6.36	15		15		15		15	6.17	15	5.96	15	6.07	15	6.10	15	6.50	15	6.40	15	6.13	
		25	5.83	25	6.38	25	5.90	25	6.30	25	6.27	25	5.95	25	6.08	25	6.16	25	5.63	25	6.00	25	6.80	25	6.17	
	1991	5	5.90	5	5.96	5	6.50	5	6.25	5	6.27	5	5.90	5	6.12	5	5.91	5	6.50	5	6.00	5	6.11	5	6.18	6.13
		15	5.95	15	5.90	15	6.20	15	6.24	15	6.32	15	6.10	15	6.70	15	6.15	15	6.17	15	5.78	15	5.68	15	5.74	
		25		25	5.85	25	6.60	25	6.30	25	5.80	25	6.10	25	5.71	25	6.20	25	6.50	25	5.72	25	5.67	25	5.78	
	1992	5	6.13	5	6.10	5	6.00	5	6.10	5	5.60	5	6.10	5		5		5		5		5		5		6.08
		15	6.10	15	6.90	15	6.60	15	6.10	15	5.60	15	6.10	15		15		15		15		15		15		
		25	6.70	25	6.80	25	6.30	25	5.90	25	5.97	25	6.30	25	6.10	25	6.22	25	5.91	25	5.67	25	5.70	25	5.81	

续表

点号	年份	日	1月水位	日	2月水位	日	3月水位	日	4月水位	日	5月水位	日	6月水位	日	7月水位	日	8月水位	日	9月水位	日	10月水位	日	11月水位	日	12月水位	年平均
796	1993	5	5.86	5	5.89	5	5.89	5	5.81	5	5.78	5	5.74	5	5.71	5	5.76	5		5		5		5		5.79
		15	5.87	15	5.89	15	5.90	15	5.80	15	5.73	15	5.77	15	5.67	15	5.80	15		15		15		15		
		25	5.87	25	5.91	25	5.73	25	5.80	25	5.72	25	5.71	25	5.73	25	5.73	25		25		25		25		
797	1990	5	2.10	5	2.36	5	2.17	5	2.07	5	1.95	5	2.33	5	1.64	5	2.14	5	2.21	5	1.80	5	2.14	5	2.12	2.12
		15	2.12	15	2.34	15	2.17	15	2.17	15	2.19	15	2.41	15	1.71	15	2.25	15	2.30	15	1.90	15	2.10	15	2.18	
		25	2.17	25	2.45	25	2.16	25	2.12	25	2.03	25	2.08	25	1.94	25	2.08	25	2.24	25	1.97	25	2.13	25	2.17	
	1991	5	2.26	5	2.25	5	2.43	5	2.23	5	2.23	5	1.76	5	2.34	5	2.23	5	2.05	5	1.10	5	2.08	5	1.75	2.17
		15	2.30	15	2.27	15	2.34	15	2.34	15	2.25	15	1.65	15	2.48	15	2.23	15	1.65	15	1.35	15	2.07	15	1.80	
		25	2.30	25	2.34	25	2.33	25	2.11	25	2.39	25	2.05	25	2.64	25	2.45	25	1.69	25	1.43	25	2.11	25	1.88	
	1992	5	2.24	5	2.09	5	2.38	5	2.11	5	2.29	5	2.48	5	2.72	5	2.75	5	2.12	5	1.35	5	1.57	5		2.11
		15	2.25	15	2.05	15	2.10	15	2.08	15	2.05	15	2.45	15	2.58	15	2.95	15	1.38	15		15	1.67	15		
		25	2.25	25	2.09	25	2.05	25	2.23	25	2.28	25	2.48	25	2.49	25	2.78	25	1.17	25		25	1.80	25		
	1993	5	2.03	5		5	2.13	5	1.85	5	2.00	5	2.02	5	1.97	5	2.05	5		5		5		5		2.02
		15	2.07	15		15	2.14	15	1.88	15	1.82	15	2.12	15	2.01	15	2.05	15		15		15		15		
		25	2.07	25		25	2.07	25	2.05	25	1.97	25	2.03	25	1.95	25	2.04	25		25		25		25		
812	1990	5	2.18	5	2.27	5	2.28	5	2.33	5	2.41	5	2.61	5		5		5	2.20	5	2.43	5	2.54	5	2.57	2.41
		15	2.22	15	2.27	15	2.33	15	2.36	15	2.42	15	2.66	15		15		15	2.36	15	2.51	15	2.54	15	2.59	
		25	2.24	25	2.28	25	2.31	25	2.41	25	2.40	25	2.47	25		25		25	2.34	25	2.49	25	2.56	25	2.59	
	1991	5	2.62	5	2.66	5	2.71	5	2.71	5	2.84	5	2.70	5	2.68	5	2.57	5	2.74	5	2.46	5	2.56	5	2.66	2.68
		15	2.62	15	2.69	15	2.71	15	2.72	15	2.87	15	2.64	15	2.77	15	2.80	15	2.54	15	2.48	15	2.60	15	2.68	
		25	2.64	25	2.71	25	2.73	25	2.70	25	2.90	25	2.61	25	2.84	25	2.83	25	2.45	25	2.54	25	2.63	25	2.71	
	1992	5	2.76	5	2.79	5	2.81	5	2.73	5	2.78	5	2.97	5	3.14	5	3.28	5	3.74	5	1.39	5	1.79	5	2.09	2.67
		15	2.76	15	2.79	15	2.73	15	2.77	15	2.85	15	3.04	15	3.17	15	3.31	15	3.69	15	1.51	15	1.90	15	2.20	
		25	2.77	25	2.80	25	2.71	25	2.78	25	2.91	25	3.02	25	3.18	25	3.33	25	1.95	25	1.49	25	2.01	25	2.21	

第一章 西安市

续表

点号	年份	1月		2月		3月		4月		5月		6月		7月		8月		9月		10月		11月		12月		年平均
		日	水位	日	水位	日	水位	日	水位	日	水位	日	水位	日	水位	日	水位	日	水位	日	水位	日	水位	日	水位	
812	1993	5	2.30	5	2.55	5	2.57	5	2.58	5	2.60	5	2.74	5	2.78	5	2.87	5	3.00	5	3.06	5	3.08	5	3.08	2.79
		15	2.38	15	2.57	15	2.58	15	2.60	15	2.58	15	2.76	15	2.81	15	2.91	15	3.05	15	3.06	15	3.07	15	3.08	
		25	2.48	25	2.58	25	2.58	25	2.60	25	2.72	25	2.81	25	2.83	25	2.96	25	3.04	25	3.08	25	3.07	25	3.11	
	1994	5	3.12	5	3.13	5	3.06	5	3.04	5	2.95	5	3.10	5	3.14	5	3.30	5	3.49	5	3.57	5	3.44	5	3.39	3.21
		15	3.14	15	3.09	15	3.06	15	2.97	15	3.02	15	2.78	15	3.20	15	3.36	15	3.54	15	3.55	15	3.41	15	3.39	
		25	3.14	25	3.06	25	3.07	25	2.85	25	3.10	25	2.74	25	3.23	25	3.47	25	3.58	25	3.47	25	3.41	25	3.37	
	1995	5	3.37	5	3.36	5	3.32	5	3.39	5	3.51	5	3.69	5	4.76	5	4.88	5	6.01	5	5.60	5	5.29	5	5.24	4.38
		15	3.37	15	3.34	15	3.36	15	3.39	15	3.61	15	3.74	15	4.78	15	5.18	15	5.91	15	5.52	15	5.27	15	5.20	
		25	3.37	25	3.31	25	3.39	25	3.39	25	3.67	25	3.97	25	4.72	25	5.27	25	5.60	25	5.35	25	5.23	25	5.18	
	1996	5	5.31	5	5.95	5	6.27	5	6.19	5	6.10	5	6.04	5	6.02	5	5.85	5	5.63	5	5.50	5	4.53	5	3.23	5.51
		15	5.52	15	6.06	15	6.25	15	6.17	15	6.12	15	6.02	15	6.02	15	5.86	15	5.60	15	5.41	15	3.90	15	3.18	
		25	5.90	25	6.28	25	6.21	25	6.10	25	6.15	25	6.02	25	6.02	25	5.88	25	5.58	25	5.10	25	3.30	25	3.03	
	1997	5	3.03	5	3.00	5	3.01	5		5	2.99	5	3.41	5	5.20	5	6.45	5		5		5		5		4.27
		15	3.01	15	3.00	15	3.03	15		15	3.11	15	3.60	15	5.24	15	6.46	15	6.85	15		15	6.10	15	5.90	
		25	3.00	25	3.01	25	3.03	25		25	3.37	25	4.84	25	5.30	25		25		25	6.47	25		25		
819	1990	5	31.38	5	31.35	5	31.36	5	31.40	5	31.43	5	31.45	5	31.50	5	31.53	5	31.53	5	31.48	5	31.50	5	31.53	31.45
		15	31.35	15	31.36	15	31.36	15	31.40	15	31.45	15	31.45	15	31.50	15	31.52	15	31.46	15	31.50	15	31.50	15	31.53	
		25	31.34	25	31.35	25	31.40	25	31.45	25	31.45	25	31.50	25	31.50	25	31.53	25	31.48	25	31.50	25	31.50	25	31.52	
	1991	5	31.55	5	31.63	5	31.65	5		5	31.70	5	31.82	5	31.82	5	31.90	5	31.94	5	31.95	5	32.01	5	32.11	31.84
		15	31.58	15	31.62	15	31.65	15		15	31.73	15	31.80	15	31.84	15	31.93	15	31.95	15	31.95	15	32.05	15	32.14	
		25	31.58	25	31.63	25	31.68	25		25	31.73	25	31.80	25	31.84	25	31.94	25	31.96	25	31.98	25	32.08	25	32.16	
	1992	5	32.22	5	32.35	5	32.43	5	32.53	5	32.61	5	32.70	5	32.80	5	32.90	5	32.97	5	32.85	5	32.95	5	33.02	32.72
		15	32.27	15	32.37	15	32.50	15	32.53	15	32.65	15	32.73	15	32.83	15	32.94	15	32.97	15	32.83	15	32.98	15	33.05	
		25	32.35	25	32.45	25	32.50	25	32.58	25	32.70	25	32.77	25	32.86	25	32.94	25	32.90	25	32.88	25	33.02	25	33.10	

续表

点号	年份	1月 日	1月 水位	2月 日	2月 水位	3月 日	3月 水位	4月 日	4月 水位	5月 日	5月 水位	6月 日	6月 水位	7月 日	7月 水位	8月 日	8月 水位	9月 日	9月 水位	10月 日	10月 水位	11月 日	11月 水位	12月 日	12月 水位	年平均
819	1993	5	33.10	5	33.22	5	33.26	5	33.37	5	33.42	5	33.48	5	33.55	5	33.62	5	33.68	5	33.75	5	33.85	5	33.88	33.54
		15	33.15	15	33.22	15	33.30	15	33.37	15	33.45	15	33.50	15	33.57	15	33.62	15	33.70	15	33.77	15	33.90	15	33.90	
		25	33.30	25	33.22	25	33.33	25	33.40	25	33.45	25	33.55	25	33.60	25	33.65	25	33.73	25	33.82	25	33.88	25	33.92	
	1994	5	33.95	5	34.00	5	34.08	5	34.20	5	34.30	5	34.35	5	34.15	5	33.95	5	33.85	5	33.77	5	33.74	5	33.74	34.00
		15	33.95	15	34.05	15	34.10	15	34.20	15	34.32	15	34.38	15	34.10	15	33.92	15	33.80	15	33.78	15	33.74	15	33.74	
		25	33.98	25	34.05	25	34.15	25	34.25	25	34.32	25	34.38	25	33.95	25	33.92	25	33.77	25	33.77	25	33.72	25	33.74	
	1995	5	33.74	5	33.80	5	33.84	5	33.90	5	33.90	5	33.90	5	34.07	5	34.07	5	34.10	5	34.20	5	34.28	5	34.30	34.02
		15	33.74	15	33.82	15	33.86	15	33.95	15	33.86	15	33.95	15	34.05	15	34.07	15	34.15	15	34.25	15	34.30	15	34.30	
		25	33.76	25	33.82	25	33.86	25	33.90	25	33.86	25	33.97	25	34.07	25	34.07	25	34.15	25	34.25	25	34.28	25	34.30	
	1996	5	34.32	5	34.70	5	34.82	5	34.82	5	34.90	5	34.95	5	35.05	5	35.10	5	35.05	5	35.05	5	35.10	5	35.00	34.91
		15	34.32	15	34.70	15	34.78	15	34.82	15	34.95	15	35.00	15	35.05	15	35.10	15	35.00	15	35.07	15	35.05	15	34.97	
		25	34.35	25	34.73	25	34.85	25	34.85	25	34.95	25	35.00	25	35.10	25	35.45	25	35.00	25	35.10	25	35.05	25	34.97	
	1997	5	35.10	5	35.05	5	35.15	5	35.15	5	35.10	5	35.25	5	35.30	5	35.50	5		5		5		5		35.22
		15	35.05	15	35.10	15	35.20	15	35.15	15	35.15	15	35.30	15	35.35	15	35.50	15		15		15		15		
		25	35.05	25	35.10	25	35.30	25	35.15	25	35.20	25	35.30	25	35.43	25		25		25		25		25		
820	1990	5	17.67	5	18.23	5	19.16	5	19.44	5	19.82	5	20.02	5	19.46	5	16.93	5	14.99	5	14.67	5	15.86	5	17.00	17.76
		15	17.86	15	18.45	15	19.18	15	19.59	15	19.89	15	20.05	15	18.70	15	15.76	15	14.73	15	15.10	15	16.23	15	17.33	
		25	18.04	25	18.65	25	19.23	25	19.75	25	19.95	25	19.86	25	18.15	25	15.25	25	14.45	25	15.51	25	16.67	25	17.62	
	1991	5	18.04	5	18.49	5	19.51	5	19.97	5	19.98	5	19.95	5	19.68	5	18.57	5	16.64	5	16.13	5	17.30	5	18.26	18.57
		15	18.16	15	18.82	15	19.78	15	19.96	15	20.02	15	19.86	15	19.57	15	17.86	15	16.25	15	16.49	15	17.62	15	18.57	
		25	18.29	25	19.24	25	19.98	25	19.94	25	20.03	25	19.77	25	19.22	25	17.11	25	15.87	25	16.98	25	17.93	25	18.85	
	1992	5	19.00	5	19.54	5	19.99	5	20.54	5	20.39	5	20.72	5	20.82	5	20.28	5	18.15	5	15.22	5	16.08	5	17.02	18.89
		15	19.20	15	19.68	15	20.17	15	20.48	15	20.53	15	20.77	15	20.64	15	19.82	15	16.79	15	15.27	15	16.34	15	17.22	
		25	19.42	25	19.84	25	20.49	25	20.37	25	20.65	25	20.73	25	20.56	25	18.30	25	15.22	25	15.62	25	16.80	25	17.41	

第一章 西安市

续表

点号	年份	1月 日	1月 水位	2月 日	2月 水位	3月 日	3月 水位	4月 日	4月 水位	5月 日	5月 水位	6月 日	6月 水位	7月 日	7月 水位	8月 日	8月 水位	9月 日	9月 水位	10月 日	10月 水位	11月 日	11月 水位	12月 日	12月 水位	年平均
820	1993	5	17.58	5	18.08	5	18.40	5	18.64	5	19.05	5	19.31	5	19.47	5	18.80	5		5		5		5		18.62
		15	17.81	15	18.21	15	18.55	15	18.80	15	19.07	15	19.42	15	19.42	15	17.77	15		15		15		15		
		25	17.99	25	18.34	25	18.58	25	18.94	25	19.17	25	19.50	25	19.23	25	16.74	25		25		25		25		
821	1990	5	7.25	5	7.39	5	7.37	5	7.40	5	7.18	5	7.42	5	7.75	5	7.69	5	7.59	5	7.30	5	6.98	5	6.98	7.34
		15	7.28	15	7.39	15	7.38	15	7.35	15	7.12	15	7.87	15	7.72	15	7.70	15	7.49	15	6.98	15	7.69	15	6.70	
		25	7.39	25	7.38	25	7.41	25	7.25	25	7.10	25	7.86	25	7.69	25	7.69	25	7.38	25	6.69	25	6.70	25	6.65	
	1991	5	7.30	5	7.70	5	7.71	5	7.62	5	7.38	5	7.20	5	8.65	5	8.88	5	7.53	5	7.41	5	7.51	5	7.60	7.72
		15	7.38	15	7.72	15	7.68	15	7.60	15	7.38	15	7.31	15	8.92	15	8.05	15	7.41	15	7.47	15	7.56	15	7.82	
		25	7.70	25	7.80	25	7.70	25	7.41	25	7.22	25	7.22	25	9.40	25	8.02	25	7.40	25	7.50	25	7.62	25	8.25	
	1992	5	7.91	5	7.69	5	8.10	5	7.90	5	8.08	5	8.13	5	8.50	5	10.80	5	9.15	5	8.29	5		5	7.52	8.26
		15	7.38	15	7.91	15	7.91	15	8.00	15	8.00	15	8.30	15	8.90	15	9.80	15	8.80	15	8.15	15		15	7.50	
		25	7.55	25	8.26	25	7.90	25	8.00	25	7.88	25	8.40	25	8.90	25	9.35	25	8.25	25	7.93	25		25	7.59	
	1993	5	7.67	5	8.85	5		5	7.32	5	7.32	5	7.26	5	8.96	5	8.85	5		5		5		5		8.14
		15	7.85	15	8.92	15		15	7.32	15	7.30	15	7.53	15	8.73	15	9.25	15		15		15		15		
		25	7.73	25	8.28	25		25	7.30	25	7.28	25	9.70	25	8.41	25	9.18	25		25		25		25		
822	1990	5	9.71	5	9.75	5	9.78	5	9.82	5	9.85	5	9.93	5	9.99	5	10.08	5	10.27	5		5		5	10.40	9.99
		15	9.71	15	9.75	15	9.80	15	9.84	15	9.89	15	10.02	15	10.01	15	10.44	15	10.29	15		15		15	10.39	
		25	9.73	25	9.77	25	9.82	25	9.87	25	9.91	25	9.97	25	10.04	25	10.26	25	10.28	25		25		25	10.42	
	1991	5	10.43	5		5	10.56	5		5	10.65	5	10.66	5	10.71	5	10.99	5	10.95	5	10.96	5		5	11.04	10.80
		15	10.43	15		15	10.58	15		15	10.67	15	10.65	15	10.75	15	10.97	15	10.96	15	10.97	15		15	11.05	
		25	10.66	25		25	10.59	25		25	10.70	25	10.66	25	11.18	25	10.96	25	10.92	25	10.96	25		25	11.06	
	1992	5	11.06	5		5	11.37	5	11.28	5	11.34	5	11.40	5	11.51	5	12.49	5	12.31	5		5	11.92	5	11.86	11.69
		15	11.08	15		15	11.30	15	11.29	15	11.35	15	11.44	15	11.51	15	13.79	15	12.19	15		15	11.92	15	11.85	
		25	11.10	25		25	11.29	25	11.44	25	11.37	25	11.45	25	11.52	25	12.56	25	12.09	25		25	11.88	25	11.84	

续表

点号	年份	1月 日	1月 水位	2月 日	2月 水位	3月 日	3月 水位	4月 日	4月 水位	5月 日	5月 水位	6月 日	6月 水位	7月 日	7月 水位	8月 日	8月 水位	9月 日	9月 水位	10月 日	10月 水位	11月 日	11月 水位	12月 日	12月 水位	年平均
822	1993	5	11.84	5	11.83	5	11.87	5	11.83	5	11.85	5	11.85	5	11.96	5	11.96	5	12.29	5	12.25	5	12.27	5	12.29	12.03
		15	11.85	15	11.81	15	11.85	15	11.83	15	11.85	15	11.86	15	11.96	15	12.34	15	12.26	15	12.29	15	12.27	15	12.30	
		25	11.83	25	11.82	25	11.84	25	11.85	25	11.84	25	11.89	25	11.94	25	12.44	25	12.26	25	12.27	25	12.29	25	12.28	
	1994	5	12.19	5	12.35	5	12.36	5	12.41	5	12.41	5	12.58	5	12.50	5	14.40	5	14.92	5	13.91	5	13.68	5	13.55	13.14
		15	12.33	15	12.35	15	12.37	15	12.41	15	12.46	15	12.53	15	12.54	15	15.83	15	14.30	15	13.86	15	13.64	15	13.57	
		25	12.36	25	12.38	25	12.40	25	12.37	25	12.49	25	12.49	25	12.64	25	15.63	25	14.05	25	13.76	25	13.58	25	13.55	
	1995	5	13.41	5	13.48	5	15.27	5	13.79	5	13.68	5	13.76	5	17.69	5	19.74	5	20.30	5	18.32	5	17.55			16.09
		15	13.40	15	13.54	15	14.21	15	13.76	15	13.83	15	13.96	15	18.83	15	19.89	15	19.24	15	18.00	15	17.36			
		25	13.39	25	14.01	25	13.92	25	12.67	25	13.73	25	18.35	25	18.64	25	19.47	25	18.72	25	17.75	25	17.24			
	1996	5	17.84	5	18.27	5	19.95	5	18.80	5	18.25	5	18.06	5	18.43	5	18.47	5	18.47	5	17.91	5	17.74			18.33
		15	17.84	15	18.71	15	19.54	15	18.55	15	18.20	15	17.99	15	18.16	15	18.19	15	18.19	15	17.84	15	17.65			
		25	17.67	25	19.47	25	19.04	25	18.42	25	18.23	25	18.24	25	18.15	25	18.68	25	18.68	25	17.81	25	17.55			
	1997	5	17.21	5	17.21	5	17.42	5	17.10	5	16.91	5	16.85	5	18.93	5								5	20.02	17.87
		15	17.15	15	17.15	15	17.34	15	17.07	15	16.21	15	16.76	15	19.18	15		15	21.42			15		15	20.02	
		25	17.14	25	17.14	25	17.26	25	16.98	25	16.86	25	16.84	25	19.37	25	12.76	25	12.90	25	20.77	25	20.37			
73-2	1990	5	12.70	5	12.75	5	12.90	5	12.95	5	12.80	5	12.80	5	12.70	5	12.75	5	12.90	5	12.90	5	13.06	5	13.12	12.86
		15	12.72	15	12.90	15	12.97	15	12.95	15	12.80	15	12.80	15	12.70	15	12.80	15	12.95	15	13.02	15	12.80	15	13.11	
		25	12.72	25	12.90	25	12.95	25	12.90	25	12.80	25	12.75	25	12.75	25	12.80	25	12.95	25	13.02	25	12.80	25	12.85	
	1991	5	13.19	5	13.30	5	13.27	5	13.30	5	13.35	5	13.10	5	13.16	5	13.05	5	13.20	5	13.05	5	13.30	5	13.38	13.23
		15	13.22	15	13.30	15	13.25	15	13.30	15	13.40	15	13.05	15	13.25	15	13.15	15	13.00	15	13.12	15	13.30	15	13.40	
		25	13.30	25	13.30	25	13.35	25	13.20	25	13.40	25	13.00	25	13.20	25	13.22	25	13.00	25	13.22	25	13.36	25	13.45	
	1992	5	13.45	5	13.54	5	13.55	5	13.60	5	13.58	5	13.65	5	13.75	5	13.80	5	13.74	5	13.06	5	13.20	5	13.44	13.53
		15	13.46	15	13.55	15	13.55	15	13.60	15	13.79	15	13.68	15	13.80	15	13.80	15	13.27	15	13.10	15	13.30	15	13.50	
		25	13.48	25	13.55	25	13.55	25	13.59	25	13.60	25	13.70	25	13.80	25	13.75	25	13.15	25	13.15	25	13.35	25	13.52	

续表

点号	年份	1月 日	1月 水位	2月 日	2月 水位	3月 日	3月 水位	4月 日	4月 水位	5月 日	5月 水位	6月 日	6月 水位	7月 日	7月 水位	8月 日	8月 水位	9月 日	9月 水位	10月 日	10月 水位	11月 日	11月 水位	12月 日	12月 水位	年平均
73-2	1993	5	13.60	5	13.65	5	13.75	5	13.70	5	13.75	5	13.57	5	13.60	5	13.68	5		5		5		5		13.66
		15	13.60	15	13.70	15	13.80	15	13.75	15	13.60	15	13.57	15	13.58	15	13.66	15		15		15		15		
		25	13.60	25	13.70	25	13.80	25	13.75	25	13.58	25	13.62	25	13.58	25	13.67	25		25		25		25		
	1992	5		5		5		5		5		5		5		5		5		5		5		5	7.30	6.62
		15	6.70	15	6.88	15	7.53	15	7.58	15	7.55	15	7.47	15	7.08	15	7.41	15	5.12	15	6.08	15	6.34	15	7.30	
		25	6.77	25	6.90	25	7.52	25	7.55	25	7.40	25	7.30	25	7.04	25	7.23	25	5.13	25	6.18	25	6.51	25		
	1993	5	6.85	5	6.93	5	7.60	5	7.60	5	7.51	5	7.10	5	7.00	5	7.00	5	5.13	5	5.32	5	6.05	5	6.23	6.73
		15	6.46	15	6.60	15	6.64	15	6.65	15	6.48	15	6.22	15	5.95	15	5.98	15	6.25	15	5.36	15	6.15	15	6.28	
		25	6.53	25	6.61	25	6.64	25	6.68	25	6.36	25	6.15	25	5.90	25	6.34	25	6.24	25	5.42	25	6.20	25	6.32	
73-16付	1994	5	6.57	5	6.62	5	6.65	5	6.51	5	6.25	5	6.10	5	5.89	5	6.43	5	6.33	5	6.45	5	6.30	5	6.30	6.37
		15	6.48	15	6.59	15	6.68	15	6.68	15	6.72	15	6.88	15		15	7.24	15	7.05	15	6.90	15	6.99	15	6.35	
		25	6.51	25	6.65	25	6.66	25	6.67	25	6.65	25	6.91	25		25	7.34	25	7.28	25	7.02	25	7.13	25	6.42	
	1995	5	6.56	5	6.72	5	6.74	5	6.61	5	6.49	5	8.92	5	7.08	5	7.27	5	7.04	5	7.01	5	7.05	5	7.04	6.93
		15	7.20	15	7.20	15	7.05	15	7.11	15	7.13	15	7.08	15	6.77	15	6.57	15	6.49	15	6.35	15	6.32	15	7.03	
		25	7.48	25	7.21	25	7.22	25	7.09	25	7.07	25	6.93	25	6.75	25	6.59	25	6.23	25	6.41	25	6.40	25	7.07	
	1996	5	7.56	5	7.23	5	7.20	5	7.17	5	7.04	5	6.91	5	7.20	5	6.64	5	6.27	5	6.45	5	6.24	5	6.17	6.81
		15	6.40	15	6.52	15	6.64	15	6.40	15	6.55	15	6.67	15	7.17	15	7.15	15	7.05	15		15	6.59	15	6.31	
		25	6.43	25	6.57	25	6.65	25	6.20	25	6.54	25	6.99	25	7.15	25	7.17	25	7.28	25		25	7.13	25	6.34	
	1997	5	6.51	5	6.67	5	6.61	5	6.58	5	6.56	5	7.10	5	3.22	5	7.18	5	7.04	5	8.95	5	8.85	5		7.06
		15	3.61	15	3.72	15	3.76	15	3.68	15	3.65	15	3.35	15	3.21	15	3.43	15	6.49	15	3.41	15	3.59	15	8.90	
		25	3.72	25	3.77	25	3.71	25	3.70	25	3.60	25	3.47	25	3.28	25	3.30	25	3.32	25	3.47	25	3.60	25	3.69	
73-17	1990	5		5		5	3.73	5	3.70	5	3.38	5	3.13	5	3.28	5	3.28	5	3.25	5	3.50	5	3.68	5	3.72	3.53
		15	3.77	15	3.76	15		15		15		15		15		15		15	3.30	15		15		15	3.78	

续表

点号	年份	1月			2月			3月			4月			5月			6月			7月			8月			9月			10月			11月			12月			年平均
		日	水位		日	水位		日	水位		日	水位		日	水位		日	水位		日	水位		日	水位		日	水位		日	水位		日	水位		日	水位		
73-17	1991	5	3.79		5	3.92		5	3.92		5			5			5	3.20		5	3.24		5	3.35		5	3.23		5	3.36		5	3.62		5	3.73		3.55
		15	3.82		15	3.92		15	3.92		15			15	3.76		15	3.16		15	3.38		15	3.39		15	2.72		15	3.47		15	3.65		15	3.74		
		25	3.82		25	3.92		25	3.92		25			25			25	3.10		25	3.47		25	3.44		25	3.20		25	3.58		25	3.70		25	3.76		
	1992	5	3.77		5	3.76		5	3.75		5	3.81		5	3.76		5	3.68		5	3.70		5	3.73		5	3.44		5	2.77		5	3.38		5	3.54		3.56
		15	3.76		15	3.80		15	3.50		15	3.80		15	3.72		15	3.57		15	3.47		15	3.72		15	2.80		15	3.18		15	3.55		15	3.56		
		25	3.76		25	3.80		25	3.70		25	3.80		25	3.68		25	3.62		25	3.63		25	3.52		25	2.84		25	3.28		25	3.50		25	3.59		
	1993	5	3.73		5	3.73		5	3.90		5	3.90		5	3.83		5	3.65		5	3.46		5	3.55		5	3.53		5	3.69		5	3.81		5	3.92		3.73
		15	3.74		15	3.79		15	3.94		15	3.94		15	3.73		15	3.54		15	3.45		15	3.57		15	3.53		15	3.68		15	3.86		15	3.95		
		25	3.74		25	3.85		25	3.97		25	3.93		25	3.65		25	3.42		25	3.51		25	3.52		25	3.58		25	3.78		25	3.82		25	3.96		
	1994	5	3.93		5	3.95		5	3.98		5	4.04		5	3.81		5	3.92		5	3.70		5			5	3.70		5	3.90		5	3.72		5	3.72		3.84
		15	3.91		15	4.00		15	3.98		15	3.93		15	3.89		15	3.86		15	3.66		15	3.84		15	3.74		15	3.98		15	3.60		15	3.77		
		25	3.93		25	4.03		25	4.00		25	3.77		25	3.88		25	3.50		25	3.70		25	3.93		25	3.83		25	3.75		25	3.63		25	3.83		
	1995	5	3.89		5	3.99		5	4.03		5	4.05		5	3.90		5	3.89		5			5	4.20		5	4.23		5	4.30		5	4.28		5	4.30		4.12
		15	3.97		15	4.02		15	4.04		15	4.06		15	3.95		15			15	4.22		15	4.29		15	4.25		15	4.28		15	4.32		15	4.30		
		25	4.00		25	4.02		25	4.01		25	3.92		25	3.93		25	3.98		25	4.05		25	4.27		25	4.05		25	4.25		25	4.32		25	4.30		
	1996	5	4.32		5	4.29		5	4.28		5	4.33		5	4.36		5	4.05		5	4.05		5	4.05		5	3.94		5	3.29		5	3.71		5	3.62		4.07
		15	4.33		15	4.27		15	4.33		15	4.36		15	4.35		15	4.09		15	3.94		15	4.09		15	4.02		15	3.97		15	3.55		15	3.69		
		25	4.30		25	4.27		25	4.34		25	4.38		25	4.37		25			25	4.02		25			25			25	3.96		25	3.55		25	3.77		
73-18	1990	5	2.99		5	3.19		5	3.09		5	2.99		5	2.59		5	2.59		5	1.69		5	1.09		5	1.19		5	1.69		5	2.29		5	2.89		2.39
		15	2.99		15	2.99		15	2.99		15	2.79		15	2.59		15	2.59		15	1.89		15	0.89		15	1.24		15	1.89		15	2.49		15	3.09		
		25	3.09		25	3.29		25	3.09		25	2.59		25	2.59		25	2.29		25	1.89		25	1.19		25	1.39		25	2.39		25	2.69		25	3.19		
	1991	5	3.29		5	3.19		5	2.59		5	2.39		5	2.29		5	1.99		5	1.49		5	1.49		5	1.69		5	2.69		5	2.89					2.35
		15	3.39		15	3.19		15	2.49		15	2.39		15	2.19		15	1.89		15	1.49		15	1.49		15	1.39		15	2.79		15	3.09					
		25	3.19		25	2.69		25	2.49		25	2.49		25	2.29		25	1.49		25	1.49		25	1.19		25	2.59		25	2.79		25	3.09					

续表

点号	年份	1月 日	1月 水位	2月 日	2月 水位	3月 日	3月 水位	4月 日	4月 水位	5月 日	5月 水位	6月 日	6月 水位	7月 日	7月 水位	8月 日	8月 水位	9月 日	9月 水位	10月 日	10月 水位	11月 日	11月 水位	12月 日	12月 水位	年平均
73-18	1992	5	3.19	5	3.19	5	2.69	5	2.89	5	2.79	5	2.69	5	1.49	5	1.59	5	1.79	5	1.79	5	2.29	5	2.89	2.40
		15	3.29	15	3.09	15	2.49	15	2.89	15	2.69	15	2.81	15	1.49	15	1.49	15	1.39	15	1.89	15	2.39	15	2.99	
		25	3.29	25	2.79	25	2.89	25	2.79	25	2.49	25	1.49	25	1.69	25	1.69	25	1.19	25	2.19	25	2.69	25	3.09	
	1993	5	3.19	5	3.19	5	3.29	5	3.09	5	2.89											5	2.55	5	3.34	3.08
		15	3.19	15	3.19	15	3.29	15	3.09	15	2.60							15	2.35			15	1.88	15	3.37	
		25	3.19	25	3.19	25	3.09	25	2.69	25								25	2.40	25	2.47	25	1.87	25	3.39	
73-19	1990	5	3.56	5	2.65	5	2.60	5	2.95	5	2.68	5	2.50	5	2.26	5	2.58	5	2.45	5	1.88	5	2.52	5	2.55	2.57
		15	3.56	15	2.70	15	2.64	15	2.72	15	2.76	15	2.11	15	2.27	15	2.69	15	2.40	15	1.89	15	2.53	15	2.55	
		25	3.57	25	3.01	25	2.97	25	2.61	25	2.66	25	2.17	25	2.29	25	3.24	25	2.31	25	2.40	25	2.52	25	2.67	
	1991	5	2.61	5	2.59	5	2.63	5	2.44	5	2.52	5	2.47	5	2.38	5	2.22	5	2.09	5	2.53	5	2.64	5	2.77	2.57
		15	2.66	15	2.63	15	2.62	15	2.56	15	2.50	15	2.51	15	2.34	15	2.33	15	2.45	15	2.55	15	2.79	15	2.69	
		25	2.65	25	2.64	25	2.59	25	2.55	25	2.46	25	2.54	25	2.25	25	2.25	25	2.53	25	2.30	25	2.52	25	2.82	
	1992	5	2.80	5	2.57	5	2.55	5	2.50	5	2.47	5	2.44	5	2.45	5	2.61	5	2.30	5	2.44	5	2.55	5	2.61	2.51
		15	2.82	15	2.46	15	2.56	15	2.46	15	2.50	15	2.10	15	2.41	15	2.54	15	2.26	15	2.52	15	2.64	15	2.67	
		25	2.91	25	2.43	25	2.55	25	2.49	25	2.55	25	2.25	25	2.46	25	2.45	25	2.17	25	2.54	25	2.57	25	2.84	
	1993	5	2.67	5	2.91	5	2.65	5	2.77	5	2.54	5	2.40	5	2.29	5	2.29	5	2.27	5	2.57	5	2.59	5	2.52	2.55
		15	2.67	15	2.95	15	2.62	15	2.75	15	2.67	15	2.38	15	2.27	15	2.17	15	2.29	15	2.07	15	3.60	15	2.42	
		25	2.68	25	2.74	25	2.77	25	2.77	25	2.68	25	1.98	25	2.34	25	2.17	25	2.27	25	1.81	25	3.64	25	2.50	
	1994	5	2.55			5	3.22	5	2.53	5	2.56	5	2.41	5	3.05	5	3.02	5	1.09	5	2.07	5	3.87	5	2.47	2.54
		15	2.64			15	3.27	15	2.11	15	2.50	15	2.82	15	2.58	15	2.43	15	1.39	15	1.81	15	2.97	15	2.98	
		25	3.00			25	3.17	25	1.87	25	2.43	25	1.97	25	2.53	25	2.26	25	2.17	25	2.66	25	2.44	25	2.50	
	1995	5		5	3.35	5	2.45	5	2.19	5	2.02	5	2.72	5	3.08	5	2.67	5	2.10	5	2.70	5	2.46			2.58
		15		15	3.11	15	2.82	15	2.21	15	2.14	15	2.70	15	2.97	15	2.82	15	1.92	15	2.87	15				
		25		25	2.53	25	2.67	25	2.28	25	2.35	25	2.71	25	2.52	25	2.20	25	2.20			25				

续表

点号	年份	日	1月水位	2月水位	3月水位	4月水位	5月水位	6月水位	7月水位	8月水位	9月水位	10月水位	11月水位	12月水位	年平均
73-18	1996	5	2.59	2.92	2.47	2.49	2.50	2.31	2.51	2.15	2.49	2.65	2.46	2.45	2.47
		15	2.58	2.93	2.32	2.50	2.46	2.26	2.47	2.27	2.50	2.16	2.41	2.48	
		25	2.55	2.93	2.46	2.52	2.45	2.53	2.45	1.49	2.82	2.49	2.42	2.50	
	1997	5	2.56	2.97	2.83	2.87									2.86
		15	2.90	2.95	2.70	2.84									
		25	3.02	2.92	2.89	2.87									
73-20	1990	5	4.40	4.55	4.70	4.75		3.50	3.02	1.90	2.87	3.80	4.56		3.87
		15	4.47	4.60	4.75	4.60	4.14	2.80	3.15	2.87	3.27	4.25	4.50		
		25	4.00	4.65	4.75	4.55	4.12	2.87	2.70	2.90	3.40	4.35	4.50		
	1991	5	4.55	4.65	4.52	4.60	3.80	3.80	2.88	2.35	2.90	4.25	3.85	3.80	3.86
		15	4.54	4.55	4.56	4.60	4.07	2.93	2.88	2.70	3.39	4.30	3.97	3.86	
		25	4.55	4.55	4.60	4.56	3.57	2.93	2.50	2.90	3.65	4.22	4.05		
	1992	5	4.60	3.90	4.29	4.50	3.57	3.05	2.90	2.75	2.62	2.43	4.20		3.54
		15	4.62	2.97	4.29	4.50	4.10	3.09	2.75	2.44	2.45	3.02	4.20		
		25	4.63	4.23	4.41	4.07	3.56	2.90	2.75	2.25	2.48	3.78	4.05		
	1993	5	4.68	4.65	4.56	4.72									4.53
		15	4.67	4.65	4.80	4.65									
		25	4.67	4.37	4.72	4.64									
73-21	1990	5	6.57	6.57	6.67	6.71	6.62	6.27	5.02	5.65	5.02	6.25	6.63		6.21
		15	6.59	6.60	6.77	6.77	6.34	5.79	5.37	5.45	5.23	6.62	6.70	6.64	
		25	6.59	6.65	6.70	6.72	6.07	4.97	5.82	5.87	5.99	6.68	6.82	6.61	
	1991	5	6.48	6.65	6.70	6.89	6.79	5.57	5.47	5.67	5.90	5.65	6.10	6.59	6.17
		15	6.53	6.80	6.80	6.97	6.20	5.47	6.07	5.81	3.32	6.30	6.47		
		25	6.59	6.67	6.85	6.65	5.87	5.44	5.87	5.99	5.27	5.97	6.65		

续表

点号	年份	日	1月水位	2月水位	3月水位	4月水位	5月水位	6月水位	7月水位	8月水位	9月水位	10月水位	11月水位	12月水位	年平均
73-21	1992	5	6.55	6.68	6.90	6.87	6.95	6.93	6.90	7.12	6.77	6.65	6.04	6.07	6.63
		15	6.57	6.82	6.78	6.95	6.90	6.90	7.07	7.07	6.57	5.82	6.22	5.73	
		25	6.65	6.92	6.70	6.90	6.80	6.87	7.10	7.05	6.05	5.97	6.07	5.65	
	1993	5	5.64	6.32	6.73	6.47	6.34	6.19	6.02	5.90	5.70	6.01	6.10	6.46	6.20
		15	6.22	6.67	6.57	6.62	6.27	6.14	6.07	5.80	5.84	6.04	6.27	6.44	
		25	6.30	6.77	6.42	6.37	6.22	5.90	5.92	5.62	6.01	6.07	6.44	6.42	
	1994	5	6.54	6.70	6.97	6.77	6.37	6.82	6.31	6.25	4.37	6.10	5.84	5.97	6.33
		15	6.45	6.82	6.91	6.60	6.17	6.63	6.20	6.26	5.82	5.87	5.90	6.20	
		25	6.67	6.95	6.86	6.43	6.90	6.32	6.17	6.30	6.12	5.82	5.95	6.49	
	1995	5	6.46	6.57	6.43	6.57	5.82	6.59			7.45	7.35	7.18	6.92	6.75
		15	6.62	6.51	6.40	6.10	6.37	6.77	7.45	7.60	7.50	7.28	7.05	6.98	
		25	6.61	6.42	6.70	5.77	6.62	6.87	7.55	7.55	7.57	7.20	6.91	7.05	
	1996	5	7.13	6.98	7.07	7.15	7.03	7.28	7.65	7.65	7.55	7.10	6.20	6.19	7.05
		15	7.07	7.01	7.04	7.13	7.13	7.35	7.28	7.59	7.32	7.21	6.25	6.25	
		25	6.97	7.07	7.01	7.12	7.40	7.50	7.41	7.59	7.13	6.20	6.21	6.42	
	1997	5	6.44	6.55	6.66	6.65	6.65	6.85	7.59	8.07	7.76				7.00
		15	6.47	6.59	6.71	6.66	6.67	6.95					7.45	7.20	
		25	6.55	6.65	6.65	6.69	6.70	7.25	2.62	2.15	2.25	7.65	3.10	3.31	
73-22	1990	5	3.37	3.47	3.46	3.34	3.20	2.84	2.37	2.21	2.42	2.80	3.18	3.34	3.01
		15	3.42	3.48	3.42	3.31	3.03	3.05	2.32	2.21	2.65	2.98	3.26	3.39	
		25	3.45	3.50	3.38	3.30	2.84	2.96	2.76	3.12	2.46	2.99	3.93	3.97	
	1991	5	4.03	3.99	3.90	3.83	3.70	3.26	2.87	2.89	2.51	2.93	3.93	3.98	3.47
		15	4.07	3.93	3.86	3.81	3.61	2.89	2.12	2.84	2.53	3.46	3.96	4.00	
		25	4.09	3.86	3.87	3.75	3.56	2.68				3.79			

续表

点号	年份	1月 日	1月 水位	2月 日	2月 水位	3月 日	3月 水位	4月 日	4月 水位	5月 日	5月 水位	6月 日	6月 水位	7月 日	7月 水位	8月 日	8月 水位	9月 日	9月 水位	10月 日	10月 水位	11月 日	11月 水位	12月 日	12月 水位	年平均
73-22	1992	5	4.02	5	4.10	5	4.11	5	3.75	5	3.69	5	3.48	5	3.28	5	3.28	5	2.82	5	1.57	5	2.89	5	3.79	3.41
		15	4.04	15	4.11	15	4.11	15	3.70	15	3.55	15	3.60	15	3.28	15	3.39	15	2.66	15	1.98	15	3.29	15	3.82	
		25	4.08	25	4.10	25	3.95	25	3.73	25	3.45	25	3.44	25	3.10	25	3.11	25	1.70	25	2.38	25	3.64	25	3.81	
	1993	5	3.74	5	3.75	5	3.35	5	2.80	5	2.78	5	2.52	5	2.54	5	2.34	5	2.40	5	3.00	5	3.63	5	3.73	3.05
		15	3.43	15	3.82	15	3.26	15	2.83	15	2.49	15	2.65	15	2.40	15	2.19	15	2.61	15	3.25	15	3.71	15	3.75	
		25	3.44	25	3.74	25	3.04	25	2.90	25	2.49	25	2.90	25	2.32	25	2.27	25	2.82	25	3.41	25	3.76	25	3.79	
	1994	5	3.87	5	3.97	5	4.01	5	3.02	5	2.64	5	2.97	5	2.92	5	2.82	5	2.45	5	2.98	5	2.91	5	3.23	3.11
		15	3.85	15	3.94	15	3.77	15	2.86	15	2.67	15	3.10	15	2.61	15	2.57	15	2.35	15	3.20	15	2.93	15	3.40	
		25	3.95	25	3.92	25	3.21	25	2.54	25	2.75	25	3.14	25	2.60	25	2.66	25	2.61	25	2.78	25	3.09	25	3.54	
	1995	5	3.69	5	3.90	5	3.92	5	3.40	5	2.84	5	2.93	5	3.95	5	4.16	5	4.06	5	3.55	5	2.64	5	2.92	3.49
		15	3.78	15	3.82	15	3.85	15	3.23	15	2.82	15	3.26	15	4.07	15	4.14	15	3.92	15	3.22	15	2.70	15	3.05	
		25	3.83	25	3.92	25	3.74	25	2.88	25	2.79	25	3.74	25	4.14	25	4.10	25	3.75	25	2.85	25	2.82	25	3.15	
	1996	5	3.45	5	3.80	5	3.90	5	3.93	5	3.81	5	3.78	5	3.25	5	3.15	5	3.10	5	3.48	5	3.39	5	3.14	3.54
		15	3.61	15	3.82	15	3.91	15	3.84	15	3.84	15	3.73	15	3.27	15	3.05	15	3.15	15	3.63	15	3.15	15	3.40	
		25	3.72	25	3.86	25	3.96	25	3.79	25	3.89	25	3.74	25	3.28	25	3.10	25	3.13	25	3.68	25	2.90	25	3.67	
83-14	1990	1	29.09	1	29.00	1	29.00	1	29.00	1	29.00	1	29.00	1	29.00	1	26.90	1	27.25	1	30.00	1	30.00	1	30.00	29.12
		5	29.00	5	29.00	5	29.00	5	29.00	5	29.00	5	29.00	5	29.00	5	27.00	5	29.80	5	30.14	5	30.00	5	30.00	
		10	29.00	10	29.00	10	29.00	10	29.00	10	29.00	10	29.00	10	29.00	10	27.00	10	29.85	10	29.90	10	30.00	10	30.00	
		15	29.00	15	29.00	15	29.00	15	29.00	15	29.00	15	29.00	15	29.00	15	26.90	15	29.88	15	30.10	15	30.00	15	30.00	
		20	29.00	20	29.00	20	29.00	20	29.00	20	29.00	20	29.00	20	29.00	20	26.90	20	29.89	20	30.10	20	30.00	20	30.00	
		25	29.00	25	29.00	25	29.00	25	29.00	25	29.00	25	29.00	25	29.00	25	27.00	25	29.90	25	30.00	25	30.00	25	30.00	
	1991	5		5	30.00	5		5	30.32	5	30.35	5	31.25	5	30.50	5	31.66	5	31.60	5	31.72	5	31.76	5	32.00	31.17
		15		15	30.00	15		15	30.39	15	30.49	15	30.45	15	30.54	15	31.63	15	31.72	15	31.72	15	31.79	15	32.00	
		25		25	30.00	25		25	31.39	25	30.55	25	30.47	25	31.60	25	31.80	25	31.75	25	31.74	25	32.00	25	32.00	

续表

点号	年份	日	1月水位	2月水位	3月水位	4月水位	5月水位	6月水位	7月水位	8月水位	9月水位	10月水位	11月水位	12月水位	年平均
83-14	1992	5	32.00	32.20	32.25	32.47	32.45	32.70	32.72	32.78	32.85	32.50	32.75	32.89	32.59
		15	32.20	32.20	32.40	32.50	32.49	32.73	32.75	32.82	32.87	32.55	32.83	32.90	
		25	32.20	32.20	32.45	32.54	32.52	32.75	32.72	32.90	32.92	32.50	32.87	33.00	
	1993	5	32.90	33.21	33.20		34.00	33.70	33.79	34.00	33.40	33.10	33.42	34.47	33.64
		15	33.00	33.24	33.25		34.50	33.75	33.83	34.10	33.45	33.10	33.45	34.49	
		25	33.20	33.27	33.30		34.57	33.79	33.95	34.00	33.49	33.17	33.49	34.51	
	1994	5	33.20		34.65	34.00	34.00	35.00	35.00	35.00		35.37	35.00	35.00	35.17
		15	34.43		34.71	34.00		35.10	35.40	35.30	35.32	35.32	35.35	35.52	
		25	34.43		34.80	33.47	38.00	35.15	35.45	35.35	35.34	35.35	35.53	35.57	
	1995	5	34.50	35.59	35.59	35.59	38.85	35.90	36.00	36.00	35.37	35.15	35.35	35.35	35.60
		15	35.47	35.63	36.00	35.60	35.60	36.00	36.00	36.00	35.12	35.30	35.30	35.35	
		25	35.50	35.65	36.20	35.60	35.62	36.00	36.00		34.30		35.35	35.40	
	1996	5	35.57				35.65	36.40	36.60	36.80		36.00	36.20	36.00	35.87
		15	35.40					36.50	36.60	36.80			36.10	36.00	
		25	35.40					36.60	36.60				36.00	36.20	
	1997	5	36.20	36.20	36.30	36.30	36.40								36.42
		15	36.20	36.20	36.30	36.40	36.50								
		25	36.20	36.30	36.30	36.40	36.50								
83-15	1990	1	30.69	29.78	29.79	29.79	27.79	28.78	26.78	27.78	31.67	30.78	30.98	30.82	29.62
		5	30.70	29.77	29.81	29.81	27.69	28.77	26.81	27.79	31.69	30.81	31.02	30.81	
		10	30.79	29.79	29.78	29.78	27.78	28.73	26.79	27.75	31.67	30.79	30.99	30.79	
		15	30.67	29.77	29.79	29.79	27.79	28.79	26.78	27.78	31.70	30.82	31.01	30.81	
		20	30.70	29.78	29.82	29.81	27.77	28.77	26.81	27.77	31.69	30.79	30.99	30.79	
		25	30.69	29.79	29.81	29.78	27.79	28.78	26.81	27.78	31.71	30.79	31.02	30.83	

续表

点号	年份	日	1月 水位	2月 水位	3月 水位	4月 水位	5月 水位	6月 水位	7月 水位	8月 水位	9月 水位	10月 水位	11月 水位	12月 水位	年平均
83-15	1991	5	31.50	30.82	30.81	31.00	31.00								30.85
		15	31.30	30.81	29.84	31.01	31.01								
		25	31.00	30.83	30.80	31.03	30.01								
	1992	5				35.81	35.72	34.70	34.65	34.58	36.20	34.65	34.80	34.82	34.98
		15				35.83	35.69	34.68	34.68	34.54	35.50	34.67	34.78	34.79	
		25				35.79	35.71	34.69	34.66	34.56	35.00	34.90	34.81	34.80	
	1993	5	35.40	35.80	35.82						36.33	36.60		37.33	35.83
		15	35.20	35.79	35.85						36.42	36.40		37.39	
		25	35.20	35.82	35.83						36.48	36.90		37.49	
	1994	5	37.50	38.15	38.90	38.70	38.91	39.73	38.93	39.03	39.01	38.72	37.20	38.25	38.69
		15	37.45	38.43	38.70	38.91	38.87	39.25	38.75	38.97	38.95	38.77	37.23	38.17	
		25	37.53	38.95	39.10	38.74	38.90	38.84	38.88	39.05	38.91	38.75	37.26	38.14	
	1995	5	38.50	38.25	38.35	38.23	38.65	38.64	38.75	38.85	干	36.00	36.20	36.04	37.91
		15	38.75	38.17	38.23	38.27	38.98	38.88	38.83	38.79	干	35.93	36.10	36.00	
		25	38.68	38.23	38.28	38.35	39.15	39.10	38.85	38.81	干	36.10	36.04	36.02	
	1996	5	35.98	35.96	36.20	36.32	36.85	36.81	36.70	38.80	34.10	34.20	34.10	34.30	35.87
		15	36.01	35.98	36.00	36.27	36.88	36.88	36.69	38.87	34.00	34.10	34.30	34.60	
		25	36.03	35.98	36.50	36.30	36.90	36.91	36.65	38.74	34.10	34.10	34.10	34.00	
83-16	1990	1	25.10	25.30	25.55	25.60	25.80	25.75	25.68	25.80	25.87	25.90	26.05	26.15	25.78
		5	25.15	25.34	25.55	25.62	25.75	25.80	25.70	25.85	25.88	25.90	26.07	26.18	
		11	25.18	25.40	25.55	25.65	25.68	25.80	25.77	25.85	25.88	25.95	26.10	26.20	
		15	25.22	25.50	25.58	26.66	25.70	25.78	25.80	25.85	25.88	26.00	26.15	26.22	
		21	25.20	25.58	25.60	25.68	25.72	25.76	25.85	25.85	25.90	26.03	26.15	26.25	
		25	25.22	25.70	25.60	25.70	25.75	25.73	25.85	25.85	25.90	26.05	26.15	26.28	

续表

点号	年份	1月 日	1月 水位	2月 日	2月 水位	3月 日	3月 水位	4月 日	4月 水位	5月 日	5月 水位	6月 日	6月 水位	7月 日	7月 水位	8月 日	8月 水位	9月 日	9月 水位	10月 日	10月 水位	11月 日	11月 水位	12月 日	12月 水位	年平均
83-16	1991	5	26.41	5	26.64	5	26.80	5	26.90	5	26.95	5	27.20	5	27.20	5	27.30	5	27.30	5	27.35	5	27.55	5	27.60	27.12
		15	26.40	15	26.74	15	26.90	15	26.90	15	27.00	15	27.00	15	27.25	15	27.30	15	27.30	15	27.40	15	27.60	15	27.70	
		25	26.48	25	26.80	25	26.90	25	26.95	25	27.15	25	26.85	25	27.30	25	27.30	25	27.30	25	27.50	25	27.55	25	27.68	
	1992	5	27.70	5	27.80	5	⟨37.90⟩	5	27.90	5	28.14	5	28.14	5	28.20	5	28.25									28.06
		15	27.70	15	27.85	15	⟨37.90⟩	15	28.05	15	28.15	15	28.14	15	28.20	15	28.30									
		25	27.80	25	27.90	25	⟨37.90⟩	25	28.10	25	28.14	25	28.15	25	28.30	25	28.28									
83-17	1990	1	41.07	1	41.21	1	41.48	1	41.52	1	41.68	1	41.72	1	41.86	1	42.12	1	42.09	1	42.32	1	42.41	1	42.67	41.91
		5	41.11	5	41.23	5	41.47	5	41.57	5	41.71	5	41.74	5	41.95	5	42.13	5	42.11	5	42.33	5	42.42	5	42.65	
		11	41.10	11	41.24	11	41.53	11	41.60	11	41.67	11	41.73	11	42.18	11	42.16	11	42.14	11	42.39	11	42.50	11	42.66	
		15	41.12	15	41.31	15	41.45	15	41.68	15	41.70	15	41.69	15	42.14	15	42.18	15	42.16	15	42.40	15	42.55	15	42.64	
		21	41.17	21	41.34	21	41.64	21	41.67	21	41.69	21	41.75	21	42.17	21	42.05	21	42.25	21	42.43	21	42.60	21	42.67	
		25	41.20	25	41.37	25	41.48	25	41.72	25	41.71	25	41.76	25	42.15	25	42.07	25	42.18	25	42.39	25	42.60	25	42.66	
	1991	5	42.69	5	42.66	5	42.91	5	43.45	5	43.19	5	43.24	5	43.25	5	43.98	5	44.05	5	44.09	5	44.36	5	44.41	43.58
		15	42.68	15	42.69	15	43.42	15	43.44	15	43.21	15	43.23	15	43.26	15	44.11	15	44.08	15	44.11	15	44.38	15	44.43	
		25	42.66	25	42.68	25	43.41	25	43.45	25	43.24	25	43.25	25	43.28	25	44.03	25	44.10	25	44.37	25	44.40	25	44.57	
	1992	5	44.49	5	44.42	5	44.97	5	45.20	5	45.55	5	45.10	5	45.09	5	45.95	5	45.40	5	45.82	5	45.93	5	46.58	45.47
		15	44.47	15	44.44	15	45.05	15	45.25	15	45.38	15	45.40	15	45.60	15	46.10	15	45.59	15	45.90	15	45.91	15	47.32	
		25	44.42	25	44.45	25	45.10	25	45.28	25	45.60	25	44.70	25	45.90	25	46.32	25	45.92	25	45.96	25	45.92	25	47.47	
	1993	5	47.48	5	47.66	5	47.71	5	47.81	5	48.20	5	48.45	5	48.61	5	48.72	5	49.48	5	49.09	5	49.14	5	49.20	48.52
		15	47.51	15	47.68	15	47.78	15	47.76	15	48.31	15	48.49	15	48.63	15	48.75	15	49.87	15	49.10	15	49.20	15	49.17	
		25	47.60	25	47.70	25	47.80	25	47.81	25	48.50	25	48.52	25	48.70	25	48.80	25	50.05	25	49.12	25	49.16	25	49.23	
	1994	5	49.21	5	49.29	5	49.35	5	49.53	5	49.67	5	50.10	5	50.14	5	50.98	5	49.20	5	49.10	5	49.00	5	49.70	49.64
		15	49.25	15	49.27	15	49.40	15	49.56	15	49.90	15	50.12	15	50.17	15	50.90	15	49.70	15	49.30	15	48.73	15	49.91	
		25	49.26	25	49.25	25	49.57	25	49.60	25	50.15	25	50.14	25	50.19	25	51.70	25	48.80	25	49.09	25	47.53	25	50.12	

续表

点号	年份	1月 日	1月 水位	2月 日	2月 水位	3月 日	3月 水位	4月 日	4月 水位	5月 日	5月 水位	6月 日	6月 水位	7月 日	7月 水位	8月 日	8月 水位	9月 日	9月 水位	10月 日	10月 水位	11月 日	11月 水位	12月 日	12月 水位	年平均
83-17	1995	5	50.14	5	50.48	5	51.50	5	52.00	5	52.50	5	53.00	5	51.00	5	52.51	5	51.48	5	51.22	5	51.65	5	51.58	51.76
		15	50.20	15	50.51	15	51.70	15	52.50	15	52.55	15	53.20	15	53.00	15	52.45	15	51.50	15	51.32	15	51.62	15	51.56	
		25	50.40	25	51.00	25	52.00	25	52.40	25	52.61	25	53.24	25	52.50	25	52.40	25	51.36	25	51.30	25	51.59	25	51.42	
	1996	5	51.65	5	51.71	5	51.50	5	51.90	5	52.37	5	52.41	5	52.42	5	52.45	5	52.36	5	52.43	5	52.45	5	52.42	52.21
		15	51.68	15	51.70	15	51.70	15	52.00	15	52.40	15	52.39	15	52.43	15	52.47	15	52.40	15	52.40	15	52.41	15	52.43	
		25	51.70	25	51.75	25	52.00	25	52.10	25	52.42	25	52.40	25	52.45	25	52.48	25	52.41	25	52.44	25	52.38	25	52.45	
	1997	5	52.39	5	52.40	5	52.41	5	52.18	5	51.90	5	51.94	5	52.00	5	51.83									52.16
		15	52.37	15	52.41	15	52.45	15	52.95	15	51.92	15	51.96	15	51.91	15	51.79									
		25	52.38	25	52.39	25	52.43	25	51.80	25	51.94	25	51.97	25	51.93											
83-20	1990	5	1.55	5	1.60	5	1.60	5	1.63	5	1.56	5	1.53	5	1.45	5	1.50	5	1.57	5	1.60	5	1.70	5	1.70	1.58
		15	1.57	15	1.58	15	1.62	15	1.60	15	1.50	15	1.45	15	1.47	15	1.45	15	1.53	15	1.63	15	1.71	15	1.73	
		25	1.60	25	1.55	25	1.60	25	1.57	25	1.51	25	1.37	25	1.50	25	1.58	25	1.50	25	1.70	25	1.73	25	1.75	
	1991	5	1.73	5	1.55	5	1.25	5	1.20			5	1.13	5	1.40	5	1.23	5	1.20	5	1.14	5	1.53	5	1.63	1.39
		15	1.75	15	1.53	15	1.23	15	1.20			15	1.00	15	1.50	15	1.32	15	1.03	15	1.50	15	1.43	15	1.67	
		25	1.72	25	1.50	25	1.20	25	1.20			25	1.50	25	1.48	25	1.31	25	1.36	25	1.16	25	1.60	25	1.65	
	1992	5	1.58	5	1.62	5	1.53	5	1.47	5	1.25	5	1.53	5	1.43	5	1.52	5	1.37	5	1.28	5	1.38	5	1.56	1.42
		15	1.54	15	1.55	15	1.45	15	1.52	15	1.37	15	1.22	15	1.32	15	1.54	15	1.15	15	1.24	15	1.47	15	1.60	
		25	1.72	25	1.58	25	1.42	25	1.45	25	1.22	25	1.44	25	1.47	25	1.35	25	0.83			25	1.47	25	1.54	
	1993	5	1.54	5	1.56	5	1.58	5	1.49	5	1.55	5	1.45	5	1.47	5	1.52									1.50
		15	1.52	15	1.54	15	1.60	15	1.47	15	1.48	15	1.48	15	1.38	15	1.54									
		25	1.48	25	1.53	25	1.60	25	1.52	25	1.48	25	1.52	25	1.38	25	1.42									
83-21	1990	5		5	10.62	5	10.69	5	10.61	5	10.97	5	10.67	5	10.47			5	11.07	5	11.17	5	10.38	5	10.54	10.64
		15		15	10.60	15	10.87	15	10.77	15	10.87	15	10.77	15	10.57			15	10.17	15	10.22	15	10.45	15	10.62	
		25		25	10.61	25	10.67	25	11.37	25	10.87	25	10.57	25	10.29			25	10.07	25	10.29	25	10.67	25	10.68	

续表

点号	年份	1月 日	1月 水位	2月 日	2月 水位	3月 日	3月 水位	4月 日	4月 水位	5月 日	5月 水位	6月 日	6月 水位	7月 日	7月 水位	8月 日	8月 水位	9月 日	9月 水位	10月 日	10月 水位	11月 日	11月 水位	12月 日	12月 水位	年平均
83-21	1991	5	10.40	5	10.82	5	10.82	5	10.77	5	10.78	5	10.66	5	10.46	5	10.27	5	10.27	5	10.14	5	10.37	5	10.46	10.52
		15	10.73	15	10.83	15	10.92	15	10.73	15	10.74	15	10.55	15	10.37	15	10.26	15	9.77	15	10.22	15	10.67	15	10.52	
		25	10.77	25	10.84	25	10.78	25	10.76	25	10.73	25	10.53	25	10.34	25	10.22	25	10.08	25	10.22	25	10.46	25	10.55	
	1992	5	10.59	5	10.68	5	10.56	5	10.72	5	10.79	5	10.80	5	10.57	5	10.39	5	10.17	5	9.98	5	9.18	5	10.40	10.41
		15	10.68	15	10.64	15	10.69	15	10.78	15	10.89	15	10.67	15	10.47	15	10.32	15	10.10	15	10.09	15	9.27	15	10.43	
		25	10.70	25	10.57	25	10.68	25	10.87	25	10.77	25	10.59	25	10.38	25	10.34	25	9.99	25	10.13	25	9.35	25	10.49	
	1993	5	10.88	5	10.92	5	10.87	5	11.07	5	11.05	5	10.89	5	10.66	5	10.57	5	10.37	5	10.27	5	10.42	5	10.47	10.70
		15	10.87	15	10.82	15	10.95	15	11.02	15	11.02	15	10.80	15	10.50	15	10.42	15	10.22	15	10.37	15	10.52	15	10.67	
		25	10.77	25	10.97	25	11.07	25	11.05	25	10.98	25	10.74	25	10.47	25	10.32	25	10.42	25	10.44	25	10.57	25	10.77	
	1994	5	11.97	5	11.02	5	11.15	5	11.25	5	11.17	5	11.15	5	10.67	5	10.47	5	10.37	5	10.35	5	10.67	5	10.72	10.83
		15	10.92	15	10.87	15	11.12	15	11.19	15	11.15	15	10.93	15	10.63	15	10.49	15	10.33	15	10.42	15	10.57	15	10.67	
		25	11.07	25	11.07	25	11.17	25	11.11	25	11.11	25	10.87	25	10.75	25	10.46	25	10.31	25	10.47	25	10.59	25	10.66	
	1995	5	10.70	5	11.04	5	11.00	5	11.17	5	11.25	5	11.17	5	10.95	5	10.80	5	10.95	5	10.64	5	11.07	5	10.89	10.99
		15	10.72	15	11.12	15	11.07	15	11.10	15	11.27	15	11.07	15	11.07	15	10.87	15	10.77	15	10.67	15	10.85	15	10.94	
		25	10.91	25	11.02	25	11.05	25	11.22	25	11.23	25	11.17	25	10.89	25	11.87	25	10.60	25	10.72	25	10.89	25	11.04	
	1996	5	11.12	5	11.23	5	11.19	5	11.27	5	11.24	5	11.10	5	10.99	5	10.80	5	10.45	5	10.81	5	10.46	5	10.57	10.95
		15	11.19	15	11.25	15	11.31	15	11.31	15	11.29	15	11.03	15	10.90	15	10.77	15	10.47	15	10.90	15	10.47	15	10.62	
		25	11.32	25	11.19	25	11.22	25	11.23	25	11.37	25	11.23	25	10.80	25	10.85	25	10.48	25	10.75	25	10.49	25	10.67	
	1997	5	10.72	5	10.83	5	10.97	5	11.02	5	11.12	5	11.60	5	10.79	5	9.49	5									10.98
		15	10.73	15	10.87	15	10.99	15	11.07	15	11.19	15	11.65	15	10.95	15	10.25	15		15		15		15		
		25	10.80	25	10.97	25	11.02	25	11.12	25	11.10	25	12.05	25	11.27											
83-22	1990	5	26.28	5	26.28	5	26.32			5	26.27	5	26.38	5	26.28	5	26.22	5	26.31	5	26.30	5	26.32	5	26.35	26.30
		15	26.28	15	26.32	15	26.32			15	26.27	15	26.28	15	26.26	15	26.22	15	26.35	15	26.28	15	26.35	15	26.35	
		25	26.18	25	26.32	25	26.27			25	26.28	25	26.28	25	26.22	25	26.31	25	26.32	25	26.32	25	26.35	25	26.32	

续表

点号	年份	1月日	1月水位	2月日	2月水位	3月日	3月水位	4月日	4月水位	5月日	5月水位	6月日	6月水位	7月日	7月水位	8月日	8月水位	9月日	9月水位	10月日	10月水位	11月日	11月水位	12月日	12月水位	年平均
83-22	1991	5	26.32	5	26.31	5	26.26	5	26.28	5	26.32	5	26.32	5	26.28	5	26.28	5	26.28	5	26.27	5	26.26	5	26.25	26.28
		15	26.32	15	26.28	15	26.25	15	26.32	15	26.28	15	26.32	15	26.28	15	26.28	15	26.28	15	26.27	15	26.25	15	26.28	
		25	26.31	25	26.24	25	26.26	25	26.32	25	26.28	25	26.29	25	26.25	25	26.25	25	26.27	25	26.25	25	26.25	25	26.28	
	1992	5	26.31	5	26.33	5	26.34	5	26.33	5	26.32	5	26.30	5	26.30	5	26.39	5	26.40	5	26.38	5	26.28	5	26.28	26.33
		15	26.33	15	26.34	15	26.35	15	26.33	15	26.33	15	26.30	15	26.35	15	26.38	15	26.40	15	26.35	15	26.28	15	26.28	
		25	26.35	25	26.34	25	26.35	25	26.32	25	26.32	25	26.28	25	26.38	25	26.38	25	26.42	25	26.28	25	26.30	25		
	1993	5		5	26.20	5	26.35	5	26.34	5	26.32	5	26.34	5	26.37	5	26.42	5		5	26.48	5	26.42	5	26.48	26.37
		15	26.27	15	26.25	15	26.35	15	26.34	15	26.33	15	26.34	15	26.40	15	26.43	15		15	26.48	15	26.45	15	26.48	
		25	26.25	25	26.28	25	26.33	25	26.32	25		25	26.35	25	26.40	25	26.45	25		25	26.49	25	26.48	25	26.45	
	1994	5	26.45	5	26.43	5	26.42	5		15	26.50	5	26.60	5	26.60	5	26.58	5	26.56	5	26.56	5	26.59	5	26.60	26.53
		15	26.45	15	26.43	15	26.40	15	26.60	25	26.52	15	26.63	15	26.58	15	26.58	15	26.56	15	26.58	15	26.56	15	26.58	
		25	26.43	25	26.42	25	26.40	25	26.62	5	26.58	25	26.63	25	26.59	25	26.50	25	26.58	25	26.58	25	26.56	25	26.58	
	1995	5	26.58	5	26.48	5	26.64	5	26.55	15	26.48	5	26.42	5	26.55	5	26.60	5	26.48	5	26.48	5	26.45	5	26.45	26.51
		15	26.55	15	26.55	15	26.58	15	26.36	25	26.48	15	26.40	15	26.55	15	26.55	15	26.45	15	26.45	15	26.48	15	26.45	
		25	26.42	25	26.60	25	26.58	25	26.38	5	26.42	25	26.36	25	26.60	25	26.60	25	26.45	25	26.46	25	26.48	25	26.47	
	1996	5	26.42	5		5	26.41	5	26.35	15	26.35	5	26.35	5		5		5	26.40	5	20.45	5	20.40	5	24.40	24.22
		15	26.40	15		15	26.39	15	24.06	25	26.68	15	26.61	15	20.39	15	20.30	15	26.40	15	20.43	15	20.41	15	24.42	
		25	26.47	25		25	26.40	25	24.05	5	26.68	25	26.68	25	20.36	25		25	26.41	25	20.45	25	20.40	25	24.42	
	1997	5	24.32	5	24.42	5	24.45	5	21.40	15	20.40	5	20.40	5	20.35	5		15	20.40	5		5		5		22.21
		15	24.30	15	24.40	15	24.40	15		25	20.42	15	20.39	15	30.27	15		25	20.41	15		15		15		
		25	24.30	25	20.34	25	24.40	25		5	20.40	25	20.40	25	30.26	25		5		25		25		25		
83-23	1990	5	30.27	5	30.28	5	30.27	5	30.27	15	30.27	5	30.28	5	30.25	5	30.27	15	30.28	5	30.27	5	30.28	5	30.27	30.27
		15	30.28	15	30.27	15	30.28	15	30.28	25	30.27	15	30.28	15	30.27	15	30.26	25	30.28	15	30.28	15	30.27	15	30.26	
		25	30.27	25	30.27	25	30.28	25	30.28	5	30.26	25	30.27	25	30.26	25	30.27		30.29	25	30.27	25	30.27	25	30.26	

续表

点号	年份	日	1月水位	日	2月水位	日	3月水位	日	4月水位	日	5月水位	日	6月水位	日	7月水位	日	8月水位	日	9月水位	日	10月水位	日	11月水位	日	12月水位	年平均
83-23	1991	5	30.26	5	30.27	5	30.27	5	30.28	5	30.26	5	30.27	5	30.27	5	30.28	5	30.19	5	30.19	5	30.19	5	30.19	30.24
		15	30.27	15	30.27	15	30.27	15	30.27	15	30.27	15	30.27	15	30.27	15	30.27	15	30.20	15	30.20	15	30.19	15	30.18	
		25	30.26	25	30.28	25	30.28	25	30.26	25	30.28	25	30.28	25	30.28	25	30.20	25	30.21	25	30.19	25	30.18	25	30.19	
	1992	5	30.18	5	30.20	5	30.70	5	30.39	5	30.38	5	30.41	5	30.40	5	30.40	5	30.40	5	30.40	5	30.40	5	30.41	30.39
		15	30.19	15	30.19	15	30.71	15	30.42	15	30.40	15	30.39	15	30.39	15	30.41	15	30.41	15	30.39	15	30.39	15	30.40	
		25	30.19	25	30.18	25	30.70	25	30.40	25	30.41	25	30.40	25	30.40	25	30.39	25	30.42	25	30.40	25	30.39	25	30.39	
	1993	5	30.41	5	30.39	5	30.40	5	30.39	5	30.40	5	30.40	5	30.39	5	30.40	5	30.42	5	30.40	5	30.41	5	30.41	30.40
		15	30.40	15	30.40	15	30.39	15	30.40	15	30.41	15	30.39	15	30.40	15	30.39	15	30.42	15	30.42	15	30.40	15	30.40	
		25	30.40	25	30.40	25	30.38	25	30.39	25	30.41	25	30.40	25	30.38	25		25	30.39	25	30.41	25	30.40	25	30.41	
	1994	5	30.41	5	30.40	5	30.41	5	30.40	5	30.40	5	30.41	5	30.40	5		5	30.40	5	30.42	5	30.41	5	30.40	30.40
		15	30.41	15	30.41	15	30.40	15	30.40	15		15	30.40	15	30.38	15	30.39	15	30.41	15	30.41	15	30.41	15	30.41	
		25	30.42	25	30.39	25	30.41	25	30.39	25	30.40	25	30.41	25	30.41	25		25		25	30.42	25	30.41	25	30.40	
	1995	5	30.41	5	30.40	5	30.41	5	30.41	5	30.40	5	30.42	5	30.42	5	30.39	5	30.41	5	30.41	5	30.41	5	30.41	30.41
		15	30.40	15	30.41	15	30.40	15	30.42	15	30.41	15	30.40	15	30.41	15	30.43	15	30.42	15	30.40	15	30.42	15	30.42	
		25	30.41	25	30.41	25	30.42	25	30.40	25	30.40	25		25	30.41	25	30.43	25	30.40	25	30.41	25	30.40	25	30.41	
	1996	5		5		5		5		5		5		5		5		5		5	39.71	5	39.91	5		39.84
		15		15		15		15		15		15		15		15		15		15	39.79	15	39.95	15		
		25		25		25		25		25		25		25		25		25		25	39.83	25	39.82	25		
83-33	1990	5	6.58	5	6.49	5	6.42	5	6.20	5	6.25	5	6.15	5	5.35	5	6.15	5	6.19	5	6.25	5	6.20	5	6.17	6.17
		15	6.62	15	6.52	15	6.25	15	6.25	15	5.75	15	5.80	15	6.05	15	6.08	15	6.20	15	6.35	15	6.15	15	6.15	
		25	6.49	25	6.44	25	6.10	25	6.25	25	5.64	25	5.63	25	6.10	25	6.16	25	6.17	25	6.30	25	6.15	25	6.16	
	1991	5	6.50	5	6.65	5	6.62	5	6.60	5	6.47	5	6.10	5	6.52	5	6.45	5	6.30	5	6.55	5	6.75	5	6.60	6.44
		15	6.45	15	6.60	15	6.60	15	6.67	15	6.40	15	5.30	15	6.53	15	6.48	15	6.10	15	6.55	15	6.65	15	6.64	
		25	6.55	25	6.62	25	5.70	25	6.57	25	6.30	25	6.50	25	6.50	25	6.10	25	6.30	25	6.75	25	6.45	25	6.50	

续表

点号	年份	1月 日	1月 水位	2月 日	2月 水位	3月 日	3月 水位	4月 日	4月 水位	5月 日	5月 水位	6月 日	6月 水位	7月 日	7月 水位	8月 日	8月 水位	9月 日	9月 水位	10月 日	10月 水位	11月 日	11月 水位	12月 日	12月 水位	年平均
83-33	1992	5	6.30	5	6.40	5	6.35	5	6.41	5	6.43	5	6.31	5	6.40	5	6.36	5	6.05	5	5.90	5	6.35	5	6.35	6.28
		15	6.30	15	6.45	15	6.40	15	6.41	15	6.40	15	6.21	15	6.20	15	6.33	15	5.70	15	6.10	15	6.45	15	6.35	
		25	6.35	25	6.50	25	6.40	25	6.45	25	6.35	25	6.00	25	6.35	25	6.15	25	5.45	25	6.45	25	6.40	25	6.45	
	1993	5	6.45	5	6.45	5	6.25	5	6.25	5	6.25	5	6.20	5	6.16	5	6.15	5	6.20	5	6.45	5	6.25	5	6.40	6.28
		15	6.40	15	6.30	15	6.30	15	6.30	15	6.20	15	6.15	15	6.15	15	6.20	15	6.35	15	6.30	15	6.30	15	6.35	
		25	6.47	25	6.30	25	6.35	25	6.30	25	6.25	25	6.20	25	5.95	25	6.05	25	6.40	25	6.20	25	6.35	25	6.40	
	1994	5	6.55	5	6.35	5	6.40	5	7.65	5	6.70	5	6.70	5	6.25	5	6.30	5	6.35	5	6.50	5	6.35	5	6.40	6.50
		15	6.50	15	6.37	15	6.30	15	7.15	15	6.70	15	6.35	15	6.00	15	6.50	15	6.95	15	6.25	15	6.20	15	6.45	
		25	6.52	25	6.40	25	6.65	25	6.88	25	6.85	25	6.15	25	6.05	25	6.55	25	6.55	25	6.30	25	6.30	25	6.45	
	1995	5	6.35	5	6.40	5	6.60	5	6.73	5	6.25	5	6.85	5	7.25	5	7.37	5	7.05	5	7.00	5	6.95	5	7.15	6.84
		15	6.45	15	6.55	15	6.65	15	6.85	15	6.55	15	6.95	15	7.45	15	7.15	15	7.05	15	6.95	15	7.00	15	7.20	
		25	6.50	25	6.63	25	6.70	25	6.05	25	6.15	25	7.15	25	7.15	25	7.10	25	7.00	25	6.75	25	7.15	25	7.20	
	1996	5	7.20	5	6.75	5	6.65	5	6.25	5	7.45	5	6.25	5	6.50	5	6.00	5	6.30	5	6.15	5	6.10	5	6.00	6.53
		15	7.10	15	6.70	15	6.55	15	7.65	15	7.25	15	6.25	15	6.60	15	6.40	15	6.25	15	6.15	15	6.05	15	6.05	
		25	7.00	25	6.65	25	6.40	25	7.45	25	6.85	25	6.55	25	6.60	25	6.50	25	6.35	25	6.20	25	5.85	25	6.15	
	1997	5	6.35	5	6.45	5	6.30	5	6.20	5	6.30	5	6.50	5	6.65	5	7.02	5	6.25	5		5		5		6.51
		15	6.55	15	6.35	15	6.25	15	6.20	15	6.45	15	6.63	15	6.85	15	7.02	15	6.35	15		15		15		
		25	6.45	25	6.30	25	6.25	25	6.25	25	6.45	25	6.65	25	6.85	25	7.10	25		25		25		25		
长6	1990	5	31.18	5	31.12	5	31.15	5	31.12	5	31.10	5	31.05	5	30.92	5	30.91	5	30.92	5	30.92	5	31.00	5		31.05
		15	31.25	15	31.10	15	31.18	15	31.08	15	31.09	15	31.02	15	30.89	15	30.95	15	30.94	15	30.91	15	31.16	15		
		25	31.18	25	31.12	25	31.23	25	31.06	25	31.07	25	30.98	25	30.86	25	30.94	25	30.96	25	30.93	25	31.30	25		
	1991	5	32.70	5	32.70	5	32.33	5	32.63	5	32.97	5	33.25	5	33.28	5	33.32	5	33.28	5	32.98	5	32.99	5	33.17	33.00
		15	32.87	15	32.35	15	32.37	15	32.75	15	33.09	15	33.26	15	33.27	15	33.31	15	33.19	15	32.97	15	33.05	15	33.32	
		25	32.80	25	32.81	25	32.53	25	32.87	25	33.18	25	33.27	25	33.29	25	33.30	25	33.10	25	33.10	25	33.14	25	33.38	

续表

点号	年份	日	1月 水位	2月 水位	3月 水位	4月 水位	5月 水位	6月 水位	7月 水位	8月 水位	9月 水位	10月 水位	11月 水位	12月 水位	年平均
长6	1992	5	33.40	33.53	33.97	34.08	34.29	34.40	34.55	34.65	34.68	34.70	34.77	34.70	34.35
		15	33.49	33.70	33.99	34.15	34.31	34.45	34.62	34.62	34.64	34.69	34.82	34.63	
		25	33.50	33.78	33.95	34.24	34.39	34.50	34.66	34.69	34.69	34.77	34.84	34.60	
	1993	5	34.46	33.60	33.80	34.00	34.11	33.99	34.04	34.04	34.06	34.00	33.80	33.50	33.93
		15	34.22	33.80	33.90	34.08	34.13	33.98	34.07	34.01	34.05	33.98	33.75	33.46	
		25	33.90	33.70	33.85	34.07	34.09	33.97	34.02	34.07	34.01	33.96	33.73	33.41	
	1994	5	33.40	33.45	33.26	33.00	33.00	33.24	33.40	33.30	33.30	32.90	32.75	32.80	33.14
		15	33.45	33.50	33.12	32.95	33.10	33.29	33.30	33.40	33.25	32.85	32.80	32.90	
		25	33.40	33.39	32.29	33.59	33.20	33.33	33.28	33.40	33.00	32.80	32.75	32.90	
	1995	5	32.95	33.20	33.30		33.50					36.88	36.96	37.80	35.02
		15	33.50	33.25	33.35		33.58				40.05	36.80	37.80	37.18	
		25	33.10	33.30	33.45		33.67				39.90	36.80	37.80	37.18	
	1996	5	37.20								39.70	39.70	39.45		39.01
		15	37.20									39.60	39.30		
		25	37.30									39.50	39.20		
	1997	5	39.10	39.10	39.10	39.05			39.15					41.30	39.66
		15	39.10	39.10	39.05	39.00			39.25		41.07	42.28	41.55		
		25		39.10	39.10	39.00			39.40						
长8	1990	5	32.20	32.49		31.40	30.11	29.75	30.04	29.68	29.81	31.00	32.12	32.76	31.12
		15	32.35	32.55		31.20	30.02	30.03	30.02	29.59	30.20	31.39	32.39	32.86	
		25	32.41	32.50		31.01	29.82	30.08	29.92	29.56	30.59	31.62	32.64	32.95	
	1991	5	32.99	32.33	33.50	33.61	33.37	33.51	33.13	33.57	33.79	33.83			33.48
		15	33.13	33.37	33.57	33.65	33.40	32.95	33.31	33.65	33.72	33.85			
		25	33.22	33.44	33.59	33.54	33.54	33.04	33.42	33.71	33.76	33.84			

续表

点号	年份	1月 日	1月 水位	2月 日	2月 水位	3月 日	3月 水位	4月 日	4月 水位	5月 日	5月 水位	6月 日	6月 水位	7月 日	7月 水位	8月 日	8月 水位	9月 日	9月 水位	10月 日	10月 水位	11月 日	11月 水位	12月 日	12月 水位	年平均
长8	1992	5	干	5	干	5	干	5	33.85	5	33.87	5	干	5	干	5	干	5	32.80	5	32.59	5	31.35	5	31.52	32.64
		15	干	15	干	15	33.90	15	33.82	15	33.94	15	干	15	干	15	干	15	32.76	15	31.76	15	31.29	15	31.62	
		25	干	25	干	25	33.81	25	33.85	25	干	25	干	25	干	25	干	25	32.73	25	31.55	25	31.36	25	31.85	
	1993	5	31.88	5	32.19	5	32.61	5	32.89	5	33.01	5	32.54	5	32.34	5	31.51	5	30.65	5	30.04	5	30.07	5	30.78	31.73
		15	32.00	15	32.32	15	32.73	15	32.93	15	32.98	15	32.62	15	32.22	15	31.27	15	30.49	15	29.91	15	30.28	15	31.05	
		25	32.10	25	32.64	25	32.89	25	33.03	25	32.85	25	32.47	25	31.93	25	31.05	25	30.21	25	29.92	25	30.54	25	31.27	
	1994	5	31.57	5	32.39	5	32.91	5	33.32	5	33.49	5	33.51	5	33.58	5	33.73	5	33.82	5	33.94	5	33.95	5	33.95	33.41
		15	31.83	15	32.57	15	33.08	15	33.41	15	33.51	15	33.49	15	33.59	15	33.79	15	33.89	15	33.83	15	33.95	15	33.95	
		25	32.00	25	32.78	25	33.18	25	33.53	25	33.54	25	33.50	25	33.62	25	33.88	25	33.90	25	33.92	25	33.95	25	33.95	
	1995	5	33.95	5	33.95	5	33.95	5		5		5		5		5		5	33.48	5	33.68	5	33.72	5	33.83	33.82
		15	33.93	15	33.95	15	33.95	15		15	34.30	15	34.05	15	34.15	15	34.10	15	33.58	15	33.75	15	33.74	15	33.88	
		25	33.93	25	33.95	25	33.92	25	33.95	25	34.05	25	34.15	25	34.10	25	34.15	25	33.58	25	33.75	25	33.76	25	33.90	
	1996	5	33.95	5	33.95	5	33.95	5	33.95	5	34.00	5	34.15	5	34.10	5	33.95	5	33.90	5	33.80	5	33.70	5	32.80	33.82
		15	33.90	15	34.00	15	33.95	15	33.90	15	32.60	15	33.35	15	33.45	15	33.60	15	33.80	15	33.75	15	33.50	15	32.50	
		25	33.90	25	33.95	25	33.90	25	33.90	25	32.90	25	33.40	25	33.45	25	33.65	25	33.80	25	33.75	25	33.20	25	32.50	
	1997	5	32.30	5	32.20	5	32.10	5	32.30	5	33.35	5	33.40	5	33.50	5	33.65	5		5		5		5		32.80
		15	32.30	15	32.20	15	32.10	15	32.30	15	21.35	15	20.80	15	17.65	15	18.75	15		15		15		15		
		25	32.20	25	32.20	25	32.10	25	32.50	25		25		25		25		25		25		25		25		
A162	1991	5	21.31	5	21.68	5	22.25	5	22.45	5	21.06	5	20.80	5	17.62	5	19.50	5	19.25	5	19.10	5	20.70	5	21.15	20.63
		15	21.50	15	21.80	15	22.37	15	22.35	15	21.06	15	20.80	15	17.62	15	19.50	15	19.10	15	19.25	15	20.90	15	21.23	
		25	21.67	25	22.05	25	22.55	25	21.85	25	20.84	25	20.70	25	18.60	25	19.60	25	19.00	25	19.50	25	21.00	25	21.30	
	1992	5	21.35	5		5		5		5		5		5		5		5		5	18.93	5	17.98	5	18.56	19.19
		15	21.37	15		15		15		15		15		15		15		15		15	18.28	15	18.48	15	18.73	
		25	21.40	25		25		25		25		25		25		25		25		25	17.95	25	18.40	25	18.90	

续表

第一章　西安市

点号	年份	日	1月 水位	2月 水位	3月 水位	4月 水位	5月 水位	6月 水位	7月 水位	8月 水位	9月 水位	10月 水位	11月 水位	12月 水位	年平均
A162	1993	5	18.80	19.70	21.15	21.40	20.00	18.02	17.85	17.85	17.57	19.00	19.90	21.08	19.51
		15	19.50	20.35	21.52	21.15	20.00	17.80	18.00	17.54	17.82	19.24	20.40	21.56	
		25	19.76	20.80	21.85	20.72	18.90	17.60	17.67	17.70	18.35	19.45	20.72	21.78	
	1994	5	22.00	22.67	23.19	23.10	21.25	20.80	20.72	20.32	20.30	19.80	20.55	21.15	21.31
		15	22.25	22.85	23.50	22.75	20.82	20.90	20.65	20.35	19.52	20.25	20.80	21.30	
		25	22.52	23.04	23.50	22.12	20.70	20.63	20.53	20.35	19.20	20.35	20.90	21.40	
	1995	5	21.65	21.51	22.22	23.00	21.60	20.42	21.25	22.40	23.40	24.10	24.77	25.40	22.71
		15	21.50	21.85	22.45	23.30	20.05	19.45	21.60	22.80	23.63	24.30	24.94	25.58	
		25	21.34	22.10	22.88	22.50	20.35	20.80	22.00	23.20	23.90	24.50	25.12	25.72	
	1996	5	25.90	26.20	26.60	26.87	27.00	26.80	22.82	22.22	20.05	20.32	20.46	20.00	23.58
		15	25.97	26.31	26.70	26.90	27.04	25.15	22.62	21.50	19.90	20.60	20.12	20.20	
		25	26.02	26.42	26.80	26.95	27.10	23.70	22.65	20.23	20.05	20.70	19.75	20.40	
GX2	1992	5	82.94	82.40	81.96	80.12								82.33	82.22
		15	82.79	81.90	81.83	80.38							82.11	82.27	
		25	82.71	82.04	79.80									82.17	
	1993	5							83.70	90.36	91.72	89.13	84.36	82.65	81.72
		15							88.12	90.95	91.25	88.85	81.77	82.40	
		25							93.25	91.76	90.33	87.00	81.55		
	1994	5	85.93	86.15	90.55	90.10	90.68	90.18	93.32	90.36	88.75	88.55	90.45	90.17	87.24
		15	86.18	89.04	91.45	90.94	91.50	91.35	93.32	89.59	88.39	88.64	89.94	89.25	
		25	86.43	89.20	91.78	89.84	91.66	91.80	90.60	90.02	91.29	90.72	89.70	89.07	
	1995	5													89.91

续表

点号	年份	日	1月 水位	2月 水位	3月 水位	4月 水位	5月 水位	6月 水位	7月 水位	8月 水位	9月 水位	10月 水位	11月 水位	12月 水位	年平均
GX2	1996	5	88.92	92.25	87.18	85.34	87.64	88.13	90.49	90.98	88.68	88.10	87.75	89.52	88.91
		15	89.00	88.84	87.30	86.65	88.30	91.00	89.15	90.65	88.60	87.82	87.67	89.35	
		25	88.88	88.38	87.45	87.74	91.48	91.18	91.18	89.52	88.19	87.77	87.83	91.90	
	1997	5	90.00	84.93	86.56	86.44		89.37	90.23	91.87	92.40	92.24	91.24	91.71	90.60
		10	90.82	88.15	86.94	86.61	89.04	89.52	90.40	91.91	93.79	91.77	91.09	91.70	
		14	89.90	89.08	87.50		89.40	89.61	90.63	92.24	92.86	91.77	91.10	91.79	
		20	89.90	89.08	87.50	87.54	89.31	89.67	90.65	92.30	92.51	91.64	91.40	92.01	
		26	91.79	90.80	87.50	87.54	89.31	89.80	91.29	92.54	92.40	91.41	91.21	92.08	
		30	91.82	90.80	90.94	90.65	90.51	89.80	91.41	92.39	92.44	91.06	91.40	92.39	
	1998	5	91.44	90.69	90.95	90.74	90.04	90.35	90.40	89.30	89.23	88.53	86.81	86.54	89.92
		10	92.14	86.65	91.28	90.70	90.19	90.80	89.81	89.39	88.77	87.96	86.79	86.79	
		15	92.06	86.83	87.36	88.13	89.75		89.36	89.50	89.19	87.30	86.50	86.61	
		20	91.79			88.74	89.98	91.19							
		25	91.82	87.11	87.51	88.74	90.11		89.75	90.80	90.84	90.40	〈93.90〉		
		30	91.44		87.50	88.70	89.40	89.36	90.43	90.77	91.12	91.14	93.90	95.14	
	1999	5	86.66				89.46	88.99	90.79	90.71	91.10	91.10	94.09	93.10	89.53
		10	86.85				89.61	88.87							
		15	86.74												
		20	86.76												
		25	86.58												
		30													
	2000	5	93.28	93.40		94.11	94.09			80.87	80.00	79.25	78.96	78.90	85.64
		15	93.50	93.09		93.34	94.30				79.81	79.28	78.80	78.96	
		25	93.81			93.77	94.16			79.40	79.25	78.90	78.86	79.00	

第二章 咸阳市

一、监测基本情况

咸阳市位于关中盆地中部,是陕西省以纺织、电子、机械等工业为主的中等工业城市,地下水是城市主要供水水源之一。长期大量开采地下水,导致地下水位持续下降、地面沉降、地裂缝等环境地质问题发生,严重影响了工农业生产和人民生活。

咸阳市地下水动态监测从 1986 年开始,监测区东起烟王村—长兴村东一线,南依西安市,西部与兴平市接壤,北部以高干渠为界,面积大约 160km²。本年鉴收录 1986—1995 年共 10 年监测数据,监测点 173 个,其中潜水监测点 74 个,承压水监测点 87 个,混合水监测点 7 个,河水监测点 5 个。

二、监测点分布图

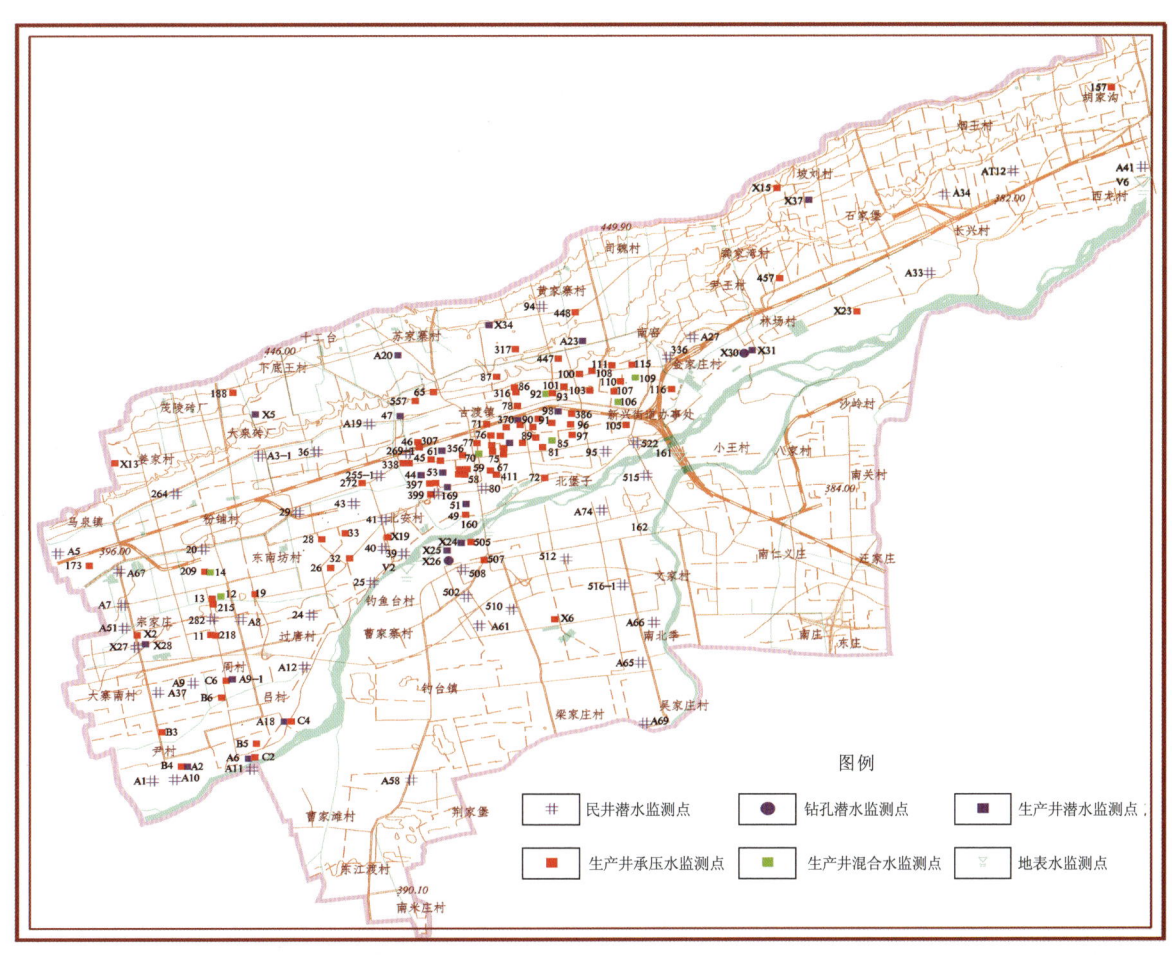

咸阳市地下水监测点分布示意图

三、监测点基本信息表

咸阳市地下水监测点基本信息表

序号	点号	位置	地面高程(m)	孔深(m)	地下水类型	地貌单元	页码
1	160	公路桥	390.76	\	河水	河床	421
2	161	市渭铁河水	387.60	\	河水	河床	422
3	162	沣河桥	\	\	河水	河床	423
4	V2	南安村南河水	387.17	\	河水	河床	424
5	V6	东龙村南渭河水	374.22	\	河水	河床	424
6	20	西橡路北	394.06	36.00	潜水	二级阶地	425
7	24	两寺渡八队	\	36.00	潜水	二级阶地	426
8	25	两寺渡五队	394.50	36.00	潜水	一级阶地	427
9	29	西宝公路四公里处	393.45	35.00	潜水	二级阶地	428
10	36	市建材厂	397.84	36.00	潜水	二级阶地	429
11	39	南安村	390.83	36.00	潜水	一级阶地	431
12	40	北安村西南	392.82	36.00	潜水	二级阶地	432
13	41	北安村北	391.86	36.00	潜水	二级阶地	433
14	43	沈家村菜地	391.42	36.00	潜水	二级阶地	434
15	44	造纸厂生活区	392.30	85.50	潜水	二级阶地	435
16	47	肖家村	401.01	80.00	潜水	二级阶地	435
17	51	自来水公司(6#)	386.20	88.88	潜水	一级阶地	436
18	52	自来水公司(5#)	388.49	79.22	潜水	一级阶地	437
19	53	西北棉纺二厂5#	390.27	75.00	潜水	二级阶地	438
20	61	西北棉纺二厂9#	391.37	78.00	潜水	二级阶地	439
21	70	国营第七棉纺织厂(1#)	387.22	140.00	潜水+承压水	一级阶地	440
22	74	市纺织机械厂	387.88	70.00	潜水	一级阶地	441
23	80	体育场菜地	\	30.00	潜水	一级阶地	442
24	85	国棉一厂14号	388.74	120.00	潜水+承压水	一级阶地	443
25	92	二纺配件厂	391.24	117.00	潜水+承压水	二级阶地	444
26	94	黄家寨村中	427.78	32.30	潜水	三级阶地	445
27	95	渭阳东路59号	386.75	10.00	潜水	一级阶地	445
28	98	陕棉八厂7#	388.67	95.00	潜水	二级阶地	445
29	106	七九五厂1#	386.03	100.00	潜水+承压水	二级阶地	446
30	109	石油钢管厂(生产区)	385.16	210.00	潜水+承压水	二级阶地	447

续表

序号	点号	位置	地面高程(m)	孔深(m)	地下水类型	地貌单元	页码
31	169	省纺织器材研究所西	\	35.00	潜水	二级阶地	449
32	255-1	彩电北转盘北	\	35.30	潜水	二级阶地	449
33	264	安查村	401.90	36.00	潜水	二级阶地	450
34	269-1	西北国棉二厂牛奶厂北路边	\	36.00	潜水	二级阶地	450
35	282	咸阳西橡北里路西民井	394.22	36.30	潜水	二级阶地	451
36	336	纸浆厂北路边	\	35.00	潜水	一级阶地	452
37	370	市印染厂北井	388.82	81.16	潜水	一级阶地	453
38	502	段家堡村东	387.07	35.50	潜水	一级阶地	454
39	508	陈阳寨西	387.14	36.00	潜水	一级阶地	455
40	510	省广播电台三台东	386.94	35.30	潜水	一级阶地	455
41	512	孔家寨村北	386.36	30.70	潜水	一级阶地	456
42	515	东堡子村北东	385.79	32.00	潜水	一级阶地	457
43	516-1	郭村东南路西边	385.46	31.50	潜水	一级阶地	458
44	522	咸阳古渡公园	383.25	34.50	潜水	一级阶地	459
45	A1	咸阳市秦都区渭滨乡尹家村	403.35	36.50	潜水	二级阶地	460
46	A2	咸阳市秦都区渭滨乡尹家村	401.53	57.50	潜水	二级阶地	460
47	A3-1	咸阳市秦都区马泉乡大泉五队	400.50	36.00	潜水	三级阶地	461
48	A5	咸阳市秦都区马泉乡马泉村	401.40	31.00	潜水	二级阶地	461
49	A6	咸阳市西郊水源地	391.85	57.50	潜水	一级阶地	461
50	A7	咸阳市秦都区渭滨乡留印村	393.91	34.40	潜水	二级阶地	461
51	A8	咸阳市秦都区渭滨乡奤里村	395.34	33.00	潜水	二级阶地	461
52	A9	咸阳市秦都区渭滨乡周村二队	396.57	16.70	潜水	二级阶地	461
53	A9-1	周村东东井(西水生产井)	397.30	81.00	潜水	二级阶地	462
54	A10	咸阳市秦都区渭滨乡尹家东村	400.91	24.00	潜水	二级阶地	462
55	A11	咸阳市秦都区渭滨乡南营村	391.57	7.00	潜水	一级阶地	462
56	A12	咸阳市秦都区渭滨乡吕村东北	399.05	39.70	潜水	二级阶地	462
57	A18	咸阳市西郊水源地昌村南	391.51	53.00	潜水	一级阶地	463
58	A19	咸阳市秦都区古渡乡永安堡村	99.79	19.10	潜水	三级阶地	463
59	A20	苏家寨	430.12	90.00	潜水	三级阶地	463
60	A23	杜家堡北800m	418.60	100.00	潜水	三级阶地	463
61	A27	市古渡乡任家咀西南公路南	\	36.00	潜水	一级阶地	463
62	A33	长兴村南民井	377.92	15.00	潜水	高漫滩	464
63	A34	渭城区渭城乡摆旗寨村南	\	35.00	潜水	一级阶地	464
64	A37	咸阳市秦都区渭滨乡大寨村中	\	36.00	潜水	二级阶地	464

续表

序号	点号	位置	地面高程(m)	孔深(m)	地下水类型	地貌单元	页码
65	A41	东龙村	379.08	15.10	潜水	一级阶地	465
66	A51	秦都区渭滨乡宗家庄西北	\	28.00	潜水	二级阶地	465
67	A58	咸阳市秦都区王道村东北200m	390.11	17.00	潜水	高漫滩	465
68	A61	咸阳市秦都区沣西乡田家堡	388.07	25.00	潜水	一级阶地	466
69	A65	秦都区沣西乡马家庄西北	386.70	29.00	潜水	高漫滩	466
70	A66	咸阳市秦都区沣西乡文家村	386.12	18.40	潜水	高漫滩	466
71	A67	茂陵镇南约500m处	396.18	36.90	潜水	二级阶地	466
72	A69	咸阳市秦都区沣西乡吴家堡	388.12	26.80	潜水	高漫滩	467
73	A74	咸阳市秦都区沣西乡河南街	386.16	20.00	潜水	一级阶地	467
74	AT12	孙家北	\	34.00	潜水	一级阶地	467
75	X5	高庄	431.05	84.00	潜水	三级阶地	467
76	X24	制革厂专题孔北井	387.56	85.94	潜水	一级阶地	468
77	X25	制革厂专题孔中井	388.46	85.94	潜水	一级阶地	468
78	X26	制革厂专题孔南井	387.86	85.94	潜水	一级阶地	468
79	X27	秦都区渭滨乡宗家庄村西	393.51	46.00	潜水	二级阶地	468
80	X28	秦都区渭滨乡宗家庄村西	393.34	70.00	潜水	二级阶地	469
81	X30	十一公司矛制厂	380.70	61.66	潜水	高漫滩	469
82	X31	十一公司	\	60.00	潜水	高漫滩	469
83	X34	郭家寨村	\	70.00	潜水	三级阶地	470
84	X37	坡刘村东井	417.98	83.20	潜水	三级阶地	470
85	12	西橡北里站	393.71	92.00	潜水＋承压水	二级阶地	470
86	14	西橡厂内2#	395.38	89.00	潜水＋承压水	二级阶地	471
87	19	西橡水源地	395.54	185.00	承压水	二级阶地	472
88	26	彩电704院南井	392.04	230.66	承压水	二级阶地	474
89	33	彩电702	391.81	209.78	承压水	二级阶地	475
90	45	造纸厂3号	\	118.24	承压水	二级阶地	476
91	46	二毛1#	393.66	176.74	承压水	二级阶地	476
92	49	自来水公司(9#)	386.27	175.00	承压水	一级阶地	478
93	59	陕西第一毛纺织厂	388.46	150.00	承压水	二级阶地	479
94	65	咸阳氮肥厂生活区	419.31	287.00	承压水	三级阶地	480
95	67	国营第七棉纺织厂(2#)	388.31	176.00	承压水	一级阶地	480
96	72	渭滨公园	387.61	192.00	承压水	一级阶地	481
97	77	国营第七棉纺织厂	389.85	136.00	承压水	二级阶地	482
98	78	陕西省机械研究所	389.83	210.00	承压水	二级阶地	483
99	81	国棉一厂12号	388.25	141.00	承压水	一级阶地	484
100	82	国棉一厂10#	388.58	128.00	承压水	一级阶地	485
101	86	咸阳机器制造学校(北井)	395.00	150.75	承压水	二级阶地	486

续表

序号	点号	位置	地面高程(m)	孔深(m)	地下水类型	地貌单元	页码
102	87	咸阳陕西省农机所	411.63	210.00	承压水	三级阶地	487
103	89	国棉一厂1号	387.29	138.00	承压水	一级阶地	487
104	90	国棉一厂7号	388.60	127.75	承压水	一级阶地	488
105	91	国棉一厂15号	389.15	118.00	承压水	一级阶地	489
106	93	二纺配件厂	391.95	120.00	承压水	二级阶地	490
107	97	陕棉八厂8#	385.65	170.00	承压水	一级阶地	491
108	103	西藏民族学校	387.88	140.00	承压水	二级阶地	492
109	107	国营华星厂(2#)	386.22	151.27	承压水	二级阶地	493
110	110	国营华星厂(4#)	387.99	98.15	承压水	二级阶地	494
111	116	市肉联厂	383.90	120.00	承压水	一级阶地	495
112	157	陕西省畜牧兽医研究所	\	150.00	承压水	二级阶地	496
113	173	茂陵焊轨队	\	164.00	承压水	二级阶地	497
114	188	陈家台砖厂	\	150.00	承压水	三级阶地	497
115	209	西相生产区泵房西井	395.54	187.78	承压水	二级阶地	497
116	215	西北橡胶厂北里村南井	393.67	183.00	承压水	二级阶地	498
117	218	西相西里村中井	394.62	136.48	承压水	二级阶地	499
118	272	西电三公司南井	\	200.00	承压水	二级阶地	500
119	312	机械厂材料库	387.07	196.00	承压水	一级阶地	501
120	317	陕西省煤炭工业学校	419.32	190.00	承压水	三级阶地	502
121	339	造纸厂生产区	392.17	124.63	承压水	二级阶地	502
122	398	自来水公司14#	390.79	120.20	承压水	二级阶地	503
123	402	自来水公司11#	388.26	192.00	承压水	一级阶地	504
124	411	国棉七厂9#	387.36	170.00	承压水	一级阶地	504
125	457	陕西玻璃厂	\	248.18	承压水	一级阶地	505
126	505	制氧厂	387.85	150.00	承压水	一级阶地	505
127	507	咸阳空压机配件厂	387.11	201.00	承压水	一级阶地	506
128	557	咸阳铁一局四段	\	147.00	承压水	三级阶地	507
129	B3	秦都区渭滨乡陈良村东	399.88	140.00	承压水	二级阶地	507
130	B4	秦都区渭滨乡尹家村南	401.45	256.00	承压水	二级阶地	508
131	B5	吕村西南西井	392.51	140.00	承压水	一级阶地	508
132	B6	周村南	\	152.17	承压水	二级阶地	508
133	X2	秦都区渭滨乡宗家庄村西	393.72	192.00	承压水	二级阶地	509
134	X13	豆马东村	431.34	192.40	承压水	三级阶地	509
135	X15	坡刘村西井	430.53	193.80	承压水	三级阶地	509
136	X19	北安村西	\	190.00	承压水	二级阶地	510
137	X23	西电四公司	380.25	200.30	承压水	高漫滩	510
138	11	西橡西里站	394.69	287.48	承压水	二级阶地	511

续表

序号	点号	位置	地面高程(m)	孔深(m)	地下水类型	地貌单元	页码
139	13	西相北里村	393.64	250.00	承压水	二级阶地	512
140	28	彩电西相村	390.06	305.39	承压水	二级阶地	513
141	32	彩电703	392.71	300.11	承压水	二级阶地	514
142	54	西北国棉二厂12#	392.62	212.00	承压水	二级阶地	516
143	58	水司0#	390.76	299.00	承压水	一级阶地	517
144	60	自来水公司2#	392.60	211.70	承压水	一级阶地	518
145	68	第二印染厂8#	\	\	承压水	一级阶地	519
146	69	第二印染厂5#	\	298.25	承压水	一级阶地	519
147	71	国营第七纺织厂13#	389.07	304.38	承压水	二级阶地	519
148	73	第二印染厂4#	\	297.00	承压水	一级阶地	520
149	75	第二印染厂3#	\	300.00	承压水	一级阶地	520
150	76	第二印染厂1#	\	\	承压水	一级阶地	520
151	79	第二印染厂2#	\	294.50	承压水	一级阶地	520
152	83	省二棉纺织厂	388.00	203.18	承压水	一级阶地	520
153	84	市印染厂	389.39	337.00	承压水	二级阶地	521
154	96	陕棉八厂10#	385.49	292.90	承压水	一级阶地	522
155	100	水司杜家堡南井	392.27	293.70	承压水	二级阶地	524
156	101	省建十一公司生活区	392.55	248.80	承压水	二级阶地	525
157	105	市绒布印染厂	358.68	300.00	承压水	一级阶地	526
158	108	202研究所	394.34	242.00	承压水	二级阶地	527
159	111	石油钢管厂(5、6车间)	391.50	220.00	承压水	二级阶地	528
160	115	钢管厂生活区	388.55	210.00	承压水	二级阶地	529
161	307	二毛	393.55	380.00	承压水	二级阶地	530
162	316	咸阳机器制造学校(南井)	396.29	300.00	承压水	二级阶地	531
163	338	造纸厂	392.13	290.00	承压水	二级阶地	532
164	356	陕毛一厂	\	353.16	承压水	二级阶地	533
165	386	纺织器材厂	385.81	293.97	承压水	一级阶地	534
166	397	自来水公司13#	390.82	272.10	承压水	二级阶地	535
167	399	自来水公司15#	390.23	251.33	承压水	二级阶地	536
168	447	铁一局新运处	418.34	250.00	承压水	三级阶地	537
169	448	铁二十局三工程处	420.52	250.00	承压水	三级阶地	537
170	C2	南营北东井	391.88	262.00	承压水	一级阶地	537
171	C4	咸阳市秦都区渭滨乡吕村南	\	260.00	承压水	一级阶地	538
172	C6	周村东西井	397.33	250.00	承压水	二级阶地	538
173	X6	咸阳市秦都区沣西中学院内	387.00	280.99	承压水	一级阶地	538

续表

四、地下水位资料

咸阳市地下水位资料表

点号	年份	1月 日	1月 水位	2月 日	2月 水位	3月 日	3月 水位	4月 日	4月 水位	5月 日	5月 水位	6月 日	6月 水位	7月 日	7月 水位	8月 日	8月 水位	9月 日	9月 水位	10月 日	10月 水位	11月 日	11月 水位	12月 日	12月 水位	年平均
160	1986	6	8.38	6	8.30	6	8.15	6	7.80	6	7.34	6	7.74	6	6.77	6	8.69	6	8.40	6	7.90	6	7.57	6	7.89	7.80
		16	7.93	16	8.47	16	8.53	16	7.81	16	7.80	16	7.24	16	6.98	16	8.10	16	7.38	16	8.11	16	7.67	16	7.67	
		26	8.17	26	7.98	26	8.05	26	6.95	26	7.42	26	6.62	26	7.82	26	8.12	26	7.83	26	7.64	26	7.77	26	7.86	
	1987	6	7.95	6	7.92	6	7.90	6	7.61	6	7.43	6	6.08	6	7.06	6	6.13	6	7.10	6	7.81	6	7.60	6	7.69	7.46
		16	7.85	16	8.12	16	7.82	16	7.60	16	6.85	16	6.24	16	7.38	16	7.98	16	7.40	16	7.85	16	7.46	16	7.82	
		26	7.89	26	7.83	26	7.95	26	6.86	26	6.23	26	6.99	26	7.39	26	7.81	26	7.85	26	7.66	26	7.61	26	7.85	
	1988	6	7.86	6	8.02	6	7.70	6	6.95	6	7.00	6	7.23	6	6.08	6	7.79	6	6.52	6	6.98	6	6.94	6	7.80	7.23
		16	7.95	16	7.90	16	7.23	16	7.20	16	7.04	16	7.16	16	7.08	16	6.12	16	6.63	16	6.60	16	6.94	16	7.88	
		26	7.73	26	7.95	26	7.30	26	7.53	26	7.01	26	8.00	26	6.69	26	6.68	26	6.78	26	6.59	26	7.58	26	7.93	
	1989	8	7.87	8	7.60	8	7.43	8	7.18	8	7.38	8	7.75	8	6.69	8	7.85	8	6.81	8	6.75	8	7.40	8	7.90	7.36
		18	7.96	18	7.52	18	7.27	18	7.08	18	6.98	18	7.18	18	7.49	18	6.65	18	6.29	18	7.51	18	7.60	18	8.10	
		28	8.03	28	7.59	28	7.30	28	7.42	28	7.20	28	7.77	28	7.05	28	6.82	28	6.45	28	7.67	28	7.53	28	7.81	
	1990	8	8.08	8	7.36	8	7.44	8	7.57	8	7.27	8	7.81	8	6.54	8	8.02	8	7.45	8	7.55	8	6.59	8	7.71	7.43
		18	7.84	18	7.35	18	7.52	18	7.50	18	6.34	18	7.63	18	7.61	18	6.33	18	7.32	18	7.63	18	7.29	18	7.60	
		28	7.79	28	7.20	28	7.52	28	7.35	28	7.69	28	7.35	28	8.10	28	7.74	28	7.16	28	7.19	28	7.50	28	7.67	
	1991	8	7.57	8	7.24	8	7.38	8	6.85	8	6.81	8	6.79	8	7.95	8	7.89	8	7.07	8	6.63	8	7.47	8	7.49	7.38
		18	7.52	18	7.52	18	7.49	18	6.85	18	7.49	18	7.12	18	8.14	18	7.77	18	6.38	18	7.37	18	7.62	18	7.74	
		28	7.51	28	7.59	28	7.15	28	7.23	28	6.77	28	7.08	28	7.20	28	7.54	28	7.35	28	7.46	28	7.67	28	8.82	
	1992	8	7.58	8	7.82	8	7.45	8	7.32	8	7.11	8	7.38	8	8.15	8	7.60	8	7.90	8	6.72	8	7.48	8	7.85	7.55
		18	7.60	18	7.78	18	7.43	18	7.60	18	7.26	18	7.22	18	7.23	18	7.34	18	6.70	18	7.26	18	7.68	18	8.08	
		28	7.79	28	7.87	28	7.45	28	7.76	28	8.02	28	7.19	28	7.45	28	8.14	28	6.89	28	7.65	28	7.87	28	8.03	

续表

点号	年份	1月 日	1月 水位	2月 日	2月 水位	3月 日	3月 水位	4月 日	4月 水位	5月 日	5月 水位	6月 日	6月 水位	7月 日	7月 水位	8月 日	8月 水位	9月 日	9月 水位	10月 日	10月 水位	11月 日	11月 水位	12月 日	12月 水位	年平均
160	1993	8	7.63	8	7.72	8	7.72	8	8.13	8	7.75	8	7.42	8	7.32	8	6.77	8	7.77	8	7.73	8	7.71	8	7.80	7.56
		18	7.87	18	7.65	18	7.46	18	7.75	18	7.18	18	7.68	18	7.60	18	7.22	18	7.39	18	7.08	18	7.50	18	7.73	
		28	7.76	28	7.67	28	7.62	28	7.38	28	7.71	28	7.17	28	7.19	28	7.60	28	7.50	28	7.36	28	7.60	28	7.87	
	1994	8	7.94	8	8.03	8	7.93	8	8.11	8	7.76	8	7.50	8	7.06	8	7.85	8	7.73	8	7.80	8	7.80	8	7.70	7.77
		18	8.23	18	8.01	18	7.91	18	7.66	18	8.09	18	7.28	18	7.21	18	7.79	18	8.04	18	7.56	18	7.56	18	7.65	
		28	7.97	28	7.95	28	8.41	28	7.28	28	8.38	28	7.45	28	7.46	28	7.94	28	8.29	28	7.42	28	7.37	28	7.69	
	1995	4	7.62	4	7.76	4	7.65	4	7.58	4	7.40	4	7.40	4	7.90	4	7.95	4	7.61	4	7.78	4	7.58	4	8.15	7.74
		14	7.12	14	7.78	14	7.82	14	7.47	14	7.80	14	8.10	14	8.00	14	7.41	14	7.76	14	7.80	14	7.72	14	8.07	
		24	7.74	24	7.76	24	7.80	24	7.27	24	7.78	24	7.91	24	7.75	24	7.29	24	7.85	24	7.86	24	8.13	24	8.38	
161	1986	5	7.64	5	7.52	5	7.48	5	7.47	5	7.14	5	7.32	5	6.26	5	7.60	5	7.84	5	7.49	5	7.48	5	7.62	7.45
		15	7.66	15	7.55	15	7.66	15	7.54	15	7.47	15	7.36	15	6.73	15	7.69	15	7.13	15	7.69	15	7.52	15	7.66	
		25	7.61	25	7.49	25	7.57	25	7.45	25	7.07	25	6.94	25	7.56	25	7.68	25	7.66	25	7.44	25	7.55	25	7.65	
	1987	5	7.68	5	7.64	5	7.70	5	7.57	5	7.47	5	6.98	5	6.99	5	6.11	5	7.30	5	8.37	5	7.21	5	7.28	7.35
		15	7.61	15	7.70	15	7.66	15	7.50	15	6.80	15	6.65	15	7.21	15	7.24	15	7.38	15	7.62	15	7.19	15	7.31	
		25	7.63	25	7.69	25	7.40	25	7.35	25	7.31	25	6.80	25	7.34	25	7.79	25	7.36	25	7.23	25	7.22	25	7.23	
	1988	4	7.46	4	7.22	4	7.10	4	7.15	4	7.35	4	7.04	4	6.75	4	7.09	4	6.85	4	6.82	4	7.10	4	7.25	7.12
		14	7.32	14	7.20	14	7.20	14	7.12	14	7.30	14	6.94	14	6.85	14	6.80	14	6.80	14	6.80	14	6.99	14	7.36	
		24	7.25	24	7.16	24	7.14	24	7.59	24	7.36	24	7.50	24	6.84	24	6.92	24	7.05	24	6.85	24	7.21	24	7.44	
	1989	4	7.26	4	7.44	4	7.12	4	7.30	4	6.91	4	7.55	4	7.71	4	7.83	4	6.61	4	7.18	4	7.28	4	7.78	7.29
		14	7.28	14	7.40	14	7.22	14	7.44	14	6.66	14	6.50	14	6.82	14	7.72	14	6.98	14	7.34	14	7.49	14	7.85	
		24	7.42	24	7.12	24	7.32	24	7.46	24	6.89	24	7.40	24	7.00	24	7.78	24	7.29	24	7.48	24	7.34	24	7.26	
	1990	4	7.94	4	7.26	4	7.32	4	7.38	4	7.14	4	7.69	4	7.46	4	7.77	4	7.38	4	7.20	4	7.32	4	7.87	7.39
		14	7.93	14	7.22	14	7.46	14	7.16	14	7.72	14	7.42	14	7.23	14	6.98	14	7.52	14	7.12	14	7.42	14	7.92	
		24	7.59	24	7.20	24	7.42	24	6.80	24	7.40	24	7.50	24	7.68	24	7.43	24	6.54	24	6.04	24	7.65	24	7.90	

续表

点号	年份	1月 日	1月 水位	2月 日	2月 水位	3月 日	3月 水位	4月 日	4月 水位	5月 日	5月 水位	6月 日	6月 水位	7月 日	7月 水位	8月 日	8月 水位	9月 日	9月 水位	10月 日	10月 水位	11月 日	11月 水位	12月 日	12月 水位	年平均
161	1991	4	7.95	4	7.50	4	7.70	4	7.25	4	7.27	4	6.43	4	7.83	4	7.42	4	7.38	4	7.52	4	7.56	4	7.67	7.52
		14	7.82	14	7.51	14	7.50	14	6.85	14	7.32	14	6.21	14	8.08	14	7.67	14	7.60	14	7.38	14	7.73	14	7.76	
		24	7.71	24	8.77	24	7.40	24	7.00	24	7.48	24	7.16	24	8.06	24	7.30	24	7.45	24	7.55	24	8.15	24	7.77	
	1992	4	7.62	4	7.67	4	7.66	4	7.52	4	7.32	4	6.98	4	7.22	4	7.56	4	7.88	4	6.47	4	7.00	4	7.23	7.38
		14	7.68	14	7.72	14	7.58	14	7.44	14	7.13	14	7.08	14	7.66	14	7.00	14	7.20	14	6.93	14	7.36	14	7.73	
		24	7.69	24	7.78	24	7.62	24	7.69	24	7.64	24	7.01	24	7.65	24	7.17	24	6.93	24	6.69	24	7.38	24	7.78	
	1993	4	7.75	4	8.36	4	7.50	4	7.10	4	7.40	4	6.90	4	7.16	4	7.32	4	7.35	4	7.40	4	7.53	4	7.52	7.43
		14	7.65	14	8.44	14	7.80	14	7.28	14	6.32	14	7.20	14	7.46	14	7.29	14	7.45	14	6.82	14	7.34	14	7.58	
		24	8.30	24	7.64	24	7.40	24	8.46	24	7.32	24	7.33	24	6.39	24	6.83	24	7.38	24	7.41	24	7.30	24	7.62	
	1994	4	7.72	4	7.77	4	7.66	4	7.66	4	7.19	4	7.65	4	8.27	4	8.46	4	7.93	4	7.58	4	7.61	4	7.49	7.74
		14	7.71	14	7.74	14	7.63	14	7.35	14	7.46	14	7.86	14	8.41	14	7.78	14	7.57	14	7.89	14	7.06	14	7.52	
		24	7.76	24	7.64	24	7.81	24	7.15	24	7.66	24	7.62	24	8.54	24	8.85	24	7.51	24	8.35	24	7.42	24	7.50	
	1995	4	7.50	4	7.70	4	7.69	4	7.67	4	7.70	4	8.25	4	7.91	4	8.78	4	7.56	4	7.34	4	7.52	4	7.67	7.79
		14	7.80	14	7.94	14				14	8.13	14	8.28	14	8.31	14	8.10	14	8.21	14	8.21	14	7.98	14	8.03	
162	1989	8	8.31	8	7.92	8	7.96	8	8.26	8	8.10	8	8.21	8	7.92	8	7.87	8	8.19	8	8.26	8	8.04	8	8.21	8.12
		18	8.29	18	7.88	18	8.20	18	8.34	18	8.07	18	8.38	18	7.97	18	7.92	18	7.85	18	8.16	18	8.28	18	8.30	
		28	8.25	28	7.82	28	8.10	28	8.30	28	8.22	28	8.32	28	7.50	28	8.24	28	8.40	28	8.32	28	8.31	28	8.36	
	1990	8	8.34	8	8.39	8	8.49	8	7.90	8	7.86	8	8.54	8	8.33	8	7.75	8	8.27	8	8.26	8	8.25	8	8.31	8.18
		18	8.26	18	8.44	18	8.32	18	7.93	18	8.33	18	8.30	18	8.30	18	7.54	18	8.29	18	8.26	18	8.32	18	8.32	
		28	8.62	28	8.49	28	8.25	28	8.19	28	8.06	28	8.08	28	8.48	28	8.17	28	8.21	28	8.18	28	7.33	28	8.28	
	1991	8		8		8		8		8	8.14	8	8.02	8	8.30	8	8.31	8	8.15	8	8.29	8	8.37	8	8.36	8.20
		18		18		18		18		18	8.21	18	8.31	18	7.96	18	8.21	18	8.27	18	7.34	18	8.32	18	8.36	

续表

点号	年份	1月 日	1月 水位	2月 日	2月 水位	3月 日	3月 水位	4月 日	4月 水位	5月 日	5月 水位	6月 日	6月 水位	7月 日	7月 水位	8月 日	8月 水位	9月 日	9月 水位	10月 日	10月 水位	11月 日	11月 水位	12月 日	12月 水位	年平均
162	1992	8	8.30	8	8.33	8	8.21	8	8.28	8	7.94	8	8.28	8	8.56	8	8.66	8	8.72	8	7.90	8	8.28	8	8.31	8.28
		18	8.35	18	8.30	18	8.31	18	8.12	18	8.29	18	8.26	18	8.11	18	8.49	18	8.22	18	7.87	18	8.30	18	8.20	
		28	8.41	28	8.42	28	9.07	28	8.24	28	8.23	28	8.24	28	7.61	28	8.42	28	7.85	28	8.27	28	8.34	28	8.36	
	1993	8	8.35	8	8.24	8	8.27	8	8.26	8	8.28	8	8.28	8	8.30	8	8.28	8	8.15	8	8.29	8	8.20	8	8.24	8.18
		18	8.37	18	8.21	18	8.31	18	8.23	18	8.12	18	8.34	18	8.68	18	8.17	18	8.25	18	7.97	18	8.28	18	7.73	
		28	8.21	28	8.23	28	8.09	28	8.29	28	8.24	28	6.75	28	8.26	28	8.15	28	8.23	28	8.17	28	8.22	28	7.87	
	1994	8	8.30	8	8.35	8	8.18	8	8.41	8	8.23	8	8.26	8	8.28	8	8.35	8	8.36	8	8.32	8	8.31	8	8.28	8.30
		18	8.51	18	8.23	18	8.16	18	8.22	18	8.29	18	8.17	18	8.33	18	8.38	18	8.33	18	8.30	18	8.25	18	8.27	
		28	8.32	28	8.20	28	8.58	28	8.14	28	8.35	28	8.18	28	8.37	28	8.38	28	8.34	28	8.27	28	8.24	28	8.28	
	1995	8	8.29	8	8.34	8	8.40	8	8.03	8	8.00	8	8.65	8	8.80	8	8.26	8	8.45	8	8.32	8	8.13	8	8.38	8.33
		18	8.30	18	8.28	18		18		18		18		18		18		18		18		18		18		
V2	1993	5	3.15	5	2.92	5	2.90	5	2.92	5	2.71	5	2.42	5	2.57	5	2.57	5	2.47	5	2.60	5	2.62	5	2.67	2.68
		15	3.01	15	2.90	15	2.90	15	2.91	15	2.42	15	2.60	15	2.47	15	2.47	15	2.53	15	2.61	15	2.64	15	2.68	
		25	2.94	25	2.91	25	2.91	25	2.82	25	2.38	25	2.58	25	2.37	25	2.37	25	2.59	25	2.58	25	2.66	25	2.69	
	1994	5	2.92	5	3.01	5	2.97	5	3.13	5	2.59	5	3.55	5	2.70	5	2.70	5	干	5	干	5	3.18	5	3.15	2.95
		15	3.10	15	2.97	15	2.99	15	3.17	15	3.00	15	3.20	15	2.55	15	2.55	15	干	15	干	15	2.78	15	3.12	
		25	2.97	25	2.96	25	3.00	25	2.55	25	3.46	25	2.15	25	干	25	干	25	干	25	3.09	25	2.93	25	3.17	
	1995	5	3.26	5	3.37	5	3.90	5	3.36	5	3.21	5	3.70	5	3.70	5	3.70	5	3.58	5	3.65	5	3.75	5	4.37	3.57
		15	3.25	15	3.27	15		15		15		15		15		15		15		15		15		15		
		25	3.48	25		25		25		25		25		25		25		25		25		25		25		
V6	1993	5	0.69	5	0.67	5	0.68	5	0.60	5	0.26	5	0.49	5	0.41	5	0.51	5	0.27	5	0.31	5	0.44	5	0.47	0.47
		15	0.67	15	0.69	15	0.61	15	0.63	15	0.47	15	0.42	15	0.41	15	0.39	15	0.26	15	0.35	15	0.40	15	0.40	
		25		25		25	0.59	25	0.61	25	0.45	25	0.40	25	(2.32)	25	0.25	25	0.29	25	0.41	25	0.45	25	0.60	

续表

点号	年份	日	1月水位	日	2月水位	日	3月水位	日	4月水位	日	5月水位	日	6月水位	日	7月水位	日	8月水位	日	9月水位	日	10月水位	日	11月水位	日	12月水位	年平均
V6	1994	5	0.45	5	0.41	5	0.39	5	0.52	5	0.43	5	0.28	5	⟨0.09⟩	5	0.60	5	0.78	5	0.70	5	0.86	5	0.73	0.57
V6	1994	15	0.43	15	0.39	15	0.41	15	0.47	15	0.45	15	0.29	15	0.49	15	0.65	15	0.77	15	0.71	15	0.84	15	0.91	
V6	1994	25	0.43	25	0.39	25	0.44	25	0.39	25	0.41	25	0.37	25	0.54	25	0.78	25	0.72	25	0.71	25	0.84	25	0.93	
V6	1995	5	0.89	5	1.07	5	1.19	5	0.99																	1.27
V6	1995	15	0.98	15	0.84					15		15	1.67	15	1.70	15	1.52	15	1.71	15	1.07	15	1.30	15	1.83	
V6	1995	25	1.07							25		25		25		25		25		25		25		25		
20	1986	6	7.62	6	6.82	6	7.68	6	7.76	6	7.23	6	8.24	6	8.93	6	⟨13.10⟩	6	10.17	6	8.54	6	8.66	6	8.10	8.41
20	1986	16	6.93	16	6.66	16	7.77	16	7.41	16	8.00	16	9.68	16	8.50	16	10.46	16	9.13	16	10.93	16	8.34	16	8.32	
20	1986	26	6.84	26	7.06	26	7.95	26	7.46	26	8.13	26	9.75	26	⟨12.85⟩	26	10.40	26	8.90	26	9.29	26	8.22	26	9.89	
20	1987	6	9.71	6	8.79	6	8.82	6	8.46	6	8.61	6	8.24	5	8.17	6	9.22	6	9.97	6	9.64	6	9.57	6	9.49	9.10
20	1987	16	9.39	16	9.68	16	8.67	16	8.62	16	8.72	16	8.01	16	7.83	15	9.15	16	10.00	16	9.61	16	9.59	16	9.59	
20	1987	26	9.13	26	8.80	26	8.61	26	8.61	26	8.71	25	8.17	26	8.32	26	10.07	26	10.01	26	9.59	26	9.54	26	9.31	
20	1988	6	9.31	6	9.17	6	8.84	6	8.89	6	8.84	6	8.17	6	8.68	6	9.28	6	9.01	6	8.69	6	8.58	6	9.01	8.90
20	1988	16	9.29	16	9.03	16	9.00	16	9.03	16	8.99	16	8.98	16	8.94	16	9.24	16	8.27	16	8.59	16	8.26	16	9.15	
20	1988	26	9.13	26	8.85	26	8.85	26	8.74	26	9.14	26	9.19	26	8.43	26	9.09	26	8.79	26	8.08	26	8.84	26	9.34	
20	1989	6	9.17	6	8.99	6	8.71	6	9.07	6	8.01	6	8.41	6	9.57	6	⟨17.55⟩	6	10.08	6	9.21	6	9.56	6	9.27	9.43
20	1989	16	9.14	16	9.17	16	8.83	16	9.01	16	8.32	16	8.64	16	9.14	16	11.39	16	9.64	16	9.20	16	9.31	16	9.80	
20	1989	26	9.29	26	8.68	26	8.92	26	8.98	26	8.47	26	10.56	26	12.25	26	10.35	26	9.47	26	10.67	26	9.45	26	11.24	
20	1990	6	9.53	6	9.15	6	8.47	6	8.97	6	8.82	6	9.32	6	10.03	6	10.81	6	9.72	6	9.01	6	8.83	6	⟨15.02⟩	9.51
20	1990	16	9.86	16	8.83	16	8.79	16	8.99	16	9.06	16	11.51	16	10.00	16	10.47	16	9.47	16	8.68	16	8.89	16	10.61	
20	1990	26	9.67	26	8.25	26	9.43	26	9.16	26	8.79	26	11.61	26	10.27	26	10.11	26	9.11	26	9.02	26	8.96	26	10.67	
20	1991	6	10.99	6	9.94	6	9.66	6	9.70	6	9.57	6	9.44	6	10.30	6	11.50	6	11.14	6	10.33	6	10.24	6	11.92	10.29
20	1991	16	10.69	16	9.67	16	9.67	16	9.31	16	9.01	16	9.42	16	⟨16.58⟩	16	11.23	16	10.98	16	10.01	16	10.23	16	11.75	
20	1991	26	10.38	26	9.54	26	9.68	26	9.43	26	9.50	26	9.63	26	⟨17.61⟩	26	11.46	26	10.63	26	10.15	26	11.19	26	11.50	

续表

点号	年份	1月 日	1月 水位	2月 日	2月 水位	3月 日	3月 水位	4月 日	4月 水位	5月 日	5月 水位	6月 日	6月 水位	7月 日	7月 水位	8月 日	8月 水位	9月 日	9月 水位	10月 日	10月 水位	11月 日	11月 水位	12月 日	12月 水位	年平均
20	1992	6	11.04	6	10.24	6	11.00	6	10.29	6	10.29	6	10.40	6	11.01	6	14.41	6	13.19	6	11.92	6	10.95	6	10.84	11.39
		16	10.99	16	10.16	16	10.59	16	10.34	16	10.24	16	10.57	16	12.11	16	14.05	16	13.09	16	11.27	16	10.60	16	11.04	
		26	10.32	26	15.53	26	10.56	26	10.22	26	10.95	26	10.74	26	12.39	26	12.80	26	12.64	26	11.14	26	10.76	26	〈16.64〉	
	1993	6	11.93	6	10.82	6	10.83	6	9.62	6	10.62	6	10.55	6	11.43	6	〈17.23〉	6	14.05	6	12.85	6	12.32	6	11.68	11.60
		16	11.04	16	10.69	16	10.90	16	9.48	16	10.58	16	10.69	16	11.79	16	14.02	16	13.44	16	13.04	16	12.00	16	11.59	
		26	〈17.95〉	26	10.37	26	10.63	26	10.61	26	10.53	26	11.55	26	11.87	26	13.35	26	12.93	26	12.82	26	11.73	26	11.99	
	1994	6	13.99	6	13.80	6	13.10	6	13.96	6	12.62	6	13.05	6	13.22	6	14.96	6	15.30	6	〈18.49〉	6	14.40	6	15.05	13.76
		16	14.04	16	12.75	16	12.43	16	13.22	16	13.63	16	13.29	16	13.62	16	15.37	16	14.69	16	14.67	16	14.30	16	13.64	
		26	13.80	26	12.69	26	12.14	26	12.81	26	12.32	26	13.43	26	15.39	26	14.96	26	14.46	26	14.29	26	13.86	26	13.66	
	1995	6	13.69	6	〈18.64〉	6	15.00	6	14.14	6	14.21	6	14.39	6	〈21.21〉	6	〈18.79〉	6	16.81	6	15.70	6	15.28	6	15.57	15.14
		16	13.71	16	〈20.23〉	16	14.62	16	14.34	16	〈19.56〉	16	〈21.19〉	16	16.35	16	〈21.77〉	16	15.67	16	15.58	16	15.49	16	15.64	
		26	13.02	26	14.65	26	14.17	26	14.19	26	14.41	26	15.59	26	15.87	26	16.61	26	15.73	26	15.27	26	15.62	26	16.32	
24	1986	6	11.90	6	11.33	6	11.79	6	12.29	6	11.32	6	11.65	6	11.56	6	15.91	6	〈16.15〉	6	11.78	6	12.46	6	12.55	12.31
		16	11.48	16	11.09	16	12.37	16	12.01	16	〈14.75〉	16	12.53	16	11.14	16	13.69	16	12.12	16	13.88	16	12.39	16	12.62	
		26	13.82	26	11.37	26	12.53	26	11.77	26	11.81	26	12.85	26	〈16.16〉	26	14.03	26	12.21	26	13.13	26	12.43	26	13.64	
	1987	6	13.21	6	12.99	6	13.13	6	12.64	6	12.69	6	11.92	5	12.02	15	8.85	6	13.54	6	12.88	6	13.08	6	12.68	12.77
		16	13.28	16	13.06	16	12.92	16	12.66	16	12.57	16	11.81	16	12.98	26	13.28	16	13.80	16	12.79	16	13.05	16	13.16	
		26	13.25	26	12.83	26	12.73	26	12.56	26	12.40	26	12.01	26	12.27	26	13.85	26	13.09	26	13.08	26	12.98	26	12.93	
	1988	16	13.09	16	13.08	16	13.00	16	13.00	16	13.26	16	12.99	16	12.95	16	13.20	16	13.12	16	12.75	16	12.89	16	12.85	13.03
	1989	16	13.09	16	12.77	16	13.07	16	12.82	16	12.35	16	12.30	16	12.48	16	干	16	12.36	16	12.32	16	12.44	16	13.18	12.65

续表

点号	年份	1月 日	1月 水位	2月 日	2月 水位	3月 日	3月 水位	4月 日	4月 水位	5月 日	5月 水位	6月 日	6月 水位	7月 日	7月 水位	8月 日	8月 水位	9月 日	9月 水位	10月 日	10月 水位	11月 日	11月 水位	12月 日	12月 水位	年平均
24	1990	16	干	16	12.22	16	12.43	16	12.86	16	12.15	16	干	16	12.58	16	干	16	12.04	16	12.20	16	12.43	16	12.92	12.43
24	1991	16	干	16	12.77	16	干	16	干	16	12.48	16	干	16	14.47	16	13.84	16	13.85	16	12.97	16	12.81	16	14.58	13.47
24	1992	6	13.72	6	12.99	6	13.33	6	12.55	6	13.13	6	13.88	6	15.17	6	15.33	6	13.72	6	12.91	6	12.24	6	〈18.40〉	13.54
24	1993	15	13.59	15	12.87	15	14.07	15	12.70	15	12.72	15	12.97	15	13.47	15	13.70	15	13.35	15	13.56	15	13.10	15	13.20	13.28
25	1986	5	10.15	5	9.20	5	9.15	5	9.62	5	9.08	5	9.38	5	8.87	5	10.63	5	10.84	5	9.19	5	9.15	5	9.25	9.59
25	1986	15	9.61	15	9.01	15	9.97	15	9.81	15	9.60	15	10.31	15	8.43	15	10.46	15	9.19	15	10.41	15	8.21	15	9.48	
25	1986	25	9.44	25	9.07	25	10.01	25	9.50	25	9.42	25	10.36	25	〈13.25〉	25	10.46	25	9.36	25	9.45	25	9.14	25	10.27	
25	1987	5	10.29	5	9.55	5	〈12.83〉	5	9.48	5	9.53	5	8.70	5	8.13	5	9.23	5	9.93	5	11.32	5	9.55	5	9.47	9.64
25	1987	15	9.88	15	10.03	15	9.70	15	9.52	15	9.13	15	8.51	15	9.19	15	10.40	15	9.83	15	10.70	15	9.74	15	9.59	
25	1987	25	9.82	25	9.61	25	9.56	25	9.42	25	9.40	25	9.14	25	8.98	25	10.91	25	9.72	25	9.88	25	9.44	25	10.27	
25	1988	5	11.13	5	10.03	5	9.53	5	9.30	5	9.43	5	9.38	5	9.73	5	9.71	5	8.80	5	9.11	5	8.73	5	9.09	9.50
25	1988	15	11.13	15	9.84	15	9.56	15	9.19	15	8.93	15	9.69	15	9.33	15	9.65	15	8.80	15	8.79	15	8.82	15	9.80	
25	1988	25	10.45	25	9.60	25	9.30	25	9.47	25	9.31	25	11.13	25	9.19	25	8.86	25	8.98	25	8.45	25	9.40	25	10.36	
25	1989	5	10.19	5	10.17	5	9.09	5	9.62	5	8.87	5	9.40	5	9.65	5	11.17	5	9.11	5	8.81	5	9.26	5	9.32	9.41
25	1989	15	9.78	15	9.83	15	8.90	15	9.00	15	8.89	15	9.01	15	9.32	15	10.42	15	8.92	15	9.01	15	8.78	15	9.53	
25	1989	25	10.19	25	9.14	25	8.77	25	8.84	25	8.99	25	10.09	25	10.19	25	9.33	25	8.97	25	9.41	25	9.12	25	9.62	

续表

点号	年份	1月 日	1月 水位	2月 日	2月 水位	3月 日	3月 水位	4月 日	4月 水位	5月 日	5月 水位	6月 日	6月 水位	7月 日	7月 水位	8月 日	8月 水位	9月 日	9月 水位	10月 日	10月 水位	11月 日	11月 水位	12月 日	12月 水位	年平均
25	1990	5	10.06	5	9.14	5	8.78	5	9.10	5	8.82	5	9.29	5	9.14	5	9.59	5	9.03	5	7.40	5	9.03	5	9.38	9.29
		15	9.95	15	9.06	15	9.14	15	9.31	15	9.15	15	10.72	15	10.21	15	9.63	15	8.68	15	8.75	15	9.13	15	9.56	
		25	9.66	25	9.05	25	9.19	25	9.06	25	9.02	25	9.64	25	9.94	25	9.25	25	8.87	25	8.82	25	9.24	25	10.62	
	1991	5	10.85	5	9.75	5	9.68	5	9.46	5	9.20	5	8.72	5	10.08	5	10.31	5	10.04	5	9.68	5	10.06	5	10.12	9.89
		15	10.19	15	9.72	15	9.57	15	9.28	15		15	9.02	15	11.50	15	10.27	15	9.97	15	9.82	15	10.32	15	10.83	
		25	9.92	25	9.57	25	9.57	25	9.06	25	9.65	25	9.64	25		25	11.10	25	9.84	25	8.96	25	⟨16.65⟩	25	10.66	
	1992	5	9.38	5	9.97	5	10.36	5	10.00	5	10.34	5	10.42	5	10.53	5	12.12	5	11.98	5	9.87	5	9.83	5	10.61	10.46
		15	10.41	15	10.32	15	10.48	15	10.21	15	10.15	15	10.71	15	11.36	15	11.91	15	10.86	15	9.65	15	9.86	15	⟨16.40⟩	
		25	10.39	25	10.77	25	10.21	25	10.25	25	10.44	25	10.23	25	11.05	25	10.75	25	10.12	25	9.32	25	9.84	25	11.26	
	1993	5	11.50	5	10.30	5	11.44	5	10.16	5	10.70	5	9.89	5	10.60	5	10.10	5	11.44	5	10.76	5	9.71	5	10.49	10.67
		15	11.39	15	10.54	15	10.92	15	9.94	15	9.98	15	10.18	15	10.45	15	11.81	15	11.28	15	10.36	15	10.23	15	10.62	
		25	10.32	25	10.57	25	11.22	25	10.38	25	9.97	25	11.31	25	9.86	25	10.95	25	13.82	25	9.72	25	10.13	25	10.92	
	1994	5	11.88	5	11.02	5	10.93	5	⟨15.76⟩	5	10.68	5	11.71	5	10.89	5	12.95	5	13.15	5	13.31	5	13.47	5	12.50	11.89
		15	11.83	15	10.91	15	10.10	15	11.06	15	11.51	15	11.51	15	11.37	15	12.83	15	13.13	15	13.68	15	12.89	15	12.08	
		25	10.50	25	11.02	25	10.85	25	10.65	25	11.83	25	10.05	25	12.29	25	12.86	25	12.70	25	13.58	25	12.55	25	11.99	
	1995	5	12.27	5	12.70	5	13.59	5	13.04	5	13.55	5	13.85	5	14.57	5	15.55	5	16.12	5	15.63	5	15.59	5	15.90	14.57
		15	12.13	15	13.46	15	14.34	15	13.52	15	13.74	15	14.44	15	14.94	15	15.89	15	16.29	15	15.88	15	15.84	15	15.92	
		25	12.48	25	13.36	25	13.53	25	13.13	25	13.87	25	14.43	25	15.40	25	15.84	25	15.94	25	15.74	25	15.99	25	16.03	
29	1987	6		6		6		6		6		6		6		6	11.98	6	12.58	6	12.42	6	12.43	6	12.33	12.39
		16	12.23	16	12.01	16	11.56	16	11.95	16	11.98	16	12.47	16	11.99	16	12.72	16	12.59	16	12.41	16	12.41	16	12.53	
		26	11.99	26	11.89	26	11.61	26	12.03	26	12.80	26	12.57	26	11.36	26	13.33	26	12.65	26	12.38	26	12.38	26	12.21	
	1988	6	12.14	6	11.57	6	12.01	6	11.55	6	12.45	6	12.76	6	11.96	6	12.59	6	12.15	6	11.73	6	10.89	6	11.48	11.93
		16		16		16		16		16		16		16	12.52	16	12.49	16	12.09	16	11.30	16	10.92	16	11.66	
		26		26		26		26		26		26		26	11.90	26	12.37	26	11.95	26	10.95	26	11.22	26	11.85	

续表

点号	年份	1月 日	1月 水位	2月 日	2月 水位	3月 日	3月 水位	4月 日	4月 水位	5月 日	5月 水位	6月 日	6月 水位	7月 日	7月 水位	8月 日	8月 水位	9月 日	9月 水位	10月 日	10月 水位	11月 日	11月 水位	12月 日	12月 水位	年平均
29	1989	6	12.07	6	11.80	6	11.66	6	12.03	6	11.39	6	11.59	6	12.29	6	15.73	6	12.50	6	11.94	6	12.03	6	12.96	
		16	11.95	16	11.67	16	11.80	16	12.01	16	11.39	16	11.69	16	11.95	16	13.78	16	12.34	16	12.13	16	12.13	16	12.87	12.28
		26	11.98	26	11.64	26	11.96	26	11.93	26	11.62	26	13.12	26	13.31	26	12.63	26	12.14	26	13.16	26	11.76	26	13.23	
	1990	6	12.66	6	11.67	6	11.83	6	11.90	6	11.69	6	12.58	6	12.74	6	13.07	6	12.55	6	11.92	6	12.20	6	12.75	
		16	13.13	16	11.63	16	11.87	16	11.93	16	12.09	16	14.25	16	13.05	16	13.17	16	12.30	16	11.90	16	12.40	16	13.05	12.45
		26	12.19	26	11.41	26	12.10	26	12.19	26	11.85	26	13.08	26	13.65	26	12.83	26	12.11	26	12.10	26	12.56	26	13.76	
	1991	6	14.70	6	13.00	6	12.75	6	13.02	6	12.97	6	12.91	6	14.28	6	14.27	6	14.10	6	13.55	6	13.92	6	15.62	
		16	13.57	16	12.86	16	12.67	16	12.32	16	12.80	16	13.00	16	15.97	16	14.31	16	13.83	16	13.55	16	14.07	16	15.40	13.74
		26	13.33	26	12.63	26	12.85	26	12.77	26	13.31	26	13.26	26	16.20	26	13.91	26	13.56	26	14.07	26	14.81	26	14.33	
	1992	6	14.21	6	13.82	6	14.22	6	14.22	6	14.04	6	13.74	6	14.92	6	14.27	6	15.92	6	14.79	6	14.24	6	14.30	
		16	14.26	16	13.85	16	14.03	16	13.91	16	13.60	16	14.37	16	14.95	16	14.31	16	15.84	16	14.09	16	14.07	16	14.97	14.61
		26	14.01	26	14.47	26	14.05	26	14.27	26	14.09	26	14.32	26	15.20	26	13.91	26	15.44	26	14.09	26	14.76	26	16.10	
	1993	6	15.80	6	14.23	6	14.45	6	14.45	6	14.38	6	14.43	6	15.19	6	〈21.80〉	6	〈20.67〉	6	〈21.45〉	6	15.16	6	14.89	
		16	15.02	16	14.32	16	14.41	16	13.02	16	14.25	16	14.53	16	15.07	16	13.88	16	15.80	16	14.33	16	13.23	16	14.99	14.66
		26	14.20	26	14.35	26	14.28	26	13.53	26	14.30	26	16.62	26	14.93	26	〈22.25〉	26	16.20	26	13.85	26	14.99	26	15.93	
	1994	6	17.20	6	16.23	6	15.37	6	〈21.92〉	6	16.20	6	15.57	6	16.10	6	17.90	6	18.55	6	18.42	6	17.27	6	16.84	
		16	16.44	16	15.25	16	15.55	16	16.25	16	〈21.90〉	16	15.77	16	16.50	16	18.80	16	17.50	16	17.39	16	17.15	16	15.45	16.66
		26	16.28	26	15.23	26	15.53	26	15.48	26	17.13	26	15.52	26	17.08	26	17.41	26	18.23	26	17.19	26	16.87	26	16.80	
	1995	6	16.57	6	16.82	6	16.74	6	17.57	6	18.09	6	18.80	6	19.77	6	20.00	6	19.50	6	19.15	6	19.03	6	19.13	
		16	16.53	16		16		16		16		16															18.18
		26	16.79	26		26		26		26		26		26		26		26		26		26		26		
36	1986	4	17.33	4	16.69	4	16.77	4	17.11	4	16.55	4	17.33	4	17.48	4	〈26.54〉	4	19.23	4	17.50	4	17.35	4	17.36	
		14	16.77	14	16.00	14	〈24.08〉	14	17.07	14	17.25	14	17.99	14	17.48	14	19.10	14	17.79	14	18.60	14	17.47	14	17.74	17.52
		24	16.67	24	16.60	24	17.31	24	16.23	24	17.48	24	18.24	24	18.68	24	19.10	24	17.86	24	17.71	24	17.39	24	18.49	

续表

点号	年份	1月 日	1月 水位	2月 日	2月 水位	3月 日	3月 水位	4月 日	4月 水位	5月 日	5月 水位	6月 日	6月 水位	7月 日	7月 水位	8月 日	8月 水位	9月 日	9月 水位	10月 日	10月 水位	11月 日	11月 水位	12月 日	12月 水位	年平均
36	1987	4	18.09	4	17.26	4	18.15	4	17.81	4	17.71	4	17.63	4	17.39	4	18.71	4	20.69	4	〈25.21〉	4	18.34	4	18.32	18.18
		14	18.17	14		14	17.99	14	17.91	14	17.68	14	17.12	14	17.99	14	19.83	14	〈25.22〉	14	19.06	14	18.27	14	18.36	
		24	18.06	24	17.83	24	17.78	24	17.96	24	18.14	24	17.67	24	17.92	24	〈28.67〉	24	18.44	24	19.19	24	18.10	24	〈25.21〉	
	1988	4	〈25.64〉	4	18.57	4	18.11	4	18.04	4	18.10	4	18.39	4	18.68	4	18.86	4	18.09	4	17.72	4	17.32	4	17.50	18.20
		14	18.91	14	18.54	14	18.16	14	18.04	14	17.85	14	18.40	14	18.72	14	19.69	14	18.07	14	17.75	14	17.34	14	17.60	
		24	18.63	24	17.94	24	18.02	24	18.18	24	18.11	24	19.29	24	19.01	24	18.46	24	17.86	24	17.39	24	17.50	24	〈25.01〉	
	1989	7	〈24.95〉	7	17.50	7	17.28	7	17.56	7	17.54	7	18.19	7	20.24	7	20.63	7	19.12	7	17.43	7	18.47	7	〈26.99〉	18.49
		17	18.03	17	17.44	17	17.14	17	17.76	17	18.01	17	18.30	17	20.66	17	18.97	17	18.77	17	18.33	17	18.56	17	19.08	
		27	18.01	27	17.56	27	17.44	27	17.82	27	18.13	27	20.13	27	20.03	27	18.67	27	18.48	27	19.18	27	18.31	27	19.82	
	1990	7	〈26.54〉	7	18.99	7	18.82	7	18.72	7	18.40	7	19.63	7	18.96	7	〈26.79〉	7	19.25	7	18.61	7	18.98	7	19.42	19.09
		17	19.23	17	18.72	17	18.74	17	18.84	17	18.91	17	〈27.51〉	17	19.98	17	18.97	17	19.25	17	18.55	17	19.04	17	19.47	
		27	19.55	27	18.54	27	18.81	27	19.18	27	〈26.32〉	27	19.69	27	20.00	27	19.71	27	18.86	27	18.88	27	19.19	27	〈25.39〉	
	1991	7	20.26	7	19.83	7	19.48	7	19.56	7	19.42	7	19.54	7	〈28.99〉	7	20.85	7	20.71	7	20.22	7	20.66	7	〈27.44〉	20.09
		17	19.64	17	19.52	17	19.45	17	18.86	17	19.55	17	19.79	17	〈29.28〉	17	19.87	17	20.54	17	20.97	17	20.74	17	21.92	
		27	〈24.86〉	27	19.39	27	19.39	27	19.21	27	19.71	27	20.23	27	〈28.27〉	27	21.18	27	20.32	27	19.71	27	21.28	27	20.86	
	1992	7	21.00	7	20.94	7	20.84	7	20.96	7	20.84	7	20.84	7	〈29.06〉	7	〈29.52〉	7	22.82	7	21.59	7	20.89	7	21.01	21.28
		17	〈28.16〉	17	21.25	17	20.99	17	21.03	17	20.77	17	21.29	17	22.16	17	〈30.72〉	17	22.49	17	21.06	17	20.81	17	〈28.45〉	
		27	21.09	27	〈28.37〉	27	20.44	27	21.31	27	20.87	27	21.35	27	21.45	27	22.22	27	22.57	27	20.49	27	21.22	27	21.95	
	1993	7	21.94	7	21.32	7	〈28.79〉	7	21.33	7	21.38	7	21.50	7	22.47	7	〈29.30〉	7	〈29.21〉	7	21.06	7	22.11	7	21.77	22.06
		17	21.65	17	〈28.10〉	17	20.91	17	21.13	17	21.16	17	21.86	17	22.14	17	〈28.70〉	17	〈29.24〉	17	〈29.05〉	17	23.78	17	21.84	
		27	21.37	27	〈27.94〉	27	21.46	27	〈27.37〉	27	21.36	27	〈29.44〉	27	21.98	27	22.97	27	23.71	27	23.96	27	21.87	27	〈29.14〉	
	1994	7	〈29.09〉	7	〈29.64〉	7	22.39	7	23.29	7	23.24	7	22.57	7	23.37	7	24.13	7	24.73	7	24.41	7	24.05	7	23.75	23.61
		17	23.11	17	〈28.30〉	17	22.44	17	〈29.13〉	17	〈29.37〉	17	22.89	17	23.28	17	24.39	17	24.27	17	25.23	17	23.99	17	24.33	
		27	〈29.70〉	27	22.26	27	〈29.43〉	27	22.54	27	〈29.41〉	27	22.95	27	23.69	27	24.48	27	23.99	27	23.92	27	23.52	27	23.92	

第二章　咸阳市

续表

点号	年份	1月 日	1月 水位	2月 日	2月 水位	3月 日	3月 水位	4月 日	4月 水位	5月 日	5月 水位	6月 日	6月 水位	7月 日	7月 水位	8月 日	8月 水位	9月 日	9月 水位	10月 日	10月 水位	11月 日	11月 水位	12月 日	12月 水位	年平均
36	1995	7	24.27	7	23.83	7	24.61	7	23.93	7	23.11	7	24.30	7	27.27	7	27.36	7	26.81	7	26.35	7	25.78	7	25.82	25.47
		17	23.66	17	26.86	17	24.69	17	23.69	17	25.24	17	26.62	17	27.44	17	27.24	17	25.79	17	26.21	17	25.88	17	25.90	
		27	24.37	27	24.27	27	24.06	27	23.07	27	24.34	27	26.66	27	26.15	27	27.32	27	25.92	27	26.14	27	25.67	27	26.35	
39	1986	5	7.78	5	7.40	5	7.58	5	7.69	5	7.41	5	7.55	5	6.44	5	8.15	5	9.05	5	7.15	5	7.31	5	7.35	7.64
		15	7.42	15	7.33	15	8.08	15	7.46	15	7.76	15	8.16	15	6.40	15	8.79	15	6.83	15	8.78	15	7.14	15	7.50	
		25	7.40	25	7.44	25	7.95	25	7.49	25	7.87	25	8.44	25	8.17	25	8.51	25	7.11	25	7.11	25	7.13	25	8.05	
	1987	5	7.85	5	7.50	5	8.11	5	7.42	5	7.13	5	6.51	5	6.80	5	6.61	5	7.35	5	9.19	5	7.45	5	7.33	7.48
		15	7.88	15	7.99	15	7.70	15	7.48	15	6.99	15	6.81	15	7.29	15	7.87	15	7.20	15	7.83	15	7.36	15	7.20	
		25	7.82	25	7.82	25	7.94	25	7.43	25	7.31	25	6.78	25	6.99	25	8.20	25	7.56	25	7.50	25	6.74	25	8.26	
	1988	5	8.30	5	8.38	5	7.86	5	7.51	5	7.93	5	7.92	5	7.95	5	7.89	5	6.59	5	7.02	5	6.70	5	7.23	7.58
		15	7.94	15	8.11	15	7.80	15	7.45	15	7.33	15	8.76	15	7.58	15	7.30	15	6.42	15	6.59	15	7.04	15	7.64	
		25	7.79	25	7.84	25	7.65	25	7.96	25	7.67	25	9.45	25	7.51	25	6.99	25	7.03	25	6.37	25	7.10	25	8.36	
	1989	5	7.89	5	7.46	5	7.02	5	7.08	5	7.28	5	7.65	5	9.16	5	9.39	5	7.30	5	6.96	5	7.41	5	7.84	7.61
		15	7.59	15	7.26	15	6.66	15	7.14	15	7.15	15	7.16	15	8.55	15	8.33	15	7.15	15	7.30	15	7.39	15	7.90	
		25	7.47	25	7.19	25	6.53	25	6.90	25	7.43	25	8.68	25	8.44	25	8.40	25	7.12	25	8.02	25	7.12	25	8.46	
	1990	5	8.34	5	8.02	5	7.81	5	7.44	5	7.30	5	8.19	5	7.54	5	7.78	5	7.29	5	6.99	5	7.37	5	7.80	7.79
		15	〈15.95〉	15	7.94	15	7.92	15	7.76	15	7.78	15	9.53	15	7.71	15	8.10	15	7.26	15	7.06	15	7.59	15	7.89	
		25	8.34	25	7.90	25	7.74	25	7.43	25	7.88	25	7.78	25	8.51	25	7.58	25	7.00	25	7.24	25	7.66	25	9.12	
	1991	5	7.89	5	8.16	5	8.21	5	8.04	5	7.92	5	7.31	5	9.52	5	8.69	5	8.51	5	8.22	5	8.83	5	10.67	8.51
		15	8.32	15	8.25	15	8.14	15	7.59	15	8.33	15	7.53	15	10.16	15	8.83	15	5.59	15	8.36	15	9.27	15	9.51	
		25	7.97	25	8.02	25	8.05	25	7.92	25	7.90	25	8.46	25	10.19	25	〈16.52〉	25	8.30	25	8.75	25	9.55	25	9.27	
	1992	4	9.14	4	9.05	4	9.42	4	9.32	4	9.21	4	9.73	4	9.86	4	10.68	4	9.94	4	8.30	4	8.43	4	9.13	9.30
		15	9.19	15	8.97	15	9.50	15	9.46	15	9.19	15	9.36	15	9.36	15	9.93	15	9.44	15	8.07	15	8.78	15	9.34	
		25	9.14	25	10.46	25	9.02	25	9.46	25	9.73	25	9.08	25	10.13	25	9.46	25	8.63	25	8.19	25	8.80	25	9.72	

续表

点号	年份	1月 日	1月 水位	2月 日	2月 水位	3月 日	3月 水位	4月 日	4月 水位	5月 日	5月 水位	6月 日	6月 水位	7月 日	7月 水位	8月 日	8月 水位	9月 日	9月 水位	10月 日	10月 水位	11月 日	11月 水位	12月 日	12月 水位	年平均
39	1993	5	8.70	5	11.99	5	11.79	5	10.11	5	9.91	5	9.89	5	8.64	5	10.01	5	9.03	5	8.95	5	8.61	5	8.44	9.93
		15	8.61	15	11.85	15	11.74	15	9.64	15	9.80	15	9.81	15	〈17.10〉	15	13.40	15	9.01	15	8.92	15	8.39	15		
		25	〈12.07〉	25	11.81	25	10.70	25	9.61	25	9.74	25	9.81	25	9.30	25	12.80	25	8.99	25	8.89	25	9.01	25		
	1994	5	10.11	5	9.87	5	9.71	5	10.27	5	9.64	5	10.47	5	9.78	5	11.89	5	12.50	5	12.78	5	12.27	5	11.36	10.82
		15	10.27	15	9.64	15	9.63	15	9.99	15	9.12	15	9.39	15	9.70	15	11.60	15	12.31	15	12.56	15	11.91	15	12.25	
		25	10.05	25	〈16.00〉	25	9.40	25	9.40	25	〈16.59〉	25	9.42	25	10.99	25	11.95	25	12.66	25	12.22	25	11.55	25	11.30	
	1995	5	11.37	5	〈18.27〉	5	12.54	5	12.15	5	11.96	5	13.64	5	15.08	5	15.51	5	15.15	5	15.44	5	13.97	5	15.50	13.47
		15	〈18.26〉	15	11.41	15		15		15		15		15		15		15		15		15		15		
		25		25		25		25		25		25		25		25		25		25		25		25		
40	1986	5	10.63	5	9.86	5	10.26	5	10.45	5	9.97	5	10.60	5	10.22	5	12.15	5	12.87	5	10.43	5	10.42	5	10.73	10.88
		15	9.73	15	9.65	15	12.51	15	10.58	15	10.67	15	11.32	15	10.06	15	12.98	15	10.10	15	13.18	15	10.30	15	10.87	
		25	9.73	25	10.00	25	11.31	25	10.60	25	10.49	25	12.59	25	11.90	25	11.64	25	10.78	25	10.34	25	10.31	25	11.48	
	1987	5	11.10	5	10.99	5	11.65	5	10.98	5	10.92	5	10.10	5	10.04	5	10.41	5	11.10	5	〈13.24〉	5	10.81	5	10.77	11.04
		15	11.41	15	11.51	15	11.19	15	11.07	15	10.73	15	9.89	15	11.50	15	12.26	15	11.05	15	11.49	15	10.80	15	〈14.52〉	
		25	11.09	25	〈15.62〉	25	10.97	25	11.07	25	10.90	25	10.29	25	10.47	25	12.54	25	11.06	25	10.90	25	10.66	25	12.60	
	1988	5	12.64	5	11.23	5	10.89	5	10.64	5	11.25	5	10.80	5	10.90	5	10.45	5	9.35	5	9.69	5	9.30	5	9.46	10.57
		15	12.16	15	11.04	15	10.90	15	10.11	15	〈12.12〉	15	11.17	15	11.15	15	10.13	15	9.18	15	9.26	15	9.53	15	10.57	
		25	11.35	25	10.84	25	10.75	25	11.30	25	10.54	25	12.38	25	11.08	25	9.75	25	9.82	25	9.02	25	9.48	25	11.93	
	1989	5	〈13.75〉	5	10.25	5	9.04	5	9.33	5	9.72	5	10.40	5	11.20	5	12.17	5	9.65	5	9.41	5	9.83	5	10.75	10.12
		15	10.32	15	10.13	15	8.90	15	9.47	15	9.36	15	9.40	15	10.68	15	10.71	15	9.47	15	9.78	15	9.90	15	10.80	
		25	10.29	25	9.40	25	9.13	25	9.65	25	10.05	25	12.03	25	11.35	25	11.13	25	9.49	25	10.70	25	9.85	25	10.52	
	1990	5	10.53	5	10.92	5	10.42	5	10.18	5	10.88	5	11.17	5	10.34	5	10.04	5	9.88	5	9.78	5	10.17	5	10.55	10.57
		15	10.34	15	10.64	15	10.58	15	10.46	15	10.33	15	11.97	15	10.68	15	11.16	15	9.87	15	9.97	15	10.45	15	10.80	
		25	11.26	25	10.58	25	10.24	25	10.32	25	10.60	25	11.79	25	11.00	25	10.00	25	10.40	25	9.90	25	10.46	25	12.02	

续表

点号	年份	1月 日	1月 水位	2月 日	2月 水位	3月 日	3月 水位	4月 日	4月 水位	5月 日	5月 水位	6月 日	6月 水位	7月 日	7月 水位	8月 日	8月 水位	9月 日	9月 水位	10月 日	10月 水位	11月 日	11月 水位	12月 日	12月 水位	年平均
40	1991	5	〈15.32〉	5	〈13.71〉	5	10.48	5	10.90	5	〈13.40〉	5	10.16	5	12.35	5	11.10	5	11.50	5	11.08	5	11.72	5	11.80	
		15	10.77	15	10.51	15	〈13.70〉	15	〈13.15〉	15	10.91	15	10.37	15	13.48	15	12.12	15	11.12	15	11.29	15	12.15	15	12.09	11.22
		25	10.56	25	10.35	25	10.60	25	10.68	25	10.86	25	〈14.01〉	25	〈15.55〉	25	12.31	25	8.30	25	11.52	25	12.33	25	11.83	
	1992	5	〈14.27〉	5	12.58	5	11.92	5	11.97	5	11.64	5	12.58	5	12.70	5	〈15.44〉	5	〈14.51〉	5	11.17	5	11.17	5	12.09	
		15	12.27	15	12.80	15	12.05	15	12.30	15	11.78	15	11.97	15	12.05	15	12.63	15	12.22	15	10.81	15	11.63	15	12.29	12.09
		25	12.62	25	13.54	25	11.73	25	〈18.82〉	25	12.41	25	10.57	25	14.35	25	12.11	25	11.58	25	11.02	25	〈13.26〉	25	〈14.58〉	
41	1986	5	10.05	5	9.23	5	9.70	5	9.84	5	9.56	5	10.09	5	9.72	5	〈16.09〉	5	12.34	5	10.07	5	9.88	5	10.19	
		15	9.02	15	8.88	15	〈14.05〉	15	9.93	15	10.27	15	11.52	15	9.61	15	13.47	15	9.72	15	〈15.76〉	15	9.92	15	10.23	10.26
		25	9.13	25	9.25	25	10.52	25	10.23	25	10.05	25	11.99	25	12.20	25	11.18	25	10.29	25	9.90	25	9.97	25	10.78	
	1987	5	10.51	5	〈11.77〉	5	11.04	5	10.28	5	10.26	5	9.58	5	9.81	5	10.53	5	10.51	5	12.68	5	10.43	5	10.45	
		15	〈12.82〉	15	10.88	15	10.57	15	10.54	15	9.74	15	9.22	15	10.42	15	10.08	15	10.45	15	10.79	15	10.41	15	10.67	10.51
		25	10.48	25	10.72	25	10.32	25	10.53	25	10.30	25	9.87	25	10.06	25	11.46	25	10.61	25	10.46	25	10.35	25	12.33	
	1988	5	11.21	5	10.77	5	10.45	5	10.13	5	9.48	5	10.50	5	10.67	5	10.60	5	9.09	5	9.31	5	8.91	5	9.47	
		15	11.20	15	10.59	15	10.36	15	10.12	15	9.84	15	10.94	15	10.47	15	9.98	15	9.14	15	8.68	15	9.13	15	10.50	10.08
		25	10.45	25	10.29	25	10.18	25	9.53	25	10.21	25	12.05	25	10.55	25	9.57	25	9.25	25	8.69	25	9.33	25	11.18	
	1989	5	10.36	5	8.95	5	9.24	5	9.62	5	9.47	5	10.28	5	11.59	5	11.87	5	10.03	5	9.63	5	10.22	5	10.50	
		15	9.88	15	9.62	15	9.18	15	9.58	15	9.22	15	9.92	15	10.65	15	10.83	15	9.88	15	10.11	15	10.10	15	10.40	10.12
		25	10.89	25	9.59	25	8.96	25	9.67	25	9.83	25	11.62	25	11.09	25	10.08	25	9.91	25	10.72	25	10.13	25	10.77	
	1990	5	10.81	5	10.46	5	10.13	5	10.14	5	9.91	5	10.57	5	10.46	5	10.43	5	10.15	5	9.72	5	10.23	5	10.54	
		15	10.61	15	10.24	15	10.30	15	10.37	15	10.32	15	11.93	15	11.17	15	10.08	15	9.97	15	9.84	15	10.43	15	10.58	10.43
		25	11.40	25	10.02	25	10.16	25	10.48	25	10.18	25	10.56	25	〈16.18〉	25	10.17	25	10.41	25	10.03	25	10.38	25	11.86	
	1991	5	11.95	5	10.76	5	11.06	5	10.77	5	10.54	5	9.87	5	12.46	5	11.27	5	10.98	5	10.67	5	11.67	5	11.86	
		15	10.88	15	10.71	15	10.74	15	10.58	15	11.13	15	10.13	15	13.06	15	〈17.28〉	15	11.10	15	11.08	15	12.28	15	11.08	11.10
		25	10.50	25	10.56	25	10.78	25	10.25	25	10.99	25	11.03	25	〈17.95〉	25	12.51	25	10.71	25	10.25	25	11.82	25	11.38	

续表

点号	年份	1月 日	1月 水位	2月 日	2月 水位	3月 日	3月 水位	4月 日	4月 水位	5月 日	5月 水位	6月 日	6月 水位	7月 日	7月 水位	8月 日	8月 水位	9月 日	9月 水位	10月 日	10月 水位	11月 日	11月 水位	12月 日	12月 水位	年平均
41	1992	5	11.44	5	10.61	5	11.80	5	10.77	5	11.61	5	12.15	5	12.85	5	13.48	5	13.00	5	10.80	5	10.50	5	11.16	11.45
		15	11.31	15	10.46	15	11.77	15	11.00	15	11.35	15	11.98	15	12.15	15	12.62	15	12.47	15	10.82	15	10.36	15	11.23	
		25	11.26	25	11.54	25	10.98	25	10.95	25	11.22	25	11.85	25	〈17.06〉	25	11.00	25	11.78	25	10.21	25	10.34	25	11.82	
	1993	5	12.61	5	11.97	5	12.20	5	11.79	5	11.74	5	11.43	5	11.54	5	12.02	5	12.09	5	11.38	5	9.77	5	11.04	11.59
		15	12.50	15	12.00	15	12.42	15	11.65	15	11.26	15	11.77	15	11.72	15	12.26	15	11.78	15	11.19	15	11.08	15	11.16	
		25	12.02	25	10.16	25	11.99	25	12.05	25	11.64	25	12.08	25	11.20	25	11.90	25	11.49	25	9.86	25	10.97	25	11.45	
	1994	5	11.70	5	10.85	5	11.16	5	10.90	5	10.35	5	10.69	5	10.31	5	11.48	5	11.71	5	11.70	5	11.36	5	10.05	10.80
		10	11.62	10	10.87	10	10.97	10	10.98	10	10.36	10	9.91	10	9.95	10	11.16	10	11.53	10	11.46	10	9.78	10	9.99	
		15	11.73	15	10.70	15	10.61	15	11.58	15	10.45	15	9.82	15	10.17	15	11.38	15	11.46	15	11.14	15	10.33	15	10.51	
		20	11.65	20	10.67	20	10.68	20	9.94	20	10.58	20	10.16	20	10.45	20	11.23	20	11.38	20	10.85	20	9.89	20	10.08	
		25	11.56	25	10.72	25	10.71	25	10.18	25	10.67	25	9.75	25	11.45	25	10.82	25	11.71	25	11.32	25	10.54	25	10.93	
		30	11.53	30	10.62	30	10.76	30	10.30	30	10.73	30	10.04	30	11.32	30	11.77	30	11.37	30	10.46	30	9.95	30	9.90	
	1995	5	9.58	5	10.74	5	12.50	5	10.55	5	10.44	5	10.74	5	12.29	5	12.36	5	13.07	5	12.61	5	12.02	5	11.91	11.64
		10	10.67	10	10.56	10	11.00	10	11.40	10	10.67	10	11.35	10	12.38	10	12.44	10	12.17	10	12.54	10	12.05	10	11.93	
		15	10.77	15	10.79	15	11.00	15	10.82	15	10.92	15	11.82	15	〈13.22〉	15	12.37	15	12.19	15	12.46	15	11.98	15	11.98	
		20	10.61	20	10.68	20	10.48	20	10.67	20	11.00	20	12.93	20	12.29	20	12.18	20	12.21	20	12.24	20	12.01	20	13.25	
		25	11.08	25	11.17	25	10.92	25	10.35	25	10.96	25	〈13.53〉	25	12.00	25	12.08	25	12.25	25	12.45	25	12.06	25	13.23	
		30	10.86	30	11.04	30	10.50	30	10.50	30	11.02	30	〈13.24〉	30	12.99	30	12.54	30	12.23	30	12.23	30	12.02	30	13.08	
43	1986	4	13.05	4	12.00	4	12.00	4	12.93	4	12.31	4	13.44	4	13.31	4	15.92	4	15.57	4	13.85	4	13.17	4	12.77	13.35
		14	11.96	14	11.29	14	13.51	14	15.69	14	13.33	14	15.07	14	13.50	14	14.42	14	13.86	14	〈19.10〉	14	12.73	14	12.93	
		24	11.80	24	11.95	24	13.15	24	12.88	24	〈18.08〉	24	13.58	24	〈19.15〉	24	14.42	24	13.95	24	13.80	24	12.76	24	13.65	
	1987	4	13.70	4	12.88	4	14.29	4	13.79	4	13.81	4	12.44	4	12.94	4	13.51	4	14.02	4	15.47	4	13.30	4	13.35	13.66
		14	13.79	14	13.63	14	13.25	14	12.67	14	12.67	14	12.38	14	13.98	14	14.83	14	14.63	14	13.87	14	13.40	14	13.42	
		24	13.28	24	13.24	24	13.10	24	13.97	24	13.93	24	12.66	24	12.97	24	16.99	24	13.80	24	13.56	24	13.15	24	14.35	

续表

点号	年份	1月 日	1月 水位	2月 日	2月 水位	3月 日	3月 水位	4月 日	4月 水位	5月 日	5月 水位	6月 日	6月 水位	7月 日	7月 水位	8月 日	8月 水位	9月 日	9月 水位	10月 日	10月 水位	11月 日	11月 水位	12月 日	12月 水位	年平均
43	1988	4	14.30	4	13.52	4	13.20	4	11.37	4	11.02	4	9.92	4	12.80	4	12.47	4	11.34	4	11.24	4	11.95	4	12.56	12.17
		14	14.02	14	13.61	14	13.29	14	10.37	14	9.24	14	11.02	14	12.41	14	12.83	14	11.37	14	12.40	14	12.31	14	13.01	
		24	13.78	24	13.48	24	12.53	24	11.41	24	9.35	24	〈13.18〉	24	12.56	24	12.18	24	11.20	24	12.00	24	12.53	24	13.44	
44	1986	4	14.73	4	14.10	4	14.16	4	14.76	4	14.21	4	15.28	4	14.90	4	16.96	4	17.34	4	15.22	4	14.94	4	15.11	15.34
		14	14.15	14	13.38	14	14.16	14	14.94	14	15.12	14	15.70	14	15.43	14	18.38	14	15.25	14	16.23	14	15.25	14	15.45	
		24	13.80	24	14.08	24	15.15	24	15.08	24	15.50	24	16.95	24	16.99	24	17.60	24	15.66	24	15.10	24	15.33	24	15.90	
	1987	4	15.50	4	14.94	4	15.70	4	15.38	4	15.53	4	15.03	4	15.37	4	16.26	4	15.67							15.78
		14	15.87	14	15.80	14	15.34	14	15.53	14	14.94	14	14.85	14	16.03	14	17.76	14	16.46	14		14		14		
		24	15.51	24	15.51	24	15.35	24	15.68	24	15.98	24	14.91	24	15.58	24	19.68			24		24		24		
47	1986	4	16.17	4	15.91	4	15.80	4	16.27	4	16.11	4	16.29	4	16.35	4	17.32	4	17.41	4	16.95	4	16.99	4	16.87	16.58
		14	16.09	14	15.77	14	16.08	14	16.22	14	16.15	14	16.38	14	16.48	14	17.95	14	17.41	14	17.05	14	16.97	14	17.24	
		24	15.94	24	15.78	24	16.39	24	16.23	24	16.38	24	16.44	24	16.88	24	17.47	24	19.77	24	17.06	24	16.92	24	17.28	
	1987	4	17.16	4	16.98	4	17.26	4	17.22	4	17.13	4	17.12	4	17.41	4	17.48	4	19.77	4	18.74	4	18.13	4	18.04	17.69
		14	17.16	14	17.24	14	17.38	14	17.17	14	17.09	14	17.06	14	17.21	14	17.57	14	18.00	14	18.55	14	18.09	14	18.07	
		24	17.11	24	17.22	24	17.25	24	17.15	24	17.21	24	17.39	24	17.28	24	19.83	24	17.98	24	18.94	24	18.03	24	18.27	
	1988	4	18.48	4	18.36	4	18.15	4	17.99	4	17.95	4	18.02	4	18.54	4	18.45	4	18.35	4	18.37	4	18.14	4	18.18	18.23
		14	18.56	14	18.28	14	18.08	14	18.01	14	17.72	14	18.03	14	18.50	14	18.54	14	18.33	14	18.33	14	17.95	14	18.36	
		24	18.29	24	18.14	24	18.00	24	18.02	24	17.97	24	〈22.72〉	24	18.54	24	18.45	24	18.11	24	18.24	24	18.15	24	18.45	
	1989	7	18.66	7	19.55	7	18.44	7	18.23	7	18.33	7	18.53	7	19.17	7	19.20	7	19.32	7	18.94	7	18.60	7	19.30	18.85
		17	18.61	17	19.67	17	18.33	17	18.32	17	18.35	17	18.52	17	19.15	17	18.61	17	19.22	17	18.62	17	19.28	17	〈21.15〉	
		27	19.57	27	18.66	27	18.25	27	17.90	27	18.50	27	18.85	27	19.14	27	18.49	27	19.30	27	19.33	27	18.63	27	20.23	
	1990	7	19.79	7	19.79	7	19.67	7	19.81	7	19.20	7	19.87	7	19.60	7	20.33	7	19.37	7	20.00	7	19.94	7	20.16	19.93
		17	20.41	17	19.44	17	19.91	17	19.93	17	19.92	17	20.13	17	20.02	17	19.91	17	19.91	17	21.00	17	19.96	17	20.15	
		27	20.41	27	19.11	27	19.78	27	19.81	27	19.97	27	20.08	27	20.31	27	20.09	27	19.41	27	19.92	27	〈22.70〉	27	20.27	

续表

点号	年份	1月 日	1月 水位	2月 日	2月 水位	3月 日	3月 水位	4月 日	4月 水位	5月 日	5月 水位	6月 日	6月 水位	7月 日	7月 水位	8月 日	8月 水位	9月 日	9月 水位	10月 日	10月 水位	11月 日	11月 水位	12月 日	12月 水位	年平均
47	1991	7	20.22	7	19.55	7	⟨23.20⟩	7	19.85	7	20.36	7	20.24	7	20.75	7	20.11	7	20.71	7	21.27	7	21.21	7	21.30	20.58
		17	19.82	17	20.13	17	20.35	17	19.67	17	20.11	17	20.74	17	⟨23.82⟩	17	20.42	17	21.16	17	21.20	17	21.21	17	21.46	
		27	19.63	27	20.30	27	20.45	27	19.82	27	20.13	27	20.91	27	21.16	27	20.88	27	20.52	27	21.27	27	21.49	27	21.39	
	1992	7	21.37	7	19.39	7	21.44	7	21.62	7	21.37	7	21.35	7	21.57	7	22.30	7	22.42	7	21.41	7	21.61	7	21.53	21.60
		17	21.40	17	21.29	17	21.51	17	21.53	17	21.28	17	21.39	17	21.82	17	23.15	17	22.16	17	21.74	17	21.38	17	21.73	
		27	21.23	27	21.99	27	21.53	27	21.78	27	21.19	27	21.42	27	21.93	27	22.01	27	22.02	27	21.63	27	⟨24.05⟩	27	21.57	
	1993	7	22.25	7	21.38	7	21.52	7	21.50	7	21.48	7	⟨24.65⟩	7	⟨24.89⟩	7	⟨25.10⟩	7	21.99	7	20.30	7	21.81	7	21.40	21.70
		17	22.34	17	21.29	17	21.49	17	21.45	17	21.45	17	21.47	17	21.57	17	⟨25.35⟩	17	21.90	17	22.38	17	21.37	17	⟨23.48⟩	
		27	21.37	27	21.43	27	21.53	27	22.20	27	21.38	27	21.63	27	21.77	27	21.88	27	21.96	27	24.22	27	21.68	27	21.46	
	1994	7	21.55	7	21.79	7	21.56	7	21.60	7	21.82	7	21.75	7	⟨23.89⟩	7	22.25	7	⟨24.93⟩	7	⟨23.88⟩	7	22.85	7	⟨24.01⟩	21.95
		17	21.51	17	21.65	17	21.54	17	⟨33.32⟩	17	21.85	17	⟨23.62⟩	17	21.72	17	22.68	17	⟨24.82⟩	17	⟨23.95⟩	17	⟨24.15⟩	17	⟨23.67⟩	
		27	21.73	27	21.55	27	21.41	27	21.65	27	21.96	27	21.78	27	21.86	27	22.53	27	⟨23.71⟩	27	22.43	27	⟨24.04⟩	27	23.74	
	1995	7	23.88	7	22.13	7	22.48	7	21.84	7	⟨23.35⟩	7	⟨24.42⟩	7	24.93	7	24.63	7	23.23	7	23.80	7	⟨25.45⟩	7	23.29	23.35
		17	22.27	17	24.35	17		17		17		17		17		17		17		17		17		17		
		27		27		27		27		27		27		27		27		27		27		27		27		
51	1986	6	8.87	6	8.08	6	8.82	6	9.04	6	8.37	6	8.51	6	10.41	6	11.08	6	11.07	6	8.97	6	9.05	6	9.35	9.32
		16	8.46	16	7.97	16	8.93	16	9.04	16	9.63	16	9.13	16	10.36	16	12.12	16	8.96	16	9.94	16	9.05	16	9.26	
		26	8.78	26	7.79	26	9.06	26	8.70	26	8.55	26	10.47	26	11.00	26	10.34	26	9.04	26	8.73	26	9.00	26	9.57	
	1987	6	9.54	6	9.64	6	9.59	6	9.44	6	9.11	6	8.74	6	9.06	6	8.95	6	10.17	6	10.44	6	9.22	6	9.44	9.50
		16	9.75	16	9.77	16	9.51	16	9.59	16	8.70	16	8.55	16	10.10	16	10.26	16	10.06	16	9.57	16	9.28	16	9.55	
		26	9.37	26	9.72	26	9.34	26	9.15	26	8.38	26	8.31	26	9.78	26	11.16	26	9.97	26	9.54	26	9.31	26	9.85	
	1988	6	9.78	6	9.62	6	9.30	6	8.82	6	9.27	6	9.68	6	9.52	6	9.96	6	8.64	6	8.67	6	8.54	6	9.26	9.33
		16	10.01	16	9.82	16	9.44	16	8.88	16	8.75	16	10.01	16	12.15	16	8.38	16	9.99	16	8.48	16	9.14	16	9.36	
		26	9.99	26	9.50	26	8.71	26	9.24	26	9.34	26	10.37	26	9.47	26	8.50	26	8.64	26	8.04	26	9.16	26	9.52	

续表

点号	年份	1月 日	1月 水位	2月 日	2月 水位	3月 日	3月 水位	4月 日	4月 水位	5月 日	5月 水位	6月 日	6月 水位	7月 日	7月 水位	8月 日	8月 水位	9月 日	9月 水位	10月 日	10月 水位	11月 日	11月 水位	12月 日	12月 水位	年平均
51	1989	6	9.67	6	9.16	6	9.19	6	8.60	6	8.80	6	8.82	6	9.84	6	10.63	6	9.11	6	8.29	6	8.47	6	9.41	9.13
		16	9.03	16	9.04	16	8.44	16	8.61	16	8.74	16	9.12	16	10.14	16	10.15	16	8.80	16	8.43	16	8.96	16	9.60	
		26	9.09	26	8.83	26	8.54	26	8.77	26	8.62	26	10.28	26	9.66	26	9.97	26	8.09	26	9.32	26	8.62	26	9.69	
	1990	8	9.74	8	9.37	8	9.54	8	9.67	8	8.99	8	8.94	8	9.43	8	9.64	8	9.92	8	9.16	8	9.18	8	9.81	9.47
		18	9.78	18	9.16	18	9.83	18	9.79	18	8.93	18	9.85	18	9.47	18	9.37	18	9.50	18	9.13	18	9.37	18	9.89	
		28	9.63	28	8.94	28	9.61	28	9.21	28	9.78	28	9.61	28	9.87	28	9.28	28	8.83	28	8.83	28	9.50	28	10.34	
	1991	8	10.43	8	10.18	8	10.24	8	9.91	8	9.19	8	9.68	8	11.44	8	11.07	8	10.46	8	10.31	8	11.37	8	11.33	10.48
		18	10.26	18	9.80	18	10.17	18	9.26	18	9.64	18	9.89	18	12.24	18	11.38	18	9.70	18	10.30	18	11.46	18	11.64	
		28	9.99	28	10.26	28	9.99	28	9.62	28	9.73	28	10.01	28	11.90	28	10.75	28	9.80	28	11.24	28	11.18	28	11.54	
	1992	8	11.09	8	12.30	8	11.29	8	11.60	8	11.60	8	12.51	8	12.66	8	13.66	8	12.78	8	11.55	8	10.80	8	11.21	11.84
		18	11.43	18	11.58	18	11.48	18	12.24	18	11.87	18	11.97	18	12.02	18	12.96	18	12.38	18	10.76	18	10.86	18	11.56	
		28	11.48	28	12.76	28	11.79	28	11.97	28	12.19	28	11.98	28	12.59	28	12.36	28	12.12	28	10.71	28	11.04	28	11.05	
	1993	7	11.34	7	11.67	7	11.73	7	10.94	7	10.94	7	11.09	7	11.39	7	11.91	7	11.69	7	11.43	7	11.12	7	11.29	11.38
		17	11.58	17		17	11.74	17	10.99	17	10.91	17	11.75	17	11.59	17	11.22	17	12.02	17	11.22	17	11.19	17	11.54	
		27	12.12	27	11.68	27	11.59	27	11.39	27	10.74	27	11.91	27	11.27	27	10.89	27	11.22	27	10.93	27	10.86	27	11.49	
	1994	7	11.89	7	13.24	7	12.29	7	12.61	7	11.94	7	11.61	7	11.55	7	13.38	7	14.16	7	14.79	7	14.03	7	13.33	12.86
		17	11.36	17	11.95	17	13.24	17	12.58	17	12.19	17	11.90	17	11.66	17	13.50	17	14.57	17	14.84	17	15.29	17	11.97	
		27	12.61	27	10.55	27	12.17	27	11.81	27	12.34	27	11.65	27	13.02	27	13.83	27	14.51	27	13.85	27	13.92	27	12.74	
	1995	4	12.95	4	12.56	4	⟨46.81⟩	4		4	15.54	4	15.29	4	16.86	4	17.38	4	17.13	4	17.19	4	17.06	4	17.53	16.34
		14	⟨47.27⟩	14	⟨48.70⟩	14	⟨46.78⟩	14		14	15.51	14	15.64	14	17.34	14	17.22	14	17.02	14	17.51	14	17.29	14	16.14	
		24	10.59	24	11.50	24		24		24	15.74	24	16.30	24	16.89	24	17.33	24	17.02	24	17.32	24	17.06	24	17.64	
52	1986	6	10.28	6	11.44	6	11.00	6	11.22	6	11.05	6	11.17	6	11.85	6	13.39	6	13.79	6	11.54	6	11.46	6	11.35	11.75
		16	10.30	16	9.79	16	11.21	16	11.42	16	12.08	16	11.62	16	11.38	16	14.93	16	14.14	16	12.46	16	11.50	16	11.26	
		26		26		26	11.43	26	10.93	26	11.81	26	11.83	26	13.31	26	13.11	26	14.06	26	10.91	26	10.88	26	10.98	

续表

点号	年份	1月 日	1月 水位	2月 日	2月 水位	3月 日	3月 水位	4月 日	4月 水位	5月 日	5月 水位	6月 日	6月 水位	7月 日	7月 水位	8月 日	8月 水位	9月 日	9月 水位	10月 日	10月 水位	11月 日	11月 水位	12月 日	12月 水位	年平均
52	1987	6	11.19	6	11.24	6	11.19	6	10.53	6	10.07	6	8.86	6	9.91	6	9.38	6	10.76	6	10.95	6	9.62	6	9.74	10.38
		16	11.39	16	11.34	16	10.97	16	10.56	16	9.55	16	9.08	16	10.96	16	11.04	16	10.94	16	10.03	16	9.85	16	10.34	
		26	11.17	26	10.36	26	10.68	26	10.15	26	9.22	26	9.26	26	10.68	26	12.21	26	10.61	26	9.96	26	9.72	26	10.12	
	1988	6		6		6		6	9.41	6	9.75	6	10.02	6	12.13	6	12.55	6	10.26	6	10.88	6	10.35	6	10.77	10.64
		16	10.06	16	11.53	16	9.61	16	9.38	16	9.12	16	11.49	16	10.46	16	10.47	16	8.62	16	10.53	16	11.64	16	11.75	
		26		26		26		26	9.03	26	10.01	26	12.18	26	12.38	26	10.38	26	11.06	26	10.57	26	11.67	26	11.95	
	1989	7	11.99	7	11.10	7	10.77	7	11.08	7	11.13	7	11.09	7	11.37	7	11.34	7	11.78	7	7.95	7	10.14	7	10.83	11.01
		17	11.48	17	11.18	17	10.81	17	11.05	17	10.97	17	10.93	17	11.32	17	10.85	17	11.72	17	10.23	17	10.27	17	11.24	
		27	11.59	27	11.79	27	10.75	27	11.23	27	10.41	27	12.70	27	11.15	27	11.23	27	8.91	27	10.67	27	11.42	27	12.22	
	1990	7	11.35	7	10.40	7	9.85	7	11.14	7	10.67	7	12.49	7	11.03	7	12.17	7	11.05	7	11.53	7	11.71	7	12.19	11.38
		17	11.35	17	10.36	17	10.51	17	11.27	17	10.79	17	12.70	17	11.74	17	11.59	17	10.89	17	11.68	17	11.84	17	12.25	
		27	10.75	27	10.03	27	11.99	27	11.07	27	11.25	27	12.12	27	11.41	27	11.36	27	11.35	27	11.32	27	12.05	27	12.57	
	1991	7	12.68	7	11.24	7	12.75	7	12.58	7	12.28	7	12.27	7	13.41	7	14.44	7	13.62	7	12.10	7	13.72	7	13.82	13.05
		17	12.60	17	12.62	17	12.71	17	12.43	17	12.65	17	12.40	17	13.71	17	13.99	17	13.00	17	13.41	17	13.97	17	14.09	
		27	11.59	27	12.76	27	12.32	27	12.40	27	12.47	27	13.77	27	15.46	27	13.96	27	12.61	27	13.77	27	13.85	27	13.91	
	1992	7	13.90	7	13.47	7	14.40	7	12.25	7	13.15	7	13.29	7	14.73	7	15.84	7	15.18	7	12.42	7	12.89	7	13.47	13.77
		17	13.85	17	12.91	17	13.87	17	14.25	17	14.12	17	13.99	17	13.87	17	15.09	17	14.79	17	12.17	17	〈24.89〉	17	13.49	
		27	13.60	27	14.20	27	13.24	27	13.55	27	13.73	27	13.84	27	15.21	27	14.52	27	13.17	27	12.62	27	13.36	27	13.56	
53	1986	5	13.60	5	12.69	5	13.43	5	14.13	5	13.23	5	13.84	5	13.85	5	16.01	5	16.33	5	13.57	5	13.56	5	13.85	14.32
		15	13.20	15	12.86	15	13.84	15	13.95	15	14.33	15	14.11	15	15.03	15	18.09	15	14.38	15	14.71	15	14.11	15	13.70	
		25		25	12.76	25	13.94	25	14.05	25	14.42	25	15.99	25	16.23	25	16.74	25	14.44	25	14.10	25	13.84	25	14.34	
	1987	5	14.23	5	14.01	5	14.56	5	14.82	5	14.33	5	13.75	4	15.32	5	14.12	5	15.69	5	15.52	5	15.46	5	15.17	14.81
		15	14.57	15	14.46	14	14.21	15	14.30	16	13.22	14	13.84	15	15.67	14	15.31	15	15.52	15	15.44	15	15.42	15	15.42	
		25	14.38	25	14.40	25	14.12	25	14.49	25	13.55	24	13.93	25	15.29	25	16.91	25	15.85	25	15.57	25	15.26	25	15.16	

续表

点号	年份	1月 日	1月 水位	2月 日	2月 水位	3月 日	3月 水位	4月 日	4月 水位	5月 日	5月 水位	6月 日	6月 水位	7月 日	7月 水位	8月 日	8月 水位	9月 日	9月 水位	10月 日	10月 水位	11月 日	11月 水位	12月 日	12月 水位	年平均
53	1988	5	14.46	5	14.42	5	14.26	5	14.47	5	14.56	5	14.66	5	14.91	5	14.95	5	14.86	5	14.77	5	13.85	5	14.45	14.53
		15	14.41	15	14.47	15	14.27	15	14.56	15	14.25	15	14.79	15	14.87	15	15.04	15	14.86	15	14.74	15	13.89	15	14.59	
		25	14.46	25	14.21	25	14.22	25	14.42	25	14.67	25	15.15	25	14.30	25	15.00	25	14.92	25	13.30	25	14.12	25	14.90	
	1989	7	14.50	7	14.20	7	13.98	7	13.55	7	13.72	7	13.94	7	15.62	7	16.40	7	14.62	7	14.09	7	14.02	7	13.81	14.36
		17	14.42	17	14.11	17	14.12	17	13.52	17	13.62	17	13.89	17	15.14	17	14.20	17	14.35	17	14.54	17	13.78	17	14.75	
		27	14.55	27	13.95	27	14.21	27	13.68	27	13.85	27	15.38	27	15.05	27	16.47	27	13.62	27	14.41	27	14.23	27	14.81	
	1990	7	14.71	7	13.61	7	13.88	7	14.07	7	13.69	7		7	13.99	7	15.56	7	15.08	7	14.15	7	14.49	7	14.92	14.43
		17	14.56	17	13.56	17	14.10	17	14.32	17	13.92	17	14.74	17	15.40	17	14.70	17	14.49	17	14.41	17	14.57	17	14.78	
		27	13.95	27	13.50	27	14.16	27	14.30	27	14.29	27	14.94	27	14.97	27	15.33	27	14.24	27	14.22	27	14.82	27	15.27	
	1991	7	15.15	7	14.07	7	15.22	7	15.15	7	14.36	7	15.70	7	16.17	7	16.84	7	16.13	7	15.74	7	16.32	7	16.22	15.69
		17	14.90	17	13.87	17	15.06	17	14.78	17	15.42	17	15.77	17	17.56	17	16.60	17	15.55	17	15.99	17	16.55	17	15.84	
		27	16.42	27	15.20	27	14.74	27	15.08	27	15.02	27	16.84	27	18.12	27	16.45	27	15.86	27	16.17	27	16.37	27	15.35	
	1992	7	16.46	7	16.10	7	14.93	7	16.64	7	16.06	7	16.35	7	17.38	7	17.96	7	16.54	7	15.25	7	15.14	7	16.25	16.32
		17	16.38	17	15.70	17	16.29	17	16.83	17	16.57	17	16.44	17	17.01	17	18.49	17	16.33	17	15.00	17	15.78	17	16.14	
		27	16.16	27	15.53	27	15.82	27	16.22	27	16.45	27	16.46	27	17.58	27	17.11	27	16.15	27	15.43	27	15.78	27	16.56	
	1993	5	16.64	5	16.48	5	16.61	5	15.92	5	16.15	5	17.06	5	16.93	5	18.17	5	16.60	5	16.79	5	16.50	5	16.80	16.67
		15	16.82	15	16.52	15	16.54	15	15.95	15	15.99	15	16.81	15	17.12	15		15	16.71	15	16.47	15	16.47	15	16.79	
		25	16.65	25	16.68	25	16.42	25	16.86	25	16.23	25	16.92	25	16.90	25	16.77	25	17.28	25	16.39	25	16.52	25	17.22	
61	1986	5	14.54	5	13.65	5	14.44	5	14.88	5	14.19	5	14.92	5	14.71	5	17.11	5	15.51	5	14.40	5	14.59	5	14.47	15.20
		15	12.20	15	14.02	15	14.73	15	14.89	15	15.25	15	15.08	15	16.55	15	19.45	15	15.42	15	15.50	15	14.97	15	14.23	
		25	14.06	25	13.77	25	14.73	25	14.97	25	15.32	25	17.07	4	17.91	25	17.86	25	15.42	25	15.14	25	14.67	25	14.81	
	1987	5	14.82	5	14.36	5	15.32	5	15.00	5	15.29	5	14.75	15	16.75	14	15.50	5	16.99	5	16.65	5	16.60	5	16.48	15.82
		15	15.22	15	14.98	15	14.75	15	15.23	16	13.87	14	15.28	15	17.14	14	16.36	15	16.70	15	16.69	15	16.65	15	16.70	
		25	14.87	25	14.96	25	14.61	25	15.31	25	14.40	24	15.24	25	16.73	25	18.55	25	16.96	25	16.66	25	16.60	25	16.40	

续表

点号	年份	1月 日	1月 水位	2月 日	2月 水位	3月 日	3月 水位	4月 日	4月 水位	5月 日	5月 水位	6月 日	6月 水位	7月 日	7月 水位	8月 日	8月 水位	9月 日	9月 水位	10月 日	10月 水位	11月 日	11月 水位	12月 日	12月 水位	年平均
61	1988	5	15.49	5	15.38	5	14.78	5	14.70	5	15.46	5	15.25	5	15.60	5	15.70	5	16.36	5	16.15	5	14.89	5	15.54	15.44
		15	15.40	15	15.32	15	14.89	15	15.03	15	14.84	15	15.39	15	15.44	15	16.62	15	16.36	15	16.02	15	14.33	15	15.72	
		25	15.30	25	14.72	25	14.80	25	15.30	25	15.41	25	15.82	25	14.96	25	16.77	25	16.25	25	14.50	25	15.24	25	16.13	
	1989	5	15.65	5	14.60	5	15.15	5	15.54	5	14.45	5	15.66	5	17.35	5	18.01	5	16.00	5	14.22	5	15.42	5	15.37	15.58
		15	15.42	15	15.44	15	15.48	15	14.47	15	14.68	15	15.29	15	15.99	15	17.14	15	16.39	15	15.26	15	16.15	15	15.57	
		25	15.34	25	15.23	25	15.56	25	14.81	25	14.64	25	16.14	25	17.58	25	15.13	25	15.29	25		25	15.29	25	15.65	
	1990	4	15.47	4	15.30	4	15.20	4	14.95	4	14.80	4	15.70	4	15.91	4	17.22	4	16.14	4	14.04	4	16.02	4	15.92	15.68
		14	15.75	14	15.42	14	15.39	14	15.24	14	15.43	14	16.63	14	16.42	14	16.50	14	15.70	14	15.42	14	15.50	14	15.80	
		24	15.77	24	15.12	24	15.45	24	14.66	24	14.74	24	15.73	24	17.60	24	16.84	24	15.27	24	15.30	24	16.00	24	16.16	
	1991	4	17.00	4	16.17	4	16.27	4	16.36	4	16.23	4	17.50	4	18.98	4	11.05	4	16.88	4	15.62	4	17.59	4	18.12	16.93
		14	16.24	14	16.05	14	16.00	14	16.59	14	17.63	14	18.11	14	⟨26.02⟩	14	18.26	14	17.72	14	16.50	14	17.47	14	18.18	
		24	15.50	24	15.90	24	16.15	24	16.34	24	19.65	24	18.00	24	15.65	24	18.45	24	16.77	24	17.77	24	17.30	24	18.41	
	1992	5	17.78	5	17.17	5	16.97	5	17.28	5	17.13	5	17.54	5	20.28	5	20.10	5	20.14	5	16.03	5	16.55	5		18.03
		15	17.83	15	16.98	15	17.05	15	17.08	15	16.96	15	17.43	15	22.02	15	20.21	15	20.35	15	15.65	15	16.73	15		
		25	17.64	25	17.15	25	16.93	25	17.33	25	16.75	25	17.48	25	25.76	25	20.65	25	16.73	25	16.35	25	16.91	25		
70	1986	5	10.68	5	10.39	5	10.78	5	11.34	5	10.71	5	11.42	5	11.39	5	12.72	5	12.00	5	10.99	5	11.10	5	11.53	11.52
		15	10.66	15	11.09	15	11.31	15	11.76	15	11.84	15	11.42	15	12.04	15	⟨15.22⟩	15	11.77	15	11.77	15	10.99	15	11.32	
		25	10.51	25	10.36	25	11.06	25	11.12	25	11.45	25	13.53	25	13.97	25	13.61	25	11.96	25	11.47	25	11.39	25	11.67	
	1987	5	11.61	5	11.47	5	12.02	5	11.38	5	11.60	5	10.97	5	12.46	5	11.81	5	13.17	5	12.83	5	11.68	5	12.89	11.99
		15	11.91	15	11.77	15	11.40	15	11.49	15	10.35	15	10.94	15	12.85	15	12.44	15	13.18	15	12.27	15	11.89	15	11.97	
		25	11.26	25	13.04	25	11.02	25	11.57	25	11.40	25	11.73	25	11.63	25	14.46	25	13.07	25	11.69	25	11.78	25	12.46	
	1988	5	12.32	5	11.73	5	11.91	5	11.56	5	12.24	5	12.37	5	12.24	5	13.26	5	11.35	5	10.91	5	11.27	5	11.79	11.79
		15	11.26	15	11.44	15	11.64	15	11.52	15	10.98	15	12.60	15	13.62	15	12.27	15	10.06	15	10.52	15	11.58	15	11.68	
		25	11.70	25	11.24	25	11.54	25	12.29	25	11.12	25	13.52	25	13.16	25	11.59	25	12.04	25	10.80	25	11.78	25	11.39	

续表

点号	年份	1月 日	1月 水位	2月 日	2月 水位	3月 日	3月 水位	4月 日	4月 水位	5月 日	5月 水位	6月 日	6月 水位	7月 日	7月 水位	8月 日	8月 水位	9月 日	9月 水位	10月 日	10月 水位	11月 日	11月 水位	12月 日	12月 水位	年平均
70	1989	5	11.79	5	11.81	5	11.25	5	11.36	5	10.11	5	12.40	5	13.72	5	13.99	5	12.24	5	10.93	5	11.34	5	11.21	11.80
		15	11.82	15	11.37	15	10.92	15	10.57	15	11.33	15	11.41	15	13.95	15	12.88	15	12.83	15	10.67	15	11.34	15	11.43	
		25	11.41	25	11.31	25	11.08	25	11.37	25	11.08	25	12.80	25	14.66	25	11.60	25	11.48	25		25	11.64	25	11.91	
	1990	5	11.90	5	12.05	5	11.57	5	11.69	5	11.24	5	11.37	5	11.63	5	13.13	5	12.47	5	11.24	5	11.49	5	12.54	12.00
		15	12.64	15	11.61	15	12.11	15	11.69	15	12.28	15	12.86	15	12.38	15	12.99	15	11.89	15	11.74	15	11.79	15	12.28	
		25	12.38	25	11.47	25	11.98	25	11.54	25	11.00	25	11.16	25	12.51	25	12.88	25	11.64	25	11.99	25	12.54	25	12.44	
	1991	5	13.34	5	12.49	5	12.74	5	12.67	5	13.39	5	13.79	5	16.24	5	⟨20.14⟩	5	14.35	5	13.82	5	14.12	5	14.16	13.77
		15	12.61	15	12.55	15	12.34	15	13.24	15	14.64	15	14.91	15	⟨23.51⟩	15	15.07	15	14.24	15	13.56	15	14.00	15	14.58	
		25	11.69	25	12.44	25	12.60	25	14.09	25	14.70	25	15.07	25	15.87	25	13.29	25	13.96	25	13.14	25	14.01	25	13.88	
	1992	5	15.08	5	13.81	5	13.77	5	13.70	5	13.92	5	14.51	5	14.86	5	16.51	5	15.56	5	12.55	5	13.78	5		14.18
		15	14.44	15	13.18	15	13.61	15	13.64	15	13.67	15	14.31	15	15.06	15	15.67	15	15.79	15	13.24	15	13.83	15		
		25	14.32	25	13.71	25	12.85	25	13.82	25	13.85	25	14.33	25	⟨31.11⟩	25	15.98	25	13.40	25	13.14	25	13.80	25		
74	1986	4	11.04	4	9.74	4	11.22	4	11.82	4	10.68	4	11.82	4	11.56	4	13.56	4	13.73	4	11.40	4	11.30	4	11.50	11.86
		14	13.53	14	9.68	14	11.58	14	11.61	14	11.83	14	11.95	14	12.27	14	14.60	14	12.11	14	12.39	14	11.43	14	10.76	
		24	⟨19.39⟩	24	10.21	24	11.52	24	11.55	24	11.76	24	13.48	24	13.62	24	13.31	24	12.11	24	11.69	24	11.62	24	11.28	
	1987	4	11.39	17	11.05	4	11.61	4	11.24	4	11.64	4	10.74	4	11.75	14	11.91	4	12.94	4	12.58	4	12.38	4	12.18	11.87
		14	11.44			14	11.49	14	11.60	14	10.91	14	10.81	14	⟨20.31⟩	24	13.16	14	11.84	14	12.60	14	12.40	14	12.37	
		24	11.27	24	11.11	24	11.23	24	11.38	24	12.16	24	11.10	24	12.29			24	12.13	24	12.62	24	12.33	24	11.84	
	1988	5	11.60	5	12.05	5	11.37	5	11.36	5	11.94	5	11.64	5	11.78	5	11.79	5	11.20	5	11.02	5	11.58	5	11.79	11.59
		15	11.52	15	11.48	15	11.46	15	11.49	15	11.56	15	11.83	15	11.89	15	11.78	15	11.12	15	11.88	15	11.55	15	11.87	
		25	11.46	25	11.24	25	11.31	25	11.74	25	11.80	25	12.01	25	11.54	25	11.96	25	11.06	25	11.24	25	11.69	25	12.06	
	1989	5	11.74	5	11.33	5	11.74	5	11.89	5	11.24	5	12.37	5	13.36	5	12.85	5	13.17	5	11.63	5	11.19	5	11.34	11.98
		15	11.60	15	11.77	15	11.82	15	11.92	15	11.36	15	11.86	15	12.14	15	12.67	15	12.52	15	11.60	15	11.54	15	11.37	
		25	11.62	25	11.71	25	11.84	25	11.96	25	11.40	25	12.84	25	14.01	25	11.74	25	12.37	25		25	11.46	25	12.21	

续表

点号	年份	1月 日	1月 水位	2月 日	2月 水位	3月 日	3月 水位	4月 日	4月 水位	5月 日	5月 水位	6月 日	6月 水位	7月 日	7月 水位	8月 日	8月 水位	9月 日	9月 水位	10月 日	10月 水位	11月 日	11月 水位	12月 日	12月 水位	年平均
74	1990	5	12.01	5	12.81	5	12.19	5	12.01	5	11.44	5	13.48	5	11.71	5	12.82	5	12.29	5	12.00	5	12.42	5	12.64	12.34
		15	12.69	15	11.98	15	12.18	15	12.10	15	11.77	15	12.74	15	13.16	15	12.56	15	12.25	15	12.12	15	12.27	15	12.80	
		25	12.74	25	12.16	25	11.98	25	11.41	25	11.69	25	13.32	25	12.85	25	13.10	25	11.91	25	12.09	25	12.29	25	12.27	
	1991	5	13.75	5	12.23	5	13.34	5		5		5	12.17	5	14.31	5	14.58	5	13.26	5	12.89	5	13.59	5	13.34	13.44
		15	13.71	15	12.31	15	12.35	15		15	12.58	15	12.74	15	15.76	15	14.11	15	13.74	15	13.24	15	13.93	15	13.77	
		25	12.06	25	13.30	25	12.39	25	13.73	25	12.98	25	13.40	25	15.40	25	14.31	25	13.11	25	13.93	25	13.81	25	13.74	
	1992	5	13.77	5	13.76	5	13.52	5	13.43	5	14.06	5	13.69	5	14.96	5	16.34	5	14.92	5	13.45	5	13.37	5	13.64	14.00
		15	13.84	15	13.38	15	13.77	15	13.81	15	14.29	15	14.28	15	15.09	15	14.76	15	14.16	15	13.39	15	13.67	15	13.61	
		25	13.82	25	13.56	25	13.52	25	13.32	25	14.34	25	13.95	25	15.81	25	14.64	25	13.41	25	12.85	25	13.59	25	12.79	
	1993	5		5		5	14.38	5	13.42	5	13.14	5	14.12	5	17.20	5	17.91	5	17.00	5	16.07	5	14.31	5	14.74	15.03
		15	14.76	15	14.17	15	15.56	15	13.46	15	13.20	15	14.52	15	17.08	15	17.47	15	15.60	15	14.43	15	13.42	15	14.84	
		25	15.09	25	13.73	25	13.93	25	13.46	25	13.24	25	14.62	25	16.64	25	17.17	25	15.92	25	14.13	25	14.84	25	15.07	
	1994	5	15.25	5	14.19	5	14.79	5	15.11	5	15.23	5	14.74	5	15.50	5	16.69	5	16.44	5	16.78	5	16.23	5	16.37	15.59
		15	16.39	15	14.14	15	15.23	15	15.06	15	15.35	15	14.97	15	16.74	15	16.17	15	15.56	15	17.24	15	15.77	15	16.25	
		25	16.54	25	17.73	25	15.00	25	15.15	25	14.64	25	15.52	25	15.00	25	16.19	25	16.32	25	16.95	25	16.28	25	16.64	
	1995	4	16.82	4	17.81	4	17.90	4	16.46	4	14.57	4	14.92	4	15.67	4	14.99	4	19.37	4	17.33	4	18.57	4	19.21	16.89
		14	16.82	14	18.00	14	17.50	14	17.03	14	14.85	14	14.85	14	15.23	14	15.08	14	16.76	14	18.17	14	18.17	14	19.68	
		24		24		24	17.05	24	14.45	24	14.81	24	15.75	24	14.99	24	18.75	24	17.47	24	17.95	24	17.56	24	19.52	
80	1986	6	4.85	6	4.98	6	5.29	6	5.31	6	5.03	6	5.52	6	4.90	6	5.90	6	6.58	6	5.47	6	5.35	6	5.52	5.38
		16	4.78	16	4.84	16	5.26	16	5.34	16	5.52	16	5.18	16	5.54	16	6.24	16	5.48	16	5.77	16	5.37	16	5.37	
		26	4.86	26	4.88	26	5.29	26	5.29	26	5.23	26	5.26	26	4.52	26	6.24	26	5.45	26	5.37	26	5.41	26	5.50	
	1987	6	5.45	6	5.55	6	5.89	6	5.70	6	5.48	6	4.38	6	4.63	6	4.77	6	6.02	6	5.69	6	5.12	6	5.31	5.45
		16	5.62	16	5.81	16	6.50	16	5.80	16	5.50	16	4.39	16	5.63	16	5.14	16	5.64	16	5.68	16	5.36	16	5.38	
		26	5.64	26	5.75	26	5.72	26	5.62	26	4.92	26	4.44	26	4.79	26	5.44	26	7.45	26	5.31	26	5.32	26	5.35	

续表

点号	年份	日	1月 水位	2月 水位	3月 水位	4月 水位	5月 水位	6月 水位	7月 水位	8月 水位	9月 水位	10月 水位	11月 水位	12月 水位	年平均
80	1988	6	5.62	5.49	5.21	5.00	4.72	4.93	5.06	5.08	4.28	4.64	4.24	4.65	4.90
		16	5.60	5.50	5.13	4.99	4.64	5.12	5.00	4.82	4.32	4.33	4.40	4.80	
		26	5.48	5.25	5.10	4.99	4.83	5.46	4.97	4.52	4.42	4.12	4.55	4.97	
	1989	4	5.02	4.83	4.66	4.50	4.39	4.50	5.27	5.43	4.80	4.46	4.37	4.74	4.75
		14	4.94	4.77	4.50	4.44	4.39	4.68	5.19	5.46	4.30	4.50	4.65	4.93	
		24	4.80	4.72	4.52	4.58	4.47	4.87	5.12	4.90	4.56	4.68	4.28	5.61	
85	1986	6	13.32	12.97	12.88	13.73	13.50	13.99	14.39	15.01	15.45	13.16	13.34	13.38	13.75
		16	13.07	12.33	12.26	13.64	14.35	13.47	14.59	17.56	13.98	13.82	12.99	12.99	
		26	13.08	12.94	13.25	13.49	13.52	15.05	14.98	14.73	14.07	13.47	13.10	13.26	
	1987	6	13.27	13.02	13.76	13.64	13.06	13.28	14.28	14.70	15.22	14.40	13.60	14.04	13.94
		16	13.92	13.32	13.44	13.91	13.19	13.47	14.95	14.77	14.80	13.80	13.78	14.13	
		26	13.48	13.63	13.44	13.44	13.31	13.56	15.20	15.47	14.81	14.13	13.55	14.06	
	1988	6	13.82	13.84	14.07	13.86	14.20	14.26	12.70	15.99	14.73	13.74	13.40	13.93	14.06
		16	13.38	13.70	13.77	13.85	14.02	14.00	15.85	14.92	13.95	13.33	13.77	14.05	
		26	14.36	13.75	13.76	14.26	14.53	14.31	14.54	14.20	13.87	13.53	13.87	13.98	
	1989	6	19.88	14.30	13.43	13.72	13.44	14.26	15.80	16.63	14.66	13.48		12.86	14.67
		16	13.79	14.02	12.42	13.63	13.30	14.74	17.42	15.80	14.53	14.08	14.64	14.63	
		26	14.27	14.03	13.47	13.82	14.15	14.25	20.05	14.86	14.55	11.61	15.20	14.56	
	1990	5	14.48	13.56	14.44	14.68	14.87	15.43	15.30	15.44	14.00	14.75	15.52	15.80	14.77
		15	14.63	14.92	15.03	14.80	15.05	15.64	16.20	15.23	13.03	15.20	15.40	15.63	
		25	14.30	14.85	14.12	14.62	15.80	15.52	16.69	14.04	12.21	16.19	16.56	15.48	
	1991	5	15.34	15.92	19.44	15.75	15.88	15.48	16.60	18.74	16.58	15.88	16.52	16.30	16.38
		15	16.18	15.99	15.80	15.80	15.99	15.76	17.97		16.55			16.75	
		25	15.60	15.67	15.82	15.75		16.61	18.76		16.48	15.91	16.38	16.32	

续表

点号	年份	日	1月 水位	日	2月 水位	日	3月 水位	日	4月 水位	日	5月 水位	日	6月 水位	日	7月 水位	日	8月 水位	日	9月 水位	日	10月 水位	日	11月 水位	日	12月 水位	年平均
85	1992	5	16.83	5	17.62	5	17.43	5	17.22	5	17.76	5	18.51	5	18.53	5	21.37	5	19.84	5	16.62	5	17.62	5	18.97	18.21
		15	17.13	15	18.16	15	17.78	15	17.90	15	17.43	15	18.42	15	18.33	15	21.71	15	18.28	15	16.73	15	17.23	15	19.74	
		25	18.57	25	17.66	25	17.61	25	17.21	25	18.22	25	18.04	25	19.64	25	19.13	25	17.02	25	16.84	25	18.02	25	20.36	
92	1986	4	15.97	4	15.15	4	15.76	4	16.19	4	16.15	4	16.70	4	16.50	4	17.38	4	17.93	4	15.79	4	15.81	4	16.16	16.40
		14	15.63	14	15.51	14	15.96	14	16.27	14	16.86	14	16.54	14	17.19	14	17.95	14	16.29	14	16.39	14	15.75	14	17.09	
		24	15.25	24	14.97	24	16.21	24	16.16	24	16.96	24	17.64	24	18.13	24	17.32	24	16.76	24	16.17	24	15.93	24	16.15	
	1987	4	15.94	4	15.75	4	16.19	4	15.81	4	15.71	4	16.17	4	16.52	4	16.98	4	19.23	4	16.59	4	16.59	4	16.66	16.61
		14	16.27	14	15.97	14	15.92	14	16.61	14	15.64	14	16.30	14	17.13	14	17.66	14	17.67	14	16.30	14	16.58	14	16.40	
		24	16.17	24	16.55	24	16.11	24	15.81	24	16.55	24	16.26	24	16.67	24	19.81	24	17.45	24	16.48	24	16.58	24	17.01	
	1988	4	16.90	4	16.98	4	16.00	4	16.10	4	16.79	4	17.21	4	16.91	4	17.26	4	16.21	4	16.23	4	16.16	4	16.60	16.63
		14	17.00	14	16.85	14	16.62	14	16.27	14	16.34	14	16.56	14	17.14	14	17.64	14	16.65	14	16.41	14	16.71	14	16.12	
		24	16.73	24	16.19	24	16.20	24	17.01	24	16.61	24	17.28	24	17.18	24	16.50	24	16.46	24	15.90	24	16.72	24	16.23	
	1989	4	16.55	4	16.73	4	16.01	4	16.28	4	16.07	4	16.85	4	18.18	4	18.64	4	16.92	4	18.25	4	17.30	4	17.34	17.09
		14	16.79	14	16.59	14	15.87	14	15.93	14	16.03	14	16.83	14	17.67	14	16.99	14	18.64	14	18.39	14	16.83	14	16.81	
		24	16.76	24	16.71	24	16.13	24	16.03	24	16.31	24	17.81	24	18.76	24	17.18	24	18.75	24		24	17.12	24	17.99	
	1990	4	17.03	4	16.55	4	17.28	4	17.37	4	16.50	4	17.96	4	17.20	4	18.10	4	17.44	4	16.62	4	17.65	4	17.77	17.56
		14	17.42	14	17.45	14	18.07	14	17.01	14	17.16	14	18.40	14	18.72	14	17.72	14	17.82	14	17.68	14	17.74	14	17.69	
		24	17.59	24	17.53	24	16.90	24	16.69	24	17.21	24	17.33	24	20.55	24	18.01	24	17.21	24	17.42	24	17.39	24	17.86	
	1991	5	18.44	5	17.93	5	18.08	5	18.06	5	17.43	5	17.52	5	19.32	5	19.26	5	18.66	5	18.05	5	18.66	5	19.12	18.45
		15	18.06	15	17.92	15	18.13	15	17.68	15	18.04	15	17.84	15	19.83	15	19.21	15	18.63	15	18.27	15	18.65	15	19.81	
		25	17.81	25	17.90	25	17.20	25	17.88	25	17.89	25	18.31	25	20.01	25	19.21	25	18.46	25	18.30	25	18.72	25	19.90	
	1992	5	19.70	5	19.89	5	19.38	5	18.98	5	19.14	5	19.71	5	20.41	5	21.77	5	20.54	5	18.94	5	19.84	5	19.47	19.70
		15	19.78	15	20.25	15	20.73	15	19.13	15	19.22	15	19.96	15	19.81	15	20.92	15	19.49	15	18.40	15	19.21	15	19.61	
		25	20.21	25	19.53	25	19.03	25	18.96	25	19.50	25	19.78	25	20.90	25	20.02	25	19.19	25	19.31	25	19.44	25	18.97	

续表

点号	年份	1月 日	1月 水位	2月 日	2月 水位	3月 日	3月 水位	4月 日	4月 水位	5月 日	5月 水位	6月 日	6月 水位	7月 日	7月 水位	8月 日	8月 水位	9月 日	9月 水位	10月 日	10月 水位	11月 日	11月 水位	12月 日	12月 水位	年平均
94	1989	19	31.41	19		19		19		19	31.31	19	31.92	19	31.23	19	31.59	19	31.59	19	30.15	19	30.00	19	30.93	31.09
	1990	18	30.96	18	31.85	18	31.69	18	31.57	18	31.10	18	31.07	18	31.27	18	31.37	18	30.08	18	31.07	18	31.30	18	31.31	31.26
	1991	14	30.85	14	30.80	14	31.34	14	31.21	14	31.53	14	31.04	14	31.18	14	31.05	14	29.91	14	31.15	14	30.04	14	30.92	30.93
	1992	15	30.47	15	30.47	15	30.87	15	29.86	15	30.03	15	30.76	15	30.03	15	31.84	15	30.23	15	30.09	15	30.50	15	29.81	30.45
	1993	15	30.20	15	30.16	15	30.49	15	30.24	15	29.52	15	29.52	15	29.81	15	30.08	15	30.04	15	29.92	15	29.98	15	30.22	30.04
	1994	15	30.20	15	30.23	15	30.16	15	30.20	15	30.29	15	30.13	15	30.31	15	30.39	15	30.41	15	30.35	15	30.22	15	30.02	30.24
	1995	7	29.84	7	29.84	7	29.78	7	29.73	7	29.75	7	29.73	7	30.04	7	29.72	7	29.85	7	29.48	7	29.64	7	29.54	29.71
		17	29.82	17	29.87	17	29.64	17	29.72	17	29.62	17	29.82	17	30.15	17	30.06	17	29.54	17	29.45	17	29.50	17	29.32	
		27	29.91	27	29.94	27	29.75	27	29.59	27	29.47	27	29.85	27	30.03	27	29.71	27	29.57	27	29.52	27	29.65	27	29.24	
95	1986	4	4.89	4	4.87	4	4.96	4	4.96	4	4.87	4	4.89	4	4.57	4	4.96	4	5.18	4	4.96	4	4.96	4	5.00	4.93
		14	4.91	14	4.87	14	4.96	14	4.99	14	4.92	14	4.88	14	4.30	14	5.08	14	4.79	14	5.14	14	4.94	14	5.02	
		24	4.90	24	4.86	24	4.99	24	4.94	24	4.93	24	4.82	24	4.69	24	5.11	24	5.32	24	4.96	24	4.97	24	5.05	
	1987	4	5.08	4	5.06	4	5.14	4	5.06	4	4.95	4	4.40	4	4.33	4	4.96	4		4		4		4		4.96
		14	5.09	14	5.12	14	5.12	14	4.01	14	4.90	14	4.47	14		14		14		14		14		14		
		24	5.08	24	5.10	24	7.86	24	5.02	24	4.06	24	4.43	24		24		24		24		24		24		
98	1986	4	12.37	4	12.50	4	12.13	4	12.64	4	12.96	4	13.72	4	12.86	4	12.65	4	13.04	4	12.98	4	12.61	4	12.99	12.74
		14	12.66	14	12.02	14	12.85	14	12.22	14	⟨19.47⟩	14	⟨19.53⟩	14	⟨18.97⟩	14	⟨22.03⟩	14	⟨15.52⟩	14	13.46	14	⟨19.28⟩	14	⟨19.09⟩	
		24	12.49	24	12.39	24	12.75	24	13.25	24	⟨18.86⟩	24	⟨18.95⟩	24	⟨18.88⟩	24	⟨20.18⟩	24	⟨12.18⟩	24	⟨19.42⟩	24	⟨19.08⟩	24	⟨19.33⟩	
	1987	4	12.92	4	12.68	4	13.34	4	12.83	4	12.95	4	13.40	4	14.30	4	13.93	4	14.55	4	13.34	4	13.48	4	13.45	13.41
		14	⟨19.18⟩	14	⟨19.06⟩	14	⟨19.76⟩	14	13.50	14	13.15	14	12.79	14	14.40	14	13.46	14	11.80	14	13.62	14	13.51	14	13.68	
		24	⟨19.40⟩	24	⟨19.43⟩	24	12.08	24	12.79	24	13.69	24	13.50	24	13.67	24	15.21	24	13.44	24	13.78	24	13.24	24	13.32	
	1988	5	13.17	5	12.99	5	12.96	5	12.70	5	12.99	5	12.90	5	12.77	5	13.57	5	13.40	5	12.63	5	12.80	5	13.02	13.04
		15	13.10	15	13.00	15	13.02	15	12.95	15	13.40	15	13.03	15	13.08	15	13.50	15	13.26	15	12.95	15	12.75	15	13.18	
		25	13.04	25	⟨18.46⟩	25	12.60	25	⟨18.32⟩	25	13.40	25	⟨19.05⟩	25	⟨18.80⟩	25	⟨18.49⟩	25	12.85	25	13.09	25	12.87	25	13.40	

续表

点号	年份	1月 日	1月 水位	2月 日	2月 水位	3月 日	3月 水位	4月 日	4月 水位	5月 日	5月 水位	6月 日	6月 水位	7月 日	7月 水位	8月 日	8月 水位	9月 日	9月 水位	10月 日	10月 水位	11月 日	11月 水位	12月 日	12月 水位	年平均
98	1989	5	13.10	5	12.70	5	13.10	5	12.73	5	12.20	5	12.70	5	11.71	5	16.06	5	14.39	5	12.91	5	14.74	5	13.82	13.41
		15	12.98	15	13.00	15	13.26	15	13.14	15	11.78	15	12.14	15	14.61	15	15.20	15	13.59	15	13.87	15	13.55	15	13.52	
		25	13.17	25	13.17	25	13.06	25	13.51	25	11.95	25	12.41	25	15.53	25	13.94	25	14.30	25		25	13.70	25	13.90	
	1990	4	13.91	4	13.50	4	13.83	4	13.96	4	13.58	4	14.52	4	14.71	4	14.91	4	15.15	4	13.56	4	13.91	4	14.80	14.40
		14	13.79	14	14.10	14	14.88	14	14.48	14	14.23	14	15.56	14	15.50	14	15.51	14	14.69	14	13.74	14	14.23	14	14.50	
		24	13.73	24	14.04	24	14.16	24	13.92	24	13.74	24	14.92	24	15.71	24	15.32	24	14.35	24	13.94	24	14.35	24	14.70	
	1991	4	15.18	4	14.87	4	14.96	4	14.81	4	14.47	4	14.19	4	16.40	4	16.45	4	16.19	4	15.71	4	15.65	4	⟨21.75⟩	14.91
		14	15.13	14	14.91	14	14.91	14	15.43	14	14.28	14	14.25	14	16.80	14	17.10	14	15.79	14	15.58	14	11.83	14	12.15	
		24	14.56	24	14.73	24	14.77	24	16.28	24	14.32	24	14.33	24	16.94	24	16.21	24	15.33	24	15.62	24	11.84	24	11.77	
	1992	4	16.85	4	16.22	4	16.00	4	16.49	4	16.62	4	16.42	4	17.74	4		4		4	15.87	4	15.87	4	16.92	16.57
		14	16.83	14	16.38	14	16.30	14	15.43	14	16.13	14	16.48	14	17.46	14	11.82	14	16.66	14	15.78	14	16.67	14	17.02	
		24	16.87	24	16.27	24	16.38	24	16.28	24		24	16.75	24	18.20	24		24	11.32	24	16.28	24	16.75	24	17.13	
	1993	4	17.30	4	16.60	4	16.91	4	15.93	4	16.82	4	12.73	4	12.25	4	10.97	4	13.52	4	14.28	4	12.65	4	12.55	14.19
		14	17.37	14	16.78	14	17.08	14	16.51	14	15.54	14	12.81	14	12.62	14	13.80	14	10.04	14	12.65	14	11.65	14	12.65	
		24	16.46	24	17.35	24	17.25	24	17.19	24	13.28	24	13.17	24	12.45	24	14.60	24	14.45	24	14.60	24	9.55	24	13.85	
	1994	4	12.75	4	14.85	4	13.75	4	14.75	4	14.75	4	13.85	4	14.60	4	13.40	4	14.45	4	15.45	4	15.25	4	14.95	14.66
		14	14.65	14	13.35	14	13.45	14	12.65	14	15.25	14	15.65	14	13.45	14	14.60	14	15.85	14	16.20	14	14.45	14	14.45	
		24	15.85	24	17.84	24	15.55	24	13.25	24	15.60	24	15.25	24	14.95	24	19.00	24	16.90	24	15.80	24	14.60	24	14.75	
	1995	4	14.20	4	14.50	4	17.76	4	13.76	4	13.84	4	17.50	4	17.50	4	⟨24.33⟩	4	⟨24.29⟩	4	19.65	4	17.29	4	16.71	16.49
		14	14.65	14	13.60	14	17.42	14	14.30	14	13.95	14	17.30	14	17.76	14	18.64	14	⟨20.84⟩	14	18.11	14	18.54	14	17.02	
		24	15.94	24		24	17.11	24	12.90	24	15.63	24	17.40	24	⟨28.25⟩	24		24	⟨23.85⟩	24	15.62	24	17.83	24	17.75	
106	1986	4	⟨13.04⟩	4	8.60	4	8.30	4	8.42	4	8.49	4	9.71	4	8.93	4	10.42	4	10.64	4	9.54	4	9.12	4	9.22	9.17
		14	8.58	14	8.40	14	8.61	14	9.01	14	8.41	14	9.34	14	9.22	14	10.45	14	9.56	14	9.45	14	8.64	14	8.77	
		24	9.30	24	8.60	24	8.61	24	8.60	24	8.32	24	9.99	24	10.44	24	10.58	24	9.61	24	9.33	24	8.35	24	9.26	

第二章 咸阳市

续表

点号	年份	1月 日	1月 水位	2月 日	2月 水位	3月 日	3月 水位	4月 日	4月 水位	5月 日	5月 水位	6月 日	6月 水位	7月 日	7月 水位	8月 日	8月 水位	9月 日	9月 水位	10月 日	10月 水位	11月 日	11月 水位	12月 日	12月 水位	年平均
106	1987	4	9.17	4	8.99	4	9.91	4	9.55	4	8.78	4	8.49	4	9.06	4	9.15	4	9.93	4	10.09	4	9.79	4	9.08	9.27
		14	9.97	14	9.18	14	8.77	14	8.98	14	8.91	14	8.45	14	8.86	14	9.37	14	10.48	14	10.00	14	8.98	14	8.54	
		24	9.18	24	8.81	24	8.65	24	8.74	24	9.88	24	8.51	24	10.08	24	9.41	24	10.31	24	9.79	24	8.73	24	9.28	
	1988	4	8.93	4	8.82	4	8.97	4	8.65	4	9.63	4	9.59	4	10.04	4	10.21	4	9.34	4	9.55	4	9.50	4	9.18	9.31
		14	8.87	14	9.19	14	9.09	14	8.60	14	8.85	14	9.00	14	10.04	14	9.91	14	9.57	14	9.35	14	9.28	14	9.87	
		24	8.65	24	9.51	24	8.11	24	8.95	24	9.42	24	9.97	24	10.23	24	9.69	24	9.33	24	9.48	24	9.05	24	8.95	
	1989	4	10.02	4		4	9.40	4	9.38	4	9.45	4	9.75	4	10.52	4	10.74	4	9.65	4	9.20	4	9.24	4	9.00	9.52
		14	9.35	14	8.92	14	9.16	14	9.75	14	9.16	14	9.54	14	9.96	14	10.33	14	9.62	14	9.50	14	8.99	14	8.99	
		24	9.32	24	9.88	24	9.08	24	9.05	24	9.86	24	10.15	24		24	9.28	24	9.45	24	9.33	24	9.04	24	9.50	
	1990	4	9.44	4	9.20	4	9.42	4	10.08	4	9.89	4	10.36	4	9.51	4	10.40	4	9.48	4	8.95	4	9.13	4	12.27	9.73
		14	9.67	14	9.05	14	9.38	14	10.17	14	10.04	14	10.42	14	10.15	14	9.63	14	9.61	14	9.26	14	9.54	14	10.09	
		24	9.32	24	9.00	24	9.27	24	10.19	24	9.86	24	9.94	24	10.14	24	9.54	24	9.57	24	8.90	24	9.06	24	10.18	
	1991	4	10.20	4	10.52	4	8.55	4	9.92	4	8.76	4	7.67	4	8.76	4	11.31	4	11.20	4	10.04	4	10.39	4	11.06	10.04
		14	10.43	14	9.47	14	9.37	14	8.97	14	7.99	14	7.66	14	11.27	14	11.38	14	11.12	14	10.68	14	11.04	14	10.88	
		24	10.22	24	9.09	24	10.52	24	8.57	24	8.40	24	8.22	24	11.46	24	11.27	24	11.15	24	11.25	24	10.93	24	11.57	
	1992	4	11.03	4	11.12	4	11.38	4	11.66	4	11.25	4	11.63	4	12.14	4	12.26	4	12.86	4	10.37	4	11.52	4	11.62	11.54
		14	11.33	14	11.45	14	10.93	14	11.47	14	11.04	14	11.13	14	12.32	14	11.05	14	12.94	14	10.53	14	11.14	14	12.14	
		24	11.25	24	11.44	24	10.90	24		24	11.20	24	11.17	24	12.48	24	12.20	24	12.23	24	10.89	24	12.03	24	12.03	
109	1986	4	8.05	4	8.55	4	8.34	4	8.54	4	8.30	4	8.70	4	8.53	4	9.32	4	9.44	4	9.88	4	8.64	4	8.94	8.72
		14	8.27	14	8.34	14	8.65	14	8.88	14	<11.00>	14	8.70	14	8.38	14	9.26	14	8.70	14	8.88	14	8.55	14	8.69	
		24	8.14	24	8.14	24	8.57	24	8.70	24	8.56	24	8.72	24	9.22	24	9.30	24	8.95	24	8.66	24	8.81	24	8.91	
	1987	4	8.77	4	8.23	4	9.12	4	8.97	4	8.90	4	8.68	4	8.95	4	8.69	4	9.22	4	9.29	4	8.37	4	9.26	8.95
		14	8.84	14	8.94	14	9.00	14	8.96	14	8.91	14	8.69	14	8.99	14	8.89	14	9.28	14	8.89	14	8.90	14	9.00	
		24	8.87	24	9.01	24	8.92	24	9.10	24	9.20	24	<11.35>	24	8.91	24	9.33	24	9.29	24	8.42	24	9.18	24	9.31	

续表

点号	年份	1月 日	1月 水位	2月 日	2月 水位	3月 日	3月 水位	4月 日	4月 水位	5月 日	5月 水位	6月 日	6月 水位	7月 日	7月 水位	8月 日	8月 水位	9月 日	9月 水位	10月 日	10月 水位	11月 日	11月 水位	12月 日	12月 水位	年平均
109	1988	4	8.30	4	9.17	4	8.93	4	9.21	4	8.67	4	9.14	4	9.38	4	9.48	4	8.07	4	6.81	4	8.89	4	8.74	8.86
		14	9.22	14	9.17	14	9.05	14	9.28	14	8.99	14	9.17	14	9.40	14	9.32	14	8.63	14	8.77	14	8.99	14	9.08	
		24	9.05	24	9.03	24	8.83	24	9.11	24	8.19	24	9.11	24	9.31	24	8.17	24	8.67	24	8.58	24	8.69	24	8.49	
	1989	4	9.25	4	9.16	4	8.86	4	9.37	4	9.33	4	9.47	4	9.86	4	9.96	4	8.41	4	9.12	4	9.42	4	9.66	9.37
		14	9.34	14	8.82	14	9.21	14	9.43	14	8.90	14	9.33	14	9.62	14	9.93	14	8.93	14	9.22	14	9.33	14	9.80	
		24	9.22	24	8.94	24	9.12	24	9.39	24	8.95	24	9.57	24	9.91	24	10.22	24	9.21	24	9.77	24	9.26	24	9.98	
	1990	4	9.70	4	9.82	4	9.96	4	9.98	4	9.98	4	10.70	4	10.24	4	9.76	4	9.56	4	9.32	4	9.96	4	10.26	10.05
		14	10.36	14	9.70	14	9.97	14	10.24	14	10.54	14	10.46	14	⟨16.90⟩	14	10.23	14	9.72	14	9.62	14	10.07	14	10.17	
		24	10.24	24	9.68	24	10.29	24	9.84	24	10.99	24	10.47	24	10.72	24	10.05	24	9.46	24	9.65	24	⟨13.15⟩	24	⟨15.03⟩	
	1991	4	10.71	4	10.82	4	10.49	4	10.71	4	10.21	4	8.03	4	11.02	4	11.06	4	11.14	4	10.98	4	11.27	4	11.15	10.33
		14	10.60	14	10.73	14	10.62	14	10.39	14	8.45	14	7.59	14	10.92	14	9.09	14	11.71	14	11.36	14	10.85	14	10.97	
		24	10.01	24	10.22	24	10.42	24	9.11	24	8.76	24	7.69	24	11.12	24	9.12	24	11.46	24	11.00	24	11.02	24	10.97	
	1992	4	11.23	4	11.18	4	11.24	4	11.47	4	11.25	4	12.51	4	11.74	4	12.33	4	11.91	4	11.62	4	11.16	4	12.11	11.57
		14	11.60	14	11.50	14	11.24	14	11.98	14	10.64	14	11.49	14	9.59	14	12.77	14	11.87	14	11.52	14	11.41	14	12.46	
		24	11.87	24	11.56	24	11.19	24	11.39	24	10.96	24	10.86	24	12.43	24	11.57	24	11.29	24	10.95	24	12.15	24	12.38	
	1993	4	12.67	4	12.25	4	13.22	4	12.72	4	13.47	4		4	11.92	4	12.98	4	12.23	4	13.05	4	11.12	4		12.50
		14	12.44	14	12.84	14	12.62	14	12.97	14	12.89	14	10.42	14	12.52	14	12.76	14	13.52	14	12.56	14	12.80	14	11.72	
		24	12.13	24	11.54	24	12.87	24	12.94	24	13.37	24	13.46	24	11.73	24	12.77	24	12.23	24	12.12	24		24		
	1994	4		4	12.74	4	12.58	4	11.39	4	14.95	4	11.96	4	14.42	4	16.51	4	14.69	4	13.93	4	13.72	4	13.21	13.32
		14	13.19	14	13.59	14	11.45	14	12.46	14	13.52	14	12.59	14	15.12	14	15.29	14	13.36	14	11.57	14	11.12	14	14.47	
		24	14.13	24	11.37	24	12.67	24	13.81	24	14.37	24	14.39	24	14.45	24	13.93	24	15.06	24	12.96	24	11.92	24	11.12	
	1995	4	14.82	4	15.26	4	16.28	4	15.90	4	14.02	4	15.88	4	14.80	4	13.74	4	14.98	4	14.34	4	14.28	4	14.40	14.62
		14		14	13.72	14	⟨18.01⟩	14	14.95	14	16.46	14	16.48	14	14.52	14	11.59	14	14.31	14	14.38	14	14.31	14	14.38	
		24	15.49	24	15.26	24	14.43	24	14.91	24	13.70	24		24	13.25	24	15.04	24	14.37	24	14.33	24	14.36	24	14.36	

续表

点号	年份	1月		2月		3月		4月		5月		6月		7月		8月		9月		10月		11月		12月		年平均
		日	水位	日	水位	日	水位	日	水位	日	水位	日	水位	日	水位	日	水位	日	水位	日	水位	日	水位	日	水位	
169	1988	4	14.30	4	13.81	4	13.75	4	13.30	4	13.62	4	13.94	4	15.00	4	14.73	4	13.29	4	13.47	4	12.81	4	13.89	13.86
		14	14.74	14	13.94	14	13.75	14	13.48	14	13.31	14	14.43	14	14.83	14	13.77	14	13.28	14	13.05	14	13.56	14	14.17	
		24	14.11	24	13.54	24	13.58	24	13.94	24	13.51	24	15.37	24	14.70	24	13.29	24	13.25	24	13.00	24	13.63	24	14.30	
	1989	5	14.45	5	13.33	5	12.95	5	13.28	5	13.38	5	14.18	5	14.35	5	15.80	5	14.23	5	12.85	5	13.18	5	14.27	13.84
		15	13.89	15	13.08	15	12.91	15	12.90	15	13.04	15	13.52	15	14.94	15	14.48	15	15.30	15	13.76	15	13.82	15	14.45	
		25	13.30	25	13.63	25	13.02	25	13.24	25	13.16	25	15.10	25	15.32	25	14.22	25	13.00	25	14.24	25	13.37	25	14.40	
	1990	5	14.35	5	13.69	5	13.40	5	13.60	5	12.86	5	14.62	5	13.86	5	14.81	5	14.22	5	13.24	5	13.81			13.92
		15	13.87	15	13.58	15	13.72	15	13.55	15	14.24	15	15.65	15	14.38	15	14.62	15	13.70	15	13.35	15	13.83			
		25	14.15	25	13.64	25	13.92	25	13.30	25	13.81	25	14.21	25	15.28	25	14.25	25	13.37	25	13.40	25	13.03			
255-1	1989	7	13.92	7	12.77	7	12.05	7	12.62	7	13.07	7	13.80	7	15.02	7	15.63	7	13.67	7	13.33	7	13.45	7	13.92	13.46
		17	13.30	17	12.09	17	12.15	17	12.47	17	12.93	17	12.23	17	14.50	17	13.39	17	14.10	17	13.79	17	13.15	17	14.05	
		27	13.45	27	12.62	27	12.40	27	12.68	27	13.15	27	14.52	27	14.70	27	13.68	27	13.23	27	14.47	27	13.98	27	14.23	
	1990	7	14.09	7	14.13	7	13.59	7	13.57	7	13.44	7	14.46	7	13.95	7	14.35	7	13.33	7	13.33	7	13.94	7	14.17	13.98
		17	14.83	17	14.01	17	13.77	17	13.99	17	13.21	17	15.21	17	14.23	17	13.75	17	13.94	17	13.70	17	13.98	17	14.19	
		27	14.49	27	13.84	27	13.41	27	13.70	27	13.87	27	14.32	27	14.63	27	14.06	27	13.86	27	13.87	27	13.07	27	14.94	
	1991	7	14.88	7	14.03	7	14.65	7	14.68	7	13.33	7	13.11	7	14.38	7	13.96	7	14.17	7	13.64	7	14.18	7	14.14	14.12
		17	〈17.05〉	17	13.36	17	14.37	17	13.57	17	13.79	17	13.50	17	14.98	17	14.23	17	13.86	17	13.92	17	14.20	17	14.33	
		27	〈16.58〉	27	14.33	27	14.46	27	〈17.93〉	27	13.78	27	13.74	27	15.10	27	14.55	27	13.93	27	14.27	27	14.47	27	14.21	
	1992	7	14.24	7	13.36	7	13.41	7	13.85	7	14.20	7	14.41	7	14.50	7	15.14	7	〈17.80〉	7	14.31	7	13.81	7	14.09	14.28
		17	14.12	17	13.69	17	13.74	17	13.65	17	14.37	17	14.49	17	14.45	17	16.06	17	15.90	17	13.87	17	12.85	17	14.22	
		27	13.31	27	14.19	27	13.75	27	14.12	27	14.37	27	14.47	27	14.87	27	15.27	27	15.35	27	13.92	27	13.77	27	15.61	
	1993	7	14.55	7	14.22	7	14.29	7	14.31	7	14.40	7	14.40	7	14.55	7	15.02	7	15.33	7	15.05	7	14.84	7	14.29	14.55
		17	14.62	17	14.07	17	14.53	17	14.19	17	14.24	17	14.59	17	14.74	17	14.76	17	15.23	17	14.95	17	13.57	17	14.30	
		27	14.17	27	14.31	27	14.36	27	14.29	27	14.32	27	14.83	27	14.66	27	15.30	27	15.15	27	14.89	27	14.30	27	14.10	

续表

点号	年份	1月 日	1月 水位			2月 日	2月 水位			3月 日	3月 水位			4月 日	4月 水位			5月 日	5月 水位			6月 日	6月 水位			7月 日	7月 水位			8月 日	8月 水位			9月 日	9月 水位			10月 日	10月 水位			11月 日	11月 水位			12月 日	12月 水位			年平均
264	1989	7		17		27		7		17		27		7		17		27		7	8.91	17	9.18	27	9.13	7	9.21	17	9.20	27	9.74	7	10.95	17	10.29	27	11.32	7	11.28	17	8.99	27	8.83	7	10.71	17	10.50	27	10.45	7	10.35	17	10.11	27	10.45	7	9.12	17	10.14	27	9.78	7	干	17	10.15	27	10.55	9.97
264	1990	7	11.56	17	10.57	27	11.05	7	10.69	17	10.61	27	10.49	7	10.83	17	11.11	27	10.95	7	10.97	17	11.05	27	10.73	7	10.45	17	10.70	27	11.19	7	10.57	17	11.90	27	11.04	7	11.15	17	10.98	27	11.33	7	11.05	17	10.49	27	11.40	7	10.91	17	10.97	27	10.76	7	9.92	17	10.59	27	10.69	7	11.00	17	10.59	27	10.94	7	11.58	17	11.74	27	11.52	10.95
264	1991	7	11.47	17	11.29	27	11.16	7	11.10	17	10.63	27	11.04	7	11.08	17	10.90	27	10.89	7	10.83	17	10.35	27	9.29	7	10.63	17	10.55	27	10.53	7	10.61	17	10.65	27	10.86	7	11.09	17	12.50	27	11.42	7	11.99	17	12.27	27	12.47	7	12.13	17	12.09	27	11.96	7	11.85	17	11.64	27	12.22	7	11.04	17	12.40	27	11.93	7	12.65	17	12.90	27	12.40	11.41
264	1992	7	12.27	17	12.15	27	12.22	7	12.10	17	12.28	27	12.63	7	12.24	17	12.03	27	12.12	7	11.85	17	11.92	27	11.76	7	11.59	17	11.58	27	11.58	7	〈15.27〉	17	11.55	27	11.57	7	12.46	17	12.50	27	13.18	7	13.91	17	14.45	27	13.53	7	14.03	17	14.35	27	14.27	7	13.42	17	12.87	27	12.86	7	12.78	17	12.38	27	13.02	7	12.47	17	13.65	27	13.54	12.66
264	1993	7	13.49	17	13.75	27	13.47	7	13.43	17	8.95	27	9.05	7	12.83	17	12.27	27	12.85	7	12.67	17	12.53	27	12.50	7	12.45	17	12.33	27	12.28	7	12.23	17	12.42	27	12.99	7	12.59	17	12.62	27	12.64	7	13.12	17	14.22	27		7	14.90	17	14.41	27	14.41	7	14.40	17	13.93	27	13.87	7	13.63	17	13.35	27	15.14	7	13.25	17	14.21	27	14.09	13.02
264	1994	7	14.13	17	13.95	27	14.00	7	13.98	17	13.65	27	13.73	7	13.76	17	14.00	27	13.48	7	14.50	17	13.97	27	13.79	7	14.00	17	14.44	27	14.63	7	13.93	17	14.15	27	14.12	7	14.41	17	14.23	27	14.56	7	15.88	17	15.81	27	15.88	7	14.41	17	16.08	27	15.49	7	15.89	17	15.59	27	15.51	7	15.05	17	15.14	27	14.47	7	15.58	17	14.17	27	14.33	14.61
264	1995	7	14.21	17	14.00	27	13.99	7	14.58	17	15.64	27	14.82	7	13.85	17	15.05	27	14.88	7	13.85	17	13.83	27	13.61	7	13.68	17	14.42	27	14.66	7	14.15	17	15.75	27	15.46	7	16.65	17	16.85	27	15.93	7	17.12	17	16.92	27	17.52	7	15.29	17	16.62	27	16.12	7	15.51	17	16.48	27	16.29	7	15.67	17	15.58	27	15.43	7	15.17	17	15.32	27	15.67	15.34
269-1	1989	7		17		27		7		17		27		7		17	14.56	27		7		17	13.54	27	12.71	7	12.80	17	12.96	27	12.01	7	12.65	17	12.77	27	12.32	7	12.50	17	13.05	27	13.04	7	12.76	17	11.57	27	11.77	7	11.71	17	11.44	27	11.57	7	11.39	17	11.20	27	10.42	7	10.95	17	10.11	27	10.55	10.48	11.93

续表

点号	年份	1月 日	1月 水位	2月 日	2月 水位	3月 日	3月 水位	4月 日	4月 水位	5月 日	5月 水位	6月 日	6月 水位	7月 日	7月 水位	8月 日	8月 水位	9月 日	9月 水位	10月 日	10月 水位	11月 日	11月 水位	12月 日	12月 水位	年平均
269-1	1990	7	8.63	7	12.09	7	8.52	7	9.02	7	9.35	7	11.24	7	11.24	7	12.07	7	11.60	7	12.24	7	12.74	7	13.06	11.02
		17	12.80	17	8.26	17	8.62	17	9.27	17	10.13	17	11.84	17	12.13	17	11.32	17	11.32	17	11.40	17	12.84	17	12.75	
		27	12.62	27	8.22	27	9.04	27	9.56	27	10.12	27	11.42	27	12.22	27	11.26	27	12.08	27	12.50	27	12.97	27	10.24	
	1991	7	9.49	7		7	10.80	7	11.57	7	11.49	7	12.67	7	12.94	7	10.36	7	10.31	7	10.78	7	11.26	7	11.42	11.31
		17		17	9.71	17	10.94	17	11.77	17	12.59	17	12.90	17	10.14	17	10.52	17	9.77	17	11.41	17	12.25	17	11.26	
		27		27	10.52	27	11.64	27	12.27	27	12.63	27	13.24	27	11.42	27	10.52	27	10.13	27	12.04	27	12.11	27	10.21	
	1992	7	10.78	7	11.10	7	10.80	7	11.96	7	12.66	7	13.44	7	13.27	7	13.51	7	13.22	7	13.12	7	13.11	7	10.72	12.38
		17	10.95	17	11.21	17	11.13	17	12.38	17	12.96	17	13.04	17	13.19	17	13.46	17	13.35	17	12.92	17	12.45	17	12.46	
		27	11.06	27	11.25	27	11.44	27	12.55	27	13.07	27	12.94	27	12.91	27	13.45	27	13.30	27	12.58	27	12.12	27	11.83	
	1993	7	10.59	7	10.60	7	10.61	7	11.56	7	12.20	7	12.46	7	13.06	7	13.37	7	13.21	7	13.30	7	13.49	7	13.92	12.43
		17	9.41	17	10.17	17	10.92	17	11.62	17	12.32	17	12.73	17	13.17	17	13.72	17	13.17	17	15.28	17	13.42	17	13.62	
		27	10.52	27	10.95	27	11.33	27	12.08	27	12.49	27	12.96	27	12.33	27	12.91	27	13.41	27	13.51	27	13.31	27	13.77	
282	1987	6		6		6	9.59	6	9.35	6	10.50	6		6		6	9.20	6 ⟨16.13⟩		6	10.77	6	10.59	6	10.37	10.31
		16	10.31	16	10.21	16	9.66	16	9.53	16	10.56	16	10.53	16	8.23	16	9.72	16	10.87	16	10.65	16	10.69	16	10.58	
		26	9.86	26	10.16	26	9.56	26	9.97	26	10.84	26	10.61	26	9.38	26	10.54	26	10.99	26	10.63	26	10.50	26	10.36	
	1988	6	9.81	6	9.49	6	9.26	6	9.51	6	7.77	6	10.64	6	10.53	6	10.56	6	9.87	6	9.64	6	9.26	6	9.54	9.91
		16	9.77	16	9.35	16	9.45	16	9.67	16		16	⟨15.67⟩	16	9.99	16	10.15	16	⟨14.81⟩	16	9.38	16	9.22	16	9.67	
		26	⟨13.95⟩	26		26		26		26		26		26	12.06	26	9.98	26	9.81	26	9.14	26	9.46	26	10.02	
	1989	6	9.83	6	9.35	6	9.53	6	9.66	6		6	9.48	6	10.80	6	12.68	6	9.52	6	8.55	6	9.32	6	8.43	9.60
		16	⟨13.88⟩	16	9.24	16	8.78	16	8.58	16	8.54	16	11.81	16	11.44	16	11.38	16	8.78	16	8.59	16	8.00	16	8.50	
		26	9.77	26	9.45	26	8.89	26	8.71	26	8.58	26		26	9.68	26	10.17	26	9.04	26	9.57	26	8.42	26	10.21	
	1990	6	⟨14.75⟩	6	9.36	6	8.58	6	8.82	6		6	10.25	6	9.76	6	9.80	6	8.73	6	8.54	6	8.52	6	9.13	9.15
		16	9.84	16	8.73	16	8.58	16		16	8.58	16		16	10.25	16	10.22	16	8.56	16	8.25	16	8.49	16	9.24	
		26		26		26		26		26		26		26		26	9.58	26		26	8.48	26	8.61	26	⟨15.51⟩	

第二章 咸阳市

续表

点号	年份	1月 日	1月 水位	2月 日	2月 水位	3月 日	3月 水位	4月 日	4月 水位	5月 日	5月 水位	6月 日	6月 水位	7月 日	7月 水位	8月 日	8月 水位	9月 日	9月 水位	10月 日	10月 水位	11月 日	11月 水位	12月 日	12月 水位	年平均
282	1991	6	12.13	6	9.81	6	9.40	6	9.06	6	8.99	6	8.83	6	10.30	6	11.48	6	10.70	6	9.88	6	9.73	6	11.70	10.14
		16	11.06	16	9.66	16	9.16	16	9.13	16	8.73	16	8.92	16	〈13.62〉	16	11.02	16	10.37	16	9.63	16	9.71	16	11.86	
		26	10.42	26	9.21	26	9.18	26	9.18	26	9.34	26	〈15.48〉	26	12.67	26	11.80	26	10.28	26	9.70	26	10.22	26	11.38	
	1992	6	10.75	6	9.75	6	9.95	6	9.67	6	9.90	6	10.14	6	〈17.22〉	6	14.02	6	12.61	6	10.83	6	10.06	6	10.13	10.71
		16	10.28	16	9.74	16	9.90	16	9.61	16	9.82	16	〈17.03〉	16	11.99	16	13.69	16	12.31	16	10.17	16	10.05	16	10.81	
		26	10.05	26	〈15.73〉	26	9.54	26	9.66	26	9.95	26	10.79	26	12.01	26	12.46	26	11.85	26	10.30	26	9.93	26	〈16.63〉	
	1993	6	〈16.68〉	6	10.42	6	10.24	6	10.15	6	10.37	6	10.32	6	12.00	6	12.48	6	〈19.52〉	6	12.37	6	12.01	6	11.18	11.26
		16	11.51	16	10.29	16	10.29	16	10.10	16	10.25	16	10.60	16	11.83	16	13.40	16	12.91	16	12.25	16	11.88	16	11.19	
		26	10.57	26	10.10	26	10.27	26	10.25	26	10.32	26	12.31	26	11.68	26	12.85	26	〈17.47〉	26	12.03	26	11.47	26	11.79	
	1994	6	〈18.40〉	6	12.58	6	12.04	6	〈17.93〉	6	12.10	6	12.44	6	12.66	6	14.89	6	〈20.23〉	6	14.18	6	13.60	6	13.03	12.94
		16	13.08	16	12.24	16	11.95	16	12.37	16	〈18.45〉	16	12.60	16	〈18.17〉	16	15.10	16	15.10	16	13.66	16	13.38	16	11.64	
		26	12.88	26	12.06	26	11.83	26	12.19	26	13.36	26	12.79	26	〈16.55〉	26	〈19.01〉	26	13.90	26	15.08	26	11.84	26	12.90	
	1995	6	12.69	6	12.73	6	13.64	6	13.20	6	13.24	6	13.58	6	〈22.14〉	6	〈22.46〉	6	15.98	6	15.09	6	14.84	6	14.78	14.35
		16	12.63	16	〈19.32〉	16	13.53	16	13.23	16	〈19.81〉	16	〈21.75〉	16	15.83	16	15.80	16	15.43	16	15.09	16	14.79	16	15.00	
		26	12.70	26	〈18.64〉	26	13.26	26	13.07	26	13.79	26	15.14	26	15.47	26	15.58	26	15.32	26	14.93	26	14.80	26	15.25	
336	1989	4		4		4		4		4	6.72	4	6.64	4	6.91	4	6.88	4	6.78	4	6.71	4	6.61	4	6.99	6.76
		14		14		14		14		14	6.60	14	6.40	14	6.79	14	6.93	14	6.72	14	6.73	14	6.96	14	7.17	
		24		24		24		24		24	6.63	24	6.75	24	6.72	24	6.66	24	6.69	24	6.81	24	6.44	24	7.09	
	1990	4	7.24	4	6.57	4	6.42	4	7.60	4	7.34	4	7.60	4	7.30	4	7.43	4	6.80	4	7.25	4	7.34	4	7.45	7.27
		14	7.32	14	6.44	14	6.54	14	7.56	14	7.64	14	7.50	14	7.50	14	7.69	14	7.32	14	7.25	14	7.40	14	7.58	
		24	6.86	24	6.40	24	7.68	24	6.94	24	7.42	24	7.63	24	7.67	24	7.41	24	7.27	24	7.32	24	7.42	24	7.63	
	1991	4	7.70	4	7.81	4	7.91	4	8.04	4	8.09	4	8.10	4	8.37	4	8.61	4	8.45	4	8.52	4	8.59	4	8.66	8.23
		14	7.74	14	7.96	14	7.99	14	7.80	14	8.04	14	8.18	14	8.53	14	8.59	14	8.60	14	8.44	14	8.63	14	8.72	
		24	7.74	24	7.85	24	8.05	24	7.94	24	8.03	24	8.14	24	8.53	24	8.64	24	8.50	24	8.66	24	8.64	24	8.76	

续表

点号	年份	1月 日	1月 水位	2月 日	2月 水位	3月 日	3月 水位	4月 日	4月 水位	5月 日	5月 水位	6月 日	6月 水位	7月 日	7月 水位	8月 日	8月 水位	9月 日	9月 水位	10月 日	10月 水位	11月 日	11月 水位	12月 日	12月 水位	年平均
336	1992	4	8.85	4	8.72	4	9.07	4	9.20	4	9.22	4	9.34	4	9.47	4	7.67	4	10.17	4	9.50	4	9.34	4	9.45	9.34
		14	8.98	14	8.89	14	9.11	14	9.25	14	9.26	14	9.34	14	9.32	14	9.81	14	10.13	14	9.16	14	9.52	14	9.77	
		24	9.12	24	9.44	24	9.23	24	9.28	24	9.34	24	9.35	24	9.66	24	9.75	24	10.02	24	9.46	24	9.31	24	9.85	
	1993	4	9.79	4	9.69	4	10.02	4	10.11	4	10.19	4	10.24	4	10.19	4	10.28	4	10.21	4	10.16	4	10.30	4	10.30	10.11
		14	9.84	14	9.02	14	9.96	14	10.13	14	10.23	14	10.27	14	10.25	14	10.36	14	〈14.56〉	14	10.36	14	10.24	14	〈15.37〉	
		24	9.86	24	9.96	24	10.10	24	9.17	24	10.24	24	10.27	24	10.22	24	10.29	24	10.16	24	10.24	24	10.44	24	10.48	
	1994	4	10.54	4	10.68	4	10.78	4	〈15.39〉	4	10.84													4		10.87
		14	10.57	14	10.59	14	10.84	14	12.77	14		14		14								14		14		
		24	10.59	24	10.69	24	10.72	24	10.83	24		24		24								24		24		
	1995	4	11.89	4	12.04	4	11.69	4	11.96	4	12.48	4	12.35	4	12.89	4	13.00	4	12.97	4	12.98	4	11.87	4	12.89	12.49
		14	11.57	14	〈15.64〉	14	12.85	14	12.03	14	12.50	14	〈15.56〉	14	13.15	14	13.42	14	13.05	14	13.01	14	12.92	14	13.10	
		24	9.73	24	12.00	24	11.93	24	11.90	24		24	12.45	24	13.04	24	13.16	24	12.95	24	13.26	24	13.03	24	〈13.83〉	
370	1987	6		6		6		6	11.88	6	11.52	6	11.79	6	11.06	6	13.15	6	14.08	6	13.62	6	12.90	6	13.30	12.69
		16	13.22	16	13.31	16	11.63	16	12.00	16	11.31	16	10.89	16	12.05	16	13.88	16	13.95	16	13.08	16	13.15	16	13.58	
		26	12.19	26	13.06	26	13.12	26	11.84	26	11.63	26	10.53	26	13.80	26	14.96	26	14.00	26	13.40	26	12.65	26	13.60	
	1988	6	13.55	6	13.13	6	13.15	6	12.94	6	12.90	6	13.93	6	13.22	6	14.50	6	13.21	6	12.77	6	12.25	6	12.98	13.15
		16	13.19	16	12.96	16	13.01	16	12.88	16	12.61	16	13.43	16	14.36	16	13.42	16	12.63	16	12.50	16	13.95	16	13.11	
		26	13.09	26	13.13	26	13.09	26	13.08	26	13.02	26	13.70	26	14.27	26	12.83	26	12.65	26	12.51	26	12.85	26	13.14	
	1989	6	13.12	6	12.52	6	12.73	6	12.90	6	12.95	6	14.11	6	14.89	6	14.60	6	13.25	6	11.86	6	12.96	6	12.83	13.22
		16	13.09	16	13.24	16	12.71	16	12.63	16	13.12	16	13.73	16	14.12	16	14.07	16	12.23	16	12.81	16	12.60	16	13.47	
		26	12.61	26		26		26	12.94	26	13.10	26	14.64	26	15.41	26	13.30	26	12.74	26		26	12.05	26	12.82	
	1990	4	13.35	4	13.35	4	13.22	4	13.60	4	13.47	4	14.90	4	13.87	4	14.11	4	13.73	4	13.19	4	13.50	4	14.08	13.67
		14		14	13.18	14	12.96	14	13.99	14	13.70	14	13.47	14	14.88	14	14.22	14	13.60	14	13.14	14	13.52	14	14.02	
		24	13.30	24	13.19	24	13.64	24	13.18	24	13.40	24	13.85	24	15.05	24	14.54	24	13.28	24	13.08	24	13.87	24	13.93	

续表

点号	年份	1月 日	1月 水位	2月 日	2月 水位	3月 日	3月 水位	4月 日	4月 水位	5月 日	5月 水位	6月 日	6月 水位	7月 日	7月 水位	8月 日	8月 水位	9月 日	9月 水位	10月 日	10月 水位	11月 日	11月 水位	12月 日	12月 水位	年平均
370	1991	4	14.73	4	13.97	4	13.77	4		4		4	13.92	4	15.71	4	16.42	4	14.05	4	14.33	4	15.00	4	14.96	14.74
		14	14.12	14	13.76	14	13.66	14		14	14.35	14	14.18	14	16.44	14	15.54	14	15.04	14	14.64	14	15.01	14	14.83	
		24	13.59	24	13.80	24	13.75	24	13.65	24	15.05	24	14.71	24	16.69	24	15.29	24	15.84	24	14.70	24	15.29	24	14.40	
	1992	5	14.43	5	14.43	5	15.32	5	15.54	5	15.68	5	15.00	5	16.29	5	16.54	5	15.99	5	14.30	5	15.52	5	14.58	15.11
		15	14.40	15	15.30	15	15.79	15	15.67	15	15.40	15	15.25	15	16.35	15	17.18	15	14.68	15	14.59	15	14.63	15	14.52	
		25	14.48	25	15.31	25	13.25	25	15.20	25	15.27	25	14.90	25	15.89	25	15.92	25	14.25	25	14.51	25	14.61	25	14.57	
	1994	4	15.49	4	15.47	4	15.64	4		4	14.57	4	14.53	4	14.52	4	14.65	4	15.54	4	15.51	4	15.15	4	14.54	15.04
		14	15.54	14	15.55	14	15.59	14	14.61	14	14.61	14	14.67	14	14.61	14	14.48	14	15.42	14	15.42	14	15.23	14	14.47	
		24	15.45	24	15.61	24	15.32	24	14.48	24	14.67	24	14.92	24	14.67	24	15.51	24	15.47	24	15.48	24	14.52	24	14.42	
502	1989	8		8		8		8		8	6.25	8	5.37	8	5.70	8	8.10	8	5.44	8	4.90	8	6.03	8	6.82	6.37
		18	6.73	18	6.94	18	6.41	18	7.13	18	7.88	18	7.37	18	8.75	18	8.19	18	6.88	18	6.38	18	5.11	18	5.53	
		28	6.84	28	6.31	28	6.52	28	6.36	28	6.30	28	⟨12.32⟩	28	6.80	28	6.80	28	4.50	28	6.14	28	5.33	28	6.04	
	1990	8	6.90	8	6.23	8	6.35	8	6.51	8	7.15	8	6.55	8	6.20	8	5.87	8	6.47	8	⟨11.59⟩	8	5.04	8	5.36	6.30
		18	7.23	18	6.53	18	6.30	18	6.80	18	6.65	18	6.40	18	7.62	18	5.89	18	7.16	18	5.55	18	5.45	18	5.57	
		28	6.95	28	6.01	28	7.06	28	5.78	28	5.91	28	5.16	28		28	6.39	28	5.30	28	5.20	28	7.11	28	6.85	
	1991	8	6.92	8	6.23	8	7.85	8	6.86	8	6.59	8	7.98	8	7.37	8	5.12	8	⟨15.87⟩	8	6.61	8	6.48	8	7.15	6.74
		18	7.32	18	6.66	18	7.31	18	8.30	18	⟨13.93⟩	18	5.08	18	⟨13.95⟩	18	7.97	18	5.30	18	7.90	18	7.68	18	7.42	
		28	7.45	28	6.53	28	⟨15.02⟩	28	8.93	28	5.62	28	7.71	28	5.64	28	5.48	28	6.98	28	7.89	28	6.91	28	7.17	
	1992	8	6.79	8	6.94	8	8.20	8	10.23	8	8.47	8	⟨16.09⟩	8	10.17	8	11.03	8	7.63	8	6.07	8	7.12	8	6.30	7.70
		18	8.08	18	7.51	18	7.30	18	8.25	18	⟨16.28⟩	18	8.32	18	7.26	18	9.21	18	7.08	18	6.85	18	6.53	18	7.44	
		28	7.52	28	7.48	28	7.70	28	7.03	28	9.31	28	⟨16.09⟩	28	⟨16.19⟩	28	⟨16.04⟩	28	5.80	28	6.50	28	7.74	28	7.65	
	1993	8	7.48	8	8.31	8	7.52	8	8.40	8	7.24	8	9.10	8	7.39	8	8.45	8	8.82	8	8.93	8	7.21	8	7.41	7.73
		18		18		18		18		18	7.99	18	7.90	18	7.25	18	⟨12.30⟩	18	8.87	18	6.97	18	7.26	18	7.83	
		28		28		28		28		28	7.17	28	6.27	28	7.40	28	7.31	28	⟨13.33⟩	28	7.19	28	7.04	28	9.10	

续表

点号	年份	日	1月水位	2月水位	3月水位	4月水位	5月水位	6月水位	7月水位	8月水位	9月水位	10月水位	11月水位	12月水位	年平均
508	1988	8					5.64	5.71	6.24	7.77	5.66	5.16	5.23	6.42	5.99
		18					5.36	6.23	7.32	6.30	6.11	5.54	5.62	6.25	
		28					5.52	7.01	6.35	5.94	4.99	5.70	5.46	6.23	
	1990	8	6.53	5.80	5.95	6.46	6.33	6.24	4.91	5.59	5.51	5.60	5.61	6.06	5.84
		18	6.48	5.54	5.95	6.51	5.23	6.39	5.86	4.86	6.11	5.26	5.84	6.26	
		28	6.34	5.55	6.12	5.90	6.04	4.49	5.94	5.31	5.12	5.50	6.17	7.01	
	1991	8	7.09	7.03	6.98	6.68	5.84	5.99	7.49	5.61	7.59	7.00	7.60	8.00	7.07
		18	7.04	6.77	7.34	6.07	6.99	6.56	7.88	7.18	7.19	7.48	8.10	8.44	
		28	6.79	6.95	6.82	6.41	6.02	7.10	6.62	6.88	7.07	7.09	8.48	8.20	
	1992	8	8.26	9.14	8.46	8.94	8.99	10.35	9.93	10.09	8.04	5.96	6.77	7.31	8.34
		18	8.41	8.93	8.82	9.41	8.88	8.96	8.21	8.71	7.54	6.52	6.61	7.69	
		28	9.18	8.66	8.71	9.55	9.76	9.06	8.99	8.64	5.96	6.18	6.96	7.78	
	1993	8	7.62	7.29		7.74	7.99	8.77	8.04	⟨9.38⟩	8.36	8.80	7.59	7.90	8.02
		18	7.42	8.15	8.40	8.15	7.90	9.13	7.85	8.34	8.39	7.38	7.68	8.39	
		28	7.07	9.17	8.64	8.58	7.79	7.38	7.65	7.96	8.60	7.47	7.71	9.14	
	1994	8	8.94	9.06	8.60	9.04	9.18	8.15	8.28	9.93	11.84	12.07	11.15	9.94	9.71
		18	8.89	8.91		8.54	9.57	9.16	9.36	⟨15.60⟩	11.36	11.53	10.23	9.90	
		28	9.06			8.72	8.89	8.47	10.02	11.48	11.65	10.80	9.78	9.75	
	1995	4	10.01	10.46	10.73	10.96	10.42	12.97	13.53	14.24	14.11	14.39	14.35	14.33	12.03
		14	10.05	10.01			11.71								
		24	10.24												
510	1989	8					7.48	8.32	6.45	10.29	6.59	5.59	5.88	6.82	7.13
		18					8.29	7.28	8.82	8.45	8.13	6.77	5.38	6.76	
		28					6.25	8.27	7.19	8.25	5.33	5.98	5.87	6.72	

点号	年份	1月 日	1月 水位	2月 日	2月 水位	3月 日	3月 水位	4月 日	4月 水位	5月 日	5月 水位	6月 日	6月 水位	7月 日	7月 水位	8月 日	8月 水位	9月 日	9月 水位	10月 日	10月 水位	11月 日	11月 水位	12月 日	12月 水位	年平均
510	1990	8	7.21	8	6.82	8	6.84	8	8.13	8	10.02	8	7.94	8	5.61	8	7.62	8	6.44	8	6.68	8	5.97	8	5.88	6.92
510	1990	18	7.42	18	6.68	18	6.88	18	7.23	18	6.96	18	8.17	18	7.46	18	5.92	18	7.46	18	5.30	18	6.22	18	6.85	
510	1990	28	7.28	28	6.70	28	6.43	28	7.38	28	6.97	28	6.16	28	5.82	28	6.25	28	5.88	28	7.16	28	6.71	28	8.49	
510	1991	8	7.26	8	7.30	8	6.79	8	⟨14.78⟩	8	7.30	8	⟨15.01⟩	8	8.85	8	7.42	8	⟨16.01⟩	8	7.47	8	7.60	8	7.92	7.54
510	1991	18	7.40	18	6.96	18	8.09	18	6.47	18	9.28	18	6.44	18	⟨16.19⟩	18	8.28	18	6.06	18	⟨16.01⟩	18	8.12	18	8.07	
510	1991	28	7.03	28	6.98	28	7.30	28	8.19	28	6.58	28	⟨16.26⟩	28	6.84	28	6.68	28	8.08	28	10.26	28	7.54	28	7.60	
510	1992	8	7.71	8	8.53	8	7.69	8	8.63	8	9.82	8	10.35	8	11.33	8	12.36	8	9.15	8	6.93	8	8.54	8	7.89	8.93
510	1992	18	8.49	18	8.37	18	8.94	18	9.00	18	⟨16.10⟩	18	⟨16.38⟩	18	8.32	18	10.15	18	8.20	18	8.30	18	⟨15.80⟩	18	8.29	
510	1992	28	8.74	28	8.98	28	8.51	28	9.93	28	9.48	28	9.53	28	11.60	28	⟨17.43⟩	28	6.94	28	7.78	28	9.13	28	8.30	
510	1993	8	9.52	8	9.18	8	9.44	8	7.86	8	8.92	8	⟨18.54⟩	8	9.29	8	⟨18.30⟩	8	⟨18.44⟩	8	10.73	8	8.77	8	8.62	9.20
510	1993	18	8.20	18	8.92	18	8.56	18	⟨12.95⟩	18	9.65	18	12.30	18	8.70	18	⟨17.93⟩	18	10.20	18	8.65	18	8.52	18	⟨18.25⟩	
510	1993	28	9.12	28	9.23	28	8.32	28	⟨17.67⟩	28	⟨17.25⟩	28	8.31	28	8.33	28	9.26	28	10.79	28	8.86	28	8.58	28	10.78	
510	1994	8	⟨17.01⟩	8	9.68	8	9.47	8	10.06	8	⟨18.85⟩	8	9.63	8	8.87	8	11.50	8	⟨19.36⟩	8	⟨19.34⟩	8	12.55	8	10.38	10.62
510	1994	18	9.76	18	9.61	18	9.42	18	8.10	18	⟨18.44⟩	18	⟨18.24⟩	18	11.07	18	⟨18.83⟩	18	⟨19.10⟩	18	11.44	18	10.72	18	10.47	
510	1994	28	9.66	28	9.53	28	⟨15.05⟩	28	11.02	28	⟨19.13⟩	28	10.40	28	12.70	28	12.83	28	13.35	28	13.20	28	10.21	28	10.41	
510	1995	8	10.57	8	13.04	8	11.18	8	⟨17.87⟩	8	⟨17.45⟩	8	12.73	8	13.55	8	⟨19.82⟩	8	13.26	8	⟨16.92⟩	8	13.12	8	13.56	12.48
510	1995	18	10.50	18	10.36	18	⟨17.70⟩	18	11.23	18	⟨17.94⟩	18	⟨19.08⟩	18	⟨19.40⟩	18	15.38	18	13.22	18	⟨19.77⟩	18	⟨18.08⟩	18	13.46	
510	1995	28	9.96	28	13.98	28	⟨17.62⟩	28	11.05	28	⟨18.80⟩	28	13.18	28	⟨19.40⟩	28	⟨19.91⟩	28	⟨19.90⟩	28	⟨19.06⟩	28	⟨19.92⟩	28	13.76	
512	1989	8		8		8		8	8.59	8	7.15	8	8.23	8	6.92	8	8.83	8	7.38	8	6.11	8	6.19	8	6.90	7.23
512	1989	18		18		18		18	7.45	18	8.83	18	8.10	18	8.21	18	8.79	18	8.02	18	6.94	18	5.99	18	6.26	
512	1989	28		28		28		28	7.57	28	6.37	28	8.80	28	7.44	28	6.59	28	5.67	28	6.40	28	6.60	28	6.77	
512	1990	8	7.07	8	6.73	8	6.87	8		8	8.90	8	7.53	8	5.91	8	7.45	8	6.91	8	7.23	8	6.44	8	6.65	6.98
512	1990	18	7.23	18	6.54	18	7.01	18		18	7.13	18	7.42	18	7.48	18	6.01	18	7.93	18	5.63	18	6.68	18	6.98	
512	1990	28	7.04	28	6.43	28	6.91	28		28	6.30	28	6.38	28	6.81	28	6.43	28	6.10	28	6.65	28	6.92	28	7.85	

续表

点号	年份	日	1月 水位	2月 水位	3月 水位	4月 水位	5月 水位	6月 水位	7月 水位	8月 水位	9月 水位	10月 水位	11月 水位	12月 水位	年平均
512	1991	8	7.78	7.53	7.63	7.87	6.55	7.96	8.45	7.29	9.28	7.03	8.23	8.34	7.87
		18	7.75	6.98	⟨10.30⟩	7.17	7.58	6.41	10.08	8.60	7.02	⟨12.18⟩	8.71	8.74	
		28	7.43	7.48	7.94	8.28	5.83	⟨13.00⟩	7.43	7.75	8.63	9.31	8.24	8.40	
	1992	8	8.61	8.88	8.51	9.37	9.59	11.60	12.00	11.25	8.47	7.46	8.11	8.55	9.16
		18	8.74	8.76	8.75	9.73	9.59	9.80	8.73	10.32	7.73	7.99	8.67	8.72	
		28	9.06	9.32	8.74	10.48	9.88	9.95	10.85	⟨16.04⟩	6.82	8.00	8.72	8.82	
	1993	8	8.57	8.28	9.45	8.90	9.08	10.88	8.63	9.92	10.31	10.64	9.03	9.32	9.31
		18	9.48	8.08	9.16	8.53	9.62	⟨14.88⟩	9.21	9.92	9.90	9.12	9.13	10.69	
		28	8.27	8.39	8.87	⟨15.85⟩	⟨15.42⟩	8.69	9.45	9.59	⟨16.04⟩	8.98	9.29	10.45	
515	1989	8					6.49	6.55	7.00	6.27	5.80	5.60	5.67	5.92	6.31
		18					6.27	7.05	7.23	7.27	6.35	6.27	6.24	5.83	
		28					6.25	6.72	7.13	5.61	5.70	5.79	6.10	6.25	
	1990	8	6.40	6.51	6.39	⟨14.45⟩	7.41	6.51	5.38	6.08	6.19	7.20	5.94	6.34	6.34
		18	6.69	6.27	6.53	6.45	6.67	6.25	6.09	5.73	7.18	5.90	6.46	6.40	
		28	6.77	6.15	6.01	6.53	5.99	6.03	6.25	5.77	5.76	6.78	6.20	6.71	
	1991	8	6.94	7.57	6.66	7.70	6.30	7.81	7.01	6.38	7.35	6.52	7.23	6.63	6.75
		18	7.24	7.26	7.14	6.29	6.97	5.58	8.08	6.71	5.27	6.96	6.97	7.11	
		28	6.33	6.61	6.85	6.55	5.47	6.85	6.48	5.31	6.54	⟨15.80⟩	6.81	6.87	
	1992	8	7.14	7.01	7.06	7.61	7.35	8.89	9.96	10.07	7.53	5.98	6.78	6.42	7.46
		18	6.97	6.89	7.22	7.44	7.89	7.40	6.83	6.89	6.96	6.74	7.14	7.28	
		28	7.16	7.39	7.76	7.97	7.31	7.37	⟨19.29⟩	10.57	5.93	⟨8.03⟩	7.44	7.23	
	1993	8	7.75	7.42	7.68	8.26	7.40	8.90	7.63	8.83	⟨9.95⟩	⟨9.33⟩	7.55	8.10	8.09
		18	8.29	7.40	7.05	8.97	8.42	⟨15.39⟩	9.10	⟨9.85⟩	8.70	7.00	⟨8.83⟩	8.86	
		28	7.41	8.68	7.65	9.23	⟨14.77⟩	8.78	7.30	8.01	8.97	7.59	8.04	7.75	

续表

点号	年份	1月			2月			3月			4月			5月			6月			7月			8月			9月			10月			11月			12月			年平均
		日	水位		日	水位		日	水位		日	水位		日	水位		日	水位		日	水位		日	水位		日	水位		日	水位		日	水位		日	水位		
515	1994	8	7.93		8	8.02		8	7.82		8	8.71		8	8.81		8	8.32		8	8.36		8	10.12		8	11.64		8	11.65		8	9.29		8	8.18		9.12
		18	7.82		18	7.98		18	7.78		18	8.36		18	9.06		18	8.66		18	9.39		18	10.88		18	11.73		18	10.94		18	8.47		18	8.13		
		28	7.97		28	7.91		28	8.86		28	8.57		28	8.74		28	8.53		28	10.18		28	11.57		28	11.66		28	10.27		28	8.03		28	8.06		
	1995	8	8.28		8	8.82		8	〈15.79〉		8	9.55		8	9.20		8	9.75		8	10.62		8	10.61		8	10.90		8	10.50		8	10.51		8	10.10		9.94
		18	8.25		18	8.75		18	〈14.82〉		18	9.88		18	8.15		18	10.12		18	10.83		18	10.32		18	11.45		18	10.03		18	9.84		18	9.69		
		28	8.62		28	11.50		28	8.92		28	8.45		28	〈13.77〉		28	10.42		28	12.35		28	10.37		28	11.29		28	9.86		28	9.85		28	10.31		
516-1	1989	8	6.63		8	6.91		8	7.02		8	7.32		5	6.66		8	7.28		8	6.96		8	9.11		8	7.04		8	6.36		8	6.12		8	6.22		6.89
		18	7.34		18	6.34		18	6.85		18	7.12		15	7.22		18	7.08		18	7.34		18	7.38		18	7.44		18	6.76		18	6.68		18	5.99		
		28	7.25		28	6.25		28	6.55		28	7.15		25	6.31		28	〈12.27〉		28	9.68		28	5.67		28	6.21		28	6.30		28	6.29		28	6.28		
	1990	8	7.16		8	7.32		8	7.27		8	7.72		8	7.15		8	7.14		8	6.40		8	6.89		8	6.73		8	6.93		8	6.49		8	6.49		6.79
		18	7.38		18	6.87		18	〈12.28〉		18	7.41		18	6.26		18	6.92		18	7.26		18	6.53		18	7.38		18	6.23		18	6.71		18	6.62		
		28	7.10		28	7.30		28	7.72		28	8.02		28	6.96		28	6.87		28	6.61		28	6.66		28	6.37		28	6.44		28	6.65		28	7.03		
	1991	8	8.40		8	8.52		8	8.45		8	9.25		8	7.85		8	7.94		8	8.10		8	6.76		8	8.86		8	8.04		8	7.29		8	8.19		7.72
		18	8.47		18	8.42		18	8.82		18	9.36		18	8.27		18	6.90		18	9.13		18	8.30		18	5.88		18	8.54		18	8.45		18	8.43		
		28	8.68		28	8.97		28	8.68		28	9.42		28	5.88		28	8.47		28	8.11		28	6.89		28	8.37		28	〈13.56〉		28	8.22		28	8.27		
	1992	8	9.30		8	8.98		8	9.67		8	8.84		8	9.43		8	9.96		8	〈14.03〉		8	12.44		8	8.63		8	8.96		8	8.30		8	9.03		9.15
		18	9.41		18	8.69		18	9.73		18	〈14.00〉		18	〈13.85〉		18	9.48		18	9.59		18	10.15		18	7.82		18	9.28		18	9.25		18	8.33		
		28	8.94		28	8.11		28	9.71		28	〈15.93〉		28	9.56		28	9.63		28	11.72		28	10.06		28	6.76		28	8.92		28	〈13.95〉		28	9.26		
	1993	8	10.23		8	10.27		8	9.94		8	10.96		8	10.05		8	10.50		8	10.20		8	〈14.25〉		8	10.60		8	10.36		8	9.97		8	10.12		9.96
		18	10.35		18	10.14		18	9.91		18	10.43		18	〈20.10〉		18	〈14.18〉		18	10.16		18	14.21		18	10.67		18	10.28		18	10.08		18	10.07		
		28	10.28		28	10.08		28	11.67		28	10.67		28	11.05		28	9.98		28	〈14.12〉		28	〈14.33〉		28	〈14.50〉		28	9.93		28	9.96		28	10.26		
	1994	8			8			8			8			8	11.32		8	10.33		8	11.03		8	11.33		8	11.85		8	11.88		8	11.43		8	11.37		11.06
		18			18			18			18			18	11.32		18	10.93		18	11.97		18	11.85		18	11.93		18	11.57		18	11.46		18	11.42		
		28			28			28			28			28	10.94		28	10.81		28	11.28		28	11.76		28	11.91		28	11.39		28	11.27		28	11.31		

续表

点号	年份	1月 日	1月 水位	2月 日	2月 水位	3月 日	3月 水位	4月 日	4月 水位	5月 日	5月 水位	6月 日	6月 水位	7月 日	7月 水位	8月 日	8月 水位	9月 日	9月 水位	10月 日	10月 水位	11月 日	11月 水位	12月 日	12月 水位	年平均
516-1	1995	8	11.43	8	11.53	8	11.50	8	11.53	8	15.57	8	12.43	8	12.89	8	14.35	8	13.27	8	13.41	8	13.04	8	13.07	12.63
522	1987	18	11.40	18	11.37	18		18		18		18		18		18		18		18		18		18		
		28		28		28		28		28		28		28		28		28		28		28		28	2.68	
		5	2.66	5	2.76	5	2.70	5	2.72	5	2.80	5	2.80	5	2.65	5	2.97	5	2.92	5	2.49	5	2.74	5	2.78	2.78
		15	2.60	15	2.68	15	2.75	15	2.75	15	2.96	15	2.73	15	2.70	15	2.87	15	2.90	15	2.84	15	2.73	15	2.68	
		25	2.74	25	2.65	25	2.70	25	2.94	25	2.84	25	2.93	25	2.70	25	2.74	25	2.85	25	2.84	25	2.66	25	2.79	
	1988	4	2.68	4	2.66	4	2.94	4	3.24	4	3.13	4	3.30	4	3.81	4	3.26	4	3.00	4	2.65	4	2.73	4	2.84	2.75
		14	2.65	14	3.28	14	3.18	14	3.15	14	3.08	14	3.23	14	3.10	14	3.23	14	2.98	14	2.70	14	2.65	14	2.80	
		24	2.74	24	3.04	24	3.04	24	3.18	24	3.12	24	3.64	24	3.28	24	3.01	24	3.05	24	2.64	24	2.83	24	2.80	
	1989	4	3.40	4	2.98	4	3.15	4	3.35	4	3.34	4	3.46	4	3.50	4	3.18	4	3.52	4	2.95	4	2.86	4	3.28	3.11
		14	3.48	14	2.95	14	3.19	14	3.32	14	3.55	14	3.48	14	3.44	14	3.30	14	3.66	14	3.02	14	3.21	14	3.32	
		24	3.34	24	2.92	24	3.74	24	3.60	24	3.40	24	3.74	24	3.86	24	3.18	24	2.97	24	3.11	24	3.00	24	3.07	
	1990	4	3.50	4	3.85	4	3.65	4	3.79	4	5.78	4	4.96	4	5.61	4	⟨11.91⟩	4	4.85	4	3.25	4	3.30	4	3.39	3.34
		14	3.62	14	5.60	14	3.71	14	3.50	14	5.81	14	4.87	14	6.82	14	5.90	14		14	3.20	14	2.38	14	3.45	
		24	3.73	24	3.62	24	3.75	24	3.64	24	5.44	24	5.14	24	6.35	24	6.65	24		24	3.24	24	3.57	24	3.49	
	1991	4		4		4	5.84	4	6.50	4	5.82	4	5.87	4	5.41	4	5.52	4	5.62	4	4.43	4	5.23	4	4.87	4.69
		14		14	5.85	14	5.74	14	6.08	14	5.58	14	⟨10.37⟩	14	5.43	14	5.05	14	5.53	14	7.36	14	4.77	14	5.59	5.51
	1992	24	5.72	24	5.63	24	⟨14.64⟩	24	6.02	24	5.70	24	5.20	24	5.03	24	5.08	24	5.27	24	4.83	24	5.22	24	4.95	
		4	5.70	4	5.63	4	⟨10.63⟩	4	5.52	4	5.67	4	5.42	4	5.52	4	⟨11.42⟩	4	5.47	4	5.57	4	5.17	4	5.28	
	1993	14	⟨14.87⟩	14	5.69	14	5.62	14	5.64	14	5.63	14	5.43	14	5.52	14	5.33	14	5.36	14	5.36	14	⟨11.43⟩	14	5.37	5.48
		24		24	5.62	24	5.86	24	5.63	24	5.61	24	5.47	24	5.04	24	5.51	24	5.39	24	⟨10.60⟩	24	5.32	24	5.42	

续表

点号	年份	1月 日	1月 水位	2月 日	2月 水位	3月 日	3月 水位	4月 日	4月 水位	5月 日	5月 水位	6月 日	6月 水位	7月 日	7月 水位	8月 日	8月 水位	9月 日	9月 水位	10月 日	10月 水位	11月 日	11月 水位	12月 日	12月 水位	年平均
522	1994	4	5.90	4	5.91	4	5.62	4	5.68	4	5.43	4	5.78	4	5.05	4	5.71	4	6.00	4	6.06	4	5.83	4	5.87	5.78
		14	5.52	14	5.83	14	5.59	14	5.74	14	〈17.32〉	14	5.56	14	5.28	14	5.78	14	6.01	14	6.10	14	〈15.06〉	14	6.01	
		24	5.97	24	5.69	24	5.58	24	6.05	24	6.17	24	5.34	24	5.62	24	5.74	24	6.03	24	5.86	24	6.21	24	5.86	
	1995	4	5.18	4	6.10	4	5.47	4	〈19.25〉	4	6.53	4	6.75	4	6.93	4	7.17	4	7.43	4	6.86	4	8.22	4	7.82	6.90
		14	5.79	14	6.13	14	6.57	14	6.55	14	6.39	14	6.52	14	6.71	14	7.67	14	7.17	14	6.54	14	8.65	14	7.80	
		24	〈19.01〉	24	6.15	24	6.43	24	6.41	24	6.45	24	6.79	24	6.84	24	7.27	24	7.01	24	7.79	24	8.49	24	7.85	
A1	1993	5	15.93	5	15.31	5	15.08	5	14.98	5	15.21	5	14.91	5	15.35	5	15.87	5	15.93	5	15.11	5	14.81	5	14.43	15.27
		15	15.90	15	15.08	15	15.13	15	14.96	15	15.07	15	15.14	15	15.26	15	16.39	15	15.87	15	15.37	15	15.06	15	14.47	
		25	15.28	25	14.84	25	15.06	25	15.03	25	14.96	25	15.61	25	15.78	25	16.03	25	15.63	25	15.25	25	14.68	25	15.07	
	1994	5	15.46	5	15.85	5	15.57	5	15.47	5	15.67	5	15.71	5	16.09	5	16.18	5	16.33	5	16.41	5	15.72	5	15.63	15.82
		15	15.73	15	15.77	15	15.53	15	15.63	15	15.78	15	15.94	15	16.18	15	16.23	15	16.38	15	15.82	15	15.53	15	15.56	
		25	15.74	25	15.63	25	15.38	25	15.48	25	〈19.35〉	25	15.96	25	15.26	25	16.25	25	16.46	25	15.67	25	15.59	25	15.48	
	1995	8	16.10	8	15.89	8	17.73	8	〈19.70〉	8	16.42	8	16.35	8	〈19.37〉	8	〈21.39〉	8	18.29	8	17.97	8	17.26	8	17.03	17.23
		18	16.51	18	〈19.73〉	18	17.38	18	16.86	18	16.52	18	〈19.65〉	18	〈20.58〉	18	18.02	18	17.89	18	17.55	18	17.23	18	17.20	
		28	15.33	28	〈19.74〉	28	〈19.33〉	28	16.73	28	16.59	28	17.68	28	18.32	28	18.44	28	18.03	28	17.36	28	17.19	28	17.68	
A2	1993	5	13.50	5	13.57	5	13.48	5	13.42	5	13.51	5	13.35	5	13.51	5	14.07	5	14.45	5	14.38	5	13.56	5	13.06	13.74
		15	13.46	15	13.51	15	13.50	15	13.40	15	13.44	15	13.49	15	13.47	15	15.21	15	14.78	15	14.46	15	13.74	15	13.11	
		25	13.51	25	13.43	25	13.53	25	13.45	25	13.38	25	13.62	25	13.67	25	14.83	25	14.53	25	14.03	25	13.38	25	13.95	
	1994	5	14.56	5	14.53	5	14.65	5	14.94	5	15.37	5	15.43	5	15.73	5	16.22	5	16.35	5	16.44	5	15.26	5	14.73	15.33
		15	14.68	15	14.66	15	14.82	15	15.13	15	15.29	15	15.58	15	15.87	15	16.03	15	16.41	15	15.86	15	14.93	15	14.58	
		25	14.50	25	14.74	25	14.73	25	15.28	25	15.21	25	15.66	25	15.97	25	16.28	25	16.48	25	15.57	25	14.86	25	14.49	
	1995	8	14.69	8	14.88	8	15.49	8	15.13	8	15.09	8	16.14	8	16.89	8	18.17	8	16.33	8	16.09	8	15.82	8	15.84	15.80
		18	15.84	18	15.83	18		18		18		18		18		18		18		18		18		18		
		28	14.70	28		28		28		28		28		28		28		28		28		28		28		

续表

点号	年份	1月 日	1月 水位	2月 日	2月 水位	3月 日	3月 水位	4月 日	4月 水位	5月 日	5月 水位	6月 日	6月 水位	7月 日	7月 水位	8月 日	8月 水位	9月 日	9月 水位	10月 日	10月 水位	11月 日	11月 水位	12月 日	12月 水位	年平均
A3-1	1993	5	14.27	5	13.87	5	13.82	5	13.64	5	13.58	5	13.42	5	13.58	5	14.53	5	15.21	5	14.83	5	14.16	5	13.35	14.04
		15	14.11	15	13.81	15	13.86	15	13.58	15	13.54	15	13.59	15	13.44	15	15.66	15	15.26	15	14.67	15	14.08	15	13.31	
		25	13.97	25	13.67	25	13.71	25	13.65	25	13.49	25	14.02	25	13.67	25	15.14	25	15.06	25	14.33	25	13.66	25	13.86	
	1993	5	14.62	5	14.30	5	14.17	5	13.87	5	14.32	5	14.47	5	15.62	5	16.94	5	17.82	5	17.52	5	16.96	5	15.83	15.57
		15	14.55	15	14.21	15	14.22	15	13.71	15	14.03	15	14.63	15	15.53	15	18.35	15	17.94	15	17.36	15	16.83	15	15.80	
		25	14.41	25	13.96	25	14.01	25	14.08	25	14.17	25	14.82	25	16.72	25	17.87	25	17.74	25	17.03	25	16.42	25	15.66	
A5	1994	7	15.76	7	16.80	7	17.23	7	18.84	7	16.74	7	17.96	7	16.82	7	20.01	7	20.82	7	18.44	7	17.82	7	17.63	17.78
		17	15.94	17	16.78	17	17.87	17	⟨20.67⟩	17	⟨21.44⟩	17	16.78	17	19.76	17	18.64	17	20.54	17	17.27	17	17.71	17	16.88	
		27	16.32	27	16.94	27	18.56	27	16.12	27	18.75	27	17.21	27	19.76	27	⟨24.24⟩	27	18.20	27	17.12	27	17.68	27	17.00	
	1995	7	16.87	7	17.16	7	19.93	7	17.03	7	17.31	7	21.07	7	⟨26.96⟩	7	22.73	7	19.94	7	19.45	7	19.33	7	19.28	19.06
		17	16.87	17	20.83	17		17		17		17		17		17		17		17		17		17		
		27		27		27		27		27		27		27		27		27		27		27		27		
A6	1995	5	6.63	5	6.71	5	8.16	5	6.86	5	6.71	5	⟨17.25⟩	5	7.94	5	8.24	5	8.24	5	⟨18.66⟩	5	7.80	5	⟨18.31⟩	7.48
		15	6.63	15	5.62	15	7.56	15	6.89	15	8.70	15	⟨18.42⟩	15	⟨19.35⟩	15	7.65	15	⟨17.94⟩	15	7.33	15	8.37	15	8.48	
		25	7.10	25	7.53	25	7.33	25	6.59	25	⟨19.03⟩	25	⟨18.92⟩	25	⟨18.35⟩	25	7.26	25	⟨18.65⟩	25	9.30	25	8.21	25	⟨18.31⟩	
A7	1993	5	9.37	5	8.13	5	8.02	5	7.93	5	8.11	5	7.85	5	8.01	5	10.57	5	11.14	5	10.92	5	10.47	5	9.76	9.14
		15	8.91	15	8.04	15	8.04	15	7.90	15	8.02	15	7.98	15	7.93	15	11.39	15	11.06	15	10.75	15	10.22	15	9.73	
		25	8.24	25	7.91	25	8.01	25	8.03	25	7.96	25	8.43	25	8.22	25	10.93	25	11.21	25	10.56	25	10.06	25	9.06	
A8	1993	5	13.07	5	11.88	5	11.76	5	11.19	5	11.43	5	11.16	5	11.45	5	12.53	5	12.36	5	12.47	5	12.26	5	11.84	11.97
		15	13.01	15	11.73	15	11.79	15	11.12	15	11.30	15	11.35	15	11.23	15	12.97	15	12.51	15	12.56	15	12.39	15	11.90	
		25	12.06	25	11.55	25	11.75	25	11.29	25	11.21	25	11.79	25	11.96	25	12.74	25	12.33	25	12.38	25	12.07	25	12.57	
A9	1993	5	13.06	5	11.69	5	11.47	5	11.29	5	11.55	5	11.25	5	11.52	5	12.63	5	13.04	5	13.03	5	12.84	5	11.36	12.03
		15	12.81	15	11.57	15	11.54	15	11.22	15	11.39	15	11.44	15	11.38	15	13.57	15	13.11	15	12.96	15	12.17	15	11.33	
		25	11.87	25	11.38	25	11.49	25	11.38	25	11.32	25	11.76	25	11.86	25	12.93	25	13.27	25	12.90	25	11.78	25	11.87	

续表

点号	年份	日	1月 水位	日	2月 水位	日	3月 水位	日	4月 水位	日	5月 水位	日	6月 水位	日	7月 水位	日	8月 水位	日	9月 水位	日	10月 水位	日	11月 水位	日	12月 水位	年平均
A9-1	1994	6	13.25	6	12.81	6	12.42	6	12.27	6	12.39	6	13.50	6	14.35	6	14.62	6	15.12	6	14.52	6	14.29	6	14.22	13.63
A9-1	1994	16	13.15	16	12.73	16	12.29	16	12.30	16	13.00	16	13.59	16	14.29	16	14.82	16	14.71	16	14.39	16	14.07	16	13.52	
A9-1	1994	26	12.98	26	12.64	26	12.29	26	12.35	26	13.47	26	14.26	26	14.25	26	14.92	26	14.50	26	14.35	26	14.72	26	13.39	
A9-1	1995	5	13.21	5	12.99	5	14.61	5	13.36	5	13.03	5	13.25	5	⟨20.20⟩	5	⟨20.00⟩	5	15.86	5	15.47	5	15.49	5	14.90	14.47
A9-1	1995	15	13.11	15	13.22	15	14.31	15	13.37	15	13.45	15	14.31	15	15.90	15	16.25	15	15.48	15	15.40	15	14.87	15	14.79	
A9-1	1995	25	12.87	25	14.15	25	13.63	25	13.38	25	13.82	25	14.98	25	15.58	25	15.94	25	15.35	25	15.32	25	14.88	25	15.57	
A10	1993	5	13.05	5	13.09	5	13.01	5	12.97	5	13.08	5	12.93	5	13.28	5	14.15	5	14.31	5	14.41	5	13.58	5	13.07	13.50
A10	1993	15	13.14	15	13.06	15	13.05	15	12.94	15	13.02	15	13.16	15	13.17	15	15.07	15	14.63	15	14.56	15	13.76	15	13.27	
A10	1993	25	13.08	25	13.01	25	13.04	25	12.97	25	13.00	25	13.52	25	13.39	25	14.65	25	14.27	25	14.08	25	13.38	25	13.93	
A11	1993	5	4.82	5	4.48	5	4.79	5	4.52	5	4.37	5	4.27	5	4.19	5	4.20	5	4.21	5	4.01	5	4.41	5	4.54	4.39
A11	1993	15	4.61	15	4.50	15	4.82	15	4.44	15	4.36	15	4.30	15	4.20	15	4.35	15	4.20	15	3.93	15	4.65	15	4.69	
A11	1993	25	4.46	25	4.75	25	4.67	25	4.39	25	4.35	25	4.19	25	4.10	25	4.29	25	4.05	25	3.96	25	4.32	25	4.77	
A11	1994	6	4.77	6	4.81	6	4.31	6	4.21	6	4.75	6	4.70	6	4.86	6	5.09	6	5.25	6	5.71	6	5.49	6	5.21	4.98
A11	1994	16	4.69	16	4.91	16	4.06	16	4.47	16	4.89	16	4.73	16	4.88	16	5.16	16	5.53	16	5.60	16	5.52	16	5.13	
A11	1994	26	4.79	26	4.51	26	4.09	26	4.61	26	5.01	26	5.86	26	4.86	26	5.22	26	5.71	26	5.53	26	5.33	26	5.10	
A11	1995	5	5.32	5	⟨6.27⟩	5	5.34	5	5.18	5	5.17	5	5.31	5	5.14	5	6.23	5	6.34	5	6.18	5	⟨6.80⟩	5	6.08	5.68
A11	1995	15	5.21	15	5.30	15	5.33	15	5.34	15	5.17	15	5.67	15	6.35	15	6.25	15	5.77	15	5.79	15	5.91	15	6.25	
A11	1995	25	5.31	25	5.34	25	5.31	25	4.89	25	5.57	25	6.06	25	6.30	25	6.06	25	5.91	25	⟨6.77⟩	25	5.96	25	6.25	
A12	1993	5	15.19	5	14.15	5	13.93	5	13.81	5	14.78	5	13.62	5	15.07	5	16.21	5	16.48	5	14.86	5	14.51	5	14.47	14.76
A12	1993	15	15.12	15	13.97	15	13.99	15	13.76	15	14.66	15	13.84	15	15.58	15	16.73	15	16.43	15	14.53	15	14.59	15	14.53	
A12	1993	25	14.28	25	13.78	25	13.96	25	13.87	25	13.70	25	14.21	25	15.86	25	16.46	25	16.27	25	14.47	25	14.52	25	15.23	
A12	1994	5	15.07	5	15.25	5	15.03	5	15.82	5	14.63	5	14.57	5	16.68	5	16.76	5	16.82	5	15.85	5	15.29	5	15.47	15.52
A12	1994	15	15.20	15	15.28	15	15.08	15	14.71	15	14.53	15	14.82	15	16.72	15	16.83	15	16.87	15	15.76	15	15.43	15	15.38	
A12	1994	25	15.33	25	15.16	25	15.01	25	14.52	25	14.51	25	14.95	25	16.95	25	16.73	25	15.89	25	14.87	25	15.51	25	15.33	

续表

点号	年份	1月 日	1月 水位	2月 日	2月 水位	3月 日	3月 水位	4月 日	4月 水位	5月 日	5月 水位	6月 日	6月 水位	7月 日	7月 水位	8月 日	8月 水位	9月 日	9月 水位	10月 日	10月 水位	11月 日	11月 水位	12月 日	12月 水位	年平均
A12	1995	5	15.99	5	16.22	5	17.47	5	16.53	5	16.51	5	16.31	5	〈20.38〉	5	18.18	5	〈21.44〉	5	18.14	5	17.92	5	17.45	17.34
		15	15.90	15	〈19.93〉	15	16.94	15	16.81	15	17.03	15	〈19.76〉	15	17.67	15	18.56	15	〈20.82〉	15	18.04	15	17.98	15	17.44	
		25	17.56	25	17.74	25	17.03	25	16.30	25	〈19.68〉	25	〈19.82〉	25	17.96	25	〈21.12〉	25	18.40	25	18.09	25	17.53	25	17.85	
A18	1995	5	6.17	5	〈14.11〉	5	〈15.15〉	5	〈14.47〉	5	〈14.00〉	5	〈15.02〉	5	〈14.32〉	5	〈15.03〉	5	〈15.37〉	5	〈14.96〉	5	〈15.34〉	5	〈15.34〉	8.19
		15	〈13.42〉	15	〈14.78〉	15	〈15.64〉	15	〈14.29〉	15	〈14.33〉	15	〈15.20〉	15	〈15.25〉	15	10.20	15	〈15.45〉	15	〈15.34〉	15	〈15.12〉	15	〈15.35〉	
		25	〈13.95〉	25	〈15.57〉	25	〈14.42〉	25	〈14.07〉	25	〈14.17〉	25	〈14.93〉	25	〈15.45〉	25	〈15.22〉	25	〈15.27〉	25	〈15.45〉	25	〈15.03〉	25	〈15.48〉	
A19	1993	5	16.91	5	16.59	5	16.53	5	16.46	5	16.42	5	16.24	5	16.57	5	17.25	5	18.14	5	17.83	5	17.43	5	16.58	16.97
		15	16.83	15	16.55	15	16.58	15	16.39	15	16.37	15	16.41	15	16.43	15	18.53	15	18.06	15	17.79	15	17.36	15	16.53	
		25	16.71	25	16.42	25		25	16.47	25	16.31	25	16.93	25	16.74	25	18.11	25	18.11	25	17.66	25	17.03	25	16.84	
A20	1994	5	48.20	5	48.54	5	49.07	5	49.19	5	49.30	5	49.36	5	49.88	5	50.16	5	50.22	5	50.06	5	50.18	5	50.25	49.58
		15	48.34	15	48.83	15	49.13	15	49.22	15	49.32	15	49.41	15	49.96	15	50.23	15	50.21	15	50.09	15	50.24	15	50.29	
		25	48.46	25	48.92	25	49.12	25	49.24	25	49.36	25	49.13	25	50.11	25	50.21	25	50.02	25	50.08	25	50.28	25	50.33	
	1995	7	50.43	7	50.00	7	50.06	7	50.30	7	50.20	7	50.60	7	50.59	7	50.49	7	51.34	7	49.70	7	49.66	7	49.24	50.23
		17	50.85	17	50.99	17	49.48	17	50.22	17	50.38	17	50.18	17	50.41	17	51.20	17	51.13	17	49.63	17	49.44	17	49.53	
		27	50.14	27	50.19	27	49.95	27	50.10	27	50.51	27	50.38	27	51.04	27	51.20	27	49.97	27	49.81	27	49.39	27	49.71	
A23	1994	5	43.49	5	43.32	5	43.18	5	43.16	5	43.35	5	43.75	5	44.61	5	45.35	5	50.69	5	47.50	5	47.02	5	47.37	45.56
		15	43.41	15	43.12	15	43.16	15	43.18	15	43.44	15	44.15	15	44.78	15	50.71	15	50.69	15	47.57	15	47.12	15	46.88	
		25	43.39	25	43.22	25	43.12	25	43.29	25	43.57	25	44.65	25	44.96	25	50.69	25	50.67	25	47.44	25	47.26	25	46.83	
	1995	7	49.72	7	46.10	7	49.69	7	49.59	7	49.99	7	51.02	7	50.82	7	49.54	7	49.62	7	49.42	7	49.17	7	44.64	49.09
		17	48.87	17		17		17		17		17		17		17		17		17		17		17		
A27	1993	5	9.83	5	9.72	5	9.54	5	9.13	5	9.21	5	9.59	5	9.77	5	9.95	5	9.80	5	9.60	5	9.05	5	9.01	9.50
		15	9.81	15	9.62	15	9.44	15	9.01	15	9.32	15	9.71	15	9.82	15	9.91	15	9.81	15	9.41	15	9.02	15	9.13	
		25	9.79	25	9.52	25	9.34	25	8.89	25	9.41	25	9.83	25	9.87	25	9.84	25	9.79	25	9.22	25	8.99	25	9.22	

续表

点号	年份	1月 日	1月 水位	2月 日	2月 水位	3月 日	3月 水位	4月 日	4月 水位	5月 日	5月 水位	6月 日	6月 水位	7月 日	7月 水位	8月 日	8月 水位	9月 日	9月 水位	10月 日	10月 水位	11月 日	11月 水位	12月 日	12月 水位	年平均
A27	1994	5	9.01	5	9.11	5	9.21	5	9.05	5	9.08	5	10.11	5	11.11	5	10.88	5	11.00	5	9.60	5	9.68	5	9.34	9.91
		15	9.10	15	9.04	15	9.08	15	9.09	15	9.58	15	10.08	15	12.05	15	11.01	15	11.00	15	9.62	15	9.34	15		
		25	9.03	25	9.08	25	9.11	25	9.06	25	9.69	25	10.09	25	12.77	25	11.00	25	11.61	25	9.70	25	9.57	25		
	1995	4		4		4		4	11.17	4	11.29	4	11.62	4	12.58	4	⟨17.33⟩	4	⟨17.39⟩	4	12.01	4	11.97	4	11.98	11.90
		14		14		14		14		14	11.42	14	11.72	14	12.69	14	⟨17.71⟩	14	12.04	14	12.08	14	11.99	14	⟨17.23⟩	
		24		24		24		24	11.03	24	11.45	24	12.25	24	12.42	24	11.86	24	11.96	24	12.22	24	12.14	24	⟨17.21⟩	
A33	1994	5	2.65	5	2.65	5	2.62	5	2.71	5	2.75	5	2.94	5	3.02	5	3.21	5	3.16	5	3.14	5	3.10	5	3.11	2.93
		15	2.65	15	2.66	15	2.69	15	2.73	15	2.77	15	3.01	15	3.07	15	3.17	15	3.16	15	3.13	15	3.12	15	3.12	
		25	2.64	25	2.64	25	2.67	25	2.75	25	2.81	25	3.03	25	3.17	25	3.17	25	3.06	25	3.11	25	3.09	25	3.16	
	1995	6	3.15	6	3.16	6	3.30	6	3.19	6	3.20	6	3.26	6	3.64	6	3.60	6	3.58	6	3.70	6	3.83	6	3.64	3.43
		16	3.15	16	2.74	16	3.19	16	3.25	16	3.24	16	3.32	16	3.74	16	3.77	16	3.73	16	3.68	16	3.61	16	3.65	
		26	2.81	26	3.24	26	3.28	26	3.07	26	3.28	26	3.48	26	3.48	26	3.81	26	3.69	26	3.69	26	3.64	26	3.70	
A34	1995	6	6.32	6	8.30	6	9.39	6	6.28	6	6.41	6	6.55	6	⟨10.75⟩	6	7.11	6	6.63	6	7.22	6	6.98	6	7.05	7.06
		16	6.29	16	7.30	16		16		16	⟨9.58⟩	16	⟨10.01⟩	16	7.09	16	7.24	16	7.08	16	7.16	16	6.98	16	7.20	
		26	6.29	26		26		26	6.28	26	6.83	26	⟨10.15⟩	26	7.03	26	7.35	26	7.13	26	7.16	26	7.05	26	7.11	
A37	1993	5	14.63	5	13.57	5	13.42	5	11.51	5	11.73	5	11.51	5	11.83	5	13.11	5	14.22	5	13.85	5	13.07	5	12.56	12.91
		15	14.59	15	13.46	15	13.47	15	11.47	15	11.61	15	11.76	15	11.72	15	14.66	15	14.32	15	13.66	15	13.25	15	12.51	
		25	13.71	25	13.33	25	11.63	25	11.61	25	11.55	25	12.07	25	12.07	25	14.14	25	14.16	25	13.28	25	12.86	25	12.97	
	1994	5	13.57	5	13.63	5	13.43	5	13.21	5	14.09	5	14.58	5	16.26	5	16.58	5	16.83	5	16.91	5	14.73	5	13.76	14.78
		15	13.69	15	13.44	15	13.27	15	13.42	15	14.23	15	15.87	15	16.37	15	16.63	15	16.87	15	15.74	15	14.32	15	13.68	
		25	13.76	25	13.58	25	12.94	25	13.76	25	14.45	25	16.03	25	16.24	25	16.76	25	16.94	25	14.96	25	14.06	25	13.61	
	1995	8	13.98	8	13.77	8	14.92	8	14.51	8	⟨19.11⟩	8	⟨19.90⟩	8	16.77	8	17.08	8	16.80	8	16.37	8	15.82	8	15.60	15.25
		18	13.63	18	⟨19.52⟩	18		18		18		18		18		18		18		18		18		18		
		28	13.75	28		28		28		28		28		28		28		28		28		28		28		

续表

点号	年份	1月 日	1月 水位	2月 日	2月 水位	3月 日	3月 水位	4月 日	4月 水位	5月 日	5月 水位	6月 日	6月 水位	7月 日	7月 水位	8月 日	8月 水位	9月 日	9月 水位	10月 日	10月 水位	11月 日	11月 水位	12月 日	12月 水位	年平均
A41	1994	5	6.70	5	6.59	5	6.74	5	6.71	5	6.80	5	6.80	5	7.05	5	7.61	5	8.30	5	8.01	5	6.90	5	7.51	7.16
		15	6.62	15	6.61	15	6.62	15	6.75	15	6.61	15	6.78	15	7.31	15	8.32	15	8.30	15	7.92	15	6.99	15	6.89	
		25	6.62	25	6.64	25	6.51	25	6.70	25	6.77	25	6.92	25	7.56	25	8.31	25	8.27	25	7.71	25	7.30	25	6.88	
	1995	6	7.19	6	9.13	6	7.44	6	6.84	6	7.15	6	6.98	6	7.80	6	7.50	6	7.31	6	8.00	6	7.64	6	8.03	7.59
		16	7.15	16	⟨14.01⟩	16	7.21	16	7.24	16	7.09	16	⟨12.50⟩	16	8.50	16	7.80	16	7.74	16	8.00	16	7.97	16	8.00	
		26	6.90	26	7.35	26	7.15	26	6.93	26	7.33	26	7.35	26	7.45	26	7.90	26	7.63	26	8.06	26	8.08	26	8.14	
A51	1993	5	8.93	5	7.45	5	7.31	5	7.23	5	7.51	5	8.28	5	9.56	5	10.86	5	9.45	5	7.74	5	7.54	5	7.67	8.34
		15	8.66	15	7.64	15	7.35	15	7.29	15	7.39	15	8.45	15	9.43	15	11.73	15	9.22	15	7.86	15	7.32	15	8.20	
		25	7.57	25	7.57	25	7.30	25	7.32	25	7.96	25	8.93	25	9.52	25	11.28	25	8.76	25	7.73	25	7.53	25	8.57	
	1994	5	9.26	5	11.25	5	10.40	5	10.53	5	10.59	5	11.37	5	13.64	5	14.76	5	15.38	5	15.42	5	13.06	5	10.93	12.14
		15	10.22	15	10.86	15	10.51	15	10.67	15	10.86	15	11.68	15	13.88	15	14.94	15	15.43	15	14.31	15	12.56	15	10.82	
		25	10.42	25	10.65	25	10.66	25	10.43	25	11.09	25	11.74	25	⟨16.18⟩	25	15.28	25	15.48	25	13.57	25	11.47	25	10.68	
	1995	8	9.42	8	9.66	8	⟨18.53⟩	8	10.38	8	⟨14.80⟩	8	10.91	8	⟨21.77⟩	8	⟨21.80⟩	8	13.96	8	13.33	8	⟨19.96⟩	8	⟨20.20⟩	12.24
		18	15.56	18	⟨18.06⟩	18	11.22	18	10.65	18	⟨17.01⟩	18	⟨21.39⟩	18	14.04	18	14.26	18	13.46	18	13.45	18	12.17	18	⟨20.13⟩	
		28	9.78	28	⟨17.75⟩	28	10.63	28	10.32	28	10.87	28	13.21	28	13.60	28	14.92	28	13.27	28	12.52	28	12.25	28	12.06	
A58	1993	5	7.86	5	7.43	5	7.33	5	7.86	5	7.48	5	7.51	5	7.83	5	8.07	5	8.15	5	7.63	5	7.96	5	8.36	7.82
		15	7.52	15	7.40	15	7.71	15	7.31	15	7.86	15	7.76	15	7.66	15	8.35	15	7.86	15	7.74	15	8.12	15	8.58	
		25	7.37	25	7.76	25	7.58	25	7.65	25	7.54	25	7.98	25	7.85	25	8.21	25	7.66	25	7.83	25	8.31	25	8.27	
	1994	8	8.62	8	8.92	8	8.99	8	9.02	8	8.59	8	8.41	8	8.66	8	9.24	8	9.52	8	9.45	8	9.44	8	9.28	9.03
		18	8.73	18	9.05	18	8.97	18	8.94	18	8.71	18	8.28	18	8.75	18	9.33	18	9.48	18	9.47	18	9.35	18	9.52	
		28	8.81	28	8.96	28	8.90	28	8.47	28	8.97	28	8.45	28	8.80	28	9.45	28	9.34	28	9.38	28	9.31	28	9.61	
	1995	4	9.42	4	9.40	4	10.67	4	9.65	4	⟨10.87⟩	4	⟨11.05⟩	4	⟨11.87⟩	4	⟨13.91⟩	4	⟨13.77⟩	4	11.02	4	10.78	4	10.79	10.47
		14	9.47	14	9.26	14	⟨12.10⟩	14	9.45	14	11.56	14	⟨13.60⟩	14	10.71	14	11.16	14	10.77	14	12.53	14	10.86	14	10.72	
		24	9.37	24	11.33	24	9.62	24	9.13	24	9.70	24	11.66	24	10.59	24	10.60	24	10.58	24	10.76	24	10.92	24	11.20	

续表

点号	年份	1月 日	1月 水位	2月 日	2月 水位	3月 日	3月 水位	4月 日	4月 水位	5月 日	5月 水位	6月 日	6月 水位	7月 日	7月 水位	8月 日	8月 水位	9月 日	9月 水位	10月 日	10月 水位	11月 日	11月 水位	12月 日	12月 水位	年平均
A61	1993	5	8.57	5	8.33	5	8.68	5	8.81	5	8.66	5	8.38	5	8.68	5	13.02	5	12.86	5	10.87	5	8.90	5	9.31	9.48
		15	8.62	15	8.14	15	8.84	15	8.68	15	8.53	15	8.62	15	8.55	15	13.47	15	12.07	15	9.07	15	8.97	15	9.86	
		25	8.31	25	8.37	25	8.73	25	8.72	25	8.43	25	8.87	25	8.72	25	13.36	25	11.67	25	8.74	25	9.11	25	9.67	
A65	1993	8	9.91	8	9.82	8	9.97	8	9.31	8	9.76	8	9.63	8	9.80	8	9.98	8	10.04	8	10.01	8	9.74	8	9.91	9.80
		18	9.86	18	9.76	18	9.68	18	9.22	18	9.71	18	9.81	18	9.67	18	10.17	18	10.17	18	9.83	18	9.93	18	9.83	
		28	9.74	28	9.83	28	9.56	28	9.28	28	9.67	28	9.97	28	9.78	28	10.11	28	10.06	28	9.67	28	9.86	28	9.88	
A65	1994	6	10.03	6	10.38	6	10.18	6	10.63	6	10.75	6	10.52	6	11.28	6	12.31	6	13.97	6	13.94	6	13.47	6	13.68	11.89
		16	10.37	16	10.11	16	10.24	16	10.27	16	10.98	16	10.86	16	12.42	16	13.17	16	13.95	16	13.26	16	13.69	16	13.74	
		26	10.31	26	10.04	26	10.07	26	10.50	26	10.18	26	10.75	26	13.25	26	13.94	26	13.93	26	13.38	26	13.54	26	13.96	
A66	1995	8	14.17	8	14.24	8	14.30	8	14.16	8	⟨16.68⟩	8	15.25	8	15.49	8	15.91	8	15.73	8	15.84	8	15.42	8	⟨18.18⟩	14.91
		18	14.14	18	14.05	18		18		18	14.53	18		18		18		18		18		18		18		
		28		28		28		28		28		28		28		28		28		28		28		28	15.47	
A66	1993	8	9.25	8	9.14	8	9.23	8	8.91	8	9.04	8	8.86	8	9.11	8	10.66	8	11.29	8	10.56	8	10.02	8	9.91	9.65
		18	9.21	18	9.08	18	9.06	18	8.84	18	9.01	18	9.04	18	9.03	18	11.55	18	10.86	18	10.31	18	10.13	18	9.83	
		28	9.06	28	9.18	28	8.97	28	8.92	28	8.93	28	9.31	28	9.16	28	11.37	28	10.74	28	10.06	28	9.86	28	9.88	
A67	1993	5	10.93	5	9.61	5	9.46	5	9.49	5	9.76	5	10.53	5	10.61	5	12.87	5	13.32	5	12.37	5	11.83	5	10.57	10.98
		15	10.74	15	9.53	15	9.31	15	9.40	15	10.48	15	10.75	15	10.83	15	13.73	15	13.38	15	12.46	15	11.46	15	10.53	
		25	9.83	25	9.40	25	9.33	25	9.66	25	10.41	25	10.63	25	11.26	25	13.38	25	13.45	25	12.27	25	10.93	25	10.76	
A67	1994	5	10.67	5	13.05	5	12.77	5	12.88	5	12.87	5	13.47	5	14.17	5	15.93	5	16.42	5	16.50	5	15.03	5	13.35	14.02
		15	12.47	15	12.86	15	12.87	15	13.06	15	13.36	15	13.69	15	⟨18.76⟩	15	16.08	15	16.55	15	15.47	15	14.90	15	13.62	
		25	12.74	25	12.79	25	12.73	25	12.94	25	14.04	25	13.92	25	⟨18.29⟩	25	16.37	25	16.51	25	15.28	25	13.88	25	13.47	
A67	1995	8	13.00	8	13.13	8	14.67	8	13.84	8	14.10	8	14.58	8	⟨19.92⟩	8	⟨20.07⟩	8	17.57	8	16.19	8	15.76	8	15.89	15.30
		18	16.64	18	14.74	18	14.36	18	14.18	18	14.65	18	⟨19.16⟩	18	⟨19.73⟩	18	17.06	18	16.25	18	16.08	18	15.87	18	⟨17.94⟩	
		28	12.55	28	13.93	28	14.01	28	16.06	28	14.49	28	16.25	28	16.61	28	16.93	28	16.57	28	15.99	28	15.96	28	16.37	

续表

点号	年份	1月 日	1月 水位	2月 日	2月 水位	3月 日	3月 水位	4月 日	4月 水位	5月 日	5月 水位	6月 日	6月 水位	7月 日	7月 水位	8月 日	8月 水位	9月 日	9月 水位	10月 日	10月 水位	11月 日	11月 水位	12月 日	12月 水位	年平均
A69	1993	8	12.49	8	12.45	8	10.57	8	10.16	8	10.21	8	10.11	8	10.47	8	13.57	8	13.96	8	13.48	8	13.36	8	13.28	11.96
		18	12.53	18	12.43	18	10.41	18	10.11	18	10.17	18	10.37	18	10.39	18	14.18	18	13.74	18	13.31	18	13.44	18	13.11	
		28	12.37	28	10.49	28	10.33	28	10.27	28	10.15	28	10.63	28	10.52	28	14.03	28	13.60	28	13.25	28	13.21	28	13.35	
	1994	6	13.48	6	13.67	6	13.52	6	13.91	6	14.03	6	13.84	6	14.81	6	15.44	6	16.53	6	15.53	6	15.37	6	15.61	14.70
		16	13.72	16	13.47	16	13.66	16	13.58	16	14.18	16	14.11	16	15.12	16	15.62	16	15.57	16	15.16	16	15.42	16	15.66	
		26	13.56	26	13.38	26	13.54	26	13.82	26	13.96	26	13.96	26	16.49	26	16.47	26	16.56	26	15.27	26	15.53	26	15.62	
	1995	8	15.84	8	⟨17.65⟩	8	16.30	8	15.91	8	15.78	8	16.68	8	⟨20.25⟩	8	⟨20.18⟩	8	18.03	8	18.18	8	17.94	8	17.51	16.99
		18	15.80	18	15.47	18	15.90	18	15.89	18	16.62	18	⟨19.28⟩	18	17.60	18	⟨19.91⟩	18	17.80	18	17.93	18	17.50	18	17.53	
		28	15.85	28	18.27	28	16.88	28	15.63	28	16.32	28	⟨19.87⟩	28	17.83	28	⟨19.91⟩	28	17.96	28	17.50	28	17.42	28	17.67	
A74	1993	8	10.83	8	10.61	8	10.83	8	9.93	8	10.51	8	10.35	8	10.76	8	10.03	8	9.87	8	9.73	8	9.63	8	9.86	10.21
		18	10.74	18	10.52	18	10.36	18	9.71	18	10.47	18	10.61	18	10.55	18	10.11	18	9.80	18	9.66	18	9.85	18	9.95	
		28	10.55	28	10.66	28	10.24	28	9.79	28	10.43	28	10.94	28	10.63	28	10.07	28	10.03	28	9.54	28	9.67	28	9.91	
	1994	5	7.00	5	6.71	5	6.71	5	6.99	5	7.41	5	8.24	5	9.01	5	9.57	5	9.95	5	9.47	5	8.61	5	9.12	8.28
		15	6.93	15	6.69	15	6.82	15	7.01	15	7.50	15	8.79	15	8.92	15	9.94	15	9.95	15	9.40	15	8.71	15	8.85	
		25	6.91	25	6.80	25	6.91	25	7.12	25	7.72	25	8.92	25	9.17	25	9.95	25	9.92	25	9.32	25	8.91	25	8.10	
	1995	6	8.04	6	9.96	6	8.27	6	7.52	6	7.91	6		6		6		6		6		6		6		8.53
		16	7.99	16	⟨15.84⟩	16		16		16		16	⟨11.80⟩	16	8.96	16	9.75	16	8.61	16	8.76	16	8.55	16	8.60	
		26	7.99	26		26		26		26		26		26		26		26		26		26		26		
AT12	1992	5	42.25	5	42.00	5	42.21	5	42.42	5	42.13	5	42.34	5	42.47	5	42.50	5	42.41	5	41.79	5	41.80	5	42.40	42.24
		15	42.23	15	42.01	15	42.20	15	42.29	15	42.08	15	42.42	15	42.50	15	42.43	15	42.19	15	41.80	15	42.13	15	42.50	
		25	42.26	25	42.30	25	42.30	25	42.23	25	42.26	25	42.46	25	42.46	25	42.00	25	41.84	25	41.82	25	42.37	25	42.50	
X5	1993	5	42.40	5	42.12	5	42.08	5	41.90	5	42.11	5	42.02	5	42.19	5	42.11	5	42.32	5	42.30	5	42.28	5	42.35	42.17
		15	42.44	15	42.09	15	42.05	15	41.92	15	42.06	15	42.10	15	42.11	15		15	42.26	15	42.29	15	42.30	15	42.37	
		25	42.16	25	42.00	25	42.04	25	41.91	25	42.09	25	42.13	25	42.08	25	42.20	25	42.28	25	42.25	25	42.27	25	42.51	

续表

点号	年份	1月 日	1月 水位	2月 日	2月 水位	3月 日	3月 水位	4月 日	4月 水位	5月 日	5月 水位	6月 日	6月 水位	7月 日	7月 水位	8月 日	8月 水位	9月 日	9月 水位	10月 日	10月 水位	11月 日	11月 水位	12月 日	12月 水位	年平均
X5	1994	5	42.49	5	42.48	5	42.36	5	42.27	5	42.30	5	42.53	5	42.47	5	42.71	5	43.46	5	43.50	5	42.55	5	42.10	42.58
		15	42.48	15	42.40	15	42.33	15	42.20	15	42.33	15	42.50	15	42.45	15	42.74	15	43.44	15	43.60	15	42.34	15	41.99	
		25	42.51	25	42.40	25	42.25	25	42.26	25	42.50	25	42.49	25	42.59	25	42.90	25	43.48	25	43.20	25	42.19	25	42.01	
	1995	5	45.02	5	45.05	5	45.09	5	45.02	5	44.58	5	44.64	5	44.88	5	45.09	5	44.91	5	44.94	5	45.01	5	49.90	45.21
		15	44.90	15	45.10	15	45.03	15	44.80	15	44.70	15	44.74	15	44.99	15	45.91	15	45.01	15	44.74	15	45.74	15	45.91	
		25	44.96	25	45.80	25	44.99	25	44.50	25	44.62	25	44.91	25	45.10	25	45.66	25	45.11	25	44.51	25	45.71	25	45.88	
X24	1994	6	7.50	6	7.60	6	7.78	6	7.31	6	7.91	6	8.03	6	10.13	6	10.43	6	10.54	6	10.53					8.82
		16	7.80	16	7.45	16	7.61	16	7.45	16	7.99	16	9.16	16	10.26	16	10.57	16	10.57							
		26	8.10	26	7.62	26	7.54	26	7.80	26	8.01	26	9.66	26	10.37	26	10.52	26	10.58							
X25	1994	6	8.42	6	8.51	6	8.41			6	8.19	6	8.92	6	10.94	6	11.27	6	11.49	6	11.51	6	10.96	6	10.86	8.43
		16	8.45	16	8.53	16	8.39	16	8.39	16	8.04	16	10.11	16	11.07	16	11.41	16	11.53	16	10.95	16	10.84	16	10.81	9.96
		26	8.49	26	8.49	26	8.22	26	8.28	26	8.90	26	10.49	26	11.19	26	11.46	26	11.55	26	10.82	26	10.67	26	10.72	
X26	1994	6	8.65	6	8.89	6	8.82	6	8.26	6	10.64	6	11.82	4	13.60	4	14.30	4	14.64	4	14.74	4	14.55	4	14.68	12.90
		16	8.73	16	8.70	16	8.71	16	11.14	16	11.68	16	12.77	14	13.88	14	14.52	14	14.40	14	14.71	14	14.69	14	14.61	
		26	8.90	26	8.85	26	8.69	26	11.26	26	12.02	26	13.30	24	13.84	24	14.43	24	14.52	24	14.79	24	14.71	24	15.20	
	1995	4	10.10	4	10.54	4	10.11	4	11.02	5	7.62	5	7.82	5	8.62	5	10.57	5	11.13	5	10.32	5	10.26	5	9.52	8.98
		14	10.24	14	10.32	14	11.46	14	7.22	15	7.73	15	8.16	15	8.92	15	11.30	15	11.17	15	10.26	15	10.17	15	9.82	
		24	10.45	24	13.18	24	11.54	24	7.10	25	7.71	25	8.38	25	9.52	25	10.96	25	10.88	25	10.42	25	10.08	25	10.37	
X27	1993	5	8.18	5	7.77	5	7.72	5	7.38	5	10.93	5	11.66	5	12.25	5	12.88	5	13.55	5	13.61	5	12.06	5	10.87	11.66
	1994	15	7.86	15	7.71	15	7.74	15	10.74	15	11.27	15	11.87	15	12.47	15	13.00	15	13.58	15	12.43	15	11.76	15	10.76	
		25	7.81	25	7.66	25	7.53	25	11.07	25	11.44	25	11.94	25	12.60	25	13.49	25	13.63	25	12.21	25	11.26	25	10.69	
		5	10.71	5	10.53	5	10.38	5	10.87																	
		15	10.68	15	10.45	15	10.47																			
		25	10.69	25	10.48	25	10.56																			

续表

点号	年份	1月 日	1月 水位	2月 日	2月 水位	3月 日	3月 水位	4月 日	4月 水位	5月 日	5月 水位	6月 日	6月 水位	7月 日	7月 水位	8月 日	8月 水位	9月 日	9月 水位	10月 日	10月 水位	11月 日	11月 水位	12月 日	12月 水位	年平均
X27	1995	8	10.00	8		8		8		8		8		8		8		8		8		8		8		12.67
		18	13.67	18	12.11	18	12.20	18	11.59	18	11.00	18	13.65	18	13.75	18	14.36	18	14.15	18	13.62	18	12.38	18	12.23	
		28		28		28		28		28		28		28		28		28		28		28		28		
X28	1993	5	8.73	5	8.29	5	8.29	5	7.93	5	8.32	5	8.21	5	8.90	5	10.26	5	11.46	5	10.53	5	10.63	5	9.53	9.37
		15	8.62	15	8.26	15	8.31	15	7.87	15	8.29	15	8.91	15	9.12	15	11.82	15	11.55	15	10.46	15	10.22	15	10.07	
		25	8.33	25	8.25	25	8.16	25	8.10	25	8.26	25	9.00	25	9.72	25	11.35	25	10.97	25	10.38	25	9.93	25	10.42	
	1994	5	10.93	5	11.47	5	11.56	5	12.06	5	12.25	5	12.37	5	12.74	5	13.23	5	13.71	5	13.71	5	12.47	5	11.63	12.38
		15	11.45	15	11.57	15	11.86	15	12.27	15	12.29	15	12.46	15	12.91	15	13.52	15	13.76	15	12.84	15	12.21	15	11.57	
		25	11.58	25	11.69	25	11.89	25	12.11	25	12.33	25	12.58	25	13.07	25	13.66	25	13.74	25	12.66	25	11.94	25	11.51	
	1995	8	10.80	8	11.14	8	11.38	8	10.75	8	11.54	8	13.02	8	14.12	8	14.48	8	13.30	8	12.79	8	12.90	8	12.79	12.53
		18	13.89	18		18		18		18		18		18		18		18		18		18		18		
X30	1993	5	3.86	5	3.88	5	3.90	5	4.00	5	4.00	5	4.00	5	4.40	5	5.10	5	5.00	5	4.89	5	4.72	5	4.70	4.41
		15	3.87	15	3.89	15	3.91	15	4.01	15	3.95	15	4.15	15	4.70	15	5.16	15	5.01	15	4.87	15	4.69	15	4.70	
		25	3.89	25	3.90	25	3.92	25	4.02	25	3.90	25	4.30	25	5.00	25	5.22	25	4.99	25	4.85	25	4.66	25	4.70	
	1994	4	4.92	4	4.71	4	4.66	4	5.23	4	4.82	4	5.02	4	4.72	4	4.98	4	5.57	4	5.71	4	6.35	4	6.58	5.30
		14	4.81	14	4.69	14	4.72	14	4.92	14	4.88	14	4.81	14	4.81	14	5.29	14	5.67	14	6.04	14	6.22	14	6.64	
		24	4.79	24	4.52	24	4.69	24		24	5.01	24	4.58	24	4.87	24	5.36	24	5.69	24	6.00	24	6.58	24	6.57	
	1995	4	6.71	4	6.86	4	7.15	4	7.35	4	7.57	4	7.77	4	8.31	4	8.34	4	8.67	4	8.93	4	9.10	4	8.99	8.06
		14	6.75	14	7.00	14	7.19	14	7.40	14	6.66	14	7.86	14	8.45	14	8.75	14	8.83	14	9.07	14	9.17	14	9.45	
		24	6.78	24	7.14	24	7.28	24	7.16	24	7.70	24	7.98	24	8.40	24	8.53	24	8.83	24	9.29	24	9.23	24	9.51	
X31	1993	5	3.91	5	3.96	5	3.99	5	4.07	5	4.10	5	4.00	5	4.31	5	5.00	5	5.00	5	4.89	5	4.87	5	4.56	4.40
		15	3.90	15	3.97	15	4.00	15	4.17	15	4.00	15	4.15	15	4.30	15	5.15	15	4.90	15	4.87	15	4.86	15	4.54	
		25	3.89	25	3.98	25	4.02	25	4.27	25	3.96	25	4.30	25	4.29	25	5.30	25	4.80	25	4.85	25	4.85	25	4.52	

续表

点号	年份	1月 日	1月 水位	2月 日	2月 水位	3月 日	3月 水位	4月 日	4月 水位	5月 日	5月 水位	6月 日	6月 水位	7月 日	7月 水位	8月 日	8月 水位	9月 日	9月 水位	10月 日	10月 水位	11月 日	11月 水位	12月 日	12月 水位	年平均
X34	1994	5	51.10	5	51.00	5	50.79	5	50.81	5	50.95	5	51.37	5	51.37	5	51.91	5	52.14	5	51.18	5		5		51.30
		15	51.09	15	50.92	15	50.63	15	50.83	15	51.01	15	51.52	15	51.54	15	52.19	15	52.15	15	51.17	15		15		
		25	51.02	25	50.87	25	50.74	25	50.89	25	51.19	25	51.52	25	51.71	25	52.17	25	52.05	25		25		25		
	1992	5	40.62	5	40.54	5	40.81	5	40.49	5	39.29	5	40.79	5	40.17	5	39.90	5	39.96	5	40.29	5	41.49	5	39.49	40.40
		15	41.09	15	40.59	15	40.89	15	40.29	15	39.99	15	40.84	15	40.17	15	39.96	15	39.94	15	40.49	15	41.54	15	39.69	
		25	40.56	25	40.79	25	40.69	25	40.29	25	40.69	25	41.00	25	40.14	25	39.94	25	40.09	25	40.54	25	40.54	25	39.79	
	1993	5	39.79	5	39.89	5	39.99	5	40.19	5	40.51	5	40.51	5	40.52	5	40.51	5	40.57	5	42.34	5	42.30	5	42.53	40.85
		15	39.69	15	39.99	15	39.99	15	40.09	15	40.53	15	40.53	15	40.53	15	40.52	15	41.50	15	42.34	15	42.30	15	42.54	
		25	39.69	25	39.79	25	40.19	25	39.79	25	40.56	25	40.56	25	40.57	25	40.53	25	41.57	25	42.29	25	42.31	25	42.55	
X37	1994	5	48.59	5	48.69	5	48.73	5	48.73	5	47.72	5	47.73	5	47.74	5	45.69	5	45.59	5	43.69	5	45.69	5	45.59	47.01
		15	48.54	15	48.73	15	48.73	15	48.72	15	47.73	15	47.72	15	46.70	15	45.59	15	44.59	15	44.69	15	46.59	15	45.79	
		25	48.64	25	48.73	25	48.73	25	48.73	25	47.73	25	47.71	25	46.70	25	45.49	25	44.49	25	44.59	25	46.69	25	45.69	
	1995	5		5		5		5		5		5		5		5	44.80	5	44.60	5	44.70	5	44.70	5	44.60	44.57
		15		15		15		15		15		15		15	43.57	15	44.70	15	44.50	15	44.70	15	44.60	15	44.60	
		25		25		25		25		25		25		25		25	44.70	25	44.60	25	44.80	25	44.40	25	44.50	
12	1986	6	10.31	6	8.72	6	8.19	6	9.77	6	9.12	6	9.41	6	9.10	6	12.04	6	11.74	6	8.60	6	9.73	6	8.65	9.74
		16	9.40	16	8.46	16	8.62	16	8.30	16	9.50	16	10.04	16	8.86	16	12.46	16	10.32	16	11.52	16	9.27	16	10.01	
		26	8.55	26	8.24	26	8.79	26	9.27	26	9.44	26	11.14	26	⟨21.97⟩	26	11.65	26	10.07	26	10.53	26	9.62	26	11.36	
	1987	6	11.31	6	8.99	6	9.20	6	10.43	6	10.49	6	8.78	6	9.44	6	10.52	6	11.29	6	11.51	6	11.02	6	11.09	10.55
		16	11.43	16	10.92	16	8.81	16	10.46	16	10.49	16	9.83	16	11.13	16	11.81	16	11.98	16	11.03	16	11.08	16	11.23	
		26	10.70	26	9.18	26	8.90	26	9.88	26	10.39	26	9.90	26	9.92	26	11.71	26	11.60	26	10.99	26	11.27	26	11.09	
	1988	6	11.03	6	10.75	6	10.48	6	10.12	6	10.48	6	10.64	6	10.76	6	10.63	6	11.05	6	10.96	6	10.66	6	10.98	10.78
		16	10.97	16	10.93	16	10.61	16	10.27	16	10.62	16	10.90	16	10.88	16	11.49	16	11.03	16	10.79	16	10.68	16	11.11	
		26	10.64	26	10.49	26	10.38	26	10.37	26	10.71	26	11.22	26	10.74	26	11.17	26	10.95	26	10.63	26	10.82	26	11.17	

续表

点号	年份	1月 日	1月 水位	2月 日	2月 水位	3月 日	3月 水位	4月 日	4月 水位	5月 日	5月 水位	6月 日	6月 水位	7月 日	7月 水位	8月 日	8月 水位	9月 日	9月 水位	10月 日	10月 水位	11月 日	11月 水位	12月 日	12月 水位	年平均
12	1989	6	10.93	6	10.63	6	10.55	6	10.71	6	9.20	6	10.72	6	11.27	6	13.70	6	⟨23.78⟩	6	10.42	6	9.57	6	⟨22.72⟩	10.61
		16	10.98	16	10.80	16	10.68	16	10.91	16	10.29	16	10.83	16	⟨22.59⟩	16	12.98	16	9.40	16	9.18	16	10.33	16	8.93	
		26	11.11	26	10.47	26	10.75	26	10.79	26	10.61	26	⟨22.56⟩	26	⟨23.22⟩	26	⟨23.53⟩	26	⟨23.04⟩	26	9.75	26	⟨22.83⟩	26	⟨23.31⟩	
	1990	6	⟨24.16⟩	6	11.55	6	11.25	6	⟨22.55⟩	6	10.40	6	⟨23.48⟩	6	⟨22.81⟩	6	10.39	6	9.79	6	⟨22.92⟩	6	9.07	6	⟨23.17⟩	10.24
		16	10.02	16	11.22	16	11.31	16	⟨23.26⟩	16	10.11	16	6.19	16	10.71	16	10.56	16	⟨25.42⟩	16	⟨23.01⟩	16	9.20	16	⟨22.97⟩	
		26	12.72	26	10.95	26	10.39	26	11.69	26	9.53	26	⟨24.07⟩	26	10.98	26	10.07	26	9.23	26	9.11	26	9.31	26	⟨25.94⟩	
	1991	6	11.96	6	10.87	6	9.84	6	10.12	6	9.55	6	⟨24.45⟩	6	11.26	6	⟨27.01⟩	6	⟨26.28⟩	6	⟨25.66⟩	6	⟨25.73⟩	6	12.04	10.70
		16	10.86	16	9.79	16	9.91	16	⟨22.42⟩	16	⟨24.28⟩	16	10.38	16	⟨28.42⟩	16	⟨26.87⟩	16	10.75	16	⟨25.60⟩	16	11.51	16	⟨26.47⟩	
		26	10.57	26	10.97	26	⟨22.49⟩	26	9.68	26	⟨25.07⟩	26	⟨24.80⟩	26	⟨27.18⟩	26	12.12	26	⟨25.15⟩	26	⟨25.35⟩	26	⟨26.29⟩	26	⟨26.28⟩	
	1992	6	11.28	6	11.77	6	10.52	6	⟨24.68⟩	6	⟨24.51⟩	6	11.01	6	⟨26.63⟩	6	⟨28.36⟩	6	⟨27.45⟩	6	⟨30.74⟩	6	10.59	6	10.97	11.16
		16	⟨25.68⟩	16	10.65	16	10.63	16	⟨24.49⟩	16	10.46	16	⟨26.26⟩	16	12.61	16	⟨29.54⟩	16	⟨27.26⟩	16	⟨30.26⟩	16	⟨24.89⟩	16	11.79	
		26	⟨24.52⟩	26	10.97	26	⟨24.98⟩	26	⟨25.09⟩	26	10.74	26	⟨26.05⟩	26	⟨26.84⟩	26	⟨27.29⟩	26	⟨28.86⟩	26	10.80	26	⟨25.20⟩	26	12.58	
14	1986	6	11.23	6	9.78	6	9.90	6	10.85	6	10.08	6	10.60	5	10.80	6	13.28	6	12.69	6	10.62	6	10.60	6	10.23	11.00
		16	9.99	16	9.43	16	10.38	16	10.22	16	10.72	16	11.47	16	10.40	16	13.36	16	11.35	16	12.87	16	10.29	16		
		26	9.57	26	9.49	26	10.51	26	10.41	26	10.55	26	12.18	26	12.91	26	12.56	26	11.42	26	11.43	26	10.59	26	12.21	
	1987	6	12.02	6	10.75	6	11.00	6	11.05	6	11.03	6	10.27	6	10.29	6	11.55	6	12.18	6	12.07	6	11.97	6	12.81	11.46
		16	11.83	16	11.67	16	10.61	16	11.13	16	10.94	25	10.53	16	11.71	16	11.76	16	11.69	16	11.89	16	11.96	16	12.06	
		26	11.64	26	10.83	26	11.08	26	10.58	26	10.97	26	10.43	26	10.79	26	13.09	26	12.42	26	12.04	26	12.01	26	11.88	
	1988	6	11.80	6	11.26	6	10.97	6	10.79	6	11.26	6	11.50	6	11.53	6	11.80	6	11.67	6	11.50	6	11.42	6	11.70	11.45
		16	11.14	16	11.19	16	10.99	16	10.79	16	11.52	16	11.64	16	11.59	16	11.78	16	11.66	16	11.54	16	11.31	16	11.89	
		26	11.84	26	11.00	26	10.77	26	11.07	26	11.72	26	11.85	26	11.00	26	11.74	26	11.57	26	11.36	26	11.58	26	12.10	
	1989	6	11.75	6	11.45	6	11.46	6	11.67	6	10.53	6	11.40	6	11.86	6	14.77	6	12.10	6	11.37	6	11.34	6	11.80	11.78
		16	11.86	16	11.46	16	11.63	16	11.74	16	11.00	16	11.19	16	11.51	16	13.54	16	11.49	16	11.34	16	11.70	16	11.70	
		26	11.86	26	11.36	26	11.74	26	11.70	26	11.34	26	13.08	26	13.07	26	12.50	26	10.63	26	12.17	26	11.43	26	11.59	

续表

点号	年份	1月 日	1月 水位			2月 日	2月 水位			3月 日	3月 水位			4月 日	4月 水位			5月 日	5月 水位			6月 日	6月 水位			7月 日	7月 水位			8月 日	8月 水位			9月 日	9月 水位			10月 日	10月 水位			11月 日	11月 水位			12月 日	12月 水位			年平均
14	1990	6	11.71			6	11.80			6	11.54			6	11.75			6	11.22			6	12.07			6	11.92			6	12.68			6	11.70			6	11.24			6	11.00			6	12.06			11.85
		16	12.15			16	11.64			16	11.68			16	11.86			16	12.11			16	12.40			16	12.36			16	12.45			16	11.41			16	11.11			16	11.20			16	11.88			
		26	12.22			26	11.50			26	11.83			26	11.92			26	11.74			26	12.68			26	12.70			26	12.06			26	10.98			26	11.12			26	11.26			26	13.53			
	1991	6	13.77			6	12.52			6	11.94			6	11.82			6	11.59			6	12.08			6	13.87			6	14.02			6	14.15			6	12.58			6	12.85			6	13.88			12.84
		16	12.75			16	11.90			16	11.81			16	11.85			16	11.92			16	11.79			16	15.66			16	11.91			16	13.18			16	12.45			16	12.62			16	14.14			
		26	12.31			26	12.22			26	12.07			26	11.54			26	11.43			26	11.98			26	16.33			26	14.34			26	12.83			26	12.84			26	13.58			26	13.89			
	1992	6	13.14			6	12.51			6	12.67			6	12.85			6	13.07			6	13.00			6	14.42			6	16.65			6	15.24			6	12.81			6	12.87			6	13.87			13.62
		16	13.20			16	12.56			16	12.48			16	13.12			16	12.88			16	14.11			16	14.60			16	16.98			16	15.07			16	12.28			16	13.02			16	14.14			
		26	13.03			26	12.86			26	12.99			26	12.99			26	12.82			26	13.84			26	15.65			26	15.08			26	14.27			26	12.02			26	13.46			26	13.89			
19	1986	6	11.85			6	11.10			6	11.33			6	11.59			6	11.18			6	11.74			6	11.97			6	13.44			6	13.68			6	11.91			6	11.81			6	11.91			12.10
		16	11.54			16	10.59			16	11.68			16	11.71			16	11.79			16	12.26			16	12.15			16	13.86			16	12.52			16	13.03			16	11.78			16	11.85			
		26	13.38			26	11.20			26	11.72			26	11.47			26	11.68			26	12.61			26	13.14			26	13.45			26	12.62			26	12.15			26	11.82			26	12.18			
	1987	6	12.38			6	11.55			6	12.18			6	11.87			6	11.57			6	11.93			5	11.47			6	12.69			6	13.62			6	12.56			6	12.70			6	13.06			12.43
		16	12.36			16	12.23			16	12.09			16	11.93			16	12.04			16	11.74			16	12.55			15	12.66			16	12.87			16	13.32			16	13.10			16	13.35			
		26	12.44			26	12.06			26	11.88			26	11.68			26	12.10			25	11.65			26	12.09			26	13.82			26	12.73			26	12.67			26	13.01			26	13.41			
	1988	6	12.88			6	12.58			6	12.48			6	12.18			6	12.25			6	12.68			6	12.65			6	12.64			6	12.60			6	12.39			6	12.32			6	12.87			12.56
		16	12.62			16	12.63			16	12.70			16	12.34			16	12.46			16	12.76			16	12.73			16	12.63			16	12.58			16	12.35			16	12.31			16	13.01			
		26	12.51			26	12.18			26	12.21			26	12.19			26	12.68			26	12.93			26	12.32			26	12.69			26	12.45			26	12.28			26	12.58			26	13.38			
	1989	6	12.95			6	12.57			6	12.47			6	12.59			6	12.47			6	12.97			6	13.01			6	15.51			6	13.73			6	12.95			6	12.96			6	12.90			13.14
		16	12.82			16	12.63			16	12.55			16	12.77			16	12.87			16	13.13			16	12.73			16	14.78			16	12.49			16	13.04			16	13.17			16	13.07			
		26	12.88			26	12.48			26	12.63			26	12.79			26	12.91			26	14.33			26	14.70			26	13.65			26	13.51			26	13.68			26	13.05			26	13.13			
	1990	6	12.86			6	12.53			6	12.45			6	13.01			6	12.62			6	14.05			6	13.75			6	14.63			6	13.55			6	14.27			6	14.87			6	14.97			13.76
		16	13.35			16	12.49			16	12.51			16	13.33			16	13.24			16	14.69			16	14.42			16	14.65			16	13.23			16	14.60			16	14.91			16	14.88			
		26	13.28			26	12.43			26	13.22			26	13.23			26	13.21			26	14.41			26	14.77			26	13.97			26	12.99			26	14.67			26	14.90			26	14.55			

续表

点号	年份	1月		2月		3月		4月		5月		6月		7月		8月		9月		10月		11月		12月		年平均
		日	水位	日	水位	日	水位	日	水位	日	水位	日	水位	日	水位	日	水位	日	水位	日	水位	日	水位	日	水位	
19	1991	6	15.78	6	15.53	6	15.07	6	14.68	6	15.54	6	15.54	6	17.13	6	17.17	6	17.38	6	16.11	6	15.28	6	16.88	15.99
		16	15.99	16	15.39	16	15.19	16	14.25	16	15.09	16	15.26	16	18.22	16	16.94	16	16.23	16	15.87	16	15.88	16	16.43	
		26	15.33	26	15.00	26	15.28	26	15.03	26	15.43	26	15.71	26	18.38	26	17.47	26	15.93	26	16.01	26	16.70	26	16.41	
	1992	6	16.28	6	16.21	6	17.12	6	17.26	6	16.88	6	16.28	6	17.73	6	18.67	6	18.55	6	16.44	6	16.73	6	17.06	17.33
		10	16.98	10	17.06	10	17.03	10	16.76	10	16.00	10	17.65	10	17.65	10	19.04	10	18.37	10	16.95	10	16.54	10	17.18	
		16	17.34	16	17.48	16	18.39	16	16.88	16	16.53	16	17.70	16	18.63	16	19.88	16	18.01	16	16.61	16	16.23	16	17.80	
		20		20		20		20		20		20		20		20		20		20		20	16.44	20	18.84	
		26		26		26		26		26		26		26		26		26		26		26	16.78	26	18.03	
		30		30		30		30		30		30		30		30		30		30		30	16.68	30		
	1993	6	18.53	6	17.45	6	17.86	6	16.71	6	17.75	6	17.29	6	18.93	6	18.60	6	19.45	6	⟨21.63⟩	6	15.61	6	17.87	18.29
		16	18.12	16	17.59	16	17.13	16	17.52	16	17.58	16	18.35	16	19.00	16	19.06	16	21.40	16	19.13	16	21.85	16	⟨19.35⟩	
		26	16.86	26	⟨31.07⟩	26	16.98	26	17.41	26	17.53	26	19.28	26	18.54	26	20.46	26	⟨25.54⟩	26	⟨41.42⟩	26	18.86	26	⟨20.28⟩	
	1994	6	19.53	6	⟨40.07⟩	6	⟨39.76⟩	6	⟨39.16⟩	6	⟨39.13⟩	6	⟨39.99⟩	6	⟨41.63⟩	6	⟨41.74⟩	6	21.14	6	⟨39.05⟩	6	⟨40.64⟩	6	19.76	20.41
		10	20.66	10	⟨40.08⟩	10	⟨39.54⟩	10	⟨39.30⟩	10	⟨39.58⟩	10	⟨40.24⟩	10	⟨40.85⟩	10	⟨40.84⟩	10	⟨34.53⟩	10	⟨41.47⟩	10	⟨37.99⟩	10	20.14	
		16	20.88	16	⟨39.53⟩	16	⟨39.58⟩	16	⟨39.41⟩	16	⟨39.54⟩	16	⟨40.46⟩	16	⟨40.70⟩	16	20.07	16	⟨41.64⟩	16	⟨41.47⟩	16	⟨40.97⟩	16	⟨39.88⟩	
		20	20.93	20	⟨40.11⟩	20	⟨39.53⟩	20	⟨39.54⟩	20	⟨39.52⟩	20	⟨40.27⟩	20	⟨41.02⟩	20	20.18	20	⟨39.74⟩	20	⟨39.55⟩	20	20.91	20	⟨38.05⟩	
		26	20.92	26	⟨40.50⟩	26	⟨39.16⟩	26	⟨39.18⟩	26	⟨39.26⟩	26	⟨40.33⟩	26	⟨41.07⟩	26	⟨40.62⟩	26	⟨40.21⟩	26	⟨41.39⟩	26	19.73	26	⟨40.60⟩	
		30	⟨40.13⟩	30	⟨40.47⟩	30	⟨39.34⟩	30	⟨40.40⟩	30	⟨39.47⟩	30	⟨40.46⟩	30	⟨41.71⟩	30	20.38	30	⟨39.30⟩	30	⟨39.14⟩	30	20.56	30	⟨38.33⟩	
	1995	6	⟨40.90⟩	6	19.61	6	19.17	6	⟨41.39⟩	6	18.48	6	⟨41.57⟩	6	⟨41.34⟩	6	⟨41.06⟩	6	⟨40.07⟩	6	⟨38.40⟩	6	⟨38.50⟩	6	⟨38.57⟩	20.25
		10	⟨41.30⟩	10	19.60	10	⟨40.80⟩	10	20.18	10	⟨41.46⟩	10	⟨41.70⟩	10	⟨41.46⟩	10	⟨40.86⟩	10	⟨38.92⟩	10	⟨38.90⟩	10	⟨38.62⟩	10	⟨38.86⟩	
		16	⟨41.78⟩	16	⟨42.01⟩	16	⟨40.84⟩	16	20.41	16	⟨41.55⟩	16	⟨41.84⟩	16	⟨40.94⟩	16	21.42	16	⟨40.05⟩	16	⟨39.30⟩	16	⟨38.34⟩	16	⟨38.29⟩	
		20	⟨41.76⟩	20	⟨42.16⟩	20	⟨40.84⟩	20	20.44	20	⟨41.27⟩	20	23.28	20	⟨41.16⟩	20	⟨40.56⟩	20	⟨39.72⟩	20	⟨38.73⟩	20	⟨38.60⟩	20	⟨38.75⟩	
		26	⟨41.86⟩	26	⟨41.88⟩	26	20.34	26	⟨41.48⟩	26	⟨40.82⟩	26	⟨40.87⟩	26	⟨40.91⟩	26	⟨40.32⟩	26	⟨39.13⟩	26	⟨38.70⟩	26	⟨38.77⟩	26	⟨38.67⟩	
		30	19.90	30	⟨41.94⟩	30	⟨40.64⟩	30	20.21	30	⟨41.38⟩	30	⟨41.26⟩	30	⟨40.62⟩	30	⟨40.44⟩	30	⟨37.61⟩	30	⟨38.57⟩	30	⟨38.70⟩	30	⟨38.97⟩	

续表

点号	年份	1月 日	1月 水位	2月 日	2月 水位	3月 日	3月 水位	4月 日	4月 水位	5月 日	5月 水位	6月 日	6月 水位	7月 日	7月 水位	8月 日	8月 水位	9月 日	9月 水位	10月 日	10月 水位	11月 日	11月 水位	12月 日	12月 水位	年平均
26	1986	5	16.92	5	16.87	5	16.83	5	16.74	5	15.56	5	13.94	5	15.94	5	17.60	5	18.44	5	16.36	5	15.94	5	16.60	16.89
		15	17.02	15	15.43	15	16.74	15	17.22	15	13.53	15	17.50	15	15.83	15	17.95	15	18.93	15	19.37	15	16.75	15	16.52	
		25	16.97	25	16.82	25	16.29	25	16.34	25	16.07	25	17.85	25	16.74	25	18.09	25	19.09	25	16.85	25	17.41	25	18.99	
	1987	5	18.76	5	15.66	5	18.17	5	18.16	5	17.95	5	18.91	5	17.16	5	19.44	5	21.99	5	17.26	5	18.78	5	19.02	18.37
		15	18.27	15	16.81	15	16.34	15	18.26	15	18.46	15	18.51	15	19.36	15	19.66	15	19.14	15	18.64	15	17.21	15	17.53	
		25	19.25	25	17.95	25	18.13	25	16.83	25	17.44	25	18.43	25	19.50	25	22.30	25	17.98	25	19.17	25	17.27	25	17.64	
	1988	5	19.11	5	20.14	5	18.37	5	17.03	5	16.28	5	17.69	5	17.26	5	18.68	5	17.25	5	16.59	5	13.31	5	17.18	17.57
		15	18.99	15	18.51	15	18.29	15	17.69	15	16.96	15	17.98	15	18.45	15	18.42	15	17.31	15	16.43	15	13.63	15	16.58	
		25	19.20	25	17.63	25	18.35	25	17.79	25	17.97	25	18.71	25	18.26	25	18.00	25	16.93	25	15.73	25	17.39	25	18.46	
	1989	5	18.31	5	17.35	5	16.35	5	16.67	5	18.20	5	19.08	5	20.26	5	20.95	5	19.71	5	18.47	5	18.89	5	17.68	18.56
		15	18.45	15	17.13	15	17.36	15	18.16	15	17.56	15	18.36	15	19.95	15	20.37	15	19.72	15	18.94	15	18.61	15	18.71	
		25	17.37	25	17.61	25	17.17	25	18.54	25	18.80	25	18.81	25	20.75	25	20.06	25	19.43	25	19.08	25	17.76	25	17.63	
	1990	5	18.91	5	18.91	5	18.98	5	19.77	5	19.13	5	19.56	5	20.32	5	20.89	5	19.23	5	18.35	5	18.11	5	18.35	19.25
		15	19.39	15	18.89	15	19.10	15	20.14	15	19.27	15	20.77	15	20.87	15	20.87	15	17.60	15	16.37	15	19.20	15	17.78	
		25	19.55	25	18.90	25	18.30	25	19.40	25	19.95	25	20.81	25	21.21	25	20.20	25	18.21	25	18.00	25	18.30	25	19.45	
	1991	5	19.99	5	19.63	5	17.79	5	20.06	5	19.36	5	19.66	5	21.98	5	21.72	5	20.12	5	21.09	5	20.78	5	21.74	20.50
		15	19.93	15	(27.92)	15	19.64	15	19.86	15	19.93	15	20.17	15	22.52	15	22.01	15	21.09	15	20.39	15	20.11	15	21.98	
		25	19.72	25	17.76	25	19.91	25	18.17	25	20.16	25	18.89	25	23.31	25	21.83	25	21.33	25	21.01	25	21.99	25	21.91	
	1992	5	21.91	5	22.22	5	22.11	5	20.21	5	21.36	5	20.95	5	22.99	5	25.26	5	24.52	5	21.29	5	20.46	5	22.79	22.29
		15	22.36	15	22.03	15	20.78	15	21.64	15	19.79	15	21.61	15	23.86	15	26.46	15	24.29	15	22.04	15	21.52	15	22.73	
		25	22.34	25	21.85	25	20.62	25	22.10	25	20.01	25	23.07	25	23.98	25	23.99	25	24.51	25	19.75	25	22.17	25	23.02	
	1993	5	21.78	5	22.43	5	22.81	5	21.50	5	22.23	5	22.48	5	23.69	5	23.72	5	25.01	5	23.95	5	22.97	5	23.68	23.20
		15	21.90	15	23.08	15	22.14	15	22.31	15	22.23	15	23.53	15	23.85	15	24.62	15	25.17	15	23.71	15	23.95	15	23.51	
		25	22.21	25	22.84	25	21.96	25	22.34	25	22.45	25	23.96	25	23.56	25	25.27	25	25.11	25	21.62	25	23.62	25	24.03	

续表

点号	年份	1月 日	1月 水位	2月 日	2月 水位	3月 日	3月 水位	4月 日	4月 水位	5月 日	5月 水位	6月 日	6月 水位	7月 日	7月 水位	8月 日	8月 水位	9月 日	9月 水位	10月 日	10月 水位	11月 日	11月 水位	12月 日	12月 水位	年平均
26	1994	5	24.26	5	22.73	5	23.56	5	24.19	5	23.97	5	24.78	5	25.01	5	26.96	5	26.27	5	25.11	5	25.29	5	24.89	24.92
		15	24.72	15	22.53	15	22.82	15	24.22	15	24.46	15	24.57	15	25.52	15	26.64	15	26.26	15	25.55	15	25.43	15	24.80	
		25	27.87	25	23.63	25	23.78	25	24.18	25	25.15	25	24.65	25	26.17	25	26.32	25	25.51	25	25.29	25	25.61	25	24.57	
	1995	5	24.83	5	24.70	5	25.44	5	25.59	5	24.71	5	25.64	5	27.38	5	27.68	5	27.64	5	26.35	5	25.94	5	26.71	26.27
		15	24.86	15	25.77	15	25.70	15	25.78	15	25.54	15	26.55	15	27.74	15	28.05	15	27.22	15	26.75	15	26.44	15	26.33	
		25	25.10	25	25.56	25	25.51	25	25.05	25	25.67	25	26.98	25	27.69	25	27.71	25	27.09	25	26.63	25	26.78	25	26.64	
33	1986	5	18.42	5	18.40	5	18.43	5	18.62	5	17.89	5	18.63	5	19.84	5	21.37	5	21.61	5	20.55	5	19.12	5	20.00	19.50
		15	18.48	15	17.39	15	18.29	15	19.01	15	19.06	15	18.67	15	20.26	15	21.77	15	20.29	15	20.42	15	19.83	15	20.11	
		25	18.26	25	18.26	25	18.61	25	18.71	25	18.46	25	20.66	25	21.18	25	21.55	25	20.24	25	20.09	25	19.12	25	20.57	
	1987	5	18.53	5	17.92	5	20.29	5	19.52	5	19.41	5	⟨28.45⟩	5	19.40	5	⟨28.43⟩	5	⟨30.42⟩	5	⟨28.74⟩	5	20.43	5	20.29	19.68
		15	19.30	15	19.87	15	19.95	15	⟨29.02⟩	15	20.09	15	⟨27.91⟩	15	⟨28.54⟩	15	⟨28.95⟩	15	⟨27.66⟩	15	⟨29.80⟩	15	⟨28.65⟩	15	⟨28.35⟩	
		25	19.28	25	20.11	25	⟨28.53⟩	25	⟨28.51⟩	25	⟨28.71⟩	25	⟨28.27⟩	25	⟨27.69⟩	25	⟨31.85⟩	25	⟨28.30⟩	25	20.79	25	⟨28.12⟩	25	⟨28.58⟩	
	1988	5	⟨29.36⟩	5	20.99	5	20.52	5	20.64	5	18.13	5	19.19	5	21.66	5	21.18	5	20.30	5	19.67	5	⟨27.21⟩	5	⟨26.50⟩	19.95
		15	⟨29.01⟩	15	21.16	15	20.54	15	20.45	15	18.36	15	19.16	15	21.10	15	20.93	15	19.93	15	19.52	15	⟨27.03⟩	15	⟨27.11⟩	
		25	13.83	25	20.34	25	20.26	25	18.35	25	18.86	25	21.63	25	21.18	25	20.85	25	19.98	25	⟨28.45⟩	25	⟨26.42⟩	25	⟨28.43⟩	
	1989	5	⟨24.59⟩	5	⟨26.71⟩	5	⟨27.59⟩	5	⟨27.53⟩	5	17.45	5	⟨28.73⟩	5	⟨29.18⟩	5	⟨29.04⟩	5	⟨28.39⟩	5	⟨28.05⟩	5	⟨28.51⟩	5	⟨27.84⟩	17.89
		15	⟨27.80⟩	15	⟨26.52⟩	15	18.14	15	⟨28.26⟩	15	18.08	15	⟨28.48⟩	15	⟨28.44⟩	15	⟨29.72⟩	15	⟨28.67⟩	15	⟨28.26⟩	15	⟨28.25⟩	15	⟨27.93⟩	
		25	⟨26.75⟩	25	⟨28.37⟩	25	⟨28.18⟩	25	⟨28.24⟩	25	⟨28.48⟩	25	⟨27.90⟩	25	⟨30.11⟩	25	⟨29.21⟩	25	⟨28.95⟩	25	⟨28.60⟩	25	⟨28.27⟩	25	⟨28.11⟩	
	1990	5	⟨27.98⟩	5	⟨27.91⟩	5	⟨27.78⟩	5	⟨28.48⟩	5	⟨28.03⟩	5	⟨28.70⟩	5	⟨29.07⟩	5	⟨30.18⟩	5	⟨28.66⟩	5	⟨27.64⟩	5	⟨28.10⟩	5	⟨26.74⟩	
		15	⟨28.50⟩	15	⟨27.75⟩	15	⟨27.91⟩	15	⟨28.79⟩	15	⟨28.13⟩	15	⟨28.75⟩	15	⟨29.39⟩	15	⟨29.77⟩	15	⟨27.12⟩	15	⟨28.07⟩	15	⟨27.08⟩	15	⟨28.06⟩	
		25	⟨28.37⟩	25	⟨27.98⟩	25	⟨27.97⟩	25	⟨28.87⟩	25	⟨28.39⟩	25	⟨29.28⟩	25	⟨30.59⟩	25	⟨28.95⟩	25	⟨29.04⟩	25	⟨28.46⟩	25	⟨27.36⟩	25	⟨28.57⟩	
	1991	5	⟨28.03⟩	5	⟨28.58⟩	5	⟨27.42⟩	5	⟨28.50⟩	5	⟨28.54⟩	5	17.65	5	⟨30.10⟩	5	⟨32.21⟩	5	⟨30.35⟩	5	⟨30.16⟩	5	⟨30.08⟩	5	⟨30.63⟩	19.68
		15	⟨28.70⟩	15	21.70	15	⟨29.20⟩	15	⟨28.69⟩	15	⟨29.08⟩	15	⟨29.17⟩	15	⟨31.65⟩	15	⟨30.96⟩	15	⟨30.10⟩	15	⟨29.01⟩	15	⟨29.90⟩	15	⟨30.21⟩	
		25	⟨28.48⟩	25	⟨28.32⟩	25	⟨28.83⟩	25	⟨28.46⟩	25	⟨29.10⟩	25	⟨30.02⟩	25	⟨32.45⟩	25	⟨31.10⟩	25	⟨29.20⟩	25	⟨29.70⟩	25	⟨30.97⟩	25	⟨31.06⟩	

续表

点号	年份	1月		2月		3月		4月		5月		6月		7月		8月		9月		10月		11月		12月		年平均
		日	水位	日	水位	日	水位	日	水位	日	水位	日	水位	日	水位	日	水位	日	水位	日	水位	日	水位	日	水位	
33	1992	5	〈29.98〉	5	〈31.84〉	5	〈31.27〉	5	〈30.68〉	5	22.86	5	〈32.28〉	5	〈33.08〉	5	〈35.27〉	5	〈34.07〉	5	〈33.10〉	5	〈32.04〉	5	〈31.98〉	23.57
		15	〈31.46〉	15	〈30.10〉	15	〈31.22〉	15	〈30.79〉	15	〈30.43〉	15	〈32.51〉	15	〈33.81〉	15	〈34.23〉	15	〈33.80〉	15	〈31.17〉	15	23.51	15	〈31.93〉	
		25	〈31.24〉	25	〈29.92〉	25	〈30.90〉	25	〈30.27〉	25	〈30.63〉	25	〈32.83〉	25	〈33.92〉	25	〈33.82〉	25	〈33.41〉	25	〈30.85〉	25	24.33	25	〈32.13〉	
	1993	5	〈30.93〉	5	〈31.86〉	5	〈32.59〉	5	〈32.88〉	5	〈32.83〉	5	〈32.67〉	5	〈33.90〉	5	〈34.85〉	5	〈34.90〉	5	〈34.17〉	5	〈33.19〉	5	〈33.83〉	
		15	〈31.81〉	15	〈32.73〉	15	〈31.45〉	15	〈33.03〉	15	〈31.77〉	15	〈33.48〉	15	〈33.43〉	15	〈34.96〉	15	〈35.02〉	15	〈33.61〉	15	〈33.59〉	15	〈33.71〉	
		25	〈31.96〉	25	〈32.50〉	25	〈31.32〉	25	〈32.36〉	25	〈32.29〉	25	〈34.13〉	25	〈33.75〉	25	〈35.28〉	25	〈34.48〉	25	〈31.81〉	25	〈33.68〉	25	〈34.15〉	
	1994	5	〈33.76〉	5	〈33.19〉	5	〈33.74〉	5	〈34.20〉	5	〈33.03〉	5	〈34.37〉	5	〈34.29〉	5	〈36.94〉	5	〈36.35〉	5	〈35.47〉	5	〈35.64〉	5	〈35.25〉	
		15	〈33.63〉	15	〈32.54〉	15	〈32.93〉	15	〈33.88〉	15	〈34.41〉	15	〈34.45〉	15	〈35.46〉	15	〈37.34〉	15	〈36.33〉	15	〈35.60〉	15	〈35.63〉	15	〈35.16〉	
		25	〈34.25〉	25	〈34.04〉	25	〈33.98〉	25	〈34.08〉	25	〈35.01〉	25	〈33.20〉	25	〈36.13〉	25	〈35.84〉	25	〈35.98〉	25	〈35.43〉	25	〈35.31〉	25	〈35.15〉	
	1995	5	〈34.84〉	5	〈34.78〉	5	〈35.70〉	5	〈36.14〉	5	〈35.81〉	5	〈35.72〉	5	〈37.98〉	5	〈37.65〉	5	〈37.23〉	5	〈34.52〉	5	〈34.66〉	5	〈34.61〉	27.16
		15	〈35.41〉	15	27.16	15	16.13	15	16.62	15	〈23.60〉	15	17.36	15	16.97	15	18.94	15	19.44	15	17.13	15	17.02	15	17.09	
		25	〈35.69〉	25		25		25		25		25		25		25		25		25		25		25		
45	1986	4	16.53	4	16.00	4	〈23.82〉	4	17.07	4	17.27	4	17.69	4	17.89	4	20.26	4	17.33	4	17.95	4	17.16	4	17.32	17.34
		14	16.16	14	15.26	14	14.87	14	17.16	14	17.61	14	18.84	14	19.07	14	19.62	14	17.79	14	17.11	14	17.32	14	17.78	
		24	15.73	24	15.94	24	23.96	24	23.75	24	23.31	24	24.52	24	24.53	24	26.38	24	26.29	24	24.11	24	24.05	24	23.97	
	1986	5	24.23	5	24.37	5	23.88	5	23.78	5	23.38	5	24.61	5	25.16	5	27.41	5	25.01	5	25.14	5	24.00	5	24.59	24.56
		15	24.03	15	24.20	15	23.90	15	23.75	15	24.48	15	24.97	15	25.89	15	26.77	15	24.67	15	24.58	15	24.24	15	〈28.76〉	
		25	24.09	25	23.50	25	24.78	25	25.18	25	22.54	25	25.14	25	25.26	25	26.01	25	26.53	25	25.05	25	24.75	25	25.35	
46	1987	5	24.88	5	24.25	5	24.84	5	24.83	5	24.29	5	24.43	5	26.00	5	25.85	5	26.17	5	25.47	5	25.27	5	24.75	25.13
		15	25.37	15	24.60	15	24.64	15	24.66	15	24.36	15	25.36	15	26.05	15	27.29	15	26.39	15	25.33	15	24.81	15	24.40	
		25	24.73	25	24.90	25	24.56	25	25.12	25	25.21	25	26.17	25	26.32	25	26.53	25	25.72	25	23.82	25	23.85	25	23.51	
	1988	5	25.45	5	25.53	5	24.49	5	24.20	5	25.48	5	25.67	5	26.72	5	26.53	5	24.93	5	23.95	5	23.94	5	24.28	25.12
		15	24.56	15	24.40	15	24.71	15	25.55	15	25.36	15	27.16	15	27.17	15	25.84	15	25.11	15	23.96	15	24.21	15	24.76	
		25	24.58	25		25		25		25		25		25		25		25		25		25		25		

续表

点号	年份	1月 日	1月 水位	2月 日	2月 水位	3月 日	3月 水位	4月 日	4月 水位	5月 日	5月 水位	6月 日	6月 水位	7月 日	7月 水位	8月 日	8月 水位	9月 日	9月 水位	10月 日	10月 水位	11月 日	11月 水位	12月 日	12月 水位	年平均
46	1989	5	25.00	5	24.68	5	23.97	5	24.98	5	25.19	5	26.27	5	26.93	5	27.98	5	26.22	5	24.68	5	25.72	5	25.20	25.53
		15	24.70	15	24.66	15	24.21	15	25.04	15	25.96	15	25.80	15	26.53	15	27.77	15	26.03	15	25.12	15	25.25	15	25.53	
		25	24.73	25	24.23	25	24.26	25	25.08	25	25.72	25	26.15	25	26.53	25	26.27	25	26.26	25		25	25.47	25	25.43	
	1990	4	25.27	4	24.93	4	25.80	4	26.13	4	25.61	4	26.84	4	27.17	4	27.53	4	27.21	4	24.13	4	26.13	4	27.13	26.55
		14	26.44	14	25.47	14	26.12	14	26.53	14	26.89	14	28.22	14	28.18	14	27.53	14	26.53	14	26.17	14	26.38	14	26.36	
		24	26.74	24	25.82	24	26.09	24	26.36	24	26.93	24	27.49	24	28.53	24	27.75	24	26.36	24	26.01	24	26.18	24	26.83	
	1991	4	27.13	4	27.33	4	26.88	4	27.15	4	27.80	4	29.89	4	30.83	4	28.76	4	29.47	4	27.84			4	29.80	28.62
		14	26.72	14	26.82	14	26.83	14	27.05	14	28.22	14	28.76	14	31.30	14	28.53	14	29.32	14	30.85	14	29.53	14	29.89	
		24	26.08	24	26.33	24	26.47	24	27.58	24	29.20	24	29.39	24	31.68	24	30.08	24	30.29	24	28.93	24	29.45	24	28.61	
	1992	5	30.03	5	30.85	5	29.17	5	28.91	5	29.53	5	30.81	5	31.40	5	33.53	5	32.15	5	29.17	5	29.37	5	30.33	30.54
		15	30.71	15	29.80	15	30.04	15	29.68	15	29.40	15	31.16	15	31.78	15	32.25	15	32.38	15	29.71	15	29.82	15	30.85	
		25	30.95	25	29.81	25	29.40	25	29.55	25	29.20	25	31.21	25	32.24	25	32.23	25	30.80	25	29.84	25	29.59	25	31.53	
	1993	4		4		4	30.71	4	29.95	4	30.67	4	30.66	4	34.03	4	30.73	4	33.83	4	32.93	4	29.69	4	31.54	31.42
		14		14		14		14	29.64	14	31.02	14	30.89	14	33.85	14	31.40	14	33.53	14	31.23	14	30.16	14	31.09	
		24		24	30.74	24	29.45	24	30.57	24	31.04	24	30.96	24	30.03	24	34.29	24	32.65	24	30.53	24	30.61	24	32.09	
	1994	5	32.46	5	31.09	5	31.70	5	30.98	5	30.19	5	32.39	5	33.19	5	35.13	5	34.59	5	34.54	5	30.99	5	33.33	32.65
		10	32.43	10	30.74	10	31.65	10	31.54	10	31.88	10	32.10	10	33.95	10	35.70	10	34.00	10	33.64	10	33.07	10	32.68	
		15	32.40	15	28.46	15	31.65	15	32.24	15	31.36	15	32.70	15	34.46	15	34.93	15	34.24	15	⟨38.03⟩	15	32.86	15	32.47	
		20	32.15	20	28.54	20	31.63	20	31.65	20	32.00	20	32.22	20	34.38	20	35.20	20	33.89	20	33.42	20	32.99	20	32.56	
		25	32.87	25	29.98	25	30.95	25	31.37	25	31.80	25	32.94	25	35.27	25	34.65	25	33.83	25	⟨38.06⟩	25	32.83	25	32.38	
		30	32.04	30	30.75	30	29.77	30	31.67	30	31.95	30	32.54	30	35.26	30	35.05	30	33.70	30	33.27	30	33.07	30	32.44	
	1995	4	33.63	4	34.30	4	30.94	4	33.00	4	32.68	4	33.08	4	32.68	4	33.56	4	35.36	4	33.80	4	34.80	4	33.86	33.88
		10	33.64	10	32.91	10	⟨38.14⟩	10	33.28	10	33.10	10	34.05	10	35.69	10	36.42	10	36.19	10	34.12	10	33.11	10	33.79	
		14	35.84	14	34.11	14	33.87	14	33.84	14	33.68	14	33.33	14	33.05	14	⟨45.70⟩	14	33.26	14	32.80	14	34.09	14	33.73	
		20	32.14	20	⟨38.14⟩	20	33.81	20	33.97	20	33.99	20	34.91	20	36.19	20	36.35	20	35.65	20	34.36	20	34.10	20	33.42	
		24	33.88	24	33.88	24	33.34	24	33.71	24	31.71	24	35.00	24	31.94	24	29.03	24	33.56	24	32.40	24	34.05	24	33.27	
		30	32.41	30	⟨38.29⟩	30	33.11	30	33.01	30	⟨38.13⟩	30	35.45	30	36.26	30	36.05	30	35.76	30	33.74	30	34.01	30	33.00	

续表

点号	年份	1月 日	1月 水位	2月 日	2月 水位	3月 日	3月 水位	4月 日	4月 水位	5月 日	5月 水位	6月 日	6月 水位	7月 日	7月 水位	8月 日	8月 水位	9月 日	9月 水位	10月 日	10月 水位	11月 日	11月 水位	12月 日	12月 水位	年平均
49	1986	6	18.07	6	19.78	6	17.81	6	17.08	6	17.53	6	18.52	6	18.60	6	19.49	6	19.85	6	18.67	6	17.87	6	18.41	18.61
		16	18.30	16	19.76	16	18.06	16	17.77	16	18.50	16	18.87	16	18.97	16	21.03	16	18.88	16	18.33	16	18.05	16	18.66	
		26	18.45	26	17.48	26	17.95	26	18.43	26	17.60	26	19.52	26	19.33	26	19.94	26	18.80	26	18.32	26	18.10	26	19.11	
	1987	6	18.95	6	17.58	6	18.31	6	18.29	6	18.36	6	18.84	6	20.17	6	19.51	6	20.56	6	19.10	6	18.43	6	19.11	19.03
		16	18.89	16	18.91	16	18.65	16	18.44	16	18.53	16	18.77	16	19.86	16	19.66	16	19.32	16	19.52	16	18.84	16	18.77	
		26	18.89	26	18.17	26	18.03	26	18.69	26	18.84	26	18.68	26	20.55	26	20.86	26	19.57	26	18.92	26	18.69	26	19.99	
	1988	6	19.46	6	19.91	6	18.72	6	18.97	6	19.41	6	19.85	6	20.24	6	20.85	6	18.84	6	18.34	6	17.57	6	18.88	19.17
		16	18.81	16	19.98	16	19.10	16	19.15	16	19.35	16	19.65	16	20.50	16	20.13	16	18.20	16	17.75	16	18.84	16	18.54	
		26	18.71	26	19.73	26	18.78	26	19.33	26	19.60	26	20.19	26	20.92	26	18.45	26	18.79	26	17.39	26	18.86	26	18.20	
	1989	6	18.67	6	17.08	6	17.31	6	18.97	6	18.80	6	19.72	6	20.05	6	19.57	6	20.00	6	18.42	6	19.03	6	19.67	19.01
		16	17.21	16	17.46	16	18.07	16	18.92	16	19.20	16	19.20	16	21.07	16	19.51	16	20.13	16	18.68	16	19.40	16	19.70	
		26	17.24	26	17.40	26	18.21	26	19.08	26	19.39	26	20.39	26	20.40	26	19.24	26	19.17	26	19.50	26	18.88	26	19.77	
	1990	8	19.79	8	19.20	8	19.55	8	19.84	8	19.32	8	20.76	8	20.60	8	21.22	8	20.37	8	19.28	8	19.11	8	20.17	19.96
		18	19.61	18	18.90	18	19.86	18	19.76	18	20.03	18	21.55	18	20.84	18	20.40	18	20.13	18	19.65	18	19.20	18	20.10	
		28	19.48	28	18.94	28	19.66	28	18.72	28	20.10	28	21.08	28	21.18	28	20.55	28	19.57	28	19.47	28	20.11	28	20.53	
	1991	8	20.37	8	19.91	8	20.41	8	20.37	8	20.50	8		8		8	23.28	8	22.09	8	21.36	8	22.45	8	22.30	21.17
		18	20.24	18	21.29	18	20.32	18	19.70	18	20.98	18	23.58	18	24.83	18	22.72	18	22.19	18	21.41	18	22.42	18	20.92	
		28	19.56	28	20.24	28	19.69	28	20.72	28	21.40	28	23.88	28	25.08	28	26.47	28	22.01	28	22.32	28	22.40	28	20.48	
	1992	8	23.37	8	24.11	8	22.52	8	22.91	8	22.82	8	24.04	8	25.20	8	25.58	8	25.85	8	23.68	8	22.82	8	23.70	23.94
		18	23.42	18	25.14	18	22.68	18	22.70	18	23.35	18	23.86	18	24.89	18	26.40	18	25.54	18		18	23.04	18	⟨34.56⟩	
		28	23.70	28	23.00	28	22.55	28	23.47	28	23.10	28	24.80	28	24.96	28	26.40	28	25.02	28	23.44	28	⟨33.85⟩	28	23.95	
	1993	7	22.34	7	23.93	7	24.04	7	23.26	7	23.47	7	23.86	7	24.89	7	25.97	7	26.92	7	25.01	7	24.91	7	24.72	24.39
		17	21.59	17	23.93	17	23.37	17	23.26	17	23.00	17	24.80	17	24.96	17	25.97	17	26.03	17	24.80	17	25.26	17	24.40	
		27	24.05	27	23.98	27	23.27	27	23.55	27	22.90	27	24.70	27	24.46	27	25.67	27	25.52	27	24.70	27	24.90	27	25.17	

续表

点号	年份	日	1月 水位	日	2月 水位	日	3月 水位	日	4月 水位	日	5月 水位	日	6月 水位	日	7月 水位	日	8月 水位	日	9月 水位	日	10月 水位	日	11月 水位	日	12月 水位	年平均
49	1994	5	25.47	5	26.22	5	25.36	5	25.67	5	25.32	5	25.67	5	26.70	5	(39.19)	5	28.06	5	27.06	5	25.95	5	26.33	26.23
		10	25.73	10	26.14	10	25.21	10	25.53	10	25.21	10	26.19	10	26.84	10	27.91	10	27.82	10	27.25	10	26.18	10	26.47	
		15	25.81	15	24.10	15	25.22	15	25.50	15	25.93	15	26.16	15	27.17	15	27.95	15	27.82	15	26.26	15	(39.47)	15	26.39	
		20	25.82	20	24.74	20	25.08	20	25.39	20	25.89	20	26.62	20	27.35	20	28.21	20	27.46	20	26.05	20	26.39	20	26.44	
		25	25.84	25	23.83	25	25.10	25	25.33	25	26.10	25	26.39	25		25	27.87	25	27.32	25	26.06	25	26.76	25	26.42	
		30	26.04	30	23.77	30	24.99	30	25.21	30	26.04	30	26.56	30	27.86	30	27.98	30	27.59	30	26.19	30	26.52	30	26.38	
	1995	4	27.07	4	26.10	4	(39.28)	4	26.00	4	25.40	4	26.67	4	28.53	4	29.31	4	27.98	4	27.97	4	27.36	4	27.37	27.41
		10	26.70	10	26.10	10	(39.44)	10	26.55	10	25.83	10	27.29	10	28.79	10	29.33	10	28.16	10	28.51	10	27.30	10	27.69	
		14	(39.46)	14	26.02	14	(39.45)	14	26.75	14	27.03	14	27.88	14	28.97	14	29.25	14	28.36	14	28.70	14	27.55	14	26.72	
		20	26.09	20	25.80	20	26.62	20	26.73	20	26.69	20	27.87	20	29.35	20	29.07	20	28.50	20	28.36	20	27.32	20	26.74	
		24	26.25	24	(41.37)	24	26.52	24	26.64	24	27.12	24	28.11	24	28.28	24	28.25	24	28.34	24	27.88	24	27.70	24	27.16	
		30	26.09	30	26.29	30	25.55	30	25.44	30	26.92	30	28.50	30	28.19	30	28.43	30	27.95	30	27.43	30	27.54	30	27.37	
59	1986	5	19.93	5	19.25	5	19.98	5	18.81	5	20.51	5	20.24	5	20.04	5	21.95	5	21.92	5	19.27	5	19.70	5	20.18	20.06
		15	19.85	15	19.16	15	19.67	15	20.06	15	19.22	15	20.30	15	20.90	15	22.26	15	20.90	15	21.16	15	20.30	15	20.53	
		25	18.13	25	14.96	25	20.72	25	20.01	25	20.76	25	21.21	25	22.04	25	22.40	25	14.10	25	20.73	25	19.98	25	20.93	
	1987	4	20.27	4	19.11	4	20.43	4	20.79	4	19.91	4	21.83	4	21.31	4	21.85	4	22.39	4	22.53	4	22.35	4	22.10	21.39
		14	21.05	17	20.61	14	21.19	14	20.99	14	20.42	14	20.07	14	22.43	14	21.55	14	21.65	14	22.09	14	22.39	14	22.24	
		24	20.62	24	20.38	24	20.78	24	21.15	24	21.06	24	20.89	24	22.08	24	23.12	24	21.91	24	22.43	24	22.28	24	21.88	
	1988	5	21.47	5	21.28	5	20.75	5	20.65	5	20.90	5	21.50	5	21.39	5	21.70	5	21.35	5	21.30	5	18.30	5	19.04	20.70
		15	21.39	15	21.25	15	20.84	15	20.77	15	21.08	15	21.58	15	21.68	15	21.40	15	21.42	15	18.90	15	18.31	15	19.69	
		25	20.85	25	20.69	25	20.80	25	20.75	25	21.20	25	21.80	25	21.11	25	21.53	25	21.40	25	18.27	25	18.57	25	20.31	
	1989	5	20.27	5	19.51	5	19.61	5	20.09	5	20.95	5	21.21	5	22.58	5	23.21	5	21.58	5	20.23	5	21.90	5	21.97	21.21
		15	20.41	15	19.74	15	19.79	15	20.40	15	21.05	15	21.53	15	22.61	15	22.65	15	21.50	15	20.51	15	21.83	15	21.95	
		25	19.75	25	19.60	25	19.81	25	20.76	25	21.35	25	21.93	25	24.07	25	21.93	25	21.91	25		25	22.08	25	22.10	

续表

点号	年份	1月 日	1月 水位	2月 日	2月 水位	3月 日	3月 水位	4月 日	4月 水位	5月 日	5月 水位	6月 日	6月 水位	7月 日	7月 水位	8月 日	8月 水位	9月 日	9月 水位	10月 日	10月 水位	11月 日	11月 水位	12月 日	12月 水位	年平均
59	1990	4	22.15	4	22.17	4	22.33	4	22.34			4	23.85	4	23.36	4	23.68	4	23.51	4	23.28	4	22.01	4	23.08	
		14	22.18	14	22.08	14	22.36	14	22.64			14	24.08	14	24.33	14	23.84	14	23.53	14	23.20	14	22.05	14	23.05	22.89
		24	22.12	24	22.37	24	22.38	24	22.57			24	22.85	24	24.38	24	23.97	24	23.25	24	23.16	24	22.09	24	23.10	
	1991	4	22.95	4	23.08	4	23.02	4		4	24.26	4	23.95	4	26.12	4	26.11	4	25.82	4	23.95	4	24.60	4	⟨29.05⟩	
		14	23.02	14	23.01	14	23.17	14		14	24.26	14	24.68	14	26.17	14	26.19	14	25.48	14	25.10	14	24.93	14	⟨29.18⟩	24.48
		24	23.06	24	23.04	24	22.60	24		24	24.35	24	24.76	24	26.38	24	25.94	24	25.21	24	24.55	24		24	⟨29.25⟩	
	1992	5	⟨29.30⟩	5	⟨31.58⟩	5	26.02	5	⟨30.45⟩	5	⟨31.34⟩	5	⟨33.14⟩	5	⟨33.27⟩	5	⟨40.55⟩	5	⟨33.66⟩	5	⟨32.34⟩	5	⟨31.52⟩	5	⟨32.55⟩	
		15	⟨32.08⟩	15	⟨31.66⟩	15	⟨31.39⟩	15	⟨31.11⟩	15	⟨30.45⟩	15	⟨32.59⟩	15	⟨33.40⟩	15	⟨35.13⟩	15	⟨32.91⟩	15	⟨30.75⟩	15	⟨32.14⟩	15	⟨32.26⟩	26.77
		25	⟨31.90⟩	25	⟨30.35⟩	25	⟨30.31⟩	25	⟨31.04⟩	25	⟨32.25⟩	25	27.51	25	⟨35.05⟩	25	⟨33.25⟩	25	⟨32.32⟩	25	⟨31.46⟩	25	⟨32.26⟩	25	⟨33.25⟩	
65	1988	14	37.27	14	37.19	14	37.33	14	37.24	14	36.95	14	37.02	14	36.96	14	37.34	14	37.29	14	37.01	14	37.01	14	37.43	37.17
	1989	14	37.74	14	37.73	14	38.00	14	38.13	14	37.61	14	38.02	14	38.23	14	37.93	14	39.27	14	30.99	14	35.50	14	38.68	37.32
	1990	14	39.33	14	38.47	14	38.91	14	35.99	14	38.11	14	38.50	14	39.46	14	38.73	14	35.46	14	38.38	14	27.82	14	39.14	37.36
	1991	15	35.96	15	35.54	15	41.77	15	39.10	15		15		15		15		15		15		15		15		38.09
67	1986	5	19.22	5	19.60	5	19.68	5	20.05	5	⟨22.99⟩	5	20.29	5	21.40	5	22.11	5	21.70	5	21.39	5	20.01	5	20.00	
		15	19.04	15	20.00	15	19.96	15	20.22	15	21.18	15	20.53	15	21.04	15	23.53	15	20.63	15	21.51	15	19.97	15	20.39	20.51
		25	19.13	25	19.10	25	19.69	25	19.92	25	19.90	25	21.20	25	⟨27.40⟩	25	22.39	25	20.86	25	20.59	25	20.25	25	20.93	
	1987	5	20.38	5	20.48	5	20.40	5	20.52	5	20.71	5	21.25	5	21.26	5	21.58	5	22.41	5	20.73	5	20.46	5	21.28	
		15	20.95	15	21.15	15	20.54	15	20.83	15	19.55	15	21.28	15	21.65	15	21.40	15	21.65	15	20.98	15	20.53	15	20.76	20.96
		25	20.61	25	20.55	25	20.36	25	20.84	25	21.08	25	20.96	25	21.64	25	23.16	25	21.99	25	19.55	25	20.40	25	20.92	
	1988	5	21.18	5	20.55	5	20.24	5	20.79	5	21.21	5	21.83	5	21.71	5	22.45	5	21.27	5	19.61	5	18.95	5	19.11	
		15	20.55	15	20.53	15	20.01	15	20.87	15	21.17	15	21.35	15	22.45	15	22.07	15	20.82	15	19.30	15	19.34	15	19.90	20.77
		25	20.51	25	20.28	25	20.17	25	21.15	25	21.19	25	22.33	25	22.88	25	21.25	25	20.99	25	20.21	25	19.85	25	20.35	
	1989	5	20.35	5	19.65	5	18.92	5	20.67	5	20.98	5	21.40	5	22.10	5	23.27	5	21.70	5	20.63	5	22.40	5	20.62	
		15	19.93	15	19.46	15	19.70	15	20.79	15	20.40	15	21.06	15	22.22	15	22.82	15	21.84	15		15	20.72	15	20.84	21.03
		25	19.60	25	19.78	25	20.65	25	20.60	25	21.21	25	21.71	25	23.71	25	22.42	25	21.69	25		25	21.02	25	20.83	

续表

点号	年份	1月 日	1月 水位	2月 日	2月 水位	3月 日	3月 水位	4月 日	4月 水位	5月 日	5月 水位	6月 日	6月 水位	7月 日	7月 水位	8月 日	8月 水位	9月 日	9月 水位	10月 日	10月 水位	11月 日	11月 水位	12月 日	12月 水位	年平均
67	1990	5	20.61	5	20.35	5	21.31	5	21.87	5	21.41	5	23.00	5	23.00	5	23.50	5	22.70	5	20.60	5	21.45	5	22.50	22.13
		15	21.97	15	21.35	15	21.54	15	22.07	15	21.75	15	23.78	15	24.41	15	22.10	15	22.10	15	21.50	15	21.90	15	22.20	
		25	22.40	25	21.33	25	21.26	25	21.75	25	22.50	25	22.90	25	24.17	25	23.48	25	22.04	25	21.76	25	21.50	25	22.50	
	1991	5	22.32	5	23.15	5	22.00	5	22.96	5	23.22	5	25.17	5	27.29	5	23.73	5	25.57	5	24.05	5	24.73	5	25.17	24.44
		15	22.90	15	23.10	15	22.90	15	23.02	15	24.44	15	23.06	15	27.23	15	26.39	15	25.45	15	23.66	15	24.86	15	25.36	
		25	21.80	25	21.94	25	22.80	25	23.36	25	24.96	25	25.63	25	28.40	25	26.08	25	25.19	25	28.87	25	24.90	25	24.26	
	1992	5	25.92	5	26.44	5	25.17	5	26.70	5	24.98	5	26.54	5	27.20	5	28.87	5	24.63	5	22.25	5	21.76			25.34
		15	26.32	15	25.32	15	25.59	15	26.71	15	24.64	15	26.65	15	27.43	15	26.90	15	24.82	15	23.07	15	21.86			
		25	26.37	25	25.32	25	24.58	25	27.36	25	24.81	25	26.86	25	27.29	25	24.96	25	23.63	25	23.12	25	22.11			
	1993	4	28.22	4	26.92	4	26.85	4	26.11	4	26.70	4	26.52	4	30.36	4	30.53	4	29.62	4	29.66	4	27.12	4	27.64	27.88
		14	28.03	14	26.22	14	26.68	14	26.13	14	26.86	14	26.30	14	30.22	14	30.48	14	29.96	14	26.95	14	27.33	14	26.98	
		24	28.43	24	26.91	24	26.68	24	26.69	24	26.75	24	26.52	24	29.60	24	29.96	24	29.82	24	26.53	24	26.95	24	27.92	
	1994	4		4		4	27.65	4	28.12	4	27.51	4	28.63	4	29.92	4	30.96	4	30.51	4	28.96	4	28.87	4	28.14	28.72
		14		14		14	27.68	14	28.29	14	28.04	14	28.90	14	30.63	14	29.66	14	30.88	14	29.11	14	29.04	14	28.39	
		24		24		24	27.97	24	27.91	24	28.30	24	30.15	24	31.12	24	29.58	24	29.37	24	28.62	24	28.37	24	27.88	
72	1986	4		4	17.51	4	18.08	4	⟨23.67⟩	4	17.58	4	18.37	4	18.46	4	19.71	4	19.65	4	⟨23.60⟩	4	17.80	4	18.15	18.68
		14		14	18.53	14	⟨23.90⟩	14	18.41	14		14	18.56	14	⟨25.25⟩	14	⟨26.18⟩	14	⟨24.61⟩	14	19.57	14	18.33	14	18.32	
		24		24	⟨24.49⟩	24	18.56	24	⟨24.08⟩	24	18.25	24		24	20.15	24	19.69	24	19.09	24	18.62	24	18.18	24	18.71	
	1987	4	18.69	4		5	18.78	5	18.72	4	17.94	4	19.26	4	18.85	4	19.36	4	⟨25.94⟩	4	19.34	4	19.34	4	19.12	19.01
		14	18.97	14	18.42	14	19.51	14	18.52	14	18.19	14	18.29	14	19.87	14	19.36	14	19.76	14	19.36	14	19.36	14	19.76	
		24	19.28	24		24	18.14	24	18.66	24	19.06	24	18.55	24	19.64	24	⟨26.23⟩	24	19.55	24	19.60	24	19.07	24	18.84	
	1988	4	18.79	4	18.50	4	18.28	4	17.74	4	18.37	4	19.24	4	18.83	4	19.44	4	19.54	4	18.99	4	17.62	4	18.30	18.57
		14	18.60	14	18.04	14	17.78	14	18.54	14	19.04	14	19.05	14	19.04	14	19.34	14	19.20	14	17.84	14	17.29	14	18.74	
		24	18.34	24		24		24	18.16	24	19.14	24	19.45	24	18.22	24	19.12	24	19.36	24	17.73	24	17.91	24	18.38	

续表

点号	年份	1月 日	1月 水位	2月 日	2月 水位	3月 日	3月 水位	4月 日	4月 水位	5月 日	5月 水位	6月 日	6月 水位	7月 日	7月 水位	8月 日	8月 水位	9月 日	9月 水位	10月 日	10月 水位	11月 日	11月 水位	12月 日	12月 水位	年平均
72	1989	4	18.04	4	17.91	4	17.30	4	17.70	4	18.09	4	19.28	4	20.77	4	20.87	4	19.19	4	17.20	4	18.74	4	18.99	18.64
72	1989	14	18.09	14	17.45	14	17.88	14	18.04	14	18.11	14	19.22	14	20.82	14	20.33	14	18.27	14	18.41	14	17.81	14	18.84	
72	1989	24	18.36	24	17.14	24	17.76	24	18.36	24	18.31	24	19.35	24	21.21	24	19.63	24	18.02	24		24	17.64	24	19.24	
72	1990	5	19.09	5	18.84	5	18.79	5	19.80	5	19.28	5	21.27	5	21.15	5	21.13	5	19.64	5	19.81	5	19.45	5	20.04	19.93
72	1990	15	19.01	15	18.76	15	19.76	15	19.85	15	19.41	15	21.23	15	21.90	15	19.24	15	20.16	15	19.73	15	19.60	15	20.13	
72	1990	25	18.89	25	18.84	25	19.74	25	19.80	25	20.67	25	20.91	25	22.16	25	20.23	25	20.14	25	19.42	25	19.61	25	20.16	
72	1991	4	20.19	4	20.05	4	20.05	4		4		4	21.90	4	22.11	4	22.99	4	23.75	4	22.11	4	22.36	4	22.43	22.05
72	1991	14	20.10	14	20.01	14	20.82	14		14	21.68	14	21.74	14	23.01	14	22.87	14	22.91	14	22.52	14	22.01	14	24.72	
72	1991	24	19.91	24	20.07	24	20.80	24	22.38	24	23.29	24	21.55	24	22.78	24	23.70	24	22.56	24	22.65	24	22.63	24	24.50	
72	1992	5	24.46	5	24.27	5	23.22	5	⟨30.25⟩	5	23.09	5	⟨30.17⟩	5	25.75	5	⟨32.01⟩	5	⟨31.37⟩	5	24.11	5	23.09	5	23.74	23.94
72	1992	15	24.40	15	23.77	15	23.11	15	23.66	15	23.62	15	24.89	15	25.89	15	⟨31.94⟩	15	24.75	15	23.17	15	23.21	15	23.90	
72	1992	25	24.32	25	23.64	25	22.50	25	24.25	25	22.59	25	⟨31.21⟩	25	26.04	25	25.52	25	⟨31.20⟩	25	23.13	25	23.40	25	23.81	
72	1993	5		5		5	24.13	5	23.70	5	22.27	5	22.04	5	22.59	5	25.26	5	27.13	5	27.36	5	⟨30.46⟩	5	25.20	24.92
72	1993	15		15		15		15	24.25	15	22.11	15	22.12	15	25.45	15	27.01	15	27.19	15	27.26	15	27.09	15	25.06	
72	1993	25		25		25	⟨43.38⟩	25	24.09	25	23.97	25	22.06	25	⟨30.36⟩	25	27.09	25	27.31	25	27.31	25	25.29	25	24.89	
72	1994	4	24.77	4	24.79	4	24.70	4	⟨28.09⟩	4	24.03	4	26.41	4	⟨31.32⟩	4	25.01	4	25.11	4	24.01	4	27.29	4	24.02	24.97
72	1994	14	24.83	14	24.85	14	24.67	14	⟨27.59⟩	14	26.45	14	26.38	14	⟨31.19⟩	14	⟨31.22⟩	14	25.17	14	22.96	14	24.08	14	24.06	
72	1994	24	24.91	24	24.78	24	⟨28.89⟩	24	⟨27.01⟩	24	⟨27.46⟩	24	26.32	24	25.06	24	25.06	24	⟨30.09⟩	24	23.19	24	29.19	24	24.11	
72	1995	4	⟨30.09⟩	4		4	⟨27.72⟩	4	⟨27.12⟩	4	⟨32.39⟩	4	⟨32.18⟩	4		4		4	28.75	4	28.05	4	27.85	4	28.14	25.85
72	1995	14	⟨24.08⟩	14	19.29	14	20.53	14	⟨27.08⟩	14	⟨32.89⟩	14	⟨32.08⟩	14		14		14	29.48	14	28.36	14	28.30	14	27.84	
72	1995	24	19.11	24	19.48	24	⟨26.94⟩	24		24		24		24		24	⟨26.82⟩	24	30.26	24	27.63	24	28.00	24	28.68	
77	1986	5	15.33	5	16.80	5	15.16	5	16.10	5	16.05	5	17.55	5	19.18	5		5	20.13	5	16.49	5	17.87	5	17.30	17.43
77	1986	15	14.80	15	16.67	15	17.98	15	16.08	15	16.37	15	18.28	15	20.17	15	22.27	15	18.89	15	17.36	15	16.70	15	16.19	
77	1986	25	17.66	25	16.36	25	16.28	25	15.55	25	17.61	25	20.02	25	⟨27.40⟩	25	21.35	25	17.58	25	16.42	25	16.59	25	17.39	

第二章 咸阳市

续表

点号	年份	1月 日	1月 水位	2月 日	2月 水位	3月 日	3月 水位	4月 日	4月 水位	5月 日	5月 水位	6月 日	6月 水位	7月 日	7月 水位	8月 日	8月 水位	9月 日	9月 水位	10月 日	10月 水位	11月 日	11月 水位	12月 日	12月 水位	年平均
77	1987	5	11.69	5	16.03	5	16.80	5	16.98	5	17.14	5	18.26	5	19.58	5	19.37	5	20.86	5	19.72	5	18.82	5	20.41	18.39
		15	17.69	15	15.87	15	17.04	15	18.01	15	16.97	15	18.19	15	20.01	15	19.82	15	20.42	15	19.11	15	19.19	15	18.21	
		25	17.73	25	18.20	25	16.21	25	18.35	25	18.25	25	18.94	25	19.78	25	21.55	25	20.88	25	18.82	25	19.01	25	18.11	
	1988	5	18.95	5	18.90	5	18.86	5	19.01	5	18.58	5	19.93	5	20.72	5	21.09	5	18.59	5	18.58	5	17.40	5	18.77	19.24
		15	18.65	15	18.67	15	19.05	15	18.94	15	18.63	15	19.57	15	21.30	15	20.14	15	19.24	15	18.78	15	18.88	15	19.24	
		25	18.61	25	18.25	25	18.75	25	18.89	25	19.39	25	20.93	25	21.20	25	19.68	25	19.02	25	18.75	25	19.18	25	19.54	
	1989	5	19.78	5	〈27.01〉	5	18.17	5	20.09	5	20.25	5	19.95	5	20.61	5	22.12	5	19.97	5	19.39	5	19.93	5	19.88	20.12
		15	19.63	15	19.49	15	19.11	15	20.02	15	20.12	15	18.70	15	21.84	15	21.67	15	20.27	15	19.69	15	20.05	15	19.97	
		25	19.76	25	19.44	25	20.02	25	20.19	25	20.52	25	19.17	25	22.67	25	21.01	25	20.38	25		25	20.41	25	19.76	
	1990	5	19.66	5	19.00	5	20.00	5	18.92	5	18.02	5	17.87	5	21.40	5	20.18	5	20.72	5	17.62	5	17.66	5	16.85	19.14
		15	20.56	15	19.93	15	20.10	15	18.59	15	17.66	15	19.71	15	21.40	15	20.66	15	20.16	15	17.66	15	17.33	15	17.01	
		25	21.22	25	20.31	25	18.19	25	17.96	25	17.33	25	20.12	25	21.56	25	21.23	25	19.33	25	19.06	25	16.94	25	16.96	
	1991	5	17.36	5	16.93	5	16.80	5	16.90	5		5		5	25.25	5	〈28.99〉	5	24.16	5	23.55	5	23.46	5	24.02	20.91
		15	16.98	15	16.66	15	16.56	15	17.13	15	23.50	15	22.16	15	26.00	15	24.02	15	24.38	15	23.55	15	23.54	15	24.54	
		25	16.26	25	16.36	25	16.58	25	17.06	25	23.44	25	23.78	25	24.79	25	24.25	25	20.26	25	〈30.54〉	25	23.49	25	23.19	
	1992	5	25.42	5	25.33	5	23.22	5	23.53	5	23.51	5	24.59	5	25.29	5	28.00	5	27.92	5	25.47	5	26.32			25.49
		15	25.18	15	23.90	15	23.56	15	23.36	15	22.00	15	24.75	15	25.58	15	28.19	15	28.10	15	25.37	15	26.66			
		25	25.25	25	23.98	25	23.23	25	23.97	25	22.22	25	24.80	25	30.93	25	28.29	25	27.97	25	25.64	25	26.81			
78	1986	4	21.68	4	22.13	4	22.34	4	22.83	4	23.16	4	23.30	4	23.33	4	26.36	4	24.54	4	22.91	4	22.90	4	23.11	23.17
		14	22.23	14	21.43	14	22.17	14	22.88	14	22.22	14	23.74	14	23.93	14	25.31	14	23.65	14	23.92	14	22.99	14	23.32	
		24	22.43	24	22.07	24	22.66	24	23.10	24	23.16	24	23.93	24	〈27.10〉	24	24.70	24	24.54	24	23.34	24	22.34	24	23.63	
	1987	4	22.83	4	21.48	4	23.41	4	23.35	4	22.63	4	23.85	4	24.30	4	24.77	4	25.19	4	23.38	4	24.00	4	24.18	23.86
		14	23.82	14	23.30	14	23.06	14	23.09	14	24.24	14	23.13	14	25.80	14	24.79	14	24.93	14	24.30	14	23.41	14	23.90	
		24	23.39	24	23.07	24	22.90	24	23.41	24	23.86	24	23.64	24	25.09	24	25.87	24	25.22	24	23.60	24	23.79	24	24.03	

续表

点号	年份	1月 日	1月 水位	2月 日	2月 水位	3月 日	3月 水位	4月 日	4月 水位	5月 日	5月 水位	6月 日	6月 水位	7月 日	7月 水位	8月 日	8月 水位	9月 日	9月 水位	10月 日	10月 水位	11月 日	11月 水位	12月 日	12月 水位	年平均
78	1988	4	23.84	4	24.11	4	23.36	4	23.86	4	24.99	4	24.70	4	25.18	4	25.63	4	24.68	4	22.53	4	22.48	4	22.51	24.05
		14	23.74	14	24.29	14	24.16	14	23.96	14	24.28	14	24.39	14	25.96	14	25.60	14	24.22	14	22.71	14	22.57	14	23.39	
		24	24.03	24	23.99	24	23.35	24	23.85	24	24.24	24	25.67	24	26.06	24	24.65	24	24.24	24	22.49	24	23.00	24	22.95	
	1989	4	23.80	4	24.18	4	22.72	4	23.71	4	23.27	4	24.32	4	25.55	4	26.03	4	24.83	4	24.85	4	24.58	4	24.30	24.28
		14	23.72	14	22.82	14	23.23	14	23.98	14	23.51	14	24.30	14	24.83	14	24.78	14	24.76	14	25.00	14	24.53	14	24.62	
		24	23.44	24	22.73	24	23.12	24	23.88	24	24.30	24	24.31	24	26.43	24	24.98	24	24.91	24		24	24.58	24	24.89	
	1990	4	24.59	4	24.08	4	24.86	4	25.01	4	24.17	4	26.21	4	26.05	4	26.63	4	26.04	4	23.81	4	24.90	4	25.96	25.52
		14	25.62	14	24.41	14	25.06	14	24.97	14	25.83	14	27.25	14	27.02	14	26.96	14	25.77	14	24.84	14	25.27	14	25.40	
		24	25.72	24	24.77	24	24.93	24	25.18	24	25.99	24	26.09	24	27.69	24	26.72	24	24.94	24	25.23	24	25.14	24	25.52	
	1991	4	25.63	4	26.41	4	26.11	4	26.68	4	26.04	4	26.77	4	28.60	4	27.33	4	28.85	4	27.14	4	27.77	4	27.63	27.45
		14	26.14	14	26.12	14	26.16	14	26.30	14	26.98	14	26.72	14	29.57	14	29.21	14	28.63	14	28.13	14	28.88	14	28.95	
		24	26.16	24	25.51	24	25.85	24	26.60	24	26.93	24	27.94	24	30.38	24	29.23	24	28.23	24	28.33	24	28.29	24	28.11	
	1992	5	29.15	5	29.81	5	28.74	5	28.26	5	29.80	5	30.01	5	30.63	5	32.22	5	30.83	5	29.33	5	29.23	5	30.32	29.87
		15	29.26	15	28.82	15	29.39	15	28.89	15	28.91	15	30.28	15	30.69	15	31.86	15	30.10	15	29.90	15	29.58	15	31.14	
		25	29.82	25	29.32	25	28.89	25	28.34	25	28.53	25	30.36	25	31.19	25	30.31	25	29.98	25	29.33	25	29.83	25	32.32	
	1993	4		4		4	29.76	4	29.49	4	29.81	4		4	30.58	4	32.27	4	30.79	4	29.42	4	32.33	4	33.14	30.90
		14	30.03	14		14	29.91	14	29.60	14	30.11	14	28.82	14	31.06	14	32.73	14	31.07	14	30.13	14	30.63	14	33.53	
		24	30.54	24	34.06	24	30.83	24	32.15	24	30.03	24	35.03	24	31.84	24	32.42	24	31.27	24	29.53	24	31.80	24	31.35	
	1994	4	33.57	4	35.05	4	32.87	4	34.30	4	34.50	4	32.67	4	35.14	4	40.81	4	38.80	4	36.20	4	31.89	4	34.62	34.58
		14		14		14	30.82	14	36.07	14	35.60	14	34.37	14	36.83	14	40.43	14	38.03	14	36.67	14	29.07	14	35.40	
		24		24	32.27	24	31.21	24		24	36.26	24		24	39.22	24	38.61	24	38.38	24	34.04	24	30.17	24	29.07	
81	1986	6	17.71	6	17.95	6	17.46	6	17.33	6	17.01	6	18.35	6	18.13	6	19.58	6	19.79	6	17.53	6	17.61	6	17.75	18.12
		16	17.33	16	16.40	16	17.47	16	18.01	16	18.97	16	16.59	16	18.64	16	21.85	16	18.26	16	18.08	16	17.68	16	17.68	
		26	17.16	26	17.59	26	16.99	26	17.62	26	18.05	26	18.87	26	20.65	26	19.42	26	18.29	26	17.99	26	17.72	26	18.76	

续表

点号	年份	1月 日	1月 水位	2月 日	2月 水位	3月 日	3月 水位	4月 日	4月 水位	5月 日	5月 水位	6月 日	6月 水位	7月 日	7月 水位	8月 日	8月 水位	9月 日	9月 水位	10月 日	10月 水位	11月 日	11月 水位	12月 日	12月 水位	年平均
81	1987	6	18.04	6	16.97	6	18.38	6	18.16	6	18.03	6	18.38	6	18.99	6	19.40	6	22.47	6	18.75	6	18.52	6	18.84	19.03
		16	18.44	16	18.24	16	18.24	16	18.50	16	18.40	16	18.61	16	19.88	16	20.08	16	19.91	16	19.47	16	18.65	16	18.97	
		26	18.35	26	18.49	26	18.13	26	18.50	26	18.73	26	18.53	26	21.80	26	22.80	26	20.22	26	19.54	26	18.65	26	19.02	
	1988	6	19.08	6	18.47	6	18.08	6	17.13	6	17.61	6	18.14	6	18.90	6	20.48	6	18.98	6	18.13	6	17.01	6	17.50	18.24
		16	18.66	16	18.35	16	17.08	16	17.70	16	18.37	16	18.70	16	19.23	16	20.31	16	18.17	16	17.09	16	17.43	16	17.82	
		26	18.38	26	18.07	26	16.25	26	17.80	26	18.77	26	19.05	26	19.92	26	19.13	26	18.20	26	17.38	26	17.39	26	18.03	
	1989	6	17.53	6	17.50	6	16.87	6	17.55	6	17.85	6	19.19	6	19.46	6	20.77	6	18.93	6	17.69	6	18.27	6	18.29	18.32
		16	17.65	16	17.06	16	17.41	16	17.67	16	17.95	16	19.04	16	19.41	16	19.67	16	18.71	16	18.21	16	18.48	16	18.12	
		26	17.45	26	17.21	26	17.32	26	18.00	26	18.30	26	19.44	26	20.45	26	19.18	26	18.05	26		26	18.20	26	18.15	
	1990	5	18.17	5	18.27	5	18.49	5	19.57	5	19.65	5	19.91	5	18.04	5	21.17	5	21.05	5	21.17	5	21.20	5	21.23	20.02
		15	18.20	15	18.30	15	18.51	15	19.60	15	19.80	15	20.00	15	19.54	15	19.16	15	21.13	15	21.22	15	21.17	15	21.22	
		25	18.22	25	18.46	25	18.62	25	19.61	25	19.82	25	20.91	25	22.60	25	22.06	25	21.19	25	21.19	25	21.19	25	21.25	
	1991	5	21.33	5	21.50	5	21.49	5		5	20.99	5	21.29	5	21.49	5	22.90	5	22.61	5	21.87	5	22.40	5	22.20	21.91
		15	21.37	15	21.48	15	21.47	15	21.27	15	21.05	15	21.28	15	22.84	15	22.97	15	22.82	15	22.01	15	21.97	15	22.18	
		25	21.43	25	21.51	25	21.53	25	21.10	25	21.27	25	21.43	25	23.13	25	22.88	25	22.79	25	22.42	25	21.80	25	22.06	
	1992	5	22.33	5	22.33	5	21.24	5	18.50	5	20.00	5	23.36	5	24.51	5	27.57	5	26.41	5	23.76	5	23.16	5	23.84	23.16
		15	23.06	15	22.83	15	20.27	15	19.11	15	20.28	15	24.35	15	24.37	15	26.59	15	26.13	15	23.27	15	23.23	15	24.32	
		25	22.74	25	22.76	25	20.64	25	19.89	25	20.36	25	24.03	25	24.98	25	26.18	25	25.74	25	22.98	25	22.71	25	24.65	
82	1986	6	19.53	6	19.84	6	19.85	6	20.51	6	19.32	6	20.65	6	20.66	6	22.10	6	22.33	6	19.95	6	20.67	6	20.50	20.69
		16	19.94	16	18.36	16	19.81	16	20.16	16	21.41	16	20.16	16	19.17	16	24.83	16	21.01	16	21.73	16	20.61	16	20.61	
		26	19.79	26	19.70	26	19.90	26	20.78	26	20.37	26	21.27	26	23.71	26	22.25	26	21.09	26	20.94	26	20.96	26	21.13	
	1987	6	20.39	6	18.89	6	21.01	6	21.30	6	20.52	6	21.17	6	21.86	6	22.17	6	24.79	6	21.25	6	21.19	6	21.70	21.58
		16	21.47	16	20.87	16	20.96	16	21.30	16	21.27	16	21.56	16	22.72	16	22.47	16	22.55	16	22.16	16	20.79	16	21.42	
		26	21.10	26	21.07	26	20.66	26	21.14	26	21.41	26	21.54	26	22.65	26	25.54	26	22.26	26	21.93	26	20.71	26	21.69	

续表

点号	年份	1月		2月		3月		4月		5月		6月		7月		8月		9月		10月		11月		12月		年平均
		日	水位	日	水位	日	水位	日	水位	日	水位	日	水位	日	水位	日	水位	日	水位	日	水位	日	水位	日	水位	
82	1988	6	21.29	6	21.12	6	20.97	6	20.39	6	21.41	6	21.72	6	21.51	6	24.69	6	22.29	6	20.75	6	19.44	6	20.08	21.32
		16	20.35	16	21.00	16	21.42	16	21.31	16	21.21	16	21.69	16	22.89	16	23.05	16	21.49	16	19.87	16	20.11	16	20.49	
		26	20.92	26	20.96	26	21.14	26	21.48	26	21.47	26	21.99	26	24.09	26	22.14	26	20.20	26	20.20	26	20.01	26	21.22	
	1989	6	21.45	6	21.21	6	20.25	6	20.63	6	19.64	6	22.12	6	22.94	6	23.82	6	21.69	6	20.43	6	21.29	6	21.25	21.51
		16	21.23	16	20.96	16	20.36	16	20.80	16	20.79	16	21.72	16	22.60	16	23.19	16	21.67	16	21.21	16	21.35	16	21.83	
		26	21.24	26	20.49	26	20.51	26	21.57	26	20.95	26	21.81	26	24.38	26	21.97	26	21.47	26		26	21.95	26	22.11	
	1990	5	22.13	5	20.99	5	21.82	5	21.92	5	21.90	5	23.44	5	22.97	5	22.90	5	22.81	5	23.11	5	22.32	5	22.64	22.55
		15	22.33	15	21.78	15	22.09	15	22.17	15	22.47	15	24.07	15	23.48	15	23.67	15	22.55	15	22.81	15	22.52	15	22.05	
		25	22.30	25	21.76	25	22.00	25	22.13	25	22.69	25	23.45	25	24.00	25	24.05	25	22.92	25	21.69	25	21.59	25	22.10	
	1991	5	22.22	5	22.61	5	23.28	5	23.02	5	22.74	5	23.92	5	25.00	5	27.38	5	25.79	5	24.34	5	24.65	5	24.29	24.34
		15	22.79	15	23.36	15	23.25	15	22.98	15	22.86	15	24.06	15	26.60	15	25.94	15	25.82	15	25.11	15	24.98	15	24.75	
		25	23.56	25	22.58	25	22.91	25	23.56	25	23.89	25	24.91	25	27.47	25	25.90	25	25.24	25	25.09	25	24.97	25	24.52	
	1992	5	24.59	5	26.79	5	25.55	5	25.93	5	25.10	5	28.61	5	26.73	5	30.34	5	28.32	5	25.13	5	26.05	5	26.92	26.53
		15	25.36	15	25.83	15	25.00	15	26.16	15	25.44	15	26.67	15	26.91	15	29.12	15	27.61	15	24.85	15	25.43	15	27.37	
		25	26.12	25	25.92	25	25.59	25	25.89	25	25.76	25	26.91	25	28.43	25	28.45	25	27.35	25	25.34	25	25.92	25	27.72	
86	1986	4	17.72	4	18.44	4	19.47	4	19.64	4	19.61	4	⟨26.21⟩	4	20.20	4	21.79	4	20.02	4	20.02	4	19.64	4	21.20	19.83
		14	17.67	14	18.53	14	19.53	14	19.23	14	⟨25.74⟩	14	19.94	14	20.79	14	22.83	14	20.16	14	20.40	14	19.31	14	19.50	
		24	17.59	24	18.56	24	19.67	24	19.45	24	20.60	24	20.13	24	21.59	24	21.32	24	20.23	24	19.67	24	19.66	24	20.17	
	1987	4	19.63	4	19.49	4	19.39	4	19.78	4	19.73	4	19.84	4	21.07	4	21.12	4	21.96	4	21.32	4	20.32	4	20.66	20.47
		14	20.19	14	19.46	14	19.72	14	19.76	14	19.89	14	20.14	14	21.06	14	21.25	14	21.45	14	20.75	14	20.80	14	20.16	
		24	19.81	24	19.85	24	19.86	24	19.67	24	20.46	24	21.16	24	21.07	24	22.16	24	21.56	24	20.47	24	20.60	24	21.32	
	1988	4	21.41	4	20.89	4	19.70	4	20.51	4	21.53	4	21.31	4	21.99	4	22.17	4	21.02	4	21.48	4	20.93	4	20.89	21.02
		14	20.48	14	20.67	14	20.54	14	21.05	14	21.10	14	21.12	14	21.69	14	21.85	14	21.12	14	20.32	14	20.71	14	21.06	
		24	20.69	24	20.58	24	20.02	24	21.03	24	21.12	24	21.86	24	21.00	24	21.24	24	20.60	24	21.02	24	20.86	24	21.10	

第二章　咸阳市

续表

点号	年份	1月 日	1月 水位	2月 日	2月 水位	3月 日	3月 水位	4月 日	4月 水位	5月 日	5月 水位	6月 日	6月 水位	7月 日	7月 水位	8月 日	8月 水位	9月 日	9月 水位	10月 日	10月 水位	11月 日	11月 水位	12月 日	12月 水位	年平均
86	1989	4	20.74	4	21.08	4	20.79	4	20.81	4	20.79	4	21.84	4	22.49	4	22.92	4	21.32	4	21.01	4	22.26	4	22.45	
86		14	20.94	14	20.40	14	21.14	14	20.64	14	20.78	14	21.30	14	22.19	14	21.32	14	21.24	14	21.25	14	21.86	14	22.42	21.44
86		24	20.96	24	20.76	24	20.58	24	20.78	24	21.09	24	22.17	24	22.89	24	21.38	24	21.34	24		24	22.05	24	22.40	
86	1990	4	22.47	4	21.88	4	22.01	4	21.98	4	21.46	4	23.76	4	22.08	4	22.61	4	22.45	4	22.08	4	22.41	4	22.64	
86		14	22.19	14	22.24	14	22.50	14	21.96	14	22.17	14	23.32	14	23.07	14	23.05	14	22.38	14	22.39	14	22.38	14	22.64	22.41
86		24	22.28	24	22.08	24	22.36	24	21.65	24	22.38	24	22.21	24	23.06	24	23.03	24	22.43	24	21.95	24	22.30	24	22.75	
86	1991	4	23.09	4	22.26	4	22.95	4	22.78	4	22.55	4	22.73	4	24.48	4	24.48	4	23.94	4	23.24	4	22.00	4	24.30	
86		14	22.81	14	22.57	14	23.02	14	22.49	14	23.15	14	22.75	14	25.30	14	24.58	14	23.89	14	21.62	14	23.61	14	25.07	23.40
86		24	22.61	24	22.75	24	22.31	24	22.63	24	23.01	24	23.45	24	25.53	24	24.38	24	23.79	24	23.63	24	24.25	24	24.38	
86	1992	5	24.14	5	25.37	5	24.09	5	24.22	5	24.38	5	23.63	5	25.68	5	26.51	5	25.33	5	24.08	5	25.18	5	25.41	
86		15	24.01	15	25.14	15	24.21	15	23.84	15	24.28	15	25.29	15	26.35	15	26.21	15	24.92	15	24.56	15	25.10	15	24.38	24.86
86		25	24.57	25	24.52	25	23.88	25	24.17	25	24.94	25	25.00	25	26.06	25	25.28	25	24.84	25	25.21	25	25.30	25	25.05	
87	1988	14	32.47	14	32.41	14	32.46	14	32.18	14	32.55	14	32.81	14	32.80	14	32.41	14	32.45	14	32.43	14	32.32	14	32.56	32.49
87	1989	14	32.56	14	33.48	14	33.73	14	33.77	14	34.38	14	35.17	14	34.57	14	34.19	14	36.31	14	35.03	14	34.60	14	30.53	34.03
87	1990	14	35.21	14	33.69	14	34.83	14	36.17	14	35.76	14	36.04	14	37.16	14	35.27	14	36.03	14	35.38	14	36.56	14	37.18	35.77
87	1991	15	34.93	15	35.58	15	36.49	15	35.35	15	36.23	15	37.77	15	40.74	15	40.93	15	40.34	15	40.59	15	38.75	15	38.36	38.01
87	1992	15	38.47	15	38.03	15	38.07	15	38.21	15	38.10	15	38.55	15	40.86	15	40.68	15	40.31	15	39.34	15	39.09	15	39.07	39.07
87	1993	15	39.19	15	38.92	15	39.13	15	38.58	15	38.37	15	38.83	15	39.28	15	39.47	15	39.73	15	39.18	15	39.04	15	39.43	39.10
89	1986	6	16.64	6	17.90	6	18.02	6	18.03	6	17.63	6	18.43	6	18.95	6	20.21	6	20.40	6	18.47	6	18.54	6	18.75	
89		16	16.09	16	16.58	16	17.97	16	18.57	16	19.42	16	18.65	16	19.29	16	22.28	16	19.17	16	19.88	16	18.72	16	18.72	18.65
89		26	15.57	26	17.89	26	18.05	26	18.27	26	18.49	26	18.52	26	21.37	26	20.27	26	19.06	26	18.96	26	18.69	26	19.08	
89	1987	6	18.58	6	17.75	6	18.86	6	18.92	6	18.62	6	19.06	6	19.90	6	20.31	6	25.33	6	19.46	6	20.11	6	19.80	
89		16	19.39	16	18.97	16	19.02	16	19.24	16	19.16	16	19.54	16	20.78	16	20.93	16	20.38	16	20.86	16	19.17	16	19.90	19.89
89		26	19.12	26	19.02	26	18.86	26	19.12	26	19.27	26	19.57	26	20.36	26	23.38	26	22.79	26	22.00	26	19.14	26	19.50	

点号	年份	1月 日	1月 水位			2月 日	2月 水位			3月 日	3月 水位			4月 日	4月 水位			5月 日	5月 水位			6月 日	6月 水位			7月 日	7月 水位			8月 日	8月 水位			9月 日	9月 水位			10月 日	10月 水位			11月 日	11月 水位			12月 日	12月 水位			年平均
89	1988	6	20.08			6	19.33			6	19.20			6	19.16			6	19.46			6	19.97			6	20.06			6	21.89			6	19.89			6	18.80			6	17.80			6	18.18			19.33
		16	18.78			16	19.08			16	19.68			16	19.33			16	19.48			16	19.61			16	20.72			16	21.46			16	19.10			16	18.23			16	18.08			16	17.88			
		26	19.23			26	19.19			26	19.19			26	19.58			26	19.64			26	20.15			26	21.30			26	19.56			26	19.18			26	18.06			26	17.66			26	17.82			
	1989	6	19.77			6	18.38			6	18.22			6	18.87			6	18.17			6	20.00			6	20.94			6	21.19			6	19.96			6	18.43			6	19.49			6	19.61			19.44
		16	18.46			16	18.00			16	18.29			16	18.92			16	18.73			16	19.70			16	20.73			16	21.03			16	19.86			16	19.24			16	19.67			16	19.43			
		26	18.44			26	18.58			26	18.49			26	19.08			26	19.21			26	19.85			26	21.66			26	20.81			26	19.77			26				26	20.17			26	19.35			
	1990	5	19.09			5	19.11			5	19.06			5	20.75			5	19.40			5	21.11			5	20.62			5	21.34			5	21.25			5	21.28			5	21.27			5	21.55			20.49
		15	18.98			15	19.14			15	19.03			15	19.25			15	20.76			15	21.12			15	21.81			15	19.42			15	21.17			15	21.22			15	21.13			15	20.56			
		25	19.05			25	18.99			25	19.38			25	19.47			25	20.78			25	21.52			25	22.80			25	22.00			25	21.20			25	21.23			25	21.08			25	20.59			
	1991	5	20.71			5	21.09			5	21.13			5				5	21.08			5	22.10			5	22.25			5	23.48			5	23.05			5	22.14			5	23.19			5	22.47			22.25
		15	20.94			15	21.08			15	21.31			15	21.58			15	21.01			15	22.07			15	23.90			15	23.45			15	23.50			15	22.94			15	22.16			15	22.98			
		25	20.99			25	21.10			25	21.26			25	21.58			25	22.05			25	22.14			25	24.19			25	23.36			25	23.26			25	23.15			25	22.67			25	22.68			
	1992	5	22.64			5	24.59			5	23.58			5	23.73			5	23.12			5	24.41			5	25.78			5	26.84			5	27.36			5	23.63			5	23.81			5	24.76			24.52
		15	22.34			15	24.94			15	23.64			15	23.41			15	23.35			15	24.56			15	25.21			15	27.25			15	26.76			15	23.30			15	23.05			15	24.99			
		25	23.91			25	24.14			25	24.01			25	23.39			25	23.70			25	25.43			25	25.56			25	26.99			25	26.05			25	23.14			25	23.70			25	25.60			
90	1986	6	18.64			6	19.09			6	19.01			6	18.79			6	17.77			6	19.81			6	20.29			6	21.48			6	21.00			6	17.07			6	19.49			6	19.75			19.43
		16	19.16			16	17.74			16	19.12			16	18.98			16	19.79			16	17.69			16	21.72			16	23.86			16	20.30			16	18.73			16	17.70			16	17.70			
		26	19.17			26	19.00			26	19.43			26	18.38			26	18.36			26	22.16			26	22.65			26	21.32			26	18.90			26	18.80			26	18.61			26	18.09			
	1987	6	17.87			6	16.59			6	17.17			6	19.44			6	18.28			6	19.74			6	19.10			6	18.57			6	22.57			6	18.50			6	17.42			6	17.75			18.68
		16	19.03			16	16.86			16	17.52			16	18.71			16	18.63			16	18.93			16	20.90			16	20.10			16	18.84			16	18.80			16	17.38			16	16.73			
		26	18.23			26	18.77			26	17.49			26	19.74			26	18.85			26	17.80			26	18.78			26	23.40			26	18.68			26	19.21			26	17.64			26	16.45			
	1988	6	18.42			6	16.09			6	15.90			6	19.41			6	20.02			6	20.65			6	18.77			6	22.04			6	20.93			6	19.98			6	17.98			6	18.31			18.83
		16	18.23			16	15.87			16	15.29			16	20.01			16	20.13			16	18.69			16	20.60			16	21.57			16	20.10			16	18.22			16	18.17			16	17.80			
		26	16.51			26	15.86			26	15.29			26	20.16			26	20.44			26	19.02			26	21.12			26	20.61			26	18.50			26	18.56			26	18.19			26	18.03			

续表

点号	年份	1月 日	1月 水位	1月 日	1月 水位	1月 日	1月 水位	2月 日	2月 水位	2月 日	2月 水位	2月 日	2月 水位	3月 日	3月 水位	3月 日	3月 水位	3月 日	3月 水位	4月 日	4月 水位	4月 日	4月 水位	4月 日	4月 水位	5月 日	5月 水位	5月 日	5月 水位	5月 日	5月 水位	6月 日	6月 水位	6月 日	6月 水位	6月 日	6月 水位	7月 日	7月 水位	7月 日	7月 水位	7月 日	7月 水位	8月 日	8月 水位	8月 日	8月 水位	8月 日	8月 水位	9月 日	9月 水位	9月 日	9月 水位	9月 日	9月 水位	10月 日	10月 水位	10月 日	10月 水位	10月 日	10月 水位	11月 日	11月 水位	11月 日	11月 水位	11月 日	11月 水位	12月 日	12月 水位	12月 日	12月 水位	12月 日	12月 水位	年平均
90	1989	6	16.98	16	19.26	26	19.14	6	19.08	16	18.75	26	18.95	6	18.26	16	16.92	26	16.64	6	17.05	16	17.86	26	17.76	6	17.99	16	17.36	26	17.80	6	17.76	16	18.63	26	18.86	6	20.48	16	22.10	26	19.04	6	19.60	16	18.99	26	17.81	6	19.12	16	18.73	26	19.17	6	18.02	16	18.73	26		6		16	18.86	26	20.91	6	19.60	16	19.68	26	19.73	18.63
90	1990	5	19.60	15	20.49	25	20.23	5	19.45	15	19.63	25	20.20	5	20.29	15	20.27	25	20.25	5	20.88	15	20.65	25	20.60	5	19.91	15	20.24	25	20.88	5	21.35	15	21.28	25	21.02	5	21.20	15	22.87	25	23.37	5	22.80	15	22.41	25	22.76	5	22.46	15	22.00	25	21.66	5	21.23	15	20.98	25	20.84	5	20.75	15	20.60	25	22.40	5	21.75	15	21.43	21.10
90	1991	5	21.60	15	21.84	25	22.05	5	22.55	15	22.34	25	21.58	5	22.57	15	22.14	25	21.85	5	21.55	15	21.55	25	22.90	5	22.22	15	22.90	25	22.92	5	21.78	15	22.36	25	23.47	5	23.49	15	25.76	25	24.89	5	24.83	15	24.73	25	23.49	5	23.31	15	23.33	25	23.31	5	22.21	15	22.30	25	21.83	5	21.90	15	22.49	25	22.33	5	22.01	15	22.08	25	21.96	22.68
90	1992	5	22.09	15	22.56	25	22.79	5	23.18	15	23.09	25	23.79	5	23.34	15	23.29	25	23.30	5	23.09	15	22.53	25	23.96	5	23.77	15	22.73	25	23.18	5	23.23	15	24.22	25	24.33	5	24.22	15	23.78	25	25.22	5	26.70	15	25.82	25	26.72	5	25.71	15	25.41	25	23.91	5	23.25	15	22.81	25	22.43	5	21.58	15	20.87	25	22.61	5	24.19	15	24.93	25	26.33	23.75
90	1993	4	24.37	14		24		4		14	26.22	24		4	24.00	14	23.59	24	23.18	4	25.04	14	24.92	24	27.42	4	24.48	14	22.78	24	25.02	4	25.05	14	24.97	24	25.08	4	25.17	14	19.51	24	24.44	4	24.52	14	25.33	24	25.45	4	25.54	14	25.48	24	25.03	4	24.98	14	23.75	24	23.88	4	23.33	14	23.41	24	24.46	4	24.35	14	24.23	24	24.32	24.42
90	1994	4	24.43	14	24.25	24		4	26.11	14	26.03	24		4	24.27	14	25.84	24	25.69	4	25.92	14	25.62	24	25.68	4	25.94	14	26.03	24	27.86	4	27.77	14	27.45	24	27.52	4	29.80	14	29.69	24	27.94	4	28.05	14	29.65	24	29.71	4	27.97	14	28.02	24	30.18	4	30.83	14	26.57	24	26.41	4	25.29	14	25.35	24	25.22	4	25.28	14	25.72	24	25.68	26.79
91	1986	6	17.55	16	16.60	26	17.72	6	16.58	16	15.34	26	16.61	6	16.74	16	17.82	26	17.03	6	18.16	16	17.65	26	17.12	6	16.76	16	18.95	26	16.39	6	18.16	16	17.80	26	20.13	6	18.89	16	19.87	26	20.60	6	19.91	16	22.29	26	19.25	6	19.96	16	18.05	26	18.73	6	17.06	16	19.25	26	17.68	6	17.27	16	17.11	26	17.93	6	17.40	16	17.11	26	17.58	18.03
91	1987	6	17.33	16	18.37	26	17.71	6	16.64	16	18.31	26	18.43	6	18.01	16	17.65	26	17.44	6	18.80	16	18.41	26	18.88	6	18.59	16	18.24	26	18.90	6	18.93	16	19.00	26	18.79	6	19.07	16	20.64	26		6	19.05	16	19.98	26	22.43	6	21.46	16	18.97	26	18.67	6	17.79	16	18.18	26	17.51	6	18.29	16	17.70	26	17.24	6	18.10	16	19.07	26	18.36	18.60

续表

点号	年份	1月 日	1月 水位	2月 日	2月 水位	3月 日	3月 水位	4月 日	4月 水位	5月 日	5月 水位	6月 日	6月 水位	7月 日	7月 水位	8月 日	8月 水位	9月 日	9月 水位	10月 日	10月 水位	11月 日	11月 水位	12月 日	12月 水位	年平均
91	1988	6	18.14	6	17.64	6	16.27	6	17.50	6	19.17	6	18.45	6	18.22	6	19.57	6	20.39	6	18.48	6	16.30	6	18.57	18.13
		16	17.29	16	17.49	16	17.83	16	17.63	16	18.09	16	18.52	16	19.60	16	19.10	16	17.91	16	16.82	16	16.63	16	18.35	
		26	18.03	26	17.50	26	17.97	26	19.27	26	18.78	26	18.71	26	20.07	26	17.89	26	17.85	26	16.77	26	16.93	26	19.12	
	1989	6	19.65	6	19.29	6	17.20	6	17.48	6	17.06	6	18.47	6	20.90	6	20.60	6	18.34	6	17.13			6	17.96	18.71
		16	18.03	16	19.01	16	17.14	16	17.47	16	17.34	16	19.69	16	19.48	16	20.81	16	17.78	16	17.53	16	17.92	16	19.24	
		26	19.40	26	17.79	26	17.26	26	16.88	26	17.46	26	19.08	26	24.79	26	22.65	26	17.67	26		26		26	19.09	
	1990	5	18.99	5	16.93	5		5	17.54	5	17.11	5	20.58	5	19.77	5	20.79	5	19.27	5	21.23	5	20.91	5	22.40	19.75
		15	19.41	15	18.61	15	17.89	15	17.65	15	18.17	15	21.39	15	22.04	15	21.73	15	18.37	15	20.98	15	20.75	15	21.25	
		25	19.44	25		25	17.59	25	17.55	25	18.10	25	21.00	25	21.21	25	22.03	25	18.00	25	20.84	25	20.60	25	21.43	
	1991	5	21.49	5	22.13	5	22.99	5	22.56	5	21.76	5	22.79	5	23.56	5	24.74	5	24.01	5	21.71	5	24.42	5	24.17	23.32
		15	22.09	15	22.16	15	22.65	15	22.63	15	20.99	15	22.82	15	27.83	15	25.07	15	24.06	15	21.82	15	24.17	15	24.35	
		25	24.33	25	21.65	25	22.49	25	23.00	25	21.05	25	23.45	25	26.89	25	25.07	25	24.01	25	23.36	25	24.28	25	24.06	
	1992	5	24.52	5	23.44	5	25.66	5	25.52	5	24.87	5	24.75	5	26.14	5	28.77	5	27.87	5	24.38	5	24.84	5	23.01	25.31
		15	24.55	15	25.25	15	25.21	15	25.12	15	24.43	15	25.96	15	25.75	15	28.32	15	27.39	15	24.33	15	24.27	15	23.52	
		25		25	25.75	25	25.75	25	25.47	25	24.56	25	26.06	25	27.54	25	27.74	25	25.60	25	23.87	25	23.62	25	23.07	
93	1986	4	21.53	4	21.62	4	21.67	4	22.33	4	21.90	4	22.86	4	23.06	4	23.78	4	24.12	4	21.54	4	21.95	4	22.10	22.59
		14	21.56	14	21.72	14	21.73	14	22.44	14	22.90	14	22.88	14	23.72	14	24.52	14	22.61	14	22.95	14	22.05	14	22.15	
		24	21.84	24	21.72	24	22.27	24	22.23	24	22.98	24	23.83	24	25.07	24	23.73	24	22.85	24	22.48	24	22.11	24	22.34	
	1987	4	22.24	4	21.59	4	22.76	4	22.43	4	22.10	4	23.14	4	22.32	4	23.42	4	25.88	4	22.78	4	23.01	4	23.21	23.07
		14	22.80	14	22.50	14	22.76	14	22.55	14	22.33	14	22.21	14	23.74	14	23.76	14	23.96	14	23.37	14	22.59	14	22.74	
		24	23.10	24	22.77	24	22.27	24	22.63	24	23.30	24	23.17	24	23.76	24	26.37	24	23.90	24	23.06	24	22.96	24	22.91	
	1988	4	22.69	4	23.11	4	22.32	4	22.83	4	22.60	4	23.10	4	23.36	4	23.87	4	22.18	4	21.69	4	21.33	4	21.77	22.66
		14	22.86	14	23.32	14	22.93	14	22.92	14	22.21	14	22.84	14	23.75	14	23.81	14	22.43	14	21.69	14	21.60	14	21.92	
		24	22.88	24	22.38	24	22.40	24	22.96	24	22.78	24	23.75	24	23.80	24	22.86	24	22.26	24	21.61	24	21.96	24	22.15	

续表

点号	年份	1月 日	1月 水位	2月 日	2月 水位	3月 日	3月 水位	4月 日	4月 水位	5月 日	5月 水位	6月 日	6月 水位	7月 日	7月 水位	8月 日	8月 水位	9月 日	9月 水位	10月 日	10月 水位	11月 日	11月 水位	12月 日	12月 水位	年平均
93	1989	4	22.44	4	22.09	4	21.37	4	21.71	4	21.30	4	22.21	4	23.32	4	24.05	4	22.46	4	21.26	4	22.37	4	22.36	22.24
		14	22.31	14	21.81	14	21.36	14	21.70	14	21.58	14	22.09	14	22.63	14	22.34	14	22.21	14	22.13	14	22.04	14	22.25	
		24	22.26	24	21.85	24	21.63	24	21.81	24	22.06	24	23.15	24	24.51	24	22.60	24	22.31	24		24	22.39	24	22.58	
	1990	4	22.23	4	21.83	4	22.40	4	22.47	4	21.43	4	22.84	4	22.61	4	23.11	4	22.64	4	21.25	4	22.28	4	22.67	22.53
		14	22.68	14	22.32	14	22.81	14	22.28	14	22.52	14	23.57	14	23.77	14	23.23	14	22.65	14	21.25	14	23.36	14	22.36	
		24	22.98	24	22.41	24	22.27	24	22.02	24	22.44	24	22.65	24	23.85	24	23.32	24	22.25	24	22.16	24	21.94	24	22.41	
	1991	4	22.84	4	22.76	4	22.75	4	22.81	4	22.23	4	22.47	4	24.36	4	24.06	4	23.87	4	22.72	4	23.28	4	23.51	23.22
		14	22.72	14	22.63	14	22.86	14	22.48	14	22.84	14	22.60	14	24.81	14	24.06	14	23.62	14	23.27	14	23.16	14	24.29	
		24	22.62	24	22.41	24	22.09	24	22.24	24	22.76	24	23.26	24	25.25	24	24.17	24	23.41	24	23.36	24	23.39	24	23.82	
	1992	5	24.02	5	24.45	5	23.76	5	23.38	5	23.27	5	23.96	5	24.84	5	26.07	5	24.77	5	23.16	5	23.80	5	23.66	24.13
		15	24.19	15	24.74	15	24.20	15	23.13	15	22.60	15	24.31	15	24.51	15	25.64	15	24.00	15	23.85	15	24.09	15	24.26	
		25	24.10	25	24.13	25	23.67	25	23.40	25	23.78	25	24.26	25	25.36	25	24.46	25	23.82	25	24.26	25	24.26	25	24.36	
97	1986	4	16.66	4	17.33	4	17.39	4	17.75	4	17.09	4	18.13	4	18.24	4	19.48	4	19.68	4	17.39	4	18.17	4	18.11	18.13
		14	17.33	14	16.03	14	17.33	14	17.57	14	18.08	14	18.32	14	18.93	14	20.63	14	⟨32.52⟩	14	18.80	14	18.09	14	18.18	
		24	17.36	24	17.24	24	17.27	24	⟨29.64⟩	24	17.81	24	18.71	24	19.87	24	19.38	24	18.98	24	18.31	24	18.35	24	18.31	
	1987	4	17.93	4	17.72	4	18.50	4	18.47	4	17.95	4	19.13	4	18.84	4	19.03	4	20.04	4	19.50	4	18.93	4	18.46	18.70
		14	18.47	14	18.45	14	18.70	14	17.55	14	18.26	14	18.27	14	19.79	14	18.41	14	17.50	14	18.85	14	18.94	14	18.92	
		24	19.00	24	18.30	24	18.46	24	18.10	24	19.26	24	18.73	24	19.48	24	20.30	24	18.91	24	19.22	24	18.62	24	18.35	
	1988	5	18.04	5	17.69	5	17.55	5	17.64	5	18.56	5	18.52	5	18.63	5	18.87	5	18.50	5	18.30	5	17.33	5	17.72	18.12
		15	17.60	15	17.71	15	17.67	15	17.72	15	19.05	15	18.61	15	18.72	15	18.80	15	18.46	15	18.36	15	17.36	15	18.15	
		25	17.50	25	17.60	25	17.60	25	17.89	25	18.75	25	19.00	25	18.04	25	18.74	25	18.54	25	17.32	25	17.44	25	18.48	
	1989	5	18.06	5	17.85	5	17.78	5	17.79	5	17.47	5	19.11	5	19.67	5	21.03	5	20.36	5	18.18	5		5	19.68	18.89
		15	17.75	15	17.80	15	17.96	15	17.92	15	17.78	15	18.36	15	19.40	15	21.04	15	20.03	15	19.19	15	19.76	15	19.61	
		25	18.27	25	17.75	25	17.84	25	18.55	25	18.23	25	18.66	25	21.03	25	19.95	25	19.75	25		25		25	19.81	

续表

点号	年份	1月 日	1月 水位	2月 日	2月 水位	3月 日	3月 水位	4月 日	4月 水位	5月 日	5月 水位	6月 日	6月 水位	7月 日	7月 水位	8月 日	8月 水位	9月 日	9月 水位	10月 日	10月 水位	11月 日	11月 水位	12月 日	12月 水位	年平均
97	1990	4	19.50	4	18.52	4	19.86	4	19.97	4	19.25	4	21.10	4	20.69	4	20.59	4	20.72	4	18.88	4		4	20.10	20.15
		14	20.02	14	19.79	14	20.02	14	20.08	14	20.06	14	21.33	14	21.08	14	21.82	14	20.55	14	19.29	14	19.57	14	20.40	
		24	19.81	24	19.97	24	20.00	24	20.22	24	19.73	24	21.18	24	21.22	24	21.40	24	18.61	24		24	19.49	24	20.12	
	1991	4	20.57	4	21.21	4	20.89	4	20.67	4	20.80	4	21.01	4	21.13	4	23.37	4	23.29	4	22.67	4	22.28	4	21.28	21.85
		14	20.86	14	21.49	14	21.14	14	20.70	14	22.47	14	21.03	14	23.29	14	23.53	14	23.31	14	22.73	14	22.27	14	21.71	
		24	20.73	24	20.23	24	20.99	24	21.08	24	22.50	24	21.11	24	23.47	24	23.45	24	23.25	24	22.31	24	21.91	24	21.70	
	1992	5	22.27	5	21.70	5	22.97	5	22.45	5	22.58	5	22.98	5	23.50	5	25.98	5	26.12	5	23.96	5	24.11	5	23.82	23.53
		15	22.30	15	21.30	15	22.50	15	22.29	15	22.63	15	22.73	15	24.78	15	26.13	15	25.97	15	24.05	15	22.97	15	25.05	
		25	21.95	25	21.20	25	22.50	25	22.36	25	23.14	25	22.98	25	25.42	25	25.38	25	25.38	25	23.89	25	23.09	25	24.63	
	1993	4		4		4	23.02	4	23.27	4	23.58	4	23.22	4	24.23	4	⟨39.22⟩	4	27.32	4	⟨37.04⟩	4	24.25	4	25.45	23.89
		14		14	⟨38.45⟩	14	23.69	14	24.21	14	23.28	14	23.30	14	⟨39.22⟩	14	⟨40.00⟩	14	26.87	14	⟨37.25⟩	14	25.15	14		
		24		24	27.00	24	22.37	24	18.07	24	23.49	24	24.52	24	⟨39.36⟩	24	23.25	24	⟨37.92⟩	24	⟨44.60⟩	24	25.35	24		
	1994	4	⟨37.35⟩	4	⟨30.96⟩	4	25.25	4	23.15	4	24.75	4	30.25	4	28.65	4	30.35	4	28.25	4	30.55	4	32.00	4	29.25	28.59
		14	⟨31.15⟩	14	⟨29.43⟩	14	25.75	14	22.25	14	29.45	14	27.55	14	27.50	14	33.80	14	29.45	14	32.65	14	32.45	14	30.45	
		24	27.15	24	26.56	24	24.85	24	21.35	24	31.05	24	30.55	24	29.55	24	27.50	24	33.20	24	29.40	24	29.45	24	28.65	
	1995	4	27.65	4		4	25.96	4	26.95	4	26.40	4	⟨36.25⟩	4	38.56	4	28.13	4	29.10	4	28.71	4	31.55	4	31.40	28.79
		14		14		14	26.70	14	25.99	14	25.78	14	35.46	14	26.95	14	24.10	14	⟨30.91⟩	14	28.94	14	31.94	14	29.53	
		24		24		24	26.74	24	26.82	24	28.38	24	35.75	24	29.20	24	26.03	24	⟨33.54⟩	24	28.03	24	31.83	24	27.40	
103	1986	5	18.37	5	19.08	5	18.99	5	18.99	5	⟨22.67⟩	5	19.34	5	19.63	5	20.62	5	20.94	5	19.09	5	19.42	5	19.23	19.43
		15	18.70	15	17.37	15	18.73	15	17.26	15	19.63	15	19.55	15	20.18	15	21.56	15	20.19	15	20.48	15	19.47	15	19.42	
		25	19.16	25	18.65	25	18.52	25	17.34	25	19.21	25	20.07	25	21.33	25	20.86	25	20.25	25	19.61	25	19.44	25	19.41	
	1987	5	19.16	5	19.15	5	19.99	5	19.18	5	18.86	5	19.60	5	20.28	5	19.94	5	21.01	5	20.49	5	20.33	5	20.03	19.92
		15	19.86	15	19.47	15	19.48	15	19.53	15	19.11	15	19.19	15	20.64	15	20.33	15	20.59	15	20.65	15	20.34	15	20.18	
		25	19.83	25	19.67	25	19.09	25	19.62	25	19.27	25	19.69	25	20.52	25	21.25	25	20.10	25	20.53	25	20.16	25	19.85	

第二章 咸阳市

续表

点号	年份	1月 日	1月 水位	2月 日	2月 水位	3月 日	3月 水位	4月 日	4月 水位	5月 日	5月 水位	6月 日	6月 水位	7月 日	7月 水位	8月 日	8月 水位	9月 日	9月 水位	10月 日	10月 水位	11月 日	11月 水位	12月 日	12月 水位	年平均
103	1988	4	19.66	4	19.89	4	19.54	4	19.54	4	19.54	4	19.49	4	19.32	4	19.79	4	19.87	4	19.74	4	19.47	4	19.81	19.65
		14	19.53	14	19.84	14	19.59	14	19.63	14	19.29	14	19.42	14	19.38	14	20.04	14	19.89	14	19.81	14	19.49	14	19.96	
		24	19.83	24	19.57	24	19.49	24	19.84	24	19.46	24	19.79	24	19.35	24	19.41	24	19.91	24	19.61	24	19.62	24	20.03	
	1989	4	19.81	4	19.41	4	19.03	4	18.92	4	19.61	4	20.75	4	21.50	4	21.39	4	21.08	4	19.99	4	20.27	4	20.51	20.28
		14	19.63	14	18.80	14	19.15	14	19.53	14	19.42	14	20.11	14	21.13	14	22.82	14	20.98	14	20.03	14	19.83	14	20.94	
		24	19.71	24	19.05	24	19.04	24	19.59	24	20.37	24	20.86	24	22.56	24	20.90	24	20.83	24	20.57	24	20.91	24	21.20	
	1990	4	20.67	4	19.57	4	19.04	4	21.28	4	20.35	4	21.68	4	22.06	4	22.81	4	21.58	4	20.12	4	20.91	4	21.83	21.18
		14	21.27	14	19.28	14	18.95	14	20.92	14	21.28	14	22.29	14	22.45	14	22.42	14	21.61	14	20.74	14	21.25	14	21.23	
		24	21.03	24	18.95	24	20.44	24	20.97	24	21.47	24	22.33	24	22.96	24	22.14	24	21.57	24	21.51	24	21.22	24	21.49	
	1991	4	21.96	4	22.32	4	22.17	4	22.06	4	21.71	4	22.36	4	23.77	4	23.55	4	22.31	4	21.95	4	22.07	4	21.72	22.72
		14	22.30	14	22.29	14	22.44	14	22.24	14	22.42	14	22.78	14	24.26	14	24.03	14	22.05	14	29.14	14	23.21	14	23.54	
		24	22.09	24	21.64	24	22.02	24	21.79	24	22.25	24	22.90	24	24.09	24	23.76	24	22.33	24	22.54	24	22.96	24	20.91	
	1992	4	22.29	4	22.05	4	23.65	4	23.37	4	23.59	4	23.79	4	25.24	4	26.54	4	25.97	4	23.92	4	24.31	4	24.57	24.25
		14	21.82	14	22.10	14	24.22	14	24.20	14	23.15	14	24.42	14	25.16	14	26.43	14	26.23	14	24.38	14	24.01	14	24.61	
		24	21.94	24	24.60	24	24.02	24	24.09	24	23.49	24	24.49	24	25.41	24	25.42	24	26.16	24	24.19	24	24.64	24	24.67	
107	1986	4	16.60	4	16.50	4	17.57	4	17.67	4	16.73	4	17.83	4	18.38	4	19.40	4	19.51	4	18.17	4	18.11	4	18.17	17.92
		14	17.36	14	16.60	14	17.47	14	18.04	14	⟨20.42⟩	14	17.20	14	18.55	14	20.16	14	18.26	14	18.86	14	17.84	14	17.70	
		24	15.89	24	16.18	24	17.18	24	17.55	24	17.77	24	18.38	24	19.49	24	19.10	24	18.26	24	18.23	24	18.05	24	18.30	
	1987	4	17.76	4	17.84	4	18.63	4	18.08	4	17.73	4		4	18.84	4	19.13	4	18.25	4	18.36	4	18.80	4	19.08	18.49
		14	18.51	14	18.17	14	18.35	14	18.14	14	17.80	14	18.04	14	19.10	14	19.12	14	18.92	14	18.92	14	18.35	14	18.34	
		24	18.40	24	18.36	24	18.26	24	18.30	24	18.80	24	18.32	24	19.58	24	20.10	24	18.76	24	18.76	24	18.54	24	18.73	
	1988	4	18.40	4	17.68	4	18.05	4	18.42	4	18.21	4	19.02	4	19.49	4	20.20	4	17.24	4	18.95	4	18.17	4	17.87	18.51
		14	18.10	14	18.85	14	17.96	14	18.93	14	18.93	14	19.11	14	19.90	14	19.45	14	19.07	14	17.97	14	18.09	14	18.51	
		24	17.80	24	18.21	24	18.04	24	18.49	24	18.93	24	16.46	24	20.30	24	19.54	24	18.89	24	17.89	24	18.15	24	17.20	

续表

点号	年份	1月 日	1月 水位	2月 日	2月 水位	3月 日	3月 水位	4月 日	4月 水位	5月 日	5月 水位	6月 日	6月 水位	7月 日	7月 水位	8月 日	8月 水位	9月 日	9月 水位	10月 日	10月 水位	11月 日	11月 水位	12月 日	12月 水位	年平均
107	1989	4	18.50	4	18.50	4	17.19	4	18.55	4	18.45	4	19.45	4	20.26	4	20.34	4	17.07	4	18.69	4	17.43	4	17.08	18.59
		14	18.41	14	18.27	14	18.35	14	18.74	14	18.40	14	19.08	14	20.01	14	20.60	14	17.01	14	18.64	14	17.15	14	17.34	
		24	18.45	24	17.57	24	18.20	24	18.90	24	19.10	24	19.62	24	21.24	24	17.25	24	18.49	24	17.55	24	19.46	24	19.77	
	1990	4	〈22.57〉	4	18.99	4	19.33	4	19.90	4	19.10	4	19.81	4	20.71	4	21.43	4	20.15	4	18.86	4	〈22.70〉	4	20.58	19.91
		14	20.84	14	18.86	14	19.25	14	19.70	14	19.37	14	19.94	14	21.21	14		14	20.41	14	19.35	14	20.03	14	20.03	
		24	19.60	24	18.75	24	19.12	24	19.78	24	20.03	24	〈24.21〉	24	21.69	24	20.63	24	20.20	24	20.34	24	18.88	24	20.28	
	1991	4	20.60	4	21.15	4	20.89	4	20.93	4	20.97	4	21.05	4	21.69	4	22.99	4	22.83	4	22.19	4	22.36	4	22.08	21.83
		14	21.04	14	21.35	14	21.24	14	21.13	14	21.30	14	21.17	14	22.53	14	22.81	14	23.38	14	22.20	14	21.87	14	22.14	
		24	20.83	24	20.34	24	20.84	24	20.53	24	21.22	24	22.59	24	23.75	24	22.73	24	22.22	24	22.17	24	21.97	24	22.31	
	1992	4	22.81	4	22.25	4	22.53	4	22.38	4	22.21	4	22.75	4	24.06	4	23.57	4	24.66	4	22.65	4	22.97	4	22.74	23.06
		14	22.31	14	22.32	14	22.19	14	21.97	14	21.48	14	23.35	14	23.90	14	23.23	14	24.95	14	23.16	14	22.52	14	23.37	
		24	22.39	24	23.36	24	22.77	24	23.07	24	21.91	24	23.47	24	23.87	24	24.27	24	24.52	24	22.10	24	23.33	24	23.93	
	1993	4	24.15	4	23.80	4	24.18	4	23.37	4	23.39	4		4	24.80	4	24.97	4	25.17	4	24.18	4	24.68	4	24.52	24.39
		14	23.89	14	23.66	14	23.93	14	23.46	14	23.82	14	25.64	14	24.78	14	24.74	14	25.28	14	24.33	14	24.71	14	24.99	
		24	22.77	24	23.64	24	23.63	24	24.00	24	23.51	24	25.69	24	25.17	24	25.57	24	25.82	24	24.46	24	24.73	24	24.94	
	1994	4	24.99	4	25.19	4	24.93	4	24.65	4	24.98	4	24.39	4	25.40	4	27.36	4	27.38	4	25.98	4	26.50	4	25.85	25.81
		14	25.15	14	25.03	14	24.87	14	25.10	14	26.35	14	24.26	14	25.99	14	27.40	14	27.42	14	26.28	14	26.35	14	25.26	
		24	25.08	24	24.97	24	24.89	24	25.11	24	25.48	24	24.26	24	26.50	24	27.19	24	27.37	24	26.22	24	26.18	24	〈28.62〉	
	1995	4	26.32	4	26.43	4	〈28.19〉	4	〈28.61〉	4	〈29.01〉	4	〈29.36〉	4	26.91	4	〈30.69〉	4	〈30.72〉	4	〈29.37〉	4	〈29.46〉	4	〈29.74〉	26.27
		14	26.51	14	〈28.68〉	14	〈28.66〉	14	〈28.93〉	14	〈29.12〉	14	〈29.98〉	14	〈30.56〉	14	〈30.34〉	14	〈30.44〉	14	〈29.62〉	14	〈29.60〉	14	25.72	
		24	26.37	24	〈28.21〉	24	〈28.81〉	24	〈28.74〉	24	〈28.23〉	24	〈30.26〉	24	〈30.66〉	24	〈30.55〉	24	〈30.23〉	24	〈29.28〉	24	〈29.46〉	24	〈28.87〉	
110	1986	4	13.60	4	13.87	4	13.82	4	13.76	4	13.39	4	13.89	4	13.90	4	15.09	4	15.22	4	14.04	4	13.92	4	14.01	14.05
		14	14.18	14	13.76	14	12.86	14	14.26	14	〈25.83〉	14	14.12	14	13.87	14	15.30	14	13.69	14	14.14	14	13.92	14	13.36	
		24	14.00	24	14.33	24	13.46	24	13.83	24	13.83	24	14.28	24	14.98	24	14.93	24	14.53	24	13.71	24	13.62	24	14.22	

续表

点号	年份	1月 日	1月 水位	2月 日	2月 水位	3月 日	3月 水位	4月 日	4月 水位	5月 日	5月 水位	6月 日	6月 水位	7月 日	7月 水位	8月 日	8月 水位	9月 日	9月 水位	10月 日	10月 水位	11月 日	11月 水位	12月 日	12月 水位	年平均
110	1987	4	13.83	4	13.63	4	14.34	4	12.92	4	13.71	4	13.54	4	14.01	4	14.35	4	14.78	4	13.74	4	13.14	4	13.77	14.02
		14	14.00	14	13.88	14	13.99	14	14.03	14	13.93	14	13.21	14	14.33	14	15.15	14	14.97	14	13.92	14	13.09	14	13.80	
		24	14.02	24	14.23	24	14.05	24	14.12	24	14.39	24	13.67	24	14.49	24	15.31	24	14.88	24	13.54	24	13.82	24	13.99	
	1988	4	12.97	4	13.83	4	13.98	4	14.01	4	14.46	4	14.35	4	13.89	4	14.35	4	12.76	4	12.91	4	13.05	4	13.25	13.65
		14	13.82	14	14.29	14	14.09	14	12.65	14	13.99	14	13.71	14	14.12	14	13.77	14	12.72	14	13.13	14	13.45	14	13.51	
		24	13.69	24	13.73	24	13.57	24	13.95	24	14.31	24	14.20	24	14.39	24	14.03	24	12.37	24	13.33	24	13.46	24	13.45	
	1989	4	13.47	4	13.55	4	13.75	4	13.81	4	12.76	4	13.89	4	14.38	4	14.45	4	14.05	4	13.22	4	13.45	4	14.09	13.80
		14	13.68	14	13.27	14	13.72	14	13.68	14	12.97	14	13.65	14	14.25	14	14.52	14	14.28	14	13.63	14	13.36	14	13.56	
		24	13.57	24	13.78	24	13.68	24	13.72	24	12.98	24	14.29	24	14.84	24	14.02	24	13.70	24	13.68	24	14.84	24	14.40	
	1991	4	14.91	4	15.50	4	14.68	4	14.45	4	15.43	4	14.54	4	15.58	4	16.16	4	16.14	4	15.55	4	15.47	4	16.06	15.50
		14	15.53	14	15.37	14	14.86	14	14.57	14	14.54	14	15.16	14	15.92	14	⟨22.81⟩	14	16.55	14	15.42	14	15.54	14	18.45	
		24	15.19	24	14.64	24	14.71	24	14.36	24	15.19	24	15.22	24	17.16	24	16.04	24	15.67	24	15.45	24	15.74	24	16.64	
	1992	4	16.37	4	16.83	4	16.76	4	16.67	4	16.78	4	17.02	4	17.60	4	18.63	4	18.39	4	16.75	4	17.12	4	17.49	17.17
		14	16.79	14	16.87	14	16.19	14	17.20	14	16.26	14	16.72	14	17.88	14	18.36	14	18.24	14	17.10	14	17.25	14	16.97	
		24	16.52	24	17.04	24	16.55	24	16.97	24	16.56	24	17.02	24	18.03	24	⟨35.82⟩	24	17.86	24	16.77	24	17.90	24	17.57	
116	1986	5	12.69	5	12.93	5	13.06	5	13.13	5	13.03	5	13.64	5	14.42	5	14.83	5	15.32	5	13.84	5	14.59	5	14.34	13.99
		15	13.15	15	11.89	15	13.11	15	13.65	15	14.08	15	13.46	15	14.75	15	15.26	15	15.23	15	14.51	15	14.73	15	14.48	
		25	13.16	25	13.11	25	13.00	25	13.41	25	13.71	25	14.06	25	15.37	25	15.55	25	14.53	25	14.69	25	14.20	25	14.67	
	1987	5	13.58	5	13.46	5	14.67	5	14.26	5	14.18	5	14.74	5	14.43	5	14.71	5	15.69	5	15.42	5	15.32	5	14.96	14.73
		15	14.64	15	13.98	15	14.19	15	15.14	15	13.80	15	14.18	15	14.39	15	15.22	15	14.72	15	15.36	15	15.18	15	15.50	
		25	14.34	25	14.13	25	15.35	25	14.23	25	15.01	25	14.36	25	14.92	25	15.80	25	15.35	25	15.34	25	15.10	25	14.72	
	1988	4	14.08	4	14.02	4	13.88	4	14.07	4	14.51	4	14.92	4	14.87	4	15.45	4	15.36	4	14.72	4	13.97	4	14.26	14.58
		14	14.16	14	14.18	14	14.09	14	14.21	14	14.67	14	14.80	14	14.83	14	15.32	14	15.20	14	15.14	14	13.89	14	14.72	
		24	14.31	24	13.76	24	14.16	24	14.37	24	14.74	24	15.19	24	14.96	24	15.14	24	15.18	24	14.74	24	14.16	24	14.80	

续表

点号	年份	1月			2月			3月			4月			5月			6月			7月			8月			9月			10月			11月			12月			年平均
		日	水位		日	水位		日	水位		日	水位		日	水位		日	水位		日	水位		日	水位		日	水位		日	水位		日	水位		日	水位		
116	1989	4	14.52		4	13.50		4	13.88		4	13.92		4	14.05		4	15.10		4	15.68		4	16.07		4	15.90		4	15.31		4	15.32		4	15.47		14.83
		14	14.34		14	13.60		14	13.97		14	14.04		14	14.77		14	12.69		14	15.20		14	16.09		14	15.51		14	15.12		14	15.36		14	15.24		
		24	14.38		24	13.69		24	13.84		24	13.86		24	15.20		24	15.00		24	16.16		24	15.54		24	15.42		24	15.78		24	14.75		24	15.48		
	1990	4	15.57		4	15.18		4	14.60		4	15.89		4	15.87		4	16.87		4	16.34		4	16.97		4	16.38		4	15.93		4	16.62		4	16.43		16.13
		14	16.42		14	14.92		14	14.76		14	15.84		14	16.73		14	16.81		14	17.03		14	17.22		14	16.66		14	16.06		14	16.25		14	16.11		
		24	16.16		24	13.90		24	15.86		24	15.92		24	16.16		24	15.87		24	16.86		24	17.14		24	16.32		24	16.58		24	16.39		24	15.99		
	1991	4	16.36		4	16.90		4	16.64		4	17.26		4	17.14		4	17.30		4	18.72		4	18.69		4	18.73		4	16.74		4	18.36		4	18.30		17.64
		14	17.00		14	16.72		14	17.06		14	16.58		14	17.11		14	17.68		14	19.16		14	19.00		14	18.56		14	16.87		14	16.82		14	18.09		
		24	16.48		24	15.95		24	17.11		24	17.23		24	17.56		24	17.97		24	19.31		24	19.12		24	18.10		24	18.14		24	18.24		24	18.09		
	1992	4	18.35		4	18.38		4	17.88		4	18.52		4	19.39		4	18.70		4	19.15		4	19.95		4	20.49		4	19.02		4	18.70		4	19.33		19.11
		14	18.64		14	18.34		14	18.47		14	18.50		14	18.20		14	19.02		14	18.54		14	20.47		14	20.37		14	18.56		14	19.00		14	19.29		
		24	18.31		24	18.45		24	18.44		24	21.88		24	18.92		24	18.79		24	19.90		24	20.12		24	19.93		24	18.92		24	19.02		24	19.95		
	1993	4	19.50		4	19.01		4	20.27		4	17.70		4	20.01		4	20.47		4	⟨28.30⟩		4	20.39		4	20.77		4	20.39		4	21.41		4	20.28		20.33
		14	19.57		14	19.64		14	20.34		14	19.85		14	19.92		14	21.05		14	21.11		14	20.99		14	20.76		14	21.17		14	20.78		14	21.03		
		24	18.93		24	19.75		24	19.94		24	18.87		24	20.12		24	21.24		24	21.36		24	21.05		24	21.38		24	20.85		24	21.00		24	20.74		
	1994	4	21.05		4	21.24		4	20.94		4	21.65		4	21.56		4	21.81		4	22.12		4	22.83		4	23.36		4	22.43		4	22.65		4	22.27		21.99
		14	20.78		14	21.08		14	20.89		14	21.15		14	21.87		14	21.86		14	22.39		14	23.28		14	23.37		14	22.79		14	22.67		14	21.55		
		24	21.18		24	20.99		24	21.41		24	21.52		24	21.58		24	21.81		24	22.92		24	21.99		24	23.30		24	21.97		24	22.54		24	22.81		
	1995	4	22.66		4	21.94		4	21.95		4	⟨29.15⟩		4	⟨29.39⟩		4	⟨29.84⟩		4	24.29		4	24.42		4	⟨30.80⟩		4	23.62		4	⟨29.34⟩		4	23.16		23.22
		14	22.63		14	22.44		14	21.26		14	⟨29.41⟩		14	23.06		14	23.42		14	24.21		14	24.72		14	⟨30.10⟩		14	23.15		14	23.63		14	22.82		
		24	22.72		24	21.96		24	22.58		24	⟨29.08⟩		24	⟨29.63⟩		24	23.93		24	⟨30.80⟩		24	24.52		24	23.60		24	⟨30.11⟩		24	23.75		24	24.00		
157	1995	6	26.69		6	28.40		6	27.32		6	27.02		6	26.85		6	27.88		6	29.13		6	29.56		6	28.63		6	28.42		6	26.28		6	28.17		27.95
		16	26.64		16	27.27		16	27.56		16	26.99		16	26.47		16	28.40		16	29.42		16	29.20		16	28.39		16	27.82		16	28.19		16	28.27		
		26	⟨37.35⟩		26	26.82		26	26.59		26	26.90		26	27.80		26	28.96		26	29.38		26	29.33		26	28.39		26	28.60		26	28.07		26	28.43		

第二章 咸阳市

续表

| 点号 | 年份 | 1月 | | 2月 | | 3月 | | 4月 | | 5月 | | 6月 | | 7月 | | 8月 | | 9月 | | 10月 | | 11月 | | 12月 | | 年平均 |
		日	水位	日	水位	日	水位	日	水位	日	水位	日	水位	日	水位	日	水位	日	水位	日	水位	日	水位	日	水位	
173	1994	7		7		7		7	16.60	7	15.53	7	15.40	7	16.93	7	19.08	7	18.95	7	17.50	7	⟨21.87⟩	7	16.56	
		17	16.13	17		17		17	16.84	17	16.30	17	15.82	17	16.90	17	16.46	17	17.53	17	17.43	17	⟨21.76⟩	17	15.87	16.82
		27	15.96	27		27		27	15.28	27	16.88	27	16.22	27	17.63	27	18.71	27	16.82	27	⟨21.82⟩	27	16.39	27	15.95	
	1995	7	15.71	7	15.40	7	17.21	7	16.22	7	16.06	7	16.26	7	20.74	7	20.92	7	19.38	7	18.37	7	18.00	7	18.16	
		17		17	18.99	17	17.41	17	16.15	17	17.39	17	19.30	17	21.02	17	20.07	17	18.65	17	18.65	17	17.97	17	18.30	17.98
		27		27	16.35	27	17.00	27	15.78	27	16.75	27	19.25	27	19.49	27	20.23	27	18.80	27	18.53	27	18.10	27	18.55	
188	1988	13	60.15	13	59.77	13	59.43	13	59.36	13	59.50	13	59.82	13	60.06	13	60.17	13	59.63	13	59.36	13	59.18	13	59.56	59.67
	1989	14	59.72	14	59.61	14	59.01	14	59.20	14	59.26	14	59.25	14	61.63	14	61.02	14	60.92	14	59.97	14	60.45	14	60.70	60.06
	1990	14	61.70	14	60.96	14	61.14	14	61.58	14	61.41	14	60.60	14	61.42	14	61.46	14	61.26	14	63.50	14	61.33	14	61.61	61.50
	1991	17	60.74	17	61.63	17	61.64	17	60.64	17	61.08	17	60.23	17	62.40	17	62.15	17	62.29	17	62.23	17	63.35	17	62.67	61.75
	1992	15	61.44	15	61.26	15	60.48	15	62.31	15	61.00	15	62.06	15	63.03	15	62.53	15	61.45	15	63.25	15	61.18	15	63.48	61.96
	1993	15	61.99	15	62.03	15	62.25	15	62.99	15	62.60	15	62.68	15	63.03	15	60.40	15	63.26	15	61.32	15	61.58	15	61.51	62.14
209	1988	6	15.28	6	14.88	6	14.90	6	14.57	6	14.57	6	15.18	6	15.08	6	14.85	6	14.86	6	14.80	6	14.13	6	14.68	14.87
		16	15.28	16	14.93	16	14.87	16	14.63	16	14.93	16	15.27	16	15.23	16	15.38	16	14.99	16	14.45	16	14.12	16	14.90	
		26	14.97	26	14.78	26	14.72	26	14.71	26	15.14	26	15.41	26	15.02	26	15.12	26	14.93	26	14.15	26	14.36	26	15.22	
	1989	6	14.98	6	14.70	6	14.71	6	14.99	6	15.22	6	15.48	6	15.87	6	18.44	6	16.04	6	15.65	6	15.23	6	15.48	15.62
		16	14.96	16	14.74	16	14.87	16	15.00	16	15.77	16	15.08	16	15.74	16	18.01	16	16.19	16	15.33	16	15.19	16	15.54	
		26	15.02	26	14.71	26	14.96	26	14.95	26	15.37	26	17.48	26	17.62	26	16.82	26	15.93	26	15.79	26	15.16	26	15.46	
	1990	6	14.98	6	15.04	6	14.80	6	15.84	6	15.03	6	16.41	6	16.10	6	16.56	6	16.00	6	7.70	6	16.23	6	15.94	15.00
		16	15.75	16	14.86	16	14.86	16	15.93	16	9.93	16	17.50	16	7.60	16	16.27	16	15.84	16	15.62	16	16.36	16	15.83	
		26	15.96	26	14.62	26	15.87	26	15.28	26	15.07	26	17.13	26	16.52	26	16.56	26	7.91	26	15.85	26	15.64	26	16.49	
	1991	6	16.75	6	16.28	6	16.08	6	16.72	6	15.47	6	11.76	6	18.65	6	18.86	6	18.97	6	11.01	6	17.74	6	17.83	15.97
		16	17.28	16	15.80	16	16.16	16	15.12	16	15.50	16	12.43	16	19.74	16	18.90	16	13.10	16	10.87	16	16.91	16	18.39	
		26	16.11	26	15.92	26	16.18	26	16.11	26	12.91	26	12.01	26	20.08	26	19.06	26	12.48	26	12.05	26	17.65	26	17.90	

续表

点号	年份	1月 日	1月 水位	2月 日	2月 水位	3月 日	3月 水位	4月 日	4月 水位	5月 日	5月 水位	6月 日	6月 水位	7月 日	7月 水位	8月 日	8月 水位	9月 日	9月 水位	10月 日	10月 水位	11月 日	11月 水位	12月 日	12月 水位	年平均
209	1992	6	16.33	6	16.97	6	17.47	6	17.42	6	17.06	6	17.62	6	19.10	6	20.76	6	20.19	6	18.71	6	18.01	6	18.18	18.37
		16	18.84	16	17.39	16	17.44	16	17.66	16	16.79	16	18.96	16	19.12	16	21.18	16	19.90	16	18.28	16	17.65	16	18.84	
		26	18.71	26	17.83	26	16.68	26	17.42	26	17.46	26	18.47	26	20.03	26	19.88	26	20.18	26	18.10	26	17.78	26	19.00	
	1993	6	19.48	6	18.41	6	18.12	6	17.41	6	18.33	6	18.51	6	19.70	6	20.40	6	20.88	6	19.54	6	19.43	6	19.72	19.18
		16	19.70	16	18.48	16	18.51	16	18.26	16	18.39	16	19.11	16	20.22	16	20.26	16	20.50	16	18.88	16	19.38	16	19.22	
		26	17.86	26	18.24	26	18.30	26	17.95	26	18.47	26	19.98	26	18.98	26	21.20	26	20.31	26	19.47	26	19.36	26	19.63	
	1994	6	20.09	6	20.34	6	20.08	6	20.47	6	19.96	6	20.04	6	20.93	6	22.46	6	22.87	6	21.05	6	⟨30.95⟩	6	21.98	20.79
		16	20.32	16	18.57	16	20.10	16	20.10	16	20.34	16	19.40	16	20.46	16	22.13	16	21.52	16	21.48	16	22.51	16	21.50	
		26	20.31	26	19.52	26	19.33	26	19.95	26	21.11	26	20.13	26	21.54	26	22.60	26	21.44	26	20.57	26	21.89	26	20.69	
	1995	6	20.80	6	20.44	6	21.58	6	21.55	6	20.57	6	⟨31.73⟩	6	23.57	6	23.55	6	23.50	6	22.51	6	22.34	6	22.67	22.30
		16	20.58	16	⟨32.15⟩	16	⟨32.11⟩	16	21.37	16	⟨31.50⟩	16	⟨33.39⟩	16	⟨33.56⟩	16	24.26	16	22.36	16	22.68	16	22.74	16	22.77	
		26	⟨31.50⟩	26	21.21	26	21.47	26	⟨31.70⟩	26	⟨32.09⟩	26	22.84	26	⟨34.01⟩	26	23.36	26	22.56	26	23.01	26	22.65	26	22.85	
215	1989	6	13.60	6	13.07	6	13.08	6	14.16	6	13.28	6	14.26	6	⟨26.06⟩	6	15.80	6	14.03	6	13.31	6	13.16	6	14.20	13.78
		16	14.10	16	13.04	16	13.24	16	14.34	16	13.76	16	14.21	16	⟨25.10⟩	16	15.74	16	14.08	16	13.34	16	13.10	16	13.21	
		26	13.48	26	12.82	26	13.68	26	13.78	26	13.60	26	14.84	26	14.76	26	14.71	26	13.88	26	13.28	26	13.50	26	11.46	
	1990	6	15.33	6	15.88	6	⟨24.65⟩	6	14.14	6	⟨24.20⟩	6	⟨25.94⟩	6	⟨28.10⟩	6	14.50	6	13.50	6	13.63	6	14.43	6	⟨24.56⟩	13.77
		16	15.30	16	14.52	16	⟨25.30⟩	16	13.90	16	⟨24.24⟩	16	⟨24.16⟩	16	16.41	16	13.62	16	13.87	16	13.72	16	⟨24.33⟩	16	⟨24.43⟩	
		26	14.76	26	⟨24.10⟩	26	⟨24.57⟩	26	⟨24.13⟩	26	⟨24.55⟩	26	14.06	26	⟨28.15⟩	26	17.46	26	15.31	26	15.09	26	15.03	26	14.44	
	1991	6	14.60	6	15.61	6	15.16	6	⟨26.31⟩	6	15.32	6	14.91	6	17.86	6	16.75	6	15.75	6	15.40	6	15.54	6	15.96	15.62
		16	⟨26.53⟩	16	16.33	16	⟨26.93⟩	16	⟨25.81⟩	16	15.40	16	15.97	16	17.19	16	19.12	16	⟨26.14⟩	16	16.65	16	15.88	16	⟨23.68⟩	
		26	17.15	26	16.51	26	⟨26.79⟩	26	⟨26.36⟩	26	15.94	26	17.13	26	⟨27.24⟩	26	19.71	26	⟨26.03⟩	26	16.00	26	16.14	26	⟨26.30⟩	
	1992	6		6		6		6		6		6	16.80	6	17.27	6	⟨25.88⟩	6	⟨28.37⟩	6	16.16	6	16.31	6	⟨32.00⟩	16.51
		16		16		16		16		16		16		16		16		16		16		16		16	⟨32.46⟩	
		26		26		26		26		26		26		26		26		26		26		26		26	17.30	

续表

点号	年份	1月 日	1月 水位	2月 日	2月 水位	3月 日	3月 水位	4月 日	4月 水位	5月 日	5月 水位	6月 日	6月 水位	7月 日	7月 水位	8月 日	8月 水位	9月 日	9月 水位	10月 日	10月 水位	11月 日	11月 水位	12月 日	12月 水位	年平均
215	1993	6	⟨32.05⟩	6	⟨33.11⟩	6	⟨33.45⟩	6	⟨32.43⟩	6	⟨32.38⟩	6	⟨32.24⟩	6	⟨33.18⟩	6	⟨33.99⟩	6	⟨35.80⟩	6	⟨34.74⟩	6	16.66	6	⟨31.96⟩	16.22
		16	⟨31.79⟩	16	⟨32.23⟩	16	⟨33.80⟩	16	⟨32.41⟩	16	⟨32.34⟩	16	⟨32.94⟩	16	15.87	16	17.97	16	⟨35.90⟩	16	⟨34.65⟩	16	⟨34.90⟩	16	⟨32.02⟩	
		26	⟨31.72⟩	26	⟨31.82⟩	26	⟨31.88⟩	26	16.67	26	⟨32.83⟩	26	⟨33.12⟩	26	13.81	26	⟨35.86⟩	26	⟨36.05⟩	26	⟨34.87⟩	26	16.34	26	⟨32.48⟩	
	1994	6	⟨32.28⟩	6	⟨32.98⟩	6	⟨32.58⟩	6	⟨33.86⟩	6	⟨32.10⟩	6	⟨32.07⟩	6	⟨32.43⟩	6	⟨33.37⟩	6	20.40	6	19.24	6	⟨33.88⟩	6	⟨33.56⟩	19.32
		16	⟨32.51⟩	16	⟨33.10⟩	16	⟨32.57⟩	16	⟨32.14⟩	16	⟨32.09⟩	16	⟨31.83⟩	16	⟨32.67⟩	16	18.48	16	19.84	16	19.67	16	⟨34.81⟩	16	⟨33.48⟩	
		26	⟨32.44⟩	26	16.66	26	⟨31.56⟩	26	⟨32.27⟩	26	⟨32.14⟩	26	⟨32.24⟩	26	⟨33.08⟩	26	20.19	26	20.53	26	18.83	26	⟨34.95⟩	26	⟨33.14⟩	
	1995	6	⟨33.93⟩	6	⟨34.66⟩	6	⟨33.35⟩	6	⟨33.31⟩	6	⟨32.86⟩	6	⟨34.21⟩	6	⟨32.82⟩	6	19.23	6	22.63	6	22.05	6	21.95	6	22.22	21.81
		16	⟨33.37⟩	16	⟨35.50⟩	16	⟨33.30⟩	16	⟨33.61⟩	16	20.57	16	⟨35.05⟩	16	⟨31.11⟩	16	22.61	16	22.78	16	22.19	16	22.20	16	21.93	
		26	⟨34.25⟩	26	19.47	26	⟨33.22⟩	26	⟨33.69⟩	26	20.70	26	⟨35.42⟩	26	⟨31.94⟩	26	22.59	26	22.55	26	22.29	26	22.24	26	22.31	
218	1988	6	13.05	6	12.80	6	12.88	6	12.61	6	12.96	6	13.24	6	13.26	6	13.31	6	13.04	6	13.18	6	12.73	6	13.17	13.03
		16	12.68	16	12.82	16	12.96	16	12.79	16	13.17	16	13.31	16	13.25	16	13.23	16	13.56	16	12.73	16	12.74	16	13.38	
		26	12.66	26	12.75	26	12.66	26	12.69	26	13.29	26	13.51	26	12.96	26	13.13	26	13.38	26	12.62	26	12.94	26	13.50	
	1989	6	13.10	6	12.73	6	12.69	6	12.90	6	12.34	6	13.43	6	13.49	6	14.69	6	13.45	6	12.99	6	12.93	6	12.57	13.17
		16	12.97	16	12.69	16	12.80	16	12.81	16	12.87	16	13.13	16	14.09	16	14.43	16	13.36	16	13.04	16	12.34	16	12.98	
		26	13.04	26	12.61	26	12.87	26	12.86	26	13.05	26	14.26	26	14.64	26	14.07	26	13.33	26	13.04	26	13.03	26	12.55	
	1990	6	12.62	6	12.61	6	12.76	6	13.57	6	12.50	6	13.74	6	14.33	6	13.98	6	13.67	6	12.83	6	13.20	6	13.77	13.37
		16	13.10	16	12.83	16	12.97	16	13.23	16	12.36	16	14.14	16	14.05	16	15.13	16	13.13	16	13.20	16	13.36	16	12.66	
		26	13.03	26	12.71	26	13.62	26	12.71	26	12.82	26	13.65	26	14.80	26	13.91	26	13.36	26	13.20	26	13.44	26	14.20	
	1991	6	14.69	6	13.99	6	13.67	6	13.46	6	13.03	6	13.47	6	15.13	6	16.53	6	15.23	6	14.53	6	14.45	6	15.68	14.58
		16	14.35	16	13.52	16	13.51	16	13.30	16	13.43	16	13.47	16	16.51	16	16.86	16	14.81	16	14.67	16	14.36	16	15.76	
		26	13.82	26	13.79	26	13.64	26	13.67	26	14.06	26	14.98	26	16.87	26	16.51	26	14.98	26	14.41	26	14.66	26	15.23	
	1992	6	14.74	6	14.73	6	14.34	6	15.07	6	14.81	6	14.98	6	15.87	6	17.97	6	17.38	6	17.34	6	14.75	6	15.28	15.69
		16	18.79	16	14.93	16	14.91	16	14.73	16	14.55	16	15.82	16	15.84	16	18.25	16	16.85	16	14.53	16	15.18	16	15.66	
		26	15.26	26	15.24	26	14.61	26	14.93	26	14.97	26	15.78	26	15.99	26	17.05	26	16.73	26	15.38	26	15.34	26	16.34	

续表

点号	年份	1月 日	1月 水位	2月 日	2月 水位	3月 日	3月 水位	4月 日	4月 水位	5月 日	5月 水位	6月 日	6月 水位	7月 日	7月 水位	8月 日	8月 水位	9月 日	9月 水位	10月 日	10月 水位	11月 日	11月 水位	12月 日	12月 水位	年平均
218	1993	6	16.21	6	15.25	6	15.68	6	16.01	6	15.98	6	〈35.17〉	6	16.41	6	16.78	6	17.71	6	16.93	6	16.34	6	16.11	16.35
		16	16.44	16	15.98	16	15.61	16	15.99	16	15.98	16	16.48	16	17.36	16	14.48	16	17.64	16	16.62	16	16.57	16	16.44	
		26	15.58	26	15.81	26	15.93	26	15.93	26	16.06	26	16.87	26	15.96	26	17.53	26	17.57	26	16.88	26	16.27	26	16.82	
	1994	6	17.35	6	19.43	6	16.54	6	17.13	6	17.18	6	〈38.20〉	6	〈39.18〉	6	19.28	6	19.16	6	18.96	6	18.67	6	17.86	17.80
		16	17.48	16	16.43	16	16.71	16	17.19	16	17.49	16	〈38.97〉	16	〈40.08〉	16	19.61	16	16.92	16	18.46	16	18.54	16	17.16	
		26	17.41	26	16.73	26	16.66	26	17.19	26	18.09	26	〈39.29〉	26	〈40.38〉	26	〈41.29〉	26	18.26	26	18.54	26	17.96	26	17.79	
	1995	6	17.31	6	17.87	6	〈40.35〉	6	18.16	6	17.60	6	18.98	6	19.99	6	20.51	6	20.25	6	20.06	6	19.80	6	19.51	19.23
		16	17.37	16	18.27	16	18.44	16	18.06	16	18.14	16	19.45	16	20.24	16	20.98	16	20.32	16	19.45	16	19.71	16	19.79	
		26	18.14	26	〈39.83〉	26	〈39.29〉	26	17.70	26	18.75	26	19.42	26	20.36	26	20.42	26	19.85	26	19.89	26	19.60	26	20.09	
272	1987	4		4		4		4		4		4	19.62	4	19.23	4	20.31	4	20.86	4	20.01	4	20.03	4	19.98	20.15
		14		14		14		14		14		14	19.46	14	21.75	14	20.27	14	20.71	14	20.50	14	19.56	14	19.67	
		24		24		24		24		24		24	20.02	24	19.71	24	21.43	24	20.67	24	20.51	24	19.35	24	20.28	
	1988	4	20.17	4	19.60	4	19.28	4	19.45	4	19.03	4	19.75	4	20.36	4	20.65	4	19.87	4	18.71	4	18.15	4	18.23	19.62
		14	20.03	14	20.09	14	19.40	14	19.67	14	19.10	14	19.57	14	20.65	14	20.76	14	19.54	14	19.18	14	18.53	14	19.33	
		24	20.01	24	20.02	24	19.37	24	19.43	24	19.70	24	19.94	24	20.68	24	20.10	24	19.29	24	18.70	24	18.31	24	19.60	
	1989	4	19.37	4	19.75	4	18.55	4	18.98	4	19.15	4	19.84	4	21.32	4	22.20	4	20.98	4	20.06	4	20.05	4	20.33	20.07
		14	19.72	14	18.54	14	18.35	14	19.34	14	19.44	14	19.84	14	〈38.20〉	14	21.26	14	20.34	14	20.19	14	21.99	14	19.67	
		24	19.83	24	18.67	24	19.00	24	19.37	24	19.69	24	20.71	24	21.77	24	21.02	24	20.35	24	20.70	24	20.63	24	20.81	
	1990	7	20.47	7	20.23	7	19.65	7	20.33	7	20.56	7	21.46	7	21.13	7	21.56	7	21.05	7	20.33	7	20.47	7	21.61	20.94
		17	20.73	17	20.01	17	19.99	17	20.41	17	20.32	17	21.87	17	23.27	17	21.75	17	21.75	17	20.21	17	20.90	17	21.10	
		27	20.89	27	19.93	27	20.39	27	20.40	27	20.43	27	22.03	27	21.93	27	21.85	27	20.85	27	20.73	27	21.49	27	21.78	
	1991	7	21.93	7	21.17	7	21.08	7	21.63	7	〈30.45〉	7	22.13	7	23.73	7	22.34	7	22.81	7	〈29.71〉	7	23.16	7	22.33	22.35
		17	21.49	17	20.29	17	21.65	17	20.74	17	22.24	17	22.09	17	24.68	17	22.06	17	23.03	17	22.75	17	23.18	17	23.98	
		27	21.24	27	21.12	27	21.04	27	20.87	27	21.77	27	22.80	27	25.24	27	23.57	27	22.59	27	23.28	27	〈30.65〉	27	23.46	

续表

点号	年份	1月 日	1月 水位	2月 日	2月 水位	3月 日	3月 水位	4月 日	4月 水位	5月 日	5月 水位	6月 日	6月 水位	7月 日	7月 水位	8月 日	8月 水位	9月 日	9月 水位	10月 日	10月 水位	11月 日	11月 水位	12月 日	12月 水位	年平均
272	1992	7	22.89	7	24.79	7	23.67	7	23.88	7	23.55	7	23.61	7	25.02	7	26.83	7	26.56	7	24.35	7	23.34	7	23.70	
		17	24.20	17	23.93	17	23.97	17	24.18	17	23.43	17	25.10	17	25.28	17	27.24	17	26.33	17	23.62	17	22.76	17		24.41
		27	24.73	27	23.18	27	⟨31.59⟩	27	23.77	27	23.45	27	24.88	27	25.43	27	25.29	27	26.05	27	23.12	27	23.44	27		
312	1988	15	21.85	15	21.77	15	21.83	15	21.94	15	22.15	15	22.28	15	22.31	15	22.13	15	22.17	15	21.67	15	21.58	15	21.77	21.95
	1989	5	22.07	5	20.68	5	21.09	5	21.35	5	21.34	5	22.09	5	22.70	5	23.97	5	22.65	5	19.99	5	21.37	5	21.74	22.05
		15	22.04	15	22.07	15	20.94	15	22.20	15	21.37	15	22.33	15	23.00	15	23.79	15	22.52	15	20.08	15	21.53	15	21.97	
		25	22.02	25	22.09	25	22.97	25		25	21.54	25	22.60	25	24.36	25	23.72	25	21.95	25		25	21.57	25	22.09	
	1990	5	22.01	5	19.25	5	21.12	5	22.20	5	21.57	5	23.95	5	23.51	5	24.32	5	23.76	5	22.38	5	21.99	5	23.31	22.56
		15	23.33	15	23.36	15	23.44	15	21.64	15	21.60	15	22.89	15	24.95	15	23.29	15	22.78	15	22.46	15	22.86	15	23.36	
		25	23.38	25	23.44	25	23.83	25	21.49	25	21.59	25	23.07	25	⟨36.92⟩	25	24.44	25	22.35	25	23.34	25	22.67	25	23.32	
	1991	5	23.39	5	23.46	5	23.82	5		5		5	24.33	5	26.90	5	27.55	5	26.74	5	24.78	5	25.44	5	⟨32.04⟩	25.24
		15	⟨33.34⟩	15	⟨34.32⟩	15	⟨33.42⟩	15	26.37	15	24.65	15	24.91	15	28.16	15	26.92	15	26.42	15	25.75	15	24.98	15	⟨33.67⟩	
		25	⟨33.35⟩	25	⟨32.85⟩	25	27.20	25	26.21	25	24.90	25	25.84	25	28.19	25	26.94	25	25.81	25	25.14	25	26.13	25	⟨33.05⟩	
	1992	5	⟨34.39⟩	5	⟨33.31⟩	5	26.45	5	26.31	5	26.38	5	28.01	5	28.37	5	30.02	5	27.38	5	27.30	5	25.44	5	26.51	27.47
		15		15		15	⟨31.86⟩	15		15	26.08	15	27.93	15	28.62	15	29.67	15	28.54	15	25.67	15	26.37	15	26.72	
		25		25		25	27.20	25		25	26.39	25	27.97	25	29.19	25	34.13	25	27.37	25	26.62	25	26.39	25	27.00	
	1993	4		4		4		4	27.09	4	27.56	4	27.03	4	30.87	4	31.94	4	31.82	4	29.73	4	27.65	4	28.27	28.62
		14	28.34	14	28.41	14	27.10	14	26.84	14	27.48	14	26.67	14	30.68	14	31.67	14	30.34	14	27.76	14	27.70	14	27.87	
		24	28.83	24	26.81	24	27.32	24	27.00	24	27.39	24	26.56	24	30.28	24	31.60	24	29.88	24	27.76	24	27.81	24	28.43	
	1994	5	29.16	5	27.60	5	28.16	5	28.36	5	28.01	5	30.82	5	30.38	5	31.61	5	30.84	5	30.74	5	29.36	5	27.28	29.48
		15		15		15	28.28	15	28.82	15	28.69	15	30.98	15	31.33	15	31.91	15	30.76	15	29.45	15	29.68	15	27.83	
		25	26.01	25	27.84	25	28.48	25	28.64	25	31.30	25	30.15	25	30.91	25	31.83	25	30.88	25	28.53	25	29.54	25	28.50	
	1995	4	27.22	4	27.41	4	27.52	4	23.40	4	23.65	4	27.04	4	22.14	4	24.20	4	25.82	4	24.50	4	22.75	4	26.56	25.17
		14	27.71	14	27.74	14	27.41	14	26.24	14	25.55	14	24.05	14	23.55	14	23.38	14	23.06	14	23.75	14	24.00	14	27.03	
		24		24		24	25.41	24	25.50	24	25.48	24	24.19	24	21.76	24	27.48	24	22.84	24	23.24	24	24.48	24	26.21	

续表

点号	年份	1月 日	1月 水位	2月 日	2月 水位	3月 日	3月 水位	4月 日	4月 水位	5月 日	5月 水位	6月 日	6月 水位	7月 日	7月 水位	8月 日	8月 水位	9月 日	9月 水位	10月 日	10月 水位	11月 日	11月 水位	12月 日	12月 水位	年平均
317	1988	13	44.22	13	43.16	13	43.38	13	43.78	13	42.80	13	44.42	13	44.73	13	43.88	13	43.72	13	44.67	13	45.31	13	44.81	44.07
317	1989	15	45.40	15	45.97	15	45.10	15	45.12	15	46.24	15	46.91	15	48.00	15	44.98	15	47.24	15	46.94	15	47.94	15	45.74	46.30
317	1990	15	46.99	15	44.69	15	44.98	15	45.70	15	44.08	15	46.92	15	46.50	15	45.43	15	48.05	15	47.63	15	48.29	15	48.89	46.51
317	1991	14	45.98	14	43.72	14	48.38	14	46.58	14	48.20	14	48.26	14	49.10	14	54.43	14		14	52.23	14	50.22	14	49.29	48.76
317	1992	15	49.93	15	49.81	15	50.90	15	49.23	15	48.99	15	50.39	15	49.72	15	50.57	15	49.01	15	48.70	15	49.59	15	49.27	49.68
317	1993	15	49.60	15	49.66	15	43.45	15	48.49	15	48.71	15	48.85	15		15		15		15		15		15		48.13
339	1987	4	17.44	4	17.37	4	17.53	4	16.14	4	16.22	4	15.96	4	17.29	4	18.33	4	19.12	4	17.37	4	16.87	4	17.06	17.21
339	1987	14	17.77	14	18.03	14	17.20	14	16.35	14	15.10	14	15.67	14	16.97	14	17.71	14	17.77	14	17.67	14	17.17	14	17.03	
339	1987	24	17.37	24	17.50	24	17.35	24	16.54	24	16.80	24	16.21	24	16.53	24	20.72	24	17.27	24	17.52	24	16.80	24	17.67	
339	1988	4	17.66	4	16.95	4	16.42	4	16.55	4	16.40	4	17.18	4	18.20	4	17.52	4	16.22	4	16.01	4	14.81	4	16.50	16.72
339	1988	14	17.12	14	17.17	14	16.87	14	16.58	14	16.05	14	17.16	14	17.50	14	17.56	14	16.03	14	15.93	14	15.90	14	16.88	
339	1988	24	17.00	24	16.53	24	16.71	24	17.01	24	16.35	24	18.52	24	16.73	24	16.50	24	15.81	24	15.78	24	15.85	24	16.78	
339	1989	4	16.84	4	16.14	4	14.22	4	15.37	4	15.71	4	16.77	4	18.25	4	18.89	4	16.77	4	16.43	4	17.63	4	17.60	16.61
339	1989	14	16.13	14	16.10	14	14.45	14	14.79	14	15.91	14	16.50	14	16.25	14	18.19	14	16.72	14	17.00	14	17.27	14	17.60	
339	1989	24	16.60	24	15.14	24	16.00	24	15.89	24	16.29	24	17.30	24	18.61	24	16.54	24	16.40	24	15.60	24	17.51	24	17.64	
339	1990	4	17.42	4	17.27	4	17.37	4	17.40	4	17.24	4	17.96	4	19.13	4	19.49	4	17.95	4	17.02	4	17.27	4	18.02	17.95
339	1990	14	18.09	14	17.38	14	17.55	14	17.61	14	17.72	14	19.79	14	19.77	14	18.91	14	17.57	14	17.45	14	17.80	14	17.75	
339	1990	24	18.06	24	17.38	24	17.41	24	17.45	24	17.83	24	19.46	24	19.91	24	18.23	24	17.60	24	17.08	24	18.09	24	18.12	
339	1991	4	18.65	4	18.34	4	18.21	4	18.30	4	18.39	4	18.95	4	21.10	4	18.95	4	19.81	4	17.45	4	〈29.00〉	4	〈28.31〉	19.27
339	1991	14	18.70	14	18.20	14	18.60	14	19.36	14	18.24	14	20.27	14	20.80	14	24.33	14	19.67	14	17.57	14	20.14	14	〈28.37〉	
339	1991	24	17.80	24	17.63	24	18.15	24	18.47	24	20.33	24	19.78	24	21.60	24	24.67	24	18.40	24	17.45	24	20.14	24	17.81	
339	1992	5	20.04	5	20.19	5	19.58	5	19.92	5	19.79	5	20.18	5	20.54	5	20.23	5	21.78	5	19.24	5	20.27	5		20.26
339	1992	15	20.29	15	19.71	15	19.79	15	19.81	15	19.59	15	20.19	15	20.87	15	21.91	15	21.96	15	19.47	15	20.58	15		
339	1992	25	20.32	25	19.64	25	19.61	25	20.10	25	19.75	25	20.50	25	〈26.69〉	25	21.99	25	19.94	25	19.80	25	20.78	25		

续表

点号	年份	1月 日	1月 水位	2月 日	2月 水位	3月 日	3月 水位	4月 日	4月 水位	5月 日	5月 水位	6月 日	6月 水位	7月 日	7月 水位	8月 日	8月 水位	9月 日	9月 水位	10月 日	10月 水位	11月 日	11月 水位	12月 日	12月 水位	年平均
398	1986	6		6		6		6		6		6		6		6		6		6		6		6	21.39	
		16	21.98	16		16	21.65	16	21.77	16	20.54	16	21.43	16	21.73	16	22.05	16	23.09	16	22.23	16	21.05	16	21.45	21.49
		26	24.60	26	23.91	26	21.22	26	21.68	26	20.99	26	21.16	26	23.07	26	22.54	26	22.44	26	21.94	26	22.68	26	22.08	
	1987	6	21.78	6	21.98	6	21.21	6	21.42	6	21.82	6	21.58	6	22.92	6	23.49	6	22.25	6	22.76	6	21.68	6	21.90	
		16	22.45	16	22.13	16	22.08	16	21.37	16	21.79	16	22.86	16	23.43	16	21.20	16	23.98	16	21.24	16	21.48	16	21.66	22.10
		26	21.31	26	22.61	26	22.31	26	22.21	26	22.08	26	23.05	26	14.92	26	9.35	26	21.23	26	20.51	26	14.60	26	22.76	
	1988	6	22.32	6	22.92	6	22.10	6	22.52	6	22.70	6	23.62	6	14.47	6	23.90	6	17.00	6	19.93	6	19.95	6	20.72	
		16	19.30	16	22.06	16	17.72	16	17.56	16	11.79	16	15.76	16	15.97	16	16.33	16	16.13	16	14.13	16	20.45	16	19.80	20.79
		26	20.47	26	18.80	26	17.16	26	16.49	26	16.11	26	15.45	26	15.86	26	16.09	26	15.39	26	14.35	26	14.15	26	19.40	
	1989	5	18.72	5	18.20	5	17.29	5	17.26	5	16.45	5	15.49	5	16.00	5	16.25	5	15.01	5	14.55	5	14.57	5	14.30	
		15		15	18.37	15	14.80	15	14.99	15	18.29	15	15.18	15	14.59	15	16.33	15	14.60	15	14.38	15	14.39	15	13.90	16.11
		25	14.50	25	15.10	25	15.02	25	14.92	25	14.75	25	14.33	25	〈23.84〉	25	15.86	25	14.98	25	15.10	25	15.05	25	14.31	
	1990	5	14.72	5	15.04	5	14.83	5	〈22.13〉	5	15.38	5	12.38	5	16.28	5	15.45	5	〈47.09〉	5	15.01	5	14.97	5	15.20	
		15	15.73	15	14.86	15	15.02	15	18.84	15	17.94	15	17.68	15	17.83	15	19.38	15	18.96	15	19.07	15	15.12	15	15.14	15.09
		25	15.02	25	14.45	25	21.15	25	〈38.40〉	25	17.66	25	17.80	25	19.00	25	19.18	25	19.27	25	19.10	25	19.09	25	15.03	
	1991	5	14.62	5	22.70	5	20.10	5	14.70	5	17.93	5	18.26	5	19.35	5	19.15	5	18.66	5	19.40	5	25.29	5	25.24	
		15	21.84	15	21.51	15	19.85	15	26.44	15	26.17	15	26.28	15	27.87	15	28.46	15	27.82	15	25.38	15	26.05	15	26.33	19.67
		25	26.79	25	27.31	25	25.93	25	26.55	25	25.85	25	27.25	25	27.22	25	28.33	25	27.48	25	24.21	25	25.33	25	26.07	
	1992	5	26.92	5	26.70	5	26.49	5	26.63	5	26.20	5	27.18	5	28.53	5	27.57	5	27.40	5	25.86	5	25.98	5	26.40	
		15	27.26	15	26.51	15	26.35	15	26.55	15	26.84	15	27.35	15	26.53	15	26.25	15	29.05	15	28.07	15	24.17	15	25.67	26.66
		25	26.61	25	26.64	25	26.91	25	26.45	25	26.55	25	27.45	25	26.88	25	29.05	25	28.50	25	28.01	25	27.87	25	27.42	
	1993	5	26.08	5	26.71	5	27.03	5	26.65	5	26.77	5	27.76	5	26.04	5	28.75	5	28.26	5	27.71	5	28.24	5	28.12	
		15		15		15		15		15		15		15		15		15		15		15		15	27.45	27.29
		25	25.75	25	26.61	25	26.90	25		25		25		25		25		25		25		25	28.00	25	28.10	

续表

点号	年份	1月 日	1月 水位	2月 日	2月 水位	3月 日	3月 水位	4月 日	4月 水位	5月 日	5月 水位	6月 日	6月 水位	7月 日	7月 水位	8月 日	8月 水位	9月 日	9月 水位	10月 日	10月 水位	11月 日	11月 水位	12月 日	12月 水位	年平均
402	1986	6		6		6		6		6	20.91	6	21.43	6	22.09	6	22.72	6	22.52	6	20.86	6	21.17	6	21.30	
		16	21.97	16		16		16		16	21.37	16	21.89	16	22.33	16	24.15	16	21.99	16	22.80	16	21.31	16	21.52	21.91
		26	21.78	26	20.91	26	21.79	26	21.74	26	21.29	26	22.12	26	22.50	26	23.25	26	21.51	26	21.66	26	21.03	26	22.06	
	1987	6	21.80	6	21.35	6	21.32	6	22.04	6	21.02	6	21.88	6	22.47	6	20.77	6	23.65	6	22.12	6	22.11	6	22.47	
		16	22.21	16	19.88	16	21.58	16	21.69	16	21.78	16	21.73	16	23.38	16	22.58	16	22.87	16	22.20	16	22.64	16	21.78	22.07
		26	21.30	26	22.51	26	21.50	26	20.82	26	22.08	26	21.66	26	24.29	26	24.31	26	22.77	26	22.54	26	21.58	26	22.35	
	1988	6	21.32	6	22.39	6	21.25	6	22.10	6	22.44	6	22.92	6	22.93	6	23.96	6	22.55	6	21.16	6	20.39	6	20.32	
		16	21.26	16	21.86	16	21.03	16	22.35	16	22.42	16	22.76	16	23.41	16	23.49	16	21.64	16	20.49	16	20.61	16	21.07	21.98
		26	21.12	26	21.08	26	20.78	26	22.17	26	22.80	26	23.66	26	24.45	26	22.02	26	22.28	26	20.52	26	20.83	26	21.05	
	1989	7	21.14	7	20.28	7	21.47	7	22.08	7	22.22	7	22.21	7	23.14	7	24.42	7	23.28	7	22.04	7	21.78	7	22.50	
		17	22.48	17	21.00	17	22.01	17	22.39	17	22.27	17	21.38	17	22.87	17	22.65	17	23.74	17	21.96	17	22.05	17	22.65	22.26
		27	22.62	27	22.18	27	21.87	27	22.35	27	22.13	27	23.58	27	24.23	27	23.10	27	22.73	27	22.19	27	22.64	27	22.86	
	1990	7	22.49	7	21.83	7	21.67	7	23.53	7	23.12	7	24.61	7	23.57	7	24.83	7	23.91	7	22.37	7	23.13	7	23.57	
		17	23.82	17	21.79	17	22.17	17	23.65	17	23.19	17	24.70	17	24.25	17	⟨29.39⟩	17	23.60	17	22.56	17	23.38	17	23.59	23.35
		27	⟨31.16⟩	27	⟨30.77⟩	27	24.07	27	23.33	27	24.06	27	24.14	27	27.34	27	24.32	27	23.24	27	22.42	27	22.74	27	25.14	
	1991	7	⟨30.89⟩	7	22.46	7	24.11	7	23.13	7	23.78	7	24.58	7	25.56	7	26.22	7	26.15	7	24.86	7	25.93	7	25.34	
		17	25.17	17	23.66	17	23.24	17	23.87	17	25.01	17	24.67	17	27.03	17	26.42	17	24.95	17	24.97	17	25.51	17	26.09	25.03
		27	25.95	27	27.27	27	23.94	27	23.94	27	24.51	27	25.84	27	27.52	27	26.18	27	25.64	27	25.37	27	25.91	27	25.59	
	1992	7	27.22	7	27.55	7	26.09	7	26.56	7	⟨35.06⟩	7	27.96	7	27.51	7	28.84	7	29.26	7	25.39	7	25.00	7	26.54	
		17	27.22	17	27.64	17	26.59	17	⟨35.33⟩	17	26.29	17	26.90	17	27.87	17	28.51	17	29.05	17	24.89	17	25.44	17	26.03	26.93
		27	27.49	27	27.64	27	25.87	27	26.81	27	26.67	27	27.23	27	28.32	27	27.87	27	29.49	27	24.95	27	25.61	27	27.17	
411	1987	5	19.51	5	18.15	5	19.09	5	19.56	5	18.91	5	20.03	5	19.90	5	20.70	5	21.01	5	19.36	5	19.87	5	19.92	
		15	20.03	15	19.58	15	19.56	15	19.39	15	19.46	15	19.39	15	21.03	15	20.14	15	20.34	15	18.80	15	19.01	15	19.42	19.76
		25	⟨26.23⟩	25	19.71	25	19.46	25	19.50	25	19.99	25	19.89	25	21.51	25	20.09	25	20.72	25	19.68	25	18.89	25	19.93	

续表

点号	年份	1月 日	1月 水位	2月 日	2月 水位	3月 日	3月 水位	4月 日	4月 水位	5月 日	5月 水位	6月 日	6月 水位	7月 日	7月 水位	8月 日	8月 水位	9月 日	9月 水位	10月 日	10月 水位	11月 日	11月 水位	12月 日	12月 水位	年平均
411	1988	5	19.81	5	19.61	5	19.20	5	18.52	5	20.26	5	20.51	5	20.35	5	20.97	5	20.39	5	19.99	5	18.22	5	18.35	19.63
411	1988	15	19.45	15	19.67	15	18.98	15	19.87	15	19.82	15	19.90	15	21.06	15	19.22	15	19.20	15	18.57	15	18.66	15	18.72	
411	1988	25	19.77	25	18.75	25	18.93	25	20.18	25	20.38	25	21.51	25	20.39	25	20.55	25	20.03	25	18.07	25	19.21	25	19.44	
411	1989	5	18.76	5	18.80	5	17.63	5	19.67	5	20.05	5	20.78	5	21.36	5	22.47	5	20.75	5	19.24	5	19.79	5	19.81	19.96
411	1989	15	18.82	15	18.51	15	18.77	15	19.73	15	18.72	15	20.41	15	21.50	15	21.95	15	20.91	15	19.02	15	19.82	15	19.99	
411	1989	25	18.84	25	17.86	25	19.33	25	19.71	25	20.53	25	20.91	25	22.02	25	21.31	25	20.98	25		25	20.14	25	19.88	
411	1990	5	19.74	5	19.49	5	20.39	5	20.98	5	20.47	5	20.05	5	22.34	5	22.72	5	21.83	5	19.76	5	20.53	5	21.58	21.20
411	1990	15	20.97	15	20.34	15	20.85	15	21.12	15	21.08	15	22.91	15	23.41	15	22.14	15	21.28	15	20.67	15	21.08	15	21.40	
411	1990	25	21.41	25	20.57	25	20.28	25	20.87	25	20.75	25	21.87	25	23.34	25	22.62	25	21.08	25	20.98	25	20.58	25	21.58	
411	1991	5	21.73	5	22.26	5	22.18	5	22.16	5	22.62	5	24.03	5	26.21	5	22.92	5	24.93	5	23.22	5	23.87	5	24.33	23.65
411	1991	15	21.84	15	21.87	15	22.18	15	22.36	15	23.64	15	24.80	15	26.80	15	26.64	15	24.49	15	24.16	15	23.80	15	24.58	
411	1991	25	20.96	25	21.22	25	22.06	25	22.60	25	24.38	25	24.98	25	27.59	25	24.85	25	⟨30.22⟩	25	24.22	25	23.77	25	23.47	
411	1992	5	25.29	5	25.92	5	24.48	5	25.68	5	24.05	5	25.77	5	26.28	5	25.36	5	26.98	5	24.41	5	25.42	5		25.39
411	1992	15	25.51	15	24.86	15	24.82	15	25.58	15	23.69	15	25.70	15	26.42	15	24.58	15	27.40	15	24.51	15	25.56	15		
411	1992	25	25.76	25	24.75	25	23.84	25	25.74	25	23.94	25	25.79	25	25.83	25	27.23	25	26.05	25	24.74	25	25.79	25		
457	1995	6	31.30	6	⟨40.37⟩	6	⟨38.75⟩	6	32.32	6	31.06	6	34.09	6	36.05	6	34.30	6	36.71	6	33.41	6	34.72	6	32.54	33.74
457	1995	16	⟨38.25⟩	16	32.62	16	32.28	16	31.38	16	31.20	16	34.25	16	36.85	16	37.93	16	35.55	16	31.77	16	33.00	16	33.01	
457	1995	26	32.63	26	⟨40.38⟩	26	32.75	26	30.43	26	32.57	26	35.37	26	35.63	26	38.17	26	35.62	26	33.20	26	33.82	26	33.30	
505	1988	5	18.28	5	17.86	5	17.55	5	17.99	5	18.16	5	⟨30.60⟩	5	19.48	5	⟨31.13⟩	5	18.04	5	16.76	5	16.27	5	16.46	17.80
505	1988	15	17.75	15	18.06	15	17.50	15	18.00	15	18.15	15	18.62	15	19.09	15	18.94	15	17.58	15	16.71	15	16.54	15	16.96	
505	1988	25	17.56	25	17.83	25	17.35	25	18.19	25	18.22	25	19.43	25	19.44	25	18.20	25	17.62	25	16.41	25	16.88	25	17.42	
505	1989	5	17.49	5	17.05	5	16.14	5	17.73	5	17.73	5	18.31	5	19.08	5	19.91	5	18.88	5	17.52	5	17.94	5	18.43	18.10
505	1989	15	17.26	15	16.36	15	16.95	15	17.95	15	18.16	15	18.03	15	19.68	15	19.19	15	18.86	15	17.83	15	18.11	15	18.48	
505	1989	25	17.06	25	16.89	25	17.46	25	18.06	25	18.01	25	19.03	25	20.04	25	18.35	25	18.67	25	18.66	25	17.70	25	18.57	

续表

点号	年份	1月 日	1月 水位	2月 日	2月 水位	3月 日	3月 水位	4月 日	4月 水位	5月 日	5月 水位	6月 日	6月 水位	7月 日	7月 水位	8月 日	8月 水位	9月 日	9月 水位	10月 日	10月 水位	11月 日	11月 水位	12月 日	12月 水位	年平均
505	1990	8	18.51	8	18.47	8	17.57	8	18.34	8	18.48	8	19.85	8	19.00	8	20.53	8	19.20	8	18.18	8	18.70	8	19.31	18.96
		18	18.65	18	18.30	18	17.75	18	18.79	18	19.09	18	20.32	18	19.37	18	19.35	18	19.59	18	18.61	18	18.65	18	19.13	
		28	18.78	28	18.09	28	18.51	28	18.99	28	18.39	28	19.83	28	20.51	28	19.70	28	18.56	28	18.56	28	19.29	28	19.72	
	1991	8	19.55	8	19.31	8	19.40	8	19.24	8	19.25	8	20.15	8	21.68	8	21.72	8	21.24	8	21.09	8	21.22	8	21.31	20.51
		18	19.42	18	18.29	18	19.38	18	18.68	18	20.25	18	20.77	18	22.80	18	21.03	18	21.43	18	21.12	18	21.26	18	21.85	
		28	19.07	28	19.16	28	18.81	28	18.87	28	19.92	28	21.51	28	22.77	28	21.51	28	21.50	28	21.24	28	21.36	28	21.35	
	1992	5	22.17	5	22.83	5	21.43	5	21.52	5	21.66	5	22.66	5	24.28	5	25.26	5	23.93	5	22.14	5	21.85	5	22.40	22.60
		15	22.36	15	22.45	15	21.93	15	22.52	15	21.36	15	22.65	15	23.69	15	24.30	15	23.61	15	22.05	15	21.93	15	〈33.44〉	
		25	22.41	25	21.98	25	21.61	25	22.04	25	21.75	25	22.72	25	23.47	25	23.65	25	23.77	25	21.69	25	21.70	25	23.33	
	1993	8	22.33	8	22.75	8	22.79	8	〈31.76〉	8	22.57	8	22.99	8	23.59	8	24.83	8	〈31.13〉	8	23.68	8	23.32	8	23.44	23.22
		18	22.33	18	22.84	18	22.72	18	22.54	18	22.34	18	23.61	18	23.63	18	24.64	18	24.51	18	23.29	18	23.76	18	23.24	
		28	21.05	28	22.87	28	〈30.77〉	28	22.56	28	22.25	28	23.38	28	24.11	28	23.29	28	24.64	28	23.78	28	23.38	28	〈34.09〉	
	1994	8	24.25	8	24.37	8	23.78	8	24.54	8	24.20	8	24.44	8	25.59	8	26.40	8	27.03	8	26.08	8	25.25	8	25.17	25.04
		18	24.46	18	24.08	18	23.74	18	24.34	18	24.90	18	24.97	18	25.79	18	26.62	18	26.83	18	25.34	18	25.71	18	25.19	
		28	24.29	28	23.84	28	23.76	28	24.22	28	24.97	28	25.41	28	26.21	28	26.80	28	〈33.72〉	28	24.97	28	25.57	28	23.41	
	1995	4	25.55	4	23.66	4	25.23	4	25.01	4	24.46	4	25.84	4	27.86	4	28.36	4	27.67	4	27.36	4	26.71	4	26.59	26.48
		14	〈33.14〉	14	25.19	14	25.64	14	〈32.30〉	14	〈32.52〉	14	26.85	14	28.35	14	28.22	14	27.37	14	27.70	14	26.93	14	25.69	
		24	24.96	24	23.61	24	25.59	24	〈32.27〉	24	26.14	24	27.61	24	27.74	24	28.07	24	26.92	24	27.21	24	26.84	24	26.33	
507	1988	5	10.74	5	11.48	5	11.11	5	11.35	5	11.41	5	11.56	5	11.19	5	11.41	5	10.69	5	10.20	5	10.39	5	9.97	11.10
		15	11.16	15	11.48	15	11.34	15	11.33	15	11.37	15	11.59	15	11.88	15	12.21	15	10.38	15	9.91	15	10.19	15	10.26	
		25	11.13	25	11.46	25	11.39	25	11.42	25	11.36	25	12.54	25	11.93	25	11.22	25	10.95	25	10.35	25	10.25	25	11.17	
	1989	8	11.07	8	10.42	8	10.23	8	10.91	8	10.87	8	11.23	8	11.66	8	12.76	8	10.73	8	11.22	8	11.10	8	11.25	11.20
		18	10.65	18	10.27	18	10.42	18	10.95	18	11.30	18	11.32	18	11.98	18	12.09	18	11.54	18	11.44	18		18	12.25	
		28	10.76	28	10.23	28	10.76	28	10.87	28	11.03	28	11.82	28	12.37	28	11.28	28	11.35	28	11.59	28	10.85	28	11.35	

续表

点号	年份	1月 日	1月 水位	2月 日	2月 水位	3月 日	3月 水位	4月 日	4月 水位	5月 日	5月 水位	6月 日	6月 水位	7月 日	7月 水位	8月 日	8月 水位	9月 日	9月 水位	10月 日	10月 水位	11月 日	11月 水位	12月 日	12月 水位	年平均
507	1990	8	11.56	8	11.26	8	11.77	8	11.35	8	11.46	8	12.01	8	11.67	8	12.68	8	11.35	8	11.15	8	11.01	8	11.48	11.40
507	1990	18	11.49	18	11.19	18	11.31	18	11.66	18	11.02	18	12.10	18	12.24	18	9.93	18	11.25	18	11.22	18	10.70	18	11.04	
507	1990	28	11.61	28	11.12	28	11.17	28	11.07	28	11.66	28	12.13	28	12.60	28	10.60	28	11.07	28	11.14	28	10.98	28		
507	1991	8		8		8		8		8	12.50	8	13.23	8	14.03	8	14.00	8	14.72	8	13.51	8	11.58	8	14.01	13.65
507	1991	18	⟨19.90⟩	18	14.20	18	14.07	18	13.09	18	13.25	18	13.39	18	14.50	18	14.26	18	⟨19.26⟩	18	13.44	18	⟨19.46⟩	18	14.33	
507	1991	28	14.17	28	13.62	28	13.97	28	14.06	28	13.11	28	13.85	28	⟨20.34⟩	28	14.19	28	13.93	28	13.76	28	⟨19.10⟩	28	13.99	
507	1992	8	14.23	8	14.03	8	14.08	8	14.15	8	14.16	8	14.53	8	15.44	8	16.37	8	14.76	8	14.71	8	14.97	8	14.47	14.69
507	1992	18		18		18		18	14.11	18	13.95	18	14.43	18	15.56	18	16.31	18		18	14.69	18	14.00	18	16.11	
507	1992	28		28		28		28		28	14.23	28	14.94	28	15.73	28	15.00	28	15.93	28	14.37	28	14.86	28	15.35	
557	1988	14	32.40	14	32.20	14	32.25	14	32.15	14	32.50	14	32.50	14	32.60	14	33.01	14	32.67	14	32.24	14	32.36	14	33.03	32.49
557	1989	14	32.50	14	33.94	14	34.04	14	34.25	14	34.21	14	34.59	14	34.53	14	34.01	14	35.24	14	35.33	14	34.94	14	35.71	34.44
557	1990	14	35.87	14	34.31	14	35.19	14	35.91	14	36.17	14	36.35	14	36.63	14	36.21	14	36.47	14	35.92	14	36.57	14	36.12	35.98
557	1991	15	38.13	15	37.00	15	36.97	15	32.75	15	37.86	15	37.27	15	38.94	15	39.40	15	38.93	15	38.16	15	38.81	15	37.57	37.65
557	1992	15	37.96	15	37.70	15	38.13	15	38.34	15	37.80	15	38.07	15	38.24	15	38.93	15	38.71	15	34.98	15	38.00	15	34.84	37.64
557	1993	15	37.69	15	36.88	15	38.53	15	38.43	15	37.85	15	⟨41.99⟩	15	38.99	15	40.08	15	39.28	15	37.95	15	38.78	15	38.38	38.44
557	1994	15	38.05	15	38.34	15	38.71	15	39.33	15	39.47	15	38.43	15	40.00	15	41.21	15	41.15	15	41.47	15	39.95	15	38.82	39.58
557	1995	7	⟨42.25⟩	7	⟨42.52⟩	7	39.68	7	39.80	7	⟨43.11⟩	7	40.39	7	42.56	7	42.82	7	⟨45.69⟩	7	⟨44.26⟩	7	40.09	7	39.49	40.53
557	1995	17	38.95	17	⟨39.99⟩	17	38.62	17	⟨43.52⟩	17	40.18	17	41.56	17	⟨46.00⟩	17	41.46	17	41.50	17	41.49	17	39.90	17	⟨44.06⟩	
557	1995	27	39.40	27	39.73	27	39.88	27	38.58	27	39.37	27	42.42	27	42.68	27	41.52	27	41.62	27	40.28	27	39.74	27	40.60	
B3	1994	5	14.87	5	15.07	5	15.11	5	14.89	5	15.81	5	16.11	5	16.65	5	16.91	5	17.12	5	17.66	5	15.26	5	15.53	15.88
B3	1994	15	14.92	15	15.00	15	15.03	15	15.32	15	15.87	15	16.32	15	16.71	15	16.96	15	17.34	15	16.33	15	15.48	15	15.16	
B3	1994	25	14.98	25	15.03	25	14.94	25	15.57	25	15.93	25	16.47	25	16.73	25	16.99	25	17.58	25	15.13	25	15.45	25	15.27	
B3	1995	8	15.55	8	15.52	8	16.92	8	16.00	8	15.79	8	15.91	8	17.67	8	18.13	8	18.08	8	17.65	8	17.08	8	16.77	16.88
B3	1995	18	17.76	18	16.33	18	16.33	18	16.13	18	15.93	18	16.71	18	17.88	18	18.32	18	17.58	18	17.26	18	16.98	18	16.90	
B3	1995	28	15.53	28	16.49	28	16.12	28	15.94	28	16.07	28	17.09	28	17.65	28	18.44	28	17.72	28	17.08	28	16.90	28	17.29	

续表

点号	年份	1月 日	1月 水位	2月 日	2月 水位	3月 日	3月 水位	4月 日	4月 水位	5月 日	5月 水位	6月 日	6月 水位	7月 日	7月 水位	8月 日	8月 水位	9月 日	9月 水位	10月 日	10月 水位	11月 日	11月 水位	12月 日	12月 水位	年平均
B4	1993	5	17.92	5	18.20	5	18.06	5	17.96	5	17.91	5	17.88	5	18.24	5	18.57	5	18.83	5	18.26	5	18.05	5	17.53	18.14
B4	1993	15	17.97	15	18.22	15	18.21	15	17.94	15	17.96	15	17.93	15	18.37	15	18.84	15	18.66	15	18.31	15	17.83	15	17.68	
B4	1993	25	18.06	25	18.17	25	18.00	25	17.87	25	17.94	25	18.16	25	18.29	25	18.93	25	18.54	25	18.17	25	17.67	25	17.76	
B4	1994	5	18.33	5	18.66	5	18.72	5	18.57	5	18.93	5	19.82	5	20.18	5	20.37	5	20.68	5	21.18	5	18.86	5	19.04	19.43
B4	1994	15	18.47	15	18.76	15	18.61	15	18.69	15	19.38	15	19.91	15	20.23	15	20.48	15	20.93	15	20.07	15	18.67	15	18.78	
B4	1994	25	18.59	25	18.85	25	18.48	25	18.63	25	19.57	25	20.06	25	20.31	25	20.53	25	21.06	25	19.12	25	18.84	25	18.96	
B4	1995	8	19.88	8	19.50	8	20.21	8	19.76	8	19.64	8	19.49	8	〈21.94〉	8	〈21.89〉	8	21.49	8	20.24	8	21.43	8	21.10	20.44
B4	1995	18	21.23	18	19.83	18	19.86	18	19.85	18	19.84	18	20.59	18	21.54	18	21.39	18	20.42	18	20.39	18	20.95	18	〈22.61〉	
B4	1995	28	19.70	28	19.97	28	19.82	28	19.49	28	19.74	28	20.97	28	21.51	28	21.74	28	20.15	28	21.01	28	20.97	28	20.97	
B5	1993	5	11.32	5	10.43	5	10.49	5	11.41	5	11.05	5	10.38	5	10.52	5	11.50	5	11.60	5	11.62	5	11.74	5	11.95	11.20
B5	1993	15	10.89	15	10.41	15	11.77	15	11.32	15	10.78	15	10.29	15	10.71	15	11.50	15	〈24.01〉	15	11.58	15	11.89	15	11.79	
B5	1993	25	10.23	25	10.39	25	11.05	25	11.21	25	10.49	25	10.41	25	12.10	25	11.99	25	11.86	25	11.60	25	11.90	25	11.76	
B5	1994	5	11.89	5	11.93	5	12.00	5	12.04	5	〈23.80〉	5	〈24.32〉	5	〈24.92〉	5	14.64	5	15.03	5	〈25.52〉	5	13.44	5	13.28	13.09
B5	1994	15	11.91	15	11.92	15	12.02	15	〈20.35〉	15	〈24.01〉	15	〈24.43〉	15	〈25.03〉	15	14.66	15	14.96	15	〈25.52〉	15	13.41	15	13.47	
B5	1994	25	11.95	25	11.99	25	12.07	25	〈21.69〉	25	〈24.28〉	25	〈25.87〉	25	〈25.22〉	25	14.74	25	〈25.62〉	25	13.70	25	13.43	25	13.43	
B5	1995	5	13.34	5	12.98	5	13.67	5	13.20	5	12.96	5	13.19	5	14.99	5	〈33.56〉	5	〈29.47〉	5	〈30.85〉	5	17.12	5	〈30.52〉	13.75
B5	1995	15	〈19.34〉	15	12.73	15	13.70	15	13.13	15	13.22	15	14.17	15	14.82	15	14.12	15	〈31.06〉	15	〈31.08〉	15	12.48	15	14.86	
B5	1995	25	13.30	25	13.61	25	13.61	25	13.06	25	13.76	25	13.96	25	〈33.68〉	25	15.89	25	〈31.75〉	25	13.28	25	12.31	25	〈30.28〉	
B6	1994	6	19.77	6	19.17	6	18.83	6	18.52	6	19.52	6	20.14	6	19.50	6	21.13	6	21.70	6	20.88	6	20.84	6	20.72	20.10
B6	1994	16	19.60	16	18.94	16	18.79	16	19.00	16	19.73	16	20.32	16	20.40	16	21.26	16	21.34	16	20.88	16	20.86	16	20.64	
B6	1994	26	19.41	26	18.85	26	18.63	26	19.38	26	20.11	26	19.22	26	21.05	26	21.36	26	20.86	26	20.86	26	20.79	26	20.56	
B6	1995	5	20.16	5	19.57	5	20.66	5	19.77	5	19.56	5	19.85	5	22.17	5	22.60	5	22.24	5	22.20	5	22.28	5	22.01	21.31
B6	1995	15	20.05	15	20.20	15	20.69	15	〈23.48〉	15	19.56	15	21.26	15	22.36	15	22.75	15	22.04	15	22.10	15	22.01	15	21.70	
B6	1995	25	19.96	25	22.49	25	20.51	25	19.77	25	20.73	25	21.80	25	22.30	25	22.31	25	22.00	25	22.32	25	21.80	25	22.00	

续表

第二章 咸阳市

点号	年份	1月 日	1月 水位	2月 日	2月 水位	3月 日	3月 水位	4月 日	4月 水位	5月 日	5月 水位	6月 日	6月 水位	7月 日	7月 水位	8月 日	8月 水位	9月 日	9月 水位	10月 日	10月 水位	11月 日	11月 水位	12月 日	12月 水位	年平均
X2	1993	5	8.82	5	9.24	5	8.79	5	8.32	5	9.27	5	9.75	5	10.52	5	11.96	5	11.35	5	10.66	5	10.68	5	10.37	10.04
		15	8.98	15	9.42	15	8.42	15	8.73	15	9.46	15	9.92	15	10.83	15	11.77	15	11.48	15	10.53	15	10.77	15	10.33	
		25	9.10	25	9.23	25	8.28	25	8.82	25	9.62	25	10.40	25	11.22	25	11.29	25	11.54	25	10.44	25	10.56	25	10.52	
	1994	5	10.87	5	11.29	5	10.87	5	11.73	5	11.87	5	12.22	5	12.76	5	13.21	5	13.82	5	14.08	5	12.73	5	11.36	12.21
		15	11.09	15	11.17	15	10.94	15	11.87	15	11.94	15	12.37	15	12.87	15	13.47	15	13.94	15	13.27	15	12.39	15	11.27	
		25	11.22	25	11.11	25	10.81	25	11.76	25	12.03	25	12.53	25	12.93	25	13.65	25	14.02	25	12.91	25	11.84	25	11.22	
	1995	8	11.11	8	10.95	8	13.02	8	11.74	8	11.54	8	11.78	8	14.49	8	14.90	8	14.52	8	13.54	8	13.12	8	13.04	12.91
		18	14.15	18	12.11	18	12.40	18	11.83	18	11.82	18	12.89	18	14.25	18	15.12	18	13.87	18	12.47	18	13.09	18	13.09	
		28	11.16	28	12.08	28	11.93	28	11.64	28	11.81	28	13.52	28	14.24	28	14.39	28	13.83	28	13.27	28	13.22	28	12.71	
X13	1992	6	29.72	6	29.83	6	30.04	6	29.66	6	29.94	6	30.12	6	31.73	6	33.33	6	31.95	6	30.64	6	30.40	6	30.96	30.53
		16	29.25	16	29.72	16	29.80	16	27.78	16	29.82	16	30.37	16	30.50	16	33.22	16	31.26	16	30.43	16	30.52	16	31.37	
		26	29.58	26	29.95	26	29.67	26	30.02	26	30.35	26	30.56	26	31.85	26	32.34	26	30.98	26	29.36	26	30.66	26	31.31	
	1993	5	31.06	5	30.36	5	30.52	5	30.34	5	30.60	5	31.00	5	31.23	5	32.15	5	32.80	5	32.56	5	31.67	5	30.90	31.24
		15	30.75	15	30.47	15	30.65	15	30.65	15	30.38	15	30.10	15	31.40	15	32.55	15	32.88	15	31.50	15	31.41	15	31.60	
		25	30.54	25	30.32	25	30.60	25	30.56	25	30.50	25	30.10	25	31.56	25	32.77	25	32.93	25	34.90	25	30.99	25	31.65	
	1994	5	32.00	5	31.22	5	30.41	5	32.18	5	31.41	5	33.31	5	32.17	5	36.33	5	36.23	5	34.10	5	32.04	5	31.99	32.82
		15	31.65	15	30.69	15	30.44	15	32.10	15	32.13	15	32.25	15	33.23	15	36.50	15	36.33	15	33.40	15	32.52	15	31.92	
		25	31.30	25	30.39	25	30.85	25	31.51	25	32.07	25	32.35	25	35.20	25	36.41	25	35.90	25	34.04	25	32.80	25	31.25	
	1995	5	31.24	5	30.84	5	31.10	5	31.76	5	31.30	5	32.20	5	35.22	5	34.50	5	34.25	5	34.04	5	32.47	5	31.88	32.71
		15	31.10	15	31.44	15	32.08	15	31.71	15	31.69	15	32.34	15	34.56	15	35.17	15	34.67	15	33.86	15	33.01	15	31.74	
		25	31.09	25	31.64	25	31.77	25	31.38	25	32.10	25	33.93	25	34.71	25	35.04	25	34.55	25	33.47	25	32.14	25	31.69	
X15	1992	5	40.50	5	40.54	5	40.70	5	40.00	5	39.90	5	39.50	5	39.92	5	39.90	5	39.88	5	40.00	5	40.25	5	39.80	40.04
		15	40.52	15	40.56	15	40.70	15	39.70	15	39.70	15	39.61	15	39.88	15	40.00	15	39.65	15	40.10	15	41.20	15	39.20	
		25	40.53	25	40.60	25	40.30	25	39.90	25	39.50	25	39.72	25	39.85	25	39.65	25	39.98	25	40.20	25	40.20	25	39.20	

续表

点号	年份	1月 日	1月 水位	2月 日	2月 水位	3月 日	3月 水位	4月 日	4月 水位	5月 日	5月 水位	6月 日	6月 水位	7月 日	7月 水位	8月 日	8月 水位	9月 日	9月 水位	10月 日	10月 水位	11月 日	11月 水位	12月 日	12月 水位	年平均
X15	1993	5	39.20	5	39.60	5	39.80	5	39.90	5	40.25	5	40.28	5	40.27	5	40.26	5	40.30	5	41.30	5	42.25	5	42.40	40.56
		15	39.50	15	39.70	15	39.70	15	39.70	15	40.28	15	40.27	15	40.25	15	40.25	15	40.40	15	41.45	15	42.28	15	42.45	
		25	39.30	25	39.50	25	39.90	25	39.80	25	40.30	25	40.50	25	40.26	25	40.27	25	41.20	25	42.20	25	42.30	25	42.50	
	1994	5	42.53	5	42.63	5	42.70	5	42.70	5	42.80	5	42.40	5	47.50	5	46.30	5	45.30	5	46.40	5	46.30	5	45.30	44.43
		15	42.56	15	42.65	15	42.70	15	42.80	15	42.70	15	42.30	15	47.40	15	46.30	15	45.30	15	47.40	15	47.40	15	45.40	
		25	42.66	25	42.65	25	42.70	25	42.70	25	42.60	25	42.30	25	47.30	25	46.20	25	44.30	25	46.40	25	46.30	25	45.50	
	1995	5	41.50	5	41.20	5	41.30	5	41.20	5	42.57	5	42.58	5	42.58	5	42.57	5	44.00	5	43.80	5	43.90	5	43.90	42.57
		15	41.30	15	41.30	15	41.20	15	41.30	15	42.57	15	42.57	15	42.57	15	42.55	15	43.90	15	43.80	15	43.80	15	43.80	
		25	41.30	25	41.20	25	41.20	25	41.88	25	42.56	25	42.57	25	42.55	25	42.54	25	43.90	25	43.70	25	43.80	25	43.70	
X19	1993	5	23.06	5	22.52	5	22.74	5	22.62	5	22.64	5	22.31	5	22.71	5	23.54	5	23.51	5	22.81	5	22.20	5	22.31	22.72
		15	22.71	15	22.88	15	22.66	15	22.50	15	22.62	15	22.55	15	22.94	15	23.99	15	23.31	15	22.42	15	22.31	15	22.42	
		25	22.34	25	22.81	25	22.61	25	22.57	25	22.34	25	22.52	25	23.04	25	23.62	25	22.91	25	22.19	25	22.29	25	22.40	
X23	1993	5	16.58	5	17.40	5	16.80	5	17.21	5	16.48	5	17.15	5	17.12	5	18.77	5	19.80	5	18.84	5	19.16	5	17.53	17.83
		10	16.60	10	17.48	10	16.83	10	17.37	10	16.84	10	17.45	10	17.20	10	18.73	10	19.34	10	17.93	10	19.22	10	17.61	
		15	16.48	15	16.75	15	17.31	15	18.10	15	17.01	15	16.78	15	17.46	15	18.80	15	19.32	15	17.94	15	18.88	15	17.48	
		20	16.78	20	16.99	20	16.77	20	16.98	20	16.89	20	17.16	20	17.50	20	20.32	20	19.36	20	18.19	20	18.91	20	18.59	
		25	17.21	25	17.11	25	16.97	25	17.02	25	17.06	25	17.30	25	17.40	25	20.40	25	19.20	25	18.21	25	19.05	25	18.68	
		30	17.51	30	17.19	30	16.99	30	17.05	30	16.96	30	17.69	30	17.41	30	20.14	30	19.13	30	17.51	30	19.13	30	19.05	
	1994	5	⟨24.08⟩	5	17.58	5	17.93	5	17.59	5	18.31	5	18.30	5	18.68	5	19.15	5	18.74	5	19.55	5	20.74	5	19.09	18.95
		10	18.26	10	17.88	10	17.88	10	18.45	10	18.42	10	18.06	10	18.66	10	18.77	10	19.20	10	19.44	10	21.19	10	19.19	
		15	18.22	15	21.08	15	17.63	15	19.08	15	18.39	15	18.26	15	18.71	15	19.11	15	19.11	15	20.78	15	21.01	15	19.26	
		20	18.03	20	19.78	20	17.82	20	18.45	20	18.34	20	18.25	20	18.69	20	18.80	20	19.09	20	20.76	20	21.90	20	19.00	
		25	18.11	25	21.23	25	18.03	25	18.44	25	18.40	25	18.28	25	18.48	25	18.76	25	19.26	25	21.09	25	20.67	25	18.86	
	1995	30	17.83	30	18.45	30	17.92	30	18.42	30	18.32	30	18.35	30	18.83	30	18.70	30	19.48	30	20.70	30	19.31	30	18.75	

续表

点号	年份	1月 日	1月 水位	2月 日	2月 水位	3月 日	3月 水位	4月 日	4月 水位	5月 日	5月 水位	6月 日	6月 水位	7月 日	7月 水位	8月 日	8月 水位	9月 日	9月 水位	10月 日	10月 水位	11月 日	11月 水位	12月 日	12月 水位	年平均
11	1986	6	14.42	6	14.48	6	14.53	6	14.80	6	14.09	6	15.25	6	14.86	6	16.81	6	16.70	6	13.92	6	15.39	6	15.11	15.16
		16	14.46	16	13.61	16	14.45	16	14.81	16	14.25	16	15.35	16	15.54	16	17.13	16	16.04	16	15.75	16	15.31	16	15.11	
		26	14.58	26	14.26	26	14.49	26	15.02	26	14.40	26	15.19	26	16.25	26	16.76	26	15.96	26	15.46	26	15.56	26	15.58	
	1987	6	15.43	6	14.74	6	15.75	6	15.41	6	15.03	6	16.15	6	15.70	6	16.26	6	17.07	6	14.60	6	15.46	6	15.25	15.66
		16	15.60	16	15.25	16	16.01	16	15.38	16	15.43	16	15.68	5	16.03	15	15.95	16	15.83	16	15.46	16	15.54	16	15.40	
		26	15.92	26	15.71	26	16.46	26	15.66	26	15.58	26	15.43	26	15.96	26	17.04	26	15.46	26	15.57	26	15.43	26	15.04	
	1988	6	15.24	6	14.42	6	14.45	6	14.93	6	15.02	6	15.22	6	15.41	6	15.91	6	15.58	6	15.23	6	14.45	6	15.07	15.04
		16	14.51	16	14.48	16	14.54	16	14.94	16	15.40	16	15.35	16	15.35	16	15.70	16	15.52	16	14.56	16	14.49	16	15.23	
		26	14.73	26	14.43	26	14.87	26	14.72	26	15.48	26	15.59	26	15.24	26	15.75	26	15.36	26	14.45	26	14.76	26	15.12	
	1989	6	14.65	6	14.68	6	14.80	6	15.02	6	15.00	6	14.78	6	15.20	6	15.39	6	10.54	6	15.51	6	15.42	6	13.91	14.14
		16	14.56	16	14.82	16	14.94	16	14.98	16	13.16	16	14.57	16	12.83	16	14.74	16	14.23	16	16.00	16	14.85	16	10.35	
		26	14.40	26	14.73	26	15.00	26	14.94	26	14.42	26	12.64	26	13.64	26	14.86	26	13.93	26	14.31	26	13.06	26	8.25	
	1990	6	12.79	6	14.34	6	14.02	6	17.43	6	16.40	6	17.24	6	17.42	6	16.65	6	16.52	6	15.75	6	16.15	6	16.11	16.07
		16	9.68	16	14.30	16	14.02	16	17.19	16	16.46	16	18.04	16	17.64	16	18.10	16	15.91	16	15.66	16	16.47	16	15.89	
		26	14.82	26	13.94	26	16.82	26	16.70	26	16.90	26	17.84	26	18.47	26	16.94	26	16.80	26	15.85	26	16.53	26	16.74	
	1991	6	17.52	6	16.98	6	16.30	6	16.48	6	15.54	6	16.75	6	17.54	6	18.22	6	18.63	6	17.22	6	18.40	6	18.30	17.57
		16	17.11	16	16.83	16	16.58	16	16.48	16	16.46	16	16.67	16	19.07	16	18.84	16	17.85	16	17.86	16	17.84	16	19.34	
		26	17.16	26	16.08	26	16.86	26	17.49	26	17.13	26	17.27	26	18.59	26	19.12	26	18.49	26	18.03	26	18.54	26	18.98	
	1992	6	18.40	6	18.02	6	17.90	6	18.50	6	18.29	6	18.91	6	19.79	6	22.23	6	20.82	6	19.43	6	19.25	6	19.19	19.32
		16	15.33	16	19.06	16	18.74	16	18.24	16	18.21	16	19.66	16	20.03	16	22.54	16	20.55	16	18.35	16	19.34	16	19.48	
		26	19.60	26	18.86	26	18.31	26	18.69	26	18.50	26	19.37	26	20.50	26	21.14	26	21.03	26	19.46	26	19.40	26	20.34	
	1993	6	19.58	6	19.47	6	19.36	6	19.25	6	18.86	6	19.36	6	20.30	6	20.93	6	21.36	6	20.36	6	20.02	6	20.10	20.04
		16	21.01	16	19.48	16	19.27	16	19.68	16	19.04	16	19.94	16	20.48	16	20.98	16	21.28	16	20.23	16	20.12	16	20.30	
		26	18.63	26	19.31	26	19.39	26	19.78	26	19.21	26	20.55	26	20.19	26	21.34	26	21.33	26	20.48	26	20.05	26	20.54	

续表

点号	年份	1月 日	1月 水位	2月 日	2月 水位	3月 日	3月 水位	4月 日	4月 水位	5月 日	5月 水位	6月 日	6月 水位	7月 日	7月 水位	8月 日	8月 水位	9月 日	9月 水位	10月 日	10月 水位	11月 日	11月 水位	12月 日	12月 水位	年平均
11	1994	6	20.52	6	20.29	6	20.28	6	20.78	6	20.87	6	〈28.98〉	6	〈29.90〉	6	〈33.46〉	6	〈35.15〉	6	21.96	6	21.81	6	21.63	21.12
		16	20.95	16	19.62	16	20.32	16	20.67	16	21.18	16	〈29.39〉	16	〈30.54〉	16	21.87	16	22.63	16	22.53	16	21.17	16	21.33	
		26	20.07	26	20.36	26	20.31	26	20.73	26	21.84	26	〈29.70〉	26	〈31.11〉	26	〈43.75〉	26	22.79	26	21.95	26	21.57	26	20.25	
	1995	6	21.21	6	〈33.07〉	6	22.35	6	22.22	6	22.56	6	22.41	6	23.60	6	23.35	6	23.95	6	23.25	6	23.15	6	23.13	22.97
		16	22.55	16	〈33.94〉	16	23.25	16	22.00	16	21.62	16	23.02	16	24.23	16	24.10	16	24.25	16	23.01	16	23.09	16	22.96	
		26	22.17	26	22.25	26	22.31	26	22.11	26	21.94	26	23.43	26	23.89	26	23.58	26	24.19	26	23.23	26	23.21	26	23.31	
13	1986	6	13.36	6	13.46	6	12.94	6	13.41	6	12.73	6	13.95	5	13.52	6	15.51	6	15.33	6	14.02	6	14.47	6	13.52	14.02
		16	13.10	16	12.57	16	13.55	16	13.77	16	14.03	16	14.07	16	14.69	15	16.17	16	14.98	16	14.93	16	14.25	16	14.14	
		26	12.89	26	13.32	26	13.09	26	14.11	26	13.41	26	13.94	26	14.58	26	15.90	26	14.70	26	13.71	26	14.32	26	14.44	
	1987	6	14.38	6	13.93	6	14.55	6	14.76	6	14.20	6	15.03	6	16.19	6	14.99	6	16.67	6	14.87	6	15.23	6	14.56	14.95
		16	14.87	16	13.69	16	14.65	16	14.82	16	14.67	16	15.18	16	14.49	16	14.63	16	16.30	16	15.74	16	14.51	16	15.46	
		26	15.02	26	14.57	26	13.47	26	14.83	26	14.33	25	15.37	26	15.20	26	15.89	26	15.20	26	15.42	26	14.96	26	15.60	
	1988	6	14.98	6	14.48	6	14.11	6	14.03	6	14.26	6	14.76	6	14.61	6	15.34	6	14.86	6	14.81	6	14.14	6	14.55	14.56
		16	14.60	16	14.39	16	14.18	16	14.19	16	14.74	16	14.81	16	14.75	16	14.79	16	14.98	16	14.66	16	14.04	16	14.86	
		26	14.42	26	14.05	26	13.96	26	14.13	26	14.98	26	14.99	26	14.24	26	14.91	26	14.89	26	14.02	26	14.49	26	15.29	
	1989	6	14.92	6	14.56	6	14.61	6	14.62	6	14.63	6	15.34	6	15.61	6	17.62	6	15.16	6	14.40	6	14.58	6	〈33.78〉	14.99
		16	14.71	16	14.66	16	14.64	16	14.74	16	15.31	16	15.52	16	〈37.16〉	16	16.99	16	15.23	16	14.70	16	14.51	16	〈33.29〉	
		26	14.88	26	14.53	26	14.71	26	14.72	26	14.92	26	〈28.11〉	26	〈37.78〉	26	〈37.82〉	26	14.08	26	14.77	26	〈34.08〉	26	〈34.50〉	
	1990	6	〈34.96〉	6	15.02	6	14.86	6	〈34.06〉	6	〈33.97〉	6	15.64	6	〈31.94〉	6	16.17	6	〈32.71〉	6	〈30.25〉	6	8.92	6	8.64	12.90
		16	〈35.41〉	16	14.88	16	14.98	16	〈34.15〉	16	〈34.04〉	16	15.89	16	15.89	16	16.03	16	14.67	16	8.78	16	〈32.51〉	16	5.69	
		26	〈34.60〉	26	14.72	26	15.73	26	〈34.21〉	26	11.06	26	〈33.14〉	26	〈32.76〉	26	〈32.98〉	26	〈31.11〉	26	9.01	26	〈31.20〉	26	8.53	
	1991	6	〈32.40〉	6	〈31.04〉	6	15.22	6	15.15	6	〈28.99〉	6	15.70	6	16.95	6	7.78	6	17.16	6	9.46	6	〈29.81〉	6	16.78	13.25
		16	〈30.91〉	16	〈30.69〉	16	15.61	16	15.03	16	15.24	16	15.41	16	11.14	16	7.57	16	6.78	16	10.90	16	16.18	16	〈30.66〉	
		26	〈30.85〉	26	9.86	26	15.41	26	〈28.76〉	26	15.78	26	15.95	26	8.06	26	7.56	26	〈30.76〉	26	〈27.85〉	26	〈30.96〉	26	17.32	

第二章 咸阳市

点号	年份	1月 日	1月 水位	2月 日	2月 水位	3月 日	3月 水位	4月 日	4月 水位	5月 日	5月 水位	6月 日	6月 水位	7月 日	7月 水位	8月 日	8月 水位	9月 日	9月 水位	10月 日	10月 水位	11月 日	11月 水位	12月 日	12月 水位	年平均
13	1992	6	16.99	6	10.30	6	10.88	6	14.89	6	16.84	6	17.78	6	〈37.34〉	6	〈38.42〉	6	19.56	6	〈35.85〉	6	17.36	6	〈36.39〉	16.34
		16	17.50	16	13.33	16	12.51	16	16.99	16	〈43.81〉	16	〈41.35〉	16	〈39.09〉	16	〈40.03〉	16	19.41	16	〈35.07〉	16	〈35.67〉	16	〈36.32〉	
		26	〈31.24〉	26	14.03	26	16.81	26	17.11	26	〈44.24〉	26	〈39.57〉	26	18.79	26	19.48	26	〈37.93〉	26	17.51	26	〈35.73〉	26	18.70	
	1993	6	〈36.09〉	6	〈37.49〉	6	18.24	6	18.03	6	17.75	6	18.16	6	18.18	6	19.76	6	20.33	6	19.12	6	18.84	6	18.83	18.76
		16	〈37.06〉	16	〈35.79〉	16	18.76	16	17.96	16	17.87	16	18.74	16	19.30	16	20.34	16	20.08	16	18.76	16	18.96	16	18.80	
		26	〈35.45〉	26	17.83	26	18.21	26	17.69	26	18.06	26	18.41	26	18.76	26	〈35.66〉	26	20.02	26	19.26	26	18.61	26	19.21	
	1994	6	19.36	6	19.94	6	19.41	6	19.64	6	19.58	6	19.86	6	20.26	6	22.15	6	21.80	6	20.29	6	20.70	6	20.48	20.27
		16	19.76	16	20.94	16	19.31	16	19.51	16	19.89	16	20.16	16	20.16	16	21.64	16	21.24	16	19.92	16	21.10	16	〈29.04〉	
		26	19.98	26	18.96	26	19.03	26	19.50	26	20.62	26	20.05	26	〈36.01〉	26	21.55	26	〈31.34〉	26	20.31	26	21.46	26	〈28.73〉	
	1995	6	〈31.10〉	6	〈33.45〉	6	〈32.59〉	6	〈32.49〉	6	18.76	6	〈35.12〉	6	〈36.63〉	6	〈36.61〉	6	〈36.23〉	6	〈35.91〉	6	〈35.65〉	6	〈36.43〉	19.95
		16	〈30.04〉	16	〈35.52〉	16	〈31.87〉	16	〈33.29〉	16	〈34.48〉	16	〈35.43〉	16	〈36.22〉	16	21.24	16	〈36.25〉	16	〈35.92〉	16	〈35.24〉	16	〈35.95〉	
		26	〈30.95〉	26	〈32.74〉	26	〈32.10〉	26	19.58	26	〈34.33〉	26	21.12	26	〈36.71〉	26	〈36.16〉	26	19.07	26	〈35.94〉	26	〈36.15〉	26	〈36.34〉	
28	1986	5	16.38	5	16.03	5	15.96	5	16.95	5	16.31	5	18.70	5	17.61	5	19.64	5	19.35	5	17.47	5	17.68	5	16.99	17.40
		15	16.31	15	14.54	15	15.88	15	16.88	15	18.10	15	18.62	15	15.83	15	19.69	15	17.86	15	18.05	15	17.69	15	17.57	
		25	16.32	25	16.15	25	16.56	25	16.53	25	17.82	25	18.53	25	18.45	25	19.75	25	17.37	25	17.83	25	17.64	25	17.49	
	1987	5	17.05	5	16.93	5	18.18	5	17.38	5	17.88	5	18.15	5	18.09	5	18.72	5	22.15	5	18.44	5	18.96	5	18.84	18.52
		15	17.75	15	17.39	15	17.86	15	17.28	15	17.95	15	17.60	15	18.54	15	19.08	15	19.75	15	19.86	15	18.69	15	18.13	
		25	17.72	25	18.00	25	17.68	25	18.70	25	17.32	25	18.11	25	18.70	25	22.02	25	19.82	25	19.72	25	18.62	25	18.32	
	1988	5	19.05	5	19.60	5	18.69	5	18.57	5	16.69	5	18.48	5	18.92	5	19.22	5	18.85	5	18.24	5	17.28	5	17.73	18.53
		15	19.02	15	19.58	15	18.76	15	18.87	15	17.15	15	18.96	15	19.25	15	19.64	15	18.94	15	18.56	15	17.38	15	17.99	
		25	18.41	25	17.15	25	18.87	25	16.97	25	17.15	25	20.32	25	19.72	25	18.73	25	19.13	25	18.32	25	17.32	25	19.42	
	1989	5	18.18	5	16.75	5	18.87	5	18.22	5	18.82	5	19.18	5	18.88	5	20.84	5	19.59	5	18.42	5	18.61	5	〈32.53〉	18.68
		15	16.89	15	18.17	15	17.58	15	17.66	15	19.30	15	18.84	15	20.12	15	21.41	15	19.28	15	18.87	15	18.32	15	〈32.55〉	
		25	16.72	25	17.45	25	17.82	25		25	18.24	25	18.85	25	21.17	25		25	19.77	25	〈32.97〉	25	〈33.08〉	25	〈32.81〉	

续表

点号	年份	1月 日	1月 水位	2月 日	2月 水位	3月 日	3月 水位	4月 日	4月 水位	5月 日	5月 水位	6月 日	6月 水位	7月 日	7月 水位	8月 日	8月 水位	9月 日	9月 水位	10月 日	10月 水位	11月 日	11月 水位	12月 日	12月 水位	年平均
28	1990	5	〈32.89〉	5	〈32.52〉	5	〈32.42〉	5	〈33.62〉	5	〈30.04〉	5	〈30.69〉	5	〈32.57〉	5	〈32.72〉	5	18.39	5	17.57	5	18.44	5	18.93	18.54
		15	〈33.49〉	15	〈32.46〉	15	〈32.54〉	15	〈33.44〉	15	〈30.72〉	15	〈31.32〉	15	〈33.00〉	15	〈31.85〉	15	18.13	15	18.05	15	19.52	15	18.89	
		25	〈33.30〉	25	〈32.52〉	25	〈32.55〉	25	〈33.48〉	25	〈31.31〉	25	〈32.23〉	25	〈33.30〉	25	〈32.10〉	25	18.70	25	18.31	25	19.23	25	18.35	
	1991	5	〈30.37〉	5	19.54	5	18.12	5	19.07	5	18.97					5	21.54	5	21.27	5	19.82	5	20.50	5	20.76	20.23
		15	〈30.10〉	15	19.67	15	18.82	15	19.56	15	19.38			15	21.57	15	21.40	15	20.93	15	20.56	15	20.59	15	21.62	
		25	19.60	25	18.07	25	19.94	25	19.56	25	20.57	25	22.64	25	22.41	25	21.30	25	21.14	25	20.65	25	20.90	25	20.91	
	1992	5	21.44	5	21.47	5	21.05	5	20.72	5	〈34.47〉	5	〈37.56〉	5	23.23	5	26.22	5	25.44	5	22.14	5	22.25	5	22.91	22.53
		15	21.86	15	21.39	15	21.64	15	〈38.99〉	15	21.11	15	23.00	15	23.27	15	26.95	15	24.53	15	21.01	15	21.90	15	22.07	
		25	21.60	25	21.17	25	20.74	25	〈38.42〉	25	22.38	25	22.84	25	24.07	25	24.96	25	24.17	25	20.90	25	〈37.69〉	25	23.54	
	1993	5	21.79	5	22.93	5	21.16	5	23.00	5	22.52	5	23.72	5	〈45.82〉	5	25.79	5	〈45.82〉	5	〈45.80〉	5	23.05	5	〈39.59〉	23.05
		15	23.40	15	22.75	15	22.65	15	22.86	15	22.69	15	24.45	15	〈45.88〉	15	〈45.82〉	15	〈45.84〉	15	〈45.76〉	15	23.39	15	〈39.70〉	
		25	22.67	25	22.61	25	21.89	25	23.09	25	〈40.17〉	25	〈41.33〉	25	〈41.21〉	25	〈42.30〉	25	〈45.62〉	25	〈45.13〉	25	23.62	25	23.87	
	1994	5	〈39.64〉	5	22.74	5	〈39.36〉	5	〈39.87〉	5	〈40.67〉	5	〈41.32〉	5	〈41.75〉	5	27.49	5	〈42.24〉	5	〈40.02〉	5	26.53	5	24.65	24.90
		15	〈39.97〉	15	22.01	15	〈39.32〉	15	〈39.58〉	15	〈41.08〉	15	〈41.22〉	15	〈42.13〉	15	〈41.49〉	15	〈41.62〉	15	〈42.44〉	15	〈40.49〉	15	〈39.51〉	
		25	25.99	25	〈40.05〉	25	〈39.47〉	25	〈40.31〉	25	〈39.66〉	25	〈40.48〉	25	〈41.79〉	25	〈41.88〉	25	〈41.75〉	25	〈41.50〉	25	〈40.14〉	25	23.87	
	1995	5	〈40.16〉	5	〈41.12〉	5	〈40.52〉	5	〈40.32〉	5	〈40.02〉	5	〈40.77〉	5	〈42.45〉	5	27.83	5	〈41.56〉	5	〈39.88〉	5	〈40.04〉	5	〈40.54〉	26.49
		15	〈40.49〉	15	〈39.50〉	15	〈40.43〉	15	〈40.89〉	15	〈39.66〉	15	〈40.77〉	15	〈41.79〉	15	〈41.92〉	15	〈41.64〉	15	〈40.50〉	15	〈40.50〉	15	24.65	
		25	〈40.65〉	25	〈40.96〉	25	〈40.29〉	25	25.42	25	〈40.08〉	25	〈41.60〉	25	〈42.35〉	25	22.57	25	〈41.64〉	25	〈40.61〉	25	〈41.18〉	25	〈40.86〉	
32	1986	5	20.54	5	20.39	5	20.27	5	20.21	5	20.29	5	21.58	5	20.33	5	22.57	5	22.05	5	20.13	5	20.53	5	20.06	20.90
		15	20.79	15	18.45	15	20.30	15	21.30	15	20.88	15	21.91	15	21.85	15	21.88	15	20.98	15	21.02	15	20.53	15	20.63	
		25	20.61	25	20.64	25	20.79	25	20.84	25	20.83	25	21.35	25	22.60	25	22.37	25	21.25	25	20.58	25	20.61	25	20.45	
	1987	5	20.28	5	19.82	5	21.18	5	20.48	5	20.08	5	21.11	5	19.73	5	21.91	5	24.42	5	21.14	5	21.76	5	21.79	21.27
		15	20.75	15	20.67	15	21.14	15	20.60	15	21.17	15	20.06	15	21.74	15	21.41	15	22.12	15	21.97	15	20.48	15	21.42	
		25	20.93	25	21.03	25	20.67	25	21.34	25	20.85	25	21.20	25	21.83	25	24.41	25	22.13	25	22.28	25	20.01	25	21.64	

续表

点号	年份	1月		2月		3月		4月		5月		6月		7月		8月		9月		10月		11月		12月		年平均
		日	水位	日	水位	日	水位	日	水位	日	水位	日	水位	日	水位	日	水位	日	水位	日	水位	日	水位	日	水位	
32	1988	5	22.01	5	21.83	5	21.14	5	21.36	5	20.23	5	21.49	5	21.82	5	22.10	5	21.62	5	21.08	5	19.97	5	20.40	21.35
		15	21.58	15	21.84	15	21.12	15	21.38	15	19.58	15	21.58	15	22.03	15	23.41	15	21.70	15	20.99	15	20.17	15	20.61	
		25	21.74	25	20.70	25	21.30	25	20.03	25	21.42	25	22.67	25	22.68	25	22.13	25	21.95	25	20.57	25	19.97	25	22.30	
	1989	5	20.94	5	21.40	5	20.71	5	21.00	5	21.10	5	22.47	5	23.17	5	23.88	5	22.54	5	21.30	5	21.74	5	22.79	21.83
		15	21.37	15	19.54	15	20.23	15	20.97	15	21.51	15	22.03	15	22.72	15	23.71	15	22.27	15	22.02	15	20.25	15	21.95	
		25	21.44	25	20.53	25	20.30	25	21.75	25	22.09	25	22.25	25	23.61	25	23.41	25	22.73	25	21.88	25	22.51	25	21.73	
	1990	5	21.95	5	22.21	5	22.23	5	23.43	5	22.09	5	23.32	5	23.91	5	24.39	5	21.88	5	20.03	5	20.77	5	21.40	22.51
		15	22.55	15	22.09	15	22.29	15	23.42	15	22.65	15	24.26	15	24.33	15	24.00	15	21.25	15	20.77	15	21.88	15	21.25	
		25	22.73	25	22.01	25	22.73	25	23.35	25	23.50	25	24.40	25	24.81	25	23.48	25	21.06	25	20.76	25	22.72	25	20.36	
	1991	5	22.28	5	21.91	5	21.11	5	21.88	5	21.47	5	22.09	5	23.34	5	23.97	5	23.82	5	22.46	5	23.62	5	23.35	22.67
		15	21.97	15	19.43	15	21.77	15	21.63	15	21.85	15	22.15	15	23.49	15	23.91	15	23.41	15	22.12	15	23.19	15	24.35	
		25	21.77	25	20.94	25	21.80	25	21.78	25	22.31	25	23.15	25	25.26	25	23.83	25	23.75	25	23.75	25	23.48	25	23.65	
	1992	5	24.29	5	24.02	5	24.03	5	24.19	5	23.54	5	25.19	5	26.43	5	28.50	5	25.57	5	25.31	5	25.01	5	25.77	25.34
		15	24.81	15	24.38	15	24.79	15	23.77	15	23.65	15	24.93	15	27.12	15	29.54	15	27.31	15	24.90	15	24.53	15	25.82	
		25	24.54	25	23.99	25	24.00	25	25.01	25	23.89	25	25.77	25	27.08	25	27.40	25	27.60	25	24.14	25	25.56	25	25.85	
	1993	5	26.64	5	25.87	5	25.82	5	25.85	5	25.25	5	25.92	5	26.91	5	26.11	5	28.05	5	26.67	5	25.73	5	26.45	26.55
		15	27.25	15	25.88	15	25.74	15	25.72	15	25.45	15	26.81	15	27.32	15	28.05	15	28.10	15	27.01	15	26.81	15	26.93	
		25	24.92	25	25.67	25	25.68	25	26.01	25	25.70	25	27.25	25	27.42	25	28.29	25	28.40	25	26.23	25	26.90	25	27.08	
	1994	5	27.05	5	25.46	5	26.82	5	27.10	5	27.42	5	28.35	5	28.51	5	30.41	5	29.91	5	28.21	5	28.90	5	28.34	28.36
		10	27.17	10	25.33	10	27.27	10	27.36	10	27.77	10	27.85	10	28.58	10	30.01	10	30.66	10	29.83	10	29.78	10	29.70	
		15	27.39	15	25.33	15	27.14	15	26.80	15	28.11	15	28.44	15	29.21	15	30.35	15	30.01	15	26.99	15	29.43	15	28.29	
		20	28.46	20	26.87	20	27.39	20	26.92	20	28.35	20	28.25	20	29.41	20	30.25	20	27.99	20	29.78	20	29.68	20	29.74	
		25	25.97	25	27.25	25	27.11	25	26.93	25	28.37	25	28.40	25	29.79	25	30.00	25	29.37	25	29.10	25	29.14	25	28.40	
		30	28.36	30	27.24	30	26.51	30	27.42	30	27.94	30	27.68	30	30.14	30	30.00	30	29.48	30	29.75	30	29.74	30	29.73	

续表

点号	年份	1月 日	1月 水位	2月 日	2月 水位	3月 日	3月 水位	4月 日	4月 水位	5月 日	5月 水位	6月 日	6月 水位	7月 日	7月 水位	8月 日	8月 水位	9月 日	9月 水位	10月 日	10月 水位	11月 日	11月 水位	12月 日	12月 水位	年平均
32	1995	5	29.10	5	28.11	5	29.06	5	29.10	5	28.19	5	29.19	5	30.77	5	31.04	5	31.12	5	29.62	5	29.95	5	30.22	29.91
		10	29.05	10	28.63	10	29.17	10	29.22	10	28.44	10	29.13	10	30.93	10	31.36	10	30.51	10	29.74	10	30.07	10	30.06	
		15	29.13	15	28.99	15	29.11	15	29.05	15	28.80	15	29.83	15	31.30	15	31.51	15	30.25	15	29.88	15	30.33	15	29.65	
		20	29.09	20	29.34	20	29.27	20	29.03	20	29.69	20	30.10	20	31.20	20	31.37	20	31.08	20	30.01	20	30.38	20	30.73	
		25	29.09	25	29.19	25	29.23	25	28.80	25	29.03	25	30.68	25	31.23	25	31.23	25	30.69	25	30.25	25	30.55	25	30.40	
		30	29.27	30	29.34	30	29.03	30	28.55	30	29.08	30	30.83	30	31.46	30	32.01	30	30.95	30	30.08	30	30.34	30	31.00	
54	1986	5	22.82	5	22.66	5	22.45	5	21.86	5	22.09	5	23.30	5	23.28	5	25.34	5	24.71	5	22.40	5	22.38	5	22.36	23.18
		15	22.36	15	22.44	15	22.39	15	22.34	15	23.43	15	23.16	15	24.18	15	26.03	15	23.64	15	23.79	15	22.63	15	22.75	
		25	22.82	25	22.79	25	22.57	25	22.45	25	23.06	25	24.27	25	24.06	25	25.03	25	23.20	25	23.17	25	22.72	25	23.56	
	1987	5	23.05	5	21.96	5	23.47	5	23.07	5	22.79	5	23.99	4	23.91	5	24.62	5	24.85	5	24.97	5	24.77	5	24.17	23.97
		15	23.47	15	23.24	14	23.57	15	23.50	15	23.38	14	23.09	15	24.90	14	24.27	15	25.22	15	24.78	15	24.26	15	24.56	
		25	23.29	25	22.91	25	23.23	25	23.37	25	23.50	24	24.27	25	24.84	25	25.94	25	25.38	25	24.80	25	24.38	25	24.12	
	1988	5	23.92	5	23.33	5	23.03	5	23.42	5	23.65	5	23.67	5	24.05	5	24.12	5	24.18	5	23.81	5	23.36	5	23.78	23.68
		15	23.80	15	23.44	15	23.10	15	23.55	15	23.43	15	23.90	15	23.97	15	24.50	15	24.18	15	23.94	15	23.37	15	23.92	
		25	23.48	25	22.96	25	23.02	25	23.48	25	23.56	25	24.32	25	23.50	25	24.30	25	24.02	25	22.80	25	23.49	25	24.21	
	1989	5	23.88	5	22.96	5	22.40	5	22.70	5	24.01	5	24.55	5	25.72	5	26.47	5	24.59	5	23.52	5	24.13	5	24.12	24.20
		15	23.76	15	22.35	15	22.48	15	23.98	15	24.21	15	24.94	15	24.94	15	25.76	15	24.52	15	24.20	15	24.27	15	24.31	
		25	23.57	25	22.43	25	22.56	25	24.15	25	24.35	25	25.14	25	26.57	25	25.30	25	25.09	25		25	24.69	25	24.34	
	1990	4	24.13	4	23.56	4	24.71	4	24.82	4	24.49	4	25.95	4	26.01	4	26.85	4	25.56	4	22.70	4	24.41	4	25.69	25.25
		14	25.53	14	23.89	14	24.82	14	25.13	14	24.93	14	27.11	14	26.56	14	26.46	14	25.69	14	24.02	14	24.96	14	25.72	
		24	25.50	24	24.56	24	24.81	24	25.39	24	25.62	24	27.64	24	27.18	24	26.32	24	24.69	24	24.46	24	25.55	24	25.37	
	1991	4	26.12	4	25.65	4	25.13	4	25.82	4	26.41	4	27.90	4	29.63	4	⟨33.95⟩	4	24.06	4	26.27	4	26.00	4	27.28	27.02
		14	25.57	14	25.62	14	24.92	14	25.60	14	26.97	14	28.82	14	30.60	14	32.52	14	28.61	14	26.19	14		14	28.25	
		24	24.95	24	24.85	24	25.44	24	26.03	24	28.77	24	28.34	24	⟨35.07⟩	24	⟨32.80⟩	24	27.22	24	26.27	24		24	28.81	

第二章　咸阳市

续表

点号	年份	1月 日	1月 水位	2月 日	2月 水位	3月 日	3月 水位	4月 日	4月 水位	5月 日	5月 水位	6月 日	6月 水位	7月 日	7月 水位	8月 日	8月 水位	9月 日	9月 水位	10月 日	10月 水位	11月 日	11月 水位	12月 日	12月 水位	年平均
54	1992	5	28.87	5	29.13	5	28.07	5	28.45	5	28.20	5	29.14	5	31.09	5	32.11	5	30.91	5	28.04	5	28.24	5		29.47
		15	29.42	15	28.71	15	28.97	15	28.42	15	27.88	15	29.77	15	31.38	15	31.00	15	31.23	15	28.57	15	28.46	15		
		25	29.53	25	28.29	25	28.30	25	28.10	25	28.08	25	29.79	25	35.86	25	31.14	25	29.84	25	29.16	25	28.51	25		
58	1988	6	24.92	6	24.57	6	24.20	6	25.65	6	25.35	6	26.56	6	26.34	6	27.25	6	26.24	6	24.90	6	25.28	6	25.33	25.56
		16	24.68	16	24.10	16	25.69	16	25.92	16	25.37	16	26.96	16	26.50	16	27.83	16	25.36	16	25.26	16	24.20	16	24.91	
		26	24.61	26	24.15	26	24.93	26	26.04	26	26.18	26	25.26	26	27.41	26	26.45	26	26.21	26	24.96	26	25.73	26	24.73	
	1989	7	25.44	7	24.14	7	24.91	7	25.58	7	26.43	7	26.47	7	27.15	7	27.26	7	25.09	7	24.58	7	24.60	7	24.18	25.57
		17	24.33	17	25.07	17	24.54	17	26.03	17	25.89	17	25.46	17	26.74	17	26.63	17	26.35	17	25.12	17	24.31	17	24.84	
		27	24.30	27	24.32	27	24.62	27	26.46	27	26.36	27	26.57	27	27.00	27	25.85	27	26.90	27	25.36	27	26.21	27	25.45	
	1990	7	25.68	7	25.27	7	25.24	7	26.01	7	24.90	7	26.74	7	27.46	7	28.40	7	27.53	7	25.43	7	26.26	7	25.98	26.29
		17	25.73	17	25.13	17	25.52	17	26.47	17	25.40	17	26.80	17	28.36	17	27.66	17	27.27	17	25.59	17	26.40	17	26.19	
		27	25.57	27	24.92	27	25.22	27	26.32	27	27.26	27	28.33	27	27.53	27	27.90	27	25.32	27	24.23	27	26.03	27	26.27	
	1991	7	25.46	7	24.81	7	25.71	7	26.18	7	26.27	7	26.48	7	27.74	7	28.31	7	28.30	7	28.25	7	27.10	7	28.68	26.94
		17	25.28	17	24.65	17	25.57	17	25.95	17	25.02	17	26.63	17	28.56	17	27.34	17	26.74	17	27.38	17	28.26	17	29.01	
		27	24.96	27	25.27	27	25.60	27	27.05	27	26.54	27	28.22	27	30.51	27	27.15	27	29.48	27	〈40.90〉	27	26.40	27	27.93	
	1992	7	29.40	7	30.44	7	30.21	7	28.50	7	29.10	7	30.98	7	27.96	7	32.70	7	33.19	7	30.48	7	29.70	7	30.53	30.66
		17	29.19	17	30.83	17	30.68	17	28.76	17	29.98	17	30.72	17	31.96	17	32.38	17	32.90	17	30.01	17	30.53	17	30.83	
		27	30.52	27	30.95	27	28.58	27	31.29	27	29.70	27	31.13	27	32.32	27	32.93	27	33.31	27	29.53	27	30.76	27	〈47.98〉	
	1993	5	31.04	5	29.81	5	31.17	5	31.21	5	30.88	5	32.53	5	32.21	5	32.68	5	33.03	5	31.14	5	31.79	5	31.73	31.74
		15	31.64	15	31.06	15	30.93	15	31.15	15	31.38	15	32.94	15	33.06	15	32.83	15	33.88	15	30.00	15	32.11	15	31.81	
		25	29.33	25	31.11	25	30.85	25	31.33	25	31.63	25	32.84	25	32.12	25	31.92	25	32.65	25	31.88	25	32.93	25	32.18	
	1994	7	32.43	7	33.13	7	29.39	7	31.53	7	31.30	7	31.60	7	31.36	7	33.53	7	34.25	7	33.63	7	33.22	7	31.53	32.34
		17	32.98	17	32.00	17	30.66	17	31.68	17	31.53	17	31.48	17	33.52	17	34.59	17	34.18	17	33.01	17	33.03	17	30.43	
		27	32.97	27	28.61	27	31.13	27	31.88	27		27	31.53	27	33.02	27	34.89	27	34.10	27	32.54	27	33.62	27	31.76	

续表

点号	年份	1月 日	1月 水位	2月 日	2月 水位	3月 日	3月 水位	4月 日	4月 水位	5月 日	5月 水位	6月 日	6月 水位	7月 日	7月 水位	8月 日	8月 水位	9月 日	9月 水位	10月 日	10月 水位	11月 日	11月 水位	12月 日	12月 水位	年平均
58	1995	7	31.90	7	〈52.46〉	7	〈59.88〉	7	31.93	7	30.63	7	32.92	7	34.18	7	35.28	7	34.87	7	35.18	7	35.29	7	33.69	33.79
		17	〈55.36〉	17	33.81	17	〈54.32〉	17	31.88	17	32.43	17	35.63	17	34.58	17	34.54	17	34.84	17	34.32	17	32.35	17	32.83	
		27	〈54.65〉	27	〈56.31〉	27	〈54.28〉	27	31.05	27	33.13	27	37.28	27	34.48	27	34.60	27	34.86	27	34.00	27	33.90	27	33.41	
60	1986	6	24.45	6	25.95	6	20.88	6	19.97	6	19.90	6	21.91	6	22.06	6	23.10	6	21.93	6	20.07	6	21.50	6	22.00	21.93
		16	21.94	16	25.50	16	21.28	16	21.59	16	21.83	16	22.04	16	22.95	16	〈28.16〉	16	22.00	16	23.09	16	21.73	16	22.20	
		26	17.37	26	20.80	26	21.30	26	20.74	26	21.84	26	22.63	26	23.18	26	21.74	26	21.88	26	21.93	26	21.58	26	22.60	
	1987	6	22.49	6	21.20	6	22.24	6	22.23	6	21.53	6	22.20	6	22.88	6	23.33	6	24.04	6	22.56	6	22.54	6	22.02	22.54
		16	22.34	16	21.76	16	21.67	16	21.60	16	22.26	16	22.33	16	24.01	16	23.06	16	〈27.20〉	16	22.62	16	22.04	16	22.26	
		26	22.27	26	22.95	26	21.61	26	22.37	26	22.64	26	22.16	26	23.90	26	24.70	26	23.11	26	23.11	26	22.01	26	22.74	
	1988	6	22.61	6	22.32	6	22.73	6	21.89	6	22.76	6	22.99	6	23.26	6	25.24	6	22.81	6	21.27	6	20.03	6	19.82	22.18
		16	21.90	16	22.62	16	22.57	16	22.25	16	22.49	16	22.59	16	23.67	16	23.78	16	21.43	16	21.04	16	20.18	16	19.92	
		26	21.60	26	22.06	26	21.49	26	22.44	26	22.04	26	23.90	26	24.70	26	22.33	26	22.44	26	20.81	26	21.23	26	21.43	
	1989	7	21.73	7	21.39	7	21.16	7	22.58	7	22.45	7	22.57	7	24.35	7	24.82	7	23.83	7	22.58	7	22.57	7	22.28	22.71
		17	21.38	17	21.17	17	21.60	17	22.08	17	22.31	17	22.36	17	24.07	17	24.27	17	23.11	17	22.61	17	22.68	17	23.02	
		27	21.42	27	21.15	27	21.84	27	22.42	27	22.49	27	24.01	27	24.73	27	23.62	27	22.88	27	23.04	27	23.38	27	23.46	
	1990	7	22.89	7	22.57	7	22.63	7	22.10	7	23.67	7	25.08	7	24.33	7	25.61	7	24.24	7	23.03	7	23.74	7	24.27	23.84
		17	23.11	17	22.46	17	22.81	17	24.22	17	23.75	17	25.45	17	25.54	17	25.12	17	23.19	17	21.43	17	23.61	17	24.15	
		27	22.99	27	22.37	27	22.81	27	23.81	27	24.66	27	24.94	27	26.04	27	24.73	27	22.71	27	23.05	27	24.36	27	24.62	
	1991	7	24.47	7	24.30	7	24.49	7	24.70	7	24.17	7	24.21	7	26.67	7	26.72	7	27.09	7	26.11	7	26.37	7	25.75	25.54
		17	24.37	17	23.98	17	24.55	17	24.15	17	25.69	17	25.34	17	27.00	17	27.27	17	26.17	17	26.40	17	25.91	17	25.65	
		27	24.11	27	24.20	27	23.69	27	24.47	27	24.90	27	26.50	27	27.59	27	27.02	27	26.53	27	25.63	27	27.36	27	26.02	
	1992	7	26.70	7	27.91	7	27.62	7	26.22	7	26.67	7	27.83	7	28.59	7	29.84	7	28.82	7	25.68	7	26.46	7	26.91	27.61
		17	27.73	17	28.36	17	27.42	17	26.46	17	27.00	17	28.00	17	28.17	17	29.67	17	28.39	17	25.31	17	26.60	17	27.05	
		27	27.97	27	28.93	27	26.89	27	27.32	27	27.01	27	28.13	27	29.35	27	28.97	27	28.19	27	26.73	27	27.48	27	27.75	

续表

点号	年份	1月 日	1月 水位	2月 日	2月 水位	3月 日	3月 水位	4月 日	4月 水位	5月 日	5月 水位	6月 日	6月 水位	7月 日	7月 水位	8月 日	8月 水位	9月 日	9月 水位	10月 日	10月 水位	11月 日	11月 水位	12月 日	12月 水位	年平均
68	1986	5	18.47	5	23.00	5	17.42	5	19.73	5	17.47	5	18.98	5	19.83	5	⟨29.62⟩	5		5		5		5		19.72
		15	21.70	15	22.91	15	18.30	15	18.37	15	18.57	15	19.68	15	20.18	15		15		15		15		15		
		25	24.54	25	16.94	25	18.44	25	18.97	25	⟨26.19⟩	25	19.57	25	21.40	25		25		25		25		25		
69	1986	6	25.20	6	15.01	6	25.20	6		6		6	25.81	6	25.29	6		6		6		6		6		22.22
		16		16	14.88	16		16		16		16	25.98	16	26.34	16		16		16		16		16		
		26	13.84	26		26		26		26		26	24.69	26		26		26		26		26		26		
71	1986	5	⟨27.35⟩	5	⟨27.84⟩	5	⟨26.37⟩	5	⟨27.15⟩	5	⟨27.37⟩	5	25.62	5	⟨26.51⟩	5	⟨29.57⟩	5	⟨27.67⟩	5	24.18	5	⟨27.81⟩	5	⟨26.05⟩	25.03
		15	⟨28.14⟩	15	⟨27.16⟩	15	⟨27.66⟩	15	⟨26.50⟩	15	⟨27.51⟩	15	26.08	15	⟨27.48⟩	15	⟨28.55⟩	15	⟨28.91⟩	15	⟨29.49⟩	15	⟨27.89⟩	15	⟨26.91⟩	
		25	⟨27.90⟩	25	⟨28.07⟩	25	⟨27.30⟩	25	⟨27.78⟩	25	⟨26.63⟩	25	⟨28.88⟩	25	⟨28.03⟩	25	⟨28.55⟩	25	⟨28.85⟩	25	⟨27.41⟩	25	24.24	25	⟨27.33⟩	
	1987	5	⟨26.94⟩	5	⟨26.83⟩	5	⟨26.51⟩	5	⟨26.42⟩	5	⟨25.65⟩	5	⟨25.12⟩	5	⟨24.90⟩	5	⟨26.43⟩	5	⟨27.74⟩	5	⟨27.64⟩	5	⟨27.94⟩	5	⟨29.03⟩	
		15	⟨27.23⟩	15	⟨26.87⟩	15	⟨27.76⟩	15	⟨26.21⟩	15	⟨26.22⟩	15	⟨25.21⟩	15	⟨28.31⟩	15	⟨25.40⟩	15	⟨27.54⟩	15	⟨28.63⟩	15	⟨28.71⟩	15	⟨29.13⟩	
		25	⟨24.62⟩	25	⟨28.50⟩	25	⟨27.56⟩	25	⟨25.84⟩	25	⟨27.20⟩	25	⟨25.01⟩	25	⟨28.11⟩	25	⟨28.36⟩	25	⟨27.06⟩	25	⟨29.20⟩	25	⟨28.77⟩	25	⟨28.12⟩	
	1988	5	⟨27.81⟩	5	⟨27.91⟩	5	⟨27.51⟩	5	⟨28.87⟩	5	⟨29.27⟩	5	⟨29.52⟩	5	⟨29.10⟩	5	⟨29.27⟩	5	⟨29.64⟩	5	⟨26.88⟩	5	⟨28.28⟩	5	⟨27.22⟩	
		15	⟨28.14⟩	15	⟨28.33⟩	15	⟨28.65⟩	15	⟨28.06⟩	15	⟨27.61⟩	15	⟨28.99⟩	15	⟨29.89⟩	15	⟨30.90⟩	15	⟨28.46⟩	15	⟨27.13⟩	15	⟨27.83⟩	15	⟨26.74⟩	
		25	⟨27.81⟩	25	⟨26.09⟩	25	⟨27.04⟩	25	⟨29.06⟩	25	⟨30.30⟩	25	⟨30.27⟩	25	⟨31.63⟩	25	⟨29.66⟩	25	⟨29.15⟩	25	⟨28.42⟩	25	⟨27.26⟩	25	⟨25.26⟩	
	1989	5	⟨26.72⟩	5	⟨26.47⟩	5	⟨25.38⟩	5	⟨29.12⟩	5	⟨28.53⟩	5	⟨29.62⟩	5	⟨30.44⟩	5	⟨29.68⟩	5	⟨28.40⟩	5	⟨26.45⟩	5	⟨28.00⟩	5	⟨28.11⟩	
		15	⟨27.43⟩	15	⟨26.29⟩	15	⟨24.02⟩	15	⟨27.94⟩	15	⟨28.11⟩	15	⟨28.70⟩	15	⟨29.91⟩	15	⟨30.11⟩	15	⟨27.12⟩	15	⟨28.51⟩	15	⟨27.47⟩	15	⟨27.86⟩	
		25	⟨26.52⟩	25	⟨25.23⟩	25	⟨27.92⟩	25	⟨29.53⟩	25	⟨28.14⟩	25	⟨28.94⟩	25	⟨30.19⟩	25	⟨28.57⟩	25	⟨28.93⟩	25		25	⟨27.93⟩	25	⟨28.73⟩	
	1990	5	⟨27.97⟩	5	⟨27.38⟩	5	⟨28.94⟩	5	⟨28.47⟩	5	⟨28.12⟩	5	⟨29.61⟩	5	⟨29.91⟩	5	⟨31.31⟩	5	⟨29.07⟩	5	⟨27.71⟩	5	⟨29.77⟩	5	⟨30.57⟩	
		15	⟨29.32⟩	15	⟨27.01⟩	15	⟨28.31⟩	15	⟨29.47⟩	15	⟨28.00⟩	15	⟨31.30⟩	15	⟨30.92⟩	15	⟨31.55⟩	15	⟨29.37⟩	15	⟨27.99⟩	15	⟨29.47⟩	15	⟨29.65⟩	
		25	⟨28.89⟩	25	⟨27.93⟩	25	⟨29.35⟩	25	⟨28.46⟩	25	⟨29.01⟩	25	⟨28.83⟩	25	⟨32.02⟩	25	⟨29.81⟩	25	⟨27.07⟩	25	⟨30.38⟩	25	⟨31.25⟩	25	⟨30.47⟩	
	1991	5	⟨30.89⟩	5	⟨30.30⟩	5	⟨28.53⟩	5	⟨29.39⟩	5	⟨30.87⟩	5	⟨31.78⟩	5	⟨31.92⟩	5	⟨30.06⟩	5	⟨32.60⟩	5	⟨30.23⟩	5	⟨30.29⟩	5	⟨30.28⟩	
		15	⟨29.87⟩	15	⟨29.66⟩	15	⟨29.24⟩	15	⟨30.29⟩	15	⟨31.04⟩	15	⟨32.51⟩	15	⟨33.55⟩	15	⟨29.43⟩	15	⟨31.64⟩	15	⟨30.57⟩	15	⟨29.64⟩	15	⟨30.99⟩	
		25	⟨29.47⟩	25	⟨28.24⟩	25	⟨30.29⟩	25	⟨30.75⟩	25	⟨31.80⟩	25	⟨30.69⟩	25	⟨35.66⟩	25	⟨31.93⟩	25	⟨32.38⟩	25	⟨30.80⟩	25	⟨29.63⟩	25	⟨30.60⟩	

续表

点号	年份	1月日	1月水位	2月日	2月水位	3月日	3月水位	4月日	4月水位	5月日	5月水位	6月日	6月水位	7月日	7月水位	8月日	8月水位	9月日	9月水位	10月日	10月水位	11月日	11月水位	12月日	12月水位	年平均
71	1992	5	〈31.30〉	5	〈29.48〉	5	〈32.99〉	5	〈30.85〉	5	〈33.38〉	5	〈34.17〉	5	〈34.91〉	5	〈35.84〉	5	〈34.24〉	5	〈33.29〉	5	〈33.98〉	5		
		15	〈32.31〉	15	〈34.37〉	15	〈33.83〉	15	〈32.16〉	15	〈33.70〉	15	〈35.12〉	15	〈35.23〉	15	〈34.31〉	15	〈34.86〉	15	〈33.64〉	15	〈34.08〉	15		
		25	〈32.32〉	25	〈33.41〉	25	〈27.82〉	25	〈32.97〉	25	〈33.45〉	25	〈35.18〉	25		25	〈34.54〉	25	〈34.40〉	25	〈33.70〉	25	〈34.50〉	25		
73	1986	5	25.56	5	19.90	5	23.93	5	24.05	5	24.13	5	24.34	5	24.34	5		5		5		5		5		23.81
		15	22.18	15	19.85	15	22.72	15	23.24	15	24.03	15	24.93	15	25.83	15		15		15		15		15		
		25	24.54	25	24.31	25	23.74	25	24.21	25	23.01	25	24.98	25	26.16	25	〈33.13〉	25		25		25		25		
75	1986	5	27.75	5	27.90	5	25.65	5	26.53	5	26.52	5	26.56	5	26.54	5	28.48	5		5		5		5		26.39
		15	23.82	15	28.19	15	26.66	15	24.78	15	24.87	15	26.46	15	26.64	15		15		15		15		15		
		25	24.24	25	26.67	25	25.58	25	27.48	25	24.67	25	25.82	25	28.74	25		25		25		25		25		
76	1986	5	26.53	5	26.45	5	25.06	5	24.88	5	25.14	5	25.26	5	24.38	5		5		5		5		5		25.17
		15	22.23	15	26.30	15	25.88	15	24.41	15	〈33.52〉	15	25.34	15	26.21	15	〈39.54〉	15		15		15		15		
		25	23.49	25	25.23	25	24.82	25	24.49	25	23.67	25	26.04	25	27.53	25		25		25		25		25		
79	1986	5	28.23	5	30.30	5	28.15	5	29.13	5	27.48	5	28.84	5	28.35	5		5		5		5		5		28.17
		15	22.74	15	30.22	15	29.00	15	26.13	15	27.87	15	29.04	15	30.15	15		15		15		15		15		
		25	23.31	25	28.92	25	26.69	25	29.49	25		25	28.08	25	31.20	25	〈32.32〉	25		25		25		25		
83	1986	6	19.37	6		6	19.71	6	20.08	6	19.57	6	20.52	6	20.52	6	22.29	6	22.25	6	17.82	6	20.28	6	20.42	20.66
		16	19.63	16	20.48	16	19.57	16	20.41	16	21.14	16	20.60	16	21.07	16	23.83	16	20.82	16	21.54	16	20.27	16	20.27	
		26	20.63	26	19.42	26	19.93	26	19.98	26	20.67	26	21.62	26	22.82	26	22.07	26	20.80	26	20.73	26	20.04	26	20.75	
	1987	6	20.32	6	19.42	6	20.61	6	19.55	6	19.98	6	20.91	6	21.65	6	21.53	6	24.25	6	20.28	6	21.22	6	21.22	21.29
		16	20.92	16	20.65	16	20.86	16	20.99	16	20.79	16	21.29	16	25.56	16	21.60	16	21.91	16	21.74	16	20.74	16	21.13	
		26	20.82	26	20.59	26	20.40	26	20.93	26	21.14	26	21.17	26	22.16	26	24.97	26	21.98	26	21.49	26	20.63	26	21.14	
	1988	6	21.22	6	20.98	6	20.85	6	20.76	6	21.57	6	21.69	6	21.75	6	22.98	6	21.83	6	20.23	6	19.42	6	19.77	21.11
		16	20.29	16	20.93	16	21.26	16	21.42	16	21.15	16	21.57	16	22.67	16	22.63	16	20.63	16	19.50	16	19.84	16	20.62	
		26	20.66	26	20.91	26	20.90	26	21.33	26	21.53	26	22.05	26	23.33	26	22.53	26	20.35	26	20.01	26	20.17	26	20.74	

续表

点号	年份	1月 日	1月 水位	2月 日	2月 水位	3月 日	3月 水位	4月 日	4月 水位	5月 日	5月 水位	6月 日	6月 水位	7月 日	7月 水位	8月 日	8月 水位	9月 日	9月 水位	10月 日	10月 水位	11月 日	11月 水位	12月 日	12月 水位	年平均
83	1989	6	21.16	6	20.81	6	20.14	6	20.50	6	20.56	6	22.19	6	21.84	6	23.57	6	23.36	6	20.15	6	21.29	6	21.41	21.47
		16	20.83	16	20.48	16	20.10	16	20.54	16	20.59	16	21.80	16	22.39	16	24.20	16	23.18	16	20.74	16	21.13	16	21.48	
		26	20.91	26	20.02	26	20.41	26	20.93	26	20.61	26	21.92	26	24.69	26	23.63	26	21.54	26		26	20.86	26	21.65	
	1990	4	21.49	4	21.58	4	21.53	4	22.05	4	22.10	4	24.10	4	23.01	4	23.63	4	22.96	4	22.72	4	22.50	4	23.12	22.64
		14	21.48	14	21.53	14	22.08	14	22.13	14	22.07	14	24.05	14	24.23	14	23.64	14	22.78	14	22.62	14	22.38	14	23.10	
		24	21.43	24	21.70	24	22.03	24	22.11	24	22.89	24	23.34	24	24.64	24	23.68	24	22.75	24	22.48	24	22.44	24	22.62	
	1991	4	22.94	4	22.94	4	22.94	4		4		4	24.47	4	26.29	4	26.55	4	25.92	4	24.25	4	23.88	4	27.23	24.71
		14	22.98	14	22.93	14	23.06	14		14	23.56	14	24.33	14	26.76	14	26.05	14	25.33	14	24.94	14	25.08	14	25.70	
		24	22.91	24	22.97	24	23.04	24		24	⟨28.05⟩	24	24.99	24	27.18	24	25.93	24	25.47	24	25.10	24	24.63	24	25.53	
	1992	5	25.58	5	⟨28.53⟩	5	⟨28.63⟩	5	26.33	5	⟨28.01⟩	5	27.67	5	⟨30.07⟩	5	⟨30.96⟩	5	⟨29.76⟩	5	⟨28.65⟩	5	⟨27.83⟩	5	27.49	26.96
		15	25.50	15	⟨28.50⟩	15	⟨29.10⟩	15	28.18	15	⟨28.01⟩	15	27.98	15	⟨30.22⟩	15	⟨30.10⟩	15	⟨28.64⟩	15	⟨27.49⟩	15	26.73	15	26.75	
		25	⟨28.72⟩	25	⟨28.38⟩	25	⟨29.22⟩	25	⟨29.01⟩	25	⟨28.16⟩	25	⟨29.48⟩	25	27.26	25	⟨29.05⟩	25	⟨28.36⟩	25	26.58	25	27.46	25	⟨29.15⟩	
84	1986	6	22.51	6	23.48	6	24.10	6	23.94	6	23.27	6	23.94	6	24.55	6	25.82	6	25.02	6	⟨22.90⟩	6	25.60	6	25.80	24.55
		16	23.68	16	23.28	16	23.77	16	24.59	16	23.76	16	24.96	16	25.80	16	25.38	16	25.57	16	25.81	16	25.35	16	25.35	
		26	23.88	26	22.18	26	23.98	26	23.83	26	23.32	26	24.52	26	25.50	26	24.76	26	25.33	26	25.64	26	25.84	26	25.04	
	1987	6	24.73	6	23.82	6	25.03	6	24.38	6	23.44	6	24.29	6	25.21	6	25.05	6	27.83	6	23.23	6	24.37	6	25.50	25.00
		16	24.83	16	24.80	16	25.01	16	24.53	16	24.99	16	25.22	16	25.58	16	24.66	16	25.95	16	25.31	16	25.63	16	25.40	
		26	23.98	26	25.06	26	24.58	26	23.92	26	24.53	26	23.95	26	25.78	26	27.82	26	26.10	26	26.21	26	24.68	26	24.70	
	1988	6	24.18	6	25.08	6	23.62	6	24.38	6	24.74	6	25.20	6	25.13	6	25.70	6	25.32	6	24.18	6	23.46	6	24.57	24.53
		16	24.04	16	24.89	16	25.13	16	25.26	16	24.43	16	24.83	16	25.42	16	25.99	16	24.37	16	24.37	16	24.18	16	24.21	
		26	25.06	26	23.21	26	24.77	26	25.11	26	24.84	26	25.15	26	25.73	26	25.23	26	20.01	26	24.01	26	24.18	26	23.14	
	1989	6	24.69	6	24.66	6	24.58	6	24.55	6	24.96	6	25.74	6	25.37	6	26.58	6	24.81	6	24.24	6	25.25	6	25.69	25.02
		16	24.65	16	23.11	16	22.55	16	24.47	16	25.01	16	25.48	16	25.00	16	25.45	16	26.99	16	24.40	16	26.18	16	26.05	
		26	24.68	26	23.72	26	24.18	26	25.20	26	24.98	26	25.32	26	25.42	26	25.20	26	24.91	26		26	25.58	26	26.08	

续表

点号	年份	1月 水位	1月 日	2月 水位	2月 日	3月 水位	3月 日	4月 水位	4月 日	5月 水位	5月 日	6月 水位	6月 日	7月 水位	7月 日	8月 水位	8月 日	9月 水位	9月 日	10月 水位	10月 日	11月 水位	11月 日	12月 水位	12月 日	年平均
84	1990	26.20	4	26.18	4	26.31	4	25.93	4	27.06	4	26.76	4	27.25	4	26.66	4	26.20	4	27.01	4	27.27	4	27.59	4	26.73
84	1990	26.13	14	26.23	14	25.66	14	26.70	14	27.11	14	26.71	14	27.41	14	26.93	14	26.15	14	26.85	14	27.44	14	27.63	14	
84	1990	26.20	24	26.38	24	25.78	24	26.63	24	27.13	24	26.98	24	27.51	24	26.54	24	26.18	24	27.46	24			27.52	24	
84	1991	28.01	4	27.39	4	27.65	4			27.74	14	24.04	4	24.07	4	24.91	4	24.29	4	23.77	4	23.93	4	23.97	4	25.45
84	1991	27.99	14	27.58	14	27.99	14			23.78	24	24.10	14	25.09	14	24.84	14	24.21	14	24.04	14	23.88	14	24.00	14	
84	1991	27.43	24	27.60	24	27.95	24					24.01	24	29.51	24	24.51	24	24.04	24	24.16	24	23.90	24	24.03	24	
84	1992	24.00	5	23.85	5	23.44	5	22.65	5	22.71	5	22.61	5	21.20	5	〈42.20〉	5	〈34.50〉	5	〈28.46〉	5	〈30.95〉	5	〈32.03〉	5	23.15
84	1992	24.07	15	23.73	15	23.66	15	22.71	15	22.63	15	21.45	15	21.32	15	〈39.90〉	15	〈28.60〉	15	〈31.15〉	15	〈31.03〉	15	〈31.95〉	15	
84	1992	23.93	25	23.56	25	22.75	25	22.67	25	22.56	25	21.10	25	21.93	25	30.68	25	〈28.38〉	25	〈31.08〉	25	〈33.13〉	25	〈31.19〉	25	
84	1993					28.91	4	29.28	4	〈32.06〉	4	〈32.17〉	4	〈35.09〉	4	〈33.81〉	4	〈33.03〉	4	〈33.26〉	4	〈33.12〉	4	〈33.02〉	4	28.79
84	1993					29.40	14	28.81	14	〈32.08〉	14	〈33.04〉	14	〈33.98〉	14	〈33.73〉	14	〈33.10〉	14	〈33.16〉	14	〈33.07〉	14	〈32.96〉	14	
84	1993					29.88	24	27.84	24	〈32.20〉	24	〈33.17〉	24	〈33.77〉	24	28.01	24	〈33.07〉	24	〈33.23〉	24	〈32.93〉	24	〈33.09〉	24	
84	1994	〈33.15〉	4	〈33.17〉	4	〈33.00〉	4	27.33	4	〈33.00〉	4	〈33.07〉	4	26.03	4	〈33.25〉	4	28.09	4	28.02	4	27.00	4	27.03	4	27.17
84	1994	〈33.20〉	14	〈33.05〉	14	〈33.09〉	14	〈33.06〉	14	〈33.08〉	14	〈33.11〉	14	27.06	14	27.00	14	28.23	14	27.03	14	27.15	14	〈30.90〉	14	
84	1994	〈33.09〉	24	〈33.13〉	24	26.93	24	〈33.09〉	24	〈33.14〉	24	〈33.17〉	24	〈33.13〉	24	27.06	24	27.30	24	27.09	24	〈32.00〉	24	26.40	24	
84	1995	32.03	4	26.03	4	31.15	4	31.62	4	32.80	4	28.31	4					32.54	4	32.21	4	33.45	4	32.69	4	31.18
84	1995	27.15	14	31.06	14	31.30	14	32.04	14	28.05	14	27.21	14		14		14	33.22	14	32.47	14	33.89	14	33.64	14	
84	1995	26.19	24	31.53	24	31.53	24	32.11	24	32.93	24		24		24		24	33.24	24	33.24	24	33.84	24	32.14	24	
96	1986	20.34	4	21.15	4	20.79	4	20.98	4	20.06	4	21.77	4	21.27	4	22.30	4	22.70	4	19.54	4	21.77	4	21.45	4	21.39
96	1986	21.17	14	19.18	14	20.57	14	20.86	14	21.54	14	21.11	14	22.16	14	22.92	14	22.47	14	22.52	14	21.31	14	21.32	14	
96	1986	21.22	24	21.16	24	21.19	24	20.87	24	20.75	24	22.13	24	22.99	24	21.90	24	21.55	24	21.42	24	22.01	24	21.54	24	
96	1987	21.14	4	20.51	4	21.90	4	21.13	4	20.20	4	21.77	4	20.71	4	22.13	4	21.82	4	21.40	4	21.29	4	21.18	4	21.38
96	1987	21.98	14	21.59	17	21.36	14	21.44	14	21.46	14	20.66	14	22.40	14	21.34	14	19.90	14	21.23	14	21.34	14	21.25	14	
96	1987	21.12	24	21.51	24	21.74	24	20.94	24	21.86	24	21.19	24	22.38	24	22.17	24	21.71	24	21.80	24	21.15	24	20.94	24	

续表

点号	年份	1月 日	1月 水位	2月 日	2月 水位	3月 日	3月 水位	4月 日	4月 水位	5月 日	5月 水位	6月 日	6月 水位	7月 日	7月 水位	8月 日	8月 水位	9月 日	9月 水位	10月 日	10月 水位	11月 日	11月 水位	12月 日	12月 水位	年平均
96	1988	5	20.98	5	20.70	5	20.55	5	20.55	5	21.26	5	21.20	5	21.40	5	21.48	5	21.38	5	21.05	5	20.58	5	20.94	21.04
		15	20.67	15	20.80	15	20.55	15	20.68	15	21.40	15	21.20	15	21.29	15	21.64	15	21.40	15	20.84	15	20.63	15	21.05	
		25	20.90	25	20.69	25	20.74	25	20.85	25	21.40	25	21.69	25	21.11	25	21.57	25	21.30	25	20.74	25	20.71	25	21.39	
	1989	5	21.00	5	20.62	5	20.19	5	20.43	5	20.42	5	22.41	5	22.19	5	22.86	5	20.93	5	20.45	5	21.23	5	20.91	21.28
		15	20.62	15	19.95	15	20.28	15	20.92	15	20.80	15	22.12	15	22.26	15	22.92	15	20.72	15	21.48	15	21.00	15	21.02	
		25	20.95	25	19.93	25	20.12	25	22.50	25	21.47	25	22.31	25	23.57	25	22.34	25	22.30	25		25	20.82	25	20.81	
	1990	4	20.73	4	20.30	4	21.50	4	21.98	4	22.30	4	24.16	4	23.35	4	22.67	4	23.14	4	23.13	4	22.98	4	23.30	22.67
		14	20.64	14	22.10	14	22.82	14	22.39	14	22.70	14	24.08	14	23.61	14	23.78	14	23.23	14	22.94	14	23.05	14	22.50	
		24	20.44	24	22.02	24	22.00	24	22.47	24	23.08	24	23.69	24	24.17	24	23.16	24	23.23	24	22.90	24	22.40	24	23.10	
	1991	4	22.67	4	23.38	4	23.20	4	23.25	4	24.53	4	25.02	4	24.71	4	26.06	4	25.89	4	24.25	4	25.12	4	25.51	24.56
		14	23.58	14	23.23	14	23.83	14	23.46	14	24.47	14	25.00	14	25.90	14	25.70	14	25.77	14	24.02	14	25.15	14	25.40	
		24	23.06	24	22.34	24	23.55	24	23.92	24	24.43	24	24.68	24	25.93	24	25.55	24	25.74	24	25.14	24	25.34	24	25.42	
	1992	5	25.68	5	22.98	5	23.71	5	26.07	5	26.03	5	26.11	5	26.23	5	28.75	5	28.16	5	25.77	5	24.11	5	26.06	26.16
		15	25.78	15	25.87	15	26.17	15	26.25	15	25.33	15	26.12	15	25.97	15	28.14	15	27.62	15	25.14	15	24.38	15	26.15	
		25	26.38	25	25.94	25	26.93	25	26.00	25	26.40	25	26.36	25	28.37	25	25.63	25	26.58	25	25.03	25	25.62	25	26.99	
	1993	4		4		4	27.20	4	⟨30.45⟩	4	26.23	4	24.73	4	⟨33.28⟩	4	29.45	4	25.01	4	18.55	4	26.75	4	27.65	26.26
		14	30.55	14	27.45	14	27.06	14	26.55	14	24.95	14	24.62	14	28.84	14	30.02	14	26.45	14		14	28.60	14	⟨37.45⟩	
		24		24		24	26.68	24	26.57	24	⟨30.13⟩	24	⟨32.12⟩	24	29.41	24	23.52	24	26.35	24	20.45	24	28.35	24	⟨31.55⟩	
	1994	4	30.55	4	27.35	4	29.95	4	23.55	4		4		4	31.36	4	⟨34.35⟩	4	⟨36.75⟩	4	33.05	4	34.40	4	30.55	29.96
		14	32.95	14	27.92	14	28.85	14	28.25	14	27.75	14	28.25	14	32.35	14	28.00	14	27.45	14	30.45	14	32.25	14	29.15	
		24	33.55	24	27.35	24	26.65	24	30.15	24	⟨30.94⟩	24	33.88	24	32.45	24	28.40	24	31.10	24	30.15	24	30.05	24	30.35	
	1995	4	⟨30.25⟩	4	27.64	4	27.44	4	29.95	4		4	33.30	4	32.70	4	⟨44.50⟩	4	31.83	4	30.73	4	33.81	4	33.94	30.46
		14	24.40	14	27.61	14	27.03	14	⟨30.45⟩	14	⟨31.30⟩	14		14	29.95	14	⟨42.52⟩	14	30.58	14	29.43	14	34.76	14	31.34	
		24	25.43	24	28.20	24	27.52	24	⟨30.04⟩	24		24	34.72	24	⟨48.55⟩	24	33.55	24	29.46	24	30.80	24	34.33	24	30.62	

续表

点号	年份	1月 日	1月 水位	2月 日	2月 水位	3月 日	3月 水位	4月 日	4月 水位	5月 日	5月 水位	6月 日	6月 水位	7月 日	7月 水位	8月 日	8月 水位	9月 日	9月 水位	10月 日	10月 水位	11月 日	11月 水位	12月 日	12月 水位	年平均
100	1986	4	25.23	4	25.73	4	25.33	4	25.26	4	27.99	4	27.30	4	28.59	4	28.82	4	30.41	4	25.09	4	28.04	4	28.82	27.56
		14	25.39	14	25.09	14	25.18	14	27.99	14	28.41	14	27.95	14	28.75	14	28.67	14	30.08	14	27.97	14	28.72	14	28.83	
		24	25.33	24	25.46	24	25.70	24	28.19	24	29.06	24	28.82	24	28.59	24	30.19	24	29.67	24	24.51	24	28.79	24	28.36	
	1987	4	27.75	4	27.24	4	28.46	4	28.34	4	28.08	4	29.53	4	30.04	4	30.14	4	31.03	4	30.75	4	29.34	4	31.75	29.43
		14	29.86	14	27.57	14	28.45	14	27.80	14	28.24	14	28.41	14	30.39	14	30.05	14	30.67	14	30.72	14	30.57	14	30.45	
		24	28.89	24	28.21	24	28.17	24	27.79	24	28.74	24	29.21	24	29.61	24	30.81	24	31.19	24	30.27	24	31.21	24	29.81	
	1988	4	29.61	4	29.26	4	28.65	4	27.80	4	29.72	4	28.96	4	30.85	4	24.74	4	31.42	4	30.10	4	31.02	4	30.55	29.39
		14	29.28	14	29.79	14	29.05	14	29.18	14	29.78	14	30.83	14	31.20	14	30.97	14	31.35	14	30.36	14	30.85	14	30.47	
		24	29.29	24	28.01	24	21.79	24	29.34	24	30.31	24	27.31	24	25.79	24	31.10	24	31.22	24	31.00	24	30.88	24	26.23	
	1989	4	27.57	4	29.59	4	28.97	4	23.30	4	25.50	4	29.15	4	29.48	4	29.63	4	28.36	4	27.94	4	27.58	4	28.74	27.88
		14	29.21	14	29.14	14	28.39	14	23.27	14	26.74	14	28.51	14	29.35	14	27.60	14	28.48	14	27.94	14	27.01	14	28.54	
		24	29.63	24	29.02	24	23.92	24	23.46	24	27.72	24	27.23	24	31.57	24	27.56	24	29.28	24		24	28.11	24	28.34	
	1990	4	28.65	4	28.72	4	30.46	4	30.14	4	29.26	4	30.82	4	31.04	4	31.04	4	31.03	4	31.20	4	31.13	4	30.88	30.51
		14	29.69	14	29.67	14	30.40	14	28.54	14	29.99	14	31.11	14	31.12	14	30.63	14	31.47	14	31.13	14	30.55	14	31.18	
		24	30.39	24	29.81	24	29.80	24	29.82	24	29.76	24	30.72	24	31.80	24	30.79	24	31.76	24	31.53	24	31.01	24	31.38	
	1991	5	31.32	5	32.51	5	32.60	5	32.28	5	31.57	5	32.30	5	32.75	5	33.93	5	33.98	5	32.97	5	33.27	5	33.88	32.81
		15	31.63	15	32.10	15	32.58	15	32.08	15	31.45	15	31.52	15	33.83	15	33.99	15	33.86	15	33.23	15	32.82	15	34.23	
		25	32.21	25	31.82	25	32.19	25	31.95	25	31.59	25	32.13	25	34.63	25	33.94	25	33.87	25	33.50	25	33.51	25	33.29	
	1992	5	33.87	5	35.11	5	33.32	5	34.09	5	35.03	5		5		5	39.27	5	29.75	5	37.81	5	30.93	5	39.63	36.09
		15	33.75	15	35.27	15	33.80	15	33.53	15	34.88	15		15	40.64	15	39.63	15	38.88	15	40.02	15	37.86	15	40.13	
		25	34.40	25	34.59	25	33.69	25	28.15	25	35.13	25		25	33.23	25	38.25	25	40.53	25	39.55	25	39.03	25	41.17	
	1993	4		4		4	36.25	4	30.78	4	34.38	4	35.64	4	36.65	4	41.08	4	38.43	4	37.53	4	39.94	4	42.07	37.55
		14		14		14	36.83	14	〈38.85〉	14	34.38	14	35.64	14	37.55	14	37.75	14	39.36	14	38.92	14	37.92	14	41.01	
		24		24		24	36.97	24	32.91	24	34.38	24	35.64	24	38.97	24	37.08	24	37.06	24	41.03	24	39.64	24	43.11	

第二章 咸阳市

续表

点号	年份	1月 日	1月 水位	2月 日	2月 水位	3月 日	3月 水位	4月 日	4月 水位	5月 日	5月 水位	6月 日	6月 水位	7月 日	7月 水位	8月 日	8月 水位	9月 日	9月 水位	10月 日	10月 水位	11月 日	11月 水位	12月 日	12月 水位	年平均
100	1994	4	43.86	4	46.70	4	44.41	4	38.03	4	41.56	4	41.46	4	39.50	4	43.90	4	43.37	4	40.17	4	37.83	4	38.07	41.41
		14	46.33	14	43.80	14	39.04	14	39.75	14	42.92	14	40.33	14	40.57	14	43.13	14	44.64	14	37.81	14	39.30	14	39.36	
		24	45.27	24	42.40	24	40.72	24	41.63	24	44.57	24	41.20	24	42.33	24	41.70	24	43.37	24	36.53	24	35.83	24	39.30	
	1995	4	36.98	4	〈42.17〉	4	〈42.67〉	4	〈44.24〉	4	37.90	4	〈41.63〉	4	44.65	4	39.04	4	40.15	4	39.29	4	39.31	4	39.29	39.67
		14	36.42	14	〈43.71〉	14	39.91	14	〈44.63〉	14	34.78	14	42.59	14	44.88	14	39.53	14	39.26	14	39.34	14	39.33	14	39.25	
		24	39.18	24	〈41.51〉	24	〈43.30〉	24	〈44.64〉	24	38.25	24	43.41	24	41.80	24	39.25	24	39.33	24	39.28	24	39.38	24	39.20	
	1986	5	24.16	5	24.90	5	24.30	5	24.53	5	24.10	5	25.52	5	25.08	5	26.27	5	26.57	5	24.56	5	25.13	5	24.89	25.24
		15	24.47	15	23.38	15	24.47	15	24.93	15	25.67	15	25.31	15	25.82	15	27.27	15	26.03	15	26.46	15	25.31	15	25.03	
		25	24.84	25	24.25	25	24.39	25	24.75	25	25.15	25	25.91	25	27.11	25	26.82	25	25.57	25	25.27	25	25.08	25	25.23	
	1987	5	24.72	5	24.73	5	25.15	5	26.22	5	25.26	5	26.14	5	25.95	5	26.47	5	27.15	5	26.84	5	26.75	5	26.48	26.11
		15	25.85	15	25.06	15	25.31	15	25.50	15	25.05	15	25.03	15	26.74	15	27.57	15	27.00	15	27.03	15	26.84	15	26.68	
		25	25.28	25	25.15	25	25.14	25	25.64	25	25.61	25	25.54	25	26.82	25	27.59	25	27.26	25	27.16	25	26.70	25	26.60	
	1988	4	26.24	4	26.20	4	25.70	4	25.20	4	25.34	4	26.14	4	25.99	4	26.25	4	26.79	4	25.41	4	25.44	4	25.92	25.93
		14	26.35	14	26.16	14	25.79	14	25.42	14	25.48	14	26.19	14	26.05	14	26.42	14	26.66	14	25.34	14	25.38	14	26.30	
		24	26.04	24	25.65	24	25.39	24	25.70	24	25.60	24	26.44	24	26.14	24	26.67	24	26.65	24	25.29	24	25.54	24	26.54	
	1989	4	26.33	4	25.68	4	25.12	4	25.17	4	25.32	4	26.37	4	27.42	4	27.88	4	26.74	4	25.58	4	26.42	4	26.33	26.20
		14	26.22	14	24.92	14	25.28	14	25.37	14	25.50	14	26.17	14	26.72	14	26.60	14	26.78	14	25.72	14	26.61	14	26.66	
		24	25.95	24	25.21	24	25.18	24	25.69	24	26.14	24	26.38	24	28.57	24	26.79	24	26.82	24		24	26.51	24	27.02	
	1990	4	26.69	4	26.16	4	26.69	4	28.90	4	26.22	4	28.28	4	28.32	4	28.27	4	28.10	4	26.06	4	27.50	4	27.95	27.63
		14	27.11	14	26.23	14	26.69	14	27.15	14	27.82	14	29.03	14	28.96	14	29.00	14		14	26.95	14	27.10	14	27.59	
		24	27.90	24	26.88	24	27.34	24	26.98	24	27.82	24	28.29	24	29.74	24	28.98	24	27.53	24	27.59	24	27.50	24	27.70	
101	1991	5	27.61	5	28.45	5	28.06	5	28.60	5	28.07	5	28.68	5	30.47	5	30.17	5	30.64	5	28.89	5	29.84	5	29.85	29.33
		15	28.10	15	28.06	15	28.17	15	28.32	15	29.13	15	28.97	15	31.42	15	30.86	15	30.02	15	29.65	15	29.60	15	30.96	
		25	27.98	25	27.58	25	27.64	25	28.44	25	29.04	25	29.82	25	32.00	25	31.12	25	29.81	25	29.67	25	30.12	25	30.04	

续表

点号	年份	1月 日	1月 水位	2月 日	2月 水位	3月 日	3月 水位	4月 日	4月 水位	5月 日	5月 水位	6月 日	6月 水位	7月 日	7月 水位	8月 日	8月 水位	9月 日	9月 水位	10月 日	10月 水位	11月 日	11月 水位	12月 日	12月 水位	年平均
101	1992	5	30.69	5	31.29	5	30.36	5	30.18	5	29.85	5	31.10	5	32.30	5	33.50	5	31.93	5	30.26	5	30.94	5	32.11	31.22
		15	31.18	15	30.48	15	30.73	15	30.13	15	29.75	15	31.83	15	32.10	15	33.20	15	31.90	15	31.28	15	30.09	15	32.38	
		25	31.26	25	31.09	25	30.74	25	30.21	25	30.48	25	31.83	25	32.55	25	31.96	25	31.30	25	30.58	25	31.20	25	31.18	
105	1986	4	16.61	4	16.93	4	16.19	4	16.79	4	16.04	4	17.31	4	17.19	4	18.70	4	17.86	4	16.97	4	17.02	4	17.63	17.28
		14	16.81	14	15.18	14	16.59	14	16.69	14	16.07	14	16.73	14	18.01	14	18.74	14	18.55	14	18.22	14	17.62	14	17.34	
		24	16.94	24	16.60	24	16.68	24	17.14	24	16.83	24	17.23	24	18.68	24	18.48	24	18.16	24	17.99	24	17.82	24	17.65	
	1987	4	17.57	4	16.88	4	18.08	4	17.23	4	17.43	4	18.14	4	19.29	4	17.69	4	17.75	4	19.30	4	18.40	4	17.90	17.89
		14	17.86	17	17.31	15	17.70	14	17.62	14	17.19	14	17.52	14	17.80	14	17.26	14	17.00	14	17.68	14	18.38	14	18.30	
		24	17.71	24	17.61	24	18.63	24	17.80	24	17.98	24	17.61	24	18.64	24	17.63	24	19.09	24	18.24	24	17.92	24	17.78	
	1988	4	17.55	4	17.30	4	17.09	4	17.30	4	17.70	4	17.86	4	17.60	4	17.99	4	18.15	4	17.13	4	17.45	4	17.64	17.62
		14	17.39	14	17.06	14	17.24	14	17.40	14	17.90	14	17.67	14	17.58	14	18.10	14	17.90	14	17.82	14	17.29	14	17.78	
		24	17.78	24	16.98	24	17.80	24	17.60	24	17.80	24	17.97	24	17.46	24	18.04	24	18.00	24	17.72	24	17.40	24	17.90	
	1989	4	17.68	4	17.48	4	16.24	4	16.56	4	17.06	4	18.38	4	19.38	4	19.72	4	18.80	4	16.80	4	17.64	4	18.47	17.86
		14	17.54	14	16.17	14	16.20	14	17.02	14	17.42	14	18.06	14	18.66	14	19.60	14	18.78	14	18.32	14	17.80	14	17.83	
		24	17.75	24	16.13	24	16.45	24	18.04	24	17.76	24	18.41	24	19.64	24	18.96	24	17.80	24		24	18.12	24	18.38	
	1990	4	17.90	4	17.07	4	18.80	4	18.20	4	18.75	4	19.96	4	20.11	4	20.01	4	20.00	4	18.68	4	19.23	4	18.96	19.21
		14	18.01	14	18.70	14	19.42	14	19.12	14	19.49	14	19.30	14	20.39	14	20.56	14	19.87	14	19.02	14	18.97	14	19.28	
		24	17.80	24	18.02	24	19.35	24	19.16	24	19.80	24	20.23	24	20.58	24	20.72	24	18.43	24	19.75	24	18.89	24	18.94	
	1991	4	19.58	4	20.08	4	19.93	4	19.86	4	19.72	4	19.70	4	22.01	4	22.62	4	22.06	4	21.41	4	20.05	4	21.55	20.84
		14	19.04	14	20.63	14	20.67	14	19.94	14	20.80	14	20.88	14	21.94	14	22.04	14	21.97	14	20.97	14	21.20	14	21.97	
		24	19.93	24	19.32	24	19.80	24		24	21.02	24	21.19	24	23.05	24	22.72	24	21.63	24	19.88	24	20.04	24	20.12	
	1992	4	21.48	4	21.66	4	21.66	4	22.07	4	21.94	4	22.21	4	22.40	4	22.80	4	23.38	4	22.21	4	20.15	4	22.64	22.17
		14	22.05	14	21.56	14	21.85	14	21.80	14	21.99	14	22.44	14	21.52	14	23.89	14	23.05	14	22.08	14	22.54	14	22.57	
		24	21.81	24	22.22	24	22.01	24	21.88	24	22.15	24	22.23	24	22.79	24	23.06	24	22.36	24	21.90	24	22.24	24	23.41	

续表

点号	年份	1月 日	1月 水位	2月 日	2月 水位	3月 日	3月 水位	4月 日	4月 水位	5月 日	5月 水位	6月 日	6月 水位	7月 日	7月 水位	8月 日	8月 水位	9月 日	9月 水位	10月 日	10月 水位	11月 日	11月 水位	12月 日	12月 水位	年平均
105	1993	4	23.64	4	22.66	4	21.50	4	23.26	4	22.03	4	22.52	4	23.04	4	24.62	4	〈30.23〉	4	〈38.62〉	4	29.85	4	30.85	23.99
		14	23.70	14	22.56	14	21.62	14	23.40	14	21.94	14	22.52	14	22.90	14	24.55	14	25.72	14	27.95	14	29.60	14		
		24	19.97	24	22.59	24	22.89	24	20.87	24	21.52	24	22.52	24	24.08	24	〈30.63〉	24	〈28.95〉	24	30.25	24	〈31.00〉	24	24.45	
	1994	4	30.95	4		4	24.15	4	27.65	4	28.35	4	32.45	4	25.70	4	29.35	4	30.05	4	29.60	4	29.95	4	29.85	29.08
		14	28.15	14	28.15	14	24.95	14	32.05	14	29.45	14	32.85	14	31.60	14	27.60	14	31.55	14	31.70	14	28.15	14	27.25	
		24	27.95	24	27.60	24	24.75	24	〈42.15〉	24	32.65	24	29.60	24	27.05	24	31.60	24	29.95	24	29.55	24	26.35	24	30.25	
	1995	4	〈31.05〉	4	25.24	4	24.76	4	〈29.93〉	4	25.11	4	〈30.63〉	4	26.70	4	〈31.74〉	4	24.80	4	27.60	4	〈36.13〉	4	〈30.58〉	25.52
		14	21.70	14	25.66	14	24.42	14	〈30.53〉	14	〈29.25〉	14	〈31.28〉	14	〈29.93〉	14	〈32.23〉	14	27.14	14	〈29.93〉	14	〈36.16〉	14	〈30.47〉	
		24	26.33	24	23.94	24	26.74	24	〈30.00〉	24	26.95	24	〈30.94〉	24	〈34.83〉	24	〈31.74〉	24	〈30.84〉	24	25.77	24	〈29.89〉	24	〈31.14〉	
108	1986	5	26.01	5	26.73	5	26.60	5	26.56	5	26.18	5	27.51	5	26.94	5	28.17	5	28.16	5	26.24	5	27.65	5	27.11	27.16
		15	26.51	15	25.06	15	26.43	15	26.92	15	26.79	15	27.06	15	27.54	15	28.69	15	27.51	15	28.31	15	27.62	15	27.25	
		25	26.71	25	26.35	25	26.42	25	26.47	25	26.92	25	27.91	25	28.55	25	28.59	25	28.03	25	27.54	25	26.95	25	27.59	
	1987	5	27.26	5	26.15	5	27.62	5	27.00	5	26.66	5	27.30	5	27.51	5	28.17	5	29.05	5	28.60	5	28.49	5	28.21	27.90
		15	27.39	15	27.41	15	27.42	15	27.45	15	26.85	15	26.52	15	28.53	15	28.57	15	28.90	15	28.60	15	28.49	15	28.69	
		25	27.75	25	27.69	25	27.26	25	27.41	25	27.61	25	27.58	25	28.86	25	29.35	25	28.76	25	28.65	25	28.49	25	28.30	
	1988	4	27.66	4	27.70	4	26.98	4	26.90	4	26.82	4	27.25	4	27.64	4	27.99	4	28.30	4	27.95	4	26.85	4	27.26	27.53
		14	27.87	14	27.65	14	27.10	14	27.15	14	27.14	14	27.54	14	27.60	14	28.10	14	28.24	14	27.82	14	26.87	14	27.92	
		24	27.82	24	26.94	24	27.12	24	27.40	24	27.30	24	27.91	24	27.60	24	28.18	24	28.18	24	27.08	24	27.03	24	28.26	
	1989	4	27.95	4	27.19	4	26.60	4	26.76	4	26.85	4	27.92	4	27.68	4	29.35	4	28.00	4	27.89	4	28.11	4	28.26	27.86
		14	27.29	14	26.27	14	26.69	14	27.33	14	26.89	14	27.67	14	28.48	14	28.55	14	28.35	14	28.10	14	28.09	14	28.16	
		24	27.83	24	26.51	24	26.52	24	27.21	24	27.66	24	27.67	24	29.80	24	28.73	24	28.95	24		24	28.79	24	29.05	
	1990	4	27.86	4	27.52	4	28.70	4	28.62	4	28.13	4	29.55	4	29.94	4	29.37	4	29.74	4	27.55	4	29.40	4	29.77	29.09
		14	28.87	14	28.04	14	28.54	14	28.38	14	29.67	14	30.27	14	30.08	14	29.87	14	29.68	14	28.91	14	29.35	14	28.74	
		24	29.81	24	28.14	24	28.25	24	28.48	24	28.92	24	30.47	24	30.99	24	29.62	24	28.96	24	29.11	24	28.55	24	29.40	

续表

点号	年份	1月		2月		3月		4月		5月		6月		7月		8月		9月		10月		11月		12月		年平均
		日	水位	日	水位	日	水位	日	水位	日	水位	日	水位	日	水位	日	水位	日	水位	日	水位	日	水位	日	水位	
108	1991	5	29.60	5	30.39	5	29.85	5	29.87	5	29.37	5	30.44	5	31.52	5	31.87	5	32.15	5	30.76	5	31.34	5	31.61	30.67
		15	29.94	15	30.02	15	29.97	15	30.07	15	30.79	15	30.54	15	32.65	15	32.33	15	30.97	15	31.36	15	31.36	15	32.12	
		25	29.89	25	29.29	25	29.33	25	29.95	25	30.68	25	22.07	25	33.47	25	31.92	25	31.31	25	31.35	25	31.59	25	31.89	
	1992	5	31.37	5	32.89	5	31.94	5	31.51	5	31.52	5	32.15	5	33.54	5	34.39	5	33.00	5	31.45	5	32.21	5	32.20	32.49
		15	32.52	15	32.06	15	32.01	15	31.82	15	30.73	15	33.04	15	33.61	15	34.73	15	32.97	15	32.72	15	32.53	15	33.50	
		25	32.84	25	32.64	25	32.02	25	30.54	25	32.36	25	33.21	25	33.49	25	33.14	25	30.83	25	32.28	25	33.00	25	32.90	
111	1986	4	21.83	4	21.71	4	22.52	4	22.70	4	21.27	4	22.99	4	23.37	4	24.33	4	24.66	4	23.49	4	23.15	4	23.13	23.02
		14	22.31	14	21.21	14	22.46	14	23.09	14	23.29	14	23.35	14	(26.46)	14	24.73	14	23.61	14	22.58	14	22.83	14	23.19	
		24	22.05	24	21.84	24	22.23	24	22.96	24	22.91	24	23.43	24	24.75	24	24.15	24	24.18	24	23.15	24	22.79	24	23.52	
	1987	4	22.96	4	22.62	4	23.43	4	22.98	4	22.82	4	23.22	4	23.88	4	24.21	4	24.81	4	23.84	4	23.66	4	24.45	23.69
		14	23.65	14	23.12	14	23.06	14	23.16	14	22.88	14	23.24	14	24.25	14	24.15	14	24.60	14	24.28	14	23.94	14	23.78	
		24	23.45	24	23.44	24	23.17	24	23.08	24	23.55	24	23.06	24	24.52	24	24.87	24	25.05	24	23.81	24	24.06	24	23.84	
	1988	4	23.95	4	23.36	4	23.03	4	23.34	4	23.93	4	24.28	4	22.71	4	25.07	4	24.11	4	23.26	4	22.61	4	22.82	23.64
		14	23.45	14	23.29	14	23.85	14	24.13	14	23.83	14	24.68	14	25.05	14	24.77	14	23.90	14	22.85	14	22.57	14	23.21	
		24	23.34	24	22.75	24	22.98	24	23.45	24	24.50	24	24.19	24	25.04	24	24.47	24	22.72	24	23.13	24	22.92	24	23.34	
	1989	4	23.36	4	23.25	4	23.20	4	23.41	4	23.31	4	24.27	4	25.02	4	25.16	4	24.57	4	23.55	4	24.03	4	23.59	23.91
		14	23.30	14	22.50	14	23.12	14	23.50	14	23.06	14	23.84	14	24.93	14	25.37	14	24.41	14	23.89	14	23.53	14	23.53	
		24	23.32	24	22.47	24	23.22	24	23.52	24	23.64	24	24.36	24	26.02	24	24.83	24	24.35	24	24.19	24	24.45	24	24.74	
	1990	4	24.27	4	24.42	4	24.45	4	24.65	4	23.96	4	25.63	4	25.73	4	26.45	4	25.21	4	23.81	4	24.99	4	23.52	24.97
		14	24.95	14	24.16	14	24.16	14	24.52	14	24.43	14	25.87	14	26.05	14	25.85	14	25.44	14	24.79	14	25.11	14	25.15	
		24	24.86	24	24.09	24	24.12	24	24.58	24	25.25	24	25.93	24	26.48	24	25.83	24	25.24	24	25.16	24	24.68	24	24.95	
	1991	4	25.62	4	25.70	4	25.69	4	25.75	4	25.84	4	26.14	4	27.42	4	27.45	4	27.78	4	26.46	4	27.18	4	27.37	26.62
		14	25.62	14	25.27	14	25.93	14	25.94	14	26.40	14	26.18	14	28.18	14	27.91	14	27.41	14	27.18	14	27.04	14	27.57	
		24	25.58	24	24.17	24	24.61	24	25.59	24	26.16	24	26.76	24	29.17	24	27.93	24	27.38	24	27.13	24	27.16	24	27.73	

续表

点号	年份	日	1月 水位	日	2月 水位	日	3月 水位	日	4月 水位	日	5月 水位	日	6月 水位	日	7月 水位	日	8月 水位	日	9月 水位	日	10月 水位	日	11月 水位	日	12月 水位	年平均
111	1992	5	27.94	5	27.88	5	28.99	5	26.82	5	26.86	5	27.87	5	28.22	5	33.58	5	28.95	5	26.76	5	27.92	5	28.87	28.20
		15	28.14	15	27.14	15	26.91	15	26.05	15	26.79	15	28.99	15	28.35	15	28.92	15	27.82	15	27.87	15	28.37	15	28.47	
		25	28.34	25	27.97	25	27.43	25	27.96	25	28.31	25	28.86	25	29.42	25	28.84	25	28.54	25	27.67	25	28.67	25	28.57	
115	1986	4	17.75	4	19.01	4	18.01	4	18.69	4	19.95	4	18.94	4	19.34	4	20.45	4	21.88	4	20.82	4	19.12	4	18.32	19.34
		14	18.28	14	17.58	14	18.80	14	19.33	14	20.12	14	19.21	14	19.55	14	20.55	14	21.35	14	19.91	14	18.15	14	17.56	
		24	18.27	24	17.96	24	18.90	24	19.64	24	18.97	24	19.42	24	20.52	24	21.42	24	21.35	24	20.05	24	18.35	24	18.81	
	1987	4	18.69	4	18.84	4	18.48	4	20.02	4	19.47	4	19.87	4	20.72	4	20.63	4	22.82	4	22.62	4	21.68	4	22.83	20.69
		14	19.85	14	18.94	14	19.79	14	19.61	14	19.54	14	19.85	14	20.75	14	21.10	14	22.04	14	22.35	14	22.58	14	22.09	
		24	19.41	24	19.09	24	19.63	24	19.95	24	20.34	24	20.11	24	21.13	24	21.54	24	22.58	24	22.05	24	22.01	24	21.85	
	1988	4	21.73	4	20.26	4	20.62	4	20.99	4	22.59	4	22.84	4	23.60	4	23.42	4	23.52	4	23.47	4	23.05	4	23.04	22.46
		14	20.27	14	21.93	14	21.36	14	22.23	14	22.81	14	23.24	14	24.02	14	23.94	14	23.53	14	22.33	14	22.72	14	22.39	
		24	20.29	24	20.67	24	20.93	24	22.53	24	23.09	24	23.92	24	23.21	24	23.63	24	24.05	24	22.62	24	22.74	24	20.95	
	1989	4	22.49	4	22.27	4	22.00	4	22.44	4	22.88	4	24.37	4	25.66	4	24.37	4	24.46	4	24.50	4	23.33	4	24.93	23.73
		14	22.28	14	21.69	14	23.55	14	22.68	14	23.70	14	24.67	14	24.67	14	24.78	14	24.57	14	24.62	14	22.59	14	24.69	
		24	22.32	24	21.57	24	22.77	24	23.32	24	24.10	24	25.34	24	23.75	24	24.22	24	24.18	24	24.82	24	24.81	24	25.02	
	1990	4	25.43	4	24.46	4	24.99	4	25.04	4	23.04	4	24.63	4	24.66	4	25.51	4	24.30	4	24.95	4	24.73	4	24.93	24.87
		14	25.62	14	24.40	14	24.93	14	25.31	14	23.83	14	24.69	14	25.05	14	24.89	14	24.49	14	25.15	14	25.50	14	24.42	
		24	25.11	24	24.29	24	24.57	24	25.33	24	24.23	24	25.51	24	25.58	24	24.65	24	24.37	24	25.07	24	26.00	24	25.71	
	1991	4	26.15	4	26.47	4	24.77	4	25.56	4	25.14	4	26.54	4	28.83	4	29.25	4	28.87	4	28.80	4	27.92	4	27.57	27.35
		14	26.29	14	26.37	14	26.02	14	25.69	14	25.87	14	26.42	14	29.36	14	29.14	14	29.50	14	27.81	14	27.80	14	28.66	
		24	26.15	24	25.72	24	25.47	24	25.69	24	25.98	24	27.31	24	31.77	24	28.98	24	28.52	24	27.95	24	27.76	24	28.42	
	1992	5	29.43	5	30.86	5	27.26	5	29.37	5	29.81	5	29.42	5	32.05	5	33.58	5	31.76	5	29.08	5	29.63	5	30.01	30.08
		15	28.89	15	29.38	15	30.30	15	27.41	15	28.62	15	30.17	15	32.22	15	33.13	15	30.56	15	29.96	15	30.14	15	29.34	
		25	29.65	25	28.76	25	26.71	25	29.02	25	29.90	25	29.87	25	32.26	25	32.57	25	30.17	25	30.17	25	30.30	25	31.07	

续表

点号	年份	1月 日	1月 水位	1月 日	1月 水位	1月 日	1月 水位	2月 日	2月 水位	2月 日	2月 水位	2月 日	2月 水位	3月 日	3月 水位	3月 日	3月 水位	3月 日	3月 水位	4月 日	4月 水位	4月 日	4月 水位	4月 日	4月 水位	5月 日	5月 水位	5月 日	5月 水位	5月 日	5月 水位	6月 日	6月 水位	6月 日	6月 水位	6月 日	6月 水位	7月 日	7月 水位	7月 日	7月 水位	7月 日	7月 水位	8月 日	8月 水位	8月 日	8月 水位	8月 日	8月 水位	9月 日	9月 水位	9月 日	9月 水位	9月 日	9月 水位	10月 日	10月 水位	10月 日	10月 水位	10月 日	10月 水位	11月 日	11月 水位	11月 日	11月 水位	11月 日	11月 水位	12月 日	12月 水位	12月 日	12月 水位	12月 日	12月 水位	年平均
115	1993	4		14	33.87	24	32.64	4		14	25.82	24		4	29.37	14	27.28	24	27.29	4	26.54	14	26.50	24	32.36	4	25.57	14	25.30	24	25.56	4	29.52	14	29.52	24	29.52	4	30.57	14	31.08	24	31.88	4	30.49	14	29.47	24	30.60	4	31.87	14	32.17	24	31.27	4	32.93	14	31.29	24	31.51	4	33.57	14	35.47	24	34.57	4	34.08	14	32.97	24		30.20
115	1994	4	33.87	14	32.64	24	34.75	4	35.35	14	34.07	24	34.59	4	35.49	14	36.54	24	36.20	4	37.91	14	35.46	24	38.41	4	35.38	14	36.01	24	36.54	4	36.40	14	37.48	24	34.40	4	32.73	14	38.51	24	〈40.56〉	4	〈42.90〉	14	〈43.49〉	24	〈43.01〉	4	〈43.58〉	14	39.10	24	37.42	4	38.35	14	35.57	24	37.24	4	35.89	14	34.40	24	32.95	4	35.98	14	37.64	24	34.40	35.86
115	1995	4	37.73	14	39.59	24	41.11	4	42.22	14	37.06	24	42.15	4	〈43.02〉	14	〈44.25〉	24	38.72	4	〈41.88〉	14	〈43.66〉	24	〈42.98〉	4	39.33	14	37.79	24	40.04	4	42.24	14	43.91	24	41.39	4	42.99	14	42.17	24	37.80	4	34.61	14	35.34	24	35.24	4	34.13	14	33.72	24	33.77	4	33.85	14	33.87	24	33.83	4	33.60	14	33.63	24	33.67	4	32.48	14	33.51	24	33.50	37.26
307	1988	5	23.62	15		25		5		15	23.84	25	22.01	5	22.49	15	22.63	25	23.43	5	23.87	15	23.57	25	24.09	5	23.15	15	23.53	25	23.73	5	24.00	15	24.17	25	23.62	5	23.70	15	23.98	25	25.88	5	25.71	15	24.84	25	25.16	5	24.67	15	24.93	25	24.27	5	22.41	15	22.64	25	22.77	5	23.23	15	24.02	25	23.74	5	23.57	15	24.17	25	22.90	23.77
307	1989	5	23.44	15	23.44	25	23.47	5	23.42	15	23.44	25	23.08	5	23.14	15	23.18	25	23.55	5	24.00	15	24.39	25	23.93	5	23.67	15	24.29	25	24.31	5	24.12	15	24.11	25	24.03	5	24.47	15	25.33	25	26.53	5	25.77	15	25.83	25	24.76	5	25.55	15	25.31	25	25.50	5	23.32	15	24.16	25		5	24.13	15	24.05	25	23.85	5	24.04	15	24.38	25	24.59	24.25
307	1990	4	23.92	14	24.55	24	24.75	4	23.52	14	23.89	24	24.71	4	24.49	14	24.80	24	24.96	4	24.51	14	25.48	24	24.10	4	24.79	14	26.33	24	25.92	4	25.95	14	27.82	24	27.64	4	27.02	14	27.88	24	28.13	4	27.34	14	26.16	24	27.15	4	26.75	14	27.00	24	26.86	4	25.45	14	27.06	24	26.78	4	26.86	14	27.37	24	26.97	4	27.56	14	27.23	24	27.60	26.09
307	1991	4	25.62	14	25.43	24	25.47	4	26.07	14	25.76	24	25.32	4	25.55	14	25.42	24	26.42	4	26.85	14	26.74	24	26.64	4	26.32	14	28.30	24	28.77	4	28.33	14	28.51	24	28.15	4	28.62	14	29.69	24	30.59	4	30.45	14	27.47	24	28.42	4	28.57	14	28.37	24	28.27	4	26.94	14	27.37	24	27.15	4	27.37	14	27.78	24	28.04	4	28.07	14	28.14	24	28.44	27.48
307	1992	5	28.32	15	28.72	25	29.00	5	28.08	15	27.70	25	27.77	5	26.87	15	27.37	25	28.01	5	27.75	15	27.52	25	26.95	5	26.16	15	26.04	25	25.90	5	28.24	15	28.00	25	28.04	5	28.21	15	28.63	25	29.25	5	28.23	15	29.56	25	29.68	5	29.47	15	29.59	25	29.65	5	28.12	15	29.42	25	29.95	5	29.73	15	29.79	25	29.96	5		15		25		28.35

续表

点号	年份	1月			2月			3月			4月			5月			6月			7月			8月			9月			10月			11月			12月			年平均
		日	水位		日	水位		日	水位		日	水位		日	水位		日	水位		日	水位		日	水位		日	水位		日	水位		日	水位		日	水位		
307	1993	4			4			4	27.83		4	28.12		4	28.76		4	28.58		4	30.44		4	29.53		4	30.86		4	31.54		4	29.03		4	30.17		29.63
		14			14			14			14	28.67		14	28.76		14	28.74		14	30.67		14	30.87		14	32.08		14	29.32		14	29.25		14	30.36		
		24	29.98		24	29.23		24	29.22		24	28.56		24	28.73		24	28.89		24	27.22		24	31.42		24	31.59		24	29.57		24	30.38		24	30.07		
	1994	4	29.61		4	27.69		4	29.00		4	30.16		4	29.50		4	30.59		4	30.29		4	31.43		4	31.20		4	31.20		4	31.24		4	31.76		30.44
		14	30.22		14	28.16		14	29.47		14	29.49		14	29.60		14	30.78		14	32.35		14	30.70		14	30.26		14	30.52		14	31.76		14	31.68		
		24	30.22		24	30.83		24	29.69		24	29.63		24	30.40		24	31.49		24	32.14		24	30.88		24	30.83		24	30.42		24	32.03		24	⟨37.38⟩		
	1995	4	31.27		4	30.33		4	31.20		4	32.00		4	34.00		4	34.64		4	29.30		4	33.69		4	34.57		4	34.98		4	32.68		4	29.44		32.12
		14	31.34		14	30.33		14	31.14		14	30.31		14	35.25		14	32.59		14	33.61		14	33.74		14	33.63		14	33.60		14	32.16		14	29.25		
		24	31.00		24	30.45		24	32.16		24	35.24		24	33.65		24	30.59		24	32.63		24	26.85		24	33.01		24	33.01		24	32.59		24	29.45		
316	1986	4			4			4	17.38		4	18.86		4	19.05		4	19.88		4	19.61		4	20.49		4	23.05		4	23.42		4	20.91		4	19.52		20.40
		14			14	17.06		14	17.88		14	22.11		14	19.22		14	20.52		14	20.46		14	23.34		14	21.80		14	21.31		14	21.68		14	19.81		
		24	18.60		24	20.04		24	18.35		24	18.55		24	20.33		24	20.70		24	20.36		24	21.22		24	24.42		24	22.82		24	19.15		24	19.20		
	1987	4	20.49		4	20.98		4	21.23		4	20.11		4	20.34		4	21.83		4	23.32		4	23.73		4	21.55		4	23.12		4	22.94		4	22.83		21.83
		14	21.45		14	20.83		14	20.17		14	18.87		14	20.39		14	21.25		14	24.15		14	22.75		14	23.19		14	23.39		14	22.45		14	23.88		
		24	21.22		24	21.95		24	22.28		24	20.32		24	20.61		24	21.95		24	23.97		24	22.83		24	22.58		24	22.70		24	23.41		24	21.23		
	1988	4	21.72		4	22.78		4	20.52		4	22.30		4	24.02		4	24.15		4	23.94		4	25.40		4	24.79		4	26.07		4	26.75		4	26.27		24.35
		14	21.57		14	22.26		14	22.94		14	22.69		14	24.32		14	24.49		14	⟨34.57⟩		14	25.25		14	27.16		14	26.99		14	26.17		14	26.10		
		24	27.34		24	27.35		24	21.33		24	22.82		24	24.17		24	23.58		24	25.57		24	26.32		24	26.89		24	27.12		24	26.72		24	25.94		
	1989	4	26.47		4	28.01		4	27.81		4	27.99		4	26.27		4	28.26		4	28.65		4	27.78		4	28.23		4	28.44		4	19.75		4	20.61		26.49
		14	26.52		14	27.82		14	27.82		14	27.62		14	27.33		14	29.13		14	28.13		14	26.57		14	28.73		14	27.30		14	18.94		14	19.84		
		24	21.78		24	27.19		24	27.88		24	26.47		24	27.87		24	28.57		24	29.88		24	27.53		24	29.17		24			24	19.77		24	21.35		
	1990	4	26.76		4	25.86		4	27.87		4	29.15		4	26.95		4	27.25		4	28.05		4	28.72		4	28.23		4	27.68		4	26.30		4	29.31		27.45
		14	26.76		14	25.86		14	28.12		14	29.15		14	26.86		14	25.13		14	27.91		14	24.24		14	29.77		14	28.68		14	27.60		14	29.04		
		24	27.87		24	27.45		24	26.59		24	26.76		24	24.90		24	28.11		24	28.56		24	24.37		24	29.87		24	29.78		24	28.57		24	29.39		

续表

点号	年份	1月 日	1月 水位	2月 日	2月 水位	3月 日	3月 水位	4月 日	4月 水位	5月 日	5月 水位	6月 日	6月 水位	7月 日	7月 水位	8月 日	8月 水位	9月 日	9月 水位	10月 日	10月 水位	11月 日	11月 水位	12月 日	12月 水位	年平均
316	1991	4	28.41	4	30.11	4	28.69	4	29.07	4	28.49	4	28.53	4	29.78	4	30.79	4	31.08	4	31.74	4	31.95	4	32.26	
		14	29.97	14	29.60	14	28.76	14	28.44	14	28.91	14	29.27	14	30.17	14	32.85	14	31.95	14	28.73	14	31.70	14	31.85	30.02
		24	28.57	24	26.28	24	28.98	24	29.09	24	28.89	24	29.93	24	27.71	24	30.84	24	32.03	24	31.31	24	32.22	24	31.63	
	1992	5	33.54	5	33.13	5	31.87	5	32.29	5	32.08	5	33.53	5	33.07	5	34.73	5	32.62	5	32.90	5	33.37	5	29.92	
		15	34.10	15	32.96	15	32.30	15	31.57	15	31.47	15	35.29	15	34.23	15	35.18	15	33.70	15	34.09	15	31.66	15	28.67	32.84
		25	33.75	25	32.00	25	33.52	25	30.47	25	34.58	25	34.08	25	33.56	25	32.81	25	32.73	25	34.50	25	32.17	25	29.93	
	1993	4		4		4	28.84	4	29.14	4	28.27	4				4	32.87	4	30.60	4	32.71	4	34.37	4	34.67	
		14	32.57	14		14	28.85	14	28.97	14		14		14	31.67	14	31.11	14	31.37	14	33.47	14	33.67	14	34.29	31.69
		24		24	32.73	24	29.57	24	28.77	24		24		24	33.42	24	31.88	24	31.52	24	32.52	24	34.48	24	33.54	
	1994	4	33.97	4	⟨38.17⟩	4	⟨36.41⟩	4	35.18	4	35.54	4	36.67	4	32.73	4	⟨38.97⟩	4	⟨43.56⟩	4	⟨39.60⟩	4	⟨37.91⟩	4	33.47	
		14	34.92	14	⟨35.92⟩	14	34.22	14	33.71	14	35.96	14	36.44	14	33.49	14	⟨40.49⟩	14	⟨42.42⟩	14	32.67	14	35.26	14	37.37	34.49
		24	35.66	24	40.72	24	32.42	24	34.44	24	⟨37.79⟩	24	34.66	24	35.90	24	⟨40.72⟩	24	⟨43.37⟩	24	36.47	24	31.66	24	35.26	
	1995	4	38.13	4	38.34	4	42.54	4	⟨43.67⟩	4	35.78	4	40.58	4	43.75	4	36.80	4	36.64	4	36.01	4	35.14	4	35.59	
		14	39.20	14	39.84	14	⟨45.24⟩	14	40.94	14	37.29	14	41.22	14	43.41	14	36.17	14	36.01	14	36.23	14	35.18	14	35.54	38.27
		24		24		24	40.90	24	40.93	24	40.90	24	42.21	24	39.91	24	36.61	24	36.07	24	35.98	24	35.42	24	35.42	
338	1987	4		4		4		4		4		4	23.38	4	22.84	4	25.36	4	27.52	4	23.13	4	25.56	4	24.62	
		14	24.79	14		14		14		14	24.20	14	24.35	14	24.88	14	24.90	14	25.82	14	25.60	14	24.53	14	24.71	25.10
		24		24	25.25	24	24.28	24	25.17	24		24	25.55	24	24.79	24	27.54	24	26.19	24	26.19	24	24.76	24	25.28	
	1988	4	25.31	4	25.53	4	24.74	4	25.38	4	24.14	4	25.04	4	25.74	4	26.67	4	25.43	4	25.06	4	23.19	4	24.40	
		14	24.37	14	23.15	14	23.91	14	24.98	14	25.56	14	25.84	14	26.39	14	26.67	14	25.68	14	24.51	14	23.14	14	24.72	24.98
		24	24.74	24	25.36	24	24.33	24	24.19	24	24.62	24	26.06	24	26.63	24	26.25	24	25.05	24	24.20	24	23.69	24	24.71	
	1989	4		4		4		4		4		4		4	27.12	4	27.35	4	25.98	4	24.32	4	25.41	4	25.34	
		14	25.45	14	25.29	14	23.96	14	24.69	14	25.42	14	26.02	14	26.61	14	27.57	14	25.56	14	25.33	14	25.36	14	25.45	25.57
		24	25.56	24	24.02	24	24.70	24	25.74	24	25.67	24	26.08	24	27.39	24	26.51	24	26.73	24		24	25.60	24	25.56	

续表

点号	年份	1月 日	1月 水位	2月 日	2月 水位	3月 日	3月 水位	4月 日	4月 水位	5月 日	5月 水位	6月 日	6月 水位	7月 日	7月 水位	8月 日	8月 水位	9月 日	9月 水位	10月 日	10月 水位	11月 日	11月 水位	12月 日	12月 水位	年平均
338	1990	4	24.45	4	24.59	4	26.18	4	26.43	4	25.09	4	27.46	4	27.69	4	27.96	4	25.56	4	23.40	4	25.46	4	26.19	26.32
		14	26.16	14	25.56	14	26.56	14	26.59	14	26.50	14	28.47	14	28.28	14	28.16	14	25.23	14	24.58	14	25.91	14	25.81	
		24	26.31	24	25.96	24	26.28	24	26.55	24	26.73	24	28.16	24	28.52	24	27.04	24	25.56	24	25.64	24	26.33	24	26.21	
	1991	4	26.46	4	26.67	4	25.59	4	26.43	4	26.86	4	28.27	4	29.05	4	26.50	4	21.61	4	17.08	4	17.51	4	20.35	24.86
		14	26.46	14	26.56	14	26.11	14	26.68	14	28.91	14	28.71	14	29.84	14	26.32	14	21.59	14	17.01	14	⟨29.26⟩	14	20.45	
		24	26.01	24	24.96	24	26.33	24	22.64	24	28.18	24	28.97	24	29.71	24	26.54	24	18.48	24	17.42	24	⟨28.05⟩	24	⟨28.21⟩	
	1992	5	28.71	5	28.80	5	27.64	5	27.88	5	27.51	5	28.96	5	31.39	5	30.60	5	29.87	5	27.87	5	29.26	5		28.86
		15	29.39	15	28.35	15	28.24	15	27.73	15	27.21	15	29.29	15	30.55	15	30.00	15	30.31	15	28.35	15	29.25	15		
		25	29.47	25	28.16	25	27.71	25	28.31	25	27.28	25	29.33	25	27.77	25	30.09	25	29.21	25	28.70	25	29.27	25		
	1993	4		4		4	29.48	4	28.96	4	28.16	4	29.22	4	31.64	4	32.63	4	31.86	4	31.56	4	28.71	4	30.15	30.16
		14	30.38	14	27.10	14	29.61	14	28.72	14	28.56	14	29.38	14	32.21	14	31.91	14	32.19	14	29.36	14	28.96	14	30.09	
		24	30.26	24	27.54	24	29.33	24	28.12	24	28.57	24	29.57	24	32.02	24	32.45	24	29.21	24	29.63	24	29.60	24	30.23	
	1994	4	30.38	4		4	29.41	4	29.99	4	29.53	4	30.50	4	30.72	4	32.37	4	31.82	4	31.39	4	30.62	4	31.70	30.66
		14	30.26	14		14	29.21	14	30.23	14	29.83	14	31.06	14	31.82	14	31.74	14	32.01	14	31.33	14	29.74	14	31.54	
		24	30.56	24	29.22	24	30.18	24	30.34	24	30.24	24	31.24	24	32.24	24	32.30	24	31.72	24	31.26	24	31.32	24	31.72	
356	1986	4		4		4		4		4		4		4		4		4		4	20.77	4	23.89	4	23.41	22.97
		14		14		14		14		14		14		14		14		14	23.86	14	23.47	14	22.13	14	23.14	
		24		24		24		24		24		24		24		24		24	24.64	24	23.69	24	22.46	24	22.83	
	1987	4	21.89	4	21.55	4	23.27	4	22.25	4	21.85	4	22.80	4	22.06	4	23.69	4	23.60	4	23.46	4	23.75	4	23.35	23.21
		14	22.82	17	22.87	14	23.89	14	22.80	14	22.90	14	22.32	14	24.45	14	23.08	14	23.21	14	24.04	14	23.71	14	23.55	
		24	21.93	24	23.24	24	23.49	24	22.56	24	23.55	24	23.09	24	24.64	24	24.50	24	23.21	24	23.96	24	23.56	24	23.19	
	1988	5	22.59	5	22.30	5	22.06	5	21.99	5	22.90	5	22.95	5	22.99	5	23.19	5	22.94	5	22.80	5	21.46	5	21.58	22.47
		15	22.36	15	22.34	15	22.00	15	22.18	15	23.56	15	23.01	15	23.09	15	23.00	15	22.96	15	21.81	15	21.36	15	21.86	
		25	22.47	25	21.95	25	21.94	25	22.38	25	23.72	25	23.30	25	22.68	25	23.14	25	22.90	25	21.16	25	21.43	25	22.49	

续表

点号	年份	1月 日	1月 水位	2月 日	2月 水位	3月 日	3月 水位	4月 日	4月 水位	5月 日	5月 水位	6月 日	6月 水位	7月 日	7月 水位	8月 日	8月 水位	9月 日	9月 水位	10月 日	10月 水位	11月 日	11月 水位	12月 日	12月 水位	年平均
356	1989	5	22.44	5	21.95	5	21.92	5	22.63	5	22.50	5	22.97	5	24.13	5	23.33	5	24.06	5	21.09	5	22.05	5	22.59	22.83
		15	22.29	15	22.02	15	22.06	15	22.64	15	23.43	15	22.97	15	24.45	15	22.95	15	22.88	15	21.88	15	22.52	15	22.57	
		25	22.57	25	21.94	25	22.04	25	23.44	25	24.10	25	23.16	25	24.66	25	23.88	25	23.33	25		25	22.54	25	23.16	
	1990	4	23.00	4	23.10	4	22.70	4	22.53	4	24.38	4	26.51	4	25.24	4	25.87	4	25.37	4	26.10	4	26.50	4	26.17	24.92
		14	23.11	14	23.04	14	22.68	14	24.65	14	24.23	14	27.12	14	25.63	14	25.99	14	25.99	14	25.76	14	26.59	14	26.21	
		24	23.09	24	22.72	24	22.65	24	22.97	24	24.25	24	26.26	24	26.42	24	26.00	24	26.00	24	25.58	24	26.61	24	26.19	
	1991	4	24.53	4	24.49	4	24.48	4		4		4	26.55	4	26.98	4	27.72	4	28.14	4	26.32	4	27.76	4	27.58	26.48
		14	24.51	14	24.52	14	24.51	14		14	25.77	14	26.00	14	28.00	14	27.15	14	27.76	14	27.03	14	27.02	14	28.30	
		24	24.48	24	24.50	24	24.86	24		24	26.18	24	26.82	24	28.53	24	26.06	24	27.89	24	27.11	24	27.46	24	28.36	
	1992	5	28.43	5	⟨36.58⟩	5	25.84	5	25.80	5	24.94	5	⟨39.24⟩	5	⟨38.98⟩	5	29.87	5	27.48	5	27.42	5	⟨37.25⟩	5	⟨40.30⟩	26.88
		15	⟨36.20⟩	15	⟨34.80⟩	15	26.69	15	25.90	15	25.14	15	⟨37.97⟩	15	⟨39.05⟩	15	27.86	15	27.36	15	27.14	15	⟨39.39⟩	15	⟨40.45⟩	
		25	⟨36.35⟩	25	⟨33.63⟩	25	26.26	25	25.80	25	⟨41.12⟩	25	⟨37.87⟩	25	⟨38.25⟩	25	27.68	25	27.38	25	⟨37.19⟩	25	⟨39.45⟩	25	⟨40.32⟩	
	1993	4		4		4	28.66	4	25.80	4	26.00	4	27.62	4	27.93	4	29.21	4	28.80	4	28.89	4	27.76	4	27.45	27.66
		14	27.26	14	26.14	14	28.70	14	25.99	14	25.62	14	26.96	14	28.54	14	28.88	14	29.52	14	27.28	14	27.85	14	27.69	
		24	26.91	24		24	28.21	24	25.43	24	25.78	24	27.18	24	28.13	24	28.72	24	29.41	24	26.72	24	27.80	24	27.31	
	1994	4	26.65	4		4		4		4		4		4		4		4		4		4		4		26.74
		14		14		14		14		14		14		14		14		14		14		14		14		
		24		24		24		24		24		24		24		24		24		24		24		24		
386	1988	5	19.57	5	19.43	5	19.41	5	19.84	5	20.51	5	20.50	5	20.97	5	21.60	5	20.61	5	19.74	5	18.29	5	18.76	19.92
		15	18.99	15	20.26	15	19.52	15	20.30	15	19.90	15	20.39	15	21.31	15	21.23	15	20.03	15	18.64	15	18.65	15	19.29	
		25	19.51	25	19.51	25	19.47	25	19.85	25	20.33	25	20.94	25	21.84	25	20.71	25	19.93	25	18.81	25	19.33	25	19.08	
	1989	5	19.27	5	19.59	5	19.34	5	19.44	5	18.82	5	20.71	5	21.44	5	21.91	5	20.88	5	19.13	5	19.98	5	20.23	20.08
		15	19.47	15	18.97	15	19.13	15	19.36	15	19.23	15	20.20	15	20.61	15	20.71	15	20.74	15	19.96	15	20.25	15	20.02	
		25	19.43	25	19.39	25	19.94	25	18.87	25	19.97	25	20.53	25	22.44	25	20.85	25	20.64	25		25	20.86	25	20.54	

续表

点号	年份	1月 日	1月 水位	2月 日	2月 水位	3月 日	3月 水位	4月 日	4月 水位	5月 日	5月 水位	6月 日	6月 水位	7月 日	7月 水位	8月 日	8月 水位	9月 日	9月 水位	10月 日	10月 水位	11月 日	11月 水位	12月 日	12月 水位	年平均
386	1990	5	19.93	5	19.40	5	20.71	5	21.18	5	20.20	5	22.19	5	21.84	5	22.04	5	21.71	5	17.51	5	20.79	5	21.36	21.07
		15	20.85	15	20.34	15	20.77	15	19.06	15	21.56	15	22.80	15	22.79	15	22.65	15	21.77	15	20.79	15	20.79	15	19.71	
		25	20.58	25	20.43	25	20.54	25	20.96	25	21.39	25	21.98	25	23.24	25	22.35	25	21.85	25	20.65	25	20.96	25	21.00	
	1991	5	21.39	5	22.03	5	21.71	5	21.28	5	21.68	5	22.24	5	23.50	5	25.84	5	24.15	5	22.46	5	23.06	5	23.40	22.92
		15	21.94	15	22.54	15	22.13	15	21.73	15	21.82	15	22.26	15	24.75	15	24.39	15	24.20	15	22.48	15	23.22	15	23.93	
		25	21.70	25	21.29	25	21.46	25	22.26	25	21.90	25	23.53	25	25.79	25	24.41	25	24.09	25	23.29	25	23.71	25	23.49	
	1992	5	23.67	5	24.90	5	24.12	5	23.70	5	22.23	5	24.61	5	25.97	5	27.35	5	27.54	5	24.92	5	25.19	5	24.75	24.97
		15	23.78	15	24.51	15	24.53	15	24.28	15	22.93	15	25.09	15	26.05	15	26.48	15	27.36	15	24.29	15	24.06	15	25.43	
		25	24.30	25	24.45	25	24.20	25	24.33	25	24.07	25	24.84	25	26.23	25	28.18	25	25.65	25	24.38	25	24.44	25	26.02	
397	1986	4		4		4		4		4		4		4		4		4		4		4		4	24.55	24.62
		14		14		14		14		14		14		14		14		14		14		14	24.94	14	24.44	
		24		24		24		24		24		24		24		24		24		24		24		24	24.53	
	1987	6	24.71	6	21.08	6	24.69	6	24.87	6	23.22	6	24.60	6	24.56	6	25.11	6	26.49	6	23.90	6	24.73	6	24.56	24.61
		16	21.81	16	24.69	16	24.56	16	24.80	16	23.65	16	24.10	16	26.05	16	23.87	16	25.93	16	24.74	16	24.76	16	24.74	
		26	24.24	26	24.78	26	24.68	26	24.37	26	25.11	26	24.25	26	25.80	26	25.86	26	25.98	26	25.26	26	24.55	26	25.00	
	1988	6	25.04	6	25.21	6	24.08	6	24.68	6	25.04	6	25.58	6	25.53	6	26.42	6	25.84	6	24.23	6	23.73	6	24.31	24.86
		16	24.50	16	24.14	16	24.69	16	24.08	16	24.58	16	24.45	16	25.90	16	26.57	16	24.99	16	24.44	16	23.98	16	24.17	
		26	24.33	26	24.00	26	23.99	26	25.05	26	25.60	26	25.88	26	26.80	26	25.33	26	25.53	26	24.02	26	23.97	26	24.18	
	1989	5	24.97	5	24.81	5	23.72	5	24.98	5	25.34	5	25.61	5	26.63	5	26.76	5	25.46	5	24.06	5	24.52	5	25.23	25.19
		15	24.74	15	24.35	15	23.83	15	25.05	15	25.19	15	25.21	15	26.52	15	26.56	15	24.94	15	24.67	15	25.07	15	25.16	
		25	24.72	25	23.41	25	23.40	25	25.29	25	25.23	25	25.91	25	26.61	25	26.44	25	25.69	25	25.54	25	24.91	25	25.27	
	1990	5	25.01	5	25.36	5	25.31	5	25.71	5	23.20	5	27.11	5	25.68	5	27.18	5	〈47.09〉	5	〈47.34〉	5	〈47.64〉	5	〈47.58〉	26.00
		15	25.85	15	25.27	15	25.39	15	25.61	15	25.96	15	27.91	15	28.15	15	27.31	15	25.27	15	〈48.19〉	15	〈47.99〉	15	〈47.57〉	
		25	26.03	25	24.65	25	25.59	25	26.69	25	25.69	25	27.34	25	26.68	25	〈45.59〉	25	〈47.09〉	25	〈47.74〉	25	〈47.59〉	25	〈47.51〉	

续表

点号	年份	1月 日	1月 水位	2月 日	2月 水位	3月 日	3月 水位	4月 日	4月 水位	5月 日	5月 水位	6月 日	6月 水位	7月 日	7月 水位	8月 日	8月 水位	9月 日	9月 水位	10月 日	10月 水位	11月 日	11月 水位	12月 日	12月 水位	年平均
397	1991	5	⟨47.51⟩	5	⟨47.01⟩	5	25.99	5	⟨53.36⟩	5	⟨53.19⟩	5	26.91	5	⟨53.05⟩	5	28.51	5	28.01	5	⟨53.10⟩	5	28.92	5	27.94	27.27
		15	25.53	15	26.59	15	⟨50.21⟩	15	⟨52.54⟩	15	26.23	15	27.15	15	⟨52.94⟩	15	⟨52.81⟩	15	⟨52.75⟩	15	28.38	15	28.19	15	27.55	
		25	25.46	25	25.23	25	⟨53.11⟩	25	26.46	25	26.91	25	27.23	25	⟨53.39⟩	25	⟨52.76⟩	25	⟨52.60⟩	25	28.39	25	28.94	25	28.06	
	1992	5	28.69	5	29.42	5	29.46	5	29.19	5	29.13	5	29.08	5	31.74	5	31.50	5	33.15	5	30.78	5	28.47	5	29.66	29.97
		15	29.51	15	29.28	15	29.06	15	29.06	15	28.79	15	30.13	15	31.11	15	30.76	15	32.83	15	28.88	15	29.12	15	29.69	
		25	29.58	25	29.05	25	29.26	25	29.18	25	28.95	25	32.54	25	31.56	25	⟨53.11⟩	25	32.52	25	28.66	25	29.21	25	⟨53.11⟩	
	1993	5	28.95	5	29.44	5	29.73	5	28.16	5	27.04	5	26.87	5	28.14	5	25.31	5	26.21	5	25.86	5	24.72	5	25.08	26.99
		15	26.98	15	29.43	15	30.94	15	26.26	15	26.21	15	28.21	15	26.19	15	27.39	15	26.47	15	25.43	15	25.60	15	24.73	
		25	28.63	25	30.99	25	30.67	25	26.61	25	26.46	25	28.31	25	25.74	25	26.16	25	26.22	25	24.63	25	24.93	25	22.86	
399	1986	4		4		4		4		4		4		4		4		4		4		4	19.08	4	19.21	19.05
		14		14		14		14		14	18.69	14	19.55	14	19.70	14	20.15	14	21.68	14	18.22	14	17.87	14	18.27	
		24		24		24		24		24	19.28	24	19.27	24	20.72	24	19.67	24	22.35	24	17.93	24	17.91	24	19.65	
	1987	6	18.98	6	19.36	6	19.36	6	19.59	6	19.75	6	19.34	6	20.23	6	21.05	6	18.81	6	18.10	6	16.08	6	15.99	19.09
		16	19.76	16	19.88	16	19.40	16	19.54	16	15.11	16	14.72	16	12.76	16	24.18	16	6.31	16	3.46	16	20.48	16	15.97	
		26	19.77	26	20.00	26	19.44	26	18.93	26	14.65	26	14.54	26	11.81	26	0.69	26	5.66	26	19.81	26	19.53	26	15.07	
	1988	6	15.05	6	14.64	6	14.65	6	14.29	6	15.07	6	13.71	6	6.10	6	1.88	6	6.36	6	21.39	6	21.14	6	20.94	14.13
		16	14.14	16	14.20	16	14.19	16	14.74	16	23.33	16	23.66	16	26.31	16	24.99	16	23.84	16	22.66	16	22.76	16	21.68	
		26	14.86	26	14.88	26	21.65	26	14.82	26	23.01	26	23.42	26	24.46	26	24.72	26	23.81	26	22.94	26	23.14	26	21.94	
	1989	5	21.89	5	22.11	5	22.03	5	22.76	5	23.66	5	24.13	5	25.16	5	25.20	5	23.71	5	23.75	5	22.82	5	23.29	23.27
		15	22.16	15	21.79	15	22.54	15	22.89	15	23.01	15	25.32	15	24.80	15	25.42	15	24.01	15	23.13	15	23.14	15	23.21	
		25	22.13	25	21.51	25	24.04	25	23.20	25	23.66	25	24.13	25	27.00	25	25.44	25	24.54	25	22.64	25	22.82	25	23.20	
	1990	5	23.35	5	23.25	5	23.70	5	24.08	5	24.98	5	25.68	5	24.80	5	25.44	5	24.54	5	23.75	5	23.71	5	24.61	24.37
		15	24.00	15	23.07	15	23.79	15	23.94	15	24.51	15	25.68	15	27.00	15	25.44	15	24.54	15	23.13	15	23.98	15	24.15	
		25	23.84	25	24.20	25	23.79	25	24.21	25	24.58	25	24.99	25	26.84	25	25.17	25	23.63	25	24.00	25	24.45	25	24.41	

续表

第二章　咸阳市

点号	年份	1月 日	1月 水位	2月 日	2月 水位	3月 日	3月 水位	4月 日	4月 水位	5月 日	5月 水位	6月 日	6月 水位	7月 日	7月 水位	8月 日	8月 水位	9月 日	9月 水位	10月 日	10月 水位	11月 日	11月 水位	12月 日	12月 水位	年平均
399	1991	5	24.59	5	23.58	5		5	24.95	5	25.03	5	25.22	5	27.52	5	27.36	5	27.18	5	26.09	5	26.46	5	26.21	
		15	24.54	15		15	24.71	15	23.94	15	24.62	15	25.75	15	27.81	15	27.31	15	26.93	15	25.94	15	26.42	15	26.98	25.82
		25	23.44	25	24.06	25	24.71	25	24.55	25	25.54	25	25.39	25	28.72	25	27.42	25	26.47	25	26.45	25	26.94	25	26.44	
	1992	5	27.42	5	26.35	5	26.86	5	27.22	5	26.98	5	27.05	5	28.37	5	29.73	5	30.58	5	27.67	5	26.66	5	27.69	
		15	27.88	15	27.75	15	27.49	15	27.36	15	26.70	15	28.11	15	28.13	15	29.53	15	30.10	15	26.76	15	26.98	15	27.69	27.78
		25	26.29	25	27.28	25	27.13	25	27.09	25	27.02	25	28.31	25	29.66	25	29.00	25	29.86	25	27.04	25	25.80	25	28.61	
447	1988	13	45.34	13	46.30	13	44.83	13	45.17	13	45.07	13	45.46	13	46.60	13	43.98	13	45.88	13	46.21	13	46.32	13	46.47	45.64
	1989	15	46.09	15	46.02	15	45.92	15	46.02	15	46.80	15	47.62	15	48.01	15	47.54	15	48.26	15	46.77	15	46.48	15	47.85	46.95
	1990	15	48.29	15	45.94	15	47.17	15	47.34	15	48.55	15	48.12	15	50.67	15	48.29	15	49.12	15	47.63	15	49.05	15	49.17	48.28
	1991	14	49.45	14	48.75	14	48.72	14	47.42	14	48.89	14	50.24	14	51.06	14	51.57	14	51.30	14	51.38	14	50.51	14	49.96	49.94
	1992	15	50.74	15	50.64	15	49.39	15	51.90	15	50.79	15	53.26	15	53.80	15	54.15	15	52.60	15	52.94	15	51.50	15	52.84	52.05
	1993	15	52.38	15	52.79	15	52.48	15	51.00	15	51.39	15	51.12	15	52.95	15	53.32	15	53.84	15	53.93	15	53.97	15	54.42	52.80
448	1988	13	46.65	13	49.67	13	48.95	13	49.16	13	51.86	13	49.89	13	50.82	13	52.19	13	52.06	13	51.62	13	50.29	13	51.69	50.40
	1989	15	50.77	15	49.88	15	51.72	15	51.78	15	53.21	15	54.21	15	52.45	15	52.39	15	55.02	15	56.03	15	54.29	15	54.32	53.01
	1990	15	56.70	15	56.13	15	56.51	15	54.11	15	51.72	15	54.19	15	54.28	15	52.59	15	53.46	15	53.15	15	54.13	15	55.63	54.38
	1991	14	56.47	14	55.83	14	53.94	14	53.87	14	54.08	14	55.68	14	55.78	14	58.81	14	58.02	14	56.21	14	57.93	14	57.38	56.17
	1992	15	57.36	15	58.18	15	58.78	15	58.69	15	58.53	15	61.11	15	62.27	15	64.83	15	59.56	15	59.91	15	58.93	15	61.63	59.98
	1993	16	60.67	16	60.93	16	60.81	16	57.22	16	58.30	16	59.02	16	60.45	16	64.69	16	61.01	16	59.69	16	59.81	16	59.73	60.19
	1994	15	59.21	15	59.82	15	61.11	15	62.05	15	63.20	15	62.66	15	63.78	15	62.13	15	63.41	15	63.46	15	63.01	15	63.12	62.25
	1995	7	62.54	7	64.18	7	64.60	7	63.84	7	63.39	7	64.05	7	65.02	7	63.16	7	62.98	7	64.52	7	63.02	7	63.22	
		17	62.61	17	64.52	17	63.11	17	63.17	17	63.57	17	64.35	17	65.15	17	63.87	17	63.67	17	62.95	17	63.05	17	63.99	63.78
		27	65.44	27	64.64	27	64.17	27	63.01	27	63.70	27	64.78	27	64.16	27	62.69	27	65.18	27	62.98	27	63.13	27	63.69	
C2	1993	5	10.63	5	10.32	5	10.73	5	10.83	5	10.97	5	11.00	5	11.40	5	11.09	5	11.54	5	11.13	5	11.46	5	11.46	
		15	10.45	15	10.24	15	11.64	15	10.79	15	10.90	15	11.05	15	11.48	15	11.55	15	11.31	15	⟨19.29⟩	15	⟨19.13⟩	15	11.57	11.07
		25	10.24	25	10.52	25	10.81	25	11.09	25	10.97	25	11.12	25	11.51	25	11.49	25	11.06	25	11.17	25	11.36	25	11.39	

续表

点号	年份	1月 日	1月 水位	2月 日	2月 水位	3月 日	3月 水位	4月 日	4月 水位	5月 日	5月 水位	6月 日	6月 水位	7月 日	7月 水位	8月 日	8月 水位	9月 日	9月 水位	10月 日	10月 水位	11月 日	11月 水位	12月 日	12月 水位	年平均
C2	1994	6	⟨20.02⟩	6	12.09	6	12.04	6	⟨20.43⟩	6	⟨20.67⟩	6	⟨20.83⟩	6	⟨21.65⟩	6	13.69	6	14.32	6	⟨22.49⟩	6	⟨22.24⟩	6	⟨22.27⟩	12.75
C2	1994	16	⟨19.98⟩	16	12.11	16	11.92	16	⟨20.47⟩	16	⟨20.74⟩	16	⟨21.18⟩	16	⟨21.65⟩	16	13.85	16	⟨22.24⟩	16	⟨22.45⟩	16	⟨21.84⟩	16	⟨22.95⟩	
C2	1994	26	12.00	26	12.15	26	12.01	26	⟨20.53⟩	26	⟨20.85⟩	26	⟨22.41⟩	26	⟨21.66⟩	26	14.04	26	⟨22.49⟩	26	⟨22.44⟩	26	⟨21.86⟩	26	⟨22.83⟩	
C2	1995	5	⟨21.93⟩	5	12.25	5	12.49	5	11.95	5	11.93	5	12.10	5	14.53	5	⟨23.63⟩	5	13.53	5	⟨24.80⟩	5	12.31	5	13.13	13.07
C2	1995	15	12.47	15	12.45	15	12.55	15	11.97	15	⟨22.27⟩	15	⟨22.87⟩	15	⟨23.38⟩	15	15.03	15	13.48	15	14.80	15	14.33	15	13.83	
C2	1995	25	12.47	25	12.68	25	12.53	25	11.70	25	⟨23.48⟩	25	⟨23.27⟩	25	⟨23.48⟩	25	12.85	25	13.43	25	14.58	25	14.44	25	⟨23.58⟩	
C4	1994	5	13.26	5	13.44	5	13.26	5	⟨21.11⟩	5	⟨21.46⟩	5	⟨21.66⟩	5	⟨21.39⟩	5	⟨21.43⟩	5	⟨21.63⟩	5	⟨21.72⟩	5	⟨21.67⟩	5	⟨21.68⟩	13.45
C4	1994	15	13.35	15	13.57	15	12.69	15	⟨21.18⟩	15	⟨21.63⟩	15	⟨21.47⟩	15	⟨21.58⟩	15	14.77	15	⟨21.57⟩	15	⟨21.60⟩	15	⟨21.63⟩	15	13.62	
C4	1994	25	13.39	25	13.48	25	13.07	25	⟨21.23⟩	25	⟨20.80⟩	25	⟨21.17⟩	25	⟨21.78⟩	25	⟨21.58⟩	25	⟨21.62⟩	25	⟨21.72⟩	25	⟨21.55⟩	25	13.51	
C4	1995	5	⟨21.51⟩	5	⟨20.71⟩	5	11.28	5	13.11	5	13.91	5	⟨22.26⟩	5	⟨21.72⟩	5	⟨22.35⟩	5	⟨22.57⟩	5	16.16	5	15.74	5	15.74	14.55
C4	1995	15	⟨20.67⟩	15	⟨20.85⟩	15	13.19	15	13.24	15	⟨21.61⟩	15	⟨22.06⟩	15	⟨21.96⟩	15	15.82	15	9.20	15	15.67	15	15.82	15	15.63	
C4	1995	25	⟨20.81⟩	25	⟨21.05⟩	25	13.11	25	12.86	25	⟨21.47⟩	25	⟨21.81⟩	25	15.81	25	⟨22.28⟩	25	16.37	25	16.18	25	15.93	25	16.25	
C6	1994	6	17.99	6	17.01	6	16.49	6	16.97	6	17.47	6	18.07	6	20.11	6	18.55	6	19.01	6	18.40	6	18.22	6	17.98	18.02
C6	1994	16	17.75	16	16.63	16	⟨17.38⟩	16	17.03	16	17.69	16	18.37	16	19.50	16	18.72	16	18.62	16	18.40	16	18.18	16	17.92	
C6	1994	26	17.60	26	16.52	26	16.41	26	17.12	26	18.01	26	20.09	26	18.34	26	18.99	26	18.41	26	18.32	26	18.02	26	17.91	
C6	1995	5	18.76	5	18.17	5	17.94	5	17.25	5	17.22	5	17.38	5	19.69	5	⟨21.23⟩	5	⟨20.56⟩	5	19.40	5	⟨16.43⟩	5	⟨20.09⟩	18.61
C6	1995	15	17.81	15	18.01	15	⟨18.78⟩	15	17.15	15	18.54	15	18.90	15	⟨21.23⟩	15	20.35	15	⟨20.45⟩	15	19.30	15	19.14	15	19.23	
C6	1995	25	17.81	25	18.05	25	17.90	25	17.24	25	18.30	25	19.44	25	19.88	25	20.69	25	19.40	25	19.43	25	⟨20.10⟩	25	⟨20.47⟩	
X6	1993	8	12.88	8	12.69	8	12.96	8	13.04	8	13.23	8	13.29	8	13.73	8	14.96	8	15.15	8	14.94	8	14.37	8	14.35	13.82
X6	1993	18	12.79	18	12.66	18	12.91	18	13.16	18	13.27	18	13.43	18	13.65	18	15.35	18	15.11	18	14.82	18	14.51	18	14.21	
X6	1993	28	12.71	28	12.74	28	12.94	28	13.18	28	13.25	28	13.66	28	13.78	28	15.27	28	15.27	28	14.66	28	14.29	28	14.37	
X6	1994	8	14.62	8	15.11	8	15.63	8	15.73	8	15.70	8	15.73	8	16.14	8	17.10	8	17.43	8	17.18	8	16.96	8	16.62	16.09
X6	1994	18	14.83	18	15.24	18	15.57	18	15.61	18	15.95	18	15.81	18	16.54	18	⟨17.16⟩	18	17.43	18	16.98	18	16.80	18	16.53	
X6	1994	28	14.98	28	15.32	28	15.62	28	13.60	28	16.13	28	15.89	28	⟨17.75⟩	28	17.32	28	16.84	28	16.65	28	16.46	28	17.08	
X6	1995	8	16.64	8	16.27	8	16.70	8	16.38	8	16.13	8	17.39	8	18.44	8	⟨18.91⟩	8	18.89	8	18.72	8	18.21	8	18.30	17.60
X6	1995	18	16.62	18	16.44	18	16.45	18	16.52	18	16.60	18	17.86	18	⟨18.62⟩	18	⟨19.81⟩	18	18.70	18	18.72	18	18.40	18	18.02	
X6	1995	28	15.80	28	18.96	28	16.38	28	16.92	28	17.21	28	18.20	28	18.68	28	19.03	28	18.60	28	18.28	28	18.19	28	18.21	

第三章 宝鸡市

一、监测基本情况

宝鸡市位于关中平原西部,是陕西省第二大工业城市。地下水是城市供水的主要水源之一。

为了查明宝鸡市地下水在自然及人为因素影响下,水位、水质在时空上的变化规律和可能引起的环境地质问题,配合有关部门搞好地下水开发利用和管理工作,陕西省地质环境监测总站于1975年开始,开展了宝鸡市地下水动态监测工作,至今已积累了大量的地下水监测资料,为推进监测资料的社会化共享和公益性服务,曾于1992年编制了《宝鸡市地下水位年鉴(1975—1985年)》。

宝鸡市区地下水分为潜水、浅层承压水和深层承压水三种类型。潜水由于含水层薄、水位下降,处于疏干、半疏干状态,开采井也大都干涸、填埋或报废,对城市供水已无实际意义,加之水质污染,仅在监测区外围和东部个别地区作为农业用水零星开采。深层承压水埋藏深度为150~300m,由于天然补给量小,埋藏深度大,凿井成本大,氟含量偏高,尚未大量开采利用。浅层承压水开采深度为20~150m,是城市供水的主要水源之一,也是主要监测层位。本年鉴收录132个观测点数据,均为生产井,无专门监测孔。其中潜水观测点21个,浅层承压水观测点108个,地表水监测点3个。监测网主要分布在渭河两岸的高、低漫滩上,控制面积76.56km²。本年鉴资料年限起止为1986—2000年。

二、监测点分布图

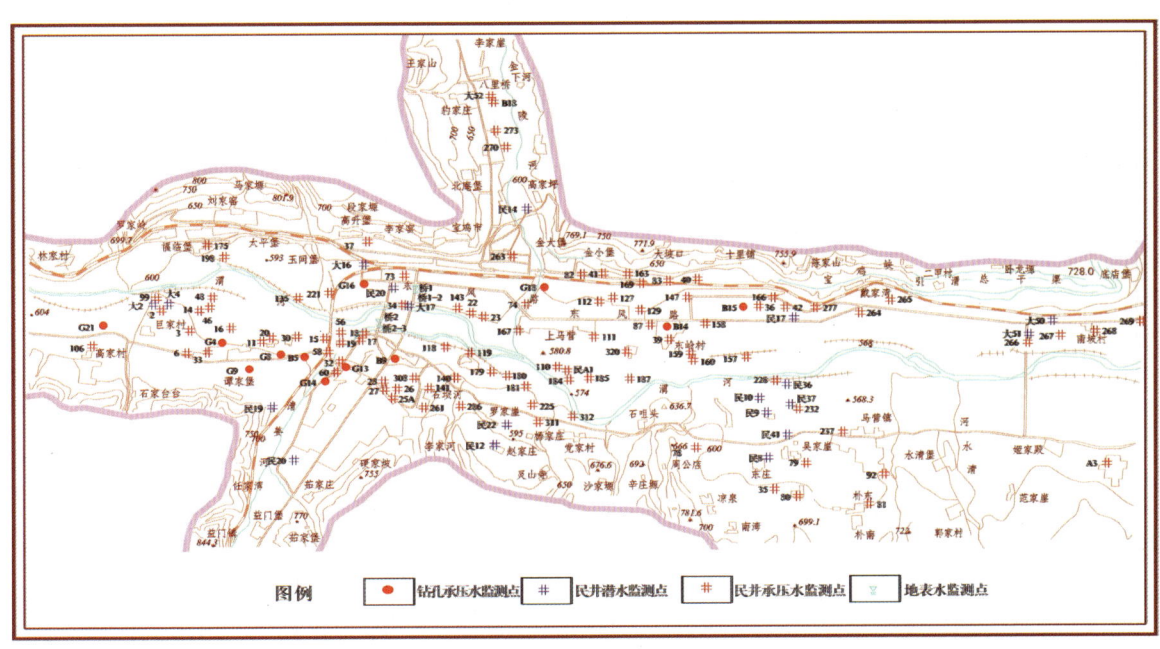

宝鸡市地下水监测点分布示意图

三、监测点基本信息表

宝鸡市地下水监测点基本信息表

序号	点号	位置	地面高程(m)	孔深(m)	地下水类型	地貌单元	页码
1	3	氮肥厂	597.54	121	浅层承压水	漫滩	543
2	6	氮肥厂	610.59	141	浅层承压水	洪积扇	544
3	11	庞家村东	595.93	119.92	浅层承压水	漫滩	546
4	14	氮肥厂	595.49	140.7	浅层承压水	漫滩	548
5	15	宝鸡发电厂	591.55	151.1	浅层承压水	漫滩	550
6	16	氮肥厂	594.38	124.2	浅层承压水	漫滩	553
7	17	车辆厂西	589.7	160	浅层承压水	漫滩	554
8	18	车辆厂北	590	72.65	浅层承压水	漫滩	556
9	19	宝鸡发电厂	591.59	92.6	浅层承压水	漫滩	556
10	20	宝鸡发电厂	594.68	120	浅层承压水	漫滩	557
11	30	宝鸡发电厂	592.17	146	浅层承压水	漫滩	558
12	32	清姜桥东	593.18	80.89	浅层承压水	漫滩	560
13	33	钢管厂家属院	601.06	129.8	浅层承压水	漫滩	561
14	34	话剧团南	585.54	140.4	浅层承压水	漫滩	562
15	35	上小作南	601.89	133.41	浅层承压水	洪积扇	563
16	36	纸厂仓库	571.16	130	浅层承压水	漫滩	564
17	37	9145针织厂	609.13	149.52	浅层承压水	漫滩	564
18	39	机床维修厂	576.75	79.1	浅层承压水	漫滩	566
19	42	造纸厂	571	153.27	浅层承压水	漫滩	566
20	48	氮肥厂	596.43	122.4	浅层承压水	漫滩	568
21	56	三合村	591.32	82.5	浅层承压水	漫滩	570
22	58	清姜河桥西	593.24	126.3	浅层承压水	漫滩	570
23	73	红旗路西	587.44	144	浅层承压水	漫滩	571
24	74	石油机械厂	587.39	103.5	浅层承压水	漫滩	574
25	78	宝鸡县砖厂	605.28	156	浅层承压水	二级阶地	574
26	79	明星大队	593.14	97.52	浅层承压水	一级阶地	574
27	80	坡西村	603.3	100.79	浅层承压水	一级阶地	574
28	83	第一印染厂	582.75	158.5	浅层承压水	漫滩	574
29	87	1003仓库	577.31	74.35	浅层承压水	漫滩	576
30	40	供电局	583.22	188.4	浅层承压水	漫滩	576
31	46	氮肥厂	597.27	140.3	浅层承压水	漫滩	578
32	99	秦川机床厂	604.75	114.33	浅层承压水	漫滩	579
33	110	铁二中	580.03	150	浅层承压水	漫滩	581
34	111	铁一中	578.73	149	浅层承压水	漫滩	583
35	112	宝铁分局	581.98	143.6	浅层承压水	漫滩	585
36	118	水厂院内	583.15	131.58	浅层承压水	漫滩	585
37	119	自来水公司	583.02	127.1	浅层承压水	漫滩	587

续表

序号	点号	位置	地面高程(m)	孔深(m)	地下水类型	地貌单元	页码
38	127	李家崖三队	581.94	120	浅层承压水	漫滩	589
39	129	李家崖一队	580.21	130	浅层承压水	漫滩	590
40	135	园林处	592.94	129	浅层承压水	漫滩	592
41	140	石坝河水厂	584.87	113.37	浅层承压水	漫滩	594
42	141	啤酒厂	588.41	158.73	浅层承压水	洪积扇	595
43	143	渭滨医院南	583.98	120	浅层承压水	漫滩	597
44	147	三陆医院	577.24	150	浅层承压水	漫滩	598
45	158	自来水公司	572.65	109.5	浅层承压水	漫滩	599
46	159	变电站南	573.51	180.68	浅层承压水	漫滩	600
47	163	食品厂	585.45	150	浅层承压水	漫滩	602
48	167	烟厂南	584.38	117.15	浅层承压水	漫滩	604
49	169	小五金厂	583.73	130	浅层承压水	漫滩	606
50	175	焦化厂	614.41	87.2	浅层承压水	漫滩	607
51	179	公园东深井	582.93	52.37	浅层承压水	漫滩	608
52	181	公园东	581.04	121.7	浅层承压水	漫滩	609
53	184	自来水公司	580.32	175	浅层承压水	漫滩	610
54	185	自来水公司	579.16	180	浅层承压水	漫滩	612
55	187	自来水公司	576.94	180	浅层承压水	漫滩	613
56	198	大修厂	596.24	188	浅层承压水	漫滩	613
57	大2	秦川机床厂	606.25	24.53	潜水	漫滩	615
58	大4	氮肥厂	598.76	18.37	潜水	漫滩	617
59	大16	三角地	586.77	13.58	潜水	漫滩	618
60	民8	上小作村	588.64	18.9	潜水	洪积扇	620
61	民9	下小作村	573.33	6.3	潜水	漫滩	620
62	民10	下小作村北	572.17	10.5	潜水	漫滩	620
63	民12	相家庄南	600.86	22	潜水	一级阶地	621
64	民14	渡槽北	597.14	15	潜水	漫滩	623
65	民19	桑园堡北	605.39	10.86	潜水	漫滩	624
66	民22	相家庄	583.74	6.96	潜水	漫滩	625
67	B5	宝鸡电厂	595.43	205.3	浅层承压水	漫滩	627
68	B9	石坝河木材厂	586.61	169.22	浅层承压水	漫滩	628
69	A3	宝鸡县八鱼乡淡家村	557.52	167	浅层承压水	漫滩	630
70	G4	孔家庄	597.49	104.24	浅层承压水	漫滩	631
71	G8	中心医院北	596.64	72.76	浅层承压水	漫滩	633
72	G9	钢管厂	599.95	30.05	浅层承压水	漫滩	634
73	G13	清姜桥东	593.58	80.5	浅层承压水	漫滩	635
74	G14	粉末冶金厂北	597.28	82.4	浅层承压水	漫滩	636
75	G16	省建二公司	589.5	73	浅层承压水	漫滩	637
76	G18	店子街	587.98	69.97	浅层承压水	漫滩	638
77	G21	高家村西北	609.5	64.7	浅层承压水	漫滩	639
78	81	下马营	601.79	161.35	浅层承压水	一级阶地	640
79	92	下马营	603.39	129.73	浅层承压水	一级阶地	640
80	157	自来水公司	572.26	122.1	浅层承压水	漫滩	640
81	民A1	铁二中南	579.53	4	潜水	漫滩	642
82	民17	纸厂东	570.38	8.9	潜水	漫滩	642
83	桥2-3	老桥	590.57		渭河水		644
84	B15	十二厂子校	571.92	264.5	浅层承压水	漫滩	646
85	桥2	老桥	591.06		渭河水		648

续表

序号	点号	位置	地面高程(m)	孔深(m)	地下水类型	地貌单元	页码
86	27	41#信箱	587.85	69.6	浅层承压水	漫滩	648
87	28	42#信箱	587.59	80.05	浅层承压水	漫滩	649
88	180	石坝河水厂	582.93	52.37	浅层承压水	漫滩	649
89	225	师范学院	581.74	129	浅层承压水	漫滩	651
90	261	48#信箱	603.1	148.46	浅层承压水	洪积扇	652
91	265	列电厂	567.5	120	浅层承压水	漫滩	654
92	266	71#信箱	560.4	162	浅层承压水	漫滩	654
93	267	农药厂	558.7	150	浅层承压水	漫滩	655
94	268	化工厂	557.85	151	浅层承压水	漫滩	657
95	大50	木材站北	561.5	7.97	潜水	漫滩	659
96	大51	卧龙寺	557.7	8.53	潜水	漫滩	660
97	269	卧龙寺司机学校	556.07	150	浅层承压水	漫滩	662
98	270	市造纸厂	606.7	146	浅层承压水	漫滩	662
99	B18	消防器材厂	634.7	238	浅层承压水	一级阶地	663
100	民20	东方饭店南	589.24	16.8	潜水	漫滩	664
101	大17	话剧团南	585.54	17.65	潜水	漫滩	665
102	大18	石坝河	581.94	7	潜水	漫滩	666
103	228	下马营水厂	572.08	108	浅层承压水	漫滩	667
104	232	下马营水厂	571.11	143.9	浅层承压水	漫滩	669
105	237	下马营水厂	571.41	151.7	浅层承压水	漫滩	671
106	民36	下马营	571.6	7	潜水	漫滩	673
107	民37	下马营	572.5	9.67	潜水	漫滩	673
108	民41	上小作村南	589	16.1	潜水	漫滩	674
109	桥1	新桥	591.72		渭河水		675
110	263	水泵厂	594.54	139.52	浅层承压水	漫滩	675
111	264	棉纺厂	568	195	浅层承压水	漫滩	676
112	82	石油北山福利区	594.24	201	浅层承压水	漫滩	678
113	166	纸厂	571.6	300	深承压水	漫滩	679
114	25A	81#信箱	589.17	152.7	浅层承压水	漫滩	680
115	26	82#信箱	588.09	70.45	浅层承压水	漫滩	680
116	286	宝鸡大学	600	153	浅层承压水	洪积扇	681
117	桥1-2	渭河新桥	591.49		浅层承压水	漫滩	682
118	277	油毡厂	571.71	158	浅层承压水	漫滩	683
119	23	妇幼医院南	583.84	117.5	浅层承压水	漫滩	684
120	221	太平堡	590.5	120	浅层承压水	漫滩	685
121	308	啤酒厂外西北	587.5	151	浅层承压水	漫滩	686
122	273	石油氧气厂	617.1	180	浅层承压水	一级阶地	687
123	大52	消防器材厂	634.7	15	潜水	漫滩	688
124	160	变电站东南	573.61	130	浅层承压水	漫滩	688
125	311	石坝河清姜粮站	581	125	浅层承压水	漫滩	688
126	312	安装公司修理厂	579.1	164	浅层承压水	漫滩	688
127	B14	木材公司	576.38	90	浅层承压水	漫滩	689
128	60	一水厂	595.33	110	浅层承压水	漫滩	690
129	106	高家村西北	604.88	120	浅层承压水	漫滩	690
130	22	电视塔南	584.72	117	浅层承压水	漫滩	691
131	320	联盟一队	581.2	95	浅层承压水	漫滩	691
132	41	肉联厂	588.15	100	浅层承压水	漫滩	691

续表

四、地下水位资料

宝鸡市地下水位资料表

点号	年份	1月 日	1月 水位	2月 日	2月 水位	3月 日	3月 水位	4月 日	4月 水位	5月 日	5月 水位	6月 日	6月 水位	7月 日	7月 水位	8月 日	8月 水位	9月 日	9月 水位	10月 日	10月 水位	11月 日	11月 水位	12月 日	12月 水位	年平均
3	1986	5	32.80	5	⟨40.64⟩	5	⟨40.18⟩	5	38.77	5	37.16	5	38.17	5	39.23	5	42.08	5	42.02	5	41.58	5	40.93	5	39.75	
		15	37.66	15	38.88	15	⟨39.05⟩	15	36.48	15	37.60	15	39.01	15	39.80	15	42.35	15	41.77	15	41.04	15	41.27	15	40.60	39.54
		25	39.02	25	38.86	25	39.90	25	34.78	25	38.98	25	39.44	25	40.80	25	41.20	25	41.66	25	40.64	25	41.01	25	44.99	
	1987	5	43.36	5	44.44	4	44.75	4	42.45	4	44.17	4	45.76	4	45.72	4	46.45	4	⟨47.30⟩	4	47.48	4	45.67		44.75	
		15	43.94	15	44.93	14	45.04	14	43.45	14	44.60	14	47.46	14	⟨47.87⟩	14	46.18	14	47.85	14		14	45.73	14		45.27
		25	44.33	25	44.98	24	44.23	24	44.09	24	44.72	24	⟨46.41⟩	24	45.62	24	46.63	24	47.90	24	45.65	24	45.07	24	46.25	
	1988	4	46.45	4	47.50	4	47.97	4	46.81	4	46.40	4	⟨48.42⟩	4	46.27	4	48.05	4	48.06	4	45.38	4	43.00	4	42.50	
		14	46.85	14	47.66	14	47.75	14	⟨46.90⟩	14	⟨47.03⟩	14	45.70	14	48.00	14	46.97	14	47.70	14	45.70	14	42.68	14	42.97	46.21
		24	47.08	24	47.57	24	47.29	24	⟨46.57⟩	24	46.90	24	47.61	24	48.13	24	46.78	24	47.15	24	43.80	24	42.87	24	43.27	
	1989	4	42.90	4	44.72	4	43.04	4	42.30	4	42.86	4	43.57	4	44.24	4	44.09	4	44.00	4	41.94	4	40.60	4	⟨42.77⟩	
		14	43.67	14		14	42.25	14	42.78	14	42.93	14	42.60	14	⟨48.79⟩	14	44.00	14	43.36	14	41.88	14	⟨43.355⟩	14	⟨43.79⟩	43.05
		24	43.70	24	43.03	24	42.35	24	42.64	24	43.90	24	42.93	24	⟨50.44⟩	24	44.23	24	43.58	24	41.37	24	⟨40.85⟩	24	⟨44.92⟩	
	1990	4	⟨45.17⟩	4	⟨43.93⟩	4	⟨44.34⟩	4	40.88	4	40.67	4	41.91	4	41.85	4	43.39	4	42.68	4	40.99	4	38.00	4	35.32	
		14	⟨44.67⟩	14	⟨43.60⟩	14	⟨44.90⟩	14	40.61	14	41.37	14	41.89	14	42.80	14	43.34	14	42.13	14	40.80	14	37.93	14	35.17	40.66
		24	⟨45.30⟩	24	⟨44.24⟩	24	⟨44.54⟩	24	39.78	24	41.42	24	42.01	24	43.22	24	43.17	24	41.91	24	39.30	24	37.05	24	38.31	
	1991	5	39.67	5	41.17	5	42.55	5	39.92	5	39.91	5	42.43	5	45.17	5	⟨53.97⟩	5	⟨54.17⟩	5	⟨51.78⟩	5	45.12	5	45.24	
		15	41.00	15	40.89	15	41.66	15	40.13	15	41.73	15	41.65	15	44.46	15	45.52	15	⟨54.25⟩	15	⟨51.28⟩	15	44.56	15	45.19	42.64
		25	41.40	25	42.57	25	41.23	25	40.78	25	42.36	25	43.93	25	45.24	25	⟨53.58⟩	25	⟨52.86⟩	25	⟨53.54⟩	25	42.34	25	46.00	
	1992	4	47.22	4	48.81	4	49.55	4	47.84	4	49.41	4	⟨53.33⟩	4	⟨52.76⟩	4	⟨52.90⟩	4	⟨53.66⟩	4	49.94	4	⟨50.95⟩	4	⟨50.35⟩	
		14	47.95	14	49.81	14	48.80	14	47.83	14	49.51	14	⟨51.61⟩	14	⟨52.49⟩	14	49.80	14	⟨52.41⟩	14	49.47	14	⟨50.83⟩	14	⟨50.47⟩	48.81
		24	48.44	24	49.08	24	48.09	24	49.09	24	⟨53.50⟩	24	⟨52.58⟩	24	⟨52.26⟩	24	⟨52.61⟩	24	⟨52.20⟩	24	⟨51.82⟩	24	48.02	24	⟨52.32⟩	

续表

点号	年份	1月			2月			3月			4月			5月			6月			7月			8月			9月			10月			11月			12月		年平均
		日	水位		日	水位		日	水位		日	水位		日	水位		日	水位		日	水位		日	水位		日	水位		日	水位		日	水位		日	水位		
3	1993	4	49.80		4	51.04		4	〈54.83〉		4	〈56.90〉		4	〈56.78〉		4	〈57.32〉		4	〈57.43〉		4	〈58.13〉		4	〈58.60〉		4	〈57.80〉		4	〈55.44〉		4	〈57.19〉		51.12
		14	50.22		14	〈54.02〉		14	〈55.27〉		14	〈56.10〉		14	52.35		14	〈57.92〉		14	〈59.37〉		14	51.83		14	〈58.13〉		14	〈58.06〉		14	〈54.96〉		14	〈58.35〉		
		24	〈53.00〉		24	〈53.89〉		24	〈54.07〉		24	〈57.61〉		24	〈57.19〉		24	〈57.44〉		24	〈58.35〉		24	〈58.03〉		24	〈57.76〉		24	51.50		24	〈55.81〉		24	〈57.71〉		
	1994	4	〈57.20〉		4	〈58.94〉		4	〈60.61〉		4	〈58.61〉		4	52.23		4	〈58.88〉		4	〈58.02〉		4	〈60.63〉		4	〈58.45〉		4	55.71		4	54.38		4	53.99		53.76
		14	〈57.42〉		14	〈58.53〉		14	〈60.03〉		14	〈57.78〉		14	〈57.42〉		14	〈58.50〉		14	〈57.09〉		14	48.48		14	〈57.22〉		14	〈57.53〉		14	54.53		14	54.02		
		24	53.46		24	〈58.96〉		24	〈59.31〉		24	〈57.80〉		24	〈58.29〉		24	〈56.61〉		24	〈58.32〉		24	〈58.95〉		24	54.35		24	54.74		24	54.06		24	55.21		
	1995	4	55.30		4	〈60.20〉		4	57.25		4	56.68		4	56.47		4	58.17		4	59.36		4	60.36		4	59.79		4	60.52		4	60.66		4	〈68.16〉		58.51
		14	〈58.43〉		14	〈58.43〉		14	56.58		14	56.86		14	57.66		14	58.56		14	58.94		14	60.40		14	59.45		14	61.11		14	〈71.69〉		14	〈69.04〉		
		24	56.28		24	56.70		24	56.80		24	56.87		24	56.92		24	59.27		24	59.45		24	59.86		24	61.11		24	60.86		24	〈66.99〉		24	〈69.11〉		
	1996	4	〈68.04〉		4	〈69.92〉		4	〈70.98〉		4	〈71.84〉		4	66.24		4	66.11		4	〈73.81〉		4	〈72.39〉		4	68.42		4	69.91		4	67.53		4	67.70		67.45
		14	〈69.61〉		14	〈70.10〉		14	〈70.96〉		14	〈71.92〉		14	〈72.10〉		14	64.89		14	〈73.80〉		14	69.29		14	68.01		14	〈74.68〉		14	67.83		14			
		24	〈68.99〉		24	〈70.95〉		24	〈70.02〉		24	〈71.35〉		24	66.76		24	65.24		24	〈73.95〉		24	67.07		24	68.20		24	67.72		24	68.31		24			
	1997	4			4	66.88		4	70.45		4	70.16		4	70.22		4	70.90		4			4	72.32		4	〈83.20〉		4	73.63		4	〈83.30〉		4	〈83.22〉		70.59
		14	64.75		14	67.18		14	70.04		14	69.99		14	71.56		14			14			14	73.38		14	73.60		14	74.30		14	〈83.40〉		14	〈83.30〉		
		24	〈68.82〉		24	70.25		24	70.37		24	〈73.40〉		24			24			24			24	〈83.13〉		24	〈83.04〉		24	〈83.10〉		24	〈83.00〉		24	〈83.53〉		
	1998	4	〈85.90〉		4	〈85.80〉		4	77.80		4	77.10		4	〈86.40〉		4	77.74		4	78.35		4	78.81		4	78.56		4	78.10		4	〈85.95〉		4	80.38		78.20
		14	〈85.76〉		14	〈86.02〉		14	77.65		14	〈88.92〉		14	〈89.81〉		14	〈88.80〉		14	75.56		14	78.68		14	78.68		14	〈85.73〉		14	75.83		14	76.07		
		24	〈85.95〉		24	〈85.83〉		24	77.51		24	77.67		24	〈86.94〉		24	〈87.16〉		24	〈89.13〉		24	〈86.92〉		24	〈87.45〉		24	〈87.07〉		24	73.98		24	73.02		
	1999	14	85.31		14	85.80		14	〈86.11〉		14	〈88.92〉		14			14			14			14	78.53		14			14			14			14			79.54
	2000	14	〈81.50〉		14	〈83.04〉		14	〈85.08〉		14			14			14			14			14			14			14			14			14			75.80
6	1986	5	16.13		5	16.38		5	16.87		5	16.85		5	16.12		5	16.78		5	16.74		5	16.59		5	16.25		5	15.89		5	15.87		5	15.92		16.41
		15	15.91		15	16.34		15	16.60		15	16.77		15	16.91		15	16.75		15	16.64		15	16.44		15	16.50		15	15.92		15	16.25		15	16.18		
		25	16.32		25	16.57		25	16.12		25	16.92		25	17.36		25	16.76		25	16.52		25	16.40		25	16.02		25	16.03		25	16.03		25	16.10		

第三章 宝鸡市

续表

点号	年份	1月		2月		3月		4月		5月		6月		7月		8月		9月		10月		11月		12月		年平均
		日	水位	日	水位	日	水位	日	水位	日	水位	日	水位	日	水位	日	水位	日	水位	日	水位	日	水位	日	水位	
6	1987	5	16.24	5	16.47	4	16.51	4	16.71	4	16.72	4	16.44	4	16.69	4	16.29	4	15.67	4	16.34	4	15.77	4	16.16	16.33
		15	16.33	15	16.78	14	16.67	14	16.71	14	16.71	14	16.77	14	16.52	14	15.64	14	15.64	14		14	15.97	14	16.29	
		25	16.47	25	16.49	24	16.80	24	16.75	24	16.69	24	16.37	24	16.75	24	15.80	24	15.77	24	15.70	24	16.08	24	15.83	
	1988	4	16.21	4	16.37	4	16.49	4	16.91	4	16.97	4	16.85	4	16.57	4	16.00	4	16.11	4	15.94	4	15.78	4	15.44	16.33
		14	16.22	14	16.44	14	16.77	14	16.92	14	17.00	14	16.78	14	16.49	14	16.09	14	15.95	14	15.87	14	15.72	14	15.66	
		24	16.27	24	16.55	24	16.77	24	17.03	24	17.00	24	16.82	24	16.45	24	16.11	24	15.22	24	15.90	24	15.55	24	15.79	
	1989	4	15.90	4	16.32	4	16.50	4	16.50	4	16.42	4	16.10	4	15.91	4	15.78	4	15.24	4	15.18	4	14.87	4	15.30	15.83
		14	16.05	14	16.31	14	16.47	14	16.49	14	16.25	14	16.11	14	15.88	14	15.77	14	15.21	14	15.13	14	14.94	14	15.47	
		24	16.19	24	16.41	24	16.49	24	16.44	24	16.27	24	15.93	24	15.90	24	15.44	24	14.85	24	14.82	24	15.15	24	15.62	
	1990	6	15.77	6	16.05	6	16.35	6	16.47	6	16.52	6	16.24	6	16.01	6	15.13	6	15.03	6	14.89	6	14.69	6	14.87	15.66
		16	15.85	16	16.17	16	16.42	16	16.54	16	16.51	16	16.20	16	15.59	16	15.05	16	14.94	16	14.93	16	14.71	16	15.20	
		26	16.07	26	16.25	26	16.40	26	16.51	26	16.37	26	16.11	26	15.30	26	14.80	26	14.94	26	14.92	26	14.77	26	15.26	
	1991	5	15.48	5	16.05	5	16.30	5	16.51	5	16.56	5	16.30	5	16.15	5	15.99	5	15.97	5	15.42	5	15.55	5	15.76	16.05
		15	15.75	15	16.53	15	16.44	15	16.94	15	17.02	15	16.26	15	16.00	15	15.95	15	15.91	15	15.33	15	15.48	15	15.79	
		25	15.92	25	16.27	25	16.52	25	16.54	25	16.47	25	16.26	25	15.98	25	15.86	25	15.55	25	15.64	25	15.69	25	15.81	
	1992	4	15.89	4	16.23	4	16.36	4	16.55	4	16.70	4	16.63	4	16.35	4	15.89	4	15.75	4	15.76	4	15.47	4	15.53	16.07
		14	15.92	14	16.24	14	16.47	14	16.60	14	16.65	14	16.56	14	16.22	14	15.81	14	15.76	14	15.66	14	15.49	14	15.64	
		24	16.01	24	16.23	24	16.56	24	16.67	24	16.57	24	16.29	24	15.96	24	15.94	24	15.71	24	15.59	24	15.31	24	15.61	
	1993	4	15.72	4	15.90	4	16.19	4	16.53	4	16.58	4	16.52	4	16.36	4	15.81	4	15.72	4	15.55	4	15.41	4	15.64	16.01
		14	15.76	14	16.12	14	16.36	14	16.63	14	16.58	14	16.41	14	16.33	14	15.79	14	15.60	14	15.47	14	15.41	14	15.80	
		24	15.96	24	16.08	24	16.43	24	16.58	24	16.58	24	16.39	24	16.02	24	15.79	24	15.60	24	15.27	24	15.49	24	15.87	
	1994	4	15.92	4	16.32	4	16.57	4	16.77	4	16.91	4	16.82	4	16.65	4	16.42	4	16.26	4	16.36	4	16.28	4	16.38	16.39
		14	16.00	14	16.55	14	16.61	14	16.76	14	16.92	14	16.76	14	16.58	14	16.38	14	16.35	14	16.29	14	16.30	14	16.39	
		24	16.20	24	16.54	24	16.67	24	16.86	24	16.88	24	16.69	24	16.47	24	16.31	24	16.39	24	16.37	24	16.31	24	16.63	

续表

点号	年份	1月 日	1月 水位	2月 日	2月 水位	3月 日	3月 水位	4月 日	4月 水位	5月 日	5月 水位	6月 日	6月 水位	7月 日	7月 水位	8月 日	8月 水位	9月 日	9月 水位	10月 日	10月 水位	11月 日	11月 水位	12月 日	12月 水位	年平均
6	1995	4	16.70	4	16.66	4	16.93	4	16.93	4	16.95	4	17.03	4	17.15	4	17.12	4	17.14	4	17.08	4	17.02	4	17.15	
		14	16.57	14	16.70	14	16.97	14	17.03	14	17.05	14	17.04	14	17.17	14	17.04	14	16.51	14	16.99	14	16.73	14	17.10	16.96
		24	16.63	24	16.88	24	17.05	24	17.01	24	17.02	24	17.09	24	17.12	24	17.15	24	17.15	24	17.02	24	16.94	24	16.88	
	1996	4	17.17	4	16.99	4	17.01	4	16.61	4	16.95	4	16.95	4	16.80	4	16.66	4	16.49	4	16.23	4	16.18	4	16.30	
		14	16.90	14	16.78	14	16.92	14	16.93	14	17.14	14	16.88	14	16.74	14	16.59	14	16.35	14	16.34	14	16.21	14	16.29	16.67
		24	16.93	24	16.79	24	16.97	24	16.97	24	17.02	24	16.79	24	16.75	24	16.51	24	16.34	24	16.21	24	16.20	24	16.26	
	1997	4	16.42	4	16.55	4	16.64	4	16.83	4	16.93	4	16.98	4	17.10	4	17.15	4	17.18	4	17.17	4	17.15	4	17.15	
		14	16.40	14	16.64	14	16.73	14	16.88	14	16.93	14	17.05	14	17.11	14	17.17	14	17.19	14	17.14	14	16.99	14	17.12	16.95
		24	16.45	24	16.59	24	16.77	24	16.87	24	16.95	24	17.09	24	17.13	24	17.18	24	17.21	24	17.15	24	17.01	24		
	1998	4	17.09	4	17.23	4	17.33	4	17.30	4	17.21	4	17.21	4	17.18	4	16.78	4	16.01	4	15.61	4	16.91	4	15.99	
		14	17.14	14	17.24	14	17.35	14	16.69	14	16.72	14	16.64	14	16.47	14	16.26	14	16.42	14	16.52	14	16.70	14	16.57	16.97
		24	17.17	24	17.31	24	17.37	24	16.88	24	17.20	24	17.18	24	16.85	24	16.73	24	16.72	24	16.39	24	16.23	24	16.10	
	1999	5	16.33	5	16.37	5	16.51	5	16.69	5	16.72	5	16.64	5	16.47	5	16.26	5	16.42	5	16.52	5	16.70	5	16.57	16.52
		15	16.57	15	16.97	15	16.92	15	16.88	15	17.20	15	17.18	15	16.85	15	16.73	15	16.72	15	16.39	15	16.23	15	16.10	
		25		25		25		25		25		25		25		25		25		25		25		25		
	2000	5		5	44.18	5	44.57	5	41.71	5	40.04	5	42.66	5	44.45	5	46.36	5	46.69	5	44.62	5	44.68	5	44.69	16.73
11	1986	5	41.89	5	44.18	5	44.57	5	41.71	5	40.04	5	42.66	5	44.45	5	46.36	5	46.69	5	44.62	5	44.68	5	44.69	
		15	43.24	15	43.32	15	42.80	15	42.55	15	40.12	15	43.68	15	44.48	15	47.11	15	45.11	15	44.64	15	45.04	15	45.76	43.78
		25	42.79	25	43.48	25	42.94	25	40.72	25	41.64	25	42.77	25	44.92	25	44.58	25	44.62	25	44.60	25	44.72	25	⟨61.56⟩	
	1987	4	⟨61.75⟩	4	49.84	4	50.22	4	48.13	4	47.12	4	47.29	4	⟨70.21⟩	4	⟨63.49⟩	4	⟨64.88⟩	4	⟨66.10⟩	4	⟨63.55⟩	4	40.39	
		15	⟨60.94⟩	15	49.71	15	49.05	15	47.44	15	46.10	15	47.76	15	48.16	15	47.81	15	48.47	15	48.29	15	44.25	15	⟨65.01⟩	47.36
		25	49.19	25	49.11	25	46.65	25	47.12	25	47.32	25	47.70	25	⟨66.52⟩	25	⟨65.47⟩	25	48.60	25	⟨65.21⟩	25	41.00	25	⟨65.44⟩	
	1988	4	65.49	4	⟨67.53⟩	4	⟨64.21⟩	4	49.31	4	47.53	4	⟨51.92⟩	4	⟨66.35⟩	4	⟨68.10⟩	4	⟨68.32⟩	4	48.10	4	⟨61.86⟩	4	44.10	
		14	⟨66.40⟩	14	⟨67.11⟩	14	50.45	14	48.44	14	43.92	14	⟨68.10⟩	14	⟨67.35⟩	14	51.20	14	⟨67.10⟩	14	48.03	14	43.61	14	⟨60.17⟩	48.62
		24	⟨66.74⟩	24	49.95	24	⟨66.64⟩	24	48.54	24	41.89	24	⟨64.24⟩	24	⟨67.39⟩	24	⟨68.02⟩	24	48.75	24	⟨61.37⟩	24	⟨59.70⟩	24	⟨59.24⟩	

续表

点号	年份	1月 水位	1月 日	2月 水位	2月 日	3月 水位	3月 日	4月 水位	4月 日	5月 水位	5月 日	6月 水位	6月 日	7月 水位	7月 日	8月 水位	8月 日	9月 水位	9月 日	10月 水位	10月 日	11月 水位	11月 日	12月 水位	12月 日	年平均
11	1989	〈60.12〉	4	〈62.93〉	4	〈63.44〉	4	43.53	4	43.91	4	43.27	4	44.59	4	45.24	4	44.94	4	43.72	4	41.60	4	41.57	4	43.02
		〈59.70〉	14	〈62.41〉	14	43.53	14	35.58	14	42.70	14	44.88	14	44.61	14	44.37	14	45.44	14	42.81	14	40.66	14	42.77	14	
		〈60.60〉	24	〈58.55〉	24	43.76	24	44.70	24	44.73	24	34.09	24	45.69	24	45.03	24	44.41	24	42.75	24	40.37	24	42.42	24	
	1990	43.01	6	43.71	6	43.90	6	〈30.27〉	6	42.98	6	44.92	6	45.43	6	47.66	6	46.88	6	45.68	6	42.20	6	41.16	6	44.34
		〈44.01〉	16	44.45	16	44.23	16	〈56.12〉	16	43.34	16	44.80	16	46.07	16	47.17	16	46.19	16	45.50	16	42.09	16	40.82	16	
		44.08	26	43.38	26	〈34.47〉	26	42.81	26	44.40	26	45.40	26	46.91	26	46.09	26	46.51	26	43.33	26	40.87	26	42.93	26	
	1991	44.02	4	42.71	4	42.70	4	39.94	4	39.09	4	40.81	4	42.97	4	44.91	4	43.02	4	42.29	4	42.18	4	41.18	4	41.97
		43.80	14	42.32	14	42.28	14	39.94	14	40.09	14	43.32	14	42.48	14	43.20	14	43.02	14	41.45	14	40.94	14	41.77	14	
		42.79	24	43.44	24	41.69	24	39.45	24	40.71	24	41.58	24	43.20	24	43.12	24	41.56	24	41.48	24	40.73	24	40.77	24	
	1992	43.83	4	45.13	4	45.52	4	45.53	4	47.44	4	〈60.59〉	4	47.98	4	〈60.64〉	4	48.27	4	48.49	4	47.76	4	47.00	4	47.29
		44.58	14	46.36	14	47.02	14	45.22	14	46.75	14	50.84	14	49.56	14	48.60	14	50.94	14	47.87	14	47.13	14	47.00	14	
		44.61	24	45.96	24	45.86	24	46.04	24	〈63.55〉	24	48.66	24	48.68	24	48.78	24	49.46	24	47.71	24	46.58	24	49.42	24	
	1993	46.87	4	49.39	4	49.34	4	〈64.95〉	4	41.61	4	52.30	4	52.42	4	52.64	4	53.54	4	50.96	4	51.40	4	48.69	4	50.46
		49.72	14	49.29	14	49.92	14	50.18	14	〈62.97〉	14	51.10	14	54.70	14	52.75	14	52.85	14	52.69	14	47.78	14	50.07	14	
		49.54	24	48.95	24	48.87	24	49.74	24	50.09	24	52.16	24	〈63.49〉	24	54.47	24	52.31	24	51.51	24	47.59	24	49.88	24	
	1994	49.78	4	47.15	4	48.78	4	49.27	4	47.54	4	47.73	4	47.33	4	48.08	4	48.08	4	50.52	4	43.72	4	44.44	4	47.64
		49.95	14	49.11	14	48.50	14	47.80	14	47.30	14	46.92	14	46.91	14	48.47	14	47.81	14	〈82.35〉	14	42.53	14	44.34	14	
		50.45	24	49.22	24	48.44	24	47.55	24	47.28	24	47.27	24	47.61	24	48.54	24	51.65	24	50.52	24	41.94	24	〈79.49〉	24	
	1995	45.89	4	〈81.37〉	4	〈82.90〉	4	〈82.74〉	4	59.69	4	〈82.95〉	4	〈83.10〉	4	〈83.44〉	4	〈82.83〉	4	〈82.50〉	4	〈82.58〉	4	〈83.25〉	4	54.37
		44.03	14	〈82.14〉	14	〈82.81〉	14	〈83.04〉	14	60.82	14	〈82.98〉	14	〈82.37〉	14	〈83.26〉	14	〈82.27〉	14	〈82.52〉	14	〈82.54〉	14	〈82.38〉	14	
		〈81.64〉	24	〈82.32〉	24	〈82.65〉	24	61.44	24	〈82.49〉	24	〈83.08〉	24	〈82.46〉	24	〈83.34〉	24	〈82.71〉	24	〈82.61〉	24	〈82.64〉	24	〈82.84〉	24	
	1996	〈82.87〉	4	〈82.62〉	4	〈82.70〉	4	〈82.59〉	4	〈82.88〉	4	〈82.52〉	4	〈84.58〉	4	〈89.07〉	4	〈89.27〉	4	74.54	4	75.25	4	74.97	4	73.60
		〈82.81〉	14	〈82.68〉	14	〈82.89〉	14	〈83.16〉	14	〈82.56〉	14	〈81.20〉	14	〈89.07〉	14	76.31	14	〈88.94〉	14	74.37	14	74.90	14	75.05	14	
			24	〈82.62〉	24	〈83.06〉	24	〈82.86〉	24	〈82.69〉	24	59.32	24	〈89.44〉	24	〈89.11〉	24	74.37	24	75.52	24	75.04	24	〈88.32〉	24	

续表

点号	年份	1月 日	1月 水位	2月 日	2月 水位	3月 日	3月 水位	4月 日	4月 水位	5月 日	5月 水位	6月 日	6月 水位	7月 日	7月 水位	8月 日	8月 水位	9月 日	9月 水位	10月 日	10月 水位	11月 日	11月 水位	12月 日	12月 水位	年平均
11	1997	4	⟨86.56⟩	4	77.92	4	⟨88.45⟩	4	⟨88.47⟩	4	77.52	4	⟨94.64⟩	4	80.91	4	80.92	4	⟨94.44⟩	4	81.84	4	82.52	4	83.36	77.37
		14	⟨87.82⟩	14	77.64	14	77.96	14	77.87	14	76.74	14	⟨94.74⟩	14	⟨94.78⟩	14	⟨94.52⟩	14	82.28	14	81.89	14	52.56	14	84.46	
		24	76.36	24	77.79	24	76.17	24	78.16	24	77.96	24	⟨94.73⟩	24	⟨94.27⟩	24	82.24	24	81.82	24	⟨94.44⟩	24	52.58	24	⟨94.55⟩	
	1998	4	⟨94.96⟩	4	⟨94.32⟩	4	86.94	4	87.52	4	87.54	4	87.31	4	87.92	4	87.34	4	88.02	4	87.84	4	86.79	4	87.68	87.44
		14	⟨94.44⟩	14	85.60	14	87.89	14	87.62	14	87.32	14	87.24	14	87.31	14	87.82	14	88.22	14	87.65	14	87.22	14	87.74	
		24	⟨94.64⟩	24	86.04	24	87.82	24	87.71	24	87.17	24	87.36	24	87.38	24	87.72	24	88.07	24	87.27	24	87.24	24	87.88	
	1999	4	88.29	4	89.52	4	89.11	4	88.96	4	88.64	4	86.56	4	84.64	4	83.72	4	84.24	4	83.84	4	82.62	4	82.52	85.79
		14	88.24	14	89.18	14	89.38	14	88.78	14	86.79	14	86.06	14	84.30	14	83.74	14	83.88	14	83.13	14	82.52	14	82.42	
		24	88.73	24	88.97	24	89.18	24	88.61	24	87.26	24	85.21	24	83.86	24	83.94	24	83.96	24	83.04	24	82.30	24	82.30	
	2000	4	82.73	4	83.95	4	84.19	4	82.92	4	83.36	4	83.73	4	83.15	4	82.70	4	80.92	4	79.90	4	78.81	4	77.31	81.86
		14	82.98	14	83.31	14	83.69	14	83.16	14	83.18	14	83.82	14	83.32	14	82.09	14	80.92	14	79.58	14	78.89	14	76.75	
		24	84.20	24	85.09	24	83.76	24	83.59	24	83.59	24	83.58	24	82.78	24	80.84	24	80.40	24	79.29	24	78.00	24	76.58	
14	1986	5	35.73	5	⟨61.54⟩	5	⟨51.81⟩	5	⟨55.11⟩	5	⟨53.80⟩	5	40.43	5	⟨55.90⟩	5	⟨55.88⟩	5	⟨57.43⟩	5	⟨57.09⟩	5	⟨43.28⟩	5	40.88	39.00
		15	⟨54.96⟩	15	⟨60.61⟩	15	40.95	15	32.78	15	⟨53.33⟩	15	⟨55.21⟩	15	⟨57.00⟩	15	⟨60.23⟩	15	⟨44.37⟩	15	⟨57.76⟩	15	⟨56.50⟩	15	⟨42.00⟩	
		25	⟨60.61⟩	25	⟨56.55⟩	25	⟨57.23⟩	25	35.55	25	39.26	25	⟨56.33⟩	25	⟨58.67⟩	25	⟨44.10⟩	25	⟨57.32⟩	25	42.23	25	43.23	25	⟨57.70⟩	
	1987	4	⟨60.26⟩	4	⟨60.41⟩	4	⟨62.93⟩	4	45.91	4	⟨58.84⟩	4	⟨59.96⟩	4	⟨62.41⟩	4	⟨60.56⟩	4	⟨65.20⟩	4	⟨64.88⟩	4	47.09	4	46.47	47.23
		14	⟨58.95⟩	15	⟨61.63⟩	14	⟨61.98⟩	14	45.94	14	⟨58.87⟩	14	⟨60.36⟩	14	⟨60.42⟩	14	48.59	14	49.10	14		14	47.08	14	⟨63.57⟩	
		24	⟨60.62⟩	25	⟨61.44⟩	24	⟨60.40⟩	24	⟨58.62⟩	24	46.33	24	⟨61.3⟩	24	⟨61.02⟩	24	48.97	24	⟨65.40⟩	24	⟨64.83⟩	24	46.85	24	⟨65.20⟩	
	1988	4	47.49	4	⟨65.13⟩	4	⟨65.49⟩	4	⟨65.05⟩	4	⟨64.71⟩	4	⟨65.01⟩	4	49.15	4	⟨64.87⟩	4	⟨64.61⟩	4	56.53	4	43.71	4	43.35	47.10
		14	⟨65.08⟩	14	⟨65.30⟩	14	⟨65.30⟩	14	47.43	14	47.26	14	⟨64.56⟩	14	⟨64.94⟩	14	49.37	14	⟨64.71⟩	14	44.60	14	⟨64.81⟩	14	44.57	
		24	⟨65.22⟩	24	⟨65.08⟩	24	⟨65.24⟩	24	⟨65.06⟩	24	⟨64.88⟩	24	⟨65.14⟩	24	⟨64.96⟩	24	⟨64.70⟩	24	47.13	24	44.63	24	⟨64.97⟩	24	⟨64.86⟩	
	1989	4	44.76	4	44.11	4	43.77	4	42.41	4	⟨65.54⟩	4	⟨65.07⟩	4	⟨65.55⟩	4	⟨60.27⟩	4	⟨60.07⟩	4	44.52	4	41.41	4	⟨56.46⟩	43.38
		14	⟨64.86⟩	14	45.31	14	42.65	14	⟨65.16⟩	14	43.30	14	44.05	14	44.87	14	45.80	14	⟨59.73⟩	14	⟨58.17⟩	14	39.89	14	⟨57.78⟩	
		24	45.26	24	⟨65.18⟩	24	42.95	24	43.19	24	45.03	24	44.04	24	⟨65.62⟩	24	⟨60.57⟩	24	⟨60.28⟩	24	⟨57.97⟩	24	39.28	24	⟨58.43⟩	

第三章 宝鸡市

续表

点号	年份	1月 日	1月 水位	2月 日	2月 水位	3月 日	3月 水位	4月 日	4月 水位	5月 日	5月 水位	6月 日	6月 水位	7月 日	7月 水位	8月 日	8月 水位	9月 日	9月 水位	10月 日	10月 水位	11月 日	11月 水位	12月 日	12月 水位	年均
14	1990	4	⟨58.18⟩	4	⟨59.66⟩	4	42.23	4	⟨57.32⟩	4	41.15	4	⟨59.46⟩	4	⟨60.30⟩	4	45.90	4	⟨61.35⟩	4	43.33	4	39.94	4	37.91	41.05
		14	⟨58.31⟩	14	42.36	14	42.49	14	39.69	14	⟨60.29⟩	14	⟨59.64⟩	14	⟨61.54⟩	14	⟨61.82⟩	14	44.35	14	⟨57.96⟩	14	38.66	14	37.38	
		24	⟨59.96⟩	24	42.25	24	⟨58.84⟩	24	38.87	24	⟨58.97⟩	24	41.21	24	⟨62.81⟩	24	⟨61.33⟩	24	43.61	24	39.51	24	38.05	24	⟨53.93⟩	
	1991	5	38.69	5	42.78	5	42.25	5	40.47	5	⟨57.28⟩	5	43.77	5	⟨63.64⟩	5	⟨63.56⟩	5	⟨62.18⟩	5	46.22	5	⟨61.43⟩	5	⟨61.32⟩	42.82
		15	39.30	15	42.33	15	42.34	15	40.27	15	40.81	15	42.96	15	⟨62.80⟩	15	47.33	15	⟨62.55⟩	15	43.97	15	45.57	15	⟨62.13⟩	
		25	⟨58.01⟩	25	⟨58.70⟩	25	41.86	25	⟨59.12⟩	25	⟨58.48⟩	25	⟨62.32⟩	25	⟨62.40⟩	25	47.01	25	⟨60.24⟩	25	⟨61.49⟩	25	⟨65.52⟩	25	⟨60.47⟩	
	1992	4	⟨57.61⟩	4	⟨61.73⟩	4	⟨64.54⟩	4	48.41	4	51.02	4	⟨64.74⟩	4	⟨61.70⟩	4	⟨64.96⟩	4	⟨64.58⟩	4	50.90	4	49.05	4	49.27	49.65
		14	⟨61.63⟩	14	⟨61.80⟩	14	49.50	14	48.25	14	46.75	14	⟨64.14⟩	14	62.07	14	53.11	14	52.36	14	51.09	14	49.23	14	49.56	
		24	⟨61.71⟩	24	⟨64.70⟩	24	47.57	24	⟨64.51⟩	24	⟨64.77⟩	24	⟨64.45⟩	24	⟨64.51⟩	24	⟨64.52⟩	24	⟨63.14⟩	24	⟨61.30⟩	24	48.73	24	⟨61.45⟩	
	1993	4	⟨61.87⟩	4	⟨64.74⟩	4	⟨64.85⟩	4		4	53.16	4	53.98	4	⟨63.71⟩	4	⟨64.58⟩	4	⟨64.54⟩	4	⟨74.54⟩	4	53.34	4	⟨64.33⟩	53.32
		14	⟨64.68⟩	14	⟨62.43⟩	14	⟨64.50⟩	14	⟨65.34⟩	14	54.42	14	⟨62.24⟩	14	⟨62.83⟩	14	52.83	14	⟨64.54⟩	14	54.38	14	52.15	14	⟨61.81⟩	
		24	⟨64.49⟩	24	53.17	24	52.11	24	⟨64.48⟩	24	⟨62.58⟩	24	⟨62.45⟩	24	⟨61.53⟩	24	⟨64.58⟩	24	⟨65.34⟩	24	53.31	24	53.69	24	⟨61.89⟩	
	1994	4	⟨61.85⟩	4	⟨64.56⟩	4	⟨64.63⟩	4	56.19	4	55.26	4	⟨63.90⟩	4	⟨64.43⟩	4	⟨64.52⟩	4	58.90	4	⟨68.61⟩	4	⟨67.06⟩	4	⟨66.63⟩	56.78
		14	⟨64.59⟩	14	⟨64.44⟩	14	57.25	14	55.39	14	55.66	14	55.70	14	⟨64.53⟩	14	58.89	14	57.35	14	⟨68.05⟩	14	⟨67.62⟩	14	⟨68.75⟩	
		24	⟨64.43⟩	24	⟨64.49⟩	24	57.30	24	54.84	24	55.94	24	⟨64.27⟩	24	⟨64.28⟩	24	58.80	24	57.49	24	⟨67.61⟩	24	⟨69.93⟩	24	⟨70.43⟩	
	1995	4	⟨69.31⟩	4	⟨68.81⟩	4	⟨68.95⟩	4	⟨68.43⟩	4	⟨73.55⟩	4	⟨72.44⟩	4	⟨74.25⟩	4	⟨76.33⟩	4	⟨75.68⟩	4	⟨76.39⟩	4	⟨76.22⟩	4	⟨76.75⟩	62.49
		14	⟨68.65⟩	14	⟨65.38⟩	14	⟨68.73⟩	14	⟨68.70⟩	14	⟨71.76⟩	14	⟨72.38⟩	14	⟨75.53⟩	14	⟨75.83⟩	14	⟨75.35⟩	14	⟨75.69⟩	14	⟨76.28⟩	14	⟨77.63⟩	
		24	⟨73.38⟩	24	⟨67.98⟩	24	⟨69.23⟩	24	⟨68.43⟩	24	⟨72.28⟩	24	⟨73.46⟩	24	⟨79.20⟩	24	⟨79.48⟩	24	⟨77.11⟩	24	⟨75.84⟩	24	⟨76.77⟩	24	⟨77.34⟩	
	1996	4	⟨78.43⟩	4	⟨78.58⟩	4	⟨78.94⟩	4	⟨79.57⟩	4	⟨78.78⟩	4	⟨82.39⟩	4	⟨79.63⟩	4	70.30	4	⟨79.26⟩	4	⟨86.43⟩	4	⟨86.23⟩	4	71.33	70.60
		14	⟨78.73⟩	14	⟨78.74⟩	14	⟨79.15⟩	14	⟨79.15⟩	14	68.96	14	⟨82.39⟩	14	⟨80.80⟩	14	⟨79.44⟩	14	⟨79.12⟩	14	⟨86.53⟩	14	71.02	14	⟨86.30⟩	
		24	⟨86.15⟩	24	⟨78.55⟩	24	⟨79.08⟩	24		24	73.70	24	⟨77.39⟩	24	⟨90.26⟩	24	⟨79.49⟩	24	⟨79.81⟩	24	⟨87.38⟩	24	71.38	24	⟨87.93⟩	
	1997	4	⟨86.55⟩	4	⟨87.25⟩	4	⟨88.15⟩	4	73.40	4	73.71	4	⟨86.81⟩	4	⟨91.53⟩	4	⟨91.49⟩	4	⟨91.64⟩	4	⟨91.29⟩	4	⟨91.88⟩	4	⟨88.43⟩	47.10
		14	⟨86.15⟩	14	⟨89.33⟩	14	⟨89.24⟩	14	⟨88.35⟩	14	⟨89.41⟩	14	⟨87.14⟩	14	⟨91.84⟩	14	⟨88.19⟩	14	⟨91.81⟩	14	⟨91.43⟩	14	⟨91.40⟩	14	⟨89.25⟩	
		24	⟨86.73⟩	24	⟨88.31⟩	24	⟨85.87⟩	24	73.56	24		24	⟨91.28⟩	24	⟨91.84⟩	24	⟨91.26⟩	24	⟨91.45⟩	24	⟨91.43⟩	24	⟨87.20⟩	24	⟨89.15⟩	

续表

点号	年份	1月			2月			3月			4月			5月			6月			7月			8月			9月			10月			11月			12月			年平均
		日	水位		日	水位		日	水位		日	水位		日	水位		日	水位		日	水位		日	水位		日	水位		日	水位		日	水位		日	水位		
14	1998	4	⟨89.23⟩		4	⟨91.43⟩		4	⟨91.45⟩		4	⟨91.74⟩		4	⟨91.65⟩		4	⟨99.63⟩		4	⟨100.68⟩		4	⟨102.70⟩		4	⟨100.56⟩		4	⟨100.21⟩		4	⟨100.55⟩		4	⟨104.43⟩		
		14	⟨89.26⟩		14	⟨91.21⟩		14	⟨91.23⟩		14	⟨91.25⟩		14	⟨91.44⟩		14	⟨100.31⟩		14	⟨102.95⟩		14	83.55		14	⟨101.20⟩		14	⟨100.29⟩		14	⟨101.83⟩		14	⟨104.35⟩		83.55
		24	⟨91.31⟩		24	⟨90.38⟩		24	⟨90.36⟩		24	⟨91.35⟩		24	⟨91.32⟩		24	⟨99.77⟩		24	⟨102.56⟩		24	⟨102.41⟩		24	⟨100.03⟩		24	⟨100.43⟩		24	⟨103.12⟩		24	⟨103.95⟩		
	1999	4	⟨105.03⟩		4	85.43		4	⟨98.25⟩		4	⟨95.94⟩		4	⟨103.75⟩		4	⟨101.23⟩		4	⟨98.44⟩		4	⟨96.43⟩		4	⟨97.31⟩		4	⟨97.89⟩		4	⟨98.13⟩		4	⟨103.20⟩		
		14	84.53		14	85.55		14	⟨99.93⟩		14	⟨100.05⟩		14	⟨102.38⟩		14	⟨100.47⟩		14	⟨97.35⟩		14	⟨97.04⟩		14	⟨97.48⟩		14	⟨97.83⟩		14	⟨98.23⟩		14	⟨102.76⟩		84.95
		24	84.59		24	⟨103.63⟩		24	⟨99.77⟩		24	⟨103.17⟩		24	⟨101.11⟩		24	⟨97.59⟩		24	⟨96.28⟩		24	84.63		24	⟨98.20⟩		24	⟨98.28⟩		24	⟨96.34⟩		24	⟨102.59⟩		
	2000	4	⟨103.77⟩		4	⟨104.18⟩		4	⟨106.36⟩		4	⟨107.68⟩		4	⟨109.06⟩		4	⟨110.78⟩		4	⟨108.65⟩		4	⟨109.79⟩		4	⟨110.38⟩		4	⟨98.28⟩		4	⟨110.80⟩		4	⟨106.10⟩		
		14	⟨105.48⟩		14	⟨104.71⟩		14	⟨105.65⟩		14	⟨107.81⟩		14	⟨109.29⟩		14	⟨110.37⟩		14	⟨108.58⟩		14	⟨110.10⟩		14	⟨109.59⟩		14	82.15		14	⟨110.58⟩		14	⟨106.37⟩		82.56
		24	⟨105.25⟩		24	⟨105.91⟩		24	⟨107.32⟩		24	⟨108.93⟩		24	⟨110.00⟩		24	⟨110.19⟩		24	⟨108.53⟩		24	⟨109.83⟩		24	83.06		24	⟨110.15⟩		24	⟨111.33⟩		24	⟨106.68⟩		
15	1986	5	42.63		5	45.09		5	⟨56.56⟩		5	41.32		5	⟨47.05⟩		5	43.78		5	⟨57.22⟩		5	⟨57.47⟩		5	⟨57.29⟩		5	44.72		5	⟨57.73⟩		5	43.54		
		15	44.96		15	43.49		15	42.42		15	41.76		15	⟨55.95⟩		15	43.38		15	⟨57.15⟩		15	⟨57.43⟩		15	44.46		15	44.90		15	43.91		15	45.39		43.71
		25	43.15		25	43.16		25	42.96		25	40.70		25	42.01		25	43.33		25	44.57		25	45.31		25	44.76		25	44.97		25	44.74		25	44.66		
	1987	5	⟨57.40⟩		5	⟨57.33⟩		5	⟨57.47⟩		5	⟨57.34⟩		5	47.15		5	47.58		4	47.84		4	⟨57.43⟩		4	48.92		4	48.73		4	47.32		4	48.02		
		15	⟨57.56⟩		15	⟨57.41⟩		15	⟨56.45⟩		15	⟨57.31⟩		15	47.51		15	48.30		14	48.61		14	49.22		14	48.08		14	47.71		14	47.02		14	⟨57.54⟩		48.08
		25	⟨57.33⟩		25	49.61		25	47.09		25	47.15		25	47.54		25	47.21		24	48.04		24	51.22		24	47.86		24	47.23		24	⟨57.25⟩		24	⟨57.23⟩		
	1988	4	⟨57.66⟩		4	⟨57.66⟩		4	⟨57.30⟩		4	48.30		4	48.52		4	49.93		4	49.80		4	49.82		4	49.84		4	46.28		4	43.86		4	42.85		
		14	⟨57.62⟩		14	⟨57.36⟩		14	⟨57.23⟩		14	48.44		14	49.35		14	49.65		14	49.86		14	50.79		14	48.84		14	45.82		14	41.45		14	43.05		47.72
		24	⟨57.66⟩		24	49.45		24	49.06		24	49.03		24	48.80		24	50.79		24	50.77		24	49.84		24	47.07		24	42.23		24	43.70		24	41.83		
	1989	4	42.21		4	45.38		4	42.52		4	41.03		4	41.66		4	42.85		4	44.21		4	44.10		4	42.98		4	41.36		4	40.36		4	40.62		
		14	⟨56.43⟩		14	42.64		14	41.71		14	41.56		14	40.72		14	44.06		14	43.23		14	43.49		14	41.89		14	41.20		14	39.62		14	⟨57.35⟩		42.17
		24	42.55		24	42.77		24	41.58		24	43.31		24	41.51		24	42.95		24	⟨57.44⟩		24	42.70		24	⟨57.45⟩		24	44.96		24	38.36		24	⟨57.32⟩		
	1990	4	43.06		4	⟨57.36⟩		4	⟨57.41⟩		4	41.27		4	41.85		4	44.04		4	45.60		4	47.53		4	46.77		4	44.96		4	41.79		4	41.58		
		14	⟨57.49⟩		14	44.74		14	42.56		14	40.28		14	42.97		14	43.67		14	45.29		14	47.73		14	45.71		14	44.63		14	41.71		14	41.27		43.65
		24	⟨57.36⟩		24	41.88		24	42.51		24	40.87		24	42.83		24	44.99		24	46.21		24	45.64		24	46.32		24	42.43		24	41.67		24	42.37		

续表

点号	年份	1月 日	1月 水位	2月 日	2月 水位	3月 日	3月 水位	4月 日	4月 水位	5月 日	5月 水位	6月 日	6月 水位	7月 日	7月 水位	8月 日	8月 水位	9月 日	9月 水位	10月 日	10月 水位	11月 日	11月 水位	12月 日	12月 水位	年平均
15	1991	4	45.99	4	44.44	4	45.30	4	42.89	4	42.79	4	46.21	4	48.96	4	52.41	4	48.88	4	47.05	4	48.39	4	46.55	46.51
		14	46.93	14	45.05	14	45.62	14	43.15	14	43.87	14	46.04	14	48.91	14	48.86	14	48.43	14	46.35	14	46.30	14	48.38	
		24	45.07	24	46.67	24	43.73	24	43.03	24	44.87	24	46.92	24	50.37	24	49.02	24	46.78	24	46.96	24	45.99	24	47.36	
	1992	4	50.97	4	52.29	4	50.92	4	51.02	4	51.38	4	51.86	4	52.72	4	53.51	4	53.65	4	52.89	4	52.08	4	52.92	52.28
		14	51.25	14	53.45	14	51.10	14	51.01	14	50.68	14	52.30	14	52.96	14	53.94	14	53.54	14	52.02	14	51.84	14	52.40	
		24	52.49	24	53.43	24	50.66	24	51.01	24	52.75	24	52.21	24	52.80	24	53.63	24	52.38	24	51.88	24	51.85	24	54.19	
	1993	4	52.82	4	55.38	4	54.92	4	54.53	4	54.21	4	53.95	4	54.30	4	54.88	4	54.51	4	54.29	4	⟨69.66⟩	4	⟨68.93⟩	54.44
		14	54.24	14	54.86	14	55.16	14	53.85	14	55.07	14	54.06	14	55.68	14	54.94	14	54.29	14	⟨69.66⟩	14	⟨68.62⟩	14	⟨68.84⟩	
		24	54.73	24	54.08	24	53.98	24	54.20	24	53.00	24	54.47	24	55.06	24	54.73	24	⟨70.96⟩	24	⟨69.62⟩	24	54.37	24	54.22	
	1994	4	⟨69.65⟩	4	⟨70.31⟩	4	⟨69.89⟩	4	⟨58.19⟩	4	⟨69.42⟩	4	⟨69.98⟩	4	⟨71.37⟩	4	⟨68.78⟩	4	⟨71.89⟩	4	⟨73.19⟩	4	⟨71.41⟩	4	⟨71.69⟩	60.49
		10	⟨70.18⟩	10	⟨70.06⟩	10	⟨69.94⟩	10	57.84	10	⟨71.37⟩	10	⟨71.09⟩	10	⟨72.56⟩	10	⟨71.98⟩	10	61.54	10	⟨73.06⟩	10	⟨70.91⟩	10	60.53	
		14	⟨70.43⟩	14	⟨70.32⟩	14	⟨69.99⟩	14	⟨70.04⟩	14	⟨71.40⟩	14	⟨71.36⟩	14	⟨72.50⟩	14	62.73	14	61.18	14	⟨72.61⟩	14	60.81	14	60.41	
		20	⟨70.62⟩	20	⟨69.75⟩	20	55.91	20	⟨69.70⟩	20	⟨71.34⟩	20	⟨71.25⟩	20	⟨70.92⟩	20	⟨72.14⟩	20	61.30	20	61.24	20	61.07	20	60.48	
		24	⟨69.26⟩	24	⟨69.75⟩	24	⟨69.32⟩	24	⟨67.23⟩	24	⟨71.28⟩	24	⟨70.96⟩	24	⟨72.48⟩	24	⟨72.98⟩	24	60.61	24	60.70	24	60.74	24	60.26	
		30	⟨69.52⟩	30	⟨70.23⟩	30	57.88	30	⟨68.88⟩	30	⟨70.69⟩	30	⟨73.16⟩	30	⟨72.34⟩	30	63.11	30	⟨71.77⟩	30	60.91	30	60.54	30	60.50	
	1995	4	⟨72.08⟩	4	⟨73.23⟩	4	⟨72.84⟩	4	60.76	4	61.49	4	⟨73.45⟩	4	⟨72.55⟩	4	64.92	4	65.23	4	65.14	4	65.89	4	⟨73.32⟩	63.85
		10	⟨71.81⟩	10	⟨73.41⟩	10	⟨73.33⟩	10	61.30	10	61.72	10	⟨73.31⟩	10	⟨73.39⟩	10	64.85	10	65.12	10	⟨73.33⟩	10	⟨72.89⟩	10	⟨73.04⟩	
		14	⟨72.59⟩	14	⟨72.71⟩	14	⟨73.28⟩	14	⟨74.38⟩	14	61.83	14	⟨72.45⟩	14	64.80	14	64.41	14	65.65	14	65.66	14	65.62	14	65.71	
		20	⟨72.02⟩	20	⟨72.78⟩	20	61.60	20	⟨74.46⟩	20	⟨72.97⟩	20	63.81	20	64.24	20	64.54	20	⟨73.49⟩	20	65.27	20	65.73	20	65.54	
		24	⟨72.96⟩	24	⟨72.97⟩	24	61.88	24	68.24	24	59.91	24	63.92	24	64.78	24	64.85	24	⟨73.45⟩	24	65.15	24	65.75	24	⟨73.21⟩	
		30	⟨71.84⟩	30	⟨73.03⟩	30	61.73	30	61.61	30	⟨72.89⟩	30	⟨72.50⟩	30	64.70	30	64.83	30	⟨73.60⟩	30	65.12	30	65.84	30	65.93	
	1996	4	67.49	4	⟨73.23⟩	4	67.41	4	68.01	4	68.36	4	⟨74.29⟩	4	71.96	4	72.63	4	72.73	4	⟨75.61⟩	4	⟨76.58⟩	4	⟨76.75⟩	71.09
		10	67.12	10	⟨73.41⟩	10	⟨73.33⟩	10	⟨74.38⟩	10	69.03	10	⟨74.24⟩	10	⟨74.38⟩	10	⟨76.53⟩	10	⟨76.09⟩	10	⟨75.66⟩	10	⟨76.67⟩	10	73.78	
		14	⟨73.04⟩	14	⟨73.39⟩	14	⟨73.28⟩	14	⟨74.46⟩	14	⟨74.58⟩	14	⟨74.51⟩	14	⟨74.33⟩	14	⟨73.52⟩	14	74.05	14	⟨76.53⟩	14	73.80	14	⟨76.81⟩	
		20	⟨73.28⟩	20	⟨73.33⟩	20	67.24	20	68.24	20	⟨73.71⟩	20	⟨74.25⟩	20	⟨74.50⟩	20	⟨76.70⟩	20	⟨75.74⟩	20	⟨73.22⟩	20	73.66	20	⟨76.73⟩	
		24	⟨72.65⟩	24	⟨73.32⟩	24	⟨74.67⟩	24	69.15	24	⟨74.46⟩	24	⟨74.19⟩	24	⟨75.83⟩	24	⟨75.70⟩	24	⟨75.68⟩	24	⟨76.43⟩	24	⟨76.91⟩	24	74.24	
		30	⟨73.13⟩	30	68.76	30	⟨74.44⟩	30	68.39	30	⟨74.35⟩	30	⟨74.14⟩	30	⟨76.13⟩	30	72.82	30	73.62	30	⟨76.17⟩	30	73.83	30	74.15	

续表

点号	年份	1月 日	1月 水位	2月 日	2月 水位	3月 日	3月 水位	4月 日	4月 水位	5月 日	5月 水位	6月 日	6月 水位	7月 日	7月 水位	8月 日	8月 水位	9月 日	9月 水位	10月 日	10月 水位	11月 日	11月 水位	12月 日	12月 水位	年平均
15	1997	4	73.79	4	76.23	4	75.96	4	75.43	4	75.26	4	76.18	4	79.23	4	80.05	4	80.74	4	80.41	4	80.15	4	80.14	78.22
		10	74.11	10	76.30	10	75.73	10	75.59	10	75.44	10	76.23	10	78.98	10	80.03	10	80.84	10	80.24	10	80.19	10	80.18	
		14	76.03	14	77.36	14	75.58	14	75.69	14	75.34	14	79.05	14	79.71	14	80.09	14	80.79	14	80.00	14	79.99	14	80.41	
		20	75.23	20	77.03	20	75.93	20	75.87	20	75.29	20	78.74	20	79.91	20	80.29	20	80.93	20	80.10	20	80.04	20	79.94	
		24	75.93	24	75.71	24	75.89	24	75.68	24	76.31	24	78.76	24	79.94	24	80.73	24	80.25	24	80.03	24	80.05	24	83.03	
		30	75.32	30	76.23	30	75.83	30	75.78	30	76.02	30	78.93	30	80.06	30	80.62	30	80.47	30	80.12	30	80.25	30	83.14	
	1998	4	83.17	4	83.03	4	84.49	4	85.19	4	84.39	4	84.69	4	84.41	4	84.35	4	85.14	4	85.63	4	84.83	4	86.08	84.75
		10	83.09	10	83.10	10	84.73	10	85.17	10	85.15	10	85.14	10	84.05	10	84.39	10	85.47	10	85.74	10	83.95	10	85.06	
		14	82.89	14	83.15	14	85.21	14	85.07	14	84.33	14	83.76	14	84.85	14	85.33	14	85.19	14	85.53	14	85.06	14	86.64	
		20	83.00	20	83.24	20	85.24	20	84.01	20	84.85	20	85.12	20	84.41	20	84.92	20	85.79	20	84.41	20	84.67	20	87.15	
		24	82.93	24	83.98	24	85.07	24	85.04	24	84.58	24	84.24	24	84.83	24	85.25	24	85.67	24	84.79	24	85.99	24	86.74	
		30	82.84	30	83.81	30	85.21	30	84.73	30	85.07	30	84.79	30	84.21	30	85.21	30	96.36	30	73.90	30	85.87	30	86.97	
	1999	4	88.07	4	89.93	4	90.05	4	89.53	4	88.89	4	87.95	4	87.31	4	86.75	4	〈90.01〉	4	87.74	4	87.31	4	88.28	88.46
		10	88.41	10	90.02	10	90.12	10	89.88	10	〈92.14〉	10	88.69	10	87.03	10	88.22	10	〈90.24〉	10	88.07	10	87.01	10	88.88	
		14	88.70	14	90.49	14	90.24	14	88.76	14	87.79	14	88.19	14	86.90	14	〈89.73〉	14	〈89.73〉	14	87.85	14	86.95	14	88.08	
		20	89.58	20	90.82	20	89.67	20	88.17	20	88.74	20	88.19	20	86.31	20	〈89.25〉	20	89.26	20	〈88.90〉	20	86.75	20	88.24	
		24	89.17	24	89.63	24	89.41	24	〈98.76〉	24	〈97.51〉	24	87.43	24	87.58	24	87.55	24	88.97	24	87.38	24	86.63	24	89.57	
		30	89.68	30	90.21	30	89.13	30	〈98.24〉	30	〈96.01〉	30	87.35	30	87.13	30	〈90.04〉	30	88.83	30	87.03	30	86.83	30	89.99	
	2000	5	90.59	4	91.50	4	90.13	4	89.36	4	91.77	4	92.37	4	91.53	4	91.59	4	90.02	4	88.16	4	86.65	4	85.77	89.76
		10	89.30	10	91.92	10	90.07	10	89.01	10	90.64	10	91.82	10	89.88	10	91.77	10	90.24	10	87.76	10	88.16	10	85.26	
		15	90.94	14	91.98	14	89.87	14	89.28	14	90.95	14	92.17	14	91.51	14	91.01	14	89.98	14	89.04	14	86.45	14	84.84	
		20	〈90.93〉	20	90.79	20	89.77	20	89.14	20	91.27	20	92.13	20	90.40	20	90.63	20	89.68	20	89.32	20	87.65	20	85.78	
		25	90.88	24	91.71	24	89.55	24	90.42	24	91.68	24	92.28	24	92.80	24	89.95	24	89.01	24	87.44	24	85.99	24	85.00	
		30	〈91.24〉	30	92.04	30	89.13	30	90.13	30	91.39	30	91.94	30	92.20	30	90.26	30	89.13	30	88.59	30	86.97	30	84.56	

续表

点号	年份	1月 日	1月 水位	2月 日	2月 水位	3月 日	3月 水位	4月 日	4月 水位	5月 日	5月 水位	6月 日	6月 水位	7月 日	7月 水位	8月 日	8月 水位	9月 日	9月 水位	10月 日	10月 水位	11月 日	11月 水位	12月 日	12月 水位	年平均
16	1986	5	⟨47.90⟩	5	⟨47.05⟩	5	⟨50.46⟩	5	⟨47.72⟩	5	36.08	5	39.59	5	⟨54.41⟩	5	⟨53.76⟩	5	⟨55.50⟩	5	⟨53.30⟩	5	⟨52.33⟩	5	⟨53.55⟩	38.74
		15	⟨48.81⟩	15	⟨47.71⟩	15	⟨50.49⟩	15	⟨48.03⟩	15	36.64	15	39.70	15	⟨53.81⟩	15	⟨54.66⟩	15	⟨54.21⟩	15	⟨55.41⟩	15	⟨54.77⟩	15	⟨54.16⟩	
		25	⟨54.71⟩	25	⟨48.46⟩	25	⟨50.93⟩	25	35.36	25	37.21	25	⟨54.70⟩	25	⟨53.03⟩	25	40.79	25	⟨54.30⟩	25	44.53	25	⟨54.77⟩	25	⟨53.63⟩	
	1987	5	⟨61.99⟩	5	⟨61.35⟩	4	⟨61.29⟩	4	⟨63.52⟩	4	⟨56.05⟩	4	⟨60.62⟩	4	⟨58.52⟩	4	⟨59.29⟩	4	⟨58.11⟩	4	⟨61.79⟩	4	47.89	4	⟨56.43⟩	47.08
		15	⟨59.67⟩	15	⟨61.25⟩	14	⟨62.59⟩	14	⟨57.95⟩	14	⟨58.62⟩	14	⟨58.18⟩	14	⟨56.82⟩	14	⟨58.23⟩	14	47.31	14		14	46.04	14	⟨57.68⟩	
		25	⟨60.13⟩	25	⟨61.10⟩	24	⟨60.09⟩	24	⟨56.02⟩	24	⟨60.20⟩	24	⟨57.89⟩	24	⟨55.03⟩	24	⟨57.66⟩	24	⟨55.11⟩	24	⟨59.38⟩	24	⟨58.86⟩	24	⟨59.43⟩	
	1988	4	⟨60.93⟩	4	⟨60.23⟩	4	⟨58.43⟩	4	⟨57.21⟩	4	⟨56.59⟩	4	⟨57.39⟩	4	⟨58.27⟩	4	⟨59.16⟩	4	⟨58.92⟩	4	⟨56.60⟩	4	41.52	4	42.68	43.51
		14	⟨60.93⟩	14	⟨59.39⟩	14	⟨58.03⟩	14	47.08	14	⟨56.36⟩	14	⟨57.93⟩	14	⟨58.54⟩	14	47.19	14	⟨58.39⟩	14	34.66	14	⟨55.38⟩	14	43.57	
		24	59.63	24	⟨58.14⟩	24	⟨57.87⟩	24	⟨57.18⟩	24	⟨56.64⟩	24	⟨57.93⟩	24	⟨59.00⟩	24	⟨59.09⟩	24	⟨57.04⟩	24	34.52	24	42.11	24	42.12	
	1989	4	⟨55.76⟩	4	⟨57.82⟩	4	43.01	4	⟨47.48⟩	4	⟨54.95⟩	4	⟨48.96⟩	4	⟨52.84⟩	4	⟨54.04⟩	4	⟨57.25⟩	4	⟨56.57⟩	4	⟨55.66⟩	4	⟨53.22⟩	41.42
		14	⟨56.53⟩	14	⟨57.45⟩	14	40.93	14	41.07	14	⟨54.71⟩	14	⟨48.99⟩	14	⟨56.13⟩	14	41.85	14	⟨56.85⟩	14	⟨57.00⟩	14	37.94	14	⟨54.54⟩	
		24	⟨57.00⟩	24	43.69	24	⟨47.38⟩	24	⟨44.41⟩	24	⟨47.11⟩	24	⟨49.62⟩	24	⟨49.47⟩	24	⟨57.92⟩	24	⟨57.03⟩	24	⟨56.41⟩	24	⟨53.36⟩	24	⟨55.32⟩	
	1990	4	⟨54.58⟩	4		4	⟨54.72⟩	4	⟨53.59⟩	4	⟨55.80⟩	4	42.00	4	⟨56.58⟩	4	45.31	4	⟨55.95⟩	4	⟨61.86⟩	4	38.56	4	37.63	36.92
		14	⟨54.53⟩	14	⟨54.94⟩	14	⟨55.14⟩	14	38.26	14	39.74	14	42.22	14	⟨59.28⟩	14	⟨58.23⟩	14	⟨60.89⟩	14	⟨59.49⟩	14	38.34	14	37.59	
		24	⟨55.48⟩	24	⟨55.12⟩	24	39.43	24	37.53	24	39.78	24	⟨55.87⟩	24	⟨61.13⟩	24	⟨55.36⟩	24	⟨61.11⟩	24	38.58	24	38.89	24	⟨46.30⟩	
	1991	5	⟨48.46⟩	5	⟨48.89⟩	5	⟨59.11⟩	5	39.73	5	39.61	5	42.65	5	⟨60.86⟩	5	⟨61.43⟩	5	41.92	5	⟨59.81⟩	5	⟨58.04⟩	5	⟨57.48⟩	41.88
		15	⟨47.96⟩	15	⟨50.71⟩	15	⟨57.34⟩	15	39.54	15	⟨56.91⟩	15	⟨60.26⟩	15	⟨60.44⟩	15	46.75	15	⟨59.19⟩	15	⟨58.13⟩	15	⟨57.52⟩	15	⟨58.41⟩	
		25	⟨48.24⟩	25	⟨56.45⟩	25	⟨56.82⟩	25	40.21	25	42.86	25	⟨61.05⟩	25	⟨61.06⟩	25	⟨61.10⟩	25	⟨60.79⟩	25	43.14	25	⟨56.92⟩	25	⟨57.53⟩	
	1992	4	⟨58.45⟩	4	⟨59.90⟩	4	⟨60.64⟩	4	47.83	4	⟨61.34⟩	4	⟨60.24⟩	4	⟨61.06⟩	4	50.25	4	⟨60.88⟩	4	⟨57.76⟩	4	49.23	4	⟨60.97⟩	48.66
		14	⟨59.99⟩	14	⟨61.07⟩	14	48.56	14	47.32	14	⟨61.19⟩	14	⟨57.88⟩	14	⟨57.23⟩	14	⟨60.73⟩	14	⟨57.88⟩	14	⟨60.43⟩	14	49.05	14	46.32	
		24	⟨59.82⟩	24	⟨60.44⟩	24	47.71	24	48.40	24	⟨61.25⟩	24	⟨60.99⟩	24	51.02	24	⟨61.36⟩	24	⟨61.23⟩	24	⟨59.68⟩	24	48.14	24	⟨60.60⟩	
	1993	4	⟨59.00⟩	4	⟨61.01⟩	4	⟨61.50⟩	4	⟨59.03⟩	4	⟨61.41⟩	4	⟨61.00⟩	4	⟨61.01⟩	4	⟨60.73⟩	4	⟨61.12⟩	4	⟨59.88⟩	4	⟨59.28⟩	4	⟨60.05⟩	51.90
		14	⟨58.51⟩	14	⟨61.46⟩	14	⟨61.30⟩	14	⟨60.92⟩	14	⟨61.74⟩	14	⟨61.00⟩	14	⟨62.36⟩	14	53.31	14	⟨61.12⟩	14	⟨59.88⟩	14	50.70	14	⟨60.05⟩	
		24	⟨59.66⟩	24	⟨58.90⟩	24	⟨61.51⟩	24	⟨61.33⟩	24	⟨61.36⟩	24	⟨60.85⟩	24	⟨61.15⟩	24	⟨60.70⟩	24	⟨60.11⟩	24	⟨59.68⟩	24	51.69	24	⟨60.48⟩	

陕西省地下水位年鉴（1986—2000 年）

续表

点号	年份	1月 日	1月 水位	2月 日	2月 水位	3月 日	3月 水位	4月 日	4月 水位	5月 日	5月 水位	6月 日	6月 水位	7月 日	7月 水位	8月 日	8月 水位	9月 日	9月 水位	10月 日	10月 水位	11月 日	11月 水位	12月 日	12月 水位	年平均
16	1994	4	⟨60.66⟩	4	⟨58.15⟩	4	⟨61.11⟩	4	56.17	4	55.69	4	55.52	4	⟨61.83⟩	4	⟨61.13⟩	4	59.68	4	59.75	4	57.36	4		57.56
		14	⟨60.53⟩	14	⟨61.13⟩	14	⟨61.22⟩	14	56.00	14	⟨61.12⟩	14	55.72	14	⟨61.29⟩	14	59.73	14	58.01	14	59.86	14		14		
		24	⟨60.49⟩	24	⟨60.91⟩	24	⟨61.32⟩	24	55.70	24	55.67	24		24	⟨61.41⟩	24	59.87	24	58.25	24	58.05	24		24	⟨85.56⟩	
	1995	4		4		4	⟨73.94⟩	4	59.56	4	59.35	4	⟨74.59⟩	4	⟨78.28⟩	4	⟨82.78⟩	4	63.51	4	64.38	4	64.63	4	⟨83.49⟩	62.44
		14	⟨85.36⟩	14	⟨85.29⟩	14	⟨72.22⟩	14	60.49	14	⟨76.20⟩	14	⟨73.66⟩	14	⟨81.32⟩	14	64.36	14	61.10	14	64.32	14	⟨80.01⟩	14		
		24	⟨85.24⟩	24	⟨84.78⟩	24	⟨72.30⟩	24	⟨72.11⟩	24	⟨74.94⟩	24	⟨76.18⟩	24	⟨83.64⟩	24	63.46	24	⟨83.15⟩	24	61.69	24	⟨82.36⟩	24	⟨85.48⟩	
	1996	4	⟨87.66⟩	4	⟨84.99⟩	4	⟨85.58⟩	4	65.39	4	70.23	4	70.62	4	⟨85.01⟩	4	72.07	4	73.27	4	72.11	4	72.37	4	73.09	71.59
		14	⟨87.98⟩	14	76.31	14	⟨86.46⟩	14	66.32	14	71.31	14	71.17	14	72.31	14	72.83	14	72.93	14	72.06	14	72.98	14	⟨85.78⟩	
		24	84.11	24	83.15	24	⟨86.19⟩	24	70.24	24	71.41	24	⟨83.64⟩	24	⟨85.86⟩	24	73.21	24	73.07	24	72.87	24	73.14	24	⟨87.86⟩	
	1997	4	88.46	4	87.38	4	72.82	4	76.03	4	76.14	4	⟨88.13⟩	4	77.73	4	79.54	4	79.46	4	79.67	4	80.82	4	⟨95.86⟩	77.61
	1998	14	⟨93.26⟩	14	87.24	14	83.06	14	83.31	14	83.14	14	82.90	14	82.72	14	85.98	14	85.24	14	84.24	14	84.68	14	86.46	84.08
	1999	14		14		14	87.46	14	86.40	14	88.08	14	84.48	14	⟨90.68⟩	14	⟨91.79⟩	14	85.90	14	84.66	14	83.42	14	85.02	86.13
	2000	15		15		15	84.31	15	82.82	15	83.76	15	83.84	15	84.15	15	83.18	15	82.31	15	80.56	15	79.40	15	78.37	82.72
17	1988	4	⟨57.81⟩	4	⟨58.19⟩	4	⟨57.95⟩	4	48.56	4	48.67	4	⟨59.01⟩	4	⟨58.89⟩	4	⟨58.69⟩	4	⟨58.69⟩	4	⟨56.62⟩	4	41.07	4	⟨51.44⟩	44.01
		14	⟨58.06⟩	14	⟨57.59⟩	14	⟨57.18⟩	14	46.03	14	⟨59.33⟩	14	⟨58.00⟩	14	⟨58.26⟩	14	⟨58.93⟩	14	⟨57.94⟩	14	⟨55.31⟩	14	39.00	14	⟨50.66⟩	
		24	⟨58.00⟩	24	⟨56.79⟩	24	⟨55.94⟩	24	⟨56.55⟩	24	⟨56.64⟩	24	⟨58.92⟩	24	⟨59.47⟩	24	⟨59.16⟩	24	46.86	24	⟨54.03⟩	24	41.13	24	40.73	
	1989	4	40.69	4	⟨51.63⟩	4	41.47	4	39.16	4	⟨48.71⟩	4	⟨49.77⟩	4	⟨51.07⟩	4	⟨50.58⟩	4	40.83	4	⟨49.25⟩	4	⟨48.06⟩	4	⟨48.68⟩	40.75
		14	⟨50.38⟩	14	⟨50.34⟩	14	40.44	14	40.16	14	⟨48.07⟩	14	⟨49.74⟩	14	42.22	14	42.20	14	40.61	14	⟨48.68⟩	14	38.33	14	⟨50.35⟩	
		24	41.46	24	⟨51.68⟩	24	40.16	24	40.71	24	⟨47.80⟩	24	41.74	24	⟨49.55⟩	24	41.31	24	⟨50.41⟩	24	⟨48.66⟩	24	⟨48.34⟩	24	40.45	
	1990	4	41.52	4	⟨52.49⟩	4	⟨50.61⟩	4	⟨50.04⟩	4	⟨50.50⟩	4	⟨52.71⟩	4	⟨53.81⟩	4	⟨58.09⟩	4	⟨54.86⟩	4	⟨54.32⟩	4	40.54	4	40.52	41.99
		14	⟨51.11⟩	14	⟨52.18⟩	14	⟨51.25⟩	14	⟨49.51⟩	14	⟨51.77⟩	14	42.62	14	⟨53.81⟩	14	47.10	14	⟨54.18⟩	14	43.55	14	40.55	14	40.33	
		24	⟨52.42⟩	24	⟨49.86⟩	24	⟨50.69⟩	24	⟨49.51⟩	24	⟨51.54⟩	24	43.51	24	⟨56.38⟩	24	⟨54.88⟩	24	⟨55.05⟩	24	42.36	24	39.84	24	41.49	
	1991	4	43.98	4	43.10	4	43.59	4	41.90	4	44.22	4	45.24	4	47.50	4	51.36	4	48.28	4	45.50	4	46.91	4	44.87	45.24
		14	44.79	14	43.37	14	44.16	14	42.27	14	43.54	14	45.01	14	47.31	14	48.14	14	47.28	14	45.89	14	44.89	14	46.58	
		24	43.37	24	45.00	24	42.83	24	42.22	24	44.33	24	45.69	24	⟨57.59⟩	24	48.24	24	45.84	24	45.82	24	44.41	24	45.84	

续表

点号	年份	日	1月水位	日	2月水位	日	3月水位	日	4月水位	日	5月水位	日	6月水位	日	7月水位	日	8月水位	日	9月水位	日	10月水位	日	11月水位	日	12月水位	年平均
17	1992	4	48.71	4	50.87	4	49.01	4	49.69	4	50.16	4	50.88	4	51.38	4	〈55.55〉	4	〈55.88〉	4	〈53.9〉	4	50.42	4	52.13	50.65
		14	49.07	14	〈55.34〉	14	49.93	14	49.71	14	49.39	14	〈53.24〉	14	51.56	14	53.03	14	〈55.28〉	14	〈54.30〉	14	50.41	14	51.34	
		24	50.75	24	〈54.81〉	24	48.98	24	51.21	24	51.39	24	50.94	24	51.61	24	〈55.72〉	24	51.06	24	〈54.04〉	24	50.51	24	52.68	
	1993	4	51.67	4	〈57.64〉	4	53.58	4	53.18	4	53.18	4	52.77	4	53.38	4	54.05	4	53.64	4	〈57.26〉	4	54.43	4	55.19	53.80
		14	52.97	14	53.83	14	54.11	14	52.68	14	53.37	14	53.01	14	54.65	14	53.75	14	53.64	14	54.31	14	54.07	14	56.50	
		24	53.63	24	〈55.31〉	24	53.01	24	53.17	24	52.23	24	53.33	24	53.75	24	56.73	24	53.62	24	53.92	24	53.78	24	56.30	
	1994	4	〈61.18〉	4	〈60.68〉	4	58.37	4	58.23	4	57.55	4	59.95	4	59.71	4	61.31	4	62.04	4	62.38	4	60.59	4	60.43	59.76
		14	58.22	14	57.92	14	57.80	14	57.73	14	57.66	14	58.84	14	60.94	14	61.92	14	60.07	14	61.80	14	59.40	14	59.46	
		24	〈60.82〉	24	58.82	24	58.18	24	57.55	24	59.76	24	59.94	24	61.04	24	62.41	24	61.07	24	61.61	24	59.37	24	59.98	
	1995	4	60.95	4	60.88	4	62.02	4	59.84	4	61.24	4	61.76	4	63.68	4	64.43	4	65.46	4	65.55	4	65.66	4	66.95	63.31
		14	61.26	14	62.07	14	62.10	14	60.99	14	61.79	14	63.21	14	64.44	14	64.34	14	63.51	14	65.62	14	65.01	14	68.36	
		24	62.59	24	62.67	24	61.44	24	61.78	24	59.08	24	63.54	24	64.30	24	64.46	24	65.16	24	65.54	24	64.97	24	62.68	
	1996	4	〈68.73〉	4	67.70	4	67.66	4	68.44	4	68.87	4	69.90	4	〈74.77〉	4	〈75.75〉	4	〈76.08〉	4	73.78	4	73.51	4	73.71	70.98
		14	〈68.89〉	14	67.65	14	67.59	14	69.00	14	69.39	14	68.49	14	72.59	14	73.41	14	73.86	14	71.16	14	73.72	14	73.21	
		24	〈69.63〉	24	67.76	24	68.65	24	68.68	24	70.00	24	68.77	24	72.74	24	73.75	24	73.33	24	74.19	24	74.57	24	73.44	
	1997	4	73.48	4	〈78.51〉	4	〈78.54〉	4	75.15	4	75.20	4	〈79.84〉	4	〈81.63〉	4	〈82.54〉	4	〈82.59〉	4	〈83.50〉	4	80.26	4	80.84	77.12
		14	〈77.56〉	14	〈78.20〉	14	73.90	14	74.36	14	74.74	14	〈80.00〉	14	〈82.24〉	14	〈82.98〉	14	〈83.36〉	14	80.01	14	79.66	14	〈83.16〉	
		24	〈77.66〉	24	〈77.96〉	24	75.33	24	74.92	24	76.31	24	〈81.93〉	24	〈82.48〉	24	81.06	24	〈83.34〉	24	〈83.24〉	24	81.63	24	〈85.76〉	
	1998	4	〈86.14〉	4	〈87.18〉	4	〈87.71〉	4		4		4		4	〈87.22〉	4		4		4		4		4		84.85
		14	〈85.48〉	14	〈87.84〉	14	〈87.89〉	14	83.80	14	83.76	14	84.12	14	86.29	14	85.39	14	85.74	14	84.56	14	85.78	14	85.82	
		24	〈86.70〉	24	〈88.16〉	24	84.66	24		24		24		24		24		24		24		24		24		
	1999	14	88.06	14	89.20	14	89.28	14	87.01	14	87.09	14	87.40	14	86.29	14	89.36	14	87.69	14	87.13	14	85.82	14	88.30	87.72
	2000	15	90.16	15	89.14	15	88.70	15	88.53	15	90.56	15	90.50	15	90.11	15	89.42	15	89.18	15	86.04	15	84.56	15	83.19	88.34

续表

点号	年份	1月 日	1月 水位	2月 日	2月 水位	3月 日	3月 水位	4月 日	4月 水位	5月 日	5月 水位	6月 日	6月 水位	7月 日	7月 水位	8月 日	8月 水位	9月 日	9月 水位	10月 日	10月 水位	11月 日	11月 水位	12月 日	12月 水位	年平均
18	1986	5	〈48.89〉	5	〈53.88〉	5	〈47.23〉	5	〈47.29〉	5	〈42.08〉	5	〈57.38〉	5	〈49.19〉	5	〈45.89〉	5	〈54.93〉	5	〈60.45〉	5	43.63	5	〈59.64〉	
		15	〈51.03〉	15	〈47.63〉	15	〈49.53〉	15	〈41.89〉	15	〈48.60〉	15	〈46.04〉	15	〈45.07〉	15	〈49.53〉	15	42.35	15	〈60.08〉	15	〈60.01〉	15	42.79	42.28
		25	〈41.83〉	25	〈56.33〉	25	〈45.71〉	25	〈57.83〉	25	40.26	25	〈57.07〉	25	〈45.43〉	25	〈50.81〉	25	〈53.53〉	25	〈60.37〉	25	〈59.88〉	25	42.38	
	1986	5	37.55	5	39.24	5	38.84	5	39.91	5	38.93	5	40.76	5	44.56	5	42.36	5	42.51	5	〈59.72〉	5	42.50	5	44.31	
		15	37.81	15	39.10	15	38.81	15	39.74	15	39.43	15	43.09	15		15	42.36									40.26
		25	37.93	25	38.62	25	39.11	25	39.01	25	39.59	25														
	1987	14	〈60.01〉	14	〈59.91〉	14	47.02	14	45.28	14	45.91	14	46.43	14	47.18	14	〈59.73〉	14	46.01	14	〈62.69〉	14	44.97	14	45.28	46.01
	1988	14	〈76.23〉	14	〈71.00〉	5	48.26	5	48.33	5	49.55	5	48.97	5	48.00	5	48.71	5	48.99	5	45.59	5	41.51	5	39.85	46.78
	1989	14	40.84	14	40.04	14	40.66	14	〈54.92〉	14	37.79	14	〈62.47〉	14	39.51	14	40.73	14	39.51	14	37.37	14	36.29	14	〈57.49〉	39.19
	1990	14	38.17	14	39.68	14	39.80	14	38.43	14	40.06	14	40.94	14	41.23	14	41.49	14	40.29	14	38.85	14	37.74	14	38.04	39.56
	1991	14	〈69.04〉	14	〈68.46〉	14	39.46	14	39.29	14	〈52.51〉	14	41.03	14	42.78	14	43.22	14	43.58	14	41.48	14	41.02	14	40.79	41.41
	1992	14	〈66.85〉	14	〈69.84〉	14	48.15	14	47.78	14	47.40	14	〈68.79〉	14	50.50	14	52.25	14	50.52	14	48.83	14	48.31	14	48.55	49.14
	1993	14	〈70.33〉	14	〈69.74〉	14	50.75	14	〈69.50〉	14	51.70	14	50.35	14	〈71.62〉	14	51.44	14	51.34	14	51.17	14	〈69.03〉	14	〈69.83〉	51.13
	1994	14	〈68.95〉	14	〈69.78〉	14	〈68.75〉	14	55.96	14	57.30	14	〈70.07〉	14	〈68.94〉	14	60.48	14	〈68.49〉	14	〈68.72〉	14	〈68.97〉	14	〈69.03〉	57.91
	1995	14	〈69.52〉	14	58.78	14	59.21	14	58.27	14	58.89	14	〈69.13〉	14	61.41	14	61.93	14	62.31	14	63.04	14	63.53	14	62.01	60.94
	1996	14	64.78	14	〈69.79〉	14	〈68.76〉	14	〈68.95〉	14	〈69.03〉	14	65.07	14	67.96	14	68.93	14	69.31	14	69.54	14	69.79	14	69.52	68.11
	1997	4		4	53.29	4	55.73	4	55.33	4	53.46	4	56.59	4	57.36	4	57.55	4	57.18	4	56.98	4	57.48	4	57.84	56.12
		14	51.86	14	51.69	14	55.87	14	54.21	14	53.89	14	56.61	14	57.47	14	57.51	14	57.21	14	56.93	14	57.47	14	58.18	
		24	53.11	24	〈56.78〉	24	55.82	24	54.15	24	54.25	24	57.57	24	57.58	24	57.61	24	56.95	24	57.55	24	57.55	24	58.25	
	1998	4	58.34	4	59.24	4	59.39	4	59.86	4	59.97	4	59.73	4	61.21	4	60.68	4	60.87	4	60.54	4	60.97	4	61.03	59.83
		14	58.51	14	59.41	14	59.61																			
		24	58.53	24	59.46	24	59.66	24	61.28																	
19	1999	14	61.38	14	62.31	14	62.24	14	61.28	14	61.26	14	61.14	14	60.85	14	60.85	14	60.55	14	60.34	14	59.91	14	59.72	60.99
	2000	15	59.41	15	60.16	15	60.09	15	60.39	15	61.58	15	61.29	15	61.57	15	60.75	15	60.75	15	60.22	15	58.58	15	58.53	60.28

续表

点号	年份	1月 日	1月 水位	2月 日	2月 水位	3月 日	3月 水位	4月 日	4月 水位	5月 日	5月 水位	6月 日	6月 水位	7月 日	7月 水位	8月 日	8月 水位	9月 日	9月 水位	10月 日	10月 水位	11月 日	11月 水位	12月 日	12月 水位	年平均
20	1986	5		5	34.88	5	36.32	5	36.56	5	〈48.78〉	5	〈47.85〉	5	33.41	5	40.09	5	41.26	5	40.64	5	〈49.40〉	5	39.98	38.05
		15	34.88	15	35.72	15	36.63	15	36.37	15	〈47.72〉	15	〈48.04〉	15	33.57	15	41.33	15	43.07	15	39.87	15	40.58	15	〈51.04〉	
		25	35.10	25	35.58	25	36.02	25	36.84	25	38.05	25	〈47.10〉	25	39.66	25	41.14	25	41.92	25	38.90	25	39.07	25	〈53.33〉	
	1987	5	〈47.24〉	5	59.66	5	50.66	5	47.46	5	46.66	4	48.14	4	49.73	4	51.00	4	51.81	4	51.61	4	48.80	4	48.55	49.11
		15	47.95	15	49.56	15	49.77	15	47.39	15	48.26	14	49.02	14	49.62	14	49.91	14	50.06	14	49.70	14	48.81	14	49.02	
		25	48.56	25	49.06	25	46.47	25	46.66	25	40.16	24	49.57	24	49.32	24	51.11	24	48.12	24	47.94	24	48.21	24	50.66	
	1988	4	52.15	4	〈62.90〉	4	〈61.06〉	4	50.22	4	48.46	4	〈61.19〉	4	51.49	4	〈61.63〉	4	〈62.22〉	4	48.56	4	45.92	4	〈53.76〉	49.61
		14	52.11	14	〈63.04〉	14	51.41	14	49.22	14	50.05	14	51.60	14	51.86	14	51.36	14	〈61.80〉	14	〈56.91〉	14	43.49	14	〈54.82〉	
		24	52.30	24	50.80	24	〈60.66〉	24	49.57	24	49.78	24	〈60.08〉	24	〈61.88〉	24	〈61.11〉	24	48.96	24	47.35	24	45.07	24	〈54.15〉	
	1989	4	〈54.69〉	4	〈57.33〉	4	〈54.39〉	4	43.01	4	〈52.51〉	4	〈51.19〉	4	〈53.92〉	4	44.34	4	〈52.80〉	4	〈53.96〉	4	37.68	4	〈49.66〉	42.12
		14	〈55.28〉	14	〈54.91〉	14	43.46	14	〈51.60〉	14	39.78	14	〈53.33〉	14	41.62	14	44.46	14	52.10	14	〈51.83〉	14	39.26	14	〈50.42〉	
		24	45.04	24	〈55.14〉	24	43.56	24	〈53.03〉	24	41.30	24	41.95	24	〈52.92〉	24	〈52.72〉	24	〈52.52〉	24	〈51.68〉	24	〈48.34〉	24	〈50.09〉	
	1990	4	〈51.40〉	4	〈52.03〉	4	〈50.80〉	4	〈49.55〉	4	〈48.92〉	4	〈52.11〉	4	45.61	4	47.85	4	47.31	4	46.53	4	42.53	4	42.34	45.16
		14	〈51.84〉	14	〈51.75〉	14	〈50.44〉	14	〈49.21〉	14	42.60	14	〈52.09〉	14	〈54.98〉	14	47.48	14	46.60	14	45.83	14	43.01	14	〈48.46〉	
		24	〈53.41〉	24	〈51.01〉	24	〈50.08〉	24	〈49.75〉	24	〈50.43〉	24	〈54.00〉	24	47.52	24	46.47	24	〈55.23〉	24	43.92	24	41.73	24	〈50.39〉	
	1991	4	〈51.86〉	4	〈50.34〉	4	〈51.48〉	4	41.60	4	41.46	4	43.85	4	〈54.56〉	4	〈57.70〉	4	〈55.93〉	4	〈54.82〉	4	〈54.49〉	4	46.23	44.20
		14	〈51.38〉	14	43.36	14	〈51.60〉	14	41.61	14	42.44	14	〈48.92〉	14	44.08	14	46.49	14	46.53	14	44.83	14	45.08	14	45.42	
		24	〈50.34〉	24	44.04	24	〈50.83〉	24	41.24	24	〈49.79〉	24	44.13	24	46.08	24	〈55.35〉	24	〈53.98〉	24	45.74	24	45.23	24	44.53	
	1992	4	〈52.88〉	4	〈60.35〉	4	50.62	4	49.35	4	〈61.80〉	4	〈61.35〉	4	52.54	4	〈60.55〉	4	52.90	4	〈58.69〉	4	52.43	4	51.78	51.52
		14	〈59.88〉	14	〈62.28〉	14	50.61	14	49.38	14	〈61.74〉	14	52.11	14	52.71	14	53.04	14	53.08	14	〈58.30〉	14	〈59.84〉	14	〈61.36〉	
		24	〈60.32〉	24	51.01	24	50.61	24	50.45	24	〈61.87〉	24	51.97	24	52.65	24	〈60.37〉	24	〈58.70〉	24	50.29	24	51.25	24	52.54	
	1993	4	52.90	4	〈60.56〉	4	49.64	4	54.50	4	〈64.54〉	4	53.97	4	55.42	4	54.94	4	55.51	4	54.45	4	52.43	4	〈65.07〉	54.60
		14	〈60.71〉	14	〈60.77〉	14	〈65.34〉	14	53.64	14	〈60.75〉	14	〈64.84〉	14	57.16	14	55.11	14	〈62.80〉	14	〈65.63〉	14	53.72	14	〈65.12〉	
		24	〈61.91〉	24	〈60.49〉	24	54.49	24	54.28	24	53.81	24	〈65.05〉	24	55.30	24	54.93	24	〈54.77〉	24	〈64.80〉	24	54.14	24	〈66.79〉	

续表

点号	年份	1月 日	1月 水位	2月 日	2月 水位	3月 日	3月 水位	4月 日	4月 水位	5月 日	5月 水位	6月 日	6月 水位	7月 日	7月 水位	8月 日	8月 水位	9月 日	9月 水位	10月 日	10月 水位	11月 日	11月 水位	12月 日	12月 水位	年平均
20	1994	4	〈66.59〉	4	〈66.67〉	4	57.67	4	〈65.98〉	4	〈63.90〉	4	〈66.91〉	4	58.49	4	60.22	4	〈67.66〉	4	〈67.68〉	4	60.04	4	60.03	59.27
		14	〈66.68〉	14	〈66.62〉	14	57.28	14	〈67.46〉	14	57.67	14	58.40	14	58.47	14	60.60	14	59.11	14	〈67.73〉	14	60.39	14	59.78	
		24	〈66.53〉	24	〈66.50〉	24	57.52	24	〈65.06〉	24	67.59	24	〈65.86〉	24	59.28	24	〈67.77〉	24	59.65	24	59.28	24	60.33	24	61.88	
	1995	4	60.94	4	〈67.17〉	4	〈66.92〉	4	〈67.41〉	4	63.12	4	〈66.66〉	4	〈67.76〉	4	67.50	4	66.76	4	67.65	4	68.10	4	〈75.79〉	64.98
		14	59.75	14	〈67.04〉	14	62.92	14	64.64	14	〈67.18〉	14	〈67.14〉	14	53.87	14	66.26	14	66.87	14	67.54	14	68.49	14	〈75.67〉	
		24	〈67.47〉	24	〈66.37〉	24	〈67.06〉	24	63.44	24	〈67.72〉	24	〈67.33〉	24	64.70	24	66.73	24	67.74	24	67.53	24	〈75.66〉	24	〈75.70〉	
	1996	4	〈78.09〉	4	〈78.52〉	4	〈79.73〉	4	〈78.97〉	4	〈81.08〉	4	72.86	4	〈80.80〉	4	75.06	4	〈81.08〉	4	74.08	4	73.34	4	〈79.94〉	73.32
		14	〈78.56〉	14	〈80.48〉	14	〈79.71〉	14	〈81.11〉	14	〈80.59〉	14	71.52	14	〈80.58〉	14	74.21	14	〈80.33〉	14	73.01	14	73.32	14	〈79.47〉	
		24	〈78.34〉	24	〈79.66〉	24	〈78.93〉	24	〈80.97〉	24	73.24	24	71.88	24	〈80.96〉	24	〈80.63〉	24	〈80.58〉	24	73.78	24	73.54	24	〈79.01〉	
	1997	4	〈79.24〉	4	〈81.00〉	4	77.97	4	76.11	4	77.07	4	81.49	4	81.66	4	81.74	4	81.98	4	82.19	4	82.67	4	84.63	80.75
	1998	4	〈80.36〉	14	87.46	14	87.21	14	86.78	14	86.56	14	86.46	14	86.13	14	86.24	14	88.46	14	88.02	14	88.53	14	88.64	87.17
	1999	14	85.49	14	89.74	14	91.81	14	91.74	14	90.38	14	89.36	14	89.06	14	89.10	14	90.33	14	89.56	14	89.43	14	89.32	89.97
	2000	14	89.81	14	91.69	14	90.55	14	90.95	14	92.40	14	92.56	14	93.06	14	92.12	14	91.94	14	88.69	14	88.81	14	81.83	90.49
		14	91.31																							
30	1986	5	〈51.94〉	5	〈54.71〉	5	43.06	5	40.06	5	40.06	5	43.70	5	43.68	5	44.99	5	46.53	5	44.84	5	45.16	5	〈55.24〉	43.09
		15	〈53.66〉	15	42.60	15	41.47	15	40.05	15	39.26	15	41.96	15	43.49	15	〈58.83〉	15	45.43	15	45.04	15	〈56.64〉	15	〈56.36〉	
		25	〈54.53〉	25	42.14	25	42.94	25	39.87	25	41.82	25	41.97	25	44.43	25	45.66	25	45.05	25	〈56.66〉	25	45.01	25	〈56.80〉	
	1987	5	〈58.52〉	5	〈58.46〉	5	〈58.75〉	5	46.90	5	46.49	4	46.95	4	48.42	4	〈60.45〉	4	〈59.20〉	4	〈62.70〉	4	60.96	4	47.39	48.42
		15	〈58.42〉	15	〈59.75〉	15	〈58.57〉	15	46.32	15	47.50	14	〈60.10〉	14	48.43	14	〈62.43〉	14	49.38	14	48.31	14	〈61.68〉	14	〈60.97〉	
		25	〈58.80〉	25	48.60	25	46.13	25	46.49	25	47.65	24	〈60.10〉	24	48.69	24	〈62.67〉	24	49.00	24	47.94	24	〈60.56〉	24	〈62.02〉	
	1988	4	〈60.87〉	4	51.04	4	49.91	4	48.84	4	47.68	4	50.39	4	〈61.07〉	4	50.04	4	50.23	4	〈57.06〉	4	43.74	4	42.43	48.29
		14	〈63.08〉	14	〈63.73〉	14	〈61.35〉	14	49.34	14	〈62.14〉	14	49.96	14	〈61.41〉	14	49.52	14	49.65	14	〈59.14〉	14	40.83	14	〈57.24〉	
		24	〈62.18〉	24	49.51	24	49.47	24	49.03	24	48.33	24	〈60.43〉	24	50.72	24	50.09	24	〈59.85〉	24	〈56.71〉	24	43.30	24	〈55.87〉	

续表

点号	年份	1月 日	1月 水位	2月 日	2月 水位	3月 日	3月 水位	4月 日	4月 水位	5月 日	5月 水位	6月 日	6月 水位	7月 日	7月 水位	8月 日	8月 水位	9月 日	9月 水位	10月 日	10月 水位	11月 日	11月 水位	12月 日	12月 水位	年平均
30	1989	4	42.99	4	45.52	4	42.83	4	41.34	4	42.00	4	42.26	4	44.40	4	⟨56.88⟩	4	⟨54.71⟩	4	⟨54.52⟩	4	⟨54.43⟩	4	40.92	42.73
		14	⟨53.55⟩	14	43.61	14	41.60	14	⟨55.16⟩	14	⟨53.38⟩	14	⟨59.01⟩	14	⟨57.40⟩	14	43.08	14	42.46	14	41.66	14	⟨54.90⟩	14	⟨58.11⟩	
		24	43.33	24	43.54	24	41.57	24	⟨55.67⟩	24	⟨53.40⟩	24	42.90	24	44.41	24	43.57	24	⟨50.80⟩	24	41.36	24	⟨54.30⟩	24	41.89	
	1990	4	⟨56.37⟩	4	⟨54.51⟩	4	⟨56.44⟩	4	40.99	4	41.40	4	43.82	4	44.95	4	47.10	4	⟨58.02⟩	4	⟨57.17⟩	4	⟨54.75⟩	4	40.25	42.77
		14	⟨56.38⟩	14	43.93	14	42.56	14	40.04	14	42.33	14	⟨54.97⟩	14	45.80	14	⟨59.95⟩	14	⟨57.78⟩	14	⟨57.05⟩	14	41.00	14	39.89	
		24	⟨58.42⟩	24	⟨57.14⟩	24	42.03	24	40.69	24	42.77	24	44.70	24	47.00	24	45.08	24	⟨59.03⟩	24	41.75	24	39.99	24	⟨56.15⟩	
	1991	4	⟨58.84⟩	4	42.84	4	44.13	4	41.37	4	41.34	4	44.06	4	⟨59.15⟩	4	⟨61.51⟩	4	47.16	4	45.45	4	46.74	4	⟨57.08⟩	44.46
		14	⟨58.35⟩	14	⟨57.47⟩	14	44.15	14	41.34	14	⟨53.54⟩	14	43.79	14	43.79	14	47.43	14	46.94	14	44.55	14	44.61	14	⟨57.58⟩	
		24	43.52	24	45.67	24	⟨57.04⟩	24	41.15	24	43.56	24	44.91	24	⟨59.37⟩	24	47.08	24	45.16	24	45.07	24	44.57	24	45.65	
	1992	4	54.54	4	51.21	4	50.25	4	48.38	4	50.71	4	51.09	4	51.71	4	52.47	4	52.60	4	51.56	4	50.60	4	⟨60.77⟩	51.11
		14	⟨58.34⟩	14	⟨58.42⟩	14	50.31	14	49.26	14	50.12	14	51.28	14	51.69	14	52.37	14	52.60	14	50.99	14	49.40	14	51.11	
		24	⟨59.29⟩	24	51.88	24	49.22	24	⟨61.61⟩	24	⟨61.49⟩	24	51.01	24	51.68	24	52.51	24	51.27	24	50.69	24	49.78	24	⟨59.74⟩	
	1993	4	52.03	4	⟨64.62⟩	4	53.81	4	52.62	4	52.89	4	53.49	4	53.86	4	54.13	4	54.34	4	53.27	4	54.14	4	54.66	53.77
		14	⟨63.38⟩	14	53.49	14	54.66	14	52.54	14	54.52	14	52.80	14	55.54	14	55.06	14	54.41	14	⟨63.50⟩	14	53.00	14	55.37	
		24	⟨64.65⟩	24	⟨59.95⟩	24	52.86	24	53.34	24	52.64	24	53.40	24	54.69	24	54.58	24	53.98	24	53.79	24	53.16	24	⟨66.29⟩	
	1994	4	56.10	4	⟨66.29⟩	4	56.96	4	58.18	4	57.20	4	56.78	4	58.86	4	59.28	4	60.88	4	59.80	4	59.01	4	59.17	58.31
		14	⟨65.58⟩	14	⟨65.73⟩	14	57.37	14	57.01	14	56.81	14	56.77	14	59.14	14	58.26	14	59.33	14	59.91	14	59.03	14	59.95	
		24	⟨66.75⟩	24	56.91	24	57.36	24	56.68	24	57.14	24	56.73	24	59.10	24	58.61	24	59.52	24	60.09	24	58.66	24	59.28	
	1995	4	59.95	4	59.81	4	63.09	4	60.72	4	62.80	4	63.36	4	63.66	4	64.47	4	64.14	4	64.74	4	64.33	4	61.45	62.72
		14	59.32	14	61.75	14	61.93	14	61.84	14	62.19	14	63.27	14	63.47	14	63.66	14	64.44	14	64.66	14	64.48	14		
		24	60.06	24	61.30	24	61.09	24	61.80	24	61.59	24	63.10	24	63.55	24	62.87	24	62.31	24	64.28	24	65.23	24	64.59	
	1996	4		4	67.67	4	67.99	4	⟨73.15⟩	4	68.78	4	⟨72.03⟩	4	71.98	4	73.07	4	74.35	4	73.32	4	73.16	4	73.52	71.21
		14	65.72	14	67.26	14	68.58	14	⟨72.72⟩	14	⟨72.63⟩	14	68.55	14	72.70	14	74.02	14	73.21	14	73.06	14	73.60	14	73.55	
		24	67.23	24	68.78	24	⟨74.07⟩	24		24	⟨73.52⟩	24	⟨73.21⟩	24	⟨80.02⟩	24	74.15	24	73.47	24	⟨80.16⟩	24	⟨80.35⟩	24	⟨80.23⟩	

续表

点号	年份	1月 日	1月 水位	2月 日	2月 水位	3月 日	3月 水位	4月 日	4月 水位	5月 日	5月 水位	6月 日	6月 水位	7月 日	7月 水位	8月 日	8月 水位	9月 日	9月 水位	10月 日	10月 水位	11月 日	11月 水位	12月 日	12月 水位	年平均
30	1997	4	73.95	4		4		4		4		4		4		4		4		4		4		4		77.80
	1998	14	75.56	14	77.19	14	76.77	14	75.93	14	76.95	14	78.95	14	〈81.47〉	14	80.30	14	80.18	14	79.08	14	78.53	14	80.23	77.80
	1999	14	81.37	14	82.23	14	82.27	14	80.89	14	80.22	14	79.85	14	81.47	14	81.56	14	81.85	14	81.33	14	80.71	14	79.94	81.14
	2000	14	81.58	14	82.13	14	81.18	14	79.45	14	78.35	14	76.75	14	74.95	14	77.75	14		14	75.45	14	77.18	14	75.52	78.21
		15	76.16	15	77.70	15	77.89	15	77.99	15	80.75															78.10
32	1986	5	〈45.89〉	5	〈47.51〉	5	〈47.59〉	5	〈47.49〉	5	〈42.08〉	5	〈49.96〉	5	〈51.88〉	5	〈50.93〉	5	〈52.12〉	5	〈51.47〉	5	〈51.04〉	5	〈50.81〉	43.02
		15	〈47.19〉	15	〈47.92〉	15	〈47.49〉	15	〈47.17〉	15	〈48.54〉	15	〈51.03〉	15	〈51.44〉	15	〈52.26〉	15	42.90	15	〈52.19〉	15	〈51.14〉	15	〈50.81〉	
		25	〈46.37〉	25	〈47.69〉	25	〈47.12〉	25	〈47.01〉	25	〈48.93〉	25		25	〈51.74〉	25	〈51.65〉	25	〈52.08〉	25	〈51.66〉	25	〈51.04〉	25	43.14	
	1987	5	42.80	5	〈53.31〉	5	〈54.14〉	5	〈54.17〉	5	〈54.21〉	5	〈54.34〉	5	〈54.19〉	5	47.86	5	〈54.11〉	5	〈54.22〉	5	〈54.47〉	5	〈54.38〉	46.34
		15	〈51.35〉	15	〈50.05〉	15	46.37	15	〈53.98〉	15	〈54.34〉	15	〈54.62〉	15	〈54.56〉	15	〈54.48〉	15	48.31	15	〈54.25〉	15	〈54.28〉	15	〈54.25〉	
		25	〈52.77〉	25	〈53.94〉	25	〈53.90〉	25	〈54.21〉	25	〈54.45〉	25	〈51.03〉	25	〈54.59〉	25	〈54.88〉	25	〈54.36〉	25	〈54.60〉	25	〈54.21〉	25	〈54.34〉	
	1988	4	〈54.73〉	4	47.69	4	〈54.41〉	4	〈54.37〉	4	〈54.47〉	4	48.50	4	〈54.38〉	4	〈54.48〉	4	〈54.41〉	4	〈54.01〉	4	48.39	4	40.23	45.44
		14	〈48.73〉	14	〈54.41〉	14	〈54.37〉	14	〈54.50〉	14	〈54.41〉	14	〈54.38〉	14	〈54.37〉	14	47.94	14	〈54.28〉	14	〈53.54〉	14	〈49.18〉	14	39.89	
		24	〈53.90〉	24	〈54.39〉	24	〈54.44〉	24	〈54.32〉	24	〈54.39〉	24	〈53.29〉	24	〈54.40〉	24	〈54.57〉	24	〈54.31〉	24	〈53.90〉	24	〈48.03〉	24	〈46.82〉	
	1989	4	〈45.96〉	4	〈45.58〉	4	〈45.94〉	4	〈43.72〉	4	28.69	4	32.59	4	34.34	4	〈42.59〉	4	40.07	4	38.08	4	36.41	4	36.49	35.47
		14	〈50.40〉	14	〈45.58〉	14	〈46.49〉	14	37.70	14	25.69	14	29.94	14	34.40	14	36.39	14	37.61	14	38.05	14	38.07	14	35.59	
		24	〈46.68〉	24	39.23	24	38.52	24	38.20	24	27.79	24	〈61.89〉	24	〈43.14〉	24	〈40.25〉	24	38.51	24	37.95	24	〈42.00〉	24	〈40.57〉	
	1990	4	〈40.89〉	4	36.29	4	35.92	4	35.50	4	36.26	4	37.96	4	38.40	4	39.49	4	38.46	4	37.33	4	36.25	4	36.26	37.11
		14	35.92	14	36.20	14	36.52	14	35.69	14	37.57	14	38.14	14	38.95	14	39.51	14	38.26	14	37.37	14	36.17	14	35.85	
		24	36.16	24	35.74	24	36.44	24	35.54	24	37.52	24	38.35	24	38.99	24	38.86	24	38.23	24	36.59	24	35.72	24	36.38	
	1991	4	36.79	4	37.12	4	37.51	4	36.99	4	37.55	4	39.10	4	39.45	4	41.33	4	〈45.22〉	4	39.22	4	〈43.90〉	4	37.43	38.48
		14	37.14	14	37.47	14	37.56	14	37.23	14	38.45	14	38.67	14	39.77	14	41.51	14	40.75	14	38.81	14	〈42.83〉	14	37.69	
		24	37.10	24	37.44	24	37.41	24	37.44	24	39.52	24	38.77	24	40.22	24	40.32	24	39.59	24	39.09	24	37.24	24	38.05	

续表

点号	年份	1月 水位	1月 日	2月 水位	2月 日	3月 水位	3月 日	4月 水位	4月 日	5月 水位	5月 日	6月 水位	6月 日	7月 水位	7月 日	8月 水位	8月 日	9月 水位	9月 日	10月 水位	10月 日	11月 水位	11月 日	12月 水位	12月 日	年平均
32	1992	38.48	4	40.34	4	42.17	4	42.73	4	42.95	4	43.25	4	44.23	4	〈49.00〉	4	〈49.44〉	4	〈48.44〉	4	44.37	4	44.50	4	43.16
		39.85	14	〈49.51〉	14	42.34	14	42.64	14	42.94	14	44.19	14	44.61	14	45.64	14	〈49.51〉	14	〈48.09〉	14	44.25	14	44.56	14	
		40.39	24	〈51.90〉	24	41.05	24	43.06	24	43.62	24	43.96	24	45.00	24	〈48.93〉	24	45.09	24	〈47.44〉	24	44.45	24	44.59	24	
	1993	44.95	4	〈50.44〉	4	46.86	4	46.64	4	46.85	4	46.80	4	46.87	4	47.40	4	47.14	4	〈51.03〉	4	47.62	4	48.34	4	46.92
		44.98	14	46.59	14	46.71	14	46.43	14	47.14	14	46.85	14	47.91	14	47.45	14	47.30	14	47.44	14	47.74	14	〈53.39〉	14	
		46.03	24	45.81	24	46.46	24	46.72	24	〈49.98〉	24	46.78	24	47.12	24	47.14	24	47.38	24	47.56	24	47.58	24	〈52.65〉	24	
	1994	〈54.65〉	4	〈54.92〉	4	50.43	4	50.36	4	50.66	4	51.43	4	51.21	4	〈54.84〉	4	51.28	4	51.43	4	50.70	4	50.49	4	50.77
		49.79	14	49.92	14	50.53	14	50.46	14	50.78	14	51.13	14	51.52	14	51.44	14	51.41	14	51.02	14	50.46	14	50.34	14	
		〈54.67〉	24	50.28	24	50.45	24	50.31	24	50.76	24	51.14	24	52.11	24	51.55	24	52.70	24	50.82	24	50.47	24	50.64	24	
	1995	50.84	4	51.12	4	51.69	4	51.24	4	〈61.57〉	4	51.61	4	〈54.84〉	4	51.45	4	52.94	4	53.13	4	53.07	4	52.47	4	52.13
		〈54.66〉	14	〈54.22〉	14	〈54.86〉	14	51.29	14	51.67	14	51.13	14	〈54.82〉	14	52.78	14	52.94	14	53.01	14	52.44	14	〈54.89〉	14	
		〈54.41〉	24	51.60	24	51.67	24	〈54.78〉	24	50.97	24	51.90	24	56.99	24	52.84	24	52.60	24	53.10	24	52.51	24	52.74	24	
	1996	53.86	4	54.49	4	54.48	4	54.85	4	55.09	4	56.52	4	71.69	4	72.27	4	72.08	4	72.10	4	71.93	4	71.65	4	62.97
		53.60	14	54.52	14	54.90	14	54.89	14	56.01	14	54.71	14	71.93	14	72.14	14	72.20	14	72.25	14	71.89	14	70.66	14	
		54.36	24	54.57	24	55.19	24	54.62	24	56.54	24	54.70	24	72.05	24	72.84	24	72.32	24	72.45	24	71.01	24	70.62	24	
33	1986	〈49.99〉	15	〈45.29〉	15	42.59	15	43.99	15	42.36	15	46.80	15	47.20	15	50.49	15	49.79	15	50.99	15	52.94	15	〈55.19〉	15	47.46
	1987	〈59.09〉	15	49.22	15	〈57.52〉	15	〈55.09〉	15	〈58.11〉	15	〈62.61〉	15	〈62.27〉	15	〈62.49〉	15	44.23	15	〈64.00〉	15	〈62.19〉	15	〈62.01〉	15	46.73
	1988	54.94	14	〈61.24〉	14	〈60.51〉	14	53.49	14	〈62.64〉	14	40.27	14	〈63.63〉	14	49.86	14	〈57.72〉	14	51.02	14	48.65	14	〈59.51〉	14	49.71
	1989	50.72	14	50.76	14	〈58.39〉	14	〈58.49〉	14	49.37	14	49.64	14	50.04	14	49.79	14	48.35	14	47.19	14	44.07	14	47.06	14	48.70
	1990	48.08	14	40.95	14	46.95	14	44.42	14	46.63	14	48.58	14	49.59	14	50.51	14	48.99	14	46.91	14	44.04	14	42.79	14	46.54
	1991	48.49	15	48.13	15	49.16	15	46.49	15	43.13	15	49.04	15	49.09	15	52.31	15	51.47	15	48.99	15	48.96	15	48.96	15	48.69
	1992	54.94	14	57.03	14	55.54	14	54.55	14	55.91	14	57.16	14	56.38	14	57.32	14	57.29	14	55.99	14	55.10	14	55.08	14	56.12
	1993	57.64	14	58.37	14	60.02	14	57.26	14	57.59	14	58.48	14	60.75	14	59.32	14	59.76	14	〈80.67〉	14	〈81.05〉	14	〈79.22〉	14	58.80
	1994	61.51	14	62.81	14	64.17	14	61.43	14	61.10	14	61.78	14	62.25	14	64.37	14	62.38	14	63.95	14	63.08	14	61.77	14	62.55

续表

点号	年份	1月 水位	1月 日	2月 水位	2月 日	3月 水位	3月 日	4月 水位	4月 日	5月 水位	5月 日	6月 水位	6月 日	7月 水位	7月 日	8月 水位	8月 日	9月 水位	9月 日	10月 水位	10月 日	11月 水位	11月 日	12月 水位	12月 日	年平均
33	1995	63.67	14	64.49	14	64.33	14	65.06	14	65.97	14	66.03	14	66.36	14	67.29	14	67.09	14	68.93	14	69.84	14	69.67	14	66.56
	1996	⟨71.74⟩	14	⟨72.90⟩	14	⟨73.62⟩	14	64.69	14	⟨75.25⟩	14	⟨73.79⟩	14	⟨75.23⟩	14	75.70	14	75.04	14	73.19	14	75.25	14	76.15	14	73.34
	1997	76.34	14			76.93	14	76.31	14	76.74	14	77.91	14	78.11	14	79.34	14	81.87	14	81.65	14	81.53	14	84.07	14	79.16
	1998	84.95	14	86.52	14	86.23	14	86.31	14	86.59	14	86.99	14	86.49	14	87.55	14	85.57	14	84.49	14	85.01	14	87.37	14	86.17
	1999	86.86	4	88.39	4	88.59	4	88.06	4	87.70	4	84.96	4	83.71	4	82.19	4	83.73	4	82.27	4	80.77	4	82.35	4	84.87
		88.34	14	88.43	14	88.18	14	86.93	14	86.82	14	84.14	14	83.43	14	83.39	14	83.97	14	81.61	14	81.49	14	81.71	14	
	2000	87.63	24	87.60	24	87.61	24	87.07	24	86.87	24	83.68	24	82.91	24	83.76	24	82.68	24	84.21	24	81.28	24	82.07	24	80.84
		81.79	5	83.29	5	81.98	5	80.42	5	83.23	5	83.87	5	82.96	5	83.79	5	80.98	5	77.38	5	76.23	5	74.19	5	
		83.53	15	83.24	15	82.76	15	81.14	15	83.67	15	83.94	15	82.74	15	83.45	15	79.92	15	76.94	15	76.62	15	73.57	15	
		83.14	25	83.03	25	82.26	25	82.40	25	83.75	25	83.68	25	84.31	25	82.28	25	78.14	25	76.47	25	76.00	25	73.18	25	
34	1986	⟨39.69⟩	5	⟨39.04⟩	5	⟨35.17⟩	5	⟨38.47⟩	5	⟨39.16⟩	5	⟨43.39⟩	5	32.96	5	⟨41.82⟩	5	⟨43.45⟩	5	31.46	5	⟨43.50⟩	5	⟨40.62⟩	5	33.37
		⟨39.54⟩	15	⟨40.35⟩	15	⟨35.17⟩	15	⟨38.73⟩	15	⟨40.64⟩	15	⟨42.32⟩	15	⟨40.06⟩	15	⟨43.17⟩	15	33.98	15	⟨43.88⟩	15	⟨43.60⟩	15	⟨41.67⟩	15	
		⟨39.71⟩	25	⟨35.09⟩	25	⟨39.92⟩	25	⟨38.84⟩	25	⟨40.52⟩	25	⟨39.80⟩	25	35.09	25	⟨42.50⟩	25	⟨45.18⟩	25	⟨43.39⟩	25	⟨41.22⟩	25	⟨41.67⟩	25	
	1987	⟨41.32⟩	2	⟨41.42⟩	2	⟨42.22⟩	2	⟨45.87⟩	2	⟨46.08⟩	2	⟨47.44⟩	2	⟨53.45⟩	2	⟨49.45⟩	2	37.69	2	⟨51.42⟩	2	⟨52.71⟩	2	⟨51.37⟩	2	37.69
		⟨41.72⟩	14	⟨41.52⟩	14	⟨42.36⟩	14	⟨44.95⟩	14	⟨45.93⟩	14	⟨46.80⟩	14	⟨51.17⟩	14	⟨49.66⟩	14	⟨50.25⟩	14	⟨51.60⟩	14	⟨51.78⟩	14	⟨52.94⟩	14	
		⟨41.60⟩	24	⟨41.62⟩	24	⟨42.34⟩	24	⟨45.69⟩	24	⟨48.10⟩	24	⟨46.48⟩	24	⟨50.60⟩	24	⟨50.90⟩	24	⟨52.99⟩	24	⟨50.84⟩	24	⟨51.03⟩	24	⟨52.86⟩	24	
	1988	⟨53.13⟩	5	⟨53.65⟩	5	⟨53.92⟩	5	⟨54.05⟩	5	⟨57.14⟩	5	⟨57.05⟩	5	⟨57.00⟩	5	⟨57.62⟩	5	⟨57.44⟩	5	⟨55.26⟩	5	⟨53.35⟩	5	⟨52.62⟩	5	45.79
		⟨53.89⟩	15	⟨53.85⟩	15	⟨52.60⟩	15	⟨55.57⟩	15	⟨56.20⟩	15	⟨57.20⟩	15	⟨57.06⟩	15	⟨57.47⟩	15	⟨56.87⟩	15	⟨55.70⟩	15	⟨52.97⟩	15	⟨52.80⟩	15	
		⟨53.58⟩	25	⟨52.85⟩	25	⟨54.13⟩	25	⟨56.96⟩	25	⟨57.10⟩	25	⟨57.20⟩	25	⟨57.18⟩	25	45.79	25	⟨57.40⟩	25	⟨55.59⟩	25	⟨53.53⟩	25	⟨51.71⟩	25	
	1989	⟨51.26⟩	5	⟨52.14⟩	5	⟨53.04⟩	5	⟨49.38⟩	5	⟨49.54⟩	5	⟨50.17⟩	5	⟨52.67⟩	5	⟨54.18⟩	5	⟨53.31⟩	5	⟨52.33⟩	5	⟨52.68⟩	5	48.73	5	47.33
		⟨51.82⟩	15	⟨51.82⟩	15	42.52	15	⟨49.43⟩	15	⟨50.48⟩	15	⟨50.31⟩	15	⟨53.01⟩	15	48.98	15	⟨54.15⟩	15	⟨53.12⟩	15	⟨53.11⟩	15	⟨52.25⟩	15	
		⟨51.82⟩	25	⟨52.30⟩	25	⟨51.15⟩	25	⟨52.83⟩	25	45.05	25	⟨50.82⟩	25	⟨53.06⟩	25	⟨54.98⟩	25	49.32	25	49.36	25	⟨52.52⟩	25	⟨51.15⟩	25	
	1990	⟨50.41⟩	5	⟨51.16⟩	5	⟨50.91⟩	5	⟨53.12⟩	5	⟨53.40⟩	5	⟨55.13⟩	5	⟨56.50⟩	5	53.65	5	⟨57.80⟩	5	⟨57.45⟩	5	⟨56.82⟩	5	52.18	5	51.85
		⟨51.65⟩	15	⟨52.13⟩	15	⟨51.93⟩	15	⟨53.25⟩	15	⟨53.71⟩	15	⟨55.31⟩	15	⟨56.96⟩	15	⟨57.41⟩	15	⟨57.42⟩	15	⟨57.02⟩	15	52.18	15	⟨58.94⟩	15	
		⟨52.81⟩	25	⟨51.09⟩	25	⟨52.32⟩	25	49.40	25	⟨53.04⟩	25	⟨55.02⟩	25	⟨57.05⟩	25	⟨57.35⟩	25	⟨57.36⟩	25	⟨57.45⟩	25	⟨59.18⟩	25	⟨58.31⟩	25	

第三章 宝鸡市

续表

点号	年份	1月 日	1月 水位	2月 日	2月 水位	3月 日	3月 水位	4月 日	4月 水位	5月 日	5月 水位	6月 日	6月 水位	7月 日	7月 水位	8月 日	8月 水位	9月 日	9月 水位	10月 日	10月 水位	11月 日	11月 水位	12月 日	12月 水位	年平均
34	1991	7	〈59.43〉	7	〈59.67〉	7	〈60.41〉	7	〈59.84〉	7	52.73	7	〈61.24〉	7	〈60.25〉	7	〈60.62〉	7	〈61.02〉	7	〈60.85〉	7	〈63.84〉	7	〈63.94〉	53.97
		17	〈59.55〉	17	〈59.68〉	17	〈59.70〉	17	〈60.62〉	17	〈60.91〉	17	〈60.59〉	17	〈59.68〉	17	55.20	17	〈61.05〉	17	〈66.85〉	17	〈64.94〉	17	〈64.17〉	
		27	〈60.40〉	27	〈60.41〉	27	〈60.87〉	27	〈60.00〉	27	〈59.70〉	27	〈60.65〉	27	〈60.47〉	27	〈60.63〉	27	〈60.50〉	27	〈63.60〉	27	〈66.73〉	27	〈64.13〉	
	1992	6	〈62.05〉	6	〈60.70〉	6	〈61.37〉	6	42.53																	51.00
		16	54.75	16	〈60.85〉	16	〈61.71〉	16	〈57.28〉																	
		26	〈60.12〉	26	〈60.98〉	26	55.72	26	〈58.28〉																	
35	1986	5	30.62	5	30.98	5	〈32.80〉	5	30.56	5	30.66	5	30.38	5	30.72	5	29.46	5	〈33.27〉	5	31.64	5	31.66	5	31.98	31.12
		10	30.64	10	30.98	10	〈32.80〉	10	30.78	10	31.32	10	31.13	10	31.37	10	〈32.87〉	10	〈32.89〉	10	31.87	10	31.93	10	32.11	
		15	30.64	15	31.01	15	30.96	15	〈32.46〉	15	29.21	15	29.84	15	30.73	15	29.55	15	〈33.27〉	15	31.62	15	31.93	15	31.93	
		20	29.87	20	30.87	20	30.87	20	31.17	20	31.37	20	〈32.70〉	20	31.38	20	31.28	20	31.57	20	31.89	20	32.01	20	32.19	
		25	30.51	25	30.87	25	30.99	25	30.52	25	30.67	25	30.60	25	〈32.98〉	25	31.50	25	31.57	25	31.70	25	31.51	25	31.73	
		30	〈32.19〉	30	〈32.86〉	30	〈32.98〉	30	31.13	30	31.45	30	31.37	30	30.94	30	31.35	30	31.67	30	〈32.91〉	30	32.17	30	〈34.03〉	
	1987	4	31.71	4	32.32	4	32.35	4	32.53	4	32.65	4	32.41	4	〈34.52〉	4	33.86	4	32.81	4	32.69	4	32.76	4	32.74	32.59
		14	32.21	14	32.36	14	32.58	14	32.57	14	32.47	14	32.50	14	32.74	14	32.83	14	32.80	14	32.76	14	31.74	14	32.74	
		24	32.55	24	32.63	24	32.63	24	32.53	24	32.58	24	32.59	24	32.49	24	32.87	24	32.66	24	32.79	24	32.73	24	32.64	
	1988	5	〈34.49〉	5	32.89	5	32.84	5	32.89	5	33.09	5	33.12	5	33.50	5	33.26	5	33.05	5	33.16	5	33.15	5	33.22	33.09
		10	32.67	10	32.71	10	32.73	10	32.95	10	33.10	10	〈35.41〉	10	33.36	10	33.03	10	33.07	10	33.19	10	33.17	10	33.25	
		15	34.26	15	32.91	15	32.85	15	32.97	15	33.13	15	〈35.45〉	15	33.39	15	33.01	15	33.10	15	33.18	15	33.15	15	33.27	
		20	32.65	20	32.72	20	32.84	20	32.99	20	33.10	20	〈35.52〉	20	33.41	20	33.06	20	33.12	20	33.17	20	33.17	20	33.29	
		25	32.84	25	32.73	25	32.87	25	32.97	25	33.10	25	〈35.57〉	25	33.29	25	33.13	25	33.13	25	33.18	25	33.15	25	33.52	
		30	32.70	30	32.72	30	32.87	30	32.99	30	33.14	30	〈35.53〉	30	33.39	30	33.05	30	33.15	30	33.19	30	33.17	30	—	
	1989	5	32.57	5	32.89	5	32.93	5	32.87	5	32.89	5	32.96	5	32.95	5	33.08	5	33.13	5	33.16	5	33.30	5	33.31	33.03
		10	32.60	10	32.92	10	32.95	10	32.85	10	32.91	10	32.91	10	32.98	10	33.06	10	33.15	10	33.16	10	33.28	10	33.33	
		15	32.65	15	32.90	15	32.87	15	32.88	15	32.89	15	32.91	15	32.96	15	33.06	15	33.17	15	33.20	15	33.26	15	33.35	
		20	32.86	20	32.93	20	32.87	20	32.87	20	32.89	20	32.92	20	32.98	20	33.09	20	33.15	20	33.22	20	33.29	20	33.31	
		25	32.88	25	32.91	25	32.87	25	32.89	25	32.89	25	32.92	25	32.95	25	33.10	25	33.19	25	33.25	25	33.31	25	33.39	
		30	32.87	30	32.94	30	32.89	30	32.91	30	32.91	30	32.97	30	33.07	30	33.12	30	33.17	30	33.27	30	33.33	30	33.36	

续表

点号	年份	1月 日	1月 水位	2月 日	2月 水位	3月 日	3月 水位	4月 日	4月 水位	5月 日	5月 水位	6月 日	6月 水位	7月 日	7月 水位	8月 日	8月 水位	9月 日	9月 水位	10月 日	10月 水位	11月 日	11月 水位	12月 日	12月 水位	年平均
35	1991	5	33.90	5	33.91	5	33.99	5	34.09	5	34.12	5	34.17	5	〈35.89〉	5	〈36.12〉	5	34.25	5	34.42	5	〈36.92〉	5	34.67	34.21
		10	33.94	10	33.94	10	34.02	10	34.11	10	34.14	10	〈35.92〉	10	〈35.99〉	10	〈36.19〉	10	34.27	10	〈36.57〉	10	〈37.32〉	10	34.69	
		15	33.92	15	33.97	15	34.05	15	34.09	15	34.16	15	34.19	15	34.17	15	34.17	15	34.30	15	〈36.89〉	15	34.59	15	〈36.62〉	
		20	33.95	20	33.95	20	34.07	20	34.12	20	〈35.62〉	20	〈35.97〉	20	34.19	20	34.19	20	34.32	20	34.47	20	34.61	20	34.89	
		25	33.97	25	33.97	25	34.09	25	34.09	25	34.13	25	34.17	25	34.21	25	34.27	25	34.29	25	34.49	25	34.67	25	〈36.71〉	
		30	33.89	30	33.95	30	34.07	30	34.12	30	34.15	30	34.15	30	34.19	30	34.32	30	34.37	30	34.47	30	34.69	30	34.92	
	1992	5	〈36.85〉	5	34.95	5	34.95	5	35.02	5	34.31	5	〈37.05〉	5	〈38.07〉	5	35.55	5	35.52	5	35.37	5	35.37	5	36.27	35.26
		10	34.87	10	34.72	10	34.97	10	35.05	10	34.50	10	〈37.37〉	10	35.25	10	35.61	10	35.58	10	35.10	10	35.07	10	36.40	
		15	〈36.62〉	15	34.89	15	34.99	15	35.08	15	34.65	15	34.87	15	35.47	15	35.37	15	35.67	15	35.47	15	35.50	15	35.67	
		20	34.89	20	34.92	20	34.92	20	35.37	20	34.95	20	〈37.65〉	20	35.47	20	35.50	20	35.72	20	35.27	20	〈37.37〉	20	35.52	
		25	〈36.71〉	25	34.87	25	34.95	25	〈36.52〉	25	35.06	25	35.12	25	〈38.32〉	25	35.57	25	36.37	25	〈37.07〉	25	35.60	25	36.05	
		30	34.92	30	34.89	30	34.99	30	34.12	30	〈36.92〉	30	35.35	30	35.50	30	35.45	30	35.12	30	35.50	30	35.41	30	36.19	
36	1986	5	〈34.87〉	5	〈32.66〉	5	〈32.66〉	5	〈31.22〉	5	〈33.25〉	5	〈31.65〉	5	〈32.74〉	5	25.20	5	〈32.47〉	5	〈32.61〉	5	〈31.93〉	5	〈31.96〉	25.20
	1987	15	〈43.59〉	15	〈44.44〉	15	27.23	15	〈44.14〉	15	〈42.84〉	15	〈44.20〉	15		15	53.37	15		15		15		15		27.23
37	1986	5	〈61.59〉	5	〈61.01〉	5	〈61.39〉	5	〈61.83〉	5	〈60.87〉	5	56.13	5	55.65	5	〈63.88〉	5	〈64.30〉	5	〈63.15〉	5	〈63.97〉	5	〈62.98〉	55.06
		15	〈61.61〉	15	〈60.88〉	15	〈60.63〉	15	〈53.23〉	15	〈61.25〉	15	〈61.19〉	15	〈63.87〉	15	〈59.76〉	15	55.09	15	〈63.63〉	15	〈63.17〉	15	〈62.43〉	
		25	〈55.09〉	25	〈62.05〉	25	52.25	25	52.83	25	61.08	25	58.76	25	55.65	25	〈66.09〉	25	56.33	25	〈69.11〉	25	54.61	25	55.61	
	1987	4	〈53.89〉	4	〈63.53〉	4	〈57.03〉	4	63.67	4	〈57.73〉	4	〈64.60〉	4	〈65.96〉	4	〈65.42〉	4	〈68.40〉	4	〈70.03〉	4	〈67.07〉	4	61.01	60.54
		14	〈63.13〉	14	〈63.53〉	14	〈63.43〉	14	〈63.04〉	14	〈58.56〉	14	〈65.12〉	14	〈57.14〉	14	〈65.42〉	14	〈59.64〉	14	59.27	14	〈66.27〉	14	69.08	
		24	〈54.98〉	24	〈61.84〉	24	57.23	24	〈63.48〉	24	64.10	24	〈61.83〉	24	〈65.05〉	24	〈66.45〉	24		24		24	〈58.05〉	24	52.99	
	1988	6	〈69.84〉	6	60.61	6	〈69.10〉	6	59.39	6	〈71.98〉	6	〈71.56〉	6	61.70	6	〈69.77〉	6	62.39	6	60.76	6	60.21	6	58.80	60.59
		16	〈69.84〉	16	61.64	16	〈69.53〉	16	〈70.68〉	16	〈70.30〉	16	〈71.04〉	16	〈71.08〉	16	62.89	16	〈69.33〉	16	61.02	16	60.11	16	60.35	
		26	59.40	26	59.57	26	〈69.54〉	26	61.23	26	〈71.76〉	26	〈72.56〉	26	〈71.09〉	26	〈71.25〉	26	〈70.23〉	26	〈70.48〉	26	〈69.23〉	26	59.38	

续表

点号	年份	1月 日	1月 水位	2月 日	2月 水位	3月 日	3月 水位	4月 日	4月 水位	5月 日	5月 水位	6月 日	6月 水位	7月 日	7月 水位	8月 日	8月 水位	9月 日	9月 水位	10月 日	10月 水位	11月 日	11月 水位	12月 日	12月 水位	年平均
37	1989	5	⟨66.84⟩	5	⟨70.75⟩	5	⟨69.85⟩	5	⟨67.93⟩	5	⟨69.74⟩	5	⟨70.47⟩	5	⟨68.74⟩	5	⟨71.05⟩	5	60.00	5	⟨70.40⟩	5	62.59	5	61.10	60.37
		15	58.70	15	59.46	15	⟨68.93⟩	15	⟨69.06⟩	15	61.32	15	⟨68.83⟩	15	⟨71.01⟩	15	60.84	15	⟨70.95⟩	15	⟨69.13⟩	15	⟨69.18⟩	15	60.43	
		25	⟨69.76⟩	25	68.87	25	⟨67.73⟩	25	50.20	25	⟨67.65⟩	25	⟨66.36⟩	25	⟨70.09⟩	25	⟨69.75⟩	25	⟨69.33⟩	25	⟨69.95⟩	25	60.54	25	⟨70.21⟩	
	1990	6	61.29	6	⟨69.98⟩	6	⟨70.28⟩	6	⟨68.11⟩	6	60.88	6	⟨73.13⟩	6	⟨71.73⟩	6	62.45	6	⟨73.42⟩	6	62.73	6	⟨72.61⟩	6	62.62	62.01
		16	61.28	16	⟨69.89⟩	16	60.65	16	64.33	16	63.08	16	⟨73.45⟩	16	⟨74.08⟩	16	62.47	16	61.46	16	61.69	16	⟨73.01⟩	16	62.55	
		26	⟨69.11⟩	26	60.85	26	⟨71.38⟩	26	⟨69.51⟩	26	⟨72.36⟩	26	⟨73.37⟩	26	⟨73.97⟩	26	61.77	26	⟨72.52⟩	26	⟨72.44⟩	26	⟨71.53⟩	26	⟨75.50⟩	
	1991	6	⟨72.78⟩	6	64.23	6	⟨74.37⟩	6	⟨71.59⟩	6	63.89	6	⟨75.07⟩	6	65.20	6	67.03	6	⟨75.77⟩	6	61.69	6	⟨76.79⟩	6	65.24	65.14
		16	⟨73.40⟩	16	⟨74.83⟩	16	66.40	16	⟨74.53⟩	16	⟨72.20⟩	16	⟨74.95⟩	16	⟨65.73⟩	16	65.93	16	⟨75.48⟩	16	⟨75.95⟩	16	⟨75.81⟩	16	⟨75.34⟩	
		26	⟨74.52⟩	26	⟨76.08⟩	26	⟨73.32⟩	26	65.46	26	64.48	26	⟨76.18⟩	26	⟨73.39⟩	26	⟨75.79⟩	26	⟨75.53⟩	26	⟨76.86⟩	26	65.53	26	70.39	
	1992	6	74.76	6	⟨76.08⟩	6	⟨75.23⟩	6	67.71	6	⟨75.67⟩	6	⟨75.97⟩	6	⟨76.11⟩	6	⟨77.47⟩	6	⟨75.48⟩	6	⟨76.38⟩	6	⟨81.68⟩	6	72.29	71.18
		16	⟨75.28⟩	16	⟨74.75⟩	16	⟨75.73⟩	16	⟨75.52⟩	16	⟨76.47⟩	16	68.86	16	⟨77.31⟩	16	72.57	16	71.88	16	⟨75.95⟩	16	70.11	16	⟨81.73⟩	
		26	⟨75.18⟩	26	⟨73.61⟩	26	⟨74.96⟩	26	⟨76.52⟩	26	⟨74.85⟩	26	⟨75.81⟩	26	⟨78.53⟩	26	⟨78.97⟩	26	⟨75.53⟩	26	⟨76.86⟩	26	⟨81.32⟩	26	73.26	
	1993	6	71.79	6	⟨81.64⟩	6	⟨81.69⟩	6	⟨80.36⟩	6	71.65	6	⟨80.83⟩	6	70.97	6	69.89	6	70.28	6	72.92	6	⟨84.64⟩	6	⟨84.67⟩	71.48
		16	⟨81.03⟩	16	70.54	16	⟨81.68⟩	16	71.25	16	⟨80.22⟩	16	71.21	16	⟨81.90⟩	16	71.16	16	73.47	16	⟨80.88⟩	16	⟨84.58⟩	16	⟨83.88⟩	
		26	⟨81.56⟩	26	⟨81.93⟩	26	⟨81.54⟩	26	70.77	26	70.99	26	70.89	26	70.85	26	⟨78.03⟩	26	⟨83.86⟩	26	⟨81.88⟩	26	73.46	26	76.44	
	1994	6	73.71	6	⟨84.55⟩	6	⟨81.77⟩	6	75.35	6	75.21	6	75.72	6	76.49	6	76.71	6	76.49	6	⟨83.37⟩	6	⟨83.82⟩	6	⟨84.59⟩	75.86
		16	⟨84.59⟩	16	⟨81.88⟩	16	⟨84.74⟩	16	74.45	16	75.33	16	75.33	16	77.59	16	77.37	16	⟨84.50⟩	16	⟨84.59⟩	16	⟨84.06⟩	16	77.16	
		26	⟨84.63⟩	26	⟨82.94⟩	26	74.85	26	74.03	26	78.83	26	⟨84.28⟩	26	76.65	26	⟨83.49⟩	26	⟨84.65⟩	26	76.60	26	⟨84.33⟩	26	81.01	
	1995	6	77.04	6	76.59	6	⟨84.01⟩	6	77.88	6	79.11	6	78.40	6	⟨85.31⟩	6	⟨84.17⟩	6	⟨84.83⟩	6	80.75	6	80.27	6	81.46	79.17
		16	76.83	16	76.25	16	⟨84.63⟩	16	78.48	16	⟨84.57⟩	16	⟨84.45⟩	16	⟨84.49⟩	16	80.78	16	⟨84.78⟩	16	81.62	16	80.65	16	81.45	
		26	⟨84.21⟩	26	76.41	26	77.71	26	78.11	26		26	⟨84.17⟩	26	⟨83.97⟩	26	⟨84.44⟩	26	⟨84.56⟩	26	81.94	26	80.17	26	85.31	
	1996	6	81.85	6	81.22	6	81.96	6	82.99	6		6	82.24	6	83.73	6	85.60	6	85.85	6	85.93	6	85.47	6	85.98	84.25
		16	80.01	16	82.01	16	83.00	16		16	84.17	16	84.09	16	85.00	16	85.74	16	86.28	16	86.08	16	86.91	16	85.91	
		26	81.25	26	81.77	26		26	82.78	26	84.46	26	83.07	26	85.60	26	85.98	26	86.35	26	86.17	26	85.41	26	85.91	

续表

点号	年份	1月 日	1月 水位	2月 日	2月 水位	3月 日	3月 水位	4月 日	4月 水位	5月 日	5月 水位	6月 日	6月 水位	7月 日	7月 水位	8月 日	8月 水位	9月 日	9月 水位	10月 日	10月 水位	11月 日	11月 水位	12月 日	12月 水位	年平均
37	1997	5	85.81	5	86.43	5	86.23	5	86.43	5	86.44	5	86.81	5	87.08	5	88.43	5	89.16	5	89.07	5	89.43	5	89.48	87.58
		15	86.73	15	85.64	15	84.68	15	86.45	15	85.91	15	86.66	15	87.88	15	88.69	15	88.78	15	89.07	15	89.40	15	89.46	
		25	86.37	25	86.23	25	86.45	25	86.09	25	86.85	25	87.53	25	87.63	25	88.94	25	88.71	25	89.06	25	89.33	25	89.60	
	1998	5	89.61	5	89.89	5	90.63	5	91.08	5	90.61	5	89.95	5	90.53	5	90.53	5	90.31	5	89.00	5	88.49	5	88.75	89.83
		15	89.67	15	90.16	15	90.58	15	90.33	15	90.56	15	90.01	15	90.57	15	90.35	15	90.08	15	89.01	15	88.55	15	88.05	
		25	89.60	25	90.73	25	90.70	25	90.51	25	89.73	25	90.43	25	91.00	25	89.55	25	89.33	25	88.59	25	87.99	25	88.58	
	1999	5	88.20	5	88.06	5	86.97	5	87.01	5	86.55	5	87.13	5	85.90	5	85.11	5	85.73	5	85.29	5	85.51	5	86.29	86.15
		15	88.48	15	88.55	15	87.27	15	85.97	15	86.61	15	76.63	15	85.49	15	86.58	15	85.53	15	85.36	15	85.28	15	85.59	
		25	88.20	25	87.13	25	86.73	25	86.65	25	87.47	25	85.63	25	⟨88.00⟩	25	86.61	25	86.01	25	85.55	25	84.76	25	85.47	
	2000	4	85.59	4	86.36	4	85.81	4	85.57	4	87.27	4	87.14	4	85.97	4	85.05	4	82.88	4	81.25	4	79.69	4	79.09	84.25
		14	86.06	14	86.58	14	86.05	14	85.77	14	87.28	14	87.18	14	85.79	14	83.89	14	82.44	14	80.86	14	79.79	14	78.76	
		24	88.22	24	85.75	24	85.99	24	87.37	24	87.59	24	87.07	24	85.85	24	83.03	24	81.96	24	80.24	24	79.23	24	78.70	
39	1986	5	11.08	5	12.93	5	16.58	5	16.92	5	18.02	5	16.62	5	16.69	5	16.96	5	17.48	5	14.30	5	14.86	5	15.04	15.85
		15	13.32	15	13.38	15	16.79	15	16.58	15	16.80	15	15.87	15	16.75	15	17.83	15	15.63	15	14.93	15	14.82	15	15.02	
		25	12.84	25	15.97	25	17.28	25	18.16	25	17.62	25	16.97	25	17.15	25	16.72	25	17.69	25	14.44	25	14.99	25	15.63	
	1987	4	15.25	4	20.27	4	19.94	4	21.52	4	22.58	4	22.21	4	21.51	4	22.45	4	22.05	4	21.99	4	21.48	4	21.99	21.46
		14	18.40	14	19.48	14	21.66	14	21.56	14	21.69	14	22.24	14	22.83	14	22.92	14	22.28	14	21.92	14	21.73	14	22.96	
		24	15.87	24	21.72	24	21.75	24	21.64	24	22.40	24	21.62	24	22.42	24	22.46	24	22.17	24	21.94	24	22.04	24	23.45	
	1988	5	22.87	5	22.89	5	22.33	5	23.31	5	24.37	5	25.43	5	24.28	5	23.14	5	22.68	5	21.73	5	21.62	5	21.80	22.90
		15	22.98	15	22.89	15	22.95	15	23.20	15	23.54	15	25.03	15	23.57	15	22.84	15	21.44	15	21.77	15	21.69	15	21.85	
		25	22.81	25	22.85	25	23.35	25	23.87	25	23.89	25	25.04	25	23.59	25	22.72	25	22.21	25	21.69	25	21.72	25	20.61	
42	1986	5	18.10	5	17.03	5	17.07	5	18.07	5	18.12	5	⟨61.98⟩	5	⟨63.15⟩	5	⟨58.94⟩	5	⟨57.94⟩	5	⟨57.66⟩	5	⟨56.63⟩	5	⟨56.69⟩	18.18
		15	19.30	15	18.63	15	17.65	15	18.07	15	18.09	15	⟨61.62⟩	15	⟨57.81⟩	15	20.20	15	⟨57.12⟩	15	⟨57.66⟩	15	⟨55.59⟩	15	⟨55.98⟩	
		25	17.76	25	18.00	25	18.11	25	18.67	25	18.03	25	⟨61.36⟩	25	⟨58.95⟩	25	⟨60.23⟩	25	⟨57.05⟩	25	⟨55.87⟩	25	⟨56.41⟩	25	⟨57.23⟩	

续表

点号	年份	1月		2月		3月		4月		5月		6月		7月		8月		9月		10月		11月		12月		年平均
		日	水位	日	水位	日	水位	日	水位	日	水位	日	水位	日	水位	日	水位	日	水位	日	水位	日	水位	日	水位	
42	1987	4	⟨57.38⟩	4	⟨63.61⟩	4	⟨67.21⟩	4	⟨67.51⟩	4	⟨68.68⟩	4	⟨67.07⟩	4	⟨66.27⟩	4	⟨66.69⟩	4	⟨66.87⟩	4	⟨65.79⟩	4	⟨64.87⟩	4	⟨66.23⟩	52.15
		14	⟨60.09⟩	14	⟨62.40⟩	14	⟨64.07⟩	14	⟨67.63⟩	14	⟨66.92⟩	14	⟨67.29⟩	14	⟨65.13⟩	14	52.04	14	52.26	14	⟨65.58⟩	14	⟨64.06⟩	14	⟨63.21⟩	
		24	⟨60.40⟩	24	⟨65.81⟩	24	⟨67.32⟩	24	⟨66.91⟩	24	⟨67.09⟩	24	⟨66.08⟩	24	⟨66.41⟩	24	⟨66.16⟩	24	⟨66.62⟩	24	⟨64.99⟩	24	⟨63.53⟩	24	⟨63.78⟩	
	1988	6	⟨62.12⟩	6	⟨62.33⟩	6		6	⟨62.38⟩	6	⟨59.73⟩	6	⟨66.36⟩	6	⟨66.05⟩	6	⟨67.36⟩	6	⟨65.43⟩	6	⟨64.22⟩	6	⟨58.15⟩	6	⟨65.04⟩	32.44
		16	⟨62.15⟩	16	⟨62.18⟩	16	⟨65.99⟩	16	⟨64.25⟩	16	⟨54.00⟩	16	⟨66.14⟩	16	⟨59.83⟩	16	32.44	16	⟨64.72⟩	16	⟨63.70⟩	16	⟨58.05⟩	16	⟨64.35⟩	
		26	⟨62.06⟩	26	⟨62.09⟩	26	⟨63.93⟩	26	⟨63.16⟩	26	⟨48.25⟩	26	⟨65.94⟩	26	⟨67.86⟩	26	⟨65.05⟩	26	⟨64.13⟩	26	⟨58.03⟩	26	⟨58.13⟩	26	⟨58.26⟩	
	1989	6	⟨66.17⟩	6	⟨64.00⟩	6	⟨60.29⟩	6	⟨59.38⟩	6	⟨59.42⟩	6	⟨62.46⟩	6	⟨64.02⟩	6	26.97	6	24.04	6	23.61	6	21.15	6	22.12	23.61
		16	⟨59.30⟩	16	⟨61.16⟩	16	⟨59.78⟩	16	⟨59.88⟩	16	⟨62.74⟩	16	26.58	16	25.58	16	24.93	16	23.97	16	22.92	16	20.44	16	22.07	
		26	⟨63.63⟩	26	⟨60.06⟩	26	⟨59.32⟩	26	⟨58.44⟩	26	⟨61.84⟩	26	⟨62.80⟩	26	27.57	26	24.90	26	23.70	26	22.26	26	20.13	26	22.05	
	1990	6	21.70	6	20.79	6	22.87	6	26.24	6	27.32	6	28.07	6	27.64	6	25.31	6	25.60	6	23.14	6	22.77	6	25.48	24.71
		16	21.28	16	20.76	16	24.62	16	26.55	16	28.34	16	28.28	16	24.31	16	25.81	16	24.08	16	23.26	16	23.36	16	24.05	
		26	21.33	26	20.82	26	25.35	26	27.17	26	28.14	26	27.35	26	27.22	26	26.51	26	22.35	26	23.08	26	24.26	26	24.43	
	1991	7	23.61	7	24.63	7	27.16	7	⟨51.18⟩	7	⟨51.50⟩	7	⟨51.92⟩	7	⟨52.69⟩	7	⟨54.52⟩	7	35.05	7	⟨54.40⟩	7	36.36	7	27.67	28.61
		17	⟨52.17⟩	17	25.83	17	29.00	17	⟨50.90⟩	17	⟨52.93⟩	17	⟨51.55⟩	17	⟨53.46⟩	17	38.50	17	⟨54.67⟩	17	⟨55.43⟩	17	⟨55.02⟩	17	27.44	
		27	24.56	27	27.65	27	⟨38.86⟩	27	⟨51.61⟩	27	⟨52.77⟩	27	⟨52.48⟩	27	⟨54.70⟩	27	⟨55.30⟩	27	⟨53.29⟩	27	⟨54.82⟩	27	⟨54.28⟩	27	24.47	
	1992	7	⟨54.56⟩	7	⟨54.78⟩	7	⟨56.17⟩	7	⟨55.69⟩	7	⟨56.78⟩	7	⟨57.01⟩	7	⟨57.63⟩	7	⟨57.00⟩	7	⟨58.17⟩	7	24.10	7	⟨57.24⟩	7	⟨57.00⟩	28.61
		17	⟨52.30⟩	17	⟨56.08⟩	17	⟨56.33⟩	17	⟨56.39⟩	17	⟨56.30⟩	17	⟨56.69⟩	17	⟨57.34⟩	17	⟨57.72⟩	17	⟨56.39⟩	17	23.92	17	⟨56.28⟩	17	⟨57.39⟩	
		27	⟨55.63⟩	27	⟨55.42⟩	27	⟨56.00⟩	27	⟨56.61⟩	27	⟨56.69⟩	27	⟨56.91⟩	27	⟨57.67⟩	27	41.69	27	⟨57.04⟩	27	24.72	27	⟨57.00⟩	27	⟨55.31⟩	
	1993	7	⟨54.57⟩	7	⟨52.48⟩	7	⟨55.08⟩	7	⟨50.12⟩	7	⟨54.09⟩	7	26.00	7	26.34	7	⟨44.05⟩	7	⟨43.93⟩	7	26.74	7	24.69	7	25.89	26.63
		17	⟨54.80⟩	17	⟨51.06⟩	17	⟨54.55⟩	17	⟨55.09⟩	17	28.00	17	25.34	17	27.70	17	30.98	17	27.09	17	25.66	17	26.60	17	25.61	
		27	⟨55.00⟩	27	⟨52.94⟩	27	⟨53.89⟩	27	⟨54.59⟩	27	27.34	27	26.38	27	⟨43.74⟩	27	⟨43.53⟩	27	26.93	27	25.23	27	26.85	27	⟨42.13⟩	
	1994	7	⟨42.30⟩	7	26.56	7	29.52	7	30.12	7	28.53	7	30.86	7	31.25	7	34.02	7	39.11	7	⟨49.89⟩	7	⟨49.71⟩	7	⟨48.45⟩	30.76
		17	⟨41.97⟩	17	26.39	17	29.78	17	29.68	17	30.13	17	31.33	17	33.64	17	⟨49.92⟩	17	⟨49.24⟩	17	⟨49.64⟩	17	⟨49.86⟩	17	⟨49.10⟩	
		27	⟨41.87⟩	27	29.37	27	30.68	27	30.02	27	30.00	27	31.10	27	33.07	27	⟨49.57⟩	27	⟨48.66⟩	27	⟨49.24⟩	27	⟨49.93⟩	27	⟨48.68⟩	

点号	年份	1月 日	1月 水位	2月 日	2月 水位	3月 日	3月 水位	4月 日	4月 水位	5月 日	5月 水位	6月 日	6月 水位	7月 日	7月 水位	8月 日	8月 水位	9月 日	9月 水位	10月 日	10月 水位	11月 日	11月 水位	12月 日	12月 水位	年平均
42	1995	7	〈50.13〉	7	〈50.26〉	7	〈50.93〉	7	〈53.27〉	7	〈54.18〉	7	〈54.07〉	7	〈55.03〉	7	〈56.25〉	7	〈57.07〉	7	〈57.13〉	7	〈57.01〉	7	42.08	
42		17	39.09	17	〈50.67〉	17	〈51.45〉	17	〈54.81〉	17	〈53.64〉	17	〈56.34〉	17	〈55.53〉	17	47.24	17	〈57.30〉	17	〈57.40〉	17	42.20	17	42.33	43.46
42		27	〈50.42〉	27	41.34	27	〈54.49〉	27	〈55.26〉	27	〈54.78〉	27	〈55.69〉	27	〈57.00〉	27	〈57.33〉	27	〈57.48〉	27	46.93	27	42.35	27	47.58	
42	1996	7	48.10	7	50.20	7	51.68	7	41.34	7		7	〈70.32〉	7	〈70.77〉	7	〈70.95〉	7	〈71.62〉	7	〈71.15〉	7	〈71.59〉	7	〈72.28〉	
42		17	44.45	17	50.38	17	50.59	17	41.66	17	〈70.02〉	17	〈70.60〉	17	〈70.02〉	17	59.42	17	〈71.74〉	17	〈71.37〉	17	〈71.76〉	17	〈72.39〉	48.04
42		27	43.61	27	50.67	27	50.72	27	41.74	27	〈70.31〉	27	〈70.47〉	27	〈71.08〉	27	〈71.37〉	27	〈71.39〉	27	〈71.63〉	27	〈72.00〉	27	〈72.53〉	
42	1997	5	〈73.02〉	5		5		5	40.50	5	42.10	5		5	54.08	5	54.23	5	55.50	5	43.02	5	42.80	5	43.01	46.25
42	1998	15	〈73.30〉	15	40.50	15	39.70	15	40.50	15	44.06	15	53.27	15	54.08	15	43.56	15	43.91	15	42.54	15	43.21	15	42.78	43.47
42	1999	15	43.28	15	43.54	15	43.31	15	43.62	15	44.14	15	43.97	15	43.86	15	43.56	15	56.00	15	56.66	15	55.92	15	55.29	49.82
42	2000	14	55.95	14	54.67	14	55.71	14	55.35	14	56.12	14	55.83	14	55.14	14	54.28	14	51.93	14		14	49.59	14	47.35	53.81
48	1986	5	〈55.34〉	5	〈54.63〉	5	40.93	5	38.36	5	36.20	5	40.33	5	〈49.73〉	5	〈50.59〉	5	〈52.70〉	5	〈50.43〉	5	〈50.79〉	5	40.76	
48		15	〈53.58〉	15	40.57	15	40.08	15	39.46	15	36.96	15	〈48.70〉	15	40.46	15	〈52.67〉	15	〈50.72〉	15	〈52.46〉	15	〈52.67〉	15	〈48.82〉	39.44
48		25	〈53.68〉	25	〈52.61〉	25	〈53.06〉	25	35.69	25	〈49.13〉	25	〈50.12〉	25	〈51.46〉	25	41.48	25	〈50.74〉	25	41.41	25	〈50.69〉	25	〈53.61〉	
48	1987	5	〈54.32〉	5	〈56.70〉	5	〈58.03〉	5	46.15	5	45.95	5	〈55.67〉	5	〈52.58〉	5	〈53.73〉	5	〈53.93〉	5	〈54.30〉	5	46.34	5	46.09	
48		15	〈54.96〉	15	〈57.33〉	15	〈57.63〉	15	〈56.87〉	15	〈53.39〉	15	〈53.45〉	15	〈52.81〉	15	〈52.71〉	15	〈52.86〉	15		15	46.58	15	45.92	46.09
48		25	〈56.09〉	25	〈57.91〉	25	〈56.27〉	25	45.33	25	〈53.77〉	25	〈52.78〉	25	〈52.55〉	25	〈52.71〉	25	〈53.46〉	25	〈52.63〉	25	46.36	25	〈52.59〉	
48	1988	4	〈52.88〉	4	〈65.76〉	4	〈56.28〉	4	48.01	4	〈55.06〉	4	〈56.86〉	4	49.04	4	49.76	4	〈57.25〉	4	46.19	4	44.19	4	43.58	
48		14	〈52.96〉	14	〈66.30〉	14	〈55.49〉	14	47.61	14	〈54.98〉	14	〈56.53〉	14	〈56.64〉	14	〈56.92〉	14	〈57.06〉	14	45.02	14	〈50.64〉	14	44.69	46.41
48		24	〈63.60〉	24	〈52.16〉	24	49.13	24	47.76	24	〈56.53〉	24	〈58.51〉	24	〈57.50〉	24	〈51.74〉	24	47.35	24	44.74	24	44.34	24	44.78	
48	1989	4	〈51.43〉	4	46.25	4	43.83	4	42.83	4	43.47	4	〈50.94〉	4	〈51.77〉	4	45.63	4	〈52.21〉	4	44.44	4	〈48.99〉	4	〈47.49〉	
48		14	〈52.16〉	14	〈51.89〉	14	42.64	14	43.41	14	43.50	14	〈51.02〉	14	〈50.74〉	14	〈51.33〉	14	〈51.33〉	14	42.73	14	39.86	14	〈49.93〉	43.75
48		24	44.93	24	45.34	24	42.95	24	43.28	24	〈51.11〉	24	〈52.27〉	24	〈52.10〉	24	〈52.14〉	24	〈51.52〉	24	49.68	24	38.99	24	〈50.24〉	

第三章 宝鸡市

续表

点号	年份	1月		2月		3月		4月		5月		6月		7月		8月		9月		10月		11月		12月		年平均
		日	水位	日	水位	日	水位	日	水位	日	水位	日	水位	日	水位	日	水位	日	水位	日	水位	日	水位	日	水位	
48	1990	4	⟨50.43⟩	4	43.22	4	⟨49.01⟩	4	⟨48.96⟩	4	⟨48.55⟩	4	⟨51.42⟩	4	⟨52.78⟩	4	46.00	4	⟨53.19⟩	4	42.63	4	39.19	4	38.09	40.84
		14	⟨50.46⟩	14	42.46	14	⟨49.51⟩	14	39.61	14	⟨50.28⟩	14	⟨51.73⟩	14	⟨53.33⟩	14	⟨53.31⟩	14	⟨52.46⟩	14	42.35	14	39.01	14	37.56	
		24	⟨51.36⟩	24	⟨49.29⟩	24	⟨49.92⟩	24	⟨47.79⟩	24	⟨50.90⟩	24	⟨52.42⟩	24	⟨53.58⟩	24	⟨52.79⟩	24	43.46	24	39.95	24	38.26	24	39.96	
	1991	5	⟨50.01⟩	5	42.38	5	⟨51.42⟩	5	40.83	5	⟨48.27⟩	5	⟨52.34⟩	5	⟨54.46⟩	5	⟨55.74⟩	5	⟨54.41⟩	5	45.34	5	⟨52.78⟩	5	⟨52.71⟩	42.81
		15	⟨50.67⟩	15	41.96	15	41.37	15	40.46	15	41.22	15	⟨51.07⟩	15	⟨54.12⟩	15	47.10	15	⟨52.90⟩	15	43.79	15	⟨52.09⟩	15	⟨54.36⟩	
		25	⟨51.29⟩	25	⟨51.58⟩	25	41.05	25	40.89	25	⟨43.11⟩	25	⟨52.76⟩	25	⟨54.76⟩	25	⟨52.19⟩	25	44.06	25	46.06	25	⟨52.06⟩	25	⟨54.36⟩	
	1992	4	⟨55.65⟩	4	⟨57.31⟩	4	⟨57.78⟩	4	48.47	4	⟨57.16⟩	4	⟨58.11⟩	4	⟨58.94⟩	4	⟨60.38⟩	4	⟨60.94⟩	4	50.32	4	49.36	4	49.61	50.36
		14	⟨56.68⟩	14	⟨57.86⟩	14	49.70	14	48.35	14	50.37	14	51.35	14	⟨57.35⟩	14	53.35	14	⟨60.40⟩	14	51.30	14	49.65	14	⟨57.61⟩	
		24	⟨56.79⟩	24	⟨57.48⟩	24	48.50	24	⟨57.01⟩	24	51.78	24	⟨56.31⟩	24	⟨59.85⟩	24	51.75	24	52.04	24	50.90	24	49.31	24	⟨58.76⟩	
	1993	4	⟨58.76⟩	4	⟨60.79⟩	4	⟨62.31⟩	4	⟨61.60⟩	4	⟨62.32⟩	4	⟨61.97⟩	4	⟨60.24⟩	4	⟨62.15⟩	4	⟨62.05⟩	4	⟨59.88⟩	4	53.27	4	⟨59.53⟩	52.98
		14	⟨59.59⟩	14	⟨61.54⟩	14	⟨61.49⟩	14	⟨61.02⟩	14	⟨62.38⟩	14	⟨62.17⟩	14	⟨62.69⟩	14	52.97	14	⟨60.64⟩	14	⟨60.86⟩	14	⟨59.00⟩	14	⟨57.61⟩	
		24	⟨60.48⟩	24	⟨61.76⟩	24	52.16	24	⟨62.27⟩	24	⟨61.65⟩	24	⟨62.05⟩	24	⟨61.74⟩	24	⟨61.49⟩	24	⟨60.62⟩	24	53.50	24	⟨59.48⟩	24	⟨60.24⟩	
	1994	4	⟨61.00⟩	4	⟨62.11⟩	4	⟨61.97⟩	4	55.98	4	54.76	4	56.17	4	55.81	4	56.95	4	⟨65.78⟩	4	⟨65.83⟩	4	⟨65.65⟩	4	⟨60.54⟩	55.77
		14	⟨61.02⟩	14	⟨61.52⟩	14	⟨61.47⟩	14	55.08	14	55.07	14	55.47	14	55.74	14	58.19	14	⟨64.29⟩	14	⟨65.04⟩	14	⟨66.22⟩	14	⟨63.28⟩	
		24	⟨61.96⟩	24	⟨61.95⟩	24	⟨61.74⟩	24	54.55	24	55.12	24	55.52	24	56.41	24	⟨65.40⟩	24	⟨64.65⟩	24	⟨65.66⟩	24	⟨66.52⟩	24	⟨63.51⟩	
	1995	4	⟨64.34⟩	4	⟨64.84⟩	4	⟨66.30⟩	4	⟨65.19⟩	4	⟨65.24⟩	4	⟨66.33⟩	4	⟨68.21⟩	4	⟨68.79⟩	4	⟨68.61⟩	4	⟨68.88⟩	4	⟨69.57⟩	4	⟨64.70⟩	63.38
		14	⟨64.31⟩	14	⟨64.50⟩	14	⟨65.99⟩	14	⟨65.90⟩	14	⟨66.42⟩	14	⟨67.18⟩	14	⟨68.06⟩	14	63.38	14	67.86	14	⟨69.98⟩	14	⟨70.66⟩	14	⟨71.43⟩	
		24	⟨64.98⟩	24	⟨65.43⟩	24	⟨66.23⟩	24	⟨65.86⟩	24	⟨66.29⟩	24	⟨67.96⟩	24	⟨68.03⟩	24	⟨68.60⟩	24	⟨69.63⟩	24	⟨69.98⟩	24	⟨69.98⟩	24	⟨71.99⟩	
	1996	4	⟨71.59⟩	4	⟨72.62⟩	4	⟨73.31⟩	4	⟨74.04⟩	4	⟨73.71⟩	4	⟨74.52⟩	4	⟨76.86⟩	4	⟨77.73⟩	4	⟨77.81⟩	4	⟨78.38⟩	4	72.37	4	⟨77.46⟩	70.22
		14	⟨72.61⟩	14	⟨72.63⟩	14	⟨73.99⟩	14	⟨73.53⟩	14	66.46	14	⟨74.36⟩	14	⟨76.58⟩	14	71.83	14	⟨78.36⟩	14	⟨77.98⟩	14	⟨77.46⟩	14	⟨77.21⟩	
		24	⟨72.38⟩	24	⟨72.96⟩	24	⟨74.14⟩	24	⟨73.68⟩	24	⟨74.86⟩	24	⟨73.99⟩	24	⟨78.84⟩	24	⟨78.26⟩	24	⟨77.80⟩	24	⟨78.46⟩	24	⟨77.66⟩	24	⟨78.39⟩	
	1997	4	⟨78.33⟩	4	⟨80.74⟩	4	⟨80.36⟩	4	73.96	4	⟨80.46⟩	4	74.47	4	⟨84.61⟩	4	⟨85.22⟩	4	⟨86.07⟩	4	⟨86.58⟩	4	⟨87.29⟩	4	⟨87.89⟩	75.59
		14	⟨79.88⟩	14	⟨81.01⟩	14	⟨80.34⟩	14	⟨80.10⟩	14	⟨80.58⟩	14	⟨84.61⟩	14	⟨84.86⟩	14	⟨85.86⟩	14	⟨86.48⟩	14	⟨86.56⟩	14	⟨87.46⟩	14	⟨87.58⟩	
		24	⟨80.24⟩	24	⟨80.90⟩	24	⟨80.58⟩	24	⟨80.30⟩	24	⟨81.96⟩	24	⟨85.59⟩	24	⟨85.34⟩	24	⟨86.04⟩	24	78.35	24	⟨86.78⟩	24	⟨87.76⟩	24	⟨88.59⟩	

续表

点号	年份	1月 日	1月 水位	2月 日	2月 水位	3月 日	3月 水位	4月 日	4月 水位	5月 日	5月 水位	6月 日	6月 水位	7月 日	7月 水位	8月 日	8月 水位	9月 日	9月 水位	10月 日	10月 水位	11月 日	11月 水位	12月 日	12月 水位	年平均
48	1998	4	⟨89.66⟩	4	⟨90.58⟩	4	⟨91.61⟩	4	⟨91.76⟩	4	⟨92.72⟩	4	⟨89.64⟩	4	⟨91.34⟩	4	⟨92.36⟩	4	⟨92.46⟩	4	⟨92.49⟩	4	⟨93.09⟩	4	⟨93.66⟩	
		14	⟨89.29⟩	14	81.13	14	⟨91.80⟩	14	⟨91.83⟩	14	⟨89.74⟩	14	⟨89.82⟩	14	⟨92.00⟩	14	84.46	14	⟨93.26⟩	14	⟨92.06⟩	14	⟨94.46⟩	14	⟨93.78⟩	81.94
		24	⟨89.32⟩	24	80.23	24	⟨91.80⟩	24	⟨91.46⟩	24	⟨89.81⟩	24	⟨91.72⟩	24	⟨92.08⟩	24	⟨93.09⟩	24	⟨92.92⟩	24	⟨92.28⟩	24	⟨93.74⟩	24	⟨93.96⟩	
	1999	4	⟨93.12⟩	4	⟨94.49⟩	4	⟨95.46⟩	4	⟨96.46⟩	4	⟨95.69⟩	4	⟨95.54⟩	4	⟨93.66⟩	4	⟨94.76⟩	4	⟨95.01⟩	4	⟨95.21⟩	4	⟨93.00⟩	4	⟨83.38⟩	
		14	84.80	14	⟨95.66⟩	14	⟨97.10⟩	14	⟨95.86⟩	14	⟨95.58⟩	14	⟨95.46⟩	14	⟨97.42⟩	14	⟨94.94⟩	14	⟨96.46⟩	14	82.78	14	⟨93.20⟩	14	⟨82.89⟩	84.01
		24	⟨93.34⟩	24	⟨96.00⟩	24	⟨96.58⟩	24	⟨96.38⟩	24	⟨96.61⟩	24	⟨94.38⟩	24	⟨96.34⟩	24	84.86	24	⟨94.90⟩	24		24	83.61	24	⟨82.61⟩	
	2000	4	⟨83.00⟩	4	⟨83.27⟩	4	⟨84.11⟩	4	⟨94.74⟩	4	⟨95.38⟩	4	⟨96.48⟩	4	⟨95.52⟩	4	⟨98.67⟩	4	⟨100.96⟩	4	⟨99.84⟩	4	⟨98.87⟩	4	⟨94.08⟩	
		14	⟨83.26⟩	14	⟨83.02⟩	14	⟨84.20⟩	14	⟨94.91⟩	14	⟨96.52⟩	14	⟨96.55⟩	14	⟨96.48⟩	14	⟨98.72⟩	14	⟨100.74⟩	14	⟨99.40⟩	14	⟨98.72⟩	14	⟨94.64⟩	
		24	⟨83.15⟩	24	⟨83.80⟩	24	⟨83.65⟩	24	⟨95.29⟩	24	⟨96.10⟩	24	⟨94.69⟩	24	⟨98.35⟩	24	⟨99.58⟩	24	⟨100.33⟩	24	⟨99.09⟩	24	⟨102.82⟩	24	⟨94.81⟩	
56	1986	15	37.23	15	⟨49.35⟩	15	⟨44.68⟩	15	⟨49.36⟩	15	⟨45.03⟩	15	⟨50.28⟩	15	41.33	15	⟨50.33⟩	15	41.62	15	⟨49.28⟩	15	⟨48.88⟩	15	⟨48.75⟩	40.06
	1987	15	⟨48.53⟩	15	⟨48.80⟩	15	⟨46.99⟩	15	43.29	15	43.09	15	44.47	15	44.58	15	45.10	15	45.31	15	⟨48.81⟩	15	42.17	15	44.14	44.02
	1988	14	⟨48.68⟩	14	⟨48.77⟩	14	46.08	14	46.09	14	46.21	14	42.75	14	⟨51.35⟩	14	44.99	14	44.02	14	41.55	14	⟨45.28⟩	14	38.46	43.77
	1989	14	32.58	14	37.47	14	37.17	14	30.09	14	33.84	14	37.40	14	36.57	14	34.11	14	⟨42.67⟩	14	34.65	14	33.97	14	⟨40.05⟩	34.79
	1990	14	30.53	14	⟨40.77⟩	14	34.86	14	34.48	14	⟨39.18⟩	14	36.40	14	36.83	14	⟨41.49⟩	14	36.75	14	35.36	14	33.89	14	33.57	34.74
	1991	14	⟨46.63⟩	14	⟨46.58⟩	14	35.24	14	34.62	14	34.80	14	35.45	14	36.11	14	36.67	14	36.34	14	⟨44.76⟩	14	35.53	14	⟨42.67⟩	35.60
	1992	14	⟨46.73⟩	14	⟨52.18⟩	14	⟨51.52⟩	14	39.20	14	39.26	14	⟨51.49⟩	14	40.53	14	40.83	14	41.19	14	40.10	14	40.29	14	39.77	40.15
	1993	14	⟨50.82⟩	14	⟨51.35⟩	14	43.01	14	42.36	14	42.68	14	43.20	14	43.65	14	水井坏	14	52.46	14	51.38	14	53.10	14	⟨58.76⟩	46.48
	1994	14	58.17	14	58.09	14	58.59	14	58.08	14	58.97	14	59.43	14	⟨71.13⟩	14	62.80	14	⟨71.17⟩	14	⟨73.68⟩	14	⟨72.55⟩	14	⟨71.83⟩	59.16
	1995	14	⟨71.71⟩	14	⟨71.91⟩	14	61.45	14	60.57	14	⟨72.70⟩	14	⟨72.78⟩	14	⟨75.11⟩	14	64.34	14	⟨74.77⟩	14	59.97	14	62.83	14	⟨73.76⟩	61.83
	1996	14	64.97	14	66.95	14	66.58	14	66.25	14	69.68	14	⟨76.14⟩	14	⟨79.05⟩	14	73.54	14	73.73	14	73.67	14	⟨79.23⟩	14	⟨77.76⟩	69.42
	1997	14	72.68	14	⟨78.55⟩	14	⟨78.85⟩	14	73.10	14	⟨78.49⟩	14	78.36	14	77.83	14	78.68	14		14		14		14		76.13
58	1986	15	40.31	15	40.79	15	40.15	15	39.60	15	39.83	15	41.56	15	41.96	15	44.31	15	45.10	15	⟨65.58⟩	15	44.36	15	45.36	42.12
	1987	15	⟨59.34⟩	15	⟨61.06⟩	15	45.77	15	48.06	15	48.53	15	49.01	15	⟨60.71⟩	15	50.54	15	49.09	15	49.70	15	⟨59.47⟩	15	48.45	48.64
	1988	14	⟨62.59⟩	14	⟨62.97⟩	14	⟨51.27⟩	14	50.02	14	51.22	14	50.90	14	50.48	14	51.55	14	49.70	14	48.19	14	⟨54.13⟩	14	43.00	49.38

续表

点号	年份	1月 日	1月 水位	2月 日	2月 水位	3月 日	3月 水位	4月 日	4月 水位	5月 日	5月 水位	6月 日	6月 水位	7月 日	7月 水位	8月 日	8月 水位	9月 日	9月 水位	10月 日	10月 水位	11月 日	11月 水位	12月 日	12月 水位	年平均
58	1989	14	43.80	14	43.20	14	42.97	14	42.31	14	41.08	14	44.01	14	43.24	14	43.80	14	42.60	14	41.54	14	39.82	14	⟨51.98⟩	42.58
	1990	14	42.89	14	44.16	14	43.83	14	40.91	14	44.10	14	44.03	14	45.55	14	46.49	14	44.99	14	43.74	14	41.90	14	41.08	43.64
	1991	14	44.88	14	42.30	14	41.50	14	⟨57.25⟩	14	34.72	14	⟨57.15⟩	14	⟨59.83⟩	14	40.60	14	⟨60.24⟩	14	⟨58.04⟩	14	⟨58.00⟩	14	⟨60.11⟩	40.80
	1992	14	⟨66.43⟩	14	⟨68.21⟩	14	⟨66.69⟩	14	⟨66.47⟩	14	⟨67.50⟩	14	⟨66.66⟩	14	⟨69.33⟩	14	42.10	14	⟨69.58⟩	14	⟨69.76⟩	14	⟨69.69⟩	5	⟨69.74⟩	42.10
	1993	14	⟨69.65⟩	14	⟨69.86⟩	14	⟨69.76⟩	14	⟨69.79⟩	14	⟨68.29⟩	14	⟨69.87⟩	14	⟨70.75⟩	14	48.90	14	48.80	14	48.40	14	⟨68.98⟩	14	⟨69.81⟩	48.70
	1994	14	⟨69.76⟩	14	⟨69.80⟩	14	⟨69.80⟩	14	⟨69.50⟩	14	⟨69.11⟩	14	⟨69.45⟩	14	⟨69.59⟩	14	⟨69.86⟩	14	⟨69.07⟩	14	⟨69.05⟩	14	⟨69.73⟩	14	⟨69.38⟩	
	1995	14	⟨69.48⟩	14	⟨69.73⟩	14	⟨69.72⟩	14	⟨69.88⟩	14	⟨70.08⟩	14	⟨69.16⟩	14	⟨69.58⟩	14	⟨69.60⟩	14	⟨69.52⟩	14	⟨69.47⟩	14	⟨67.93⟩	14	⟨69.41⟩	
	1996	14	⟨69.48⟩	14	⟨69.61⟩	14	⟨69.71⟩	14	⟨68.56⟩	14	⟨68.53⟩	14	⟨68.42⟩	14	52.25	14	⟨70.90⟩	14	⟨71.12⟩	14	⟨71.11⟩	14	⟨71.40⟩	14	⟨71.08⟩	52.25
	1997	14	68.22	14	61.23	14		14	66.75	14	67.74	14	72.45	14	73.82	14	73.64	14	72.38	14	干	14	干	14	干	69.53
73	1986	5	⟨52.88⟩	5	⟨53.67⟩	5	⟨52.74⟩	5	⟨52.31⟩	5	⟨52.19⟩	5	⟨53.72⟩	5	35.77	5	⟨52.63⟩	5	⟨50.93⟩	5	34.07	5	⟨51.39⟩	5	34.03	35.66
		10	⟨53.49⟩	15	⟨54.66⟩	15	⟨52.73⟩	15	⟨52.23⟩	15	⟨52.14⟩	15	⟨53.57⟩	15	⟨52.90⟩	15	⟨51.42⟩	15	37.77	15	⟨51.68⟩	15	⟨51.36⟩	15	34.84	
		25	⟨53.83⟩	25	⟨52.76⟩	25	⟨52.75⟩	25	⟨52.28⟩	25	⟨52.18⟩	25	⟨52.63⟩	25	36.88	25	⟨50.85⟩	25	⟨53.80⟩	25	⟨51.47⟩	25	36.97	25	34.98	
	1987	5		5	24.38	5	36.50	5	36.34	5	36.77	5	⟨53.63⟩	5	⟨53.61⟩	4	40.96	4	38.92	4	40.35	4	⟨53.55⟩	4	39.49	37.15
		15	34.91	15	35.48	15	35.68	15	35.86	15	36.53	15	⟨53.59⟩	15	⟨54.59⟩	14	40.23	14	38.53	14	40.00	14	⟨53.49⟩	14	⟨53.75⟩	
		25	34.90	25	35.28	25	35.34	25	36.77	25	⟨53.63⟩	25	36.44	25	⟨53.68⟩	24	41.15	24	39.64	24	38.76	24	39.66	24	⟨53.43⟩	
	1988	4	⟨53.93⟩	4	⟨53.91⟩	4	41.25	4	41.57	4	⟨53.70⟩	4	⟨53.52⟩	4	⟨53.54⟩	4	⟨53.73⟩	4	⟨53.70⟩	4	⟨53.71⟩	4	40.39	4	40.29	40.69
		14	⟨53.94⟩	14	⟨53.64⟩	14	40.59	14	⟨53.57⟩	14	⟨53.56⟩	14	⟨53.53⟩	14	⟨53.50⟩	14	44.97	14	⟨53.70⟩	14	⟨53.58⟩	14	40.22	14	39.44	
		24	⟨53.91⟩	24	40.68	24	40.38	24	⟨52.85⟩	24	⟨53.70⟩	24	⟨53.57⟩	24	⟨53.51⟩	24	⟨53.82⟩	24	⟨53.71⟩	24	⟨58.40⟩	24	⟨58.35⟩	24	38.91	
	1989	4	38.18	4	38.81	4	38.54	4	38.82	4	38.59	4	40.50	4	40.46	4	41.26	4	39.74	4	39.27	4	40.72	4	40.08	39.50
		14	38.38	14	37.70	14	39.13	14	38.62	14	37.86	14	40.18	14	40.02	14	41.09	14	40.31	14	40.10	14	40.26	14	39.82	
		24	38.96	24	38.28	24	38.32	24	38.72	24	38.39	24	39.91	24	40.29	24	40.25	24	40.17	24	40.64	24	40.28	24	39.35	
	1990	4	39.43	4	39.19	4	39.67	4	39.98	4	40.53	4	42.97	4	41.63	4	42.06	4	40.87	4	41.43	4	⟨58.35⟩	4	⟨57.85⟩	40.88
		14	39.51	14	39.46	14	40.35	14	⟨56.97⟩	14	41.40	14	42.06	14	41.63	14	41.58	14	41.00	14	40.63	14	⟨58.57⟩	14	⟨58.19⟩	
		24	39.94	24	39.41	24	39.87	24	41.55	24	41.22	24	41.48	24	42.03	24	42.14	24	41.12	24	40.72	24	⟨58.37⟩	24	41.61	

续表

点号	年份	1月 日	1月 水位	2月 日	2月 水位	3月 日	3月 水位	4月 日	4月 水位	5月 日	5月 水位	6月 日	6月 水位	7月 日	7月 水位	8月 日	8月 水位	9月 日	9月 水位	10月 日	10月 水位	11月 日	11月 水位	12月 日	12月 水位	年平均
73	1991	7	⟨58.63⟩	7	⟨58.64⟩	7	⟨58.58⟩	7	43.10	7	⟨58.57⟩	7	⟨58.64⟩	7	⟨58.40⟩	7	⟨58.55⟩	7	⟨58.81⟩	7	⟨58.45⟩	7	⟨58.53⟩	7	⟨58.63⟩	44.07
		17	⟨58.62⟩	17	⟨58.63⟩	17	⟨58.63⟩	17	⟨58.63⟩	17	44.55	17	⟨58.52⟩	17	⟨58.43⟩	17	45.21	17	⟨58.23⟩	17	44.42	17	⟨58.24⟩	17	45.37	
		27	43.08	27	42.24	27	43.06	27	⟨58.56⟩	27	⟨58.54⟩	27	⟨58.47⟩	27	⟨58.34⟩	27	⟨58.58⟩	27	⟨58.13⟩	27	⟨59.21⟩	27	⟨58.25⟩	27	45.64	
	1992	6	45.44	6	⟨58.89⟩	6	⟨58.61⟩	6	⟨56.54⟩	6		6		6		6	⟨66.66⟩	6	⟨64.65⟩	6	⟨65.06⟩	6	⟨65.50⟩	6	⟨64.27⟩	46.18
		16	⟨58.58⟩	16	⟨58.85⟩	16	⟨58.73⟩	16	46.55	16		16		16		16	47.67	16	⟨65.43⟩	16	⟨64.70⟩	16	⟨64.59⟩	16	⟨64.57⟩	
		26	45.07	26	⟨58.63⟩	26	⟨55.19⟩	26		26		26		26		26	⟨65.57⟩	26	⟨65.97⟩	26	⟨65.54⟩	26	⟨64.77⟩	26	⟨54.60⟩	
	1993	6	⟨64.13⟩	6	⟨64.53⟩	6	⟨64.55⟩	6	⟨64.65⟩	6	⟨66.60⟩	6	⟨66.12⟩	6	⟨65.79⟩	6	⟨66.49⟩	6	⟨58.02⟩	6	⟨68.23⟩	6	⟨68.46⟩	6	⟨68.53⟩	53.37
		16	⟨64.67⟩	16	⟨64.42⟩	16	⟨65.00⟩	16	⟨65.42⟩	16	⟨66.10⟩	16	⟨66.68⟩	16	⟨68.03⟩	16	54.40	16	⟨69.00⟩	16	⟨68.74⟩	16	⟨66.82⟩	16	⟨70.00⟩	
		26	⟨64.69⟩	26	⟨64.45⟩	26	⟨65.13⟩	26	⟨68.63⟩	26	⟨65.20⟩	26	⟨66.16⟩	26	⟨67.39⟩	26	⟨66.34⟩	26	⟨70.09⟩	26	52.33	26	⟨68.93⟩	26	⟨70.44⟩	
	1994	6	⟨70.47⟩	6	⟨71.08⟩	6	⟨70.74⟩	6	⟨70.96⟩	6	⟨71.04⟩	6	⟨71.04⟩	6	⟨71.18⟩	6	⟨70.76⟩	6	⟨70.65⟩	6	⟨70.81⟩	6	⟨70.15⟩	6	⟨70.53⟩	57.48
		16	⟨70.17⟩	16	⟨71.18⟩	16	⟨70.40⟩	16	⟨70.91⟩	16	⟨71.01⟩	16	⟨70.92⟩	16	⟨71.18⟩	16	58.50	16	⟨70.78⟩	16	⟨70.72⟩	16	⟨70.71⟩	16	⟨70.47⟩	
		26	⟨70.65⟩	26	⟨71.00⟩	26	⟨70.92⟩	26	⟨70.46⟩	26	⟨71.21⟩	26	⟨70.83⟩	26	⟨70.80⟩	26	⟨70.75⟩	26	⟨70.78⟩	26	⟨70.73⟩	26	⟨70.61⟩	26	⟨70.08⟩	
	1995	6	⟨69.45⟩	6	56.00	6	⟨70.90⟩	6	⟨71.68⟩	6	⟨72.78⟩	6	⟨73.81⟩	6	⟨74.54⟩	6	⟨75.53⟩	6	⟨74.54⟩	6	⟨75.28⟩	6	⟨75.11⟩	6	⟨74.27⟩	57.91
		10		10	56.71	10	⟨70.70⟩	10	⟨73.09⟩	10	⟨74.03⟩	10	⟨73.72⟩	10	⟨74.14⟩	10	60.37	10	⟨75.33⟩	10	⟨75.74⟩	10	⟨74.83⟩	10	⟨74.73⟩	
		16	⟨69.83⟩	16	56.10	16	⟨70.98⟩	16	⟨73.13⟩	16	⟨73.87⟩	16	⟨73.76⟩	16	⟨74.58⟩	16	62.76	16	⟨75.16⟩	16	⟨74.57⟩	16	⟨74.98⟩	16	⟨75.18⟩	
		20		20	57.01	20	⟨70.63⟩	20	⟨72.18⟩	20	⟨73.46⟩	20	⟨74.36⟩	20	⟨74.69⟩	20	⟨75.33⟩	20	⟨75.22⟩	20	⟨75.07⟩	20	⟨75.50⟩	20	⟨75.26⟩	
		26	⟨68.90⟩	26	56.44	26	⟨72.41⟩	26	⟨72.65⟩	26	⟨73.61⟩	26	⟨74.24⟩	26	⟨74.75⟩	26	⟨75.51⟩	26	⟨75.30⟩	26	⟨75.68⟩	26	⟨75.36⟩	26	⟨75.26⟩	
		30		30	⟨69.19⟩	30	⟨71.71⟩	30	⟨72.52⟩	30	⟨73.99⟩	30	⟨74.31⟩	30	⟨75.12⟩	30	⟨75.84⟩	30	⟨75.44⟩	30	⟨75.34⟩	30	⟨75.74⟩	30	⟨75.14⟩	
	1996	6	⟨76.43⟩	6	⟨76.45⟩	6	⟨76.67⟩	6	⟨76.76⟩	6	⟨77.10⟩	6	⟨77.36⟩	6	⟨75.41⟩	6	⟨78.48⟩	6	⟨77.93⟩	6	⟨77.34⟩	6	⟨76.63⟩	6	⟨77.27⟩	66.48
		10		10	⟨76.88⟩	10	⟨77.47⟩	10	⟨76.97⟩	10	⟨77.94⟩	10	⟨77.52⟩	10	⟨74.64⟩	10	⟨78.94⟩	10	⟨77.93⟩	10	⟨78.02⟩	10	⟨76.89⟩	10	⟨77.24⟩	
		16	⟨76.86⟩	16	⟨76.94⟩	16	⟨77.43⟩	16	⟨77.13⟩	16	⟨77.49⟩	16	⟨77.42⟩	16	65.26	16	67.70	16	⟨77.88⟩	16	⟨77.00⟩	16	⟨76.90⟩	16	⟨77.28⟩	
		20	⟨76.78⟩	20	⟨77.05⟩	20	⟨77.30⟩	20	⟨77.39⟩	20	⟨78.17⟩	20	⟨77.39⟩	20	⟨79.95⟩	20	⟨79.57⟩	20	⟨78.21⟩	20	⟨77.74⟩	20	⟨77.03⟩	20	⟨77.31⟩	
		26	⟨76.41⟩	26	⟨75.40⟩	26	⟨76.69⟩	26	⟨77.21⟩	26	⟨77.32⟩	26	⟨77.37⟩	26	⟨78.58⟩	26	⟨77.72⟩	26	⟨78.43⟩	26	⟨76.46⟩	26	⟨77.25⟩	26	⟨77.32⟩	
		30	⟨76.55⟩	30	⟨77.28⟩	30	⟨77.01⟩	30	⟨77.21⟩	30	⟨77.49⟩	30	⟨77.43⟩	30	⟨79.45⟩	30	⟨78.04⟩	30	⟨78.46⟩	30	⟨76.70⟩	30	⟨77.22⟩	30	⟨77.38⟩	

续表

点号	年份	1月 日	1月 水位	2月 日	2月 水位	3月 日	3月 水位	4月 日	4月 水位	5月 日	5月 水位	6月 日	6月 水位	7月 日	7月 水位	8月 日	8月 水位	9月 日	9月 水位	10月 日	10月 水位	11月 日	11月 水位	12月 日	12月 水位	年平均
73	1997	5	〈77.33〉	5	〈77.34〉	5	〈77.13〉	5	〈76.83〉	5	64.88	5	〈76.15〉	5	〈76.65〉	5	〈80.63〉	5	〈82.33〉	5	〈80.61〉	5	〈82.70〉	5	〈80.36〉	65.81
		10	〈77.39〉	10	〈77.23〉	10	〈77.34〉	10	〈77.06〉	10	〈76.70〉	10	〈77.41〉	10	〈80.33〉	10	〈80.80〉	10	〈81.70〉	10	〈79.91〉	10	〈81.60〉	10	〈80.53〉	
		15	〈76.83〉	15	〈77.21〉	15	〈77.32〉	15	64.33	15	64.83	15		15	〈76.86〉	15	69.63	15	〈79.63〉	15	〈79.93〉	15	〈82.27〉	15	〈80.51〉	
		20	〈77.04〉	20	〈77.33〉	20	〈77.47〉	20	64.79	20	〈77.36〉	20	67.43	20	〈77.13〉	20	〈80.90〉	20	〈82.22〉	20	〈80.34〉	20	〈81.08〉	20	〈80.67〉	
		25	〈77.27〉	25	〈76.63〉	25	〈77.53〉	25	65.21	25	〈77.50〉	25		25	〈80.91〉	25	〈80.94〉	25	〈79.00〉	25	〈80.41〉	25	〈79.91〉	25	〈79.06〉	
		30	〈77.30〉	30	〈77.25〉	30	66.30	30	64.91	30	〈77.27〉	30		30	〈77.05〉	30	〈81.07〉	30	〈80.59〉	30	〈79.83〉	30	〈80.32〉	30	〈79.96〉	
	1998	5	79.96	5	〈83.83〉	5	〈82.83〉	5	〈83.61〉	5	〈83.57〉	5	〈83.83〉	5	〈83.75〉	5	〈81.93〉	5	〈80.43〉	5	〈78.53〉	5	〈80.42〉	5	〈79.48〉	71.99
		10	〈80.93〉	10	〈81.72〉	10	〈82.74〉	10	〈83.21〉	10	〈83.14〉	10	〈82.49〉	10	〈83.93〉	10	〈80.22〉	10	〈79.35〉	10	〈77.30〉	10	〈79.34〉	10	〈79.61〉	
		15	〈83.73〉	15	〈82.26〉	15	〈83.23〉	15	〈83.25〉	15	〈82.63〉	15	〈83.03〉	15	〈83.97〉	15	〈79.43〉	15	〈80.33〉	15	〈79.77〉	15	〈78.23〉	15	〈80.75〉	
		20	〈81.45〉	20	〈82.38〉	20	〈83.68〉	20	〈80.75〉	20	〈82.22〉	20	〈82.61〉	20	〈84.16〉	20	69.34	20	〈80.46〉	20	〈78.84〉	20	〈80.24〉	20	〈80.03〉	
		25	〈84.04〉	25	〈83.78〉	25	〈80.53〉	25	〈81.79〉	25	〈83.63〉	25	〈82.51〉	25	〈82.73〉	25	〈79.70〉	25	〈79.71〉	25	〈80.20〉	25	66.67	25	〈80.73〉	
		30	〈81.98〉	30	〈83.64〉	30	〈82.17〉	30	〈82.07〉	30	〈82.26〉	30	〈84.61〉	30	〈81.59〉	30	〈81.27〉	30	〈78.79〉	30	〈76.36〉	30	〈80.75〉	30	〈78.41〉	
	1999	5	〈80.41〉	5	〈80.96〉	5	63.43	5	〈79.75〉	5	〈79.95〉	5	〈81.21〉	5	〈78.23〉	5	〈78.63〉	5	63.12	5	62.48	5	〈76.23〉	5	〈77.75〉	63.52
		10	〈79.15〉	10	〈80.44〉	10	62.84	10	63.41	10	〈80.40〉	10	〈81.26〉	10	〈78.49〉	10	〈79.18〉	10	62.53	10	61.80	10	〈77.04〉	10	〈77.46〉	
		15	〈80.68〉	15	〈78.25〉	15	〈79.59〉	15	62.84	15	〈79.99〉	15	〈79.12〉	15	〈78.46〉	15	〈78.83〉	15	62.60	15	〈77.33〉	15	〈77.40〉	15	〈77.10〉	
		20	〈81.05〉	20	〈78.02〉	20	62.59	20	〈75.53〉	20	〈80.20〉	20	〈80.96〉	20	〈79.14〉	20	62.49	20	〈77.03〉	20	〈77.73〉	20	〈77.91〉	20	〈77.93〉	
		25	〈81.61〉	25	〈77.88〉	25	〈78.28〉	25	〈80.19〉	25	〈80.29〉	25	〈76.89〉	25	62.32	25	66.75	25	〈77.33〉	25	〈77.32〉	25	〈76.57〉	25	〈77.79〉	
		30	〈77.17〉	30	〈78.15〉	30	〈78.50〉	30	〈80.05〉	30	〈80.69〉	30	〈78.86〉	30	〈78.50〉	30	65.03	30	〈78.09〉	30	〈76.36〉	30	〈76.82〉	30	〈78.32〉	
	2000	5	〈78.08〉	5	64.81	5	〈77.91〉	5	〈79.27〉	5	〈78.57〉	5	〈77.39〉	5	61.77	5	57.45	5	52.36	5	47.72	5	44.79	5	40.85	50.60
		10	〈78.75〉	10	〈78.25〉	10	〈78.44〉	10	〈76.45〉	10	〈77.96〉	10	〈78.43〉	10	61.04	10	57.27	10	52.81	10	48.47	10	44.23	10	40.84	
		15	〈76.43〉	15	〈78.02〉	15	〈78.00〉	15	〈76.25〉	15	〈79.36〉	15	〈77.88〉	15	59.93	15	54.82	15	51.43	15	46.21	15	43.65	15	40.47	
		20	〈77.76〉	20	〈77.88〉	20	64.56	20	〈77.53〉	20	〈79.31〉	20	〈77.93〉	20	59.78	20	55.33	20	51.90	20	47.85	20	42.32	20	39.68	
		25	〈77.07〉	25	〈78.21〉	25	〈77.66〉	25	〈78.06〉	25	〈81.25〉	25	〈77.19〉	25	58.22	25	52.94	25	49.27	25	44.75	25	41.79	25	39.75	
		30	〈77.07〉	30		30	〈78.27〉	30	〈78.44〉	30	〈78.90〉	30	63.33	30	58.79	30	53.66	30	49.74	30	47.38	30	41.44	30	40.18	

续表

点号	年份	1月 日	1月 水位	2月 日	2月 水位	3月 日	3月 水位	4月 日	4月 水位	5月 日	5月 水位	6月 日	6月 水位	7月 日	7月 水位	8月 日	8月 水位	9月 日	9月 水位	10月 日	10月 水位	11月 日	11月 水位	12月 日	12月 水位	年平均
74	1986	5	12.02	5	12.23	5	12.70	5	13.38	5	13.76	5	14.00	5	13.76	5	13.58	5	14.20	5	14.05	5		5		
		15	12.20	15	12.21	15	12.96	15	13.56	15	13.90	15	14.42	15	13.62	15	13.79	15	14.15	15	14.18	15		15		13.44
		25	12.18	25	12.40	25	13.20	25	13.58	25	13.95	25	13.96	25	13.70	25	13.86	25	14.25	25		25		25		
78	1986	15	42.41	15	42.53	15	42.32	15	43.60	15	43.42	15	43.45	15	41.58	15	44.31	15	44.66	15	46.34	15	43.99	15	44.04	43.55
	1987	16	44.72	16	43.98	16	44.85	16	44.60	16	44.95	16	45.63	16	46.04	16	48.30	16	47.51	16	47.36	16	45.02	16	46.13	45.76
	1988	15	46.41	15	47.81	15	48.18	15	48.27	15	48.44	15	48.03	15	47.78	15	47.53	15	47.59	15	47.57	15	47.62	15	47.66	47.74
	1989	15	47.57	15	47.60	15	47.64	15	47.62	15	47.64	15	47.62	15	47.63	15	45.91	15	48.14	15	48.16	15	48.14	15	48.16	47.65
	1991	15	48.32	15	48.34	15	48.32	15	48.34	15	48.38	15	48.34	15	48.36	15	48.39	15	48.64	15	48.66	15	48.68	15	47.94	48.39
	1992	16	48.16	16	48.47	16	48.77	16	48.74	16	48.99	16	48.78	16	49.14	16	49.12	16	50.22	16	48.94	16	49.32	16	48.76	48.95
79	1986	15	〈27.24〉	15	〈27.52〉	15	23.51	15	23.19	15	22.92	15	24.27	15	24.41	15	25.56	15	25.52	15	25.23	15	25.87	15	25.79	24.63
	1988	15	27.31	15	27.51	15	27.71	15	27.74	15	27.72	15	27.81	15	36.02	5	36.19	15	36.22	15	36.19	15	36.22	15	36.42	31.92
	1989	15	36.02	15	36.05	15	36.17	15	36.15	15	36.17	15	36.09	15	36.17	15	〈48.54〉	15	36.29	15	36.31	15	36.35	15	36.37	36.19
	1991	15	30.75	15	30.77	15	30.79	15	30.87	15	30.89	15	30.82	15	30.80	5	30.81	15	31.09	15	31.22	15	31.12	15	30.87	30.90
	1992	16	31.07	16	31.35	16	31.49	16	31.09	16	31.21	16	31.47	16	32.12	5	31.12	16	33.52	16	32.69	16	33.17	16	33.02	31.94
	1998	14		14		14	47.02	14	47.08	14	47.14	14	47.40	14	47.44	5	47.47	14	47.25	14	46.82	14	46.69	14	46.37	47.07
	1999	14	45.69	14	45.23	14	44.91	14	45.50	14	45.70	14	45.50	14	45.22	5	45.01	14	44.60	14	44.30	14	44.83	14	44.56	45.10
	2000	14	〈59.05〉	14	45.23	14	44.91	14	44.69	14	45.00	14	46.56	14	44.73	5	46.31	14	44.90	14	44.63	14	44.11	14	43.46	44.96
80	1986	15	32.64	15	33.19	15	32.62	15	31.63	15	31.84	15	32.25	15	33.19	15	33.80	15	33.59	15	33.36	15	33.15	15	32.79	32.84
	1988	15	35.37	15	35.57	15	35.90	15	36.03	15	36.00	15	35.97	15	28.03	15	28.09	15	28.11	15	28.13	15	28.21	15	28.36	31.98
	1989	15	27.81	15	27.91	15	27.96	15	27.99	15	28.03	15	28.01	15	28.03	15	〈36.55〉	15	28.09	15	28.13	15	28.13	15	28.16	28.02
	1991	15	38.11	15	38.09	15	38.11	15	38.13	15	38.11	15	38.15	15	38.14	15	38.16	15	38.33	15	38.43	15	38.37	15	37.93	38.17
	1992	16	38.19	16	38.41	16	38.49	16	38.37	16	38.51	16	38.49	16	38.31	16	39.31	16	40.49	16	38.83	16	39.13	16	38.52	38.75
83	1986	5	〈39.64〉	5	34.09	5	〈40.84〉	5	36.30	5	〈41.30〉	5	38.82	5	〈43.82〉	5	〈46.17〉	5	〈47.78〉	5	〈47.62〉	5	〈47.64〉	5	〈46.92〉	
		15	〈41.07〉	15	33.90	15	33.79	15	〈41.60〉	15	〈43.12〉	15	〈43.02〉	15	〈44.97〉	15	41.05	15	39.99	15	〈47.55〉	15	40.94	15		36.97
		25	33.82	25	〈40.92〉	25	〈40.97〉	25	〈42.04〉	25	〈42.91〉	25	〈43.99〉	25	〈46.92〉	25	〈46.77〉	25	〈46.78〉	25	〈46.18〉	25	〈46.75〉	25	〈45.82〉	

续表

点号	年份	1月 日	1月 水位	2月 日	2月 水位	3月 日	3月 水位	4月 日	4月 水位	5月 日	5月 水位	6月 日	6月 水位	7月 日	7月 水位	8月 日	8月 水位	9月 日	9月 水位	10月 日	10月 水位	11月 日	11月 水位	12月 日	12月 水位	年平均
83	1987	4	〈45.90〉	4	〈45.67〉	5	46.50	5	〈46.15〉	5	〈55.51〉	5	〈46.98〉	5	〈49.44〉	5	〈50.19〉	5	〈51.17〉	5	〈46.06〉	5	〈49.72〉	5	〈46.02〉	42.49
		14	〈45.72〉	14	41.26	15	〈45.69〉	15	〈46.85〉	15	41.03	15	〈46.92〉	15	〈49.71〉	15	〈50.27〉	15	44.09	15	〈47.34〉	15	〈48.02〉	15	〈47.14〉	
		24	〈45.81〉	24	〈46.38〉	25	〈45.66〉	25	〈46.36〉	25	〈46.83〉	25	〈47.00〉	25	〈50.41〉	25	〈51.39〉	25	〈51.60〉	25	〈46.39〉	25	〈50.08〉	25	39.56	
	1988	6	〈48.76〉	6	〈45.62〉	6	37.25	6	37.46	6	〈46.92〉	6	40.54	6	37.40	6	40.64	6	40.65	6	38.44	6	〈48.47〉	6	37.09	38.87
		16	39.37	16	〈44.28〉	16	〈44.16〉	16	41.49	16	40.46	16	41.04	16	34.35	16	38.67	16	39.52	16	〈45.29〉	16	36.12	16	37.47	
		26	40.26	26	〈44.10〉	26	37.96	26	39.52	26	39.79	26	42.14	26	〈45.12〉	26	39.85	26		26	38.07	26	36.95	26	38.12	
	1989	6	37.29	6	36.59	6	36.12	6	36.10	6	37.60	6	39.13	6	39.10	6	39.62	6	36.61	6	〈41.21〉	6	〈40.00〉	6	35.32	36.83
		16	36.80	16	35.73	16	35.97	16	〈41.45〉	16	36.11	16	37.86	16	39.75	16	37.76	16	36.14	16	35.21	16	35.27	16	35.25	
		26	36.72	26	36.16	26	36.44	26	35.35	26	37.48	26	〈44.09〉	26	〈45.36〉	26	〈42.82〉	26	〈41.97〉	26	〈40.52〉	26	〈38.71〉	26	〈38.86〉	
	1990	6	35.05	6	35.49	6	35.49	6	〈41.68〉	6	38.96	6	39.65	6	38.55	6	38.66	6	〈40.65〉	6	36.41	6	〈40.00〉	6	35.85	36.72
		16	〈39.25〉	16	〈39.18〉	16	35.98	16	36.70	16	〈42.34〉	16	〈43.23〉	16	39.00	16	〈42.36〉	16	〈40.41〉	16	〈39.82〉	16	〈39.92〉	16	35.62	
		26	35.90	26	34.95	26	〈41.49〉	26	35.12	26	〈43.12〉	26	〈43.01〉	26	39.35	26	〈42.16〉	26	36.65	26	〈40.24〉	26	36.20	26	34.73	
	1991	6	35.27	6	35.49	6	〈40.73〉	6	〈41.50〉	6	40.99	6	40.96	6	〈43.10〉	6	〈44.14〉	6	〈44.81〉	6	41.61	6	〈47.32〉	6	〈46.55〉	39.81
		16	〈41.49〉	16	36.07	16	〈41.44〉	16	39.34	16	〈41.64〉	16	〈48.26〉	16	〈41.61〉	16	40.99	16	42.56	16	41.94	16	〈45.20〉	16	〈44.48〉	
		26	〈41.35〉	26	37.21	26	38.32	26	〈41.14〉	26	〈41.92〉	26	41.09	26	〈46.28〉	26	〈48.72〉	26	〈44.00〉	26	〈46.89〉	26	41.20	26	〈45.92〉	
	1992	8	〈44.69〉	8	42.10	8	42.26	8	42.33	8	〈46.00〉	8	〈46.71〉	8	〈48.12〉	8	〈52.42〉	8	48.97	8	48.29	8	46.10	8	〈44.37〉	45.71
		18	〈45.83〉	18	〈46.64〉	18	〈46.00〉	18	〈45.69〉	18	〈46.74〉	18	〈46.26〉	18	〈52.43〉	18	47.93	18	49.36	18	〈52.19〉	18	46.52	18	〈46.58〉	
		28	〈45.12〉	28	41.84	28	〈52.06〉	28	46.32	28	〈45.96〉	28	〈45.21〉	28	〈53.28〉	28	48.49	28	〈52.90〉	28	46.93	28	45.19	28	〈48.70〉	
	1993	8	46.76	8	48.55	8	48.44	8	49.38	8	〈54.57〉	8	〈53.87〉	8	50.50	8	〈54.40〉	8	〈54.53〉	8	45.65	8	〈52.69〉	8	〈53.03〉	47.82
		18	46.94	18		18		18	49.24	18	〈54.15〉	18	49.46	18	〈54.62〉	18	49.55	18	〈53.16〉	18	46.07	18	〈53.32〉	18	〈53.92〉	
		28	〈57.98〉	28		28	〈53.79〉	28	〈55.35〉	28	〈50.88〉	28	49.08	28	49.59	28	〈54.78〉	28	44.99	28	46.00	28	44.85	28	〈52.11〉	
	1994	8	〈52.60〉	8	〈50.57〉	8	45.59	8	〈48.48〉	8	〈54.15〉	8	〈52.23〉	8	〈54.11〉	8	〈55.47〉	8	〈53.56〉	8	〈54.17〉	8	〈55.31〉	8	〈54.42〉	46.75
		18	〈53.92〉	18	〈53.28〉	18	〈51.37〉	18	43.80	18	〈54.15〉	18	〈53.92〉	18	48.79	18	48.67	18	47.20	18	〈55.09〉	18	〈52.56〉	18	〈55.57〉	
		28	45.89	28	〈47.99〉	28	〈51.14〉	28	45.83	28	〈55.85〉	28	45.31	28	47.59	28	46.03	28	〈54.46〉	28	49.52	28	〈53.48〉	28	〈53.98〉	

续表

点号	年份	1月 日	1月 水位	2月 日	2月 水位	3月 日	3月 水位	4月 日	4月 水位	5月 日	5月 水位	6月 日	6月 水位	7月 日	7月 水位	8月 日	8月 水位	9月 日	9月 水位	10月 日	10月 水位	11月 日	11月 水位	12月 日	12月 水位	年平均
83	1995	8	49.58	8	43.03	8	44.26	8	52.79	8	⟨56.63⟩	8	53.56	8	⟨63.37⟩	8		8		8		8		8		
		18	51.06	18	⟨55.02⟩	18	44.53	18	⟨54.57⟩	18	45.44	18	⟨59.12⟩	18	⟨61.29⟩	18		18		18		18		18		48.92
		28	⟨55.42⟩	28	⟨55.23⟩	28	⟨55.97⟩	28	⟨55.52⟩	28	⟨56.27⟩	28	⟨57.94⟩	28	56.02	28		28		28		28		28		
87	1986	15	18.27	15	18.14	15	⟨23.12⟩	15	⟨22.55⟩	15	18.35	15	17.18	15	21.91	15	22.83	15	23.75	15	23.07	15	23.81	15	24.04	21.14
	1987	14	26.56	14	26.95	14	24.83	14	24.70	14	24.94	14	25.03	14	26.74	14	27.15	14	27.26	14	27.35	14	26.10	14	26.84	26.20
	1988	15	27.18	15	27.21	15	26.10	15	26.70	15	27.35	15	27.72	15	28.20	15	27.77	15	⟨31.96⟩	15	25.79	15	25.70	15	25.92	26.88
	1989	15	26.13	15	23.59	15	23.43	15	24.58	15	24.67	15	25.58	15	⟨27.32⟩	15	26.32	15	24.55	15	24.30	15	22.34	15	⟨25.00⟩	24.55
	1990	15	21.87	15	23.87	15	23.51	15	25.18	15	⟨27.69⟩	15	⟨27.71⟩	15	25.14	15	25.19	15	23.52	15	22.82	15	22.73	15	23.25	23.71
	1991	16	23.01	16	23.44	16	23.27	16	25.68	16	27.62	16	24.16	16	⟨27.87⟩	16	24.38	16	24.02	16	23.96	16	⟨27.31⟩	16	23.73	24.33
	1992	16	⟨27.17⟩	16	26.79	16	⟨31.11⟩	16	⟨29.47⟩	16	24.65	16	⟨32.46⟩	16	⟨34.22⟩	16	25.27	16	⟨33.79⟩	16	⟨33.24⟩	16	23.31	16	⟨33.71⟩	25.01
	1993	16	⟨32.70⟩	15	31.43	15	31.80	15	32.20	15	33.08	15	⟨35.51⟩	15	⟨35.88⟩	15	23.37	15	⟨35.12⟩	15	⟨32.26⟩	15	31.19	15	31.11	30.60
	1994	16	30.81	16	⟨33.74⟩	16	31.06	16	31.36	16	30.99	16	33.32	16	34.11	16	34.09	16	34.19	16	34.61	16	34.48	16	33.98	33.00
	1995	16	33.83	16	34.27	16	35.39	16	35.36	16	35.49	16	35.81	16	37.89	16	40.15	16	41.44	16	41.76	16	42.06	16	42.58	38.00
	1996	16	43.07	16	43.30	16	43.77	16	44.50	16	45.54	16	46.20	16	46.51	16	46.76	16	46.54	16	46.46	16	46.59	16	46.80	45.50
	1997	15	48.42	15	47.78	15	48.35	15	48.81	15	48.74	15	50.11	15	50.40	15	50.60	15	50.89	15	51.70	15	51.28	15	50.94	49.84
	1998	15	51.36	15	51.41	15	49.97	15	48.88	15	47.94	15	47.53	15	47.48	15	47.61	15	47.06	15	46.26	15	47.19	15	47.27	48.33
	1999	15	46.94	15	46.61	15	46.06	15	45.71	15	45.46	15	45.08	15	46.52	15	45.97	15	47.20	15	45.11	15	44.63	15		45.94
	2000	14	⟨61.96⟩	14	⟨61.03⟩	14	⟨62.63⟩	14	57.41	14	57.74	14	57.62	14	57.28	14	56.76	14	55.49	14	54.63	14	54.11	14	⟨56.36⟩	56.38
40	1987	4	⟨48.74⟩	4	⟨51.03⟩	5	⟨49.54⟩	5	⟨49.33⟩	5	35.45	5	⟨51.65⟩	5	⟨53.55⟩	5	⟨54.54⟩	5	40.67	5	⟨52.20⟩	5	⟨50.91⟩	5	⟨50.87⟩	40.26
		14	⟨49.15⟩	14	⟨51.34⟩	15	⟨48.88⟩	15	⟨49.85⟩	15	⟨50.16⟩	15	⟨51.42⟩	15	⟨54.10⟩	15	⟨55.57⟩	15	⟨55.88⟩	15	⟨53.51⟩	15	⟨51.37⟩	15	⟨50.83⟩	
		24	⟨50.87⟩	24	⟨51.51⟩	25	⟨48.57⟩	25	⟨50.30⟩	25	⟨50.20⟩	25	⟨50.90⟩	25	⟨54.86⟩	25	⟨56.44⟩	25	⟨56.04⟩	25	44.66	25	⟨51.49⟩	25	⟨50.83⟩	
	1988	6	⟨50.91⟩	6	⟨52.68⟩	6	⟨51.15⟩	6	⟨49.02⟩	6	⟨51.01⟩	6	⟨51.34⟩	6	⟨53.86⟩	6	⟨55.90⟩	6	⟨53.63⟩	6	⟨50.78⟩	6	⟨50.31⟩	6	⟨50.20⟩	45.17
		16	⟨50.41⟩	16	⟨52.07⟩	16	⟨49.01⟩	16	⟨51.77⟩	16	⟨51.17⟩	16	⟨52.18⟩	16	⟨53.59⟩	16	⟨54.62⟩	16	⟨51.59⟩	16	⟨49.74⟩	16	⟨48.70⟩	16	⟨50.31⟩	
		26	⟨50.73⟩	26	⟨49.39⟩	26	⟨48.96⟩	26	⟨50.39⟩	26	⟨52.21⟩	26	⟨54.19⟩	26	⟨54.33⟩	26	45.17	26	⟨52.24⟩	26	⟨48.90⟩	26	⟨49.91⟩	26	⟨50.73⟩	

续表

点号	年份	1月 日	1月 水位	2月 日	2月 水位	3月 日	3月 水位	4月 日	4月 水位	5月 日	5月 水位	6月 日	6月 水位	7月 日	7月 水位	8月 日	8月 水位	9月 日	9月 水位	10月 日	10月 水位	11月 日	11月 水位	12月 日	12月 水位	年平均
40	1989	6	⟨48.41⟩	6	⟨47.80⟩	6	⟨49.06⟩	6	⟨47.98⟩	6	⟨49.89⟩	6	⟨52.14⟩	6	⟨48.51⟩	6	⟨54.87⟩	6	⟨51.21⟩	6	⟨46.80⟩	6	⟨48.68⟩	6	⟨49.10⟩	40.08
		16	⟨50.09⟩	16	⟨48.39⟩	16	⟨47.11⟩	16	⟨47.89⟩	16	⟨47.55⟩	16	⟨47.83⟩	16	⟨51.07⟩	16	42.37	16	⟨51.05⟩	16	39.07	16	⟨47.38⟩	16	39.14	
		26	⟨46.16⟩	26	⟨47.82⟩	26	⟨48.66⟩	26	⟨48.01⟩	26	⟨50.36⟩	26	⟨47.87⟩	26	⟨53.28⟩	26	⟨51.26⟩	26	⟨50.26⟩	26	⟨48.01⟩	26	⟨46.86⟩	26	39.73	
	1990	6	⟨50.78⟩	6	⟨49.84⟩	6	⟨50.12⟩	6	⟨53.17⟩	6	⟨54.50⟩	6	⟨57.61⟩	6	⟨53.58⟩	6	45.12	6	43.96	6	⟨49.01⟩	6	⟨48.49⟩	6	⟨49.89⟩	44.14
		16	⟨50.59⟩	16	⟨50.17⟩	16	⟨51.71⟩	16	⟨50.00⟩	16	⟨55.20⟩	16	⟨57.06⟩	16	⟨54.40⟩	16	⟨52.18⟩	16	⟨49.87⟩	16	⟨49.57⟩	16	⟨48.42⟩	16	⟨50.26⟩	
		26	⟨50.90⟩	26	⟨47.44⟩	26	⟨53.09⟩	26	⟨49.20⟩	26	⟨57.01⟩	26	⟨54.50⟩	26	⟨55.10⟩	26	⟨50.81⟩	26	⟨49.39⟩	26	⟨49.92⟩	26	43.34	26	⟨48.55⟩	
	1991	6	⟨50.19⟩	6	⟨52.11⟩	6	⟨49.15⟩	6	⟨53.44⟩	6	⟨54.47⟩	6	⟨55.48⟩	6	⟨56.61⟩	6	⟨55.90⟩	6	⟨57.21⟩	6	⟨57.00⟩	6	⟨56.38⟩	6	⟨53.77⟩	46.53
		16	44.29	16	⟨52.23⟩	16	⟨52.52⟩	16	⟨54.26⟩	16	⟨54.52⟩	16	⟨56.97⟩	16	⟨55.59⟩	16	⟨57.03⟩	16	⟨56.48⟩	16	49.82	16	⟨56.01⟩	16	⟨54.49⟩	
		26	44.60	26	⟨49.89⟩	26	46.52	26	⟨54.76⟩	26	⟨54.64⟩	26	⟨55.76⟩	26	⟨56.85⟩	26	⟨51.00⟩	26	⟨55.56⟩	26	47.44	26	⟨55.75⟩	26	⟨53.87⟩	
	1992	8	⟨54.04⟩	8	⟨55.47⟩	8	⟨55.77⟩	8	⟨55.86⟩	8	⟨57.48⟩	8	48.01	8	⟨57.26⟩	8	47.87	8	⟨64.15⟩	8	⟨62.98⟩	8	⟨57.50⟩	8	⟨57.94⟩	48.48
		18	⟨55.56⟩	18	⟨55.31⟩	18	⟨55.31⟩	18	⟨56.33⟩	18	⟨57.79⟩	18	⟨58.13⟩	18	48.32	18	⟨63.67⟩	18	54.77	18	⟨62.25⟩	18	⟨56.93⟩	18	⟨57.77⟩	
		28	⟨56.12⟩	28	49.41	28	⟨55.60⟩	28	⟨56.81⟩	28	47.18	28	47.45	28	44.74	28	48.57	28	⟨63.65⟩	28	⟨56.56⟩	28	⟨58.08⟩	28	⟨61.83⟩	
	1993	8	⟨61.18⟩	8	54.28	8	⟨63.36⟩	8	⟨64.14⟩	8	57.07	8	⟨64.38⟩	8	⟨64.12⟩	8	⟨65.53⟩	8	⟨66.44⟩	8	42.84	8	⟨65.60⟩	8	⟨64.83⟩	50.16
		18	⟨63.18⟩	18	53.33	18	⟨62.80⟩	18	⟨64.38⟩	18	⟨65.45⟩	18	⟨65.76⟩	18	⟨66.56⟩	18	48.34	18	⟨66.02⟩	18	⟨58.01⟩	18	⟨64.42⟩	18	⟨64.50⟩	
		28	⟨62.86⟩	28	⟨63.40⟩	28	⟨63.31⟩	28	⟨65.69⟩	28	⟨64.04⟩	28	⟨65.53⟩	28	⟨65.74⟩	28	⟨66.86⟩	28	⟨66.35⟩	28	⟨64.66⟩	28	45.11	28	⟨65.90⟩	
	1994	8	⟨63.56⟩	8	⟨63.98⟩	8	⟨61.18⟩	8	⟨64.67⟩	8	⟨61.05⟩	8	⟨64.24⟩	8	⟨64.02⟩	8	⟨65.59⟩	8	⟨65.81⟩	8	57.60	8	⟨65.57⟩	8	⟨66.37⟩	52.84
		18	⟨65.35⟩	18	⟨58.28⟩	18	⟨60.96⟩	18	⟨62.01⟩	18	⟨65.38⟩	18	⟨62.02⟩	18	⟨64.77⟩	18	48.07	18	⟨67.16⟩	18	⟨62.89⟩	18	⟨66.49⟩	18	⟨65.77⟩	
		28	⟨64.62⟩	28	⟨59.61⟩	28	⟨61.88⟩	28	⟨66.08⟩	28	⟨64.75⟩	28	⟨65.06⟩	28	⟨65.25⟩	28	⟨66.12⟩	28	⟨66.87⟩	28	⟨64.53⟩	28	⟨65.23⟩	28	⟨63.97⟩	
	1995	8	⟨64.45⟩	8	⟨65.07⟩	8	⟨65.81⟩	8	⟨66.10⟩	8	⟨67.98⟩	8	⟨68.96⟩	8	⟨70.31⟩	8	⟨73.42⟩	8	⟨76.88⟩	8	⟨76.09⟩	8	⟨76.38⟩	8	⟨77.84⟩	61.81
		18	⟨64.68⟩	18	⟨65.60⟩	18	⟨64.98⟩	18	⟨67.22⟩	18	55.50	18	⟨68.41⟩	18	⟨69.67⟩	18	⟨77.61⟩	18	⟨77.76⟩	18	⟨78.32⟩	18	⟨74.04⟩	18	63.15	
		28	⟨65.20⟩	28	⟨65.25⟩	28	⟨66.99⟩	28	⟨67.30⟩	28	⟨67.69⟩	28	⟨69.08⟩	28	⟨71.59⟩	28	65.03	28	⟨75.27⟩	28	⟨77.63⟩	28	⟨75.97⟩	28	⟨78.01⟩	
	1996	8	⟨77.93⟩	8	⟨71.07⟩	8	⟨71.95⟩	8	⟨73.59⟩	8	⟨72.45⟩	8	⟨74.44⟩	8	⟨79.13⟩	8	64.44	8	⟨75.01⟩	8	⟨77.08⟩	8	⟨76.43⟩	8	⟨77.03⟩	63.12
		18	63.08	18	⟨71.29⟩	18	⟨72.08⟩	18	⟨73.30⟩	18	⟨71.97⟩	18	⟨74.78⟩	18	⟨74.64⟩	18	⟨76.41⟩	18	⟨75.27⟩	18	⟨75.97⟩	18	⟨76.54⟩	18	⟨77.15⟩	
		28	61.84	28	⟨71.77⟩	28	⟨72.19⟩	28	⟨72.93⟩	28	⟨74.47⟩	28	⟨74.74⟩	28	⟨75.75⟩	28	⟨76.49⟩	28	⟨76.70⟩	28	⟨76.56⟩	28	⟨76.77⟩	28	⟨77.32⟩	

续表

点号	年份	1月		2月		3月		4月		5月		6月		7月		8月		9月		10月		11月		12月		年平均
		日	水位	日	水位	日	水位	日	水位	日	水位	日	水位	日	水位	日	水位	日	水位	日	水位	日	水位	日	水位	
40	1997	6	〈77.74〉	6	〈78.43〉	6	〈78.44〉	6	〈77.67〉	6	〈78.83〉	6	〈78.20〉	6	71.15	6	71.99	6	73.25	6	71.64	6	69.52	6	70.13	71.40
		16	〈77.87〉	16	〈78.20〉	16	〈77.74〉	16	〈75.61〉	16	〈77.72〉	16	〈79.03〉	16	71.45	16	71.14	16	73.03	16	70.75	16	70.92	16	70.51	
		26	〈78.14〉	26	〈78.71〉	26	〈77.62〉	26	〈78.46〉	26	〈77.90〉	26	〈79.60〉	26	72.07	26	71.89	26	73.14	26	71.11	26	70.90	26	70.67	
	1998	6	70.81	6	69.64	6	70.50	6	70.41	6	70.71															70.53
		16	70.20	16	70.03	16	71.24	16	70.32	16	70.55															
		26	70.54	26	69.81	26	71.20	26	71.32	26	70.62															
46	1987	5	〈59.72〉	5	〈59.83〉	5	〈59.90〉	4	〈59.66〉	4	〈56.42〉	4	〈62.52〉	4	〈63.83〉	4	〈63.05〉	4	〈64.77〉	4	〈65.78〉	4	〈60.90〉	4	46.34	47.60
		15	〈60.06〉	15	〈61.62〉	15	〈59.06〉	14	〈58.89〉	14	〈59.04〉	14	〈61.92〉	14	〈64.28〉	14	〈60.95〉	14	49.50	14	〈63.92〉	14	〈61.21〉	14	〈59.82〉	
		25	〈59.68〉	25	〈61.39〉	25	〈58.90〉	24	〈57.71〉	24	〈60.80〉	24	〈64.51〉	24	〈63.72〉	24	〈63.90〉	24	〈65.78〉	24	〈63.92〉	24	47.00	24	47.54	
	1988	4	48.20	4	〈53.90〉	4	〈56.13〉	4	〈51.83〉	4	〈50.87〉	4	〈62.75〉	4	〈63.70〉	4	〈68.65〉	4	〈67.71〉	4	〈62.40〉	4	44.16	4	〈47.13〉	46.46
		14	〈55.17〉	14	〈56.07〉	14	〈54.76〉	14	〈51.27〉	14	〈51.20〉	14	〈60.70〉	14	〈66.30〉	14	49.23	14	〈66.46〉	14	44.24	14	〈52.68〉	14	〈48.02〉	
		24	〈57.25〉	24	〈54.67〉	24	〈53.39〉	24	〈51.87〉	24	〈51.83〉	24	〈65.15〉	24	〈68.19〉	24	〈67.18〉	24	〈63.26〉	24	〈50.01〉	24	〈47.73〉	24	〈51.98〉	
	1989	4	〈48.34〉	4	〈53.67〉	4	44.70	4	〈47.85〉	4	〈48.31〉	4	〈50.25〉	4	〈52.61〉	4	〈51.83〉	4	〈52.65〉	4	〈50.44〉	4	〈51.68〉	4	〈52.06〉	44.50
		14	〈53.73〉	14	49.10	14	〈49.02〉	14	〈48.17〉	14	〈47.83〉	14	〈50.27〉	14	〈49.38〉	14	45.60	14	〈53.00〉	14	〈49.25〉	14	39.80	14	〈53.52〉	
		24	45.33	24	45.47	24	〈47.64〉	24	44.13	24	〈50.24〉	24	〈49.21〉	24	46.45	24	〈51.95〉	24	〈54.27〉	24	〈49.34〉	24	〈49.46〉	24	〈54.43〉	
	1990	4	〈54.90〉	4	42.86	4	〈50.28〉	4	〈49.31〉	4	〈49.44〉	4	〈54.32〉	4	〈55.70〉	4	44.85	4	〈53.00〉	4	〈53.97〉	4	〈53.26〉	4	〈48.94〉	43.86
		14	〈54.42〉	14	〈48.80〉	14	〈50.75〉	14	〈47.59〉	14	〈53.34〉	14	〈54.42〉	14	〈56.22〉	14	〈56.34〉	14	〈58.95〉	14	〈53.53〉	14	〈53.04〉	14	〈47.96〉	
		24	〈55.08〉	24	〈49.90〉	24	〈51.07〉	24	〈47.03〉	24	〈52.91〉	24	〈54.13〉	24	〈56.76〉	24	〈56.63〉	24	〈54.81〉	24	〈53.57〉	24	〈48.76〉	24	〈49.82〉	
	1991	5	〈53.05〉	5	〈55.85〉	5	〈59.58〉	5	〈56.85〉	5	36.97	5	42.99	5	〈62.74〉	5	47.53	5	46.40	5	44.29	5	46.33	5	45.38	44.28
		15	〈53.76〉	15	〈57.17〉	15	〈57.61〉	15	〈54.36〉	15	〈56.33〉	15	42.57	15	〈58.36〉	15	45.43	15	46.05	15	43.95	15	44.45	15	〈61.50〉	
		25	〈54.34〉	25	〈58.60〉	25	〈47.36〉	25	40.52	25	43.76	25	〈61.34〉	25	〈60.00〉	25	45.42	25	44.90	25	45.11	25	44.90	25	〈60.59〉	
	1992	4	〈61.35〉	4	49.74	4	〈63.00〉	4	〈57.98〉	4	〈57.29〉	4	〈61.97〉	4	〈67.34〉	4	〈69.31〉	4	〈69.98〉	4	〈70.83〉	4	48.43	4	〈60.32〉	49.89
		14	〈62.37〉	14	〈62.20〉	14	〈64.47〉	14	〈59.15〉	14	〈62.50〉	14	〈65.41〉	14	〈65.84〉	14	52.83	14	〈68.31〉	14	〈68.31〉	14	〈52.60〉	14	48.54	
		24	〈62.09〉	24	〈61.31〉	24	〈58.63〉	24	〈62.09〉	24	〈70.95〉	24	〈66.99〉	24	〈68.09〉	24	〈69.43〉	24	〈67.61〉	24	〈65.64〉	24	〈64.50〉	24	〈65.27〉	

续表

点号	年份	1月 日	1月 水位	2月 日	2月 水位	3月 日	3月 水位	4月 日	4月 水位	5月 日	5月 水位	6月 日	6月 水位	7月 日	7月 水位	8月 日	8月 水位	9月 日	9月 水位	10月 日	10月 水位	11月 日	11月 水位	12月 日	12月 水位	年平均
46	1993	4	〈66.60〉	4	〈70.00〉	4	〈70.49〉	4	〈69.40〉	4	〈72.14〉	4	〈71.64〉	4	〈70.76〉	4	〈70.13〉	4	〈70.51〉	4	〈66.29〉	4	〈69.40〉	4	〈64.46〉	51.66
		14	〈66.90〉	14	〈71.27〉	14	〈71.52〉	14	〈71.64〉	14	〈72.15〉	14	〈71.37〉	14	〈73.05〉	14	51.75	14	〈68.66〉	14	〈68.42〉	14	〈69.44〉	14	〈66.09〉	
		24	〈67.31〉	24	〈70.71〉	24	〈69.53〉	24	〈71.84〉	24	〈71.93〉	24	〈71.12〉	24	〈71.08〉	24	51.56	24	〈66.50〉	24	〈67.87〉	24	〈68.65〉	24	〈66.84〉	
	1994	4	〈66.30〉	4	〈71.01〉	4	〈71.75〉	4	〈71.53〉	4	52.55	4	〈69.01〉	4	〈68.85〉	4	〈70.63〉	4	〈66.87〉	4	〈66.02〉	4	56.41	4	55.48	55.59
		14	〈63.85〉	14	〈71.26〉	14	〈71.94〉	14	〈66.17〉	14	〈67.96〉	14	〈69.85〉	14	〈69.76〉	14	55.90	14	〈63.91〉	14	56.75	14	56.26	14	55.70	
		24	〈67.09〉	24	〈71.55〉	24	〈71.77〉	24	〈66.10〉	24	〈68.01〉	24	〈66.92〉	24	〈66.85〉	24	〈69.08〉	24	〈67.90〉	24	〈69.21〉	24	55.67	24	〈61.75〉	
	1995	4	〈61.71〉	4	〈62.10〉	4	〈68.00〉	4	〈66.37〉	4	〈64.42〉	4	〈65.75〉	4	〈67.65〉	4	〈66.04〉	4	61.58	4	〈69.21〉	4	〈70.56〉	4	〈73.87〉	62.00
		14	〈62.88〉	14	〈60.10〉	14	〈67.85〉	14	〈66.33〉	14	〈66.55〉	14	〈67.15〉	14	〈68.46〉	14	61.90	14	〈73.19〉	14	〈69.21〉	14	〈71.12〉	14	〈71.46〉	
		24	〈63.95〉	24	〈65.37〉	24	〈68.64〉	24	〈66.25〉	24	〈67.73〉	24	〈67.21〉	24	〈65.92〉	24	〈61.09〉	24	〈72.21〉	24	62.52	24	〈71.88〉	24	〈72.04〉	
	1996	4	〈72.58〉	4	67.28	4	65.80	4	〈75.13〉	4	〈75.08〉	4	65.79	4	〈77.08〉	4	〈76.37〉	4	70.10	4	70.11	4	70.25	4	69.75	68.67
		14	〈72.80〉	14	〈70.12〉	14	〈75.90〉	14	66.46	14	67.69	14	〈73.20〉	14	65.60	14	69.21	14	70.05	14	〈73.97〉	14	69.67	14	68.90	
		24	〈69.85〉	24	67.30	24	〈74.85〉	24	67.58	24	〈75.23〉	24	〈72.60〉	24	〈79.63〉	24	69.60	24	69.80	24	70.55	24	69.96	24	70.58	
	1997	4	〈79.22〉	4	〈80.13〉	4	72.86	4	〈79.76〉	4	72.05	4	〈80.00〉	4	74.24	4	63.50	4	75.81	4	75.63	4	76.68	4	76.78	73.85
		14	71.70	14	72.86	14	72.30	14	72.00	14	〈78.35〉	14	〈80.83〉	14	〈81.38〉	14	64.20	14	78.72	14	75.62	14	76.55	14	76.96	
		24	72.48	24	72.74	24	〈77.54〉	24	72.07	24	〈81.54〉	24	〈82.37〉	24	〈85.57〉	24	〈86.42〉	24	76.16	24	76.39	24	76.76	24	77.24	
	1998	4	77.46	4	78.20	4	78.63	4	78.47	4	78.90	4	79.05	4	79.79	4	80.43	4	80.51	4	79.54	4	81.63	4	81.21	79.07
		14	77.54	14	78.34	14	78.47	14		14		14		14		14		14		14		14		14		
		24	77.74	24	78.68	24	78.60	24		24		24		24		24		24		24		24		24		
	1999	14	82.90	14	69.82	14	69.52	14	68.54	14	67.32	14	66.65	14	67.05	14	68.00	14	67.38	14	58.06	14	72.12	14	73.90	69.01
	2000	5	74.71	5	75.98	5	77.64	5	78.52	5	79.40	5	79.55	5	78.98	5	76.95	5	75.43	5	73.92	5		5	71.06	75.41
		15		15		15		15		15		15		15		15		15		15		15		15	70.85	
		25		25		25		25		25		25	30.20	25		25	34.42	25		25		25		25	70.59	
99	1987	5	〈49.13〉	5	〈49.44〉	5	〈56.04〉	5	〈57.23〉	5	〈54.86〉	5	〈53.22〉	5	〈53.94〉	5	34.42	5	〈58.36〉	5	〈57.92〉	5	〈57.93〉	5	〈56.41〉	33.99
		15	〈52.02〉	15	〈51.42〉	15	〈52.86〉	15	〈54.29〉	15	〈56.32〉	15	〈52.13〉	15	〈54.17〉	15	〈54.98〉	15	〈56.99〉	15	〈58.88〉	15	〈58.37〉	15	〈56.60〉	
		25	〈53.16〉	25	〈56.15〉	25	〈54.31〉	25	〈53.90〉	25	〈55.09〉	25	30.20	25		25	〈57.83〉	25	〈57.48〉	25	〈56.74〉	25	〈55.64〉	25	37.36	

续表

点号	年份	1月 日	1月 水位	2月 日	2月 水位	3月 日	3月 水位	4月 日	4月 水位	5月 日	5月 水位	6月 日	6月 水位	7月 日	7月 水位	8月 日	8月 水位	9月 日	9月 水位	10月 日	10月 水位	11月 日	11月 水位	12月 日	12月 水位	年平均
99	1987	5	⟨56.06⟩	5	⟨58.04⟩	5	⟨56.50⟩	5	42.70	5	⟨56.22⟩	5	⟨58.04⟩	5		5		5	⟨58.55⟩	5	⟨57.57⟩	5	⟨56.54⟩	5	⟨55.25⟩	40.82
		15	⟨57.07⟩	15	⟨58.90⟩	15	⟨56.79⟩	15	⟨57.08⟩	15	⟨59.87⟩	15	⟨58.91⟩	15	⟨58.59⟩	15		15	⟨57.60⟩	15	⟨58.70⟩	15	⟨58.88⟩	15	⟨55.74⟩	
		25	⟨59.45⟩	25	⟨58.86⟩	25	39.87	25	⟨57.02⟩	25	39.90	25	⟨57.68⟩	25		25	⟨57.61⟩	25	⟨55.53⟩	25	⟨58.37⟩	25	⟨59.04⟩	25	⟨58.30⟩	
	1988	5	⟨57.70⟩	5	⟨53.97⟩	5	⟨56.16⟩	5	41.79	5	41.15	5	⟨56.65⟩	5	⟨55.84⟩	5	⟨58.87⟩	5	42.53	5	⟨57.30⟩	5	⟨56.23⟩	5	38.45	40.48
		15		15	⟨56.64⟩	15	43.00	15	⟨54.09⟩	15	40.73	15	⟨56.29⟩	15	⟨58.26⟩	15	⟨58.87⟩	15	⟨58.22⟩	15	⟨56.71⟩	15	⟨54.15⟩	15	38.37	
		25	⟨56.19⟩	25	⟨58.48⟩	25	⟨57.40⟩	25	⟨48.30⟩	25	⟨56.63⟩	25	42.41	25	⟨58.57⟩	25	⟨57.98⟩	25	⟨56.16⟩	25	39.07	25	39.40	25	38.42	
	1989	5	37.10	5		5	38.54	5	38.02	5	⟨58.44⟩	5	39.14	5	⟨55.00⟩	5	⟨56.20⟩	5	⟨54.79⟩	5	35.94	5	⟨50.87⟩	5	⟨49.18⟩	37.85
		15	37.91	15	39.32	15	38.26	15	⟨54.92⟩	15	⟨59.08⟩	15	37.46	15	⟨55.37⟩	15	⟨57.37⟩	15	⟨54.91⟩	15	⟨51.72⟩	15	⟨49.58⟩	15	⟨51.62⟩	
		25	38.07	25		25	38.00	25	⟨58.99⟩	25	38.42	25	37.31	25	⟨57.29⟩	25	⟨55.43⟩	25	⟨54.27⟩	25	36.47	25	⟨49.00⟩	25	⟨48.79⟩	
	1990	5	⟨49.60⟩	5	⟨51.75⟩	5	⟨50.87⟩	5	⟨50.70⟩	5	35.58	5	35.88	5	⟨50.78⟩	5	⟨56.10⟩	5	⟨52.98⟩	5	⟨50.47⟩	5	⟨51.24⟩	5	32.84	34.99
		15	⟨50.36⟩	15	⟨51.16⟩	15	⟨50.47⟩	15	⟨50.28⟩	15	⟨52.20⟩	15	⟨51.14⟩	15	⟨56.26⟩	15	⟨52.15⟩	15	⟨51.29⟩	15	35.22	15	⟨52.61⟩	15	⟨52.32⟩	
		25	⟨50.63⟩	25	⟨50.40⟩	25	⟨52.63⟩	25	35.45	25	⟨52.22⟩	25	⟨51.07⟩	25	⟨56.35⟩	25	⟨52.10⟩	25	⟨52.20⟩	25	⟨51.13⟩	25	⟨52.80⟩	25	⟨49.94⟩	
	1991	5	⟨50.73⟩	5	36.20	5	⟨53.48⟩	5	⟨49.53⟩	5	⟨50.64⟩	5	⟨50.00⟩	5	37.78	5	⟨53.78⟩	5	⟨56.06⟩	9	40.68	12	41.92	5	⟨53.06⟩	39.14
		15	35.17	15	⟨51.34⟩	15	⟨49.95⟩	15	⟨49.48⟩	15	⟨49.52⟩	15	⟨49.79⟩	15	39.07	15	⟨50.96⟩	15	⟨51.67⟩	15	⟨52.63⟩	18	41.13	15	⟨53.52⟩	
		25		25	⟨49.92⟩	25	⟨51.90⟩	25	⟨50.26⟩	25	⟨50.17⟩	25	⟨49.74⟩	25	⟨56.27⟩	25	⟨50.75⟩	25	⟨52.28⟩	25	⟨52.52⟩	25	41.15	25	⟨53.87⟩	
	1992	4		4		4		4		4		4		4		4		4		4	42.70	4	42.80	4	43.30	43.01
		14		14		14		14		14		14		14		14		14	43.50	14	42.30	14	43.00	14	43.60	
		24		24		24		24		24		24		24		24	45.65	24	43.61	24	41.90	24	43.20	24	43.80	
	1993	4	44.80	4	45.14	4	45.52	4	45.75	4	46.14	4	45.46	4	45.62	4		4	45.61	4	45.54	4	45.67	4	45.63	45.43
		14	44.83	14	43.98	14	45.66	14	44.52	14	45.74	14	45.44	14	45.51	14	45.56	14	45.33	14	45.39	14	45.73	14	45.68	
		24	44.87	24	45.24	24	45.61	24	46.17	24	45.35	24	45.33	24	45.39	24		24	45.17	24	45.58	24	45.77	24	45.84	
	1994	4	46.16	4	46.67	4	47.04	4	47.16	4	46.34	4	45.80	4	46.09	4	46.34	4	46.57	4	46.11	4	46.36	4	46.04	46.34
		14	46.52	14	46.28	14	47.15	14	46.81	14	46.93	14	46.02	14	46.28	14	46.17	14	46.39	14	46.04	14	46.15	14	46.17	
		24	46.33	24	46.99	24	47.33	24	46.68	24	45.86	24	46.31	24	46.13	24	46.52	24	46.23	24	45.38	24	45.85	24	46.01	

第三章 宝鸡市

续表

点号	年份	1月 日	1月 水位	2月 日	2月 水位	3月 日	3月 水位	4月 日	4月 水位	5月 日	5月 水位	6月 日	6月 水位	7月 日	7月 水位	8月 日	8月 水位	9月 日	9月 水位	10月 日	10月 水位	11月 日	11月 水位	12月 日	12月 水位	年平均
99	1995	4	48.22	4	48.54	4	48.51	4	50.20	4	52.04	4	51.52	4	52.28	4	53.01	4	53.84	4	55.02	4	55.77	4	56.12	52.20
		14	48.36	14	48.38	14	48.76	14	50.31	14	52.70	14	51.69	14	52.51	14	53.26	14	54.30	14	55.28	14	55.93	14	56.26	
		24	48.40	24	48.43	24	49.92	24	50.46	24	51.28	24	52.87	24	52.82	24	53.50	24	54.67	24	55.52	24		24	56.48	
	1996	4	57.86	4	58.01	4	58.12	4	58.20	4	58.29	4	58.38	4	58.49	4	58.55	4	58.62	4	58.62	4	58.60	4	58.52	58.38
		14	57.93	14	58.04	14	58.14	14	58.24	14	58.33	14	58.44	14	58.53	14	58.57	14	58.64	14	58.64	14	58.55	14	58.45	
		24	57.97	24	58.10	24	58.17	24	58.26	24	58.35	24	58.47	24	58.54	24	58.59	24	58.63	24	58.65	24	58.58	24	58.47	
	1997	4	58.19	4	58.69	4	59.09	4	59.67	4	60.15	4	61.72	4	62.26	4	63.02	4	63.68	4	64.20	4	64.58	4	64.81	61.88
		14	58.39	14	58.78	14	59.20	14	59.78	14	61.31	14	61.95	14	62.51	14	63.20	14	63.71	14	64.33	14	64.63	14	64.98	
		24	58.47	24	58.90	24	59.41	24	59.92	24	61.48	24	62.00	24	62.77	24	63.47	24	64.02	24	64.54	24	64.68	24	65.10	
	1998	4	65.13	4	65.22	4	65.31	4	65.42	4	65.51	4	65.71	4	65.84	4	66.55	4	66.04	4	65.91	4	65.54	4	65.28	65.62
		14	65.15	14	65.26	14	65.37	14	65.38	14	65.55	14	65.80	14	65.91	14	66.51	14	66.53	14	65.86	14	65.39	14	65.14	
		24	65.20	24	65.30	24	65.40	24	65.35	24	65.60	24	65.79	24	66.03	24	66.07	24	65.99	24	65.80	24	65.30	24	65.12	
	1999	4	66.13	4	66.09	4	65.97	4	65.61	4	65.07	4	64.69	4	64.54	4	64.56	4	64.14	4	64.53	4	64.96	4	64.98	65.09
		14	66.10	14	66.05	14	65.91	14	65.48	14	64.93	14	64.58	14	64.39	14	64.52	14	64.11	14	64.62	14	64.99	14	65.07	
		24	66.14	24	66.01	24	65.86	24	65.32	24	64.78	24	64.61	24	64.42	24	64.37	24	64.37	24	64.81	24	65.04	24	65.52	
110	1986	5	⟨42.22⟩	5	⟨41.56⟩	5	⟨45.89⟩	5	⟨45.43⟩	5	⟨45.89⟩	5	⟨42.89⟩	5	⟨41.96⟩	5	⟨47.63⟩	5	⟨47.79⟩	5	⟨45.54⟩	5	29.57	5	29.24	29.84
		15	16.92	15	⟨42.19⟩	15	⟨45.32⟩	15	⟨44.43⟩	15	⟨46.33⟩	15	⟨42.40⟩	15	⟨43.66⟩	15	⟨46.66⟩	15	⟨47.54⟩	15	31.61	15	31.46	15	31.82	
		25	⟨41.67⟩	25	⟨41.36⟩	25	⟨46.25⟩	25	⟨45.66⟩	25	⟨44.76⟩	25	⟨41.74⟩	25	⟨43.20⟩	25	34.18	25	⟨47.22⟩	25	32.32	25	29.51	25	31.75	
	1987	4	31.65	4	30.66	4	⟨45.93⟩	4	⟨43.31⟩	4	⟨54.29⟩	4	⟨56.98⟩	4	⟨55.15⟩	4	⟨57.12⟩	4	⟨56.42⟩	4	33.40	4	59.79	4	⟨61.07⟩	37.18
		14	⟨47.98⟩	14	⟨48.26⟩	14	⟨46.65⟩	14	⟨54.56⟩	14	⟨55.95⟩	14	⟨57.91⟩	14	⟨56.85⟩	14	36.67	14	37.06	14	⟨57.09⟩	14	⟨60.04⟩	14	⟨61.27⟩	
		24	⟨47.07⟩	24	⟨48.85⟩	24	⟨46.57⟩	24	⟨54.56⟩	24	⟨55.98⟩	24	⟨55.72⟩	24	⟨57.48⟩	24	⟨57.54⟩	24	⟨56.62⟩	24	⟨58.40⟩	24	⟨60.60⟩	24	⟨61.27⟩	
	1988	4	⟨61.99⟩	4	⟨64.05⟩	4	37.78	4	⟨66.31⟩	4	⟨62.73⟩	4	37.79	4	⟨69.05⟩	4	⟨69.36⟩	4	⟨68.56⟩	4	⟨68.43⟩	4	⟨66.48⟩	4	⟨63.35⟩	39.84
		14	⟨62.59⟩	14	⟨62.23⟩	14	⟨62.32⟩	14	37.86	14	⟨62.68⟩	14	⟨69.14⟩	14	⟨69.30⟩	14	46.69	14	⟨68.45⟩	14	31.50	14	⟨63.36⟩	14	27.93	
		24	⟨63.64⟩	24	⟨63.61⟩	24	⟨56.65⟩	24	⟨64.94⟩	24	⟨65.91⟩	24	⟨67.77⟩	24	⟨67.53⟩	24	⟨67.25⟩	24	⟨68.50⟩	24	⟨66.55⟩	24	⟨62.19⟩	24	59.30	

续表

| 点号 | 年份 | 1月 | | 2月 | | 3月 | | 4月 | | 5月 | | 6月 | | 7月 | | 8月 | | 9月 | | 10月 | | 11月 | | 12月 | | 年平均 |
		日	水位	日	水位	日	水位	日	水位	日	水位	日	水位	日	水位	日	水位	日	水位	日	水位	日	水位	日	水位	
110	1989	4	〈67.95〉	4	〈59.40〉	4	〈56.16〉	4	〈49.40〉	4	〈53.27〉	4	〈54.77〉	4	〈48.21〉	4	〈49.47〉	4	〈49.27〉	4	25.51	4	〈42.39〉	4	〈43.45〉	
		14	26.90	14	27.58	14	〈52.17〉	14	〈49.99〉	14	〈52.35〉	14	30.03	14	26.06	14	28.70	14	〈46.64〉	14	〈44.15〉	14	26.30	14	27.48	27.53
		24	27.94	24	〈57.73〉	24	〈50.45〉	24	〈53.88〉	24	〈53.07〉	24	〈50.90〉	24	〈49.54〉	24	29.74	24	〈47.37〉	24	27.53	24	26.86	24	27.31	
	1990	4	〈47.22〉	4	26.97	4	〈44.72〉	4	29.35	4	27.49	4	〈47.57〉	4	30.54	4	33.41	4	32.77	4	〈47.88〉	4	33.73	4	33.25	
		14	〈47.70〉	14	〈46.23〉	14	29.23	14	〈48.77〉	14	31.15	14	〈36.94〉	14	〈48.10〉	14	33.32	14	33.14	14	34.07	14	33.49	14	〈46.65〉	31.31
		24	〈47.08〉	24	25.02	24	27.43	24	28.72	24	28.53	24	31.70	24	33.96	24	33.50	24	33.46	24	32.91	24	33.02	24	32.62	
	1991	5	32.11	5	34.65	5	35.65	5	〈55.22〉	5	34.65	5	〈54.25〉	5	39.82	5	37.80	5	〈59.89〉	5	〈54.73〉	5	〈57.94〉	5	〈56.02〉	
		15	33.83	15	35.23	15	36.33	15	36.11	15	〈58.35〉	15	34.68	15	〈56.57〉	15	39.62	15	〈63.64〉	15	〈57.97〉	15	〈59.65〉	15	〈56.77〉	35.29
		25	33.13	25	34.56	25	〈54.65〉	25	35.21	25	33.52	25	33.02	25	〈57.86〉	25	〈58.69〉	25	〈61.25〉	25	〈57.13〉	25	〈55.18〉	25	〈54.95〉	
	1992	5	〈54.78〉	5	〈59.58〉	5	〈62.03〉	5	〈63.68〉	5	45.29	5	〈64.43〉	5	〈64.91〉	5	〈65.10〉	5	〈65.57〉	5	43.53	5	40.08	5	40.59	
		15	〈57.65〉	15	〈61.44〉	15	〈63.99〉	15	〈63.92〉	15	〈62.84〉	15	44.95	15	44.21	15	48.33	15	42.34	15	41.14	15	41.74	15	〈63.34〉	43.17
		25	〈60.15〉	25	42.60	25	〈61.45〉	25	44.10	25	44.67	25	42.12	25	〈64.59〉	25	44.65	25	〈64.98〉	25	40.45	25	〈59.82〉	25	〈62.70〉	
	1993	5	〈63.20〉	5	〈60.81〉	5	〈62.70〉	5	41.55	5	〈64.75〉	5	〈64.08〉	5	〈66.18〉	5	〈68.33〉	5	〈69.66〉	5	〈68.78〉	5	〈70.04〉	5	〈72.31〉	
		15	〈63.30〉	15	〈63.45〉	15	〈62.40〉	15	〈61.39〉	15	〈64.23〉	15	〈64.43〉	15	〈67.02〉	15	47.34	15	〈69.94〉	15	〈65.32〉	15	〈71.13〉	15	〈71.81〉	44.46
		25	〈63.36〉	25	44.48	25	〈63.15〉	25	〈64.13〉	25	〈62.75〉	25	〈64.73〉	25	〈67.59〉	25	〈68.63〉	25	〈70.42〉	25	〈68.18〉	25	〈71.44〉	25	〈71.24〉	
	1994	5	〈73.78〉	5	〈79.39〉	5	〈74.66〉	5	〈76.49〉	5	48.08	5	〈77.77〉	5	〈72.22〉	5	〈76.59〉	5	〈78.66〉	5	〈75.07〉	5	〈74.21〉	5	〈73.85〉	
		15	〈75.60〉	15	〈77.08〉	15	〈78.65〉	15	〈76.97〉	15	47.26	15	〈75.89〉	15	〈72.01〉	15	52.57	15	〈76.10〉	15	〈75.81〉	15	〈75.75〉	15	〈78.32〉	49.92
		25	〈75.27〉	25	〈69.09〉	25	49.03	25	〈74.26〉	25	〈77.27〉	25	〈77.41〉	25	〈76.38〉	25	〈72.31〉	25	〈71.89〉	25	〈76.02〉	25	52.64	25	〈80.06〉	
	1995	5	〈78.66〉	5	〈76.26〉	5	〈81.45〉	5	51.88	5	〈76.43〉	5	〈77.78〉	5	〈82.68〉	5	〈83.72〉	5	〈89.57〉	5	〈88.41〉	5	〈84.25〉	5	〈88.66〉	
		15	〈76.00〉	15	〈76.70〉	15	〈76.36〉	15	〈81.35〉	15	〈81.81〉	15	〈81.85〉	15	〈79.09〉	15	47.50	15	〈90.55〉	15	〈90.00〉	15	〈90.18〉	15	〈85.68〉	49.69
		25	〈76.63〉	25	〈76.26〉	25	〈82.53〉	25	〈79.98〉	25	〈78.07〉	25	〈82.34〉	25	〈81.96〉	25	〈86.13〉	25	〈90.08〉	25	〈83.25〉	25	〈84.07〉	25	〈90.36〉	
	1996	5	61.45	5	62.18	5	62.39	5	62.51	5	63.04	5	64.33	5	68.47	5	69.70	5	70.32	5	69.59	5	68.75	5	68.62	
		15	61.85	15	62.43	15	62.25	15	62.43	15	64.50	15	66.06	15	69.33	15	70.10	15	70.11	15	69.13	15	68.28	15	67.98	66.27
		25	61.71	25	62.26	25	〈88.62〉	25	62.85	25	63.75	25	66.44	25	69.85	25	69.82	25	70.25	25	69.35	25	68.65	25	68.72	

续表

点号	年份	1月 日	1月 水位	2月 日	2月 水位	3月 日	3月 水位	4月 日	4月 水位	5月 日	5月 水位	6月 日	6月 水位	7月 日	7月 水位	8月 日	8月 水位	9月 日	9月 水位	10月 日	10月 水位	11月 日	11月 水位	12月 日	12月 水位	年平均
110	1997	4	68.82	4	70.17	4	67.85	4	66.12	4	69.54	4	68.14	4	64.65	4	65.63	4	66.41	4	64.82	4	65.27	4	65.98	66.69
		14	67.82	14	69.31	14	68.34	14	69.45	14	67.69	14	66.95	14	65.25	14	66.29	14	66.04	14	66.10	14	66.31	14	65.24	
		24	69.86	24	65.74	24	65.52	24	65.99	24	66.56	24	65.93	24	66.21	24	65.75	24	65.08	24	65.11	24	64.83	24	66.12	
	1998	4	66.72	4	66.38	4	68.15	4	71.05	4	72.84	4	72.31	4	74.20	4	72.20	4	73.10	4	71.46	4	69.37	4	70.57	70.58
		14	66.06	14	66.66	14	69.20	14	71.62	14	72.53	14	71.62	14	72.13	14	72.60	14	71.59	14	71.30	14	70.39	14	71.22	
		24	65.18	24	66.47	24	70.07	24	71.76	24	71.71	24	71.77	24	70.80	24	72.31	24	72.71	24	70.97	24	70.79	24	71.23	
	1999	4	71.27	4	72.71	4	65.74	4	70.38	4	70.13	4	69.87	4	69.76	4	67.21	4	67.88	4	65.39	4	66.23	4	66.30	68.53
		14	71.98	14	72.92	14	67.36	14	68.92	14	69.63	14	70.03	14	69.72	14	68.12	14	66.37	14	65.76	14	65.52	14	66.35	
		24	72.36	24	70.15	24	68.33	24	68.57	24	71.39	24	69.75	24	67.45	24	69.93	24	65.15	24	66.38	24	66.62	24	66.98	
	2000	6	67.82	6	67.94	6	68.88	6	71.41	6	72.75	6	71.56	6	70.60	6	68.15	6	66.12	6	65.85	6	64.33	6	63.85	68.16
		16	68.05	16	66.01	16	68.19	16	72.04	16	73.16	16	72.03	16	70.11	16	68.36	16	66.38	16	66.27	16	63.83	16	62.60	
		26	67.48	26	66.76	26	69.69	26	72.25	26	73.98	26	71.40	26	69.53	26	66.66	26	66.94	26	64.98	26	64.16	26	62.13	
111	1986	5	⟨47.31⟩	5	⟨48.18⟩	5	⟨40.77⟩	5	⟨53.00⟩	5	⟨52.76⟩	5	⟨51.07⟩	5	⟨53.72⟩	5	⟨54.74⟩	5	⟨50.44⟩	5	32.13	5	34.42	5	34.58	34.82
		15	⟨47.79⟩	15	⟨49.00⟩	15	⟨59.54⟩	15	⟨53.60⟩	15	⟨49.85⟩	15	⟨50.69⟩	15	⟨51.17⟩	15	37.44	15	⟨50.44⟩	15	33.72	15	⟨48.88⟩	15	⟨50.80⟩	
		25	⟨47.81⟩	25	40.53	25	⟨54.11⟩	25	35.56	25	⟨49.80⟩	25	⟨51.37⟩	25	⟨51.59⟩	25	⟨53.44⟩	25	31.74	25	33.34	25	34.75	25	⟨50.37⟩	
	1987	4	⟨50.00⟩	4	49.45	4	⟨50.82⟩	4	⟨53.80⟩	4	⟨53.52⟩	4	⟨55.73⟩	4	⟨50.74⟩	4	⟨58.39⟩	4	⟨58.36⟩	4	⟨60.07⟩	4	⟨55.28⟩	4	37.05	39.79
		14	⟨48.77⟩	14	⟨49.77⟩	14	⟨52.88⟩	14	⟨54.50⟩	14	⟨55.75⟩	14	⟨54.80⟩	14	⟨53.21⟩	14	41.53	14	41.85	14	⟨61.04⟩	14	⟨55.91⟩	14	⟨57.95⟩	
		24	⟨50.98⟩	24	⟨53.82⟩	24	⟨53.82⟩	24	⟨52.16⟩	24	⟨56.00⟩	24	⟨56.53⟩	24	⟨53.56⟩	24	⟨58.17⟩	24	⟨59.21⟩	24	⟨58.16⟩	24	33.08	24	35.76	
	1988	5	⟨57.32⟩	5	35.53	5	32.85	5	⟨58.91⟩	5	36.45	5	⟨43.61⟩	5	30.96	5	⟨45.23⟩	5	⟨42.39⟩	5	⟨37.10⟩	5	⟨34.02⟩	5	23.44	30.97
		15	⟨57.41⟩	15	⟨40.85⟩	15	⟨48.10⟩	15	⟨57.72⟩	15	36.53	15	⟨41.81⟩	15	⟨42.27⟩	15	30.53	15	⟨42.91⟩	15	⟨36.19⟩	15	25.14	15	27.13	
		25	35.26	25	⟨40.91⟩	25	31.59	25	⟨54.36⟩	25	⟨51.10⟩	25	⟨42.58⟩	25	31.17	25	⟨42.47⟩	25	⟨40.72⟩	25	⟨33.83⟩	25	⟨34.15⟩	25	26.06	
	1989	5	24.24	5	24.20	5	25.75	5	⟨33.93⟩	5	⟨36.11⟩	5	⟨36.95⟩	5	29.21	5	⟨37.13⟩	5	⟨33.96⟩	5	⟨33.06⟩	5	⟨30.36⟩	5	20.20	23.89
		15	⟨34.45⟩	15	⟨34.01⟩	15	⟨34.45⟩	15	⟨34.66⟩	15	⟨35.74⟩	15	⟨35.58⟩	15	⟨35.33⟩	15	26.48	15	⟨33.81⟩	15	⟨33.30⟩	15	20.80	15	20.38	
		25	⟨33.66⟩	25	⟨33.39⟩	25	28.53	25	25.43	25	⟨36.74⟩	25	28.19	25	⟨36.86⟩	25	⟨34.48⟩	25	23.92	25	21.63	25	19.62	25	19.81	

点号	年份	1月 日	1月 水位	2月 日	2月 水位	3月 日	3月 水位	4月 日	4月 水位	5月 日	5月 水位	6月 日	6月 水位	7月 日	7月 水位	8月 日	8月 水位	9月 日	9月 水位	10月 日	10月 水位	11月 日	11月 水位	12月 日	12月 水位	年平均
111	1990	5	〈30.24〉	5	〈30.96〉	5	20.27	5	〈32.83〉	5	〈33.92〉	5	24.09	5	24.14	5	26.51	5	〈35.00〉	5	20.82	5	〈33.29〉	5	〈32.74〉	22.40
		15	19.36	15	〈31.49〉	15	21.24	15	23.19	15	23.61	15	〈34.31〉	15	〈33.91〉	15	〈34.00〉	15	〈32.14〉	15	〈33.27〉	15	〈33.39〉	15	〈33.40〉	
		25	〈31.38〉	25	〈31.25〉	25	21.20	25	〈34.23〉	25	〈35.05〉	25	〈31.14〉	25	〈34.43〉	25	〈34.24〉	25	〈32.71〉	25	〈33.80〉	25	21.94	25	〈32.67〉	
	1991	6	〈32.24〉	6	〈32.81〉	6	〈35.10〉	6	〈37.91〉	6	26.77	6	〈39.31〉	6	27.37	6	27.25	6	〈40.74〉	6	27.12	6	〈38.47〉	6	26.01	26.15
		16	21.44	16	〈33.51〉	16	25.13	16	〈38.35〉	16	〈40.70〉	16	26.88	16	〈38.41〉	16	26.74	16	26.29	16	〈39.03〉	16	〈37.86〉	16	〈37.04〉	
		26	〈33.37〉	26	20.82	26	〈35.36〉	26	26.98	26	27.68	26	〈38.14〉	26	26.45	26	27.44	26	26.99	26	26.17	26	27.58	26	25.81	
	1992	6	〈36.82〉	6	26.36	6	25.93	6	〈38.82〉	6	〈42.15〉	6	〈42.57〉	6	28.10	6	〈44.90〉	6	〈43.42〉	6	31.85	6	〈42.97〉	6	30.96	28.62
		16	26.14	16	〈38.38〉	16	28.32	16	〈41.89〉	16	〈42.40〉	16	28.10	16	〈44.00〉	16	30.79	16	〈44.41〉	16	〈43.54〉	16	〈42.71〉	16	〈43.92〉	
		26	25.89	26	〈38.99〉	26	26.67	26	〈40.57〉	26	〈41.51〉	26	〈42.20〉	26	〈45.63〉	26	〈45.44〉	26	33.02	26	〈42.46〉	26	29.94	26	〈43.40〉	
	1993	6	〈44.28〉	6	30.18	6	〈46.89〉	6	〈47.08〉	6	〈51.86〉	6	〈51.88〉	6	〈52.25〉	6	〈51.95〉	6	〈51.38〉	6	〈51.16〉	6	〈50.74〉	6	〈49.93〉	33.33
		16	〈44.39〉	16	〈43.97〉	16	〈46.81〉	16	〈50.08〉	16	〈50.99〉	16	〈51.47〉	16	〈52.12〉	16	36.48	16	〈50.37〉	16	〈50.82〉	16	〈50.32〉	16	〈47.80〉	
		26	〈44.65〉	26	〈44.26〉	26	〈46.84〉	26	〈49.59〉	26	〈51.17〉	26	〈49.48〉	26	〈51.47〉	26	〈52.12〉	26	〈50.74〉	26	〈50.19〉	26	〈48.19〉	26	〈50.47〉	
	1994	6	〈48.59〉	6	〈51.02〉	6	〈49.99〉	6	〈51.37〉	6	〈52.85〉	6	〈53.19〉	6	〈57.85〉	6	〈60.13〉	6	〈62.51〉	6	50.53	6	50.44	6	〈58.47〉	46.96
		16	31.53	16	〈51.35〉	16	〈50.43〉	16	〈53.09〉	16	〈53.94〉	16	〈53.49〉	16	〈60.92〉	16	52.41	16	〈62.19〉	16	49.87	16	〈61.05〉	16	〈59.92〉	
		26	〈51.72〉	26	〈50.68〉	26	〈50.67〉	26	〈51.78〉	26	〈53.80〉	26	〈57.78〉	26	〈57.15〉	26	〈61.23〉	26	〈61.40〉	26	〈60.83〉	26	〈60.80〉	26	〈57.99〉	
	1995	6	〈58.88〉	6	〈60.41〉	6	〈60.56〉	6	〈62.85〉	6	〈67.33〉	6	〈66.48〉	6	〈68.19〉	6	〈68.74〉	6	〈69.04〉	6	〈69.67〉	6	〈73.20〉	6	〈74.68〉	61.09
		16	〈57.71〉	16	〈60.66〉	16	〈61.04〉	16	〈64.33〉	16	〈65.47〉	16	〈67.13〉	16	〈67.58〉	16	60.97	16	〈69.32〉	16	〈70.05〉	16	〈73.77〉	16	〈75.30〉	
		26	〈58.00〉	26	〈59.93〉	26	〈62.30〉	26	〈62.58〉	26	〈66.06〉	26	〈66.83〉	26	〈68.81〉	26	61.20	26	〈68.85〉	26	〈69.19〉	26	〈74.46〉	26	〈74.38〉	
	1996	6	〈74.92〉	6	〈75.61〉	6	〈75.98〉	6	〈76.52〉	6	〈76.98〉	6	〈78.21〉	6	〈79.39〉	6	〈79.15〉	6	〈79.97〉	6	〈80.51〉	6	〈80.39〉	6	〈80.40〉	66.27
		16	〈74.87〉	16	〈75.85〉	16	〈75.91〉	16	〈76.74〉	16	〈77.31〉	16	〈76.81〉	16	〈78.68〉	16	〈78.91〉	16	〈79.54〉	16	〈80.46〉	16	〈80.57〉	16	〈80.82〉	
		26	〈75.48〉	26	〈75.64〉	26	〈76.12〉	26	〈76.15〉	26	〈77.61〉	26	〈76.58〉	26	〈79.52〉	26	66.27	26	〈80.19〉	26	〈80.02〉	26	〈80.34〉	26	〈80.71〉	
	1997	5	〈81.57〉	5	〈81.49〉	5	〈81.69〉	5	〈81.51〉	5	〈82.37〉	5	53.00	5	〈81.71〉	5	〈83.13〉	5	〈83.49〉	5	〈82.89〉	5	〈83.01〉	5	〈83.52〉	58.87
		15	〈81.26〉	15	〈81.60〉	15	〈80.99〉	15	〈82.06〉	15	〈82.90〉	15	〈82.47〉	15	〈82.84〉	15	64.74	15	〈83.30〉	15	〈83.36〉	15	〈83.46〉	15	〈83.95〉	
		25	〈80.90〉	25	〈81.23〉	25	〈81.52〉	25	〈81.04〉	25	〈82.50〉	25	〈82.80〉	25	〈82.46〉	25	〈83.44〉	25	〈83.12〉	25	〈82.48〉	25	〈83.60〉	25	〈84.26〉	

第三章　宝鸡市

续表

点号	年份	1月 日	1月 水位	2月 日	2月 水位	3月 日	3月 水位	4月 日	4月 水位	5月 日	5月 水位	6月 日	6月 水位	7月 日	7月 水位	8月 日	8月 水位	9月 日	9月 水位	10月 日	10月 水位	11月 日	11月 水位	12月 日	12月 水位	年平均
111	1998	5	〈83.90〉	5	〈84.66〉	5	〈83.91〉	5	〈83.10〉	5	〈84.52〉	5		5	〈80.23〉	5	52.10	5	〈80.16〉	5	〈75.53〉	5	〈76.41〉	5	〈74.02〉	52.10
	1999	15	〈84.31〉	15	〈83.47〉	15	〈82.80〉	15		15		15	〈68.85〉	15	〈67.17〉	15	〈68.93〉	15	52.51	15	〈66.90〉	15	〈68.32〉	15	〈68.66〉	52.51
	2000	25	〈84.27〉	25	〈84.09〉	25	〈83.27〉	25	52.50	25	〈71.24〉	25	〈69.93〉	25	〈70.39〉	25	〈69.91〉	25	〈67.63〉	25	〈65.75〉	25	53.92	25	51.47	52.70
112	1986	15	〈72.31〉	15	〈73.16〉	15	〈70.39〉	15	〈69.51〉	15	〈70.23〉	15	〈62.75〉	15	〈62.35〉	15	44.52	15	〈59.66〉	15	〈59.75〉	15	〈58.39〉	15	〈61.93〉	44.52
	1988	14	〈69.56〉	14	〈71.03〉	14	〈68.40〉	14	〈60.14〉	15	〈62.04〉	14	〈69.93〉	14	〈77.07〉	15	60.18	14	〈81.91〉	14	〈81.26〉	14	〈80.65〉	14	〈80.09〉	60.18
	1989	15	〈60.77〉	15	〈59.84〉	15	〈62.24〉	15	〈70.94〉	15	49.39	15	〈82.17〉	15	〈83.54〉	15	54.59	15	〈83.40〉	15	〈81.09〉	15	〈81.57〉	15	〈82.01〉	51.99
	1990	15	〈71.12〉	15	〈71.07〉	15	〈62.16〉	15	〈80.03〉	15	〈87.83〉	15	〈87.13〉	15	〈88.37〉	15	53.57	15	〈91.23〉	15	〈90.09〉	15	〈87.74〉	15	〈87.02〉	53.57
	1991	15	〈81.40〉	15	〈80.06〉	15	〈82.65〉	15	〈88.65〉	15	〈72.70〉	16	〈70.60〉	16	〈72.24〉	16	50.11	16	〈76.65〉	16	〈70.44〉	16	49.36	16	〈76.04〉	47.92
	1992	16	〈80.52〉	16	〈71.70〉	16	〈90.20〉	16	〈80.00〉	16	〈78.39〉	16	〈73.11〉	16	〈73.48〉	16	58.35	16	〈75.34〉	16	〈69.03〉	16	〈70.64〉	16	〈71.20〉	58.35
	1993	16	〈69.05〉	16	〈89.03〉	16	〈81.68〉	16	〈74.82〉	15	〈75.27〉	15	〈73.75〉	15	〈76.33〉	15	59.25	15	〈76.74〉	15	〈75.10〉	15	〈76.34〉	15	〈76.78〉	59.25
	1994	16	〈71.70〉	16	〈77.28〉	16	〈77.27〉	16	〈77.99〉	16	〈74.63〉	16	〈76.76〉	16	〈79.95〉	16	62.75	16	62.75	16	〈79.82〉	16	〈78.79〉	16	〈79.22〉	60.53
	1995	16	〈75.33〉	16	〈72.45〉	16	〈72.95〉	16	56.08	16	〈80.88〉	16	〈80.20〉	16	〈85.09〉	16	67.31	16	〈87.60〉	16	〈86.41〉	16	〈88.11〉	16	〈87.77〉	67.31
	1996	16	〈78.58〉	16	〈72.63〉	16	〈75.37〉	16	〈79.75〉	16	〈96.34〉	16	〈97.10〉	16	75.37	16	74.76	16	75.07	16	74.19	16	74.27	16	75.20	74.81
	1987	16	〈91.06〉	16	〈79.18〉	16	〈79.69〉	16	〈91.38〉	16	76.24	15	76.69	15	76.10	15	76.84	15	77.25	15	76.94	15	77.60	15	77.98	76.41
	1988	15	74.75	15	〈89.95〉	15	〈89.65〉	15	75.24	15	77.64	15	77.98	15	78.30	15	78.00	15	78.03	15	72.53	15	75.30	15	74.03	77.08
	1989	15	78.39	15	75.68	15	75.61	15	78.60	15	73.41	15	69.30	15	68.94	15	68.70	15	68.29	15	68.54	15	68.69	15	68.17	70.46
	2000	16	74.07	16	78.12	16	78.04	16	69.34	16	70.10	16	68.29	16	68.51	16	69.02	16	67.33	16	66.70	16	64.17	16	57.13	67.21
118	1986	16	67.69	16	75.47	16	72.56	16	69.75	16		16		16		16		16		16		16		16		
		5	〈44.61〉	5	68.57	5	69.25	5	〈43.20〉	5	〈46.52〉	5	〈49.70〉	5	〈48.15〉	5	〈49.05〉	5	〈49.74〉	5	〈48.55〉	5	〈47.40〉	5	〈48.02〉	
		15	〈45.80〉	15	〈43.00〉	15	〈44.01〉	15	〈44.95〉	15	〈48.90〉	15	〈47.49〉	15	〈47.53〉	15	〈50.70〉	15	〈43.95〉	15	〈48.37〉	15	〈48.27〉	15	〈48.30〉	
		25	〈44.75〉	25	〈44.80〉	25	〈43.84〉	25	〈40.21〉	25	〈48.10〉	25	〈48.90〉	25	〈49.70〉	25	〈49.80〉	25	〈50.02〉	25	〈47.34〉	25	〈48.48〉	25	〈48.10〉	
	1987	4	〈49.01〉	4	〈49.61〉	4	〈50.68〉	4	〈50.70〉	4	〈51.03〉	4	〈51.53〉	4	〈50.13〉	4	〈52.57〉	4	46.99	4	〈49.61〉	4	〈48.88〉	4	41.29	41.75
		14	〈48.90〉	14	〈55.23〉	14	〈50.19〉	14	〈50.60〉	14	〈51.47〉	14	〈51.69〉	14	〈52.60〉	14	〈52.07〉	14	〈51.18〉	14	〈49.43〉	14	〈47.90〉	14	39.18	
		24	〈49.29〉	24	51.40	24	〈50.58〉	24	〈50.75〉	24	〈51.13〉	24	〈51.14〉	24	〈52.22〉	24	〈52.90〉	24	〈47.58〉	24	〈49.56〉	24	〈42.16〉	24	39.55	

点号	年份	日	1月 水位	日	2月 水位	日	3月 水位	日	4月 水位	日	5月 水位	日	6月 水位	日	7月 水位	日	8月 水位	日	9月 水位	日	10月 水位	日	11月 水位	日	12月 水位	年平均
118	1988	5	45.56	5	〈52.34〉	5	〈52.54〉	5	〈52.37〉	5	〈52.80〉	5	45.80	5	42.37	5	43.43	5	48.01	5	〈45.81〉	5	35.93	5	32.91	41.87
		15	46.14	15	〈53.18〉	15	47.71	15	〈52.09〉	15	〈52.23〉	15	42.08	15	46.27	15	42.71	15	〈49.73〉	15	〈43.72〉	15	33.33	15	32.44	
		25	47.00	25	46.70	25	47.19	25	37.63	25	48.20	25	44.86	25	44.11	25	42.53	25	〈48.78〉	25	38.85	25	33.06	25	31.96	
	1989	5	〈37.70〉	5	33.99	5	33.23	5	〈36.74〉	5	〈38.24〉	5	34.58	5	34.05	5	34.74	5	34.93	5	30.42	5	〈38.25〉	5	〈40.10〉	33.16
		15	〈37.15〉	15	33.00	15	〈37.83〉	15	32.03	15	〈42.02〉	15	33.72	15	〈41.92〉	15	36.16	15	〈40.96〉	15	31.44	15	31.19	15	32.82	
		25	32.81	25	31.56	25	32.40	25	32.39	25	33.43	25	34.40	25	36.03	25	33.88	25	32.34	25	30.82	25	〈38.62〉	25	32.75	
	1990	5	31.26	5	31.47	5	35.59	5	33.69	5	35.59	5	39.46	5	36.03	5	39.96	5	〈44.38〉	5	〈43.48〉	5	〈43.40〉	5	〈43.65〉	35.44
		15	32.09	15	32.73	15	〈39.94〉	15	34.32	15	36.44	15	〈45.36〉	15	〈45.12〉	15	〈44.97〉	15	〈46.15〉	15	36.73	15	36.03	15	37.58	
		25	〈41.16〉	25	〈40.48〉	25	〈41.60〉	25	31.37	25	36.34	25	37.76	25	〈46.33〉	25	〈49.91〉	25	37.27	25	〈43.31〉	25	〈42.90〉	25	37.63	
	1991	5	〈42.24〉	5	〈44.80〉	5	〈46.73〉	5	〈44.34〉	5	〈44.78〉	5	〈49.11〉	5	〈50.58〉	5	〈50.91〉	5	〈50.10〉	5	〈46.06〉	5	〈44.61〉	5	〈43.53〉	40.01
		15	〈43.87〉	15	〈44.53〉	15	〈44.57〉	15	36.22	15	〈48.55〉	15	〈48.01〉	15	〈50.55〉	15	45.79	15	〈49.42〉	15	〈44.46〉	15	〈44.72〉	15	〈45.02〉	
		25	〈45.00〉	25	〈42.42〉	25	〈44.49〉	25	〈45.90〉	25	〈48.69〉	25	〈47.72〉	25	〈50.63〉	25	〈50.90〉	25	〈47.89〉	25	40.37	25	38.11	25	39.57	
	1992	5	〈45.96〉	5	〈51.99〉	5	〈51.21〉	5	〈52.33〉	5	45.61	5	〈52.33〉	5	〈52.10〉	5	〈54.40〉	5	〈51.85〉	5	〈50.03〉	5	〈51.09〉	5	〈52.21〉	47.14
		15	〈49.77〉	15	〈50.67〉	15	〈50.70〉	15	〈51.80〉	15	〈51.58〉	15	〈50.16〉	15	〈52.00〉	15	49.72	15	46.09	15	〈51.92〉	15	〈51.30〉	15	46.01	
		25	〈50.88〉	25	〈51.49〉	25	〈51.27〉	25	〈52.53〉	25	〈52.75〉	25	〈49.80〉	25	48.29	25	〈53.85〉	25	〈54.10〉	25	〈47.20〉	25	〈52.11〉	25	〈52.29〉	
	1993	5	〈52.20〉	5	〈54.40〉	5	〈54.92〉	5	〈53.77〉	5	〈55.13〉	5	〈54.92〉	5	〈54.77〉	5	〈54.79〉	5	〈55.25〉	5	〈55.20〉	5	〈55.08〉	5	〈54.55〉	50.71
		15	〈52.80〉	15	〈54.68〉	15	〈53.60〉	15	〈54.89〉	15	〈55.64〉	15	〈54.87〉	15	〈54.70〉	15	〈55.11〉	15	〈55.15〉	15	〈55.13〉	15	〈54.46〉	15	〈60.17〉	
		25	〈53.30〉	25	〈53.74〉	25	〈53.81〉	25	〈54.05〉	25	〈54.86〉	25	〈54.71〉	25	〈54.91〉	25	〈54.65〉	25	〈54.65〉	25	〈55.14〉	25	〈55.10〉	25	〈60.72〉	
	1994	5	〈60.61〉	5	〈61.23〉	5	〈61.28〉	5	〈61.05〉	5	〈61.11〉	5	〈61.05〉	5	〈60.85〉	5	〈61.19〉	5	〈61.19〉	5	〈61.21〉	5	〈60.74〉	5	〈61.05〉	54.03
		15	〈60.09〉	15	49.19	15	〈61.26〉	15	〈61.04〉	15	〈60.03〉	15	〈61.01〉	15	〈61.17〉	15	58.86	15	〈60.30〉	15	〈59.80〉	15	〈61.20〉	15	〈61.60〉	
		25	〈60.48〉	25	〈61.17〉	25	〈61.25〉	25	〈60.48〉	25	〈61.03〉	25	〈61.08〉	25	〈61.09〉	25	〈61.20〉	25	〈61.47〉	25	〈61.20〉	25	〈61.17〉	25	〈61.44〉	
	1995	5	〈60.88〉	5	56.92	5	〈61.37〉	5	〈61.44〉	5	〈61.35〉	5	〈61.43〉	5	〈65.90〉	5	〈66.96〉	5	61.85	5	〈67.96〉	5	〈67.72〉	5	〈68.44〉	60.28
		15	〈60.88〉	15	〈60.63〉	15	〈61.42〉	15	〈61.44〉	15	〈61.46〉	15	〈61.35〉	15	〈66.52〉	15	62.08	15	〈64.25〉	15	〈68.04〉	15	〈67.50〉	15	〈68.75〉	
		25	〈60.90〉	25	〈61.05〉	25	〈61.40〉	25	〈61.44〉	25	〈61.38〉	25	〈65.68〉	25	〈66.50〉	25	〈66.87〉	25	〈68.09〉	25	〈67.48〉	25	〈67.60〉	25	〈69.36〉	

续表

点号	年份	1月 日	1月 水位	2月 日	2月 水位	3月 日	3月 水位	4月 日	4月 水位	5月 日	5月 水位	6月 日	6月 水位	7月 日	7月 水位	8月 日	8月 水位	9月 日	9月 水位	10月 日	10月 水位	11月 日	11月 水位	12月 日	12月 水位	年平均
118	1996	5	⟨69.90⟩	5	⟨70.37⟩	5	⟨70.87⟩	5	⟨70.52⟩	5	⟨72.12⟩	5	⟨73.16⟩	5	⟨74.00⟩	5	⟨74.69⟩	5	⟨74.33⟩	5	⟨75.03⟩	5	⟨75.80⟩	5	⟨76.15⟩	66.74
		15	⟨70.04⟩	15	⟨70.61⟩	15	⟨70.91⟩	15	⟨71.01⟩	15	⟨72.52⟩	15	⟨71.29⟩	15	⟨73.98⟩	15	66.74	15	⟨74.43⟩	15	⟨75.53⟩	15	⟨76.58⟩	15	⟨75.70⟩	
		25	⟨70.30⟩	25	⟨70.37⟩	25	⟨71.05⟩	25	⟨71.52⟩	25	⟨72.80⟩	25	⟨71.39⟩	25	⟨74.60⟩	25	⟨75.11⟩	25	⟨75.14⟩	25	⟨75.90⟩	25	⟨76.45⟩	25	⟨76.27⟩	
	1997	6	⟨76.82⟩	6	⟨77.08⟩	6	⟨78.22⟩	6	⟨76.78⟩	6	⟨77.61⟩	6	⟨78.24⟩	6	⟨78.32⟩	6	⟨78.29⟩	6	⟨81.83⟩	6	⟨81.50⟩	6	⟨82.12⟩	6	⟨82.70⟩	78.10
		16	⟨77.33⟩	16	⟨77.46⟩	16	⟨78.27⟩	16	⟨77.22⟩	16	⟨78.13⟩	16	⟨78.35⟩	16	⟨78.40⟩	16	⟨73.58⟩	16	⟨81.74⟩	16	⟨81.88⟩	16	⟨81.05⟩	16	⟨83.48⟩	
		26	⟨77.40⟩	26	⟨78.22⟩	26	⟨78.21⟩	26	⟨78.17⟩	26	78.10	26	⟨78.05⟩	26	⟨78.44⟩	26	⟨81.30⟩	26	⟨82.50⟩	26	⟨81.94⟩	26	⟨81.82⟩	26	⟨83.58⟩	
	1998	6	⟨82.46⟩	6	⟨83.52⟩	6	⟨85.20⟩	6	⟨83.90⟩	6	⟨85.06⟩	6	⟨84.76⟩	6	⟨87.12⟩	6	78.45	6	⟨85.63⟩	6	⟨85.75⟩	6	⟨85.82⟩	6	⟨86.60⟩	78.45
		16	⟨83.48⟩	16	⟨83.55⟩	16	⟨85.77⟩	16		16	⟨84.65⟩	16	⟨86.10⟩	16	⟨85.25⟩	16	⟨85.50⟩	16	⟨86.18⟩	16	⟨85.83⟩	16	⟨84.71⟩	16	⟨85.60⟩	
		26	⟨83.48⟩	26	⟨84.35⟩	26	⟨85.60⟩	26	⟨87.43⟩	26	⟨87.73⟩	26	⟨85.76⟩	26	79.30	26	77.04	26	76.62	26	74.43	26	73.66	26		
	1999	16	⟨86.58⟩	16	79.40	16	⟨82.70⟩	16	77.13	16	⟨52.95⟩	16	⟨53.94⟩	16	⟨53.64⟩	16	⟨54.00⟩	16	⟨53.83⟩	16	⟨53.81⟩	16	⟨54.00⟩	16	⟨85.60⟩	78.27
	2000	15	⟨87.21⟩	15	⟨87.06⟩	15	⟨87.30⟩	15	⟨50.70⟩	15	⟨52.47⟩	15	⟨53.95⟩	15	⟨53.60⟩	15	⟨54.91⟩	15	45.16	15	⟨53.65⟩	15	⟨54.01⟩	15	72.77	75.64
119	1986	5	⟨51.83⟩	5	⟨52.65⟩	5	⟨52.10⟩	5	⟨52.76⟩	5	⟨52.45⟩	5	⟨53.90⟩	5	⟨53.57⟩	5	⟨53.91⟩	5	⟨53.74⟩	5	⟨54.00⟩	5	⟨53.45⟩	5	⟨53.91⟩	43.30
		15	⟨52.07⟩	15	⟨52.51⟩	15	⟨52.02⟩	15	⟨52.06⟩	15		15		15		15		15		15		15		15	⟨54.10⟩	
		25	41.44	25	⟨51.76⟩	25	⟨53.04⟩	25		25		25		25		25		25		25		25		25	⟨53.90⟩	
	1988	5	⟨56.70⟩	5	⟨56.67⟩	5	⟨56.32⟩	5	⟨56.31⟩	5	⟨56.35⟩	5	⟨56.27⟩	5	42.65	5	⟨53.55⟩	5	⟨43.15⟩	5	⟨50.18⟩	5	35.66	5	32.55	37.64
		15	⟨56.74⟩	15	⟨56.32⟩	15	⟨56.27⟩	15	⟨56.34⟩	15	⟨56.33⟩	15	42.36	15	⟨53.38⟩	15	43.26	15	⟨52.16⟩	15	39.25	15	33.05	15	32.22	
		25	⟨56.68⟩	25	⟨56.32⟩	25	⟨56.26⟩	25	⟨56.31⟩	25	⟨56.28⟩	25	44.43	25	⟨52.53⟩	25	41.85	25	⟨51.93⟩	25	⟨49.28⟩	25	32.76	25	31.67	
	1989	5	32.17	5	⟨45.35⟩	5	33.28	5	32.16	5	33.90	5	34.76	5	34.49	5	⟨45.84⟩	5	⟨46.05⟩	5	31.11	5	⟨43.01⟩	5	⟨44.54⟩	33.28
		15	⟨43.49⟩	15	⟨32.67⟩	15	32.27	15	32.27	15	33.95	15	33.74	15	⟨46.28⟩	15	37.38	15	33.69	15	31.45	15	⟨43.50⟩	15	32.64	
		25	32.72	25	31.73	25	32.80	25	32.75	25	34.01	25	34.59	25	36.06	25	⟨45.39⟩	25	33.21	25	31.58	25	⟨32.10⟩	25	⟨44.37⟩	
	1990	5	31.32	5	30.76	5	⟨46.71⟩	5	⟨44.64⟩	5	⟨46.37⟩	5	⟨49.91⟩	5	⟨49.00⟩	5	40.60	5	⟨49.92⟩	5	⟨47.58⟩	5	⟨47.98⟩	5	⟨48.87⟩	33.91
		15	32.15	15	32.93	15	⟨46.83⟩	15	⟨45.66⟩	15	⟨48.90⟩	15	⟨49.74⟩	15	⟨50.52⟩	15	⟨48.98⟩	15	⟨50.26⟩	15	⟨46.94⟩	15	⟨46.38⟩	15	⟨48.00⟩	
		25	⟨46.30⟩	25	⟨45.64⟩	25	⟨44.47⟩	25	31.63	25	⟨47.99⟩	25	⟨48.25⟩	25	⟨50.23⟩	25	⟨49.84⟩	25	⟨48.35⟩	25	⟨47.88⟩	25	⟨48.22⟩	25	37.95	
	1991	5	⟨46.58⟩	5	⟨49.09⟩	5	⟨49.60⟩	5	⟨48.29⟩	5	⟨49.46⟩	5	⟨53.72⟩	5	⟨54.96⟩	5	⟨55.33⟩	5	⟨53.94⟩	5	⟨50.43⟩	5	39.60	5	38.58	40.20
		15	⟨48.26⟩	15	40.15	15	⟨48.90⟩	15	36.50	15	⟨53.21⟩	15	⟨53.19⟩	15	⟨55.28⟩	15	46.35	15	⟨53.61⟩	15	⟨49.23⟩	15	⟨49.50⟩	15	40.01	
		25	⟨50.04⟩	25		25	⟨49.48⟩	25	⟨50.59⟩	25	⟨53.48⟩	25	⟨52.45⟩	25	⟨55.67⟩	25	⟨55.07⟩	25	⟨52.40⟩	25	⟨49.81⟩	25	⟨48.16⟩	25	⟨49.60⟩	

续表

点号 119

年份	日	1月 水位	日	2月 水位	日	3月 水位	日	4月 水位	日	5月 水位	日	6月 水位	日	7月 水位	日	8月 水位	日	9月 水位	日	10月 水位	日	11月 水位	日	12月 水位	年平均
1992	5	〈50.70〉	5	〈55.66〉	5	〈55.90〉	5	〈56.64〉	5	45.38	5	〈56.40〉	5	〈56.33〉	5	〈56.35〉	5	〈56.02〉	5	44.07	5	〈55.45〉	5	〈56.46〉	46.13
	15	〈54.55〉	15	〈55.47〉	15	〈55.01〉	15	〈56.38〉	15	〈56.05〉	15	44.73	15	〈56.29〉	15	49.31	15	45.63	15	〈56.29〉	15	〈55.65〉	15	〈55.62〉	
	25	〈56.00〉	25	〈56.26〉	25	〈55.67〉	25	〈56.37〉	25	〈56.36〉	25	45.23	25	48.57	25	〈56.55〉	25	〈56.58〉	25	〈55.51〉	25	〈56.33〉	25	〈56.53〉	
1993	5	46.85	5	〈56.61〉	5	〈56.52〉	5	〈56.38〉	5	〈56.51〉	5	〈56.34〉	5	〈57.06〉	5	〈56.51〉	5	〈56.52〉	5	〈56.45〉	5	〈56.46〉	5	〈56.63〉	48.78
	15	〈56.73〉	15	〈56.54〉	15	〈56.51〉	15	〈56.66〉	15	〈56.69〉	15	〈56.16〉	15	〈57.06〉	15	50.11	15	〈56.53〉	15	〈56.44〉	15	〈56.41〉	15	〈64.81〉	
	25	〈56.55〉	25	〈56.48〉	25	〈56.45〉	25	〈56.44〉	25	〈56.34〉	25	〈56.18〉	25	〈56.35〉	25	49.37	25	〈56.52〉	25	〈56.50〉	25	〈56.47〉	25	〈62.68〉	
1994	5	〈64.80〉	5	〈65.75〉	5	〈65.13〉	5	〈65.81〉	5	〈66.86〉	5	〈66.17〉	5	〈66.53〉	5	〈66.57〉	5	〈66.50〉	5	〈66.45〉	5	〈66.06〉	5	〈66.26〉	56.80
	15	〈65.39〉	15	〈63.27〉	15	〈65.01〉	15	〈65.12〉	15	〈66.32〉	15	〈66.12〉	15	〈66.40〉	15	57.71	15	〈66.58〉	15	〈66.47〉	15	〈66.50〉	15	〈66.57〉	
	25	〈64.67〉	25	〈64.83〉	25	〈65.56〉	25	〈64.22〉	25	〈66.28〉	25	〈66.36〉	25	〈65.24〉	25	〈66.50〉	25	〈66.87〉	25	〈66.33〉	25	55.89	25	〈66.53〉	
1995	5	〈66.08〉	5	〈65.97〉	5	〈66.11〉	5	〈71.02〉	5	〈70.41〉	5	〈71.13〉	5	〈73.88〉	5	〈74.00〉	5	61.84	5	〈73.18〉	5	〈76.51〉	5	〈75.78〉	61.75
	15	〈66.13〉	15	〈66.01〉	15	〈70.68〉	15	〈70.81〉	15	〈71.23〉	15	〈71.72〉	15	〈74.00〉	15	61.91	15	〈73.83〉	15	〈73.51〉	15	〈75.00〉	15	〈77.11〉	
	25	〈66.18〉	25	〈65.84〉	25	〈70.88〉	25	〈70.73〉	25	〈70.86〉	25	〈72.92〉	25	〈73.88〉	25	〈72.80〉	25	〈73.86〉	25	61.51	25	〈75.70〉	25	〈76.92〉	
1996	5	〈78.13〉	5	〈78.52〉	5	〈79.55〉	5	〈78.12〉	5	〈79.98〉	5	〈80.04〉	5	〈80.46〉	5	〈81.71〉	5	〈81.00〉	5	〈81.40〉	5	〈81.51〉	5	〈80.42〉	69.05
	15	〈78.51〉	15	〈78.55〉	15	〈79.38〉	15	〈79.70〉	15	〈78.93〉	15	〈79.18〉	15	〈81.42〉	15	69.05	15	〈81.78〉	15	〈80.93〉	15	〈81.57〉	15	〈79.85〉	
	25	〈78.42〉	25	〈78.70〉	25	〈78.98〉	25	〈79.66〉	25	〈80.18〉	25	〈80.36〉	25	〈81.60〉	25	〈80.90〉	25	〈81.43〉	25	〈81.71〉	25	〈80.38〉	25	〈80.12〉	
1997	6	〈81.32〉	6	〈81.36〉	6	〈81.32〉	6	〈81.30〉	6	〈78.96〉	6	〈79.00〉	6	〈78.94〉	6	〈78.87〉	6	〈78.90〉	6	〈78.40〉	6	〈78.75〉	6	〈79.01〉	72.01
	16	〈81.35〉	16	〈81.43〉	16	〈81.41〉	16	〈78.91〉	16	〈78.87〉	16	〈78.95〉	16	〈79.14〉	16	72.01	16	〈78.88〉	16	〈78.30〉	16	〈78.93〉	16	〈78.90〉	
	26	〈81.56〉	26	〈81.62〉	26	〈81.35〉	26	〈78.92〉	26	〈78.90〉	26	〈78.99〉	26	〈78.60〉	26	〈79.10〉	26	〈79.00〉	26	〈78.68〉	26	〈79.00〉	26	〈79.16〉	
1998	6	〈78.76〉	6	〈79.01〉	6	〈79.00〉	6	〈78.80〉	6	〈85.79〉	6	〈85.83〉	6	〈86.53〉	6	〈85.60〉	6	〈86.90〉	6	〈78.50〉	6	〈78.56〉	6	〈78.90〉	77.34
	16	〈78.92〉	16	〈78.90〉	16	〈78.78〉	16	〈78.92〉	16	〈86.03〉	16	〈85.92〉	16	〈86.40〉	16	77.83	16	〈86.56〉	16	77.90	16	〈78.50〉	16	〈78.58〉	
	26	〈78.88〉	26	〈78.95〉	26	〈78.86〉	26	〈86.18〉	26	〈85.95〉	26	〈86.70〉	26	77.00	26	〈85.43〉	26	〈87.22〉	26	〈78.20〉	26	〈78.54〉	26	77.20	
1999	6	〈84.10〉	6	〈87.38〉	6	〈85.55〉	6	〈86.87〉	6	〈85.90〉	6	〈84.13〉	6	76.56	6	〈84.12〉	6	〈85.90〉	6	〈88.00〉	6	〈86.96〉	6	〈86.50〉	76.35
	16	〈87.32〉	16	〈87.30〉	16	〈85.60〉	16	75.61	16	〈86.48〉	16	〈84.52〉	16	〈84.00〉	16	〈84.30〉	16	〈85.71〉	16	〈86.68〉	16	〈86.78〉	16	〈87.67〉	
	26	〈87.25〉	26	〈85.56〉	26	76.32	26	〈85.94〉	26	〈86.55〉	26	77.47	26	73.44	26	78.70	26	〈87.47〉	26	〈87.10〉	26	〈87.24〉	26	〈89.77〉	

第三章 宝鸡市

续表

点号	年份	1月 日	1月 水位	2月 日	2月 水位	3月 日	3月 水位	4月 日	4月 水位	5月 日	5月 水位	6月 日	6月 水位	7月 日	7月 水位	8月 日	8月 水位	9月 日	9月 水位	10月 日	10月 水位	11月 日	11月 水位	12月 日	12月 水位	年平均
119	2000	4	⟨89.72⟩	4	⟨89.66⟩	4	⟨90.29⟩	4	89.56	4	⟨90.21⟩	4	⟨90.45⟩	4	78.32	4	77.08	4	74.40	4	72.75	4	71.86	4	71.32	74.65
		14	⟨89.86⟩	14	⟨89.26⟩	14	⟨90.57⟩	14	⟨90.52⟩	14	⟨90.28⟩	14	⟨90.63⟩	14	77.56	14	76.85	14	73.83	14	72.38	14	71.52	14	70.25	
		24	⟨90.38⟩	24	⟨90.14⟩	24	⟨90.61⟩	24	⟨89.88⟩	24	⟨90.53⟩	24	⟨89.82⟩	24	77.50	24	75.62	24	73.42	24	72.04	24	71.72	24	70.30	
127	1986	5	19.70	5	20.53	5	20.91	5	22.01	5	22.31	5	22.78	5	23.14	5	25.31	5	25.81	5	25.78	5	24.99	5	24.82	23.40
		15	19.91	15	20.33	15	20.38	15	21.60	15	21.79	15	23.03	15	24.46	15	25.63	15	25.86	15	26.07	15	26.43	15	26.54	
		25	20.14	25	20.54	25	21.40	25	22.64	25	21.40	25	22.48	25	24.98	25	25.61	25	26.26	25	25.79	25	26.64	25	26.48	
	1987	4	26.40	4	27.04	4	27.27	4	27.37	4	27.45	4	28.14	4	27.49	4	⟨33.67⟩	4	27.46	4	29.67	4	29.79	4	29.02	28.04
		14	26.08	14	26.88	14	27.81	14	28.00	14	28.39	14	28.75	14	27.14	14	27.83	14	27.70	14	29.85	14	29.12	14	29.09	
		24	26.61	24	27.48	24	27.69	24	27.40	24	28.44	24	28.12	24	27.03	24	⟨34.07⟩	24	28.75	24	30.15	24	28.97	24	29.05	
	1988	5	⟨33.59⟩	5	29.06	5	29.05	5	29.18	5	30.24	5	30.66	5	30.86	5	30.62	5	30.19	5	28.45	5	⟨31.41⟩	5	25.36	29.12
		15	29.71	15	29.65	15	29.09	15	33.97	15	30.24	15	30.21	15	30.08	15	30.07	15	29.16	15	27.84	15	25.83	15	25.07	
		25	⟨30.49⟩	25	29.44	25	29.07	25	29.89	25	30.29	25	30.37	25	30.51	25	30.12	25	28.78	25	27.45	25	25.71	25	24.70	
	1989	5	24.96	5	24.17	5	24.12	5	⟨27.80⟩	5	⟨28.46⟩	5	⟨33.03⟩	5	25.57	5	26.04	5	24.15	5	23.09	5	21.86	5	21.32	23.75
		15	24.33	15	24.55	15	24.69	15	⟨23.70⟩	15	24.70	15	25.26	15	23.45	15	25.48	15	24.70	15	22.72	15	21.29	15	20.93	
		25	24.02	25	24.23	25	23.29	25	⟨28.46⟩	25	⟨29.43⟩	25	25.44	25	25.68	25	24.81	25	23.30	25	22.16	25	21.26	25	20.87	
	1990	5	20.07	5	20.24	5	21.06	5	21.80	5	⟨26.66⟩	5	23.05	5	23.28	5	22.74	5	22.06	5	⟨25.22⟩	5	22.10	5	20.97	21.84
		15	20.35	15	20.56	15	21.49	15	22.12	15	23.12	15	23.25	15	⟨27.62⟩	15	22.50	15	21.82	15	21.88	15	22.24	15	21.50	
		25	20.29	25	20.74	25	21.52	25	22.38	25	23.36	25	23.05	25	⟨27.31⟩	25	22.66	25	21.64	25	21.74	25	21.58	25	21.70	
	1991	6	20.96	6	21.78	6	22.44	6	23.50	6	25.46	6	26.12	6	⟨31.40⟩	6	25.38	6	⟨32.48⟩	6	27.90	6	27.53	6	26.11	24.86
		16	21.31	16	21.89	16	22.48	16	24.43	16	⟨29.82⟩	16	25.51	16	⟨32.55⟩	16	⟨31.78⟩	16	29.15	16	26.74	16	26.10	16	26.30	
		26	21.64	26	22.04	26	23.45	26	24.84	26	26.09	26	⟨31.12⟩	26	⟨33.24⟩	26	26.89	26	⟨32.11⟩	26	27.55	26	26.32	26	26.17	
	1992	6	26.12	6	26.33	6	26.51	6	29.64	6	30.63	6	30.47	6	31.53	6	31.67	6	31.60	6	31.19	6	29.93	6	31.01	29.86
		16	25.76	16	⟨33.09⟩	16	28.55	16	29.90	16	30.27	16	30.18	16	32.10	16	32.04	16	31.29	16	30.26	16	30.12	16	31.09	
		26	26.20	26	26.40	26	28.14	26	30.07	26	⟨33.78⟩	26	30.79	26	⟨37.08⟩	26	31.73	26	31.49	26	30.05	26	30.13	26	32.11	

续表

点号	年份	1月 日	1月 水位	2月 日	2月 水位	3月 日	3月 水位	4月 日	4月 水位	5月 日	5月 水位	6月 日	6月 水位	7月 日	7月 水位	8月 日	8月 水位	9月 日	9月 水位	10月 日	10月 水位	11月 日	11月 水位	12月 日	12月 水位	年平均
127	1993	6	29.84	6	29.60	6	30.70	6	31.23	6	32.06	6	32.29	6	32.25	6	32.20	6	32.00	6		6	30.32	6	30.61	31.21
		16	29.82	16	30.33	16	30.93	16	31.45	16	32.07	16	32.48	16	32.67	16	32.17	16	31.91	16	31.38	16	30.46	16	30.20	
		26	29.54	26	30.49	26	31.00	26	31.84	26	32.21	26		26	32.31	26	32.03	26	31.62	26	31.22	26	30.74	26	29.79	
	1994	6	29.83	6	29.77	6	30.07	6	30.46	6	30.23	6	31.04	6	31.96	6	32.58	6	32.82	6	32.97	6	33.12	6	33.29	31.58
		16	29.78	16	29.84	16	30.22	16	30.27	16	30.30	16	31.32	16	32.18	16	32.76	16	32.90	16	33.04	16	33.19	16	33.01	
		26	29.83	26	30.06	26	30.40	26	30.20	26	30.68	26	31.84	26	32.31	26	32.65	26	32.92	26	33.02	26	33.21	26	32.76	
	1995	6	32.82	6	34.16	6	34.48	6	34.51	6	⟨39.70⟩	6	34.81	6	37.58	6	38.16	6	39.46	6	40.09	6	40.89	6	41.28	37.24
		16	32.71	16	34.36	16	34.58	16	34.57	16	34.88	16	34.71	16	37.89	16	38.85	16	39.79	16	40.21	16	41.17	16	41.76	
		26	33.95	26	34.44	26	34.88	26	34.64	26	34.75	26	35.99	26	38.04	26	39.23	26	39.91	26	40.65	26	41.23	26	41.82	
	1996	6	41.90	6	42.12	6	42.54	6	42.85	6	43.11	6	43.50	6	43.71	6	44.02	6	44.04	6	44.15	6	44.36	6	44.57	43.46
		16	42.00	16	42.22	16	42.58	16	42.49	16	43.63	16	43.60	16	43.62	16	44.25	16	44.16	16	44.05	16	44.51	16	44.42	
		26	42.04	26	42.48	26	42.67	26	42.58	26	43.75	26	43.74	26	43.90	26	44.18	26	44.01	26	43.87	26	44.40	26	44.53	
	1997	5	44.62	5	44.59	5	44.57	5	44.90	5	44.91	5	45.05	5	45.51	5	45.66	5	45.83	5	46.10	5	45.82	5	46.31	45.36
		15	44.46	15	44.49	15	44.65	15	44.94	15	45.11	15	45.13	15	45.60	15	45.72	15	45.90	15	46.10	15	46.01	15	46.19	
		25	44.54	25	44.46	25	44.41	25	44.96	25	45.15	25	45.18	25	45.55	25	45.94	25	45.80	25	46.18	25	46.16	25	46.53	
	1998	5	46.64	5	46.82	5	46.58	5	46.92	5	46.82	5	46.78	5	46.70	5	46.71	5	45.59	5	43.79	5	44.81	5	44.81	46.28
		15	46.71	15	46.76	15	46.71	15		15		15	45.18	15		15		15		15	43.74	15	43.59	15	43.50	
		25	46.66	25	46.42	25	46.80	25	44.99	25	45.53	25	45.18	25	44.64	25	44.40	25	44.10	25		25		25		
	1999	15	44.90	15	44.50	15	45.07	15	44.35	15	43.89	15	43.54	15	43.11	15	44.57	15		15	43.05	15	41.30	15	40.89	44.51
	2000	14	43.28	14	43.47	14	43.75	14		14		14		14	24.20	14	27.35	14		14	27.28	14	27.11	14	27.27	43.11
129	1986	5	22.59	5	22.91	5	23.82	5	23.84	5	24.45	5	23.94	5	24.75	5	26.64	5	27.58	5	27.90	5	27.57	5	27.89	25.24
		15	22.63	15	22.72	15	23.18	15	23.37	15	24.22	15	23.71	15	24.75	15	26.64	15	27.74	15	27.90	15	27.57	15	27.89	
		25	22.71	25	23.33	25	24.38	25	24.54	25	23.66	25	23.51	25	25.03	25	26.80	25	27.88	25	27.63	25	27.05	25	27.51	

续表

点号	年份	1月 日	1月 水位	2月 日	2月 水位	3月 日	3月 水位	4月 日	4月 水位	5月 日	5月 水位	6月 日	6月 水位	7月 日	7月 水位	8月 日	8月 水位	9月 日	9月 水位	10月 日	10月 水位	11月 日	11月 水位	12月 日	12月 水位	年平均
129	1987	4	27.21	4	〈32.71〉	4	26.94	4	28.03	4	〈32.76〉	4	28.82	4	28.60	4	29.76	4	31.15	4	〈31.51〉	4	39.97	4	30.18	29.60
		14	27.33	14	27.57	14	28.83	14	28.10	14	28.04	14	29.38	14	30.25	14	29.64	14	30.06	14	32.38	14	30.24	14	30.01	
		24	27.88	24	21.72	24	28.78	24	28.08	24	28.61	24	29.51	24	34.70	24	30.46	24	32.05	24	32.51	24	〈36.67〉	24	30.32	
	1988	5	30.29	5	30.26	5	30.05	5	30.43	5	31.54	5	31.89	5	32.27	5	〈34.74〉	5	31.36	5	30.28	5	29.84	5	29.67	30.66
		15	30.33	15	30.36	15	30.24	15	30.08	15	31.10	15	〈34.00〉	15	32.94	15	32.78	15	30.72	15	29.98	15	26.41	15	29.32	
		25	30.24	25	30.17	25	30.35	25	31.21	25	31.27	25	〈33.23〉	25	32.34	25	31.49	25	30.66	25	29.81	25	33.16	25	28.79	
	1989	5	27.97	5	28.32	5	27.84	5	29.31	5	〈31.92〉	5	〈33.18〉	5	29.96	5	27.59	5	28.91	5	28.14	5	27.24	5	26.33	27.97
		15	28.30	15	27.76	15	27.33	15	27.36	15	27.97	15	29.54	15	29.03	15	29.52	15	28.46	15	27.98	15	26.43	15	25.91	
		25	28.04	25	27.58	25	27.02	25	27.69	25	〈32.88〉	25	28.75	25	30.10	25	29.17	25	28.22	25	〈31.97〉	25	26.23	25	26.25	
	1990	5	25.77	5	25.26	5	26.23	5	27.60	5	28.29	5	29.11	5	28.56	5	28.91	5	28.01	5	26.41	5	26.33	5	26.02	27.21
		15	25.49	15	25.64	15	27.13	15	28.42	15	29.09	15	29.22	15	〈33.13〉	15	28.63	15	27.35	15	26.14	15	26.19	15	26.27	
		25	25.31	25	25.78	25	27.36	25	28.27	25	〈32.85〉	25	28.46	25	28.22	25	28.91	25	26.82	25	26.20	25	〈32.05〉	25	26.27	
	1991	6	25.50	6	26.73	6	27.75	6	28.67	6	30.02	6	30.55	6	〈35.11〉	6	31.05	6	31.52	6	32.17	6	31.79	6	31.12	29.93
		16	26.65	16	26.84	16	27.30	16	〈32.36〉	16	〈34.25〉	16	30.30	16	〈35.51〉	16	32.90	16	32.20	16	32.57	16	31.50	16	31.06	
		26	27.09	26	27.57	26	28.51	26	29.79	26	30.74	26	31.00	26	28.21	26	〈35.59〉	26	32.11	26	31.98	26	31.67	26	30.92	
	1992	6	30.74	6	32.80	6	32.77	6	32.60	6	33.91	6	34.09	6	32.67	6	36.33	6	32.31	6	34.73	6	〈37.69〉	6	32.02	33.43
		16	31.68	16	〈35.08〉	16	32.53	16	〈32.68〉	16	33.64	16	33.60	16	33.41	16	35.07	16	32.70	16	34.37	16	34.02	16	〈36.57〉	
		26	31.79	26	〈35.77〉	26	32.75	26	33.10	26	34.32	26	33.12	26	33.88	26	35.20	26	32.11	26	34.12	26	〈39.72〉	26	35.17	
	1993	6	34.33	6	〈38.22〉	6	35.61	6	35.76	6	36.18	6	36.20	6	36.41	6	36.05	6	36.32	6	35.51	6		6	34.27	35.54
		16	34.30	16	35.17	16	35.48	16	35.81	16	36.33	16	36.39	16	36.62	16	36.41	16	36.16	16		16	34.38	16	34.11	
		26	34.07	26	34.33	26	35.53	26	36.27	26	36.42	26	36.48	26	35.94	26	36.22	26	35.75	26		26	34.21	26	34.21	
	1994	6	34.18	6		6	34.22	6	34.86	6	35.77	6	36.87	6	36.28	6	37.71	6	37.89	6	37.85	6	37.94	6	38.05	36.48
		16	34.03	16		16	34.31	16	34.63	16	35.88	16	36.67	16	37.02	16	37.77	16	38.03	16	37.93	16	38.03	16	38.04	
		26	34.09	26		26	34.71	26	35.02	26	36.10	26	36.22	26	37.15	26	37.81	26		26		26	37.92	26	37.75	

续表

点号	年份	1月		2月		3月		4月		5月		6月		7月		8月		9月		10月		11月		12月		年平均
		日	水位	日	水位	日	水位	日	水位	日	水位	日	水位	日	水位	日	水位	日	水位	日	水位	日	水位	日	水位	
129	1995	6	37.51	6		6		6		6		6		6		6		6		6		6		6		42.21
		16	37.38	16	38.36	16		16		16		16		16		16		16		16		16		16		
		26	38.54	26	38.44	26	38.56	26		26		26		26		26		26		26		26		26		
135	1986	5	41.33	5	43.22	5	⟨47.05⟩	5	⟨43.04⟩	5	40.69	5	41.86	5	43.35	5	44.50	5	45.21	5	43.30	5	43.80	5	43.90	42.64
		15	41.95	15	41.66	15	40.92	15	39.76	15	39.61	15	42.53	15	43.25	15	44.80	15	43.97	15	43.98	15	43.30	15	43.65	
		25	42.00	25	41.95	25	⟨44.82⟩	25	39.31	25	40.07	25	41.03	25	⟨48.62⟩	25	44.12	25	⟨48.10⟩	25	44.16	25	43.76	25	44.88	
	1987	4		4	48.58	4	49.76	4	⟨50.46⟩	4	46.12	4	47.30	4	47.53	4	48.32	4	48.20	4	49.13	4	47.56	4	48.01	47.95
		14	46.30	14	49.22	14	48.81	14	46.86	14	48.13	14	47.91	14	48.26	14	48.37	14	48.15	14	⟨48.89⟩	14	47.37	14	47.31	
		24	47.82	24	48.22	24	46.81	24	47.98	24	47.70	24	47.57	24	49.16	24	48.53	24	47.50	24	47.77	24	47.16	24	49.04	
	1988	6	⟨52.96⟩	6	50.58	6	49.89	6	48.21	6	48.50	6	⟨51.21⟩	6	49.58	6	49.96	6	49.68	6	47.56	6	44.07	6	43.18	48.15
		16	⟨52.98⟩	16	50.96	16	48.89	16	⟨51.27⟩	16	48.77	16	49.49	16	49.06	16	50.23	16	49.46	16	47.00	16	⟨44.99⟩	16	43.37	
		26	50.73	26	49.11	26	⟨52.10⟩	26	49.21	26		26	⟨51.75⟩	26	50.31	26	50.06	26	48.06	26	46.29	26	43.31	26	42.61	
	1989	6	42.85	6	45.34	6	42.80	6	41.00	6	42.42	6	42.91	6	44.13	6	43.00	6	44.00	6	42.85	6	41.14	6	40.95	42.86
		16	44.37	16	44.11	16	42.75	16	41.20	16	41.67	16	44.39	16	43.80	16	45.51	16	43.19	16	41.19	16	39.93	16	42.72	
		26	42.91	26	43.36	26	42.29	26	⟨48.69⟩	26	41.98	26	43.45	26	44.64	26	44.66	26	44.07	26	42.23	26	40.27	26	42.08	
	1990	6	42.72	6	44.30	6	42.66	6	41.80	6	41.80	6	⟨49.12⟩	6	46.33	6	45.51	6	⟨51.67⟩	6	⟨50.60⟩	6	⟨47.57⟩	6	⟨47.23⟩	43.51
		16	44.11	16	42.19	16	42.76	16	40.94	16	43.30	16	⟨49.60⟩	16	46.02	16	47.46	16	⟨52.03⟩	16	⟨49.46⟩	16	⟨48.04⟩	16	⟨46.49⟩	
		26	45.34	26	42.73	26	42.46	26	41.51	26	42.94	26	45.26	26	⟨51.25⟩	26	⟨53.37⟩	26	⟨51.87⟩	26	⟨48.80⟩	26	⟨47.58⟩	26	⟨48.50⟩	
	1991	6	⟨49.73⟩	6	⟨50.37⟩	6	⟨51.23⟩	6	⟨49.73⟩	6	⟨49.24⟩	6	⟨50.93⟩	6	⟨52.85⟩	6	⟨51.91⟩	6	⟨53.70⟩	6	⟨52.85⟩	6	⟨54.14⟩	6	⟨52.76⟩	45.76
		16	⟨51.27⟩	16	⟨50.80⟩	16	⟨50.95⟩	16	⟨49.24⟩	16	⟨51.07⟩	16	44.57	16	⟨52.93⟩	16	⟨54.45⟩	16	⟨53.60⟩	16	⟨52.27⟩	16	⟨51.94⟩	16	⟨53.01⟩	
		26	⟨51.26⟩	26	⟨51.75⟩	26	⟨50.13⟩	26	⟨49.32⟩	26	⟨57.31⟩	26	⟨51.45⟩	26	⟨52.90⟩	26	⟨54.26⟩	26	⟨53.09⟩	26	⟨52.11⟩	26	⟨51.57⟩	26	47.52	
	1992	6	⟨55.91⟩	6	⟨57.01⟩	6	⟨57.66⟩	6	⟨56.76⟩	6	⟨57.44⟩	6	50.93	6	⟨59.36⟩	6	49.40	6	⟨53.60⟩	6	61.02	6	⟨60.46⟩	6	⟨60.14⟩	50.91
		16	⟨56.43⟩	16	⟨57.39⟩	16	⟨56.43⟩	16	⟨56.30⟩	16	⟨57.44⟩	16	⟨57.67⟩	16	⟨59.42⟩	16	⟨60.06⟩	16	⟨60.78⟩	16	⟨60.46⟩	16	⟨60.76⟩	16	⟨60.47⟩	
		26	⟨56.76⟩	26	⟨58.15⟩	26	⟨55.76⟩	26	⟨56.90⟩	26	50.88	26	⟨58.35⟩	26	⟨59.30⟩	26	⟨60.57⟩	26	⟨59.81⟩	26	⟨60.50⟩	26	⟨60.31⟩	26	⟨60.62⟩	

续表

点号	年份	1月 日	1月 水位	2月 日	2月 水位	3月 日	3月 水位	4月 日	4月 水位	5月 日	5月 水位	6月 日	6月 水位	7月 日	7月 水位	8月 日	8月 水位	9月 日	9月 水位	10月 日	10月 水位	11月 日	11月 水位	12月 日	12月 水位	年平均
135	1993	6	⟨61.68⟩	6	54.57	6	⟨64.08⟩	6	⟨65.15⟩	6	⟨63.63⟩	6	⟨62.11⟩	6	⟨62.21⟩	6	⟨62.83⟩	6	54.18	6	53.23	6	53.81	6	54.21	53.58
		16	⟨61.66⟩	16	⟨63.25⟩	16	⟨65.07⟩	16	⟨64.35⟩	16	⟨63.50⟩	16	⟨62.83⟩	16	52.55	16	51.71	16	51.64	16	54.16	16	53.06	16	55.55	
		26	⟨63.62⟩	26	⟨63.34⟩	26	⟨64.31⟩	26	⟨63.67⟩	26	52.66	26	⟨62.33⟩	26	⟨62.24⟩	26	⟨62.44⟩	26	53.88	26	53.56	26	53.19	26	55.30	
	1994	6	⟨63.78⟩	6	⟨65.58⟩	6	⟨65.61⟩	6	⟨64.34⟩	6	⟨65.17⟩	6	⟨66.00⟩	6	⟨64.68⟩	6	⟨70.08⟩	6	⟨70.47⟩	6	⟨70.47⟩	6	⟨69.98⟩	6	⟨70.16⟩	58.67
		16	55.25	16	⟨65.50⟩	16	⟨64.04⟩	16	⟨64.58⟩	16	⟨65.35⟩	16	58.66	16	⟨64.42⟩	16	62.09	16	⟨69.82⟩	16	⟨65.36⟩	16	⟨65.07⟩	16	⟨70.92⟩	
		26	⟨64.65⟩	26	⟨66.15⟩	26	⟨65.40⟩	26	⟨64.36⟩	26	⟨65.91⟩	26	⟨62.75⟩	26	⟨68.19⟩	26	⟨71.73⟩	26	⟨68.76⟩	26	⟨65.42⟩	26	⟨70.13⟩	26	⟨69.61⟩	
	1995	6	⟨65.01⟩	6	⟨71.30⟩	6	⟨70.60⟩	6	⟨70.70⟩	6	⟨70.58⟩	6	⟨70.60⟩	6	⟨74.26⟩	6	⟨74.53⟩	6	⟨73.52⟩	6	⟨71.98⟩	6	⟨72.98⟩	6	⟨73.78⟩	64.35
		16	⟨69.91⟩	16	⟨71.10⟩	16	⟨70.50⟩	16	⟨70.42⟩	16	⟨71.18⟩	16	63.82	16	⟨74.52⟩	16	65.04	16	⟨74.88⟩	16	⟨69.31⟩	16	⟨73.03⟩	16	⟨74.93⟩	
		26	⟨69.88⟩	26	⟨71.10⟩	26	⟨71.44⟩	26	⟨69.45⟩	26	⟨71.48⟩	26	64.20	26	⟨74.61⟩	26	⟨73.92⟩	26	⟨74.50⟩	26	⟨73.71⟩	26	⟨73.80⟩	26	⟨74.88⟩	
	1996	6	⟨75.02⟩	6	⟨74.57⟩	6	⟨73.28⟩	6	⟨73.07⟩	6	69.61	6	⟨74.08⟩	6	⟨74.60⟩	6	⟨78.17⟩	6	⟨76.91⟩	6	⟨78.75⟩	6	⟨79.73⟩	6	⟨79.01⟩	69.86
		16	67.21	16	⟨74.62⟩	16	66.17	16	69.65	16	⟨74.30⟩	16	⟨73.04⟩	16	72.34	16	71.45	16	⟨78.10⟩	16	⟨80.07⟩	16	74.70	16	⟨79.71⟩	
		26	67.72	26	⟨73.31⟩	26	⟨74.20⟩	26	⟨72.20⟩	26	⟨74.38⟩	26	⟨74.13⟩	26	⟨77.00⟩	26	⟨77.87⟩	26	⟨78.15⟩	26	⟨79.90⟩	26	⟨79.80⟩	26	⟨79.80⟩	
	1997	5	⟨80.00⟩	5	⟨80.15⟩	5	76.17	5	⟨86.24⟩	5	76.36	5	⟨88.18⟩	5	78.35	5	79.43	5	⟨89.40⟩	5	⟨89.42⟩	5	⟨91.22⟩	5	⟨91.05⟩	77.91
		15	⟨79.78⟩	15	75.83	15	76.69	15	76.56	15	76.36	15	⟨87.70⟩	15	79.56	15	79.76	15	⟨89.18⟩	15	⟨91.25⟩	15	81.03	15	⟨91.12⟩	
		25		25	76.80	25	77.65	25	⟨85.78⟩	25	76.78	25	77.84	25	79.31	25	⟨89.40⟩	25	79.92	25	⟨91.20⟩	25	⟨91.00⟩	25	⟨90.80⟩	
	1998	5	⟨91.18⟩	5	⟨91.16⟩	5	⟨91.08⟩	5	⟨102.30⟩	5	⟨101.45⟩	5	⟨98.81⟩	5	86.54	5	⟨89.73⟩	5	⟨89.42⟩	5	⟨98.90⟩	5	85.95	5	86.80	86.66
		15	⟨90.80⟩	15	⟨91.08⟩	15	⟨100.40⟩	15	⟨103.04⟩	15	⟨103.52⟩	15	⟨100.80⟩	15	85.86	15	⟨99.82⟩	15	⟨99.60⟩	15	⟨98.80⟩	15	86.00	15	86.86	
		25	⟨91.17⟩	25	⟨91.10⟩	25	⟨100.12⟩	25	⟨104.5⟩	25	⟨103.22⟩	25	⟨99.38⟩	25	86.80	25	87.56	25	87.62	25	85.80	25	⟨99.04⟩	25	87.51	
	1999	5	⟨100.40⟩	5	88.60	5	⟨100.33⟩	5	⟨100.40⟩	5	88.44	5	⟨99.01⟩	5	⟨99.06⟩	5	87.10	5	⟨100.36⟩	5	88.42	5	⟨99.40⟩	5	87.63	88.12
		15	88.90	15	89.48	15	⟨100.44⟩	15	⟨100.33⟩	15	88.80	15	87.82	15	87.26	15	⟨99.47⟩	15	88.53	15	87.55	15	86.76	15	87.80	
		25	88.68	25	⟨100.20⟩	25	⟨100.22⟩	25	89.24	25	88.37	25	87.58	25	⟨98.94⟩	25	89.04	25	88.65	25	87.40	25	86.65	25	⟨99.01⟩	
	2000	5	89.14	5	90.26	5	89.98	5	89.24	5	⟨100.72⟩	5	91.67	5	91.62	5	90.93	5	89.96	5		5	86.96	5	⟨98.53⟩	89.33
		15	⟨99.60⟩	15	89.33	15	89.18	15	⟨100.06⟩	15	90.07	15	⟨101.28⟩	15	⟨101.89⟩	15	90.26	15	89.15	15	⟨100.38⟩	15	86.90	15	85.72	
		25	⟨100.47⟩	25	⟨100.59⟩	25	⟨100.26⟩	25	⟨100.56⟩	25	⟨101.09⟩	25	91.75	25	⟨102.10⟩	25	89.90	25	88.97	25		25	⟨98.49⟩	25	85.55	

续表

点号	年份	1月 日	1月 水位	2月 日	2月 水位	3月 日	3月 水位	4月 日	4月 水位	5月 日	5月 水位	6月 日	6月 水位	7月 日	7月 水位	8月 日	8月 水位	9月 日	9月 水位	10月 日	10月 水位	11月 日	11月 水位	12月 日	12月 水位	年平均
140	1986	5	〈49.59〉	5	〈50.95〉	5	〈49.80〉	5	〈49.44〉	5	〈49.58〉	5	〈51.93〉	5	〈52.19〉	5	〈52.62〉	5	〈53.39〉	5	〈52.09〉	5	〈52.39〉	5	〈52.50〉	45.27
		15	〈49.60〉	15	〈50.09〉	15	〈49.69〉	15	〈50.75〉	15	〈50.62〉	15	〈52.50〉	15	〈52.22〉	15	〈53.33〉	15	45.27	15	〈52.22〉	15	〈52.34〉	15	〈52.21〉	
		25	〈48.74〉	25	〈49.75〉	25	〈49.68〉	25	〈50.19〉	25	〈50.16〉	25	〈52.07〉	25	〈52.23〉	25	〈52.09〉	25	〈52.74〉	25	〈52.50〉	25	〈50.61〉	25	〈51.89〉	
	1987	4	〈52.51〉	4	〈53.29〉	4	〈54.43〉	4	〈52.76〉	4	〈54.34〉	4	〈55.06〉	4	〈55.04〉	4	〈55.97〉	4	47.82	4	55.26	4	〈55.73〉	4	〈53.68〉	47.77
		14	〈52.59〉	14	〈50.87〉	14	〈49.89〉	14	〈53.75〉	14	〈50.79〉	14	〈55.38〉	14	〈55.69〉	14	〈49.80〉	14	〈55.42〉	14	47.71	14	〈53.68〉	14	〈53.34〉	
		24	〈53.12〉	24	〈54.04〉	24	〈53.64〉	24	〈54.08〉	24	〈54.59〉	24	〈54.71〉	24	〈55.73〉	24	〈56.52〉	24	〈54.71〉	24	〈55.09〉	24	〈53.53〉	24	〈54.32〉	
	1988	5	〈55.21〉	5	〈56.76〉	5	〈56.56〉	5	〈56.61〉	5	〈57.27〉	5	〈55.20〉	5	41.00	5	42.19	5	42.09	5	〈47.71〉	5	35.17	5	32.04	37.66
		15	〈54.94〉	15	〈56.12〉	15	〈56.04〉	15	〈56.45〉	15	〈56.79〉	15	40.58	15	〈49.99〉	15	〈52.04〉	15	44.32	15	〈47.60〉	15	32.62	15	31.83	
		25	〈55.54〉	25	〈55.54〉	25	〈55.81〉	25	〈56.45〉	25	〈56.62〉	25	〈53.47〉	25	40.77	25	41.00	25	40.22	25	37.67	25	32.20	25	31.21	
	1989	5	32.35	5	32.51	5	32.76	5	31.58	5	33.69	5	34.06	5	34.78	5	33.60	5	34.03	5	29.98	5	30.18	5	31.66	32.41
		15	30.57	15	31.93	15	31.38	15	31.51	15	32.96	15	〈43.04〉	15	34.29	15	36.10	15	33.02	15	30.81	15	30.78	15	32.44	
		25	32.64	25	31.23	25	31.84	25	32.35	25	33.20	25	34.60	25	〈44.13〉	25	33.21	25	32.59	25	30.80	25	30.64	25	31.79	
	1990	5	30.60	5	31.05	5	34.05	5	33.14	5	34.55	5	〈46.94〉	5	37.13	5	35.74	5	〈45.35〉	5	35.80	5	〈43.68〉	5	〈44.47〉	34.33
		15	31.09	15	31.94	15	34.74	15	33.46	15	〈45.81〉	15	38.02	15	〈46.64〉	15	〈44.44〉	15	〈46.53〉	15	35.12	15	34.87	15	36.25	
		25	〈41.54〉	25	33.07	25	32.34	25	31.32	25	〈44.79〉	25	36.57	25	〈46.90〉	25	37.93	25	36.54	25	〈43.42〉	25	〈43.94〉	25	〈43.84〉	
	1991	5	35.55	5	〈44.54〉	5	38.06	5	〈44.85〉	5	〈45.98〉	5	〈50.71〉	5	〈52.24〉	5	〈52.82〉	5	〈51.13〉	5	〈46.81〉	5	〈46.01〉	5	〈46.11〉	38.28
		15	〈44.50〉	15	38.18	15	36.56	15	35.68	15	〈50.27〉	15	〈49.88〉	15	〈52.46〉	15	44.98	15	〈50.68〉	15	〈46.80〉	15	37.41	15	〈47.63〉	
		25	〈46.31〉	25	36.57	25	〈45.51〉	25	〈46.94〉	25	〈50.28〉	25	〈49.85〉	25	〈53.46〉	25	〈52.61〉	25	42.07	25	39.05	25	36.96	25	〈46.68〉	
	1992	5	39.15	5	〈54.05〉	5	〈53.47〉	5	〈55.03〉	5	〈53.26〉	5	〈54.82〉	5	〈54.99〉	5	〈56.62〉	5	〈53.89〉	5	42.88	5	〈52.86〉	5	〈54.09〉	44.06
		15	〈52.34〉	15	〈52.81〉	15	〈52.64〉	15	〈54.06〉	15	〈52.73〉	15	43.80	15	45.07	15	48.60	15	44.85	15	〈53.98〉	15	〈52.90〉	15	〈53.24〉	
		25	〈53.95〉	25	〈54.27〉	25	〈53.13〉	25	〈55.30〉	25	〈54.22〉	25	44.06	25	〈56.37〉	25	〈56.02〉	25	〈56.82〉	25	〈52.89〉	25	〈53.34〉	25	〈54.00〉	
	1993	5	〈54.77〉	5	〈56.33〉	5	〈57.52〉	5	〈55.44〉	5	〈58.29〉	5	〈56.36〉	5	〈57.83〉	5	〈58.30〉	5	〈58.84〉	5	〈59.44〉	5	〈59.61〉	5	〈61.44〉	50.24
		15	〈54.07〉	15	〈57.28〉	15	〈56.97〉	15	〈57.18〉	15	〈57.23〉	15	〈58.36〉	15	〈59.04〉	15	49.54	15	〈57.85〉	15	〈59.40〉	15	〈59.91〉	15	〈62.13〉	
		25	〈55.21〉	25	〈56.01〉	25	〈57.19〉	25	〈57.65〉	25	〈57.04〉	25	〈58.28〉	25	〈57.68〉	25	〈57.25〉	25	〈59.90〉	25	〈59.48〉	25	50.93	25	〈62.81〉	

续表

点号	年份	1月 日	1月 水位	2月 日	2月 水位	3月 日	3月 水位	4月 日	4月 水位	5月 日	5月 水位	6月 日	6月 水位	7月 日	7月 水位	8月 日	8月 水位	9月 日	9月 水位	10月 日	10月 水位	11月 日	11月 水位	12月 日	12月 水位	年平均
140	1994	5	⟨62.39⟩	5	⟨64.25⟩	5	⟨64.09⟩	5	⟨64.24⟩	5	⟨64.27⟩	5	⟨64.32⟩	5	⟨64.45⟩	5	⟨64.59⟩	5	⟨64.38⟩	5	⟨64.41⟩	5	⟨64.20⟩	5	⟨64.32⟩	52.83
		15	⟨62.84⟩	15	⟨61.49⟩	15	⟨63.46⟩	15	⟨63.61⟩	15	⟨64.30⟩	15	⟨64.24⟩	15	⟨64.36⟩	15	50.46	15	⟨64.43⟩	15	⟨64.35⟩	15	⟨64.27⟩	15	55.20	
		25	⟨61.59⟩	25	⟨61.18⟩	25	⟨63.67⟩	25	⟨62.80⟩	25	⟨64.26⟩	25	⟨64.19⟩	25	⟨64.48⟩	25	⟨64.38⟩	25	⟨64.54⟩	25	⟨64.38⟩	25	⟨64.26⟩	25	⟨64.76⟩	
	1995	5	⟨64.19⟩	5	⟨63.96⟩	5	⟨64.66⟩	5	⟨64.81⟩	5	⟨64.72⟩	5	⟨64.82⟩	5	⟨70.29⟩	5	⟨71.42⟩	5	⟨71.31⟩	5	61.58	5	⟨72.34⟩	5	⟨73.75⟩	61.36
		15	⟨64.26⟩	15	⟨64.06⟩	15	⟨64.19⟩	15	⟨64.78⟩	15	⟨64.65⟩	15	⟨64.75⟩	15	⟨70.85⟩	15	61.14	15	⟨71.24⟩	15	⟨71.62⟩	15	⟨71.92⟩	15	⟨73.94⟩	
		25	⟨64.20⟩	25	⟨64.29⟩	25	⟨64.72⟩	25	⟨64.67⟩	25	⟨64.72⟩	25	⟨69.75⟩	25	⟨70.64⟩	25	⟨70.41⟩	25	⟨72.04⟩	25	⟨72.01⟩	25	⟨72.06⟩	25	⟨73.96⟩	
	1996	5	⟨74.27⟩	5	⟨74.36⟩	5	⟨74.41⟩	5	61.52	5	⟨74.54⟩	5	⟨74.40⟩	5	⟨74.64⟩	5	⟨74.59⟩	5	⟨74.68⟩	5	⟨74.49⟩	5	⟨81.97⟩	5	⟨83.14⟩	64.47
		15	⟨74.26⟩	15	⟨74.34⟩	15	⟨74.49⟩	15	⟨74.43⟩	15	⟨74.37⟩	15	⟨74.26⟩	15	⟨74.71⟩	15	⟨65.77⟩	15	⟨74.56⟩	15	65.41	15	⟨82.34⟩	15	66.47	
		25	⟨74.38⟩	25	⟨74.22⟩	25	⟨77.70⟩	25	⟨74.56⟩	25	⟨74.64⟩	25	⟨72.81⟩	25	⟨74.62⟩	25	⟨74.56⟩	25	⟨74.86⟩	25	⟨83.45⟩	25	⟨82.66⟩	25	⟨83.97⟩	
	1997	6	⟨83.56⟩	6	⟨84.41⟩	6	⟨84.44⟩	6	⟨84.36⟩	6	⟨84.42⟩	6	⟨84.36⟩	6	⟨84.51⟩	6	⟨86.25⟩	6	⟨87.54⟩	6	⟨87.69⟩	6	⟨87.72⟩	6	⟨87.72⟩	69.04
		16	⟨84.14⟩	16	⟨84.47⟩	16	⟨84.42⟩	16	⟨84.34⟩	16	⟨84.34⟩	16	⟨84.45⟩	16	66.52	16	71.56	16	⟨87.40⟩	16	⟨87.76⟩	16	⟨87.56⟩	16	⟨88.06⟩	
		26	⟨84.37⟩	26	⟨84.46⟩	26	⟨84.39⟩	26	⟨84.44⟩	26	⟨84.42⟩	26	⟨84.62⟩	26	⟨84.66⟩	26	⟨86.10⟩	26	⟨87.86⟩	26	⟨87.98⟩	26	⟨87.72⟩	26	⟨87.68⟩	
	1998	6	⟨87.77⟩	6	⟨87.74⟩	6	⟨87.82⟩	6	⟨87.82⟩	6	⟨87.99⟩	6	⟨87.80⟩	6	⟨87.94⟩	6	⟨87.59⟩	6	⟨87.66⟩	6	⟨87.94⟩	6	⟨87.70⟩	6	⟨87.81⟩	74.80
		16	⟨87.84⟩	16	⟨87.82⟩	16	⟨87.78⟩	16	⟨87.96⟩	16	⟨87.94⟩	16	⟨87.87⟩	16	⟨87.84⟩	16	74.80	16	⟨87.69⟩	16	⟨87.99⟩	16	⟨87.84⟩	16	⟨87.86⟩	
		26	⟨87.69⟩	26	⟨87.86⟩	26	⟨87.84⟩	26	⟨87.70⟩	26	⟨87.74⟩	26	⟨87.96⟩	26	⟨87.60⟩	26	⟨87.54⟩	26	⟨87.90⟩	26	⟨87.82⟩	26	⟨87.86⟩	26	⟨87.88⟩	
	1999	6	⟨87.84⟩	6	⟨87.90⟩	6	74.26	6	⟨87.50⟩	6	⟨87.79⟩	6	⟨87.71⟩	6	73.44	6	⟨85.54⟩	6	⟨87.76⟩	6	⟨87.50⟩	6	⟨87.44⟩	6	⟨87.59⟩	74.62
		16	⟨88.10⟩	16	⟨87.94⟩	16	74.12	16	74.82	16	⟨76.30⟩	16	⟨87.80⟩	16	⟨86.47⟩	16	⟨86.69⟩	16	⟨87.03⟩	16	⟨87.70⟩	16	⟨87.00⟩	16	⟨88.00⟩	
		26	⟨87.87⟩	26	⟨87.90⟩	26	74.46	26	⟨87.24⟩	26	⟨87.84⟩	26	75.56	26	73.44	26	76.82	26	⟨88.44⟩	26	73.05	26	⟨87.55⟩	26	⟨88.07⟩	
	2000	6	⟨87.57⟩	6	⟨87.01⟩	6	⟨88.18⟩	6	⟨87.07⟩	6	⟨89.06⟩	6	⟨88.95⟩	6	78.67	6	77.20	6	74.97	6	73.05	6	71.92	6	71.72	74.09
		16	⟨88.40⟩	16	⟨87.96⟩	16	⟨88.26⟩	16	⟨88.09⟩	16	⟨89.11⟩	16	⟨89.12⟩	16	78.29	16	76.56	16	74.21	16	72.58	16	71.62	16	70.62	
		26	⟨86.72⟩	26	⟨87.97⟩	26	⟨87.86⟩	26	⟨89.14⟩	26	⟨89.27⟩	26	⟨88.69⟩	26	77.77	26	75.68	26	73.72	26	72.39	26	71.90	26	70.66	
141	1986	5	5.92	5	6.07	5	6.35	5	6.24	5	6.21	5	5.88	5	6.98	5	⟨10.22⟩	5	6.65	5	⟨10.08⟩	5	6.93	5	6.85	6.42
		15	6.05	15	6.19	15	6.35	15	6.45	15	6.15	15	⟨9.97⟩	15	6.65	15	⟨9.59⟩	15	6.35	15	6.65	15	6.42	15	6.77	
		25	6.12	25	6.30	25	6.35	25	⟨8.72⟩	25	6.07	25	⟨9.82⟩	25	⟨9.69⟩	25	6.65	25	⟨9.92⟩	25	7.10	25	6.42	25	6.74	

续表

点号	年份	1月 日	1月 水位	2月 日	2月 水位	3月 日	3月 水位	4月 日	4月 水位	5月 日	5月 水位	6月 日	6月 水位	7月 日	7月 水位	8月 日	8月 水位	9月 日	9月 水位	10月 日	10月 水位	11月 日	11月 水位	12月 日	12月 水位	年平均
141	1987	4	6.80	4	6.71	4	6.78	4	⟨8.04⟩	4	⟨7.98⟩	5	⟨10.44⟩	5	6.78	5	6.05	5	⟨6.10⟩	5	5.80	5	6.55	5	6.67	6.57
		14	6.74	14	6.70	14	6.85	14	6.27	15	⟨10.23⟩	15	⟨9.73⟩	15	6.52	15	5.88	15	5.77	15	6.59	15	⟨8.08⟩	15	6.67	
		24	6.75	24	7.35	24	7.05	24	⟨10.81⟩	25	7.80	25	⟨9.50⟩	25	⟨7.18⟩	25	5.80	25	5.72	25	6.55	25	6.57	25	7.19	
	1988	5	6.72	5	7.30	5	7.19	5	7.51	5	⟨9.23⟩	5	7.08	5	⟨18.21⟩	5	⟨13.50⟩	5	5.83	5	5.80	5	6.06	5	5.52	6.54
		15	6.79	15	7.47	15	7.16	15	7.57	15	6.75	15	7.23	15	⟨17.68⟩	15	6.12	15	5.58	15	5.58	15	5.83	15	5.60	
		25	6.97	25	7.45	25	7.04	25	7.65	25	7.03	25	⟨9.27⟩	25	⟨9.10⟩	25	6.86	25	5.52	25	5.57	25	6.01	25	5.40	
	1989	5	5.48	5	5.63	5	6.59	5	6.40	5	6.20	5	5.85	5	5.58	5	5.52	5	5.32	5	4.98	5	5.20	5	5.43	5.63
		15	5.63	15	5.85	15	6.29	15	6.43	15	5.81	15	5.74	15	5.68	15	5.52	15	5.05	15	4.86	15	5.21	15	5.06	
		25	5.75	25	6.16	25	6.50	25	6.40	25	5.71	25	5.72	25	5.47	25	5.21	25	4.93	25	5.11	25	5.24	25	5.16	
	1990	5	5.35	5	5.64	5	6.36	5	6.36	5	6.26	5	5.78	5	5.54	5	4.55	5	4.45	5	4.19	5	4.77	5	4.81	5.29
		15	5.40	15	5.28	15	6.70	15	6.30	15	5.88	15	5.61	15	4.88	15	4.50	15	4.45	15	4.47	15	4.75	15	4.77	
		25	5.48	25	6.05	25	6.35	25	6.22	25	5.89	25	5.56	25	4.85	25	4.60	25	4.14	25	4.63	25	4.78	25	4.74	
	1991	7	4.57	7	4.89	7	5.32	7	5.35	7	5.59	7	5.40	7	5.27	7	4.80	7	4.86	7	4.55	7	4.69	7	4.59	5.00
		17	4.58	17	4.92	17	5.29	17	5.39	17	5.88	17	5.42	17	5.02	17	4.95	17	4.92	17	4.49	17	4.63	17	4.52	
		27	4.55	27	5.18	27	5.23	27	5.61	27	5.52	27	5.49	27	5.04	27	4.96	27	4.48	27	4.57	27	4.70	27	4.92	
	1992	5	5.26	5	5.29	5	5.80	5	6.01	5	4.96	5	5.75	5	5.85	5	5.01	5	4.96	5	4.98	5	4.93	5	5.08	5.35
		15	5.32	15	5.30	15	5.83	15	6.02	15	4.95	15	5.89	15	5.54	15	5.04	15	4.94	15	4.67	15	4.96	15	5.18	
		25	5.25	25	5.70	25	5.93	25	6.07	25	6.01	25	5.76	25	5.24	25	6.84	25	5.96	25	4.83	25	4.80	25	5.19	
	1993	5	5.11	5	5.30	5	5.69	5	5.98	5	6.21	5	6.16	5	6.13	5	5.82	5	5.94	5	5.86	5	6.19	5	6.50	5.93
		15	5.21	15	5.30	15	5.79	15	6.07	15	6.17	15	6.09	15	6.12	15	5.65	15	5.99	15	5.46	15	6.28	15	6.50	
		25	5.10	25	5.15	25	5.81	25	6.15	25	6.17	25	6.03	25	5.82	25	6.60	25	6.50	25	6.08	25	6.40	25	6.50	
	1994	5	6.56	5	6.61	5	6.77	5	6.82	5	6.76	5	6.69	5	6.69	5	6.58	5	6.38	5	6.58	5	6.64	5	6.78	6.66
		15	6.50	15	6.63	15	6.75	15	6.76	15	6.71	15	6.67	15	6.70	15	6.55	15	6.48	15	6.53	15	6.61	15	6.79	
		25	6.64	25	6.68	25	6.77	25	6.77	25	6.74	25	6.68	25	6.72	25	6.55	25	6.48	25	6.59	25	6.66	25	6.98	

续表

第三章 宝鸡市

点号	年份	1月 日	1月 水位	2月 日	2月 水位	3月 日	3月 水位	4月 日	4月 水位	5月 日	5月 水位	6月 日	6月 水位	7月 日	7月 水位	8月 日	8月 水位	9月 日	9月 水位	10月 日	10月 水位	11月 日	11月 水位	12月 日	12月 水位	年平均
141	1995	5	6.85	5	7.13	5	7.08	5	7.10	5	6.82	5	7.13	5	7.25	5	7.32	5	7.46	5	7.41	5	7.34	5	7.45	7.21
		15	6.92	15	7.15	15	7.08	15	7.10	15	7.03	15	7.15	15	7.25	15	7.31	15	7.38	15	7.40	15	7.27	15	7.53	
		25	6.96	25	7.01	25	7.11	25	7.01	25	7.04	25	7.20	25	7.30	25	7.27	25	7.40	25	7.41	25	7.39	25	7.50	
	1996	5	7.38	5	7.62	5	7.97	5	8.31	5	8.21	5	8.30	5	7.82	5	9.91	5	7.97	5	8.07	5	9.89	5	8.13	8.36
		15	7.29	15	7.73	15	⟨38.45⟩	15	⟨36.35⟩	15	8.13	15	7.93	15	7.81	15	8.14	15	7.89	15	12.02	15	9.91	15	8.71	
		25	7.41	25	7.83	25		25	7.77	25	8.09	25	7.84	25	9.15	25	7.65	25	7.63	25	7.25	25	⟨35.51⟩	25	11.81	
	1997	4	8.94	4	9.19	4	10.05	4	10.65	4	8.54	4	8.88	4	⟨17.23⟩	4	⟨17.65⟩	4	8.95	4	7.09	4	8.17	4	8.40	9.14
		14	11.66	14	42.87	14	⟨44.70⟩	14	⟨50.34⟩	14	⟨50.60⟩	14	⟨54.62⟩	14	44.01	14	⟨55.65⟩	14	⟨55.35⟩	14	44.29	14	⟨56.54⟩	14	⟨56.47⟩	
143	1986	5	⟨44.20⟩	5	⟨44.49⟩	5	41.20	5	⟨50.40⟩	5	⟨51.00⟩	5	⟨55.20⟩	5	⟨55.75⟩	5	⟨56.51⟩	5	⟨45.80⟩	5	⟨56.35⟩	5	⟨56.61⟩	5	⟨56.50⟩	43.19
		15	⟨44.79⟩	15	⟨44.45⟩	15	⟨50.12⟩	15	⟨51.58⟩	15	⟨52.20⟩	15	⟨51.32⟩	15	43.56	15	⟨56.51⟩	15	⟨55.40⟩	15	⟨56.55⟩	15	⟨56.51⟩	15	⟨56.51⟩	
		25	⟨44.29⟩	25	⟨56.03⟩	25	⟨56.10⟩	25	⟨55.95⟩	25	⟨55.91⟩	25	⟨56.06⟩	25	⟨63.76⟩	25	⟨51.54⟩	25	49.79	25	⟨53.31⟩	25	⟨54.00⟩	25	⟨52.93⟩	
	1987	4	⟨56.08⟩	4	⟨56.09⟩	4	⟨56.04⟩	4		4	⟨55.94⟩	4	⟨56.10⟩	4	⟨65.14⟩	4	⟨55.79⟩	4	⟨53.01⟩	4	⟨53.36⟩	4	⟨53.48⟩	4	⟨52.83⟩	49.79
		14	⟨56.26⟩	14	⟨50.17⟩	14	⟨55.95⟩	14	⟨55.94⟩	14	⟨56.10⟩	14	⟨56.06⟩	14	⟨65.63⟩	14	⟨64.19⟩	14	⟨54.54⟩	14	⟨54.85⟩	14	⟨53.34⟩	14		
		24	⟨56.11⟩	24	⟨52.78⟩	24	⟨56.52⟩	24	⟨55.62⟩	24	51.26	24	⟨60.60⟩	24	⟨59.82⟩	24	⟨56.57⟩	24	⟨62.90⟩	24	⟨60.14⟩	24	49.77	24	⟨57.41⟩	
	1988	5	⟨54.83⟩	5	⟨54.82⟩	5	⟨56.26⟩	5	⟨57.28⟩	5	⟨58.21⟩	5	⟨60.70⟩	5	⟨59.29⟩	5	⟨61.60⟩	5	⟨63.03⟩	5	⟨62.36⟩	5	⟨60.60⟩	5	⟨57.17⟩	52.31
		15	⟨55.38⟩	15	⟨55.06⟩	15	⟨57.70⟩	15	⟨57.43⟩	15	⟨59.63⟩	15	⟨60.25⟩	15	⟨60.30⟩	15	⟨63.74⟩	15	⟨64.32⟩	15	52.77	15	⟨60.67⟩	15	⟨55.10⟩	
		25	⟨55.17⟩	25	52.35	25	47.04	25	51.28	25	⟨51.96⟩	25	47.79	25	⟨56.06⟩	25	55.40	25	⟨56.39⟩	25	49.46	25	50.46	25	⟨53.25⟩	
	1989	5	46.60	5	46.88	5	44.46	5	⟨51.91⟩	5	⟨53.33⟩	5	⟨53.39⟩	5	⟨51.40⟩	5	52.24	5	⟨57.69⟩	5	⟨56.54⟩	5	⟨56.21⟩	5	50.67	48.26
		15	⟨53.69⟩	15	⟨50.17⟩	15	⟨51.11⟩	15	⟨53.08⟩	15	46.02	15	⟨54.34⟩	15	⟨57.17⟩	15	⟨58.48⟩	15	49.24	15	50.23	15	⟨54.13⟩	15	⟨53.59⟩	
		25	46.31	25	⟨55.24⟩	25	⟨54.45⟩	25	⟨56.03⟩	25	⟨56.08⟩	25	⟨58.11⟩	25	⟨57.74⟩	25	54.91	25	⟨59.02⟩	25	⟨59.88⟩	25	⟨59.67⟩	25	⟨60.26⟩	
	1990	5	⟨51.85⟩	5	⟨50.17⟩	5	⟨54.82⟩	5	⟨55.81⟩	5	51.25	5	⟨57.98⟩	5	⟨59.74⟩	5	⟨59.64⟩	5	⟨59.69⟩	5	⟨59.74⟩	5	⟨59.55⟩	5	⟨59.13⟩	51.51
		15	⟨53.82⟩	15	⟨55.24⟩	15	⟨54.82⟩	15	⟨55.81⟩	15	51.25	15	⟨57.98⟩	15	⟨59.74⟩	15	⟨59.64⟩	15	⟨59.69⟩	15	⟨59.74⟩	15	⟨59.55⟩	15	⟨59.13⟩	
		25	⟨56.02⟩	25	⟨47.90⟩	25	⟨54.45⟩	25	48.80	25	51.09	25	⟨57.68⟩	25	⟨59.69⟩	25	⟨60.05⟩	25	⟨59.68⟩	25	⟨61.29⟩	25	⟨59.44⟩	25	⟨60.25⟩	

续表

点号	年份	1月 日	1月 水位	2月 日	2月 水位	3月 日	3月 水位	4月 日	4月 水位	5月 日	5月 水位	6月 日	6月 水位	7月 日	7月 水位	8月 日	8月 水位	9月 日	9月 水位	10月 日	10月 水位	11月 日	11月 水位	12月 日	12月 水位	年平均
143	1991	7	⟨60.74⟩	7	⟨61.95⟩	7	⟨60.33⟩	7	⟨62.65⟩	7	55.50	7	⟨63.35⟩	7	⟨63.70⟩	7	⟨64.85⟩	7	⟨67.99⟩	7	⟨70.83⟩	7	⟨69.51⟩	7	⟨68.33⟩	55.55
		17	⟨61.22⟩	17	⟨62.16⟩	17	⟨61.56⟩	17	⟨62.91⟩	17	⟨64.25⟩	17	⟨63.48⟩	17	⟨64.17⟩	17	56.93	17	⟨69.96⟩	17	⟨70.55⟩	17	⟨71.16⟩	17	⟨69.74⟩	
		27	⟨61.11⟩	27	⟨60.39⟩	27	⟨60.67⟩	27	54.79	27	54.98	27	⟨62.06⟩	27	⟨65.19⟩	27	⟨65.10⟩	27	⟨70.69⟩	27	⟨71.91⟩	27	⟨68.86⟩	27	⟨68.72⟩	
	1992	6	⟨70.88⟩	6	⟨70.46⟩	6	⟨70.12⟩	6	⟨71.29⟩	6		6		6		6	⟨76.77⟩	6	⟨76.18⟩	6	⟨80.49⟩	6	⟨81.05⟩	6	⟨67.65⟩	59.58
		16	⟨69.59⟩	16	⟨70.94⟩	16	⟨70.23⟩	16	⟨70.79⟩	16		16		16		16	59.58	16	⟨76.18⟩	16	⟨81.15⟩	16	⟨70.63⟩	16	⟨64.51⟩	
		26	⟨70.66⟩	26	⟨70.37⟩	26	⟨70.08⟩	26	⟨71.17⟩	26		26		26		26	⟨76.62⟩	26	⟨76.12⟩	26	⟨80.37⟩	26	⟨66.45⟩	26	⟨65.29⟩	
	1993	6	⟨65.68⟩	6	⟨66.14⟩	6	⟨64.28⟩	6	60.13	6	⟨68.51⟩	6	60.70	6	60.88	6	61.66	6	⟨76.76⟩	6	⟨71.04⟩	6	⟨74.03⟩	6	⟨76.80⟩	60.50
		16	58.44	16	⟨63.75⟩	16	⟨64.34⟩	16	⟨65.39⟩	16	60.63	16	60.66	16	60.19	16	60.63	16	⟨70.80⟩	16	⟨72.70⟩	16	⟨72.57⟩	16	⟨75.97⟩	
		26	⟨64.51⟩	26	⟨63.51⟩	26	⟨65.24⟩	26	⟨69.63⟩	26	60.58	26	60.88	26	⟨61.05⟩	26	60.64	26	⟨73.42⟩	26	⟨74.50⟩	26	⟨72.00⟩	26	⟨76.27⟩	
	1994	6	⟨74.19⟩	6	⟨74.65⟩	6	⟨75.75⟩	6	⟨76.02⟩	6	57.47	6	58.96	6	58.85	6	58.90	6	58.68	6	57.37	6	57.90	6	58.56	58.43
		16	⟨74.37⟩	16	⟨77.10⟩	16	⟨75.45⟩	16	57.72	16	58.22	16	58.81	16	59.11	16	59.00	16	58.82	16	57.97	16	58.39	16	58.50	
		26	⟨74.61⟩	26	⟨76.18⟩	26	⟨76.13⟩	26	57.41	26	58.42	26	58.65	26	58.94	26	58.82	26	58.74	26	58.26	26	58.39	26	58.32	
	1995	6	57.38	6	58.36	6	59.19	6	59.21	6	58.64	6	58.74	6	58.91	6	59.40	6	60.16	6	59.83	6	59.84	6	61.65	59.35
		16	58.51	16	58.44	16	59.07	16	58.44	16	58.65	16	58.63	16	58.87	16	59.70	16	60.65	16	59.67	16	60.60	16	61.24	
		26	58.47	26	58.38	26	58.87	26	58.49	26	58.69	26	58.89	26	59.25	26	59.67	26	60.77	26	59.75	26	60.24	26	61.31	
	1996	6	61.87	6	62.29	6	61.97	6	63.67	6	63.61	6	63.53	6	66.07	6	66.52	6	67.20	6	67.69	6	67.85	6	67.96	65.07
		16	60.97	16	62.16	16	62.19	16	63.17	16	63.54	16	62.07	16	65.98	16	67.08	16	67.29	16	68.06	16	68.12	16	68.60	
		26	61.34	26	62.33	26	61.52	26	63.19	26	63.60	26	64.90	26	66.55	26	67.31	26	67.38	26	68.42	26	67.86	26	68.50	
147	1986	15	⟨37.67⟩	15	⟨37.42⟩	15	⟨36.74⟩	15	⟨37.05⟩	15	⟨34.26⟩	15	⟨36.11⟩	15	⟨34.52⟩	15	30.31	15	⟨46.96⟩	15	⟨45.80⟩	15	⟨46.34⟩	15	⟨46.72⟩	30.31
	1987	15	⟨47.49⟩	15	⟨47.27⟩	15	34.69	15	34.42	15	35.84	15	37.33	15	⟨46.00⟩	15	⟨47.47⟩	15	⟨47.83⟩	15	41.15	15	40.94	15	40.62	37.86
	1988	16	⟨51.07⟩	16	⟨53.27⟩	16	⟨51.80⟩	16	44.81	16	43.46	16	48.47	16	47.21	16	48.07	16	⟨54.37⟩	16	45.45	16	42.89	16	⟨51.48⟩	46.15
	1989	16	⟨44.93⟩	16	⟨40.67⟩	16	⟨43.68⟩	16	⟨47.77⟩	16	⟨54.49⟩	16	⟨51.01⟩	16	⟨52.27⟩	16	44.68	16	⟨51.28⟩	16	⟨51.13⟩	16	⟨48.21⟩	16	⟨47.87⟩	44.07
	1990	16	⟨49.67⟩	16	⟨45.71⟩	16	⟨49.72⟩	16	⟨51.96⟩	16	⟨52.84⟩	16	⟨50.70⟩	16	⟨54.26⟩	16	⟨50.68⟩	16	⟨50.71⟩	16	⟨48.41⟩	16	⟨48.24⟩	16	⟨49.61⟩	
	1991	16	⟨49.19⟩	16	⟨49.34⟩	16	⟨49.60⟩	16	⟨50.54⟩	16	⟨51.41⟩	16	⟨52.81⟩	16	⟨56.29⟩	16	49.84	16	⟨53.56⟩	16	⟨53.71⟩	16	⟨54.05⟩	16	⟨52.14⟩	49.84

续表

点号	年份	1月 日	1月 水位	2月 日	2月 水位	3月 日	3月 水位	4月 日	4月 水位	5月 日	5月 水位	6月 日	6月 水位	7月 日	7月 水位	8月 日	8月 水位	9月 日	9月 水位	10月 日	10月 水位	11月 日	11月 水位	12月 日	12月 水位	年平均
147	1992	16	⟨52.92⟩	16	⟨53.83⟩			16	⟨55.02⟩	16	⟨55.79⟩	16	⟨56.07⟩	16	⟨56.91⟩	16	⟨60.66⟩	16	49.64	16	46.54	16		16		48.09
	1998	15	⟨81.81⟩	15		15	⟨80.12⟩	15	⟨80.00⟩	15	⟨80.44⟩	15	⟨80.47⟩	15	⟨79.67⟩	15	69.42	15	⟨80.51⟩	15	73.28	15	⟨80.53⟩	15	⟨81.18⟩	71.35
	1999	15	⟨81.81⟩	15	74.22	15	⟨81.33⟩	15	⟨80.83⟩	15	⟨85.48⟩	15	72.93	15	⟨84.86⟩	15	72.84	15	⟨84.52⟩	15	⟨83.23⟩	15	⟨85.10⟩	15	⟨86.21⟩	73.33
	2000	14	⟨86.54⟩	14	68.34	14	⟨85.90⟩	14	⟨86.41⟩	14	⟨84.72⟩	14	69.84	14	69.37	14	69.75	14	⟨81.84⟩	14	66.05	14	62.97	14	59.28	66.51
	1986	5	26.57	5	⟨49.62⟩	5	⟨60.54⟩	5	⟨59.93⟩	5	⟨64.64⟩	5	⟨64.00⟩	5	⟨62.50⟩	5	⟨65.48⟩	5	⟨63.87⟩	5	⟨63.24⟩	5	⟨63.65⟩	5	⟨62.61⟩	30.56
		15	⟨49.95⟩	15	⟨49.88⟩	15	⟨63.01⟩	15	⟨61.04⟩	15	⟨64.28⟩	15	⟨63.52⟩	15	⟨62.20⟩	15	37.87	15	⟨58.06⟩	15	⟨64.75⟩	15	⟨62.78⟩	15	⟨62.57⟩	
		25	27.24	25	⟨58.21⟩	25	⟨62.24⟩	25	⟨64.01⟩	25	⟨64.78⟩	25	⟨63.77⟩	25	⟨64.87⟩	25	⟨63.11⟩	25	⟨59.27⟩	25	⟨63.98⟩	25	⟨62.69⟩	25	⟨61.95⟩	
	1987	4	⟨61.59⟩	4	⟨66.90⟩	4	⟨65.97⟩	4	⟨66.67⟩	4	⟨69.57⟩	4	⟨71.93⟩	4	⟨39.17⟩	4	⟨39.77⟩	4	⟨41.83⟩	4	⟨48.98⟩	4	⟨49.99⟩	4	30.95	37.38
		14	⟨62.03⟩	14	⟨66.18⟩	14	⟨68.77⟩	14	⟨67.55⟩	14	⟨71.16⟩	14	72.68	14	⟨39.02⟩	14	30.54	14	31.93	14	⟨49.88⟩	14	⟨47.30⟩	14	⟨46.04⟩	
		24	⟨64.00⟩	24	⟨63.27⟩	24	⟨67.79⟩	24	⟨70.22⟩	24	⟨71.85⟩	24	⟨70.71⟩	24	⟨39.85⟩	24	⟨41.53⟩	24	⟨48.28⟩	24	⟨51.19⟩	24	⟨45.81⟩	24	20.81	
	1988	5	⟨59.51⟩	5	⟨59.98⟩	5	⟨65.59⟩	5	⟨66.77⟩	5	⟨53.00⟩	5	⟨71.21⟩	5	⟨71.65⟩	5	⟨70.76⟩	5	⟨69.55⟩	5	⟨71.11⟩	5	⟨68.08⟩	5	⟨68.34⟩	32.67
		15	⟨55.99⟩	15	⟨56.04⟩	15	⟨63.01⟩	15	⟨68.50⟩	15	⟨53.33⟩	15	⟨70.44⟩	15	⟨70.11⟩	15	34.03	15		15	31.31	15	⟨66.59⟩	15	⟨69.85⟩	
		25	⟨59.29⟩	25	⟨55.96⟩	25	⟨67.44⟩	25	⟨65.67⟩	25	⟨56.15⟩	25	⟨69.86⟩	25	⟨71.28⟩	25	⟨69.33⟩	25	⟨70.55⟩	25	⟨67.45⟩	25	⟨66.94⟩	25	⟨69.83⟩	
	1989	5	⟨66.94⟩	5	31.27	5	⟨67.87⟩	5	27.88	5	⟨65.56⟩	5	⟨66.23⟩	5	⟨65.05⟩	5	⟨66.33⟩	5	⟨49.96⟩	5	26.79	5	⟨44.84⟩	5	⟨50.56⟩	27.42
		15	⟨68.68⟩	15	⟨67.73⟩	15	28.56	15	⟨65.45⟩	15	⟨65.98⟩	15	24.55	15	⟨63.78⟩	15	24.88	15	⟨52.35⟩	15	26.26	15	26.49	15	27.42	
	1990	25	28.88	25	⟨67.25⟩	25	28.73	25	⟨65.45⟩	25	⟨66.12⟩	25	⟨64.70⟩	25	⟨65.71⟩	25	⟨65.48⟩	25	⟨53.49⟩	25	⟨44.32⟩	25	27.15	25	27.64	28.69
158		5	⟨49.51⟩	5	⟨49.87⟩	5	29.11	5	⟨59.24⟩	5	⟨63.53⟩	5	⟨65.87⟩	5	32.03	5	31.96	5	⟨66.34⟩	5	⟨65.84⟩	5	⟨65.93⟩	5	24.72	
		15	⟨49.28⟩	15	28.27	15	⟨56.96⟩	15	⟨64.80⟩	15	⟨66.48⟩	15	⟨66.37⟩	15	⟨66.61⟩	15	⟨66.38⟩	15	⟨66.11⟩	15	⟨66.50⟩	15	⟨66.08⟩	15	⟨65.12⟩	
		25	⟨50.02⟩	25	28.71	25	⟨58.27⟩	25	⟨65.86⟩	25	⟨66.55⟩	25	⟨66.73⟩	25	⟨66.24⟩	25	⟨66.53⟩	25	⟨66.22⟩	25	⟨66.15⟩	25	⟨66.27⟩	25	26.06	
	1991	7	26.58	7	⟨64.27⟩	7	⟨62.77⟩	7	⟨64.80⟩	7	⟨61.20⟩	7	⟨60.93⟩	7	⟨62.01⟩	7	⟨64.74⟩	7	⟨64.99⟩	7	⟨63.47⟩	7	⟨63.91⟩	7	35.18	38.01
		17	60.83	17	⟨63.97⟩	17		17	⟨66.43⟩	17	⟨61.50⟩	17	⟨61.84⟩	17	⟨64.92⟩	17	38.01	17	⟨62.24⟩	17	⟨64.50⟩	17	35.64	17	35.46	
		27	⟨63.44⟩	27	⟨61.63⟩	27	⟨61.21⟩	27	⟨61.40⟩	27	⟨61.27⟩	27	⟨61.52⟩	27	⟨64.62⟩	27	⟨65.42⟩	27	⟨64.68⟩	27	⟨64.46⟩	27	37.35	27	35.00	
	1992	7	35.13	7	35.13	7	34.28	7	⟨64.46⟩	7	35.29	7	⟨65.12⟩	7	38.80	7	⟨70.27⟩	7	⟨72.59⟩	7	35.02	7	34.19	7	35.02	35.71
		17	35.56	17	36.04	17	34.59	17	⟨62.18⟩	17	35.06	17	⟨64.02⟩	17	⟨68.15⟩	17	40.68	17	⟨73.00⟩	17	34.36	17	37.27	17	38.03	
		27	35.18	27	33.94	27	34.34	27	35.18	27	⟨64.72⟩	27	35.49	27	⟨70.09⟩	27	⟨70.46⟩	27	⟨70.29⟩	27	34.51	27	35.47	27	38.37	

续表

点号	年份	1月		2月		3月		4月		5月		6月		7月		8月		9月		10月		11月		12月		年平均
		日	水位	日	水位	日	水位	日	水位	日	水位	日	水位	日	水位	日	水位	日	水位	日	水位	日	水位	日	水位	
158	1993	7	〈74.66〉	7	〈74.67〉	7	〈75.33〉	7	〈69.77〉	7	39.68	7	39.26	7	〈74.69〉	7	〈75.97〉	7	〈75.19〉	7	36.39	7	35.02	7	35.30	37.86
		17	〈74.82〉	17	38.26	17	〈75.89〉	17	〈73.63〉	17	39.17	17	38.52	17	40.19	17	39.65	17	38.68	17	36.62	17	35.40	17	〈73.96〉	
		27	〈75.18〉	27	37.97	27	〈75.49〉	27	〈75.89〉	27	39.87	27	〈70.08〉	27	39.48	27	〈74.66〉	27	37.89	27	36.90	27	35.12	27	〈72.43〉	
	1994	7	35.63	7	〈69.99〉	7	〈64.96〉	7	35.49	7	35.92	7	〈69.94〉	7	36.40	7	〈72.06〉	7	41.40	7	40.51	7	40.56	7	40.34	38.09
		17	35.02	17	33.90	17	35.34	17	35.23	17	35.58	17	〈70.50〉	17	〈65.74〉	17	40.55	17	41.33	17	40.30	17	〈72.47〉	17	39.98	
		27	〈71.55〉	27	〈72.44〉	27	35.46	27	35.54	27	〈67.27〉	27	〈71.22〉	27	〈68.17〉	27	〈73.73〉	27	40.63	27	40.77	27	40.97	27	39.16	
	1995	7	40.31	7	40.75	7	41.13	7	41.30	7	〈65.27〉	7	40.63	7	〈71.55〉	7	〈75.30〉	7	47.26	7	46.97	7	〈75.57〉	7	47.62	42.30
		17	39.11	17	41.00	17	41.75	17	〈66.63〉	17	〈66.44〉	17	〈68.68〉	17	〈73.19〉	17	44.36	17	〈75.32〉	17	〈75.88〉	17	〈76.33〉	17	〈76.10〉	
		27	39.30	27	41.08	27	42.00	27	〈66.14〉	27	〈67.05〉	27	〈69.54〉	27	〈74.88〉	27	〈73.62〉	27	〈75.66〉	27	〈76.15〉	27	〈76.68〉	27	〈76.06〉	
	1996	7	〈76.61〉	7	〈76.43〉	7	〈76.94〉	7	〈77.19〉	7	〈77.69〉	7	〈77.87〉	7	〈59.58〉	7	〈60.52〉	7	〈60.66〉	7	〈61.42〉	7	〈63.14〉	7	〈63.33〉	52.61
		17	〈76.67〉	17	〈76.75〉	17	〈76.68〉	17	〈77.48〉	17	〈76.77〉	17	〈76.75〉	17	〈59.83〉	17	〈60.39〉	17	〈60.57〉	17	62.05	17	〈63.57〉	17	〈64.30〉	
		27	〈76.18〉	27	〈76.48〉	27	〈77.27〉	27	〈77.30〉	27	〈77.47〉	27	〈76.01〉	27	〈60.31〉	27	52.61	27	〈60.70〉	27	62.01	27	〈62.01〉	27	〈65.90〉	
	1997	5	〈69.87〉	5	〈70.61〉	5	〈70.19〉	5	〈70.29〉	5	〈71.39〉	5	〈71.81〉	5	〈77.14〉	5	〈76.91〉	5	〈77.63〉	5	〈76.81〉	5	〈77.00〉	5	〈76.84〉	55.32
		15	〈70.46〉	15	51.67	15	52.11	15	〈71.06〉	15	〈71.68〉	15	〈72.69〉	15	〈77.37〉	15	56.95	15	〈77.12〉	15	〈77.06〉	15	〈76.78〉	15	58.06	
		25	〈70.03〉	25	〈70.47〉	25	〈69.51〉	25	〈71.04〉	25	〈72.06〉	25	〈76.97〉	25	〈77.79〉	25	〈77.55〉	25	〈77.25〉	25	〈77.41〉	25	57.82	25	〈77.17〉	
	1998	5	〈77.23〉	5	〈77.27〉	5	〈77.45〉	5	〈77.62〉	5	〈75.88〉	5	〈76.11〉	5	〈75.23〉	5		5	〈75.39〉	5	〈76.05〉	5	〈76.27〉	5	〈77.63〉	
		15	〈77.02〉	15	〈77.49〉	15	〈76.89〉	15		15		15		15		15		15		15		15		15		
		25	〈77.69〉	25	〈77.56〉	25	〈77.51〉	25		25		25		25		25		25		25		25		25		
	1999	15	〈78.40〉	15	〈78.82〉	15	〈80.47〉	15	〈82.00〉	15	〈87.72〉	15	〈86.58〉	15	〈87.26〉	15	〈86.53〉	15	56.52	15	〈87.17〉	15	〈87.80〉	15	〈88.03〉	56.52
	2000	14	〈88.50〉	14	〈89.20〉	14	57.15	14	57.77	14	58.21	14	58.50	14	56.10	14	55.15	14	51.84	14	49.40	14	47.24	14	43.41	53.48
159	1986	5	19.01	5	19.45	5	20.57	5	20.88	5	21.03	5	21.32	5	21.62	5	21.55	5	24.22	5	22.98	5	22.67	5	21.34	21.38
		15	19.05	15	19.47	15	20.61	15	20.56	15	21.09	15	21.97	15	21.55	15	22.25	15	23.32	15	23.15	15	23.11	15	21.23	
		25	18.99	25	19.38	25	20.78	25	20.79	25	20.88	25	20.67	25	20.87	25	22.91	25	23.35	25	22.90	25	22.68	25	21.52	

第三章　宝鸡市

续表

点号	年份	1月 日	1月 水位	2月 日	2月 水位	3月 日	3月 水位	4月 日	4月 水位	5月 日	5月 水位	6月 日	6月 水位	7月 日	7月 水位	8月 日	8月 水位	9月 日	9月 水位	10月 日	10月 水位	11月 日	11月 水位	12月 日	12月 水位	年平均
159	1987	4	21.37	4	23.61	4	22.93	4	23.77	4	23.88	4	23.62	4	22.56	4	25.95	4	27.20	4	26.11	4	25.18	4	25.29	24.30
		14	22.72	14	23.37	14	23.37	14	23.16	14	23.50	14	23.00	14	26.10	14	24.63	14	25.28	14	25.49	14	24.58	14	25.11	
		24	23.18	24	22.89	24	23.08	24	23.67	24	23.56	24	22.94	24	25.99	24	27.53	24	〈25.74〉	24	25.38	24	25.30	24	25.22	
	1988	4	25.28	4	25.24	4	24.45	4	25.29	4	25.93	4	27.19	4	27.52	4	26.56	4	25.89	4	24.36	4	24.41	4	25.74	25.64
		14	25.69	14	25.80	14	24.46	14	26.29	14	25.75	14	26.72	14	26.96	14	25.67	14	24.94	14	24.60	14	24.53	14	23.31	
		24	24.65	24	25.60	24	26.83	24	26.08	24	25.32	24	29.24	24	27.86	24	25.13	24	25.07	24	24.10	24	25.48	24	25.23	
	1989	4	23.01	4	24.53	4	21.57	4	24.40	4	25.35	4	25.60	4	〈29.99〉	4	27.10	4	24.69	4	23.30	4	24.51	4	23.37	24.25
		14	24.01	14	22.21	14	24.05	14	24.90	14	25.06	14	25.50	14	〈30.24〉	14	27.39	14	23.75	14	24.37	14	21.85	14	23.05	
		24	23.38	24	22.35	24	〈27.18〉	24	〈38.45〉	24	25.02	24	26.70	24	26.89	24	25.68	24	23.67	24	24.07	24	22.61	24	22.03	
	1990	4	22.28	4	22.20	4	24.16	4	26.43	4	26.41	4	27.30	4	26.41	4	〈37.15〉	4	〈34.18〉	4	〈31.15〉	4	〈30.24〉	4	〈31.32〉	25.21
		14	22.21	14	22.18	14	26.27	14	〈29.78〉	14	26.88	14	27.39	14	25.23	14	〈32.65〉	14	24.76	14	25.32	14	〈30.79〉	14	〈30.56〉	
		24	24.50	24	22.23	24	26.19	24	〈25.98〉	24	28.10	24	26.78	24	27.12	24	〈31.30〉	24	〈30.38〉	24	25.00	24	24.38	24	〈30.93〉	
	1991	4	25.47	4	〈30.53〉	4	〈28.65〉	4	27.08	4	〈32.26〉	4	〈29.72〉	4	〈32.14〉	4	32.42	4	24.76	4	〈38.32〉	4	〈36.39〉	4	28.99	29.22
		14	25.10	14	〈30.19〉	14	〈30.11〉	14	〈31.45〉	14	〈32.15〉	14	〈31.82〉	14	33.60	14	31.53	14	31.75	14	30.76	14	〈37.27〉	14	29.02	
		24	〈30.28〉	24	〈30.57〉	24	〈31.29〉	24	〈31.69〉	24	25.83	24	〈31.57〉	24	〈37.20〉	24	〈37.73〉	24	29.49	24	29.26	24	29.13	24	28.85	
	1992	4	28.66	4	29.10	4	29.93	4	29.56	4	30.22	4	30.35	4	〈37.25〉	4	33.06	4	〈36.69〉	4	32.35	4	〈34.49〉	4	〈36.65〉	30.93
		14	〈36.70〉	14	29.99	14	30.06	14	〈37.09〉	14	31.14	14	30.59	14	30.19	14	32.77	14	32.50	14	31.73	14	〈35.68〉	14	31.23	
		24	〈37.10〉	24	29.92	24	29.96	24	〈37.26〉	24	〈37.73〉	24	30.92	24	33.32	24	32.73	24	32.65	24	29.37	24	〈36.19〉	24	〈36.45〉	
	1993	4	32.02	4	〈52.62〉	4	32.57	4	〈37.24〉	4	〈36.62〉	4	31.92	4	〈36.05〉	4	〈36.77〉	4	33.11	4	30.33	4	〈34.51〉	4	29.48	31.38
		14	31.66	14	〈36.32〉	14	〈36.33〉	14	〈35.28〉	14	〈36.99〉	14	31.65	14	〈35.56〉	14	31.99	14	31.59	14	30.08	14	〈35.40〉	14	30.29	
		24	〈52.89〉	24	〈36.35〉	24	32.20	24	〈37.38〉	24	32.07	24	31.73	24	〈36.42〉	24	31.58	24	31.63	24	〈35.01〉	24	29.63	24	30.77	
	1994	4	29.92	4	31.21	4	31.36	4	30.61	4	31.53	4	〈38.54〉	4	〈39.08〉	4	〈40.37〉	4	35.13	4	〈38.16〉	4	〈38.75〉	4	33.66	32.10
		14	29.73	14	30.78	14	31.09	14	30.68	14	31.09	14	31.77	14	〈40.03〉	14	34.41	14	〈39.82〉	14	33.76	14	33.28	14	33.44	
		24	31.37	24	31.31	24	30.31	24	30.01	24	〈39.61〉	24	33.17	24	〈40.18〉	24	33.29	24	33.05	24	〈39.52〉	24	34.56	24	34.07	

续表

点号	年份	日	1月水位	2月水位	3月水位	4月水位	5月水位	6月水位	7月水位	8月水位	9月水位	10月水位	11月水位	12月水位	年平均
159	1995	4	34.16	<41.06>	34.93	35.75	<43.25>	36.65	<44.53>	39.67	41.23	<47.23>	41.17	42.54	
		14	33.65	35.45	34.41	<42.84>	36.13	<44.31>	39.32	40.34	<46.88>	<46.99>	43.05	41.35	37.97
		24	35.25	34.17	36.00	35.96	<43.74>	37.56	39.78	41.09	<46.67>	<47.83>	<47.56>	41.68	
	1996	4	<48.62>	42.82	44.58	<48.83>	<51.04>	47.49	<52.52>	<53.35>	<48.51>	48.28	48.16	<52.35>	
		14	42.27	43.05	43.32	<49.35>	<51.66>	<53.02>	<52.74>	49.19	48.47	<52.38>	48.31	<52.44>	45.44
		24	42.52	43.16	<49.08>	45.96	<52.08>	47.81	<52.94>	<53.21>	<52.85>	<52.02>	<52.21>	<52.65>	
	1997	4	48.49	47.95	48.94	48.43	<52.19>	48.42	49.66	52.19	<60.25>	51.16	50.92	50.75	
		14	47.87	48.73	48.78	48.54	<52.52>	<58.26>	<59.46>	51.85	51.56	51.33	<60.80>	51.53	49.84
		24	48.66	48.25	48.67	48.25	48.96	<58.86>	<59.80>	<60.32>	50.81	51.65	51.58	51.79	
	1998	4	51.91	<61.85>	<60.78>		54.30	54.13	55.15	57.41	<62.48>	55.01	52.95	53.44	
		14	51.66	52.29	53.65	52.95	<58.34>	52.54	52.51	52.12		51.18			53.44
		24	51.61	51.85	53.23		52.23	<57.27>	<56.43>	<55.66>					
	1999	14	53.45	53.41	51.58	51.54	52.52		52.54	52.12	51.42	51.18	50.81	50.53	51.92
		24	55.94	50.21	50.57	51.93	52.23				48.22	46.30	42.80	42.29	
	2000	16					<40.55>	<34.46>	30.65	32.39	34.78	<41.88>	<42.13>	<44.65>	48.94
163	1986	5	33.89	<39.29>	33.73	27.85	<41.05>	30.56	31.35	32.55	33.77	<43.40>	<42.70>	33.80	
		15	<39.73>	32.67	<39.55>	27.53	36.30	30.97	32.35	33.03	34.35	40.08	35.79	38.90	33.37
		25	<40.70>	34.31	33.45	35.80	36.04	37.37	<44.66>	<45.19>	43.35	<47.65>	<48.00>	41.09	
	1987	5	38.24	37.91	<43.73>	<43.25>	40.47	40.99	<45.15>	<47.80>	<48.22>	<46.22>	<47.40>	<48.36>	
		15	39.63	<43.45>	35.93	<44.00>	41.43	<44.34>	<46.54>	<48.80>	<49.15>	<46.11>	42.50	<44.87>	39.51
		25			38.63	<42.52>	<48.08>	41.48	42.63	<49.25>	<49.23>	39.89	37.59	44.61	
	1988	6	<44.92>	<45.65>	<49.09>	41.28	<46.97>	40.30	<48.81>	43.40	40.71	<46.03>	36.57	<46.65>	
		16	<45.19>	38.70	<48.00>	46.07	<47.73>	43.86	41.99	<47.75>	40.33	37.22	38.20	<47.53>	40.56
		26	37.88	<46.03>	<46.27>	37.92									

续表

第三章 宝鸡市

点号	年份	1月		2月		3月		4月		5月		6月		7月		8月		9月		10月		11月		12月		年平均
		日	水位	日	水位	日	水位	日	水位	日	水位	日	水位	日	水位	日	水位	日	水位	日	水位	日	水位	日	水位	
163	1989	6	〈45.55〉	6	〈46.40〉	6	37.19	6	〈43.82〉	6	38.14	6	37.76	6	38.25	6	40.41	6	37.19	6	35.53	6	〈41.87〉	6	34.72	37.12
		16	〈44.10〉	16	37.03	16	37.02	16	37.69	16	36.09	16	37.59	16	〈46.24〉	16	37.88	16	36.75	16	35.98	16	〈43.59〉	16	34.60	
		26	37.48	26	36.40	26	38.57	26	36.39	26	39.32	26	37.34	26	39.56	26	37.87	26	37.69	26	〈42.29〉	26	34.81	26	34.06	
	1990	6	34.25	6	〈43.00〉	6	35.89	6	36.77	6	38.21	6	38.13	6	〈43.11〉	6	38.12	6	〈41.17〉	6	〈40.53〉	6	〈40.70〉	6	35.11	36.41
		16	34.55	16	34.45	16	33.27	16	37.33	16	38.39	16	38.11	16	38.92	16	37.64	16	36.67	16	34.77	16	〈40.62〉	16	35.48	
		26	35.07	26	34.50	26	35.84	26	〈47.63〉	26	39.62	26	37.89	26	39.37	26	〈42.57〉	26	35.60	26	〈40.48〉	26	〈42.95〉	26	34.33	
	1991	6	〈42.07〉	6	〈42.24〉	6	36.81	6	〈44.42〉	6	40.33	6	42.25	6	〈46.24〉	6	42.04	6	〈50.01〉	6	42.78	6	42.20	6	42.62	41.30
		16	36.32	16	〈42.35〉	16	〈44.34〉	16	〈44.91〉	16	〈45.52〉	16	〈42.49〉	16	〈48.55〉	16	41.78	16	〈48.99〉	16	42.02	16	42.04	16	41.79	
		26	〈41.52〉	26	37.99	26	〈43.80〉	26	〈45.82〉	26	42.49	26	〈46.56〉	26	〈49.60〉	26	42.42	26	〈56.80〉	26	〈48.14〉	26	41.64	26	42.42	
	1992	8	42.25	8	41.91	8	〈48.80〉	8	〈48.31〉	8	42.81	8	43.24	8	43.29	8	〈57.45〉	8	46.82	8	47.34	8	47.58	8	48.69	44.74
		18	41.71	18	42.14	18	42.38	18	〈48.14〉	18	42.58	18	42.69	18	45.96	18	〈57.00〉	18	48.23	18	46.80	18	46.80	18	47.74	
		28	42.21	28	42.43	28	42.84	28	42.72	28	〈47.86〉	28	44.42	28	〈57.17〉	28	47.77	28	49.37	28	〈54.96〉	28	47.35	28	47.28	
	1993	8	46.62	8	46.42	8	46.61	8	48.74	8	〈59.50〉	8	〈59.09〉	8	49.44	8	〈59.51〉	8	48.96	8	47.90	8	47.14	8	46.50	47.97
		18	〈57.81〉	18	46.14	18	〈57.70〉	18	49.31	18	49.53	18	48.87	18	〈59.20〉	18	49.64	18	48.48	18	47.30	18	46.95	18	47.42	
		28	〈56.65〉	28	46.88	28	47.85	28	49.45	28	〈58.30〉	28	49.12	28	49.26	28	49.21	28	〈59.37〉	28	46.65	28	46.23	28	47.16	
	1994	8	46.68	8	47.06	8	45.94	8	46.94	8	46.33	8	〈57.00〉	8	〈58.57〉	8	47.41	8	49.31	8	49.85	8	〈59.20〉	8	〈58.00〉	48.33
		18	47.62	18	45.36	18	〈57.37〉	18	〈55.94〉	18	46.64	18	〈57.07〉	18	〈59.94〉	18	〈61.59〉	18	48.86	18	52.64	18	〈57.65〉	18	〈60.10〉	
		28	〈56.01〉	28	51.10	28	〈56.78〉	28	〈55.63〉	28	〈56.93〉	28	〈57.53〉	28	〈59.38〉	28	50.04	28	59.83	28	48.69	28	50.95	28	51.27	
	1995	8	50.43	8	51.04	8	50.31	8	50.26	8	53.05	8	52.43	8	54.24	8	〈59.51〉	8	59.98	8	58.12	8	59.99	8	〈66.55〉	55.03
		18	50.75	18	〈61.04〉	18	50.25	18	〈60.77〉	18	51.55	18	52.81	18	〈62.99〉	18	59.02	18	〈66.50〉	18	〈66.74〉	18	57.53	18	59.79	
		28	52.12	28	〈61.03〉	28	51.47	28	〈61.58〉	28	52.66	28	〈63.24〉	28	〈63.39〉	28	60.04	28	〈71.04〉	28	〈69.94〉	28	60.17	28	58.53	
	1996	8	59.06	8	〈67.64〉	8	59.16	8	〈68.50〉	8	〈68.64〉	8	〈70.26〉	8	〈69.64〉	8	〈70.03〉	8	〈69.85〉	8	〈69.71〉	8	63.71	8	〈69.98〉	60.47
		18	57.02	18	58.87	18	〈66.98〉	18	〈68.01〉	18	〈69.00〉	18	〈69.43〉	18	〈72.19〉	18	64.92	18	〈71.04〉	18	〈69.71〉	18	〈69.77〉	18	63.74	
		28	57.26	28	58.29	28	59.96	28	59.94	28	〈67.99〉	28	〈68.88〉	28	63.69	28	〈70.17〉	28	〈70.21〉	28	〈68.86〉	28	〈70.10〉	28	〈69.25〉	

续表

点号	年份	1月 日	1月 水位	2月 日	2月 水位	3月 日	3月 水位	4月 日	4月 水位	5月 日	5月 水位	6月 日	6月 水位	7月 日	7月 水位	8月 日	8月 水位	9月 日	9月 水位	10月 日	10月 水位	11月 日	11月 水位	12月 日	12月 水位	年平均
163	1997	6	⟨69.36⟩	6	⟨70.59⟩	6	⟨71.13⟩	6	64.05	6	63.83	6	63.91	6	62.04	6	⟨74.79⟩	6	⟨74.69⟩	6	⟨74.97⟩	6	⟨74.93⟩	6	64.73	64.14
		16	⟨70.18⟩	16	63.65	16	⟨70.72⟩	16	63.76	16	⟨70.94⟩	16	64.11	16	63.55	16	64.79	16	⟨74.56⟩	16	⟨74.71⟩	16	64.91	16	65.28	
		26	⟨70.08⟩	26	⟨70.89⟩	26	⟨70.24⟩	26	63.84	26	⟨71.18⟩	26	⟨71.39⟩	26	⟨74.14⟩	26	⟨75.18⟩	26	64.64	26	⟨74.64⟩	26	65.05	26	⟨75.29⟩	
	1998	6	⟨75.51⟩	6	⟨75.98⟩	6	⟨75.92⟩	6	65.64	6	⟨76.59⟩	6	⟨76.80⟩	6	⟨76.62⟩	6	⟨76.61⟩	6	66.53	6	⟨75.66⟩	6	64.67	6	⟨74.80⟩	65.54
		16	65.42	16	⟨75.73⟩	16	⟨76.08⟩	16	⟨76.05⟩	16	⟨76.97⟩	16	⟨76.90⟩	16	⟨76.37⟩	16	67.02	16	⟨76.14⟩	16	64.91	16	⟨75.79⟩	16	64.88	
		26	65.53	26	⟨76.11⟩	26	⟨75.82⟩	26	⟨65.97⟩	26	⟨76.69⟩	26	⟨77.09⟩	26	⟨75.94⟩	26	⟨76.33⟩	26	⟨76.14⟩	26	⟨75.06⟩	26	⟨74.55⟩	26	65.24	
	1999	6	65.41	6	⟨75.97⟩	6	66.13	6	65.87	6	⟨76.47⟩	6	⟨76.04⟩	6	65.45	6	65.34	6	66.04	6	64.93	6	64.37	6	63.85	65.24
		16	65.95	16	⟨77.07⟩	16	⟨75.97⟩	16	⟨75.93⟩	16	⟨76.14⟩	16	⟨76.34⟩	16	64.89	16	66.51	16	64.94	16	65.37	16	⟨84.13⟩	16	64.11	
		26	66.24	26	⟨76.14⟩	26	⟨76.41⟩	26	65.39	26	65.14	26	64.85	26	65.15	26	66.75	26	65.32	26	63.95	26	64.76	26	64.24	
	2000	4	63.29	4	64.25	4	65.33	4	65.18	4	64.93	4	64.49	4	64.83	4	65.93	4	64.29	4	62.26	4	59.11	4	58.17	63.33
		14	63.51	14	63.83	14	65.92	14	65.41	14	65.15	14	64.91	14	64.45	14	65.32	14	63.66	14	60.62	14	57.80	14	56.73	
		24	64.97	24	63.29	24	65.45	24	65.56	24	65.28	24	65.15	24	66.24	24	64.81	24	63.27	24	60.84	24	58.25	24	57.31	
167	1986	5	⟨51.52⟩	5	⟨49.59⟩	5	⟨52.79⟩	5	47.17	5	47.84	5	49.27	5	⟨59.67⟩	5	⟨58.44⟩	5	⟨61.81⟩	5	⟨62.91⟩	5	⟨64.54⟩	5	⟨65.68⟩	47.38
		15	⟨50.30⟩	15	⟨48.33⟩	15	⟨57.87⟩	15	⟨50.84⟩	15	⟨50.07⟩	15	⟨57.84⟩	15	⟨60.84⟩	15	48.32	15	⟨59.76⟩	15	⟨68.91⟩	15	⟨65.91⟩	15	⟨65.72⟩	
		25	⟨50.64⟩	25	⟨49.54⟩	25	⟨58.28⟩	25	⟨43.54⟩	25	⟨48.29⟩	25	44.31	25	⟨59.91⟩	25	⟨60.96⟩	25	⟨61.72⟩	25	⟨67.06⟩	25	⟨65.12⟩	25	⟨65.76⟩	
	1987	4	⟨65.20⟩	4		4	⟨63.69⟩	5	⟨63.52⟩	5	49.33	5	⟨63.32⟩	5	⟨64.49⟩	5	⟨62.19⟩	5	55.07	5	⟨63.86⟩	5	⟨63.91⟩	5	⟨60.26⟩	52.20
		14	⟨66.11⟩	14	⟨64.48⟩	15	⟨61.61⟩	15	⟨62.87⟩	15	⟨63.02⟩	15	⟨63.48⟩	15	⟨64.48⟩	15	⟨64.44⟩	15	⟨64.12⟩	15	⟨63.30⟩	15	⟨63.55⟩	15	⟨62.83⟩	
		24	⟨64.96⟩	24	⟨64.50⟩	25	⟨62.12⟩	25	⟨61.55⟩	25	⟨63.65⟩	25	⟨63.61⟩	25	⟨61.41⟩	25	⟨64.91⟩	25	⟨65.04⟩	25	⟨63.64⟩	25	⟨61.65⟩	25	⟨63.97⟩	
	1988	6	⟨64.19⟩	6	⟨63.03⟩	6	⟨62.48⟩	6	⟨61.31⟩	6	⟨59.04⟩	6	⟨63.07⟩	6	⟨62.91⟩	6	⟨62.12⟩	6	⟨62.25⟩	6	⟨61.29⟩	6	⟨56.65⟩	6	⟨57.63⟩	41.49
		16	⟨63.69⟩	16	⟨63.25⟩	16	⟨62.26⟩	16	⟨61.29⟩	16	⟨58.75⟩	16	⟨64.21⟩	16	⟨63.26⟩	16	41.49	16	⟨61.98⟩	16	⟨61.40⟩	16	⟨56.07⟩	16	⟨58.20⟩	
		26	⟨62.81⟩	26	⟨61.64⟩	26	⟨61.50⟩	26	⟨60.36⟩	26	⟨62.66⟩	26	⟨63.23⟩	26	⟨61.14⟩	26	⟨60.93⟩	26	⟨62.05⟩	26	⟨60.94⟩	26	⟨58.55⟩	26	⟨58.55⟩	
	1989	6	⟨58.70⟩	6	⟨54.00⟩	6	49.72	6	⟨55.90⟩	6	⟨58.04⟩	6	⟨58.71⟩	6	⟨57.80⟩	6	⟨62.79⟩	6	⟨58.82⟩	6	⟨57.91⟩	6	⟨58.43⟩	6	⟨58.25⟩	50.69
		16	51.71	16	46.22	16	49.02	16	⟨55.86⟩	16	⟨58.13⟩	16	⟨58.36⟩	16	⟨58.05⟩	16	56.77	16	⟨58.41⟩	16	⟨58.49⟩	16	⟨58.02⟩	16	⟨58.44⟩	
		26	⟨58.67⟩	26	⟨59.00⟩	26	⟨56.56⟩	26	⟨57.74⟩	26	⟨54.98⟩	26	⟨58.37⟩	26	⟨58.70⟩	26	⟨62.45⟩	26	⟨60.50⟩	26	⟨58.88⟩	26	⟨58.00⟩	26	⟨57.80⟩	

续表

点号	年份	1月 日	1月 水位	2月 日	2月 水位	3月 日	3月 水位	4月 日	4月 水位	5月 日	5月 水位	6月 日	6月 水位	7月 日	7月 水位	8月 日	8月 水位	9月 日	9月 水位	10月 日	10月 水位	11月 日	11月 水位	12月 日	12月 水位	年平均
167	1990	6	⟨58.54⟩	6	⟨55.87⟩	6	⟨58.04⟩	6	⟨59.04⟩	6	⟨59.62⟩	6	⟨61.75⟩	6	⟨61.62⟩	6	46.82	6	51.40	6	53.31	6	⟨61.13⟩	6	53.01	51.70
		16	⟨57.42⟩	16	⟨58.14⟩	16	⟨58.42⟩	16	⟨59.57⟩	16	⟨59.71⟩	16	⟨61.86⟩	16	⟨63.48⟩	16	⟨62.41⟩	16	50.99	16	51.70	16	53.22	16	⟨62.14⟩	
		26	⟨58.28⟩	26	⟨55.61⟩	26	⟨58.74⟩	26	⟨59.50⟩	26	⟨59.85⟩	26	⟨62.07⟩	26	⟨63.81⟩	26	⟨60.52⟩	26	53.17	26	⟨61.39⟩	26	⟨61.90⟩	26	⟨61.97⟩	
	1991	5	⟨60.91⟩	5	⟨61.09⟩	5	50.10	5	⟨63.67⟩	5	55.72	5	⟨63.00⟩	5	⟨65.41⟩	5	⟨68.23⟩	5	⟨67.55⟩	5	⟨66.75⟩	5	⟨66.27⟩	5	⟨66.74⟩	54.90
		15	⟨61.26⟩	15	⟨61.78⟩	15	⟨61.20⟩	15	⟨62.26⟩	15	⟨60.96⟩	15	⟨61.43⟩	15	⟨65.35⟩	15	58.88	15	⟨66.84⟩	15	⟨67.38⟩	15	⟨64.02⟩	15	⟨67.28⟩	
		25	⟨61.86⟩	25	⟨60.69⟩	25	⟨63.28⟩	25	⟨62.71⟩	25	⟨63.73⟩	25	⟨63.60⟩	25	⟨62.26⟩	25	⟨67.91⟩	25	⟨65.18⟩	25	⟨67.69⟩	25	⟨66.24⟩	25	⟨66.55⟩	
	1992	5	⟨66.42⟩	5	⟨66.97⟩	5	⟨69.01⟩	5	⟨70.25⟩	5	⟨70.23⟩	5	⟨70.96⟩	5	⟨70.52⟩	5	⟨67.65⟩	5	⟨69.66⟩	5	⟨70.91⟩	5	60.58	5	⟨68.58⟩	52.39
		15	47.78	15	⟨68.53⟩	15	⟨69.69⟩	15	⟨68.94⟩	15	⟨70.51⟩	15	⟨70.71⟩	15	⟨71.41⟩	15	⟨71.21⟩	15	⟨70.61⟩	15	⟨70.70⟩	15	⟨60.97⟩	15	⟨68.20⟩	
		25	⟨67.04⟩	25	⟨69.17⟩	25	⟨69.95⟩	25	⟨69.92⟩	25	49.02	25	⟨69.38⟩	25	⟨71.26⟩	25	52.17	25	⟨69.33⟩	25	⟨69.26⟩	25	⟨67.97⟩	25	⟨68.97⟩	
	1993	5	⟨69.26⟩	5	⟨69.11⟩	5	⟨70.32⟩	5	⟨71.05⟩	5	⟨71.62⟩	5	⟨68.35⟩	5	⟨69.53⟩	5	⟨70.74⟩	5	⟨69.00⟩	5	⟨69.73⟩	5	⟨67.00⟩	5	⟨66.46⟩	63.16
		15	⟨69.37⟩	15	⟨70.89⟩	15	⟨70.71⟩	15	63.81	15	⟨68.97⟩	15	⟨69.27⟩	15	65.16	15	59.81	15	⟨70.22⟩	15	⟨68.01⟩	15	⟨67.75⟩	15	⟨67.17⟩	
		25	⟨69.57⟩	25	⟨70.22⟩	25	⟨70.02⟩	25	⟨70.80⟩	25	⟨68.56⟩	25	⟨68.70⟩	25	⟨70.30⟩	25	⟨67.65⟩	25	63.84	25	⟨67.13⟩	25	⟨65.87⟩	25	⟨65.39⟩	
	1994	5	⟨63.14⟩	5	⟨64.06⟩	5	⟨66.00⟩	5	⟨65.42⟩	5	⟨68.62⟩	5	⟨71.32⟩	5	⟨73.72⟩	5	⟨73.33⟩	5	⟨72.64⟩	5	⟨72.81⟩	5	⟨72.37⟩	5	⟨68.20⟩	61.79
		15	⟨65.22⟩	15	⟨65.98⟩	15	⟨63.37⟩	15	62.15	15	⟨67.99⟩	15	⟨71.75⟩	15	⟨74.42⟩	15	64.71	15	⟨73.87⟩	15	⟨72.24⟩	15	⟨72.70⟩	15	⟨70.64⟩	
		25	58.32	25	⟨66.90⟩	25	⟨64.24⟩	25	61.98	25	⟨71.61⟩	25	⟨71.49⟩	25	⟨74.10⟩	25	⟨74.14⟩	25	⟨73.03⟩	25	⟨71.99⟩	25	⟨71.24⟩	25	⟨70.87⟩	
	1995	5	⟨70.70⟩	5	⟨71.68⟩	5	⟨71.66⟩	5	⟨72.16⟩	5	⟨72.80⟩	5	⟨73.08⟩	5	⟨71.60⟩	5	⟨73.84⟩	5	⟨75.01⟩	5	⟨74.99⟩	5	⟨73.66⟩	5	⟨75.43⟩	64.97
		15	⟨71.75⟩	15	⟨71.92⟩	15	⟨72.23⟩	15	⟨72.53⟩	15	⟨73.64⟩	15	⟨74.17⟩	15	⟨74.49⟩	15	⟨75.23⟩	15	⟨74.80⟩	15	⟨74.67⟩	15	⟨75.25⟩	15	⟨74.61⟩	
		25	71.52	25	⟨71.80⟩	25	⟨73.69⟩	25	⟨77.01⟩	25	⟨74.48⟩	25	⟨74.74⟩	25	⟨72.29⟩	25		25	⟨74.41⟩	25	⟨75.76⟩	25	⟨74.91⟩	25	⟨76.26⟩	
	1996	5	⟨76.67⟩	5	⟨77.21⟩	5	61.95	5	⟨77.56⟩	5	⟨78.15⟩	5		5	⟨75.45⟩	5		5		5		5		5		61.79
		15	⟨76.42⟩	15	⟨77.43⟩	15	61.87	15	⟨77.44⟩	15	⟨81.03⟩	15		15	⟨74.72⟩	15	⟨76.23⟩	15		15		15		15		
		25	⟨77.02⟩	25	⟨77.28⟩	25	61.56	25		25		25	63.02	25	⟨75.91⟩	25		25		25		25		25		
	1997	4		4		4		4		4		4		4		4		4		4		4		4		
		14		14		14		14		14		14		14		14		14		14		14		14		
		24		24		24		24		24		24		24		24		24		24		24		24		

续表

点号	年份	1月 日	1月 水位	2月 日	2月 水位	3月 日	3月 水位	4月 日	4月 水位	5月 日	5月 水位	6月 日	6月 水位	7月 日	7月 水位	8月 日	8月 水位	9月 日	9月 水位	10月 日	10月 水位	11月 日	11月 水位	12月 日	12月 水位	年平均
169	1986	5	26.83	5	27.50	5	27.77	5	〈35.43〉	5	27.76	5	〈43.46〉	5	〈42.80〉	5	32.84	5	〈45.70〉	5	34.73	5	〈43.46〉	5	〈43.95〉	30.65
		15	26.87	15	26.73	15	28.14	15	〈35.95〉	15	27.92	15	〈44.11〉	15	〈42.72〉	15	〈39.80〉	15	〈41.97〉	15	35.60	15	36.36	15	34.00	
		25	27.13	25	27.52	25	28.11	25	27.85	25	29.95	25	〈44.10〉	25	〈43.75〉	25	〈42.80〉	25	39.30	25	34.88	25	〈43.30〉	25	35.93	
	1987	4	35.10	4	35.23	5	〈40.94〉	5	37.47	5	35.97	5	37.37	5	39.16	5	40.30	5	41.58	5	42.02	5	41.50	5	41.06	39.07
		14	〈43.95〉	14	36.37	15	36.07	15	〈40.88〉	15	37.44	15	36.53	15	〈47.47〉	15	〈49.80〉	15	42.10	15	42.11	15	41.66	15	〈47.17〉	
		24	〈42.00〉	24	36.46	25	36.00	25	〈44.09〉	25	38.20	25	〈42.22〉	25	39.65	25	43.20	25	42.80	25	〈48.10〉	25	41.34	25	〈46.10〉	
	1988	6	38.24	6	39.03	6	38.91	6	〈44.53〉	6	37.96	6	40.18	6	41.33	6	43.50	6	〈56.36〉	6	38.70	6	37.27	6	36.70	39.08
		16	38.07	16	38.69	16	38.83	16	〈48.70〉	16	39.80	16	39.27	16	42.19	16	42.87	16	〈56.42〉	16	39.55	16	35.72	16	36.72	
		26	38.40	26	38.40	26	38.57	26	38.80	26	39.25	26	42.49	26	41.77	26	43.20	26	39.78	26	35.94	26	37.00	26	37.49	
	1989	6	〈45.16〉	6	36.09	6	35.33	6	35.18	6	35.68	6	36.18	6	36.55	6	〈55.31〉	6	35.69	6	33.77	6	34.56	6	32.50	35.00
		16	35.56	16	34.31	16	35.25	16	35.17	16	34.73	16	35.77	16	37.81	16	〈49.51〉	16	35.18	16	33.68	16	33.61	16	32.04	
		26	34.98	26	34.30	26	35.34	26	34.55	26	36.17	26	35.27	26	38.13	26	36.69	26	35.30	26	34.31	26	32.36	26	31.67	
	1990	6	32.05	6	32.16	6	32.72	6	34.61	6	36.09	6	38.08	6	〈50.03〉	6	36.34	6	34.64	6	33.50	6	33.53	6	33.20	34.81
		16	31.87	16	32.73	16	36.36	16	34.79	16	36.69	16	37.84	16	38.25	16	36.87	16	34.47	16	33.02	16	33.38	16	33.70	
		26	33.27	26	32.22	26	33.66	26	33.30	26	38.08	26	37.78	26	38.88	26	36.67	26	34.54	26	34.70	26	34.72	26	32.57	
	1995	8		8		8		8		8		8		8		8	57.98	8	58.54	8	58.36	8	58.94	8	57.56	58.34
		18		18		18		18		18		18		18		18	58.35	18	59.06	18	58.50	18	58.97	18	57.28	
		28		28		28		28		28		28		28		28	58.91	28	58.90	28	59.14	28	57.48	28	57.20	
	1996	8	56.91	8	59.12	8	59.47	8	〈59.33〉	8	〈72.42〉	8	60.45	8	62.95	8	63.05	8	62.85	8	63.09	8	64.07	8	63.20	61.32
		18	56.69	18	59.42	18	59.33	18	60.54	18	59.61	18	61.77	18	61.62	18	63.50	18	63.54	18	63.24	18	63.98	18	63.54	
		28	56.24	28	57.98	28	59.25	28	58.75	28	〈72.85〉	28	63.31	28	61.97	28	63.20	28	63.12	28	〈71.30〉	28	63.71	28	62.89	
	1997	6	63.50	6	63.74	6	63.51	6	63.95	6	64.47	6	64.10	6	〈72.53〉	6	64.68	6	64.95	6	68.83	6	67.24	6		65.03
		16	63.81	16	67.46	16	67.59	16	67.88	16	67.48	16	67.98	16	67.70	16	69.57	16	69.02	16	66.29	16	67.59	16	67.55	
	1998	16	67.82	16	67.46	16	67.59	16	67.88	16	67.48	16	67.98	16	67.70	16	69.57	16	69.02	16	66.29	16	67.59	16	67.12	67.79

第三章 宝鸡市

续表

点号	年份	1月 日	1月 水位	2月 日	2月 水位	3月 日	3月 水位	4月 日	4月 水位	5月 日	5月 水位	6月 日	6月 水位	7月 日	7月 水位	8月 日	8月 水位	9月 日	9月 水位	10月 日	10月 水位	11月 日	11月 水位	12月 日	12月 水位	年平均
169	1999	16	67.28	16	67.50	16	67.13	16	66.88	16	〈74.15〉	16	66.08	16	67.46	16	67.10	16	66.53	16	〈73.29〉	16	66.87	16	65.60	66.84
	2000	16	64.98	16	64.19	16	64.57	16	64.21	16	64.71	16	64.05	16	63.27	16	62.63	16	62.07	16	61.54	16	58.46	16	57.25	62.66
	1986	5	〈43.70〉	5	〈57.28〉	5	〈50.95〉	5	〈67.04〉	5	41.10	5	42.62	5	〈47.70〉	5	〈44.12〉	5	〈48.70〉	5	〈49.81〉	5	〈50.72〉	5	〈48.18〉	42.14
		15	40.95	15	〈62.74〉	15	〈62.77〉	15	〈66.91〉	15	41.64	15	42.65	15	43.38	15	〈46.07〉	15	〈47.00〉	15	〈50.46〉	15	〈49.86〉	15	〈47.55〉	
		25	〈50.08〉	25	〈59.40〉	25	〈67.53〉	25	〈67.97〉	25	42.10	25	42.70	25	〈48.70〉	25	〈49.81〉	25	〈49.52〉	25	〈49.15〉	25	〈51.35〉	25	〈47.07〉	
	1987	4	〈46.94〉	4	〈48.05〉	4	〈47.38〉	4	〈47.44〉	4	〈59.70〉	4	〈52.02〉	4	48.34	4	〈50.00〉	4	〈63.36〉	4	50.10	4	〈71.30〉	4	〈58.89〉	52.30
		14	〈46.88〉	14	〈47.47〉	14	〈47.44〉	14	〈47.65〉	14	〈58.50〉	14	〈49.16〉	14	〈72.20〉	14	〈71.57〉	14	〈73.77〉	14	〈50.32〉	14	〈70.59〉	14	〈49.62〉	
		24	〈46.70〉	24	〈47.33〉	24	〈47.28〉	24	〈47.97〉	24	〈62.70〉	24	〈48.87〉	24	〈70.20〉	24	〈72.40〉	24	63.20	24	49.85	24	50.02	24	〈49.35〉	
175	1988	6	49.84	6	49.83	6	49.60	6	49.85	6	50.05	6	50.11	6	50.28	6	51.01	6	50.76	6	50.77	6	50.11	6	49.30	50.11
		16	49.95	16	49.56	16	49.63	16	49.61	16	50.02	16	50.12	16	50.31	16	50.73	16	50.78	16	50.62	16	49.63	16	49.26	
		26	49.82	26	49.50	26	49.85	26	50.09	26	50.15	26	50.41	26	50.38	26	50.78	26	51.82	26	50.60	26	49.53	26	49.22	
	1989	6	49.15	6	49.04	6	49.03	6	48.99	6	48.73	6	48.55	6	49.93	6	50.01	6	49.20	6	50.44	6	50.44	6	50.20	49.57
		16	49.21	16	49.04	16	49.06	16	48.91	16	48.68	16	49.73	16	49.98	16	50.16	16	50.34	16	50.55	16	50.43	16	50.18	
		26	49.13	26	49.01	26	48.96	26	48.84	26	48.18	26	49.86	26	50.02	26	50.17	26	50.40	26	50.37	26	〈50.39〉	26	50.15	
	1990	6	50.13	6	50.10	6	49.96	6	49.98	6	49.98	6	49.98	6	50.18	6	50.28	6	50.44	6	50.37	6	50.18	6	49.62	50.09
		16	50.06	16	50.04	16	49.97	16	49.98	16	50.06	16	50.03	16	50.21	16	50.34	16	50.27	16	50.32	16	50.05	16	49.43	
		26	50.06	26	50.10	26	49.97	26	48.79	26	50.06	26	50.19	26	50.71	26	50.33	26	50.37	26	50.27	26	49.92	26	49.29	
	1991	6	49.13	6	49.11	6	48.90	6	48.82	6	48.84	6	48.84	6	48.72	6	48.99	6	49.10	6	48.58	6	48.62	6	47.81	48.67
		16	49.05	16	49.04	16	48.87	16	48.77	16	48.76	16	48.67	16	49.70	16	48.90	16	48.70	16	48.33	16	47.82	16	47.48	
		26	49.04	26	48.91	26	48.89	26	48.77	26	48.60	26	48.74	26	48.96	26	48.93	26	48.48	26	48.62	26	47.51	26	47.19	
	1992	6	47.19	6	47.32	6	47.33	6	47.57	6	47.87	6	47.72	6	46.79	6	47.05	6	50.11	6	50.05	6	49.27	6	47.12	47.82
		16	47.12	16	47.36	16	47.58	16	47.80	16	47.91	16	47.74	16	47.07	16	47.12	16	49.77	16	49.75	16	48.88	16	47.10	
		26	47.01	26	47.34	26	47.68	26	47.75	26	47.77	26	46.50	26	47.02	26	47.04	26	47.10	26	49.74	26	48.90	26	47.11	

点号	年份	1月		2月		3月		4月		5月		6月		7月		8月		9月		10月		11月		12月		年平均
		日	水位	日	水位	日	水位	日	水位	日	水位	日	水位	日	水位	日	水位	日	水位	日	水位	日	水位	日	水位	
175	1993	6	47.17	6	47.06	6	47.09	6	47.07	6	46.95	6	47.00	6	46.91	6	47.11	6	47.13	6	47.02	6	46.99	6	46.98	47.01
		16	46.94	16	47.16	16	47.02	16	47.09	16	46.16	16	46.89	16	47.51	16	47.09	16	47.10	16	47.04	16	46.99	16	46.78	
		26	47.06	26	47.05	26	47.00	26	47.11	26	47.55	26	46.86	26	46.82	26	47.06	26	47.12	26	47.03	26	46.97	26	46.65	
	1994	6	46.67	6	46.60	6	46.74	6	46.61	6	46.53	6	46.46	6	46.55	6	46.52	6	46.52	6	46.44	6	45.74	6	46.12	46.47
		16	46.56	16	46.63	16	46.68	16	46.53	16	46.48	16	46.42	16	46.53	16	46.41	16	46.60	16	46.53	16	46.26	16	46.32	
		26	46.53	26	46.61	26	46.61	26	46.48	26	46.63	26	46.51	26	46.48	26	46.46	26	46.50	26	46.20	26	46.21	26	46.32	
	1995	6	45.86	6	45.70	6	46.20	6	46.26	6	46.20	6	46.21	6	46.24	6	46.04	6	46.02	6	45.91	6	45.61	6	45.98	45.98
		16	45.95	16	45.80	16	46.20	16	46.26	16	46.21	16	46.18	16	46.18	16	46.07	16	46.00	16	45.78	16	45.28	16	45.77	
		26	45.89	26	45.36	26	46.28	26	46.27	26	46.21	26	46.23	26	46.09	26	45.97	26	45.87	26	45.74	26	45.80	26	45.68	
	1996	6	45.56	6	45.42	6	45.49	6	45.32	6	45.06	6	44.04	6	45.64	6	44.17	6	42.97	6	41.88	6	41.70	6	41.62	43.72
		16	45.60	16	46.47	16	45.35	16	45.27	16	44.07	16	43.94	16	44.86	16	43.36	16	41.98	16	42.03	16	39.64	16	40.78	
		26	45.10	26	45.25	26	45.04	26	45.35	26	43.85	26		26	44.32	26	42.90	26	41.83	26	41.80	26	41.62	26	40.88	
	1997	5	40.78	5	41.19	5	41.62	5	42.38	5	42.66	5	41.22	5	40.88	5	40.81	5	40.20	5	39.72	5	38.85	5	38.35	40.77
	1998	15	41.34	15	37.95	15	38.39	15	38.00	15	38.60	15	40.58	15	40.02	15	41.36	15	42.57	15	45.84	15	41.93	15	42.45	40.48
	1999	15	38.04	15	34.10	15	34.66	15	35.28	15	39.33	15	38.50	15	35.60	15	35.32	15	35.91	15	35.58	15	34.88	15	33.61	35.69
	2000	16	32.56	16	32.29	16	32.88	16	33.26	16	34.81	16	35.82	16	37.58	16	35.53	16	32.64	16	31.55	16		16		33.89
179	1986	5	16.60	5	17.09	5	16.41	5	16.64	5	⟨37.15⟩	5	⟨38.85⟩	5	⟨37.08⟩	5	22.91	5	23.64	5	22.97	5	21.86	5	22.17	20.41
		15	16.93	15	16.24	15	16.60	15	22.98	15	⟨37.19⟩	15	⟨38.78⟩	15	23.76	15	23.19	15	22.78	15	21.30	15	23.05	15	21.93	
		25	16.70	25	16.21	25	16.53	25	⟨37.12⟩	25	⟨37.09⟩	25	⟨38.60⟩	25	21.82	25	22.15	25	21.49	25	22.05	25	22.70	25	22.70	
	1987	4	21.80	4	24.12	4	24.22	4	25.45	4	24.13	4	23.57	4	25.23	4	⟨48.29⟩	4	28.93	4	⟨47.45⟩	4	⟨48.08⟩	4	28.01	24.96
		14	23.56	14	25.42	14	25.32	14	24.08	14	23.75	14	23.27	14	⟨47.71⟩	14	⟨47.58⟩	14	⟨47.57⟩	14	⟨48.03⟩	14	25.06	14	26.70	
		24	23.96	24	25.70	24	26.02	24	24.29	24	22.39	24	⟨47.56⟩	24	⟨47.60⟩	24	⟨47.57⟩	24	⟨47.46⟩	24	⟨47.60⟩	24	26.63	24	27.37	

续表

点号	年份	日	1月水位	日	2月水位	日	3月水位	日	4月水位	日	5月水位	日	6月水位	日	7月水位	日	8月水位	日	9月水位	日	10月水位	日	11月水位	日	12月水位	年平均
181	1986	5	⟨36.10⟩	5	⟨37.90⟩	5	⟨36.91⟩	5	⟨37.60⟩	5	⟨36.70⟩	5	⟨39.24⟩	5	⟨37.84⟩	5	⟨38.03⟩	5	⟨40.00⟩	5	⟨38.15⟩	5	⟨37.86⟩	5	⟨38.16⟩	29.88
		15	⟨36.82⟩	15	⟨36.70⟩	15	⟨36.43⟩	15	⟨38.56⟩	15	⟨36.70⟩	15	⟨39.32⟩	15	⟨36.72⟩	15	⟨39.21⟩	15	34.00	15	⟨38.48⟩	15	⟨38.28⟩	15	⟨38.24⟩	
		25	⟨36.69⟩	25	⟨36.13⟩	25	⟨39.92⟩	25	⟨37.15⟩	25	⟨37.35⟩	25	⟨39.20⟩	25	⟨38.16⟩	25	21.55	25	34.10	25	⟨38.12⟩	25	⟨37.15⟩	25	⟨38.12⟩	
	1987	4	⟨38.10⟩	4	⟨30.33⟩	4	⟨40.17⟩	4	⟨39.82⟩	4	⟨40.70⟩	4	⟨41.28⟩	4	35.11	4	⟨41.68⟩	4	36.96	4	⟨41.42⟩	4	⟨42.04⟩	4	⟨41.65⟩	35.30
		14	⟨38.80⟩	14	⟨39.08⟩	14	⟨39.33⟩	14	⟨38.78⟩	14	⟨40.85⟩	14	⟨40.82⟩	14	⟨42.68⟩	14	⟨41.90⟩	14	⟨42.17⟩	14	⟨42.77⟩	14	33.84	14	⟨40.84⟩	
		24	⟨38.25⟩	24	⟨39.75⟩	24	⟨35.55⟩	24	⟨40.66⟩	24	⟨39.89⟩	24	⟨40.80⟩	24	⟨41.67⟩	24	⟨42.82⟩	24	⟨41.77⟩	24	⟨41.76⟩	24	⟨40.99⟩	24	⟨41.30⟩	
	1988	5	⟨41.55⟩	5	⟨40.89⟩	5	⟨40.75⟩	5	⟨40.18⟩	5	35.31	5	33.35	5	31.02	5	28.47	5	28.14	5	⟨33.69⟩	5	25.21	5	22.78	27.23
		15	⟨41.62⟩	15	⟨40.24⟩	15	⟨40.68⟩	15	⟨40.87⟩	15	⟨40.59⟩	15	⟨39.67⟩	15	⟨37.31⟩	15	⟨38.53⟩	15	28.12	15	26.90	15	23.10	15	23.06	
		25	⟨41.63⟩	25	⟨39.84⟩	25	⟨40.62⟩	25	⟨40.85⟩	25	⟨40.44⟩	25	⟨39.78⟩	25	31.25	25	⟨37.01⟩	25	28.18	25	26.12	25	22.54	25	22.13	
	1989	5	21.86	5	21.99	5	24.68	5	23.65	5	25.14	5	⟨32.72⟩	5	24.91	5	25.20	5	24.20	5	21.87	5	21.77	5	24.55	23.73
		15	21.35	15	21.72	15	23.60	15	24.01	15	25.28	15	⟨30.33⟩	15	25.42	15	25.68	15	25.00	15	21.93	15	22.31	15	23.94	
		25	⟨29.46⟩	25	21.62	25	23.69	25	24.89	25	25.25	25	25.69	25	⟨46.12⟩	25	23.67	25	23.49	25	23.30	25	23.11	25	24.72	
	1990	5	23.07	5	22.44	5	22.57	5	26.89	5	⟨33.04⟩	5	⟨36.76⟩	5	⟨34.30⟩	5	32.89	5	29.50	5	28.14	5	28.10	5	⟨32.66⟩	27.34
		15	24.30	15	24.03	15	26.89	15	⟨33.73⟩	15	29.67	15	⟨38.18⟩	15	⟨36.92⟩	15	33.70	15	⟨36.82⟩	15	⟨35.04⟩	15	⟨33.66⟩	15	30.28	
		25	⟨31.09⟩	25	23.94	25	25.34	25	24.17	25	⟨34.08⟩	25	⟨35.68⟩	25	⟨37.08⟩	25	36.26	25	⟨35.39⟩	25	⟨35.20⟩	25	⟨35.16⟩	25	⟨35.48⟩	
	1991	5	⟨33.68⟩	5	⟨36.68⟩	5	⟨37.17⟩	5	⟨36.62⟩	5	⟨36.68⟩	5	⟨40.60⟩	5	⟨40.41⟩	5	⟨41.83⟩	5	⟨38.64⟩	5	⟨35.95⟩	5	31.35	5	30.98	32.22
		15	⟨35.78⟩	15	⟨36.96⟩	15	⟨36.19⟩	15	29.83	15	⟨39.94⟩	15	⟨38.95⟩	15	⟨42.17⟩	15	36.70	15	⟨38.77⟩	15	⟨35.85⟩	15	⟨35.52⟩	15	⟨35.87⟩	
		25	⟨37.37⟩	25	⟨35.34⟩	25	⟨35.80⟩	25	⟨37.32⟩	25	⟨38.88⟩	25	⟨38.26⟩	25	⟨42.11⟩	25	⟨40.26⟩	25	⟨37.18⟩	25	⟨36.20⟩	25	⟨36.40⟩	25	⟨35.46⟩	
	1992	5	⟨37.94⟩	5	⟨41.74⟩	5	⟨41.32⟩	5	⟨42.92⟩	5	⟨42.10⟩	5	⟨43.16⟩	5	⟨43.54⟩	5	⟨43.81⟩	5	⟨41.18⟩	5	⟨42.23⟩	5	⟨40.22⟩	5	⟨41.45⟩	36.85
		15	⟨40.83⟩	15	⟨40.17⟩	15	⟨41.23⟩	15	⟨41.91⟩	15	⟨41.48⟩	15	35.22	15	⟨40.58⟩	15	38.47	15	⟨42.75⟩	15	⟨40.26⟩	15	⟨40.63⟩	15	⟨41.59⟩	
		25	⟨41.84⟩	25	⟨40.61⟩	25	⟨40.31⟩	25	⟨43.57⟩	25	⟨43.76⟩	25	⟨40.68⟩	25	⟨44.03⟩	25	⟨42.77⟩	25	⟨43.24⟩	25	⟨40.78⟩	25	⟨41.20⟩	25	⟨41.57⟩	
	1993	5	⟨42.34⟩	5	⟨43.62⟩	5	⟨44.34⟩	5	⟨43.63⟩	5	⟨44.66⟩	5	⟨45.18⟩	5	⟨45.56⟩	5	⟨45.89⟩	5	⟨46.36⟩	5	⟨46.34⟩	5	⟨46.73⟩	5	⟨47.28⟩	39.80
		15	⟨42.90⟩	15	⟨44.52⟩	15	⟨43.95⟩	15	⟨44.02⟩	15	⟨44.94⟩	15	⟨45.82⟩	15	⟨45.44⟩	15	39.80	15	⟨46.77⟩	15	⟨46.80⟩	15	⟨46.77⟩	15	⟨47.56⟩	
		25	⟨42.88⟩	25	⟨43.36⟩	25	⟨44.67⟩	25	⟨45.92⟩	25	⟨44.56⟩	25	⟨45.36⟩	25	⟨44.62⟩	25	⟨46.43⟩	25	⟨47.28⟩	25	⟨46.67⟩	25	⟨46.04⟩	25	⟨47.60⟩	

续表

点号	年份	1月 日	1月 水位	2月 日	2月 水位	3月 日	3月 水位	4月 日	4月 水位	5月 日	5月 水位	6月 日	6月 水位	7月 日	7月 水位	8月 日	8月 水位	9月 日	9月 水位	10月 日	10月 水位	11月 日	11月 水位	12月 日	12月 水位	年平均
181	1994	5	⟨46.60⟩	5	⟨49.66⟩	5	⟨47.86⟩	5	⟨48.78⟩	5	⟨46.78⟩	5	⟨48.09⟩	5	⟨47.46⟩	5	⟨49.94⟩	5	⟨50.01⟩	5	⟨53.68⟩	5	⟨50.79⟩	5	⟨49.98⟩	44.18
		15	⟨47.24⟩	15	⟨46.81⟩	15	⟨48.34⟩	15	⟨45.32⟩	15	⟨46.43⟩	15	⟨48.16⟩	15	⟨47.03⟩	15	46.45	15	⟨50.15⟩	15	⟨48.70⟩	15	41.91	15	⟨51.24⟩	
		25	⟨48.18⟩	25	⟨46.61⟩	25	⟨48.99⟩	25	⟨45.16⟩	25	⟨47.48⟩	25	⟨48.51⟩	25	⟨49.83⟩	25	⟨51.87⟩	25	⟨51.36⟩	25	⟨53.53⟩	25	⟨50.51⟩	25	⟨51.98⟩	
	1995	5	⟨52.70⟩	5	⟨52.22⟩	5	45.78	5	⟨50.78⟩	5	⟨57.30⟩	5	⟨57.19⟩	5	⟨57.87⟩	5	⟨58.46⟩	5	⟨57.18⟩	5	⟨57.14⟩	5	⟨54.35⟩	5	⟨55.25⟩	48.09
		15	⟨53.17⟩	15	⟨53.20⟩	15	⟨54.95⟩	15	⟨55.50⟩	15	⟨57.50⟩	15	⟨57.76⟩	15	⟨58.09⟩	15	50.40	15	⟨57.03⟩	15	⟨54.41⟩	15	⟨55.43⟩	15	⟨54.56⟩	
		25	⟨52.64⟩	25	⟨53.13⟩	25	⟨55.80⟩	25	⟨54.18⟩	25	⟨57.79⟩	25	⟨57.74⟩	25	⟨57.44⟩	25	⟨57.96⟩	25	⟨56.41⟩	25	⟨54.27⟩	25	⟨54.76⟩	25	⟨56.65⟩	
	1996	5	⟨55.13⟩	5	⟨57.13⟩	5	⟨56.43⟩	5	⟨56.23⟩	5	⟨57.83⟩	5	⟨57.96⟩	5	⟨58.06⟩	5	⟨59.61⟩	5	⟨59.18⟩	5	⟨59.48⟩	5	⟨58.21⟩	5	⟨63.08⟩	53.64
		15	⟨55.98⟩	15	⟨56.98⟩	15	⟨57.58⟩	15	⟨56.90⟩	15	⟨57.21⟩	15	⟨57.78⟩	15	⟨58.58⟩	15	55.55	15	⟨55.88⟩	15	⟨59.66⟩	15	⟨64.09⟩	15	51.73	
		25	⟨56.25⟩	25	⟨55.48⟩	25	⟨56.14⟩	25	⟨56.98⟩	25	⟨57.91⟩	25	⟨57.62⟩	25	⟨58.65⟩	25	⟨59.05⟩	25	⟨55.99⟩	25	⟨59.28⟩	25	⟨62.30⟩	25	⟨61.78⟩	
	1997	6	⟨62.70⟩	6	⟨64.58⟩	6	⟨64.99⟩	6	⟨65.44⟩	6	⟨65.49⟩	6	⟨67.15⟩	6	⟨68.73⟩	6	⟨69.20⟩	6	⟨59.49⟩	6	⟨69.83⟩	6	⟨69.30⟩	6	⟨69.38⟩	58.18
		16	⟨62.89⟩	16	⟨64.06⟩	16	⟨65.11⟩	16	⟨65.49⟩	16	⟨65.54⟩	16	⟨68.18⟩	16	⟨69.16⟩	16	58.18	16	⟨69.50⟩	16	⟨69.68⟩	16	⟨69.33⟩	16	⟨69.44⟩	
		26	⟨62.96⟩	26	⟨66.20⟩	26	⟨65.63⟩	26	⟨65.12⟩	26	⟨66.18⟩	26	⟨69.05⟩	26	⟨67.28⟩	26	⟨69.16⟩	26	⟨69.38⟩	26	⟨69.64⟩	26	⟨69.27⟩	26	⟨72.44⟩	
	1998	6	⟨72.28⟩	6	⟨74.76⟩	6	⟨76.08⟩	6	⟨77.86⟩	6	⟨77.18⟩	6	⟨74.84⟩	6	63.10	6	62.24	6	62.18	6	61.90	6	61.68	6	62.82	62.35
		16	⟨72.71⟩	16	⟨76.98⟩	16	⟨77.06⟩	16	⟨76.95⟩	16	⟨76.30⟩	16	62.42	16	61.73	16	62.27	16	62.30	16	61.98	16	62.04	16	62.63	
		26	⟨72.32⟩	26	62.38	26	⟨77.78⟩	26	⟨77.13⟩	26	⟨77.01⟩	26	63.80	26	62.68	26	62.30	26	62.08	26	62.33	26	61.89	26	62.61	
	1999	6	62.66	6	61.80	6	59.32	6	59.58	6	⟨70.58⟩	6	⟨73.10⟩	6	60.98	6	60.68	6	61.08	6	61.10	6	61.84	6	61.05	61.25
		16	62.30	16	62.18	16	60.50	16	60.27	16	⟨70.72⟩	16	⟨72.18⟩	16	60.18	16	61.20	16	62.12	16	61.34	16	61.81	16		
		26	62.54	26	60.40	26	60.38	26		26	⟨71.32⟩	26	⟨72.68⟩	26	60.48	26	62.71	26	62.18	26	61.68	26	62.12	26	60.54	
	2000	6	60.76	6	61.58	6	61.37	6	61.56	6	62.73	6	63.67	6	64.35	6	63.58	6	62.00	6	60.62	6	58.93	6	58.63	61.66
		16	61.46	16	61.89	16	62.08	16	62.31	16	62.80	16	63.92	16	63.78	16	63.16	16	61.43	16	59.75	16	58.70	16	58.57	
		26	61.69	26	62.34	26	62.43	26	62.85	26	63.54	26	64.34	26	63.71	26	62.27	26	61.00	26	59.52	26	58.56	26	57.82	
184	1986	5		5		5		5		5		5	⟨45.19⟩	5	⟨46.88⟩	5	⟨48.41⟩	5	⟨59.64⟩	5	⟨56.72⟩	5	⟨54.04⟩	5	⟨48.86⟩	46.59
		15		15		15		15		15	⟨47.51⟩	15	⟨45.51⟩	15	⟨53.16⟩	15	⟨58.80⟩	15	⟨58.22⟩	15	43.24	15	49.93	15	⟨50.09⟩	
		25		25		25		25		25	⟨52.23⟩	25	⟨45.59⟩	25	⟨53.07⟩	25	⟨45.51⟩	25	⟨57.84⟩	25	⟨55.11⟩	25	⟨49.65⟩	25	⟨50.76⟩	

续表

点号	年份	1月 日	1月 水位	2月 日	2月 水位	3月 日	3月 水位	4月 日	4月 水位	5月 日	5月 水位	6月 日	6月 水位	7月 日	7月 水位	8月 日	8月 水位	9月 日	9月 水位	10月 日	10月 水位	11月 日	11月 水位	12月 日	12月 水位	年平均
184	1987	4	〈56.07〉	4	58.80	4	〈58.05〉	4	〈58.17〉	4	〈58.19〉	4	〈58.66〉	4	〈49.55〉	4	〈64.33〉	4	〈64.52〉	4	〈62.15〉	4	〈64.93〉	4	〈67.78〉	
		14	〈56.69〉	14	〈58.01〉	14	〈58.43〉	14	〈58.14〉	14	〈58.73〉	14	〈56.40〉	14	〈58.99〉	14	49.08	14	48.93	14	〈64.95〉	14	〈65.42〉	14	〈67.86〉	52.27
		24	〈57.44〉	24	〈49.23〉	24	〈58.83〉	24	〈58.32〉	24	〈58.82〉	24	〈52.37〉	24	〈60.82〉	24	〈65.00〉	24	〈63.39〉	24	〈65.02〉	24	〈64.64〉	24	〈64.31〉	
	1988	4	〈63.70〉	4	〈63.77〉	4	〈62.60〉	4	〈65.47〉	4	〈60.34〉	4	〈57.23〉	4	〈59.05〉	4	〈58.18〉	4	〈53.92〉	4	〈62.94〉	4	〈65.59〉	4	30.44	
		14	〈63.81〉	14	〈63.66〉	14	〈62.89〉	14	〈60.87〉	14	〈59.27〉	14	〈58.09〉	14	45.38	14	44.76	14	〈53.58〉	14	〈62.35〉	14	30.99	14	29.90	35.27
		24	〈63.89〉	24	〈63.76〉	24	〈63.12〉	24	〈57.07〉	24	〈60.16〉	24	〈57.92〉	24	〈59.30〉	24	〈58.07〉	24	〈54.43〉	24	〈63.79〉	24	30.13	24	〈62.55〉	
	1989	4	〈60.87〉	4	〈62.43〉	4	〈57.47〉	4	29.99	4	〈59.42〉	4	〈64.23〉	4	29.81	4	32.89	4	〈59.36〉	4	〈60.10〉	4	27.34	4	〈59.31〉	
		14	〈62.98〉	14	〈58.12〉	14	〈59.77〉	14	〈63.51〉	14	〈64.44〉	14	〈64.16〉	14	〈60.84〉	14	31.98	14	〈61.92〉	14	〈60.39〉	14	〈59.70〉	14	〈29.58〉	30.97
		24	〈62.07〉	24	〈58.72〉	24	〈62.35〉	24	〈64.31〉	24	〈63.08〉	24	〈59.26〉	24	〈59.91〉	24	31.24	24	〈59.66〉	24	〈60.05〉	24	〈59.47〉	24	33.51	
	1990	4	〈59.12〉	4	〈59.14〉	4	〈58.33〉	4	〈57.24〉	4	28.70	4	〈56.81〉	4	33.13	4	36.33	4	〈57.55〉	4	〈57.56〉	4	〈57.34〉	4	〈57.84〉	
		14	〈59.57〉	14	〈59.73〉	14	〈57.91〉	14	〈57.81〉	14	〈56.17〉	14	〈57.50〉	14	〈56.87〉	14	〈57.38〉	14	〈57.89〉	14	〈57.92〉	14	〈57.87〉	14	30.37	31.74
		24	〈59.68〉	24	30.16	24	〈57.82〉	24	〈52.90〉	24	〈56.00〉	24	〈56.46〉	24	〈57.79〉	24	〈57.90〉	24	〈57.40〉	24	〈57.12〉	24	〈58.10〉	24	〈56.68〉	
	1991	5	〈59.18〉	5	〈59.99〉	5	〈63.23〉	5	〈61.60〉	5	〈61.14〉	5	〈53.36〉	5	〈52.53〉	5	〈58.24〉	5	40.12	5	35.22	5	〈56.43〉	5	〈57.32〉	
		15	〈58.36〉	15	〈61.33〉	15	〈64.12〉	15	〈60.66〉	15	〈63.13〉	15	〈54.72〉	15	〈54.15〉	15	46.09	15	40.01	15	35.11	15	〈56.60〉	15	〈57.09〉	39.42
		25	〈61.01〉	25	〈62.44〉	25	〈59.17〉	25	〈61.20〉	25	〈55.88〉	25	〈55.48〉	25	〈57.81〉	25	〈58.03〉	25	39.94	25	〈55.82〉	25	〈56.87〉	25	〈57.40〉	
	1992	5	〈58.74〉	5	〈60.44〉	5	〈61.31〉	5	〈62.67〉	5	〈62.72〉	5	〈63.02〉	5	〈63.35〉	5	〈64.72〉	5	〈66.28〉	5	〈68.17〉	5	〈65.77〉	5	〈63.60〉	
		15	38.76	15	〈61.10〉	15	〈61.87〉	15	〈61.98〉	15	〈62.37〉	15	〈62.69〉	15	〈63.98〉	15	〈65.46〉	15	〈67.15〉	15	〈66.82〉	15	〈65.40〉	15	〈64.11〉	41.91
		25	〈59.65〉	25	〈61.74〉	25	〈62.44〉	25	〈62.40〉	25	〈63.28〉	25	〈63.31〉	25	〈65.27〉	25	45.05	25	〈68.81〉	25	〈57.18〉	25	〈61.90〉	25	〈63.41〉	
	1993	5	〈65.17〉	5	〈65.40〉	5	〈65.85〉	5	〈65.01〉	5	〈69.19〉	5	〈68.55〉	5	〈69.16〉	5	〈68.50〉	5	〈69.89〉	5	〈66.87〉	5	〈67.55〉	5	〈69.42〉	
		15	〈65.66〉	15	〈66.76〉	15	〈66.07〉	15	〈44.47〉	15	〈68.74〉	15	〈68.12〉	15	〈67.75〉	15	50.92	15	〈69.07〉	15	〈67.30〉	15	〈68.09〉	15	〈69.07〉	50.92
		25	〈65.91〉	25	〈65.22〉	25	〈67.17〉	25	〈69.22〉	25	〈69.22〉	25	〈68.91〉	25	〈69.28〉	25	〈69.43〉	25	〈68.11〉	25	〈66.26〉	25	〈68.67〉	25	〈68.07〉	
	1994	6	〈69.18〉	6	〈68.48〉	6	〈69.59〉	6	〈70.22〉	6	〈68.95〉	6	〈69.13〉	6	〈71.29〉	6	〈70.21〉	6	〈71.35〉	6	〈69.53〉	6		6		
		16	〈70.10〉	16	〈69.29〉	16	〈68.78〉	16	49.66	16	〈70.04〉	16	〈69.64〉	16	〈70.79〉	16	52.22	16	〈70.82〉	16	〈68.56〉	16		16		50.34
		26	49.13	26	〈69.07〉	26	〈69.18〉	26	〈67.67〉	26	〈68.73〉	26	〈70.19〉	26	〈70.89〉	26	〈71.01〉	26	〈71.03〉	26	〈70.34〉	26		26		

续表

点号	年份	1月 日	1月 水位	2月 日	2月 水位	3月 日	3月 水位	4月 日	4月 水位	5月 日	5月 水位	6月 日	6月 水位	7月 日	7月 水位	8月 日	8月 水位	9月 日	9月 水位	10月 日	10月 水位	11月 日	11月 水位	12月 日	12月 水位	年平均
185	1986	5	⟨57.54⟩	5	⟨56.51⟩	5	⟨58.34⟩	5	⟨57.83⟩	5	⟨56.93⟩	5		5		5	⟨63.92⟩	5	45.72	5	⟨62.16⟩	5	⟨62.28⟩	5	⟨59.04⟩	45.40
		15	⟨58.19⟩	15	⟨57.54⟩	15	⟨57.86⟩	15	⟨57.56⟩	15	⟨57.69⟩	15		15		15	45.63	15	44.86	15	⟨62.41⟩	15	⟨60.83⟩	15	⟨63.08⟩	
		25	⟨56.84⟩	25	⟨57.48⟩	25	⟨57.49⟩	25	⟨56.87⟩	25	⟨56.89⟩	25		25		25	⟨64.63⟩	25	⟨60.97⟩	25	⟨62.31⟩	25	⟨58.09⟩	25	⟨61.47⟩	
	1987	4	⟨61.18⟩	4	⟨62.12⟩	4	⟨61.10⟩	4	⟨62.64⟩	4	⟨62.41⟩	4	⟨62.81⟩	4	⟨60.18⟩	4	⟨61.68⟩	4	⟨61.35⟩	4	⟨61.84⟩	4	⟨61.80⟩	4	⟨63.75⟩	48.13
		14	⟨60.41⟩	14	⟨62.43⟩	14	⟨60.77⟩	14	⟨62.59⟩	14	⟨62.93⟩	14	43.37	14	⟨62.68⟩	14	50.36	14	50.65	14	⟨61.65⟩	14	⟨62.47⟩	14	⟨63.54⟩	
		24	⟨63.15⟩	24	⟨62.65⟩	24	⟨62.02⟩	24	⟨62.77⟩	24	⟨63.07⟩	24	⟨61.54⟩	24	⟨61.48⟩	24	⟨61.84⟩	24	⟨61.80⟩	24	⟨61.54⟩	24	⟨62.81⟩	24	⟨65.24⟩	
	1988	4	⟨65.69⟩	4	⟨64.83⟩	4	⟨62.40⟩	4	42.90	4	⟨62.35⟩	4	⟨62.59⟩	4	⟨62.17⟩	4	46.78	4	⟨59.16⟩	4	⟨60.10⟩	4	⟨59.84⟩	4	32.49	40.30
		14	⟨64.88⟩	14	⟨64.78⟩	14	⟨62.26⟩	14	⟨62.31⟩	14	⟨62.29⟩	14	⟨60.76⟩	14	46.86	14	⟨62.44⟩	14	⟨58.93⟩	14	⟨59.68⟩	14	⟨59.96⟩	14	32.48	
		24	⟨64.94⟩	24	⟨64.82⟩	24	⟨62.37⟩	24	⟨62.28⟩	24	⟨62.28⟩	24	⟨61.45⟩	24	⟨61.27⟩	24	37.42	24	⟨58.72⟩	24	⟨60.36⟩	24	⟨34.38⟩	24	⟨60.53⟩	
	1989	4	⟨59.88⟩	4	⟨60.29⟩	4	59.03	4	⟨60.70⟩	4	⟨61.52⟩	4	⟨60.09⟩	4	33.95	4	39.44	4	⟨56.40⟩	4	⟨54.38⟩	4	27.80	4	⟨56.07⟩	37.31
		14	⟨60.20⟩	14	⟨58.88⟩	14	⟨61.51⟩	14	⟨60.64⟩	14	⟨61.67⟩	14	⟨60.13⟩	14	⟨59.25⟩	14	31.44	14	⟨57.85⟩	14		14	⟨56.13⟩	14	⟨55.73⟩	
		24	⟨59.90⟩	24	⟨59.64⟩	24	⟨60.65⟩	24	⟨60.88⟩	24	⟨59.52⟩	24	⟨65.75⟩	24	⟨60.73⟩	24	39.39	24	⟨55.21⟩	24	⟨54.09⟩	24	⟨55.71⟩	24	32.08	
	1990	4	⟨54.94⟩	4	⟨54.39⟩	4	⟨54.28⟩	4	⟨54.87⟩	4	29.49	4	⟨57.71⟩	4	⟨58.78⟩	4	⟨60.28⟩	4	⟨58.36⟩	4	⟨57.74⟩	4	⟨57.94⟩	4	⟨59.36⟩	32.67
		14	⟨55.61⟩	14	31.51	14	⟨54.86⟩	14	⟨57.29⟩	14	⟨57.75⟩	14	⟨58.85⟩	14	⟨60.42⟩	14	⟨59.07⟩	14	⟨59.18⟩	14	⟨58.57⟩	14	⟨58.39⟩	14	30.28	
		24	⟨55.49⟩	24	⟨53.73⟩	24	⟨55.03⟩	24	⟨56.28⟩	24	⟨58.57⟩	24	⟨58.54⟩	24	⟨59.73⟩	24	⟨68.96⟩	24	⟨59.29⟩	24	⟨58.12⟩	24	⟨58.49⟩	24	⟨59.47⟩	
	1991	5	⟨58.87⟩	5	⟨59.51⟩	5	⟨61.49⟩	5	⟨61.70⟩	5	42.17	5	⟨67.10⟩	5	⟨67.68⟩	5	54.08	5	38.37	5	34.34	5	⟨65.00⟩	5	⟨63.87⟩	39.58
		15	⟨59.33⟩	15	⟨60.08⟩	15	⟨61.94⟩	15	⟨61.72⟩	15	⟨68.04⟩	15	⟨68.43⟩	15	⟨64.82⟩	15	42.51	15	38.19	15	36.68	15	⟨64.24⟩	15	⟨61.57⟩	
		25	⟨60.64⟩	25	⟨60.78⟩	25	⟨61.68⟩	25	⟨61.84⟩	25	⟨68.22⟩	25	36.32	25	⟨69.53⟩	25		25	38.08	25	35.05	25	⟨64.92⟩	25	⟨62.29⟩	
	1992	5	⟨61.74⟩	5	⟨65.87⟩	5	⟨67.75⟩	5	⟨68.68⟩	5	⟨69.24⟩	5		5		5	⟨65.24⟩	5	⟨69.65⟩	5	⟨70.14⟩	5	⟨64.92⟩	5	⟨63.93⟩	45.40
		15	41.68	15	⟨65.59⟩	15	⟨68.20⟩	15	45.60	15		15		15	⟨64.60⟩	15	48.93	15	⟨69.83⟩	15	⟨70.45⟩	15	⟨63.61⟩	15	⟨62.95⟩	
		25	⟨64.98⟩	25	⟨66.54⟩	25	⟨69.00⟩	25	⟨64.06⟩	25	⟨66.29⟩	25	⟨66.97⟩	25	⟨64.52⟩	25	⟨61.93⟩	25	⟨69.15⟩	25	⟨62.04⟩	25	⟨60.76⟩	25	⟨63.38⟩	
	1993	5	⟨64.30⟩	5	⟨64.76⟩	5	⟨66.42⟩	5	44.08	5	⟨67.01⟩	5	⟨67.73⟩	5	⟨64.38⟩	5	50.62	5	⟨66.04⟩	5	⟨65.80⟩	5	⟨65.07⟩	5	⟨61.87⟩	47.00
		15	⟨65.05⟩	15	⟨60.91⟩	15	⟨66.44⟩	15	⟨67.05⟩	15	⟨67.01⟩	15		15	⟨64.52⟩	15	⟨61.93⟩	15	⟨54.38⟩	15	⟨64.53⟩	15	⟨64.41⟩	15	⟨61.52⟩	
		25	⟨65.40⟩	25	⟨65.86⟩	25	⟨67.25⟩	25	⟨67.05⟩	25	⟨67.19⟩	25	46.29	25	⟨61.24⟩	25	⟨66.98⟩	25	⟨66.29⟩	25	⟨62.22⟩	25	⟨63.95⟩	25	⟨63.61⟩	

续表

点号	年份	1月 日	1月 水位	2月 日	2月 水位	3月 日	3月 水位	4月 日	4月 水位	5月 日	5月 水位	6月 日	6月 水位	7月 日	7月 水位	8月 日	8月 水位	9月 日	9月 水位	10月 日	10月 水位	11月 日	11月 水位	12月 日	12月 水位	年平均
185	1994	5	〈62.53〉	5	〈63.73〉	5	〈65.05〉	5	〈65.04〉	5	〈64.34〉	5	〈65.97〉	5	〈69.33〉	5	〈67.87〉	5	〈68.52〉	5	〈65.29〉	5	〈67.04〉	5	〈68.07〉	
		15	〈64.19〉	15	〈65.42〉	15	〈65.31〉	15	47.22	15	〈63.09〉	15	〈67.62〉	15	〈67.29〉	15	51.81	15	〈68.10〉	15	〈67.75〉	15	52.48	15	〈66.98〉	49.53
		25	46.89	25	49.23	25	〈65.60〉	25	〈65.20〉	25	〈66.55〉	25	〈67.55〉	25	〈68.70〉	25	〈68.61〉	25	〈67.97〉	25	〈68.40〉	25	〈67.33〉	25	〈66.51〉	
	1995	5	〈67.07〉	5	〈66.92〉	5	〈67.54〉	5	〈67.12〉	5	〈66.12〉	5	〈67.38〉	5	〈70.26〉	5	〈70.79〉	5	〈72.71〉	5	〈72.08〉	5		5	62.16	
		15	〈66.65〉	15	〈67.24〉	15	〈66.88〉	15	〈67.37〉	15	〈66.98〉	15	〈68.19〉	15	〈70.48〉	15	59.17	15	〈72.21〉	15	〈72.96〉	15	〈73.35〉	15	〈72.80〉	60.67
		25	〈67.05〉	25	〈66.92〉	25	〈67.14〉	25	〈66.77〉	25	〈67.09〉	25	〈68.80〉	25	〈70.14〉	25	〈72.12〉	25	〈72.75〉	25	〈72.97〉	25		25	〈73.39〉	
	1996	5	〈73.79〉	5	〈74.34〉	5	〈74.75〉	5	〈74.69〉	5	〈75.48〉	5	〈76.22〉	5	〈76.18〉	5	〈76.44〉	5	〈77.04〉	5	〈76.51〉	5		5	〈76.77〉	
		15	〈73.87〉	15	〈74.48〉	15	〈74.56〉	15	〈75.03〉	15	〈75.53〉	15	〈76.55〉	15	〈76.31〉	15	62.49	15	〈76.99〉	15	〈76.37〉	15	〈75.98〉	15	〈76.92〉	61.46
		25	61.12	25	〈74.62〉	25	60.78	25	〈75.37〉	25	〈75.99〉	25	〈76.03〉	25	〈76.52〉	25	〈76.73〉	25	〈76.69〉	25	〈76.67〉	25	〈76.30〉	25	〈76.81〉	
	1997	4	〈76.89〉	4	63.57	4	〈76.94〉	4	〈76.69〉	4	〈77.12〉	4	〈78.47〉	4	〈79.27〉	4	〈79.39〉	4	〈79.87〉	4	〈79.60〉	4	〈80.24〉	4	〈80.35〉	
		14	〈76.52〉	14	64.26	14	〈77.37〉	14	64.11	14	〈77.90〉	14	〈78.80〉	14	69.28	14	69.01	14	〈80.27〉	14	〈80.09〉	14	〈80.34〉	14	〈80.86〉	66.05
		24	〈77.17〉	24	〈76.80〉	24	〈76.76〉	24	〈77.07〉	24	〈78.17〉	24		24	〈79.01〉	24	〈79.69〉	24	〈80.44〉	24	〈80.37〉	24	〈80.67〉	24	〈81.01〉	
	1998	4	〈80.68〉	4	〈81.49〉	4	〈82.32〉	4	〈83.59〉	4	〈84.03〉	4	〈84.06〉	4	〈82.63〉	4	73.19	4	〈84.22〉	4	〈78.99〉	4	〈77.64〉	4	〈79.71〉	
		14	〈80.97〉	14	〈81.23〉	14	〈83.49〉	14	67.93	14	〈79.95〉	14	〈79.12〉	14	〈76.68〉	14	〈76.00〉	14	73.28	14	〈77.87〉	14	〈78.41〉	14	〈79.20〉	68.57
		24	〈81.10〉	24	〈80.99〉	24	〈83.10〉	24	〈84.20〉	24		24	〈81.45〉	24	68.83	24	71.26	24	69.00	24		24		24		
	1999	14	〈81.51〉	14	〈79.26〉	14	64.51	14	〈84.20〉	14	71.63	14		14		14		14		14		14		14		67.38
	2000	16	〈80.55〉	16	〈81.47〉	16	〈79.95〉	16	〈43.94〉	16		16		16		16		16		16	65.48	16	62.90	16	62.58	
187	1986	5	〈39.91〉	5	〈43.80〉	5	〈40.81〉	5	〈36.22〉	5		5		5		5		5		5		5		5		
		15	〈42.96〉	15	〈42.66〉	15	〈39.06〉	15		15		15		15	〈38.89〉	15		15		15		15		15		
		25	〈46.55〉	25	〈42.54〉	25	〈42.68〉	25		25		25		25		25		25		25		25		25		
198	1986	5	〈35.09〉	5	〈36.54〉	5	〈35.80〉	5	〈36.22〉	5	29.16	5	32.25	5		5	〈43.74〉	5	35.41	5	38.21	5	34.12	5	34.60	
		15	〈35.09〉	15	〈36.21〉	15	〈35.99〉	15	29.45	15	29.95	15	31.28	15	〈39.89〉	15	33.04	15	35.30	15	33.88	15	34.14	15	34.37	33.06
		25	〈34.84〉	25	〈36.26〉	25	〈35.62〉	25	29.81	25	29.96	25	〈37.02〉	25	32.49	25	32.74	25	33.87	25	34.12	25	34.37	25	34.72	

点号	年份	1月 日	1月 水位	2月 日	2月 水位	3月 日	3月 水位	4月 日	4月 水位	5月 日	5月 水位	6月 日	6月 水位	7月 日	7月 水位	8月 日	8月 水位	9月 日	9月 水位	10月 日	10月 水位	11月 日	11月 水位	12月 日	12月 水位	年平均
198	1987	4	34.62	4	35.43	4	36.63	4	36.94	4	37.28	4	37.77	4	⟨48.46⟩	4	39.15	4	⟨53.56⟩	4	⟨54.70⟩	4	⟨55.22⟩	4	41.18	
		14	35.51	14	35.73	14	36.79	14	36.94	14	37.52	14	38.00	14	⟨53.84⟩	14	⟨50.49⟩	14	40.49	14	⟨54.53⟩	14	42.62	14	43.37	38.10
		24	35.61	24	36.34	24	36.71	24	37.18	24	37.67	24	37.81	24	⟨52.36⟩	24	⟨52.60⟩	24	⟨54.38⟩	24	⟨55.65⟩	24	42.26	24	42.92	
	1988	6	43.23	6	43.31	6	42.92	6	41.90	6	42.47	6	43.03	6	44.17	6	44.06	6	44.55	6	44.55	6	43.32	6	43.06	
		16	43.42	16	43.02	16	42.83	16	42.91	16	43.02	16	43.34	16	44.31	16	44.89	16	44.61	16	43.73	16	43.63	16	43.89	43.61
		26	43.63	26	42.92	26	42.81	26	42.91	26	43.31	26	43.84	26	44.70	26	45.07	26	44.95	26	43.79	26	43.73	26	44.07	
	1989	6	⟨44.03⟩	6	⟨44.32⟩	6	⟨44.19⟩	6	⟨43.90⟩	6	⟨43.75⟩	6	⟨43.56⟩	6	⟨45.01⟩	6	⟨45.32⟩	6	⟨45.41⟩	6	⟨44.82⟩	6	⟨44.57⟩	6	⟨43.76⟩	
		16	⟨43.62⟩	16	⟨44.27⟩	16	⟨44.09⟩	16	⟨43.96⟩	16	⟨43.46⟩	16	⟨44.60⟩	16	⟨44.98⟩	16	44.96	16	⟨45.02⟩	16	⟨44.35⟩	16	⟨44.48⟩	16	⟨44.61⟩	43.74
		26	⟨44.43⟩	26	⟨44.03⟩	26	⟨43.76⟩	26	⟨43.76⟩	26	⟨43.50⟩	26	⟨44.68⟩	26	⟨45.08⟩	26	⟨45.58⟩	26	42.51	26	⟨44.56⟩	26	⟨44.59⟩	26	⟨44.02⟩	
	1990	6	⟨44.84⟩	6	⟨44.87⟩	6	⟨44.13⟩	6	34.95	6	⟨44.09⟩	6	⟨44.38⟩	6	⟨44.50⟩	6	⟨44.60⟩	6	⟨44.92⟩	6	⟨44.64⟩	6	⟨44.31⟩	6	⟨44.46⟩	
		16	⟨44.81⟩	16	42.19	16	43.05	16	⟨44.10⟩	16	⟨44.23⟩	16	⟨44.59⟩	16	⟨44.75⟩	16	⟨44.82⟩	16	⟨45.14⟩	16	⟨44.52⟩	16	⟨44.19⟩	16	⟨44.64⟩	41.60
		26	⟨45.06⟩	26	⟨44.15⟩	26	⟨43.90⟩	26	⟨44.14⟩	26	⟨44.33⟩	26	⟨44.50⟩	26	43.77	26	⟨45.08⟩	26	44.06	26	⟨44.56⟩	26	⟨44.38⟩	26	⟨44.64⟩	
	1991	6	⟨44.66⟩	6	⟨45.49⟩	6	⟨45.04⟩	6	⟨45.00⟩	6	⟨44.46⟩	6	⟨45.26⟩	6	⟨45.52⟩	6	⟨46.25⟩	6	⟨46.53⟩	6	⟨46.26⟩	6	⟨46.57⟩	6	⟨47.25⟩	
		16	⟨44.84⟩	16	⟨45.59⟩	16	⟨45.12⟩	16	44.26	16	⟨45.42⟩	16	44.46	16	⟨45.54⟩	16	⟨46.22⟩	16	⟨46.00⟩	16	⟨46.02⟩	16	⟨46.37⟩	16	⟨47.23⟩	44.55
		26	⟨45.44⟩	26	⟨45.26⟩	26	⟨45.03⟩	26	⟨45.12⟩	26	⟨45.29⟩	26	44.30	26	⟨46.10⟩	26	⟨46.47⟩	26	45.27	26	⟨46.34⟩	26	⟨46.47⟩	26	⟨47.43⟩	
	1992	6	⟨47.73⟩	6	⟨48.50⟩	6	⟨48.69⟩	6	⟨49.12⟩	6	⟨49.61⟩	6	⟨49.83⟩	6	⟨50.25⟩	6	⟨50.71⟩	6	⟨50.98⟩	6	⟨51.00⟩	6	⟨50.81⟩	6	⟨50.89⟩	
		16	⟨47.30⟩	16	⟨48.64⟩	16	⟨48.87⟩	16	⟨49.20⟩	16	⟨49.67⟩	16	⟨49.91⟩	16	⟨50.55⟩	16	⟨50.83⟩	16	⟨51.07⟩	16	⟨50.78⟩	16	⟨50.76⟩	16	⟨50.84⟩	
		26	⟨48.00⟩	26	⟨48.48⟩	26	⟨48.94⟩	26	⟨49.37⟩	26	⟨49.63⟩	26	⟨49.69⟩	26	⟨50.62⟩	26	⟨50.98⟩	26	⟨50.02⟩	26	⟨50.83⟩	26	⟨50.78⟩	26	⟨50.88⟩	
	1993	6	50.99	6	⟨50.96⟩	6	⟨51.34⟩	6	⟨51.31⟩	6	⟨51.58⟩	6	⟨52.02⟩	6	⟨52.20⟩	6	⟨53.13⟩	6	⟨53.62⟩	6	⟨67.68⟩	6	⟨69.65⟩	6	⟨69.43⟩	
		16	⟨50.76⟩	16	⟨51.22⟩	16	⟨51.39⟩	16	⟨51.44⟩	16	⟨51.88⟩	16	⟨52.15⟩	16	⟨52.47⟩	16	53.13	16	⟨53.68⟩	16	⟨53.62⟩	16	⟨54.58⟩	16	⟨55.35⟩	52.06
		26	⟨51.06⟩	26	⟨51.18⟩	26	⟨51.42⟩	26	⟨51.58⟩	26	⟨51.95⟩	26	⟨52.10⟩	26	⟨52.60⟩	26	⟨53.41⟩	26	⟨61.55⟩	26	⟨53.94⟩	26	⟨69.41⟩	26	⟨55.80⟩	
	1994	6	⟨69.80⟩	6	⟨69.75⟩	6	⟨56.62⟩	6	⟨69.55⟩	6	⟨55.75⟩	6	⟨56.44⟩	6	⟨69.57⟩	6	⟨55.59⟩	6	⟨55.14⟩	6	⟨69.41⟩	6	⟨69.45⟩	6	⟨56.17⟩	
		16	56.30	16	⟨56.35⟩	16	⟨56.54⟩	16	⟨56.20⟩	16	⟨55.81⟩	16	⟨55.41⟩	16	⟨55.42⟩	16	⟨55.29⟩	16	⟨55.00⟩	16	⟨55.50⟩	16	⟨69.33⟩	16	⟨69.69⟩	56.30
		26	⟨69.73⟩	26	⟨69.80⟩	26	⟨69.73⟩	26	⟨55.77⟩	26	⟨56.12⟩	26	⟨55.28⟩	26	⟨55.51⟩	26	⟨55.15⟩	26	⟨55.82⟩	26	⟨55.50⟩	26	⟨55.98⟩	26	⟨69.70⟩	

第三章 宝鸡市

续表

点号	年份	1月 日	1月 水位	2月 日	2月 水位	3月 日	3月 水位	4月 日	4月 水位	5月 日	5月 水位	6月 日	6月 水位	7月 日	7月 水位	8月 日	8月 水位	9月 日	9月 水位	10月 日	10月 水位	11月 日	11月 水位	12月 日	12月 水位	年平均
198	1995	6	⟨56.38⟩	6	⟨56.29⟩	6	⟨57.20⟩	6	⟨57.43⟩	6	⟨57.67⟩	6	⟨58.05⟩	6	⟨58.48⟩	6	⟨58.79⟩	6	⟨59.16⟩	6	⟨58.95⟩	6	⟨59.12⟩	6	⟨59.73⟩	58.88
198	1995	16	⟨56.43⟩	16	⟨56.48⟩	16	⟨57.29⟩	16	⟨57.57⟩	16	⟨57.79⟩	16	⟨56.87⟩	16	⟨58.63⟩	16	58.88	16	⟨58.94⟩	16	⟨58.99⟩	16	⟨59.07⟩	16	⟨59.69⟩	
198	1995	26	⟨56.50⟩	26	⟨56.39⟩	26	⟨57.37⟩	26	⟨57.56⟩	26	⟨57.94⟩	26	⟨58.28⟩	26	⟨58.74⟩	26	⟨58.85⟩	26	⟨59.17⟩	26	⟨59.10⟩	26	⟨59.71⟩	26	⟨59.74⟩	
198	1996	6	⟨59.72⟩	6	⟨59.90⟩	6	⟨60.09⟩	6	58.24	6	58.18	6	57.56	6	61.20	6	61.12	6	61.07	6	60.86	6	60.54	6	60.41	59.91
198	1996	16	⟨59.82⟩	16	⟨59.88⟩	16	⟨58.39⟩	16	57.96	16	58.36	16	57.99	16	61.34	16	61.09	16	61.00	16	60.97	16	60.51	16	60.30	
198	1996	26	⟨59.66⟩	26	⟨60.20⟩	26	57.68	26	58.46	26	58.27	26	59.12	26	61.41	26	61.06	26	61.29	26	60.53	26	60.43	26	60.47	
198	1997	5	60.64	5	60.78	5	61.00	5	61.08	5	61.15	5	61.11	5	61.19	5	61.07	5	60.96	5	61.40	5	61.38	5	61.24	61.08
198	1997	15	60.68	15	60.90	15	61.06	15	61.21	15	61.09	15	61.05	15	61.12	15	61.10	15	61.44	15	61.39	15	61.52	15	61.27	
198	1997	25	60.69	25	60.96	25	61.14	25	61.12	25	61.04	25	61.39	25	59.03	25	60.99	25	61.39	25	61.42	25	61.55	25	61.22	
198	1998	5	61.18	5	61.32	5	61.69	5		5		5		5	61.20	5		5		5		5		5		58.83
198	1998	15	61.14	15	61.37	15	61.37	15	61.32	15	61.41	15	61.19	15		15	60.94	15	59.16	15	58.51	15	58.94	15		
198	1998	25	61.18	25	61.67	25	61.28	25		25		25		25		25		25		25		25		25		
198	1999	15	23.63	15	23.74	15	23.84	15	23.98	15	23.90	15	24.22	15	24.12	15	24.29	15	23.90	15	24.14	15	23.97	15	24.10	24.06
198	2000	14	24.41	14	23.57	14	23.77	14	23.99	14	24.39	14	24.26	14	24.61	14	24.32	14	24.03	14	24.17	14	23.99	14	23.78	24.11
大2	1986	5	12.96	5	11.76	5	12.08	5	12.32	5	12.31	5	12.35	5	12.17	5	12.80	5	12.72	5	12.60	5	12.55	5	12.82	12.46
大2	1986	15	12.84	15	11.92	15	12.33	15	12.53	15	12.28	15	12.26	15	12.30	15	12.76	15	12.41	15	12.73	15	12.60	15	12.85	
大2	1986	25	12.61	25	11.73	25	12.34	25	12.54	25	12.40	25	12.28	25	12.45	25	12.29	25	12.24	25	12.61	25	12.67	25	12.97	
大2	1988	5	12.76	5	13.05	5	12.87	5	12.55	5	13.08	5	12.36	5	13.23	5	12.51	5	12.29	5	12.19	5	11.96	5	11.76	12.49
大2	1988	15		15	13.17	15	12.73	15	12.72	15	12.77	15	12.98	15	12.50	15	12.39	15	12.30	15	12.00	15	11.54	15	11.70	
大2	1988	25	13.13	25	12.85	25	12.76	25	12.94	25	12.56	25	13.10	25	12.37	25	12.34	25	12.31	25	11.79	25	11.67	25	11.84	
大2	1989	5	12.14	5		5	11.85	5	12.37	5	12.22	5	12.20	5	11.71	5	11.80	5	11.14	5	11.62	5	11.62	5	11.75	11.82
大2	1989	15	12.15	15		15	12.08	15	12.26	15	12.03	15	12.04	15	11.50	15	12.01	15	11.30	15	11.43	15	11.59	15	11.88	
大2	1989	25	11.78	25	11.74	25	12.12	25	12.28	25	12.05	25	11.83	25	11.69	25	11.63	25	11.48	25	11.46	25	11.64	25	11.46	

续表

点号	年份	1月 日	1月 水位	2月 日	2月 水位	3月 日	3月 水位	4月 日	4月 水位	5月 日	5月 水位	6月 日	6月 水位	7月 日	7月 水位	8月 日	8月 水位	9月 日	9月 水位	10月 日	10月 水位	11月 日	11月 水位	12月 日	12月 水位	年平均
大2	1990	5	11.23	5	11.50	5	12.66	5	12.84	5	12.69	5	12.39	5	11.53	5	11.15	5	10.97	5	11.17	5	11.33	5	11.74	11.79
		15	11.26	15	12.48	15	12.63	15	12.57	15	12.71	15	12.86	15	11.06	15	10.90	15	10.85	15	11.11	15	11.63	15	11.78	
		25	11.54	25	12.57	25	12.85	25	12.61	25	12.27	25	11.74	25	11.09	25	10.94	25	11.22	25	11.20	25	11.67	25	11.87	
	1991	5	12.60	5	12.35	5	12.64	5	12.58	5	12.98	5	12.36	5	12.35	5	13.36	5	12.97	5	12.85	5	13.16	5	13.37	12.81
		15	12.17	15	12.37	15	12.62	15	12.81	15	12.78	15	12.03	15	13.01	15	12.98	15	12.64	15	12.89	15	13.18	15	13.49	
		25		25	12.58	25	12.67	25	13.00	25	12.51	25	12.06	25	13.44	25	13.03	25	12.94	25	12.98	25	13.22	25	13.24	
	1992	4		4		4		4		4		4		4		4		4		4	14.30	4	13.50	4	14.30	13.85
		14	14.16	14	14.43	14	14.21	14		14		14		14		14		14	11.43	14	13.20	14	14.10	14	15.10	
		24	14.28	24	14.30	24	14.49	24		24		24		24		24	15.73	24		24	12.80	24	14.20	24	15.60	
	1993	4	15.30	4	15.82	4	16.32	4	16.53	4	16.31	4	15.76	4	15.75	4		4	12.13	4	12.13	4	12.14	4	12.28	14.58
		14	15.32	14	16.04	14	16.62	14	16.62	14	16.13	14	15.85	14	15.80	14		14	12.01	14	12.06	14	12.20	14	12.37	
		24	15.35	24	16.09	24	16.50	24	16.69	24	15.95	24	15.84	24	15.64	24	12.08	24	12.08	24	12.11	24	12.24	24	12.42	
	1994	4	12.51	4	12.61	4	12.81	4	13.01	4	12.88	4	12.69	4	12.60	4	(15.41)	4	13.76	4	13.21	4	12.94	4	13.34	12.95
		14	12.67	14	12.55	14	13.01	14	12.93	14	12.75	14	12.65	14	12.68	14	(15.65)	14	13.56	14	13.10	14	13.15	14	13.53	
		24	12.59	24	12.61	24	13.12	24	12.79	24	12.77	24	12.57	24	12.55	24	(15.70)	24	13.43	24	12.90	24	13.10	24	13.86	
	1995	4	14.16	4	14.43	4	14.21	4	15.05	4	17.09	4	19.49	4	20.06	4	20.24	4	20.38	4	20.45	4	20.61	4	20.74	18.26
		14	14.28	14	14.30	14	14.49	14	15.47	14	18.10	14	19.75	14	20.12	14	20.29	14	20.40	14	20.49	14	20.67	14	20.81	
		24	14.39	24	14.26	24	14.60	24	15.92	24	19.17	24	19.89	24	20.17	24	20.34	24	20.42	24	20.54	24	20.70	24	20.98	
	1996	4	20.27	4	20.45	4	20.59	4	20.70	4	20.86	4	20.91	4	20.95	4	20.93	4	20.03	4	21.08	4	21.05	4	21.13	20.83
		14	20.34	14	20.51	14	20.63	14	20.76	14	20.89	14	20.88	14	20.92	14	20.97	14	21.02	14	21.09	14	20.97	14	21.19	
		24	20.40	24	20.57	24	20.65	24	20.82	24	20.92	24	20.93	24	20.96	24	21.01	24	21.04	24	21.13	24	21.07	24	21.22	
	1997	4	21.20	4	21.25	4	21.32	4	21.31	4	21.26	4	21.33	4	21.41	4	21.37	4	21.38	4	21.41	4	21.41	4	21.44	21.35
		14	21.21	14	21.26	14	21.30	14	21.29	14	21.25	14	21.37	14	21.44	14	21.34	14	21.40	14	21.42	14	21.40	14	21.46	
		24	21.23	24	21.29	24	21.33	24	21.28	24	21.30	24	21.40	24	21.43	24	21.35	24	21.43	24	21.43	24	21.43	24	21.45	

第三章 宝鸡市

续表

点号	年份	1月 日	1月 水位	2月 日	2月 水位	3月 日	3月 水位	4月 日	4月 水位	5月 日	5月 水位	6月 日	6月 水位	7月 日	7月 水位	8月 日	8月 水位	9月 日	9月 水位	10月 日	10月 水位	11月 日	11月 水位	12月 日	12月 水位	年平均
大2	1998	5	21.44	5	21.31	5	21.16	5	20.47	5	19.89	5	18.89	5	18.06	5	17.06	5	16.46	5	15.54	5	15.41	5	15.37	18.28
		15	21.42	15	21.24	15	21.10	15	20.32	15	19.76	15	18.54	15	17.68	15	16.75	15	16.38	15	15.47	15	15.40	15	15.38	
		25	21.37	25	21.18	25	21.02	25	20.15	25	19.30	25	18.33	25	17.45	25	16.58	25	16.19	25	15.40	25	15.39	25	15.36	
	1999	4	15.32	4	15.31	4	15.19	4	13.98	4	13.71	4	13.18	4	12.64	4	12.38	4	13.02	4	13.74	4	13.65	4	14.82	13.87
		14	15.35	14	15.29	14	15.03	14	13.93	14	13.54	14	12.93	14	12.51	14	12.29	14	13.91	14	13.61	14	13.57	14	14.70	
		24	15.31	24	15.28	24	14.74	24	13.82	24	13.27	24	12.77	24	12.43	24	12.20	24	13.83	24	13.58	24	13.60	24	14.73	
大4	1986	5	11.46	5	11.35	5	11.40	5	10.84	5	10.13	5	10.20	5	10.30	5	11.25	5	12.20	5	11.41	5	13.15	5	13.08	11.55
		15	11.31	15	11.26	15	11.31	15	10.83	15	10.56	15	10.17	15	10.60	15	11.65	15	12.25	15	13.22	15	13.00	15	13.74	
		25	11.22	25	11.53	25	10.87	25	10.78	25	10.38	25	10.26	25	11.14	25	11.44	25	12.44	25	13.08	25	12.45	25	13.40	
	1987	5	13.96	5	14.98	5	15.65	5	15.76	5	16.16	5	13.73	5	15.10	4	14.25	4	13.90	4	12.30	4	13.96	4	13.40	14.51
		15	14.57	15	15.23	15	15.48	15	15.73	15	16.20	15	14.13	15	14.59	14	13.24	14	12.00	14	13.87	14	13.93	14	13.30	
		25	14.97	25	15.42	25	16.28	25	15.98	25	15.59	25	15.60	25	14.55	24	13.62	24	14.10	24	13.87	24	12.45	24	13.35	
	1988	4	14.78	4	15.79	4	15.33	4	15.43	4	13.63	4	14.32	4	15.40	4	14.97	4	14.70	4	14.38	4	14.51	4	14.80	14.72
		14	14.80	14	15.17	14	14.32	14	15.27	14	14.27	14	14.78	14	15.21	14	14.69	14	14.73	14	14.65	14	14.31	14	15.07	
		24	15.05	24	15.45	24	13.10	24	15.08	24	14.31	24		24	15.03	24	14.60	24	14.75	24	14.30	24	14.39	24	13.74	
	1989	4	13.47	4	13.37	4	14.75	4	14.45	4	14.62	4	14.88	4	14.38	4	14.05	4	12.84	4	12.59	4	12.43	4	12.60	13.71
		14	13.78	14	14.52	14	14.40	14	14.63	14	14.60	14	14.56	14	14.08	14	13.81	14	12.65	14	12.60	14	12.26	14	12.85	
		24	13.42	24	14.64	24	14.48	24	14.75	24	14.40	24	14.65	24	13.98	24	13.86	24	12.63	24	12.47	24	12.17	24	13.10	
	1990	4	10.25	4	13.57	4	14.43	4	14.95	4	15.50	4	15.39	4	14.97	4	13.88	4	13.03	4	12.75	4	12.74	4	12.32	13.75
		14	11.52	14	13.89	14	14.70	14	15.35	14	15.60	14	15.50	14	14.34	14	13.83	14	12.81	14	13.10	14	12.02	14	13.07	
		24	11.54	24	14.27	24	14.88	24	15.38	24	15.57	24	15.30	24	14.15	24	13.33	24	12.75	24	12.92	24	12.15	24	13.20	
	1991	5	13.64	5	14.17	5	14.57	5	15.00	5	15.25	5	15.18	5	14.86	5	15.01	5	15.29	5	15.09	5	15.27	5	12.85	14.91
		15	13.93	15	14.36	15	14.82	15	15.03	15	15.40	15	15.01	15	14.88	15	15.13	15	15.26	15	14.98	15	15.28	15	15.50	
		25	13.98	25	14.53	25	15.10	25	15.05	25	15.65	25	14.79	25	14.97	25	14.91	25	14.92	25	15.28	25	15.10	25	14.67	

续表

点号	年份	1月 日	1月 水位	2月 日	2月 水位	3月 日	3月 水位	4月 日	4月 水位	5月 日	5月 水位	6月 日	6月 水位	7月 日	7月 水位	8月 日	8月 水位	9月 日	9月 水位	10月 日	10月 水位	11月 日	11月 水位	12月 日	12月 水位	年平均
大4	1992	4	12.23	4	13.95	4	16.42	4	16.79	4	17.30	4	17.43	4	17.43	4	17.00	4	15.79	4	15.11	4	13.98	4	14.04	15.87
		14	14.87	14	15.58	14	16.68	14	17.15	14	17.63	14	17.74	14	17.42	14	15.81	14	15.43	14	15.01	14	15.24	14	13.85	
		24	14.74	24	16.51	24	16.71	24	17.27	24	17.77	24	17.68	24	17.01	24	15.49	24	15.54	24	14.95	24	13.83	24	13.93	
	1993	4	14.16	4	14.52	4	13.35	4	12.60	4	11.43	4	11.56	4	11.80	4	10.97	4	10.95	4	11.64	4	11.90	4	11.98	12.23
		14	14.46	14	14.74	14	13.14	14	12.34	14	11.45	14	11.70	14	11.91	14	10.69	14	11.32	14	11.33	14	11.94	14	12.20	
		24	14.61	24	13.69	24	12.93	24	11.60	24	11.29	24	11.81	24	11.75	24	10.83	24	11.45	24	11.90	24	12.08	24	12.17	
	1994	4	12.59	4	13.46	4	15.19	4	16.36	4	干	4	13.99	4	12.86	4	12.73	4	12.42	4	13.65	4	13.94	4	15.89	14.16
		14	12.92	14	13.67	14	15.40	14	16.58	14	16.10	14	13.37	14	12.75	14	11.75	14	12.98	14	14.02	14	15.32	14	16.00	
		24	13.25	24	16.98	24	15.96	24	干	24	14.63	24	13.21	24	12.78	24	11.93	24	13.75	24	14.51	24	15.64	24	14.78	
	1995	4	15.63	4	15.04	4	15.17	4	15.46	4	14.55	4	14.81	4	13.88	4	13.22	4	14.00	4	16.14	4	干	4	干	14.73
		14	15.68	14	14.01	14	15.46	14	15.10	14	14.96	14	13.72	14	13.93	14	13.41	14	14.69	14	16.48	14	15.32	14	干	
		24	15.95	24	14.75	24	15.87	24	15.56	24	14.96	24	13.66	24	13.05	24	13.08	24	15.08	24	干	24	15.64	24	干	
大16	1986	5	5.76	5	5.86	5	5.84	5	5.86	5	4.87	5	5.82	5	5.40	5	5.49	5	5.41	5	5.35	5	5.59	5	5.61	5.53
		15	5.73	15	5.73	15	5.83	15	4.90	15	4.85	15	5.80	15	5.65	15	5.44	15	5.29	15	5.31	15	5.59	15	5.60	
		25	5.76	25	5.80	25	5.86	25	4.87	25	5.79	25	5.76	25	5.57	25	5.32	25	5.30	25	5.52	25	5.57	25	5.35	
	1987	4	5.60	4	5.58	4	5.54	4	5.53	4	5.49	4	5.45	4	5.25	4	5.12	4	5.12	4	5.24	4	5.41	4	5.61	5.40
		14	5.62	14	5.55	14	5.26	14	5.55	14	5.54	14	5.42	14	5.19	14	5.13	14	5.22	14	5.29	14	5.35	14	5.63	
		24	5.37	24	5.51	24	5.52	24	5.52	24	5.50	24	5.32	24	5.16	24	5.15	24	5.26	24	5.34	24	5.53	24	5.64	
	1988	6	5.67	6	5.69	6	5.79	6	5.71	6	5.62	6	5.47	6	5.37	6	5.45	6	4.85	6	5.00	6	4.96	6	5.10	5.37
		16	5.76	16	5.76	16	5.77	16	5.70	16	5.57	16	5.42	16	5.16	16	5.02	16	4.88	16	5.02	16	5.06	16	5.16	
		26	5.64	26	5.78	26	5.86	26	5.67	26	5.52	26	5.42	26	5.07	26	5.05	26	4.96	26	5.00	26	5.08	26	5.20	
	1989	6	5.27	6	5.41	6	5.45	6	5.55	6	5.62	6	5.22	6	5.22	6	5.19	6	4.89	6	4.79	6	5.00	6	5.20	5.24
		16	5.32	16	5.39	16	5.47	16	5.59	16	5.40	16	5.27	16	5.14	16	5.21	16	4.87	16	4.88	16	5.08	16	5.28	
		26	5.40	26	5.49	26	5.49	26	5.58	26	5.35	26	5.24	26	5.01	26	4.99	26	4.82	26	4.94	26	5.14	26	5.30	

续表

点号	年份	1月 日	1月 水位	2月 日	2月 水位	3月 日	3月 水位	4月 日	4月 水位	5月 日	5月 水位	6月 日	6月 水位	7月 日	7月 水位	8月 日	8月 水位	9月 日	9月 水位	10月 日	10月 水位	11月 日	11月 水位	12月 日	12月 水位	年平均
大16	1990	6	5.34	6	5.43	6	5.45	6	5.50	6	5.51	6	5.19	6	4.76	6	4.76	6	4.53	6	4.78	6	4.90	6	5.10	5.12
		16	5.39	16	5.46	16	5.47	16	5.50	16	5.46	16	5.18	16	4.69	16	4.77	16	4.67	16	4.74	16	4.99	16	5.17	
		26	5.38	26	5.43	26	5.43	26	5.50	26	5.28	26	5.17	26	4.73	26	4.80	26	4.66	26	4.85	26	5.04	26	5.25	
	1991	6	5.32	6	5.45	6	〈6.37〉	6	5.56	6	5.52	6	5.40	6	5.27	6	5.24	6	5.23	6	5.04	6	5.24	6	5.47	5.36
		16	5.33	16	5.48	16	5.49	16	5.48	16	5.64	16	5.41	16	5.17	16	5.20	16	5.18	16	5.18	16	5.24	16	5.49	
		26	5.42	26	5.48	26	5.50	26	5.51	26	5.49	26	5.32	26	5.23	26	5.20	26	5.01	26	5.35	26	5.34	26	5.56	
	1992	6	5.59	6	5.59	6	5.62	6	5.65	6	5.66	6	5.54	6	5.30	6	4.75	6	4.84	6	4.78	6	4.82	6	5.00	5.24
		16	5.64	16	5.60	16	5.65	16	5.66	16	5.67	16	5.58	16	5.15	16	4.82	16	4.21	16	4.78	16	4.92	16	5.06	
		26	5.62	26	5.22	26	5.28	26	5.68	26	5.65	26	5.32	26	4.90	26	4.75	26	4.82	26	4.77	26	4.99	26	5.12	
	1993	6	5.14	6	5.26	6	5.29	6	5.29	6	5.25	6	5.06	6	4.96	6	4.72	6	4.68	6	4.82	6	5.03	6	5.15	5.05
		16	4.95	16	5.23	16	5.29	16	〈6.55〉	16	5.18	16	5.00	16	4.91	16	4.73	16	4.78	16	4.91	16	5.10	16	5.23	
		26	5.21	26	5.23	26	5.27	26	5.23	26	5.11	26	4.94	26	4.70	26	4.77	26	4.84	26	4.97	26	5.08	26	5.22	
	1994	6	5.26	6	5.25	6	5.23	6	5.25	6	5.15	6	4.97	6	4.87	6	4.45	6	4.28	6	4.92	6	4.93	6	5.07	4.91
		16	5.23	16	5.28	16	5.21	16	5.16	16	5.00	16	4.85	16	4.77	16	3.85	16	4.62	16	4.99	16	5.00	16	5.22	
		26	5.22	26	5.50	26	5.47	26	5.09	26	4.99	26	5.32	26	4.77	26	3.35	26	4.75	26	5.00	26	5.05	26	5.28	
	1995	6	5.26	6	5.55	6	5.49	6	4.60	6	5.09	6	5.36	6	5.05	6	5.26	6	5.45	6	5.46	6	5.49	6	5.49	5.32
		16	5.30	16	5.45	16	5.48	16	4.82	16	5.12	16	5.38	16	5.03	16	5.34	16	5.48	16	5.48	16	5.36	16	5.48	
		26	5.35	26	5.43	26	5.51	26	〈7.25〉	26	5.26	26	6.14	26	5.26	26	5.41	26	5.47	26	6.03	26	5.49	26	5.34	
	1996	6	5.34	6	5.47	6	5.51	6	〈7.26〉	6	6.56	6	5.88	6	5.30	6	5.43	6	6.51	6	5.90	6	5.80	6	5.94	5.85
		16	5.19	16	5.49	16	5.42	16	6.98	16	6.52	16	6.73	16	〈15.60〉	16	5.48	16	6.15	16	5.95	16	5.60	16	5.95	
		26	5.35	26	5.96	26	5.82	26	6.06	26	6.10	26	〈7.97〉	26	5.72	26	6.15	26	6.08	26		26	5.47	26	6.00	
	1997	5	5.98	5		5		5		5		5		5		5		5	5.52	5	5.70	5	5.68	5	5.78	5.83
	1998	15	5.91	15	5.75	15	5.68	15	4.94	15	5.30	15	5.58	15	〈12.15〉	15	〈9.03〉	15	4.52	15	4.93	15	5.18	15	〈12.42〉	5.21
	1999	15	5.83	15	5.70	15	5.72	15	5.90	15	5.68	15	5.71	15	4.87	15	4.80	15	5.17	15	5.08	15	5.28	15	〈12.54〉	5.44
		15	〈12.40〉														〈6.32〉									
	2000	16	5.44	16	5.61	16	5.65	16	〈12.35〉	16	5.76	16		16	5.15	16	5.20	16	4.66	16	3.64	16	4.18	16	4.64	5.06

续表

点号	年份	1月 日	1月 水位	2月 日	2月 水位	3月 日	3月 水位	4月 日	4月 水位	5月 日	5月 水位	6月 日	6月 水位	7月 日	7月 水位	8月 日	8月 水位	9月 日	9月 水位	10月 日	10月 水位	11月 日	11月 水位	12月 日	12月 水位	年平均
民8	1986	5	17.86	5	17.98	5	18.26	5	18.21	5	18.25	5	18.30	5	18.34	5	18.74	5	干	5	干	5	干	5	干	18.21
		15	17.80	15	17.43	15	18.15	15	18.33	15	18.01	15	18.36	15	18.41	15	18.69	15	干	15	干	15	干	15	干	
		25	17.80	25	18.11	25	18.25	25	18.28	25	18.34	25	18.12	25	18.25	25	18.77	25	干	25	干	25	干	25	干	
民9	1986	5	3.93	5	4.10	5	4.34	5	4.39	5	4.46	5	4.17	5	3.72	5	3.66	5	5.12	5	5.12	5	5.23	5	5.25	4.51
		15	4.00	15	4.07	15	4.37	15	4.52	15	4.14	15	4.01	15	3.79	15	3.90	15	5.05	15	5.07	15	5.18	15	5.29	
		25	4.10	25	4.28	25	4.37	25	4.40	25	4.43	25	3.86	25	3.84	25	4.97	25	5.09	25	5.40	25	5.29	25	5.34	
	1987	4	5.48	4	5.87	4	6.05	4	6.00	4	干	4	干	4	5.72	4	5.67	4	6.05	4	6.06	4	5.59	4	6.10	5.89
		14	5.49	14	5.89	14	6.00	14	干	14	干	14	6.02	14	5.73	14	5.57	14	5.98	14	6.04	14	6.01	14	6.12	
		24	5.41	24	6.01	24	6.05	24	干	24	干	24	5.91	24	5.60	24	6.13	24	5.93	24	6.02	24	6.04	24	6.14	
民10	1986	5	2.68	5	2.79	5	〈5.59〉	5	3.20	5	2.92	5	3.08	5	2.48	5	3.12	5	3.57	5	3.55	5	3.64	5	3.91	3.19
		15	2.74	15	2.77	15	3.08	15	3.01	15	2.87	15	2.22	15	2.76	15	3.43	15	3.59	15	3.58	15	3.68	15	3.92	
		25	2.78	25	〈5.75〉	25	3.06	25	3.34	25	2.99	25	2.38	25	2.99	25	3.43	25	3.51	25	3.66	25	3.83	25	3.89	
	1987	4	3.74	4	4.36	4	4.47	4	4.38	4	4.40	4	4.41	4	3.56	4	3.76	4	3.69	4	4.27	4	4.48	4	4.46	4.24
		14	4.24	14	4.44	14	4.39	14	4.38	14	4.41	14	4.04	14	3.71	14	3.95	14	4.24	14	4.40	14	4.50	14	4.64	
		24	〈4.77〉	24	〈6.85〉	24	4.40	24	4.41	24	4.46	24	3.74	24	3.76	24	〈6.64〉	24	4.14	24	4.45	24	4.43	24	4.68	
	1988	5	4.66	5	5.88	5	5.19	5	4.89	5	5.38	5	5.11	5	5.43	5	5.35	5	4.67	5	4.74	5	4.75	5	4.63	4.95
		10	4.55	10	4.68	10	4.76	10	4.93	10	5.36	10	〈6.73〉	10	5.41	10	5.33	10	4.65	10	4.72	10	4.78	10	4.65	
		15	4.65	15	5.19	15	5.17	15	5.18	15	5.39	15	〈6.76〉	15	5.39	15	5.12	15	4.69	15	4.74	15	4.77	15	4.63	
		20	4.53	20	4.73	20	4.78	20	5.21	20	5.37	20	〈6.78〉	20	5.40	20	5.08	20	4.71	20	4.72	20	4.79	20	4.67	
		25	4.55	25	4.41	25	4.84	25	5.32	25	5.40	25	〈6.81〉	25	5.63	25	4.89	25	4.73	25	4.75	25	4.77	25	4.76	
		30	4.63	30	4.74	30	4.87	30	5.33	30	5.38	30	〈6.83〉	30	5.37	30	4.73	30	4.72	30	4.73	30	4.78	30		
	1989	5	4.41	5	4.45	5	4.50	5	4.56	5	4.54	5	4.63	5	4.81	5	4.98	5	5.23	5	5.34	5	5.43	5	5.53	4.91
		10	4.43	10	4.48	10	4.52	10	4.54	10	4.58	10	4.61	10	4.86	10	5.13	10	5.25	10	5.32	10	5.41	10	5.58	
		15	4.42	15	4.46	15	4.50	15	4.52	15	4.56	15	4.63	15	4.83	15	5.15	15	5.27	15	5.36	15	5.44	15	5.63	
		20	4.45	20	4.48	20	4.53	20	4.54	20	4.58	20	4.71	20	4.86	20	5.13	20	5.30	20	5.34	20	5.46	20	5.59	
		25	4.48	25	4.46	25	4.56	25	4.56	25	4.60	25	4.69	25	4.91	25	5.18	25	5.28	25	5.38	25	5.48	25	5.57	
		30	4.43	30	4.48	30	4.58	30	4.52	30	4.58	30	4.83	30	4.83	30	5.21	30	5.32	30	5.41	30	5.51	30	5.62	

续表

点号	年份	1月 日	1月 水位	2月 日	2月 水位	3月 日	3月 水位	4月 日	4月 水位	5月 日	5月 水位	6月 日	6月 水位	7月 日	7月 水位	8月 日	8月 水位	9月 日	9月 水位	10月 日	10月 水位	11月 日	11月 水位	12月 日	12月 水位	年平均
民10	1990	4	4.90	4	4.98	4	5.04	4	4.96	4	4.75	4	4.71	4	4.89	4	4.50	4	4.42	4	4.06	4	3.99	4	4.28	4.60
		14	4.96	14	5.01	14	4.92	14	4.90	14	4.75	14	4.86	14	4.46	14	4.64	14	4.23	14	4.00	14	4.03	14	4.41	
		24	4.95	24	4.95	24	4.90	24	4.85	24	4.67	24	4.91	24	4.37	24	4.45	24	4.16	24	3.96	24	4.12	24	4.59	
	1991	4	4.76	4	5.16	4	5.59	4	5.60	4	5.26	4	5.05	4	5.10	4	5.75	4	6.42	4	6.32	4	6.28	4	6.64	5.75
		14	5.82	14	5.22	14	5.58	14	5.56	14	5.30	14	5.01	14	5.32	14	6.01	14	6.68	14	6.21	14	6.34	14	6.78	
		24	5.01	24	5.34	24	5.63	24	5.36	24	5.30	24	5.00	24	5.45	24	6.15	24	6.48	24	6.20	24	6.50	24	6.98	
	1992	5	6.77	5	干	5	干	5	干	5	干	5	干	5	干	5	6.65	5	6.05	5	5.96	5	5.50	5	6.08	6.10
		10	6.98	10	干	10	干	10	干	10	干	10	干	10	干	10	6.40	10	6.20	10	5.71	10	5.54	10	6.15	
		15	干	15	干	15	干	15	干	15	干	15	干	15	干	15	6.07	15	6.23	15	5.57	15	5.60	15	6.28	
		20	干	20	干	20	干	20	干	20	干	20	干	20	干											
		25	干	25	干	25	干	25	干	25	干	25	干	25	干											
		30	干	30	干	30	干	30	干	30	干	30	干	30	干											
	1993	4	6.56	4	6.91	4	6.26	4	6.16	4	6.52	4	6.13	4	6.02	4	5.21	4	4.92	4	4.94	4	4.88	4	5.06	5.80
		14	6.81	14	6.78	14	6.30	14	6.21	14	6.42	14	6.04	14	6.04	14	5.11	14	4.90	14	4.97	14	4.90	14	5.13	
		24	7.02	24	6.65	24	6.28	24	6.37	24	6.25	24	6.05	24	5.66	24	5.04	24	4.96	24	4.87	24	4.95	24	5.54	
	1994	4	5.62	4	6.42	4	6.73	4	6.61	4	6.13	4	6.19	4	5.98	4	6.17	4	7.10	4		4		4		6.34
		10	5.91	10	6.49	10	6.71	10	6.52	10	6.02	10	6.25	10	5.83	10	6.30	10	7.10	10		10		10		
		14	6.10	14	6.61	14	6.68	14	6.64	14	6.10	14	6.23	14	5.81	14	6.55	14	干	14		14		14		
		20	6.13	20	6.69	20	6.61	20	6.44	20	6.04	20	6.21	20	5.82	20	6.59	20	干	20		20		20		
		24	6.22	24	6.69	24	6.59	24	6.35	24	6.06	24	6.28	24	5.87	24	6.87	24	干	24		24		24		
		30	6.35	30	6.74	30	6.46	30	6.17	30	6.11	30	6.14	30	5.99	30	7.01	30	干	30		30		30		
民12	1986	5	13.80	5	13.84	5	13.88	5	13.93	5	13.90	5	13.92	5	13.93	5	13.92	5	13.95	5	13.83	5	13.88	5	14.00	13.90
		15	13.81	15	13.86	15	13.92	15	13.90	15	13.90	15	13.90	15	13.94	15	13.92	15	14.00	15	13.82	15	13.89	15	13.90	
		25	13.92	25	13.88	25	13.90	25	13.95	25	13.90	25	13.91	25	13.88	25	14.00	25	13.84	25	13.82	25	13.92	25	13.93	

续表

点号	年份	1月 日	1月 水位	2月 日	2月 水位	3月 日	3月 水位	4月 日	4月 水位	5月 日	5月 水位	6月 日	6月 水位	7月 日	7月 水位	8月 日	8月 水位	9月 日	9月 水位	10月 日	10月 水位	11月 日	11月 水位	12月 日	12月 水位	年平均
民12	1987	4	13.93	4	14.00	4	13.97	4	13.96	4	13.98	4	13.97	4	13.87	4	13.87	4	13.90	4	13.90	4	13.87	4	13.91	13.93
		14	13.94	14	14.02	14	14.04	14	13.96	14	13.96	14	13.98	14	13.93	14	13.90	14	13.82	14	13.85	14	13.87	14	13.90	
		24	13.95	24	13.94	24	14.00	24	13.94	24	13.95	24	13.86	24	13.85	24	13.96	24	13.85	24	13.88	24	13.90	24	13.96	
	1988	5	14.02	5	14.10	5	13.99	5	14.00	5	14.00	5	14.00	5	13.98	5	14.07	5	13.66	5	13.63	5	13.51	5	12.83	13.73
		15	14.06	15	13.92	15	13.95	15	14.01	15	14.05	15	14.00	15	13.76	15	13.75	15	13.66	15	13.69	15	12.76	15	12.79	
		25	13.96	25	13.98	25	13.97	25	14.00	25	13.99	25	13.99	25	13.65	25	13.71	25	13.67	25	13.60	25	12.80	25	12.78	
	1989	5	12.80	5	12.88	5	12.83	5	12.98	5	13.05	5	12.98	5	14.08	5	14.11	5	13.96	5	13.90	5	14.00	5	14.06	13.51
		15	12.83	15	12.89	15	12.97	15	13.00	15	13.06	15	13.00	15	14.08	15	14.11	15	13.88	15	13.91	15	14.00	15	14.07	
		25	12.85	25	12.87	25	12.93	25	13.22	25	13.06	25	14.07	25	14.09	25	14.00	25	13.92	25	13.95	25	14.01	25	14.08	
	1990	5	14.06	5	14.04	5	14.05	5	14.23	5	14.19	5	14.19	5	13.95	5	13.77	5	13.75	5	13.72	5	13.71	5	13.88	13.96
		15	14.13	15	14.09	15	14.07	15	14.24	15	14.18	15	14.18	15	13.88	15	13.76	15	13.72	15	13.74	15	13.86	15	13.88	
		25	14.03	25	14.06	25	14.05	25	14.20	25	14.14	25	14.14	25	13.86	25	13.74	25	13.69	25	13.78	25	13.79	25	13.93	
	1991	5	13.91	5	13.96	5	14.00	5	14.00	5	14.03	5	13.95	5	13.90	5	13.92	5	13.88	5	13.74	5	13.96	5	13.99	13.91
		15	13.94	15	13.99	15	14.00	15	14.05	15	14.05	15	13.91	15	13.83	15	13.79	15	13.70	15	13.69	15	13.78	15	13.91	
		25	13.95	25	13.98	25	14.00	25	14.01	25	14.07	25	13.89	25	13.84	25	13.83	25	13.61	25	13.84	25	13.82	25	14.00	
	1992	5	14.07	5	14.18	5	14.14	5	14.16	5	14.15	5	14.13	5	13.91	5	13.77	5	13.81	5	13.78	5	13.86	5	13.95	13.99
		15	14.10	15	14.14	15	14.17	15	14.15	15	14.15	15	14.05	15	13.90	15	13.84	15	13.80	15	13.85	15	13.90	15	13.98	
		25	14.07	25	14.06	25	14.16	25	14.17	25	14.14	25	13.90	25	13.88	25	13.78	25	13.81	25	13.85	25	13.93	25	13.94	
	1993	5	13.97	5	14.01	5	14.01	5	14.03	5	14.07	5	14.00	5	13.94	5	13.91	5	13.84	5	13.90	5	13.63	5	13.63	13.90
		15	13.94	15	14.03	15	14.08	15	14.07	15	14.01	15	14.00	15	14.01	15	13.87	15	13.89	15	干	15	13.62	15	13.68	
		25	14.04	25	14.00	25	14.07	25	14.08	25	14.01	25	13.97	25	13.74	25	13.85	25	13.88	25	13.57	25	13.63	25	13.68	
	1994	5	13.62	5	13.76	5	13.81	5	13.76	5	13.71	5	13.77	5	13.74	5	13.97	5	13.88	5	13.79	5	13.73	5	13.82	13.76
		15	13.74	15	13.67	15	13.73	15	13.73	15	13.73	15	13.75	15	13.75	15	13.77	15	13.82	15	13.78	15	13.71	15	13.70	
		25	13.68	25	13.68	25	13.72	25	13.76	25	13.78	25	13.74	25	13.80	25	13.75	25	13.83	25	13.77	25	13.72	25	13.76	

第三章 宝鸡市

续表

点号	年份	1月 日	1月 水位	2月 日	2月 水位	3月 日	3月 水位	4月 日	4月 水位	5月 日	5月 水位	6月 日	6月 水位	7月 日	7月 水位	8月 日	8月 水位	9月 日	9月 水位	10月 日	10月 水位	11月 日	11月 水位	12月 日	12月 水位	年平均
民12	1995	5	13.58	5	13.73	5	13.81	5	13.91	5	14.29	5	15.14	5	13.81	5	14.02	5	15.27	5	13.81	5	13.77	5	13.74	14.14
		15	13.71	15	13.77	15	15.38	15	14.06	15	15.42	15	13.73	15	13.79	15	14.08	15	14.34	15	13.77	15	13.55	15	13.81	
		25	13.64	25	13.79	25	15.13	25	14.10	25	16.10	25	13.76	25	13.87	25	14.90	25	14.30	25	13.79	25	13.74	25	13.71	
	1996	5	13.70	5	13.65	5	13.32	5	13.71	5	13.63	5	13.76	5	13.85	5	14.42	5	14.23	5	13.67	5	13.62	5	13.65	13.82
		15	13.82	15	13.84	15	13.68	15	13.65	15	13.60	15	13.74	15	13.98	15	14.88	15	14.20	15	13.70	15	13.59	15	13.62	
		25	13.62	25	13.64	25	13.74	25	13.69	25	13.78	25	13.82	25	13.86	25	15.00	25	13.80	25	13.78	25	13.61	25	13.59	
	1997	6	13.62	6	13.65	6	13.60	6	13.68	6	13.64	6	13.68	6	13.67	6	13.81	6	13.86	6	13.73	6	13.78	6	13.85	13.73
		16	13.74	16	13.60	16	13.66	16	13.65	16	13.68	16	13.70	16	13.71	16	13.86	16	13.62	16	13.75	16	13.80	16	13.84	
		26	13.60	26	13.71	26	13.63	26	13.65	26	13.71	26	13.88	26	13.78	26	13.83	26	13.70	26	13.82	26	13.83	26	13.87	
	1998	6	13.86	6	14.05	6	16.03	6	16.24	6	16.20	6	15.92	6	16.02	6	13.96	6	13.73	6	14.38	6	14.27	6	13.80	14.95
		16	13.88	16	14.52	16	16.39	16	16.20	16	16.27	16	16.08	16	14.95	16	13.94	16	15.80	16	13.59	16	14.36	16	13.92	
		26	15.44	26	15.95	26	16.35	26	16.25	26	16.20	26	16.24	26	13.81	26	13.76	26	14.05	26	13.71	26	14.00	26	14.63	
	1999	6	14.62	6	⟨17.60⟩	6	14.08	6	13.84	6	13.91	6	13.13	6	13.85	6	14.02	6	14.10	6	14.00	6	13.95	6	13.93	14.03
		16	15.01	16	14.08	16	14.12	16	13.82	16	14.00	16	13.70	16	14.05	16	14.08	16	14.08	16	13.98	16	13.91	16	14.18	
		26	14.14	26	14.03	26	14.75	26	13.70	26	13.88	26	14.01	26	14.00	26	14.06	26	14.19	26	13.91	26	13.76	26	13.81	
	2000	5	13.87	5	13.80	5	13.90	5	13.92	5	14.27	5	14.25	5	14.04	5	14.02	5	14.17	5	13.80	5	13.73	5	13.83	13.97
		15	13.82	15	13.84	15	13.91	15	13.83	15	14.32	15	14.28	15	13.96	15	14.01	15	13.96	15	13.75	15	13.76	15	13.81	
		25	13.87	25	13.95	25	14.02	25	14.23	25	14.23	25	14.10	25	14.05	25	5.68	25	13.96	25	⟨9.50⟩	25	7.78	25	7.55	
民14	1986	5	5.54	5	5.73	5	⟨9.00⟩	5	⟨8.90⟩	5	6.18	5	⟨9.68⟩	5	6.48	5	6.04	5	7.14	5	⟨10.35⟩	5	7.28	5	7.76	6.50
		15	5.62	15	5.62	15	6.14	15	6.34	15	⟨9.60⟩	15	⟨8.00⟩	15	⟨9.85⟩	15	6.09	15	6.92	15	6.60	15	7.37	15	8.17	
		25	⟨7.77⟩	25	6.06	25	5.80	25	6.10	25	6.30	25	6.72	25	5.87	25	8.82	25	6.70	25	8.72	25	9.58	25	9.84	
	1987	4	8.37	4	9.14	5	9.10	5	9.66	5	10.03	5	10.77	5	10.46	5	⟨9.40⟩	5	9.15	5	8.80	5	9.24	5	8.77	9.37
		14	7.90	14	9.37	15	9.28	15	9.65	15	10.82	15	10.68	15	⟨10.20⟩	15	9.22	15	8.60	15	8.73	15	8.75	15	8.58	
		24	8.27	24	8.65	25	9.20	25	10.30	25	10.75	25	10.65	25	10.05			25	8.78							

续表

点号	年份	1月 日	1月 水位	2月 日	2月 水位	3月 日	3月 水位	4月 日	4月 水位	5月 日	5月 水位	6月 日	6月 水位	7月 日	7月 水位	8月 日	8月 水位	9月 日	9月 水位	10月 日	10月 水位	11月 日	11月 水位	12月 日	12月 水位	年平均
民14	1988	6	8.30	6	9.03	6	9.67	6	9.41	6	9.63	6	9.15	6	8.26	6	6.84	6		6		6		6		8.88
		16	8.47	16	9.12	16	9.64	16	9.69	16	9.20	16	9.20	16	7.10	16		16		16		16		16		
		26	8.76	26	9.29	26	9.45	26	9.80	26	9.09	26	9.37	26	6.87	26		26		26		26		26		
	1986	5	5.02	5	5.50	5	5.52	5	5.22	5	4.22	5	5.14	5	5.09	5	4.63	5	5.42	5	6.72	5	4.82	5	4.59	5.12
		15	5.30	15	5.50	15	5.75	15	4.90	15	4.04	15	5.10	15	4.90	15	5.18	15	5.34	15	4.95	15	4.84	15	4.79	
		25	5.51	25	5.42	25	5.55	25	5.00	25	5.01	25	4.82	25	5.12	25	5.07	25	5.34	25	5.00	25	4.74	25	5.41	
	1987	5		5	6.28	5	5.78	5	5.01	5	4.30	5	5.06	5	4.83	5	4.20	5	4.70	4	4.73	4	4.98	4	5.38	5.11
		15	5.85	15	6.11	15	5.35	15	4.70	15	4.36	15	4.98	15	4.59	15	4.54	15	4.91	14	5.35	14	5.44	14	5.58	
		25	6.01	25	5.42	25	5.04	25	4.30	25	4.87	25	4.88	25	4.68	25	6.32	25	4.39	24	5.02	24	4.93	24	5.87	
民19	1988	5	5.91	5	6.06	5	5.98	5	4.75	5	4.68	5	4.74	5	5.30	5	5.02	5	5.12	5	5.70	5	5.54	5	5.15	5.33
		15	5.99	15	6.11	15	5.22	15	4.78	15	4.76	15		15	4.97	15	5.05	15	5.38	15	5.79	15	5.50	15	5.53	
		25	6.04	25	5.90	25	5.30	25	4.74	25	4.70	25	4.40	25	4.88	25	5.15	25	5.57	25	5.54	25	5.30	25	5.73	
	1989	5	5.80	5	5.85	5	5.90	5	4.79	5	4.80	5	4.35	5	6.07	5	5.20	5	5.06	5	5.01	5	4.65	5	5.42	5.25
		15	5.80	15	5.85	15	5.95	15	4.98	15	4.61	15	5.00	15	5.05	15	6.81	15	5.20	15	5.04	15	4.56	15	5.45	
		24	5.74	25	5.86	25	5.38	25	5.00	25	4.90	25	4.48	25	5.30	25	4.70	25	4.94	25	5.05	25	5.00	25	5.55	
	1990	4	5.59	5	5.62	5	5.65	5	5.49	5	5.10	5	4.74	5	4.51	5	4.95	5	5.28	5	5.35	5	5.42	5	4.78	5.22
		14	5.62	15	5.68	15	5.60	15	5.11	15	5.00	15	5.15	15	4.72	15	5.05	15	5.31	15	5.35	15	5.48	15	5.20	
		24	5.65	25	5.65	25	5.16	25	5.02	25	4.85	25	5.29	25	4.60	25	5.20	25	5.15	25	5.30	25	5.48	25	5.56	
	1991	4	5.67	5	5.90	5	5.95	5	5.25	5	5.20	5	5.26	5	5.18	5	5.48	5	5.34	5	5.36	5	5.66	5	5.74	5.49
		14	5.80	15	5.94	15	5.78	15	5.52	15	4.80	15	5.18	15	5.22	15	5.28	15	5.38	15	5.47	15	5.64	15	5.88	
		24	5.83	25	5.85	25	5.58	25	5.49	25	5.16	25	5.68	25	5.22	25	5.16	25	5.08	25	5.67	25	⟨8.09⟩	25	5.99	
	1992	4	6.04	5	6.21	5	6.40	5	5.98	5	5.42	5	5.40	日	5.13	5	5.21	5	5.00	5	5.04	5	5.24	5	5.49	5.55
		14	6.08	15	6.27	15	6.43	15	5.66	15	5.48	15	5.40	5	5.00	15	5.03	15	5.17	15	5.13	15	5.28	15	5.56	
		24	6.22	25	6.38	25	6.28	25	5.80	25	5.48	25	5.17	15	5.00	25	5.12	25	5.10	25	5.20	25	5.36	25	5.53	

续表

点号	年份	1月 日	1月 水位	2月 日	2月 水位	3月 日	3月 水位	4月 日	4月 水位	5月 日	5月 水位	6月 日	6月 水位	7月 日	7月 水位	8月 日	8月 水位	9月 日	9月 水位	10月 日	10月 水位	11月 日	11月 水位	12月 日	12月 水位	年平均
民19	1993	4	5.57	5	5.73	5	5.97	5	5.76	5	5.53	5	4.60	5	5.22	5	5.04	5	5.08	5	5.25	5	5.34	5	5.30	5.37
		14	5.65	15	5.85	15	5.90	15	5.81	15	5.23	15	4.89	15	5.16	15	4.84	15	5.25	15	5.20	15	5.46	15	5.16	
		24	5.65	25	5.91	25	5.81	25	5.58	25	5.23	25	5.07	25	4.54	25	4.98	25	5.40	25	5.44	25	5.45	25	5.57	
	1994	4	5.71	5	6.00	5	6.17	5	4.68	5	5.16	5	5.84	5	5.47	5	5.65	5	6.03	5	6.01	5	5.15	5	5.92	5.65
		14	5.70	15	6.07	15	5.83	15	4.62	15	5.31	15	5.51	15	5.21	15	5.98	15	5.98	15	6.12	15	5.38	15	6.03	
		24	5.92	25	6.12	25	5.49	25	5.17	25	5.45	25	5.37	25	5.30	25	5.98	25	5.12	25	5.48	25	5.68	25	6.24	
	1995	4	6.28	5	6.58	5	6.63	5	6.17	5	5.85	5	5.73	5	5.94	5	5.87	5	5.57	5	5.70	5	5.71	5	5.92	5.98
		14	6.33	15	6.65	15	6.64	15	6.26	15	5.80	15	5.80	15	6.04	15	5.81	15	5.61	15	5.67	15	5.82	15	6.09	
		24	6.37	25	6.57	25	6.47	25	5.70	25	5.83	25	5.88	25	5.90	25	5.29	25	5.15	25	5.65	25	5.93	25	6.27	
	1996	4	6.41	5	6.69	5	6.85	5	6.80	5	6.22	5	4.56	5	5.70	5	5.50	5	5.10	5	5.53	5	5.14	5	5.38	5.84
		14	6.48	15	6.66	15	6.95	15	6.60	15	5.52	15	5.07	15	5.53	15	5.50	15	5.23	15	5.61	15	5.14	15	5.60	
		24	6.55	25	6.74	25	6.95	25	6.24	25	5.70	25	5.43	25	5.70	25	5.59	25		25	5.55	25	5.23	25	5.72	
	1997	4	5.90	5	6.18	5	6.37	5	6.00	5	5.78	5	6.02	5	6.33	5	6.57	5	6.51	5	5.72	5	5.78	5	5.88	6.07
		14	6.04	15	6.23	15	6.27	15	5.70	15	5.61	15	6.28	15	6.36	15	6.47	15	5.83	15	5.71	15	5.75	15	6.00	
		24	6.12	25	6.36	25	6.13	25	5.74	25	5.88	25	6.70	25	6.41	25	6.38	25	5.72	25	5.80	25	5.80	25	6.03	
	1998	4	6.28	5	6.63	5	6.76	5	5.94	5	5.83	5	5.49	5	4.80	5	5.30	5	5.20	5	5.46	5	5.69	5	5.82	6.04
		14	6.30	15	6.60	15	6.80	15	6.35	15	5.90	15	5.52	15	4.96	15	5.53	15	5.80	15	5.58	15	5.92	15	6.00	
		24	6.44	25	6.66	25	6.76	25	5.88	25	5.59	25	5.41	25	5.46	25	⟨10.51⟩	25	5.70	25	4.66	25	5.55	25	5.61	
	1999	14	6.12	5	6.56	5	6.62	5		5		5	4.05	5	3.68	5	3.96	5	4.20	5	3.82				3.90	5.91
	2000	5	⟨4.88⟩	5	5.54	5	5.79	5		5	3.95		4.02												3.80	5.47
民22	1986	5	3.90	15	4.03	15	4.00	15	4.04	15	4.00	15	4.02	15	3.63	15	4.13	15	3.94	15	3.85	15	3.84	15	3.80	3.96
		15	3.90	15	3.98	15	4.00	15	4.08	15	4.00	15	4.03	15	3.90	15	4.13	15	3.82	15	3.88	15	3.85	15	4.13	
		25	4.00		4.00				4.07																		

续表

点号	年份	1月		2月		3月		4月		5月		6月		7月		8月		9月		10月		11月		12月		年平均
		日	水位	日	水位	日	水位	日	水位	日	水位	日	水位	日	水位	日	水位	日	水位	日	水位	日	水位	日	水位	
民22	1987	4	4.08	4	3.96	4	4.01	4	4.10	4	4.20	4	3.97	4	3.72	4	3.54	4	3.42	4	3.90	4	3.46	4	3.62	3.84
		14	4.04	14	3.97	14	4.11	14	4.13	14	4.10	14	3.85	14	3.73	14	3.68	14	3.32	14	3.85	14	3.55	14	3.65	
		24	4.00	24	4.00	24	4.10	24	4.14	24	4.04	24	3.87	24	3.54	24	4.02	24	3.45	24	3.47	24	3.59	24	3.93	
	1988	5	4.05	5	3.95	5	3.72	5	3.72	5	3.75	5	3.48	5	3.48	5	3.00	5	2.40	5	2.62	5	2.44	5	2.64	3.26
		15	3.97	15	3.90	15	3.70	15	3.72	15	3.52	15	3.50	15	2.98	15	2.88	15	2.41	15	2.55	15	2.52	15	2.75	
		25	3.90	25	3.75	25	3.71	25	3.85	25	3.40	25	5.27	25	2.92	25	2.70	25	2.60	25	2.25	25	2.53	25	2.76	
	1989	5	2.91	5	2.83	5	2.85	5	⟨3.88⟩	5	2.88	5	2.95	5	3.07	5	3.08	5	2.20	5	2.22	5	2.50	5	2.57	2.77
		15	2.90	15	2.80	15	3.05	15	3.04	15	2.82	15	2.80	15	3.05	15	2.98	15	2.22	15	2.42	15	2.53	15	2.61	
		25	2.82	25	2.79	25	3.00	25	2.97	25	2.82	25	2.98	25	3.00	25	2.30	25	2.25	25	2.45	25	2.58	25	3.75	
	1990	5	2.88	5	3.04	5	3.04	5	2.92	5	3.07	5	2.87	5	1.60	5	2.01	5	1.77	5	1.93	5	2.12	5	3.02	2.68
		15	3.09	15	3.14	15	2.98	15	3.08	15	3.23	15	2.93	15	2.05	15	2.13	15	1.88	15	1.85	15	3.52	15	3.18	
		25	3.10	25	3.04	25	2.95	25	3.20	25	2.84	25	2.78	25	2.25	25	2.15	25	1.72	25	1.88	25	3.60	25	3.57	
	1991	5	3.39	5	3.70	5	3.60	5	3.62	5	4.35	5	4.53	5	4.41	5	4.17	5	3.94	5	3.11	5	1.73	5	2.48	3.61
		15	3.61	15	3.57	15	3.80	15	4.05	15	4.60	15	4.42	15	4.19	15	4.19	15	3.65	15	3.33	15	2.17	15	2.20	
		25	3.70	25	3.10	25	3.87	25	4.12	25	4.66	25	4.20	25	4.32	25	4.15	25	2.35	25	3.41	25	2.60	25	2.57	
	1992	5	2.40	5	1.92	5	1.92	5	2.50	5	2.60	5	2.25	5	1.63	5	1.80	5	1.91	5	1.77	5	⟨2.12⟩	5	2.37	2.04
		15	2.25	15	1.90	15	2.12	15	2.60	15	⟨2.68⟩	15	1.70	15	1.20	15	1.98	15	2.11	15	1.69	15	2.21	15	2.31	
		25	2.10	25	1.90	25	2.04	25	2.72	25	⟨2.65⟩	25	1.42	25	1.51	25	2.27	25	⟨2.32⟩	25	1.67	25	2.35	25	2.12	
	1993	5	2.37	5	1.98	5	⟨2.28⟩	5	⟨2.54⟩	5	2.56	5	2.72	5	2.33	5	⟨2.50⟩	5	⟨2.50⟩	5	⟨2.73⟩	5	2.53	5	2.55	2.32
		15	2.20	15	1.88	15	2.14	15	⟨2.66⟩	15	2.52	15	⟨2.84⟩	15	2.38	15	2.26	15	⟨2.55⟩	15	⟨2.60⟩	15	⟨2.77⟩	15	2.56	
		25	2.01	25	1.87	25	2.32	25	⟨3.33⟩	25	2.43	25	2.32	25	1.90	25	2.20	25	2.52	25	⟨2.62⟩	25	2.52	25	2.59	
	1994	5	2.55	5	⟨2.80⟩	5	⟨2.80⟩	5	⟨2.70⟩	5	2.52	5	2.71	5	2.51	5	2.47	5	⟨2.81⟩	5	2.60	5	⟨2.90⟩	5	2.48	2.59
		15	2.60	15	2.62	15	⟨2.78⟩	15	2.57	15	2.77	15	2.64	15	2.53	15	2.52	15	2.54	15	2.45	15	2.45	15	2.78	
		25	2.58	25	2.63	25	2.62	25	⟨2.60⟩	25	2.75	25	2.55	25	2.75	25	2.61	25	⟨2.75⟩	25	2.52	25	⟨2.88⟩	25	2.63	

续表

点号	年份	1月 日	1月 水位	2月 日	2月 水位	3月 日	3月 水位	4月 日	4月 水位	5月 日	5月 水位	6月 日	6月 水位	7月 日	7月 水位	8月 日	8月 水位	9月 日	9月 水位	10月 日	10月 水位	11月 日	11月 水位	12月 日	12月 水位	年平均
民22	1995	5	2.64	5	2.71	5	2.66	5	2.68	5	2.67	5	2.81	5	2.78	5	2.82	5	2.66	5	2.75	5	2.72	5	2.90	2.72
		15	2.62	15	2.88	15	2.64	15	2.80	15	2.75	15	⟨3.04⟩	15	⟨3.04⟩	15	⟨3.06⟩	15	2.70	15	2.70	15	2.67	15	2.76	
		25	⟨2.85⟩	25	2.81	25	2.74	25	2.78	25	2.80	25	⟨3.22⟩	25	2.28	25	2.68	25	2.71	25	2.73	25	⟨3.43⟩	25	2.78	
	1996	5	2.82	5	2.87	5	2.90	5	2.88	5	2.96	5	2.71	5	2.88	5	2.80	5	2.67	5	2.78	5	2.72	5	2.71	2.83
		15	⟨3.03⟩	15	2.88	15	2.90	15	2.91	15	2.87	15	⟨2.95⟩	15	2.88	15	2.83	15	2.77	15	2.80	15	2.65	15	⟨2.96⟩	
		25	2.82	25	2.87	25	⟨2.96⟩	25	2.92	25	2.97	25	2.82	25	2.90	25	2.85	25	2.78	25	2.79	25	2.88	25	2.78	
	1997	6	2.97	6	2.96	6	2.94	6	2.96	6	3.06	6	3.10	6	3.33	6	⟨3.66⟩	6	3.85	6	3.55	6	3.66	6	3.76	3.29
		16	2.81	16	2.95	16	2.94	16	3.12	16	3.06	16	3.12	16	3.20	16	3.52	16	3.40	16	3.65	16	3.64	16	3.80	
		26	2.85	26	2.94	26	2.95	26	2.93	26	3.07	26	3.15	26	3.37	26	3.56	26	3.51	26	3.72	26	3.68	26	3.76	
	1998	6	3.85	6	3.78	6	3.80	6		6	4.30	6	4.18	6	4.00	6	3.95	6	3.36	6	3.25	6	3.72	6	3.69	3.85
		16	3.82	16	3.83	16	3.83	16	4.42	16	4.87	16	4.70	16	4.33	16	4.74	16	5.14	16	4.92	16	4.94	16	5.07	
		26	3.78	26	3.85	26	干	26	5.20	26		26		26		26		26		26		26		26		
	1999	16	4.90	16	4.86	16	5.08	16	5.20	16		16		16		16		16		16		16		16		4.90
	2000	5	5.17	5	5.26	5	5.45	5	5.53	5	5.72	5	5.75	5	5.81	5	6.02	5	5.69	5	5.08	5	4.68	5	4.83	5.42
B5	1986	15	33.31	15	34.03	15	36.16	15	36.20	15	36.60	15	38.28	15	38.48	15	39.43	15	38.33	15	38.60	15	38.05	15	37.82	37.11
	1987	14	38.77	14	39.55	14	40.26			14	41.03	14	41.26	14	41.75	14	41.10	14	41.50	14	40.90	14	40.03	14	40.38	40.62
	1988	14	40.63	14	41.64	14	42.19	15	40.96	14	42.36	14	40.90	14	42.03	14	41.46	14	40.23	14	37.44	14	37.55	14	36.54	40.34
	1989	14	35.75	14	36.02	14	36.28	14	41.09	14	35.18	14	35.36	14	35.38	14	35.36	14	34.65	14	33.74	14	32.70	14	32.16	34.86
	1990	14	32.41	14	⟨38.81⟩	14	33.96	14	35.76	14	⟨40.70⟩	14	34.49	14	34.88	14	34.70	14	34.20	14	33.36	14	33.63	14	32.43	33.78
	1991	15	33.16	15	32.83	15	32.63	15	⟨39.29⟩	15	32.63	15	32.67	15	33.05	15	33.50	15	33.64	15	32.79	15	32.69	15	32.95	32.97
	1992	14	33.90	14	35.67	14	36.10	14	33.06	14	32.80	14	37.88	14	38.11	14	38.51	14	38.26	14	37.61	14	37.10	14	37.05	36.63
	1993	14	37.54	14	38.63	14	39.15	14	36.54	14	39.58	14	39.65	14	40.08	14	39.16	14	38.92	14	38.66	14	38.17	14	39.12	38.98
	1994	14	39.80	14	38.99	14	40.80	14	40.84	14	41.01	14	40.92	14	40.75	14	40.29	14	40.19	14	40.13	14	39.81	14	39.48	40.25

续表

点号	年份	1月 日	1月 水位	2月 日	2月 水位	3月 日	3月 水位	4月 日	4月 水位	5月 日	5月 水位	6月 日	6月 水位	7月 日	7月 水位	8月 日	8月 水位	9月 日	9月 水位	10月 日	10月 水位	11月 日	11月 水位	12月 日	12月 水位	年平均
B5	1995	14	39.82	14	40.41	14		14	41.13	14	41.39	14	41.52	14	48.74	14	50.97	14		14		14				40.85
B5	1996	4		4		4		4		4		4	49.74	4	50.66	4	51.10	4		4		4		4		49.95
		14		14		14		14		14		14	48.13	14	51.00	14	51.20	14		14		14		14		
		24		24		24		24		24		24	48.23	24	⟨48.73⟩	24	⟨48.98⟩	24	⟨49.48⟩	24	49.68	24	⟨48.63⟩	24	⟨48.40⟩	
B9	1986	5	⟨45.49⟩	5	⟨47.29⟩	5	⟨46.94⟩	5	⟨45.63⟩	5	⟨45.34⟩	5	⟨47.60⟩	5	⟨49.17⟩	5	⟨49.33⟩	5	42.83	5	⟨48.48⟩	5	⟨48.22⟩	5	⟨48.08⟩	42.83
		15	⟨46.36⟩	15	⟨46.77⟩	15	⟨46.29⟩	15	⟨46.75⟩	15	⟨46.19⟩	15	⟨48.15⟩	15	⟨48.60⟩	15	⟨48.95⟩	15	⟨48.68⟩	15	⟨48.74⟩	15	⟨47.31⟩	15	⟨47.50⟩	
		25	⟨46.00⟩	25	⟨47.10⟩	25	⟨45.93⟩	25	⟨46.29⟩	25	⟨46.45⟩	25	⟨48.23⟩	25	⟨50.43⟩	25	⟨51.50⟩	25	48.00	25	⟨52.66⟩	25		25		
	1987	4	⟨49.19⟩	4	⟨50.80⟩	4	⟨51.72⟩	4	⟨49.83⟩	4	⟨50.78⟩	4	⟨50.27⟩	4	⟨50.43⟩	4	⟨51.50⟩	4	48.00	4	⟨50.21⟩	4	⟨49.91⟩	4	⟨49.72⟩	47.73
		14	⟨48.74⟩	14	⟨51.03⟩	14	⟨50.09⟩	14	⟨50.00⟩	14	⟨50.96⟩	14	⟨51.68⟩	14	⟨52.12⟩	14	47.46	14	⟨50.50⟩	14	⟨50.40⟩	14	⟨48.91⟩	14	⟨48.19⟩	
		24	⟨50.25⟩	24	⟨50.71⟩	24	⟨49.97⟩	24	⟨49.75⟩	24	⟨50.72⟩	24	⟨50.44⟩	24	⟨51.13⟩	24	⟨51.70⟩	24	⟨50.66⟩	24	⟨49.57⟩	24	⟨48.33⟩	24	⟨50.12⟩	
	1988	5	⟨50.79⟩	5	⟨51.18⟩	5	⟨50.21⟩	5	⟨50.61⟩	5	⟨51.93⟩	5	47.25	5	45.65	5	45.27	5	44.99	5	41.80	5	39.44	5	⟨42.41⟩	43.53
		15	⟨49.88⟩	15	⟨50.88⟩	15	⟨50.19⟩	15	⟨49.79⟩	15	⟨51.63⟩	15	45.61	15	⟨49.67⟩	15	45.72	15	43.85	15	42.06	15	33.67	15	36.60	
		25	⟨51.14⟩	25	46.97	25	⟨50.48⟩	25	⟨51.66⟩	25	⟨51.75⟩	25	46.65	25	45.46	25	44.67	25	53.01	25	41.31	25	37.15	25	⟨41.26⟩	
	1989	5	36.09	5	⟨42.75⟩	5	37.08	5	34.86	5	⟨41.03⟩	5	36.60	5	38.07	5	38.36	5	37.39	5	35.48	5	33.61	5	36.15	36.10
		15	35.96	15	36.95	15	34.94	15	34.78	15	35.53	15	37.53	15	37.60	15	38.50	15	36.71	15	35.15	15	33.42	15	34.84	
		25	⟨42.07⟩	25	36.54	25	⟨41.30⟩	25	⟨40.71⟩	25	36.60	25	38.05	25	38.23	25	37.18	25	36.56	25	34.58	25	33.17	25	34.64	
	1990	5	34.37	5	35.54	5	36.17	5	35.12	5	37.11	5	39.66	5	⟨46.33⟩	5	40.90	5	39.90	5	38.05	5	37.00	5	37.25	37.07
		15	33.80	15	35.26	15	36.79	15	35.41	15	39.12	15	⟨43.78⟩	15	40.19	15	⟨44.50⟩	15	⟨46.14⟩	15	37.36	15	36.31	15	⟨42.48⟩	
		25	35.92	25	35.63	25	35.86	25	34.98	25	38.22	25	38.88	25	⟨46.48⟩	25	⟨44.94⟩	25	38.88	25	⟨42.66⟩	25	37.11	25	⟨42.70⟩	
	1991	4	38.27	4	⟨43.98⟩	4	⟨44.53⟩	4	38.70	4	⟨44.88⟩	4	⟨48.46⟩	4	⟨49.50⟩	4	⟨49.80⟩	4	⟨48.50⟩	4	⟨40.11⟩	4	⟨44.80⟩	4	38.96	40.05
		14	38.60	14	⟨44.20⟩	14	38.53	14	⟨43.40⟩	14	⟨47.03⟩	14	41.49	14	43.91	14	44.60	14	⟨48.09⟩	14	⟨45.01⟩	14	39.08	14	39.17	
		24	39.23	24	38.62	24	38.64	24	⟨43.67⟩	24	⟨47.45⟩	24	⟨47.68⟩	24	45.18	24	⟨49.32⟩	24	40.94	24	⟨45.04⟩	24	38.00	24	38.92	
	1992	5	⟨45.83⟩	5	⟨49.90⟩	5	⟨49.04⟩	5	⟨49.72⟩	5	⟨49.27⟩	5	⟨51.36⟩	5	47.20	5	⟨53.26⟩	5	⟨53.61⟩	5	46.48	5	45.52	5	⟨51.49⟩	46.19
		15	⟨46.65⟩	15	45.32	15	44.15	15	44.92	15	⟨49.11⟩	15	⟨51.21⟩	15	⟨50.67⟩	15	⟨52.99⟩	15	⟨52.24⟩	15	46.85	15	45.44	15	⟨50.96⟩	
		25	⟨49.34⟩	25	45.49	25	⟨48.85⟩	25	⟨49.95⟩	25	⟨51.40⟩	25	45.48	25	⟨51.59⟩	25	51.23	25	⟨51.05⟩	25	⟨51.01⟩	25	⟨51.91⟩	25	⟨52.30⟩	

第三章 宝鸡市

续表

点号	年份	1月 日	1月 水位	2月 日	2月 水位	3月 日	3月 水位	4月 日	4月 水位	5月 日	5月 水位	6月 日	6月 水位	7月 日	7月 水位	8月 日	8月 水位	9月 日	9月 水位	10月 日	10月 水位	11月 日	11月 水位	12月 日	12月 水位	年平均
B9	1993	5	〈51.49〉	5	〈53.46〉	5	〈54.95〉	5	〈53.67〉	5	〈54.32〉	5	〈54.36〉	5	〈54.45〉	5	〈55.28〉	5	〈54.92〉	5	〈56.44〉	5	〈56.45〉	5	〈58.00〉	49.77
		15	〈52.80〉	15	〈53.35〉	15	〈54.45〉	15	〈53.14〉	15	49.49	15	〈54.56〉	15	〈55.28〉	15	55.31	15	〈56.18〉	15	〈56.18〉	15	〈56.74〉	15	〈57.96〉	
		25	〈53.70〉	25	45.77	25	〈53.68〉	25	〈53.83〉	25	48.49	25	〈54.41〉	25	〈54.92〉	25	〈55.23〉	25	〈56.23〉	25	〈56.30〉	25	〈56.81〉	25	〈57.90〉	
	1994	5	〈57.95〉	5	〈57.96〉	5	〈57.92〉	5	〈59.86〉	5	〈60.44〉	5	〈62.42〉	5	〈61.70〉	5	〈62.68〉	5	〈64.01〉	5	〈64.33〉	5	〈64.10〉	5	〈61.60〉	56.44
		10	〈58.15〉	10	〈57.86〉	10	55.23	10	〈59.81〉	10	〈61.05〉	10	〈61.74〉	10	〈62.49〉	10	〈62.77〉	10	〈63.42〉	10	〈63.85〉	10	〈63.99〉	10	〈62.10〉	
		15	〈57.93〉	15	〈57.94〉	15	55.48	15	〈60.24〉	15	〈60.38〉	15	〈61.42〉	15	〈62.58〉	15	57.01	15	〈63.90〉	15	〈63.93〉	15	57.70	15	〈61.70〉	
		20	〈58.01〉	20	〈58.07〉	20	〈60.59〉	20	54.23	20	〈61.11〉	20	〈61.61〉	20	〈62.74〉	20	〈63.36〉	20	〈63.63〉	20	〈63.79〉	20	57.58	20	〈62.42〉	
		25	〈57.91〉	25	〈57.92〉	25	〈60.26〉	25	〈59.53〉	25	〈61.59〉	25	〈61.94〉	25	〈62.81〉	25	〈63.52〉	25	〈63.40〉	25	〈63.80〉	25	〈63.50〉	25	〈62.30〉	
		30	〈57.96〉	30	〈57.97〉	30	〈60.11〉	30	〈59.82〉	30	〈61.76〉	30	〈61.57〉	30	〈62.48〉	30	〈63.44〉	30	〈63.32〉	30	57.87	30	〈63.38〉	30	〈61.84〉	
	1995	5	〈62.51〉	5	〈63.47〉	5	〈64.25〉	5	〈62.82〉	5	58.00	5	58.09	5	59.63	5	59.68	5	〈66.16〉	5	61.86	5	〈65.70〉	5	61.86	59.76
		10	〈62.81〉	10	〈64.06〉	10	〈64.07〉	10	58.24	10	59.34	10	58.14	10	59.78	10	〈64.25〉	10	〈66.04〉	10	〈65.93〉	10	〈66.07〉	10	62.19	
		15	〈63.41〉	15	〈63.50〉	15	〈63.29〉	15	〈63.40〉	15	57.97	15	59.28	15	60.40	15	61.26	15	〈66.38〉	15	〈66.80〉	15	〈66.12〉	15	〈66.38〉	
		20	〈63.10〉	20	〈63.69〉	20	〈63.89〉	20	58.38	20	58.39	20	59.38	20	59.97	20	61.48	20	61.37	20	〈66.59〉	20	〈66.81〉	20	〈66.31〉	
		25	〈63.60〉	25	〈63.39〉	25	〈63.70〉	25	58.92	25	58.19	25	59.86	25	60.08	25	〈66.48〉	25	64.65	25	〈66.29〉	25	〈66.30〉	25	〈66.26〉	
		30	〈63.52〉	30	〈62.30〉	30	57.22	30	58.67	30	58.09	30	59.59	30	60.15	30	〈66.01〉	30	〈66.12〉	30	62.22	30	〈66.36〉	30	〈66.37〉	
	1996	5	〈67.54〉	5	〈68.61〉	5	〈68.56〉	5	〈68.72〉	5	〈69.51〉	5	〈68.92〉	5	〈73.80〉	5	〈74.57〉	5	〈74.88〉	5	〈74.21〉	5	〈74.94〉	5	〈75.75〉	68.75
		10	〈67.50〉	10	〈68.30〉	10	〈68.62〉	10	〈69.02〉	10	〈69.45〉	10	〈69.31〉	10	〈74.26〉	10	〈74.77〉	10	〈74.90〉	10	〈74.83〉	10	〈75.23〉	10	〈75.81〉	
		15	〈67.55〉	15	〈67.53〉	15	〈68.60〉	15	〈69.08〉	15	〈68.56〉	15	〈69.26〉	15	〈74.10〉	15	69.60	15	〈74.70〉	15	〈75.07〉	15	〈75.00〉	15	〈76.18〉	
		20	〈67.47〉	20	〈68.48〉	20	〈68.52〉	20	〈69.26〉	20	〈69.41〉	20	67.90	20	〈73.99〉	20	〈74.97〉	20	〈75.30〉	20	〈75.20〉	20	〈75.17〉	20	〈75.91〉	
		25	〈67.42〉	25	〈64.30〉	25	〈68.60〉	25	〈69.43〉	25	〈68.98〉	25	〈71.28〉	25	〈75.03〉	25	〈74.82〉	25	〈74.83〉	25	〈75.21〉	25	〈75.32〉	25	〈76.43〉	
		30	〈67.51〉	30	〈68.70〉	30	〈68.73〉	30	〈69.40〉	30	〈69.65〉	30	〈72.67〉	30	〈74.91〉	30	〈75.06〉	30	〈75.57〉	30	〈75.12〉	30	〈75.22〉	30	〈76.36〉	
	1997	4	〈76.31〉	4	〈75.80〉	4	〈76.26〉	4	〈75.95〉	4	〈75.68〉	4	〈75.88〉	4	〈78.79〉	4	〈79.48〉	4	〈81.30〉	4	〈81.10〉	4	〈80.92〉	4	〈81.30〉	74.23
		10	〈76.08〉	10	〈76.08〉	10	〈76.00〉	10	〈76.16〉	10	〈75.83〉	10	〈76.20〉	10	〈79.42〉	10	〈79.44〉	10	〈81.23〉	10	〈80.93〉	10	74.54	10	〈81.15〉	
		14	〈76.26〉	14	〈76.10〉	14	〈76.08〉	14	〈75.55〉	14	〈75.60〉	14	〈76.28〉	14	〈79.10〉	14	〈79.45〉	14	〈81.28〉	14	〈80.62〉	14	74.10	14	〈76.18〉	
		20	〈76.37〉	20	〈76.31〉	20	〈75.93〉	20	〈75.87〉	20	〈75.70〉	20	〈76.39〉	20	〈78.91〉	20	〈79.57〉	20	〈81.21〉	20	〈80.85〉	20	〈81.07〉	20	〈81.28〉	
		24	〈76.30〉	24	〈76.26〉	24	〈75.84〉	24	〈75.60〉	24	〈75.72〉	24	〈76.42〉	24	〈79.00〉	24	74.05	24	〈81.12〉	24	〈80.87〉	24	〈81.11〉	24	〈81.35〉	
		30	〈76.41〉	30	〈76.22〉	30	〈76.31〉	30	〈75.46〉	30	〈75.67〉	30	〈75.74〉	30	〈79.28〉	30	〈79.32〉	30	〈80.20〉	30	〈81.04〉	30	〈80.87〉	30	〈81.46〉	

续表

点号	年份	日	1月 水位	2月 水位	3月 水位	4月 水位	5月 水位	6月 水位	7月 水位	8月 水位	9月 水位	10月 水位	11月 水位	12月 水位	年平均
B9	1998	6	⟨77.41⟩	⟨78.40⟩	⟨79.93⟩	⟨79.70⟩	⟨84.58⟩	⟨84.36⟩	⟨84.08⟩	⟨83.82⟩	⟨86.13⟩	⟨85.54⟩	⟨85.10⟩	⟨85.49⟩	77.23
		10	⟨79.88⟩	⟨78.38⟩	⟨80.15⟩	⟨80.47⟩	⟨84.17⟩	⟨84.63⟩	⟨84.11⟩	⟨83.86⟩	⟨86.63⟩	⟨86.34⟩	⟨84.90⟩	⟨85.51⟩	
		16	⟨79.80⟩	76.32	⟨80.44⟩	77.14	⟨83.78⟩	⟨84.10⟩	⟨84.05⟩	78.58	⟨86.08⟩	⟨86.40⟩	⟨85.38⟩	⟨86.34⟩	
		20	⟨79.89⟩	⟨78.54⟩	⟨82.32⟩	⟨81.48⟩	⟨83.81⟩	⟨84.53⟩	⟨84.19⟩	79.73	⟨86.51⟩	⟨84.87⟩	⟨85.56⟩	⟨86.56⟩	
		26	⟨79.93⟩	⟨79.83⟩	⟨80.96⟩	⟨82.20⟩	⟨84.58⟩	⟨84.13⟩	⟨84.10⟩	⟨83.90⟩	⟨86.40⟩	⟨85.88⟩	⟨85.53⟩	⟨86.50⟩	
		30	⟨80.01⟩	⟨79.95⟩	⟨81.65⟩	⟨84.27⟩	⟨84.72⟩	⟨84.55⟩	⟨83.77⟩	⟨83.97⟩	⟨87.65⟩	⟨84.59⟩	⟨85.83⟩	⟨86.86⟩	
B9	1999	6	⟨86.58⟩	⟨89.07⟩	80.06	⟨87.88⟩	⟨87.63⟩	⟨87.87⟩	⟨85.75⟩	79.81	⟨89.60⟩	⟨87.65⟩	⟨86.82⟩	⟨88.04⟩	79.73
		10	⟨86.91⟩	⟨87.72⟩	⟨87.89⟩	79.68	⟨88.10⟩	⟨88.07⟩	⟨87.19⟩	⟨82.19⟩	⟨89.90⟩	⟨88.12⟩	⟨79.55⟩	⟨88.21⟩	
		16	⟨87.66⟩	⟨88.60⟩	80.30	78.40	⟨87.70⟩	⟨87.90⟩	79.84	⟨82.62⟩	⟨90.20⟩	⟨87.90⟩	⟨87.60⟩	⟨88.69⟩	
		20	⟨86.81⟩	79.72	79.49	78.63	⟨87.90⟩	⟨87.82⟩	80.23	⟨83.20⟩	⟨90.35⟩	⟨88.39⟩	⟨88.16⟩	⟨89.33⟩	
		26	⟨87.88⟩	⟨88.24⟩	⟨87.79⟩	⟨87.60⟩	⟨88.32⟩	⟨88.14⟩	79.86	80.72	⟨88.86⟩	⟨88.26⟩	⟨87.60⟩	⟨88.45⟩	
		30	⟨87.92⟩	⟨87.87⟩			⟨87.96⟩	⟨88.30⟩	79.80	⟨84.80⟩	⟨89.90⟩	⟨87.90⟩	79.59	⟨88.96⟩	
B9	2000	5	⟨88.75⟩	⟨89.56⟩	⟨90.80⟩	⟨91.43⟩	⟨92.14⟩	⟨92.36⟩	81.11	79.68	78.59	76.63	75.42	74.29	77.45
		10	79.66	⟨88.63⟩	⟨89.05⟩	⟨90.65⟩	81.42	79.84	80.23	79.05	78.09	76.88	75.69	74.20	
		15	⟨88.86⟩	⟨89.89⟩	⟨81.14⟩	⟨91.55⟩	⟨92.21⟩	⟨92.45⟩	80.22	78.87	78.20	75.95	75.29	74.02	
		20	⟨88.42⟩	⟨89.55⟩	⟨89.46⟩	⟨91.37⟩	⟨92.06⟩	79.73	79.97	78.14	78.31	77.00	75.41	74.01	
		25	⟨89.16⟩	⟨90.22⟩	⟨91.85⟩	⟨92.08⟩	⟨92.32⟩	⟨91.95⟩	80.42	78.33	77.34	75.64	74.94	73.75	
		30	⟨89.31⟩	⟨90.37⟩	⟨91.46⟩	⟨91.29⟩	⟨92.93⟩	79.47	79.74	77.80	77.91	76.15	74.66	73.27	
A3	1986	5						2.81	2.86	2.83	2.91	2.94	3.00	3.01	2.94
		10						2.97	2.69	2.90		3.00	2.98	3.02	
		15									2.89	3.01	2.96	2.93	
		20							2.86	2.87		3.02	2.97	2.97	
		25					2.84	3.02			2.92	3.00	3.00	2.95	
		30										2.99	3.00	2.94	

续表

点号	年份	1月 日	1月 水位	2月 日	2月 水位	3月 日	3月 水位	4月 日	4月 水位	5月 日	5月 水位	6月 日	6月 水位	7月 日	7月 水位	8月 日	8月 水位	9月 日	9月 水位	10月 日	10月 水位	11月 日	11月 水位	12月 日	12月 水位	年平均
A3	1987	5	2.89	5	2.53	5	2.61	5		5		5		5		5		5		5		5		5		2.63
		10	2.75	10	2.55	10	2.68	10		10		10		10		10		10		10		10		10		
		15	2.53	15	2.60	15	2.71	15		15		15		15		15		15		15		15		15		
		20	2.60	20	2.66	20		20		20		20		20		20		20		20		20		20		
		25	2.54	25	2.62	25		25		25		25		25		25		25		25		25		25		
		30	2.51	30	2.65	30		30		30		30		30		30		30		30		30		30		
G4	1986	5	35.82	5	37.66	5	37.69	5	36.37	5	34.73	5	34.53	5	37.53	5	37.91	5	38.06	5	38.38	5	38.03	5	38.26	37.25
		10	36.41	10	37.78	10	37.42	10	36.12	10	35.03	10	35.13	10	36.61	10	38.16	10	38.53	10	39.27	10	39.09	10	37.90	
		15	37.04	15	37.95	15	36.72	15	36.25	15	34.95	15	35.79	15	37.67	15	38.09	15	38.33	15	37.79	15	38.16	15	38.07	
		20	37.12	20	37.94	20	36.60	20	35.43	20	35.05	20	36.95	20	37.86	20	37.46	20	38.35	20	38.25	20	38.26	20	38.18	
		25	37.24	25	37.43	25	36.66	25	34.41	25	34.88	25	38.16	25	37.66	25	37.59	25	38.20	25	38.73	25	38.30	25	38.16	
		30	37.19	30	37.45	30	36.12	30	34.33	30	34.80	30	38.05	30	38.06	30	37.75	30	38.29	30	38.45	30	38.35	30	39.00	
	1987	5	38.79	5	41.10	5	40.75	5	40.19	5	40.21	5	40.19	5	40.45	5	40.95	5	40.39	5	39.95	5	39.31	5	39.66	40.05
		10	38.27	10	41.67	10	40.50	10	40.08	10	39.92	10	40.25	10	39.93	10	40.35	10	39.86	10	39.59	10	39.35	10	39.51	
		15	38.11	15	40.89	15	40.55	15	39.93	15	39.88	15	41.13	15	40.74	15	40.19	15	40.01	15	39.41	15	39.27	15	39.60	
		20	39.15	20	41.05	20	39.79	20	40.05	20	40.35	20	41.05	20	40.83	20	40.41	20	40.41	20	40.13	20	39.48	20	39.32	
		25	40.62	25	41.15	25	39.98	25	39.93	25	39.93	25	39.69	25	41.01	25	40.25	25	39.69	25	39.93	25	39.84	25	39.70	
		30	40.86	30	40.89	30	38.15	30	39.89	30	40.14	30	39.84	30	40.31	30	40.39	30	39.55	30	39.84	30	39.69	30	39.50	
	1988	5	39.99	5	40.70	5	40.80	5	41.33	5	41.44	5	41.99	5	41.21	5	42.32	5	42.02	5	40.21	5	39.69	5	38.68	40.76
		10	40.01	10	40.71	10	41.05	10	41.49	10	40.79	10	41.59	10	42.21	10	41.20	10	42.69	10	39.77	10	39.75	10	38.80	
		15	40.14	15	40.35	15	41.19	15	41.19	15	40.86	15	40.83	15	42.22	15	41.09	15	42.66	15	39.49	15	39.93	15	38.61	
		20	40.59	20	40.26	20	42.16	20	40.45	20	40.99	20	40.86	20	42.14	20	41.86	20	42.12	20	39.42	20	39.50	20	38.88	
		25	40.60	25	40.19	25	41.59	25	41.59	25	40.80	25	40.69	25	42.05	25	41.95	25	41.64	25	39.57	25	39.39	25	38.75	
		30	40.65	30	40.73	30	40.79	30	41.57	30	40.86	30	41.20	30	41.89	30	40.86	30	41.08	30	39.44	30	38.99	30	39.39	

续表

点号	年份	1月		2月		3月		4月		5月		6月		7月		8月		9月		10月		11月		12月		年平均
		日	水位	日	水位	日	水位	日	水位	日	水位	日	水位	日	水位	日	水位	日	水位	日	水位	日	水位	日	水位	
G4	1989	5	39.43	5	39.85	5	38.89	5	38.58	5	39.58	5	39.96	5	39.38	5	41.75	5	41.03	5	40.63	5	38.91	5	38.66	39.69
		10	39.54	10	40.21	10	38.92	10	38.90	10	39.70	10	40.01	10	39.66	10	41.49	10	41.10	10	40.46	10	38.85	10	38.49	
		15	40.28	15	39.98	15	38.94	15	39.04	15	39.75	15	39.96	15	39.79	15	40.81	15	40.95	15	40.20	15	38.60	15	38.55	
		20	40.01	20	40.06	20	38.99	20	39.31	20	39.83	20	39.85	20	39.85	20	40.75	20	39.33	20	39.99	20	38.66	20	38.57	
		25	39.77	25	39.88	25	38.57	25	40.00	25	39.88	25	39.98	25	40.01	25	40.69	25	39.39	25	39.75	25	38.71	25	38.39	
		30	40.35	30	39.53	30	38.74	30	39.51	30	39.99	30	40.04	30	41.35	30	40.95	30	40.15	30	39.39	30	38.60	30	38.34	
	1990	5	38.43	5	38.53	5	37.98	5	38.57	5	38.57	5	38.56	5	38.58	5	38.96	5	38.37	5	38.33	5	37.66	5	37.53	38.37
		10	38.59	10	37.58	10	37.59	10	38.61	10	38.51	10	38.61	10	38.55	10	38.61	10	38.06	10	38.66	10	37.91	10	38.31	
		15	38.55	15	37.86	15	38.33	15	38.66	15	38.59	15	38.29	15	38.60	15	38.09	15	38.26	15	38.38	15	38.18	15	38.55	
		20	38.66	20	37.90	20	38.29	20	38.39	20	38.57	20	38.38	20	38.59	20	38.49	20	38.21	20	38.31	20	38.33	20	38.26	
		25	38.71	25	38.04	25	38.17	25	38.45	25	38.65	25	38.55	25	38.53	25	38.81	25	38.26	25	38.59	25	38.35	25	38.18	
		30	38.77	30	38.09	30	38.53	30	38.36	30	38.65	30	38.63	30	38.50	30	38.18	30	38.29	30	38.48	30	38.59	30	37.84	
	1991	5	38.09	5	38.15	5	38.24	5	37.95	5	38.63	5	39.40	5	40.01	5	41.37	5	40.39	5	40.27	5	39.87	5	39.90	39.46
		10	37.98	10	38.53	10	38.29	10	37.93	10	38.59	10	39.60	10	40.93	10	41.41	10	40.31	10	39.82	10	40.01	10	39.61	
		15	38.20	15	38.37	15	38.26	15	37.91	15	38.66	15	39.73	15	40.98	15	41.52	15	40.38	15	39.86	15	39.90	15	39.69	
		20	38.17	20	38.35	20	38.61	20	37.86	20	39.31	20	39.69	20	41.05	20	41.09	20	40.47	20	39.91	20	39.81	20	39.48	
		25	38.23	25	38.39	25	38.00	25	38.08	25	39.67	25	40.05	25	41.29	25	40.83	25	40.32	25	39.99	25	39.94	25	39.30	
		30	38.18	30	38.31	30	38.10	30	38.44	30	39.74	30	40.20	30	41.26	30	40.74	30	40.07	30	40.05	30	39.73	30	39.47	
	1992	5	37.10	5	37.39	5	37.98	5	38.04	5	38.68	5	38.55	5	38.70	5	38.45	5	37.88	5	38.38	5	38.06	5	37.96	38.12
		10	37.19	10	37.46	10	37.95	10	37.90	10	38.13	10	38.51	10	38.35	10	38.19	10	37.57	10	38.27	10	38.53	10	38.27	
		15	37.27	15	37.69	15	37.89	15	38.26	15	38.59	15	38.18	15	38.49	15	38.33	15	37.31	15	37.79	15	38.35	15	38.09	
		20	37.30	20	37.76	20	37.86	20	38.35	20	38.50	20	38.25	20	38.36	20	38.21	20	37.06	20	38.25	20	38.54	20	38.28	
		25		25	37.81	25	37.88	25	38.41	25	38.53	25	38.66	25	38.53	25	37.90	25	38.73	25	38.73	25	38.20	25	38.55	
		30	37.31	30	37.93	30	38.01	30	38.45	30	38.51	30	38.53	30	37.91	30	37.95	30	38.45	30	38.29	30	38.29	30	38.29	

续表

点号	年份	1月 日	1月 水位	2月 日	2月 水位	3月 日	3月 水位	4月 日	4月 水位	5月 日	5月 水位	6月 日	6月 水位	7月 日	7月 水位	8月 日	8月 水位	9月 日	9月 水位	10月 日	10月 水位	11月 日	11月 水位	12月 日	12月 水位	年平均
G4	1993	4	40.78	4	干	4	41.24	4	干	4	干	4	干	4	41.06	4	干	4	41.20	4	干	4	干	4	干	41.13
		14	41.30	14	干	14	干	14	干	14	41.35	14	干	14	41.41	14	41.10	14	干	14	干	14	干	14	干	
		24	40.55	24	41.22	24	41.10	24	41.29	24	41.15	24	41.04	24	4.96	24	5.14	24	5.70	24	5.78	24	5.45	24	5.78	
G8	1986	5	6.13	5	5.98	5	6.01	5	5.93	5	5.50	5	5.06	5	5.00	5	5.09	5	5.81	5	5.58	5	5.66	5	5.94	5.60
		15	5.74	15	5.64	15	6.07	15	5.68	15	5.24	15	5.23	15	5.02	15	5.49	15	6.13	15	5.68	15	5.82	15	6.22	
		25	5.83	25	6.07	25	5.76	25	5.44	25	5.32	25	5.04	25	5.20	25	5.14	25	5.51	25	5.34	25	5.75	25	5.82	
	1987	5	6.19	5	7.36	5	6.20	5	6.21	5	5.51	5	5.87	4	4.94	4	5.17	4	5.72	4	5.78	4	7.61	4	5.72	5.86
		15	6.17	15	6.17	15	6.40	15	5.86	15	5.56	15	5.65	14	5.06	14	6.34	14	5.44	14	5.41	14	5.25	14	5.63	
		25	6.29	25	6.54	25	6.39	25	5.51	25	5.63	25	5.68	24	4.53	24	5.04	24	5.20	24	5.52	24	5.07	24	5.91	
	1988	4	5.74	4	6.15	4	6.65	4	5.88	4	5.23	4	5.14	4	4.85	4	5.26	4	5.42	4	5.95	4	5.41	4	6.17	5.60
		14	5.59	14	6.48	14	6.54	14	5.57	14	5.28	14	5.18	14	4.97	14	5.19	14	5.51	14	5.61	14	5.41	14	5.82	
		24	6.20	24	6.56	24	6.21	24	6.39	24	5.18	24	5.17	24	5.48	24	5.51	24	5.13	24	5.42	24	5.73	24	5.79	
	1989	4	6.42	4	6.62	4	6.54	4	5.92	4	5.28	4	4.94	4	5.90	4	5.27	4	5.41	4	5.39	4	5.84	4	5.82	5.71
		14	6.55	14	6.51	14	6.19	14	5.85	14	5.35	14	5.14	14	5.71	14	4.73	14	5.01	14	5.60	14	5.59	14	6.03	
		24	6.54	24	6.61	24	6.19	24	5.56	24	5.18	24	5.36	24	4.54	24	5.06	24	5.47	24	5.30	24	5.67	24	6.21	
	1990	4	6.18	4	6.14	4	6.36	4	6.43	4	5.61	4	5.07	4	4.61	4	4.97	4	5.80	4	5.93	4	5.60	4	5.92	5.64
		14	6.24	14	6.23	14	6.28	14	6.01	14	5.13	14	5.16	14	4.82	14	5.04	14	5.18	14	5.65	14	5.53	14	5.82	
		24	6.03	24	6.28	24	6.31	24	5.95	24	5.09	24	5.12	24	4.75	24	5.02	24	5.34	24	5.20	24	5.92	24	5.82	
	1991	4	5.61	4	6.37	4	6.42	4	5.82	4	5.33	4	5.15	4	4.85	4	5.00	4	5.43	4	5.37	4	5.86	4	6.15	5.56
		14	6.11	14	6.51	14	6.34	14	5.57	14	5.29	14	5.04	14	4.84	14	5.03	14	4.66	14	5.47	14	5.74	14	6.14	
		24	6.36	24	6.34	24	5.99	24	5.48	24	5.04	24	5.16	24	5.70	24	5.66	24	5.85	24	5.84	24	5.99	24	6.12	
	1992	4	6.49	4	6.39	4	6.49	4	6.39	4	6.06	4	5.69	4	5.33	4	5.87	4	6.12	4	5.54	4	5.99	4	6.12	6.01
		14	6.46	14	6.39	14	6.48	14	6.38	14	6.21	14	5.71	14	5.33	14	5.87	14	6.12	14	5.54	14	5.99	14	6.12	
		24	6.40	24	6.32	24	6.35	24	6.07	24	5.59	24	5.75	24	5.40	24	5.68	24	5.90	24	5.74	24	5.90	24	6.18	

续表

点号	年份	1月 日	1月 水位	2月 日	2月 水位	3月 日	3月 水位	4月 日	4月 水位	5月 日	5月 水位	6月 日	6月 水位	7月 日	7月 水位	8月 日	8月 水位	9月 日	9月 水位	10月 日	10月 水位	11月 日	11月 水位	12月 日	12月 水位	年平均
G8	1993	4	6.17	4	6.29	4	6.48	4	6.16	4	6.15	4	干	4	5.70	4	4.97	4	5.69	4	5.92	4	6.05	4	6.32	5.99
		14	6.35	14	6.41	14	6.29	14	6.15	14	5.86	14	5.70	14	5.75	14	5.46	14	5.59	14	5.94	14	6.30	14	6.27	
		24	6.38	24	6.54	24	6.29	24	5.83	24	5.76	24	5.82	24	4.95	24	5.60	24	5.67	24	5.91	24	6.41	24	6.44	
	1994	4	6.39	4	6.49	4	6.72	4	6.28	4	5.89	4	6.17	4	6.25	4	6.16	4	6.54	4	6.54	4	6.47	4	6.63	6.36
		14	6.24	14	6.59	14	6.75	14	6.15	14	5.62	14	6.23	14	6.20	14	6.21	14	6.58	14	6.65	14	6.45	14	6.66	
		24	6.30	24	6.60	24	6.63	24	6.74	24	5.79	24	6.16	24	6.03	24	6.37	24	6.64	24	6.43	24	6.22	24	6.83	
	1995	4	6.84	4	6.42	4	6.63	4	6.61	4	6.36	4	6.59	4	6.42	4	6.45	4	6.65	4	6.58	4	6.58	4	6.91	6.63
		14	6.77	14	6.61	14	6.67	14	6.52	14	6.11	14	6.44	14	6.56	14	6.36	14	6.78	14	6.68	14	6.55	14	7.02	
		24	7.16	24	7.21	24	6.76	24	6.87	24	6.32	24	5.39	24	6.53	24	6.53	24	6.62	24	6.74	24	6.85	24	7.15	
	1996	5	7.19	5	6.99	5	6.69	5	6.82	5	6.26	5	5.26	5	5.68	5	6.06	5	6.13	5	5.98	5	6.36	5	6.06	6.30
		15	7.23	15		15	6.80	15	6.35	15	6.04	15	5.39	15	6.08	15	6.09	15	6.19	15	6.26	15	6.37	15	5.87	
		25	7.29	25		25	6.92	25		25	5.87	25		25	5.91	25	6.06	25	6.07	25	6.34	25	6.13	25	6.46	
	1997	4	6.53	4	6.90	4	6.74	4	6.49	4	6.26	4	6.36	4	6.56	4	6.67	4	6.16	4	6.60	4	6.64	4	6.52	6.54
	1998	14	6.62	14	6.60	14	6.65	14	6.62	14	6.45	14	7.09	14	5.50	14	5.94	14	5.57	14	6.52	14	6.52	14	6.63	6.38
	1999	14	6.51	14	5.90	14	6.64	14	6.72	14	5.78	14	6.21	14	5.31	14	5.72	14	6.52	14	6.29	14	6.46	14	6.44	6.17
	2000	14	6.19	14	6.73	14	6.59	14	6.22	14	6.75	14	6.34	14	5.88	14	6.26	14	6.05	14	5.38	14	6.19	14	6.25	6.24
G9	1986	5	9.62	5	10.15	5	10.87	5	11.51	5	10.89	5	12.24	5	11.78	5	11.66	5	10.94	5	10.56	5	11.24	5	10.66	10.97
		15	9.94	15	10.35	15	11.11	15	10.61	15	11.05	15	12.11	15	11.76	15	11.22	15	10.73	15	10.64	15	10.68	15	10.79	
		25	9.84	25	10.65	25	10.22	25	10.76	25	11.21	25	11.77	25	11.78	25	11.03	25	11.76	25	10.84	25	10.63	25	11.19	
	1987	5	11.20	5	11.67	5	12.12	5	12.87	5	12.96	5	12.56	5	12.21	5	11.71	5	11.82	5	10.64	5	11.66	5	11.26	11.87
		15	11.52	15	12.77	15	12.38	15	13.12	15	13.00	15	12.49	15	12.30	15	11.49	15	10.57	15	10.67	15	10.91	15	11.34	
		25	11.08	25	11.83	25		25	13.03	25	12.02	25	12.48	25	11.87	25	12.32	25	10.67	25	10.67	25	12.91	25	11.43	

续表

第三章 宝鸡市

点号	年份	1月 日	1月 水位	2月 日	2月 水位	3月 日	3月 水位	4月 日	4月 水位	5月 日	5月 水位	6月 日	6月 水位	7月 日	7月 水位	8月 日	8月 水位	9月 日	9月 水位	10月 日	10月 水位	11月 日	11月 水位	12月 日	12月 水位	年平均
G9	1988	4	11.65	4	12.14	4	12.78	4	13.13	4	13.42	4	13.34	4	12.75	4	12.40	4	11.40	4	11.64	4	11.31	4	10.16	12.16
G9		14	11.79	14	12.29	14	12.96	14	13.25	14	13.34	14	13.33	14	12.49	14	11.71	14	11.51	14	11.86	14	10.42	14	9.97	
G9		24	11.96	24	12.60	24	13.02	24	14.43	24	13.31	24	13.35	24	12.49	24	12.29	24	11.50	24	11.42	24	10.50	24	9.90	
G9	1989	4	9.79	4	10.37	4	10.91	4	11.26	4	11.17	4	10.93	4	10.85	4	10.61	4	9.64	4	9.32	4	9.08	4	9.16	10.27
G9		14	9.93	14	10.65	14	11.05	14	11.32	14	10.98	14	11.33	14	10.61	14	10.71	14	9.50	14	9.25	14	9.13	14	9.19	
G9		24	10.12	24	10.79	24	11.25	24	11.43	24	10.86	24	10.94	24	10.52	24	9.96	24	9.43	24	9.20	24	9.13	24	9.31	
G9	1990	4	9.45	4	9.75	4	10.09	4	10.32	4	10.23	4	10.08	4	9.13	4	8.86	4	8.49	4	8.37	4	8.31	4	8.50	9.32
G9		14	9.58	14	9.87	14	10.09	14	10.35	14	10.48	14	10.11	14	9.17	14	8.67	14	8.48	14	8.34	14	8.38	14	8.57	
G9		24	9.60	24	10.02	24	10.24	24	10.26	24	10.21	24	9.92	24	9.07	24	8.60	24	8.38	24	8.38	24	8.53	24	8.60	
G9	1991	4	8.64	4	8.79	4	9.09	4	9.27	4	9.36	4	9.20	4	9.05	4	9.09	4	9.08	4	8.86	4	9.09	4	9.29	9.10
G9		14	8.70	14	8.84	14	9.18	14	9.39	14	9.44	14	9.89	14	8.44	14	8.96	14	9.16	14	8.93	14	9.19	14	9.46	
G9		24	8.73	24	8.97	24	9.21	24	9.39	24	9.42	24	9.05	24	9.04	24	8.94	24	8.76	24	9.16	24	9.13	24	9.57	
G9	1992	4	9.79	4	10.17	4	10.09	4		4		4		4		4		4	干	4	9.56	4	9.58	4	9.69	9.87
G9		14	9.92	14	10.22	14		14	干	14	干	14	干	14		14	干	14	10.91	14	9.49	14	9.60	14	9.77	
G9		24	10.04	24	10.13	24	干	24	干	24	干	24	干	24	干	24	9.71	24	9.65	24	9.49	24	9.64	24	9.88	
G9	1993	4	10.07	4	干	4	干	4	干	4	干	4	干	4	干	4	9.62	4	9.32	4	9.27	4	9.24	4	9.66	9.57
G9		14	10.10	14	干	14	干	14	干	14	干	14	干	14	9.69	14	9.44	14	9.27	14	9.95	14	9.45	14	9.68	
G9		24	干	24	干	24	干	24	干	24	干	24	干	24		24		24	9.31	24	9.21	24	9.61	24	9.59	
G9	1994	4	9.65	4		4		4		4		4		4		4		4		4		4		4		9.65
G13	1986	5	17.41	5	17.98	5	18.37	5	18.90	5	17.82	5	19.00	5	18.63	5	18.27	5	17.81	5	17.94	5	18.20	5	18.38	18.30
G13		15	17.44	15	18.04	15	18.47	15	18.96	15	18.92	15	18.88	15	18.47	15	18.41	15	17.50	15	17.78	15	18.21	15	18.45	
G13		25	17.85	25	18.32	25	18.70	25	18.92	25	18.98	25	18.77	25	18.47	25	18.10	25	17.52	25	18.04	25	18.50	25	18.52	
G13	1987	5	18.68	5	18.99	5	19.39	5	19.73	5		5		5		5		5		5		5		5	20.93	19.51
G13		15	18.52	15	19.19	15	18.74	15		15		15		15		15		15		15		15	20.72	15	20.96	
G13		25	18.89	25	19.32	25	19.62	25		25		25		25		25		25		25		25		25		

续表

点号	年份	1月 日	1月 水位	2月 日	2月 水位	3月 日	3月 水位	4月 日	4月 水位	5月 日	5月 水位	6月 日	6月 水位	7月 日	7月 水位	8月 日	8月 水位	9月 日	9月 水位	10月 日	10月 水位	11月 日	11月 水位	12月 日	12月 水位	年平均
G13	1988	4	20.46	4	20.09	4	20.70	4	20.84	4	20.68	4	20.42	4	19.89	4	19.46	4		4		4		4	20.30	20.37
		14	20.41	14	19.99	14	20.86	14	20.73	14	20.54	14	20.78	14	20.23	14	19.49	14		14		14		14	20.60	
		24	20.51	24	20.50	24	20.85	24	20.80	24	20.57	24	20.10	24	19.67	24		24		24		24		24	20.23	
G14	1986	5	19.45	5	20.70	5	20.28	5	20.52	5	21.27	5	21.77	5	21.79	5	21.47	5	21.37	5	20.81	5	20.55	5	19.96	20.87
		15	19.52	15	19.98	15	20.27	15	20.59	15	21.30	15	21.85	15	21.82	15	22.62	15	20.95	15	20.86	15	20.56	15	19.81	
		25	19.75	25	20.26	25	20.43	25	20.54	25	21.82	25	21.79	25	21.72	25	21.48	25	20.87	25	20.76	25	20.53	25	19.60	
	1987	5	20.47	5	20.64	5	21.02	5	21.27	5	21.07	5	20.78	4	20.83	4	21.30	4	20.74	4	19.87	4	19.86	4	19.47	20.72
		15	20.34	15	21.89	15	21.20	15	21.15	15	21.07	15	20.84	14	21.82	14	21.02	14	19.96	14	19.89	14	19.84	14	19.60	
		25	20.65	25	20.99	25	21.28	25	21.07	25	20.89	25	20.82	24	21.79	24	21.81	24	19.90	24	19.82	24	20.77	24	19.60	
	1988	4	19.63	4	19.66	4	20.27	4	20.12	4	19.92	4	19.83	4	19.55	4	19.31	4	19.47	4	18.74	4	18.21	4	17.47	19.31
		14	19.52	14	19.90	14	20.22	14	20.07	14	19.88	14	19.77	14	19.27	14	19.63	14	19.03	14	18.73	14	17.78	14	17.45	
		24	19.66	24	20.14	24	20.08	24	20.80	24	19.93	24	19.78	24	19.58	24	19.57	24	18.93	24	18.58	24	17.49	24	17.32	
	1989	4	17.12	4	17.28	4	17.42	4	16.86	4	16.57	4	17.81	4	17.99	4	17.73	4	17.29	4	16.57	4	16.51	4	17.45	17.15
		14	16.99	14	17.03	14	17.31	14	16.97	14	17.52	14	17.78	14	17.93	14	17.81	14	17.22	14	16.69	14	16.50	14	16.43	
		24	16.87	24	17.42	24	17.00	24	16.83	24	17.68	24	17.90	24	17.98	24	17.47	24	17.05	24	16.47	24	16.44	24	16.45	
	1990	4	16.41	4	16.54	4	16.67	4	16.79	4	16.59	4	16.64	4	16.41	4	16.45	4	16.62	4	16.24	4	15.99	4	16.23	16.48
		14	16.37	14	16.50	14	16.73	14	16.54	14	16.74	14	16.66	14	16.52	14	16.41	14	16.53	14	15.96	14	16.09	14	16.26	
		24	16.54	24	16.57	24	16.84	24	16.49	24	16.57	24	16.72	24	16.59	24	17.00	24	16.66	24	16.03	24	16.10	24	16.24	
	1991	4	16.16	4	16.37	4	16.45	4	16.40	4	16.53	4	16.66	4	16.60	4	16.59	4	16.87	4	16.46	4	16.41	4	16.25	16.51
		14	16.23	14	16.50	14	16.48	14	16.46	14	16.67	14	16.52	14	16.95	14	16.60	14	16.77	14	16.38	14	16.47	14	17.15	
		24	16.29	24	16.53	24	16.37	24	16.47	24	16.65	24	16.37	24	16.55	24	16.58	24	16.40	24	16.50	24	16.24	24	16.41	
	1992	4	16.49	4	17.02	4	17.44	4	17.79	4	17.91	4	18.11	4	17.51	4	17.54	4	17.30	4	17.06	4	16.74	4	16.87	17.36
		14	16.64	14	17.35	14	17.55	14	17.81	14	17.93	14	17.96	14	17.58	14	17.57	14	17.75	14	16.92	14	16.88	14	17.03	
		24	16.89	24	17.48	24	17.70	24	17.94	24	18.03	24	17.57	24	17.43	24	17.46	24	17.06	24	16.86	24	16.79	24	16.99	

续表

点号	年份	1月 日	1月 水位	2月 日	2月 水位	3月 日	3月 水位	4月 日	4月 水位	5月 日	5月 水位	6月 日	6月 水位	7月 日	7月 水位	8月 日	8月 水位	9月 日	9月 水位	10月 日	10月 水位	11月 日	11月 水位	12月 日	12月 水位	年平均
G14	1993	4	17.15	4	17.48	4	17.73	4	17.95	4	17.83	4	17.80	4	17.75	4	17.57	4	17.52	4	17.39	4	17.28	4	17.56	17.63
		14	17.23	14	17.61	14	17.87	14	17.97	14	17.83	14	17.79	14	17.92	14	17.65	14	17.52	14	17.43	14	17.39	14	17.74	
		24	17.37	24	17.69	24	17.87	24	17.92	24	17.75	24	17.81	24	17.46	24	17.56	24	17.55	24	17.29	24	17.58	24	17.76	
	1994	4	18.00	4	18.25	4	18.84	4	18.80	4	18.76	4	18.69	4	22.48	4	22.38	4	22.35	4	22.11	4	21.74	4	21.60	20.41
		14	17.99	14	18.31	14	18.75	14	18.65	14	18.70	14	18.85	14	22.48	14	22.30	14	22.23	14	22.03	14	21.65	14	21.66	
		24	18.17	24	18.55	24	18.68	24	18.69	24	18.67	24	22.33	24	22.43	24	22.28	24	22.17	24	21.84	24	21.57	24	21.84	
	1995	4	21.96	4	21.90	4	22.26	4	22.31	4	22.07	4	21.96	4	23.80	4	23.91	4	23.75	4	24.11	4	24.16	4	24.05	23.10
		14	22.48	14	21.91	14	22.31	14	22.27	14	22.02	14	22.93	14	23.92	14	23.79	14	23.99	14	24.04	14	23.25	14	24.15	
		24	21.86	24	22.20	24	22.43	24	22.22	24	21.96	24	23.51	24	23.91	24	23.98	24	24.02	24	24.19	24	23.87	24	24.19	
	1996	4	23.80	4	24.05	4	23.62	4	23.67	4	23.68	4	23.73	4	23.30	4	23.05	4	23.13	4	23.44	4	22.31	4	22.64	23.29
		14	23.94	14	23.97	14	24.28	14	23.87	14	23.78	14	21.82	14	23.15	14	23.06	14	23.15	14	22.48	14	22.89	14	22.84	
		24	24.04	24	24.10	24	24.35	24	23.55	24	23.86	24	21.81	24	23.13	24	23.02	24	23.30	24	22.42	24	22.46	24	22.72	
	1997	4	22.94	4		4		4		4		4		4		4		4		4		4		4		23.65
	1998	14	23.15	14	23.52	14	23.59	14	23.70	14	23.58	14	23.89	14	23.50	14	23.20	14	24.15	14	23.97	14	23.74	14	23.87	23.59
	1999	14	24.10	14	24.39	14	24.59	14	23.73	14	24.15	14	23.79	14	35.19	14	34.14	14	22.92	14	22.63	14	22.84	14	23.19	24.16
	2000	14	23.52	14	24.59	14	23.79	14	23.89	14	24.84	14	25.58	14	34.33	14	33.77	14	24.29	14	23.28	14	23.38	14	24.99	22.64
		14	23.52	14	23.87	14	23.77	14	23.89	14	23.48	14	22.21	14	22.28	14	22.23	14	22.15	14	21.48	14	21.36	14	21.48	
G16	1986	5	32.80	5	33.48	5	34.17	5	33.72	5	33.48	5	34.75	5	34.44	5	34.29	5	33.71	5	32.88	5	33.33	5	33.35	33.69
		15	33.48	15	33.78	15	33.29	15	33.52	15	33.50	15	34.77	15	35.19	15	34.14	15	33.28	15	33.02	15	33.28	15	33.40	
		25	33.52	25	33.32	25	33.44	25	33.54	25	33.66	25	34.43	25	34.33	25	33.77	25	33.29	25	33.71	25	33.44	25	33.47	
	1987	4	33.58	4	34.90	4	34.19	4	33.47	4	34.54	4	34.77	4	34.84	4	34.77	4	34.72	4	32.88	4	33.15	4	33.05	34.03
		14	33.84	14	33.97	14	35.18	14	34.59	14	34.71	14	34.73	14	34.16	14	33.60	14	32.88	14	33.03	14	36.12	14	33.27	
		24	34.07	24	34.20	24	34.26	24	33.68	24	34.84	24		24	33.71	24	33.56	24	34.37	24	33.10	24	33.01	24	33.30	

续表

点号	年份	1月 日	1月 水位	2月 日	2月 水位	3月 日	3月 水位	4月 日	4月 水位	5月 日	5月 水位	6月 日	6月 水位	7月 日	7月 水位	8月 日	8月 水位	9月 日	9月 水位	10月 日	10月 水位	11月 日	11月 水位	12月 日	12月 水位	年平均
G16	1988	6	33.76	6	34.67	6	34.09	6	34.35	6	34.57	6	34.48	6	34.10	6	34.40	6	32.94	6	31.79	6	30.58	6	30.09	33.08
		16	33.80	16	34.03	16	34.20	16	34.31	16	34.49	16	34.40	16	33.76	16	33.37	16	32.53	16	31.58	16	28.92	16	30.44	
		26	34.01	26	33.98	26	34.32	26	34.39	26	34.66	26	34.29	26	33.41	26	33.16	26	32.22	26	31.30	26	29.13	26	30.52	
	1989	6	30.71	6	30.61	6	31.69	6	32.23	6	32.44	6	32.98	6	32.81	6	32.48	6	30.55	6	30.48	6	30.29	6	30.68	31.58
		16	30.96	16	31.43	16	31.85	16	32.23	16	32.23	16	32.99	16	32.69	16	32.48	16	31.08	16	30.23	16	30.39	16	30.92	
		26	31.24	26	31.52	26	31.92	26	32.35	26	32.14	26	32.88	26	32.70	26	32.13	26	30.80	26	30.14	26	30.50	26	31.19	
	1990	6	31.45	6	31.95	6	32.53	6	32.34	6	32.87	6	32.33	6	31.70	6	29.75	6	28.79	6	27.68	6	28.00	6	29.36	30.73
		16	31.62	16	32.14	16	32.24	16	32.58	16	33.00	16	32.25	16	30.92	16	29.28	16	28.34	16	27.81	16	28.46	16	30.14	
		26	31.74	26	32.20	26	32.34	26	32.74	26	32.59	26	31.72	26	31.12	26	29.02	26	28.08	26	27.75	26	28.72	26	30.81	
	1991	6	31.53	6	32.16	6	32.77	6	33.15	6	33.05	6		6		6		6		6		6		6		32.51
		16	31.73	16	32.43	16	33.01	16	33.14	16	30.32	16		16	17.77	16		16		16		16		16		
		26	32.04	26	32.61	26	34.10	26	33.09	26		26		26		26		26		26		26		26		
G18	1986	5	15.10	5	15.34	5	15.90	5	16.60	5	17.12	5	17.55	5	17.77	5	17.51	5	17.99	5	18.04	5	18.40	5	18.80	17.32
		15	15.30	15	15.29	15	16.14	15	16.77	15	17.29	15	18.60	15	17.55	15	17.72	15	17.90	15	18.20	15	18.53	15	18.88	
		25	15.24	25	16.13	25	16.40	25	16.97	25	17.42	25	17.76	25	17.57	25	17.72	25	18.03	25	18.20	25	18.69	25	19.07	
	1987	4	19.12	4	19.54	5	19.94	5	20.50	5	20.88	5	21.31	5	21.35	5	21.06	5	21.21	5	21.24	5	21.45	5	21.33	20.88
		14	19.30	14	19.70	15	20.10	15	20.60	15	21.10	15	21.40	15	21.30	15	21.06	15	21.15	15	21.26	15	22.45	15	21.38	
		24	19.52	24	19.80	25	20.26	25	20.80	25	22.32	25	21.36	25	21.16	25	21.25	25	21.30	25	21.22	25	21.34	25	21.44	
	1988	6	21.55	6	21.80	6	22.05	6	22.17	6	22.27	6	22.00	6	21.82	6	20.62	6	15.38	6	12.80	6	11.89	6	11.82	18.61
		16	21.64	16	21.96	16	22.07	16	22.18	16	22.17	16	21.85	16	21.55	16	19.53	16	14.05	16	12.74	16	11.81	16	12.12	
		26	21.74	26	22.00	26	22.17	26	22.35	26	22.07	26	21.85	26	21.20	26	16.90	26	13.40	26	12.17	26	11.78	26	12.54	
	1989	6	13.14	6	14.39	6	15.19	6	14.60	6	14.28	6	14.88	6	14.15	6	12.67	6	11.78	6	10.84	6	11.06	6	11.71	13.26
		16	13.54	16	14.80	16	15.18	16	14.42	16	14.32	16	14.94	16	13.80	16	12.70	16	11.52	16	10.82	16	11.51	16	11.84	
		26	13.97	26	15.05	26	15.16	26	14.25	26	14.60	26	14.88	26	12.93	26	12.43	26	11.28	26	10.83	26	11.64	26	12.10	

续表

点号	年份	1月 日	1月 水位	2月 日	2月 水位	3月 日	3月 水位	4月 日	4月 水位	5月 日	5月 水位	6月 日	6月 水位	7月 日	7月 水位	8月 日	8月 水位	9月 日	9月 水位	10月 日	10月 水位	11月 日	11月 水位	12月 日	12月 水位	年平均
G18	1990	6	12.44	6	12.73	6	13.26	6	13.46	6	13.86	6	13.08	6	12.77	6	12.34	6	12.82	6		6		6		13.02
		16	12.78	16	12.90	16	13.29	16	13.74	16	13.77	16	12.92	16	12.42	16	12.55	16	12.92	16	17.98	16	17.33	16	17.73	
		26	13.02	26	13.06	26	13.25	26	13.92	26	13.44	26	12.80	26	12.37	26	12.73	26	12.97	26	17.29	26	17.59	26	18.94	
	1986	5	14.49	5	15.64	5	16.28	5	15.32	5	14.98	5	14.43	5	14.56	5	15.66	5	16.71	5	17.21	5	17.53	5	18.30	16.00
		15	14.44	15	15.51	15	15.56	15	15.26	15	14.81	15	14.44	15	14.72	15	15.83	15	16.73	15	20.56	15	20.56	15	20.41	
		25	15.46	25	16.37	25	16.11	25	14.91	25	14.66	25	14.59	25	15.43	25	16.26	25	16.88	25	20.45	25	20.48	25	20.38	
	1987	5	19.11	5	19.60	4	19.52	4	19.28	4	19.36	4	18.99	4	19.26	4	19.47	4	19.91	4	19.30	4	20.55	4	20.67	19.74
		15	18.71	15	20.39	14	19.41	14	19.21	14	19.48	14	18.93	14	19.44	14	20.13	14	19.80	14	19.34	14	20.48	14	19.03	
		25	19.13	25	19.36	24	19.21	24	19.27	24	19.30	24	19.26	24	18.88	24	20.64	24	19.89	24	19.26	24	19.08	24	19.42	
	1988	4	20.63	4	21.63	4	21.66	4	20.68	4	20.64	4	20.58	4	20.81	4	20.40	4	20.02	4	19.30	4	20.55	4	19.80	20.44
		14	20.87	14	21.76	14	21.64	14	20.59	14	20.49	14	21.50	14	20.54	14	20.13	14	19.62	14	19.34	14	18.93	14	19.42	
		24	21.48	24	21.72	24	21.39	24	20.88	24	20.47	24	22.64	24	20.49	24	20.09	24	19.44	24	19.26	24	19.00	24	19.80	
G21	1989	4	18.66	4	19.05	4	19.18	4	18.52	4	18.17	4	18.41	4	19.01	4	18.13	4	18.06	4	16.97	4	16.88	4	16.53	18.06
		14	18.83	14	19.15	14	18.96	14	18.52	14	18.04	14	17.90	14	18.01	14	17.99	14	17.99	14	16.96	14	16.63	14	16.87	
		24	18.89	24	19.14	24	18.67	24	18.50	24	17.93	24	18.69	24	18.43	24	18.20	24	17.94	24	16.93	24	16.42	24	17.15	
	1990	4	17.09	4	17.44	4	17.12	4	16.58	4	16.45	4	17.03	4	16.81	4	16.89	4	16.38	4	16.39	4	16.23	4	15.96	16.69
		14	17.23	14	17.48	14	16.93	14	16.91	14	16.39	14	17.21	14	16.51	14	16.86	14	16.40	14	16.23	14	16.19	14	15.84	
		24	17.26	24	17.19	24	16.71	24	16.77	24	16.21	24	17.08	24	16.53	24	16.66	24	16.52	24	16.18	24	16.00	24	17.29	
	1991	4	16.69	4	17.28	4	17.59	4	17.46	4	18.33	4	17.23	4	18.87	4	20.09	4	20.26	4	20.27	4	20.88	4	20.12	18.71
		14	16.76	14	17.31	14	17.60	14	17.43	14	17.86	14	17.10	14	18.63	14	19.44	14	20.10	14	19.75	14	20.17	14	20.62	
		24	17.86	24	17.58	24	17.49	24	17.41	24	17.80	24	17.65	24	19.14	24	19.79	24	19.86	24	20.68	24	20.07	24	20.21	
	1992	4	21.19	4	21.54	4	22.03	4	22.04	4	22.46	4	22.90	4	23.16	4	22.35	4	21.72	4	21.30	4	20.28	4	20.25	21.80
		14	21.41	14	22.57	14	22.06	14	22.19	14	22.51	14	22.92	14	23.02	14	22.39	14	21.87	14	20.90	14	20.42	14	20.29	
		24	21.77	24	21.49	24	22.00	24	22.66	24	23.01	24	22.40	24	22.64	24	21.98	24	21.53	24	20.57	24	20.21	24	20.62	

续表

点号	年份	1月 日	1月 水位	2月 日	2月 水位	3月 日	3月 水位	4月 日	4月 水位	5月 日	5月 水位	6月 日	6月 水位	7月 日	7月 水位	8月 日	8月 水位	9月 日	9月 水位	10月 日	10月 水位	11月 日	11月 水位	12月 日	12月 水位	年平均
G21	1993	4	20.75	4		4	21.64	4	21.39	4	20.95	4	20.96	4	20.96	4	20.44	4	20.73	4	20.74	4	20.53	4	20.51	
		14	20.93	14	21.39	14	21.71	14	21.03	14	21.22	14	20.96	14	21.10	14	20.34	14	20.66	14	20.78	14	20.48	14	20.94	20.95
		24	21.38	24	21.49	24	21.59	24	21.38	24	21.01	24	20.79	24	20.56	24	20.54	24	20.59	24	20.68	24	20.58	24	21.02	
	1994	4	21.11	4	21.40	4	21.98	4	21.88	4	21.50	4	21.64	4	21.00	4	22.80	4	23.04	4	23.11	4	23.54	4	23.79	
		14	21.27	14	21.90	14	22.04	14	21.63	14	21.24	14	21.09	14	20.71	14	22.75	14	22.92	14	23.31	14	23.37	14	24.06	22.20
		24	21.30	24	22.00	24	21.73	24	21.47	24	21.48	24	21.09	24	21.20	24	22.57	24	22.80	24	22.33	24	23.62	24	24.43	
	1995	4	24.50	4	24.59	4	24.83	4	24.95	4	25.93	4	24.69	4	28.64	4		4	34.56	4	25.75	4	25.69	4	18.35	
		14	24.53	14	24.49	14	24.62	14	25.56	14	26.49	14	25.88	14	27.99	14		14	34.06	14	28.35	14		14		26.18
		24	24.53	24	24.75	24	24.68	24	25.74	24	25.91	24	28.16	24	28.54	24		24	31.27	24	25.66	24	27.26	24	20.65	
81	1987	15	39.56	15	39.61	15	39.33	15	39.34	15	39.76	15	39.87	15	40.19	15	40.20	15	39.52	15	39.95	15	39.63	15	39.69	39.72
	1988	15	40.27	15	39.87	15	39.85	15	39.91	15	39.93	15	41.62	15	40.82	15	40.09	15	41.52	15	41.62	15	41.71	15		40.66
	1989	15	40.03	15	40.02	15	40.33	15	40.30	15	39.92	15	39.94	15	40.13	15	41.06	15	40.54	15	40.29	15	40.36	15	40.59	40.29
	1991	15	42.72	15	42.75	15	42.73	15	42.77	15	42.75	15	42.75	15	42.75	15	42.77	15	43.10	15	43.18	15	43.25	15	42.80	42.86
	1992	16	42.88	16	43.14	16	43.45	16	43.35	16	43.49	16	43.54	16	43.40	16	43.92	16	44.54	16	43.50	16	43.54	16	43.80	43.55
92	1987	15	34.37	15	34.45	15	34.36	15	34.62	15	34.47	15	34.55	15	34.75	15	34.43	15	33.86	15	34.15	15	34.83	15	34.36	34.43
	1988	15	⟨35.31⟩	15	⟨34.86⟩	15	34.26	15	34.26	15	34.29	15	36.57	15	38.52	15	37.34	15	36.89	15	37.38	15	37.76	15	37.37	36.36
	1989	15	37.05	15	36.93	15	37.34	15	37.30	15	36.99	15	37.03	15	37.47	15	37.77	15	37.03	15	36.96	15	36.92	15		37.18
	1990	18	37.07	18	37.10	18	36.83	18	36.99	18	37.10	18	37.08	18	36.89	18	36.07	18	35.85	18	35.63	18	36.04	18		36.60
	1991	15	37.64	15	37.66	15	37.64	15	38.06	15	38.04	15	37.66	15	38.09	15	38.07	15	37.83	15	38.06	15	38.12	15	37.76	37.89
	1992	16	37.84	16	38.12	16	38.62	16	38.32	16	38.38	16	42.86	16	43.88	16	45.44	16	45.93	16	38.87	16	⟨45.93⟩	16	39.02	40.66
157	1987	4	21.03	4	⟨32.63⟩	4	⟨33.44⟩	4	22.66	4	⟨34.18⟩	4	22.32	4	⟨37.93⟩	4	⟨38.89⟩	4	⟨38.88⟩	4	24.02	4	⟨33.96⟩	4	⟨34.85⟩	
		14	22.01	14	⟨32.74⟩	14	21.53	14	22.07	14	22.26	14	⟨33.97⟩	14	⟨35.35⟩	14	26.28	14	26.42	14	⟨38.68⟩	14	⟨38.21⟩	14	⟨34.64⟩	23.05
		24	22.44	24	⟨32.16⟩	24	22.84	24	⟨34.24⟩	24	22.47	24	⟨33.13⟩	24	⟨33.84⟩	24	⟨38.93⟩	24	24.40	24	⟨38.80⟩	24	⟨34.25⟩	24	⟨34.89⟩	

续表

点号	年份	1月 日	1月 水位	2月 日	2月 水位	3月 日	3月 水位	4月 日	4月 水位	5月 日	5月 水位	6月 日	6月 水位	7月 日	7月 水位	8月 日	8月 水位	9月 日	9月 水位	10月 日	10月 水位	11月 日	11月 水位	12月 日	12月 水位	年平均
157	1988	4	⟨34.32⟩	4	⟨34.69⟩	4	23.74	4	⟨35.39⟩	4	⟨38.44⟩	4	⟨39.61⟩	4	⟨40.87⟩	4	⟨40.54⟩	4	⟨41.07⟩	4	⟨38.27⟩	4	22.58	4	⟨40.53⟩	23.31
		14	⟨34.57⟩	14	24.32	14	23.67	14	⟨35.41⟩	14	⟨38.32⟩	14	⟨39.04⟩	14	⟨40.08⟩	14	25.27	14	22.87	14	23.61	14	22.87	14	23.17	
		24	23.21	24	24.11	24	23.31	24	⟨37.38⟩	24	⟨37.34⟩	24	⟨39.22⟩	24	⟨41.38⟩	24	⟨40.18⟩	24	22.78	24	22.95	24	⟨40.70⟩	24	21.24	
	1989	4	22.77	4	⟨40.31⟩	4	21.70	4	⟨39.71⟩	4	⟨41.10⟩	4	⟨40.79⟩	4	24.86	4	⟨45.68⟩	4	⟨41.90⟩	4	⟨41.62⟩	4	⟨41.17⟩	4	⟨40.41⟩	22.95
		14	22.63	14	21.27	14	21.26	14	⟨39.49⟩	14	⟨40.30⟩	14	⟨42.45⟩	14	⟨43.55⟩	14	27.32	14	23.04	14	⟨41.25⟩	14	21.24	14	⟨40.10⟩	
		24	22.37	24	21.88	24	⟨39.55⟩	24		24	⟨40.99⟩	24	⟨42.03⟩	24	⟨43.36⟩	24	24.80	24	22.88	24	23.23	24	⟨40.36⟩	24	⟨40.01⟩	
	1990	4	22.48	4	22.05	4	22.83	4	⟨43.30⟩	4	⟨44.11⟩	4	⟨44.02⟩	4	⟨44.83⟩	4	30.77	4	⟨45.47⟩	4	⟨45.05⟩	4	⟨44.42⟩	4	⟨44.28⟩	24.54
		14	⟨39.92⟩	14	⟨39.88⟩	14	⟨42.91⟩	14	⟨43.98⟩	14	⟨44.20⟩	14	24.21	14	⟨44.98⟩	14	⟨45.26⟩	14	⟨44.30⟩	14	⟨45.76⟩	14	⟨43.57⟩	14	⟨44.49⟩	
		24	⟨39.67⟩	24	⟨39.81⟩	24	⟨42.88⟩	24	⟨43.86⟩	24	⟨44.31⟩	24	⟨45.01⟩	24	⟨45.48⟩	24	⟨45.11⟩	24	⟨44.88⟩	24	⟨44.19⟩	24	24.53	24	24.92	
	1991	4	⟨43.68⟩	4	⟨48.44⟩	4	⟨51.32⟩	4	⟨52.25⟩	4	⟨52.29⟩	4	⟨52.47⟩	4	29.38	4	⟨53.14⟩	4	⟨54.04⟩	4	⟨53.80⟩	4	⟨53.23⟩	4	⟨52.60⟩	28.90
		14	⟨45.13⟩	14	24.89	14	⟨51.09⟩	14	⟨52.24⟩	14	⟨51.98⟩	14	⟨51.70⟩	14	29.79	14	31.55	14	⟨52.88⟩	14	⟨54.97⟩	14	⟨53.79⟩	14	⟨52.07⟩	
		24	⟨47.03⟩	24	⟨50.87⟩	24	⟨52.14⟩	24	⟨52.32⟩	24	⟨51.74⟩	24	⟨52.48⟩	24	⟨52.85⟩	24	⟨54.51⟩	24	⟨53.24⟩	24	⟨52.19⟩	24	⟨52.10⟩	24	⟨52.28⟩	
	1992	4	⟨52.02⟩	4	⟨53.97⟩	4	⟨56.44⟩	4	⟨56.13⟩	4	⟨57.49⟩	4	⟨59.23⟩	4	⟨58.86⟩	4	⟨60.51⟩	4	⟨60.89⟩	4	⟨54.97⟩	4	⟨59.55⟩	4	⟨60.67⟩	34.12
		14	⟨52.44⟩	14	⟨55.53⟩	14	⟨56.87⟩	14	⟨56.74⟩	14	⟨58.78⟩	14	⟨59.79⟩	14	⟨60.24⟩	14	33.00	14	⟨61.35⟩	14	⟨60.07⟩	14	⟨60.42⟩	14	⟨61.20⟩	
		24	⟨53.54⟩	24	⟨55.20⟩	24	⟨55.55⟩	24	⟨56.10⟩	24	⟨57.16⟩	24	⟨59.05⟩	24	⟨58.55⟩	24	⟨60.12⟩	24	⟨60.45⟩	24	⟨57.88⟩	24	⟨60.10⟩	24	⟨60.34⟩	
	1993	4	⟨61.06⟩	4	⟨60.79⟩	4	⟨65.11⟩	4	⟨64.19⟩	4	⟨65.95⟩	4	⟨65.73⟩	4	⟨64.80⟩	4	⟨66.24⟩	4	⟨65.09⟩	4	34.44	4	28.49	4	29.18	34.55
		14	⟨60.73⟩	14	⟨63.40⟩	14	⟨65.40⟩	14	⟨64.77⟩	14	⟨64.49⟩	14	⟨66.27⟩	14	⟨66.43⟩	14	46.66	14	⟨66.37⟩	14	⟨66.01⟩	14	⟨61.18⟩	14	⟨62.54⟩	
		24	⟨61.14⟩	24	⟨61.37⟩	24	⟨64.27⟩	24	29.44	24	⟨65.18⟩	24	⟨65.53⟩	24	⟨55.16⟩	24	⟨66.72⟩	24	33.20	24	35.32	24	⟨63.60⟩	24	⟨62.90⟩	
	1994	4	⟨63.68⟩	4	⟨62.81⟩	4	⟨59.71⟩	4	⟨60.87⟩	4	⟨54.92⟩	4	⟨55.74⟩	4	⟨57.21⟩	4	⟨57.63⟩	4	⟨62.04⟩	4	⟨62.56⟩	4	33.28	4	33.10	31.73
		14	⟨59.28⟩	14	29.09	14	⟨61.55⟩	14	⟨61.75⟩	14	⟨52.77⟩	14	⟨56.33⟩	14	⟨56.62⟩	14	35.10	14	⟨62.76⟩	14	33.64	14	33.02	14	⟨59.01⟩	
		24	⟨59.41⟩	24	29.25	24	29.62	24	⟨61.78⟩	24	⟨54.20⟩	24	⟨53.71⟩	24	38.62	24	⟨57.42⟩	24	⟨61.08⟩	24	⟨62.25⟩	24	⟨62.28⟩	24	⟨56.68⟩	
	1995	4	⟨58.70⟩	4	⟨57.64⟩	4	⟨58.60⟩	4	⟨62.04⟩	4	⟨62.49⟩	4	⟨63.49⟩	4	⟨64.73⟩	4	⟨66.62⟩	4	⟨56.64⟩	4	⟨63.56⟩	4	⟨63.69⟩	4	⟨64.07⟩	40.09
		14	⟨57.25⟩	14	⟨58.03⟩	14	⟨59.39⟩	14	⟨62.71⟩	14	⟨62.71⟩	14	38.41	14	⟨66.21⟩	14	43.26	14	⟨58.01⟩	14	⟨60.90⟩	14	⟨62.72⟩	14	⟨63.77⟩	
		24	⟨57.90⟩	24	⟨58.16⟩	24	⟨61.71⟩	24	⟨62.28⟩	24	⟨62.43⟩	24	40.07	24	⟨66.21⟩	24	⟨66.49⟩	24	⟨60.28⟩	24	⟨61.27⟩	24	⟨63.50⟩	24	⟨65.89⟩	

续表

点号	年份	1月 日	1月 水位			2月 日	2月 水位			3月 日	3月 水位			4月 日	4月 水位			5月 日	5月 水位			6月 日	6月 水位			7月 日	7月 水位			8月 日	8月 水位			9月 日	9月 水位			10月 日	10月 水位			11月 日	11月 水位			12月 日	12月 水位			年平均
157	1996	4	⟨65.80⟩			4	⟨66.04⟩			4	⟨66.53⟩			4	⟨66.97⟩			4	⟨69.78⟩			4	⟨71.71⟩			4	⟨74.99⟩			4	⟨76.43⟩			4	⟨76.64⟩			4	⟨76.43⟩			4	⟨76.58⟩			4	⟨76.81⟩			48.77
157	1996	14	⟨65.32⟩			14	⟨66.30⟩			14	⟨66.57⟩			14	⟨67.39⟩			14	⟨70.48⟩			14	⟨73.34⟩			14	⟨75.52⟩			14	48.77			14	⟨76.22⟩			14	⟨76.18⟩			14	⟨76.26⟩			14	⟨76.97⟩			
157	1996	24	⟨66.11⟩			24	⟨66.42⟩			24	⟨66.63⟩			24	⟨68.09⟩			24	⟨69.81⟩			24	⟨74.37⟩			24	⟨75.88⟩			24	⟨76.72⟩			24	⟨76.13⟩			24	⟨76.63⟩			24	⟨76.68⟩			24	⟨76.99⟩			
157	1997	4	⟨76.74⟩			4	⟨76.15⟩			4	⟨76.89⟩			4	⟨77.40⟩			4	⟨77.79⟩			4	⟨78.68⟩			4	50.02			4	⟨77.15⟩			4	⟨79.40⟩			4	⟨79.85⟩			4	⟨78.66⟩			4	⟨78.49⟩			50.06
157	1997	14	⟨77.25⟩			14	⟨76.63⟩			14	⟨76.46⟩			14	⟨77.09⟩			14	⟨78.18⟩			14	⟨78.09⟩			14	⟨78.78⟩			14	51.87			14	⟨79.32⟩			14	⟨79.41⟩			14	⟨77.01⟩			14	⟨78.86⟩			
157	1997	24	48.30			24	⟨76.88⟩			24	⟨76.97⟩			24	⟨77.22⟩			24	⟨78.66⟩			24	⟨77.89⟩			24	⟨79.11⟩			24	⟨79.04⟩			24	⟨79.07⟩			24	⟨79.31⟩			24	⟨78.32⟩			24	⟨79.25⟩			
157	1998	4	⟨78.94⟩			4	⟨79.15⟩			4	⟨77.09⟩			4	51.28			4	⟨77.85⟩			14	⟨76.99⟩			14	⟨76.37⟩			14	⟨76.20⟩			14	⟨76.36⟩			14	⟨75.35⟩			14	⟨75.42⟩			14	⟨75.81⟩			54.09
157	1998	14	⟨79.53⟩			14	⟨79.58⟩			14	⟨78.93⟩			14	⟨77.91⟩			14	⟨76.87⟩											24	55.38			24	⟨75.90⟩			24	⟨76.94⟩			24	⟨76.50⟩			24	⟨74.88⟩			24	⟨76.61⟩			55.61
157	1998	24	⟨79.37⟩			24	⟨79.36⟩			24	⟨77.67⟩			24	⟨78.47⟩			24	⟨76.52⟩			24				24	⟨76.18⟩																									
157	1999	4	⟨77.43⟩			4	⟨78.88⟩			4	⟨80.12⟩			4	⟨77.06⟩			4	⟨77.67⟩			4	⟨77.69⟩			4	⟨78.91⟩			4	⟨76.67⟩			4	⟨77.33⟩			4	⟨76.61⟩			4	⟨74.43⟩			4	⟨76.68⟩			49.24
157	1999	14	⟨77.82⟩			14	⟨79.69⟩			14	49.29			14	49.26			14	⟨78.04⟩			14	⟨78.78⟩			14	⟨76.54⟩			14	⟨77.09⟩			14	49.61			14	⟨76.43⟩			14	⟨76.04⟩			14	48.22			
157	1999	24	⟨78.91⟩			24	⟨80.47⟩			24	⟨77.63⟩			24	⟨76.64⟩			24	⟨78.51⟩			24	⟨79.59⟩			24	⟨79.86⟩			24	49.80			24	⟨76.36⟩			24	⟨76.85⟩			24	⟨76.40⟩			24	⟨75.81⟩			
157	2000	4	⟨76.50⟩			4	⟨75.93⟩			4	48.46			4	⟨67.56⟩			4	52.38			4	50.59			4	50.46			4	48.35			4	44.14			4	43.15			4	41.77			4	39.93			46.39
157	2000	14	48.62			14	47.96			14	⟨75.21⟩			14	⟨77.44⟩			14	52.56			14	51.23			14	49.74			14	47.87			14	43.79			14	42.86			14	40.80			14	38.87			
157	2000	24	48.40			24	⟨75.55⟩			24	⟨76.64⟩			24	50.79			24	53.17			24	50.80			24	48.12			24	45.91			24	43.85			24	42.29			24	40.16			24	38.15			
民A1	1987	4	1.15			4	1.17			4	1.05			4	1.11			4	1.11			4	1.26			4	1.03			4	1.05			4	1.07			4	1.05			4	1.20			4	1.05			1.12
民A1	1987	14	1.10			14	1.09			14	1.11			14	1.02			14	1.13			14	1.04			14	1.98			14	1.02			14	1.03			14	1.09			14	1.05			14	1.04			
民A1	1987	24	1.11			24	1.11			24	1.17			24	1.10			24	1.12			24	1.09			24	1.01			24	1.04			24	1.02			24	1.07			24	1.25			24	1.10			
民17	1987	4	4.05			4	4.75			4	4.82			4	4.95			4	4.95			4	5.03			4	4.39			4	4.34			4	5.45			4	⟨5.80⟩			4	4.60			4	4.78			4.81
民17	1987	14	4.48			14	4.67			14	4.80			14	4.85			14	4.85			14	4.89			14	4.71			14	4.45			14	5.39			14	5.41			14	5.32			14	⟨5.38⟩			
民17	1987	24	4.98			24	4.49			24	4.85			24	5.01			24	5.00			24	4.58			24	4.83			24	⟨5.64⟩			24	⟨5.73⟩			24	⟨5.46⟩			24	4.71			24	4.88			
民17	1988	6	4.69			6	5.88			6	5.93			6	5.98			6	6.17			6	5.92			6	5.28			6	5.65			6	5.48			6	5.21			6	5.99			6	6.02			5.55
民17	1988	16	4.76			16	4.48			16	5.96			16	6.05			16	⟨8.05⟩			16	5.10			16	4.83			16	5.66			16	5.11			16	5.22			16	5.62			16	6.12			
民17	1988	26	5.62			26	4.44			26	5.92			26	6.09			26	5.85			26	5.14			26	4.85			26	5.51			26	5.80			26	5.86			26	5.88			26	6.34			

续表

点号	年份	1月 日	1月 水位	2月 日	2月 水位	3月 日	3月 水位	4月 日	4月 水位	5月 日	5月 水位	6月 日	6月 水位	7月 日	7月 水位	8月 日	8月 水位	9月 日	9月 水位	10月 日	10月 水位	11月 日	11月 水位	12月 日	12月 水位	年平均
民17	1989	6	6.45	6	6.56	6	6.81	6	7.00	6	7.05	6	5.25	6	7.08	6	⟨8.74⟩	6	6.35	6	6.11	6	6.35	6	⟨7.37⟩	6.58
		16	6.39	16	6.76	16	6.59	16	7.00	16	6.82	16	6.87	16	⟨8.02⟩	16	7.18	16	6.15	16	5.98	16	6.38	16	6.12	
		26	6.59	26	6.63	26	6.99	26	7.03	26	6.88	26	7.00	26	⟨8.02⟩	26	7.11	26	6.34	26	6.36	26	6.19	26	6.16	
	1990	6	6.65	6	6.61	6	7.03	6	7.25	6	7.31	6	7.22	6	6.52	6	6.52	6	6.05	6	5.41	6	⟨6.29⟩	6	5.91	6.62
		16	6.72	16	6.54	16	7.23	16	7.56	16	7.46	16	6.95	16	⟨7.97⟩	16	⟨7.22⟩	16	5.66	16	5.54	16	⟨6.27⟩	16	6.02	
		26	6.64	26	6.97	26	7.18	26	7.43	26	7.25	26	6.85	26	⟨6.94⟩	26	6.25	26	5.52	26	5.61	26	⟨6.52⟩	26	⟨6.28⟩	
	1991	7	6.58	7	6.78	7	7.04	7	7.24	7	⟨8.12⟩	7	7.08	7	6.94	7	6.39	7	7.05	7	6.95	7	⟨8.10⟩	7	7.29	6.99
		17	6.57	17	6.54	17	7.02	17	7.32	17	⟨7.93⟩	17	6.89	17	6.97	17	7.08	17	7.13	17	7.05	17	7.19	17	7.31	
		27	6.66	27	6.61	27	7.15	27	⟨8.17⟩	27	7.29	27	7.02	27	7.01	27	7.05	27	6.97	27	7.07	27	7.26	27	7.26	
	1992	7	7.34	7	7.42	7	7.64	7	7.71	7	⟨7.64⟩	7	7.45	7	7.00	7	6.62	7	6.49	7	6.19	7	6.25	7	6.42	6.95
		17	7.37	17	7.41	17	7.58	17	⟨7.95⟩	17	7.53	17	7.44	17	6.85	17	6.47	17	6.53	17	6.15	17	6.28	17	6.70	
		27	7.46	27	7.55	27	7.57	27	⟨8.11⟩	27	⟨8.11⟩	27	7.40	27	7.65	27	6.34	27	6.30	27	6.20	27	6.45	27	6.77	
	1993	7	6.84	7	6.95	7	7.10	7	7.06	7	7.11	7	6.95	7	6.81	7	6.54	7	6.28	7	6.35	7	6.48	7	6.84	6.81
		17	6.88	17	7.07	17	7.15	17	7.09	17	7.01	17	6.91	17	6.86	17	6.54	17	6.31	17	6.37	17	6.65	17	6.76	
		27	6.85	27	7.05	27	7.68	27	7.27	27	7.04	27	6.88	27	6.65	27	6.45	27	6.40	27	6.31	27	6.77	27	6.81	
	1994	7	6.85	7	7.22	7	7.54	7	⟨8.01⟩	7	6.91	7	7.08	7	6.77	7	6.95	7	6.95	7	7.11	7	6.54	7	6.74	6.92
		17	6.94	17	7.20	17	7.16	17	7.00	17	6.99	17	7.04	17	6.74	17	6.79	17	6.96	17	6.53	17	6.63	17	6.63	
		27	7.10	27	7.12	27	7.18	27	7.04	27	⟨7.68⟩	27	6.80	27	6.83	27	6.93	27	7.02	27	6.47	27	6.69	27	6.69	
	1995	7	6.66	7	6.79	7	6.84	7	6.87	7	6.94	7	6.94	7	6.96	7	6.89	7	⟨7.73⟩	7	6.99	7	6.96	7	6.98	6.91
		17	6.75	17	⟨7.75⟩	17	6.85	17	6.89	17	6.91	17	6.97	17	6.90	17	6.91	17	6.95	17	6.95	17	6.97	17	6.97	
		27	6.80	27	6.79	27	6.91	27	6.86	27	⟨7.25⟩	27	7.04	27	6.86	27	6.90	27	6.80	27	6.78	27	6.82	27	7.09	
	1996	7	7.14	7	7.12	7	7.11	7	7.07	7	7.26	7	6.95	7	6.87	7	6.91	7	6.76	7	6.80	7	6.73	7	6.86	6.95
		17	7.10	17	7.16	17	7.14	17	7.11	17	7.26	17	6.95	17	6.86	17	6.89	17	6.74	17	6.80	17	6.73	17	6.85	
		27	7.09	27	7.08	27	7.05	27	⟨7.61⟩	27	7.18	27	6.89	27	6.94	27	6.92	27	6.74	27	6.76	27	6.78	27	6.87	

续表

点号	年份	1月 日	1月 水位	2月 日	2月 水位	3月 日	3月 水位	4月 日	4月 水位	5月 日	5月 水位	6月 日	6月 水位	7月 日	7月 水位	8月 日	8月 水位	9月 日	9月 水位	10月 日	10月 水位	11月 日	11月 水位	12月 日	12月 水位	年平均
民17	1997	5	6.94	5		5		5		5		5		5		5		5		5		5		5	7.37	7.06
		15	6.95	15	6.99	15	7.01	15	7.02	15	6.94	15	7.09	15	7.03	15	7.25	15	6.91	15	7.25	15	7.01			
	1998	5	7.20	5	7.29	5	7.27	5	7.25	5	7.14	5	6.89	5	7.10	5	6.36	5	5.80	5	4.98	5	5.20	5	6.28	6.46
		15		15		15		15	7.20	15	7.02	15	6.70	15	6.50	15	6.33	15	5.87	15	5.10	15	6.26	15	6.36	
		25		25		25		25	7.32	25	6.99	25	7.00	25	6.37	25	6.08	25	5.94	25	5.17	25	6.21	25	6.55	
	1999	5	6.58	5	6.64	5	〈7.28〉	5	7.02	5	6.85	5	6.41	5	6.01	5	5.96	5	6.13	5	5.97	5	6.10	5	6.49	6.39
		15	6.63	15	6.72	15	6.99	15	6.94	15	6.87	15	6.32	15	5.91	15	6.00	15	6.17	15	5.93	15	6.03	15	〈6.65〉	
		25	6.67	25	6.79	25	〈7.48〉	25	6.92	25	6.53	25	6.20	25	5.94	25	〈6.94〉	25	5.95	25	5.99	25	6.40	25	6.52	
	2000	5	7.51	5	7.49	5	6.84	5		5		5		5		5		5		5		5		5		7.14
		10	7.51	10	6.69	10	6.60	10	〈7.05〉	10		10		10		10		10		10		10		10		
		15		15		15		15		15		15		15		15		15		15		15		15		
		25	7.73	25	6.71	25	〈7.18〉	25	7.18	25		25		25		25		25		25		25		25		
桥2-3	1987	5	5.85	5	5.87	4	5.90	4	〈5.85〉	4	5.87	4	4.19	4	5.07	4	5.75	4	5.60	4	5.90	4	5.82	4	5.90	5.64
		15	5.90	15	5.90	14	5.85	14	5.64	14	5.10	14	4.40	14	5.53	14	5.90	14	5.74	14	5.84	14	5.53	14	5.90	
		25	5.87	25	干	24	5.82	24	5.50	24	5.67	24	5.83	24	4.94	24	6.00	24	5.90	24	4.94	24	5.88	24	5.92	
	1990	4	5.74	4	5.54	4	5.22	4	5.54	4	4.67	4	5.80	4	5.14	4	5.40	4	4.72	4	4.97	4	5.12	4	5.60	5.29
		14	5.72	14	5.52	14	5.16	14	5.52	14	5.05	14	5.70	14	5.30	14	4.64	14	4.82	14	4.89	14	5.20	14	5.68	
		24	5.33	24	5.55	24	5.26	24	5.55	24	4.91	24	5.12	24	5.72	24	5.24	24	4.70	24	6.04	24	5.60	24	5.75	
	1991	4	6.72	4	6.52	4	5.47	4	5.27	4	5.11	4	5.66	4	干	4	干	4	干	4	干	4	6.09	4	6.40	5.75
		14	6.71	14	6.18	14	5.78	14	5.12	14	5.33	14	5.27	14	干	14	干	14	干	14	6.15	14	干	14	干	
		24	6.74	24	5.80	24	5.41	24	5.17	24	4.33	24	5.89	24	干	24	5.43	24	5.84	24	5.44	24	5.68	24	干	
	1992	4	干	4	干	4	干	4	6.35	4	6.25	4	5.68	4	5.38	4	5.00	4	5.59	4	5.50	4	5.88	4	干	5.75
		14	干	14	干	14	干	14	6.42	14	6.04	14	5.51	14	5.53	14	5.69	14	5.00	14	5.48	14	6.51	14	干	
		24	干	24	干	24	干	24	干	24	干	24	5.84	24		24		24		24		24		24		

续表

点号	年份	1月 日	1月 水位	2月 日	2月 水位	3月 日	3月 水位	4月 日	4月 水位	5月 日	5月 水位	6月 日	6月 水位	7月 日	7月 水位	8月 日	8月 水位	9月 日	9月 水位	10月 日	10月 水位	11月 日	11月 水位	12月 日	12月 水位	年平均
桥2-3	1993	4	干	4	6.13	4	6.44	4	5.77	4	6.04	4	5.64	4	6.12	4	6.07	4	6.02	4	6.20	4	6.14	4	6.48	5.98
		14	干	14	干	14	6.16	14	5.96	14	5.60	14	5.72	14	5.41	14	6.08	14	5.80	14	5.85	14	6.22	14	6.48	
		24	6.08	24	6.12	24	5.87	24	6.01	24	5.83	24	5.74	24	5.06	24	5.76	24	6.10	24	6.11	24	6.46	24	干	
	1994	4	6.48	4	6.50	4	6.35	4	6.38	4	6.28	4	6.85	4	5.97	4	7.27	4	6.97	4	7.03	4	7.07	4	6.98	6.63
		14	6.43	14	6.52	14	6.28	14	6.28	14	6.37	14	6.18	14	6.60	14	7.01	14	7.05	14	7.00	14	6.86	14	6.98	
		24	6.45	24	6.54	24	6.39	24	6.07	24	6.49	24	5.65	24	6.29	24	7.00	24	7.02	24	7.01	24	7.00	24	7.06	
	1995	4	6.88	4	7.24	4	7.17	4	7.13	4	7.18	4	7.38	4	7.31	4	7.36	4	7.12	4	7.16	4	7.14	4	7.08	7.15
		14	7.13	14	7.30	14	7.15	14	7.08	14	7.23	14	7.10	14	7.01	14	7.10	14	7.05	14	7.00	14	7.07	14	7.28	
		24	7.19	24	7.23	24	6.86	24	6.90	24	7.22	24	7.20	24	7.07	24	7.04	24	7.16	24	7.01	24	7.20	24	7.82	
	1996	4	7.05	4	7.40	4	7.19	4	7.25	4	7.28	4	6.63	4	7.40	4	6.96	4	6.70	4	7.16	4	7.20	4	7.32	7.18
		14	7.00	14	7.30	14	7.39	14	7.60	14	6.66	14	7.18	14	7.35	14	7.36	14	7.28	14	7.00	14	6.82	14	7.40	
		24	7.36	24	7.35	24	7.37	24	7.15	24	7.35	24	7.39	24	7.42	24	7.19	24	7.27	24	6.78	24	7.00	24	7.26	
	1997	4	7.35	4	7.06	4	7.28	4	6.63	4	7.32	4	7.46	4	7.55	4	7.50	4	7.18	4	7.23	4	6.80	4	7.14	7.16
		14	7.02	14	7.43	14	6.24	14	7.20	14	7.38	14	7.50	14	7.50	14	7.54	14	6.82	14	7.42	14	6.83	14	7.16	
		24	7.02	24	7.08	24	6.67	24	6.60	24	7.47	24	干	24	干	24		24	7.32	24	7.00	24	7.07	24	7.32	
	1998	4	7.16	4	7.01	4	7.20	4	6.93	4	7.16	4	6.90	4	7.50	4	6.90	4	6.95	4	6.73	4	7.46	4	7.40	7.10
		14	7.19	14	7.03	14	7.15	14	6.86	14	7.00	14	7.04	14	6.37	14	6.70	14	6.96	14	6.72	14	7.50	14	7.44	
		24	7.39	24	7.18	24	7.13	24	7.23	24	6.54	24	7.38	24	7.28	24	6.70	24	6.98	24	7.45	24	7.51	24	7.47	
	1999	4	7.48	4	6.90	4	7.80	4	6.73	4	6.74	4	7.06	4	5.58	4	7.12	4	7.23	4	6.58	4	7.10	4	7.10	6.88
		14	7.50	14	6.78	14	6.83	14	7.00	14	5.80	14	6.68	14	5.95	14	7.24	14	7.10	14	7.08	14	7.06	14	7.08	
		24	7.49	24	6.78	24	6.76	24	6.77	24	7.15	24	6.22	24	5.70	24	6.92	24	7.08	24	7.03	24	7.10	24	7.06	
	2000	5	7.19	4	7.11	4	7.15	4	6.57	4	7.40	4	7.16	4	7.05	4	7.29	4	6.87	4	6.69	4	6.76	4	6.58	6.98
		15	7.19	14	7.17	14	7.12	14	7.20	14	7.22	14	7.43	14	7.25	14	6.71	14	7.11	14	5.76	14	6.62	14	6.85	
		25	7.11	24	7.16	24	7.06	24	7.29	24	7.46	24	6.63	24	7.41	24	6.68	24	6.91	24	6.64	24	6.59	24	6.83	

续表

点号	年份	1月 日	1月 水位	2月 日	2月 水位	3月 日	3月 水位	4月 日	4月 水位	5月 日	5月 水位	6月 日	6月 水位	7月 日	7月 水位	8月 日	8月 水位	9月 日	9月 水位	10月 日	10月 水位	11月 日	11月 水位	12月 日	12月 水位	年平均
B15	1987	4	〈48.11〉	4	〈47.98〉	4	34.83	4	32.10	4	34.83	4	〈51.02〉	4	〈50.11〉	4	〈51.72〉	4	〈52.58〉	4	〈54.22〉	4	〈49.84〉	4	33.27	34.13
		14	〈47.93〉	14	〈47.12〉	14	32.02	14	31.39	14	〈51.01〉	14	〈51.02〉	14	〈52.06〉	14	37.83	14	37.91	14	〈52.38〉	14	〈49.75〉	14	〈50.26〉	
		24	〈48.47〉	24	〈47.88〉	24	32.32	24	34.78	24	〈51.11〉	24	〈50.23〉	24	〈51.83〉	24	〈52.52〉	24	〈54.09〉	24	〈52.53〉	24	〈49.41〉	24	〈49.58〉	
	1988	6	〈49.85〉	6	〈49.51〉	6	34.18	6	34.10	6	〈47.00〉	6	〈50.31〉	6	〈51.92〉	6	〈51.99〉	6	〈51.26〉	6	〈49.96〉	6	〈49.33〉	6	〈49.62〉	34.34
		16	〈49.46〉	16	〈49.53〉	16	33.57	16	33.33	16	〈50.70〉	16	36.08	16	〈51.11〉	16	35.67	16	〈50.29〉	16	〈49.94〉	16	〈49.35〉	16	〈49.03〉	
		26	〈49.64〉	26	〈49.22〉	26	34.60	26	33.15	26	〈50.65〉	26	〈50.70〉	26	〈51.75〉	26	〈51.46〉	26	〈50.09〉	26	〈49.59〉	26	〈49.77〉	26	〈48.60〉	
	1989	6	〈48.88〉	6	〈48.81〉	6	〈47.44〉	6	〈47.73〉	6	〈48.67〉	6	〈49.73〉	6	〈47.05〉	6	〈49.54〉	6	〈49.50〉	6	〈49.39〉	6	〈33.15〉	6	〈48.37〉	36.17
		16	〈48.58〉	16	〈47.46〉	16	〈47.21〉	16	〈46.83〉	16	〈48.29〉	16	〈49.75〉	16	〈50.09〉	16	36.17	16	〈49.18〉	16	〈49.48〉	16	〈46.09〉	16	〈48.19〉	
		26	〈48.53〉	26	〈48.56〉	26	〈46.87〉	26	〈45.96〉	26	〈49.31〉	26	〈51.26〉	26	〈50.88〉	26	〈49.41〉	26	〈49.27〉	26	〈48.16〉	26	〈48.89〉	26	〈48.14〉	
	1990	6	〈47.05〉	6	〈46.17〉	6	〈47.32〉	6	〈49.92〉	6	〈49.90〉	6	〈50.50〉	6	〈51.30〉	6	36.51	6	30.09	6	31.78	6	〈51.65〉	6	31.17	32.14
		16	〈46.46〉	16	〈46.84〉	16	〈48.09〉	16	〈52.45〉	16	〈52.69〉	16	〈51.55〉	16	〈51.88〉	16	36.40	16	30.01	16	31.52	16	31.21	16	31.26	
		26	〈46.35〉	26	〈46.95〉	26	〈49.19〉	26	〈50.95〉	26	〈49.91〉	26	〈52.01〉	26	〈50.32〉	26	33.93	26	31.34	26	31.81	26	31.38	26	31.58	
	1991	7	31.17	7	30.32	7	〈47.26〉	7	〈42.33〉	7	34.65	7	〈46.23〉	7	〈48.62〉	7	〈48.74〉	7	37.32	7	〈48.08〉	7	〈48.35〉	7	34.87	34.56
		17	30.48	17	30.70	17	〈44.46〉	17	〈43.12〉	17	〈46.00〉	17	〈47.10〉	17	38.51	17	39.20	17	37.09	17	〈48.41〉	17	〈48.21〉	17	32.74	
		27	30.16	27	〈45.87〉	27	〈41.70〉	27	〈44.71〉	27	〈44.48〉	27	〈47.59〉	27	〈48.24〉	27	37.63	27	36.84	27	36.78	27	36.60	27	32.44	
	1992	7	〈48.27〉	7	〈48.78〉	7	36.83	7	36.14	7	〈49.08〉	7	37.20	7	〈49.97〉	7	38.43	7	〈52.47〉	7	〈53.29〉	7	〈50.68〉	7	〈49.49〉	37.00
		17	〈48.44〉	17	〈48.51〉	17	〈48.79〉	17	〈48.97〉	17	36.78	17	37.37	17	〈52.27〉	17	〈52.10〉	17	〈52.81〉	17	〈51.74〉	17	〈50.23〉	17	〈50.80〉	
		27	36.14	27	36.67	27	36.43	27	〈49.11〉	27	37.09	27	36.91	27	〈51.84〉	27	38.05	27	53.08	27	〈46.08〉	27	〈51.30〉	27	〈52.74〉	
	1993	7	〈51.31〉	7	〈50.96〉	7	〈50.44〉	7	〈50.96〉	7	〈50.70〉	7	〈51.81〉	7	〈50.06〉	7	〈51.53〉	7	〈51.27〉	7	〈52.10〉	7	〈51.63〉	7	〈51.30〉	40.15
		17	〈51.50〉	17	〈50.95〉	17	〈52.15〉	17	〈50.82〉	17	〈51.45〉	17	〈50.63〉	17	〈51.30〉	17	41.65	17	〈50.66〉	17	〈51.49〉	17	〈52.18〉	17	〈51.79〉	
		27	〈51.90〉	27	〈50.96〉	27	〈52.36〉	27	〈50.88〉	27	〈50.62〉	27	〈50.95〉	27	40.17	27	〈51.19〉	27	〈52.37〉	27	〈51.59〉	27	38.64	27	〈52.01〉	
		10	〈51.28〉	10	42.00	10	39.05	10	37.86	10	37.12	10	〈54.40〉	10	42.77	10	〈58.40〉	10	〈59.78〉	10	〈58.32〉	10	〈59.94〉	10	45.93	
	1994	17	41.67	17	〈56.68〉	17	38.82	17	37.74	17	〈55.14〉	17	〈55.13〉	17	〈57.81〉	17	〈56.63〉	17	〈59.95〉	17	〈59.63〉	17	〈60.26〉	17	〈60.33〉	40.90
		20	〈59.67〉	20	38.69	20	38.94	20	37.49	20	〈55.08〉	20	〈54.66〉	20	〈58.14〉	20	45.67	20	〈58.66〉	20	〈59.24〉	20	〈58.63〉	20	45.78	
		27	〈59.95〉	27	38.12	27	38.01	27	37.66	27	〈55.23〉	27	〈55.23〉	27	〈58.77〉	27	〈57.93〉	27	〈58.12〉	27	〈58.85〉	27	〈61.19〉	27	45.78	
		30	〈61.11〉	30	38.17	30	38.82	30	37.35	30	〈54.54〉	30	〈54.74〉	30	〈57.49〉	30	〈57.80〉	30	46.02	30	46.53	30	〈58.28〉	30	46.70	
		30	〈56.47〉	30	38.58	30	38.77	30	36.96	30	〈55.27〉	30	〈56.60〉	30	〈58.08〉	30	46.38	30	〈57.89〉	30	〈61.34〉	30	〈58.43〉	30	46.38	

续表

点号	年份	日	1月 水位	日	2月 水位	日	3月 水位	日	4月 水位	日	5月 水位	日	6月 水位	日	7月 水位	日	8月 水位	日	9月 水位	日	10月 水位	日	11月 水位	日	12月 水位	年平均
B15	1995	7	47.05	7	46.23	7	46.67	7	43.61	7	44.75	7	44.07	7	47.41	7	⟨60.66⟩	7	⟨60.98⟩	7	⟨62.20⟩	7	⟨62.60⟩	7	41.02	46.14
		10	47.42	10	46.72	10	47.15	10	44.79	10	45.20	10	44.89	10	⟨61.50⟩	10	⟨60.93⟩	10	⟨61.23⟩	10	⟨62.31⟩	10	⟨62.25⟩	10	⟨64.91⟩	
		17	46.75	17	47.67	17	46.48	17	45.10	17	45.40	17	46.01	17	48.70	17	51.68	17	⟨61.60⟩	17	⟨61.14⟩	17	⟨63.76⟩	17	⟨65.22⟩	
		20	46.40	20	47.82	20	46.30	20	45.10	20	45.28	20	45.76	20	⟨61.21⟩	20	⟨60.41⟩	20	⟨62.01⟩	20	⟨62.44⟩	20	⟨64.33⟩	20	⟨65.02⟩	
		27	46.62	27	47.43	27	45.01	27	45.17	27	45.14	27	45.93	27	⟨59.53⟩	27	⟨61.02⟩	27	⟨62.11⟩	27	⟨62.99⟩	27	⟨64.51⟩	27	52.28	
		30	46.21	30	47.03	30	43.80	30	44.91	30	44.79	30	⟨63.38⟩	30	⟨60.05⟩	30	⟨61.12⟩	30	⟨62.29⟩	30	⟨63.40⟩	30	⟨64.99⟩	30	⟨65.49⟩	
	1996	7	⟨65.93⟩	7	⟨65.99⟩	7	⟨67.44⟩	7	⟨67.20⟩	7	⟨69.93⟩	7	⟨73.06⟩	7	⟨76.18⟩	7	⟨77.23⟩	7	⟨78.53⟩	7	⟨78.85⟩	7	⟨79.47⟩	7	⟨80.62⟩	56.52
		10	⟨66.16⟩	10	⟨66.30⟩	10	⟨67.49⟩	10	⟨67.79⟩	10	⟨70.58⟩	10	⟨73.97⟩	10	⟨76.43⟩	10	⟨77.46⟩	10	⟨78.78⟩	10	⟨79.10⟩	10	⟨79.24⟩	10	⟨80.90⟩	
		17	⟨65.64⟩	17	⟨67.90⟩	17	48.57	17	⟨68.69⟩	17	⟨72.99⟩	17	⟨72.68⟩	17	⟨76.90⟩	17	63.35	17	⟨78.66⟩	17	⟨79.32⟩	17	65.94	17	⟨81.11⟩	
		20	⟨66.21⟩	20	⟨67.40⟩	20	49.61	20	⟨68.99⟩	20	⟨73.58⟩	20	⟨73.10⟩	20	⟨77.15⟩	20	⟨77.93⟩	20	⟨78.44⟩	20	⟨78.75⟩	20	⟨79.97⟩	20	⟨81.30⟩	
		27	⟨65.73⟩	27	⟨66.74⟩	27	48.76	27	⟨68.93⟩	27	⟨73.98⟩	27	⟨74.03⟩	27	⟨77.31⟩	27	⟨78.72⟩	27	⟨78.69⟩	27	⟨78.81⟩	27	⟨80.29⟩	27	65.19	
		30	⟨65.80⟩	30	⟨67.01⟩	30	48.53	30	⟨67.80⟩	30	⟨74.17⟩	30	62.24	30	⟨77.24⟩	30	⟨78.87⟩	30	⟨78.50⟩	30	⟨78.34⟩	30	⟨80.48⟩	30	⟨81.44⟩	
	1997	5	⟨80.88⟩	5	⟨81.17⟩	5	⟨81.62⟩	5	⟨82.07⟩	5	⟨81.27⟩	5	⟨82.67⟩	5	⟨78.48⟩	5	⟨78.20⟩	5	⟨78.46⟩	5	⟨77.65⟩	5	64.34	5	64.30	64.09
		10	⟨80.95⟩	10	64.95	10	⟨81.57⟩	10	⟨81.09⟩	10	⟨81.79⟩	10	⟨83.02⟩	10	⟨79.96⟩	10	63.85	10	⟨80.07⟩	10	⟨79.05⟩	10	64.27	10	63.62	
		15	65.00	15	⟨81.34⟩	15	⟨81.28⟩	15	⟨80.05⟩	15	⟨81.00⟩	15	⟨80.87⟩	15	⟨77.96⟩	15	⟨81.66⟩	15	⟨78.69⟩	15	⟨78.28⟩	15	63.93	15	63.35	
		20	64.70	20	⟨81.41⟩	20	⟨81.76⟩	20	⟨81.36⟩	20	⟨81.51⟩	20	⟨81.60⟩	20	⟨80.59⟩	20	⟨77.25⟩	20	⟨79.06⟩	20	⟨77.80⟩	20	64.06	20	63.30	
		25	64.62	25	⟨81.29⟩	25	⟨80.99⟩	25	⟨81.77⟩	25	⟨81.60⟩	25	⟨76.96⟩	25	⟨81.68⟩	25	⟨78.98⟩	25	⟨78.07⟩	25	⟨78.91⟩	25	63.74	25	63.51	
		30	64.89	30	⟨81.58⟩	30	⟨81.93⟩	30	⟨82.08⟩	30	⟨82.04⟩	30	⟨82.10⟩	30	⟨81.51⟩	30	⟨82.24⟩	30	⟨78.41⟩	30	⟨78.12⟩	30	63.92	30	63.24	
	1998	5	63.29	5	⟨77.28⟩	5	⟨77.59⟩	5	⟨77.40⟩	5	⟨79.68⟩	5	⟨77.48⟩	5	⟨77.28⟩	5	⟨78.08⟩	5	⟨78.69⟩	5	⟨77.40⟩	5	⟨77.49⟩	5	⟨78.15⟩	64.95
		10	63.37	10	⟨77.54⟩	10	⟨77.27⟩	10	⟨77.57⟩	10	⟨78.24⟩	10	⟨77.29⟩	10	⟨77.31⟩	10	⟨77.37⟩	10	⟨78.06⟩	10	⟨77.08⟩	10	⟨76.81⟩	10	⟨77.71⟩	
		15	⟨76.13⟩	15	⟨77.00⟩	15	⟨77.10⟩	15	⟨77.94⟩	15	⟨77.88⟩	15	⟨77.50⟩	15	⟨77.01⟩	15	66.03	15	⟨77.33⟩	15	⟨76.10⟩	15	⟨77.22⟩	15	⟨78.36⟩	
		20	⟨76.61⟩	20	⟨76.90⟩	20	⟨77.21⟩	20	⟨78.22⟩	20	64.11	20	⟨77.53⟩	20	⟨77.36⟩	20	⟨77.81⟩	20	⟨77.78⟩	20	⟨75.71⟩	20	⟨77.55⟩	20	⟨78.82⟩	
		25	⟨76.95⟩	25	⟨76.78⟩	25	⟨77.33⟩	25	⟨78.54⟩	25	66.87	25	⟨77.86⟩	25	⟨76.96⟩	25	⟨74.83⟩	25	66.02	25	⟨77.12⟩	25	⟨79.51⟩	25	⟨78.55⟩	
		30	⟨77.88⟩	30	⟨77.28⟩	30	⟨77.75⟩	30	⟨78.26⟩	30	⟨77.51⟩	30	⟨77.02⟩	30	⟨77.08⟩	30	⟨75.27⟩	30	⟨78.33⟩	30	⟨76.60⟩	30	⟨79.15⟩	30	⟨79.12⟩	

续表

点号	年份	1月 日	1月 水位	2月 日	2月 水位	3月 日	3月 水位	4月 日	4月 水位	5月 日	5月 水位	6月 日	6月 水位	7月 日	7月 水位	8月 日	8月 水位	9月 日	9月 水位	10月 日	10月 水位	11月 日	11月 水位	12月 日	12月 水位	年平均
B15	1999	5	〈77.46〉	5	〈79.07〉	5	〈77.98〉	5	〈75.46〉	5	〈80.37〉	5	〈83.40〉	5	〈82.27〉	5	〈84.29〉	5	〈84.80〉	5	〈84.90〉	5	65.37	5	〈84.17〉	63.70
		10	〈76.75〉	10	〈79.87〉	10	〈77.29〉	10	〈76.13〉	10	〈80.91〉	10	〈83.23〉	10	〈82.98〉	10	〈84.80〉	10	〈85.23〉	10	〈85.89〉	10	〈85.08〉	10	63.20	
		15	〈77.83〉	15	〈77.20〉	15	62.37	15	〈75.96〉	15	〈81.08〉	15	〈83.11〉	15	〈84.17〉	15	〈84.34〉	15	65.02	15	〈86.08〉	15	〈86.12〉	15	〈85.03〉	
		20	〈77.88〉	20	〈78.90〉	20	62.19	20	〈77.41〉	20	〈81.40〉	20	〈82.89〉	20	〈83.80〉	20	〈85.13〉	20	〈84.30〉	20	〈85.40〉	20	〈84.70〉	20	〈84.52〉	
		25	〈78.30〉	25	〈76.86〉	25	〈74.99〉	25	〈78.90〉	25	〈82.30〉	25	〈82.52〉	25	〈84.71〉	25	〈85.30〉	25	〈84.12〉	25	〈85.27〉	25	63.16	25	63.99	
		30	〈80.25〉	30	〈77.67〉	30	〈75.02〉	30	〈79.77〉	30	〈83.02〉	30	〈82.37〉	30	〈84.33〉	30	〈84.91〉	30	〈85.08〉	30	〈85.70〉	30	〈85.00〉	30	64.27	
	2000	5	〈82.20〉	5	〈81.34〉	5	60.64	5	59.10	5	60.24	5	62.20	5	59.55	5	61.21	5	57.17	5	55.05	5	53.65	5	55.07	58.88
		10	〈82.89〉	10	61.80	10	59.75	10	58.83	10	60.65	10	61.94	10	59.99	10	61.74	10	56.93	10	54.21	10	53.14	10	〈63.24〉	
		15	〈82.58〉	15	〈79.15〉	15	60.20	15	61.22	15	61.33	15	61.71	15	60.83	15	61.35	15	58.78	15	52.36	15	53.59	15	〈62.77〉	
		20	〈83.27〉	20	〈80.28〉	20	〈79.89〉	20	59.95	20	61.59	20	62.57	20	60.89	20	60.74	20	57.24	20	52.67	20	54.22	20	55.34	
		25	61.25	25	62.30	25	60.37	25	60.36	25	61.04	25	61.29	25	61.27	25	61.04	25	57.94	25	54.08	25	54.88	25	〈65.00〉	
		30	61.29	30	61.16	30	59.80	30	59.71	30	61.37	30	62.01	30	60.65	30	59.89	30	56.86	30	54.60	30	54.40	30	54.98	
桥2	1988	4	5.91	4	5.84	4	5.53	4	4.64	4	5.80	4	5.19	4	4.40	4	5.40	4	5.10	4	5.30	4	5.21	4	5.98	5.35
		14	5.91	14	5.83	14	4.84	14	4.90	14	5.38	14	5.21	14	5.37	14	4.36	14	5.22	14	5.80	14	5.34	14	6.00	
		24	5.15	24	5.84	24	4.90	24	5.40	24	5.11	24	5.90	24	5.05	24	5.03	24	5.36	24	4.93	24	5.97	24	5.96	
	1989	4	5.96	4		4	5.37	4	5.20	4	5.15	4	4.19	4	5.76	4	干	4	5.07	4	4.94	4	5.07	4	干	5.37
		14	5.96	14	5.95	14	5.34	14	5.10	14	5.20	14	5.73	14	干	14	干	14	5.12	14	5.17	14	5.16	14	5.74	
		24	5.97	24	5.50	24	5.26	24	5.07	24	5.48	24		24	干	24	干	24	5.00	24	5.18	24	5.50	24	5.69	
27	1988	5	6.08	5	9.09	5	〈31.30〉	5	〈26.98〉	5	〈27.94〉	5	〈25.77〉	5	7.37	5	6.56	5	〈29.34〉	5	5.49	5	5.63	5	〈29.33〉	6.24
		15	6.00	15	〈29.79〉	15	〈32.99〉	15	〈28.19〉	15	〈26.44〉	15	〈30.99〉	15	〈30.30〉	15	〈32.06〉	15	5.69	15	5.80	15	5.32	15	〈29.69〉	
		25	〈26.71〉	25	〈28.11〉	25	〈26.66〉	25	〈27.76〉	25	〈25.91〉	25	6.78	25	〈32.31〉	25	〈28.87〉	25	5.56	25	5.76	25	〈20.39〉	25	〈26.69〉	
	1989	5	4.45	5	5.54	5	6.46	5	6.66	5	6.17	5	5.51	5	5.29	5	5.26	5		5	4.70	5	4.76	5	4.97	5.38
		15	4.72	15	5.82	15	6.69	15	6.66	15	5.65	15	5.42	15	5.44	15	4.87	15		15	4.56	15	4.78	15	4.60	
		25	5.06	25	5.74	25	6.84	25	6.62	25	5.76	25	5.34	25	5.27	25	4.27	25	4.75	25	4.65	25	4.87	25	4.72	

第三章 宝鸡市

续表

点号	年份	1月 日	1月 水位	2月 日	2月 水位	3月 日	3月 水位	4月 日	4月 水位	5月 日	5月 水位	6月 日	6月 水位	7月 日	7月 水位	8月 日	8月 水位	9月 日	9月 水位	10月 日	10月 水位	11月 日	11月 水位	12月 日	12月 水位	年平均
27	1990	5	⟨48.57⟩	5	⟨48.47⟩	5	⟨48.02⟩	5	⟨53.20⟩	5	⟨52.94⟩	5	⟨52.23⟩	5	⟨49.92⟩	5	⟨45.95⟩	5	⟨49.85⟩	5	⟨49.92⟩	5	⟨44.90⟩	5	⟨46.67⟩	
		15	⟨49.95⟩	15	⟨47.75⟩	15	⟨48.64⟩	15	⟨51.93⟩	15	⟨55.99⟩	15	⟨52.11⟩	15	⟨51.80⟩	15	⟨51.74⟩	15	⟨50.90⟩	15	⟨48.83⟩	15	⟨44.20⟩	15	⟨48.02⟩	
		25	⟨50.31⟩	25	⟨46.35⟩	25	⟨48.58⟩	25	⟨52.49⟩	25	⟨52.66⟩	25	⟨50.39⟩	25	⟨52.25⟩	25	⟨51.40⟩	25	⟨50.22⟩	25	⟨46.85⟩	25	⟨43.90⟩	25	⟨47.88⟩	
28	1988	5	8.60	5	10.75	5	⟨32.09⟩	5	⟨34.82⟩	5	⟨32.20⟩	5	⟨31.18⟩	5	⟨27.61⟩	5	⟨27.96⟩	5	⟨24.78⟩	5	⟨23.53⟩	5	⟨22.68⟩	5	⟨18.50⟩	8.35
		15	6.75	15	⟨32.70⟩	15	⟨34.11⟩	15	⟨34.03⟩	15	⟨33.01⟩	15	⟨30.75⟩	15	⟨27.63⟩	15	6.24	15	5.93	15	⟨23.08⟩	15	11.80	15	⟨18.70⟩	
		25	⟨20.62⟩	25	⟨31.43⟩	25	⟨33.74⟩	25	⟨33.26⟩	25	⟨31.53⟩	25	⟨29.51⟩	25	⟨29.19⟩	25	⟨19.43⟩	25	⟨24.23⟩	25	⟨23.00⟩	25	⟨19.77⟩	25	⟨18.32⟩	
	1989	5	12.73	5	14.59	5	11.35	5	⟨24.68⟩	5	⟨23.49⟩	5	⟨22.62⟩	5	⟨17.71⟩	5	12.10	5	⟨19.22⟩	5	⟨20.67⟩	5	⟨19.81⟩	5	⟨17.50⟩	12.33
		15	⟨20.58⟩	15	⟨24.26⟩	15	⟨23.72⟩	15	⟨25.16⟩	15	⟨22.90⟩	15	⟨22.63⟩	15	⟨11.80⟩	15	⟨23.31⟩	15	⟨21.29⟩	15	⟨17.70⟩	15	⟨16.71⟩	15	⟨17.90⟩	
		25	14.26	25	⟨17.96⟩	25	⟨24.10⟩	25	⟨22.86⟩	25	⟨22.47⟩	25	⟨22.61⟩	25	8.95	25	⟨23.45⟩	25	⟨20.74⟩	25	⟨17.90⟩	25	⟨16.30⟩	25	⟨18.11⟩	
	1990	5	6.63	5	8.20	5	10.28	5	⟨22.13⟩	5	⟨22.06⟩	5	⟨20.67⟩	5	⟨20.81⟩	5	7.95	5	⟨18.85⟩	5	⟨18.47⟩	5	⟨22.93⟩	5	⟨22.95⟩	9.44
		15	6.30	15	8.65	15	12.57	15	9.03	15	⟨21.18⟩	15	⟨21.41⟩	15	⟨19.93⟩	15	⟨19.85⟩	15	⟨18.63⟩	15	⟨18.01⟩	15	⟨21.27⟩	15	⟨23.14⟩	
		25	⟨15.77⟩	25	7.79	25	⟨22.92⟩	25	⟨20.84⟩	25	⟨20.83⟩	25	⟨20.79⟩	25	⟨20.21⟩	25	7.43	25	⟨18.19⟩	25	13.43	25	⟨20.27⟩	25	14.96	
	1991	4	⟨21.08⟩	4	⟨21.35⟩	4	15.30	4	⟨24.18⟩	4	⟨24.77⟩	4	⟨26.74⟩	4	⟨23.55⟩	4	13.97	4	⟨22.73⟩	4	⟨21.94⟩	4	⟨20.92⟩	4	⟨20.35⟩	14.38
		14	⟨21.46⟩	14	⟨21.62⟩	14	15.61	14	⟨23.18⟩	14	⟨24.95⟩	14	⟨24.44⟩	14	⟨24.15⟩	14	14.45	14	⟨22.17⟩	14	⟨21.38⟩	14	⟨19.85⟩	14	⟨21.93⟩	
		24	⟨21.84⟩	24	11.58	24	15.88	24	⟨23.56⟩	24	⟨25.13⟩	24	⟨24.32⟩	24	15.18	24	⟨21.90⟩	24	13.08	24	⟨20.99⟩	24	⟨19.22⟩	24	⟨22.61⟩	
	1992	5	17.54	5	17.41	5	17.63	5	⟨29.49⟩	5	⟨29.63⟩	5	⟨30.49⟩	5	⟨28.73⟩	5	⟨30.72⟩	5	16.43	5		5		5		18.87
		15	16.68	15	⟨22.05⟩	15	⟨26.92⟩	15	⟨29.58⟩	15	⟨28.94⟩	15	⟨30.60⟩	15	⟨28.40⟩	15	18.35	15		15		15		15		
		25	17.06	25	⟨25.38⟩	25	⟨28.95⟩	25	⟨30.00⟩	25	⟨30.16⟩	25	24.63	25	24.14	25	18.19	25		25		25		25		
180	1988	5	27.66	5	27.19	5	25.95	5	25.78	5	24.53	5	22.36	5	20.75	5	18.19	5	18.82	5	18.10	5	15.94	5	15.03	21.81
		15	27.71	15	26.25	15	26.62	15	25.63	15	24.33	15	22.70	15	21.75	15	22.21	15	19.70	15	19.42	15	15.52	15	15.15	
		25	27.58	25	26.25	25	26.37	25	25.28	25	24.92	25	23.62	25	21.85	25	20.19	25	20.05	25	16.27	25	14.70	25	15.25	
	1989	5	14.51	5	14.83	5	15.25	5	15.91	5	13.91	5	16.92	5	15.28	5	15.64	5	13.87	5	12.37	5	11.93	5	⟨15.40⟩	14.38
		15	14.70	15	14.69	15	15.03	15	14.45	15	14.64	15	16.74	15	⟨17.84⟩	15	15.42	15	14.72	15	12.50	15	11.38	15	12.90	
		25	⟨18.06⟩	25	14.36	25	15.41	25	14.54	25	14.59	25	14.33	25	16.42	25	13.84	25	14.16	25	12.86	25	12.10	25	⟨15.29⟩	

续表

点号	年份	1月 日	1月 水位	2月 日	2月 水位	3月 日	3月 水位	4月 日	4月 水位	5月 日	5月 水位	6月 日	6月 水位	7月 日	7月 水位	8月 日	8月 水位	9月 日	9月 水位	10月 日	10月 水位	11月 日	11月 水位	12月 日	12月 水位	年平均
180	1990	5	12.44	5	11.47	5	13.12	5	13.51	5	〈15.20〉	5	〈18.59〉	5	〈14.71〉	5	15.40	5	15.13	5	〈16.97〉	5	〈16.61〉	5	〈21.01〉	13.33
		15	12.67	15	12.03	15	〈15.63〉	15	〈16.32〉	15	〈16.70〉	15	〈20.18〉	15	〈17.80〉	15	〈16.72〉	15	〈18.49〉	15	〈18.28〉	15	〈17.97〉	15	〈20.35〉	
		25	〈16.04〉	25	12.15	25	12.08	25	11.68	25	〈16.00〉	25	〈18.07〉	25	〈18.90〉	25	〈18.19〉	25	〈16.81〉	25	〈18.60〉	25	〈19.51〉	25	18.30	
	1991	5	〈19.45〉	5	〈20.93〉	5	〈21.60〉	5	〈20.64〉	5	〈19.62〉	5	〈20.69〉	5	〈21.55〉	5	〈22.04〉	5	〈20.94〉	5	〈19.38〉	5	18.93	5	18.25	18.82
		15	〈20.70〉	15	〈20.90〉	15	〈20.34〉	15	16.97	15	〈21.92〉	15	〈20.01〉	15	〈21.75〉	15	20.70	15	〈20.82〉	15	〈19.79〉	15	〈19.59〉	15	18.53	
		25	〈21.42〉	25	〈20.16〉	25	20.30	25	〈20.45〉	25	〈21.70〉	25	〈20.59〉	25	〈22.11〉	25	〈21.78〉	25	〈20.02〉	25	〈20.03〉	25	〈19.78〉	25	18.06	
	1992	5	〈20.22〉	5	〈22.67〉	5	〈22.21〉	5	〈22.67〉	5	〈22.21〉	5	〈22.68〉	5	〈22.34〉	5	〈21.66〉	5	〈20.09〉	5	〈19.11〉	5	〈20.11〉	5	〈20.88〉	20.65
		15	〈21.89〉	15	〈21.77〉	15	〈22.24〉	15	〈22.17〉	15	〈21.95〉	15	20.38	15	〈21.15〉	15	20.67	15	〈20.86〉	15	〈20.00〉	15	〈20.08〉	15	〈20.70〉	
		25	〈22.28〉	25	〈22.04〉	25	〈21.92〉	25	〈22.71〉	25	〈22.73〉	25	19.98	25	21.58	25	〈20.77〉	25	〈21.37〉	25	〈20.21〉	25	〈21.30〉	25	〈20.27〉	
	1993	5	〈20.83〉	5	〈21.10〉	5	〈21.37〉	5	〈20.11〉	5	〈22.11〉	5	〈21.54〉	5	〈20.88〉	5	〈20.21〉	5	〈20.62〉	5	〈20.54〉	5	〈19.56〉	5	〈20.70〉	20.10
		15	〈21.07〉	15	〈22.01〉	15	〈21.29〉	15	〈20.88〉	15	〈21.77〉	15	〈21.51〉	15	〈20.64〉	15	20.10	15	〈20.77〉	15	〈19.88〉	15	〈20.20〉	15	〈20.93〉	
		25	〈20.96〉	25	〈21.18〉	25	〈21.44〉	25	〈22.37〉	25	〈21.47〉	25	〈21.26〉	25	〈19.54〉	25	〈20.78〉	25	〈20.68〉	25	〈19.70〉	25	〈20.15〉	25	〈20.72〉	
	1994	5	〈20.12〉	5	〈21.16〉	5	〈21.05〉	5	〈20.56〉	5	〈20.23〉	5	〈20.38〉	5	〈20.11〉	5	〈20.45〉	5	〈20.45〉	5	21.02	5	〈19.49〉	5	〈20.70〉	19.91
		15	〈20.44〉	15	〈21.23〉	15	〈19.79〉	15	〈19.81〉	15	〈20.41〉	15	〈19.68〉	15	〈19.97〉	15	20.85	15	20.14	15	19.71	15	19.16	15	〈19.10〉	
		25	〈20.48〉	25	〈21.00〉	25	〈20.19〉	25	〈19.30〉	25	〈20.60〉	25	〈19.55〉	25	〈19.91〉	25	〈20.40〉	25	〈20.00〉	25	〈20.77〉	25	〈19.42〉	25	〈20.38〉	
	1995	5	〈19.72〉	5	〈21.47〉	5	〈20.80〉	5	〈21.20〉	5	〈21.62〉	5	〈21.89〉	5	〈22.30〉	5	〈23.25〉	5	21.02	5	〈21.48〉	5	〈21.80〉	5	〈19.58〉	21.90
		15	〈20.36〉	15	〈21.10〉	15	〈20.67〉	15	〈21.35〉	15	〈21.40〉	15	〈22.31〉	15	〈22.59〉	15	22.78	15	〈22.05〉	15	〈21.15〉	15	〈20.87〉	15	〈20.84〉	
		25	〈20.60〉	25	〈21.23〉	25	〈21.27〉	25	〈20.75〉	25	〈21.68〉	25	〈22.76〉	25	〈22.14〉	25	〈22.08〉	25	〈21.68〉	25	〈20.85〉	25	〈20.78〉	25	〈21.58〉	
	1996	5	〈20.74〉	5	〈21.00〉	5	〈21.91〉	5	〈22.44〉	5	〈22.32〉	5	〈21.33〉	5	〈22.67〉	5	〈22.78〉	5	〈22.22〉	5	21.43	5	〈21.18〉	5	〈22.07〉	21.43
		15	〈20.92〉	15	〈21.47〉	15	〈21.80〉	15	〈21.65〉	15	〈22.40〉	15	〈18.80〉	15	〈22.60〉	15	〈22.70〉	15	〈21.70〉	15	〈22.54〉	15	〈20.83〉	15	〈20.74〉	
		25	〈20.93〉	25	〈22.00〉	25	〈21.87〉	25	〈21.45〉	25	〈22.41〉	25	〈20.02〉	25	〈23.62〉	25	〈22.80〉	25	〈21.57〉	25	〈22.26〉	25	〈20.31〉	25	〈20.54〉	
	1997	5	〈21.40〉	5	〈21.77〉	5	〈22.03〉	6	〈23.02〉	6	〈22.67〉	6	〈24.03〉	6	〈27.19〉	6	〈28.53〉	6	〈27.58〉	6	〈25.80〉	6	〈25.84〉	6	〈20.28〉	
		15	〈21.14〉	15		15		16	26.48	16	25.23	16	27.70	16	24.86	16	24.30	16	22.08	16	23.33	16	23.90	16	24.60	
	1998	16	27.84	16	27.96	16	27.66	16		16		16		16		16		16		16		16		16		25.50

续表

点号	年份	1月 日	1月 水位	2月 日	2月 水位	3月 日	3月 水位	4月 日	4月 水位	5月 日	5月 水位	6月 日	6月 水位	7月 日	7月 水位	8月 日	8月 水位	9月 日	9月 水位	10月 日	10月 水位	11月 日	11月 水位	12月 日	12月 水位	年平均
180	1999	16	〈28.64〉	16	〈31.43〉	16	〈28.66〉	16	23.74	16	21.52	16	22.03	16	19.53	16	23.84	16	27.10	16	23.36	16	22.34	16	24.48	23.10
	2000	16	26.83	16	27.75	16	28.28	16	26.87	16	28.92	16	28.94	16	25.29	16	25.05	16	23.93	16	22.15	16	20.98	16	24.86	25.82
	1988	5	41.28	5	41.60	5	41.50	5	41.18	5	〈44.22〉	5	〈42.25〉	5	〈39.90〉	5	〈37.43〉	5	34.79	5	34.54	5	31.03	5	29.22	36.30
		15	42.61	15		15	41.41	15	〈43.41〉	15	〈43.52〉	15	〈41.87〉	15	39.38	15	37.89	15	35.09	15	33.53	15	28.67	15	29.89	
		25	〈43.70〉	25	41.44	25	41.23	25	〈42.70〉	25	41.93	25		25	〈38.40〉	25	37.28	25	35.07	25	33.14	25	28.97	25	28.56	
	1989	5	26.92	5	26.21	5	〈32.62〉	5	〈29.81〉	5	33.53	5	〈35.34〉	5	〈31.05〉	5	〈31.30〉	5	〈29.23〉	5	〈27.27〉	5	〈26.80〉	5	〈29.26〉	28.39
		15	26.03	15	26.61	15	〈29.69〉	15	〈32.15〉	15	〈33.64〉	15	〈32.65〉	15	〈31.07〉	15	30.31	15	〈30.79〉	15	〈27.48〉	15	〈27.39〉	15	〈29.08〉	
		25	28.89	25	26.11	25	〈31.87〉	25	〈33.32〉	25	〈33.64〉	25	30.89	25	〈31.47〉	25	〈29.28〉	25	〈27.91〉	25	〈29.01〉	25	〈28.28〉	25	〈29.24〉	
	1990	5	〈28.04〉	5	〈27.13〉	5	〈30.39〉	5	〈31.44〉	5	〈32.49〉	5	〈37.27〉	5	〈34.58〉	5	〈36.98〉	5	〈35.30〉	5	〈33.82〉	5	〈33.75〉	5	〈35.77〉	32.11
		15	〈28.91〉	15	〈38.93〉	15	〈31.53〉	15	〈33.01〉	15	〈34.57〉	15	〈39.63〉	15	〈36.09〉	15	33.17	15	〈37.95〉	15	〈35.02〉	15	〈35.03〉	15	〈35.44〉	
		25	〈29.78〉	25	〈28.75〉	25	〈30.09〉	25	27.83	25	〈34.42〉	25	〈37.22〉	25	〈37.83〉	25	35.33	25	〈36.09〉	25	〈35.43〉	25	〈35.60〉	25	〈35.94〉	
225	1991	5	〈34.27〉	5	〈36.58〉	5	〈37.21〉	5	〈36.55〉	5	〈37.09〉	5	〈40.23〉	5	〈42.23〉	5	〈42.24〉	5	〈39.77〉	5	〈36.57〉	5	35.94	5	〈36.64〉	37.25
		15	〈35.77〉	15	〈36.77〉	15	〈35.94〉	15	〈34.59〉	15	〈40.45〉	15	〈40.08〉	15	〈42.79〉	15	41.09	15	〈39.78〉	15	〈36.49〉	15	〈36.34〉	15	〈35.77〉	
		25	〈37.54〉	25	〈34.63〉	25	〈36.11〉	25	〈37.77〉	25	〈39.99〉	25	〈39.85〉	25	〈44.15〉	25	〈41.94〉	25	36.84	25	〈36.88〉	25	〈36.19〉	25	35.14	
	1992	5	〈39.05〉	5	41.04	5	〈42.40〉	5	〈44.23〉	5	〈43.31〉	5	〈44.31〉	5	〈45.02〉	5	〈45.36〉	5	〈41.98〉	5	〈40.22〉	5	〈41.10〉	5	〈42.77〉	41.95
		15	〈41.63〉	15	〈41.41〉	15	〈42.70〉	15	41.81	15	〈42.55〉	15	〈41.79〉	15	〈43.00〉	15	43.39	15	〈42.84〉	15	〈41.22〉	15	〈41.26〉	15	〈42.51〉	
		25	〈43.00〉	25	40.35	25	〈39.85〉	25	〈44.80〉	25	〈44.66〉	25	〈42.22〉	25	〈45.47〉	25	43.15	25	〈44.75〉	25	〈41.77〉	25	〈41.64〉	25	〈42.67〉	
	1993	5	〈43.55〉	5	〈45.13〉	5	〈45.98〉	5	〈44.72〉	5	〈45.21〉	5	〈46.62〉	5	〈47.32〉	5	〈47.39〉	5	〈48.01〉	5	〈48.51〉	5	45.45	5	〈53.35〉	45.83
		15	44.07	15	〈45.80〉	15	〈45.05〉	15	〈45.17〉	15	〈46.41〉	15	〈47.45〉	15	〈46.89〉	15	46.21	15	〈48.75〉	15	〈51.89〉	15	〈52.22〉	15	〈53.58〉	
		25	〈43.90〉	25	〈44.59〉	25	〈46.02〉	25	〈47.48〉	25	〈45.89〉	25	〈46.70〉	25	〈46.14〉	25	〈47.08〉	25	〈53.09〉	25	〈51.79〉	25	〈48.46〉	25	〈50.93〉	
	1994	5	47.66	5	〈50.96〉	5	〈54.83〉	5	〈52.97〉	5	〈54.90〉	5	〈57.05〉	5	〈54.94〉	5	〈55.68〉	5	〈53.83〉	5	〈54.77〉	5	〈54.52〉	5	51.59	50.39
		15	〈50.44〉	15	〈48.79〉	15	〈51.21〉	15	〈49.91〉	15	〈53.35〉	15	〈55.23〉	15	〈55.27〉	15	53.14	15	〈54.11〉	15	〈53.42〉	15	49.15	15	〈56.87〉	
		25	〈49.59〉	25	〈54.06〉	25	〈52.26〉	25	〈49.63〉	25	〈53.15〉	25	〈53.33〉	25	〈53.95〉	25	〈53.74〉	25	〈54.17〉	25	〈54.50〉	25	〈56.18〉	25	〈57.21〉	

续表

点号	年份	1月 日	1月 水位	2月 日	2月 水位	3月 日	3月 水位	4月 日	4月 水位	5月 日	5月 水位	6月 日	6月 水位	7月 日	7月 水位	8月 日	8月 水位	9月 日	9月 水位	10月 日	10月 水位	11月 日	11月 水位	12月 日	12月 水位	年平均
225	1995	5	⟨57.57⟩	5	⟨54.77⟩	5	⟨55.77⟩	5	52.92	5	⟨56.09⟩	5	55.08	5	57.43	5	⟨61.64⟩	5	⟨60.14⟩	5	⟨60.01⟩	5	⟨59.93⟩	5	⟨59.59⟩	56.11
		15	⟨55.59⟩	15	⟨55.17⟩	15	⟨54.14⟩	15	⟨56.83⟩	15	54.68	15	⟨59.80⟩	15	⟨60.95⟩	15	58.79	15	⟨60.79⟩	15	⟨60.67⟩	15	⟨59.52⟩	15	57.03	
		25	⟨54.94⟩	25	⟨55.02⟩	25	⟨57.97⟩	25	⟨57.48⟩	25	55.87	25	⟨60.06⟩	25	⟨59.91⟩	25	⟨59.54⟩	25	⟨59.47⟩	25	57.11	25	⟨59.65⟩	25	⟨62.20⟩	
	1996	5	57.02	5	⟨59.99⟩	5	⟨59.65⟩	5	57.37	5	⟨62.38⟩	5	⟨62.74⟩	5	⟨64.49⟩	5	61.62	5	⟨62.01⟩	5	⟨63.70⟩	5	⟨64.24⟩	5	⟨65.07⟩	59.59
		15	57.47	15	⟨60.55⟩	15	⟨61.46⟩	15	⟨59.55⟩	15	⟨61.77⟩	15	⟨62.14⟩	15	⟨64.45⟩	15	61.84	15	⟨64.04⟩	15	⟨65.42⟩	15	⟨64.89⟩	15	⟨65.19⟩	
		25	⟨60.00⟩	25	⟨59.03⟩	25	⟨59.00⟩	25	⟨59.92⟩	25	⟨60.89⟩	25	⟨61.73⟩	25	62.19	25	⟨64.09⟩	25	⟨66.12⟩	25	⟨63.70⟩	25	⟨64.89⟩	25	⟨65.20⟩	
	1997	6	⟨65.41⟩	6	⟨66.20⟩	6	⟨66.33⟩	6	⟨65.17⟩	6	⟨66.14⟩	6	⟨68.07⟩	6	66.90	6	66.83	6	69.77	6	68.43	6	68.60	6	68.89	68.03
		16	⟨64.30⟩	16	⟨66.25⟩	16	⟨66.61⟩	16	⟨65.89⟩	16	⟨65.67⟩	16	⟨68.94⟩	16	⟨68.72⟩	16	66.37	16	67.47	16	⟨72.49⟩	16	68.74	16	68.89	
		26	⟨66.45⟩	26	⟨65.49⟩	26	⟨65.57⟩	26	⟨65.05⟩	26	⟨67.19⟩	26	⟨69.62⟩	26	67.37	26	69.45	26	68.20	26	64.27	26	68.74	26	69.55	
	1998	6	70.30	6	⟨72.25⟩	6	70.25	6	70.72	6	70.85	6	70.87	6	69.25	6	66.99	6	69.03	6	68.62	6		6	68.51	69.84
		16	69.99	16	70.37	16	70.85	16	67.23	16	68.97	16	68.55	16	66.33	16	67.27	16	66.99	16	69.77	16	69.67	16	73.06	
		26	69.87	26	70.45	26	70.67	26		26		26	⟨76.20⟩	26	⟨71.12⟩	26	⟨68.84⟩	26	⟨69.82⟩	26	⟨70.06⟩	26	66.43	26	⟨67.09⟩	68.54
	1999	16	70.24	16	70.27	16	67.39	16	⟨70.19⟩	16	⟨71.91⟩	16	⟨46.72⟩	16	⟨46.59⟩	16	⟨44.36⟩	16	36.12	16	⟨41.42⟩	16	⟨67.49⟩			66.31
	2000	16	⟨70.37⟩	16	66.31	16	⟨70.35⟩	5	⟨47.33⟩	5	⟨47.29⟩	5	⟨46.72⟩	5	⟨46.20⟩	5	37.67	5	35.32	5	⟨42.31⟩	5	34.26	5	⟨40.24⟩	
261	1988	5	38.30	5	⟨45.82⟩	5	⟨47.40⟩	5	⟨47.42⟩	5	⟨47.45⟩	5	37.62	5	36.19	5	36.31	5	⟨42.52⟩	5	⟨42.85⟩	5	32.49	5	34.54	35.66
		15	⟨46.12⟩	15	⟨47.17⟩	15	⟨47.39⟩	15	⟨47.93⟩	15	⟨46.87⟩	15	⟨48.71⟩	15	⟨41.22⟩	15	⟨42.58⟩	15	⟨40.13⟩	15	⟨38.07⟩	15	⟨38.28⟩	15	34.64	
		25	⟨47.21⟩	25	⟨47.02⟩	25	⟨46.16⟩	25	⟨42.19⟩	25	⟨42.97⟩	25	⟨43.93⟩	25	⟨41.70⟩	25	32.71	25	⟨40.50⟩	25	⟨37.56⟩	25	34.44	25	⟨41.78⟩	
	1989	5	⟨37.62⟩	5	⟨40.41⟩	5	36.19	5	35.97	5	35.51	5	⟨40.06⟩	5	⟨42.31⟩	5	35.29	5	⟨39.57⟩	5	⟨39.35⟩	5	34.82	5	35.48	34.85
		15	⟨39.10⟩	15	⟨41.89⟩	15	⟨40.01⟩	15	34.30	15	⟨42.62⟩	15	⟨41.23⟩	15	39.92	15	38.07	15	⟨42.42⟩	15	36.75	15	⟨37.00⟩	15	⟨40.59⟩	
		25	32.84	25	⟨40.30⟩	25	⟨40.58⟩	25	⟨42.48⟩	25	⟨42.59⟩	25	39.74	25	⟨42.62⟩	25	37.61	25	⟨44.00⟩	25	⟨43.37⟩	25	37.73	25	⟨43.55⟩	
	1990	5	⟨39.83⟩	5	⟨40.96⟩	5	⟨42.15⟩	5	⟨42.48⟩	5	⟨43.79⟩	5	41.53	5	⟨42.62⟩	5	⟨43.85⟩	5	⟨44.00⟩	5		5	⟨43.55⟩	5	⟨42.99⟩	37.91
		15	⟨40.72⟩	15	36.02	15	⟨42.64⟩	15	⟨42.48⟩	15	⟨43.79⟩	15	41.53	15	⟨42.62⟩	15		15		15	⟨43.37⟩	15	⟨43.55⟩	15	⟨42.99⟩	
		25	⟨40.97⟩	25	⟨40.28⟩	25	⟨41.81⟩	25	33.77	25	36.49	25	39.23	25	39.57	25	37.61	25	39.80	25	38.10	25	⟨43.07⟩	25	37.89	

续表

点号	年份	1月 日	1月 水位	2月 日	2月 水位	3月 日	3月 水位	4月 日	4月 水位	5月 日	5月 水位	6月 日	6月 水位	7月 日	7月 水位	8月 日	8月 水位	9月 日	9月 水位	10月 日	10月 水位	11月 日	11月 水位	12月 日	12月 水位	年平均
261	1991	7	38.06	7	39.65	7	39.38	7	38.90	7	40.80	7	〈46.56〉	7	42.78	7	〈47.82〉	7	〈48.43〉	7	〈46.81〉	7	〈45.19〉	7	〈44.78〉	40.14
		17	〈44.57〉	17	40.71	17	38.76	17	〈44.13〉	17	〈48.14〉	17	〈46.54〉	17	〈48.01〉	17	〈46.99〉	17	〈48.41〉	17	〈43.98〉	17	〈44.78〉	17	〈44.79〉	
		27	〈43.87〉	27	〈43.61〉	27	38.85	27	40.47	27	41.14	27	〈49.04〉	27	〈47.30〉	27	〈43.85〉	27	41.02	27	41.36	27	〈44.35〉	27	〈44.13〉	
	1992	5	〈43.70〉	5	〈47.84〉	5	〈44.97〉	5	〈47.94〉	5	44.22	5	〈48.67〉	5	〈48.43〉	5	44.37	5	〈47.30〉	5	39.10	5	〈43.62〉	5	〈48.57〉	42.46
		15	〈48.30〉	15	〈47.99〉	15	〈45.19〉	15	41.55	15	〈48.66〉	15	〈48.49〉	15	〈47.92〉	15	42.61	15	〈48.06〉	15	〈46.76〉	15	42.52	15	〈46.94〉	
		25	41.51	25	〈47.28〉	25	〈47.38〉	25	〈48.92〉	25	〈48.82〉	25	42.76	25	〈49.49〉	25	〈49.63〉	25	〈45.08〉	25	43.50	25	〈47.77〉	25	〈49.55〉	
	1993	5	43.72	5	43.84	5	〈50.09〉	5	46.91	5	45.09	5	〈49.14〉	5	〈49.26〉	5	47.52	5	〈49.23〉	5	〈49.12〉	5	〈48.19〉	5	〈48.87〉	45.73
		15	〈49.57〉	15	〈48.74〉	15	〈51.37〉	15		15	46.75	15	〈48.27〉	15	〈47.02〉	15	46.03	15	47.28	15	46.97	15	〈51.87〉	15	〈49.16〉	
		25	〈49.16〉	25	〈49.72〉	25	44.88	25	〈49.79〉	25	〈50.35〉	25	44.04	25	〈49.46〉	25	〈49.26〉	25	〈47.97〉	25	〈49.14〉	25	〈48.57〉	25	〈47.67〉	
	1994	5	〈48.89〉	5	〈48.62〉	5	〈50.53〉	5	〈51.13〉	5	〈51.23〉	5	〈51.38〉	5	〈51.20〉	5	〈51.57〉	5	〈52.42〉	5	〈52.32〉	5	〈52.49〉	5	〈51.96〉	49.74
		15	〈51.07〉	15	〈49.02〉	15	〈48.59〉	15	〈51.05〉	15	〈52.66〉	15	〈51.33〉	15	〈51.37〉	15	49.32	15	〈52.12〉	15	49.72	15	〈52.32〉	15	50.18	
		25	〈51.07〉	25	〈51.36〉	25	〈51.17〉	25	〈51.07〉	25	〈51.18〉	25	〈51.23〉	25	〈51.45〉	25	〈51.31〉	25	〈51.99〉	25	〈52.22〉	25	〈52.47〉	25	〈51.52〉	
	1995	5	〈52.46〉	5	〈51.42〉	5	〈52.88〉	5	〈52.75〉	5	〈53.03〉	5	〈56.34〉	5	〈59.02〉	5	〈56.90〉	5	〈58.01〉	5	〈58.79〉	5	〈57.36〉	5	51.39	51.61
		15	〈52.70〉	15	〈52.33〉	15	〈52.98〉	15	〈52.54〉	15	〈52.97〉	15	〈54.68〉	15	〈60.05〉	15	51.23	15	〈58.76〉	15	〈58.36〉	15	〈56.87〉	15	51.39	
		25	〈52.77〉	25	〈51.35〉	25	〈51.99〉	25	〈53.47〉	25	〈56.40〉	25	〈54.92〉	25	51.30	25	〈58.83〉	25	〈53.58〉	25	52.75	25	〈58.52〉	25	〈59.30〉	
	1996	5	〈59.66〉	5	〈60.56〉	5	〈58.39〉	5	51.35	5	〈58.64〉	5	55.08	5	〈58.54〉	5	51.23	5	53.40	5	〈53.44〉	5	〈55.44〉	5	〈56.64〉	53.20
		15	51.33	15	〈60.24〉	15	〈57.56〉	15	54.72	15	〈55.95〉	15	〈56.87〉	15	〈58.52〉	15	〈58.83〉	15	〈53.58〉	15	〈54.31〉	15	〈54.35〉	15	〈56.02〉	
		25	〈59.84〉	25	50.08	25	〈58.46〉	25	〈59.12〉	25	〈57.87〉	25	54.07	25	〈56.81〉	25	〈57.06〉	25	〈57.00〉	25	〈57.55〉	25	〈56.38〉	25	54.90	
	1997	4	〈56.32〉	4	54.32	4	〈58.12〉	4	53.65	4	56.30	4	53.67	4	56.32	4	55.85	4	56.15	4	56.32	4	56.72	4	〈59.13〉	55.50
		14	53.52	14	56.17	14	〈61.06〉	14	56.07	14	56.07	14	55.35	14	〈61.22〉	14	54.37	14	56.34	14	56.07	14	〈58.76〉	14	〈58.04〉	
		24	56.14	24	〈58.42〉	24	〈58.19〉	24	〈59.12〉	24	〈61.30〉	24	56.24	24	55.38	24	57.55	24	53.80	24	54.08	24	〈59.22〉	24	〈57.52〉	
	1998	6	55.62	6	〈62.67〉	6	〈62.64〉	6	〈61.09〉	6	〈61.92〉	6	〈62.92〉	6	〈61.27〉	6	〈63.52〉	6	〈63.64〉	6	〈63.53〉	6	〈62.94〉	6	〈64.75〉	56.12
		16	〈58.76〉	16	〈62.52〉	16	〈63.72〉	16	〈62.64〉	16	〈62.46〉	16	〈63.18〉	16	56.22	16	56.27	16	〈63.82〉	16	〈63.68〉	16	〈62.52〉	16	〈64.36〉	
		26	〈58.52〉	26	〈63.86〉	26	〈63.45〉	26	〈63.02〉	26	〈58.72〉	26	〈61.52〉	26	〈63.85〉	26	〈63.72〉	26	〈63.78〉	26	〈62.73〉	26	〈61.92〉	26	〈64.32〉	

续表

点号	年份	1月 日	1月 水位	2月 日	2月 水位	3月 日	3月 水位	4月 日	4月 水位	5月 日	5月 水位	6月 日	6月 水位	7月 日	7月 水位	8月 日	8月 水位	9月 日	9月 水位	10月 日	10月 水位	11月 日	11月 水位	12月 日	12月 水位	年平均
261	1999	6	56.27	6	⟨66.22⟩	6	⟨65.18⟩	6	⟨63.97⟩	6	54.57	6	53.77	6	53.74	6	⟨63.85⟩	6	56.32	6	56.38	6	⟨66.84⟩	6	⟨59.50⟩	55.66
		16	⟨64.52⟩	16	⟨65.54⟩	16	⟨61.52⟩	16	56.32	16	56.43	16	56.27	16	54.10	16	⟨63.92⟩	16	56.27	16	56.29	16	⟨66.62⟩	16	⟨62.43⟩	
		26	⟨64.77⟩	26	⟨65.52⟩	26	⟨64.02⟩	26	⟨63.44⟩	26	54.52	26	55.94	26	56.40	26	56.25	26	56.36	26	⟨65.87⟩	26	⟨64.89⟩	26	⟨60.08⟩	
	2000	5	⟨62.40⟩	5	⟨63.70⟩	5	⟨62.87⟩	5	54.81	5	55.47	5	57.37	5	⟨63.04⟩	5	⟨66.83⟩	5	58.47	5	⟨67.05⟩	5	55.17	5	53.93	56.11
		15	⟨63.44⟩	15	56.20	15	57.03	15	56.46	15	57.02	15	57.88	15	56.33	15	58.12	15	⟨64.74⟩	15	⟨66.32⟩	15	⟨66.20⟩	15	54.09	
		25	⟨64.14⟩	25	⟨63.27⟩	25	54.22	25	⟨64.82⟩	25	⟨65.06⟩	25	57.62	25	⟨67.44⟩	25	57.79	25	⟨67.08⟩	25	56.44	25	54.47	25	53.37	
265	1988	6		6		6		6		6		6		6		6		6	13.71	6	13.16	6	12.92	6	9.81	12.99
		16		16	⟨15.03⟩	16		16		16		16		16		16		16	13.74	16	13.35	16	13.44	16		
		26		26	⟨14.77⟩	26		26		26		26		26		26		26	13.47	26	12.05	26	14.24	26		
	1988	6	11.71	6	12.64	6	11.44	6	13.46	6	12.39	6	15.37	6	17.29	6	17.90	6	12.55	6	12.87	6	11.25	6	11.67	12.39
		16	⟨18.03⟩	16	15.06	16	13.17	16	13.91	16	12.86	16	15.95	16	16.59	16	17.00	16	13.21	16	12.01	16	12.81	16	12.93	
		26	13.81	26	15.90	26	14.28	26	14.26	26	15.51	26	16.83	26	16.37	26	⟨21.49⟩	26	12.48	26	⟨15.58⟩	26	14.24	26	12.10	
266	1989	6	⟨18.84⟩	6	17.66	6	⟨18.86⟩	6	17.25	6	17.37	6	17.73	6	16.16	6	17.46	6	16.77	6	15.62	6	16.47	6	15.73	15.00
		16	⟨19.35⟩	16	17.24	16	16.42	16	17.90	16	⟨21.81⟩	16	⟨20.32⟩	16	17.07	16	16.52	16	⟨17.43⟩	16	⟨17.24⟩	16	⟨16.54⟩	16	15.41	
	1990	26	15.37	26	17.23	26	16.92	26	17.74	26	⟨21.24⟩	26	17.74	26	17.18	26	16.16	26	⟨19.57⟩	26	15.73	26	16.11	26	15.48	
		7	16.40	7	17.66	7	17.47	7	16.81	7	16.59	7	16.56	7	⟨21.35⟩	7	17.83	7	15.69	7	16.21	7	⟨21.08⟩	7	16.96	16.68
	1991	17	17.68	17	17.24	17	17.86	17	17.74	17	⟨21.01⟩	17	⟨20.51⟩	17	17.68	17	17.20	17	16.87	17	16.13	17	16.04	17	17.07	
		27	17.09	27	17.23	27	⟨21.21⟩	27	15.09	27	16.77	27	16.67	27	18.93	27	⟨21.64⟩	27	16.12	27	16.41	27	17.34	27	16.35	17.39
		7	18.17	7	15.06	7	18.57	7	⟨19.91⟩	7	⟨22.65⟩	7	18.44	7	⟨24.03⟩	7	19.38	7	18.52	7	17.51	7	18.68	7	18.06	
	1992	17	18.75	17	19.14	17	17.82	17	19.71	17	19.24	17	18.44	17	⟨23.39⟩	17	19.49	17	17.77	17	⟨21.36⟩	17	⟨21.67⟩	17	16.95	18.69
		27	19.04	27	18.99	27	19.31	27	18.89	27	18.91	27	⟨21.43⟩	27	18.83	27	⟨23.39⟩	27	⟨22.44⟩	27	17.64	27	17.03	27	18.30	

第三章 宝鸡市

续表

点号	年份	1月 日	1月 水位	2月 日	2月 水位	3月 日	3月 水位	4月 日	4月 水位	5月 日	5月 水位	6月 日	6月 水位	7月 日	7月 水位	8月 日	8月 水位	9月 日	9月 水位	10月 日	10月 水位	11月 日	11月 水位	12月 日	12月 水位	年平均
266	1993	7	19.45	7	〈22.75〉			7	18.70	7	20.05	7	19.75	7	19.33	7	21.02	7	〈25.38〉	7	〈24.54〉	7	〈24.96〉	7	〈23.60〉	19.65
		17	〈23.78〉	17	19.62	17	17.73	17	〈22.45〉	17	20.14	17	〈23.36〉	17	19.66	17	21.40	17	〈24.29〉	17	〈24.72〉	17	〈25.28〉	17	〈24.01〉	
		27	19.07	27	17.91	27	18.92	27	19.53	27	19.69	27	18.13	27	20.06	27	21.69	27	20.94	27	21.91	27	〈24.03〉	27	〈25.01〉	
	1994	7	〈25.62〉	7	20.36	7	21.54	7	22.56	7	21.54	7	21.99	7	23.76	7	〈28.92〉	7	〈27.53〉	7	23.56	7	21.51	7	21.43	22.39
		17	〈24.31〉	17	18.34	17	21.57	17	21.28	17	23.33	17	23.38	17	23.16	17	24.24	17	23.54	17	23.78	17	22.34	17	〈27.31〉	
		27	20.91	27	17.51	27	〈25.39〉	27	22.12	27	23.40	27	23.21	27	24.28	27	23.35	27	23.69	27	23.49	27	23.45	27	23.19	
	1995	7	23.12	7	21.71	7	〈26.12〉	7	23.67	7	24.00	7	23.76	7	23.87	7	24.12	7	25.01	7	24.68	7	24.25	7	23.44	23.51
		17	21.17	17	24.16	17	〈26.40〉	17	24.33	17	24.45	17	24.10	17	21.64	17	24.75	17	23.19	17	24.91	17	24.82	17	22.59	
		27	21.60	27	24.43	27	22.77	27	24.11	27	23.66	27	24.03	27	21.86	27	24.67	27	〈28.91〉	27	〈32.72〉	27	22.64	27	21.99	
	1996	7	21.20	7	〈27.66〉	7	22.89	7	〈28.61〉	7	25.41	7	26.06	7	27.55	7	28.01	7	26.11	7	26.15	7	26.34	7	23.97	25.20
		17	22.56	17	22.87	17	24.23	17	24.41	17	25.81	17	24.24	17	26.63	17	27.38	17	27.46	17	26.66	17	〈28.03〉	17	24.09	
		27	23.03	27	23.95	27	22.69	27	24.77	27	26.06	27	24.03	27	27.16	27	27.12	27	27.10	27	26.42	27	24.57	27	〈27.41〉	
	1997	5	〈27.46〉	5	24.47	5	〈27.59〉	5	25.74	5	24.54	5	26.05	5	26.99	5	28.77	5	27.95	5	28.43	5	25.68	5	24.19	26.04
		15	23.76	15	〈26.45〉	15	24.89	15	25.08	15	〈30.51〉	15	28.05	15	28.81	15	28.54	15	25.79	15	24.95	15	26.13			
		25	24.11	25	24.46	25	24.41	25	24.43	25	26.39	25	28.06	25	27.09	25	〈32.69〉	25	〈31.34〉	25	25.99	25	〈30.03〉	25	26.61	
	1998	5	27.24	5	28.31	5	28.27	5	〈31.91〉	5	27.60	5	27.69	5	26.31	5	24.89	5	25.41	5	〈30.31〉	5	25.57	5	25.17	26.98
		15	26.99	15	27.86	15	〈31.57〉	15	25.66	15	26.86	15	27.56	15	28.72	15	29.64									
		25	〈32.04〉	25	28.25	25	28.11	25	〈29.76〉	25	〈30.61〉	25	26.73	25	〈29.92〉	25	25.86							25	〈31.00〉	
	1999	5	26.95	5	27.03	5	25.33	5	25.66									5	27.55	5	26.66	5	26.56	5	23.32	27.14
	2000	16	26.87	16	26.61	16	27.12	16	〈29.76〉	16		16		16				16	〈30.47〉	16	24.41	16	22.65	16		25.45
267	1988	6				6		6		6		6		6		6		6	13.06	6	14.42	6	11.34	6	11.50	12.54
		15		15		15		15		15		15		15		15		15	〈40.99〉	15	12.76	15	12.39	15	12.48	
		16		16		16		16		16		16		16		16		16	〈40.34〉	16	12.07	16	13.11	16	12.30	

续表

点号	年份	1月 日	1月 水位	2月 日	2月 水位	3月 日	3月 水位	4月 日	4月 水位	5月 日	5月 水位	6月 日	6月 水位	7月 日	7月 水位	8月 日	8月 水位	9月 日	9月 水位	10月 日	10月 水位	11月 日	11月 水位	12月 日	12月 水位	年平均
267	1989	6	11.05	6	11.33	6	11.66	6	〈32.07〉	6	〈30.88〉	6	〈31.71〉	6	〈32.38〉	6	〈30.91〉	6	〈30.66〉	6	14.19	6	〈38.90〉	6	14.07	13.19
		16	12.51	16	11.62	16	12.91	16	〈32.58〉	16	〈31.84〉	16	〈30.52〉	16	〈32.61〉	16	16.56	16	〈30.42〉	16	13.86	16	14.18	16	〈35.70〉	
		26	〈36.86〉	26	12.37	26	13.06	26	〈34.38〉	26	〈32.65〉	26	〈31.51〉	26	〈33.69〉	26	〈31.40〉	26	13.87	26	〈36.68〉	26	14.04	26	13.79	
	1990	6	13.88	6	13.67	6	13.84	6	〈36.21〉	6	〈36.89〉	6	〈38.64〉	6	〈32.93〉	6	17.96	6	〈37.38〉	6	〈33.22〉	6	〈35.87〉	6	〈36.64〉	14.41
		16	13.85	16	14.22	16	〈34.22〉	16	〈37.29〉	16	〈37.73〉	16	〈37.93〉	16	〈35.85〉	16	〈34.56〉	16	〈34.72〉	16	〈33.81〉	16	〈34.85〉	16	〈33.84〉	
		26	13.99	26	13.87	26	〈35.32〉	26	〈36.89〉	26	〈37.51〉	26	〈36.86〉	26	〈35.32〉	26	〈38.04〉	26	〈33.95〉	26	〈34.27〉	26	〈35.74〉	26	〈38.56〉	
	1991	7	〈39.44〉	7	〈40.36〉	7	〈35.49〉	7	13.83	7	〈38.54〉	7	15.04	7	〈38.56〉	7	〈37.77〉	7	〈39.86〉	7	〈40.00〉	7	〈38.64〉	7	〈40.01〉	15.53
		17	〈37.68〉	17	〈39.62〉	17	〈39.70〉	17	13.11	17	16.19	17	〈35.02〉	17	17.21	17	〈38.49〉	17	〈40.50〉	17	〈38.87〉	17	〈37.62〉	17	〈35.98〉	
		27	〈39.01〉	27	〈34.66〉	27	〈37.39〉	27	14.76	27	15.24	27	15.43	27	〈39.57〉	27	18.96	27	〈39.38〉	27	〈40.38〉	27	〈39.16〉	27	〈40.65〉	
	1992	7	〈38.47〉	7	〈45.54〉	7	〈48.44〉	7	〈46.29〉	7	17.92	7	17.41	7	〈44.62〉	7	〈41.30〉	7	〈37.24〉	7	17.55	7	17.08	7	〈34.67〉	17.46
		17	〈40.94〉	17	〈47.99〉	17	〈46.06〉	17	19.49	17	18.19	17	17.68	17	18.43	17	17.71	17	〈38.39〉	17	16.39	17	15.07	17	〈34.00〉	
		27	〈45.45〉	27	〈48.98〉	27	〈46.90〉	27	17.64	27	18.36	27	17.55	27	16.85	27	〈38.40〉	27	〈38.40〉	27	17.00	27	〈39.20〉	27	16.56	
	1993	7	18.11	7	18.19	7	15.32	7	17.59	7	18.88	7	18.76	7	17.98	7	19.72	7	20.55	7	〈40.76〉	7	20.52	7	18.20	18.55
		17	18.36	17	18.29	17	15.23	17	17.98	17	18.84	17	18.09	17	18.20	17	20.14	17	20.16	17	20.32	17	20.58	17	18.02	
		27	17.99	27	15.54	27	17.77	27	18.35	27	18.80	27	16.59	27	18.17	27	20.55	27	20.32	27	〈38.92〉	27	18.10	27	20.34	
	1994	7	20.64	7	17.88	7	20.44	7	21.04	7	〈36.94〉	7	〈38.95〉	7	〈39.61〉	7	〈38.73〉	7	〈37.05〉	7	〈38.91〉	7	〈39.65〉	7	〈34.18〉	19.85
		17	18.85	17	17.08	17	20.44	17	21.21	17	〈39.29〉	17	〈39.31〉	17	〈39.97〉	17	〈39.60〉	17	〈38.12〉	17	〈39.15〉	17	〈37.93〉	17	〈35.18〉	
		27	18.87	27	15.44	27	20.35	27	21.52	27	〈39.81〉	27	〈40.25〉	27	〈41.89〉	27	24.24	27	〈37.73〉	27	〈37.52〉	27	〈38.65〉	27	〈34.74〉	
	1995	7	〈35.18〉	7	〈34.32〉	7	〈34.08〉	7	〈32.16〉	7	〈33.44〉	7	21.94	7	〈30.67〉	7	〈31.64〉	7	〈33.34〉	7	〈32.84〉	7	〈33.36〉	7	〈29.53〉	21.33
		17	〈35.18〉	17	〈36.84〉	17	〈30.60〉	17	〈33.09〉	17	〈32.69〉	17	〈32.94〉	17	19.88	17	25.46	17	〈33.25〉	17	〈32.92〉	17	〈33.53〉	17	19.96	
		27	〈34.31〉	27	〈36.20〉	27	〈31.94〉	27	〈33.21〉	27	〈33.34〉	27	〈32.22〉	27	20.47	27	〈32.47〉	27	〈34.40〉	27	〈33.01〉	27	〈30.38〉	27	20.29	
	1996	7	19.74	7	21.36	7	22.78	7	〈31.17〉	7	〈32.82〉	7	〈34.71〉	7	26.29	7	26.36	7	26.02	7	25.84	7		7	23.64	24.03
		17	22.12	17	21.78	17	21.88	17	〈32.34〉	17	〈34.34〉	17	23.59	17	26.37	17	26.34	17	26.27	17	25.67	17		17	23.15	
		27	21.74	27	22.77	27	22.04	27	〈32.45〉	27	〈34.80〉	27	23.70	27	26.72	27	26.65	27	25.93	27	25.56	27	22.87	27	21.74	

续表

点号	年份	1月 日	1月 水位	2月 日	2月 水位	3月 日	3月 水位	4月 日	4月 水位	5月 日	5月 水位	6月 日	6月 水位	7月 日	7月 水位	8月 日	8月 水位	9月 日	9月 水位	10月 日	10月 水位	11月 日	11月 水位	12月 日	12月 水位	年平均
267	1997	5	21.36	5	22.85	5	22.50	5	24.89	5	22.64	5	24.65	5	25.37	5	27.55	5	26.42	5	24.81	5	23.32	5	23.91	24.09
		15	22.12	15	21.08	15	21.97	15	23.96	15	22.87	15	23.70	15	25.96	15	27.02	15	26.34	15	23.90	15	23.30	15	23.77	
		25	21.92	25	22.92	25	22.92	25	22.72	25	24.61	25	26.39	25	25.30	25	26.87	25	25.96	25	24.22	25	23.28	25	23.86	
	1998	5	25.79	5	25.38	5	25.81	5	25.19	5	25.72	5	26.27	5	25.34	5	21.72	5	22.69	5	23.44	5	22.52	5	21.20	24.27
		15	25.74	15	25.44	15	25.44	15	25.32	15	25.26	15	25.57	15	23.44	15	21.44	15	24.56	15	23.14	15	23.20	15	21.72	
		25	26.16	25	26.77	25	25.46	25	24.64	25	25.07	25	26.64	25	23.48	25	21.57	25	23.61	25	24.34	25	23.51	25	21.29	
	1999	5	23.50	5	23.83	5	21.42	5	〈30.94〉	5	21.98	5	23.55	5	23.64	5	26.16	5	25.85	5	23.78	5	23.25	5	24.38	24.02
		15	24.00	15	23.04	15	22.72	15	〈30.99〉	15	23.04	15	23.44	15	26.92	15	25.14	15	25.33	15	23.47	15	23.01	15	25.01	
		25	24.24	25	22.29	25	〈29.40〉	25	23.13	25	23.09	25	25.52	25	25.94	25	26.22	25	25.04	25	23.13	25	22.44	25	25.24	
	2000	4	25.34	4	24.86	4	23.41	4	22.12	4	23.35	4	23.91	4	22.77	4	23.41	4	21.83	4	24.39	4	21.81	4	20.47	23.03
		14	25.39	14	24.25	14	24.14	14	21.80	14	24.14	14	23.19	14	21.78	14	23.14	14	23.05	14	24.03	14	20.30	14	20.64	
		24	25.15	24	22.90	24	23.45	24	22.23	24	24.63	24	22.62	24	21.49	24	23.62	24	24.16	24	23.50	24	20.94	24	20.99	
268	1988	6	〈14.71〉	6	10.17	6		6		6	8.89	6		6		6		6	8.70	6	9.29	6	8.71	6	〈13.46〉	9.09
		16	9.26	16		16	9.91	16	9.49	16		16	11.22	16	11.54	16	11.56	16	9.00	16	8.59	16	9.60	16	9.57	
		26	8.86	26	9.73	26	9.99	26	9.38	26	9.01	26	11.12	26	12.14	26	11.56	26	10.99	26	9.06	26	〈13.62〉	26	9.30	
	1989	6	10.82	6	9.79	6	9.94	6	9.26	6	10.79	6	11.50	6	11.46	6	11.27	6	10.64	6	10.89	6	11.29	6	10.63	10.39
		16	10.66	16	10.43	16	10.85	16	11.86	16	〈18.20〉	16	12.41	16	11.06	16	11.93	16	10.20	16	10.17	16	10.48	16	9.98	
		26	10.73	26	10.74	26	11.59	26	12.13	26	12.11	26	12.23	26	〈18.33〉	26	〈17.80〉	26	11.51	26	9.22	26	10.76	26	10.44	
	1990	6	12.40	6	10.62	6	12.07	6	11.76	6	〈18.47〉	6	12.27	6	11.88	6	10.66	6	12.15	6	11.76	6	11.89	6	12.46	11.63
		16	12.27	16	10.62	16	12.07	16	10.53	16	12.69	16	12.53	16	〈18.91〉	16	13.80	16	11.49	16	11.57	16	12.36	16	11.83	
		26		26	13.32	26	13.09	26	10.15	26	13.82	26	11.69	26	〈19.28〉	26	〈18.98〉	26	13.70	26	12.24	26	13.94	26	12.34	
	1991	7	12.40	7	13.00	7	13.25	7	10.15	7	13.82	7	11.69	7	〈19.28〉	7	〈18.98〉	7	13.52	7	〈20.07〉	7	〈19.19〉	7	13.46	12.86
		17	12.27	17	13.00	17	13.25	17		17		17		17		17		17	13.52	17	〈19.94〉	17	〈19.19〉	17	13.06	
		27	13.11	27	12.63	27	〈18.12〉	27	12.10	27	12.84	27	〈18.83〉	27	〈19.26〉	27	13.33	27	13.78	27	14.46	27	〈19.88〉	27	11.86	

续表

点号	年份	1月 日	1月 水位	2月 日	2月 水位	3月 日	3月 水位	4月 日	4月 水位	5月 日	5月 水位	6月 日	6月 水位	7月 日	7月 水位	8月 日	8月 水位	9月 日	9月 水位	10月 日	10月 水位	11月 日	11月 水位	12月 日	12月 水位	年平均
268	1992	7	13.48	7	14.52	7	13.35	7	14.65	7	13.99	7	⟨19.61⟩	7	⟨20.84⟩	7	14.15	7	13.95	7	13.64	7	12.47	7	12.95	13.85
		17	14.05	17	14.48	17	13.16	17	14.20	17	14.22	17	⟨19.53⟩	17	14.28	17	14.12	17	13.46	17	11.96	17	12.41	17	⟨19.53⟩	
		27	⟨21.02⟩	27	14.46	27	20.64	27	13.92	27	14.33	27	13.66	27	13.22	27	13.30	27	13.78	27	13.20	27	11.76	27	13.54	
	1993	7	14.70	7	⟨20.14⟩	7	12.83	7	14.05	7	14.94	7	14.91	7	⟨19.96⟩	7	16.30	7	16.79	7	16.46	7	16.86	7	⟨21.66⟩	15.21
		17	14.65	17	14.56	17	12.80	17	14.25	17	14.90	17	⟨20.23⟩	17	14.60	17	15.94	17	16.69	17	16.72	17	17.16	17	15.69	
		27	14.24	27	12.98	27	14.21	27	14.59	27	⟨20.23⟩	27	14.14	27	14.35	27	16.81	27	16.58	27	⟨23.63⟩	27	15.54	27	17.01	
	1994	7	17.14	7	15.54	7	17.23	7	17.75	7	⟨23.16⟩	7	⟨23.52⟩	7	17.73	7	18.66	7	18.34	7	18.14	7	17.00	7	17.23	17.01
		17	14.55	17	15.30	17	16.89	17	⟨23.17⟩	17	17.41	17	16.97	17	⟨23.26⟩	17	18.16	17	17.06	17	18.03	17	16.76	17	17.17	
		27	15.47	27	11.80	27	17.11	27	⟨23.47⟩	27	17.61	27	⟨23.46⟩	27	⟨24.02⟩	27	⟨23.81⟩	27	⟨23.81⟩	27	17.90	27	17.87	27	18.44	
	1995	7	17.76	7	17.22	7	16.96	7	18.18	7	⟨23.74⟩	7	18.14	7	17.49	7	18.90	7	⟨25.06⟩	7	⟨24.46⟩	7	19.21	7	17.64	17.70
		17	14.70	17	18.51	17	16.96	17	⟨23.46⟩	17	18.43	17	18.58	17	16.63	17	18.90	17	18.26	17	⟨24.83⟩	17	⟨24.50⟩	17	16.71	
		27	17.23	27	17.96	27	18.00	27	17.29	27	⟨23.16⟩	27	18.61	27	16.92	27	⟨24.37⟩	27	18.45	27	⟨25.36⟩	27	17.74	27	⟨22.56⟩	
	1996	7	16.55	7	16.76	7	⟨23.25⟩	7	18.21	7	⟨25.29⟩	7	19.71	7	21.54	7	21.21	7	20.72	7	⟨26.46⟩	7	20.60	7	18.51	19.42
		17	⟨23.28⟩	17	⟨23.26⟩	17	17.66	17	18.82	17	⟨25.22⟩	17	19.26	17	⟨24.33⟩	17	⟨26.63⟩	17	21.26	17	18.87	17	19.98	17	18.99	
		27	17.36	27	18.29	27	⟨22.61⟩	27	19.56	27	19.79	27	⟨24.40⟩	27	⟨26.98⟩	27	21.36	27	20.60	27	20.90	27	20.67	27	18.26	
	1997	5	17.91	5	18.03	5	18.46	5	20.87	5	19.10	5	⟨26.87⟩	5	22.31	5	23.42	5	23.29	5	⟨29.34⟩	5	⟨28.82⟩	5	20.46	20.17
		15	18.06	15	17.89	15	17.50	15	19.86	15	19.54	15	18.91	15	23.24	15	23.20	15	⟨29.74⟩	15	⟨25.76⟩	15	23.02	15	⟨27.66⟩	
		25	⟨24.07⟩	25	18.73	25	18.59	25	19.34	25	⟨26.76⟩	25	⟨29.03⟩	25	⟨29.46⟩	25	22.26	25	⟨29.56⟩	25	⟨28.46⟩	25	19.83	25	⟨27.87⟩	
	1998	5	21.64	5	⟨27.46⟩	5	⟨27.86⟩	5	⟨27.92⟩	5	⟨27.36⟩	5	23.58	5	20.68	5	20.44	5	21.91	5	20.26	5	18.56	5	19.58	21.54
		15	21.92	15	22.73	15	⟨28.18⟩	15		15		15		15		15		15		15		15		15		
		25	⟨28.59⟩	25	23.76	25	23.46	25		25		25	20.51	25		25		25		25		25		25		
	1999	15	19.75	15	19.84	15	19.76	15	20.46	15	20.78	15	20.51	15	22.53	15	23.29	15	22.86	15	22.36	15	20.87	15	⟨27.29⟩	21.18
	2000	16	20.33	16	19.79	16	20.26	16	19.95	16	⟨27.97⟩	16	⟨27.31⟩	16	20.66	16	19.58	16	19.23	16	18.70	16	18.01	16	18.64	19.52

第三章　宝鸡市

续表

| 点号 | 年份 | 1月 | | 2月 | | 3月 | | 4月 | | 5月 | | 6月 | | 7月 | | 8月 | | 9月 | | 10月 | | 11月 | | 12月 | | 年平均 |
		日	水位	日	水位	日	水位	日	水位	日	水位	日	水位	日	水位	日	水位	日	水位	日	水位	日	水位	日	水位	
大50	1988	6		6		6		6		6		6		6		6		6	1.10	6	1.55	6	1.28	6	1.51	1.38
		16	1.56	16	1.66	16	1.82	16	1.75	16	1.72	16	1.84	16	1.91	16	⟨3.61⟩	16	1.32	16	1.08	16	1.41	16	1.64	
		26	1.57	26	1.72	26	1.79	26	1.80	26	1.70	26	1.83	26	2.00	26	2.05	26	1.40	26	1.15	26	1.53	26	1.60	
	1989	6	1.60	6	1.80	6	1.96	6	1.80	6	1.76	6	1.52	6	2.02	6	1.80	6	1.74	6	1.73	6	1.38	6	1.74	1.76
		16	⟨3.45⟩	16	1.83	16	1.92	16	1.85	16	1.67	16	1.55	16	0.65	16	1.44	16	1.69	16	1.67	16	1.69	16	1.91	
		26	1.85	26	1.91	26	1.92	26	1.82	26	1.45	26	1.65	26	1.12	26	1.48	26	1.72	26	1.75	26	1.80	26	1.75	
	1990	6	1.87	6	1.92	6	1.86	6	1.75	6	1.43	6	1.61	6	1.37	6	1.48	6	0.72	6	0.99	6	1.30	6	1.62	1.50
		16		16		16		16		16		16	1.47	16	1.48	16	1.62	16	0.85	16	1.00	16	2.05	16	1.71	
		26	⟨3.48⟩	26	1.84	26	1.69	26	1.73	26	1.72	26	1.47	26	1.48	26	1.62	26	0.65	26	1.11	26	1.55	26	1.69	
	1991	7	1.58	7	1.66	7	1.65	7	1.68	7	1.78	7	1.42	7	1.64	7	1.68	7	1.77	7	1.75	7	1.84	7	⟨3.73⟩	1.71
		17	⟨3.37⟩	17	1.70	17	1.75	17	1.67	17	1.66	17	1.48	17	1.68	17	1.74	17	1.65	17	1.88	17	1.87	17	1.86	
		27	1.80	27	1.90	27	1.90	27	1.90	27	1.86	27	1.85	27	1.62	27	1.48	27	1.66	27	1.80	27	1.96	27	1.92	
	1992	7	1.88	7	1.88	7	1.93	7	2.64	7	1.80	7	1.86	7	1.38	7	1.07	7	1.25	7	0.87	7	1.03	7	1.28	1.55
		17	1.88	17	1.94	17	1.88	17	1.94	17	1.89	17	1.65	17	1.38	17	1.04	17	1.12	17	0.95	17	1.09	17	1.31	
		27	1.91	27	1.67	27	1.79	27	1.74	27	1.68	27	1.76	27	1.71	27	1.54	27	0.76	27	1.00	27	1.19	27	1.42	
	1993	7	⟨3.48⟩	7	1.77	7	1.80	7	1.70	7	1.74	7	1.77	7	1.67	7	1.64	7	1.62	7	1.68	7	1.70	7	1.81	1.71
		17	1.58	17	1.75	17	1.76	17	1.68	17	1.77	17	1.71	17	1.53	17	1.69	17	1.67	17	1.70	17	1.72	17	1.80	
		27	1.65	27	2.01	27	2.08	27	2.07	27	1.95	27	2.10	27	1.91	27	2.07	27	1.81	27	1.71	27	1.77	27	1.87	
	1994	7	1.89	7	2.05	7	2.08	7	2.10	7	2.00	7	2.07	7	1.88	7	2.00	7	2.10	7	2.20	7	2.18	7	2.11	2.08
		17	1.91	17	2.75	17	2.02	17	2.05	17	2.05	17	2.02	17	1.91	17	2.03	17	2.12	17	2.22	17	2.15	17	2.17	
		27	1.97	27	2.33	27	2.32	27	2.38	27	2.34	27	2.33	27	2.51	27	2.61	27	2.18	27	2.14	27	2.12	27	2.16	
	1995	7	2.15	7	2.09	7	2.33	7	2.35	7	2.36	7	2.36	7	2.57	7	2.62	7	2.44	7	2.48	7	2.43	7	2.45	2.39
		17	2.15	17	2.17	17	2.38	17	2.34	17	2.39	17	2.42	17	2.58	17	2.53	17	2.37	17	2.49	17	2.48	17	2.52	
		27	2.15	27	2.17	27	2.38	27	2.34	27	2.39	27	2.42	27	2.58	27	2.53	27	2.46	27	2.46	27	2.48	27	2.37	

续表

点号	年份	1月 日	1月 水位	2月 日	2月 水位	3月 日	3月 水位	4月 日	4月 水位	5月 日	5月 水位	6月 日	6月 水位	7月 日	7月 水位	8月 日	8月 水位	9月 日	9月 水位	10月 日	10月 水位	11月 日	11月 水位	12月 日	12月 水位	年平均
大50	1996	7	2.47	7	2.58	7	2.66	7	2.72	7	2.69	7	2.48	7	2.27	7	2.37	7	2.35	7	〈2.20〉	7	2.37	7	2.20	2.45
		17	2.53	17	2.60	17	2.59	17	2.70	17	2.70	17	2.38	17	2.31	17	2.40	17	2.30	17	2.33	17	2.17	17	2.21	
		27	2.54	27	2.61	27	2.74	27	2.71	27	2.63	27	2.27	27	2.40	27	2.27	27	2.28	27	2.38	27	2.21	27	2.34	
	1997	5	2.42	5	2.40	5	2.52	5	2.54	5	2.38	5	2.57	5	2.70	5	2.78	5	3.05	5	2.97	5	3.02	5	3.28	2.72
		15	2.32	15	2.46	15	2.55	15	2.50	15	2.45	15	2.63	15	2.75	15	2.92	15	2.74	15	3.00	15	3.08	15	3.30	
		25	2.16	25	〈3.20〉	25	2.55	25	2.44	25	2.46	25	2.65	25	2.75	25	2.80	25	2.83	25	3.08	25	3.13	25	2.87	
	1998	5	3.12	5	3.46	5	3.54	5	3.75	5	3.70	5	3.38	5	3.16	5	2.90	5	2.30	5	2.28	5	2.34	5	2.51	3.06
		15	3.30	15	3.57	15	3.63	15	3.72	15	3.64	15	3.37	15	3.02	15	2.95	15	2.32	15	2.18	15	2.44	15	2.63	
		25	3.38	25	3.67	25	3.69	25	3.72	25	3.50	25	3.28	25	2.94	25	2.60	25	2.30	25	2.30	25	2.47	25	3.25	
	1999	5	2.38	5	2.65	5	2.78	5	3.18	5	3.12	5	2.85	5	2.54	5	2.23	5	2.41	5	2.15	5	2.49	5	2.66	2.63
		15	2.64	15	2.82	15	2.85	15	3.23	15	3.10	15	2.95	15	2.40	15	2.28	15	2.37	15	1.77	15	3.19	15	2.62	
		25	2.67	25	2.91	25	3.07	25	2.73	25	2.85	25	2.60	25	2.30	25	2.36	25	2.32	25	1.81	25	2.85	25	2.69	
	2000	5	2.67	5	2.57	5	2.92	5	3.12	5	3.07	5	3.39	5	3.31	5	3.52	5	3.30	5	3.18	5	2.63	5	2.60	3.02
		15	2.60	15	2.77	15	2.87	15	3.17	15	3.10	15	3.44	15	3.43	15	3.48	15	3.31	15	2.82	15	2.40	15	2.66	
		25	2.85	25	2.86	25	3.10	25	3.25	25	3.16	25	3.39	25	3.50	25	3.58	25	3.39	25	2.51	25	2.24	25	2.57	
大51	1988	6		6		6		6		6		6		6		6		6	1.27	6	1.54	6	1.42	6	1.62	1.49
		16		16		16		16		16		16		16		16		16	1.40	16	1.24	16	1.52	16	1.85	
		26		26		26		26		26		26		26		26	〈6.03〉	26	1.47	26	1.15	26	1.50	26	1.90	
	1989	6	1.94	6	2.04	6	2.01	6	1.90	6	1.84	6	2.33	6	2.47	6	2.58	6	2.04	6	1.88	6	2.10	6	2.52	2.05
		16	1.97	16	2.04	16	1.97	16	1.88	16	1.85	16	2.30	16	2.39	16	1.90	16	2.85	16	1.88	16	2.11	16	1.83	
		26	1.86	26	1.85	26	1.83	26	1.93	26	1.95	26	2.36	26	2.05	26	〈2.30〉	26	1.63	26	1.67	26	1.87	26	1.98	
	1990	6	2.36	6	2.25	6	2.33	6	2.17	6	2.00	6	2.00	6	1.38	6	1.75	6	1.54	6	1.53	6	1.53	6	1.82	1.83
		16	2.22	16	2.38	16	2.31	16	2.01	16	1.68	16	2.15	16	1.41	16	1.72	16	1.39	16	1.28	16	〈1.52〉	16	1.78	
		26	2.16	26	2.10	26	2.05	26	2.09	26	1.65	26	2.07	26	1.48	26		26	0.97	26	1.17	26	1.59	26	2.01	

续表

点号	年份	1月 日	1月 水位	2月 日	2月 水位	3月 日	3月 水位	4月 日	4月 水位	5月 日	5月 水位	6月 日	6月 水位	7月 日	7月 水位	8月 日	8月 水位	9月 日	9月 水位	10月 日	10月 水位	11月 日	11月 水位	12月 日	12月 水位	年平均
大51	1991	7	2.08	7	2.31	7	2.09	7	2.00	7	2.02	7	1.98	7	1.94	7	2.08	7	2.26	7	2.21	7	2.32	7	2.40	2.13
		17	2.03	17	2.37	17	2.12	17	2.00	17	2.96	17	1.42	17	2.07	17	2.18	17	2.04	17	1.85	17	2.26	17	〈4.07〉	
		27	2.22	27	2.08	27	1.96	27	1.98	27	1.77	27	〈4.98〉	27	2.06	27	2.20	27	2.05	27	2.32	27	2.37	27	2.58	
	1992	7	2.67	7	2.68	7	2.42	7	2.47	7	2.54	7	2.52	7	2.25	7	2.17	7	1.93	7	1.13	7	1.84	7	2.14	2.18
		17	〈2.83〉	17	2.38	17	2.60	17	2.43	17	2.47	17	2.64	17	2.04	17	2.08	17	1.76	17	1.55	17	1.83	17	2.00	
		27	2.68	27	〈5.46〉	27	2.52	27	2.58	27	2.49	27	2.21	27	2.30	27	1.78	27	1.50	27	1.56	27	1.78	27	2.05	
	1993	7	〈4.35〉	7	2.37	7	2.39	7	2.20	7	2.32	7	2.25	7	2.22	7	2.09	7	2.13	7	2.20	7	2.24	7	2.37	2.23
		17	〈4.26〉	17	2.33	17	2.34	17	2.22	17	2.23	17	2.27	17	2.12	17	2.12	17	2.17	17	2.19	17	2.27	17	2.38	
		27	2.51	27	2.24	27	2.27	27	2.15	27	2.45	27	2.20	27	2.00	27	1.44	27	2.20	27	2.22	27	2.32	27	2.30	
	1994	7	〈2.66〉	7	2.75	7	2.64	7	2.61	7	2.52	7	2.63	7	2.57	7	〈5.39〉	7	2.69	7	2.75	7	2.70	7	2.40	2.62
		17	〈4.14〉	17	2.68	17	2.66	17	2.61	17	2.51	17	2.70	17	2.43	17	2.60	17	2.67	17	2.76	17	2.68	17	2.50	
		27	〈4.80〉	27	2.64	27	2.77	27	2.55	27	2.54	27	2.55	27	2.47	27	2.63	27	2.70	27	2.68	27	2.65	27	2.47	
	1995	7	2.46	7	2.68	7	2.72	7	〈5.67〉	7	2.68	7	2.61	7	3.03	7	2.99	7	2.86	7	2.78	7	2.81	7	2.87	2.79
		17	2.54	17	2.63	17	2.66	17	2.71	17	2.72	17	2.63	17	3.15	17	2.97	17	2.72	17	2.81	17	2.92	17	3.13	
		27	2.52	27	2.65	27	2.67	27	2.81	27	2.69	27	2.88	27	3.01	27	2.92	27	2.80	27	2.70	27	2.86	27	3.18	
	1996	7	3.19	7	3.24	7	3.28	7	3.32	7	3.28	7	3.15	7	3.36	7	3.00	7	3.04	7	2.78	7	2.75	7	2.58	3.07
		17	3.04	17	3.20	17	3.31	17	3.32	17	3.32	17	3.00	17	3.15	17	2.95	17	2.90	17	2.79	17	2.58	17	2.63	
		27	3.19	27	3.27	27	3.37	27	3.30	27	3.25	27	3.12	27	3.10	27	3.25	27	2.83	27	2.79	27		27	2.78	
	1997	5	3.00	5	3.04	5	2.93	5	2.98	5	2.78	5	2.97	5	3.33	5	3.66	5	〈4.55〉	5	3.70	5	3.75	5	4.00	3.37
		15	〈3.57〉	15	2.93	15	2.98	15	2.98	15	2.78	15	3.50	15	3.38	15	3.79	15	3.80	15	3.66	15	3.84	15	4.06	
		25	2.99	25	2.91	25	2.97	25	2.90	25	2.87	25	3.38	25	3.44	25	3.92	25	3.74	25	3.74	25	3.90	25	4.06	
	1998	5	4.10	5	4.35	5	4.70	5	4.68	5	4.38	5	3.87	5	3.46	5	3.27	5	2.63	5	2.67	5	2.86	5	3.10	3.95
		15	4.21	15	4.65	15	4.66	15		15		15		15		15		15								
		25	4.24	25	4.67	25	4.64	25		25		25		25		25		25							25		

续表

点号	年份	1月 日	1月 水位	2月 日	2月 水位	3月 日	3月 水位	4月 日	4月 水位	5月 日	5月 水位	6月 日	6月 水位	7月 日	7月 水位	8月 日	8月 水位	9月 日	9月 水位	10月 日	10月 水位	11月 日	11月 水位	12月 日	12月 水位	年平均
大51	1999	15	3.17	15	3.33	15	〈4.54〉	15	〈4.23〉	15	4.09	15	3.66	15	3.18	15	3.14	15	3.03	15	3.15	15	3.58	15	3.51	3.38
	2000	16	3.28	16	3.47	16	3.86	16	4.01	16	3.89	16		16	〈4.83〉	16	4.21	16	3.98	16	3.47	16	3.23	16	3.22	3.66
269	1988	6		6		6		6		6		6		6		6		6	5.47	6	5.20	6		6		5.34
	1989	16	7.08	16	6.14	16	〈14.36〉	16	〈12.29〉	16	6.26	16	〈13.88〉	16	6.42	16	6.74	16	〈13.53〉	16	〈12.73〉	16	〈13.57〉	16	〈12.58〉	7.55
	1990	16	6.37	16	〈13.46〉	16	7.49	16	〈14.20〉	16	〈13.91〉	16	〈13.75〉	16	6.70	16	〈14.72〉	16	〈13.25〉	16	〈14.43〉	16	〈12.88〉	16	12.67	6.70
	1991	17	6.96	17	7.07	17	〈14.90〉	17	〈14.15〉	17	〈15.35〉	17	〈15.07〉	17	6.99	17	7.16	17	6.22	17	〈15.35〉	17	〈14.59〉	17	〈12.72〉	7.05
	1992	17	〈15.79〉	17	8.16	17	〈14.90〉	17	〈16.33〉	17	〈16.77〉	17	〈16.40〉	17	〈16.12〉	17	7.90	17	〈14.80〉	17	7.57	17	〈15.28〉	17	〈15.41〉	8.07
	1993	17	8.29	17	〈17.69〉	17	〈17.72〉	17	〈17.24〉	17	10.38	17	7.94	17	9.94	17	10.56	17	8.51	17	〈20.94〉	17	〈17.49〉	17	〈17.19〉	9.47
	1994	17	10.40	17	7.68	17	〈21.34〉	17	10.28	17	〈21.75〉	17	〈19.54〉	17	〈21.89〉	17	9.67	17	〈18.36〉	17	〈18.60〉	17	〈21.51〉	17	〈19.25〉	9.51
	1995	17	〈18.81〉	17	〈17.21〉	17	〈17.77〉	17	〈18.41〉	17	〈16.87〉	17	〈20.03〉	17	〈18.18〉	17	8.39	17	〈19.71〉	17	〈20.00〉	17	〈20.17〉	17	〈18.54〉	8.39
	1996	5	11.25	5	9.34	5	〈21.93〉	5	11.97	5	12.77	5	11.50	5	11.42	5	10.67	27	〈22.01〉	5	〈23.20〉	5	〈22.89〉	5	〈22.13〉	11.27
	1997	5	〈19.89〉	5	8.81	5	10.39	5	〈22.15〉	5	11.35	5	〈23.10〉	5	〈23.59〉	5	12.82	5	〈23.76〉	5	13.36	5	〈23.19〉	5	〈24.09〉	11.35
	1998	5	12.42	5	〈24.29〉	5	12.59	5	〈24.22〉	5	〈21.81〉	5	13.40	5	11.76	5	9.75	5	〈23.11〉	5	〈23.65〉	5	〈21.61〉	5	〈22.09〉	11.98
	1999	15	〈23.31〉	15	13.10	15	〈22.26〉	15	〈19.96〉	15	〈19.36〉	15	〈20.03〉	15	〈19.44〉	15	〈32.09〉	15	14.02	15	〈29.79〉	15	13.42	15	12.76	13.33
	2000	14	〈28.27〉	5	9.92	5	10.57	5	13.71	5	〈29.00〉	5	〈27.49〉	5	11.52	5	11.28	5	12.20	5	〈25.70〉	5	〈25.61〉	5	〈25.95〉	11.53
270	1988	6		6		6		6		6		6		6		6		6	〈63.16〉	6	〈63.63〉	6	〈63.24〉	6	58.32	58.43
		16	〈64.89〉	16	59.61	16	〈65.87〉	16	58.58	16	〈66.19〉	16	〈66.17〉	16	〈66.74〉	16	60.18	16	〈63.43〉	16		16	〈63.12〉	16	〈64.53〉	
		26		26		26		26		26		26		26		26		26		26	58.78	26	58.18	26	〈64.24〉	
	1989	6	58.70	6	〈65.13〉	6	〈65.90〉	6	〈65.77〉	6	〈65.52〉	6	〈66.23〉	6	59.78	6	60.29	6	〈65.92〉	6	〈66.43〉	6	〈66.44〉	6	〈66.46〉	59.69
		16	〈65.21〉	16	〈65.28〉	16	〈65.97〉	16	〈65.66〉	16	〈66.23〉	16	〈66.37〉	16	〈65.25〉	16	〈65.85〉	16	〈66.68〉	16	60.72	16	〈66.55〉	16	〈65.39〉	
		26		26		26		26		26		26		26		26		26		26	〈65.53〉	26	〈66.57〉	26	〈64.98〉	
	1990	6	〈65.01〉	6	〈65.68〉	6	〈65.30〉	6	〈65.45〉	6	〈66.18〉	6	〈67.33〉	6	〈67.57〉	6	〈67.76〉	6	〈67.81〉	6	〈68.65〉	6	〈69.28〉	6	〈70.41〉	61.46
		16	〈65.49〉	16	〈65.64〉	16	〈66.15〉	16	61.36	16	〈66.64〉	16	〈67.46〉	16	〈67.62〉	16	62.14	16	61.12	16	〈69.44〉	16	〈70.26〉	16	〈70.74〉	
		26	60.34	26	〈66.07〉	26	〈65.99〉	26	〈66.15〉	26	〈67.17〉	26	62.35	26	〈67.64〉	26	〈68.04〉	26	〈68.00〉	26	〈69.35〉	26	〈70.32〉	26	〈70.06〉	

续表

点号	年份	1月 日	1月 水位	2月 日	2月 水位	3月 日	3月 水位	4月 日	4月 水位	5月 日	5月 水位	6月 日	6月 水位	7月 日	7月 水位	8月 日	8月 水位	9月 日	9月 水位	10月 日	10月 水位	11月 日	11月 水位	12月 日	12月 水位	年平均
270	1991	6	⟨70.51⟩	6	⟨70.72⟩	6	⟨69.82⟩	6	⟨71.00⟩	6	⟨71.69⟩	6	⟨72.12⟩	6	⟨73.20⟩	6	66.45	6	⟨74.12⟩	6	70.30	6	⟨74.74⟩	6	⟨75.11⟩	
		16	62.76	16	⟨70.49⟩	16	⟨70.82⟩	16	⟨71.95⟩	16	⟨72.24⟩	16	⟨71.86⟩	16	⟨73.66⟩	16	66.60	16	⟨72.48⟩	16	⟨74.71⟩	16	⟨75.31⟩	16	⟨75.49⟩	67.98
		26	⟨71.19⟩	26	⟨70.20⟩	26	⟨70.64⟩	26	⟨71.42⟩	26	⟨72.01⟩	26	⟨72.64⟩	26	⟨74.06⟩	26	⟨74.30⟩	26	⟨74.78⟩	26	71.76	26	⟨74.49⟩	26	70.01	
	1992	6	70.48	6	69.97	6	⟨74.32⟩	6	⟨74.05⟩	6	⟨74.15⟩	6	⟨74.20⟩	6	⟨73.73⟩	6	70.21	6	⟨77.65⟩	6	⟨79.77⟩	6	⟨75.51⟩			
		16	70.67	16	⟨74.44⟩	16	⟨74.93⟩	16	70.97	16	⟨73.90⟩	16	70.84	16	⟨75.35⟩	16	69.95	16	⟨77.43⟩	16	68.91	16	69.23	16		70.03
		26	68.94	26	70.21	26	⟨74.60⟩	26	⟨77.40⟩	26	⟨74.86⟩	26		26	⟨74.86⟩	26	⟨76.10⟩		⟨79.35⟩	26	⟨76.78⟩	26		26		
B18	1988	6		6		6		6		6		6		6		6				6	63.04	6	62.33	6	62.55	
		16		16		16		16		16		16		16		16		16	63.20	16	63.31	16	62.58	16	63.10	62.86
		26		26		26		26		26		26		26		26		26	63.11	26	62.71	26	62.76	26	62.70	
	1989	6	62.38	6	62.60	6	62.63	6	62.45	6	62.41	6	62.51	6	62.42	6	62.49	6	62.91	6	62.47	6	62.32	6	62.27	
		16	62.56	16	62.51	16	62.49	16	62.51	16	62.36	16	62.67	16	62.34	16	62.50	16	62.52	16	62.25	16	62.30	16	62.24	62.45
		26	62.59	26	62.40	26	63.02	26	62.43	26	62.42	26	62.21	26	62.47	26	62.38	26	62.51	26	62.41	26	62.40	26	62.22	
	1990	6	62.25	6	62.19	6	62.13	6	61.94	6	61.94	6	62.10	6	61.95	6	61.88	6	61.89	6	62.20	6	62.24	6	62.21	
		16	62.27	16	62.16	16	62.26	16	61.99	16	62.08	16	62.18	16	61.89	16	62.09	16	61.82	16	62.53	16	62.22	16	62.27	62.12
		26	62.08	26	62.21	26	62.17	26	61.97	26	62.03	26	62.02	26	62.04	26	61.92	26	62.01	26	62.47	26	62.45	26	62.34	
	1991	6	62.30	6	62.14	6	61.78	6	61.91	6	62.21	6	62.03	6	62.08	6	62.13	6	62.04	6	62.11	6	62.01	6	62.05	
		16	62.18	16	62.03	16	62.20	16	61.98	16	61.95	16	62.05	16	62.05	16	62.16	16	62.08	16	62.04	16	62.06	16	62.07	62.07
		26	62.31	26	61.90	26	62.23	26	62.08	26	61.97	26	62.01	26	62.09	26	62.18	26	62.12	26	61.96	26	62.11	26	62.12	
	1992	6	62.02	6	61.90	6	62.01	6	61.97	6	61.95	6	61.98	6	61.99	6	61.99	6	61.68	6	62.39	6	62.04	6	61.02	
		16	61.92	16	61.88	16	62.18	16	61.77	16	61.94	16	61.90	16	61.96	16	62.00	16	62.12	16	62.37	16	61.80	16	60.94	61.94
		26	61.85	26	61.60	26	62.05	26	61.98	26	61.97	26	61.99	26	62.02	26	62.06	26	62.24	26	61.59	26	61.35	26	61.86	
	1993	5	61.59	5	61.55	5	61.77	5	61.86	5	61.59	5	61.50	5	61.58	5	61.67	5	61.83	5	61.54	5	61.50	5	61.52	
		15	61.74	15	61.66	15	61.67	15	61.73	15		15	61.58	15	61.60	15	61.62	15	61.70	15	61.61	15	61.37	15	61.68	61.62
		25	61.58	25	61.66	25	61.79	25	61.68	25	61.78	25	61.54	25	61.64	25	61.55	25	61.51	25	61.48	25	61.37	25	61.70	

续表

点号	年份	日	1月水位	日	2月水位	日	3月水位	日	4月水位	日	5月水位	日	6月水位	日	7月水位	日	8月水位	日	9月水位	日	10月水位	日	11月水位	日	12月水位	年平均
B18	1994	5	61.57	5	61.40	5	61.60	5	61.45	5	61.85	5	61.85	5	61.55	5	61.52	5	61.54	5	61.59	5	61.64	5	61.71	61.60
		15	61.28	15		15	61.57	15	61.54	15	61.64	15	61.70	15	61.51	15	61.52	15	61.61	15	61.62	15	61.77	15	61.67	
		25	61.37	25	61.45	25	61.66	25	61.58	25	61.83	25	61.66	25	61.52	25	61.53	25	61.60	25		25	61.72	25	61.64	
	1995	5	61.53	5	61.51	5	61.50	5	61.60	5	61.51	5	61.57	5	61.66	5	61.45	5	62.09	5	62.13	5	62.39	5	62.35	61.81
		15	61.56	15	61.42	15	61.68	15	61.67	15	61.63	15	61.71	15	61.59	15	61.89	15	62.17	15	62.24	15	62.37	15	62.20	
		25	61.58	25	62.14	25	61.74	25	61.69	25	61.48	25	61.72	25	61.49	25	61.02	25	62.36	25	62.41	25	62.30	25	62.28	
	1996	5	62.33	5	61.90	5	61.95	5	62.21	5	62.13	5	62.07	5	61.96	5	61.82	5	61.82	5	61.82	5	61.74	5	61.89	62.77
		15	62.29	15	61.93	15	61.94	15	62.00	15	62.18	15	61.95	15	61.99	15	61.77	15	61.58	15	61.68	15	61.78	15	61.90	
		25	62.11	25	62.25	25	91.96	25	61.94	25	62.25	25	61.91	25	61.82	25	61.94	25	61.66	25	61.63	25	61.71	25	61.87	
	1997	6	62.09	6	62.28	6	62.21	6	62.11	6	62.21	6	62.17	6	62.10	6	62.18	6	62.06	6	61.80	6	62.07	6	62.01	62.11
		16	62.15	16	62.29	16	62.24	16	62.06	16	62.26	16	62.18	16	62.14	16	62.20	16	61.86	16	61.89	16	62.14	16	62.07	
		26	62.19	26		26	62.18	26	62.21	26	62.23	26	62.12	26	62.15	26	62.30	26	61.68	26	61.62	26	62.20	26	62.09	
	1998	6	61.86	6	61.74	6	61.73	6	62.09	6	61.54	6		6		6		6	63.11	6	60.93	6		6		61.77
		16	61.94	16	61.76	16	61.56	16		16		16	61.48	16	61.80	16	61.66	16	61.50	16	61.80	16	61.60	16	62.10	
		26	61.81	26	61.66	26	61.45	26		26		26		26		26		26		26		26		26		
	1999	16	62.71	16	62.37	16	61.32	16	61.22	16	61.85	16	61.61	16	61.49	16	61.93	16	61.10	16	61.40	16	61.79	16	61.63	61.77
	2000	16	61.52	16	61.29	16	61.47	16	61.20	16	61.28	16	61.34	16	61.21	16	61.20	16		16		16	61.15	16	61.09	61.27
民20	1988	5		5		5		5		5		5		5		5	6.15	5	5.77	5	5.70	5	5.79	5	5.82	5.82
		15	5.96	15	6.14	15	6.20	15	6.25	15	6.20	15	6.30	15		15	6.05	15	5.70	15	5.72	15	5.78	15	5.86	
		25		25		25		25		25		25		25	6.22	25	5.93	25	5.65	25	5.70	25	5.78	25	5.92	
	1989	5	6.05	5	6.17	5	6.25	5	6.30	5	6.16	5	6.20	5	6.25	5	6.20	5	5.90	5	5.69	5	5.64	5	5.78	6.04
		15	6.17	15	6.15	15	6.25	15	6.27	15	6.22	15	6.24	15	6.23	15	6.18	15	5.83	15	5.68	15	5.67	15	5.83	
		25		25		25		25		25		25		25		25	6.06	25	5.78	25	5.58	25	5.75	25	5.85	

续表

点号	年份	1月 日	1月 水位	2月 日	2月 水位	3月 日	3月 水位	4月 日	4月 水位	5月 日	5月 水位	6月 日	6月 水位	7月 日	7月 水位	8月 日	8月 水位	9月 日	9月 水位	10月 日	10月 水位	11月 日	11月 水位	12月 日	12月 水位	年平均
民20	1990	5	5.90	5	6.07	5	6.06	5	6.06	5	6.02	5	5.80	5	5.61	5	5.37	5	5.45	5	5.42	5	干	5	干	5.75
		15	5.98	15	6.08	15	6.08	15	6.00	15	6.06	15	5.76	15	5.35	15	5.45	15	5.40	15	5.42	15	干	15	干	
		25	6.00	25	6.02	25	5.85	25	5.91	25	5.90	25	5.70	25	5.30	25	5.42	25	5.57	25	5.45	25	干	25	干	
	1988	5		5		5		5		5		5		5		5		5	2.35	5	3.18	5	3.25	5	2.83	2.81
		15	〈4.56〉	15	3.25	15	2.35	15	3.41	15	3.30	15	〈6.40〉	15	〈5.20〉	15	2.72	15	2.35	15	3.47	15	2.76	15	2.97	
		25	3.30	25	3.33	25	3.19	25	3.88	25	〈4.50〉	25	〈5.80〉	25	〈5.60〉	25	2.48	25	2.50	25	〈6.92〉	25	2.80	25	〈4.62〉	
	1989	5	3.25	5	2.30	5	3.27	5	3.40	5	〈5.27〉	5	〈5.80〉	5	〈5.30〉	5	〈5.24〉	5	2.65	5	2.39	5	〈3.42〉	5	2.55	2.95
		15	3.40	15	2.38	15	3.29	15	2.88	15	3.30	15	〈6.65〉	15	〈3.00〉	15	〈5.80〉	15	2.53	15	2.37	15	〈3.42〉	15	2.31	
		25	〈3.65〉	25	2.80	25	2.62	25	〈3.90〉	25	2.67	25	2.40	25	1.90	25	〈4.98〉	25	〈4.80〉	25	3.10	25	〈3.51〉	25	3.30	
	1990	5	〈3.50〉	5	2.78	5	3.12	5	2.85	5	2.34	5	2.44	5	〈3.60〉	5	〈4.60〉	5	〈4.61〉	5	〈4.60〉	5	〈4.74〉	5	〈5.39〉	2.82
		15	〈4.14〉	15	4.00	15	〈4.77〉	15	4.04	15	4.00	15	2.40	15	〈4.40〉	15	〈4.80〉	15	〈5.33〉	15	4.42	15	〈4.85〉	15	〈5.04〉	
大17		7	〈4.21〉	7	4.10	7	〈5.36〉	7	4.16	7	〈5.40〉	7	〈4.27〉	7	〈4.72〉	7	4.10	7	〈4.35〉	7	〈5.06〉	7	〈4.86〉	7	〈4.94〉	
	1991	17	〈4.34〉	17	4.11	17	4.14	17	4.00	17	〈5.34〉	17	〈5.39〉	17	4.72	17	3.83	17	4.00	17	5.71	17	3.90	17	3.88	4.06
		27	4.10	27	4.05	27	3.96	27	5.16	27	5.42	27	〈4.20〉	27	3.65	27	3.75	27	3.83	27	4.13	27	3.96	27	4.03	
	1992	6	4.17	6	4.00	6	4.70	6	〈5.47〉	6	〈6.44〉	6	〈5.70〉	6	〈5.41〉	6	〈4.50〉	6	〈3.64〉	6	〈3.64〉	6	3.83	6	4.10	3.97
		16	4.00	16	4.00	16	4.40	16	〈5.85〉	16	6.43	16	〈6.37〉	16	〈5.30〉	16	4.21	16	3.05	16	2.76	16	2.70	16	3.08	
		26	〈4.61〉	26	3.74	26	〈6.38〉	26	〈4.62〉	26	3.80	26	5.50	26	〈4.80〉	26	4.07	26	〈4.10〉	26	2.66	26	2.85	26	3.22	
	1993	6	〈4.79〉	6	〈6.36〉	6	〈6.35〉	6	〈4.01〉	6	3.76	6	〈5.56〉	6	〈6.00〉	6	〈4.82〉	6	〈4.73〉	6	〈4.04〉	6	2.91	6	〈3.38〉	3.81
		16	3.88	16	〈6.40〉	16	4.00	16	3.97	16	〈5.13〉	16	〈5.95〉	16	〈6.11〉	16	4.28	16	〈4.61〉	16	〈5.24〉	16	3.62	16	3.65	
		26	4.07	26	4.32	26	4.51	26	4.73	26	4.17	26	〈5.35〉	26	〈4.31〉	26	〈4.72〉	26	〈5.00〉	26	〈5.15〉	26	3.46	26	3.85	
	1994	6	3.15	6	4.40	6	4.57	6	4.81	6	3.87	6	3.80	6	3.35	6	3.46	6	4.00	6	4.42	6	3.51	6	4.60	4.15
		16	4.27	16	4.46	16	4.69	16	4.52	16	3.74	16	3.61	16	3.30	16	3.70	16	4.12	16	4.52	16	4.11	16	4.64	
		26		26		26		26		26		26	3.49	26	3.36	26	3.78	26	4.20	26	4.49	26	4.60	26	4.94	

续表

点号	年份	1月 日	1月 水位	2月 日	2月 水位	3月 日	3月 水位	4月 日	4月 水位	5月 日	5月 水位	6月 日	6月 水位	7月 日	7月 水位	8月 日	8月 水位	9月 日	9月 水位	10月 日	10月 水位	11月 日	11月 水位	12月 日	12月 水位	年平均
大17	1995	6	4.79	6	5.11	6	5.06	6	5.10	6	5.15	6	5.25	6	5.34	6	5.44	6	5.39	6	5.42	6	5.10	6	5.52	5.25
		16	4.92	16	5.12	16	5.08	16	5.15	16	5.18	16	5.28	16	5.38	16	5.41	16	5.42	16	5.42	16	5.02	16	5.57	
		26	4.93	26	4.99	26	5.10	26	5.14	26	5.19	26	5.35	26	5.40	26	5.42	26	5.42	26	5.45	26	5.49	26	5.57	
	1996	6	5.61	6	5.52	6	5.51	6	5.50	6	5.54	6	5.43	6	5.20	6	5.14	6	5.03	6	5.19	6	4.88	6	4.73	5.25
		16	5.56	16	5.53	16	5.53	16	5.44	16	5.52	16	5.28	16	5.20	16	5.04	16	5.00	16	4.85	16	4.95	16	4.71	
		26	5.57	26	5.52	26	5.55	26	5.52	26	5.56	26	5.22	26	5.20	26	5.06	26	4.90	26	5.01	26	4.78	26		
	1997	5	4.92	5	5.00	5	5.14	5	5.16	5	5.21	5	5.28	5	5.28	5	5.46	5	5.50	5	5.52	5	5.68	5	5.43	5.26
		15	4.84	15		15		15		15		15		15		15		15		15		15		15		
	1998	15	5.38	15	5.41	15	5.53	15	5.51	15	5.21	15	5.06	15	4.70	15	4.44	15		15		15		15		5.16
大18	1988	5		5		5		5		5		5		5		5		5		5		5		5	2.90	1.85
		15	2.05	15	2.06	15	1.88	15	1.81	15	1.70	15	1.75	15	1.68	15	2.35	15	1.59	15	1.60	15	1.63	15	2.12	
		25	2.05	25	2.05	25	1.86	25	1.80	25	1.53	25	1.65	25	〈3.60〉	25	1.67	25	1.70	25	1.63	25	1.55	25	2.10	
	1989	5	2.10	5	1.93	5	1.87	5	1.73	5	1.85	5	1.68	5	1.59	5	1.56	5	1.52	5	1.51	5	2.00	5	1.67	1.76
		15		15		15		15		15		15		15		15		15	〈2.82〉	15	1.53	15	1.59	15	1.71	
		25		25		25		25		25		25		25		25		25		25	1.55	25	1.58	25	1.71	
	1990	5	1.62	5	1.71	5	1.64	5	1.50	5	1.47	5	1.76	5	1.03	5	1.52	5	1.30	5	1.53	5	1.78	5	1.75	1.57
		15	1.73	15	1.70	15	1.59	15	1.60	15	1.62	15	1.75	15	1.44	15	1.30	15	1.32	15	1.42	15	1.48	15	1.85	
		25	1.74	25	1.72	25	1.63	25	1.51	25	1.63	25	1.43	25	1.60	25	1.48	25	1.28	25	1.45	25	1.68	25	1.85	
	1991	5	1.84	5	1.85	5	1.88	5	1.78	5	1.72	5	1.38	5	1.59	5	1.50	5	1.62	5	〈2.34〉	5	1.70	5	〈2.88〉	1.77
		15	1.83	15	1.86	15	1.87	15	1.67	15	1.78	15	1.50	15	1.68	15	1.54	15	1.34	15	1.49	15	2.37	15	2.40	
		25	1.85	25	1.82	25	1.98	25	1.67	25	1.60	25		25	1.70	25	1.66	25	1.44	25	1.66	25	〈2.56〉	25	2.33	
	1992	5	2.44	5	2.47	5	2.52	5	2.64	5	2.47	5	2.70	5	2.26	5	2.15	5	〈2.45〉	5	2.13	5	2.35	5	2.64	2.41
		15	2.52	15	2.47	15	2.63	15	2.56	15	2.50	15	2.37	15	1.98	15	2.06	15	2.28	15	2.17	15	2.39	15	2.64	
		25	2.44	25	2.48	25	2.52	25	2.56	25	〈3.31〉	25	2.11	25	2.06	25	〈2.22〉	25	〈2.52〉	25	2.30	25	2.56	25	2.64	

续表

点号	年份	1月 日	1月 水位	2月 日	2月 水位	3月 日	3月 水位	4月 日	4月 水位	5月 日	5月 水位	6月 日	6月 水位	7月 日	7月 水位	8月 日	8月 水位	9月 日	9月 水位	10月 日	10月 水位	11月 日	11月 水位	12月 日	12月 水位	年平均
大18	1993	5	2.63	5	2.64	5	⟨2.83⟩	5	⟨2.56⟩	5	2.49	5	2.58	5	2.50	5	2.25	5	2.31	5	2.50	5	2.38	5	2.53	2.50
		15	2.59	15	⟨2.82⟩	15	2.62	15	2.51	15	⟨2.71⟩	15	2.60	15	2.38	15	2.44	15	2.43	15	2.38	15	2.51	15	2.62	
		25	2.64	25	2.72	25	2.56	25	2.60	25	2.69	25	2.48	25	2.00	25	2.23	25	2.58	25	2.37	25	2.49	25	2.65	
	1994	5	2.61	5	2.65	5	2.72	5	⟨3.10⟩	5	2.93	5	2.67	5	⟨2.85⟩	5	2.79	5	⟨2.84⟩	5	⟨2.93⟩	5	⟨3.02⟩	5	2.65	2.68
		15	2.62	15	2.70	15	2.70	15	2.62	15	2.95	15	2.57	15	2.58	15	2.65	15	2.68	15	⟨2.88⟩	15	2.59	15	2.70	
		25	2.65	25	2.75	25	2.67	25	⟨2.90⟩	25	2.67	25	2.48	25	2.55	25	⟨2.99⟩	25	2.78	25	⟨2.85⟩	25	2.72	25	⟨3.00⟩	
	1995	5	2.89	5	3.00	5	⟨3.48⟩	5	2.96	5	2.98	5	2.98	5	3.18	5	3.29	5	2.98	5	2.86	5	2.88	5	2.96	2.99
		15	3.03	15	3.14	15	2.96	15	⟨3.20⟩	15	2.93	15	3.05	15	3.20	15	3.18	15	2.88	15	2.95	15	2.81	15	2.94	
		25	2.85	25	3.05	25	⟨3.32⟩	25	2.98	25	3.00	25	3.07	25	⟨3.53⟩	25	3.01	25	2.92	25	2.84	25	2.86	25	3.00	
	1996	5	2.98	5	3.12	5	3.15	5	3.13	5	3.12	5	2.65	5	2.76	5	2.98	5	2.77	5	2.63	5	2.73	5	2.61	2.88
		15	3.12	15	3.06	15	3.13	15	3.18	15	2.90	15	2.72	15	2.83	15	2.82	15	2.62	15	⟨5.70⟩	15	2.57	15	2.64	
		25	3.96	25	4.00	25	3.02	25	3.40	25	⟨3.35⟩	25	2.70	25	2.90	25	2.88	25	2.54	25	2.87	25	2.51	25	2.77	
	1997	6	3.14	6	3.60	6	3.43	6	⟨3.30⟩	6	3.08	6	3.20	6	3.35	6	3.60	6	3.47	6	3.53	6	3.51	6	⟨3.96⟩	3.30
	1998	16	3.12	16		16	3.18	16	3.00	16		16		16		16		16		16	2.63	16	2.46	16	2.62	3.12
	1999	16	3.96	16	3.11	16	3.02	16	3.15	16	3.28	16	2.55	16	1.98	16	2.42	16	2.74	16	2.48	16	2.61	16	2.78	2.76
	2000	5	3.00	5		5	3.21	5		5		5	3.25	5	3.03	5	2.50	5	2.49	5	2.23	5	1.96	5	2.22	2.57
		15	3.02	15		15		15		15		15		15		15		15		15	1.81	15	2.05	15	2.53	
		25		25		25		25		25		25		25		25		25		25	1.85	25	2.14	25	2.49	
228	1988	4	⟨26.84⟩	4	21.08	4	⟨28.00⟩	4	⟨28.66⟩	4	21.15	4	⟨29.87⟩	4	⟨30.51⟩	4	20.41	4	⟨29.38⟩	4	19.15	4	⟨27.84⟩	4	21.02	20.30
		14	19.46	14	19.71	14	20.22	14	⟨28.44⟩	14	⟨29.30⟩	14	⟨28.78⟩	14	⟨29.28⟩	14	⟨30.62⟩	14	20.06	14	⟨27.86⟩	14	20.63	14	20.62	
		24		24		24		24		24		24		24		24		24		24	⟨28.26⟩	24	20.61	24	⟨27.30⟩	
	1989	4	19.38	4	19.65	4	20.36	4	⟨28.74⟩	4	⟨28.48⟩	4	22.18	4	⟨30.05⟩	4	22.95	4	19.88	4	⟨29.44⟩	4	18.58	4	⟨29.79⟩	20.43
		14		14		14		14		14		14		14		14	⟨30.23⟩	14	⟨29.64⟩	14	⟨29.18⟩	14	⟨29.14⟩	14	⟨29.69⟩	
		24		24		24		24		24		24		24		24		24	⟨29.50⟩	24	⟨29.20⟩	24	⟨29.32⟩	24	⟨29.80⟩	

续表

点号	年份	1月 日	1月 水位	2月 日	2月 水位	3月 日	3月 水位	4月 日	4月 水位	5月 日	5月 水位	6月 日	6月 水位	7月 日	7月 水位	8月 日	8月 水位	9月 日	9月 水位	10月 日	10月 水位	11月 日	11月 水位	12月 日	12月 水位	年平均
228	1990	4	⟨29.81⟩	4	⟨28.15⟩	4	⟨29.65⟩	4	⟨30.63⟩	4	⟨31.28⟩	4	⟨31.25⟩	4	⟨27.23⟩	4	22.73	4	⟨30.23⟩	4	⟨28.96⟩	4	⟨28.07⟩	4	⟨26.96⟩	23.01
		14	⟨29.65⟩	14	⟨28.02⟩	14	⟨30.30⟩	14	⟨31.05⟩	14	⟨31.43⟩	14	⟨30.30⟩	14	⟨29.67⟩	14	⟨28.64⟩	14	⟨26.32⟩	14	⟨25.70⟩	14	⟨26.81⟩	14	⟨27.85⟩	
		24	⟨28.52⟩	24	⟨29.63⟩	24	⟨30.50⟩	24	⟨30.39⟩	24	⟨31.35⟩	24	⟨26.80⟩	24	23.28	24	⟨30.09⟩	24	⟨26.65⟩	24	⟨27.76⟩	24	⟨26.99⟩	24	⟨27.32⟩	
	1991	4	⟨27.25⟩	4	⟨30.09⟩	4	⟨30.77⟩	4	⟨30.68⟩	4	⟨30.72⟩	4	⟨30.94⟩	4	26.36	4	⟨33.54⟩	4	⟨33.21⟩	4	⟨32.83⟩	4	⟨32.14⟩	4	⟨31.84⟩	26.77
		14	⟨29.70⟩	14	⟨29.95⟩	14	⟨30.63⟩	14	⟨30.90⟩	14	⟨30.68⟩	14	⟨30.83⟩	14	⟨30.09⟩	14	27.17	14	⟨33.44⟩	14	⟨33.23⟩	14	⟨32.94⟩	14	⟨31.71⟩	
		24	⟨28.36⟩	24	⟨30.38⟩	24	⟨30.84⟩	24	⟨30.97⟩	24	⟨30.63⟩	24	⟨30.97⟩	24	⟨31.23⟩	24	⟨33.70⟩	24	⟨33.15⟩	24	⟨32.70⟩	24	⟨32.49⟩	24	⟨32.93⟩	
	1992	4	⟨32.24⟩	4	⟨33.33⟩	4	⟨33.68⟩	4	25.73	4	⟨34.37⟩	4	⟨34.84⟩	4	⟨35.05⟩	4	⟨33.55⟩	4	⟨37.17⟩	4	⟨36.77⟩	4	34.12	4	⟨35.06⟩	28.36
		14	⟨31.82⟩	14	⟨33.54⟩	14	⟨33.78⟩	14	⟨34.02⟩	14	⟨33.34⟩	14	⟨34.99⟩	14	⟨34.27⟩	14	29.11	14	⟨37.56⟩	14	⟨38.08⟩	14	⟨36.70⟩	14	⟨36.35⟩	
		24	⟨32.26⟩	24	⟨37.85⟩	24	⟨34.06⟩	24	⟨34.63⟩	24	⟨34.55⟩	24	⟨34.38⟩	24	⟨37.44⟩	24	⟨36.91⟩	24	⟨37.93⟩	24	24.47	24	⟨36.23⟩	24	⟨35.88⟩	
	1993	5	⟨36.62⟩	5	⟨36.67⟩	5	⟨36.80⟩	5	⟨36.33⟩	5	⟨36.84⟩	5	⟨36.95⟩	5	⟨37.50⟩	5	⟨37.01⟩	5	⟨36.85⟩	5	⟨34.91⟩	5	⟨36.07⟩	5	25.07	25.20
		15	⟨36.00⟩	15	⟨37.44⟩	15	⟨36.82⟩	15	⟨36.46⟩	15	⟨37.22⟩	15	⟨37.12⟩	15	25.08	15	25.41	15	⟨36.16⟩	15	⟨36.13⟩	15	⟨36.39⟩	15	⟨34.85⟩	
		25	⟨35.83⟩	25	⟨36.95⟩	25	⟨36.71⟩	25	⟨37.12⟩	25	⟨37.46⟩	25	⟨36.26⟩	25	⟨36.13⟩	25	⟨36.74⟩	25	⟨37.21⟩	25	⟨35.70⟩	25	25.24	25	⟨35.89⟩	
	1994	4	⟨36.00⟩	4	⟨35.88⟩	4	⟨36.84⟩	4	⟨36.68⟩	4	⟨36.36⟩	4	⟨36.78⟩	4	⟨37.04⟩	4	⟨37.02⟩	4	⟨40.17⟩	4	⟨39.98⟩	4	⟨38.22⟩	4	⟨37.91⟩	32.63
		14	⟨36.08⟩	14	⟨36.84⟩	14	⟨36.52⟩	14	⟨36.76⟩	14	⟨35.94⟩	14	⟨36.98⟩	14	⟨36.83⟩	14	25.55	14	⟨40.55⟩	14	⟨38.65⟩	14	⟨38.13⟩	14	⟨39.33⟩	
		24	⟨36.42⟩	24	⟨36.99⟩	24	⟨36.97⟩	24	⟨36.29⟩	24	⟨36.87⟩	24	⟨37.02⟩	24	⟨36.95⟩	24	⟨39.12⟩	24	39.71	24	⟨39.14⟩	24	⟨38.73⟩	24	⟨39.84⟩	
	1995	4	⟨40.09⟩	4	⟨39.27⟩	4	⟨39.65⟩	4	⟨41.76⟩	4	⟨42.44⟩	4	⟨43.81⟩	4	⟨45.86⟩	4	⟨46.05⟩	4	⟨46.97⟩	4	⟨46.79⟩	4	⟨46.55⟩	4	⟨49.05⟩	37.11
		14	⟨38.96⟩	14	⟨39.76⟩	14	⟨41.58⟩	14	⟨41.67⟩	14	⟨42.12⟩	14	⟨45.02⟩	14	⟨46.08⟩	14	⟨46.40⟩	14	⟨47.23⟩	14	⟨47.31⟩	14	⟨48.23⟩	14	⟨48.14⟩	
		24	⟨39.46⟩	24	⟨39.59⟩	24	⟨42.03⟩	24	⟨41.32⟩	24	⟨42.74⟩	24	⟨43.38⟩	24	⟨45.21⟩	24	⟨49.30⟩	24	⟨47.47⟩	24	⟨47.78⟩	24	⟨48.68⟩	24	⟨48.76⟩	
	1996	4	⟨48.70⟩	4	⟨49.03⟩	4	38.78	4	⟨48.74⟩	4	⟨48.67⟩	4	⟨49.44⟩	4	⟨49.13⟩	4	40.87	4	⟨48.69⟩	4	⟨48.73⟩	4	⟨48.70⟩	4	⟨48.52⟩	39.85
		14	⟨48.99⟩	14	⟨49.18⟩	14	39.70	14	⟨48.37⟩	14	⟨48.48⟩	14	⟨48.93⟩	14	⟨48.62⟩	14	⟨48.78⟩	14	⟨48.77⟩	14	⟨48.57⟩	14	⟨48.46⟩	14		
		24	⟨38.82⟩	24		24	40.06	24	⟨48.92⟩	24	⟨48.83⟩	24	⟨48.50⟩	24	⟨48.93⟩	24	⟨49.12⟩	24	⟨48.85⟩	24	⟨48.46⟩	24	⟨48.35⟩	24	⟨48.42⟩	
	1997	4	⟨48.37⟩	4	⟨48.79⟩	4	⟨49.06⟩	4	⟨48.37⟩	4	⟨49.04⟩	4	⟨53.26⟩	4	⟨52.98⟩	4	⟨54.58⟩	4	⟨54.32⟩	4	⟨55.08⟩	4	⟨55.37⟩	4	⟨55.98⟩	43.76
		14	⟨47.92⟩	14	⟨48.57⟩	14	⟨48.86⟩	14	⟨48.92⟩	14	⟨51.13⟩	14	⟨53.47⟩	14	⟨53.53⟩	14	44.29	14	⟨54.89⟩	14	⟨55.19⟩	14	⟨55.90⟩	14	⟨56.31⟩	
		24	⟨48.53⟩	24	⟨48.35⟩	24	⟨48.50⟩	24	⟨48.25⟩	24	43.23	24	⟨53.99⟩	24	⟨53.59⟩	24	⟨54.04⟩	24	⟨55.22⟩	24	⟨55.14⟩	24	⟨56.16⟩	24	⟨55.79⟩	

续表

第三章 宝鸡市

点号	年份	1月 日	1月 水位	2月 日	2月 水位	3月 日	3月 水位	4月 日	4月 水位	5月 日	5月 水位	6月 日	6月 水位	7月 日	7月 水位	8月 日	8月 水位	9月 日	9月 水位	10月 日	10月 水位	11月 日	11月 水位	12月 日	12月 水位	年平均
228	1998	4	〈56.05〉	4	〈55.99〉	4	〈56.74〉	4	〈44.77〉	4	〈57.19〉	4	〈56.77〉	4	〈59.78〉	4	〈57.85〉	4	〈57.54〉	4	〈57.83〉	4	〈55.47〉	4	〈55.94〉	46.53
		14	〈56.40〉	14	〈55.87〉	14	〈56.96〉	14	〈56.87〉	14	〈56.66〉	14	〈56.31〉	14	〈58.38〉	14	48.00	14	〈58.03〉	14	〈57.91〉	14	〈54.87〉	14	〈56.24〉	
		24	〈56.44〉	24	〈56.14〉	24	〈57.08〉	24	〈57.03〉	24	〈56.40〉	24	〈57.83〉	24	〈57.80〉	24	〈59.15〉	24	〈58.23〉	24	〈56.09〉	24	〈56.47〉	24	45.06	
	1999	4	〈55.90〉	4	〈56.47〉	4	41.93	4	44.72	4	53.26	4	〈52.96〉	4	〈53.60〉	4	〈54.97〉	4	〈55.22〉	4	〈54.06〉	4	〈55.63〉	4	〈54.25〉	44.45
		14	〈56.36〉	14	44.31	14	42.22	14	〈50.88〉	14	45.74	14	〈52.54〉	14	〈53.84〉	14	〈55.49〉	14	〈45.93〉	14	〈54.39〉	14	〈55.36〉	14	〈54.07〉	
		24	〈56.18〉	24	43.78	24	43.38	24	〈52.02〉	24	〈52.84〉	24	〈54.01〉	24	〈54.22〉	24	49.50	24	〈54.86〉	24	〈55.05〉	24	〈54.95〉	24	〈54.40〉	
	2000	6	〈55.04〉	6	〈54.40〉	6	〈55.24〉	6	〈55.06〉	6	〈56.51〉			6	〈56.00〉	6	42.06	6	37.73	6	36.45	6	34.21	a	33.27	36.88
		16	〈54.65〉	16	〈55.25〉	16	〈54.62〉	16	〈56.54〉	16	〈57.16〉	16	〈56.49〉	16	43.47	16	41.35	16	37.11	16	36.01	16	33.83	16	32.14	
		26	〈55.23〉	26	〈54.86〉	26	〈56.36〉	26	〈56.35〉	26	〈58.21〉	26	〈56.22〉	26	42.56	26	39.41	26	36.77	26	35.50	26	33.45	26	31.56	
232	1988	4		4		4		4		4		4				4		4	〈27.66〉	4	〈26.09〉	4	〈27.15〉	4	〈27.78〉	20.91
		14		14		14		14		14		14		14		14	20.91	14	〈26.50〉	14	〈26.67〉	14	〈27.21〉	14	〈27.79〉	
		24		24		24		24		24		24		24		24		24	〈26.39〉	24	〈27.29〉	24	〈27.19〉	24	〈27.23〉	
	1989	4	〈27.24〉	4	〈28.72〉	4	〈27.50〉	4	〈29.80〉	4	〈30.63〉	4	〈30.49〉	4	〈30.89〉	4	〈31.01〉	4	〈30.60〉	4	21.97	4	30.96	4	〈31.37〉	21.41
		14	〈27.44〉	14	〈28.09〉	14	〈27.21〉	14	〈29.77〉	14	〈30.87〉	14	〈29.62〉	14	〈30.58〉	14	20.79	14	〈30.64〉	14	20.17	14	18.00	14	〈31.45〉	
		24	〈28.14〉	24	〈27.73〉	24		24	〈29.99〉	24	〈30.24〉	24	〈30.66〉	24	〈31.01〉	24	〈31.14〉	24	〈30.72〉	24	30.07	24	17.43	24	〈31.23〉	
	1990	4	〈32.50〉	4	〈34.13〉	4	〈34.41〉	4	〈35.52〉	4	〈38.88〉	4	〈38.91〉	4	〈39.03〉	4	23.42	4	〈39.49〉	4	〈37.03〉	4	〈36.79〉	4	〈37.13〉	23.42
		14	〈32.24〉	14	〈33.80〉	14	〈34.31〉	14	〈36.78〉	14	〈39.16〉	14	〈39.00〉	14	〈38.36〉	14	〈39.05〉	14	〈37.90〉	14	〈36.91〉	14	〈37.47〉	14	〈36.40〉	
		24	〈32.30〉	24	〈34.33〉	24	〈35.01〉	24	〈37.85〉	24	〈39.59〉	24	〈36.65〉	24	〈38.95〉	24	〈39.30〉	24	〈37.40〉	24	〈37.13〉	24	〈37.39〉	24	〈36.76〉	
	1991	4	〈37.24〉	4	〈37.53〉	4	〈38.76〉	4	〈39.10〉	4	〈39.53〉	4	〈39.46〉	4	〈40.33〉	4	〈40.99〉	4	〈37.40〉	4	〈41.15〉	4	〈40.50〉	4	〈41.44〉	27.24
		14	〈36.99〉	14	〈37.61〉	14	〈38.46〉	14	〈39.48〉	14	〈40.21〉	14	〈39.96〉	14	〈40.62〉	14	27.24	14	〈41.66〉	14	〈41.62〉	14	〈41.58〉	14	〈41.02〉	
		24	〈37.20〉	24	〈38.63〉	24	〈39.27〉	24	〈39.94〉	24	〈39.83〉	24	〈39.60〉	24	〈40.17〉	24	〈42.33〉	24	〈41.29〉	24	〈42.29〉	24	〈40.80〉	24	〈40.90〉	
	1992	4	〈40.91〉	4	〈41.70〉	4	〈42.32〉	4	〈41.63〉	4	〈43.02〉	4	〈44.06〉	4	〈45.95〉	4	〈46.92〉	4	〈47.35〉	4	〈45.88〉	4	23.05	4	〈43.72〉	26.41
		14	〈40.32〉	14	〈41.23〉	14	〈42.13〉	14	〈42.26〉	14	〈43.73〉	14	〈44.57〉	14	〈45.72〉	14	29.00	14	〈47.18〉	14	〈46.34〉	14	〈44.50〉	14	26.63	
		24	〈40.62〉	24	〈42.50〉	24	〈41.88〉	24	〈41.76〉	24	〈43.81〉	24	〈45.38〉	24	〈46.94〉	24	〈46.83〉	24	〈46.46〉	24	〈45.01〉	24	26.15	24	27.22	

续表

点号	年份	\multicolumn{2}{c}{1月}		\multicolumn{2}{c}{2月}		\multicolumn{2}{c}{3月}		\multicolumn{2}{c}{4月}		\multicolumn{2}{c}{5月}		\multicolumn{2}{c}{6月}		\multicolumn{2}{c}{7月}		\multicolumn{2}{c}{8月}		\multicolumn{2}{c}{9月}		\multicolumn{2}{c}{10月}		\multicolumn{2}{c}{11月}		\multicolumn{2}{c}{12月}	年平均
		日	水位	日	水位	日	水位	日	水位	日	水位	日	水位	日	水位	日	水位	日	水位	日	水位	日	水位	日	水位	
232	1993	4	26.90	4	⟨43.09⟩	4	27.36	4	⟨41.79⟩	4	27.28	4	⟨41.88⟩	4	28.06	4	⟨41.69⟩	4	⟨41.86⟩	4	⟨39.22⟩	4	⟨40.72⟩	4	⟨39.85⟩	27.20
		14	26.60	14	⟨42.91⟩	14	26.35	14	26.69	14	27.44	14	⟨41.17⟩	14	⟨40.93⟩	14	30.38	14	⟨41.67⟩	14	⟨40.45⟩	14	26.28	14	⟨40.23⟩	
		24	26.43	24	⟨42.64⟩	24	26.80	24	⟨42.05⟩	24	27.53	24	⟨41.96⟩	24	27.00	24	⟨41.32⟩	24	⟨40.80⟩	24	⟨40.71⟩	24	⟨39.54⟩	24	26.86	
	1994	4	⟨38.86⟩	4	26.72	4	⟨40.05⟩	4	⟨40.50⟩	4	⟨39.75⟩	4	⟨40.91⟩	4	⟨41.09⟩	4	⟨42.77⟩	4	⟨43.49⟩	4	⟨43.06⟩	4	⟨41.79⟩	4	⟨42.00⟩	28.55
		10	⟨39.59⟩	10	⟨39.85⟩	10	⟨39.69⟩	10	⟨40.33⟩	10	⟨40.67⟩	10	⟨41.15⟩	10	⟨41.99⟩	10	⟨41.82⟩	10	⟨43.15⟩	10	⟨44.23⟩	10	⟨43.63⟩	10	⟨42.41⟩	
		14	⟨40.15⟩	14	⟨38.81⟩	14	⟨40.29⟩	14	⟨40.54⟩	14	⟨41.34⟩	14	⟨41.38⟩	14	⟨42.11⟩	14	31.16	14	⟨42.70⟩	14	⟨43.93⟩	14	⟨43.42⟩	14	⟨41.77⟩	
		20	⟨39.93⟩	20	⟨39.31⟩	20	⟨40.08⟩	20	⟨40.47⟩	20	⟨41.43⟩	20	⟨40.90⟩	20	⟨42.34⟩	20	⟨43.18⟩	20	⟨43.49⟩	20	⟨44.13⟩	20	⟨44.32⟩	20	⟨42.02⟩	
		24	⟨40.20⟩	24	⟨40.81⟩	24	⟨40.63⟩	24	⟨39.93⟩	24	⟨40.79⟩	24	27.76	24	⟨42.25⟩	24	⟨42.93⟩	24	⟨43.63⟩	24	⟨44.46⟩	24	⟨42.55⟩	24	⟨43.88⟩	
		30	⟨40.24⟩	30	⟨39.22⟩	30	⟨40.10⟩	30	⟨39.39⟩	30	⟨41.14⟩	30	⟨41.48⟩	30	⟨42.27⟩	30	⟨43.52⟩	30	⟨42.76⟩	30	⟨44.09⟩	30	⟨43.17⟩	30	⟨43.22⟩	
	1995	5	29.90	5	⟨43.81⟩	5	⟨44.60⟩	5	⟨44.22⟩	5	⟨45.93⟩	5	⟨46.90⟩	5	⟨48.67⟩	5	⟨49.10⟩	5	36.81	5	⟨49.63⟩	5	⟨50.23⟩	5	⟨51.49⟩	32.97
		10	29.62	10	⟨43.80⟩	10	⟨44.90⟩	10	⟨44.58⟩	10	32.39	10	⟨46.19⟩	10	⟨49.13⟩	10	⟨49.24⟩	10	⟨49.40⟩	10	⟨49.34⟩	10	⟨51.00⟩	10	⟨51.75⟩	
		15	⟨43.95⟩	15	⟨44.75⟩	15	⟨43.94⟩	15	⟨44.92⟩	15	⟨45.45⟩	15	⟨46.72⟩	15	⟨49.36⟩	15	37.53	15	⟨49.55⟩	15	⟨49.73⟩	15	⟨51.21⟩	15	⟨51.56⟩	
		20	⟨44.25⟩	20	⟨44.92⟩	20	⟨45.08⟩	20	⟨45.49⟩	20	⟨46.34⟩	20	⟨47.03⟩	20	⟨48.78⟩	20	⟨49.37⟩	20	⟨49.14⟩	20	⟨49.82⟩	20	⟨51.33⟩	20	⟨51.85⟩	
		25	⟨44.56⟩	25	⟨43.86⟩	25	⟨45.21⟩	25	⟨45.74⟩	25	⟨46.55⟩	25	⟨47.68⟩	25	⟨48.95⟩	25	⟨49.04⟩	25	⟨49.42⟩	25	⟨50.00⟩	25	⟨51.67⟩	25	⟨52.53⟩	
		30	⟨44.25⟩	30	31.56	30	⟨44.96⟩	30	⟨45.73⟩	30	⟨46.47⟩	30	⟨47.99⟩	30	⟨49.24⟩	30	⟨49.23⟩	30	⟨49.71⟩	30	⟨50.72⟩	30	⟨51.21⟩	30	⟨52.90⟩	
	1996	4	⟨53.26⟩	4	⟨53.33⟩	4	⟨53.53⟩	4	⟨53.82⟩	4	⟨52.91⟩	4	⟨53.35⟩	4	⟨53.78⟩	4	⟨49.71⟩	4	⟨52.27⟩	4	⟨51.96⟩	4	⟨52.02⟩	4	⟨51.89⟩	40.83
		10	⟨53.48⟩	10	⟨53.42⟩	10	⟨53.61⟩	10	⟨54.01⟩	10	⟨53.74⟩	10	⟨53.78⟩	10	⟨53.29⟩	10	⟨51.71⟩	10	⟨51.71⟩	10	⟨52.04⟩	10	40.61	10	⟨51.96⟩	
		14	⟨52.80⟩	14	⟨53.50⟩	14	⟨53.49⟩	14	⟨52.13⟩	14	⟨53.22⟩	14	⟨52.92⟩	14	⟨52.14⟩	14	41.75	14	⟨52.23⟩	14	⟨52.18⟩	14	40.44	14	⟨51.82⟩	
		20	⟨53.55⟩	20	⟨53.40⟩	20	⟨53.63⟩	20	⟨53.34⟩	20	⟨53.49⟩	20	⟨53.33⟩	20	⟨51.79⟩	20	⟨52.40⟩	20	⟨51.64⟩	20	⟨52.20⟩	20	40.50	20	⟨51.63⟩	
		24	⟨53.30⟩	24	⟨53.15⟩	24	⟨53.72⟩	24	⟨52.66⟩	24	⟨53.30⟩	24	⟨53.80⟩	24	⟨51.93⟩	24	⟨53.23⟩	24	⟨51.96⟩	24	⟨52.12⟩	24	⟨51.59⟩	24	⟨51.92⟩	
		30	⟨53.38⟩	30	⟨53.42⟩	30	⟨53.75⟩	30	⟨53.74⟩	30	⟨53.61⟩	30	⟨53.58⟩	30	⟨52.56⟩	30	⟨52.51⟩	30	⟨52.18⟩	30	⟨52.13⟩	30	⟨51.76⟩	30	⟨51.99⟩	
	1997	4	39.83	4	⟨51.32⟩	4	⟨51.20⟩	4	41.87	4	⟨52.40⟩	4	41.32	4	⟨54.16⟩	4	⟨54.04⟩	4	⟨56.32⟩	4	⟨54.85⟩	4	⟨55.45⟩	4	⟨55.13⟩	41.11
		10	⟨51.72⟩	10	⟨51.62⟩	10	⟨51.53⟩	10	⟨51.61⟩	10	⟨51.86⟩	10	⟨52.38⟩	10	⟨53.93⟩	10	⟨54.73⟩	10	⟨56.23⟩	10	⟨55.26⟩	10	⟨55.88⟩	10	⟨55.90⟩	
		14	⟨52.02⟩	14	⟨51.26⟩	14	⟨51.47⟩	14	⟨52.19⟩	14	⟨52.60⟩	14	⟨53.00⟩	14	⟨53.31⟩	14	42.37	14	⟨55.89⟩	14	⟨55.19⟩	14	⟨55.21⟩	14	⟨55.61⟩	
		20	⟨51.33⟩	20	⟨51.44⟩	20	⟨51.61⟩	20	⟨52.71⟩	20	⟨52.89⟩	20	⟨53.16⟩	20	⟨53.75⟩	20	⟨55.70⟩	20	⟨56.13⟩	20	⟨55.84⟩	20	⟨55.62⟩	20	⟨55.29⟩	
		24	41.10	24	⟨51.33⟩	24	40.72	24	⟨51.72⟩	24	⟨52.52⟩	24	⟨53.79⟩	24	⟨54.50⟩	24	⟨55.99⟩	24	⟨55.35⟩	24	⟨55.91⟩	24	⟨55.76⟩	24	⟨55.86⟩	
		30	40.59	30	⟨51.55⟩	30	⟨51.28⟩	30	⟨51.96⟩	30	⟨52.94⟩	30	⟨54.22⟩	30	⟨54.38⟩	30	⟨56.14⟩	30	⟨55.92⟩	30	⟨55.75⟩	30	⟨55.03⟩	30	⟨55.72⟩	

续表

点号	年份	1月 日	1月 水位	2月 日	2月 水位	3月 日	3月 水位	4月 日	4月 水位	5月 日	5月 水位	6月 日	6月 水位	7月 日	7月 水位	8月 日	8月 水位	9月 日	9月 水位	10月 日	10月 水位	11月 日	11月 水位	12月 日	12月 水位	年平均
232	1998	4	〈55.63〉	4	〈56.26〉	4	〈56.11〉	4	42.51	4	〈56.26〉	4	〈55.51〉	4	〈56.79〉	4	〈56.60〉	4	〈55.67〉	4	〈55.84〉	4	〈53.76〉	4	〈53.92〉	43.62
		10	〈55.80〉	10	〈56.33〉	10	〈56.29〉	10	〈56.04〉	10	〈56.22〉	10	〈56.10〉	10	〈55.47〉	10	〈56.05〉	10	〈55.51〉	10	〈55.56〉	10	〈53.52〉	10	〈54.43〉	
		14	〈55.54〉	14	〈55.91〉	14	〈55.85〉	14	〈56.23〉	14	〈55.29〉	14	〈55.67〉	14	〈56.52〉	14	45.54	14	〈55.24〉	14	〈55.73〉	14	〈53.28〉	14	〈54.53〉	
		20	〈55.99〉	20	〈56.19〉	20	〈56.22〉	20	〈56.38〉	20	〈55.41〉	20	〈55.99〉	20	〈56.15〉	20	〈57.02〉	20	〈55.76〉	20	〈55.04〉	20	〈53.01〉	20	〈54.87〉	
		24	〈55.92〉	24	〈56.37〉	24	〈56.28〉	24	〈55.80〉	24	〈55.21〉	24	〈56.62〉	24	〈54.34〉	24	〈56.07〉	24	〈55.66〉	24	〈54.54〉	24	〈54.97〉	24	42.80	
		30	〈56.16〉	30	〈55.95〉	30	〈56.01〉	30	〈56.16〉	30	〈54.99〉	30	〈56.50〉	30	〈55.30〉	30	〈55.73〉	30	〈55.41〉	30	〈53.69〉	30	〈55.13〉	30	〈54.51〉	
	1999	4	〈54.24〉	4	〈55.05〉	4	39.19	4	〈53.08〉	4	〈52.43〉	4	〈52.76〉	4	〈52.78〉	4	43.89	4	〈53.85〉	4	〈54.52〉	4	〈54.28〉	4	〈52.81〉	40.86
		10	〈54.63〉	10	〈55.55〉	10	39.20	10	〈53.72〉	10	〈52.09〉	10	〈53.35〉	10	〈53.08〉	10	〈53.19〉	10	〈54.41〉	10	〈53.95〉	10	〈55.09〉	10	〈52.49〉	
		14	〈54.52〉	14	42.02	14	37.20	14	40.85	14	〈52.38〉	14	〈52.17〉	14	〈53.68〉	14	〈53.92〉	14	44.85	14	〈52.79〉	14	〈53.78〉	14	〈52.87〉	
		20	〈55.09〉	20	〈55.30〉	20	38.43	20	〈52.42〉	20	〈52.91〉	20	〈52.10〉	20	〈53.89〉	20	〈54.19〉	20	〈54.72〉	20	〈52.55〉	20	〈53.36〉	20	〈53.33〉	
		24	〈54.75〉	24	41.51	24	〈51.59〉	24	〈51.26〉	24	〈53.04〉	24	〈52.59〉	24	〈54.51〉	24	〈44.42〉	24	〈54.41〉	24	〈52.86〉	24	〈53.01〉	24	〈52.35〉	
		30	〈55.24〉	30	41.48	30	〈52.90〉	30	〈51.68〉	30	〈52.66〉	30	〈52.92〉	30	〈53.98〉	30	〈54.80〉	30	〈54.93〉	30	〈53.70〉	30	〈53.69〉	30	〈52.89〉	
	2000	5	〈53.02〉	5	44.77	5	〈52.52〉	5	〈53.98〉	5	〈54.50〉	5	〈53.84〉	5	43.81	5	38.20	5	35.82	5	34.93	5	32.68	5	31.57	36.17
		10	〈52.86〉	10	〈52.60〉	10	〈52.89〉	10	〈54.02〉	10	〈54.82〉	10	44.38	10	42.93	10	38.55	10	35.50	10	34.02	10	32.33	10	31.03	
		15	44.93	15	〈51.29〉	15	〈52.51〉	15	〈53.49〉	15	〈55.63〉	15	〈53.16〉	15	42.62	15	37.90	15	35.77	15	34.49	15	31.87	15	31.03	
		20	44.59	20	〈52.89〉	20	〈53.34〉	20	〈53.80〉	20	〈55.09〉	20	〈53.69〉	20	39.15	20	37.53	20	35.23	20	34.82	20	32.16	20	30.64	
		25	〈52.14〉	25	〈51.70〉	25	〈53.62〉	25	〈54.09〉	25	〈54.54〉	25	〈53.06〉	25	39.69	25	36.39	25	34.91	25	34.20	25	31.80	25	30.66	
		30	〈52.63〉	30	〈52.41〉	30	〈53.10〉	30	〈54.55〉	30	〈54.08〉	30	〈53.50〉	30	38.83	30	36.01	30	35.35	30	33.46	30	31.37	30	30.83	
237	1988	4		4		4		4		4		4		4		4		4	〈26.77〉	4	〈25.71〉	4	〈26.24〉	4	〈26.38〉	19.14
		14		14		14		14		14		14		14		14	19.14	14	〈26.02〉	14	〈25.99〉	14	〈26.21〉	14	〈26.22〉	
		24		24		24		24		24		24		24		24		24	〈25.90〉	24	〈26.13〉	24	〈26.19〉	24	〈25.93〉	
	1989	4	〈26.03〉	4	〈26.53〉	4	〈26.50〉	4	〈26.96〉	4	〈27.57〉	4	〈26.94〉	4	〈27.77〉	4	〈27.80〉	4	〈28.09〉	4	〈28.35〉	4	〈28.48〉	4	〈27.96〉	20.48
		14	〈25.81〉	14	〈26.37〉	14	〈26.52〉	14	〈26.94〉	14	〈27.03〉	14	〈26.74〉	14	〈27.53〉	14	20.48	14	〈27.88〉	14	〈28.18〉	14	〈27.91〉	14	〈27.53〉	
		24	〈26.32〉	24	〈25.94〉	24	〈26.53〉	24	〈27.05〉	24	〈26.89〉	24	〈27.54〉	24	〈27.77〉	24	〈28.60〉	24	〈28.33〉	24	〈28.27〉	24	〈27.53〉	24	〈27.27〉	

续表

点号	年份	1月 日	1月 水位	2月 日	2月 水位	3月 日	3月 水位	4月 日	4月 水位	5月 日	5月 水位	6月 日	6月 水位	7月 日	7月 水位	8月 日	8月 水位	9月 日	9月 水位	10月 日	10月 水位	11月 日	11月 水位	12月 日	12月 水位	年平均
237	1990	4	⟨27.53⟩	4	⟨27.20⟩	4	⟨27.99⟩	4	⟨29.60⟩	4	⟨30.47⟩	4	⟨29.68⟩	4	⟨30.07⟩	4	20.14	4	⟨30.31⟩	4	⟨29.40⟩	4	⟨29.12⟩	4	18.53	21.18
		14	⟨27.14⟩	14	⟨27.71⟩	14	⟨29.49⟩	14	⟨29.62⟩	14	⟨29.32⟩	14	⟨29.32⟩	14	⟨30.30⟩	14	⟨30.24⟩	14	24.87	14	⟨29.32⟩	14	⟨29.43⟩	14	⟨29.28⟩	
		24	⟨27.39⟩	24	⟨27.67⟩	24	⟨29.72⟩	24	⟨29.78⟩	24	⟨29.39⟩	24	⟨29.64⟩	24	⟨29.77⟩	24	⟨30.38⟩	24	⟨29.54⟩	24	⟨29.35⟩	24	⟨29.69⟩	24	⟨29.70⟩	
	1991	4	⟨29.18⟩	4	⟨29.93⟩	4	⟨30.97⟩	4	⟨31.08⟩	4	20.23	4	⟨31.91⟩	4	⟨32.53⟩	4	⟨33.74⟩	4	⟨33.40⟩			4	⟨32.20⟩	4	⟨31.73⟩	20.70
		14	18.97	14	⟨29.52⟩	14	⟨30.62⟩	14	⟨31.16⟩	14	⟨32.13⟩			14	⟨34.18⟩	14	23.62	14	⟨31.45⟩	14	⟨32.26⟩	14	20.14	14	20.43	
		24	⟨29.87⟩	24	19.01	24	⟨31.72⟩	24	⟨31.74⟩	24	⟨31.93⟩	24	⟨32.09⟩	24	⟨33.16⟩	24	22.48	24	⟨32.91⟩	24	⟨31.89⟩	24	⟨31.90⟩	24	⟨31.81⟩	
	1992	4	20.57	4	⟨31.87⟩	4	⟨32.50⟩	4	⟨32.97⟩	4	⟨34.18⟩	4	⟨34.81⟩	4	⟨35.14⟩	4	⟨34.83⟩	4	⟨34.72⟩	4	⟨34.54⟩	4	⟨33.26⟩	4	⟨32.98⟩	22.45
		14	20.31	14	⟨32.33⟩	14	⟨32.87⟩			14	⟨33.92⟩	14	20.93	14	⟨34.46⟩	14	25.44	14	⟨35.21⟩	14	22.70	14	⟨33.99⟩	14	⟨32.25⟩	
		24	⟨31.34⟩	24	20.70	24	⟨32.28⟩	24	⟨33.86⟩	24	⟨34.62⟩	24	⟨34.30⟩	24	24.50	24	⟨35.04⟩	24	⟨35.51⟩	24	⟨32.57⟩	24	⟨32.88⟩	24	24.42	
	1993	4	⟨32.28⟩	4	⟨32.52⟩	4	⟨33.11⟩	4	23.67	4	⟨31.81⟩	4	⟨33.58⟩	4	⟨34.40⟩	4	⟨33.07⟩	4	⟨33.69⟩	4	23.49	4	⟨33.28⟩	4	⟨32.75⟩	23.92
		14	⟨33.58⟩	14	⟨33.26⟩	14	23.19	14	23.43	14	⟨33.73⟩	14	23.89	14	⟨33.86⟩	14	25.77	14	⟨34.01⟩	14	⟨33.30⟩	14	⟨32.93⟩	14	⟨32.24⟩	
		24	⟨32.3⟩	24	⟨32.63⟩	24	⟨32.74⟩	24	⟨33.21⟩	24	⟨34.05⟩	24	⟨33.26⟩	24	⟨32.95⟩	24	⟨33.22⟩	24	24.02	24	⟨33.52⟩	24	⟨32.80⟩	24	⟨31.73⟩	
	1994	4	⟨31.99⟩	4	⟨33.26⟩	4	24.22	4	⟨33.11⟩	4	⟨32.94⟩	4	⟨33.12⟩	4	⟨33.01⟩	4	⟨33.49⟩	4	⟨34.70⟩	4	25.50	4	⟨34.42⟩	4	27.42	25.54
		14	24.15	14	⟨32.83⟩	14	24.14	14	⟨33.45⟩	14	⟨33.70⟩	14	⟨33.25⟩	14	⟨33.68⟩	14	26.19	14	25.84	14	⟨34.89⟩	14	⟨34.77⟩	14	27.30	
		24	⟨32.50⟩	24	23.98	24	⟨32.89⟩	24	24.79	24	⟨33.41⟩	24	⟨32.68⟩	24	⟨33.84⟩	24	⟨34.85⟩	24	⟨33.79⟩	24	⟨35.06⟩	24	⟨33.61⟩	24	27.36	
	1995	4	27.58	4	⟨33.48⟩	4	⟨33.90⟩	4	⟨35.19⟩	4	⟨35.98⟩	4	⟨37.36⟩	4	⟨39.20⟩	4	⟨40.14⟩	4	⟨40.27⟩	4	⟨40.93⟩	4	33.25	4	⟨41.24⟩	32.08
		14	⟨33.58⟩	14	⟨33.99⟩	14	⟨34.38⟩	14	⟨34.97⟩	14	⟨36.39⟩	14	⟨39.02⟩	14	⟨40.47⟩	14	34.15	14	⟨40.72⟩	14	⟨40.20⟩	14	⟨40.86⟩	14	⟨41.41⟩	
		24	⟨33.79⟩	24	⟨33.71⟩	24	⟨34.82⟩	24	⟨35.36⟩	24	⟨37.19⟩	24	⟨38.09⟩	24	⟨40.18⟩	24	⟨40.52⟩	24	⟨40.32⟩	24	33.34	24	⟨41.05⟩	24	⟨42.21⟩	
	1996	4	⟨42.84⟩	4	⟨44.09⟩	4	⟨42.06⟩	4	⟨33.45⟩	4	⟨43.31⟩	4	⟨44.15⟩	4	⟨44.73⟩	4	⟨44.29⟩	4	⟨44.17⟩	4	⟨44.38⟩	4	⟨44.41⟩	4	⟨44.11⟩	37.17
		14	⟨43.11⟩	14	⟨44.23⟩	14	⟨42.58⟩	14	⟨42.84⟩	14	36.22	14	⟨43.61⟩	14	⟨44.53⟩	14	38.11	14	⟨44.36⟩	14	⟨44.70⟩	14	⟨44.38⟩	14	⟨44.16⟩	
		24	⟨43.64⟩	24	⟨42.98⟩	24	⟨43.15⟩	24	⟨43.22⟩	24	⟨43.89⟩	24	⟨45.02⟩	24	⟨44.28⟩	24	⟨44.50⟩	24	⟨44.73⟩	24	⟨44.41⟩	24	⟨44.41⟩	24	⟨43.93⟩	
	1997	4	35.86	4	⟨45.15⟩	4	⟨44.95⟩	4	⟨45.90⟩	4	⟨46.26⟩	4	⟨46.40⟩	4	⟨46.75⟩	4	⟨46.36⟩	4	⟨46.90⟩	4	⟨46.29⟩	4	⟨46.68⟩	4	⟨46.83⟩	37.30
		14	⟨43.79⟩	14	⟨44.89⟩	14	⟨44.68⟩	14	⟨45.22⟩	14	⟨46.60⟩	14	⟨46.76⟩	14	⟨47.00⟩	14	38.73	14	⟨47.09⟩	14	⟨46.56⟩	14	⟨46.52⟩	14	⟨46.71⟩	
		24	⟨45.00⟩	24	⟨44.71⟩	24	⟨45.36⟩	24	⟨45.54⟩	24	⟨46.95⟩	24	⟨46.59⟩	24	⟨46.35⟩	24	⟨46.73⟩	24	⟨46.31⟩	24	⟨46.61⟩	24	⟨46.60⟩	24	⟨46.80⟩	

续表

点号	年份	日	1月 水位	2月 水位	3月 水位	4月 水位	5月 水位	6月 水位	7月 水位	8月 水位	9月 水位	10月 水位	11月 水位	12月 水位	年平均
237	1998	4													40.39
		14	⟨46.95⟩	⟨46.86⟩	⟨46.33⟩	⟨46.36⟩	40.35	⟨47.15⟩	⟨48.00⟩	40.43	⟨47.29⟩	⟨46.30⟩	⟨45.87⟩	⟨45.64⟩	
		24	⟨47.07⟩	⟨46.60⟩	⟨46.69⟩										
	1999	4													37.59
		14	⟨46.99⟩	⟨46.94⟩	⟨46.85⟩	36.27	⟨45.15⟩	⟨45.33⟩	⟨46.20⟩	⟨46.93⟩	38.70	⟨45.51⟩	⟨45.45⟩	⟨45.93⟩	
		24	⟨46.55⟩	⟨46.91⟩	37.79	⟨47.42⟩	⟨47.97⟩	⟨47.70⟩	35.77	34.66	33.07	32.42	29.90		
	2000	4													33.16
		14	⟨48.00⟩	⟨48.73⟩	⟨46.92⟩										
		24													
民36	1988	4									4.21	4.33	4.06	4.76	4.38
		14								4.27	4.28	4.24	4.13	4.82	
		24	5.20	5.53	5.56	5.47	5.07	5.39	5.84	6.04	4.20	4.00	4.50	5.19	
	1989	4	6.24	5.58	5.57	5.49	5.13	5.60	6.03	干	5.28	4.88	4.57	4.98	5.33
		14	5.46	5.65	5.49	5.26	5.30	5.61	5.87	5.93	5.05	4.77	4.47	5.05	
		24	5.41	5.34	5.47	5.19	4.66	4.88	5.47	4.38	4.93	4.58	4.73	4.99	
	1990	4	5.35	5.38	5.09	5.09	4.76	4.90	3.27	4.40	4.19	4.06	4.11	4.63	4.70
		14	5.28	5.31	5.12	4.84	4.59	5.24	4.12	4.32	4.04	4.00	4.18	4.87	
		24	5.04	5.49	干	5.65	5.54	5.03	5.39	5.94	4.01	4.01	4.39	5.00	
	1991	4	5.35	5.58	干	5.60	5.34	5.00	5.60	干	干	干	干	干	5.47
		14	5.47	5.89	干	5.55	5.54	5.17	5.76	干	干	干	干	干	
		24													
民37	1988	4									5.86	5.75	5.57	5.90	5.81
		14	6.29	6.64	6.78			6.81	7.09	5.97	5.80	5.70	5.58	6.12	
		24	6.46	6.70	6.80		6.68	6.93	7.24	7.21	5.78	5.58	5.71	6.24	
	1989	4	6.55	6.71				6.93	7.13	7.26	7.07	6.57	6.21	6.40	6.71
		14								7.28	6.73	6.46	6.13	6.57	
		24									6.63	6.26	6.25	6.56	

续表

点号	年份	1月 日	1月 水位	2月 日	2月 水位	3月 日	3月 水位	4月 日	4月 水位	5月 日	5月 水位	6月 日	6月 水位	7月 日	7月 水位	8月 日	8月 水位	9月 日	9月 水位	10月 日	10月 水位	11月 日	11月 水位	12月 日	12月 水位	年平均
民37	1990	4	6.74	4	6.54	4	6.77	4	6.71	4	6.35	4	6.32	4	6.31	4	5.76	4	5.79	4	5.47	4	5.44	4	5.83	6.10
		14	6.62	14	6.59	14	6.69	14	6.65	14	6.38	14	6.37	14	5.28	14	5.82	14	5.41	14	5.43	14	5.58	14	5.93	
		24	6.50	24	6.55	24	6.62	24	6.52	24	6.22	24	6.61	24	5.42	24	5.84	24	5.14	24	5.40	24	5.67	24	6.17	
	1991	4	6.23	4	6.89	4	干	4	干	4	干	4	7.13	4	7.24	4	干	4	干	4	干	4	干	4	干	7.05
		14	6.47	14	6.96	14	干	14	干	14	干	14	7.12	14	干	14	干	14	干	14	干	14	干	14	干	
		24	6.68	24	7.15	24	8.67	24	干	24	干	24	7.02	24	干	24	干	24	干	24	干	24	干	24	干	
	1993	5		5		5	7.66	5	7.64	5	7.79	5		5	7.83	5	5.85	5	5.57	5	5.62	5	5.66	5	5.99	6.58
		15		15	7.60	15	7.78	15	7.66	15		15		15	7.84	15	5.78	15	5.52	15	5.64	15	5.67	15	6.47	
		25		25	7.67	25	7.81	25	7.63	25		25		25	6.02	25	5.64	25	5.55	25	5.52	25	5.72	25	6.61	
	1994	4	6.94	4	7.08	4	6.91	4	6.88	4	6.37	4	6.62	4	6.46	4	7.03	4	7.75	4		4		4		6.86
		14	7.11	14	6.96	14	6.74	14	6.99	14	6.41	14	6.74	14	6.40	14	7.23	14	干	14		14		14		
		24	7.34	24	6.97	24	6.65	24	6.62	24	6.51	24	6.77	24	6.61	24	7.32	24	干	24		24		24		
民41	1988	4		4		4		4		4		4		4		4		4	14.90	4	14.71	4	14.62	4	14.54	14.70
		14		14		14		14		14		14		14		14	14.95	14	14.89	14	14.63	14	14.68	14	14.59	
		24		24		24		24		24		24		24		24		24	14.83	24	14.64	24	14.70	24	14.42	
	1989	4	14.34	4	14.63	4	14.74	4	14.86	4	14.76	4	15.12	4	15.21	4	15.44	4	15.15	4	15.37	4	15.22	4	15.28	15.07
		14	14.47	14	14.70	14	14.75	14	14.87	14	14.92	14	15.28	14	15.25	14	15.55	14	15.39	14	15.31	14	15.13	14	15.31	
		24	14.52	24	14.76	24	14.83	24	14.94	24	15.08	24	15.15	24	15.40	24	15.60	24	15.40	24	15.23	24	15.18	24	15.32	
	1990	4	14.65	4	14.69	4	14.63	4	14.94	4	14.95	4	14.97	4	15.07	4	14.89	4	14.64	4	14.68	4	14.64	4	14.62	14.78
		14	14.63	14	14.79	14	14.75	14	14.87	14	14.97	14	15.07	14	15.01	14	14.83	14	14.75	14	14.62	14	14.71	14	14.75	
		24	14.68	24	14.82	24	14.66	24	14.73	24	14.83	24	15.11	24	14.77	24	14.71	24	14.67	24	14.59	24	14.82	24	14.67	
	1991	4	14.70	4	14.90	4	15.30	4	15.51	4	15.71	4	16.03	4	16.01	4	干	4	干	4	干	4	干	4	干	15.47
		14	14.82	14	14.97	14	15.27	14	15.63	14	15.95	14	16.05	14	干	14	干	14	干	14	干	14	干	14	干	
		24	14.96	24	15.21	24	15.41	24	15.64	24	15.93	24	15.96	24	干	24	干	24	干	24	干	24	干	24	干	

续表

点号	年份	1月 日	1月 水位	2月 日	2月 水位	3月 日	3月 水位	4月 日	4月 水位	5月 日	5月 水位	6月 日	6月 水位	7月 日	7月 水位	8月 日	8月 水位	9月 日	9月 水位	10月 日	10月 水位	11月 日	11月 水位	12月 日	12月 水位	年平均
桥1	1988	5	8.96	5	9.00	5	8.30	5	8.20	5	6.15	5	8.35	5	8.02	5	8.03	5	8.60	5	8.78	5	8.60	5	干	8.50
		15	9.00	15	9.00	15	8.50	15	8.32	15	8.55	15	8.38	15	8.10	15	7.82	15	8.83	15	8.68	15	9.05	15	干	
		25	9.00	25	9.05	25	8.56	25	8.56	25	8.33	25	9.20	25	8.05	25	8.43	25	8.91	25	8.73	25	干	25	干	
	1989	5	干	5	8.90	5	8.92	5	8.45	5	8.43	5	9.20	5	8.87	5	8.88	5	8.25	5	8.10	5	8.20	5	干	8.48
		15	干	15	干	15	8.53	15	8.30	15	8.33	15	7.70	15	8.58	15	8.79	15	8.35	15	8.28	15	8.27	15	干	
		25	干	25	9.00	25	8.63	25	8.32	25	8.73	25	8.50	25	8.25	25	8.13	25	8.24	25	8.25	25	8.61	25	干	
263	1988	6	⟨62.32⟩	6	⟨65.29⟩	6	⟨64.40⟩	6	⟨61.29⟩	6	⟨59.37⟩	6	51.19	6	⟨61.51⟩	6		6	52.51	6	⟨63.79⟩	6	50.72	6	50.46	50.46
		16	⟨63.37⟩	16	⟨64.40⟩	16	⟨62.27⟩	16	48.64	16	48.06	16	⟨60.82⟩	16	51.34	16	50.94	16	⟨62.99⟩	16	50.96	16	48.28	16	⟨63.23⟩	
		26	⟨65.58⟩	26	50.59	26	⟨61.89⟩	26	47.91	26	50.09	26	49.71	26	⟨61.48⟩	26	⟨62.89⟩	26	⟨64.98⟩	26	49.82	26	⟨66.45⟩	26	⟨67.66⟩	
	1989	5	⟨58.91⟩	5	⟨56.81⟩	5	⟨60.11⟩	5	51.37	5	51.89	5	52.78	5	53.26	5	53.04	5	50.80	5	51.00	5	⟨61.86⟩	5	50.53	50.12
		15	⟨59.40⟩	15	⟨58.49⟩	15	49.60	15	51.83	15	51.44	15	53.08	15	53.57	15	53.79	15	51.10	15	⟨61.86⟩	15	⟨61.77⟩	15	⟨59.90⟩	
		25	⟨58.07⟩	25	⟨59.37⟩	25	51.87	25	51.42	25	52.19	25	⟨62.40⟩	25		25	52.29	25	⟨62.25⟩	25	⟨61.32⟩	25	50.79	25	⟨55.94⟩	
	1990	6	51.81	6	⟨66.77⟩	6	⟨61.12⟩	6	⟨64.72⟩	6	53.84	6	53.51	6	55.08	6	55.36	6	51.82	6	51.48	6	52.01	6	52.97	52.02
		16	⟨65.19⟩	16	⟨67.08⟩	16	53.17	16	53.45	16	52.52	16	54.76	16	⟨48.55⟩	16	55.21	16	51.69	16	51.02	16	51.28	16	50.59	
		26	51.54	26	⟨63.28⟩	26	52.74	26	53.39	26	53.37	26	55.46	26	⟨66.85⟩	26	54.89	26	51.42	26	52.54	26	51.76	26	52.48	
	1991	6	54.79	6	55.65	6	55.81	6	53.45	6	⟨67.68⟩	6	⟨69.14⟩	6	⟨68.84⟩	6	60.11	6	55.61	6	55.64	6	55.02	6	55.65	54.30
		16	55.74	16	⟨67.22⟩	16	56.03	16	56.15	16	⟨68.14⟩	16	⟨69.33⟩	16	⟨69.38⟩	16	⟨69.32⟩	16	55.02	16	55.21	16	54.74	16	54.41	
		26	⟨67.04⟩	26	55.98	26	55.64	26	59.64	26	⟨66.99⟩	26	⟨69.38⟩	26	⟨70.08⟩	26	58.64	26	55.56	26	⟨62.02⟩	26	54.55	26	54.71	
	1992	8	⟨72.23⟩	8	⟨67.67⟩	8	⟨74.20⟩	8	⟨67.31⟩	8	⟨75.84⟩	8	⟨76.03⟩	8	61.35	8	⟨70.04⟩	8	⟨70.49⟩	8	⟨68.75⟩	8	⟨70.21⟩	8	⟨68.31⟩	56.93
		18	⟨70.00⟩	18	55.98	18	60.74	18	59.64	18	⟨71.94⟩	18	⟨74.85⟩	18	61.66	18	59.64	18	⟨67.75⟩	18	⟨67.89⟩	18	59.58	18	⟨69.23⟩	
		28	⟨71.12⟩	28	⟨75.00⟩	28	⟨73.10⟩	28	⟨68.49⟩	28	⟨73.08⟩	28	⟨76.30⟩	28	⟨73.97⟩	28	⟨73.70⟩	28	⟨72.94⟩	28	62.05	28	62.30	28	⟨74.26⟩	
	1993																						59.01		⟨72.64⟩	61.30
																							61.71		61.65	
																							⟨71.38⟩		⟨73.24⟩	

续表

点号	年份	1月 日	1月 水位	2月 日	2月 水位	3月 日	3月 水位	4月 日	4月 水位	5月 日	5月 水位	6月 日	6月 水位	7月 日	7月 水位	8月 日	8月 水位	9月 日	9月 水位	10月 日	10月 水位	11月 日	11月 水位	12月 日	12月 水位	年平均
263	1994	8	⟨72.48⟩	8	62.05	8	⟨73.09⟩	8	⟨73.03⟩	8	62.35	8	⟨74.08⟩	8	⟨72.60⟩	8	⟨74.26⟩	8	⟨73.20⟩	8	63.37	8	⟨74.34⟩	8	63.41	64.36
		18	61.88	18	⟨72.23⟩	18	⟨73.51⟩	18	⟨72.09⟩	18	62.97	18	⟨74.82⟩	18	⟨74.02⟩	18	67.04	18	64.43	18	⟨76.51⟩	18	66.43	18	67.48	
		28	⟨73.29⟩	28	⟨71.76⟩	28	⟨75.06⟩	28	62.23	28	⟨73.34⟩	28	⟨72.13⟩	28	⟨75.83⟩	28	⟨74.43⟩	28	64.84	28	66.78	28	65.77	28	⟨76.94⟩	
	1995	8	⟨75.55⟩	8	⟨76.80⟩	8	⟨77.18⟩	8	⟨75.51⟩	8	66.65	8	66.42	8	⟨79.35⟩	8	67.69	8	⟨78.82⟩	8	68.95	8	69.19	8	68.36	67.62
		18	⟨74.44⟩	18	⟨76.49⟩	18	⟨75.26⟩	18	67.15	18	⟨77.01⟩	18	67.38	18	⟨76.56⟩	18	67.91	18	⟨78.61⟩	18	⟨79.82⟩	18	⟨86.72⟩	18	67.85	
		28	⟨74.76⟩	28		28	⟨74.20⟩	28	67.40	28	67.10	28	66.73	28	⟨77.17⟩	28	⟨75.74⟩	28	⟨79.59⟩	28	⟨78.06⟩	28	67.92	28	⟨84.11⟩	
	1996	6	⟨84.53⟩	6	⟨82.66⟩	6	⟨83.78⟩	6	⟨84.01⟩	6	⟨84.43⟩	6	⟨84.55⟩	6	⟨84.50⟩	6	⟨84.28⟩	6	⟨84.62⟩	6	⟨83.91⟩	6	⟨84.47⟩	6	⟨84.51⟩	74.94
		16	⟨84.59⟩	16	⟨84.16⟩	16	⟨84.25⟩	16	⟨83.32⟩	16	⟨84.86⟩	16	⟨84.31⟩	16	⟨79.93⟩	16	74.33	16	⟨83.84⟩	16	⟨83.34⟩	16	⟨85.59⟩	16	⟨84.90⟩	
		26	⟨83.74⟩	26	⟨83.42⟩	26	⟨84.53⟩	26	⟨83.04⟩	26	⟨85.35⟩	26	⟨83.75⟩	26	⟨84.20⟩	26	⟨84.67⟩	26	⟨84.79⟩	26	75.55	26	⟨84.77⟩	26	⟨85.66⟩	
	1997	6	⟨86.15⟩	6	⟨86.13⟩	6	⟨86.11⟩	6	⟨85.74⟩	6	⟨86.94⟩	6	74.89	6	75.52	6	75.71	6	⟨85.15⟩	6	⟨86.68⟩	6	⟨86.14⟩	6	76.52	75.76
		16	⟨86.25⟩	16	⟨85.82⟩	16	⟨84.95⟩	16	⟨85.22⟩	16	⟨87.74⟩	16	75.26	16	75.01	16	⟨84.78⟩	16	75.98	16	⟨86.98⟩	16	⟨86.89⟩	16	⟨86.64⟩	
		26	⟨87.14⟩	26	⟨85.93⟩	26	⟨84.78⟩	26	⟨86.02⟩	26	⟨87.64⟩	26	⟨84.76⟩	26	75.56	26	⟨85.28⟩	26	⟨84.98⟩	26	76.26	26	⟨87.04⟩	26	⟨85.95⟩	
	1998	6	⟨86.43⟩	6	⟨86.65⟩	6	76.81	6	72.17	6	⟨86.50⟩	6	⟨85.45⟩	6	⟨82.18⟩	6	79.03	6	⟨83.92⟩	6	⟨82.01⟩	6	⟨82.95⟩	6	⟨83.33⟩	76.16
		16	76.62	16	⟨87.32⟩	16	⟨88.32⟩	16	⟨85.22⟩	16	⟨87.74⟩			16		16										
		26	⟨87.27⟩	26	⟨88.47⟩	26	⟨88.48⟩	26	⟨86.02⟩	26		26		26		26		26		26		26		26		
	1999	16	⟨84.04⟩	16	⟨85.23⟩	16	⟨85.95⟩	16	⟨85.01⟩	16	73.79	16	⟨82.18⟩	16	73.35	16	72.44	16	74.04	16	73.73	16	⟨84.13⟩	16	75.06	73.74
	2000	15	74.39	15	70.34	15	73.23	15	73.91	15	74.10	15	73.22	15	71.48	15	72.33	15	71.34	15	70.15	15	69.81	15	69.13	71.95
264	1988	6	⟨30.51⟩	6	24.94	6	21.96	6	25.82	6	24.82	6	25.22	6	28.30	6	27.99	6	26.61	6	25.45	6	⟨30.76⟩	6	24.02	25.41
		16	24.21	16	⟨29.54⟩	16	25.07	16	24.48	16	24.19	16	27.26	16	⟨25.75⟩	16	26.85	16	26.11	16	25.73	16	⟨31.64⟩	16	⟨30.69⟩	
		26		26		26		26		26		26		26		26		26	25.79	26	25.51	26	26.78	26	22.65	
	1989	6	⟨31.99⟩	6	⟨31.79⟩	6	25.60	6	27.04	6	⟨33.66⟩	6	28.11	6	29.23	6	27.60	6	⟨34.82⟩	6	24.54	6	25.65	6	30.54	25.99
		16		16		16		16		16		16		16		16		16		16	22.77	16	⟨29.88⟩	16	25.63	
		26		26		26		26		26		26		26		26		26		26	⟨33.87⟩	26	⟨33.74⟩	26	⟨36.06⟩	

第三章 宝鸡市

续表

点号	年份	1月		2月		3月		4月		5月		6月		7月		8月		9月		10月		11月		12月		年平均
		日	水位	日	水位	日	水位	日	水位	日	水位	日	水位	日	水位	日	水位	日	水位	日	水位	日	水位	日	水位	
264	1990	6	⟨34.37⟩	6	⟨33.79⟩	6	⟨37.28⟩	6	⟨38.61⟩	6	⟨41.61⟩	6	⟨41.38⟩	6	⟨40.78⟩	6	⟨42.78⟩	6	⟨39.12⟩	6	⟨37.21⟩	6	⟨37.51⟩	6	⟨39.30⟩	29.73
		16	28.80	16	26.93	16	⟨38.32⟩	16	23.08	16	⟨40.50⟩	16	⟨40.69⟩	16	⟨40.59⟩	16	32.04	16	⟨38.57⟩	16	30.88	16	⟨37.18⟩	16	⟨37.77⟩	
		26	⟨36.94⟩	26	⟨35.36⟩	26	31.26	26	⟨40.40⟩	26	⟨39.55⟩	26	33.72	26	⟨38.91⟩	26	31.24	26	⟨37.59⟩	26	29.61	26	⟨38.86⟩	26	⟨37.84⟩	
	1991	7	⟨37.74⟩	7	⟨41.62⟩	7	⟨40.13⟩	7	⟨39.96⟩	7	⟨40.06⟩	7	32.61	7	34.30	7	35.61	7	⟨40.88⟩	7	40.68	7	⟨38.88⟩	7	⟨34.33⟩	36.09
		17	⟨37.78⟩	17	⟨39.18⟩	17	⟨40.26⟩	17	⟨39.86⟩	17	⟨41.91⟩	17	33.65	17	⟨41.20⟩	17	37.79	17	33.11	17	40.12	17	⟨38.12⟩	17	⟨33.60⟩	
		27	⟨37.88⟩	27	⟨38.98⟩	27	⟨39.47⟩	27	⟨40.36⟩	27	⟨41.30⟩	27	34.53	27	37.03	27	35.31	27	34.89	27	39.51	27	⟨33.68⟩	27	⟨33.54⟩	
	1992	7	⟨34.40⟩	7	⟨41.03⟩	7	⟨39.21⟩	7	36.67	7	⟨42.47⟩	7	⟨42.81⟩	7	35.19	7	37.56	7	36.31	7	27.64	7	⟨35.89⟩	7	34.23	34.53
		17	⟨38.48⟩	17	⟨39.64⟩	17	30.56	17	⟨43.88⟩	17	37.33	17	⟨43.59⟩	17	36.04	17	36.71	17	35.50	17	27.90	17	⟨39.41⟩	17	34.46	
		27	⟨39.25⟩	27	⟨38.26⟩	27	35.99	27	37.69	27	⟨43.34⟩	27	35.28	27	37.78	27	36.37	27	35.08	27	27.28	27	33.38	27	34.68	
	1993	7	34.48	7	33.23	7	⟨42.24⟩	7	36.09	7	34.09	7	27.80	7	⟨35.71⟩	7	35.21	7	36.16	7	26.98	7	27.63	7	⟨35.88⟩	32.34
		17	35.92	17	36.20	17	35.33	17	35.22	17	⟨37.87⟩	17	30.76	17	29.75	17	34.48	17	31.50	17	28.78	17	28.00	17	30.26	
		27	30.52	27	⟨42.18⟩	27	35.05	27	36.82	27	⟨36.49⟩	27	28.24	27	30.02	27	35.53	27	29.05	27	⟨35.86⟩	27	⟨35.67⟩	27	⟨37.64⟩	
	1994	7	⟨36.51⟩	7	⟨37.70⟩	7	⟨35.97⟩	7	⟨36.25⟩	7	28.87	7	32.31	7	31.09	7	⟨40.88⟩	7	⟨43.83⟩	7	⟨41.90⟩	7	33.65	7	⟨43.98⟩	32.43
		17	⟨37.94⟩	17	26.09	17	⟨35.91⟩	17	⟨37.47⟩	17	30.34	17	30.00	17	⟨39.27⟩	17	34.90	17	⟨42.70⟩	17	37.99	17	35.09	17	⟨44.62⟩	
		27	⟨37.30⟩	27	⟨35.55⟩	27	⟨37.28⟩	27	30.05	27	⟨37.06⟩	27	30.87	27	32.19	27	⟨41.15⟩	27	35.80	27	⟨43.55⟩	27	37.19	27	⟨45.52⟩	
	1995	7	⟨45.10⟩	7	24.07	7	⟨46.16⟩	7	⟨41.30⟩	7	38.12	7	⟨45.97⟩	7	⟨46.83⟩	7	⟨48.71⟩	7	41.75	7	⟨47.68⟩	7	42.79	7	38.94	41.10
		17	⟨35.70⟩	17	⟨43.86⟩	17	⟨45.60⟩	17	⟨47.86⟩	17	38.66	17	⟨47.66⟩	17	⟨48.30⟩	17	43.84	17	42.17	17	44.11	17	43.86	17	44.88	
		27	⟨44.99⟩	27	⟨35.21⟩	27	⟨46.33⟩	27	⟨47.24⟩	27	⟨46.34⟩	27	⟨47.81⟩	27	42.05	27	42.52	27	42.49	27	43.25	27	41.08	27	44.06	
	1996	7	44.27	7	⟨52.26⟩	7	⟨51.24⟩	7	⟨53.16⟩	7	⟨53.96⟩	7	⟨54.27⟩	7	⟨54.31⟩	7	⟨54.20⟩	7	⟨54.11⟩	7	50.11	7	49.01	7	⟨54.32⟩	48.96
		17	44.67	17	46.51	17	⟨53.13⟩	17	47.76	17	⟨54.17⟩	17	⟨52.13⟩	17	51.91	17	51.83	17	51.71	17	49.96	17	⟨54.83⟩	17	⟨54.26⟩	
		27	⟨51.11⟩	27	⟨51.87⟩	27	⟨52.46⟩	27	⟨54.06⟩	27	⟨54.36⟩	27	⟨52.18⟩	27	⟨57.41⟩	27	⟨53.80⟩	27	⟨54.24⟩	27	50.81	27	⟨54.82⟩	27	⟨45.67⟩	
	1997	5	⟨54.36⟩	5	⟨55.86⟩	5	⟨53.51⟩	5	⟨53.86⟩	5	⟨55.56⟩	5	⟨57.06⟩	5	50.14	5	⟨58.07⟩	5	⟨54.28⟩	5	⟨56.28⟩	5	⟨56.26⟩	5	52.45	51.32
		15	⟨55.78⟩	15	⟨50.92⟩	15	⟨53.06⟩	15	⟨53.96⟩	15	49.13	15	⟨53.36⟩	15	⟨57.48⟩	15	52.76	15	⟨56.76⟩	15	⟨56.76⟩	15	50.86	15	⟨56.72⟩	
		25	⟨55.33⟩	25	⟨51.76⟩	25	⟨53.81⟩	25	⟨55.10⟩	25	⟨56.86⟩	25	51.71	25	⟨53.98⟩	25	⟨56.89⟩	25	⟨56.10⟩	25	⟨56.10⟩	25	52.72	25	50.80	

续表

点号	年份	1月 日	1月 水位	2月 日	2月 水位	3月 日	3月 水位	4月 日	4月 水位	5月 日	5月 水位	6月 日	6月 水位	7月 日	7月 水位	8月 日	8月 水位	9月 日	9月 水位	10月 日	10月 水位	11月 日	11月 水位	12月 日	12月 水位	年平均
264	1998	5	52.17	5	〈54.64〉	5	54.52	5	53.73	5	54.91	5	54.38	5	55.16	5	〈59.23〉	5	54.66	5	〈56.70〉	5	〈61.01〉	5	〈59.84〉	54.21
		15	〈58.40〉	15	〈56.29〉	15	53.79	15	53.38	15	53.35	15	54.61	15	〈61.40〉	15	54.77	15	〈62.13〉	15	〈59.36〉	15	〈60.65〉	15	〈60.76〉	
		25	〈56.39〉	25	55.11	25	53.31	25	55.36	25	54.40	25	〈59.16〉	25	〈59.11〉	25	54.42	25	53.69	25	〈60.86〉	25	〈62.02〉	25	〈56.87〉	
	1999	5	〈59.49〉	5	〈60.06〉	5	〈58.33〉	5	〈61.98〉	5	〈60.70〉	5	〈63.56〉	5	〈61.81〉	5	55.09	5	〈61.96〉	5	54.39	5	〈61.55〉	5	〈56.28〉	54.00
		15	〈60.04〉	15	〈60.24〉	15	〈58.96〉	15	〈61.20〉	15	〈62.86〉	15	〈63.46〉	15	53.39	15	〈64.70〉	15	53.70	15	〈56.74〉	15	〈57.65〉	15	〈58.01〉	
		25	〈60.51〉	25	54.36	25	〈60.16〉	25	〈60.58〉	25	〈62.02〉	25	〈62.80〉	25	53.05	25	〈64.20〉	25	〈61.64〉	25	〈59.19〉	25	〈60.51〉	25	〈59.64〉	
	2000	5	〈56.65〉	5	〈55.91〉	5	45.65	5	52.44	5	〈55.56〉	5	50.03	5	〈56.01〉	5	46.81	5	43.56	5	49.03	5	〈44.67〉	5	43.26	46.98
		15	〈56.06〉	15	〈55.14〉	15	45.89	15	52.79	15	〈57.07〉	15	50.44	15	〈53.06〉	15	45.73	15	43.27	15	〈47.41〉	15	〈44.23〉	15	43.50	
		25	〈56.97〉	25	〈56.66〉	25	47.83	25	52.19	25	〈57.87〉	25	49.70	25	〈55.63〉	25	45.25	25	42.74	25	〈49.46〉	25	〈43.21〉	25	42.97	
82	1989	6	43.47	6	43.52	6	48.42	6	45.79	6	47.46	6	46.63	6	〈51.60〉	6	48.39	6	47.03	6	42.29	6	43.78	6	42.79	45.20
		16	43.29	16	44.11	16	48.87	16	47.30	16	47.41	16	45.79	16	47.07	16	47.06	16	46.85	16	44.37	16	44.00	16	42.51	
		26	43.65	26	44.13	26	45.52	26	46.82	26	47.85	26	45.86	26	47.70	26	47.16	26	〈55.02〉	26	43.84	26	43.63	26	42.02	
	1990	6	45.77	6	47.67	6	47.83	6	48.90	6	50.19	6	47.90	6	47.50	6	47.27	6	45.02	6	44.14	6	43.67	6	45.00	45.68
		16	46.14	16	47.97	16	48.42	16	49.47	16	50.35	16	〈54.01〉	16	48.25	16	46.95	16	45.83	16	43.69	16	43.28	16	45.37	
		26	46.77	26	47.24	26	48.87	26	50.45	26	51.23	26	47.79	26	49.02	26	45.60	26	45.35	26	44.05	26	〈58.52〉	26	45.59	
	1991	8	52.35	8	52.92	8	52.50	8	51.51	8	52.83	8	52.16	8	53.13	8	51.05	8	51.15	8	51.22	8	〈56.07〉	8	49.87	50.11
		17	53.26	17	〈56.42〉	17	53.07	17	53.49	17	52.00	17	〈57.66〉	17	〈57.36〉	17	53.86	17	50.84	17	50.86	17	50.41	17	53.55	
		28	50.61	28	53.25	28	52.56	28	53.49	28	〈66.27〉	28	52.28	28	51.71	28	51.39	28	49.71	28	〈56.59〉	28	50.03	28	53.18	
	1992	8	〈70.71〉	8	〈72.66〉	8	64.57	8	61.74	8	〈66.27〉	8	52.60	8	〈63.23〉	8	52.68	8	59.31	8	〈66.94〉	8	〈65.22〉	8	〈68.33〉	53.81
		18	〈71.95〉	18	60.92	18	〈74.34〉	18	64.55	18	〈76.57〉	18	62.04	18	54.20	18	56.86	18	54.77	18	〈66.25〉	18	〈65.99〉	18	〈70.26〉	
		28	〈72.98〉	28	60.44	28	63.03	28	64.07	28	63.62	28	64.52	28	〈67.25〉	28	57.21	28	56.86	28	55.20	28	〈62.56〉	28	〈70.50〉	
	1993	8		8		8		8		8		8	〈75.53〉	8	〈75.04〉	8	〈76.77〉	8	〈76.59〉	8	64.31	8	〈75.20〉	8	〈75.26〉	63.24
		18		18		18		18		18		18		18	〈72.46〉	18	65.60	18	63.85	18	63.68	18	〈75.94〉	18	〈74.45〉	
		28		28		28		28		28	61.05	28		28	〈77.92〉	28	〈77.41〉	28	〈76.02〉	28	63.88	28	〈74.69〉	28	〈75.02〉	

续表

点号	年份	1月 日	1月 水位	2月 日	2月 水位	3月 日	3月 水位	4月 日	4月 水位	5月 日	5月 水位	6月 日	6月 水位	7月 日	7月 水位	8月 日	8月 水位	9月 日	9月 水位	10月 日	10月 水位	11月 日	11月 水位	12月 日	12月 水位	年平均
82	1994	8	⟨73.51⟩	8	65.44	8	62.00	8	⟨73.10⟩	8	62.21	8	63.92	8	64.29	8	⟨74.50⟩	8	64.81	8	63.38	8	⟨75.49⟩	8	64.05	63.88
		18	⟨76.38⟩	18	⟨73.58⟩	18	63.22	18	⟨73.93⟩	18	⟨73.79⟩	18	62.33	18	64.10	18	64.15	18	⟨75.73⟩	18	⟨75.40⟩	18	⟨73.22⟩	18	⟨74.98⟩	
		28	62.57	28	65.08	28	⟨72.53⟩	28	⟨72.42⟩	28	⟨75.51⟩	28	62.89	28	64.52	28	66.05	28	⟨74.94⟩	28	64.84	28	⟨73.97⟩	28	⟨75.37⟩	
	1995	8	⟨74.10⟩	8	⟨75.13⟩	8	66.09	8	66.53	8	⟨76.65⟩	8	68.86	8	⟨85.22⟩	8	⟨84.74⟩	8	70.50	8	⟨87.35⟩	8	71.83	8	⟨88.52⟩	69.41
		18	⟨74.51⟩	18	⟨75.36⟩	18	66.32	18	⟨75.58⟩	18	66.88	18	⟨78.55⟩	18	69.60	18	70.83	18	⟨85.02⟩	18	71.24	18	71.40	18	71.51	
		28	⟨74.71⟩	28	⟨75.57⟩	28	⟨76.14⟩	28	⟨76.18⟩	28	⟨77.14⟩	28	⟨81.74⟩	28	⟨83.52⟩	28	⟨86.93⟩	28	⟨86.37⟩	28	⟨89.54⟩	28	70.77	28	⟨90.26⟩	
	1996	8	⟨90.85⟩	8	71.47	8	⟨86.53⟩	8	73.02	8	73.30	8	⟨91.71⟩	8	⟨92.37⟩	8	⟨94.08⟩	8	⟨94.11⟩	8	⟨94.14⟩	8	⟨93.93⟩	8	⟨94.02⟩	73.78
		18	⟨90.97⟩	18	71.72	18	⟨87.32⟩	18	⟨87.01⟩	18	⟨90.92⟩	18	⟨90.58⟩	18	⟨92.97⟩	18	77.84	18	⟨93.23⟩	18	⟨93.87⟩	18	⟨93.09⟩	18	⟨94.25⟩	
		28	71.65	28	⟨83.98⟩	28	71.66	28	⟨73.47⟩	28	⟨91.40⟩	28	⟨91.04⟩	28	⟨93.81⟩	28	⟨93.86⟩	28	⟨93.98⟩	28	⟨93.56⟩	28	⟨94.45⟩	28	79.54	
	1997	6	⟨93.83⟩	6		6		6		6		6		6		6		6		6		6		6		81.27
	1998	16	⟨95.52⟩	16	79.74	16	80.31	16	81.05	16	79.99	16	81.23	16	80.84	16	81.61	16	82.19	16	82.30	16	82.42	16	82.33	82.66
		16	82.63	16	82.15	16	82.59	16	82.97	16	⟨83.55⟩	16	83.45	16	82.94	16	82.72	16	83.51	16	82.03	16	81.88	16	82.43	
	1999	16	83.60	16	83.23	16	83.66	16	84.25	16	85.54	16	84.55													84.14
166	1988	16		16		16		16	⟨42.24⟩	16	⟨38.13⟩	16	⟨41.73⟩	16	⟨40.97⟩	16	29.33	16	⟨41.73⟩	16	⟨42.42⟩	16	⟨42.18⟩	16	⟨41.68⟩	29.33
	1989	6	⟨40.88⟩	6	⟨40.77⟩	6	⟨39.12⟩	6	⟨42.21⟩	6	⟨43.61⟩	6	⟨43.39⟩	6	⟨43.73⟩	6	⟨44.66⟩	6	⟨45.39⟩	6	⟨45.04⟩	6	⟨43.83⟩	6	⟨43.68⟩	
		16	⟨42.90⟩	16	⟨43.34⟩	16	⟨41.04⟩	16	⟨41.70⟩	16	⟨42.74⟩	16	⟨43.67⟩	16	⟨44.93⟩	16	⟨44.89⟩	16	⟨44.97⟩	16	⟨44.19⟩	16	⟨44.35⟩	16	⟨43.54⟩	
		26		26		26		26	⟨41.57⟩	26	⟨41.51⟩	26	⟨44.23⟩	26	⟨44.42⟩	26	⟨44.88⟩	26	⟨45.20⟩	26	⟨40.93⟩	26	⟨43.78⟩	26	⟨43.65⟩	
	1990	6	⟨42.90⟩	6	⟨43.29⟩	6	⟨43.76⟩	6	⟨45.07⟩	6	⟨44.57⟩	6	⟨44.42⟩	6	⟨42.77⟩	6	37.92	6	⟨40.49⟩	6	⟨42.94⟩	6	⟨42.57⟩	6	⟨43.95⟩	36.49
		16	⟨43.82⟩	16	⟨43.28⟩	16	⟨45.03⟩	16	⟨44.94⟩	16	⟨44.70⟩	16	⟨44.57⟩	16	⟨40.86⟩	16	⟨42.05⟩	16	⟨42.88⟩	16	⟨42.78⟩	16	⟨42.99⟩	16	35.05	
		26	⟨42.76⟩	26	⟨43.56⟩	26	⟨42.96⟩	26	⟨44.58⟩	26	⟨44.50⟩	26	⟨40.45⟩	26	⟨44.51⟩	26	⟨43.65⟩	26	⟨41.52⟩	26	⟨40.26⟩	26	⟨42.84⟩	26	⟨42.89⟩	
	1991	7	⟨43.42⟩	7	⟨44.20⟩	7	⟨42.84⟩	7	⟨42.03⟩	7	⟨42.23⟩	7	39.44	7	⟨43.43⟩	7	⟨44.64⟩	7	36.79	7	⟨42.96⟩	7	36.25	7	33.56	35.05
		17	⟨44.34⟩	17	⟨43.34⟩	17	⟨43.48⟩	17	⟨41.93⟩	17	⟨43.36⟩	17	⟨42.22⟩	17	⟨43.65⟩	17	35.44	17	⟨43.39⟩	17	⟨43.69⟩	17	⟨43.47⟩	17	31.59	
		27	⟨43.76⟩	27	⟨41.05⟩	27	⟨38.86⟩	27	⟨42.81⟩	27	⟨41.73⟩	27	⟨42.11⟩	27	⟨43.97⟩	27	⟨44.32⟩	27	⟨44.00⟩	27	⟨43.04⟩	27	⟨43.32⟩	27	32.27	

续表

点号	年份	1月		2月		3月		4月		5月		6月		7月		8月		9月		10月		11月		12月		年平均
		日	水位	日	水位	日	水位	日	水位	日	水位	日	水位	日	水位	日	水位	日	水位	日	水位	日	水位	日	水位	
166	1992	7	35.99	7	36.09	7	〈45.21〉	7	〈45.00〉	7	〈46.40〉	7	37.45	7	37.31	7	33.90	7	34.30	7	30.01	7	30.07	7	31.84	33.93
		17	〈43.55〉	17	〈44.15〉	17	36.81	17	〈45.44〉	17	〈45.77〉	17	37.15	17	34.17	17	33.97	17	34.47	17	29.96	17	30.18	17	33.71	
		27	36.24	27	〈44.52〉	27	〈45.47〉	27	〈45.97〉	27	〈46.36〉	27	36.89	27	34.23	27	34.05	27	34.61	27	30.25	27	29.97	27	34.65	
	1993	7	〈47.97〉	7		7		7		7		7		7		7		7		7		7		7		
		17	〈48.18〉	17		17		17		17		17		17		17		17		17		17		17		
		27	〈48.48〉	27		27		27		27		27		27		27		27		27		27		27		
25A	1991	7	〈48.11〉	7	〈46.82〉	7	〈48.36〉	7	〈47.07〉	7	〈46.62〉	7	〈59.26〉	7	〈58.89〉	7	〈65.80〉	7	〈53.72〉	7	〈58.64〉	7	〈57.78〉	7	〈53.37〉	
		17	〈49.73〉	17	〈46.69〉	17	〈47.50〉	17	〈47.23〉	17	〈47.23〉	17	〈53.66〉	17	〈60.17〉	17	〈65.84〉	17	〈54.61〉	17	〈59.72〉	17	〈54.52〉	17	〈50.75〉	
		27	〈50.01〉	27	〈48.02〉	27	〈47.71〉	27	〈47.63〉	27	〈56.64〉	27	〈57.81〉	27	〈60.54〉	27	〈59.58〉	27	〈58.12〉	27	〈60.43〉	27	〈53.26〉	27	〈48.50〉	
	1992	5	〈54.85〉	5	〈56.33〉	5	〈57.61〉	5	〈57.32〉	5	〈57.57〉	5	〈57.70〉	5	〈57.62〉	5	〈60.31〉	5	〈56.29〉	5	〈58.43〉	5	〈56.71〉	5	〈55.99〉	52.48
		15	〈52.63〉	15	〈56.53〉	15	〈57.74〉	15	〈56.92〉	15	〈57.56〉	15	〈57.84〉	15	〈54.85〉	15	〈58.62〉	15	〈58.03〉	15	〈59.11〉	15	〈53.26〉	15	〈56.51〉	
		25	〈56.49〉	25	〈56.09〉	25	〈56.05〉	25	〈56.72〉	25	〈57.63〉	25	〈55.70〉	25	〈57.81〉	25	〈58.85〉	25	51.96	25	53.00	25	〈54.42〉	25	〈57.57〉	
	1993	5	〈56.64〉	5	〈57.31〉	5	〈60.89〉	5	〈56.57〉	5	〈58.46〉	5	〈58.47〉	5	〈54.85〉	5	45.11	5	44.84	5	〈66.35〉	5	52.79	5	〈86.19〉	48.78
		15	〈56.70〉	15	〈59.76〉	15	〈58.24〉	15	〈57.06〉	15	〈59.18〉	15	〈58.66〉	15	〈57.81〉	15	44.50	15	〈61.34〉	15	〈95.25〉	15	〈87.27〉	15	〈85.18〉	
		25	〈56.83〉	25	〈59.64〉	25	〈58.00〉	25	〈59.21〉	25	〈59.02〉	25	〈58.74〉	25	〈60.20〉	25		25	〈64.30〉	25	〈94.57〉	25	〈90.55〉	25	〈89.46〉	
	1994	5	〈90.20〉	5		5		5		5		5		5	56.66	5		5		5		5		5		
		15	〈88.45〉	15		15		15		15		15		15		15		15		15		15		15		
		25	〈90.15〉	25		25		25		25		25		25		25		25		25		25		25		
26	1991	7	〈40.53〉	7	〈39.52〉	7	〈41.66〉	7	〈40.66〉	7	〈42.70〉	7	〈47.17〉	7	〈42.31〉	7	〈41.38〉	7	〈38.34〉	7	〈38.41〉	7	36.46	7	34.90	35.79
		17	〈41.07〉	17	〈39.37〉	17	〈41.29〉	17	〈40.36〉	17	〈46.05〉	17	〈41.49〉	17	〈42.75〉	17	〈41.00〉	17	〈38.90〉	17	〈37.46〉	17	35.68	17	35.27	
		27	〈41.67〉	27	〈40.02〉	27	〈41.50〉	27	〈42.90〉	27	〈46.30〉	27	〈41.31〉	27	〈44.10〉	27	〈41.88〉	27	〈36.36〉	27	〈36.80〉	27	33.95	27	38.48	
	1992	5	〈39.92〉	5	〈36.70〉	5	〈38.32〉	5	〈39.06〉	5	〈40.97〉	5	〈41.16〉	5	〈44.98〉	5	〈45.85〉	5	〈43.85〉	5	37.01	5	〈44.80〉	5	〈45.40〉	36.76
		15	〈40.01〉	15	〈36.64〉	15	〈36.35〉	15	〈41.29〉	15	〈39.31〉	15	〈40.86〉	15	〈45.50〉	15	〈40.93〉	15	〈44.11〉	15	〈46.86〉	15	〈44.93〉	15	〈45.53〉	
		25	〈36.82〉	25	〈38.71〉	25	〈41.41〉	25	〈41.98〉	25	〈38.70〉	25	〈40.00〉	25	〈39.70〉	25	〈42.10〉	25	36.50	25	〈46.98〉	25	〈44.78〉	25		

续表

点号	年份	1月 日	1月 水位	2月 日	2月 水位	3月 日	3月 水位	4月 日	4月 水位	5月 日	5月 水位	6月 日	6月 水位	7月 日	7月 水位	8月 日	8月 水位	9月 日	9月 水位	10月 日	10月 水位	11月 日	11月 水位	12月 日	12月 水位	年平均
286	1991	5	36.83	5	37.97	5	37.87	5	39.00	5	40.78	5	40.98	5	43.69	5	42.78	5	41.45	5	〈46.74〉	5	39.99	5	37.93	40.03
		15	〈45.18〉	15	38.00	15	38.81	15	39.35	15	43.90	15	40.22	15	〈52.45〉	15	44.26	15	〈49.34〉	15	〈45.14〉	15	39.37	15	38.74	
		25	36.66	25	38.28	25	38.36	25	40.70	25	41.84	25	43.27	25	44.07	25	43.83	25	39.93	25	36.10	25	38.29	25	37.66	
	1992	5	39.43	5	42.59	5	42.93	5	44.41	5	43.58	5	43.23	5	46.33	5	44.76	5	42.23	5	〈48.71〉	5	40.94	5	〈49.64〉	43.26
		15	40.64	15	〈49.87〉	15	〈50.63〉	15	〈52.43〉	15	43.39	15	〈50.80〉	15	43.92	15	46.69	15	43.13	15	41.66	15	41.15	15	〈49.46〉	
		25	42.81	25	42.17	25	42.15	25	45.94	25	〈51.08〉	25	44.24	25	46.34	25	45.61	25	44.29	25	41.85	25	41.74	25	〈50.23〉	
	1993	5	43.92	5	〈49.75〉	5	45.29	5	45.84	5	46.09	5	45.59	5	〈52.77〉	5	47.14	5	47.60	5	〈47.90〉	5	47.35	5	49.23	46.27
		15	43.04	15	〈48.70〉	15	44.40	15	45.80	15	〈53.32〉	15	47.09	15	46.90	15	47.08	15	47.41	15	47.45	15	48.04	15	〈55.07〉	
		25	43.12	25	43.95	25	〈50.03〉	25	46.99	25	46.06	25	46.01	25	46.27	25	〈51.70〉	25	〈56.26〉	25	45.34	25	47.64	25	48.56	
	1994	5	48.53	5	48.42	5	50.91	5	〈58.11〉	5	51.01	5	53.69	5	53.03	5	〈60.15〉	5	〈58.39〉	5	53.58	5	54.98	5	52.75	51.37
		15	48.38	15	48.08	15	49.82	15	50.20	15	〈56.93〉	15	51.67	15	52.89	15	55.24	15	52.32	15	〈57.31〉	15	〈57.09〉	15	〈56.99〉	
		25	48.85	25	48.02	25	51.11	25	〈55.80〉	25	49.59	25	〈58.17〉	25	〈58.14〉	25	53.20	25	52.76	25	52.65	25	52.66	25	〈59.13〉	
	1995	5	53.69	5	53.41	5	55.47	5	53.63	5	〈60.58〉	5	55.61	5	57.60	5	59.68	5	57.54	5	〈61.33〉	5	54.98	5	〈62.50〉	55.81
		15	53.36	15	53.61	15	〈59.93〉	15	〈60.58〉	15	56.64	15	〈62.86〉	15	55.35	15	59.15	15	57.43	15	〈60.69〉	15	56.33	15	52.35	
		25	〈55.64〉	25	54.64	25	〈60.55〉	25	55.53	25	57.22	25	58.05	25	57.28	25	〈62.65〉	25	57.65	25	57.04	25	53.43	25	53.63	
	1996	5	57.58	5	58.57	5	53.94	5	54.25	5	〈59.78〉	5	〈59.85〉	5	〈67.40〉	5	59.15	5	〈65.69〉	5	61.66	5	61.31	5	63.01	59.57
		15	56.68	15	58.51	15	58.32	15	59.55	15	〈59.97〉	15	〈63.42〉	15	〈65.75〉	15	63.22	15	〈65.75〉	15	〈66.63〉	15	〈65.75〉	15	62.75	
		25	〈73.35〉	25	53.15	25	〈63.57〉	25	58.15	25	〈59.75〉	25	〈59.99〉	25	60.15	25	62.56	25	63.65	25	61.13	25	61.10	25	〈68.03〉	
	1997	5	63.67	6	63.16	6	63.13	6	63.65	6	64.09	6	65.13	6	64.50	6	61.70	6	〈74.15〉	6	67.43	6	〈73.58〉	6	67.75	65.00
		16	63.98	16	〈67.16〉	16	63.53	16	63.76	16	〈67.34〉	16	65.35	16	〈65.43〉	16	〈73.50〉	16	68.08	16	67.63	16	〈75.63〉	16	〈76.15〉	
		26	63.13	26	〈67.54〉	26	62.90	26	〈68.05〉	26	64.06	26	〈69.59〉	26	66.63	26	〈70.01〉	26	66.83	26	〈73.70〉	26	〈76.86〉	26	〈76.43〉	
	1998	6	〈75.65〉	6	67.69	6	〈77.53〉	6	〈76.65〉	6	69.49	6	〈76.57〉	6	〈74.63〉	6	68.21	6	〈75.46〉	6	〈72.23〉	6	68.37	6	〈73.81〉	68.75
		16	〈77.19〉	16	69.29	16	〈76.63〉	16		16		16		16		16		16		16		16		16		
		26		26	〈77.61〉	26	69.43	26		26		26		26		26		26		26		26		26		

续表

点号	年份	1月 日	1月 水位	2月 日	2月 水位	3月 日	3月 水位	4月 日	4月 水位	5月 日	5月 水位	6月 日	6月 水位	7月 日	7月 水位	8月 日	8月 水位	9月 日	9月 水位	10月 日	10月 水位	11月 日	11月 水位	12月 日	12月 水位	年平均
286 桥1-2	1999	16	⟨74.75⟩	16	69.13	16	70.16	16	⟨75.91⟩	16	⟨76.60⟩	16	⟨76.63⟩	16	⟨76.23⟩	16	66.03	16	⟨75.75⟩	16	⟨75.46⟩	16	⟨75.23⟩	16	68.63	68.49
	2000	14	⟨77.30⟩	14	⟨76.93⟩	14	⟨75.86⟩	14	71.06	14	71.65	14	72.07	14	71.13	14	70.47	14	69.21	14	68.89	14	67.90	14	69.36	70.19
	1990	5	干	5	干	5	8.33	5	8.15	5	7.96	5	8.35	5	7.17	5	8.57	5	7.92	5	8.31	5	8.42	5	干	8.21
		15	干	15	干	15	8.15	15	8.32	15	7.82	15	8.65	15	8.25	15	7.62	15	8.14	15	8.34	15	8.45	15	干	
		25	干	25	干	25	8.31	25	8.24	25	8.09	25	8.15	25	8.60	25	8.54	25	8.13	25	8.28	25	8.52	25	干	
	1991	5	干	5	干	5	干	5	8.85	5	8.90	5	8.11	5	干	5	8.32	5	干	5	8.68	5	8.78	5	9.35	8.48
		15	干	15	干	15	8.69	15	8.41	15	8.69	15	7.82	15	干	15	干	15	8.37	15	干	15	干	15	干	
		25	干	25	干	25	8.34	25	8.62	25	8.28	25	8.16	25	干	25	干	25	干	25	8.65	25	8.60	25	干	
	1992	5	干	5	干	5	干	5	8.67	5	8.80	5	8.27	5	8.27	5	8.28	5	7.89	5	8.20	5	8.73	5	干	8.50
		15	干	15	8.98	15	8.99	15	8.86	15	8.75	15	8.15	15	7.95	15	8.43	15	8.48	15	8.32	15	9.25	15	干	
		25	干	25	8.95	25	9.11	25	干	25	干	25	8.42	25	8.88	25	8.44	25	8.48	25	8.33	25	8.90	25	干	
	1993	5	干	5	干	5	9.05	5	8.65	5	8.93	5	8.58	5	7.39	5	8.94	5	8.84	5	9.02	5	9.05	5	9.17	8.77
		15	9.10	15	干	15	9.05	15	8.83	15	8.35	15	8.64	15	7.98	15	8.83	15	8.64	15	8.70	15	8.90	15	干	
		25	干	25	干	25	8.71	25	9.08	25	8.96	25	8.81	25	8.21	25	8.44	25	8.85	25	8.86	25	9.28	25	9.10	
	1994	5	干	5	干	5	9.17	5	9.04	5	8.50	5	9.75	5	9.10	5	9.65	5	9.37	5	9.37	5	8.96	5	9.31	8.99
		15	8.78	15	9.43	15	9.44	15	8.85	15	8.90	15	8.45	15	8.85	15	9.45	15	9.26	15	8.10	15	9.00	15	9.45	
		25	9.42	25	9.41	25	9.30	25	8.39	25	9.09	25	7.40	25	9.58	25	9.68	25	9.38	25	9.25	25	9.42	25	9.66	
	1995	5	9.34	5	9.33	5	8.65	5	9.39	5	9.15	5	9.58	5	9.25	5	9.47	5	9.32	5	9.16	5	9.30	5	9.52	9.36
		15	9.53	15	9.77	15	9.70	15	9.40	15	9.76	15	9.48	15	9.27	15	9.40	15	9.17	15	9.30	15	9.44	15	9.66	
		25	9.36	25	9.71	25	9.80	25	9.18	25	9.58	25	9.54	25	9.95	25	9.34	25	9.25	25	9.43	25	9.33	25	9.75	
	1996	5	9.51	5	9.65	5	9.57	5	9.50	5	9.45	5	7.95	5	9.84	5	9.75	5	8.37	5	9.13	5	9.02	5	9.80	9.52
		15	9.82	15	9.98	15	9.73	15	9.58	15	9.28	15	9.54	15	10.03	15	9.98	15	9.72	15	9.10	15	9.20	15	9.82	
		25	9.95	25	9.94	25	9.52	25	9.55	25	9.64	25	9.82	25	9.65	25	9.80	25	9.78	25	9.51	25	9.92	25	9.83	
	1997	6	9.82	6	9.87	6	9.69	6	9.38	6	9.72	6	10.02	6	9.95	6	9.90	6	9.50	6	9.53	6	9.80	6	9.85	9.74
		16	干	16	干	16	9.52	16	9.62	16	9.85	16	10.00	16	干	16	9.66	16	8.98	16	9.83	16	9.92	16	9.83	
		26	干	26	干	26	9.69	26	8.41	26	10.10	26	干	26	干	26	干	26	9.87	26	9.92	26	9.78	26	9.88	

第三章　宝鸡市

续表

点号	年份	1月		2月		3月		4月		5月		6月		7月		8月		9月		10月		11月		12月		年平均
		日	水位	日	水位	日	水位	日	水位	日	水位	日	水位	日	水位	日	水位	日	水位	日	水位	日	水位	日	水位	
桥1-2	1998	6	9.88	6	9.98	6	10.00	6	9.54	6	9.55	6	9.00	6	9.83	6	9.46	6	8.79	6	9.35	6	9.22	6	9.00	9.34
		16	9.87	16	9.96	16	10.03	16	9.48	16	9.47	16	9.25	16	7.27	16	8.70	16	9.35	16	9.00	16	9.12	16	8.97	
		26	9.82	26	8.95	26	9.66	26	9.56	26	8.14	26	10.80	26	9.68	26	8.58	26	9.12	26	9.58	26	9.10	26	9.07	
	1999	6	9.10	6	9.30	6	9.32	6	9.47	6	9.12	6	9.88	6	7.64	6	9.73	6	9.72	6	8.82	6	9.68	6	9.62	9.26
		16	9.26	16	9.30	16	9.32	16	8.90	16	9.06	16	9.02	16	8.03	16	9.84	16	8.86	16	9.74	16	9.63	16	9.62	
		26	9.10	26	9.32	26	9.36	26	9.14	26	9.66	26	9.24	26	7.75	26	9.18	26	9.75	26	9.68	26	9.58	26	9.46	
	2000	4	9.66	4	9.58	4	9.65	4	9.01	4	9.84	4	9.48	4	9.74	4	9.62	4	8.84	4	9.37	4	9.52	4	9.58	9.49
		14	9.64	14	9.60	14	9.65	14	9.63	14	9.79	14	9.78	14	9.25	14	9.51	14	9.65	14	8.35	14	9.58	14	9.69	
		24	9.61	24	9.62	24	9.66	24	9.77	24	9.85	24	8.29	24	9.90	24	9.35	24	9.03	24	9.16	24	9.58	24	9.68	
277	1991	7	〈62.92〉	7	〈63.23〉	7	〈63.34〉	7	〈62.97〉	7	〈62.39〉	7	〈62.96〉	7	〈59.85〉	7	36.34	7	〈63.87〉	7	〈62.98〉	7	〈62.37〉	7	〈60.98〉	36.82
		17	33.76	17	〈62.61〉	17	〈63.57〉	17	34.50	17	〈63.60〉	17	〈61.80〉	17	38.33	17	37.57	17	〈62.68〉	17	〈61.68〉	17	〈61.61〉	17	〈60.90〉	
		27	〈62.75〉	27	〈63.72〉	27	〈60.83〉	27	〈63.31〉	27	〈60.08〉	27	38.38	27	38.85	27	〈61.77〉	27	〈62.98〉	27	〈61.81〉	27	〈62.00〉	27	〈61.41〉	
	1992	7	32.87	7	33.28	7	34.03	7	〈61.39〉	7	〈61.90〉	7	〈62.98〉	7	〈61.55〉	7	〈63.59〉	7	35.92	7	30.32	7	30.68	7	〈59.90〉	33.34
		17	〈59.49〉	17	〈62.18〉	17	〈62.52〉	17	〈59.68〉	17	〈62.82〉	17	〈62.35〉	17	〈63.74〉	17	38.91	17	〈59.35〉	17	〈60.06〉	17	31.24	17	37.84	
		27	〈62.50〉	27	〈62.71〉	27	〈61.95〉	27	〈62.66〉	27	〈63.32〉	27	〈63.43〉	27	〈60.18〉	27	〈63.82〉	27	〈60.52〉	27	31.64	27	30.00	27	〈52.62〉	
	1993	7	〈50.53〉	7	〈50.20〉	7	〈52.87〉	7	〈53.46〉	7	37.17	7	34.01	7	34.01	7	〈47.01〉	7	〈47.46〉	7	31.42	7	31.76	7	31.23	33.57
		17	〈50.83〉	17	〈53.92〉	17	38.43	17	38.89	17	35.02	17	〈46.66〉	17	〈47.16〉	17	34.44	17	〈47.06〉	17	31.84	17	31.64	17	32.68	
		27	〈51.03〉	27	〈52.56〉	27	〈52.37〉	27	〈50.23〉	27	32.37	27	32.05	27	〈47.32〉	27	〈46.68〉	27	32.14	27	31.56	27	〈46.25〉	27	〈46.92〉	
	1994	7	31.17	7	〈46.15〉	7	〈46.03〉	7	〈51.55〉	7	32.52	7	〈50.62〉	7	36.46	7	36.60	7	〈59.26〉	7	36.15	7	40.03	7	〈58.46〉	35.11
		17	33.91	17	〈45.52〉	17	〈41.56〉	17	〈49.40〉	17	32.00	17	〈50.91〉	17	36.11	17	〈53.03〉	17	〈58.95〉	17	〈57.62〉	17	〈58.12〉	17	40.37	
		27	〈46.60〉	27	35.18	27	〈50.90〉	27	33.83	27	32.11	27	〈50.15〉	27	〈62.26〉	27	〈57.64〉	27	〈56.79〉	27	〈59.07〉	27	〈58.56〉	27	〈60.01〉	
	1995	7	41.00	7	40.93	7	41.78	7	〈62.64〉	7	〈60.72〉	7	42.66	7	〈63.07〉	7	44.28	7	46.69	7	〈64.46〉	7	〈64.03〉	7	〈64.79〉	44.46
		17	〈59.18〉	17	〈59.87〉	17	42.26	17	〈61.97〉	17	〈62.12〉	17	〈61.45〉	17	〈63.07〉	17	44.10	17	45.52	17	48.22	17	47.91	17	〈65.18〉	
		27	〈59.48〉	27	42.38	27	〈63.22〉	27	〈62.39〉	27	〈62.87〉	27	〈63.57〉	27	〈63.51〉	27	〈63.46〉	27	46.05	27	〈64.68〉	27	48.70	27	〈65.58〉	

续表

点号	年份	1月		2月		3月		4月		5月		6月		7月		8月		9月		10月		11月		12月		年平均
		日	水位	日	水位	日	水位	日	水位	日	水位	日	水位	日	水位	日	水位	日	水位	日	水位	日	水位	日	水位	
277	1996	7	⟨66.33⟩	7	⟨66.21⟩	7	⟨66.92⟩	7	53.41	7	⟨73.02⟩	7	53.20	7	55.90	7	⟨77.30⟩	7	⟨77.84⟩	7	55.99	7	⟨56.63⟩	7	⟨76.31⟩	54.32
		17	⟨65.65⟩	17	⟨66.60⟩	17	⟨66.68⟩	17	⟨67.23⟩	17	⟨73.89⟩	17	⟨75.57⟩	17	⟨76.73⟩	17	56.64	17	⟨77.61⟩	17	⟨76.20⟩	17	56.81	17	⟨76.81⟩	
		27	49.58	27	50.84	27	⟨66.99⟩	27	⟨67.57⟩	27	⟨72.40⟩	27	⟨76.81⟩	27	⟨77.77⟩	27	⟨77.67⟩	27	⟨77.08⟩	27	⟨75.99⟩	27	⟨76.52⟩	27	56.47	
	1997	5	⟨74.86⟩	5	⟨75.83⟩	5	⟨76.59⟩	5	⟨76.76⟩	5	⟨76.03⟩	5	⟨76.81⟩	5	⟨76.54⟩	5	60.65	5	⟨77.49⟩	5	⟨77.40⟩	5	⟨77.98⟩	5	⟨78.37⟩	59.57
		15	⟨75.52⟩	15	⟨76.45⟩	15	⟨76.33⟩	15	⟨75.98⟩	15	⟨76.50⟩	15	⟨77.27⟩	15	⟨77.03⟩	15	⟨77.71⟩	15	⟨78.05⟩	15	⟨77.90⟩	15	⟨78.21⟩	15	⟨78.79⟩	
		25	⟨76.00⟩	25	⟨75.92⟩	25	⟨75.21⟩	25	57.48	25	⟨76.26⟩	25	⟨76.48⟩	25	60.59	25	⟨78.10⟩	25	⟨77.62⟩	25	⟨77.83⟩	25	⟨78.45⟩	25	⟨78.19⟩	
	1998	5	⟨79.04⟩	5	56.84	5	⟨79.06⟩	5	57.10	5	61.13	5	57.86	5	⟨79.28⟩	5	62.02	5	⟨79.34⟩	5	59.06	5	⟨78.38⟩	5	61.29	59.33
		15	⟨78.90⟩	15	⟨79.05⟩	15	⟨79.39⟩	15		15		15		15		15		15		15		15		15		
		25	⟨79.21⟩	25	⟨79.24⟩	25	⟨79.80⟩	25	⟨76.30⟩	25	⟨81.71⟩	25	⟨81.27⟩	25	⟨78.23⟩	25	⟨80.97⟩	25	⟨79.71⟩	25	⟨80.56⟩	25	⟨81.19⟩	25	56.75	
	1999	15	⟨78.80⟩	15	⟨78.33⟩	15	⟨76.72⟩	15	57.87	15	56.77	15	55.02	15	⟨73.52⟩	15	54.17	15	⟨70.67⟩	15	48.49	15	45.60	15	44.19	58.23
	2000	16	55.23	16	54.68	16	⟨79.53⟩	16	⟨73.70⟩	16	⟨83.66⟩	16	⟨83.58⟩	16	⟨83.31⟩	16	55.01	16	⟨83.84⟩	16	⟨83.57⟩	16	⟨85.56⟩	16	⟨84.52⟩	52.45
23	1991	7	⟨73.66⟩	7	⟨73.75⟩	7	⟨73.75⟩	7	⟨73.70⟩	7	⟨83.66⟩	7	⟨83.58⟩	7	⟨83.31⟩	7	55.01	7	⟨83.84⟩	7	⟨83.57⟩	7	⟨85.56⟩	7	⟨85.10⟩	55.92
		17	⟨73.67⟩	17	⟨73.68⟩	17	⟨73.61⟩	17	⟨73.68⟩	17	⟨82.80⟩	17	⟨83.32⟩	17	⟨84.25⟩	17	56.83	17	⟨83.20⟩	17	⟨83.07⟩	17	⟨85.01⟩	17	⟨86.10⟩	
		27	⟨73.66⟩	27	⟨74.75⟩	27	⟨73.64⟩	27	⟨83.70⟩	27	⟨83.71⟩	27	⟨83.59⟩	27	⟨83.69⟩	27	⟨83.26⟩	27	⟨81.26⟩	27	⟨86.53⟩	27	⟨85.95⟩	27	⟨85.26⟩	
	1992	6	⟨86.29⟩	6	⟨85.92⟩	6	⟨86.32⟩	6	⟨84.93⟩	6		6		6		6	⟨79.31⟩	6	⟨83.75⟩	6	⟨83.97⟩	6	⟨83.77⟩	6	⟨83.24⟩	61.05
		16	⟨76.23⟩	16	⟨86.10⟩	16	⟨86.47⟩	16	⟨86.19⟩	16		16		16		16	61.05	16	⟨83.76⟩	16	⟨83.84⟩	16	⟨83.89⟩	16	⟨83.77⟩	
		26	⟨86.00⟩	26	⟨86.43⟩	26	⟨86.31⟩	26	⟨86.49⟩	26		26		26		26	⟨82.11⟩	26	⟨83.35⟩	26	⟨83.83⟩	26	⟨83.98⟩	26	⟨83.95⟩	
	1993	6	⟨83.82⟩	6	62.17	6	59.48	6	60.74	6	60.74	6	57.95	6	58.32	6	59.68	6	58.14	6	56.75	6	57.17	6	57.33	58.76
		16	⟨83.82⟩	16	⟨84.06⟩	16	59.48	16	60.80	16	58.61	16	57.49	16	59.62	16	58.18	16	57.75	16	57.14	16	57.01	16	66.56	
		26	⟨83.78⟩	26	⟨83.78⟩	26	59.69	26	⟨70.78⟩	26	58.04	26	58.21	26	58.70	26	58.06	26	57.47	26	57.11	26	57.03	26	57.25	
	1994	6	56.80	6	57.29	6	55.86	6	57.60	6	56.18	6	58.05	6	57.67	6	57.74	6	57.63	6	55.38	6	56.62	6	57.42	57.13
		16	56.53	16	57.99	16	57.10	16	56.43	16	57.61	16	57.73	16	58.11	16	57.76	16	57.50	16	56.07	16	57.16	16	57.80	
		26	56.07	26	56.81	26	57.11	26	55.96	26	57.99	26	57.65	26	58.10	26	57.41	26	57.28	26	56.50	26	56.89	26	56.82	

续表

点号	年份	1月		2月		3月		4月		5月		6月		7月		8月		9月		10月		11月		12月		年平均
		日	水位	日	水位	日	水位	日	水位	日	水位	日	水位	日	水位	日	水位	日	水位	日	水位	日	水位	日	水位	
23	1995	6	53.88	6	55.28	6	57.53	6	56.07	6	57.88	6	58.21	6	57.16	6	59.20	6	59.64	6		6	58.89	6	60.56	58.16
		16	57.20	16	57.30	16	56.82	16	57.62	16	57.64	16	57.45	16	58.07	16	59.57	16	60.36	16	57.91	16	59.85	16	60.90	
		26	58.28	26	57.95	26	57.58	26	57.20	26	57.60	26	58.06	26	58.38	26	59.65	26		26		26	59.20	26	60.40	
	1996	6	60.10	6	61.60	6	61.50	6	64.70	6	64.98	6	66.21	6	65.14	6	64.88	6	67.22	6	66.23	6	66.07	6	66.11	64.83
		16	61.75	16	61.74	16	62.97	16	64.72	16	65.75	16	63.93	16	64.88	16	65.49	16	67.38	16	68.13	16	66.48	16	66.82	
		26		26	61.68	26	62.19	26	63.48	26	66.00	26	63.67	26	65.14	26	65.54	26	66.37	26	66.61	26	66.85	26	66.64	
	1997	5	65.55	5	66.90	5	67.27	5	64.97	5	63.54	5	67.33	5	68.40	5	69.36	5	70.06	5	70.12	5	71.97	5	73.30	67.97
		15	64.84	15		15		15		15		15		15		15		15	71.22	15	69.42	15	69.28	15	68.38	
		25		25		25		25		25		25		25		25	70.23	25		25		25		25		
	1998	15	72.34	15	74.56	15	74.51	15	74.04	15	72.67	15	72.22	15	72.24	15		15		15		15		15		71.76
	1999	15		15		15	64.98	15		15		15		15	42.52	15	40.84	15	40.10	15	38.66	15	39.01	15	39.44	43.65
	2000	14	40.52	14	42.69	14	40.14	14	40.03	14	40.30	14	38.71	14	34.15	14	30.46	14	26.07	14	24.03	14	22.18	14	21.77	33.42
221	1991	6	23.87	6	24.58	6	25.35	6	26.12	6	29.97	6	31.76	6	36.52	6	35.10	6	35.66	6	34.11	6	36.76	6	35.23	31.96
		16	24.46	16	24.97	16	⟨29.66⟩	16	26.87	16	34.22	16	33.38	16	34.03	16	37.18	16	33.68	16	34.99	16	33.28	16	35.12	
		26	24.35	26	25.52	26	25.59	26	⟨33.20⟩	26	33.47	26	33.04	26	37.54	26	36.60	26	36.40	26	35.75	26	34.94	26	36.36	
	1992	6	35.56	6	39.02	6	40.14	6	41.36	6	42.17	6	43.41	6	43.09	6	44.05	6	45.68	6	43.62	6	43.04	6	42.42	41.94
		16	35.05	16	39.51	16	41.12	16	41.62	16	41.57	16	43.26	16	43.61	16	44.33	16	44.18	16	43.51	16	43.37	16	42.36	
		26	37.89	26	41.34	26	39.27	26	42.08	26	41.41	26	42.53	26	⟨44.67⟩	26	44.00	26	43.76	26	43.33	26	43.39	26	42.00	
	1993	6	41.02	6	42.70	6	44.75	6	45.54	6	47.50	6	46.40	6	45.78	6	45.18	6	42.69	6	42.92	6	43.84	6	44.16	44.52
		16	41.88	16	44.22	16	45.10	16	46.19	16	46.87	16	48.97	16	46.08	16	42.84	16	43.41	16	43.40	16	43.61	16	44.34	
		26	42.44	26	44.30	26	45.12	26	46.66	26	46.97	26	45.16	26	45.32	26	43.70	26	43.73	26	43.22	26	42.19	26	44.60	
	1994	6	44.47	6	42.61	6	43.24	6	44.35	6	44.44	6	48.36	6	47.70	6	49.18	6	48.74	6	51.41	6	49.95	6	48.85	47.03
		16	44.40	16	41.79	16	43.18	16	43.95	16	45.16	16	47.31	16	49.00	16	49.99	16	48.50	16	48.79	16	48.83	16	49.71	
		26	44.25	26	45.04	26	45.46	26	44.37	26	47.88	26	47.68	26	50.53	26	48.92	26	48.18	26	48.47	26	49.09	26	49.40	

续表

点号	年份	1月 日	1月 水位	2月 日	2月 水位	3月 日	3月 水位	4月 日	4月 水位	5月 日	5月 水位	6月 日	6月 水位	7月 日	7月 水位	8月 日	8月 水位	9月 日	9月 水位	10月 日	10月 水位	11月 日	11月 水位	12月 日	12月 水位	年平均
221	1995	6	49.35	6	50.30	6	50.90	6	51.38	6	52.02	6	53.05	6	53.71	6	54.74	6	55.18	6	55.68	6	55.50	6	55.40	53.30
		16	49.84	16	50.66	16	50.97	16	51.10	16	52.80	16	52.90	16	53.47	16	55.00	16	55.46	16	55.63	16	55.57	16	55.00	
		26	50.42	26	50.75	26	51.70	26	51.78	26	53.18	26	53.07	26	54.77	26	55.12	26	55.42	26	55.72	26	55.89	26	55.33	
	1996	6	55.34	6	54.70	6	54.76	6	54.90	6	55.55	6	54.77	6	57.44	6	57.60	6	57.21	6	56.70	6	55.96	6	55.73	55.85
		16	55.37	16	54.48	16	54.35	16	54.97	16	55.88	16	54.68	16	57.63	16	57.51	16	57.17	16	56.48	16	56.12	16	55.60	
		26	53.96	26	54.49	26	54.80	26	55.42	26	56.13	26	55.36	26	58.26	26	57.47	26	55.85	26	56.09	26	55.87	26	55.96	
	1997	5	56.54	5	57.03	5	56.69	5	57.47	5	58.47	5	58.82	5	59.21	5	59.06	5	59.06	5	59.48	5	57.26	5	58.47	58.19
		15	56.48	15	56.77	15	57.10	15	58.01	15	58.78	15	59.06	15	59.20	15	59.28	15	59.25	15	59.17	15	58.60	15	58.22	
		25	57.00	25	56.78	25	57.25	25	58.28	25	58.74	25	59.19	25	57.18	25	59.03	25	59.36	25	58.14	25	58.28	25	58.26	
	1998	5	57.92	5	57.98	5	58.37	5		5		5	59.13	5	58.85	5	58.44	5	57.55	5	56.58	5	56.03	5	55.60	58.02
		15	57.72	15	57.90	15	58.49	15	59.20	15	59.38	15		15		15		15		15		15		15		
		25	58.00	25	58.25	25	59.00	25		25		25		25		25		25		25		25		25		
	1999	15	55.80	15	56.14	15	56.15	15	56.25	15	56.62	15	56.09	15	55.56	15	54.90	15	54.03	15	53.50	15	53.16	15	52.82	55.09
	2000	14	52.46	14	53.18	14	53.22	14	56.42	14	56.98	14	56.42	14	55.68	14	53.82	14	53.60	14	53.53	14	52.86	14	51.67	54.15
308	1993	5	18.24	5	18.86	5	19.98	5	21.01	5	21.24	5	21.37	5	21.10	5	20.85	5	20.56	5	20.40	5	20.28	5	21.32	20.41
		15	18.54	15	18.98	15	20.00	15	21.32	15	21.32	15	21.36	15	21.06	15	20.27	15	20.38	15	20.36	15	20.73	15	21.38	
		25	18.27	25	18.18	25	20.45	25	20.50	25	21.12	25	21.04	25	20.53	25	20.17	25	20.85	25	20.34	25	20.77	25	21.80	
	1994	5	21.74	5	22.65	5	23.10	5	23.71	5	24.44	5	24.94	5	25.21	5	25.52	5	25.48	5	25.20	5	25.33	5	25.36	24.70
		15		15	23.72	15	23.30	15	23.97	15	24.76	15	25.01	15	25.31	15	25.48	15	25.25	15	25.10	15	25.20	15	25.42	
		25		25		25	23.56	25	24.04	25	24.84	25	25.17	25	25.36	25	25.32	25	25.11	25	25.22	25	25.38	25	25.77	
	1995	5	25.53	5	25.85	5	26.45	5	26.93	5	27.16	5	27.62	5	28.19	5	28.76	5	29.26	5	(41.97)	5	29.40	5	32.65	28.33
		15	25.96	15	26.00	15	26.56	15	27.02	15	27.38	15	27.75	15	28.51	15	28.62	15	30.40	15	(39.36)	15	30.57	15	32.13	
		25	25.89	25	26.29	25	26.94	25	27.14	25	27.52	25	28.01	25	28.36	25	29.05	25	34.08	25	29.73	25	33.27	25	(60.60)	

续表

点号	年份	1月 日	1月 水位	2月 日	2月 水位	3月 日	3月 水位	4月 日	4月 水位	5月 日	5月 水位	6月 日	6月 水位	7月 日	7月 水位	8月 日	8月 水位	9月 日	9月 水位	10月 日	10月 水位	11月 日	11月 水位	12月 日	12月 水位	年平均
308	1996	5	〈72.49〉	5	〈75.12〉	5	68.10	5	〈74.28〉	5	〈83.80〉	5	〈87.93〉	5	〈86.80〉	5	67.75	5	〈86.23〉	5	〈84.70〉	5	〈85.83〉	5	68.88	
		15	〈75.08〉	15	〈74.01〉	15	〈75.24〉	15	〈75.24〉	15	〈88.08〉	15	〈87.89〉	15	〈86.03〉	15	68.27	15	〈86.42〉	15	〈86.65〉	15	〈86.86〉	15	68.00	68.40
		25	〈74.12〉	25	〈72.30〉	25	〈73.08〉	25	〈83.60〉	25	〈88.00〉	25	〈83.51〉	25	〈88.82〉	25	〈85.67〉	25	〈87.00〉	25	68.20	25	〈85.20〉	25	69.63	
	1997	4	69.86	4		4		4		4		4		4		4		4		4		4		4		72.70
		14	〈87.00〉	14	69.13	14	69.25	14	70.36	14	71.88	14	72.00	14	74.46	14	74.12	14	74.80	14	74.78	14	75.54	14	76.18	
	1998	14	75.25	14	75.98	14	78.50	14	78.48	14	78.40	14	79.83	14	79.50	14	80.60	14	80.54	14	80.43	14	80.60	14	〈88.86〉	78.92
	1999	16	〈89.30〉	16	〈97.70〉	16	〈97.72〉	16	〈97.62〉	16	〈97.46〉	16	〈97.00〉	16	〈97.40〉	16	〈97.65〉	16	〈97.60〉	16	〈97.00〉	16	〈96.92〉	16	〈97.80〉	
	2000	16	〈97.89〉	16	〈98.16〉	16	〈98.05〉	16	〈96.56〉	16	83.24	16	〈96.45〉	16	82.48	16	80.87	16	78.98	16	76.55	16	74.73	16	71.52	78.34
273	1993	5	〈91.55〉	5	80.47	5	81.47	5	81.10	5	81.21	5	81.68	5	〈98.10〉	5	82.42	5	82.69	5	81.57	5	83.18	5	83.32	
		15	80.60	15	80.16	15	80.42	15	81.60	15	81.32	15	82.44	15	81.64	15	81.36	15	82.65	15	82.11	15	83.43	15	83.31	81.72
		25	80.23	25	80.87	25	80.36	25	80.45	25	81.72	25	81.18	25	〈97.50〉	25	83.11	25	82.75	25	82.43	25	80.41	25	83.16	
	1994	5	84.25	5	84.12	5	85.23	5	84.44	5	86.31	5	86.66	5	87.12	5	86.12	5	87.27	5	87.92	5	88.14	5	88.96	
		15	83.79	15	84.78	15	85.40	15	86.15	15	87.12	15	86.53	15	86.87	15	87.12	15	85.73	15	88.09	15	88.24	15	88.21	86.52
		25	84.23	25	84.20	25	85.40	25	86.10	25	86.58	25	87.36	25	87.24	25	87.18	25	87.46	25		25	88.61	25	89.43	
	1995	5	89.27	5	88.94	5	89.62	5	88.42	5	88.94	5	89.76	5	89.92	5	89.43	5	90.10	5	91.03	5	91.04	5	91.07	
		15	89.62	15	89.23	15	89.27	15	89.51	15	89.44	15	89.47	15	89.87	15	89.87	15	90.18	15	91.39	15	90.38	15	91.51	89.92
		25	89.12	25	89.43	25	89.32	25	89.67	25	89.61	25	89.80	25	89.75	25	89.99	25	90.65	25	91.77	25	90.61	25	90.15	
	1996	5	91.07	5	92.85	5	92.13	5	91.38	5	92.89	5	92.97	5	94.72	5	94.39	5	94.38	5	93.97	5	94.20	5	94.36	
		15	92.79	15	91.88	15	92.47	15	92.33	15	93.11	15	94.38	15	94.46	15	94.53	15	93.83	15	94.12	15	94.07	15	94.70	93.46
		25	90.85	25	92.44	25	91.96	25	92.92	25	93.79	25	94.58	25	94.86	25	94.07	25	93.99	25	94.01	25	94.27	25	94.88	
	1997	6	95.67	6	99.54	6	103.40	6	97.92	6	97.69	6	95.61	6	95.14	6	95.23	6	97.77	6	97.74	6	97.18	6	97.66	
		16	97.27	16	95.31	16	97.89	16	95.88	16	95.69	16	95.74	16	95.20	16	95.27	16	98.20	16	96.55	16	97.01	16	105.11	97.17
		26	95.70	26	95.80	26	102.55	26	95.57	26	95.78	26	95.10	26	95.35	26	95.33	26	101.47	26	95.99	26	95.70	26	98.20	
	1998	6	99.51	6	110.39	6	118.09	6		6		6		6		6		6		6		6		6		
		16	103.75	16	112.12	16	116.54	16		16		16		16		16		16		16		16		16		109.81
		26	107.47	26	110.59	26		26		26		26		26		26		26		26		26		26		

续表

点号	年份	日	1月 水位	日	2月 水位	日	3月 水位	日	4月 水位	日	5月 水位	日	6月 水位	日	7月 水位	日	8月 水位	日	9月 水位	日	10月 水位	日	11月 水位	日	12月 水位	年平均
大52	1996	6		6		6		6		6		6	7.58	6		6	7.73	6	8.18	6	7.75	6	7.65	6	7.63	7.74
		16	7.82	16		16		16		16	7.88	16	7.37	16		16	7.74	16	8.02	16	7.68	16	7.57	16	7.81	
		26	7.83	26	7.96	26	7.90	26	8.21	26	7.75	26	7.54	26	8.00	26	8.01	26	7.84	26	7.50	26	7.59	26	7.73	
	1997	5		5		5		5		5	8.08	5	8.62	5	干	5	干	5	干	5	干	5	干	5	干	8.06
		15		15		15		15		15		15		15	〈76.52〉	15	〈76.96〉	15	〈77.21〉	15	〈76.85〉	15	〈77.04〉	15	〈77.12〉	
160	1996	4	〈77.41〉	4		4	〈76.95〉	4	〈77.17〉	4	〈77.34〉	4	〈77.39〉	4	〈77.04〉	4	41.88	4	〈77.07〉	4	〈77.04〉	4	〈76.95〉	4	〈77.15〉	46.24
		14	〈77.11〉	14	49.79	14	63.86	14		14		14		14	〈76.63〉	14	〈77.04〉	14	〈77.01〉	14	〈77.06〉	14		14	〈77.19〉	
		24		24		24		24		24		24		24	〈76.81〉	24	〈77.04〉	24		24		24		24		
160	1997	4		4		4		4		4		4		4	〈77.04〉	4	54.16	4	〈77.26〉	4	〈75.80〉	4	〈80.00〉	4	〈84.95〉	51.98
		14	〈77.11〉	14		14		14		14		14		14	〈87.68〉	14	58.03	14	〈87.83〉	14	〈86.42〉	14	〈85.29〉	14	〈86.48〉	
	1998	14	〈85.59〉	14	〈86.24〉	14	51.82	14	〈80.86〉	14	〈91.35〉	14	〈91.27〉	14		14		14		14		14		14		60.95
	1999	14	〈81.85〉	14	〈83.39〉	14		14	52.09	14	54.14	14	〈60.42〉	14	〈59.87〉	14	〈62.75〉	14	53.69	14	〈64.46〉	14	50.59	14	53.42	53.03
	2000	16	〈69.90〉	16	〈63.09〉	16	〈70.22〉	16	〈70.95〉	16	〈71.45〉	16	〈68.98〉	16	50.75	16	49.72	16	47.47	16	46.15	16		16	41.54	47.13
311	1996	6		6		6		6		6		6		6		6		6		6		6		6	61.95	62.71
		16		16		16		16		16		16		16		16		16		16		16	63.44	16	62.79	
		26		26		26		26		26		26		26		26		26		26		26		26	62.64	
	1997	6	63.54	6	63.00	6	64.53	6	63.83	6	63.42	6	67.42	6	67.32	6	67.54	6	65.71	6	66.22	6	68.22	6	69.27	65.71
	1998	16	64.27	16	70.44	16	70.62	16	70.90	16	67.96	16	68.44	16	68.06	16	68.42	16	68.54	16	68.24	16	69.24	16	69.25	69.04
	1999	16	68.31	16	69.79	16	66.77	16	67.54	16	69.34	16	68.51	16	67.18	16	67.92	16	68.76	16	67.32	16	69.22	16	69.77	68.48
	2000	14	70.32	14	67.66	14	70.46	14	70.38	14	71.56	14	71.74	14	71.66	14	68.74	14	68.47	14	65.77	14	65.34	14	65.24	68.95
312	1996	6		6		6		6		6		6		6		6		6		6		6		6	58.85	58.70
		16		16		16		16		16		16		16		16		16		16		16		16	58.50	
		26		26		26		26		26		26		26		26		26		26		26		26	58.76	

续表

点号	年份	1月 日	1月 水位	2月 日	2月 水位	3月 日	3月 水位	4月 日	4月 水位	5月 日	5月 水位	6月 日	6月 水位	7月 日	7月 水位	8月 日	8月 水位	9月 日	9月 水位	10月 日	10月 水位	11月 日	11月 水位	12月 日	12月 水位	年平均
312	1997	6	59.33	6	59.62	6	59.63	6	58.42	6	60.63	6	61.26	6	62.48	6	63.11	6	66.30	6	62.92	6	63.75	6	63.74	61.74
		16	〈63.98〉	16	61.33	16	59.62	16	60.18	16	59.59	16	61.95	16	63.32	16	62.70	16		16	63.86	16	63.38	16	64.13	
		26	59.95	26	59.40	26	59.53	26	58.63	26	60.54	26	〈63.25〉	26	62.45	26	〈75.15〉	26	63.08	26	62.98	26	63.28	26	64.74	
	1998	6	65.37	6	64.04	6	64.92	6		6		6		6		6	65.08	6	64.98	6	63.88	6	64.68	6	64.63	64.56
		16	64.40	16	64.38	16	64.88	16	64.42	16	64.04	16	63.80	16	64.42	16	63.94	16	64.74	16	64.22	16	64.44	16	65.41	
		26	64.22	26	65.04	26	64.92	26		26		26		26		26		26		26		26		26		
	1999	16	66.06	16	63.53	16	64.50	16	63.37	16	63.65	16	63.47	16	63.50	16	65.15	16	64.18	16	64.22	16	61.13	16	65.41	64.24
	2000	16	65.60	16	63.79	16	65.39	16	64.88	16	66.25	16	66.63	16	67.05	16	65.15	16		16	62.22	16		16	61.23	64.46
B14	1996	4		4		4		4		4		4		4	48.22	4	48.47	4	48.96	4	49.37	4	48.37	4	49.83	49.04
		14		14		14		14		14		14		14	48.07	14	48.55	14	48.64	14	49.73	14	49.43	14	49.89	
		24		24		24		24		24		24		24	48.43	24	48.48	24	48.82	24	49.90	24	49.60	24	50.01	
	1997	5	50.39	5	49.92	5	50.02	5	50.28	5	49.97	5	50.99	5	51.40	5	51.53	5	52.60	5	52.65	5	52.76	5	52.93	51.32
		15	49.83	15	50.11	15	50.16	15		15	50.42	15	50.68	15	51.24	15	51.94	15	52.23	15	53.32	15	53.38	15	52.69	
		25	50.20	25	50.06	25		25	54.35	25	50.40	25	51.19	25	51.60	25	52.39	25	52.56	25	52.65	25	53.19	25	53.13	
	1998	5	53.25	5	53.36	5	52.90	5	54.35	5	54.19	5	54.08	5	53.96	5	53.74	5	53.79	5	53.68	5	52.45	5	53.42	53.59
		15	53.41	15	53.81	15	53.17	15	53.73	15	53.83	15	54.02	15	53.62	15	53.94	15	53.73	15	53.17	15	53.38	15	53.35	
		25	53.47	25	54.22	25	53.21	25	53.79	25	53.80	25	54.14	25	53.33	25	53.77	25	54.15	25	52.81	25	53.19	25	53.62	
	1999	5	53.67	5	53.66	5	53.78	5	53.48	5	53.26	5	52.72	5	52.87	5	53.00	5	53.34	5	52.90	5	52.45	5	51.13	53.01
		15	53.65	15	53.66	15	53.90	15	53.41	15	53.21	15	52.78	15	53.32	15	53.23	15	53.20	15	53.02	15	51.63	15	51.41	
		25	53.92	25	53.66	25	53.82	25	53.08	25	52.92	25	52.97	25	53.19	25	53.41	25	52.97	25	52.77	25	51.37	25	50.92	
	2000	5	51.00	5	49.70	5	49.85	5	50.12	5	49.61	5	49.75	5	48.36	5	47.79	5	44.86	5	42.28	5	40.77	5	39.66	46.57
		15	50.38	15	50.09	15	49.65	15	49.83	15	50.24	15	49.45	15	46.84	15	47.97	15	43.16	15	41.92	15	40.17	15	38.93	
		25	50.16	25		25	50.08	25	50.47	25	50.03	25	49.13	25	48.06	25	46.71	25	42.84	25	41.35	25	40.00	25	38.75	

续表

点号	年份	1月 日	1月 水位	1月 日	1月 水位	1月 日	1月 水位	2月 日	2月 水位	2月 日	2月 水位	2月 日	2月 水位	3月 日	3月 水位	3月 日	3月 水位	3月 日	3月 水位	4月 日	4月 水位	4月 日	4月 水位	4月 日	4月 水位	5月 日	5月 水位	5月 日	5月 水位	5月 日	5月 水位	6月 日	6月 水位	6月 日	6月 水位	6月 日	6月 水位	7月 日	7月 水位	7月 日	7月 水位	7月 日	7月 水位	8月 日	8月 水位	8月 日	8月 水位	8月 日	8月 水位	9月 日	9月 水位	9月 日	9月 水位	9月 日	9月 水位	10月 日	10月 水位	10月 日	10月 水位	10月 日	10月 水位	11月 日	11月 水位	11月 日	11月 水位	11月 日	11月 水位	12月 日	12月 水位	12月 日	12月 水位	12月 日	12月 水位	年平均
60	1997	4	71.69	14	72.74	24	72.42	4	73.56	14	73.19	24	73.60	4	73.55	14	73.21	24	73.51	4	73.46	14	73.27	24	73.29	4	73.05	14	73.51	24	74.61	4	75.32	14	77.23	24	77.47	4	77.29	14	77.52	24	78.02	4	78.18	14	78.35	24	79.08	4	78.55	14	78.60	24	78.69	4	79.21	14	77.86	24	79.23	4	78.90	14	78.12	24	79.55	4	79.88	14	81.06	24	82.07	76.36
60	1998	4	82.25	14	82.72	24	83.09	4	83.66	14	83.87	24	84.65	4	83.95	14	83.28	24	84.80	4	82.81	14	82.93	24	83.65	4	83.50	14	83.28	24	83.18	4	82.79	14	82.87	24	83.99	4	85.45	14	83.02	24	83.35	4	82.85	14	83.28	24	82.97	4	82.23	14	82.65	24		4	82.73	14	80.97	24	81.98	4	82.05	14	82.85	24	82.03	4	83.47	14	83.69	24	83.95	83.17
60	1999	4	84.47	14	86.53	24	86.53	4	85.93	14	85.80	24	85.99	4	85.95	14	86.63	24	86.28	4	86.35	14	85.45	24	85.95	4	86.44	14	85.35	24	85.13	4	85.77	14	84.30	24	84.06	4	83.89	14	83.12	24	82.95	4	83.02	14	84.52	24	84.23	4	85.65	14	83.65	24	84.75	4	83.29	14	83.68	24	84.43	4	81.45	14	82.17	24	82.13	4	82.46	14	82.53	24	83.33	84.56
60	2000	4	83.89	14	84.21	24	84.94	4	83.40	14	85.09	24	86.58	4	85.00	14	85.42	24	84.39	4	85.97	14	86.40	24	86.84	4	87.21	14	87.32	24	87.70	4	87.84	14	87.48	24	87.77	4	86.27	14	86.79	24	87.67	4	86.44	14	85.80	24	84.83	4	83.59	14	83.32	24		4		14		24		4		14		24		4		14		24		85.85
106	1996	4	21.02	14	20.68	24	21.85	4	21.81	14	21.54	24	21.19	4	22.25	14	22.40	24	22.80	4	22.13	14	22.70	24	23.15	4	22.25	14	22.15	24	22.35	4	⟨33.35⟩	14	⟨39.36⟩	24	⟨39.24⟩	4	22.27	14	22.28	24	24.45	4	21.93	14	23.55	24	23.31	4	21.95	14	23.10	24	21.39	4	22.28	14	22.30	24	22.18	4	22.01	14	21.47	24	21.31	4	21.29	14	21.23	24	20.55	22.09
106	1997	4	20.27	14	18.53	24	18.70	4	20.70	14	20.95	24	21.35	4	20.93	14	21.15	24	20.39	4	20.54	14	20.17	24	20.13	4	⟨39.30⟩	14	21.69	24	⟨38.95⟩	4	⟨39.60⟩	14		24		4	23.14	14	23.53	24	⟨38.68⟩	4	24.19	14	25.58	24	⟨39.53⟩	4	25.86	14	24.73	24	24.98	4	25.77	14	26.07	24	25.85	4	26.20	14	26.05	24	25.75	4	25.87	14	25.93	24	26.36	23.15
106	1998	4	26.03	14	26.94	24	25.83	4	26.45	14	26.41	24	26.85	4	⟨41.43⟩	14	26.38	24	⟨41.18⟩	4	27.03	14		24		4	25.92	14		24		4	24.53	14		24		4	25.45	14		24		4	22.35	14		24		4	24.18	14		24		4	24.37	14		24		4	19.95	14		24		4	25.93	14		24		24.69
106	1999	14	18.57					14	17.39					14	17.55					14	17.74					14	16.47					14	16.09					14	16.57					14	16.59					14	16.58					14	16.17					14	16.60					14	16.33					16.52
106	2000	15	12.62					15	13.40					15	14.71					15	13.73					15	13.66					15	15.59					15	16.85					15	19.95					15	19.75					15	19.03					15	16.12					15	14.71					15.84

续表

点号	年份	1月 日	1月 水位	2月 日	2月 水位	3月 日	3月 水位	4月 日	4月 水位	5月 日	5月 水位	6月 日	6月 水位	7月 日	7月 水位	8月 日	8月 水位	9月 日	9月 水位	10月 日	10月 水位	11月 日	11月 水位	12月 日	12月 水位	年平均
22	1997	5		5	69.08	5	69.15	5	68.50	5	〈69.47〉	5	68.85	5	68.80	5	68.48	5	70.08	5	71.67	5	72.04	5	73.08	69.96
		15		15	68.20	15	69.25	15	66.26	15	66.80	15	〈69.40〉	15	69.88	15	69.60	15	71.32	15	71.53	15	72.53	15	72.72	
		25	68.52	25	68.82	25	68.88	25	68.63	25	〈69.10〉	25	68.89	25	68.22	25	70.83	25	71.58	25	72.10	25	71.16	25	73.18	
	1998	5	74.56	5	74.86	5	76.85	5	75.87	5		5		5		5		5		5		5		5		75.56
		15	74.71	15	74.90	15	76.18	15		15		15		15		15		15		15		15		15		
		25	74.48	25	76.96	25	76.18	25		25		25		25		25		25		25		25		25		
320	1998	4		4		4	39.32	4	39.62	4	39.05	4	38.10	4	39.61	4	38.95	4	38.80	4	37.26	4	〈45.43〉	4	36.42	38.57
	1999	14	36.22	14	35.86	14	35.50	14	35.79	14	〈58.03〉	14	〈58.34〉	14	34.25	14	34.90	14	34.32	14	33.87	14		14	〈57.64〉	35.09
	2000	14	34.03	14	33.71	14	〈57.77〉	14	〈57.97〉	14	36.06	14	〈57.81〉	14	〈56.40〉	14	〈57.78〉	14	〈57.20〉	14	34.31	14	31.64	14	31.29	33.51
41	1999	16		16		16		16		16		16		16		16	〈77.29〉	16	61.46	16	61.38	16	62.12	16	60.25	61.30
	2000	14	59.87	14	59.41	14	60.04	14	61.49	14	61.92	14	61.27	14	60.96	14	60.43	14	59.84	14	59.31	14	55.89	14	55.35	59.65

第四章 汉中市

一、监测基本情况

汉中市城市集中供水主要有西郊水源地、东郊水源地和北郊自备井水源地。地下水类型为第四系孔隙潜水与浅层承压水混合开采,开采深度4.3～174m。

汉中市地下水动态监测工作始于1980年,监测区为汉台区范围。1986—2000年间有监测点46个,潜水监测点17个,承压水监测点4个,混合水监测点25个。地貌单元包括一级阶地、河漫滩。

二、监测点分布图

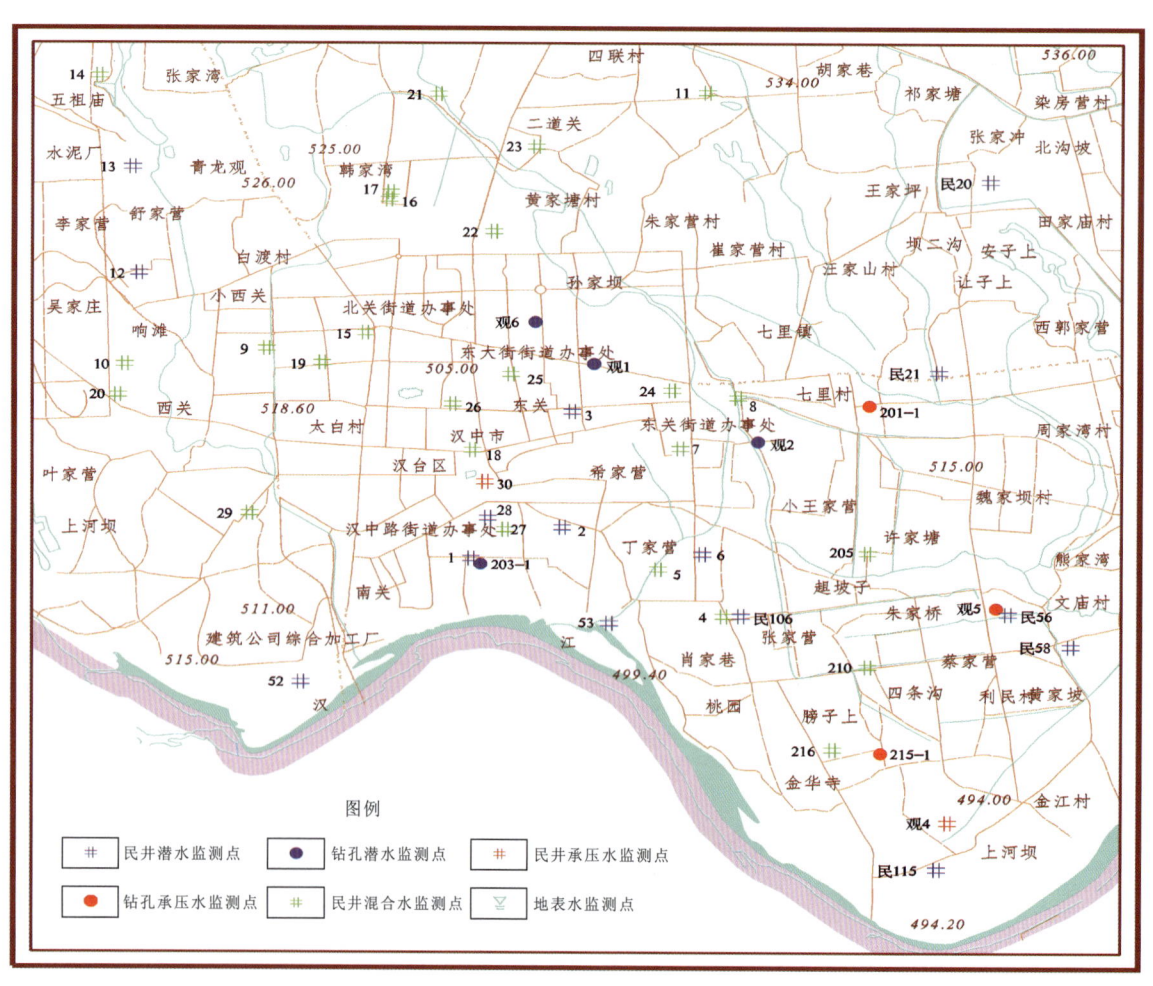

汉中市地下水监测点分布示意图

三、监测点基本信息表

汉中市地下水监测点基本信息表

序号	点号	位置	地面高程(m)	孔深(m)	地下水类型	地貌单元	页码
1	1	种子公司	506.50	506.40	10.20	潜水	695
2	2	聋哑学校	505.40	505.40	10.08	潜水	696
3	3	农校	509.50	509.40	69.30	潜水	697
4	4	地区纸厂	508.20	507.80	149.50	混合水	698
5	5	王任桥	508.10	508.10	83.20	混合水	699
6	6	制革厂	507.60	507.60	83.00	潜水	701
7	7	汉中大学	509.05	508.60	140.00	混合水	702
8	8	朝阳机械厂	511.74	511.00	148.00	混合水	703
9	9	水司10号#	513.54	513.20	100.93	混合水	704
10	10	水司17号#	512.75	512.50	149.12	混合水	705
11	11	80841部队	511.60	511.30	108.00	混合水	706
12	12	碳素厂	514.28	514.20	73.23	潜水	707
13	13	通用机械厂	516.30	515.50	73.00	潜水	709
14	14	安中机械厂	526.77	526.56	97.00	混合水	710
15	15	市日化厂	528.13	527.70	97.00	混合水	711
16	16	地区石油公司	520.50	520.37	97.51	混合水	712
17	17	针织内衣厂	513.87	513.80	95.31	混合水	713
18	18	城关镇奶厂	510.00	510.00	12.00	混合水	714
19	19	水司7号#	511.80	511.50	100.95	混合水	715
20	20	水司20号#	512.11	512.00	148.05	混合水	716
21	21	汉江制药厂	518.70	518.50	98.00	混合水	717
22	22	白板纸厂	518.93	518.50	147.36	混合水	718
23	23	氮肥厂	517.40	517.20	102.00	混合水	719
24	24	啤酒厂	509.33	509.28	149.50	混合水	720
25	25	灯泡厂	509.72	509.62	95.92	混合水	722
26	26	北大街旅社	511.94	511.44	90.00	混合水	723
27	27	地区印刷厂	507.37	507.00	102.00	混合水	724
28	28	丹东丝绸厂	507.72	507.52	103.00	潜水	725
29	29	民航站	510.20	509.20	70.00	混合水	726
30	30	十号信箱	511.87	511.50	153.80	承压水	727
31	201-1	汉中七里香火烧店北	509.47	508.29	160.00	承压水	728

续表

序号	点号	位置	地面高程(m)	孔深(m)	地下水类型	地貌单元	页码
32	203-1	汉中七里香沈家营	508.42	507.62	80.00	潜水	729
33	205	汉中七里香许家塘	507.56	507.40	129.70	混合水	730
34	210	汉中金华乡大梁弯	505.20	505.10	159.00	混合水	730
35	215-1	汉中金华乡曹家营	504.86	503.86	160.00	承压水	731
36	216	金华乡曹家营西	506.10	506.00	160.00	混合水	732
37	观1	汉中陈家营东桥南	509.47	509.27	60.00	潜水	733
38	观2	汉中叶家营	510.57	509.25	50.00	潜水	733
39	观5	金华乡湛家井村南	503.94	502.80	160.00	承压水	734
40	观6	汉中地质大队院内	511.42	510.20	77.95	潜水	735
41	民20	汉中九女村	516.23	516.00	29.63	潜水	736
42	民21	汉中吴基桩	508.30	508.30	22.00	潜水	736
43	民56	金华乡湛家井	502.80	502.80	19.05	潜水	737
44	民58	金华乡文家庙	497.50	497.50	10.00	潜水	738
45	民106	地区纸厂东250m	506.80	506.80	12.45	潜水	738
46	民115	金华乡王家庙	501.15	501.15	16.80	潜水	739

四、地下水位资料

汉中市地下水位资料表

点号	年份	日	1月 水位	日	2月 水位	日	3月 水位	日	4月 水位	日	5月 水位	日	6月 水位	日	7月 水位	日	8月 水位	日	9月 水位	日	10月 水位	日	11月 水位	日	12月 水位	年平均
1	1990	4		4		4		4		4		4		4		4	5.50	4	5.69	4	5.55	4	5.65	4	7.18	5.99
		14	7.39	14		14		14		14		14		14	5.63	14	5.52	14	5.64	14	5.66	14	⟨6.62⟩	14	7.29	
		24	7.44	24	7.59	24	7.05	24	⟨7.28⟩	24	6.76	24	6.88	24	5.32	24	⟨7.28⟩	24	5.49	24	5.07	24	7.24	24	7.39	
	1991	5	7.53	5	7.57	5	6.69	5	⟨7.04⟩	5	6.80	5	6.93	5	6.79	5	6.99	5	6.91	5	6.94	5	6.89	5	7.01	7.02
		15	6.65	15	7.35	15	⟨7.47⟩	15	6.83	15	6.81	15	7.04	15	6.86	15	7.01	15	7.00	15	6.99	15	6.86	15	7.08	
		25	6.12	25	5.86	25	6.08	25	6.32	25	6.35	25	6.19	25	6.83	25	7.16	25	6.88	25	6.92	25	7.00	25	7.05	
	1992	5	6.02	5	5.89	5	6.17	5	6.26	5	6.55	5	6.31	5	6.69	5	7.42	5	7.12	5	6.84	5	6.69	5	6.66	6.56
		15	6.02	15	5.96	15	6.42	15	6.19	15	6.60	15	6.53	15	6.81	15	7.63	15	7.16	15	6.45	15	6.66	15	6.34	
		25	6.74	25	6.63	25	6.84	25		25	7.01	25	7.06	25	7.01	25	7.26	25	6.94	25	6.76	25	6.42	25	6.83	
	1993	5	6.82	5	6.77	5	6.90	5	6.84	5	7.10	5	7.10	5	7.18	5	7.35	5	7.33	5	7.01	5	7.48	5	7.82	7.18
		15	6.67	15	6.57	15	6.82	15	6.96	15	6.87	15	7.23	15	7.37	15	7.45	15	7.51	15	7.73	15	7.17	15	8.07	
		25	8.40	25	8.51	25	8.03	25	7.28	25	8.59	25	9.08	25	7.19	25	⟨6.90⟩	25	7.56	25	7.23	25	7.57	25	8.22	
	1994	5	8.65	5	8.27	5	8.52	5	7.38	5	9.06	5	8.88	5	⟨6.90⟩	5	7.20	5	7.05	5	⟨7.20⟩	5	6.95	5	6.75	7.76
		15	8.73	15	8.14	15	8.18	15	8.03	15	9.17	15	8.73	15	⟨7.20⟩	15	7.22	15	7.10	15	6.80	15	6.83	15	6.60	
		25	⟨8.20⟩	25	⟨7.15⟩	25	⟨7.55⟩	25	⟨6.95⟩	25	7.05	25	7.15	25	7.05	25	7.00	25	⟨7.75⟩	25	6.75	25	6.90	25	6.60	
	1995	5	7.55	5	6.60	5	6.65	5	6.65	5	7.20	5	⟨7.55⟩	5	⟨7.80⟩	5	⟨7.95⟩	5	6.60	5	⟨7.45⟩	5	⟨7.40⟩	5	⟨7.50⟩	6.84
		15	7.50	15	6.65	15	6.70	15	6.65	15	⟨8.05⟩	15	7.20	15	7.20	15	7.05	15	6.95	15	6.30	15	6.60	15	6.60	
		25	⟨7.50⟩	25	6.90	25	⟨7.76⟩	25	⟨7.35⟩	25	⟨7.86⟩	25	6.84	25	⟨7.78⟩	25	7.20	25	⟨7.65⟩	25	6.35	25	6.35	25	6.40	
	1996	4	6.85	4	6.90	4	6.95	4	6.83	4	6.94	4	⟨8.68⟩	4	7.13	4	⟨7.59⟩	4	6.64	4	6.62	4	6.65	4	⟨7.61⟩	6.85
		14	6.85	14	6.95	14	6.96	14	6.80	14	6.84	14	⟨7.88⟩	14	7.21	14	7.22	14	6.64	14	6.75	14	⟨7.58⟩	14	6.63	
		24		24		24		24		24		24		24		24		24		24	6.64	24	6.62	24	6.65	

续表

点号	年份	1月 日	1月 水位	2月 日	2月 水位	3月 日	3月 水位	4月 日	4月 水位	5月 日	5月 水位	6月 日	6月 水位	7月 日	7月 水位	8月 日	8月 水位	9月 日	9月 水位	10月 日	10月 水位	11月 日	11月 水位	12月 日	12月 水位	年平均
1	1997	5	6.32	5	6.37	5	6.45	5	⟨6.15⟩	5	6.47	5	⟨6.76⟩	5	⟨6.84⟩	5	6.70	5	6.90	5	6.31	5	6.39	5	6.53	6.51
		15	6.38	15	⟨6.54⟩	15	⟨6.57⟩	15	6.40	15	⟨6.74⟩	15	⟨6.78⟩	15	⟨6.80⟩	15	6.75	15	6.70	15	6.38	15	6.46	15	6.50	
		25	⟨6.47⟩	25	⟨6.60⟩	25	⟨6.61⟩	25	⟨6.60⟩	25	⟨6.84⟩	25	⟨6.56⟩	25	6.54	25	6.82	25	6.46	25	6.46	25	6.50	25	6.46	
	1998	5	6.43	5	6.65	5	6.76	5	6.78	5	6.82	5	6.30	5	6.26	5	5.45	5	⟨4.86⟩	5	5.27	5	5.32	5	5.42	6.10
		15	6.59	15	6.67	15	6.73	15	6.75	15	6.58	15	⟨6.02⟩	15	6.09	15	⟨5.58⟩	15	⟨5.08⟩	15	5.29	15	5.48	15	5.49	
		25	6.60	25	6.70	25	6.68	25	⟨6.51⟩	25	⟨6.53⟩	25	⟨6.06⟩	25	⟨5.52⟩	25	⟨5.38⟩	25	5.16	25	5.30	25	5.45	25	5.56	
	1999	5	5.69	5	6.10	5	6.27	5	6.42	5	6.37	5	6.44	5	6.29	5	6.19	5	6.21	5	6.06	5	6.20	5	6.26	6.24
		15	5.93	15	6.15	15	6.32	15	6.42	15	6.49	15	6.41	15	6.15	15	6.39	15	6.24	15	6.00	15	6.25	15	6.33	
		25	6.01	25	6.21	25	6.36	25	6.40	25	6.37	25	6.39	25	6.05	25	6.32	25	6.22	25	6.17	25	6.25	25	6.36	
2	1990	4		4		4		4		4		4		4		4	6.40	4	5.60	4	5.55	4	6.40	4	7.61	6.10
		14		14		14		14		14		14		14	⟨6.90⟩	14		14	5.53	14	5.50	14	⟨8.48⟩	14	7.71	
		24	⟨9.50⟩	24		24		24		24		24		24	6.38	24	6.00	24	5.51	24	5.01	24	⟨8.48⟩	24	⟨8.45⟩	
	1991	5	7.90	5	7.93	5	6.93	5	7.34	5	7.53	5	7.64	5	7.47	5	7.22	5	6.89	5	7.12	5	7.46	5	6.98	7.32
		15	7.95	15	6.93	15	6.93	15	7.35	15	7.67	15	7.55	15	7.43	15	7.08	15	7.00	15	7.19	15	7.37	15	7.03	
		25	7.20	25	6.93	25	7.22	25	7.50	25	7.49	25	7.41	25	7.39	25	7.10	25	6.93	25	7.33	25	7.49	25	7.09	
	1992	5	7.33	5	7.28	5	7.19	5	7.21	5	7.33	5	7.22	5	7.46	5	7.44	5	7.03	5	7.46	5	7.36	5	7.43	7.38
		15	7.35	15	7.26	15	7.40	15	7.17	15	7.37	15	7.72	15	7.73	15	7.49	15	7.17	15	7.67	15	7.28	15	7.27	
		25	7.47	25	7.22	25	7.33	25	7.28	25	7.47	25	7.55	25	7.67	25	7.56	25	7.26	25	7.92	25	7.34	25	7.11	
	1993	5	7.46	5	7.46	5	7.73	5	7.44	5	7.64	5	7.91	5	7.74	5	7.31	5	7.08	5	7.63	5	7.93	5	7.74	7.61
		15	7.22	15	7.39	15	7.92	15	7.82	15	7.83	15	7.73	15	7.29	15	7.63	15	7.34	15	7.76	15	7.81	15	7.92	
		25	7.39	25	7.53	25	7.83	25	7.86	25	7.73	25	7.71	25	7.41	25	7.58	25	7.54	25	7.64	25	7.52	25	7.66	
	1994	5	7.42	5	7.22	5	7.22	5	8.11	5	8.74	5	8.49	5	7.80	5	8.00	5	7.80	5	7.65	5	7.65	5	7.45	7.83
		15	7.42	15	7.34	15	7.49	15	8.11	15	8.97	15	8.72	15	7.50	15	7.90	15	7.80	15	7.70	15	7.60	15	7.40	
		25	7.40	25	7.33	25	7.27	25	8.48	25	9.08	25	8.83	25	7.80	25	7.85	25	7.80	25	7.70	25	7.60	25	7.40	

第四章 汉中市

续表

点号	年份	1月 日	1月 水位	2月 日	2月 水位	3月 日	3月 水位	4月 日	4月 水位	5月 日	5月 水位	6月 日	6月 水位	7月 日	7月 水位	8月 日	8月 水位	9月 日	9月 水位	10月 日	10月 水位	11月 日	11月 水位	12月 日	12月 水位	年平均
2	1995	5	7.50	5	7.40	5	7.50	5	7.75	5	7.90	5	8.05	5	8.40	5	8.03	5	7.20	5	7.20	5	7.35	5	⟨8.10⟩	7.66
2		15	7.50	15	7.40	15	7.45	15	7.70	15	8.20	15	8.10	15	8.35	15	8.00	15	7.20	15	7.30	15	7.35	15	7.50	
2		25	7.50	25	7.42	25	7.45	25	7.70	25	8.15	25	8.10	25	8.30	25	7.95	25	7.20	25	7.20	25	7.30	25	7.45	
2	1996	4	7.70	5	7.75	5	7.78	5	7.95	5	7.86	5	7.94	5	7.79	5	7.68	5	7.62	5	7.36	5	7.26	5	7.25	7.65
2		14	7.75	15	7.80	15	7.78	15	7.92	15	7.86	15	7.95	15	7.74	15	7.68	15	7.47	15	7.23	15	7.24	15	7.25	
2		24	7.75	25	7.80	25	7.78	25	7.92	25	7.86	25	7.97	25	7.76	25	7.71	25	7.45	25	7.25	25	7.25	25	7.27	
2	1997	5	6.86	5	7.00	5	7.06	5	7.02	5	7.15	5	7.62	5	7.16	5	7.28	5	7.01	5	6.72	5	6.81	5	6.95	7.06
2		15	6.85	15	7.02	15	7.11	15	7.11	15	7.45	15	7.56	15	7.10	15	7.12	15	6.92	15	6.74	15	6.87	15	6.93	
2		25	6.96	25	7.09	25	7.13	25	7.12	25	7.59	25	7.42	25	7.06	25	7.06	25	6.77	25	6.76	25	6.90	25	6.92	
2	1998	5	6.98	5	7.07	5	7.18	5	7.41	5	7.44	5	6.72	5	5.62	5	5.49	5	⟨5.56⟩	5	5.05	5	5.17	5	5.43	6.34
2		15	7.03	15	7.12	15	7.25			15	6.73	15	6.54	15	6.17											
2		25	7.05	25	7.14	25	7.31																			
2	1999	15	5.83	15	⟨6.69⟩	15	6.31	15	6.56	15	—					15	6.41							15	6.57	6.35
3	1990	4	⟨14.88⟩	4	⟨14.87⟩	4	10.65	4	11.29	4	⟨14.71⟩	4	11.65	4	⟨12.42⟩	4	8.77	4	⟨10.12⟩	4	⟨10.06⟩	4	⟨12.40⟩	4	11.49	9.88
3		14	⟨14.88⟩	14	10.38	14	⟨13.95⟩	14	12.00	14	⟨14.57⟩	14	⟨15.05⟩	14	8.80	14	9.12	14	⟨10.04⟩	14	⟨9.12⟩	14	⟨12.75⟩	14	11.47	
3		24	⟨14.90⟩	24	10.53	24	10.82	24	⟨14.82⟩	24	13.61	24	⟨14.92⟩	24	11.76	24	11.90	24	⟨10.02⟩	24	8.70	24	⟨17.39⟩	24	10.78	
3	1991	5	⟨12.43⟩	5	⟨12.82⟩	5	9.27	5	9.75	5	10.11	5	9.99	5	11.82	5	11.70	5	11.78	5	12.01	5	⟨14.08⟩	5	⟨14.51⟩	11.71
3		15	⟨12.56⟩	15	⟨12.64⟩	15	9.35	15	9.83	15	⟨14.52⟩	15	10.24	15	⟨14.24⟩	15	11.82	15	11.80	15	11.97	15	12.14	15	11.91	
3		25	10.11	25	⟨12.36⟩	25	⟨14.38⟩	25	9.57	25	10.01	25	⟨14.13⟩	25	12.22	25	11.82	25	11.87	25	11.90	25	12.07	25	12.01	
3	1992	5	14.09	5	14.01	5	12.29	5	12.66	5	⟨14.52⟩	5	⟨21.13⟩	5	12.73	5	12.08	5	12.09	5	⟨16.39⟩	5	⟨18.10⟩	5	⟨18.12⟩	10.92
3		15	⟨17.12⟩	15	13.14	15	⟨17.16⟩	15	⟨18.98⟩	15	⟨21.24⟩	15	⟨20.94⟩	15	⟨16.09⟩	15	12.13	15	12.13	15	⟨17.22⟩	15	⟨17.19⟩	15	⟨18.03⟩	
3		25	13.93	25	⟨16.56⟩	25	⟨16.21⟩	25		25	13.25	25	⟨21.30⟩	25	14.18	25	12.07	25	12.07	25	⟨17.83⟩	25	⟨18.03⟩	25	⟨17.61⟩	
3	1993	5		5		5		5		5		5	⟨21.13⟩	5	⟨21.26⟩	5	⟨19.74⟩	5	⟨21.86⟩	5	⟨19.28⟩	5	⟨21.03⟩	5	⟨21.85⟩	13.66
3		15		15		15		15		15	⟨20.58⟩	15	⟨20.94⟩	15	⟨19.01⟩	15	⟨21.73⟩	15	⟨22.06⟩	15	⟨20.01⟩	15	⟨21.27⟩	15	⟨22.27⟩	
3		25		25		25		25		25	13.25	25	⟨21.30⟩	25		25	⟨21.93⟩	25	⟨22.09⟩	25	⟨20.19⟩	25	15.39	25	⟨22.44⟩	

续表

点号	年份	1月 日	1月 水位	2月 日	2月 水位	3月 日	3月 水位	4月 日	4月 水位	5月 日	5月 水位	6月 日	6月 水位	7月 日	7月 水位	8月 日	8月 水位	9月 日	9月 水位	10月 日	10月 水位	11月 日	11月 水位	12月 日	12月 水位	年平均
3	1994	5	〈22.63〉	5	〈22.73〉	5	〈20.98〉	5	〈23.83〉	5	〈25.26〉	5	〈25.73〉	5	〈17.40〉	5	〈16.20〉	5	〈15.75〉	5	〈15.75〉	5	〈16.37〉	5	〈15.95〉	15.17
		15	〈23.07〉	15	〈22.37〉	15	〈22.16〉	15	〈24.00〉	15	〈25.74〉	15	〈25.84〉	15	〈16.40〉	15	15.30	15	15.20	15	14.80	15	〈15.85〉	15	〈16.40〉	
		25	〈22.99〉	25	〈22.06〉	25	〈22.27〉	25	〈24.83〉	25	〈26.16〉	25	〈25.37〉	25	15.90	25	〈15.57〉	25	〈16.07〉	25	〈16.10〉	25	14.90	25	14.90	
	1995	4	〈17.10〉	4	〈16.60〉	4	〈16.75〉	4	13.90	4	13.95	4	14.00	4	14.20	4	〈18.15〉	4	15.20	4	〈16.60〉	4	15.00	4	15.05	14.39
		14	〈16.75〉	14	13.05	14	13.10	14	〈17.10〉	14	〈18.50〉	14	〈19.00〉	14	〈17.90〉	14	〈17.90〉	14	〈16.30〉	14	15.00	14	〈16.80〉	14	〈17.30〉	
		24	14.95	24	〈16.90〉	24	〈17.00〉	24	〈17.30〉	24	14.00	24	14.00	24	〈17.50〉	24	〈15.30〉	24	〈16.45〉	24	14.95	24	14.95	24	15.00	
	1996	4	15.05	4	15.05	4	15.09	4	15.09	4	15.04	4	〈18.93〉	4	〈18.94〉	4	〈19.23〉	4	〈18.87〉	4	〈18.89〉	4	15.23	4	〈19.22〉	15.12
		14	〈17.75〉	14	〈18.00〉	14	〈18.67〉	14	〈18.55〉	14	〈18.64〉	14	〈18.77〉	14	〈18.11〉	14	〈18.57〉	14	15.21	14	15.16	14	〈16.94〉	14	15.18	
		24	〈17.20〉	24	15.05	24	15.10	24	15.04	24	15.02	24	15.06	24	15.09	24	15.34	24	15.18	24	〈19.04〉	24	〈17.73〉	24	〈18.64〉	
	1997	5	〈18.37〉	5	〈18.79〉	5	〈18.83〉	5	〈16.28〉	5	〈18.69〉	5	〈20.16〉	5	〈19.15〉	5	〈17.98〉	5	〈17.64〉	5	〈18.13〉	5	13.10	5	〈18.19〉	13.09
		15	〈18.53〉	15	13.23	15	〈19.05〉	15	〈16.49〉	15	〈20.10〉	15	〈19.75〉	15	〈19.09〉	15	13.15	15	〈17.58〉	15	12.66	15	13.30	15	〈18.35〉	
		25	13.52	25	13.13	25	〈19.31〉	25	〈19.44〉	25	〈19.80〉	25	〈19.32〉	25	13.22	25	12.54	25	〈17.64〉	25	〈18.14〉	25	〈18.16〉	25	〈18.46〉	
	1998	5	〈17.73〉	5	13.19	5	〈18.37〉	5	〈19.07〉	5	〈19.40〉	5	〈18.56〉	5		5	〈16.42〉	5	〈15.96〉	5	〈16.70〉	5	〈16.74〉	5	〈16.72〉	13.46
		15	〈17.70〉	15	〈17.57〉	15	〈18.41〉	15		15		15		15	〈16.90〉	15	〈17.84〉	15	〈17.81〉	15	〈17.71〉	15	〈18.52〉	15	〈18.46〉	
		25	13.04	25	〈17.96〉	25	14.14	25		25		25		25		25	〈16.50〉	25		25		25		25		
	1999	15	〈17.46〉	15		15		15		15		15		15		15		15	〈17.72〉	15	〈13.40〉	15	〈13.32〉	15	〈18.46〉	
4	1990	4		4		4		4		4		4		4		4	〈15.00〉	4	〈13.02〉	4	〈13.79〉	4	〈13.17〉	4	〈12.70〉	8.62
		14		14		14		14		14		14		14	〈16.40〉	14	〈11.60〉	14	〈13.52〉	14	8.62	14	〈12.71〉	14	〈10.29〉	
		24		24		24		24		24		24		24	〈16.54〉	24	〈11.50〉	24	〈11.46〉	24	〈11.83〉	24	〈12.87〉	24	〈12.75〉	
	1991	5	〈12.29〉	5	〈11.32〉	5	〈11.57〉	5	〈11.63〉	5	〈14.54〉	5	〈13.21〉	5	〈12.71〉	5	〈11.60〉	5	〈11.49〉	5	〈12.67〉	5	〈12.91〉	5	〈12.89〉	10.14
		15	〈12.02〉	15	9.32	15	〈11.53〉	15	〈12.80〉	15	〈14.28〉	15	〈12.77〉	15	〈12.29〉	15	〈11.50〉	15	〈11.54〉	15	〈13.06〉	15	10.43	15	10.67	
		25	〈11.24〉	25	〈11.71〉	25	〈11.02〉	25	〈14.40〉	25	〈13.81〉	25	〈13.11〉	25	〈11.66〉	25	〈11.59〉	25	〈14.48〉	25	〈15.52〉	25	〈15.18〉	25	〈12.96〉	
	1992	5	〈13.18〉	5	〈13.27〉	5	〈13.44〉	5	〈13.43〉	5	〈13.67〉	5	〈13.64〉	5	〈13.89〉	5	〈14.77〉	5	〈14.51〉	5	〈15.87〉	5	〈16.16〉	5	〈15.96〉	8.66
		15	〈13.20〉	15	〈13.53〉	15	〈13.48〉	15	〈13.52〉	15	〈13.63〉	15	〈13.33〉	15	〈14.14〉	15	〈14.86〉	15	〈14.51〉	15	〈15.87〉	15	〈15.18〉	15	〈15.52〉	
		25	〈13.34〉	25	〈13.50〉	25	8.66	25	〈13.54〉	25	〈13.60〉	25	〈13.54〉	25	〈14.68〉	25	〈14.52〉	25	〈14.27〉	25	〈16.26〉	25	〈15.85〉	25	〈15.17〉	

第四章 汉中市

续表

点号	年份	1月 日	1月 水位	2月 日	2月 水位	3月 日	3月 水位	4月 日	4月 水位	5月 日	5月 水位	6月 日	6月 水位	7月 日	7月 水位	8月 日	8月 水位	9月 日	9月 水位	10月 日	10月 水位	11月 日	11月 水位	12月 日	12月 水位	年平均
4	1993	5	⟨16.14⟩	5	⟨15.92⟩	5	13.83	5		5	⟨20.33⟩	5	⟨21.39⟩	5	⟨21.34⟩	5	⟨19.51⟩	5	⟨19.91⟩	5	⟨21.07⟩	5	⟨22.04⟩	5	⟨22.23⟩	14.54
		15	⟨16.07⟩	15	⟨16.81⟩	15	⟨16.23⟩	15	⟨19.31⟩	15	⟨20.36⟩	15	⟨21.43⟩	15	⟨18.87⟩	15	⟨19.54⟩	15	⟨20.42⟩	15	⟨21.23⟩	15	⟨21.72⟩	15	⟨22.35⟩	
		25	12.66	25	⟨16.02⟩	25	⟨17.31⟩	25	⟨20.83⟩	25	⟨21.21⟩	25	⟨21.12⟩	25	⟨18.96⟩	25	⟨19.88⟩	25	⟨20.56⟩	25	⟨21.42⟩	25	17.14	25	⟨22.53⟩	
	1994	5	⟨22.52⟩	5	⟨22.77⟩	5	⟨22.01⟩	5	⟨23.74⟩	5	⟨26.68⟩	5	⟨25.68⟩	5	⟨12.10⟩	5	⟨17.60⟩	5	⟨17.10⟩	5	⟨16.45⟩	5	11.90	5	⟨17.55⟩	13.65
		15	⟨23.22⟩	15	⟨23.24⟩	15	⟨22.51⟩	15	⟨23.97⟩	15	⟨25.87⟩	15	⟨26.03⟩	15	⟨14.10⟩	15	⟨17.75⟩	15	12.10	15	⟨15.90⟩	15	⟨16.50⟩	15	⟨17.60⟩	
		25	⟨23.36⟩	25	⟨22.43⟩	25	⟨23.31⟩	25	⟨24.84⟩	25	⟨26.33⟩	25	21.03	25	12.60	25	14.20	25	12.35	25	11.85	25	⟨16.65⟩	25	11.90	
	1995	4	⟨17.40⟩	4	⟨19.20⟩	4	11.35	4	⟨25.00⟩	4	19.65	4	19.60	4	19.75	4	⟨17.75⟩	4	⟨14.40⟩	4	⟨19.20⟩	4	12.75	4	12.80	14.54
		14	10.90	14	⟨21.40⟩	14	11.55	14	11.55	14	⟨22.85⟩	14	⟨23.70⟩	14	⟨24.35⟩	14	⟨24.20⟩	14	⟨14.70⟩	14	⟨21.30⟩	14	⟨21.25⟩	14	⟨21.30⟩	
		24	11.20	24	⟨18.05⟩	24	11.50	24	⟨24.50⟩	24	⟨25.00⟩	24	19.65	24	19.70	24	19.30	24	11.82	24	12.70	24	12.70	24	12.75	
	1996	4	12.50	4	12.70	4	12.71	4	12.86	4	⟨20.53⟩	4	⟨20.11⟩	4	⟨19.34⟩	4	11.70	4	12.35	4	11.88	4	11.98	4	11.87	12.21
		14	⟨14.50⟩	14	⟨17.10⟩	14	⟨17.62⟩	14	⟨20.84⟩	14	⟨20.34⟩	14	⟨19.58⟩	14	11.21	14	⟨20.12⟩	14	⟨17.96⟩	14	⟨18.61⟩	14	⟨19.93⟩	14	⟨18.77⟩	
		24	⟨15.40⟩	24	⟨17.70⟩	24	12.72	24	⟨20.57⟩	24	12.89	24	13.01	24	11.63	24	⟨20.67⟩	24	11.82	24	11.86	24	⟨19.39⟩	24	11.90	
	1997	5	9.82	5	9.70	5	⟨15.60⟩	5	⟨15.83⟩	5	⟨15.60⟩	5	⟨17.77⟩	5	⟨15.25⟩	5	⟨15.20⟩	5	⟨14.28⟩	5	⟨14.00⟩	5	⟨14.59⟩	5	⟨15.03⟩	9.76
		15	9.73	15	⟨15.28⟩	15	⟨15.56⟩	15	⟨13.97⟩	15	⟨16.28⟩	15	⟨17.89⟩	15	⟨15.41⟩	15	⟨15.03⟩	15	⟨14.18⟩	15	⟨14.16⟩	15	⟨14.67⟩	15	⟨15.07⟩	
		25	9.79	25	9.74	25	⟨12.93⟩	25	⟨15.40⟩	25	⟨19.21⟩	25	⟨16.03⟩	25	⟨15.23⟩	25	⟨14.74⟩	25	⟨14.01⟩	25	⟨14.61⟩	25	⟨14.72⟩	25	⟨15.28⟩	
	1998	5	9.61	5	⟨14.24⟩	5	10.18	5	⟨14.70⟩	5	⟨14.18⟩	5	⟨12.62⟩	5	⟨15.35⟩	5	8.64	5	⟨11.56⟩	5	⟨11.26⟩	5	⟨11.50⟩	5	⟨12.20⟩	9.34
		15	9.72	15	10.10	15	10.16	15	10.14	15	⟨12.72⟩	15	⟨15.77⟩	15	8.74	15	⟨12.34⟩	15	⟨11.71⟩	15	8.40	15	⟨11.84⟩	15	⟨11.76⟩	
		25	9.85	25	10.12	25	10.20	25	⟨16.53⟩	25	⟨15.49⟩	25	⟨14.94⟩	25	⟨11.27⟩	25	⟨11.79⟩	25	⟨11.11⟩	25	⟨11.55⟩	25	8.84	25	⟨11.08⟩	
	1999	5	⟨12.56⟩	5	⟨12.81⟩	5	⟨12.58⟩	5	⟨13.95⟩	5	⟨14.01⟩	5	9.65	5	⟨12.05⟩	5	8.87	5	8.96	5	⟨14.86⟩	5	⟨15.00⟩	5	⟨15.89⟩	9.16
		15	⟨12.60⟩	15	⟨12.73⟩	15	⟨13.82⟩	15	9.75	15	⟨13.59⟩	15	⟨13.62⟩	15	8.97	15	9.15	15	8.96	15	9.51	15	⟨15.71⟩	15	⟨15.51⟩	
		25	⟨12.67⟩	25	⟨12.13⟩	25	⟨13.96⟩	25	⟨13.92⟩	25	⟨13.70⟩	25	⟨12.40⟩	25	8.73	25	9.05	25	⟨14.77⟩	25	⟨11.91⟩	25	⟨15.83⟩	25	⟨15.67⟩	
5	1990	4		4		4		4		4		4		4		4	7.10	4	6.20	4	6.13	4	6.87	4	⟨10.18⟩	6.45
		14		14		14		14		14		14		14	⟨7.32⟩	14		14	6.11	14	6.22	14	6.93	14	⟨9.66⟩	
		24		24		24		24		24		24		24	6.90	24	6.94	24	6.15	24	5.44	24	⟨10.10⟩	24	⟨10.20⟩	

续表

点号	年份	1月 日	1月 水位	2月 日	2月 水位	3月 日	3月 水位	4月 日	4月 水位	5月 日	5月 水位	6月 日	6月 水位	7月 日	7月 水位	8月 日	8月 水位	9月 日	9月 水位	10月 日	10月 水位	11月 日	11月 水位	12月 日	12月 水位	年平均
5	1991	5	9.73	5	9.70	5	9.26	5	9.44	5	10.66	5	10.11	5	9.42	5	9.22	5	8.94	5	9.13	5	〈9.44〉	5	9.12	9.50
		15	9.71	15	9.70	15	9.22	15	10.11	15	10.62	15	〈10.39〉	15	9.38	15	8.50	15	8.95	15	9.27	15	9.38	15	9.19	
		25	9.69	25	9.35	25	9.44	25	10.89	25	10.43	25	9.38	25	9.31	25	8.44	25	9.00	25	9.36	25	9.52	25	9.40	
	1992	5	9.19	5	8.67	5	8.47	5	8.11	5	8.76	5	9.22	5	9.07	5	9.27	5	9.20	5	10.40	5	9.23	5	9.39	9.09
		15	8.94	15	8.78	15	8.36	15	8.46	15	9.09	15	9.20	15	9.22	15	9.32	15	9.24	15	11.02	15	9.17	15	9.12	
		25	8.86	25	8.55	25	8.28	25	8.74	25	9.42	25	8.85	25	9.09	25	9.47	25	9.06	25	9.42	25	9.40	25	9.06	
	1993	5	10.76	5	10.19	5	9.44	5		5	9.70	5	9.61	5	9.63	5	9.61	5	9.63	5	9.81	5	10.02	5	9.90	9.90
		15	10.52	15	12.07	15	9.67	15	9.53	15	9.36	15	9.63	15	9.93	15	9.76	15	9.87	15	9.74	15	9.36	15	10.27	
		25	9.91	25	10.11	25	10.12	25	9.62	25	9.42	25	9.77	25	9.98	25	9.74	25	9.83	25	9.69	25	9.62	25	10.79	
	1994	5	10.11	5	10.13	5	9.73	5	11.34	5	13.23	5	12.54	5	12.20	5	11.30	5	〈12.40〉	5	11.50	5	11.40	5	11.35	11.34
		15	10.24	15	10.74	15	9.32	15	11.72	15	13.98	15	12.36	15	12.25	15	11.30	15	〈12.05〉	15	11.35	15	11.35	15	11.35	
		25	9.93	25	9.66	25	9.28	25	12.07	25	12.27	25	12.69	25	12.20	25	11.32	25	11.45	25	11.35	25	11.35	25	11.33	
	1995	4	11.80	4	11.85	4	11.80	4	12.30	4	12.40	4	12.40	4	13.10	4	〈13.50〉	4	12.40	4	11.95	4	12.05	4	12.10	12.24
		14	11.80	14	11.85	14	11.80	14	12.30	14	12.40	14	12.35	14	13.10	14	13.05	14	12.40	14	11.90	14	12.05	14	12.45	
		24	11.80	24	11.87	24	11.80	24	12.30	24	12.40	24	12.40	24	13.08	24	13.00	24	12.40	24	11.90	24	11.95	24	12.15	
	1996	5	12.80	5	12.85	5	12.85	5	12.98	5	12.38	5	13.56	5	12.68	5	12.68	5	12.43	5	12.31	5	12.31	5	12.39	12.71
		15	12.85	15	12.85	15	12.85	15	13.18	15	12.37	15	13.46	15	12.68	15	12.68	15	12.41	15	12.35	15	12.30	15	12.31	
		25	12.85	25	12.85	25	12.85	25	13.15	25	12.23	25	13.46	25	12.71	25	12.68	25	12.40	25	12.35	25	〈12.68〉	25	〈13.05〉	
	1997	5	11.86	5	11.73	5	11.81	5	〈12.94〉	5	〈12.93〉	5	12.22	5	11.58	5	11.08	5	10.41	5	11.00	5	11.33	5	11.48	11.51
		15	11.80	15	11.79	15	11.76	15	12.09	15	〈12.91〉	15	12.28	15	11.52	15	10.74	15	10.49	15	11.04	15	11.39	15	11.51	
		25	11.60	25	11.80	25	11.85	25	12.20	25		25	12.31	25	11.49	25	10.55	25	10.52	25	11.31	25	11.42	25	11.55	
	1998	5	11.60	5	〈12.31〉	5	12.19	5	12.61	5	12.71	5	11.40	5	10.39	5	9.48	5	8.80	5	9.22	5	9.93	5	10.06	11.20
		15	11.62	15	11.93	15	12.28	15		15		15		15		15		15		15		15		15		
		25	11.70	25	12.06	25	12.37	25		25		25		25		25		25		25		25		25		
	1999	15	10.29	15	10.39	15	10.67	15	11.14	15	11.37	15	11.20	15	10.24	15	10.02	15	10.18	15	10.55	15	10.78	15	11.06	10.66

续表

点号	年份	1月 日	1月 水位	2月 日	2月 水位	3月 日	3月 水位	4月 日	4月 水位	5月 日	5月 水位	6月 日	6月 水位	7月 日	7月 水位	8月 日	8月 水位	9月 日	9月 水位	10月 日	10月 水位	11月 日	11月 水位	12月 日	12月 水位	年平均
6	1990	4		4		4		4		4		4		4	〈9.34〉	4	〈9.20〉	4	〈9.11〉	4	〈8.90〉	4	9.11	4	〈10.97〉	8.55
		14	〈10.39〉	14		14		14		14		14		14	〈9.22〉	14	〈8.80〉	14	〈9.00〉	14	〈8.90〉	14	9.24	14	〈10.28〉	
		24	〈10.40〉	24		24		24		24		24		24	10.43	24	10.22	24	〈8.93〉	24	7.30	24	〈10.95〉	24	〈10.38〉	
	1991	5	10.05	5	10.00	5	10.09	5	〈12.13〉	5	10.69	5	11.58	5	10.36	5	9.89	5	〈10.94〉	5	9.71	5	〈11.25〉	5	9.73	10.11
		15	9.56	15	10.03	15	10.12	15	〈12.13〉	15	〈11.86〉	15	〈10.84〉	15	10.31	15	9.76	15	9.42	15	9.89	15	9.89	15	9.68	
		25	8.90	25	10.05	25	〈11.26〉	25	〈10.81〉	25	11.26	25	10.29	25	9.26	25	9.08	25	9.66	25	10.00	25	10.07	25	9.60	
	1992	5	8.25	5	8.40	5	8.78	5	8.77	5	8.95	5	9.19	5	9.29	5	9.25	5	9.32	5	9.33	5	12.76	5	12.64	9.68
		15	9.44	15	8.59	15	8.74	15	8.93	15	9.10	15	9.07	15	9.34	15	9.29	15	9.27	15	9.64	15	13.02	15	12.52	
		25	9.36	25	8.66	25	8.67	25	8.98	25	8.89	25	9.24	25	9.74	25	9.52	25	9.11	25	11.31	25	12.27	25	12.17	
	1993	5	9.83	5	9.63	5	9.35	5		5	9.88	5	9.67	5	9.46	5	9.61	5	9.44	5	9.43	5	9.93	5	9.84	9.58
		15	9.96	15	9.32	15	9.30	15	9.76	15	9.67	15	9.71	15	9.52	15	9.53	15	9.42	15	9.28	15	9.79	15	9.76	
		25	9.43	25	9.02	25	9.93	25	9.71	25	9.74	25	9.66	25	13.00	25	〈15.50〉	25	9.47	25	9.37	25	9.43	25	9.88	
	1994	5	9.47	5	9.22	5	9.27	5	10.18	5	12.36	5	11.83	5	〈15.00〉	5	11.30	5	〈15.05〉	5	12.75	5	〈15.03〉	5	〈14.80〉	11.07
		15	〈15.20〉	15	9.95	15	9.41	15	10.27	15	12.64	15	11.52	15	〈15.70〉	15	〈15.08〉	15	〈15.00〉	15	〈15.00〉	15	12.30	15	12.50	
		25	11.80	25	9.25	25	9.47	25	11.18	25	12.52	25	11.48	25	13.10	25	〈15.60〉	25	12.90	25	〈14.95〉	25	〈15.10〉	25	12.50	
	1995	4	11.80	4	〈15.20〉	4	11.80	4	〈16.65〉	4	12.95	4	〈17.30〉	4	〈16.90〉	4	〈16.40〉	4	〈14.60〉	4	〈15.10〉	4	〈14.70〉	4	〈14.90〉	12.46
		14	〈14.90〉	14	11.45	14	11.75	14	11.85	14	13.25	14	13.15	14	〈16.75〉	14	13.05	14	〈14.00〉	14	12.15	14	〈13.60〉	14	12.48	
		24	〈15.10〉	24	〈14.00〉	24	〈16.20〉	24	〈16.80〉	24	〈17.10〉	24	13.10	24	12.57	24	12.61	24	12.80	24	12.30	24	12.30	24	12.50	
	1996	4	12.65	4	〈16.30〉	4	〈16.46〉	4	〈14.53〉	4	〈14.76〉	4	12.54	4	〈16.18〉	4	〈16.94〉	4	〈17.04〉	4	12.54	4	12.51	4	〈15.03〉	12.58
		14	12.60	14	12.60	14	12.70	14	〈14.76〉	14	〈14.92〉	14	〈15.87〉	14	〈15.96〉	14	〈17.18〉	14	12.59	14	12.52	14	〈14.97〉	14	12.51	
		24	10.93	24	〈16.60〉	24	12.71	24	12.77	24	〈13.50〉	24	〈15.52〉	24	11.09	24	11.00	24	12.58	24	12.56	24	12.47	24	12.53	
	1997	5	10.86	5	11.03	5	〈12.89〉	5	10.90	5	12.38	5	〈13.62〉	5	11.13	5	〈12.51〉	5	10.32	5	10.80	5	〈12.70〉	5	〈13.16〉	11.06
		15	10.99	15	11.10	15	11.05	15	〈13.43〉	15	12.25	15	12.32	15	11.18	15	10.57	15	10.22	15	10.48	15	10.52	15	10.66	
		25		25	11.15	25	10.97	25	11.78	25		25	12.36	25		25		25	10.16	25	10.50	25	〈12.86〉	25	〈12.72〉	

续表

点号	年份	1月 日	1月 水位	2月 日	2月 水位	3月 日	3月 水位	4月 日	4月 水位	5月 日	5月 水位	6月 日	6月 水位	7月 日	7月 水位	8月 日	8月 水位	9月 日	9月 水位	10月 日	10月 水位	11月 日	11月 水位	12月 日	12月 水位	年平均
6	1998	5	10.73	5	10.95	5	11.27	5		5		5		5		5		5		5		5		5		
		15	10.80	15	11.12	15	11.30	15	11.51	15	11.61	15	10.66	15	⟨11.60⟩	15	9.22	15	⟨10.55⟩	15	9.30	15	9.79	15	10.04	10.73
		25	10.88	25	11.21	25	11.33	25	⟨12.72⟩	25	⟨12.65⟩	25	⟨12.61⟩	25	9.96	25	9.98	25	10.09	25	10.28	25	10.54	25	10.84	
	1999	15	10.14	15	10.57	15	10.83	15		15		15		15		15	7.88	15	⟨7.76⟩	15	7.38	15	7.57	15	9.75	10.36
	1990	4		4		4		4		4		4		4	7.90	4		4	⟨7.64⟩	4	7.33	4	8.80	4	10.00	8.27
		14		14		14		14		14		14		14	7.93	14	7.58	14	7.32	14	7.00	14	9.25	14	10.00	
		24		24		24		24		24		24		24		24		24		24		24		24		
	1991	5	10.10	5	10.10	5	10.76	5	10.16	5	10.32	5	10.76	5	10.55	5	9.95	5	9.46	5	8.67	5	10.64	5	10.15	10.10
		15	10.10	15	10.10	15	10.90	15	10.28	15	10.54	15	10.67	15	10.42	15	9.88	15	8.78	15	8.82	15	10.71	15	10.08	
		25	10.10	25	10.45	25	10.01	25	10.47	25	10.59	25	10.49	25	9.97	25	9.87	25	8.64	25	9.24	25	10.79	25		
	1992	5	8.85	5	9.02	5	8.98	5	9.76	5	10.58	5	11.17	5	11.31	5	11.74	5	12.00	5	⟨14.52⟩	5	12.04	5	⟨14.71⟩	10.79
		15	9.00	15	9.38	15	9.53	15	10.42	15	10.67	15	11.05	15	11.72	15	11.82	15	12.02	15	11.66	15	⟨14.15⟩	15	11.71	
		25	9.16	25	9.43	25	⟨12.82⟩	25	10.49	25	10.99	25	10.94	25	⟨16.03⟩	25	12.18	25	11.84	25	⟨15.28⟩	25	12.18	25	12.02	
7	1993	5	13.39	5	⟨15.71⟩	5	12.18	5		5	11.66	5	12.17	5	12.18	5	12.74	5	12.76	5	12.74	5	12.74	5	⟨18.48⟩	12.46
		15	13.24	15	11.66	15	12.66	15	10.76	15	11.74	15	11.74	15	12.16	15	12.94	15	13.19	15	12.84	15	13.29	15	13.46	
		25	11.79	25	11.43	25	12.96	25	11.27	25	11.79	25	11.80	25	12.65	25	⟨13.65⟩	25	13.26	25	⟨13.35⟩	25	13.13	25	13.61	
	1994	5	14.07	5	12.47	5	13.71	5	13.91	5	16.38	5	16.39	5	12.70	5	⟨12.15⟩	5	⟨12.45⟩	5	⟨13.20⟩	5	⟨13.45⟩	5	⟨14.35⟩	13.74
		15	14.21	15	13.03	15	14.26	15	14.41	15	16.51	15	14.98	15	⟨13.55⟩	15	⟨15.25⟩	15	⟨13.55⟩	15	12.15	15	11.80	15	14.55	
		25	12.36	25	12.86	25	13.91	25	14.64	25	16.58	25	15.12	25	⟨15.85⟩	25	⟨15.25⟩	25	11.85	25	11.65	25	11.85	25	11.80	
	1995	4	⟨13.85⟩	4	⟨14.45⟩	4	⟨13.45⟩	4	12.95	4	13.45	4	⟨15.25⟩	4	13.50	4	13.40	4	11.85	4	⟨14.50⟩	4	⟨13.45⟩	4	⟨14.30⟩	12.70
		14	⟨13.45⟩	14	12.15	14	12.70	14	12.75	14	13.75	14	13.60	14	13.45	14	⟨15.20⟩	14	11.70	14	11.80	14	12.35	14	12.80	
		24	11.85	24	12.35	24	⟨13.85⟩	24	⟨15.15⟩	24	⟨15.15⟩	24	⟨17.87⟩	24	13.05	24	⟨15.41⟩	24	⟨15.25⟩	24	⟨14.50⟩	24	12.30	24	12.70	
	1996	5	⟨15.25⟩	5	⟨15.70⟩	5	13.17	5	12.96	5	12.99	5	⟨17.57⟩	5	⟨18.03⟩	5	⟨15.70⟩	5	⟨15.43⟩	5	⟨15.88⟩	5	12.69	5	⟨15.99⟩	13.01
		15	13.15	15	13.15	15	⟨15.54⟩	15	⟨15.87⟩	15	⟨17.02⟩	15	13.03	15	⟨18.19⟩	15	13.06	15	13.02	15	13.10	15	⟨16.34⟩	15	⟨16.28⟩	
		25	13.05	25	13.20	25	13.17	25	13.12	25	12.96	25		25		25		25	⟨15.60⟩	25	⟨16.26⟩	25	12.66	25	12.71	

续表

点号	年份	1月 日	1月 水位	2月 日	2月 水位	3月 日	3月 水位	4月 日	4月 水位	5月 日	5月 水位	6月 日	6月 水位	7月 日	7月 水位	8月 日	8月 水位	9月 日	9月 水位	10月 日	10月 水位	11月 日	11月 水位	12月 日	12月 水位	年平均
7	1997	5	〈13.82〉	5	〈14.15〉	5	〈14.35〉	5	〈15.65〉	5	〈15.54〉	5	〈16.15〉	5	12.30	5	11.95	5	〈11.85〉	5	10.25	5	11.90	5	11.80	11.74
		15	〈13.68〉	15	〈14.39〉	15	〈14.45〉	15	〈15.58〉	15	〈15.87〉	15	〈15.40〉	15	12.19	15	11.91	15	10.97	15	11.64	15	〈13.99〉	15	11.83	
		25	〈13.90〉	25	12.21	25	〈15.33〉	25	〈15.49〉	25	〈15.68〉	25	〈14.58〉	25	12.03	25	11.85	25	11.19	25	11.70	25	12.01	25	11.87	
	1998	5	12.15	5	12.26	5	〈14.10〉	5		5		5		5	〈13.50〉	5	10.22	5	9.67	5	9.85	5	10.37	5	〈12.45〉	11.40
		15	12.24	15	12.33	15	〈14.46〉	15	〈14.52〉	15	〈20.90〉	15	12.59	15	〈14.59〉	15	〈13.35〉	15	〈13.38〉	15	11.01	15	〈13.55〉	15	〈14.06〉	
		25	12.28	25	〈14.05〉	25	〈14.79〉	25		25		25		25		25		25		25		25		25		
	1999	15	10.82	15	〈12.41〉	15	〈13.55〉	15	〈14.92〉	15	〈15.59〉	15	〈15.10〉	15		15		15		15		15		15		10.92
8	1990	4		4		4		4		4		4		4	10.76	4	10.61	4	9.79	4	9.17	4	9.50	4	11.48	10.24
		14		14		14		14		14		14		14	9.49	14	10.46	14	9.73	14	9.82	14	10.89	14	11.60	
		24		24		24		24		24		24		24		24		24	9.68	24	9.19	24	11.42	24	〈15.66〉	
	1991	5	11.94	5	〈15.33〉	5	14.16	5	12.00	5	12.69	5	12.97	5	12.86	5	12.55	5	11.50	5	11.56	5	12.27	5	12.70	12.53
		15	12.15	15	〈15.42〉	15	13.63	15	12.42	15	12.80	15	〈16.21〉	15	12.70	15	12.49	15	11.62	15	11.70	15	12.58	15	12.56	
		25	〈15.36〉	25	14.90	25	12.20	25	〈15.74〉	25	12.92	25	12.92	25	12.60	25	12.21	25	11.52	25	12.06	25	12.54	25	12.60	
	1992	5	11.02	5	10.99	5	11.10	5	10.63	5	11.51	5	10.99	5	11.86	5	11.04	5	10.42	5	12.55	5	12.83	5	13.55	11.43
		15	11.02	15	11.03	15	10.78	15	10.95	15	〈14.89〉	15	10.66	15	11.61	15	10.78	15	10.39	15	12.86	15	〈15.63〉	15	13.45	
		25	10.96	25	11.07	25	10.35	25	10.97	25	10.95	25	10.84	25	10.98	25	10.82	25	10.32	25	12.99	25	13.38	25	13.12	
	1993	5	13.45	5	13.18	5	12.44	5	13.19	5	13.67	5	14.90	5	13.46	5	13.53	5	13.38	5	13.40	5	14.18	5	13.94	13.54
		15	12.72	15	〈16.03〉	15	12.78	15	13.60	15	13.90	15	13.44	15	13.44	15	13.63	15	13.99	15	13.41	15	14.01	15	14.18	
		25	12.47	25	12.24	25	13.03	25	13.69	25	13.79	25	13.42	25	〈18.76〉	25	13.52	25	13.90	25	13.90	25	13.88	25	14.82	
	1994	4	14.50	4	15.94	4	15.50	4	14.00	4	15.19	4	15.55	4	〈18.76〉	4	14.46	4	14.21	4	13.90	4	17.76	4	14.26	15.35
		14	16.30	14	16.44	14	16.28	14	14.28	14	15.63	14	15.44	14	16.26	14	〈17.36〉	14	〈17.96〉	14	〈17.36〉	14	〈18.31〉	14	〈21.31〉	
		24	16.09	24	16.09	24	17.05	24	15.96	24	15.94	24	15.59	24	〈20.31〉	24	〈18.16〉	24	〈18.51〉	24	〈18.26〉	24	13.76	24	〈21.16〉	
	1995	4	14.26	4	〈20.06〉	4	14.56	4	〈20.56〉	4	〈19.56〉	4	〈20.36〉	4	〈20.06〉	4	17.06	4	〈18.36〉	4	13.66	4	〈17.96〉	4	〈18.56〉	15.57
		14	14.26	14	14.66	14	〈18.61〉	14	〈20.06〉	14	16.76	14	16.46	14	16.36	14	〈20.06〉	14	14.71	14	〈18.16〉	14	15.11	14	15.56	
		24	〈19.06〉	24	〈20.46〉	24	〈20.86〉	24		24	16.06	24	16.66	24		24	16.56	24	〈18.16〉	24	14.86	24	〈18.36〉	24	〈18.16〉	

第四章　汉中市

续表

点号	年份	1月 日	1月 水位	2月 日	2月 水位	3月 日	3月 水位	4月 日	4月 水位	5月 日	5月 水位	6月 日	6月 水位	7月 日	7月 水位	8月 日	8月 水位	9月 日	9月 水位	10月 日	10月 水位	11月 日	11月 水位	12月 日	12月 水位	年平均
8	1996	5	⟨19.91⟩	5	⟨20.96⟩	5	16.21	5	⟨20.30⟩	5	⟨20.29⟩	5	⟨20.49⟩	5	⟨20.69⟩	5	⟨20.20⟩	5	⟨20.28⟩	5	⟨20.72⟩	5	15.71	5	12.83	14.95
		15	16.21	15	16.21	15	⟨20.49⟩	15	⟨19.91⟩	15	⟨20.11⟩	15	⟨20.13⟩	15	⟨19.93⟩	15	⟨20.38⟩	15	⟨20.09⟩	15	⟨22.27⟩	15	⟨19.80⟩	15	⟨21.62⟩	
		25	16.06	25	16.21	25	⟨20.04⟩	25	16.19	25	16.20	25	16.27	25	12.78	25	12.84	25	12.80	25	12.80	25	⟨20.62⟩	25	⟨22.30⟩	
	1997	5	14.37	5	⟨18.34⟩	5	⟨18.63⟩	5	⟨19.61⟩	5	⟨19.48⟩	5	⟨20.49⟩	5	⟨19.17⟩	5	⟨18.38⟩	5	13.56	5	13.57	5	⟨18.63⟩	5	⟨18.24⟩	14.19
		15	⟨18.23⟩	15	⟨18.22⟩	15	⟨19.10⟩	15	15.62	15	⟨19.82⟩	15	⟨20.09⟩	15	⟨18.91⟩	15	⟨18.26⟩	15	13.14	15	⟨18.83⟩	15	⟨18.79⟩	15	⟨18.30⟩	
		25	⟨18.32⟩	25	15.35	25	14.08	25	⟨19.31⟩	25	⟨19.56⟩	25	⟨18.89⟩	25	⟨18.66⟩	25	14.77	25	13.26	25	⟨18.53⟩	25	⟨18.75⟩	25	⟨18.26⟩	
	1998	5	⟨18.51⟩	5	13.55	5	⟨18.96⟩	5	⟨18.65⟩	5	⟨19.72⟩	5	⟨18.45⟩	5	15.12	5	14.60	5	14.03	5	13.28	5	13.49	5	13.42	13.93
		15	⟨19.36⟩	15	⟨18.92⟩	15	⟨18.98⟩			15				15		15										
		25	⟨19.18⟩	25	⟨18.88⟩	25	⟨19.07⟩			25				25		25						25				
	1999	15	14.02	15	14.01	15	14.83	15	15.14	15	15.26	15	15.28	15	15.26	15	14.93	15	14.41	15	14.43	15	14.36	15	14.38	14.69
9	1990	4	⟨42.32⟩	4		4	⟨41.02⟩	4	⟨40.32⟩	4	⟨41.05⟩	4	⟨42.32⟩	4	⟨43.82⟩	4	⟨42.12⟩	4	⟨43.76⟩	4	⟨44.82⟩	4	⟨43.02⟩	4	⟨42.46⟩	32.61
		14	⟨41.72⟩	14	⟨41.28⟩	14	⟨40.42⟩	14	⟨38.32⟩	14	⟨41.59⟩	14	⟨42.09⟩	14	⟨38.22⟩	14	⟨42.62⟩	14	⟨44.32⟩	14	⟨44.52⟩	14	⟨42.62⟩	14	⟨42.32⟩	
		24	⟨41.32⟩	24	⟨41.32⟩	24	⟨39.53⟩	24	31.32	24	⟨41.78⟩	24	⟨41.70⟩	24	⟨42.05⟩	24	⟨41.63⟩	24	⟨43.08⟩	24	32.61	24	⟨41.76⟩	24	⟨42.12⟩	
	1991	5	⟨48.12⟩	5	⟨48.87⟩	5	⟨48.60⟩	5	⟨47.15⟩	5	⟨45.87⟩	5	⟨45.87⟩	5	⟨41.76⟩	5	⟨41.69⟩	5	⟨41.10⟩	5	⟨43.05⟩	5	⟨47.06⟩	5	⟨47.89⟩	35.70
		15	⟨48.33⟩	15	⟨48.08⟩	15	⟨48.44⟩	15	⟨46.94⟩	15	⟨45.59⟩	15	⟨45.59⟩	15	⟨46.96⟩	15	⟨41.55⟩	15	⟨41.06⟩	15	⟨43.54⟩	15	⟨47.85⟩	15	39.58	
		25	⟨48.36⟩	25	⟨48.95⟩	25	⟨47.32⟩	25	⟨46.13⟩	25	⟨45.23⟩	25	⟨45.78⟩	25	⟨46.89⟩	25	⟨47.22⟩	25	⟨40.93⟩	25	⟨44.89⟩	25	⟨48.21⟩	25	⟨49.74⟩	
	1992	5	⟨53.45⟩	5	⟨52.96⟩	5	⟨52.10⟩	5	⟨54.94⟩	5	⟨56.09⟩	5	⟨57.57⟩	5	⟨56.43⟩	5	⟨58.40⟩	5	⟨58.36⟩	5	⟨53.37⟩	5	⟨51.96⟩	5	⟨54.89⟩	49.83
		15	⟨53.30⟩	15	⟨52.29⟩	15	⟨53.18⟩	15	⟨55.02⟩	15	⟨56.68⟩	15	⟨56.42⟩	15	⟨57.79⟩	15	⟨58.39⟩	15	⟨58.43⟩	15	⟨53.98⟩	15	⟨53.77⟩	15	⟨54.85⟩	
		25	⟨52.85⟩	25	⟨52.16⟩	25	⟨52.85⟩	25	⟨55.10⟩	25	⟨57.02⟩	25	⟨56.46⟩	25	⟨57.93⟩	25	⟨58.60⟩	25	⟨58.51⟩	25	⟨54.74⟩	25	⟨55.85⟩	25	⟨55.19⟩	
	1993	5	⟨57.82⟩	5	⟨59.77⟩	5	⟨59.70⟩	5	⟨60.47⟩	5	⟨65.42⟩	5	⟨65.53⟩	5	⟨32.16⟩	5	31.16	5	⟨41.16⟩	5	⟨41.66⟩	5	⟨55.92⟩	5	⟨56.57⟩	31.16
		15	⟨59.88⟩	15	⟨59.42⟩	15	⟨60.14⟩	15	⟨60.83⟩	15	⟨66.47⟩	15	⟨65.19⟩	15	⟨47.66⟩	15	⟨44.26⟩	15	⟨41.66⟩	15	⟨46.66⟩	15	⟨56.39⟩	15	⟨56.97⟩	
	1994	25	⟨59.49⟩	25	⟨59.20⟩	25	⟨60.47⟩	25	⟨62.93⟩	25	⟨66.58⟩	25	⟨65.94⟩	25	⟨59.66⟩	25	⟨46.61⟩	25	⟨41.46⟩	25	⟨44.46⟩	25	⟨43.16⟩	25	⟨40.46⟩	

第四章 汉中市

续表

点号	年份	1月 日	1月 水位	2月 日	2月 水位	3月 日	3月 水位	4月 日	4月 水位	5月 日	5月 水位	6月 日	6月 水位	7月 日	7月 水位	8月 日	8月 水位	9月 日	9月 水位	10月 日	10月 水位	11月 日	11月 水位	12月 日	12月 水位	年平均
9	1995	5	⟨48.66⟩	5	⟨41.36⟩	5	⟨41.96⟩	5	⟨49.26⟩	5	⟨47.86⟩	5	⟨48.76⟩	5	⟨49.16⟩	5	⟨48.26⟩	5	⟨44.16⟩	5	⟨44.86⟩	5	⟨43.46⟩	5	⟨43.56⟩	32.56
		15	⟨49.16⟩	15	⟨41.76⟩	15	⟨41.26⟩	15	⟨48.56⟩	15	⟨43.66⟩	15	⟨48.36⟩	15	⟨47.86⟩	15	⟨48.86⟩	15	⟨43.56⟩	15	⟨44.36⟩	15	⟨44.06⟩	15	⟨43.71⟩	
		25	⟨46.86⟩	25	⟨43.26⟩	25	⟨40.56⟩	25	⟨49.36⟩	25	⟨47.56⟩	25	⟨49.26⟩	25	⟨48.26⟩	25	⟨47.46⟩	25	⟨42.46⟩	25	32.56	25	⟨43.26⟩	25	⟨43.41⟩	
	1996	5	⟨42.36⟩	5	⟨41.46⟩	5	⟨42.17⟩	5	⟨41.62⟩	5	⟨47.87⟩	5	⟨46.89⟩	5	31.15	5	⟨47.32⟩	5	⟨47.80⟩	5	⟨47.48⟩	5	⟨43.48⟩	5	⟨43.57⟩	31.32
		15	⟨43.96⟩	15	⟨43.26⟩	15	31.48	15	⟨40.52⟩	15	⟨46.62⟩	15	⟨47.73⟩	15	⟨47.98⟩	15	⟨47.89⟩	15	⟨46.44⟩	15	⟨46.40⟩	15	⟨44.07⟩	15	⟨43.71⟩	
		25	⟨44.06⟩	25	⟨44.36⟩	25	⟨41.52⟩	25	⟨40.93⟩	25	⟨47.53⟩	25	⟨47.62⟩	25	⟨48.42⟩	25	⟨48.40⟩	25	⟨46.58⟩	25	⟨47.32⟩	25	⟨43.23⟩	25	⟨44.42⟩	
	1997	5	⟨44.95⟩	5	⟨43.81⟩	5	⟨41.58⟩	5	⟨41.72⟩	5	30.35	5	30.41	5	⟨43.83⟩	5	⟨46.75⟩	5	⟨46.54⟩	5	⟨45.47⟩	5	⟨45.67⟩	5	⟨45.21⟩	29.76
		15	⟨43.66⟩	15	28.75	15	⟨41.70⟩	15	⟨41.52⟩	15	⟨35.46⟩	15	30.16	15	⟨45.65⟩	15	⟨46.69⟩	15	⟨46.81⟩	15	31.76	15	⟨46.88⟩	15	⟨44.73⟩	
		25	⟨41.52⟩	25	27.96	25	⟨41.80⟩	25	⟨41.77⟩	25	28.23	25	⟨43.52⟩	25	⟨45.89⟩	25	⟨47.64⟩	25	⟨47.08⟩	25	⟨45.55⟩	25	⟨45.78⟩	25	⟨42.28⟩	
	1998	5	⟨43.76⟩	5	30.26	5	30.16	5	29.27	5	⟨44.88⟩	5	⟨42.19⟩	5	⟨44.79⟩	5	⟨41.71⟩	5	⟨44.81⟩	5	28.75	5	⟨41.70⟩	5	⟨40.73⟩	29.29
		15	⟨44.99⟩	15	30.29	15	30.22	15	29.66	15	⟨45.07⟩	15		15	⟨46.27⟩	15	⟨46.61⟩	15	⟨45.24⟩	15	⟨42.67⟩	15	⟨41.13⟩	15	⟨40.94⟩	
		25	⟨45.01⟩	25	30.23	25	29.07	25	⟨44.63⟩	25	⟨44.66⟩	25	⟨44.96⟩	25	⟨45.71⟩	25	⟨45.94⟩	25	⟨43.83⟩	25	⟨42.67⟩	25	26.56	25	⟨41.16⟩	
	1999	5	⟨41.24⟩	5	⟨41.88⟩	5	⟨41.11⟩	5	⟨42.78⟩	5	⟨42.94⟩	5	⟨41.79⟩	5	⟨42.30⟩	5	⟨43.23⟩	5	⟨44.42⟩	5	⟨45.04⟩	5	⟨44.07⟩	5	⟨45.66⟩	
		15	⟨41.39⟩	15	⟨41.63⟩	15	⟨41.77⟩	15	⟨42.20⟩	15	⟨42.71⟩	15	⟨42.92⟩	15	⟨42.70⟩	15	⟨44.72⟩	15	⟨44.80⟩	15	⟨44.86⟩	15	⟨44.08⟩	15	⟨47.73⟩	
		25	⟨41.61⟩	25	⟨40.98⟩	25	⟨41.18⟩	25	⟨43.13⟩	25	⟨42.30⟩	25	⟨41.31⟩	25	⟨42.46⟩	25	⟨44.49⟩	25	⟨45.01⟩	25	⟨44.62⟩	25	⟨44.23⟩	25	⟨47.55⟩	
10	1990	4		4		4		4		4		4		4		4	⟨31.90⟩	4	⟨32.95⟩	4	⟨33.10⟩	4	⟨32.46⟩	4	31.90	30.18
		14	⟨33.50⟩	14	⟨31.50⟩	14	⟨28.30⟩	14	⟨28.29⟩	14	21.50	14	⟨28.99⟩	14	⟨33.73⟩	14	⟨32.61⟩	14	⟨33.06⟩	14	⟨32.38⟩	14	29.10	14	31.95	
		24	⟨32.50⟩	24	⟨30.50⟩	24	⟨26.50⟩	24	⟨26.86⟩	24	⟨27.26⟩	24	⟨28.50⟩	24	⟨31.80⟩	24	⟨30.50⟩	24	⟨32.83⟩	24	27.50	24	29.65	24	30.95	
	1991	5	⟨31.50⟩	5	⟨28.50⟩	5	⟨26.82⟩	5	⟨30.86⟩	5	⟨30.86⟩	5	⟨30.83⟩	5	⟨31.22⟩	5	⟨30.63⟩	5	⟨29.11⟩	5	⟨26.68⟩	5	⟨26.47⟩	5	⟨27.06⟩	21.86
		15	⟨26.94⟩	15	⟨27.88⟩	15	⟨27.72⟩	15	⟨30.78⟩	15	⟨32.99⟩	15	⟨35.94⟩	15	⟨31.00⟩	15	⟨30.44⟩	15	⟨28.73⟩	15	⟨26.55⟩	15	⟨26.78⟩	15	22.21	
		25	⟨27.51⟩	25	⟨28.02⟩	25	⟨28.90⟩	25	⟨31.45⟩	25	⟨34.24⟩	25	⟨35.59⟩	25	⟨37.16⟩	25	⟨38.44⟩	25	⟨27.44⟩	25	⟨26.41⟩	25	⟨26.75⟩	25	⟨28.15⟩	
	1992	5	⟨27.16⟩	5	⟨27.92⟩	5	⟨28.90⟩	5	⟨32.18⟩	5	⟨35.71⟩	5	⟨35.82⟩	5	⟨37.81⟩	5	⟨38.86⟩	5	⟨40.25⟩	5	⟨39.84⟩	5	⟨41.96⟩	5	⟨41.91⟩	
		15		15		15		15		15		15		15		15		15	⟨40.49⟩	15	⟨39.87⟩	15	⟨41.81⟩	15	⟨42.08⟩	
		25		25		25		25		25		25		25	⟨38.32⟩	25	⟨40.97⟩	25	⟨40.78⟩	25	⟨42.92⟩	25	⟨43.06⟩	25	⟨41.82⟩	

续表

点号	年份	1月 日	1月 水位	2月 日	2月 水位	3月 日	3月 水位	4月 日	4月 水位	5月 日	5月 水位	6月 日	6月 水位	7月 日	7月 水位	8月 日	8月 水位	9月 日	9月 水位	10月 日	10月 水位	11月 日	11月 水位	12月 日	12月 水位	年平均
10	1993	5	〈44.07〉	5	〈43.46〉	5	〈40.11〉	5		5	〈42.66〉	5	〈44.25〉	5	〈44.04〉	5	〈47.53〉	5	〈46.86〉	5	〈57.98〉	5	〈58.86〉	5	〈61.49〉	55.48
		15	〈43.67〉	15	〈42.32〉	15	〈41.89〉	15	〈41.87〉	15	〈43.53〉	15	〈43.77〉	15	〈45.96〉	15	〈46.81〉	15	〈47.18〉	15	〈57.66〉	15	〈60.56〉	15	〈61.67〉	
		25	〈43.02〉	25	〈42.88〉	25	〈42.31〉	25	〈42.82〉	25	〈43.23〉	25	〈43.86〉	25	〈46.65〉	25	〈46.93〉	25	〈47.37〉	25	〈58.28〉	25	55.48	25	〈61.83〉	
	1994	5	〈61.67〉	5	〈62.59〉	5	〈62.14〉	5	〈57.86〉	5	〈63.14〉	5	〈63.34〉	5	49.75	5	49.40	5	〈55.45〉	5	〈47.25〉	5	〈51.75〉	5	〈49.25〉	50.34
		15	〈61.93〉	15	〈62.18〉	15	〈62.72〉	15	〈58.59〉	15	〈63.23〉	15	〈62.93〉	15	49.75	15	49.35	15	54.05	15	〈48.75〉	15	〈50.15〉	15	〈48.25〉	
		25	〈61.46〉	25	〈62.08〉	25	〈62.48〉	25	〈59.68〉	25	〈63.20〉	25	〈62.97〉	25	49.75	25	〈60.75〉	25	〈56.55〉	25	〈49.25〉	25	〈49.55〉	25	〈49.85〉	
	1995	5	〈49.35〉	5	〈48.65〉	5	〈48.85〉	5	〈50.05〉	5	〈49.85〉	5	〈50.95〉	5	〈51.65〉	5	〈49.45〉	5	〈49.45〉	5	〈49.45〉	5	〈48.65〉	5	〈49.35〉	34.35
		15	〈47.55〉	15	〈50.05〉	15	〈49.95〉	15	〈49.55〉	15	〈49.45〉	15	〈50.55〉	15	〈50.55〉	15	〈49.95〉	15	〈49.95〉	15	〈50.25〉	15	〈49.80〉	15	〈49.90〉	
		25	〈49.65〉	25	〈48.50〉	25	〈49.55〉	25	〈49.75〉	25	〈51.80〉	25	〈52.05〉	25	〈50.85〉	25	〈49.65〉	25	〈48.55〉	25	34.35	25	〈48.95〉	25	〈48.70〉	
	1996	5	〈49.85〉	5	〈49.65〉	5	〈49.89〉	5	〈49.47〉	5	〈49.88〉	5	〈49.54〉	5	〈49.66〉	5	〈49.26〉	5	〈49.76〉	5	〈48.86〉	5	〈48.71〉	5	〈49.43〉	33.83
		15	〈51.15〉	15	〈49.95〉	15	〈49.82〉	15	〈49.84〉	15	〈49.50〉	15	〈48.71〉	15	33.83	15	〈49.79〉	15	〈48.32〉	15	〈50.19〉	15	〈49.76〉	15	〈49.90〉	
		25	〈49.65〉	25	〈48.85〉	25	〈49.51〉	25	〈49.10〉	25	〈50.16〉	25	〈49.89〉	25	〈50.54〉	25	〈50.82〉	25	〈47.59〉	25	〈48.70〉	25	〈49.54〉	25	〈48.72〉	
	1997	5	37.62	5	38.66	5	34.06	5	34.35	5	〈65.88〉	5	〈61.71〉	5	〈56.20〉	5	〈65.48〉	5	〈65.65〉	5	〈64.90〉	5	〈63.13〉	5	〈61.90〉	34.74
		15	34.41	15	33.62	15	34.10	15	35.59	15	〈66.75〉	15	〈59.66〉	15	〈55.85〉	15	〈64.88〉	15	〈65.37〉	15	32.27	15	〈62.07〉	15	〈61.15〉	
		25	33.61	25	33.90	25	〈63.75〉	25	〈64.90〉	25	〈66.42〉	25	〈58.52〉	25	〈56.76〉	25	〈65.10〉	25	〈65.26〉	25	〈64.80〉	25	〈61.97〉	25	〈60.38〉	
	1998	5	〈59.38〉	5	〈58.18〉	5	〈58.35〉	5	〈63.95〉	5	〈64.60〉	5	〈60.90〉	5	〈63.65〉	5	〈65.55〉	5	〈64.75〉	5	55.80	5	〈62.98〉	5	〈62.05〉	
		15	〈59.50〉	15	〈58.30〉	15	〈62.55〉	15		15		15	〈62.13〉	15	〈62.65〉	15	〈63.93〉	15	〈62.50〉	15	36.70	15	53.68	15	〈49.87〉	
		25	〈59.38〉	25	〈58.41〉	25	〈63.95〉	25		25		25		25		25		25		25		25		25			
	1999	15	〈61.85〉	15	〈62.30〉	15	〈62.46〉	15	〈61.60〉	15	〈62.00〉	15		15		15		15		15		15		15			
11	1990	4	〈23.90〉	4	〈24.00〉	4	〈24.10〉	4	〈24.95〉	4	〈25.00〉	4	〈25.10〉	4	18.50	4	〈26.35〉	4	〈26.10〉	4	〈24.80〉	4	〈24.50〉	4	〈24.00〉	17.73
		14	12.90	14	〈23.80〉	14	〈24.20〉	14	14.60	14	〈25.00〉	14	〈25.10〉	14	〈24.75〉	14	〈25.65〉	14	〈24.95〉	14	〈24.40〉	14	〈24.20〉	14	12.70	
		24	〈23.55〉	24	〈23.95〉	24	〈23.80〉	24		24	〈25.12〉	24	〈24.95〉	24	〈25.24〉	24	〈24.90〉	24	〈24.92〉	24	22.00	24	〈23.90〉	24	〈24.30〉	
	1991	4		4		4		4		4	〈25.00〉	4		4		4	14.30	4	〈25.00〉	4	14.40	4	〈29.70〉	4	〈25.70〉	14.56
		14		14		14		14		14	〈25.12〉	14		14	15.20	14	〈24.95〉	14	〈24.85〉	14	〈24.90〉	14	〈29.55〉	14	〈25.10〉	
		24		24		24		24	〈25.10〉	24	〈25.18〉	24	15.40	24	14.60	24	14.20	24	15.40	24	〈24.80〉	24	〈29.40〉	24	〈25.50〉	

续表

点号	年份	1月 日	1月 水位	2月 日	2月 水位	3月 日	3月 水位	4月 日	4月 水位	5月 日	5月 水位	6月 日	6月 水位	7月 日	7月 水位	8月 日	8月 水位	9月 日	9月 水位	10月 日	10月 水位	11月 日	11月 水位	12月 日	12月 水位	年平均
11	1992	4	⟨26.30⟩	4	15.70	4	⟨26.85⟩	4	⟨27.22⟩	4	⟨27.70⟩	4	16.05	4	⟨28.02⟩	4	⟨27.70⟩	4	⟨31.10⟩	4	⟨30.70⟩	4	⟨30.40⟩	4	⟨30.40⟩	15.94
		14	⟨26.60⟩	14	15.20	14	⟨27.10⟩	14	⟨27.30⟩	14	⟨27.90⟩	14	16.20	14	⟨27.70⟩	14	⟨27.40⟩	14	⟨30.95⟩	14	⟨30.45⟩	14	⟨30.25⟩	14	⟨30.38⟩	
		24	16.10	24	⟨26.70⟩	24	⟨27.15⟩	24	⟨27.60⟩	24	⟨28.02⟩	24	16.40	24	⟨27.80⟩	24	⟨26.95⟩	24	⟨30.89⟩	24	⟨30.58⟩	24	⟨30.34⟩	24	⟨30.45⟩	
	1993	4	⟨30.54⟩	4	⟨30.60⟩	4	⟨30.70⟩	4	⟨31.30⟩	4	⟨31.00⟩	4	⟨31.22⟩	4	⟨31.70⟩	4	14.80	4	⟨31.10⟩	4	⟨30.70⟩	4	⟨30.42⟩	4	⟨30.10⟩	15.00
		14	⟨30.60⟩	14	⟨30.35⟩	14	⟨31.12⟩	14	⟨30.65⟩	14	15.34	14	⟨31.40⟩	14	⟨31.78⟩	14	15.32	14	⟨31.10⟩	14	⟨30.70⟩	14	⟨30.36⟩	14	⟨30.05⟩	
		24	⟨30.68⟩	24	14.55	24	⟨31.44⟩	24	⟨30.70⟩	24	⟨31.13⟩	24	⟨31.56⟩	24	⟨31.92⟩	24	⟨31.65⟩	24	⟨30.70⟩	24	⟨30.54⟩	24	⟨30.10⟩	24	⟨30.00⟩	
	1994	4	⟨30.40⟩	4	⟨30.70⟩	4	⟨30.88⟩	4	⟨30.97⟩	4	⟨30.96⟩	4	⟨31.50⟩	4	⟨27.70⟩	4	⟨25.80⟩	4	23.70	4	13.90	4	⟨23.90⟩	4	13.75	17.86
		14	⟨30.82⟩	14	16.90	14	16.55	14	⟨30.95⟩	14	⟨30.67⟩	14	17.54	14	⟨32.20⟩	14	⟨17.36⟩	14	⟨26.20⟩	14	⟨19.50⟩	14	13.80	14	⟨24.30⟩	
		24	16.70	24	⟨30.85⟩	24	⟨31.00⟩	24	⟨30.83⟩	24	⟨30.82⟩	24	⟨31.48⟩	24	25.70	24	⟨24.70⟩	24	23.70	24	14.20	24	⟨23.50⟩	24	⟨23.80⟩	
	1995	5	13.80	5	13.80	5	14.00	5	14.20	5	14.20	5	14.30	5	17.00	5	⟨30.60⟩	5	17.30	5	⟨24.80⟩	5	⟨24.90⟩	5	17.50	15.19
		15	13.80	15	⟨21.00⟩	15	13.95	15	⟨22.90⟩	15	⟨21.40⟩	15	⟨20.60⟩	15	⟨31.40⟩	15	⟨31.40⟩	15	⟨23.20⟩	15	⟨23.85⟩	15	⟨24.30⟩	15	⟨24.40⟩	
		25	⟨23.50⟩	25	13.85	25	⟨22.10⟩	25	14.20	25	14.10	25	14.20	25	16.60	25	17.10	25	⟨23.90⟩	25	17.50	25	17.20	25	⟨24.80⟩	
	1996	5	17.35	5	17.40	5	17.48	5	16.61	5	16.65	5	⟨29.74⟩	5	⟨28.16⟩	5	⟨29.87⟩	5	⟨29.07⟩	5	16.86	5	16.91	5	16.85	16.95
		15	⟨23.60⟩	15	⟨24.00⟩	15	⟨24.34⟩	15	⟨23.83⟩	15	⟨30.95⟩	15	⟨29.58⟩	15	⟨29.03⟩	15	16.93	15	16.78	15	⟨29.75⟩	15	⟨25.56⟩	15	⟨28.02⟩	
		25	⟨23.75⟩	25	17.40	25	17.48	25	16.60	25	⟨29.74⟩	25	16.73	25	16.81	25	⟨29.18⟩	25	16.84	25	⟨28.93⟩	25	⟨28.73⟩	25	16.88	
	1997	5	⟨29.97⟩	5	14.89	5	⟨27.76⟩	5	⟨28.17⟩	5	⟨30.62⟩	5	15.67	5	⟨31.80⟩	5	⟨32.14⟩	5	⟨31.43⟩	5	⟨29.98⟩	5	⟨29.90⟩	5	⟨30.19⟩	14.98
		15	15.13	15	14.26	15	⟨25.55⟩	15	⟨28.63⟩	15	⟨31.20⟩	15	15.71	15	⟨31.92⟩	15	⟨32.25⟩	15	⟨30.77⟩	15	14.20	15	⟨29.89⟩	15	⟨29.96⟩	
		25	⟨30.26⟩	25	⟨28.70⟩	25	⟨28.00⟩	25	⟨29.57⟩	25	⟨31.51⟩	25	⟨31.88⟩	25	⟨32.03⟩	25	⟨31.70⟩	25	⟨30.24⟩	25	15.00	25	⟨30.01⟩	25	⟨30.11⟩	
	1998	5	⟨30.35⟩	5	⟨29.63⟩	5	⟨27.01⟩	5		5		5		5		5		5		5	10.90	5		5		10.90
		15	⟨30.88⟩	15	⟨29.76⟩	15	⟨26.45⟩	15	⟨24.63⟩	15	⟨25.32⟩	15	⟨25.07⟩	15	⟨24.70⟩	15	⟨24.13⟩	15	⟨23.45⟩	15	⟨24.60⟩	15	⟨22.33⟩	15	⟨24.05⟩	
		25	⟨29.93⟩	25	⟨27.52⟩	25	⟨25.81⟩	25	⟨25.56⟩	25	⟨25.02⟩	25	⟨24.15⟩	25	⟨24.75⟩	25	⟨24.79⟩	25	⟨24.64⟩	25	⟨13.32⟩	25	⟨24.22⟩	25	⟨24.85⟩	
	1999	5	⟨23.30⟩	5	⟨24.31⟩	5	⟨23.93⟩	5		5		4		4		4	⟨13.73⟩	4	⟨13.86⟩	4	⟨15.84⟩	4	13.82	4	14.42	
		15		15		15		15		15		14		14	⟨15.87⟩	14	⟨13.84⟩	14	⟨13.90⟩	14		14	14.39	14	⟨15.30⟩	
		25		25		25		25		25		24		24	⟨15.09⟩	24	⟨14.52⟩	24	⟨13.92⟩	24	13.90	24	14.52	24	⟨15.42⟩	
12	1990																									14.21

续表

点号	年份	日	1月 水位	日	2月 水位	日	3月 水位	日	4月 水位	日	5月 水位	日	6月 水位	日	7月 水位	日	8月 水位	日	9月 水位	日	10月 水位	日	11月 水位	日	12月 水位	年平均
12	1991	4	13.82	4	14.12	4	13.87	4	17.60	4	17.77	4	18.17	4	19.00	4	19.02	4	18.52	4	17.42	4	17.22	4	18.02	17.25
		14	14.32	14	14.02	14	13.92	14	17.64	14	18.27	14	18.12	14	19.32	14	18.92	14	18.12	14	17.12	14	17.92	14	18.72	
		24	14.23	24	13.92	24	17.38	24	17.92	24	〈20.38〉	24	〈20.44〉	24	19.57	24	18.87	24	17.92	24	18.92	24	17.87	24	18.92	
	1992	4	19.32	4	19.92	4	20.62	4	20.92	4	21.22	4	21.34	4	21.37	4	21.99	4	19.50	4	19.47	4	19.48	4	19.72	20.28
		14	19.52	14	20.02	14	20.57	14	21.07	14	21.34	14	21.37	14	〈23.12〉	14	21.16	14	19.16	14	19.32	14	19.59	14	19.78	
		24	19.82	24	20.22	24	20.62	24	21.16	24	21.42	24	〈25.92〉	24	〈22.97〉	24	19.92	24	19.30	24	19.36	24	19.62	24	19.92	
	1993	4	20.92	4	21.32	4	22.12	4	23.32	4	23.76	4	23.82	4	〈24.42〉	4	21.32	4	20.93	4	20.98	4	21.12	4	21.06	21.92
		14	21.12	14	21.52	14	22.57	14	23.67	14	〈25.40〉	14	24.07	14	21.46	14	20.92	14	21.00	14	21.10	14	21.10	14	20.98	
		24	21.20	24	21.92	24	22.78	24	23.52	24	23.79	24	24.34	24	21.56	24	20.92	24	21.04	24	21.17	24	〈22.37〉	24	20.92	
	1994	4	21.12	4	21.54	4	21.76	4	〈24.02〉	4	〈23.70〉	4	22.60	4	〈26.62〉	4	〈24.87〉	4	20.77	4	〈23.62〉	4	〈21.82〉	4	〈22.42〉	21.35
		14	21.27	14	21.62	14	21.92	14	〈23.79〉	14	〈23.61〉	14	22.67	14	〈24.87〉	14	21.62	14	20.52	14	20.98	14	〈23.62〉	14	〈23.02〉	
		24	21.44	24	21.74	24	〈24.07〉	24	〈23.78〉	24	〈23.57〉	24	22.74	24	21.62	24	21.82	24	20.42	24	20.77	24	19.62	24	19.72	
	1995	5	19.87	5	〈23.52〉	5	20.42	5	20.42	5	〈26.22〉	5	24.72	5	25.97	5	25.22	5	〈24.52〉	5	〈26.42〉	5	20.42	5	〈25.52〉	22.54
		15	〈22.57〉	15	19.87	15	〈24.12〉	15	〈26.02〉	15	24.79	15	〈27.02〉	15	25.82	15	25.72	15	21.52	15	20.42	15	〈24.92〉	15	〈25.12〉	
		25	〈23.02〉	25	〈24.07〉	25	20.42	25	〈28.68〉	25	24.52	25	24.52	25	〈27.72〉	25	〈28.02〉	25	〈27.82〉	25	20.42	25	〈25.32〉	25	20.72	
	1996	5	〈26.52〉	5	22.22	5	〈29.15〉	5	23.34	5	〈27.84〉	5	18.88	5	15.96	5	〈28.47〉	5	17.15	5	16.99	5	16.98	5	17.03	19.46
		15	22.12	15	22.27	15	23.48	15	23.36	15	〈28.23〉	15	19.23	15	15.25	15	〈28.99〉	15	〈27.58〉	15	〈26.56〉	15	〈25.60〉	15	16.99	
		25	21.87	25	〈26.72〉	25	23.43	25	20.88	25	23.33	25	〈27.37〉	25	〈28.24〉	25	17.13	25	17.09	25	16.99	25	16.98	25	〈27.24〉	
	1997	5	19.11	5	19.77	5	〈22.02〉	5	〈22.66〉	5	〈23.57〉	5	20.18	5	〈21.61〉	5	〈20.67〉	5	〈21.02〉	5	〈20.70〉	5	18.74	5	〈21.22〉	19.66
		15	19.43	15	19.87	15	〈22.40〉	15	21.05	15	〈21.54〉	15	20.14	15	〈21.52〉	15	〈20.70〉	15	〈20.79〉	15	18.65	15	〈21.00〉	15	19.01	
		25	〈22.10〉	25	20.04	25	〈22.74〉	25	21.08	25	〈21.76〉	25	20.31	25	〈21.11〉	25	〈19.26〉	25	18.82	25	〈20.89〉	25	18.83	25	〈21.74〉	
	1998	5	〈22.17〉	5	〈20.14〉	5	20.43	5	21.08	5	21.47	5	23.19	5	20.53	5	〈20.03〉	5	16.74	5	16.11	5	〈17.40〉	5	〈17.81〉	20.14
		15	〈21.80〉	15	20.27	15	20.59	15		15		15		15		15		15		15		15		15		
		25		25	20.40	25	20.72	25		25		25		25		25		25		25		25		25		
	1999	15	18.21	15	18.53	15	19.05	15	19.15	15	〈20.72〉	15	〈20.61〉	15	〈20.02〉	15	〈19.64〉	15	18.35	15	18.65	15	〈18.76〉	15	19.08	18.72

第四章 汉中市

续表

点号	年份	1月 日	1月 水位	2月 日	2月 水位	3月 日	3月 水位	4月 日	4月 水位	5月 日	5月 水位	6月 日	6月 水位	7月 日	7月 水位	8月 日	8月 水位	9月 日	9月 水位	10月 日	10月 水位	11月 日	11月 水位	12月 日	12月 水位	年平均
13	1990	4		4		4		4		4		4		4		4	〈10.10〉	4	〈10.33〉	4	〈10.24〉	4	〈11.12〉	4	〈11.30〉	9.40
		14	〈12.65〉	14		14		14		14		14		14	〈11.35〉	14	〈10.35〉	14	〈14.40〉	14	〈10.40〉	14	〈11.00〉	14	〈11.50〉	
		24		24		24		24		24		24		24	〈10.61〉	24	〈14.40〉	24	〈14.47〉	24	9.40	24	〈10.80〉	24	9.40	
	1991	4	〈12.65〉	4	〈12.40〉	4	〈11.92〉	4	〈13.15〉	4	〈13.20〉	4		4	〈11.40〉	4	〈12.20〉	4	〈12.30〉	4	〈12.20〉	4	〈12.80〉	4	〈12.20〉	10.99
		14	〈11.38〉	14	〈12.28〉	14	〈12.00〉	14	〈13.00〉	14	〈13.15〉	14	〈13.26〉	14	〈13.14〉	14	11.05	14	11.20	14	〈12.20〉	14	10.90	14	〈12.60〉	
		24	〈11.54〉	24	〈12.20〉	24	〈12.10〉	24	〈13.30〉	24	〈13.30〉	24	〈13.20〉	24	〈13.14〉	24	〈12.40〉	24	〈12.50〉	24	10.80	24	〈12.45〉	24	〈12.75〉	
	1992	4	〈12.80〉	4	11.00	4	〈13.00〉	4	〈13.00〉	4	11.30	4	11.30	4	11.54	4	〈12.45〉	4	〈10.83〉	4	〈11.35〉	4	〈12.20〉	4	〈12.42〉	10.80
		14	〈12.90〉	14	〈13.00〉	14	〈12.78〉	14	11.20	14	〈13.20〉	14	〈13.25〉	14	10.25	14	9.00	14	〈11.00〉	14	〈11.30〉	14	〈12.15〉	14	〈12.50〉	
		24	10.90	24	〈13.05〉	24	〈12.90〉	24	〈13.06〉	24	〈13.20〉	24	〈13.30〉	24	〈12.20〉	24	〈10.64〉	24	〈11.30〉	24	〈11.38〉	24	〈12.30〉	24	〈12.57〉	
	1993	4	〈12.63〉	4	〈12.96〉	4	〈13.54〉	4	〈14.20〉	4	〈14.20〉	4	〈14.65〉	4	〈14.10〉	4	〈12.80〉	4	〈12.20〉	4	〈11.74〉	4	〈12.34〉	4	〈12.88〉	11.39
		14	〈12.78〉	14	〈13.14〉	14	〈13.70〉	14	11.72	14	〈14.44〉	14	〈14.72〉	14	〈13.57〉	14	〈11.94〉	14	〈12.00〉	14	〈11.92〉	14	〈12.66〉	14	〈13.02〉	
		24	11.30	24	11.05	24	〈13.93〉	24	〈14.10〉	24	〈14.62〉	24	11.63	24	〈13.72〉	24	〈12.25〉	24	〈11.63〉	24	〈12.06〉	24	〈12.80〉	24	〈13.20〉	
	1994	4	10.82	4	〈13.32〉	4	〈13.58〉	4	〈14.32〉	4	〈14.16〉	4	〈14.50〉	4	10.80	4	9.80	4	9.20	4	8.95	4	8.90	4	8.87	9.69
		14	〈13.90〉	14	〈13.92〉	14	〈13.92〉	14	〈14.15〉	14	〈14.07〉	14	〈14.61〉	14	11.30	14	9.50	14	〈14.20〉	14	8.90	14	8.88	14	8.87	
		24	10.90	24	10.90	24	〈14.25〉	24	〈14.18〉	24	〈14.20〉	24	〈14.63〉	24	11.50	24	9.20	24	〈13.70〉	24	8.85	24	8.88	24	8.87	
	1995	5	10.25	5	11.17	5	10.45	5	11.10	5	11.15	5	11.15	5	11.10	5	9.65	5	8.35	5	8.40	5	8.90	5	8.50	10.01
		15	10.25	15	10.45	15	10.50	15	11.10	15	11.10	15	11.87	15	11.00	15	9.60	15	8.35	15	8.80	15	〈9.25〉	15	8.50	
		25	10.25	25	10.50	25	10.55	25	11.10	25	〈13.95〉	25	11.20	25	11.00	25	9.60	25	8.35	25	8.40	25	8.50	25	8.50	
	1996	5	9.55	5	9.60	5	10.12	5	10.12	5	10.82	5	10.71	5	10.70	5	10.69	5	10.68	5	9.10	5	9.05	5	9.06	9.99
		15	9.55	15	9.60	15	10.15	15	10.08	15	10.82	15	10.71	15	10.69	15	10.73	15	10.56	15	9.08	15	9.05	15	9.06	
		25	9.55	25	9.60	25	10.15	25	10.09	25	11.53	25	10.74	25	10.73	25	10.73	25	10.56	25	9.07	25	9.05	25	9.08	
	1997	5	9.88	5	10.17	5	10.67	5	11.20	5	11.45	5	11.51	5	10.23	5	9.21	5	9.02	5	9.49	5	9.77	5	9.97	10.24
		15	10.01	15	10.29	15	10.35	15	11.30	15	11.45	15	11.36	15	10.18	15	9.17	15	9.11	15	9.63	15	9.81	15	10.21	
		25	10.09	25	10.49	25	10.09	25	11.47	25	11.33	25	11.48	25	10.08	25	9.02	25	9.24	25	9.71	25	9.80	25	10.47	

续表

点号	年份	1月 日	1月 水位	2月 日	2月 水位	3月 日	3月 水位	4月 日	4月 水位	5月 日	5月 水位	6月 日	6月 水位	7月 日	7月 水位	8月 日	8月 水位	9月 日	9月 水位	10月 日	10月 水位	11月 日	11月 水位	12月 日	12月 水位	年平均
13	1998	5	10.87	5	10.94	5	11.32	5	11.88	5	12.10	5	11.69	5	10.56	5	9.63	5	8.28	5	8.97	5	9.56	5	10.19	10.51
		15	11.02	15	11.06	15	11.64	15	12.00	15	12.30	15	11.20	15	9.84	15	9.10	15	8.45	15	9.26	15	9.84	15	10.47	
		25	10.99	25	11.24	25	11.73	25	12.13	25	12.05	25	10.72	25	9.72	25	8.60	25	8.65	25	9.56	25	10.08	25	10.64	
	1999	5	10.81	5	11.56	5	11.77	5	12.31	5	12.58	5	12.58	5	11.43	5	10.91	5	9.68	5	10.12	5	10.52	5	10.88	11.30
		15	11.01	15	11.58	15	12.01	15	12.39	15	12.63	15	12.38	15	11.18	15	10.34	15	9.91	15	10.21	15	10.70	15	11.08	
		25	11.23	25	12.59	25	11.99	25	12.51	25	12.71	25	11.86	25	10.97	25	10.16	25	10.09	25	10.29	25	10.76	25	11.17	
14	1990	4	18.99	4	19.01	4	〈18.79〉	4		4		4		4	18.54	4	17.77	4	17.39	4	18.08	4	14.28	4	18.99	17.54
		14	18.74	14	18.94	14	18.69	14		14		14		14	11.35	14	17.44	14	18.29	14	18.58	14	14.28	14	19.39	
		24	19.37	24	〈18.81〉	24	20.54	24		24		24		24	19.63	24	18.69	24	18.29	24	17.87	24	19.39	24	19.50	
	1991	4	20.36	4	20.59	4	20.79	4	20.59	4	20.69	4	20.69	4	20.04	4	18.99	4	18.64	4	18.94	4	19.44	4	19.89	19.64
		14	20.44	14	20.69	14	20.69	14	20.63	14	20.63	14	20.63	14	19.79	14	18.59	14	18.79	14	19.49	14	19.39	14	〈20.21〉	
		24	20.54	24	20.74	24	20.99	24	20.79	24	20.79	24	20.72	24	21.29	24	18.44	24	18.99	24	19.29	24	19.69	24	〈20.29〉	
	1992	4	19.51	4	19.79	4	20.30	4	21.04	4	21.15	4	21.17	4	19.79	4	19.99	4	〈22.79〉	4	〈23.09〉	4	18.79	4	19.61	20.50
		14	19.44	14	20.09	14	20.74	14	21.05	14	21.19	14	21.19	14	19.79	14	〈22.94〉	14	〈22.89〉	14	〈23.17〉	14	19.66	14	19.69	
		24	19.39	24	20.14	24	21.01	24	21.09	24	21.24	24	21.24	24	19.79	24	〈22.71〉	24	〈22.94〉	24	〈23.24〉	24	19.69	24	19.64	
	1993	4	20.44	4	20.59	4	20.95	4	21.13	4	22.29	4	22.79	4	20.79	4	20.24	4	19.79	4	19.91	4	19.95	4	20.04	20.58
		14	20.39	14	20.61	14	21.09	14	21.26	14	22.62	14	22.65	14	20.41	14	19.89	14	19.59	14	20.09	14	19.99	14	20.10	
		24	20.52	24	20.79	24	21.21	24	21.31	24	22.79	24	22.59	24	20.79	24	19.79	24	19.39	24	20.03	24	20.01	24	20.26	
	1994	4	20.44	4	20.69	4	20.95	4	21.22	4	21.15	4	21.69	4	〈20.79〉	4	〈34.79〉	4	〈40.79〉	4	43.79	4	〈43.79〉	4	〈38.39〉	22.08
		14	20.39	14	20.61	14	21.09	14	21.23	14	21.14	14	21.84	14	18.79	14	〈34.49〉	14	〈46.79〉	14	〈47.29〉	14	〈45.79〉	14	〈37.89〉	
		24	20.52	24	20.79	24	21.21	24	21.14	24	21.21	24	21.89	24	〈22.79〉	24	〈37.79〉	24	〈47.79〉	24	〈47.89〉	24	〈41.79〉	24	〈38.94〉	
	1995	5	〈38.49〉	5	〈45.39〉	5	21.04	5	33.79	5	34.29	5	〈40.99〉	5	〈40.59〉	5	28.89	5	〈37.29〉	5	29.29	5	〈38.49〉	5	〈39.19〉	28.70
		15	17.79	15	〈47.79〉	15	21.19	15	33.89	15	〈39.49〉	15	〈40.59〉	15	34.70	15	29.84	15	28.79	15	29.19	15	29.19	15	29.49	
		25	〈37.69〉	25	20.69	25	〈42.29〉	25	〈43.09〉	25	〈40.29〉	25	34.39	25	31.49	25	29.84	25	〈36.59〉	25	29.19	25	〈37.69〉	25	〈38.74〉	

续表

点号	年份	1月 日	1月 水位	2月 日	2月 水位	3月 日	3月 水位	4月 日	4月 水位	5月 日	5月 水位	6月 日	6月 水位	7月 日	7月 水位	8月 日	8月 水位	9月 日	9月 水位	10月 日	10月 水位	11月 日	11月 水位	12月 日	12月 水位	年平均
14	1996	5	〈28.74〉	5	〈23.39〉	5	〈29.21〉	5	〈28.56〉	5	20.86	5	〈26.82〉	5	〈26.95〉	5	〈28.21〉	5	〈28.82〉	5	〈28.15〉	5	21.41	5	〈29.20〉	
		15	〈37.69〉	15	〈21.94〉	15	21.57	15	21.44	15	〈25.55〉	15	〈23.61〉	15	〈25.20〉	15	〈29.15〉	15	20.80	15	〈26.53〉	15	〈28.87〉	15	21.45	21.16
		25	〈39.19〉	25	〈22.69〉	25	21.60	25	〈28.80〉	25	〈28.71〉	25	20.84	25	〈28.30〉	25	20.86	25	〈28.55〉	25	20.75	25	〈29.96〉	25	〈30.51〉	
	1997	5	〈23.53〉	5	〈23.80〉	5	〈21.20〉	5	〈22.91〉	5	21.55	5	21.60	5	21.19	5	20.99	5	20.26	5	〈23.70〉	5	〈23.68〉	5	〈23.71〉	
		15	20.59	15	20.61	15	〈22.40〉	15	〈23.47〉	15	〈23.69〉	15	21.45	15	21.13	15	20.97	15	20.43	15	20.95	15	21.07	15	21.32	21.04
		25	20.70	25	〈22.70〉	25	〈23.60〉	25	〈23.13〉	25	21.49	25	〈23.78〉	25	21.09	25	〈23.66〉	25	〈23.21〉	25	20.90	25	〈23.57〉	25	21.52	
	1998	5	〈24.23〉	5	21.09	5	〈25.11〉	5		5		5	〈35.72〉	5	〈25.01〉	5	21.13	5	〈22.81〉	5	20.80	5	20.93	5	〈23.13〉	
		15	〈24.35〉	15	21.16	15	22.32	15	〈25.38〉	15	22.72	15		15	〈25.47〉	15	21.36	15	〈23.87〉	15	〈24.44〉	15	〈24.82〉	15	〈24.93〉	21.50
		25	21.15	25	21.25	25	22.46	25	〈23.13〉	25	〈26.62〉	25	〈26.57〉	25		25		25		25		25		25		
	1999	15	〈25.07〉	15	〈25.41〉	15	〈23.00〉	15	〈26.43〉	15		15		15		15	23.12	15	〈28.18〉	15	〈27.97〉	15	〈28.74〉	15	23.14	21.36
15	1990	4		4		4	〈24.57〉	4	〈24.57〉	4	〈27.37〉	4	〈28.07〉	4	〈22.82〉	4	〈28.22〉	4	〈28.44〉	4	22.14	4	22.94	4	〈23.44〉	
		14	〈23.41〉	14	22.52	14	〈24.77〉	14	〈28.37〉	14	22.97	14	〈28.03〉	14	〈27.89〉	14	〈27.57〉	14	〈27.80〉	14	22.64	14	23.07	14	〈23.57〉	22.84
		24		24		24	23.13	24	28.43	24	〈27.67〉	24	22.78	24	〈29.52〉	24	〈29.17〉	24	〈29.32〉	24	25.57	24	25.12	24	24.57	
	1991	4	〈23.44〉	4	〈23.57〉	4	25.42	4	〈28.37〉	4	20.77	4	〈30.62〉	4	〈29.27〉	4	〈29.07〉	4	〈29.57〉	4	25.27	4	〈29.82〉	4	〈30.02〉	
		14	〈23.67〉	14	〈24.61〉	14	〈28.15〉	14	28.43	14	〈30.89〉	14	〈28.03〉	14	23.67	14	〈29.37〉	14	〈29.57〉	14	〈29.87〉	14	〈29.97〉	14	24.81	24.44
		24	〈29.97〉	24	25.07	24	26.22	24	25.57	24	〈30.87〉	24	〈30.67〉	24	〈30.07〉	24	〈28.15〉	24	〈29.97〉	24	〈27.47〉	24	〈27.51〉	24	〈27.67〉	
	1992	4	〈29.94〉	4	〈30.37〉	4	〈30.67〉	4	〈30.82〉	4	〈30.89〉	4	〈30.67〉	4	〈28.57〉	4	〈27.97〉	4	〈27.57〉	4	〈27.57〉	4	〈27.62〉	4	25.57	
		14	〈30.02〉	14	〈30.57〉	14	〈30.67〉	14	〈30.67〉	14	〈30.87〉	14	〈30.57〉	14	〈28.42〉	14	〈26.97〉	14	〈27.27〉	14	〈27.37〉	14	〈27.37〉	14	25.62	24.89
		24	〈27.35〉	24	〈27.57〉	24	〈27.97〉	24	〈30.39〉	24	〈31.42〉	24	〈31.87〉	24	29.07	24	〈32.47〉	24	〈32.12〉	24	〈31.57〉	24	27.03	24	26.69	
	1993	4	〈27.27〉	4	〈27.52〉	4	〈28.15〉	4	〈30.57〉	4	〈31.54〉	4	〈32.14〉	4	29.43	4	〈32.30〉	4	〈32.05〉	4	27.77	4	〈30.22〉	4	27.07	
		14	25.39	14	25.97	14	〈28.27〉	14	〈31.19〉	14	〈31.67〉	14	〈32.37〉	14	29.57	14	〈32.17〉	14	〈31.97〉	14	27.51	14	〈30.05〉	14	26.51	27.46
		24	27.57	24	〈30.57〉	24	〈31.27〉	24	〈31.54〉	24	〈31.77〉	24	〈31.82〉	24	〈32.57〉	24	30.07	24	27.87	24	28.27	24	〈33.17〉	24	〈32.17〉	
	1994	4	〈29.99〉	4	〈30.77〉	4	〈31.52〉	4	〈31.53〉	4	〈31.75〉	4	〈31.87〉	4	〈31.57〉	4	〈31.57〉	4	〈31.57〉	4	〈32.57〉	4	27.67	4	〈31.17〉	
		14	28.22	14	〈31.02〉	14	〈31.67〉	14	〈31.69〉	14	〈31.72〉	14	〈31.82〉	14	〈30.57〉	14	27.07	14	〈30.57〉	14	〈29.97〉	14	〈35.97〉	14	〈27.57〉	28.11

续表

点号	年份	1月 日	1月 水位	2月 日	2月 水位	3月 日	3月 水位	4月 日	4月 水位	5月 日	5月 水位	6月 日	6月 水位	7月 日	7月 水位	8月 日	8月 水位	9月 日	9月 水位	10月 日	10月 水位	11月 日	11月 水位	12月 日	12月 水位	年平均
15	1995	5	⟨32.17⟩	5	28.17	5	27.57	5	29.57	5	29.37	5	29.37	5	30.37	5	⟨31.92⟩	5	28.67	5	⟨31.97⟩	5	⟨30.67⟩	5	⟨31.67⟩	28.95
		15	28.12	15	⟨28.57⟩	15	28.37	15	⟨35.17⟩	15	29.22	15	29.37	15	30.07	15	29.47	15	⟨31.07⟩	15	28.62	15	⟨30.07⟩	15	⟨30.37⟩	
		25	⟨33.17⟩	25	⟨29.27⟩	25	⟨33.37⟩	25	⟨34.67⟩	25	⟨34.77⟩	25	⟨34.97⟩	25	29.77	25	29.57	25	28.27	25	28.67	25	28.27	25	28.17	
	1996	5	⟨31.27⟩	5	⟨30.77⟩	5	⟨32.82⟩	5	29.32	5	29.22	5	29.36	5	29.65	5	29.69	5	29.68	5	29.65	5	29.62	5	29.61	29.25
		15	27.37	15	27.12	15	29.52	15	29.32	15	29.21	15	29.70	15	29.69	15	29.70	15	29.67	15	⟨35.80⟩	15	29.61	15	29.64	
		25	27.22	25	27.17	25	⟨32.33⟩	25	29.28	25	29.21	25	29.68	25	29.72	25	29.69	25	29.65	25	29.63	25	29.62	25	29.64	
	1997	6	26.69	6	⟨29.10⟩	6	⟨30.79⟩	6	29.45	6	⟨31.70⟩	6	29.42	6	⟨29.78⟩	6	⟨29.58⟩	6	28.35	6	⟨30.97⟩	6	⟨30.45⟩	6	⟨29.91⟩	28.43
		16	26.58	16	⟨30.03⟩	16	⟨28.55⟩	16	29.63	16	29.60	16	29.50	16	⟨29.86⟩	16	28.71	16	⟨30.29⟩	16	⟨30.27⟩	16	⟨29.83⟩	16	27.47	
		26	⟨29.68⟩	26	⟨31.40⟩	26	⟨29.85⟩	26	⟨31.51⟩	26	⟨31.36⟩	26	⟨31.65⟩	26	⟨29.68⟩	26	28.47	26	⟨31.17⟩	26	⟨30.01⟩	26	⟨30.17⟩	26	27.26	
16	1990	4		4		4	23.68	4	26.38	4	26.88	4	27.18	4		4	23.55	4	23.20	4	23.07	4	⟨26.28⟩	4	⟨26.28⟩	23.52
		14	⟨28.13⟩	14	26.08	14	⟨27.88⟩	14	⟨28.30⟩	14	⟨28.38⟩	14	27.30	14	22.87	14	23.72	14	23.18	14	23.27	14	25.50	14	⟨27.16⟩	
		24	⟨28.18⟩	24	26.38	24	23.88	24	26.73	24	26.88	24	27.48	24	⟨26.82⟩	24	22.87	24	23.24	24	24.26	24	⟨26.68⟩	24	⟨27.28⟩	
	1991	4	⟨25.76⟩	4	⟨26.68⟩	4	⟨27.58⟩	4	⟨27.34⟩	4	⟨27.42⟩	4	⟨27.25⟩	4	25.38	4	25.28	4	⟨27.88⟩	4	⟨27.87⟩	4	⟨27.55⟩	4	25.07	25.75
		14	⟨26.72⟩	14	⟨26.88⟩	14	⟨27.68⟩	14	27.36	14	⟨27.48⟩	14	⟨27.70⟩	14	⟨28.00⟩	14	⟨27.68⟩	14	25.38	14	⟨27.85⟩	14	⟨28.17⟩	14	⟨28.04⟩	
		24	⟨27.08⟩	24	⟨27.38⟩	24	27.43	24	⟨27.43⟩	24	⟨27.46⟩	24	⟨28.28⟩	24	⟨27.82⟩	24	25.53	24	25.82	24	⟨27.65⟩	24	24.92	24	25.37	
	1992	4	19.00	4	⟨21.40⟩	4	20.07	4	21.10	4	26.88	4	22.86	4	26.58	4	21.88	4	21.00	4	20.70	4	20.70	4	20.80	23.54
		14	18.85	14	⟨21.68⟩	14	20.30	14	21.46	14	⟨28.58⟩	14	27.30	14	26.24	14	21.73	14	20.97	14	20.50	14	20.68	14	20.87	
		24	18.80	24	⟨22.00⟩	24	⟨23.10⟩	24	22.00	24	⟨24.93⟩	24	27.48	24	26.23	24	21.38	24	21.07	24	21.00	24	20.85	24	20.92	
	1993	4	⟨29.73⟩	4	⟨29.98⟩	4	27.73	4	⟨30.51⟩	4	22.40	4	23.06	4	24.25	4	25.21	4	24.00	4	24.00	4	25.60	4	25.35	22.83
		14	⟨29.88⟩	14	27.12	14	27.88	14	⟨31.53⟩	14	22.66	14	23.40	14	25.00	14	25.06	14	⟨29.95⟩	14	⟨29.10⟩	14	⟨30.72⟩	14	⟨29.40⟩	
		24	26.83	24	⟨30.03⟩	24	⟨30.53⟩	24	⟨31.46⟩	24	⟨31.38⟩	24	⟨30.88⟩	24	⟨31.20⟩	24	⟨31.15⟩	24	⟨28.00⟩	24	⟨29.24⟩	24	25.52	24	25.10	
	1994	4		4		4		4		4	⟨31.94⟩	4	⟨31.03⟩	4	⟨32.18⟩	4	⟨32.70⟩	4	26.50	4	⟨28.88⟩	4	⟨22.53⟩	4	⟨27.98⟩	25.32
		14		14		14		14		14	⟨31.94⟩	14	⟨31.03⟩	14	26.88	14	27.05	14	26.50	14	⟨30.00⟩	14	22.88	14	⟨27.18⟩	
		24		24		24		24		24	⟨30.00⟩	24	⟨30.98⟩	24	26.98	24	⟨29.08⟩	24	⟨28.00⟩	24	26.88	24	18.58	24	18.48	

第四章 汉中市

续表

点号	年份	1月 日	1月 水位	2月 日	2月 水位	3月 日	3月 水位	4月 日	4月 水位	5月 日	5月 水位	6月 日	6月 水位	7月 日	7月 水位	8月 日	8月 水位	9月 日	9月 水位	10月 日	10月 水位	11月 日	11月 水位	12月 日	12月 水位	年平均
16	1995	5	〈29.20〉	5	19.40	5	〈28.80〉	5	29.00	5	29.10	5	29.00	5	〈36.40〉	5	〈31.45〉	5	26.20	5	26.40	5	〈29.40〉	5	〈28.50〉	26.92
		15	〈28.60〉	15	〈27.65〉	15	〈28.60〉	15	〈34.50〉	15	〈36.80〉	15	〈36.10〉	15	29.10	15	29.05	15	〈28.15〉	15	〈29.40〉	15	26.30	15	26.10	
		25	19.30	25	〈30.70〉	25	〈32.60〉	25	〈28.80〉	25	29.00	25	29.10	25	29.10	25	29.00	25	〈28.30〉	25	26.35	25	26.15	25	〈29.30〉	
	1996	5	26.00	5	26.05	5	〈30.44〉	5	28.94	5	28.89	5	〈31.77〉	5	〈31.22〉	5	〈29.97〉	5	27.82	5	〈29.03〉	5	27.81	5	〈29.51〉	27.61
		15	〈28.30〉	15	〈27.70〉	15	〈30.47〉	15	〈31.67〉	15	〈30.91〉	15	27.74	15	〈29.94〉	15	27.64	15	〈31.46〉	15	〈28.39〉	15	〈29.33〉	15	〈30.14〉	
		25	26.05	25	〈28.40〉	25	〈31.25〉	25	28.88	25	〈31.62〉	25	〈30.96〉	25	27.72	25	〈31.01〉	25	27.79	25	〈28.47〉	25	〈30.76〉	25	〈27.43〉	
	1997	5	〈27.90〉	5	27.21	5	〈28.10〉	5	〈29.51〉	5	〈30.50〉	5	〈31.04〉	5	〈30.44〉	5	〈30.00〉	5	〈29.84〉	5	〈28.12〉	5	〈29.61〉	5	〈28.87〉	27.14
		15	〈28.30〉	15	27.25	15	26.96	15	〈29.89〉	15	〈31.85〉	15	〈31.56〉	15	〈30.15〉	15	〈30.16〉	15	〈29.65〉	15	〈28.01〉	15	〈29.15〉	15	〈29.12〉	
		25	〈30.40〉	25	〈29.92〉	25	〈29.92〉	25	〈29.62〉	25	〈31.77〉	25	〈30.93〉	25	〈31.24〉	25	〈30.41〉	25	〈28.36〉	25	〈29.84〉	25	〈28.63〉	25	〈29.98〉	
17	1990	4	23.93	4	22.93	4		4		4		4		4	21.00	4	〈22.96〉	4	〈23.20〉	4	〈23.10〉	4	〈22.73〉	4	〈22.93〉	20.14
		14	〈24.14〉	14	〈24.13〉	14	〈23.93〉	14	21.73	14	21.83	14	〈24.77〉	14	19.84	14	〈23.18〉	14	〈23.04〉	14	〈23.23〉	14	19.36	14	〈23.01〉	
		24	〈24.23〉	24	〈23.99〉	24	〈24.23〉	24	22.01	24	22.28	24	〈24.81〉	24	〈25.93〉	24	〈22.93〉	24	〈23.10〉	24	20.36	24	〈23.03〉	24	〈23.13〉	
	1991	4	〈23.38〉	4	〈23.83〉	4	〈25.03〉	4	21.87	4	22.06	4	22.61	4	〈25.83〉	4	22.53	4	〈25.73〉	4	〈26.03〉	4	22.13	4	22.13	22.22
		14	23.93	14	22.93	14	〈25.08〉	14	〈25.51〉	14	〈25.68〉	14	〈26.13〉	14	22.43	14	〈25.93〉	14	〈25.88〉	14	〈25.93〉	14	〈25.53〉	14	22.18	
		24	〈25.93〉	24	〈25.18〉	24	〈25.18〉	24	〈25.97〉	24	〈25.71〉	24	〈26.38〉	24	24.35	24	22.43	24	〈25.93〉	24	〈25.93〉	24	22.13	24	22.16	
	1992	4	22.53	4	22.93	4	〈25.33〉	4	〈25.65〉	4	〈25.85〉	4	〈26.53〉	4	〈26.81〉	4	24.33	4	〈25.93〉	4	〈26.23〉	4	〈26.11〉	4	〈26.33〉	23.57
		14	22.33	14	〈26.25〉	14	〈25.23〉	14	〈26.23〉	14	24.93	14	〈27.05〉	14	24.35	14	23.98	14	〈26.18〉	14	〈26.03〉	14	23.17	14	〈26.45〉	
		24	21.93	24	〈26.36〉	24	〈25.93〉	24	23.58	24	25.61	24	〈27.13〉	24	25.23	24	24.75	24	〈26.37〉	24	23.30	24	23.17	24	23.88	
	1993	4	〈26.03〉	4	22.63	4	23.31	4	23.43	4	〈26.93〉	4	25.93	4	24.93	4	24.63	4	〈26.75〉	4	24.09	4	24.19	4	22.49	23.87
		14	〈26.83〉	14	22.44	14	22.28	14	22.57	14	22.58	14	〈27.35〉	14	〈27.35〉	14	〈27.35〉	14	24.03	14	〈27.03〉	14	〈26.93〉	14	〈26.98〉	
		24	〈26.91〉	24	〈26.93〉	24	22.47	24	23.05	24	22.56	24	23.38	24	23.93	24	23.43	24	23.79	24	24.41	24	22.66	24	22.35	
	1994	4	22.33	4	22.44	4	22.28	4	22.57	4	22.58	4	〈27.35〉	4	〈27.35〉	4	〈23.93〉	4	25.93	4	〈25.53〉	4	〈25.63〉	4	〈25.63〉	23.14
		14	〈26.91〉	14	〈26.93〉	14	22.47	14	23.05	14	22.56	14	23.38	14	24.03	14	〈23.93〉	14	22.93	14	23.53	14	23.13	14	23.13	
		24	22.48	24	〈26.85〉	24	22.56	24	22.57	24	22.45	24	〈27.53〉	24	24.03	24	23.20	24	〈25.73〉	24	23.48	24	23.13	24	23.13	

续表

点号	年份	1月 日	1月 水位	2月 日	2月 水位	3月 日	3月 水位	4月 日	4月 水位	5月 日	5月 水位	6月 日	6月 水位	7月 日	7月 水位	8月 日	8月 水位	9月 日	9月 水位	10月 日	10月 水位	11月 日	11月 水位	12月 日	12月 水位	年平均
17	1995	5	〈26.03〉	5	22.68	5	22.73	5	23.13	5	23.08	5	23.33	5	23.43	5	〈27.33〉	5	〈28.13〉	5	〈28.03〉	5	〈27.03〉	5	〈27.03〉	23.28
		15	22.63	15	〈25.13〉	15	22.83	15	〈26.03〉	15	23.78	15	23.63	15	〈27.23〉	15	〈27.23〉	15	24.38	15	24.08	15	〈25.93〉	15	〈25.73〉	
		25	22.68	25	〈26.23〉	25	22.83	25	22.93	25	23.83	25	23.53	25	23.03	25	22.98	25	〈26.83〉	25	24.08	25	〈27.33〉	25	〈26.83〉	
	1996	5	〈25.33〉	5	22.85	5	22.94	5	〈26.91〉	5	〈26.77〉	5	23.73	5	23.79	5	23.62	5	〈26.34〉	5	23.54	5	23.56	5	23.57	23.38
		15	22.68	15	22.93	15	〈27.49〉	15	23.46	15	23.76	15	〈26.66〉	15	〈28.36〉	15	〈25.89〉	15	23.58	15	23.54	15	23.55	15	〈28.70〉	
		25	22.43	25	22.88	25	22.94	25	23.20	25	23.69	25	〈26.97〉	25	24.10	25	23.64	25	23.56	25	23.50	25	〈28.01〉	25	23.57	
	1997	5	21.60	5	21.63	5	21.67	5	22.04	5	22.56	5	22.32	5	22.17	5	22.47	5	22.40	5	21.91	5	21.84	5	21.45	22.01
		15	21.73	15	21.69	15	21.90	15	22.28	15	22.21	15	22.34	15	22.13	15	22.29	15	22.23	15	21.95	15	21.67	15	21.36	
		25	21.90	25	21.60	25	22.08	25	22.50	25	22.12	25	22.41	25	22.37	25	22.47	25	22.08	25	21.99	25	21.59	25	21.23	
	1998	5	21.34	5	21.13	5	21.59	5	21.85	5	22.13	5	22.03	5	21.74	5	21.13	5	20.63	5	19.71	5	19.86	5	19.04	21.16
		15	21.50	15	21.39	15	21.57	15		15		15		15		15		15		15		15		15		
		25	21.25	25	21.47	25	21.57	25		25		25		25		25		25		25		25		25		
	1999	15	〈30.58〉	15	19.57	15	20.10	15	20.21	15	20.85	15	20.80	15	20.73	15	21.14	15	20.85	15	20.45	15	19.86	15	19.85	20.40
18	1990	4		4	6.00	4	〈5.80〉	4		4	6.90	4	6.85	4	6.40	4	6.05	4	5.77	4	5.50	4	6.30	4	6.50	6.07
		14	6.75	14	6.10	14	〈5.92〉	14	7.00	14	6.92	14	7.00	14	6.21	14	5.95	14	6.00	14	6.00	14	6.25	14	6.30	
		24	6.45	24	6.90	24	〈7.10〉	24	6.95	24	6.95	24	7.10	24	7.16	24	5.80	24	5.95	24	6.20	24	5.80	24	6.20	
	1991	4	6.12	4	7.40	4	7.45	4	7.00	4	7.55	4	7.55	4	7.12	4	7.05	4	7.15	4	7.10	4	7.10	4	7.20	6.95
		14	7.30	14	7.45	14	7.45	14	7.48	14	7.55	14	7.58	14	7.00	14	7.10	14	7.05	14	7.15	14	7.15	14	7.28	
		24	7.35	24	7.48	24	7.48	24	7.50	24	7.58	24	7.50	24	7.50	24	7.15	24	7.10	24	7.00	24	7.00	24	7.30	
	1992	4	7.40	4	6.92	4	7.15	4	7.52	4	7.58	4	7.28	4	7.42	4	7.40	4	7.42	4	7.60	4	6.94	4	6.70	7.37
		14	6.76	14	7.00	14	7.12	14	7.22	14	7.26	14	7.30	14	7.46	14	7.38	14	7.45	14	7.58	14	6.90	14	6.75	
		24	6.74	24	7.10	24	7.20	24	7.25	24	7.28	24	7.35	24	7.34	24	7.35	24	7.40	24	7.56	24	7.45	24	6.78	
	1993	4	6.70	4		4		4	7.25	4	7.29	4	7.30	4	7.35	4	7.38	4	7.40	4	7.50	4	7.44	4	7.42	7.27
		14		14		14		14		14		14		14		14	7.37	14	7.42	14	7.48	14		14	7.40	
		24		24		24		24		24		24		24	7.35	24	7.40	24	7.40	24	7.47	24	7.42	24	7.43	

第四章 汉中市

续表

点号	年份	1月			2月			3月			4月			5月			6月			7月			8月			9月			10月			11月			12月			年平均
		日	水位		日	水位		日	水位		日	水位		日	水位		日	水位		日	水位		日	水位		日	水位		日	水位		日	水位		日	水位		
18	1994	4	7.45		4	7.48		4	7.48		4	7.49		4	7.54		4	7.80																				7.55
		14	7.44		14	7.50		14	7.51		14	7.48		14	7.50		14	7.85																				
		24	7.46		24	7.50		24	7.52		24	7.54		24	7.50		24	7.92																				
19	1990	4	⟨29.20⟩		4	⟨27.50⟩		4	⟨27.90⟩		4			4			4			4			4	⟨35.70⟩		4	⟨44.37⟩		4	27.40		4	⟨27.60⟩		4	⟨27.60⟩		27.40
		14	25.50		14	⟨27.10⟩		14	⟨28.20⟩		14			14			14			14	⟨37.55⟩		14	⟨44.35⟩		14	⟨39.80⟩		14	⟨28.40⟩		14	⟨27.30⟩		14	⟨33.90⟩		
		24	⟨28.00⟩		24	⟨27.70⟩		24	⟨27.65⟩		24			24			24			24	⟨36.95⟩		24	⟨39.80⟩		24	⟨39.87⟩		24	⟨30.50⟩		24	⟨27.80⟩		24	⟨34.30⟩		
	1991	4	⟨35.20⟩		4	⟨35.60⟩		4	⟨36.90⟩		4	⟨30.70⟩		4	⟨32.00⟩		4	⟨33.12⟩		4	⟨34.00⟩		4	⟨34.10⟩		4	⟨33.90⟩		4	⟨34.10⟩		4	⟨34.60⟩		4	29.80		27.65
		14	⟨35.40⟩		14	⟨35.70⟩		14	⟨37.70⟩		14	⟨32.10⟩		14	⟨31.80⟩		14	⟨33.30⟩		14	⟨33.94⟩		14	⟨33.85⟩		14	⟨33.70⟩		14	⟨34.20⟩		14	⟨34.70⟩		14	⟨34.90⟩		
		24	⟨35.70⟩		24	⟨36.10⟩		24	⟨37.50⟩		24	⟨32.20⟩		24	⟨32.70⟩		24	⟨33.75⟩		24	⟨34.30⟩		24	⟨33.70⟩		24	⟨33.60⟩		24	⟨34.22⟩		24	⟨34.50⟩		24	⟨35.10⟩		
	1992	4	⟨36.76⟩		4	⟨36.92⟩		4	⟨37.42⟩		4	⟨37.90⟩		4	⟨38.70⟩		4	⟨38.70⟩		4	⟨38.10⟩		4	⟨38.30⟩		4	⟨36.40⟩		4	⟨36.70⟩		4	⟨36.20⟩		4	⟨36.20⟩		35.90
		14	⟨36.92⟩		14	⟨37.15⟩		14	⟨37.80⟩		14	⟨38.25⟩		14	⟨38.90⟩		14	⟨38.85⟩		14	⟨38.25⟩		14	⟨37.70⟩		14	⟨36.70⟩		14	⟨36.50⟩		14	⟨36.32⟩		14	⟨36.24⟩		
		24	⟨36.70⟩		24	⟨37.10⟩		24	⟨38.21⟩		24	⟨38.54⟩		24	⟨38.95⟩		24	35.90		24	⟨38.25⟩		24	⟨36.90⟩		24	⟨36.94⟩		24	⟨36.56⟩		24	⟨36.15⟩		24	⟨36.30⟩		
	1993	4	⟨37.90⟩		4	⟨36.92⟩		4	⟨37.80⟩		4	⟨38.70⟩		4	⟨39.40⟩		4	⟨38.70⟩		4	⟨40.55⟩		4	⟨40.88⟩		4	⟨40.70⟩		4	⟨28.34⟩		4	⟨28.28⟩		4	27.97		28.13
		14	⟨36.92⟩		14	⟨37.15⟩		14	⟨37.80⟩		14	⟨39.10⟩		14	⟨39.75⟩		14	⟨38.85⟩		14	⟨40.70⟩		14	⟨40.85⟩		14	⟨41.04⟩		14	28.30		14	⟨28.20⟩		14	27.85		
		24	27.80		24	27.44		24	26.25		24	26.96		24	27.46		24	28.16		24	27.70		24	⟨40.66⟩		24	⟨41.00⟩		24	28.40		24	28.02		24	27.80		
	1994	4	28.70		4	27.20		4	26.62		4	26.98		4	27.45		4	28.30		4	⟨51.70⟩		4	⟨34.70⟩		4	⟨33.30⟩		4	⟨37.20⟩		4	⟨35.50⟩		4	⟨34.90⟩		27.64
		14	27.95		14	26.70		14	26.98		14	27.96		14	27.15		14	28.25		14	⟨34.70⟩		14	⟨34.55⟩		14	⟨35.70⟩		14	⟨34.70⟩		14	⟨37.20⟩		14	⟨34.60⟩		
		24	⟨35.80⟩		24	⟨38.40⟩		24	⟨38.50⟩		24	⟨36.80⟩		24	⟨36.50⟩		24	⟨36.80⟩		24	⟨37.80⟩		24	⟨34.70⟩		24	⟨34.20⟩		24	30.70		24	⟨35.90⟩		24	⟨34.80⟩		
	1995	5	⟨39.10⟩		5	⟨37.60⟩		5	⟨39.20⟩		5	⟨37.10⟩		5	⟨37.80⟩		5	⟨36.60⟩		5	⟨37.60⟩		5	⟨35.90⟩		5	⟨34.30⟩		5	⟨34.90⟩		5	⟨35.50⟩		5	⟨36.90⟩		24.20
		15	⟨38.40⟩		15	⟨39.80⟩		15	⟨39.80⟩		15	⟨37.90⟩		15	⟨37.60⟩		15	⟨37.90⟩		15	⟨38.10⟩		15	⟨35.60⟩		15	⟨35.75⟩		15	⟨34.60⟩		15	⟨35.90⟩		15	⟨36.50⟩		
		25	⟨37.90⟩		25	⟨34.30⟩		25	⟨33.95⟩		25	⟨33.41⟩		25	⟨36.50⟩		25	⟨35.96⟩		25	27.73		25	⟨37.10⟩		25	⟨33.90⟩		25	24.20		25	⟨35.50⟩		25	⟨36.10⟩		
	1996	5	⟨38.80⟩		5	⟨34.90⟩		5	⟨33.04⟩		5	⟨34.71⟩		5	⟨37.72⟩		5	⟨35.66⟩		5	⟨38.46⟩		5	⟨37.93⟩		5	⟨38.87⟩		5	⟨34.91⟩		5	⟨35.59⟩		5	⟨36.95⟩		27.73
		15	⟨38.80⟩		15	⟨34.90⟩		15	⟨33.04⟩		15	⟨34.71⟩		15	⟨37.72⟩		15	⟨35.66⟩		15	⟨38.73⟩		15	⟨35.89⟩		15	⟨38.06⟩		15	⟨34.66⟩		15	⟨35.91⟩		15	⟨36.57⟩		
		25	⟨38.55⟩		25	⟨35.40⟩		25	⟨34.72⟩		25	⟨34.17⟩		25	⟨37.67⟩		25	⟨36.72⟩		25	⟨38.72⟩		25	⟨38.71⟩		25	⟨38.49⟩		25	⟨36.25⟩		25	⟨36.74⟩		25	⟨37.84⟩		

续表

点号	年份	1月 日	1月 水位	2月 日	2月 水位	3月 日	3月 水位	4月 日	4月 水位	5月 日	5月 水位	6月 日	6月 水位	7月 日	7月 水位	8月 日	8月 水位	9月 日	9月 水位	10月 日	10月 水位	11月 日	11月 水位	12月 日	12月 水位	年平均
19	1997	5	⟨37.81⟩	5	⟨38.04⟩	5	⟨35.19⟩	5	⟨35.85⟩	5	⟨35.92⟩	5	⟨36.10⟩	5	⟨37.16⟩	5	⟨37.70⟩	5	⟨38.08⟩	5	⟨39.04⟩	5	⟨38.76⟩	5	⟨37.15⟩	25.47
		15	⟨34.67⟩	15	24.99	15	⟨35.57⟩	15	24.57	15	⟨35.24⟩	15	⟨35.97⟩	15	⟨37.26⟩	15	⟨37.58⟩	15	⟨39.13⟩	15	26.86	15	⟨38.44⟩	15	⟨37.35⟩	
		25	⟨36.85⟩	25	⟨34.56⟩	25	⟨35.91⟩	25	⟨35.81⟩	25	⟨32.79⟩	25	⟨36.21⟩	25	⟨37.30⟩	25	⟨38.84⟩	25	⟨39.54⟩	25	⟨38.94⟩	25	⟨38.01⟩	25	⟨36.93⟩	
	1998	5	⟨36.13⟩	5	⟨36.56⟩	5	⟨34.75⟩	5		5		5	⟨35.28⟩	5	⟨35.01⟩	5	⟨34.16⟩	5	⟨33.29⟩	5	24.53	5	⟨32.58⟩	5	⟨31.96⟩	24.53
		15	⟨35.96⟩	15	⟨36.41⟩	15	⟨35.55⟩	15	⟨34.32⟩	15	⟨36.50⟩	15		15		15	⟨34.54⟩	15	⟨30.85⟩	15		15	⟨27.41⟩	15	⟨30.94⟩	
		25	⟨36.28⟩	25	⟨35.85⟩	25	⟨35.91⟩	25		25		25		25		25		25		25		25		25		
	1999	15	⟨30.41⟩	15	⟨30.16⟩	15	⟨30.31⟩	15	⟨30.38⟩	15	⟨30.13⟩	15	⟨30.10⟩	15	21.03											21.03
20	1990	4	⟨33.99⟩	4	⟨33.69⟩	4	⟨33.29⟩	4	33.59	4	⟨34.01⟩	4	⟨33.99⟩	4	⟨32.83⟩	4	⟨34.09⟩	4	⟨34.19⟩	4	⟨33.19⟩	4	⟨33.69⟩	4	⟨32.99⟩	29.78
		14		14		14		14		14		14		14	⟨32.24⟩	14	⟨35.54⟩	14	⟨33.89⟩	14	⟨34.78⟩	14	⟨32.89⟩	14	⟨33.08⟩	
		24		24		24		24		24		24		24	⟨34.31⟩	24	⟨33.49⟩	24	⟨33.45⟩	24	29.78	24	⟨33.29⟩	24	⟨32.89⟩	
	1991	4	⟨33.18⟩	4	23.13	4	⟨33.39⟩	4	⟨33.99⟩	4	31.39	4	⟨33.86⟩	4	31.67	4	31.89	4	⟨33.99⟩	4	⟨34.09⟩	4	⟨33.99⟩	4	31.99	30.79
		14	⟨34.04⟩	14	⟨32.89⟩	14	⟨33.89⟩	14	⟨34.04⟩	14	⟨34.09⟩	14	⟨34.04⟩	14	⟨34.39⟩	14	⟨34.24⟩	14	⟨34.14⟩	14	⟨33.89⟩	14	⟨34.09⟩	14	⟨34.34⟩	
		24	⟨34.59⟩	24	⟨34.69⟩	24	⟨34.99⟩	24	⟨34.99⟩	24	⟨35.39⟩	24	⟨35.54⟩	24	⟨35.64⟩	24	⟨35.51⟩	24	⟨33.99⟩	24	⟨34.94⟩	24	⟨31.89⟩	24	⟨34.49⟩	
	1992	4	⟨34.77⟩	4	⟨33.99⟩	4	⟨35.19⟩	4	⟨35.29⟩	4	⟨35.59⟩	4	⟨35.59⟩	4	⟨35.31⟩	4	⟨34.69⟩	4	⟨33.89⟩	4	⟨33.89⟩	4	⟨33.81⟩	4	32.39	32.54
		14	⟨34.84⟩	14	⟨34.89⟩	14	⟨35.09⟩	14	⟨35.39⟩	14	⟨35.69⟩	14	⟨35.59⟩	14	⟨35.39⟩	14	⟨33.99⟩	14	⟨33.99⟩	14	⟨34.09⟩	14	⟨34.11⟩	14	32.59	
		24	32.79	24	⟨35.59⟩	24	⟨36.33⟩	24	⟨36.94⟩	24	⟨37.21⟩	24	⟨37.69⟩	24	⟨38.09⟩	24	⟨38.09⟩	24	⟨38.05⟩	24	⟨34.04⟩	24	⟨33.39⟩	24	32.64	
	1993	4	33.09	4	⟨35.81⟩	4	⟨36.51⟩	4	⟨37.04⟩	4	⟨37.29⟩	4	⟨37.89⟩	4	⟨38.21⟩	4	⟨38.19⟩	4	⟨38.39⟩	4	⟨34.49⟩	4	⟨33.30⟩	4	⟨33.35⟩	32.93
		14	32.95	14	⟨35.89⟩	14	⟨36.79⟩	14	⟨36.89⟩	14	⟨37.51⟩	14	⟨38.01⟩	14	⟨38.36⟩	14	⟨37.79⟩	14	⟨38.27⟩	14	⟨34.09⟩	14	⟨33.21⟩	14	⟨33.89⟩	
		24	⟨33.61⟩	24	⟨33.89⟩	24	⟨34.21⟩	24	⟨34.31⟩	24	⟨34.89⟩	24	⟨35.39⟩	24	⟨49.89⟩	24	⟨49.89⟩	24	⟨57.89⟩	24	⟨60.19⟩	24	⟨50.89⟩	24	⟨33.51⟩	
	1994	4	⟨33.69⟩	4	⟨33.89⟩	4	⟨34.09⟩	4	⟨34.34⟩	4	⟨34.81⟩	4	⟨35.61⟩	4	⟨50.09⟩	4	⟨49.84⟩	4	⟨61.39⟩	4	⟨58.69⟩	4	⟨57.89⟩	4	⟨51.19⟩	41.79
		14	⟨33.64⟩	14	⟨34.01⟩	14	⟨34.30⟩	14	⟨34.33⟩	14	⟨34.89⟩	14	⟨35.64⟩	14	⟨50.09⟩	14	⟨61.89⟩	14	⟨62.89⟩	14	⟨59.49⟩	14	⟨53.89⟩	14	⟨49.69⟩	
		24	⟨52.49⟩	24	⟨50.79⟩	24	⟨50.59⟩	24	⟨51.49⟩	24	⟨50.19⟩	24	⟨50.49⟩	24	⟨51.19⟩	24	⟨49.49⟩	24	⟨59.09⟩	24	⟨58.79⟩	24	⟨54.49⟩	24	⟨54.59⟩	
	1995	5	⟨51.69⟩	5	⟨51.69⟩	5	⟨51.19⟩	5	⟨50.69⟩	5	⟨50.79⟩	5	⟨51.29⟩	5	⟨49.69⟩	5	⟨51.69⟩	5	⟨58.59⟩	5	⟨59.99⟩	5	⟨57.09⟩	5	⟨56.09⟩	41.79
		15	⟨52.59⟩	15	⟨51.99⟩	15	⟨51.99⟩	15	⟨52.29⟩	15	⟨49.69⟩	15	⟨49.79⟩	15	⟨50.59⟩	15	⟨50.79⟩	15	⟨59.89⟩	15	41.79	15	⟨56.19⟩	15	⟨55.79⟩	
		25		25		25		25		25		25		25		25		25		25		25		25	⟨57.99⟩	

第四章 汉中市

续表

点号	年份	1月		2月		3月		4月		5月		6月		7月		8月		9月		10月		11月		12月		年平均
		日	水位	日	水位	日	水位	日	水位	日	水位	日	水位	日	水位	日	水位	日	水位	日	水位	日	水位	日	水位	
20	1996	5	〈51.19〉	5	〈52.19〉	5	〈52.82〉	5	〈51.82〉	5	〈50.20〉	5	〈50.98〉	5	〈53.31〉	5	〈53.96〉	5	〈52.04〉	5	〈51.83〉	5	〈50.96〉	5	〈54.26〉	
		15	〈52.29〉	15	〈52.59〉	15	〈52.93〉	15	〈50.58〉	15	〈51.32〉	15	〈50.66〉	15	〈53.90〉	15	〈53.81〉	15	〈51.77〉	15	〈52.20〉	15	〈53.10〉	15	〈54.92〉	38.12
		25	〈51.69〉	25	〈50.79〉	25	〈52.97〉	25	〈51.92〉	25	〈50.73〉	25	〈51.12〉	25	38.12	25	〈53.67〉	25	〈50.82〉	25	〈51.71〉	25	〈52.75〉	25	〈56.03〉	
	1997	5	〈63.00〉	5	〈56.11〉	5	〈53.89〉	5	〈60.00〉	5	〈55.89〉	5	〈65.60〉	5	〈65.52〉	5	〈68.99〉	5	〈69.99〉	5	〈68.39〉	5	〈67.11〉	5	〈67.50〉	
		15	〈62.80〉	15	33.89	15	〈62.40〉	15	〈61.77〉	15	〈69.00〉	15	〈69.11〉	15	〈65.00〉	15	〈68.80〉	15	〈68.89〉	15	33.79	15	〈67.85〉	15	〈66.40〉	33.84
		25	〈62.67〉	25	〈64.03〉	25	〈62.91〉	25	〈62.00〉	25	〈66.89〉	25	〈67.00〉	25	〈65.64〉	25	〈69.59〉	25	〈68.99〉	25	〈68.62〉	25	〈67.80〉	25	〈63.21〉	
	1998	5	〈62.19〉	5	〈64.41〉	5	〈59.99〉	5	〈64.10〉	5	〈64.31〉	5	〈65.60〉	5	51.23	5	〈69.09〉	5	〈67.12〉	5	60.12	5	〈66.01〉	5	〈64.83〉	55.68
		15	〈62.11〉	15	〈63.52〉	15	〈63.99〉	15		15		15		15		15		15		15		15		15		
		25	〈63.66〉	25	〈61.86〉	25	〈64.89〉	25		25		25		25		25		25		25		25		25		
	1999	15	〈67.90〉	15	〈68.52〉	15	〈68.01〉	15	〈64.12〉	15	〈63.50〉	15	〈63.61〉	15	〈62.59〉	15	〈70.12〉	15	〈61.87〉	15	57.89	15	〈62.97〉	15	〈60.84〉	57.89
21	1990	4	〈30.80〉	4		4	28.56	4	27.60	4	〈31.82〉	4		4	〈30.15〉	4	〈28.60〉	4	〈29.55〉	4	〈35.62〉	4	〈32.40〉	4	25.80	
		14	〈31.60〉	14	〈30.30〉	14	29.05	14	〈27.30〉	14	〈32.92〉	14	〈33.60〉	14	〈29.14〉	14	〈30.44〉	14	〈32.55〉	14	〈35.25〉	14	27.15	14	〈29.34〉	27.18
		24	21.80	24	〈29.60〉	24	28.30	24	〈30.60〉	24	〈38.30〉	24	〈32.02〉	24	〈29.80〉	24	〈30.60〉	24	〈29.17〉	24	28.60	24	〈35.43〉	24	〈29.90〉	
	1991	4	〈26.80〉	4	23.90	4	18.40	4	〈29.40〉	4	〈33.00〉	4	〈34.00〉	4	25.10	4	26.30	4	〈32.90〉	4	〈32.60〉	4	23.30	4	24.10	
		14	〈29.30〉	14	〈26.80〉	14	20.10	14	〈31.80〉	14	〈30.30〉	14	〈33.40〉	14	〈31.30〉	14	〈31.30〉	14	〈31.90〉	14	〈32.30〉	14	〈31.00〉	14	〈29.30〉	26.13
		24	〈28.80〉	24	〈28.00〉	24	〈32.30〉	24	〈32.90〉	24	〈29.30〉	24	〈31.50〉	24	〈32.30〉	24	〈31.30〉	24	〈31.90〉	24	〈31.30〉	24	〈29.40〉	24	〈28.50〉	
	1992	4	〈27.80〉	4	〈27.80〉	4	28.50	4	〈29.40〉	4	28.30	4	〈34.00〉	4	〈33.80〉	4	〈33.30〉	4	〈31.40〉	4	〈31.30〉	4	〈29.20〉	4	〈25.80〉	
		15	〈28.40〉	15	〈29.30〉	15	〈35.30〉	15	〈36.00〉	15	〈36.00〉	15	30.30	15	〈36.00〉	15	〈33.80〉	15	〈30.30〉	15	〈32.20〉	15	〈30.30〉	15	〈26.30〉	21.88
		25	21.90	25	〈31.00〉	25	29.00	25	〈34.30〉	25	〈35.20〉	25	28.30	25	〈32.30〉	25	〈29.80〉	25	〈34.00〉	25	〈32.30〉	25	23.60	25	〈28.30〉	
	1993	4	〈35.00〉	4	〈37.40〉	4	〈36.70〉	4	〈33.80〉	4	〈41.40〉	4	〈36.00〉	4	〈36.00〉	4	〈33.95〉	4	34.00	4	〈33.30〉	4	〈36.30〉	4	〈26.30〉	
		14	〈34.00〉	14	〈36.30〉	14	〈35.20〉	14	〈35.50〉	14	〈40.60〉	14	〈37.30〉	14	〈32.30〉	14	〈33.40〉	14	〈33.80〉	14	〈34.30〉	14	〈34.80〉	14	〈33.30〉	27.37
		24	〈35.50〉	24	〈37.80〉	24	〈36.00〉	24	〈38.40〉	24	〈42.30〉	24	〈38.30〉	24	〈32.85〉	24	〈33.40〉	24	〈33.05〉	24	〈30.25〉	24	25.30	24	〈34.30〉	
	1994	4		4		4		4		4		4	〈34.30〉	4	〈34.80〉	4	〈33.40〉	4	〈33.80〉	4	〈34.30〉	4	〈31.35〉	4	〈33.50〉	
		14		14		14		14		14		14		14		14	28.88	14	〈32.90〉	14	〈35.00〉	14	〈33.40〉	14	〈31.75〉	28.88

续表

点号	年份	1月 日	1月 水位	2月 日	2月 水位	3月 日	3月 水位	4月 日	4月 水位	5月 日	5月 水位	6月 日	6月 水位	7月 日	7月 水位	8月 日	8月 水位	9月 日	9月 水位	10月 日	10月 水位	11月 日	11月 水位	12月 日	12月 水位	年平均
21	1995	5	⟨33.30⟩	5	⟨31.60⟩	5	⟨32.40⟩	5	⟨32.00⟩	5	⟨32.20⟩	5	22.90	5	23.20	5	⟨31.15⟩	5	⟨32.40⟩	5	⟨33.90⟩	5	24.40	5	24.10	23.22
		15	22.20	15	⟨30.20⟩	15	22.40	15	22.50	15	⟨32.00⟩	15	⟨32.30⟩	15	⟨33.75⟩	15	23.50	15	⟨30.90⟩	15	⟨32.60⟩	15	⟨31.60⟩	15	⟨29.50⟩	
		25	22.25	25	⟨31.80⟩	25	⟨32.60⟩	25	⟨31.70⟩	25	22.85	25	⟨35.90⟩	25	⟨33.00⟩	25	23.30	25	24.00	25	24.30	25	⟨32.70⟩	25	⟨30.40⟩	
	1996	5	23.90	5	23.95	5	⟨28.71⟩	5	⟨28.81⟩	5	⟨28.25⟩	5	⟨30.72⟩	5	23.81	5	⟨36.54⟩	5	⟨29.65⟩	5	23.76	5	23.82	5	23.85	24.19
		15	⟨28.70⟩	15	⟨28.70⟩	15	⟨28.86⟩	15	⟨28.59⟩	15	⟨27.97⟩	15	⟨32.28⟩	15	⟨35.07⟩	15	23.88	15	23.81	15	⟨32.35⟩	15	⟨31.64⟩	15	⟨29.66⟩	
		25	⟨29.20⟩	25	⟨28.85⟩	25	23.88	25	23.76	25	23.76	25	23.79	25	⟨35.97⟩	25	⟨36.92⟩	25	23.80	25	⟨33.91⟩	25	⟨32.71⟩	25	28.83	
	1997	5	⟨29.80⟩	5	⟨29.90⟩	5	⟨31.11⟩	5	⟨31.97⟩	5	⟨30.70⟩	5	23.92	5	⟨31.90⟩	5	⟨31.46⟩	5	⟨31.22⟩	5	26.32	5	⟨30.07⟩	5	25.01	24.98
		15	⟨29.30⟩	15	23.71	15	⟨32.41⟩	15	⟨32.23⟩	15	⟨29.18⟩	15	⟨31.86⟩	15	⟨31.99⟩	15	⟨31.49⟩	15	26.43	15	⟨30.15⟩	15	25.24	15	24.73	
		25	23.50	25	⟨29.40⟩	25	⟨31.89⟩	25	⟨33.10⟩	25	⟨29.78⟩	25	23.89	25	⟨32.13⟩	25	⟨31.45⟩	25	26.41	25	25.87	25	25.19	25	24.53	
	1998	5	25.29	5	⟨29.86⟩	5	24.88	5	27.79	5	24.10	5	⟨28.91⟩	5	⟨28.48⟩	5	⟨27.65⟩	5	⟨27.78⟩	5	25.30	5	25.36	5	⟨30.57⟩	25.74
		15	26.35	15	⟨29.79⟩	15	23.61	15	⟨31.06⟩	15	27.58														
		25	26.30	25	26.88	25	⟨31.68⟩	25	27.98	25	⟨30.94⟩	25	27.58	25	28.25	25	27.32	25		25		25	⟨28.01⟩		
	1999	15	⟨30.51⟩	15	⟨30.45⟩											15	17.77	15	23.37	15	26.67	15		15	24.27	27.35
22	1990	4	⟨34.17⟩	4	⟨33.67⟩	4	⟨36.14⟩	4	29.57	4	21.29	4	⟨34.83⟩	4	⟨32.57⟩	4	⟨26.29⟩	4	⟨24.92⟩	4	24.57	4	⟨34.44⟩	4	⟨34.07⟩	23.56
		14	28.27	14	⟨33.77⟩	14	⟨37.07⟩	14	29.67	14	⟨35.77⟩	14	⟨35.20⟩	14	⟨30.99⟩	14	⟨27.49⟩	14	18.27	14	25.67	14	21.57	14	27.87	
		24	22.91	24	⟨33.77⟩	24	30.10	24	29.87	24	⟨37.07⟩	24	⟨35.07⟩	24	⟨33.12⟩	24	28.57	24	⟨36.57⟩	24	⟨35.57⟩	24	⟨31.57⟩	24	22.57	
	1991	4	22.07	4	21.57	4	21.07	4	21.17	4	⟨36.17⟩	4	⟨34.77⟩	4	⟨32.67⟩	4	26.57	4	29.67	4	⟨37.07⟩	4	⟨31.57⟩	4	⟨30.57⟩	26.98
		14	⟨32.57⟩	14	⟨29.57⟩	14	22.07	14	⟨35.07⟩	14	⟨36.07⟩	14	⟨33.77⟩	14	⟨31.57⟩	14	⟨30.77⟩	14	30.07	14	⟨32.57⟩	14	⟨32.57⟩	14	⟨33.07⟩	
		24	⟨30.57⟩	24	⟨31.07⟩	24	⟨33.77⟩	24	⟨35.57⟩	24	⟨35.67⟩	24	⟨30.07⟩	24	⟨34.27⟩	24	⟨33.77⟩	24	⟨36.27⟩	24	⟨37.37⟩	24	⟨35.57⟩	24	⟨37.77⟩	
	1992	4	⟨38.77⟩	4	⟨41.07⟩	4	⟨33.57⟩	4	⟨35.37⟩	4	⟨36.57⟩	4	⟨38.07⟩	4	31.77	4	⟨35.77⟩	4	29.57	4	⟨38.77⟩	4	⟨36.77⟩	4	24.07	24.85
		14	⟨37.77⟩	14	⟨42.08⟩	14	⟨33.77⟩	14	⟨35.07⟩	14	⟨36.07⟩	14	⟨37.57⟩	14	31.07	14	⟨35.07⟩	14	⟨38.07⟩	14	⟨39.67⟩	14	⟨38.07⟩	14	⟨38.07⟩	
		24		24		24	⟨36.07⟩	24	⟨35.97⟩	24	⟨37.37⟩	24	⟨38.07⟩	24	⟨37.57⟩	24	17.57	24	⟨35.07⟩	24	⟨39.07⟩	24	⟨37.07⟩	24	⟨40.77⟩	
	1993	5	25.17	5	26.08	5		5		5		5		5	29.07	5	⟨39.37⟩	5	⟨37.57⟩	5	⟨40.07⟩	5	24.07	5	⟨42.07⟩	24.39
		15		15		15		15		15		15		15	⟨40.07⟩	15		15		15		15		15	⟨41.07⟩	
		25		25		25		25		25		25		25		25	⟨32.57⟩	25	⟨37.57⟩	25	⟨36.57⟩	25		25		

第四章 汉中市

续表

点号	年份	日	1月 水位	日	2月 水位	日	3月 水位	日	4月 水位	日	5月 水位	日	6月 水位	日	7月 水位	日	8月 水位	日	9月 水位	日	10月 水位	日	11月 水位	日	12月 水位	年平均
22	1994	5	⟨43.17⟩	5	⟨40.07⟩	5	⟨37.17⟩	5	⟨36.57⟩	5	⟨43.27⟩	5	⟨35.57⟩	5	⟨38.07⟩	5	⟨37.77⟩	5	⟨37.57⟩	5	⟨37.67⟩	5	⟨35.82⟩	5	⟨35.17⟩	
		15	⟨40.77⟩	15	⟨41.17⟩	15	⟨35.57⟩	15	⟨38.77⟩	15	⟨42.07⟩	15	⟨39.17⟩	15	⟨36.77⟩	15	⟨36.07⟩	15	⟨38.17⟩	15	⟨39.17⟩	15	⟨34.27⟩	15	⟨33.57⟩	
		25	⟨42.07⟩	25	⟨42.57⟩	25	⟨37.57⟩	25	⟨41.27⟩	25	⟨44.17⟩	25	⟨41.57⟩	25	⟨37.57⟩	25	⟨37.17⟩	25	⟨37.62⟩	25	⟨37.07⟩	25	⟨36.77⟩	25	⟨35.42⟩	
	1995	5	⟨36.97⟩	5	⟨36.47⟩	5	⟨35.27⟩	5	⟨38.27⟩	5	⟨38.47⟩	5	⟨37.97⟩	5	⟨39.17⟩	5	⟨37.97⟩	5	⟨33.27⟩	5	⟨32.27⟩	5	19.62	5	19.67	21.02
		15	⟨33.22⟩	15	20.47	15	⟨36.67⟩	15	20.87	15	⟨38.32⟩	15	⟨38.47⟩	15	⟨39.02⟩	15	⟨37.17⟩	15	⟨33.57⟩	15	19.07	15	⟨35.27⟩	15	⟨33.77⟩	
		25	⟨36.47⟩	25	⟨36.67⟩	25	20.72	25	⟨37.47⟩	25	21.72	25	22.07	25	21.87	25	22.87	25	24.17	25	19.07	25	⟨36.77⟩	25	⟨35.17⟩	
	1996	5	⟨37.37⟩	5	⟨37.77⟩	5	28.13	5	28.04	5	28.04	5	28.08	5	28.10	5	⟨34.68⟩	5	⟨33.69⟩	5	28.48	5	29.40	5	29.02	28.32
		15	28.37	15	28.07	15	⟨34.82⟩	15	⟨34.71⟩	15	⟨35.09⟩	15	⟨35.15⟩	15	⟨33.06⟩	15	27.89	15	28.52	15	⟨36.80⟩	15	⟨35.33⟩	15	⟨35.69⟩	
		25	⟨38.62⟩	25	28.02	25	⟨35.64⟩	25	28.03	25	⟨35.53⟩	25	⟨35.58⟩	25	⟨35.64⟩	25	⟨35.65⟩	25	28.52	25	28.45	25	⟨35.80⟩	25	⟨37.55⟩	
	1997	5	⟨32.77⟩	5	⟨32.89⟩	5	⟨33.40⟩	5	⟨38.90⟩	5	⟨40.50⟩	5	27.98	5	⟨39.25⟩	5	29.67	5	28.13	5	26.91	5	27.00	5	⟨31.50⟩	27.74
		15	⟨32.52⟩	15	⟨33.17⟩	15	⟨33.25⟩	15	26.93	15	⟨41.65⟩	15	⟨39.96⟩	15	⟨39.41⟩	15	29.58	15	27.22	15	27.07	15	27.30	15	27.20	
		25	⟨32.72⟩	25	⟨33.41⟩	25	⟨33.98⟩	25	⟨33.98⟩	25	28.18	25	28.41	25	⟨39.00⟩	25	29.00	25	26.58	25	27.19	25	27.16	25	⟨31.35⟩	
	1998	5	28.23	5	28.19	5	28.51	5	29.67	5	30.57	5	27.44	5	28.24	5	27.21	5	25.88	5	28.03	5	⟨36.66⟩	5	⟨36.51⟩	27.98
		15	28.28	15	28.28	15	27.60	15	29.25	15	27.28	15	27.98	15	27.63	15	26.66	15	26.52	15	⟨36.64⟩	15	⟨36.82⟩	15	⟨36.35⟩	
		25	28.21	25	28.43	25	26.67	25	30.37	25	28.50	25	28.52	25	27.19	25	26.50	25	27.69	25	⟨36.57⟩	25	⟨36.61⟩	25	⟨35.97⟩	
	1999	5	⟨37.12⟩	5	⟨38.32⟩	5	⟨37.07⟩	5	⟨37.57⟩	5	⟨37.36⟩	5	⟨36.57⟩	5	⟨36.12⟩	5	⟨35.70⟩	5	⟨35.70⟩	5	⟨37.12⟩	5	⟨36.40⟩	5	⟨35.81⟩	
		15	⟨37.70⟩	15	⟨37.50⟩	15	⟨37.23⟩	15	⟨36.09⟩	15	⟨37.09⟩	15	⟨37.62⟩	15	⟨35.74⟩	15	⟨35.89⟩	15	⟨36.95⟩	15	⟨36.11⟩	15	⟨34.66⟩	15	⟨33.42⟩	
		25	⟨38.21⟩	25	⟨36.32⟩	25	⟨38.00⟩	25	⟨37.42⟩	25	⟨36.78⟩	25	⟨36.84⟩	25	⟨35.48⟩	25	⟨35.78⟩	25	⟨37.24⟩	25	⟨36.40⟩	25	⟨33.49⟩	25	⟨33.88⟩	
23	1990	4		4		4		4		4		4		4	⟨33.23⟩	4	17.95	4	⟨29.39⟩	4	⟨35.53⟩	4	⟨34.60⟩	4	⟨40.80⟩	20.85
		14		14		14		14		14		14		14	⟨30.22⟩	14	18.65	14	⟨33.53⟩	14	⟨35.43⟩	14	⟨40.60⟩	14	⟨40.85⟩	
		24		24		24		24		24		24		24	26.40	24	⟨34.62⟩	24	⟨34.67⟩	24	25.95	24	⟨40.70⟩	24	⟨40.80⟩	
	1991	4	⟨50.60⟩	4	⟨53.40⟩	4	⟨45.55⟩	4	⟨47.00⟩	4	⟨55.82⟩	4	⟨56.20⟩	4	⟨56.00⟩	4	⟨54.00⟩	4	⟨51.30⟩	4	⟨50.30⟩	4	⟨51.30⟩	4	25.60	23.78
		14	⟨53.63⟩	14	⟨48.62⟩	14	⟨47.45⟩	14	⟨56.52⟩	14	⟨56.95⟩	14	⟨53.85⟩	14	⟨56.00⟩	14	⟨52.30⟩	14	⟨51.30⟩	14	⟨51.30⟩	14	⟨51.80⟩	14	26.30	
		24	18.02	24	⟨48.62⟩	24	22.60	24	⟨56.30⟩	24	⟨57.37⟩	24	⟨55.95⟩	24		24	⟨51.40⟩	24	⟨50.80⟩	24	⟨50.80⟩	24	⟨51.60⟩	24	⟨52.30⟩	

续表

点号	年份	1月 日	1月 水位	2月 日	2月 水位	3月 日	3月 水位	4月 日	4月 水位	5月 日	5月 水位	6月 日	6月 水位	7月 日	7月 水位	8月 日	8月 水位	9月 日	9月 水位	10月 日	10月 水位	11月 日	11月 水位	12月 日	12月 水位	年平均
23	1992	4	〈50.30〉	4	24.90	4	〈50.20〉	4	〈47.30〉	4	〈48.00〉	4	〈47.30〉	4	〈42.50〉	4	〈51.00〉	4	〈52.30〉	4	〈56.20〉	4	〈46.30〉	4	〈50.00〉	20.16
		14	〈52.30〉	14	〈51.30〉	14	〈47.80〉	14	〈47.40〉	14	〈45.90〉	14	〈46.00〉	14	〈42.30〉	14	19.60	14	〈54.00〉	14	〈47.30〉	14	〈48.50〉	14	21.30	
		24	〈51.60〉	24	〈52.30〉	24	〈47.00〉	24	〈48.30〉	24	〈45.00〉	24	〈44.10〉	24	〈43.60〉	24	〈50.30〉	24	〈57.40〉	24	〈48.30〉	24	13.10	24	21.90	
	1993	5	21.80	5	〈53.00〉	5	〈54.00〉	5	〈56.20〉	5	〈56.60〉	5	〈54.00〉	5	〈50.40〉	5	〈56.60〉	5	〈56.60〉	5	〈57.30〉	5	〈58.40〉	5	〈57.80〉	20.40
		15	〈54.30〉	15	〈53.60〉	15	〈55.20〉	15	〈56.80〉	15	〈57.20〉	15	〈53.30〉	15	〈54.00〉	15	〈56.00〉	15	〈54.10〉	15	〈56.60〉	15	〈57.40〉	15	〈58.40〉	
		25	21.00	25	〈54.30〉	25	〈55.00〉	25	〈56.30〉	25	〈57.40〉	25	〈54.10〉	25	〈51.40〉	25	〈56.80〉	25	〈55.00〉	25	〈57.30〉	25	18.40	25	〈57.30〉	
	1994	5	〈57.30〉	5	〈58.00〉	5	〈58.30〉	5	〈60.80〉	5	〈63.80〉	5	〈59.30〉	5	〈48.80〉	5	〈63.60〉	5	〈62.30〉	5	〈58.70〉	5	16.10	5	〈57.60〉	16.13
		15	〈58.20〉	15	〈60.30〉	15	〈55.80〉	15	〈62.10〉	15	〈64.80〉	15	〈63.50〉	15	〈56.80〉	15	〈61.00〉	15	〈61.50〉	15	〈60.60〉	15	16.15	15	〈24.90〉	
		25	〈57.60〉	25	〈61.30〉	25	〈57.60〉	25	〈63.50〉	25	〈65.30〉	25	〈65.10〉	25	〈53.80〉	25	〈59.80〉	25	〈57.80〉	25	〈61.80〉	25	16.15	25	〈58.00〉	
	1995	5	〈58.10〉	5	〈59.50〉	5	〈59.80〉	5	〈64.80〉	5	〈64.40〉	5	〈62.10〉	5	〈61.00〉	5	〈61.00〉	5	〈51.00〉	5	〈58.10〉	5	〈57.90〉	5	〈57.70〉	21.50
		15	〈56.40〉	15	〈62.05〉	15	〈56.60〉	15	〈61.80〉	15	〈59.50〉	15	〈62.60〉	15	〈58.50〉	15	〈63.20〉	15	〈49.20〉	15	〈56.80〉	15	〈52.80〉	15	〈58.50〉	
		25	〈57.60〉	25	21.50	25	〈58.00〉	25	〈63.30〉	25	〈61.10〉	25	〈61.30〉	25	〈60.10〉	25	〈60.50〉	25	〈50.50〉	25	〈58.90〉	25	〈54.70〉	25	〈58.60〉	
	1996	5	25.40	5	〈56.90〉	5	〈58.57〉	5	〈58.87〉	5	〈50.03〉	5	〈49.99〉	5	〈53.87〉	5	〈51.59〉	5	〈52.99〉	5	〈57.02〉	5	〈57.28〉	5	〈54.71〉	23.42
		15	24.70	15	〈57.80〉	15	〈58.98〉	15	〈58.03〉	15	〈51.23〉	15	19.18	15	〈51.03〉	15	〈53.88〉	15	〈52.83〉	15	〈58.27〉	15	〈55.74〉	15	〈57.81〉	
		25	24.40	25	〈57.50〉	25	〈59.02〉	25	〈58.47〉	25	〈49.68〉	25	〈50.56〉	25	〈54.08〉	25	〈53.04〉	25	〈52.76〉	25	〈58.10〉	25	〈56.59〉	25	〈58.24〉	
	1997	5	〈53.84〉	5	〈56.00〉	5	〈56.27〉	5	〈57.01〉	5	〈55.13〉	5	〈53.13〉	5	〈53.63〉	5	〈56.89〉	5	〈56.10〉	5	〈53.96〉	5	〈53.13〉	5	〈53.40〉	16.30
		15	〈54.79〉	15	〈56.10〉	15	〈56.33〉	15	〈56.67〉	15	〈54.69〉	15	〈52.44〉	15	〈55.15〉	15	〈57.67〉	15	〈55.25〉	15	16.30	15	〈52.44〉	15	〈54.15〉	
		25	〈55.95〉	25	〈56.12〉	25	〈56.48〉	25	〈56.94〉	25	〈53.88〉	25	〈51.69〉	25	〈56.26〉	25	〈56.43〉	25	〈54.50〉	25	〈52.78〉	25	〈51.88〉	25	〈54.97〉	
	1998	5	〈55.93〉	5	〈56.58〉	5	〈56.35〉	5	〈57.03〉	5	〈57.48〉	5	〈51.91〉	5	〈53.90〉	5	〈63.07〉	5	〈62.90〉	5	〈62.71〉	5	〈62.84〉	5	〈63.01〉	
		15	〈56.08〉	15	〈56.40〉	15	〈56.89〉	15	〈57.03〉	15	〈62.71〉	15	〈62.41〉	15	〈63.69〉	15	〈62.60〉	15	〈62.58〉	15	〈60.79〉	15	21.06	15	〈61.93〉	21.06
		25	〈56.24〉	25	〈56.31〉	25	〈57.34〉	25	〈62.58〉	25		25		25		25		25		25		25		25		
	1999	15	〈62.79〉	15	〈62.94〉	15	〈63.39〉																			
24	1990	4		4		4		4		4		4		4	〈33.90〉	4	〈33.77〉	4	〈29.40〉	4	〈35.79〉	4	10.30	4	〈39.05〉	10.35
		14		14		14		14		14		14		14	〈29.40〉	14	〈31.70〉	14	〈32.61〉	14	〈36.53〉	14	〈38.90〉	14	〈38.85〉	
		24		24		24		24		24		24		24		24	〈33.49〉	24	〈34.73〉	24	10.40	24	〈38.91〉	24	〈39.75〉	

续表

点号	年份	1月 日	1月 水位	2月 日	2月 水位	3月 日	3月 水位	4月 日	4月 水位	5月 日	5月 水位	6月 日	6月 水位	7月 日	7月 水位	8月 日	8月 水位	9月 日	9月 水位	10月 日	10月 水位	11月 日	11月 水位	12月 日	12月 水位	年平均
24	1991	4	〈48.45〉	4	〈38.81〉	4	〈38.15〉	4	〈42.05〉	4	〈53.45〉	4	〈53.20〉	4	〈51.65〉	4	〈51.45〉	4	〈54.70〉	4	〈54.95〉	4	〈55.52〉	4	19.80	14.27
		14	11.48	14	〈37.55〉	14	11.45	14	〈53.20〉	14	〈56.10〉	14	12.25	14	〈51.97〉	14	〈49.45〉	14	〈41.45〉	14	〈56.45〉	14	〈56.15〉	14	19.45	
		24	11.20	24	〈37.55〉	24	〈39.07〉	24	〈53.65〉	24	〈56.15〉	24	〈51.45〉	24	〈51.97〉	24	〈49.45〉	24	〈41.80〉	24	〈56.45〉	24	〈55.95〉	24	〈56.15〉	
	1992	4	〈55.45〉	4	13.45	4	12.45	4	〈46.65〉	4	〈48.45〉	4	〈46.65〉	4	〈40.15〉	4	〈42.45〉	4	〈45.55〉	4	〈50.55〉	4	11.75	4	〈56.45〉	13.77
		14	〈56.95〉	14	〈59.45〉	14	〈46.95〉	14	〈44.15〉	14	〈41.45〉	14	〈42.45〉	14	〈41.15〉	14	〈42.75〉	14	〈46.45〉	14	〈54.55〉	14	〈56.15〉	14	〈55.95〉	
		24	〈55.95〉	24	〈59.35〉	24	12.75	24	〈46.95〉	24	〈40.95〉	24	〈40.45〉	24	〈45.15〉	24	〈39.45〉	24	〈48.15〉	24	〈55.15〉	24	18.45	24	〈56.45〉	
	1993	5	〈58.15〉	5	〈58.15〉	5	〈57.15〉	5	〈57.15〉	5	〈58.35〉	5	〈58.45〉	5	〈56.45〉	5	12.95	5	〈55.15〉	5	〈58.55〉	5	〈57.45〉	5	〈59.45〉	15.60
		15	〈57.95〉	15	〈57.55〉	15	〈56.75〉	15	〈58.15〉	15	〈58.45〉	15	〈57.15〉	15	〈58.45〉	15	〈56.45〉	15	〈57.15〉	15	〈57.15〉	15	〈58.55〉	15	〈58.65〉	
		25	〈56.45〉	25	〈59.45〉	25	〈56.35〉	25	〈57.15〉	25	〈57.75〉	25	〈56.75〉	25	〈56.15〉	25	〈55.95〉	25	〈56.35〉	25	〈56.95〉	25	13.55	25	〈59.15〉	
	1994	5	23.45	5	12.70	5	〈57.55〉	5	〈62.45〉	5	〈65.45〉	5	〈57.60〉	5	14.45	5	12.60	5	12.55	5	11.95	5	12.25	5	12.10	13.61
		15	12.55	15	15.15	15	15.19	15	15.48	15	19.45	15	〈62.55〉	15	13.75	15	12.35	15	12.65	15	12.05	15	12.25	15	12.10	
		25	12.55	25	12.75	25	〈41.93〉	25	15.32	25	26.45	25	〈61.55〉	25	13.95	25	12.18	25	12.70	25	12.05	25	12.23	25	12.08	
	1995	5	12.55	5	12.75	5	〈38.49〉	5	15.51	5	14.15	5	14.15	5	15.75	5	〈42.95〉	5	12.75	5	〈41.55〉	5	14.85	5	〈47.65〉	13.87
		15	〈48.35〉	15	〈41.55〉	15	13.93	15	15.71	15	14.15	15	14.15	15	15.80	15	15.85	15	〈40.80〉	15	〈41.95〉	15	〈52.95〉	15	〈45.95〉	
		25	〈47.25〉	25	15.15	25	15.22	25	14.59	25	15.69	25	14.20	25	15.75	25	〈42.55〉	25	〈40.85〉	25	14.65	25	〈51.35〉	25	15.05	
	1996	5	〈49.00〉	5	〈43.35〉	5	14.27	5	15.52	5	15.82	5	15.08	5	14.00	5	〈44.46〉	5	〈47.12〉	5	13.96	5	14.06	5	47.67	15.96
		15	〈45.92〉	15	〈43.80〉	15	〈41.93〉	15	15.32	15	〈42.33〉	15	13.95	15	14.02	15	14.02	15	14.54	15	13.96	15	13.90	15	13.91	
		25	〈44.70〉	25	13.59	25	15.82	25	15.51	25	15.61	25	〈42.86〉	25	14.88	25	〈44.97〉	25	13.98	25	13.91	25	13.91	25	13.94	
	1997	5	〈46.50〉	5	〈41.36〉	5	15.22	5	15.71	5	15.78	5	15.95	5	14.84	5	14.37	5	13.74	5	13.81	5	13.70	5	13.08	14.43
		15	13.03	15	13.13	15	14.27	15	14.69	15	15.88	15	16.00	15	14.76	15	14.03	15	13.60	15	13.73	15	13.69	15	13.13	
		25	13.08	25	13.83	25	14.58	25	14.69	25	15.46	25	16.07	25	13.83	25	13.76	25	13.62	25	13.72	25	13.48	25	13.17	
	1998	5	13.11	5	13.13	5	14.27	5	14.95	5	15.17	5	14.32	5	12.93	5	13.06	5	11.99	5	11.33	5	11.21	5	11.41	13.17
		15		15	13.83	15	14.58	15	14.95	15	15.17	15	14.19	15	12.93	15	12.86	15	12.57	15	11.16	15	11.56	15	11.33	
		25		25	14.14	25	14.87	25	15.82	25	15.45	25	13.82	25	12.77	25	12.30	25	12.06	25	11.19	25	11.44	25	11.16	

续表

点号	年份	日	1月水位	2月水位	3月水位	4月水位	5月水位	6月水位	7月水位	8月水位	9月水位	10月水位	11月水位	12月水位	年平均
24	1999	5	11.20	12.01	12.16	12.91	13.54	13.73	13.37	13.62	13.47	12.99	12.15	11.99	12.78
		15	11.30	12.02	12.94	12.89	13.70	13.89	13.57	13.80	12.94	13.07	12.17	12.12	
		25	11.35	12.05	12.40	13.11	13.43	13.76	13.50	13.65	12.66	12.18	11.96	12.33	
25	1990	4								⟨18.70⟩	11.33	11.75	10.80	11.38	11.28
		14							11.90	⟨17.68⟩	11.80	11.80	11.20	11.33	
		24							13.05	11.63	11.67	6.80	11.32	11.38	
	1991	4	11.97	12.38	12.68	⟨29.88⟩	⟨30.92⟩	⟨31.08⟩	⟨30.38⟩	⟨28.98⟩	⟨46.88⟩	14.68	⟨27.73⟩	12.68	12.98
		14	11.48	12.38	12.68	14.88	⟨32.12⟩	14.38	⟨27.48⟩	⟨29.38⟩	12.38	⟨30.88⟩	⟨29.38⟩	⟨27.88⟩	
		24	11.68	12.38	12.88	15.48	⟨28.63⟩	⟨30.58⟩	⟨27.38⟩	⟨30.38⟩	12.68	⟨30.38⟩	⟨27.68⟩	⟨28.38⟩	
	1992	4	⟨30.38⟩	12.48	⟨29.38⟩	⟨35.48⟩	⟨38.38⟩	⟨36.38⟩	⟨30.88⟩	⟨38.98⟩	⟨41.88⟩	⟨40.38⟩	⟨38.08⟩	⟨35.48⟩	13.36
		14	12.38	⟨28.38⟩	⟨31.38⟩	⟨38.38⟩	⟨35.48⟩	⟨34.48⟩	⟨30.38⟩	⟨35.08⟩	⟨39.68⟩	13.38	⟨40.38⟩	⟨35.48⟩	
		24	⟨30.88⟩	⟨28.48⟩	⟨34.98⟩	⟨37.98⟩	⟨32.38⟩	⟨30.38⟩	⟨31.38⟩	⟨34.38⟩	15.48	⟨39.38⟩	13.08	⟨36.08⟩	
	1993	5	⟨38.98⟩	13.38	⟨34.38⟩	⟨35.38⟩	⟨43.08⟩	⟨42.38⟩	⟨43.38⟩	⟨38.38⟩	⟨39.38⟩	⟨36.68⟩	⟨37.48⟩	⟨40.38⟩	14.55
		15	⟨41.38⟩	⟨40.38⟩	⟨34.58⟩	14.88	⟨42.38⟩	14.38	⟨44.88⟩	⟨40.38⟩	⟨38.38⟩	⟨38.38⟩	⟨36.38⟩	⟨42.48⟩	
		25	14.68	⟨41.08⟩	15.68	14.38	⟨41.48⟩	⟨40.38⟩	⟨41.48⟩	14.08	⟨34.38⟩	14.35	15.18	⟨41.48⟩	
	1994	5	⟨40.68⟩	⟨41.58⟩	⟨40.58⟩	⟨45.48⟩	⟨42.58⟩	⟨52.48⟩	16.78	⟨35.18⟩	⟨32.88⟩	⟨29.58⟩	⟨31.88⟩	⟨36.08⟩	16.51
		15	⟨41.38⟩	⟨41.58⟩	⟨41.38⟩	⟨43.48⟩	⟨44.38⟩	⟨52.58⟩	16.48	⟨31.88⟩	⟨44.38⟩	⟨32.18⟩	⟨34.48⟩	⟨38.38⟩	
		25	⟨40.48⟩	⟨45.48⟩	⟨41.08⟩	⟨43.08⟩	⟨45.48⟩	⟨53.38⟩	16.28	⟨49.88⟩	⟨46.38⟩	⟨33.88⟩	⟨39.98⟩	⟨37.28⟩	
	1995	5	14.38	⟨36.58⟩	⟨32.78⟩	⟨40.68⟩	⟨40.58⟩	⟨40.18⟩	⟨37.78⟩	⟨37.58⟩	⟨32.68⟩	16.08	⟨34.48⟩	15.18	15.09
		15	14.13	14.33	14.33	⟨41.08⟩	15.33	⟨39.68⟩	⟨38.38⟩	⟨36.18⟩	⟨32.95⟩	⟨34.88⟩	15.18	15.08	
		25	⟨33.58⟩	14.68	14.68	15.08	⟨39.58⟩	15.48	15.48	15.18	16.28	15.68	⟨33.28⟩	⟨33.68⟩	
	1996	5	15.28	15.28	15.31	⟨30.92⟩	⟨29.75⟩	15.95	⟨29.71⟩	⟨29.70⟩	⟨29.82⟩	⟨27.10⟩	13.80	14.19	15.01
		15	⟨35.88⟩	15.28	⟨31.95⟩	⟨30.63⟩	16.00	15.50	⟨30.29⟩	15.50	15.19	13.55	⟨24.36⟩	⟨29.31⟩	
		25	15.33	⟨31.38⟩	15.34	15.32	16.00	⟨29.99⟩	15.99	⟨30.29⟩	15.18	13.69	13.75	13.80	

续表

点号	年份	1月 日	1月 水位	2月 日	2月 水位	3月 日	3月 水位	4月 日	4月 水位	5月 日	5月 水位	6月 日	6月 水位	7月 日	7月 水位	8月 日	8月 水位	9月 日	9月 水位	10月 日	10月 水位	11月 日	11月 水位	12月 日	12月 水位	年平均
25	1997	5	11.26	5	11.53	5	⟨25.95⟩	5	⟨25.09⟩	5	⟨24.00⟩	5	14.24	5	11.05	5	11.65	5	13.69	5	13.32	5	13.39	5	13.08	
		15	11.85	15	11.59	15	⟨25.55⟩	15	⟨24.78⟩	15	14.03	15	14.28	15	⟨22.24⟩	15	⟨18.78⟩	15	13.87	15	13.63	15	13.21	15	12.98	12.99
		25	11.67	25	11.45	25	⟨25.72⟩	25	⟨24.58⟩	25	15.88	25	⟨23.01⟩	25	⟨22.13⟩	25	⟨21.83⟩	25	13.43	25	13.50	25	13.17	25	12.91	
	1998	5	13.09	5	13.08	5	13.73	5		5		5		5		5		5		5		5		5		
		15	13.24	15	13.38	15	13.71	15	14.04	15	13.98	15	13.67	15	12.55	15	12.24	15	11.62	15	10.73	15	11.04	15	11.11	12.87
		25	13.19	25	13.57	25	13.68	25		25		25		25		25		25		25		25		25		
	1999	15	11.54	15	11.70	15	12.30	15	12.30	15	12.68	15	13.31	15	10.92	15	11.93	15	12.43	15	11.96	15	11.90	15	11.85	12.07
26	1990	4	⟨22.00⟩	4	⟨21.90⟩	4	⟨21.90⟩	4	⟨22.90⟩	4	⟨22.72⟩	4	⟨24.00⟩	4	⟨24.00⟩	4	⟨22.00⟩	4	17.05	4	16.75	4	⟨21.90⟩	4	⟨21.00⟩	
		14	⟨22.00⟩	14	17.50	14	⟨21.50⟩	14	⟨22.80⟩	14	21.22	14	⟨24.00⟩	14	9.70	14	10.55	14	⟨22.00⟩	14	⟨21.90⟩	14	18.00	14	⟨22.00⟩	14.52
		24	⟨22.00⟩	24	17.50	24	⟨22.10⟩	24	⟨23.00⟩	24	⟨25.75⟩	24	⟨24.60⟩	24	12.00	24	⟨15.12⟩	24	⟨21.90⟩	24	17.60	24	⟨21.00⟩	24	⟨22.10⟩	
	1991	4	⟨24.60⟩	4	18.00	4	⟨25.00⟩	4	⟨24.60⟩	4	⟨28.70⟩	4	⟨28.60⟩	4	⟨27.00⟩	4	⟨25.00⟩	4	20.00	4	⟨28.00⟩	4	⟨25.00⟩	4	⟨24.90⟩	
		14	⟨24.50⟩	14	17.50	14	⟨25.10⟩	14	19.90	14	20.60	14	⟨27.60⟩	14	21.50	14	⟨25.50⟩	14	⟨27.60⟩	14	19.00	14	18.00	14	18.00	18.65
		24	⟨24.00⟩	24	⟨25.10⟩	24	⟨25.00⟩	24	⟨27.00⟩	24	⟨29.00⟩	24	19.90	24	22.00	24	⟨24.50⟩	24	⟨28.00⟩	24	⟨26.00⟩	24	⟨21.00⟩	24	⟨24.90⟩	
	1992	4	⟨25.70⟩	4	⟨25.60⟩	4	⟨25.00⟩	4	⟨25.70⟩	4	20.00	4	⟨25.00⟩	4	⟨25.00⟩	4	⟨25.70⟩	4	21.60	4	21.00	4	⟨25.00⟩	4	⟨25.10⟩	
		14	⟨26.00⟩	14	⟨26.20⟩	14	⟨24.70⟩	14	⟨25.00⟩	14	⟨26.00⟩	14	⟨25.70⟩	14	⟨26.00⟩	14	⟨26.00⟩	14	⟨28.00⟩	14	⟨24.50⟩	14	20.00	14	⟨25.60⟩	20.32
		24	⟨26.30⟩	24	⟨26.00⟩	24	19.00	24	⟨24.90⟩	24	⟨25.30⟩	24	⟨25.30⟩	24	⟨24.70⟩	24	⟨26.00⟩	24	⟨26.00⟩	24	⟨23.70⟩	24	⟨25.45⟩	24	⟨26.00⟩	
	1993	5	⟨24.10⟩	5	⟨24.00⟩	5	⟨25.10⟩	5	18.50	5	⟨24.50⟩	5	20.50	5	19.40	5	⟨25.00⟩	5	18.00	5	⟨23.50⟩	5	17.70	5	18.70	
		15	⟨25.20⟩	15	⟨24.30⟩	15	15.10	15	⟨25.10⟩	15	⟨24.70⟩	15	⟨26.50⟩	15	24.50	15	24.70	15	⟨27.50⟩	15	⟨22.50⟩	15	19.25	15	⟨25.00⟩	18.68
		25	⟨25.00⟩	25	⟨24.00⟩	25	⟨24.10⟩	25	⟨25.20⟩	25	⟨26.00⟩	25	18.00	25	24.80	25	⟨25.20⟩	25	⟨25.50⟩	25	21.40	25	⟨24.70⟩	25	⟨26.00⟩	
	1994	5	19.00	5	⟨24.00⟩	5	⟨25.00⟩	5	19.25	5	19.45	5	19.50	5	20.80	5	20.65	5	19.50	5	19.35	5	⟨24.30⟩	5	⟨24.00⟩	
		15	19.00	15	⟨23.20⟩	15	19.40	15	⟨24.00⟩	15	19.90	15	19.60	15	21.10	15	⟨24.80⟩	15	⟨25.60⟩	15	20.55	15	⟨25.20⟩	15	19.10	20.23
		25	⟨23.20⟩	25	19.15	25	⟨24.30⟩	25	⟨23.30⟩	25	19.65	25	⟨24.10⟩	25	⟨24.20⟩	25	20.70	25	⟨24.80⟩	25	20.55	25	19.95	25	19.85	
	1995																						20.05		19.85	19.93

续表

点号	年份	1月 日	1月 水位	2月 日	2月 水位	3月 日	3月 水位	4月 日	4月 水位	5月 日	5月 水位	6月 日	6月 水位	7月 日	7月 水位	8月 日	8月 水位	9月 日	9月 水位	10月 日	10月 水位	11月 日	11月 水位	12月 日	12月 水位	年平均
26	1996	5	19.90	5	⟨25.80⟩	5	20.48	5	⟨26.32⟩	5	19.94	5	⟨25.87⟩	5	⟨24.27⟩	5	20.13	5	20.16	5	⟨24.16⟩	5	20.05	5	20.14	20.13
26		15	⟨27.10⟩	15	⟨24.50⟩	15	⟨26.14⟩	15	19.96	15	⟨25.37⟩	15	20.04	15	20.58	15	19.97	15	⟨25.25⟩	15	⟨22.28⟩	15	⟨25.21⟩	15	20.09	
26		25	⟨27.60⟩	25	19.90	25	⟨25.69⟩	25	19.97	25	⟨25.51⟩	25	⟨25.55⟩	25	⟨24.86⟩	25	⟨26.96⟩	25	20.59	25	20.11	25	⟨25.73⟩	25	⟨29.61⟩	
	1997	5	⟨22.40⟩	5	18.44	5	17.94	5	18.22	5	19.12	5	18.61	5	18.31	5	18.94	5	19.08	5	18.52	5	18.48	5	17.93	18.44
		15	17.90	15	17.50	15	⟨22.38⟩	15	18.51	15	18.23	15	19.03	15	18.46	15	⟨23.80⟩	15	18.98	15	18.50	15	18.31	15	17.86	
		25	18.54	25	⟨21.81⟩	25	17.47	25	18.96	25	18.01	25	19.11	25	18.73	25	19.35	25	18.58	25	18.60	25	18.11	25	17.77	
27	1990	4		4		4		4		4		4		4		4	⟨11.13⟩	4	⟨10.21⟩	4	⟨11.05⟩	4	5.06	4	⟨10.93⟩	6.26
27		14	⟨10.00⟩	14	⟨11.30⟩	14	⟨10.63⟩	14	6.71	14	⟨11.48⟩	14	⟨11.43⟩	14	⟨12.29⟩	14	⟨10.25⟩	14	6.32	14	6.93	14	10.26	14	⟨11.03⟩	
27		24	⟨11.30⟩	24	⟨11.26⟩	24	⟨11.26⟩	24	6.26	24	7.35	24	⟨11.63⟩	24	⟨11.75⟩	24	4.23	24	⟨10.26⟩	24	4.73	24	⟨11.26⟩	24	⟨9.26⟩	
27	1991	4	5.83	4	⟨11.26⟩	4	6.26	4	6.96	4	7.35	4	⟨12.13⟩	4	⟨13.63⟩	4	6.23	4	6.30	4	⟨16.03⟩	4	5.83	4	5.03	6.17
27		14	6.83	14	4.13	14	5.23	14	7.63	14	⟨13.43⟩	14	⟨13.23⟩	14	⟨12.63⟩	14	⟨13.46⟩	14	⟨14.63⟩	14	⟨16.63⟩	14	5.43	14	6.13	
27		24	6.83	24	4.23	24	7.13	24	⟨13.23⟩	24	6.83	24	⟨15.83⟩	24	⟨12.73⟩	24	6.23	24	6.30	24	⟨16.38⟩	24	5.63	24	5.83	
27	1992	4	⟨12.13⟩	4	5.23	4	5.23	4	⟨12.13⟩	4	⟨13.13⟩	4	4.36	4	5.33	4	5.83	4	5.83	4	⟨13.23⟩	4	⟨12.13⟩	4	5.03	5.78
27		15	5.23	15	5.73	15	⟨13.23⟩	15	⟨10.63⟩	15	6.13	15	5.93	15	5.23	15	6.03	15	⟨15.13⟩	15	6.13	15	⟨13.23⟩	15	5.23	
27		25	⟨13.23⟩	25	⟨12.83⟩	25	6.13	25	⟨12.13⟩	25	⟨11.03⟩	25	⟨13.23⟩	25	5.43	25	6.23	25	6.03	25	⟨13.13⟩	25	5.73	25	5.43	
27	1993	4	6.13	4	⟨13.13⟩	4	6.43	4	⟨13.23⟩	4	6.43	4	6.43	4	6.13	4	6.13	4	6.13	4	6.13	4	⟨14.23⟩	4	6.13	6.04
27		15	⟨12.23⟩	15	⟨13.13⟩	15	⟨12.23⟩	15	⟨16.13⟩	15	⟨16.43⟩	15	⟨13.23⟩	15	6.73	15	⟨12.13⟩	15	⟨13.23⟩	15	⟨13.23⟩	15	⟨13.23⟩	15	⟨12.33⟩	
27		25	⟨13.23⟩	25	⟨12.23⟩	25	⟨13.23⟩	25	⟨13.83⟩	25	⟨16.33⟩	25	⟨13.23⟩	25	7.23	25	⟨13.13⟩	25	⟨12.23⟩	25	6.93	25	6.43	25	⟨13.23⟩	
27	1994	4	6.93	4	6.33	4	7.03	4	7.53	4	7.58	4	7.68	4	7.68	4	6.88	4	7.88	4	⟨9.78⟩	4	7.03	4	⟨9.48⟩	6.80
27		14	⟨10.68⟩	14	⟨11.13⟩	14	6.78	14	⟨12.33⟩	14	7.43	14	⟨14.03⟩	14	7.63	14	⟨16.88⟩	14	⟨14.13⟩	14	7.10	14	⟨13.83⟩	14	6.93	
27		24	⟨11.73⟩	24	7.03	24	⟨11.93⟩	24	⟨11.73⟩	24	⟨12.23⟩	24	7.73	24	7.63	24	8.28	24	8.63	24	⟨10.03⟩	24	⟨13.43⟩	24	6.93	
27	1995	4		4	⟨11.13⟩	4		4		4		4		4	⟨8.33⟩	4		4		4	6.73	4	6.88	4	6.78	7.37
27		14		14	7.03	14	6.78	14		14		14		14		14	8.50	14	8.50	14	6.73	14	⟨10.18⟩	14	6.78	
27		24		24	7.03	24		24		24		24		24	7.63	24	7.78	24	⟨10.93⟩	24		24	6.78	24	⟨10.28⟩	

第四章 汉中市

续表

点号	年份	1月 日	1月 水位	2月 日	2月 水位	3月 日	3月 水位	4月 日	4月 水位	5月 日	5月 水位	6月 日	6月 水位	7月 日	7月 水位	8月 日	8月 水位	9月 日	9月 水位	10月 日	10月 水位	11月 日	11月 水位	12月 日	12月 水位	年平均
27	1996	5	6.88	5	6.93	5	7.15	5	6.99	5	⟨10.88⟩	5	7.61	5	7.10	5	7.14	5	7.10	5	7.08	5	7.10	5	7.09	7.04
		15	6.88	15	⟨11.18⟩	15	7.18	15	6.97	15	6.57	15	7.09	15	7.10	15	7.12	15	7.10	15	⟨9.86⟩	15	7.07	15	7.09	
		25	6.88	25	6.93	25	⟨11.67⟩	25	⟨11.64⟩	25	6.59	25	7.10	25	7.14	25	⟨10.70⟩	25	7.09	25	⟨10.20⟩	25	7.08	25	⟨10.60⟩	
	1997	5	6.75	5	6.29	5	6.38	5	5.90	5	7.22	5	6.88	5	7.09	5	7.05	5	6.77	5	7.09	5	7.32	5	⟨13.05⟩	6.83
		15	5.68	15	6.05	15	6.55	15	6.52	15	7.09	15	7.14	15	7.14	15	⟨15.70⟩	15	7.00	15	7.21	15	7.40	15	7.46	
		25	5.53	25	6.16	25	6.72	25	7.04	25	6.64	25	7.36	25	7.21	25	6.88	25	7.19	25	7.29	25	7.48	25	⟨12.55⟩	
	1998	5	7.13	5	⟨13.79⟩	5	⟨12.35⟩	5	⟨15.90⟩	5	⟨15.81⟩	5	6.88	5	⟨14.67⟩	5	⟨10.30⟩	5	3.91	5	⟨13.96⟩	5	⟨14.14⟩	5	5.23	6.26
		15	7.16	15	⟨13.64⟩	15	⟨15.99⟩	15		15		15	⟨15.51⟩	15		15		15		15		15		15		
		25	7.24	25	⟨12.54⟩	25	⟨16.02⟩	25		25		25		25		25		25		25		25		25		
	1999	15	4.48	15	⟨15.13⟩	15	⟨15.40⟩	15	⟨15.42⟩	15	5.70	15		15	⟨15.21⟩	15	6.48	15	5.55	15	6.48	15	⟨14.61⟩	15	⟨14.75⟩	5.74
28	1990	4		4		4		4		4		4		4		4	7.00	4	6.60	4	6.90	4	7.00	4	7.98	7.44
		14		14		14		14		14		14		14	8.10	14	7.95	14	8.10	14	7.80	14	7.40	14	7.18	
		24		24		24		24		24		24	8.28	24	8.22	24	8.22	24	4.60	24	7.60	24	8.76	24	7.08	
	1991	4	7.48	4	7.58	4	7.68	4	7.88	4	8.10	4	9.08	4	8.38	4	8.73	4	7.88	4	7.88	4	7.68	4	7.98	8.43
		14	7.68	14	7.68	14	7.78	14	8.24	14	8.10	14	9.10	14	8.63	14	8.63	14	10.38	14	8.58	14	7.08	14	7.68	
		24	15.68	24	7.68	24	7.88	24	8.12	24	8.90	24	7.68	24	8.38	24	8.38	24	10.68	24	8.38	24	7.68	24	7.68	
	1992	4	7.68	4	8.08	4	7.78	4	8.38	4	⟨17.08⟩	4	7.48	4	4.38	4	7.18	4	8.38	4	7.88	4	7.48	4	6.68	7.42
		14	7.68	14	7.88	14	8.08	14	⟨17.68⟩	14	7.48	14	7.38	14	4.58	14	7.68	14	8.08	14	8.38	14	7.68	14	7.08	
		24	⟨18.38⟩	24	⟨18.38⟩	24	4.38	24	8.98	24	7.38	24	7.68	24	7.38	24	8.68	24	7.38	24	7.68	24	7.68	24	6.88	
	1993	5	⟨13.08⟩	5	⟨14.38⟩	5	7.58	5	7.08	5	⟨15.08⟩	5	⟨16.38⟩	5	⟨16.38⟩	5	⟨17.08⟩	5	⟨16.68⟩	5	7.98	5	7.68	5	8.08	7.80
		15	7.08	15	7.28	15	7.08	15	⟨15.08⟩	15	⟨14.68⟩	15	8.08	15	8.48	15	⟨9.68⟩	15	8.83	15	7.68	15	8.08	15	⟨17.68⟩	
		25	⟨12.48⟩	25	8.38	25	7.68	25	⟨15.48⟩	25	⟨18.78⟩	25	8.08	25	8.68	25	8.08	25	⟨10.68⟩	25	8.68	25	8.58	25	8.08	
	1994	5	8.38	5	7.08	5	7.38	5	7.48	5	7.48	5	8.38	5	8.88	5	8.78	5	8.78	5	8.68	5	8.58	5	8.58	8.21
		15	8.58	15	7.08	15	7.68	15	7.68	15	7.68	15	8.08	15	8.88	15	8.88	15	8.78	15	8.58	15	8.58	15	8.48	
		25	⟨17.38⟩	25	7.38	25	7.08	25	7.68	25	7.88	25	8.08	25	8.88	25	8.88	25	8.78	25	8.58	25	8.53	25	8.48	

续表

点号	年份	1月 日	1月 水位	2月 日	2月 水位	3月 日	3月 水位	4月 日	4月 水位	5月 日	5月 水位	6月 日	6月 水位	7月 日	7月 水位	8月 日	8月 水位	9月 日	9月 水位	10月 日	10月 水位	11月 日	11月 水位	12月 日	12月 水位	年平均
28	1995	4	8.48	4	8.53	4	8.53	4	9.83	4	9.48	4	9.38	4	9.28	4	8.98	4	8.78	4	8.33	4	8.38	4	8.38	8.83
		14	8.48	14	8.53	14	8.53	14	9.78	14	8.93	14	9.28	14	9.23	14	9.03	14	8.43	14	8.33	14	8.43	14	8.38	
		24	8.48	24	8.58	24	8.53	24	9.81	24	9.28	24	9.28	24	9.23	24	8.93	24	〈10.08〉	24	8.33	24	8.43	24	8.38	
	1996	5	8.68	5	8.73	5	8.75	5	8.37	5	8.28	5	8.83	5	8.83	5	8.85	5	8.84	5	8.82	5	8.49	5	8.52	8.67
		15	8.73	15	8.73	15	8.76	15	8.31	15	8.26	15	8.83	15	8.89	15	8.89	15	8.81	15	8.81	15	8.48	15	8.51	
		25	8.73	25	8.73	25	8.75	25	8.30	25	8.26	25	8.83	25	8.89	25	8.89	25	8.81	25	8.78	25	8.49	25	8.54	
	1997	5	8.10	5	8.12	5	8.17	5	8.17	5	8.26	5	8.43	5	8.37	5	8.27	5	8.31	5	8.12	5	8.19	5	8.25	8.22
		15	7.94	15	8.11	15	8.16	15	8.19	15	8.32	15	8.46	15	8.31	15	8.29	15	8.21	15	8.11	15	8.20	15	8.21	
		25	8.09	25	8.16	25	8.14	25	8.22	25	8.41	25	8.50	25	8.25	25	8.28	25	8.15	25	8.18	25	8.23	25	8.15	
	1998	5	8.16	5	8.28	5	8.44	5	8.57	5	8.65	5	8.24	5	8.06	5	7.18	5	6.61	5	6.52	5	6.55	5	6.59	7.59
		15	8.30	15	8.36	15	8.49	15	8.53	15	8.46	15	8.14	15	7.03	15	7.02	15	6.60	15	6.51	15	6.61	15	6.67	
		25	8.37	25	8.40	25	8.53	25	8.50	25	8.36	25	8.09	25	7.20	25	6.82	25	6.50	25	6.53	25	6.60	25	6.78	
	1999	5	7.08	5	7.31	5	7.51	5	7.79	5	7.88	5	7.95	5	7.85	5	7.66	5	7.52	5	7.47	5	7.57	5	7.38	7.62
		15	7.17	15	7.41	15	7.59	15	7.81	15	7.88	15	7.93	15	7.69	15	7.72	15	7.58	15	7.51	15	7.64	15	7.73	
		25	7.24	25	7.47	25	7.68	25	7.80	25	7.90	25	7.92	25	7.60	25	7.65	25	7.56			25	7.57	25	7.82	
29	1990	4		4		4		4		4		4		4		4	5.15	4	5.82	4	6.10	4	6.00	4	6.20	5.87
		14		14	5.80	14	6.00	14	5.80	14	6.22	14	6.22	14	5.30	14	5.15	14	〈5.80〉	14	6.00	14	6.20	14	6.30	
		24		24	6.00	24	6.00	24	5.80	24	6.20	24	6.00	24	〈5.53〉	24	5.51	24	6.20	24	6.05	24	〈6.40〉	24	6.20	
	1991	4	6.20	4	6.00	4	6.00	4	5.80	4	6.22	4	6.00	4	6.00	4	6.00	4	5.50	4	6.00	4	6.00	4	7.98	6.05
		14	6.20	14	6.00	14	5.90	14	5.80	14	6.20	14	6.00	14	6.00	14	6.20	14	5.50	14	6.00	14	6.00	14	6.20	
		24	6.20	24	6.00	24	6.20	24	6.20	24	6.22	24	5.80	24	5.80	24	6.00	24	5.50	24	5.80	24	5.80	24	6.20	
	1992	4	6.40	4	6.40	4	6.40	4	6.00	4	5.80	4	5.80	4	5.80	4	6.00	4	6.00	4	5.80	4	5.80	4	5.80	6.00
		14	6.40	14	6.40	14	6.40	14	6.00	14	5.80	14	5.80	14	5.80	14	6.00	14	6.00	14	6.00	14	5.80	14	5.80	
		24	6.40	24	6.40	24	6.20	24	6.00	24	5.90	24	5.80	24	5.80	24	6.00	24	6.00	24	6.00	24	5.80	24	5.80	

第四章 汉中市

续表

点号	年份	1月 日	1月 水位	2月 日	2月 水位	3月 日	3月 水位	4月 日	4月 水位	5月 日	5月 水位	6月 日	6月 水位	7月 日	7月 水位	8月 日	8月 水位	9月 日	9月 水位	10月 日	10月 水位	11月 日	11月 水位	12月 日	12月 水位	年平均
29	1993	5	6.00	5	6.00	5	6.20	5	6.00	5	5.80	5	5.80	5	5.80	5	5.80	5	5.80	5	6.00	5	6.00	5	6.20	5.94
		15	6.00	15	6.00	15	6.20	15	5.80	15	5.80	15	5.80	15	6.00	15	5.80	15	5.80	15	6.00	15	6.00	15	6.20	
		25	6.20	25	6.20	25	6.20	25	6.00	25	5.80	25	5.80	25	5.80	25	5.80	25	5.80	25	6.00	25	6.00	25	6.20	
	1994	5	6.20	5	6.20	5	6.20	5	6.00	5	6.00	5	6.20	5	8.25	5	〈8.80〉	5	7.40	5	7.15	5	7.10	5	7.00	6.78
		15	6.20	15	6.20	15	6.20	15	6.00	15	6.20	15	6.20	15	8.30	15	8.60	15	7.45	15	7.18	15	7.10	15	6.94	
		25	6.95	25	7.05	25	7.10	25	6.00	25	6.20	25	6.20	25	8.30	25	7.45	25	7.40	25	7.13	25	7.05	25	6.95	
	1995	4	6.96	4	6.95	4	7.10	4	7.15	4	7.25	4	7.25	4	7.50	4	7.45	4	7.20	4	7.50	4	7.50	4	7.50	7.31
		14	6.96	14	7.10	14	7.25	14	7.10	14	7.25	14	7.25	14	7.50	14	7.40	14	8.08	14	7.50	14	7.50	14	7.50	
		24	6.95	24	7.10	24	7.15	24	7.15	24	7.30	24	7.35	24	7.45	24	7.40	24	7.20	24	7.01	24	7.55	24	7.07	
	1996	5	7.10	5	7.10	5	7.35	5	7.27	5	7.27	5	7.08	5	7.10	5	7.10	5	7.06	5	7.01	5	7.08	5	7.07	7.13
		15	7.10	15	7.10	15	7.35	15	7.27	15	7.27	15	7.02	15	7.11	15	7.12	15	7.04	15	7.01	15	7.08	15	7.05	
		25	7.10	25	7.10	25	7.35	25	7.27	25	7.25	25	7.04	25	7.10	25	7.00	25	7.04	25	7.00	25	7.07	25	7.13	
	1997	5	6.75	5	6.78	5	7.01	5	6.97	5	6.91	5	7.02	5	7.01	5	7.06	5	7.19	5	7.05	5	7.10	5	7.09	7.00
		15	6.70	15	6.81	15	6.91	15	6.99	15	6.92	15	7.09	15	7.00	15	7.09	15	7.13	15	7.10	15	7.11	15	7.05	
		25	〈7.00〉	25	6.87	25	6.90	25	6.88	25	6.96	25	7.12	25	7.00	25	7.09	25	7.09	25	7.05	25	7.10	25		
	1998	5	6.73	5	7.23	5	7.33	5	7.36	5	7.17	5	6.84	5	6.14	5	5.91	5	5.48	5	5.62	5	5.82	5	6.09	6.75
		15	7.22	15	7.29	15	7.36	15		15		15		15		15		15		15		15		15		
		25	7.25	25	7.30	25	7.40	25		25		25		25		25		25		25		25		25		
	1999	15	6.48	15	6.77	15	6.85	15	6.92	15	7.00	15	7.00	15	6.78	15	6.79	15	6.70	15	6.48	15	6.90	15	6.94	6.80
30	1990	4	〈30.30〉	4	〈36.35〉	4	〈28.26〉	4	〈36.26〉	4	〈44.63〉	4	26.23	4	〈29.73〉	4	〈21.36〉	4	〈26.36〉	4	〈28.36〉	4	〈22.26〉	4	〈26.63〉	26.36
		14	〈36.26〉	14	〈27.63〉	14	〈26.63〉	14	〈34.13〉	14	〈46.63〉	14	〈38.15〉	14	〈29.68〉	14	〈27.53〉	14	〈23.01〉	14	〈27.33〉	14	〈26.26〉	14	〈26.63〉	
		24	26.26	24	〈27.63〉	24	〈28.26〉	24	〈35.33〉	24	〈45.28〉	24	〈28.03〉	24	〈28.73〉	24	〈22.96〉	24	〈22.36〉	24	26.36	24	〈29.06〉	24	〈28.30〉	
	1991	4		4		4		4		4		4		4		4	〈32.13〉	4	〈28.13〉	4	〈28.13〉	4	〈35.63〉	4	〈25.63〉	26.25
		14		14		14		14		14		14		14		14	〈40.63〉	14	〈28.36〉	14	〈26.63〉	14	〈38.63〉	14	〈29.13〉	
		24		24		24		24		24		24		24		24	〈31.28〉	24	〈34.26〉	24	〈27.13〉	24	〈39.13〉	24	〈29.13〉	

续表

点号	年份	1月 日	1月 水位	2月 日	2月 水位	3月 日	3月 水位	4月 日	4月 水位	5月 日	5月 水位	6月 日	6月 水位	7月 日	7月 水位	8月 日	8月 水位	9月 日	9月 水位	10月 日	10月 水位	11月 日	11月 水位	12月 日	12月 水位	年平均
30	1992	4	⟨29.13⟩	4	25.63	4	⟨34.63⟩	4	⟨28.73⟩	4	⟨28.73⟩	4	26.63	4	⟨30.63⟩	4	⟨28.13⟩	4	⟨30.63⟩	4	⟨28.13⟩	4	⟨31.13⟩	4	⟨28.13⟩	26.05
		14	⟨30.63⟩	14	⟨48.13⟩	14	⟨39.63⟩	14	⟨26.73⟩	14	⟨28.23⟩	14	⟨30.23⟩	14	⟨31.13⟩	14	⟨28.73⟩	14	⟨27.63⟩	14	⟨27.63⟩	14	⟨31.23⟩	14	⟨28.83⟩	
		24	⟨31.13⟩	24	⟨47.63⟩	24	⟨32.08⟩	24	⟨28.13⟩	24	⟨28.83⟩	24	26.03	24	⟨30.83⟩	24	⟨27.63⟩	24	⟨28.23⟩	24	⟨28.13⟩	24	25.83	24	26.13	
	1993	5	⟨29.13⟩	5	⟨30.83⟩	5	⟨42.13⟩	5	⟨37.13⟩	5	⟨37.13⟩	5	⟨36.43⟩	5	⟨29.13⟩	5	⟨42.63⟩	5	⟨39.13⟩	5	⟨41.13⟩	5	⟨42.13⟩	5	⟨40.13⟩	14.93
		15	⟨28.63⟩	15	⟨30.13⟩	15	⟨38.13⟩	15	⟨35.13⟩	15	⟨37.23⟩	15	⟨34.83⟩	15	⟨31.13⟩	15	⟨42.23⟩	15	⟨38.23⟩	15	⟨39.23⟩	15	⟨41.23⟩	15	⟨40.13⟩	
		25	⟨29.13⟩	25	⟨31.13⟩	25	⟨31.13⟩	25	⟨34.23⟩	25	⟨35.03⟩	25	⟨33.73⟩	25	⟨29.23⟩	25	⟨36.13⟩	25	⟨38.83⟩	25	⟨38.13⟩	25	14.93	25	⟨40.13⟩	
	1994	5	⟨41.33⟩	5	⟨39.43⟩	5	⟨39.13⟩	5	⟨39.13⟩	5	⟨42.23⟩	5	⟨41.23⟩	5	⟨22.63⟩	5	⟨27.23⟩	5	⟨27.93⟩	5	⟨26.43⟩	5	⟨28.13⟩	5	⟨28.33⟩	21.23
		15	⟨42.13⟩	15	⟨40.13⟩	15	⟨38.13⟩	15	⟨41.23⟩	15	⟨41.13⟩	15	⟨42.13⟩	15	⟨26.63⟩	15	⟨27.03⟩	15	⟨27.03⟩	15	⟨26.83⟩	15	⟨27.23⟩	15	⟨27.43⟩	
		25	⟨39.43⟩	25	⟨41.13⟩	25	⟨37.43⟩	25	⟨28.93⟩	25	⟨42.33⟩	25	⟨43.13⟩	25	⟨25.63⟩	25	⟨27.88⟩	25	⟨26.63⟩	25	⟨26.13⟩	25	⟨27.53⟩	25	21.23	
	1995	5	⟨28.43⟩	5	⟨28.33⟩	5	⟨28.38⟩	5	⟨28.33⟩	5	⟨33.73⟩	5	⟨34.23⟩	5	⟨33.23⟩	5	22.83	5	⟨29.73⟩	5	23.73	5	⟨28.03⟩	5	⟨28.33⟩	25.37
		15	⟨28.93⟩	15	⟨27.93⟩	15	⟨28.08⟩	15	⟨28.73⟩	15	⟨34.63⟩	15	⟨33.53⟩	15	⟨31.63⟩	15	⟨31.23⟩	15	⟨28.00⟩	15	⟨29.33⟩	15	⟨28.28⟩	15	⟨29.48⟩	
		25	⟨28.13⟩	25	⟨27.13⟩	25	⟨28.73⟩	25	⟨28.96⟩	25	28.73	25	28.83	25	28.43	25	24.23	25	23.83	25	24.03	25	⟨27.53⟩	25	23.73	
	1996	5	⟨28.53⟩	5	⟨27.33⟩	5	⟨29.09⟩	5	⟨30.08⟩	5	⟨29.89⟩	5	⟨29.56⟩	5	⟨28.64⟩	5	⟨30.75⟩	5	⟨29.54⟩	5	⟨30.15⟩	5	⟨28.53⟩	5	⟨30.06⟩	23.73
		15	23.08	15	24.93	15	23.79	15	23.75	15	23.75	15	⟨31.94⟩	15	⟨27.75⟩	15	⟨29.46⟩	15	23.51	15	23.49	15	⟨29.39⟩	15	23.45	
		25	⟨28.93⟩	25	23.43	25	⟨29.71⟩	25	⟨28.90⟩	25	⟨29.50⟩	25	24.51	25	⟨30.40⟩	25	⟨30.57⟩	25	23.49	25	⟨31.10⟩	25	⟨29.34⟩	25	⟨30.72⟩	
	1997	5	⟨28.43⟩	5	⟨30.22⟩	5	⟨29.88⟩	5	⟨29.10⟩	5	⟨30.10⟩	5	⟨30.24⟩	5	⟨29.18⟩	5	⟨30.34⟩	5	⟨30.19⟩	5	⟨29.95⟩	5	⟨29.82⟩	5	⟨29.15⟩	
		15	⟨28.63⟩	15	⟨30.10⟩	15	⟨29.75⟩	15	⟨29.10⟩	15	⟨30.82⟩	15	⟨30.41⟩	15	⟨29.25⟩	15	⟨30.71⟩	15	⟨30.31⟩	15	⟨29.99⟩	15	⟨29.45⟩	15	⟨29.10⟩	
		25	⟨30.63⟩	25	⟨29.95⟩	25	⟨29.64⟩	25		25	⟨30.57⟩	25	⟨30.32⟩	25	⟨29.61⟩	25	⟨31.12⟩	25	⟨30.28⟩	25	⟨29.71⟩	25	⟨29.45⟩	25	⟨29.31⟩	
201-1	1994	5	⟨14.20⟩	5	⟨14.44⟩	5	⟨14.71⟩	5	⟨14.94⟩	5	⟨15.65⟩	5	⟨16.06⟩	5	⟨14.37⟩	5	⟨14.68⟩	5	⟨13.98⟩	5	⟨13.99⟩	5	12.54	5	⟨14.20⟩	12.54
		15	⟨14.14⟩	15	⟨14.69⟩	15	⟨15.25⟩	15	⟨15.00⟩	15	⟨16.82⟩	15	⟨16.00⟩	15	⟨14.70⟩	15	⟨15.13⟩	15	⟨13.87⟩	15	⟨12.66⟩	15	⟨12.68⟩	15	⟨14.45⟩	
		25		25		25		25		25	⟨15.94⟩	25	⟨16.14⟩	25		25		25	⟨13.94⟩	25	⟨12.62⟩	25	⟨12.52⟩	25	⟨14.66⟩	
	1995	5	⟨14.25⟩	5	⟨14.71⟩	5	⟨15.44⟩	5	⟨14.94⟩	5		5		5	⟨16.66⟩	5	⟨16.10⟩	5	⟨13.97⟩	5	⟨15.12⟩	5	⟨13.52⟩	5	⟨14.13⟩	11.70
		15		15		15		15		15		15		15	⟨16.62⟩	15	⟨15.97⟩	15	⟨14.45⟩	15	14.09	15	⟨13.83⟩	15	⟨14.06⟩	
		25		25		25		25		25		25		25	⟨16.44⟩	25	⟨14.89⟩	25	⟨15.15⟩	25	⟨17.54⟩	25	⟨14.04⟩	25	9.30	

续表

点号	年份	1月 日	1月 水位	2月 日	2月 水位	3月 日	3月 水位	4月 日	4月 水位	5月 日	5月 水位	6月 日	6月 水位	7月 日	7月 水位	8月 日	8月 水位	9月 日	9月 水位	10月 日	10月 水位	11月 日	11月 水位	12月 日	12月 水位	年平均
201-1	1996	5	〈14.19〉	5	〈18.13〉	5	〈18.49〉	5	13.98	5	〈15.19〉	5	〈15.67〉	5	12.91	5	13.98	5	〈13.82〉	5	12.69	5	〈13.28〉	5	13.34	13.22
		15	〈14.21〉	15	11.57	15	14.24	15	14.13	15	〈15.11〉	15	〈15.80〉	15	14.27	15	13.77	15	13.81	15	12.76	15	12.74	15	12.53	
		25	〈14.14〉	25	〈18.27〉	25	〈18.68〉	25	〈19.54〉	25	〈15.24〉	25	13.44	25	〈14.99〉	25	〈15.11〉	25	12.57	25	〈13.62〉	25	12.53	25	12.65	
	1997	5	12.63	5	12.98	5	〈14.95〉	5	〈14.33〉	5	〈14.29〉	5	13.89	5	13.45	5	13.31	5	12.66	5	〈13.52〉	5	12.88	5	12.74	12.95
		15	12.95	15	12.92	15	〈14.63〉	15	〈14.21〉	15	〈14.68〉	15	〈14.70〉	15	〈13.78〉	15	〈13.33〉	15	12.63	15	12.89	15	〈13.50〉	15	12.67	
		25	12.99	25	〈13.93〉	25	〈14.28〉	25	〈14.11〉	25	〈14.61〉	25	〈14.87〉	25	13.34	25	〈13.39〉	25	12.53	25	12.81	25	12.84	25	〈13.61〉	
	1998	5	12.82	5	〈13.95〉	5	〈14.06〉	5	〈14.53〉	5	〈14.65〉	5	13.55	5	〈13.98〉	5	〈13.51〉	5	〈12.49〉	5	〈12.32〉	5	11.23	5	11.43	12.15
		15	13.02	15	〈14.15〉	15	〈14.15〉	15	〈14.40〉	15	〈14.60〉	15	13.24	15	〈13.49〉	15	〈13.20〉	15	〈12.49〉	15	11.16	15	11.29	15	11.36	
		25	13.88	25	〈14.23〉	25	〈14.47〉	25	〈14.72〉	25	〈14.58〉	25	13.41	25	〈13.52〉	25	12.59	25	〈12.37〉	25	11.21	25	11.30	25	11.22	
	1999	5	11.22	5	11.74	5	11.87	5	12.72	5	12.91	5	13.11	5	〈13.72〉	5	12.80	5	12.13	5	12.18	5	12.14	5	11.97	12.30
		15	11.39	15	11.72	15	〈13.10〉	15	〈13.62〉	15	13.04	15	12.97	15	〈13.62〉	15	12.51	15	12.16	15	12.20	15	12.11	15	11.94	
		25	11.55	25	11.74	25	〈13.44〉	25	〈13.68〉	25	13.09	25	13.79	25	13.07	25	12.40	25	12.18	25	12.02	25	12.02	25	11.90	
203-1	1994	5		5		5		5		5		5		5		5	〈15.92〉	5	〈15.88〉	5	〈15.66〉	5	〈13.47〉	5	〈15.56〉	
		15		15		15		15		15		15		15	〈15.75〉	15	〈16.32〉	15	〈15.58〉	15	〈13.65〉	15	〈15.38〉	15	〈15.78〉	
		25		25		25		25		25		25	〈16.28〉	25	〈15.74〉	25	〈13.39〉	25	〈15.64〉	25	〈13.61〉	25	〈15.44〉	25	〈15.85〉	
	1995	5	〈15.56〉	5	〈15.84〉	5	〈16.18〉	5	〈16.03〉	5	〈15.94〉	5	〈19.05〉	5	〈17.85〉	5	〈15.25〉	5	〈14.02〉	5	13.46	5	〈13.66〉	5	〈13.73〉	11.95
		15	〈16.07〉	15	〈16.03〉	15	〈17.03〉	15	〈16.07〉	15	〈16.05〉	15	〈20.70〉	15	〈17.80〉	15	〈14.90〉	15	〈13.76〉	15	14.76	15	〈14.03〉	15	〈14.09〉	
		25	〈16.11〉	25	〈15.82〉	25	〈17.41〉	25	〈16.02〉	25	〈16.16〉	25	〈15.38〉	25	〈15.73〉	25	〈14.48〉	25	7.62	25	〈18.85〉	25	〈14.05〉	25	〈14.11〉	
	1996	5	〈13.28〉	5	〈17.68〉	5	〈18.26〉	5	15.02	5	〈19.17〉	5	14.06	5	12.79	5	〈15.53〉	5	〈14.95〉	5	〈14.20〉	5	12.57	5	12.32	13.58
		15	〈14.24〉	15	〈17.71〉	15	15.52	15	15.01	15	14.47	15	13.97	15	13.94	15	〈15.58〉	15	12.68	15	〈14.48〉	15	〈14.40〉	15	12.31	
		25	11.84	25	〈17.77〉	25	14.61	25	〈19.06〉	25	14.45	25	13.73	25	〈16.07〉	25	〈15.40〉	25	12.68	25	〈14.64〉	25	〈14.30〉	25	12.59	
	1997	5	12.57	5	〈13.62〉	5	13.11	5	13.42	5	13.15	5	〈15.80〉	5	13.27	5	13.09	5	12.32	5	〈14.65〉	5	12.78	5	〈15.32〉	13.10
		15	12.73	15	12.94	15	13.05	15	13.30	15	〈15.69〉	15	〈15.72〉	15	〈15.17〉	15	〈15.15〉	15	〈15.10〉	15	〈15.42〉	15	〈14.82〉	15	12.82	
		25	12.78	25	13.05	25	13.37	25	13.20	25	〈15.84〉	25		25	13.14	25	14.22	25	12.38	25	14.69	25	〈14.91〉	25	13.69	

续表

点号	年份	1月 日	1月 水位	2月 日	2月 水位	3月 日	3月 水位	4月 日	4月 水位	5月 日	5月 水位	6月 日	6月 水位	7月 日	7月 水位	8月 日	8月 水位	9月 日	9月 水位	10月 日	10月 水位	11月 日	11月 水位	12月 日	12月 水位	年平均
203-1	1998	5	12.93	5	13.30	5	13.30	5	13.73	5	13.80	5	13.30	5	13.01	5	12.44	5	11.25	5	10.55	5	10.80	5	11.03	12.43
		15	13.03	15	13.40	15	13.52	15	13.58	15	13.76	15	13.00	15	12.57	15	11.98〉	15	11.18	15	10.68	15	10.84	15	10.99	
		25	13.19	25	13.46	25	13.69	25	13.87	25	13.66	25	13.10	25	12.59	25	11.38	25	11.47	25	10.73	25	10.87	25	10.92	
	1999	5	10.99	5	11.54	5	11.69	5	12.78	5	13.16	5	〈15.21〉	5	〈14.86〉	5	〈14.88〉	5	11.86	5	〈13.91〉	5	〈14.05〉	5	11.91	11.91
		15	11.23	15	11.57	15	〈14.33〉	15	〈15.02〉	15	〈15.09〉	15	〈15.17〉	15	〈14.90〉	15	12.15	15	11.77	15	〈13.81〉	15	12.08	15	11.82	
		25	11.39	25	11.58	25	〈14.68〉	25	13.07	25	〈15.10〉	25	〈15.08〉	25	〈14.92〉	25	11.99	25	〈13.96〉	25	〈14.01〉	25	12.03	25	11.67	
205	1994									5		5		5		5	〈23.70〉	5	〈22.00〉	5	〈21.71〉	5	〈18.56〉	5	〈19.59〉	
				15	〈22.12〉	15	〈22.42〉	15	14.47	15	〈22.50〉	15	〈22.93〉	15	〈23.44〉	15	〈24.20〉	15	〈21.70〉	15	〈18.15〉	15	〈13.92〉	15	〈19.70〉	
				25	〈22.26〉	25	〈22.49〉	25		25	〈22.66〉	25	〈20.00〉	25	〈24.04〉	25	〈22.16〉	25	〈21.67〉	25	〈18.76〉	25	〈13.96〉	25	〈20.02〉	
	1995	5	〈19.59〉	5	〈22.00〉	5	〈22.69〉	5	〈19.10〉	5	〈22.76〉	5	〈21.40〉	5	〈23.56〉	5	〈22.00〉	5	〈19.04〉	5	〈18.03〉	5	〈15.42〉	5	〈15.42〉	13.05
		15	〈20.27〉	15	〈22.26〉	15	〈20.55〉	15	〈19.12〉	15	16.12	15	15.55	15	〈23.46〉	15	14.34	15	〈18.75〉	15	12.80	15	〈15.21〉	15	10.59	
		25	〈20.36〉	25	〈18.21〉	25	〈22.15〉	25	〈21.46〉	25	〈18.56〉	25	12.67	25	〈23.01〉	25	〈20.62〉	25	〈18.24〉	25	〈18.11〉	25	〈15.32〉	25	〈15.62〉	
	1996	5	〈15.76〉	5	〈18.34〉	5	10.71	5	16.37	5	15.50	5	12.44	5	14.45	5	〈22.75〉	5	〈20.02〉	5	12.68	5	〈19.06〉	5	13.31	13.90
		15	10.54	15	〈18.27〉	15	〈18.75〉	15	16.32	15	〈18.72〉	15	14.07	15	〈22.68〉	15	16.20	15	13.31	15	12.85	15	〈19.15〉	15	〈17.23〉	
		25	〈16.68〉	25	〈18.55〉	25	〈18.59〉	25	〈18.79〉	25	13.97	25	〈19.66〉	25	〈21.86〉	25	15.42	25	12.82	25	〈19.06〉	25	12.97	25	〈19.27〉	
	1997	5	〈19.80〉	5	〈20.07〉	5	〈18.93〉	5	〈18.93〉	5	13.88	5	〈19.00〉	5	〈20.84〉	5	〈20.71〉	5	〈18.29〉	5	〈18.71〉	5	〈19.36〉	5	〈19.72〉	13.99
		15	〈18.37〉	15	〈19.92〉	15	14.49	15	14.25	15	14.69	15		15	〈20.97〉	15	〈18.93〉	15	〈18.24〉	15	〈18.84〉	15	〈19.89〉	15	14.17	
		25	〈19.76〉	25	〈20.44〉	25	14.55	25	14.67	25	〈21.22〉	25		25	〈20.99〉	25	〈17.70〉	25	13.31	25	〈19.03〉	25	〈19.77〉	25	14.29	
	1998	5	14.19	5	14.25	5	14.61	5	13.78	5		5		5	12.74	5	〈17.57〉	5	11.36	5	〈16.69〉	5	12.60	5	12.77	13.87
		15	14.55	15	14.33	15	14.55	15		15		15		15	〈18.67〉	15	12.67	15	12.59	15	〈17.98〉	15	〈19.02〉	15	13.42	
		25	13.36	25	13.48	25	13.59	25		25		25		25		25	〈21.66〉	25	〈21.38〉	25	〈20.65〉	25	〈18.52〉	25	〈19.37〉	
	1999													15	〈24.50〉	15	〈21.75〉	15	〈21.48〉	15	12.28	15	〈18.36〉	15	〈19.53〉	13.27
210	1994													25	〈24.65〉	25	〈21.46〉	25	11.46	25	12.48	25	〈18.43〉	25	〈20.11〉	12.07

续表

点号	年份	1月 日	1月 水位	2月 日	2月 水位	3月 日	3月 水位	4月 日	4月 水位	5月 日	5月 水位	6月 日	6月 水位	7月 日	7月 水位	8月 日	8月 水位	9月 日	9月 水位	10月 日	10月 水位	11月 日	11月 水位	12月 日	12月 水位	年平均
210	1995	5	⟨19.76⟩	5	10.57	5	⟨19.55⟩	5	⟨19.75⟩	5	⟨19.16⟩	5	⟨20.08⟩	5	⟨28.54⟩	5	⟨22.55⟩	5	⟨18.35⟩	5	⟨16.52⟩	5	11.91	5	⟨16.64⟩	10.77
		15	⟨20.42⟩	15	12.00	15	⟨19.76⟩	15	⟨19.82⟩	15	12.00	15	⟨24.55⟩	15	⟨28.47⟩	15	⟨19.57⟩	15	⟨17.58⟩	15	⟨17.35⟩	15	⟨16.62⟩	15	8.27	
		25	⟨20.44⟩	25	⟨19.55⟩	25	⟨20.08⟩	25	⟨19.76⟩	25	12.08	25	⟨28.60⟩	25	⟨27.73⟩	25	⟨19.33⟩	25	⟨16.05⟩	25	⟨18.11⟩	25	⟨16.64⟩	25	8.53	
	1996	5	⟨16.68⟩	5	⟨19.26⟩	5	⟨19.10⟩	5	⟨21.21⟩	5	⟨19.73⟩	5	⟨19.58⟩	5	⟨21.14⟩	5	⟨20.34⟩	5	⟨17.89⟩	5	⟨17.10⟩	5	⟨17.22⟩	5	11.23	11.69
		15	⟨16.64⟩	15	10.66	15	⟨19.33⟩	15	⟨19.77⟩	15	⟨19.68⟩	15	11.86	15	⟨20.89⟩	15	⟨19.60⟩	15	⟨17.49⟩	15	⟨17.36⟩	15	⟨17.37⟩	15	⟨16.07⟩	
		25	⟨19.17⟩	25	⟨19.18⟩	25	⟨19.36⟩	25	⟨20.02⟩	25	⟨19.72⟩	25	12.37	25	⟨20.80⟩	25	12.10	25	11.90	25	⟨16.15⟩	25	⟨17.34⟩	25	⟨16.49⟩	
	1997	5	⟨17.66⟩	5	⟨17.90⟩	5	⟨18.36⟩	5	⟨18.11⟩	5	⟨19.03⟩	5	⟨19.02⟩	5	⟨18.58⟩	5	⟨18.00⟩	5	11.88	5	11.28	5	⟨18.88⟩	5	⟨18.95⟩	12.29
		15	⟨17.78⟩	15	⟨18.06⟩	15	⟨18.19⟩	15	⟨18.70⟩	15	⟨18.48⟩	15	⟨19.10⟩	15	⟨18.50⟩	15	⟨17.67⟩	15	12.36	15	11.66	15	12.64	15	13.34	
		25	⟨17.90⟩	25	12.31	25	12.27	25	⟨19.11⟩	25	12.31	25	⟨18.89⟩	25	⟨18.42⟩	25	⟨17.52⟩	25	12.61	25	⟨18.79⟩	25	⟨18.91⟩	25	12.48	
	1998	5	12.27	5	⟨19.73⟩	5	⟨18.19⟩	5	⟨19.51⟩	5	⟨19.36⟩	5	13.15	5	11.70	5	⟨17.72⟩	5	⟨16.43⟩	5	⟨17.33⟩	5	⟨18.42⟩	5	⟨19.28⟩	12.40
		15	12.19	15	⟨18.95⟩	15	⟨19.34⟩	15	13.74	15	⟨19.37⟩	15	12.77	15	⟨17.85⟩	15	⟨17.16⟩	15	⟨16.74⟩	15	⟨17.52⟩	15	⟨18.82⟩	15	⟨19.20⟩	
		25	12.28	25	⟨19.09⟩	25	⟨19.46⟩	25	⟨19.22⟩	25	⟨19.29⟩	25	12.12	25	11.87	25	⟨16.54⟩	25	⟨16.92⟩	25	⟨17.90⟩	25	⟨19.05⟩	25	⟨19.04⟩	
	1999	5	⟨19.40⟩	5	⟨19.78⟩	5	⟨19.92⟩	5	⟨20.18⟩	5	13.38	5	13.36	5	11.63	5	11.27	5	⟨17.66⟩	5	⟨17.93⟩	5	⟨17.89⟩	5	⟨18.95⟩	12.57
		15	⟨19.47⟩	15	⟨20.01⟩	15	⟨19.30⟩	15	12.85	15	13.62	15	13.25	15	11.99	15	11.78	15	⟨18.17⟩	15	⟨17.64⟩	15	⟨18.20⟩	15	⟨19.06⟩	
		25	⟨19.57⟩	25	⟨20.26⟩	25	⟨19.30⟩	25	13.09	25	13.42	25	13.04	25	11.44	25	⟨18.78⟩	25	⟨12.86⟩	25	⟨17.58⟩	25	⟨18.50⟩	25	⟨19.23⟩	
215-1	1994	5		5		5		5		5		5		5	12.20	5	⟨12.96⟩	5	⟨13.21⟩	5	11.48	5	11.52	5	11.96	11.29
		15		15		15		15		15	11.18	15	11.13	15	⟨12.86⟩	15	13.18	15	9.63	15	11.59	15	11.58	15	⟨12.17⟩	
		25		25		25		25		25		25	⟨13.76⟩	25	⟨14.36⟩	25	13.27	25	4.98	25	11.82	25	9.81	25	⟨12.28⟩	
	1995	5	⟨11.96⟩	5	⟨12.34⟩	5	10.26	5	10.68	5	10.98	5	⟨14.21⟩	5	⟨14.31⟩	5	⟨15.37⟩	5	⟨11.72⟩	5	⟨11.76⟩	5	9.17	5	7.31	10.07
		15	⟨11.98⟩	15	9.86	15	11.27	15	10.76	15	11.02	15	⟨13.56⟩	15	⟨14.18⟩	15	⟨14.58⟩	15	⟨10.34⟩	15	10.88	15	⟨11.31⟩	15	⟨11.47⟩	
		25	⟨12.20⟩	25	⟨10.26⟩	25	11.43	25	⟨12.62⟩	25	⟨15.09⟩	25	11.37	25	11.39	25	⟨14.33⟩	25	⟨13.68⟩	25	⟨11.68⟩	25	⟨11.43⟩	25	⟨11.56⟩	
	1996	5	⟨12.12⟩	5	⟨13.27⟩	5	⟨13.92⟩	5	⟨14.18⟩	5	⟨15.72⟩	5	⟨13.56⟩	5	11.63	5	13.11	5	⟨13.31⟩	5	9.64	5	⟨11.59⟩	5	10.51	11.13
		15	⟨12.09⟩	15	⟨13.37⟩	15	10.48	15	⟨14.25⟩	15	⟨15.72⟩	15	11.37	15	11.63	15	12.71	15	⟨13.31⟩	15	9.63	15	⟨12.32⟩	15	9.29	
		25	⟨12.01⟩	25	⟨13.76⟩	25	⟨13.88⟩	25	⟨15.18⟩	25	11.34	25	⟨14.38⟩	25	11.75	25	12.35	25	12.12	25	9.68	25	⟨11.50⟩	25	⟨11.05⟩	

续表

点号	年份	1月		2月		3月		4月		5月		6月		7月		8月		9月		10月		11月		12月		年平均
		日	水位	日	水位	日	水位	日	水位	日	水位	日	水位	日	水位	日	水位	日	水位	日	水位	日	水位	日	水位	
215-1	1997	5	⟨11.24⟩	5	⟨11.47⟩	5	10.75	5	⟨11.66⟩	5	⟨11.88⟩	5	⟨11.32⟩	5	12.10	5	11.29	5	⟨12.53⟩	5	10.90	5	⟨13.09⟩	5	⟨13.00⟩	
		15	⟨11.41⟩	15	⟨11.43⟩	15	⟨11.60⟩	15	⟨11.68⟩	15	⟨11.82⟩	15	⟨11.44⟩	15	11.79	15	⟨12.71⟩	15	⟨12.55⟩	15	11.38	15	⟨12.97⟩	15	⟨13.02⟩	11.36
		25	⟨11.46⟩	25	⟨11.45⟩	25	⟨11.69⟩	25	⟨12.05⟩	25	⟨10.64⟩	25	⟨11.84⟩	25	11.31	25	⟨12.76⟩	25	⟨12.57⟩	25	⟨13.00⟩	25	⟨13.05⟩	25	⟨13.58⟩	
	1998	5	⟨13.10⟩	5	⟨13.69⟩	5	⟨14.26⟩	5	⟨13.88⟩	5	12.63	5	⟨14.05⟩	5	⟨13.03⟩	5	10.44	5	9.65	5	11.55	5	⟨12.67⟩	5	⟨13.54⟩	
		15	12.68	15	⟨13.61⟩	15	⟨14.22⟩	15	⟨14.06⟩	15	12.75	15	⟨13.90⟩	15	⟨12.20⟩	15	10.20	15	9.97	15	11.79	15	⟨12.89⟩	15	⟨13.54⟩	10.90
		25	⟨13.61⟩	25	⟨13.77⟩	25	⟨13.97⟩	25	⟨14.18⟩	25	⟨13.88⟩	25	⟨13.63⟩	25	8.37	25	9.62	25	10.12	25	⟨12.60⟩	25	11.98	25	⟨13.56⟩	
	1999	5	⟨13.95⟩	5	⟨14.59⟩	5	⟨14.72⟩	5	12.82	5	12.13	5	⟨13.72⟩	5	⟨11.95⟩	5	⟨13.06⟩	5	11.58	5	⟨10.96⟩	5	⟨11.01⟩	5	⟨12.08⟩	
		15	⟨13.94⟩	15	⟨14.63⟩	15	⟨12.58⟩	15	12.34	15	12.30	15	⟨13.78⟩	15	10.75	15	⟨13.35⟩	15	11.86	15	⟨10.93⟩	15	⟨11.05⟩	15	⟨12.18⟩	11.89
		25	⟨14.28⟩	25	⟨14.68⟩	25	12.54	25	12.03	25	⟨13.73⟩	25	⟨13.01⟩	25	⟨12.80⟩	25	⟨13.30⟩	25	9.83	25	⟨11.01⟩	25	⟨11.93⟩	25	⟨12.69⟩	
216	1994	5		5		5	10.17	5		5		5		5	⟨21.10⟩	5	⟨21.24⟩	5	⟨20.97⟩	5	⟨19.36⟩	5	⟨19.58⟩	5	⟨19.37⟩	
		15	19.37	15	⟨20.77⟩	15	⟨21.13⟩	15	⟨19.86⟩	15	⟨20.02⟩	15	⟨20.27⟩	15	⟨21.24⟩	15	⟨21.73⟩	15	⟨21.00⟩	15	⟨19.60⟩	15	⟨19.74⟩	15	⟨19.53⟩	
		25	⟨21.02⟩	25	⟨20.88⟩	25	⟨21.47⟩	25	⟨19.88⟩	25	⟨20.08⟩	25	⟨20.08⟩	25	⟨20.48⟩	25	⟨21.06⟩	25	⟨20.82⟩	25	⟨19.76⟩	25	⟨19.22⟩	25	⟨20.09⟩	
	1995	5	⟨21.08⟩	5	10.17	5	⟨17.08⟩	5	⟨20.00⟩	5	⟨20.16⟩	5	⟨20.21⟩	5	⟨20.33⟩	5	⟨20.08⟩	5	8.26	5	⟨18.27⟩	5	7.79	5	⟨15.27⟩	
		15	⟨14.65⟩	15	10.88	15	10.46	15	⟨21.76⟩	15	⟨19.49⟩	15	⟨19.31⟩	15	⟨20.27⟩	15	⟨19.68⟩	15	⟨18.10⟩	15	7.85	15	⟨14.08⟩	15	⟨14.81⟩	10.27
		25	10.82	25	⟨16.73⟩	25	10.57	25	⟨22.14⟩	25	⟨19.48⟩	25	⟨18.68⟩	25	10.69	25	⟨19.46⟩	25	⟨17.73⟩	25	⟨14.27⟩	25	⟨14.11⟩	25	8.27	
	1996	5	10.85	5	⟨16.82⟩	5	⟨19.24⟩	5	⟨22.39⟩	5	⟨19.51⟩	5	⟨19.32⟩	5	10.44	5	⟨21.36⟩	5	⟨20.58⟩	5	⟨18.22⟩	5	⟨17.56⟩	5	10.64	
		15	⟨19.09⟩	15	⟨17.68⟩	15	⟨19.33⟩	15	⟨19.38⟩	15	⟨19.46⟩	15	⟨20.36⟩	15	⟨17.91⟩	15	⟨21.00⟩	15	⟨20.69⟩	15	⟨18.26⟩	15	⟨18.33⟩	15	⟨16.76⟩	10.62
		25	⟨15.29⟩	25	⟨19.46⟩	25	⟨15.77⟩	25	⟨14.90⟩	25	⟨19.80⟩	25	⟨20.40⟩	25	⟨19.63⟩	25	⟨20.72⟩	25	11.47	25	9.42	25	⟨20.71⟩	25	⟨18.84⟩	
	1997	5	⟨19.43⟩	5	⟨18.56⟩	5	⟨19.33⟩	5	⟨19.67⟩	5	⟨19.85⟩	5	⟨20.31⟩	5	⟨19.59⟩	5	9.98	5	10.03	5	9.66	5	10.01	5	10.69	
		15	11.86	15	11.05	15	11.20	15	11.28	15	13.00	15	⟨22.51⟩	15	9.90	15	10.16	15	9.91	15	⟨18.66⟩	15	10.32	15	10.65	10.16
		25	11.44	25	11.14	25	11.27	25	13.14	25	12.96	25	⟨22.55⟩	25	⟨21.93⟩	25	10.24	25	9.69	25	9.81	25	10.54	25	10.75	
	1998	5	11.53	5	11.26	5	11.38	5	12.95	5	12.91	5	⟨22.34⟩	5	⟨19.18⟩	5	9.17	5	8.61	5	11.28	5	10.07	5	12.00	
		15		15		15		15		15		15		15		15	8.71	15	8.76	15	12.16	15	10.69	15	11.78	11.07
		25		25		25		25		25		25		25	9.58	25		25	8.90	25	10.98	25	11.24	25	11.42	

第四章 汉中市

续表

点号	年份	1月 日	1月 水位	2月 日	2月 水位	3月 日	3月 水位	4月 日	4月 水位	5月 日	5月 水位	6月 日	6月 水位	7月 日	7月 水位	8月 日	8月 水位	9月 日	9月 水位	10月 日	10月 水位	11月 日	11月 水位	12月 日	12月 水位	年平均
216	1999	5	12.67	5	13.26	5	⟨20.70⟩	5	12.36	5	10.56	5	11.04	5	12.11	5	⟨20.67⟩	5	⟨18.53⟩	5	12.56	5	⟨19.21⟩	5	⟨20.38⟩	11.87
		15	12.65	15	13.34	15	⟨19.68⟩	15	⟨19.82⟩	15	⟨19.05⟩	15	10.96	15	10.20	15	⟨21.26⟩	15	⟨18.78⟩	15	12.58	15	⟨19.40⟩	15	⟨20.51⟩	
		25	13.02	25	13.39	25	⟨19.10⟩	25	10.47	25	⟨18.98⟩	25	10.14	25	⟨19.23⟩	25	⟨20.93⟩	25	10.49	25	⟨19.09⟩	25	⟨19.91⟩	25	⟨20.68⟩	
观1	1994	5		5		5		5		5		5		5	13.50	5	13.75	5	13.86	5	12.12	5	12.38	5	12.63	13.05
		15		15	13.23	15		15	13.99	15		15	14.66	15	13.26	15	14.08	15	13.62	15	12.25	15	12.32	15	12.74	
		25		25		25		25		25		25		25		25	13.66	25	12.08	25	12.34	25	12.42	25	14.78	
	1995	5	12.63	5	13.42	5	14.32	5	14.03	5	14.42	5	14.87	5	15.51	5	14.43	5	11.96	5	11.98	5	12.26	5	12.40	13.60
		15	12.92	15	13.42	15	15.17	15	14.03	15	14.47	15	14.87	15	15.47	15	14.05	15	11.98	15	12.12	15	12.33	15	12.28	
		25	12.98	25	14.06	25	15.98	25	14.06	25	14.52	25	15.04	25	14.87	25	13.98	25	12.01	25	12.37	25	12.36	25	12.37	
	1996	5	12.43	5	12.78	5	13.48	5	14.17	5	14.36	5	14.42	5	12.83	5	13.15	5	11.66	5	11.37	5	11.54	5	11.62	12.87
		15	12.47	15	12.76	15	13.98	15	14.23	15	14.49	15	14.36	15	13.71	15	12.89	15	11.40	15	11.33	15	11.52	15	11.69	
		25	12.72	25	12.90	25	14.02	25	14.25	25	14.50	25	14.20	25	13.57	25	12.37	25	11.40	25	11.47	25	11.58	25	11.85	
	1997	5	11.87	5	12.37	5	12.73	5	13.18	5	13.35	5	13.46	5	13.04	5	12.27	5	11.65	5	11.72	5	11.76	5	11.88	12.43
		15	12.14	15	12.39	15	12.56	15	13.27	15	13.43	15	13.27	15	12.86	15	11.92	15	11.65	15	11.75	15	11.78	15	11.90	
		24	12.35	24	12.64	24	13.11	24	13.10	24	13.40	24	13.20	24	12.62	24	11.81	24	11.66	24	11.75	24	11.79	24	11.93	
	1998	5	12.01	5	12.22	5	12.49	5	13.11	5	13.49	5	12.87	5	12.01	5	10.75	5	9.74	5	9.73	5	9.70	5	9.99	11.44
		15	12.10	15	12.48	15	12.76	15	13.16	15	13.35	15	12.71	15	10.70	15	10.59	15	9.77	15	9.61	15	9.73	15	9.96	
		25	12.17	25	12.56	25	13.03	25	13.46	25	13.23	25	12.26	25	10.66	25	10.25	25	9.72	25	9.66	25	9.85	25	9.92	
	1999	5	10.06	5	10.62	5	10.98	5	11.40	5	11.84	5	11.95	5	11.57	5	11.36	5	10.88	5	10.85	5	10.76	5	10.96	11.15
		15	10.27	15	10.74	15	11.19	15	11.52	15	11.93	15	11.98	15	11.48	15	11.35	15	10.92	15	10.86	15	10.80	15	11.01	
		25	10.49	25	10.91	25	11.35	25	11.66	25	11.95	25	11.82	25	11.38	25	11.01	25	10.82	25	10.75	25	10.90	25	11.23	
观2	1994	5		5		5		5		5		5		5		5	14.15	5	14.15	5	12.96	5	13.04	5	13.43	13.43
		15		15		15		15		15		15		15	13.95	15	14.23	15	13.24	15	13.09	15	12.96	15	13.54	
		25		25		25		25		25		25		25	14.11	25	12.86	25	12.80	25	13.06	25	13.10	25	13.66	

续表

点号	年份		1月		2月		3月		4月		5月		6月		7月		8月		9月		10月		11月		12月	年平均
		日	水位	日	水位	日	水位	日	水位	日	水位	日	水位	日	水位	日	水位	日	水位	日	水位	日	水位	日	水位	
观2	1995	5	13.43	5	14.10	5	14.80	5	13.86	5	14.96	5	15.20	5	16.46	5	14.52	5	12.99	5	12.55	5	13.30	5	13.69	14.42
		15	14.99	15	14.32	15	15.86	15	13.92	15	15.04	15	15.38	15	15.91	15	14.18	15	13.05	15	14.42	15	13.50	15	13.80	
		25	14.00	25	14.70	25	16.84	25	14.00	25	15.12	25	15.43	25	15.52	25	13.80	25	13.09	25	14.54	25	13.59	25	14.22	
	1996	5	14.44	5	14.35	5	14.41	5	14.51	5	14.66	5	15.06	5	12.61	5	13.87	5	12.50	5	12.43	5	12.84	5	13.79	13.87
		15	14.37	15	14.39	15	14.54	15	14.60	15	15.06	15	15.07	15	14.63	15	13.37	15	12.45	15	12.54	15	12.86	15	13.48	
		25	14.20	25	14.41	25	14.57	25	14.69	25	15.17	25	14.96	25	14.57	25	12.85	25	12.48	25	12.70	25	12.87	25	12.98	
	1997	5	13.04	5	13.38	5	13.43	5	14.04	5	14.17	5	14.19	5	13.63	5	13.03	5	12.28	5	12.55	5	12.78	5	13.03	13.29
		15	13.24	15	13.22	15	13.60	15	13.99	15	14.24	15	14.12	15	13.47	15	12.58	15	12.29	15	12.61	15	13.06	15	13.04	
		25	13.35	25	13.25	25	13.85	25	14.05	25	14.21	25	14.07	25	13.37	25	12.46	25	12.30	25	12.64	25	12.90	25	13.06	
	1998	5	13.31	5	13.17	5	13.83	5	14.24	5	14.48	5	14.22	5	13.29	5	12.37	5	10.91	5	11.98	5	11.14	5	11.60	12.75
		15	12.93	15	13.55	15	13.97	15	14.35	15	14.53	15	13.82	15	12.95	15	11.76	15	10.92	15	10.96	15	11.26	15	11.53	
		25	13.00	25	13.66	25	14.10	25	14.50	25	14.57	25	13.55	25	12.61	25	11.04	25	10.95	25	10.99	25	11.39	25	11.47	
	1999	5	11.42	5	12.00	5	12.15	5	12.86	5	13.17	5	13.13	5	12.75	5	12.49	5	11.76	5	12.00	5	12.29	5	12.44	12.41
		15	11.53	15	12.03	15	12.37	15	12.98	15	13.25	15	12.98	15	12.78	15	12.09	15	11.86	15	12.09	15	12.33	15	12.48	
		25	11.64	25	11.95	25	12.65	25	13.06	25	13.26	25	12.87	25	12.79	25	11.97	25	11.96	25	12.26	25	12.41	25	12.63	
观5	1994	5		5		5		5		5		5		5		5	10.72	5	9.78	5	9.49	5	8.68	5	8.98	9.45
		15	8.98	15	9.39	15	9.07	15	9.20	15	9.34	15	9.64	15	9.86	15	10.79	15	9.73	15	8.74	15	8.75	15	9.07	
		25	9.24	25	9.48	25	9.18	25	9.18	25	9.38	25	9.80	25	10.60	25	10.18	25	8.72	25	8.94	25	8.60	25	9.09	
	1995	5	9.27	5	9.23	5	9.43	5	9.14	5	9.47	5	9.98	5	10.17	5		5	7.96	5	7.22	5	8.30	5	8.48	8.98
		15	9.07	15	9.68	15	9.94	15	10.56	15	10.58	15	10.49	15	10.10	15	10.38	15	7.53	15	8.32	15	8.37	15	8.48	
		25	9.04	25	9.70	25	10.03	25	10.58	25	10.55	25	10.44	25	9.94	25	9.72	25	7.19	25	7.80	25	8.42	25	9.69	
	1996	5		5		5		5		5		5		5	8.99	5		5	9.07	5	7.97	5	8.21	5	8.09	9.44
		15	9.61	15	9.76	15	10.03	15	10.34	15	10.56	15	10.32	15	9.84	15	9.27	15	9.24	15	8.18	15	8.34	15	8.16	
		25		25		25		25		25		25		25	9.89	25		25	8.27	25	8.19	25	8.20	25	8.46	

续表

第四章 汉中市

点号	年份	1月		2月		3月		4月		5月		6月		7月		8月		9月		10月		11月		12月		年平均
		日	水位	日	水位	日	水位	日	水位	日	水位	日	水位	日	水位	日	水位	日	水位	日	水位	日	水位	日	水位	
观5	1997	5	8.60	5	8.77	5	9.13	5	8.93	5	9.73	5	9.47	5	9.07	5	8.70	5	8.40	5	8.02	5	9.10	5	9.73	9.02
		15	8.70	15	8.90	15	9.09	15	9.30	15	9.13	15	9.41	15	9.06	15	8.40	15	8.63	15	8.49	15	9.42	15	9.80	
		25	8.72	25	8.87	25	8.97	25	9.56	25	8.86	25	9.66	25	9.09	25	8.33	25	8.76	25	8.94	25	9.68	25	9.37	
	1998	5	8.91	5	9.29	5	10.11	5	10.32	5	10.15	5	9.20	5	8.27	5	7.79	5	6.72	5	7.87	5	8.65	5	9.40	8.88
		15	9.20	15	9.78	15	10.20	15	10.14	15	10.06	15	8.86	15	7.76	15	7.27	15	7.11	15	7.97	15	8.99	15	9.36	
		25	9.26	25	9.87	25	10.30	25	10.22	25	9.86	25	7.99	25	7.82	25	6.70	25	7.26	25	8.44	25	9.27	25	9.31	
	1999	5	9.44	5	9.83	5	10.27	5	10.01	5	9.91	5	9.70	5	8.29	5	8.31	5	8.12	5	8.44	5	8.55	5	9.39	9.17
		15	9.47	15	10.00	15	9.55	15	9.21	15	10.08	15	9.75	15	8.20	15	8.55	15	8.31	15	8.25	15	8.88	15	9.50	
		25	9.65	25	10.19	25	9.73	25	9.84	25	9.87	25	8.62	25	8.11	25	8.43	25	8.50	25	8.44	25	9.15	25	9.59	
观6	1994	4		4		4		4		4		4		4	15.18	4	15.50	4	15.76	4	13.94	4	13.96	4	14.16	14.59
		14		14		14		14		14		14		14	15.23	14	16.04	14	14.71	14	13.82	14	13.97	14	14.20	
		24		24		24		24		24		24		24	16.93	24	14.60	24	14.06	24	14.60	24	14.04	24	14.31	
	1995	5	14.16	5	14.91	5	15.99	5	15.17	5	16.26	5	16.62	5	16.80	5	15.56	5	14.46	5	14.10	5	14.49	5	14.65	15.45
		15	14.66	15	14.81	15	17.23	15	15.20	15	16.35	15	16.64	15	16.40	15	15.11	15	14.90	15	14.31	15	14.60	15	14.70	
		25	14.80	25	15.76	25	17.96	25	15.17	25	16.47	25	16.66	25	15.14	25	16.08	25	14.34	25	14.40	25	14.61	25	14.88	
	1996	5	15.15	5	15.62	5	15.63	5	16.04	5	16.06	5	15.61	5	15.16	5	14.83	5	13.64	5	12.87	5	12.78	5	12.61	14.56
		15	15.17	15	15.65	15	15.18	15	16.11	15	15.79	15	15.46	15	15.05	15	14.45	15	13.33	15	12.80	15	12.77	15	12.76	
		25	14.76	25	15.70	25	15.21	25	16.12	25	15.68	25	15.42	25	13.71	25	14.15	25	13.07	25	12.80	25	12.69	25	12.78	
	1997	5	12.79	5	13.35	5	13.66	5	13.90	5	14.20	5	14.06	5	13.59	5	13.26	5	12.50	5	12.64	5	12.73	5	12.86	13.33
		15	13.15	15	13.24	15	13.63	15	13.98	15	14.20	15	13.98	15	13.50	15	12.95	15	12.48	15	12.67	15	12.77	15	12.88	
		25	13.37	25	13.47	25	13.88	25	14.02	25	14.08	25	13.77	25	13.32	25	13.78	25	12.54	25	12.70	25	12.81	25	12.89	
	1998	5	13.14	5	13.25	5	13.63	5	13.92	5	14.32	5	13.81	5	13.50	5	11.98	5	11.01	5	10.84	5	10.79	5	11.07	12.53
		15	13.32	15	13.44	15	13.72	15	14.07	15	14.26	15	13.61	15	12.48	15	11.67	15	11.00	15	10.83	15	10.78	15	11.03	
		25	13.36	25	13.52	25	13.82	25	14.28	25	14.16	25	13.46	25	12.09	25	11.45	25	10.93	25	10.81	25	10.91	25	10.94	

续表

点号	年份	1月 日	1月 水位	2月 日	2月 水位	3月 日	3月 水位	4月 日	4月 水位	5月 日	5月 水位	6月 日	6月 水位	7月 日	7月 水位	8月 日	8月 水位	9月 日	9月 水位	10月 日	10月 水位	11月 日	11月 水位	12月 日	12月 水位	年平均
观6	1999	5	11.32	5	11.71	5	11.78	5	12.50	5	12.89	5	12.99	5	12.79	5	12.47	5	12.09	5	11.95	5	11.82	5	11.86	12.20
		15	11.45	15	11.73	15	12.16	15	12.55	15	12.95	15	13.02	15	12.70	15	12.48	15	12.09	15	11.89	15	11.86	15	12.00	
		25	11.59	25	11.75	25	12.40	25	12.77	25	13.02	25	12.95	25	12.49	25	12.31	25	12.07	25	10.88	25	11.89	25	12.15	
民20	1994	5		5		5		5		5		5		5		5	19.33	5	19.92	5	19.09	5	19.60	5	19.90	19.55
		15	19.90	15		15		15		15		15		15	18.77	15	19.60	15	19.63	15	19.53	15	19.63	15	19.92	
		25		25		25		25		25		25		25	18.97	25	20.04	25	19.03	25	19.75	25	19.61	25	19.95	
	1995	5	20.09	5	20.22	5	20.31	5	20.64	5	20.69	5	20.99	5	21.63	5	20.84	5	20.33	5	19.45	5	19.96	5	20.29	20.46
		15	20.15	15	20.23	15	20.63	15	20.45	15	20.80	15	21.37	15	21.62	15	20.72	15	19.98	15	20.22	15	19.95	15	19.98	
		25	20.15	25	20.15	25	20.74	25	20.58	25	20.94	25	21.57	25	21.22	25	20.28	25	19.62	25	19.93	25	19.93	25	20.20	
	1996	5	20.34	5	20.18	5	20.08	5	21.05	5	21.06	5	21.01	5	21.32	5	20.87	5	20.40	5	19.77	5	19.94	5	20.18	20.50
		15	20.35	15	20.20	15	20.14	15	21.07	15	21.05	15	21.20	15	21.14	15	20.73	15	20.17	15	19.83	15	19.99	15	20.31	
		25	20.36	25	20.35	25	20.16	25	21.09	25	20.97	25	21.29	25	20.99	25	20.59	25	19.85	25	19.91	25	20.01	25	20.36	
	1997	5	20.32	5	20.34	5	20.22	5	20.67	5	21.12	5	20.97	5	21.06	5	20.73	5	20.07	5	19.68	5	19.85	5	19.94	20.41
		15	20.30	15	20.40	15	20.27	15	21.00	15	20.88	15	21.11	15	21.01	15	20.55	15	19.88	15	19.73	15	19.87	15	19.98	
		20	20.28	20	20.29	20	20.36	20	21.06	20	20.79	20	21.14	20	20.92	20	20.31	20	19.71	20	19.79	20	19.92	20	20.07	
民21	1994	5		5		5		5		5		5		5		5	13.92	5	12.86	5	12.76	5	13.42	5	13.55	13.44
		15	13.55	15	13.68	15	13.65	15	13.15	15	13.76	15	14.02	15	13.83	15	14.28	15	12.98	15	13.23	15	13.38	15	13.65	
		25		25		25		25		25		25		25	13.95	25	13.12	25	12.84	25	13.32	25	13.46	25	13.86	
	1995	5	13.52	5	13.52	5	13.65	5	13.42	5	13.84	5	15.02	5	14.12	5	13.75	5	13.46	5	13.18	5	13.62	5	13.81	13.75
		15	13.56	15	13.46	15	13.86	15	13.37	15	13.96	15	15.12	15	14.00	15	〈15.80〉	15	13.28	15	13.62	15	13.68	15	13.69	
		25	13.52	25	13.65	25	13.68	25	13.82	25	14.08	25	14.68	25	13.80	25	15.20	25	13.31	25	13.54	25	13.72	25	13.46	
	1996	5	13.49	5	13.66	5	13.73	5	〈17.83〉	5	14.67	5	14.58	5	〈15.55〉	5	14.00	5	12.97	5	〈14.28〉	5	12.62	5	12.55	13.63
		15		15		15		15		15		15		15	〈18.18〉	15	13.51	15	〈15.98〉	15	〈16.23〉	15	12.06	15	12.92	
		25	13.57	25	13.67	25	13.81	25	13.92	25	14.70	25	14.34	25	14.64	25	13.36	25	12.01	25	〈16.34〉	25	〈16.55〉	25	13.32	

续表

点号	年份	1月 日	1月 水位	2月 日	2月 水位	3月 日	3月 水位	4月 日	4月 水位	5月 日	5月 水位	6月 日	6月 水位	7月 日	7月 水位	8月 日	8月 水位	9月 日	9月 水位	10月 日	10月 水位	11月 日	11月 水位	12月 日	12月 水位	年平均
民21	1997	5	〈13.72〉	5	13.42	5	13.22	5	13.39	5	14.89	5	13.66	5	〈14.48〉	5	〈14.40〉	5	13.34	5	13.74	5	13.54	5	13.11	13.42
		15	13.25	15	13.06	15	13.10	15	13.74	15	〈17.00〉	15	〈17.70〉	15	〈14.52〉	15	13.32	15	13.20	15	13.50	15	〈17.86〉	15	12.80	
		25	12.85	25	13.01	25	13.28	25	14.56	25	〈17.71〉	25	〈17.82〉	25	13.38	25	〈14.80〉	25	13.10	25	13.50	25	〈17.96〉	25	〈17.90〉	
	1998	5	〈15.78〉	5	13.13	5	13.28	5	13.88	5	〈16.40〉	5	〈17.06〉	5	13.05	5	〈14.86〉	5	〈14.83〉	5	11.62	5	11.63	5	〈12.45〉	13.04
		15	〈14.41〉	15	13.19	15	〈16.59〉	15		15		15		15		15		15		15		15		15		
		25	13.09	25	13.21	25	14.32	25		25		25		25		25		25		25		25		25		
	1999	15	11.46	15	12.17	15	11.89	15	12.59	15	12.71	15	12.58	15	12.83	15	12.79	15	12.21	15	12.20	15	11.91	15	12.00	12.28
民56	1994	5		5		5		5		5	8.68	5	8.92	5	6.20	5	7.80	5	7.46	5	7.62	5	8.05	5	8.09	7.73
		15	8.12	15	8.46	15	8.96	15	8.52	15	8.74	15	8.46	15	7.60	15	7.92	15	7.48	15	7.56	15	8.04	15	8.12	
		25	8.82	25	8.76	25	9.18	25	8.68	25	8.82	25	8.32	25	9.32	25	7.32	25	7.80	25	8.05	25	8.15	25	8.13	
	1995	5	8.92	5	8.96	5	9.24	5	8.59	5	10.37	5	10.34	5	9.21	5	6.94	5	5.91	5	6.01	5	7.24	5	7.53	7.99
		15	7.85	15	8.00	15	8.31	15	8.47	15	10.39	15	10.31	15	9.02	15	6.82	15	6.12	15	6.82	15	7.32	15	7.58	
		25	7.50	25	8.13	25	8.47	25	8.53	25	10.42	25	10.27	25	6.82	25	6.75	25	6.03	25	6.67	25	7.34	25	7.72	
	1996	5	8.03	5	8.54	5	8.98	5	9.86	5	8.57	5	8.05	5	7.78	5	7.28	5	5.99	5	6.67	5	7.09	5	6.34	8.17
		15	8.01	15	8.56	15	9.08	15	9.85	15	8.43	15	8.12	15	8.13	15	6.58	15	6.18	15	6.80	15	7.15	15	7.43	
		25	8.49	25	8.71	25	9.10	25	9.97	25	8.42	25	8.27	25	7.37	25	6.25	25	6.49	25	7.02	25	7.23	25	7.59	
	1997	5	7.72	5	7.93	5	8.34	5	8.49	5		5		5	7.23	5	6.70	5	6.73	5	7.44	5	7.93	5	8.51	7.86
		15	7.85	15	8.00	15	8.31	15	8.47	15		15		15	7.14	15	6.36	15	7.01	15	7.61	15	8.00	15	8.62	
		25	7.50	25	8.13	25	8.47	25	8.53	25		25		25		25	6.51	25	7.25	25	7.87	25	8.32	25	8.69	
	1998	5	8.61	5	8.69	5	9.12	5	9.26	5	9.08	5	7.04	5	6.41	5	5.61	5	5.57	5	6.36	5	7.43	5	7.79	8.04
		15	8.56	15	8.87	15	9.28	15		15		15		15		15		15		15		15		15		
		25	8.64	25	9.03	25	9.41	25		25		25		25		25		25		25		25		25		
	1999	15	7.73	15	8.64	15	8.80	15	8.53	15	8.83	15	8.67	15	6.98	15	〈9.29〉	15	6.79	15	7.20	15	7.72	15	8.24	8.01

续表

点号	年份	1月 日	1月 水位	2月 日	2月 水位	3月 日	3月 水位	4月 日	4月 水位	5月 日	5月 水位	6月 日	6月 水位	7月 日	7月 水位	8月 日	8月 水位	9月 日	9月 水位	10月 日	10月 水位	11月 日	11月 水位	12月 日	12月 水位	年平均
民58	1994	5		5		5		5		5		5		5		5	2.72	5	2.63	5	2.92	5	3.15	5	3.12	2.92
		15	3.12	15		15		15		15		15		15	2.60	15	2.81	15	2.84	15	2.76	15	3.08	15	3.16	
		25	3.52	25	3.86	25		25		25		25		25	2.72	25	2.54	25	2.68	25	3.45	25	3.26	25	3.18	
	1995	5	3.65	5	3.98	5	4.32	5	5.02	5		5		5		5	〈6.18〉	5	2.40	5	3.26	5	4.09	5	4.21	3.70
		15	4.56	15	4.01	15	4.58	15	5.08	15		15		15		15	2.25	15	2.96	15	3.65	15	4.12	15	4.21	
		25	4.58	25	4.56	25	4.62	25	5.10	25	4.98	25		25	2.83	25	2.83	25	3.13	25	3.81	25	4.15	25	4.42	
	1996	5	4.46	5	4.58	5	4.98	5	4.85	5	4.96	5	4.65	5	2.97	5	2.32	5	2.40	5	3.45	5	3.77	5	4.05	4.05
		15	4.35	15	4.65	15	5.05	15	4.91	15	4.75	15	4.57	15	3.74	15	2.23	15	2.64	15	3.63	15	3.27	15	4.14	
		25	4.19	25	4.24	25	5.07	25	4.84	25	4.90	25	4.68	25	3.14	25	3.10	25	3.27	25	3.80	25	3.93	25	4.25	
	1997	5	4.15	5	4.46	5	4.68	5	5.30	5	4.72	5	〈6.45〉	5	3.08	5	3.18	5	3.57	5	4.27	5	4.69	5	5.03	4.29
		15	5.00	15	4.50	15	4.70	15	5.15	15	4.57	15	〈6.44〉	15	2.98	15	2.80	15	3.88	15	4.20	15	4.83	15	5.16	
		25	4.70	25	4.99	25	5.31	25		25	5.00	25	4.89	25	2.17	25	1.81	25	4.00	25	4.60	25	4.96	25	5.12	
	1998	5	4.81	5	5.06	5	5.36	5		5	4.85	5	2.57	5	3.13	5	2.70	5	2.91	5	3.40	5	4.00	5	4.31	4.30
		15	4.10	15	5.28	15	5.42	15		15		15	4.60	15		15		15	3.76	15	3.91	15	4.34	15		
	1999	15		15	4.87	15	5.13	15		15		15		15		15		15		15		15		15	4.63	4.26
民106	1995	4	9.50	4	9.50	4	9.52	4	9.55	4	9.50	4	9.50	4	9.60	4	9.45	4	9.50	4	9.30	4	9.20	4	9.20	9.45
		14	9.48	14	9.52	14	9.52	14	9.50	14	9.55	14	9.60	14	9.60	14	9.45	14	9.50	14	9.30	14	9.20	14	9.20	
		24	9.48	24	9.55	24	9.52	24	9.52	24	9.55	24	9.55	24	9.50	24	9.50	24	9.50	24	9.30	24	9.25	24	9.15	
	1996	5	9.15	5	9.15	5	9.16	5	9.03	5	8.96	5	8.91	5	8.90	5	8.91	5	9.13	5	9.04	5	9.01	5	9.01	9.03
		15	9.15	15	9.15	15	9.17	15	9.03	15	8.96	15	8.91	15	8.91	15	8.91	15	9.13	15	9.04	15	9.00	15	9.03	
		25	9.15	25	9.15	25	9.17	25	9.01	25	8.94	25	8.93	25	9.18	25	8.93	25	9.10	25	9.03	25	9.01	25	9.03	
	1997	5	9.04	5	9.08	5	9.15	5		5		5		5	9.12	5	9.01	5	8.90	5	8.92	5	9.00	5	9.00	9.03
		15	9.03	15	9.06	15	9.16	15		15		15		15		15	8.99	15	8.86	15	8.95	15	9.05	15	9.03	
		25	9.02	25	9.10	25	9.19	25		25		25		25	9.11	25	8.97	25	8.88	25	8.96	25	9.01	25	9.01	

续表

点号	年份	1月 日	1月 水位	2月 日	2月 水位	3月 日	3月 水位	4月 日	4月 水位	5月 日	5月 水位	6月 日	6月 水位	7月 日	7月 水位	8月 日	8月 水位	9月 日	9月 水位	10月 日	10月 水位	11月 日	11月 水位	12月 日	12月 水位	年平均
民115	1995	5		5		5		5		5		5		5		5	6.51	5	5.98	5	5.82	4	5.82	4	6.01	6.00
		15		15		15		15		15		15		15		15	6.45	15	5.86	15	5.96	14	5.91	14	6.04	
		25		25		25		25		25		25		25		25	6.07	25	5.63	25	5.86	24	5.92	24	6.09	
	1996	5	6.12	5	6.63	5	6.79	5	6.86	5	6.37	5	6.37	5	6.27	5	6.00	5	5.74	5	5.65	5	5.63	5	5.79	6.19
		15	6.08	15	6.65	15	6.83	15	6.87	15	6.42	15	6.42	15	6.02	15	5.87	15	5.52	15	5.68	15	5.55	15	6.03	
		25	6.52	25	6.76	25	6.87	25	6.91	25	6.48	25	6.39	25	5.99	25	6.01	25	5.50	25	5.65	25	5.64	25	6.02	
	1997	5	6.14	5	6.29	5	6.55	5	6.53	5	6.38	5	6.15	5	6.31	5	6.06	5	6.26	5	6.04	5	6.21	5	6.35	6.28
		15	6.30	15	6.48	15	6.50	15	6.58	15	6.19	15	6.25	15	6.21	15	6.21	15	6.20	15	6.08	15	6.27	15	6.40	
		25	6.21	25	6.37	25	6.46	25	6.30	25	6.31	25	6.37	25	5.92	25	6.28	25	5.97	25	6.13	25	6.31	25	6.44	
	1998	5	6.50	5	6.72	5	6.81	5	6.50	5	6.02	5	5.58	5	4.49	5	4.73	5	4.95	5	5.45	5	6.00	5	6.11	6.11
		15	6.54	15	6.78	15	6.77	15		15		15		15		15		15		15		15		15		
		25	6.63	25	6.76	25	6.70																			
	1999	15	6.31	15		15																				6.31

编制情况说明

陕西省地质环境监测总站已开展动态地下水监测 60 年，分别于 1978 年、1985 年、1991 年、1992 年编制出版了《西安地区地下水位年鉴（1956—1977 年）》《西安地区地下水位年鉴（1978—1983 年）》《西安地区地下水位年鉴（1984—1988 年）》《宝鸡地区地下水位年鉴（1975—1985 年）》。

为了保护历史监测资料，更好地推进地质环境监测机构的公益性服务与监测资料的社会化共享，我站组织编制了《陕西省地下水位年鉴（1986—2000 年）》《陕西省地下水位年鉴（2001—2010 年）》《陕西省地下水位年鉴（2011—2015 年）》《陕西省地下水质年鉴（2000—2010 年）》。现将有关情况说明如下：

（1）1986—2000 年间，我省西安、咸阳、宝鸡和汉中四市开展地下水动态监测，故《陕西省地下水位年鉴（1986—2000 年）》编录了上述四市监测点的数据。

（2）年鉴中的地下水位系指地下水水位埋深（从地面算起），以米为单位。地面高程采用 1956 年黄海高程系。

（3）为了便于使用地下水位资料，年鉴中附有地下水位监测点分布图和监测点基本情况表。基本情况表说明了每个监测点基本情况信息，包括监测点编号、监测点位置、地面高程、井深、地下水类型等。

地下水监测数据整编是一项长期、细致的基础性工作，由于资料积累时间较长，时间仓促，不妥之处敬请批评指正。

陕西省地质环境监测总站
2015 年 10 月 19 日